国网电力科学研究院武汉南瑞有限责任公司
国网辽宁省电力有限公司大连供电公司　组
苏州工业园区海沃科技有限公司

电力设备预防性试验方法及诊断技术

（第三版）

主　编　陈化钢
副主编　程　林　戚革庆　葛　凯

中国水利水电出版社
www.waterpub.com.cn
·北京·

内 容 提 要

本书以我国电力设备预防性试验及诊断技术的丰富实践经验为基础，根据《电力设备预防性试验规程》（DL/T 596—2021）等国家及电力行业最新标准、规程、规范，结合当前电力设备试验及在线监测和故障诊断的最新技术发展而编写的，全面系统地阐述了电力设备预防性试验方法和电力设备在线监测故障诊断最新技术。其中包括常规停电试验、带电测量和在线监测；着重介绍各种测试方法的原理接线、使用仪器、测试中的异常现象及对测试结果的综合分析判断等。再版时增加了大量在线监测和故障诊断最新成果，具有很强的实用性。全书共分两篇二十八章，第一篇为预防性试验基本方法及在线监测故障诊断通用技术，第二篇为电力设备预防性试验方法及在线监测故障诊断方法。附录中介绍了电力设备预防性试验技术、电力设备在线监测与故障诊断技术相关的技术标准和技术数据。

本书可供电力系统以及其他行业从事电气试验的工程技术人员和管理人员使用，还可供电气运行、维护、检修技术人员阅读，可以作为电力设备预防性试验及诊断技术的培训教材，也可供大专院校、技术学院的有关专业师生参考。

图书在版编目（CIP）数据

电力设备预防性试验方法及诊断技术 / 陈化钢主编 ；国网电力科学研究院武汉南瑞有限责任公司，国网辽宁省电力有限公司大连供电公司，苏州工业园区海沃科技有限公司组织编写. -- 3版. -- 北京 : 中国水利水电出版社，2022.8

ISBN 978-7-5226-0940-9

Ⅰ. ①电… Ⅱ. ①陈… ②国… ③国… ④苏… Ⅲ. ①电力系统－电气设备－电工试验②电力系统－电气设备－故障诊断 Ⅳ. ①TM7

中国版本图书馆CIP数据核字(2022)第153211号

书　　名	**电力设备预防性试验方法及诊断技术**（第三版） DIANLI SHEBEI YUFANGXING SHIYAN FANGFA JI ZHENDUAN JISHU
作　　者	国网电力科学研究院武汉南瑞有限责任公司 国网辽宁省电力有限公司大连供电公司　组织编写 苏州工业园区海沃科技有限公司 主　编　陈化钢 副主编　程　林　戚革庆　葛　凯
出版发行	中国水利水电出版社 （北京市海淀区玉渊潭南路1号D座　100038） 网址：www. waterpub. com. cn E-mail：sales@mwr. gov. cn 电话：（010）68545888（营销中心）
经　　售	北京科水图书销售有限公司 电话：（010）68545874、63202643 全国各地新华书店和相关出版物销售网点
排　　版	中国水利水电出版社微机排版中心
印　　刷	天津嘉恒印务有限公司
规　　格	184mm×260mm　16开本　84印张　2044千字
版　　次	2009年11月第1版　2009年11月第1次印刷 2022年8月第3版　2022年8月第1次印刷
印　　数	0001—4000册
定　　价	**348.00** 元

第三版前言

《电力设备预防性试验方法及诊断技术》（第二版）一书自2017年出版发行以来，得到广大电力试验工作者的首肯。在我们正准备重印之际，电力行业标准《电力设备预防性试验规程》（DL/T 596）新版，即2021年版于2021年10月隆重推出。《电力设备预防性试验规程》（DL/T 596）是1996年首次颁布的，《电力设备预防性试验规程》（DL/T 596—2021）为第一次修订的新版本。该版本是按照《标准化工作导则　第1部分　标准化文件的结构和起草规则》（GB/T 1.1—2020）的规定起草的，新版本由中国电力企业联合会提出，由全国电力设备状态维修与在线监测标准化技术委员（SAC/TC321）归口。新版本代替《电力设备预防性试验规程》（DL/T 596—1996），与DL/T 596—1996相比，主要技术变化如下：

（1）增加了750kV设备的试验要求。

（2）增加了串联补偿装置设备、电子式电流互感器、电子式电压互感器、三相组合式互感器、SF_6电流互感器、复合薄膜绝缘电流互感器、SF_6电流互感器、复合绝缘子等设备类型。

（3）增加了电抗器及消弧线圈、并联电容器装置设备章节。

（4）删除了“二次回路”章节，有关内容与相关设备合并。

（5）有关电容式电压互感器中间变压器、耦合电容器和电容式电压互感器的电容分压器的内容，合并修改为电容式电压互感器。

（6）增加了在线监测、初值、检修级别等术语和定义。

（7）增加了设备红外测温、局部放电检测、绕组频率响应分析、SF_6分解物测试等新型检测项目。

（8）依据最新的国家标准和行业标准，更新了变压器油、SF_6气体等部分项目的检测方法或判断依据。

《电力设备预防性试验规程》（DL/T 596—2021）共分23章和8个附录。

正文主要内容包括：范围、规范性引用文件、术语和定义、总则、旋转电机、电力变压器、电抗器及消弧线圈、互感器、开关设备、有载调压装置、套管、绝缘子、电力电缆线路、电容器、绝缘油和六氟化硫气体、避雷器、母线、1kV及以下的配电装置和电力布线、1kV以上的架空电力线路及杆塔、接地装置、并联电容器装置、串联补偿装置、电除尘器等。8个附录都是资料性附录，分别是附录A交流电机全部更换定子绕组时的交流试验电压，附录B交流电机局部更换定子绕组时的交流试验电压，附录C同步发电机、调相机铁芯磁化试验修正折算方法，附录D电磁式定子铁芯检测仪通小电流法，附录E判断变压器故障时可供选用的试验项目，附录F判断电抗器故障时可供选用的试验项目，附录G憎水性分级的描述及典型状态，附录H有效接地系统接地网安全性状态评估的内容、项目和要求。

为了贯彻执行《电力设备预防性试验规程》（DL/T 596—2021）（以下简称“《规程》”），本书第三版编辑体例以《规程》为主线，与《规程》的目录保持基本一致。本书第三版内容在保留了第二版经典内容的基础上，按照《规程》新内容做了全面认真地比对、改正和补充完善。

全书共分概论和两篇，共二十八章。第一篇为预防性试验基本方法及在线监测故障诊断通用技术，分九章，内容包括红外测温技术，测量绝缘电阻，测量泄漏电流，测量介质损耗因数，交、直流耐压试验，操作波感应耐压试验和冲击电压试验，局部放电试验，在线监测技术，故障自动诊断和远程监测诊断系统等。第二篇为电力设备预防性试验方法及在线监测故障诊断方法，分十九章，内容包括同步发电机和调相机，其他旋转电机，电力变压器，电抗器及消弧线圈，互感器，开关设备，有载调压装置，套管，绝缘子，电力电缆线路，电容器，绝缘油和六氟化硫气体，避雷器，母线，配电装置和架空电力线路，接地装置，并联电容器装置，串联补偿装置，电除尘器等。附录中介绍了电力设备预防性试验技术、电力设备在线监测与故障诊断技术相关的技术标准和技术数据。

本书可供电力系统以及其他行业从事电气试验的工程技术人员和管理人员使用，还可供电气运行、维护、检修技术人员阅读，可以作为电力设备预防性试验及诊断技术的培训教材，也可供大专院校、技术学院的有关专业师生参考。

本书由陈化钢任主编，程林、戚革庆、葛凯任副主编。主要参编人员有：王晋生、陈超生、汤杨华、赖祯强、徐春华、李红涛、李晓军、钱栋明、魏加桐、唐浩东、朱泽润、沈敏、黄春光、谢华武、王义、刘洋、王浩、王毅、邱涛、林春清、王旷、戚壮、李钢、郭亚光、相学侠、高千、杨耸立、金大鑫、张威、张楠、孙喆、邢小羽、张森、毕聪来、回世平、沈曦、屠志斌、杨杰、邹学伟、王玺、黄大为、缪新平、彭绍迪、贺振华、潘剑南、宋淑军、王树喜、李东民、崔川、陈思良、李源、周波、刘宏、杨家逵、范秀龙等。

本书编写过程中作者查阅了大量文献资料，参考和引用了许多单位和个人的最新研究成果、学术专著和试验数据、试验范例，在此表示崇高的敬意和衷心的感谢。

由于作者水平有限，加上众多编写人员参与，难免存在缺点和疏漏之处，欢迎广大读者、专家、同行批评指正。

作　者

2022 年 2 月

第二版前言

《电力设备预防性试验方法及诊断技术》一书自2009年出版后，受到读者厚爱，在网上好评如潮。书中每个试验均从试验方法、试验步骤、试验标准、试验设备的选择、试验中注意事项、试验结果分析、设备健康状况评估等方面做了详细介绍，还结合作者经历列举了大量实例和经验之谈。使读者从中吸取经验教训，增长试验才干。五年来又有一些新技术和新设备出现，本书已不能满足现场技术进步的需要，因此按照读者要求和出版社的规划对本书进行较大的修订，出版第二版。

本书第二版仍然是根据国家及电力行业最新标准、规程、规范，结合当前电力设备试验及在线监测和故障诊断的最新技术发展而编写的，全面系统地阐述了电力设备预防性试验方法和电力设备在线监测故障诊断最新技术。其中包括常规停电试验、带电测量和在线监测；着重介绍各种测试方法的原理接线、使用仪器、测试中的异常现象及对测试结果的综合分析判断。增加了大量在线监测和故障诊断最新成果，具有很强的实用性。

全书共分两篇二十二章。第一篇为预防性试验基本方法及在线监测故障诊断通用技术，内容有：测量绝缘电阻，测量泄漏电流，测量介质损耗因数，交、直流耐压试验，操作波感应耐压试验和冲击电压试验，局部放电试验，在线监测技术，红外诊断技术，故障自动诊断和远程监测诊断系统等。第二篇为电力设备预防性试验方法及在线监测故障诊断方法，内容有：同步发电机，其他旋转电机，电力变压器，互感器，开关电器，套管，电力电缆线路，电容器，绝缘油和六氟化硫气体，避雷器，绝缘子，接地装置，架空电力线路等。附录中介绍了电力设备预防性试验技术、电力设备在线监测与故障诊断技术相关的技术标准和技术数据。

本书可供电力系统以及其他行业从事电气试验的工程技术人员和管理人员使用，还可供电气运行、维护、检修技术人员阅读，可以作为电力设备预防性试验及诊断技术的培训教材，也可供大专院校、技术学院的有关专业师生参考。

本书由陈化钢任主编，程林、吴旭涛任副主编。主要参编人员有：王晋生、肖芝民、宫运刚、宫向东、姚晖、张宁、赵坤、李军华、赵坤、江翼、肖黎、张曦、桂朋林、吴会宝、白朝晖、李禹萱、孙颖、张铁鹰、任毅、李佳辰、刘晓娟、张缠峰等。

本书编写过程中作者查阅了大量文献资料，参考和引用了许多单位和个人的最新研究成果、学术专著和试验数据、试验范例，在此表示崇高的敬意和衷心的感谢。

由于作者技术业务水平的限制，加上众多编写人员参与，难免存在缺点和疏漏之处，欢迎广大读者、专家、同行批评指正。

作 者

2017 年 10 月

第一版前言

当前，电力设备预防性试验包括常规停电试验、带电测量及在线监测。它是保证电力系统安全运行的有效手段之一，是绝缘监督的重要内容，也是绝缘诊断的基础。因此，进一步深入开展电力设备预防性试验工作是非常重要的。本书就是为适应这一工作需要而编写的。

本书的内容来源于试验实践，又以服务于现场试验及绝缘诊断为宗旨，在章节安排及内容选取上以电力行业标准《电力设备预防性试验规程》（DL/T 596—1996）等标准为依据，以作者多年来在吉林、黑龙江、辽宁、江苏、山东、安徽和湖北等地举办的电力设备预防性试验研讨班的教学实践为基础，较全面系统地阐述电力设备预防性试验方法及诊断技术，力求反映当前试验和绝缘诊断的新技术、新方法和新装置，并密切联系实际。为方便广大读者阅读和工作，在本书的附录中全文收录了中华人民共和国电力行业标准《电力设备预防性试验规程》（DL/T 596—1966）、中国南方电网有限公司企业标准《电力设备预防性试验规程》（Q/CSG1 0007—2004），在此对此行业标准的原出版单位表示衷心的感谢！附录中还收录了电力设备预防性试验及诊断技术相关技术标准和技术数据。

本书由陈化钢教授编著，由西安交通大学严璋教授主审。在本书编写中得到辽宁电力科学研究院王贵轩、颜文高级工程师，唐山供电局徐秉天教授级高级工程师，安徽水利水电职业技术学院韩素云研究馆员，安徽电力职工大学吴跃华副教授，苏州工业园区华电科技有限公司葛凯高级工程师等同志的热情帮助和大力支持，在此一并致谢。

参加本书部分编写工作的还有：张强、张方、高水、石峰、王卫东、石威杰、贺和平、任旭印、潘利杰、程宾、张倩、张娜、李俊华、石宝香、成冲、张明星、郭荣立、王峰、李新歌、尹建华、苏跃华、刘海龙、李小方、李爱丽、胡兰、王志玲、李自雄、陈海龙、李亮、韩国民、刘力侨、任翠兰、张洋、吕洋、任华、李翱翔、孙雅欣、李红、王岩、李景、赵振国、任芳、魏红、薛军、吴爽、李勇高、王慧、杜涛涛、李启明、郭会霞、霍胜木、邢烟、李青丽、谢成康、杨虎、马荣花、张贺丽、薛金梅、李荣芳、马良、孙洋洋、胡亳、余小冬、丁爱荣、王文举、冯娇、徐文华、陈东、毛玲、李键、孙运生、尚丽、王敏州、杨国伟、李红、刘红军、白春东、林博、魏健良、周凤春、黄杰、董小玫、郭贞、吕会勤、王爱枝、孙金力、孙建华、孙志红、孙东生、王彬、王惊、李丽丽、吴孟月、闫冬梅、孙金梅、张丹丹、李东利、王奎淘、吕万辉、王忠民、赵建周、刁发良、胡士锋、王桂荣、谢峰、秦喜辰、张继涛、徐信阳、牛志刚、杨景艳、乔可辰、张志秋、史长行、姜东升、宋旭之、田杰、温宁、乔自谦、史乃明、郭春生、高庆东、吉金东、李耀照、吕学彬、马计敏、朱英杰、焦现峰、李立国、刘立强、李炜、郝宗强、王力杰、闫国文、苗存园、权威、蒋松涛、张平、黄锦、田宇鲲、曹宝来、王烈、刘福盈、崔殿启、白侠、陈志伟、李志刚、张柏刚、王志强、史春山、戴晓光、刘德文、隋秋娜等。

本书在编写中，参考和引用了有关单位和个人公布的现场异常现象和事故实例、统计分析数据和试验研究成果，谨在此向被本手册所引用的参考文献的作者（包括一些在内部刊物上发表论文的作者），表示衷心的感谢。

由于水平所限，不妥之处在所难免，欢迎读者批评指正，作者将不胜感激。

作 者

2009 年 7 月

目 录

第三版前言

第二版前言

第一版前言

概论 …… 1

复习题 …… 26

第一篇 预防性试验基本方法及在线监测故障诊断通用技术

第一章 红外测温技术 …… 31

第一节 电力设备故障红外诊断的原理和特点 …… 31

第二节 红外诊断仪器 …… 34

第三节 电力设备热故障分类与红外检测诊断技术 …… 44

第四节 采用紫外成像技术检测电力设备放电故障 …… 57

第五节 激光成像技术在 SF_6 气体泄漏检测中的应用 …… 58

复习题 …… 60

第二章 测量绝缘电阻 …… 61

第一节 测量绝缘电阻能发现的缺陷 …… 61

第二节 测量绝缘电阻的原理 …… 61

第三节 测量绝缘电阻的仪表 …… 67

第四节 绝缘电阻测试方法及注意事项 …… 72

第五节 影响绝缘电阻的因素 …… 81

第六节 测量结果的分析判断 …… 83

复习题 …… 84

第三章 测量泄漏电流 …… 85

第一节 泄漏电流测量的特点 …… 85

第二节　测量原理 …… 85
第三节　测量接线 …… 86
第四节　影响测量结果的因素 …… 102
第五节　测量时的操作要点 …… 109
第六节　测量中的异常现象及初步分析 …… 109
第七节　测量结果的分析判断 …… 110
复习题 …… 111

第四章　测量介质损耗因数 …… 113
第一节　介质损失的一般概念 …… 113
第二节　测量介质损耗因数能发现的缺陷 …… 116
第三节　测量介质损耗因数的设备 …… 117
第四节　测量结果的分析判断 …… 154
第五节　绝缘预防性试验中的非破坏性试验结果的综合分析判断 …… 156
复习题 …… 158

第五章　交、直流耐压试验 …… 160
第一节　交流耐压试验的目的和意义 …… 160
第二节　交流耐压试验的试验接线 …… 161
第三节　交流耐压试验的操作要点 …… 177
第四节　交流耐压试验中的异常现象及初步分析 …… 178
第五节　交流耐压试验结果的分析判断 …… 179
第六节　直流耐压试验 …… 181
复习题 …… 184

第六章　操作波感应耐压试验和冲击电压试验 …… 186
第一节　操作波感应耐压试验的作用 …… 186
第二节　操作波感应耐压试验接线和元件选择 …… 186
第三节　操作波感应耐压试验电压和系统校正 …… 189
第四节　操作波感应耐压试验程序和安全注意事项 …… 190
第五节　冲击电压试验 …… 192
复习题 …… 197

第七章　局部放电试验 …… 198
第一节　局部放电发生机理和分类 …… 198
第二节　局部放电试验方法 …… 202
第三节　局部放电试验中的抗干扰措施 …… 208
第四节　局部放电波形分析和图谱识别 …… 210
第五节　局部放电信号特征分析 …… 215
复习题 …… 218

第八章　在线监测技术 ………………………………………………… 219
第一节　在线监测电力设备的重要意义 ………………………………… 219
第二节　绝缘电阻及泄漏电流在线监测 ………………………………… 220
第三节　介质损耗因数在线监测 ………………………………………… 221
第四节　局部放电在线监测 ……………………………………………… 223
第五节　绝缘油溶解气体在线监测 ……………………………………… 225
第六节　电力设备在线监测与离线测试综合判别 ……………………… 230
复习题 ……………………………………………………………………… 232
第九章　故障自动诊断和远程监测诊断系统 …………………………… 233
第一节　诊断专家系统 …………………………………………………… 233
第二节　分布式监测诊断系统 …………………………………………… 233
第三节　基于远程网络通信的电力设备状态监测系统 ………………… 248
第四节　电力设备运行分析中心——虚拟医院 ………………………… 250
复习题 ……………………………………………………………………… 254

第二篇　电力设备预防性试验方法及在线监测故障诊断方法

第十章　同步发电机和调相机 …………………………………………… 257
第一节　概述 ……………………………………………………………… 257
第二节　测量定子绕组的绝缘电阻和吸收比或极化系数 ……………… 258
第三节　测量定子绕组直流泄漏电流和直流耐压试验 ………………… 262
第四节　定子绕组端部手包绝缘直流电压测量 ………………………… 275
第五节　工频交流耐压 …………………………………………………… 277
第六节　0.1Hz 超低频耐压试验 ………………………………………… 278
第七节　特性试验 ………………………………………………………… 286
第八节　温升试验 ………………………………………………………… 290
第九节　转子气体内冷通风道检验 ……………………………………… 295
第十节　定子绕组的槽放电试验 ………………………………………… 296
第十一节　损耗和效率的测量 …………………………………………… 298
第十二节　定子绕组直流电阻和转子绕组直流电阻测量 ……………… 301
第十三节　定子铁芯磁化试验 …………………………………………… 301
第十四节　轴电压 ………………………………………………………… 302
第十五节　同步发电机在线监测 ………………………………………… 303
第十六节　发电机定子绕组红外诊断方法及判据 ……………………… 309
第十七节　转子绕组接地及匝间短路故障诊断 ………………………… 310
第十八节　发电机故障诊断专家系统 …………………………………… 318
复习题 ……………………………………………………………………… 322

第十一章　其他旋转电机 …… 323
第一节　概述 …… 323
第二节　交流励磁机 …… 324
第三节　直流励磁机及动力类直流电动机 …… 326
第四节　交流电动机 …… 337
第五节　中频发电机 …… 351
复习题 …… 356

第十二章　电力变压器 …… 357
第一节　概述 …… 357
第二节　变压器红外测温与故障红外诊断方法 …… 358
第三节　油中溶解气体色谱分析 …… 362
第四节　测定变压器油中微量水分的方法 …… 393
第五节　测量绕组连同套管的直流电阻 …… 397
第六节　测量绕组连同套管的绝缘电阻及吸收比或极化指数 …… 409
第七节　穿芯螺栓、铁轭夹件、绑扎钢带、铁芯、绕组压环及屏蔽等的绝缘电阻 …… 418
第八节　绕组连同套管的介质损耗因数及电容量 …… 419
第九节　测量泄漏电流 …… 437
第十节　绕组连同套管的外施耐压试验和大型变压器感应电压试验 …… 439
第十一节　变压器操作波试验 …… 445
第十二节　测量局部放电 …… 458
第十三节　变压器油流带电测量 …… 471
第十四节　零序阻抗的测量 …… 483
第十五节　特性试验 …… 487
第十六节　变压器绕组变形的诊断方法 …… 513
第十七节　变压器绝缘老化的诊断方法 …… 526
第十八节　铁芯多点接地故障及其诊断 …… 528
第十九节　变压器故障综合判断实例 …… 544
第二十节　电力变压器在线监测 …… 565
第二十一节　大型变电所电力设备绝缘状态在线监测系统 …… 583
第二十二节　变压器局部放电在线监测系统 …… 590
第二十三节　变压器过热性故障及其判断 …… 596
第二十四节　变压器放电性故障及其判断 …… 599
第二十五节　变压器音频监控系统 …… 602
第二十六节　变压器外围部件的检测与处理 …… 603
第二十七节　判断变压器故障时可供选用的试验项目 …… 605
第二十八节　变压器故障诊断专家系统 …… 606
第二十九节　干式变压器、干式接地变压器 …… 612

第三十节　SF_6 气体绝缘变压器 …… 613
第三十一节　油中糠醛含量测试 …… 615
第三十二节　变压器附属装置检验及二次回路试验 …… 619
复习题 …… 620

第十三章　电抗器及消弧线圈 …… 623
第一节　概述 …… 623
第二节　油浸式电抗器 …… 624
第三节　干式电抗器 …… 627
第四节　消弧线圈 …… 628
第五节　判断电抗器故障时可供选用的试验项目 …… 630
复习题 …… 631

第十四章　互感器 …… 632
第一节　概述 …… 632
第二节　油浸式电流互感器试验 …… 636
第三节　SF_6 电流互感器试验 …… 646
第四节　复合薄膜绝缘电流互感器试验 …… 647
第五节　浇注式电流互感器试验 …… 648
第六节　电子式电流互感器试验 …… 649
第七节　电磁式（油浸式）电压互感器试验 …… 650
第八节　电磁式（SF_6 气体绝缘）电压互感器试验 …… 667
第九节　电磁式（固态绝缘）电压互感器试验 …… 669
第十节　电子式电压互感器试验 …… 670
第十一节　电容式电压互感器 …… 672
第十二节　三相组合互感器 …… 679
第十三节　互感器的在线监测 …… 679
第十四节　互感器的故障红外诊断方法 …… 686
复习题 …… 688

第十五章　开关设备 …… 690
第一节　概述 …… 690
第二节　气体绝缘金属封闭开关设备 …… 695
第三节　SF_6 断路器试验 …… 700
第四节　油断路器试验 …… 717
第五节　低压断路器和自动灭磁开关 …… 728
第六节　真空断路器 …… 728
第七节　重合器和分段器 …… 731
第八节　负荷开关、隔离开关和接地开关 …… 733

第九节　高压开关柜试验 …… 735
第十节　高压少油断路器的在线监测 …… 737
第十一节　GIS 的在线监测 …… 742
第十二节　GIS 局部放电在线特高频监测介绍 …… 749
第十三节　真空断路器灭弧室真空度在线监测 …… 754
第十四节　开关电器故障的红外诊断方法 …… 755
复习题 …… 760

第十六章　有载调压装置 …… 762
第一节　概述 …… 762
第二节　检查动作顺序、动作角度 …… 762
第三节　操作试验 …… 762
第四节　检查和切换测试 …… 763
第五节　检查操作箱 …… 763
第六节　切换开关室绝缘油试验 …… 763
第七节　二次回路绝缘试验 …… 764
复习题 …… 764

第十七章　套管 …… 765
第一节　概述 …… 765
第二节　红外测温和油中分解气体分析 …… 765
第三节　测量绝缘电阻 …… 766
第四节　测量介质损耗因数和电容量 …… 766
第五节　套管局部放电试验方法 …… 772
第六节　电容型套管的在线监测 …… 777
第七节　介质损耗及电容量的在线监测及诊断技术 …… 782
第八节　套管等少油式电力设备的在线监测 …… 785
第九节　套管故障的红外诊断方法 …… 790
复习题 …… 800

第十八章　绝缘子 …… 801
第一节　概述 …… 801
第二节　架空线路和站用瓷绝缘子试验 …… 802
第三节　架空线路和站用玻璃绝缘子试验 …… 809
第四节　复合绝缘子 …… 810
第五节　防污闪涂料和防污闪辅助伞裙 …… 812
第六节　高压与超高压输电线路不良绝缘子的在线检测 …… 813
第七节　绝缘子故障红外诊断方法 …… 820
复习题 …… 822

第十九章　电力电缆线路 …… 823
第一节　概述 …… 823
第二节　油纸绝缘电力电缆线路试验 …… 825
第三节　66kV 及以上自容式充油电力电缆线路试验 …… 833
第四节　橡塑绝缘电力电缆线路试验 …… 836
第五节　挤出绝缘电力电缆线路试验 …… 841
第六节　接地、交叉互联系统试验 …… 843
第七节　电缆及附件内的电缆油试验 …… 844
第八节　电力电缆线路的在线监测 …… 845
第九节　电力电缆线路绝缘状态在线综合监测诊断法 …… 851
第十节　电力电缆线路故障探测 …… 854
复习题 …… 864
第二十章　电容器 …… 866
第一节　概述 …… 866
第二节　红外测温 …… 868
第三节　测量绝缘电阻 …… 868
第四节　测量电容值 …… 869
第五节　测量并联电阻值 …… 874
第六节　测量介质损耗因数 …… 875
第七节　渗漏油检查 …… 877
第八节　交流耐压试验和局部放电试验 …… 878
第九节　耦合电容器的在线监测 …… 878
第十节　电力电容器的故障红外诊断方法 …… 887
复习题 …… 887
第二十一章　绝缘油和六氟化硫气体 …… 889
第一节　概述 …… 889
第二节　绝缘油的作用及其火花放电 …… 891
第三节　绝缘油的试验项目、周期和要求 …… 894
第四节　绝缘油试验方法 …… 897
第五节　绝缘油溶解气体的在线色谱分析 …… 908
第六节　六氟化硫气体的性能和杂质 …… 911
第七节　六氟化硫气体的检测项目、周期和要求 …… 914
第八节　六氟化硫电气设备内部状态的检测和六氟化硫气体分解产物的检测 …… 915
第九节　对气体绝缘设备运行状态的有效在线监控和离线检测展望 …… 919
复习题 …… 921
第二十二章　避雷器 …… 922
第一节　概述 …… 922

第二节　金属氧化物避雷器 …… 925
第三节　阀式避雷器 …… 935
第四节　不拆引线测量避雷器的绝缘电阻和电导电流 …… 937
第五节　不带并联电阻避雷器（FS 型）的试验 …… 940
第六节　带有并联电阻避雷器的试验 …… 943
第七节　避雷器的在线监测 …… 948
第八节　避雷器的故障红外诊断 …… 965
复习题 …… 967

第二十三章　母线 …… 968

第一节　概述 …… 968
第二节　封闭母线 …… 968
第三节　一般母线 …… 969

第二十四章　配电装置和架空电力线路 …… 971

第一节　概述 …… 971
第二节　1kV 及以下的配电装置和电力布线 …… 974
第三节　1kV 以上的架空电力线路及杆塔 …… 975
第四节　架空线路试验 …… 976
第五节　输电线路工频参数测量 …… 985
第六节　架空地线分流阻抗测试与回路电阻试验 …… 991
第七节　架空线路各种接头的热缺陷红外诊断 …… 992
第八节　气体绝缘输电线路 GIL 局部放电监测简介 …… 994
复习题 …… 995

第二十五章　接地装置 …… 997

第一节　概述 …… 997
第二节　土壤电阻率的测量方法 …… 1005
第三节　接地装置连通试验和开挖检查 …… 1009
第四节　接地阻抗和接地电阻测量周期和要求 …… 1010
第五节　接地电阻的计算 …… 1014
第六节　接地电阻的测量方法 …… 1017
第七节　接触电压与跨步电压的测量方法 …… 1032
第八节　有效接地系统接地网安全性状态评估的内容、项目和要求 …… 1034
第九节　接地装置的状态诊断与改造 …… 1035
复习题 …… 1042

第二十六章　并联电容器装置 …… 1044

第一节　概述 …… 1044
第二节　并联电容器装置中的单台保护用熔断器测试 …… 1045

第三节　串联电抗器试验…… 1046
第四节　放电线圈 …… 1048

第二十七章　串联补偿装置 …… 1050
第一节　概述 …… 1050
第二节　固定串补装置一次设备…… 1052
第三节　可控串补装置一次设备…… 1056

第二十八章　电除尘器…… 1057
第一节　概述 …… 1057
第二节　高压硅整流变压器…… 1058
第三节　低压电抗器 …… 1059
第四节　绝缘支撑及连接元件…… 1059
第五节　高压直流电缆 …… 1060
复习题 …… 1060

附　　录

附录一　电力设备预防性试验规程（DL/T 596—2021） …… 1063
附录二　电气装置安装工程电气设备交接试验标准（GB 50150—2016） …… 1160
附录三　电力设备预防性试验及诊断技术相关技术数据 …… 1232
1　球隙放电电压标准表 …… 1232
2　常用高压二极管技术数据 …… 1235
3　运行设备介质损耗因数 $\tan\delta$ 的温度换算系数 …… 1236
4　同步发电机、调相机定子绕组沥青云母和烘卷云母绝缘老化鉴定试验项目和要求 …… 1238
5　绝缘子的交流耐压试验电压标准 …… 1239
6　污秽等级与对应附盐密度值 …… 1240
7　橡塑电缆内衬层和外护套被破坏进水确定方法…… 1240
8　橡塑电缆附件中金属层的接地方法 …… 1241
9　避雷器的电导电流值和工频放电电压值 …… 1241
10　高压电气设备的工频耐压试验电压标准 …… 1242
11　电力变压器的交流试验电压…… 1243
12　油浸电力变压器绕组直流泄漏电流参考值 …… 1244
13　合成绝缘子和 RTV 涂料憎水性测量方法及判断准则…… 1244
14　气体绝缘金属封闭开关设备老炼试验方法 …… 1246
15　断路器回路电阻厂家标准…… 1247
16　各种温度下铝导线直流电阻温度换算系数 K_t 值 …… 1249

17 各种温度下铜导线直流电阻温度换算系数 K_t 值 …… 1250
18 QS_1 型西林电桥 …… 1250
19 绝缘电阻的温度换算 …… 1258
20 直流泄漏电流的温度换算 …… 1259
21 阀型避雷器电导电流的温度换算 …… 1260
22 常用高压硅堆技术参数 …… 1261
23 油浸式电力变压器介质损耗、绝缘电阻温度校正系数 …… 1262
24 部分断路器接触电阻值和时间参数 …… 1264
25 阀型避雷器的电导电流值、工频放电电压值和金属氧化物避雷器直流 1mA 电压 …… 1269
26 相关电力设备常用技术数据 …… 1272
27 系统电容电流估算 …… 1287
28 电气绝缘工具试验 …… 1287
29 同步发电机参数（参考值） …… 1289
30 带电作业用绝缘斗臂车技术参数 …… 1292

附录四 电气设备预防性试验仪器、设备配置及选型 …… 1293
1 35kV 变电所设备常用高压试验用仪器配置 …… 1293
2 110kV 变电所设备常用高压试验用仪器配置 …… 1294
3 220kV 变电所设备常用高压试验用仪器配置 …… 1295
4 500kV 变电所设备常用高压试验用仪器配置 …… 1296
5 配电变压器抽检试验设备配置 …… 1298
6 500kV 及以下变电所常用高压试验仪器 …… 1298

参考文献 …… 1322

概　　论

一、电力设备预防性试验及《电力设备预防性试验规程》

为了发现运行中的电力设备的隐患，预防发生事故或设备损坏，对设备进行的检查、试验或监测，也包括取油样或气样进行的试验，统称为电力设备预防性试验。预防性试验包括停电试验、带电检测和在线监测。预防性试验是电力设备运行和维护工作中的一个重要环节，是保证电力系统安全运行的有效手段之一。《电力设备预防性试验规程》（以下简称“《规程》”）是电力行业生产实践及科学试验中的一部非常重要的、常用的技术标准，是电力系统绝缘技术监督工作的主要依据，在我国已有 60 多年的使用经验。目前使用的版本 DL/T 596—1996 是电力行业标准，至今已 20 多年，该版本取代了 1985 年版。1985 年版的名称为《电气设备预防性试验规程》，其内容反映的是我国 20 世纪 70 年代末、80 年代初的电力工业技术水平和外部条件，适用于 330kV 及以下的电力设备，该规程在生产中发挥了重要作用，并积累了丰富的经验。改革开放后，我国电力工业发展迅速，大机组、超高压设备大量投运。随着电力生产规模的扩大和技术水平的提高，电力设备品种、参数和技术性能都有了较大的发展，1985 年版本已经不适应新时代的要求，需要对其进行补充和修改。1991 年原国家能源部电力司开始组织力量对原《规程》进行修订，历时 5 年终于形成 1996 年版本。该版《规程》规定了各种电力设备预防性试验的项目、周期和要求，用以判断设备是否符合运行条件，预防设备损坏，保证安全运行。《规程》覆盖了 500kV 及以下的交流电力设备，从国外进口的设备应以设备的产品标准为基础，参照执行该标准。该标准不适用于高压直流设备、矿用及其他特殊条件下使用的电力设备，也不适用于电力系统的继电保护装置、自动装置、测量装置等电气设备和安全用具。

1996 年版《规程》的具体内容实际上已经超出了预防性试验的范围，如《规程》规定的试验周期，不仅有定期、必要时，还有大修、小修后的试验，更换新组件的试验以及新设备投运前的试验。因此，从应用场合上看，它有别于工厂试验和现场新安装设备后的交接试验，是属于运行维护的范畴，取名为《电力设备维护试验规程》更恰当。“维护”一词包含了预防性维护、预知性维护和消缺性维护，正是 1996 年版《规程》的实际内容。所以，我们在使用该《规程》时，不能顾名思义（因为大家已经习惯于“预防性试验”一词了），而是要知道它的内涵和实际使用范围，从而更好地发挥《规程》的作用。

1996 年版《规程》中试验周期的含义如下：

（1）定期试验。定期试验的“定期”是指例行的、周期性的试验，也包括按照制造厂家或其他标准的规定，运行到满足一定条件时必须做的试验。《规程》中对定期试验的周期一般规定为 1～3 年，运行单位可在 1～3 年内自行规定为 1 年、2 年或 3 年。某些单位由于运行维护工作做得很好，以及对绝缘油中气体等的定期测试、在线监测技术的应用，能对电气设备做到心中有数，因此停电试验的周期可以超过3年，如1～5年等。

（2）大修试验。大修试验是为了保证和检验设备大修质量，在大修前、大修中或大修后必须做的试验检查。

1）大修前试验项目属于大修停机后、检修开工前应做的有关试验项目。

2）大修中试验项目属于检修中应该做的试验项目。

3）大修后试验项目属于检修完毕重新投入使用前应该做的试验项目。

（3）检查性试验。检查性试验是在定期试验中如果发现有异常时，为了进一步查明故障而进行的相应试验。检查性试验也可称为诊断试验，或跟踪试验。这种情况在《规程》的周期一栏中往往注明为“必要时”。

有的试验项目可能既是定期试验项目，又是检查性试验项目。绝缘油中的气体色谱分析，既是定期试验项目，又是检查性试验项目。例如，运行中变压器的气体继电器动作后，作为检查性试验一般都要同时取油样及气体继电器中的气体做色谱分析。

2021年版《规程》不再使用“定期试验”“大修试验”“检查性试验”等，对试验周期有的按照检修级别制定，有的按照设备的电压等级确定时间，依然保留了“必要时”，作为“发现异常、查明故障而进行的试验”。以电力设备检修规模和停用时间为原则，将检修分为A、B、C、D四个检修等级。其中，A级、B级、C级是停电检修，D级主要是不停电检修。

A级检修是指电力设备整体性的解体检查、修理、更换及相关试验（A级检修时进行的相关试验，也包含所有B级停电试验项目）。

B级检修是指电力设备局部性的检修，主要组件、部件的解体检查、修理、更换及相关试验（B级检修时进行的相关试验，也包括所有例行停电试验项目）。

C级检修是指电力设备常规性的检查、试验、维修，包括少量零件更换、消缺、调整和停电试验等（C级检修时进行的相关试验即例行停电试验）。

D级检修是指电力设备外观检查、简单消缺和带电检测。

曾经以1996年版《规程》为基础，衍生出了多项国家标准、行业标准以及电力企业技术标准。这反映出1996年版《规程》确实凝聚了众多专家、工程技术人员及广大一线电力职工的智慧和经验，从而具备了极强的生命力。同时，由于进入21世纪以来，我国电力体制、电网发展方式以及检修方式都发生了巨大的变化。在电力体制方面，经过2002年的“厂网分开”改革，形成了两家电网公司、五家发电集团，以及一些地方电力公司和发电公司的格局，使得《规程》的执行出现了多样性。其中，对于500kV及以下等级的交流电气设备的预防性试验，各发电集团继续在执行1996年版《规程》。南方电网有限公司则以1996年版《规程》为基础，于2004年制定、发布、实施了该公司的企业标准《电力设备预防性试验规程》，该标准于2011年进行了修订。

在电网发展方面，以750kV官亭-兰州东输变电示范工程2004年开工建设、1000kV晋东南-南阳-荆门特高压交流试验示范工程2006年开工建设为标志，我国超特高压电网建设进入快速发展阶段。目前西北750kV联网已初步实现，同时750kV电网也将成为西北各省区的骨架电网。通过交流1000kV、直流±800kV联网的全国特高压电网也正在形成中。在示范工程建设的同时，有关单位和部门本着标准先行的原则，按照1996年版

《规程》的模式，先后制定、发布并实施了国家电网公司企业标准《750kV 电力设备预防性试验规程》（Q/GDW 158—2007）、国家标准化指导性技术文件《1000kV 交流电气设备预防性试验规程》（GB/Z 24846—2009）、电力行业标准《±800kV 特高压直流设备预防性试验规程》（DL/T 273—2012）。这些标准为超特高压电网的安全、可靠运行发挥了至关重要的作用。其中，《750kV 电力设备预防性试验规程》（Q/GDW 158—2007）也被许多发电企业所采纳，用于开展对 750kV 电气设备的预防性试验。

在检修方式方面，针对传统计划检修模式下电气设备存在检修不足、过度检修等问题，国家电网公司于 2008 年开始，逐步推行状态检修，以替代传统的计划检修，并为此制定了一系列技术标准，其中就包括《输变电设备状态检修试验规程》（Q/GDW 168—2008）（以下简称“《状检规程》”）。此后，《状检规程》上升为电力行业标准，标准号为 DL/T 393—2010。为了适应现代电网快速发展和电网公司状态检修工作深入推进的新形势，提高标准的适应性和有效性，国家电网公司于 2014 年 1 月 1 日发布并实施代替 Q/GDW 168—2008 的标准《输变电设备状态检修试验规程》（Q/GDW 1168—2013）。《状检规程》立足于电网设备的安全运行，而不单一强调试验；周期依据设备状态有增也有减，而不是简单延长；试验项目分为例行和诊断两大类，突出了可操作性。此外，《状检规程》逐一重新审定试验数据的分析判据，提出了新的试验数据分析方法，增加了设备状态的简明认定方法。《状检规程》把状态检修的思想贯彻在了各个环节，并且采纳了适当放宽停电的例行试验，加强带电检测的技术思路。这里所谓“放宽”也是积极稳妥、留有余地的。《状检规程》将试验分为了巡检、例行试验和诊断性试验三种类型，具体含义如下：

（1）巡检。巡检是为掌握设备状态，对设备进行的巡视和检查。

（2）例行试验。例行试验是为获取设备状态量，评估设备状态，及时发现事故隐患，定期进行的各种带电检测和停电试验。需要设备退出运行才能进行的例行试验称为停电例行试验。《状检规程》的例行试验需要与电气设备出厂时的例行试验加以区分，设备出厂时的例行试验是指每台设备都要承受的试验。

（3）诊断性试验。诊断性试验是巡检、在线监测、例行试验等发现设备状态不良，或经受了不良工况，或受家族性缺陷警示，或连续运行了较长时间，为进一步评估设备状态进行的试验。

对于巡检、例行试验，《状检规程》也规定了可以进行调整的试验周期，称为基准周期。例如，规定各单位停电例行试验基准周期可以根据据设备状态、地域环境、电网结构等特点，酌情延长或者缩短。在设备基准周期基础上，根据设备实际状态，设备实际试验周期还可进行调整。《状检规程》还提出了轮试的概念，即对于数量较多的同厂同型设备，若例行试验项目的周期为 2 年及以上，宜在周期内逐年分批进行。试验周期的灵活调整和轮式概念的提出，改变了以往不顾设备状态、“一刀切”地定期安排试验和检修，纠正了状态检修概念混乱，盲目延长试验周期的不当做法，为状态检修工作的开展提供强有力的技术保证。

二、电力设备预防性试验的分类及发展

1. 绝缘可逆劣化和不可逆劣化的区别

电力设备在制造、运输和检修过程中，有可能因发生意外事故而残留潜伏性缺陷；在

长期运行过程中，又会受到电场、导体发热、机械力损伤与化学腐蚀以及气象环境等的作用，在这些外界因素的影响下，可能逐渐产生缺陷，使其绝缘性能变坏，这就是通常所说的劣化。劣化的绝缘有些是可逆的，有些则不可逆。例如，绝缘受潮后，其性能下降，但进行干燥后，又可恢复其原有的绝缘性能，显然它是可逆的。再如，某些工程塑料在湿度、温度不同的条件下，其机械性能呈可逆的起伏变化，这类可逆的变化，实质上是一种物理变化，是一种没有触及化学结构的变化。若绝缘在各种因素的长期作用下发生一系列的化学、物理变化，导致绝缘性能和机械性能等不断下降，呈现出不可逆的劣化，称为老化。例如，局部放电时会产生臭氧，很容易使绝缘材料发生臭氧裂变，导致材料性能老化；油在电弧的高温作用下，能分解出碳粒，油被氧化而生成水和酸，都会使油逐渐老化。正确区分绝缘的可逆劣化和不可逆劣化，在预防性试验中具有重要意义。

2. 绝缘缺陷的分类

为分析、判断方便，通常把绝缘缺陷分为集中性缺陷和分布性缺陷两类。

（1）集中性缺陷。集中性缺陷是指缺陷集中于某个或某几个部分，例如局部受潮、局部机械损伤、绝缘内部气泡、瓷介质裂纹等，它又分为贯穿性缺陷和非贯穿性缺陷，这类缺陷的发展速度较快，因而具有较大的危险性。

（2）分布性缺陷。分布性缺陷是指由于受潮、过热、动力负荷及长时间过电压的作用导致的电力设备整体绝缘性能下降，例如绝缘整体受潮、充油设备的油变质等，它是一种普遍性的劣化，是缓慢演化而发展的。

电力设备绝缘存在缺陷时，其绝缘性能会发生变化，通过某种试验手段测量表征其性能的有关参数，即可查找设备的绝缘缺陷。目前，通常采用预防性试验手段来查找设备绝缘缺陷，并且它已成为我国电力生产中的一项重要制度，是保证电力系统安全运行的有效手段之一。

3. 预防性试验的分类

电力设备预防性试验通常按其对被试绝缘的危险性进行分类，包括以下两类：

（1）非破坏性试验。在较低电压（低于或接近额定电压）下进行的试验称为非破坏性试验，主要指测量绝缘电阻、泄漏电流和介质损耗因数等电气试验项目。由于这类试验施加的电压较低，故不会损伤设备的绝缘性能，其目的是判断绝缘状态，及时发现可能的劣化现象。

（2）破坏性试验。在高于工作电压下所进行的试验称为破坏性试验。试验时在设备绝缘上加上规定的试验电压，考验绝缘对此电压的耐受能力，因此也叫耐压试验。它主要指交流耐压和直流耐压试验。由于这类试验所加电压较高，考验比较直接和严格，但也有可能在试验过程中给绝缘造成一定的损伤和破坏，故而得名。

应当指出，这两类试验是有一定顺序的，应首先进行非破坏性试验，然后再进行破坏性试验，这样可以避免不应有的绝缘击穿故障发生。例如进行变压器预防性试验时，当用非破坏性试验检测出其受潮后，应先进行干燥，然后再进行破坏性试验，这样可以避免变压器一开始试验就被损坏，造成修复困难。

4. 常规停电进行的预防性试验的局限性

多年来，常规停电预防性试验对保证电力设备安全运行起到了积极作用，但是随着电

力设备的大容量化、高电压化、结构多样化及密封化，对常规预防性试验而言，传统的简易诊断方法已显得不太适应，主要表现如下：

(1) 试验时需要停电。随着社会经济的快速发展，对供电可靠性提出了越来越高的要求，设备停电的难度也越来越大。在某些情况下，设备无法停运时，往往造成漏试或超周期试验，这就难以及时诊断出绝缘缺陷。

(2) 试验时间集中、工作量大。我国的绝缘预防性试验往往集中在春季，由于要在很短的时间（通常为3个月左右）内，对数百台甚至数千台设备进行试验，一则劳动强度大，二则难以对每台设备都进行十分严格的诊断，一些可疑数据可能会因为未仔细研究和综合判断，而导致设备带缺陷运行并最终发展为事故。例如，测得某220kV油纸电容式电流互感器的$\tan\delta$为1.4%，虽然小于《规程》限值1.5%，但比上年的测量值0.41%增长了2.4倍，也判断为合格，但投运10h后，就发生了爆炸。

(3) 电气设备停电和运行时的状态等效性值得研究。对于传统诊断方法，试验电压一般在10kV及以下，由于试验电压低，不易发现缺陷，所以曾多次发生预防性试验合格后的烧坏、爆炸情况。例如，安徽省某地区曾发生OY－110/$\sqrt{3}$－0.0066型耦合电容器试验合格，而运行不到3个月就爆炸的情况；东北地区某220kV少油断路器曾发生测得B相泄漏电流为7μA（小于限值10μA），判断为合格，投运10个月后就爆炸的情况。另外，停电后设备温度降低，测试结果有时不能反映真实情况。研究表明，约有58.5%的设备难以根据低温试验结果作出正确判断。

5. 预防性试验检测新方法的研究和引入

基于上述情况，目前需要开展以下两方面的研究：

(1) 新的预防性试验检测参数与方法。近几年来，色谱分析、局部放电等试验项目的引入，使检测的有效性明显提高，但是对某些缺陷仍难以及时发现。这就需要继续引入一些新检测参数、新方法和新技术。例如，SF_6气体绝缘设备的放电分解产物检测与分析，交联聚乙烯电缆的光纤测温，全封闭组合电器（GIS）的现场振荡冲击耐压试验，基于振动分析的变压器绕组变形在线检测，基于振动信号特征的电力变压器绕组故障诊断技术等，目前都得到了深入研究，并逐步开始应用，为及时有效地发现设备缺陷发挥着重要作用。

(2) 不停电检测。由上述可知，电力设备虽然都按照规定、按时做了常规预防性试验，但事故依然时有发生，其中一个重要的原因是现有试验项目和方法往往难以保证设备在一个试验周期内不发生故障。由于绝大多数故障的发生都有一个发展过程，这就要求发展一种连续或选时的监视技术，在故障发生前及时捕捉到缺陷信息，不停电检测技术就是为适应这一需要发展起来的。不停电检测包括在线监测和带电检测。由于多数设备的运行电压已远高于停电后的试验电压，如能利用运行电压本身对高压电力设备进行试验，就可以大大提高试验的真实性和灵敏度，能及时发现绝缘缺陷，这是不停电检测的一个重要出发点。

近年来，随着传感技术、通信技术、电子与计算机技术等的发展和应用，为不停电检测技术揭开了新的篇章。图0－1是不停电检测系统的一种基本结构示意图。由各种传感器系统所获得的各种信号（采集到的可能是电气参量，也可能是温度、压力、超声等非电气参量），经过必要的转换后，统一送进数据处理、分析系统。当然，为了采集处理不同的参量，还需要相应的硬件与软件来支持。在综合分析判断后给出结果，既可以用微型打印机打印，也可以直接存盘或屏幕显示。图 0－1 的实线部分可构成带电检测系统，该部分与上一级检测中心相连，即可组成在线监测系统。

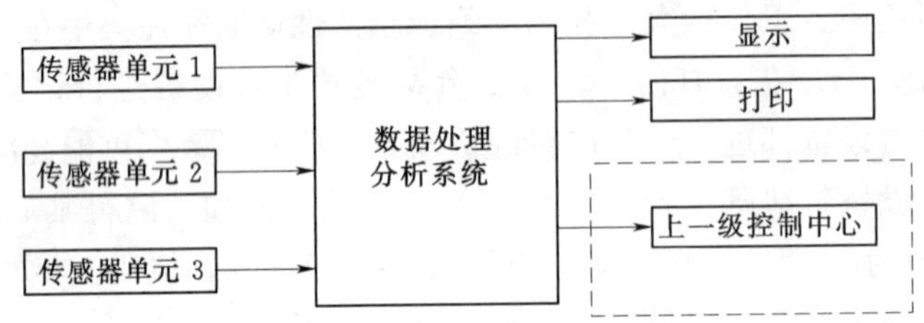

图 0－1　不停电检测系统基本结构示意图

可以预测，不停电检测有可能逐步取代常规停电预防性试验，但目前还无法实现替代。主要是因为不停电检测尚有迫切需要研究的问题，主要包括两个方面：一方面是确定绝缘诊断方法，即要测量什么参数，这些参数要发展到怎样的水平或出现怎样的模式作为预报故障的判据；另一方面是如何测准这些参数。总之，不能认为将常规停电预防性试验项目、测试方法都改为不停电检测就大功告成了，必须对上述问题进行充分论证，并重点研究信息传递手段的更新和绝缘劣化机理。

6. 在线监测技术的推广应用

作为不停电检测的手段之一，在线监测近年来受到了高度重视，并得到了快速推广。然而运行经验表明，目前在线监测的作用远未达到预期。

(1) 成熟的电气设备，在其正常的寿命周期内，故障的发生一般在千分之一以下，属于小概率事件。而部署在线监测系统，需要投入大量的人力、物力，为每台设备安装传感器，并布置相应的信息处理及传输单元，逐层传递至站端及系统平台。而“守株待兔”式地捕捉偶然的突发事故，技术经济上很不合理。

(2) 在线监测系统部署后，产生了海量的设备状态信息，需要有强大的后台分析诊断系统提供支撑。由于一些在线监测装置存在稳定性差，抗干扰能力不足等问题，会产生大量虚假信息，造成系统经常误报警，而少数能够真实反映设备缺陷的信息又有可能湮没在大量的虚假信息中被忽略。

(3) 传感器的大量安装，有可能改变设备原有结构，从而留下故障隐患，为此还需投入一定的人力、物力防止由于传感器安装导致的设备故障发生。

有鉴于此，当前在线监测的重点已转向对电力变压器等关键核心设备，监测项目主要是技术已很成熟的绝缘油色谱、铁芯接地电流等。同时，作为不停电检测的另一种手段，带电检测既能克服停电试验的缺点，又可方便灵活地在现场实施，还不会影响设备的安全运行，在现场得到了越来越广泛的应用，并取得了良好的效果。随着传感器融合技术、物联网技术及人工智能技术的不断发展，在线监测和带电检测将会进一步互补融合，为电气设备的健康运行发挥重要作用。

7. 保证预防性试验成功有效的措施

医生为病人检查身体讲究“望闻问切”，而电气试验相当于是对电气设备进行体检，也要注意采取正确的方式方法，否则就有可能得出错误的结论。

（1）试验记录及试验报告。试验记录及试验报告应全面、准确的包含以下信息：

1）试验日期及天气条件，如试验日期、天气、温度、湿度等。

2）被试设备的铭牌参数、设备运行编号及安装位置等。

3）被试设备的状态，如试验时的本体温度、表面状况等。

4）试验设备及仪器、仪表的型号、编号及准用情况等。

5）试验依据。

6）试验方法和接线。

7）试验数据。

8）试验分析及结论。

9）试验人员签名。

（2）试验数据的确定。在高电压试验中除了要采用正确的试验方法和接线外，重要的是能够根据试验数据对被试设备的状态进行正确的分析和判断，这就要求试验人员熟悉每项试验的作用，熟悉电气设备的物理结构和等效电路，熟悉每项试验所能反映的问题，还要能够及时排除试验误差。在试验时一般采用如下方法对试验数据和结果进行处理：

1）试验接线、试验方法误差。接线和方法是否正确，试验电压、电流测量是否准确，比如做直流泄漏试验时，试验电压是否从高压侧直接测量，微安表的接入位置是否合理，是否采用了合适的滤波电容。特别是在做避雷器等非线性元件的直流泄漏电流时，如果电压测量不准，则会造成泄漏电流较大的误差。还有做介损试验时接线不同，测量结果也会有较大的差异。

2）仪器、仪表误差。仪器、仪表在长途运输、搬运和使用过程中有可能发生损坏，或产生较大误差，如不能及时检查、校对就会对试验结果造成严重影响。特别是一些测量表计、仪器，如分压器、互感器及各类表计等损坏后如不能及时发现，就会对试验结果产生较大的影响。仪器的容量和仪表的读数范围也至关重要。如仪器容量不足，或形式选择不正确，也会对试验结果产生较大的影响。而对于仪表的选择，则是应选择在仪表读数刻度的30%～80%范围内，如果靠近上限或下限读数则误差就较大。

3）被试品表面状况。对绝缘试验而言，被试品的表面状况对试验结果会产生很大的影响，所以在试验前应彻底清擦被试品表面或采取屏蔽措施，消除被试品表面污秽对试验结果的影响。

4）环境条件。温度、湿度对试验结果会产生很大的影响。在进行绝缘试验时，被试品温度一般不低于5℃，户外试验应在良好的天气进行，且空气相对湿度一般不高于80%。全国范围内，每次现场试验都达到这样的要求，实际上并不容易。因此，对于不完全满足上述温度、湿度条件时，也可根据实际情况开展试验，测得的试验数据应进行综合分析，以判断电气设备是否可以运行。必要时，在温度、湿度达到要求的条件下，应安排复测。

5）各种干扰的影响。对于发电厂、变电站的电气设备，往往处于电场干扰、磁场干扰等复杂电磁环境下，而大多数项目如绝缘介质损耗试验、局部放电试验等，容易受干扰影响，使试验结果产生较大的偏差，因而在试验时需采取切实可行的措施消除干扰对试验的影响。

在完成某项试验后，特别是当某个试验数据有问题时，不要急于对被试品下结论，而是要对试验接线、试验方法，仪器、仪表反复检查，对试验条件、外部环境进行仔细分析，对被试品表面状况进行认真处理，对各种干扰进行排除，必要时要采用不同的方法，不同的仪器、仪表，不同的接线进行复试。当所有可能影响试验结果的因素全部排除后，再确定试验数据。

（3）试验结果分析。对电气设备做一系列的试验项目，目的是通过试验来判定被试设备的运行状态是否良好，有无潜伏性故障。一般应按以下方式对试验数据进行分析，从而得出试验结论：

1）将试验结果与规程、标准比较。看试验结果是否符合规程、标准的要求。在电力系统中，交接试验有交接试验标准，预防性试验有预防性试验标准，对绝大多数设备而言还有相应的设备标准。因此做什么试验，就要和什么标准相对照，看试验结果是否符合相应标准的要求，试验数据是否在规程标准规定的范围内。如是，则正常。如超出规程、标准的范围，则需找出原因。

2）将试验结果与历史数据比较。将试验结果与历史数据比较就是与初值进行比较。所谓初值是指能够代表原始值的试验值。对于不同类型的试验项目，由于影响因素不同，初值选取也就存在很大差异。如套管电容量，容易受到安装环境的影响，因此初值可选择交接试验值或者首次预试值。变压器绕组直流电阻不受安装环境的影响，因此初值可选择出厂试验值。再如变压器绝缘油色谱，在经过滤油处理后会发生显著变化，因此初值应选择滤油后的首次试验值。与初值比较应建立在完善的设备试验档案基础之上，确定设备参数的变化规律。如某一参数向劣化方向变化较大应引起注意，或应找到变化的原因。需要说明的是，比较试验数据时，要注意两次试验的外部环境条件和试验方法，以及所用仪器、仪表是否一致，一般应换算到标准条件下进行比较。

3）将试验结果与同类设备试验结果相比较。在电力系统中进行交接或预防性试验时，往往都是对一批设备做试验，这时可将试验结果或数据与同类设备的试验结果相比较，或将其中一相设备的试验结果与另外两相进行比较，一般情况下，不会有较大的差别。如差别过大，则应找出原因。此外，进行相间比较时，若三相试验结果均出现显著变化时，应从试验接线、试验方法，仪器、仪表等方面查明原因，通常电气设备绝缘三相同时劣化的概率极低。

4）将试验结果进行多种试验项目数据的综合分析。一项试验往往难以说明电气设备的真实状态，需要对多个试验项目数据进行综合分析，因此电气设备必要的试验项目应尽量做全，还要求对试验项目分门别类，进行归纳总结，比如属于绝缘类别的项目有哪些，属于特性类的项目有哪些等。

三、2021年版《规程》概述

（一）“总则”的说明

2021年版《规程》的“总则”是进行预防性试验的基本要求和基本规定。“总则”的

4.1～4.3条加上4.17条可以看作是预防性试验的基本要求，具体包括以下内容：

（1）本文件规定的各类设备试验的项目、周期、判据和方法是电力设备绝缘监督工作的基本要求。

（2）试验结果应与该设备历次试验结果相比较，与同类设备试验结果相比较，参照相关的试验结果，根据变化规律和趋势，进行全面分析后做出判断。

（3）在进行电气试验前，应进行外观检查，保证设备外观良好，无损坏。

（4）执行本规程时，可根据具体情况制定本地区或本单位的实施规程。

“总则”的4.4～4.16条是对有关预防性试验的以下12个方面所做的基本规定：

1. 一次设备交流耐压试验的试验值

一次设备交流耐压试验，凡无特殊说明，试验值一般为有关设备出厂试验电压的80%，加至试验电压后的持续时间均为1min，并在耐压前后测量绝缘电阻；二次设备及回路交流耐压试验，可用2500V绝缘电阻表测绝缘电阻代替。

2. 充油充气电力设备注油充气后静置时间

（1）充油电力设备在注油后应有足够的静置时间才可进行耐压试验。静置时间如无产品技术要求规定，则应依据设备的额定电压满足表0-1的要求。

表0-1　　依据设备额定电压充油电力设备注油后应满足静置时间

充油电力设备额定电压/kV	静置时间/h	充油电力设备额定电压/kV	静置时间/h
750	＞96	220及330	＞48
500	＞72	110及以下	＞24

（2）充气电力设备在解体检查后在充气后应静置24h才可进行水分含量试验。

3. 耐压试验单独试验要求

进行耐压试验时，应将连在一起的各种设备分离开来单独试验（制造厂装配的成套设备不在此限），但同一试验电压的设备可以连在一起进行试验。已有单独试验记录的若干不同试验电压的电力设备，在单独试验有困难时，也可以连在一起进行试验。此时，试验电压应采用所连接设备中的最低试验电压。

4. 试验电压确定原则

当电力设备的额定电压与实际使用的额定工作电压不同时，应根据下列原则确定试验电压：

（1）当采用额定电压较高的设备以加强绝缘时，应按照设备的额定电压确定其试验电压。

（2）当采用额定电压较高的设备作为代用设备时，应按照实际使用的额定工作电压确定其试验电压。

（3）为满足高海拔地区的要求而采用较高电压等级的设备时，应在安装地点按实际使用的额定工作电压确定其试验电压。

5. 被试品温度及环境温度和湿度

在进行与温度和湿度有关的各种试验（如测量直流电阻、绝缘电阻、介质损耗因数、泄漏电流等）时，应同时测量被试品的温度和周围空气的温度和湿度。进行绝缘试验时，被试品温度不应低于5℃。户外试验应在良好的天气进行，且空气相对湿度一般不高于80％。

6. 直流高压试验接线

进行直流高压试验时，应采用负极性接线。

7. 预试基准日期（设备纵向综合分析的基础）

330kV及以上新设备投运1年内或220kV及以下新设备投运2年内应进行首次预防性试验。首次预防性试验日期是计算试验周期的基准日期（计算周期的起始点），宜将首次试验结果确定为试验项目的初值，作为以后设备纵向综合分析的基础。

8. 交接试验、预防性试验和带电检测

（1）新设备经过交接试验后，330kV及以上超过1年投运的或220kV及以下超过2年投运的，投运前宜重新进行交接试验。

（2）停运6个月以上重新投运的设备，应进行预防性试验（例行停电试验）。

（3）设备投运1个月内宜进行一次全面的带电检测。

9. 对备用设备预试要求

现场备用设备应按运行设备要求进行预防性试验。

10. 检测周期中的“必要时”含义

检测周期中的“必要时”是指怀疑设备可能存在缺陷需要进一步跟踪诊断分析，或需要缩短试验周期的，或在特定时期需要加强监视的，或对带电检测、在线监测需要进一步验证的情况等。

11. 不拆引线停电试验和拆引线进行验证性试验

500kV及以上电气设备停电试验宜采用不拆引线试验方法，如果测量结果与历次比较有明显差别或超过本文件规定的标准，应拆引线进行验证性试验。

12. 积极开展带电检测或在线监测

有条件进行带电检测或在线监测的设备应积极开展带电检测或在线监测。当发现问题时，应通过多种带电检测或在线监测检测手段验证，必要时开展停电试验进一步确认；对于成熟的带电检测或在线监测项目（如变压器油中溶解气体、铁芯接地电流、MOA阻性电流和容型设备电容量和相对介质损耗因数等）判断设备无异常的，可适当延长停电试验周期。

（二）编制背景

（1）预防性试验是电力设备运行和维护工作中的一个重要环节，是保证电力系统安全运行的有效手段之一。电力设备预防性试验规程是电力系统绝缘技术监督的重要依据。随着电力工业的迅速发展和技术水平的提高，新设备的大量出现和老的设备不断淘汰、新的现场试验、检测技术不断出现，原电力工业部颁发的《电力设备预防性试验规程》（DL/T 596—1996）中的很多内容已经不能适应当前电力生产的需要，需要对其进行补充和修改。

(2) 值得说明的是，近10多年来，电网企业的输变电设备运维检修已经普遍推广以在线监测、带电监测和停电试验相结合的状态检修。但对于周期管控要求比较高的发电厂设备，以及未推广状态检修的电网设备及自备设备，预防性试验规程还具有很强的应用需求。

(3) 本标准是根据《国家能源局关于下达2009年第一批能源领域行业标准制（修）订计划的通知》（国能科〔2009〕163号）要求编制。标准由中国电力科学研究院有限公司牵头，中国长江电力股份有限公司、国网冀北电力公司、国网湖北省电力公司、广东电网公司电科院、国网重庆市电力公司、国网天津市电力公司、国网河北省电科院、国网上海市电科院、国网辽宁省电科院、华北电科院司、国网华东分部相关专家共同参与编制。此外，电力行业电机标委会、电力变压器标委会、电力电容器标委会、高压开关设备及直流电源标委会、气体绝缘金属封闭电器标委会、绝缘子标委会、电力电缆标委会等相关标委会秘书处及专家代表也积极参与了标准的审查和部分编制工作。

（三）编制主要原则

1. 编制总原则

坚持继承发展的总原则，具体要求如下：

(1) 保持规范结构不变，合理调整规范章。

(2) 维持规范主题章核心要素不变，慎重修订技术要求。

(3) 慎重删除设备和试验项目，稳妥新增加设备和试验项目。

(4) 积极采纳新技术、新材料、新方法。

(5) 坚持定期检修为主，积极吸收状态检修的优点。

2. 编制细则

(1) 规范名称仍为："电力设备预防性试验规程"，由本文件的"范围"界定电力设备泛指"交流电力设备"。

(2) 合理确定设备电压等级适用范围。由于1000kV交流设备运行管理、试验检修以及相关技术标准自成体系，电压等级适用范围由500kV增加到750kV。

(3) 完善预防性试验术语定义，明确预防性试验包括停电试验、带电检测和在线监测。

(4) 完善A、B、C级检修级别定义，明确A、B检修内容包括相关停电试验，C级检修的试验为例行停电试验内容。

(5) 规范试验周期，统一将大修、小修调整为A级检修、B级检修和C级检修。将1～3年周期调整为：≥330kV时，≤3年；≤220kV时，≤6年。

(6) 依据最新的国家标准、行业标准，更新了变压器油、SF_6气体等部分项目的检测方法或判断指标。

(7) 删除因技术改进原因不存在了或者不需要的设备或试验项目。

(8) 鼓励500kV及以上设备停电试验采用不拆高压引线试验的方法。

(9) 积极应用带电检测或在线监测技术，对于成熟的带电检测或在线监测项目（如变压器油中溶解气体、铁芯接地电流、MOA阻性电流和容型设备电容量和相对介质损耗因数等）判断设备无异常的，可适当延长停电试验周期。

(四) 标准结构和内容

(1) 本标准主题章分为23章，由范围、规范性引用文件、术语和定义、总则、旋转电机、电力变压器、电抗器及消弧线圈、互感器、开关设备、有载调压装置、套管、绝缘子、电力电缆线路、电容器、绝缘油和六氟化硫气体、避雷器、母线、1kV及以下的配电装置和电力布线、1kV以上的架空电力线路及杆塔、接地装置、并联电容器装置、串联补偿装置、电除尘器组成。

(2) 给出了电力设备预防性试验项目、试验周期和技术要求（包括判据、方法及说明两部分)，以指导现场检修试验人员的工作。

(五) 主要编制过程

(1) 2011年5月，根据全国状态维修与在线监测技术标委会标准编制计划要求，由秘书处统一组织共有中国电科院、湖北电科院、华北电科院、河北电科院、广东电科院、华东电网公司、天津电力公司、重庆电力公司等9个单位的成立编写工作组，共同启动标准编写工作。

(2) 2012年5月，组织19位编写组成员代表参加了初稿审查会。会议对标准各章节的初稿进行了审查，讨论了各章节的修订内容，并形成修订整体思路。确定了旋转电机、电力变压器、互感器、开关设备、电力电缆等19类主要电力设备预防性试验的项目、周期和要求。

(3) 2012年6—9月，工作组根据初稿审查会对标准进行了编制，形成标准初稿。

(4) 2015年5月，秘书处对标准进行集中修改工作，完善标准格式和有关条款。

(5) 2015年10月，通过秘书处向标委会委员及相关单位发征求意见函，并在中电联标准化网站对本标准广泛征求意见。

(6) 2016年4月，修改完成标准送审稿。

(7) 2016年5月，标委会在北京泰山饭店召开本标准送审稿审查会，邀请了有关高校、运行单位、电力试验院、生产厂家等业内专家，对标准送审稿进行了审查。

(8) 2016年10月，编写组根据专家提出的意见对标准送审稿进行修改，形成报批稿初稿。

(9) 2017年4月18日，考虑电网公司输变电设已经普遍实施备状态检修，预防性试验规程的修订应重点突出发电企业的电力设备管理需求，中电联标准化管理中心会议在北京三峡集团总部组织召开了《规程》标准修订工作研讨会。会议研讨了下一步标准修订的要求，要求工作组根据三峡集团等发电企业的意见征集情况，以及会上专家意见，完成标准完善编制工作。

(10) 2017年5月至2018年1月，标委会连续在天津、武汉、南京、北京组织召开6次专家审查会，按设备专业对旋转电机、变压器设备、开关类设备、线路绝缘子、互感器、电缆部分修订稿进行审查。工作组根据会议专家包括三峡集团、龙源电力、国家电网系统、南方电网系统单位、各设备厂家相关专家代表等。

(11) 2018年4月，工作组根据专家意见完成各设备部分内容完善，中国电科院完成各部分汇总，形成标准送审稿，完成总则部分完善编制。

（12）2020年11月10—11日在北京市组织召开了《规程》报批稿定稿会。来自中国电科院、辽宁电科院、三峡发电厂、冀北电科院、重庆电科院、江苏电科院的委员和相关单位代表参加会议。会议听取了编制工作组对报批稿进行进一步修改完善的说明，一致同意按照审查意见修改后，尽快完成报批。

（13）2020年12月10日，根据专家意见修改完成报批稿。

（六）与其他标准文件的关系及协调性

1. 本标准的历次修订版本

（1）中华人民共和国水利电力部《电气设备交接和预防性试验规程》1961年版。

（2）中华人民共和国水利电力部《电气设备交接和预防性试验标准》1977年版。

（3）中华人民共和国水利电力部《电气设备预防性试验规程》1985年版。

（4）中华人民共和国电力工业部《电力设备预防性试验规程》（DL/T 596—1996）1996年版。

（5）国家能源局《电力设备预防性试验规程》（DL/T 596—2021）2021年版。

2. 其他相关标准

（1）《1000kV交流电气设备预防性试验规程》（GB/T 24846—2018）。

（2）《电气装置安装工程　电气设备交接试验标准》（GB/T 50150—2016）。

（3）《旋转电机预防性试验规程》（DL/T 1768—2017）。

（4）《输变电设备状态检修试验规程》（DL/T 393—2010）。

（5）《输变电设备状态检修试验规程》（Q/GDW 1168—2013）（国家电网）。

（6）《电力设备检修试验规程》（Q/CSG 1206007—2017）（南方电网）。

3. 适应性

（1）计划检修→预防性试验。

预防性试验：为了发现运行中设备的隐患，预防发生事故或设备损坏，对设备进行的检查、试验或监测。包括停电试验、带电检测和在线监测，也包括带电取油样或气样进行的试验。

（2）状态检修→状态检修试验。

状态检修试验：为获取设备状态量，评估设备状态，及时发现事故隐患，对设备进行巡视、例行检查、例行试验和诊断性试验。包括停电试验、带电检测和在线监测。

（3）安装工程→交接试验。

交接试验：为了检验设备生产质量、运输是否受损、安装过程是否质量问题，对安装竣工后所进行的试验。

（4）预防性试验、状态检修试验和交接试验都是现场试验。

4. 编制依据

本标准依据《标准化工作导则》（GB/T 1）、《标准化工作指南》（GB/T 20000）、《标准编写规则》（GB/T 20001）、《标准中特定内容的起草》（GB/T 20002）的相关规则编制。

（七）主要修改条文说明

1. 整体结构

（1）由 1996 年版《规程》20 章调整为 23 章。

（2）将原“6　电力变压器及电抗器”调整为“6　电力变压器”和“7　电抗器及消弧线圈”两章。

（3）原“10　支柱绝缘子和悬式绝缘子”更名为“12　绝缘子”。

（4）将原“6　电力变压器及电抗器”中“表 5.18（《规程》中表 5 的序号 18，下同）有载调压装置的试验和检查”调整为“10　有载调压装置”。

（5）将原“12.5　高压并联电容器装置”调整为“21　并联电容器装置”。

（6）增加了“22　串联补偿装置”。

（7）删除了原“16　二次回路”。

（8）将原“表 5　电力变压器及电抗器的试验项目、周期和要求”调整为“表 5　油浸式电力变压器的试验项目、周期和要求”“表 6　干式变压器和干式接地变压器的试验项目、周期和要求”“表 7　SF_6 气体绝缘变压器的试验项目、周期和要求”“表 8　油浸式电抗器的试验项目、周期和要求”“表 9　干式电抗器的试验项目、周期和要求”“表 10　消弧线圈的试验项目、周期和要求”。

（9）将原“表 7　电流互感器的试验项目、周期和要求”调整为“表 11　油浸式电流互感器的试验项目、周期和要求”“表 12　SF_6 电流互感器的试验项目、周期和要求”“表 13　复合薄膜绝缘电流互感器的试验项目、周期和要求”“表 14　浇注式电流互感器的试验项目、周期和要求”。

（10）将原“表 8　电磁式电压互感器的试验项目、周期和要求”调整为“表 16　电磁式电压互感器（油浸式）的试验项目、周期和要求”“表 17　电磁式电压互感器（SF_6 气体绝缘）的试验项目、周期和要求”“表 18　电磁式电压互感器（固态绝缘）的试验项目、周期和要求”。

（11）将原“表 9　电容式电压互感器的试验项目、周期和要求”和原“表 30　耦合电容器和电容式电压互感器的分压器的试验项目、周期和要求”合并为新“表 19　电容式电压互感器的试验项目、周期和要求”。

（12）将原“表 10　SF_6 断路器和 GIS 的试验项目、周期和要求”调整为“表 23　气体绝缘金属封闭开关设备的试验项目、周期和要求”“表 24　SF_6 断路器的试验项目、周期和要求”。

（13）将原“表 17　隔离开关的试验项目、周期和要求”调整为“表 31　隔离开关和接地开关的试验项目、周期和要求”。

（14）将原“表 24　橡塑绝缘电力电缆线路的试验项目、周期和要求”调整为“表 42　35kV 及以下橡塑绝缘电力电缆线路的试验项目、周期和要求”“表 43　66kV 及以上挤出绝缘电力电缆线路的试验项目、周期和要求”。

（15）将原“表 40　金属氧化物避雷器的试验项目、周期和要求”调整为“表 51　无串联间隙金属氧化物避雷器的试验项目、周期和要求”“表 52　GIS 用金属氧化物避雷器

的试验项目、周期和要求”“表 53　线路用带串联间隙金属氧化物避雷器的试验项目、周期和要求”。

（16）增加了“22　串联补偿装置”“9.8　负荷开关”“表 15　电子式电流互感器的试验项目、周期和要求”“表 20　电子式电压互感器的试验项目、周期和要求”“表 21　三相组合式互感器的试验项目、周期和要求”“表 12　SF_6 电流互感器的试验项目、周期和要求”“表 17　SF_6 电磁式电压互感器的试验项目、周期和要求”“表 13　复合薄膜绝缘电流互感器的试验项目、周期和要求”“表 37　复合绝缘子的试验项目、周期和要求”“表 38　防污闪涂料的试验项目、周期和要求”“表 39　防污闪辅助伞裙的试验项目、周期和要求”等设备类型。

（17）删除了原“8.5　空气断路器”“8.11　镉镍蓄电池直流屏”“16　二次回路”三类设备。

2. 同步发电机、调相机

（1）表 1.2（《规程》中表 1 的序号 2，下同）定子绕组的直流电阻。增加周期“不超过 3 年”、在出口短路后的要求改为必要时。相互之间的差别不得大于最小值的 2%（1.5%），以与其他标准相对应（GB 50150—2016）。

（2）表 1.14 转子绕组的交流阻抗和功率损耗。增加“出现以下变化时应注意”的内容。

1）交流阻抗值与出厂数据或历史数据比较，减小超过 10%。

2）损耗与出厂数据或历史数据比较，增加超过 10%。

3）当变流阻抗与出厂数据或历史数据比较减小超过 8%，同时损耗与出厂数据或历史数据比较增加超过 8%。

4）在转子升速与降速过程中，相邻转速下，相同电压的交流阻抗或损耗值发生 5% 以上的突变时。”

（3）表 1.15 增加“重复脉冲（RSO）法测量转子匝间短路”。试验及评定准则按照《隐极同步发电机转子匝间短路故障诊断导则》（DL/T 1525）。

（4）表 1.18 隐极同步发电机定子绕组端部动态特性和振动测量中的自振频率不得介于基频或倍频的±10%，修改为：

1）对于 2 极汽轮发电机，定子绕组端部整体椭圆振型固有频率应避开 95～110Hz 范围，对于 4 极汽轮发电机，定子绕组端部整体 4 瓣振型固有频率应避开 95～110Hz 范围；定子绕组相引线和主引线固有频率应避开 95～108Hz 范围。

2）对引线固有频率不满足 1）中要求的测点，应测量其原点响应比。在需要避开的频率范围内，测得的响应比不大于 $0.44m/(s^2 \cdot N)$。

3）如果整体振型固有频率不满足 1）中的要求，应测量端部各线棒径向原点响应比。

（5）表 1.20 增加“定子绕组内部水系统流通性”。要求如下：

1）超声波流量法。按照《发电机定子绕组内冷水系统水流量超声波测量方法及评定导则》（DL/T 1522）。

2）热水流法。按照《汽轮发电机绕组内部水系统检修方法及评定》（JB/T 6228）。

（6）表 1.21 增加“定子绕组端部电晕”。

1）近些年来，由于发电机定子绕组防晕层和绝缘存在缺陷，运行中频繁出现定子绕组端部严重电晕、放电甚至绝缘损坏的情况。为了有效查找发电机定子绕组端部的电晕缺陷位置，判别其严重程度，提高发电机检修中提前发现和处理缺陷的能力和水平，开展该项试验非常必要。

2）检测方法和评定准则按照《发电机定子绕组端部电晕检测与评定导则》（DL/T 298—2011）。

（7）表 1.22 增加“转子气体内冷通风道检验”。检验方法及技术要求按照《隐极同步发电机转子气体内冷通风道检验方法及限值》（JB/T 6229—2014）。

（8）表 1.23 增加“气密性试验”。检验方法及评定准则按照《氢冷电机气密封性检验方法及评定》（JB/T 6227—2004）。

（9）表 1.24 增加“水压试验”。检验方法及评定准则按照《汽轮发电机绕组内部水系统检验方法及评定》（JB/T 6228—2004）。

（10）表 1.27 空载特性曲线。修改为：

2）在额定转速下的定子电压最高值：

a）水轮发电机为 $1.3U_N$、带变压器时为 $1.05U_N$（以不超过额定励磁电流为限）。

b）汽轮发电机为 $1.2U_N$、带变压器时为 $1.05U_N$。

3）对于有匝间绝缘的电机最高电压为 $1.3U_N$，持续时间为 5min。

（11）表 1.32 增加“效率试验”。试验方法按照《三相同步电机试验方法》（GB/T 1029—2005）。

（12）表 1.33 增加“红外测温”。检验方法及评定准则按照《发电机红外检测方法及评定导则》（DL/T 1524—2016）。

主要测量部位包括集电环和碳刷、出线母线、定子铁芯磁化试验铁芯（磁化试验时）、定子绕组焊接头（怀疑定子绕组焊接头有开焊或断股时或检查焊接质量时）、转子匝间短路（怀疑透平型同步发电机有转子匝间短路缺陷时）、水轮发电机定子绕组端部进行红外测温。

3. 电力变压器

（1）表 5.1 增加“红外测温”。各部位无异常温升现象，检测和分析方法参考《带电设备红外诊断应用规范》（DL/T 664）。

（2）表 5.6 绕组直流电阻。增加要求：封闭式电缆出线或 GIS 出线的变压器，电缆、GIS 侧绕组可不进行定期试验。

（3）表 5.7 绕组连同套管的绝缘电阻、吸收比或极化指数。增加要求：对 220kV 及以上变压器，绝缘电阻表容量一般要求输出电流不小于 3mA；封闭式电缆出线或 GIS 出线的变压器，电缆、GIS 侧绕组可在中性点测量。

（4）表 5.8 绕组连同套管的介质损耗因数及电容量。

1）增加要求：封闭式电缆出线或 GIS 出线的变压器，电缆、GIS 侧绕组可在中性点测量。

2）增加了电容量测量、取消了 $\tan\delta$ 温度换算。

（5）表 5.11 感应电压试验。要求如下：

1）110kV 及以上进行感应耐压试验。

2）试验周期：A 级检修后；≥330kV，≤3 年；≤220kV，≤6 年；必要时。

3）感应耐压为出厂试验值的80%，加压程序按照《电力变压器　第3部分：绝缘水平、绝缘试验和外绝缘空气间隙》（GB/T 1094.3）执行。

（6）表5.12增加“局部放电测量”。修改了试验要求。

1）局部放电测量电压为$1.58U_r/\sqrt{3}$时，局部放电水平不大于250（500）pC，局部放电水平增量不超过50pC，在试验期间最后20min局部放电水平无突然持续增加。

2）局部放电测量电压为$1.2U_r/\sqrt{3}$时，放电量不应大于100pC。

3）试验电压无突然下降。

（7）表5.18增加“短路阻抗”。提升为定期试验项目。

1）取消了负载损耗测量，增加短路阻抗纵比相对变化绝对值不大于：330kV，1.6%；≤220kV，2.0%。

2）测量方法按照《电力变压器绕组变形的电抗法检测判断导则》（DL/T 1093—2018），一般采用电压-电流法，试验电流5～10A。

3）由于绕组间任何一个绕组的变形必定会引起漏电感的变化，相应的短路阻抗也会发生改变，因此测量绕组短路阻抗的变化可以判断变压器的绕组变形。

（8）表5.19增加“频率响应测试”。要求如下：

1）采用频率响应分析法与初始结果相比，或三相之间结果相比无明显差别，无初始记录时可与同型号同厂家对比，判断标准参考《电力变压器绕组变形的频率响应分析法》（DL/T 911—2016）的要求。

2）采用频率响应分析法测试时，每次试验宜采用同一种仪器，接线方式应相同；

3）对有载开关应在最大分接下测试，对无载开关应在同一运行分接下测试以便比较。

（9）表5.30增加“中性点直流检测”，即直流偏磁电流检测。要求如下：

1）自耦变压器。当直流偏磁引起的测量结果达到如下任一条件时，应采取直流偏磁防御措施：

（a）500kV及以上电压等级单相自耦变压器的中性点直流电流超过5A或变压器噪声增加20dB；220kV和330kV三相自耦变压器的中性点直流电流超过20A或变压器噪声增加超过20dB。

注意：5A直流电流对500kV及以上单相变压器为单相中性点电流，对220kV及以上三相一体变压器为三相中性点电流之和。

（b）油箱壁的最大振动位移增量大于20μm（峰-峰值）。

（c）直流偏磁发生前后变压器顶层油温温差大于10K。

2）三相三柱式变压器。当直流偏磁引起的测量结果达到如下任一条件时，应采取直流偏磁防御措施：

（a）变压器中性点直流电流超过30A或变压器噪声增加超过10dB。

（b）油箱壁的最大振动位移增量大于20μm（峰-峰值）。

（c）直流偏磁发生前后变压器顶层油温温差大于10K。

3）三相五柱式变压器。当直流偏磁引起的测量结果达到如下任一条件时，应采取直流偏磁防御措施：

（a）变压器中性点直流电流超过20A或变压器噪声增加超过20dB。

（b）油箱壁的最大振动位移增量大于 20μm（峰-峰值）。

（c）直流偏磁发生前后变压器顶层油温温差大于 10K。

（10）删除了原表 5.12 条款“测量绕组泄漏电流试验”，由于多年预防性试验表明直流泄漏试验的有效性不够灵敏，且其检测效果可由绝缘电阻、绕组介损及电容量两者结合达到。

4. 绝缘子

（1）表 35.6、表 36.3 增加“绝缘子现场污秽度（SPS）测量”。要求如下：

1）进行等值盐密度（ESDD）及不溶沉积物密度（NSDD）测量，得出现场污秽度（SPS），为连续积污 3～5 年后开始测量现场污秽度所测到的 ESDD 或 NSDD 最大值，必要时可延长积污时间。

2）现场污秽度（SPS）测量方法及等级的划分按《污秽条件下使用的高压绝缘子的选择和尺寸确定　第 1 部分：定义、信息和一般规则》（GB/T 26218.1—2010）。

3）等值盐密度（equivalent salt deposit density，ESDD）就是溶解在给定的（去离子水的量与清洗绝缘子沉积物的水量相同）去离子水中时与从绝缘子一个给定表面清洗下的自然沉积物有相同体积电导率的氯化钠（NaCl）的量除以该表面的面积，一般用 mg/cm^2 表示。

4）不溶沉积物密度（简称灰密）（non soluble deposit density，NSDD）是指从绝缘子一个给定表面上清洗下的不溶残留物的量除以该表面的面积，一般用 mg/cm^2 表示。

5）现场污秽度（site pollution severity，SPS）在经过适当的积污时间后记录到的 ESDD/NSDD 或 SPS 的最大值。

6）现场污秽度（SPS）等级。为了标准化的目的，定性地定义了 5 个污秽等级，表征污秽度从很轻到很重：a——很轻；b——轻；c——中等；d——重；e——很重。

（2）表 37.4、表 38.2、表 39.2 增加“憎水性”。

试品表面水滴状态与憎水性分级标准见表 0-2。

表 0-2　　试品表面水滴状态与憎水性分级标准

HC 值	试品表面水滴状描述
HC1	只有分离的水珠，大部分水珠的状态、大小及分布与《规程》附录 G 的图 G.1 基本一致
HC2	只有分离的水珠，大部分水珠的状态、大小及分布与《规程》附录 G 的图 G.1 基本一致
HC3	只有分离的水珠，水珠一般不再是圆的，大部分水珠的状态、大小及分布与《规程》附录 G 的图 G.1
HC4	同时存在分离的水珠与水带，完全湿润的水带面积小于 2cm^2，总面积小于被测区
HC5	一些完全湿润的水带面积大于 2cm^2，总面积小于被测区域面积的 90%
HC6	完全湿润面积大于 90%，仍存在少量干燥区域（点或带）
HC7	整个被试区域形成连续的水膜

憎水性的测量结果要求如下：

1）HC1～HC4 级：继续运行。

2）HC5 级：继续运行，需跟踪检测。

3）HC6 级：退出运行。

5. 绝缘油

（1）在“表 48　变压器油的试验项目和要求”中增加了 8 个项目：色度/号、析气

性、带电倾向（pC/mL）、腐蚀性硫、颗粒污染度（粒）、抗氧化添加剂含量（质量分数）（%）、糠醛含量（质量分数）（mg/kg）、二苄基二硫醚（DBDS）（mg/kg）。

（2）DL/T 596—1996 规定：外观、水溶性酸（pH 值）、酸值（以 KOH 计）、击穿电压为 66～220kV 变压器电抗器的定期项目，外观、水溶性酸（pH 值）、酸值（以 KOH 计）、水分、界面张力（25℃）、击穿电压、介质损耗因数（90℃）、体积电阻率（90℃）、油中含气量（体积分数）为 330～500kV 变压器电抗器的定期项目，检测周期 1 年。

（八）通用绝缘试验提示

1. 绝缘电阻测量

（1）绝缘电阻是施加于绝缘的直流电压除以某一时刻全部合成电流的商。总的合成电流（I_t）是 4 个不同电流的和：表面泄漏电流 I_l、几何电容电流 I_c、电导电流 I_g 和吸收电流 I_a，绝缘电阻测试中各种电流的等效电路如图 0-2 所示。

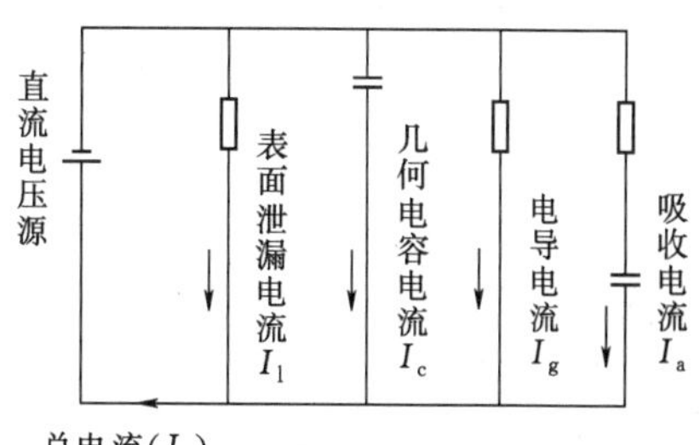

图 0-2　绝缘电阻测试中各种电流的等效电路

（2）绝缘电阻、吸收比和极化指数。

1）采用绝缘电阻表测量设备的绝缘电阻，由于受介质吸收电流的影响，绝缘电阻表指示值随时间逐步增大，通常读取施加电压后 60s 的数值，作为工程上的绝缘电阻值。

2）吸收比 K 为 60s 绝缘电阻值与 15s 绝缘电阻之比值。

3）对于大容量和吸收过程较长的变压器、发电机、电缆、电容器等电气设备，有时吸收比值尚不足以反映吸收的全过程，可采用极化指数 PI 来描述绝缘吸收的全过程，极化指数 PI 为 10min 时的绝缘电阻与 1min 时的绝缘电阻的比值。

（3）绝缘电阻表。除特别说明外，高压绝缘一般采用输出电压 2500V 或 5000V、量程不小于 100GΩ、短路电流不小于 1mA 的绝缘电阻表，大型电力变压器宜选用最大输出电流 3mA 及以上的绝缘电阻表；对于水内冷发电机使用专用绝缘电阻表；设备的测量、保护装置及二次回路一般采用输出电压 500V/1000V、量程不小于 1GΩ 的绝缘电阻表。

（4）绝缘电阻测量。

1）测量方法、注意事项和测量结果分析判断，按《现场绝缘试验实施导则　绝缘电阻、吸收比和极化指数试验》（DL/T 474.1—2018）和《旋转电机绝缘电阻测试》（GB/T 20160—2006）要求进行。

2）测量前，处于测量回路的外绝缘表面泄漏电流应予以屏蔽，屏蔽困难时，宜用酒精对外绝缘表面进行清洁处理，特别是相对湿度超过 80%时。

3）绝缘电阻通常会随温度增加而降低，除特别说明外，本标准所列注意值均指 20℃ 绝缘电阻值。对油纸绝缘宜按有关标准修正到同一温度，最好在相近温度下测量并比较。

2. 直流电压及泄漏电流试验

（1）直流电压。直流电压是指单极性（正或负）的持续电压，它的幅值用算术平均值表示。在现场直流电压绝缘试验中，为了防止外绝缘的闪络和易于发现绝缘受潮等缺陷，通常采用负极性直流电压。根据不同试品的要求，试验电源应能满足试验的电压值、极性和容量要求。

(2) 试验电压值为算术平均值。

(3) 纹波为相对于直流电压算术平均值的周期性偏差。

(4) 纹波幅值为纹波最大值和最小值之差的一半。

(5) 纹波系数为纹波幅值与试验电压值之比。

(6) 电压波形。除非相关的技术委员会另有规定，施加到试品上的试验电压应是纹波系数不大于3%的直流电压。

(7) 容许偏差。除非相关的技术委员会另有规定，整个试验中试验电压的测量值应保持在规定水平的±3%以内。当试验持续时间超过60s时，在整个试验过程中试验电压的测量值应保持在规定水平的±5%以内。

(8) 直流电压测量。一般要求测量试验电压值（算术平均值）的扩展不确定度不大于3%。

(9) 直流泄漏电流。当直流电压加至被试品的瞬间，流经试品的电流有电容电流、吸收电流和泄漏电流。总电流经过一段时间衰减逐渐稳定为泄漏电流。一般是在试验时，先把微安表短路1min，然后打开进行读数。对具有大电容的设备，在1min还不稳定时，可取3～10min，或一直到电流稳定才记录。

(10) 直流高电压产生。由高压直流发生器提供，主要是采用将交流高电压进行整流的方法，普遍使用高压硅堆作为整流元件。现场搭建的直流高电压回路，需要测量纹波，满足其对纹波因数的要求。

(11) 泄漏电流测量方法、注意事项和测量结果分析判断按《现场绝缘试验实施导则 直流高电压试验》(DL/T 474.2—2018) 要求进行。

3. 设备介质损耗因数测量

(1) 设备在交流电压作用下，由于介质电导和介质极化的滞后效应，在内部引起的能量损耗即为介质损，通过设备绝缘的电流有功分量与无功分量之比，即为介质损耗因数，用 $\tan\delta$。与绝缘电阻类似，但通常在判断内绝缘缺陷时更加敏感。

(2) 采用介质损耗测试仪进行测量。除特别说明外，测量电压均为10kV、50Hz的正弦波；对于电容型设备，必要时可以进行高压 $\tan\delta$ 试验。如在其他频率下测量，对比分析宜限于同频率的测量值之间进行。

(3) 温度对介损有影响，但无适宜的温度修正公式，因此对比分析限于相近测量温度下的测量值之间。除特别说明外，标准中所列注意值均指20℃的测量值。

(4) 相对湿度超过80%，或测量结果异常时，处于测量回路的外绝缘表面泄漏电流宜予以屏蔽，屏蔽困难时，宜用酒精对外绝缘表面进行清洁处理。

(5) 对于电容型设备，应同时测量电容量和介质损耗因数，两者都是判断设备状态的重要参量。

(6) 对于非电容型设备，在测量介质损耗因数时，也同时测得一个电容值，该电容值反映了被测绝缘体与邻近介质和金属部件之间的几何结构，电容值是否明显变化可用来判

断设备的机械性位移缺陷。

（7）测量方法、注意事项、现场干扰及消除措施按《现场绝缘试验实施导则 介质损耗因数 tanδ 试验》（DL/T 474.4—2018）要求进行。

4. 交流耐压试验

（1）电压频率。

1）试验电压一般应是频率为 45～55Hz 的交流电压，通常称为工频试验电压。

2）有些特殊试验可规定频率低于或高于这一范围，一般频率在 10～500Hz 范围称为交流试验电压。例如，对交联聚乙烯电缆可采用 20～300Hz 的交流耐压，对 GIS 可采用 10～300Hz 的交流耐压，变压器采用 100～400Hz 感应耐压。

（2）电压波形。试验电压的波形应近似正弦波，且正半波峰值与负半波峰值的幅值差应小于 2%。试验电压的波形为两个半波几乎相同的近似正弦波，如果峰值与有效值之比在$\sqrt{2}\pm15\%$之内，则正弦波形的微小畸变不影响高电压试验的结果。

注意：如果峰值与有效值之比不在$\sqrt{2}\pm15\%$之内，则应证明正、负极性峰值的差别不超过 2%。

（3）试验电压值。试验电压值是指其峰值除以$\sqrt{2}$。

注意：在有关设备标准中，可能要求测量试验电压的方均根值，而不是峰值。

例如考虑热效应时，测量方均根值可能更有意义。

（4）容许偏差。除非相关的技术委员会另有规定，整个试验中试验电压的测量值应保持在规定水平的±3%以内。当试验持续时间超过 60s 时，在整个试验过程中试验电压的测量值应保持在规定水平的±5%以内。

注意：容许偏差为试验电压规定值与试验电压测量值之间允许的差值，它与测量不确定度不同。

（5）电压测量。试验电压峰值（或者有效值，有必要时）的测量应该使用通过试验和校核的认可的测量系统来进行测量。而且，测量系统应有足够的工作时间以满足现场试验持续时间的要求。测量应在带有试品的回路中进行。

（6）试验电压的产生。试验电压通常由升压变压器或者谐振（串联谐振或并联谐振）回路提供。谐振回路可以通过可调电抗器或者变频器调至谐振。试验回路中的试验电压应足够稳定以保证不受泄漏电流变化的影响。试品上的非破坏性放电不应使试验电压降低过多及维持时间过长以致明显影响试品上破坏性放电电压的测量值。

（7）测量方法、注意事项和测量结果分析判断按《现场绝缘试验实施导则 交流耐压试验》（DL/T 474.4—2018）要求进行。

5. 衰减型交流电压试验

衰减型交流电压是指从一个（负极性或正极性）充电电压开始，并且在零电压值上下具有阻尼的正弦振荡的交流电压。衰减型交流电压用峰值 U_p、回路频率 f_r 和衰减系数 D_r 来表征，如图 0-3 所示。

（1）峰值 U_p 为施加在试品上的最大电压，其值等于充电电压。

（2）衰减系数 D_r 为同极性的第一个和第二个峰值电压之差与第一个峰值电压之比。

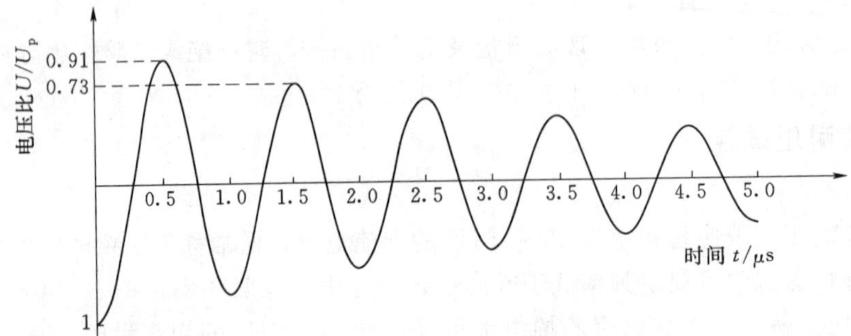

图 0-3　衰减型交流电压（f_r=1kHz、D_r=0.2）

（3）回路频率 f_r 为两个同极性连续峰值之间的时间间隔的倒数。

（4）电压波形为衰减型交流电压的回路频率在 20～1000Hz 之间，衰减系数通常最高达到 40%。

（5）容许偏差。除非相关技术委员会另有规定，试验电压的测量值应在规定值±5%范围内。

（6）用认可测量系统进行测量。试验电压峰值的测量应该使用通过试验和校核的认可的测量系统来进行测量。而且，对于在现场进行的大量试验，测量系统应具备足够的最大施加次数。

（7）测量应在带有试品的回路中进行，一般对于每个试品应测量其回路频率 f_r 和衰减系数 D_r。

1）在其频率范围内测量试验电压峰值的总不确定度为 5%。

2）测量回路频率 f_r 和衰减系数 D_r 的总不确定度为 10%。

（8）试验电压的产生。衰减型交流电压是由已经充电的试品电容通过适当的电感放电产生。试验回路基本包括高压直流电压源、电感、电容和适当的开关。当达到充电电压时开关闭合，试品上会产生衰减型交流电压。回路频率由电感和电容的值决定。为了减少试品电容对回路频率的影响，可以给试品并联一个附加的储能电容。衰减系数取决于试验回路和试品的特性。

6. 超低频（VLF）电压试验

（1）超低频电压。超低频交流电压是指波形介于矩形和正弦之间频率非常低的交流电压。

（2）试验电压值。试验电压值为 VLF 电压的峰值，峰值近似为忽略小的高频振荡时 VLF 电压的最大值。

注意：当有效值可能很重要时，例如绝缘内的物理效应取决于有效值，相关的技术委员会可以要求测量试验电压的有效值，而不是峰值。

（3）容许偏差。除非相关技术委员会另有规定，试验电压的测量值应在规定值的±5%范围内。

（4）电压波形。试验电压应是一个频率在 0.01～1Hz 之间的交流电压。

（5）正弦 VLF 电压波形应是两个半波几乎相同的近似正弦波。如果峰值与有效值之

比在$\sqrt{2}\pm 15\%$范围内，则正弦波形的微小畸变不影响高电压试验的结果。

注意：如果峰值与有效值之比超出$\sqrt{2}\pm 15\%$范围，则应证明正、负极性峰值的差别不超过2%。

（6）矩形VLF电压波形应是两个半波几乎相同的近似矩形波。为避免暂态过程引起的过电压，应控制电压极性的变化。峰值与有效值之比应在1.0±5%范围内。

（7）用认可测量系统进行测量。试验电压的测量应该使用通过试验和校核认可的测量系统来进行测量。而且，测量系统应有足够的工作时间以满足现场试验持续时间的要求。测量应在带有试品的回路中进行。一般要求试验电压峰值的测量总不确定度为5%。

（8）试验电压的产生。

1）正弦VLF电压可用下述方法产生：通过控制正极性和负极性高压直流电源对容性试品的充电，通过可调电阻对相应的试品放电。

2）矩形VLF电压可用下述方法产生：以高压直流电源为基础，通过可切换的整流器和电感、储能电容以及试品电容组成的振荡电路相连可以实现极性反转。

3）电压源所要满足的要求主要取决于被试设备的类型和现场试验的条件。这些要求主要取决于试验电流值和电流性质。所选择的电源特性应满足试品的额定电压。电源（包括其储能电容）应足以提供泄漏和吸收电流以及任何内部和外部的非破坏性放电电流，且电压跌落不应超过15%。

7. 重复脉冲法（RSO）转子匝间短路测量（表1.15）

（1）重复脉冲法（reperitive surge oscilloscope，RSO）应用的是波过程理论，即行波技术。该方法可用于转子匝间短路的早期发现及短路的故障定位，而且不需要在汽轮发电机内部安装装置。其试验基本过程是采用双脉冲信号发生器对发电机转子绕组两极同时施加一个前沿陡峭的冲击脉冲波，用双线录波器录得两组响应特性曲线。将这两组响应特性曲线相减，只有当两组响应特性曲线相同时，其差值才为一条直线，表明匝间无短路现象存在。否则，将说明匝间存在异常或短路。经过对响应特性曲线的计算分析，或将检测结果直接与发电机出厂时厂家提供的标准波形进行比较，可判断转子绕组匝间是否存在短路及短路点的位置。

（2）重复脉冲（RSO）法试验应用的是波过程理论。当信号发生器发出的低压冲击脉冲波沿绕组传播到阻抗突变点的时候，会导致反射波和折射波的出现，因此会在监测点测得与正常回路无阻抗突变时不同的响应特性曲线。匝间短路的程度通过故障点处的波阻抗变化大小来反映，显示在波形图上可以用两个响应特性曲线合成的平展程度来判定，有突出的地方说明匝间存在异常，并且突出的波幅大小就表明短路故障的严重程度。因此，即使绕组出现一匝短路故障，应用RSO技术对故障识别也有很高的灵敏度。

（3）转子绕组可近似看作一简单的传输线，冲击波在其上的传播主要是由绕组导体在槽中的几何形状和绝缘特性决定的。绕组的耦合作用将使冲击波发生散射，但对于实心转子来说，这种散射作用的影响是不大的。当冲击波加到转子集电环的一端时，冲击波的幅度由冲击波发生器内阻和绕组波阻抗所决定。冲击波从绕组的一端集电环传到另一端的时间由绕组的长度和波在绕组中的传播速度来决定。如果绕组的另一端是开路的，则反射系

数 $a=1$；如果是短路的，则 $a=-1$。反射波再返回到冲击波发生器处时，若发生器的内阻抗与波阻抗相等（在电源端 $a=0$），则冲击波被吸收，不再发生反射。由于匝间短路点的位置和程度不同，行波发生反射、折射的时刻及程度也不相同，故所测得的响应波形信号中必然包含了匝间短路故障的信息（短路程度及短路位置）。

8. 干式电抗器匝间绝缘耐压试验（表 9.7）

（1）电压波形。在持续 1min 的试验时间内应产生不少于 3000 个规定幅值的过电压，每次过电压的初始峰值应达到全电压的规定值，过电压振荡频率应不大于 100kHz。

（2）试验电压。试验电压值指峰值 U_p，试验持续时间 1min，每次放电的初始峰值应为 $1.33\sqrt{2}$ 倍（户外设备）或 $\sqrt{2}$ 倍（户内设备）的额定短时感应或外施耐压试验电压（方均根值）。

（3）测量系统。测量系统应具有抗电磁干扰能力，能清晰记录振荡电压波形，测量波形振荡频率和包络线衰减速度。系统测量频带应包含 10～100kHz 的范围，采样率不低于 1MSA/s，测量系统及分压器对电压峰值的测量不确定度应不大于 3%。

（4）电压产生。匝间过电压试验通过有直流电源对电容器充电，当电容器电压达到试验电压 U_p 后，球间隙被击穿，在电抗器和电容器之间会出现阻尼振荡，当振荡电流变为零时电弧熄灭球，电弧熄灭球间隙断开后，直流电源再次对电容重充电，当电容器电压达到 U_p 后，球间隙再次被击穿，电抗器和电容器之间又一次出现阻尼振荡，只要电源一直充电，整个过程就会一直周而复始的重复进行。

（5）典型试验波形。图 0-4 所示为干式空心电抗器典型匝间绝缘试验波形，其中图 0-4（a）为通过匝间过电压的试验波形，图 0-4（b）为未通过匝间过电压的试验波形。图 0-4（a）标定电压波形和全电压波形的振荡频率和包络线衰减情况一致，这表明在标定电压和全电压下电抗器内部绝缘没有显著地变化。图 0-4（b）标定电压波形和全电压波形的振荡频率和包络线衰减情况不同，这表明在标定电压和全电压下电抗器内部绝缘存在异常。振荡频率和包络线衰减情况与匝间击穿位置、试验回路和电抗器参数有关。

（九）注意事项和建议

修订完善后的《电力设备预防性试验规程》作为高压电气设备现场试验的基础性文件，有效指导发电企业、电网企业及其他电力用户的电力设备的预防性试验工作，为规范开展运行设备现场试验工作提供依据。在实施过程中要求如下：

1. 试验人员

（1）应熟知电力安全工作的基本知识破及急救措施。

（2）了解有毒有害物质的主要指标及防范措施。

（3）了解电力设备运行条件、基本功能、主要特性、结构特点。

（4）掌握电力设备预防性试验理论知识、试验方法。

（5）应熟练使用试验检测仪器仪表，并应进行简单维护与保养。

（6）应熟练完成现场检测，并应根据现场检测环境，采取排除干扰的措施。

（7）运用理论知识和试验数据能对设备进行综合分析诊断。

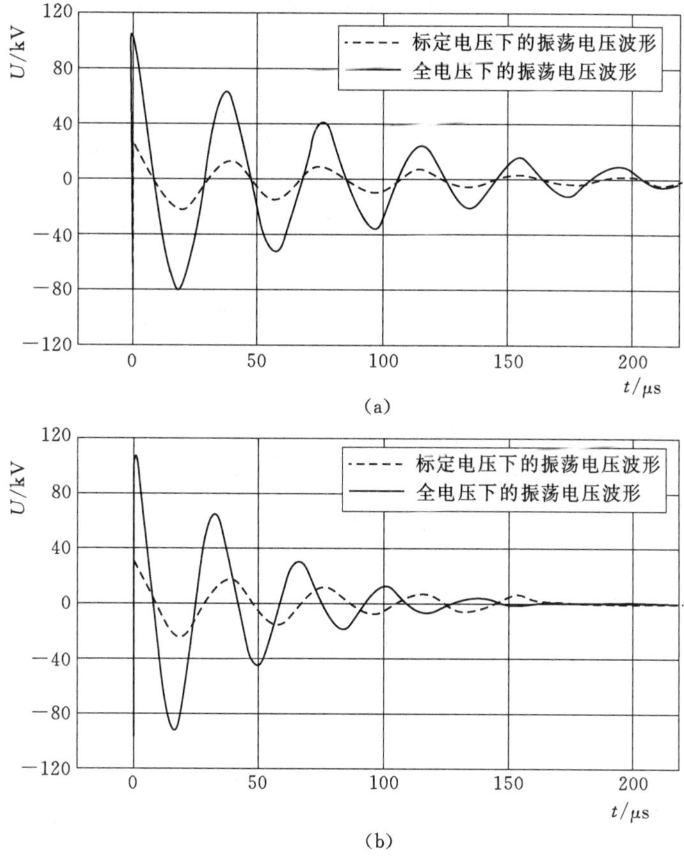

图 0-4　典型试验波形

2. 试验仪器、仪表及装置

(1) 试验用仪器、仪表及装置的准确级及技术特性应符合国家、行业等要求。

(2) 测量用仪器、仪表应定期检定或校准，检定结果合格，校准数据满足实际应用要求，在检验合格有效期内使用。

3. 试验条件

(1) 进行绝缘试验时，被试品温度不应低于 5℃、表面干燥清洁，户外试验应在良好的天气进行，且空气相对湿度一般不高于 80%。

(2) 充油电力设备在注油后应有足够的静置时间才可进行耐压试验。

(3) 充气电力设备充气后应静置 24h 才可进行水分含量试验。

4. 试验检测

(1) 电力设备预防性试验必须遵守电力安全工作规程：《电力安全工作规程　发电厂和变电站电气部分》(GB 26860—2011)、《电力安全工作规程　电力线路部分》(GB 26859—2011)、《高压试验室部分》(GB 26861—2011)。

(2) 预防性试验项目应按照本文件规定的方法进行，现场高压电压试验还应满足《高

电压试验技术　第3部分：现场试验的定义及要求》（GB 16927.3—2010）的要求，试验结果应采用综合分析的方法进行判断。

5. 试验周期

本规程规定的“周期”是广义的概念，包括试验时机和停电试验周期两种情况。

（1）试验时机。

1）设备检修时，包括检修前、检修中和检修后，A级检修后、B级检修时、C级检修时等。

2）必要时是怀疑设备可能存在缺陷（也包括巡视或检查中发现的）需要进一步跟踪诊断分析，或需要缩短试验周期的，或在特定时期需要加强监视的，或对带电检测、在线监测进一步验证的等情况。

（2）停电试验周期，本规程“周期”中具有固定时间间隔要求的部分。如绕组直流电阻：≤220kV，≤6年。首次预防性试验日期是计算试验周期的基准日期（计算周期的起始点）。

（3）本规程规定的停电试验周期为最大试验周期，同间隔设备、同机组的试验周期宜相同，变压器各侧主进开关及相关设备的试验周期应与该变压器相同。

（4）执行过程中受停电计划等因素的限制，实际试验时间可延迟一个宽限期，宽限期一般6～12月。对于数量较多的设备，若停电试验项目的周期为2年及以上，宜采用轮试方式分批进行（运维单位应明确宽限期、轮试的规定）。

6. 不拆高压引线试验

不拆高压引线试验方法按《交流变电设备不拆高压引线试验导则》（DL/T 1331—2014）进行。欲开展不拆高压引线试验的设备，首次预防性试验宜进行拆高压引线和不拆高压试验。进行不拆高压引线试验数据分析时，应特别注意进行历次试验数据的比较，注意数据的变化量，试验结果超标时，宜进行拆引线试验验证。

7. 带电检测或在线监测

本次修订中加强了带电检测或在线监测方法，如红外测温、绝缘油分析、变压器铁芯接地电流、SF_6分解产物等项目。明确了成熟的带电检测或在线监测项目（如变压器有中溶解气体、铁芯接地电流、MOA阻性电流和容型设备电容量和相对介质损耗因数等）判断设备无异常的，可适当延长停电试验周期。

8. 建议

（1）建议各单位根据本地区、本单位设备实际情况，依据本标准制订或修订本单位的预防性试验实施细则或实施规程。

（2）本文件在执行过程中的意见或建议反馈至中国电力企业联合会标准化管理中心（北京市白广路二条一号，100761）；或反馈至全国电力设备状态维修与在线监测标准化技术委员会（SAC/TC321）（北京市海淀区清河小营东路15号，100192）。

复　习　题

1. 什么是预防性试验？为什么要对电力设备进行预防性试验？《规程》在现场试验工

作中的作用是什么?

2. 状态检修试验包括哪几种类型?每种类型试验的特点是什么?

3. 绝缘缺陷分为几类?它们的特点各是什么?

4. 在电气设备试验中，为什么必须先做非破坏性试验，后做破坏性试验?

5. 不停电检测包括哪几种类型?目前是否可完全替代停电试验?

6. 电气试验应采取哪些正确的方式方法?

7. 名词解释：老化、劣化、年劣化率、年均劣化率。

8. 2021年版《规程》的总则部分有哪些主要内容?

9. 为什么2021年版《规程》普遍增加了“红外测温”项目?发电机红外检测主要测量部位有哪些?

10. 为什么提倡积极开展带电检测或在线监测?为什么鼓励500kV及以上电气设备停电试验宜采用不拆引线试验方法?

11. 与《电力设备预防性试验规程》(DL/T 596—2021)最为关系密切的还有哪些标准?

12. 电力设备计划检修、状态检修和安装工程分别对应于哪种试验工作?

13. 什么是局部放电测量方法?

14. 为什么测量绕组短路阻抗的变化可以判断变压器的绕组变形?

15. 什么是变压器绕组变形的频率响应分析法?

16. 什么是变压器中性点直流检测(即直流偏磁电流检测)?具体要求有哪些?

17. 什么是绝缘子现场污秽度(SPS)测量?什么是等值盐密度(ESDD)测量?什么是不溶沉积物密度测量(NSDD)?

18. 现场污秽度(SPS)等级是如何确定的?憎水性(HC)分级标准是如何确定的?

19. 电力设备通电绝缘试验方法都有哪些?

20. 发电企业、电网企业及其他电力用户在实施《电力设备预防性试验规程》过程中应满足哪些要求?

21. 试验人员应具备哪些基本素质?试验检测中应遵守哪些规定?

22. 对参与试验的试验用仪器、仪表及装置的要求是什么?对参与测量的测量用仪器仪表的要求是什么?

23. 进行预防性试验应具备哪些条件方可进行?

24. 怎样理解预防性试验中的“周期”?

25. 目前常用的带电检测或在线监测方法有哪些?比较成熟的带电检测或在线监测项目有哪些?

第一篇 ◇

预防性试验基本方法及在线监测故障诊断通用技术

第一章 红外测温技术

第一节 电力设备故障红外诊断的原理和特点

一、电力设备中与温度有关的热性故障

在电力系统的各种电气设备中，导流回路部分存在大量接头、触头或连接件，如果由于某种原因引起导流回路连接故障，就会引起接触电阻增大，当负荷电流通过时，必然导致局部过热。如果电气设备的绝缘部分出现性能劣化或绝缘故障，将会引起绝缘介质损耗增大，在运行电压作用下也会出现过热；具有磁回路的电气设备，由于磁回路漏磁、磁饱和或铁芯片间绝缘局部短路造成铁损增大，会引起局部环流或涡流发热；如避雷器和交流输电线路绝缘瓷瓶，因故障而改变电压分布状况或增大泄漏电流，同样会导致设备运行中出现温度分布异常。许多电力设备故障往往都以设备相关部件的温度或热状态变化为征兆表现出来。

运用适当的红外仪器检测电力设备运行中发射的红外辐射能量，并转换成相应的电信号，再经过专门的电信号处理系统处理，就可以获得电力设备表面的温度分布状态及其包含的设备运行状态信息。这就是电力设备运行状态红外监测的基本原理。由于电力设备不同性质、不同部位和严重程度不同的故障，在设备表面不仅会产生不同的温升值，而且会有不同的空间分布特征，所以，分析处理红外监测到的上述设备运行状态信息，就能够对设备中潜伏的故障或事故隐患属性、具体位置和严重程度作出定量的判定。

目前，电力系统中广泛采用红外成像技术来检测电力设备中与温度有关的热性故障，取得了非常显著的诊断效果，从而使红外成像技术成为一项越来越受到重视的电力设备状态检测技术。2021 年版《规程》中对大部分电力设备的预防性试验项目首选“红外测温”，并规定了红外测温的周期和要求。随着红外成像技术应用的不断深入，与之具有许多相似之处的紫外和激光成像技术，也开始在电力设备状态检测和故障诊断中得到应用。

二、红外线、紫外线与激光

1. 红外线

早在 1672 年，人们就发现了太阳光不是一种颜色的光，俗称白光，而是由各种颜色的光复合而成的。利用分光棱镜可以把太阳光分解为红、橙、黄、绿、青、蓝、紫等单色光。红外线由德国科学家霍胥尔于 1800 年发现，又称为红外热辐射。红外线也是一种光线，由于其波长比可见光中红色光的还长（750nm），超出了人眼可以识别的范围，所以人眼看不见它。通常把波长为 0.75～1000μm 的光都称为红外线，按照波长继续细分为三

部分：近红外线，波长为0.75～1.50μm；中红外线，波长为1.50～6.0μm；远红外线，波长为6.0～1000μm。

红外线是一种光线，具有普通光的性质、可以光速直线传播、强度可调、可通过光学透镜聚焦、可以被不透明物体遮挡等。红外线又是一种热辐射，任何一定温度的物体都会向外辐射红外线，温度不同辐射光波（电磁波）的波长也不同，而常温下的热辐射通常就是红外线的波长范围。比如人体的正常体温为37℃左右，其热辐射的波长约为10μm，属于远红外线的范围；当体温变化时，辐射光的波长也会随之变化。由此，可以通过检测红外热辐射的光波长，来测量特定对象的温度，这就是非接触式红外测温原理。目前红外测温和成像技术在安全警戒、自动控制、火灾探测、军事侦察、医学检查以及设备状态检测等方面得到了成功应用。

2. 紫外线

紫外线是由德国物理学家里特（Ritte）于1802年发现的，是波长介于可见光短波极限与X射线长波端之间的电磁波或电磁辐射，波长范围约为400～100nm。紫外线可分近紫外、远紫外和真空紫外3个区，近紫外区与可见光的紫端相接，真空紫外区与X射线相接。空气对波长短于200nm的紫外线有较强吸收，因而必须在真空中才能有效传播，故名真空紫外线。由于大气层外的臭氧层对紫外线具有强烈吸收作用，故通常太阳光中的紫外线进入大气层时，约98%被大气层吸收，仅有2%左右到达地面。当高压电气设备发生电晕或其他形式的电气放电时，也会产生不同分量和比例的可见光和紫外线。

3. 激光

激光是利用光能、热能、电能、化学能或核能等外部能量来激励物质，使其发生受激辐射而产生的一种特殊的光。1960年7月，美国科学家梅曼（Maiman）博士，在前人研究基础上，在实验室里制造出了世界上第一台激光器红宝石激光器，标志着激光的诞生；1961年9月，中国科学家也制造出了激光器。激光技术经过40多年的发展，从基本理论、基本技术到工艺逐步走向成熟，为进一步的发展奠定了基础。目前，激光技术在多个领域得到了广泛应用，在电气设备状态监测和故障诊断方面也开始得到应用。通过应用红外、紫外和激光测温与成像技术，可以对处于运行状态的电气设备的接触不良、缺油、受潮、松动、绝缘老化、电晕、放电、SF_6气体泄漏等多种故障，进行有效、准确的检测和诊断，从而提高电力系统运行的安全可靠性。

三、电力设备故障红外诊断的技术特点及不足之处

（一）技术特点

与传统的预防性试验和离线诊断相比，红外诊断方法具有以下的技术特点。

（1）不接触、不停运、不解体。由于电力设备故障的红外诊断是在运行状态下，通过监测设备故障引起的异常红外辐射和异常温度场来实现的，也就是通过红外辐射测温来获取设备运行状态和故障信息的，所以红外诊断方法是一种遥感诊断方法，在监测过程中，始终不需要与运行设备直接接触，而是在与设备相隔一定距离（通常在5m以外）的条件下监测。因此，红外监测时可以做到不停电、不改变系统的运行状态，从而可以监测到设

备在运行状态下的真实状态信息，并可保障操作安全。可以做到省时、省力，降低设备维修费用，大大提高设备的运行有效率。

（2）可实现大面积快速扫描成像，状态显示快捷、灵敏、形象、直观。当使用成像式红外仪器检测时，能够以图像的形式，直观地显示运行设备的技术状态和故障位置。但是，只要在适当位置用红外热像仪扫描一周，则可初步找出有故障的设备。如果进一步对初步扫描中发现的异常状态设备有目的的详细检测与分析，则能够在现场得到与设备故障相应的特征性红外热像图、温度分布及温度量值。因此，要以迅速、形象、直观地显示出设备的运行状态和有无故障，以及明确给出故障的属性、部位和严重程度。由于目前已商品化的先进红外热像仪温度分辨率可达 0.02～0.05℃，空间分辨率可达 0.07mrad。因此，红外成像诊断给出的故障显示，不仅形象、直观，而且具有较高的准确性。另外，由于红外检测的响应速度快，红外诊断器普遍有很高的数据采集速度，一台先进的红外热像仪每秒可采集和存储百万个温度点。因此，红外监测方法不仅能够进行温度的瞬态变化研究和大范围设备温度变化的快速实时监测，而且，当被测设备与监测仪器作高速相对运动时，仍能完成监测任务。与以往检测高压输电线路接头连接故障及劣化绝缘子的传统的人工徒步观测和登杆塔检测方法相比，不仅大大提高了检测效率，而且降低了劳动强度，同时又可以不受地理环境条件的限制。例如当红外热像仪装在直升机上进行巡线检测时，能够以 50～70km/h 的速度检测高压输电线路上的所有接头、连接件和线路绝缘子串瓷瓶出现的故障，即使跨越山川峡谷和线路走廊存在森林或建筑物的线路段也不受影响。

（3）红外诊断适用面广，效益、投资比高。在当前电气设备预防性试验使用的各种测试方法中，如色谱分析、局部放电试验、泄漏电流和阻性电流测试、声学检测和电阻测量、耐压试验等，每一种方法都不可能适用于所有电气设备各种故障的检测。但是，从监测方法来讲，红外成像监测原则上几乎能够适用于高压电气设备中大多数故障的检测。尽管由于红外诊断仪器及其辅助装置都是高技术产品，一次性投资高于常规检测仪表，但是，由于红外监测是设备运行状态的在线监测，不影响设备正常运行，不停电，增加设备的可使用时间和运行有效度，延长了设备的使用寿命和无故障工作时间。因此，考虑到这些特点带来的技术经济效益和社会效益后，普遍认为，红外诊断的效益、投资比高是它的一个突出特点。因为任何一台关键性电力设备因突发性事故毁坏所带来的设备损失和停电造成的电力用户间接经济损失，都会远远超过红外诊断仪器投资的许多倍。

（4）易于进行计算机分析，促进向智能化诊断发展。目前的红外成像诊断仪器普遍配备微型电子计算机图像分析系统和各种处理软件，不仅可以对监测到的设备运行状态进行分析处理，还可根据对设备红外热图像有关参数的计算和所处理，迅速给出设备故障属性、故障部位及严重程度的定量诊断。而且，可以把历次检测得到的设备运行状态参数或图像资料存储起来，建立设备运行状态档案数据库，供管理人随时调用，以便开展对设备的科学化管理和剩余使用寿命的预测。另外，诊断方法、数据处理结果管理的计算机化，也有利于最终实现电力设备故障诊断的智能化。

由于红外监测到的是设备在运行中的真实技术状态，它通过每一台设备在运行中的温度分布信息给出各设备整体或局部的技术状态和有无故障出现。因此，当把所有设备在运行的温度场分布信息存入电子计算机后，设备管理人员就可以对管辖的所有设备运行状态实施温度管理，并根据每台设备的状态演变情况有目的地维修。而且，通过红外诊断还可以评价设备的维修质量。

（二）不足之处

就目前发展水平而言，红外诊断的主要不足之处如下：

（1）标定较困难。尽管红外诊断仪器的测温灵敏度很高，但因辐射测温准确度受被检测表面发射率及环境条件（气象条件等）的影响较大，所以，当需要对设备温度状态做绝对测量时，必须认真解决测温结果的标定问题。

（2）对于一些大型复杂的热能动力设备和高压电器设备内部的某些故障诊断，目前尚存在若干困难，甚至还难以完成运行状态的在线监测，需要在退出运行的情况下进行检测，或者需要其他常规试验方法配合才能作出综合诊断。

第二节 红外诊断仪器

一、红外诊断仪器的选用原则

做好电力设备运行状态的在线红外监测与故障诊断，必须根据需要选择合适的仪器。为此，首先应该对各种诊断仪器的工作原理、结构、特点与性能指标有充分的了解；其次还应该掌握诊断仪器的正确使用与维护方法。

电力设备运行状态在线红外监测常用的基本仪器（称为红外诊断仪），包括红外辐射测温仪、红外行扫描器、红外热像仪、红外热电视以及辅助的计算机图像处理系统。通常，红外诊断仪器的选择应根据管理层次、管理范围、设备容量和电压等级等实际情况确定。

二、红外测温仪

红外辐射测温仪简称红外测温仪，是一种非成像的红外温度检测与诊断仪器。它只能测量设备表面上某点周围确定面积的平均温度，因此，俗称为红外点温计。在不要求精确测量设备表面二维温度分布的情况下，与其他红外诊断仪器相比，具有结构简单、价格便宜、使用方便等优点。因此，在基层电力管理部门、电厂和大型电力用户被广泛使用，其缺点是检测效率低，容易出现较大测量误差。

从不同的角度，可把红外测温仪分成不同类型。例如，按测温范围，可分为高温测温仪（测量900℃以上的温度）、中温测温仪（测量300～900℃的温度）和低温（300℃以下）测温仪。目前商品化的辐射测温仪，最低可测量－100℃，最高可测量6000℃。在电力设备运行状态在线监测与故障诊断中，主要使用中、低温红外测温仪。按测温仪结构型式，又可分为便携式、台式、光纤式和前置式红外测温仪。其中，便携式（手提式）测温仪结构紧凑、轻巧，便于使用。台式（又称挂式或箱式）测温仪是把探头与显示头与显示器或电源分开的测温仪。光纤测温仪利用光导纤维作为测温仪光学系统的一部分，借助光

纤可弯曲的特点，不仅能够把光纤头部接近被测对象，排除辐射传输路径上烟尘、水汽的干扰。而且，能够把测温仪伸入到难以达到的部位（如大型高压电气设备内部的故障频发部位）。应该指出，作为红外光纤测温仪，主要是把光纤用作红外辐射能量的传输媒质，它不包括用光纤自身温度特性制成的接触式测温仪。因此，为开发中低温光纤式红外测温仪，必须解决能够传输长波红外辐射的光导纤维。前置红外测温仪是为消除物体发射率影响，以便测量出物体的真实温度，把一个镀金抛光的碗形反射罩罩在被测表面上，仅与表面保持尽可能小的间隙，在反射罩中心装有红外探测器。因此，物体表面辐射经反射罩多次反射而变成近似黑体辐射。但这种反射罩因污染或温升，将会明显增大测温误差，因此不宜长期在线使用。另外，按测温仪的不同设计原理和所能测量的不同目标温度，又可把红外测温仪分为全辐射测温仪、亮度测温仪和比色测温仪三大类。在电力设备故障诊断中，通常选用全辐射测温仪和亮度测温仪。

具有目标瞄准的红外测温仪，红外辐射是通过45°角反射分片镜反射到探测器上，把可见光透射到分划板上，经分划板至一组目视透镜组，通过目视透镜组观察被测物在分划板上所成的像，以确定被测目标的准确位置。红外测温仪的主要性能参数距离系数，是红外测温仪的一项重要技术参数，它是指测定目标的距离与被测目标的直径之比。检测电力设备时测量远距离小目标的物体，如变压器套管接头，穿墙套管接头、隔离刀闸接头及触头等应选用距离系数大的红外测温仪，如选用400：1的红外测温仪可距离节点10m左右的距离进行测量。若用40：1的红外测温仪进行测量就可能造成很大的误差，甚至会出现负值。只有在离被测目标距离近，且被测目标物体较大时可选用距离系数小的红外测温仪。

变电站使用红外测温仪对仪器距离系数的要求见表1-1。

表1-1　变电站使用红外测温仪对仪器距离系数的要求

变电站	室内配置仪表的距离系数	室外配置仪表的距离系数	变电站	室内配置仪表的距离系数	室外配置仪表的距离系数
6～10kV	50：1（100：1）		110kV	100：1（300：1）	240：1（300：1）
35kV	50：1（100：1）	140：1	220kV	300：1（500：1）	420：1（525：1）

三、红外行扫描器

如前所述，红外测温仪只用于测量目标的点温或局部的平均温度。如果手持红外测温仪对目标进行一维扫描，并以记录仪的记录曲线形式作为温度显示，则可以构成能够显示被测目标一维温度分布的红外行扫描器。然而，实用的红外行扫描器（或称为行扫描测温仪）要比用红外测温仪作一维扫描更加合理，并可在电力设备故障红外诊断或零部件内部缺陷红外无损检验中得到应用。红外行扫描器与常用的红外热像仪相比，在功能上的基本区别在于获得热信息的方式和信息输出的形式不同。热像仪是以二维扫描方式获取目标二维温度场的辐射分布，并以成帧的热图像形式输出二维温度分布信息。行扫描器则以一维单线行扫描方式，把一条反映景物一维温度分布热模拟迹线叠加在景物的可见光图像上面。

四、红外热像仪

通常，把利用光学—精密机械的适当运动，完成对目标的二维扫描并摄取目标红外辐射而成像的装置称为光机扫描式红外热成像系统。这种系统大体上可分为两大类，虽然它们的基本原理相同，但在术语含义、应用场合与性能要求上都有很大差异。其中一类是用于军事目标成像的红外前视系统，只要求对目标清晰成像，不需要定量测量温度，因此强调高的取像速度和高的空间分辨率。另一类则是工业、医疗、交通和科研等民用领域使用的红外热像仪，它在很多场合不仅要求对物体表面的热场分布进行清晰成像（显示物体表面的温度分布细节），而且还要给出温度分布的精确测量。因此相比之下，热像仪应更强调温度测量的灵敏度。由于红外热像仪不仅能用于非接触式测温，而且还可实时显示物体表面温度的二维分布与变化情况，又有稳定、可靠、测温迅速、分辨率高、直观、不受电磁干扰，以及信息采集、存储、处理和分析方便等优点，所以，尽管它比红外测温仪、行扫描器及红外热电视等装置的结构复杂、价格较贵、功耗较大，但在许多领域都得到了广泛应用。尤其在电力设备故障检测中，更是一种有效的基本的手段和精密诊断仪器。

应该指出，除了光机扫描式红外热像仪已得到广泛应用外，随着红外探测器的发展，还有利用红外电荷耦合器件做成的全固态自扫描成像系统和使用焦平面列阵探测器的红外热像仪。尤其现已商品化的焦平面热像仪，探测器由单片集成电路组成，处于整个视场内的景物聚焦成像在这片集成电路上，犹如一般照相机一样，使系统免除机械扫描。因此，这种热像仪有更高图像清晰度，动态效果更佳，可靠性更好，重量更轻。使用 InSb 材料的焦平面热像仪温度分辨可达 0.025℃，采样显示率可达 60 帧/s。

便携式红外热像仪的基本要求见表 1-2，手持式红外热像仪的基本要求见表 1-3，在线型红外热像仪的基本要求见表 1-4，FLIR 不同档次便携式红外热像仪主要技术性能参数如表 1-5 所示。

表 1-2　　便携式红外热像仪的基本要求

技术内容		技术要求	备注说明
探测器	探测器类型	焦平面、非制冷	
图像、光学系统	响应波长范围	长波（8～14μm）	
	空间分辨率（瞬时视场、FOV）/mrad	不大于1.5（标准镜头配置）	长焦镜头不大于 0.7
	温度分辨率/℃	0.1	30℃时
	帧频/Hz	高于 25	线路航测、车载巡检等应不低于 50
	聚集范围	0.5m～∞	
	视频信号制式	PAL	
	信号数字化分辨率/bit	不低于 12	
	镜头相对孔径	按实际情况选定	
	镜头扩展能力	能安装长焦距镜头	
	像素	不低于 320×240	标准模式

续表

技术内容		技术要求	备注说明
温度测量	范围	标准范围：－20～200℃并可扩展至更宽的范围	
	测温准确度	±2%或±2℃	
	发射率	0.01～1连续可调	以0.01为步长
	背景温度修正	可	
	温度单位设置	℃和℉相互转换	
	大气透过率修正	可	应包括目标距离、湿度和环境温度
	光学透过率修正	可	
	温度非均匀性校正	有	有内置黑体和外置两种，建议选取内置黑体型
显示功能	黑白图像（灰度）	有，且能反相	
	伪彩色图像	有，且能反相	
	伪彩色调色色板	应至少包括铁色和彩虹	
	测量点温	有，至少三点	
	温差功能	有	
	温度曲线	有	
	区域温度功能	显示区域的最高温度	
	各参数显示	有	
记录存储	存储方式	能够记录并导出	
	存储内容	红外热像图及各种参数	参数应包括：日期时间、物体的发射率、环境温度湿度、目标距离、所用镜头、设定温度范围
	储存容量	500幅以上图像	
	屏幕冻结	可	
信号输出	视频输出	有	
工作环境	空气温湿度	温度－10～50℃ 湿度不大于90%	
	仪器封装	符合IP54 GB/T 6592	
	电磁兼容	符合IEC 61000	
	抗冲击和震动	符合IEC 60068	
存放环境	存放环境	温度－20～60℃ 湿度不大于90%	
电源	交流电源	220V 50Hz	
	直流电池	可充电锂电池，一组电池连续工作时间不小于2h，电池组应不少于三组	

续表

技术内容		技术要求	备注说明
人机界面	操作系统	中文	
	操作方式	按键控制	
	人体工程学	要求眼不离屏幕即可完成各项操作，操作键要少	按键设置合理，不应让使用者到处寻找
仪器其他	仪器启动	启动时间小于 1min	
	携带	高强度抗冲击的便携箱	
	质量/kg	小于 3	标配含电池
	显示器	角度可调整，有抗杂光干扰功能	
	固定使用	有三脚架安装孔	
软件	操作界面	全中文界面	
	操作系统	Windows 9x/2000/XP 或以上版本	
	加密	无	
	图像格式转换	有，转成通用格式	转成 bmp 格式或 jpg 格式
	热像图分析	点、线、面分析，等温面分析，各参数的调整	
	热像报告	报告内容应能体现各设置参数	从热像图中自动生成
	报告格式	能根据用户要求定制	
	软件二次开发	能根据用户要求开发	

表 1-3　　手持式红外热像仪的基本要求

技术内容		技术要求	备注说明
探测器	探测器类型	焦平面、非制冷	
图像、光学系统	响应波长范围	长波（8～14μm）	
	空间分辨率（瞬时视场、FOV）/mrad	不大于1.9（标准镜头配置）	
	温度分辨率/℃	不大于 0.15	30℃时
	帧频/Hz	不低于 25	
	像素	不低于 160×120	标准模式
温度测量	范围	标准范围：－20～200℃并可扩展至更宽的范围	
	测温准确度	±2%或±2℃	应取大值
	发射率	0.01～1 连续可调	以 0.01 为步长
	背景温度修正	可	
	温度单位设置	℃和℉相互转换	

续表

技术内容		技术要求	备注说明
显示功能	黑白图像（灰度）	有，且能反相	
	伪彩色图像	有，且能反相	
	伪彩色调色色板	应至少包括铁色和彩虹	
	测量点温	有，一点以上	
	各参数显示	有	
记录存储	储存容量	50 幅以上图像	
	屏幕冻结	可	
	数据传输	USB 接口	
工作环境	空气温湿度	温度－10～50℃ 湿度 10%～90%	
	仪器封装	符合 IP54 IEC 359	
	电磁兼容	符合 IEC 61000	
	抗冲击和震动	符合 IEC 60068	
存放环境	存放环境	温度－20～70℃ 湿度 10%～90%	
电源	交流电源	220V 50Hz	
	直流电池	可充电锂电池，一组电池连续工作时间不小于 2h	
人机界面	操作系统	中文	
	操作方式	按键控制	
仪器其他	仪器启动	启动时间小于 1min	
	携带	高强度抗冲击的便携箱	
	质量/kg	小于 1	标配含电池
	固定使用	有三脚架安装孔	

表 1-4　在线型红外热像仪的基本要求

技术内容		技术要求	备注说明
探测器	探测器类型	焦平面、非制冷	
	响应波长范围	长波（8～14μm）	
温度测量	温度分辨率/℃	0.1	
	帧频/Hz	不低于 25	
	聚集范围	0.5m～∞	
	视频信号制式	PAL	
	信号数字化分辨率/bit	不低于 12	
	镜头相对孔径	按实际情况选定	
	镜头扩展能力	能安装长焦距镜头	

续表

技术内容		技术要求	备注说明
温度测量	像素	不低于160×120	
	范围	标准范围：-20～500℃，并可扩展至更宽的范围	
	测温准确度	±2%或±2℃	取绝对值大者
	发射率	0.01～1连续可调	
	背景温度修正	可	
	温度单位设置	℃和℉相互转换	
	大气透过率修正	可	
	光学透过率修正	可	
	温度非均匀性校正	有	
	屏幕冻结	可	
	数据传输	USB接口	
工作环境	稳定工作时间	连续稳定工作时间不小于10h	可根据用户要求确定更长时间
	接口方式	RS485	
	空气温湿度	温度-20～60℃ 湿度10%～90%	
	仪器封装	符合IP67	
	电磁兼容	符合IEC 61000	
	抗冲击和震动	符合IEC 60068	

表1-5 FLIR不同档次便携式红外热像仪主要技术性能参数

技术参数		FLIR T630	FLIR T330	FLIR E30
图像性能	探测器类型	焦平面阵列，非制冷微量热型	焦平面阵列，非制冷微量热型	焦平面阵列，非制冷微量热型
	波长范围/μm	7.5～14	7.5～13	7.5～13
	视场角（FOV）/最小对象距离/m	25°×19°/0.25	25°×19°/0.4	9°×7°/1.2
	图像帧频/Hz	30	50	50
	温度分辨率（30℃时）/℃	小于0.04	小于0.08	小于0.1
	空间分辨率/mrad	0.68	1.36	0.98
	红外图像分辨率/像素	640×480	320×240	160×120
温度测量	测温范围/℃	-40～+650（-40～+150，100～+650）	-20～+350（可扩展至1200）	-20～+900
	测温准确度	±2℃或读数的±2%	±2℃或读数的±2%	±2℃或读数的±2%

续表

技术参数		FLIR T630	FLIR T330	FLIR E30
温度测量	测量模式	多个可移动测温点、方框或圆形区域，包括最大值、最小值和温度范围平均值；自动最高点/最低点温度追踪	多个可移动测温点、方框或圆形区域，包括最大值、最小值和温度范围平均值；自动最高点/最低点温度追踪	点、区域、等温线、自动最高/最低温度点追踪
	测量修正	反射温度、大气温度、距离、光学透过率、大气透过率、外部光学窗口	反射温度、大气温度、距离、光学透过率、大气透过率、外部光学窗口	反射温度
	被测部位温度值/℃	40.7	40.4	40.2
环境参数	工作温度范围/℃	−15～50	−15～50	−15～45
图像显示	图像模式	红外图像、可见光图像、视频、热叠加、画中画、缩略图库	红外图像、可见光图像、视频、热叠加、画中画、缩略图库	红外图像
仪器质量	含镜头和电池质量/kg	1.3	0.88	0.7
对比实验评价	仪器档次	高端	中端	低中端
	成像质量	好	较好	一般

五、红外热电视

红外热电视是用电子束扫描成像的一类标准电视制式红外成像装置，具有与光机扫描红外热像仪类似的功能。自从 1995 年法国南锡大学 Hadni 教授提出热释电摄像管理论以后，20 世纪 70 年代国外开始研出各种红外热电视，20 世纪 80 年代初，国内也开始研制出类似装置。

从上面的讨论可以看出，虽然光机扫描式红外热像仪具有很高的温度分辨率、空间分辨率和良好的测温功能。但是，由于它的结构复杂，制造和维修困难，有的探测器需要低温制冷，外场使用不便和价格较贵等因素，因此，在工业领域大量推广使用受到一定的限制。

由于红外热电视采用电子束扫描，无高速运动的精密光机扫描装置，制造和维修相对较容易，适合批量生产，加上热释电摄像管可在室温下工作，不需制冷。所以，红外热电视不仅结构轻巧，使用方便，而且设备投资少，使用费用低。尽管它的某些性能指标还不能与红外热像仪相媲美，但作为一种简易红外成像式检测仪器，在电力设备故障的普查或在对温度分辨率及测温精度要求不太高的应用场合，红外热电视仍有较广泛的使用价值。

六、红外诊断设备配置与选型

1. 红外诊断设备分类

（1）红外测温仪。按距离系数有 8：1、20：1、30：1、50：1、100：1、150：1、200：1、300：1、400：1、500：1 等多种；按瞄准方式又分为光学瞄准和激光定位瞄准方式。

（2）红外热电视。按技术层次分为简易型和高性能型，按工作方式分为平移式、瞬变式和斩波式。

（3）红外热像仪。分观察用的简易型（一般不带测温功能）和工业检测用的高档型；按工作原理又分为光机扫描式和焦平面式。

2. 选配

红外诊断设备可用于各行各业，使用者应根据其不同的应用目的、被测对象、使用范围及经济承受能力，按照有效、适用、节约的原则来选用。

在电力系统，根据用户的性质和应用目的，推荐按如下方式进行配置。

（1）各省局中试所、各大地市局、超高压公司、装机 600MW 以上发电厂应尽可能配置一套进口的高档红外热像仪，而且要求性能尽可能好，且可靠性高、有效工作寿命长。最好选用焦平面热像仪。虽然费用可能高一些，但因其管辖范围大、设备电压等级高、容量大，红外诊断所起的作用大、效益高。若仅从节约角度选用性能稍差的设备实际上并不合算。

（2）各地区局、各大城市分局的和中小型发电厂，应以选用性能较好的热电视为主，尽可能选用斩波型的高档热电视，虽然其价格与简易型平移式红外热电视相比略贵一些，但在性能上还是有相当大的区别。若选用不当可能造成许多故障无法检出和诊断而得不偿失。

（3）部分市局、地局、各县局以及线路工区等，在经费不太充裕的情况下选用简易型平移式的热电视，当然这样只能检测出接头过热一类设备外部接触性故障，而不可能像前两点那样检测和诊断出设备隐患。

（4）县级各单位实在经济条件有限时，可选配较大距离系数比的红外测温仪，同时，对于重要的 220kV 及以上变电站，最好每个站内配置一台红外测温仪。主要用于当红外成像设备检测出故障后（如刀闸处过热），可在计划停电处理前用测温仪进行不断地跟踪，以防故障状况突然急趋恶化而得不到及时处理。

红外诊断设备的机型、技术特点及配置与选型如表 1－6 所示。

七、红外诊断设备选购

在选择采用一台红外诊断设备时，应根据前一条“红外诊断设备的配置”确定大致选型范围，然后对产品的性能、供应商的技术实力、信誉、售后服务、技术培训及价格等方面进行详细考查后进行综合评判和确定选购。

表 1-6　　红外诊断设备的机型、技术特点及配置与选型

机型		主要技术特点	适合配备单位
红外热电视	平移式	(1) 使用简单体积小价格便宜。 (2) 工作时必须不停摇动摄像机。 (3) 平移有严重拖尾信号失真。 (4) 图像质量较差，测温误差较大。 (5) 一般本机无彩色、定格、图像分析等功能。 (6) 适合查找接头过热，但不适合内部故障诊断	县局线路工区
	瞬变式	(1) 略微笨重，价格便宜。 (2) 平移时仍有拖尾，但瞬变工作时无拖尾。 (3) 图像质量略有改善，本机有彩色、定格、图像分析功能。 (4) 适合查找接头过热，也可用于简单的内部故障诊断	小型地区局、县局
	斩波式	(1) 体积小，使用简单，价格适中。 (2) 工作时不用来回摇动摄像机即可稳定成像。 (3) 完全无拖尾，图像质量好、测温准确。 (4) 本机有较强大的图像分析功能及彩色、定格、图像储存，功能等（某些产品也无此功能）。 (5) 为热电视中最先进技术。 (6) 既适合查找外部故障，也适合内部故障诊断	各地、市局、大城市分局、电厂
热像仪	光机扫描式	(1) 一般体积较大，相对笨重，价格高。 (2) 可稳定成像，且本机有彩色、定格、图像分析功能，测温准确。 (3) 图像质量、温度分辨率、空间分辨率、帧频因型号而差异巨大。 (4)（快扫描方式）适合外部、内部故障诊断	省局中试所、各大地市局、装机600MW以上电厂
	焦平面式	(1) 体积小，使用方便，价格高。 (2) 可稳定成像、图像质量好，测温准确。 (3) 功能都十分强大，性能好。 (4) 质量、寿命、可靠性因型号不同而有差异。 (5) 适合外部故障和内部故障的诊断	省局中试所、各大地市局超高压公司装机600MW以上电厂
红外测温仪	激光瞄准式	(1) 体积小、使用方便、价格低。 (2) 不能成像，只能测温，功能简单。 (3) 只能用于接头过热故障的监视和粗略查找	县局、220kV及以上变电站
	光学望远瞄准式	(1) 体积小、使用方便、价格低。 (2) 不能成像，只能测温，功能简单。 (3) 只能用于接头过热故障的监视和粗略查找	县局、220kV及以上变电站

注　无测温功能热像产品一般不适合电力设备故障诊断使用。

1. 产品性能

(1) 分清设备的技术档次，这首先大体上确定了设备的技术性能级别。由高档到低档依次为：焦平面热像仪、光机扫描式热像仪、斩波型热电视、平移加瞬变型热电视、平移型热电视、红外测温仪。

（2）温度分辨率和图像质量是最为重要的指标之一。一般热像仪的最小可辨温差不应大于0.1℃，热电视的最小可辨温差不大于0.2℃。

（3）空间分辨率也是极为重要的指标。一般要求空间分辨率不小于200电视线，数字化图像阵列不低于200像元/行×200像元/列。

（4）扫描速度。无论热像仪还是热电视，扫描速度若小于20帧/s，则工作中就会遇到不便。当然扫描速度高些更好。

（5）仪器的可靠性及使用寿命十分重要。尤其是对于进口的高档热像仪这一点更为重要。

（6）平移式热电视具有不可克服的“拖尾”现象或称“图像玷污”。即当镜头对准目标后，只有不停地移动镜头才能产生图像，否则图像就消失或模糊。而且在移动镜头的过程中，亮目标过后都有一黑色“拖尾”，暗目标过后又会对亮目标电平产生影响，于是整个图像就发生失真，即所获得的热图像与原来真实情况不一致了。这对微弱温差的判断造成困难，且对测温准确性造成很大影响。因此，这类简易热电视主要用于接头发热一类严重的外部故障检测，而不适用于设备内部隐患的检测和分析。斩波式红外线电视克服了这个弊病。

（7）用于内部故障诊断的设备本机最好具有图像冻结（定格），彩色、全屏幕任意点测温，较强的数字接口方式的图像采集和处理功能。

（8）后续图像采集和处理尽可能选用数字式接口的机型，以确保信号的准确、可信。对于平移式热电视，可不一定考虑配套图像采集及图像处理系统软件。因为平移型热电视的“拖尾”造成的温度场畸变已远远超过内部故障造成的零点几到几度的温度差，这时采集和处理的红外图像对准确诊断内部故障已变得意义不大，而接头过热一类故障可以通过文字记录下来。当然，若费用允许，加配图像采集及图像处理还是有好处的，至少可以进行图像存储和建档或打印报告等。图像采集和处理软件有许多种版本，功能和性能相差悬殊，务必考查全面，并进行多家比较，然后作出选择。

2. 供应商的技术实力和信誉

可考查供应商或制造商多年来的业务、产品的系列化、技术发展情况、技术更新情况、产品更新情况及其企业性质、所属、经济实力和企业信誉。这一点对于进口红外成像产品更为重要。若这方面选择不当，可能得到不太理想的结果甚至造成麻烦。

第三节　电力设备热故障分类与红外检测诊断技术

一、电力设备热故障分类和电力设备工作发热允许温度

1. 电力设备热故障分类

电力设备热故障是多种多样的，但一般可分为以下两类：接触热故障（如导体连接件接触不良，电流流过时发热）和设备元件变质老化。接触不良热故障又分为设备内部和外部两种。外部热故障主要指各种裸露接头、压接管、压板和隔离断路器刀口等；内部热故

障主要指设备内部导电回路接触不良、互感器内部接头松动、变压器绕组和电机定子线棒焊接处接触不良等；内部零部件老化指阀型避雷器并联电阻劣化或损坏等。另外，充油设备的油循环受阻、假油位等，也可能引起热故障或冷故障。例如，散热器上下阀门未打开，使整个变压器温度上升：而有时个别未打开的散热器又出现温度低的冷故障，强油循环潜油泵损坏等。

2. 电力设备常见热缺陷

(1) 电力设备外部接头接触不良，如断路器、线夹、隔离刀闸、穿墙套管、互感器、变压器、电抗器、阻波器电缆等。

(2) 隔离刀闸触头接触不良。

(3) 电流互感器内部接头接触不良二次端子接触不良。

(4) 变压器油枕及套管油，散热器阀门未打开。

(5) 高压电缆头过热及电缆局部绝缘损坏。

(6) 断路器内部的动、静触头接触不良。

(7) 避雷器、耦合电容器受潮或内部缺陷使上下节温度分布异常。

(8) 电力电容器内部缺陷或熔丝熔断。

(9) 绝缘子裂纹及劣化或出现零值。

(10) 穿墙套管金属支撑板涡流过热。

(11) 变压器、电抗器中性点接触不良或接地不良。

(12) 避雷器、耦合电容器接地不良。

(13) 二次回路或低压回路导线过热。

(14) 导线发生断股造成的发热等。

(15) 充油设备缺油或油路不畅。

(16) 铁芯局部短路或铁损过大。

(17) 各种高压设备绝缘劣化等等。

3. 电力设备工作发热允许温度

电力设备中载流导体长期工作发热和短时发热的允许温度见表 1－7。交流高压电器在长期工作时的发热的允许温度（GB 763—1990）见表 1－8。

表 1－7　载流导体长期工作发热和短时发热的允许温度　单位:℃

导体种类	导体材料	长期工作发热		短路时发热	
		允许温度	允许温升	允许温度	允许温升
母线	铜	70	45	300	230
	铝	70	45	200	130
	钢（不和电器直接连接时）	70	45	400	330
	钢（和电器直接连接时）	70	45	300	230

续表

导体种类	导体材料	长期工作发热		短路时发热	
		允许温度	允许温升	允许温度	允许温升
电缆	油浸纸绝缘 铜芯（10kV及以下）	60～80	—	250	190～170
	油浸纸绝缘 铝芯（10kV及以下）	60～80	—	200	140～120
	油浸纸绝缘 铜芯（20～35kV）	50	—	175	125
	充油纸绝缘（60～330kV）	70～75	—	160	90～85
	橡皮绝缘	50	—	150	100
	聚乙烯绝缘	60	—	130	70
	交联聚乙烯绝缘 铜芯	80	—	230	150
	交联聚乙烯绝缘 铝芯	80	—	200	120
	中间接头 锡焊接头	—	—	120	—
	中间接头 压接接头	—	—	150	—

注 1. 长期工作允许温升是指导体对周围环境的温升。我国所用计算环境温度如下：

(1) 电力变压器和其他电器为周围空气温度，即40℃。

(2) 装在空气中的导线、母线和电力电缆为25℃。

(3) 埋入地下的电力电缆为15℃。

2. 短时发热允许温升是指导体温度较短路前的温度升高，通常取导体短路前的温度等于它在长期工作时的最高允许温度，即为70℃。

3. 裸导体的长期允许工作温度一般不超过70℃；当其接触面具有锡的可靠覆盖层时（如超声波搪锡等），允许提高到85℃；当接触面有银覆盖层时，允许温度提高到95℃。

表1-8　交流高压电器在长期工作时的发热的允许温度

序号	电器零件、材料及介质的类别①～④	最高允许温度/℃			周围空气温度为+40℃时的允许温升/K		
		空气中	SF_6中	油中	空气中	SF_6中	油中
1	触头⑤、⑥						
	裸铜或裸铜合金	75	90	80	35	50	40
	镀锡	90	90	90	50	50	50
	镀银或镀镍（包括镀厚银或镀银片）	105	105	90	65	65	50
2	用螺柱或其他等效方法连接的导体结合部分⑦						
	裸铜、裸铜合金和裸铝或裸铝合金	90	105	100	50	65	60
	镀（搪）锡	105	105	100	65	65	60
	镀银（包括镀厚银）或镀镍	115	115	100	75	75	60
3	用其他裸金属制成或表面镀其他材料的触头或连接⑧						
4	用螺栓或螺钉与外部导体连接的端子⑨						
	裸铜、裸铜合金和裸铝、裸铝合金	90		50			
	镀（搪）锡或镀银（包括镀厚银）	105		65			
	其他镀层⑧						
5	油开关用油⑩、⑪			90			50
6	起弹簧作用的金属零件⑫						

续表

序号	电器零件、材料及介质的类别①~④	最高允许温度/℃			周围空气温度为+40℃时的允许温升/K		
		空气中	SF_6 中	油中	空气中	SF_6 中	油中
7	下列等级的绝缘材料及与其接触的金属零件⑬~⑮						
	（1）需要考虑发热对机械强度影响的：						
	Y（对不浸渍材料）	85	90	—	45	50	—
	A（对浸在油中或浸渍过的材料）	100	100	100	60	60	60
	E、B、F、H	110	110	100	70	70	60
	（2）不需要考虑发热对机械强度影响的：						
	Y（对不浸渍材料）	90	90	—	50	50	—
	A（对浸渍过的材料）	100	100	100	60	60	60
	E	120	120	100	80	80	60
	B	130	130	100	90	90	60
	F	155	155	100	115	115	60
	H	180	180	100	140	140	60
	（3）漆：						
	油基漆	100	100	100	60	60	60
	合成漆	120	120	100	80	80	60
8	不与绝缘材料(油除外）接触的金属零件(触头除外）						
	（1）需要考虑发热对机械强度的影响的：						
	裸铜、裸铜合金或镀银	120	120	100	80	80	60
	裸铝、裸铝合金或镀银	110	110	100	70	70	60
	钢、铸铁及其他	110	110	100	70	70	60
	（2）不需要考虑发热对机械强度影响的：						
	裸钢、裸铜合金、镀银	145	145	100	105	105	60
	裸铝、裸铝合金、镀银	135	135	100	95	95	60

注　表中的裸铜合金和裸铝合金是指铜基和铝基合金，均不包括粉末冶金件。粉末冶金件的最高允许温度由制造厂在产品技术中规定。

① 相同零件、材料及介质其功能属于上表中所列的几种不同类别时，其最高温度和温升按各类别中最低值考虑

② 表中数值不适用处于真空中的零件和材料。

③ 封闭式组合电器、金属封闭开关设备等外壳的最高允许温度和温升由其相应的标准规定。

④ 以不损害周围的绝缘材料为限。

⑤ 当动、静触头有不同镀层时，其允许温度和温升应选择表中允许值较低的镀层之值。

⑥ 涂、镀触头，在按电器的相应标准进行下列试验后，接触表面仍保留镀层，否则按裸触头处理。

a）关合试验和开断试验（如果有的话）。

b）热稳定试验。

c）机械寿命试验。

⑦ 当两种不同镀层的金属材料紧固连接时，允许温度以较低者计。

⑧ 其值应根据材料的特性来决定。

⑨ 此值不受所连外部导体端子涂镀情况的影响。

⑩ 以油的上层部位为准。

⑪ 当采用低闪点的油时，其温升值的确定应考虑油的汽化和氧化作用。

⑫ 以不损害材料的弹性为限。

⑬ 绝缘材料的耐热分级按 GB 11021 的规定执行。

⑭ 对不需要考虑发热机械强度影响的铜、铜合金、铝、铝合金，最高允许温度应既不高于所接触绝缘材料的最高允许温度，也不得高于表中序号 8 项（2）所规定的值。

⑮ 耐热等级超过 H 级者以不导致周围零件损坏为限。

二、红外成像技术在电力系统中的应用

检测热故障的传统方法是停电测量电阻值（如变压器和电机通过定期测量绕组直流电阻来判断是否存在接头接触不良）；在易发热处贴示温片，根据示温片颜色改变，判断是否过热；设备带电时用绑有石蜡的绝缘杆，将石蜡和接头相接触，若石蜡熔化则判定为过热点。对设备内部热点采用埋设测温电阻法，但该方法只能测整体温度或个别热点温度，而最受关注的最高温度点却可能测不出来。例如，测量变压器壳体上层油温，测到的只是整体温度；对电机绕组和铁芯，温度检测虽然也能反映整体温度，但个别点的温度以及最高点温度难以测量。由上可知，测出最热点温度的目的难以实现；另外，测试时还可能需要设备停电，发热点温度也难以量化，而且测量时还有一定的危险。总之，虽然传统测温方法有一定作用，但其局限性也是相当明显的。

电力系统推广红外成像技术的初始阶段，用来测裸露接头过热，效果显著，发现了大量过热点，经过及时处理，防止了很多事故发生。广大检测人员没有满足于检测外部接头热故障的成果，又深入研究高压设备内部热故障的传热，表面热场分布；并进行模拟试验研究和大量现场检测统计分析，逐步掌握了各种高压设备内部热故障的热场分布规律与表面红外热像特征。目前除少数内部热故障外，大多数内部热故障均可在设备外壳有温度响应，适用于红外成像技术诊断。现在，红外成像技术基本上覆盖了以下电力设备的热故障：

（1）电力设备内部导流回路热故障。

（2）高压设备内部绝缘故障导致的热故障。

（3）变压器、互感器等内部充油设备缺油、油循环不畅等引起的热故障。

（4）变压器铁芯损耗、涡流损耗增加等引起的热故障。

（5）电压分布异常和泄漏电流增大引起的热故障。

（6）各种动作设备（如分接开关、断路器、潜油泵等）由于磨损引起的热故障。

红外成像技术应用电力系统后，很快推广到各基层单位，而且又通过深入的研究工作，不断取得新的成果和成效，将来还会进一步扩大诊断范围。但是，目前红外成像技术还不能应用于检测大型发电机、变压器和 GIS 设备等内部少数故障。这些大型设备初期的热故障，如初期局部放电和接头的接触电阻略有增加，发热量很小；另外，热故障点距外表面太远时，上述两种原因导致热量传播到外壳表面，难以产生明显的热特征响应，因而难以检测到。强油循环的变压器由于热交换比较特殊，使其内部的一些热故障，如绕组断线、局部放电、围屏和绝缘纸板爬电、引线接触不良、绝缘件受潮和老化、分接头接触不良和过渡电阻烧坏等，因油强迫循环改变了热故障在表面形成的原始热场分布，因而很难在外壳产生和内部热故障相对应的热场分布，红外检测暂时无能为力。绝缘子串中间部分，即使是劣质瓷瓶，由于电压分布和热场分布等低于低谷，用红外成像暂时也难以准确诊断。

尽管红外成像技术在电力系统应用时间不长，但由于其所具有的非接触式、不需要停电、安全、准确、实时性强、应用方便等优点，在电力系统故障检测中得到大力推广和应用。

电流致热型设备缺陷诊断判据见表 1－9。

表 1－9　　电流致热型设备缺陷诊断判据

设备类别和部位		热像特征	故障特征	缺陷性质		
				一般缺陷	严重缺陷	危急缺陷
电器设备与金属部件的连接	接头和线夹	以线夹和接头为中心的热像，热点明显	接触不良	温差超过15K，但未达到严重缺陷的要求	热点温度大于80℃或δ不小于80%	热点温度大于110℃或δ不小于95%
金属部件与金属部件的连接	接头和线夹	以线夹和接头为中心的热像，热点明显	接触不良	温差超过15K，但未达到严重缺陷的要求	热点温度大于90℃或δ不小于80%	热点温度大于130℃或δ不小于95%
金属导线		以导线为中心的热，热点明显	松股、断股、老化或截面积不够	温差超过15K，但未达到严重缺陷的要求	热点温度大于80℃或δ不小于80%	热点温度大于110℃或δ不小于95%
输电导线的连接器（耐张线夹、接续管、修补管、并沟线夹、跳线线夹、T型线夹、设备线夹等）		以线夹和接头为中心的热像，热点明显	接触不良	温差超过15K，但未达到严重缺陷的要求	热点温度大于90℃或δ不小于80%	热点温度大于130℃或δ不小于95%
刀闸	转动球头	以转动球头为中心的热像	转动球头接触不良或断股	温差超过15K，但未达到严重缺陷的要求	热点温度大于90℃或δ不小于80%	热点温度大于130℃或δ不小于95%
	刀口	以刀口压接弹簧为中心的热像	弹簧压接不良	温差超过15K，但未达到严重缺陷的要求	热点温度大于90℃或δ不小于80%	热点温度大于130℃或δ不小于95%
断路器	动静触头	以顶帽和下法兰为中心的热像，顶帽温度大于下法温度	压指压接不良	温差超过10K，但未达到严重缺陷的要求	热点温度大于55℃或δ不小于80%	热点温度大于80℃或δ不小于95%
	中间触头	以下法兰和顶帽为中心的热像，下法兰温度大于顶帽温度	压指压接不良	温差超过10K，但未达到严重缺陷的要求	热点温度大于55℃或δ不小于80%	热点温度大于80℃或δ不小于95%
电流互感器	内连接	以串并联出线头或大螺杆出线夹为最高温度的热像或以顶部铁帽发热为特征	螺杆接触不良	温差超过10K，但未达到严重缺陷的要求	热点温度大于55℃或δ不小于80%	热点温度大于80℃或δ不小于95%

续表

设备类别和部位		热像特征	故障特征	缺陷性质		
				一般缺陷	严重缺陷	危急缺陷
套管	柱头	以套管顶部柱头为最热的热像	柱头内部并线压接不良	温差超过10K，但未达到严重缺陷的要求	热点温度大于55℃或δ不小于80%	热点温度大于80℃或δ不小于95%
—	熔丝	以熔丝中部靠电容侧为最热的热像	熔丝容量不够	温差超过10K，但未达到严重缺陷的要求	热点温度大于55℃或δ不小于80%	热点温度大于80℃或δ不小于95%
电容器	熔丝座	以熔丝座为最热的热像	熔丝与熔丝座之间接触不良	温差超过10K，但未达到严重缺陷的要求	热点温度大于55℃或δ不小于80%	热点温度大于80℃或δ不小于95%

注 1. 当发热点的温升值小于15K时，不宜按照上表确定设备缺陷性质，对于负荷率小、温升小但相对温差大的设备，如果有条件改变负荷率，可以增大负荷电流后进行复测，以确定设备缺陷的性质。当无法改变负荷率时，可以暂定为一般缺陷，并注意监视。

2. DL/T 664附录A对一般缺陷的诊断判据为温差不超过15K（或10K），未达到严重缺陷的要求。由此可以得出，即使所有正常发热设备（温差不超过15K）都存在缺陷的结论，其真实意思表达欠妥，故在本表中已做出必要修正。

电压致热型设备缺陷诊断判据见表1-10。

表1-10　　电压致热型设备缺陷诊断判据

设备类别和部位		热像特征	故障特征	温差/K
电流互感器	10kV浇注式	以本体为中心整体发热	铁芯短路或局放增大	4
	油浸式	以瓷套整体温升增大，且瓷套上部温度偏高	介损偏大	2～3
电压互感器（含电容式电压互感器的互感器部分）	10kV浇注式	以本体为中心整体发热	铁芯短路或局放增大	4
	油浸式	以瓷套整体温升增大，且瓷套上部温度偏高	介损偏大	2～3
耦合电容器	油浸式	以整体温升偏高或局部过热，且发热符合自上而下逐步的递减的规律	介损偏大，电容量变化、老化或局放	2～3
移相电容器		热像一般以本体上部为中心的热像图，正常热像最高温度一般在宽面垂直平分线的三分之二高度左右，其表面温升略高，整体发热或局部发热	介损偏大，电容量变化、老化或局部放电	2～3
高压套管		热像特征呈现以套管整体发热热像	介损偏大	2～3
		热像为对应部位呈现局部发热区故障	局部放电故障，油路或气路的堵塞	2～3

续表

<table>
<tr><th colspan="2">设备类别和部位</th><th>热　像　特　征</th><th>故 障 特 征</th><th>温差/K</th></tr>
<tr><td>充油套管</td><td>瓷瓶柈</td><td>热像特征是以油面处为最高温度的热像，油面有一明显的水平分界线</td><td>缺油</td><td></td></tr>
<tr><td>氧化锌避雷器</td><td>10～60kV</td><td>正常为整体轻微发热，较热点一般在靠近上部且不均匀，多节组合从上到下各节温度递减，引起整体发热或局部发热为异常</td><td>阀片受潮或老化</td><td>0.5～1</td></tr>
<tr><td rowspan="4">绝缘子</td><td rowspan="3">瓷绝缘子</td><td>正常绝缘子串的温度分布同电压分布规律，即呈现不对称的马鞍型，相邻绝缘子温差很小，以铁帽为发热中心的热像图，其比正常绝缘子温度高</td><td>低值绝缘子发热（绝缘电阻在10～300MΩ）</td><td rowspan="2">1</td></tr>
<tr><td rowspan="2">发热温度比正常绝缘子要低，热像特征与绝缘子相比，呈暗色调，其热像特征是以瓷盘（或玻璃盘）为发热区的热像</td><td>零值绝缘子发热（0～10MΩ）</td></tr>
<tr><td>表面污秽引起绝缘子泄漏电流增大</td><td>0.5</td></tr>
<tr><td>合成绝缘子</td><td>以棒芯局部最热为热像</td><td>伞裙破损或芯棒受潮</td><td>0.5～1</td></tr>
<tr><td rowspan="4">电缆终端</td><td rowspan="4"></td><td>以整个电缆头为中心的热像</td><td>电缆头受潮、劣化或气隙</td><td>0.5～1</td></tr>
<tr><td>以护层接地连接为中心的发热</td><td>接地不良</td><td>5～10</td></tr>
<tr><td>伞裙局部区域过热</td><td>内部可能有局部放电</td><td rowspan="2">0.5～1</td></tr>
<tr><td>根部有整体性过热</td><td>内部介质受潮或性能异常</td></tr>
</table>

注　1. 允许温差大值适用于室内设备，小值适用于无风条件下的室外设备。

2. 当热像异常或当同类温差超过允许值时，应定为严重缺陷，并结合其他试验手段确定缺陷的性质及处理意见。

三、电力设备外部热故障红外检测和诊断标准

1. 各种裸露接头热故障检测方法和标准

当电力设备各种紧夹件、裸露接头及隔离断路器刀口等接触不良时，运行时流过的大电流会导致发热加剧，引起温度和温升大为升高，甚至最后烧断；另外，如果是弹簧夹紧件，高温使弹簧的弹性退化，失去弹力同样会造成接头接触不良，久而久之被烧断。这两种热故障开始时不严重，但会使金属表面加速氧化，接触电阻成倍增加，发热更严重，接触电阻更大，温度更高，形成恶性循环，最后导致烧断的事故发生。

外部热故障的特点是：以过热点的高温形成一个特定的热场，向外辐射能量。红外成像仪把这一热场直观地反映在荧光屏上，由荧光屏热像图找出最高温度点，即热故障点；另外，成像仪配有现场计算机，设定某些特定参数后可在现场直接测量热场的任意一点的温度值。诊断标准如表 1－11 所示。

表 1-11　外部热故障检测标准（热点与最低温度点温差）　单位：℃

故障类型 / 热点位置	设备存在疑点	设备存在热隐患	设备存在热故障	设备存在严重热故障	设备存在恶性热故障
各种外部裸露接头、将军帽	10～15	15～25	25～40	40～60	60 以上
隔离刀闸关节、套管膨胀器	10～15	15～20	20～35	35～55	55 以上
隔离开关	10～15	15～20	20～35	35～55	55 以上
建议处理意见	查明原因后处理	安排处理	必须安排处理	马上停电处理	一定停电及时处理

2. 电力变压器外部热故障检测及标准

大型变压器采用强油循环。由于强油循环的结果，使其内部一些热故障（绕组和铁芯）在外壳产生的原始热场被破坏，所以对这类热故障的诊断目前尚有难度。但变压器外表暴露的热故障，还是可以用红外成像仪检测的，可以将获得的热像图作为诊断依据。对于正常变压器，其外壳热像图是一个水平线温度均匀分布的温度场，高中低套管的温度三相基本平衡，潜油泵也不应该有特殊的过热点，箱体螺栓的温差也不应该过大。其热像图诊断标准是：箱体同一水平线的最高和最低温度不应该大于 10℃；各螺栓中最高的温度点与平均温度之差不应大于 15℃；平均温度与环境温度之差不应大于 55℃；潜油泵温度与本台变压器其他运行的潜油泵平均温度之差不应大于 30℃；变压器套管将军帽温度对环境温度的温升不应大于 70℃，且三相平衡；对散热器，如果某一台温度比其他的低很多，可能存在闸门未打开等问题。另外，油枕假油位、潜油泵反转等故障和异常状况也可予以判断。

3. 绝缘子串红外成像热故障检测和诊断

绝缘子串热故障的红外成像检测和诊断，是根据整个绝缘子串的温度场图像判断劣质和零值绝缘子，而不是根据每个绝缘子的温度高低进行判断。因为劣质或零值绝缘子串发热量很小，又距地面测量较远，检测温度不超过 35℃。正常的绝缘子串电压分布受对地、对导线杂散电容的影响，呈不对称马鞍型，通过多次检测证明，良好绝缘子串瓷瓶钢帽上的温度分布与其电压分布相对应，也呈不对称马鞍型。这样就可以从整个绝缘子串热像图上看到，哪一片绝缘子钢帽上的温度破坏了整串绝缘子热场分布，则该片绝缘子就是劣质或零值绝缘子，温度高者为劣质绝缘子，温度低者为零值绝缘子，但位于绝缘子中间的绝缘子，由于电压分布和热场分布都是低谷，难以准确判断劣质或零值绝缘子。图 1-1 是存在劣质绝缘子的绝缘子串红外热像图。

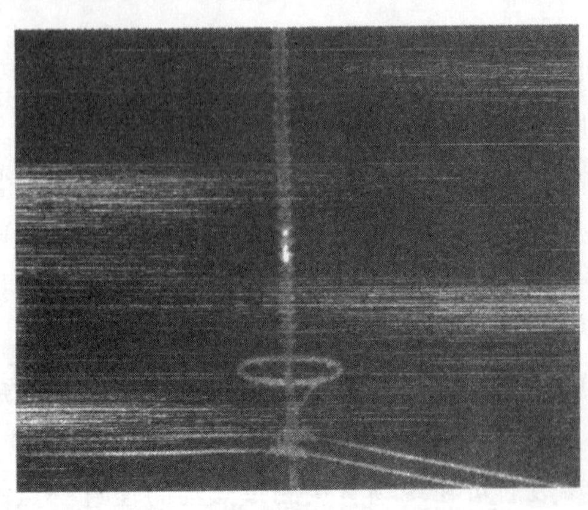
图 1-1　存在劣质绝缘子的绝缘子串红外热像图

4. 电机和其他电力设备红外成像检测和诊断标准

由于电机的滑环和碳刷处于高速运转当中，其热故障的诊断难以采用其他接触式方法，但如果用红外成像仪检测却非常方便。滑环温度超过允许值，其原因是通风不良，或碳刷摩擦力太大所导致的。可以通过检测滑环温度是否超过允许值来判断其是否发生了热故障；另外，还可以比对在同样条件下获得的历次热像图。如果碳刷的最高温度比平均温度高10℃以上，说明弹簧压力过大；如果某一个碳刷温度比其他碳刷温度低的多，和室温一样，则说明该碳刷已和滑环脱离接触，无电流通过所致。

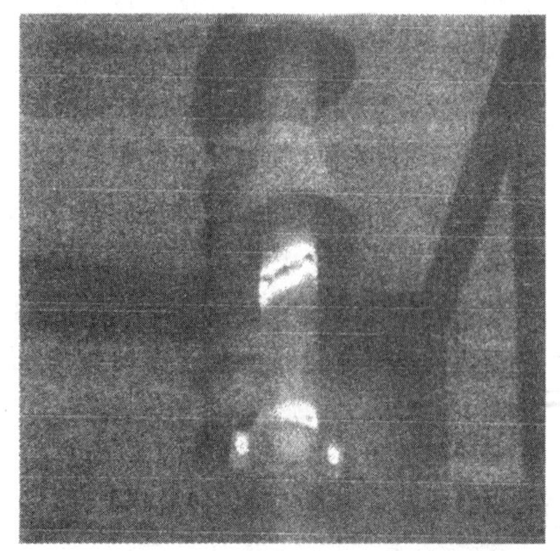

图 1-2　电力电缆终端接头外绝缘出现裂纹故障的红外热像图

电容式 PT 兼耦合电容器所装阻尼电阻器处，如果所测温度低，说明阻尼器的阻尼电阻已断。图 1-2 是电力电缆终端接头外绝缘出现裂纹故障的红外热像图。

四、电力设备内部热故障红外成像检测和诊断标准

内部热故障的发热状况不能直接反映到热成像仪上，但内部发热点所发出的热量使外壳形成一个相对稳定的热场分布，利用这个热场分布，再考虑其他影响因素，通过对比，可间接判断内部热故障。

1. 开关内部热故障检测和判断标准

油开关外壳热场分布，由设备的电阻和铁磁损耗所决定。但任何损耗的增加，都会在内部形成热故障点，形成异常状况。定期获得外壳热场分布图，一方面和以前的正常图进行比较；另一方面与同型号的进行比对或三相互比，根据比对结果的差异来判断热故障点。如对 10kV 油开关，把三相一组同时摄入一个热像图中，直接进行比较，最高和最低温度之差在 5℃以上，可认为内部有热故障点；在 2～3℃以上，应注意进行跟踪检测；10℃以上，就必须停电处理。图 1-3 是少油断路器动静触头接触电阻过大导致发热的红外热像图。

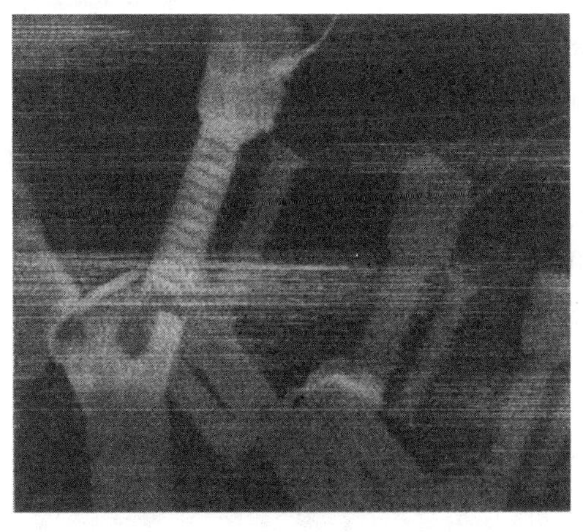

图 1-3　少油断路器动静触头接触电阻过大导致发热的红外热像图

2. 电流互感器内部热点检测和判断标准

电流互感器损耗由铜耗、铁耗和接头电阻损耗组成。这些损耗都由顶部的顶帽以热

量的形式散去。所以，现场检测顶帽的热像图后，三相互比判断。顶帽温度三相互差在70℃以上，温度高者内部有严重热故障，应立即处理；温差在15℃以上，应停电试验检查；相差10℃以上，应加强监测，跟踪检测。同时，对环境的温升也不能大于70℃，图1-4是电流互感器内部局部放电和绝缘老化故障的红外热像图。

3. 电机定子绕组接头红外检测和诊断标准

用红外成像检测定子绕组接头接触好坏，可以在运行中检测；也可以在大负荷停机后或短路试验停机后；还可以在定子绕组通60%～70%的额定电流时进行。由于热成像仪检测较快，而且可同时测量多个接头绝缘表面温度，因而可以利用互比判断接头好坏。对包绝缘的接头，如果接头表面温度高于平均值15℃以上，认为不合格；20℃以上，必须重新处理；未包绝缘者，如果接头温度超过平均值7℃以上，则应重新焊接处理，而且最高温度和最低温度也不能相差太大。图1-5是发电机定子绕组局部过热故障的红外热像图。

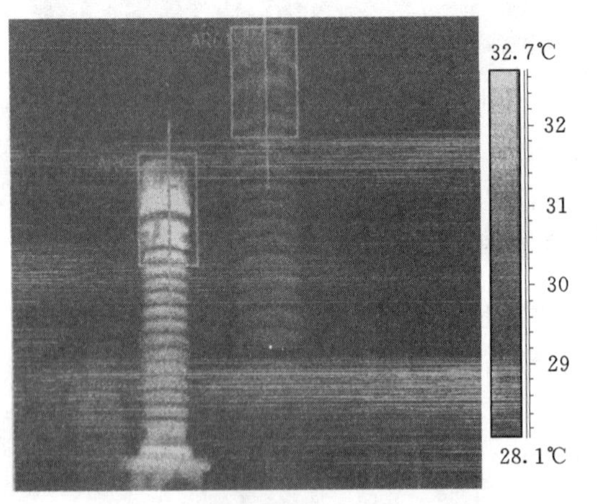

图1-4　电流互感器内部局部放电和绝缘老化故障的红外热像图

图1-5　发电机定子绕组局部过热故障的红外热像图

4. 阀型避雷器红外成像检测和判断标准

目前，阀型避雷器虽然逐渐被金属氧化物避雷器所取代，但电力系统中还有一定数量。

对于单节避雷器，若热像图显示温度比以前高，是并联电阻受潮或老化；温度低则是并联电阻断开。对两节避雷器的热像图，温度高的一节并联电阻受潮或老化，温度低时，并联电阻断开。另外，还可以三相互比。

多节避雷器应符合电压分布和热场分布一一对应关系，若不符合则表明有热故障点。另外，还可以进行相间比较，三相比较接近，属于正常；若差别较大，则有异常，再停电试验。图1-6是避雷

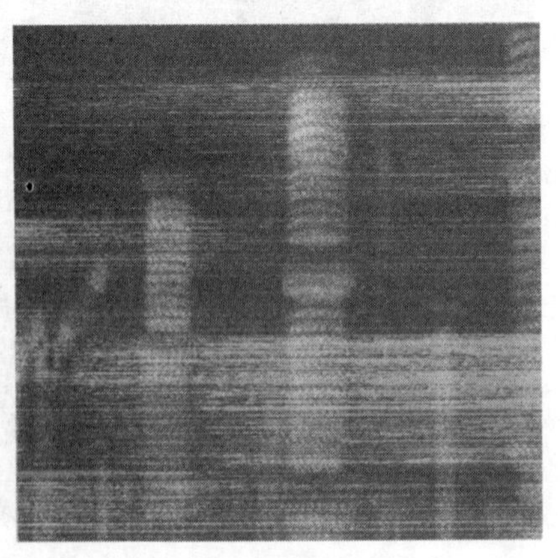

图1-6　避雷器内部故障的红外热像图

器内部故障的红外热像图。

五、红外成像检测诊断的基本要求和注意事项

（一）红外成像检测诊断的基本要求

红外成像检测诊断的基本要求见表1－12。

表1－12　　红外成像检测诊断的基本要求

工作方式	地　面　作　业
大气	无严格限制，但要稳定，无剧变
时间	黎明、傍晚，夜间或阴天的白天
相对湿度	近距离检测无要求，但不宜大于85%
风力	不大于3级，最好无风
设备运行状态	导流热故障，最好满负荷运行，负荷至少不低于30%；绝缘热故障，应在额定电压下进行，电流越小越好
通电时间	在稳定后，一般需4h
检测距离	在保证人身和设备安全的前提下，尽量靠近被测设备
设备表面发射率	设备表面发射率均一、稳定

（二）红外诊断分析判断方法比较

红外诊断分析判断方法比较见表1－13。

表1－13　　红外诊断分析判断方法比较

判断方法	适用范围	判断依据	应用特点	局限性
表面温度判断法	适用于电流致热型、电磁效应致热型设备的外部故障	GB/T 11022中压高压开关设备和控制设备各种部件、材料及绝缘介质的温度和温升极限的有关规定	方法简单、直观	受环境气候条件及负荷大小影响，小负荷情况下存在漏判、误判的可能
相对温差法	主要适用于电流致热型设备的外、内部故障	附录L	可降低小负荷缺陷的漏判率	当出现设备三相同时存在故障时，会导致温差比过低，造成误判断
同类比较法	适用于电流致热型、电压致热型设备的内、外部故障	附录L、附录M	方法简单、直观	不能排除有三相设备同时产生热故障的可能性。故障类型确诊后需要应用其他方法进一步分析缺陷性质

续表

判断方法	适用范围	判断依据	应用特点	局限性
档案分析法	适用于各类电气设备故障的诊断分析	同一设备不同时期的温度场分布变化趋势	历次不同的检测条件对检测结果有显著影响，常用于设备缺陷消除前的跟踪监视运行	需要建立电气设备红外档案或进行长时间跟踪检测
实时分析法	通常用于红外在线监测分析	不同时间段设备致热参数的变化趋势分析	跟踪掌握设备在不同运行条件下致热参数的变化，可诊断设备早期发热故障	需要长时间对设备进行红外观测
图像特征判断法	主要适用于电压致热型设备	根据同类设备在正常状态和异常状态下的热像图的差异来判断设备是否正常	方法简单、直观	需要建立各种类型设备的红外谱图库，并排除各种干扰因素对图像的影响

（三）红外成像检测诊断注意事项

为了保证红外成像检测结果正确，必须注意以下几点。

1. 防止太阳照射与背景辐射影响

检测户外设备应选择在阴天，日出前或日落后一段时间内，最好在晚上。检测户内设备时，应关闭照明灯。当附近有高温设备时，应进行遮挡或选择合适的检测方向。

2. 防止环境温度的影响

应避开环境温度过高或过低的夏季和冬季，在春季4月、5月和秋季9月、10月进行检测。对于变电站，选择日出前或日落后3h检测；选择理想的环境温度参照体，如不发热的相似设备表面，用来采集环境温度参数，这可在一定程度上弥补环境温度变化带来的检测误差。

3. 防止气象条件的影响

应选择无雾、无雨、云天气进行，尽量在无风的天气检测；实在不行，则进行风速修正。

4. 防止大气中物质的影响

由于红外线的传输路径大气中存在水汽、CO、CH_4和悬浮微粒，使其衰减，因此检测应尽量安排在大气较干燥的季节（春、秋季），并且湿度不超过85%；在保证安全条件下，检测距离尽量缩短为5m左右。

5. 防止发射率的影响

检测时应正确设定发射率，并在检测结果处理时，进行发射率修正。

6. 防止电力设备运行状态的影响

检测和负荷电流有关的设备时，应选择在满负荷下检测；检测和电压有关的绝缘时，

应保证在额定电压下，电流越小越好；检测温升时，应使设备达到稳定状态。

第四节　采用紫外成像技术检测电力设备放电故障

一、太阳盲区与紫外成像原理

当高压电气设备发生电晕（Corona）或其他形式的电气放电（Electrical Dischange）时，会产生不同分量和比例的可见光和紫外线。通常，可见光在放电产生的电磁波中所占比例是非常小的；放电产生的紫外线的波长既有处于太阳盲区内的，也有处于太阳盲区外的。所谓的太阳盲区，是指紫外线（UV）波段内一狭窄的、特定的光谱段（240～280nm）。在此光谱段内，由太阳辐射到达地面的紫外线分量极低，绝大部分被臭氧层吸收。

只要能够准确检测出电晕放电产生的、波长处于太阳盲区内的紫外线，就能够对有无发生电晕放电作出明确判断。紫外线成像仪就是采用了对太阳盲区内紫外线极其敏感的紫外线探测器，以及吸收太阳盲区外紫外线的 UV 滤片，集中检测太阳盲区内的紫外线，并进行摄影成像的专用设备。紫外线成像仪所采用的这种原理，也被称为太阳盲区检测技术。图 1－7 为紫外线成像仪的工作原理图。在紫外线成像仪的成像过程中，往往采用双光谱成像的方法：采用太阳盲区滤片和紫外线探测器的成像方法，检测电晕及电气放电；采用可见光图像显示被测物体的实物形状。

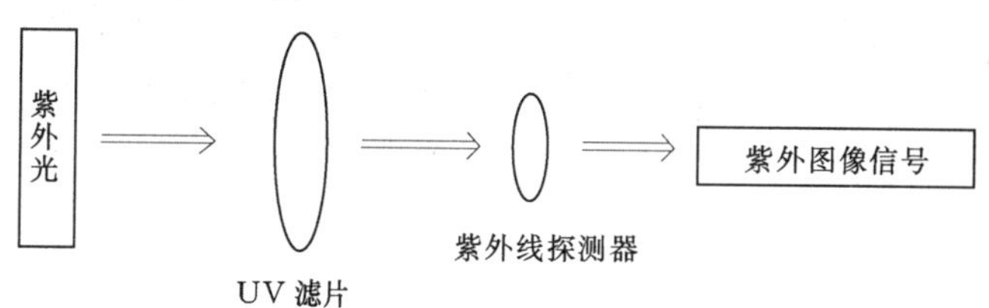

图 1－7　紫外线成像仪的工作原理图

二、紫外成像技术的具体应用

采用紫外成像仪对电晕放电和其他形式的放电故障进行检测，可在白天进行，不受日光干扰；同时成像仪具有方便、实用、灵活、多变的图像记录和显示功能，并能适应各种检测环境。

图 1－8 是电压等级为 400kV 受污染的高压输电线上发生电晕的紫外图像。

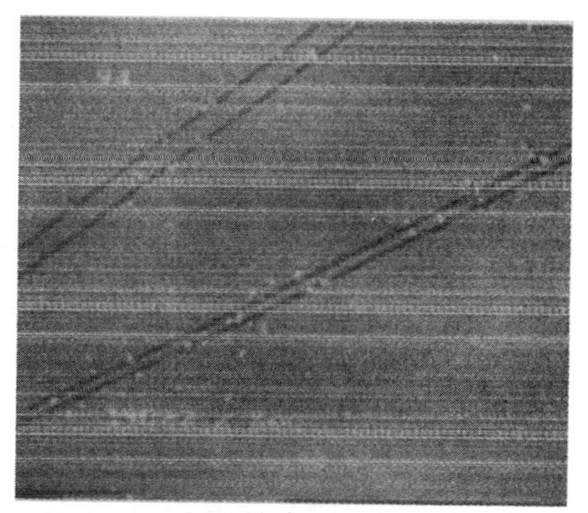

图 1－8　400kV 受污染的高压输电线上发生电晕的紫外图像

图 1－9 是我国南方某变电所里 220kV 绝缘子串发生电晕放电时的紫外图像，图 1－10～图 1－12 分别为合成绝缘子发生干闪、

湿闪和污闪时的紫外图像。

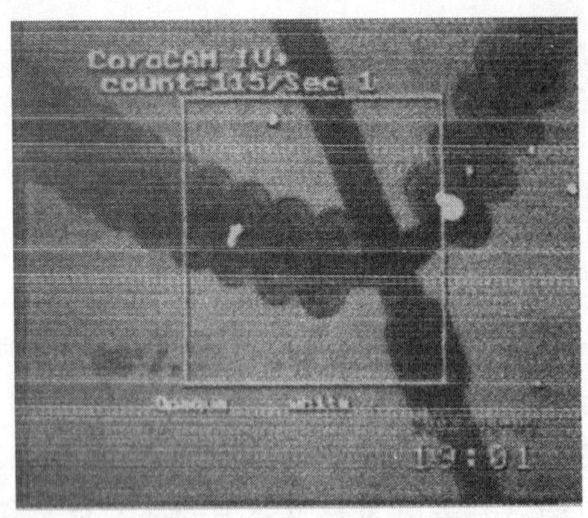

图 1-9 绝缘子串发生电晕时的紫外图像

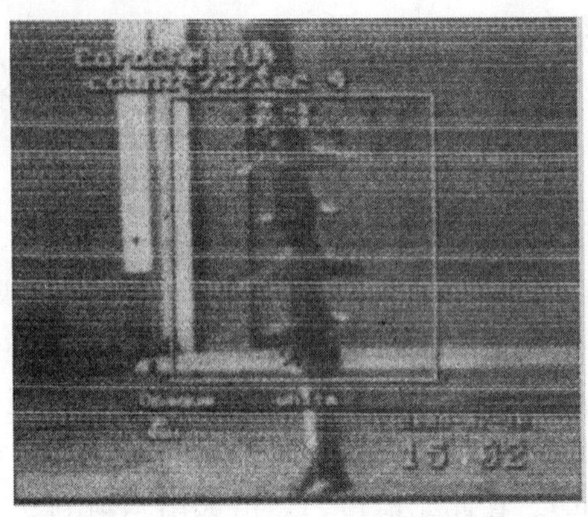

图 1-10 合成绝缘子干闪的紫外图像

图 1-11 合成绝缘子湿闪时的紫外图像

图 1-12 合成绝缘子污闪时的紫外图像

第五节 激光成像技术在 SF_6 气体泄漏检测中的应用

六氟化硫（SF_6）气体因其具有优良的绝缘、灭弧性能和良好的化学稳定性，被广泛应用于高低压电力系统中。纯净的 SF_6 气体，无色、无味、无嗅、无毒、无腐蚀性。但是，SF_6 气体泄漏后对环境有害，是一种典型的温室效应气体，其影响是 CO_2 的 23900 倍。世界上许多国家已在 1997 年的京都协定中达成共识，2012 年之前将大气中 SF_6 气体含量减少 14%；同时，SF_6 经过放电产生的氧化物有剧毒，对电力系统运行维护和检修人员的身体健康构成威胁。因此对电气设备中 SF_6 气体泄漏状况进行检查是非常必要的。

但是，以往采取的 SF_6 气体检漏手段，难以快速，简单、准确的查找泄漏位置。激光成像仪采用一种崭新的检漏技术，是专为查找特定的、非可见气体而设计的系统，十分适合用于变电站中查找 SF_6 气体的泄漏点。

一、SF_6 气体检漏的激光成像原理

SF_6 气体检漏的激光成像原理如图 1-13 所示。由于 SF_6 气体具有极强的红外吸收特

性，在激光摄影机中发出的入射激光经背景反射，形成反向散射激光进入激光摄影机成像系统的过程中，若入射激光遭遇泄漏的 SF_6 气体，则其能量会被吸收一部分，从而导致无泄漏与有泄漏两种情况下的反向散射激光产生差异，最终造成各自的激光成像出现不同，由此可以发现有无 SF_6 气体泄漏。

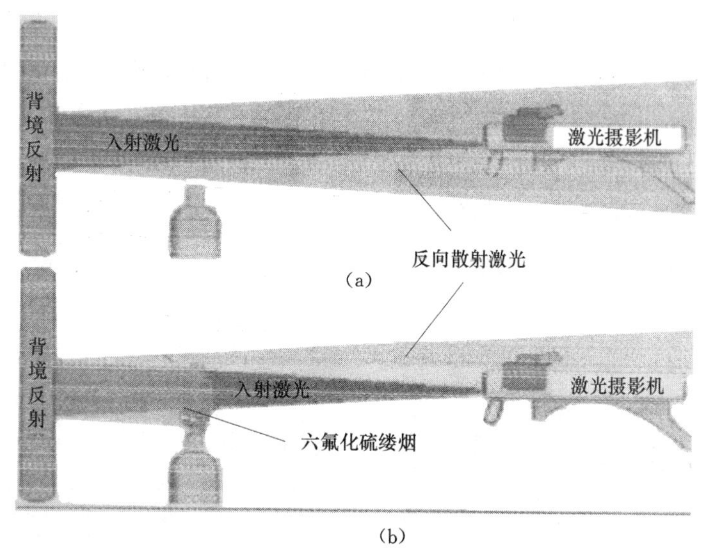

图 1－13　SF_6 气体检漏的激光成像原理

(a) SF_6 气体无泄漏；(b) SF_6 气体有泄漏

工程应用中，可以利用激光成像取景器显示图像，使通常看不见的气体泄漏变得可见；也可利用激光照相机产生传统的实时电视图像，通过视频输出，在任何标准的显示器上显示或记录在录像带上。图 1－14 为 SF_6 气体检漏激光成像系统。

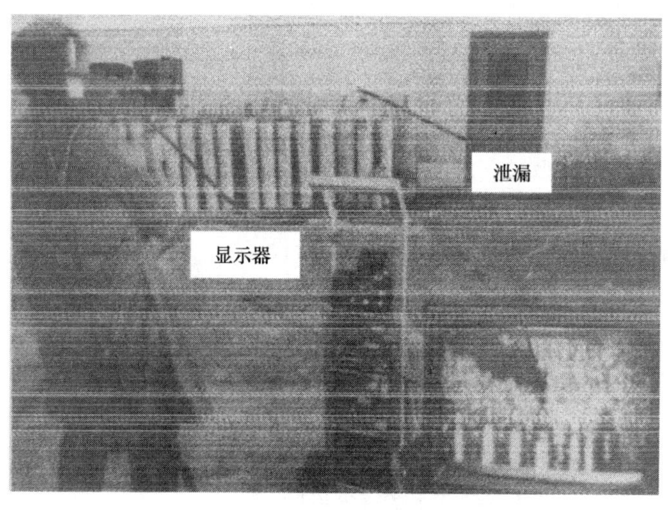

图 1－14　SF_6 气体检漏激光成像系统

采用激光成像技术检测 SF_6 气体泄漏，具有以下特点：

(1) 设备带电运行时就可进行实时检测。

(2) 是一种非接触式、远距离的检漏方式，最远距离可达 15～30m。

(3) 检漏精度高，可探测到 0.002L/s 的泄漏率，便于快速、准确地找出泄漏位置。

二、SF_6 气体激光成像检漏示例

图 1－15 为技术人员应用激光成像系统，对 SF_6 断路器进行气体检漏的一个实际场景，图 1－15 中，用棱锥线标注的部位是发生气体检漏的地方。图 1－16 是发生气体检漏的绝缘套管顶部的激光成像图。

图 1－15　进行 SF_6 气体检漏的场景

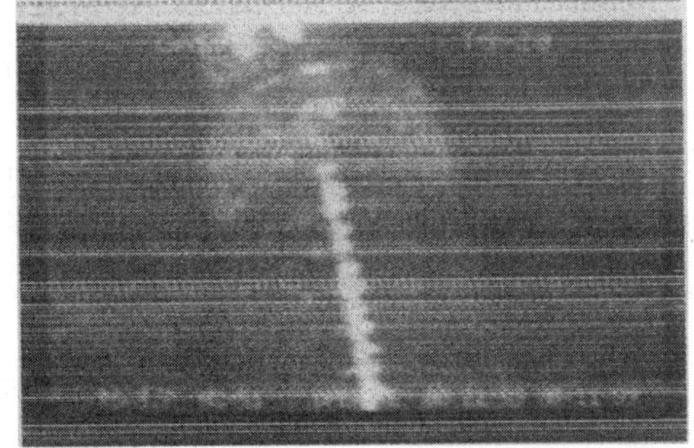

图 1－16　发生气体检漏的绝缘套管顶部的激光成像图

目前，应用激光成像技术进行 SF_6 气体检漏，才刚刚起步，还需要不断地积累经验，并开展更为深入的研究，以使这项技术的应用范围不断扩大，在设备状态监测与故障诊断中发挥更大的作用和效益。

复　习　题

1. 为什么 2021 年版《规程》要将红外测温列入首选测试方法？
2. 红外测温主要应用在哪些电力设备的检测上？
3. 怎样为单位的红外测温工作选购红外诊断设备？
4. 电力设备的热故障是怎样分类的？对电力设备工作发热允许温度是如何规定的？
5. 电流致热型电力设备缺陷诊断判据是怎样的？
6. 电压致热型电力设备缺陷诊断判据是怎样的？
7. 电力设备外部热故障红外检测和诊断标准是怎样的？
8. 电力设备内部热故障红外检测和诊断标准是怎样的？
9. 红外成像检测诊断的基本要求和注意事项有哪些？
10. 举例说明你在工程实践中是如何利用红外测温发热缺陷的？

第二章 测量绝缘电阻

第一节 测量绝缘电阻能发现的缺陷

测量绝缘电阻是一项最简便而又最常用的试验项目，通常用绝缘电阻表（也称兆欧表，俗称摇表）进行测量。一般根据测得的试品在1min时的绝缘电阻的大小，可以检测出绝缘是否有贯通的集中性缺陷、整体受潮或贯通性受潮。例如，电力变压器的绝缘整体受潮后其绝缘电阻明显下降，可以用绝缘电阻表检测出来。

应当指出，只有当绝缘缺陷贯通于两极之间时，测量其绝缘电阻时才会有明显的变化，即通过测量才能灵敏地检出缺陷。若绝缘只有局部缺陷，而两极间仍保持有部分良好绝缘时，绝缘电阻降低很少，甚至不发生变化，因此不能检出这种局部缺陷。

第二节 测量绝缘电阻的原理

通过测量绝缘电阻为什么能发现上述缺陷？在测量中为什么又读取1min的绝缘电阻值？为回答这些问题，首先来分析电力设备绝缘在直流电压作用下所流过的电流。

图2-1（a）所示为电力设备绝缘在直流电压作用下的电路图和电流变化曲线。当合上S时，记录微安表在不同时刻的读数，据此绘成的曲线如图2-1（b）所示。

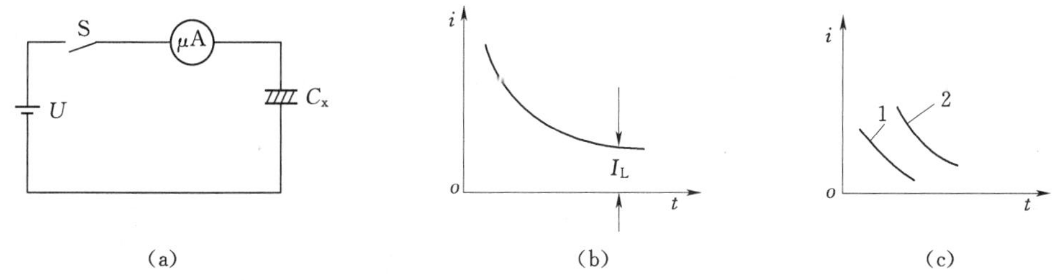

图2-1 电力设备绝缘在直流电压作用下的电路图和电流变化曲线

（a）电路图；（b）电流随时间的变化；（c）充电电流及吸收电流随时间的变化

1—充电电流；2—吸收电流

由图2-1（b）可见，电流逐渐下降，趋于一恒定值，这个值显然是漏导电流 I_L。可是随时间减小的那一部分电流不完全是充电电流，因为理想的电介质（即绝缘材料）所组成的设备（如真空或空气电容器），其充电电流随时间衰减极快（微秒级），如图2-1（c）中的曲线1所示，而曲线2则是一种缓慢衰减的电流，它实际存在于电介质之中。这样，在实际的电介质上施加直流电压后，随时间衰减的电流可以看成是由三种电流组成的，它们分别是：

（1）漏导电流。因为世界上没有绝对“隔电”的物质，在绝缘介质中总有一些联系弱的带电质点存在，例如大气中约存在 1000 对/cm^3 的正、负离子，所以任何绝缘材料在外加电压作用下都会有极微弱的电流流过，而且此电流经过一定的加压时间后即趋于稳定。

漏导电流是由离子移动产生的，其大小决定于电介质在直流电场中的导电率，所以可以认为它是纯电阻性电流。漏导电流随时间变化的曲线如图 2-2 所示。显然，它的数值大小反映了绝缘内部是否受潮，或者是否有局部缺陷，或者表面是否脏污。因为在这些情况下，或者是绝缘介质内部导电粒子增加，或者是表面漏电增加，都会引起漏导电流增加，因而其绝缘电阻就减小。

（2）几何电流。它是在加压时电源对电介质的几何电容充电时的电流，所以称为几何电流或电容电流。究其实质，它是由快速极化（如电子极化、离子极化）过程形成的位移电流，所以有时称为位移电流。由于快速极化是瞬时完成的，因而这种电流瞬间即逝，它随时间变化的曲线如图 2-3 所示。

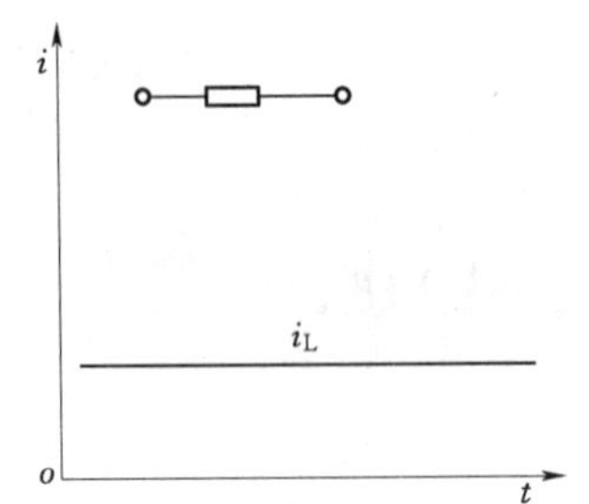

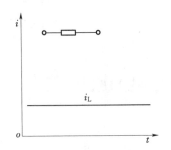

图 2-2　在直流电压作用下电介质内漏导电流随时间变化的曲线

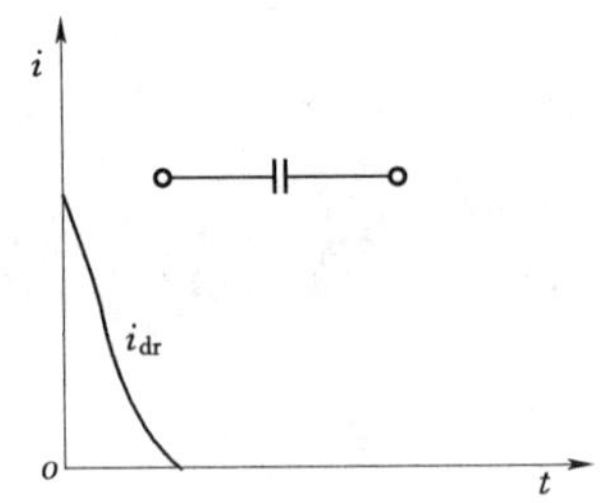

图 2-3　在直流电压作用下电介质的电容电流随时间变化的曲线

（3）吸收电流。吸收电流也是一个随加压时间的增长而减少的电流，不过它比几何电流衰减慢得多，可能延续数分钟，甚至数小时，这是因为吸收电流是由缓慢极化产生的。其值取决于电介质的性质、不均匀程度和结构。在不均匀介质中，这部分电流是比较明显的。由于吸收电流的概念较难理解，下面以不均匀电介质为例，讨论缓慢极化和伴随产生的吸收电流。

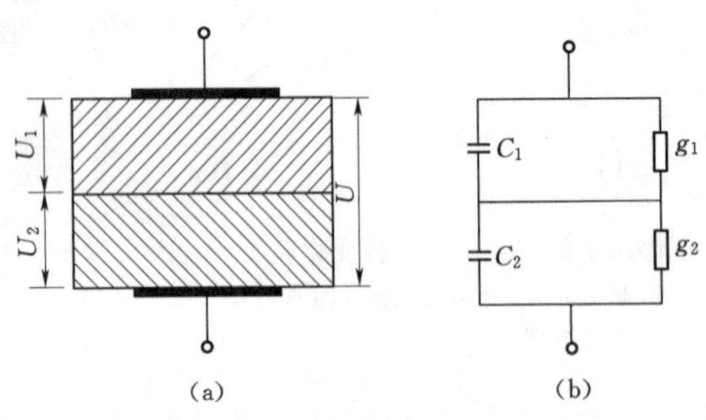

图 2-4　双层电介质的等值电路图
（a）示意图；（b）等值电路图

为了突出物理概念，讨论时选用由两种截然不同的电介质所构成的双层介质，并且每层电介质用并联的电容 C_1、C_2 和电导 g_1、g_2 来代替，如图 2-4 所示。

在直流电压刚刚加上的瞬间，犹如加上一个频率很高的电压，各层介质上的电压是按电容分配的，由图 2-4（b）可得

$$U_{10}=\frac{C_2}{C_1+C_2}U \quad Q_{10}=C_1U_{10}=\frac{C_1C_2}{C_1+C_2}U$$

$$U_{20}=\frac{C_1}{C_1+C_2}U \quad Q_{20}=C_2U_{20}=\frac{C_1C_2}{C_1+C_2}U$$

由此可见，电荷 $Q_{10}=Q_{20}$，所以在两种电介质的交界面上没有过剩的电荷。当电源容量很大时，这个过程很快就完成。

在稳定的直流电压下，当充电完毕后，电容就不再起作用了，相当于开路，最后只剩下流经电导 g_1 和 g_2 的电流。于是电压在各层介质上按电导分配，由图 2－4（b）可得

$$U_{1\infty}=\frac{g_2}{g_1+g_2}U \quad Q_{1\infty}=C_1U_{1\infty}=\frac{C_1g_2}{g_1+g_2}U$$

$$U_{2\infty}=\frac{g_1}{g_1+g_2}U \quad Q_{2\infty}=C_2U_{2\infty}=\frac{C_2g_1}{g_1+g_2}U$$

由此可见，仅当 $C_1g_2=C_2g_1$ 时，$Q_{1\infty}=Q_{2\infty}$，即交界面上也无过剩电荷。但是一般情况下 $C_1g_2\neq C_2g_1$，则 $Q_{1\infty}\neq Q_{2\infty}$，即交界面上将有过剩的电荷出现。

为了弄清物理概念，假定 $C_2>C_1$，$g_1>g_2$，则 $Q_{2\infty}>Q_{1\infty}$，这样交界面上积累的过剩电荷为

$$Q_j=Q_{2\infty}-Q_{1\infty}$$

这些电荷是怎么积累的呢？显然，在 C_1 放电的同时，C_2 要被补充充电。由谁来充呢？当然是电源。这时充电的路径又是什么样的呢？由图 2－4 可知，充电是沿着电源的一极→g_1→C_2→电源另一极的路径进行的。观察此充电过程会发现：①对 C_2 充电时，开始电流较大，随时间增长，电流逐渐减小，直至到零；②由于 g_1 很小（或说成 R_1 很大），故充电时间很长，换言之，这种过程需要很长时间才能完成。我们把这个过程中以自由离子移动而形成的充电电流称为吸收电流，把这种现象称为吸收现象。在直流电压下电介质内吸收电流随时间变化的曲线如图 2－5 所示。由于这一过程还要消耗能量，所以这部分电流可以看成是电源经过一个电阻向电容器充电的电流。

显然，吸收电流也与被试设备受潮情况有关。

若将三种电流曲线加起来，即可得到在绝缘电阻表等直流电压作用下，流过绝缘介质的总电流随时间变化的曲线，通常称为吸收曲线，如图 2－6 所示。

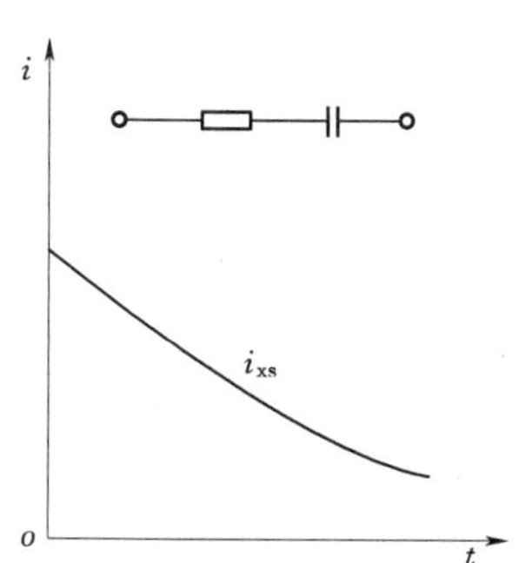

图 2－5　在直流电压下电介质内吸收电流随时间变化的曲线

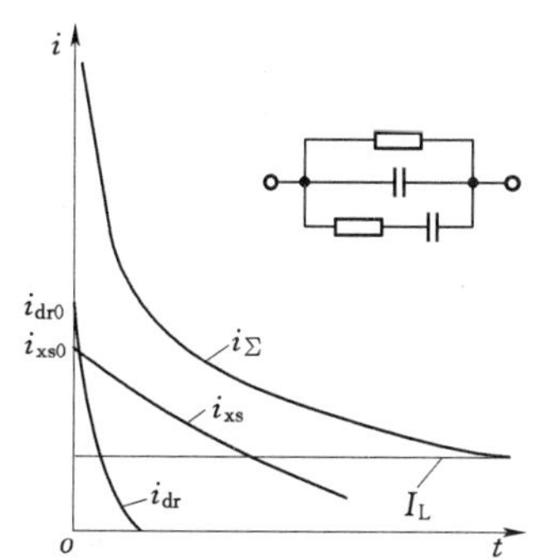

图 2－6　在直流电压下电介质内所产生的三种电流总和随时间变化的曲线

分析吸收曲线可知：

(1) 吸收曲线经过一段时间后趋于漏导电流曲线，因此在用绝缘电阻表进行测量时，必须等到绝缘电阻表指示稳定时才能读数。通常认为经 1min 后，漏导电流趋于稳定。所谓测量绝缘电阻就是用绝缘电阻表等测量这个与时间无关的漏导电流（即后面所说的泄漏电流）。而在绝缘电阻表上直接读出的是绝缘电阻数值。

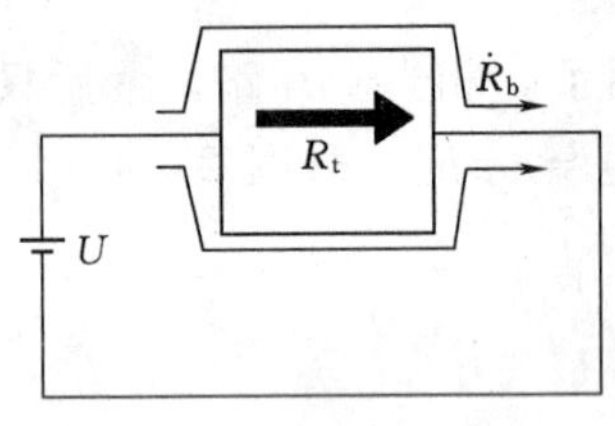

图 2-7 电介质的体积绝缘电阻和表面绝缘电阻

由于流过绝缘介质的电流有表面电流和体积电流之分，所以绝缘电阻也有体积绝缘电阻和表面绝缘电阻之分，如图 2-7 所示。由于表面电流只反映表面状态，而且可被屏蔽掉，所以实际测得的绝缘电阻是体积绝缘电阻。因此，绝缘电阻的定义应为作用于绝缘上的电压与稳态体积泄漏电流之比，即

$$R_j=\frac{U}{I_w} \tag{2-1}$$

式中 I_w——稳态时的体积泄漏电流；

U——作用于绝缘上的电压；

R_j——绝缘的体积电阻。

当绝缘受潮或有其他贯通性缺陷时，绝缘介质内离子增加，因而体积漏导电流剧增，体积绝缘电阻当然也就变小了。因此，体积绝缘电阻的大小在某种程度上标志着绝缘介质内部是否受潮或品质上的优劣。

可按图 2-8 测量体积绝缘电阻和表面绝缘电阻。由图 2-8 (a) 所测得电阻为体积绝缘电阻 R_t，有

$$R_t=\rho_t\frac{d}{S}\quad(\Omega) \tag{2-2}$$

式中 S——介质上的电极面积，cm^2；

d——极间距离，cm；

ρ_t——绝缘的体积电阻率，Ω·cm。

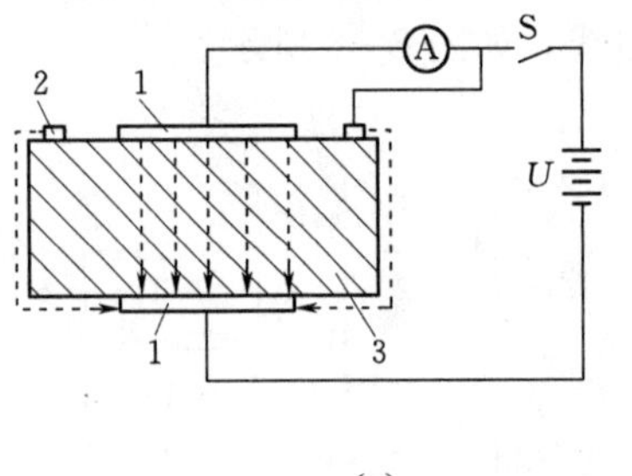

(a)

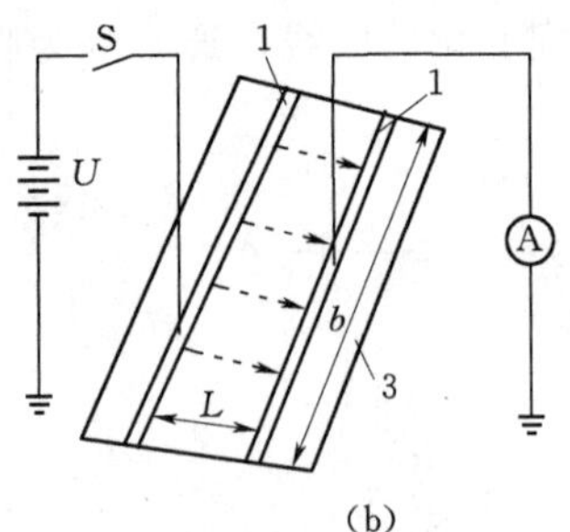

(b)

图 2-8 测量固体绝缘介质体积和表面电阻的原理图

(a) 测量体积电阻；(b) 测量表面电阻

1—电极；2—辅助电极；3—试样

由于表征绝缘电阻大小的物理量是绝缘的电阻率 ρ，或绝缘的电导率 γ，而 $\gamma=\frac{1}{\rho}$。所以式 (2-2) 常写成

$$\rho_t = R_t \frac{S}{d} \quad (\Omega \cdot cm) \tag{2-3}$$

由图 2－8（b）所测得的电阻为固体介质表面电阻 R_b，同理，可写出 ρ_b 的表达式为

$$\rho_b = R_b \frac{b}{L} \quad (\Omega) \tag{2-4}$$

式中　b——介质上的电极宽度，cm；

L——极间沿面距离，cm；

ρ_b——绝缘的表面电阻率，Ω。

由上述可见，体积绝缘电阻与表面绝缘电阻都与绝缘的尺寸有关。对同一材料、同一直径的绝缘子而言，绝缘子串愈长，其绝缘电阻愈高；而对电缆却是长度愈长，其体积绝缘电阻愈小。

（2）不同绝缘的吸收曲线不同。对同一绝缘而言，受潮或有缺陷时吸收曲线也会发生变化，据此可以用吸收曲线来判断绝缘的好坏。一般用初始电流与稳定电流之比 i_0/i_w 来表示绝缘的吸收特性，若以绝缘电阻来表示时则为 R_w/R_0。

由于在进行绝缘电阻测量时，要真正测出 R_w 与 R_0 是困难的，所以通常分别用从绝缘电阻表达到稳定转速并接入被试物开始算起第 15s 和第 60s 的绝缘电阻数值 R_{60s} 和 R_{15s} 来代替，并求出比值 R_{60s}/R_{15s}，这个比值称为吸收比，用 K 表示。测量这一比值的试验称为吸收比试验。吸收比在一定程度上反映了绝缘是否受潮。

为了帮助读者理解，下面来分析极端情况。

如图 2－6 所示，当时间 $t=\infty$ 和 $t=0$ 时，绝缘电阻的比值为

$$\frac{R_\infty}{R_0} = \frac{\dfrac{U}{I_L}}{\dfrac{U}{I_L + I_{dr} + I_{xs}}} = \frac{I_L + I_{dr} + I_{xs}}{I_L} = 1 + \frac{I_{dr} + I_{xs}}{I_L} \tag{2-5}$$

因为绝缘受潮程度增加时，漏导电流的增加比吸收电流起始值的增加多得多，所以在式（2－5）中，R_∞ 与 R_0 的比值就接近于 1；当绝缘干燥时，由于漏导电流很小，吸收电流相对较大，所以 R_∞ 与 R_0 的比值就大于 1。

根据试验经验，一般认为当 $\frac{R_{60s}}{R_{15s}} \geq 1.3$ 时绝缘为干燥的。例如某台受潮变压器的 $K=1.09$，接近于 1，而经过干燥处理之后，$K=1.7$，增加了很多。应用这一原理，通过测量绝缘的吸收比，就可以很好地判断绝缘是否受潮。另外，由于 K 是一个比值，它与绝缘结构的几何尺寸无关，而且它们都是在同一温度下测量的数值，无须进行温度换算，这对比较测量结果是很方便的。

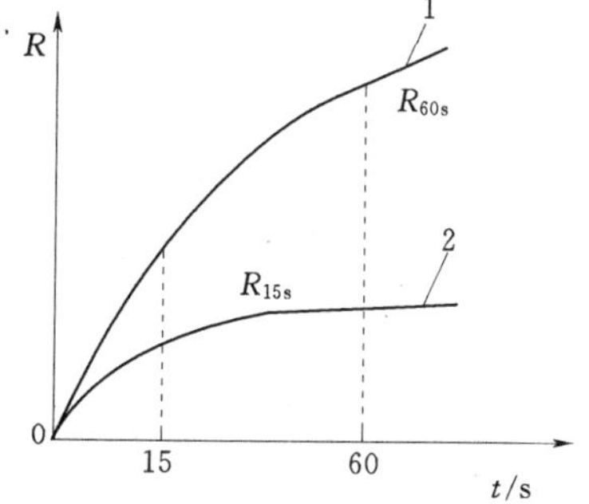

图 2－9　某设备绝缘的吸收曲线

1—良好；2—受潮

图 2－9 示出了绝缘良好和绝缘受潮时的绝缘电阻随时间的变化曲线。由图可见，当绝缘受潮时，绝缘电阻剧烈下降，而且曲线饱和甚快，原因是因绝缘电阻剧烈下降导致了回路时间常数大大减小，此时 $\frac{R_{60s}}{R_{15s}} \to 1$。当绝缘干燥时，绝缘电阻较高；回路时间常数也较大，曲线

经过较长时间才慢慢饱和。此时$\frac{R_{60s}}{R_{15s}}$比 1 大。

应指出，绝缘的吸收比试验仅适用于电容量较大的电力设备，如大型发电机、变压器及电缆等，对其他电容量小的设备，吸收现象不明显，故无实用价值。

由上述可知，绝缘在直流电压作用下的等值电路如图 2-10 所示，此图将给定量分析带来方便。

随着变压器、发电机等电力设备的大容量化，其吸收电流衰减得很慢，在 60s 时测得的绝缘电阻仍会受吸收电流的影响，这时若用吸收比$\frac{R_{60s}}{R_{15s}}$来判断绝缘是否受潮会产生困难。例如图 2-11 示出了两台变压器的吸收曲线，若用吸收比作衡量指标就很难判断哪一台变压器受潮了。

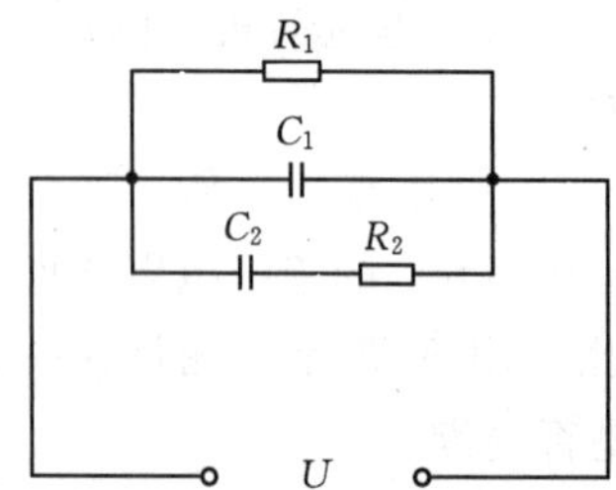

图 2-10　绝缘在直流电压作用下的等值电路图

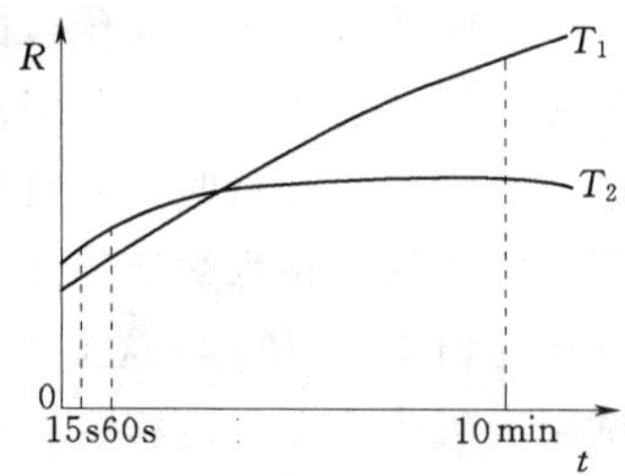

图 2-11　两台变压器的吸收曲线

为了更好地判断绝缘是否受潮，国外以及国内变压器等已引用极化指数作为衡量指标，它被定义为加压 10min 时的绝缘电阻与加压 1min 时的绝缘电阻之比，即

$$P_{\mathrm{I}}=R_{10\min}/R_{1\min} \tag{2-6}$$

当绝缘处于受潮和污染状态时，不随时间变化的泄漏电流所占比例较大，所以 P_{I} 接近于 1；当绝缘处于干燥状态时，P_{I} 较大。根据《规程》规定，P_{I} 值一般不小于 1.5。

表 2-1 列出了几台不同电压等级、不同容量变压器的绝缘电阻、吸收比和极化指数的测试结果。

表 2-1　几台变压器的绝缘电阻、吸收比和极化指数的测试结果

序号	电压 /kV	容量 /MVA	R/MΩ			K	P_{I}	温度 /℃
			R_{15s}	$R_{1\min}$	$R_{10\min}$	$(R_{1\min}/R_{15s})$	$(R_{10\min}/R_{1\min})$	
1	525	240	1300	1700	3800	1.31	2.24	25
2	330	360	1200	1600	4700	1.33	2.93	20
3	220	360	2000	2800	7300	1.4	2.61	31
4	220	120	3200	3950	8750	1.23	2.22	18
5	220	120	1850	2500	4450	1.35	1.78	34
6	220	360	1200	1700	5300	1.42	3.12	31
7	35	20	1000	1100	1223	1.1	1.12	25

由表 2－1 中数据可见，R_{10min} 均大于 R_{1min}，说明这些变压器的吸收电流确实衰减很慢，若用吸收比来衡量变压器是否受潮，可能产生误判断。例如 4 号变压器，按吸收比应判断为受潮，但极化指数较高，说明为干燥。由此得到启发，对吸收比小于 1.3，一时又难以下结论的变压器，可以补充测量极化指数作为综合判断依据。

在《规程》中，已将极化指数列为发电机、变压器和电抗器的预防性试验项目。对进口设备，若出厂试验为 P_I 者，应以 P_I 的测试值来验收，在预防性试验中宜测试 P_I，以便分析比较。

在国外，有些国家对大型电机或电力电缆等设备的绝缘试验也是用 P_I 指标来分析的。

第三节　测量绝缘电阻的仪表

绝缘电阻表是测量电力设备绝缘电阻的专用仪表。1990 年 5 月批准实施的《绝缘电阻表（兆欧表）》(JJG 662—89) 已把它作为强制检定的仪表之一。

绝缘电阻表按其产生的电压可分为 100V、250V、500V、1000V、2500V、5000V、10000V 等多种规格；按其结构可分为手摇式、晶体管式和数字式三种型式。常用国产绝缘电阻表的型号列于表 2－2 中。在电力设备预防性试验中最常用的是 2500V 绝缘电阻表。

绝缘电阻表主要是测量被试绝缘体在直流高压下的泄漏电流值（微安级），而在表盘上反映出来的却是兆欧值，所以通常称之为绝缘电阻表。现将各类绝缘电阻表介绍如下。

一、手摇式绝缘电阻表

手摇式绝缘电阻表从外观上看有三个接线端子，它们是“线路”端子 L——接于被试设备的高压导体上；“地”端子 E——接于被试设备或外壳或地上；“屏蔽”（“护环”）端子 G——接于被试设备的高压护环，以消除表面泄漏电流的影响。

绝缘电阻表的内部结构主要由电源和测量机构两部分组成。电源为手摇发电机，测量机构是磁电式流比计。图 2－12 所示为绝缘电阻表的原理接线图。图中 R_V 为分压电阻；L_V 为电压线圈；R_A 为限流电阻；L_A 为电流线圈；R_x 为被试设备绝缘电阻。

当手摇转直流发电机手柄时，电压就加到两个并联的支路（即电流线圈 L_A 和限流电阻 R_A 支路及电压线圈 L_V 和分压电阻 R_V 支路）上。由于磁电式流比计的磁场是不均匀磁场，因此两个线圈所受的力与线圈在磁场中所处的位置有关。两个线圈的绕向不同，因而流过两个线圈的电流产生不同方向的转动力矩，$M_1=I_1f_1(\alpha)$，$M_2=I_2f_2(\alpha)$，在这两个力矩之差的作用下，可动部分旋转，使这时两个线圈所受的力也随着改变，一直旋转到力矩平衡时为止，即

$$M_1=M_2$$

或

$$I_1f_1(\alpha)=I_2f_2(\alpha)$$

即

$$\frac{I_1}{I_2}=\frac{f_2(\alpha)}{f_1(\alpha)}=f(\alpha)$$

所以
$$\alpha=f\left(\frac{I_1}{I_2}\right)$$

即偏转角只与电流的比值有关，故称为流比计测量机构。

在图 2-12 中，由于 I_2 的大小决定于 R_V，I_1 的大小决定于 R_A 和 R_x。并且 $I_2\propto\frac{1}{R_V}$，$I_1\propto\frac{1}{R_A+R_x}$，所以有

$$\alpha=f\left(\frac{R_V}{R_A+R_x}\right) \tag{2-7}$$

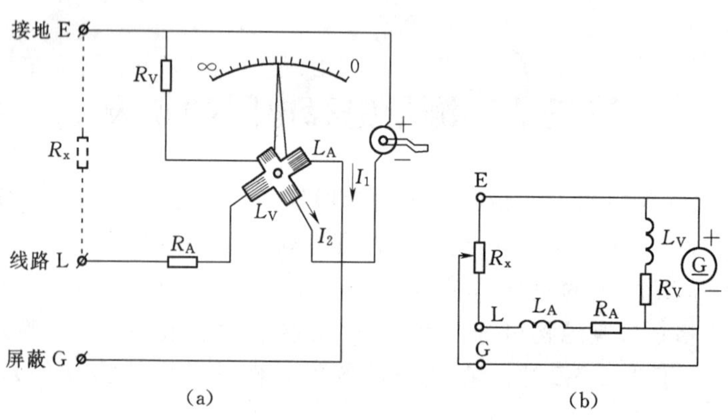

图 2-12　绝缘电阻表原理接线及等值电路图
(a) 原理图；(b) 等值电路

由式（2-7）可见，当绝缘电阻表确定后，其 R_V 和 R_A 均为常数，故其指针的偏转角 α 只与电阻 R_x 有关，而与手摇直流发电机的输出电压无关，因此直流发电机的转速对指针的偏转角 α 没有影响。实际上，当输出电压降低时，会降低电压线圈和电流线圈的力矩，影响绝缘电阻表的灵敏度，所以要求直流发电机的转速尽量恒定，不得低于额定转速的 80%。

当“线路”“接地”端子间开路时，电流线圈 L_A 中没有电流流过，只有电压线圈 L_V 中有电流流过，于是指针按逆时针方向偏转到最大位置，并指“∞”，这种情况相当于被测电阻 R_x 为无穷大。当“线路”“接地”端子间短路时，两个并联支路内部都有电流流过，但这时流过电流线圈 L_A 的电流最大，故指针按顺时针方向偏转到最大位置，并指示零值，即被测电阻 R_x 为零。

当“线路”“接地”端子间接上被测电阻 R_x 时，并且 R_x 的数值在“0”与“∞”之间，指针停留的位置由通过这两个线圈中的电流 I_1 和 I_2 的比值来决定。由于 R_x 是串在 L_A 支路中，故 I_1 的大小随 R_x 的大小而变，于是 R_x 的大小就决定了指针的偏转角位置。

用标准电阻来刻度表盘，再用绝缘电阻表测量被测电阻，根据表盘指示的读数，就能知道被测电阻的大小。

为了保证测量的准确性，在“线路”端子的外圈设有一个铜质的圆环，通常叫屏蔽环。有的专门设置一个“屏蔽”端子，直接与发电机负极相接，如图 2-12（b）所示，以屏蔽表面漏电，使表面漏电不经过电流线圈而直接回到电源负极。

屏蔽的实际接线如图 2-13 所示。

当被试品绝缘电阻过低时，表内的电压降将使线路端子上的电压显著下降，这可从绝缘电阻表的负载特性看出。所谓绝缘电阻表的负载特性就是绝缘电阻表所测得的绝缘电阻同端电压的关系曲线，如图 2-14 所示。

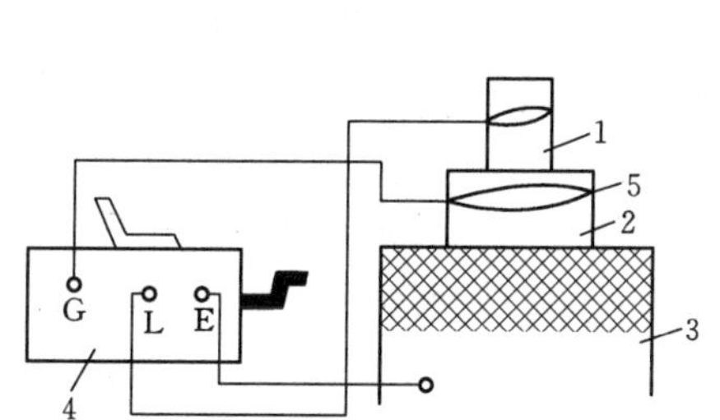

图 2-13 用绝缘电阻表测量电缆绝缘电阻接线

1—电缆芯；2—电缆绝缘；3—电缆金属护层；4—绝缘电阻表；5—屏蔽电极

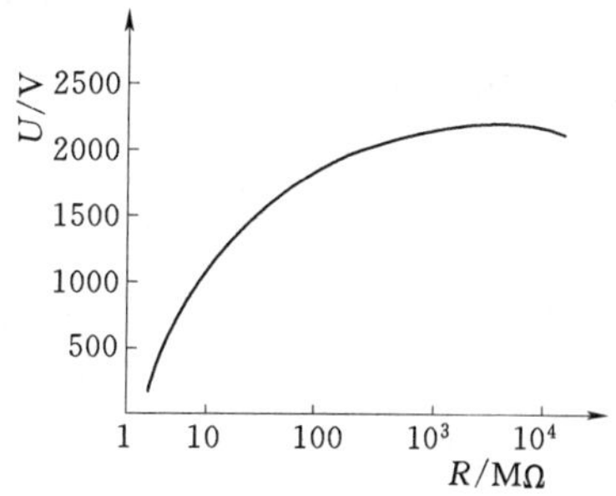

图 2-14 绝缘电阻表的负载特性

对于流比计测量机构的绝缘电阻表来说，虽然其指针偏转角的大小仅与电流比$\left(\frac{I_V}{I_A}\right)$有关，与端电压无关。但是被试品的绝缘电阻与所加电压的高低有关。因此当绝缘电阻表的端电压剧烈降低时，所测得的绝缘电阻值已经不能反映绝缘的真实情况了。同时，不同类型的绝缘电阻表负载特性不同，故测出的数值也就不同。为了进行比较，最好在测量中用相同型号的绝缘电阻表。

图 2-15 所示为现场常用的国产 ZC-7 型携带式绝缘电阻表的原理图，电源为永磁式交流发电机，转子是永久磁铁。当驱动转子达额定转速时，发电机输出的额定交流电压经二极管全波整流使倍压电容器充电，成为测量用直流电源。L_V、L_A 的含义同前；L_3 绕在 L_A 外面，与 L_V 串联，缠绕方向与 L_V 相反，于是两者的力矩相反，能起到调整刻度特性和稳定测量的作用，称为补偿线圈。

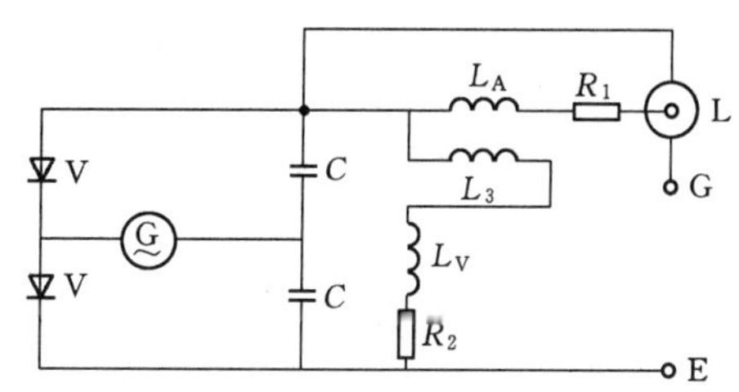

图 2-15 ZC-7 型携带式绝缘电阻表的原理图

C—倍压电容器；R_1—电流回路电阻；R_2—电压回路电阻；L_A—电流线圈；L_V—电压线圈；L_3—补偿线圈

顺便指出，在国外，已对经典式手摇绝缘电阻表进行了一些改革，主要有：

(1) 将老结构的直流高压发电机改成交流低压发电机，只输出 8～20V 的交流电压，大幅度降低了电机的设计、工艺要求，省却了机械调速机构，因为即使手摇转速不匀，电压幅度的变化也不再是 50V、100V，而只有 1V、2V 的变化。手摇得到的交流电压，只要经过整流，即可变为直流低压。再利用集成电路等新器件和新技术，保证和提高了电表电路中各点电压、电流参数的相对精度。

(2) 将流比计表头用非均匀磁场的张丝电流表头代替。使工艺过程简化，现场使用的耐振性能极大提高，刻度特性提高，用已经印就刻度的表盘已可以实现。日本的

YEW2404 型手摇式绝缘电阻表就属于这种类型。这种改革值得借鉴。

二、晶体管式绝缘电阻表

20 世纪 50 年代已有人开始研制晶体管式绝缘电阻表，但由于当时高压整流元件不过关，所以没有推广开。20 世纪 60 年代，随着半导体技术的迅速发展，硅整流二极管的大量应用，晶体管电路的广泛流行，使得小型、高效、低耗的晶体管直流变换器的规模生产得到了保证，于是在国外市场上涌现出大量多种型式的小型袖珍式绝缘电阻表。

这类绝缘电阻表都是用 4～8 节 1.5V 电池，即用 6～12V 的电源电压使一个直流变换器工作，通过电路的反馈、稳压，使输出的直流高压幅度的变化保持稳定，从而使测量机构有可能采用工艺简单的电流表头。同时也为扩展表的功能（如测量交流电压和测量表本身电池电压）提供了条件。由于这种表采用电池作为电源，所以也称为电池式绝缘电阻表。

20 世纪 70 年代以后，晶体管式绝缘电阻表的功能日趋完善。有的可测兆欧值和交流电压值；有的可测兆欧值和欧姆值；有的有两挡测试电压和兆欧值、欧姆值，还能表示电池电压足不足；有的还有表示相位正常与否的功能。尽管如此，也没能取代手摇式绝缘电阻表。

我国生产的晶体管式绝缘电阻表有 ZC－13、ZC－14、ZC－30、GJC－2500、GJC－5000 等型号。

图 2－16 示出了晶体管式绝缘电阻表的接线原理图，在图中直流电压 E_C 经电阻 R_1 和 R_2 的分压器供给晶体管 VT_1 和 VT_2 的基极偏压。E_C 接通后，由于对称接线的微小不平衡，例如 VT_1 的集电极电流（即线圈 N_3 中的电流）稍大于 VT_2 集电极电流（即 N_4 中的电流），变压器铁芯中有磁通出现。铁芯中的磁通在线圈 N_1 和 N_2 中产生感应电势，使 VT_1 的基极电压进一步降低，而使 VT_2 的基极电压升高，VT_1 迅速导通，而 VT_2 迅速截止。线圈 N_3 中的电流增大，线圈 N_4 中的电流减小，铁芯中磁通增大。达到饱和状态时，感应电势消失，VT_1 的基极电流减小，铁芯磁通开始下降，在线圈中出现反向电势，使 VT_1 截止，VT_2 导通。这个过程重复出现，产生振荡，在变压器的输出线圈上出现高电压。经过倍压整流，可得到 5000V 的直流电压，供测量绝缘电阻用。

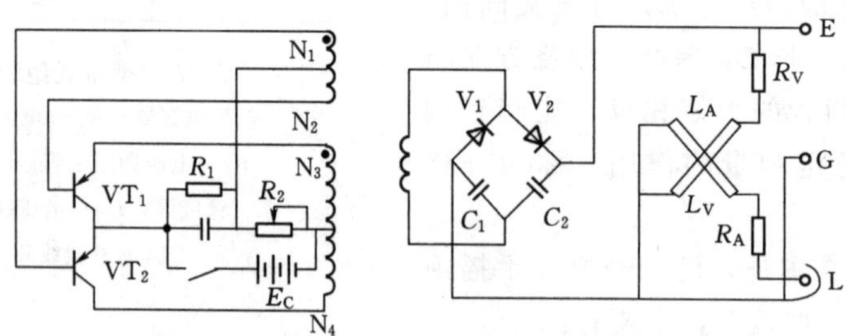

图 2－16 晶体管式绝缘电阻表的接线原理图

三、数字式绝缘电阻表

数字式绝缘电阻表国外较多，图 2－17 所示为显示屏，其显示方式有液晶显示的 LCD（耗电极省，多用于小型袖珍表上），也有发光二极管显示的 LED（适宜于台式绝缘电阻表，显示明亮，但耗电量也大）。数字显示屏上除了能最大显示 $3\frac{1}{2}$ 位数字外，还有测定单

位（MΩ、V、kΩ）的显示、测试电压的显示。电池电压太低 BATT 会闪烁发光，过载或过欠都有报警信号，以便切换量程开关或自动转换量程，还能设定预置报警。在工艺上由于有微电子器件的应用，也发展了表面安装技术（SMT）。英国的 BM11D 型双显绝缘电阻表，有一个三位数字显示，一条显示的弧形刻度及移动的显示指针，如图 2-18 所示。此外，测量通断时还会鸣叫；测容性试品时有自动放电电路；使用完毕一段时间不再使用时，仪表会自动关闭电源。各种功能不断完善，不断创新。从世界范围的发展趋势来看，在绝缘电阻表的设计制造中，采用电子新技术的势头方兴未艾。

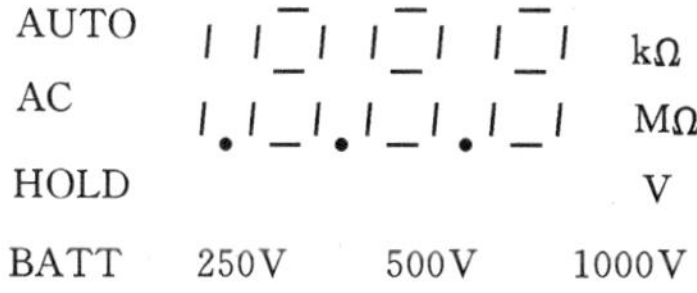

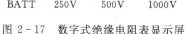

图 2-17　数字式绝缘电阻表显示屏

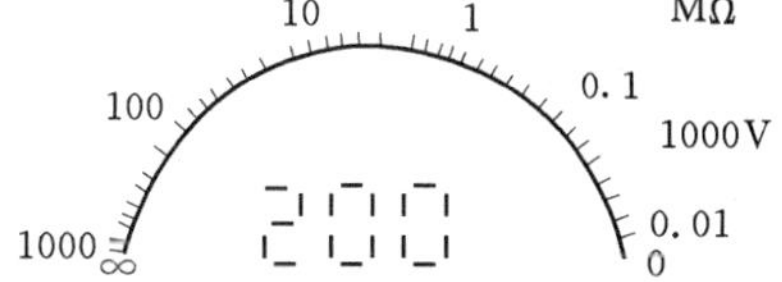

图 2-18　BM200 型双显绝缘电阻表表盘

目前，国内已研制出数字式绝缘电阻表，并在现场使用，如 GZ-2.5～5kV、GZ-5A、GZ-8 型等，常用国产绝缘电阻表的型号及技术数据见表 2-2。今后将在此基础上研制使用单片机的智能绝缘电阻表，测量数据采集、计时、计算、打印自动化，测试电压为 500～5000V，量程上限达 5×10^5MΩ，可直接读取吸收比或极化指数。如苏州工业园区海沃科技有限公司最新生产的 HVM-5000 智能型绝缘电阻表，输出电压 500V、1000V、2500V、5000V 四挡可供选择，短路电流大于 5mA，最大量程 500GΩ；可自动测量并计算吸收比和极化指数，同时测量被试品的电容量；判断吸收比结果不合格，则自动转入极化指数测试；具有很强的抗干扰能力，适合于 500kV 现场试验；采用交、直流两用供电方式，现场试验更方便；具有高强度外壳，防震防摔，可适合各种复杂现场。

表 2-2　常用国产绝缘电阻表的型号及技术数据

型号	准确度等级	额定电压/V	量限/MΩ	延长量限/MΩ	电源方式	外形尺寸/(mm×mm×mm)	备注
ZC-7	1.0	100	0～200	500	手摇直流发电机	170×110×125	上海电表厂
		250	0～500	1000			
		500	1～500	1000，2000，∞			
		1000	2～2000	5000，∞			
	1.5	2500	5～5000	1000，∞			
ZC11-1	1.0	100（±10%）	0～500		手摇交流发电机硅整流器	200×115×130	
ZC11-2		250（±10%）	0～1000				
ZC11-3		500（±10%）	0～2000				
ZC11-4		1000（±10%）	0～5000				
ZC11-5		2500（±10%）	0～10000				
ZC11-6		100（±10%）	0～20				
ZC11-7		250（±10%）	0～50				
ZC11-8		500（±10%）	0～1000				
ZC11-9		50（±10%）	0～2000				
ZC11-10	1.5	2500（±10%）	0～2500				

续表

型号	准确度等级	额定电压/V	量限/MΩ	延长量限/MΩ	电源方式	外形尺寸/(mm×mm×mm)	备注
ZC13-1 ZC13-2 ZC13-3 ZC13-4	1.5	100（±15%） 250（±15%） 500（±15%） 1000（±15%）	0～50 0～50 0～100 0～200	0～100 0～250 0～500 0～1000	市电220V交流电源半导体整流器	220×130×120	
ZC14-1 ZC14-2 ZC14-3 ZC14-4	1.5	100（±20%） 250（±20%） 500（±20%） 1000（±20%）	0～100 0～250 0～500 0～1000		6节4号干电池	220×130×120	
ZC25-1 ZC25-2 ZC25-3 ZC25-4	1.0	100（±10%） 250（±10%） 500（±10%） 1000（±10%）	0～100 0～250 0～500 0～10000		手摇发电机	210×120×150	
HVM-500		500 1000 2500 5000	0～50000	0～500000	交流220V±10% 直流8节2号电池		苏州工业园区海沃科技有限公司
GJC-2500 GJC-5000		2500	0～3000 10^3～15×10^4				自动换挡，宁夏电子仪器厂
		5000	0～3000 2×10^3～5×10^5		直流12V	140×200×100	
GZ-2.5～5kV		2500/5000	2～2×10^5		直流12V		常州市电力设备厂，数显式
GZ-5A		2500/5000 （±5%）	20～5×10^4 （±5%）	≥5×10^4～2×10^5（±10%）	交流220V±20% 直流12V±10%	300×250×120	中国科技大学制造，数显式
DZ-3 DZ-4	1.5	2500/5000 （±10%）	0～20000 0～50000	50000 100000	交流220V±20% 直流18V	330×250×180	扬州唐城电器设备厂

第四节 绝缘电阻测试方法及注意事项

一、测试方法

（1）根据被试电气设备及回路额定电压，选择合适的绝缘电阻表。具体选择要求如表2-3所示。

（2）试验前应拆除被试设备电源及一切对外连线，并将被试物短接后接地放电1min，电容量较大的应至少放电2min，以免触电。

表 2-3　　绝缘电阻表选择要求

试品额定电压/V	绝缘电阻表输出电压/V	绝缘电阻表量程/MΩ	试品额定电压/V	绝缘电阻表输出电压/V	绝缘电阻表量程/MΩ
<100	250	50	≥3000，<10000	2500	10000
≥100，<500	500	100	≥10000	2500 或 5000	10000
≥500，<3000	1000	2000			

(3) 校验绝缘电阻表指针是否指零或无穷大。

(4) 用干燥清洁的柔软布擦去被试物的表面污垢，必要时可先用汽油洗净套管的表面积垢，以消除表面的影响。

(5) 接好线，如用手摇式绝缘电阻表时，应以恒定转速转动摇柄，绝缘电阻表指针逐渐上升，待 1min 后读取其绝缘电阻值。

(6) 在测量吸收比时，为了在开始计算时间时就能在被试物上加上全部试验电压，应在绝缘电阻表达到额定转速时再将表笔接于被试物，同时计算时间，分别读取 15s 和 60s 的读数。

(7) 试验完毕或重复进行试验时，必须将被试物短接后对地充分放电。这样除可保证安全外，还可提高测试的准确性。

(8) 记录被试设备铭牌、规范、所在位置及气象条件等。

二、注意事项

(1) 对于同杆双回架空线或双母线，当一路带电时，不得测量另一回路的绝缘电阻，以防感应高压损坏仪表和危及人身安全。对平行线路，也同样要注意感应电压，一般不应测其绝缘电阻。在必须测量时，要采取必要措施才能进行，如用绝缘棒接线等。

(2) 测量大容量电机和长电缆的绝缘电阻时，充电电流很大，因而绝缘电阻表开始指示数很小，但这并不表示被试设备绝缘不良，必须经过较长时间，才能得到正确结果。并要防止被试设备对绝缘电阻表反充电损坏绝缘电阻表。

(3) 如所测绝缘电阻过低，应进行分解试验，找出绝缘电阻最低的部分。

(4) 在阴雨潮湿的天气及环境湿度太大时，不应进行测量。一般应在干燥、晴天、环境温度不低于 5℃时进行测量。

(5) 测量绝缘的吸收比时，应避免记录时间带来的误差。由上述可知，变压器、发电机等设备绝缘的吸收比 $K=\frac{R_{60s}}{R_{15s}}$，是用绝缘电阻表在加压 15s 和 60s 时记录其绝缘电阻值后计算求得的。测量时，流过绝缘的电流分量中漏导电流不随时间变化，其值很小，分析时可以略去；充电电流在很短时间（小于 1s）内即衰减到零，也可以略去。随时间变化的主要分量是吸收电流 $I_{xs}(t)$，它与测量时间 t 的关系为

$$I_{xs}(t)=At^{-n} \tag{2-8}$$

式中　A——常数，决定于被试品绝缘材料；

　　　n——指数。

由于 $R_{60s}=\dfrac{U}{A\times60^{-n}}$，$R_{15s}=\dfrac{U}{A\times15^{-n}}$，则

$$K=\frac{R_{60s}}{R_{15s}}=\frac{(U/A)\times60^{n}}{(U/A)\times15^{n}}=4^{n}$$

故

$$n=\frac{\lg(R_{60s}/R_{15s})}{\lg4}$$

试验时，记录时间往往不是实际加压时间。设记录时间与加压时间的绝对误差为 δ_t，则此时测得的绝缘电阻 R' 为

$$R'=\frac{U}{A(t+\delta_t)^{-n}}=\frac{U}{A}(t+\delta_t)^{n} \tag{2-9}$$

而实际的绝缘电阻 R 为

$$R=\frac{U}{At^{-n}}=\frac{U}{A}t^{n} \tag{2-10}$$

由式（2-9）和式（2-10）计算出的绝缘电阻测量值的相对误差 ΔR 为

$$\Delta R=\frac{R'-R}{R}=\frac{(U/A)(t+\delta_t)^{n}}{(U/A)t^{n}}-1=\left(1+\frac{\delta_t}{t}\right)^{n}-1$$

$$=(1+\Delta t)^{n}-1 \tag{2-11}$$

式中　Δt——测量时间的相对误差。

试验时，时间记录往往不易准确，绝缘电阻表刻度展开时间一般需要 1～2s。若记录时间有 2s 误差，则对 15s 而言，Δt 为 $\dfrac{2}{15}=14\%$；对 60s 而言，Δt 为 30%左右。

若取吸收比 $K=2$，则 $n=0.5$。因此，当记录时间的相对误差为 2s 时，对 15s 绝缘电阻的相对误差 $\Delta R_{15s}=(1+0.14)^{0.5}=17\%$；对 60s 绝缘电阻相对误差 $\Delta R_{60s}=(1+0.03)^{0.5}-1=1.5\%$。

由于 R_{60s} 与 R_{15s} 的相对误差引起的吸收比计算结果的误差可达 5%～9%，这样，在现场测量吸收比时，往往导致测量结果重复性较差，给测试结构分析带来困惑。因此，应准确或自动记录 15s 和 60s 的时间。

若用极化指数来监测吸收过程，上述误差可以忽略。

（6）屏蔽环装设位置。为了避免表面泄漏电流的影响，测量时应在绝缘表面加等电位屏蔽环，且应靠近 E 端子装设，但这个提法与有些文献、资料不同。

图 2-19 示出了用绝缘电阻表测量被试品绝缘电阻的实际接线和等值电路。由图 2-19（b）可见，R_{b2} 与 R_A 并联，R_{b1} 与 R_V 并联。

当 $R_{b2}\rightarrow\infty$时，$I_2=0$，绝缘电阻表指针偏转角为

$$\alpha=f\left(\frac{I_V}{I_A}\right)=f\left(\frac{R_x+R_A}{R_V}\right)$$

当 R_{b2} 为有限值时，可列出方程

$$U=I_xR_x+I_x\frac{R_AR_{b2}}{R_A+R_{b2}} \tag{2-12}$$

$$I_AR_A=I_2R_{b2} \tag{2-13}$$

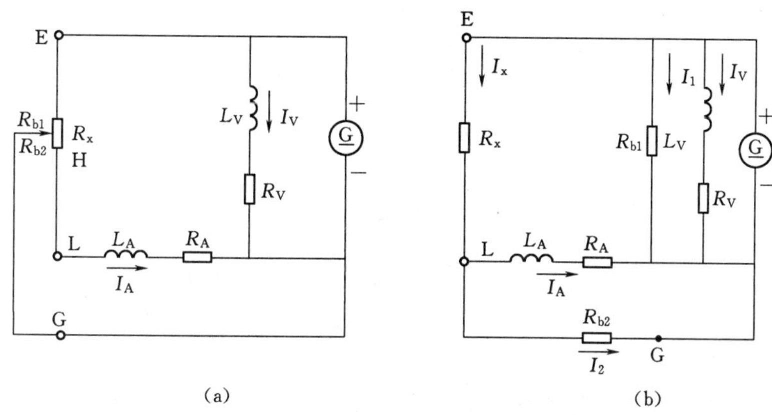

图 2-19　绝缘电阻表测量被试品绝缘电阻的实际接线及等值电路

(a) 实际接线；(b) 等值电路

R_{b1}、R_{b2}—屏蔽环 H 与 L 端子及 H 与 E 端子间试品表面绝缘电阻

$$I_x = I_A + I_2 \tag{2-14}$$

联立式 (2-12)、式 (2-13) 和式 (2-14) 可得

$$I_A = \frac{R_{b2}U}{R_xR_A + R_xR_{b2} + R_AR_{b2}}$$

则

$$\alpha' = f\left(\frac{I_V}{I_A}\right) = f\left(\frac{R_xR_A + R_xR_{b2} + R_AR_{b2}}{R_{b2}R_V}\right)$$

$$= f\left(\frac{R_xR_A}{R_{b2}R_V} + \frac{R_x + R_A}{R_V}\right) = f\left(\frac{R_xR_A}{R_{b2}R_V}\right) + \alpha \tag{2-15}$$

故

$$\alpha' - \alpha = f\left(\frac{R_xR_A}{R_{b2}R_V}\right) \tag{2-16}$$

由式 (2-16) 可见，$\alpha' - \alpha$ 决定于 $\frac{R_xR_A}{R_{b2}R_V}$，对确定的绝缘电阻表，R_A、R_V 为常数，对确定的被试品，可认为 R_x 也不变。这样，$\alpha' - \alpha$ 仅取决于 R_{b2}，R_{b2} 越大，则 $\alpha' - \alpha$ 越小，即误差越小，R_{b2} 越小，则 $\alpha' - \alpha$ 越大。所以为减小误差，应增大 R_{b2}，即屏蔽环应装设在被试品的中、下部（即靠近 E 端子）。

表 2-4 列出了用 ZC-7 型 2500V 绝缘电阻表对 FZ-30 型阀式避雷器绝缘电阻进行测量的结果。

表 2-4　当 R_{b2} 不同时 FZ-30 型阀式避雷器绝缘电阻的测量值 (R_x=1600MΩ)

R_{b2}/MΩ	∞	100	80	50	30	10	1
R'_x/MΩ	1600	1600	1670	1750	1850	2200	7500
相对误差/%	0	0	4.3	9.4	15.6	37.5	368.1

由表 2-4 可见，相对测量误差随 R_{b2} 减小而增大，当 R_x=1600MΩ 而 R_{b2}=1MΩ 时，相对误差高达 368.1%，这是不允许的，容易造成误判断。所以应当注意被试品上屏蔽环的装设位置，特别是在湿度大、脏污较严重的情况下，更要注意。

在式（2-15）中，若令 $R_{b2}/R_A=K$，则

$$\alpha'=f\left(\frac{R_xR_A}{R_{b2}R_V}\right)+\alpha=\frac{1}{K}f\left(\frac{R_x}{R_V}\right)+\alpha$$

$$=\frac{1}{K}\alpha+\alpha=\alpha\left(\frac{1}{K}+1\right)=\alpha\left(\frac{K+1}{K}\right)$$

所示$\frac{\alpha'}{\alpha}=\frac{K+1}{K}$，$\frac{\alpha'-\alpha}{\alpha}=\frac{1}{K}$。当 $K=20$ 时，$\frac{\alpha'-\alpha}{\alpha}=5\%$。

对 ZC-7 型 2500V 绝缘电阻表，$R_A=3.6\text{M}\Omega$，若取 $R_{b2}=72\text{M}\Omega$，则相对误差为 5%。

对于一般常用的绝缘电阻表，如 ZC-5 型或 ZC-11-10 型 2500V 绝缘电阻表，其 $R_A=5.1\text{M}\Omega$，所以采用这类绝缘电阻表进行测量时，若取 $R_{b2}=100\text{M}\Omega$，则相对误差约为 5%，即 $R_{b2}\geqslant100\text{M}\Omega$ 时，便可保证测量精度。

20 世纪 50 年代初期，大都使用进口绝缘电阻表，这些绝缘电阻表电流回路的限流电阻一般为 200～500kΩ，其阻值相对较小，因此对屏蔽环位置没有严格要求。当时普遍采用做直流泄漏电流试验的接法，即屏蔽环靠近 L 端，这样可使屏蔽环与接地端之间的表面电阻增大，减小了绝缘电阻表的负载，使绝缘电阻表的输出电压不至于因为加装屏蔽环而造成明显的下降。这种方法使用了几十年，很多地方一直沿用至今。

20 世纪从 60 年代开始，国产 ZC 系列绝缘电阻表陆续代替了进口绝缘电阻表，它们的限流电阻为 5～10MΩ，比进口绝缘电阻表的限流电阻增大几十倍。由上所述，若屏蔽环装设位置不当，会使测得的绝缘电阻值偏高。

（7）绝缘电阻表的 L 和 E 端子接线不能对调。由上所述，用绝缘电阻表测量电力设备绝缘电阻时，其正确接线方法是 L 端子接被试品与大地绝缘的导电部分，E 端子接被试品的接地端。但在实际测量中，常有人提出，L 和 E 端子的接线能否对调？为回答这个问题，先看表 2-5 所示的一组实测结果。

表 2-5　　L、E 接法不同时被试品的绝缘电阻

被试品		环氧玻璃布绝缘管	10kV			3.3kV
			金属氧化物避雷器	新油纸电缆	旧油纸电缆	旧变压器
绝缘电阻/MΩ	正确	10000	∞	∞	300	60
	错误	8000	10000	10000	350	75

表 2-5 列出了采用 ZC-7 型 2500V 绝缘电阻表对几种被试品的测量结果。由表 2-5 可见：

1）除旧油纸绝缘变压器和电缆外，采用正确接线测得的绝缘电阻均大于错误接线（E 端子接被试品与大地绝缘的导电部分；L 端子接被试品的接地端）测得的绝缘电阻。这个现象可用图 2-20 所示的等值电路来分析。

由图 2-20（a）可见，由于屏蔽环的作用，表壳的泄漏电流 I_L 经 $R_{dw}\rightarrow R_{Hw}\rightarrow$电源$\rightarrow$E 端子$\rightarrow$地而构成回路，它不经过测量线圈 L_A，此时绝缘电阻表指针的偏转角 α 只决定于I_V/I_A。

当 L 与 E 端子对调时，如图 2-20（b）所示，表壳的泄漏电流 I_L'经 L 端子$\rightarrow L_A\rightarrow R_A\rightarrow$电源$\rightarrow$E 端子$\rightarrow R_{Ew}'\rightarrow R_{dw}'\rightarrow$地而构成回路，$I'_L$ 将流过测量线圈 L_A，即使 L_A 中多了一个

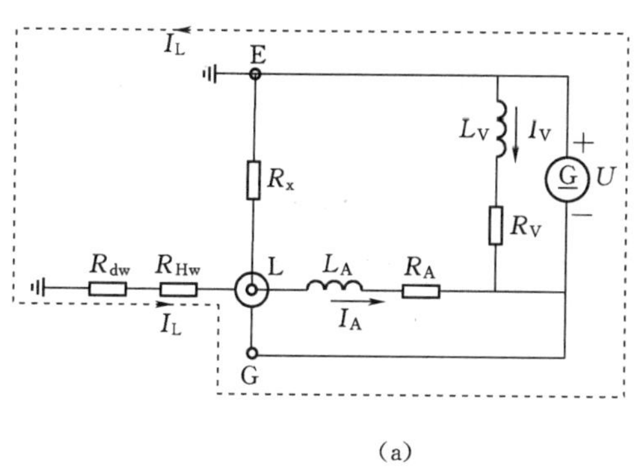

(a)

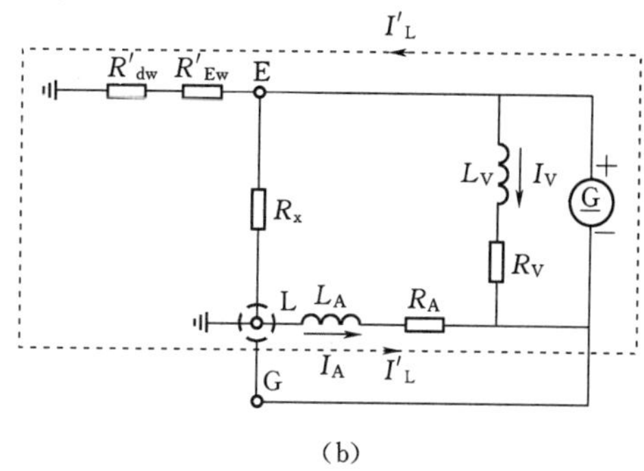

(b)

图 2-20　绝缘电阻表不同接法的等值电路图

(a) 正确接法；(b) 错误接法

R_{dw}、R'_{dw}—大地经绝缘电阻表底脚到绝缘电阻表外壳的绝缘电阻；R_{Hw}—屏蔽环与绝缘电阻表外壳间的绝缘电阻；R'_{Ew}—E 端与外壳间的绝缘电阻

I'_L，这时绝缘电阻表指针的偏转角 α 决定于 $I_V/(I_A+I'_L)$，由于电流线圈 L_A 中流过的电流越大，指针的偏转角越小，所以按图 2-20 (b) 接线测得的绝缘电阻较图 2-20 (a) 接线测得的绝缘电阻小。显然，减小的程度与被试品的表面状况及表壳的绝缘状况等因素有关。

2) 对旧的油浸纸绝缘变压器和电缆，采用正确接线测得的绝缘电阻小于错误接线测得的绝缘电阻，是因为在这种情况下电渗效应起主导作用的缘故。在正确接线下，由于电渗效应使变压器外壳或电缆外皮附近的水分移向变压器绕组或电缆芯，导致变压器或电缆的绝缘电阻下降；而在错误接线下，电渗效应则使绝缘中的水分移向变压器外壳或电缆外皮，从而导致绝缘电阻增大。对绝缘良好的新电缆，由于电渗效应不明显，所以表壳的泄漏电流的影响起主导作用。

由上述分析可见，绝缘电阻表的 L 和 E 端子的接线不能对调。

(8) 绝缘电阻表与被试品间的连线不能绞接或拖地。绝缘电阻表与被试品间的连线应采用厂家为绝缘电阻表配备的专用线，而且两根线不能绞接或拖地，否则会产生测量误差。表 2-6 列出了对一根长 20cm 的环氧玻璃布绝缘管进行测量结果。

表 2-6　绝缘电阻表与被试品间两根连线状态不同时的测量结果

连线状态	测得绝缘电阻/MΩ	单根连线绝缘电阻/MΩ
悬空、相互不接触	>10000	10000
悬空、绞接	8000	10000
绞接后外皮接地	6000	10000

由表 2-6 可见，两根连线绞接后测量值变小，两根连线绞接后再接地测量值更小。

对上述的测量结果可用图 2-21 进行分析。为突出物理概念，下面分析绞接及绞接后又接地的特殊情况。

由图 2-21 (b) 可知，若连线绞接，则测量值 R'_x 应为

$$R'_x=\frac{R_xR}{R_x+R}$$

由图 2-21 (c) 可知，若连线绞接后又接地，则测量值 R'_x 应为

$$R''_x = \frac{R_x R_2}{R_x + R_2}$$

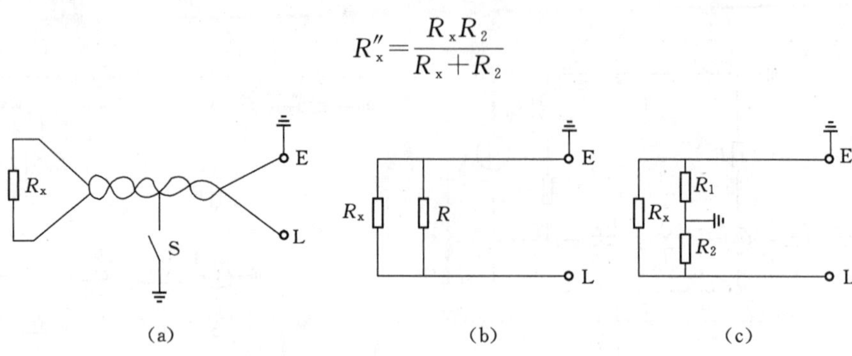

图 2-21　绝缘电阻表与被试品间连线绞接示意图及等值电路图

(a) 连线绞接（S 合上为绞接后又接地）；(b) 连线绞接的等值电路；

(c) 连线绞接且接地的等值电路

R—导线绝缘电阻串联值（$R=R_1+R_2$）；R_1、R_2—单根导线绝缘电阻（$R_1=R_2$）

1）若 $R_2 \to \infty$，则 $R'_x=R_x$，$R''_x=R_x$，即连接线本身的绝缘电阻越高越好。

2）若 $R_x \to \infty$，则 $R'_x=R$，$R''_x=R_2=\frac{1}{2}R$，即连接线本身绝缘电阻越低，绞接后测量结果误差越大，绞接后又接地的测量值仅是 R'_x 的一半。

3）若 $R_2=R_x$，则 $R'_x=\frac{2}{3}R_x$，$R''_x=\frac{1}{2}R_x$。

由上述分析可知，为保证测量的准确性，应采用绝缘电阻高的导线作为连接线，否则会引起很大误差。例如某台 1000kVA、10kV 的配电变压器高压绕组对低压绕组、高压绕组对地的绝缘电阻应为 1700MΩ；现场测量时，由于采用长而拖地的连接线，测得的绝缘电阻仅为 50～80MΩ。再如，某厂测试 3 台 S_7-400/10 型变压器的绝缘电阻，其值均为 150MΩ，而出厂试验报告上的绝缘电阻均为 10^4MΩ 左右，两者数据相差甚大，经检查，发现绝缘电阻表的两条引线盘在一起。

(9) 采用绝缘电阻表测量时，应设法消除外界电磁场干扰引起的误差。在现场有时在强磁场附近或在未停电的设备附近使用绝缘电阻表测量绝缘电阻，由于电磁场干扰也会引起很大的测量误差。

引起误差的原因是：

1）磁耦合。由于绝缘电阻表没有防磁装置，外磁场对发电机里的磁钢和表头部分的磁钢的磁场都会产生影响。当外界磁场强度为 400A/m 时，误差为±0.2%；外界磁场越强，影响越严重，误差越大。例如，有一组苏联 АОДЦТН-267000/500/20 型的自耦变压器，其绝缘电阻应为 3300MΩ，但在强磁场下，用 2500V 绝缘电阻表测得的绝缘电阻仅为 600MΩ。再如，我国某变电所测一台 OSFPS3-120000/220 型变压器的绝缘电阻，变压器前后及上空均有 220kV 母线，用 ZC-48 型绝缘电阻表测得 220kV 绕组的绝缘电阻为 10^4MΩ 以上，而投产及历年测得的绝缘电阻为 3400MΩ 左右，换用 ZC-30 型绝缘电阻表测得其绝缘电阻为 3300MΩ，分析认为主要是外界电磁场影响，由于 ZC-48 型绝缘电阻表抗干扰能力差，所以产生这种虚假现象。第二天停电，同时用 ZC-48 型和 ZC-30 型绝缘电阻表进行测量，测得的绝缘电阻均为 3300MΩ。证明分析是正确的。

2）电容耦合。由于带电设备和被试设备之间存在耦合电容，将使被试品中流过干扰电流。带电设备电压愈高，距被试品愈近，干扰电流愈大，因而引起的误差也愈大。

消除外界电磁场干扰的办法是：

1）远离强电磁场进行测量。

2）采用高电压级的绝缘电阻表，例如使用 5000V 或 10000V 的绝缘电阻表进行测量。

3）采用绝缘电阻表的屏蔽端子 G 进行屏蔽。对于两节及以上的被试品，例如避雷器，耦合电容器可采用图 2－22 所示的接线进行测量。图中将端子 G 接到被测避雷器上一节的法兰上，这样，由上方高压线路等所引起的干扰电流由端子 G 经绝缘电阻表的电源入地，而不经过电流线圈，从而避免了干扰电流的影响。对最上节避雷器，可将其上法兰接绝缘电阻表 E 端子后再接地，使干扰电流直接入地。如图 2－22 右侧接线所示，但不能将干扰完全消除掉。表 2－7 列出了某变电所 66kV 避雷器均压电阻的测试数据。由表中数据可以看出，使用屏蔽法测得的结果很接近一年前停电测试的数据（经过一年均压电阻实际上可能有些变化）。但不用屏蔽测量的结果都明显偏低，相差 100～200MΩ 不等。

4）选用抗干扰能力强的绝缘电阻表。除上述 ZC－30 型绝缘电阻表外，苏州工业园区海沃科技有限公司生产的 HVM－5000 型绝缘电阻表抗干扰能力也较强。曾用该表在某电厂 220kV 旁路母线干扰场强较高的电容式电压互感器上作比较性测试，其抗干扰能力与美国希波公司生产的指针式高压绝缘电阻表相近，而国产 ZC－48－1 型指针式绝缘电阻表指示偏过“∞”刻度值，表针摆至左端极限位置。顺便指出，有人在 ZC－48－1 型指针式绝缘电阻表中引入抗干扰电路进行改型，也收到良好效果。

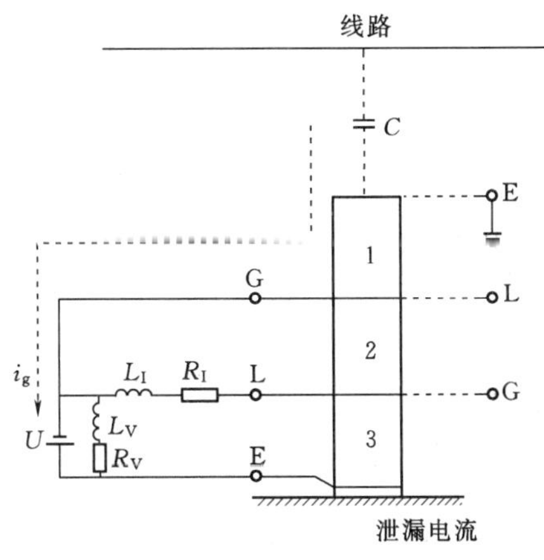

图 2－22　利用绝缘电阻表的屏蔽端子 G 屏蔽干扰

C—空间分布电容

表 2－7　某变电所 66kV 避雷器的绝缘电阻测试结果　单位：MΩ

相别	位置	停电测试（1981 年）	不用屏蔽（1982 年）	用屏蔽（1982 年）
A	1	700	500	650
	2	600	550	700
	3	750	650	750
B	1	750	500	700
	2	500	450	550
	3	800	700	850
C	1	800	600	750
	2	700	500	650
	3	650	620	750

注　对于只有“一节”的被试品，如下端能够对地绝缘，可将上端接地进行测量。

（10）为便于比较，对同一设备进行测量时，应采用同样的绝缘电阻表、同样的接线。当采用不同型式的绝缘电阻表测绝缘电阻，特别是测量具有非线性电阻的阀型避雷器时，往往会出现很大的差别。例如，对一台 FZ－20 型单元件阀型避雷器的绝缘电阻进行测量时，用 2500V 的 ZC－7 型绝缘电阻表测得的绝缘电阻是 2100MΩ；而用 ZC11－5 型绝缘电阻表测得的绝缘电阻却是 1400MΩ。所测得的绝缘电阻值相差达 33%。造成这种差别

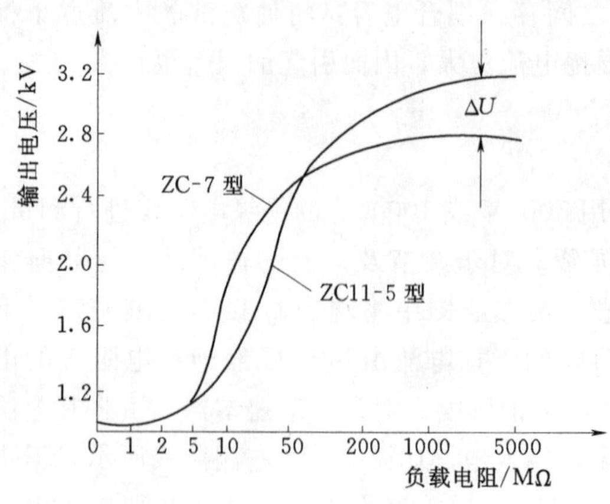

图 2-23 ZC-7、ZC11-5 型绝缘电阻表的负载特性

的原因主要是负载特性（见图 2-14）的影响。由于两只绝缘电阻表的负载特性不同（见图 2-23），负载电阻在 500MΩ 时，ΔU 已达 200 多伏。所以为进行比较，应采用同一型号的绝缘电阻表进行测量。

当用同一只绝缘电阻表测量同一设备的绝缘电阻时，应采用相同的接线，否则将测量结果放在一起比较是没有意义的。例如，目前测量电力变压器的绝缘电阻时，就可能有三种接线：

1）规程法。《规程》规定，测量变压器绕组绝缘电阻时，非被试绕组接地，如图 2-24 所示，采用这种接线方式的优点是可以测出被试绕组对接地部分及不同电压部分间的绝缘状态，而且可以避免各绕组中剩余电荷造成的测量误差。其缺点是被测绕组套管的表面绝缘电阻将会对测量结果产生影响，当套管的表面越脏、湿度越大，这种影响就越大。

2）外壳屏蔽法。当测量高低压绕组之间的绝缘电阻时，可采用外壳屏蔽法，如图 2-25 所示。这种接线方式的优点是可消除表面泄漏电流的影响，测得高低压绕组间真实的绝缘电阻。不足的是不能用来测量绕组对地的绝缘电阻。

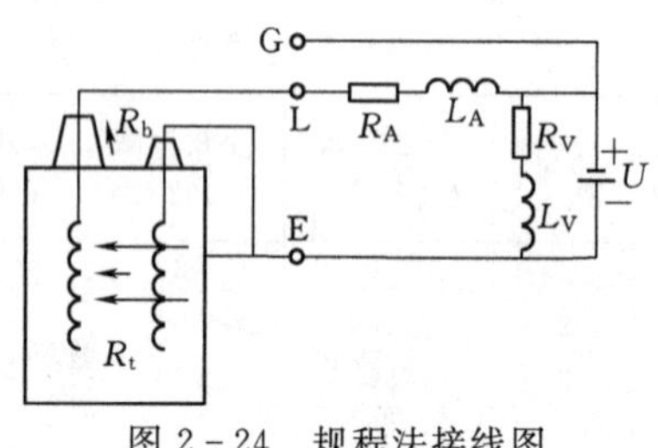

图 2-24 规程法接线图

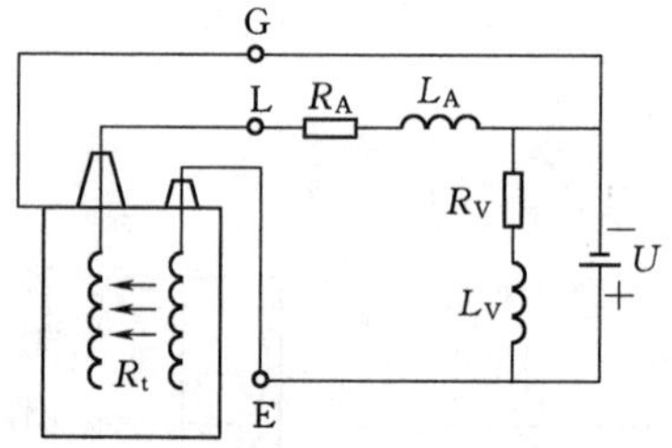

图 2-25 外壳屏蔽法接线图

3）套管屏蔽法。若被试绕组为高压绕组，则屏蔽应安放在高压绕组的套管上，根据低压绕组接地与否，又可分为两种接线方式，如图 2-26 所示。

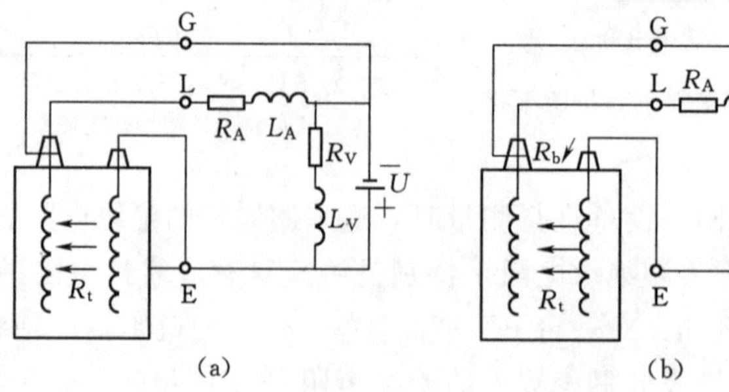

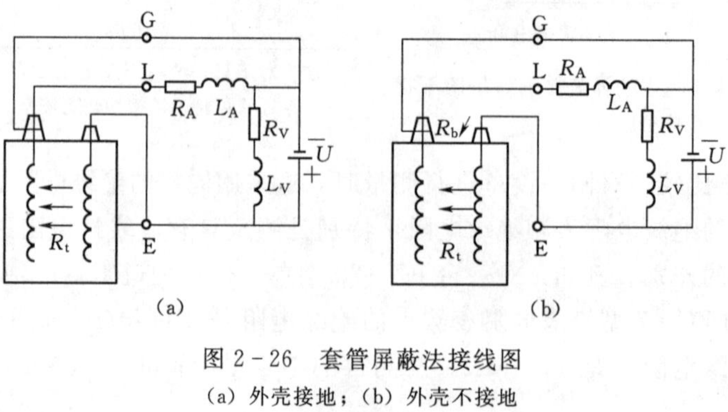

图 2-26 套管屏蔽法接线图

（a）外壳接地；（b）外壳不接地

比较图 2－26（a）和图 2－24 可见，由于按图 2－26（a）测量消除了套管表面泄漏电流的影响，所以由此图测得的绝缘电阻值应大于由图 2－24 得到的测量值。

比较图 2－26（b）与图 2－25 可见，由它们测量的均为高低压绕组间的绝缘电阻值，但按图 2－25 测量可以消除高低压套管表面泄漏电流的影响，而按图 2－26（b）测量只消除了高压套管表面泄漏电流的影响，而低压套管表面泄漏电流的影响仍然存在，所以两者的测量结果不完全相同，图 2－26（b）的测量结果将小于图 2－25 的测量结果。因此，比较应在相同的接线下进行。表 2－8 列出了不同接线下的测量结果。

表 2－8　SL7－315/10000 型电力变压器绝缘电阻的测量结果

接线方式		绝缘电阻/MΩ	备注
规程法		7000	1992 年 4 月 23 日 晴 $t=25$℃ 湿度为 62%
外壳屏蔽法		8300	
套管屏蔽法	图 2－26（a）	40000	
	图 2－26（b）	8000	

（11）电源电池能量的影响。对晶体管绝缘电阻表，要注意检查电源电池，若其能量不足，会使测得的绝缘电阻增大。例如某变电所测量一台 SFSZ7－31500/110 型电力变压器的绝缘电阻时，不到 15s 晶体管绝缘电阻表的指针就指到 10^4MΩ/以上，与历年数据相比较，绝缘电阻由 3000MΩ 增大到 10^4MΩ。经反复检查发现是晶体管绝缘电阻表的电源电池能量不足引起的。

第五节　影响绝缘电阻的因素

一、湿度的影响

随着周围环境的变化，电力设备绝缘的吸湿程度也随着发生变化。当空气相对湿度增大时，绝缘物（特别是极性纤维所构成的材料），由于毛细管作用，将吸收较多的水分，使电导率增加，降低了绝缘电阻的数值，尤其对表面泄漏电流的影响更大。实践证明，在雾雨天气或早晚进行试验测出的绝缘电阻很低，与在晴朗的中午用同样的设备试验所测得的绝缘电阻相差很多，这充分说明了湿度对绝缘电阻的影响。

二、温度的影响

电力设备的绝缘电阻是随温度变化而变化的，其变化的程度随绝缘的种类而异。富于吸湿性的材料，受温度影响最大。一般情况下，绝缘电阻随温度升高而减小。这是因为温度升高时，加速了电介质内部离子的运动，同时绝缘内的水分，在低温时与绝缘物结合得较紧密。当温度升高时，在电场作用下水分即向两极伸长，这样在纤维物质中，呈细长线状的水分粒子伸长，使其电导增加。此外，水分中含有溶解的杂质或绝缘物内含有盐类、酸性物质，也使电导增加，从而降低了绝缘电阻。例如当发电机温度每变化 8～10℃时，其绝缘电阻变化一倍。

由于温度对绝缘电阻值有很大影响，而每次测量又不能在完全相同的温度下进行，所以为了比较试验结果，我国有关单位曾提出过采用温度换算系数的问题，但由于影响温度换算的因素很多，如设备中所用的绝缘材料特性、设备的新旧、干燥程度、测温方法等，所以很难规定出一个准确的换算系数。目前我国规定了一定温度下的标准数值，希望尽可能在相近温度下进行测试，以减少由于温度换算引起的误差。

三、表面脏污和受潮的影响

由于被试物的表面脏污或受潮会使其表面电阻率大大降低，绝缘电阻将显著下降。在这种情况下，必须设法消除表面泄漏电流的影响，以获得正确的测量结果。

四、被试设备剩余电荷的影响

对有剩余电荷的被试设备进行试验时，会出现虚假现象，由于剩余电荷的存在会使测量数据虚假地增大或减小。

当剩余电荷的极性与绝缘电阻表的极性相同时，会使测量结果虚假地增大。当剩余电荷的极性与绝缘电阻表的极性相反时，会使测量结果虚假地减小。这是因为绝缘电阻表需输出较多的异性电荷去中和剩余电荷之故。

为消除剩余电荷的影响，应事先“充分”放电。对于10000pF以上的，大容量设备要求在试验前先充分放电10min。图2-27示出了不同的放电时间后绝缘电阻与加压时间的关系。

剩余电荷的影响还与试品容量有关，若试品容量较小时，这种影响就小得多了。

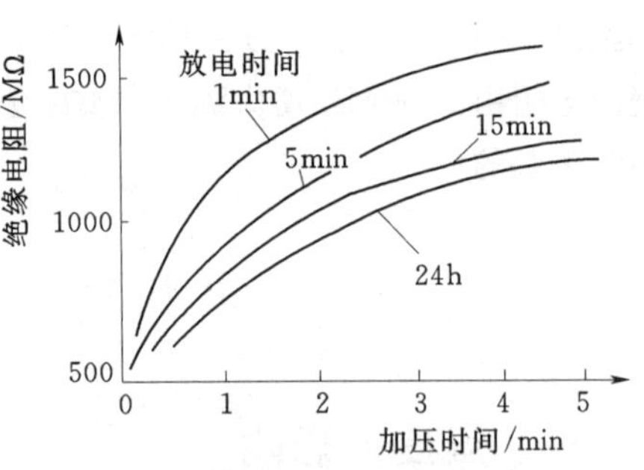

图2-27 不同的放电时间后绝缘电阻与加压时间的关系曲线

五、绝缘电阻表容量的影响

实测表明，绝缘电阻表的容量对绝缘电阻、吸收比和极化指数的测量结果都有一定的影响，表2-9和表2-10分别列出了不同绝缘电阻表对同一试品的测量结果。

表2-9 不同绝缘电阻表对同一试品绝缘电阻和吸收比的测量结果（$t=14.8$℃）

绝缘电阻表型号	试品1（$C=0.326\mu F$）			试品2（$C=0.325\mu F$）		
	R_{15s}	R_{60s}	R_{60s}/R_{15s}	R_{15s}	R_{60s}	R_{60s}/R_{15s}
ZC11D-5	750	2500	3.33	750	2600	3.46
ZC48-1	1900	3900	2.05	3800	4750	1.25
ZC48-2	2750	3600	1.3	1900	2900	1.526

表2-10 不同绝缘电阻表对某台120MVA/220kV变压器绝缘电阻、吸收比和极化指数的测量结果（$t=24$℃）

测量部位	绝缘电阻表型号	绝缘电阻/MΩ								K	P_1
		R_{15s}	R_{45s}	R_{60s}	R_{2min}	R_{3min}	R_{4min}	R_{5min}	R_{10min}	R_{60s}/R_{15s}	R_{10min}/R_{1min}
220kV对10kV及地	Hipotronic	1000	1600	1850	2500	3000	3150	3500	4500	1.85	2.43
	ZC-48	740	1300	1500	2300	2800	3000	3200	4500	2.02	3
10kV对地	Hipotronic	600	1300	2000	2500	3000	3750	4500	7500	3.33	3.75
	ZC-48	450	900	1200	2300	3000	3400	3700	4500	2.67	3.75

为便于对表 2－9 和表 2－10 中的测量结果进行分析，表 2－11 列出了几种常用绝缘电阻表的容量，即最大输出电流值，该电流是将绝缘电阻表输出端经毫安表短路后而测得的。

表 2－11　　几种常用绝缘电阻表的短路电流实测值

序号	绝缘电阻表型号	输出电压/V	电阻量程/MΩ	短路电流/mA
1	ZC25－1	100	0～100	2.0～2.2
2	ZC25－3	500	0～500	2.2～2.4
3	ZC25－4	1000	0～1000	2.1～2.3
4	ZC11D－5	2500	0～10000	0.28～0.3
5	ZC48－1	2500	0～50000	1.0～1.07
6	ZC48－2	5000	0～100000	1.07～1.15
7	Hipotronic	1250	多量程×1	8.5
8	Hipotronic	2500	多量程×1	32
9	M－5010	500/1000/2500/5000	自动多量程	10
10	M－25100	1000/2500	自动多量程	100（水冷发电机专用）

由表 2－9 和表 2－11 可见，对同一试品，绝缘电阻表容量大的 ZC48－1 和 ZC48－2 型的测试结果较相近，而容量小的 ZC11D－5 的测量结果偏差较大。

由表 2－9 和表 2－10 可见，被试品容量较小时，两种绝缘电阻表测得的极化指数相同，说明试品容量较小时，绝缘电阻表的容量影响较小。而试品容量较大时，两种绝缘电阻表测得的极化指数有差异，这时绝缘电阻表的容量对测量结果的影响较大。这是因为绝缘电阻表容量不同，则试品电容分量充电至稳定值所需的时间不同，并影响测试电压在试品上的建立时间，从而试品内部的介质极化强度不同，试品视在绝缘电阻值、吸收比或极化指数的读测值也将出现差异。

综上所述，可以认为绝缘电阻表容量越大越好。考虑到我国现有一般绝缘电阻表的容量水平，推荐选用最大输出电流 1mA 及以上的绝缘电阻表，用于极化指数测量时，绝缘电阻表输出电流应不低于 2mA，这样可以得到较准确测量结果。

第六节　测量结果的分析判断

（1）所测得的绝缘电阻值应大于规定的允许数值。各种电力设备的绝缘电阻允许值，均列在第二篇的有关章节中。

（2）将所测得的结果与有关数据比较，这是对试验结果进行分析判断的重要方法。通常用来作为比较的数据包括：同一设备的各相间的数据、同类设备间的数据、出厂试验数据、耐压前后数据等。如发现异常，应立即查明原因或辅以其他测试结果进行综合分析、判断。

为什么在分析判断中十分强调“比较”呢？这是因为电气设备的绝缘电阻不仅与其绝缘材料的电阻系数 ρ 成正比，而且还与其尺寸有关。它们的关系可用 $R=\rho\frac{L}{S}$ 来表示。对即使是同一工厂生产的两台电压等级完全相同的变压器，绕组间的距离 L 应该大致相等，其中的绝缘材料也应该几乎一样，但若它们的容量不同，则又会使绕组表面积 S 不同，容量大者表面积 S 大。这样它们的绝缘电阻就不相同，容量大者绝缘电阻小。因此，即使是同一电压等级的设备，简单地规定绝缘电阻允许值也是不合理的，而采用“比较”的方法倒是科学的，所以在规程中一般不具体规定绝缘电阻的数值，而强调“比较”，或仅规定吸收比与极化指数等指标。

复习题

1. 测量绝缘电阻能发现哪些缺陷？为什么？

2. 在测量绝缘电阻时，为什么要读取 1min 的绝缘电阻值？

3. 什么是电力设备绝缘的吸收现象？产生的条件是什么？试举例说明在测试中为什么要注意吸收现象。

4. 什么是吸收比试验？它能发现什么缺陷？其适用范围如何？为什么？

5. 简述绝缘电阻表的工作原理，采用流比计结构有何优点？

6. 测量同一设备的绝缘电阻时，为什么强调用同一型号的绝缘电阻表？

7. 绝缘电阻表的 L 和 E 端子接错后有什么后果？为什么？

8. 绝缘电阻表与被试设备之间的连接线为什么不能拖地或绞接？

9. 在测量绝缘电阻时，你曾遇到过哪些干扰？是如何消除的？

10. 绝缘电阻表“摇转”的快慢对测量结果有无影响？为什么？

11. 用绝缘电阻表测量大容量绝缘良好试品的绝缘电阻时，其数值越来越高？为什么？

12. 用绝缘电阻表测量大容量试品时，表针发生左右摆动，为什么？如何解决？

13. 影响绝缘电阻的因素有哪些？你在实测中遇到过哪些异常现象？通过学习能否得到解释？

14. 在绝缘电阻测量中，为什么要区分体积绝缘电阻和表面绝缘电阻？通常所说的绝缘电阻应该指的是哪个电阻？

15. 一根电缆长 100m，绝缘层的内外半径分别为 5cm 及 15cm，在 20℃时绝缘的体积电阻率 $\rho_v=3\times10^{12}\Omega\cdot m$，而电阻温度系数 $\alpha=0.02℃^{-1}$，求：

(1) 20℃时电缆的体积绝缘电阻为多少？

(2) 如果电缆绝缘层的温度为 10℃及 30℃，则电阻各为多少？

(3) 如果电缆长度为 200m，则 20℃时体积绝缘电阻为多少？

16. 绝缘电阻低的变压器的吸收比要比绝缘电阻高的变压器吸收比低吗？为什么？

17. 在《规程》中，为什么对各种电力设备的绝缘电阻不作具体规定？

18. 如何分析判断绝缘电阻的测试结果？

19. 名词解释：吸收现象、体积绝缘电阻、极化指数。

第三章　测量泄漏电流

第一节　泄漏电流测量的特点

测量泄漏电流的原理和测量绝缘电阻的原理本质上是完全相同的，而且能检出缺陷的性质也大致相同。但由于泄漏电流测量中所用的电源一般均由高压整流设备供给，并用微安表直接读取泄漏电流。因此，它与绝缘电阻测量相比又有自己的以下特点：

(1) 试验电压高，并且可随意调节。测量泄漏电流时是对一定电压等级的被试设备施以相应的试验电压，这个试验电压比兆欧表额定电压高得多，所以容易使绝缘本身的弱点暴露出来。因为绝缘中的某些缺陷或弱点，只有在较高电场强度下才能暴露出来。

(2) 泄漏电流可由微安表随时监视，灵敏度高，测量重复性也较好。例如对某台VMNT-220型少油断路器，用兆欧表测得各相的绝缘电阻均在10000MΩ以上，当进行40kV直流泄漏电流测量时，三相电流显著不对称，其中两相都是2μA，另一相是60μA。最后检出该相支持瓷套有裂纹。

(3) 根据泄漏电流测量值可以换算出绝缘电阻值，而用绝缘电阻表测出的绝缘电阻值则不可换算出泄漏电流值。因为要换算首先要知道加到被试设备上的电压是多少，绝缘电阻表虽然在铭牌上刻有规定的电压值，但加到被试设备上的实际电压并非一定是此值，而与被试设备绝缘电阻的大小有关。由图2-14可知，当被试设备的绝缘电阻很低时，作用到被试设备上的电压也非常低，只有当绝缘电阻趋于无穷大时，作用在被试设备上的电压才接近于铭牌值。这是因为被试设备绝缘电阻过低时，兆欧表内阻压降使“线路”端子上的电压显著下降。

(4) 可以用$i=f(u)$或$i=f(t)$的关系曲线并测量吸收比来判断绝缘缺陷。泄漏电流与加压时间的关系曲线如图3-1所示。在直流电压作用下，当绝缘受潮或有缺陷时，电流随加压时间下降得比较慢，最终达到的稳态值也较大，即绝缘电阻较小。

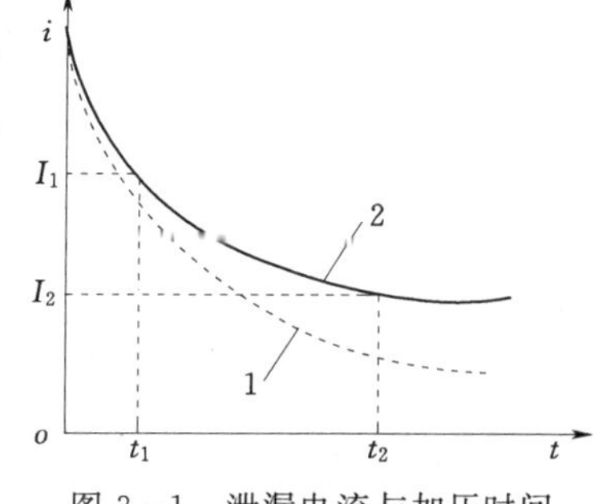

图3-1　泄漏电流与加压时间的关系曲线

1—良好；2—受潮或有缺陷

关于泄漏电流与外加电压的关系曲线，将在本章下节叙述。

第二节　测量原理

由上述可知，当直流电压加于被试设备时，其充电电流（几何电流和吸收电流）随时间的增长而逐渐衰减至零，而漏导电流则保持不变。故微安表在加压一定时间后其指示数值趋于恒定，此时读取的数值则等于或近似等于漏导电流即泄漏电流。

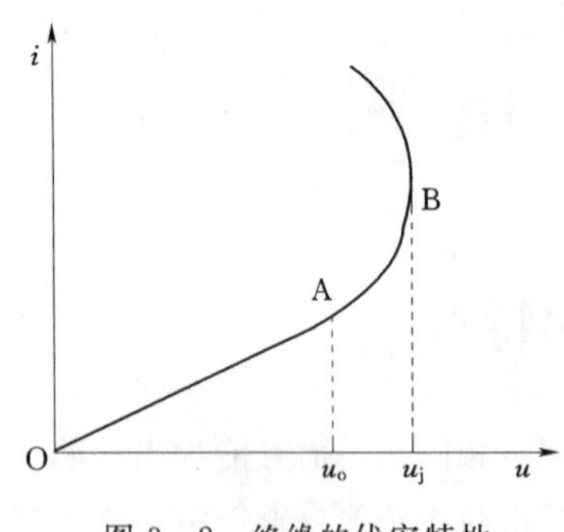

图 3-2 绝缘的伏安特性

对于良好的绝缘，其漏导电流与外加电压的关系曲线应为一直线。但是实际上的漏导电流与外加电压的关系曲线仅在一定的电压范围内才是近似直线，如图 3-2 中的 OA 段。若超过此范围后，离子活动加剧，此时电流的增加要比电压增长快得多，如 AB 段，到 B 点后，如果电压继续再增加，则电流将急剧增长，产生更多的损耗，以至绝缘被破坏，发生击穿。

在预防性试验中，测量泄漏电流时所加的电压大都在 A 点以下，故对良好的绝缘，其伏安特性 $i=f(u)$ 应近似于直线。当绝缘有缺陷（局部或全部）或受潮的现象存在时，则漏导电流急剧增长，使其伏安特性曲线就不是直线了。因此可以通过测量泄漏电流来分析绝缘是否有缺陷或是否受潮。在揭示局部缺陷上，测量泄漏电流更有其特殊意义。

第三节 测 量 接 线

测量泄漏电流的接线多采用半波整流电路，近些年来，出现了一批轻便型的直流泄漏电流试验装置。为了缩小设备体积，整流电路常采用倍压整流电路或直流串级电路。这些装置在电力系统中获得了愈来愈广泛的应用。

一、半波整流电路及其测量接线

测量泄漏电流的半波整流电路及其接线，根据微安表和高压硅堆所处的位置的不同，可有六种接线方式，但归纳起来，只有以下两种。

（一）微安表处于高电位

微安表处于不同位置时半波整流电路的接线如图 3-3 所示。

微安表Ⅰ处于高电位，是这里所要讨论的情况。由图 3-3 可见，此电路由下列几部分组成。

1. 交流高压电源

这部分包括升压变压器和自耦调压器。升压变压器用来供给整流前的交流高压，其电压值的大小必须满足试验的需要。由于试验所需的电流甚小，一般不超过 1mA，故升压变压器的容量问题可不予考虑，现场试验时，可用互感器或油试验器代替。

自耦调压器是用来调节电压的。其容量只要满足升压变压器励磁容量的要求即可。

2. 整流装置

整流装置包括高压整流硅堆和稳压电容器。高压硅堆是由多个硅二极管串联而成，并用环氧树脂浇注成棒形，环氧树脂起绝缘和固定作用。高压硅堆具有良好的单向导电性，所以它能把交流变成直流。由于它具有体积小、重量轻、机械强度高，使用简便、无辐射等优点，故被广泛地应用于高压直流设备中。

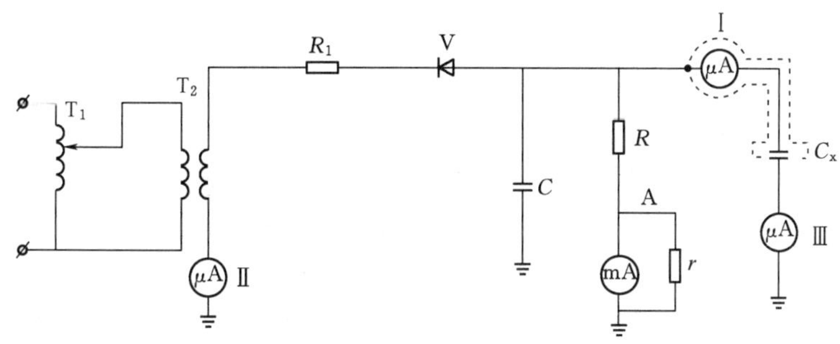

图 3-3 微安表处于不同位置时半波整流电路的接线

T_1—自耦调压器；T_2—升压变压器；V—高压整流硅堆；R_1—保护电阻；μA—微安表；C—稳压电容器；mA—测压用毫安表；R—测压用电阻；C_x—被试品；r—保护电阻

稳压电容器也叫滤波电容器，其作用是减小输出整流电压的纹波。所谓纹波是指相对于直流电压算术平均值的周期性偏差。滤波电容越大，加于被试设备上的电压越平稳，而且电压的数值越接近于交流电压的峰值。在图 3-3 中，当接有 C 后，开始时，由电源向 $C+C_x$ 充电到最大值，在整流管不导电的半周内，电容 $C+C_x$ 上的电荷通过被试品的绝缘电阻 R_x 放电，其波形如图 3-4 所示。放电的快慢决定于时间常数 $\tau=(C+C_x)R_x$。对于某一试品而言，C_x 和 R_x 是个常数，所以 τ 的大小仅决定于 C，C 越小，则 τ 越小，即放电就越快，这时被试品绝缘上的平均电压 U_p 与高压试验变压器二次侧的电压 U_{max} 相差就越大。同时电压的纹波就越大。因此，稳压电容应有足够大的数值。现场一般取 0.01～0.1μF，可以满足纹波因数小于 3%的要求。

根据国家标准《高电压试验技术 第 3 部分：现场试验的定义及要求》（GB/T 16927.3—2010）规定，在输出工作电压下直流电压的纹波因数 S 应按下式计算：

$$S=\frac{U_{max}-U_{min}}{2U_d}\times 100\%$$

式中 U_{max}——直流电压的最大值；

U_{min}——直流电压的最小值；

U_d——直流电压的平均值。

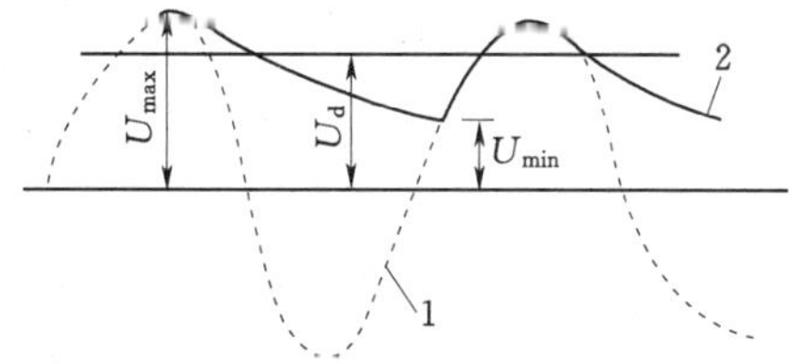

图 3-4 加于被试品上的纹波电压波形

1—高压变压器二次侧波形；2—被试品上的纹波电压波形

U_{max}、U_{min}、U_d 的关系如图 3-4 所示。

当然。在试验大型发电机和变压器及电缆等被试设备时，因其本身电容较大（常大于 10^4pF），故可省去稳压电容。

对泄漏电流很小，并仅作粗略检查性的试验，如测量断路器支持瓷套及拉杆的泄漏电流，也可不用稳压电容。

3. 保护电阻器

保护电阻器的作用是限制被试设备击穿时的短路电流，以保护高压变压器、硅堆及微安表，故有时也叫限流电阻。其值可按下式计算：

$$R=(0.001\sim0.01)\frac{U_d}{I_d}\quad(\Omega)\tag{3-1}$$

式中　U_d——直流试验电压值，V；

I_d——被试品中流过的电流，A。

表 3-1　高压保护电阻器的参数

直流试验电压/kV	电阻值/MΩ	电阻器表面绝缘长度(不小于)/mm
≤60	0.3～0.5	200
140～160	0.9～1.5	500～600
500	0.9～1.5	2000

当 I_d 较大时，为减少 R 发热，可取式中较小的系数。R 的绝缘管长度应能耐受幅值为 U_d 的冲击电压，并留有适当裕度。表 3-1 列出不同试验电压下，电阻器表面绝缘长度的最小值。

高压保护电阻器通常采用水电阻器，水电阻管内径一般不小于 12mm。采用其他电阻材料时应注意防止匝间放电短路。

4. 微安表

微安表的作用是测量泄漏电流，它的量程可根据被试设备的种类，绝缘情况等适当选择，误差应小于 2.5%。由于微安表是精密、贵重的仪器，因此在使用中必须十分爱护，一般都设有专门的保护装置，其接线图如图 3-5 所示。

在微安表的回路中串联一个阻值较大的电阻 R，当有电流通过回路时，就在 AB 两端产生一个电压降，电压降的大小为通过 R 的电流和电阻的乘积，当这个乘积能使放电管放电时，放电管 F 工作，电流就从放电管中流过，而不通过微安表，起到保护作用。具体各元件的作用如下：

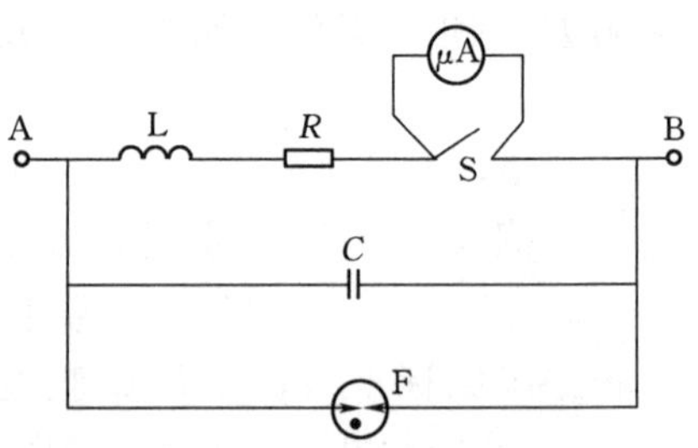

图 3-5　微安表的保护接线图
L—电感线圈；R—增压电阻；
S—短路开关；C—滤波电容器；
F—放电管；μA—微安表

(1) 电容器 C。能滤掉泄漏电流中的交流分量和通过微安表的交流电流，从而减小微安表的摆动，便于获取读数；能保证保护装置在任何情况下正常工作；还能使放电管放电时较为稳定。数值可为 0.5～20μF（150～300V）。

(2) 放电管 F。当回路中出现危及微安表的稳态电流时，它能迅速放电，使微安表短路，好像一个自动切合的开关。可采用霓虹放电管、氖气管，也可用稳压管（如 $2CW_{12}$ 或 CΓ-4C 型号的），但用硅稳压管时不能给出明确的信号。

(3) 增压电阻 R。由于放电管的放电电压一般较高，即使微安表中已经流过较大的电流，其两端的压降仍不足以使放电管放电，故须串入适当的电阻，以增加放电管两端的压降。R 最小的数值可按下式确定

$$R=\frac{U_F}{I_n}\times10^6\quad(\Omega)\tag{3-2}$$

式中　U_F——放电管的实际放电电压，U_F 通常为 50～150V；

I_n——微安表的额定电流，μA。

(4) 电感线圈 L。用来防止突然短路时放电管来不及动作，由于短路产生的冲击电流

损坏微安表。它的动作原理是当上述冲击电流袭来时，L相当于开路，使冲击电流不会流到微安表中。而这时电容器 C 对冲击电流相当于短路，所以冲击电流就从 C 支路流走了。由于电容器 C 也可对冲击电流起到防护作用，所以有时可不用L。如果使用L时，其电感量可取为10mH左右，可用小变压器来代替，用电度表上的电压线圈也可以。

(5) 短路开关S。它在一般情况下将微安表短路，只有在读数时才将其打开，读完数后，要迅速合上，以保护微安表。

由于微安表是测量微弱泄漏电流的仪表，正常工作时产生的转矩很小，为保证其灵敏度，测量机构的摩擦和质量都要求极小，一旦过载很容易烧损。引起过载的原因如下：

1) 接线不正确。这里的接线主要是短路开关与微安表的并联接线，它必须正确，否则有可能烧坏微安表。图3-6给出了短路开关与微安表的接线方式，若按图3-6(a)接线不会烧坏微安表，因为当短路开关S闭合时，泄漏电流或试品击穿，放电或闪络形成的短路电流流经短路开关S，此时作用在微安表上的电压 ΔU 等于短路开关接触电阻上的压降 U_k 减去引线上的压降 U_Y，即 $\Delta U=U_k-U_Y$，可见 ΔU 甚小，它不会在微安表中产生较大的电流。

而采用图3-6(b)接线时，显然 $\Delta U=U_k+U_Y$，此时作用在微安表上的电压相对较前者为大，在这个电压 ΔU 的作用下，可能使微安表烧坏。

例 某微安表的量程为5μA，其内阻 r 为2000Ω，采用图3-6(b)所示的接线方式进行测量。已知短路开关的接触电阻 R_1 与引线电阻 R_2 之和为0.1Ω，当短路开关合上时，流过短路开关的电流为1A。试计算此时微安表中流过的电流的多少？它是否会把微安表烧坏？

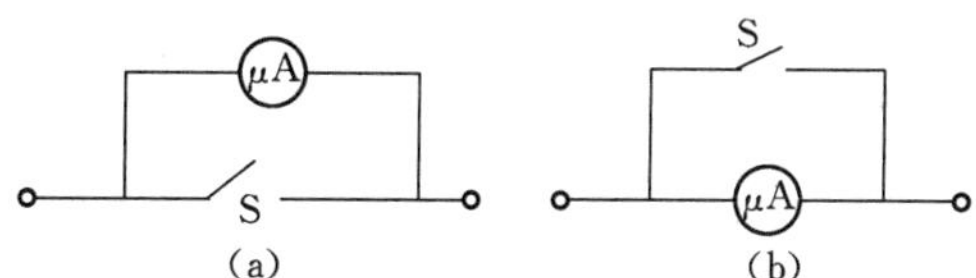

图3-6 短路开关与微安表的接线方式
(a) 正确接线；(b) 不正确接线

解 当短路开关流过1A的电流时，它在接触电阻与引线电上造成的压降为

$$\Delta U=I(R_1+R_2)=1\times 0.1=0.1(\mathrm{V})$$

该电压将作用在微安表两端，使微安表中流过的电流为

$$I_{\mu A}=\frac{\Delta U}{r}=\frac{0.1\mathrm{V}}{2000\Omega}=50\mu\mathrm{A}\gg 5\mu\mathrm{A}$$

由此可见，微安表将会烧坏。也就是说采用图3-6(b)所示的接线，即使短路开关S合着，也可能烧表。

2) 放电方法不当。测试完毕，在降压、断开电源后均应对被试品及试验装置本身充分放电，若放电方法不当，有可能使微安表烧坏。

图3-7给出不同放电位置时的放电电流回路图。

对图3-7(a)，放电的正确方法是：①将微安表用短路开关S短接；②用放电棒在保护电阻与整流硅堆之间的A点放电；③直接在被试品端部B点放电。若有如图3-8所示的专用放电棒(内装适当电阻，为200～500Ω/kV)，才可采用这种方法直接放电，并且最后将不带放电电阻的接地棒直接挂在试品上。

在图3-7(b)中，当在A点不经电阻直接放电时，被试品 C_x 中的电荷产生的放电

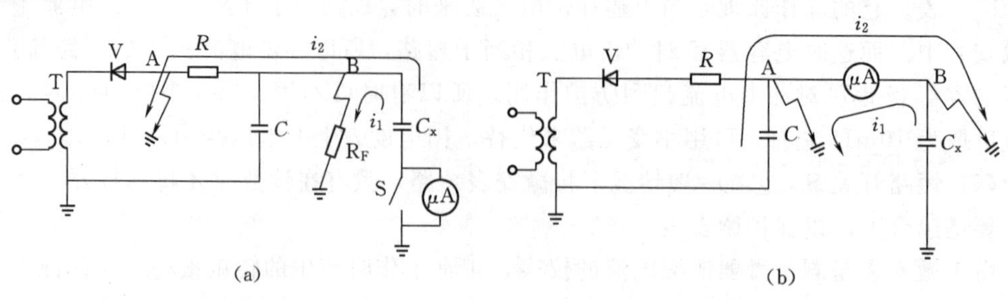

图 3-7　不同放电位置时的放电电流回路图
（a）经电阻放电；（b）不经电阻放电

电流 i_1 将流过微安表；在 B 点不经电阻直接放电时，滤波电容 C 中的电荷产生的放电电流 i_2 也将流过微安表，都可能使微安表烧坏。

3）暂态过程产生的电流。在测量过程中出现暂态过程烧坏微安表的情况主要有：①当被试品发生局部放电或击穿、闪络时，由于测量回路参数改变引起过渡过程所产生的暂态电流，其值通常较大，可能烧坏微安表；②当测试地点附近的设备中出现暂态过程时，由于耦合作用可能在测量回路中产生较大电流，并流过微安表，以致烧坏微安表。

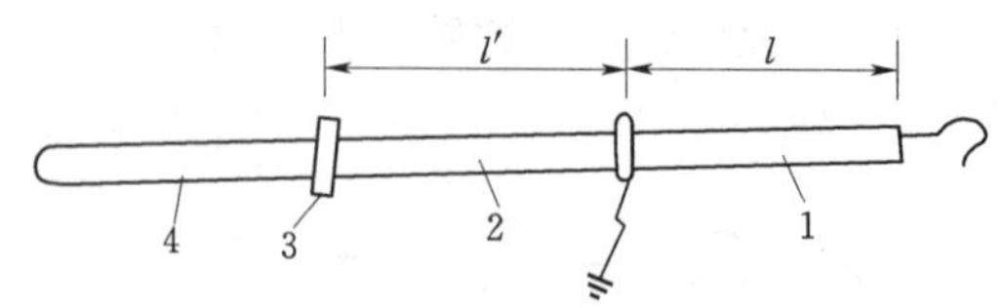

图 3-8　放电棒的尺寸
1—放电电阻器；2—绝缘部分；
3—握手护环；4—握手处

4）试验电压纹波过大。当直流试验电压纹波过大，纹波成分加在被试品上，就有交流分量通过微安表，因而使微安表指针摆动难于读数，甚至使微安表过热烧坏，这是因为微安表是磁电系测量机构。它只能用于测量直流，当误接于交流时，指针虽无指示，但可动线圈内仍有电流流过，电流过大时会损坏可动线圈，而当脉动过大，即交流分量过大时，实际上可动线圈中流过了较大的交流电流，它有可能烧坏微安表线圈。例如，在后述测量水内冷发电机泄漏电流时，在通水情况下，由于引水管电流数值较大（mA 级），高压纹波电压分量（即交流分量）流过被试品的电容电流增大，使微安表指针严重抖动，无法读数，甚至将微安表烧毁。

苏州工业园区华电科技有限公司生产的 ZV-B 系列全屏蔽高精度自动换挡高压微安表，采用大屏幕四位半数显表。将显示窗口用导电玻璃与金属外壳相连；高压屏蔽引线采用同轴引出结构；取消了面板开关，采用内藏旋式开关，使整个测量回路处于彻底的法拉第笼内，屏蔽性极好。抗冲击性强，正反向放电均不损坏。200/2000/20000μA 自动换挡，无死区，分辨率达 0.01μA。在 500kV 变电站与 1000kV 直流高压发生器配套使用中，用户反映良好。

5. 新型数字微安表

微安表的作用是测量泄漏电流。为准确测量试品的泄漏电流，微安表应接在高压回路内。在 20 世纪 50—80 年代，一般都用指针式微安表加装简单的保护装置后串接在高压回路测量试品的泄漏电流。其缺点是对非线性元件的电气设备测量泄漏电流时，微安表不能

换挡位；另外测量精度低，一般是±2.5%；如果距离大尚需用望远镜读数。另外，由于这类表计都是试验人员自己改装的，表计没有金属屏蔽，所以很容易受到电场的干扰影响，当时直流高压发生器是用试验变压器串高压整流管，后来用高压硅堆的半波整流，且再加滤波电容，在试验结束后的放电要选择放电部位，放电应该在电容量大的一端进行，如果搞错了极易把微安表损坏。

20世纪90年代以后，微安表逐步采用数显表且加装了完善的保护装置。苏州工业园区海沃科技有限公司生产的ZV-B型全屏蔽自动换挡高压微安表采用大屏幕四位半数显表，外壳用轻金属压制成椭圆形，显示窗口用导电玻璃与金属壳相连。配置高压屏蔽引线采用同轴引出结构，显示电源开关内置在底部M10螺母内，当使用时只要拧在Z-Ⅶ型直流高压发生器倍压筒顶部螺栓上即打开显示电源。以上措施使ZV-B型全屏蔽自动换挡高压微安表在使用时处于完全屏蔽状态，真正测到试品电流，并显著提升了抗冲击能力，在试验大容量设备后正反向放电均不会损坏仪表。测量精度提高到±1.0%以内，且能自动换挡位（0～200～2000μA或0～2000～20000μA）无死区，分辨率0.01μA。在500kV变电站与1000kV直流高压发生器配套使用效果良好。

苏州工业园区海沃科技有限公司还生产HV-B型红外线遥测多功能直流高压微安表，该表保持了ZV-B型高压微安表的所有功能，还增加了高压测量结果红外线发射，手持接收器接收功能，它有两部分组成：测量/显示/发射表头，串接在高压回路（安装在发生器的倍压筒上）；接收/显示表头，为手持式，接收数据值与高压微安表显示值完全同步，还具有避雷器底部电流测量功能。这样方便地解决了高电压等级直流发生器在远距离读取泄漏电流时必须用望远镜来读数的麻烦，同时还可用于多节避雷器不拆高压引线进行直流特性试验。同时还可用于多节避雷器不拆高压引线进行直流特性试验，量程为0～5mA，精确度为1.0%，接收角不大于60°，接收距离不大于10m。

在2009年6月云广直流输电线路云南楚雄±800kV直流换流站的直流耐压试验中，HV-B型红外遥测多功能高压微安表配合Z-Ⅶ型±1200kV/10mA正负极性直流高压发生器使用，很好地解决了高压泄漏电流读数的问题，效果良好。

6. 直流电压的测量

在电力设备预防性试验中，测量直流试验电压的主要方法如下：

（1）高阻器与微安表串联的测量系统。这种测量系统的原理接线如图3-9所示。其测量电压的原理是，被测直流电压加在高阻器上，则在R_1中便有电流流过，与R_1串联的微安表指示这个电流的平均值。因此可根据微安表指示的电流值，来得到被测直流试验电压的数值，即

$$U_s = R_1 I_d$$

式中 R_1——高阻器的电阻，MΩ；

I_d——微安表的读数，μA；

U_s——被测直流试验电压的平均值，V。

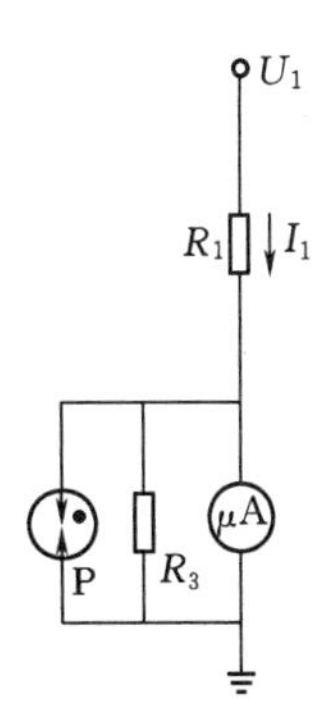

图3-9 高阻器与微安表串联的测量系统的原理接线图

这种方法的难点是电阻R_1的稳定性。在行业标准《现场直流和交流耐压试验电压测量系统的使用导则》（DL/T 1015—2006）中规

定，高阻器的阻值的选择应尽可能大些，若阻值选择太小，则要求直流高压试验装置供给较大的电流 I_1，R_1 本身的热损耗也会太大，以致 R_1 阻值不稳定而增加测量误差。然而也不能选得太大，否则由于 I_1 过小而使电晕放电和绝缘支架的漏电而引起测量误差。因此要求高阻器的阻值不仅要选择合适而且应该稳定。国际电工委员会规定 I_1 不低于 0.5mA，一般选择在 0.5～2mA 之间，我国 DL/T 1015—2006 按工作电流 0.5～1mA，至少不小于 200μA 来选择其电阻值。换言之，高阻器的阻值应按下式选择：

$$R=(1\sim5)\mathrm{M\Omega/kV}$$

例如，被测直流试验电压为 60kV 时，高阻器的电阻值应不大于 300MΩ。实际上常按 $R=1\mathrm{M\Omega/kV}$，即 1mA 选取。

图 3-9 所示的放电管（或放电间隙）P 是作保护用的，在微安表或电压表超量程时起保护作用；R_3 的作用有两点，一是为防止引线和微安表（一般放在控制桌上）发生开路而在工作人员处出现高电压，二是为消除电阻的电压和温度系数的影响，起补偿作用。R_3 的阻值比微安表内阻大 2～3 个数量级（正常测量时对微安表的分流可忽略不计），一般情况下取数百千欧。

测量用的微安表的准确度一般为 0.5 级，即其相对误差小于 5%。

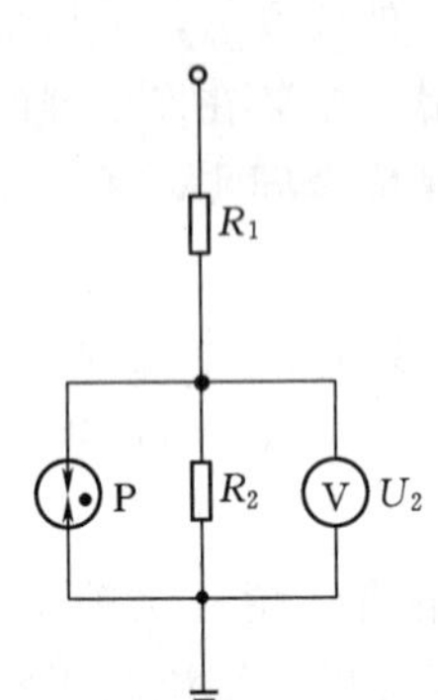

图 3-10　电阻分压器测直流电压的原理接线图

(2) 电阻分压器与低压电压表测量系统。这种测量系统的原理接线图如图 3-10 所示。电阻分压器的高压臂 R_1 实质上也是一个高阻器，其低压臂的电阻 R_2 较小，它的两端跨接电压表，用来测量直流试验电压。

若低压电压表的指示值为 U_2，分压器的分压比为 $K=\dfrac{R_1+R_2}{R_2}$，则被测的直流试验电压为

$$U_1=KU_2=\frac{R_1+R_2}{R_2}U_2$$

R_1 的选择方法同 (1)，R_2 的数值由 U_1、U_2 及 R_1 确定。例如，取 $U_1=60\mathrm{kV}$，$R_1=1\mathrm{M\Omega}$，$U_2=100\mathrm{V}$，则 $R_2\approx\dfrac{U_2}{U_1}R_1=\dfrac{100\mathrm{V}}{60\times10^3\mathrm{V}}\times1\times10^6\Omega=1.7\mathrm{k\Omega}$。

根据所接电压表的型式可测量出直流电压的算术平均值、有效值或最大值。

电压表可选用静电电压表或高输入电阻的数字电压表。如果采用输入电阻较小的电压表进行测量，则应将其输入阻抗计入电阻分压器的低压臂电阻内。

国际电工委员会规定，分压器的分压比或串联电阻值应该是稳定的，其误差不大于 1%。

(3) 高压静电电压表。高压静电电压表是测量直流电压均方根值的一种很方便的仪表，量程从几伏到几百千伏，它的优点是内阻大，基本上不吸收功率。当被测直流电压的纹波因数满足国家标准 GB/T 16927.2—2013 中的规定，即纹波因数不大于 3%时，可以把静电电压表的指示作为被测直流电压的平均值。在现场进行直流耐压试验时，高压静电电压表应在无风和无离子流的场所使用，使用前应检查高压静电电压表的各部件是否正

常，绝缘支柱表面是否清洁干燥。

现场直流试验电压测量系统误差的可能来源如下：

（1）高阻器的电阻值变化引起的误差。

1）电阻元件发热。测量直流试验电压用的高阻器采用的电阻元件一般是体积小、功率小。当其中通过电流的时间较长时，可能使其发热而改变其电阻值，引起测量误差。

2）支架绝缘电阻低。由于单个电阻元件的电阻值很大，而支架材料本身的绝缘电阻较低，或者支架受不良的气象条件和保存条件的影响，而使绝缘电阻降低，这就相当于电阻元件的两端并联一个高值电阻，引起高阻器的参数变化，导致分压比变化。因此，测量直流试验电压用的高阻器的电阻元件的功率不能太小，其支架应进行防止表面泄漏的处理，使其绝缘电阻应足够大。

3）高压端电晕放电。在高阻器的高压端和靠近高压端的电阻元件，由于处于高电位而发生电晕放电，电晕放电不仅会损坏电阻元件（特别是薄膜电阻的膜层），使之变质，而且也相当于在电阻元件上并接一个高值电阻，而使高阻器的电阻值发生变化，引起测量误差。因此，应避免高阻器高压端及其附近发生电晕放电。

为减小或消除因高阻器阻值发生变化引起的测量误差，通常采取的措施如下：

（a）选用温度系数小、容量大的电阻元件。可用于高阻器的国产电阻元件有三种类型，即碳膜电阻、金属膜电阻和线绕电阻。碳膜电阻的温度系数最大，其值为－1000ppm❶/℃，精密金属膜电阻的温度系数则为±(10～100)ppm/℃，而精密的线绕电阻（由 Ni、Cr、Mn、Si 和 Al 合金丝组成，性能比卡码丝稳定）的温度系数最小，其值不超过±10ppm/℃，一般仅为±(1～5)ppm/℃。根据对测量系统准确度的要求，尽量选用温度系数小的电阻元件，以减少发热造成的电阻值变化。另外，选择电阻元件容量大一些，也有利于减小温升。Z－Ⅶ型直流高压发生器采用多个功率为 5W 的小阻值、高精度金属膜电阻螺旋式串接而成，并用正负温度系数自动补偿工艺，使高阻器的温度系数达到±10ppm/℃。

（b）选用优质绝缘材料，并对其表面进行处理。为减小绝缘支架漏电引起的测量误差应选用绝缘电阻大的绝缘材料，使支架的绝缘电阻比高阻器的电阻大好几个数量级。

（c）采用高压屏蔽电极或强迫均压措施。为减小电晕放电的影响，除宜将流过高阻器的电流 I_1 适当选得大一些外，还可以在高阻器高压端装设可使整个结构的电场比较均匀的金属屏蔽罩，强迫均压。

（d）将电阻元件置于充油或充气的密封容器中，这样做不仅使流过高电阻元件的正常电流足够大，以减小误差电流的相对影响，而且可以增强散热，降低温升以及提高起始电晕电压。如 Z－Ⅶ型直流高压发生器内附高阻器，充特殊绝缘胶。正常时为半固体，可增加电阻杆的机械稳定性。工作时融化成液体，可增加散热，并提高起始电晕电压。

（2）高阻器绝缘套筒的结构不合理引起的误差。由上述可知，为了便于使用和保存，高阻器应放在绝缘套筒里。绝缘套筒外表面暴露在空气中，容易脏污，导致泄漏电流增大。为了使绝缘套筒的泄漏电流不流过测量仪表，在绝缘筒的下端应装设屏蔽电极，高阻器的低压端子与绝缘套筒的屏蔽电极分开。屏蔽电极接地或接在测量仪表的屏蔽罩上，高

---

❶ ppm＝10^{-6}。

阻器的低压端接在测量仪表上。绝缘筒最好不分段，如果要分段，则两段的连接器最好用绝缘材料制成，不用金属连接器。

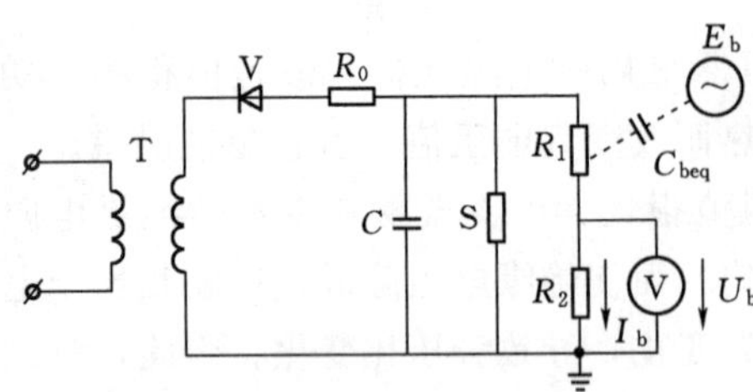

图 3-11　测量带电导体与电阻分压器之间耦合电容电流 I_b 的原理接线图
S—被试品

(3) 直流电阻分压器与周围带交流电压的导体之间的耦合电容电流引起的误差。当直流电压的测量系统靠近带交流电压的导体时，该系统会受带交流电压导体电场的影响而引起误差。图 3-11 所示为测量带电导体与电阻分压器之间耦合电容电流 I_b 的原理接线图，图中 E_b 和 C_{beq} 分别为带电导体的等效电势和等效耦合电容，I_b 为带电导体电场产生的干扰电流。若试验变压器一次绕组不接电源，在电阻分压器低压臂电阻 R_2 上接一个小量程的高输入电阻有效值电压表 V，由电压表指示值 U_b 可得到耦合电容电流的有效值，即

$$I_b = \frac{U_b}{R_2}$$

而瞬时值为

$$i_b = I_{bm} \sin\omega t$$

式中　I_{bm}——电容耦合电流最大值；

ω——电容耦合电流的角频率。

则在存在耦合电容电流 I_b 的情况下进行直流耐压试验时，电阻分压器低压臂电阻 R_2 上的电压为

$$U_2' = (I_d + I_{bm}\sin\omega t)R_2 = I_d R_2 + I_{bm} R_2 \sin\omega t$$

式中　I_d——低压臂上流过的直流电流。

如果接在电阻分压器 R_2 上的电压表是测量有效值的电压表（如静电电压表等），则电压表的指示值为

$$U_2' = \sqrt{\frac{1}{T}\int_0^T U_2'^2 \mathrm{d}t} = \sqrt{\frac{R_2^2}{T}\int_0^T (I_d + I_{bm}\sin\omega t)^2 \mathrm{d}t} = R_2\sqrt{I_d^2 + \frac{1}{2}I_{bm}^2}$$

此时被测直流试验电压的实测值为

$$U_d' = (R_1 + R_2)\sqrt{I_d^2 + \frac{1}{2}I_{bm}^2}$$

由上述可知，无外界电场干扰时，被测直流试验电压的计算式为

$$U_d = \frac{R_1 + R_2}{R_2} U_2 = I_d (R_1 + R_2)$$

比较上述两式，便可得到周围带电导体电场引起的测量误差，即

$$\delta U_d = \frac{U_d' - U_d}{U_d} \approx \frac{1}{4}\left(\frac{I_{bm}}{I_d}\right)^2 = \frac{1}{2}\left(\frac{I_b}{I_d}\right)^2$$

或

$$\delta U_d = \frac{1}{2}\left(\frac{U_b}{U_d}\right)^2$$

分析上式可知，如果有交流高压导体存在而引起的耦合电容电流的干扰，用电阻分压器和低压有效值电压表的测量系统测量直流试验电压，加在被试设备上的实际电压值有可能低于标准中规定的电压值，这样就有可能使不合格的被试设备通过试验。

为了减小或消除这种误差，可以采取远离交流高压导体和选用高阻器与微安表串联的测量系统进行测量，这种测量系统不受外界电磁场的影响，这也是在行业标准 DL/T 1015—2006 中首先推荐采用高阻器与微安表串联的测量系统测量直流试验电压的原因。在 Z－Ⅶ型直流高压发生器中也采用这种测量系统。

为了减小或消除直流试验电压测量系统的测量误差，《高压试验装置通用技术条件 第1部分：直流高压发生器》(DL/T 848.1—2004) 规定，对直流试验电压测量系统的参数应每年校验一次，校验用的测量系统或仪表的误差应不大于 0.5%，并在去现场试验前，应该用下列任一种方法进行校核。如果校核结果不满足要求，则应用误差不大于 0.5%的系统或仪表再校验一次。

(1) 对比法。这种方法是用误差不大于 1%的直流测量系统，在全电压下，与待校核的测量系统对比，两测量系统之间的相对误差应不大于 1%。

(2) 伏安特性法。这种方法是用误差不大于 1%的直流电压测量系统和直流电流表，在 25%、50%、75%和 100%的工作电压下测定高阻器的伏安特性，由伏安特性确定电阻值，与以往的校验数值比较，其阻值的变化值应不大于 1%。如果高阻器的阻值呈非线性，则电阻分压器的分压比或高阻器的电阻值应采用与试验电压对应的数值。

(3) 电桥法。这种方法是用误差不大于 1%的电桥校核高阻器的电阻值，与以往的校验数值比较，其变化值应不大于 1%。因为测量直流电压用的高阻器的电阻值很大，所以一般只能进行元件的校核，而不能进行整个高阻器的校核。

微安表在图 3－3 中位置Ⅰ的接线的优点是高压变压器只需要一个引出套管，由于微安表处于高压端，故测出的泄漏电流准确，不受杂散电流的影响。但这种接线也有很多缺点，如微安表对地需要良好的绝缘，并必须屏蔽；在试验中改变微安表的量程时，应用绝缘棒，操作不便；微安表距人较远，读数时不易看清，有时需用望远镜，不大方便。

（二）微安表处于低电位

由于微安表处于高电位时存在读数和操作不方便等缺点，故在现场试验中往往将微安表接在低电位，即接在图 3－3 中的位置Ⅱ处。但是，这样一接又产生了新的问题，即变压器需要有两个套管；高压导线对地的电晕电流将通过微安表，如图 3－12 所示，电晕电流往往会严重影响测量结果。如在 50kV 及潮湿天气下，电晕引起的电流可高达数百微安，以致比被试设备的泄漏电流还大。若将微安表接至图 3－3 中的位置Ⅲ，则可克服这一缺点。但被试设备的下端若是接地的，就要采用位置Ⅰ或位置Ⅱ的接线了。

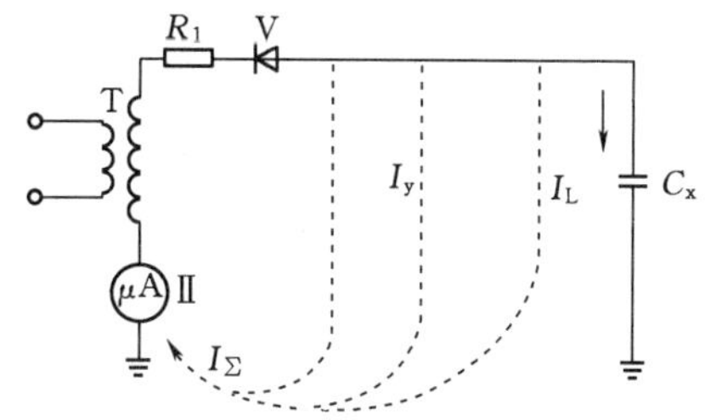

图 3－12 电晕电流流动路径示意图

应指出，在有条件的地方宜尽量采用位置Ⅲ的接线，它既可以获得相当准确的测量结

果，操作也很简便。而尽量不采用位置Ⅱ的接线，以减小测量误差。

二、倍压整流电路及其测量接线

由上述可知，在简单的半波整流电路中，直流输出电压至多只能接近试验变压器高压侧电压的幅值。实际上，由于负载电流流过回路电阻，包括整流硅堆的正向电阻，输出电压总要比幅值低一些。当要求产生较高的直流电压，又希望试验装置体积小、重量轻时，常常采用倍压整流电路。

（一）两倍压整流电流

图 3-13 所示为一种全波两倍压整流电路及测量接线。当电源电压在正半周时、硅堆 V_1 导通，使下方的电容器充电到电源电压的幅值；相反，在负半周时，硅堆 V_2 导通，使上方的电容器也充电到电源电压的幅值。这样，加在被试设备上的电压为两倍电源电压的幅值。而且输出电压是对地而言的，所以这种电路适用于一极接地的被试设备。但这种电路要求高压电源变压器高压绕组的两个引出端都要对地绝缘，一个端子对地直流电压为电源电压幅值，另一个端子对地电压是脉动电压，其最大值可达两倍电源电压的幅值。

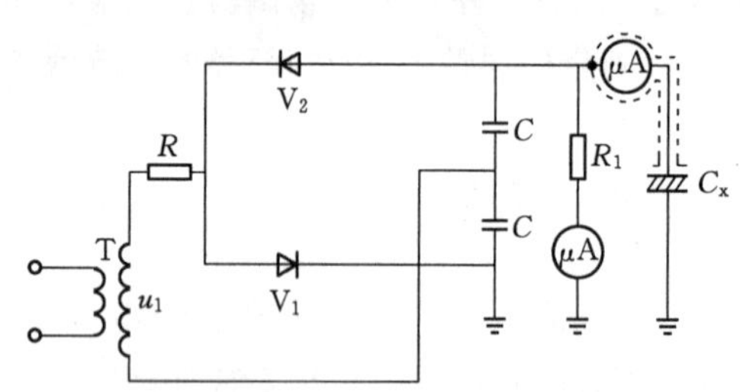

图 3-13　全波两倍压整流电路及测量接线

（二）三倍压整流电路

图 3-14 所示为三倍压整流电路及测量接线。

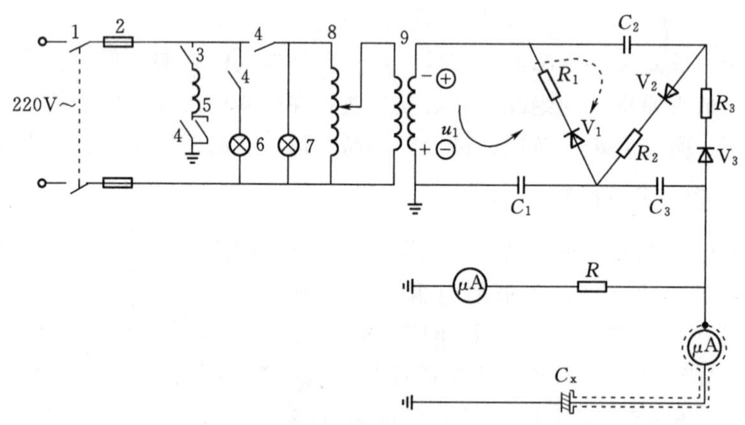

图 3-14　三倍压整流电路及测量接线图

1—总电源开关；2—铅丝；3—高压开关；4—接地继电器触点；5—调压器零位联动触点；6—绿灯；7—红灯；8—调压器；9—升压变压器；V_1、V_2、V_3—高压硅堆；C_1、C_2、C_3—主电容器；R_1、R_2、R_3—限流电阻；R—测压电阻

由图可见，它由五部分组成，即：

（1）控制部分。包括开关 1、3，继电器 4，指示灯 6、7 等。

（2）高压电源部分。包括调压器 8 和升压变压器 9。

(3) 三倍压整流电路。包括主电容 C_1、C_2、C_3，高压硅堆 V_1、V_2、V_3，保护电阻 R_1、R_2、R_3。

(4) 测压、测流部分。包括测压电阻 R、串接微安表及测流微安表。

(5) 被试设备。用 C_x 表示。

当升压变压器高压侧电压 u_1 的上端头为负半波时，通过 V_1 向 C_1 充电至 $-u_1$；当 u_1 为正半周时，升压变压器高压侧电压 u_1 与 C_1 上的两端电 u_1 串联起来通过 V_2 向 C_2 充电至 $2u_1$。当升压变压器高压侧电压 u_1 在第二个负半波时，升压变压器高压侧电压 u_1 又与 C_2 两端的电压 $2u_1$ 及 C_1 两端的电压 $-u_1$ 串联，通过 V_3 对 C_3 充电至 $-2u_1$，故输出到负载上的电压为 $-3u_1$。实际上，充电至 $-3u_1$ 是经过几个周期后才完成的。

三、直流串级电路及其测量接线

由于三倍压整流电路存在一定的缺点，如输出电压不够高、输出功率较小、带电容性试品的能力差、可连续运行的时间短，对潮湿气候的适应性差、整流元件易损坏等。因此人们开始研究新的电路，在研究的过程中，紧紧抓住小型、轻便、实用这一核心，提出由直流串级整流电路构成的直流高压发生器。已由 20 世纪 60 年代末的 JGS 型系列、20 世纪 70 年代末的 KGS 系列发展到当今的 ZGF、Z-Ⅶ系列。它们的共同特点如下。

(一) 采用串级整流电路

图 3-15 所示为三级串级整流电路。在空载时，当升压变压器的高压绕组电压为 u_1 时，直流高压端输出的电压可达 $-6u_1$。下排每台电容器 C_2 上的电压分别达 $-2u_1$，1、2、3 点对地电压分别为 $-2u_1$、$-4u_1$、$-6u_1$。上排电容器串中最左一台电容器 C_0 上的电压为 u_1，其余两台电容器 C_1 上的电压均为 $2u_1$。由于升压变压器 a 端的对地电压在 $u_1 \sim -u_1$ 间周期性变化，因此上排 1′、2′、3′各点的对地电压均是脉动性的，1′点的对地电压为 $0 \sim 2u_1$，2′点对地电压为 $2u_1 \sim 4u_1$，3′点对地电压为 $4u_1 \sim 6u_1$。

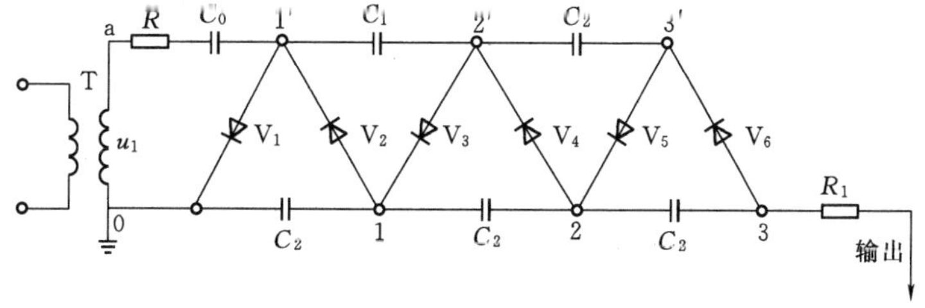

图 3-15 三级串级整流电路

下面说明为什么会有上述的倍数关系。

设投入电源后，在第一个半波里升压变压器 a 点对地电位为正，变压器经 V_1 对 C_0 充电，在不计装置压降等其他因素下，C_0 将充电到电压 u_1。第二个半波电源变压器 a 点对地电位为负时，因 C_0 上已有电压 u_1，所以 1′～0 之间的电压 $u_{1'0}$ 在变压器电压达到 u_1 时等于 $-2u_1$。在 $u_{1'0}$ 的作用下，经过 V_2 使下排最左一台电容器 C_2 充电，如果 $C_0 \gg C_2$，则此 C_2 上的最高电压可达 $-2u_1$。第三个半波里 a 点对地电位又变为正，由于 $u_{10}=$

$-2u_1$，故1点和a点之间的电压为$-3u_1$，此电压通过V_3对上排左边的两台电容器C_1、C_0充电，如果$C_2 \gg C_1$，则可使它们的串联电压达到$-3u_1$。由于在第三个半波和上述第一个半波相同，变压器经V_1把C_0充电到u_1，故$2'\sim1'$间的C_1在此半波里将充电到$2u_1$。第四个半波时，$2'$对0的电压可达$-4u_1$，这个电压经V_4对下排左边的两台电容器C_2充电，如上所述，若C_1远大于下排中间的C_2则可使u_{20}充电到$-4u_1$，和上述第二个半波相同，变压器经C_0、V_2对下排最左一台C_2充电到$-2u_1$，故下排中间一台电容器C_2充电到电压$-2u_1$。同理可知，最后输出电压$u_{30}=-6u_1$。

当有负载时，假定输出的负载电流为I_R，则输出电压会有脉动，而且和空载时输出电压相比有了电压降。为方便起见，把串级整流电路上下两排电容器在每周期内的充放电过程分成下列四个步骤：

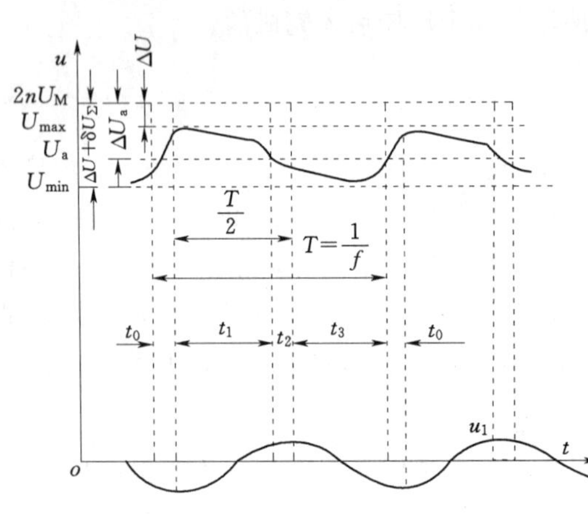

图3-16 串级整流电路在有负载时输出电压的波形

U_a—有负载时最大输出电压平均值；

U_M—电源电压峰值

（1）在时间间隔t_0内，上排电容器经V_6、V_4、V_2向负载及下排电容器放电。

（2）在时间间隔t_1内，下排电容器向负载放电。

（3）在时间间隔t_2内，下排电容器向负载放电并经V_5、V_3、V_1向上排电容器C_2、C_1放电（而C_0则由电源充电）。

（4）在时间间隔t_3内，下排电容器向负载放电。

电容器的充放电过程都是按指数函数规律进行的，该串级整流电路输出电压的波形可按上述四个过程表示成图3-16，图中还将对应的电源电压波形u_1画出。根据分析计算，当$C_1=C_2=C_0$时，电压脉动、电压降和脉动因数分别为

$$\delta u=\frac{n^2+n}{4}\cdot\frac{I_d}{fC} \tag{3-3}$$

$$\Delta U=\frac{4n^3+3n^2+2n}{6}\cdot\frac{I_d}{fC} \tag{3-4}$$

$$S=\frac{\delta u}{U_d}=\frac{n(n+1)I_d}{4fCU_d}\left[\text{或}\frac{n(n+1)}{4fCR_x}\right] \tag{3-5}$$

式中 n——级数；

I_d——输出的负载电流，$I_d=\frac{Q_1}{T}=Q_1 f$，Q_1为一个周期内流经负载的电荷；

f——电源电压频率；

C——每台电容器的电容量；

U_d——直流输出电压，近似等于U_a（最大输出电压的平均值）；

R_x——负载电阻。

若要获得高的输出电压，可适当增加级数，但 δu 与 ΔU 也迅速增加，这是串级电路级数受到限制的原因。

（二）采用中高频电源

由于输出电压的纹波因数是直流高压发生器的重要技术指标之一。所以在 GB/T 16927.1—2011 中对加于试品上电压的纹波系数作了明确规定，要求 $S \leqslant 3\%$。而金属氧化物避雷器直流相关试验，对纹波因数要求更高，国家标准《交流无间隙金属氧化物避雷器》（GB 11032—2010）就要求直流电压纹波因数应不超过±1.5%。由式（3－6）可知，要减小纹波因数有三种方法：

（1）减少串级级数。为保证输出电压不变，在减少串级级数的条件下，只能提高高压变压器的输出电压及单台高压电容器的工作电压，这将增加高压直流电源的体积与重量。

（2）增大电容器的电容量。这会受到电容器额定容量的限制，此方法同样会使直流高压发生器的体积与重量增加。

（3）提高串级回路工作频率。这是最有效的方法。提高工作频率 f 将使电压降、电压脉动及脉动因数均减小，所以通常采用这种办法。

下面以苏州工业园区海沃科技有限公司生产的 Z－Ⅶ型直流高压发生器为例，说明其原理及特点。

Z－Ⅶ型直流高压发生器的工作原理如图 3－17 所示。其产品特点如下：

（1）首家采用计算机控制技术，控制 PWM 脉宽调制、测量、保护及显示，在大屏幕 LCD 显示屏上显示输出高压电压、电流、过压整定、计时时间及保护信息。

（2）可自动实现氧化锌避雷器直流 1mA 参考电压功能及 0.75%的 1mA 参考电压下的泄漏电流测量功能，在按下自动升压键后，电流自动升至 1mA，同时自动记录数据，按下 0.75 功能键后，电压自动降 75%，准确度 1.0%，同时自动记录数据。对电缆、发电机设备试验时，设定试验电压值后，可自动分段升压，自动计时，并记录结果。

（3）首创智能接地不良保护及报警功能（接地不良不能升压），测压回路断线保

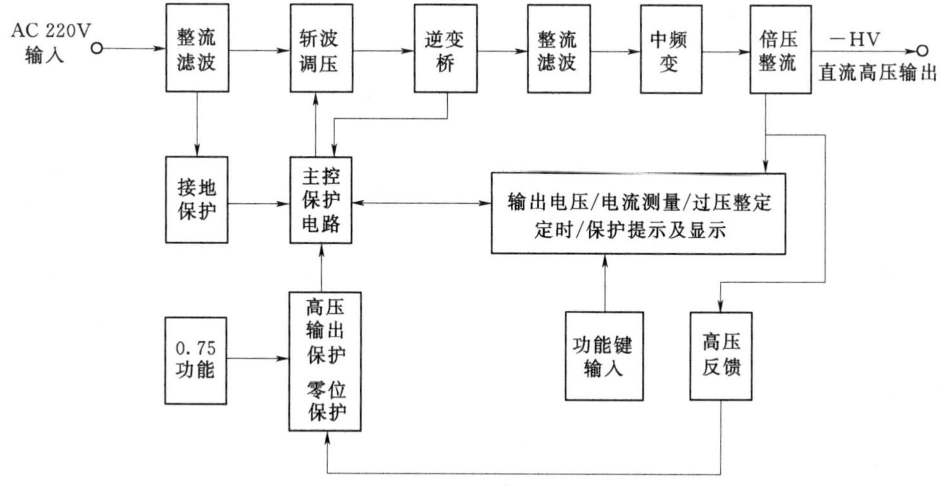

图 3－17 Z－Ⅶ型直流高压发生器工作原理图

护（高压测量回路断线仪器不能升压），有紧急停机按钮，大大提高了操作人员在作业过程中安全性。在特殊情况下还可解除接地不良保护报警功能（如采用发电机作为电源或现场接地不良但仍可试验的情况下）。

（4）Z-Ⅶ型直流高压发生器具有多种保护功能，如：低压过流、低压过压、高压过流（在额定电压输出带容性负载状态下，发生器输出高压端突然接地，试验装置立即出现高压过流保护，输出高压立即切断保证仪器设备安全）、高压过压、零位保护、不接地保护、内部测压回路断路保护等，保护动作时在大屏幕LCD显示屏上有中文提示。

（5）苏州工业园区海沃科技有限公司还设计出了HV-B型红外线遥测多功能直流高压微安表，该表由高压侧微安表及微型接收器组成。高压微安表可测量、显示高压侧泄漏电流，并将测量结果由红外发射传输至微型接收器上，微型接收器安装在Z-Ⅶ型直流高压发生器控制箱上，可将接收结果直接显示在控制箱的LCD显示屏上。高压侧微安表也可直接读数，高压显示与微型接收器完全实时同步。配套的Z-Ⅶ型直流高压发生器控制箱还有测量避雷器底部电流功能，可在LCD显示屏上直接显示底部电流值，可自动计算总电流与高压侧泄漏电流及避雷器底部电流的差值。因而HV-B型红外线遥测多功能直流高压微安表配套Z-Ⅶ型直流高压发生器后可用于多节避雷器不拆导线完成每节避雷器的试验任务。量程0～5mA，精度1.0%，接收角度不大于60°，接收距离不大于10m。

近年来，大连理工大学特种电源厂研制出了ZGF系列便携式直流高压发生器。这种发生器将工频电压经变压器升压，再进行串级倍压整流，实现了小型化，其主要特点如下：

（1）发生器的全部器件做成集成块，并用金属壳全密封，机械强度高，不怕潮湿、灰尘，不出故障。

（2）工频50Hz供电，无须变频，体积小。

（3）用球形数字表在高压端测泄漏电流，精度高，读数清晰准确，1～1999μA测量不用换挡。

（4）有零位、过压、过流保护，阈值可调，灵敏可靠，不会误操作。

四、纹波因数的测量

如上所述，输出电压的纹波因数是各种直流高压发生器的重要技术指标。所以测量纹波因数具有重要意义。

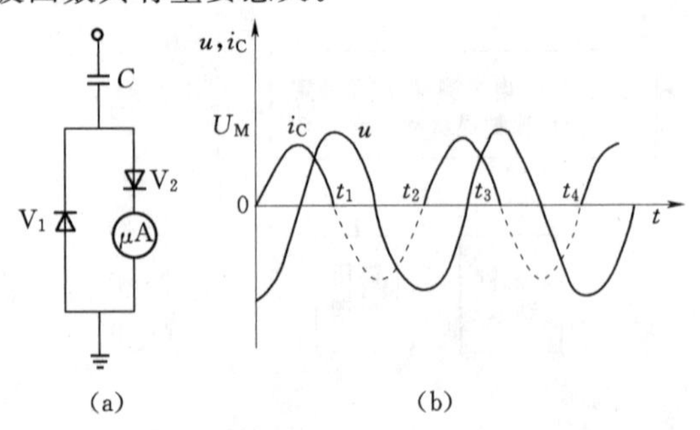

图3-18　测量直流高压纹波电压幅值的半波整流法

（a）接线图；（b）原理图

由于纹波因数的定义为：$S=\frac{\delta U}{U_d}$，所以为计算纹波因数，首先要测量纹波电压幅值δU，其主要办法有：

（1）半波整流法。也称电容电流整流法，其原理接线如图3-18（a）所示。

设被测电压为u，当它随时间变化时，流过隔直电容C（可用高压标准电容器）的电流$i_C=C\frac{du}{dt}$。因u随时间作正弦变

化，则 i_C 在相位上超前于电压 u 90°作正弦变化。V_1 及 V_2 为两个二极整流管，μA 为微安表。当 i_C 为正半波时，电流经 V_1 及微安表入地。从图 3-18（b）可以看出 $0\sim t_1$，$t_2\sim t_3$，…时间内整流管 V_1 导通，电流流过微安表；在 $t_1\sim t_2$，$t_3\sim t_4$，…时间内，则 V_1 不通而 V_2 导通，电流不流经微安表，故在 1 周期内，流过微安表的平均电流为

$$I_d=\frac{1}{T}\int_0^{t_1} i_C \mathrm{d}t=\frac{1}{T}\int_0^{\frac{T}{2}} C\frac{\mathrm{d}u}{\mathrm{d}t}\mathrm{d}t=\frac{C}{T}\int_{-\delta U}^{+\delta U}\mathrm{d}u=2C\delta U/T=2C\delta Uf$$

$$\delta U=\frac{I_d}{2Cf}$$

式中 f——直流高压电源频率。

可见，由微安表测得整流电流的平均值 I_d，即可算出纹波电压幅值。

（2）全波整流法。全波整流法的原理接线如图 3-19 所示。可见微安表在正负半周内均有电流流过，流过隔直电容 C 中的电流 $i_C=C\dfrac{\mathrm{d}u}{\mathrm{d}t}$，而流过微安表的平均电流为

$$I_d=\frac{4}{T}\int_0^{\frac{T}{4}} i_C \mathrm{d}t=\frac{4}{T}\int_0^{\frac{T}{4}} C\frac{\mathrm{d}u}{\mathrm{d}t}\mathrm{d}t=\frac{4C}{T}\int_0^{+\delta U}\mathrm{d}U=\frac{4C}{T}\delta U=4Cf\delta U$$

所以

$$\delta U=\frac{I_d}{4Cf}$$

可见，由微安表测得的整流电流的平均值 I_d，即可算出脉动电流幅值 δU。

（3）分压器法。测量直流高压脉动电压幅值的分压器法接线如图 3-20 所示。图中 M 为显示仪器，只要用示波器或峰值电压表测出 C_2 两端的电压幅值 U_{2m}，即可得

$$\delta U=U_{2m}(C_1+C_2)/C_1$$

式中 C_1——分压器高压臂电容；

C_2——分压器低压臂电容。

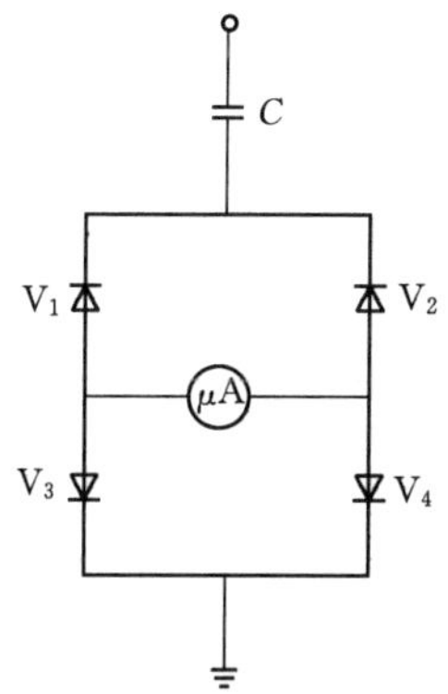

图 3-19 测量直流高压脉动电压幅值的全波整流法接线

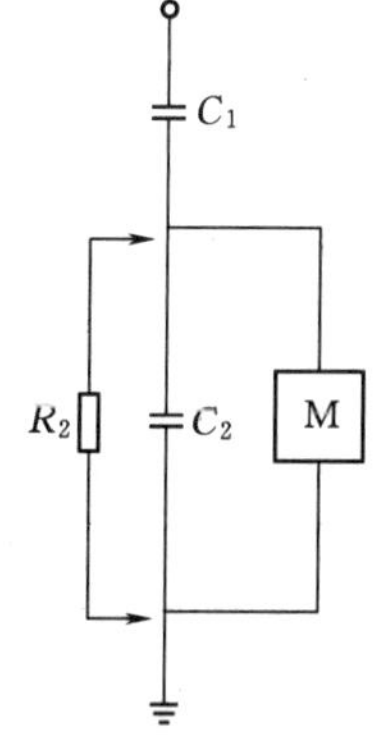

图 3-20 测量直流高压脉动电压幅值的分压器法接线

当用有效值表测量时，测出的是脉动电压的有效值。

若将 C_2 改为电阻 R_2，也可测出脉动电压的幅值或有效值。如果有效值为 U，R_2 上

测得的电压有效值为U_2，则

$$U_2/U=jR_2\omega C_1/(1+jR_2\omega C_1)$$

当$R_2\omega C_1\gg 1$时，则$U_2\approx U$。

测出脉动电压幅值δU后，便很容易地计算出S了。

第四节　影响测量结果的因素

一、高压连接导线对地泄漏电流的影响

由于接往被试设备的高压导线是暴露在空气中的，当其表面场强高于约20kV/cm时（决定于导线直径、形状等），沿导线表面的空气发生电离，对地有一定的泄漏电流，这一部分电流会经过回路而流过微安表，因而影响测量结果的准确度。电晕电流流动的路径见图3-12。由图可见，微安表中的读数I_Σ为

$$I_\Sigma=I_L+I_y$$

式中　I_L——泄漏电流；

I_y——电晕电流。

分析图3-12可知，要不使电晕电流流过微安表，唯一的方法是把微安表移至被试设备的上端（即图3-3中的位置Ⅰ），然而要把微安表固定在被试设备的上端是比较困难的。所以，一般都是把微安表固定在升压变压器的上端，这时就必须用屏蔽线作为引线，也要用金属外壳把微安表屏蔽起来，如图3-21所示。

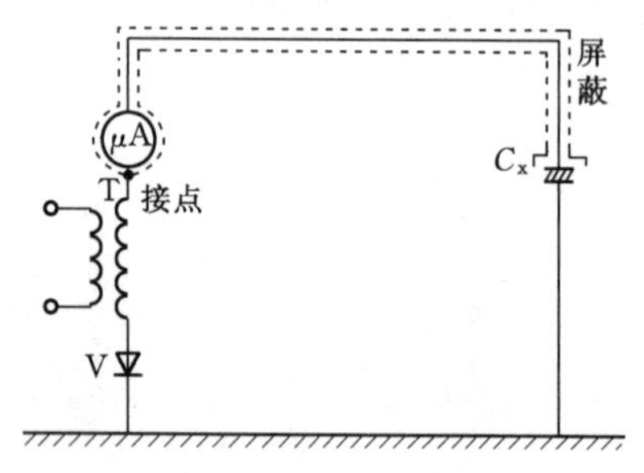

图3-21　微安表接在升压变压器上端及其屏蔽的示意图

屏蔽线可以用低压的软金属线，因为屏蔽和芯之间的电压极低，只是仪表的压降而已，金属的外层屏蔽一定要接到仪表和升压变压器引线的接点上，要尽可能地靠近升压变压器出线。这样，电晕虽然还照样发生，但只在屏蔽线的外层上产生电晕电流，而这一电流就不会流过微安表，这样，可以完全防止高压导线电晕放电对测量结果的影响。由上述可知，这样接线会带来一些不便，为此，根据电晕的原理，采取用粗而短的导线，并且增加导线对地距离，避免导线有毛刺等措施，可减小电晕对测量结果的影响。

二、表面泄漏电流的影响

泄漏电流可分为体积泄漏电流和表面泄漏电流两种，如图3-22所示。表面泄漏电流的大小，主要决定于被试设备的表面情况，如表面受潮、脏污等。若绝缘内部没有缺陷，而仅表面受潮，实际上并不会降低其内部绝缘强度。为真实反映绝缘内部情况，在泄漏电流测量中，所要测量的只是体积电流。但是在实际测量中，表面泄漏电流往往大于体积泄漏电流，这给分析、判断被试设备的绝缘状态带来了困难，因而必须消除表面泄漏电流对真实测量结果的影响。

消除的办法一种是使被试设备表面干燥、清洁，且高压端导线与接地端要保持足够的距离；另一种是采用屏蔽环将表面泄漏电流直接短接，使之不流过微安表Ⅰ［见图3－22(b)］。

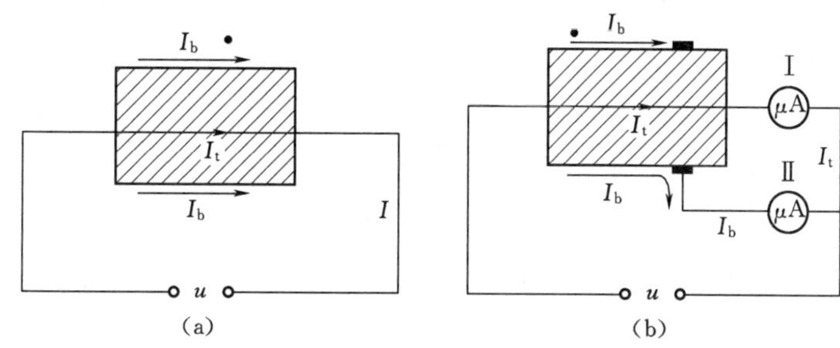

图3－22　流过被试设备的体积泄漏电流和表面泄漏电流及消除示意图

(a) 未屏蔽；(b) 屏蔽

三、温度的影响

与绝缘电阻测量相似，温度对泄漏电流测量结果有显著影响。所不同的是温度升高，泄漏电流增大。经验证明，温度每增高10℃时，发电机的泄漏电流约增加0.6倍。

由于温度对泄漏电流测量有一定影响，所以测量最好在被试设备温度为30～80℃时进行。因为在这样的温度范围内，泄漏电流的变化较为显著，而在低温时变化小，故应在停止运行后的热状态下进行测量，或在冷却过程中对几种不同温度下的泄漏电流进行测量，这样做也便于比较。

四、电源电压的非正弦波形对测量结果的影响

在进行泄漏电流测量时，供给整流设备的交流高压应该是正弦波形。如果供给整流设备的交流电压不是正弦波，则对测量结果是有影响的。影响电压波形的主要是三次谐波，它对正弦波电压的影响如图3－23所示。

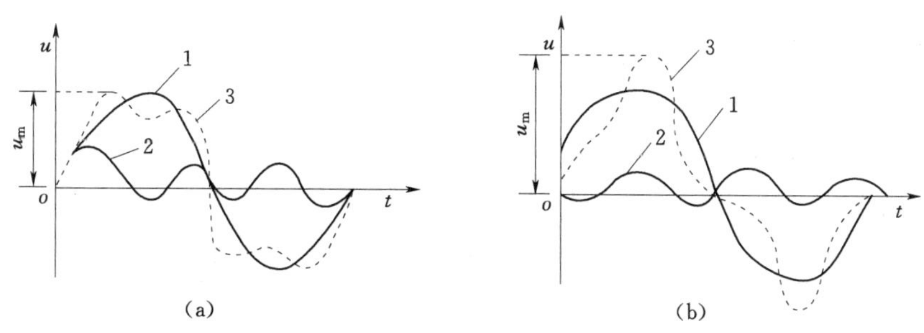

图3－23　电源电压的基波1、三次谐波2及合成波3

(a) 平顶波；(b) 尖顶波

图3－23(a)属于平顶波，它的合成波最大值比基波的最大值小。这种波形对泄漏电流测量所引起的后果只是使加于被试设备上的试验电压低了一些，整流后的直流电压达不到交流电压有效值的$\sqrt{2}$倍。除此之外，没有什么大的影响。并且这种波形在实际中是

极少见到的，故可不予考虑。

图 3-23（b）所示属于尖顶波，这种波形对测量结果的影响较大，因为它的合成波最大值要比基波最大值大。因此，当电源侧波形属于这种形状时，整流后加于被试设备上的直流电压要大于交流基波电压有效值的$\sqrt{2}$倍。具体大多少要看波形畸变的程度，波形畸变愈严重，大得愈多。

这种尖顶的波形在实际的泄漏电流测量中，是经常存在的，只不过是在“尖”的程度上有所差别罢了。

必须指出，在泄漏电流测量中，调压器对波形的影响也是很大的。实践证明，自耦变压器畸变小，损耗也小，故应尽量选用自耦变压器调压。另外，在选择电源时，最好用线电压而不用相电压，因相电压的波形易畸变。

这种尖顶波对泄漏电流测量的影响，就是使直流电压比交流电压有效值的$\sqrt{2}$倍大，如果直流电压仍采用在交流侧间接测量并乘以$\sqrt{2}$的方法来换算的话，就要产生误差。当泄漏电流测量时所加的电压接近于整流设备的最大使用电压时，就可能发生损坏整流设备的事故。例如，在 35kV 电缆的泄漏电流测量中，所加的电压是直流 110kV，如硅堆的额定反峰电压为 220kV，数值上是刚好的。但如果采用感应调压器而且电压又是在交流侧测量然后换算的话，那么当换算出的电压是 110kV 时，实际电压早就超过了这一数值。所以，在试验电压接近于硅堆额定及峰电压时，要注意这一现象，并要从各个方面采取措施加以避免。

如果电压是直接在高压直流侧测量的，则上述影响可以消除。

五、加压速度对测量结果的影响

对被试设备的泄漏电流本身而言，它与加压速度无关，但是用微安表所读取的并不一定是真实的泄漏电流，而可能是包含吸收电流在内的合成电流。这样，加压速度就会对读数产生一定的影响。对于电缆、电容器等设备来说，由于设备的吸收现象很强，真实的泄漏电流要经过很长的时间才能读到，而在测量时，又不可能等很长的时间，大都是读取加压后 1min 或 2min 时的电流值，这一电流显然还包含着被试设备的吸收电流，而这一部分吸收电流是和加压速度有关的。如果电压是逐渐加上的，则在加压的过程中，就已有吸收过程，读得的电流值就较小；如果电压是很快加上的，或者是一下子加上的，则加压过程中就没有完成吸收过程，而在同一时间下读得的电流就会大一些，对于电容量大的设备都是如此，而对电容量很小的设备，因为它们没有什么吸收过程，则加压速度所产生的影响就不大了。

由于按照一般步骤进行泄漏电流测量时，很难控制加压的速度，所以对大容量的设备进行测量时，就出现了问题。根据有关资料介绍：曾对一条三芯电缆做过测量，以 3kV、6kV、9kV、12kV、16kV 等不同电压一次加压，测得的结果如表 3-2 所示。根据测量结果，计算出的三相不对称系数为

$$K=\frac{I_{max}}{I_{min}}=1.56$$

但后来又以每隔 1min 升压 1kV 的速度加压，其结果如表 3-3 所示。

比较表 3-2 和表 3-3 可见：

（1）后者泄漏电流的绝对值减小了。

（2）三相不对称系数 $K=1.1$，也减小了。

产生这种现象的原因是吸收现象。

由上述分析可知，为了能较准确地测量泄漏电流的数值，应采取逐级加压的方式，同时升压速度和电压稳定时间也应加以规定，否则测出的数值不但没有意义，甚至会造成误判断。在上例中若按表 3－2 测量结果判断，设备要退出运行，而实际上绝缘良好。

表 3－2　三芯电缆一次加压的泄漏电流值

外加电压/kV 泄漏电流/μA	3	6	9	12	16
第一相	2.7	5.8	9.4	16.5	25.0
第二相	3.8	5.2	8.4	21.0	31.5
第三相	3.7	7.8	11.2	21.0	39.0

表 3－3　三芯电缆每隔 1min 升压 1kV 加压时的泄漏电流值

外加电压/kV 泄漏电流/μA	9	12	16
第一相	8.7	15.5	22.0
第二相	9.1	14.8	21.3
第三相	9.2	15.3	22.8

根据有关资料介绍，每一级加压的数值可定为全部试验电压的 1/4～1/10 左右，每级升压后停 30s，然后再进行第二次升压。

六、微安表接在不同位置时对测量结果的影响

在测量接线中，微安表接的位置不同，测得的泄漏电流数值也不同，因而对测量结果有很大影响。图 3－24 所示为微安表接在不同位置时的分析用图。由图可见，当微安表处于 μA_1 位置时，此时升压变压器 T 的 C_B 及 C_{12}（低压绕组可看成地电位）和稳压电容 C 的泄漏电流与高压导线的电晕电流都将有可能通过微安表。这些试具的泄漏电流有时甚至远大于被试设备的泄漏电流。在某种程度上，当带上被试设备后，由于高压引线末端电晕的减少，总的泄漏电流又可能小于试具的泄漏电流，这使得企图从总的电流减去试具电流的做法将产生异常结果。特别是当被试设备电容量很小，又没有装稳压电容时，在不接入被试设备来测量试具的泄漏电流时，升压变压器 T 的高压绕组上各点的电压与接入被试设备进行测量时的情况有显著的不同，这使上述减去所测试具泄漏电流的办法将产生更大的误差。所以当微安表处于升压变压器的低压端时，测量结果受杂散电流影响最大。

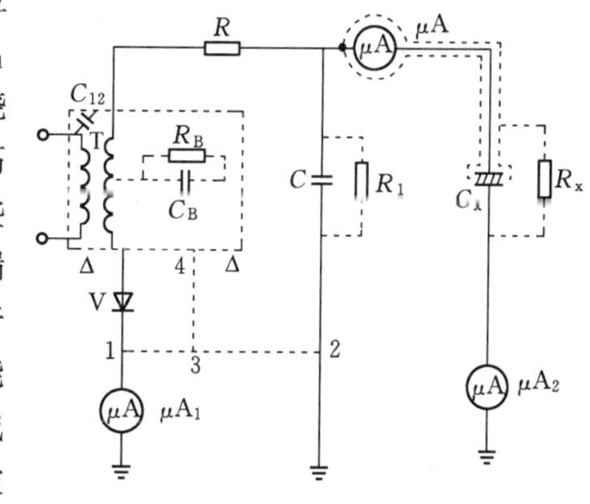

图 3－24　微安表接在不同位置时的分析用图

为了既能将微安表装于低压端，又能比较真实地消除杂散电流及电晕电流的影响。可选用绝缘较好的升压变压器，这样，升压变压器一次侧对地及一、二次侧之间杂散电流的影响就可以大大减小。经验表明，一、二次侧之间杂散电流的影响是很大的。另外，还可将高压

引线用多层塑料管套上，被试设备的裸露部分用塑料、橡胶之类绝缘物覆盖上，能提高测量的准确度。例如，采取上述措施后，在11kV电缆上加压50kV仅测到2μA的泄漏电流。

除采取上述措施外，也可将接线稍加改动。如图3-24所示，将1、2两点，3、4两点连接起来（在图中用虚线表示），并将升压变压器和稳压电容器对地绝缘起来。这样做能够得到较为满意的测量结果，但并不能完全消除杂散电流等的影响，因为高压引线的电晕电流还会流过微安表。

当被试设备两极对地均可绝缘时，可将微安表接于μA_2位置，即微安表处于被试设备低电位端。此位置除了受表面泄漏的影响外，不受杂散电流的影响。

当微安表接于图3-24中的μA位置时，如前所述，若屏蔽很好，其测量结果是很准确的。

七、试验电压极性的影响

（一）电渗现象对不同极性试验电压下油纸绝缘电气设备的泄漏电流测量值的影响

电渗现象是指在外加电场作用下，液体通过多孔固体的运动现象，它是胶体中常见的电动现象之一。由于多孔固体在与液体接触的交界面处，因吸附离子或本身的电离而带电荷，液体则带相反电荷，因此在外电场作用下，液体会对固体发生相对移动。电渗现象最初是由F. 罗伊斯在1809年观察到的。

运行经验表明，电缆或变压器的绝缘受潮通常是从外皮或外壳附近开始的。电缆及变压器在不同极性的电压作用下，水分在绝缘中的移动情况如图3-25所示。根据电渗现象，电缆或变压器绝缘中的水分在电场作用下带正电，当电缆芯或变压器绕组加正极性电压时，绝缘中的水分被其排斥而渗向外皮或外壳，使其水分含量相对减小，从而导致泄漏电流减小；当电缆芯或变压器绕组加负极性电压时，绝缘中的水分会被其吸引而渗过绝缘向电缆芯或变压器绕组移动，使其绝缘中高场强区的水分相对增加，导致泄漏电流增大。

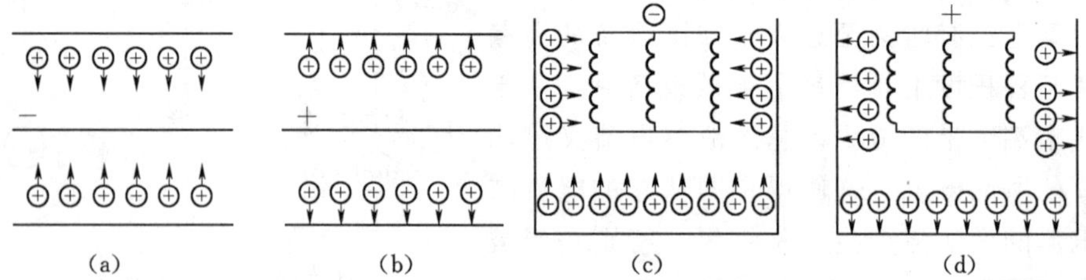

图3-25 不同极性试验电压作用下电力设备绝缘中水分的移动情况
(a)、(c) 电缆芯和变压器绕组加负极性电压；(b)、(d) 电缆芯和变压器绕组加正极性电压

图3-26所示为对电缆和变压器进行实测的接线图。为测量方便，将被试设备外皮或外壳对地绝缘，微安表接于低电位端，测量结果列于表3-4～表3-6中。

由表3-4～表3-6可知：

(1) 试验电压的极性对新的电缆和变压器的测量结果无影响。因为新电缆和变压器绝缘基本没有受潮，所含的水分甚微，在电场作用下，电渗现象很弱，故正、负极性试验电

压下的泄漏电流相同。

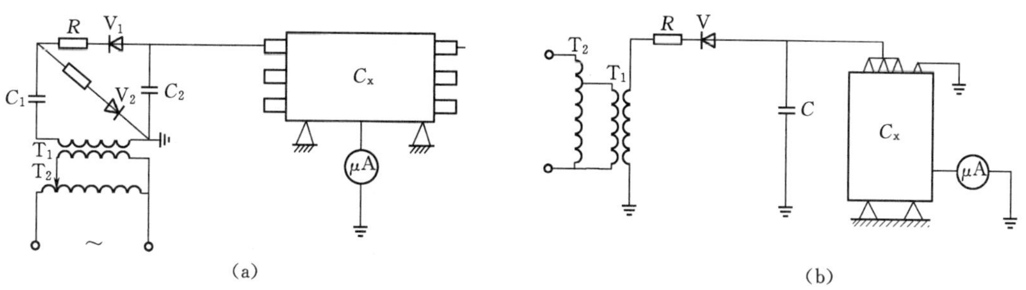

图 3-26　在试验室中测量电力设备泄漏电流的接线图

（a）电缆；（b）变压器

表 3-4　　新的油纸绝缘电力设备的泄漏电流　　单位：μA

被测设备	试验电压/kV	A 相对地		A、B、C 三相对地		被测设备	试验电压/kV	A 相对地		A、B、C 三相对地	
		正	负	正	负			正	负	正	负
SL7400/600 变压器	3			0.2	0.2	10kV 三相电缆	30	1.25	1.25	3.5	3.5
	5			0.3	0.3		40	2	2	6	6
	10			0.6	0.6		50	4	3	11	11

表 3-5　　旧的 6kV 三相油纸绝缘电缆（长约 35m）的泄漏电流

试验电压/kV	A 相对地					B 相对地					C 相对地					ABC 相对地				
	正/μA		负/μA		$\frac{I^-}{I^+}$	正/μA		负/μA		$\frac{I^-}{I^+}$	正/μA		负/μA		$\frac{I^-}{I^+}$	正/μA		负/μA		$\frac{I^-}{I^+}$
	无	有	无	有		无	有	无	有		无	有	无	有		无	有	无	有	
10	0.2	0.15	1.2	1.05	7	0.45	0.4	0.8	0.75	1.88	0.15	0.1	1.0	0.8	8	0.7	0.45	1.9	1.8	4
15	0.3	0.2	4.3	4.2	21	1.25	1.2	5.45	4.8	4	2.65	0.65	4.1	3.5	5.4	3.1	1.9	10.0	7.8	4.1
20	4.8	0.4	10.5	9.0	22.5	6.4	4.9	13.0	11.0	2.24	6.7	2.9	12.0	9.0	3.1	17.0	11.0	20.0	17.5	1.5
25	7.1	1.3	16.5	14.0	10.7	8.5	7.0	19.0	15.0	2.21	7.1	4.45	18.5	13.0	2.9	24.0	15.0	24.8	21.5	1.15
30	11.2	3.4	23.2	19.8	5.8	14.3	11.6	25	20.2	1.74	11.8	7.4	24.6	18.3	2.4	31.5	19.8	34.3	30.5	1.12

注　1. 无、有分别表示无、有屏蔽的情况。

2. I^-/I^+ 表示有屏蔽情况负极性与正极性泄漏电流的比值。

表 3-6　　旧三相电力变压器的泄漏电流

被试设备		试验电压/kV						
		1	2	3	4	5	10	15
3.3kV 5kVA	正/μA	14	10	24.2	28.5	31.5		
	负/μA	14.5	19.5	25	29.5	34		
	I^-/I^+	1.035	1.026	1.033	1.035	1.079		
	正/μA	14.5	28	59.5	68			
	负/μA	16.5	32.5	68	75			
	I^-/I^+	1.138	1.16	1.192	1.102			

续表

被试设备		试验电压/kV						
		1	2	3	4	5	10	15
SJ_1 180/1000	正/μA					0.5	0.75	1.1
	负/μA					0.54	0.9	1.3
	I^-/I^+					1.08	1.2	1.18

(2) 试验电压的极性对旧的电缆和变压器的测量结果有明显的影响，基本规律如下：

1）对受潮的绝缘，当外加电压为额定试验电压的50%～80%时，试验电压的极性对泄漏电流影响最大，绝缘中的场强足以使其中的水分充分移动，导致负极性试验电压时绝缘中高场强区含有水分相对增加较多，而正极性试验电压的绝缘中含有的水分相对较少，两种因素综合起来使I^-/I^+有较大值。

2）不管屏蔽与否，负极性试验电压下的泄漏电流总是大于正极性试验电压下的泄漏电流。这是因为电渗现象主要发生在绝缘内部，只影响体积泄漏电流，所以只要外界干扰和表面泄漏电流不起主导作用时，上述规律总是成立的。

基于上述原因，油纸绝缘电力设备受潮愈严重，I^-与I^+的差别愈显著。所以用负极性试验电压进行泄漏电流测量较为严格，易于发现绝缘缺陷。

(二) 试验电压极性效应对引线电晕电流的影响

在不均匀、不对称电场中，外加电压极性不同，其放电过程及放电电压不同的现象，称为极性效应。

根据气体放电理论，在直流电压作用下，对棒—板间隙而言，其棒为负极性时的火花放电电压比棒为正极性时高得多，这是因为棒为负极性时，游离形成的正空间电荷，使棒电极前方的电场被削弱；而在棒为正极性时，正空间电荷使棒电极前方电场加强，有利于流注的发展，所以在较低的电压下就导致间隙发生火花放电。

对电晕起始电压而言，由于极性效应，会使棒为负极性的电晕起始电压较棒为正极性时略低。这是因为棒为负极性时，虽然游离仍从电场最强的棒端附近开始，但正空间电荷使棒极附近的电场增强，故其电晕起始电压较低；而棒为正极性时，由于正空间电荷的作用犹如棒电极的“等效”曲率半径有所增大，故其电晕起始电压较高。

在进行直流泄漏电流试验时，其高压引线对地构成的电场可等效为棒—板电场，实测棒—板电极的起始电晕电压U_0负极性和正极性分别为2.25kV和4kV，即$U_0^- < U_0^+$。所以外施直流试验电压极性不同时，高压引线的电晕电流是不同的。表3-7列出了在不同极性试验电压下，高压引线电晕电流的测量结果。

表3-7 高压引线的电晕电流
(裸导线长2.2m，直径1.2cm)

试验电压/kV	高压引线对地距离/m			
	1.0		1.5	
	负/μA	正/μA	负/μA	正/μA
20	1.5	1.0	1.0	0.5
30	4.0	2.5	3.0	2.0
40	9.0	5.0	6.0	4.0
45	12.5	7.0	8.0	6.0

由表3-7可见，40kV下的电晕电流负极性较正极性高50%～80%，这对泄漏电流较小的电力设备（如少油断路器），高压引线电晕电流对其测量结果将有举足轻重的影响，有时甚至导致出现负值现象，现场预防性试验经验证明了这一点。

综上所述，直流试验电压极性对电力设备泄漏电流的测量结果是有影响的。对油纸绝缘电力设备，采用负极性试验电压有利于发现其绝缘缺陷。而从消除引线电晕电流影响的角度出发，宜采用正极性试验电压。

第五节　测量时的操作要点

(1) 按接线图接好线，并由专人认真检查接线和仪器设备，当确认无误时，方可通电及升压。

(2) 在升压过程中，应密切监视被试设备、试验回路及有关表计。微安表的读数应在升压过程中，按规定分阶段进行，且需要有一定的停留时间，以避开吸收电流。

(3) 在测量过程中，若有击穿、闪络等异常现象发生，应马上降压，以断开电源，并查明原因，详细记录，待妥善处理后，再继续测量。

(4) 试验完毕，降压、断开电源后，应对被试设备进行充分放电。放电前先将微安表短接，并先通过有高阻值电阻的放电棒放电，然后直接接地，否则会将微安表烧坏，例如在图3-24中，无论在哪个位置放电，都会有电流流过微安表，即使是微安表短接，也发生过由于冲击而烧表现象，因此必须严格执行通过高电阻放电的办法，而且还应注意放电位置。对电缆、变压器、发电机的放电时间，可依其容量大小由1min增至3min，电力电容器可长至5min，除此之外，还应注意附近设备有无感应静电电压的可能，必要时也应放电或预先短接。

(5) 若是三相设备，同理应进行其他两项测量。

(6) 按照规定的要求进行详细记录。

(7) 直流高压在200kV及以上时，尽管试验人员穿绝缘鞋且处在安全距离以外区域，但由于高压直流离子空间电场分布的影响，会使几个邻近站立的人体上带有不同的直流电位。试验人员不要互相握手或用手接触接地体等，否则会有轻微电击现象，此现象在干燥地区和冬季较为明显，但由于能量较小，一般不会对人体造成伤害。

第六节　测量中的异常现象及初步分析

在电力系统交接和预防性试验中，测量泄漏电流时，常遇到的主要异常情况如下。

一、从微安表中反映出来的情况

(1) 指针来回摆动。这可能是由于电源波动、整流后直流电压的纹波因数比较大以及试验回路和被试设备有充放电过程所致。若摆动不大，又不十分影响读数，则可取其平均值；若摆动很大，影响读数，则可增大主回路和保护回路中的滤波电容的电容量。必要时可改变滤波方式。

(2) 指针周期性摆动。这可能是由于回路存在反充电所致，或者是被试设备绝缘不良产生周期性放电造成的。

(3) 指针突然冲击。若向小冲击，可能是电源回路引起的；若向大冲击，可能是试验回路或被试设备出现闪络或产生间歇性放电引起的。

(4) 指针指示数值随测量时间而发生变化。若逐渐下降，则可能是由于充电电流减小或被试设备表面绝缘电阻上升所致；若逐渐上升，往往是被试设备绝缘老化引起的。

(5) 测压用微安表不规则摆动。这可能是由于测压电阻断线或接触不良所致。

(6) 指针反指。这可能是由于被试设备经测压电阻放电所致。

(7) 接好线后，未加压时，微安表有指示。这可能是外界干扰太强或地电位抬高引起的。

遇到 (3)、(4) 两种情况时，一般应立即降低电压，停止测量，否则可能导致被试设备击穿。

二、从泄漏电流数值上反映出来的情况

(1) 泄漏电流过大。这可能是由于测量回路中各设备的绝缘状况不佳或屏蔽不好所致，遇到这种情况时，应首先对试验设备和屏蔽进行认真检查，例如电缆电流偏大应先检查屏蔽。若确认无上述问题，则说明被试设备绝缘不良。

(2) 泄漏电流过小。这可能是由于线路接错，屏蔽线处理不好，微安表保护部分分流或有断脱现象所致。

(3) 当采用微安表在低压侧读数，且用差值法消除误差时，可能会出现负值。这可能是由于高压引线过长、空载时电晕电流大所致。因此高压引线应当尽量粗、短，无毛刺。

三、硅堆的异常情况

在泄漏电流测量中，有时发生硅堆击穿现象，这是由于硅堆选择不当、均压不良或质量不佳所致。为防止硅堆击穿，首先应正确选择硅堆，使硅堆不致在反向电压下击穿；其次应采用并联电阻的方法对硅堆串进行均压，若每个硅堆工作电压为 5kV 时，每个并联电阻常取为 2MΩ。

第七节 测量结果的分析判断

对某一电气设备进行泄漏电流测量后，应对测量结果进行认真、全面地分析，以判断设备的绝缘状况。

对泄漏电流测量结果进行分析、判断可从下述几方面着手。

一、与规定值比较

泄漏电流的规定值就是其允许的标准，它是在生产实践中根据积累多年的经验制定出

来的，一般能说明绝缘状况。对于一定的设备，具有一定的规定标准。这是最简便的判断方法。

二、比较法

这与测量绝缘电阻一章中提出的判断方法相类似。但是，在分析泄漏电流测量结果时，还常采用不对称系数（即三相之中的最大值和最小值的比）进行分析、判断。一般说来不对称系数不大于 2。

三、$i_L=f(u)$ 曲线法

利用泄漏电流和外加电压的关系曲线即 $i_L=f(u)$ 曲线可以说明绝缘在高压下的状况。如果在试验电压下，泄漏电流与电压的关系曲线是一近似直线，那就说明绝缘没有严重缺陷，如果是曲线，而且形状陡峭，则说明绝缘有缺陷。

复　习　题

1. 试比较泄漏电流测量和绝缘电阻测量有哪些相同和差别？泄漏电流测量的灵敏度为什么高？

2. 导体电导与电介质电导有何差别？

3. 今欲做 35kV 电力变压器的泄漏电流试验（估计泄漏电流为 100μA），设计出半波整流电路，并给出各元件参数。

4. 说明图 3－3 中各元件作用？若用图 3－3 做试验，测量完毕后，应在何处放电？

5. 说明图 3－5 是如何实现对微安表保护的？

6. 比较图 3－3 中三块微安表所测量电流的准确性？如何消除在位置Ⅱ时的误差？

7. 为什么要强调升压按一定速度进行，你有什么经验和教训？

8. 进行泄漏电流测量时，应注意些什么问题？

9. 如何判断泄漏试验的测量结果？

10. 装设屏蔽环时应注意什么问题？你在实践中是如何装设的？

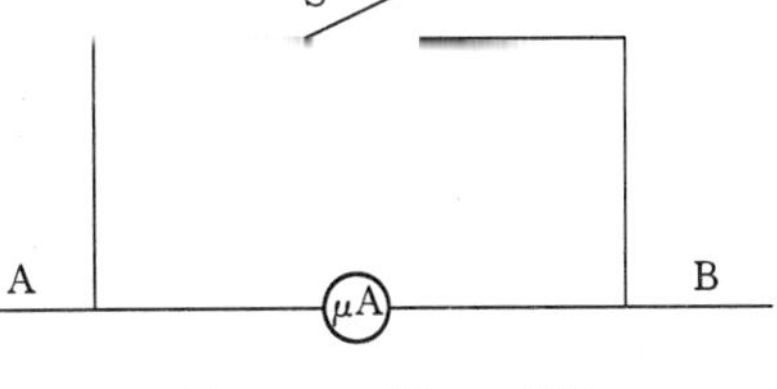

图 3－27　第 11 题图

11. 如图 3－27 所示，有一块微安表，量程为 10μA，内阻为 2000Ω，接触电阻 R_1 与引线电阻 R_2 之和 $R_1+R_2=0.1\Omega$，当开关 S 合上时流过开关的电流为 1A，试计算此时微安表中流过的电流是多少？它是否会把微安表烧坏？

12. 实验室中有下列设备：10kV TV（代替试验变压器）、高压硅堆、调压器、低压电压表、滤波电容器一台、微安表一块、毫安表一块、被试三相电缆一段、电阻等。试给出微安表接在低压端测量泄漏电流的接线图，并分别画出测量电缆 A 相对地，A 相对 B 相的接线图（考虑屏蔽）。

13. 在上题中，若用毫安表串联电阻测直流输出电压，现有 1mA 毫安表，试问欲测

10kV 电压时，毫安表所串接的电阻是多少？

14. 试分析图 3－24 中，各微安表流过哪些电流？

15. 测量泄漏电流时，通常希望在 30～80℃的范围内进行，为什么？

16. 试分析在不同情况下试验电压极性对泄漏电流测量结果的影响。

17. 名词解释：电晕、杂散电容、电渗效应、纹波因数。

第四章　测量介质损耗因数

第一节　介质损失的一般概念

电介质就是绝缘材料。当研究绝缘物质在电场作用下所发生的物理现象时，把绝缘物质称为电介质；而从材料的使用观点出发，在工程上把绝缘物质称为绝缘材料。既然绝缘材料不导电，怎么会有损失呢？我们确实总希望绝缘材料的绝缘电阻愈高愈好，即泄漏电流愈小愈好。但是，世界上绝对不导电的物质是没有的。任何绝缘材料在电压作用下，总会流过一定的电流，所以都有能量损耗。把在电压作用下电介质中产生的一切损耗称为介质损耗或介质损失。

如果电介质损耗很大，会使电介质温度升高，促使材料发生老化（发脆、分解等），如果介质温度不断上升，甚至会把电介质熔化、烧焦，丧失绝缘能力，导致热击穿，因此电介质损耗的大小是衡量绝缘介质电性能的一项重要指标。

一、电介质损耗的三种形式

电介质损耗，按其物理性质可分为下列三种基本形式。

1. 漏导引起的损耗

电介质总是有一定电导的，在电场作用下会产生泄漏电流，电介质中流过泄漏电流时会发热，造成能量损耗。这种损耗在直流电压和交流电压下都存在，然而在一般情况下，它相对下面介绍的两种损耗而言是很小的。

2. 电介质极化引起的损耗

电介质在极化过程中要消耗能量。在直流电压作用下，带电质点（主要是离子）沿直流电场方向作一次有限位移，没有周期性的极化，消耗能量是很小的。因此，其损耗只是由电导引起的。但在交流电压作用下，由于存在周期性的极化过程，电介质中带电质点要沿交变电场的方向作往复的有限位移和重新排列，而质点来回移动需要克服质点间的相互作用力，也即分子间的内摩擦力，这样就造成很大的能量损耗（相对于漏导损耗而言）。因此，极化损耗只在交流电压下才呈现出来，而且随着电源频率的增加，质点运动更频繁，极化损失就越大。不均匀介质夹层极化所引起的电荷重新分配过程（吸收电流），在交流电压下也反复进行，从而也消耗能量。

3. 局部放电引起的损耗

常用的固体绝缘中往往不可避免地会有些气隙或油隙，由于在交流电压下，各层的电场分布与该材料的介电常数成反比，而气体的介电常数比固体绝缘材料的要低得多，所以分担到的电场强度就大；但气体的耐电强度又远低于固体绝缘材料，因此，当外施电压足

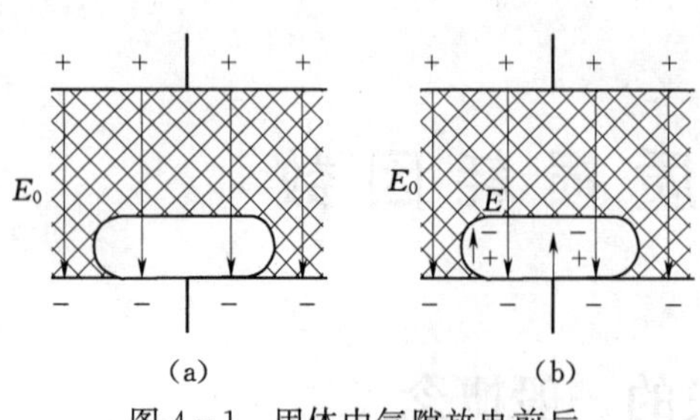

图 4-1　固体中气隙放电前后的电场示意图

(a) 气隙未放电前；(b) 气隙放电后

E_0—外施电场；E—气隙放电后电荷形成的电场

够高时，气隙中首先发生局部放电。此气隙中放电形成的电荷在外施电场 E_0 作用下移动到气隙壁上，如图 4-1（b）所示。这些电荷又形成反电场 E，它就削弱了气隙中的电场，很可能使气隙中放电就不再继续下去。但是如外施的电压为交流电压，半周后外施电场 E_0 就反向了，正好与前半周气隙中电荷形成的反电场 E 同向，加强了气隙中电场强度，使气隙中放电提前发生。所以交流电压下绝缘体里的局部放电及介质损耗都远比直流下强烈。在油纸电容器、电缆、套管等的设计制造及运行过程中都必须注意到这一点。一般油浸纸交流电容器或电缆用于直流电路时，长期工作电压能提高到原铭牌值的四五倍，而不是峰值与有效值之比的$\sqrt{2}$倍，原因也就在于此。

二、介质损耗因数

既然直流下电介质中的损耗主要是漏导损耗（因没有周期性极化，局部放电损耗也不严重），用绝缘电阻或漏导电流就足以充分表示了，所以直流下不需要引入电介质损耗这个概念。在交流电压下，电介质损耗常以介质损耗因数（$\tan\delta$）来表示。

由上述可知，电介质在直流电压作用下可以用图 2-10 所示的等值电路来表示，这个电路同样也适用于交流电源作用的情况。

为了说明介质损耗因数这个概念，这里做出图 2-10 的相量图，如图 4-2 所示。由图 4-2 可见，总电流与电压之间的夹角为 φ，φ 角的余角为 δ，称 δ 为介质损失角，而称 δ 的正切则为介质损耗因数，记为 $\tan\delta$，并用它来反映电介质损耗的大小。

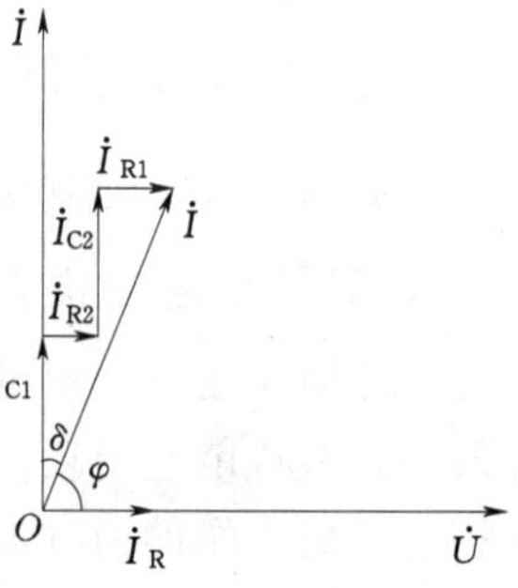

图 4-2　图 2-10 的相量图

为分析方便，根据相量图 4-2 可以把图 2-10 所示的等值电路进一步简化为由 R 和 C_P 表示的并联等值电路，如图 4-3 所示。根据图 4-3 可得：

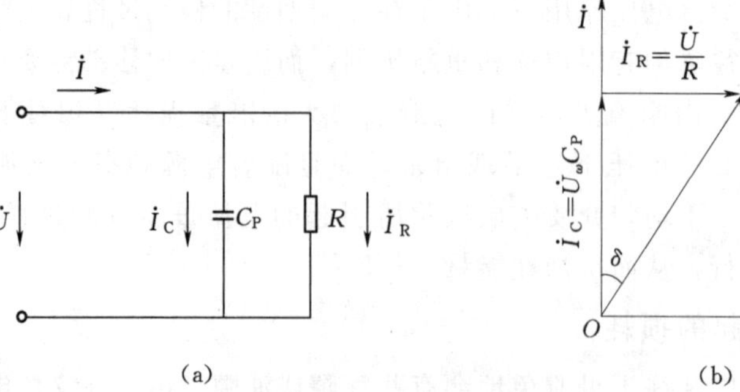

图 4-3　具有损耗的电介质的并联等值电路及相量图

(a) 等值电路；(b) 相量图

$$\tan\delta=\frac{I_R}{I_C}=\frac{\frac{U}{R}}{U_\omega C_P}=\frac{1}{\omega C_P R} \tag{4-1}$$

$$P=\frac{U^2}{R}=U^2\omega C_P\tan\delta \tag{4-2}$$

由此可见，当电介质一定，外加电压及其频率一定时，介质损耗 P 与 $\tan\delta$ 成正比。换言之，可以用 $\tan\delta$ 来表征介质损耗的大小。通常 $\tan\delta$ 值较小，可以认为 $\tan\delta\approx\sin\delta\approx\delta$，所以介质损耗因数测量又称为介质损失角测量。

有时为了处理问题方便，也可以将图 2－10 变换成一个由 r 和 C_S 相串联的等值电路，如图 4－4 所示。根据图 4－4 可得

$$\tan\delta=\frac{U_r}{U_C}=\frac{I_r}{\frac{I}{\omega C_S}}=\omega C_S r \tag{4-3}$$

$$\begin{aligned}P=I^2r&=\frac{U^2r}{r^2+\left(\frac{I}{\omega C_S}\right)^2}\\&=\frac{U^2r}{\left(\frac{I}{\omega C_S}\right)^2[(r\omega C_S)^2+1]}\\&=\frac{U^2\omega C_S\tan\delta}{1+\tan^2\delta}\end{aligned} \tag{4-4}$$

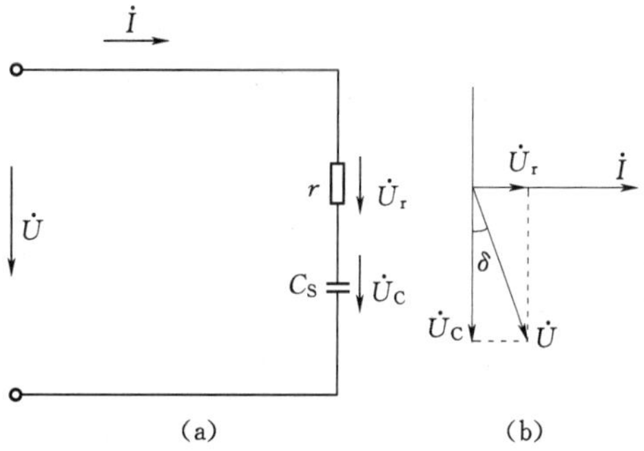

图 4－4　具有损耗的电介质的串联等值电路与相量图

(a) 等值电路；(b) 相量图

由此可见，P 也和 $\tan\delta$ 有关。

既然两种等值电路都表示电介质的特性，那么，两种等值电路在表示电介质能量损耗方面应当也是等值的。基于这一点，式（4－1）与式（4－3）应当相等，式（4－2）与式（4－4）也应当相等。这样可以求得两种等值电路中各参数之间的关系为

$$\frac{1}{\omega C_P R}=\omega C_S r$$

$$U^2\omega C_P\tan\delta=\frac{U^2\omega C_S\tan\delta}{1+\tan^2\delta}$$

联立可解得

$$C_P=\frac{C_S}{1+\tan^2\delta} \tag{4-5}$$

$$R=r\left(1+\frac{1}{\tan^2\delta}\right) \tag{4-6}$$

对于品质优良的电介质，$\tan^2\delta\ll1$，所以可以认为 $C_P\approx C_S\approx C$，而 R 则比 r 大很多倍。因此对两种等值电路可用一个共同的表达式来表示，即

$$P=U^2\omega C\tan\delta \tag{4-7}$$

所以在一定试验条件下，完全可以用 $\tan\delta$ 来表征 P。

最后指出，用 $\tan\delta$ 表示介质损耗便于不同被试设备之间进行比较。下面以平板电容器为例进行说明。

平板电容器的绝缘电阻可以写成 $R=\rho\dfrac{d}{S}$，平板电容器的电容可以写成 $C=K\varepsilon\dfrac{S}{d}$将 R、C 代入式（4-1）得

$$\tan\delta=\frac{1}{\omega C_{\mathrm{P}}R}=\frac{1}{\omega K\varepsilon\dfrac{S}{d}\rho\dfrac{d}{S}}=\frac{1}{\omega K\varepsilon\rho}$$

可见 $\tan\delta$ 是只与材料特性有关，而与材料尺寸、体积无关的物理量，这就如同用 ε 表示材料的极化性能一样，是很方便的。

第二节 测量介质损耗因数能发现的缺陷

测量介质损耗因数是一项灵敏度很高的试验项目，它可以发现电力设备绝缘整体受潮、劣化变质以及小体积被试设备贯通和未贯通的局部缺陷。例如对绝缘油而言，一般在耐压试验时，好油的耐电强度可达 250kV/cm，坏油为 25kV/cm，好油和坏油的耐电强度在数值上的差别是 10∶1。但是，测量其介质损耗因数时，好油很小，其 $\tan\delta=0.0001$，而坏油则大到 $\tan\delta=0.1$，二者之间的差别是 1∶1000。也就是说，后一试验的灵敏度较前者提高了 100 倍。又如某变电所 35kV 电流互感器，测得的 $\tan\delta$ 值显著增大，而交流耐压试验却仍然通过。然而投入运行不久就发生了绝缘击穿事故。再如某台变压器的套管，正常的 $\tan\delta$ 值为 0.5%，当受潮后，测得其 $\tan\delta$ 值变为 3.5%，而用测量绝缘电阻及油耐压的方法进行检测，则受潮前后的测量值差别不大。

由于测量介质损耗因数对反映上述缺陷具有较高的灵敏度，所以在电工制造及电力设备交接和预防性试验中都得到广泛的应用。但是，当被试设备体积较大，而缺陷所占的体积较小时，用这种方法就难以发现了。因为缺陷的损耗占整个被试设备的损耗太小了。

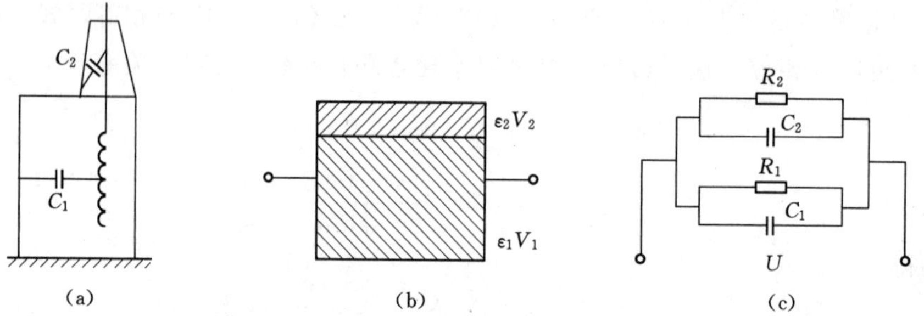

图 4-5 测量变压器介质损耗因数时对发现套管缺陷的有效性分析用图
（a）变压器；（b）绝缘示意图；（c）等值电路

图 4-5 示出了测量变压器介质损耗因数对发现套管缺陷的有效性分析用图。可把同一变压器上的套管对地绝缘和绕组对地绝缘看成是并联的，图 4-5（b）为绝缘示意图，其等值电路如图 4-5（c）所示。由介质损失的基本概念可知，一个由两部分介质并联组成的绝缘，其整体的损失功率为两部分损失功率之和，即

$$\omega CU^2\tan\delta=\omega C_1U^2\tan\delta_1+\omega C_2U^2\tan\delta_2$$

所以

$$\tan\delta=\frac{C_1\tan\delta_1+C_2\tan\delta_2}{C_1+C_2} \tag{4-8}$$

若整体绝缘中仅有一小部分绝缘（如套管 C_2）有缺陷，则 $\tan\delta_2$ 应增加。设有缺陷部分体积为 V_2，良好部分的体积为 V_1。因为 $V_2 \ll V_1$，则 $C_2 \ll C_1$，于是式（4－8）可简化为

$$\tan\delta = \tan\delta_1 + \frac{C_2}{C_1}\tan\delta_2 \tag{4-9}$$

由式（4－9）可见，当绝缘良好时，$\tan\delta$ 应等于 $\tan\delta_1$，当部分绝缘受潮或老化使得整体的 $\tan\delta$ 增加时，显然增加的部分就是 $\frac{C_2}{C_1}\tan\delta_2$ 项。绝缘有缺陷的部分越大，缺陷的程度越严重（即 $\tan\delta_2$ 大），其测得的整体的 $\tan\delta$ 才会反映得越明显。假如有缺陷部分的体积为总体积的 $\frac{1}{10}$，则 $\frac{C_2}{C_1}=0.1$，由于有部分缺陷而使介质损失增加五倍，即 $\tan\delta_2 = 5\tan\delta_1$，而整体的 $\tan\delta = \tan\delta_1 + 0.1 \times 5\tan\delta_1 = 1.5\tan\delta_1$，即只比正常情况增大 50%，变化并不大。例如有一支 110kV 的套管，$\tan\delta = 3.4\%$，装到 120MVA 的变压器上后，测得总的 $\tan\delta = 0.4\%$，与一般产品差别不大，所以对大型变压器，测量总体的 $\tan\delta$ 往往不易发现套管的绝缘缺陷。

由上述分析可知，绝缘老化的体积愈大，测量 $\tan\delta$ 的方法就越灵敏。换言之，$\tan\delta$ 测量的灵敏度高是对绝缘整体劣化而言的。

上述分析，还给我们这样的启示，即对大容量的变压器、整个发电机绕组以及较长的电缆进行 $\tan\delta$ 试验，只能检查出它们普遍的绝缘状况，而不容易发现可能存在的局部缺陷；对电容量较小的设备以及可以分解成部件进行分解试验的设备进行 $\tan\delta$ 测量时，易于发现局部缺陷。因此，对大型电力设备，在有可能的情况下应进行分解试验，以便准确检出缺陷。

第三节　测量介质损耗因数的设备

在介质损耗因数测量中，高压西林电桥一度占据了主导地位，2500V 介质损耗试验器（简称 M 型电桥）在我国东北也曾得到过广泛应用。但是近年来，高压西林电桥和 M 型电桥已逐步淡出了人们的视野，取而代之的是操作简便、抗干扰能力强的自动介损电桥。

交流电压作用下的被试设备绝缘可被等效为有介质损失的电容，根据等效电容对地是否能够隔离，绝缘介质损耗测试因数测量的接线方式主要可分为正接线、反接线两类。其中正接线适用于被试设备等效电容可完全对地隔离的情况，如末屏外引接地的电容型套管、电容型电流互感器等设备的介质损耗因数测量即可采用正接线方式。而对于诸如发电机、变压器等设备绕组对外壳的介质损耗因数测量，由于外壳难以与地隔离，因此只能采取反接线方式。相对于正接线，如图 4－6 所示，反接线方式更易受到被试设备及测试引线对地杂散电容的影响而产生测量误差，被试设备电容量越小，则测量误差越大。由于工作原理不同，不同类型介质损耗因数测量仪器还具有一些特殊的接线方式。

一、QS_1 型西林电桥

（一）测量原理

QS_1 型西林电桥是电力设备绝缘 $\tan\delta$ 和电容量 C_x 的经典测量仪器，它属于平衡电桥，具有灵敏、准确等优点。电桥工作电压为 10kV，在预防性试验中，对 6kV 及以下的电力设

备，其试验电压通常取设备额定电压；对于 10kV 及以上电力设备，其试验电压为 10kV。

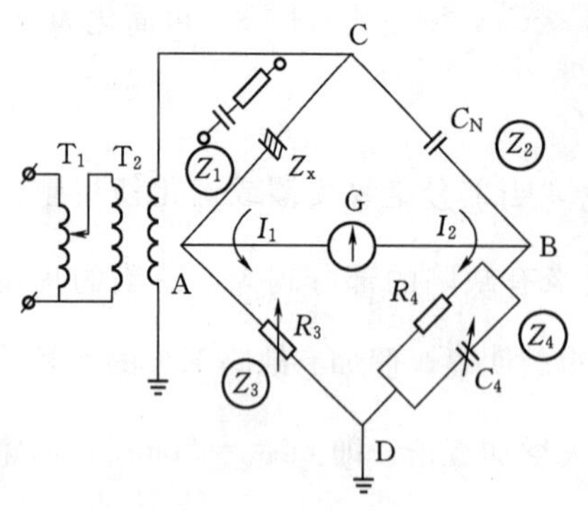

图 4-6　QS_1 型西林电桥正接线的原理图

图 4-6 所示为正接线原理图，下面以正接线方式为例来分析 QS_1 型电桥的工作原理。在图 4-6 中，C_N 是标准空气电容器，其介质损失角是非常小的（$\tan\delta_N \to 0$）；电桥可调部分由电阻 R_3 和无损电容器 C_4 组成；Z_x 为被试设备，分析时其等值电路可采用串联或并联型电路（见图 4-3 与图 4-4），测量时，调整 R_3 和 C_4 使电桥平衡即可，所谓平衡就是使检流计 G 的指示数为零。这时电桥的顶点 A、B 两点的电位必然相等。因而有 $U_{CA}=U_{CB}$，$U_{DA}=U_{DB}$，或

$$I_1Z_1=I_2Z_2 \tag{4-10}$$

$$I_1Z_3=I_2Z_4 \tag{4-11}$$

两式相除得

$$Z_1Z_4=Z_2Z_3$$

故

$$Z_1=\frac{Z_2Z_3}{Z_4} \tag{4-12}$$

如将图 4-6 中各桥臂阻抗 $Z_1=r_x+\dfrac{1}{j\omega C_x}$，$Z_2=\dfrac{1}{j\omega C_N}$，$Z_3=R_3$，$Z_4=\dfrac{1}{\dfrac{1}{R_4}+j\omega C_4}$，代入式（4-12）可得

$$r_x+\frac{1}{j\omega C_x}=\frac{R_3}{j\omega C_N}\left(\frac{1}{R_4}+j\omega C_4\right)$$

整理等式两端，并使其实部与实部相等，虚部与虚部相等，则得

$$r_x=\frac{C_4}{C_N}R_3 \tag{4-13}$$

$$C_x=\frac{R_4}{R_3}C_N \tag{4-14}$$

由图 4-7 所示的相量图可知

$$\tan\delta=\omega r_xC_x=\omega R_4C_4 \tag{4-15}$$

对于 50Hz 的电源，$\omega=100\pi$，所以为计算方便，在制造电桥时，取

$$R_4=\frac{10^4}{\pi}\ (\Omega)$$

将这些数值代入式（4-15）可得

$$\tan\delta=10^6C_4 \tag{4-16}$$

式中的 C_4 的单位为 F。

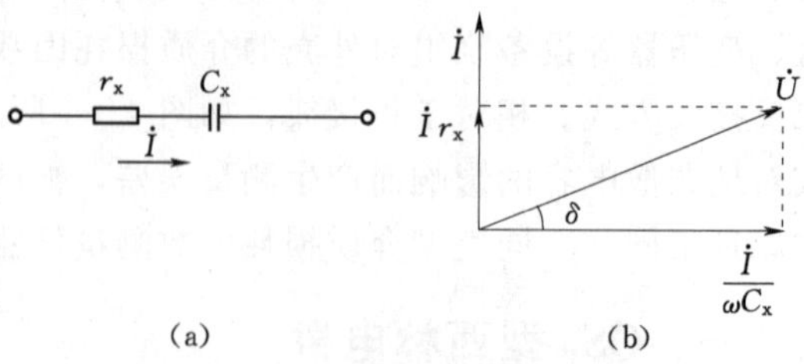

C_4 的数值在电桥平衡时，可由电桥上读出，可见 $\tan\delta$ 的数值等于 C_4 的法拉数乘上 10^6。如果 C_4 用 μF 作单位，则 C_4 的数值就是 $\tan\delta$ 的数值，即在数值上有

图 4-7　串联等值电路及其相量图
（a）等值电路；（b）相量图

$$\tan\delta = C_4 \tag{4-17}$$

式中的 C_4 的单位为 μF。

在同一条件下，设被试设备为并联回路，经过运算也会得到同样的结果。因为同一被试设备的介质损失数值是一定的，不管用什么等值电路来代表它，都不会改变。在用并联回路代表被试设备时，被试设备电容的数值为

$$C_x' = C_N \frac{R_4}{R_3} \frac{1}{1+\tan^2\delta}$$

因为 $\tan\delta$ 很小，所以 $\frac{1}{1+\tan^2\delta} \approx 1$，则

$$C_x' = C_N \frac{R_4}{R_3} = C_x \tag{4-18}$$

由上述可知：

(1) QS_1 型西林电桥要达到平衡，需要满足两个方面（即电压降的相角和电压降的幅值）的条件。这两方面的要求在电桥中是用两个可调元件来满足的，其一是调节可变电阻 R_3，以改变电压降的幅值；其二是调可变电容 C_4，以改变桥臂电压降的相角。

(2) QS_1 型西林电桥可以测量绝缘的 $\tan\delta$ 和绝缘阻容等值电路的参数 C_x 和 r_x。

正接线适用于两极对地绝缘的被试设备。其优点如下：

(1) 对操作者安全。QS_1 型西林电桥工作时，由于上面两个臂的阻抗很大，电压主要降在上臂，因而下臂对地电位很小，所以操作人员在平衡电桥时所接触的 R_3、R_4 等测量部分的元件均处于低电位，没有触及高压的危险。

(2) 对外来的影响有良好的屏蔽系统，准确度高。

由于这种接线要求被试设备的两极均是绝缘的，而在现场试验中常遇到的又是一极已接地的设备，如测量发电机绕组对外壳（与地相连）的 $\tan\delta$ 就是这种情况，所以正接线往往用于实验室或用来测量绕组间的介质损耗因数。

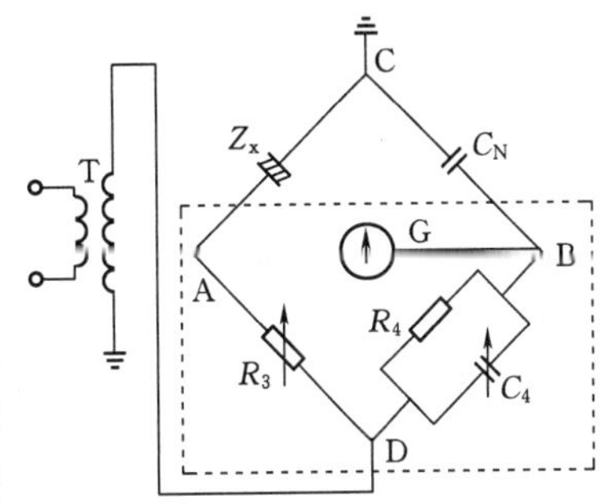

图 4-8 QS_1 型西林电桥反接线原理图

图 4-8 所示为 QS_1 型西林电桥反接线原理图。反接线适用于现场被试设备一极接地的情况，故应用较多。与图 4-6 所示的正接线相比，D 点不是接地而是接高压，C 点不是接高压而是接地，故称为反接线。在反接线中，电桥各臂和部件都处于高电压，因此一切必要的操作都是通过绝缘柄来进行的，或者采用法拉第笼进行等电位带电操作。并且电桥的支持物和调节连接杆对外壳都应有足够的绝缘强度。QS_1 型西林电桥的桥臂固定绝缘柱及调节传动的绝缘柱都具有 15kV 的耐压水平，因此，可置于 10kV 试验电压的反接线下工作。

反接线时电桥的导线应对地绝缘，并且对接地物品的距离应大于 100～150mm，标准电容器高压极板接线端引出的接地导线对电容器外壳（带有高压）的距离也不得小于 100～150mm。

在反接线电路中，线路中外来电场的影响是依靠全部电桥的屏蔽来消除的。屏蔽做成金属盒，接到电桥的 D 点，屏蔽上的感应电荷经过变压器绕组而入地，连接变压器与电

桥导线上的电荷不通过电桥而直接入地，所以导线不需要屏蔽。

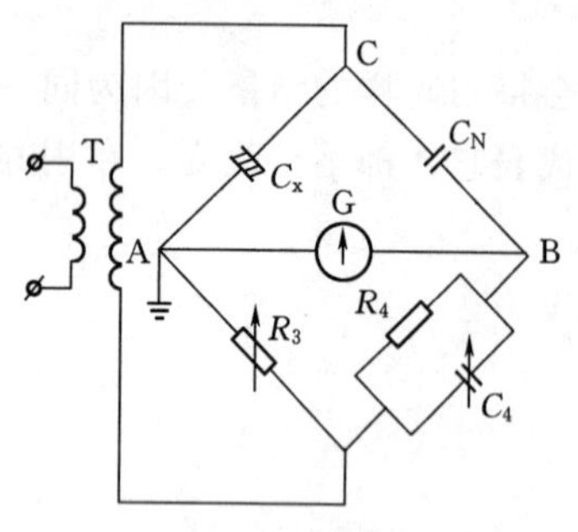

图 4-9　QS_1 型电桥的对角线接线原理图

应当指出，在反接线中，被试设备高压电极及引线对地的杂散电容 C_Z 恰巧与被试设备 C_x 并联，这样会产生测量误差，尤其是被试设备容量较小时，这个误差更大。

当被试设备为一极接地，而电桥又没有足够绝缘，因而不能采用反接线法测量时，可采用对角线接线法进行测量，其原理接线图如图 4-9 所示。

（二）消除干扰的基本方法

在现场实际测量中，特别是在 110kV 及以上变电所内进行测量时，往往会出现由于周围带电部分造成的干扰，给测量带来误差。例如，在某 330kV 变电站测 110kV 多油断路器的介质损耗因数时，由于其 5m 上空有 110kV 母线干扰，测得的 $\tan\delta$ 自 0.6%增高到 3.5%。

干扰有两种：一种是电场干扰；另一种是磁场干扰。

电场干扰主要是由于干扰电源通过带电设备与被试设备之间的电容耦合造成的。图 4-10 所示为电场干扰的示意图。干扰电流 $\dot{I}_g$ 通过耦合电容 C_0 流过被试设备电容 C_x，于是在电桥平衡时所测得的被试设备支路的电流 $\dot{I}_x$，由于加上 $\dot{I}_g$ 而变成了 $\dot{I}'_x$。若干扰电路 $\dot{I}_g$ 大小不变，则干扰电流 $\dot{I}_g$ 的轨迹是以被试设备电流 $\dot{I}_x$ 的末端为圆心，以 $\dot{I}_g$ 为半径的一个圆，如图 4-11 所示。$\dot{I}_g$ 在 0°～360°内变动，$\dot{I}_x$ 与 $\dot{I}_g$ 合成 $\dot{I}'_x$，故 $\tan\delta$ 的测量结果如图 4-12 所示。

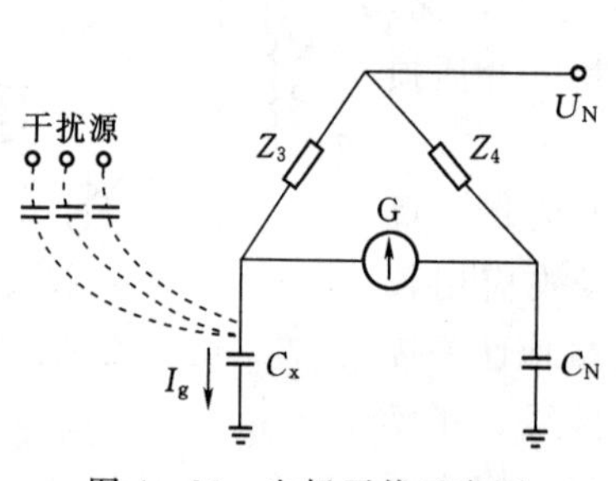

图 4-10　电场干扰示意图

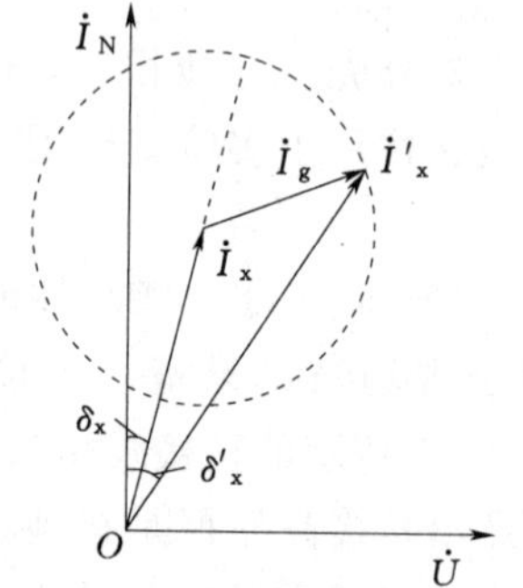

图 4-11　干扰电流 $\dot{I}_x$ 在 0°～360°内变动时 $\dot{I}_g$ 与 $\dot{I}_x$ 合成 $\dot{I}'_x$ 的轨迹图

为避免干扰，最根本的办法是尽量离开干扰源，或者加电场屏蔽。对于同频率的干扰，还可以采用移相法或倒相法来消除或减小对 $\tan\delta$ 的测量误差。

移相法是现场常用的消除干扰的有效方法，允许电场干扰电流通过被试设备和测量回路，利用干扰电流和试验电流之间的关系，通过计算而得出真实的 $\tan\delta$ 值。其简要原理是：利用移相器改变试验电源的相位，使被试设备中的电流 $\dot{I}_x$ 与 $\dot{I}_g$ 同相或反相，如图 4-12（e）所示，此时 $\delta_x=\delta'_x$，因此测出的是真实的 $\tan\delta$ 值，即 $\tan\delta=\omega C_4 R_4$。

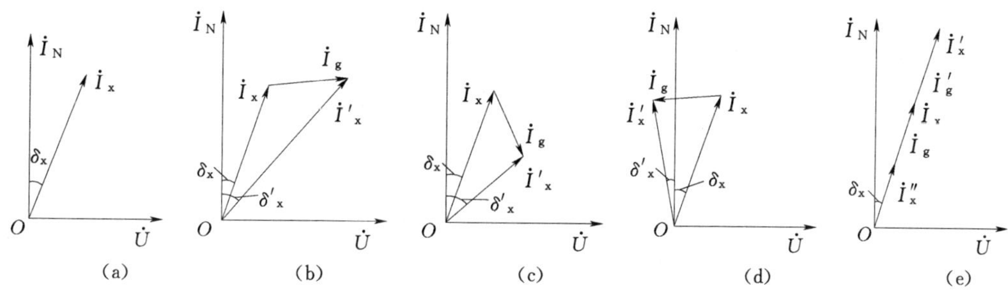

图 4-12　干扰对 $\tan\delta$ 测量结果影响的典型相量图

(a) 无干扰 ($\tan\delta_C=\tan\delta_S$)；(b) 有干扰 ($\tan\delta_C>\tan\delta_S$)；(c) 有干扰 ($\tan\delta_C>\tan\delta_S$)；(d) 有干扰 ($\tan\delta_C$ 为负值)；(e) 有干扰 ($\tan\delta_C=\tan\delta_S$，$C_{xC}<C_{xS}$ 或 $C_{xC}>C_{xS}$)

$\tan\delta_C$—测量值；$\tan\delta_S$—实际值

通常在试验电源和干扰方向相同和相反两种情况下分别测两次，然后取其平均值，即

$$\tan\delta=\frac{\tan\delta_1+\tan\delta_2}{2} \tag{4-19}$$

应指出，电桥两次测量的电容值分别为

$$\begin{cases} C'_x=C_N\dfrac{R_4}{R'_3}\times\dfrac{1}{1+\tan^2\delta}\approx C_N\dfrac{R_4}{R'_3} \\ C''_x=C_N\dfrac{R_4}{R''_3}\times\dfrac{1}{1+\tan^2\delta}\approx C_N\dfrac{R_4}{R''_3} \end{cases} \tag{4-20}$$

它们分别正比于 $\dot{I}'_x$ 和 $\dot{I}''_x$ 的无功分量 $\dot{I}'_{Cx}$ 和 $\dot{I}''_{Cx}$。

被试设备的实际电容值（它正比于 I_x 的无功分量 I_{Cx}）为

$$C_x=\frac{C'_x+C''_x}{2}\approx\frac{C_NR_4}{2}\left(\frac{1}{R'_3}+\frac{1}{R''_3}\right) \tag{4-21}$$

移相法的准确度较高。例如有一台 110kV 的电流互感器，在无干扰时测得 $\tan\delta=4.4\%$，有干扰时，测得 $\tan\delta>6\%$，而采用移相法后，测出的 $\tan\delta$ 仍有 4.4%。但是移相法的接线复杂一些，测量时间也较长，又需要移相器，都是美中不足之处。

倒相法是移相法中的特例，比较简便。测量时正、反相各测一次，于是得到两组测量结果：C'_x、$\tan\delta_1$ 与 C''_x 和 $\tan\delta_2$。然后根据这两组数据计算出电容 C_x 和 $\tan\delta$。

为分析方便，可假定电源的相位不变，而干扰的相位改变 180°，这样得到的结果与干扰相位不变，电源相位改变 180°是完全一致的。

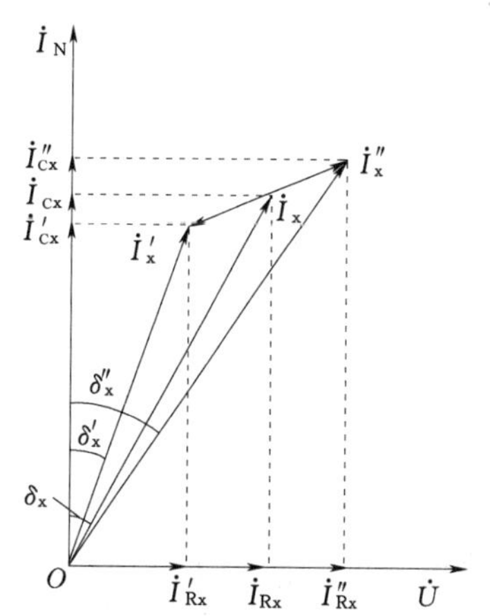

图 4-13　用倒相法消除干扰的相量图

图 4-13 示出了用倒相法消除干扰的相量图。由图可知，正、反相两次测得的介质损耗因数各为

$$\tan\delta_1=\frac{I'_{Rx}}{I'_{Cx}}$$

$$\tan\delta_2=\frac{I''_{Rx}}{I''_{Cx}}$$

则被试设备的实际 $\tan\delta$ 为

$$\tan\delta=\frac{I_{Rx}}{I_{Cx}}=\frac{\frac{1}{2}(I'_{Rx}+I''_{Rx})}{\frac{1}{2}(I'_{Cx}+I''_{Cx})}=\frac{I'_{Cx}\tan\delta_1+I''_{Cx}\tan\delta_2}{I'_{Cx}+I''_{Cx}}$$

$$=\frac{C'_x\tan\delta_1+C''_x\tan\delta_2}{C'_x+C''_{Cx}} \tag{4-22}$$

两次测量所得的被试设备的电容值为

$$\begin{cases} C'_x=C_N\dfrac{R_4}{R'_3}\times\dfrac{1}{1+\tan^2\delta_1} \\ C''_x=C_N\dfrac{R_4}{R''_3}\times\dfrac{1}{1+\tan^2\delta_2} \end{cases} \tag{4-23}$$

则被试设备的实际电容为

$$C_x=\frac{I_{Cx}}{U\omega}=\frac{I'_{Cx}+I''_{Cx}}{2}\times\frac{1}{U\omega}=\frac{U\omega C'_x+U\omega C''_x}{2}\times\frac{1}{U\omega}$$

$$=\frac{C'_x+C''_x}{2} \tag{4-24}$$

由式（4-22）可知，当 C'_x 与 C''_x 相差不大或 $\tan\delta_1$ 与 $\tan\delta_2$ 相差不大时，可以得到

$$\tan\delta\approx\frac{\tan\delta_1+\tan\delta_2}{2} \tag{4-25}$$

应当指出，当干扰较强烈时，δ'_x 会变为负角，如图 4-12（d）所示。在进行 $\tan\delta_1$ 测量时，上述电桥线路将无法平衡。为了测出负角 δ'_x，可应用电桥的“$-\tan\delta$”切换装置，把 C_4（原与 R_4 并联）切换到与 R_3 并联，然后再使电桥平衡。当 G 指零时，根据电桥平衡条件可以得出

$$\tan\delta=\omega\tan\delta_d\%R_3\times10^{-6} \tag{4-26}$$

$$C_x=\frac{R_4}{R_3}C_N(1+\tan^2\delta) \tag{4-27}$$

式（4-26）中的 $\tan\delta_d\%$ 是从电桥盘面上直接读出的介质损耗因数值。

关于电场的干扰，可用下述的简便方法判断。

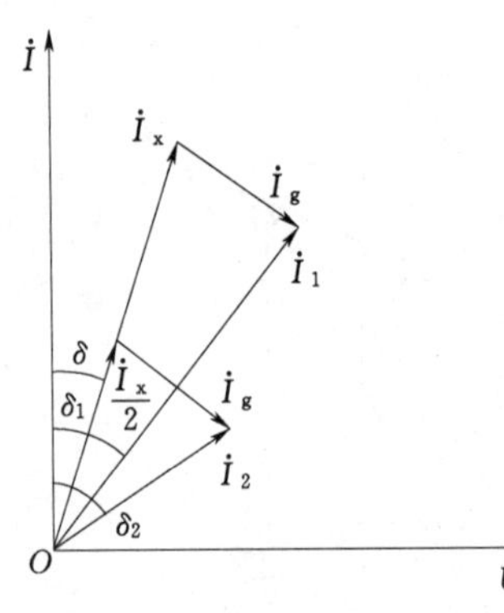

图 4-14　电场干扰的相量图

用 QS_1 型电桥测量绝缘的 $\tan\delta$，其试验电压一般为 10kV。当在 10kV 电压下电桥平衡时，先不减小检流计（平衡指示器）的灵敏度，而缓缓降低试验电压，观察电桥检流计光带是否展宽。如果展宽，一般认为有明显的电场干扰。

如图 4-14 所示，10kV 电压 $\dot{U}$ 下流过试品的工作电流为 $\dot{I}_x$，设干扰电流为 $\dot{I}_g$，则流过电桥的测量电流 $\dot{I}_1=\dot{I}_g+\dot{I}_x$。测得的试品电容量和介质损耗因数分别为 C_1、$\tan\delta_1$。当试验电压降为 $\frac{\dot{U}}{2}$ 时，流过试品的工作电流有 $\frac{\dot{I}_x}{2}$，而干扰电流仍为 $\dot{I}_g$，则此时流过电桥的测量电流 $\dot{I}_2=\frac{1}{2}\dot{I}_x+\dot{I}_g$，测得的试品电容量和介

质损耗因数分别为 C_2、$\tan\delta_2$。现场测量时，在不同电压下，只要 $C_1 \neq C_2$（$\tan\delta_1 = \tan\delta_2$），$\tan\delta_1 \neq \tan\delta_2$（$C_1 = C_2$）或 $C_1 \neq C_2$ 且 $\tan\delta_1 \neq \tan\delta_2$ 时，电桥光带都将有明显的变化。故当降低试验电压发现光带明显展宽时，则可认为有电场干扰，应使用倒相法或移相法进行电场干扰下的介质损失测量，并通过计算求出试品的真实介质损耗因数 $\tan\delta$。此时计算得到的不同试验电压下的电容量和介质损耗因数值应基本一致。

当然，如果电力设备内部有绝缘缺陷，当试验电压变化时，光带也会发生明显变化。但此时在不同电压下用倒相法或移相法测量和计算出的试品电容量和介质损耗因数将是不同的，由此可以方便地鉴别出是电场干扰还是绝缘内部存在缺陷。

磁场干扰一般较小，电桥本体都有磁屏蔽，C_x、C_N 的引线虽较长，但其阻抗较大，磁场干扰较弱时不会引起大的干扰电流。磁场干扰主要影响检流计回路。先将检流计调谐，然后自桥体断开，并将灵敏度调到最大，即可观察到检流计中是否有磁感应干扰电流存在。为避免这种干扰造成测量误差，最好远离干扰源。为减小测量误差，也可在正、反两种极性下进行两次测量，取平均值，其原理与倒相法相似。

（三）电桥测试中的几个问题

1. 分流器的使用

QS_1 交流电桥的原理接线如图 4－15 所示。因为测量时 R_3 中允许流过的电流为 0.01A，所以在 10kV 试验电压下被试品电容量 C_x 的上限应不超过

$$C_x = \frac{I_x}{U\omega} = \frac{0.01}{10^4 \times 314} \times 10^{12} = 3184.7\ (\text{pF})$$

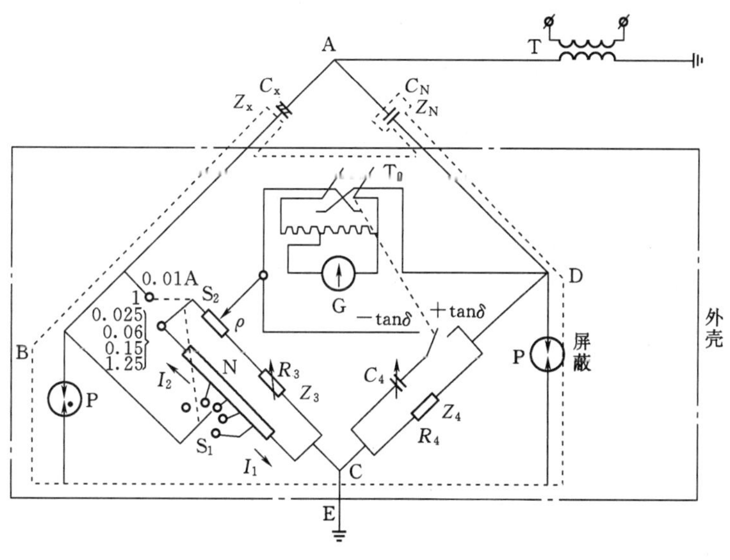

图 4－15　QS_1 交流电桥的原理接线图

当被试品的电容量大于此值时，就应使用分流器，以使流过 R_3 中的电流不超过 0.01A，保证 R_3 桥臂不致烧坏。

当接入分流器时，图 4－15 中的 S_2 与点 2 接通，同时 S_1 放到合适的抽头上。此时 I_x

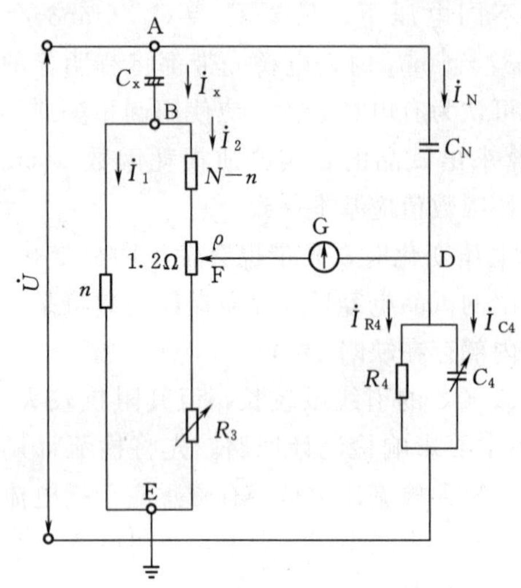

图 4-16 QS₁ 电桥接入分流器的测量原理图

经转换开关 S_1 进入分流器 N 后分成 I_1 和 I_2 两部分，I_1、I_2 都与 I_x 同相。为了清晰起见，I_1 和 I_2 的两个并联支路重新画成图 4-16 所示的形式。

由于通过两个并联电阻中的电流与电阻成反比，所以当电桥平衡时，I_2 与 I_1 之比为

$$\frac{I_2}{I_1}=\frac{n}{(N-n)+1.2+R_3} \tag{4-28}$$

$$\frac{I_2}{I_1+I_2}=\frac{n}{(N-n)+1.2+R_3+n}$$

$$=\frac{n}{N+1.2+R_3}$$

$$=\frac{n}{100+R_3} \tag{4-29}$$

因 $I_x=I_1+I_2$，所以，上式可写成

$$\frac{I_2}{I_x}=\frac{n}{100+R_3} \tag{4-30}$$

或

$$I_2=I_x\frac{n}{100+R_3}$$

式中 n——分流电阻，其值决定于抽头的位置；

N——分流器的总电阻，$N=98.8\Omega$；

R_3——电桥桥臂电阻值；

1.2——微调电阻的欧姆值。

由于电桥平衡时

$$U_3=I_2(R_3+\rho) \tag{4-31}$$

$$U_4=I_NZ_4 \tag{4-32}$$

将式 (4-30) 代入式 (4-31)，则有

$$U_3=I_2(R_3+\rho)=I_x\frac{n}{100+R_3}(R_3+\rho)$$

$$=\omega C_xU\frac{n}{100+R_3}(R_3+\rho) \tag{4-33}$$

$$U_4\approx I_NR_4=\omega C_NUR_4 \tag{4-34}$$

因为 $|\dot{U}_3|=|\dot{U}_4|$，由式 (4-33) 和式 (4-34) 得

$$C_x=\frac{R_4}{R_3+\rho}\times\frac{100+R_3}{n}C_N \tag{4-35}$$

式中 ρ——微调滑线电阻，$\rho=0\sim1.2\Omega$。

使用分流器时，电桥平衡的相量图如图 4-17 所示。此时 U_{AB} 和 U_{AD} 不再同相，而相差一个 θ 角度。电桥平衡时有

$$\tan(\delta+\theta)=\frac{I_{C4}}{I_{R4}}=\omega C_4R_4$$

由于 δ 和 θ 都很小，所以

$$\tan(\delta+\theta)=\tan\delta+\tan\theta=\omega C_4R_4 \quad (4-36)$$

$$\tan\theta=\frac{U_{BF}}{U_{AF}} \quad (4-37)$$

因为

$$U_{BF}=I_2[(N-n)+(1.2-\rho)]=I_2(100-n-\rho) \quad (4-38)$$

$$U_{AF}=U_{AD}=I_N\frac{1}{\omega C_N}=I_{R4}\frac{1}{\omega C_N}=\frac{U_{DE}}{R_4\omega C_N}=\frac{U_{FE}}{\omega C_NR_4}=\frac{I_2(R_3+\rho)}{\omega C_NR_4} \quad (4-39)$$

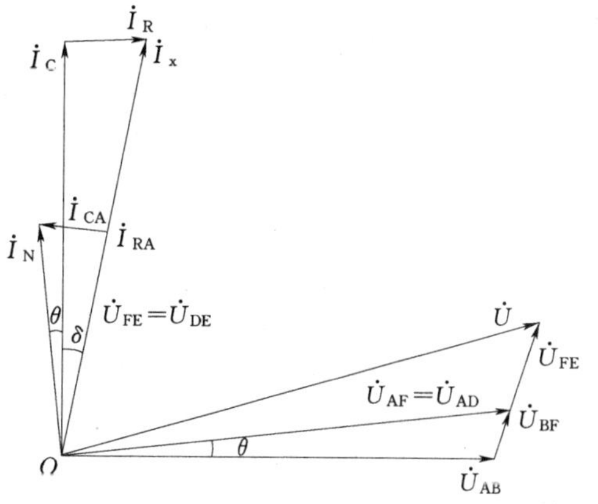

图 4-17　接入分流器时电桥平衡的相量图

故将式（4-38）和式（4-39）代入式（4-37）得

$$\tan\theta=\frac{100-n-\rho}{R_3+\rho}\omega C_NR_4 \quad (4-40)$$

由式（4-40）可见，R_3 和 n 愈小，$\tan\theta$ 就愈大，现以最小的 $n=4\Omega$ 及（$R_3+\rho$）$=11.1\Omega$ 代入式（4-40），并略去分母中的 ρ，得

$$\tan\theta=\frac{100-4}{11.1}\times2\pi f\times50\times10^{-12}\times\frac{10000}{\pi}=4.32\times10^{-4}$$

由此可见，$\tan\theta$ 比 $\tan\delta$ 小 1～2 个数量级，可以忽略，因此使用分流器时，被试品绝缘的 $\tan\delta$ 值仍可以从电桥上按 C_4 值直接读数，即

$$\tan\delta\approx C_4 \quad (4-41)$$

当试验电压为 10kV 时，I_N 为

$$I_N=U_S\omega C_N=10^4\times314\times50\times10^{-12}=157\ (\mu A)$$

则

$$U_{DE}=I_NR_4=157\ \frac{10^4}{\pi}\times10^{-6}=0.5\ (V)$$

因 I_2 的上限应不超过 0.01A，则 $R_3+\rho$ 不应小于

$$R_3+\rho=\frac{U_{EF}}{I_2}=\frac{U_{DE}}{I_2}=\frac{0.5}{0.01}=50\ (\Omega)$$

因为 ρ 很小，可以简化为 R_3 不应小于 50Ω，以对 R_3 的这个要求值代入式（4-30）可得表 4-1 所示的结果。

表 4-1　　分流电阻与试品电容的关系

分流电阻 n 值/Ω	R_3+100	60	25	10	4
被试品中允许电流/A	0.01	0.025	0.06	0.15	1.25
被试品电容上限值/pF	3000	8000	19400	48000	400000

显然，分流器在 0.01 位置时，由式（4-35）得：$C_x=C_N\dfrac{R_4}{R_3+9}$。

2. 在 R_4 旁并联 $\frac{R_4}{9}$ 后的 C_x 与 $\tan\delta_x$

由于电桥平衡时有

$$\frac{C_x}{C_N}=\frac{R_4}{R_3} \tag{4-42}$$

因为 $R_4=\frac{10^4}{\pi}$，$C_N=50\text{pF}$，R_3 的最大调节范围为 $R_3=11111.2\Omega$；所以当测量小电容量试品时，由于 $\frac{C_x}{C_N}$ 过小，难以满足式（4-42）的要求。

当电桥用于在线监测时，因为原配在 QS_1 型电桥中的 C_N 不能耐受高于10kV的试验电压，所以往往用其他电容器（如JY-65-750、SOW-180-334电容等）来代替 C_N，由于这些电容器的电容量较大，也难以满足式（4-42）的要求。为此，往往采用减小 R_4 的方法进行解决，即在 R_4 两端再并联一只 $\frac{R_4}{9}$，这样则有

$$R_4'=\frac{R_4\times\frac{1}{9}R_4}{R_4+\frac{1}{9}R_4}=\frac{1}{10}R_4=318.4\ (\Omega)$$

由式（4-42）得 $C_x=C_N\frac{R_4'}{R_3}=C_N\frac{318.4}{R_3}$（分流器在0.01挡）

$$\tan\delta_x=\omega R_4' \quad C_4=\omega\frac{R_4}{10}C_4=\frac{1}{10}C_4\ （C_4\text{ 单位为 }\mu\text{F}）$$

3. 负值现象及其原因

在电桥测量中，将 C_4 调至零，检流计振幅虽最小，但仍不平衡，称为负值现象。这并非介质损失本身为负值，只是一种假象。造成这类现象的主要原因如下：

（1）标准电容器 C_N 有损耗，且 $\tan\delta_N>\tan\delta_x$。通常所说的"标准电容" C_N，是指忽略其损耗而将它看作无损电容而言的。既然被试品的介质损耗比标准电容的还要小，因而相比之下表征标准电容的漏导损耗的电阻 R_N 支路已不容忽略。

由于 $\tan\delta_x<\tan\delta_N$（被试品介质损耗<标准电容介质损耗）则有

$$\frac{1}{\omega R_x C_x}<\frac{1}{\omega R_N C_N}$$

即：$R_x C_x>R_N C_N$。

又由已知条件 $C_x<C_N$（被试品电容<标准电容），可见 $R_x>R_N$。

1）按正常的 C_4 与 R_4 并联法去测量该被试品时，如图4-18所示，则各桥臂阻抗为

$$Z_1=R_x/\!/C_x=\frac{1}{\frac{1}{R_x}+j\omega C_x}=\frac{R_x}{1+j\omega R_x C_x}$$

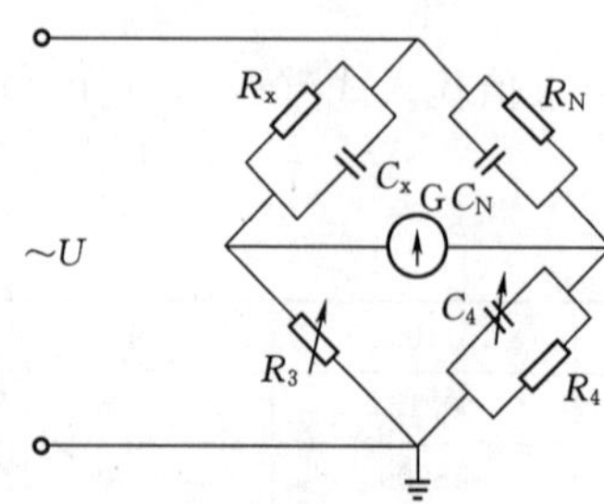

图4-18 考虑标准电容有损耗的等值电路

$$Z_2=R_N//C_N$$
$$=\frac{1}{\frac{1}{R_N}+j\omega C_N}$$
$$=\frac{R_N}{1+j\omega R_N C_N}$$
$$Z_3=R_3$$
$$Z_4=R_4//C_4=\frac{1}{\frac{1}{R_4}+j\omega C_4}$$
$$=\frac{R_4}{1+j\omega R_4 C_4}$$

要使电桥平衡，则应有 $Z_1Z_4=Z_2Z_3$，即要有

$$\frac{R_xR_4}{(1+j\omega R_xC_x)(1+j\omega R_4C_4)}=\frac{R_NR_3}{1+j\omega R_NC_N}$$

即
$$\frac{R_xR_4}{R_NR_3}(1+j\omega R_NC_N)=1+j\omega(R_xC_x+R_4C_4)-\omega^2R_xC_xR_4C_4$$

对照实、虚部，应有

$$\frac{R_xR_4}{R_NR_3}=1-\omega^2R_xC_xR_4C_4 \tag{4-43}$$
$$\frac{R_xR_4C_N}{R_3}=R_xC_x+R_4C_4 \tag{4-44}$$

从式（4－44）得

$$R_xC_x+R_4C_4=\frac{R_xR_4}{R_3}C_N=\frac{R_xR_4}{R_NR_3}R_NC_N$$
$$=(1-\omega^2R_xC_xR_4C_4)R_NC_N$$

故
$$R_4C_4(1+\omega^2R_xC_xR_NC_N)=R_NC_N-R_xC_x$$
$$C_4=\frac{1}{R_4}\times\frac{R_NC_N-R_xC_x}{1+\omega^2R_xC_xR_NC_N}$$

由前面分析已知 $R_xC_x>R_NC_N$，因此 $R_NC_N-R_xC_x<0$，即 $C_4<0$。这就是说，要使电桥平衡，必须有 $C_4<0$，而事实上这是不可能的。所以 C_4 与 R_4 并联时测量该被试品，调节电桥总不可能平衡。

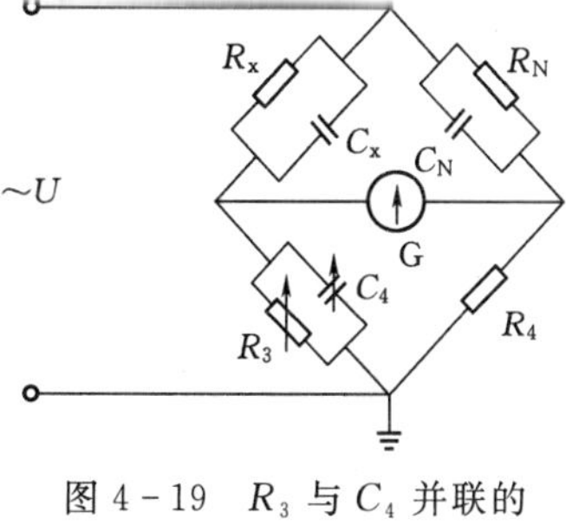

图 4－19　R_3 与 C_4 并联的等值电路

2）将 C_4 与 R_3 并联（即把开关 S 倒向“$-\tan\delta$”一方）测量该被试品时，则如图 4－19 所示，各桥臂阻抗为

$$Z_1=R_x//C_x=\frac{1}{\frac{1}{R_x}+j\omega C_x}=\frac{R_x}{1+j\omega R_xC_x}$$
$$Z_2=R_N//C_N=\frac{1}{\frac{1}{R_N}+j\omega C_N}=\frac{R_N}{1+j\omega R_NC_N}$$
$$Z_3=R_3//C_4=\frac{1}{\frac{1}{R_3}+j\omega C_4}=\frac{R_3}{1+j\omega R_3C_4}$$

$$Z_4 = R_4$$

要使电桥平衡，必须 $Z_1Z_4 = Z_2Z_3$，即有

$$\frac{R_xR_4}{1+j\omega R_xC_x} = \frac{R_NR_3}{(1+j\omega R_NC_N)(1+j\omega R_3C_4)}$$

$$\frac{R_NR_3}{R_xR_4}(1+j\omega R_xC_x) = 1+j\omega(R_NC_N+R_3C_4)-\omega^2R_NC_NR_3C_4$$

对照实、虚部，有

$$1-\omega^2R_NC_NR_3C_4 = \frac{R_NR_3}{R_xR_4} \tag{4-45}$$

$$R_NC_N+R_3C_4 = \frac{R_NR_3}{R_4}C_x \tag{4-46}$$

将式（4-45）代入式（4-46）得

$$\begin{aligned} R_NC_N+R_3C_4 &= \frac{R_NR_3}{R_xR_4}R_xC_x \\ &= (1-\omega^2R_NC_NR_3C_4)R_xC_x \end{aligned}$$

$$R_3C_4(1+\omega^2R_xC_xR_NC_N) = R_xC_x-R_NC_N$$

故有

$$C_4 = \frac{1}{R_3}\times\frac{R_xC_x-R_NC_N}{1+\omega^2R_xC_xR_NC_N}$$

既然由已知可得 $R_xC_x > R_NC_N$，所以 $C_4 > 0$ 能成立。

因此将 R_3 与 C_4 并联后可以通常调节 C_4 使电桥平衡。此时测出该被试品的结果由式（4-45）和式（4-46）得

$$R_x = \frac{R_NR_3}{R_4(1-\omega^2R_NC_NR_3C_4)}$$

$$C_x = \frac{R_4(R_NC_N+R_3C_4)}{R_NR_3}$$

则

$$\begin{aligned} \tan\delta_x &= \frac{1}{\omega R_xC_x} = \frac{1-\omega^2R_NC_NR_3C_4}{\omega(R_NC_N+R_3C_4)} \\ &\approx \frac{1}{\omega(R_NC_N+R_3C_4)} \approx \frac{1}{\omega R_3C_4} \end{aligned}$$

可见采用将 R_3 与 C_4 并联的方法能够测量出电容和介质损耗都极小的被试品的电容量 C_x 及 $\tan\delta$。

（2）电场干扰。由图 4-12（d）可知，此时流过被试品的电流为 $\dot{I}_x$，电场干扰电流为 $\dot{I}_g$，则流过桥臂 R_3 的电流为 $\dot{I}_3 = \dot{I}'_x = \dot{I}_x + \dot{I}_g$，则此时介质损耗因数测量值 $\tan\delta$ 就变为负介质损耗因数测量值（$-\tan\delta_C$）。显而易见，此时流过电桥第三臂的电流 $\dot{I}_3$ 超前于第四臂的电流 $\dot{I}_4 = \dot{I}_N$。

（3）空间干扰。所谓空间干扰主要是指在试品周围的构架、杂物或试品内部绝缘构成的干扰网络。对于这些干扰网络，由理论分析可知，既可能使实测的介质损耗因数增大，也可能使之减小。这里主要研究使其减小并出现负介质损耗因数（$-\tan\delta$）测量结果的情况。

如图 4-20 所示，空间干扰网络为 C_1g_1、C_2g_2、C_3g_3，其中 C_1g_1 相当于空间构

架（杂物、墙壁、梯子等）对高压电极的杂散阻抗，C_2g_2 相当于空间构架对测量电极的杂散阻抗；C_3g_3 相当于空间构架本身对地阻抗。由星形阻抗 ABC 可以等值变换为三角形阻抗。我们最感兴趣的是与试品（C_x、R_x）并联的阻抗，也就是由于空间干扰经杂散阻抗所带来的影响，使被试品电容量和介质损耗因数发生的变化。

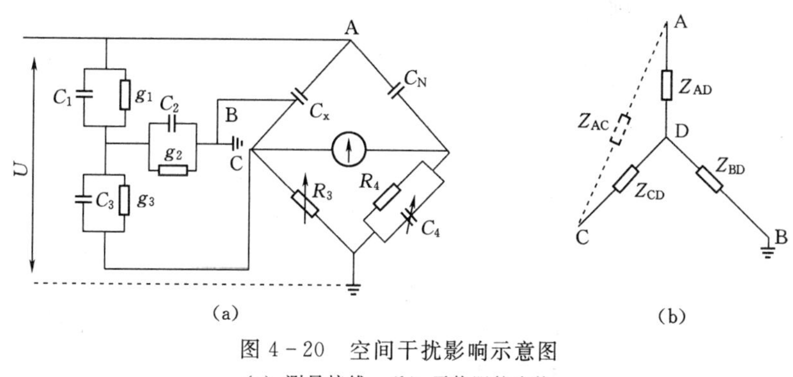

图 4－20　空间干扰影响示意图

（a）测量接线；（b）干扰阻抗变换

由图 4－20 可以求得杂散阻抗与试品并联的等效导纳为

$$Y_{AC}=\frac{1}{Z_{AC}}=\frac{(g_1g_3-\omega^2C_1C_3)+j\omega(C_1g_3+C_3g_1)}{(g_1+g_2+g_3)+j\omega(C_1+C_2+C_3)}$$

$$=\frac{(g_1g_3-\omega^2C_1C_3)(g_1+g_2+g_3)+\omega^2(C_1g_3+C_3g_1)(C_1+C_2+C_3)}{(g_1+g_2+g_3)^2+\omega^2(C_1+C_2+C_3)^2}$$

$$+j\omega\frac{(C_1g_3+C_3g_1)(g_1+g_2+g_3)-(g_1g_3-\omega^2C_1C_3)(C_1+C_2+C_3)}{(g_1+g_2+g_3)^2+\omega^2(C_1+C_2+C_3)^2}$$

$$=g_{AC}+jb_{AC}=\frac{1}{R_{AC}}+j\omega C_{AC} \tag{4-47}$$

式中的虚部等效电纳 b_{AC} 代表测量时因空间干扰网络的影响，使试品电容发生的变化；而实部等效电导 g_{AC} 代表空间干扰网络所引起的介质损耗因数的变化。

现场测量时，空间干扰一般为电容耦合，即 $g_1\approx g_3\approx 0$，而 $g_2>0$，则电容的增量为

$$\Delta C_x=C_{AC}=\frac{\omega^2C_1C_3(C_1+C_2+C_3)}{g_2^2+\omega^2(C_1+C_2+C_3)^2}=\frac{\omega^2C_1C_3(C_1+C_2+C_3)R_2^2}{1+\omega^2(C_1+C_2+C_3)^2R_2^2}$$

$$=\frac{C'\omega^2(C_1+C_2+C_3)R_2^2}{1+\omega^2(C_1+C_2+C_3)^2R_2^2} \tag{4-48}$$

式中的 $R_2=\frac{1}{g_2}$；C'的物理意义是当 g_1、g_2、g_3 均为零时的电容增量，有

$$C'=\frac{C_1C_3}{C_1+C_2+C_3} \tag{4-49}$$

当 g_1、g_3 值大时，$\Delta\tan\delta$ 为正值，这就是现场测量中发生正误差的情况，如果在电容耦合的情况下，$\tan\delta_1=\frac{g_1}{\omega C_1}\ll 1$，$\tan\delta_3=\frac{g_3}{\omega C_3}\ll 1$，则 $g_1g_3\ll\omega^2C_1C_3$，$\Delta\tan\delta$ 出现负值。当 $g_1\approx g_2\approx 0$，$g_2>0$ 时，有

$$\Delta\tan\delta=\frac{g_{AC}}{\omega(C_x+\Delta C_x)}=\frac{-\omega C_1C_3g_2}{(C_x+\Delta C_x)[g_2^2+\omega^2(C_1+C_2+C_3)^2]}$$

$$=\frac{-\omega C_1C_3R_2}{(C_x+\Delta C_x)[1+\omega^2(C_1+C_2+C_3)^2R_2^2]} \tag{4-50}$$

一般情况下，$\Delta C_x \ll C_x$，则有

$$\Delta\tan\delta\approx\frac{-\omega C_1C_3R_2}{C_x[1+\omega^2(C_1+C_2+C_3)^2R_2^2]} \tag{4-51}$$

进一步推导可得

$$|-\Delta\tan\delta|_{max}=\frac{C_1C_3}{2C_x(C_1+C_2+C_3)}=\frac{C'}{2C_x} \tag{4-52}$$

在出现 $|-\Delta\tan\delta|_{max}$ 时的电容增量为

$$\Delta C_x=\frac{C_1C_3}{2\ (C_1+C_2+C_3)}=\frac{C'}{2}$$

在现场测量时，典型化的空间干扰网络除了认为 $g_1\approx g_2\approx 0$ 外，还认为 $C_2=0$，仅有 $g_2>0$，则此时对测量介质损耗因数的影响如图 4－21 所示。

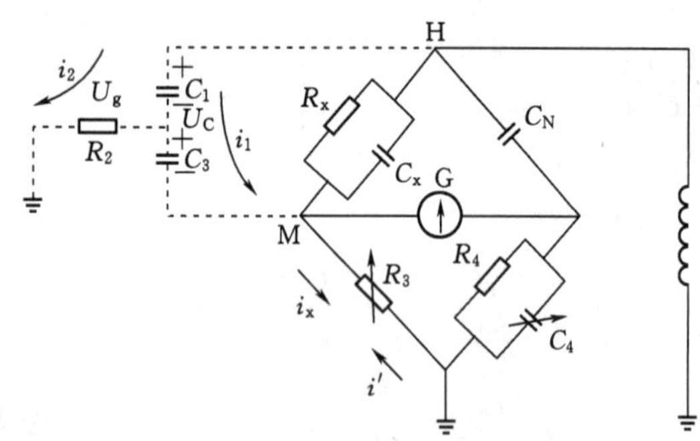

图 4－21　空间干扰引起负损耗的等值电路

图 4－21 由空间干扰网络（C_1、R_2、C_3）与试品（C_x、R_x）及 QS_1 西林电桥臂 R_3 构成。C_1-C_3 支路的电容电流使测量到的电流中电容分量增大（即流过桥臂 R_3 的电流中电容分量增大），因而使实测 tanδ 降低。再从 C_3-R_2 支路上看，当试验电压处于正半周上升段时，i_1+i_2 向 C_1 充电，i_1 向 C_3 充电（达 U_C），i_2 经 R_2 产生压降 U_g。当 U 上升到峰值时，$du/dt\rightarrow 0$；i_1 及 i_2 随之消失，$U_g\rightarrow 0$。则 U_C 经 R_2 及 R_3 放电，放电电流 i' 与流经试品的电流方向相反，当 i' 相当大而 i_x 相当小时就能出现负损耗。

现场测量 tanδ 时由于空间干扰的影响，出现偏小的测量误差，甚至出现－tanδ 测量值也是常见的。只要测量回路中构成了上述的 $C_1R_2C_3$ 这样的典型干扰网络，就会出现上述情况。

理论分析表明，上述干扰网络的影响与试品的电容量有关。当 C_x 较小时，$|\Delta\tan\delta|$ 值较大，因此在进行电容套管、电流互感器、串级式电压互感器支架等小电容试品的介质损耗因数 tanδ 测量时，尤其要注意空间干扰网络的影响。

应该指出，空间干扰的形成还与接地、接线方式有很大关系，因此现场测量时要认真分析空间干扰网络的影响，以防止介质损耗因数的测量误差，保证测量的准确性。

总之，现场测量出现负介质损耗因数测量值时，只要从上述三个方面分析是可以找出原因的，并可求得正确的测量结果。

例如，在华东某 110kV 变电所对 1 号主变压器 110kV 侧套管进行测试。当时该套管未安装在变压器上，将套管由螺丝紧固在套管铁支架上，再将铁支架接地，进行套管的 tanδ 测试时，tanδ 测量值 A 相为－10％、B 相为－8.3％、C 相为－9.6％。查找各方面

原因，最后用接地线直接将法兰接地，负值消除，测得套管的 tanδ 值 A 相为 0.5%、B 相为 0.5%、C 相为 0.6%。显然，套管 tanδ 出现负值是由于法兰没有很好接地引起的。

现作如下分析。

图 4-22 所示为电容型套管结构图和等值电路图。当瓷套表面干燥、清洁时，R_1、R_2 值极大，且 C_5、C_6、C_7 接近于零，故可再将图 4-22（b）简化成图 4-22（c）。在图 4-22（c）中，高电压 $\dot{U}$ 施加于 C_1 和 C_2 串联的电路上。C_1、C_2 上电压分别是 U_1、U_2，$\dot{U}=\dot{U}_1+\dot{U}_2$。假定 C_1、C_2 介损很小，其介质损耗因数 tan$\delta\approx 0$，如果不存在 R_0，$\dot{I}_3$ 与 $\dot{I}_1$、$\dot{I}_2$ 同相，均近似为纯容性电流。但由于 R_0 的存在，使 $\dot{I}_3$ 与 U_2 的夹角 φ 小于 90°，如图 4-23（a）所示，这样 $\dot{I}_2=\dot{I}_1-\dot{I}_3$ 的相位角为 90°+δ，所以电桥测得结果为负值，如图 4-23（b）所示。因此，实测和理论分析都证明，套管法兰与地接触不好，形成法兰经一电阻 R_0 接地，是造成绝缘试品测 tanδ 出现负误差，甚至出现负值的原因之一。在一般现场测量中当 R_0 越大时，｜tanδ｜就越大，出现的负值也越大。因此在试验中，特别对没有安装的套管类试品进行 tanδ 测试时，套管法兰应可靠接地。

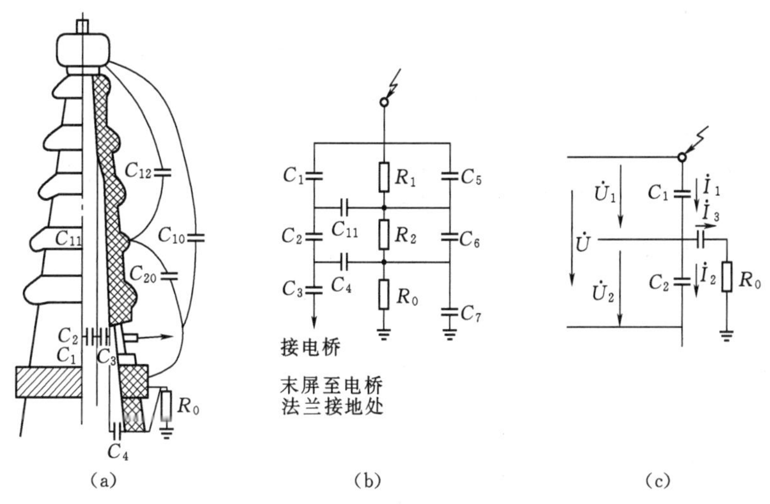

图 4-22　电容型套管的结构示意图和等值电路图

（a）结构示意图；（b）等值电路图；（c）简化等值电路图

R_0—法兰与地之间电阻；R_1、R_2—瓷套表面电阻；C_1、C_2、C_3—串联成电容型套管的导电杆与小套管之间的电容；C_5、C_6、C_7—表面杂散电容；C_{11}—穿芯杆对外瓷套管的电容；C_4—测试电流通路与法兰之间的电容

4. 强电场干扰下介质损耗因数的测量

（1）电场干扰强弱的判断。现场大量试验表明，测量小电容量（70～100pF）试品的介质损耗因数 tanδ 时，若存在电场干扰，无论采用倒相法还是移相法都难以获得准确的结果。这是目前现场在电场干扰下测量 tanδ 急待解决的问题。

电场干扰下的测量误差主要取决于干扰电流 I_g 与试验电流 I_S 之比，即干扰系数（信噪比的倒数）。设倒相（或移相后倒相）前后两次测量值分别为：R_{31}、tanδ_1（正相），R_{32}、tanδ_2（反相），则干扰电流为

$$I_g=C_NR_4\frac{\omega U_S}{2R_{31}R_{32}}\sqrt{(\tan\delta_1R_{32}-\tan\delta_2R_{31})^2+(R_{32}-R_{31})^2}$$

式中 C_N——标准电容，取 50pF；

R_4——桥臂常数，QS_1 型电桥为 3184Ω，P5026 电桥为 318.3Ω；

U_S——试验电压，取 10kV。

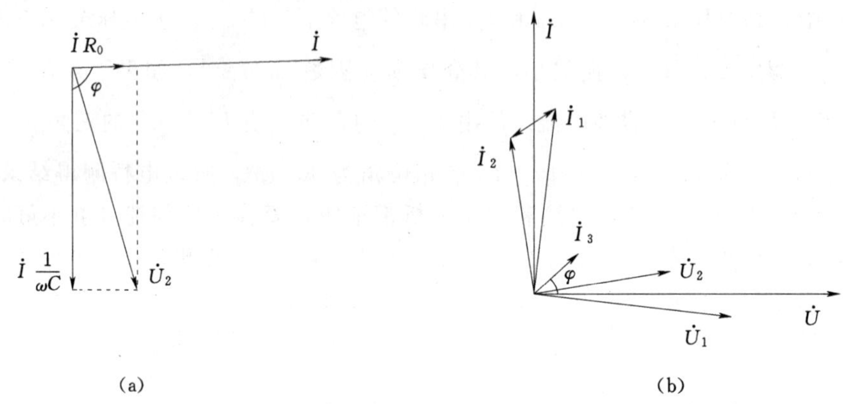

图 4-23 考虑 R_0 影响的相量图

(a) $\dot{I}_3$ 的相位角；(b) $\dot{I}_2$ 的相位角

试验电流为

$$I_S=\omega C_xU_S$$

式中的 C_x 为试品电容，其计算公式为

$$C_x=C_NR_4\left(\frac{R_{31}+R_{32}}{2R_{31}R_{32}}\right)$$

则干扰系数为

$$K_g=I_g/I_S=\frac{1}{R_{31}+R_{32}}\sqrt{(\tan\delta_1R_{32}-\tan\delta_2R_{31})^2+(R_{32}-R_{31})^2}$$

现场可利用上式计算干扰系数以判断电场干扰的强弱。表 4-2 给出现场测量的干扰系数的统计结果与分析。

表 4-2　现场测量的干扰系数统计结果与分析

试　品	C_x /μF	接线方式	干扰系数均值 /%	组数	干扰系数最大值 /%
110kV 电流互感器	75～115	反接线	7.26	141	76.2
	18～60	正接线	1.64	84	7.2

由表中数据可知，不同测量接线的干扰系数差别很大。反接线测量时干扰系数最大值较大，因此，为准确测量小电容试品（如电流互感器等）的 tanδ 时，宜选用电桥正接线。

表 4-3 和表 4-4 分别列出了用 P5026M 型电桥（见后述）对同一试品 $LCWD_2$-110 采用正接线和反接线进行测量的结果。

表 4-3　　一次对二次绕组正接线测量结果

相别	结果	电源正相			电源反相			计算值			变电所全部停电试验
		一组二次	二组二次	三组二次	一组二次	二组二次	三组二次	一组二次	二组二次	三组二次	
A	C_x/pF	15.8	32.2	48.6	16.8	34.2	51.4	16.3	33.2	50	50.2
	$\tan\delta$/%	0.91	0.85	0.89	0.76	0.62	0.62	0.83	0.75	0.77	0.78
B	C_x/pF	16.4	33.8	50.8	16.8	34.4	51.2	16.6	34.1	51	51.3
	$\tan\delta$/%	1.27	1.24	1.18	1.23	1.18	1.12	1.25	1.21	1.21	1.24
C	C_x/pF	15.1	31.4	46.2	16.7	34.8	51.8	15.9	33.2	49	49.6
	$\tan\delta$/%	2.92	2.76	3.06	2.32	2.12	1.70	2.65	2.48	2.42	2.44

注　1. 停电试验为一次对全部二次绕组的测量值。

2. 一组、二组和三组分别表示 $LCWD_2-110$ 次级绕组的三组绕组。

表 4-4　　一次对二次及地反接线测量结果

相别	电源正相		电源反相			计算值	
	C_x/pF	$\tan\delta$/%	C_x/pF	$\tan\delta$/% 测量值	$\tan\delta$/% 计算值	C_x/pF	$\tan\delta$/%
A	70	1.46	78	−6.4	−0.41	74	0.52
B	71	1.14	79	0.52	0.52	75	0.85
C	67	4.88	81	−13.2	−0.82	74	2.02

注　用 QS_1 电桥测量时，对 A、C 相，平衡微安表摆动，QS_1 电桥光带时宽时窄。

由表 4-3 和表 4-4 测量值可知，一般反接线测量值小于正接线测量值。此时引入一次绕组对地小介质损耗因数的影响。现场测试表明，一次绕组对地介质损耗因数主要是外部空气、瓷套表面和油。在表面干燥清洁状态下，一次绕组对地的介质损耗因数一般不大于 0.2%。基于此，宜选用电桥正接线测量一次对二次绕组的 $\tan\delta$，而不宜按常规反接线测量一次对二次绕组及地的 $\tan\delta$ 值作为绝缘状况的判据。

为简化试验方法，可以不拆一次绕组引线，选择任一组二次绕组，用电桥正接线测量一次对二次绕组的 $\tan\delta$。非被试二次绕组，此时应短路接地。

(2) 强电场干扰下测量介质损耗因数的新方法。目前现场正在研究和采用的新方法如下：

1) 分级加压法。这种方法的思路源于倒相法，所以下面以倒相法为基础加以说明。用 QS_1 型西林电桥测量 $\tan\delta$ 时，在外界电场干扰下的等值电路（以常用的反接线方式为例）如图 4-24 所示。

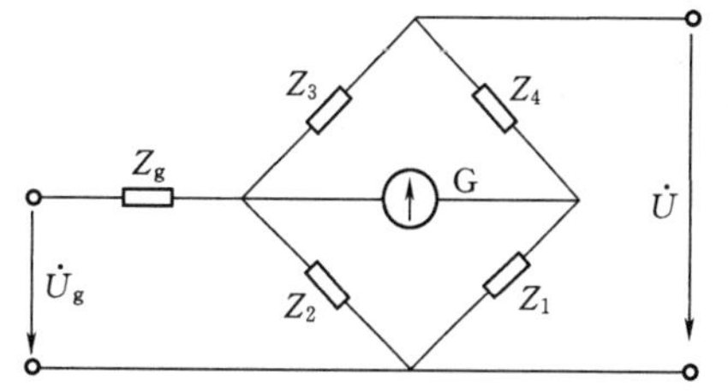

图 4-24　有电场干扰时测量 $\tan\delta$ 的等值电路

$\dot{U}$—试验电压；$\dot{U}_g$—干扰电压；Z_2—被试品；Z_1、Z_3、Z_4—电桥各臂参数；Z_g—干扰源与试品间的阻抗

在现场测量 $\tan\delta$ 时，由于安全距离的要求，故 $Z_g \gg Z_z$，由此可以用叠加原理得出在电场干扰下的电桥平衡方程式为

$$\frac{Z_4}{Z_1 Z_3}-\frac{1}{Z_2}=\frac{\dot{U}_g}{\dot{U} Z_g} \tag{4-53}$$

由式（4-53）可知，在电场干扰下的电桥平衡方程式中出现了 $\dot{U}_g/(\dot{U}Z_g)$ 项。如果干扰源电压 $\dot{U}_g=0$ 或干扰源距离试品相当远，即 $Z_g=\infty$ 时，$\dot{U}_g/(\dot{U}Z_g)=0$，此时式（4-53）变成

$$Z_4/Z_3=Z_1/Z_2$$

即为无干扰的电桥平衡方程式。

倒相法是在试验电源电压为 $\dot{U}$ 时调整电桥使其平衡（此时调整臂参数为 Z_{41}、Z_{31}），由式（4-53）得

$$\frac{Z_{41}}{Z_1 Z_{31}}-\frac{1}{Z_2}=\frac{\dot{U}_g}{\dot{U}Z_g} \tag{4-54}$$

倒换试验电源极性后，再一次调整电桥使其平衡（此时调整臂参数为 Z_{42}、Z_{23}），由式（4-53）又得

$$\frac{Z_{42}}{Z_1 Z_{32}}-\frac{1}{Z_2}=\frac{\dot{U}_g}{\dot{U}Z_g} \tag{4-55}$$

式（4-54）与式（4-55）相加后，消去 $\dot{U}_g/(\dot{U}Z_g)$，可得出

$$\frac{Z_{41}}{Z_{31}}+\frac{Z_{42}}{Z_{32}}=2\,\frac{Z_1}{Z_2} \tag{4-56}$$

常用的计算公式

$$\tan\delta_x=\frac{\tan\delta_1+\tan\delta_2\,\dfrac{R_{31}}{R_{32}}}{1+\dfrac{R_{31}}{R_{32}}} \tag{4-57}$$

$$C_x=\frac{1}{2}C_N R_4\left(\frac{1}{R_{31}}+\frac{1}{R_{32}}\right) \tag{4-58}$$

是由式（4-56）在略去二次微量 $\tan^2\delta$ 项（当测得的 $\tan\delta_1$ 和 $\tan\delta_2$ 不大于 20%时是可以的）后得出的。式（4-57）也可以写成下面常见的形式。

$$\tan\delta_x=\frac{C_1\tan\delta_1+C_2\tan\delta_2}{C_1+C_2} \tag{4-59}$$

式中 $\tan\delta_x$——被试品的介质损耗因数；

C_1、$\tan\delta_1$——倒相前（即第一次测量）所测得的被试品的电容值和 $\tan\delta$ 值；

C_2、$\tan\delta_2$——倒相后（即把单相电源的两线互调位置）所测得的被试品的电容值和 $\tan\delta$ 值。

式（4-59）中的 C_1、C_2 为

$$C_1=C_N\frac{R_4}{R_{31}}$$

$$C_2=C_N\frac{R_4}{R_{32}}$$

式中 R_{31}——倒相前电桥平衡时盘面上的 R_3 值；

R_{32}——倒相后电桥平衡时盘面上的 R_3 值。

利用式（4-59）进行计算时，应注意：当倒相前后两次测量结果均为正值时，分子的符号取加号，即 $C_1\tan\delta_1+C_2\tan\delta_2$。当两次测量出现一正一负时，分子的运算符号应

取减号，即对电桥盘面上的$-\tan\delta$必须经过换算，然后才能按式（4-59）进行计算，$-\tan\delta$的换算公式按下式进行：

$$\tan\delta=\omega(R_3+\rho)(-C_4)\times10^{-6} \tag{4-60}$$

式中 $\tan\delta$——换算后的试品真实$-\tan\delta$值；

$-C_4$——当实现$-\tan\delta$测量时，电桥平衡后，电桥盘面上的$-\tan\delta$值。

将$-C_4$（盘面上的$-\tan\delta$值）经式（4-60）进行换算，然后将换算后的值代入式（4-59）（取减号）进行计算，使可求出试品真实的$\tan\delta$值。

例如在电场干扰下测量某220kV电流互感器的$\tan\delta$，其测量结果为：$R_{31}=175.2\Omega$，$\tan\delta_1=1.5\%$；$R_{32}=174.8\Omega$、$\tan\delta_2=-9.9\%$。按式（4-60）先对$-\tan\delta$进行换算，即

$$C_1=50\times\frac{3184}{175.2}=908.67\text{（pF）}$$

$$C_2=50\times\frac{3184}{174.8}=910.75\text{（pF）}$$

$$\tan\delta=314\times174.8\times(-9.9\%)\times10^{-6}=-0.54\%$$

此值为换算后的试品实际负介质损耗因数值。

将-0.54%代入式（4-59）得

$$\tan\delta=\frac{908.67\times1.5-910.75\times0.54}{908.67+910.75}=0.478\%$$

即被试品真正的介质损耗因数为0.478%。

在进行$-\tan\delta$测量时，电桥灵敏度较低，因此当出现较大的$-\tan\delta$时，应利用选相倒相法进行测量，以谋求较小的$-\tan\delta$值，同时必须仔细测量。

电场干扰下测量$\tan\delta$，在相同的干扰下采用不同的试验接线，干扰电流在桥路中的分配也不相同，正接线受到的影响小，反接线受到的影响大，所以凡能采用正接线测量的设备均应用正接线测量，以减小误差。

由上述分析可知，倒相法测量的基本思路是通过两次测量消除平衡方程式（4-53）中的$\dot{U}_g$和Z_g。而用改变试验电压数值的方法也可以消除式（4-53）中的$\dot{U}_g$和Z_g。分级加压法就是在这种思想指导下产生的。其测量方法是：

先在试验电压为$\dot{U}$时（对QS_1型电桥为10kV）第一次将电桥调至平衡，由式（4-53）有

$$\frac{Z_{41}}{Z_1Z_{31}}-\frac{1}{Z_2}=\frac{\dot{U}_g}{\dot{U}Z_g} \tag{4-61}$$

再将试验电压降至$\dot{U}/2$（对QS_1型电桥为5kV），第二次调整平衡，由式（4-53）又有

$$\frac{Z_{42}}{Z_1Z_{32}}-\frac{1}{Z_2}=\frac{\dot{U}_g}{\frac{1}{2}\dot{U}Z_g} \tag{4-62}$$

由式（4-61）、式（4-62）消去$\dot{U}_g/\dot{U}Z_g$得

$$\frac{Z_{42}}{Z_{32}}+\frac{Z_1}{Z_2}=2\frac{Z_{41}}{Z_{31}} \tag{4-63}$$

与由式（4-56）解出式（4-57）、式（4-58）一样解式（4-63）得

$$\tan\delta_x=\frac{2\tan\delta_1-C\tan\delta_2\dfrac{R_{31}}{R_{32}}}{2-\dfrac{R_{31}}{R_{32}}}=\frac{2R_{32}\tan\delta_1-R_{31}\tan\delta_2}{2R_{32}-R_{31}}=\frac{2C_1\tan\delta_1-C_2\tan\delta_2}{2C_1-C_2} \tag{4-64}$$

$$C_x=R_4C_N\left(\frac{2}{R_{31}}-\frac{1}{R_{32}}\right)=2C_1-C_2 \tag{4-65}$$

在现场同时使用分级加压法和倒相法的测试实践表明，所得出的结果是一致的。例如在某变电站部分停电时测得某110kV电流互感器的数据为

加压10kV时，$\tan\delta$%（桥指示）=2.2，$R_3=1390\Omega$；

加压5kV时，$\tan\delta$%（桥指示）=4.0，$R_3=1354\Omega$；

倒相后加压10kV时，$\tan\delta$%（桥指示）=-3.5，$R_3=1464\Omega$，$\tan\delta$%（计算值）=-1.61；

加压5kV时，$\tan\delta$%（桥指示）=-7.7，$R_3=1503\Omega$，$\tan\delta$%（计算值）=-3.63。

当用倒相法计算时，代入式（4-57）、式（4-58）得 $\tan\delta_x=0.34\%$，$C_x=111.6\text{pF}$。

当用分级加压法计算时，代入式（4-64）、式（4-65），用 $\tan\delta_1=2.2\%$、$R_{31}=1390\Omega$ 和 $\tan\delta_2=4.0\%$、$R_{32}=1354\Omega$ 计算得

$\tan\delta_x=0.31\%$、$C_x=111.5\text{pF}$。用 $\tan\delta_1=-1.61\%$、$R_{31}=1464\Omega$ 和 $\tan\delta_2=-3.63\%$、$R_{32}=1503\Omega$ 计算得 $\tan\delta_x=0.31\%$、$C_x=111.6\text{pF}$。

由以上计算可见，假定在5kV、10kV下该试品本身的 C 及 $\tan\delta$ 是不变的话，用分级加压法和用倒相法的效果是等价的。但现场使用情况表明：用分级加压法比用倒相法操作简便，只需在10kV下调整电桥平衡，然后将试验电压降至5kV，如果电桥仍然平衡，说明无电场干扰；如果不平衡，顺手调至平衡，并记下数据，再用这两组数据按式（4-64）和式（4-65）进行计算即可。

2）选相倒相法。利用选相倒相法可以通过计算的方法消除干扰电流对被试品从高压端、中间电容屏或末屏电容耦合的影响。一般情况下，测量时将电源正、反倒相各一次即可。若作反接线测量，且测得的 $\tan\delta\geqslant15\%$ 时，应将电源另选一相测试，使 $\tan\delta\leqslant15\%$ 为止。

当 $\tan\delta<10\%$ 时，实际 $\tan\delta_x$、C_x 可通过下式计算：

$$\tan\delta_x=\frac{\tan\delta_1-\tan\delta_2\dfrac{R_{31}}{R_{32}}(1+\tan^2\delta_1)}{1+\dfrac{R_{31}}{R_{32}}(1+\tan^2\delta_1)}$$

$$C_x=\frac{1}{2}C_NR_4\left\{\frac{1}{R_{31}}+\frac{1}{R_{32}}[1-(\tan\delta_1\tan\delta_2+\tan\delta_1\tan\delta_x+\tan\delta_2\tan\delta_x)]\right\}$$

式中　$\tan\delta_1$——倒换试验电源前测得的介质损耗因数；

$\tan\delta_2$——倒换试验电源后测得的介质损耗因数。

通常 $\tan\delta_x$ 不大，而 $\tan\delta_1$、$\tan\delta_2$ 可能很大，所以 C_x 的计算式可简化为

$$C_x=\frac{1}{2}C_N R_4\left[\frac{1}{R_{31}}+\frac{1}{R_{32}}\ (1-\tan\delta_1\tan\delta_2)\right]$$

该方法不需要采用任何抗干扰措施和移相器等设备，而且适用于各种试验接线。表 4-5 列出了干扰下的计算值和无干扰下的实测值 3 组数据。由表中数据可见，两种情况下得到的 $\tan\delta_x$ 和电容值非常相近，证明该方法是可行的。

表 4-5　　干扰下的计算值与无干扰下的实测值

序　号	干扰下的测量值				计　算　值		无干扰下的实测值		
	$\tan\delta_1$ 测量时		$-\tan\delta_2$ 测量时		$\tan\delta_x/\%$	C_x/pF	$\tan\delta_x/\%$	R_3	C_x/pF
	$\tan\delta_1/\%$	R_{31}	$-\tan\delta_2/\%$	R_{32}					
1	24.1	1697	32.3	1715	2.88	91	2.8	1748	89
2	50.4	1517	44.4	1664	11.1	91	11.3	1749	89
3	16.8	3153	15.7	2697	0.63	54	0.5	3942	54

应用公式时需注意的是，当介质损耗因数为正值时，记为 $\tan\delta_1$，相应的 R_3 记为 R_{31}；介质损耗因数为负值时，记为 $\tan\delta_2$，R_3 记为 R_{32}，$\tan\delta_2$ 要换算成真实的负介质损耗因数值后再用绝对值代入。真实的负介质损耗因数为

$$-\tan\delta_2=-\tan\delta_d\frac{R_{32}}{R_4}$$

式中　$\tan\delta_d$——读得的介质损耗因数。

3）桥体加反干扰源法。分析研究表明，无论在正、反接线中，干扰电流 $\dot{I}_g$ 均从电桥 B 点流入，分布在 C_x、C_N、R_3 及 Z_4 臂中。通常 $C_x\leqslant1000\text{pF}$，$\frac{1}{\omega C_x}$约为 3MΩ；$C_N=50\sim1000\text{pF}$，$\frac{1}{\omega C_N}$达数十兆欧。而 R_3、Z_4 小于数千欧，试验变压器短路阻抗不超过 15kΩ，因此有

$$|\dot{I}_{g1}|\ll|\dot{I}_{g3}|,\quad |\dot{I}_{gN}|\ll|\dot{I}_{g4}|$$

其中 $\dot{I}_{g1}$ 为流入 C_x 臂的干扰电流，$\dot{I}_{g3}$ 为流入 R_3 臂的干扰电流，$\dot{I}_{gN}$ 为流入 C_N 臂的干扰电流；$\dot{I}_{g4}$ 为流入 Z 臂的干扰电流。这样，干扰电流 $\dot{I}_g$ 可近似表达为 $\dot{I}_g=\dot{I}_{g3}+\dot{I}_{g4}$，如图 4-25 所示。

如果不采取措施消除干扰的影响，而是借助 R_3 及 Z_4 的调节来使电桥平衡，电桥读数 $\tan\delta'$不是试品真实的 $\tan\delta$，随着干扰电流 $\dot{I}_{g3}$ 的大小及相位的不同，实测值 $\tan\delta'$可能比真实值 $\tan\delta$ 大，也可能比它小，甚至会出现负值。而且当干扰特别强，使得 $\tan\delta'$超过 60%值时，电桥根本不能平衡。

既然造成 $\tan\delta'\neq\tan\delta$ 或电桥根本不能平衡的原因是干扰源从电桥 B 点注入干扰电流 $\dot{I}_g$，而 $\dot{I}_g$ 又主要是流过 R_3 及 Z_4 臂，那么如果在电桥 R_3 及 Z_4 臂参数处于试品真实 $\tan\delta$ 位置下，不加试验电源时，往电桥臂上施加一个特制的可调电源，用以补偿干扰电流 $\dot{I}_g$ 造成的影响，再施加电源电压，电桥就能在消除了干扰源的影响下测出试品真实 $\tan\delta$。这个可调电源可加于 R_3 臂、Z_4 臂上，也可施加于检流计之间。实践表明，可以完

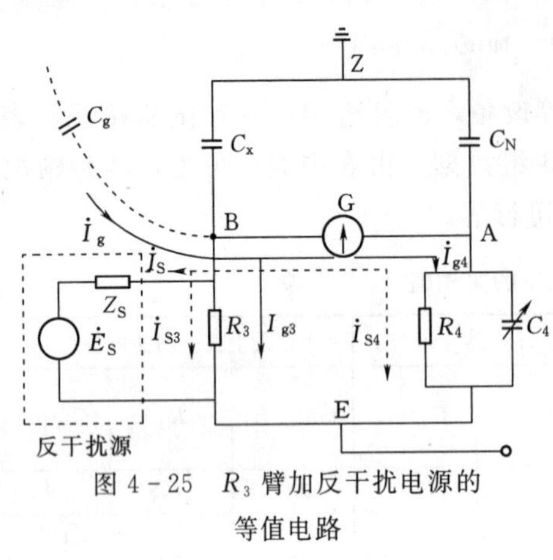

图 4－25　R_3 臂加反干扰电源的等值电路

全消除干扰对电桥平衡和对测量的影响，这就是桥体加反干扰源测量 tanδ 的新方法。

下面以 R_3 臂加反干扰源为例进行分析。

在 QS_1 型西林电桥的 R_3 臂上并联一个特制可调电源——反干扰电源，其等值电路如图 4－25 所示。可调反干扰电源电势为 $\dot{E}_S$，内阻为 Z_S，首先要求 $|Z_S|\gg|R_3|$，因此，反干扰源的并联不影响干扰电流 $\dot{I}_g$、$\dot{I}_{g3}$、$\dot{I}_{g4}$ 的分布。又因为 $\dfrac{1}{\omega C_x}\gg R_3$，$\dfrac{1}{\omega C_N}\gg|Z_4|$，所以反干扰源电流 $\dot{I}_S$ 主要是流过 R_3 和 Z_4 臂，即 $\dot{I}_S=\dot{I}_{S3}+\dot{I}_{S4}$。

如果电桥 R_3 和 Z_4 臂值正好置于试品真实 tanδ 对应的位置，调节 $\dot{E}_S$，使之满足下式

$$\dot{I}_{S3}+\dot{I}_{g3}=0$$

则

$$(\dot{I}_{S3}+\dot{I}_{g3})\ R_3=\Delta\dot{U}_{BE}=0$$

而

$$\Delta\dot{U}_{BE}=\Delta\dot{U}_{BA}+\Delta\dot{U}_{AE}=(Z_G+Z_4)(\dot{I}_{S4}+\dot{I}_{g4})$$

式中的 Z_G 为检流计的阻抗，因为 $Z_G+Z_4\neq0$；所以 $\dot{I}_{S4}+\dot{I}_{g4}=0$。这就表示流过检流计的干扰电流 $\dot{I}_{g4}$ 与反干扰电流 $\dot{I}_{S4}$ 之和为零，电桥处于平衡。这时再加试验电压，电桥仍能处于平衡，即能得到真实的 tanδ 值。

以上是以反接线为例进行分析的，其他接线方法的分析完全相同。

对于 Z_4 臂加反干扰源、检流计之间加反干扰源的情况，其效果和方法完全相同，都能达到消除外电场干扰的影响。但是不管采用哪种方法都需要一套反干扰电源装置，它包括升流，移相等部分。目前湖南省电力试验研究所已经研制成 FG－1 型反干扰装置，并在现场和实验室进行过多次测量。表 4－6 列出了部分测量结果。

表 4－6　　桥体加反干扰源的 tanδ 测量方法应用结果

测试数据 试品编号	干扰强度 I_g/I_x	反干扰措施	tanδ/%			R_3/Ω		R_3 预调值 /Ω	平衡情况
			正	反	结果	正	反		
1	0	无	0.7	0.7	0.7	213.9	213.9		
	0.6	无	6.5	－60以上		212.5	247		不平衡
		R_3 臂反干扰	0.7	0.8	0.75	213.7	213.9	150	一次平衡
2	0	无	6.8	6.8	6.8				
	0.66	无	17.6	－60以上		210.4	311.5		不平衡
		R_3 臂反干扰	6.6	6.8	6.7	212.6	212.8	150	一次平衡

续表

试品编号＼测试数据	干扰强度 I_g/I_x	反干扰措施	tanδ/%			R_3/Ω		R_3 预调值/Ω	平衡情况
			正	反	结果	正	反		
3	0	无	4.7	4.7	4.7	2177	2177		
	0.2	无	49.1	−42.2	12.45	2292	1830		
		R_3 臂反干扰	4.7		4.7	2182		1800	二次平衡
4	0	无	1.0	1.0	1.0	2434	2434		
	0.3	无	不平衡	不平衡					不平衡
		R_3 臂反干扰	1.0		1.0	2429		2100	一次平衡
5	0	无	0.3	0.3	0.3	213	213		
	0.5	无	16.6	−60以上		206	235		不平衡
		Z_4 臂反干扰	0.3	0.4	0.35	213	213	330	二次平衡
6	0	无	0.6	0.6	0.6	2261	2261		
	0.3	无	21	−60以上		3070	2470		不平衡
		Z_4 臂反干扰	0.6		0.6	2182		3000	二次平衡

4）QS_1－GK 抗干扰交流电桥。近些年来，人们在桥体上采取了许多措施，试图解决在强电场干扰下的测量难题。除上述外，常州电力设备厂在 QS_1 型电桥的基础上生产的 QS_1－GK、QS111 型抗干扰交流电桥也是一例。QS_1－GK 抗干扰交流电桥的原理接线如图 4－26 所示。

由图 4－26 可见，该电桥的主要特点是：①在分流器处加装抗干扰电路，使电桥能在强电场环境条件下，准确测量；②加装光电隔离的指针式指零仪，使读数清晰、稳定，视野变宽，大大提高了测量速度；③在 R_4 旁加装 $\frac{1}{9}R_4$ 的小电阻，可以测量小电容、小介质损耗的试品。

5）改变频率法。这种方法是采用与本地区电网频率不同的另一种频率的电源作为试验电源，测量强电场干扰下电力设备的介质损耗因数，此时只需要添一套变频电源。由于采用工频时的测量结果为

$$R_x=\frac{C_4}{C_N}R_3$$

$$C_x=\frac{R_3}{R_3}C_N$$

$$\tan\delta_{50}=\omega RC_x=\omega R_4C_4=2\pi fR_4C_4$$

所以采用变频电源后测得的介质损耗因数为

$$\tan\delta_x=2\pi f'R_4C_4=2\pi f'R_4C_4\ \frac{f}{f}=2\pi fR_4C_4\ \frac{f'}{f}=\tan\delta_{50}\ \frac{f'}{f}$$

$$\tan\delta_{50}=\tan\delta_x\ \frac{f}{f'}$$

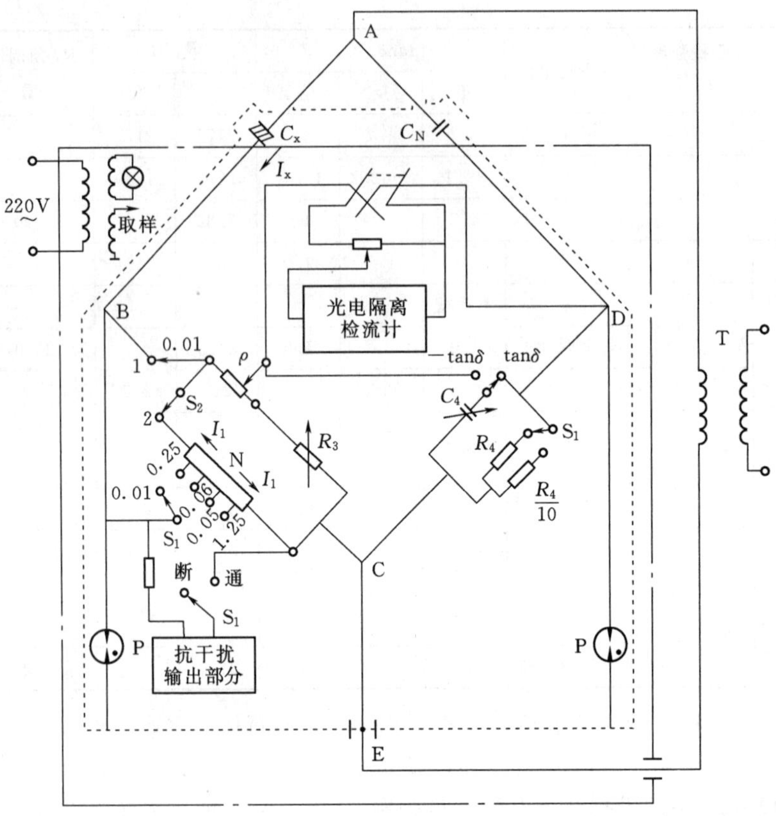

图 4-26　QS_1-GK 抗干扰交流电桥原理接线图

原国家电力公司武汉高压研究所根据上述思路研制出 WG-25A 微电脑异频介质损耗测量仪，测量时采用 50Hz±5%的频率，使仪器具有很强的抗干扰能力，所以深受用户欢迎。

5. 电桥测试中容易被忽视的问题

在电桥测试中，有些问题往往容易被忽视，使测量数据不能反映被试设备的真实情况，常被忽视的问题主要有：

（1）外界电场干扰的影响。在电压等级较低（例如 35kV 电压等级）的电气设备 tanδ 测试中，容易忽视电场干扰的影响。某单位曾测试过一台 35kV 电流互感器的 tanδ，第一年为 0.4%、第二年为 2.7%、第三年为 3.4%、第四年为 0.6%。四年的测试数据变化很大，且无规律，分析判断很困难，经过分析主要是忽视了电场干扰的影响。35kV 电压等级的电流互感器、电压互感器，断路器套管等由于电容量小，受外界的电场干扰比较大，如果一旦忽视，不采取措施消除，测试数据就不能反映试品质量的真实情况。

（2）高压标准电容器的影响。现场经常使用的 BR-16 型标准电容器，电容量为 50pF，要求 tanδ<0.1%。由于标准电容器经过一段时间存放、应用和运输后，本身的质量在不断变化，会受潮、生锈，如忽视了这些质量问题，同样会影响测试的数据。例如，某变电所测试一只 110kV 电容式变压器套管，第一天测得 tanδ 值为 0.4%，第二天测得

的 $\tan\delta$ 值却变成 0.8%，而两天测得的电容相近。经过分析比较，天气、温度、湿度、安放的位置和环境都一样，主要是使用了两只不同的标准电容器，经测试，第一天用的标准电容器本身的 $\tan\delta$ 值为 0.6%，第二天用的标准电容器本身的 $\tan\delta$ 值为 0.1%。

（3）试品电容量变化的影响。在用 QS_1 型西林电桥测量电气设备绝缘状况时，往往重视 $\tan\delta$ 值，而容易忽视试品电容量的变化，从而由此而产生一些事故。例如，某变电所测试一台套管为充胶型的 35kV 多油断路器，测试结果 A_1 套管 $\tan\delta$ 值为 2.3%，电容量为 180pF，A_2 套管 $\tan\delta$ 值为 2.4%，电容量为 240pF，其他两相四只套管的测试数据同 A_2 相近，测试结果 $\tan\delta$ 值都符合标准要求。同历年数据比较发现 A_1 套管的电容量减少了 60pF 左右，这是个异常现象。马上对该套管重新测试，并对断路器进行解体分析，发现 A_1 套管下部严重漏胶，断路器里的油表面已经发黑，这样可以及时消除隐患，否则后果不堪设想。因此，为了检出设备缺陷，在重视 $\tan\delta$ 值变化的同时，也应重视电容量的变化。

（4）消除表面泄漏的方法。当测量电气设备绝缘的 $\tan\delta$ 时，空气相对湿度对其测量结果影响很大，当绝缘表面脏污，且又处于湿度较大的环境中时，表面泄漏电流增加，对其测量结果影响更大，表 4－7 列出了不同湿度下的测量结果。

表 4－7　不同空气相对湿度下电流互感器 tanδ 的测量值

相别 \ 空气相对湿度/%	70～80	36	$\tan\delta_{70\%\sim80\%}/\tan\delta_{36\%}$
A	1.255	0.433	2.898
B	1.525	0.525	2.904
C	1.215	0.627	1.937

为了克服这种影响，有的文献提出采用屏蔽环的方法，正接线时屏蔽环装设在靠近法兰的裙边处，反接线时则装设在靠近导电杆的裙边处，均与电桥屏蔽点相连。表 4－8 列出了浙江某电力局采用 QS_1 型西林电桥反接线对一台 110kV 变压器套管进行 $\tan\delta$ 测量的结果。

表 4－8　某 110kV 变压器套管 tanδ 的测量值　%

未装屏蔽环	装屏蔽环				
	第一裙	第二裙	第三裙	第四裙	第五裙
4.3	2.9	1.9	1.4	0.7	0.4

注　1. 靠近导杆为第一裙。
2. 电容量变化不大，表中未列。

由表 4－8 可见，加装屏蔽环比未装设屏蔽环的 $\tan\delta$ 小，而且随着屏蔽环从导杆向法兰方向移动，$\tan\delta$ 值逐渐减小。这是因为套管加装屏蔽环后，改变了原来的电场分布，导致相角发生变化之故。图 4－27 所示为 QS_1 型西林电桥反接线加装屏蔽环的测量等值电路图，图中 C_{11} 为套管电容层与瓷套表面的等效电容，R_1、R_2 是瓷套表面的等值分布电阻，因为瓷套下部裙边直径较大，相当于并联支路较多，所以 $R_2<R_1$。由图可见，此时仅能屏蔽掉 R_1 的影响，而 R_2 和 C_{11} 的影响依然存在，I_{11} 必然流过 C_{11}，结果使流过电桥测量臂 R_3 的电流不一定是流过被试品的实际电流 I_x，由图 4－27（b）可以看出，比

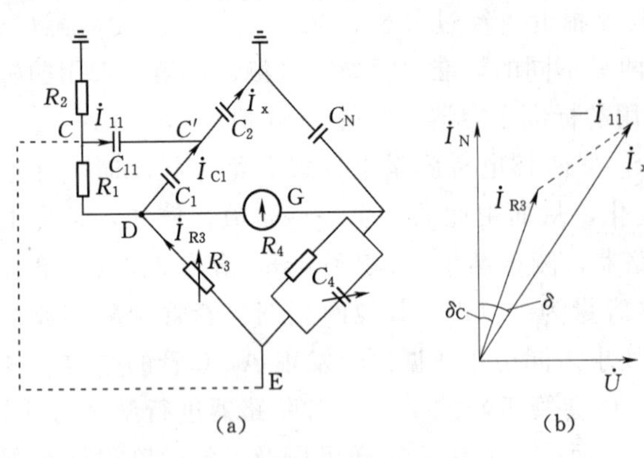

图 4-27　QS_1 型西林电桥反接线加装屏蔽环的等值电路和相量图

（a）等值电路；（b）相量图

不加屏蔽时测量结果要小。但是，此时既有消除表面影响的减小作用，同时又引入了由于 I_{11} 使测量值减小的影响。因此测量值 tanδ。要比被试品的实际 tanδ 值小。综合起来，就会出现比被试品实际介质损失偏小的测量误差，甚至出现负值现象。现场的测试结果已证明了这一点。

对于正接线，也可作类似的分析，因为屏蔽环接地，所以反而使产生负 tanδ 的表面泄漏电阻减小，也就是使测得的 tanδ 值减少得更明显，这样，它不仅不能消除表面泄漏的影响，反而引起了相反的效果。表 4-9 列出了苏联采用正接线 QS_1 型西林电桥的测量结果。测量时屏蔽环装在第六裙。

表 4-9　　某 БМТ-110 型电容式套管加装屏蔽环的测量结果

接线方式	tanδ/%	C_x/pF	接线方式	tanδ/%	C_x/pF
未装屏蔽环	0.5	190	屏蔽环接地	0	184
屏蔽环和高压相连	1.1	197			

由表中数据可见，电容量变化很小，但测得的 tanδ 却变化很大。

表 4-10 列出了我国某电力局采用 P5026M 型电桥正接线对 110kV 电容式套管介质损耗因数的实测结果，加装屏蔽环测量时，屏蔽环装设在不同裙处，靠近法兰的为第一裙。

表 4-10　　110kV 油纸电容式套管 tanδ 测量值　　%

瓷裙序号	1	2	3	4	5	6	7
加装屏蔽环	0.32	0.18	0.02	−0.10	−0.25	−0.38	−0.56
不装屏蔽环	0.4	0.4	0.4	0.4	0.4	0.4	0.4

注　相对湿度为 58%。

现加装屏蔽环也出现了与实际的介质损耗因数值相差甚远的测量结果。所以在采用正接线测试时，由于法兰已经接地，再加装消除瓷裙表面泄漏的屏蔽环不仅是不必要的，而且也是不正确的。

基于上述原因，目前国内外都不采用屏蔽环法消除表面泄漏的影响，而采用其他的有效方法，如电热风法、瓷套表面瓷裙涂擦化、化学去湿法等，表 4-11 列出了涂擦的效果。

现场测试表明，对表 4-11 中所示的瓷套管用电热风吹干四个瓷裙进行测试，吹干 5min 内进行测量，其结果基本上与涂有机硅油或涂石蜡的测试结果相同。所以，将试品表面擦干净，再采用电热风吹干后，应尽量快地进行测量，超过 10min 就明显出现偏小的测试误差。

表 4-11　　110kV 油纸电容套管涂擦的测试结果

套管形式	未涂时的 $\tan\delta$/%		涂后的 $\tan\delta$/%		试验条件	
	实测值	计算值	涂硅油（四裙）	涂石蜡（四裙）	t/℃	相对湿度/%
110kV 油纸电容式	−6.0	−1.0	0.4	0.5	26	81
	−6.5	−1.1	0.3	0.4	26	81
	−7.2	−1.3	0.5	0.5	26	81

(5) 测试电源的选择。在现场测试中，有时会遇到试验电源与干扰电源不同步，用移相等方法也难以使电桥平衡的情况。某变电所在测量 1 号主变压器的 110kV 电流互感器时就遇到了这种情况。当时变电所内的两条 110kV 的线路、母线和 35kV 母线处于带电状态，只有 1 号主变压器和 10kV 系统处于停电检修状态。试验电源由某水电站的 35kV 线路供给。由于两个电源不是一个系统，它们中间存在一个频率差，它直接影响了电桥检流计的稳定，使电桥无法平衡。后来利用 110kV 母线电压互感器的二次电压作为测试电源，测出了电流互感器的 $\tan\delta$ 值，排除了干扰。另外，利用 110kV 线路电压互感器的二次电压作为测试电源，也可排除干扰。这是因为对该变电所而言，干扰主要来自 110kV 系统。当试验电源取自 110kV 系统时，试验电源与干扰电源同步，干扰容易消除。

(6) 电桥引线的影响。

1) 引线长度的影响。分析研究表明，在一般情况下，C_x 引线长度为 5～10m，其电容为 1500～3000pF；而 C_N 引线为 1～1.5m，其电容为 300～500pF。当 $R_4=3184\Omega$ 和 R_3 较小时，对测量结果影响很小，但若进行小容量试品测试时，就会产生偏大的测量误差。

图 4-28 给出了 C_x 的引线电容 C_Z 对测量结果影响的分析用图。

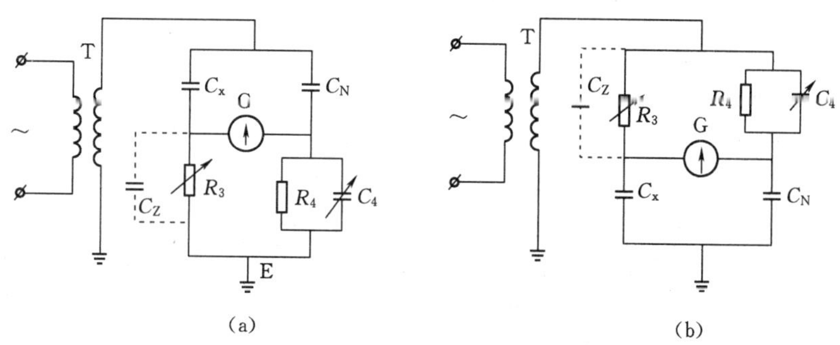

图 4-28　C_x 的引线电容 C_Z 对 $\tan\delta$ 测量结果影响的分析用图

(a) 正接线；(b) 反接线

E—C_x 引线屏蔽层接点

图 4-28 (a) 为正接线测量时 C_x 引线的示意图，此时与电桥第三臂 R_3 并联的电容 C_x 包括 C_x 的引线电容与试品测量电极对地间电容之和。

图 4-28 (b) 为反接线测量时 C_x 引线的示意图。此时 C_Z 仅为 C_x 引线的电容。当电桥平衡时

$$\tan\delta_c=\tan\delta_x+\omega C_Z R_3$$

式中 $\tan\delta_c$——电桥测量值；

$\tan\delta_x$——试品真实介质损耗因数。

可见，由于 C_Z 的存在，使试品介质损耗因数有增大的测量误差。

消除 C_Z 引起的测量误差的方法有：

(a) 测量 C_Z，计算 $\tan\delta_x$ 值。可用电容表测出 C_Z 值，再根据 $\tan\delta_x=\tan\delta_c-\omega C_Z R_3$ 计算出真实的介质损耗因数。

由于 C_x 的引线电容实测值为 100～300pF/m，设试品的引线为 10m，则 $C_Z=1000\sim3000$pF。当 $R_3=3184\Omega$ 时，$\omega C_Z R_3=0.1\%\sim0.3\%$。

(b) 根据两次测量结果计算 $\tan\delta_x$ 值。第一次测量结果 $\tan\delta_1$ 为

$$\tan\delta_1=\tan\delta_x+\omega C_Z R_3$$

第二次测量时，将电桥第四臂并入一电阻，使 R_4 值变为 KR_4，则因 C_x 未变，据 $C_x=\frac{R_4}{R_3}C_N$，则 R_3 值也将相应变为 KR_3，此时测得的介质损耗因数为 $\tan\delta_2$，即

$$\tan\delta_2=\tan\delta_x+K\omega C_Z R_3$$

由两次测得结果可得

$$\tan\delta_x=\frac{\tan\delta_2-K\tan\delta_1}{1-K}$$

若取 $K=0.5$，即 R_4 臂并联一个 3184Ω 的电阻，则上式变为

$$\tan\delta_x=2\tan\delta_2-\tan\delta_1$$

应当指出，C_x 的引线引起的测量误差偏大，不仅与 C_x 的引线长短有关，而且与试品电容 C_x 的大小有关。对小电容量试品（如 $LCWD_2$ 电流互感器等），由于 C_x 很小，R_3 值大，因此测量误差也大，易于造成误判断；而当试品电容量 C_x 较大时，且 $C_x>3000$pF，QS_1 型电桥接入分流电阻，则与 C_Z 并联的电阻一般小于 50Ω，因此此时 $\omega C_Z R_3$ 值很小，所以 C_x 引线的影响可忽略不计。当试品电容 $C_x\geqslant10000$pF 时，QS_1 型电桥说明书上对 C_x 引线长度可不作规定，因此时与 C_Z 并联的电阻很小，$\omega C_Z R_3$ 影响可以忽略。

2) 高压引线与被试品夹角的影响。测量小电容量试品时，高压引线与试品的杂散电容对测量的影响不可忽视。图 4-29 为测量互感器介质损耗因数的接线图。高压引线与试品（端绝缘和支架）间存在杂散电容 C_0，当瓷套表面存在脏污并受潮时，该杂散电流存在有功分量，使介质损耗因数的测量结果出现正误差。某单位曾对一台电压互感器在高压引线角度 α 为 10°、45°和 90°下进行测量，测得的介质损耗因数 $\tan\delta_{10}:\tan\delta_{45}:\tan\delta_{90}=4:2:1$。显然，为了测量准确，应尽量减小高压引线与试品间的杂散电容，在气候条件较差的情况下尤为重要。由上述实测结果表明，当高压引线与试品夹角 90°时，杂散电容最小，测量结果最接近实际介质损耗因数 $\tan\delta$。

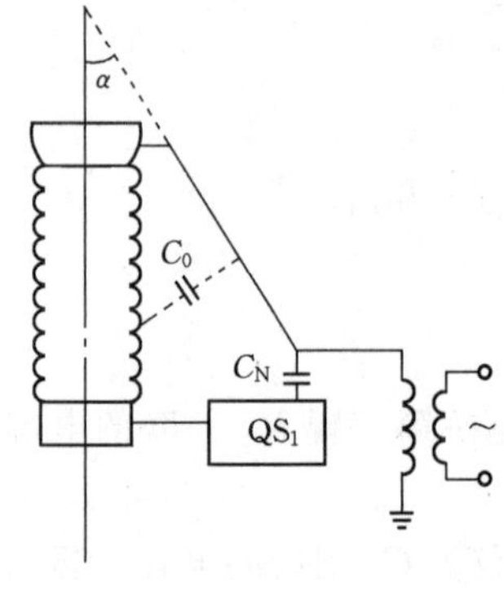

图 4-29 测量互感器介质损耗因数的接线图

3) 引线电晕的影响。高压引线的直径较细时，当试验电压超过一定数时，就可能产生电晕。例如若用一般的导线做

高压引线，当电压超过 50kV 后，就会出现电晕现象。电晕损耗通过杂散电容将被计入被试品的 $\tan\delta$ 内。严重影响测量结果，并可能导致误判断。表 4-12 列出了某台 110kV 电流互感器采用不同高压引线测得的介质损耗因数 $\tan\delta$。

表 4-12　某台 110kV 电流互感器采用不同高压引线时 tanδ 测量结果

施加电压 /kV	不同高压引线下的 $\tan\delta$/%			
	细　铁　丝	10mm² 软铜线	ϕ80mm 蛇皮管	ϕ38mm 铜管
36.5	1.46	0.63	0.4	0.4
73	3.5	0.94	0.42	0.42

由表 4-12 可知，当高压引线过细时，测得的 $\tan\delta$ 数值甚大，当高压引线外径足够大时，测得的 $\tan\delta$ 值很稳定，且与制造厂的测量数据基本吻合，说明此时的测量结果正确。由此可以得出消除电晕对测量 $\tan\delta$ 影响的主要措施是：增大高压引线的直径。实测表明，当高压引线的直径取为 50～100mm 时可以获得正确的测量结果。若现场无大直径的高压引线时，为消除电晕的影响，宜将高压引线垂直下落接至被试品，尽量减小高压引线对被试品的杂散电容。

4）引线接触不良的影响。当 QS_1 型电桥高压线或测量线 C_x 引出线与被试品接触不良时，相当于被试支路串联一个附加电阻 R_f，如图 4-30（a）所示。该电阻在交流电压作用下会产生有功损耗并与被试品自身有功损耗叠加，使测量的介质损耗因数 $\tan\delta'$ 增大，如图 4-30（b）所示。当影响严重时可能使测得的介质损耗因数超过《规程》的限值，导致误判断。表 4-13 给出了某 110kV 多油断路器上油纸电容式套管采用 QS_1 型电桥正接线的测量结果。由表中数据可见，引线接触不良，对介质损耗因数测量结果的影响是显著的。所以测量中务必使引线接触良好。

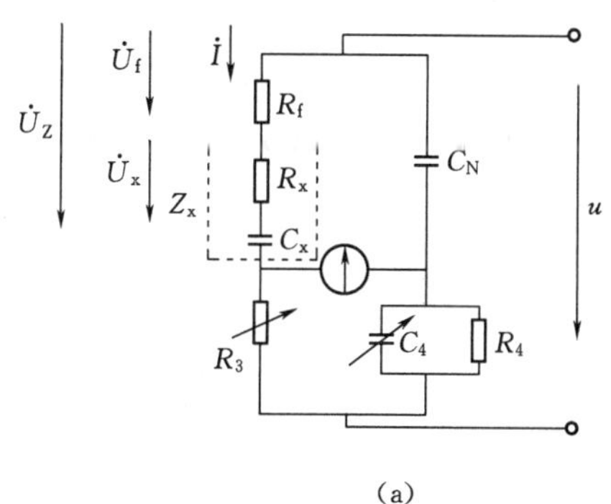

(a)

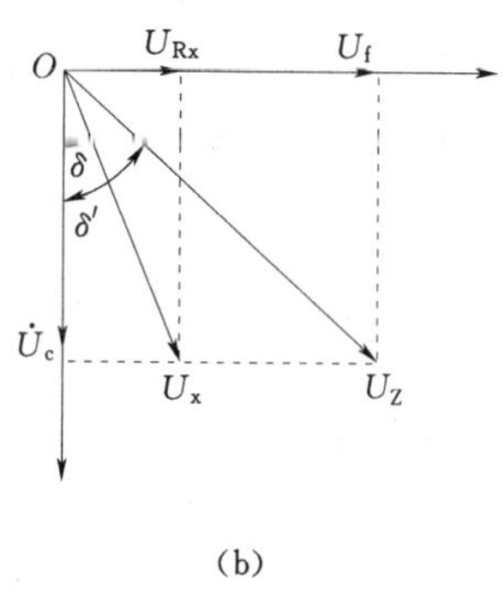

(b)

图 4-30　引线接触不良时的等值电路和相量图

（a）等值电路；（b）相量图

（7）接线的影响。小电容（小于 500pF）试品主要有电容型套管、3～110kV 电容式电流互感器等。对这些试品采用 QS_1 型电桥的正、反接线进行测量时，其介质损耗因数的测量结果是不同的，见表 4-14。其原因分析如下。

表 4-13　　油纸电容式套管介质损耗因数测量结果（$t=21℃$）

项　目	相　别	B_1	B_2	C_1	C_2
C_x 线与套管末屏连接不良	$\tan\delta'$/%	9.1	0.8	0.6	1.1
	R'_x/mΩ	611	599	573.4	594
重新接好后	$\tan\delta$/%	0.4	0.3	0.4	0.4
	R_x/mΩ	571.9	599	577	595

表 4-14　　LCWD-110 电流互感器采用不同测量接线的测量结果

正接线				反接线	
一次对二次（外壳接地）		一次对二次及外壳（绝缘）		一次对二次及外壳（接地）	
C_x/pF	$\tan\delta$/%	C_x/pF	$\tan\delta$/%	C_x/pF	$\tan\delta$/%
50	3.3	56.6	3.5	81	2.2

按正接线测量一次对二次或一次对二次及外壳（垫绝缘）的介质损耗因数，测量结果是实际被试品一次对二次及外壳绝缘的介质损耗因数。而一次和顶部周围接地部分的电容和介质损耗因数均被屏蔽掉（电桥正接线测量时，接地点是电桥的屏蔽点）。由表 4-14 可见，一次对二次的电容量为 50pF，而一次对二次及外壳（垫绝缘）的电容量为 56.6pF，一次对外壳的电容量约为 6.6pF，约为一次对二次及外壳总电容的$\frac{1}{9}$，这主要是油及瓷质绝缘的电容。由于电容很小，所以在与一次对二次电容成并联等值电路测量时，一次对外壳的影响很小。因此为了在现场测试方便，可直接测量一次对二次的绝缘介质损耗因数便可以灵敏地发现其进水受潮等绝缘缺陷，而按反接线测量的是一次对二次及地的介质损耗因数值。此时一次和顶部对周围接地部分的电容为 81－56.6＝24.4（pF），为反接线测量时总试品电容的 30%。而这部分的介质损失主要是空气、绝缘油、瓷套等，在干燥及表面清洁的条件下，这部分的介质损耗因数一般小于 10%。由于试品本身电容小，而一次和顶部对周围接地部分的电容所占的比例相对就比较大，也就对测量结果（反接线测量的综合介质损耗因数）有较大的影响。

由于正接线具有良好的抗电场干扰，测量误差较小的特点，一般应以正接线测量结果作为分析判断绝缘状况的依据。

二、2500V 介质损失角试验器（M 型试验器）

（一）原理接线

2500V 介质损失角试验器是一种不平衡交流电桥，由美国引进，具有携带方便、操作简捷等优点，准确度也能满足现场实用要求。在东北电力系统获得广泛应用。

2500V 介质损失角试验器由标准支路（C_S、R_a）、被试支路（被试设备的 R_x、C_x 及无感电阻 R_b）、极性判断支路（R_c）、电源（变压器及调压器）和测量回路（放大器及表头）等五部分组成，其原理接线如图 4-31 所示。这种仪器是利用介质损失角 δ 在很小时 $\tan\delta\approx\cos\varphi$ 的关系制造的。

其中功率因数角 $\varphi=90°-\delta$，当 $\delta<15°$时，误差小于 4%，故

$$\tan\delta=\frac{P}{S}=\frac{UI_{xR}}{UI} \qquad (4-66)$$

式中　δ——损失角；

P——绝缘吸收的有功功率；

S——绝缘的视在功率；

U——加于绝缘上的电压，在使用M型试验器时，此电压固定为2500V；

I——通过绝缘的总电流；

I_{xR}——通过绝缘的电流的有功分量。

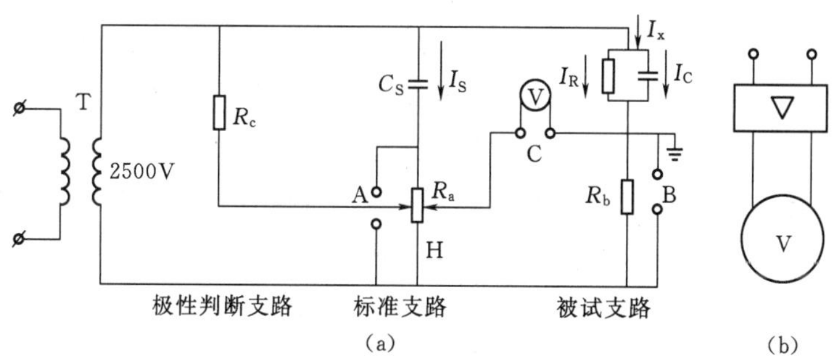

图4-31　2500V介质损失角试验器原理接线图

(a) 接线图；(b) 放大器及表头

由式（4-66）可见，若能设法测出输送给绝缘的有功功率和视在功率，则两者相除就可以求得绝缘的损耗因数。由于试验时，一般流过绝缘的电流多在毫安级，故有功功率以毫瓦（mW）、视在功率以毫伏安（mVA）为单位。

在使用2500V介质损失角试验器时，变压器二次侧的电压要保持在2500V。

（二）有功功率和视在功率的测量

下面介绍2500V介质损失角试验器是如何简便地测出有功功率和视在功率的。

（1）测量视在功率（mVA）。如果在被试支路中串联一个已知阻值的小电阻R_b并使

$$R_b \ll Z_x$$

则R_b的串入不影响流过绝缘的电流。根据量出的已知电阻R_b上的压降就可计算出视在功率，即

$$S = I_x \times 2500 = I_x R_b \times \frac{2500}{R_b} \tag{4-67}$$

（2）测量有功功率（mW）。电阻R_b上的电压有两个分量，即

$$U = I_{xR} R_b + jI_C R_b \quad (\text{因 } I_x = I_{xR} + jI_C)$$

在测量时只要测出有功功率分量$I_{xR}R_b$，即消去无功分量$I_C R_b$，将测量的结果乘以$\frac{2500}{R_b}$，就是有功功率。即

$$P = I_{xR} \times 2500 = I_{xR} R_b \times \frac{2500}{R_b} \tag{4-68}$$

在标准支路中，C_S为标准空气电容器，并且$\frac{1}{\omega C_S} \gg R_a$，故$R_a$的接入并不影响标准支路的电流，在$R_a$上的压降和标准支路中的电流$I_S$相同，即领先于电压90°，如图4-32所示。

由图4-32可见，电压$I_S R_a$与$I_C R_b$是同相的，故当用电压表跨接在位置C上测量

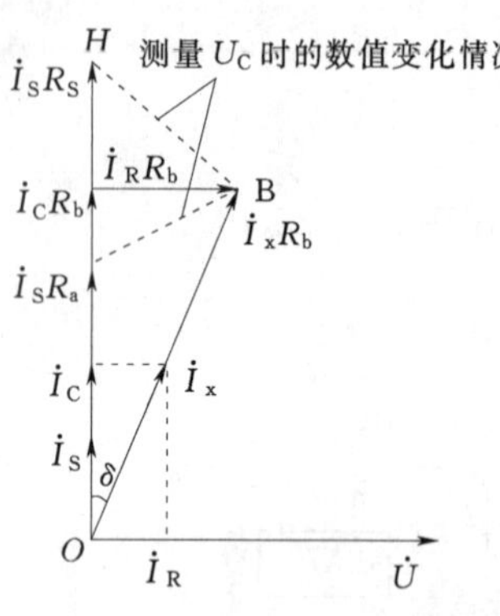

图 4-32 2500V 介质损失角试验器工作时的相量图

电压时，这两个电压就相抵消了。如果滑动 R_a 的可动触点，电压表的读数将变更，当其读数最小时，两电压就完全抵消了。这时电压表就只读出 $I_R R_b$，因而就能测量出有功功率。这样就可以算出介质损耗因数，即

$$\tan\delta=\frac{mW}{mVA}\times 100\% \tag{4-69}$$

式中 mW——测出的有功功率；

mVA——测出的视在功率。

在实际测量时，首先将真空管电压表跨接于位置 A，即调整位置，调整放大器灵敏度使表头指示 100 格，因为电源电压 U 是固定的 2500V，而标准支路中的 $C_S=255\text{pF}$，故流过其中的电容电流为

$$I_S=\frac{U}{\sqrt{R_a^2+X_S^2}}=\frac{2500}{\sqrt{(5\times10^3)^2+\left(\frac{1}{100\pi\times255\times10^{-12}}\right)^2}}$$

$$=\frac{2500}{\sqrt{(5\times10^3)^2+(1.246\times10^7)^2}}$$

$$=2\times10^{-4}\ (\text{A})$$

所以

$$U_a=I_S R_a=2\times10^{-4}\times5\times10^3=1\ (\text{V})$$

也就是说真空管电压表在满刻度时电压是 1V，而整个刻度又为 100 格，这样测量回路的灵敏度就固定了。其次将真空管电压表跨接于位置 B，显然这时测出的是 R_b 上的电压 U_b，即 mVA。最后将真空管电压表跨接于位置 C，调 R_a 的值，使指示值最小，则这时所测得的值就是 $I_{xR}R_b$，即 mW。不过在后二次测量时要注意倍率开关的位置，应将所得读数乘以倍数后再相除。

（三）极性判断支路的作用

最后分析极性判断支路的作用。

极性支路的作用是判断外界干扰方向。实践表明，在高压变电所中测量介质损失角时，常因外界电磁场的干扰而引起测量上的误差，严重时试验无法进行。这些干扰来自高压母线、电抗器、阻波器以及其他没有铁壳屏蔽的电器。试验经验表明，电场干扰在干扰中占主要成分。电场干扰的示意图如图 4-33 所示。由图可见，被试品 C_x 与母线 Q 经过空气介质对试验回路构成的电容 C_1 形成电容分压器，分压的结果使 C_x'分担一个电压 E′，由于 E′的作用产生了干扰电流 I_g，显然 I_g 是流过被试回路的。因此，在有干扰的情况下，流过 R_b 上的电流将是 $\dot{I}_x+\dot{I}_g$，由于干扰电源和试验电源同步，所以干扰电流 I_g 和被试品电流 I_x 可以画在同一相量图中，干扰电流可以有任意相位和大小，但归纳起来可以分为两类，如图 4-34 所示。

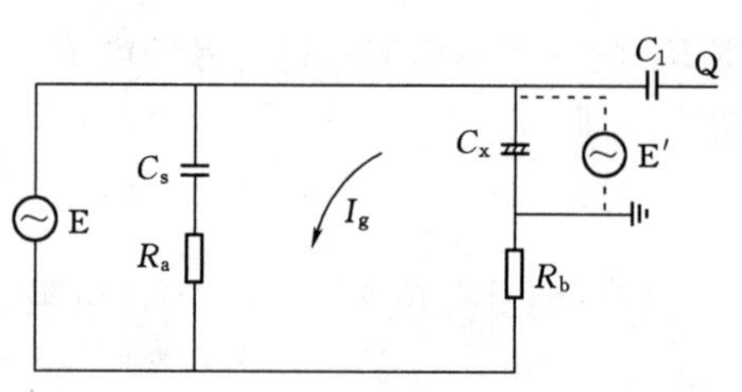

图 4-33 电场干扰示意图

（1）$I_{xR}<I_{gR}$［见图 4－34（a）、（b）］。这时流过 R_b 的电流为 I_x+I_g。而所测得的毫瓦数应为

$$mW_1=(I_{gR}+I_{xR})R_b\frac{2500}{R_b} \tag{4-70}$$

电源反相后，所测得的毫瓦数应为

$$mW_2=(I_{gR}-I_{xR})R_b\frac{2500}{R_b} \tag{4-71}$$

故真实的毫瓦数应为

$$mW=\frac{mW_1-mW_2}{2}=I_{xR}R_b\frac{2500}{R_b}=2500I_{xR}$$

（2）$I_{xR}>I_{gR}$［见图 4－34（c）、（d）］。在这种情况下，反相前的毫瓦数应为

$$mW_1=(I_{xR}+I_{gR})R_b\frac{2500}{R_b} \tag{4-72}$$

反相后，所测得的毫瓦数应为

$$mW_2=(I_{xR}-I_{gR})R_b\frac{2500}{R_b} \tag{4-73}$$

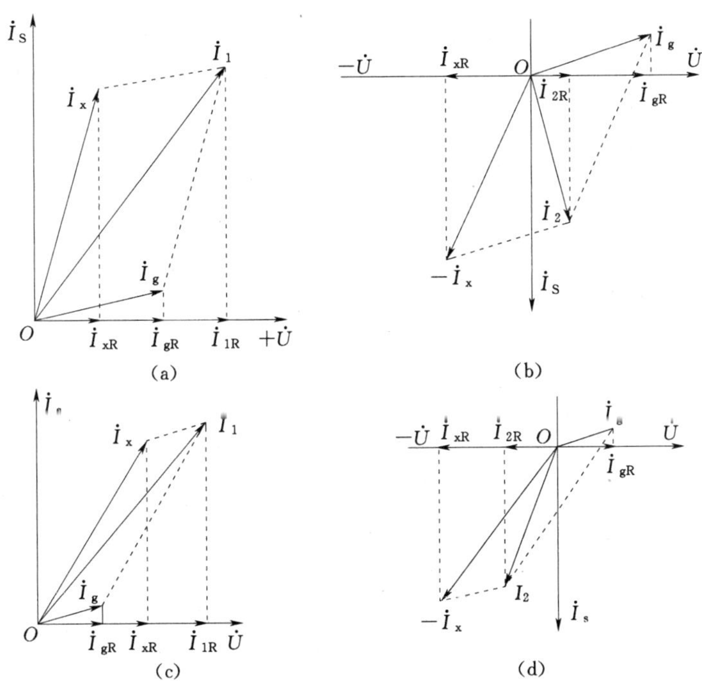

图 4－34　干扰及干扰方向的判断分析用图

(a)、(b) $I_{gR}>I_{xR}$；(c)、(d) $I_{gR}<I_{xR}$

故真实的毫瓦数应为

$$mW=\frac{mW_1+mW_2}{2}=I_{xR}R_b\frac{2500}{R_b}=2500I_{xR}$$

显然，反相前、后都可以测出 mW 的数值来，现在的问题是所测得的数值应该相加除以 2，

还是相减除以2，换言之，就是如何判断 I_{xR} 和 I_{gR} 谁大谁小，这就要用到极性判断支路。极性判断支路由高电阻 R_c（50MΩ）和极性指示器（WTH－1－10kΩ 型电位器，它包含在 R_a 中）组成。下面分析它是如何判断干扰电流与被试品中电流的有功分量之间的大小的。

1）无干扰时，R_c 引入有功电流后所产生的后果。要弄清这个问题，还得从有功功率的测量说起。由上述可知，反相前，当电压表跨接在A、B两点之间时，其读数应为

$$\dot{U}=\dot{U}_b-\dot{U}_a=I_{xR}R_b+jI_CR_b-jI_SR_a$$

电源反相后，显然，电压表的读数应为

$$\dot{U}=\dot{U}_b-\dot{U}_a=-I_{xR}R_b-jI_CR_b+jI_SR_a$$

由此可见，电源反相前后，在标准支路中流过的 I_S 在 R_a 上产生的压降，总是要抵消被试支路中的无功电流 I_C 在 R_b 上产生的压降，当上、下滑动触头1，使 $I_SR'_a=I_CR_b$ 时，则 I_CR_b 被完全抵消，这时电压表的指示数只有有功分量，即 $U=I_{xR}R_b$。因为有功功率 $P=I_{xR}\times2500$，它可以改写为 $P=\frac{I_{xR}R_b}{R_b}\times2500=I_{xR}R_b\frac{2500}{R_b}$，即有功功率等于电压表读数乘以常数 $\frac{2500}{R_b}$，若把电压表刻度改一下，就可以直接读出有功功率，即试验中测得的毫瓦数 mW。

R_c 支路只有一个电阻，所以其中流过的电流为纯有功电流，当 R_c 中流入这个有功电流后，又会出现什么情况呢？

由图4－31很容易写出电压表在电源反相前后的读数：

$$\begin{aligned}\dot{U}_1&=\dot{U}_b-\dot{U}_a=I_{xR}R_b+jI_CR_b-I_1R_1-jI_SR'_a\\&=I_{xR}R_b-I_1R_1\\\dot{U}_2&=\dot{U}_b-\dot{U}_a=-I_{xR}R_b-jI_CR_b+I_1R_1+jI_SR'_a\\&=-I_{xR}R_b+I_1R_1=-(I_{xR}R_b-I_1R_1)\end{aligned}$$

式中　I_1R_1——有功电流 I_1 在 R_a 中极性指示器上的压降。

由此分析可见，R_c 引入的有功电流 I_1 所产生的压降 I_1R_1 在电源反相前后，总是使电压表读数下降，即它使 $I_{xR}R_b$ 减小。因为 R_b 是固定的，$I_{xR}R_b$ 减小，就意味着 I_{xR} 减小，而 I_{xR} 的减小又是由于 R_c 中流入 I_1 造成的。这就给我们一个清晰的概念：在电源反相前后，R_c 中流入的 I_1，其作用相当于抵消被试品电流 I_x 中的有功电流 I_{xR} 的一部分，即使 I_{xR} 减小。

O　$\dot{I}_{xR}$　$\dot{I}_{gR}$　　　$\dot{I}_{gR}$　O　$\dot{I}_{xR}$

（a）　　　（b）

图4－35　$I_{xR}<I_{gR}$ 时反相前后有功电流和干扰电流

（a）反相前；（b）反相后

2）有干扰时，R_c 引入有功电流后所产生的后果。当 $I_{xR}<I_{gR}$ 时，由于 I_{xR} 与 I_{gR} 都是流过被试品中的有功分量，所以可以把它们画在同一条直线上，如图4－35所示。由图4－35（a）可知，反相前流过被试品的有功电流为 $I_{gR}+I_{gR}$，所以测得的有功功率应为

$$\begin{aligned}mW_1&=(I_{xR}+I_{gR})\times2500\\&=(I_{xR}+I_{gR})R_b\frac{2500}{R_b}\end{aligned}\qquad(4-74)$$

由图 4－35（b）可知，反相后流过被试品的有功电流应为 $I_{gR}-I_{xR}$，所以此时测得的有功功率应为

$$mW_2=(I_{gR}-I_{xR})\times 2500=(I_{gR}-I_{xR})R_b\frac{2500}{R_b} \tag{4-75}$$

显然，真实的有功功率可由式（4－74）和式（4－75）求得，即

$$\begin{aligned}mW'&=mW_1-mW_2=(I_{xR}+I_{gR})R_b\frac{2500}{R_b}-(I_{gR}-I_{xR})R_b\frac{2500}{R_b}\\&=2I_{xR}R_b\frac{2500}{R_b}=2mW\end{aligned}$$

即

$$mW=\frac{1}{2}(mW_1-mW_2) \tag{4-76}$$

当 $I_{xR}>I_{gR}$ 时，同理，由图 4－36（a）可知，反相前流过被试品的有功电流为 $I_{xR}+I_{gR}$，所以测得的有功功率应为

$$mW_1=(I_{xR}+I_{gR})\times 2500=(I_{xR}+I_{gR})R_b\frac{2500}{R_b} \tag{4-77}$$

O　$\dot{I}_{gR}$　$\dot{I}_{xR}$

(a)

$\dot{I}_{gR}$　O　$\dot{I}_{xR}$

(b)

图 4－36　$I_{xR}>I_{gR}$ 时反相前后的有功电流和干扰电流

（a）反相前；（b）反相后

由图 4－36（b）可知，反相后流过被试品的有功电流应为 $-(I_{gR}-I_{xR})=I_{xR}-I_{gR}$，所以此时测得的有功功率应为

$$mW_2=(I_{xR}+I_{gR})\times 2500=(I_{xR}-I_{gR})R_b\frac{2500}{R_b} \tag{4-78}$$

真实的有功功率可由式（4－74）和式（4－75）求得，即

$$\begin{aligned}mW'&=mW_1+mW_2=(I_{xR}+I_{gR})R_b\frac{2500}{R_b}+(I_{xR}-I_{gR})R_b\frac{2500}{R_b}\\&=2I_{xR}R_b\frac{2500}{R_b}=2mW\end{aligned}$$

即

$$mW=\frac{1}{2}(mW_1+mW_2) \tag{4-79}$$

由上分析，R_c 引入的 I_1 的作用是使 I_{xR} 减小。应用这个概念，就很容易得出在各种条件下，毫瓦数的变化情况。对于式（4－74），I_{xR} 减小，就意味着总的有功电流减小，从而导致 mW_1 减小。对于式（4－75），I_{xR} 减少会导致 mW_2 增大，由于式（4－74）、式（4－75）是在 $I_{xR}<I_{gR}$ 的条件下得到的，而在这个条件下，得到的计算真实有功功率的公式又是式（4－76）。换言之，电源反相前后，引入 I_1 时，若测得的毫瓦数一次增加，一次减少，则说明是属于 $I_{xR}<I_{gR}$ 的情况，此时就应当用式（4－76）计算真实的有功功率。

对于式（4－77），I_{xR} 减小，就意味着总的有功电流减小，从而导致 mW_1 也减小；对于式（4－78）I_{xR} 减小，也意味着总的有功电流减小，也导致 mW_2 减小。由于式（4－77）、式（4－78）是在 $I_{xR}>I_{gR}$ 的条件下得到的，而在这个条件下，得到的计算真实有功功率的公式又是式（4－79）。换言之，电源反相前后，引入 I_1 时，若测得的毫瓦数二次均减小，则说明是属于 $I_{xR}>I_{gR}$ 的情况，此时就应当用式（4－79）计算真实的有功功率。

最后，可把上述的分析归纳如下：

2500V 介质试验器极性判断支路中的 R_c 引入的有功电流 I_1，要抵消 I_x 中的有功电流 I_{xR} 的一部分，使得在有干扰的情况下，电源反相前后两次测得的结果一次增大，一次减小或两次均减小；若一次增大，一次减小，说明是被试品中的有功分量小于干扰电流的有功分量，计算真实有功功率时，应采用式（4－76），即 mW_2 前取负号，若两次均减小，说明是被试品中的有功分量大于干扰电流的有功分量，计算真实有功功率时应采用式（4－79），即 mW_2 前取正号。

应当指出，对于 mVA 值，反相前后若相差不大时，可取其平均值；若相差很大，就应采取具体措施，消除干扰后进行测量。目前消除干扰的有效方法是屏蔽法。

用 2500V 介质损失角试验器还可以测量被试品的电容量 C_x 和绝缘电阻 R_x。从视在功率的定义出发，可以得到

$$mVA=UI_x=U\sqrt{I_R^2+I_C^2}\approx UI_C=U^2\omega C_x$$

故

$$C_x=\frac{mVA}{U^2\omega}=\frac{mVA}{2500^2\times100\pi}\times10^{-3}\quad(\text{F})$$

或

$$C_x=0.51mVA\quad(\text{pF})\tag{4-80}$$

当被试品的 $\tan\delta<10\%$时，其误差在 1%以内。

又从有功功率的定义出发，可以得到

$$mW=\frac{U^2}{R_x}$$

故

$$R_x=\frac{U^2}{mW}=\frac{2500^2}{mW\times10^{-3}}\quad(\Omega)$$

或

$$R_x=\frac{6250}{mW}\quad(\text{M}\Omega)\tag{4-81}$$

三、GWS－1 型光导微机介质损耗测试仪

GWS－1 型光导微机介质损耗测试仪是一种新型的绝缘介质损耗测试仪，它也是从介质损耗因数 $\tan\delta$ 的基本定义出发，将电气设备绝缘的 $\tan\delta$ 测量问题转化为直接测量电压与电流之间的相位角，然后通过微机的运算处理直接显示介质损耗因数 $\tan\delta$ 和电容值 C_x。该仪器的基本特点如下：

（1）完全摆脱常用电桥的测量原理，用光纤传递高低压端信号，并采用微机进行数据处理，还引入抗干扰系统，测试准确。

（2）采用数码管直接显示 $\tan\delta$ 和 C_x，使用方便。

（3）根据需要可采用正接、反接、在线监测和外施高压等方法进行测量，测试灵活。

中外合资迪奥克电器设备有限公司给出的不同方法的接线图如图 4－37 所示。测试时先调整好电流挡，然后合上电源，施加试验电压 5kV、10kV，即自动测试，此时蜂鸣器响，响声停止即表示测量完毕，自动显示读数。

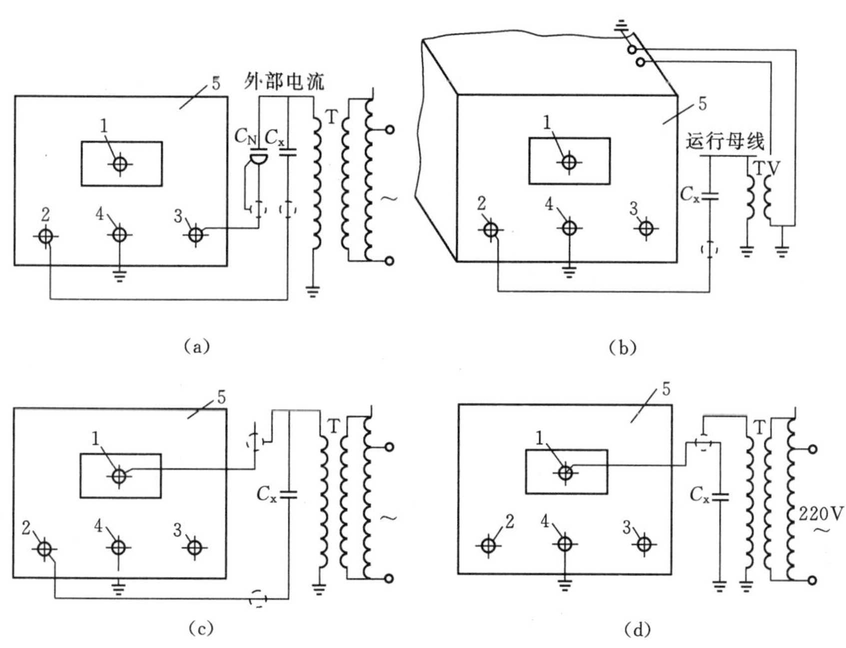

图 4-37 不同方法的测量接线

(a) 外施高压法；(b) 在线监测法；(c) 外加电压正接法；(d) 外加电压反接法

1—高压端；2—被试品电流端；3—标准电容器电流端；

4—接地端；5—后面板；T—试验变压器

四、P5026M 型交流电桥

P5026M 型交流电桥是近年来由安徽省电力试验研究所引进的苏联基辅精密仪器厂生产的一种交流电桥，这种电桥是苏联的 MД-16 型电桥（国产 QS_1）的改型。仍用于测量高压电力设备绝缘的电容量和介质损耗。此电桥主要由电桥本体 P5026M、标准电容器 P5023、防护电位装置 Φ5122 和滤波器单元 P5069 等部分组成。其接线采用西林电桥电路，可以组成 5 种接线方式进行测量，包括高压正接线、反接线和低压正接线测量等。带防护电位补偿的高压正接线测量的原理接线如图 4-38 所示。此电桥的主要特点如下：

(1) 抗干扰能力强。为防止干扰，电桥本体的外壳作外层屏蔽；防护电位装置保证电桥内屏蔽以及 C_x 和 C_0 电缆的屏蔽与 Φ5122 和平衡指示器的对角线等电位。

(2) 测量范围广。它既能用于测量电力设备绝缘的介质损耗因数，也能用于测量绝缘油的介质损耗因数。其主要技术参数如表 4-15 所示。

(3) 接线灵活。既可以在高压下采用正接线，也可以在低压下采用正接线，还可以在现场条件下直接测量。其测量结果可根据量程开关和 R_4 开关所置的位置，按说明书给定的公式计算。

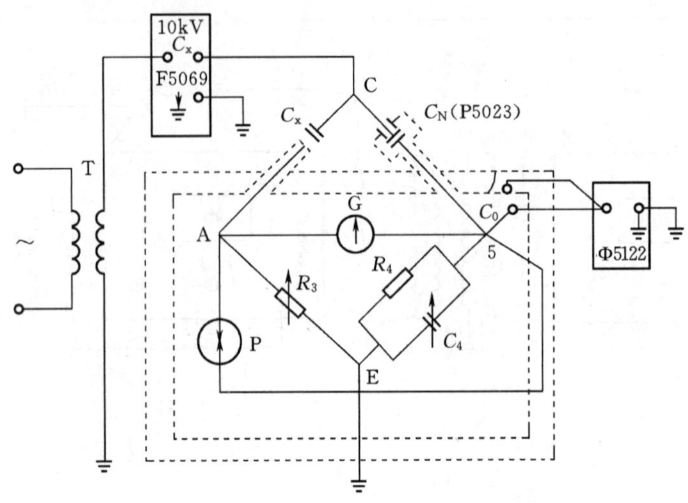

图 4-38 带防护电位补偿的高压正接线测量的原理接线

表 4-15 P5026M 型电桥主要技术参数

技术参数	试验电压	
	0.5～10kV	0.05～1.0kV
电容量的测量范围	10pF～5μF	650pF～500μF
tanδ 的测量范围	1×10^{-4}～1.0	5×10^{-3}～1.0±2%
测量电容量的基本误差	±（0.4%～5%）	
测量 tanδ 的基本误差	±（$0.005\tan\delta_x+1\times10^{-4}$）～±（$0.1\tan\delta_x+5\times10^{-3}$）	±（$0.05\tan\delta_x+2\times10^{-3}$）～±（$0.05\tan\delta_x+5\times10^{-3}$）
工作频率—50Hz 和 60Hz 工作条件—－10～＋40℃ 外形尺寸—540mm×380mm×280mm 重量—不超过 20kg		

除上述外，随着微电子技术和电子计算机的广泛应用，介质损耗测量技术有很大提高。有的将介质损耗因数 tanδ 的测量问题转化为电压与电流之间的夹角的测量，通过微机的运算处理给出 tanδ 值；有的采用微电脑异频测量，直接显示测量结果。据报道，这类测量仪器有：WJC-1 微电脑绝缘介质损耗测量仪、GCJS-2 智能型介损测量仪、WG-25 微电脑异频介损测量仪、便携式数字介质损耗测试仪、BM3A 抗干扰测试仪和 DTS 系列抗干扰介质试验器等。

第四节 测量结果的分析判断

绝缘的 tanδ 值是判断设备绝缘状态的重要参数之一，所以对其测量结果应进行分析判断，分析判断的基本方法如下：

（1）与《规程》的规定值比较。有关电力设备的规定值请参阅第二篇。

（2）tanδ 的测量值不应有明显的变化。当绝缘有缺陷时，有的使 tanδ 值增加，有的却使 tanδ 值下降，例如华东某变电所一台 120000/220 型自耦变压器，在安装过程中发现

进水受潮，但测得的 $\tan\delta$ 值却下降，测试数据见表 4－16。

表 4－16　　某自耦变压器 $\tan\delta$ 值的测试结果

测试位置	出厂试验（t＝35℃）		交接试验（t＝36℃）		进水受潮后（t＝36℃）	
	C_x/pF	$\tan\delta_x$/%	C_x/pF	$\tan\delta_x$/%	C_x/pF	$\tan\delta_x$/%
高、中—低及地	13100	0.4	13100	0.4	13390	0.2
低—高、中及地	14300	0.3	14340	0.4	14640	0.1
高、中、低—地	13600	0.4	13640	0.4	14010	0.2

由表 4－16 可见，该变压器受潮后，其 $\tan\delta$ 明显减小，而 C_x 值却增加 2%～2.7%。这个现象可作如下解释：当变压器进水受潮后，一方面使其绝缘的等值相对电容率 ε_r 增加，从而使电容量增加。由于电容量增加，又会导致无功功率 $Q\approx\omega C_xU^2$ 增加。另一方面，还会使绝缘的电导增大，从而使泄漏电流 I_L 增加，这就导致有功功率 $P=I_L^2R_j$ 增加。因为 $\tan\delta=P/Q$，所以 $\tan\delta$ 值既有可能增加，也有可能减小，还有可能不变。在这种情况下，若再测量电容量，则有助于综合分析，确定绝缘是否真正受潮。

另外，若绝缘中存在的局部放电缺陷发展到在试验电压下完全击穿并形成低阻短路时，也会使 $\tan\delta$ 值明显下降。因此，现场用 $\tan\delta$ 值进行电力设备绝缘分析时，要求 $\tan\delta$ 值不应有明显的增加和降低，即要求 $\tan\delta$ 值在历次试验中不应有明显变化。

（3）可根据电容量的变化进行分析判断。根据现场测试经验，虽然 $\tan\delta$ 没有超过《规程》规定值，但可从电容量的变化进行分析、判断，检出绝缘缺陷。例如，某厂一台 JCC_2－110 型电压互感器的 $\tan\delta$ 没有超过规定值 3.5%，然而 C_x 却下降了 25%，如表 4－17 所示。分析其原因是介电常数较大的油被介电常数小的空气取代的结果。经检查，该电压互感器瓷套内的油几乎流光。

表 4－17　　JCC_2－110 型电压互感器的测试结果（20℃）

次 \ 测试参数	$\tan\delta$/%	C_x/pF
1	0.5	617
2	2.74	463
变化率/%	＋448	－24.95

表 4－18 列出了根据几台少油设备电容量变化，检出绝缘缺陷的实例。

表 4－18　　根据少油设备的电容量变化检出绝缘缺陷的实例

序号	设备名称		绝缘电阻/MΩ	$\tan\delta$/%		C_x/pF			综合分析结论	检查结果
				上次	本次	上次	本次	增长率/%		
1	66kV 油纸电容式套管	A	—	0.8	0.81	179.3	162.4	－9.43	绝缘不合格	两支套管的下端部密封不良，运行中渗漏，严重缺油
		B	—	0.7	1.0	183.2	165.9	－9.44		
2	LCLWD－60 型电流互感器	A	25	—	3.27	正常值（约 100）	1670.75	16.7 倍	绝缘不合格	互感器内部放出大量积水，由于端部结构设计密封不良而进水
		C	25	—	3.28		1695.75	16.9 倍		

续表

序号	设备名称	绝缘电阻/MΩ	tanδ/%		C_x/pF			综合分析结论	检查结果
			上次	本次	上次	本次	增长率/%		
3	$LCLWD_1-220$ 型电流互感器	—	0.51	0.75	—	—	+6.0	绝缘不合格	电容芯棒的U形处底部最外一对电容屏间绝缘击穿、短路
4	$LCLWD_3-220$ 型电流互感器	10000	0.41	1.4	—	—	+10	绝缘不合格	端部密封不良（端盖胶垫压偏）、进水

第五节　绝缘预防性试验中的非破坏性试验结果的综合分析判断

一、综合分析判断的必要性

由上述可知，每一项预防性试验项目对反映不同绝缘介质的各种缺陷的特点及灵敏度各不相同，因此对各项预防性试验结果不能孤立地、单独地对绝缘介质作出试验结论，而必须将各项试验结果全面地联系起来，进行系统地、全面地分析、比较，并结合各种试验方法的有效性及设备的历史情况，才能对被试设备的绝缘状态和缺陷性质作出科学的结论。例如，当利用兆欧表和电桥分别对变压器绝缘进行测量时，如果tanδ值不高，但其绝缘电阻、吸收比较低，则往往表示绝缘中有集中性缺陷；如果tanδ值也高，则往往说明绝缘整体受潮。

二、试验结果的分析判断原则

一般地说，如果电力设备各项预防性试验结果（也包括破坏性试验）能全部符合《规程》的规定，则认为该设备绝缘状况良好，能投入运行。但是对非破坏性试验而言，有些项目《规程》往往不作具体规定，有的虽有规定，然而，试验结果却又在合格范围内出现“异常”，即测量结果合格，增长率很快。对这些情况如何作出正确判断，则是每个试验人员非常关心的问题。根据现场试验经验，现将电力设备绝缘预防性试验结果的综合分析判断概括为比较法。它包括下列内容：

（1）与设备历次（年）的试验结果相互比较。因为一般的电力设备都应定期地进行预防性试验，如果设备绝缘在运行过程中没有什么变化，则历次的试验结果都应当比较接近。如果有明显的差异，则说明绝缘可能有缺陷。

例如，某66kV电流互感器，连续两年测得的介质损耗因数tanδ分别为0.58%和2.98%。由于认为没有超过《规程》要求值3%而投入运行，结果10个月后发生爆炸。实际上，只比较两次试验结果（2.98/0.58=5.1倍），就能判断不合格，从而避免事故的发生。

（2）与同类型设备试验结果相互比较。因为对同一类型的设备而言，其绝缘结构相同，在相同的运行和气候条件下，其测试结果应大致相同，若悬殊很大，则说明绝缘可能

有缺陷。

例如，某66kV电流互感器，连续两年测得的三相介质损耗因数tanδ分别为：A相0.213%和0.96%；B相0.128%和0.125%；C相0.152%和0.173%。没有超过《规程》要求值3%，但A相连续两年测量值之比为0.96/0.213=4.5。而且较B、C相的测量值也显著增加，其比值分别为0.96/0.125=7.68；0.96/0.173=5.5。由综合分析可见，A相互感器的tanδ值虽未超过《规程》要求，但增长速度异常，且与同类设备比较悬殊较大，故判断绝缘不合格。打开端盖检查，上盖内有明显水锈迹，说明进水受潮。

(3) 同一设备相间的试验结果相互比较。因为对同一设备，各相的绝缘情况应当基本一样，如果三相试验结果相互比较差异明显，则说明有异常的相绝缘可能有缺陷。

例如，某FCZ-220J型磁吹避雷器（每相由两节FCZ-110J组成），用绝缘电阻表测量并联电阻的绝缘电阻，其中一节为∞，另外五节均在800～1000MΩ范围内，这说明为∞的那节可能有问题，后来又测量电导电流并拍摄示波图，确认并联电阻出现了断线。

(4) 与《规程》的要求值比较。对有些试验项目，《规程》规定了要求值，若测量值超过要求值，应认真分析，查找原因，或再结合其他试验项目来查找缺陷。

例如，其66kV电流互感器，测得A、C相的绝缘电阻均为25MΩ，显著降低；测得该两相的tanδ和电容值C_x分别为3.27%和1670.75pF；3.28%和1695.75pF。tanδ值超过《规程》要求值3%，C_x较正常值102pF增大约16.4倍，根据上述测量结果可判断绝缘受潮。检修时，从该互感器中放出大量水，证实了上述分析和判断的正确性。

(5) 结合被试设备的运行及检修等情况进行综合分析。

总之，应当坚持科学态度，对试验结果必须全面地、历史地进行综合分析，掌握设备性能变化的规律和趋势，这是多年来试验工作者经验积累出来的一条综合分析判断试验结果的重要原则，并以此来正确判断设备绝缘状态，为检修提供依据。

为了更好进行综合分析判断，除应注意试验条件和测量结果的正确性外，还应加强设备的技术管理，健全并积累设备资料档案。目前我国许多单位已经应用计算机管理，收到良好效果。

三、预防性试验中的非破坏性试验方法的比较

表4-19列出了非破坏性试验基本方法的比较，在试验中应充分利用它们的特点去发掘绝缘缺陷。

表4-19　　非破坏性试验基本方法的比较

试验方法	能发现的缺陷	不能发现的缺陷	评价
测量绝缘电阻	贯通的集中性缺陷，整体受潮或有贯通性的受潮部分	未贯通的集中性缺陷，绝缘整体老化及游离	基本方法之一
测量吸收比和极化指数	受潮，贯通的集中性缺陷	未贯通的集中性缺陷，绝缘整体老化	应用于判断受潮
测量泄漏电流	同绝缘电阻测量，但较灵敏	同绝缘电阻测量	基本方法之一
测量tanδ	整体受潮、劣化，小体积被试品的贯通及未贯通缺陷	大体积被试品的集中性缺陷	基本方法之一

四、正确记录温度

为便于比较，《规程》规定，进行电力设备预防性试验时，应同时记录被试物和周围空气的温度。对变压器绕组，一般以“上层油温”为准；对互感器、断路器等少油电力设备，一般以“环境温度”为准；对变压器上的套管，则未明确规定，根据国内外运行经验，较准确的套管试验温度可用下式计算

$$t=0.66t_1+0.34t_2 \quad (℃)$$

式中 t_1——上层油温，℃；

t_2——周围环境温度，℃。

例如，若变压器的上层油温为60℃，环境温度为32℃，则套管的内部温度为

$$t=0.66\times60℃+0.34\times32℃=50.5℃$$

对于电缆，应取“土壤的温度”作为温度换算的依据。对于发电机，一般以定子绕组的“平均温度”（一般测取3～4个位置）为准。

复　习　题

1. 什么是介质损失，它有几种基本形式？

2. 为什么在交流电压下的介质损耗常用介质损耗因数来表示？

3. 什么是介质损耗因数？为什么有时 $\tan\delta$ 试验又称为介质损失角试验？

4. $\tan\delta$ 为什么能反映介质损耗的大小？

5. 电介质的两种等值电路参数关系如何？在什么条件下两种等值电路的 P 可用同一表达式？

6. 测量介质损耗因数能发现什么缺陷？不易发现什么缺陷？为什么？

7. 在串、并、串并联电路中，$\tan\delta$ 的综合值有什么特点？掌握这个特点对今后分析、判断试验结果有什么意义？

8. 对某大型电力变压器进行分解试验时，测得其套管的电容量和介质损耗因数分别为 $C_1=1000\text{pF}$，$\tan\delta_1=5\%$；而测得一次绕组与二、三次绕组及地间的电容量和介质损耗因数分别为 $C_2=20000\text{pF}$，$\tan\delta_2=0.2\%$。试问若对此变压器进行整体测量时，其测量值应为多少？根据该值能否发现套管的绝缘缺陷？

9. 说明西林电桥的工作原理，比较正、反接线和对角线接线的优缺点。

10. 用西林电桥测量 $\tan\delta$ 时，在什么情况下可能出现负值现象？你在测试中遇到过负值现象吗？是如何解决的？

11. 当有空间干扰时，西林电桥正、反接线的测量结果是否相同？为什么？

12. 用 QS_1 型电桥测量 $\tan\delta$ 时，有时要在 R_4 上并联电阻？为什么？并联电阻后 $\tan\delta$ 如何计算？

13. 说明分级加压法的实质及操作过程。

14. 电力设备绝缘的 $\tan\delta$ 值为什么不能有明显的变化？电容值增大或减小的可能原因是什么？

15. 说明屏蔽法、移相法和倒相法消除干扰的原理。

16. 试述用2500V介质损失角试验器测量 mVA 和 mW 的基本原理。

17. 极性判别支路是如何判定 I_{gR} 与 I_{xR} 大小的？在什么情况下真实的 mW 是两次测量结果相加除2（或相减除2）？

18. 用M型试验器可以测出被试品哪些参数？如何计算？现测得某台双绕组电力变压器的 $mVA=4000$，$mW=100$，试计算其 $\tan\delta_x$、C_x、R_x 各为多少？

19. 对非破坏性预防性试验结果为什么要进行综合判断？分析、判断的原则是什么？

20. 结合测试经验比较各种非破坏性试验方法在发现绝缘缺陷方面的特点。

21. 在非破坏性预防性试验中，测量值虽满足规程要求，但逐次（年）增长很快，你如何处理，如何正确执行规程？

22. 电力设备某一项预防性试验结果不合格，是否允许该设备投入运行？

第五章　交、直流耐压试验

在电力系统预防性试验中，虽然对电力设备进行了一系列非破坏性试验，能发现很多绝缘缺陷。但因其试验电压一般较低，往往对某些缺陷，特别是局部缺陷还不能检出，这对保证安全运行是不够的。为了进一步暴露电力设备的绝缘缺陷，检查设备绝缘水平（称电力设备绝缘耐受电压能力的大小为绝缘水平，通常用试验电压表示）和确定能否投入运行，有必要进行破坏性试验即耐压试验。根据《规程》规定，现场电力设备绝缘预防性试验中的破坏性试验有交流耐压试验和直流耐压试验两种。

交流耐压试验是鉴定电力设备绝缘强度的最严格、最有效和最直接的试验方法，它对判断电力设备能否继续参加运行具有决定性的意义，也是保证设备绝缘水平，避免发生绝缘事故的重要手段。所以《规程》规定，对110kV以下的电力设备应进行耐压试验（有特殊规定者除外）。110kV及以上的电力设备，在必要时应进行耐压试验。

直流耐压试验是考验电力设备的电气强度的，它在反映电力设备受潮、劣化和局部缺陷等方面有重要实际意义。目前在发电机、电动机、电缆、电容器等电力设备预防性试验中得到广泛应用。

本章主要介绍交流耐压试验的试验接线、试验设备、电压测量及试验中异常现象分析，对直流耐压试验，只在第三章的基础上说明其特点。

第一节　交流耐压试验的目的和意义

电力设备的绝缘结构在运行中可能受到以下四种电压作用：

（1）工频工作电压。绝缘结构在其整个运行过程中，必须能够长期连续地承受工频最高工作电压，通常称之为系统最高运行相电压U_{xg}，数值为

$$U_{xg}=\frac{(1.15\sim1.10)U_n}{\sqrt{3}}\times\sqrt{2}\quad(\text{kV,峰值})$$

式中　U_n——额定线电压，kV；

1.15～1.10——系数，由系统电压等级确定，220kV及以下取1.15，330kV及以上取1.10。

（2）暂时过电压。它包括习惯上所指的工频电压升高和谐振过电压。工频电压升高起因于空载线路的电容效应、甩负载和不对称接地。当突然甩负载后，由于电源只带一条空载的输电线路，而输电线路的对地容抗可用一个X_C表示，这样流过电源内阻的电流就突变为容性电流，这个电流流过系统中的感抗就造成了电压升高。因为这个升高了的电压仍接近于50Hz交流电压，故称为工频电压升高。在近代的继电保护条件下，作用时间约为十分之几秒至1s。与长期施加的交流电压一样，对电力设备内绝缘老化及电力系统的绝

缘结构影响很大。谐振过电压起因于含铁芯的非线性电感元件所引起的铁磁效应或谐振，其幅值较高，持续时间较长，其频率可以是工频基波，也可以是高次或分次谐波。

(3) 操作过电压。它是由于电力系统中的断路器动作（如切、合空载长线，切空载变压器等）产生的。这种过电压的波形很不规则，情况不同时变化甚大，可以是衰减振荡波，或是非周期性电压的冲击波，作用时间约为 10^{-2}s，一般在 1ms 之内电压达最大值。我国电力系统中操作过电压的大致倍数如下：35kV 为 4.0 倍；110～220kV 为 3.0 倍；330kV 为 2.75 倍；500kV 为 2.0 倍。目前，对于操作过电压的试验电压波形，GB 311.1 规定采用非周期电压冲击波，标准波形为 250/2500μs。

(4) 雷电过电压（或外部过电压、大气过电压）。它是由于雷云放电产生的，幅值很高，作用时间几毫秒到几十微秒。目前，我国对于雷电过电压的试验标准电压波规定为 1.2/50μs 的全波。雷电过电压往往造成电力设备的绝缘破坏，为保证电力系统的安全运行，对雷电过电压必须采取积极的预防措施。

为了保证绝缘结构能够耐受上述四种电压的作用，绝缘结构必须经受冲击波耐压试验以及工频耐压试验的考验，并要求有足够的裕度。

大量的试验研究表明，电压等级在 220kV 以下的电力设备，其冲击电压、操作波电压和工频电压之间有一定的等效关系，一般直接用工频电压去试验电力设备承受电力系统工频运行电压、工频电压升高的能力，并且习惯上用等效的工频电压试验其绝缘耐受操作波电压的能力。但对电压等级为 330kV 及以上的电力设备和绝缘结构，则趋向于直接用雷电冲击电压、操作波电压和工频电压分别试验电力设备的绝缘结构特性，不再用等效的工频电压代替操作波电压对绝缘进行试验。

第二节　交流耐压试验的试验接线

一、试验接线

实际的试验接线是根据被试设备的要求和现场设备的具体条件来决定的，常见试验接线的原理图如图 5-1 所示。

根据图 5-1，可把交流耐压试验的接线归纳为以下六个部分：①交流高压电源；②调压；③电压测量；④控制；⑤保护；⑥波形改善等。这六个部分中主要的是前三个部分。各部分的作用原理将在下面介绍。

二、试验设备

(一) 高压试验变压器

1. 单台高压试验变压器

用于高压试验的特制变压器，称为高压试验变压器。它一般可分为两个系列：一个系列是高压侧电流为 1～2A；另一个系列是高压侧电流为 0.1～0.2A。试验时应根据被试设备的电容量和试验时的最高电压来选择试验变压器。具体步骤如下：

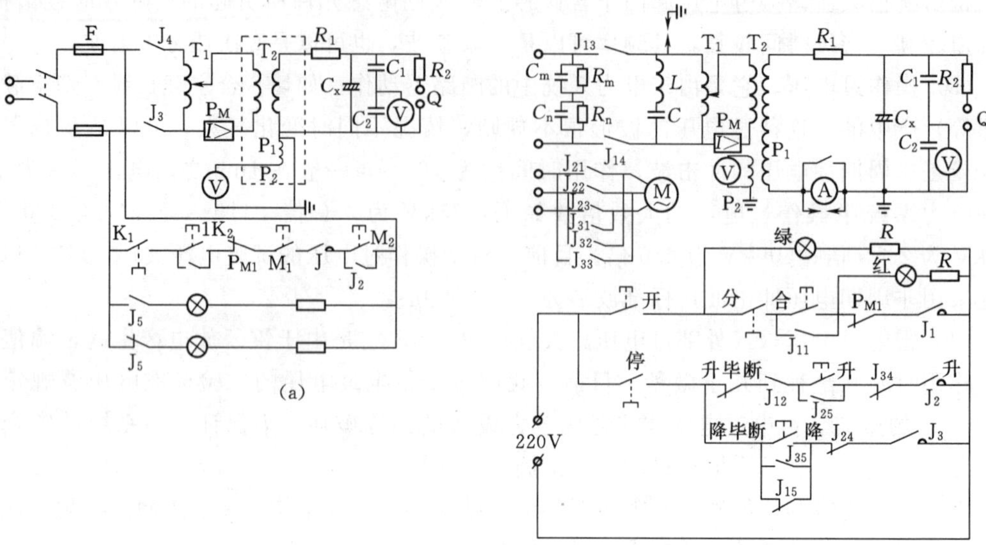

图 5-1 交流耐压试验接线详图

(a) 手动式；(b) 电动式

F—熔丝；T_1—调压器；T_2—试验变压器；P_1、P_2—测量线圈；A—电流表；R_1—保护电阻；C_1、C_2—电容分压器高、低压臂电容；R_2—球隙保护电阻；Q—保护球隙；V—电压表；P_M—过流继电器；L、C—滤波用电感、电容；C_m、C_n、R_m、R_n—过电压保护用电容、电阻

(1) 电压。依据试品的要求，首先选用具有合适电压的试验变压器，使试验变压器的高压侧额定电压 U_n 大于被试品的试验电压 U_s，即 $U_n>U_s$；其次应检查试验变压器所需的低压侧电压，是否能和现场的电源电压、调压器相匹配。

(2) 电流。试验变压器的额定输出电流 I_n 应大于被试品所需的电流 I_s，即 $I_n>I_s$。被试品所需的电流可按其电容估算，$I_s=U_s\omega C_x$，其中 C_x 包括试品电容和附加电容，附加电容约为 100～1000pF。被试品电容 C_x 可用西林电桥或 M 型试验器测量。也可采用下列经验数据：

对 10kV 配电变压器，当试验电压为 30～35kV 时，其充电电流为 80～110mA；

对 35kV 电力变压器，当试验电压为 72～85kV，容量为 2000～4000kVA 时，其充电电流为 150～260mA；容量为 6000～8000kVA 时，其充电电流为 300～420mA；容量为 10000kVA 时，其充电电流为 1000mA；

对 66kV 电力变压器，其充电电流一般为 300～600mA。

(3) 容量。根据试验变压器输出的试验电流及额定电压，便可以确定试验变压器的容量，即 $P=U_nI_s$。

我国试验变压器的电压等级有 5kV、10kV、25kV、35kV、50kV、100kV、150kV、300kV 等；容量等级有 3kVA、5kVA、10kVA、25kVA、50kVA、100kVA、150kVA、200kVA 等。根据计算结果，查标准即可选出所需要的试验变压器。如有特殊要求，一般可向制造厂订购特殊规格的试验变压器。

例如：某单位对 10kV、1000kVA 的配电变压器进行耐压试验，试选择试验变压器的额定电压和额定容量。已知变压器高压对低压及外壳的电容为 9540pF。

根据第十二章表 12－81，10kV 配电变压器的出厂试验电压为 35kV，交接及大修试验电压为 30kV，所以可选用额定电压为 50kV 的试验变压器。

另外，若该单位购置 50kV 的试验变压器，不仅可以满足 10kV 配电变压器的试验要求，还可以满足 10kV 绝缘子及高压开关柜的试验电压（42kV）的要求，且可以满足 10kV 电缆的直流耐压试验电压 60kV（对应的交流电压为 42.43kV）的要求。

计算试验电流为

$$I_S = U_S \omega C_x = 30\times10^3\times314\times9540\times10^{-12}$$
$$=89.9\times10^{-3}\ (\text{A}) \approx 90\times10^{-3}\ (\text{A})$$

试验变压器额定容量为

$$P_n = U_n I_S = 50\times10^3\times90\times10^{-3} = 4.5\ (\text{kVA})$$

最后根据标准的规定，选取 YD－5/50 型的高压试验变压器。

2. 串级试验变压器

目前进行绝缘预防性试验时，一般采用 YD－25/150 型的试验变压器即可满足要求。但有时为进行研究，需要更高电压的试验变压器，这时也可采用串级的方法来获得更高的电压。串级变压器的原理接线如图 5－2 所示。图中第一台试验变压器的高压侧绕组 n_2 的一端接地；另一端串联一绕组 n_3，它供电给第二台变压器初级绕组 n_4，而 n_4 和 n_5 各有一端与变压器的外壳连接，它们都处于第一台高压端的电位，因此第二台变压器的外壳应对地绝缘。显然，第二台变压器高压端的对地电压就是两台变压器高压端输出电压之和。

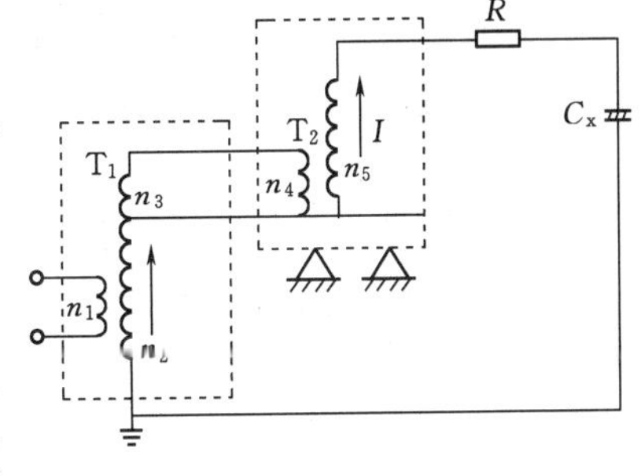

图 5－2　串级变压器的原理接线图

在图 5－2 中，设流过被试品的电流为 I，则 T_2 高压绕组流过的电流也为 I，T_2 输出的功率为 $P = U_n I$，输入功率也应为 P（忽略其损耗）。T_1 的输出功率分为两部分：一部分由绕组 n_3 供给 T_2，其数值也应等于 P；另一部分由绕组 n_2 供给负载，其数值是 $U_n I$，也为 P，因此 T_1 的容量应等于 $2P$。可见在上述串级线路中，两台变压器的容量是不同的，T_1 的容量应是 T_2 容量的两倍。两台试验变压器串级后输出的视在功率为 $2U_n I$，而两台试验变压器串级后的总容量为 $3U_n I$。

例如，有两台 250kV/6kV 的试验变压器串级，如果第二台的容量 $P=250$kVA，则第一台的容量 $2P=500$kVA 才能满足额定输出的要求。这样，整套设备的总容量为 750kVA，而实际额定输出的视在功率与装置总容量之比，（即利用率）为

$$\frac{2U_n I}{3U_n I} = \frac{500}{750} = 67\%$$

同理，若有三台试验变压器串级，它们的容量应分为：$3P : 2P : P$，而整套装置的容量为 $3P+2P+P=6P$，则实际额定输出视在功率与装置容量之比为

$$\frac{3U_{n}I}{6U_{n}I}=50\%$$

可见这时利用率只有一半。分析表明，级数愈多，利用率愈低。

另外，随着串级级数增加，整个装置的短路阻抗会大大增加，一般两台变压器串级时，短路阻抗为单台的3.5～4倍；三台串级时，将达到单台的8～9倍。因此，串级变压器一般不超过3台。图5-3示出了三台串级试验变压器的连接方式。

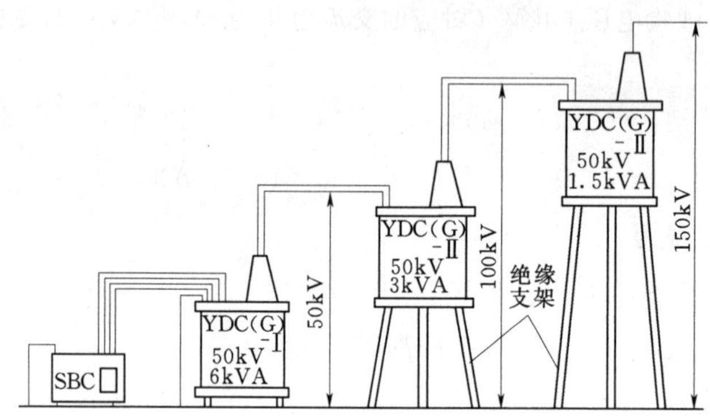

图5-3　串级试验变压器的连接方式

3. 谐振式交流耐压装置

由上述可知，串级变压器可以解决试验电压要求高的矛盾，但仅适用于容量较小的被试品。由于下述原因，许多单位研制了谐振式交流耐压装置。

(1) 预防性试验的需要。例如要对300MW的水轮发电机进行交流耐压试验，实测每相$C_{x}=1.7\mu F$，取$U_{S}=46kV$，则

$$P_{S}=U_{S}^{2}\omega C_{x}=46000\times46000\times314\times1.7\times10^{-6}=1129.5\ (kVA)$$

可见，所需试验变压器的容量很大，目前国内在现场不易解决。再如，对一台31.5MVA变压器的35kV绕组进行交流耐压试验，实测的绕组对地电容$C_{x}=15200pF$，取$U_{S}=72kV$，则

$$I_{S}=U_{S}\omega C_{x}=72000\times314\times15200\times10^{-12}=0.344\ (A)$$

$$P_{S}=U_{S}^{2}\omega C_{x}=72000\times72000\times314\times15200\times10^{-12}=24.7\ (kVA)$$

目前各单位为预防性试验所配备的试验变压器通常为100kV（$P_{n}=10kVA$、$I_{n}=0.1A$）和150kV（$P_{n}=25kVA$、$I_{n}=0.166A$）级的，显然不能满足上述试验的要求。

(2) SF_6全封闭组合电器（GIS）现场交流耐压试验的需要。随着我国高压和超高压输变电工程的迅速发展，SF_6金属罐式断路器和全封闭组合式电器被大量采用。这些设备以SF_6气体为主绝缘，绝缘间隙很小，现场安装中难免有外界杂质、微粒混入设备内部。在设备运输过程中也可能出现电极位移或其他损坏现象，这些都会导致绝缘强度急剧下降。因此，为保证设备安全可靠地运行，进行现场交流耐压试验是非常必要的。通过交流耐压试验，还可对设备进行老练处理，烧掉尖端或杂质，它具有检验并恢复设备绝缘强度两种作用。但是，由于GIS中带电导体对筒壳的间距很小，对地电容很大，当变电所的回路数较多时，一相的总对地电容可达$2\times10^{4}pF$以上，在交流工频耐压试验时的试验电

流可超过 2A。若用常规试验变压器作耐压试验，不是电流容量不够，就是容量虽够，但试验设备笨重，不便搬运，给现场试验带来困难。目前，我国研制的谐振式交流耐压装置概括起来有两大类；即串联谐振装置和并联谐振装置。

1）串联谐振装置。图 5-4（a）所示为串联谐振装置的工作原理图，图中 T_1 为调压器，T_2 为励磁变压器，L 为调谐电感，C 为负荷电容，它包括被试品电容、高压试验回路电容及电容分压器电容。图 5-4（b）所示为其等值电路，图中 R 为整个高压试验回路中损耗的等值电阻，L 包括可调电抗器的电感及励磁变压器高压绕组漏感，U 为 T_2 空载时的输出电压。由图 5-4（b）可得

$$U_C = IX_C = \frac{U}{\sqrt{R^2 + (X_L - X_C)^2}} X_C$$

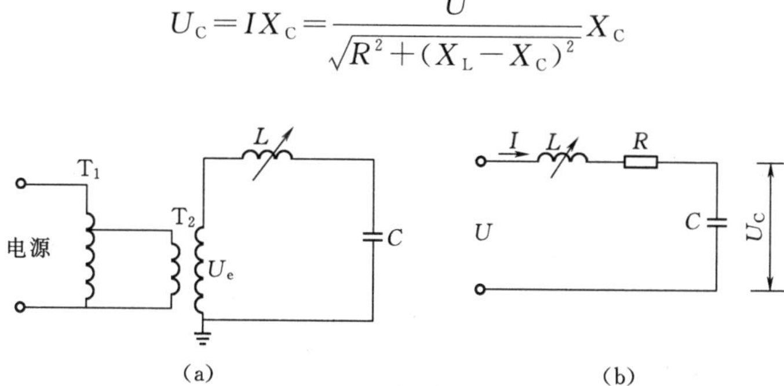

图 5-4　串联谐振装置工作原理及等值电路图

（a）原理图；（b）等值电路

当串联谐振时　$$X_L = X_C，U_C = \frac{U}{R} X_C = \frac{U}{R} X_L$$

设谐振回路的品质因数为 Q，$Q = \sqrt{\frac{L}{C}} \Big/ R = \frac{\omega L}{R} = \frac{1}{\omega CR}$，则 $U_C = QU$，即被试品上获得的电压为励磁电压的 Q 倍。换言之，利用额定电压较低的试验变压器，可以得到较高的输出电压。

由于输入功率 $P = IU\cos\varphi$，谐振时，负荷为纯电阻性的，即 $\cos\varphi = 1$，故 $P = IU$，而加在被试品上的容量 P_S 是施加的电压 U_C 和电流 I 的乘积，即

$$P_S = U_C I = QUI = QP \tag{5-1}$$

可见，被试品上得到的容量为试验电源容量的 Q 倍。换言之，用小容量的试验变压器可以对大容量的试品进行交流耐压试验。所以这种方法有时也称为减容耐压法。

假设回路的感抗取为 $X_L = 585.3\text{k}\Omega$，回路的总电阻（包括电抗器的直流电阻和被试设备的有功损耗电阻）$R = 17.5\text{k}\Omega$，因此 $Q = \frac{X_L}{R} = 33$。对于 GIS，由于绝缘介质及回路的损耗甚小，Q 值可达 40 以上。模拟试验证明，天气情况对 Q 值影响很大，阴天或湿度较大的天气，Q 值会减小 30%，故该项试验最好选择在晴天或较干燥的天气进行。

由上述，串联谐振可以通过调节电感来实现，也可通过调整频率或电容，或者调其中二者来实现。例如，苏州工业园区海沃科技有限公司生产的 HVFRF 型自动调频串联谐振试验系统就是靠调节频率使试品和电抗器达到谐振来进行试验的。下面主要介绍该公司

生产的规格为 HVFRF－270kVA/27kV×10 自动调频串联谐振试验系统。

(a) 特点。变频电源显示选用 320×240 点阵 LCD 显示屏（带背光），分辨率高，字体清晰，在室内外强弱光线下均能一目了然。试验数据可保存，30 个存储位置任意存储，并可任意调阅，有计算机接口，可配微型打印机打印。三种操作方式：自动调谐手动升压，手动调谐手动升压，自动调谐自动升压。自动调谐使用最新快速跟踪法，寻找谐振频率点只需 30～40s 左右，调谐完成后，锁定谐振频率。无谐振点时，提示区显示“调谐失败”。手动调谐时 25～300Hz 无谐振点，提示区显示“无谐振点”，此时自动切断升压回路。升压速度采用动态跟踪控制，当高压接近已设定的试验电压时，自动调整升压速率，能有效防止电压过冲造成对试品的损伤。达到试验电压后锁定升压键，即使误操作也不会使电压升高。变频电源具有时间定时器，当试验电压升至设定值，自动启动计时，计时到设定值的前 10s 时声响提示，时间到即自动降压至“零”，并切断升压回路，同时提示区显示“试验结束”，自动记录试验结果。变频电源设有零位、过流、过压、过热及高压闪络等多种保护，保护功能动作时屏幕上均为中文显示；试验系统在额定电压、电流工作下时发生高压闪络或击穿，不会损坏整套设备，装置可正常工作；若装置接线错误，高压自动闭锁，无法升压。

(b) 系统配置。系统的配置见表 5－1。

表 5－1　　系 统 配 置 表

序号	部件名称	型号规格	用　途	数量
1	高压电抗器	HVDK－27kVA/27kV (27kV/1A/130H/60min)	利用电抗器电感和试品电容及分压器电容产生谐振，输出高压	10 台
2	变频电源	HVFRF－20kW (脉宽调制式)	作为成套系统的试验电源，输出频率 25～300Hz、电压 0～400V 可调，是成套试验系统的控制部分	1 台
3	单相励磁变压器	ZB－10kVA/0.8/2/4/6/12kV	将变频电源的输出电压抬高，有多个输出电压端子，满足不同试验电压试品的试验要求，可并联使用，单台重量较轻	2 台
4	电容分压器	HV－1000pF/300kV (分节式，单节 150kV/2000pF)	用于测量高压侧电压，并可使成套系统空载谐振	1 台
5	补偿电容器	H/JF－3000pF/60kV	作为模拟负载，可用于单台电抗器空载谐振	1 台
6	专用吊具	起吊高度 3m	用于电抗器现场串联及变压器吊装搬运用	1 套
7	装置附件（各部件间连接线、均压环、电抗器底座等）			1 套

(c) 满足试品范围。110kV 变压器、GIS、互感器等电气设备的交流耐压试验，试验电压：≤230kV；试验频率：30～300Hz；耐压时间：≤15min。110kV 400mm^2 500m 交联电缆交流耐压试验，试验电压：≤128kV；试验频率：30～300Hz；耐压时间：60min。35kV 300mm^2 2500m 交联电缆交流耐压试验，试验电压：≤52kV；试验频率：30～300Hz；耐压时间：60min。10kV 300mm^2 5000m 交联电缆交流耐压试验，试验电压：≤22kV；试验频率：30～300Hz；耐压时间：5min。

(d) 相关试验标准及说明。橡塑绝缘电力电缆的 20～300Hz 的交流耐压试验标准见

表 5-2［摘自《电气装置安装工程 电气设备交接试验标准》(GB 50150—2016)］。

表 5-2　　橡塑绝缘电力电缆 20～300Hz 交流耐压试验标准

电缆额定电压 U_0/U	电缆截面	电容（每公里）	试验电压及时间		试验电压及时间	
kV	mm²	μF	试验电压/kV	时间/min	试验电压/kV	时间/min
8.7/10	300	0.37	$2.5U_0=22$	5	$2.0U_0=17.4$	60
26/35	300	0.19	—	—	$2.0U_0=52$	60
64/110	400	0.156	—	—	$2.0U_0=128$	60

其他设备交流耐压试验标准见表 5-3［摘自《电气装置安装工程 电气设备交接试验标准》(GB 50150—2006)］。

表 5-3　　其他设备交流耐压试验标准

额定电压＼试品名称	变压器中性点	SF_6 组合电气（GIS）	互感器
35kV	—	—	64/76kV
110kV	76kV	184kV	160/184kV

注　国家电网公司要求 110kV GIS 现场做 100%电压。

(e) 试验时电抗器组合及相关计算见表 5-4。

表 5-4　　电抗器组合及相关计算

配置及参数＼试品	110kV/400mm² 电缆	35kV/300mm² 电缆	10kV/300mm² 电缆	110kV GIS	110kV 变压器及 35kV 设备
	≤0.5km	≤2.5km	≤5km	≤0.01μF	0.024μF
	0.08μF	0.5μF	2.0μF		
电抗器配置	分 2 组并联，每组 5 台电抗器串联	分 5 组并联，每组 2 台串联	10 台电抗器并联	9 台电抗器串联	4 台电抗器串联
电抗器输出参数	135kV/325H/2A	54kV/52H/5A	27kV/13H/10A	243kV/1170H/1A	108kV/520H/1A
励磁变输出电压选择	6kV	2kV	0.8kV	12kV	4kV
分压器选择（可空载谐振）	2 节 300kV/1000pF	1 节 150kV/2000pF	1 节 150kV/2000pF	2 节 300kV/1000pF	1 节 150kV/2000pF
谐振频率/Hz	≥31.2	≥31.2	≥31.2	≥49	≥45
试验电压/kV	≤128	≤52	≤22	≤200	≤95
试验电流/A	≤2	≤5	≤10	≤0.65	≤0.65
变频电源参数	容量：20kW；输入电压：AC380V 三相；输出电压：400V；输出频率：25～300Hz；运行时间：180min；测量精度：1 级				
励磁变压器参数	干式结构，2 台可并联使用；容量：10kVA；输入电压：400V/450V；输出电压：0.8kV/2kV/4kV/6kV/12kV；使用频率：30～300Hz；运行时间：60min				

续表

配置及参数 \ 试品	110kV/400mm² 电缆	35kV/300mm² 电缆	10kV/300mm² 电缆	110kV GIS	110kV 变压器及 35kV 设备
配置及参数	≤0.25km	≤2km	≤4km	≤0.01μF	0.024μF
	0.04μF	0.4μF	1.6μF		
高压电抗器参数	干式环氧浇注；额定电压：27kV；额定电流：1A；额定电感量 130H；耐压水平：$1.2U_0$/1min；额定频率：30～300Hz；运行时间：60min				
电容分压器参数	环氧筒外壳，分节式结构；额定电压：300kV/单节 150kV；电容量：1000pF/单节 2000pF；使用频率：30～300Hz；测量精度：1 级				
补偿电容器参数	环氧筒外壳，多抽头结构；额定电压：60kV/抽头电压 22kV；电容量：3333pF/抽头电容量 10000pF；使用频率：30～300Hz				

2）并联谐振装置。图 5-5（a）所示为并联谐振装置的工作原理图，符号的意义与图 5-4 相同。由图 5-5 可知

$$\dot{I}_L=\frac{\dot{U}}{R+j\omega L}=\frac{R}{R^2+\omega^2L^2}\dot{U}-j\frac{\omega L}{R^2+\omega^2L^2}\dot{U}$$

$$\dot{I}_C=j\omega C\dot{U}$$

因谐振时电容支路的电流与电感支路电流的无功分量相等。所以应有$\frac{\omega L}{R^2+\omega^2L^2}=\omega C$，或$\frac{R^2+\omega^2L^2}{\omega L}=\frac{1}{\omega C}$，通常 $R\ll\omega^2L^2$，故有 $\omega L=\frac{1}{\omega C}$，此即并联谐振的条件。

此时的 $\dot{I}$ 为

$$\dot{I}=\dot{I}_L+\dot{I}_C=\frac{R}{R^2+\omega^2L^2}\dot{U}-j\frac{\omega L}{R^2+\omega^2L^2}\dot{U}+j\omega C=\frac{R}{R^2+\omega^2L^2}\dot{U}$$

即电压与电流同相。

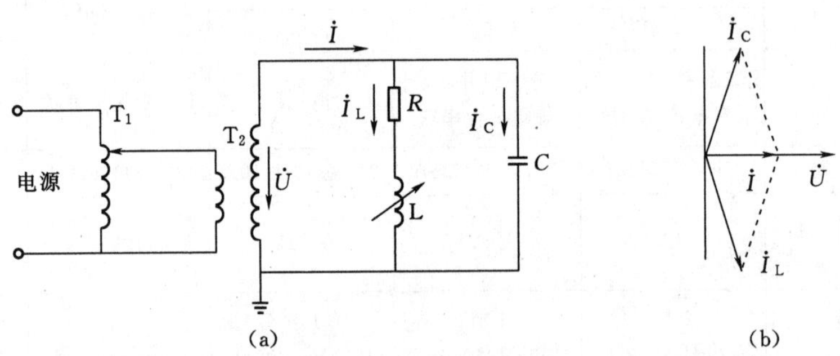

图 5-5 并联谐振装置工作原理及相量图

（a）原理图；（b）相量图

这样，并联谐振时的电容支路电流和电感支路电流的无功分量可以分别写成

$$I_L=\frac{\omega L}{R^2+\omega^3L^2}U=\frac{\omega L}{R^2+\omega^2L^2}I\frac{R^2+\omega^2L^2}{R}=\frac{\omega L}{R}I=QI$$

$$I_C=U\omega C=\omega CI\frac{R^2+\omega^2L^2}{R}\approx\frac{\omega C\omega^2L^2}{R}I=\frac{\omega L}{R}I=QI$$

式中 Q——品质因数。

即并联共振时，电感支路电流的无功分量与电容支路电流均为电源电流的 Q 倍。

若被试品的试验电压为 U_S，被试品中流过的电流 $I_S=I_C=U_S\omega C$，这时试验变压器的二次电流 $\dot{I}$ 只为$\frac{1}{Q}I_C$，即

$$I=\frac{1}{Q}I_C=\frac{1}{Q}U\omega C$$

这时取用的试验变压器容量为

$$P_Y=UI=\frac{1}{Q}\omega CU^2=\frac{1}{Q}P_S \tag{5-2}$$

式中 P_Y——试验变压器取用容量；

P_S——被试品试验容量。

即试验变压器的容量只为被试品试验容量的 $1/Q$。基于此原因，这种方法称为减容耐压法。

从原理上说，电抗线圈可装在高压侧，也可装在低压侧，然而后者易制作，所以下面介绍绍兴电力局在交流耐压试验中所采用的装在低压侧的电抗线圈。如图 5-6 所示，电工钢片铁芯截面积为 120cm²，长为 25cm，磁通密度为 1.3T。它是将 35mm² 铜芯绝缘导线（电流考虑为 140A）按计算出的匝数要求绕在铁芯上，在线圈中抽出几个抽头，分成几个不同档次的阻抗。采用玻璃钢板作铁芯夹板，用铜螺钉夹紧，装在高 38cm、长 33cm、宽 25cm 的木箱里，电抗线圈重 48kg。应注意的是夹板、螺钉、箱子不准用钢铁材料制作，防止通电时铁芯与它们形成环路而增加损耗。由于此电抗线圈的铁芯是一段电工钢片铁芯，磁阻很大，漏抗很大，因而不容易产生饱和现象。试制时曾通过 300A 的电流，波形一直很好，不畸变，因此不会影响输出电压波形。

采用并联电抗线圈对大容量电力设备进行交流耐压的试验接线如图 5-7 所示。按图 5-7 接线对上述 31.5MVA 主变压器的 35kV 绕组进行交流耐压试验，$C_x=15200\text{pF}$，$U_S=72\text{kV}$，采用的电抗线圈的 $Z_{20}=2.5\Omega$，并联在试验变压器低压侧，用 15kVA 的自耦调压器调压，试验电源电流为 16A。

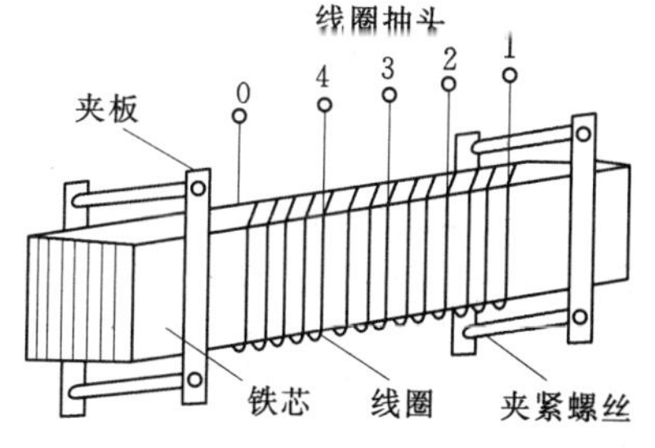

图 5-6 电抗线圈结构图
（电抗线圈阻抗 $Z_{10}=3.6\Omega$；$Z_{20}=2.5\Omega$；$Z_{30}=1.9\Omega$；$Z_{40}=0.9\Omega$）

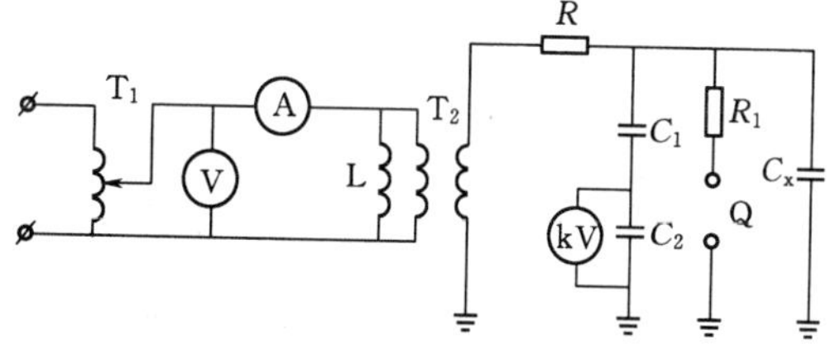

图 5-7 采用并联电抗线圈进行交流耐压试验的接线图

T_1—调压器；L—电抗线圈；T_2—试验变压器；C_1、C_2—电容分压器；ⓚⓥ—高压静电电压表；R、R_1—限流电阻；Q—球隙；C_x—被试品

当对该台主变压器 10kV 绕组进行交流耐压试验时，$C_x=12000\text{pF}$，$U_S=30\text{kV}$，采用的电抗线圈的 $Z_{10}=3.6\Omega$，并联在试验变压器低压侧，用 15kVA 自耦调压器调压，试

验电源电流为9A。

按图5-7接线对某台120MVA、220kV主变压器的35kV绕组进行交流耐压试验时，$C_x=17300pF$，$U_S=72kV$，采用的电抗线圈的$Z_{20}=2.5\Omega$，并联在试验变压器低压侧，用15kVA自耦调压器调压，试验电源电流为18A。

4. 0.1Hz试验装置

由上述50Hz交流耐压试验是鉴定电力设备绝缘强度最有效和最直接的方法。但是，在试验大容量电力设备时，需要大容量的试验变压器，这种变压器体积大而笨重，搬运很不方便。基于此，用直流耐压试验来代替50Hz交流耐压试验；然而，由于直流耐压试验的局限性，所以有人又研究采用0.1Hz超低频交流电压来代替50Hz工频交流电压进行试验。研究表明，这两种试验电压在叠层复合绝缘上的电位分布（按电容分布）是相同的，因而对绝缘缺陷的检验是相同的，即两者具有较好的等效性，所以它是一项很有前途的预防性试验项目。目前已应用于发电机和交联聚乙烯绝缘电缆的试验中。详细内容将在第六章和第十章中介绍。

我国研制的0.1Hz试验设备有多种，其中使用较多和比较适用的有三种形式：调幅机械整流式、电子式、调幅硅整流式，详见第六章。

（二）调压设备

对调压器的基本要求是电压从零到最大值都能平滑地进行调节，并且不使电压波形发生畸变。在电气设备绝缘预防性试验中，常用的调压设备如下。

1. 自耦变压器

用自耦变压器调压是最简单的调压方式，其优点是能平滑地调压，输出波形好，功率损耗小，价格便宜。其缺点是容量受限制，一般仅为几千伏安至十几千伏安。因此，它适用于小容量试验变压器调压。

2. 移卷调压器

移卷调压器是通过移动一个可活动的线圈来调节电压的，其原理图和结构示意图如图5-8所示。它的结构上的特点如下：

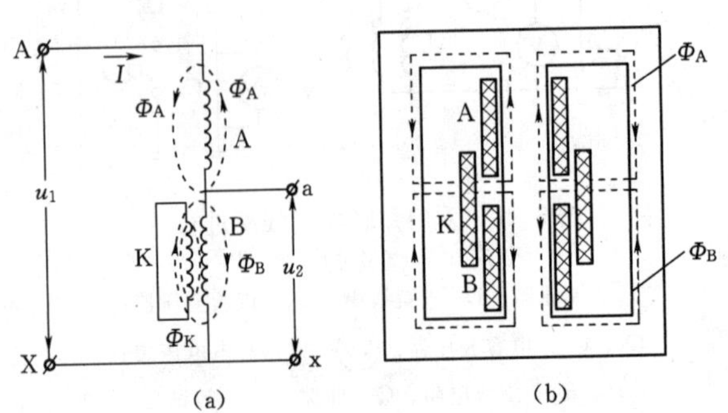

图5-8 移卷调压器的原理图和结构示意图
(a) 原理图；(b) 结构示意图

(1) 线圈A和B的匝数相等，绕向相反，互相串联成调压器的不可动线圈（在实际制造中是同向绕制、反向串联）。

(2) 可移动的线圈K是短路连接的。结构上的这两个特点，保证了它的调节电压及其他特性。

如果没有移动线圈K，则线圈A和B产生的主磁通相互抵消，只有与各自线圈相交链的漏磁通Φ_A和Φ_B分别通过铁芯的上部和下部。当有移动线圈K

后，在 AX 端加电源电压 u_1 时，电流 i 在上、下部铁芯中产生方向相反的磁通 Φ_A 和 Φ_B，它们分别通过非导磁材料而各自构成闭合回路，如图 5－8（b）所示。当转动把手，使移动圈 K 移至铁芯下端时，Φ_B 和 K 交链，在 K 内感生的电流产生和 Φ_B 相反的磁通 Φ_K［见图 5－8（a）］，其大小又相等，故使与 B 交链的磁通为零，则 B 的感应电势为零，输出电压也为零。

当移动圈 K 移至铁芯的中间位置时，Φ_A 和 Φ_B 与 K 的交链情况相同，但在 K 中产生的感应电势方向相反，互相抵消，使移动线圈 K 内无感应电流，则电压 u_1 在 A 和 B 两个线圈中各占一半，则输出电压等于外加电压的一半，即 $u_2=\frac{1}{2}u_1$。当动圈 K 移至铁芯的上端时，Φ_A 和 K 交链，在 K 中感生电流产生和 Φ_A 相反的磁通，大小也相等，所以交链 A 的磁通为零，即电压为零。全部电压都加在 B 上，则输出电压等于全电压 u_1。所以，当移卷调压器的移动线圈 K 由下端移向上端时，输出电压将由零逐渐增大为 u_1。

实际结构中，为了提高二次电压，使 $u_2>u_1$，往往还在二次侧串接一个附加线圈（补偿线圈），附加线圈的匝数一般很少，通常为主线圈 A 的 10%。

线圈 K 可以用手动，也可以由电动机转动涡轮涡杆来使它上下移动。移圈式调压器没有滑动触头，因此容量能制造得很大（从几十千伏安到几千千伏安），目前我国已能生产 10kV、2500kVA 的产品，但它的体积较大。此外，它的主磁通 Φ_A、Φ_B 要经过一段非导磁材料（对于干式的主要是空气，对于油浸式的主要是油），磁阻很大，所以它的激磁电流相当大，漏抗也很大，但其铁芯却不易饱和。这两点对工频高压输出的波形是有影响的，铁芯不易饱和使输出波形畸变的因素减弱，而漏抗很大将促使波形发生畸变。

移卷调压器在高压实验室及现场应用得很广，它是 100kV 及以上试验变压器常用的配套调压装置。

当用移卷调压器调压时，其容量一般为

$$P_T\approx\frac{2}{3}P_Y \tag{5-3}$$

式中　P_T——移卷调压器的容量；

　　　P_Y——试验变压器的容量。

三、交流高压的测量

在试验中，试验电压的测量是一个关键的环节。测量交流高压的方法很多，概括起来分为两类：一类是在低压侧间接测量；另一类是在高压侧直接测量。对一般的设备（如瓷绝缘、开关设备和绝缘工具等）可在低压侧测量；而对重要的设备，特别是对容量较大的设备进行耐压试验时，必须在高压侧直接进行电压测量，否则会引起很大误差。

（一）在低压侧测量

这种方法是在试验变压器的低压绕组或测量线圈（仪表线圈）的端子 P_1P_2 上，用电压表进行测量，然后，通过换算来确定高压侧的电压，见图 5－1。由图 5－1 可见，若电压表的读数为 U_1，那么高压侧的电压 U_2 应为

$$U_2=KU_1 \tag{5-4}$$

式中 K——高压绕组与测量线圈的匝数比，一般为 1000∶1；或者是高压绕组与低压绕组的匝数比，其数值可从铭牌查出。

（二）在高压侧测量

首先说明为什么要强调在高压侧测量。

表 5-5 列出了三台大型电力变压器交流耐压试验各侧电压的测量结果，由表中数据可见：

（1）空载时，低压侧电压乘以变比，与高压侧电压的实测结果一致。

表 5-5　大型电力变压器的实测结果

序号	被试变压器型号	被试部位	未接试品		接上试品后		误差/%	备注
			试变低压侧电压/V	试变高压侧电压/kV	试变低压侧电压/V	试变高压侧电压/kV		
1	SFL-50000/110	低压绕组	53.2	21	53.2	22.8	+8.6	试验变压器的变压比为 150kV/380V
2	SFL-50000/110	高压绕组中性点	182.4	72	182.4	75.5	+4.87	试验变压器的变压比为 150kV/380V
3	SFS_1-20000/110	高压绕组中性点	64	64	64	75.8	+18.4	试验变压器的变压比为 150kV/150V

注　序号 2 的误差较小，是因为水电阻未按 0.5Ω/V 配制，当时水阻值达 130kΩ，抑制了被试品上的电压升高。

（2）负载时，低压侧电压乘以变比，低于高压侧电压的实测值。

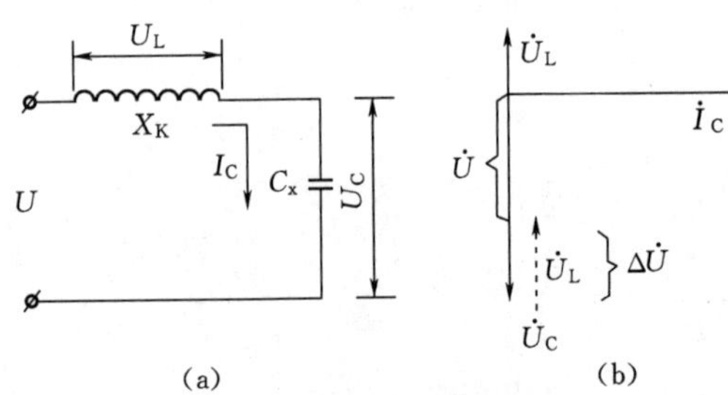

图 5-9　工频耐压试验时的等值电路及相量图
（a）等值电路；（b）相量图
X_K—试验变压器漏抗；C_x—被试设备电容；
U—试验变压器高压侧电压

产生这种现象的原因是电容升现象，现简要分析如下：

在工频耐压试验时，其等值电路如图 5-9 所示。由图 5-9（a）可得

$$\dot{U}=\dot{U}_L+\dot{U}_C \tag{5-5}$$

由图 5-9（b）可知，U 及 U_C 同向，而 U 与 U_L 反向，则上式可改写成

$$U=U_C-U_L \tag{5-6}$$

$$\Delta U=U_C-U=U_L \tag{5-7}$$

$$U_L=I_CZ_K$$

$$I_C=U_S\times 2\pi fC_x$$

$$Z_K=Z_nZ_K\%=\frac{U_n}{I_n}Z_K\%=\frac{U_n^2}{P_n}Z_K\%$$

故

$$\Delta U=U_L=U_S\times 2\pi fC_x\frac{U_n^2}{P_n}Z_K\% \tag{5-8}$$

式中 ΔU——在应加试验电压下通过被试设备的电容电流；

Z_K——试验变压器的短路阻抗；

$Z_K\%$——试验变压器短路阻抗百分数；

U_S——应加于被试设备端部的电压；

C_x——被试设备的电容；

U_n、I_n、Z_n——试验变压器的额定电压、额定电流、额定阻抗；

P_n——试验变压器的额定容量。

由式（5-8）可见，当试验变压器选定后，且被试设备的试验电压一定时，若被试设备电容量愈大，则电压升高愈多。

由上分析不难看出，当被试设备为电容性时，试验回路的电流基本上是属于容性的，由于电容电流在试验变压器的绕组上要产生漏抗压降，故使被试设备端电压升高，也就是现场通常所说的容升。为了避免容升给试验带来的影响，在试验时应尽量采用高压侧测压的方法，特别是对大容量被试设备，更应当注意。

例如，现采用150kV、25kVA、$U_K=9.6\%$的试验变压器对50000kVA/110kV变压器的低压绕组进行耐压试验，试验电压为21kV，试问在低压侧测量电压时，引起的误差是多少？已知低压对高压及地的电容量为22900pF，$I_n=0.167$A，$K_Y=394.7$；$K_C=1000$。

$$I_C=U_S\omega C_x=21\times10^3\times314\times22900\times10^{-12}=0.15\ (\text{A})$$
$$=150\text{mA}<I_n=0.167\ (\text{A})$$

$$\Delta U=U_S\omega C_x\frac{U_n^2}{P_n}Z_K\%$$
$$=21\times10^3\times314\times22900\times10^{-12}\times\frac{(150\times10^3)^2}{25\times10^3}\times\frac{9.6}{100}=1.3\ (\text{kV})$$

相对误差为$\frac{1.3}{21}=6.2\%$。

若在试验变压器低压侧施加电压$U_2=\frac{U_S-\Delta U}{K_Y}=\frac{21-1.3}{394.7}=49.9$（V），则可使相对误差减小。若电压表接在测量线圈$P_1P_2$上，则其读数宜为$U_3=\frac{U_S-\Delta U}{K_C}=\frac{21-1.3}{1000}=19.7$（V）。

其中K_Y为试验变压器高低压绕组的变化；K_C为试验变压器高压绕组与测量绕组的变比。

应当指出，上述的分析与计算均是粗略的，因为没有考虑回路中的电阻压降。然而，这对理解容升这个重要物理概念是有意义的。精确计算较繁，此处从略。

其次，我们介绍现场电力设备绝缘预防性试验中，在高压侧测量电压时所采用的具体方法。

（1）用电容分压器测量。用电容分压器测量的原理是使被测电压通过串联的电容分压器进行分压，测出其中低阻抗电容上的电压，再用分压比算出被测电压值，即

$$U=\frac{C_1+C_2}{C_1}U_2$$

式中　C_1——高压臂电容；

C_2——低压臂电容；

U_2——低压电压表 V 的读数。

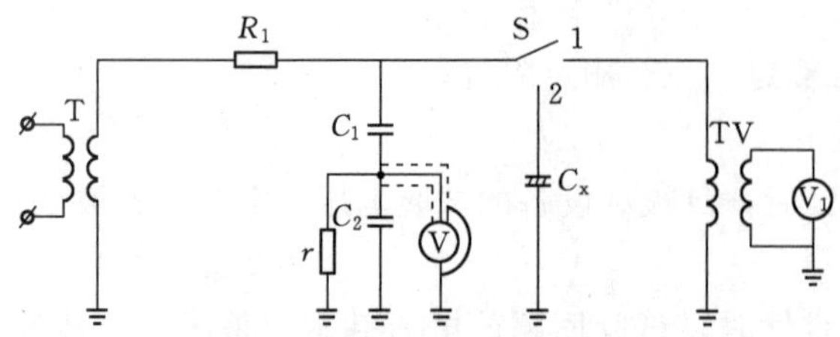

图 5-10　用电容分压器测量高压的接线图

C_1—高压标准电容器；C_2—低压电容器（$C_2 \gg C_1$）；V—静电电压表或真空管电压表；r—C_2 上的并联电阻；R_1—保护水电阻；T—试验变压器；TV—标准电压互感器

高压臂电容可以采用携带型高压电容器、变压器的电容套管或电容互感器的末屏电容。如果用携带型高压电容器作为高压臂电容，为减小分布参数的影响，其电容值应不小于（30～40）H（pF），其中 H 为高压电容器的高度，单位为 m。

用电容分压器测量高压的接线图如图 5-10 所示。由于电容的变化及杂散电容等的影响，分压器的分压比是随所加电压和周围环境的变化而变化的，所以在每进行耐压试验时，都需与试验变压器空载时的变比进行比较，以确定试验时分压器低压侧电压表的读数，因而在测量前都要校准分压比。其方法是将 S 与 1 接通，接通后，逐渐升高试验变压器的输出电压，这样就可以得到若干组 U 和 U_T 的数值，用这些数值做成所谓校正曲线，如图 5-11 所示。试验时，把 S 与 2 接通，并从校正曲线上找出试验电压下电压表 V 的读数 U 来，即可升压进行试验。当电压表 V 的读数为 U 时，说明被试设备上已承受到了试验电压。

用这种方法测量时，表计的等效输入阻抗应大于分压器低压臂容抗 $\left(\frac{1}{\omega C_2}\right)$ 的 100 倍。若电压表 V 为高阻抗交流电压表或静电电压表，可测得有效值，此时电压表的内阻不低于 1.31kΩ/V；若电压表 V 为峰值电压表，可测得电压峰值；若将电压表 V 换接为示波器，则可观察波形和测量电压峰值。

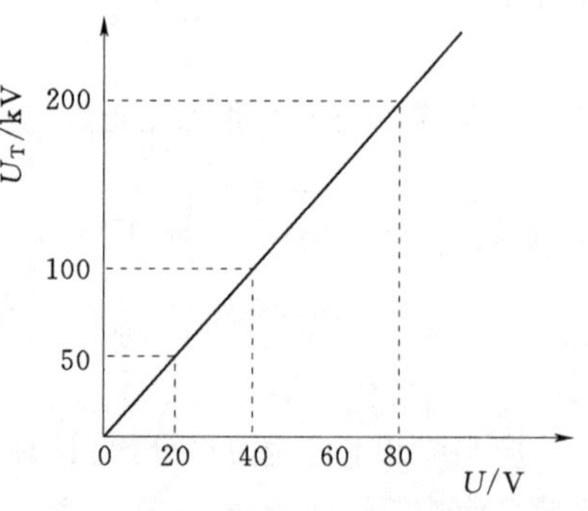

图 5-11　标准电压互感器和分压器仪表电压的分压曲线

试验时，常在 C_2 的两端并联电阻 r，其目的是在试验中消除 C_2 上的残留电荷，使分压器具有良好的升降特性，一般取时间常数为 $\tau = rC_2 = 1 \sim 2$s。

电容分压器测高压法是目前现场常用的方法，分压器结构简单，携带方便，准确度也较高。

除电容分压器外，还可采用阻容分压器进行测量。苏州工业园区华电科技有限公司生产的 HV 系列交直流高压测量系统，采用高稳定的复合膜电容器及高精度正负温度系数自动补偿金属膜电阻，并充以十二烷基苯，分压比稳定。采用 16 位高速工业级 A/D 逐点采样，由 DSP 数字信号处理器进行高速运算，在大屏幕 LCD 上主显示为峰值/$\sqrt{2}$及波形，真有效值、峰-峰值、波形畸变率、峰值因数及脉动因数均一并显示。交直流信号自动识别，量程自动切换，工作频率 DC～300Hz。而且分压器变比通过软件做到多点精确校验，可以“克隆”标准分压器。

带 PL 接口，适合试验室与现场测量。

（2）用静电电压表测量。静电电压表也是现场常用的测量高压的设备之一。测量时，将静电电压表并接于被试设备两端，可直接读出加于被试设备上的高电压。这种方法比较简单、准确，凡有条件的地方均应考虑采用这种测量方法。静电电压表的结构如图 5－12 所示。

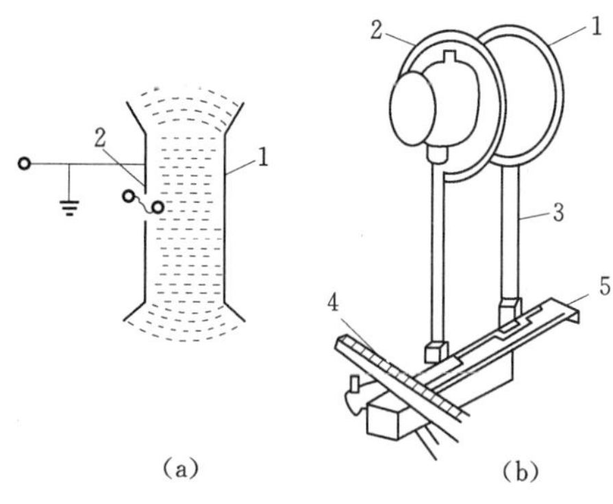

图 5－12　国产 Q_4－V 型 100kV 静电电压表原理图和结构示意图

（a）原理图；（b）结构图

1—固定电极；2—可动电极；3—绝缘支杆；4—指示标尺；5—底座

由图 5－12 可见，静电电压表的结构主要是两个电极：一个是固定电极，另一个是可动电极，它是利用两个电极间的电场力使可动电极偏转来测量电压的。静电电压表的结构是各种各样的，但其基本原理是相似的。下面以国产 Q_4－V 型 100kV 静电电压表为例来说明。

在图 5－12 中，被测电压加在平板电极 1、2 之间，电极 2 的中部有一个小窗口，放置可动电极，在电场力作用下，可转动，其转矩为

$$M_1=\frac{\mathrm{d}W}{\mathrm{d}\alpha}=\frac{\mathrm{d}\left(\frac{1}{2}CU^2\right)}{\mathrm{d}\alpha}=\frac{1}{2}U^2\frac{\mathrm{d}C}{\mathrm{d}\alpha}$$

式中　α——转角；

C——可动电极和电极 1 之间的电容。

该力矩由悬挂的可动电极的张丝或弹簧（图中未画出）所产生的反作用力矩 $M_2=k\alpha$ 来平衡，其中 k 为常数。当平衡时，$M_1=M_2$，则

$$\alpha=\frac{1}{2}kU^2\frac{\mathrm{d}C}{\mathrm{d}\alpha} \tag{5-9}$$

可见，偏转角的大小和被测电压的平方及$\frac{\mathrm{d}C}{\mathrm{d}\alpha}$有关。而$\frac{\mathrm{d}C}{\mathrm{d}\alpha}$决定于静电电压表的电极形状，为了使电压刻度比较均匀，常将可动电极做成特殊的形状，使得$\frac{\mathrm{d}C}{\mathrm{d}\alpha}$随 α 的增加而减小。偏转角的大小由固定在张丝上的小镜经一套光学系统反射到标尺上。因静电电压表的指示与被测电压平方成正比，所以它的偏转方向与被测电压的极性无关，既能测量直流，又能测量交流电压（在交流电压作用下，可动电极上的电荷随固定电极上电荷极性改变而变化，但始终保持与固定电极上的电荷为等值、异号），在测量交流电压时所测到的为电压的有效值。

静电电压表两电极间的电容量约 10～30pF，显然内阻极大。因此在测量时几乎不会改变被试物上的电压。这对于被试设备阻抗高的情况尤其合适。对电压等级不太高的试验，使用它能很方便地在高压端直接测出电压。另外，使用中应注意静电的影响。

静电电压表能耐受的电压由两电极间的距离及固定高压电极的绝缘介质表面放电电压决定。改变电极间距离，能改变测量电压范围。所能测量的交流高压的频率范围由该绝缘介质的高频性能决定，一般可达数兆赫。

我国已生产出多种规格的静电电压表。例如 Q_3－V 型表能测量 0～7.5～15～30kV 的电压；Q_4－V 型表能测量 0～10～20～50～100kV 的电压。目前国内生产的静电电压表能测的最高电压为 250～500kV。

静电电压表的等级通常在 1.5 级左右，有一定测量误差。若其安放位置或高压引线的路径处置不当，往往会造成显著的误差。另外，它携带不方便，也不能使用于有风的环境中，否则活动电极会被风吹动，造成较大测量误差。所以一般被用于试验室里测量 100～250kV 及以下的电压。

(3) 用电压互感器测量。在被试设备上并联一只准确度较高（0.5 级）的电压互感器，在电压互感器的低压侧用电压表测量，然后乘上变比即可换算出高压侧电压。

若在互感器低压侧用峰值表测量，能够直接测得击穿时的峰值电压。若在低压侧改接上电子示波器，能够监视加在被试设备上的电压波形，同时也能测定被试设备放电时的电压幅值。

这种方法比较简单，准确度高，是现场常用的测量方法，但一般只能测到 250kV 的电压，且不便于携带。

(4) 用球隙测量。采用球隙直接测量高压侧的电压是高压试验中最基本的测量方法，已经有数十年的历史，积累了大量的使用经验，制定了准确度达±3%的表格。不仅可以用来测量交流高压幅值，同样也可用来测量冲击电压及直流电压。

在一定的大气条件下，一定直径的铜球，当球隙距离一定时，其击穿电压是固定的，因此可以用球隙来测量高压。不同球径的放电电压与距离的关系见附录三的“1”。

球隙的装置比较简单，能够直接测出很高的电压，所以一般说来，在实验室中使用起来确实方便。但是在现场条件下使用，往往带来很大的误差，以致达到无法使用的程度。例如东北曾有几次在现场（室外）用 500mm 的球隙作为感应耐压的过电压保护，球隙的放电电压调整在 $(1.15\sim1.2)U_e$，结果出现明显的提前放电（均未进行预放电）现象。其中有一次，间隙调整为 320mm，在当时气象条件下，放电电压应为 408kV（有效值），可是升至 320kV 时就放电了，误差达 30%。在现场测量中，这样的例子不胜枚举。所以在电力系统中至少是在室外现场的电力设备绝缘预防性试验中，用球隙测高压是不现实的。

四、控制、保护及滤波

（一）控制回路

控制回路也是工频耐压试验的重要部分，对控制回路的基本要求是：

(1) 只有在试验人员全部离开高压危险区，并关好安全门后，才能加上电压。

(2) 升压必须从零开始。

(3) 当被试设备被击穿时，应能自动切断电源。

(4) 在自动升压装置中还要能控制升压、降压及停止等。

图 5－1（a）所示为最简单的手动升压试验装置线路。图中 M_1 是装在安全门上的限位开关，只有在试验人员接线完毕并离开高压危险区、关好门后 M_1 才闭合。M_2 是装在调压器底部的限位开关，K_1 为切断控制回路的“分”开关。继电器 J 带动四个常开触点和常闭触点，其中 J_1、J_2 起自锁作用，即当控制回路接通，J_1、J_2 闭合，这时即使 K_2、

M_2 打开，控制回路也不会被切断。J_3、J_4 闭合，使调压器接通电源，绿灯亮说明电源有电，红灯亮说明调压器接通电源，可以升压进行试验。一旦被试设备被击穿，过电流继电器 P_M 动作，打开常闭触点 P_{M1}，于是控制回路被切断，J_3、J_4 打开，切断调压器上电源。如果在升压过程中发生意外情况需立即切断变压器电源，只需按下按钮 K_1 就可实现。

图 5-1（b）是自动升压试验装置线路。图中调压器是由电动机 M 来拖动的，电动机正转时电压上升，反转时电压下降。“升毕断”和“降毕断”都是装在调压器内的常闭触点，分别在试验变压器输出电压达到额定值和零值时使电动机停止。如果开始时调压器不在“零”位置，只要控制回路接通电源，电机就首先反转，使调压器退到“零”位置。一般操作程序如下：接好被试设备，关好安全门，接通电源，按“合”开关，则 J_1 带动的触点动作，使调压器接通电源。再按“升”开关，则 J_2 带动的触点动作，电动机正转，试验电压逐渐上升。一旦发生击穿，过电流继电器 P_M 动作，于是 J_1 的触点都复位，调压器电源被切断，电动机反转，直到调压器降到“零”位置，将“降毕断”触点打开为止。如果做耐压试验，只要当电压升到试验电压时按下“停”开关，电动机停转，电压就停在试验电压值，直到耐压时间完毕，再按“降”开关，使调压器退到“零”位置。这个控制回路比较简便，能够满足击穿和耐压试验的要求。

（二）保护措施

高压试验时，必须重视人身和设备的安全。除在控制回路中已采用的过电流继电器、安全门开关、调压器限位开关等外，还在试验回路的低压部分有可能出现高电压的地方都接上保护放电器；在调压器的进线端接上 C_n、C_m、R_n、R_m，以防止过电压的袭击。在高压回路也有一些保护措施，如 R_1、R_2、Q 都是。R_1 可限制当被试设备被击穿时流过试验变压器或被试设备中的电流，以免故障扩大。R_1 的数值一般推荐为 0.1～0.5Ω/V。球隙 Q 可防止意外把高电压加到被试设备上，引起被试设备无辜击穿，球隙 Q 的放电电压一般调整为最高试验电压的 110%～120%。R_2 可防止球隙 Q 击穿后与被试设备电容引起振荡产生的过电压损坏设备的绝缘，还可以保护球面不致被短路电流烧坏。其阻值可按 1Ω/V 选取，常用的 R_2 在 100～500kΩ 范围内，沿面绝缘距离一般按每米约 200kV 来选取。

（三）滤波器

进行工频交流耐压试验时，试验电压的波形应为正弦波，但试验变压器等铁磁元件的非线性常使试验电压波形畸变。为了减少波形畸变，常用的措施是在调压器与试验变压器之间接入滤波器，如图 5-1 所示。使滤波器对某次谐波谐振，即可把影响大的谐波成分滤掉。滤波器的电容一般选为 6～10μF，但不能太大，以免调压器过载。电感 L 可根据要滤掉谐波的频率 f 按下式计算

$$L=\frac{1}{(2\pi f)^2 C} \tag{5-10}$$

第三节　交流耐压试验的操作要点

（1）试验前应了解被试设备的非破坏性试验项目是否合格，若有缺陷或异常，应在排

除缺陷（如受潮时要干燥）或异常后再进行试验。

（2）试验现场应围好遮栏，挂好标志牌，并派专人监视。

（3）试验前应将被试设备的绝缘表面擦拭干净。对充油电力设备应按有关规定使油静置一定时间才能进行耐压试验。静置时间如无制造厂规定，则应依据设备的额定电压满足以下要求：500kV 者，应大于 72h；220kV 及 330kV 者，应大于 48h；110kV 及以下者，应大于 24h。

（4）调整保护球隙，使其放电电压为试验电压的 110%～120%，连续试验三次，应无明显差别，并检查过流保护装置动作的可靠性。

（5）根据试验接线图接好线后，应由专人检查，确认无误（包括引线对地距离、安全距离等）后方可准备加压。

（6）加压前要检查调压器是否在“零位”，若在“零位”方可加压，而且要在高呼“加高压”后才能实施操作。

（7）升压过程中应监视电压表及其他表计的变化，当升至 0.5 倍额定试验电压时，读取被试设备的电容电流；当升至额定电压时，开始计算时间，时间到后缓慢降下电压。

（8）对于升压速度，在$\frac{1}{3}$试验电压以下可以稍快一些，其后升压应均匀，约按 3%试验电压/s 升压，或升至额定试验电压的时间为 10～15s。

（9）试验中若发现表针摆动或被试设备、试验设备发出异常响声、冒烟、冒火等，应立即降下电压，在高压侧挂上地线后，查明原因。

（10）被试设备的耐压时间，凡无特殊说明者，均为 1min，对绝缘棒等用具，耐压时间为 5min，试验后应在挂上接地棒后触摸有关部位，应无发热现象。

（11）试验前后应测量被试设备的绝缘电阻及吸收比，两次测量结果不应有明显差别。

第四节　交流耐压试验中的异常现象及初步分析

一、从调压器方面反映出的情况

当接通电源，合上电磁开关，接通调压器后，调压器便发出沉重的声响，这可能是将 220V 的调压器错接到 380V 的电源上了，若此时电流出现异常读数，则又可能是调压器不在零位，并且其输出侧有短路或类似短路的情况，最常见的是接地棒忘记摘除。

二、从电压表上反映出的情况

（1）电压表有指示。接通电源后，电压表马上就有指示，这说明调压器不在零位，若电压表指示甚大，且伴有声响，则可能马上嗅出味来。

（2）电压表无指示，接通电源后，调节调压器，电压表无指示，这可能是由于自耦变压器炭刷接触不良，或电压表回路不通，或变压器测量线圈（或变压器输入线圈）有断线的地方所致。

三、在升压过程中出现的情况

（1）在升压或持续试验的过程中，出现限流电阻内部放电，这可能是由于管内没有水

或水不够所致。有时出现管外表面闪络，这可能是由于水阻过大、管子短或表面脏污所致。

(2) 在升压过程中，电压缓慢上升，而电流急剧上升，这可能是由于被试设备存在短路或类似短路的情况所致，也可能是被试设备容量过大或接近于谐振所致。

(3) 若随着调压器往上调节，电流下降，电压基本不变或有下降趋势，这可能是由于试验负荷过大、电源容量不够所致。在这种情况下，可改用大容量电源进行尝试。否则可能是由于波形畸变的影响所致。

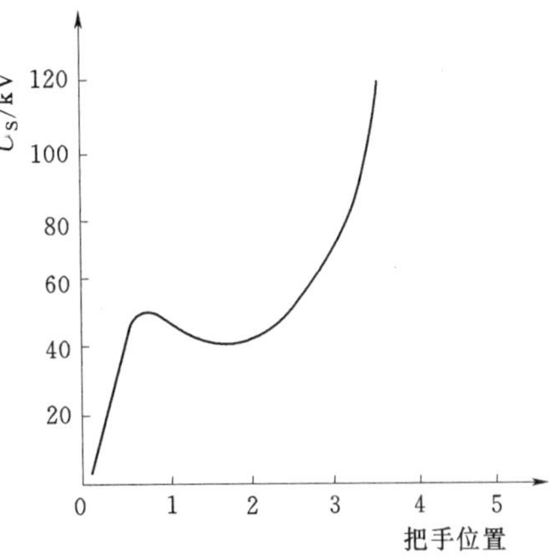

图 5 - 13　移卷调压器（12.5kVA）调压的试验变压器（150kV、25kVA）在工频耐压试验过程中的电压变化曲线（被试品电容为 6410pF）

(4) 在升压过程中，随着移卷调压器调节把手的移动，输出电压不均匀地上升，而出现一个马鞍形，即通常所说的“N 形曲线”如图 5 - 13 所示。这是由于移卷调压器的漏抗与负载电容的容抗相匹配而发生串联谐振造成的，遇到这种情况可采用增大限流电阻或改变回路参数的办法来解决。

四、从被试设备方面反映出的情况

被试设备在耐压试验时是合格的，但是在试验后却发现被击穿了。这可能是由于试验者的疏忽，在试验后，忘记降压就拉闸所造成的。

第五节　交流耐压试验结果的分析判断

(1) 被试设备一般经过交流耐压试验，在规定的持续时间内不发生击穿为合格，反之为不合格。被试设备是否击穿，可按下述情况分析：

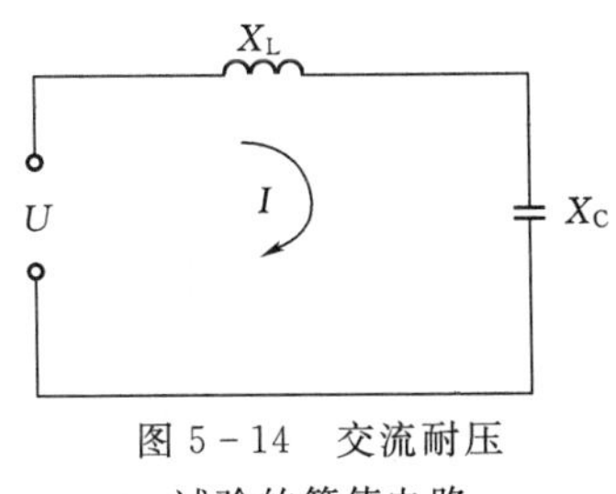

图 5 - 14　交流耐压试验的等值电路

1) 根据试验时接入的表计进行分析。一般情况下，若电流表突然上升，则表明被试设备击穿。但当被试设备的容抗 X_C 与试验变压器的漏抗 X_L 之比等于 2 时，虽然被试设备击穿，电流表的指示也不会发生变化，因为此时回路电抗没有变化；而当 X_C 与 X_L 的比值小于 2 时，虽然被试设备被击穿，电流表的指示反而下降，这是由于此时回路电抗增大所致。上述现象可用图 5 - 14 进行分析，图中 X_C 为被试品的容抗，X_L 为试验变压器的漏抗。

当 $X_C/X_L=2$，即 $X_L=\frac{1}{2}X_C$ 时，被试品击穿前，回路电抗 $X=X_L-X_C=-\frac{1}{2}X_C$，被试品击穿后，$X_C=0$，回路电抗 $X'=X_L-X_C=\frac{1}{2}X_C$。因此击穿前后，回路电抗的绝

对值不变，故试验回路电流不变。

当 $X_C/X_L>2$，即 $X_L<\frac{1}{2}X_C$ 时，被试品击穿前，设 $X_L=\frac{1}{4}X_C$，则回路电抗 $X=X_L-X_C=-\frac{3}{4}X_C$，被试品击穿后，$X_C=0$，回路电抗 $X'=X_L-X_C=\frac{1}{4}X_C$。由于被试品击穿后，回路电抗（绝对值）减小，所以试验回路电流增大，即电流表指示将上升。

当 $X_C/X_L<2$，即 $X_L>\frac{1}{2}X_C$ 时，被试品击穿前，设 $X_L=\frac{3}{4}X_C$，则回路电抗 $X=X_L-X_C=-\frac{1}{4}X_C$，被试品击穿后，$X_C=0$，回路电抗 $X'=X_L-X_C=\frac{3}{4}X_C$。由于被试品击穿后，回路电抗的（绝对值）增大，故试验回路电流减小，即电流表指示将下降。

当采用串并联补偿法或被试设备容量较大、试验变压器容量不够时，就有可能出现上述异常现象。当采用电压互感器或电容分压器等方法实测高压端部电压，被试设备击穿时，其表针指示会突然下降，低压侧的电压表也能反映出来。

2）根据试验控制回路的状况进行分析。若过流继电器整定值（一般按试验变压器额定电流的 1.3～1.5 倍整定）适当，则被试设备击穿时，过电流继电器要动作，电磁开关跟着就要跳开；若整定值过小，可能在升压过程中，并非被试设备击穿，而是由于被试品电流较大，造成电磁开关跳开；若整定值过大，即使被试设备放电或发生小电流击穿，也不会有反映。

3）根据被试设备状况进行分析。在试验过程中，如被试设备发出击穿声响，发出断续放电声响、冒烟、出气、焦臭、跳火以及燃烧等，一般都是不允许的，当查明这种情况确实来自被试设备绝缘部分（如在绝缘中发现贯穿性小孔、开裂等现象）时，则认为被试设备存在问题或早已被击穿。

除此之外，若在试验过程中，出现局部放电，则应按各种不同的被试设备，就其有关规定，进行处理或判断。

（2）当被试设备为有机绝缘材料，经试验后，立刻进行触摸，如出现普遍或局部发热，都认为绝缘不良，需要处理（如烘烤），然后再行试验。

（3）对组合绝缘设备或有机绝缘材料，耐压前后其绝缘电阻不应下降 30%，否则就认为不合格。对于纯瓷绝缘或表面以瓷绝缘为主的设备，易受当时气候条件的影响，可酌情处理。

（4）在试验过程中，若空气湿度、温度、或表面脏污等的影响，仅引起表面滑闪放电或空气放电，则不应认为不合格。在经过清洁、干燥等处理后，再进行试验；若并非由于外界因素影响，而是由于瓷件表面釉层绝缘损伤、老化等引起的（如加压后表面出现局部红火），则应认为不合格。

（5）进行综合分析、判断。应当指出，有的设备即使通过了耐压试验，也不一定说明设备毫无问题，特别是像变压器那样有绕组的设备，即使进行了交流耐压试验，也往往不能检出匝间、层间等缺陷，所以必须会同其他试验项目所得的结果进行综合判断。除上述测量方法外，还可进行色谱分析、微水分析、局部放电测量等。

第六节 直 流 耐 压 试 验

一、直流耐压试验的特点

直流耐压试验和直流泄漏试验的原理、接线及方法完全相同，差别在于直流耐压试验的试验电压较高，所以它除能发现设备受潮、劣化外，对发现绝缘的某些局部缺陷具有特殊的作用，往往这些局部缺陷在交流耐压试验中是不能被发现的。例如，某电厂的一台6.3kV、12MW的汽轮发电机，在起动前进行直流耐压试验，测量三相泄漏电流严重不平衡，但是该机却通过了$0.75\times2.5U_e$的交流耐压试验，误认为该机没有问题，就投入运行了，结果仅运行46h便发生两个端部绕组绝缘烧损的事故。

直流耐压试验与交流耐压试验相比有以下几个特点：

(1) 设备较轻便。在对人容量的电力设备（如发电机）进行试验，特别是在试验电压较高时，交流耐压试验需要容量较大的试验变压器，而当进行直流耐压试验时，试验变压器的容量可不必考虑。例如，一条10kV、1km长的电缆，其电容为2×10^5pF，若加两倍额定电压进行交流耐压试验，$U_S=2\times10\text{kV}=20\text{kV}$，此时的电容电流$I_C=\omega CU_S=2\pi\times50\times2\times10^5\times10^{-12}\times20\times10^3=1.26$（A），大于0.1～1A。而改用直流50kV进行耐压时，其泄漏电流仅几百微安。通常负荷的泄漏电流都不超过几毫安，核算到变压器侧的容量是微不足道的。因此，直流耐压试验的试验设备较轻便。

(2) 绝缘无介质极化损失。在进行直流耐压试验时，绝缘没有极化损失，因此，不致使绝缘发热，从而避免因热击穿而损坏绝缘。进行交流耐压试验时，既有介质损失，还有局部放电，致使绝缘发热，对绝缘的损伤比较严重，而直流下绝缘内的局部放电要比交流下的轻得多。基于这些原因，直流耐压试验还有些非破坏性试验的特性。

(3) 可制作伏安特性曲线。进行直流耐压试验时，可制作伏安特性曲线，可根据伏安特性曲线的变化来发现绝缘缺陷。并可由此来预测击穿电压，如图5-15所示。预测击穿电压的方法是将泄漏电流与电压关系曲线延长，泄漏电流急剧增长的地方，表示即将击穿，此时即停止试验，如图5-15中的U_0即为近似的击穿电压。

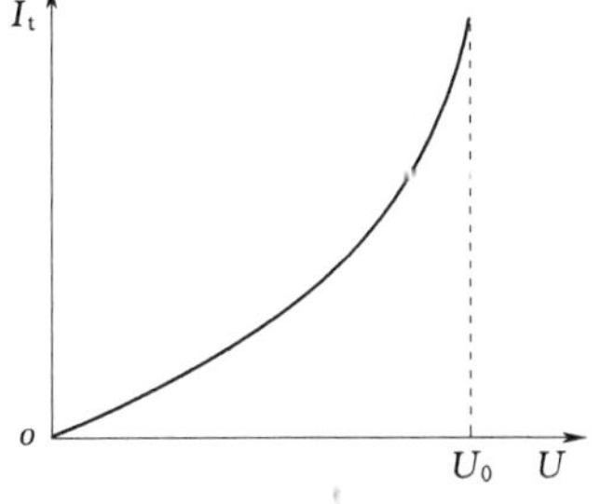

图5-15 延长伏安特性曲线预测击穿电压

根据预测的直流击穿电压，有人认为可以估算出交流击穿电压的幅值，换算公式为

$$\text{交流击穿电压幅值}=\frac{1}{K}\times\text{直流击穿电压} \tag{5-11}$$

式中 K——巩固系数，与设备的绝缘材料和结构有关，可用直流击穿电压与交流击穿电压的幅值来表示，其值一般在1.0～4.2范围内。

可根据所算出的交流击穿电压来判断设备今后安全运行的可靠性。

(4) 在进行直流耐压试验时，一般都兼做泄漏电流测量，由于直流耐压试验时所加电压较高，故容易发现缺陷。例如，某电厂有一台6.3kV、12.5MW的水轮发电机，1970年进行直流耐压试验时，测得的三相泄漏电流基本平衡。该发电机运行一年后，在进行直流耐压试验时，在电压为$0.5U_n$以下时，三相泄漏电流值相差不大，但在电压为U_n及以上时，三相泄漏电流严重不平衡，C相泄漏电流剧增。解体后发现C相绝缘端部有缺陷。

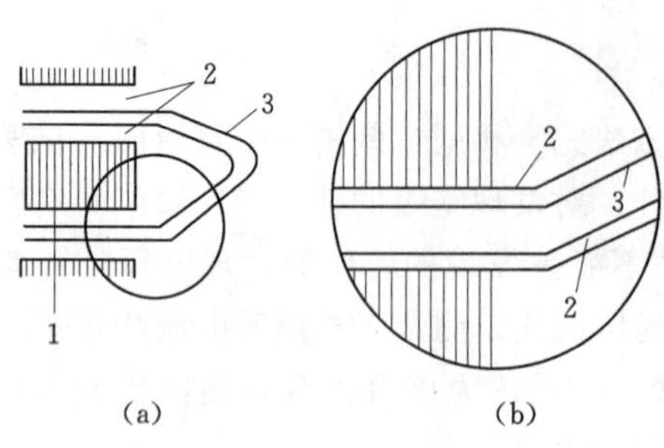

图5-16 发电机端部附近的结构示意图
(a) 端部结构；(b) 放大图
1—铁芯；2—绝缘；3—导体

(5) 易于发现某些设备的局部缺陷。对发电机来说，进行直流耐压试验时，易于发现发电机端部绝缘缺陷。其原因是交、直流电压沿绝缘的分布不一样。交流电压沿绝缘元件的分布与体积电容成反比，而直流电压分布则与表面绝缘电阻有密切关系。图5-16所示为发电机绕组在端部附近的结构示意图，其等值电路如图5-17所示，下面先根据等值电路来进行定性分析。

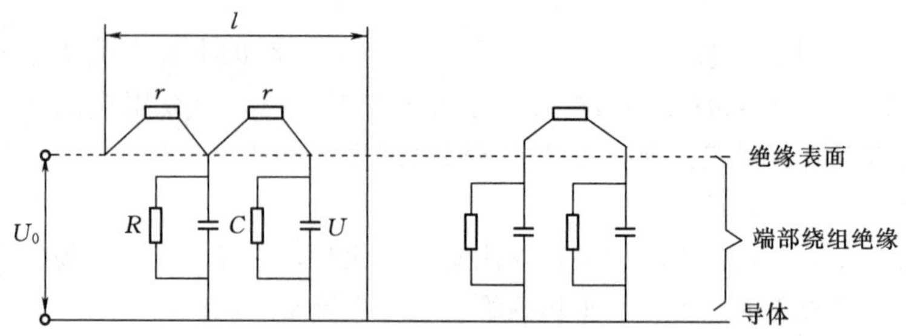

图5-17 端部绕组绝缘对应的等值电路

在交、直流分别作用下，根据交、直流的特点，又可进一步将图5-17简化成图5-18的形式。在图5-18 (a) 中，由于R是绝缘电阻，其数值很大，可以近似看成开路，所以r上的电流就近似相等，因此槽口和端部的电压基本相等，即端部承受了较高的电压，当端部有缺陷时，进行直流耐压试验时就容易被发现。在图5-18 (b) 中，由于交流电流可以流过电容，所以r上的电流就彼此不再相等了，显然靠近槽口处的r上的电流大，因而电压也高，因此大部分电压降落在槽部和槽口，而端部承受的电压就很小，故在进行交流耐压试验时易发现发电机槽部和槽口的缺陷。

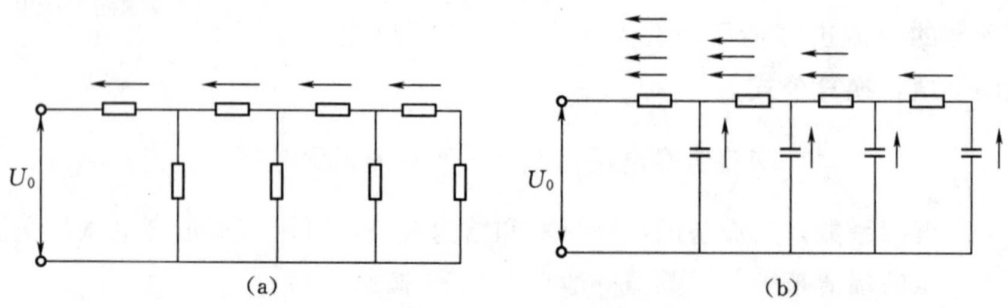

图5-18 图5-17对应于直流和交流情况下的等值电路
(a) 直流；(b) 交流

上面只是为了搞清物理概念所进行的定性分析。实际上，沿着绝缘表面各点的电压分布可应用无穷长导线的电压分布公式计算（推导从略）出，即

$$U=U_0 e^{-\alpha l} \tag{5-12}$$

式中 U——绝缘表面各点的电压；

U_0——导体对铁芯的电压；

l——计算点与铁芯间的距离；

α——衰减常数，在交流和直流电压下分别等于$\sqrt{\dfrac{r}{2X_0}}$和$\sqrt{\dfrac{r}{R}}$，其中 r 为单位长度绝缘的表面电阻，R 为单位长度绝缘的体积电阻，X_0 为单位长度绝缘在 50Hz 时的容抗。

图 5－19 所示为一台 6kV、290kW 电动机定子端部绕组绝缘自槽口开始的电压分布曲线。由图可见，在交流电压下，距槽口 30mm 处，绝缘所承受的电压已降低至试验电压的 12％，而在直流电压下则为 85％。由此可见，交流耐压试验不能有效地发现发电机端部绝缘缺陷，而从介质损耗发热的观点出发，它却能比直流更有效地发现槽部绝缘的缺陷。

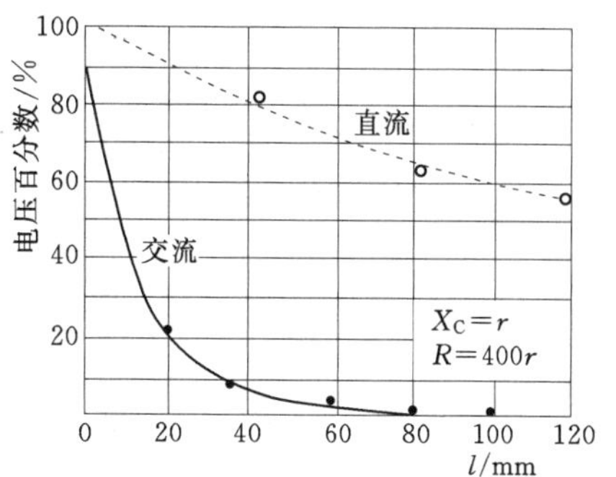

图 5－19 定子绕组端部绝缘自槽口开始的电压分布曲线

曲线—计算值；圈、点—实测值

对电缆来说，直流试验也容易发现其局部缺陷。

综上所述，直流耐压试验能够发现某些交流耐压所不能发现的缺陷。但交流耐压试验对绝缘的作用更近于运行情况，因而能检出绝缘在正常运行时的最弱点。因此，这两种试验不能互相代替，必须同时应用于预防性试验中，特别是电机、电缆等更应当做直流试验。另外，对 110kV 及以上的变电设备，由于试验条件限制，目前《规程》还没要求做交流耐压试验，而只要求做直流耐压试验。

二、试验电压的确定

进行直流耐压试验时，外施电压的数值通常应参考该绝缘的交流耐压试验电压和交、直流下击穿电压之比，但主要是根据运行经验来确定。例如，原规程规定发电机在小修时或大修结束后试验电压的标准为 $(2.0\sim2.5)U_n$，但华北的一些电厂反映 $2.5U_n$ 值偏高，况且小修时目前采用 $2.0U_n$ 的试验电压要求后也未出现问题，所以根据现场经验《规程》将 $2.5U_n$ 改为 $2.0U_n$。

三、试验电压的极性

《规程》规定，在进行直流高压试验时，应采用负极性接线。简要说明如下：

电力设备的绝缘分为内绝缘和外绝缘，外绝缘对地电场可以近似用棒—板构成的电场来等效。

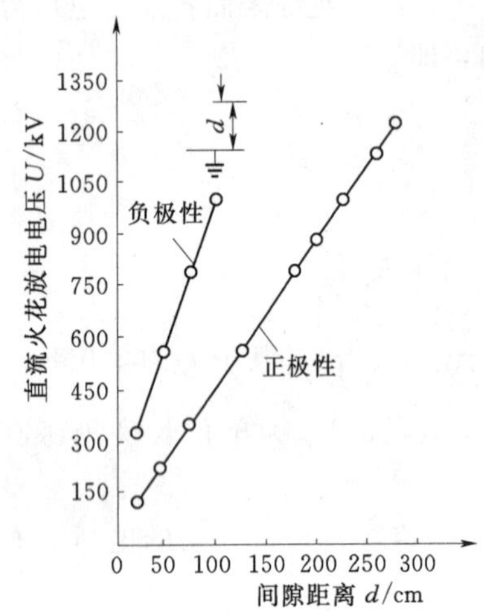

图 5-20　棒—板空气间隙的直流火花放电电压与间隙距离的关系

研究表明，在棒—板电极构成的不对称、极不均匀电场中，气体间隙相同时，由于极性效应，负棒—正板的火花放电电压是正棒—负板的火花放电电压的 2 倍多，如图 5-20 所示。

由图 5-20 可见，当间隙距离为 100cm 时，正、负极性的火花放电电压分别为 450kV 和 1000kV，即 1000/450=2.2 倍。这种极性效应是由于电晕空间电荷对电场畸变造成的。

通常，电力设备的外绝缘水平比其内绝缘水平高，显然，施加负极性试验电压外绝缘更不容易发生闪络，这有利于实现直流耐压试验检查内绝缘缺陷的目的。另外，对电缆等油浸纸绝缘的电力设备，由于电渗现象，其内绝缘施加负极性试验电压时的击穿电压较正极性低 10%左右，也就是说，电缆心接负极性试验电压检出缺陷的灵敏度更高，即更容易发现绝缘缺陷。

应指出，直流耐压试验的时间可比交流耐压试验的时间（1min）长些。直流耐压试验结果的分析判断，可参阅交流耐压试验分析判断的有关原则。

复　习　题

1. 为什么要进行交流耐压试验，又为什么规程中对某些电力设备不要求做交流耐压试验？

2. 说明图 5-1（a）、（b）所示试验接线的工作原理（包括控制回路）。

3. 如何确定高压试验变压器的额定电压和容量？

4. 试验变压器与电力变压器在外形及设计上有哪些区别？

5. 为什么要采用串级变压器，画出三台 50kV 试验变压器串级的接线（自耦式供电），并说明输出电压、外壳电位、装置容量、效率各是多少？

6. 如何确定图 5-1（a）中主回路各元件参数？

7. 对调压设备的基本要求是什么？说明移卷调压器的工作原理？

8. 为什么要强调在高压侧测量电压？在高压侧测量电压的方法有哪些？简述其测量原理。

9. 试验变压器的输出电压波形为什么会发生畸变？如何改善？

10. 在交流耐压试验中，哪些是保护元件？简述其保护原理。

11. 简述交流耐压试验的操作要点及试验结果的分析原则。

12. 试述串联及并联补偿、串联及并联谐振减容耐压的物理概念。

13. 串联谐振耐压可通过调整哪些参数来实现？各有何优缺点？

14. 电力系统中，某台 5000kVA/110kV 的电力变压器，需要进行交流耐压试验。

已知：

（1）低压绕组的耐压标准为21kV，用QS_1型西林电桥测得低压对高压及地的电容为22900pF。

（2）高压绕组中性点耐压标准为85kV，用QS_1型西林电桥测得高压对低压及地的电容为12370pF。

（3）有两台25kVA、150kV的试验变压器作为高压电源。

试计算上述两种耐匝试验情况下，所需的试验变压器容量，并分别画出其试验接线图。

15. 现对一台三相变压器进行试验，其参数为180kVA、35kV/10.5kV，高压绕组的$U_S=85$kV，已知：试验变压器的高压输出最大值为150kV，低压为500V，容量为25kVA，$Z_K\%=9.6\%$，用QS_1型西林电桥测得被试变压器高压对地及低压的电容为$C_x=3950$pF。试求：被试品端部电压升高值及低压侧应加的电压值。

16. 某制造厂生产的电力变压器，开始时由于产品较少，出厂试验时，每台单独进行交流耐压试验，台台合格。后来产量增加了，但工艺材料等未变，进行出厂试验时，为节省时间把多台变压器并在一起加工频电压，仍在低压侧测量电压，再通过变比换算到高压侧，但试验结果是大部分产品不合格，试问该厂产品为什么不合格？

17. 某电厂对一台300kW、6.3kV发电机作交流耐压试验，用TV代替高压试验变压器，TV的变比为100，发电机的试验电压为9.45kV，但试验时，当低压侧的电压表指示为94.5V时，在几秒钟内发电机就被击穿。试分析发电机击穿的可能原因？

18. 某电厂对一台1800kVA、35kV电力变压器做交流耐压试验，试验电压为85kV，当试验变压器低压侧电压表指示还不到280V时电力变压器就击穿了，试分析该台变压器被击穿的可能原因（试验变压器变比为300）？

19. 既然绝缘的交流耐压试验是预防性试验中最可靠的，那么为什么还要进行非破坏性试验？

20. 采用电容分压器测量电压时，为什么要事先校验其变比？

21. 被试品击穿后，试验回路的电流是否一定增大？为什么？

22. 为什么要强调进行综合分析判断？举例说明。

23. 交流耐压试验的试验电压是如何确定的？

24. 为什么要进行直流耐压试验？它有哪些主要特点？

25. 直流耐压试验为什么易于发现发电机端部缺陷？

26. 能否用直流耐压试验完全代替交流耐压试验？为什么？

27. 交、直流耐压试验结果的分析判断与非破坏性试验是否一样？试进行简要说明。

28. 直流耐压试验的试验电压是如何确定的？它与交流试验电压的确定方法是否相同？

29. 直流耐压试验时为什么要采用负极性试验电压？

30. 名词解释：容升、最高运行相电压、绝缘水平、极性效应。

第六章 操作波感应耐压试验和冲击电压试验

第一节 操作波感应耐压试验的作用

变压器操作波感应耐压试验是一种用来考核变压器绝缘耐受操作过电压能力的试验，《电力设备预防性试验规程》要求，330kV 及以上的变压器在更换绕组或引线后应进行操作波耐压试验，考虑到 220kV 及以下的大型变压器现场试倍频感应耐压试验有时难以实现，《规程》允许用操作波耐压代替倍频感应耐压考核变压器的主绝缘和纵绝缘。

操作波感应耐压试验，是采用已充电的电容器向被试变压器低压绕组放电，在其高压绕组上感应出符合《规程》要求的操作波电压，用一般的冲击电压发生器产生操作波电压，直接对变压器高压绕组施加试验电压的方法，虽与本感应耐压试验方法有部分类同之处，但不属于本操作波感应耐压试验。

第二节 操作波感应耐压试验接线和元件选择

一、基本接线方式

1. 单相变压器

单相变压器操作波耐压试验接线如图 6-1 所示，被充电的电容器通过球隙及波头电阻对变压器低压绕组放电，在高压绕组上感应出预期的试验电压。试验时，低压绕组非被试端和高压绕组中性点接地。试验电压波头时间 T_{cr} 可以通过波头电阻 R_1 来调节，总时间 T_z 和超过 90%规定峰值时间 $T_{d(90)}$ 的大小可以通过改变 C_0 的大小来达到。此外这两个参数还与变压器励磁阻抗有关。变压器的铁芯饱和程度以及铁芯中的剩磁都对 T_z 和 $T_{d(90)}$ 有一定影响。

2. 三相变压器

330kV、500kV 三相变压器操作波耐压试验的典型接线如图 6-2 所示。电容器被充电后对低压绕组放电，其中被试相全励磁，其余两相半励磁，这样便在中性点接地的高压绕组上产生两种电压：在被试相产生额定试验电压；在其余两相产生与它极性相反、幅值为 1/2 额定值的试验电压。这样不仅使被试相的对地绝缘受到了考核，而且使相间绝缘受到了 1.5 倍额定试验电压的考核。三相 110kV、220kV 变压器与 330kV、500kV 变压器不同，其相间试验电压与相对地试验电压相同，其试验的典型接线如图 6-3 所示。被试变压器低压侧接线与图 6-2 相同，高压侧由中性

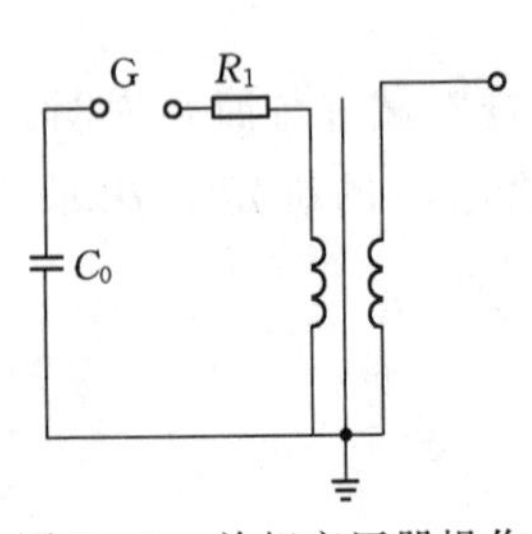

图 6-1 单相变压器操作波耐压试验接线图

点接地改为非被试两相接地。

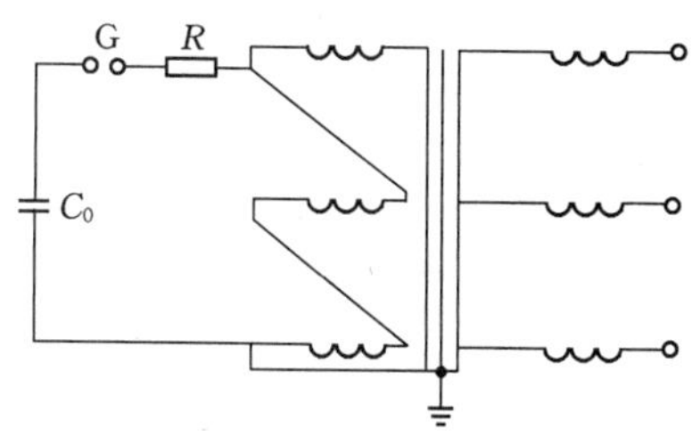

图 6－2　330kV、500kV 三相变压器操作波耐压试验的典型接线图

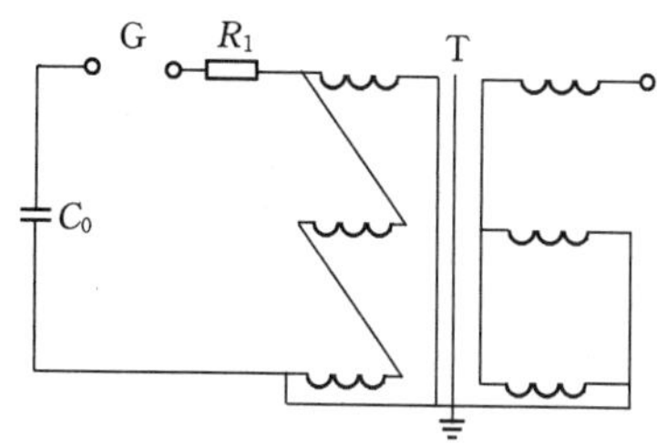

图 6－3　110kV、220kV 三相变压器操作波耐压试验的典型接线图

三相变压器中性点操作波耐压试验接线如图 6－4 所示，为了在中性点得到预期的试验电压，被试变压器高压侧全励磁相接地。

对于三绕组变压器，应分析产品结构，比较不同接线，计算出各线端、相间和对地的试验电压，并选择适宜的分接位置，将其非被试的第三绕组一点接地，避免电位悬浮。应合理选择各绕组的接地端子，以防绕组间的电位差超过允许值。

自耦变压器高压端和中压端的试验电压，若不能同时满足要求时，通常宜在中压端不超过耐压标准的条件下，优先满足高压端的试验电压要求。

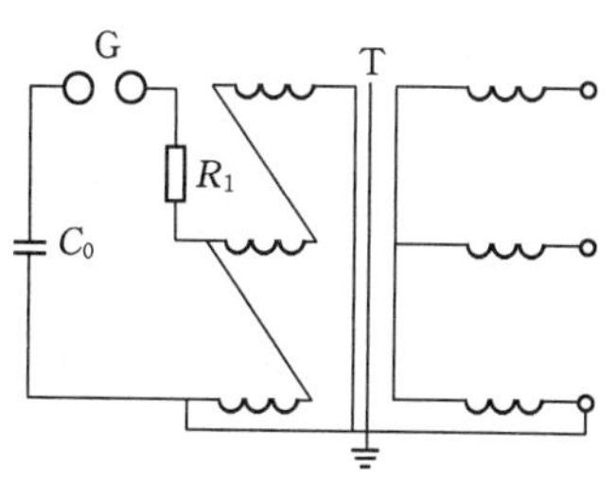

图 6－4　三相变压器中性点操作波耐压试验接线图

二、试验电路

图 6－5 为一台三相变压器操作波耐压的具体试验电路实例，图中各主要试验元件的参数按被试变压器的规范选择。

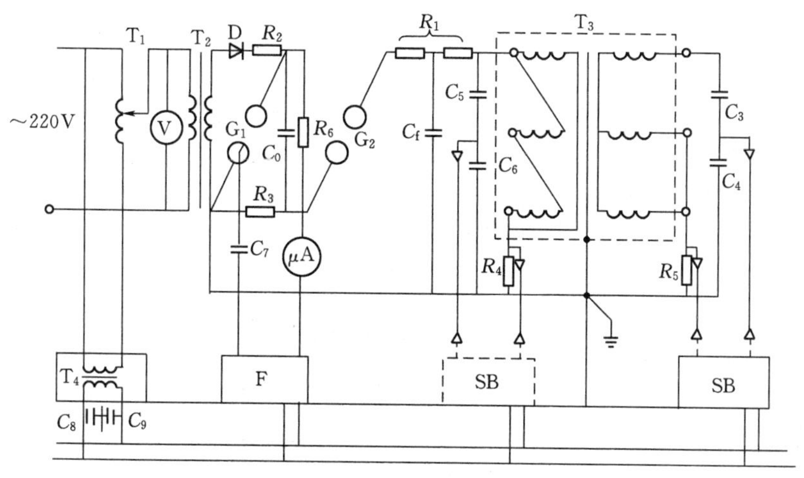

图 6－5　变压器操作波试验电路图

图 6-5 中各元件参数如下：

T_1（调压器）	220/250V，3kVA
T_2（试验变压器）	50V，3kVA
T_3（被试变压器）	120MVA，242/10.5kV
T_4（隔离变压器）	220V，1kVA
D（高压硅堆）	200kV，20mA
G_1，G_2（球间隙）	ϕ100
R_2，R_3（水电阻）	300kΩ
R_1（波头电阻）	200Ω
R_4（示伤电阻）	0.4Ω（用 ϕ1.0 电阻丝套软塑料管无感绕制）
R_5（示伤电阻）	3.5Ω（用 ϕ0.5 电阻丝套软塑料管无感绕制）
R_6（高值电阻）	500MΩ
C_0（主电容器）	电力电容器 19kV，2.0μF
C_1（调波电容器）	50kV，0.1μF
C_3（220kV 套管末屏电容）	451pF
C_4（低压电容器）	600V，2.5μF
C_5（电容器）	50kV，2200pF
C_6（低压电容器）	600V，0.5μF
C_7（耦合电容器）	50kV，0.018μF
C_8，C_9（低压电容器）	1kV，0.1～1.0μF
V（电压表）	300V，0.5 级
μA（微安表）	200μA，1.0 级
SB（双踪记忆示波器）	频带宽度应在 10MHz 以上
F（脉冲点火装置）	

三、主要元件的选择

1. 主电容器的选择

主电容器 C_0 是操作波发生装置的主要元件，它对 T_z、$T_{d(90)}$ 及回路效率起着重要作用，经验表明，取 $C_0=(2\sim3)C_2$（C_2 为被试变压器折算到低压侧的等效电容）时，可满足波形的要求，同时也可使效率达到 50%～60%，能满足现场试验的要求。变压器等效电容的计算甚为复杂，实际上，我们可以近似地根据被试变压器低压绕组的额定电压来选择主电容，表 6-1 给出了推荐值。

表 6-1　　主电容 C_0 推荐值

低压绕组额定电压/kV	6	10	35	63
主电容值/μF	4.0	2.0	0.6	0.2

主电容器的充电电压 U_0 可根据低压侧最大操作波电压幅值 U_{2m}（高压侧操作波试验电压除以变比）及操作冲击装置的效率 η 来估计，即

$$u_0 = U_{2m}/\eta$$

若选择直流脉冲电容器作主电容器，其额定电压 u_n 应大于 u_0；若选择电力电容器，其允许直流充电电压可为其交流额定电压的 3～4 倍，若充电电压 u_0 太高，可考虑选用两级冲击电压发生装置。

2. 调波电容器 C_f 的选择

调波电容器 C_f 的作用于是用来消除低压侧操作波头部的尖脉冲，一般选取 $C_f = (0.2 \sim 0.5)C_2$。

3. 波头电阻 R_1 的选择

波头电阻的作用是调节波头长度 T_{cr} 和阻尼波幅上的振荡，其阻值可用下式估算

$$R_1 = T_{cr}/3C$$

其中
$$C = \frac{C_0(C_f + C_2)}{C_0 + C_f + C_2}$$

波头电阻值也可以在低电压调波时用试验的方法确定。

波头电阻可用直径 0.4～1.0mm 的合金电阻丝绕制，制作时应注意保持匝间距离，避免匝间放电。

第三节　操作波感应耐压试验电压和系统校正

一、试验电压

1. 电压波形和极性

用于变压器的操作冲击试验电压波波形如图 6－6 所示，可将它表示为“T_{cr}－T_z－$T_{d(90)}$”，根据《规程》的要求，波头时间 T_{cr} 应大于 100μs，从视在原点到第一个过零点的总时间 T_z 至少为 1000μs，超过 90%规定峰值的时间 $T_{d(90)}$ 至少为 200μs。当电压下降过零后，反极性的振荡幅值 U_{2m} 不大于试验电压的 50%。《规程》规定，变压器试验采用负极性操作波，试验电压幅值偏差不大于±3%。

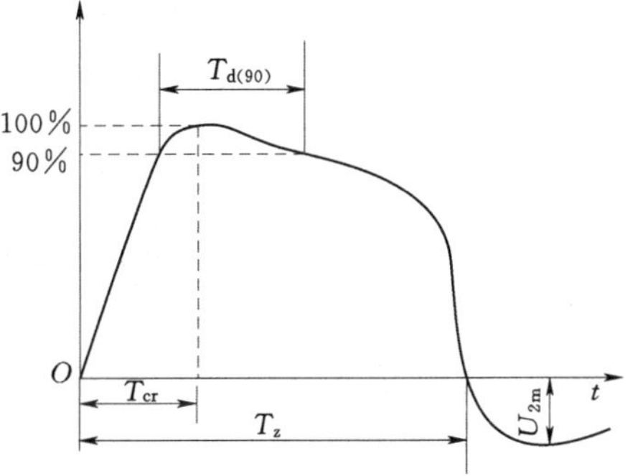

图 6－6　用于变压器的操作冲击试验电压波波形

2. 电压幅值

根据《电力变压器》(GB 1094) 的要求及《规程》的推荐值，变压器操作波试验电压的幅值列于表 6－2，对于全部更换绕组的变压器应按新产品考虑，采用表 6－2 所列的试验电压；对于部分更换绕组或引线的变压器一般应在此基础上乘以 85%，最低不得小于 75%。

表 6-2　　35～500kV变压器绝缘水平

电压等级/kV	额定短时间工频耐受电压/kV（有效值）	额定雷电冲击耐受电压/kV（峰值）	额定操作冲击耐受电压/kV（峰值）
35	85	200	160②
63	140	325	270①
110	200	480	375①
220	360	850	685②
	395	950	750①
330	460	1050	850
	510	1175	950①
500	680	1550	1300①

① 数字为《规程》推荐值。

② 数字为现场绝缘试验实施导则推荐值，它们分别是根据当短时间工频耐受电压为85kV或360kV时计算而得的。

二、测量系统

测量系统应有足够的准确度，测量误差应在《高电压试验技术》(GB 311) 所规定范围之内。

1. 直流电压的测量

直流电压可采用一高值电阻与微安表串联来测量，此电阻应在工作电压和温度范围内保持稳定，其阻值变化应小于1%。

2. 操作波电压测量

操作波电压可用电容分压器和示波器、峰值电压表进行测量。分压器低压臂要选用稳定性较好的电容器，高压臂可利用套管芯柱对末屏电容（或另组装电容分压器），选用有足够精度的电桥对高、低压臂电容进行测量，保证操作波电压的测量误差小于3%。

3. 冲击电流的测量

用分流器和示波器测量示伤电流。分流器可用电阻丝无感绕制而成。

三、整体校正

按图6-3接线，在低于0.5倍试验电压下测量被试变压器加压端子上的电压与主电容充电电压的比例关系。在0.75倍试验电压下再一次进行校核，以保证在全电压冲击时准确的操作冲击电压幅值。

第四节　操作波感应耐压试验程序和安全注意事项

一、试验程序

分别对每相进行操作波耐压试验，录取高、低压侧电压和示伤电流波形，顺序为：

(1) 在低于0.5倍试验电压下调波，校核电压幅值，确定充电电压与操作波电压的比

例关系，冲击次数不限。

(2) 在0.75倍试验电压下冲击一次并校对和修正充电电压与操作波电压的比例关系，同时记录示伤波形。

(3) 在额定试验电压下冲击3次。

二、故障判断

将全电压与降低电压(0.5倍、0.75倍试验电压)下的电压、电流波形进行比较，便可判断变压器是否出现绝缘故障。如果电压和电流波形没有发生形状上的改变，它们的幅值按电压大小正比例变化，说明变压器内部没有发生故障，若波形在整体形状上发生变化，或增加了新的振荡，或振荡频率有了变化，或幅值与电压不成比例等，表明试品绝缘发生故障，但应该指出，被试变压器铁芯的饱和程度、剩磁情况对电压和电流波形稍微有些影响。若有与电流磁效应同向的剩磁存在，以及随着饱和程度的增加将使电压过零时间和中性点电流达到峰值的时间提前，在进行故障判断时应引起注意。

绝缘故障有以下两种类型：

(1) 主绝缘击穿。当主绝缘发生击穿时，电压突然截断并随之产生振荡，同时电流也突然上升。

(2) 匝间或段间绝缘损坏。当发生匝间(段间)短路时，波形变化不像主绝缘击穿时那样明显，总的趋势是被试端电压幅值降低，波头时间变短，波尾时间缩短。同时中性点示伤电流达到峰值的时间超前于电压过零时间。图6-7为一台单相变压器高压绕组绝缘击穿的波形实例。

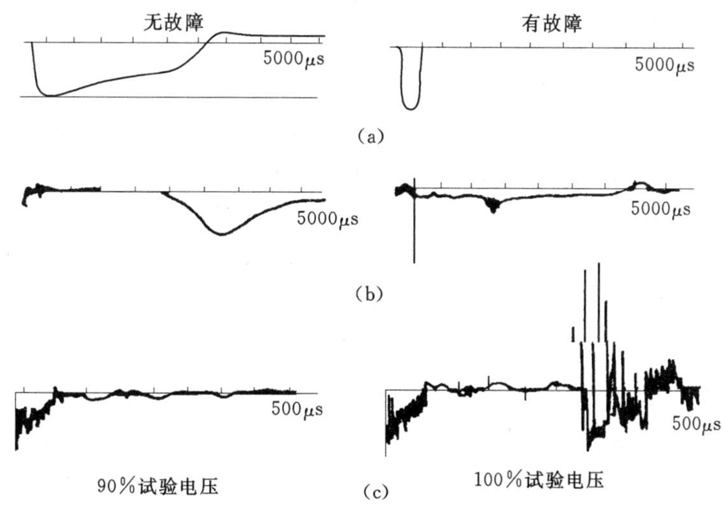

图6-7 单相变压器操作波感应耐压试验高压绕组绝缘击穿实例
(在100%试验电压值下，约在300μs发生故障)
(a) 施加电压波；(b) 中性点电流；(c) 中性点电流(快扫描)

通常还通过操作波试验前后的工频空载试验来验证变压器是否出现了匝间短路，但应注意某些匝间故障的变压器仍能耐受空载试验的电压。

在变压器发生绝缘损坏时还会出现异常音响，这种音响有助于故障判断，但它本身不可作为判断故障的依据。

三、安全注意事项

（1）在进行操作波耐压试验时，变压器每个绕组应有一点接地，以免出现电位悬浮。

（2）在对 330kV、500kV 三相变压器进行操作波耐压试验时，要注意测量高压绕组非被试端子的电压。若其电压超出被试端子电压 50%，应采取措施降低，以免损坏相间绝缘。可将高压绕组非被试端子连接在一起，或在相应的低压端子上接一个电阻负载，可以把相间电压限制在 1.5 倍以下。

（3）整个试验电路的所有接地线连接在一起，然后接到接地网的一个端子上，避免冲击电流分别流入地中产生不同点之间地电位升高，造成仪器损坏或影响测量结果。

（4）示波器、峰值电压表等采用隔离变压器供电，隔离变压器通常应具有耐受工频电压 10kV 的绝缘强度。

（5）试验结束或途中更改接线时，应分别将主电容器对地放电，放电时间不得少于 5min，放尽为止。在更改接线过程中，主电容器的放电接地棒应始终挂上，保持接地状态。

第五节 冲击电压试验

一、冲击电压波形

由于冲击高电压试验对试验设备和测试仪器的要求高、投资大，测试技术也比较复杂，所以在绝缘预防性试验中通常不列入冲击耐压试验。但为了研究电气设备在运行中遭受雷电过电压和操作过电压作用时的绝缘性能，在许多高压试验室中都装设了冲击电压发生器，用来产生试验用的雷电冲击电压波和操作冲击电压波。许多高压电气设备在出厂试验、型式试验时或大修后都必须进行冲击高压试验。

冲击电压发生器是高压实验室的基本设备之一，冲击试验电压要比设备绝缘正常运行时承受的电压高出很多。随着输电电压等级的不断提高，冲击电压发生器的最高电压也相应提高才能满足试验要求。

1. 标准冲击电压波形

绝缘耐受冲击电压的能力与施加的电压波形有关，而实际的冲击电压波形具有分散性，即每次的波形参数会有不同，为了保证多次冲击试验的重复性和不同试验条件下试验结果的可比较性，必须规定统一的冲击电压波形参数。我国对标准冲击电压波形的规定和国际电工委员会（IEC）标准相同。如图 6-8 所示。在经过时间 T_1 时，电压从零上升到最大值，然后经过时间 T_2-T_1，电压下降到最大值的一半。规定电压从零上升到最大值所用的时间 T_1 称为波头时间（或波前时间），电压从零开始经过最大值又下降到最大值一半的时间 T_2 成为半峰值时间（或波长时间、波尾时间）。

标准冲击电压波形的参数为：

波头时间 T_1　　　　　　$1.2\mu s \pm 30\%$

半峰值时间 T_2	$50\mu s \pm 20\%$
幅值 A	$U_m \pm 3\%$

2. 非周期性的冲击电压波形

非周期性的冲击电压波形由两个指数电压波形叠加组成，如图 6-9 所示，即

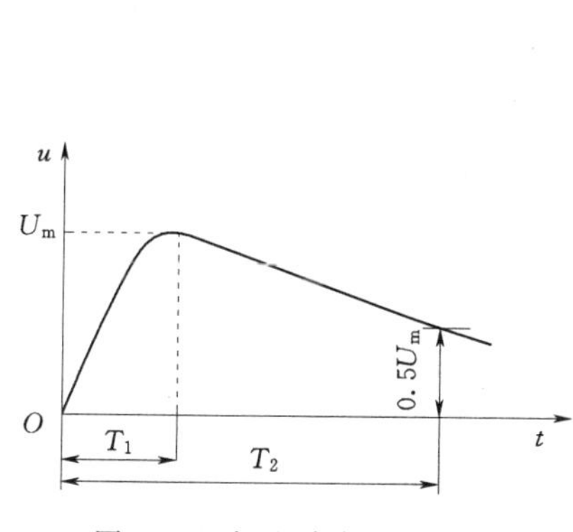

图 6-8 标准冲击电压波形

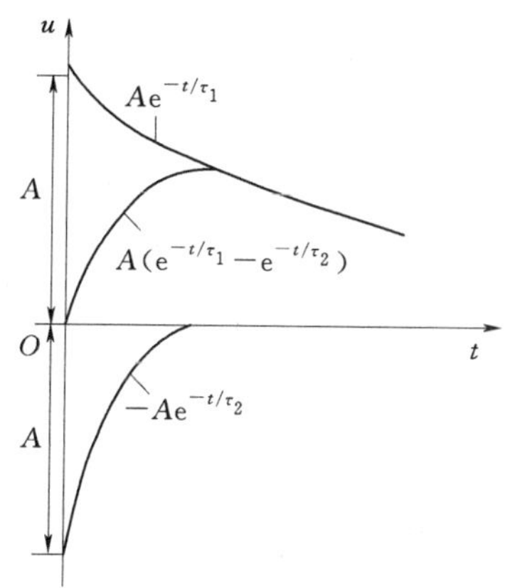

图 6-9 非周期性的冲击电压波形

$$u(t)=A(e^{-t/\tau_1}-e^{-t/\tau_2}) \tag{6-1}$$

式中 τ_1——波尾时间常数；

τ_2——波头时间常数，通常 $\tau_1 \gg \tau_2$；

A——单指数波幅值。

3. 实际的冲击电压波形

对于实际的冲击电压波形，其起始部分通常比较模糊，在最大值附近的波形比较平坦，很难确定起始零点和到达最大值的时间。所以实际中通常采用视在波头时间和视在半峰值时间来定义冲击电压波形。按照国际电工委员会（IEC）标准，实际冲击电压波形参数的定义如图 6-10 所示。

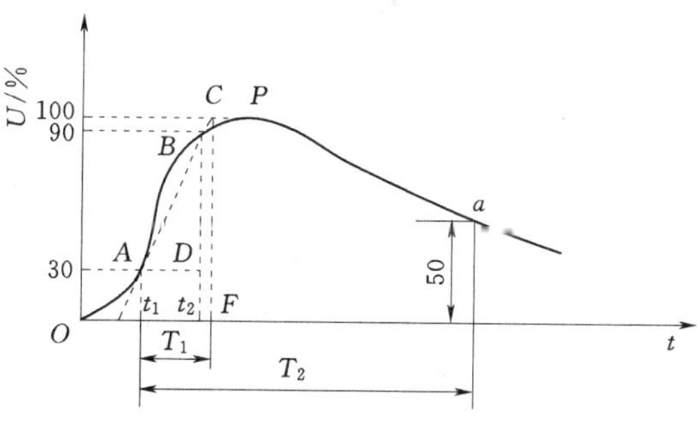

图 6-10 实际的冲击电压波形

二、单级冲击电压发生器

1. 单级冲击电压发生器的原理

非周期性冲击电压波可由两个指数电压波形叠加而成，由于 τ_1 远大于 τ_2，在波头时间范围内，$e^{-t/\tau_1} \approx 1$，可将电压波形近似用下式表示：

$$u(t)=A(1-e^{-t/\tau_2}) \tag{6-2}$$

其波形如图 6-11 所示。

这个波头时间范围内的冲击电压波形和电路理论课程中讲述的一阶电路的零状态响应曲线是相同的。所以利用直流电源经电阻向电容器充电可以产生冲击电压波的波头，且波头时间 $T_1 \approx 3.24R_1C_2$，如图 6-12 所示。

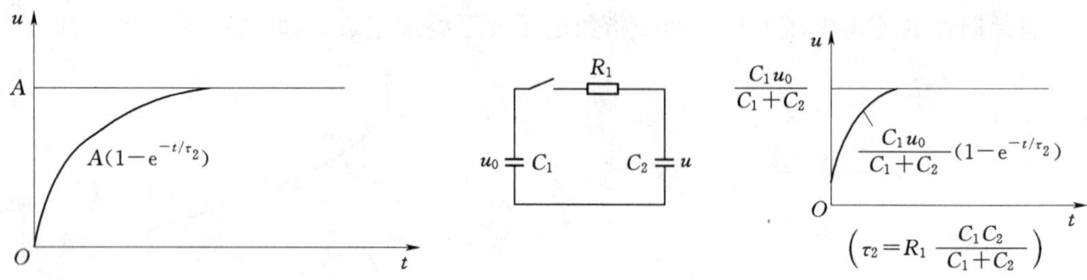

图 6-11　冲击电压波头波形　　　　图 6-12　冲击电压波头波形产生电路

在波尾时间范围内，$e^{-t/\tau_2} \approx 0$，可将冲击电压波形近似用下式表示：

$$u(t)=Ae^{-t/\tau_1} \tag{6-3}$$

式（6-3）的波形和已充电电容器经电阻放电的波形是相同的。所以利用已充电的电容器经电阻放电可以产生冲击电压波形的波尾，波尾时间取决于 R_2 和 C_1。如图 6-13 所示。

可以计算出电压下降到一半的时间，即半峰值时间 T_2 为

$$u_0e^{-T_2/T_1}=\frac{u_0}{2}$$

$$T_2 \approx 0.7R_2C_1 \tag{6-4}$$

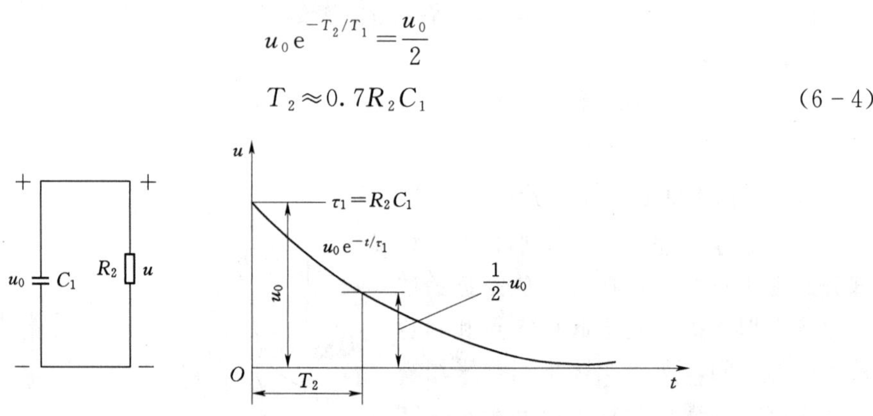

图 6-13　冲击电压波尾波形

根据上面的分析，将图 6-12 和图 6-13 两个电路组合起来就可以产生完整的冲击电压波形。如图 6-14 所示，首先在开关打开的状态下对 C_1 进行充电，充电完毕后合上开关，电容 C_1 经电阻 R_1 向 C_2 充电，形成冲击电压波的波头（C_2 两端的电压波形）；同时 C_1 和 C_2 经过电阻 R_2 放电，形成冲击电压波的波尾。一般情况下，C_1 比 C_2 大很多，所以波尾主要由 C_1 放电的快慢决定。称 C_2 和 R_1 为波头电容和波头电阻，称 C_1 和 R_2 为波尾电容和波尾电阻。

根据实际的需要，图 6-14 的电路可以改为图 6-15 所示的两种形式，此时需要调整各个电阻的大小来调整冲击电压波形。

图 6-14 和图 6-15 的电路有一个电压利用系数的问题。假设合开关之前电容器 C_1 上的电压为 U_0，那么合上开关后在 C_2 两端产生的冲击电压波形的最大电压（即幅值）

U_m 肯定小于 U_0，我们定义放电回路的电压利用系数 η 为：

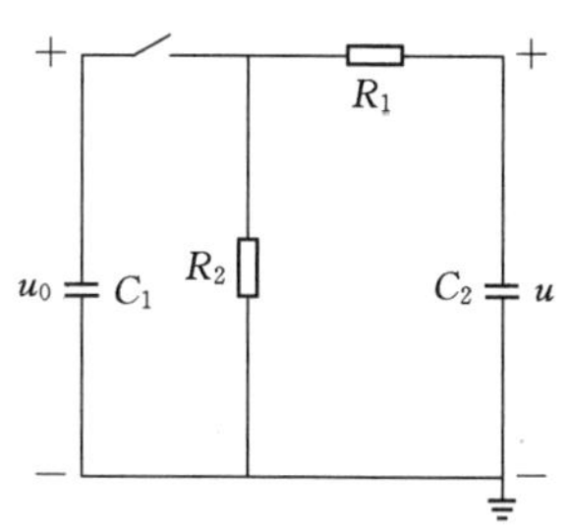

图 6-14　冲击电压产生电路

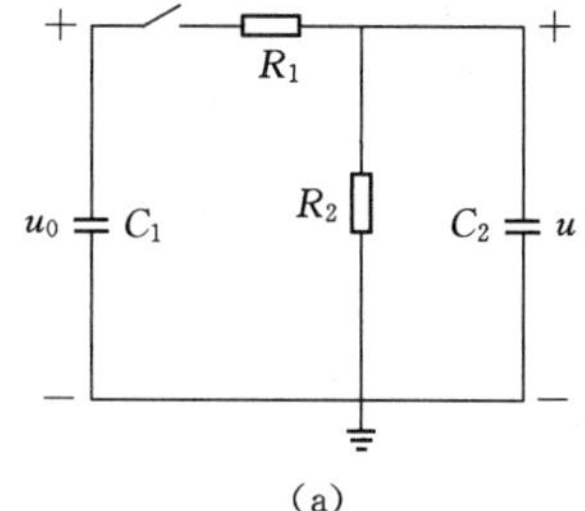

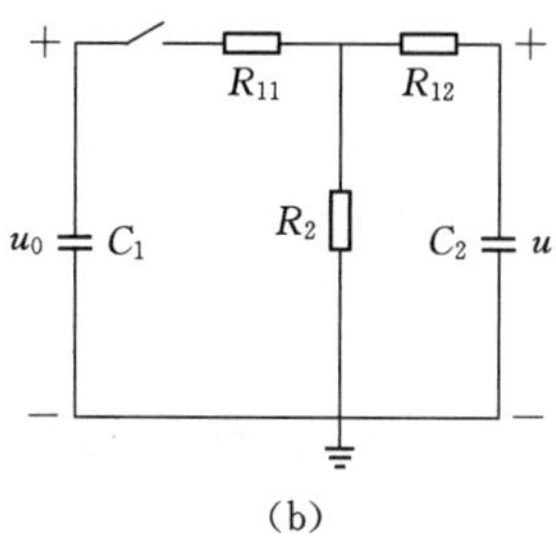

图 6-15　另外两种冲击电压产生电路

$$\eta=\frac{U_m}{U_0} \tag{6-5}$$

2. 冲击电压发生器波形和回路参数的关系

可以计算出，图 6-14 回路的电压利用系数最高，称为高效率回路。

实际的单级冲击电压发生器电路如图 6-16 所示。调整调压器的输出可以改变电容 C_1 的充电电压，达到调整输出冲击电压幅值的目的；调整电阻 R_1 和 R_2 可以改变输出波形，使输出冲击电压波形符合试验要求；放电球隙 G 的放电电压根据电容器 C_1 的充电电压和输出冲击电压幅值的要求进行调整。由于受到高压硅堆和电容器额定电压的限制，同时也考虑放电球隙的直径不宜过大，一般单级冲击电压发生器的最高输出幅值不超过 200～300kV。

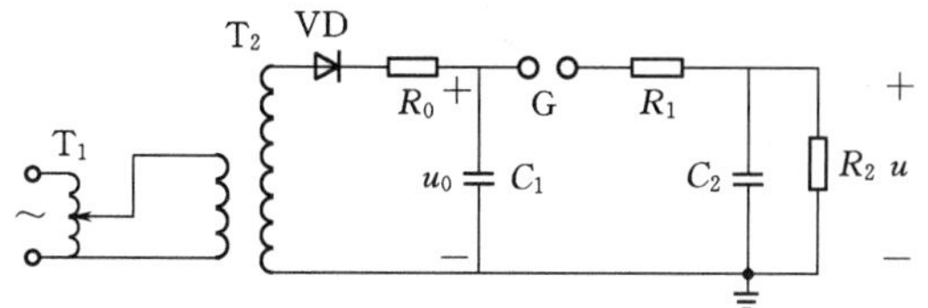

图 6-16　实际单级冲击电压发生器电路

冲击电压发生器的试品一般是容性负载，在做冲击电压试验时，利用试品的等效电容做波头电容 C_2。对于图 6-15（b）所示的典型放电回路可以列出下面的方程：

$$u_0=u_2+R_{12}C_2\frac{\mathrm{d}u_2}{\mathrm{d}t}+\left(-C_1\frac{\mathrm{d}u_0}{\mathrm{d}t}\right)R_{11} \tag{6-6}$$

$$-C_1\frac{\mathrm{d}u_0}{\mathrm{d}t}=C_2\frac{\mathrm{d}u_2}{\mathrm{d}t}+\frac{1}{R_2}\left(u_2+R_{12}C_2\frac{\mathrm{d}u_2}{\mathrm{d}t}\right) \tag{6-7}$$

解上面的方程可以得到 u_2 时间的变化为

$$u_2(t)=KU_0(\mathrm{e}^{-t/\tau_1}-\mathrm{e}^{-t/\tau_2}) \tag{6-8}$$

式中　U_0——球隙放电前电容器 C_1 上的充电电压；

K——回路系数，$K=C_1R_2/(\tau_1-\tau_2)$；

τ_1——波尾时间常数；

τ_2——波头时间常数。

令 $\frac{\mathrm{d}u_2}{\mathrm{d}t}=0$，可得到理论波头时间 T_1 为

$$\frac{T_1}{\tau_1}=\frac{1}{\tau_1/\tau_2-1}\ln\frac{\tau_1}{\tau_2}=f\left(\frac{\tau_1}{\tau_2}\right) \tag{6-9}$$

则输出冲击电压的幅值为

$$U_{2\max}=KU_0(e^{-T_1/\tau_1}-e^{-T_1/\tau_2}) \tag{6-10}$$

即

$$U_{2\max}=K\varepsilon U_0=\eta U_0$$

同样可以用 $U_{2\max}/2=KU_0$ （$e^{-T_2/\tau_1}-e^{-T_2/\tau_2}$）求出半峰值时间 T_2 与回路参数的关系。T_2/T_1 只决定于 τ_1/τ_2。

三、多级冲击电压发生器

1. 多级冲击电压发生器的原理

由于受到高压硅堆参数等因素的限制，单级冲击电压发生器输出的冲击电压幅值一般不超过 200～300kV，所以实际中要获得更高的冲击电压幅值，需采用多级冲击电压发生器。多级冲击电压发生器的基本原理是：并联充电、串联放电。即先对多个电容器并联充电，然后这些电容器自动串联起来放电，以产生很高的冲击电压幅值。图 6－17 是多级冲击电压发生器的原理电路图。

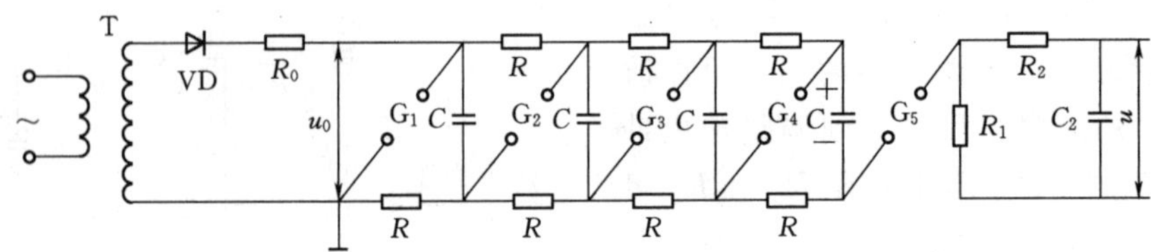

图 6－17　多级冲击电压发生器的原理电路图

图 6－17 中，首先调整各个球隙的距离，使 G_1 的放电电压为 U_0，G_2～G_4 的放电电压在 U_0～$2U_0$ 范围内，然后开始对各个电容器同时充电到 U_0。这时 G_1 首先击穿，导致 G_2～G_4 依次击穿，各个电容器串联起来对 C_2 和 R_2 放电，在输出端获得幅值很高的冲击电压，近似的等效放电回路如图 6－18 所示。下面详细说明各个电容器自动转换成串联放电的过程。如图 6－18 所示，C_{10}～C_{80} 是各点的对地杂散电容（寄生电容）。充电过程结束时，上面一排杂散电容 C_{10}、C_{30}、C_{50}、C_{70} 两端被充电到电压 U_0，1、3、5、7 各点的对地电位为 U_0。下面一排杂散电容未被充电，2、4、6、8 点仍为地电位零。

充电结束时，1 点电位为 U_0，达到 G_1 击穿电压，G_1 首先击穿，1 点电位瞬时降为零，2 点电位瞬时变为$-U_0$。由于 1、3 点和 2、4 点之间电阻 R（比较大）的作用，杂散电容 C_{30} 来不及放电，在 G_1 击穿瞬间 3 点电位几乎仍维持在 U_0，于是在 G_1 击穿的瞬间，G_2 承受的电压（2、3 点之间的电位差）由原来的 U_0 瞬间上升到 $2U_0$，从而导致 G_2 击穿。G_2 击穿后，3 点电位从 U_0 下降到$-U_0$，4 点电位瞬时变为$-2U_0$，而 5、6 点仍几乎维持原来的电位，于是 G_3 承受 $3U_0$ 电压的作用而击穿。依此类推，后面各级球隙在 nU_0 电压作用下相继击穿，把所有的电容器串联起来。

从上面所述的过程可以看出，电容器由并联充电转变为串联放电的关键是杂散电容来不及放电，而杂散电容放电的快慢一方面取决于杂散电容的大小；另一方面取决于放电电阻 R 的大小，即杂散电容放电的时间常数。在实际当中，有时候为了确保各级球隙能顺

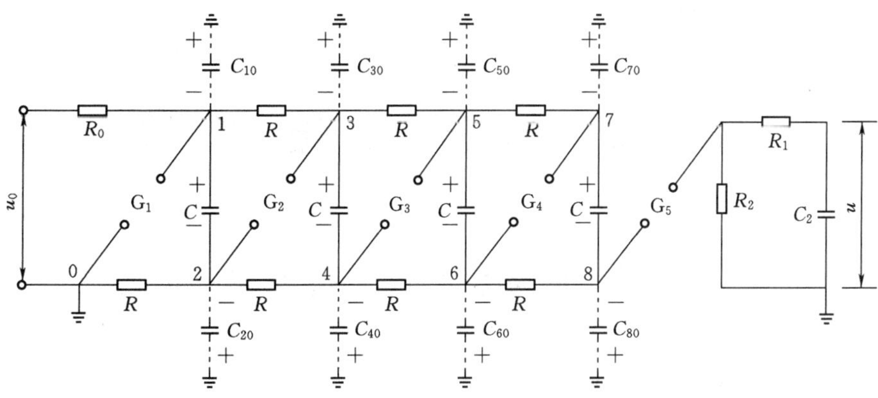

图 6-18　图 6-17 的等效放电回路

利自动放电，还需要采取措施增大杂散电容。

2. 三电极球隙

上述的单级和多级冲击电压发生器，其输出冲击电压的产生并不是等到电容器充到一定电压时自动输出，而是充到一定电压后停止充电，人为控制输出冲击电压，这就要用到三电极球隙。对于单级冲击电压发生器就直接采用一个三电极球隙，对多级冲击电压发生器，只用一个三电极球隙替代第一级放电球隙 G_1。

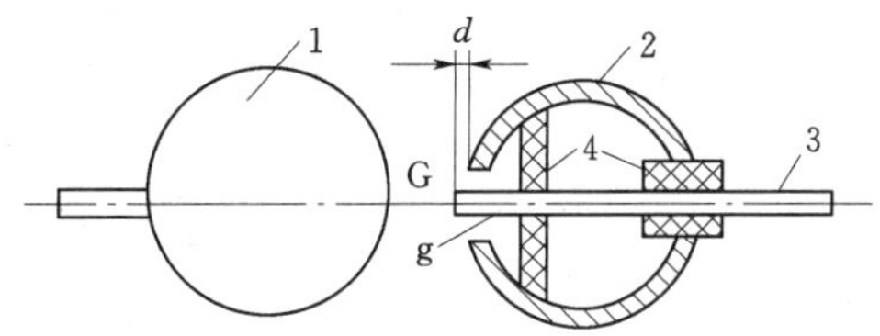

图 6-19　三电极球隙的结构

1—铜球；2—端部有孔的铜球；3—钨电极；4—瓷、胶木等绝缘材料；d—钨电极与铜球孔之间的距离；G，g—间隙

三电极球隙简单地说是一个可以人为触发放电的球隙，其结构如图 6-19 所示。三电极球隙工作的原理是，当冲击电压发生器各个电容充电完毕后，利用另外一个回路产生一个电压较低的脉冲电压，并将该脉冲电压施加在三电极球隙的电极 2 和 3 之间（即间隙 g），使间隙 g 击穿，利用间隙 g 击穿时产生的火花触发主间隙 G 的击穿。此时应防止间隙 G 击穿时，高电位沿电极 3 瞬间贯入低压脉冲回路。

复　习　题

1. 变压器操作波感应耐压试验的作用是什么？
2. 操作波感应耐压试验的接线是怎样的？如何选择主要元件？
3. 用于变压器的操作波感应耐压试验的试验电压波形是怎样的？
4. 操作波感应耐压试验程序是什么？试验中应注意的安全事项有哪些？
5. 什么是冲击电压发生器？冲击电压波形是如何定义的？
6. 为什么在绝缘预防性试验中通常不列入冲击耐压试验？

第七章 局 部 放 电 试 验

第一节 局部放电发生机理和分类

一、局部放电发生机理

局部放电是指发生在电极之间但并未贯穿电极的放电，它是由于设备绝缘内部存在弱点或生产过程中造成的缺陷，在高电场强度作用下发生重复击穿和熄灭的现象。它表现为绝缘内气体的击穿、小范围内固体或液体介质的局部击穿或金属表面的边缘及尖角部位场强集中引起局部击穿放电等。这种放电的能量是很小的，所以它的短时存在并不影响到电气设备的绝缘强度。但若电气设备绝缘在运行电压下不断出现局部放电，这些微弱的放电将产生累积效应，会使绝缘的介电性能逐渐劣化并使局部缺陷扩大，最后导致整个绝缘击穿。电力系统电压的不断提高和限制过电压措施的改进，使长期工作电压对设备绝缘的影响相对地显得日益重要。电气设备在工作电压下的局部放电是使绝缘老化并发展到击穿的重要原因。局部放电试验是检测绝缘内部局部放电的极好的方法。因此，局部放电试验已被定为高压设备绝缘试验的重要项目之一。局部放电的发生机理可以用放电间隙和电容组合的电气的等值回路来代替，在电极之间放有绝缘物，对它施加交流电压时，在电极之间局部出现的放电现象，可以看成是在导体之间串联放置着 2 个以上的电容，其中一个发生了火花放电。按照这样的考虑方法，将电极组合的等值回路如图 7－1 所示。

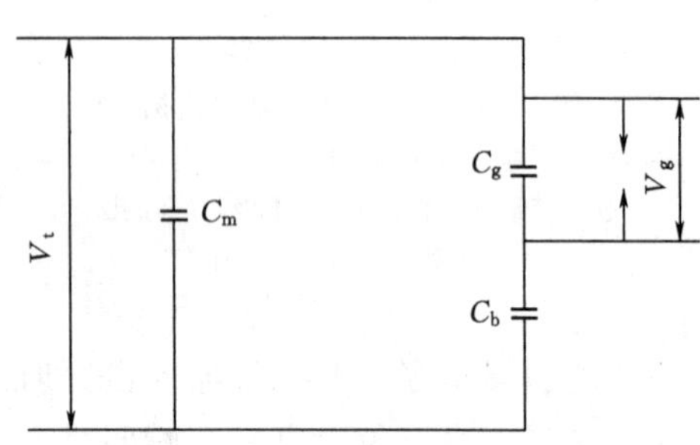

图 7－1 电极组合的电气等值回路

在图 7－1 中，C_g 是串入绝缘物中放电间隙（比如气泡）的电容；C_b 是和 C_g 串联的绝缘物部分的电容；C_m 是除了 C_b 和 C_g 以外的电极之间的电容。设电极间总的电容为 C_a，则

$$C_a=C_m+\frac{C_gC_b}{C_g+C_b} \tag{7-1}$$

在这样的等值回路中，当对电极间施加交流电压 V_t（瞬时值）时，在 C_g 上不发生火花放电的情况下，加在 C_g 上的电压 V_g 由下式表示：

$$V_g=V_t\frac{C_b}{C_g+C_b} \tag{7-2}$$

随着外施电压 V_t 的升高，V_g 也随着增大，V_g 达到 C_g 的火花电压 V_p 时，在 C_g 上就产生火花放电。这时，C_g 间的电压和式中的 V_t 逐渐发生差异，由于放电的原因，V_g 迅

速地从 V_p 下降到 V_t（剩余电压）。现设在 C_g 间，经过 t 后放出的电荷为 $Q(t)$，则

$$V_g(t)=V_p-\frac{1}{C_{gr}}\int_0^t Q(t)\mathrm{d}t \tag{7-3}$$

式中，C_{gr} 是从 C_g 两端看到的电容，它等于

$$C_{gr}=C_g+\frac{C_m C_b}{C_m+C_b} \tag{7-4}$$

所以得到

$$V_p-V_r=V_p-V_g(\infty)=\frac{1}{C_{gr}}\int_0^\infty Q(t)\mathrm{d}t \tag{7-5}$$

将 V_g 从 V_p 大致变成 V_r 的时间称为局部放电脉冲的形成时间。当将这些量表示成时间的函数时，成为图 7－2 的曲线。

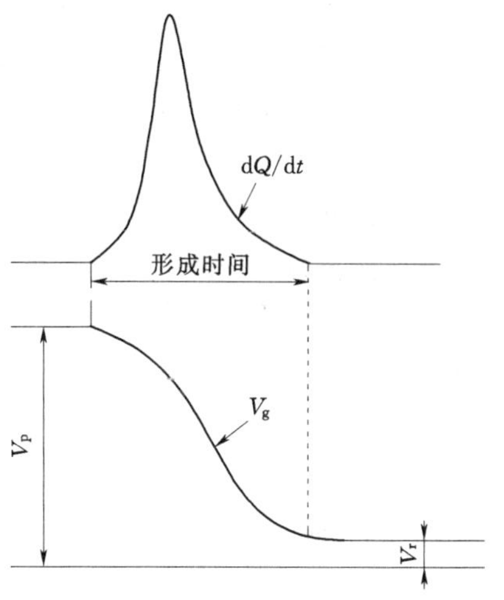

图 7－2 C_g 间的放电电荷和电压随时间变化的曲线

局部放电脉冲的形成时间，除了极端不均匀电场和油中放电的情况之外，一般是在 0.01μs 以下，而且认为 V_r 大致是零。

二、局部放电的主要参量

局部放电是一种复杂的物理过程除了伴随着电荷的转移和电能的损耗之外，还会产生电磁辐射、超声波、光、热以及新的生成物等。从电性方面分析，产生放电时，在放电处有电荷交换、有电磁波辐射、有能量损耗。最明显的是反映到试品施加电压的两端，有微弱的脉冲电压出现。如果绝缘中存在有气泡，当工频高压施加于绝缘体的两端时，如果气泡上承受的电压没有达到气泡的击穿电压，则气泡上的电压就随外加电压的变化而变化。若外加电压足够高，即上升到气泡的击穿电压时，气泡发生放电，放电过程使大量中性气体分子电离，变成正离子和电子或负离子，形成了大量的空间电荷，这些空间电荷，在外加电场作用下迁移到气泡壁上，形成了与外加电场方向相反的内部电压，这时气泡上剩余电压应是两者叠加的结果，当气泡上的实际电压小于气泡的击穿电压时，气泡的放电就暂停，气泡上的电压又随外加电压的上升而上升，直到重新到达其击穿电压时，又出现第二次放电，如此出现多次放电。当试品中的气隙放电时，相当于试品失去电荷 q，并使其端电压突然下降 ΔU，这个一般只有微伏级的电源脉冲叠加在千伏级的外施电压上。目前局部放电测试设备的工作原理，就是将这种电压脉冲检测出来或者放电能量测量出来。其中电荷 q 称为视在放电量。

（1）视在放电电荷 q。它是指将该电荷瞬时注入试品两端时，引起试品两端电压的瞬时变化量与局部放电本身所引起的电压瞬时变化量相等的电荷量，视在电荷一般用 pC（皮库）来表示。

（2）局部放电的试验电压。它是指在规定的试验程序中施加的规定电压，在此电压下，试品不呈现超过规定量值的局部放电。

(3) 局部放电能量 w。是指因局部放电脉冲所消耗的能量。

(4) 局部放电起始电压 V_i。当加于试品上的电压从未测量到局部放电的较低值逐渐增加时，直至在试验测试回路中观察到产生这个放电值的最低电压。实际上，起始电压 u_i 是局部放电量值等于或超过某一规定的低值的最低电压。

(5) 局部放电熄灭电压 V_e。当加于试品上的电压从已测到局部放电的较高值逐渐降低时，直至在试验测量回路中观察不到这个放电值的最低电压。实际上，熄灭电压 u_e 是局部放电量值等于或小于某一规定值时的最低电压。

(6) 放电发生重复率。每秒放电重复的次数，一般是记下交流电压半周内发生的放电次数。在被试品上施加的电压很低时，无局部放电发生；当施加的电压超过放电起始电压并继续上升，则放电的次数随电压的增加而增加。放电发生重复率与外施电压的频率与幅值有关。

根据式（7-5），各个局部放电脉冲的放电电荷为

$$q_r = Q(\infty) = C_{gr}(V_p - V_r) \tag{7-6}$$

设 $C_g \gg C_b$，$V_r \approx 0$，则可得 $q_r \approx C_g V_p$ 应用式（7-4）及式（7-6），各个局部放电的能量 w 为

$$w = \int_0^{q_r} V_g \mathrm{d}Q = \frac{1}{2}\frac{1}{C_{gr}} q_r^2 (V_p^2 - V_r^2) \tag{7-7}$$

设 $C_g \gg C_b$（即 $C_{gr} \approx C_b$），$V_r = 0$，则可得

$$w = \frac{1}{2} C_g V_p^2$$

其次，设由于局部放电引起试品电极间的电压变化为 ΔV，则

$$\Delta V = \frac{C_b}{C_m + C_b}(V_p - V_r) \tag{7-8}$$

利用式（7-6），消去（$V_p - V_r$），可得 $\Delta V = \dfrac{C_b q_r}{C_g C_m + C_g C_b + C_m C_b}$，引入新的参数：

$$q = \frac{C_b}{C_g + C_b} q_r \tag{7-9}$$

利用式（7-1），经过变换后，ΔV 可写成下列形式：

$$\Delta V = \frac{(C_g + C_b) q}{C_g C_m + C_g C_b + C_m C_b} = \frac{q}{C_a} \tag{7-10}$$

从电极间来看，就好像是 q 的电荷已经放掉一样，发生了 ΔV 的电压变化。q 称为视在的放电电荷。由式（7-9）可知，$q < q_r$。在 $C_m = C_g$，或 $C_m = C_b$ 时，q 为

$$q \approx C_b V_p \tag{7-11}$$

在实际测量中，由于测量 ΔV 和 C_a 是可能的，所以，能够求出 q，但是 q_r 一般是求不出的。由于 $C_g \gg C_b$ 以及 $q < q_r$ 由式（7-7），放电能量 w 为

$$w = \frac{1}{2} C_{gr} (V_p^2 - V_r^2) = \frac{C_g C_m + C_g C_b + C_m C_b}{C_m + C_b} (V_p - V_r)(V_p + V_r) \tag{7-12}$$

利用式（7-6）和式（7-12），可得

$$w=\frac{1}{2}q\frac{C_g+C_b}{C_b}(V_p+V_r) \tag{7-13}$$

现设，C_g 放电时的外施电压瞬时值为 V_s（局部放电起始电压的波峰值），利用式（7-2），w 成为下列形式。$w=\frac{1}{2}q\frac{V_s}{V_p}(V_p+V_r)$ 当 $V_r\approx 0$ 时，w 近似为

$$w\approx\frac{1}{2}qV_s \tag{7-14}$$

即对于单一气泡放电的情况，若能测量局部放电起始电压 V_i 和 q 的话，就可求出放电能量。

三、局部放电的分类

局部放电是由于电气设备绝缘内部存在的弱点，在一定外施电压下发生的局部的和重复的击穿和熄灭现象。随着绝缘内部局部放电的发生，将伴随着如光、热、噪声、电脉冲、介质损耗的增大和电磁波放射等现象的发生。这种放电可能出现在固体绝缘的空穴中，也可能在液体绝缘的气泡中，或不同介电特性的绝缘层间，或金属表面的边缘尖角部位。所以以放电类型来分，大致可分为绝缘材料内部放电、表面放电及电晕放电。

1. 内部放电

如果绝缘材料中含有气隙、杂质、油隙等，由于介质内电场分布不均匀，或空穴与介质完好部分电压分布造成的电场强度分布不均，发生在绝缘体内的放电称为内部局部放电。通常所指的测量局部放电是指测量电气设备绝缘内部发生的放电。

当绝缘介质内出现局部放电后，外施电压在低于起始电压的情况下，放电也能继续维持。该电压在理论上可比起始电压低一半，即绝缘介质两端的电压仅为起始电压的一半，这个维持到放电消失时的电压称之为局放熄灭电压。而实际情况与理论分析有差别，在固体绝缘中，熄灭电压比起始电压低 5%～20%。在油浸纸绝缘中，由于局部放电引起气泡迅速形成，所以熄灭电压低得多。这也说明在某种情况下电气设备存在局部缺陷而正常运行时，局部放电量较小，也就是运行电压尚不足以激发大放电量的放电。当其系统有一过电压干扰时，则触发幅值大的局部放电，并在过电压消失后如果放电继续维持，最后导致绝缘加速劣化及损坏。

2. 表面放电

如在电场中介质有一平行于表面的场强分量，当其这个分量达到击穿场强时，则可能出现表面放电。这种情况可能出现在套管法兰处、电缆终端部，也可能出现在导体和介质弯角表面处，见图 7-3。内介质与电极间的边缘处，在 r 点的电场有一平行于介质表面的分量，当电场足够强时则产生表面放电。在某些情况下，可以计算空气中的起始放电电压。

表面局部放电的波形与电极的形状有关，如电极为不对称时，则正负半周的局部放电幅值是不等的，见图 7-4。当产生表面放电的电极处于高电位时，在负半周出现的放电脉冲较大、较稀；正半周出现的放电脉冲较密，但幅值小。此时若将高压端与低压端对调，则放电图形亦相反。

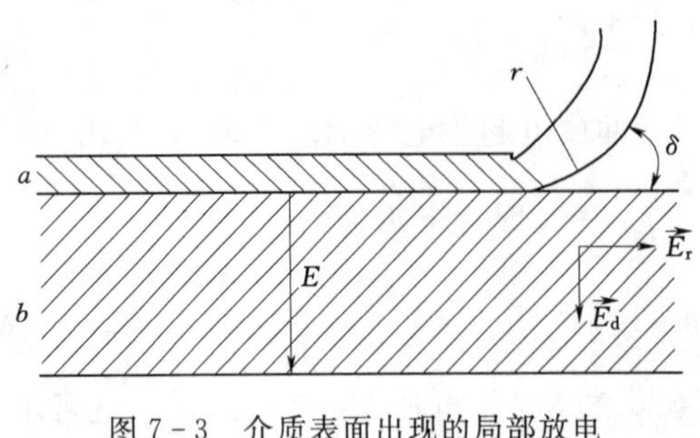

图 7-3 介质表面出现的局部放电

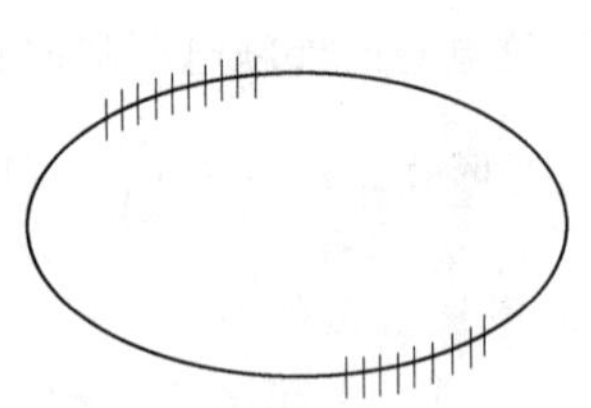

图 7-4 表面局部放电波形

3. 电晕放电

电晕放电是在电场极不均匀的情况下，导体表面附近的电场强度达到气体的击穿场强时所发生的放电。在高压电极边缘，尖端周围可能由于电场集中造成电晕放电。电晕放电在负极性时较易发生，也即在交流时它们可能仅出现在负半周。电晕放电是一种自持放电形式，发生电晕时，电极附近出现大量空间电荷，在电极附近形成流注放电。现以棒一板电极为例来解释，在负电晕情况下，如果正离子出现在棒电极附近，则由电场吸引并向负极运动，离子冲击电极并释放出大量的电子，在尖端附近形成正离子云。负电子则向正极运动，然后离子区域扩展，棒极附近出现比较集中的正空间电荷而较远离电场的负空间面电荷则较分散，这样正空间电荷使电场畸变。因此负棒时，棒极附近的电场增强，较易形成。

在交流电压下，当高压电极存在尖端，电场强度集中时，电晕一般出现在负半周，而当接地电极也有尖端点时，则出现负半周幅值较大，正半周幅值较小的放电。

第二节 局部放电试验方法

一、局部放电试验的重要性

随着电力设备电压等级的提高，人们对电力设备运行可靠性提出了更加苛刻的要求。我国近年来 110kV 以上的大型变压器事故中 50%是属正常运行下发生匝间或段间短路造成突发事故，原因也是局部放电所致。局部放电检测作为一种非破坏性试验，越来越得到人们的重视。

虽然局部放电一般不会引起绝缘的穿透性击穿，但可以导致电介质（特别是有机电介质）的局部损坏。若局部放电长期存在，在一定条件下会导致绝缘劣化甚至击穿。对电力设备进行局部放电试验，不但能够了解设备的绝缘状况，还能及时发现许多有关制造与安装方面的问题，确定绝缘故障的原因及其严重程度。因此，高压绝缘设备都把局部放电的测量列为检查产品质量的重要指标，产品不但在出厂时要做局部放电试验，而且在投入运行之后还要经常进行测量。对电力设备进行局部放电测试是一项重要预防性试验。

根据局部放电产生的各种物理、化学现象，如电荷的交换，发射电磁波、声波、发热、光、产生分解物等，可以有很多测量局部放电的方法。总的来说可分为电测法和非电

测法两大类，电测法包括脉冲电流法、无线电干扰法、介质损耗分析法等，非电测法包括声测法、光测法、化学检测法和红外热测法等。通常非电测法不适用于定量的测量，常常用于确定放电位置或者故障类型。

二、电测法

局部放电最直接的现象即引起电极间的电荷移动。每一次局部放电都伴有一定数量的电荷通过电介质，引起试样外部电极上的电压变化。另外，每次放电过程持续时间很短，在气隙中一次放电过程在 10ns 量级；在油隙中一次放电时间也只有 1μs。根据 Maxwell 电磁理论，如此短持续时间的放电脉冲会产生高频的电磁信号向外辐射。局部放电电检测法即是基于这两个原理。常见的检测方法有脉冲电流法、无线电干扰法、介质损耗分析法等。

1. 脉冲电流法

脉冲电流法是一种应用最为广泛的局部放电测试方法。脉冲电流法的基本测量回路见图 7－5。图中 C_X 代表试品电容，Z_m(Z'_m) 代表测量阻抗，C_K 代表耦合电容，它的作用是为 C_X 与 Z_m 之间提供一个低阻抗的通道。Z 代表接在电源与测量回路间的低通滤波器，Z 可以让工频电压作用到试品上，但阻止被测的高频脉冲或电源中的高频分量通过。图 7－5（a）为并联测量回路，试验电压 U 经 Z 施加于试品 C_X，测量回路由 C_K 与 Z_m 串联而成，并与 C_X 并联，因此称为并联测量回路。试品上的局部放电脉冲经 C_K 耦合到 Z_m 上，经放大器 A 送到测量仪器 M。这种测量回路适合于试品一端接地的情况，对 C_K 较大的被试品可以避免较大的工频电容电流流过 Z_m 在实际工作中应用较多。图 7－5（b）为串联测量回路，测量阻抗 Z_m 串联接在试品 C_X 低压端与地之间，并经由 C_K 形成放电回路。因此，试品的低压端必须与地绝缘。图 7－5（c）为桥式测量回路，又称平衡测量回路。试品 C_X 与耦合电容 C_K 均与地绝缘，测量阻抗 Z_m 与 Z'_m 分别接在 C_X 与 C_K 的低压端与地之间。测量仪器 M 测量 Z_m 与 Z'_m 上的电压差。

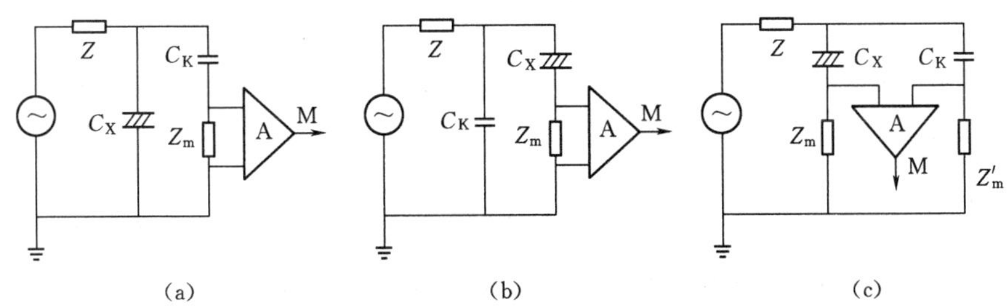

图 7－5 测量局部放电的基本回路

图 7－5（a）、（b）是直接法测量局部放电的两种基本回路，其目的都是要使试品 C_X 局部放电产生的脉冲电流作用到检测用阻抗 Z_m 上，然后把 Z_m 上的电压经放大器 A 送到适当的测量仪器 M 中进行测量。根据 Z_m 上的电压可以算出局部放电的视在电荷量，为了知道测量仪器上显示的信号在一定的测量灵敏度下代表多大的放电量，必须对测量装置进行校准（常采用方波定量法校准）直接法的缺点是抗干扰性能较差。为了提高抗干扰性能，图 7－5（c）平衡法采用电桥平衡的原理，由于外来干扰的频率分布很广，如果要求

电桥对很宽广的干扰频率都能平衡，最好的办法是用与被试品完全相同的电气设备来充当辅助试品，电桥两臂的阻抗就相应相等。理论上，此时电桥对所有频率都能平衡，由此即可消除外来干扰的影响，实际上即使是型号规格完全相同的两个电气设备，其阻抗也不可能在所有频率下都相等，所以电桥也就不可能达到真正完全的平衡。即使这样，平衡法是能将外来干扰大大降低，是抗干扰性能较好的一种方法。

在上述所有回路中都希望检测阻抗及耦合电容 C_K 不产生局部放电，检测阻抗可以用 R、L 或者 R、L、C 组合，当 C_K 值不太大时，最好不小于 C_X 值。

2. 无线电干扰电压法（RIV）

无线电干扰电压法，包括射频检测法，最早可追溯到 1925 年，Schwarger 发现电晕放电会发射电磁波，通过无线电干扰电压表可以检测到局部放电的发生。国外目前仍有采用无线电干扰电压表检测局部放电的运用，在国内，常用射频传感器检测放电，故又叫射频检测法。较常用射频传感器有电容传感器、Rogowski 线圈电流传感器和射频天线传感器等。利用无线电干扰，通过试品两端的直接耦合，或者天线等其他采样元件的耦合，测量试品的局部放电脉冲信号。RIV 方法能定性检测局部放电是否发生，甚至可以根据电磁信号的强弱对电机线棒和没有屏蔽层的长电缆进行局部放电定位；采用 Rogowski 线圈传感器也能定量检测放电强度，且测试频带较宽（1～30MHz）。

3. 介质损耗分析法（DLA）

局部放电对绝缘材料的破坏作用是与局部放电消耗的能量直接相关的，因此对放电消耗功率的测量很早就引起人们的重视。在大多数绝缘结构中，随着电压的升高，绝缘中气隙（或气泡）的数目将增加。此外局部放电的现象将导致介质的损坏，从而使得 $\tan\delta$ 大大增加。因此可以通过测量 $\tan\delta$ 的值来测量局部放电能量从而判断绝缘材料和结构的性能情况。介质损耗分析法特别适用于测量低气压中存在的辉光或者亚辉光放电。由于辉光放电不产生放电脉冲信号，而亚辉光放电的脉冲上升时间太长，普通的脉冲电流法检测装置中难以检测出来。但这种放电消耗的能量很大，使得 $\Delta\tan\delta$ 很大，故只有采用电桥法检测 $\Delta\tan\delta$ 才能判断这种放电的状态和带来的危害。但是，DLA 方法只能定性的测量局部放电是否发生，基本不能检测局部放电量的大小，这限制了 DLA 方法的运用。

三、非电检测法

局部放电发生时，常伴有光、声、热等现象的发生，对此，局部放电检测技术中也相应出现了光测法、声测法、红外热测法等非电量检测方法。较之电检测法，非电量检测方法具有抗电磁干扰能力强、与试样电容无关等优点。

1. 超声波法测试局部放电

利用超声波检测技术来测定局部放电的位置及放电程度，这种方法较简单，不受环境条件限制。但灵敏度较低，不能直接定量。在进行局部放电测量中当发现变压器有大于 5000pC 的故障放电，超声波声测量方法常用于放电部位确定及配合电测法的补充手段。但声测法有它独特的优点，即它可在试品外壳表面不带电的任意部位安置传感器，可较准确地测定放电位置，且接收的信号与系统电源没有电的联系，不会受到电源系统的电信号

的干扰；因此进行局部放电测量时，以电测法和声测法同时运用。两种方法的优点互补，再配合一些信号处理分析手段，则可得到很好的测量效果。

用于局部放检测的超声检测系统由声电转换、前置放大、模数转换和信号处理现实四个部分组成。超声波探测局部放电的原理可简述如下。当电气设备绝缘内部发生局部放电时，在放电处产生超声波，向四周传播开来，一直到电气设备容器的表面，在设备的外壁，如套管、互感器的瓷套外表面放上压电元件，在交变压力波的作用下，具有压电效应的晶体便产生交变的弹性变形，晶体沿受力方向的两个端面上便会出现交变的束缚电荷。这一表面束缚电荷的变化便引起了端部金属电极上电荷的变化或在外回路中引起交变电流。这就是由压力波转变为电气量的过程，然后，可对电气量进行测量。

局部放电测量通常选用密封结构的超声传感器，其结构原理见图 7-6。它是直接把压电陶瓷安装在金属外壳之上，带动外壳一起振动，并在金属壳里填充树脂作为密封。

超声波探测器探头示意图如图 7-7 所示。用超声探头获得由局部放电引起的超声信号，并用数字式局部放电仪或波形记录仪记录波形作定位测试。声测法原理框图如图 7-8 所示。

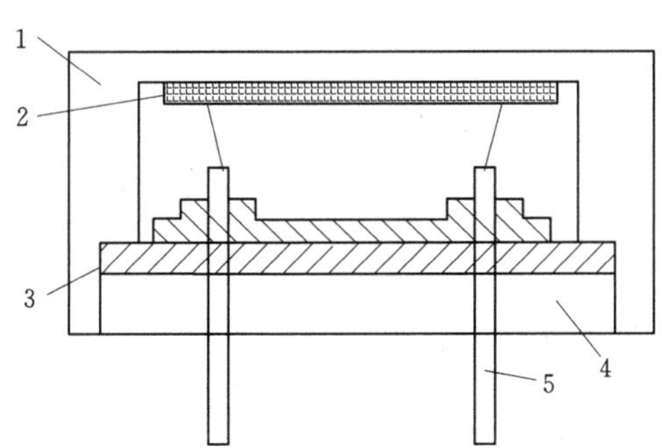

图 7-6　超声传感器的原理结构图

1—金属外壳；2—陶瓷振动子；3—底座；4—填充树脂；5—引出脚

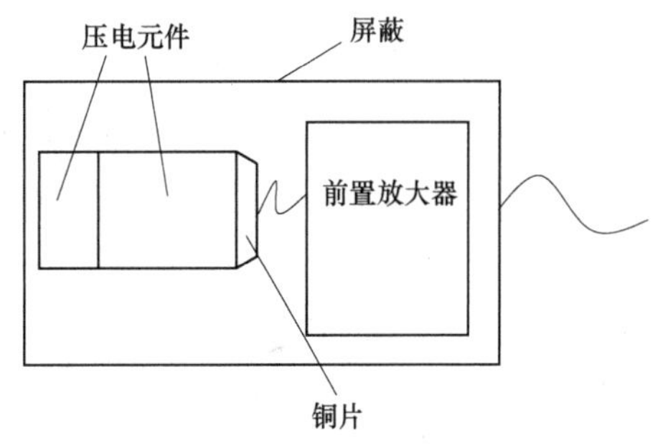

图 7-7　超声波探测器探头示意图

如将 2～4 个声探头的信号同时记录下并在屏上显示所测到的波形，对局部放电作定位测量很有利。当与电测法联合测量时，有助于判断所测到的信号是否为内部放电。当仪器对变压器进行超声测量时，屏上按所探测的声通道数在屏上同时显示 2～4 路波形，测量人员移动光标到认为是放电声信号的位置，程序即自行计算出放电点距探头的位置。若为 3 个以上的测量点，则由给定的各探头光标计算出放电点的光标。

图 7-8　声测法原理框图

用于互感器等试品时，在靠近高压部分则用光纤连接，有时装设 1～2 个传感器即可，前置放大器仅用一个。

当设备内部有故障放电时（几千皮库到几万皮库），这时利用电信号作为仪器触发信号，也即以电信号作为时间参考零点，然后以 2～3 个通道采集声信号，仪器 A/D 采样频

率可选在500kHz或1MHz并移动传感器位置，使能有效地测到超声信号，见图7-9。测得电信号与声信号的时间差Δt就可计算出放电点与传感器的位置的距离，$s=v\Delta t$，一般计算取$v=1.42\text{mm}/\mu\text{s}$，确定局部放电的放电点。

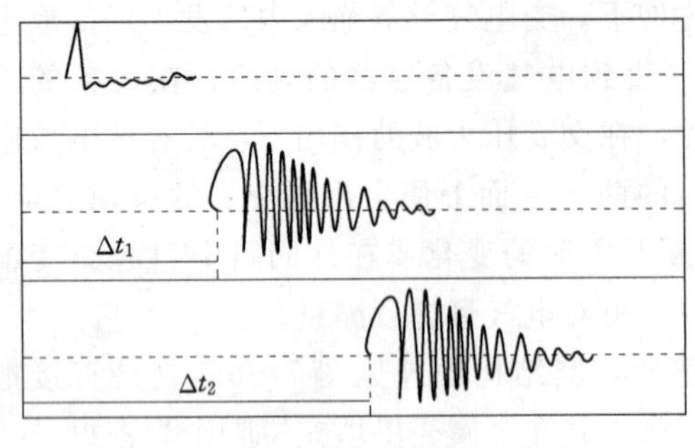

图7-9 超声波测量信号波形

为了测量结果有可比性，系统要进行相对校准，在做校准用的电声传感器上，是加一个模拟局放的电脉冲，使之产生类似飓风的声压，再将此校准用的电声传感器紧贴在系统接收声波的省电传感器上，使系统接收到一定的声信号，然后调节系统的灵敏度，使系统指标达到一个标称值，校准完成。在以后的测量中，保持系统的灵敏度不变，则各次测量结果是可比的。超声波法在套管、互感器等少油设备的局部放电检测中取得良好效果。超声波在变压器、电机线棒的检测中也有应用，和油的色谱分析方法相配合，可以更好判断绝缘内部的局部放电缺陷，但超声波法的抗干扰能力尚需进一步提高以及超声波指示大小如何定量的问题。现在一般以同类设备的相互比较来判断。

为了区别探测器检测的是被试绝缘内部放电还是外界干扰，可以用空心铁盒放在探头与被测物之间，以隔开被测设备内部局部放电处传来的超声波。如果此时仪器指示较小，为一般噪声值，则说明除去空心盒时的指示反映了绝缘内部的放电。但对于被试设备的机械振动，则仍不能与其中局部放电相区别，有时也可以观察超声波的波形来进一步地分析。下面介绍一种脉冲鉴别回路，它是一种可以区分外来干扰与局部放电脉冲的回路，图7-10是该回路的原理图。图7-10中C_A、C_K下部的检测元件1、2分别与放大器连接并根据极性，触发门电路A+、C－或B－、D+。“与门”只在如图的门电路极性配合下才动作输出信号。外部干扰使检测阻抗1、2上输出同极性脉冲。此时仅A+、D+动作或C－、B－动作，但均不能启动“与门”，故外部干扰不能测量仪器给出指示。如C_A发生局部放电，则检测阻抗1、2上输出的是异极性脉冲。或者是A+、B－动作，或者是C－、D+动作。随之“与门”也动作，仪器上收到正或负的测量信号。我们知道，如果正半周C_A中发生放电，则检测阻抗1上的脉冲应为正，2上的脉冲为负，显然只有A+、

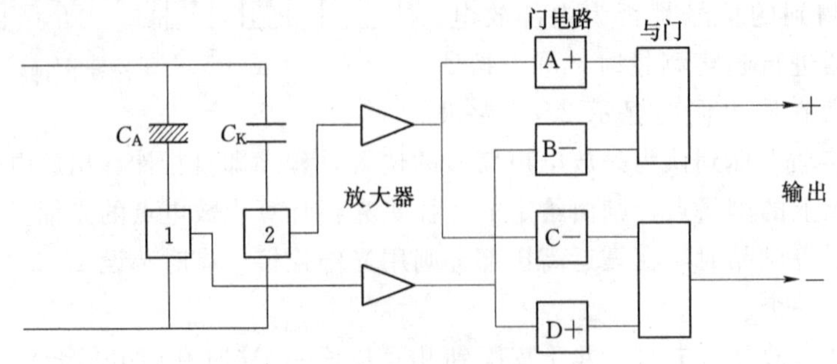

图7-10 脉冲辨别回路原理图

B—门动作，上边一个“与门”动作，才能测出局部放电信号。可以根据不同的与门动作条件来区别是 C_A 放电还是 C_K 放电。

2. 光检测法

对于绝缘内部的局部放电，只有透明介质才宜用光检测法，例如聚乙烯绝缘电缆芯通过水介质扫描用光电倍增管观察。但该方法灵敏度较低，局限性大，较适宜于检测暴露在外表面的电晕放电。利用视觉检测局部放电，要在眼睛对于黑暗习惯了以后，在黑暗的环境中进行。这时，为了增强视力和对高压保持一定间隔距离，使用大倍率的望远镜是很有效的。为了记录发生放电的位置，采用长时间曝光的照相机进行拍照是有效的。而且，还有在预先想到可能发生放电的位置，先放好感光胶片，通过直接感光进行放电的记录。

3. 热检测法

由于局部放电在放电点会发热，当故障较严重时，局部热效应是明显的，可用预先埋入的热电偶来测量各点温升，从而确定局部放电部位。这种方法既不灵敏也不能定量，因而在现场测量中一般不用这种方法。目前红外检测技术已经非常成熟，红外检测技术是利用红外探测器和光学成像镜接收被测设备辐射的红外线，然后成像在红外探测器的光敏元件上，从而获得红外热像图，这种热像图与物体表面的热分布场相对应，从而确定局放的部位。

4. 放电产物分析法

油纸绝缘材料在局部放电作用下会分解产生各种气体，分析局部放电时产生的化学生成物，例如用色谱分析仪测量高压电气设备的油样，由于放电产生的微量可燃性气体。从而推断局部放电的程度，从而判断故障类型，这种方法已在生产实际中广泛应用，并取得较好的效果。各种气体中对判断故障有价值的气体有甲烷（CH_4）、乙烷（C_2H_6）、乙烯（C_4H_4）、乙炔（C_2H_2）、氢（H_2）、一氧化碳（CO）、二氧化碳（CO_2）等。

绝缘中存在局部放电时，当放电较小并在故障点引起的温度高于正常温度不多时，由油裂解的产物主要是甲烷和氢；当局部放电故障扩大，形成局部爬电或火花、电弧放电时，会引起局部高温，产生乙炔、乙烯和一氧化碳、二氧化碳。如利用四种特征气体的三比值法，可用来判断变压器故障性质，但实际上对电力设备进行绝缘故障判断时，仅根据一次测量数据往往是不够的，宜利用色谱分析，观察各有害气体随时间的增量。并和局部放电超声测量和电测法数据作比较，进行综合判断，才能更加有效地判断故障性质。

当故障涉及固体绝缘时，会引起一氧化碳和二氧化碳含量的明显增长。但根据现有统计资料，固体绝缘的正常老化过程与故障情况下劣化分解，表现在油中一氧化碳的含量上，一般情况下没有严格的界限，二氧化碳含量的规律更不明显。因此，在考察这两种气体含量时更应注意结合具体变压器的结构特点，如油保护方式、运行温度、负荷情况、运行历史等情况加以分析，以尽可能得出正确的结论。近年来国内外开展用气敏半导体来鉴别这些气体成分，实际上是简易的色谱法，气敏半导体由 N 型金属氧化物制成，放在待测气体中，当温度一定及载气流量一定的情况下气敏半导体有一定的电阻，当被测气体吸附到气敏半导体表面时，其表面层的电子数升高，阻值下降，使外回路电流增大发出信号。

第三节 局部放电试验中的抗干扰措施

一、局放干扰的来源及其分类

(一) 局部干扰的来源

广义的局放干扰是指除了与局放信号一起通过电流传感器进入监测系统的干扰以外，还包括影响监测系统本身的干扰，诸如接地、屏蔽以及电路处理不当所造成的干扰等。现场局放干扰特指前者。电磁干扰一般通过空间直接耦合和线路传导两种方式进入测量点。测量点不同，干扰耦合路径会不同，对测量的影响也不同。测量点不同，干扰种类、强度也不相同。

从干扰的来源分，主要有测量系统本身的干扰和测量系统外的干扰。测量系统本身的干扰包括供电开关电源中开关和放大器自身的热噪、自激等产生的干扰；测量系统外的干扰主要是指来自被测设备之外的、能被检测传感器检测到的干扰。由于系统自身的干扰总是可以通过改善测量系统的设计来减少或消除，因此，通常所说的干扰主要是指来自测量系统以外的干扰。

(二) 现场电磁干扰的分类

现场电磁干扰又分连续性周期干扰、脉冲型干扰和白噪声干扰。往往干扰强大，甚至完全淹没了局放信号。

1. 连续性周期干扰

电力系统载波通信和高频保护信号引起的干扰和无线电干扰。这类通常是高频正弦波，干扰强度较大，每种干扰的时域波形有固定的谐振频率和频带宽度，有的频率较高，有的频率较低。在频域上是离散的，频域内能量集中，振幅是以主频为中心，以两倍调制频率为宽度的脉冲波形。其相位分布固定。这类干扰包括电力系统谐波、高频保护、载波通信及无线电广播通信等。

2. 脉冲型干扰信号

包括供电线路或高压端电晕放电；电网中的开关、晶闸管整流设备闭合或开断引起的脉冲干扰；试验线路或邻近的接地不良引起的干扰；浮动电位物体放电引起的干扰；设备的本机噪声或者其他随机干扰。此类干扰在时域上是持续时间很短的脉冲信号，而在频域上是包含各种频率成分的宽带信号，具有与局部放电信号相似的时域和频域特征，但其相位集中。观察示波器上的图像可以发现此类干扰出现的位置相对固定的地方，波形及其小波变换系数都与放电脉冲的波形及系数极其相似。但这类脉冲典型的频率一般都小于1MHz，因而在时间轴上分布极为稀疏，而其有规则，据此可将其余局部放电脉冲区分。

3. 白噪声干扰信号

包括各种随机噪声，如变压器绕组的热噪声、电子器件本身的热噪声、配电线路及变压器继电保护信号线路中由于耦合进入的各种噪声以及检测线路中半导体器件的散粒噪声

等。理论上，白噪声干扰的功率谱为恒定常数，分布在整个频段上，而在实际应用中，若其频谱在较宽频段上为连续平缓的即可认为是白噪声。

二、局放干扰的传播路径

电气设备特别是大型发电机和变压器，其结构复杂、体积庞大，干扰可通过传导、感应、辐射等多种耦合方式从多个路径侵入。

（一）变压器的干扰入侵路径

所有的窄带信号（载波通信、无线电通信和高频保护等）、线路和绝缘电晕放电、其他电气设备内部放电、开关设备动作产生的脉冲型放电或各种冲击波（雷电波、操作波）产生的高频电流脉冲等主要通过高压线路以传导的方式进入变压器。

晶闸管整流、换流器和静止无功补偿器中的电力电子器件动作等引起的强大周期型脉冲干扰和电弧炉产生的随机噪声和脉冲，干扰主要从变压器的低压侧以传导的方式侵入。

晶闸管或其他的开关类器件动作产生的脉冲信号、各种电机产生的电弧放电及配电线路中存在的大量随机噪声等通过风机，潜油泵和变压器控制柜的动力电缆或各种信号电缆以电容耦合或直接传导引入。这些干扰统称为变压器配电线路引入的二次干扰。

当变压器多点接地时各接地线构成环形天线，耦合引入各种空间干扰、地网干扰等。

（二）发电机干扰侵入的路径

励磁供电系统产生的干扰和由于碳刷与滑环之间接触不良所产生的火花放电往往从电机的励磁系统引入，与电机相连的设备产生的干扰从连接导线处引入，无线电干扰和其他随机干扰通过空间辐射方式引入。

三、常用的抑制干扰方法

（一）抑制干扰的思路

干扰的抑制总是从干扰源、干扰途径、信号后处理三方面考虑。找出干扰源直接消除或切断相应的干扰路径，是解决干扰最有效最根本的方法，但要求详细分析干扰源和干扰途径，且一般不允许改变原有的变压器运行方式，因此在这两方面所能采取的措施总是很有限。对于经电流传感器耦合进入监测系统的各种干扰，采取各种信号处理技术加以抑制。一般从以下几方面区分局放信号和干扰信号：工频相位、频谱、脉冲幅度和幅度分布、信号极性、重复率和物理位置等。在抗干扰技术中有两种不同的思路：一种是基于窄带（频带一般为 10kHz 至数万赫兹）信号的。它通过合适频带的窄带电流传感器和带通滤波电路拾取信号，躲过各种连续的周期型干扰，提高了测量信号的信噪比。这种方法只适合某一具体的变电站，使用上不方便。此外，由于局部放电信号是一种宽频带脉冲，窄带测量会造成信号波形的失真，不利于后面的数字处理。另一种是基于宽频（频带一般为 10～1000kHz）信号的处理方法。检测信号中包含局放的大部分能量和大量的干扰，但信噪比较低。对于这些干扰的处理步骤一般是：①抑制连续周期型干扰；②抑制周期型脉冲干扰；③抑制随机型脉冲干扰。随着数字技术的发展及模式识别方法在局放中的应用，这种处理方法往往能取得较好的效果。在后级处理中，很多处理方法是一致的。可归纳为频域处理和时域处理方法，频域方法是利用周期型干扰在频域上离散的特点处理之，而时域处理方法是根据脉冲型干扰在时域上离散的特点处理。有硬件和软件两种实现方式。

局部放电产生的检测信号十分微弱，仅为微伏量级，就数值大小而言，很容易被外界干扰信号所淹没，因此必须考虑抑制干扰信号的影响，采取有效的抗干扰措施。

（二）抑制干扰的方法

(1) 来自电源的干扰可以在电源中用滤波器加以抑制。这种滤波器应能抑制处于检测仪的频宽的所有频率，但能让低频率试验电压通过。或者采用带有屏蔽绕组的绝缘变压器供电，调压器、控制装置有缺陷时产生的干扰可以换用良好的设备即可消除。

(2) 来自接地系统的干扰，可以通过单独的连接，把试验电路接到适当的接地点来消除。所有附近的接地金属均应接地良好，不能产生电位的浮动。

(3) 来自外部的干扰源，如高压试验、附近的开关操作、无线电发射等引起的静电或磁感应及电磁辐射，均能被放电试验线路耦合引入，并误认为是放电脉冲。目前采取的办法除了控制附近高压设备的运行时间，避开强力广播台的工作时间外，多在检测回路的特性上设法，例如采用中心频率 200kHz 以下的窄带检测放大回路或者 200kHz 以下的低频回路等需要有一个设计良好的薄金属皮、金属板或铁丝网的屏蔽。有时样品的金属外壳要用作屏蔽，有条件的可修建屏蔽试验室。

(4) 对于干扰源来自高压产生的局部放电干扰，这与设备的制造质量有关，而且干扰随变压器的电压升高而升高，如高压引线上的电晕干扰，可以使高压引线表面光洁度好，曲率半径大，并加以屏蔽。

(5) 由于试验线路或样品内的接触不良引起的接触噪声，特别是热噪声更成为测量装置提高灵敏度的主要障碍，选用优质元件制成的放大器 M 是必要的。试验时应保证所有试品及仪器接地可靠，设备接地点不能有生锈或漆膜，接地连接应用螺钉压紧。

（三）测量中抑制干扰的措施

由于局部放电脉冲信号是很微弱的信号，现场的电磁干扰都将对测量结果产生较大误差，因此，要做到准确测量很困难。为了提高测量精度，除了采取上述介绍的抗干扰措施外，在测量中还应可采取如下措施：

(1) 试验中所使用的设备应尽量采用无晕设备，特别是试验变压器和耦合电容 C_K。

(2) 滤波器的性能要好，要做到电源与测量回路的高频隔离。

(3) 试验时间应尽量选择在干扰较小的时段，如夜间等。

(4) 测量回路的参数配合要适当，耦合电容要尽量小于试品电容 C_X，使得在局部放电时 C_X 与 C_K 间能很快地转换电荷。

(5) 必须对测量设备进行校准。

第四节 局部放电波形分析和图谱识别

一、局部放电波形分析要点

(1) 内部放电波过程与回路参数有关，不同的放电反映的波形是有差别的。

(2) 放电波形与放电类型和放电幅值有关。如没有贯穿电极或间隙的放电过程快，频谱特性差别不大；贯穿间隙之间的或者放电量很大的放电则波长过程较长，低频分量重；空气中放电如电晕、气泡放电等幅值较小的放电前沿陡，有丰富的高频分量。对于故障性的大幅值放电结合波形的变化，频率特性来综合判断放电属性。

(3) 根据不同点波形和频率特性的变化来判断放电类型及位置。如变压器类试品有电感，放电信号经过电感后发生变化，高频分量受到削弱，同一放电在变压器不同点测到信号的频谱特性要视放电部位而定如放电点距两测点的电气距离相近，则不同点测得的信号是一致的。

二、局部放电的波形分析

图 7-5 中检测阻抗 Z_m 可由电阻、电感、阻容并联元件、电感电容并联元件等构成。而对于局部放电脉冲而言，可用图 7-11 的回路来计算检测阻抗 Z_m 上的波形。

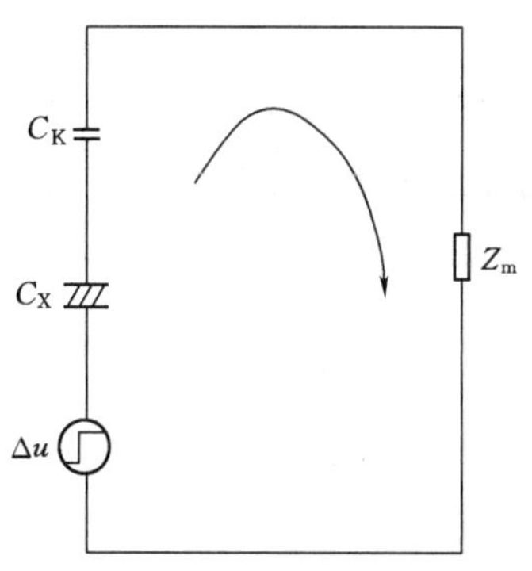

图 7-11　计算 Z_m 上电压波形的等值回路

1. Z_m 为 R 时，Z_m 上的波形

实际上是方波加于阻容串联回路时电阻上的波形，电容为 C_X 与 C_K 的串联。R 上的波形是一个陡直上升、指数下降的曲线［图 7-12 (a) 曲线 1］，其方程是

$$u_R=\Delta u e^{-t/T_R}=\frac{q}{C_A}e^{-t/\left(\frac{C_X C_K}{C_X+C_K}\right)R} \qquad (7-15)$$

由此可见，u_R 的幅值为 q/C_X，C_A 一定时，u_R 的幅值与视在放电量 q 成正比。一般气隙放电，脉冲的前沿仅约 0.01μs 左右。当时间常数 T_R 远大于此值时，可视脉冲为方波而得到式 (7-15)。如果 T_R 和脉冲前沿时间可以比拟时，则 u_R 的表达式便不能用式 (7-15) 了。假定脉冲波的前沿是指数上升的，则 u_R 便是一个双指数波。此外，如果是油中电晕之类的脉冲，其前沿时间可达数微秒甚至更长，即使 T_R 为若干微秒，两者也是可比拟的，此时 u_R 也是双指数波，图 7-12 (a) 曲线 2 为此波形的示意图。

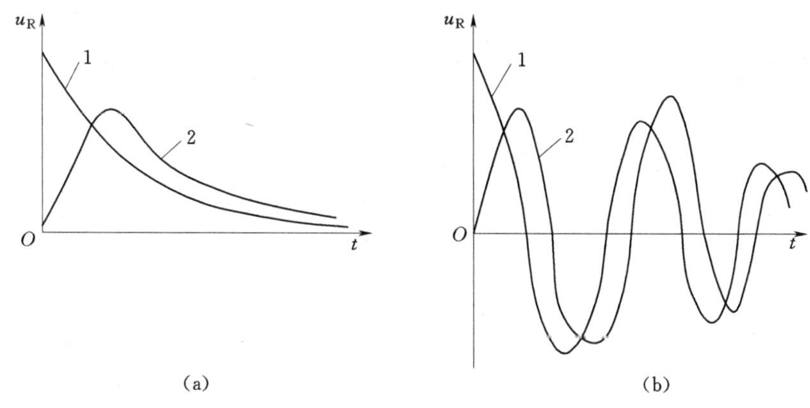

图 7-12　检测阻抗上的波形

(a) Z_m 为 R 时，Z_m 上的波形；(b) Z_m 为 L_m 时的输出波形

用无感电阻作为检测阻抗，输出波形包括了所有的高频分量，灵敏度较高，适合于局部放电的定量测量。但是由于其频带宽，各种干扰信号也容易在它上面产生压降，造成测量误差。此外，交流电流产生的压降不仅干扰局部放电的测量，而且可能使电阻发热以至烧坏。

2. Z_m 为 R_mC_m 并联时的输出波形

输出波形 u_{CR} 仍为指数衰减波，但幅值降低，时间常数加大了。其方程为

$$u_{CR}=\frac{q}{C_M+C_KC_A/(C_K+C_A)}\frac{C_K}{(C_K+C_A)}e^{-t/T_{CR}} \tag{7-16}$$

$$T_{CR}=\left(\frac{C_AC_K}{C_A+C_K}+C_m\right)R_m \tag{7-17}$$

阻容并联是在第一种无感电阻的基础上的改进，由于信号电缆和仪器的杂散电容以及输入电容的存在，即使适用无感电阻作检测阻抗，也会使结果产生误差，为此在无感电阻旁并入一个适当的电容，并使之大于杂散电容若干倍，从而可以忽略杂散电容的影响，使预计的结果较准确，但是并入的电容会使输入信号幅值下降，灵敏度下降，但削弱了高频信号的干扰。

3. Z_m 为 L_m 时的输出波形

因为 L_m 中总有一定的电阻，整个回路也有一定的损耗，所以 L_m 的输出波形是一个衰减振荡波，其包络线是指衰减曲线，近似的方程为

$$u_L=\frac{q}{C_X}e^{-\gamma t}\cos\omega t=\frac{q}{C_X}e^{-\gamma t}\cos\frac{t}{\sqrt{L_m\frac{C_XC_K}{C_X+C_K}}} \tag{7-18}$$

式中 γ——回路损耗造成的衰减时间常数的倒数。

图 7－12 曲线 1 为 u_L 的波形示意图。u_L 的幅值与 u_R 相同，均为 q/C_X。如果脉冲 Δu 的前沿时间与振荡周期可以比拟时，则 u_L 的波形如图 7－12 曲线 2，其幅值比曲线 1 的小，包络线是双指数波。

电感作检测元件，对具有高频分量的脉冲，测量灵敏度较高，但对低频交流而言却是低阻抗，不会出现工频干扰和发热问题。其缺点是与回路的电容构成振荡回路，不利于某些定量测量，此外，电感也容易接收高频或脉冲干扰。

4. Z_m 为 L_mC_m 并联元件时的输出波形

一般选择的 C_m 值比 C_K、C_X 都大得多，故振荡频率主要决定于 L_mC_m 值。L_mC_m 元件上的波形方程为

$$u_{LC}\approx\frac{q}{C_m+\frac{C_XC_K}{C_X+C_K}}\frac{C_X}{C_X+C_K}e^{-\gamma t}\cos\frac{t}{\sqrt{L_m\left(C_m+\frac{C_XC_K}{C_X+C_K}\right)}} \tag{7-19}$$

由式（7－18）、式（7－19）可见，u_{LC} 的幅值小于 u_L，振荡周期加大了。考虑到 $C_m\gg C_X$，并选 $C_k\gg C_X$，则

$$u_{LC} \approx \frac{q}{C_m} e^{-\gamma t} \cos \frac{t}{\sqrt{L_m C_m}} \tag{7-20}$$

由此可见，u_{LC} 的幅值与 q 成正比而与 C_X 几乎无关，振荡频率也只受 $L_m C_m$ 控制，也就是说，我们可以根据需要选定输出电压的频带而与试品电容无关。

电感电容并联构成调谐回路，对一定频率的分量具有较大的灵敏度，适当选定谐振频率，可以避免开频带外信号的干扰，由于电感的存在也可以避免工频的影响，此种输出波形是振荡的，但灵敏度比以电感作检测阻抗时低。

(1) Z_m 为 L_m、R_m、C_m 并联元件时的输出波形。输出波形仍然是一个衰减振荡曲线与式（7-20）相似。但电阻 R_m 接入后，振荡的衰减加快，振荡周期加长，总的来说，是一个衰减较快的振荡波。基本特性与电感电容并联元件相同，但可用电阻调整整个元件的频带宽度。加入 R_m 的目的是加速衰减，使重复的局部放电脉冲在 Z_m 上造成的输出不至于首尾相互叠加，从而加强回路脉冲分辨的能力。

检测阻抗 Z_m 上的电压（即检测信号）是相当小的，必须经过放大才能使仪器上有明显的指示。经放大器放大后的脉冲信号的峰值可由示波器测量，除此之外，示波器上还可以看出放电发生在工频的什么相位，测定脉冲波形和放电次数，观察整个局部放电的特征。以确定放电的大致部位和性质。示波器可用水平扫描和椭圆扫描。水平扫描时全屏偏转相当于一个周期，并与试验电压同步，以确定脉冲的相位。椭圆扫描也是每扫一周相当于试验电压一个周期。图7-13为两种扫描时屏上波形的示意图。

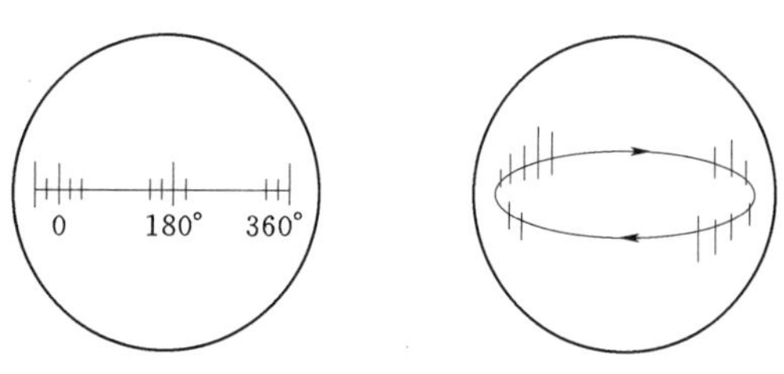

图7-13　示波器上的显示

(2) 在局部放电试验时，除绝缘内部可能产生局部放电外，引线的连接、电接触以及日光灯、高压电极的电晕等，也可能会影响局部放电的波形。为此，要区别绝缘内部的局部放电与其他干扰的波形，图7-14就是几种典型的波形。

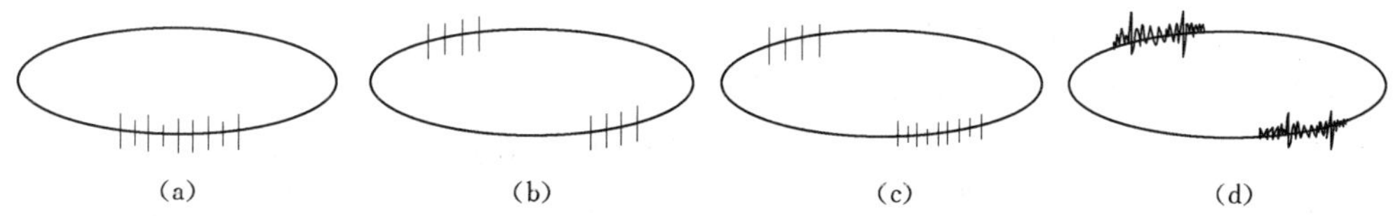

图7-14　典型放电的示波图

(a) 高压极产生的电晕；(b) 介质中的空穴放电；(c) 靠近高压电极的空穴放电；(d) 电接触噪声

三、局部放电的图谱识别

图7-15为不同类型的局部放电示波图，示波图是在接近起始电压时得到的。

其中图7-15 (a)、(b)、(c)、(d) 为局部放电的基本图谱，图7-15 (e)、(f)、(g) 为干扰波的基本图谱。

图7-15 (a) 中，绝缘结构中仅有一个与电场方向垂直的气隙，放电脉冲叠加于正

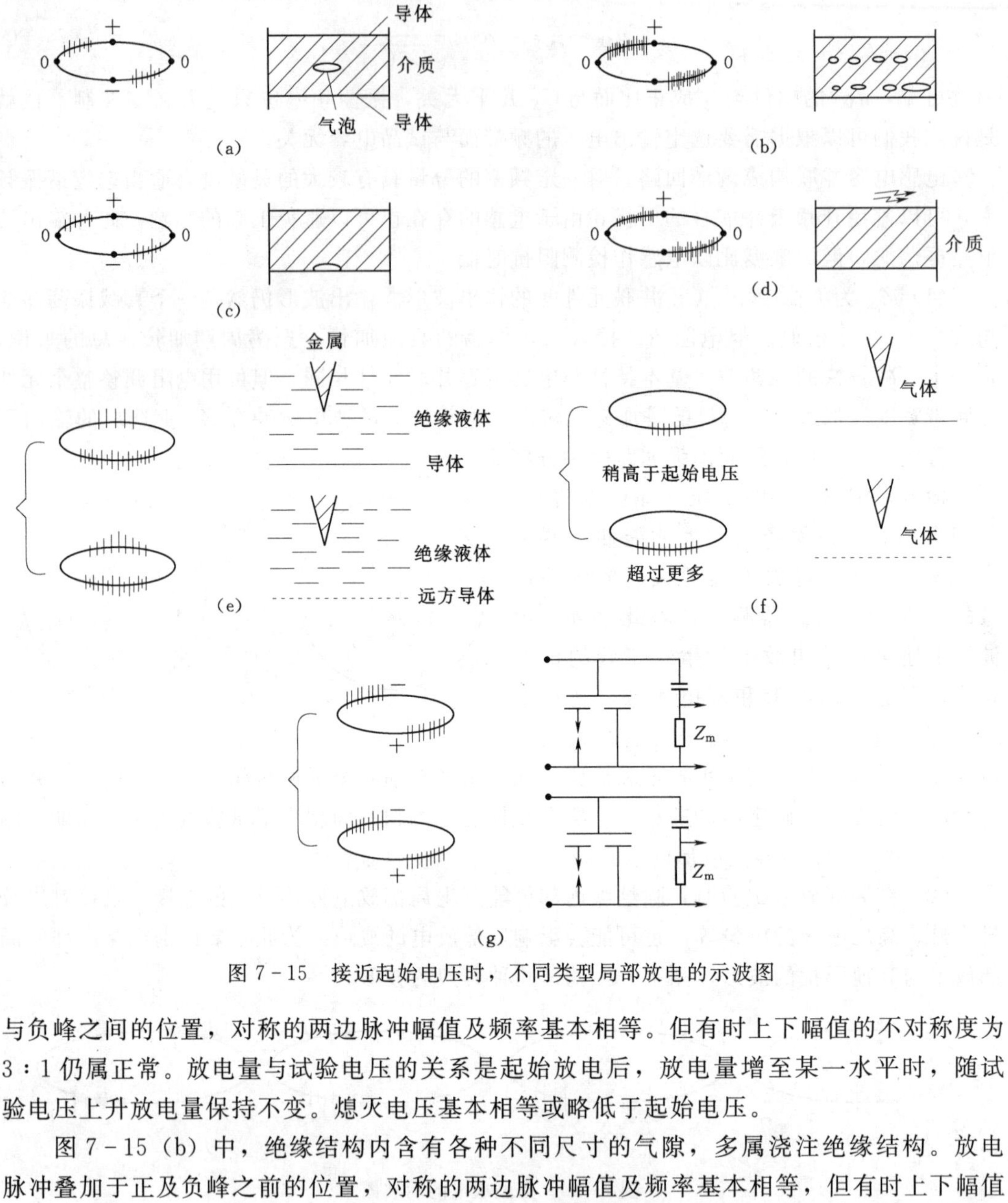

图 7-15　接近起始电压时，不同类型局部放电的示波图

与负峰之间的位置，对称的两边脉冲幅值及频率基本相等。但有时上下幅值的不对称度为3∶1仍属正常。放电量与试验电压的关系是起始放电后，放电量增至某一水平时，随试验电压上升放电量保持不变。熄灭电压基本相等或略低于起始电压。

图 7-15（b）中，绝缘结构内含有各种不同尺寸的气隙，多属浇注绝缘结构。放电脉冲叠加于正及负峰之前的位置，对称的两边脉冲幅值及频率基本相等，但有时上下幅值的不对称度为3∶1仍属正常。放电刚开始时，放电脉冲尚能分辨，随着电压上升，某些放电脉冲向试验电压的零位方向移动，同时会出现幅值较大的脉冲，脉冲分辨率逐渐下降，直至不能分辨。起始放电后，放电量随电压上升而稳定增长，熄灭电压基本相等或低于起始电压。

图 7-15（c）中，绝缘结构中仅含有一个气隙位于电极的表面与介质内部气隙的放电响应不同。放电脉冲叠加于电压的正及负峰值之前，两边的幅值不尽对称，幅值大的频率低，幅值小的频率高。两幅值之比通常大于3∶1，有时达10∶1。总的放电响应能分辨出。放电一旦起始，放电量基本不变，与电压上升无关。熄灭电压等于或略低于起始电压。

图 7－15（d）中，一簇不同尺寸的气隙位于电极的表面，但属封闭型；电极与绝缘介质的表面放电气隙不是封闭的。放电脉冲叠加于电压的正及负峰值之前两边幅值比通常为 3∶1，有时达 10∶1。随着电压上升，部分脉冲向零位方向移动。电起始后，脉冲分辨率较高可继续升压，分辨率下降直至不能分辨。放电起始后放电量随电压的上升逐渐增大，熄灭电压等于或略低于起始电压。如电压持续时间在 10min 以后，放电响应会有些变化。

图 7－15（e）干扰源为针尖对平板或大地的液体介质。较低电压下产生电晕放电，放电脉冲总叠加于电压的峰值位置。如位于负峰值处放电源处于高电位，如位于正峰处放电源处于低电位。这可帮助判断电压的零位，一对脉冲对称地出现在电压正或负峰处、每一簇的放电脉冲时间间隔均各自相等。但两簇的幅值及时间间隔不等，幅值较小的一簇幅值相等、较密。一簇较大的脉冲起始电压较低，放电量随电压上升增加；一簇较小的脉冲起始电压较高，放电量与电压无关，保持不变；电压上升，脉冲频率密度增加，但尚能分辨；电压再升高，逐渐变得不可分辨。

图 7－15（f）针尖对平板或大地的气体介质。较低电压下产生电晕放电，放电脉冲总叠加于电压的峰值位置。如位于负峰处，放电源处于高电位；如位于正峰处，放电源处于低电位。这可帮助判断电压的零位。起始放电后电压上升，放电量保持不变，唯有脉冲密度向两边扩散、放电频率增加，但尚能分辨；电压再升高，放电脉冲频率增至逐渐不可分辨。

图 7－15（g）悬浮电位放电。在电场中两悬浮金属物体间，或金属物与大地间产生的放电。波形有两种情况：①正负两边脉冲等幅、等间隔及频率相同；②两边脉冲成对出现，对与对间隔相同，有时会在基线往复移动。起始放电后有三种类型：①放电量保持不变，与电压无关，熄灭电压与起始电压完全相等；②电压继续上升，在某一电压下，放电突然消失。电压继续上升后再下降，会在前一消失电压下再次出现放电；③随电压上升，放电量逐渐减小，放电脉冲随之增加。

第五节　局部放电信号特征分析

一、故障信号特征

1. 发电机局放故障信号

当采用端部（便携式）电容传感器进行局放测量时，对于正常的发电机，测试数据一般为 10～20mV，而有故障的发电机为 50～500mV。通常 6kV 以上的发电机其局部放电量超过 100pC，甚至可以达到 1000000pC。内部放电脉冲的持续时间很短，只有几纳秒（ns），故障放电脉冲频谱从几千赫兹到 1GHz。通常出现在外施电压的 0°～90°，180°～270°，脉冲幅值中心分别为 45°和 225°。如果放电发生在两相绕组或线圈之间，则可能产生 30°的相移。内部放电正负放电脉冲次数和幅值基本相同，正负半周对称性好。槽放电正放电脉冲比负放电脉冲次数多幅值大，均为负放电脉冲的 2 倍以上。端部放电正负放电脉冲极不对称，正放电脉冲幅值大、数量少，负放电脉冲幅值小、数量多，断股电弧放电幅值高（放电强烈），但电弧放电不存在固定的间隙，无固定的放电相位（外施电压为交流电压），重复性差，且受负荷的影响。电弧放电与前三类故障放电相比有较大差

异，一般采用频域识别。通过对大型发电机（600～850MW）绕组传输特性的分析，得出了监测电弧信号的谐振频率为 1MHz 数量级，在线监测的数据统计分析表明，RFTA（Radio Frequency Current Transformer）监测断股电弧放电读数受负载变化的影响，但对无断股电弧发电机（600～850MVA）电压表读数在 300μV 以下。如果电压表读数上升到 500～1000μV 表示电机中有低水平断股电弧放电，若读数在 3000μV 以上表示发生多股线断股放电故障。故障放电的特征也可以用 $\varphi-q-n$ 三维谱图表示，三维谱图可以更形象、直观地表示放电特征（放电幅值、相位、重复率三者之间的关系）。

2. 具有分布参数试品的局部放电信号

具有绕组的高压设备和电缆中发生局部放电时，由于放电脉冲信号沿绕组或电缆全长上往返传播，接在绕组或电缆一端的检测阻抗上的检测信号在传播的过程中会发生衰减和变形，绕组之间的纵电容（层间或者匝间电容等）将使局部放电点的脉冲能量的一部分迅速地直达绕组端部，沿绕组传播的部分要经过较长时间才到来。由于短电缆可视为集中试品，这里以长电缆试品为例。

电缆中 A 点发生的局部放电脉冲向两端传播及计算脉冲参数的等值回路如图 7－16 所示。

设 A 点发生局部放电，放电脉冲经电容 C_b 传到电缆芯线并沿电缆芯线（其波阻为 Z）向两端传播。对于脉冲来说，相当于遇到 $Z/2$ 的波阻，A 点 C_c 的放电间隙 g 的放电时间远大于脉冲时间常数，出现 A 点芯线的脉冲是个双指数波。如果电缆末端开路，则芯线上的脉冲将在电缆两端间产生多次反射，第一个脉冲为 A 点发出的经距离 x 后到达 C_h-Z_m 的信号，第二个脉冲为自 A 点向末端传播的脉冲到末端后反射回来的信号，第三个则是从首端发射到末端，再由末端反射回来的信号，如此等等，显然第一个与第二个脉冲之间的时间间隔为 $2(l-x)/v$。倘若首端 Z_m 与电缆波阻匹配，检测波形只有两个脉冲，这时两个脉冲的时间 $2x/v$，应该根据第一个脉冲的峰值或者面积来确定视在放电量。为了消除第二个脉冲，可以在末端接入匹配的电阻 $R_t=Z$ 和 TA。如果脉冲自 A 点向端部传播过程中没有衰减和变形，则到达首端 Z_m 上的电压幅值为 $2U_m Z_m/(Z+Z_m)$，实际上脉冲在传播过程中是会衰减变形的。脉冲的起始部分变化较快，集肤效应强烈，加上芯线电阻和介质损耗的作用，使到达检测阻抗的脉冲幅值降低，波形变宽。为了确定脉冲在电缆中的衰减，可分别在电缆两端投入校准脉冲进行校准比较。

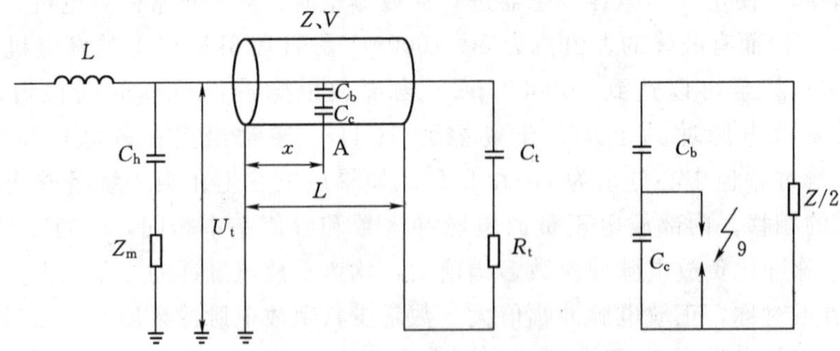

图 7－16 A 点发出局部放电及计算脉冲参数的等值回路

二、局部放电检测分析

在对电力设备的局部放电检测中，按设备是否含有绝缘油分为充油设备和干式设备。对充油设备进行试验检测时，首先要对充油设备进行油中溶解气体的色谱分析，色谱分析法是检测绝缘材料（主要是固体绝缘材料、液体绝缘材料）在局部放电作用下发生分解产生的各种生成物，可以通过测定这些生成物的组成与浓度，来表征局部放电的程度。着重检测乙炔气体的含量，因为在温度高于1000℃时，例如在电弧弧道温度（3000℃以上）的作用下，油裂解产生的气体中含有较多的乙炔。当乙炔气体含量超过5×10^{-6}（每升油中含有乙炔气体的5μL）时，应引起注意，并结合产气速率来判断有无内部故障。产气速率是与故障消耗能量大小、故障部位、故障点的温度等情况直接有关的。当乙炔含量超过应注意值时，并且烃类气体总的产气速率在0.25mL/h（开放式）和0.5mL/h（密封式）或相对产气速率大于10%/月时可判断为设备内部存在异常（总烃含量低的设备不宜采用相对产气速率进行判断）。

当判断变压器内部可能存在潜伏性故障时，变压器等设备涉及产气的内部故障一般可分为过热和放电。过热按温度高低分为低温、中温和高温过热3种，此类故障的特征气体主要是CH_4与C_2H_4，一般二者之和常占总烃的80%以上，并随着故障点温度的升高，CH_4、C_2H_4和H_2的比例依次增大。放电又可分为局部放电、火花放电和高能量放电3种类型，此类故障的特征气体主要是C_2H_2和H_2，其次是C_2H_4和CH_4。另外，变压器内部进水受潮也是一种内部潜伏性故障，它的特征是H_2含量单纯较高。对于局部放电，低能量或高能量放电以及热故障可以简单地用表7-1来解释。

表7-1　溶解气体分析解释简表

情　况	特征故障	C_2H_2/C_2H_4	CH_4/H_2	C_2H_4/C_2H_6
PD	局部放电		<0.2	
D	低能量或高能量放电	>0.2		
T	热故障	<0.2		

油中溶解气体色谱分析法对变压器内部早期故障的诊断是灵敏的，能尽早发现充油电气设备内部存在的潜伏性故障。但它在故障的诊断上也有不足之处，例如对故障的准确部位无法确定，对涉及具有同一气体特征的不同故障类型（如局部放电与进水受潮）的故障易于误判。因此，在判断故障时，必须结合电气试验、油质分析以及设备运行、检修等情况进行综合分析，采用放电波形、油中溶解气体分析（包括与气体继电器集气气体相比较的平衡判断）、介质中的功率损耗$\tan\delta$、在线监测法（包括总烃的产生速率）、多端子测量局部放电及其图形比较法、超声波探测和定位法进行综合的判断。

三、局部放电严重程度判别

有关局部放电的标准和规程中对局部放电的描述参数是局部放电量q（视在放电量）、放电相位和每个周波的放电次数n。人们习惯于根据这些参数来判断局部放电的严重程度，尤其是局部放电量。在GIS局部放电特高频在线检测技术中，人们也期望得到有关放电量的数据。然而，就特高频传感而言，检测信号的大小不仅与局部放电的真实放电量有关，还与放电源的类型和形状、特高频信号的传播路径等因素有关，因此，简单地对监测信号的大小进行放电量标定是无意义的。

目前，对特高频传感下GIS局部放电的标定及严重程度的判断仍没有成熟的方法和规程，有待于进一步研究。以下是可能的途径：①建立基于放电信号幅值测量、放电定位和放电类型判别的综合判断方法；②根据局部放电发展的历史数据和趋势进行判断。为了实现这些目标，需要积累大量的实验室试验数据和现场数据。这方面有待于进一步的工作。

复 习 题

1. 什么是局部放电？局部放电的发生机理是怎样的？
2. 表征局部放电的主要参量有哪些？
3. 局部放电分为哪几类？
4. 为什么局部放电试验越来越得到重视？
5. 测量局部放电的方法有哪些？
6. 局部放电试验中应采取哪些抗干扰措施？
7. 局部放电波形分析的要点是什么？
8. 如何识别局部放电的示波图？
9. 局部放电故障信号特征是什么？
10. 判别局部放电严重程度的参数有哪些？

第八章　在 线 监 测 技 术

第一节　在线监测电力设备的重要意义

电气设备在长期运行中必然存在电的、热的、化学的及异常工况条件下形成的绝缘劣化，导致电气绝缘强度降低，甚至发生故障。长期以来，运用绝缘预防性试验来诊断设备的绝缘状况起到了很好的效果，但由于预防性试验周期的时间间隔可能较长，以及预防性试验施加的电压有的较低，试验条件与运行状态相差较大，因此就不易诊断出被测设备在运行情况下的绝缘状况，也难以发现在两次预防性试验时间间隔之间发展的缺陷，这些都容易造成绝缘不良事故。

从目前预防性试验的内容来看，对设备绝缘缺陷反映较为有效的试验有介质损耗角 $tg\delta$；泄漏电流 I_c、全电流 I_g、泄漏电流的直流分量 I_R；局部放电测量及油中色谱分析等。通过大量的试验证明，只要测准介质损耗、局部放电和油中色谱组分，就能比较确切地掌握设备的绝缘状况，目前在线测定 $\tan\delta$ 和 I_C、I_R 已非常准确有效。但由于干扰的影响，现场设备进行局部放电测量较为困难且费用较高，停电进行每台设备的局部放电试验进行预防性试验是不现实的。如果用一种价廉的在线或带电监测装置，能简便地测出局部放电等各种电气绝缘参数，判断设备的绝缘状况，从而减少预试内容，或增长试验时间间隔并逐步代替设备的定期停电预防性试验，并实施状态监测及检修，这对于保证电力设备的可靠运行及降低设备的运行费用都是很有意义的。

随着计算机技术及电子技术的飞速发展，实现电气设备运行的自动监控及绝缘状况在线监测，并对电气设备实施状态监测和检修已成为可能。

实施状态检修应具备三个方面的基本内容，一是运行高压电气设备应具有较高的质量水平，也就是设备本身的故障率应很低；二是应具有对监测运行设备状况的特征量的在线监测手段；三是具有较高水平的技术监督管理和相应的智能综合分析系统软件。其中在线监测绝缘参数是状态监测的基本必备条件。

在我国电气设备绝缘的在线监测技术的发展已有几十年的历史，技术上日臻完善。然而，由于种种原因使得某些技术问题未能得到彻底解决，它们或者影响测量精度，或者影响对测量结果的分析判断，这在一定程度上影响在线监测技术的推广应用。这些技术问题有的是属于理论性的，例如在线监测和停电试验的等效性、测量方法的有效性、大气环境变化对监测结果的影响等，问题的解决是需加强基础研究，积累在线监测系统的运行经验，并制定相应的判断标准。另外，还有一类问题则属于测量方法和系统设计方面的问题，例如通过传感器设计及数字信号处理技术来提高监测结果的可信度，采用现场总线控制等技术提高监测系统的抗干扰能力，简化安装调试及维修工作等。妥善解决这些问题将有助于提高在线监测系统的质量和技术水平。

第二节　绝缘电阻及泄漏电流在线监测

一、绝缘电阻在线监测

绝缘电阻是反映绝缘性能的最基本的指标之一，通常都用绝缘电阻表来测量绝缘电阻。对绝缘电阻进行在线监测时，一般是先检测出电气设备的泄漏电流，再通过欧姆定理算出其绝缘电阻。

二、泄漏电流在线监测

电气设备在运行电压下，总有一定的泄漏电流通过绝缘体到低电位处或流入大地。只要这种电流不超过一定的数值，电气设备的使用仍然是安全的。但是当电气设备中的绝缘材料老化、电气设备受潮或存在故障时，这种泄漏电流将会明显增大，绝缘体损耗增大，它可能造成火灾、触电或损坏设备等事故。电力设备绝缘系统老化、吸潮、过热等导致发生故障的因素，都会反映在绝缘体电容 C_X 和损耗因数 $\tan\delta$ 的变化上，因此，在线监测泄漏电流，是诊断绝缘状态的有效手段之一。而且，高压电气设备绝缘在线监测是在电气设备处于运行状态中，利用其工作电压来监测绝缘的各种特征参数。因此，能真实的反映电气设备绝缘的运行工况，从而对绝缘状况作出比较准确的判断。

变电站的电力设备户外绝缘泄漏电流受电压、污秽、气候三要素综合影响，污秽严重时就可能发生污秽闪络。下面通过变电站电力设备户外绝缘泄漏电流在线监测系统的运行情况监测数据并分析泄漏电流的变化规律。一般泄漏电流信号的采集可在设备的接地线中串入取样电阻或微安表，在接地线上加套电流传感器等。但通常设备接地线不易拆开，故图 8-1 中的系统利用泄漏电流沿面形成的原理，在绝缘子串铁塔侧的最后一片绝缘子上方安装一开口式的引流装置卡，将泄漏电流通过双层屏蔽线引入到数据采集单元中。采用该引流器，无须停电即可安装，不影响线路正常运行。

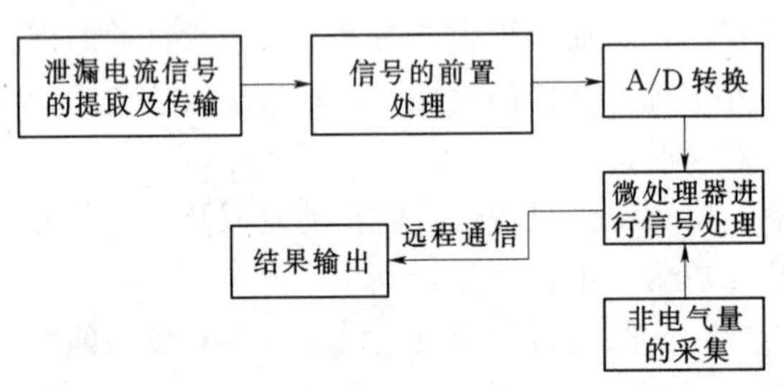

图 8-1　泄漏电流在线监测原理框图

设计了适用于泄漏电流采集的传感器之后，采用一种基于高速数据采集卡的计算机数据采集系统，该系统的特点是采集和处理都由上位机完成。为了提高报警的可靠性，提出一种模糊报警模型。泄漏电流信号被送入信号变换单元，在信号转换单元中首先经过过压（雷击）保护电路，然后将电流信号转换成电压信号。这个电压信号被后面的信号处理电路差动放大，经过前级差动放大后，信号通过带阻滤波器，滤波后的信号经过非线性放大电路放大和隔离之后进入 A/D 转换器。非线性放大的目的是将信号压缩，充分利用数字系统的分辨率。由于 A/D 转换通道的增益是 1～8 倍可调的，从而使整个系统的泄漏电流分辨率可以达到微安级。

第三节　介质损耗因数在线监测

一、介质损耗因数在线监测方法比较

绝缘在线监测损耗因数 $\tan\delta$ 的方法很多，如电桥法、全数字测量法等，常用的方法是监测绝缘体的泄漏电流及 TV 信号，通过计算泄漏电流和电压的相角差而得到介质损耗角正切值 $\tan\delta$ 的数值。其测量原理大都使用硬件鉴相及过零比较的方法。目前的绝缘在线监测产品基本都是用快速傅里叶变换（FFT）的方法来求介损。取运行设备 TV 的标准电压信号与设备泄漏电流信号直接经高速 A/D 采样转换后送入计算机，通过软件的方法对信号进行频谱分析，仅抽取 50Hz 的基本信号进行计算求出介损。这种方法能消除各种高次谐波的干扰，测试数据稳定，能很好地反映出设备的绝缘变化。但由于绝缘体的泄漏电流非常微弱，而且现场的干扰较大，要准确监测绝缘体的泄漏电流比较困难。因此，要实现绝缘损耗因数 $\tan\delta$ 的在线监测，必须解决微弱电流的取样及抗干扰问题。

二、电桥法

电桥法在线监测 $\tan\delta$ 的原理电路如图 8－2 所示，由电压互感器带来的角差，可通过 RC 移相电路予以校正。然而角差会随负载大小等因素的影响有所变动，所以校正也不可能是很理想的。电桥中 R_3、C_4 的调动可以手动，也可以自动。由于是有触头的调节，为了长年的使用，必须选择十分可靠的 R_3、C_4 可调节元件。

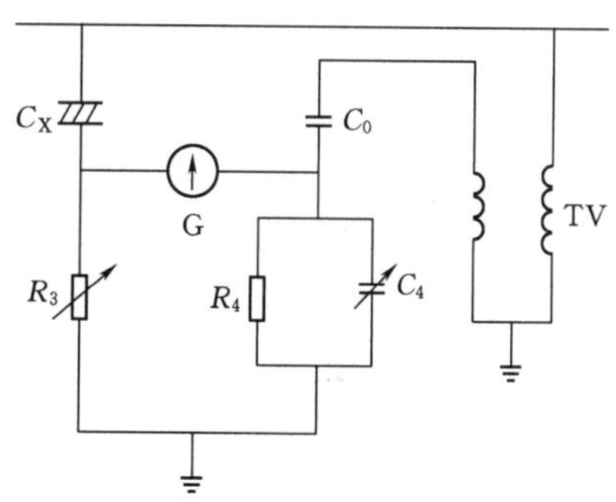

图 8－2　电桥法在线监测 $\tan\delta$ 的原理电路图

C_X—试品；C_0—标准电容器；TV—电压互感器；G—指零仪

电桥法的优点是，它的测量与电源波形及频率不相关；其缺点是，由于 R_3 的接入，改变了被测设备原有的状态。为了安全，还要装有周密的保护装置。

三、全数字测量法

全数字测量法又称数字积分法。这是一种用 A/D 转换器分别对电压和电流波形进行数字采集，然后根据傅里叶分析法的原理进行的数字运算，最终可以求得 $\tan\delta$ 值。

被测设备的电压信号由同相的电压互感器 TV 提供，或再经电阻分压器输出。电流信号由电容式套管末端 C_{X2} 接地线或设备接地线上所环绕的低频电流传感器 TA 获得。由后者把电流信号转换为电压信号。这种 TA 需要特殊设计，以使所产生的角差极小。由于获取电流信号方面的限制，全数字测量法仅限于使用在电容型设备上。图 8－3 表示电压和电流信号的拾取电路图。

实际的电压波和电流波是含有谐波的周期性函数。在电路原理中已阐明，当一个周期性函数 $f(t)$，在满足狄里赫利条件时，它可以展开成三角形式的傅里叶级数：

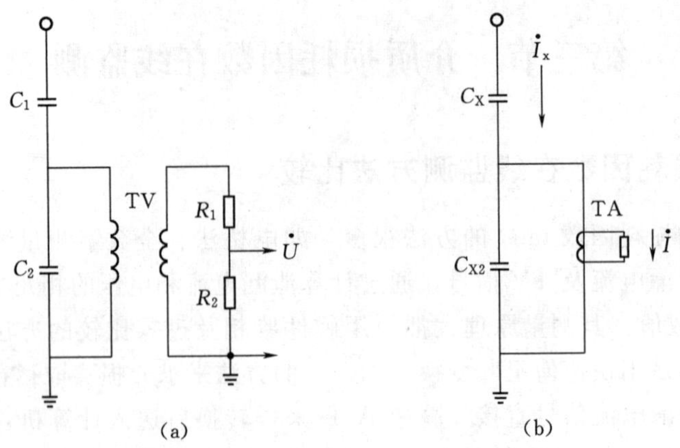

图 8-3　电压和电流信号的拾取电路图

(a) 电压信号的拾取；(b) 电流信号的拾取

$$f(t)=a_0+\sum_{n=1}^{\infty}(a_n\cos n\omega t+b_n\sin n\omega t) \tag{8-1}$$

或

$$f(t)=A_0+\sum_{n=1}^{\infty}A_n\sin(n\omega t+\theta_n) \tag{8-2}$$

式中　ω——基波角频。

现只取基波，即只取 $n=1$ 的一个项，其中幅值为

$$A_1=\sqrt{a_1^2+b_1^2} \tag{8-3}$$

各有关电路原理的书籍中均已证明了系数为

$$a_1=\frac{2}{T}\int_0^T f(t)\cos\omega t\,\mathrm{d}t \tag{8-4}$$

$$b_1=\frac{2}{T}\int_0^T f(t)\sin\omega t\,\mathrm{d}t \tag{8-5}$$

$$\theta_1=\arctan(a_1/b_1) \tag{8-6}$$

式中　T——周期。

对于流过试品的电流 $i(t)$ 和加在试品上同一个相的电压 $u(t)$ 的两路信号，分别可以通过式（8-4）～式（8-6）求得各自的电流及电压基波幅值 I_1、U_1 和基波相位 θ_i 和 θ_u。这样可得介质损失角正切

$$\tan\delta\approx\delta=\frac{\pi}{2}-(\theta_i-\theta_u) \tag{8-7}$$

所测介质的电容为

$$C_X=I_1\cos\delta/(U_1\omega) \tag{8-8}$$

在理想条件下，根据采样定理的概念，A/D 的采样率不必取得很高，即可达到足够的准确度。在此条件下，求系数 a_1 和 b_1 时的数字积分的运算工作量不大。但是电力系统

的频率 f 允许在一定范围内变动［我国为（50±0.5）Hz］，尽管采样率可以很准确地达到一定值，但真正要实现同步采样是比较困难的。同步采样是指被采样信号的真正周期 T 等于等间隔采样周期 T_s 的整数倍。不能实现同步采样就会产生非同步采样误差。为了解决或减小这一误差，需在软件或硬件上另行采取措施，例如采样方法可采用准同步采样。

该法的优点是硬件系统比直接测量介质损耗角 δ 的方法简单。此外，因只对基波进行运算，故等于对谐波进行了比较理想的数字滤波。

第四节　局部放电在线监测

一、绝缘内部局部放电在线监测的基本方法

局部放电的过程除了伴随着电荷的转移和电能的损耗之外，还会产生电磁辐射、超声、发光、发热以及出现新的生成物等。因此针对这些现象，局部放电监测的基本方法有脉冲电流测量、超声波测量、光测量、化学测量、超高频测量以及特高频测量等方法。其中脉冲电流法放电电流脉冲信息含量丰富，可通过电流脉冲的统计特征和实测波形来判定放电的严重程度，进而运用现代分析手段了解绝缘劣化的状况及其发展趋势，对于突变信号反应也较灵敏，易于准确及时地发现故障，且易于定量，因此，脉冲电流法得到广泛应用。目前，国内不少单位研制的局部放电监测装置普遍采用这种方法来提取放电信号。该方法通过监测阻抗、接地线以及绕组中由于局部放电引起的脉冲电流，获得视在放电量。它是研究最早、应用最广泛的一种监测方法，也是国际上唯一有标准（IEC 60270）的局放监测方法，所测得的信息具有可比性。图 8-4 为脉冲电流法监测变压器局部放电（以变压器为例，图中 TA 表示电流互感器）的原理框图。

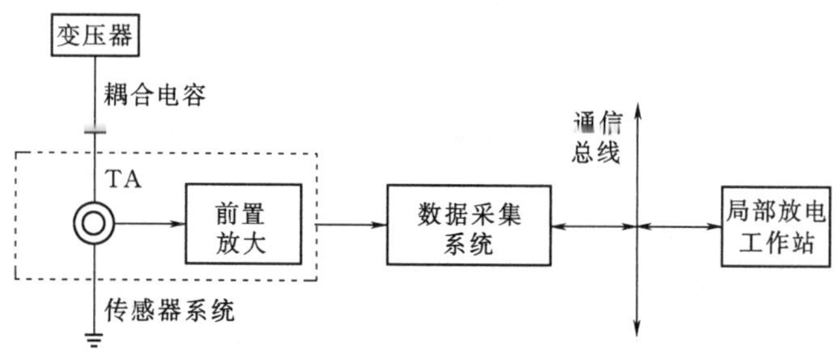

图 8-4　脉冲电流法监测变压器局部放电的原理框图

随着技术的发展，针对不同的监测对象，近年来发展了多种局部放电在线监测方法。如光测量、超高频测量以及特高频测量法等。利用光电监测技术，通过光电探测器接收的来自放电源的光脉冲信号，然后转为电信号，再放大处理。不同类型放电产生的光波波长不同，小电晕光波长不大于 400nm 呈紫色，大部分为紫外线；强火花放电光波长自小于 400nm 扩展至大于 700nm，呈橘红色，大部为可见光，固体、介质表面放电光谱与放电区域的气体组成、固体材料的性质、表面状态及电极材料等有关。这样就可以实现局部放电的在线监测。同样，由于脉冲放电是一种较高频率的重复放电，这种放电将产生辐射电磁波，根据这一原理，可以采用超高频或特高频测量法监测辐射电磁波来实现局部放电在

线监测。

日本 H. KAwada 等较早实现了对电力变压器 PD 的在线声电联合监测（见图 8-5）。由于被测信号很弱而变电所现场又具有多种的电磁干扰源，使用同轴电缆传递信号会受到多种干扰，其中之一是电缆的接地屏蔽层会受到复杂的地中电流的干扰，因此传递各路信号用的是光纤。通过电容式高压套管末端的接地线、变压器中性点接地线和外壳接地线上所套装的带铁氧体（高频磁）磁芯的罗戈夫斯基线圈供给 PD 脉冲电流信号。通过装置在变压器外壳不同位置的超声压力传感器，接受由 PD 源产生的压力信号，并由此转变成电信号。在自动监测器中设置光信号发生器，并向图中所示的 CD 及各个 MC 发出光信号。最常用的是，用 PD 所产生的脉冲电流来触发监测器，在监测器被触发之后，才能监测到各超声传感器的超声压力波信号。后由其中的光信号接收器接收各个声、电信号。

综合分析各个传感器信号的幅值和时延，可以初步判断变压器内部 PD 源的位置。如图 8-6 所示的波形及时延情况，则可判断 PD 源离 MC_2 的位置更近一些。

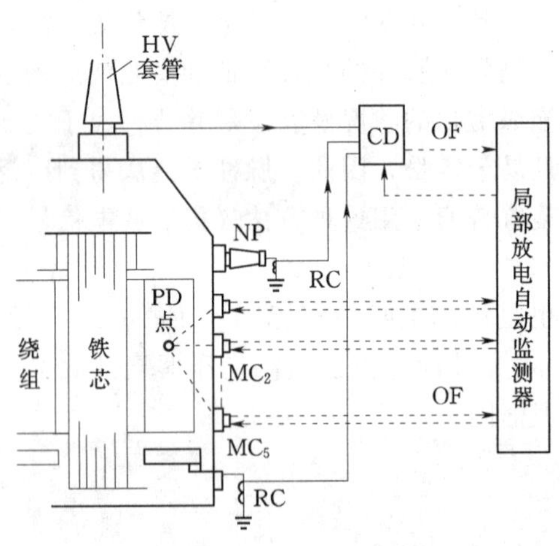

图 8-5 电力变压器 PD 的在线声电联合监测
CD—电流脉冲检测器；MC—超声压力传感器；RC—罗戈夫斯基线圈；NP—中性点套管

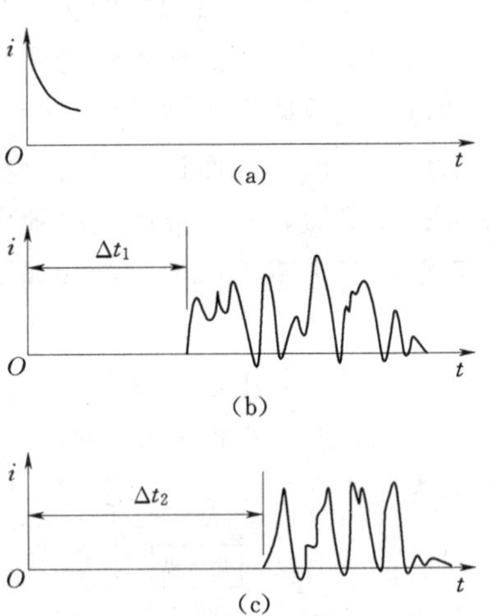

图 8-6 电力变压器 PD 的在线监测时获得的电流脉冲及超声信号
(a) 来自某 RC；(b) 来自 MC_2；(c) 来自 MC_5

由于现场存在大量的干扰，故在线测量的 PD 灵敏度要比屏蔽的实验室条件下测量的灵敏度低得多。IEC 要求新生产的不小于 300kV 变压器在制造厂的实验室里试验时，PD 的视在放电量应小于 300～500pC。一般认为现场大变压器的 PD 量在不小于 10000pC 时，应引起严重关注。所以 PD 的监测灵敏度至少应达到 5000pC。然而即使是这样一个要求，在进行在线测量时，也并非一定能够实现。

二、局部放电在线监测中的抗干扰措施

局部放电在线监测系统主要采用脉冲电流法，但是，实际应用效果往往不够理想，因为现场环境中局部放电信号的提取较为困难，干扰有时比局部放电脉冲信号强 2～3 个数

量级，而且局部放电测量中的干扰信号是多种多样的，按频带可分为窄带干扰和宽带干扰，而按其时域波形特征可分为连续的周期性干扰、脉冲型干扰和白噪声干扰三类，连续的周期性干扰包括：电力系统载波通信和高频保护信号引起的干扰、无线电干扰。此类干扰的波形通常是高频正弦波，有固定的频率和频带宽度。脉冲型干扰信号包括：供电线路或高压端的电晕放电、电网中的开关及晶闸管整流设备闭合或开断引起的脉冲干扰、电力系统中其他非监测设备放电引起的干扰、试验线路或邻近处的接地不良引起的干扰、浮动电位物体放电引起的干扰、设备的本机噪声和其他的随机干扰。此类干扰在时域上是持续时间很短的脉冲信号，而在频域上是包含多种频率成分的宽带信号，具有与局部放电信号相似的时域和频域特征。白噪声包括各种随机噪声，如变压器绕组的热噪声、配电线路及变压器继电保护信号线路中由于耦合进入的各种噪声以及监测线路中的半导体器件的散粒噪声等。因此，如何有效地识别和抑制干扰，获得可靠的局部放电信号就成为局放在线监测中需要解决的问题。

局部放电在线监测抗干扰措施已有很多方法，有的已应用于监测系统，由于干扰是多样的，表现出的特性也不同，用一种方法来有效地抑制所有的干扰是不可能的，针对不同的干扰源，需采取不同的措施，综合运用，达到抗干扰的目的。抑制干扰的措施有消除干扰源、切断干扰途径和干扰的后处理三种方法。对于因系统设计不当引起的各种噪声，可以通过改进系统结构、合理设计电路、增强屏蔽等加以消除；保证测试回路各部分良好连接，可以消除接触不良带来的干扰；提供一点接地，消除现场的孤立导体，可以消除浮动电位物体带来的干扰；通过电源滤波可以抑制电源带来的干扰；屏蔽测试仪器，可以抑制因空间耦合造成的干扰。而对于其他的通过测量传感器进入监测系统的干扰，则需要通过各种硬件和软件的方法，进行干扰的后处理来抑制。这些措施主要包括频域开窗和时域开窗。频域开窗利用周期型干扰在频域上离散的特点对其加以抑制；时域开窗利用脉冲干扰在时域上离散的特点来消除。对于这两种处理方法，应采用频域开窗在前、时域开窗在后的原则。近年来，小波分析的发展，又开辟了通过时—频分析来抑制干扰的新思路。

三、存在的问题

目前抑制干扰的方法和思路虽很多，但真正成功地用于监测系统的不多，有的效果并不理想。需要在理论和应用方面作进一步的研究，如噪声干扰的特性，特别是对排除了载波干扰和无线电干扰等已知的且较易排除的强大干扰后的其他干扰的特性、局部放电脉冲在电力设备中的传播规律等。近年来，局部放电监测已广泛用于评定电力设备的绝缘状态，但由于现场存在大量干扰信号，在线监测系统的灵敏度和监测的可靠性受到了严重的影响。因此干扰的消除和抑制是电力设备局部放电在线监测的一个关键技术问题。

第五节 绝缘油溶解气体在线监测

一、油中溶解性气体的现场脱气方法

从电力设备油中脱出气体的方法目前应用较多的有两类。一类是利用某些合成材料

薄膜，如聚酰亚胺、聚四氟乙烯、氟硅橡胶等的透气性，让油中所溶解的气体经此膜而透析到气室里。而经薄膜渗透出的气体浓度 $C(\mu L/L)$ 与不少因素有关，可写成

$$C=1.3\times10^{4}k\nu\left[1-\exp\left(-\frac{76PA}{Vd}t\right)\right] \tag{8-9}$$

式中　C——透析到气室的气体浓度，$\mu L/L$；

k——亨利常数，如 H_2 在40℃时为 0.16×10^{6} Pa；

ν——油中气体浓度，$\mu L/L$；

P——渗透系数，$mL\cdot cm/(cm^2\cdot s\cdot Pa)$；

A——渗透薄膜的面积，cm^2；

V——接受透析出来气体的气室体积，cm^3；

d——薄膜厚度，cm；

t——渗透时间，s。

当渗透时间相当长后，透析到气室的气体浓度 C 将达到稳定，它与油中溶解气体的浓度 ν 之间的关系如图 8-7 所示。此方法要比抽真空等脱气方法简便得多，但要注意橡胶或塑料薄膜与变压器油长期接触后的老化问题，特别是安装在变压器油箱底部的半透性薄膜，它还要长期的受很大的油压，因此国外有的在薄膜外侧覆盖以打有细孔的约0.5mm厚的金属层予以补强。

图 8-8 所示为国外已用的另一种方案，它利用热虹吸原理让油中气体经 0.5～0.6mm 的氟硅橡胶膜而透出。因为膜厚在 0.25～0.75mm 范围中时，其渗透效果相似，而选 0.5mm 左右是为了具有足够强度而不易撕裂。在研究时，曾对多种橡塑薄膜在高温下的耐油性能进行了对比，如表 8-1 所示。通过对比，认为以氟硅橡胶的耐油性最好，而且它对 H_2、CO_2 等的渗透性能也优于表中的其他薄膜材料。

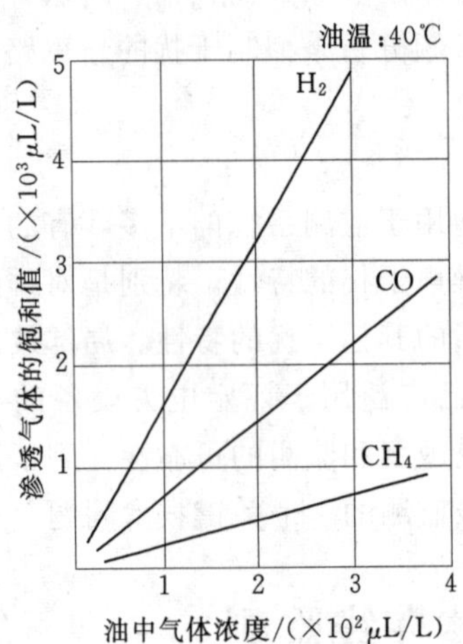

图 8-7　渗透过来气体（饱和值）与油中气体浓度的关系

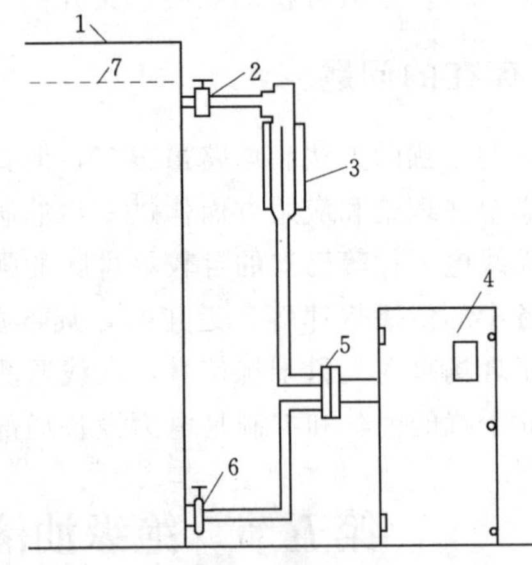

图 8-8　用热虹吸原理及渗透膜的示意图

1—变压器；2—压滤阀；3—冷凝器（有散热片）；4—监测器；5—渗透膜；6—排油阀；7—油面

表 8-1 在高温下不同薄膜浸油后的变化

浸在高温油中体积、强度变化		天然橡胶		苯乙烯丁二烯		丁基橡胶		聚氨酯		硅橡胶		氟硅橡胶	
70℃下改变率/%	油中/d	3	14	3	14	3	14	3	14	3	14	3	14
	体积	12	22	11	15	17	23	2	3	3	3	0.3	0.3
	强度	−21	−35	−24	−35	−30	−39	−5	−6	−10	−8	0	3
100℃下改变率/%	油中/d	3	14	3	14	3	14	3	14	3	14	3	14
	体积	30	—	46	—	24	44	4	4	4	4	3	3
	强度	−65	—	−75	—	−42	−60	−13	−13	−10	−10	3	3

另一类是对取出的油样吹气，以将原溶于油中的气体替换出来。吹气法脱气及气敏元件检测示意图见图 8-9。由于用小泵不断地将空气向油里吹，经过一段时间（如几分钟）后，油面上某气体的浓度 C 与油中该气体的浓度逐渐达到平衡状态，即

$$\nu = C/K \tag{8-10}$$

式中 ν——油中该气体成分的浓度，μL/L；

C——达平衡后油面上该气体的浓度，μL/L；

K——该脱气装置的胶气率。

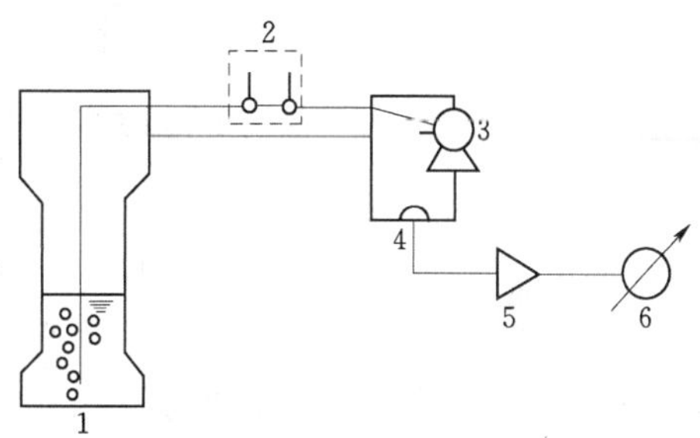

图 8-9 吹气法脱气及气敏元件检测示意图
1—脱气室；2—阀；3—泵；4—气敏元件；5—放大器；6—浓度指示器

现在也有不需事先脱气的油中气体检测仪，只需将气敏传感器直接放在油中进行检测即可。

二、油中气体的现场测量方法

当气体从油中分离出来后，在现场对其定量检测的方法有两大类：一类仍用色谱柱将不同气体分离开；另一类不用色谱柱，如改用仅对某种气体敏感的传感器，它易于制成可携带型。例如目前已较成熟的检测氢气或可燃气体总量（TCG）的仪器，它不但可直接安装在变压器上作连续监测，也可制成轻便的可携型。因为无论是过热型或放电型故障，其油中含 H_2 量或 TCG 量都将增长，因此有人认为测量油中溶解气体里的 H_2 含量或者 TCG 总量对发现故障已有一定敏感性。由于仅测 TCG 总量或 H_2 量，常采用对该气体敏感的半导体元件来进行检测。图 8-10 为一种油中氢气含量的微机在线监测装置的实例。

这里气敏元件是关键，它将已从油中析出的某类气体含量的多少转换成电信号的强弱，从而加以监测。值得注意的是这些监测用传感器宜尽可能安装在靠近油的流动处，不然，即使有了故障，也可能要滞后几天才能被监测到。

目前，一般用燃料电池或半导体氢敏元件来实现对已脱出的气体中的氢含量的在线监测。后者造价较低，但准确度等往往还不够满意。

燃料电池是由电解液隔开的两个电极所组成的，图 8-11 为其原理图。由于电化学反应，氢气在一个电极上被氧化，而氧气则在另一电极上形成。电化学反应所产生的电流正

比于氢气的体积浓度（μL/L）。

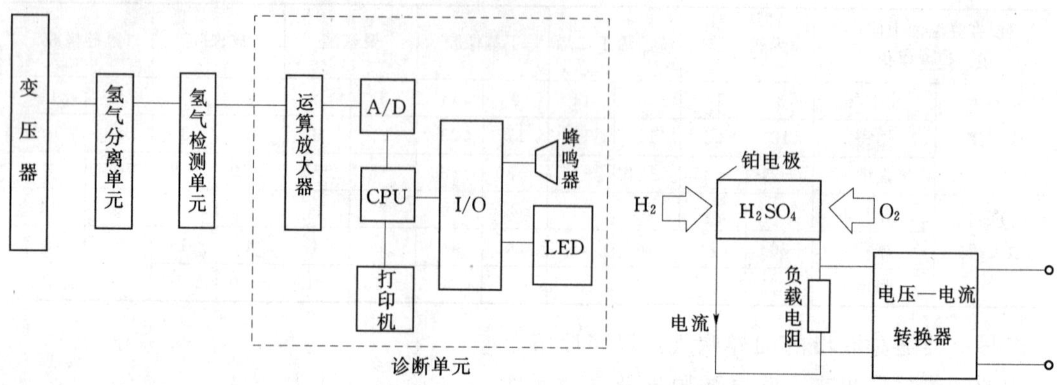

图 8-10　油中氢气含量监测仪实例　　图 8-11　燃料电池氢气传感器的原理图

半导体氢敏元件也有多种，例如采用钯栅极场效应管，因其开路电压随含氢量而异，或用以 SnO_2 为主体的烧结型半导体。后者常用一瓷管作为骨架，在其内部装有加热元件，以保持瓷管恒温，而在管上涂以此 SnO_2 材料。当气氛中氢的含量增高时，SnO_2 层的电导增大，使传感器的输出将随着氢含量的增大而近于线性下降。

当处于平衡时，油中气体浓度 C_i 正比于气室中的浓度 C 及气室的气压 P，即

$$C_i = KPC \tag{8-11}$$

式中 K 为溶解系数，如在 25℃及 60℃时分别为 0.056 及 0.077。不仅油中气体的溶解度与温度有关，在用薄膜作为渗透材料时，从式（8-9）可知，渗透过来的气体也与温度有关。因此进行在线监测时，宜取相近温度下的读数来作相对比较，或在软件中考虑到温度补偿。图 8-12 为变压器氢气浓度值随时间的变化曲线。由图 8-12 可见，测得的氢气浓度，一般在每天凌晨时测值处于谷底，而在中午时接近高峰。近年来国内外刚研究出几种利用吸收光谱的原理制成的气体传感器，由于选择性好，很有发展前途。

图 8-13 为一种利用红外原理（将一加热器作为红外线的光源）制作的 C_2H_2 检测器

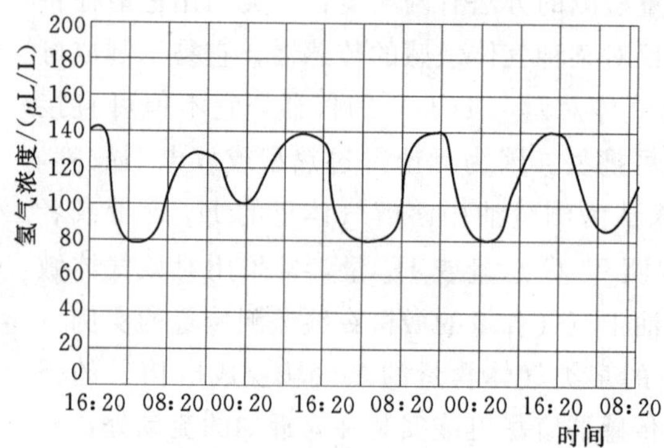

图 8-12　变压器氢气浓度测量值随时间的变化曲线

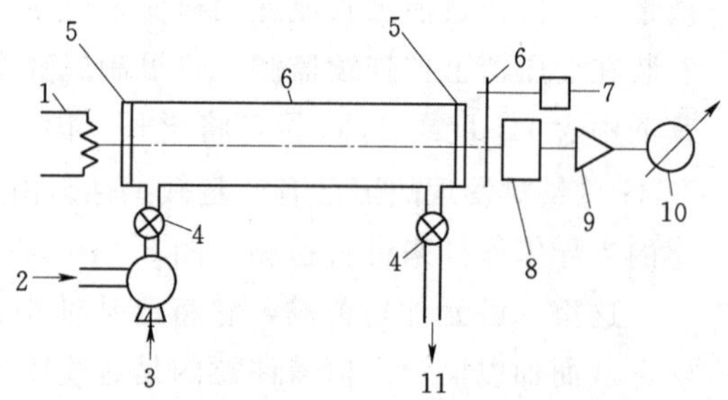

图 8-13　红外法 C_2H_2 检测器的原理框图

1—加热器；2—进气口；3—气泵；4—电磁阀；5—干扰滤波器；6—遮光器；7—电动机；8—热电检测器；9—放大器；10—仪表；11—出气口

的原理框图。C_2H_2 在红外区里有其固有的吸收光谱，因此如将可允许此相应波长的光线能通过的干扰滤波器装于光源及接收侧，则依据热电检测器处所接收到的强度的变化，即可测得气室中 C_2H_2 的含量。表 8-2 为气体传感器对不同气体的敏感度的例子。由表 8-2 可知，这种 C_2H_2 传感器很少会对其他气体敏感。

表 8-2　气体传感器对不同气体的敏感度的例子

气体种类	C_2H_2 传感器（图 8-13）	H_2 传感器（SnO_2 型）	气体种类	C_2H_2 传感器（图 8-13）	H_2 传感器（SnO_2 型）
C_2H_2	100%	0.2%	CO	无	0.2%
H_2	无	100%	CH_4	无	0.05%
CO_2	0.25%	无	C_2H_4	无	0.05%
C_3H_8	0.25%	无	C_2H_6、C_3H_6	无	无

基于分子吸收光谱的原理，已有单位研制成了对微量 C_2H_2 的检测仪，它包含脱气及测量两部分，其灵敏度已达 1μL/L。

相对于固定型色谱仪用色谱柱分离后，对热导池 FID 及氢焰检测器 TCD 的监测系统而言，改用气敏元件来检测某一类气体要轻便得多，因此后者有很大发展。但目前有些气敏元件的长期稳定性还不够满意，以致可能漏报或虚报；也有些监测仪所采用的对某种气体敏感的元件，往往对其他气体也有一些敏感性，以致影响其使用，故都需要进一步改进。即使仍采用色谱柱来分离气体，如将结构适当简化，也可制成可携型或轻便型，以适应现场监测的需要。用以检测 3 种主要气体（H_2、CO 及 CH_4），或 6 种气体（H_2、CO、CH_4、C_2H_4、C_2H_6 及 C_2H_2）等现场用气体分析仪，应根据不同情况选用。图 8-14 为能分析 6 种气体的色谱仪的主要结构框图。

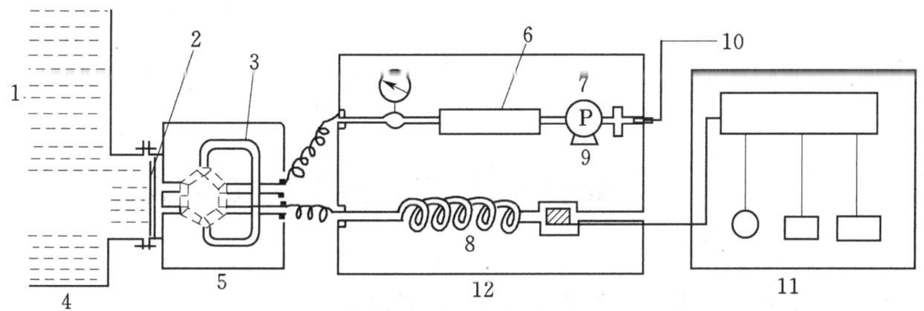

图 8-14　能分析 6 种气体的在线色谱仪主要结构框图

1—变压器油；2—塑料渗透膜；3—测量管道；4—变压器；5—分离气体单元；6—干燥管；7—泵；8—色谱柱；9—气敏元件；10—载气（空气）；11—诊断单元；12—检测单元

在用色谱柱进行气体分离后测出的色谱图如图 8-15 所示。有了这 6 种气体的含量，可利用计算机等进行故障分析。

表 8-3 列出引进国内的已直接接在油浸电力设备上进行油中溶解气体色谱分析用的两种装置的主要参数，都具有微机分析、打印、报警等功能。

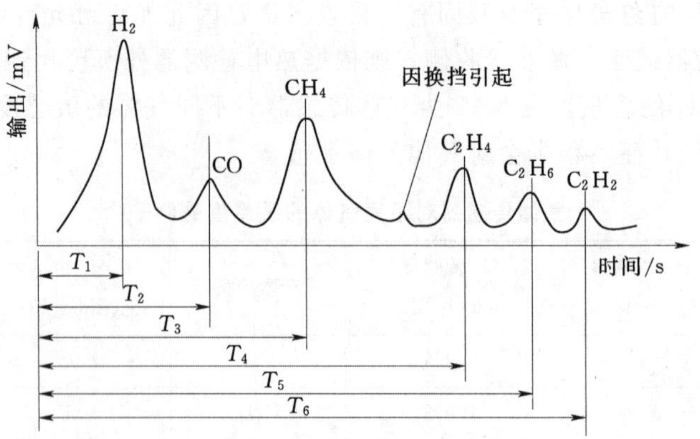

图 8-15 分析 6 种气体的色谱图例

表 8-3 引进国内的现场用色谱分析仪举例

测定气体		6 种（H_2、CO、CH_4、C_2H_6、C_2H_4、C_2H_2）	3 种（H_2、CO、CH_4）
准确度		±20%	—
原理	脱气	吹气法	薄膜法
	分离	色谱柱	色谱柱
	定量	半导体元件	半导体元件
最小检出量/(μL/L)	H_2	10	10
	CO	10	10
	CH_4	10	10
	C_2H_6	10	—
	C_2H_4	10	—
	C_2H_2	3	—
质量/kg	脱气部	6	9
	检测部	14	10

第六节 电力设备在线监测与离线测试综合判别

一、在线监测与离线测试综合判别的意义

状态检修的实质就是建立一整套确定设备的实际状况诊断系统来确定设备是否需要检修。目前，国内开展状态检修的研究一般从两个方面进行：一方面是对设备进行不间断实时动态的在线监测，用在线的数据来判别设备状态，即实行设备的在线监测；另一方面是以离线检测为主，通过各种离线数据分析对设备状态进行综合诊断。在线监测和离线测试都存在自身的优缺点，在线监测是在运行电压下监测，不受周期性限制，测量和分析实现自动化，既避免盲目的停电试验，又提高监测的可靠性和效率。但由于在线监测采用灵敏度较高的传感器进行实时监测，测量数据可能由于外界干扰未必真实。而离线测试需停电进行，而不少重要的电力设备不能轻易地停止运行；不考虑设备的实际状况只能周期性进

行而不能连续地随时监视，绝缘有可能在诊断间隔时发生故障；停电后的设备状态，例如作用电场及温升等和运行中不相符合，影响诊断的正确性。因此为了保证电气设备维护的合理化，保证电力系统安全及经济运行，应该对电气设备进行在线监测与离线测试的综合判别。

二、综合判别的过程

1. 在线监测

（1）设预警值。对电气设备进行在线监测时，由于在线监测的数据参数还没制定规程标准，应根据每个需检测的电气设备的实际情况与运行经验，确定测量结果的判别标准的上限和下限，或设定一个预警值。比如对避雷器的泄漏电流设置上限是在雷雨天气后避雷器受潮情况下的测量值，下限是在晴好天气测得的泄漏电流值。

（2）数据分析。当传感器或其他监测仪器完成最新的数据采集后，测量的数据超过预警值，首先应分析所测的数据是否正确，分析现场环境对传感器等监测设备的干扰情况，检查所进行监测设备的电气回路接线。这要求试验人员熟悉电气设备的结构和每个试验项目所能反映的问题。还要能够及时地排除试验误差。如若存在上述情况，则可判断测量数据不准确，要重新取数据进行分析。若经分析排除了干扰原因和测量仪器自身问题，测量数据是准确的且超过预警值，应根据该设备的缺陷发生频度和发生危害程度，确定对该设备的状态影响，并且修改设备的状态，使其状态级别下降或直接显示不良，推论该设备在同样运行条件下，会产生类似缺陷，因而提前作出检修安排。

2. 离线补充测试

在线监测判断电气设备需进行检修后，应对设备进行离线补充测试。比如变压器、断路器的油样试验，就是做的带电离线测试，抽出油样进行色谱分析，以监测其潜伏性故障。对在线监测异常的电气设备进行离线跟踪，为了确定试验的准确性，以便及时处理故障，保证电气设备的正常运行。

3. 停电试验

如果通过在线监测和离线测试分析出设备存在潜伏性故障，则应该将设备退出运行，做停电试验综合分析其性能。停电试验是为了保证供电安全，恢复供电设备寿命，延长服役期限，提高供电设备抵御突发事件的能力，所必须进行的设备检修、试验作业。

电气设备的综合判别是在线监测与离线测试数据融合的过程，是一个综合分析的过程。因电气设备在线监测的数据还没有标准，确定设备故障原因时应该在运行中摸索，结合运行情况，如设备绝缘的老化与设备运行时所带负荷的大小、运行时间，特别是与过负荷时间有关；绝缘积累效应和放电性故障，与有无近区短路、雷击等异常运行有关；电网异常运行故障性质不同对电气设备造成的损伤也不同，那么反映在试验结果数据也就会有差异，必要时可安排特殊试验项目对电气设备进行试验。从而得出常规性的标准。将测量数据与历史数据比，建立完善的设备试验档案，掌握设备参数的变化规律。如某一参数向劣化的方向变化较大应引起注意，找出变化的原因。在比较试验数据时，要注意两次试验的外部环境条件和试验方法，以及所用仪器、仪表是否一致，一般应换算到标准条件下进行比较。试验结果还应与同类设备的试验结果进行比较。一般正常情况下，不会有较大的差别。如差别过大，则应找出原因。例如变压器的局部放电监测就是首先在变压器本体建立固定的测试点，以第一次测量的超声波大小为基准值，建立超声波指纹，根据必要性定期进行检测，通过纵向波测量值比较，监视变压器内部局部放电水平的变化量，并结合变压器油色谱分析、远红外测温等试验项目的综合分析，判断变压器的绝缘状况，诊断变压器健康水平，确保变压器安全运行。

复　习　题

1. 在线监测电力设备的重要意义是什么?

2. 怎样实现电力设备的绝缘电阻及泄漏电流在线监测?

3. 实现绝缘在线监测介质损耗角正切值的方法有哪些?

4. 绝缘内部局部放电在线监测的基本方法是什么? 在局部放电监测中应采取哪些抗干扰措施?

5. 如何实现绝缘油溶解气体的在线监测?

6. 在线监测与离线测试综合判别的意义是什么?

7. 离线综合测试判别的过程是怎样的?

第九章　故障自动诊断和远程监测诊断系统

第一节　诊断专家系统

采用计算机辅助的设备监测诊断系统目前大多偏重于特征量监测，并且还局限于单台或某一类设备的监测。其发展方向是在监测的同时实现故障自动诊断以及开发分布式、综合性、远程监测诊断系统。

由于设备的故障诊断十分复杂，尽管已经研发了各种检测手段，但通常还是需要由专家利用其丰富的理论知识和经验、进行综合分析，才能最终做出诊断结论。为了实现自动诊断，需要开发诊断专家系统。专家系统是将专家的专业知识及含糊、复杂的经验知识存入计算机，非专家运行计算机的推理功能，以对话的形式作出专业决断。所以，专家系统是应用人工智能技术的一种智能化计算机软件，它可博采众长。专家系统中的知识可随着科学技术的发展而方便地增删与修改。

第二节　分布式监测诊断系统

一、原理

分布式监测诊断系统可以扩展到整个电力系统，可采用多台计算机的分级管理方式。不同变电站、发电厂的监测诊断子系统（局域网）通过互联网或电力部门的信息管理系统（MIS）等广域网连接到设在电力管理部门或试验研究单位的设备运行分析中心（虚拟医院），实行对电力系统各主要设备运行状态的远程监测与诊断，如图 9－1 所示。

二、实例

元宝山发电厂在其 2 号发电机—变压器单元机组上安装了专门用于连续监测放电性故障的分布式监测诊断系统。

（一）放电监测系统的功能和技术指标

1. 放电监测系统主要功能

（1）检测放电脉冲电流信号和变压器的超声信号。

（2）检测电信号波形，采用 FFT 分析放电特征或干扰特性。

（3）针对干扰特点，采用硬件或数字处理技术抑制干扰。

（4）对检测到的信息进行统计分析，提取统计特征，如三维谱图（$\varphi-q-n$ 谱图），二维谱图（$\varphi-q$、$\varphi-n$、$q-n$ 谱图）。

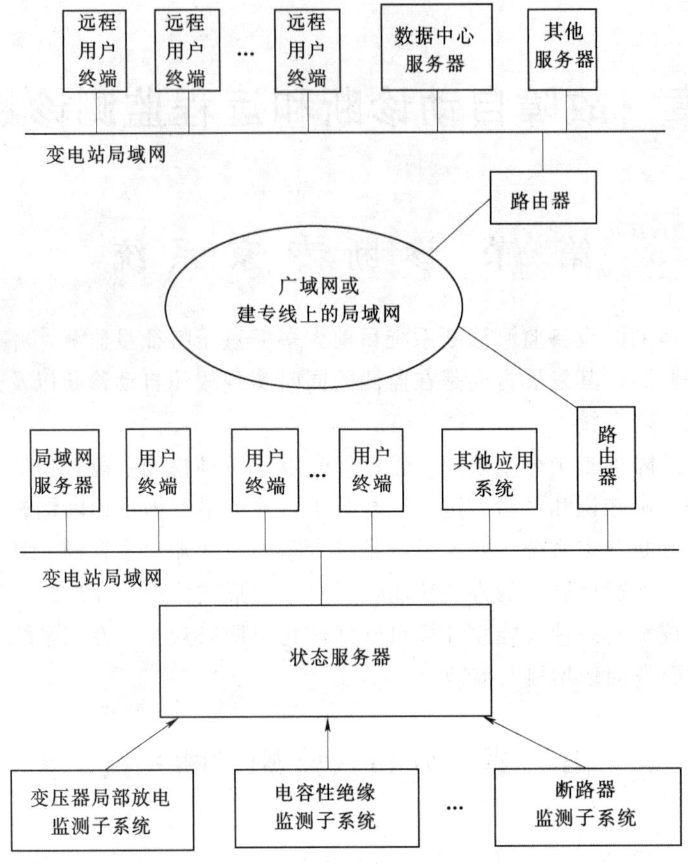

图 9-1　分布式监测诊断系统原理图

（5）利用人工神经网络技术进行故障识别。

（6）放电信号的阈值报警。

（7）对变压器的严重放电点进行定位等。

2. 放电监测系统主要技术指标

（1）发电机最小可测放电量不大于 10000pC。

（2）变压器最小可测放电量不大于 3000pC。

（3）变压器超声定位精度为±5cm（实验室油箱中）。

（二）放电监测系统的硬件系统

1. 硬件系统组成

放电监测系统硬件结构框图如图 9-2 所示。在图 9-2 中，三台单相变压器的型号为 DFP240000/500，容量 240MVA，电压 $550/\sqrt{3}$ kV，沈阳变压器厂 1987 年 8 月生产。每台变压器上分别装有 5 个脉冲电流传感器和 3 个固定位置超声传感器；另有三个活动超声传感器，供故障定位用。电流传感器分别串接在 500kV 侧高压出线套管末屏、中性点套管末屏、变压器外壳、铁芯和铁芯夹件接地线上。超声传感器安装位置选择易发生放电的

部位。

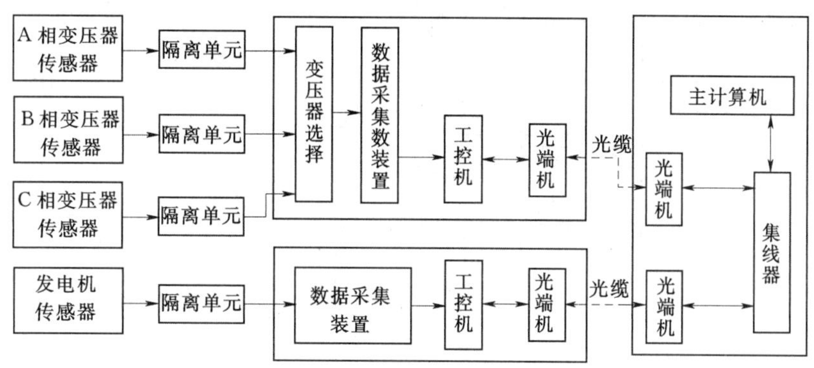

图 9-2　放电监测系统硬件结构框图

一台 620MW 汽轮发电机的型号为 T264/640，功率 620MW，电压 20kV，法国 Alstom 公司 1982 年生产。高压侧有 3 个脉冲电流传感器，分别串接在三相并连电容的接地线上。中性点脉冲电流传感器安装在中性点引出电缆的外皮接地线上。变压器信号采集箱、装在户外保温箱内，保温箱温度由独立的数字温控仪调节，使其温度一年四季均能保持在 10～40℃之间。发电机信号采集箱，装在发电机附近。虚线框内的设备安置在中央控制室。主计算机和下位机之间采用 10M 以太网卡组成的网络通信，通过光缆传输信息。

2. 变压器部分硬件组成

变压器部分硬件包括传感器、信号采集箱、光通信网络和主计算机（与发电机部分公用）。

（1）主计算机：P-Ⅱ型 350MHz 中央处理器，64M 内存。

（2）传感器：每台变压器 5 个电流传感器和 3 个超声传感器。

（3）信号采集箱装有：

1）四路独立的滤波器，衰减器，放大器。

2）四路独立的 A/D 转换卡。

3）下位机：586 工控机。

4）控制卡：同步触发信号、自检信号，信号采集箱温度测量。

（4）信号传送：10M 以太网卡，集线器（HUB），光通信设备，光缆。

（5）光字牌显示：放电量越限报警。

信号采集箱电源可由上位机程序控制通断。在定时采样到达之前 15min 打开电源，采样结束即关闭电源，从而延长信号采集箱的使用寿命。

图 9-3 所示为单相变压器放电监测装置的原理框图。

3. 发电机部分硬件组成

发电机部分硬件包括：传感器，信号采集箱，光通信网络，主计算机（与变压器部分公用）。

（1）主计算机：P-Ⅱ型 350MHz 中央处理器，64M 内存。

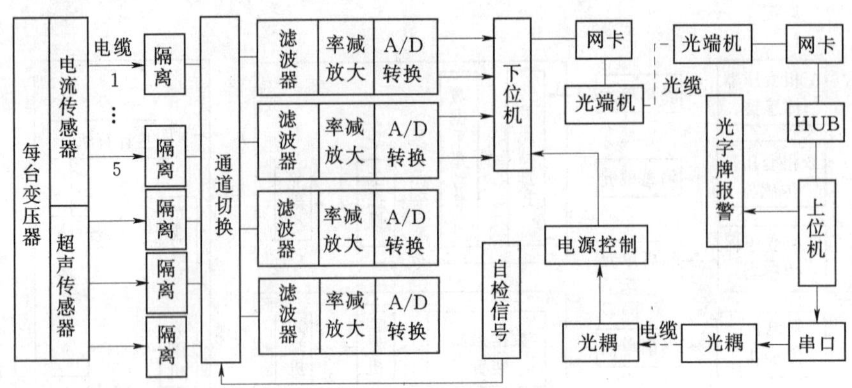

图 9－3　单相变压器放电监测装置原理框图

(2) 传感器：4 个电流传感器，三相高压端和中性点各一个。

(3) 信号采集箱装有：

1) 四路独立的滤波器，衰减器，放大器和 A/D 转换卡。

2) 下位机：586 工控机。

3) 控制卡：同步触发信号，自检信号，信号采集箱温度测量。

(4) 信号传送：10M 以太网卡，集线器（HUB)，光通信设备，光缆。

(5) 光字牌显示：放电量越限报警。

信号采集箱电源可由上位机程序控制通断。在定时采样到达之前 15min 打开电源，采样结束即关闭电源，从而延长信号采集箱的使用寿命。

图 9－4 所示为发电机放电监测装置的原理框图。

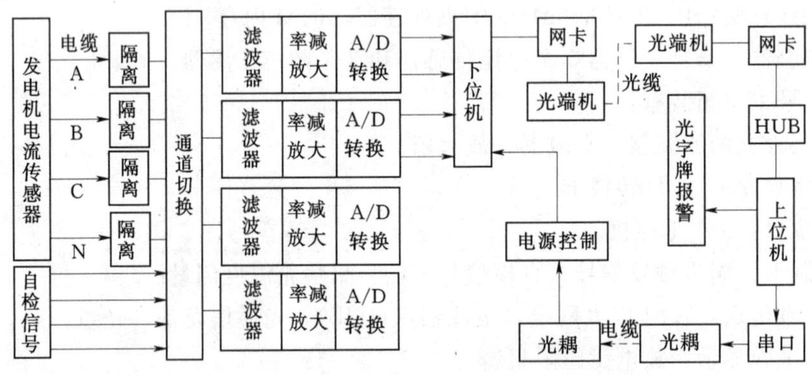

图 9－4　发电机放电监测装置的原理框图

4. 主要硬件电路原理

从图 9－3 和图 9－4 可以看出，变压器和发电机放电监测装置的基本电路是一样的。下面介绍主要电路的工作原理。

(1) 脉冲电流传感器。图 9－5 所示为脉冲电流传感器原理框图。脉冲电流传感器采用铁氧体磁芯绕制而成，采用有源宽带型，传感器 3dB 带宽约为 4kHz～1.2MHz，增益

为 1 或 10，手动选择。

(2) 超声传感器。图 9－6 为超声传感器原理框图。超声传感器探头采用锆钛酸压电晶体，其频带为 20～300kHz。由于运行中变压器的高频噪声主要是巴克豪森噪声和磁声发射噪声，它们的频率均在 70kHz 以下，故超声传感器 3dB 带宽定为 70～180kHz，以抑制上述噪声的干扰。放大器增益大于 40dB。

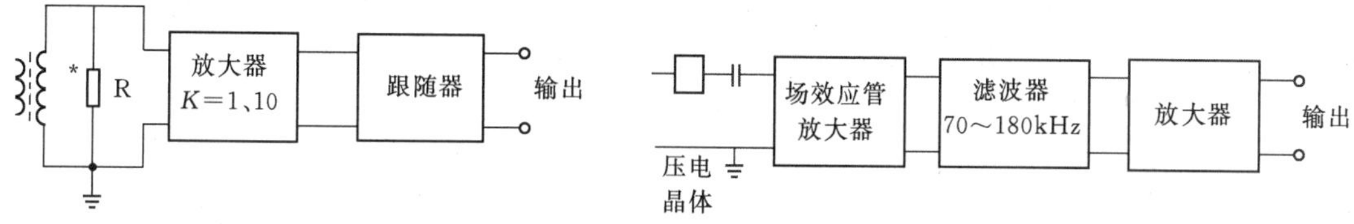

图 9－5 脉冲电流传感器原理框图

图 9－6 超声传感器原理框图

(3) 信号隔离。传感器和数据采集装置之间设有隔离环节，这是因为各传感器接地点的电位是不等的，如果直接接入，不同传感器通道的接地线之间将产生电流，从而影响系统工作，严重时系统根本无法工作。本装置采用隔离变压器作为隔离元件，每个传感器配一个隔离单元，隔离单元的放大倍率为 1。图 9－7 所示为隔离单元电气原理框图。

(4) 衰减器和放大器。图 9－8 所示为衰减器、放大器原理框图。衰减器采用阻容网络组成，以获得最佳的频率特性。衰减器的衰减率为 1、1/2、1/4、1/8 可程控调节。放大器包括 2 级，每级放大器的增益为 1、2、4、8，所以总增益可分别为 1、2、4、8、16、32、64。放大器的增益可程控调节。放大器 3dB 带宽为 10kHz～1.2MHz。为获得良好的频率特性，衰减器、放大器的量程切换开关采用微型继电器控制。图 9－8 中“KK”为继电器控制信号，由地址译码电路产生。根据放电信号大小，由上位机发出相应的控制命令，经传输网络传至下位机，由下位机控制上述电路将输出信号调整至合适的电平。

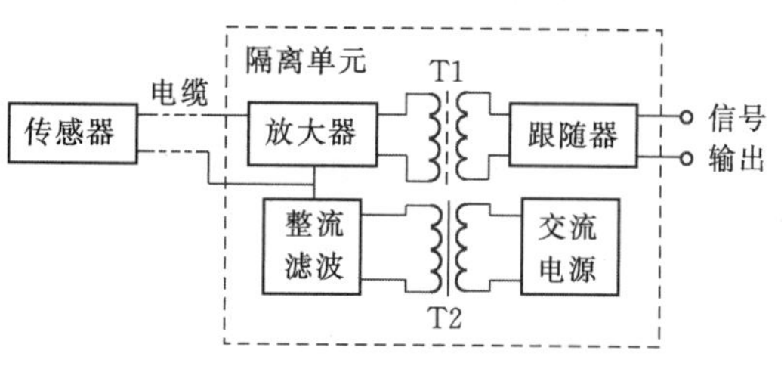

图 9－7 隔离单元电气原理框图

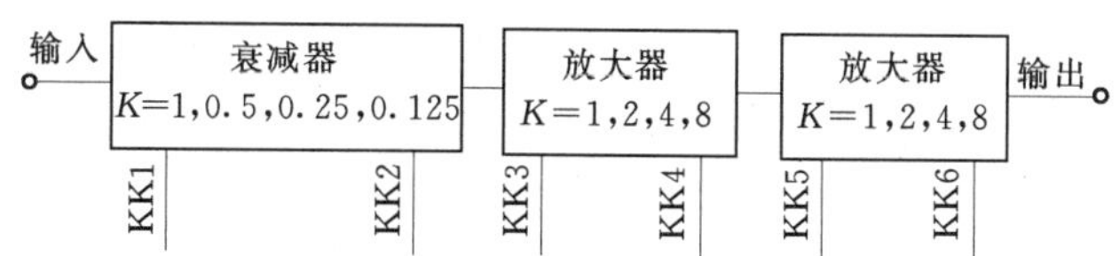

图 9－8 衰减器、放大器原理框图

(5) 滤波器组。根据某发电厂的具体干扰情况设计了图 9－9 所示的滤波器组来抑制干扰。

1) 用于变压器的滤波器的频率范围为：

(a) 用于电流信号；①无滤波器，信号直接通过为 4kHz～1.2MHz；②带通滤波器为 530～1200kHz，2 级串联带阻滤波器为 395～475kHz、765～1040kHz；③窄带滤波器

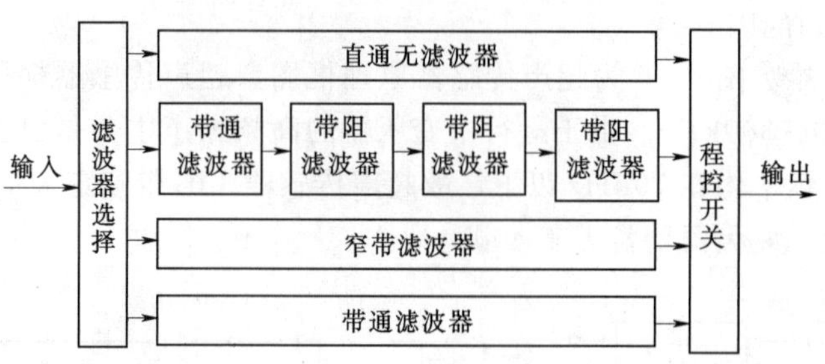

图 9-9　滤波器组

为 260～305kHz。

(b) 用于超声信号：带通滤波器，70～180kHz。

2) 用于发电机的滤波器的频率范围为：

(a) 无滤波器，信号直接通过，4kHz～1.2MHz。

(b) 带通滤波器，230～1200kHz；2 级串联带阻滤波器，395～475kHz、765～1040kHz。

(c) 带通滤波器，650～805kHz。

(d) 带通滤波器：315～385kHz。

(6) A/D 转换器。A/D 转换器的主要特性如下：

1) 采样率：0.5～10MHz。

2) 分辨率：12bit。

3) 存储容量：1024KB/通道。

4) 输入信号幅值：±2V。

5) 触发方式：内触发或外触发。

所有参数均可由软件程序控制。当系统处于自动检测模式时，采样率为 5MSa/s，每次采样过程可采集 5 个工频周期内的放电信号。为了提取放电的统计特征，每次至少需采集 25 个工频周期的放电信号。A/D 卡触发采用外触发方式，其触发信号由电源同步电路提供，保证采集的放电信号和电源电压有固定的相位关系。

(7) 自检电路。为了定期地检查监测系统硬件电路是否正常，设计了四个能产生不同波形的信号电路，分别为锯齿波、和不同占空比的矩形波，可定期地检查这四个信号，通过观察其波形形状和大小，以判断监测系统是否正常。图 9-10 所示为自检电路原理框图。

5. 网络拓扑结构

随着在线监测技术的发展，电力系统中出现了多种不同的监测系统，如放电故障监测系统、电容性设备绝缘故障监测系统等。如何把不同的监测装置组成一个统一的整体，以实现对整个发电厂、变电站的综合分析判

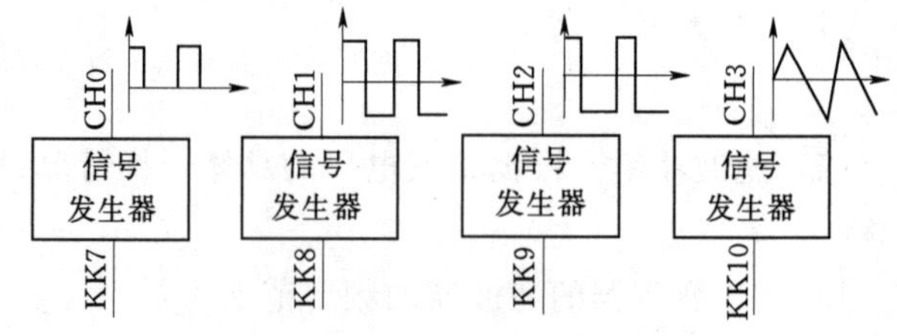

图 9-10　自检电路原理框图

断，是考虑网络结构的因素之一。另外，放电信号采用高速 A/D 卡进行数模转换后，每次采集的数据量可达数十兆字节，如何快速、正确地传输信号成为一个检测系统成功与否的关键因素。目前网络传输速度很容易达到 10M，甚至于 100M 的传输率，另外网络具有极强的纠错能力，故采用网络技术能符合放电监测的要求。图 9－11 所示为监测系统通信网络拓扑结构图，本系统由一个星形总线结构的以太网组成，采用 10Mbit/s 标准。该网络结构可以方便地组成一个分布式监测系统，从而实现对发电厂和变电站的全方位监测，图中虚线框内设备表示扩展部分。本系统通过和广域网的联结，可实现数据的远程通信，为今后发展远程诊断奠定了基础。

主计算机操作系统采用 Windows NT 4.0，监测系统下位机采用 MS-DOS 操作系统，下位机用电子盘作存储介质，不设带机械转动部件的软盘、硬盘，提高了下位机长期运行的可靠性。主计算机和下位机通信协议采用 NETBEUI 协议。NETBEUI 内存开销小、速度快、易于实现，并且具有优良的错误保护功能，适用于由客户机和服务器组成的小型 LAN 网络使用。

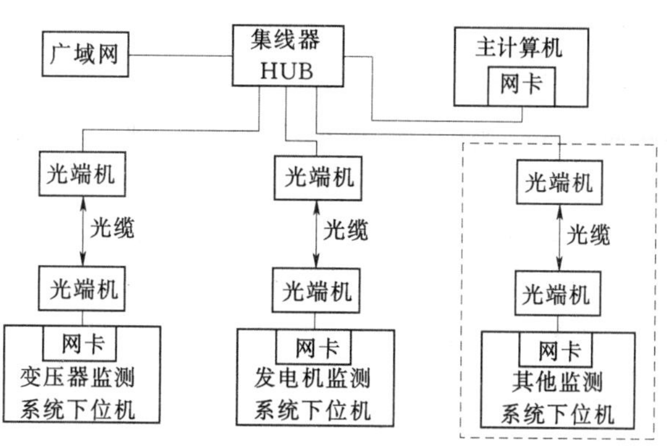

图 9－11　监测系统通信网络拓扑结构图

6. 光缆通信

网络物理层传输介质可以采用细缆、粗缆、双绞线和光缆等多种介质。用光缆传输信号可避免电磁干扰，适于在电磁环境恶劣的场所使用，但造价是电缆的 10 倍。由于绝缘监测系统一般处于几万伏甚至于几十万伏的高电压环境中，有着各种各样的电磁干扰。为可保证信号传输的可靠性，以及避免受电力系统过电压的冲击，本系统采用光缆传输信号。图 9－12 所示为光缆传输电路原理框图。

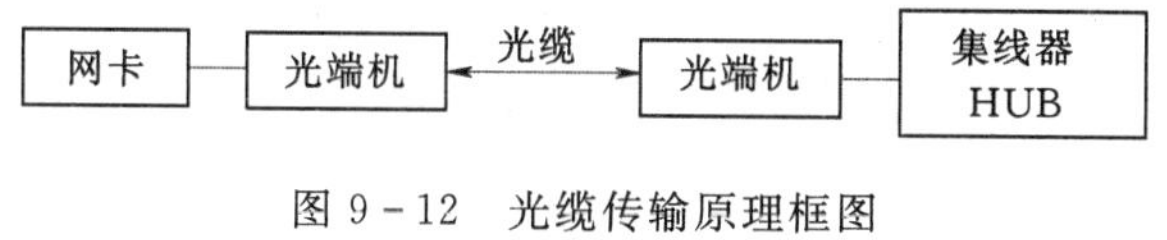

图 9－12　光缆传输原理框图

（三）放电监测系统的系统软件

1. 软件设计思想

系统软件采用 Visual C＋＋语言，运用组件对象模型（Component Object Model）技术编制。软件设计采用不依赖于特定硬件的设计思想，要求能容纳不同的数据采集硬件和数据处理方法，最终形成对发、变电站设备进行在线监测的分布式体系结构。结合以往发电机、变压器局部放电监测系统的开发经验，逐渐形成了独立于数据采集硬件的电力设备在线监测与诊断系统（Power Equipment Monitoring & Diagnosis System，PEMDS）框架。PEMDS 能容纳不同的数据采集系统。其他数据采集系统，只要采用符合 PEMDS 规范的接口软件，就可以无缝地融合到系统中，在整个系统的框架中正常运作。这有利于形成发电厂、变电站分布式在线监测系统。PEMDS 采用了组件对象模型来实现各种不同的接口，这些接口是与源码无关的，这就为不同科研单位协同工作提供了方便。PEMDS 能容纳不同的数据处理方法，这是通过对不同的数据和数据处理方法进行适当的抽象，实现了对任意数据进行任意处理。PEMDS 很容易扩展功能，其体现在不同的数据采集子系统和数据处理模块可以动态地装载到整个系统中去，甚至在 PEMDS 已经运行的状态下仍能在系统中添加和卸载不同的数据采集系统。这就使得一个大的监测系统可以分阶段开发，不断完善功能。

2. PEMDS 软件框架结构

PEMDS 是一个基于 COM 组件技术的电力设备在线监测系统框架，在其中可以嵌入不同的电力设备在线监测子系统模块，形成对整个发、变电站的综合式监测系统。在 PEMDS 的框架下，任何监测系统，无论其结构多么复杂，从功能上进行抽象都可以将其分解为三个部分：数据采集对象、数据对象和方法对象。框架负责完成通用的任务，并根据需要调度数据采集对象、数据对象和方法对象。数据采集对象响应框架的请求，控制相应的数据采集系统，并返回结果；数据对象和方法对象同样响应框架的请求，实现具体数据的组织、保存和处理等任务。PEMDS 系统结构如图 9－13 所示。

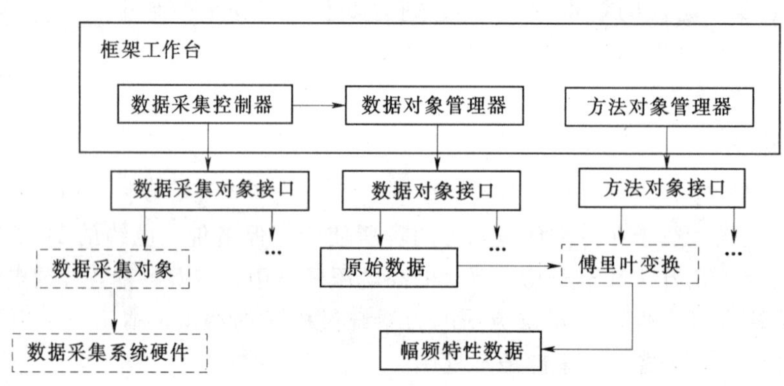

图 9－13 PEMDS 系统结构框图

PEMDS 具有良好的开放性，可容纳各种不同的监测设备和数据处理方法。它采用 COM 接口作为子系统和框架之间的交互机制使系统易于扩展，能够随着时间的迁移不断扩充和完善。

3. 系统软件结构

系统软件的结构总框图如图 9－14 所示。系统的核心部位是工作台，其中包含了整个系统的关键部件：数据采集控制器、数据对象管理器和数据处理对象管理器。数据采集控制器通过数据采集对象接口来和数据采集对象通信。数据采集对象是数据采集硬件在软件上的对应物。通过数据采集对象接口，系统可以和不止一个数据采集对象进行连接。这些数据采集对象可以是同一类型的对象，也可以是不同类型的对象。与数据采集控制器相关的是场点管理和设备管理，场点管理和设备管理记录了系统安装地点的有关信息和设备的容量、类型、铭牌等内容。当比较不同安装地点或不同设备上得到的数据时，场点和设备

信息给出了数据的来源并提供了附加的参考信息。数据对象管理器接收数据采集控制器得到的原始数据后，将数据插入到工作台中。数据处理对象管理器在用户的驱动下通过数据处理对象接口调度不同的数据处理对象对数据进行处理并进行图形显示。动态界面控制根据数据处理对象管理器提供的信息对用户界面进行动态调整，以及时反馈当前正在处理的数据对象和数据处理过程。在图 9 - 14 中，用虚线框起来的部分表示是放电监测系统，而其他部分为 PEMDS 系统框架所有。任何其他数据类型和数据处理方法，都可以用同样的方式融入系统，成为系统的一部分。系统还通过数据源重定向的方式使为一个系统所设计的数据处理算法能为别的系统所用，使不同的系统能共享数据处理算法。系统目前能进行完善的二维图形显示，采用自动分度、数据提示、图形缩放等技术来提供直观详尽的数据信息。系统还可以斜二侧投影和正轴侧投影两种方式显示三维数据，采用优化的峰值线法绘制三维图形。

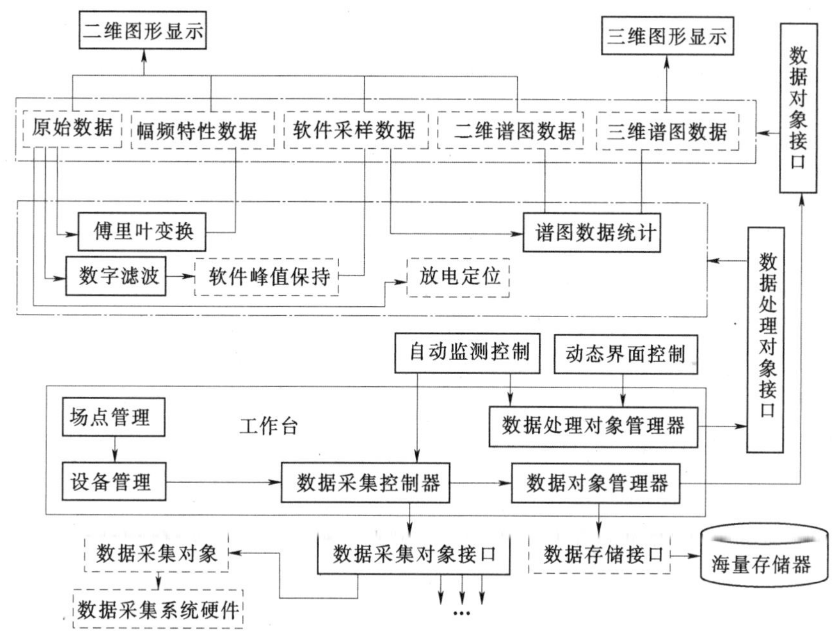

图 9 - 14　系统软件的结构总框图

自动监测控制用来完成对设备的周期性自动检测。该部件控制数据采集系统和数据处理对象管理器进行周期性的数据采集和数据特征量提取，并将特征量保存进数据库以备查询。

4. 系统软件功能

（1）数据采集。

1）采集方式：自动监测，人控采集。

2）采样率：自动检测时固定 5MHz，人控检测时，0.5～10MHz，程控选择。

3）采集时间：自动检测时可程序设定，可选时间间隔为 1h、2h、…、12h、24h。

4）采集数据长度：25 个工频周期，人控采集时长度可根据需要设定。

5）触发方式：外触发（工频过零触发）或内触发。

（2）数据显示。

1）放电脉冲时域图形。

2）幅频特性图形。

3）二维谱图（$\varphi-q$、$\varphi-n$、$q-n$ 谱图），三维谱图（$\varphi-q-n$ 谱图）。

4）放电量趋势图。

（3）数据处理。

1）幅频特性分析（FFT）子程序。

2）频域谱线删除子程序（FFT 滤波）。

3）多带通滤波。

4）脉冲性干扰抑制子程序等。

5. 抗干扰措施

对局部放电信号而言，电力系统中的窄带干扰主要有载波通信和高频保护，它们的频率范围在 500kHz 以下，中波无线电广播的频率范围是 550～1505kHz。宽带干扰主要是晶闸管整流设备换相时产生的脉冲信号，这种信号有相位相对固定的特征。然而试验设备外部的放电信号也是干扰，其频谱特征和内部放电信号相同。

本系统设有硬件滤波器，对干扰特别严重的场合，可选用适当的硬件滤波器来滤除大部分的干扰。硬件滤波器的缺点是不能随意改变参数，很难适应变化的环境，这时可用软件滤波器进一步抑制剩余的干扰。针对不同的干扰，可有以下四种选择。

（1）幅频特性分析（FFT）子程序。用频谱分析技术（FFT）来分析放电或干扰的频谱特征，进而用数字滤波技术来抑制窄带干扰，这是软件滤波的基础。

（2）频域谱线删除子程序（FFT 滤波）。在频谱分析（FFT）来的基础上，找出干扰严重的若干频率成分，然后在频域中开窗消除。

（3）多带通滤波子程序。在频谱分析（FFT）来的基础上，找出干扰较轻的若干频段，然后在时域中设置相应的多个带通滤波器，使通过信号的干扰成分得到抑制。

（4）脉冲性干扰抑制子程序等。

周期性脉冲干扰由于相位相对固定，通常用时域开窗法去除。但发电厂的周期性脉冲干扰主要由发电机励磁系统产生，发电机的励磁电压随无功负荷变化而自动调节的，故软件开窗的相位也应自动跟踪换向脉冲相位的变化。

脉冲性干扰抑制子程序设计思路是：首先在采样数据序列中寻找可疑的脉冲，建立此脉冲波形的样板，然后在整个数据序列中比较是否在等间隔的位置有若干（对某台发电机脉冲数量是一定的）近似的脉冲出现，如符合规律，则视为干扰，可开窗去除。

按此原则编制的脉冲性干扰抑制子程序，可有效抑制脉冲性干扰。

（四）故障诊断

一个完善的监测系统应具备故障诊断功能，本系统除可给出基本的放电量 q、放电重复率 n 和放电相位 φ 等表征参数外，另外在放电部位的诊断方面做了深入的研究。

不同部位的放电，其放电波形具有不同的模式。模式识别具有统计特性，需要连续采

集几十个乃至几百个工频周期的数据信息。显然直接利用高速 A/D 采集的数据处理是不现实的，本系统采用软件峰值保持算法来得到放电量和时间的关系，并进一步取得放电的统计信息。根据得到的 φ、q、n 信息，可以得到三维放电 $\varphi-q-n$ 谱图（n 为放电重复率）和二维放电 $\varphi-q$、$\varphi-n$、$q-n$ 谱图。在三维放电谱图二维放电谱图的基础上，进一步提取放电的指纹特征，利用人工神经网络对放电的模式进行识别，可以区分放电部位。

1. 变压器放电点超声定位子程序

变压器油箱器壁装有三个固定式超声传感器，用作超声信号的在线监测。在进行放电点的定位时，为了提高定位精度，可利用提供的移动式超声传感器仔细测量，逐步逼近放电点，如此才能获得理想的定位精度。

系统采用声电时延法编制了实用的超声定位子程序。声电时延法至少需要三个超声传感器和一个电流传感器，按声波折线传播的规律，可列出八个球面方程组。

实际操作时将三个超声传感器放在变压器油箱的不同位置上，建立一个直角坐标系，测出三个超声传感器在坐标系的位置坐标。采集三路声信号和一路电信号后。在信号的时域图上，以电信号作为时间起点，测出三个超声传感器的时延。将超声传感器位置坐标和时延代入方程组求解，方程组的解即为放电点的位置。

在实验室油箱中试验，定位准确度为±5cm。

图 9－15 所示为实验室油箱中测得的声电信号波形。定位误差为 17mm。

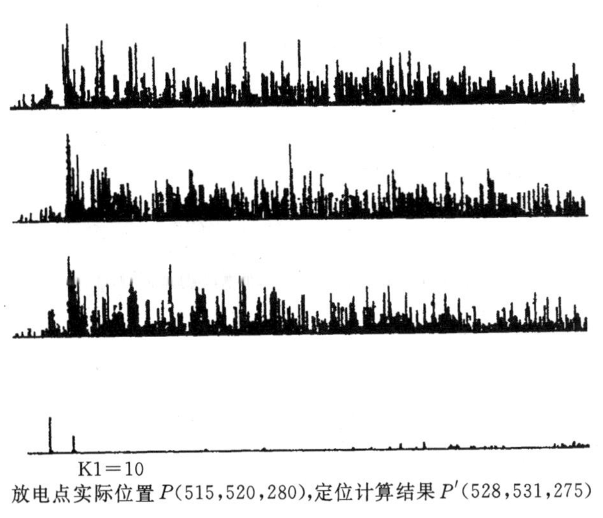

K1＝10
放电点实际位置 P(515,520,280),定位计算结果 P'(528,531,275)

图 9－15　实验室油箱中测得的声电信号波形

2. 软件界面

目前微软的 Windows 操作系统在 PC 机用户中已占绝对统治地位。由于 Windows 界面具有界面友好、易于操作的优点，得到了广泛的应用。下面介绍本系统主要的 Windows 用户界面。

（1）工作台。工作台是电力设备在线监测系统中用户和系统交互的核心，用户可通过工作台进行大部分操作。工作台用树型结构来组织系统中的场点、设备、监测装置和数据。一个典型的工作台如图 9－16 所示。

（2）输入通道参数设置。在数据采集开始前，须设置输入通道板的参数。在工作台中选择欲进行数据采集的装置并从“装置”菜单中选择“采样参数”中的“编辑”，将出现参数配置窗口。由于监测系统只有 4 个物理通道，而变压器监测装置最多可装设 16 个传感器，故每次采样只能从中选出 4 个测点的传感器，如图 9－17 所示。

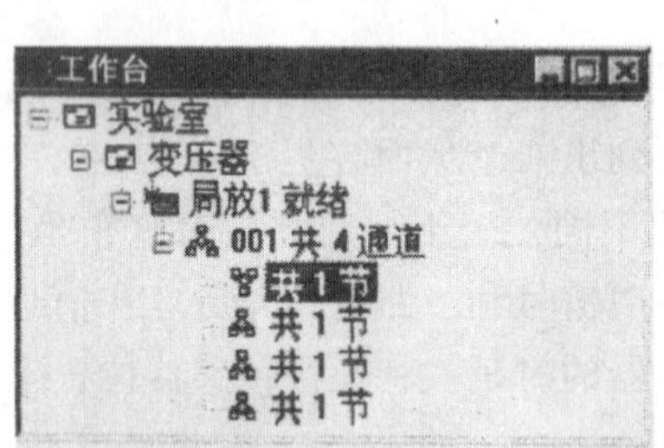

图 9－16　工作台

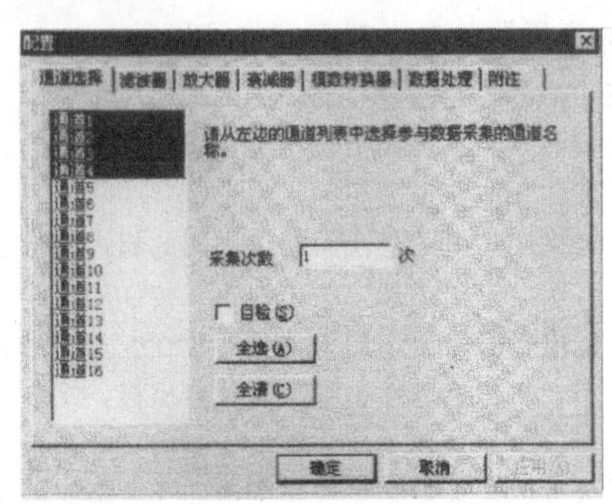

图 9－17　通道选择

1）放大器。每个通道放大器的放大倍数需根据被测信号的大小分别调整，如图 9－18 所示。一般使屏幕上显示的信号幅度为满度的 1/4～1/3 为宜。

2）衰减器。每个通道衰减器的衰减系数需根据被测信号的大小分别调整，如图 9－19 所示。一般情况下将衰减系数设置为 1。

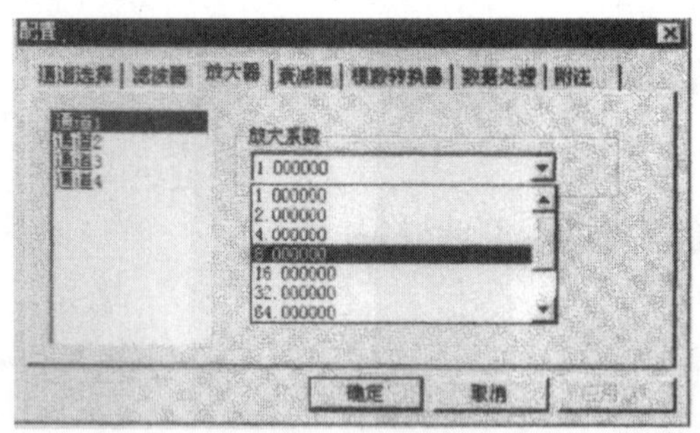

图 9－18　放大倍数选择

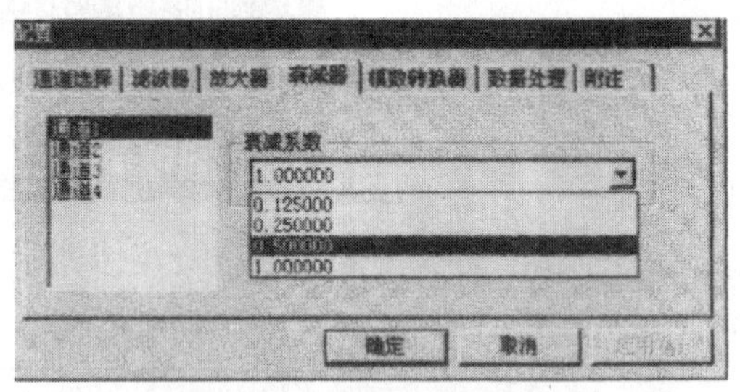

图 9－19　衰减器倍率选择

3）滤波器。这里的滤波器是指系统设置的硬件滤波器，其参数是根据电厂的实际情况设计的，如图 9－20 所示。一般情况下需选择使用滤波器。如需要分析信号的波形特征，则不应该采用硬件滤波器，使采集到的信号尽可能保持原貌，以便进行数字信号处理。

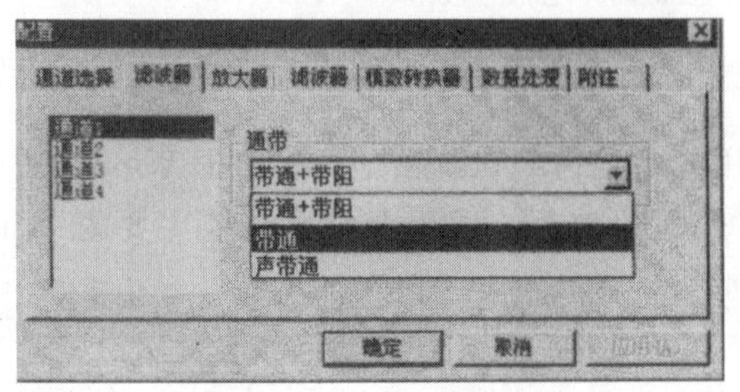

图 9－20　滤波器选择

4）模数转换器。模数转换器可根据需

要，改变设置出首参数，如采样数据的长度、采样率、触发方式、触发电平等，如图9－21所示。因A/D卡上的缓存容量为1024KB，如设置采样率为10MHz，则每次采集的数据长度，至少为一个工频周期。一般采样率设置为5MHz，采样长度设置为512K，触发方式选择“内触发”。各页面配置好后，单击“确定”按钮即完成参数配置并保存该配置。下次开机时作为默认值自动输入。

5）启动数据采集。一旦启动数据采集选项，工作台中该监测装置对象名称后出现“正在采集数据…”字样，系统开始采样。等待一段时间后（其时间长短取决于该装置数据采集的速度），采集到的数据将被插入到工作台中该对象之后，如图9－22所示。

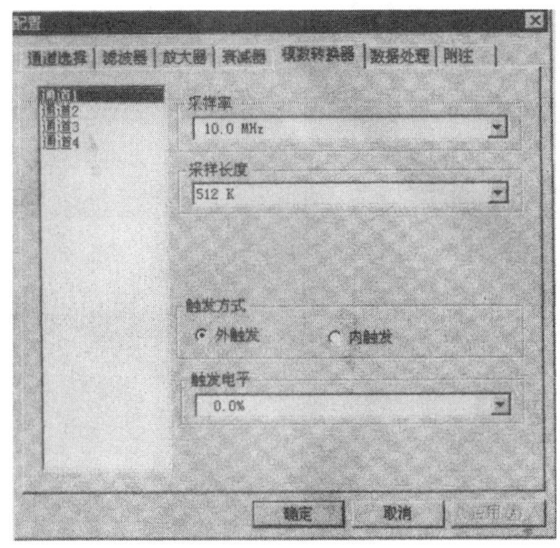

图9－21　模数转换器参数选择

图9－22　数据采集

6）自动监测。自动监测使监测装置在无人监视的情况下自动地周期性地进行数据采集和记录设置自动监测参数。在开始自动监测之前，需要对其参数进行配置，如采样时间间隔的设定等，如图9－23所示。一般选择间隔为12h或24h自动采集岩层一次。异常情况下可缩短时间间隔，最小为5min采集一次。

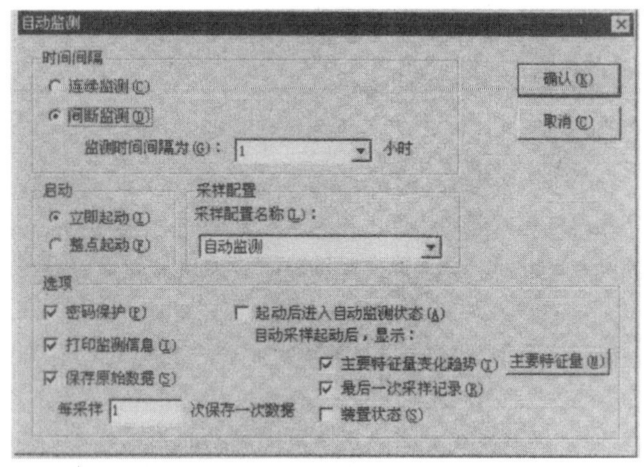

图9－23　自动监测参数设置

7）显示数据视图。双击文件名，就可以将该数据文件调入工作台中。通过对图形的拉伸和还原，用户可以很方便地观察图形。水平拖动鼠标选择要拉伸的图形区域，然后右击鼠标，在弹出的菜单中选择“拉伸”即可将选定区域的图形放大。单击“还原”选项，则弹出含有“到原始状态”和“到上一次拉伸状态”两个选项的菜单。单击“到原始状态”则图形恢复到原始状态，单击“到上一次拉伸状态”则恢复到上一次拉伸的状态。

(a) 时域波形图如图 9-24 所示。

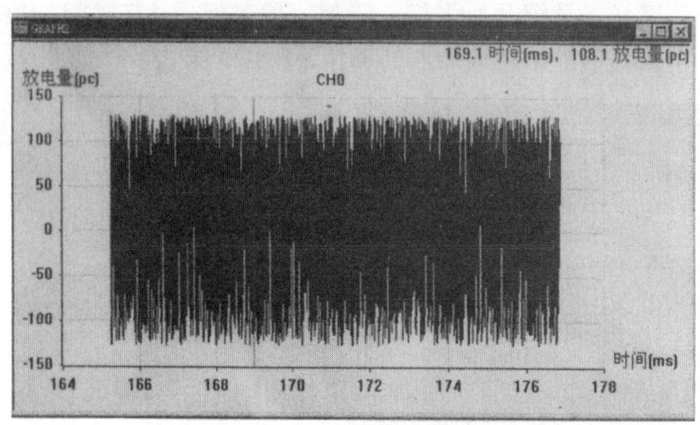

图 9-24 时域波形图

(b) 幅频特性图如图 9-25 所示。

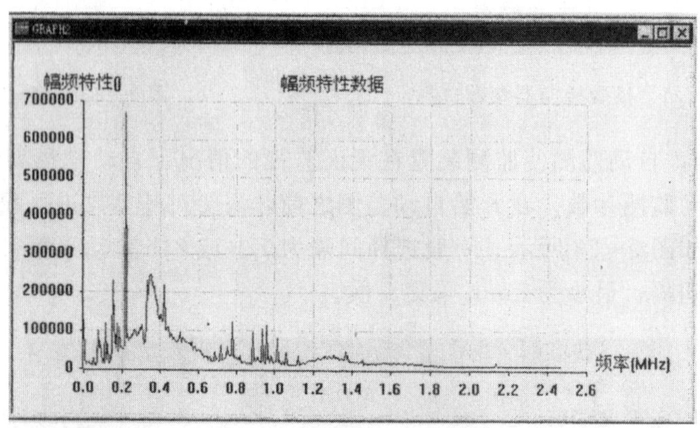

图 9-25 幅频特性图

8）二维图形。在二维图形窗口内右击鼠标，则弹出相应的设置菜单显示通用的二维图形（如波形图，放电量-相位谱图等），如图 9-26 所示。由于 Windows 是多窗口、多进程的系统，已显示的二维图形可能由于其他程序或窗口被破坏或覆盖，此时需要重新绘制图形。

9）三维谱图。在三维图形窗口中右击鼠标，则弹出相应的设置菜单，可显示三维图形，如图 9-27 所示。

10）查看历史数据。在工作台中选择查看历史数据的装置名称，并在“装置”菜单中选择“历史记录”，从下拉列表中选择要查看的数据库和数据表，单击“查询”即显示图

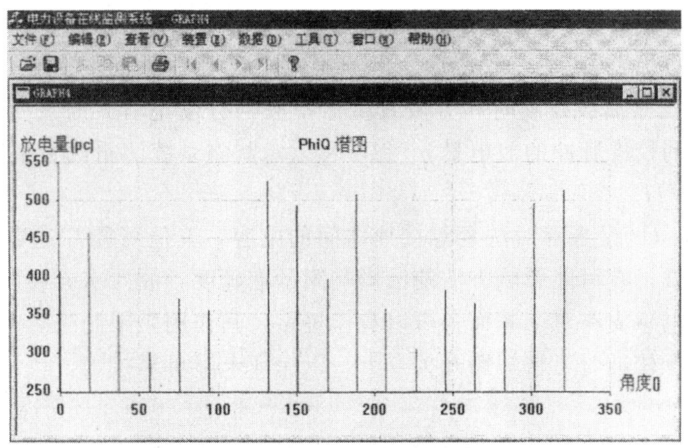

图 9-26　二维图形

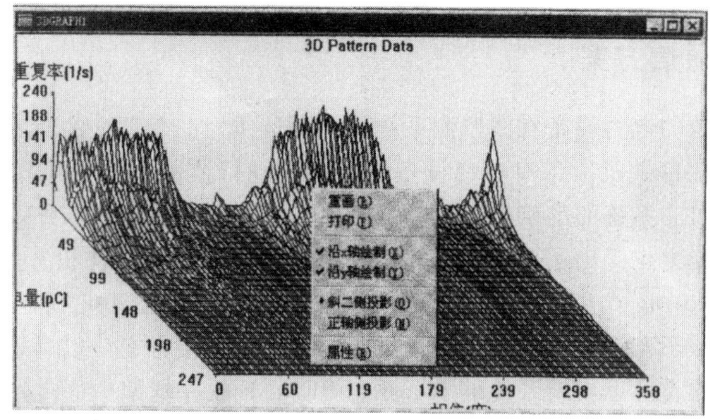

图 9-27　三维图形

9-28 所示界面。

3. 变压器放电量的在线标定

变压器在线和离线时高压端对地电容 C_g 是不同的，故二者的测量灵敏度也不相等。为正确给出视在放电量的数值，如有条件，应采用在线标定求得标定系数。

变压器放电量在线标定通常采用图 9-29 所示的办法实行。

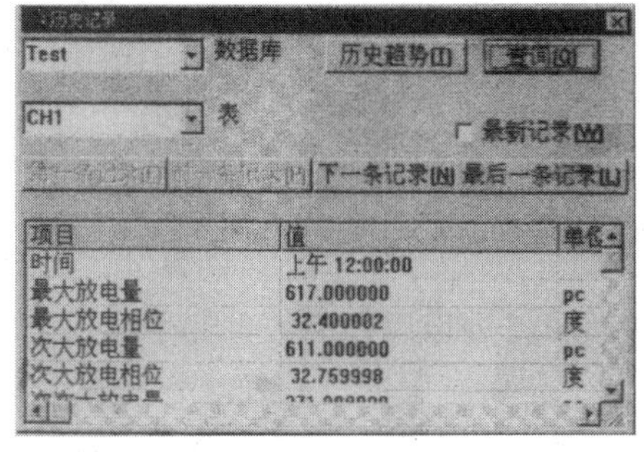

项目	值	单位
时间	上午 12:00:00	
最大放电量	617.000000	pc
最大放电相位	32.400002	度
次大放电量	611.000000	pc
次大放电相位	32.759998	度

图 9-28　历史数据

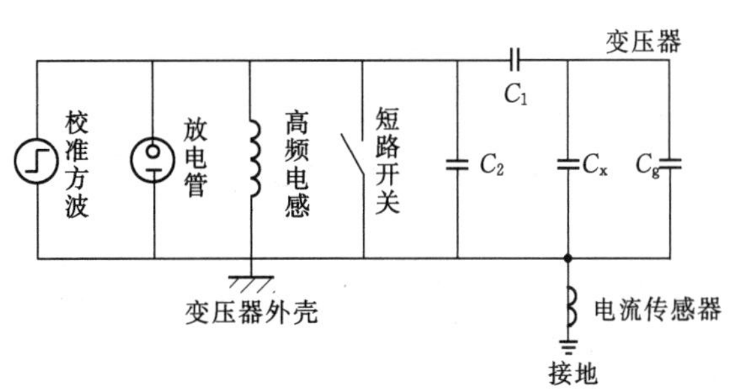

图 9-29　变压器放电量在线标定原理图

变压器的高压电容式套管的末屏均有引出端（套管的信号抽取端），该引出端一般是直接接地的。打开其接地线，将方波发生器接在末屏和地之间，套管电容 C_1（一般在 200～600pF）相当于离线校准时和方波发生器串联的分度电容。若发生器输出方波的幅值为 U，则注入的校准脉冲的放电量 $q_0=U_0\times C_1$，监测系统测得的数值为 H，则该系统的刻度系数为 q_0/H。

图 9－29 中，C_2 是末屏对法兰等接地体间的电容，其值可能高达数万皮法，它作为方波发生器的负载，有可能影响方波前沿影响测量准确度，故要求方波发生器要有足够的带载能力。高频电感支路对工频而言可以看作短路，其作用是限制工频电压。放电管作为过压保护。不进行校准时可将短路开关合上，以保证末屏可靠接地。

第三节 基于远程网络通信的电力设备状态监测系统

一、网络通信方案

当前，大多数的电力设备在线监测系统仍然只是作为一个孤立的封闭系统开发的，通常运行于单台或几台微机上，对单台设备的状态量进行监测。随着计算机网络技术的发展，人们除了对监测系统的准确性、诊断可靠性等方面提出更高要求外，对系统的可扩展性以及远程监测能力也提出了要求。为此，在原先开发的电力设备状态监测系统（Power Equipment Monitoring & Diagnosis System，PEMDS）的基础上，研制了基于远程网络通信的电力设备状态监测系统。该系统提供了两种网络连接方案，以满足不同场合下的需要。在监测软件的设计上，新系统继承了原有 PEMDS 软件框架中的组件对象模型，开发了新的网络通信组件，与原有系统无缝的集成在一起。所研制的局部放电远程监测系统已在东北电力集团公司某电厂投入运行。

（一）基于 Intranet/Internet 的网络通信方案

该方案采用了通用的 TCP/IP 协议，结构上采用流行的“客户端/服务器（Client/Server）”结构，通过 VC6.0 对 WinSock 编程实现。

在具体的通信方式上，采用了将命令通道与数据通道分开来的虚拟双通道方式，如图 9－30 所示。

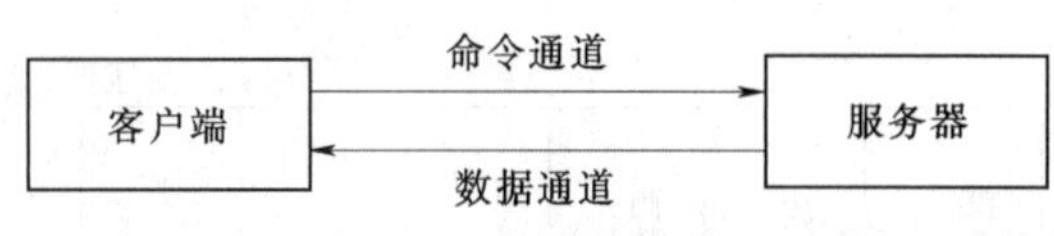

图 9－30 虚拟双通道的通信方式框图

在这种方案中，服务器/客户端之间的连接一共有两条：一条是命令通道，另一条是数据通道。在命令通道上传递命令信息，如客户端的请求以及服务器的状态信息等，传递的都是基于 ASCII 码的信息流；在数据通道上传递的是二进制的数据块。服务进程运行于监测服务器上，并处于监听状态。客户进程运行于另一台工作站上，客户进程向服务进程发送各种命令请求，并等待响应，然后做相应的处理。这种虚拟双通道的通信方案，使控制命令和数据传输在逻辑上分离，结构清晰、编程规范，带来了较高的可靠性。

（二）基于公用电话网（PSTN）的网络通信方案

在一些特殊的场合下，上述方案无法满足用户的要求，比如尽管当前许多电力企业都建立了自己内部的网络，但是，出于网络安全方面的考虑，这些网络大都是与外部隔离开来的，外部人员无法访问。为此，设计了基于公用电话网（PSTN）的网络通信方案。在现场监测服务器端设有调制解调器与专用的电话线相连，并处于监听状态。远程监测客户端通过另一个调制解调器拨号与服务器建立连接，进行通信。

软件部分以远程访问服务（简称 RAS）作为数据通信的底层模块。RAS 是 Windows NT 系统提供的一项供用户远程登录 NT 的服务程序，它可以看成是网络适配器的延伸。当使用调制解调器连接上 Windows NT 所提供的远程访问服务之后，远程用户的计算机对网络的使用和通过网卡连接时是一样的。

RAS 提供了几种通信协议，如：TCP/IP、NetBEUI、IPX/SPX 等可供选择。可以根据具体的情况选择相应的协议，使用起来相当方便。

二、远程监测系统的组成

无论采用哪种网络通信方案，远程监测系统采用的都是“客户端/服务器”的结构体系。为了让原有的 PEMDS 系统具有远程网络通信的能力，需要添加新的网络通信组件。在原系统现场监测主机上添加服务器端组件，使之成为 PEMDS 服务器；在工作站中安装客户端组件，使之成为 PEMDS 客户端。客户端和服务器之间通过网络相连，就组成了一个新的基于远程网络通信的监测系统。

（一）PEMDS 介绍

PEMDS 是一个基于 COM 组件技术的电力设备在线监测系统框架，在其中可以嵌入不同的电力设备在线监测子系统模块，形成对整个发、变电站的综合式监测系统。在 PEMDS 的框架下，任何监测系统，无论其结构多么复杂，从功能上进行抽象都可以将其分解为三个部分：数据采集对象、数据对象和方法对象。框架负责完成通用的任务，并根据需要调度数据采集对象、数据对象和方法对象。数据采集对象响应框架的请求，控制相应的数据采集系统，并返回结果；数据对象和方法对象同样响应框架的请求，实现具体数据的组织、保存和处理等任务。对象间的相互作用如图 9－13 所示。

PEMDS 具有良好的开放性，可容纳各种不同的监测设备和数据处理方法；采用 COM 接口作为子系统和框架之间的交互机制使系统易于扩展，能够随着时间的迁移不断扩充和完善。

（二）网络通信组件

1. 服务器组件

服务器组件运行于现场的监测主机中，负责监听来自客户端的请求，然后调用相应的对象处理，并把数据结果返回给客户端。从功能上来看，服务器组件无法归于 PEMDS 中的三大对象中的任何一类。因此，定义了一个新的对象：数据服务提供者对象（Data Service Provider）。由于数据服务提供者对象的主要工作是负责处理网络请求，与框架的交互相对简单，只有一个：数据服务提供者接口。该接口有启动服务和停止服务两个方法，还有一些属性参数，主要是一些诸如服务器端口号、用户数上限之类的参数信息。

目前服务器组件完成的功能主要是一些信息读取的工作，如读取监测设备参数和读取监测数据文件等，预计将来可完成对数据采集系统的控制功能。

2. 客户端组件

客户端组件根据框架的请求，向服务器端发送相应的网络命令，等待响应，然后返回数据结果。从功能的角度来看，客户端组件与PEMDS中的数据采集对象具有相似性：两者都是负责获取数据的，只不过是具体实现的途径不同，前者是通过网络，而后者是通过相应的数据采集硬件系统。功能上的相似性使得客户端组件可以通过数据采集对象接口加以实现，差异将在内部方法的具体实现上体现。这正是框架采用COM组件技术的思想。框架并不关心对象是如何具体实现的，在框架看来，只要客户端组件实现了数据采集对象所需要的三个接口："设备安装"接口、"参数配置"接口以及"数据采集"接口，那么框架就可以像调用本地的数据采集对象那样调用由客户端组件实现的远程的数据采集对象。

由于系统采用了两种网络通信方案，因此系统也相应提供了两种客户端组件，都实现了数据采集对象所要求的三个接口："设备安装"接口用于向框架注册一个新的远程监测设备，并提供必要的服务器信息，如服务器名称、IP地址等，在测试连接成功后即宣告设备安装完成；"参数配置"接口主要用于客户端配置一些功能性参数，用于标识自动下载或用户手动选择。

第四节　电力设备运行分析中心——虚拟医院

一、电力设备虚拟医院的功能和实用价值

电力设备虚拟医院（VHPE），从字面上理解是一个对电力设备进行远程诊断的场所。其实电力设备虚拟医院的含义并不局限于远程诊断，它除了可以集中多位专家进行故障诊断、共同得出合理技术处理措施外，还将是一个电力设备诊断技术综合性信息中心，成为电力部门、厂商、诊断技术专家等各方沟通渠道，促进各方交流讨论，达到信息共享的目的。VHPE的建立有利于促进整个行业的社会性协作，共同收集诊断案例，积累现场数据，展示最新的诊断技术成果，对人员进行远程培训，促进行业的标准化建设等，具有重要的实用价值。

二、VHPE的内容组织

1. 栏目介绍

各个栏目规划如图9-31所示。

（1）标准中心。当前，大多数传统的检测和诊断技术都遵循一定的标准，如IEEE、IEC以及某些国家标准。标准中心就是用来收集所有的与测试、诊断、维护导则以及推荐等各个方面相关的标准。按照标准的制定方，如IEEE、IEC和国家标准，来分类存储和组织各项标准。

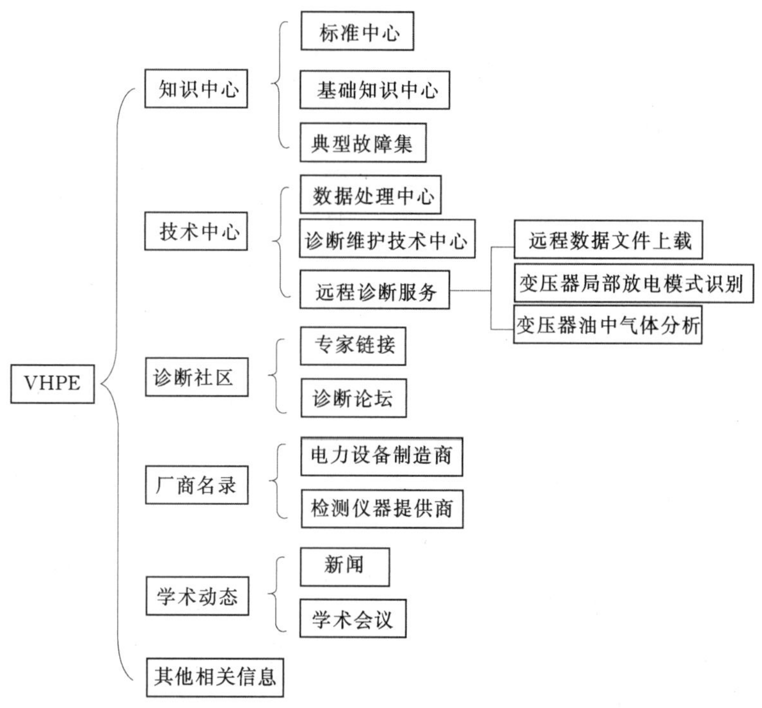

图 9-31 VHPE 栏目规划（Site-Map）

（2）基础知识中心。用以收集与特定设备的诊断和维护技术相关的基础性知识，包括设备的具体配置，典型的机械、电、热性能参数，相关材料特性，设备稳定性，设备的预期寿命等信息，还将包含一些可用于远程教学和培训的书籍、多媒体课件等。

（3）典型故障集。用以收集一些典型的故障案例数据以及相关案例分析判断方法等。设备诊断案例的收集，是一项很有意义的工作，人们可以从中得到启发，还可以进行“知识挖掘”，发现新的规律。诊断案例的积累不能仅仅依靠某个单位，必须一个行业乃至设备制造方、电力部门和研究单位的社会性协作。

（4）数据处理中心。在设备诊断过程中，特别是在特征量的提取、干扰的抑制等方面，应用了大量的信号处理技术，比如 FFT、小波分析、数字滤波器、统计分析等。尽管有些技术方法可以在网上找到源代码，但是使用者在使用过程通常需要做许多的修改工作，重复劳动很多。数据处理中心就专门用于收集那些在诊断领域中常用的一些数据分析方法，包括时频分析、人工神经网络、统计分析、模式识别等，并尽可能提供源代码，并包括一些对商业性工具的链接。

（5）诊断维护技术中心。与数据处理中心相类似，这里主要收集一些诊断算法以及设备维护方法等，包括基于专家系统和人工神经网络的诊断算法、应用模糊理论的诊断算法、统计诊断算法、故障定位算法、趋势分析算法等。

（6）远程诊断服务。用于提供一些常见设备的远程故障诊断服务，并展示一些最新的诊断技术。目前可提供的诊断服务包括变压器局部放电的模式识别以及基于变压器油中溶解气体分析的故障诊断。

（7）专家链接。将提供在诊断领域内各专家的个人简介、研究方向、联系方式等信息，方便用户与专家的交流。还可邀请专家作网上的联合诊断，综合各位专家的意见作出正确的判断。

（8）诊断论坛。诊断论坛的主要功能是建立一个网上交流的渠道，用户可以在上面发表文章、交流经验体会、探讨诊断技术的发展趋势等。

（9）厂商名录：包括电力设备制造商和检测仪器提供商两部分，收集相关厂商的介绍、产品信息以及网址链接等。

（10）学术动态：收集一些反映当前研究进展，研究热点的文章以及学术会议的信息。

2. 信息的组织方式

VHPE的信息组织是以设备为中心的，除了一些通用的知识与技术外，如FFT、小波分析等，其他信息都是按照具体类型的设备进行分类组织的。主要的电力设备包括电压器、发电机/电动机、电力电缆、断路器、避雷器、电容器、电压互感器、电流互感器、绝缘子、气体绝缘变电站（GIS）以及超高电压设备等。

VHPE中的大多数文档是以Web站点中常用的HTML或PDF的格式保存的，页面采用了基本一致的风格，从而保证了浏览的方便、清晰和快捷。一些文档采用了包括音频、视频的多媒体技术来实现，以保证用户浏览的直观性。诊断案例数据中，一些以数据库的形式保存（如变压器DGA的气体含量数据）；一些不方便以数据库形式保存的数据（如局放采样数据），将以文件的形式保存在特定的目录中。

三、技术实现

普通的Web站点可以有多种技术解决方案的选择，出于继承性和兼容性的考虑，采用Microsoft的Web站点技术解决方案，即Internet信息服务器（IIS）＋Active Server Pagers(ASP)＋COM组件体系，如图9－32所示。

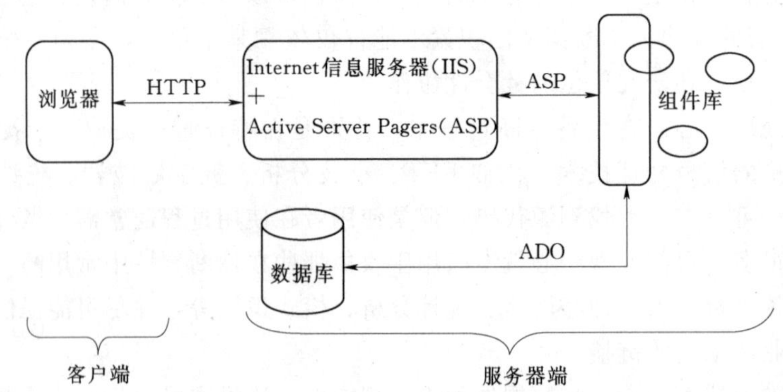

图9－32　“虚拟医院”站点技术体系结构图

四、变压器远程诊断服务介绍

远程诊断服务是VHPE中的一个重要的组成部分。目前实现的诊断服务包括变压器局部放电的模式识别以及基于变压器油中溶解气体分析（Dissolved Gas Analysis，DGA）

的故障识别。

1. 变压器局部放电模式识别

采用人工神经网络作为局部放电的模式识别的主要工具。在实验室采用模型试验的方法来获得变压器局部放电的样本数据，再将数据转化为 $j-q-n$ 三维谱图表列数据作为神经网络的输入向量，利用组合神经网络进行分层识别。将训练好的神经网络权重数据保存于专门的文件中，作为局放模式识别组件的神经网络基本权重数据。

如图 9-33 所示，当用户通过 Internet 进行变压器局部放电模式识别时，其整个过程是这样的：用户在客户端通过浏览器上传变压器局放 $j-q$ 格式数据文件以及一些相关的变压器铭牌数据，服务器的 ASP 脚本调用文件上传组件读取文件数据，并加以保存。然后再调用组件将 $j-q$ 数据转化为 $j-q-n$ 三维谱图表列数据，该表列数据将作为神经网络组件的输入，神经网络的输出结果返回给 ASP 脚本进行判断，并生成诊断结果报告返回给用户。$j-q$ 数据文件信息以及诊断结果作为一个案例将保存在数据库中以便将来需要时查询。

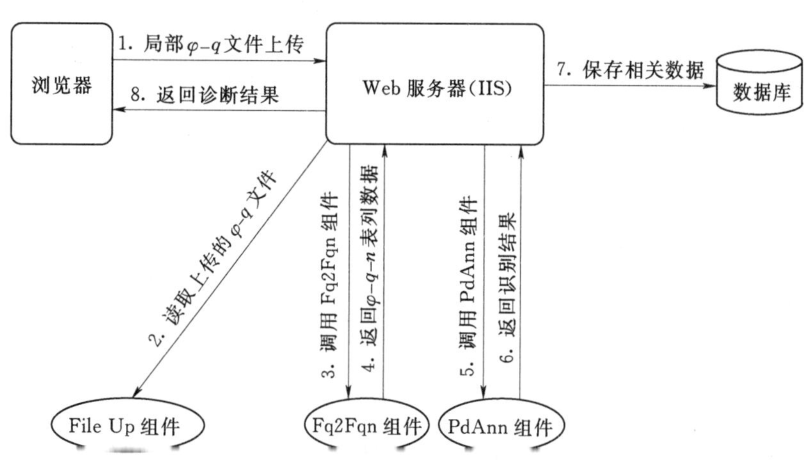

图 9-33 局放模式识别流程图

2. 基于变压器 DGA 数据的故障识别

油中溶解气体分析是目前电力系统对变压器状态进行判断时使用的重要检测手段。人工神经网络是进行 DGA 结果判断的有效方法。收集数百组已经有确诊结果的 DGA 气体含量数据作为样本，采用其中的五种特征气体（H_2、CH_4、C_2H_6、C_2H_4、C_2H_2）相对含量作为网络的输入向量，利用组合神经网络进行分层识别的方法以提高识别率。将训练好的神经网络权重数据保存于专门的文件中，作为识别组件的神经网络基本权重数据用于判断。

当用户使用这一远程诊断服务时，其基本过程如图 9-34 所示。用户在浏览器 HTML 表单中输入五种特征气体的含量以及相关的变压器铭牌数据；服务器得到这些数据后，利用相关标准中规定的油中气体组分限值的方法判断变压器是否处于正常状态；如果气体组分不超过规定的限值即变压器状态是正常的，则把这一结果返回给客户，诊断过程结束；如果变压器的状态是异常的，则调用神经网络识别组件进行判断；根据判断的结果生成诊断报告返回给用户；将来如果用户对故障有了确诊的结果（如通过吊芯检查），则可以进一步反馈确诊结果，并提供相应的联系方式以便联系验证，服务器将所有这些信息保存在数据库中作为一个完整的诊断案例。

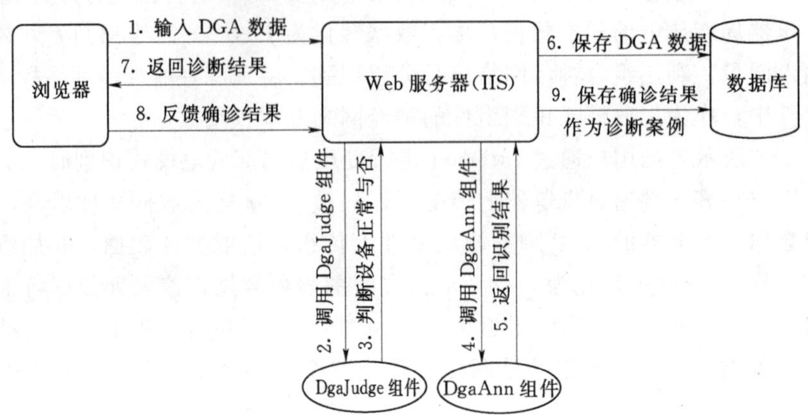

图 9－34　油中气体分析流程框图

所有这些案例将作为宝贵的资料作为人们进一步的研究使用。

复　习　题

1. 什么是诊断专家系统？
2. 分布式监测诊断系统的原理是什么？
3. 什么是连续监测放电性故障的分布式监测诊断系统？
4. 什么是基于远程网络通信的电力设备状态监测系统？
5. 为什么把电力设备运行分析中心称为电力设备的“虚拟医院”？

第二篇 ◇

电力设备预防性试验方法
及在线监测故障诊断方法

第十章　同步发电机和调相机

第一节　概　　述

同步发电机是电力系统的心脏，它能否可靠工作，直接影响发供电的质量。发电机在制造过程中，绝缘可能受到损伤，形成弱点，在运行过程中，会不断受到振动、发热、电晕、化学腐蚀以及各种机械力的作用，故它的各个部件都会逐渐老化，直至损坏。为了及早发现绝缘缺陷，对发电机进行预防性试验是十分必要的。

根据《规程》规定，容量6000kW及以上的同步发电机及调相机的试验项目包括以下内容，6000kW以下者可参照执行。

(1) 定子绕组绝缘电阻、吸收比或极化指数。

(2) 定子绕组的直流电阻。

(3) 定子绕组泄漏电流和直流耐压。

(4) 定子绕组工频交流耐压。

(5) 转子绕组绝缘电阻。

(6) 转子绕组直流电阻。

(7) 转子绕组交流耐压。

(8) 发电机和励磁机的励磁回路所连接设备（不包括发电机转子和励磁机电枢）的绝缘电阻。

(9) 发电机和励磁机的励磁回路所连接的设备（不包括发电机转子和励磁机电枢）交流耐压。

(10) 定子铁芯磁化试验（GB/T 20835）。

(11) 发电机组和励磁机组轴承绝缘电阻。

(12) 灭磁电阻器（或自同期电阻器）直流电阻。

(13) 灭磁开关并联电阻。

(14) 转子绕组的交流阻抗和功率损耗。

(15) 重复脉冲（RSO）法测量转子匝间短路。

(16) 检温计绝缘电阻。

(17) 定子槽部线圈防晕层对地电位。

(18) 隐极同步发电机定子绕组端部动态特性和振动测量。

(19) 定子绕组端部手包绝缘施加直流电压测量。

(20) 定子绕组内部水系统流通性。

(21) 定子绕组端部电晕。

(22) 转子气体内冷通风道检验。

(23) 气密性试验。

(24) 水压试验。

(25) 轴电压。

(26) 环氧云母定子绕组绝缘老化鉴定。

(27) 空载特性曲线。

(28) 三相稳定短路特性曲线。

(29) 发电机定子开路时灭磁时间常数。

(30) 检查相序。

(31) 温升试验。

(32) 效率试验。

(33) 红外测温。

第二节　测量定子绕组的绝缘电阻和吸收比或极化系数

一、测量目的

测量发电机定子绕组绝缘电阻的目的，主要是判断绝缘状况，它能够发现绝缘严重受潮、脏污和贯穿性的绝缘缺陷。

测量发电机定子绕组的吸收比，主要是判断绝缘的受潮程度。由于定子绕组的吸收现象显著，所以测量吸收比对发现绝缘受潮是较为灵敏的。

发电机定子绕组的绝缘电阻受很多因素的影响，主要有测量电压、测量时间、温度、湿度、绝缘材料的质量、尺寸等。由于这些因素的影响，使绝缘电阻的测量数值较为分散，所以《规程》中对定子绝缘电阻值未作规定，并采用吸收比 R_{60}/R_{15} 来进行分析判断，但由于发电机定子绕组电容及介质初始极化状况的差异，有时对试验值会带来一定的影响。所以《规程》推荐采用极化指数 R_{600}/R_{60} 来分析判断定子绕组的绝缘性能，它不仅能更为准确有效地判断绝缘性能，而且在很大的范围内与定子绕组温度无关。

目前国内已大量生产并广泛采用晶体管绝缘电阻表，为采用这种方法奠定了基础。

二、试验周期

(1) C 级检修时。

(2) A 级检修前、后。

(3) 必要时。

三、判据

(1) 绝缘电阻值自行规定，可参照产品技术文件要求或 GB/T 20160。

(2) 各相或各分支绝缘电阻值的差值不应大于最小值的 100%。

(3) 吸收比或极化指数：环氧粉云母绝缘吸收比不应小于 1.6 或极化指数不应小于 2.0；其他绝缘材料参照产品技术文件要求。

（4）对汇水管死接地的电机宜在无水情况下进行，在有水情况下应符合产品技术文件要求；对汇水管非死接地的电机，测量时应消除水的影响。

四、方法及说明

（1）额定电压为1000V以上者，采用2500V绝缘电阻表；额定电压为20000V及以上者，可采用5000V绝缘电阻表，量程不宜低于10000MΩ。

（2）水内冷发电机汇水管有绝缘者应使用专用绝缘电阻表，汇水管对地电阻及对绕组电阻应满足专用绝缘电阻表使用条件，汇水管对地电阻可以用数字万用表测量。

（3）200MW及以上机组推荐测量极化指数。

五、注意事项

测量发电机的绝缘电阻虽然很简便，但必须注意以下几点：

（1）正确选用绝缘电阻表额定电压。绝缘电阻表的额定电压是根据发电机电压等级选取的，绝缘电阻表电压过高会使设备绝缘击穿，造成不必要的损坏。对定子绕组，额定电压在1000V以上时用2500V绝缘电阻表，量程一般不低于10000MΩ，额定电压在1000V以下时用1000V绝缘电阻表。

（2）试验时被试相接L端子，非被试相短接接地，再接E端子，屏蔽接G端子。图10－1示出了测量发电机定子绕组A相绝缘电阻的接线。

（3）测试前后都应充分放电，以保证测试数据的准确性。否则由于放电不充分，会使介质极化和积累电荷不能完全恢复，而且相同绝缘内部的剩余束缚电荷将影响测量结果，例如轮流测量发电机三相绕组的绝缘电阻时，当第一相测试后未经充分放电就进行另一相测试时，第二次施加电压的极性对于相间绝缘来说是相反的，试验电源必然要输出更多的电荷去中和相间残余异性电荷，从而表现为绝缘电阻降低。特别是吸收现象显著的发电机定子绕组，试验前后一定要充分放电，放电时间一般不应小于5min。

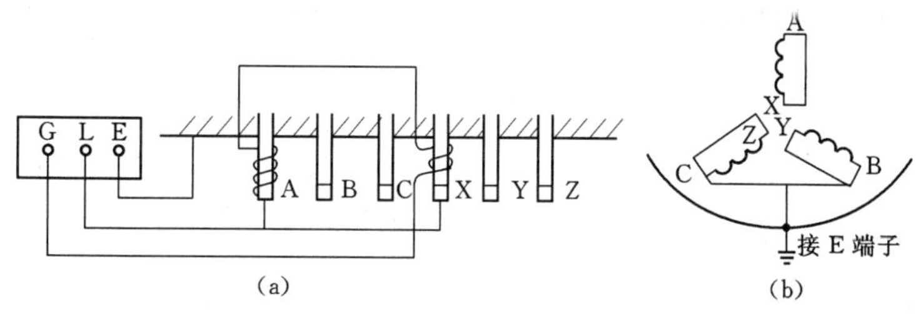

图10－1　测量发电机定子绕组A相绝缘电阻接线图

（a）实际测量接线；（b）非被试相短接示意图

（4）发电机的定子绕组的绝缘电阻值与绕组温度有很大关系，温度升高时绝缘电阻下降很快，一般温度每上升10℃，绝缘电阻值就下降一半。所以对每次测量的绝缘电阻值都应换算到同一温度才能进行比较，温度换算方法如下：

1）国际通用换算方法。美国电气与电子工程师学会标准（IEEE std 43—1974）推荐的换算公式是

$$R_C = K_t R_t$$

式中　R_C——换算至75℃或40℃时的绝缘电阻值，MΩ；

R_t——试验温度为t℃时的绝缘电阻值，MΩ；

K_t——绝缘电阻温度换算因数。

绝缘电阻温度换算因数按下式计算

$$K_t=10^{\alpha(t-t_1)}$$

式中　t——试验时的温度，℃；

t_1——换算温度值（75℃、40℃或其他温度），℃；

α——温度系数，$℃^{-1}$。

α值与绝缘材料的类别有关，对于A级绝缘材料为0.025$℃^{-1}$；对于B级绝缘材料为0.03$℃^{-1}$。按上式换算至75℃和40℃的K_t值如表10－1所示。

表10－1　定子绕组绝缘电阻温度换算因数（K_t）

定子绕组温度/℃	A级绝缘材料		B级绝缘材料		定子绕组温度/℃	A级绝缘材料		B级绝缘材料	
	换算至75℃	换算至40℃	换算至75℃	换算至40℃		换算至75℃	换算至40℃	换算至75℃	换算至40℃
75	1	7.5	1	11.4	30	0.075	0.56	0.044	0.5
70	0.75	5.6	0.71	8	20	0.042	0.32	0.022	0.25
60	0.42	3.2	0.35	4	10	0.024	0.18	0.011	0.125
50	0.24	1.6	0.18	2	5	0.011	0.13	0.0078	0.088
40	0.13	1	0.088	1					

图10－2和图10－3分别给出了A级绝缘材料换算至75℃或40℃时的绝缘电阻温度

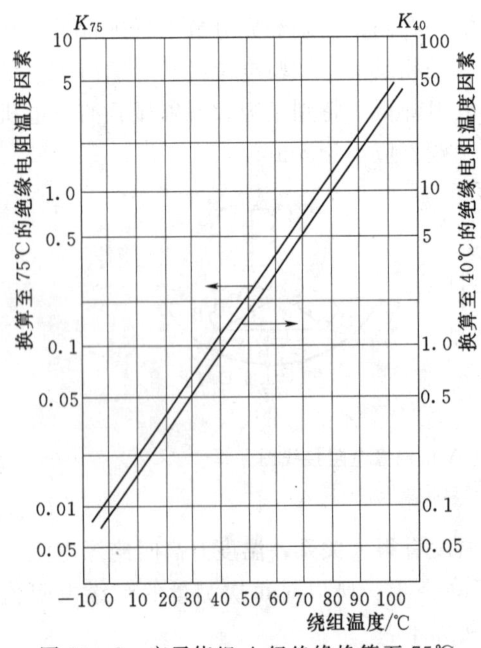

图10－2　定子绕组A级绝缘换算至75℃或40℃的绝缘电阻温度换算因数（图中曲线是根据表10－1中数据绘出的）

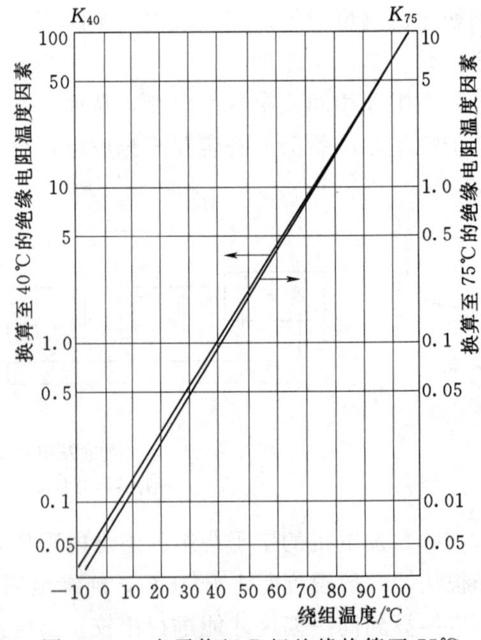

图10－3　定子绕组B级绝缘换算至75℃或40℃的绝缘电阻温度换算因数（图中曲线是根据表10－1中数据绘出的）

换算因数值。

2）苏联《电气设备规程》（1978年第5版）推荐的换算方法。考虑到我国引进苏联制造的发电机较多，有的仍在运行，所以特介绍苏联的换算方法，其换算公式是

$$R_C = K_t R_t$$

式中 R_C——换算至75℃时的绝缘电阻值，MΩ；

R_t——试验温度为t℃时的绝缘电阻值，MΩ；

K_t——绝缘电阻换算因数。其值如表10-2所示。

表10-2　不同温度下的K_t值

温度/℃	10	20	30	40	50	60	70	75
K_t	0.1096	0.1492	0.2127	0.2940	0.4166	0.5882	0.8333	1.00

3）《规程》修订说明推荐的换算方法。由于定子绕组绝缘材料、结构及运行年限的不同，即便是同一型号的发电机有时绝缘电阻换算因数也不相同。故对于具体的发电机，有条件时应尽可能采用下述方法进行换算。具体做法如下：在发电机干燥过程中，测出不同稳定温度下的绝缘电阻值，用半对数坐标纸做出绝缘电阻与温度之间的关系曲线，其中纵坐标为绝缘电阻值，横坐标为温度值，该关系曲线近似为一直线，由图可以查出40℃或75℃下的绝缘电阻值。

六、测量水内冷发电机定子绕组的绝缘电阻

使用水内冷电机绝缘测试仪（简称专用绝缘电阻表）测试通水时水内冷发电机定子绕组对地绝缘电阻的等值电路如图10-4所示。

因为在通水情况下，R_y很小，要求绝缘电阻表输出功率大，用普通兆欧表，一是要过载，同时绝缘电阻表输出电压降低太多，引起很大测量误差，只有在绕组内部彻底吹水后，方可使用普通兆欧表。另外，在通水情况下，汇水管与外接水管之间将产生一极化电势，不采取补偿措施将不能消除该电势和汇水管与地之间的电流对测量结果的影响，专用兆欧表不但功率大，同时有补偿回路而且测量电路输入端接地，适用于在通水情况下，测试水内冷发电机的绝缘电阻。如苏州工业园区海沃科技有限公司生产的HV-T型水内冷发电机组专用兆欧表，短路电流达到20mA，最大量程100GΩ，可屏蔽汇水管电流，测到发电机的真正绝缘电阻，同时还可测量吸收比和极化指数，测量结束自动放电。

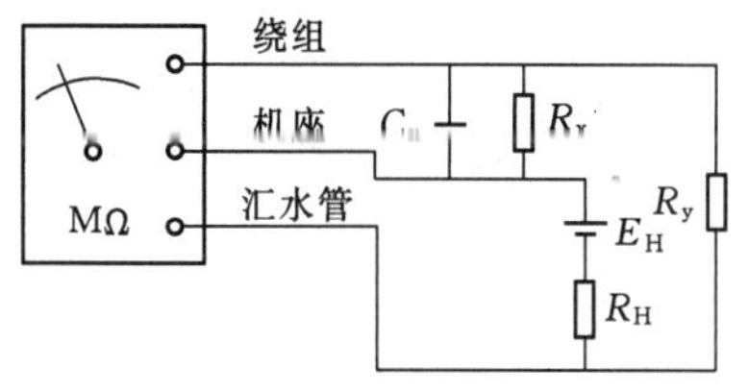

图10-4　通水时测量水内冷发电机定子绕组对地绝缘电阻的等值电路

MΩ—水内冷电机绝缘测试仪；C_x—绕组对地等值电容；R_x—绕组对地绝缘电阻；R_y—绕组与进出汇水管之间的电阻；R_H—汇水管对地等值电阻（包括水阻）；E_H—汇水管与外接水管间的极化电势

为保证测试仪的输出电压为额定值，被测发电机汇水管与定子绕组引水管之间水电阻R_y应保证在100kΩ左右。试验前必须检查发电机进出汇水管对地法兰和定子进出线端间

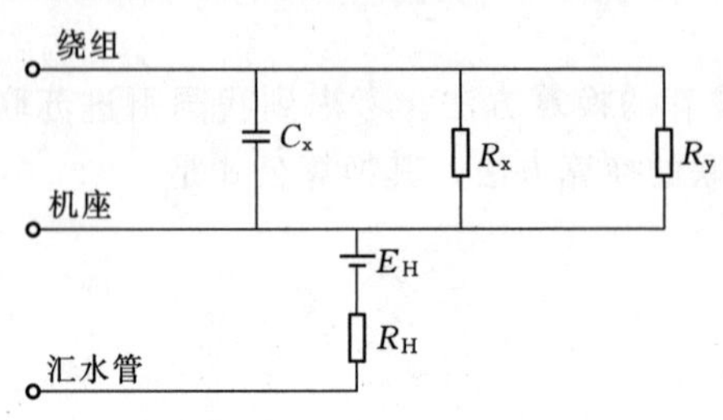

图 10-5　屏蔽不良情况下测量水内冷定子绕组绝缘电阻的等值电路

进出水管法兰的绝缘状况，汇水管（进出水管并联）对地绝缘电阻应在 20kΩ 以上。没有足够的绝缘水平将使测量结果带来很大误差。例如，某台国产 QFQS-200-2 型汽轮发电机，由于在发电机 6 个进出线端头的进出水管法兰处没有垫绝缘，造成试验回路屏蔽不良。最严重情况的等值电路如图 10-5 所示。由图可见，测量结果将偏低。

水内冷发电机定子绕组采用专用绝缘电阻表的测量要求如下：

(1) 若在相近的试验条件（温度、湿度）下，绝缘电阻降低到历年正常值的 1/3 以下时，应查明原因。

(2) 各相或各分支绝缘电阻值的差值不应大于最小值的 100%。

(3) 沥青浸胶及烘卷云母绝缘吸收比不应小于 1.3 或极化指数不应小于 1.5；环氧粉云母绝缘吸收比不应小于 1.6 或极化指数不应小于 2.0；水内冷定子绕组自行规定。

第三节　测量定子绕组直流泄漏电流和直流耐压试验

一、《规程》规定

《规程》规定，在发电机的预防性试验中要测量其定子绕组的泄漏电流并进行直流耐压试验。这一规定与过去不同。这是因为通过测量泄漏电流能有效地检出发电机主绝缘受潮和局部缺陷，特别是能检出绕组端部的绝缘缺陷。对直流试验电压作用下的击穿部位进行检查，均可发现诸如裂纹、磁性异物钻孔、磨损、受潮等缺陷或制造工艺不良现象。例如，某发电机前次试验 A、B、C 三相泄漏电流分别为 2μA、2μA、6μA，后又发展为 2μA、2μA、15μA，C 相与前次比较有明显变化。经解体检查发现：泄漏电流显著变化的 C 相线棒上有一铁屑扎进绝缘中。

为了突出测量泄漏电流对判断绝缘性能的重要性，《规程》规定如下：

1. 试验周期

(1) 不超过 3 年。

(2) A 级检修前、后。

(3) 更换绕组后。

(4) 必要时。

2. 判据

(1) 额定电压为 27000V 及以下的电机试验电压如下：

1) 全部更换定子绕组并修好后的试验电压为 $3.0U_N$。

2）局部更换定子绕组并修好后的试验电压为 $2.5U_N$。

3）A级检修前且运行20年及以下者的试验电压为 $2.5U_N$。

4）A级检修前且运行20年以上与架空线直接连接者的试验电压为 $2.5U_N$。

5）A级检修前且运行20年以上不与架空线直接连接者的试验电压为 $(2.0\sim2.5)U_N$。

6）A级检修后或其他检修时的试验电压为 $2.0U_N$。

（2）在规定的试验电压下，各相泄漏电流之间的差别不应大于最小值的100%；最大泄漏电流在20μA以下者，可不考虑各相泄漏电流之间的差别。

（3）泄漏电流不随时间的延长而增大。

3. 方法及说明

（1）检修前试验，应在停机后清除污秽前，尽量在热态下进行。氢冷发电机在充氢条件下试验时，氢纯度应在96%以上，严禁在置换过程中进行试验。

（2）试验电压按每级 $0.5U_N$ 分阶段升高，每阶段停留1min。

（3）不符合（1）、（2）要求之一者，应尽可能找出原因并消除，但并非不能运行。

（4）泄漏电流随电压不成比例显著增长时，应注意分析。

（5）试验应采用高压屏蔽法接线，微安表接在高压侧；必要时可对出线套管表面加以屏蔽。水内冷发电机汇水管有绝缘者，应采用低压屏蔽法接线；汇水管死接地者，应尽可能在不通水和引水管吹净条件下进行试验。冷却水质应满足产品技术文件要求，如有必要，应尽量降低内冷水电导率。

（6）对汇水管直接接地的发电机在不具备做直流泄漏试验的条件下，可在通水条件下进行直流耐压试验，总电流不应突变。

二、测试接线

测量发电机定子绕组泄漏电流和直流耐压试验接线如图10－6所示。V为高压整流元件，一般采用高压硅堆。微安表宜接在高电位端并对出线套管表面加以屏蔽或采用消除杂散电流影响的其他接线方式。由于发电机绕组对地电容较大，故不需在高压直流的输出端另加稳压电容。被试相绕组短接后接高压，非被试相绕组短接后接地。接线中的其他元件与第二章所述的内容相同。试验完毕后，要注意将发电机绕组上的剩余电荷放电以保证安全，放电时可将放电电阻直接并联到被试绕组上去。

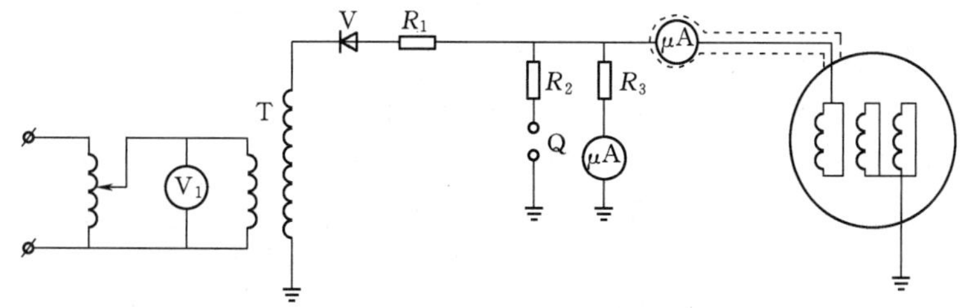

图10－6　测量发电机定子绕组泄漏电流和直流耐压试验接线

测试时施加的试验电压见表10－3。

测试应在清除污秽前的热状态下进行。因为绕组温度在30～80℃的范围内，其泄漏

电流的变化较为明显。如有可能，在发电机冷却过程中，在几种不同的温度下进行测量。

表 10－3　　发电机定子绕组直流试验电压

项目		试验电压	说明
全部更换定子绕组并修好后		3 倍额定电压	试验电压按每级 0.5 倍额定电压分阶段升高，每阶段停留 1min，并读取泄漏电流值，进行分析
局部更换定子绕组并修好后		2.5 倍额定电压	
大修前	运行 20 年及以下	2.5 倍额定电压	
	运行 20 年以上与架空线路直接连接	2.5 倍额定电压	
	运行 20 年以上不与架空线路直接连接	2.0～2.5 倍额定电压	
小修时或大修后		2.0 倍额定电压	
交接时		3 倍额定电压	

处于备用状态的发电机，可在冷状态下进行测试。由于温度对泄漏电流影响较大，所以应在相近的温度下进行测试。

对氢冷发电机，必须在充氢后含氢量 96％以上或排氢后且含量在 3％以下时进行测试，严禁在置换氢气过程中进行测试。

对水内冷发电机，宜采用低压屏蔽法或其他可以消除水路影响的接线进行测试。

水内冷发电机定子绕组水电接线示意图如图 10－7 所示。

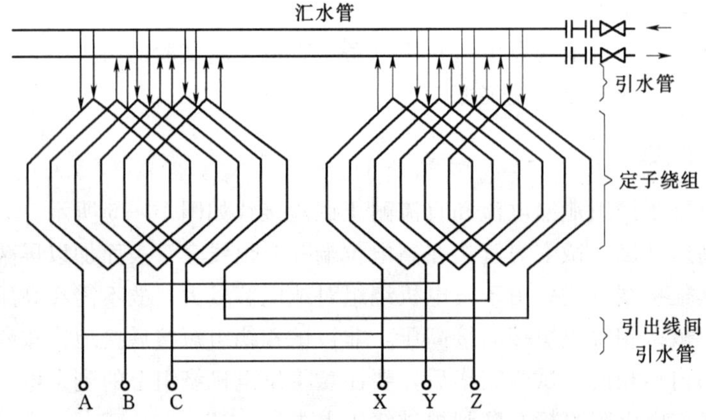

图 10－7　水内冷发电机定子绕组水电接线示意图

由于水内冷发电机定子绕组存在引水管和汇水管的水路系统，所以其测试方法与一般发电机有所区别，这是因为在对其定子绕组绝缘施加直流试验电压，测量泄漏电流 I_x 时，还存在另一条由冷却水回路形成的对地泄漏途径，即通过与被试相绕组相连的多根绝缘引水管至汇水管（运行中接地）的泄漏途径 I_y，如图 10－8 所示。通常，通过绕组绝缘的直流泄漏电流 I_x 仅数十微安。而通过加压相引水管入地的电流 I_y，在水回路通水（或充水）的测试条件下，可达数十微安至数百微安。因此，测试水内冷发电机定子绕组绝缘的泄漏电流时，必须排除水路的影响，才能获得正确的测量结果。

测试经验表明，水回路的影响主要是：

（1）引水管电流 I_y 较大时，由于对地放电电阻较小，将导致高压直流试验电压波形

脉动。在充水或通水情况下测试时，引起微安表指针剧烈抖动或大幅度摆动，甚至无法读数。

(2) 由于水电阻的非线性，使泄漏电流与外加电压关系呈不规则变化，造成判断困难。这在吹水不干，且不接屏蔽测试泄漏电流时，表现十分明显。

为消除上述影响，《规程》规定，对水内冷发电机汇水管有绝缘者，应采用低压屏蔽法接线。国产水内冷汽轮发电机定子绕组的汇水管对机壳（地）有一定的绝缘，所以可以采用低压屏蔽法测量其泄漏电流，测量接线如图 10-9 所示。

试验时，汇水管与微安表的电压端 d 连接，微安表的另一端接地，所以这种方法称为低压屏蔽法，由图 10-7 可见，被试相绝缘中的泄漏电流 I_x 自成回路，而且微安表串联在这个回路中，因此，可以有效地测出绝缘中的泄漏电流。

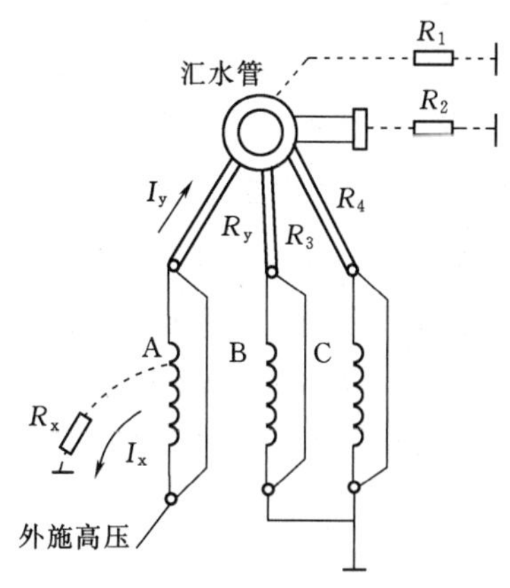

图 10-8 测量水内冷发电机定子绕组泄漏电流的等值电路

R_x—被试相绕组对地绝缘电阻；R_y、R_3、R_4—各相引水管等值电阻；R_1—汇水管对地绝缘电阻；R_2—汇水管至外部水回路绝缘电阻

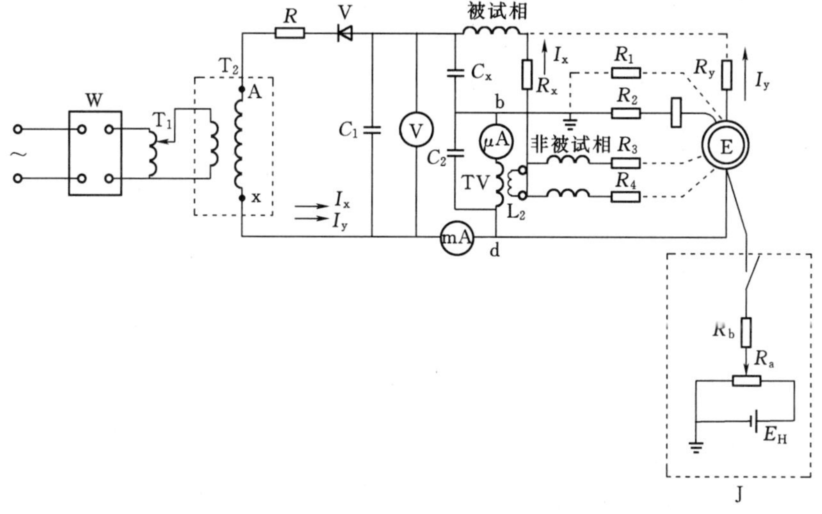

图 10-9 低压屏蔽法接线图

R_x、C_x—试品电阻、电容；R_y—加压相水管水电阻；R_1—汇水管对地绝缘电阻；R_2—进水管联管绝缘垫一段的水电阻；R_3、R_4—非加压相引水管水电阻；R_a—500kΩ 电位器（实取 1～2kΩ）；R_b—100～200kΩ 碳膜电阻（2W）；C_1—1～2μF 并联电容；L_2—6kV、TV—高压绕组；E_H—1.5V 干电池；E—汇水管；C_2—200μF、150V 金属化纸电容器；J—极化电势补偿回路；W—稳压器

三、测试中应注意的问题

1. 对水质的要求

由于水质对试验变压器容量、输出直流电压脉动因数及测试结果均有一定影响，故对水质有一定要求。

《规程》参照《汽轮发电机通用技术条件》的规定值规定：冷却水质应透明纯净，无机械混杂物，导电率在水温20℃时要求：对于开启式水系统不大于$5.0\times10^{2}\mu S/m$；对于独立的密闭循环系统为$1.5\times10^{2}\mu S/m$。

2. 微安表的摆动问题

微安表的摆动决定于试验回路的放电时间常数T。对于间接冷却的发电机被试品R_x一般为数百兆欧至数千兆欧，而水内冷发电机由于引水管水电阻R_y值较小（一般为数百千欧至数千千欧），故放电时间常数前者远远大于后者，试验时由于表针摆动不易读准。为了改善电流表的稳定性，可增大时间常数T（因为$T=R_yC$）。为此可采用两种方法：一种为增大电容量，即在被试品上并联$1\sim2\mu F$的电容器；另一种为改善水质，降低水的电导率，提高水阻。一般导电率在$5\mu S/cm$以下，有的在试验中调到$2\mu S/cm$以下，均未出现微安表摆动现象。

当对被试品加并联电容时，电容器外壳要对地绝缘，满足时间常数$T=CR_y\geqslant0.3s$，此时直流电压脉动系数不大于5%。

3. I_x值的换算问题

对于泄漏电流，必须考虑下列两个因素：一个是空载电流；另一个是微安表两端并联电路的分流作用。

（1）空载泄漏电流的测量：在不接被试品的条件下，测取不同试验电压下的空载试验电流值，带试品以后从实测电流值中减去空载泄漏电流。

（2）考虑微安表的分流作用。当试验通水时，微安表μA与电阻R_1、R_2、R_3及R_4并联，有一定的分流作用，其并联等值电阻为

$$R_{dz}=R_1//R_2//R_3//R_4$$

当R_{dz}值大于微安表内阻20倍以上时，造成误差略小于5%。反之，小于20倍时，应按下式进行换算：

$$I_x=I_A\left(1+\frac{R_A}{R_{dz}}\right)-I_0$$

式中 R_A——微安表的内阻，Ω；

R_{dz}——微安表并联水电阻，Ω；

I_0——空载试验电流值，μA。

其中R_{dz}可用万用表测量，即分别将表计的“+”“−”极接至汇水管，另一端接地，取其平均值。测量R_{dz}时一定要将微安表断开，以免烧损表计。

4. 关于极化电势使微安表偏转的问题

冷却水流经进出水管（或绝缘法兰）的两端会产生极化电势，极化电势能使微安表产生数微安电流（其大小与水质有关），为了补偿其影响，可加装极化电势补偿回路，如图10-9中的J。通水加压前，调整电位器R_a，使微安表指示为零。每相或每分支均依次进行补偿。也可用国产水冷发电机专用兆欧表内部的补偿装置进行补偿调整。

经验表明，对定子引水管采用聚四氟乙烯塑料管的水内冷发电机，完全可以在吹水情况下进行试验。此时对高压滤波的要求和对微安表指针稳定的要求均可显著降低。在采用

低压屏蔽法接线时，对吹水的要求也不严格，正、反吹数次即能满足试验要求。对早期生产的采用丁腈橡胶管引水管的发电机，则应在通水（或充水）状态下进行测试。

5. 出线套管的脏污问题

由于发电机工作环境恶劣，许多灰尘及油污落在发电机出线套管和环氧树脂板表面上，使试品的泄漏电流值增大，如表 10-4 所示。当用干净的白布将发电机出线套管和环氧树脂板擦拭干净后，即可获得真实的结果，如表 10-4 所列的擦拭后数据。

表 10-4　　发电机出线套管污秽擦拭前后的测试结果

套管状态	试验电压 /kV	被试相别 A—B、C 及地		套管状态	试验电压 /kV	被试相别 A—B、C 及地	
		水管 /mA	主绝缘 /μA			水管 /mA	主绝缘 /μA
擦拭前	7.875	5	3	擦拭后	7.875	5	3
	15.75	15	4.5		15.75	15	4.5
	23.625	22	17		23.625	22	9
	31.35	28	86		31.5	28	19

6. 电晕问题

裸露导线在高电压作用下会产生电晕，而电晕电流又会影响测试结果的真实性。所以，为了消除这种影响，应尽可能采用耐高压的塑料导线。

7. 测试接线问题

（1）微安表接入位置改变。现场曾有人采用过如图 10-10 所示的接线。这种接线与图 10-9 相比只是改变了微安表 μA 的接入位置。但测试经验表明，采用这种接线测得的泄漏电流数值很大，很多情况下甚至无法测量，还出现微安表读得的泄漏电流值随毫安表量程挡位的改变而变化的异常现象，而汇水管的电流指示值不变。现场对某台水内冷发电机的测试结果如表 10-5 所示。

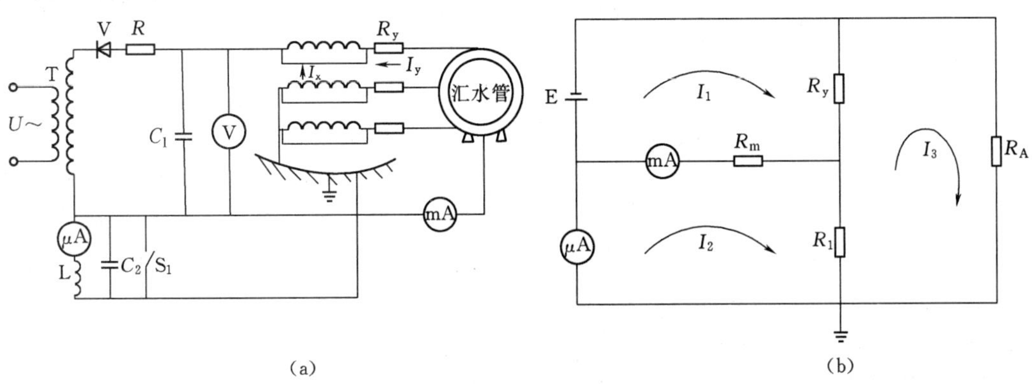

图 10-10　低压屏蔽法的另一种接线

（a）接线图；（b）等值电路

表 10-5　　按图 10-10 进行测量的测试结果

试验电压/kV \ 测得电流 \ 试验相别	5		10		15		21	
	I_x /μA	I_m /mA	I_x /μA	I_m /mA	I_x /μA	I_m /mA	I_x /μA	I_m /mA
A	1.9	5.5	5.95	11.5	9.25	17.5	12.45	24.5
B	1.55	5.0	3.05	11.5	4.75	17.1	8.45	24.0
C	1.45	1.0	2.75	11.7	5.95	17.1	12.55	24.0

为对图 10-10（a）进行分析，做出其等值电路图如图 10-10（b）所示。图中 E 为半波整流后的等效电源电压，R_m 为毫安表的内阻，例如 TZ-mA 型毫安表，50mA 挡时内阻为 270Ω，100mA 挡时为 70Ω，R_A 为加压绕组对其他两相及地的绝缘电阻，按表 10-5 测量结果计算，大于 1600MΩ，R_1 为汇水管对地绝缘电阻，约为 38kΩ，R_y 为加压绕组对汇水管的绝缘电阻，即加压相水管水电阻，按表 10-5 测量结果计算，其值小于 1MΩ。

根据回路电流法，可以计算出流经微安表 μA 的电流（即加压相的泄漏电流）为

$$I_2=-\frac{E}{R_A}-E\frac{R_m}{R_1R_y+R_m(R_1+R_y)}=I_o+I_\delta$$

式中　I_o——被试绕组的实际泄漏电流，$I_o=-\dfrac{E}{R_A}$；

I_δ——误差电流，$I_\delta=-\dfrac{R_m}{R_1R_y+R_m(R_1+R_y)}$。

可见 I_δ 是由毫安表内阻、汇水管对地绝缘电阻，以及加压相对汇水管的绝缘电阻所决定的误差值。它随试验电压的增高而增大，并与毫安表的内阻有关，而与被测试绕组对地绝缘状态无关。

综上所述，$R_y \gg R_1$、$R_1 \gg R_m$，所以 $R_1R_y \gg R_m$（R_1+R_y）。因此，$I_\delta=-E\dfrac{R_m}{R_1R_y}$，此式表明，$I_\delta$ 与毫安表的内阻 R_m 成正比，与 R_1 和 R_y 成反比。也即当汇水管绝缘电阻较高或加压绕组对汇水管的绝缘电阻很高时，误差会相应减小。当毫安表内阻不同时，引起的误差如表 10-6 所示。

表 10-6　不同毫安表内阻时误差电流 I_δ　单位：μA

毫安表内阻/Ω \ 试验电压/kV	0	70	270
5	0	−9.2	−35.5
20	0	−36.8	−142

由表 10-6 可见，当毫安表内阻大到一定程度时，就会引起不能允许的误差。所以如果采用这种接线，应选用内阻较小的 C19 型毫安表（内阻为 1～5Ω 左右），误差可适当减小（当 E=20kV 时，$I_\delta=-1.5\sim-3\mu A$）。但如果汇水管绝缘电阻很低，或汇水管中的水质较差，误差仍会很大。

（2）屏蔽回路接线错误：

1）在低压屏蔽接线中，为了使定子绕组引水管水电阻中电流经汇水管直接接至变压

器低压端 x，通常汇水管与外接水管间加装一段 20mm 左右厚的有机玻璃垫圈，如图 10－11 所示。其目的是增加汇水管与机座间的水电阻。正确的试验接线是从汇水管口处引出至变压器低压端 x。有时因试验人员粗心或不熟悉试验要求，屏蔽引线从有机玻璃处（如图 10－11 的 B 处）或外接水管处（如图 10－11 中的 C 处）引出，造成定子引水管水电阻与试品直接并联，由于引水管水电阻 R_y 通常在 100kΩ 左右，故使泄漏电流偏大而误认为发电机定子绕组绝缘存在问题，而实际上在上述错误接线情况下所测得的泄漏电流大部分是流经 R_y 的泄漏电流，而非试品的真实值。

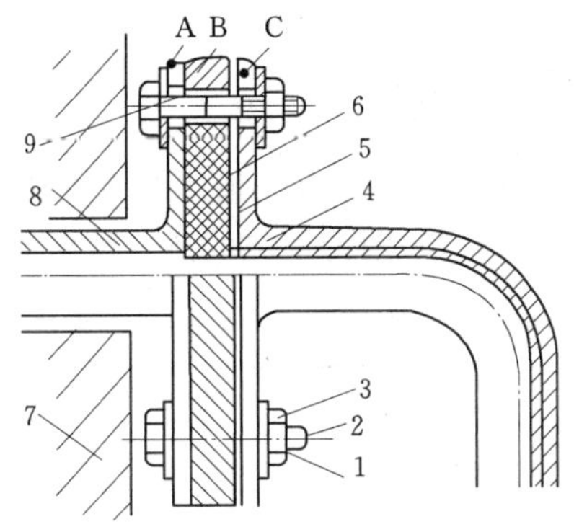

图 10－11　汇水管与外接水管的结构示意图
1—绝缘垫圈；2—螺丝；3—螺母；4—外接水管；
5—外接水管内壁的聚四氟乙烯绝缘层；
6—有机玻璃垫圈；7—接地的机座；
8—汇水管；9—塑料绝缘管

2）发电机定子六个进出线水管法兰处因安装粗心，有时在法兰处没有垫绝缘，造成六个进出线水管中的泄漏电流与试品中的并联。因此试验时必须认真检查进出线水管法兰处的绝缘是否良好。

3）试验接线中没有将发电机进出线水电阻屏蔽，导致试验结果严重失真。表 10－7 和表 10－8 列出了某台 200MW 水氢氢汽轮发电机绝缘电阻和泄漏电流的测量结果。

表 10－7　　屏蔽前后绝缘电阻值比较

相　别	屏蔽状态	15s 所测值 /MΩ	60s 所测值 /MΩ	温度 /℃
A	不加屏蔽		3.7	水温 54
	加屏蔽	400	1000 以上	
B	不加屏蔽		3.4	
	加屏蔽	1000	1000 以上	
C	不加屏蔽		3.3	
	加屏蔽	650	1000 以上	

表 10－8　　定子绕组加屏蔽后泄漏电流测量

外施电压 /kV	A 相	B 相	C 相	备　注
$0.5U_n$	7	5	2.5	水温 54℃；不加屏蔽时，在 2500V 下泄漏电流高达 500μA
$0.75U_n$	7.5	7	3.5	
$1.0U_n$	8	8	5	
$1.25U_n$	10	9	6	
$1.5U_n$	11	10	7.5	

4）汇水管不接屏蔽线可造成测量误差。

四、实例

【实例1】 通水和不通水结果的比较。QFS-125-2型125MW、13.8kV水内冷发电机定子绕组直流泄漏电流的测量结果如表10-9所示。

表10-9　QFS-125-2型发电机定子绕组直流泄漏电流的测量结果

通水情况	不同试验电压下的泄漏电流 /μA			
	5kV	10kV	15kV	20kV
烘燥后不通水	0.4	0.9	1.3	2.4
通　水	1.1	1.8	2.5	3.0

注　烘燥后，不通水时，绕组温度为20℃；通水时，$\gamma=13\mu S/cm$，水温为30℃，$R_y=100k\Omega$。

【实例2】 检出绝缘缺陷的实例。对QFQS-200-2型200MW、15.75kV水内冷发电机直流泄漏电流的测量结果如表10-10所示。

表10-10　QFQS-200-2型发电机定子绕组直流泄漏电流的测量结果

相别	不同试验电压下的泄漏电流值 /μA				
	$0.5U_n$	$1.0U_n$	$1.5U_n$	$2.0U_n$	$2.5U_n$
A	4.4	7.7	9.9	14.3	内部放电
B	3.3	5.5	6.7	7.7	
C	3.3	9.4	19.0	内部放电	

注　通水水温12.5℃，$\gamma=2.93\mu S/cm$，$R_y=100k\Omega$，$R_{dz}=39k\Omega$。

由表10-10可见，A、C相分别在试验电压为2～2.5倍额定电压下放电，查明为励磁机侧端部相间引线磨损露铜引起对汇水管及支架放电所致。

【实例3】 检出水内冷发电机水回路故障的实例。东北某电厂的一台QFQS-200-2型水内冷发电机，励磁机端绝缘引水管为48根，汽轮机端绝缘出水管为54根，每相引出水管为18根。大修中，曾对该机进行空心线棒及引水管的流量试验，并采用密封垫在出水引水管靠出水汇水管的头部接头螺帽内加密封。大修后，直流泄漏电流的测量结果如表10-11所示。

表10-11　QFQS-200-2型发电机定子绕组泄漏电流的测量结果

项目 / 相别	R_y /kΩ	R_{dz} /kΩ	绝缘电阻试前 /MΩ	绝缘电阻试后 /MΩ	水压 /Pa	流量 /(t/h)	入水温度 /℃	出水温度 /℃	电导率 /(μS/cm)	泄漏电流 /mA			
										试验电压	$1.0U_n$	$1.5U_n$	$2.0U_n$
A	2500	185	1000/700	900/500	17.6×10^4	30	20	24	0.23	I_x/I_y	10/10	16/13	30/18
B	7000	295	900/500	700/490	17.2×10^4	30	19	22	0.19	I_x/I_y	20/9	32/13	44/15
C	1700	390	500/390		19.6×10^4	30	19.5	22	0.19	I_x/I_y	17/39.5	停止试验	

由表10-11可见，C相水电阻回路电流 I_y 较A、B相显著增大。另外，在试验中还发现C相的 I_y 波动、I_x 抖动现象。

根据试验中发现的现象，先将 $C_1=1.18\mu F$ 的滤波电容改为π型滤波，其等效电容为 $4.12\mu F$，时间常数 T 由2.006s增大到7s，然后继续试验，其测量结果如表10-12所示。

表10-12　　C相泄漏电流的复测结果

试验电压	$1.0U_n$	$1.5U_n$	$2.0U_n$
泄漏电流 $I_x(\mu A)/I_y(mA)$	13/35	20～40/36～44	30～60/38～48
电阻	$R_j=500/390M\Omega$；$R_y=1700k\Omega$；$R_{dz}=390k\Omega$		

比较表10-11和表10-12的数据可见，改善滤波回路无效果，因此又清扫绝缘引水管，经外擦内吹后，再次进行复测，其测量结果如表10-13所示。

表10-13　　C相泄漏电流第二次复测结果

试验电压	$1.0U_n$	$1.5U_n$	$2.0U_n$
泄漏电流 $I_x(\mu A)/I_y(mA)$	15/28.5	20～26/42～44	30～60/46～48
电阻	$R_j=750/600M\Omega$；$R_y=2000k\Omega$；$R_{dz}=390k\Omega$		

比较表10-12和表10-13的数据可见，进行清扫也无效果。最后，经查找发现C相出水引水管有3根因做流量试验用的密封垫碎裂所致。

消除引水管故障后，通以合格的水，并重新测试三相泄漏电流，其结果如表10-14所示，由此可见效果良好。

表10-14　　消除引水管故障后三相泄漏电流的测量结果

项目 相别	R_y /MΩ	R_{dz} /kΩ	绝缘电阻/MΩ 试前	绝缘电阻/MΩ 试后	流量/(t/h)	入水温度/℃	出水温度/℃	水压/Pa	电导率/(μS/cm)	试验电压	$1.0U_n$	$1.5U_n$	$2.0U_n$
A	4	260	1100/800	800/450	33	20	22	19.6×10^4	0.23	I_x/I_y	11/11	22/16	40/20.5
B	10	300	500/400	450/350	33	20	22	19.6×10^4	0.22	I_x/I_y	17/9.5	30/14.5	43/18
C	5	200	600/400	750/450	33	20	22	19.6×10^4	0.21	I_x/I_y	16/12	32/19	48/24.5

现场检查还发现，C相有1/3绝缘出水引水管堵塞，空心导线处于半充水状态，所以易被汽化，并在绝缘引水管中形成汽室。由于水、汽的介电常数不同，且场强按其介电常数成反比分布，这就容易在汽室内壁发生沿面放电，因而导致 I_y、I_x 增大、颤动。

【实例4】 检出发电机端部绝缘受潮的实例。东北某电厂的一台QFQN-200-2型水内冷发电机，在直流耐压试验中测得的泄漏电流值如表10-15所示。图10-12示出了2月17日和2月19日所测得的 $I_x=f(U_S)$ 曲线。

表 10－15　QFQN－200－2 型水内冷发电机定子绕组泄漏电流的测量结果

日　期 /(年．月．日)	相　别	不同试验电压下的泄漏电流 /μA			
		$0.5U_n$	$1.0U_n$	$1.5U_n$	$2.0U_n$
1991.9.4	A	8	20	42	80
	B	14	28	54	106
	C	14	32	52	96
1992.2.17	A	24	106	700	—
	B	42	205	1000	—
	C	14	42	148	>1000
1992.2.19	B	20	54	140	260
	C	7	690	—	—

比较表 10－15 中 1991 年 9 月 4 日和 1992 年 2 月 17 日的数据可知，当 $U_S \geqslant U_n$ 时，三相泄漏电流均明显增大。由图 10－12 中的曲线可以直观地看出 1992 年 2 月 17 日测得的泄漏电流的变化情况。为进一步说明发电机确有缺陷，可进行如下分析：

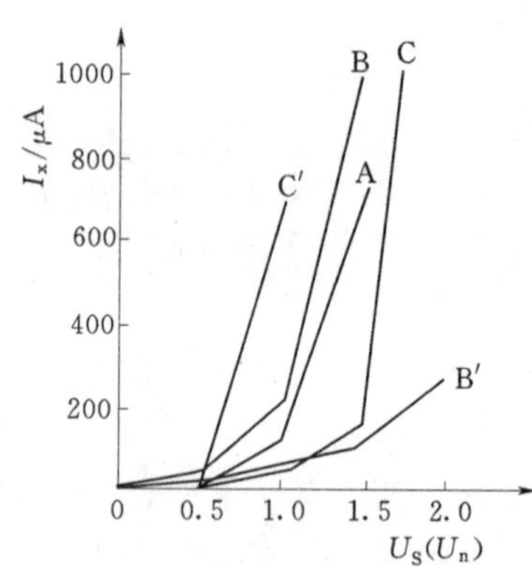

图 10－12　$I_x = f(U_S)$ 曲线
A、B、C—2 月 17 日测量结果；
B′、C′—2 月 19 日测量结果

1）相邻试验电压下的泄漏电流差值。以 A 相为例，当 $U_S = U_n$ 时，$I_x = 106\mu A$，当 $U_S = 1.5U_n$ 时，$I_x = 700\mu A$。由此可求得相邻试验电压分段的泄漏电流差值为

$$\Delta I_x = (700 - 106)/106 = 560\%$$

由此可见，$\Delta I_x > 20\%$，即超过了规定。它说明泄漏电流随电压不成比例地显著增长。这种情况通常表明绝缘有受潮或脏污等缺陷。

2）非线性系数。仍以 A 相为例，当 $U_{min} = 0.5U_n$ 时，$I_{xmin} = 24\mu A$，当 $U_{max} = 1.5U_n$ 时，$I_{xmax} = 700\mu A$。由此可求得非线性系数为

$$K = (700 \times 0.5)/(24 \times 1.5) = 9.7$$

正常时，$K = 2 \sim 3$。因此，这也说明该发电机有缺陷。

3）三相之间的泄漏电流最大值与最小值差别。取 B、C 相在 $1.5U_n$。下测得的泄漏电流进行比较，有 $\Delta I_x = (1000 - 148)/148 = 575.6\%$。

由此可见，$\Delta I_x \gg 100\%$，已超出规定值，这也说明了发电机有缺陷。通过上述分析和检查，可以确定端部有缺陷，而且是严重受潮缺陷。

对其余两相的测量结果，也可以按照上述方法进行分析，请读者自己完成。

五、判断

在规定的试验电压下，测得的泄漏电流值应符合下列规定：

(1) 各相泄漏电流的差别不应大于最小值的 100%（交接试验时为 100%）；最大泄漏

电流在 20μA 以下时，相间差值与历次测试结果比较，不应有显著的变化。

例如，某发电厂 13.8kV、72MW、TS845/159－40 型水轮发电机，大修前，在 $2.5U_n$ 下测得 A、B、C 三相泄漏电流分别为 65μA、6600μA、4000μA。计算得相间泄漏电流差别分别为

$$\Delta I_1=\frac{6600-65}{65}\times 100\%=10053.8\%\gg 100\%$$

$$\Delta I_2=\frac{4000-65}{65}\times 100\%=6053.8\%\gg 100\%$$

可见 B、C 相绕组绝缘有严重问题。分析原因是：①该发电机曾在线棒端部表面不恰当地喷涂半导体漆层，降低了它的绝缘性能；②B、C 相绕组的线棒端部锥体接缝处裂纹受潮，引起泄漏电流明显增加。大修后，三相泄漏电流基本平衡。

（2）泄漏电流不应随时间的延长而增大。例如，某发电厂 10.5kV、100MW、QFN－100－2 型汽轮发电机，小修时，定子绕组在 $2.0U_n$ 的直流试验电压下，测得三相泄漏电流不平衡。其中 C_2 支路经 40s 后，泄漏电流由 20μA 突增至 80μA，说明该发电机绝缘有缺陷。在大修分解试验中，发现 C_2 支路 3 号槽下线棒泄漏电流为 96μA，经检查，该线棒在励磁机侧距槽口 220mm 处有豆粒大的一块修补充填物，附近绝缘已变色；5 号槽下线棒泄漏电流为 26μA，经检查，线棒在励磁机侧距槽口 320mm 处绝缘内嵌有一段长 5mm、ϕ1mm 的磁性钢丝；4 号槽上线棒抬出后整体断裂。经检查是制造上遗留缺陷。更换线棒后，三相泄漏电流平衡。

（3）泄漏电流随电压不成比例地显著增长。例如，某发电机 A 相在 $2.0U_n$ 和 $2.5U_n$ 相邻电压阶段的泄漏电流分别为 50μA 和 75μA。计算得试验电压和泄漏电流的增长率分别为

$$\Delta U=\frac{2.5-2}{2}\times 100\%=25\%$$

$$\Delta I=\frac{75-50}{50}\times 100\%=50\%$$

可见，泄漏电流的增长率较试验电压的增长率大 1 倍。检查发现其绝缘受潮。

（4）任一级试验电压稳定时，泄漏电流的指示不应有剧烈摆动。如有剧烈摆动，表明绝缘可能有断裂性缺陷。缺陷部位一般在槽口或端部靠槽口，或出线套管有裂纹。

发电机泄漏电流异常的常见原因如表 10－16 所示，可供分析判断时参考。

表 10－16　　发电机泄漏电流异常的常见原因

故障特征	常见故障原因
在规定电压下各相泄漏电流均超过历年数据的一倍以上，但不随时间延长而增大	出线套管脏污、受潮；绕组端部脏污、受潮，含有水的润滑油
泄漏电流三相不平衡系数超过规定，且一相泄漏电流随时间延长而增大	该相出线套管或绕组端部（包括绑环）有高阻性缺陷
测量某一相泄漏电流时，电压升到某值后，电流表指针剧烈摆动	多半在该相绕组端部、槽口靠接地处绝缘或出线套管有裂纹

续表

故障特征	常见故障原因
一相泄漏电流无充电现象或充电现象不明显，且泄漏电流数值较大	绝缘受潮，严重脏污或有明显贯穿性缺陷
充电现象还属正常，但各相泄漏电流差别较大	可能是出线套管脏污或引出线和焊接处绝缘受潮等缺陷
电压低时泄漏电流是平衡的，当电压升至某一数值时，一相或二相的泄漏电流突然剧增，最大与最小的差别超过 30%	有贯穿性缺陷，端部绝缘有断裂；端部表面脏污出现沿面放电；端部或槽口防晕层断裂处气隙放电，绝缘中气隙放电
常温下三相泄漏电流基本平衡，温度升高后不平衡系数增大	有隐形缺陷
绝缘干燥时，泄漏电流不平衡系数小，受潮后不平衡系数大大增加	绕组端部离地部分较远处有缺陷

另外，还可以根据泄漏电流与试验电压的关系曲线直观地进行分析判断。图 10－13 给出了发电机定子绕组绝缘在直流试验电压作用下泄漏电流变化的一些典型曲线。对于良好的绝缘，泄漏电流随电压而直线上升，而且电流值较小，如图中曲线 1 所示。如果绝缘受潮，泄漏电流数值增大，如图中曲线 2 所示。曲线 3 表示绝缘中有集中性缺陷存在。当泄漏电流超过一定标准，应尽可能找出原因并加以消除。如果在 0.5 倍 U_S 附近泄漏电流已迅速上升，如曲线 4 所示，那么这台发电机在运行时即使无过电压也有击穿的危险。图 10－14 示出了一台 30MW、10.5kV 汽轮发电机各相定子绕组的直流泄漏电流试验曲线，当试验电压升至 14kV 时，A 相泄漏电流突然急剧增加，经检查，A 相端部对绑环有一处放电。

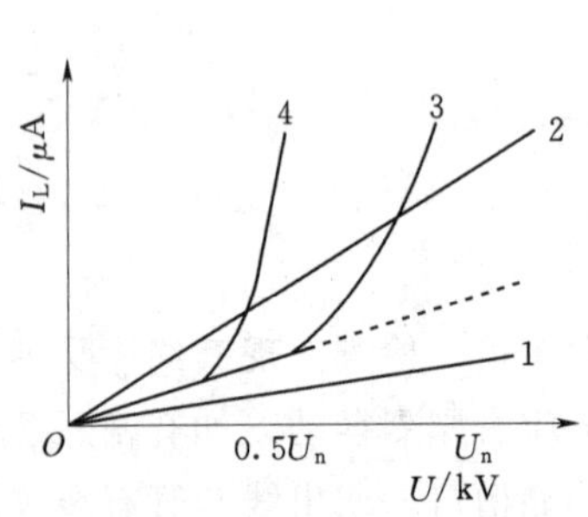

图 10－13 发电机定子绕组的典型泄漏电流曲线

1—绝缘良好；2—绝缘受潮；3—绝缘中有集中性缺陷；4—绝缘中有危险的集中性缺陷

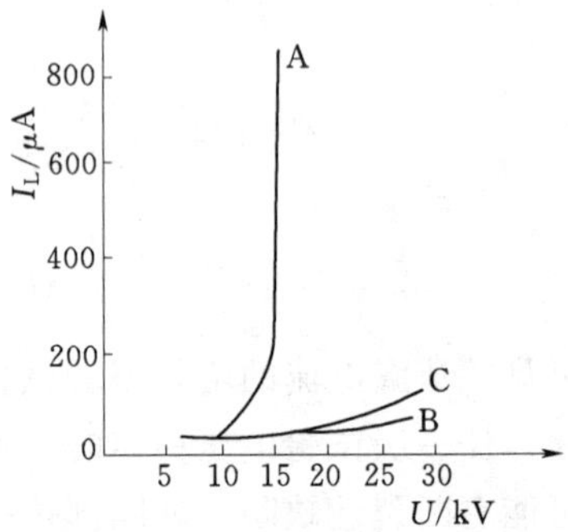

图 10－14 某汽轮发电机定子各相绕组的泄漏电流曲线

六、试验设备介绍

苏州工业园区海沃科技有限公司生产的 ZV/T 系列水内冷发电机专用泄漏电流测试仪是用于水内冷发电机定子线圈进行泄漏电流和直流耐压试验的。它特别设计了干扰电流的补偿回路，试验时可完全排除汇水管的电流和极化电势干扰的影响，能够准确测量水内

冷发电机定子绕组的泄漏电流。

ZV/T 型 60kV/200mA 水内冷发电机专用泄漏电流测试仪适用于 300MW、600MW 发电机组泄漏电流测量、直流耐压试验。主要参数、特点如下：

额定输出电压：0～60kV 连续可调；额定输出电流：200mA；电压/电流测量误差：1.0%（刻度±1 字）；过压整定误差：≤1.0%，采用计算机软件控制，菜单式整定，整定值在 LCD 显示屏上显示；输出纹波系数：≤3.0%；电源电压：三相四线 50Hz 380V ±10%；汇水管极化电势补偿：采用计算机控制技术，自动补偿极化电势，比人工调节更加方便、准确。

采用计算机控制技术，控制测量、保护及显示，在 LCD 显示器上显示输出直流高压电压、电流、过压整定、计时及保护信息（中文提示及声音报警）。计时器可任意整定，按下计时按钮即开始计时，倒数 10s 时有声音报警，提示试验人员进行操作。

具有多种保护功能，如：低压过流、低压过压、高压过流（放电保护）、高压过压、零位保护等。仪器在高压额定功率输出时出现高压短路的情况下，不出现任何损坏，仍能正常工作。

第四节　定子绕组端部手包绝缘直流电压测量

为检查定子绕组端部手包绝缘和绝缘盒的质量，目前采用的方法有两种：一种是端部绝缘表面定位测量法；另一种是端部绝缘泄漏电流测量法。本节主要介绍后者。

一、《规程》规定

1. 测量周期

（1）A 级检修时。

（2）现包绝缘后。

（3）必要时。

2. 判据

（1）直流试验电压值为 U_N。

（2）现包绝缘后，测量电压限值 1000V，测量泄漏电流限值 10μA。

（3）A 级检修时，测量电压限值 2000V，测量泄漏电流限值 20μA。

3. 方法及说明

（1）本项试验适用于 200MW 及以上的定子水内冷汽轮发电机。

（2）应尽可能在通水条件下进行试验。

（3）测量时，与微安表串接的电阻阻值为 100MΩ。

（4）测量方法按照 DL/T 1612。

二、测量方法

测量方法是，首先将要测试的手包绝缘部位包上锡箔纸，然后在手包绝缘一侧施加与额定电压相同的直流电压，测量另一侧的泄漏电流值及电压值。按照加压方式的不同，又可分为正加压和反加压两种：

（1）正加压。正加压是指在定子绕组的出线端加压，用静电电压表和串入100MΩ电阻的微安表测量手包绝缘外的锡箔纸处的电压值及泄漏电流值，一般是在通水的情况下进行。其原理接线图如图10－15所示。

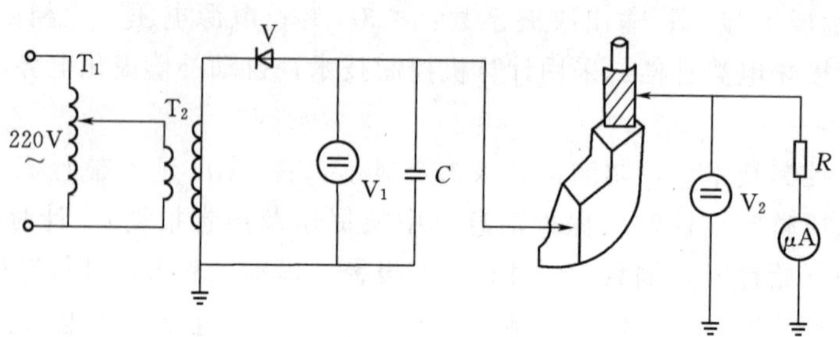

图10－15　正向加压原理接线图

V_1、V_2—静电电压表；R—100MΩ电阻；V—硅堆；C—电容器；

μA—微安表（100～150μA）；T_1—调压器；T_2—试验变压器

该方法由于是将定子三相绕组首尾相连并短接在其上加压，测试部位的电压一般较低（多为几百伏），对测试人员及测量仪器、仪表皆比较安全，测量的准确度也比较高，应用比较多。但由于其试验容量较大，需用的设备容量也较大（一般要用直流耐压试验的全套设备），故试验方法相对复杂一些。

（2）反加压。反加压是指在手包绝缘外的锡箔纸上加压，将三相绕组在出线端首尾相连并短接，经微安表并串入100MΩ电阻（如果定子绕组曾经通过水且未干燥，为避免在绝缘不好的情况下，因绕组电位的提高而影响测量结果的准确性，100MΩ电阻可不串，但应逐点升压）后接地，测量其泄漏电流值和电压值，一般是在不通水的情况下进行。

由于该方法每次只在一处手包绝缘上加压，试验容量比较小，一般使用60kV直流发生器即可进行试验，试验方法比较简单。但由于在绝缘杆上直接加高压，对试验人员及设备的危险性比较大，试验时应特别小心。在新机组安装后未通水前一般应用该方法进行试验，在机组大修或事故抢修过程中未通水时又急需试验时也可采用此方法。

规程要求，200MW及以上的国产水氢氢汽轮发电机的测试结果一般不大于表10－17中数值。

表10－17　　测量结果的要求值

部　　位	测量值不大于	部　　位	测量值不大于
手包绝缘引线接头，汽轮机侧隔相接头	20μA；100MΩ电阻上的电压降值为2000V	端部接头（包括引水管锥体绝缘）和过渡引线并联块	30μA；100MΩ电阻上的电压降值为3000V

吉林省电力试验研究所的测试经验是，对200MW的发电机，泄漏电流低于10μA认为是合格的。泄漏电流大于10μA，认为手包绝缘和绝缘盒有缺陷需要进行处理；泄漏电

流大于 30μA，一般都存在不同程度的薄弱环节，如手包绝缘固化不好及分层、与模压绝缘搭接表面不清洁、鼻端绝缘盒内环氧泥充填不实、进油、固化不良等。泄漏电流大于 100μA 时，则说明有较为严重的缺陷存在。例如：

(1) 1992 年在某电厂 10 号发电机事故抢修过程中，用泄漏电流法对 102 个绝缘盒的手包绝缘处进行的检查中，发现有近 50 处泄漏电流值在 10μA 以上。砸开盒子后发现，环氧泥及手包绝缘固化不良，更换绝缘材料并重新处理后，泄漏电流均在 5μA 以下。

(2) 对某热电厂的 2 台 200MW 的发电机进行的泄漏电流试验中，共发现 22 处泄漏电流超过 10μA。砸开盒子后发现，有的盒内存在环氧泥充填不实、进油、导线直接靠盒壁、手包绝缘没有延伸段等。

(3) 1994 年，某热电厂对 9 号发电机励侧端部靠近鼻端的过渡引线手包绝缘进行加固处理后，测量发现，有 2 根过渡引线在靠近鼻端的手包绝缘处泄漏电流达 30μA 以上，扒开手包绝缘后发现，除最外边几层云母带已固化外，里边的绝缘材料几乎没有固化，绝缘强度很低。其原因是厂家对此处进行包扎时，是用环氧粉云母带与环氧树脂及固化剂一次性包扎 24 层，由于绝缘厚度太大，影响了固化效果，只形成了表面固化，内部的潮气不易发挥。后来采用 2 次进行包扎，每次 12 层。第一次包扎完后固化 24h，然后进行第二次包扎，并在最外层用浸树脂的无碱玻璃丝带半叠绕包扎 2 层以防油，再固化 24h。处理后的泄漏电流均在 5μA 以下。

第五节 工频交流耐压

一、定子绕组工频交流耐压

1. 周期

(1) A 级检修前。

(2) 更换绕组后。

2. 判据

(1) 全部更换定子绕组并修好后的电机，试验电压如下：

1) 对于容量小于 10MVA 且额定电压不低于 380V 的，其试验电压为 $2U_N+1000V$，但最低为 1500V。

2) 对于容量不小于 10MVA 的：

(a) 当其额定电压小于 6kV 时，试验电压为 $2.5U_N$。

(b) 当其额定电压不小于 6kV 且不大于 24kV 时，试验电压为 $2U_N+1000V$。

(c) 当其额定电压大于 24kV 时，试验电压为 $2U_N+1000V$，或按设备供货协议执行。

(2) A 级检修前或局部更换定子绕组并修好后的电机，试验电压为：

1) 对于运行 20 年及以下者，试验电压为 $1.5U_N$。

2) 对于运行 20 年以上与架空线路直接连接者，试验电压为 $1.5U_N$。

3) 对于运行 20 年以上不与架空线路直接连接者，试验电压为 $(1.3\sim1.5)U_N$。

3. 方法及注意事项

（1）检修前的试验，应在停机后清除污秽前，尽可能在热态下进行。处于备用状态时，可在冷状态下进行。氢冷发电机在充氢条件下试验时，氢纯度应在96%以上，严禁在置换过程中进行试验。

（2）水内冷电机宜在通水的情况下进行试验，冷却水质应满足制造厂技术说明书中相应要求。

（3）在采用变频谐振耐压时，试验频率应在45～55Hz范围内。

（4）全部或局部更换定子绕组的工艺过程中的试验电压见附录A、附录B。

（5）如采用超低频（0.1Hz）耐压，试验电压峰值为工频试验电压峰值的1.2倍。

二、转子绕组工频交流耐压

1. 周期

（1）凸极式转子A级检修时和更换绕组后。

（2）隐极式转子拆卸护环后，局部修理槽内绝缘和更换绕组后。

2. 试验电压

（1）对于凸极式和隐极式转子全部更换绕组并修好后的电机，当其额定励磁电压为500V及以下者，试验电压为$10U_N$，但不低于1500V；当其额定励磁电压为500V以上者，试验电压为$2U_N+4000V$。

（2）对于凸极式转子A级检修时及局部更换绕组并修好后的电机，试验电压为$5U_N$，但不低于1000V，不大于2000V。

（3）对于隐极式转子局部修理槽内绝缘后及局部更换绕组并修好后的电机，试验电压为$5U_N$，但不低于1000V，不大于2000V。

3. 方法

（1）隐极式转子拆卸护环只修理端部绝缘时，可用2500V绝缘电阻表测绝缘电阻代替；

（2）同步发电机转子绕组全部更换绝缘时的交流试验电压按产品技术文件要求执行。

第六节　0.1Hz超低频耐压试验

一、采用0.1Hz超低频耐压试验的原因

由上述可知，直流耐压试验易于发现发电机端部缺陷，而不易检出发电机槽部缺陷。50Hz交流耐压试验虽易于发现发电机主绝缘在槽部和槽口处的缺陷。但试验设备笨重，准备工作量大，很不方便。随着发电机容量的增加，发电机绕组对机座及地的电容量越来越大，例如某台TS $\frac{1280}{150}-68$型机组，每相对地电容量为0.95μF左右，在进行$1.5U_n$（23.6kV）的50Hz交流耐压试验时，电容电流约为7A，所需试验变压器容量近200kVA。再如，某水电厂一台300MVA大型水轮发电机，每相对地电容量为1.85μF，若取试验电压

为 46kV，则进行 50Hz 交流耐压试验时，电容电流为 26.7A，所需试验变压器容量为 1228kVA。要得到如此大的容量，试验装置体积之庞大、搬运之笨重是可以想象的。或许这个问题对制造厂来说还不算突出，而对电力系统的运行单位来说就难以接受了。

另外，进行 50Hz 交流耐压试验时，要求发电机定子端部绕组带有相当大的电气间隙，该间隙超过了正常运行所需要的间隙值，而它又只是为 50Hz 交流耐压试验所设置的。但是这个间隙可能要求延长发电机定子与转子的长度。这要增加机组的造价，是不合适的。

基于上述原因，为了解决大容量发电机的耐压试验问题，国内外都在研究采用 0.1Hz 超低频试验电压和产生这种电压的装置。

在研究 0.1Hz 超低频电压及其发生装置时，立足于以下几点：

(1) 试验电压在分层或复合绝缘介质内部电极之间的电压必须仍然像 50Hz 那样，按电容分布。

(2) 试验电压在气隙和绝缘表面的电离和电晕必须与 50Hz 相似。

(3) 试验电压对绝缘缺陷的检出能力，应不低于 50Hz 的检出能力。

(4) 要求试验设备体积小、重量轻，近于直流试验设备。

研究表明，0.1Hz 超低频电压完全能满足预期的要求。其显著特点是：

(1) 试验设备容量减小。当发电机进行交流耐压试验时，它们需要的试验变压器容量为

$$S=U^2\omega C_x$$

假定 50Hz 和 0.1Hz 时施加的试验电压相同，则试验变压器容量之比为

$$\frac{S_{0.1}}{S_{50}}=\frac{U^2 2\pi\times 0.1C_x}{U^2 2\pi\times 50C_x}=\frac{1}{500}$$

可见采用 0.1Hz 交流试验电压时，试验设备的容量大大减小，因而体积和重量也随之大大减轻。实际上，由于结构上的原因，50Hz 与 0.1Hz 试验设备的实际容量之比约为 1∶(50～100)。用 3～5kVA 容量的 0.1Hz 试验设备能解决 50Hz 试验容量数百千伏安的试验。0.1Hz 试验设备轻巧、所需电源容量小，工作方便。

(2) 在复合绝缘内部的电压分布与 50Hz 时基本相同。研究表明，在发电机复合绝缘内部各介质上的电压分布，0.1Hz 与 50Hz 基本相同。图 10-16 给出了不同绝缘串联施加不同电压时绝缘介质上的分布电压。由图 10-16 可见，0.1Hz 与 50Hz 频率下，各介质上的分布电压实际相等；而施加直流电压时，绝缘系统上的电压分布 (1min) 则明显

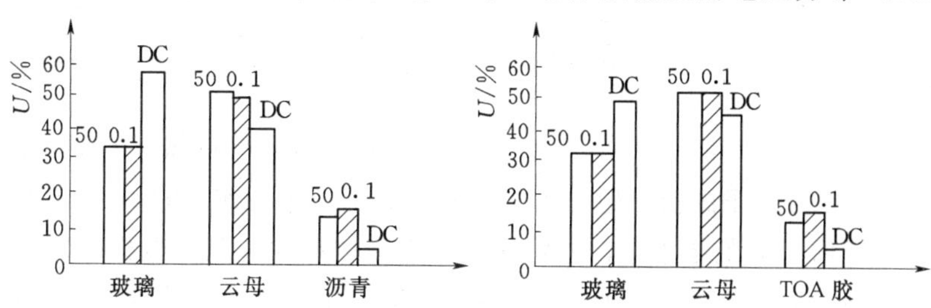

图 10-16　不同绝缘串联施加不同电压时介质上的电压分布

不同。因此，采用 0.1Hz 超低频电压对发电机绝缘进行交流耐压试验时，能检出采用 50Hz 交流耐压试验所检出的缺陷，即两者检出缺陷的有效性是相同的。

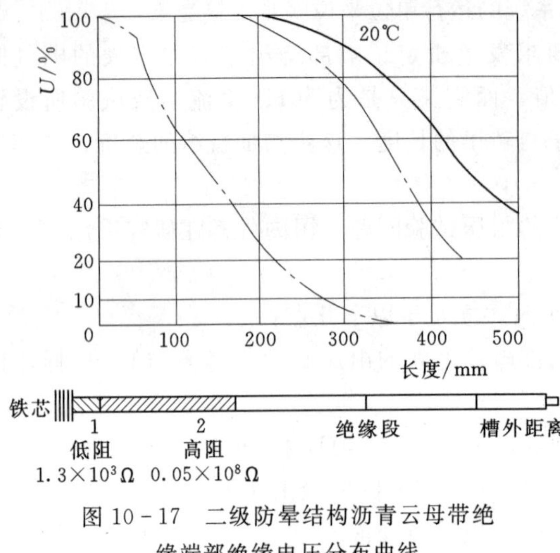

图 10-17　二级防晕结构沥青云母带绝缘端部绝缘电压分布曲线
1—绝缘层及槽部半导体层；
2—半导体层（端部）

（3）也易于检出发电机绕组端部的绝缘缺陷。0.1Hz 超低频交流耐压试验，也易于检出发电机绕组端部的缺陷。具有直流耐压试验的优点。图 10-17 给出了额定电压为 13.8kV 的发电机线棒，分别在 0.1Hz、50Hz 和直流电压下测得的端部表面电位分布曲线。由图 10-17 可见，在 0.1Hz 时，距槽口较远处逐渐接近于 50Hz 交流电压的电位分布；靠近槽口的部位（端部高阻防晕层位置）0.1Hz 电位分布曲线接近于直流，这是因为施加 0.1Hz 电压时，流过表面防晕层的电容电流比 50Hz 时大为减小。这样使端部绝缘分配到的电压较高，易于检出该处的绝缘弱点，使 0.1Hz 电压兼有直流耐压试验易于发现端部缺陷的优点，在中部位置，0.1Hz 处于 50Hz 和直流电压分布曲线之间。

表 10-18 列出了某台电压为 10.5kV、容量为 41.25MW、运行 22 年的水轮发电机定子云母烘卷绝缘（在热状态下将云母烘卷到绕组的直线部分），用直流电压、0.1Hz 及 50Hz 交流电压进行击穿试验的试验结果。试验是在重换绝缘的 126 根线棒上进行的，用三种电压交叉、轮流地分级升压，各击穿 42 根。

由表 10-18 可知，0.1Hz 电压检出端部绕组绝缘缺陷的效果近似于直流电压；检出槽部和槽口绕组绝缘缺陷的效果略优于直流电压而稍逊色于 50Hz 交流电压。

表 10-18　　**三种电压击穿试验结果统计**

电压种类 / 击穿部位	50Hz 电压	直流电压	0.1Hz 电压
端部	16 次/12.7%	27 次/21.4%	23 次/18.2%
槽部	10 次/7.9%	4 次/3.2%	7 次/5.6%
槽口	16 次/12.7%	11 次/8.7%	12 次/9.6%
小计	42 次/33.3%	42 次/33.3%	42 次/33.4%

注　表中分子数字为击穿次数，分母为击穿率。

（4）绝缘内部局部放电明显减小。理论分析和实测表明，对部分绝缘老化的发电机，虽然通过了 50Hz 交流耐压试验，但是由于强烈的局部放电在绝缘内部会造成损伤和加速老化，反而降低了原有的绝缘水平，缩短了绝缘寿命。例如，某发电机线棒在大修时通过了 $1.7U_n$ 的 50Hz 交流耐压试验，而在大修后投运前却被 $1.5U_n$ 的 50Hz 交流电压击穿，而且该发电机在大修后投运不到 1 年就发生了线棒击穿事故，而采用 0.1Hz 超低频电压

进行试验时，绝缘内部局部放电较弱，例如，国内曾实测过环氧粉云母绝缘在 50Hz 和 0.1Hz 电压下的局部放电量，在单位时间内（1min）0.1Hz 时的局部放电量仅为 50Hz 电压下的$\frac{1}{3750}$，即$\frac{1}{7.5\times500}$。国外的测量结果也与此一致。因此采用 0.1Hz 超低频交流耐压试验可以大大减轻局部放电对部分老化绝缘产生的破坏作用和老化积累作用，有利于延长发电机的有效使用寿命。

由上分析可知，0.1Hz 超低频交流耐压试验，既兼有 50Hz 交流耐压和直流耐压试验的优点，又克服了它们存在的缺点，所以它是一种值得推广的试验方法，因此在《规程》中规定，有条件时，可采用 0.1Hz 超低频耐压。目前，我国有的发电厂在进行耐压试验时，首先做 0.1Hz 超低频耐压试验，然后再进行直流和 50Hz 交流耐压试验；有的发电厂只做 0.1Hz 和直流耐压试验，不做 50Hz 交流耐压试验；有的发电厂只做 0.1Hz 交流耐压试验，而不做直流和 50Hz 交流耐压试验。

二、0.1Hz 超低频发生装置

超低频发生装置，按 0.1Hz 电压的波形分有三角波及正弦波两种；按装置的结构分有电子式、调幅整流式以及选择电阻按正弦规律组成的双倍电压分压式三种。

目前，使用较多和比较适用的有下述三种装置。

（一）调幅机械整流式 0.1Hz 高压发生装置

这种装置的原理接线图如图 10－18 所示。图中 T_1 为单相自耦调压器（3kVA、0～250V）。T_2 为电动调幅调压器 3kVA、0～200V，它把等幅的正弦波电压变为调幅的正弦波交流电压，输出的调幅电压波形如图 10－19 所示，T_3 为试验变压器，它将调幅的 50Hz 交流电压升高到所需的电压值；R、C_1 是为改善分频器 S_1 电弧情况而设置的电阻和电容，经调试，R＝40～50kΩ，C＝4000～6000pF。S_1 为高压分频器，它由同步电动机 M_1 带动，确保在 50Hz 下每分钟接通 3000 次，且调节在调幅波的每一个峰值处接通（每次持续 30°电角度），以便分出 0.1Hz 的电压波形。

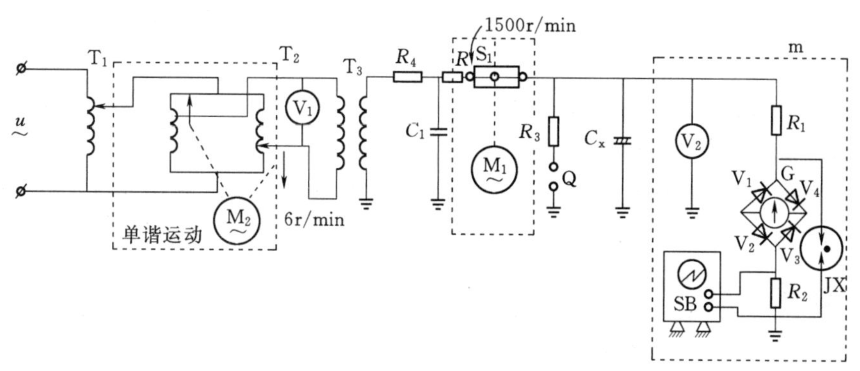

图 10－18　调幅机械整流式 0.1Hz 高压发生装置原理接线

m 为 0.1Hz 电压测量装置，由 R_1、R_2 电阻分压器、桥式整流电路、微安表、电压表、观察电压波形的超低频 SB 型示波器及保护间隙 JX 组成。

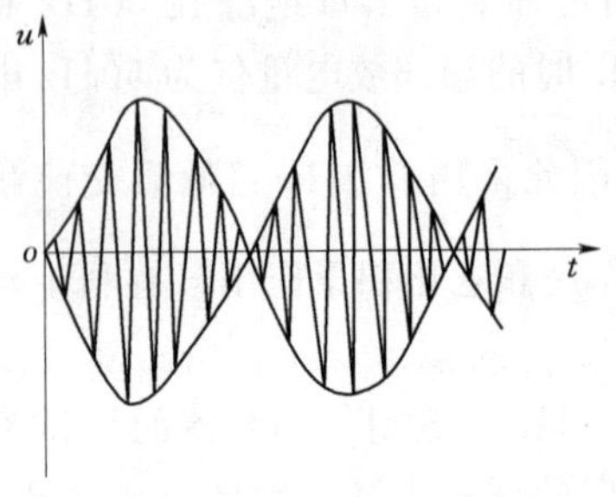

图 10-19　调幅调压器的输出电压波形

（二）调幅硅整流式 0.1Hz 高压发生装置

这种装置的原理接线如图 10-20 所示。

图中调压器 2 用来调节试验电压，电动调压器 3 是电刷接触式旋转型调压器，由单相异步电动机 M 驱动，通过两极蜗轮蜗杆减速器得到 10r/min 的转速，经过正弦机构连杆和齿轮传动，使调压器作往复旋转，输出包络线为 0.1Hz 的正弦电压。该电压经过试验变压器 1 后，由高压硅堆 V 整流，再施加于被试发电机 C_x 上。装置的输出电压由 R_4、R_5 组成的电阻分压器测量，还可用示波器观察其波形。

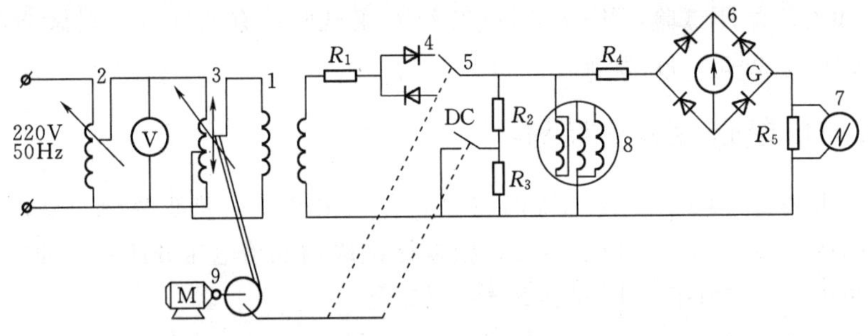

图 10-20　调幅硅整流式 0.1Hz 高压发生装置的原理接线

1—升压变压器；2、3—电动调压器；4—高压硅堆；5—开关；6—整流桥；7—示波器；8—被试发电机；9—电动调速器；R_1—限流电阻；R_2、R_3—放电电阻；R_4、R_5—电阻分压器；M—异步电动机

（三）电子式 0.1Hz 高压发生装置

这种装置的原理接线如图 10-21 所示。用可控硅 K_1 和 K_2 对 50Hz 电压进行调幅控制，调幅包络线频率为 0.1Hz，用试验变压器 T 升压，高压侧采用氧化锌压敏电阻 W 作为双向稳压元件，输出正弦波形为 0.1Hz 电压，用分压器和数字式峰值电压表测量电压。这种发生装置在技术上较先进，其优点是无机械运动部件、无触头、无噪声和火花，配用不同电压和容量的高压试验变压器，可获得不同的输出电压和电流。

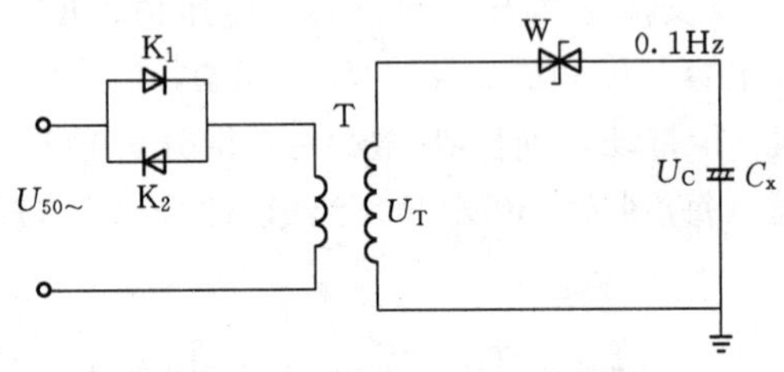

图 10-21　电子式 0.1Hz 高压发生装置的原理接线

三、试验电压

试验电压的选择是 0.1Hz 超低频交流耐压试验最关键的问题。研究表明，可以用等价系数 β 来表示 0.1Hz 击穿电压与 50Hz 击穿电压之间的关系。即

$$\beta=\frac{0.1\text{Hz 击穿电压(峰值)}}{50\text{Hz 击穿电压(峰值)}}$$

然而等价系数 β 不是一个固定的数值，它与绝缘的老化程度有关，对已明显老化或有缺陷的绝缘，其 β 值小；对正常绝缘和新绝缘，其 β 值高。图 10－22 给出等价系数 β 与线棒绝缘状况的关系。由于发电机预防性试验的目的在于发现已经老化和有缺陷的绝缘。这些不良的绝缘，其 β 值逐渐降低到较低的数值，应在试验中击穿，然后进行修复或更换；对较正常的或良好的绝缘，其 β 值较高，应在试验中通过，使其继续运行。制定试验电压标准，是规定一个下限（绝缘水平），及其相当的 β 值，以能发现有缺陷的绝缘为衡量准则，使发电机保持应有的绝缘水平，保证下一个大修间隔的安全运行。

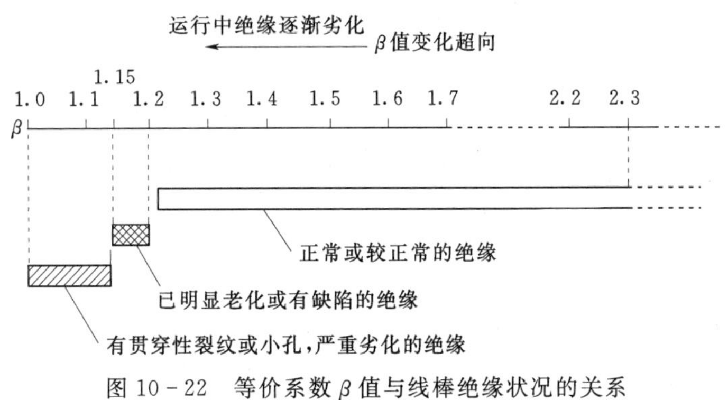

图 10－22　等价系数 β 值与线棒绝缘状况的关系

根据我国的研究和积累的现场经验，并参考国外标准（表 10－19），《规程》规定等价系数 β 为 1.2，因而 0.1Hz 超低频试验电压值为

$$U_{0.1}=1.2\sqrt{2}U_{50}\quad（峰值）$$

式中　U_{50}——预定的 50Hz 交流试验电压值，如表 10－20 和表 10－21 所示。

表 10－19　　国外采用的 β 值

国家及组织	美　国	瑞　典	日　本	英　国	国际大电网会议
β 值	1.15	1.2	1.15～1.2	1.15	1.15～1.2

表 10－20　　发电机大修后的 50Hz 交流试验电压

运　行　情　况	试 验 电 压	运　行　情　况	试 验 电 压
运行 20 年及以下	$1.5U_n$	运行 20 年以上不与架空线路直接连接	$(1.3\sim1.5)U_n$
运行 20 年以上与架空线路直接连接	$1.5U_n$		

表 10－21　　全部更换定子绕组并修好后的 50Hz 交流试验电压

容　量 /kW 或 kVA	额定电压 U_n/V	试验电压 /V
＜10000	36 以上	$2U_n$＋1000 但最低为 1500
10000 及以上	6000 以下	$2.5U_n$
	6000～18000	$2U_n$＋3000
	18000 以上	按专门协议

四、试验方法

采用0.1Hz超低频交流电压对发电机定子绝缘耐压时的试验接线如图10-23所示。图中0.1Hz电压发生装置的主要技术规格为在最大的电容性负载（以μF表示）下，能产生的最大超低频峰值电压。国内研制的几种0.1Hz电压发生装置的主要技术参数如表10-22所示。

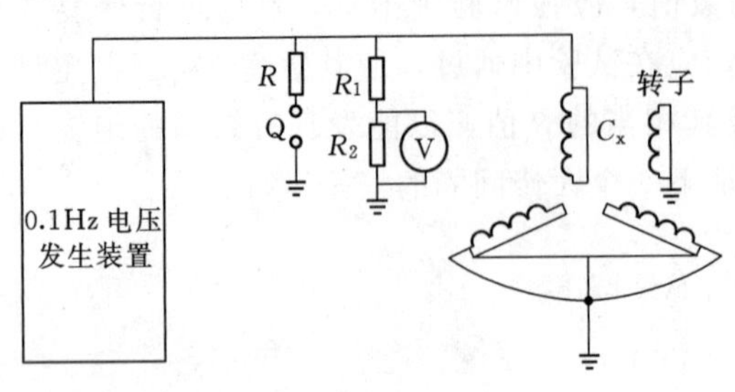

图10-23　0.1Hz超低频交流耐压试验原理接线图
Q—保护球隙；R—球隙保护电阻；R_1、R_2—电阻分压器的高压臂和低压臂；V—数字峰值电压表

试验时，试验电压从零开始以均匀速度在1min内逐渐升高到规定值。在到达预期试验电压后开始计时，试验时间持续1min。在试验期间，如果没有发生绝缘击穿（试验电压突然下跌、击穿点发生声响等）现象，即说明绝缘合格。否则绝缘为不合格，并应查明原因。

0.1Hz交流试验电压可用分压器和显示仪表进行测量。分压器的高压臂电阻R_1可取为300MΩ，显示仪表通常指示试验电压的瞬时值或峰值。测量系统最大误差应不超过仪表满刻度值的±3%。

应当指出，用0.1Hz超低频交流电压对发电机进行耐压试验时，应设过电压保护，其整定值取试验电压的120%，除此，还应装设过电压脱扣。

表10-22　　0.1Hz电压发生装置的主要技术参数

电容负荷/μF	输出电压/kV（峰值）			电容负荷/μF	输出电压/kV（峰值）		
	调幅机械整式	调幅硅整流式	全电子式		调幅机械整式	调幅硅整流式	全电子式
1.8	50	—	—	0.6	—	50	—
0.5	70	—	—	2.2	—	—	50
1.5	—	40	—	1.3	—	—	55

五、发电机定子绕组每相对地电容的计算与测量

在确定0.1Hz超低频发生装置的容量时，不仅要知道试验电压的大小，还要知道发电机定子绕组每相对地电容C_x的大小。该对地电容值可用平板电容公式计算，即

$$C_x=\frac{\varepsilon_r Z(2h+b)l}{3\times 36\pi d\times 10^5}\quad(\mu F)$$

式中　ε_r——发电机定子绕组绝缘材料的介电系数；

Z——定子铁芯槽数；

h——定子线槽深度，cm；

b——定子线槽宽度，cm；

l——定子铁芯长度，cm；

d——线棒主绝缘单面厚度，cm。

将其 300MW 发电机的有关参数代入上式后计算得

$$C_x=\frac{5\times468\times(2\times24.4+2.84)\times275}{3\times36\times3.14\times0.53\times10^5}=1.85(\mu F)$$

实测 $C_x=1.7\mu F$，比例上式计算结果小 8.8%。

经验表明，按上式计算结果较其他公式计算结果的误差小。所以可用上式估算发电机定子绕组每相对地电容值。

发电机定子绕组每相对地电容值的实测方法很多，如电容电桥法、加低电压 50Hz 交流法、加高电压 50Hz 交流法、自放电法等。由于自放电法较为简便，故介绍如下：

测试时，按图 10－24 接线，合上 S_1、S_2，使直流电源对发电机充电，当充电稳定后从静电电压表 V，微安表 μA 上可测得发电机上的电压 U_1 和泄漏电流 I。然后打开 S_1、S_2，并开始计时。经 60s 后再闭合 S_2、测得发电机定子绕组对地电压 U_2，由下式计算其对地电容 C_x

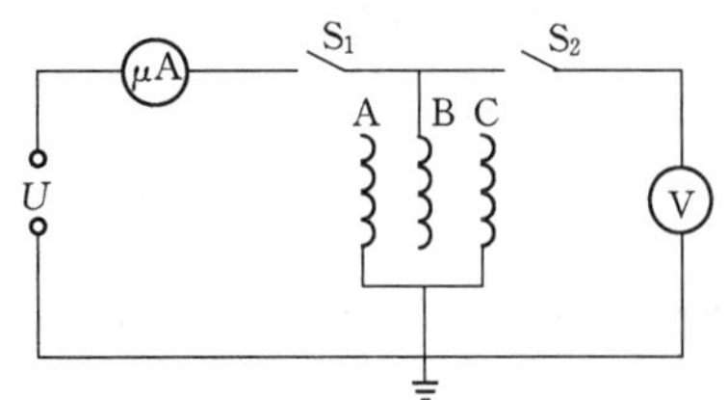

图 10－24　自放电法测量相对地电容原理图

U—直流电源，KGF－180 型直流发生器；V—静电电压表，Q_4－V 型，20kV～50kV～100kV；μA—微安表，100μA

$$C_x=\frac{tI}{U_1-U_2}$$

式中　U_1、U_2——放电前、后的试验电压，V，U_1 为相电压平均值；

t——测量间隔中发电机放电时间，s；

I——U_1 稳定时的泄漏电流值，A。

某水电厂曾用此法测量一台容量为 257MVA，额定电压为 15.75kV 水轮发电机的单相对地电容。试验电压的计算值为 $\frac{15.75kV}{\sqrt{3}}\times0.898=8166V$，实际试验电压 U_1 为 8000V，按上述试验步骤和计算公式得出各相电容值如表 10－23 所示。

表 10－23　　用不同方法测得的 257MVA 水轮发电机三相对地电容值

相　别	自放电法 /μF	加高压 50Hz 交流 /μF	每根线棒值换算成整相值 /μF
A	1.155	1.158	1.206
B	1.147	1.166	1.313
C	1.154	1.167	1.357

由表 10－23 可见，用自放电法测得的电容值与加高压 50Hz 交流阻抗法相比，最大误差不超过 2%，可以满足工程要求。

应当指出，确定试验电压以后，又知道了被试品电容量，那么，试验装置的容量就很容易确定。

第七节 特 性 试 验

一、空载特性曲线

(一)试验目的和试验周期

1. 试验目的

空载特性是发电机的一个基本特性,空载特性试验是发电机在空载和额定转速情况下,测得定子电压与转子电流关系的试验,其目的如下:

(1)测定发电机的有关特性参数,如电压变化率 $\Delta u\%$、纵轴同步电抗 X_d、短路比、负载特性等。

(2)利用三相电压表读数,判断三相电压的对称性。

(3)结合空载试验进行定子绕组层间耐压试验。

(4)将测量结果进行比较,可以作为分析转子是否有层间短路的参考。

2. 试验周期

(1)A 级检修后。

(2)更换绕组后。

(二)判据

(1)与制造厂(或以前测得的)数据比较,应在测量误差的范围以内。

(2)在额定转速下的定子电压最高值:

1)水轮发电机为 $1.3U_N$,带变压器时为 $1.05U_N$,以不超过额定励磁电流为限。

2)汽轮发电机为 $1.2U_N$,带变压器时为 $1.05U_N$。

3)对于有匝间绝缘的电机最高电压为 $1.3U_N$,持续时间为 5min。

(三)试验接线及试验方法

试验接线如图 10-25 所示,所用的表计和分流器的准确级最好在 0.5 级以上,转速可用携带式转速表或周率表测量。试验时,启动机组达额定转速,如不容易调整到额定转速时,也应保持一定转速不变,用磁场变阻器将定子电压从零慢慢升至 $\frac{1}{2}$ 额定电压,检查三相电压是否平衡,并巡视发电机及其母线设备,同时注意观察机组振动情况、轴承温度、电刷的工作情况以及有无不正常的杂音等,然后升到额定电压。当转速、发电机定子电压为额定值时,可在磁场变阻器空载位置处作上记号。然后慢慢将电压降至近于零,每经过额定电压

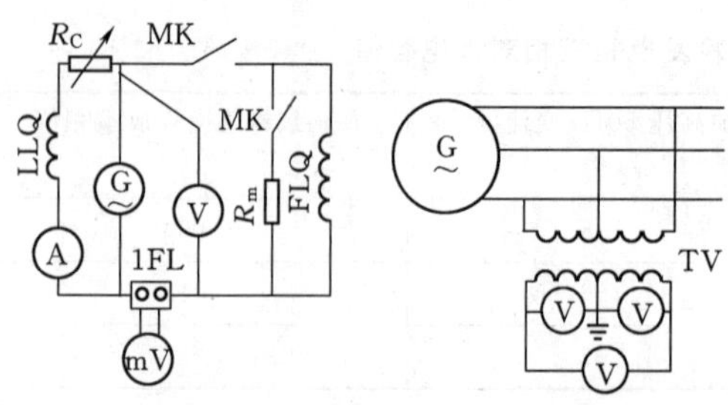

图 10-25 空载特性试验接线图

MK—灭磁开关;FLQ—转子绕组;V—电压表;LLQ—磁场线圈;1FL—分流器;TV—电压互感器;R_C—磁场变阻器;A—电流表;R_m—转子灭磁电阻;mV—毫伏表

的10%～15%记录一次表计读数，再逐渐升高电压。升压时也和降压时一样，每隔一定电压即记录一次。定子电压一般升到额定值为止。如果空载试验与层间耐压试验一起进行，则可以升到1.3倍额定电压。并在此电压下停留5min，再逐渐降低电压。电压降至近于零时再切断励磁电流，并记录残余电压值。

（四）注意事项

（1）维持发电机在额定转速或某一稳定转速下运行。如试验时机组转速不是额定值，则应按下式进行换算

$$电压=实测电压\times\frac{额定转速(或周率)}{实测转速(或周率)}$$

（2）应缓慢进行转子电流调节，调到一定数值时，待表针指针稳定后再读表，并要求所有表计同时读取。

（3）在升压（或降压）过程中，磁场变阻器只可以向一个方向调节，不能随意变动方向，否则将影响试验准确度。根据记录绘制的空载特性曲线，一条是电压上升的，另一条是下降的，最后取其平均曲线作为空载特性曲线，如图10－26所示。

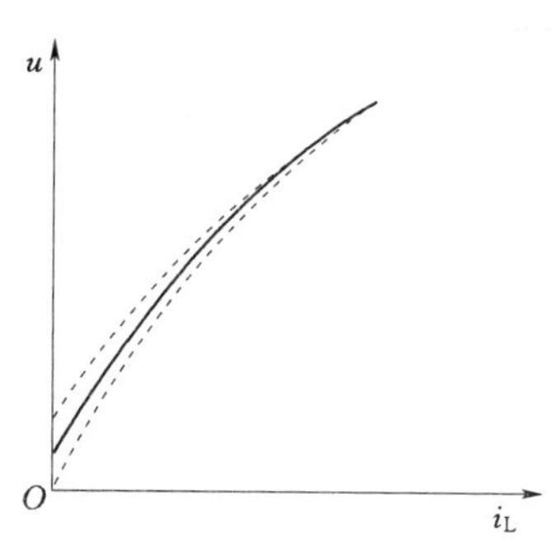

图10－26 发电机空载特性曲线

（4）空载试验前应将电压调整器，强行励磁和强行减磁装置退出，但发电机的保护如差动保护、过流保护等可以使用。

（5）试验过程及记录中发现空载特性曲线较出厂或历年的试验有下降现象时，如试验准确性确无问题，则发电机转子可能有层间短路缺陷。

（6）无启动电动机的同步调相机不做此项试验。

（7）对于发电机变压器组，可只做带主变压器的整组空载特性试验。

二、三相稳定短路特性曲线

（一）试验目的

短路特性试验是发电机在三相短路下运转时，测量定子电流与转子电流关系的试验。试验目的与空载特性试验基本相同，它可以检查定子三相电流的对称性，结合空载特性试验可以决定电机参数和主要特性。

（二）基本要求

1. 周期

（1）更换绕组后。

（2）必要时。

2. 判据

与制造厂出厂（或以前测得的）数据比较，其差别应在测量误差的范围以内。

3. 说明

(1) 无启动电动机的同步调相机不做此项试验。

(2) 对于发电机变压器组，可只做带主变压器的整组短路特性试验。

(3) 最大短路电流不低于额定电流。

(三) 试验接线和试验方法

短路特性试验的接线如图 10－27 所示。试验时三相临时短接线应装在发电机引出口，也可以装在油断路器的外面。此时，应采取措施，防止在试验过程中油断路器跳闸而使发电机电压升得过高而损坏线匝绝缘，例如，可采取将直流电源切断、用楔子将油断路器楔住等措施。机组启动后可以先记录特性，然后用一次电流检查继电保护和复式励磁装置，必要时再进行发电机干燥。

做短路试验时，需测量定子绕组各相电流，转子电流以及励磁机的电压和励磁电流，最好用 0.5 级仪表，如无条件时也可使用1.0～1.5 级的仪表。

做特性曲线时，为了保证所得曲线的准确性，应记录配电盘仪表以及接在回路中的标准仪表的读数，借此可以校对盘表的准确度。

试验时先启动发电机到额定转速，投入灭磁开关，慢慢增加励磁，同时记录全部仪表的读数。如制造厂没有特殊规定，一般升到定子额定电流即可。然后根据记录绘制短路特性曲线，如图 10－28 所示。在交接试验时测 5～7 个点，测得的数值与出厂试验值比较，应在允许范围以内。否则即说明转子绕组内有层间短路。

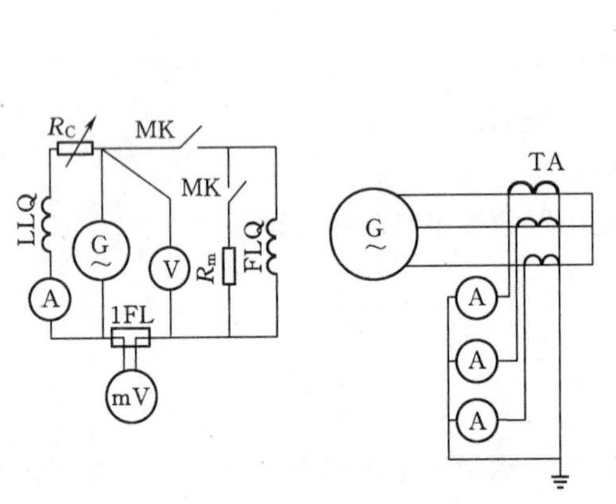

图 10－27　短路特性试验的接线

TA—电流互感器

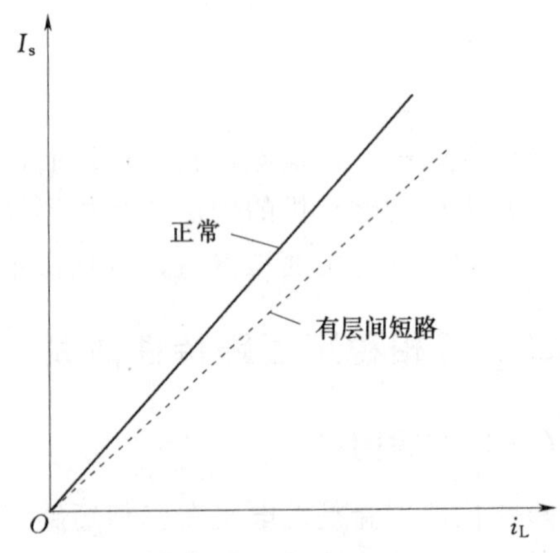

图 10－28　发电机短路特性曲线

(四) 注意事项

(1) 三相短路线应尽量用铜（铝）排，同时要有足够的容量，定子绕组必须对称短路，连接必须良好，防止由于连接不良而造成发热、损坏设备。

(2) 为校核试验的正确性，在调节励磁电流下降过程中，可按上升各点进行读数记录。

(3) 转子电流用毫伏表经 0.1～0.2 级标准分流器 IFL 进行测量。标准分流器串在励

磁回路中。如果没有标准分流器，则可利用装设在励磁回路中的原有分流器，但此时应将配电盘转子电流表的电缆从分流器上拆下，以减少测量误差。

（4）在试验中，当励磁电流升至 15%～20%额定值时，应检查三相电流的对称性。如不平衡，应立即断开励磁开关，查明原因。如事先经核对，确认定子三相短路电流相差很小时，试验可只接一块电流表。

例如，QFSN-200-2 型汽轮发电机典型的空载特性和三相稳定短路特性数据如表 10-24 所示，其特性曲线如图 10-29 所示。

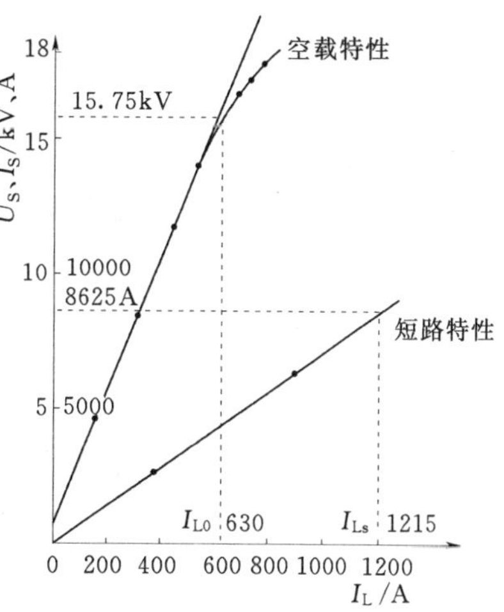

图 10-29 QFSN-200-2 型发电机空载及三相稳定短路特性曲线

根据特性曲线可以求出发电机的同步电抗为

$$X_d=\frac{I_{Ls}}{I_{L0}}=\frac{1215}{630}=1.93$$

短路比为

$$K=\frac{1}{X_d}=0.518$$

表 10-24 发电机空载及三相稳定短路特性数据

发电机电压 U/kV	4.54	8.475	11.715	15.750	14.000	16.650	17.200	17.850			
转子电流 I_L/A	174	320	450	554	625	690	724	788	380	900	1220
定子电流 I_S/A									2600	6300	8650

三、隐极同步发电机定子绕组端部动态特性和振动测量

1. 测量周期

（1）A 级检修时。

（2）必要时。

2. 判据

（1）对于 2 极汽轮发电机，定子绕组端部整体椭圆振型固有频率应避开 95～110Hz 范围，对于 4 极汽轮发电机，定子绕组端部整体 4 瓣振型固有频率应避开 95～110Hz 范围；定子绕组相引线和主引线固有频率应避开 95～108Hz 范围。

（2）对引线固有频率不满足（1）中要求的测点，应测量其原点响应比。在需要避开的频率范围内，测得的响应比不大于 0.44m/(s^2·N)。

（3）如果整体振型固有频率不满足（1）中的要求，应测量端部各线棒径向原点响应比。

3. 方法及说明

（1）适用于 200MW 及以上汽轮发电机，200MW 以下的汽轮发电机参照执行。

(2) 水内冷发电机应尽可能在通水条件下测量。

(3) 对于引线固有频率不符合要求，且测得的响应比小于 0.44m/(s^2·N) 的测点，可不进行处理，响应比不小于 0.44m/(s^2·N) 的测点，新机应尽量采取措施进行绑扎和加固处理，已运行的发电机应结合历史情况综合分析处理。

(4) 对于整体振型固有频率不满足要求，且测得响应比小于 0.44m/(s^2·N) 的测点，可不进行处理，响应比不小于 0.44m/(s^2·N) 的测点，建议测量运行时定子绕组端部的振动。

(5) 测量方法按照 GB/T 20140。

第八节　温　升　试　验

一、试验目的和试验周期

1. 试验目的

发电机的温升试验又称为发热试验。对新安装的发电机在正式投入运行前必须进行这项试验，运行中的发电机在必要时可进行核对性的发热试验。其主要目的如下：

(1) 了解发电机运行时各部件的发热情况，核对所测得的数据是否符合制造厂的技术条件。为安全可靠运行提供依据。

(2) 确定发电机出力，对有缺陷或有裕度的机组定出合理的出力。

(3) 校验冷却系统的冷却效能，为检修和改进通风散热等积累参考资料。

2. 试验周期

(1) 定子、转子绕组更换后。

(2) 冷却系统改进后。

(3) 第一次 A 级检修前。

(4) 必要时。

二、试验程序

(一) 熟悉技术资料

试验前，试验人员应熟悉制造厂提供的说明书和有关技术资料。特别要弄清发电机绕组的绝缘结构、绝缘等级、各部分允许温度的规定值、运行条件及测温元件的埋设位置等。

(二) 制订试验方案

根据所掌握的情况，会同厂家有关技术负责人共同协商制订试验方案。在试验方案中应包括下列内容：试验目的、负荷方式、测量方法、技术要求与措施、仪器接线及现场准备工作、人员组织分工和试验步骤等。

(三) 按试验接线要求准备仪表并接线

温升试验的接线如图 10－30 所示。由图 10－30 可见，定子回路接入的仪表有交流电

流表三只、交流电压表三只、单相功率表二只、功率因数表一只（允许用0.1级），转子回路接入的仪表有直流电压表一只、直流毫伏表一只、0.2级分流器一只，另外还有测量转子电压用的专用铜刷一对。

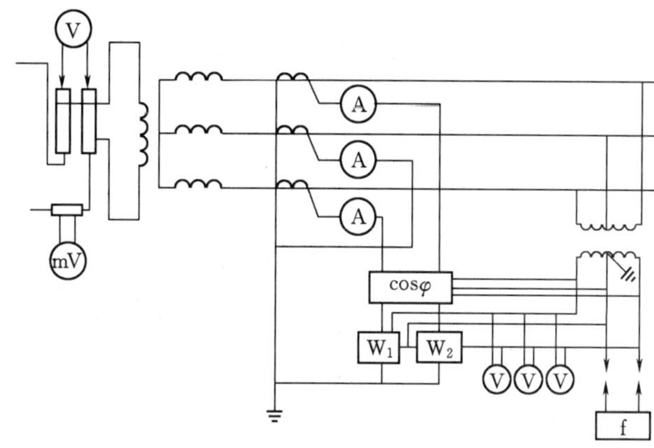

图10－30　发电机温升试验接线

A—电流表；V—电压表；W_1、W_2—单相功率表；cosφ—功率因数表；mV—毫伏表

定子回路的仪表应为0.5级，转子回路的仪表宜为0.2级。表计量程的选择应根据机组电压、电流互感器的变比确定，应使表计指示的数值在表盘刻度的后半部。

（四）测量转子绕组在冷态下的直流电阻

转子绕组的直流电阻在温升试验中是很重要的数据。因为转子温度是根据绕组的直流电阻换算而得到的，所以电阻测量准确与否将直接影响整个试验结果，为此在进行这项工作时要求做到特别细致，尽可能减少由于测量或试验方法所带来的误差。

测量直流电阻的方法有电桥法和直流电压降法，下面简要介绍后一种方法。

转子绕组冷态直流电阻，最好在安装竣工投入运行前进行测量，因为在这种情况下，转子温度与室温相差很小。在试验中应精确测定室温和转子温度。两者之间的温度差不得超过±30℃。当两者之间温差大时，可起动电机使其空转3～4h，测量出、入口风温，取其平均值作为转子温度。

对电流回路，应将软铜带绑在滑环上，在电压回路中的引线力求最短，使用的毫伏表应具有高内阻，一般规定表的内阻应大于引线或转子电阻200倍以上。试验时应先合电源开关，待电流稳定后，再将电压线接上，然后读取电压、电流值。拉闸时的操作过程与合闸时相反。试验应重复进行2～3次，但每次测得的电阻不应有显著的误差。试验时使用的直流电源容量应足够，以保证在整个测量过程中保持电流为恒定值。

（五）温升试验

（1）组织分工。在试验期间，负荷的调整、转子电流的调整、冷却空气的调节由原值班人员担任。但必须遵照试验负责人所提出的要求进行操作。试验人员负责记录定子回路、转子回路各种仪表的指示数值。

（2）试验时的负荷分配。对新安装的发电机，温升试验至少应在四种不同的负荷下进行：第一次为额定容量的60％～65％，第二次为额定容量的70％～75％，第三次为额定容量的80％～90％，第四次为额定容量。试验应在额定进风温度、额定氢压的条件下进行。

（3）注意事项。①发电机温升试验需要时间较长，在整个试验期间要求转子电流保持严格稳定。变动范围不超过±1％，定子电流、电压及有功功率也应尽可能保持不变和三相平衡，若有变化应不超过±3％。为此，在试验期间，自动电压调整器应该切除。②试

验期间进风温度变化不得超过±1℃。③发电机在调整到某一负荷后，约经 3～4h 才能达到热平衡。所有记录在开始时每隔 0.5h 读取一次，在最后 1h 每隔 15min 读取一次。当连续三次测得的温度变化不大于 1℃时，可认为已达到稳定，该负荷点的试验即可结束。④测量转子电压必须用专用铜刷在滑环上直接测量，不应在原有的碳刷上接线，以排除碳刷电压的影响。

三、试验结果整理分析

首先将试验测得的全部数据分类、换算并归纳列表，然后按下述项目详细整理。

（一）转子温升的确定

根据压降法测得的转子电阻值 R_2，从转子电阻与温度关系曲线查得对应的转子温度 t_2，减去进口风温，即为转子温升。

（二）定子铁芯及绕组温升的确定

根据试验记录选取最高的定子铁芯和绕组温度，减去进口风温，即为相应的温升。

（三）绘制温升曲线

求得定子铁芯和绕组及转子绕组温升后，即可绘制定子铁芯及绕组与定子电流平方的关系曲线和转子绕组温升与转子电流平方的关系曲线，如图 10-31 所示。试验时，转子绕组、定子绕组和定子铁芯的最高温升是按额定的冷却风温规定的。但往往受到条件的限制，有时入口的风温不是额定值，并且对每台机也不可能做多种风温试验。因此，一般可用计算方法来推求在不同入口风温时，转子和定子的温升曲线。对转子计算公式为

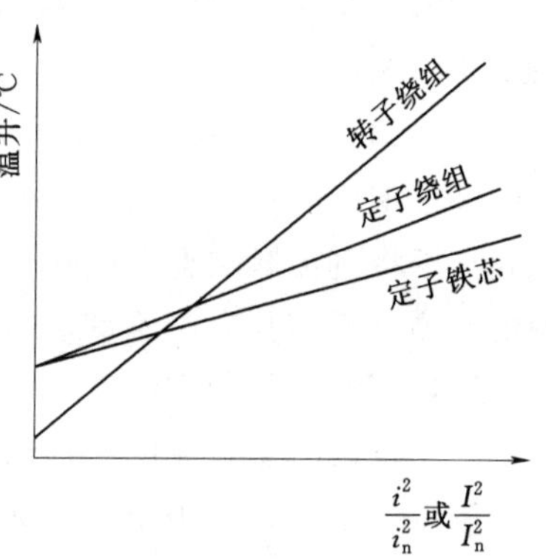

图 10-31　发电机转子和定子的温升曲线

i、I—试验时转子和定子电流；

i_n、I_n—转子和定子额定电流

$$\theta_p' = \theta_p + \Delta\beta_p$$

$$\Delta\beta_p = \theta_p \frac{t_2 - t_1}{235(1+m)+t_1}$$

式中　$\Delta\beta_p$——转子绕组温升校正值；

θ_p——入口风温为 t_1 时的转子温升；

θ_p'——入口风温为 t_2 时的转子温升；

m——系数，表面空冷时约为 0.35，表面氢冷时约为 0.2，氢内冷时为 0。

对定子绕组计算公式为

$$\theta_S' = \theta_S + \Delta\beta_S$$

$$\Delta\beta_S = \theta_S \frac{t_2 - t_1}{235(1+m)+t_1}$$

式中 $\Delta\theta_S'$——当入口风温为 t_2 时定子温升；

θ_S——当入口风温为 t_1 时定子温升；

$\Delta\beta_S$——定子绕组的温升校正值；

m——系数，空冷时为 1.5～2，氢冷低氢压时为 1～1.5，氢冷高氢压时为 0.65～0.85，定子电流密度大时取上限值，小时取下限值。

（四）定子、转子电流与入口风温关系曲线和绘制

由以上温升曲线可以定出电机在不同入口风温的定子及转子电流值，并可以根据所求得的数值做出定子、转子电流和入口风温关系曲线，如图 10－32 所示。

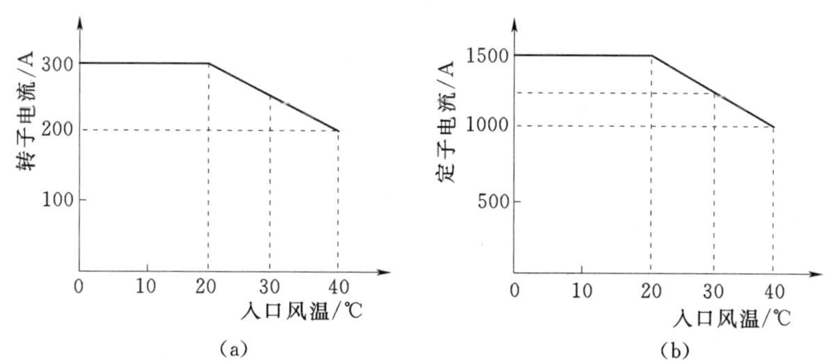

图 10－32 发电机定子、转子电流与入口风温的关系曲线

(a) 转子；(b) 定子

（五）调整特性曲线的绘制

发电机的调整特性是指在额定电压、额定频率下，调整 $\cos\varphi$ 为某定值时，定子电流与转子电流的关系曲线。一般测试 $\cos\varphi$ 为 0.6、0.7、0.8、0.9 的数值。为了绘制曲线方便，每种 $\cos\varphi$ 下应测 6～8 个点。发电机的调整特性曲线如图 10－33 所示。

（六）确定发电机的运行范围

根据上面得到的发电机不同入口风温下的温升和定子、转子电流限额曲线，便可绘出运行范围图，以求得不同风温、不同功率时的有功及无功数值。

绘图的步骤如下：

（1）以无功功率为纵坐标，有功功率为横坐标。

（2）通过圆点画出各种功率因数线，以 OA、OB、OC、OD 分别代表功率因数为 0.6、0.7、0.8、0.9。

（3）绘出定子电流允许值所决定的运行范围。其方法是：①根据各种风温下允许定子电流值，算出相应的视在功率。②以坐标原点为圆心，视在功率为半径画圆弧，即得各种风温下定子电流运行限额线，如图 10－34 中的虚弧所示。

（4）绘出转子电流允许值所决定的运行范围。其方法是：①根据各种进风温度下的转子电流允许值在调整特性曲线上求得不同功率因数时所对应的定子电流值。②由此定子电流值和功率因数值，算出相应的有功功率和无功功率，并在坐标上找出对应点。③将同一风温下各点连成曲线，即得各种风温下转子限额线，如图 10－34 的实线所示。

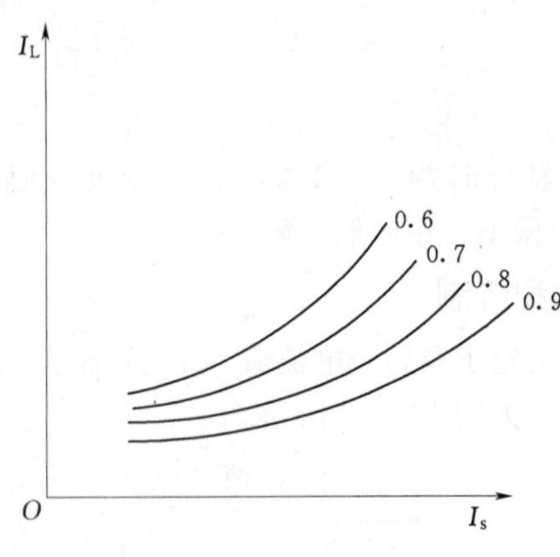

图 10－33　调整特性曲线

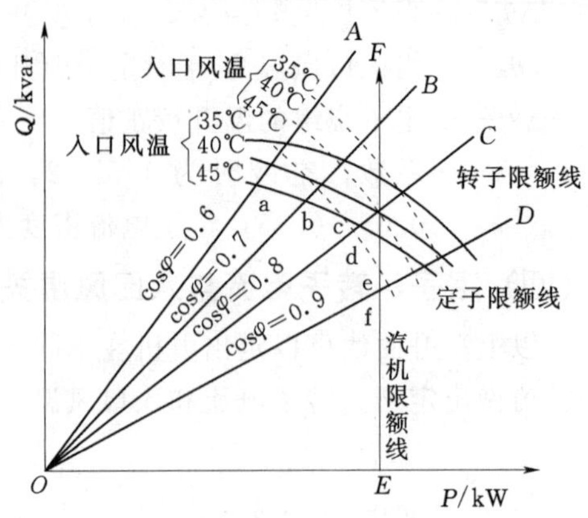

图 10－34　发电机运行范围图

(5) 绘出由汽机容许出力所决定的限额线。其方法是：①在横坐标上取汽机容许功率值。②通过此点作平行于纵轴的直线，此线即为汽机决定的限额线（EF 线）。

发电机必须在由定子、转子及汽机所决定的任一限额线内运行，在图 10－34 中，入口风温为 45℃时，应在 abcdef 内。

(七) 整理空冷器效能的数据

在额定负荷时，空冷器全开，列出下列各值：

(1) 进风口温度与进水口温度之差。

(2) 进水温度与出水温度之差。

(3) 进风温度与出风温度之差。

(4) 空气冷却器的水量，m^3/h，一般由专用的表计测量，也可通过下式计算

$$\theta=\frac{P}{116(t_1-t_2)}\ (\mathrm{kg/s})$$

式中　t_1——热风温度；

t_2——冷风温度；

P——由空气带走的损失，kW，由制造厂提供。

(八) 试验结果及分析

1. 试验结果

温升试验是一项重要试验，试验完毕后应写出试验报告，其主要内容包括：

(1) 发电机的铭牌参数。

(2) 运行状况，并说明有无改进及其他异常情况。

(3) 试验过程中的全部测量数据，另外还应说明是否用专用碳刷，分流器规范，发电机检温计规范，发电机的电压，电流互感器的变比等。

(4) 试验结果的整理包括：试验记录的汇总、温升曲线的计算表、不同风温下的温升换算表、电流的限额曲线调整特性表以及不同入口风温下的有功与无功出力表，并把这些数据都绘成曲线。

（5）计算试验过程得到的出力并与铭牌值比较，对新安装的发电机，第一次出力试验是重要的原始资料，应准确分析并注意保存。

在试验结果中，除对定子绕组和铁芯、转子绕组的温升分析外，分析比较出入口风温差、出入口水温差以及进水与进风的温差等数据也是很重要的。在正常情况下发电机的出入口风温差一般为20～30℃，空气冷却器的出入口水温差为2～3℃，冷却水进口温度与发电机进风温度之差为7～10℃。

2. 分析

当发现某部分温升或冷却通风系统有不正常现象时，可从下述方面分析：

（1）当负荷不变时，出入口风温差增大，则表示发电机的风量减少或损耗增大，风量减少可能是由于冷却系统或定子及转子的通风沟槽内部脏污增加所致，损耗增大可能是由于铁芯硅钢片短路或绕组过热等原因所致。

（2）如果冷却水温与进风温度之差增大，则表示空气冷却器的效能降低，其原因可能是由于冷却器水管内部积垢或堵塞，或由于冷热风道之间的绝热不良或漏风等所致。

（3）如果冷却器的出入口水温差增大，则表示冷却器的水量不够，或有部分水管被堵塞。如果在新安装的发电机第一次进行温升试验发现这类现象，则有可能是由于冷却器的设计不良、冷却面积不够所致。

（4）试验中若发现发电机的定子检温计的指示偏高或偏低，应结合图纸检查安置位置以及表头接触情况等。

（5）如对埋入式温度计测量值有怀疑时，用带电测平均温度的方法进行校核。

第九节　转子气体内冷通风道检验

一、测试目的和测试周期

1. 测试目的

对于新型发电机需要测量冷却风量，运行中的机组对其冷却风量有怀疑以及发电机采取了改进措施需要重新测量运行中的冷风量时，也应进行此项测定。

2. 测试周期

A级检修时。

二、测试方法

测试接线如图10-35所示。在风道中先装好皮脱管，并事先测量风道截面，然后按下式计算：

$$p_c = p_d - p_0 = \frac{\rho}{2g} v^2 \frac{1}{133.3}$$

即

$$v = \sqrt{\frac{2g}{\rho}(p_b - p_0) \times 133.3}$$

式中 p_b——冷却空气全压力，Pa；

p_0——冷却空气静压力，Pa；

p_c——冷风道中动压力，Pa，由微压计测量，$p_c = p_b - p_0$；

v——气流速度，m/s；

ρ——气体密度，kg/m^3；

g——重力加速度，$g = 9.81\text{m/s}^2$。

简化上式后得

$$v = 51.2\sqrt{\frac{p_b - p_0}{\rho}} = 51.2\sqrt{\frac{p_c}{\rho}} \quad (\text{m/s})$$

一般来说，风道中心的风速比边上的风速高，因此，计算风量应取平均风速 v_p，它乘以风道截面积 A 即为风量，风量 $Q = v_p A \times 3600\text{m}^3/\text{h}$。为取得平均风速 v_p，应将风道截面按图 10-36 分成若干等份，用皮脱管测取每等份中心处风速，再取其总的平均值即得平均速度，即

$$v_p = \frac{1}{n}(v_1 + v_2 + v_3 + \cdots + v_n)$$

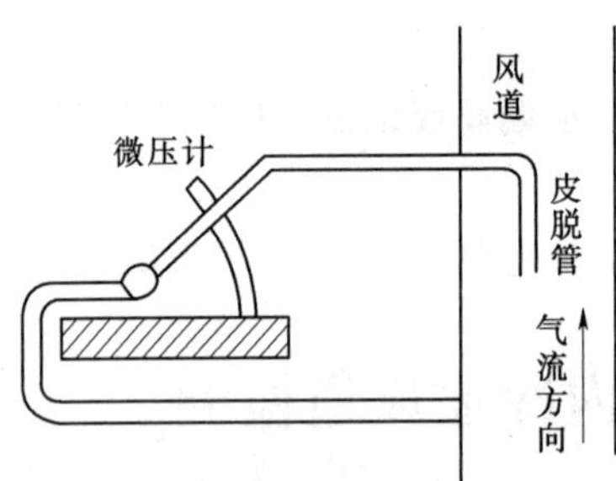

图 10-35 皮脱管测风量示意图

1	5	9	13
2	6	10	14
3	7	11	15
4	8	12	16

图 10-36 风道截面等份图

在划分等份的时候，对于 3m^2 以上的截面积较大的风道，两测点间距离最好取 300～400mm，对于截面积较小的风道，则取 150～200mm。

三、判据

限值按照产品技术文件要求或 JB/T 6229。

四、方法及说明

检验方法按照《隐极同步发电机转子气体内冷通风道检验方法及限值》(JB/T 6229)。

第十节 定子绕组的槽放电试验

一、试验原理

高压定子绕组在制造中，用半导体填充物将绕组紧固在槽内，以减小或消除绕组导体

表面与铁芯叠片之间的空隙，并防止绕组表面对铁芯接地。

在发电机运行期间，由于定子绕组导体与铁芯之间电场的作用，使与绕组绝缘串联的小气隙发生高能量的放电，这种放电能损坏绕组绝缘或使绝缘出现伤痕，从热和机械的观点看，将影响绕组的寿命。为此，提出高压定子绕组的槽放电试验。

槽放电试验的基本原理是当标准空隙燃弧或接地时，比较加在绕组与地之间的交流电压波形，如果波形异常还必须用探针法对绕组分相进行试验，以比较每槽的放电状态，若波形无异常变化，则表明绕组无放电现象。

槽放电试验可以确定绕组是否遭受上述放电的作用。在停电期间，将这个试验与其他试验（如直流泄漏电流、耐压试验等）结合起来，能够更全面地鉴定定了绕组的状态。

当不可能做槽放电试验时，可以用低电压仪器测量每相上部绕组与铁芯间的接触电阻，若测量结果与平均读数有异常偏差，则说明绕组是有问题的。

二、试验设备及接线

槽放电试验的试验设备及其接线如图 10－37 所示。试验设备包括：

图 10－37 槽放电试验的试验设备及其接线

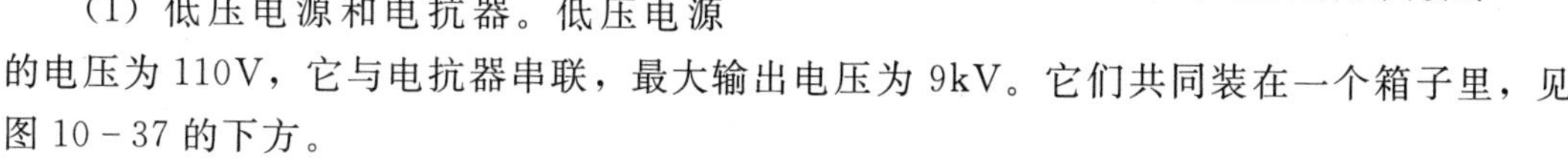

（1）低压电源和电抗器。低压电源的电压为 110V，它与电抗器串联，最大输出电压为 9kV。它们共同装在一个箱子里，见图 10－37 的下方。

（2）调谐电容。其数值为 0.5μF。因为试验时，大多数绕组需要的电容小于 0.5μF。调谐电容装在电容箱中，它与被测绕组并联，根据试验要求，可调节电容值。

（3）分析仪。它由高压耦合电容器和 RLC 电路组成，这些元件按规定连接后装在箱中，见图 10－37 的上方。在绕组支路有一个可调的标准间隙，用以模拟放电状态。

（4）示波器。接在分压器低压端，以观察绕组末端对地电压的波形。

三、试验步骤

（1）按图 10－37 接好地线。分析仪与电抗器的接地是分开的，箱子的底部不能放在铁板或钢筋水泥地面上，接地的全部元件见图 10－37。

（2）用跨接线连接输入端（低压），将其套管和负载（发电机的一相）相连，将槽放电分析仪与负载并联，将示波器与负载相连。

（3）自耦调压器放到零位，接通电源，当开关投到接入位置时，配电盘轻微发热。

（4）将电容箱与发电机绕组并联，将其电容值从 0.05μF 增到大约 0.45μF，固定输入，在每一个电容负载下测量输出。选择电容使输出电压在 6～8kV 之间，并用这套装置进行试验，设计时使电抗器与 0.5μF 总负载（外部电容加发电机绕组电容）共振。若绕组电容已知，则 0.5μF 减去绕组电容即是实际需要并联的负载电容。

表 10-25 列出了试验要求不同电容值时电容箱的接线方法。

表 10-25　　电容箱不同接线时的电容值

要求的电容值/μF	0.05	0.1	0.15	0.20	0.25	0.30	0.35	0.40	0.45	0.55
连接方式	G-F	D-E	G-F D-E	E-F G-H	A-C	G-F A-C	A-C B-D	A-C B-D G-F	A-C E-F G-H	A-C B-D E-F G-H

（5）试验时施加 6～8kV 电压，若可能，应逐相进行试验。试验中，应随时用示波器观察分析仪燃弧和接地时的波形，并记录试验结果。

（6）要求对绕组槽进行探针试验时，使绕组激磁，高电压加到分析仪与探针的连接点间，利用探针插入每个槽的表面进行测量，并记录所测的槽号。

试验过程中，不能触及绕组端部线匝，因为铁芯是接地的，只要不触及激磁绕组表面的破损的部位是毫无关系的。

（7）当做完试验时，应将全部仪器小心地重新整理并包装好，以避免搬运时损坏，用包装材料填满箱中的全部空隙，并将全部连接线都装入箱内。

四、接触电阻试验

当没有可能进行槽放电试验时，可借助接触电阻试验来确定绕组对铁芯是否接地。试验时，在铁芯端部处绕组的顶部用一个低压仪器和绝缘探针测量绕组导体表面与铁芯之间的电阻。记录测量的槽号，读数要准确。当测量值高于平均值 5 倍时，则认为绕组可能有问题。这时应涂以导电漆，然后重新进行试验。如果接触电阻指示值显示有非接地的绕组存在，应在制定检查计划之前用槽放电试验再进行检查。

第十一节　损耗和效率的测量

一、转子绕组的交流阻抗和功率损耗

1. 测量周期

（1）A 级检修时。

（2）必要时。

2. 判据

（1）阻抗和功率损耗值在相同试验条件下与历年数值比较，不应有显著变化。

（2）出现以下变化时应注意：

1）交流阻抗值与出厂数据或历史数据比较，减小超过 10%。

2）损耗与出厂数据或历史数据比较，增加超过 10%。

3）当交流阻抗与出厂数据或历史数据比较减小超过 8%，同时损耗与出厂数据或历

史数据比较增加超过 8%。

4）在转子升速与降速过程中，相邻转速下，相同电压的交流阻抗或损耗值发生 5%以上的突变时。

3. 测量方法

同步发电机损耗的测量有以下四种方法：

（1）单独驱动法。

（2）电输入法。

（3）阻滞法。

（4）冷却法。

本节仅对电输入法作简要介绍。

用电输入法测量损耗时，应使发电机空载而且作同步电动机运转，电源频率稳定并等于试验时的额定频率。输入功率用瓦特表或瓦时计测量，应测量各种电流、电压下的功率，由测量即可得到损耗。测量接线如图 10－38 和图 10－39 所示。

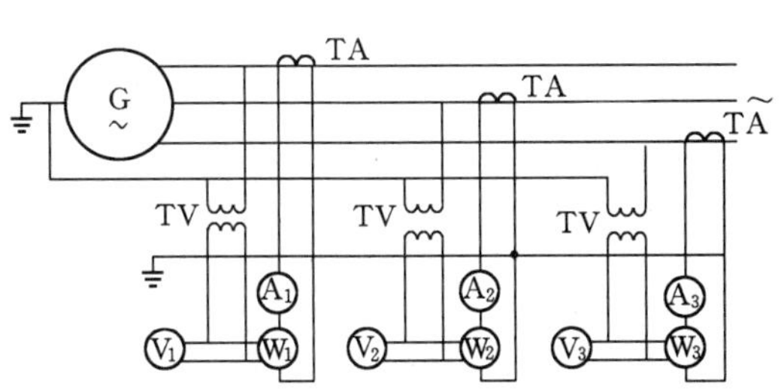

图 10－38　用三瓦特表法测量功率的接线

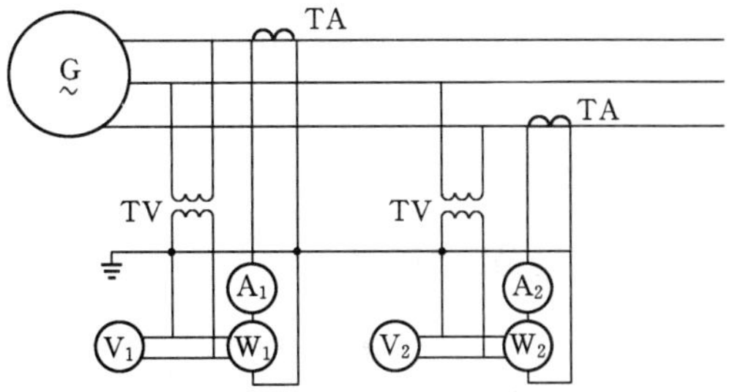

图 10－39　用两瓦特表法测量功率的接线

图 10－38 适用于被试电机的中性点能引到电机外部，测量时接入或不接入试验系统的情况。图 10－39 适用于被试电机的中性点不能引到电机外部的情况。三功率表法比较简单，而且容易计算互感器的比差、角差以及功率表的标度误差、数读误差等。若被试电机的中性点不能引出，除用两瓦特表外，还可以用三块相同的功率表接成星形进行测量。

用电输入法可以测量开路损耗，通过测量作出开路饱和曲线和短路饱和曲线，测量结果分别如图 10－40～图 10－42 所示。

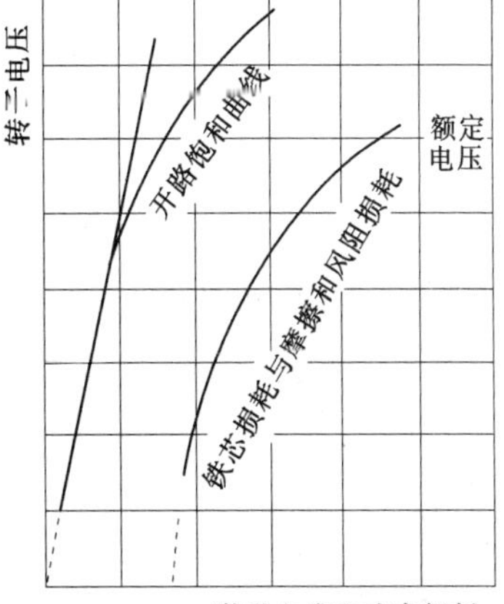

图 10－40　用电输入法测得的开路饱和曲线和铁芯损耗曲线

4. 注意事项

（1）隐极式转子在膛外或膛内以及不同转速下测量，显极式转子对每一个磁极绕组测量。

（2）每次试验应在相同条件、相同电压下进行，试验电压参考出厂试验和交接试验电压值，但峰值不超过额定励磁电压。

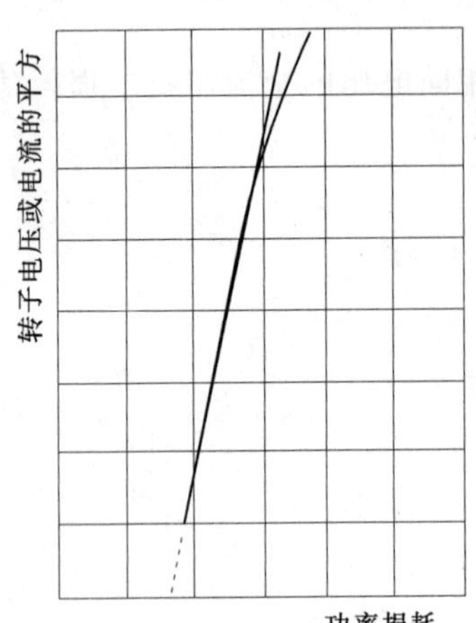

图 10-41　用电输入法由外推损耗曲线制作的曲线

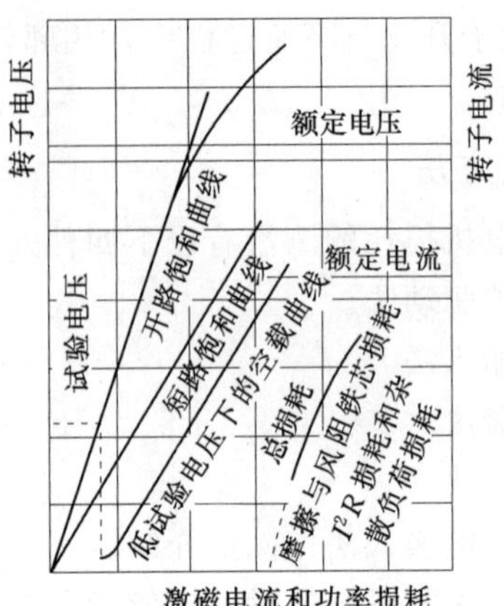

图 10-42　由电输入法得到的曲线

(3) 本试验可用动态匝间短路监测法或极平衡法试验代替。

(4) 与历年数值比较，如果变化较大可采用动态匝间短路监测法、重复脉冲法等方法查明转子绕组是否存在匝间短路。

(5) 测量转速按照 DL/T 1525，转速间隔 300r/min。

二、效率试验

必要时，可对同步发电机进行效率试验，试验方法按照 GB/T 1029《三相同步电机试验方法》。

同步发电机的效率是在规定条件下输出功率与输入功率之比。输出和输入功率在小型发电机中可以直接测量，而在大型发电机中机械功率的准确测量是困难的，常用的效率是根据分离损耗法得到的。

常用的效率与分离损耗的总和有关，可用下式表示

$$效率=100-\frac{损耗}{(输出+损耗)}\times 100\ (\%)$$

上式中输出和损耗的单位相同。

除上述方法外，还可用输出输入法确定效率。在输出输入法中效率被定义成

$$效率=\frac{输出}{输入}\times 100\ (\%)$$

上式中输出和输入的单位相同。

测量发电机输入功率最好的方法是用测功机测量。输入功率由下式决定

$$功率=\frac{Mn}{5217}\ (\mathrm{kW})$$

式中　M——测功机的转矩，N·m；

n——速度，r/min。

对发电机的输出功率应认真测量。电压互感器应当接到被试发电机的端子上，尽可能

地消除外部电缆的电压降。仪表读数应当正确，应消除互感器的比差和角差。

第十二节　定子绕组直流电阻和转子绕组直流电阻测量

一、定子绕组直流电阻

1. 周期

（1）不超过3年。

（2）A级检修时。

（3）必要时。

2. 判据

各相或各分支的直流电阻值，在校正了由于引线长度不同而引起的误差后，相互之间的差别不得大于最小值的2%。换算至相同温度下初值比较，相差不得大于最小值的2%。超出此限值者，应查明原因。

3. 方法及注意事项

（1）在冷态下测量时，绕组表面温度与周围空气温度之差不应大于±3℃。

（2）相间（或分支间）差别及其历年的相对变化大于1%时，应引起注意。

（3）分支数较多的水轮发电机组可在A、B级检修及必要时测量。

二、转子绕组直流电阻

1. 周期

（1）A级检修时。

（2）必要时。

2. 判据

与初值比较，换算至同一温度下其差别不宜超过2%。

3. 方法及注意事项

（1）在冷态下进行测量。

（2）显极式转子绕组还应对各磁极线圈间的连接点进行测量。

（3）对于频繁启动的燃气轮机发电机，应在A、B、C级检修时测量不同角度的转子绕组的直流电阻。

第十三节　定子铁芯磁化试验

一、试验周期

（1）重新组装或更换、修理硅钢片后。

（2）必要时。

二、判据

（1）折算至规定的磁密和时间下，铁芯相同部位（齿或槽）的最高温升不应大于25K、最大温差不应大于15K。

（2）对运行年久的电机，应根据历史数据自行规定。

三、方法及注意事项

（1）水轮发电机的磁通密度应为1.0T，不宜低于0.9T；汽轮发电机的磁通密度应在1.4T，不宜低于1.26T，在磁通密度为1.4T下持续时间为45min。当试验时的磁通密度与要求的磁通密度不相等时，应改变试验持续时间，持续试验时间与磁通密度折算方法见附录C.1。对直径较大的水轮发电机试验时应注意校正由于磁通密度分布不均匀所引起的误差。

（2）受现场条件限制时，在磁通密度为1T下持续试验时间为90min。

（3）铁芯磁化试验比损耗及试验数据修正折算方法见附录C。

（4）采用红外成像仪进行温度测量。

（5）定子铁芯初始温度和环境温度温差应不超过5K。

（6）对于铁芯局部故障修理后或者需查找铁芯局部缺陷的电机，可使用电磁式定子铁芯检测仪通小电流法对铁芯局部进行检测，水轮发电机、隐极同步发电机推荐测量电流不大于100mA，但最终判断依据为全磁通方法。

第十四节　轴　电　压

一、测量周期

（1）A级检修时。

（2）必要时。

二、要求

（1）汽轮发电机大轴接地端（汽端）的轴承油膜被短路时，大轴非接地端（励端）轴承与机座间的电压应接近等于轴对机座的电压。

（2）汽轮发电机大轴非接地端（励端）的轴对地电压不宜大于20V。

（3）水轮发电机可只测量轴对机座电压。

三、方法及注意事项

（1）应在额定转速和额定电压下空载运行时测量，测量时采用高内阻（不小于100kΩ/V）的交流电压表。

（2）如果测得的大轴非接地端（励端）轴承与机座间的电压与轴对机座的电压相差较多，应查明原因。

（3）端盖轴承的轴瓦或轴瓴绝缘处未引出线时可不测量该轴承对机座电压。

第十五节　同步发电机在线监测

一、发电机在线监测方法

发电机由于绝缘材料等方面的原因，易出现绝缘过热、泄漏增大、局部放电量较大等绝缘缺陷，因此，加拿大等国主要采用对发电机进行局部放电监测来判断绝缘状况，一般在运行电压下发电机局部放电量可达5000～10000pC。并且发电机的电容量较大，它的云母绝缘中的放电在停电测量时与加压时间关系较大。因此，停电测量应测量各级试验电压下的放电量，如10kV的发电机，试验电压为6kV，则每增加1kV电压后保持1min测量各点电压下的最大放电量，放电量应不超过15000pC。在线测量则是在运行工况下的实际数据，这时测得的数据没有电容效应的影响。但如在线测量发现局部放电量较大时，就应停电进行分相测量，判断有缺陷绕组部位。例如A相试验时，B、C两相应短路接地（中性点打开），必要时可对单根线棒逐条进行试验。另外，绕组温度对放电量也有影响，在进行测量数据比较时，应尽量用相近温度条件的数据。

大型发电机在系统中是相当重要的，由于它是旋转机械，进行在线监测是比较复杂和困难的。目前，在线监测大部分采用局部放电测量、温度（局部过热）测量等。冷却氢气的气态分解分析来判断其绝缘状况，而最有效的还是局部放电测量。一般来讲，发电机如果由于绕组焊接不良或绝缘不良引起的放电一般在几个月后会导致故障，而线圈端部由于污秽造成的放电及端部电晕放电一般要5～10年才能导致故障，但槽口的绝缘损伤或由水气等造成的表面放电也会很快造成故障。发电机故障性放电的幅值比正常状态的放电幅值大得多，劣化绕组的放电量为完好绕组正常放电量的30倍以上。因此发电机的绝缘在线监测及判断设备是否有故障性放电而需要检修，可由放电量幅值Q_m和放电次数（每周期）Q_N，并根据在一定时间内的放电量增量来确定。在实际监测运行发电机的测量曲线示例见图10-43。

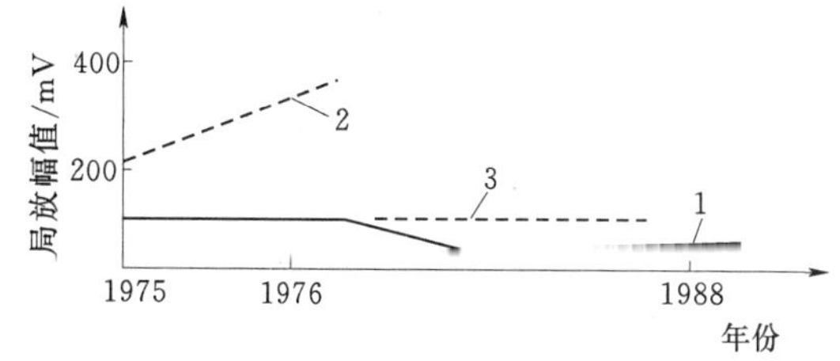

图10-43　发电机在线监测实测曲线示例

1—正常运行发电机的测量曲线；2—有故障机的曲线；3—检修后的测量数据

从图10-43中曲线上升陡度可见，有故障的设备局部放电幅值随时间变化，并且绝对值较大，超过一定幅值时需要检修，而经检修后运行正常。

二、智能型发电机局部放电监测系统

应用智能型发电机局部放电监测来判断其绝缘状况是一项很有实用价值的新技术，这项技术在美国、加拿大应用较多，我国近年来逐步开始应用。全自动测量系统在应用还需进一步借助高速硬件，从而开发更完善的人工智能专家分析系统，使应用软件使用更方便，功能更齐全。

发电机测量系统常采用高灵敏度固化传感器及抗干扰抑制单元，能有效地检测绝缘缺陷，同时对测取的信号作局部放电波形分析和检测诊断零序电流，并自动进行故障的报警并显示记录，其系统结构框图如图 10－44 所示。

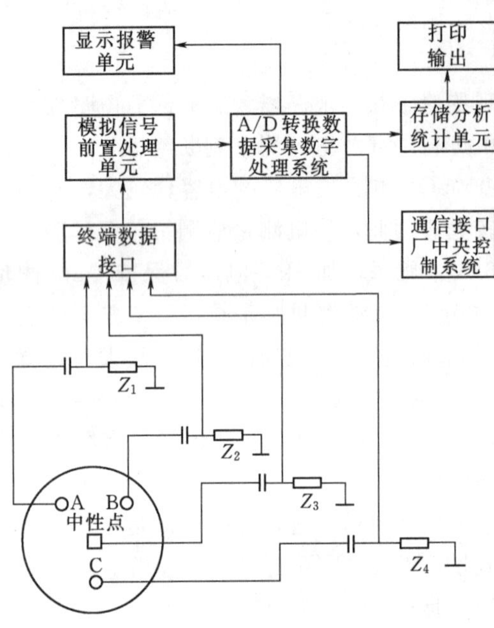

图 10－44　智能型发电机局部放电监测系统结构框图

图 10－44 中，Z_1、Z_2、Z_3、Z_4 为检测阻抗，以拾取中性点及线路 TA 端的电流信号；终端数据接口单元可对多路信号进行通道切换控制、波形前置放大、整形及变换处理。数字信号处理系统则实现对经 A/D 变换后的数字信号进行智能化分析、判断，以及故障信号的存储及输出，是该系统的核心所在；显示报警单元是将数据处理单元输出的故障信号在液晶屏上进行数字或图像的显示，同时语音系统也将进行语音报警，以提醒人们的注意和安排设备的检修。

通过数字技术处理，能从强噪声背景下提取放电信号，并通过智能化分析软件，给出绝缘状况相关参数，分辨出各相放电电压、脉冲个数及放电能量，自动启动及打印。通过绝缘在线监测，能可靠地发现发电机定子绝缘的早期故障，避免在运行中突发故障。

三、发电机 HF 放电监测系统

发电机放电监测系统按检测频带分类，可分为 HF 监测系统和 UHF 监测系统两大类。清华大学高电压和绝缘技术研究所在国家自然科学基金重点项目“大型发电机与变压器放电性等故障的在线监测与故障诊断技术”研究成果的基础上，开发了发电机局部放电监测系统，已在华北某 620MW 发电机上投入运行。

1. 系统主要功能

（1）检测放电脉冲电流信号波形，采用 FFT 分析放电特征或干扰特性。

（2）针对干扰特点，采用硬件或数字处理技术抑制干扰。

（3）对检测到的信息进行统计分析，提取统计特征，如三维谱图（$\varphi-q-n$ 谱图），二维谱图（$\varphi-q$、$\varphi-n$、$q-n$ 谱图）。

（4）利用人工神经网络技术进行故障类型识别。

（5）放电信号的阈值报警。

2. 系统主要技术指标

发电机最小可测放电量不大于 10000pC。

3. 监测系统组成

发电机放电监测系统原理框图如图 10－45 所示。

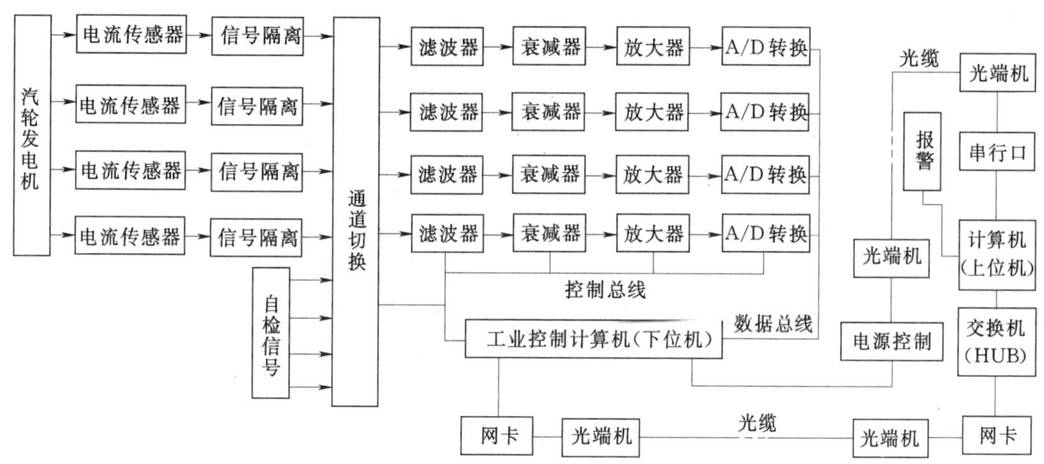

图 10－45　发电机放电监测系统原理框图

图 10－45 中，汽轮发电机型号为 T264/640，功率 620MW，电压 20kV，法国 Alstom 公司 1982 年生产。高压侧有 3 个脉冲电流传感器，分别串接在三相并连电容（电容量为 0.5μF）的接地线上。中性点脉冲电流传感器安装在中性点引出电缆的外皮接地线上。

监测系统硬件包括传感器、信号采集箱和主计算机（和变压器放电监测子系统公用）。主计算机和信号采集箱中的下位机之间采用 10M 以太网卡组成的网络通信，采用光缆传输信息。

（1）主计算机：P－Ⅱ型 350MHz 中央处理器，64M 内存。

（2）传感器：4 个电流传感器，三相高压出线端和中性点各一个。

（3）信号采集箱装有：

1）586 工控机。

2）四路独立的滤波器、衰减器、放大器和 A/D 转换卡。

3）控制卡：同步触发信号，自检信号，信号采集箱温度测量。

（4）信号传输：10M 以太网卡、集线器（HUB）、光端机、光缆。

（5）光字牌显示：放电量越限报警。

信号采集箱电源可由上位机程序控制通断。在定时采样到达之前 15min 打开电源，采样结束即关闭电源，从而延长信号采集箱的使用寿命。

4. 系统软件

软件设计也采用与变压器局部放电监测相同的 PEMDS 软件框架结构，具有完善的数据处理和显示功能。

（1）数据处理方法：

1）幅频特性分析（FFT）子程序。用频谱分析技术（FFT）来分析放电或干扰的频谱特征，进而用数字滤波技术来抑制窄带干扰。这是软件滤波的基础。

2）频域谱线删除子程序（FFT 滤波）。在频谱分析（FFT）的基础上，找出干扰严重的若干频率成分，然后在频域中开窗消除。

3）多带通滤波子程序。在频谱分析（FFT）的基础上，找出干扰较轻的若干频段，然后在时域中设置相应的多个带通滤波器，使通过信号的干扰成分得到抑制。

4）脉冲性干扰抑制子程序等。周期性脉冲干扰由于相位相对固定，通常用时域开窗法去除。发电厂的周期性脉冲干扰主要由发电机励磁系统产生，发电机的励磁电压是随无功负荷变化而自动调节的，故软件开窗的相位也应自动跟踪换向脉冲相位的变化。脉部性干扰抑制子程序设计思路是：首先在采样数据序列中寻找可疑的脉冲，建立此脉部波形的样板，然后在整个数据序列中比较是否在等间隔的位置有若干（对确定的发电机脉冲数量是一定的）近似的脉冲出现，如符合规律，则视为干扰，可开窗去除。按此原则编制的脉冲性干扰抑制子程序，可有效抑制脉冲性干扰。

（2）故障诊断。本系统除可给出基本的放电量 q、放电重复率 n 和放电相位 φ 等表征参数外，还可对放电的模式进行识别。模式识别具有统计特性，需要连续采集几十乃至几百个工频周期的数据信息。为了减少计算量，本系统采用软件峰值保持算法对高速采样数据进行压缩，得到降低采样率后的时域波形，并进一步取得放电的 φ、q、n 统计信息。据此可以得到三维放电 $\varphi-q-n$ 谱图和二维放电 $\varphi-q$、$\varphi-n$、$q-n$ 谱图。在三维放电谱图和二维放电谱图的基础上，可进一步提取放电的指纹特征，利用人工神经网络对放电的模式进行识别，用来区分放电的部位和放电的严重程度。

（3）图形显示。系统目前能进行完善的二维图形显示，采用自动分度、数据提示、图形缩放等技术来提供直观详尽的数据信息。系统还可以斜二侧投影和正轴侧投影两种方式显示三维数据，采用优化的峰值线法绘制三维图形。

本系统的大部分操作图形界面和变压器局部放电监测系统的图形界面相同，可参阅有关文献。

四、发电机 UHF 放电监测系统

加拿大 IRIS 公司的 GenGuard 局部放电监测系统属于 UHF 检测频带。下面根据实际应用该系统的工作经验，对该装置的特点做简单介绍。

1. 基本功能

（1）监测发电机定子绕组各相的放电量、放电相位和放电次数。

（2）采用逻辑判断去除干扰，计算最大放电量和平均放电量。

（3）提供放电的二维谱图、三维谱图和历史趋势分析图。

2. 主要技术参数

（1）六通道输入，输入电阻为 1500Ω。

（2）输入动态范围 25～3200mV。

（3）测量频带 5～350MHz。

3. 监测装置组成

局部放电监测装置和发电机的连接如图 10－46 所示。

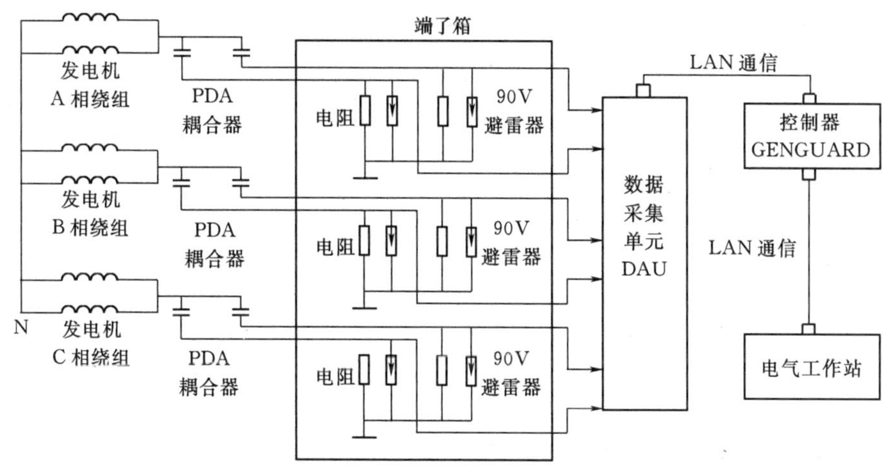

图 10－46　局部放电监测装置和发电机的连接图

（1）PDA 是局部放电耦合器（传感器），采用 80pF 的云母电容器。每相安装两组电容器，要求两组电容器的安装距离不小于 4m。使拾取的信号可用作逻辑判断，以判断发电机内外的放电信号。

（2）DAU 是数据获取单元，每台 DAU 最多可以带 24 个 PDA。其作用为监测 PD 信号，分离噪声，并与控制器通信。每个 DAU 包含以下几个部分：①一块低速 AD 转换卡，用来对发电机的电压、功率、温度等参数进行数据转换；②一块脉冲记录板，具有四个独立的脉冲高度分析器，顺序扫描每一个幅度窗内的脉冲个数，以定出局部放电脉冲的数目和幅度；③四个脉冲高度分析器，可同步监测两个耦合器的正负极性的脉冲，每个耦合器正负极性的脉冲均有相应的计数器记录发生的脉冲个数，而噪声也有相应的计数器记录；④计算机（下位机）监测控制系统，记录板的计数器每隔 200ms 将计数值下载到计算机的内存中去，并由计算机处理脉冲个数、脉冲幅度和工频电源之间的相位关系。

（3）GenGuard 控制器是一台工控机（上位机），通过局域网（LAN）和 DAU 通信。每台控制器能控制 8 台 DAU。控制器上运行 GenGuard 系统的监测软件（如 Pdview、Advanceview），控制整个系统的协调工作。

（4）GenGuard 系统通过 LAN 与电厂其他计算机相连，还可以与远程计算机相连。远程计算机可以同多个预处理工作站通信，组成一个分布式监测系统。

4. Pdview 图形显示界面

GENGUARD 系统具有 Pdview 和 Advanceview 两种监控软件，用户可根据不同需求选择。Pdview 监控软件的功能较简单，仅可显示放电量数据 NQN 和 Q_{max}，二维图、三维图和趋势分析图如图 10－47～图 10－49 所示。

图 10－47～图 10－49 中，C_1 耦合器采集的数据一般为发电机的放电脉冲，C_2 耦合器采集的数据一般为干扰和噪声的脉冲。

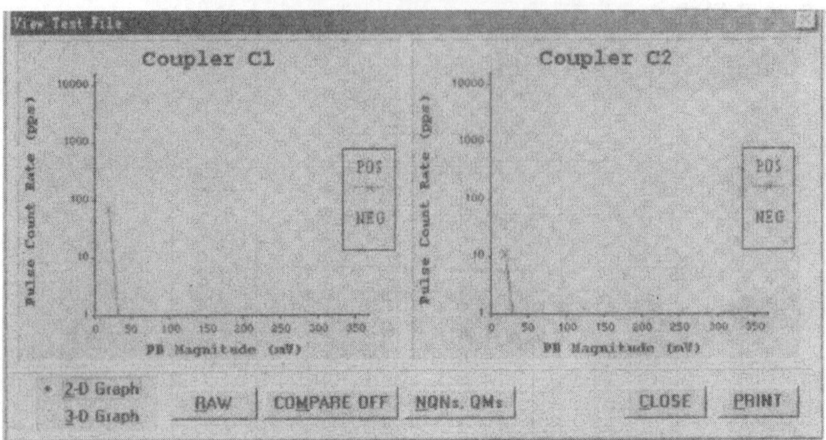

图 10-47 二维图

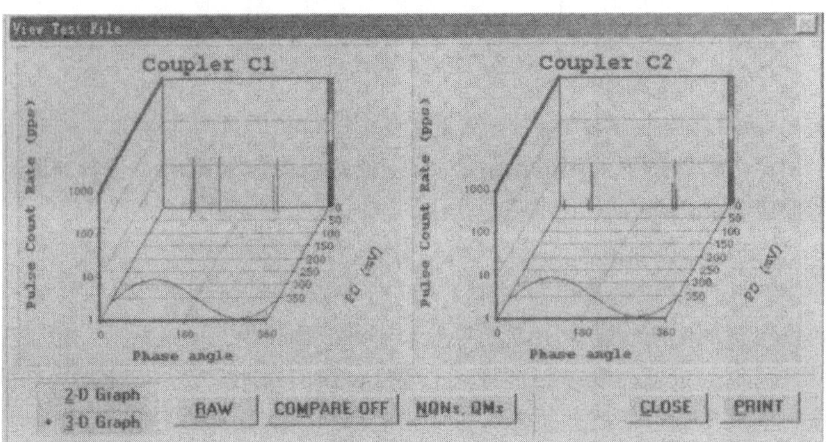

图 10-48 三维图

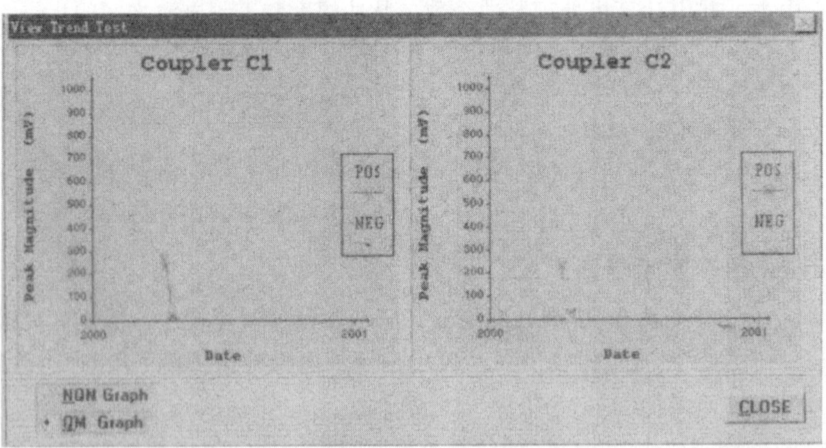

图 10-49 趋势分析图

第十六节　发电机定子绕组红外诊断方法及判据

一、外施电流试验法

这是一种静态检测方法，它既可在抽出转子、也可在不抽出转子的情况下检测。因静态检测，无转子旋转带来的不安全问题，所以试验前可把盖板全部拆除，然后进行检测。外施电流可为直流，也可为交流。当外施交流时，可使用现场的另一台容量相近的发电机组作电源，来提供受试发电机定子绕组所需的巨大电流。相比之下，更适合现场检测的是外施直流法，该方法采用可控硅整流电源、备用励磁机或多台电焊机并联电源，试验电流值以达到机组额定电流的50%～60%为宜。外施直流时可分相分别试验，但分相试验与实际运行相比，主要差别在于受试线棒的散热条件大不相同。这不仅因为关掉了强迫风冷或水冷，而且线棒槽部铁芯及其他相线棒温度也较低，因此外施直流试验时，要求试验电流分段增长，以0.1～0.2倍额定值的梯度上升，时间间隔为2～3min。增加电流时应监视机组铁芯、线棒和接头温度不超过85℃。当线棒温度稳定后才能拍摄各接头的红外图像。在不抽出转子时，试验结束后必须注意消去转子剩磁。

二、停机直接检测法

这种方法是机组在负荷状态下，短时间内把负荷转移后停机，用红外仪对定子线棒接头进行快速扫描。该方法对可迅速停机并能很快进入检测位置的水轮发电机组来说是可行的，因机组能在短时间内转移负荷并停机，定子线棒接头其红外图像仍可对接头缺陷做出判断。停机直接检测法有检测方便、安全等优点，然而该方法涉及电网运行，受系统负荷的制约，必须通过调度安排方可实施。而且在负荷状态下停机直接检测，对于汽轮机而言，难度较大。原因是汽轮机组停机过程和揭开盖板的时间较长，定子线棒端部接头温度下降太多，各接头之间的热分布差异缩小，使红外图像的反差变小。

三、定子绕组接头质量诊断判据

发电机定子绕组接头质量诊断判据如表10-26所示。

表10-26　　定子绕组接头质量诊断判据

分析方法	判　据	说　明
直方图法	温度低且分布集中的接头质量良好；温度高且分布离散的接头有缺陷；温度值高且远离连接分布区的接头有重大缺陷	适用于接头结构一致的电机
数据统计法	温差超过下列数值为有缺陷：$I_s=0.5I_e$时，绝缘头为10K，裸露头为5K；当I_s为其他值时，绝缘头为$10K\times2I_s/I_e$，裸露头为$5K\times2I_s/I_e$	(1) I_e：电机额定电流； (2) 适用于接头结构复杂的电机； (3) 根据接头结构分类统计测温结果； (4) 去掉明显的高温值，取其余温度值的加权平均值T_p，求出各接头温差$\Delta T=T-T_p$

第十七节 转子绕组接地及匝间短路故障诊断

一、转子绕组接地故障诊断

汽轮发电机转子绕组在运行中会受到电、热和机械等应力的综合作用，因而可能导致接地故障。这种故障大多数是滑环绝缘损坏，引线绝缘损坏、转子绕组端部积灰和槽口绝缘损伤造成的，也有一些是因为槽绝缘损坏引起的。

当转子绕组发生一点接地时，就应当诊断故障原因及故障点，并及时消除故障，使机组尽快恢复正常运行。

转子绕组一点接地，按其性质可分为稳定接地和不稳定接地；按其接地电阻的大小可分为低阻接地和高阻接地。

由于转子绕组发生不稳定接地或高阻接地时，为查找故障点，必须在接地状态下烧穿故障点残余绝缘，使其变为稳定低阻接地。所以本节只介绍稳定接地的诊断方法。

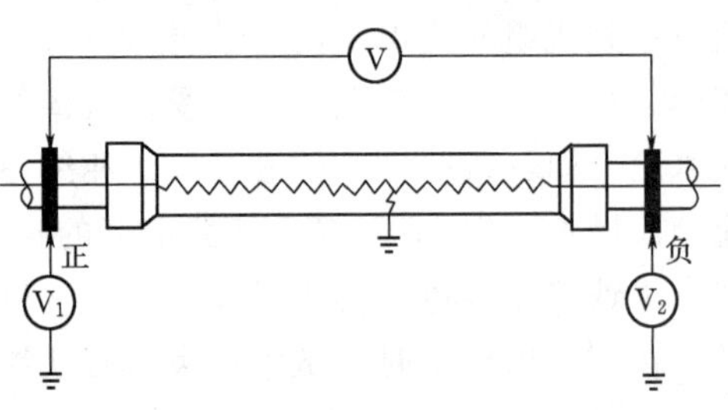

图 10－50 直流电压降法诊断转子绕组接地故障的接线

（一）直流电压降法

诊断转子绕组一点稳定接地通常采用直流电压降法，其原理接线如图 10－50 所示。这种方法是在滑环上通以直流电流，测量正、负滑环对转子本体的电压和正、负滑环之间的电压，根据测得的正、负滑环对地电压值，可以求出转子绕组接地点距正、负滑环的距离分别为

$$l_{+}=\frac{U_1}{U_1+U_2}\times100\%$$

$$l_{-}=\frac{U_2}{U_1+U_2}\times100\%$$

式中 l_{+}、l_{-}——接地点距正、负滑环距离与转子绕组总长度 l 的比值。

转子绕组接地点处的接地电阻为

$$R_{\mathrm{d}}=R_{\mathrm{v}}\left(\frac{U}{U_1+U_2}-1\right)$$

式中 U——在两滑环间测得的电压，V；

U_1——正滑环对轴（地）测得的电压，V；

U_2——负滑环对轴（地）测得的电压，V；

R_{d}——接地点的接地电阻，Ω；

R_{v}——电压表的内阻，Ω。

（二）直流法

为准确确定接地点的轴向位置，常采用直流法，其原理接线图如图 10－51 所示。

测量时，在转子本体两端轴上施加直流电压，电流愈大，其灵敏度愈高。检流计 G

的一端接滑环，另一端接探针，并将探针沿转子表面轴向移动，当移动到检流计的指示值为零（或接近于零）时，该处即为绕组接地点所在断面的轴向位置。该方法的准确性决定于所通电流的数值、检流计的灵敏度以及转子与测试设备远离电磁场的程度。在发电厂内，由于强电磁场的干扰，即使对检流计进行很好屏蔽，有时也会出现假“零”现象，造成误判断。因此，被试设备应远离运行的电气设备（如发电机和励磁机等）。试验实践表明，在大轴两端施加的直流电流在 500A 以上是可行的，死区不大。

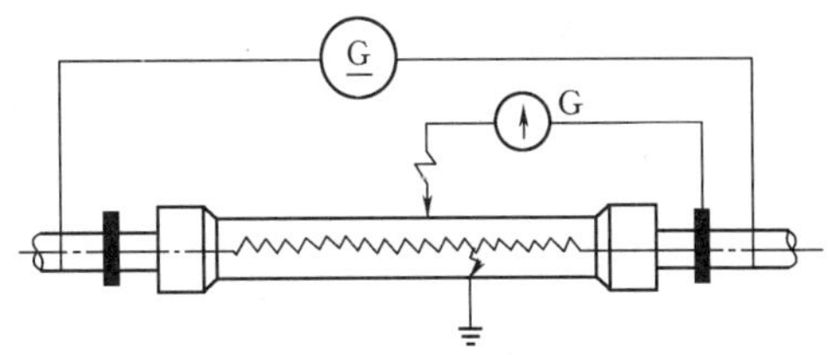

图 10－51　用直流法确定接地点轴向位置的原理接线

东北某电厂对 TB－50－2 型和 TQN－50－2 型转子绕组接地点的测试结果列于表 10－27 中。

表 10－27　　转子绕组接地点的测试结果

型　式	主要测试数据	接地点位置		转子几何数据/m
		测试计算值	实际位置	
TB－50－2	动态： $U_1=69V$，$U_2=17.5V$，$l_+=71.5\%$，距正极距离 $L_1=1763.83m$	第Ⅱ极第 6 套线卷 12 号槽第 10 匝槽内距励侧槽口 2.32m	第Ⅱ极第 6 套线卷 12 号槽第 10 匝槽内距励侧槽口 1.32m	本体长 3.180，绕组长 2466.89，每套 15 匝
TQN－50－2	静态： $U=5.5V$，$U=1.06V$，$U_2=2.0V$，$R_v=1049.8\Omega$，$l_+=34.6\%$，$L_1=376m$，$R_d=830\Omega$	6 号槽第一匝距励侧槽口 272.5mm	6 号槽第一匝距励侧槽口 250mm	本体 2.900，绕组长 1086.74，每套 10 匝
	使用直流发电机，加 1350A 的电流 检流计为 584 型（$CA=1.4\times10^{[illegible]}$A/格） 指零点在 245～250mm 处		故障点离槽上口 25～45mm	

二、转子绕组匝间短路故障诊断

（一）转子绕组匝间短路的原因

转子绕组匝间短路是发电机运行中常见的故障。造成转子绕组匝间短路的原因有：

（1）结构设计不良。有些转子绕组只用云母板制成的衬垫作匝间绝缘，端部铜线的侧面裸露着，灰尘和油垢落在上面时，会引进匝间短路。

（2）加工工艺不良。转子铁芯槽口加工不好，有毛刺和棱角存在，绕组易在下线时损坏，导线表面有毛刺，受到离心力的作用也会损坏绝缘，造成匝间短路。

（3）运行中受热和机械应力的作用，使绝缘受损或绕组变形。少数空冷或氢冷机组因启动方式不当使绕组位移造成匝间短路。

（4）运行年久，绝缘老化。

(二) 匝间短路的形式

(1) 稳定性匝间短路。发电机在转动或静止时都存在永久性匝间短路。对静止状态下存在的短路又称为静态匝间短路。

(2) 不稳定性匝间短路。发电机仅在运转时绕组受到机械力作用或在一定温度下产生的不稳定性匝间短路。对于运转中发现的匝间短路。又称为动态匝间短路。

(三) 匝间短路的危害

(1) 振动增大。转子绕组局部短路后，磁通减少，造成每极磁通分布不均和磁拉力不等，引起振动，振动频率为100Hz。另外，短路线匝中流过的电流很小，两部分绕组产生的热量不等，造成热膨胀不均匀，也会引起振动。

(2) 影响出力。部分线匝短路后，如要保持发电机电压和无功负荷不变，必须增大转子电流。未短路的线匝由于电流增大，引起绕组温度升高，发生变形。如短路线匝较多或转子温度裕度较小，就要限制其无功出力。

(四) 静态匝间短路故障的诊断方法

1. 直流电阻比较法

这种方法是用电压电流法或双臂电桥测量转子绕组的直流电阻，与原始数据比较，如变化不超过2%，则认为匝间无短路现象，如超过2%，则应进一步查找有无匝间短路现象。

试验表明，当匝间短路数量超过总匝数的4%～10%时，用直流电阻比较法有效。这种方法灵敏度较差，仅作为发电机交接试验中的一个检查项目，但不作为判断是否存在短路故障的依据。

2. 感应电势相量法

(1) 感应电势相量法是根据转子上各齿间合成漏磁通的分布来判断转子绕组有无匝间短路的方法，它可以决定匝间短路的具体槽号。

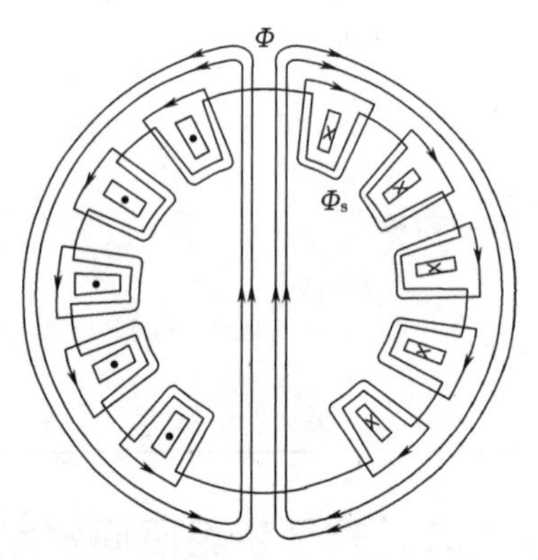

图10-52　转子磁通分布图

测量时，抽出转子，由滑环通入工频电流，大齿中就产生主磁通Φ，小齿间还有漏磁通Φ_s存在，其分布如图10-52所示。利用开口变压器顺次跨接在相邻两齿间进行测量，在开口变压器测量绕组中所感应出的电压（电流），其大小和相角与线槽上漏磁的大小和相角有关。将各槽上测得的感应电压（电流）的大小和相角相互比较，就可以判断转子绕组是否有匝间短路存在，而且相应的槽号也可以确定。

下面以两极转子为例进行分析。

设有N个线圈，每个线圈有n匝，总匝数$W=nN$，外施电压为U_1，流过线圈的电流为I_1，如无匝间短路，I_1产生的磁通Φ有一部分漏磁通Φ_{1s}自行穿过气隙，Φ_{1s}与nI_1成正比。当槽上放置开口变压器时，Φ_{1s}即穿过开口变压器测量绕组，可测得感应电压U_2，U_2的大小与nI_1成正比，如图10-53所示，其相量关系如图10-54所示。

如某槽有 m 匝短路，这时，穿过空气隙的漏磁是由两部分组成的，一部分是流过正常线匝中的 $(n-m)\dot{I}_1$ 产生的 Φ_{1s}，另一部分是流过短路线匝中的 $m\dot{I}_k$ 产生的反磁通 Φ_{ks}，合成漏磁通 Φ_s 取决于 $(n-m)\dot{I}+m\dot{I}_k$ 的大小和方向。短路电流 $\dot{I}_k$ 是由反电势产生的，如仅考虑短路线匝电抗而忽略短路接触电阻，$\dot{I}_k$ 与 $\dot{I}_1$ 的相角差接近 180°，一般情况下，即使是一匝短路，I_k 也比 I_1 大得多。

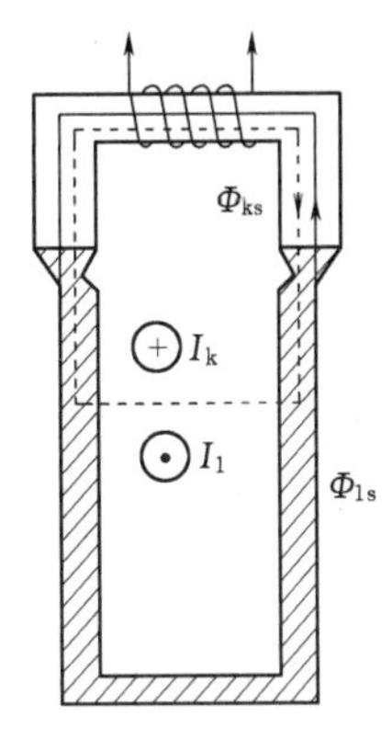

图 10－53　作用于开口变压器上的磁通

比较图 10－54 和图 10－55（b）可知，在有匝间短路的线槽上测得的感应电压 U_2 与正常槽上测得的感应电压 U_2 相比，其数值一般将减小，相角差在 90°以上。同时还可以看出，对应于该短路线匝的两个槽上的电流和漏磁分布情况是完全相同的，在这两个槽上测得的感应电压的变化应基本一致。

无论有无匝间短路，同一绕组在两个线槽里的电流流向正相反，对应于两个线槽上的感应电压相角差近似为 180°。

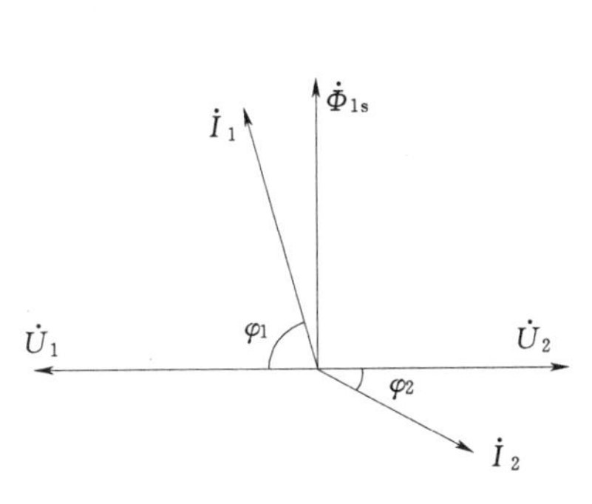

图 10－54　无匝间短路时的相量图

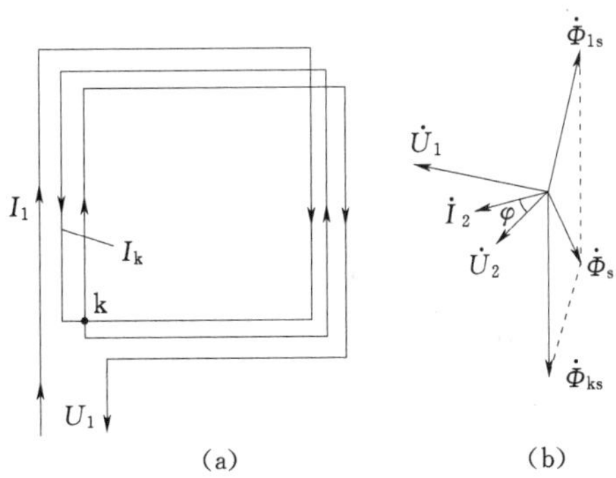

图 10－55　有匝间短路时电流流通情况和相量图

(a) 电流流通情况；(b) 相量图

（2）测试方法如下：①单开口变压器法。测试接线如图 10－56 所示。试验时，转子绕组通入交流电流，将开口变压器置于转子本体中部，顺序在各线槽上进行测量。每次调节相器使示波器上呈现的李沙育图形为一倾斜于同一方向的直线（倾于另一方向时即视作反转 180°），记下移相器及真空管电压表的读数，以此作出转子各绕组的相量图。②双开口变压器法。这种方法是在同一线槽上或同一绕组相对应的两个槽上放置两个开口变压器，一为发射变压器（一般可施加 1000～2000 安匝工频电源），一为接受变压器，如图 10－57 所示。忽略杂散电磁场干扰，在良好槽中，接受绕组的感应电压为零，当有短路线匝时接受绕组将感应出电压。这种方法因发射绕组功率不大，很难避免杂散电磁场干扰，必须采取消除干扰的措施。

用单开口变压器法和双开口变压器法对有、无匝间短路的转子绕组感应电动势的测量结果如图 10－58 和图 10－59 所示。

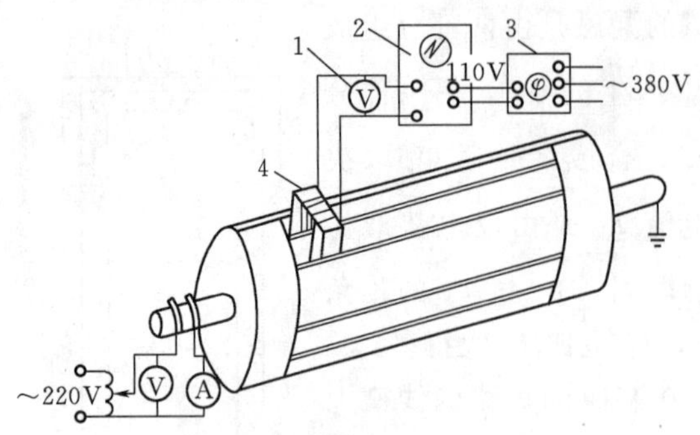

图 10-56　单开口变压器测量接线

1—真空管电压表；2—示波器；3—移相器（或相位电压表）；4—单开口变压器

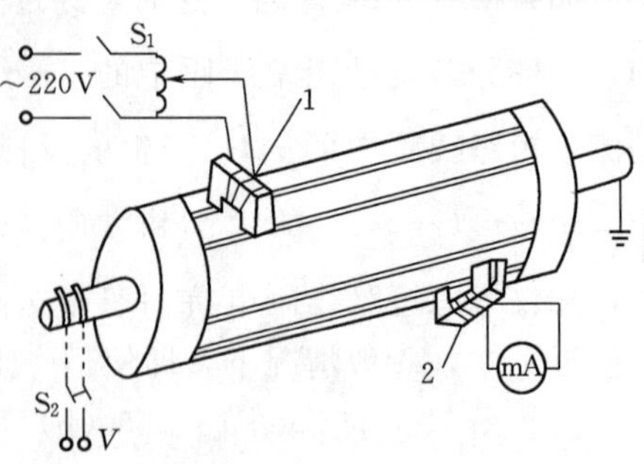

图 10-57　双开口变压器测量的接线

1—发射变压器；2—接受变压器

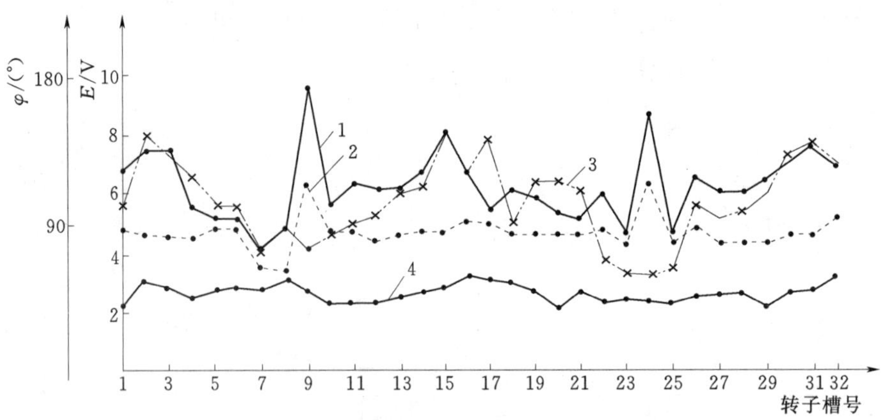

图 10-58　用单开口变压器法测得 QFQS-200-2 型发电机转子绕组的感应电动势和相角差

1、2—有短路时；3、4—短路消除后

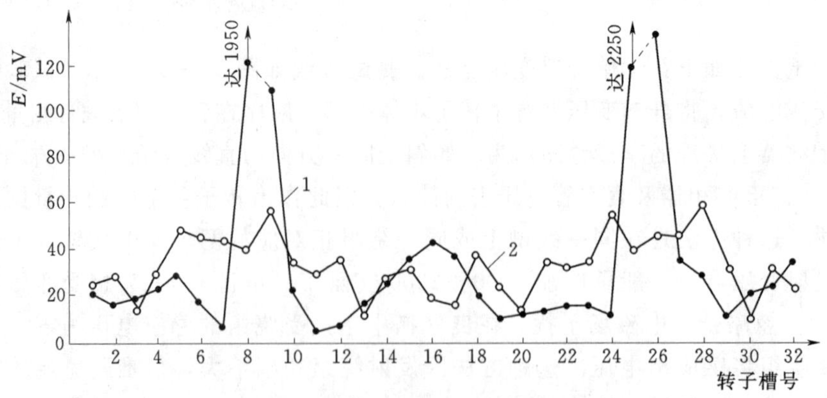

图 10-59　用双开口变压器法测得 TQN-100-2 型发电机定子绕组的感应电动势

1—有短路时；2—消除短路后

(3) 注意事项如下：①开口变压器的结构。变压器开口边的宽度应比槽楔宽度略大一些（每边宽约 5mm），以便能包括转子线槽的全表面，使漏磁全部穿过开口铁芯。开口边铁芯柱的弧度应与转子本体直径曲率吻合，能在测量时与转子本体贴附。测量电流时，开口变压器的线匝数可少些，截面稍大些。测量感应电压时，匝数可多些，一般用直径为 0.3～0.4mm 的高强度漆包线绕 1000～1500 匝即可，双开口变压器的发射绕组可用直径为 0.8～1.0mm 的高强度漆包线绕 550～1500 匝。②开口变压器放置位置的影响。转子绕组通入交流电流后，除转子槽部产生漏磁外，端部绕组也产生漏磁，它穿过开口铁芯，对感应电压的数值和相角有一定的影响，开口变压器距离端部绕组愈近，影响也愈大。所以为便于试验结果的比较，开口变压器应放在同一位置，最好放在中部。③一般来说，当单开口变压器法测量出的角度差超过 90°或电压值小于 1/3 平均值时，可以认为是短路线槽，对于双开口变压器法，经消除干扰后的电压如超过 5 倍平均电压值时，可以认为是短路线槽。

（五）匝间短路故障的动测方法

对处在转动状态实际负荷工况下的转子绕组进行匝间短路故障的探测，称为动态测试，简称动测，它属于在线监测。

动测的基本原理是对同步发电机气隙中的旋转磁场进行微分，根据微分所得的波形，分析、诊断转子绕组是否存在匝间短路故障，并准确判断故障所在的槽位。

我们知道，汽轮发电机转子绕组通入励磁电流后所形成的磁场一磁密分布 $B=f(x)$，是由沿转子圆周分布的磁势 $F=f(x)$ 及磁导回路的磁阻所决定的。在一定的转子尺寸及磁路不饱和的情况下，气隙磁密的分布只与各槽安匝数有关。图 10-60 所示为转子主磁通、主磁势及磁密的分布图。如果转子各槽匝数相等，主磁势及磁密波形的差别仅是由于回路磁导不同所形成的分布波形，则这时形成的梯形波的阶梯是不等高的。由于转子沿横轴是对称的，气隙磁密沿横轴也呈对称分布。当转子绕组在一个槽中有短路匝时，因故障槽中安匝数减少，与故障槽相邻的两齿顶磁密差值减小。这样，即可通过观测转子气隙磁

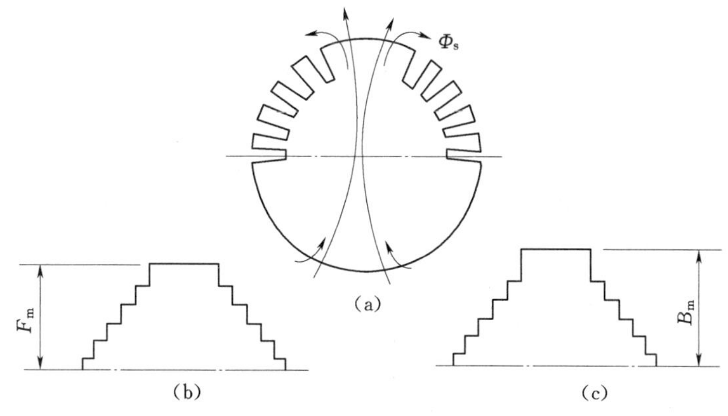

图 10-60　转子主磁通、磁势、磁密分布图

(a) 主磁通；(b) 磁势；(c) 磁密

密波形变化来判断转子绕组有无匝间短路。

现以汽轮发电机转子为例进行说明，它的气隙磁密是由主磁密与漏磁密组成，如图10-61所示。前者是我们常见的与转子槽数相对应的梯形波，后者的幅值是与转子导体所在槽的距离成反比的近似的三角波，总的气隙磁密波如图10-61（c）所示。当任一槽中有短路匝时，则因安匝数减少，与故障槽对应的主磁密梯形波与漏磁密三角波的幅值均减小，因而在总的磁密波形中出现故障槽与相邻槽的差值比正常值高的情况。

在实际应用中，为提高检测的灵敏度，往往不是直接测量磁密波，而是采用对气隙磁密波微分来进行诊断的方法，这就是气隙磁密微分法。图10-62示出了气隙磁密波形微分前后的对比，图中δ为测量元件距转子表面的距离。由图可见，从磁密微分前的波形上不容易看出4槽和9槽线圈有匝间短路，而从微分后的波形上却能很清晰地分辨出4槽和9槽线圈有匝间短路。

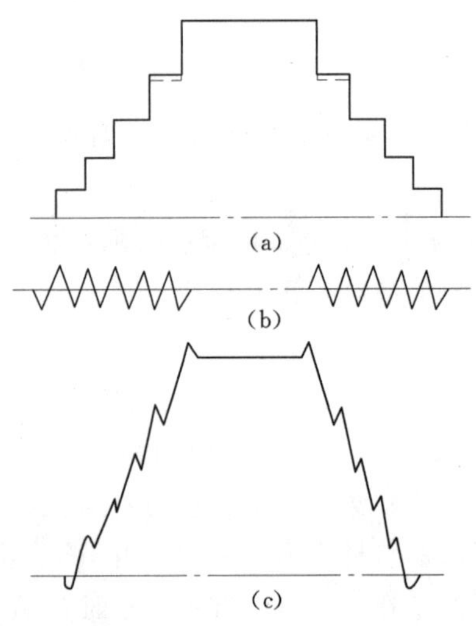

图10-61　气隙磁密分布图
（a）主磁密；（b）漏磁密；（c）总气隙磁密波

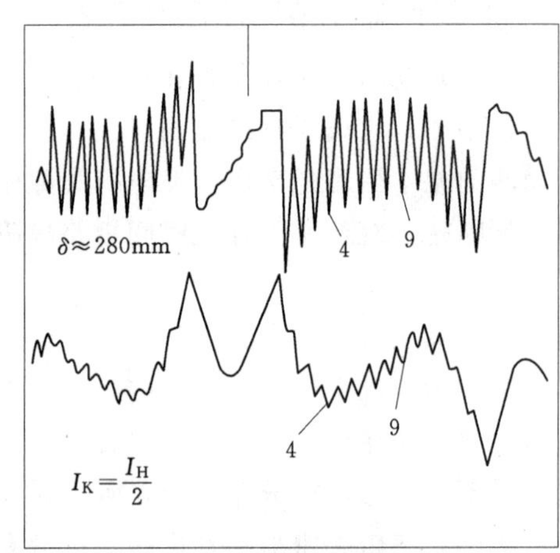

图10-62　气隙磁密波形微分前后的对比

测量中使用微分探测线圈，该线圈是用ϕ0.06～1mm高强度漆包线绕在有机玻璃框架上制成的，其匝数可选在50～300范围内。匝数没有具体要求，可依具体情况而定。线圈输出电势与匝数成正比，测试设备灵敏度高、抗干扰性能好，匝数可以少绕，反之则宜多绕。线圈的芯径小，薄而矮则测量精度高，通常取芯径为3～5mm、厚为2～4mm、高为5～8mm。绕好的线圈嵌入ϕ10mm不锈钢管或铜管制成的探测杆的顶端，将引线绞成麻花状并在另一端引出，如图10-63所示。

测量时，将测杆自发电机定子铁芯背部经径向风道（一般宽为8～10mm）插入定、转子气隙中，当转子旋转时，探测线圈中的感应电势为

$$e=-W\frac{\mathrm{d}\Phi}{\mathrm{d}t} \tag{10-1}$$

由于线圈的面积很小，可以认为穿过小线圈的磁通Φ是均匀的，即

$$\Phi=BS \tag{10-2}$$

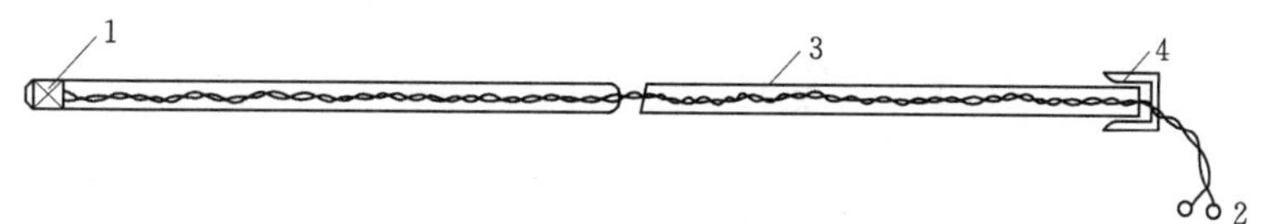

图 10-63　微分探测线圈装配示意图

1—探测线圈；2—引线；3—探测杆；4—引线固定架

式中　B——穿过小线圈的平均磁密；

S——小线圈面积。

故

$$e=-W\frac{\mathrm{d}\Phi}{\mathrm{d}t}=-WS\frac{\mathrm{d}B}{\mathrm{d}t} \tag{10-3}$$

式（10-3）说明了小线圈输出的感应电势即为按圆周分布的气隙磁密直接微分的结果，如图 10-63 所示。

（六）HVZ-1 发电机转子交流阻抗测试仪

HVZ-1 发电机转子交流阻抗测试仪是苏州工业园区海沃科技有限公司开发生产的智能型测量仪器。

转子交流阻抗测量是检查转子线圈有无匝间短路故障的一种有效的方法，仪器的工作电源 AC 220V±10%，功耗小于 20W，外形尺寸为 415×255×190（mm），重量为 4.5kg，它的输出电压 0～500V，输出电流 0～50A，交流阻抗测量范围为 0～99Ω，转度 0.5 级。

HVZ-1 的工作原理框图如图 10-64 所示。

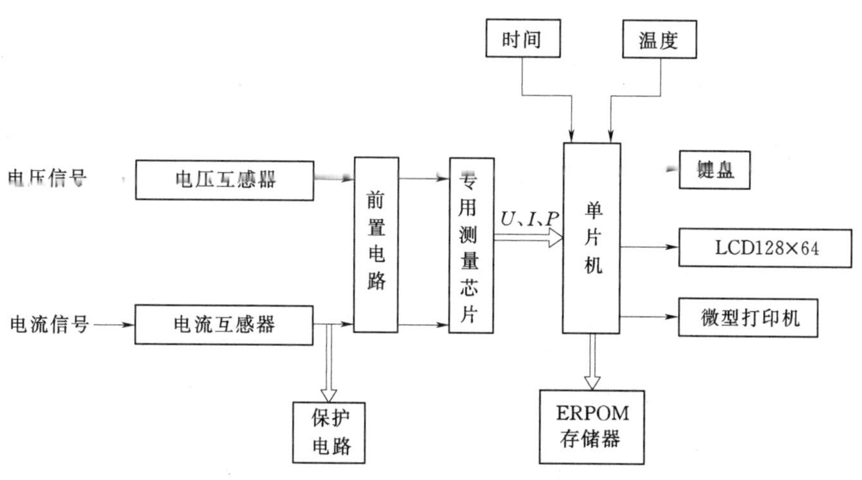

图 10-64　HVZ-1 的工作原理方框图

测试仪工作时，根据交流欧姆定律 $Z=U/I$，在单片机控制下通过高速 A/D 转换器和电参数采集模块对电压、电流、功率等交流参数进行同步采样，并自动进程运算求出 Z 值。

仪器用隔离调压装置，调压必须零起升压的零位保护等安全保护措施。它是测量发电机转子静态和动态（3000r/min）下的交流阻抗 Z；它能有效检测转子线圈有无匝间短路的便捷方法，使用效果较好。

第十八节 发电机故障诊断专家系统

一、发电机故障诊断系统框架结构及软件功能

（一）系统框架结构

发电机故障诊断专家系统框架结构如图 10－65 所示。系统对采集的在线实时、在线非实时和离线数据，经过数据处理子系统进行分析、加工、处理后，按其数据特征分别触发状态监测引擎和故障诊断推理引擎，各自进入状态监测子系统和故障诊断子系统流程工作。系统保存与故障发生、发展、诊断、处理全过程相关的信息，并对其进行统计分析、生成报表，并可打印输出。系统具有故障诊断、状态监测、信息管理、系统维护等四大主要功能。

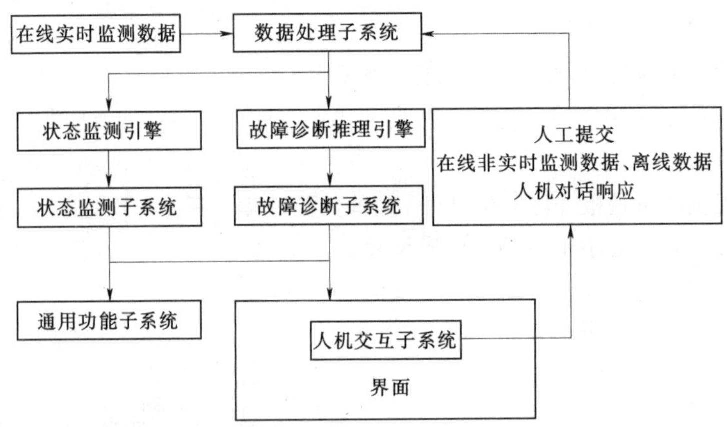

图 10－65 发电机故障诊断专家系统框架结构图

（二）系统功能

1. 状态监测子系统

状态监测功能主要是充分利用当代计算机的先进技术，通过画面、图形、曲线，在线实时展示发电机当前的运行状态并对其进行比较、分析。专家系统的状态监测与通用的数据采集与监测系统比较，其最大的不同之处就在于，它不仅只提供在线实时数据、历史数据及其趋势图，而且将设备结构、测点装设位置、监测数据、先兆与先兆之间、先兆与故障之间的关系、计算、分析和诊断结果有机地结合起来、融为一体，不仅一目了然的展示发电机当前的运行状态，而且还能将故障预警、发展过程、诊断结果、故障所在部位等以趋势图或各种图片、图表的方式在界面上展示出来，起到协同分析、诊断故障的作用。特别是采用北京伏安基业电气技术有限公司独有知识产权的指纹计算技术（以下将做专门介绍）后，可将同型号不同发电机之间或同一台发电机不同时间段的实测数据折算到相同的运行工况下进行横向、纵向及历史趋势的各种比较，对故障的发生、发展变化趋势做出准确的判断。由上可以看出，专家系统中的状态监测是一个发电机专用的智能型的状态监测系统。

2. 故障诊断子系统

（1）对 200～1000MW 大容量水氢氢冷却方式的汽轮发电机及其氢油水系统可能发生的 100 多种故障、700MW 大容量水内冷冷却方式的水轮发电机可能发生的百余种故障、200MW 及以上容量空气冷却方式的水轮发电机（包括抽水蓄能水轮发电机）可能发生的百余种故障进行诊断，并针对故障的诊断方法、发展趋势、处理方法及预防措施给出相关的专家建议。面对发电机故障诊断这一难度较大的实际应用领域，通过近 200 万条巨大的知识规则，把有关发电机运行、试验、检修、设计结构及制造工艺诸学科的领域知识，尤其是领域专家在以上各方面几十年的实践经验和理论功底以及国内、外的先进经验应用到实际问题的求解中去，以求无论是深度上还是广度上都达到一流人类专家的水平。

（2）实现多种数据源、在线、离线两种运行方式相互继承、相互启发的综合诊断功能。如前所述，系统的数据源分为在线实时数据、在线非实时数据和离线数据三种。系统可以在线实时采集和处理数据，形成在线实时先兆；可以通过人机会话、人工提交获取没有进入专家系统在线实时数据源的在线非实时数据，形成在线非实时先兆；也可以通过人机会话、人工提交获取由试验、检修等离线数据形成的离线先兆。通过系统在线、离线相互继承、相互启发的方法进行综合诊断。达到了不漏判、不错判和早期发现故障的目的。

（3）故障分级处理功能。为达到在处理故障时能分清轻重缓急的目的，系统根据有关规程规定和运行经验将发电机故障按照严重程度分为四级，必须立即停机进行处理的为第一级，应立即降低负荷的为第二级，应向领导汇报降低负荷的为第三级，一般故障为第四级。当有故障发生时，系统分别按照故障级别的高低发出不同的报警声和画面图像的闪动，提醒用户注意，如果有两个或两个以上的故障同时存在，系统将提醒用户首先处理高一级的故障。

（4）推理回溯功能。为避免用户因一时疏忽，在回答人机会话时出现错误而导致误诊断。系统的推理机具有回溯功能，为用户提供改正错误的机会。

（5）对测量系统工作状态的识别及监测量屏蔽功能。对测量系统工作状态的识别一是由专家系统自动完成，二是由系统提示、通过人机交互完成。当系统识别出并确认某测量系统工作状态不正常时，该监测量将被屏蔽，不再介入诊断、推理过程，直至恢复正常状态时为止。

（6）解释功能。发电机故障诊断专家系统作为一个理论基础较深、实践经验广泛、技术难度很大的智能型软件，应具有强大的解释功能。也只有这样才能与用户在技术上建立良好的交互，达到不断加深理解、不断提高应用水平的目的。为此，在研究、开发的过程中对此予以极大的关注。采用“故障征兆”“诊断意见”“应对措施”“人机会话”四个部分描述诊断推理的整个过程。“故障征兆”按先兆发生的顺序列出已发生的先兆，“诊断意见”给出当前诊断结果，“应对措施”在正处于诊断过程、尚未得出最终诊断结果时，对目前发电机的状态、如何进一步进行诊断、运行中应采取的措施，如应注意监视、调整、检查的内容等提出建议。在已得出诊断结果时，对运行中应采取的措施、对故障的处理方法和应采取的预防措施等都作出了详细的解释。

3. 信息管理子系统

（1）故障统计。统计结果是分析的依据，因此，统计方法对研究、分析结果至关重要。为达到预期目的，特按如下方法对发电机故障进行统计。统计的范围可以是单机（针对发电机故障诊断专家系统单机版）、多机多型号（针对多机版）或多厂多机多型号（针对多机版）。

1）按故障发生时间进行统计。根据故障发生的时间，分别按月、季、年或指定的时间段进行统计，并生成报表，这是最基本的统计方法，它为电厂的技术管理提供基本信息。不过需要提到的是，发电机的故障与运行寿命有关，有时还与气候条件有关，因此按时间进行统计还有助于对发电机故障原因的分析，为预防故障的发生提供科学依据。

2）按故障类别进行统计。从故障管理的角度出发，将故障分为运行待处理、检修待处理、运行转检修、检修转运行、已忽略和已结束等六类故障，并分别按故障的类别进行统计，为发电机技术管理、工作安排提供依据。

3）按故障级别进行统计。如前所述，系统按严重程度将故障分为四级。在故障统计中，分别按故障级别进行统计，其结果不仅可为发电机状态评估提供科学依据，并有助于检修工作的合理安排。

4）按故障发生的部位进行统计。系统对所诊断的故障按其发生的部位进行了划分，大部位有定子、转子、集电环和碳刷、纯水系统、空冷器系统和机壳等六大部位，大部位内又分若干小部位，并分别按故障发生的部位进行统计。通过统计结果，可发现故障的频发部位，有助于发现发电机设计结构、制造工艺、检修工艺以及运行中存在的重大缺陷，为制定检修、设备技术改造方案提供科学依据。

5）故障树。如前所述，发电机的某些故障与故障之间具有诱发性和依从性。也就是说，某种故障可能是由另一种故障所引起，而其本身又可能诱发出其他的故障。因此，在处理故障时必须找出诱发故障，从根本上进行处理，以避免故障的重复发生。同时应采取必要的预防措施，以避免可能被诱发故障的发生。“故障树”是用图片的方式表示的故障与故障之间的关系，直观地展示出故障原因及由此可能诱发出的问题，从而合理制定检修方案和预防措施。

（2）故障追记。为便于不断总结经验、提高对发电机各种故障的分析、处理水平，系统对设备异常的发生，故障诊断、处理，专家建议以及人机交互的全过程进行了记录，并可随时查询。此外，通过人机交互过程的记录，也为管理人员对现场的管理、相关人员的技术考核提供了参考资料。

（3）故障查询。为随时掌握发电机状态（包括当前状态和历史状态），系统设计有强大的查询功能。随时调看当前或任一指定时间段内存在故障的各种统计结果，故障追记的详细记录，各监测量的实时趋势图、中期历史趋势图或长期历史趋势图，各种分析计算、比较结果，测点的异常记录及统计结果，以及各种月报、季报和年报。尤其是多机（多厂）版更可提供多台发电机或多个发电厂乃至全局、全网的查询、统计、分析结果，对提高技术管理水平起到良好的作用。

4. 系统维护子系统

作为工程实际应用软件，必须具有良好的系统维护功能，发电机故障诊断专家系统拥有身份管理、用户管理、日志、在线用户列表、专业维护等功能。

二、指纹技术在发电机故障诊断中的应用

（一）指纹识别技术

指纹识别技术是把一个人的指纹和预先保存的指纹进行比较，进而验证他的真实身份的一项技术。其主要功能涉及四个方面：读取指纹图像、提取特征、保存数据和比对。现已在很多行业得到了拓展和应用。由此可以得到启发，如果能得到在任意一个工况下发电机某些关键监测量的“正常值”——指纹，将其与监测量的实测值进行比较，超出一定范围就报警，即可早期发现发电机的故障。对于发电机而言，有无数个运行工况和大量的监测量，各监测量的数值随着发电机运行工况的变化而变化，也就有无数个“正常值”。获取发电机某些关键监测量的“正常值”并保证其精度是将这一方法用于发电机故障诊断的关键。

（二）指纹技术在发电机故障诊断专家系统中的应用

多年来指纹技术发电机故障诊断专家系统运行正常，为早期发现发电机故障、提高发电机运行水平、实现合理检修、降低发电成本起到了良好的作用。

1. 实现零错判和零漏判

多台发电机多年的运行经验表明，本系统没有任何一起错判和漏判的事件发生。所以能达到如此水平，指纹计算的精度是重要的关键。

近百台发电机在多年的实际运行中均以 1/30 次/s 的频率进行数据采集，各种指纹计算也随之每 30s 计算一次，所达到的计算精度是；定子绕组温度指纹计算最大误差不超过 1℃、定子铁芯及端部结构件温度指纹计算最大误差不超过 2℃、转子电流指纹计算最大误差不超过 1%，无一例外，否则将发生错报。众所周知，计算精度是提高监测灵敏度、保证动作正确率的关键，有了精度的保证，才能在确定阈值时做到恰到好处，从而提高了监测的灵敏度，也正是有了精度，才能使报警的正确性得到保证。

2. 早期发现故障、避免重大经济损失

早期发现故障是应用指纹计算诊断发电机故障的主要优点之一，2007 年 5 月某厂 3 号发电机（QFSN－300－2）因小混床树脂颗粒直径太小且凝聚力很强，在毛口处形成堆积堵塞，导致 4 根线棒堵塞故障的早期发现是一个典型例证。

3. 防止错判、避免误停机

防止错判、避免误停机，可避免巨大的经济损失。例如，2008 年 1 月下旬某发电厂 1 号发电机（QFSN－600－2）大面积出现“线棒出水温度互差大”的报警信号。但该机装设的发电机故障诊断专家系统中定子绕组指纹计算的结果表明：出水温度低的线棒的出水温度的实测值低于计算值，据此情况可以初步判定是温度测量系统发生问题。经检查发现，实属测点包扎不好，受冷风温度吹拂所致。电厂结合检修机会，进行了处理。本次实例表明：

（1）依靠指纹计算结果，查明了故障的真实原因，避免一次误停机及其可能带来的经济损失。

(2) 及时发现温度测点的缺陷，并得以及时处理，否则测点存在缺陷的线棒发生温度高故障时，将会发生漏判，所带来的后果将会更加惨重。

综上所述，将指纹技术应用于发电机故障诊断是一个行之有效的新方法。它既可以避免诊断中误报、漏报所带来的困扰，又可早期诊断故障，保障发电机安全运行，避免或减少因故障所造成的巨大的经济损失。

复　习　题

1. 发电机预防性试验项目有哪些？你们单位做哪些项目？
2. 在发电机直流试验中，为什么要突出测量泄漏电流这个项目？
3. 如何对发电机直流试验结果进行分析判断？
4. 如何对发电机定子绕组的温度进行换算？
5. 为什么发电机要做 0.1Hz 耐压试验？它有哪些优点？其试验电压和容量如何确定？
6. 不同冷却方式的发电机在进行直流耐压时应注意哪些问题？
7. 简述诊断发电机转子绕组接地故障的方法和原理。
8. 简述诊断发电机转子绕组匝间短路的方法和原理。
9. 发电机特性试验有哪些？简述其试验方法，说明其作用。
10. 目前发电机在线监测主要采用什么方法？
11. 发电机局部放电监测曲线有什么特点？什么情况表示需要停电检修发电机？
12. 为什么说应用智能型发电机局部放电监测来判断其绝缘状况是一项很有实用价值的新技术？
13. 发电机定子绕组红外诊断的方法有几种？各有什么特点？
14. 发电机 HF 放电监测系统的工作原理是怎样的？
15. 发电机 UHF 放电监测系统的工作原理是怎样的？
16. 如何判断发电机定子绕组接头质量？
17. 发电机故障诊断专家系统具有几大主要功能？
18. 为什么说故障诊断子系统是故障诊断专家系统的核心？
19. 发电机故障诊断专家系统的信息管理子系统的作用是什么？
20. 什么是指纹识别技术？怎样把指纹识别技术应用到发电机故障诊断中？

第十一章 其他旋转电机

第一节 概 述

本章将《规程》中的其余的旋转电机另列一章，其中也包括《电气设备交接试验标准》中提到的“中频发电机”。

一、交流励磁机的试验项目

（1）绕组绝缘电阻。
（2）绕组直流电阻。
（3）绕组交流耐压。
（4）旋转电枢励磁机熔断器直流电阻。
（5）可变电阻器或起动电阻器直流电阻。
（6）交流励磁机特性。
（7）温升试验。

二、直流励磁机及动力类直流电动机的试验项目

（1）绕组绝缘电阻。
（2）绕组直流电阻。
（3）电枢绕组片间直流电阻。
（4）绕组交流耐压。
（5）磁场可变电阻器直流电阻。
（6）磁场可变电阻器绝缘电阻。
（7）碳刷中心位置调整。
（8）绕组极性及其连接正确性检查。
（9）电枢及磁极间空气间隙测量。
（10）直流发电机特性。
（11）直流电动机空转检查。

三、交流电动机的试验项目

（1）绕组绝缘电阻和吸收比。
（2）绕组直流电阻。
（3）定子绕组泄漏电流和直流耐压。
（4）定子绕组交流耐压。

(5) 绕线式电动机转子绕组交流耐压。
(6) 同步电动机转子绕组交流耐压。
(7) 可变电阻器或起动电阻器直流电阻。
(8) 可变电阻器与同步电动机灭磁电阻器交流耐压。
(9) 同步电动机及其励磁机轴承绝缘电阻。
(10) 转子金属棒线交流耐压。
(11) 定子绕组极性检查。
(12) 定子铁芯磁化试验。
(13) 电动机空转并测空载电流和空载损耗。

四、中频发电机的试验项目

(1) 测量绕组的绝缘电阻。
(2) 测量绕组的直流电阻。
(3) 绕组的交流耐压试验。
(4) 测录空载特性曲线。
(5) 测量相序。
(6) 测量检温计绝缘电阻，并检查是否完好。

第二节 交流励磁机

一、绕组绝缘电阻测量

1. 测量周期

A、B、C 级检修时。

2. 判据

绝缘电阻值不应低于 0.5MΩ。

3. 方法及说明

1000V 以下的交流励磁机，励磁绕组使用 500V 绝缘电阻表，电枢绕组使用 1000V 绝缘电阻表测量；1000V 及以上者使用 2500V 绝缘电阻表测量。

二、直流电阻测量

1. 绕组直流电阻

在 A 级检修时进行交流励磁机绕组的直流电阻测量。其判据如下：
(1) 各绕组直流电阻值的相互间差别不超过最小值的 2%。
(2) 励磁绕组直流电阻值与出厂值比较下应有显著差别。

2. 旋转电枢励磁机熔断器直流电阻测量

在 A 级检修时进行。直流电阻值与出厂值比较不应有显著差别。

3. 可变电阻器或起动电阻器直流电阻

在A级检修时进行。与制造厂数值或最初测得值比较相差不得超过10%；1000V及以上中频发电机应在所有分接头上测量。

三、绕组交流耐压

A级检修时进行。试验电压为出厂试验电压的75%；副励磁机的交流耐压试验可用1000V绝缘电阻表测绝缘电阻代替。

四、温升试验

必要时可进行温升试验，应符合产品技术文件要求。

五、交流励磁机特性试验

1. 试验周期

（1）更换绕组后。

（2）必要时。

2. 判据

与制造厂或交接试验数据比较应在测量误差范围内。

3. 试验目的

励磁机的特性试验包括空载特性和负载特性试验。空载特性是指励磁机在空载且为额定转速时，其励磁电流与端电压的关系。负载特性是指励磁机以发电机的转子绕组作为固定负载并在额定转速下，其励磁电流与端电压的关系。进行特性试验的目的首先是检查励磁机工作是否正常，其次是为励磁系统计算和自动励磁装置的整定提供特性参数。此试验仅在交接时进行。

4. 空载特性试验方法

空载特性试验接线如图11-1所示。图中的仪表应用0.5级的，电压表量程应不小于发电机转子额定电压的两倍，电流表量程应不小于两倍额定转子电压除以主磁极绕组的电阻所得的电流值。

试验前，断开灭磁开关MK，将交流发电机转子脱离，并用粗线将R_m短接掉。试验中，汽轮机转速应维持额定值。试验时，首先断开励磁回路，读取剩磁感应电压，然后接通励磁回路，调节磁场电阻，直到磁场电阻全部切除，分别在约12个点记下励磁电流i_L值和相应的电枢电压U_L值，如图11-2所示。

在调节磁场电阻的过程中，只能向单一方向调节。先做电枢电压U_L上升曲线，再做电枢电压的下降曲线。调节时要缓慢、平稳，避免往返调节。

试验过程中要一边读数，一边画图，及时发现问题及时分析纠正。

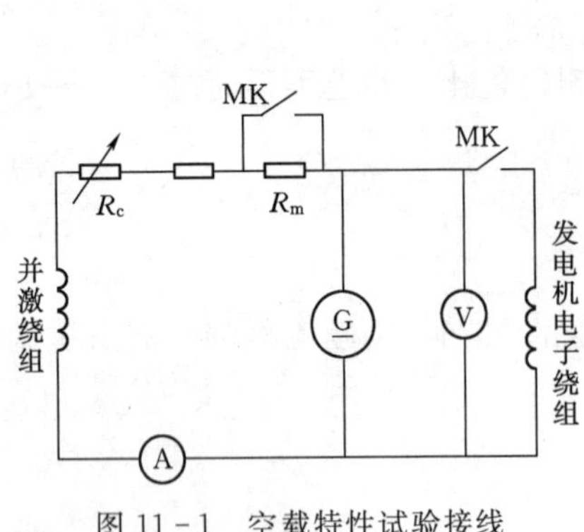

图 11-1　空载特性试验接线

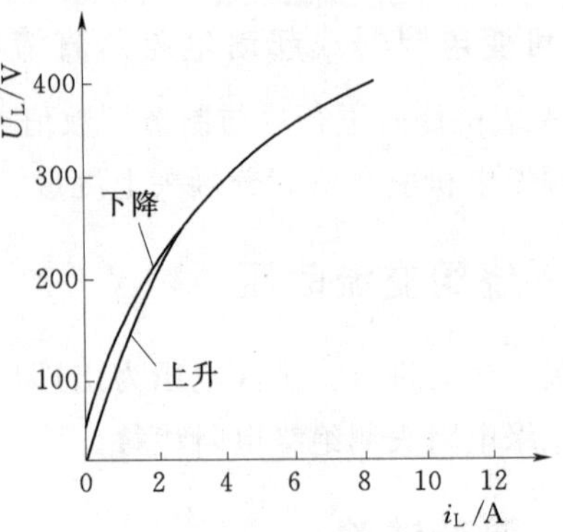

图 11-2　励磁机的空载特性

5. 负载特性试验方法

负载特性试验接线如图 11-3 所示。试验时合上灭磁开关 MK，调节磁场变阻器 R_c，读取励磁机端电压和励磁电流以及发电机转子电流，即可做出图 11-4 所示的曲线。该试验一般是与发电机空载特性试验同时进行的。当读取曲线的后半部分数据时，操作应迅速，以免过热。

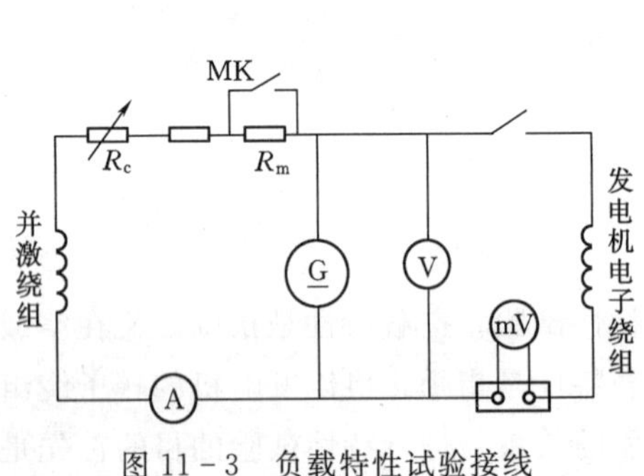

图 11-3　负载特性试验接线

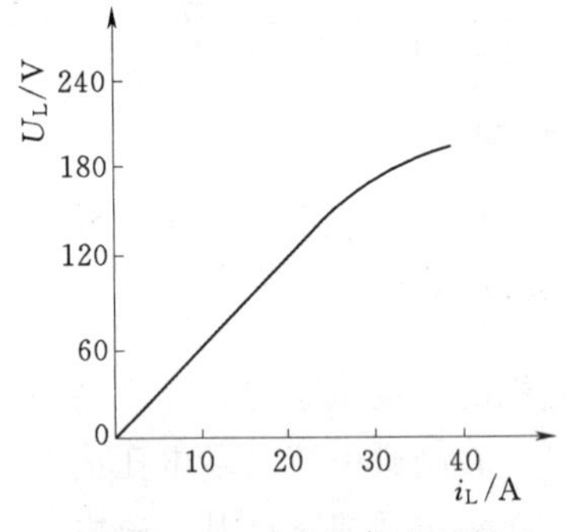

图 11-4　励磁机负载特性

6. 注意事项

(1) 空载特性：测录至出厂或交接试验的试验电压值。

(2) 永磁励磁机测录不同转速下空载输出电压，测录至额定转速。

(3) 负载特性：仅测录励磁机的负载特性，测录时，以同步发电机的励磁绕组为负载。

第三节　直流励磁机及动力类直流电动机

一、绕组的绝缘电阻

1. 试验目的

检查磁极绕组、换向绕组和电枢绕组的绝缘是否良好，有否存在接地、接轴等缺陷。

2. 试验周期

A、B、C 级检修时。检修级别均指所属发电机或调相机的检修级别，下同。

3. 试验设备

由于直流电机容量较小，一般不要求测量吸收比，只测量绝缘电阻。采用1000V绝缘电阻表。

对励磁机旋转的电枢绕组应测量电枢绕组对轴和金属绑线的绝缘电阻。

4. 试验步骤

(1) 拆除绕组与外线路的连接线，提起碳刷使之与换向器（整流子）脱离。碳刷应悬空，不要与电机外壳和其他部分接触。

(2) 分别测量励磁绕组、换向绕组对外壳的绝缘电阻。

(3) 测量电枢绕组对轴和金属绑线的绝缘电阻。

(4) 绝缘电阻测量方法可参照发电机绕组绝缘电阻测量方法。

(5) 记录测量的绝缘电阻阻值和测量时绕组温度。

5. 数据分析

由于直流电机绕组的电压较低，对绝缘电阻阻值要求不高，一般在5～75℃温度范围内不低于0.5MΩ即可。

6. 消除措施

绝缘电阻达不到要求时，应用绝缘清洁剂对绕组进行清洗或烘干排潮处理，如存在直接接地现象，应查找原因，消除缺陷。

二、绕组的直流电阻

1. 试验目的

检查磁极绕组和换向绕组的直流电阻是否超差或存在异常。

2. 试验周期

A级检修时。

3. 试验设备

鉴于磁极绕组和换向绕组阻值相差较大，故需两种电桥，即双臂电桥和单臂电桥。

4. 试验步骤

(1) 拆除绕组与外部电路的连接线，单独测量绕组的直流电阻。

(2) 测量磁极绕组直流电阻采用单臂电桥。磁极绕组匝数较多，电感较大，测量时有一定的充电时间，需待电桥稳定后读数。

(3) 测量换向绕组直流电阻采用双臂电桥。因换向绕组阻值较小，测量前应预先选好电阻倍率。

(4) 测量直流电阻的同时测量绕组的温度。

5. 数据处理分析

(1) 与制造厂试验数据或以前测得值比较，相差不宜大于2%；补偿绕组自行规定。

(2) 100kW以下的不重要的电机自行规定。

(3) 所测得的直流电阻经温度换算后与原始数据比较，应符合有关规程的要求。若阻值超差，应查明原因予以消除。

6. 注意事项

(1) 用单臂电桥测量磁极绕组直流电阻后应扣除测量导线的电阻。

(2) 测量时导线与被测绕组应接触良好。用双臂电桥时灵敏度应调至最大，确保测量精度。

(3) 测量电阻时绕组温度与冷却介质温度相差不超过 2K。

三、电枢绕组片间的直流电阻

1. 试验目的

当 A 级检修时，检查电枢绕组与整流片的焊接是否良好。相互间的差值不应超过正常最小值的 10%。

2. 试验设备

采用电压电流法测量电枢绕组片间直流电阻时，应具备直流蓄电池、滑线电阻、直流毫伏表和两对焊有探针的测量导线。

3. 试验步骤

(1) 将所有碳刷提起脱离整流子。

(2) 因换向片数量较多，在测量前逐片进行编号。

(3) 在两相邻换向片上用探针输入一直流电流，同时测量其电压。

(4) 依次逐片进行测量。

(5) 换向片上输入电流不大于电枢额定电流的 5%～10%，一般以 5～10A 为宜。

4. 数据处理分析

(1) 将测得的电压电流换算至电枢绕组片间电阻。

(2) 找出片间电阻的最大值和最小值，计算片间电阻相互间的差值，该差值不应超过 DL/T 596—1996 的要求。

5. 注意事项

(1) 测量时直流电流要稳定，整个测量过程中所加电流要一致，如发生偏差应用滑线电阻调整。

(2) 测量时探针要紧密接触换向片。

(3) 所用直流电流表和毫伏表应为 0.5 级及以上的表计。

(4) 因电枢绕组具有较大的电感，测量时先输入电流，后测量电压；测量结束先断开毫伏表，后断开电流，以免损坏毫伏表。

(5) 由于均压线产生的有规律变化，应在各相应的片间进行比较判断。

(6) 对波绕组或蛙绕组应根据在整流子上实际节距测量电阻值。

四、磁场可变电阻器的直流电阻试验

1. 试验目的

A 级检修时，检查磁场可变电阻器阻值和滑动接触是否良好。与铭牌数据或最初测

量值比较相差不应大于10%。

2. 试验设备

单臂电桥。

3. 试验步骤

（1）拆除磁场可变电阻器与励磁回路的连接线，做好线头标记以便恢复。

（2）检查可变电阻滑动触头接触是否良好，调节滑动是否正常，用万用表检查在整个滑动过程中有否开路现象。

（3）用电桥从小到大逐点测量可变电阻器的直流电阻。

（4）测量完毕，恢复其接线。

4. 数据处理

测得的各不同分接头位置的阻值应有规律递增变化，且与铭牌或最初测量值比较相差不大于10%。

5. 消除措施

（1）滑动触头接触不良或氧化物使阻值超差，应进行清理或打磨。

（2）测量后应扣除测量导线电阻。

6. 注意事项

应在不同分接头位置测量，电阻值变化应有规律性。

五、直流发电机特性

（一）基本要求

1. 周期

（1）更换绕组后。

（2）必要时。

2. 判据

与制造厂试验数据比较，应在测量误差范围内。

3. 方法及说明

（1）空载特性：测录至最大励磁电压值。

（2）负载特性：仅测录励磁机负载特性；测量时，以同步发电机的励磁绕组作为负载。

（3）外特性：必要时进行。

（4）励磁电压的增长速度：在励磁机空载额定电压下进行。

（二）直流发电机的空载特性

1. 试验目的

检查直流发电机在额定转速下励磁电流与电枢电压的关系。一般预试时不进行该项目，只有在更换绕组后或必要时进行。

2. 试验设备

试验设备包括直流电压表、直流电流表。

3. 试验步骤

(1) 在直流发电机励磁回路中串接入直流电流表，在电枢回路并接入直流电压表。

(2) 直流发电机磁场变阻器电阻调至最大位置，负载开关在断开位置。

(3) 直流发电机由原动机拖动至额定转速（在发电厂一般与交流发电机直接连接，由交流发电机驱动)。

(4) 保持转速为额定转速，调节磁场变阻器逐渐减小电阻，增大励磁电流，升至1.3倍电枢额定电压为止，逐点测量励磁电流和电枢电压。然后向相反方向调节磁场变阻器，逐步增大电阻，减少励磁电流，直至磁场变阻器调至最大电阻为止，逐点测量励磁电流和电枢电压。在上升和下降过程中各取9～11点，并在电枢电压的额定值附近多读取几点。在每一点上应同时读取励磁电流和电枢电压。

4. 数据处理

在毫米方格纸上，用上升和下降的各点励磁电流和电枢电压测量值画出直流发电机的上升和下降空载特性曲线。

5. 注意事项

(1) 磁场变阻器只能单方向调节，如需反方向调节，应先将励磁电流回复至零（测量上升曲线）或增加到最大值（测量下降曲线)，否则由于磁滞效应会产生测量误差。

(2) 若直流发电机转速偏离额定转速，测量出的电枢电压应进行转速修正。

(3) 测量空载特性曲线还应考虑直流发电机的转子与定子间隙和励磁绕组是否存在匝间短路的影响。

(三) 直流发电机的负载特性

1. 试验目的

该试验项目只在更换绕组或必要时进行。

2. 试验设备

试验设备有直流电压表、直流电流表。

3. 试验步骤

(1) 在直流发电机励磁回路串接入直流电流表，电枢回路并接入直流电压表。

(2) 直流发电机磁场变阻器电阻调至最大位置，结合同步发电机的特性试验，机组升速至额定转速，保持稳定，合上灭磁开关。

(3) 调节磁场变阻器，逐渐减小电阻，增大励磁电流，至同步发电机额定电压为止，逐点测量励磁电流和电枢电压，在这过程中一般取6～8个点。然后反方向调节磁场变阻器，逐渐增大电阻，减小励磁电流，直至最小值，拉开灭磁开关。在每一点上应同时读取励磁电流、电枢电压。

4. 数据处理

在毫米方格纸上，用测得的各点励磁电流和电枢电压画出直流发电机负载特性曲线。

5. 注意事项

(1) 磁场变阻器只能单方向调节，否则会引起测量误差。

(2) 试验时间应尽量短，以免同步发电机转子电阻变化，从而引起特性曲线变化。

(四) 直流发电机的外特性

1. 试验目的

只有在必要时才进行检查。

2. 试验设备

试验设备有直流分流器、直流电压表、直流电流表、直流毫伏表、可调负载电阻。

3. 试验步骤

(1) 在并激绕组回路中串入直流电流表，电枢回路中串入直流分流器和并接直流电压表，在分流器上接直流毫伏表。电枢回路通过开关接入可调负载电阻。

(2) 磁场变阻器调至最大位置，负载电阻阻值调至最大值。

(3) 由原动机驱动直流发电机直至额定转速，并保持稳定不变。

(4) 合上可调负载电阻开关，调节磁场变阻器和可调负载电阻，使电枢电压和电流达到额定值。保持励磁电流不变，调节可调负载电阻，逐渐增大电阻，减小电枢电流，逐点测量电枢电压和电流，直至电枢电流为零，记录此时的电枢电压。

(5) 拉开可调负载电阻开关，调节磁场变阻器，增大电阻，将电枢电压降至最低值，被试直流发电机降速，试验结束。

4. 数据处理

根据测量得到的额定电枢电流下的电枢电压 U_N 和空载下的电枢电压 U_0，求得电枢电压变化率：

$$\Delta U=(U_0-U_N)/U_N\times 100\%$$

一般并激直流发电机电压变化率为 25%～30%，他激直流发电机为 5%～10%。

5. 注意事项

(1) 试验时机组转速维持额定，保持稳定，否则影响电枢电压值。

(2) 可调负载电阻容量和阻值应满足试验机组参数的要求。

(五) 直流发电机的励磁电压增长速度测量

1. 试验目的

直流发电机作为同步发电机励磁电源，在更换绕组和必要时应测量其电压增长速度。

2. 试验设备

试验设备有直流电压表、示波器、程序控制器、短路开关。

3. 试验步骤

(1) 在电枢回路并接直流电压表，用短路开关短接励磁回路上的所有电阻，若励磁回路上有直流电流表应予以短接或拆除，接示波器和程序控制器的接线。磁场变阻器电阻在最大位置，断开直流发电机的负载开关。

(2) 由同步发电机驱动直流发电机，直至额定转速并保持稳定，调节磁场变阻器使电枢电压达额定值。

(3) 启动示波器和程序控制器，合上短路开关，录制电枢电压上升曲线。

(4) 经 2s 后由程序控制器控制跳开短路开关，调节磁场变阻器使电枢电压降至最低值，试验结束。

4. 数据处理

在录波图上测量励磁回路电阻被短路后 0.5s 时的电枢电压，与额定电枢电压之比即为励磁电压增长速度的倍数。一般作为同步发电机励磁电源的直流发电机，其 0.5s 时的电枢电压上升速度倍数应为额定电压的 2 倍以上。

5. 注意事项

(1) 短路开关应短接良好，尽量减小接触电阻。

(2) 程序控制器应使示波器与短路开关配合良好。

(3) 直流电压表量程应能满足电枢电压上升至最大电压的要求。

六、直流电动机空转检查

在 A 级检修后及更换绕组后应进行直流电动机空转检查，其空转检查时间不宜小于 1h。转动正常，调速范围合乎要求。

七、直流电机的故障及处理

直流故障的种类也很多，和异步电机最不同的是换向故障，所以本段着重讨论这方面的故障。

1. 换向火花等级

我国对换向火花的等级标准如表 11-1 所示。

表 11-1　换向火花等级标准

火花等级	电刷下火花程度	换向器及电刷状态	允许范围
1	无火花		无害火花
$1\frac{1}{4}$	电刷边缘仅有微弱的点状火花或有非放电性的红色小火花	换向器上没有黑痕及电刷上没有灼痕	
$1\frac{1}{2}$	电刷边缘大部分有轻微的火花	换向器有黑痕，但不发展，用汽油能擦去，电刷表面有轻微灼痕	
2	电刷边缘全部或大部分有强烈火花	换向器有黑痕，用汽油擦不掉，电刷上有灼痕	有害火花只允许过载时短时出现
3	电刷整个边缘有强烈火花，同时有火花飞出	换向器黑痕严重，用汽油擦不掉，电刷上有灼痕	危险火花，不允许出现

2. 换向火花产生原因

(1) 机械性原因。这包括下列因素：

1）电刷的振动。直流电机的振动标准见表 11-2。由于电机的振动将引起电刷振动，因此应消除振动。换向器（即整流子）的不圆或云母片的凸出也使电刷发生跳动；电刷和刷握间的间隙过大引起电刷的摆动。

表 11-2 直流电机振动标准

n/(r/min)	500	600	750	1000	1500	2000	2500	3000
双振幅/mm	0.20	0.16	0.12	0.10	0.08	0.07	0.06	0.05

2）电刷和换向器表面接触不良。对各种牌号的电刷，所规定的压力有所不同，压力过大或过小或不均匀都会引起火花。电刷压力一般为 150～270g/cm^2，相互差应小于平均值的 10%。除压力外，还有电刷和换向器表面圆弧未全接触，换向器表面不光滑，电刷在刷握中有卡住现象等。

（2）电磁性原因。这包括下列因素：

1）电刷位置不在中性线位置，找此位置用的一般为感应法，具体接线如图 11-5 所示。在切断和合上电源瞬间观察毫伏表的偏转，无偏转时即为中性线位置。

2）换向极和主极线圈的极性未按规定的顺序方向接线，这可通过测试极性来确定。

3）电枢绕组（或升高片）的短路，断路和开焊，这可用测量换向片间压降的方法来检查，在相邻的换向片或相隔接近一个极距的两换向片上接入低压直流电源，用直流毫伏表测相邻两换向片间的压降（见图 11-6），正常时测得的压降应相等，最大、最小和平均值的偏差应不超过±5%，在测量前应查阅电枢绕组的结线图，弄清其结构情况，以便判断测量结果的正确性。对于升高片的开焊可以采用测其接触电阻的方法来进行（见图 11-7）。

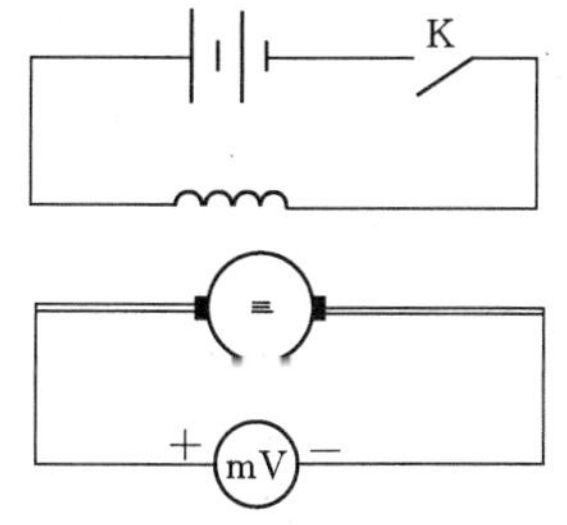

图 11-5 找中性线位置接线

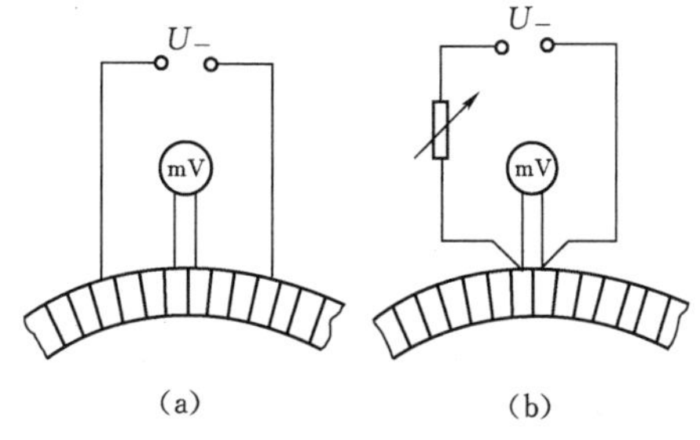

图 11-6 压降法接线

（a）电源接入相隔接近一个极距的两换向片上；
（b）电源接入相邻两换向片上

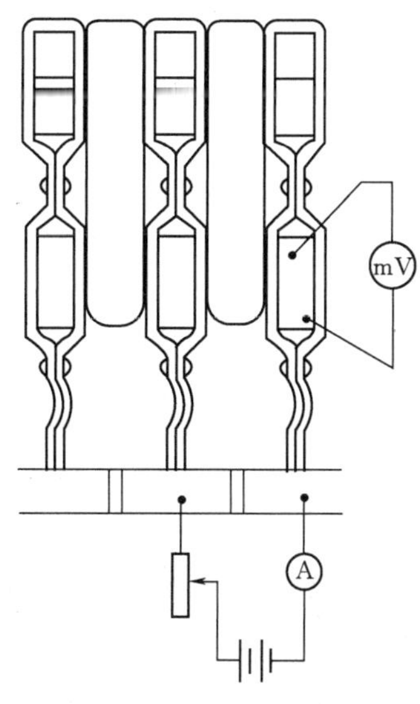

图 11-7 测升高片开焊方法

（3）电刷原因。包括电刷选用不当，使用者应根据制造厂说明书进行选样，或根据电流密度（不能过低和过高），允许圆周速度及单位压力等方面加以对照使用。不能采用混用的方法。

（4）其他原因。这包括环境污染、电机过负荷等。

为了使读者对换向器表面情况有一个感性的了解，图 11－8 示出了换向器表面的不良换向痕迹，表 11－3 列出了不良整流状况的原因。

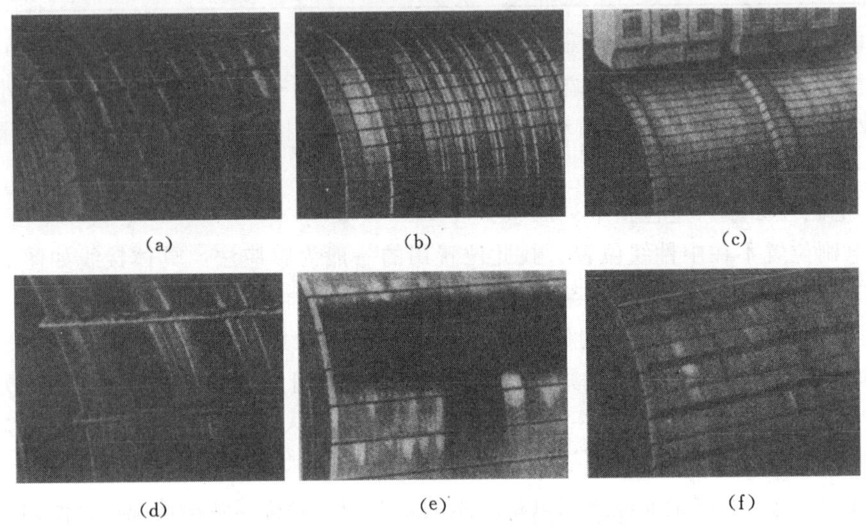

图 11－8 换向器表面的不良换向痕迹

（a）条痕（这种现象将使金属铜转移到炭刷）；（b）螺纹线（这种现象是过量的金属转移，并使电刷快速磨损）；（c）沟槽（这是由电刷或大气中的研磨性物质所引起）；（d）挤铜（换向器材质不良或电刷振动引起，可能引起跳火）；（e）节痕（与表面有烧焦痕迹和电机极数的一半或全部有关）；（f）严重沟槽（与换向器片边缘的拖拉侵蚀和每槽导体数有关）

表 11－3 **不良整流状况的原因**

现象	电气设备	电气过负荷	轻负荷	电枢连接	磁场不平衡	压力（低）	振动	电刷形式		污染	
								研磨	坚硬	气体	灰尘
条痕			×			×		×	×	×	×
螺纹线			×			×			×	×	
沟槽								×			×
挤铜						×	×	×		×	
节痕				×	×	×	×	×			
严重沟槽	×	×								×	

3. 绝缘故障

由于直流电机的电压等级比交流电机的电压等级低（我国在 1000V 以下），所以绝缘故障比交流电机就要少得多。其故障类型一般有绝缘电阻低、线圈过热、绝缘老化等。绝缘电阻低往往是由于积灰、油污染、碳粉污染等原因引起，可用压缩空气吹净。如果用压缩空气吹无效时可用汽油进行清洗，清洗后再吹净存油，然后进行干燥浸漆处理。由于线

圈过热或绝缘老化而使绝缘损坏的故障，经耐压试验后，对被击穿部分可进行局部或全部的处理。

4. 轴承故障

这方面和交流电机大致相同，可参见交流异步电机有关部分。

为了便于了解，将换向器故障现象、故障原因及处理方法列成表 11－4 和表 11－5。

表 11－4　　直流电机换向器故障现象、故障原因及处理方法

故障现象	故障原因	处理方法
1. 换向不良	(1) 换向器表面状态不良。 (2) 换向器偏心和变形。 (3) 过载。 (4) 电刷振动。 (5) 电刷弹簧压力过小。 (6) 电枢绕组片间短路。 (7) 并头套开焊。 (8) 补偿和换向极绕组短路或接线错误。 (9) 有害气体。 (10) 刷距不均匀。 (11) 电机振动。 (12) 电刷不在中性线上	(1) 加强维护，进行表面处理。 (2) 车圆换向器。 (3) 在额定值内运行。 (4) 处理换向器表面，调整电刷和刷握间隙。 (5) 调整压力。 (6) 消除片间云母沟中的金属短路物。 (7) 补焊。 (8) 改正接线，排除短路。 (9) 排除来源，不让进入电机。 (10) 调整刷距。 (11) 校平衡。 (12) 用感应法找中性线
2. 电刷磨损快和破损	(1) 换向器表面粗糙。 (2) 换向不良。 (3) 绝对湿度低。 (4) 电刷加工不良。 (5) 空气中有杂质粉尘。 (6) 电刷振动。 (7) 接触面温度过高。 (8) 电刷压力过大	(1) 车光换向器。 (2) 调整和改善换向。 (3) 通风道喷雾增湿。 (4) 更换电刷。 (5) 除尘和净化空气。 (6) 改善电刷润滑条件，减少电刷和刷握间隙。 (7) 改善通风和冷却条件。 (8) 调整压力
3. 换向器系统	(1) 湿度过高。 (2) 油雾附着。 (3) 电刷材质不对。 (4) 电刷电密过低。 (5) 温度过高。 (6) 刷面镀铜	(1) 不让潮气进入电机内部。 (2) 防止油雾进入，经常清擦换向器。 (3) 更换电刷。 (4) 避免在 2～5A/cm^2 下长期运行。 (5) 改善通风。 (6) 防止潮气、有害气体和尘埃进入，选用合适电刷
4. 环火	(1) 维护不良。 (2) 短路或严重负荷冲击。 (3) 片间电压过高。 (4) 换向不良。 (5) 电枢绕组开焊	(1) 换向器表面处理，加强清理。 (2) 防止过载和消除短路。 (3) 防止过电压。 (4) 调整和改善换向。 (5) 补焊
5. 氧化膜不良	(1) 换向器温度过高。 (2) 电刷牌号不对。 (3) 油附着。 (4) 有害气体	(1) 改善通风。 (2) 改换电刷。 (3) 防止油雾进入。 (4) 防止有害气体进入

续表

故障现象	故障原因	处理方法
6. 电刷抖动和噪声	(1) 电刷、刷握间隙过大。 (2) 电刷倾斜角不适当。 (3) 电刷材质不对。 (4) 换向器变形、突片。 (5) 电刷压力不当。 (6) 低湿度。 (7) 电机振动	(1) 调整间隙。 (2) 调整倾斜角。 (3) 选用合适电刷。 (4) 车光换向器。 (5) 调整压力。 (6) 增加风道湿度。 (7) 校平衡、消振
7. 换向器磨损快、无氧化膜	(1) 电刷中含碳化硅和金刚砂。 (2) 电刷磨损率大。 (3) 电刷和换向器接触不良。 (4) 温度过低。 (5) 电刷电密过低。 (6) 空气中有耐磨性尘埃	(1) 改用合适电刷。 (2) 改用润滑性好的电刷。 (3) 改善滑动接触条件。 (4) 人工建立氧化膜。 (5) 去掉部分电刷。 (6) 净化空气
8. 换向器表面烧伤	(1) 电刷换向性能差。 (2) 并头套开焊。 (3) 极距、刷距不等。 (4) 换向器变形、突片。 (5) 电刷不在中性线上	(1) 选用抑制火花能力强的电刷。 (2) 补焊。 (3) 调整。 (4) 车圆换向器。 (5) 调整中性线位置
9. 换向片边缘毛刺	(1) 电刷振动。 (2) 电刷在刷握内卡住。 (3) 维护不良。 (4) 刷握垫太多。 (5) 摩擦力大	(1) 见“电刷振动”项。 (2) 调整。 (3) 改善性能，定期清扫。 (4) 改用整垫。 (5) 改善接触，改用电刷
10. 电刷表面镀铜	(1) 云母突出或有毛边。 (2) 电刷形成氧化膜能力差。 (3) 油污染。 (4) 温度过高。 (5) 湿度过高或过低	(1) 重新下刻侧棱。 (2) 换电刷。 (3) 防止进入内部。 (4) 改善通风。 (5) 调节湿度
11. 电刷电流分布不均	(1) 压力不等。 (2) 间隙过小（和刷握）。 (3) 刷辫螺丝未拧紧。 (4) 不同牌号电刷混用。 (5) 电刷粘在刷握内	(1) 调整压力。 (2) 调整间隙。 (3) 拧紧。 (4) 改用同一牌号。 (5) 清扫
12. 电刷和换向器温度高	(1) 通风不良。 (2) 长期过载、堵转。 (3) 电刷压力过大。 (4) 高摩擦。 (5) 强烈火花。 (6) 电刷牌号不对	(1) 改善通风。 (2) 改进运行状态。 (3) 调整弹簧压力。 (4) 改进接触条件。 (5) 见“换向不良”项。 (6) 改用合适电刷

表 11－5　　直流电机其他故障原因及处理方法

故障现象	故障原因	处理方法
1. 发电机不发电、电压低不稳定	（1）电枢绕组匝间短路。 （2）励磁绕组断路、接线错误。 （3）电刷不在中性位置。 （4）转速不够	（1）查出故障点、处理绝缘。 （2）查出原因，纠正接线。 （3）调整。 （4）提高转速
2. 电动机转速不正常	（1）励磁线圈断路、短路，接线错误。 （2）电刷不在中性位置。 （3）起动器接触不良、电阻不适当。 （4）负载力矩过大	（1）查出故障、消除，纠正接线。 （2）调整。 （3）更换合适起动器。 （4）减少负载阻力矩
3. 电机振动	（1）基础不牢固。 （2）和被拖动机械对中不良。 （3）电枢不平衡。 （4）轴承间隙太小或太大	（1）加固。 （2）重新找正。 （3）校平衡。 （4）调整间隙
4. 电机过热	（1）负载过大。 （2）电枢绕组短路。 （3）主极线圈短路。 （4）铁芯绝缘损坏。 （5）冷却空气量不足。 （6）环境温度高、内部积灰	（1）减少负载。 （2）查出短路点，处理。 （3）查出短路点，补强绝缘。 （4）局部或全部绝缘处理。 （5）改善冷却条件。 （6）改善通风、清扫
5. 电枢接地	（1）金属异物使线圈接地。 （2）槽部或端部绝缘损坏	（1）用 220V 试灯找出接地点，排除异物。 （2）用低压直流测片间压降或片和轴压降找出接地点，更换绝缘
6. 电枢绕组短路、断路或接触电阻大	短路： （1）接线错误。 （2）换向器片间或升高片间有金属物。 （3）匝间绝缘坏。 断路： （1）接线错误。 （2）电枢线圈和升高片并头套开焊。 接触电阻大： （1）升高片和换向片焊接不良。 （2）电枢线圈和升高片并头套焊接不良	（1）重新接线。 （2）测片间压降找出故障点，清除。 （3）更换绝缘。 （1）重新接线。 （2）补焊。 （1）补焊。 （2）补焊
7. 绝缘电阻低	（1）有灰尘、金属物、油污物。 （2）受潮。 （3）老化	（1）用压缩空气吹扫。 （2）烘干。 （3）浸漆或更换绝缘
8. 轴承故障	见“异步电动机”有关内容	

第四节　交流电动机

一、检修周期

交流电动机大部分试验项目都在 A 级检修时（后）、C 级检修时（后）；“A 级检修”

对应的是电动机抽转子检修；“C级检修”对应的为电动机不抽转子检查。

二、定子绕组的试验

（一）绕组绝缘电阻和吸收比

1. 试验目的和试验周期

检查绕组绝缘有否接地和受潮情况。应在C级检修时及A级检修时进行。

2. 试验设备

试验设备有1000V和2500V兆欧表。

3. 试验步骤

绝缘电阻试验步骤如下：

交流电动机停机后拆除其出线头连接的引出线，驱动绝缘电阻表至额定转速，当指针指向“∞”时，用绝缘工具将屏蔽线的芯线立即接至被测相导体（非被测相短路接地），同时开始计时，读出1min时的绝缘电阻。测量结束，先断开接至被测相的屏蔽线，然后再停绝缘电阻表。被测相绕组立即接地放电。按同样方法测量其他两相绕组。

4. 数据整理分析

（1）额定电压3kV以下交流电动机，在室温下定子绕组绝缘电阻值不应低于0.5MΩ，额定电压3kV及以上者，交流耐压前，定子绕组接近运行温度时的绝缘电阻值不应低于rMΩ（r等于额定电压U_N的千伏数，下同），转子绕组不应低于0.5MΩ。

（2）电动机定子绕组吸收比自行规定，与历年测量数据相比应无大的差别。

5. 注意事项

（1）500kW及以上的电动机，应测量吸收比（或极化指数），环氧粉云母绝缘吸收比不应小于1.6或极化指数不应小于2.0。

（2）3000V以下的电动机使用1000V绝缘电阻表；3000V及以上者使用2500V绝缘电阻表。

（3）小修时定子绕组可与其所连接的电缆一起测量，转子绕组可与起动设备一起测量。

（4）有条件时可分相测量。

（5）应考虑绕组温度对绝缘电阻的影响，必要时可进行温度换算。

（6）绕组绝缘电阻值达不到要求或无吸收现象，根据测量时气候条件，判断绕组绝缘是否有受潮的可能，若绝缘受潮应进行烘干处理。

（二）绕组直流电阻

1. 试验目的和周期

检查电动机定子绕组开焊断线缺陷。试验周期为：

（1）不超过2年（1000V及以上或100kW及以上）。

（2）A级检修时。

（3）必要时。

2. 试验设备

试验设备有双臂电桥。

3. 试验步骤

直流电阻试验步骤如下：

拆除电动机绕组出线头以外连接的导体，将测量线或专用线接至被测电动机出线的头尾，另一端接至测量仪器，接线时应注意正确连接电流极与电压极导线。绕组直流电阻测量完毕后记录测量数据，以及绕组温度、环境温度、试验日期和使用仪器型号等。

4. 数据分析

（1）3000V 及以上或 100kW 及以上的电动机各相绕组直流电阻值的相互差别不应超过最小值的 2%；中性点未引出者，可测量线间电阻，其相互差别不应超过 1%。

（2）其余电动机自行规定。

（3）应注意相互间差别的历年相对变化。

5. 注意事项

（1）测量绕组直流电阻应同时测量绕组温度，如绕组温度高于环境温度时应用绕组测温元件来测量绕组温度。

（2）电桥接线应正确，大型电动机绕组有一定的电感，测量时应待检流计稳定后读数。

（三）定子绕组泄漏电流和直流耐压试验

1. 试验目的和周期

检查定子绕组绝缘是否存在缺陷，尤其是端部和出槽口的部位。试验周期为：

（1）A 级检修时。

（2）更换绕组后。

2. 试验设备

试验设备有直流发生器、分压器等。

3. 判据

（1）试验电压：全部更换绕组时为 $3U_N$，大修或局部更换绕组时为 $2.5U_N$。

（2）泄漏电流相间差别不宜大于最小值的 100%，泄漏电流为 20μA 以下者不作规定。

（3）中性点未引出不能分相试验的电机泄漏电流自行规定。

（4）1000V 以下电机可不进行该试验。

4. 试验步骤

（1）中性点引出电动机拆除连接线，各相出线头间距离能满足试验电压要求的应分相进行试验。

（2）试验方法参照同步发电机定子绕组泄漏电流和直流耐压试验。

5. 数据处理分析

（1）泄漏电流逐级记录，如分相进行试验，则泄漏电流相间差别一般不大于最小值的100%。泄漏电流为20μA以下时不作规定。

（2）试验时泄漏电流相间差别超差、微安表摆动大，且随电压上升泄漏电流急剧上升，并伴有放电声，应停止试验，查明原因，区分试验回路和被试绕组存在的问题。

（3）若由被试绕组引起上述情况，则应分派人员对电动机两端绕组加强监视。如发现放电火花则停止试验，对该部位进行检查，发现绝缘缺陷则应处理消除。

6. 注意事项

（1）出线套管未接屏蔽线或屏蔽线与套管接触不良，屏蔽效果不好，应加接屏蔽线并使其接触良好。

（2）试验应在电源电压较稳定时进行，以免引起泄漏电流波动。

（3）使用的直流发生器的纹波系数应符合要求。

（4）该项目属高压试验，试验期间应遵守安规的有关规定，注意人身和被试设备的安全。

（5）炉水泵电机不开展此项试验。

（四）定子绕组交流耐压试验

1. 试验目的和试验周期

检查绕组绝缘介质电气强度，查出绝缘缺陷。试验周期为A级检修后；更换绕组后。

2. 试验设备

交流耐压试验设备有试验变压器、调压器、控制箱、保护装置、分压器等。

3. 试验步骤

（1）检查被试绕组的绝缘电阻、吸收比合格，泄漏电流正常，直流耐压试验通过后进行。

（2）三相同时还是分相进行定子绕组交流耐压试验，视电机具体情况而定，与直流耐压情况相同。

（3）低压和100kW以下不重要的电动机交流耐压试验可用2500V兆欧表测量代替。

（4）大修时不更换或部分更换定子绕组后试验电压为$1.5U_N$，但不低于1000V，全部更换定子绕组后试验电压为$2U_N+1000$V，但不低于1500V，更换定子绕组过程中的交流耐压试验按制造厂规定进行。

（5）加压试验前，定子绕组铁芯、测温元件和转子绕组接地。

（6）试验接线和方法参照同步发电机定子绕组交流耐压试验。

4. 注意事项

（1）对于中性点未引出的电动机，定子绕组三相并在一起进行交流耐压试验，只能考核对地绝缘，无法考核相间绝缘。

（2）试验时电源电压应稳定，高压试验电压波形不畸变，使用峰值电压表测量电压。

（3）试验时绕组绝缘不应受潮，以免造成不必要的击穿。

(4) 绕组绝缘由于存在缺陷被击穿，应修复后重试。

(5) 高压试验应遵守安全规程有关规定，做好监护，确保人身设备安全。

三、绕线式电动机转子绕组的交流耐压试验

1. 试验目的和试验周期

检查转子绕组绝缘电气强度和缺陷。试验周期为：

(1) A 级检修后。

(2) 更换绕组后。

2. 试验设备和试验电压

因试验电压较低，可采用 10kV 以下容量较小的交流耐压试验设备。试验电压规定如下：

(1) 在 A 级检修不更换转子绕组或局部更换转子绕组后：

1) 对于不可逆式电机，试验电压为 $1.5U_k$，但不小于 1000V。

2) 对于可逆式电机，试验电压为 $3.0U_k$，但不小于 2000V。

(2) 在全部更换转子绕组后：

1) 对于不可逆式电机，试验电压为 $2U_k+1000$V。

2) 对于可逆式电机，试验电压为 $4U_k+1000$V。

(3) U_k 为转子静止时在定子绕组上加额定电压，在转子滑环上测得的电压。

3. 试验步骤

(1) 绕线式电动机已改为直接短路启动者，可不进行交流耐压试验。

(2) 检查转子绕组绝缘电阻合格，无短路接地现象。

(3) 接好试验回路接线，检查无误，试验设备空试升压正常，降压，切断电源，在高压端挂接地线。将转子绕组引出线滑环上的碳刷提起，并保持一定距离。高压试验线接在滑环上，定子绕组和转子绕组大轴接地，按规程要求的试验电压值进行交流耐压试验。

4. 注意事项

(1) 耐压试验时电源电压应稳定，否则将引起施加电压的波动。

(2) 为排除试验电压波形畸变的影响，应使用峰值电压表测量电压。

(3) 此项交流耐压试验电压较低，但不能因为试验电压低而放松警惕，仍需按安规的要求做好安全措施，确保试验时的安全。

(4) 绕线式电机已改为直接短路启动者，可不做交流耐压试验。

四、定子铁芯磁化试验

1. 试验目的和试验周期

大型电动机在全部更换绕组时或修理铁芯后以及必要时，为检查定子铁芯状况而进行该项试验。可按《发电机定子铁芯磁化试验导则》(GB 20835) 进行。

2. 试验设备

(1) 试验电源：根据铁芯截面、磁通密度、电源电压来计算激磁匝数和电流，从而计

算出激磁所需的电源容量，根据电压电流选择励磁导线的绝缘和截面。

(2) 测量表计：根据励磁电源的电压和电流选择互感器以及电压表、电流表、功率表的规范。

(3) 温度测量：采用红外热像仪测量铁芯温度。

3. 试验接线图

参照同步发电机铁芯试验接线图。

4. 试验步骤

(1) 抽出电动机转子，对定子铁芯进行清理，检查铁芯是否存在过热点、磨损和缺陷的部位，测量铁芯冷态温度。

(2) 在定子铁芯上按匝数绕励磁和测量导线，励磁导线和测量导线在空间位置上应相隔 90°，导线所处位置应避开铁芯缺陷和过热点位置。

(3) 励磁导线通过开关与电源相连，在励磁回路和测量回路中接入互感器及其测量仪表，互感器接地端应可靠接地。

(4) 试验方法参照同步发电机铁芯试验方法。

5. 数据处理分析

(1) 根据测量数据计算出试验时实际磁通密度。

(2) 根据实际磁通密度换算至 1T 时的单位损耗。

(3) 计算换算至磁通密度 1T 时铁芯齿部最高温升。

(4) 计算换算至磁通密度 1T 时铁芯齿部最大温差。

计算公式参照同步发电机铁芯试验的计算公式。

在磁通密度 1T 下电动机定子铁芯的单位损耗、齿的最高温升和最大温差应符合规程要求，如有超差应进行处理消除。

6. 注意事项

(1) 试验电源容量不足、励磁导线电流密度过大发热，会影响试验持续进行。

(2) 被试电动机铁芯存在缺陷、试验时过热冒烟，应停止试验，查找原因，消除后再进行试验。

(3) 励磁和测量导线应与定子铁芯绝缘。

(4) 试验电源电压较高时，应保持足够的安全距离。

(5) 1000V 或 500kW 及以上电动机应做此项试验。

(6) 如果电动机定子铁芯没有局部缺陷，只为检查整体叠片状况，可仅测量空载损耗值。

五、电动机空转并测空载电流和空载损耗

1. 试验目的

该项目仅在必要时和对电动机有怀疑时进行。要求如下：

(1) 转动正常，空载电流自行规定。

（2）额定电压下的空载损耗值不得超过原来的 50%。

2. 试验设备

试验设备有交流电压表、交流电流表、功率表、互感器。

3. 试验步骤

（1）电动机安装就位，调整好轴承、气隙，转子转动应灵活，与所拖动的机械负载脱离。

（2）被试电动机电气试验合格，定、转子绕组接线正确。

（3）接上电源和测量表计，绕线式转子应检查碳刷和启动把手位置是否符合启动要求，启动前测量电流的表计应短接躲过启动电流。

（4）合上电源开关启动电动机，待转速达到额定值稳定后，打开电流回路的短接线，测量电动机的空载电流、空载损耗和电源电压。

（5）空转 1h 无异常后检查结束，拉开电源开关切断电源。

4. 数据处理分析

（1）空转检查期间电动机转动正常，定、转子无摩擦情况。

（2）空载电流与以往测量值或同类电动机相比无大的差别。

（3）空载损耗在额定电压下不超过原来值的 50%。

（4）空载损耗、空载电流和转动有超差或异常应进行分析，查找原因。

5. 注意事项

（1）电动机启动时声音不正常或不转动，应立即切除电源进行检查。

（2）电动机如反转则应停机，出线头任意调换两相线端，重新启动。

（3）在整个启动和试验过程中都要密切注意电流、机械部分，若有异常立即停机。

（4）试验电压若与额定电压有偏差，则应对空载电流、空载损耗进行修正，其计算式为

$$I_{on}=I_0U_n/U_0$$

$$P_{on}=P_0(U_n/U_0)^2$$

式中 U_0、I_0、P_0——空载试验时实测电压、电流、功率值；

U_n——电动机额定电压；

I_{on}、P_{on}——修正至额定电压下的空载电流和空载损耗，A、W。

（5）试验时三相电源应对称稳定，避免造成较大误差。

（6）空转检查的时间不宜小于 1h。

（7）测定空载电流仅在对电动机有怀疑时进行。

（8）1000V 以下电动机仅测空载电流不测空载损耗。

六、双电动机拖动时测量转矩-转速特性

1. 试验目的

电动机输出转矩随转速的改变而不同，而且与电动机参数有关。双电动机拖动时，两

电动机转矩—转速特性应基本接近，否则易造成两台电动机负载不一。电动机转矩—转速特性测量方法较多，使用的试验设备比较特殊。由于不属常规试验项目，运行部门一般不具备这些设备，如确实需要进行这项试验，可以到较大的电机制造厂或具备这些试验设备的单位去做。下面介绍校正过直流电压法的试验设备和试验步骤。

2. 试验设备

（1）校正过的直流电动机，且容量一般为被试电动机容量的 3～4 倍，励磁方式为他励。

（2）可调节电枢电流和励磁电流的直流电源装置，且电源极性可变。

（3）可调节电压的交流电源。

（4）0.5 级及以上直流电流表、直流电压表、直流分流器、交流电压表、交流电流表、转速表等仪表。

3. 试验步骤

（1）将被试电动机与校正过的直流电动机安装在同一平台上，轴线对齐。

（2）校正过直流电动机通过开关与可调节直流电源相连，开关在断开状态。

（3）被试电动机接至可调节电压的交流电源，电源开关在断开状态。

（4）接好所有测量仪表和仪器。

（5）检查所有受电设备的绝缘电阻、接线、可调电源，均符合受电和启动要求。

（6）分别启动被试电动机和校正过的直流电机，使两者转向一致。

（7）停机后切除电源，用联轴器连接两电动机的轴，检查两者连接良好，转动灵活。

（8）被试电动机可调电压交流电源输出调至电动机额定电压，合上交流电源开关启动被试电动机，将直流电动机的励磁电源开关合上，调节励磁电源至校正时的数值，保持不变。

（9）可调节直流电源的极性与直流电动机电枢极性一致。即正对正，负对负，调节可调节直流电源使其端电压与直流电动机电枢电压相等。

（10）合上直流电动机电枢与可调直流电源之间的直流开关。

（11）逐渐调节可调节直流电源的端电压，使直流电动机的电枢电流逐渐增大，逐点测量电动机的电压和电流、直流电动机的电枢电流、励磁电流以及机组的转速。在最大转矩区测量点应密一些。

（12）测量结束，调节可调节直流电源使直流电动机的电枢电流降至零，拉开直流开关，拉开电动机的交流电源开关。

（13）如需测量不同电压下的 $T=f(n)$ 特性，可调节电动机交流电源的电压，测量方法同上。

4. 数据处理分析

（1）根据试验数据列出不同转速下的直流电机电枢电流。

（2）在校正过的直流电机的校正曲线上，用不同转速的电枢电流查找相应的转矩。

（3）画出电动机不同转速下的转矩特性曲线 $T_D=f(n)$。

（4）对用于双拖动机械负载的电动机，两者的 $T_D=f(n)$ 特性曲线各点上的转矩相

差不得大于10%。

5. 注意事项

(1) 当转速由高向低或由低向高两种方式测录电动机的 $T_D = f(n)$ 曲线时，电动机的转矩-转速特性曲线会发生偏差，所以最好测录两条曲线，取其平均值。

(2) 测录转矩-转速特性曲线时，如电动机端电压偏离额定电压应修正至额定电压，其计算式为

$$T = T_t (U_n / U_t)^{\alpha}$$

式中 U_n——电动机额定电压；

U_t——试验时测量电压；

T_t——试验电压下的转矩；

α——修正系数。

(3) 用校正过的直流电动机测录电动机的转矩-转速特性时，应注意电动机是否过热。如试验中发现电动机过热，应待电动机冷却后再进行试验，以免绝缘过热受损。

6. 方法及说明

当接线变动时，应保证定子绕组的极性与连接应正确。

(1) 对双绕组的电动机，应检查两分支间连接的正确性。

(2) 中性点无引出者可不检查极性。

七、三相异步电动机的故障及处理

三相交流异步电动机在运行中由于各种原因可能发生各种形式的故障。引起故障的原因很多，根据国内外多年统计资料表明，属于轴承方面的故障约占30%；属于定子绕组绝缘方面的故障约占32%；属于笼型电机断铜条的故障约占14%；其他的24%的故障包括有运行方面的原因（如过负荷、单相运行、浸水等）和检修维护方面的原因（如未定期进行计划检修和检修质量不良等）。

下面就主要的故障进行讨论。

1. 轴承方面的故障

轴承故障的主要原因有：滚动轴承本身制造质量不良，尤其是一些不合格产品运行寿命更低（一般滚动轴承规定寿命为10000h，当皮带拉力垂直向下时，规定寿命为5000h）；轴承加的润滑脂不合格；轴承内外套和轴及端盖的配合有问题（过松或过紧）和被拖动机械对中不良而引起振动等。对滑动轴承是缺少润滑油和油质不良，油环转动不正常，轴承乌金有缺陷，间隙过大等。

轴承故障将导致轴承过热，电机轴损坏，甚至造成定转子相磨而损坏绕组和铁芯，从而扩大故障而不得不更换整台电动机。因此，对轴承从安装、运行、维护各方面应给予充分的重视。因此，应在发现有异常情况时（如发热、异音、振动等）立即进行检查，并按检修指南要求进行检修。

2. 定子绕组故障

定子绕组故障可分为绝缘故障和断线故障，绝缘故障又可分为主绝缘、匝间绝缘、引线及绑环绝缘等故障，其中以主绝缘和匝间绝缘故障占多数。

故障原因可分为：绝缘老化原因、电气原因、机械原因、过热原因、环境原因等。

(1) 绝缘老化原因。绝缘老化可表现为收缩、裂纹、发脆无弹性。它和使用年限、长期过热、环境污染等因素有关。对于这种绕组应对其进行老化鉴定，必要时进行全换绕组。

(2) 电气原因。电气原因包括两相运行、三相电压不平衡、系统电压过高或过低、过电压、电晕腐蚀、绕组接地或断路等。

三相电机两相运行是不允许的，将导致绕组的烧损。三相电压不平衡超过规定时（一般为5%），将引起负序电流而使定转子绕组过热。电压超过规定时（一般为－5%，＋10%）也使电流增加而过热。由雷击或操作过电压也会使绝缘击穿，某些断路器（如真空断路器）在开合时产生较高的过电压，这对电机是不利的。高电压电动机（6kV 及以上）由于防晕措施不当或被损坏将引起电晕腐蚀而损坏绝缘。绕组的绝缘被击穿而接地将烧坏绕组，绕组断路（如焊接不良或有制造缺陷）将造成两相运行而烧坏电机。

(3) 机械原因。机械原因包括轴承损坏而使定转子相互摩擦；槽楔、绑线、垫块等的松动造成绝缘磨损而击穿；长期的超过规定值的振动使各部零件松动或相互摩擦使绝缘损坏；由于操作不当（如风机开挡板启动）而引起起动时间过长导致绕组过热而烧损。

(4) 过热原因。过热原因包括启动次数频繁，超过规定次数，从而使定子绕组过热。一般笼型转子电动机在正常情况下允许冷态启动两次，每次间隔时间不得小于 5min，热态启动一次。只有处理事故时及启动时间不超过 3s 的电动机可以多启动一次。所谓“冷态”是电机温度和周围温度一致，所谓“热态”是指电机在额定功率运行后停止，直到达到冷态为止前的状态。制造厂有规定时，应按制造厂规定进行启动。

进行动平衡时，起动间隔时间为：

<200kW	≥0.5h
200～500kW	≥1h
>500kW	≥2h

过负荷运行是不允许的，特别是长期过负荷运行将导致绕组绝缘由于过热而全部损坏。

铁芯的短路也将发生过热而损坏电机。

冷却系统的故障（如空气冷却器堵塞）将使风温升高而使电机过热。

(5) 环境原因。环境原因包括电机受潮、环境温度过高、进水、进油、导电灰尘和颗粒的严重侵入、腐蚀性气体的侵蚀等。

3. 笼型转子铜条开焊和断裂

这种故障往往是由于制造质量不良，设计结构有问题，运行中起动频繁等原因所造成的。在检修指南已介绍了一些在现场进行处理的较有效的方法。

4. 绕线式转子的故障

由于电压较低，绕线式转子绕组的绝缘本身较少发生故障。发生故障较多的是滑环和

电刷以及转子回路的开路、短路、缺相运行等。对滑环，一般不平处大于0.5mm才车旋，应尽量少旋去金属，车旋后应磨光，用软砂纸涂一层凡士林打磨，直至呈现金属光泽为止。

电刷由于振动、压力不良，牌号及环境污染等原因也可能发生“冒火”、磨损过快等现象，应根据具体情况进行调整。国外的电动机较多采用带恒压弹簧的刷握，在我国电机上也已有采用（见图11-9）。

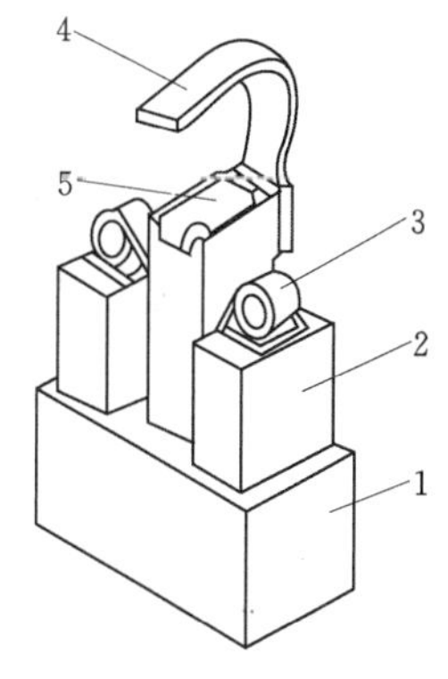

图11-9 带恒压弹簧的刷握
1—刷握；2—电刷；3—弹簧；4—支持爪；5—平板条

5. 其他的故障

除了上述故障外，还有一些其他的故障，如空气冷却器渗漏，风扇断裂、断轴，对中不良而引起振动等。

为了便于掌握，将运行中出现的不正常现象及引起的原因，处理方法列于表11-6。

表11-6 三相异步电动机常见故障及处理

故障现象	可能原因	处理方法
转不动	机械负载过大	将电动机和机械断开，分别转动处理 减轻负载，更换较大功率电机
	轴承故障	更换轴承，处理配合紧力
	动静部件相磨	检查轴承及装配情况，加以调整
	一相电源烧断变为二相运行	检查电源及开关接触情况
	电网电压过低	检查电源
	定子绕组相间短路，接地，定转子绕组断路	消除短路，接地，更换绕组
	定子绕组接线错误	检查端子的接法
	起动器接线错误	检查接线情况
温度升高	电源电压高于110%额定电压，铁损和励磁电流增加	检查电源情况，加以调整（如调变压器分接头）
	三相电压不平衡	检查电源情况，加以调整
	冷却系统有故障	检查风道、过滤器、冷却器、风扇等
	过负荷运行	测定子电流、减少负荷或换电机
	两相运行	检查电源回路及开关接触情况、检查电机内部接线
	电源电压低	改进电源
	定子绕组接线错误	停电改接
	定子绕组匝间或相间短路	找出短路处，加以修复
	定、转子相磨	检查轴承及装配情况
	转子绕组接头开焊或笼型转子断条	对笼型铜条补焊或换条 对铸铝转子更换 对绕线式修复开焊处

续表

故障现象	可能原因	处理方法
轴承温度高	轴承有缺陷	检查、更换轴承
	润滑脂过多，过少或有杂质	调整或更换润滑脂
	润滑油太少，有杂质、油环卡住	加油、换油、查出卡住原因，处理
	润滑油或润滑脂劣化或牌号不对	换油、查适当牌号
	轴承和轴或端盖配合过松或过紧	过松可将轴颈或端盖喷涂金属或镶套，过紧时重新加工
	端盖或轴承盖装配不良（如不平行）	重新找正、找平
	联轴器对中不良	重新找中心
	皮带张力过大	调整皮带松紧程度
	受到被拖动机械的轴向推力	检查被拖动机械
振动大	联轴器对中不良或连接松动	重新找正，镶套，拧紧螺丝或重新加工
	转子或皮带轮不平衡	校平衡
	轴伸弯曲	检查或更换轴
	被拖动机械不平衡	校平衡
	动静部分发生摩擦	检查间隙，找出原因改正
	轴承有损坏	换轴承
	基础或外壳共振	检查基础、底板应加固
	磁场不平衡	转子不正圆，轴有扭曲等，重新加工
有异音	两相运行	检查电源回路，开关接触情况，定子线路
	定子绕组接线错误	检查端子接线
	定、转子绕组匝间或相间短路	检查绕组，消除短路（换线圈）
	转子回路断一相	检查控制回路
	笼型转子断条	补焊或换条
	启动器接线错误	检查接线
	动、静部分摩擦	检查轴承、间隙、改正
	轴承不正常	更换轴承
	电机内部有异物	检查内部、去除
滑环、电刷上有火花	电刷压力不均和不足	调整压力
	电刷牌号不对	更换合适电刷
	滑环表面有污垢或不光滑	消除污垢，严重时车旋
	电刷在刷握内卡住或位置不当	调整加工电刷，改用小号电刷
	滑环、电刷振动或轴向窜动太大	找出原因，并消除
运行时定子电流周期性摆动	绕线电机滑环短路装置有故障	修理或更换
	变阻器接触损坏	修理
	转子线圈接头损坏，铜（铝）条断	同“温度升高”
	一相电刷接触不良	调整压力、改善接触

八、异步电机的主要故障及其判据

三相交流异步电动机是应用最为广泛的一种电气设备，在电力系统中，异步电机的用电量占整个系统总用电量的60%以上。因此，研究并应用电机故障诊断方法，及时、准确地诊断出电机故障并采取相应措施，对于保障电机设备的安全运行以及众多行业与企业的安全生产，具有重大的经济和社会意义。

在异步电机中，大中型异步电机多采用鼠笼型转子。通常，笼型异步电动机的主要故障，按部位可以分为：

（1）定子铁芯故障，如铁芯短路、振动等。

（2）绕组绝缘故障，如老化、磨损、过热、受潮、污染、电晕等。

（3）转子故障，如转子偏心、笼条断裂（断条）、端环开裂等。

其中，最容易发生的故障主要是转子气隙偏心、笼条断裂、端环开裂和绕组过热等。而过热故障会直接导致过热部位的绝缘老化加剧，最终造成匝间短路。

1. 转子断条和端环开裂故障

电机启动时，转子绕组内短时间流过很大电流（通常为额定电流的5～7倍），导条不仅承受很大冲击力，而且很快升温，产生热应力，并承受较大离心应力。电机反复的启动、运行、停转，使导条和端环受到循环热应力和变形作用。由于各部分位移量不同，受力不均匀，会使导条因应力不均匀而断裂。另外，从电磁力矩来看，起动时的加速力矩、工作时的驱动力矩是由导条产生的，减速时笼条又承受制动力矩。由于负载变化和电压波动时，笼条又要受到交变负荷的作用，容易产生疲劳。当笼型转子绕组铸造质量、导条与端环的材质和焊接质量存在问题时，笼条和端环的断裂和开焊更易发生。当发生这类故障时，电机启动时间延长、滑差加大，力矩减小；同时还将出现振动和噪声增加以及电流出现摆动等现象。

理想的异步电机定子电流的频率是单一的，即电源频率。但是当转子回路出现故障时，定子电流频谱上，在与电源频率相差两倍转差频率（$\pm 2sf_1$）的位置上将各出现一个边频带，并且，边频分量随负载增加和故障严重程度加重而增大。实际上还可能出现两倍转差频率（$\pm 2sf_1$）的其他整数倍边频分量，这样转子断条故障的特征频率可表示为

$$f_{bb}=(1\pm 2ks)f_1 \tag{11-1}$$

转差率

$$s=(n_1-n)/n_1\times 100\%$$

$$n_1=60f_1/p$$

式中 n_1——电机磁场旋转速度；

n——转子转速，r/min；

p——电机磁场极对数；

f_1——电源基频；

k——正整数。

式（11－1）成为转子断条和端环开裂故障最为有效的诊断判据。

当电机出现转子断条故障时，会在转子上产生单边磁拉力，引起支撑轴承和电机机身振动，因此通过振动监测，也能诊断转子断条故障；此外还有轴向磁通、转速波动等检测方法。

2. 气隙偏心故障

异步电机因气隙较小，因而对磁动势和磁拉力的不平衡比较敏感。当发生气隙偏心故障时，将导致气隙圆周方向的磁导不均匀，造成气隙磁场的不对称分布。这种不对称磁场分布将在定子电流中以谐波形式反映出来，同时会产生很大的单边磁拉力等。气隙偏心有两种类型：

（1）静态偏心。是由定子铁芯内径的椭圆度或装配不正确造成的，其偏心的位置（或最小气隙位置）在空间是固定的，与转子位置无关。

（2）动态偏心。是由转轴弯曲、轴颈椭圆、临界转速时的机械共振、轴承磨损等造成的，其偏心位置在空间是变化的，通常与转子的位置和旋转频率有关。

在定子电流频谱中，气隙偏心故障所具有的特征频率成分，可用式（11－2）来表示：

$$f_{ag}=[(n_{rt}Z_2\pm n_d)(1-s)/p\pm n_{ws}]f_1 \tag{11-2}$$

式中　Z_2——转子槽数；

n_{rt}——任意整数；

n_d——任意整数，静态偏心：$n_d=0$；动态偏心：$n_d=1, 2, 3, \cdots$；

n_{ws}——奇整数。

有文献提出了形式更为简单的气隙偏心故障特征频率判据

$$f_{ag}=f_1\pm mf_r \tag{11-3}$$

式中　f_r——转子旋转频率，$f_r=(1-s)f_1/p$；

m——正整数。

式（11－3）实际上是式（11－2）的一种简化形式。

气隙偏心故障还会造成电机的振动异常，并出现振动特征频率。因此，通过振动测试也可以诊断电机气隙偏心故障。

3. 绕组过热与匝间短路故障

绕组过热是电机运行过程中经常出现的一种现象，通常是短时和整体性的，在个别情况下也是允许的。比较危险的是绕组的局部过热。温度监测应该是目前诊断电机绕组过热与匝间短路故障的一种比较实际和可行的方法。当绕组过热导致绝缘局部老化，出现非金属性轻微匝间短路时，电机的三相电流会出现不同的变化，一般会出现有匝间短路的相电流增加等现象（具体情况还要看三相绕组的接法）。这为绕组过热与匝间短路故障的诊断带来了一些可能。

4. 单相电流谱分析方法的局限性

定子电流频谱分析是诊断鼠笼异步电机转子断条、端环开裂和气隙偏心等故障的常用方法。在许多情况下，利用单相电流信号即可进行这些故障的诊断，而且比较有效。从理

论上讲，正常情况下电机三相绕组的电路、磁路、结构等，处于或近似处于一种对称或者叫平衡的状态，因而可以用其中的一相电流来表征三相电流所共有的信息。例如，当电机发生转子断条、端环开裂和气隙偏心等故障时，可以根据三相电流中的任意一相电流信号来进行诊断。尽管在实际诊断过程中还存在着故障特征频率易被基频的“旁瓣”所湮没等问题，但单相电流信号毕竟携带着明显的三相电流所共有的故障特征信息。

实际上，由于供电电源电压不平衡、三相绕组的参数在制造过程中遗留下的不对称（这种不对称在允许范围内）、使用过程中逐步形成的不平衡（如一相绕组对地绝缘电阻下降、绕组局部过热、局部放电、匝间绝缘下降和老化等）等原因，特别是三相绕组出现诸如单相接地、匝间短路等不对称故障时，用一相电流来表征三相电流所携带的信息就不够全面和准确了。与电力网中单相接地故障（中性点非有效接地系统）和单相接地短路事故（中性点有效接地系统），占整个接地、短路故障的绝大部分的情况相类似，生产实际中电机绕组的烧毁，大部分发生在单相和局部。而这些事故的发生往往是由局部过热、匝间短路、单相接地、局部放电等不对称故障引起的。因此，仅仅依靠单相电流来诊断这些不对称故障存在很大局限性。

根据信息融合的基本原理，三相电流携带的信息量比三个单相电流携带信息量的简单相加要多。根据分析，Park 矢量及其扩展方法是一种信息融合故障诊断方法，能够更为充分地发掘三相电流中所携带的故障特征信息。本节将以此为基础，深入分析和研究应用人工神经网络、小波变换等信息融合故障诊断方法，对电机故障进行诊断。

第五节 中频发电机

一、绕组绝缘电阻和直流电阻测量

1. 试验目的

检查绕组绝缘和直流电阻状况是否异常和超标。

2. 试验设备

试验设备有 1000V 和 2500V 绝缘电阻表、双臂电桥、单臂电桥。

3. 试验步骤

（1）绝缘电阻试验步骤。中频发电机停机后拆除其出线头连接的引出线，驱动兆欧表至额定转速，当指针指向“∞”时，有绝缘工具将屏蔽线的芯线立即接至被测相导体（非被测相短路接地），同时开始计时，读出 1min 时的绝缘电阻。测量结束，先断开接至被测相的屏蔽线，然后再停兆欧表。被测相绕组立即接地放电。按同样方法测量其他两相绕组。

（2）直流电阻试验步骤。拆除电机绕组出线头以外连接的导体，将测量线或专用线接至被测电机出线的头尾，另一端接至测量仪器，接线时应注意正确连接电流极与电压极导线。绕组直流电阻测量完毕后记录测量数据、绕组温度、环境温度、试验日期和使用仪器型号等。

4. 数据分析

(1) 绕组绝缘电阻不应低于0.5MΩ，否则应进行处理。

(2) 各相或各分支的绕组直流电阻值与出厂值比较，相互差别不超过2%。

(3) 励磁绕组直流电阻值与出厂值比较，应无明显差别。

5. 影响因素及消除措施

绕组的绝缘电阻和直流电阻受绕组的温度、湿度、油污等因素的影响，测量时数据达不到要求或超标应进行烘潮、清理和温度修正。

二、绕组的交流耐压试验

1. 试验目的

检查绕组绝缘介质电气强度。绕组的交流耐压试验电压值应为出厂试验电压值的75%。

2. 试验设备

交流耐压试验设备有试验变压器、调压器、控制箱、分压器等。因中频发电机绕组额定电压较低，一般为1000V以下，故只需较低电压的试验设备就能满足需要。

3. 试验步骤

(1) 试验前测量绕组绝缘电阻合格后，接好试验接线。试验设备空试良好，调好过压、过流保护，即可接上绕组进行交流耐压试验，试验电压为出厂试验电压的75%。

(2) 如中频发电机带有副励磁机，其绕组交流耐压可用1000V绝缘电阻表测绝缘电阻来代替。

4. 注意事项

(1) 绕组绝缘存在缺陷，耐压时被击穿，找出击穿点进行修复，重新进行耐压试验，直至试验通过为止。

(2) 试验电压值和波形如不符合规定的要求，应采用峰值电压表来测量试验电压。

三、空载特性试验

1. 试验目的

测录中频发电机空载特性曲线。

2. 试验设备

试验设备有交流电压表、直流电压表、直流分流器、直流毫伏表等。

3. 试验步骤

(1) 在中频发电机电枢回路中接入交流电压表（试验电压超过电压表量程时应通过电压互感器接入），在励磁回路中接入直流电压表和直流分流器，在分流器上接毫伏表。

(2) 拉开负载侧开关或拆除出线头与外接设备的连接线，调节励磁回路的磁场变阻器或可控硅装置，使其电阻在最大值或输出电压在最小值。

(3) 作为同步发电机励磁电源的中频发电机由同步发电机驱动至额定转速，并保持稳定，调节励磁回路磁场变阻器或可控硅装置，逐点增大励磁电流至最大励磁电压值为止。然后逐点减小励磁电流，测量电枢电压和励磁电流直至励磁电流降至最小值。

(4) 根据测量的电枢电压和励磁电流作出空载特性曲线。测录特性曲线一般分 8～9 点进行，在电枢电压额定值附近点数密一些。测量时电枢电压和励磁电流应同时读数，以免引起不对应。

4. 数据处理分析

(1) 试验电压最高应升至产品出厂试验数值为止，所测得的数值与出厂数值比较，应无明显差别。

(2) 永磁式中频发电机应测录发电机电压与转速关系曲线，所得的曲线与出厂曲线比较，应无明显差别。

5. 注意事项

(1) 机组转速应保持额定转速，如有偏差应进行转速修正。

(2) 励磁电流的调节应单方向进行，不可反复调节，以免磁滞效应造成测量误差。

(3) 测量表计精度在 0.5 级及以上。

四、负载特性试验

1. 试验目的

检查中频发电机负载特性。

2. 试验设备

交流电压表、直流分流器、直流毫伏表。

3. 试验步骤

(1) 在中频发电机电枢回路中接入交流电流表（被测电压超过表计量程应通过电压互感器接入），在励磁回路中接入直流分流器，在分流器上接直流毫伏表。

(2) 中频发电机电枢接上负载（合上开关或接上连接线，以同步发电机的励磁绕组为负载），调节励磁回路的磁场变阻器或可控硅装置使其电阻在最大位置或输出电压最小位置。

(3) 驱动中频发电机至额定转速，保持稳定，调节磁场变阻器或可控硅装置，逐点增大励磁电流，升流至同步发电机额定电压为止，在这一过程中取 6～8 个点，测量电枢电压和励磁电流。然后反方向调节励磁，使励磁电流逐渐降至最小值。在每一测量点上应同时读取电枢电压和励磁电流。

4. 数据处理分析

根据测量所得的中频发电机负载时电枢电压和励磁电流画出特性曲线，负载特性曲线与制造厂试验数据比较应在测量误差范围内。

5. 注意事项

(1) 励磁电流只能单方向调节，以免磁滞效应引起误差。

(2) 试验应尽量短，以免同步发电机转子电阻变化引起特性曲线变化。

五、外特性试验

1. 试验目的

只有在必要时才进行中频发电机外特性试验，一般情况下不进行该项试验。

2. 试验设备

试验设备有可调负载电阻、直流分流器、直流毫伏表、交流电压表、交流电流表。

3. 试验步骤

(1) 在中频发电机电枢回路通过开关接入可调负载电阻，直接接入交流电压表和电流表，在励磁回路接入直流分流器，在分流器上接入直流毫伏表。

(2) 调节励磁回路磁场变阻器或可控硅装置，使其电阻在最大位置或输出电压最小位置，可调负载电阻调至最大值。

(3) 驱动中频发电机至额定转速，保持稳定，合上可调负载电阻开关，调节磁场变阻器或可控硅装置以及可调负载电阻，使中频发电机电枢电压和电流达到额定值。保持励磁电流不变，调节可调负载电阻，逐渐增大电阻减小电枢电流，逐点测量电枢电压和电流，直至电枢电流为零，记录此时的电枢电压 U_0。

(4) 拉开可调负载电阻开关，调节磁场变阻器或可控硅装置，减小励磁电流，将电枢电压降至最低值，使试验设备降速，试验结束。

4. 数据处理

根据测量所得额定电枢电流下的电枢电压 U_N 和空载下的电枢电压 U_0，求得电枢电压变化率

$$\Delta U=(U_0-U_N)/U_N\times 100\%$$

所得外特性应与制造厂试验数据相比在测量误差范围内。

5. 注意事项

(1) 试验时机组转速维持额定，保持稳定，否则影响电枢电压值。

(2) 可调负载电阻容量和阻值应满足试验机组参数的要求。

六、温升试验

1. 试验目的

中频发电机温升试验一般在必要时与同步发电机的温升试验同时进行。

2. 试验设备

试验设备有交流电压表、交流电流表、直流分流器、直流毫伏表、直流电压表、单臂

电桥等。

3. 试验步骤

（1）校验冷却介质测温元件。

（2）测量电枢绕组、铁芯测温元件的冷态电阻及冷态温度。

（3）测量励磁绕组冷态电阻及冷态温度。

（4）在电枢回路和励磁回路中接入电压表、电流表及分流器、毫伏表。

（5）中频发电机温升试验工况按同步发电机温升试验工况进行，一般为3～4种负荷工况，其负载为同步发电机转子。

（6）在温升试验过程中，中频发电机电枢电压和电流、励磁电流、冷却介质温度均需保持稳定，其变化幅度不允许超过下列范围：

1）电枢电流为试验工况下电枢电流±3％；

2）励磁电流为试验工况下电枢电流±1％；

3）冷却介质温度为冷却介质的额定温度±1℃。

试验期间冷却介质应调至额定温度。

（7）在每一负荷工况下的温升试验每隔3min记录一次所有电气量，电枢绕组、铁芯、励磁绕组的温度，冷却介质的冷热温度。其中电枢绕组、铁芯用电桥测量测温元件直流电阻，励磁绕组用电流电压法测量直流电阻，然后通过换算得到温度，励磁绕组的电压用绝缘棒直接在滑环上测量。温度换算公式见同步发电机温升试验方法。

在电机各部分温度渐趋稳定阶段，要求每15min记录一次。当电机各部分温度变化在最后1h内不超过2K时，可认为电机在该工况下温升已稳定，可结束整个试验或转入下一工况试验。

（8）每个试验工况测量内容一样，测量数据应全部记录，试验结束拆除所有外接表计，恢复正常运行。

4. 数据整理分析

（1）把所有测量得的电气数据换算成有名实际值，且按工况加以区分。

（2）将电枢绕组、铁芯测温元件的直流电阻换算成温度，用励磁绕组的电压、电流值求出其热态电阻，算出其平均温度。

（3）所有电气量和温度均取每个试验工况最后的稳定值。

（4）电枢绕组、铁芯、冷却介质热态温度有多个测点时取其平均值。

（5）各部分的最高温度与冷却介质冷态温度差值为各部位的温升。

（6）根据不同工况下每个部位的温升和冷却介质的温升，作出与电枢电流和励磁电流平方值关系的温升曲线。

（7）在额定负荷下电机各部位温升不能超过其温升限额。

5. 注意事项

（1）试验时各电气量和冷却介质温度要稳定，以免波动影响测量准确性和试验时间。

（2）冷却介质的冷态温度力求调至额定冷态温度。

（3）测量仪表精度应在0.5级及以上。

七、测量检温计绝缘电阻

1. 试验目的

测量检温计绝缘电阻并检查是否完好。

2. 要求

(1) 采用250V绝缘电阻表测量检温计绝缘电阻，应良好。

(2) 核对检温计指示值，应无异常。

八、测量相序

电机出线端子标号应与相序一致。

复　习　题

1. 怎样测量直流电机的绕组的绝缘电阻和直流电阻？
2. 为什么要进行直流电机磁场可变电阻器的直流电阻试验？
3. 在什么情况下应进行直流电机的空载特性试验、负载特性试验和外特性试验？
4. 为什么要测量直流发电机的励磁电压增长速度？
5. 直流电机故障中最突出的故障发生部位是哪里？
6. 对中频发电机应进行哪些试验项目？
7. 对交流电动机应进行哪些试验项目？
8. 怎样测量双电动机拖动的转矩-转速特性？
9. 三相异步电动机在运行中会出现哪些故障？哪一种形式的故障居多？

第十二章　电 力 变 压 器

第一节　概　　述

电力变压器是电力系统的主要设备，它的安全运行具有重要意义，预防性试验是保证其安全运行的重要措施。电力变压器主要分为油浸式电力变压器、干式变压器和气体绝缘变压器。根据《规程》规定，电力变压器的主要预防性试验项目如下。

一、油浸式电力变压器的试验项目

（1）红外测温。

（2）油中溶解气体分析。

（3）绝缘油试验。

（4）油中糠醛含量。

（5）铁芯、夹件接地电流。

（6）绕组直流电阻。

（7）绕组连同套管的绝缘电阻、吸收比或极化指数。

（8）绕组连同套管的介质损耗因数及电容量。

（9）电容型套管。

（10）绕组连同套管的外施耐压试验。

（11）感应电压试验。

（12）局部放电试验。

（13）铁芯及夹件绝缘电阻。

（14）穿心螺栓、铁轭夹件、绑扎钢带、铁芯、绕组压环及屏蔽等绝缘电阻。

（15）绕组所有分接的电压比。

（16）校核三相变压器的组别或单相变压器极性。

（17）空载电流和空载损耗。

（18）短路阻抗。

（19）频率响应测试。

（20）全电压下空载合闸。

（21）测温装置校验及其二次回路试验。

（22）气体继电器校验及其二次回路试验。

（23）压力释放器校验及其二次回路试验。

（24）冷却装置及其二次回路检查试验。

（25）整体密封检查。

(26) 绝缘纸(板)聚合度。
(27) 绝缘纸(板)含水量。
(28) 噪声测量。
(29) 箱壳振动。
(30) 中性点直流检测。
(31) 套管电流互感器试验。
(32) 有载分接开关试验。

二、干式变压器、干式接地变压器的试验项目

(1) 红外测温。
(2) 绕组直流电阻。
(3) 绕组、铁芯绝缘电阻。
(4) 交流耐压试验。
(5) 穿心螺栓、铁轭夹件、绑扎钢带、铁芯、绕组压环及屏蔽等的绝缘电阻。
(6) 绕组所有分接的电压比。
(7) 校核三相变压器的组别或单相变压器极性。
(8) 空载电流和空载损耗。
(9) 短路阻抗和负载损耗。
(10) 局部放电测量。
(11) 测温装置及其二次回路试验。

三、SF_6 气体绝缘变压器的试验项目

(1) 红外测温。
(2) SF_6 分解产物。
(3) SF_6 气体检测。
(4) 铁芯、夹件接地电流。
(5) 绕组直流电阻。
(6) 绕组连同套管的绝缘电阻、吸收比或极化指数。
(7) 绕组连同套管的介质损耗因数及电容量。
(8) 铁芯及夹件绝缘电阻。
(9) 交流耐压试验。
(10) 测温装置的校验及其二次回路试验。
(11) 有载分接开关试验。
(12) 压力继电器。
(13) 套管电流互感器试验。

第二节　变压器红外测温与故障红外诊断方法

《规程》不仅增加红外测温项目，还列为变压器试验项目的第一项，这是 2021 年版

《规程》的最大亮点。

一、变压器红外测温周期和判据

变压器红外测温周期和判据见表12-1。

表12-1　变压器红外测温周期和判据

变压器类别	周　期	判　据
油浸式电力变压器	(1) ≥330kV：1个月。 (2) 220kV：3个月。 (3) ≤110kV：6个月。 (4) 必要时	各部位无异常温升现象，检测和分析方法参考《带电设备红外诊断应用规范》(DL/T 664)。 对干式变压器、干式接地变压器用红外热像仪红外测温时，应重点测量套管及接头等部位
干式变压器、干式接地变压器	(1) 6个月。 (2) 必要时	
SF_6气体绝缘变压器	(1) A、B级检修后。 (2) ≥330kV：≤3年。 (3) ≤220kV：≤6年。 (4) 必要时	

二、变压器外部故障的红外诊断方法

变压器的外部故障主要包括导电回路连接不良、漏磁引起的箱体涡流和冷却装置故障等。

1. 导体外部连接不良故障的诊断

当变压器与外部载流导体连接不良或松动时，因电阻增大引起局部过热。其热像特征是以故障点为热中心的热像图。

主变10kV套管接头发热：某电力局1995年8月1日红外检测时发现35kV某变电所2号主变10kV套管接线柱线夹温度A、B相47℃，C相130℃。停电后对线夹进行了直流电阻的测量，更换了C相线夹，A、B相线夹重新制作。

处理前测量时环境温度27℃，天气晴，时间21：00，负荷电流380A，处理后测量时的环境温度32℃，天气晴，时间10：00负荷电流430A，见表12-2。

表12-2　某主变10kV套管发热情况

设备相别	处　理　前		处　理　后	
	线夹温度/℃	直流电阻/μΩ	线夹温度/℃	直流电阻/μΩ
A相	47	145	55	55
B相	47	145	57	75
C相	130	340	50	35

2. 冷却装置及油路系统故障的诊断

变压器的冷却器、潜油泵、油枕、防爆管等冷却装置和油路系统都在变压器外部，它们的故障（无论冷却器管道堵塞、假油位还是潜油泵过热等）都能在红外热像上清晰地显现出来，而且，它们出现故障时的热像特征是以故障部位为中心的热场分布。例如，若油枕油位不足，则在热像中可清楚看到油枕油面低落。由于防爆膜破裂，已导致变压器油与大气相通、受潮。如果继续运行必将因油受潮而降低变压器主绝缘性能，并会酿成事故。这种故障以往只能在大修时检查，否则，用其他方法很难检测出来。另外，如果潜油泵过热，则在热像中与潜油泵相应的位置有一个明显的热区；如果冷却器堵塞，油循环（或通风）受阻，则在堵塞处无热油循环，相应的热像必然是一个低温的暗区。假如气体继电器阀门未打开，则会导致阀门两侧温度出现差异。

变压器冷却装置和油路系统故障的红外诊断，可根据各种部件故障的红外热像特征，并结合变压器运行的有关规定做出判定。

例如：某变压器上部热图像，油温分界线偏上，诊断为油面过高。

因当时磁铁式油位表指示值为5.8，故怀疑油位表指示为假油面，可能的原因是表内齿轮卡滞或连杆脱落。因担心负荷上升、环境温度提高时油面会继续升高，在全封闭结构条件下，油膨胀压力促使压力释放阀动作，造成事故假象，于是准备放油。但在进行停电检修时发现油位表指示无误，不是假油面。检查胶囊、吸湿器管路亦畅通。分析储油柜结构才知道，该全密封储油柜是自行设计制造的，所使用的钢板比变压器厂原带的储油柜壁厚，散热性能稍差，相应的胶囊内部空气较热，油面在储油柜外表形成的热分界线上移，出现一定的误差。

3. 变压器漏磁和箱体涡流故障的诊断

由于设计或制造不良，变压器内部磁回路会漏磁通，该漏磁通在箱壳上将感生电动势并形成以外壳螺栓（或钟罩螺杆）为环流路径的箱体环流，从而造成箱壳局部过热，引起螺杆温度升高（有的可达300℃左右），以及色谱异常。严重时还会影响到变压器的正常运行。

这种故障的热像特征是呈现一个以漏磁通穿过并形成环流的区域（螺杆）为中心的热场分布图。通常根据热像指示的环流路径，采取外接短路环分流方法处理后，就能使涡流处的温度降低到允许值范围以内。另外，在某站检测时，也发现在低压套管相间筋板、底部及钟罩底部存在局部涡流过热，其热像同样具有上述特征。

根据变压器漏磁引起箱壳及螺栓局部过热的特点，一般应通过检测变压器箱体外壳、散热器、连接螺栓和引出线接线端子的温度做出分析判断。同时，也可以与其他变压器相应部位在相似条件下的温度分布做出比较诊断。涡流发热的最高允许温度可按变压器运行的规定温度标准执行。但是，应特别注意的是，当箱体局部发热仅仅在箱壳上，而钟罩螺杆毫无发热迹象时，这种发热未必是因漏磁产生的涡流所致，很可能在内部存在其他过热故障。

三、变压器本体内部故障红外诊断方法

变压器本体内部故障主要包括线圈、铁芯、引线、分接开关、本体绝缘、支架等部件存在的缺陷。由于变压器结构和传热过程的复杂性，要想用红外成像方法直接在线监测变压器本体内部的各种故障有一定困难。但是，如果采取吊罩并外施激励方法、采用特殊运行方式（增减负荷及改变冷却状态）在动态过程中诊断并辅以其他手段的综合方法，诊断

变压器本体内部的某些故障还是可行的。

1. 铁芯局部发热故障的诊断

变压器铁芯局部发热故障可能是铁芯叠片间短路或者铁芯多点接地所致，这两种原因引起的铁芯局部发热都在变压器内部，因此，只有对干式变压器才能进行在线红外监测。对于油浸变压器而言，由于故障点产生的热功率往往不能在箱体表面形成特征性热场，所以只能在吊罩后适当外施激励电压进行检测。

（1）干式变压器铁芯故障的诊断。这种变压器铁芯片间局部短路产生的热功率，一部分可直接辐射出来，其余部分经相邻部件热传导，也可在外面直接检测到。因此适于红外诊断。

干式变压器铁芯最高允许温度可按制造厂家规定执行，但厂家规定的温度往往指变压器正常发热温度。当线圈采用 F 级绝缘时，耐热性能较强，可达 155℃。但是，当铁芯存在故障而使铁芯或线圈长期在较高温度下运行，随电、磁的作用还会形成恶性循环，使线圈绝缘和支撑骨架发生老化，铁芯机械强度受到危害，影响变压器运行寿命。因此，通常只要发现铁芯出现局部短路，均应及时进行处理。

（2）油浸变压器铁芯故障的诊断。正常运行的油浸变压器绕组和铁芯都浸在油箱中部，四周充满变压器油。因油的冷却扩散作用，内部即使出现局部故障，尤其当铁芯故障不太严重时，一般在油箱外部不会反映出来，所在，无法形成明显的局部异常特征热像。欲对油浸变压器铁芯故障进行红外诊断，可采用吊罩方式，在器身裸露的状态下，施加一定的空载励磁电压后再进行红外成像检测。

油浸变压器吊罩加压后的热像特征与干式变压器完全相同。因此，根据该热像特征则可对油浸变压器的铁芯有无局部故障做出诊断。

对油浸变压器进行吊罩试验时，必须按制造厂家规定的成品试验方法或经特别批准的方法进行。判定标准按厂家规定的铁芯最高允许温度执行。

2. 非漏磁引起的箱体局部过热故障的诊断

当变压器箱体表面出现局部过热而钟罩螺栓又毫无发热迹象时，这种发热故障通常不是磁回路漏磁产生的箱体涡流所致，而是距箱体发热部位较近的某种内部故障产生的热量经一定路径传到箱体表面形成的局部温升。这种故障的热像，通常是以距内部故障点最近的局部箱壳为中心的温度分布热像图。

由于变压器本体内部的故障往往有两个特点：一是故障发热功率与负荷大小有关，并且热量从故障点向附近箱体的传递与冷却状态有关；二是故障发热可伴有变压器油汽化，从而导致液相和气相色谱变化。这样一来，就为诊断非漏磁引起的箱体局部过热故障提供了两种方法即改变运行工况法和红外色谱综合法。

3. 变压器其他内部故障的诊断

除上述变压器内部故障以外，只要能在变压器箱体产生局部或整体过热的内部故障，原则上均可应用红外成像方法进行在线监测和诊断。例如，变压器分接开关接触不良引起的发热，会使热油沿开关绝缘筒内壁上升，引起正上方箱体顶部形成局部过热。据此则可诊断分接开关故障。

关于变压器绕组线圈故障的诊断，可仿照铁芯故障的诊断方法，即采用吊罩后施加短路电流的方式进行红外成像检测。

但是，还有一些内部故障（如变压器内部局部放电、铁芯轻微接地等），运用红外成像方法就显得无能为力了。那些需要在内部进行在线监测的故障，可借助在变压器内部装设红外光纤或专用红外光纤探头的方法加以解决。

第三节 油中溶解气体色谱分析

由于现有的预防性试验方法在一般情况下，尚不能在带电时有效地发现变压器内部的潜伏性故障，而通过气体继电器又不能知道气体的成分及每种成分的含量，还往往给出一种假象，不能真正反映所出现的故障，甚至发生误动作。实测表明，变压器在发生故障前，在其内部析出多种气体，而气相色谱法可以根据变压器内部析出的气体，分析变压器的潜伏性故障，特别是对过热性、电弧性和绝缘破坏性故障等，不管故障发生在变压器的什么部位，都能很好地反映出来。

近些年来，电力系统广泛采用气相色谱法来查找变压器绝缘缺陷，及时发现了很多隐患，所以目前已将该方法正式列为变压器交接和预防性试验项目。并且在《规程》中将它列为变压器试验的第二项。专门突出了油中溶解气体分析的重要性和有效性。

一、《规程》对油中溶解气体分析的基本要求

1. 周期

（1）A、B级检修后，66kV及以上：1天、4天、10天、30天。

（2）运行中电网侧：

1）750kV：1个月。

2）330～500kV：3个月。

3）220kV：6个月。

4）35～110kV：1年。

（3）运行中发电侧：120MVA及以上的发电厂主变压器为6个月；8MVA及以上的变压器为1年；8MVA以下的油浸式变压器自行规定。

（4）必要时。

2. 判据

按DL/T 722判断是否符合要求：

（1）新装变压器油中H_2与烃类气体含量（$\mu L/L$）任一项不宜超过下列数值：

1）500kV及以上：总烃，10；H_2，10；C_2H_2，0.1。

2）330kV及以下：总烃，20；H_2，30；C_2H_2，0.1。

（2）运行变压器油中H_2与烃类气体含量（$\mu L/L$）超过下列任何一项值时应引起注意：

1）总烃：150。

2）H_2：150。

3）C_2H_2：5（35～220kV），1（330kV 及以上）。

（3）烃类气体总和的产气速率大于 6mL/d（开放式）和 12mL/d（密封式），或相对产气速率大于 10%/月则认为设备有异常（对乙炔<0.1μL/L、总烃小于新设备投运要求时，总烃的绝对产气率可不做分析）。氢气的产气速率大于 5mL/d（开放式）和 10mL/d（密封式），则认为设备有异常。

3. 方法及说明

按 DL/T 722 取样及测量：

（1）总烃包括 CH_4、C_2H_4、C_2H_6 和 C_2H_2 四种气体。

（2）溶解气体组分含量有增长趋势时，可结合产气速率判断，必要时缩短周期进行跟踪分析。

（3）总烃含量低的设备不宜采用相对产气速率进行判断。

二、变压器内析出气体的原因和特征

利用气相色谱法预测变压器的潜伏性故障是通过定性、定量分析溶于变压器油中的气体来实现的。有人会问，变压器油中的气体是从哪里来的呢？我们知道，油在炼制、运输等过程中会与空气接触，而变压器油又可溶解各种各样的气体。对于强油循环的变压器，因油泵的空穴作用和管路密封不严等会使空气混入，而且大量的运行经验和试验研究还证明，运行着的油浸变压器，其变压器油和有机绝缘材料在热和电的作用下，会逐渐老化和分解，产生少量的各种低分子烃类及二氧化碳、一氧化碳等气体；当存在潜伏性过热或放电故障时，会加快这些气体产生的速度。随着故障的发展，分解出的气体形成的气泡在油里经对流、扩散，不断溶解在油中。当产气量大于溶解量时，还会有一部分气体进入气体继电器。由于故障气体的组成和含量与故障的类型和故障的严重性有密切关系，所以定期分析溶解于变压器油中的气体就能及早发现变压器内部存在的潜伏性故障，并随时掌握故障的发展情况。

导致变压器内部析出气体的主要原因为局部过热（铁芯、绕组、触点等）、局部电晕放电和电弧（匝、层间短路、沿面放电、触点断开等）。这些现象都会引起变压器油和固体绝缘的裂解，从而产生气体。产生的气体主要有氢、烃类气体（甲烷、乙烷；乙烯、乙炔、丙烷、丙烯等）、一氧化碳、二氧化碳等。

根据模拟试验和大量的现场试验，电弧放电（电流大）使油主要分解出乙炔、氢及较少的甲烷；局部放电（电流较小）主要分解出氢和甲烷；变压器油过热时分解出氢和甲烷、乙烯、丙烯等，而纸和某些绝缘材料过热时还分解出一氧化碳和二氧化碳等。表 12－3 列出了各种故障下油和绝缘材料放出的主要气体成分。

试验研究及实践均表明，故障点温度较低时，油中溶解气体的组成主要是 CH_4，随着温度升高，产气率最大的气体依次是 CH_4、C_2H_6、C_2H_4、C_2H_2。通常油中的 C_2H_6 含量小于 CH_4 是由于 C_2H_6 不稳定，在一定的温度下极易分解为

$$C_2H_6(\text{气态}) \rightleftharpoons C_2H_4(\text{气态}) + H_2(\text{气态})$$

可见，C_2H_4 与 H_2 是相伴而生的。

表 12-3　各种故障下油和绝缘材料放出的主要气体成分

气体成分	强烈过热		电弧放电		局部放电	
	油	油和绝缘材料	油	油和绝缘材料	油	油和绝缘材料
氢（H_2）	●	●	●	●	●	●
甲烷（CH_4）	●	●	○	○	●	●
乙烷（C_2H_6）	○	○				
乙烯（C_2H_4）	●	●	○	○		
乙炔（C_2H_2）			●	●		
丙烷（C_3H_8）	○	○				
丙烯（C_3H_6）	●	●				
一氧化碳（CO）		●		●		○
二氧化碳（CO_2）		●		○		○

注　●表示主要成分，○表示次要成分。

三、变压器油中溶解气体的注意值

上面虽然介绍了各种故障下油和绝缘材料放出的主要气体成分，但是这对判断事故性质仍然是不充分的，因为缺乏比较标准，即油中溶解气体的注意值。因此，必须对注意值作出规定。根据对6000多台次变压器的油中含气量的调查分析，国家标准《变压器油中溶解气体分析和判断导则》（GB/T 7252—2001）（以下简称“《导则》”）和《规程》均规定变压器油中氢和烃类气体的注意值，一般不应大于表12-4中所列的数值。

表 12-4　油中溶解气体的注意值　单位：μL/L

气体组分	含量	
	220kV 及以下	330kV 及以上
总烃	150	150
乙炔	5	1
氢	150	150

注　1. 上述数值按一般统计结果得出，应估计到有特殊例外的可能。
2. 上述数值不适用于气体继电器放气嘴取出的气样。
3. 在《导则》中的总烃指的是甲烷（简写为 C_1），乙烷、乙烯、乙炔（以上三者统称为 C_2）四种气体的总和，可简写为 C_1+C_2。

四、气体色谱分析法判断变压器内部故障性质的步骤和程序

应用气体色谱分析法判断变压器内部故障性质通常按下列步骤进行：

（一）将色谱分析结果的几项主要指标（总烃、乙炔、氢）与注意值做比较

运行中变压器内部氢与烃类气体含量超过表12-4中任何一项数值时，都应引起注意，查明产生气体的原因，或进行跟踪分析。根据历次测试记录或重复取样试验的结果，考察其产气率，从而对其内部是否存在故障或故障的严重性及其发展趋势作出估计。

《导则》推荐用下列两种方式（或其中任一种）来表示产气速率：

（1）绝对产气速率。每个运行小时产生某种气体的平均值，计算公式为

$$\gamma_a = \frac{C_{i2} - C_{i1}}{\Delta t} \times \frac{G}{d}$$

式中　γ_a——绝对产气速率，mL/h；

C_{i2}——第二次取样测得油中某气体的含量，μL/L；

C_{i1}——第一次取样测得油中某气体的含量，μL/L；

Δt——两次取样时间间隔中的实际运行时间，h；

G——设备总油量，t；

d——油的密度，t/m^3。

《规程》规定，烃类气体总的产气速率大于0.25mL/h（开放式）和0.5mL/h（密封式）时，可判断为变压器内部存在异常。

（2）相对产气速率。每个月（或折算到每个月）某种气体含量增加原有值的百分数的平均值，计算公式为

$$\gamma_r = \frac{C_{i2} - C_{i1}}{C_{i1}} \times \frac{1}{\Delta t} \times 100\%$$

式中　γ_r——相对产气速率，%/月；

C_{i2}——第二次取样测得油中某气体的含量，μL/L；

C_{i1}——第一次取样测得油中某气体的含量，μL/L；

Δt——两次取样时间间隔中的实际运行时间，月。

《规程》规定，相对产气速率大于10%/月时可判断为设备内部存在异常（总烃含量低的变压器不宜采用相对产气速率进行判断）。

判断变压器故障发展趋势的主要依据是考察油中故障特征气体的产生速率。当变压器内部的故障处于早期发展阶段时，气体的产生比较缓慢，故障进一步发展时，产生气体的速度也随着增大。具体判断时注意以下几点：

1）产气速率计算方法及其可比性。由上述可知，计算产气速率有两种方法。对相对产气速度，由于它与第一次取样测得的油中某种气体含量 C_{i1} 成反比，所以若 C_{i1} 的值很小或为零时，则 γ_r 值较大或无法计算；另外，由于设备的油量不等，同样故障的产气量也会出现不同的 γ_r 值，因此不同设备的产气速率是不可比的。对绝对产气速率，由于它是以每小时产生气体的毫升数来表示，能直观地反映故障能量与气体量的关系，故障能量愈大，气体量愈多，故不同设备的绝对产气率是可比的。

2）产气速率判断法只适用于过热性故障。由上述可知，变压器故障有放电性故障和过热性故障两种。对放电性为主的变压器故障，一旦确诊，应立即停运检修，不能要求进行产气速率的考察。考察产气速率只能适用于过热性为主的变压器故障。表12－5列出了某电力科学研究院的考察经验，供参考。

3）追踪分析时间间隔。时间间隔应适中，太短不便于考察；太长，无法保证变压器正常运行，一般以间隔1～3个月为宜，而且必须采用同一方法进行气体分析。

4）负荷保持稳定。考察产气速率期间，变压器不得停运，并且负荷应保持稳定。如果要考察产气速率与负荷的相互关系时，则可有计划地改变负荷进行考察。

表 12-5 考察结果判断

判据	变压器状态	判据	变压器状态
总烃的绝对值小于注意值 总烃产气速率小于注意值	变压器正常	3倍的注意值>总烃>注意值,总烃产气速率为注意值的1~2倍	变压器有故障应缩短分析周期,密切注意故障发展
3倍的注意值>总烃>注意值,总烃产气速率小于注意值	缓慢,可继续运行	总烃大于3倍注意值,总烃产气速率大于注意值的3倍	设备有严重故障,发展迅速,应立即采取必要的措施,有条件时可进行吊罩检修

注 总烃含量低的设备不宜采用相对产气速率进行判断。

5）为便于分析和判断，新投入运行的变压器应有投运前的色谱分析测试数据。220kV 及以上的所有变压器、容量在 120MVA 及以上的发电厂主变压器在投运后的 4 天、10 天、30 天（500kV 设备应增加 1 次在投运后 1 天）均要进行色谱分析，并记录分析结果。

（二）对 CO 和 CO_2 的指标进行判断

在变压器等充油设备中，主要的绝缘材料是绝缘油和绝缘纸、纸板等，它们在运行中受多种因素的作用将逐渐老化。绝缘油分解产生的主要气体是氢、烃类气体，绝缘纸等固体绝缘材料分解产生的主要气体是 CO 和 CO_2。因此可将 CO 和 CO_2 作为油纸绝缘系统中固体材料分解的特征气体。

大型变压器发生低温过热性故障时，因温度不高，往往油的分解不剧烈，因此烃类气体含量并不高，而 CO 和 CO_2 含量变化较大。故而可用 CO 和 CO_2 的产气速率和绝对值来判断变压器固体绝缘老化状况，若再辅之以对油进行糠醛分析（见后述），完全可能发现一些绝缘老化、低温过热故障。例如，东北某电厂的一台 SFPS 7-240000/220 型升压变压器，1981 年 9 月投入运行，正常运行时的负荷率为 90%左右，上层油温一般不超过 70℃。1988 年以来，对该变压器进行糠醛分析，其结果如表 12-6 所示。由表 12-6 中数据分析可知，变压器绝缘有老化现象。1992 年又进行油中溶解气体的色谱分析，其结果如表 12-7 所示，其中 CO、CO_2 含量历年的变化曲线如图 12-1 所示，可见油中总烃含量并不高，而 CO 和 CO_2 的绝对值和增长率均比较高。经吊芯检查发现，A 相低压绕组下端 3～4 段上一组换位导线数根烧熔；绕组上、下两端各 1～5 段均有绝缘纸烤焦露铜现象，5～8 段匝绝缘呈深红色，9～30 段间绝缘有不同程度老化现象；段间 1.5mm 小油道已全部被堵死，4.5mm 大油道也仅能插入 1.4mm 的纸板。检查 B、C 相低压绕组绝缘老化和油道堵塞情况与 A 相基本相同。上述情况表明，经过 10 年运行，绝缘老化极其严重，原因是低压绕组结构设计、工艺不合理，在导线发热与漏磁引起的附加损耗共同作用下，绝缘纸热膨胀后，使狭窄的油道变小，甚至堵塞，导致油流不畅，绝缘长期处于低温作用的结果。

关于 CO 和 CO_2 的判据，《导则》只对开放式变压器作了规定，认为如总烃含量超出正常范围，而 CO 含量超过 300μL/L，应考虑涉及固体绝缘过热的可能性；若 CO 含量虽超过 300μL/L，但总烃含量在正常范围，一般也可认为是正常的。某些带统包绝缘的变

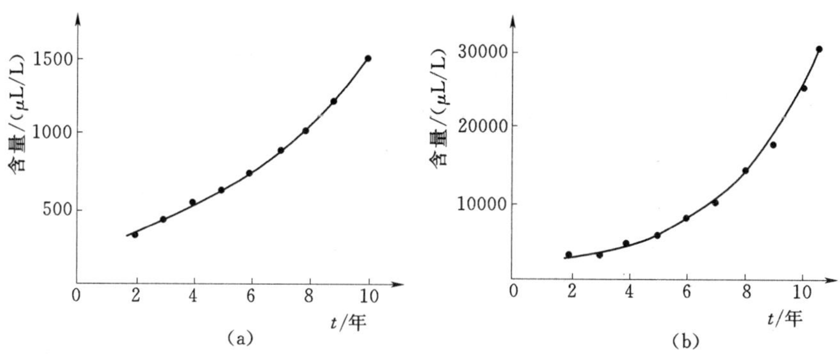

图 12-1　240MVA 变压器 CO、CO_2 变化曲线

(a) CO 随运行年限的变化；(b) CO_2 随运行年限的变化

表 12-6　　糠醛分析结果

年份	1988	1989	1990	1991
糠醛值/(mg/L)	1.67	1.41	1.38	1.79

表 12-7　　色谱分析结果　　单位：μL/L

时间/(年.月)	H_2	CH_4	C_2H_6	C_2H_4	C_2H_2	C_1+C_2	CO	CO_2
1992.4	24.0	27.8	24.4	30.0	无	82.2	1589.5	26395
1992.5	33.9	36.5	31.5	39.3	无	107.2	2412.0	47201

压器，当 CO 含量超过 300μL/L 时，即使总烃含量正常，也可能有固体绝缘过热故障。对具有薄膜密封油枕的变压器，油中 CO 含量一般均高于开放式变压器，且在投运前几年增长速率较快，因此没有作规定。

IEC 导则等国外资料推荐以 CO/CO_2 比值作为判据，即该比值大于 0.33 或小于 0.09 时，表示可能有纤维绝缘分解故障。我国统计资料表明，该比值只适用于运行中期和后期的开放式变压器。对隔膜式变压器，湖北的经验认为，若 CO/CO_2 大于 0.5，则可能存在异常情况。

近年来，东北电力科学研究院，对 CO 和 CO_2 的判据进行研究，认为图 12-2 所示 CO

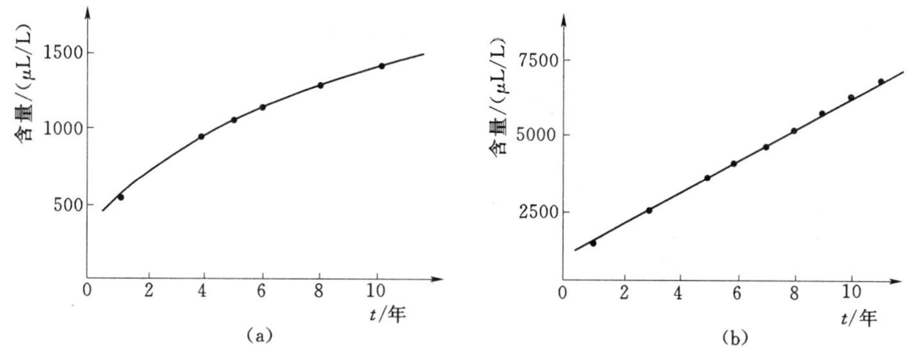

图 12-2　隔膜式变压器 CO 和 CO_2 含量的判断指标

(a) CO 平均含量与运行年的关系；(b) CO_2 平均含量与运行年的关系

和 CO_2 的绝对值及其曲线的斜率，可作为隔膜密封变压器的判断指标。当变压器油中 CO 和 CO_2 含量超过图 12－2 中数值或产气速率大于曲线的斜率时，应该对设备引起注意，了解设备在运行中有否过负荷，冷却系统和油路是否正常，绝缘含水量是否过高，以及了解设备结构，有否可能产生局部过热使绝缘老化。为了诊断设备是否存在故障，应当考察油中 CO 和 CO_2 的增长趋势，并结合其他检测手段（如测定油中糠醛含量等）对设备进行综合分析。

应当指出，CO 和 CO_2 是绝缘正常老化的产物，也是故障的特征气体，两者之间的区别是绝缘老化速度不同，即产气速率变化规律不同，图 12－3 给出正常变压器 CO 和 CO_2 的变化曲线，它与图 12－1 所示的故障变压器 CO 和 CO_2 变化曲线有明显的差别。

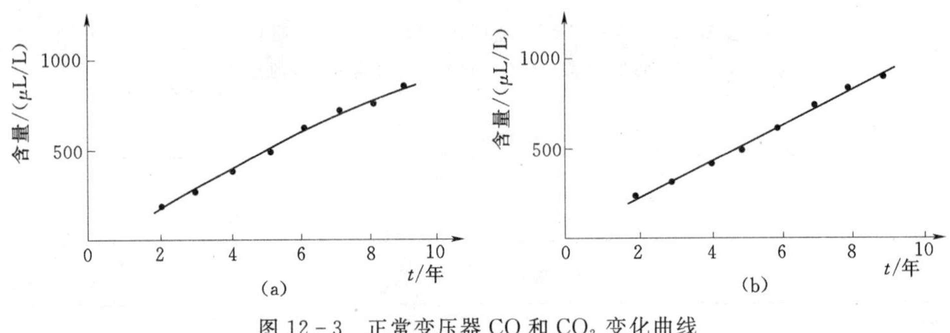

图 12－3　正常变压器 CO 和 CO_2 变化曲线

(a) CO 随运行年限的变化；(b) CO_2 随运行年限的变化

（三）用特征气体法和三比值法判断故障性质

若分析结果超出表 12－4 所列数值时，则表明设备处于非正常状态下运行，但这种方法只能是粗略地判断变压器等设备内部可能有早期的故障存在，而不能确定故障的性质和状态，确定故障的性质和状态的方法如下。

1. 特征气体判断法

特征气体可反映故障点引起的周围油、纸绝缘的热分解本质。气体特征随着故障类型、故障能量及其涉及的绝缘材料的不同而不同，即故障点产生烃类气体的不饱和度与故障源的能量密度之间有密切关系，如表 12－8 所示。因此，特征气体判断法对故障性质有较强的针对性，比较直观、方便，缺点是没有明确量的概念。

表 12－8　　**判断故障性质的特征气体法**

序号	故障性质	特征气体的特点
1	一般过热性故障	总烃较高，$C_2H_5<5\mu L/L$
2	严重过热性故障	总烃高，$C_2H_2>5\mu L/L$，但 C_2H_2 未构成总烃的主要成分，H_2 含量较高
3	局部放电	总烃不高，$H_2>100\mu L/L$，CH_4 占总烃中的主要成分
4	火花放电	总烃不高 $C_2H_2>10\mu L/L$，H_2 较高
5	电弧放电	总烃高，C_2H_2 高并构成总烃中的主要成分，H_2 含量高

注　当 H_2 含量增大，而其他组分不增加时，有可能是由于设备进水或有气泡引起水和铁的化学反应，或在高电场强度作用下，水或气体分子的分解或电晕作用所致。

应用上述特征气体法，必须注意下列两点：

(1) 乙炔是故障点周围绝缘油分解的特征气体。乙炔的含量是区分过热和放电两种故

障性质的主要指标。但大部分过热故障，特别是出现高温热点时，也会产生少量乙炔。因此，不能认为凡有乙炔出现的故障，都视为放电性故障。例如1000℃以上时，会有较多的乙炔出现，但1000℃以上的高温既可以由能量较大的放电引起，也可以由导体过热而引起。例如分接开关出现过热故障时，都出现有乙炔，不应该由此认为裸金属过热并伴有放电，因为这种情况可能只是由于高温过热点而引起的。另外，低能量的局部放电，并不产生乙炔，或仅仅产生很少量的乙炔。

有关参考文献根据历年刊物所载各类大型电力变压器的诊断和检查结果进行了比较、分析，归纳出气体中主要成分与异常情况的关系，如表12－9所示。它对判断过热与放电很有帮助，在后面的综合分析实例中将应用到。

表12－9　　气体中主要成分与异常情况的关系

主要成分	异常情况	具体情况
H_2 主导型	局部放电弧光放电	绕组层间短路，绕组击穿；分接开关触点间局部放电，弧光短路
CH_4 C_2H_4 主导型	过热接触不良	分接开关接触不良，连接部位松动，绝缘不良
C_2H_2 主导型	弧光放电	绕组短路，分接开关切换器闪络

（2）氢是油中发生放电分解的特征气体，但是氢的产生不完全是由放电引起的，特别是氢含量单值超标，绝大多数原因是设备进水受潮所致。如果伴随着氢含量超标，CO、CO_2 含量较大，即是固体绝缘受潮后加速老化的结果。当色谱分析出现氢含量单项超标时，应建议进行电气试验和微水分析。

如果通过测试证实了变压器进水，那么就要设法在现场除去或降低变压器油中含水量。由于固体绝缘材料含水量比油中含水量要大100多倍，它们之间的水分存在着相对平衡，因此，一般现场降低油中含水量所采用的真空滤油法不能长久地降低油中的含水量，它对变压器整体的水分影响很小，但是目前没有一种有效的去水方法。为了确保设备安全运行和延长使用寿命，定时进行滤油是必要的，有条件的单位应对变压器内部的固体绝缘进行干燥处理。

例如，某主变压器，1988年7月13日色谱分析发现 H_2 含量单项超标（为343.4mg/L），超过注意值的2倍以上，判断为变压器内部进水，经微水分析（54mg/L）得到证实，7月30日进行滤油，含水量降至18mg/L，H_2 含量也降至7.4mg/L，但是只运行了半个月，含水量又上升至45mg/L，H_2 含量也上升至134.8mg/L，CO、CO_2 含量也较高，是固体绝缘材料老化所致。

实践证明，采用特征气体法结合可燃性气体含量法，可作出对故障性质的判断，但是，要对故障性质作进一步的探讨，预估故障源的温度范围等，还必须找出故障产气组分的相对比值与故障点温度或电应力的依赖关系及其变化规律。

目前常用的是IEC三比值判断法。

2. IEC三比值判断法

用五种特征气体的三对比值，来判断变压器的故障性质的方法，称为三比值法。在三比值法中，相同的比值范围、三对比值以不同的编码表示，如表12－10所示。

表 12-10 三比值法的编码规则

特征气体的比值	比值范围编码			说明
	$\frac{C_2H_2}{C_2H_4}$	$\frac{CH_4}{H_2}$	$\frac{C_2H_4}{C_2H_6}$	
<0.1	0	1	0	例如：$\frac{C_2H_2}{C_2H_4}=1\sim3$ 时，编码为 1；$\frac{CH_4}{H_2}=1\sim3$ 时，编码为 2；$\frac{C_2H_4}{C_2H_6}=1\sim3$ 时，编码为 1
0.1～1	1	0	0	
1～3	1	2	1	
>3	2	2	2	

由于这种方法是根据电气设备内油、纸绝缘故障下裂解产生气体组分的相对浓度与温度有着相互的依赖关系，并选用了两种溶解度和扩散系数相近的气体组分的比值作为判断故障性质的依据，如表 12-11 所示，从而消除了油的体积效应的影响，可得出对故障状态较可靠的判断。

表 12-11 判断故障性质的三比值法

序号	故障性质	比值范围编码			典型例子
		$\frac{C_2H_2}{C_2H_4}$	$\frac{CH_4}{H_2}$	$\frac{C_2H_4}{C_2H_6}$	
0	无故障	0	0	0	正常老化
1	低能量密度的局部放电	0 但无意义	1	0	由于不完全浸渍引起含气孔穴中的放电，或过分饱和或高湿度引起的孔穴中的放电
2	高能量密度的局部放电	1	1	0	同序号 1 典型例子，但已导致固体绝缘出现放电痕迹或穿孔
3	低能量的放电①	1～2	0	1～2	不同电位之间的油的连续火花放电或对悬浮电位连接不良的连续火花放电，固体材料之间油的击穿
4	高能量的放电	1	0	2	有工频续流的放电，绕组之间或线圈之间，或线圈对地之间的油的电弧击穿，分接开关切断电流
5	低于 150℃的热故障②	0	0	1	一般性的绝缘导线过热
6	150～300℃低温范围的过热故障③	0	2	0	由于磁通集中引起的铁芯局部过热； 热点温度增加，从铁芯中的小热点，铁芯短路，由于涡流引起的铜过热，接头或接触不良（形成焦炭）以及铁芯和外壳的环流
7	300～700℃中等温度范围的热故障	0	2	1	
8	高于 700℃的高温范围的热故障④	0	2	2	

① 随着火花放电强度的增长，特征气体的比值有如下增长的趋势：乙炔/乙烯从 0.1～3 增加到 3 以上；乙烯/乙烷从 0.1～3 增加到 3 以上。

② 在这一情况中，说明了乙烯/乙烷比值的变化，气体主要来自固体绝缘的分解。

③ 这种故障情况通常由气体浓度的不断增加来反映，甲烷/氢的值通常大约为 1，实际值大于或小于 1 与很多因素有关，如油保护系统的方式、实际的温度水平和油的质量等。

④ 乙炔含量的增加表明热点温度可能高于 1000℃。

应该指出，表 12－11 中给出的编码组合，只可看成是典型的，在实际应用中，常出现不包括在范围内的编码组合。如故障可表现为“2、0、2”，这常表示在装有带负荷调压分接开关的变压器中，由于分接开关筒里的电弧分解物渗入变压器油箱。此外，还可遇到“1、2、1”和“1、2、2”，对于这些组合，应结合必要的电气试验作综合分析，一般可理解为过热与放电同时存在。再有，对编码组合“0、1、0”，常常是由于 H_2 组分数值较高；但引起 H_2 高的原因甚多，一般难以作出正确无误的判断，也应辅以其他方法进行判断。

当比值为 0、2、2 时，故障指示为高于 700℃的热故障。为进一步求得具体的故障点温度，可按如下经验公式估算：

$$T=322\lg\left(\frac{C_2H_4}{C_2H_6}\right)+525\ (℃)$$（该公式不适用于涉及固体绝缘的导线过热等故障）

对 200 台不同程度的故障变压器有关数据的分析、对照表明、IEC 三比值法能较准确地判断出潜伏性故障的性质，同时对并发性的故障也可显示，如表 12－12 所示。

表 12－12　　用 IEC 三比值法对 200 台变压器进行故障判断的数据统计

故障类型	序号	IEC 三比值分析		变压器台数		故障的实际情况
		比值范围	故障特征	台数	占同类型故障的百分数/%	
分接开关及高低压引线故障	1	020	低温热点 150～300℃	4	4	引线焊接不良造成过热损伤绝缘
	2	021	中温热点 300～700℃	23	24	
	3	022	高温热点 700℃以上	55	57	开关接触不良，触头烧毛或烧伤
	4	002	低温过热 150℃以下	5	5	
	5	121	热点伴有放电	4	4	导线毛刺或绝缘不良导致匝、层间放电
	6	122	热点伴有放电	5	5	
	7	201	低能放电	1	1	有载开关筒漏油
引线及匝、层间短路故障	8	101	低能放电	3	10	引线短路，绕组匝层间短路烧伤绝缘，分接开关电弧烧伤
	9	102	高能放电	15	50	
	10	122	放电伴有过热	5	17	
	11	222	放电伴有过热	3	10	
	12	201	低能放电	1	3	
	13	202	高能放电	3	10	
铁芯及夹件故障	14	020	低温热点 150～300℃	6	13	层间短路烧伤绝缘，铁芯多点接地，致使铁芯局部过热，铁芯局部短路、烧坏
	15	021	中温热点 300～700℃	18	39	
	16	022	高温热点 700℃以上	14	30	
	17	001～2	低温过热 150℃以下	7	15	
	18	102	高能放电	1	2	

续表

<table>
<tr><th rowspan="2">故障类型</th><th rowspan="2">序号</th><th colspan="2">IEC 三比值分析</th><th colspan="2">变压器台数</th><th rowspan="2">故障的实际情况</th></tr>
<tr><th>比值范围</th><th>故障特征</th><th>台数</th><th>占同类型故障的百分数/%</th></tr>
<tr><td rowspan="4">固体绝缘故障</td><td>19</td><td>001～2</td><td>低温过热 150℃以下</td><td>6</td><td>35</td><td rowspan="4">长时间在高温下运行或散热不良造成绝缘老化或焦化</td></tr>
<tr><td>20</td><td>020</td><td>低温热点 150～300℃</td><td>3</td><td>18</td></tr>
<tr><td>21</td><td>021</td><td>中温热点 300～700℃</td><td>4</td><td>24</td></tr>
<tr><td>22</td><td>022</td><td>高温热点 700℃以上</td><td>4</td><td>24</td></tr>
<tr><td>无故障</td><td>23</td><td>000</td><td>正常老化</td><td>10</td><td>100</td><td></td></tr>
</table>

应用三比值法时应当注意的问题有：

（1）对油中各种气体含量正常的变压器等设备，其比值没有意义。

（2）只有油中气体各组分含量足够高（通常超过注意值），并且经综合分析确定变压器内部存在故障后才能进一步用三比值法判断其故障性质。如果不论变压器是否存在故障，一律使用三比值法，就有可能将正常的变压器误判断为故障变压器，造成不必要的经济损失。

（3）在表 12－11 中，每一种故障对应于一组比值，对多种故障的联合作用，可能找不到相对应的比值组合，而实际是存在的。

（4）在实际中可能出现没有包括在表 12－11 中的比值组合，对于某些组合的判断正在研究中。例如，121 或 122 对应于某些过热与放电同时存在的情况；202 或 201 对于有载调压变压器，应考虑切换开关油室的油可能向变压器的本体油箱渗漏的情况。

（5）三比值法不适用于气体继电器里收集到的气体分析判断。

总之，由于三比值法还未能包括和反映变压器内部故障的所有形态，所以它还在发展及积累经验之中。

3. 无编码比值法

最近有人针对三比值法“故障编码不多”的不足，通过对 1300 多台次故障变压器的分析，提出“无编码比值法”，该方法认为不需要对比值进行编码、而直接由两个比值确定一个故障性质，减少了传统的“三比值法”先编码，然后由编码查故障的过程，使分析判断方法简单化。

“无编码比值法”分析和判断变压器故障性质的方法如下：

（1）计算 C_2H_2 与 C_2H_4 的比值确定故障性质。当比值小于 0.1 时，为过热性故障；当比值大于 0.1 时，为放电性故障。

（2）计算 C_2H_4 与 C_2H_6 的比值，确定过热温度。当比值小于 1 时，为低温过热（小于 300℃）；当比值大于 1 小于 3 时，为中温过热（300～700℃）；当比值大于 3 时，为高温过热（大于 700℃）。

（3）计算 CH_4 与 H_2 的比值确定纯放电还是放电兼过热故障。当比值小于 1 时，为纯放电故障；当比值大于 1 时，为放电兼过热故障。

据报道，用“三比值法”和“无编码比值法”分别对国内 1300 多台次故障变压器分

别进行分析判断，其准确率分别为 74%和 94%。

4. 干扰色谱分析的各种因素

应当指出，在进行变压器油中溶解气体色谱分析中，常会遇到由于某些外部原因引起变压器油中气体含量增长，干扰色谱分析，造成误判断。

根据我国有关单位的实践经验，总结出常见的外部干扰如下：

(1) 变压器油箱补焊。变压器在运行中由于上下层油循环，在顶盖下面的上层油面有一定波动现象（如果是强油导向冷却，波动现象更加严重）。由于变压器顶盖上密封，焊接部位很多，如果这些部位有不严的情况，那么在油层向上波动时会把变压器油挤出来，形成渗油。对渗油部位往往要带油补焊，这样可使油在高温下分解产生大量的氢、烃类气体。例如，某些变压器带油补焊前后氢、烃类气体的变化如表 12-13 所示。

表 12-13　　变压器带油补焊前后色谱分析结果

序号	取样原因	气体组分/(μL/L)						比值范围编码			可能误判
		H_2	CH_4	C_2H_6	C_2H_4	C_2H_2	C_1+C_2	$\frac{C_2H_2}{C_2H_4}$	$\frac{CH_4}{H_2}$	$\frac{C_2H_4}{C_2H_6}$	
1	周期（1989 年 8 月 3 日）	14.67	3.68	10.54	2.71	0.20	17.13				
	补焊投运后 1 周（1989 年 9 月 28 日）	14.2	4.40	13.96	2.48	0.37	21.21				
	周期（1990 年 10 月 2 日）	97.9	103.3	31.6	131.3	19.7	285.8	1	2	2	放电兼过热
2	带油补焊前	10	3	痕	1.5	无	4.5				
	补焊 14 天后	45	85	32	188	1.7	307	0	2	2	高于 700℃高温范围的热故障
3	补焊前	6.21	12.34	1.23	9.10	2.23	24.9				
	补焊后 10 天	20.24	19.21	2.83	25.11	6.29	53.44	1	0	2	高能量放电
4	带油补焊后	450	1740	470	1850	3.8	4420	0	2	2	高于 700℃高温范围的热故障

对序号 1，补焊一周进行色谱分析未发现油中气体含量增高，其原因可能是：①所焊之处皆为死区，虽运行一周，油借助本身油温的上下层温差进行循环，温差不大，循环不剧烈，时间短，特征气体难以均匀溶于油中；②取样前，放油充洗量不够。

运行一年后，补焊时产生的气体仍在油中也大有可能，因一来未脱气；二来该主变压器储油柜为气囊式充氮保护，油中气体是无法自行散出去的。

对序号 2、3、4，补焊后氢、烃类也明显增加。

由表 12-13 可见，若仅采用三比值法进行分析，可能导致误判断。对于油箱补焊引起的气体含量增高，可以通过气体试验和查阅设备历史状况作深入综合分析。若电气试验结果正常，而有补焊历史且补焊后又未进行脱气处理，就可以认为气体增长是由于补焊引起的，为证实这个观点，可以再进行脱气处理，并跟踪监视。为消除补焊后引起的气体增长，对色谱分析的干扰可采用脱气法进行处理。

(2) 水分侵入油中。在变压器运行过程中由于温度的变化或冷油器的渗漏，安全防爆管、套管、潜油泵、管路等不严都可能使水分侵入变压器油中，以溶解状态或结合状态存在于油中的水分，随着油的流动参与强迫循环或自然循环的过程，其中有少量水分在强电场作用下发生离解而析出氢气，这些游离氢又部分地被变压器油所溶解造成油中含氢量增加。有时水分甚至沉入变压器底部，水分的存在加速了金属的腐蚀。由于钢材本身含有杂质，铁与杂质间存在电位差，当水溶解了空气中的二氧化碳，或油中的少量低分子酸后，便成了能够导电的溶液，这种溶液与其杂质构成了一个微小的原电池。其化学反应为

阴极（铁）　　　　　　$Fe-2e=\!=\!=Fe^{2+}$

阳极（杂质）　　　　　$2H^{+}+2e=\!=\!=H_2\uparrow$

溶液中反应为

$$Fe+2H_2O=\!=\!=Fe(OH)_2\downarrow+H_2\uparrow$$

$$CO_2+H_2O\rightleftharpoons H_2CO_3\rightleftharpoons H^{+}+HCO_3^{-}$$

铁失去电子生成 Fe^{2+} 后，与溶液中的 OH^{-} 结合成 $Fe(OH)_2$；吸附在铁表面的 H^{+}，在阳极获得电子，生成 H_2，放出氢气。例如，某电厂 3 号主变压器 1988 年 7 月油中氢气含量骤增至 485μL/L，微水含量 50μL/L，用真空滤油机对变压器油脱气，脱水处理，两个月后含氢量又增至 321μL/L，微水含量为 44～68μL/L，10 月换新油时，吊罩检查未见异常及明显水迹。但 8 个月后油中氢气含量又增高至 538μL/L，1990 年对该主变压器绕组进行真空加热，干燥处理后运行正常。

运行经验表明。当运行着的变压器内部不存在电热性故障，而油中含氢量单项偏高时，油中含氢量的高低与微水含量呈正比关系，而且含氢量的变化滞后于微水含量的变化。

当色谱分析出现 H_2 含量单项超标时，可取油样进行耐压试验和微水分析，根据测试结果再进行综合分析判断。

(3) 补油的含气量高。某主变压器三只高压套管进行油色谱分析，发现三只套管总烃突然同时升高，如表 12-14 所示。

表 12-14　补油前后总烃值　单位：μL/L

相别	补油前	补油后
A	28	84.29
B	31.4	92.6
C	34.6	86.6

检查运行记录发现，这三只套管同时加过未经色谱分析的补充油。于是对尚未加进去的补充油进行色谱分析，发现其总烃是较高的，所以确认套管中油总烃增高是由于补油造成的。为避免此类现象发生，在补油时除做耐压试验等外，还应做色谱分析。

(4) 真空滤油机故障。滤油机发生故障会引起油中含气量增长。例如，某变压器小修后采用 ZLY-100 型真空滤油机滤本体油 15h 后，未进行色谱分析就将变压器投入运行。15 天后取油样进行色谱分析，油中总烃含量达 656.09μL/L，继此之后又运行 1 个月，总烃高达 1313μL/L，据了解其他单位采用该台滤油机也有过类似现象。

为分析油中总烃含量增高的原因，采用该台（ZLY-100 型）滤油机对密闭筒装有约 800kg 的变压器油进行循环滤油，过滤前油中总烃为 7.10μL/L，经 2h 滤油后总烃上升到 167μL/L；继续滤油 14h 时，总烃含量猛增到 4067.48μL/L。显然，油中总烃含量增加是滤油机造成的。事故后将滤油机解体，发现：①部分滤过的油碳化；②滤油机的 SRY-4-3 型加热器有一支烧的严重弯曲，加热器金属管有脱层现象，由于加热器严重过热，导致变

压器油分解出大量烃类气体。通过对比找出了原因，避免了差错。

（5）切换开关室的油渗漏。若有载变压器中切换开关室的油向变压器本体渗漏，则可引起变压器本体油的气体含量增高，这是因为切换开关室的油受开关切换动作时的电弧放电作用，分解产生大量的 C_2H_2（可达总烃的 60%以上）和氢（可达氢总量的 50%以上），通过渗油有可能使本体油被污染而含有较高的 C_2H_2 和 H_2。例如，某电厂主变压器于 1982 年 11 月 24 日测得变压器本体油和切换开关室油中 C_2H_2 含量分别为 5.8μL/L 和 19.4μL/L；1983 年 4 月 3 日，测得变压器本体油内 C_2H_2 增长为 10.4μL/L，就是因为有载调压器切换开关室与变压器本体隔离得不严密而发生的渗漏引起的。为鉴别本体油中的气体是否来自切换开关室的渗漏，可先向该切换开关室注入一特定气体（如氦），每隔一定时间对本体油进行分析，如果本体油中也出现这种特定气体并随时间而增长，则证明存在渗漏现象。

经验表明，若 C_2H_2 含量超过注意值，但其他成分含量较低，而且增长速度较缓慢，就可能是上述渗漏引起的。如果 C_2H_2 超标而是变压器内部存在放电性故障，这时应根据三比值法进行故障判断。总之，对 C_2H_2 单项超标，应结合电气试验及历史数据进行分析判断，特别注意附件特性的影响。

（6）绕组及绝缘中残留吸收的气体。变压器发生故障后，其油虽经过脱气处理，但绕组及绝缘中仍残留有吸收的气体，这些气体缓慢释放于油中，使油中的气体含量增加。例如，某电厂 5 号主变压器曾发生低压侧三相无激磁分接开关烧坏事故，经处理（包括油）后，投入运行，表 12-15 为处理前、后的色谱分析结果。

表 12-15　　5 号主变压器处理前、后的色谱分析

状　况	气　体　组　分/%						比值范围编码	可能误判断
	H_2	CH_4	C_2H_6	C_2H_4	C_2H_2	C_1+C_2		
吊芯前	0.62	4.84	1.87	12.27	0.074	19.054	022	高于 700℃高温范围的热故障
吊芯处理后	0.018	0.17	0.085	0.64	0.0078	0.897		

由表 12-13 中数据可见，处理前 H_2、C_2H_2 和 C_1 和 C_2 都超过正常值很多，后来将变压器油再进行真空脱气处理，色谱分析结果明显好转，所以对残留气体主要采用脱气法进行消除，脱气后再用色谱分析法进行校验。

值得注意的是，有的变压器内部发生故障后，其油虽经过脱气处理，但绕组及绝缘材料中仍可能残留有吸收的气体缓慢释放于油中，使油中的气体含量增加。某台 110kV 电力变压器检修及脱气后的色谱分析结果如表 12-16 所示。

表 12-16　　色 谱 分 析 结 果

取 样 原 因	气　体　组　分/(mg/L)						比值范围编码			可能误判断
	H_2	CH_4	C_2H_6	C_2H_4	C_2H_2	C_1+C_2	$\frac{C_2H_2}{C_2H_4}$	$\frac{CH_4}{H_2}$	$\frac{C_2H_4}{C_2H_6}$	
检修后未脱气（1984 年 5 月 14 日）	没测	10.3	3.8	11.4	41.9	67.4				
脱一次气（1986 年 5 月 14 日）	没测	1.8	1.2	3.5	8.9	15.4				

续表

取样原因	气体组分/(mg/L)						比值范围编码			可能误判断
	H_2	CH_4	C_2H_6	C_2H_4	C_2H_2	C_1+C_2	$\frac{C_2H_2}{C_2H_4}$	$\frac{CH_4}{H_2}$	$\frac{C_2H_4}{C_2H_6}$	
脱二次气（1986年5月14日）	没测	0.9	0.1	1.0	1.0	3.0				
跟踪（1986年12月31日）	9.2	2.7	1.1	4.0	3.7	11.5	1	0	2	高能量放电
跟踪（1987年5月4日）	9.9	2.8	1.0	3.2	3.4	10.4	1	0	2	高能量放电

由表12-16可见，虽然在故障检修后二次脱气，但运行几个月后仍有残留的气体释放出来。若不掌握设备的历史状态，容易导致误判断。

（7）变压器油深度精制。深度精制变压器油在电场和热的作用下容易产生H_2和烷类气体。这是因为深度精制的结果，去除了原油中大部分重芳烃、中芳烃及一部分轻芳烃，因此该油中的芳烃含量过低（2%～4%），这对油品的抗氧化性能是极为不利的，但是芳香烃含量的降低会引起油品相关性能恶化及高温介质损失不稳定。该油用于不密封或密封条件不严格的充油电力设备时就容易产生H_2和烷类气体偏高的现象，例如，某电厂2号主变压器采用深度精制的油，投入运行半年后，总烃增长65.84倍，甲烷增长38.8倍，乙烷增长102.5倍，氢增长28.9倍。对油质进行化验，其介质损耗因数$\tan\delta$为0.111%，微水含量为10.34μL/L，可排除内部受潮的可能性。又跟踪一个月后，各种气体含量逐渐降低，基本恢复到投运时的数据，所以认为是变压器油深度精制所致。若不掌握这种油的特点，也容易给色谱分析结果的判断带来干扰，甚至造成误判断。

（8）强制冷却系统附属设备故障。变压器强制冷却系统附属设备，特别是潜油泵故障、磨损、窥视玻璃破裂、滤网堵塞等引起的油中气体含量增高。这是因为当潜油泵本身烧损，使本体油含有过热性特征气体，用三比值法判断均为过热性故障，如果误判断而吊罩进行内部检查，会造成人力、物力的浪费；当窥视玻璃破裂时，由于轴尖处油流迅速而造成负压，可以带入大量空气。即使玻璃未破裂，也由于滤网堵塞形成负压空间而使油脱出气泡，其结果会造成气体继电器动作，并因空气泡进入时，造成气泡放电，导致氢气明显增加。表12-17给出几个实例。

由序号1可知，变压器油总烃突增至620μL/L，达正常值的6倍，连续跟踪1个月，其结果基本不变。然后停机吊罩检查，发现潜油泵轴承严重损坏，经化验，变压器油箱底部存油含有大量碳分，滤油纸呈黑色。

由序号2可知，主变压器油中气体含量出现异常。为查找异常原因，采取对设备本体和附件分别进行色谱分析，如表12-17所示。

分析结果表明，9台潜水泵（只列出5号）与变压器本体的油色谱分析结果相近，而4号散热器潜油泵的色谱分析极为异常，经解体检查发现油内有铝末，转子与定子严重磨损，深度为7mm，叶轮侧轴承盖碎成三段，该变压器经更换潜油泵及脱气处理后运行正常。

表 12-17　　色谱分析结果

序号	取样部位及日期/(年.月.日)	气体组分/(μL/L)						比值范围编码			可能误判断
		H_2	CH_4	C_2H_6	C_2H_4	C_2H_2	C_1+C_2	$\frac{C_2H_2}{C_2H_4}$	$\frac{CH_4}{H_2}$	$\frac{C_2H_4}{C_2H_6}$	
1	本体(1981.6.23)	45	46	13	99	0.6	159				
	本体(1981.9.15)	86	170	42	400	1.1	620	0	2	2	高于700℃高温范围的热故障
2	本体(1991.11.21)	117	12.3	12.5	21.6	46	92.4				
	本体(1991.11.23)	107	14.2	13.8	23.4	48.2	99.6				
	本体(1991.11.26)	121	15.0	15.0	24.9	52.9	107.6	1	0	1	低能量的放电
	5号潜油泵(1991.11.26)	80	9.5	8.7	15.3	29.4	62.9				
	4号潜油泵(1991.11.26)	2186	418.6	83.5	1102.8	1964	3568.9				
3	本体 处理前	43.3	45.2	9.5	32.9	0	87.6	0	2	2	高于700℃的高温范围的热故障
	本体 处理后	5.4	13.7	4.2	11.6	0	25.7				

对序号3，主变压器油中，气体含量出现异常，经检查为潜油泵漏气，将潜油泵处理后，恢复正常。

对上述情况，可将本体和附件的油分别进行色谱分析，查明原因，排除附件中油的干扰，作出正确判断。

(9) 变压器内部使用活性金属材料。目前有的大型电力变压器使用了相当数量的不锈钢，如奥氏体不锈钢，它起触媒作用，能促进变压器油发生脱氧反应，使油中出现 H_2 单值增高，会造成故障征兆的现象。因此，当油中 H_2 增高时，除考虑受潮或局部放电外，还应考虑是否存在这种结构材料的影响。一般来说，中小型开放式变压器受潮的可能性较大，而密封式的大型变压器由于结构紧凑工作电压高，局部放电的可能性较大（当然也有套管将军帽进水受潮的事例）。大型变压器有的使用了相当数量的不锈钢，在运行的初期可能使氢急剧增加。另外，气泡通过高电场强度区域时会发生电离，也可能附加产生氢。色谱分析时应当排除上述故障征兆假象带来的干扰。

(10) 油流静电放电。大型强迫油循环冷却方式的电力变压器内部，由于变压器油的流动而产生的静电带电现象称为油流带电。油流带电会产生静电放电，放电产生的气体主要是 H_2 和 C_2H_2。如某台主变压器在运行期间由于磁屏蔽接地不良产生了油流放电，引起油中 C_2H_2 和总烃含量不断增加。再如，某水电厂1～3号主变压器由于油流静电放电导致总烃含量增高分别为30μL/L和164μL/L。根据对油流速度和静电电压的测定结果进行综合分析，确认是由于油流放电引起的。

目前已初步搞清影响变压器油流带电的主要因素是油流速度，变压器油的种类、油温、固体绝缘体的表面状态和运行状态。其中油流速度大小是影响油流带电的关键因素。在上例中，将潜流泵由4台减少为3台，经过半年的监测结果表明，C_2H_2 含量显著降低并趋于稳定。这样就消除了油流带电发生放电对色谱分析结果判断的干扰。

（11）标准气样不合格。标准气样不纯也是导致变压器油中气体含量增高的原因之一。

某主变压器于1984年3月及5月取样进行色谱分析，其结果列于表12-18中。

表12-18　色谱分析结果

检测日期/（年．月）	气体组分/%				
	CH_4	C_2H_4	C_2H_6	C_2H_2	CO
1984.3	0.0027	0.017	0.00070	0	0.67
1984.5	0.0066	0.031	0.00074	0.00066	4.98

由表12-18可见，CO含量显著提高，可能有潜伏性故障存在。于是在5月和6月分别取三次油样送省试研所分析，其结果是CO含量均在5%以下，为弄清差异的原因，对局里使用的分析器和标准气样等进行复查，检查结果是仪器正常而标准气样不纯，所以这种CO升高的现象是由于标准气样不纯造成的。

标准气样浓度降低会使待测的气体组分增大，这是因为混合标准气的浓度是试样组分定量的基础。在进行试样组分含量的计算中，当待测组分 i 和外标物 s 为相同组分时，各待测组分浓度用下式计算：

$$i=0.929\times\frac{C_s h_i}{h_s}\left(K_i+\frac{V_g}{V_L}\right)$$

式中　C_s——外标气体组分的浓度，μL/L；

h_s——外标气体组分的峰高，mm；

h_i——待测组分的峰高，mm；

K_i——油中气体溶解度浓度常数；

V_g——待测油样脱出气体的体积，mL；

V_L——待测油样的体积，mL。

从上式可以看出，当外标气体组分浓度降低时，因 C_s 是标定值不变，变化的量只有 h_s（减小），结果造成待测组分必然增大。若试验人员在分析中忽视此问题，也会由于干扰引起误判断。

（12）压紧装置故障。压紧装置发生故障使压钉压紧力不足，导致压钉与压钉碗之间发生悬浮电位放电，长时间的放电是变压器油色谱分析结果中 C_2H_2 含量逐渐增长的主要原因。例如，某台单相主变压器1984年投运，1990年2月进行色谱分析发现，C_2H_2 为5.24μL/L，以后逐年增长，到1991年2月 C_2H_2 已达到16.58μL/L，占总烃含量的38%。为查找原因，将该变压器空载挂网监视运行，开始趋于稳定后仍有增长趋势，而测量局部放电和超声波定位均未发现问题，6月15日吊罩检查发现是压紧装置故障所致。再如，某发电厂主变压器，大修后色谱一直不正常，每月 C_2H_2 值上升3～5μL/L，最大值达到36.6μL/L，后经脱气处理，排油检查均未发现问题，最后吊罩检查也是由于压紧装置松动造成的。

（13）变压器铁芯漏磁。某局有两台主变压器，在运行中均发生了轻瓦斯动作，且 C_2H_2、C_2H_4 异常，高于其他的变压器，对其中的一台在现场进行电气试验吊芯等均未发现

异常，脱气后继续投运且跟踪几个月发现油中仍有 C_2H_2，而且总烃逐步升高，超过注意值，根据三比值法判断为大于 700℃的高温过热，但吊芯检查又无异常，后来被迫退出运行。

另一台返厂，在厂里进行一系列试验、检查，并增做冲击试验和吊芯，均无异常，最后分析可能是铁芯和外壳的漏磁、环流引起部分漏磁回路中的局部过热。为进一步判断该主变压器是电气回路故障还是励磁回路问题，对该主变压器又增加了工频和倍频空载试验。工频试验时，为能在较短的时间内充分暴露故障情况，取 $U_s=1.14U_e$，持续运行并采取色谱分析跟踪，空载运行 32h 就出现了色谱分析值异常情况，C_2H_2、C_2H_4 含量较高，C_1+C_2 超过注意值。倍频试验时仍取 $U_s=1.14U_e$，色谱分析结果无异常，这样可排除主电气回路绕组匝、层间短路、接头发热、接触不良等故障，进而说明变压器故障来源于励磁系统，认为它是主变压器铁芯上、下夹件由变压器漏磁引起环流而造成局部过热。为证实这个观点，把 8 个夹紧螺栓换为不导磁的不锈钢螺栓，使主变压器的夹件在漏磁情况下不能形成回路，结果找到了气体增高的根源。

（14）周围环境引起。例如，在电石炉车间的变压器，有可能吸入 C_2H_2 或电石粉，使油中 C_2H_2 含量大于 10μL/L。

（15）超负荷引起。例如，某主变压器色谱分析总烃含量为 538μL/L 超标 5 倍多，进行电气试验等，均无异常现象，经负荷试验证明这种现象是由于超负荷引起的，当超负荷 130%时，总烃剧烈增加。再如，某台主变压器在 1991 年 10 月 14 日的色谱分析中，突然发现 C_2H_2 的含量由 9 月 7 日的 0 增加到 5.9μL/L，由于是单一故障气体含量突增，曾怀疑是由于潜油泵的轴承损坏所致，为此对每台潜油泵的出口取样进行色谱分析，无异常，最后分析与负荷有关。测试发现，当该主变压器 220kV 侧分接开关在负荷电流 140A 以上时，有明显电弧，而在 120A 以下时，则完全消失，所以 C_2H_2 的增长是由于开关接触不良在大电流下产生电弧引起的。

（16）假油位。某主变压器，在施工单位安装时，由于油标出现假油位，致使该主变压器少注油约 30t，因而运行时出现温升过高，其色谱分析结果如表 12－19 所示。

表 12－19　　色谱分析结果

项目	气体组分/(μL/L)								比值范围编码			可能误判
	H_2	CH_4	C_2H_6	C_2H_4	C_2H_2	CO	CO_2	C_1+C_2	$\frac{C_2H_2}{C_2H_4}$	$\frac{CH_4}{H_2}$	$\frac{C_2H_4}{C_2H_6}$	
处理前	75.8	9.2	3.5	10.9	1.9	408.6	246.3	25.5	1	0	2	高能量放电
处理后	35.4	2.6	1.2	3.5	0.4	169.3	68.8	7.7				

由表 12－19 中数据可知，容易误判为高能量放电，干扰对温升过高原因的分析。

（17）套管端部接线松动过热。某主变压器 10kV 套管端部螺母松动而过热，传导到油箱本体内，使油受热分解产气超标，其色谱分析结果如表 12－20 所示。

由表 12－20 数据可知，由于干扰可能误判为高于 700℃高温范围的热故障，影响查找色谱分析结果异常的真正原因。

（18）冷却系统异常。现场常见的冷却系统异常包括风扇停转反转或散热器堵塞。它使主变压器的油温升高。表 12－21 列出了风扇反转的色谱分析结果。

表 12-20 色谱分析结果

项目	气体组分/(μL/L)								比值范围编码			可能误判
	H_2	CH_4	C_2H_6	C_2H_4	C_2H_2	CO	CO_2	C_1+C_2	$\frac{C_2H_2}{C_2H_4}$	$\frac{CH_4}{H_2}$	$\frac{C_2H_4}{C_2H_6}$	
处理前	21.9	2896.0	106.9	831.6	0	118.3	323.9	1262.4	0	2	2	高于 700℃高温范围的热故障
处理后	0	3.1	2.1	13.6	0	8.9	236.2	18.3				

表 12-21 色谱分析结果

项目	气体组分/(μL/L)								比值范围编码			可能误判
	H_2	CH_4	C_2H_6	C_2H_4	C_2H_2	CO	CO_2	C_1+C_2	$\frac{C_2H_2}{C_2H_4}$	$\frac{CH_4}{H_2}$	$\frac{C_2H_4}{C_2H_6}$	
修理前	3.6	1.0	1.4	1.1	0.1	5.1	110.0	3.6	0	0	0	正常老化
修理后	1.3	0.5	0.2	0.4	0	10.3	163.3	1.1				

由表 12-21 所列数据可知，可能误判为绝缘正常老化，其实是一种假象，干扰了对主变压器温度升高真实原因的分析。对于这种情况，可采用对比的方式分析。

(19) 抽真空导气管污染。对某台 110kV、160MVA 变压器进行色谱分析发现，主变压器套管油中氢气含量较高（在 76～102μL/L 之间），因此决定对主变压器套管的油重新进行处理，处理后发现油中乙炔含量特高，如表 12-22 所示。

表 12-22 色谱分析结果

项目	气体组分/(μL/L)						
	H_2	CO	CO_2	CH_4	C_2H_6	C_2H_4	C_2H_2
A相	110	41	1658	2	1	4	40
B相		20	708	2	1	11	36
C相		35	929	1	1	3	38

进一步查找发现，安装时，在对套管抽真空时，使用了乙炔导气管，从而使套管中混入乙炔气，造成套管油污染。

对这种情况，若找不出真实原因，易误判断。

(20) 混油引起。某台 $SFSZ_7$-40000/110 三绕组变压器，投运后负荷率一直在 50%左右，做油样气相色谱分析发现，总烃达 561.4μL/L，大大超过《规程》规定的注意值 150μL/L；可燃性气体总和达 1040.9μL/L，大于日本标准中的注意值。发现问题后，立即跟踪分析，通过近一个月的分析，发现总烃含量虽有增加的趋势，最高达 717.5μL/L，但产气速率却为 0.012mL/h，低于《规程》要求值。经反复测试和分析，最后发现变压器油到货时，有 10 号油与 25 号油搞混的情况。即变压器中注入的是两种牌号的油。换油后，多次色谱分析均正常，其总烃在 15～20μL/L 之间，乙炔含量基本为 0。

5. 综合分析判断

综上所述可见：

（1）综合分析判断是一门科学，只有采用综合分析判断才能确定变压器是否有故障，故障是内因还是外因造成的，故障的性质，故障的严重程度和发展速度，故障的部位等。

（2）电力变压器油中气体增长的原因是多种多样的，为正确判断故障，应采取多种测试方法进行测试，由测试结果并结合历史数据进行综合分析判断避免盲目的吊罩检查。

（3）若氢气单项增高，其主要原因可能是变压器油进水受潮，可以根据局部放电、耐压试验及微水分析结果等进行综合分析判断。

（4）若 C_2H_2 含量单项增高，其主要原因可能是切换开关室渗漏、油流放电、压紧装置故障等。通过分析与论证来确定 C_2H_2 增高的原因，并采取相应的对策处理。

（5）对三比值法，只有在确定变压器内部发生故障后才能使用，否则可能导致误判，造成人力、物力的浪费和不必要的经济损失。

（四）检测气体继电器中的气体

变压器的气体继电器动作后，应该采取油样和气样进行色谱分析，根据色谱分析结果、历史情况和平衡判据法进行判断。平衡判据法可以判别气体继电器中气体是以溶解气体过饱和的油中释出，即是平衡条件下释出，还是由于油和固体绝缘材料突发严重的损坏事故而突然形成的大量裂解气体所引起的。

平衡判据的计算公式如下：

$$q_i=\frac{C_{ig}K_i(T)}{C_{iL}}$$

式中　C_{ig}——气体继电器中气体某组分的浓度，mg/L；

C_{iL}——油中溶解气体某组分的浓度，mg/L；

$K_i(T)$——温度为 T℃时某部分的溶解度系数。

根据现场经验，在平衡条件下释放气体时，几乎所有组分的 q_i 值均在 0.5～2 的范围内，在突发故障释放气体时，特征气体的 q_i 值一般远大于 2。

若根据色谱分析和平衡判据判明变压器内部无故障，则气体继电器动作绝大多数是由于变压器进入空气所致。由上述可知，造成进气的原因主要有：密封垫破损、法兰结合面变形、油处理系统进气、油泵堵塞等，其中油泵滤网堵塞所造成的气体（轻瓦斯）继电器动作是近年来较为常见的。

在排除上述两种情况后，气体（轻瓦斯）继电器动作就是其本身的问题了。

为了防止变压器的气体继电器频繁动作，在变压器运行中，必须保持潜油泵的入口处于微正压，以免产生负压而吸入空气；应对变压器油系统进行定期检查和维护，消除滤网的杂质，更新胶垫，保证油系统通道的顺畅和系统的严密性；应加强对气体继电器的维护。

例如，某 500kV 变电站的一台主变压器 A 相在调试中发生轻瓦斯动作，取气样和油样进行色谱分析，其分析结果如表 12－23 所示。

根据平衡判据计算公式计算出的 q_i 值均远大于 2.0，说明此变压器存在突发性故障，经检查发现该变压器的三只穿芯螺钉的垫圈严重烧坏，并有很多铁粒。

例如，某变电所一台主变压器的气体（轻瓦斯）继电器曾频繁动作，色谱分析结果如表 12－24 所示。

表 12-23　色谱分析结果

分析日期/(年.月.日)	气体组分/(mg/L)							
	H_2	CH_4	C_2H_6	C_2H_4	C_2H_2	CO	CO_2	C_1+C_2
1985.11.27(油样)	310	790	120	498	800	1270	1920	2210
1985.11.27(气样)	216800	30200	720	32000	51200	10900	100	114100
q_i	35.0	16.4	14.4	109.2	76.8	1.02	0.06	

表 12-24　色谱分析结果

分析日期/(年.月.日)	气体组分/(mg/L)							
	H_2	CH_4	C_2H_6	C_2H_4	C_2H_2	CO	CO_2	C_1+C_2
1988.3.10(油样)	148.5	28.3	9.7	24.3	2.2	1560	15251	61.5
1988.3.10(气样)	75.2	76.2	3.7	12.8	无	11868	13138	92.7
q_i	0.03	1.2	0.9	0.9	0	0.9	0.9	

根据平衡判据计算公式算出的 q_i 值，大部分在 0.5～2.0 的范围内，说明该变压器气体继电器中的气体是在平衡条件下释出的，变压器没有发生突发性故障。经过变压器检查发现，两台潜油泵滤网全部堵塞，有 5 台潜油泵存在不同程度的堵塞，变压器本体未发现异常。分析认为，气体（轻瓦斯）继电器频繁动作是由于滤网堵塞，潜油泵入口形成负压吸入空气所致。CO、CO_2 高则是因固体绝缘材料老化所致。该变压器经滤油，并对潜油泵处理后投入运行，一直正常。

例如，某变电所一台主变压器的气体（轻瓦斯）继电器在 7 天内连续动作，色谱分析结果如表 12-25 所示。

表 12-25　色谱分析结果

分析日期/(年.月.日)	气体组分/(mg/L)						
	H_2	CH_4	C_2H_6	C_2H_4	C_2H_2	CO	CO_2
1992.2.26(油样)	9	18.37	6.3	35.88	0.8	525.58	1164.24
1992.2.26(气样)	9	27.60	5.46	36.46	0.8	569.66	1034.88
q_i	0.05	0.47	1.56	1.42	0.9	0.13	0.89

根据平衡判据计算公式算出的 q_i 值大部分在 0.5～2.0 的范围内，说明变压器内部没有故障。经分析认为气体（轻瓦斯）继电器频繁动作是由于油系统密封不良所致。

变压器油系统密封不良进气包括冷却器进气、潜油泵进气、焊接处砂眼及密封垫老化进气。所以立即对可能进气的油管道、油循环系统作了检查和紧固，但气体继电器仍然动作，并且动作间隔时间逐次缩短，说明变压器进气点仍然存在。接着在不停电情况下，又进一步紧固油循环管道以及冷却器、潜油泵、净油器等各处阀门，更换渗油的潜油泵和耐油垫，补焊变压器下部的砂眼，并对冷却器加油检漏。

又在停电情况下，紧固变压器上部各处密封耐油垫，补焊变压器上部的砂眼，对变压器整体脱气，最后用真空脱气法处理变压器油。经处理后投入运行，一直正常。

（五）其他项目的测试

根据上述结果和其他检查性试验（如测量绕组的直流电阻、空载特性试验、绝缘试验、局部放电和微水分析等）的结果，并结合该设备的结构、运行检修等情况，作综合性分析，判断故障的性质和部位。

实践证明，将气体分析结果与其他试验结果综合起来进行判断，对提高判断的准确率是很有帮助的。

在表 12－26 中所举的例子，充分证明了其他试验的必要性。

表 12－26　　变压器故障综合判断例

例序	特征气体	电气与化学试验结果	分析结论	故障真相
1	C_1+C_2(930μL/L) CH_4(350μL/L) C_2H_4(440μL/L)	闪点下降 5.5℃	过热	分接开关过热烧损
2	C_1+C_2(160μL/L) C_2H_2(136μL/L)	直流电阻不平衡率大于 2%	过热	分接开关烧损
3	C_1+C_2(162μL/L) C_2H_2(62μL/L) H_2(81μL/L)	在 A、B、C 三相高压套管升高座处用超声波测局放，分别为 850∶400∶300	低能量放电	A 相高压引线对导管内壁放电，多股铜线烧断数根
4	C_1+C_2(62μL/L) H_2(250μL/L)	绝缘电阻显著下降 泄漏电流明显增加	受潮	油箱底部有明显积水
5	C_1+C_2(30μL/L) H_2(672μL/L)	绝缘电阻下降甚多，介质损耗因数增加 4.5 倍	受潮	油箱底部有明显积水

表中分析的结论与实际情况具有一致性。它说明当气体组分中总烃较高时，油的闪光点可能会明显下降；当导电回路接触不良而引起过热故障时，直流电阻不平衡的程度可能会超过规定标准，当乙炔单独升高时，如预先判断为内部可能存在低能量放电故障，则可使用超声波局部放电检测仪进行测试，用以进一步查明预判断的准确性；如果 H_2 单独升高时，预测设备可能有进水受潮，必须进行外部检查、观察，是否存在受潮路径，同时还应对变压器本体和油作电气性能试验，对油作微水量测定。此外，当认为变压器可能存在匝间、层间短路故障时，可以另行升压，来测定变压器的空载电流。

但也必须说明一点，在很多情况下，当变压器内部故障还处在早期阶段时，一些常规的电气、物理、化学试验，未必能发现故障的特征。这说明油的气体分析比较灵敏。但不能否定其他试验的有效性。

（六）色谱分析诊断程序图

为便于分析判断，华东电力试验研究所以特征气体法、三比值法和产气速率为基础，并结合我国的经验提出一个色谱分析诊断程序，如图 12－4 所示。

（1）程序中几种组分含量的范围是指凡是其中的一项超过规定就应按下一步程序进行。

（2）脱气处理可以分辨内外故障因素，脱气应尽早进行，有时因条件限制，则在跟踪的情况下才可适当延长。

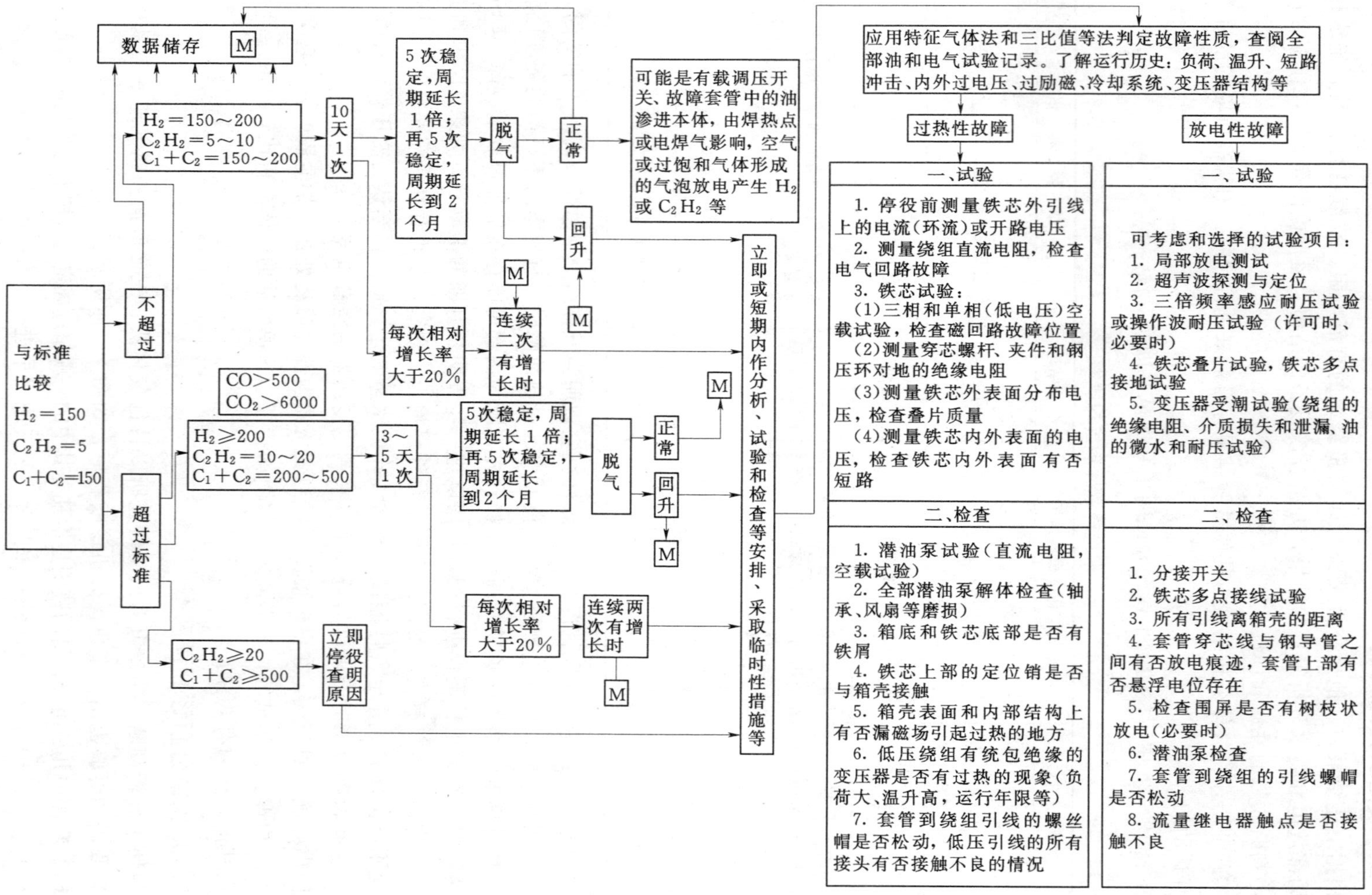

与标准比较
$H_2=150$
$C_2H_2=5$
$C_1+C_2=150$

不超过

数据储存　M

$H_2=150\sim200$
$C_2H_2=5\sim10$
$C_1+C_2=150\sim200$

10天1次

5次稳定，周期延长1倍；再5次稳定，周期延长到2个月

脱气

正常

可能是有载调压开关、故障套管中的油渗进本体，由焊热点或电焊气影响，空气或过饱和气体形成的气泡放电产生 H_2 或 C_2H_2 等

回升

M

每次相对增长率大于20%

连续二次有增长时

M

超过标准

CO>500
CO_2>6000

$H_2\geqslant200$
$C_2H_2=10\sim20$
$C_1+C_2=200\sim500$

3～5天1次

5次稳定，周期延长1倍；再5次稳定，周期延长到2个月

脱气

正常

M

回升

M

每次相对增长率大于20%

连续两次有增长时

M

$C_2H_2\geqslant20$
$C_1+C_2\geqslant500$

立即停役查明原因

立即或短期内作分析、试验和检查等安排、采取临时性措施等

应用特征气体法和三比值等法判定故障性质，查阅全部油和电气试验记录。了解运行历史：负荷、温升、短路冲击、内外过电压、过励磁、冷却系统、变压器结构等

过热性故障

一、试验

1. 停役前测量铁芯外引线上的电流（环流）或开路电压
2. 测量绕组直流电阻，检查电气回路故障
3. 铁芯试验：
(1)三相和单相（低电压）空载试验，检查磁回路故障位置
(2)测量穿芯螺杆、夹件和钢压环对地的绝缘电阻
(3)测量铁芯外表面分布电压，检查叠片质量
(4)测量铁芯内外表面的电压，检查铁芯内外表面有否短路

二、检查

1. 潜油泵试验（直流电阻，空载试验）
2. 全部潜油泵解体检查（轴承、风扇等磨损）
3. 箱底和铁芯底部是否有铁屑
4. 铁芯上部的定位销是否与箱壳接触
5. 箱壳表面和内部结构上有否漏磁场引起过热的地方
6. 低压绕组有绕包绝缘的变压器是否有过热的现象（负荷大、温升高，运行年限等）
7. 套管到绕组引线的螺丝帽是否松动，低压引线的所有接头有否接触不良的情况

放电性故障

一、试验

可考虑和选择的试验项目：
1. 局部放电测试
2. 超声波探测与定位
3. 三倍频率感应耐压试验或操作波耐压试验（许可时、必要时）
4. 铁芯叠片试验，铁芯多点接地试验
5. 变压器受潮试验（绕组的绝缘电阻、介质损失和泄漏、油的微水和耐压试验）

二、检查

1. 分接开关
2. 铁芯多点接线试验
3. 所有引线离箱壳的距离
4. 套管穿芯线与钢导管之间有否放电痕迹，套管上部有否悬浮电位存在
5. 检查围屏是否有树枝状放电（必要时）
6. 潜油泵检查
7. 套管到绕组的引线螺帽是否松动
8. 流量继电器触点是否接触不良

图 12-4　色谱分析诊断程序图（单位：μL/L）

（3）目前的分析误差为±20%，所以增长率定为 20%，其中取样这一环节引起的误差可能是主要的。

（4）三倍频感应耐压试验或操作波试验属于破坏性试验，一般只考虑薄绝缘变压器或有特殊疑点的变压器，且需在具有备品的条件下才能考虑。

（5）在吊芯检查之前，应将可以在外进行的试验项目先完成，这样对吊芯后的检查才有指导意义。

（6）对正常变压器的色谱数据和故障分析、试验、检查，直到查明原因的全部记录都应储存起来。

五、气相色谱分析法的研究动向

根据《变压器油中溶解气体分析判断导则》（GB/T 7252—2001）（以下可简称“《导则》”）利用气相色谱分析的结果进行变压器诊断的方法主要可归纳为总可燃性气体分析法、特征气体法和三比值法三种。分析表明，油浸式电力变压器的内部故障，主要分为过热性故障和放电性故障两类。因此，如何正确区分并准确、直观、明了、迅速地判断这些故障一直为试验工作者关注。

近几年来，在三比值法的基础上，结合对故障变压器色谱数据的统计分析，又提出几种新的分析、诊断方法，对确定变压器内部故障性质有很大帮助。

（一）气体组分谱图法

这种方法实质是特征气体法的一种直观表现形式。它是将变压器的每次色谱分析数据，分别画在直角坐标系中，其中纵坐标代表各种气体成分的量值，以浓度比或浓度百分比表示，横坐标代表气体的组成成分，目前我国参照日本的做法，以 H_2、C_2H_2、CH_4、C_2H_6、C_2H_4、CO 为横坐标。图 12－5 示出了根据某变压器一次色谱分析数据作出的气体组分谱图，用这个图形可以有助于确定故障的类别。具体判断方法将在下面的实例中叙述。

（二）T（过热）D（放电）图法

通过对 IEC 三比值法的实践和总结，人们得到下面的启示：当变压器内部存在高温过热和放电性故障时，绝大部分 $C_2H_4/C_2H_6>3$，于是就选择三比值中的其余两项构成直角坐标，并以 CH_4/H_2 作纵坐标，C_2H_2/C_2H_4 作横坐标，形成 TD 分析判断图，如图 12－6 所示。

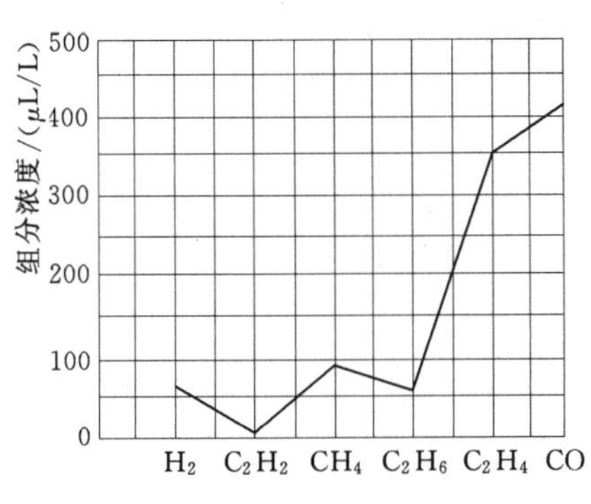

图 12－5　SFF_2－31500/15 型厂用高压变压器的气体组分谱图

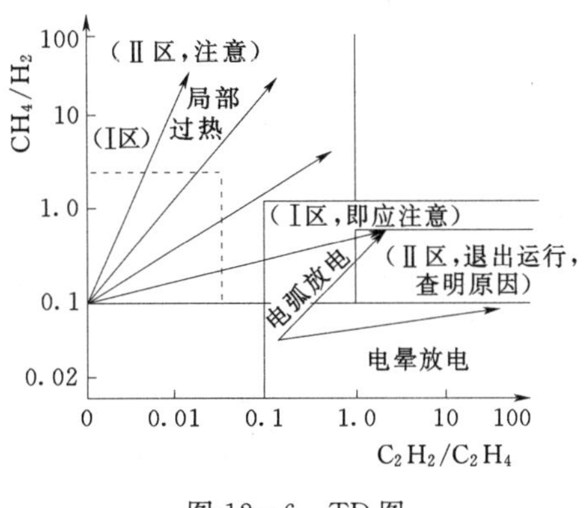

图 12－6　TD 图

TD图法主要用来区分变压器是过热故障还是放电故障，按其比值划分局部过热、电晕放电和电弧放电区域。这个方法兼有气体组分谱图法的优点和三比值法的特点，能迅速、正确地判断故障性质，起到监控作用，且易为现场试验人员掌握。由于可利用微机直接显示，所以更受欢迎。

有关参考文献统计了200台次确诊有过热或放电性故障的变压器的油中溶解气体的分析数据，提出了据此判断故障性质的两比值的范围以及相应的处理意见，图12－6在实际使用过程中得到了验证，效果很好。

通常变压器的内部故障，除悬浮电位的放电性故障外，大多以过热状态开始，向过热Ⅱ区或向放电Ⅱ区发展，如图12－6中的箭头所示。而以产生过热故障或放电故障引起直接损坏而告终。放电Ⅱ区属于要严格监控并及早处理的重大隐患，因而TD图对该区注明“退出运行，查明原因”。当然，这并不是说在过热Ⅱ区运行就无问题，例如当CH_4/H_2比值趋近于3时，就可能出现变压器轻瓦斯动作，发出信号。

实践表明，TD图与气体组分谱图法联合起来使用，会收到更好的效果。

下面以沈阳变压器厂生产的SWDS－180/220型变压器主绝缘故障的诊断过程为例来说明这几种方法。

1．三比值法

该变压器在运行中曾于1983年5月7日发生8次轻瓦斯动作。然后进行色谱跟踪分析，其结果列于表12－27中。

表12－27　　色谱分析结果

油中组分/(μL/L) 日期/(年.月.日)	CO_2	CO	H_2	CH_4	C_2H_2	C_2H_4	C_2H_6	C_1+C_2	TCG	$\frac{C_2H_2}{C_2H_4}$	$\frac{CH_4}{H_2}$	$\frac{C_2H_4}{C_2H_6}$
1983.3.4	3300	350.0	6.7	10	3.9	71	11	95.9	452.6	0.05	1.49	6.45
1983.5.9	3000	250.0	200	48	131	117	14	310	760	1.12	0.24	8.35
1983.5.16	3200	320.0	293	50	120	115	13	298	911	1.04	0.17	8.85
1983.5.23	3200	300.0	335	67	170	143	18	398	1033	1.18	0.2	7.94

由色谱分析结果可按IEC三比值法及改良IEC三比值法判断故障性质，如表12－28所示。

表12－28　　用IEC三比值法及改良IEC三比值法判断的结果

试验日期/(年.月.日)	编码代号	故障性质判断	
		IEC三比值法	改良IEC三比值法
1983.3.4	022	高于700℃高温范围的热故障	高温局部过热
1983.5.9	102	高能量放电	高能量电弧放电
1983.5.16	102	高能量放电	高能量电弧放电
1983.5.23	102	高能量放电	高能量电弧放电

由于改良IEC三比值法把比值范围的上下限做了更明确的规定，将过热故障分成低、中、高三个等级，把放电故障分成高能放电和低能放电两种类型，如表12－29所示，所

以判断准确率更高。

表 12-29　　改良的 IEC 法编码规则和故障判断

特征气体的比值范围	比值范围的编码			特征气体的比值范围		比值范围的编码		
	$\frac{C_2H_2}{C_2H_4}$	$\frac{CH_4}{H_2}$	$\frac{C_2H_4}{C_2H_6}$			$\frac{C_2H_2}{C_2H_4}$	$\frac{CH_4}{H_2}$	$\frac{C_2H_4}{C_2H_6}$
<0.1	0	1	0	故障性质	低温过热	0	2	0
0.1～1	1	0	0		中等过热	0	2	1
1～3	1	2	1		高温过热	0	0.1.2	2
≥3	2	2	2		高能放电(电弧放电)	1	0.1.2	0.1.2
					低能放电(局部放电)	2	0.1.2	0.1.2

注　高温过热故障与 CH_4/H_2 的比值无关，放电故障与 CH_4/H_2、C_2H_4/C_2H_6 的比值无关。

2. 气体组分谱图法

根据表 12-27，可得到各气体的组分，如表 12-30 所示，其组分谱图如图 12-7 所示。

表 12-30　　气　体　组　分

编号	试验日期/(年．月．日)	CO	H_2	CH_4	C_2H_2	C_2H_4	C_2H_6	故障性质判断
1	1983.3.4	77.3	1.5	2.2	0.86	15.6	2.4	见四、(二)2.(1)
2	1983.5.9	33	26	6.3	17.2	15.4	1.84	见四、(二)2.(2)
3	1983.5.16	35	32.16	5.5	13.2	12.6	1.4	见四、(二)2.(2)
4	1983.5.23	29	32.4	6.5	16.4	13.8	1.7	见四、(二)2.(3)

由图 12-7 可见：

(1) 1983 年 3 月 4 日的谱图有 CH_4 和 C_2H_4 峰，且有 C_2H_2 和 CO，系高温过热性故障，并涉及固体绝缘。

(2) 1983 年 5 月 9 日和 5 月 16 日的谱图有 H_2 和 C_2H_2 峰，且 $\frac{C_2H_2}{C_2H_4}\longrightarrow 1$，系伴有工频续流的电弧放电性故障。另外，5 月 16 日 H_2 的百分值比 5 月 9 日的有所上升，所以不能错误地认为 C_2H_2 值，由 131ppm 下降到 120ppm，就趋于稳定。且 H_2 与 CO 的百分比已趋接近，更应引起警惕。

(3) 1983 年 5 月 23 日 CO 和 H_2 百分值倒置，系工频续流电弧放电性故障。

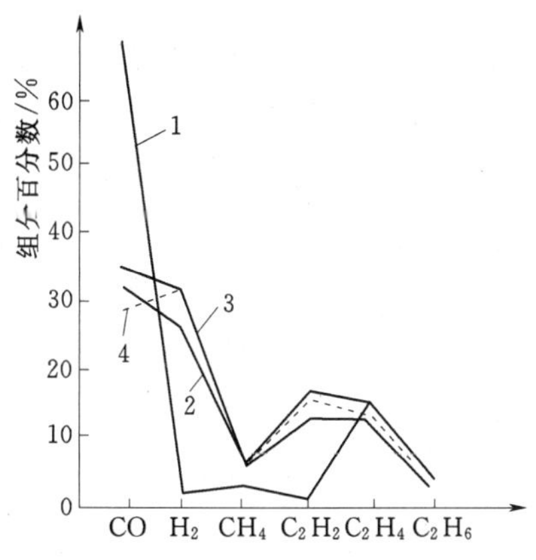

图 12-7　气体组分谱图
(编号同表 12-30)

3. TD 图法

根据表 12-27 可做 TD 图，如图 12-8 所示，由 TD 图可见，1983 年 5 月 9 日已进入电弧放电Ⅱ区，应退出运行，查明原因。

综上所述，该变压器为高能量电弧放电，且 C_2H_2 值有突变，TD 图已进入电弧放电Ⅱ区，应退出运行，检查原因并消除故障。

事故后解体检查，系主绝缘围屏放电故障而导致变压器烧毁。

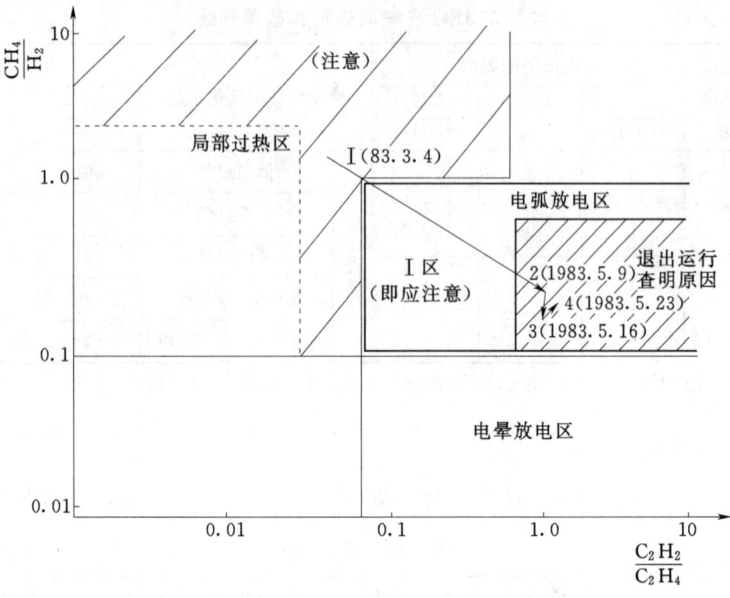

图 12-8 SWDS-180/220 变压器色谱分析结果的 TD 图

围屏下沿的下轭铁夹件上有明显的电弧灼伤区。

(三) 总烃安伏曲线法

1. 理论基础及具体办法

由上述可知变压器内部过热性故障是一种常见的故障形式。过热性故障产生的原因，可分为导电回路引起的过热和非导电回路引起的过热。表 12-31 列出了一部分过热型故障变压器的色谱分析结果。由表中数据可见，即使对经验丰富的试验人员，也难以作出准确的判断。

表 12-31 色谱分析结果

主变序号	油中组分/(μL/L)	H_2	CH_4	C_2H_6	C_2H_4	C_2H_2	CO	CO_2	C_1+C_2	三比值编码	故障原因
1	Ⅰ	73	520	140	1200	6	410	550	1866	022	磁路过热
	Ⅱ	4	29	8	64	0.3					
2	Ⅰ	42	97	157	600	0	213	2120	854	022	
	Ⅱ	5	11	18	70	0					
3	Ⅰ	160	223	45	495	11	389	3820	774	022	
	Ⅱ	17	29	6	64	1.4					
4	Ⅰ	385	381	142	596	1	233	3590	1120	022	
	Ⅱ	26	34	13	53	0.1					
5	Ⅰ	766	993	116	665	4	29	230	1778	022	
	Ⅱ	30	56	7	37	0.2					

续表

主变序号	油中组分/(μL/L)	H_2	CH_4	C_2H_6	C_2H_4	C_2H_2	CO	CO_2	C_1+C_2	三比值编码	故障原因
6	Ⅰ	246	1060	216	1280	24	308	1860	2580	022	导电回路过热
	Ⅱ	9	41	8	50	1					
7	Ⅰ	39	1660	890	2800	0	69	2540	5350	022	
	Ⅱ	0.6	31	17	52	0					
8	Ⅰ	16	237	92	470	0	157	1620	799	022	
	Ⅱ	2	30	12	59	0					
9	Ⅰ	56	286	96	928	7	60	2280	1317	022	
	Ⅱ	4	22	7	70	0.5					
10	Ⅰ	15	125	29	574	7	141	3140	735	022	
	Ⅱ	2	17	4	78	0.1					

注 Ⅰ为μL/L，Ⅱ为%。

然而，可以根据电阻过热和磁路过热的某些特点进行故障回路的判断。根据电工基础知识，电阻上的能量损耗与电流的平方成正比，磁路的能量损耗与电压的平方成正比。按此理论，再结合色谱数据的变化即可进行判断。

所谓总烃安伏曲线法，就是制作自然运行状态下的总烃安伏曲线，然后根据曲线进行判断。其具体做法是：用三比值法和特征气体法判断为过热型故障后，按变电运行日志提供的电流、电压数据，计算出每日的主变压器电源电压、电流的平均值，以日期为横坐标，以总烃、电流及电压为纵坐标绘成总烃安伏曲线，对三条曲线进行分析判断，即可区分热故障发生在导电回路还是非导电回路。

2. 判断的原则

用三条曲线进行分析、判断的原则如下：

(1) C_1+C_2 随电流增大而增长加快，为导电回路过热故障。

(2) C_1+C_2 随电压增高而增长加快，为磁路过热故障。

3. 判断的方法

具体判断方法如下：

(1) 取油样较密时，C_1+C_2 曲线变化趋势与电压曲线的变化趋势相近时，为磁路故障；与电流曲线的变化趋势较相似时，为电路故障。

(2) 若电压升高时，C_1+C_2 上升加快；电压降低时，C_1+C_2 下降或上升变缓（与电流关系不大或似成反比），则为磁路故障。

(3) 若电流增大时，C_1+C_2 上升加快，电源减小时，C_1+C_2 下降或上升变缓（与电压关系不大或似成反比），则为电路故障。

(4) 应特别注意电压与电流变化趋势差别较大之后的 C_1+C_2 的变化，这是判断的关键所在，因而宜在差别大之后取油样试验。

4. 判断的注意事项

判断时应注意的问题如下：

(1) 故障点有类似于“累积效应”或“恶性循环”而导致的缓慢发展的情况，而且气体受产气规律、油运行方式等影响，色谱试验也有一定的误差。另外，气体在油箱中油溶解平衡要花约 1 天的时间，因而分析曲线时应考虑这些因素。

(2) 取油样不宜少于 3 次。

(3) 计算平均值时应尽量精确。作图时电流、电压值的线段单位长度宜取长，才能反映出电压、电流的较小变化，否则不易看出曲线的明显变化规律。

(4) 此方法仅适用于过热型主变压器本体故障回路的判断。

(5) 初步判断出故障后，再用电气试验等手段复诊。

【实例 1】 铁芯磁路过热故障的诊断。

某变电所 2 号主变压器，型号为 OSFPSL－120000/220，1977 年 6 月出厂，10 月投运，1990 年油色谱分析发现潜伏性缺陷，数据如表 12－32 所示，三比值法的编码组合为“0、2、2”属于过热性故障。现用总烃安伏曲线法判断其过热发生在哪种回路。

表 12－32　色谱分析结果

日期/(年.月.日) \ 油中组分/(μL/L)	H_2	CH_4	C_2H_6	C_2H_4	C_2H_2	CO	CO_2	C_1+C_2
1990.3.2	79.99	120.64	28.77	297.47	18.91	765.80	7809.80	465.79
1990.3.6	77.54	127.70	25.48	267.67	19.91	758.20	7797.50	440.76
1990.3.8	80.50	153.54	42.61	276.00	18.37	755.70	7799.90	490.52
1990.3.10	76.01	114.67	40.57	276.00	15.23	727.60	10851.00	446.47
1990.3.12	131.87	162.10	29.80	314.70	22.45	783.20	9268.20	528.33
1990.3.14	107.22	143.88	31.10	290.68	21.83	882.60	9272.10	487.49
1990.3.16	98.73	123.58	33.56	296.24	16.08	749.80	7849.70	469.46
1990.3.19	109.59	133.96	39.30	361.00	23.43	760.70	7870.60	557.69

该变压器在自然运行状态下的总烃安伏曲线如图 12－9 所示。由图可见，C_1+C_2 曲线的变化趋势与电压曲线 U 的变化趋势较类似，与电流曲线 A 的差别较大，故反映出是磁路故障。关键点在 3 月 19 日，也反映出是磁路故障，因而判断为磁路故障过热。电气试验没有发现问题。后来吊罩发现铁芯接地片变色，箱底集油管的连管口有黑色微弱放电痕迹，这是由于铁芯上、下铁轭夹件间有短路环流造成的，如图 12－10 中虚线所示，下铁轭与之相类似。

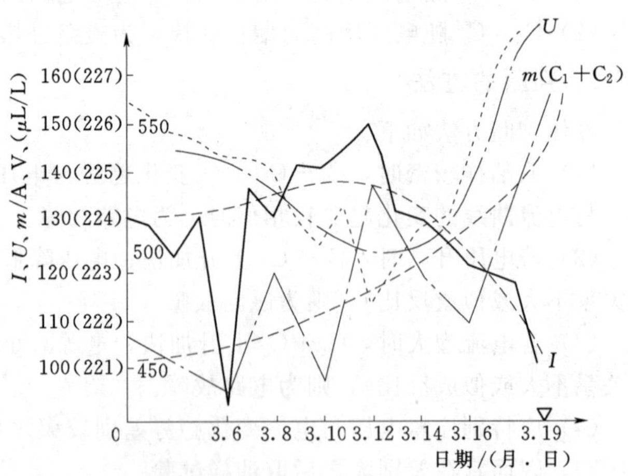

图 12－9　OSFPSL－120000/220 型变压器总烃安伏曲线

(▽表示关键点，虚线表示变化趋势)

【实例 2】 铁芯下铁轭多点接地诊断。

某变电所 2 号主变压器，型号

为 SFZ7－40000/110，1988 年 8 月出厂，1991 年 2 月投运，投运几个月后油色谱分析异常，属过热型故障，现用总烃安伏曲线判断其过热发生在哪种回路。

该变压器在自然运行状态下的总烃安伏曲线如图12－11 所示。

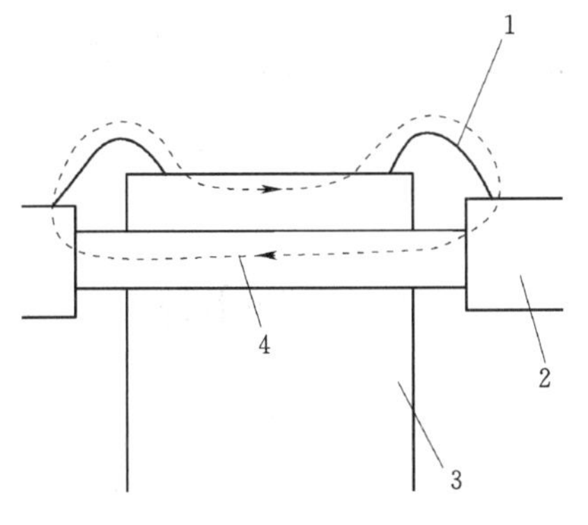

图 12－10　上铁轭环流

1—接地片；2—夹件；3—铁轭；4—方铁

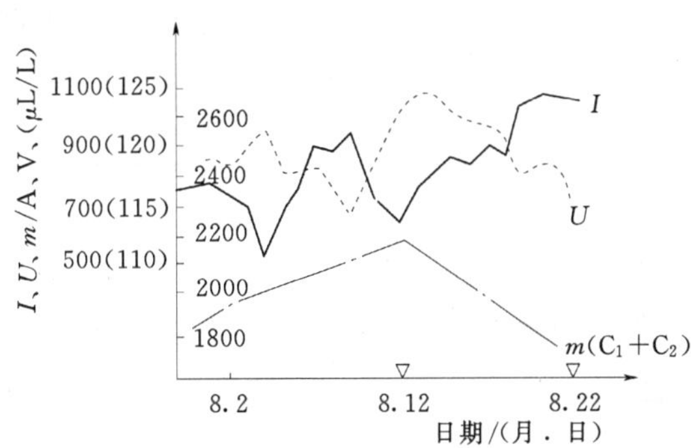

图 12－11　SFZ7－40000/110 型变压器总烃安伏曲线

由图可见，关键点 8 月 12 日和 8 月 22 日均反映出磁路过热的特征，因而判断为磁路过热。停电检测时，在铁芯外引接地处测量，铁芯对地绝缘电阻为 0MΩ。将其接地引线引至下部带电测试，铁芯对地电压为 35V，对地电流为 36A，吊罩发现铁芯下铁轭多点接地。

由于这一方法采用的时间较短，目前尚未遇到电阻回路过热的故障。

（四）四比值法

所谓四比值法，即利用表 12－33 所示判断方法对故障进行判断。

表 12－33　判断故障性质的四比值法

C_2H_4/H_2	C_2H_6/CH_4	C_2H_4/C_2H_6	C_2H_2/C_2H_4	判断结果
0	0	0	0	$CH_4/H_2<0.1$ 表示局部放电，其他表示正常老化
1	0	0	0	轻微过热，温度小于 150℃
1	1	0	0	轻微过热，温度为 150～200℃
0	1	0	0	轻微过热，温度为 150～200℃
0	0	1	0	一般导体过热
1	0	1	0	循环电流及（或）连接点过热
0	0	0	1	低能火花放电
0	1	0	1	电弧性烧损
0	0	1	1	永久性火花放电或电弧放电

比值法的表示方法是：两组分浓度比值如大于 1，则用 1 表示；如小于 1，则用 0 表示；在 1 左右，表示故障性质的中间变化过程；比值越大，则故障性质的显示越明显。如同时有两种性质的故障存在，例如 1011，则可解释为连续电火花与过热。

应用四比值法可以判断电力变压器导电回路和磁回路的过热性故障，其方法如下：

（1）磁回路过热性故障判据。在四比值法中，当 $CH_4/H_2=1\sim3$、$C_2H_6/CH_4<1$、$C_2H_4/C_2H_6\geqslant3$、$C_2H_2/C_2H_4<0.5$ 时，则变压器存在磁回路过热性故障。实践表明，它

对判断变压器回路过热性故障具有相当高的准确性。

例如，某变电所 180MVA 的主变压器，投运以来，可燃性气体含量不断上升，几经脱气并吊钟罩检查也未彻底查清故障，其色谱分析结果如表 12-34 所示。

表 12-34 色谱分析结果 单位：μL/L

气体	H_2	CH_4	C_2H_6	C_2H_4	C_2H_2	C_1+C_2	CO	CO_2
含量	39	103	67	233	0.49	403.49	271	206.7

由表中数据计算得 $CH_4/H_2=2.95(1\sim3)$、$C_2H_6/CH_4=0.65(<1)$、$C_2H_4/C_2H_6=3.47(>3)$、$C_2H_2/C_2H_4=0.002(<0.5)$，所以可判断为磁回路存在过热性故障。对该变压器返厂大修时，确认为铁芯过热性故障。

例如，某变电所一台 120MVA 主变压器的色谱分析结果如表 12-35 所示。

表 12-35 色谱分析结果 单位：μL/L

气体	H_2	CH_4	C_2H_6	C_2H_4	C_2H_2	C_1+C_2	CO	CO_2
含量	12	17.8	3.2	25.5	5.96	52.31	97	617

由表中数据计算得

$$CH_4/H_2=1.48\quad(1\sim3)$$
$$C_2H_6/CH_4=0.18\quad(<1)$$
$$C_2H_4/C_2H_6=8\quad(>3)$$
$$C_2H_2/C_2H_4=0.23\quad(<0.5)$$

所以判断为磁回路过热性故障。通过空载、带各种负荷等不同运行方式的验证，也确认磁回路有过热性故障。

(2) 将三比值法与磁回路过热判据结合使用判断磁回路与导电回路的过热性故障。由上述可知，磁回路过热判据与《导则》中的三比值法比较，有三个比值项是共同的。在这三个比值项中，磁回路过热判据基本上与三比值法的比值组合 022 相同。因此，当基于三比值法判断为 022 热故障后，再将其中的 CH_4/H_2 的比值按 1～3 和≥3 划分为：

$CH_4/H_2=1\sim3$，编码记为 2_C（C 表示磁）；

$CH_4/H_2\geqslant3$，编码记为 2_D（D 表示电）。

这样，当比值组合为：

02_C2 时为磁回路过热性故障；

02_D2 时为导电回路过热性故障。

例如，某变电所一台 120MVA 主变压器的色谱分析结果如表 12-36 所示。

表 12-36 色谱分析结果 单位：μL/L

气体	H_2	CH_4	C_2H_6	C_2H_4	C_2H_2	C_1+C_2	CO	CO_2
含量	73.6	238.9	58	476.7	6.75	730	242	2715

由表中数据可知，应用三比值法编码为 022，其中 $CH_4/H_2=\frac{238.9}{73.6}=3.2>3$，可将

编码记为 02_D2，即为导电回路过热性故障。

根据直流电阻测试结果，并对分接头开关直接检查，确认为分接头开关接触不良。

第四节　测定变压器油中微量水分的方法

油浸变压器在运行中会受到电、热、机械力、化学腐蚀和光辐射等外界因素的影响，致使变压器油和纤维材料逐渐老化变质，分解出微量水分；此外，由于密封不严，潮气和水分也会进入油箱内，使油中的水分逐渐增多。当水分含量超过一定限度时，就会使绝缘性能明显下降，甚至危及变压器安全。例如，若油中不含固体杂质，当油的含水量在 40mg/L 以下时，一般具有非常高的击穿强度，而当油中含水量超过 100mg/L 时；或当油中存在固体杂质，含水量为 5mg/L 时，其击穿强度都将下降到很低，有时还可能成为引起绝缘破坏的直接原因。根据有关单位对 140 台变压器绕组事故的统计，有 34 台是由于进水受潮造成的，占绕组事故的 17.4%。这是因为水分进入后，可能使介质损耗大到足以产生热不稳定的数值。同时，由于水被电解而形成氢和氧的气泡，这些气泡会因电离而导致电击穿。因此测量油中微量水分极为重要，在《规程》中，将它列为定期或检查项目。

过去人们广泛采用电气试验方法（如测量绝缘电阻、泄漏电流和 $\tan\delta$ 等）来测变压器绝缘是否受潮，但上述方法只能间接地定性了解变压器的受潮情况，不能直接定量地测定变压器油纸中的含水量。后来人们就开始研究直接监视变压器受潮情况的方法，目前国内应用较广的是卡尔·费休法、库仑法和色谱法，简介如下。

一、气相色谱法（GB/T 7601 测定方法）

（一）原理

用气相色谱分析法测定油中微量水分（可简称为微水）与测定其他部分一样，首先利用色谱仪中的汽化加热器将注入的油样经过瞬间汽化，被汽化的全部水分和部分油气被载气带至适当的色谱柱进行分离，然后用热导池检测器来检测，将检测值（水峰高或水峰面积）与已有的含水的标准工作曲线进行比较，就可以得到油样中的水含量。

（二）气路流程

测定油中微水的流程如图 12－12 所示。载气由高压气瓶 1 供给，经减压阀 2 减压，通过装有 5×10^{-10}m 分子筛或变色硅胶的净化干燥管 3，净化脱水后由稳压阀 4 控制流速，经缓冲管 5 由浮子流量计 6 指示流速，再经过空心柱 7 到达热导池参考臂 8，然后进入六通阀 9。当六通阀拉杆向下推时，仪器处于工作状态，这时载气从④口经过③口到汽化加热器 10，从进样口注入的样品被载气带到汽化加热器，样品中的微水汽化后随载气进入色谱柱 11，经分离后又通过热导池测量臂 12，产生一定的信号，用记录仪记录下来，即可得到水峰色谱图。水峰的高度或面积就代表油样中的水分含量。

（三）定量基准

目前，用色谱法检测液体样品中的痕量[1]水分时，普遍采用饱和值作为水分的定量

[1] 痕量在化学上指极小的量，少得只有一点痕迹，也叫痕迹量。

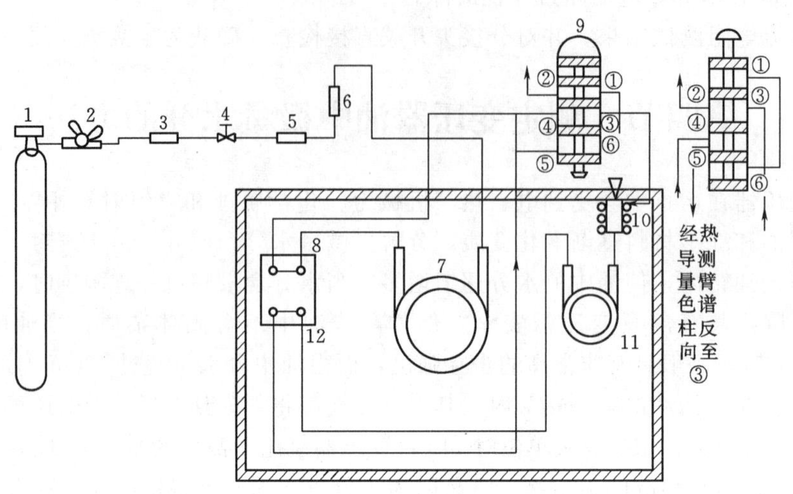

图 12-12 油中微水测定的色谱流程图

1—载气钢瓶；2—减压阀；3—干燥管；4—稳压阀；5—缓冲管；6—流量计；7—空心柱；8—热导参考臂；9—六通阀；10—汽化加热器；11—色谱柱；12—热导测量臂

基准，这种方法的优点是不受环境湿度的干扰。饱和值在客观上又是恒定值，所以，只要确保达到了饱和状态，操作较为方便。根据国内外的研究可知，苯中饱和水值和正庚烷中饱和水值可以作为定量基准。前者适用于水浓度大于 100mg/L 的液体样品，后者适用于水浓度小于 100mg/L 的样品。不同温度下苯和正庚烷的饱和水值见表 12-37 和表 12-38。

表 12-37　　不同温度时苯的饱和水值

温度/℃	10	15	20	25	30	35	40
水值/(mg/L)	440	525	643	716.2	859	1006	1251

表 12-38　　不同温度时正庚烷中的饱和水值

温度/℃	0	6	14.6	20	25	30	35	40	45
水值/(mg/L)	19.5	37.7	64.6	87.2	108.7	144.5	194.5	238.2	292

(四) 定量分析

取适当体积的苯（或正庚烷）用蒸馏水洗涤 4 次后，按 1∶1 体积混以蒸馏水，置于密闭的玻璃瓶中，摇荡约 1min 后，在超级恒温器中于一定温度下使苯（或正庚烷）一水达到平衡，然后用微量注射器吸取 15μL 苯（或正庚烷）溶液进行色谱分析，测定其水峰高。必须注意，在一定温度下，苯一水平衡只需几分钟，但由于正庚烷与水达到平衡所需时间较长，一般需 4h，达到平衡后才能进行测定。在一定温度下正庚烷和苯中饱和水值的峰高曲线如图 12-13 和图 12-14 所示。分析油中含水量时，可以根据这种定量曲线经过简单的换算，做出一定进样量时油中含水量与峰高的定量曲线，然后再进行定量分析。

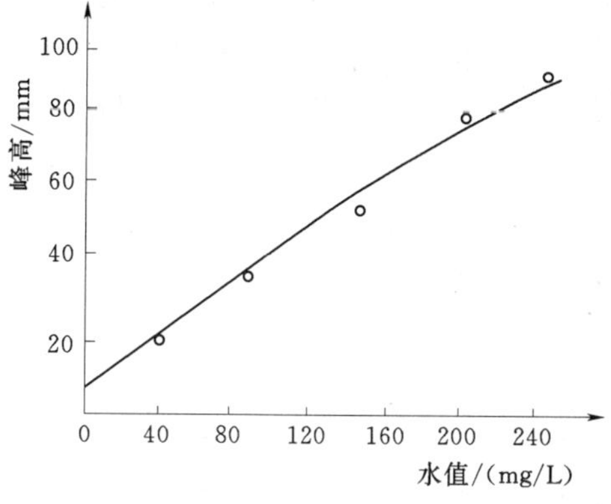

图 12-13　正庚烷中饱和水值的峰高曲线

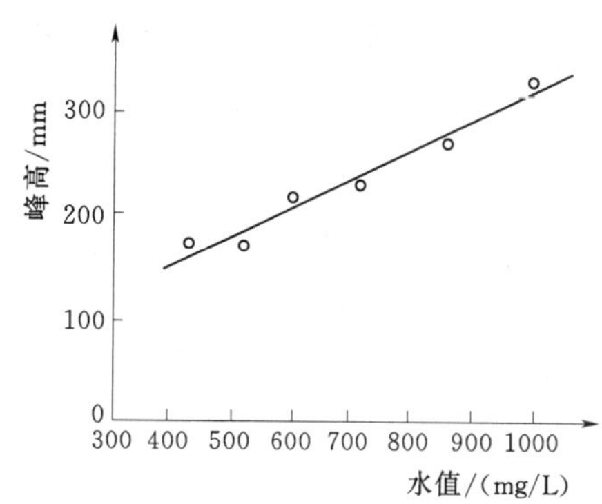

图 12-14　苯中饱和水值的峰高曲线

采用定量曲线来进行定量分析时，要求严格规定操作条件，否则误差较大。实际工作中，可以采用一点外标法，即取一定温度下的苯（或正庚烷）15μL 注入色谱仪，测得峰高 h_s（取 5 次平均值），再取被试油样 30μL 进样，测得其峰高 h_i（取 3 次平均值）。设一定温度下苯（或正庚烷）中饱和水值为 Wmg/kg，则被试油含水量为

$$H_2O=\frac{Wd_s}{2d_ih_s}h_i$$

式中　d_s、d_i——苯（或正庚烷）和被试油的比重。

（五）测定仪器

用气相色谱法测定油中水分含量时，可用北京分析仪器厂生产的 ST-04 型微量水色谱仪。此仪器检测灵敏度较高，稳定性较好，并配有排残油的进样装置。

（六）注意事项

采用气相色谱法测定油中水分时，应注意下列事项：

(1) 对气相色谱仪的要求包括：①检测灵敏度要高，热导池检测器对油中含水量（直接法）的最小检测浓度应小于 0.5μL/L；②仪器稳定性要好，仪器噪声不超过 ±0.005mV，基线漂移和不稳定性不大于 0.05mV/h；③配备有适合绝缘油的特制汽化进样装置，使油中水分的汽化速度加快，汽化率变高；④气路系统合理，能尽量减少油蒸汽对层析柱和其他气路部分的污染，并能够尽可能地减少对水分的吸附作用。

(2) 画工作曲线时，对于正庚烷标样的进样量，应至少取五种不同的进样体积，并且每种体积均应做平行试验，其峰高相对偏差不超过 3%。

(3) 在室温下用正庚烷为标样画工作曲线时，最好采取保温措施，温度波动不应超过±1℃。

(4) 每次开机进行试验时，应先对工作曲线作单点校正，如果相对误差超过 5%，则应重画工作曲线。

(5) 每个样品至少应做两次平行试验，其峰高的相对偏差不得超过 3%。

二、库仑法（GB/T 7600 测定方法）

（一）原理

库仑法是一种电化学方法，它是将库仑仪与卡尔·费休滴定法结合起来的分析方法。

当被测试油中的水分进入电解液（即卡尔费休试剂）后，水参与碘、二氧化硫的氧化还原化学反应，在吡啶和甲醇的混合液中相混合，生成氢碘酸吡啶和甲基硫酸吡啶，消耗了的碘在阳极电解产生，从而使氧化还原反应不断进行，直至水分全部耗尽为止。根据法拉第定律，电解产生的碘与电解时耗用的电量成正比。其反应式如下：

$$H_2O+I_2+SO_2+3C_5H_5N \longrightarrow 2C_5H_5N \cdot HI+C_5H_5N \cdot SO_3$$

$$C_5H_5N \cdot SO_3+CH_3OH \longrightarrow C_5H_5N \cdot HSO_4CH_3$$

在电解过程中，电极反应如下：

阳极　$2I^- - 2e \longrightarrow I_2$

阴极　$I_2 + 2e \longrightarrow 2I^-$

$2H^+ + 2e \longrightarrow H_2 \uparrow$

从以上反应式可以看出，1g 分子的碘，氧化 1g 分子的二氧化硫，需要 1g 分子水。所以 1g 分子碘与 1g 分子水的当量反应，即电解碘的电量相当于电解水所需的电量。即 1mg 水对应于 10.72 电子库仑。根据这一原理，就可以直接从电解的库仑数计算出水的含量。

（二）测定仪器

目前国内生产的库仑法水分测定仪有 YS－2A 型和 WS－1 型微水测定仪等。后者是由山东淄博无线电一厂仿照日本三菱公司的 CA－02 型微量水分测定仪而生产的，它具有电解速度快、仪器本身平衡时间及分析样品时间较短的特点。

某文献对国产 WS－1 型与日本 CA－02 型微水测定仪进行了对比试验，试验结果见表 12－39 试验结果表明，国产 WS－1 型微水测定仪可满足测量变压器油中含水量的要求。其他文献也给出了相同的结论。

表 12－39　对比试验结果

油样号	试验结果/(μg/mL)		平均值的差值	油样号	试验结果/(μg/mL)		平均值的差值
	日本 CA－02 型	国产 WS－1 型			日本 CA－02 型	国产 WS－1 型	
标准试剂①	80.00	82.00	－2.00	12	26.30	21.70	4.60
1	19.50	21.50	－2.00	13	27.70	24.00	2.70
2	18.70	19.30	－0.60	14	21.00	22.70	－1.70
3	18.80	20.20	－1.40	15	18.30	21.30	－3.00
4	25.00	25.00	0	16	15.00	16.70	－1.70
5	26.00	27.50	－1.50	17	8.70	8.70	0
6	23.00	24.00	－1.00	18	9.30	11.30	－2.00
7	18.50	19.00	－0.50	19	9.30	11.30	－2.00
8	12.00	13.00	－1.00	20	18.00	18.50	－0.50
9	16.70	18.00	－1.30	21	9.70	12.00	－2.30
10	33.50	33.50	0.00	22	10.70	14.00	－3.30
11	24.30	27.30	－3.00	23	9.75	8.50	1.25

①　标准试剂含水量为 76～84μg/mL。

国外进口的有日本三菱化学工业株式会社的 CA－02 和 CA－05 型测定仪，日本京都电子工业株式会社的 MKC－3P 和 MKA－3P 型测定仪等。

三、判断标准

（一）国外情况

近些年来，我国陆续引进了国外大型电力变压器，为了借鉴国外情况，特介绍有关组织和国家的判断标准。

第 26 届国际大电网会议论文 No12－01《关于保证大容量变压器绝缘可靠性的建议——实行安装工作标准化》一文指出，对于新安装的变压器，油中的含水量的限定标准：对于 154～275kV 变压器，其油中含水量为 15～30mg/L；对于 500kV 变压器，其油中的含水量为 10～15mg/L。国际电工委员会 422 号会刊（1973 年）中的关于绝缘油的维护导则规定：当 U_n＞170kV 时，油中微水量应小于 20mg/L；当 U_n＜170kV 时，微水量应小于 30mg/L。美国 BPA 系统认为，运行中变压器油在 20℃时的含水量应小于 50mg/L，当大于 50mg/L 时需进行处理。日本“电协研”规定，当安装结束后，在交接时，变压器油中的含水量为：对 275kV 变压器，应在 15mg/L 以下；对 154kV 变压器，应在 20mg/L 以下。法国对变压器油的要求是最初注入或最后补加的油，其含水量不大于 10mg/L。瑞典对变压器油的要求是在现场处理后，由变压器底部取样，其含水量小于 10mg/L。瑞士 ABB 对运行中变压器油的微水规定是当 U_n＜170kV 时，不作规定；当 U_n＞170kV 时，小于 20mg/L（运行时的温度）。

（二）国内规定

我国《规程》规定，投入运行前的变压器油，其含水量分别为：66～110kV 者不大于 20mg/L，220kV 者不大于 15mg/L，330～500kV 者不大于 10mg/L；对运中的变压器油，其含水量分别为：66～110kV 者不大于 35mg/L，220kV 者不大于 25mg/L，330～500kV 者不大于 15mg/L。

应当指出，对运行中的设备，进行测量时应注意温度的影响，尽量在顶层油温度高于 50℃时采样，并按 GB 7600 或 GB 7601 进行测试。

另外，现场取样，要随用随取，不可久置，以防失真。取样应在良好天气进行，在频繁的取样中，每次都应按章操作，并避免取样器受污染。例如，有个单位在测定时，由于取样器受污染，使本来含水量小于 10mg/L 的合格油，变成含水量大于 30mg/L 的不合格油，导致误判断。

第五节　测量绕组连同套管的直流电阻

一、测量目的和周期

1. 测量目的

测量变压器绕组的直流电阻是一个很重要的试验项目，在《规程》中，其次序排在变压器试验项目的第六位。测量变压器绕组直流电阻的目的是：

(1) 检查绕组焊接质量。

(2) 检查分接开关各个位置接触是否良好。

(3) 检查绕组或引出线有无折断处。

(4) 检查并联支路的正确性，是否存在由几条并联导线绕成的绕组发生一处或几处断线的情况。

(5) 检查层、匝间有无短路的现象。

实践表明，此测试项目对发现上述缺陷具有重要意义。例如：

(1) 某台386MVA的电力变压器，由于分接开关接触不良，造成色谱总烃量记录持续增高，由测量其直流电阻发现三相不平衡，经反复切换分接开关，重测直流电阻平衡后，总烃量也降到了正常值。处理前三相电阻最大差别：6.93%，总烃204；处理后三相电阻最大差别：0.7142%，总烃：6.59。

(2) 某台2000kVA变压器、6kV侧运行中输出电压三相不平衡超过5%，曾怀疑电源质量，但经检查无误，于是对该变压器进行多项试验，结果从直流电阻测量数据中发现，该台变压器三相分接开关由于长期不用偶尔调整时，接触不良，立即进行了检修。

(3) 某台6300kVA变压器，高压侧三相直流电阻不平衡超过4%，经反复检查发现B相绕组的铝线本身质量不佳。

(4) 华东某变电所一台6300kVA、35kV的变压器，几次色谱分析正常，但低压绕组直流电阻超过《规程》规定，见表12-40中的第一组数据。又运行一段时间后，发现B相外引线铜杆上80℃示温片熔化，即停用处理。第二组数据为处理前的测量值，处理时还发现B相低压绕组引线引到铜杆上的螺母松动两牙，致使ϕ18mm镀银铜杆变黑。

(5) 东北某变电所一台10000kVA，60kV的有载调压变压器，1987年进行预防性试验时，直流电阻不合格，如表12-41所示。B相的直流电阻在7、8、9三个分接位置时，均较其他两相大7%左右，分析认为B相接触不良。又做色谱分析，变压器本体油色谱合格，而B相套管色谱数据表明，该套管存在过热性故障。停电检查发现，确是B相穿缆引线鼻子与将军帽接触不紧造成的。

表12-40　某变压器的直流电阻测量数据

相别 时间	ab /Ω	bc /Ω	ac /Ω	误差 /%
1984年4月5日(20℃)	0.08427	0.0849	0.08265	2.68
1984年7月12日(50℃处理前)	0.09435	0.09435	0.09017	5.6
1984年7月12日(50℃处理后)	0.0806	0.0899	0.0899	0.8

表12-41　某变压器的直流电阻测量数据

分接位置		7	8	9
直流电阻/Ω	R_{AO}	1.140	1.118	1.139
	R_{BO}	1.217	1.198	1.219
	R_{CO}	1.139	1.116	1.137

2. 测试周期

(1) A、B级检修后。

(2) ≥330kV：≤3年。

(3) ≤220kV：≤6年。

(4) 必要时。

所以长期以来，测量绕组的直流电阻一直被认为是考查变压器纵绝缘的主要手段之一，有时甚至是判断电流回路连接状况的唯一办法。

二、传统的测量方法

传统的测量方法按使用的仪器分为电桥法和压降法；按电源的配备分为恒压源法和恒流源法；按测量接线分为单刀直入式（其接线是欲测哪一相，就直接连接哪一相，若测A相用AO表示）、同相串联式（电流从高压绕组的出线A进入，到达中性点O，再进入低压绕组的出线a，并从c点返回电源，若测A相用AO_{ac}表示）、串串并并式（电流也是从高压绕组的出线A进入，但电流到达中性点后并不立即到低压绕组去，而是串联地通过其他并联的两相后，再到低压绕组去，若测A相用$AOBC_{ac}$表示）等。

上述方法的缺点是费工费时，例如：

(1) 1990年8月某电业局用QJ-44型电桥测量一台型号为SFP 7-240000/220的240MVA变压器低压侧直流电阻，每相用7～8h，三相测完共需24h，数值还嫌不满意；开始用6节甲电池，后来增到14节，结果还不满意，最后用蓄电池车测量。

(2) 1990年8月某电业局用QJ-36型电桥测一台型号为SFP 7-240000/220的240MVA变压器高压侧直流电阻，电源为YJ-10A型稳流器，试验电流0.3A，AO相测量时间为1h38min，BO相为42min，CO相为1h35min。

由此可见，缩短测量时间是令人感兴趣的，所以几十年来国内外都在积极开展缩短时间测量方法的研究。近年来国内的研究有新的进展，已生产出3381变压器直流电阻测试仪和PS-Ⅱ型感性负载低电阻快速测量微欧计等。

三、缩短测量时间的方法

（一）原理

测量变压器绕组直流电阻与测量一般电阻不同，变压器绕组具有巨大的电感，它可用图12-15所示的等值电路表示，图12-15中L为变压器绕组的电感，R为变压器绕组的直流电阻，随着变压器电压等级的提高和单台容量的增大高压绕组电感可达数百亨，而其直流电阻在10^{-1}～$10^{-2}\Omega$之间；低压绕组的电感则在数亨和十数亨之间，而其直流电阻则在10^{-2}～$10^{-3}\Omega$之间。例如，某台240MVA、220kV变压器高低压绕组的电感分别为162H和2.53H。

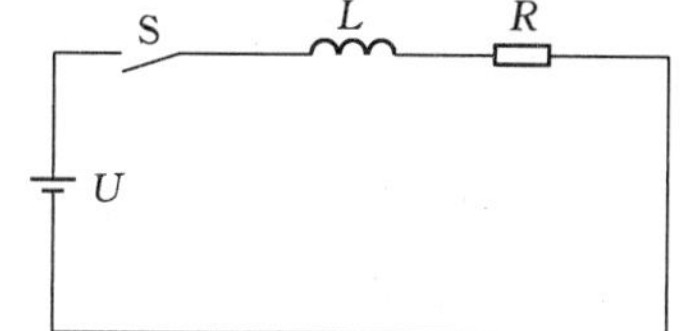

图12-15 测量变压器绕组直流电阻的等值电路

在图 12-15 中，合上开关 S 时，过渡过程方程式为

$$U=L\frac{\mathrm{d}i}{\mathrm{d}t}+iR$$

所以 $L\frac{\mathrm{d}^2 i}{\mathrm{d}t^2}+R\frac{\mathrm{d}i}{\mathrm{d}t}=0$，$LP^2+R_p=0$，$P_1=0$，$P_2=-\frac{R}{L}$。通解为

$$i=A\mathrm{e}^{p_1^t}+B\mathrm{e}^{p_2^t}=A+B\mathrm{e}^{p_2^t}$$

当 $t=0$ 时，$i=0$，即 $A+B=0$，$A=B$；当 $t=\infty$时，$i=\frac{U}{R}$即$\frac{U}{R}=A+0$，$A=\frac{U}{R}$，故有

$$i=\frac{U}{R}(1-\mathrm{e}^{-\frac{t}{T}}) \tag{12-1}$$

$$I=\frac{U}{R}$$

式中 T——回路的时间常数，$T=\frac{L}{R}$；

R——测量回路的总电阻，Ω；

L——被测绕组的电感，H；

I——电流稳态值。

由式（12-1）可以计算不同时刻的电流值，如表 12-42 所示。

表 12-42 不同充电时间的电流值

t	0	T	$2T$	$3T$	$4T$	$5T$	∞
i	0	$0.63I$	$0.865I$	$0.95I$	$0.98I$	$0.995I$	I

由表 12-42 可见，充电电流增长的快慢完全决定于回路的 T。电流达到基本稳定能满足测量要求通常要在接通电路 $5T$ 以后，对于大型电力变压器的绕组，其电感大而电阻小，加上电桥的电阻，整个回路的 T 仍很大，给测量工作带来很大困难，因此应探索减小回路时间常数的方法。

（二）缩短测量时间的方法

由上述分析可知，时间常数 $T=\frac{L}{R}$，可见要减小时间常数，可以从以下两方面入手：

（1）减小电感 L。为此要加大测量电流，提高铁芯磁通密度，使铁芯趋于饱和，这样试验电源的容量就要增大。对于有中性点引出的变压器绕组可以采用三相同时通入同方向电流的所谓零序法使磁路磁阻增加，从而使其电感减小。另外，还可以利用非被试绕组助磁等方法，但这些方法对运行单位来说使用起来都比较困难。

（2）增大回路电阻。在回路中串入电阻，若试验电源电压不变，则测量电流变小，因而使电桥的灵敏度降低。为保证电桥的灵敏度，必须相应地提高试验电源电压，以使测量回路的电流足够大。

常用的 QJ-44 型电桥所要求的测量电流与被测电阻的大小有关，可参考表 12-43 进行选择。

表 12-43　　QJ-44 电桥测量电流与被测电阻的关系

被测电阻范围 /Ω	充电电流稳态值 /A	被测电阻范围 /Ω	充电电流稳态值 /A
$10^{1}\sim10^{0}$	0.1～0.3	$10^{-1}\sim10^{-2}$	1.0～0.8
$10^{0}\sim10^{-1}$	0.3～1.0		

对于大、中型电力变压器，使用这类电桥时，一般可取测量电流约等于 0.3A。现场通常采用加大电阻的方法进行测量，但对于具有五柱绕组接成三角形的巨型变压器，不能采用这种方法。

四、快速测量方法

（一）增大电阻的电路突变法

其原理图如图 12-16 所示，由此电路可得

AN 闭合时
$$i'=\frac{U}{R_x}\left(1-e^{-\frac{R_x}{L_x}t'}\right) \tag{12-2}$$

AN 断开时
$$i=\frac{U}{R+R_x}\left(1-e^{-\frac{R+R_x}{L_x}t''}\right) \tag{12-3}$$

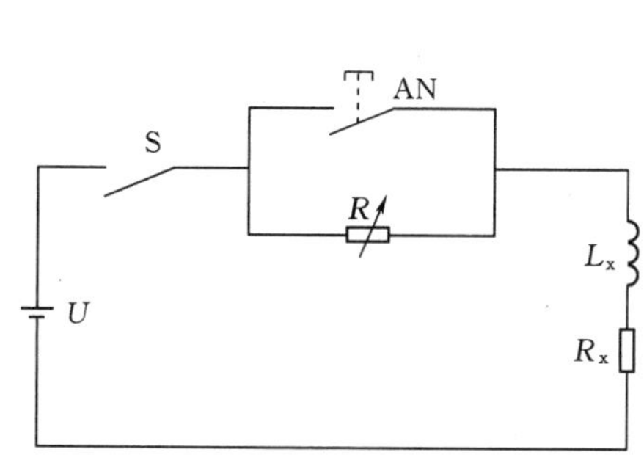

图 12-16　增大电阻的突变法原理图

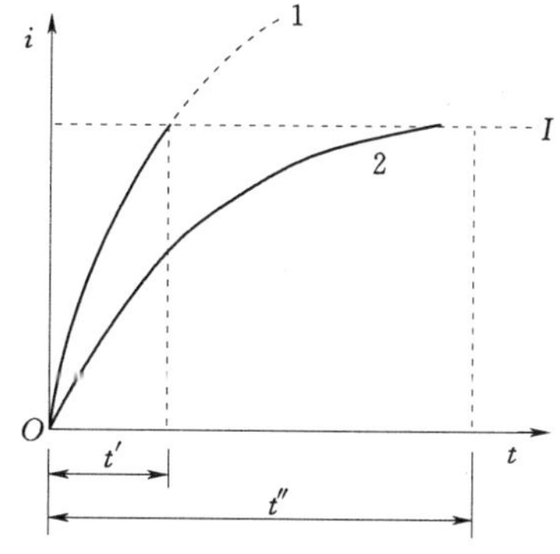

图 12-17　测量电流和充电时间的关系

根据式（12-2）、式（12-3）可绘出图 12-17 所示的测量电流和充电时间的关系曲线，曲线 1 对应于式（12-2），曲线 2 对应于式（12-3）。

测量时，将按钮 AN 闭合，附加电阻 R 短路，使全部电压加在被试绕组上，强迫它有较大的电流上升速度，一直达到预定电流 $I\left(I=\frac{U}{R+R_x}\right)$值时断开按钮 AN，则电流 i'，由图 12-17 所示的曲线 1 立即稳定到曲线 2 上。当然，在断开 AN 的瞬间，$i=I=\frac{U}{R+R_x}$的突变情况最为理想，充电时间将由 t''缩短到 t'。实际上，由于仪表等因素的影响是不可能做到的，变压器因铁芯磁滞回环的作用，电流下降时要比电流上升的电感要小得多，故在测试时，应在充电电流略大于稳定电流（通常可取 $i'=1.1I$）时进行电路突变，

这样仍能达到快速测量的目的。

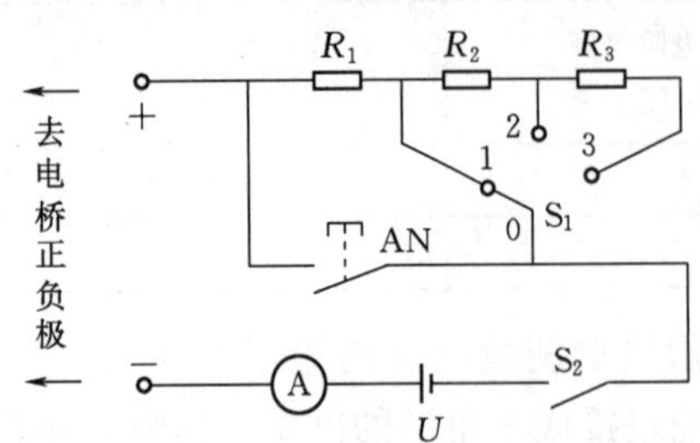

图 12-18 快速测量装置电路图

例如，当用此法测量某台 40.5MVA、110/38.5/6.6kV 变压器的 110kV 绕组直流电阻时，每档次测量时间（包括充电时间）不到 1min，最快时仅为 0.5min。

目前有的单位已根据此法制成了快速测量装置，如图 12-18 所示。图中 $R_1=R_2=R_3=6\Omega$（6W），S_1 为转换开关，AN 为按钮，S_2 为电源开关，A 表量程为 1000mA（或用小量程表、电阻分流转换表），U 为 6V（4 个甲电池串联）。测量时，当 S_1 置于 0-1、0-2、0-3 时，相应地测量变压器低压侧、中压侧、高压侧绕组的直流电阻，具体操作步骤如下：

（1）快速测量装置"＋、－"端相应接到 QJ-44 型电桥外接"＋、－"端（电桥内附的 1 号电池取出），电桥其他接线照常。

（2）将 AN 闭合，待充电电流到测量电流预定值时断开，预定值可按图 12-18 中 $\frac{U}{R_1}$、$\frac{U}{R_1+R_2}$、$\frac{U}{R_1+R_2+R_3}$的 0.9～1.1 估算，或在实际使用中摸索后确定。

（3）将 AN 断开后即可操作电桥进行测量。

（二）减小电感的方法

1. 消磁法

消磁法是基于在绕组直流电阻的整个测量过程中保持铁芯磁通为零（略去剩磁），从而根本上消除过渡过程而提出来的一种减小电感的方法。

测量绕组直流电阻的过渡过程是由于磁通不能突变引起的，当由一种稳态转换到另一种稳态时就需要过渡时间。如果略去剩磁，则测变压器绕组直流电阻时，其起始状态磁通为零。如果设法在整个测量过程中保持这种零状态，那就从根本上消除了过渡过程，达到快速测量的目的。

如何保持这种零状态呢？对图 12-19 所示的双绕变压器，若把其二次绕组的两端短接，则可以基本上消除铁芯中的磁通，使激磁电感 L_{m1} 和 L_{m2} 值降低到接近于零的数值，即把绕组的等值电感显著地减小，时间常数也显著减小，充电过程加快，通过绕组的电流很快达到稳定值。

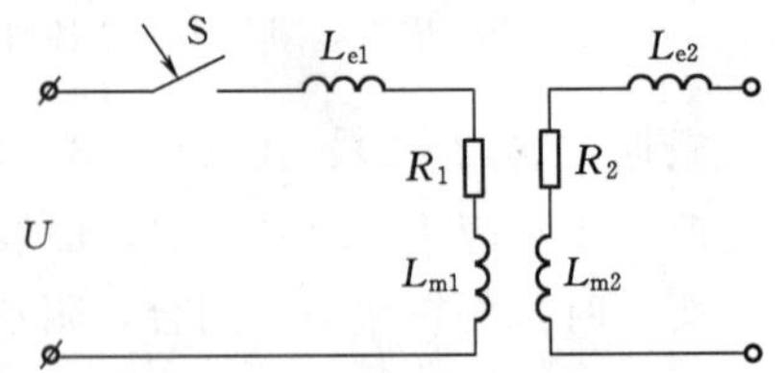

图 12-19 测量双绕组变压器直流电阻的等值电路

L_{e1}、R_1、L_{m1}—变压器一次绕组的漏感、导线电阻和激磁电感；L_{e2}、R_2、L_{m2}—变压器二次绕组的漏感、导线电阻和激磁电感；S—开关；U—直流电源

对于三绕组变压器，可以采取高中压（或低中压）绕组反向同时加电流，借以抵消磁场实现减小电感的目的。

当测量高压侧绕组直流电阻时，除在高压待测相绕组中加电流外，还在相应中压侧加一电流，使

此电流产生的磁势与高压侧产生的磁势大小相等、方向相反而相互抵消，保证在整个测量过程中磁通保持零状态。设高压侧的匝数为 N_1，电流为 I_1，中压侧的匝数为 N_2，电流为 I_2，则高压侧磁势为 N_1I_1，中压侧磁势为 N_2I_1，若 $N_1I_1+N_2I_2=0$，则 $I_2=\frac{N_1}{N_2}I_1$，因 $\frac{N_1}{N_2}=\frac{U_1}{U_2}$，故由铭牌上给定的某一分头电压比，即可求出匝数比。

当测量低压侧绕组时，中低压匝数比为中压相电压和低压线电压之比。设低压线电压为 U_3，中压线电压为 U_2，则 $N_2/N_3=\frac{U_2/\sqrt{3}}{U_3}$，又因低压绕组 b、c 相串联后再与 a 相并联（图 12－20），故总注入电流 I_3 为 a 相电流的 1.5 倍，即

$$I_3=-1.5\frac{U_2/\sqrt{3}}{U_3}I_2$$

满足上式关系即可使中低压磁势相互抵消。

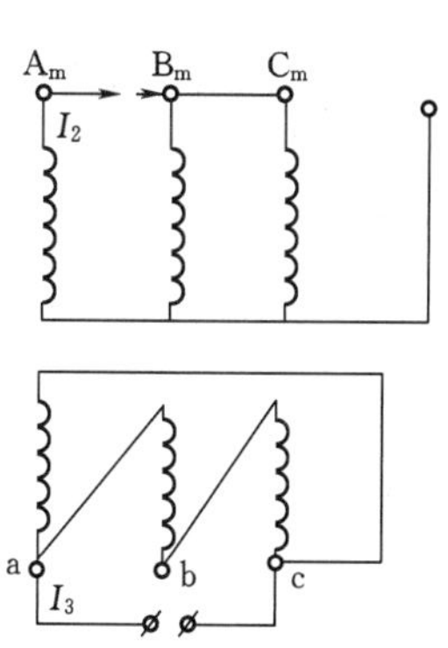

图 12－20　测量低压侧绕组直流电阻的简化电路

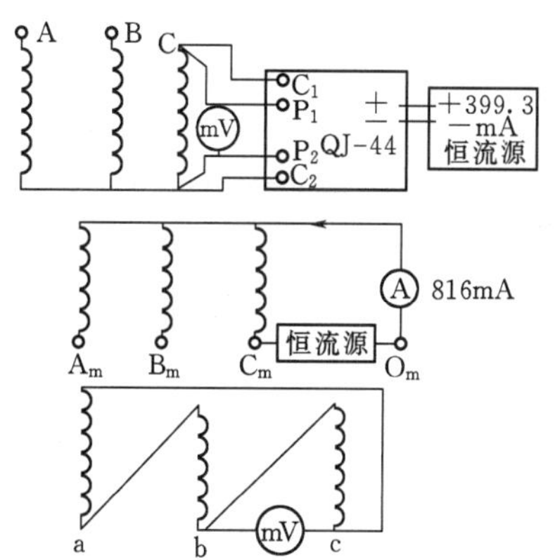

图 12－21　消磁法测量高压绕组直流电阻时的接线图（对应于测 CO 绕组）

某地区电业局用消磁法与恒流法对一台 SFPSZ$_4$－120000/220 型，YNyn0d11 变压器进行绕组直流电阻测试，接线图如图 12－21 所示。对该三相五柱式变压器高、中、低压绕组的直流电阻测试表明，用消磁法最多 3min 即可达到稳定状态，比仅用恒流法缩短充电时间 10 倍以上。

通过高压绕组 CO 的电流为 399.3mA，相应中压 C_mO_m 加反向电流 816mA，分别监测低压 be 间感应电势，并在被测高压绕组两端接一数字电压表测量绕组压降，用伏安法求绕组电阻，并和 QJ－44 型电桥读数相比较，如表 12－44 所示。

2. 助磁法

助磁法与消磁法相反，其出发点是变压器同一铁芯柱上高、低压绕组工作在饱和状态下的激磁电流相差数十倍，因此把高、低压绕组串联起来，借助于高压绕组的安匝数，使变压器铁芯饱和，降低电感，即降低时间常数，达到快速测量的目的。值得注意的是，高、低压绕组的电流方向要一致。

表 12-44　　**电桥读数与伏安法结果的比较**

相别	消磁法(QJ-44)/Ω	伏安法(U/I)/Ω	时间/s	感应电势/mV
AO	0.7143	$\frac{285.3\text{mV}}{399.3\text{mA}}=0.7145$	45	$E_{ac}=0.01$
BO	0.7165	$\frac{286.2\text{mV}}{399.3\text{mA}}=0.7168$	35	$E_{ba}=0.01$
CO	0.7215	$\frac{288.1\text{mV}}{399.3\text{mA}}=0.7215$	33	$E_{cb}=0.01$

华东某电厂用助磁法测量某台 SSP-360000/220 型变压器双三角低压绕组直流电阻的接线图如图 12-22 所示。与用蓄电池采用电流电压法相比较测试工效提高 5～7 倍。华北电力试验研究院采用同样的测试接线，配合 IBM 微机测量系统，同时测量 AO 和 ac 的电阻更加简便易行，其测量接线如图 12-23 所示。

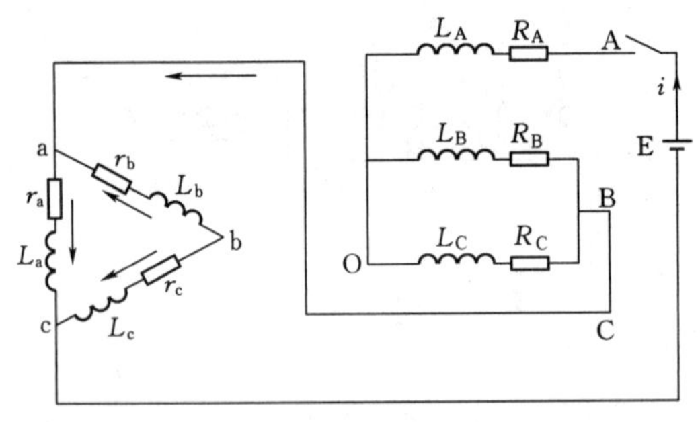

图 12-22　助磁法测量低压 a 相绕组直流电阻时接线图

E—恒流源（测量时用 QJ-44 电桥）

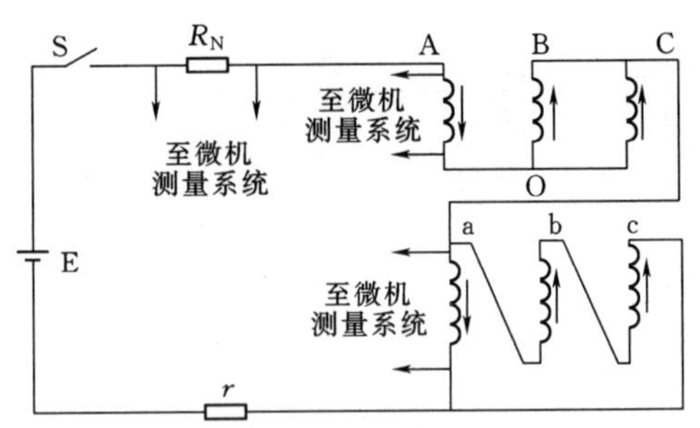

图 12-23　助磁法测量 R_{AO}、R_{ac} 接线图

E—JDW-20 型稳压器；R_N—取样电阻（阻值为 1Ω，精度为 0.005%）；

r—限流电阻（15Ω）

试验步骤如下：

（1）合上开关 S，并把稳压源输出电压由零调至合适值。

（2）把高压绕组电压信号送入 IBM 微机测量系统，测量高压绕组直流电阻。

（3）高压绕组直流电阻测量完毕后，再把低压绕组电压信号送入 IBM 微机测量系统。这样就可以在不改变铁芯中磁通的情况下，完成低压绕组直流电阻测量，提高了工效。

（4）高、低压绕组直阻测量完毕后，把稳压源输出电压降至零。待回路中电流基本上为零后，打开开关 S，换相测量。

应用助磁法对某电厂的 SFP-240000/500 型 YNd11 五柱式电力变压器绕组直流电阻的测试结果如表 12-45 所示。

由测量结果可见，消磁法与助磁法的测量时间比传统的常规法测量时间大大缩短，而且准确度也满足要求，所以它是一种适用于现场且较理想的快速测量方法。

表 12-45　　主变高、低压绕组直流电阻测试结果

被测绕组	测量电流/A	电源电压/V	直流电阻测量值/mΩ	测量时间/min	油温/℃	直流电阻换算值(75℃)/mΩ	预试相间差/%	交接试验值(75℃)/mΩ	交接试验相间差/%
R_{A0}	1.1	20	1250	30	41	1404		1538	
R_{B0}	1.6	28	1252	20	41.5	1404	0.56	1542	0.4
R_{C0}	1.6	28	1253	14	40	1412		1544	
R_{ac}	1.7	30	1.490	20	41	1.674		1.803	
R_{ba}	1.6	28	1.487	20	41.5	1.667	0.72	1.809	0.3
R_{cb}	1.6	28	1.474	35	40	1.662		1.803	

注　环境温度为19℃。

（三）高压充电低压测量的方法

（1）这种测量方法的测量原理如图 12-24 所示。U_1 为高压电源，其电压可取工作电源 U_2 的 10 倍或更大，U_2 为电桥正常工作电源，与 U_2 串联的隔离二极管 V 的反向电压应大于电压 U_1，且其容量应选得大一些。

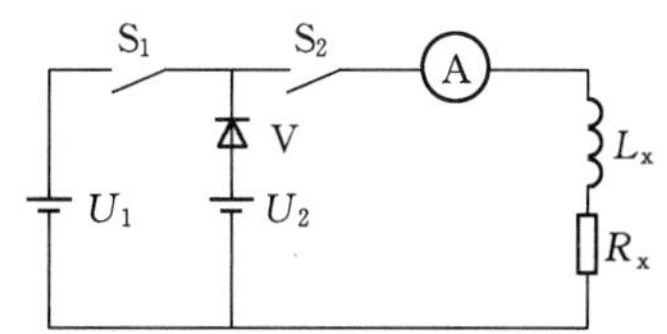

图 12-24　改变电源电压快速测量示意图

（2）测量时，先合上 S_1、S_2 开始充电，并监视电流表，当电流达到预期的稳定值 $I=\frac{U_2}{R_x}$时，断开 S_1。此后就可很快地按正常步骤操作电桥进行测量了。

五、新型快速测试仪

（一）3381 变压器直流电阻测试仪

这种测试仪是由河北省保定市精艺电力仪器厂最新研制的测试仪，该仪器成功地解决了容量在 120MVA 以上、铁芯为五柱、低压绕组为三角形接线的变压器直流电阻测试的难题。经过保定变压器厂、姚孟电厂、福州供电局等单位对 10 余台 220kV、240MVA，500kV、360MVA 及 500kV、770MVA 变压器的测量证明，该仪器性能稳定、数据可靠、测量速度快，能满足现场测试要求，并可大大提高工作效率，减少试验人员的劳动强度。例如，测试 500kV、770MVA 的三相五柱、低压侧绕组为三角形接线的变压器的三相直流电阻仅需 40min，对于 220kV、240MVA 的变压器，其直流电阻的测量时间仅为 30min。该仪器的主要技术参数如表 12-46 所示。

表 12-46　　3381 变压器直流电阻测试仪的主要技术参数

稳流电流/A		量程		分辨率/μΩ	准确度	外形尺寸/(mm×mm×mm)	重量/kg	电源电压/V	功率/W	使用时环境温度/℃
		5A	10A							
5	10	1mΩ～4Ω	1mΩ～1Ω	1	0.2 级	400×400×188	25	220(AC)	400	25

（二）PS-Ⅱ感性负载低电阻快速测量微欧计

这种微欧计是由北京三晶科技产品制作厂生产的一种直流电阻测试仪，该仪器具有自稳系统和自动消弧保护电路，除了具备测量各种低电阻的功能外，还能补偿大电感设备的电流惯性，高速建立测量电流，使测试时间大大缩短。据报道，是目前国内测量电力变压器绕组等大电感设备直流电阻速度最快的仪器。其主要特点及功能如表 12 - 47 所示。

表 12 - 47　　主要特点及功能

特　点	功　　能	备　　注
测量速度快	120MVA、220kV 变压器：15～30s 250MVA、500kV 变压器：1～3min	适用于大型电网的发电厂、变电站、铁路、煤矿、金属冶炼、机场等场所的变压器、电机的快速检测
分辨率高	最小挡可测量微欧级接触电阻	适用于高低压开关、电线电缆电磁线厂家
抗干扰能力强	在严重干扰环境下，最后一字能稳到±1 字	适用于发电厂、变电所、电机制造车间及电解车间等强干扰环境
数显准确直观	$4\frac{1}{2}$位显示，直观准确无误	测量范围为 2μΩ～19.999Ω
消弧安全可靠	换相摘除卡具无弧、无火，有消弧指示灯显示	有载调压变压器分接头倒头可连续测量，效率高
卡具通用、安全方便	适用于各种尺寸的接线柱、板	仅用 2 只专用卡具，可实现四线制
交直流两用	电源为 AC220V、30W，测试电流不大于 1A，可配 DC12V 便携电源，使用方便	可适合野外作业检测，体积为 230mm×210mm×90mm，重为 2.5kg

北京变压器厂、沈阳变压器厂、北京石景山发电厂等 200 多个单位曾使用该仪器进行测试，表 12 - 48、表 12 - 49、表 12 - 50 列出了部分测试结果。

表 12 - 48　　SCL - 630/10 型树脂浇注干式电力变压器直流电阻的测试结果

测试仪器		高压绕组电阻/Ω			低压绕组电阻/Ω		
		AB	BC	CA	ab	bc	ca
QJ - 19		1.1428	1.1429	1.1440	0.001550	0.001551	0.001560
PS - Ⅱ	1 次	1.1420	1.1418	1.1435	0.001541	0.001541	0.001549
	2 次	1.1420	1.1419	1.1436	0.001541	0.001541	0.001548
	时间/s	10	9.5	10	5	5	5

表 12 - 49　　OSFPS7 - 120MVA、220/121/10.5kV 变压器直流电阻的测量结果

项　目	倍　率	高压绕组/Ω	中压绕组/Ω	低压绕组/Ω			
				倍　率	ab	bc	ca
原始值	—	0.3551	0.4005		0.005090	0.005097	0.005099
PS - Ⅱ	$\times10^{-4}$	0.3552	0.4007	$\times10^{-6}$	0.005093	0.005099	0.005101
测试时间/s	—	27	30		15	14	30

表 12-50　　SFPSO-240MVA、242/121/10.5kV 变压器直流电阻测量结果

测量日期/(年.月.日)	测量仪器	高压绕组直流电阻/Ω					中压绕组直流电阻/Ω				环境温度/℃	油温/℃
		AX	BY	CZ	误差/%	测量时间	A_mX	B_mY	C_mZ	误差/%		
1991.1.11	PS-Ⅱ	0.2659	0.2661	0.2661	0.075	15s	0.11558	0.11556	0.11545	0.11	−2.5	−2.5
1989.12.27	日本 4422 电桥	0.28572	0.28592	0.28623	0.18	>40min	0.12367	0.12357	0.12343	0.19	−3	15

注　日本 4422 电桥测量高压、中压绕组各档共用时间 4h，而 PS-Ⅱ仅用 7min，平均每相 15s。

为适应三相五柱式电力变压器以及三角形连接的电力变压器直流电阻测量的需要，该厂还研制了 PS-Ⅱ型感性负载低电阻快速测量仪。

六、判据

根据《规程》规定，变压器绕组直流电阻测量结果的判据如下：

(1) 1.6MVA 以上的电力变压器，各相绕组电阻相互间的差别不应大于三相平均值的 2%，无中性点引出的绕组，线间差别不应大于三相平均值的 1%。

(2) 1.6MVA 及以下的电力变压器，相间差别不应大于三相平均值的 4%，线间差别不应大于三相平均值的 2%。

(3) 与以前相同部位测得值比较，其变化不应大于 2%。

(4) 单相变压器在相同温度下与历次测量结果相比应无显著变化。

不同温度下的电阻值应按下式换算：

$$R_2=R_1\left(\frac{T+t_2}{T+t_1}\right)$$

式中　R_1、R_2——在温度 t_1、t_2 时的电阻值；

T——电阻温度常数，铜导线取 235，铝导线取 225。

七、注意事项

(1) 如电阻相间差在出厂时超过规定，制造厂已说明了这种偏差的原因，其变化不应大于 2%。

(2) 有载分接开关宜在所有分接处测量，无载分接开关在运行分接锁定后测量。

(3) 封闭式电缆出线或 GIS 侧绕组可不进行定期试验。

八、实例分析

例如，华北某供电局变电所的一台 50MVA 的电力变压器，在测量 110kV 侧分接头 2 的直流电阻时，三相电阻不平衡系数为 4.4%，超过《规程》规定的 2%，实测数据如表 12-51 所示。

表 12-51 分接头 2 的直流电阻

温度 /℃	R_{A0} /Ω	R_{B0} /Ω	R_{C0} /Ω	不平衡系数 /%
13	0.514	0.537	0.517	4.4

注 不平衡系数$=(R_{max}-R_{min})/(R_{A0}+R_{B0}+K_{C0})/3\times100\%$。

经过多次转换分接开关再进行测量，直流电阻不平衡系数仍大于《规程》规定。当进行色谱分析时，却未发现异常。为了弄清不平衡系数超标的原因，决定将变压器油放掉，再测量直流电阻，测量结果如表 12-52 所示。

表 12-52 放油后的测量结果

整体测量	R_{A0} /Ω	R_{B0} /Ω	R_{C0} /Ω	不平衡系数 /%	温度 /℃
分接头 2	0.504	0.529	0.508	5	11

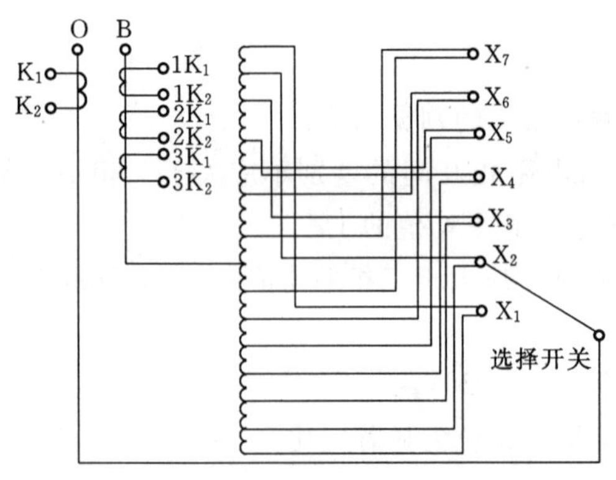

图 12-25 B相绕组及分接开关连接图

由表 12-52 可见，分接 2 仍存在问题。由于对分接头 1、3 曾作过测量，均合格，这说明变压器绕组的公用段没有问题。接着又进行分段查找，如图 12-25 所示。分别测量选择开关动静触头间，以及静触头到 110kV 出线套管间的直流电阻，测量结果列于表 12-53 中。

由表 12-53 数据可知，B 相可能有问题，而且发生在动静触头之间。为进一步查找产生上述现象的原因，将 B 相分接头 2 的静触头紧固螺丝紧了半圈后，再进行测量，测量结果，如表 12-54 所示。

表 12-53 动静触头间及静触头至套管间的直流电阻

测量位置	A /Ω	B /Ω	C /Ω	温度 /℃
动静触头间	0.00266	0.0046	0.00265	18
套管至 X_1	0.514	0.515	0.517	18
套管至 X_2	0.502	0.502	0.503	18

表 12-54 分接头 2 的直流电阻

状态	R_{A0} /Ω	R_{B0} /Ω	R_{C0} /Ω	温度 /℃
分接头 2 紧半圈后	0.506	0.506	0.507	18
由 1 调至 2	0.505	0.506	未测	18
由 7 调至 2	0.506	0.526	未测	18
由 1 调至 2	0.506	0.506	未测	18
由 2 调至 7,再由 7 调至 2	0.506	0.506	未测	18
调动数次后	0.507	0.509	未测	18

由表 12－54 中数据可知，变压器绕组不平衡系数超标是由于 B 相动静触头之间接触不良造成的。

又如，华东某电厂主变压器型号为 SFPSL－63000/121/38.5/6.3，其色谱分析异常，但直流电阻不平衡系数仍小于 2%，如表 12－55 所示。

表 12－55　　110kV 三相绕组的直流电阻

相	分接开关位置				
	Ⅰ	Ⅱ	Ⅲ	Ⅳ	Ⅴ
AO/Ω	0.4255	0.4160	0.4060	0.3960	0.3860
BO/Ω	0.4210	0.4110	0.4010	0.3912	0.3816
CO/Ω	0.4215	0.4120	0.4022	0.3924	0.3826
不平衡系数/%	1.06	1.21	1.24	1.22	1.15

然而，最后吊罩发现，A 相绕组 15×3mm 的三根铝导线的焊接头一根完全虚焊，另一根也只有一半烧透。说明焊接头确有问题，但通过测量直流电阻未检查出来，这就要求试验人员要重视相间测量的横向比较以及与历年测量结果的纵向比较，或采取其他方法（如色谱分析等）进行诊断。

本例中在分接开关处于不同位置时，A 相结果均偏大，可以说明 A 相绕组有问题，遇到这种情况，要抓住捕捉故障的机遇，认真分析。

第六节　测量绕组连同套管的绝缘电阻及吸收比或极化指数

测量绕组连同套管一起的绝缘电阻及吸收比或极化指数，对检查变压器整体的绝缘状况具有较高的灵敏度，能有效地检查出变压器绝缘整体受潮、部件表面受潮或脏污以及贯穿性的集中缺陷。例如，各种贯穿性短路、瓷件破裂、引线接壳、器身内有铜线搭桥等现象引起的半贯通性或金属性短路等。经验表明，变压器绝缘在干燥前后绝缘电阻的变化倍数比介质损耗因数值变化倍数大得多。例如某台 7500kVA 的变压器，干燥前后介质损耗因数值变化 2.5 倍，而绝缘电阻值却变化 40 多倍。

一、《规程》要求

1. 周期

（1）A、B 级检修后。

（2）≥330kV：≤3 年。

（3）≤220kV：≤6 年。

（4）必要时。

2. 判据

（1）绝缘电阻换算至同一温度下，与前一次测试结果相比应无显著变化，不宜低于上次值的 70%或不低于 10000MΩ。

(2) 电压等级为35kV及以上且容量在4000kVA及以上时，应测量吸收比。吸收比与产品出厂值比较无明显差别，在常温下不应小于1.3；当$R_{60}>3000\text{M}\Omega$（20℃）时，吸收比可不做要求。

(3) 电压等级为220kV及以上或容量为120MVA及以上时，宜用5000V绝缘电阻表测量极化指数。测得值与产品出厂值比较无明显差别，在常温下不应小于1.5；当$R_{60}>10000\text{M}\Omega$（20℃）时，极化指数可不作要求。

3. 方法及注意事项

(1) 使用2500V或5000V绝缘电阻表，对220kV及以上变压器，绝缘电阻表容量一般要求输出电流不小于3mA。

(2) 测量前被试绕组应充分放电。

(3) 测量温度以顶层油温为准，各次测量时的温度应尽量接近。

(4) 尽量在油温低于50℃时测量，不同温度下的绝缘电阻值按下式换算：

换算系数 $A=1.5^{K/10}$

当实测温度为20℃以上时，可按

$$R_{20}=AR_t$$

当实测温度为20℃以下时，可按

$$R_{20}=R_t/A$$

式中 K——实测温度值减去20℃的绝对值；

R_{20}、R_t——校正到20℃时、测量温度下的绝缘电阻值。

(5) 吸收比和极化指数不进行温度换算。

(6) 封闭式电缆出线或GIS出线的变压器，电缆、GIS侧绕组可在中性点测量。

二、测量顺序、部位及使用的仪表

测量绕组绝缘电阻时，应依次测量各绕组对地和其他绕组间绝缘电阻值。被测绕组各引线端应短路，其余各非被测绕组都短路接地。测量的顺序和具体部位如表12-56所示。

表12-56　测量顺序和具体部位

顺序	双绕组变压器		三绕组变压器	
	被测绕组	接地部位	被测绕组	接地部位
1	低压	外壳及高压	低压	外壳、高压及中压
2	高压	外壳及低压	中压	外壳、高压及低压
3	—	—	高压	外壳、中压及低压
4	（高压及低压）	（外壳）	（高压及中压）	（外壳及低压）
5	—	—	（高压、中压及低压）	（外壳）

注 1. 如果指针已超过指示量程，应记录为（量限）$^+$，例如10000^+，而不应记为∞。
2. 表中顺序号为4和5的项目，只对15000kVA及以上的变压器进行测定。
3. 括号内的部位必要时才做。

应当指出，国内在预防性试验中测量绝缘电阻时，所用的接线方式也不完全一致，所以《规程》规定非被试绕组接地。在国外，如美国、英国、德国及波兰等地都采用上述方

式，苏联自1962年就采用了上述方式。

测量绝缘电阻时，采用空闲绕组接地的方式，其主要优点是可以测出被测部分对接地部分和不同电压部分间的绝缘状态，且能避免各绕组中剩余电荷造成的测量误差。实测表明，测量绝缘电阻时，非被测绕组接地比接屏蔽时其测量值普遍低一些。

为避免绕组上残余电荷导致偏大的测量误差，测量前应将被测绕组与油箱短路接地，其放电时间应不少于2min。测量刚停止运行的变压器的各项指标时，为使油温与绕组温度趋于相同，应在变压器自电网断开30min后，再进行绝缘电阻等的测定，并以变压器上层油温作为绝缘温度。对于新投入或大修后的变压器，应在充满合格油并静止一定时间，待气泡消除后，方可进行试验。为说明静置时间的影响，表12-57、表12-58和表12-59分别列出了一台SF-SL_1-25000/110型电力变压器交接前及充油循环后静置不同时间的测量结果。

表12-57　　交接前绝缘电阻与介质损失角正切值

测试位置	绝缘电阻 /MΩ			tanδ/%(试验电压为10kV)	
	室温为10℃			油温为15℃	
	R_{15s}	R_{60s}	吸收比	tanδ	换算至20℃
高压—中低压及地	∞	∞		0.2	0.25
中压—高低压及地	10000^+	10000^+		0.2	0.25
低压—高中压及地	5000	10000	2	0.2	0.25

表12-58　　充油循环7.5h的绝缘电阻与介质损失角正切值

测试位置	绝缘电阻 /MΩ			tanδ(试验电压10kV)	
	室温为13℃			油温为50℃	
	R_{15s}	R_{60s}	吸收比	tanδ	换算至20℃
高压—中低压及地	600	700	1.16	2.1	0.78
中压—高低压及地	300	350	1.16	3.2	1.18
低压—高中压及地	250	300	1.20	3.1	1.15

表12-59　　充油循环停止34h的绝缘电阻与吸收比

测试位置	绝缘电阻 /MΩ		吸收比
	R_{15s}	R_{60s}	
高压—中低压及地	5000	7500	1.5
中压—高低压及地	∞	∞	
低压—高中压及地	7000	10000	1.43

由此可见，表12-59与表12-57结果相似，它反映了变压器的真实情况。所以在进行变压器绝缘电阻测量时，不仅要正确掌握各种测试方法和仪器，严格执行《规程》，而

且要待其充油循环静置一定时间等气泡逸出后，再测量绝缘电阻。通常，对8000kVA及以上的较大型电力变压器；需静置20h以上，对3～10kVA的小容量电力变压器，需静置5h以上。

测量绝缘电阻时，对额定电压为1000V以上的绕组，用2500V兆欧表测量，其量程一般不低于10000MΩ；对额定电压为1000V以下的绕组，用1000V或2500V兆欧表测量。

三、综合判断

绝缘电阻在一定程度上能反映绕组的绝缘情况，但是它受绝缘结构、运行方式、环境和设备温度、绝缘油的油质状况及测量误差等因素的影响很大，有统计资料表明，由西安电炉变压器厂和沈阳变压器有限责任公司分别制造的同一电压等级、同样容量、同一规格的电力变压器，其绝缘电阻值有时相差甚大。因此，很难规定一个统一的判断标准，而往往强调综合判断、相互比较。《规程》规定，绝缘电阻换算至同一温度下，与前一次测试结果相比应无明显变化。为便于综合判断和相互比较，参考有关资料提出下列数据供参考。

（1）在安装时，绝缘电阻值（R_{60s}）不应低于出厂试验时绝缘电阻测量值的70%。

（2）在预防性试验时，绝缘电阻值（R_{60s}）不应低于安装或大修后投入运行前的测量值的50%。对500kV变压器，在相同温度下，其绝缘电阻不小于出厂值的70%，20℃时最低阻值不得小于2000MΩ。

（3）当无原始资料可查时，可参考表12-60所列的数据。

表12-60　　油浸式电力变压器绕组绝缘电阻的允许值　　单位：MΩ

高压绕组电压等级/kV \ 温度/℃	10	20	30	40	50	60	70	80
3～10	450	300	200	130	90	60	40	25
20～35	600	400	270	180	120	80	50	35
60～220	1200	800	540	360	240	160	100	70

注　1. 同一变压器的中压和低压绕组的绝缘电阻标准与高压绕组相同。

2. 高压绕组的额定电压为13.8kV和15.7kV的按3～10kV级标准对待，额定电压为18kV、44kV的按20～35kV级标准对待。

由上述可知，温度对绝缘电阻有很大的影响，当温度增加时，绝缘电阻值将按指数规律下降，为便于比较各次测量所得的数据，最好能在相近的温度（《规程》推荐尽量在油温低于50℃）下进行测量，测量温度应以顶层温度为准，当测量温度不同时，应对测量结果进行修正。温度换算系数K如表12-61所示。

表12-61　　油浸式电力变压器绝缘电阻的温度换算系数

温度差/℃	5	10	15	20	25	30	35	40	45	50	55	60
换算系数	1.2	1.5	1.8	2.3	2.8	3.4	4.1	5.1	6.2	7.5	9.2	11.2

例如，某台35kV、7500kVA的变压器出厂试验时，在温度为42℃时测量得R_{60s}=510MΩ，安装时，测量是在温度为27℃下进行的，测得R_{60s}=850MΩ。试判定其绝缘电阻是否合格？

（1）温度差=42－27=15（℃）；

（2）由表12-57可查出$K=1.8$；

（3）出厂时的绝缘电阻值换算到27℃时的值为

$$R_{60s}=510\times1.8=918\ (\text{M}\Omega)$$

（4）安装时所测得的绝缘电阻值应不低于918MΩ的70%，即

$$918\times70\%=642.6\ (\text{M}\Omega)$$

因850MΩ>642.6MΩ，故绝缘电阻合格。

顺便指出，在换算过程中，当温度差不等于5℃、10℃等时，可用插入法先求出实际温度差下的温度换算系数，然后再进行换算。

通过比较测量结果发现某一绕组绝缘电阻低于允许值或降低得比较多时，可利用兆欧表屏蔽法检出变压器绝缘低劣的部位。例如，某主变压器在安装时及事故后的绝缘电阻值如表12-62所示。从表中所列数据可以看出，中压绕组和低压绕组在事故后的数值与安装时是相近的，但高压绕组对中压、低压绕组及外壳的绝缘电阻就显著降低了。采用屏蔽法可具体判断出是高压对中压还是高压对低压或是高压对地的绝缘性能降低。采用屏蔽法的接线图如图12-26所示，由图可见，高压绕组加压，中压与低压绕组屏蔽，外壳接地。这时绝缘电阻R_{12}、R_{13}中没有电流流过，相当于这些绝缘电阻值为∞。而在R_{20}、R_{30}中虽有电流流过，但这些电流并不经过电流测量线圈，换言之，测量线圈中流过的电流仅反映绝缘电阻R_{10}数值的电流。同理可以测出R_{13}、R_{12}。各种测量接线及其测量结果列在表12-63中，由表12-63可见：

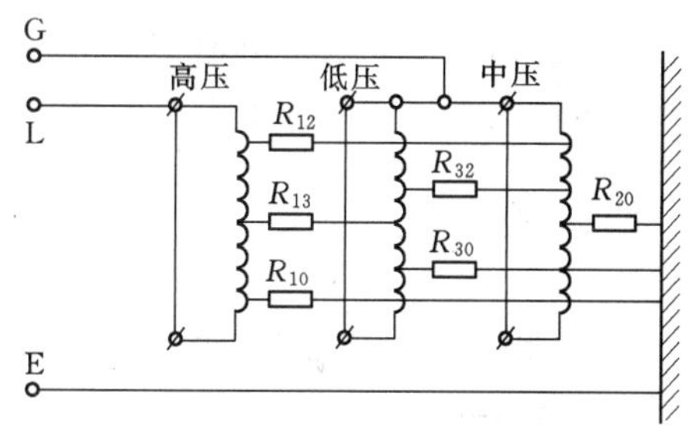

图12-26 绝缘电阻表采用屏蔽法时的接线图

（1）高压绕组对外壳的绝缘电阻最低，仅有540MΩ，吸收比也不满足要求，而中压、低压绕组的绝缘电阻较高，吸收比也满足要求。经过进入箱内检查，确实是高压绕组对铁芯的绝缘最差。

表12-62 某主变安装时及事故后的绝缘电阻值

测量参数 \ 测量接线	安装时			事故后		
	高压—中压、低压及地	中压—高压、低压及地	低压—高压、中压及地	高压—中压、低压及地	中压—高压、低压及地	低压—高压、中压及地
R_{15s}/MΩ	1500	800	700	300	230	240
R_{60s}/MΩ	2000	1100	1000	480	920	1100
R_{60s}/R_{15s}	1.53	1.37	1.42	1.6	4.0	4.58
上层油温/℃	29			20		

表 12-63　　屏蔽法测量结果

测量参数及接线 测量部位	绝缘电阻			兆欧表端子连接方式		
	R_{15s} /MΩ	R_{60s} /MΩ	R_{60s}/R_{15s}	L	E	G
高压—低压(R_{13})	800	3500	4.37	高压绕组	低压绕组	中压绕组及外壳
高压—外壳(R_{10})	490	540	1.1	高压绕组	外壳	中压及低压绕组
高压—中压(R_{12})	5000	10000	2.0	高压绕组	中压绕组	低压绕组及外壳

(2) 由表中所列的数据 R_{10}、R_{12}、R_{13} 进行计算得

$$R_P=\frac{1}{\dfrac{1}{R_{10}}+\dfrac{1}{R_{12}}+\dfrac{1}{R_{13}}}=\frac{1}{\dfrac{1}{540}+\dfrac{1}{10000}+\dfrac{1}{3500}}=446\ (\mathrm{M\Omega})$$

与表 12-7 中所列的 480MΩ 非常接近，说明符合实际。

测量 220kV 及以上变压器穿芯 34 螺栓、铁轭夹件、绑扎钢带、铁芯、线圈压环及屏蔽等的绝缘电阻时，其值一般不低于 500MΩ；110kV 以及下者，不宜低于 100MΩ。

测量测温装置、气体继电器及二次回路的绝缘电阻时，其值一般不低于 1MΩ。

四、吸收比

1. 吸收比测量中的矛盾现象及其分析

测量变压器绕组的吸收比，曾对判断绕组绝缘是否受潮起到一定的作用。但是近几年来，随着电力变压器电压的提高、容量的增大，在吸收比的测量中遇到下列一些矛盾：

(1) 出现绝缘电阻高、吸收比反而不合格的极不合理现象。表 12-64 和图 12-27 示出了 9 台电力变压器的实测数据。其中 4 号和 3 号变压器的绝缘电阻相当高，吸收比却始终不合格，再经过加热升温也不能达到 1.5。对 8 号变压器，做了两次测量，一次吸收比为 1.42，R_{60s} 为 1700MΩ；另一次吸收比为 2.69，R_{60s} 为 700MΩ。要是单纯从吸收比来讲，后者数值高，质量比前者更好，但实际情况却相反。绝缘电阻为 700MΩ 时是由于注入了一种绝缘电阻偏低的变压器油而引起的，当换入另一种绝缘电阻较好的变压器油时，总的绝缘电阻上升到 1700MΩ，吸收比数值却不合格，显然是一种极不合理的现象。

表 12-64　　9 台电力变压器的绝缘电阻、吸收比和极化指数的测量值

序号		1	2	3	4	5		6	7	8		9
变压器容量/MVA		20	31.5	16	31.5	120		240	167	360		20
绕组电压/kV		110	110	10	110	220		500	500	220		35
温度/℃		6	6	6	9	14	39	常温	17.5	31	33	25
绝缘电阻 R/MΩ	15s	3500	4800	7000	15000	4700	1600	1300	3200	1200	260	1000
	60s	4700	7000	8000	17000	6000	2600	1700	3600	1700	700	1100
	2min	5800	8500	10000	18000	7600	3700	2000	4500	2250	1200	1160

续表

序　　号		1	2	3	4	5		6	7	8		9
绝缘电阻 $R/\mathrm{M\Omega}$	3min	7000	10000	12000	19000	9000	4300	2500	5500	2800	1620	1190
	4min	7500	11000	14000	20000	11000	4800	2600	6000	3885	2000	1210
	5min	8000	12300	15000	20500	12000	5100	2900	6500	3900	2300	1220
	6min	8800	13500	16000	21000	13000	5500	3000	7000	4300	2620	1225
	7min	9500	13800	18000	22000	14500	5600	—	7500	4650	2840	1227
	8min	10000	14500	20000	23000	15500	6000	3300	8000	4900	3040	1228
	9min	10500	15000	21000	24000	16500	6300	—	8500	5100	3200	1228
	10min	10700	15300	23000	25000	17000	6700	3800	9000	5300	3300	1228
吸收比 K		1.34	1.46	1.14	1.13	1.28	1.63	1.31	1.13	1.42	2.69	1.10
极化指数 P_1		2.28	2.19	2.88	1.47	2.83	2.58	2.24	2.50	3.12	4.71	1.12

(2) 对于一般工厂新生产的变压器，当吸收比偏低时而多数绝缘电阻值却比较高。

(3) 运行中有的变压器，吸收比低于1.3，但一直安全运行，未曾发生过问题。例如，据西北地区统计，对于正常运行的72台变压器的905次测量结果，其中吸收比小于1.3的占测量总数的13.9%。安徽、浙江等省对110kV及以上的275台变压器历年统计结果，吸收比小于1.3者占7.8%。

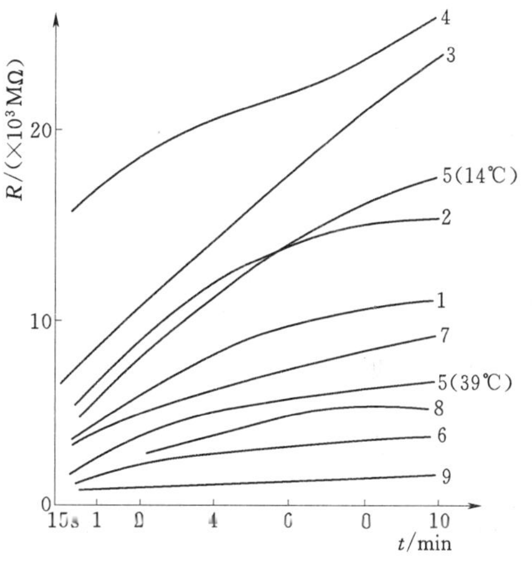

图12-27　9台电力变压器绝缘电阻的变化曲线

这些现象究竟是何原因造成的，有各种各样的分析，一时难以统一。但有的看法是共同的，认为吸收比不是一个单纯的特征数据，而是一个易变动的测量值，换言之，吸收比反映绝缘缺陷有不确定性，分析如下。

因为变压器主绝缘系隔板结构，由纸板和油隙组成，其示意图如图12-28所示。

由于 $d\gg c$、$b\gg a$，所以可以忽略纸撑条和纸垫块的电容。变压器主绝缘可近似由图12-29所示的等值电路来表示。

在直流电压作用下，吸收电流为

$$i=A_0+A\mathrm{e}^{-t/\tau} \tag{12-4}$$

绝缘电阻为

$$R(t)=\frac{R}{1+G\mathrm{e}^{-t/\tau}} \tag{12-5}$$

式(12-5)中绝缘电阻稳定值为

$$R=\frac{R_1(R_P+R_0)}{R_1+R_P+R_0} \tag{12-6}$$

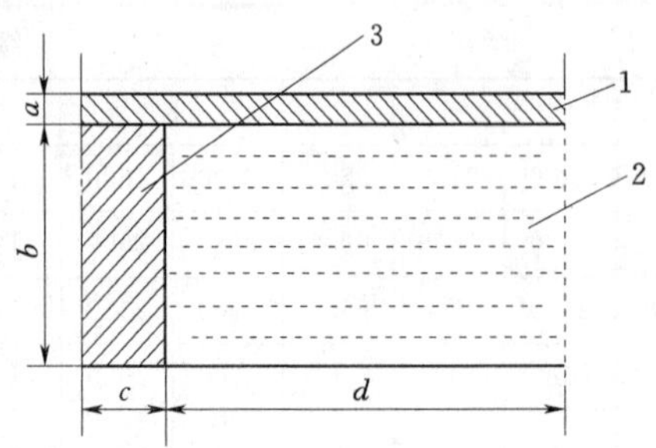

图 12-28 变压器主绝缘示意图

1—纸板；2—油隙；3—纸撑

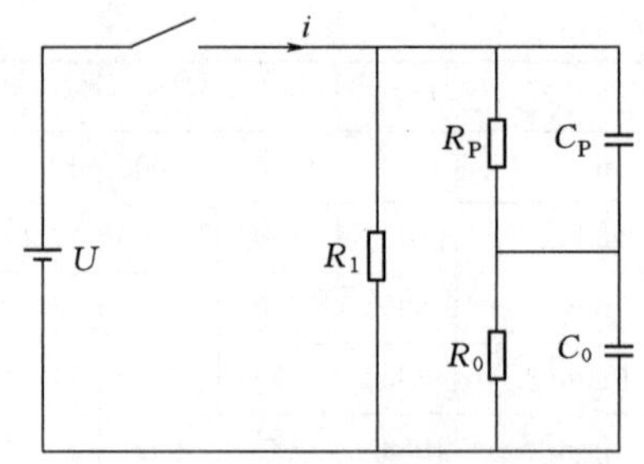

图 12-29 变压器主绝缘的等值电路

R_P、C_P—纸板的等值绝缘电阻和电容量；R_0、C_0—油层的等值绝缘电阻和电容量；R_1—纸撑条和纸垫块的等值绝缘电阻

吸收系数

$$G=\frac{R_1}{R_1+R_P+R_0}\frac{(R_PC_P-R_0C_0)^2}{R_PR_0(C_P+C_0)^2} \tag{12-7}$$

吸收时间常数

$$T=\frac{R_PR_0}{R_P+R_0}(C_P+C_0) \tag{12-8}$$

显然 $G=A/A_0$；$R=U/A_0$。

式（12-5）表达了绝缘电阻 $R(t)$ 随时间增加而增大的吸收过程。也是分析绝缘电阻和吸收比反映绝缘缺陷不确定性的基础。

由式（12-5）得

$$R_{60}=\frac{R}{1+Ge^{-60/T}}$$

可见 R_{60} 正比于稳定值 R，能反映变压器油纸串联的绝缘情况。然而，R_{60} 还取决于吸收参数 G 和 T，这就给判断绝缘状况优劣带来复杂性。

吸收比

$$K=\frac{R_{60}}{R_{15}}=\frac{1+Ge^{-15/T}}{1+Ge^{-60/T}} \tag{12-9}$$

由式（12-9）看出，G 增加导致 K 增加，如图 12-30 所示。

吸收系数 G 主要取决于介质的不均匀程度（$R_PC_P\neq R_0C_0$）。由式（12-7）可知，当 $(R_PC_P-R_0C_0)^2$ 较大时，G 值增大；反之，当 $R_PC_P\approx R_0C_0$ 时，即两层介质均良好或均很差时，G 值较小，均使吸收比下降，这也给判断绝缘优劣带来复杂性。

此外，式（12-9）还表明，在固定的吸收系数 G 值情况下，某一吸收时间常数 $T=T_0$ 时，吸收比 K 取得最大值 K_m，如图 12-31 所示。

当 $T>T_0$ 时，T 增加导致 K 下降；$T<T_0$ 时，T 减小导致 K 也下降。

由式（12-8）知，吸收时间常数 T 与 $R_PR_0/(R_P+R_0)$ 成正比，双层介质两层或其中一层介质劣化时，$R_PR_0/(R_P+R_0)$ 小，T 小导致 K 小；但两层介质均良好时，$R_PR_0/(R_P+R_0)$ 大，T 大（$T>T_0$），K 也小。

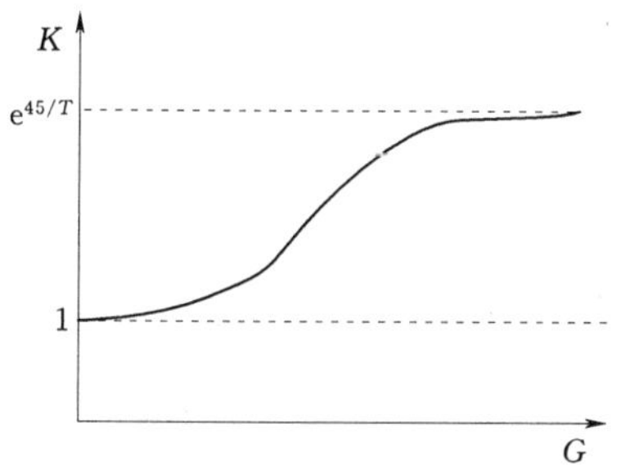

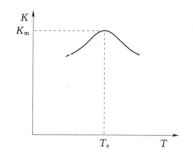

图 12-30　吸收比与吸收系数的关系

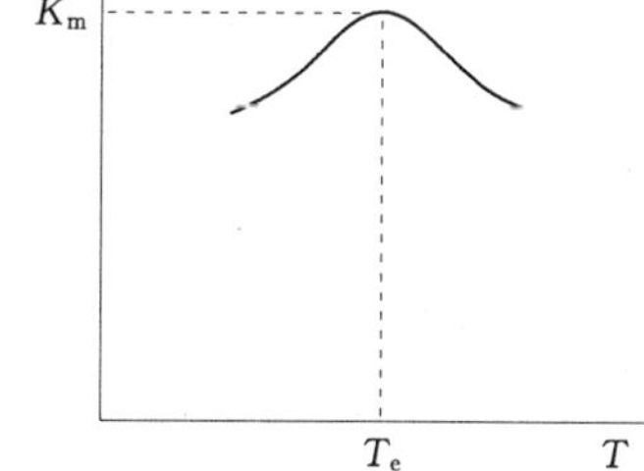

图 12-31　吸收比与时间常数的关系

综上所述，变压器绝缘不良时，吸收比 K 较小；但 K 小，也可能是绝缘良好的表现，从而给判断绝缘优劣常带来复杂性，出现反映绝缘缺陷的不确定性。

2. 吸收比的特点

虽然吸收比反映绝缘缺陷具有不确定性，但是根据测试实践总结起来还是有其特点的：

（1）吸收比有随着变压器绕组的绝缘电阻值升高而减小的趋势。研究者统计了 46 台某一规格的 110kV 大型电力变压器和 67 台 35～110kV 的大容量变压器，得出的回归直线图如图 12-32 和图 12-33 所示。由图 12-32 可以看出，绝缘电阻值每上升 1MΩ，K 值下降约 0.11。

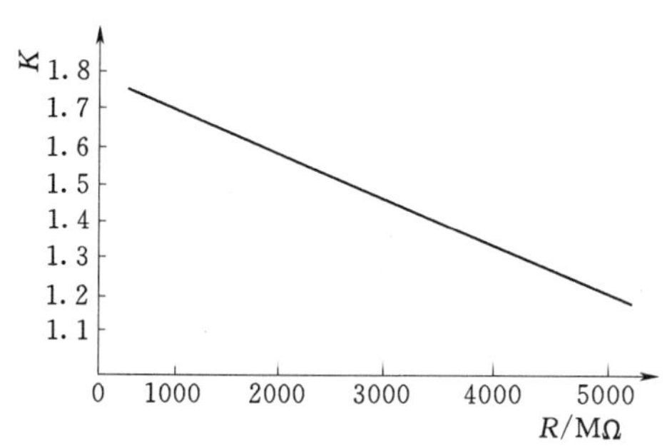

图 12-32　46 台某一规格 110kV 变压器吸收比与绝缘电阻关系的回归直线图

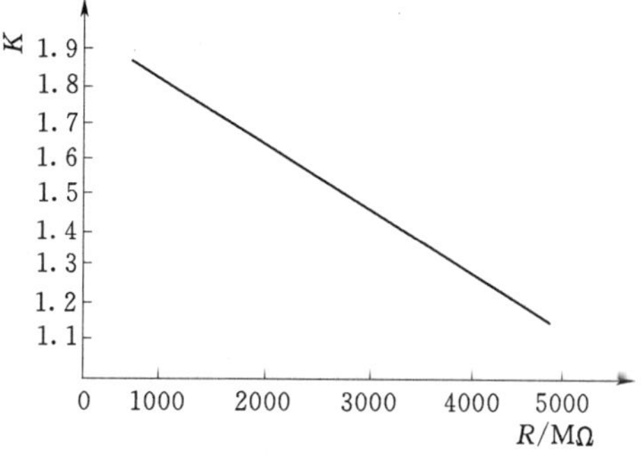

图 12-33　67 台 35～110kV 变压器吸收比与绝缘电阻关系的回归直线图

（2）绝缘正常情况下，吸收比有随温度升高而增大的趋势。某 120MVA、220kV 变压器吸收比和温度的关系，某进口的 167MVA、500kV 和某 3.15MVA、110kV 变压器高压绕组吸收比和温度的关系如图 12-34 所示，它们的吸收比均随温度升高而增大。

（3）绝缘有局部问题时，吸收比会随温度上升而呈下降的趋势。在实际测量中也发现有一些变压器的吸收比随着温度上升反而呈现下降的趋势，其中有一部分变压器绝缘电阻在合格范围内。研究者对此进行了分析，认为当变压器纸绝缘含水量很小（0.3%），油的 $\tan\delta$ 稍大（0.08%～0.52%）时，吸收比的数值会随温度上升而下降，这时的绝缘状况，也仍为合格的；当变压器纸绝缘含水量愈大时，其绝缘状况愈差，绝缘电阻的温度系数愈大，此时的吸收比数值较低，且随温度上升而下降。

有的研究者认为，由于干燥工艺的提高，油纸绝缘材质的改善，变压器的大型化，吸收过程明显变长，出现绝缘电阻提高、吸收比小于1.3而绝缘并非受潮的情况是可以理解的。因此，当绝缘电阻高于一定值时，可以适当放松对吸收比的要求。

究竟绝缘电阻高到什么程度，吸收比可作何种要求，研究者根据所积累的资料认为，从经验上说，当温度为10℃，110kV、220kV变压器的绝缘电阻（R_{60s}）大于3000MΩ时，可以认为其绝缘没有受潮，吸收比可以不作为考核要求。另一个判别受潮与否的经验数据是绝缘受潮的变压器的R_{60s}与R_{15s}之差通常在数十兆欧以下，最大不会超过200MΩ。

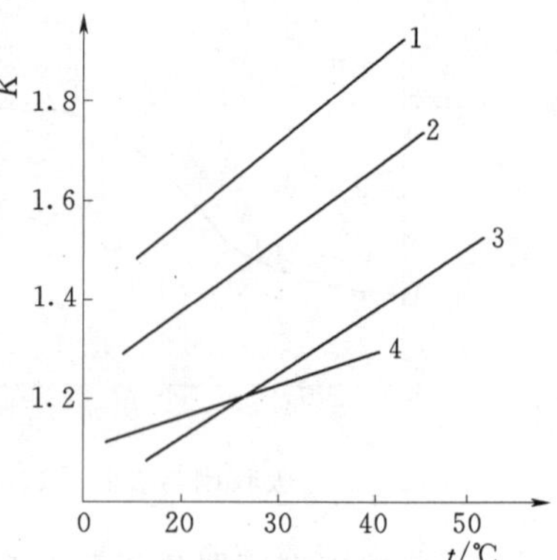

图12－34 3台变压器吸收比与温度的关系

1—低压；2—高压（220kV、120MVA）；3—高压（500kV、167MVA）；4—高压（110kV、31.5MVA）

五、极化指数

基于上述原因，若仍然按传统的吸收比来判断超高压、大容量变压器的绝缘状况，已不能有效地加以判断。因此，在《规程》中规定采用吸收比或（和）极化指数来判断大型变压器的绝缘状况。极化指数的测量值不低于1.5。

应当指出，吸收比与温度是有关的，对于十分良好的绝缘，温度升高，吸收比增大对于油或纸绝缘不良时，温度升高，吸收比减小。若知道不同温度下的吸收比，则就可以对变压器绕组的绝缘状况进行初步分析，而不需要进行温度换算。

对于极化指数而言，绝缘良好时，温度升高，其值变化不大，例如某台167MVA、500kV的单相电力变压器，其吸收比随温度升高而增大，在不同温度时的极化指数分别为2.5（17.5℃）、2.65（30.5℃）、2.97（40℃）和2.54（50℃）；另一台360MVA、220kV的电力变压器，其吸收比随温度升高而增大，而在不同温度下的极化指数分别为3.18（14℃）、3.11（31℃）、3.28（38℃）和2.19（47.59℃）。它们的变化都不显著，也无规律可循。

鉴于上述，在《规程》中规定，吸收比和极化指数不进行温度换算。

第七节 穿芯螺栓、铁轭夹件、绑扎钢带、铁芯、绕组压环及屏蔽等的绝缘电阻

测量铁芯、夹件、穿芯螺栓等部件的绝缘电阻能更有效地检出相应部件绝缘的缺陷或故障，这主要是因为这些部件的绝缘结构比较简单，绝缘介质单一，正常情况下基本不承受电压，其绝缘更多的是起“隔电”作用，而不像绕组绝缘那样承受高电压。

一、铁芯及夹件绝缘电阻

1. 周期

（1）A、B级检修后。

（2）≥330kV：≤3年。

（3）≤220kV：≤6年。

(4) 必要时。

2. 判据

(1) 66kV 及以上：不宜低于 100MΩ。

(2) 35kV 及以下：不宜低于 10MΩ。

(3) 与以前测试结果相比无显著差别。

(4) 运行中铁芯接地电流不宜大于 0.1A。

(5) 远行中夹件接地电流不宜大于 0.3A。

3. 方法及注意事项

(1) 采用 2500V 绝缘电阻表。

(2) 只对有外引接地线的铁芯、夹件进行测量。

二、穿芯螺栓、铁轭夹件、绑扎钢带、铁芯、绕组压环及屏蔽等的绝缘电阻

1. 周期

A、B 级检修时。

2. 判据

220kV 及以上：不宜低于 500MΩ，110kV 及以下：不宜低于 100MΩ。

3. 方法及说明

(1) 用 2500V 绝缘电阻表。

(2) 连接片不能拆开可不进行。

第八节　绕组连同套管的介质损耗因数及电容量

我国的试验实践表明，测量介质损耗因数值 $\tan\delta$，是判断 31.5MVA 以下变压器绝缘状态的一种比较有效的手段，多年来一直是变压器绝缘预防性试验项目之一。主要用来检查变压器整体受潮、油质劣化、绕组上附着油泥及严重的局部缺陷等。介质损耗因数测量结果常受表面泄漏和外界条件（如干扰电场和大气条件）的影响，应采取措施减少和消除这种影响。测量介质损耗因数值是指测量连同套管一起的 $\tan\delta$，但是为了提高测量的准确性和检出缺陷的灵敏度，必要时可进行分解试验，以判明缺陷所在位置。近几年来，由于我国变压器单台容量的增大，测量 $\tan\delta$ 检出局部缺陷的概率逐渐减小，因此有人提出究竟需要在多大容量等级的变压器中进行测量 $\tan\delta$，对于这个问题，目前尚在讨论中。

一、《规程》要求

1. 周期

(1) A、B 级检修后。

(2) ≥330kV：≤3 年。

（3）≤220kV：≤6 年。

（4）必要时。

2. 试验电压

（1）绕组电压 10kV 及以上：10kV。

（2）绕组电压 10kV 以下：U_n。

3. 判据

（1）介质损耗因数值与出厂试验值或历年的数值比较不应有明显变化（增量不应大于 30%）。

（2）电容量与出厂试验值或历年的数值比较不应有明显变化，变化量不大于 3%。

（3）20℃时测得的介质损耗因数应不大于下列数值：

750kV	0.005
330～500kV	0.006
110～220kV	0.008
35kV	0.015

4. 方法及注意事项

（1）非被试绕组应短路接地或屏蔽。

（2）同一变压器各绕组介质损耗因数的要求值相同。

（3）测量宜在顶层油温低于 50℃且高于 0℃时进行，测量时记录顶层油温和空气相对湿度，分析时应注意温度对介质损耗因数的影响。

（4）封闭式电缆出线或 GIS 出线的变压器，电缆、GIS 侧绕组可在中性点加压测量。

二、测量顺序、部位及方法

（一）用 QS_1 型西林电桥测量

双绕组及三绕组变压器主绝缘的等值电容图如图 12－35 示。

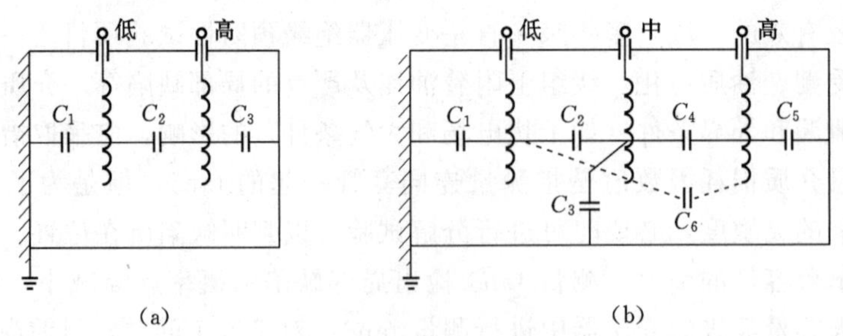

图 12－35　变压器主绝缘等值电容图

（a）双绕组；（b）三绕组

由于变压器外壳均直接接地，所以多采用 QS_1 型西林电桥的反接线法进行测量。对双绕组和三绕组变压器，其测量部位列于表 12－65 中。在投产前，宜按表中所列全部项目进行试验，三绕组至少测 4 项，以便运行后进行分析比较。

表 12-65　　　　用西林电桥测量变压器的部位

双绕组变压器			三绕组变压器		
试验序号	加压	接地	试验序号	加压	接地
1	高压	低压+铁芯	1	高压	中压、铁芯、低压
2	低压	高压+铁芯	2	中压	高压、铁芯、低压
3	高压+低压	铁芯	3	低压	高压、铁芯、中压
			4	高压+低压	中压、铁芯
			5	高压+中压	低压、铁芯
			6	低压+中压	高压、铁芯
			7	高压+中压+低压	铁芯

当投入运行后，双绕组变压器只测 1、2 项，三绕组变压器只测 1、2、3 项，当发现有明显变化时，可对上述项目全部进行测量。通过计算，找出具体的薄弱部位。

用西林电桥法测量变压器的 $\tan\delta$ 时，应将非被测绕组短路接地。对双绕组变压器测 $\tan\delta$ 及 C 时，其接线图如图 12-36 所示。

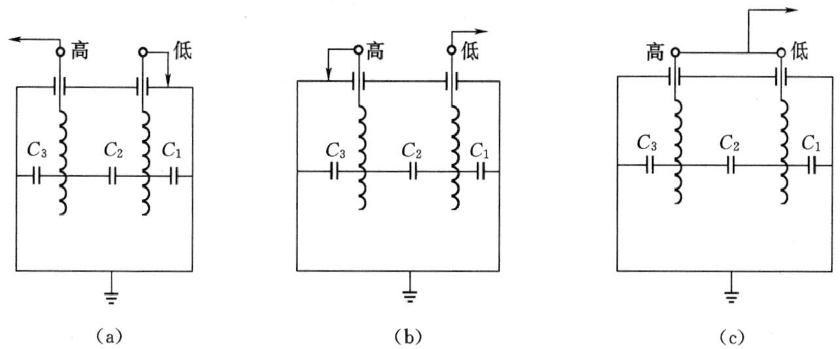

图 12-36　双绕组变压器当外壳接地时测量 $\tan\delta$ 及 C 的接线

(a) 高压—低压及地；(b) 低压—高压及地；(c)（高压+低压）—地

当按图 12-36 (a) 接线进行测量时，所测得的数值为

$$\begin{cases} C_g = C_2 + C_3 \\ \tan\delta_g = \dfrac{C_2\tan\delta_2 + C_3\tan\delta_3}{C_g} \end{cases} \tag{12-10}$$

同理，按图 12-36 (b) 测量时，所测数值为

$$\begin{cases} C_d = C_1 + C_2 \\ \tan\delta_d = \dfrac{C_1\tan\delta_1 + C_2\tan\delta_2}{C_d} \end{cases} \tag{12-11}$$

按图 12-36 (c) 测量时，所测数值为

$$\begin{cases} C_{g+d} = C_1 + C_3 \\ \tan\delta_{g+d} = \dfrac{C_1\tan\delta_1 + C_3\tan\delta_3}{C_g + C_d} \end{cases} \tag{12-12}$$

由式 (12-10)、式 (12-11)、式 (12-12) 求得各部分的 C 及 $\tan\delta$ 值为

$$\begin{cases} C_1=\dfrac{C_d-C_g+C_{g+d}}{2} \\ C_2=C_d-C_1 \\ C_3=C_g-C_2 \end{cases} \tag{12-13}$$

$$\begin{cases} \tan\delta_1=\dfrac{C_d\tan\delta_d-C_g\tan\delta_g+C_{g+d}\tan\delta_{g+d}}{2C_1} \\ \tan\delta_2=\dfrac{C_d\tan\delta_d-C_1\tan\delta_1}{C_2} \\ \tan\delta_3=\dfrac{C_g\tan\delta_g-C_2\tan\delta_2}{C_3} \end{cases} \tag{12-14}$$

因此，将按图12-36接线所测得的数据分别代入式（12-13）及式（12-14）中，即可求出高压—地、低压—地以及高压—低压之间的 C 和相应的 $\tan\delta$。

例如，某台双绕组变压器在上层油温为18℃时所测得的 $\tan\delta$ 和电容值如表12-66所示，试求各部分的电容及介质损耗因数。

表12-66　　　　某台双绕组变压器的 tanδ 和 C 的测量结果

测量部位	接　地	C/pF	$\tan\delta$/%
高压—铁芯	低压、铁芯	3390	1.05
低压—铁芯	高压、铁芯	5000	1.12
（高压＋低压）—铁芯	铁芯	3810	1.56

根据式（12-13）和式（12-14）可以计算出：

$$C_1=\frac{5000-3390+3810}{2}=2710\ (\text{pF})$$

$$\tan\delta_1=\frac{5000\times1.12-3390\times1.05+3810\times1.56}{2\times2710}=1.46\%$$

$$C_2=5000-2710=2290\ (\text{pF})$$

$$\tan\delta_2=\frac{5000\times1.12-2700\times1.46}{2290}=0.72\%$$

$$C_3=3390-2290=1100\ (\text{pF})$$

$$\tan\delta_3=\frac{3390\times1.05-2290\times0.72}{1100}=1.72\%$$

由计算结果可以看出，低压—地及高压—地部分的 $\tan\delta$ 比高压—低压部分大2倍多，这可能是由于高压和低压绕组对铁芯的绝缘受潮所致。

东北某地区66kV变电站2号主变压器的型号为SZ8-31500/63，额定电压为（63±8×1.25%）/10.5kV，试验人员在对其进行油色谱例行试验时，发现该主变油中出现乙炔，含量为3.8μL/L，接近注意值。随后对其开展诊断试验，其介质损耗因数及电容量测量结果见表12-67。

由表12-67可知，该变压器低压—地、低压—高压及地电容量变化较大，变化率分别达到17.16%、10.30%，超过相关标准要求，预示着该变压器低压绕组可能发生了一

定程度的变形或移位。

表 12-67　　介质损耗因数及电容量试验数据

接线方式	电容量/pF			tanδ/%（20℃）	结　论
	本次测量值	上次测量值	差值/%		
高压—低压及地	8206	8116	1.11	0.18	合格
低压—高压及地	14670	13300	10.30	0.16	不合格
高压—地	2490	2446	1.80	0.26	合格
低压—地	8942	7632	17.16	0.16	不合格
高压—低压(正接线)	5726	5671	0.97	0.16	合格

将该变压器解体后发现：高压绕组较为完好，无明显异常；低压绕组 b、c 两相发生了严重的鼓包、变形，部分绝缘垫块移位、脱落。该变压器解体后低压线圈照片如图 12-37 所示。

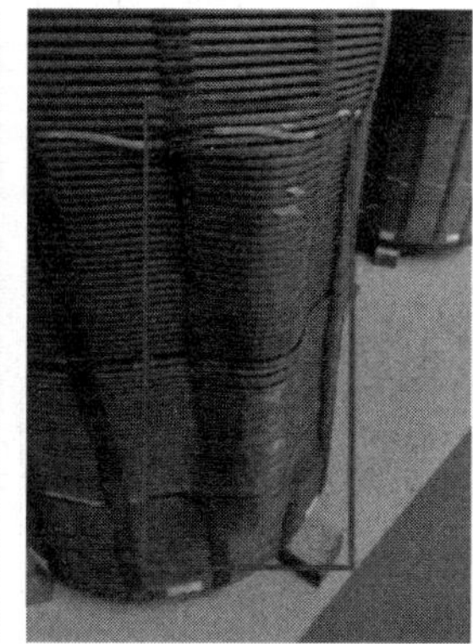
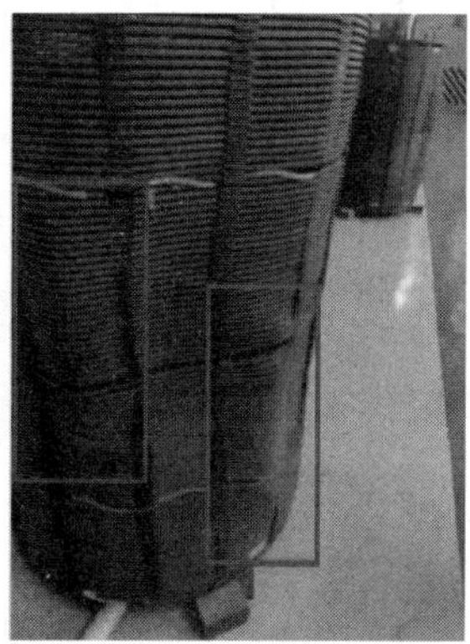

图 12-37　主变解体后低压绕组图片（从左至右依次为低压侧的 a 相、b 相、c 相）

应当指出，若只测变压器绕组间的 C 和 $\tan\delta$ 时，也可利用西林电桥的正接线进行测量。

上述方法为间接测量，需经过繁杂计算后方可得到各部分之间的 C 与 $\tan\delta$。经验表明，对于多绕组的变压器，可以采用直接测量的方法测量相应部位的 C 与 $\tan\delta$，测得的数据更加直观、清晰。同时采用正接线的方式测得的电容量更小，比反接线有着更高的检测灵敏度。以双绕组变压器为例，其高压—地、低压—地以及高压—低压之间的 C 与 $\tan\delta$ 可以通过图 12-38 所示的接线方式直接测量得到。

当按照图 12-38（a）接线进行测量时，所测得的数值为 C_3 和 $\tan\delta_3$，当按照图 12-38（b）接线进行测量时，所测得的数值为 C_2 和 $\tan\delta_2$，当按照图 12-38（c）接线进行测量时，所测得的数值为 C_1 和 $\tan\delta_1$。

对于三绕组变压器，测量 $\tan\delta$ 及 C 时，其接线图如图 12-39 所示。

当按图 12-39（a）接线进行测量时，可测得

$$C_g = C_4 + C_5 + C_6 \tag{12-15}$$

$$\tan\delta_g = \frac{C_4\tan\delta_4 + C_5\tan\delta_5 + C_6\tan\delta_6}{C_g} \tag{12-16}$$

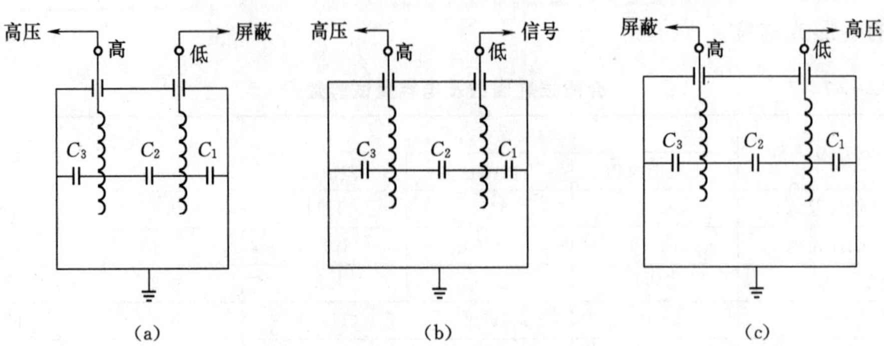

图 12-38 双绕组变压器当外壳接地时测量 $\tan\delta$ 及 C 的接线

(a) 高压—地（反接线）；(b) 高压—低压（正接线）；(c) 低压—地（反接线）

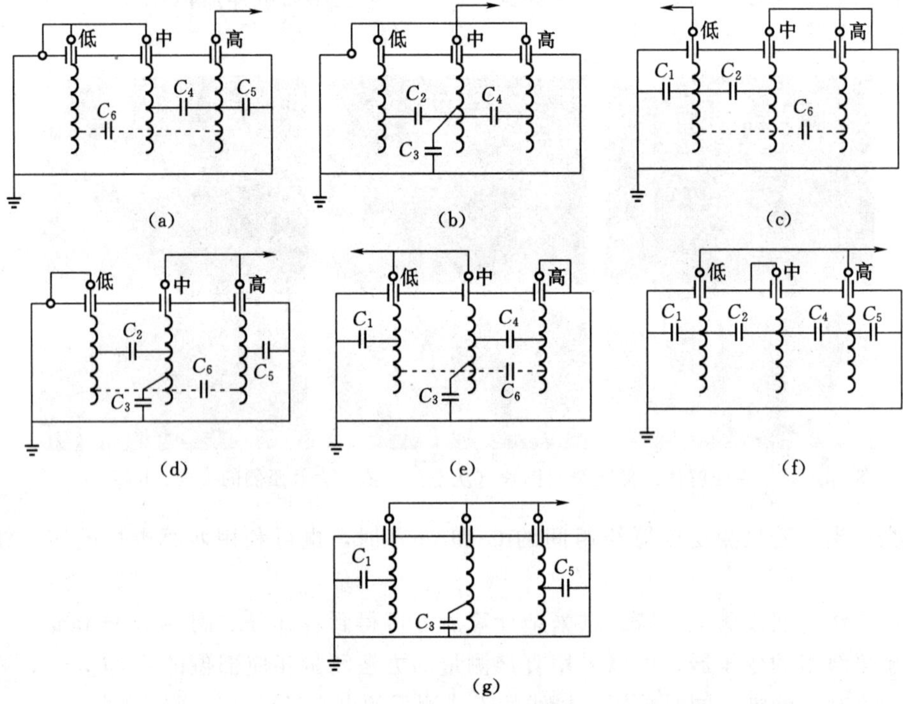

图 12-39 三绕组变压器当外壳接地时测量 $\tan\delta$ 及 C 的接线图

(a) 高压—中、低压及地；(b) 中压—高、低压及地；(c) 低压—高、中压及地；

(d)（高+中）压—低压及地；(e)（中+低）压—高压及地；

(f)（高+低）压—中压及地；(g)（高+中+低）压—地

同理按图 12-39（b）接线测量时，可测得

$$C_z = C_2 + C_3 + C_4 \tag{12-17}$$

$$\tan\delta_z = \frac{C_2\tan\delta_2 + C_3\tan\delta_3 + C_4\tan\delta_4}{C_z} \tag{12-18}$$

按图 12-39（c）测量时，可测得

$$C_d = C_1 + C_2 + C_6 \tag{12-19}$$

$$\tan\delta_{d}=\frac{C_{1}\tan\delta_{1}+C_{2}\tan\delta_{2}+C_{6}\tan\delta_{6}}{C_{d}} \tag{12-20}$$

按图 12－39（d）测量时，可测得

$$C_{gz}=C_{2}+C_{3}+C_{5}+C_{6} \tag{12-21}$$

$$\tan\delta_{gz}=\frac{C_{2}\tan\delta_{2}+C_{3}\tan\delta_{3}+C_{5}\tan\delta_{5}+C_{6}\tan\delta_{6}}{C_{gz}} \tag{12-22}$$

按图 12－39（e）测量时，可测得

$$C_{zd}=C_{1}+C_{3}+C_{4}+C_{6} \tag{12-23}$$

$$\tan\delta_{zd}=\frac{C_{1}\tan\delta_{1}+C_{3}\tan\delta_{3}+C_{4}\tan\delta_{4}+C_{6}\tan\delta_{6}}{C_{zd}} \tag{12-24}$$

按图 12－39（f）测量时，可测得

$$C_{gd}=C_{1}+C_{2}+C_{4}+C_{5} \tag{12-25}$$

$$\tan\delta_{gd}=\frac{C_{1}\tan\delta_{1}+C_{2}\tan\delta_{2}+C_{4}\tan\delta_{4}+C_{5}\tan\delta_{5}}{C_{gd}} \tag{12-26}$$

按图 12－39（g）测量时，可测得

$$C_{gzd}=C_{1}+C_{3}+C_{5} \tag{12-27}$$

$$\tan\delta_{gzd}=\frac{C_{1}\tan\delta_{1}+C_{3}\tan\delta_{3}+C_{5}\tan\delta_{5}}{C_{gzd}} \tag{12-28}$$

由式（12－15）、式（12－17）、式（12－19）、式（12－21）、式（12－23）、式（12－25）及式（12－27）求得的各部分的电容值为

$$C_{2}=\frac{1}{2}[2(C_{z}+C_{d}-C_{zd})+(C_{g}+C_{gzd})-(C_{gz}+C_{gd})] \tag{12-29}$$

$$C_{4}=\frac{1}{2}[2(C_{g}+C_{z}-C_{gz})+(C_{d}+C_{gzd})-(C_{gd}+C_{zd})] \tag{12-30}$$

$$C_{6}=\frac{1}{2}[2(C_{g}+C_{d}-C_{gd})+(C_{z}+C_{gzd})-(C_{gz}+C_{zd})] \tag{12-31}$$

$$C_{1}=C_{d}-C_{2}-C_{6} \tag{12-32}$$

$$C_{3}=C_{z}-C_{2}-C_{4} \tag{12-33}$$

$$C_{5}=C_{g}-C_{4}-C_{6} \tag{12-34}$$

同理，联合上述有关各式，求出的各部分的 $\tan\delta$ 值为

$$\tan\delta_{1}=\frac{C_{gzd}\tan\delta_{gzd}+C_{d}\tan\delta_{d}-C_{gz}\tan\delta_{gz}}{2C_{1}} \tag{12-35}$$

$$\tan\delta_{3}=\frac{C_{gzd}\tan\delta_{gzd}+C_{z}\tan\delta_{z}-C_{gd}\tan\delta_{gd}}{2C_{3}} \tag{12-36}$$

$$\tan\delta_{5}=\frac{C_{gzd}\tan\delta_{gzd}+C_{g}\tan\delta_{g}-C_{zd}\tan\delta_{zd}}{2C_{5}} \tag{12-37}$$

$$\tan\delta_{2}=\frac{C_{d}\tan\delta_{d}-C_{6}\tan\delta_{6}-C_{1}\tan\delta_{1}}{C_{2}} \tag{12-38}$$

$$\tan\delta_{4}=\frac{C_{g}\tan\delta_{g}-C_{6}\tan\delta_{6}-C_{5}\tan\delta_{5}}{C_{4}} \tag{12-39}$$

$$\tan\delta_6=\frac{1}{2C_6}[(C_g\tan\delta_g+C_z\tan\delta_z+C_d\tan\delta_d-C_{gzd}\tan\delta_{gzd})-2(C_{gd}\tan\delta_{gd}-C_5\tan\delta_5-C_1\tan\delta_1)] \quad (12-40)$$

（二）用M型介质试验器测量

用M型介质试验器测量双绕组和三绕组变压器的tanδ，其测量部位列于表12-68中。测量时，M型介质试验器的试验电压均为2500V。由表12-68和图12-35可知，在双绕组变压器中，试验2直接测出高压—地的tanδ，试验4直接测出低压—地的tanδ。用试验1的毫伏安数减去试验2的毫伏安数的差值除以试验1的毫瓦数减去试验2的毫瓦数的差值即为高压—低压之间的tanδ。同理，试验3减去试验4所得的结果与试验1减去试验2所得的结果相符。在三绕组变压器中，试验2、4、6可直接测出高压、低压、中压对地的tanδ。用试验1的毫伏安数减去试验2的毫伏安数的差值除以试验1的毫瓦数减去试验2的毫瓦数的差值即为高压—低压之间的tanδ。同理，可求出低压—中压和中压—高压之间的tanδ。某台双绕组变压器在45℃时，用M型介质试验器所测得的数值和计算后所得的各部位的tanδ列于表12-69中。

表12-68　M型介质试验器测量变压器tanδ的部位

双绕组变压器				三绕组变压器			
试验序号	测量部位		屏蔽绕组	试验序号	测量部位		屏蔽绕组
	加压	接地			加压	接地	
1	高压	低压	—	1	高压	低压	中压
2	高压	—	低压	2	高压	—	低压、中压
3	低压	高压	—	3	低压	中压	高压
4	低压	—	高　压	4	低压	—	高压、中压
				5	中压	高压	低压
				6	中压	—	高压、低压
				7	全部	—	—

表12-69　某双绕组变压器tanδ实测数据及其计算结果

试验序号	试验电压/kV	毫伏安数	毫瓦数	tanδ/%
实　测　数　据				
1	2.5	10000	215	
2	2.5	4000	100	2.5
3	2.5	16500	320	
4	2.5	10500	205	1.9
计　算　结　果				
C_g	2.5	4000	100	2.5
C_d	2.5	10500	205	1.9
C_{gd}	2.5	6000	115	1.9

三、测试中应注意的几个问题

（一）测试接线问题

测量变压器的tanδ时，应将被测绕组分别短路，以避免因绕组电感的影响而造成各

侧绕组端部和尾部电位相差较大，影响测量的准确度。下面以一相绕组为例进行分析。

试验时，被测绕组实际上可以看成是一个由电感、电容组成的链形回路，经简化，可以看成为一个Π型电路，如图 12-40（a）所示。由于电感 L 的存在，电容分为两部分。当 A 端施加交流电压 $\dot{U}$ 以后，所测得的 $\tan\delta$ 为 $\dot{U}$ 与 $\dot{I}$（$\dot{I}=\dot{I}_1+\dot{I}_2$）夹角的余角的正切，根据等值电路，可得相量图如图 12-40（b）所示。

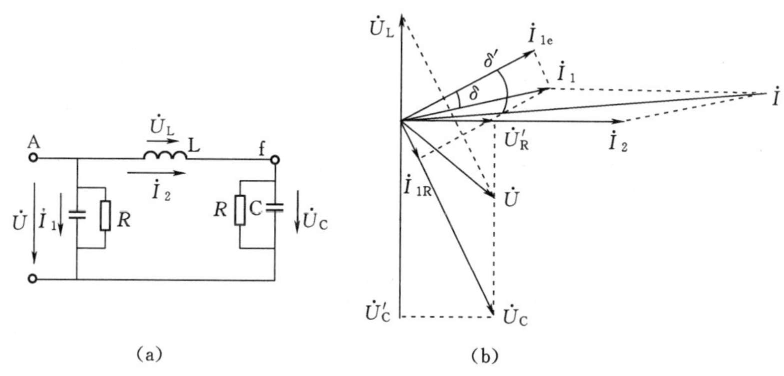

图 12-40　被测绕组的等值电路及相量图

（a）等值电路；（b）相量图

实际上绝缘的介质损耗因数为 $\tan\delta$，而测得的为 $\tan\delta'$。而由图 12-40（b）可见，$\delta'>\delta$，因此测量值 $\tan\delta'>\tan\delta$。当绕组两端短接后再加压时，则由于电容电流在电感绕组内方向相反，产生互相抵消的磁通，即 L 值极小，将不致产生太大误差。表 12-70 给出了某 63MVA、220kV 变压器在不同接线时的测量结果。

表 12-70　　63MVA、220kV 变压器 tanδ 测量值

相　别	单独套管 tanδ /%	绕组短路 tanδ /%	绕组开路 tanδ /%	备　注
A	0.3	0.3	1.8	中部出线
B	0.4	0.3	1.3	
C	0.3	0.2	1.1	

至于接地或屏蔽绕组的出线端，也应短路，若不短路也将造成不容许的误差，原因与上述类似。

（二）综合值与个别值的关系

综合值是指绕组连同套管一起的 $\tan\delta$ 测量值，而个别值是指绕组或套管单独的 $\tan\delta$ 测量值。了解综合值与个别值之间的关系对分析测量结果具有重要意义。

1. *n* 个并联支路

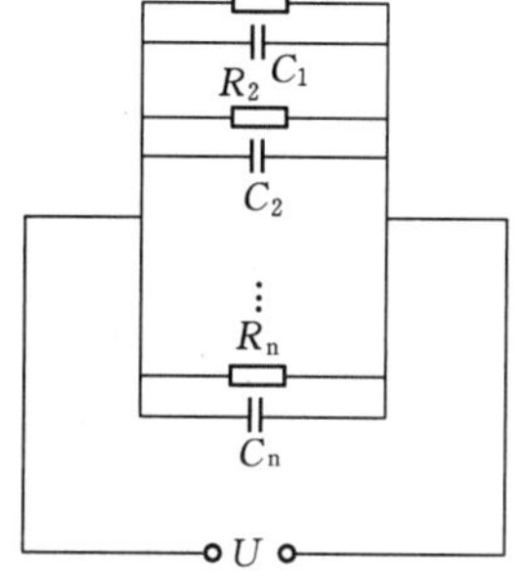

图 12-41　n 个支路并联

如图 12-41 所示，设有 n 个并联支路，每个支路分别用 R_1C_1、R_2C_2、…、R_nC_n 表示；并联后的总电容用 C 表示。当

外加电压为 U 时，n 个并联支路的总的介质损耗为 $P_{\Sigma}=\sum P$，即

$$U^2\omega C\tan\delta=U^2\omega C_1\tan\delta_1+U^2\omega C_2\tan\delta_2+\cdots+U^2\omega C_n\tan\delta_n$$

故

$$\tan\delta=\frac{C_1\tan\delta_1+C_2\tan\delta_2+\cdots+C_n\tan\delta_n}{C}$$

$$=\frac{C_1\tan\delta_1+C_2\tan\delta_2+\cdots+C_n\tan\delta_n}{C_1+C_2+\cdots+C_n} \qquad (12-41)$$

若 $C_1=C_2=\cdots=C_n$，则

$$\tan\delta=\frac{\tan\delta_1+\tan\delta_2+\cdots+\tan\delta_n}{n} \qquad (12-42)$$

为讨论方便，令 $\tan\delta_1$ 为 $\tan\delta_1$、$\tan\delta_2$、…、$\tan\delta_n$ 中的最小者，则

$$\tan\delta-\tan\delta_1=\frac{\tan\delta_1+\tan\delta_2+\cdots+\tan\delta_n}{n}-\tan\delta_1$$

$$=\frac{\tan\delta_1+\tan\delta_2+\cdots+\tan\delta_n}{n}-\frac{n}{n}\tan\delta_1>0$$

再令 $\tan\delta_n$ 为 $\tan\delta_1$、$\tan\delta_2$、…、$\tan\delta_n$ 中的最大者，则

$$\tan\delta-\tan\delta_n=\frac{\tan\delta_1+\tan\delta_2+\cdots+\tan\delta_n}{n}$$

$$-\frac{n}{n}\tan\delta_n<0$$

即

$$\tan\delta_{\min}<\tan\delta<\tan\delta_{\max}$$

由此得出结论：n 个并联支路介质损耗因数综合值 $\tan\delta$，大于其中最小者，小于其中最大值。

2. *n* 个元件的串联电路

如图 12-42 所示，设有 n 个元件组成的串联电路，每个部分分别用 r_1K_1、r_2K_2、…、r_nK_n 来表示。根据定义 $\tan\delta=\frac{\sum P}{\sum Q}$，即

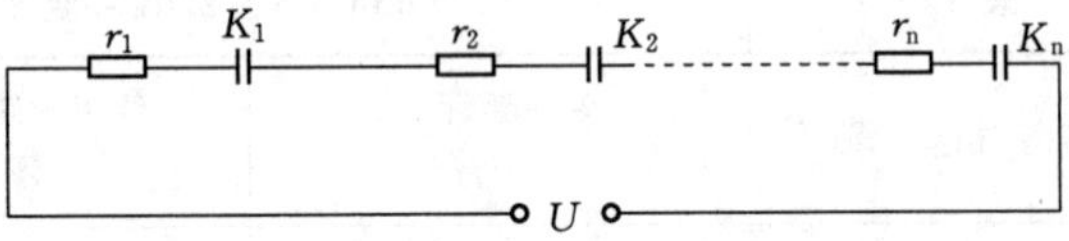

图 12-42 *n* 个元件的串联电路

$$\tan\delta=\frac{I^2r_1+I^2r_2+\cdots+I^2r_n}{I^2X_{K1}+I^2X_{K2}+\cdots+I^2X_{Kn}}=\frac{r_1+r_2+\cdots+r_n}{X_{K1}+X_{K2}+\cdots+X_{Kn}}$$

$$=\frac{\dfrac{\tan\delta_1}{\omega K_1}+\dfrac{\tan\delta_2}{\omega K_2}+\cdots+\dfrac{\tan\delta_n}{\omega K_n}}{\dfrac{1}{\omega K_1}+\dfrac{1}{\omega K_2}+\cdots+\dfrac{1}{\omega K_n}}=\frac{\dfrac{\tan\delta_1}{K_1}+\dfrac{\tan\delta_2}{K_2}+\cdots+\dfrac{\tan\delta_n}{K_n}}{\dfrac{1}{K_1}+\dfrac{1}{K_2}+\cdots+\dfrac{1}{K_n}} \qquad (12-43)$$

令 $\tan\delta_1$ 为 $\tan\delta_1$、$\tan\delta_2$、…、$\tan\delta_n$ 中的最小者，则

$$\tan\delta-\tan\delta_1=\frac{\dfrac{\tan\delta_1}{K_1}+\dfrac{\tan\delta_2}{K_2}+\cdots+\dfrac{\tan\delta_n}{K_n}}{\dfrac{1}{K_1}+\dfrac{1}{K_2}+\cdots+\dfrac{1}{K_n}}-\frac{\left(\dfrac{1}{K_1}+\dfrac{1}{K_2}+\cdots+\dfrac{1}{K_n}\right)\tan\delta_1}{\dfrac{1}{K_1}+\dfrac{1}{K_2}+\cdots+\dfrac{1}{K_n}}>0$$

再令 $\tan\delta_n$ 为 $\tan\delta_1$、$\tan\delta_2$、…、$\tan\delta_n$ 中的最大者，则

$$\tan\delta-\tan\delta_n=\frac{\frac{\tan\delta_1}{K_1}+\frac{\tan\delta_2}{K_2}+\cdots+\frac{\tan\delta_n}{K_n}}{\frac{1}{K_1}+\frac{1}{K_2}+\cdots+\frac{1}{K_n}}-\frac{\left(\frac{1}{K_1}+\frac{1}{K_2}+\cdots+\frac{1}{K_n}\right)\tan\delta_n}{\frac{1}{K_1}+\frac{1}{K_2}+\cdots+\frac{1}{K_n}}<0$$

即
$$\tan\delta_{\min}<\tan\delta<\tan\delta_{\max}$$

由此得出结论：n 个串联电路介质损耗因数的综合值 $\tan\delta$，也是大于其中最小者，小于其中最大者。

3. 串、并联电路

为了简便，这里只讨论两个并联支路的串联情况，如图 12 - 43 所示。由于 R_1，R_2 为绝缘电阻，一般其阻值很大，即 $R_1\gg\frac{1}{\omega C_1}$、$R_2\gg\frac{1}{\omega C_2}$，所以可把 C_1、C_2 看成是串联的，其总电容为

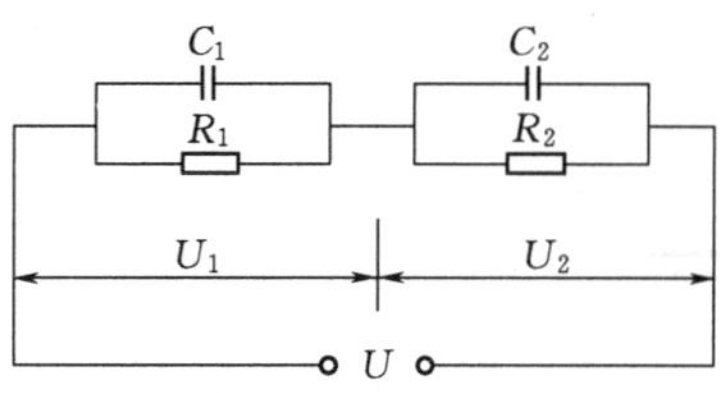

图 12 - 43　串、并联电路

$$C=\frac{C_1C_2}{C_1+C_2}=\frac{C_1}{1+\frac{C_1}{C_2}}=\frac{C_1}{1+A}$$

其中的 $A=\frac{C_1}{C_2}$，即两个呈串联状态的电容比值。

根据式（12 - 43）可以写出

$$\frac{1}{C}\tan\delta=\frac{1}{C_1}\tan\delta_1+\frac{1}{C_2}\tan\delta_2 \tag{12-44}$$

故
$$\tan\delta=\frac{C}{C_1}\tan\delta_1+\frac{C}{C_2}\tan\delta_2=\frac{C}{C_1}\left(\tan\delta+\frac{C_1}{C_2}\tan\delta_2\right)$$
$$=\frac{\tan\delta_1+A\tan\delta_2}{1+A} \tag{12-45}$$

令 $\tan\delta_1$ 为 $\tan\delta_1$ 和 $\tan\delta_2$ 中的最小者，则

$$\tan\delta-\tan\delta_1=\frac{\tan\delta_1+A\tan\delta_2}{1+A}-\tan\delta_1=\frac{\tan\delta_1+A\tan\delta_2-\tan\delta_1-A\tan\delta_1}{1+A}$$
$$=\frac{A(\tan\delta_2-\tan\delta_1)}{1+A}>0$$

再令 $\tan\delta_2$ 为 $\tan\delta_1$ 和 $\tan\delta_2$ 中的最大者，则

$$\tan\delta-\tan\delta_2=\frac{\tan\delta_1+A\tan\delta_2}{1+A}-\tan\delta_2=\frac{\tan\delta_1+A\tan\delta_2-\tan\delta_2-A\tan\delta_2}{1+A}$$
$$=\frac{\tan\delta_1-\tan\delta_2}{1+A}<0$$

即
$$\tan\delta_{\min}<\tan\delta<\tan\delta_{\max}$$

在这种情况同样可以得出结论：在串、并联电路中，其介质损耗因数的综合值 $\tan\delta$，也大于其中最小者，小于其中最大者。

综上所述，不论在什么情况下，总有

$$\tan\delta_{min} < \tan\delta < \tan\delta_{max} \tag{12-46}$$

例如，某台电力变压器，其高压绕组对地的电容 $C_1=17340$pF，套管的电容 $C_2=46$pF，求其综合值和个别值的关系。

根据式（12－41）可写出

$$17386\tan\delta = 17340\tan\delta_1 + 46\tan\delta_2$$

故

$$\tan\delta = \frac{17340}{17386}\tan\delta_1 + \frac{46}{17386}\tan\delta_2$$

$$= \tan\delta_1 + \frac{1}{378}\tan\delta_2$$

由此式可见，由于 $C_2 \ll C_1$，使测得的综合值 $\tan\delta$ 主要决定于绕组对地的绝缘状况，而套管的介质损失对其影响甚微。换言之，在对变压器进行介质损耗因数测量时，连接在相应绕组上的套管有缺陷时，是难以检出的。

利用上面的研究结论，还可以对变压器中的绝缘油对综合值 $\tan\delta$ 的影响进行分析。

由于变压器绕组对地绝缘包括绝缘油和固体绝缘材料，其等值电路也可用图 12－37 表示。这时

$$\tan\delta = \frac{\tan\delta_1 + A\tan\delta_2}{1+A}$$

式中 $\tan\delta_1$——固体绝缘材料的介质损耗因数；

$\tan\delta_2$——绝缘油的介质损耗因数。

由上式可见，绝缘油的 $\tan\delta_1$ 对综合值 $\tan\delta$ 的影响由固体绝缘材料与绝缘油组成的“电容器”的电容量比值 A 决定。

（三）分流器位置的选择

用 QS1 型西林电桥测量变压器的介质损耗因数时，选择合适的分流器位置，可以保证测试顺利进行。而分流器的位置取决于被试变压器的电容量。对新投产的变压器可参考表 12－71 中的数据。

表 12－71　QS1 型西林电桥分流器位置与被试变压器容量的关系

变压器容量 /kVA		三绕组				双绕组	
		50000	31500	20000	10000	5000	31500
电容量 /pF	高压对中压、低压及地	14200 (0.06)	11400 (0.06)	8700 (0.06)	6150 (0.025)	4200 (0.025)	7200 (0.025)
	中压对高压、低压及地	24800 (0.15)	11800 (0.06)	13200 (0.06)	9600 (0.06)		
	低压对高压、中压及地	19300 (0.06)	19300 (0.06)	12000 (0.06)	9400 (0.06)	6800 (0.025)	14800 (0.06)

表中括号内的数值是当被试变压器上施加的电压为 10kV 时，所选择的分流器位置。若电压没加到 10kV，分流器位置还可选得小一些。此时可按下式求出实际电流值 I，选择分流器位置时，取允许值略比 I 大一些且接近 I 的那一挡。I 用下式计算：

$$I=\omega C_x U \quad (A)$$

式中 ω——角频率；

C_x——被试品电容，F，可参考表 12-71 中的数据；

U——所施加的实际试验电压。

另外，当 C_x 无法估计时，可以先施加较低的电压 U_a，并测出相应的电流值 I_a，然后再计算在施加电压 U_1 下的电流，即

$$I_1=\frac{U_1}{U_a}I_a$$

最后由 I_1 来选择分流器的位置。

（四）变压器铁芯经小电阻接地对介质损耗因数的影响

为了限制变压器发生多点接地时流过铁芯中的环流，有的变压器铁芯串电阻后接地，例如国外进口的一台 220kV 三绕组变压器铁芯是在串了 9.1kΩ 的电阻后接地的。某供电局在对该台变压器做验收试验时发现低压绕对高、中压绕组及地的介质损耗因数高达 1.336%，如表 12-72 所示。而出厂值仅 0.2%。对这种现象分析如下：

低压绕组对高压绕组、中压绕组及地间的介质分为三部分：①低压绕组与高压绕组、中压绕组及外壳间的介质；②低压绕组与铁芯间的介质；③铁芯与外壳间的介质。可由图 12-44 来等效。

表 12-72　　某 220kV 变压器介质损耗因数测试结果

测试位置	电　压/kV	分流器	R_3 /Ω	tanδ /%	C_x /pF	接　线	电桥型号
高压—中低压及地	10	0.06	70	0.1	15399	反接线	QS1 型
中压—高低压及地	10	0.15	215	0	23325	反接线	QS1 型
低压—高中压及地	10	0.15	82.49	1.336	28277	反接线	P5026 型
低压—铁芯	10	0.025	21.62	3.3	14926	正接线	QS1 型

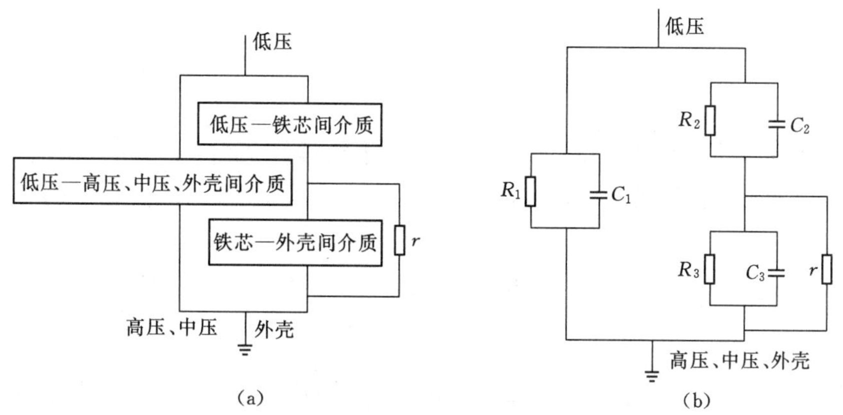

图 12-44　低压绕组与高压绕组、中压绕组及地间的介质

（a）示意图；（b）等值电路图

r—铁芯串接的小电阻，r=9.1kΩ

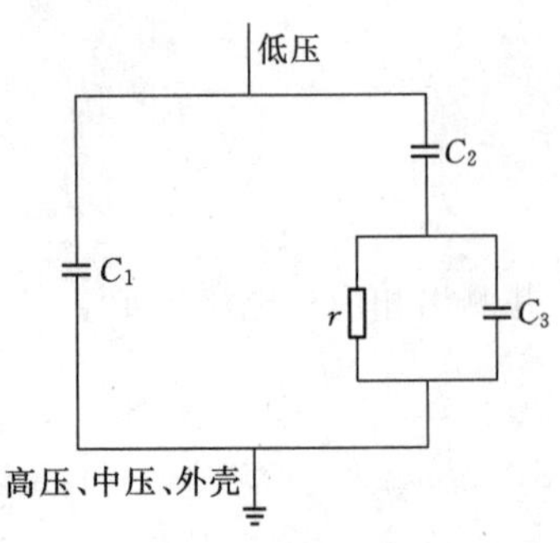

图 12-45 简化等值电路

由于三部分介质的 $\tan\delta$ 很小，因此可以忽略 R_1、R_2、R_3。这样可得图 12-45 所示的简化等值电路。

图 12-45 可以等效为一个电阻 R 和一个电容 C 串联的回路。由两个回路阻抗相等可列出下式

$$R+\frac{1}{j\omega C}=\frac{1+j\omega r(C_2+C_3)}{-\omega^2 r(C_1C_2+C_2C_3+C_1C_3)+j\omega(C_1+C_2)} \tag{12-47}$$

由式（12-47）可导出式（12-48）和式（12-49）

$$\omega RC=\frac{\omega rC_2^2}{C_1+C_2+\omega^2 r^2(C_2+C_3)(C_1C_2+C_2C_3+C_1C_3)} \tag{12-48}$$

$$C=\frac{(C_1+C_2)^2+\omega^2 r^2(C_1C_2+C_2C_3+C_1C_3)^2}{C_1+C_2+\omega^2 r^2(C_2+C_3)(C_1C_2+C_2C_3+C_1C_3)} \tag{12-49}$$

一般 C_1、C_2、$C_3<30000\text{pF}$。当 $r<10\text{k}\Omega$ 时，ωrC_1、ωrC_2、$\omega rC_3<0.1$，$\omega^2 r^2$（$C_1C_2+C_2C_3+C_1C_3$）<0.01，因此式（12-48）、式（12-49）可简化为

$$\omega RC=\frac{\omega rC_2^2}{C_1+C_2} \tag{12-50}$$

$$C=C_1+C_2 \tag{12-51}$$

从式（12-51）可看出，铁芯经小电阻接地对电容量测量没有什么影响。由于前面的等效电路图忽略了介质的绝缘电阻，因此介质损耗因数 $\tan\delta=\omega RC=\frac{\omega rC_2^2}{C_1+C_2}$完全是由于铁芯接小电阻引起的。上述的变压器拆掉铁芯串接电阻后，其介质损耗因数降为 0.2%，与出厂值很好地吻合。

一般来说，220kV 变压器铁芯串接电阻小于 500Ω，110kV 变压器铁芯串接电阻小于 1000Ω。低压绕组对高中压绕组及地介质损耗因数测量值与真实值相比误差可控制在 0.1%以内。

应当指出，变压器铁芯经小电阻接地对高压绕组、中压绕组的介质损耗因数影响不大，因为此时低压绕组是接地的。

（五）有载调压开关的介质损耗因数对变压器整体的介质损耗因数的影响

下面以三绕组变压器为例进行分析。

不带和带有载调压开关变压器的主绝缘电容图如图 12-46 所示。

如图 12-46（a）所示，高压绕组对中压、低压绕组及地的电容为

$$C_g=C_1/\!/C_4$$

如图 12-46（b）所示，高压绕组对中压、低压绕组及地的电容为

$$C_{gr}=C_1/\!/C_4/\!/C_6$$

或

$$C_{gr}=C_g/\!/C_6$$

根据并联电路的介质损耗因数计算公式有

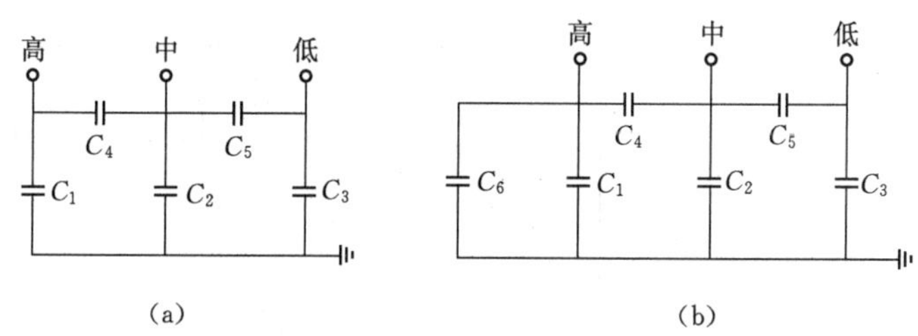

图 12-46　三绕组变压器的主绝缘电容图

(a) 不带有载调压开关；(b) 带有载调压开关

C_1、C_2、C_3—高、中、低压绕组对地电容；C_4—高压绕组与中压绕组间电容；C_5—中压绕组与低压绕组间电容；C_6—有载调压开关对地电容

$$C_{gr}\tan\delta_{gr}=C_g\tan\delta_g+C_6\tan\delta_6$$

若 $C_6 \ll C_g$，则 $C_{gr}=C_g$，故

$$\tan\delta_{gr}\approx\tan\delta_g+\frac{C_6}{C_{gr}}\tan\delta_6$$

因此，若 $\tan\delta_6$ 较大，可能导致 $\tan\delta_{gr}$ 较 $\tan\delta_g$ 大得多。例如，某台型号 SFSL-20000/110、接线组别为 YN，yn0，d11 的三绕组变压器，不带有载调压开关时，其 $\tan\delta_g=0.2\%$，$C_g=7618.07\text{pF}$；带 SYJZZ 型有载调压开关时，$\tan\delta_{gr}=1.0\%$，$C_{gr}=7966.3\text{pF}$。

例如，SYJZZ 型有载调压开关的介质损耗因数为 $\tan\delta_6=23\%$，电容 $C_6=341\text{pF}$。这样可计算出 $\tan\delta_{grJ}=1.17\%$，接近 1.0%。

由上述分析可知，若有载调压开关本身的介质损耗因数较大，会使变压器的整体介质损耗因数增大。相反，若变压器整体介质损耗因数增大。也可间接查出有载分接开关的介质损耗因数的大小，从而间接得知有载分接开关绝缘是否良好。

（六）变压器油的介质损耗因数对变压器整体介质损耗因数的影响

大量试验经验表明，变压器油的介质损耗因数对变压器整体介质损耗因数有很大的影响。表 12-73 给出了变压器在不同情况下的绝缘测试结果。

表 12-73　　变压器在不同情况下的绝缘测试结果

变压器参数	测量时的情况	被测量的绕组	测量结果			
			R_{60} /MΩ	$\tan\delta$ /%	油火花放电电压 /kV	20℃油的 $\tan\delta$ /%
5600kVA 35kV/6kV	有油 30℃	高压	75	3.5	37	10
		低压	68	3.4		
	放油后 10℃	高压	∞			
		低压	∞			
	注入新油后 33℃	高压	520	0.8	42	0.1
		低压	300	1.2		

续表

变压器参数	测量时的情况	被测量的绕组	测量结果			
			R_{60} /MΩ	tanδ /%	油火花放电电压 /kV	20℃油的 tanδ /%
30000kVA 110/10/6kV	有油 10℃	高压	70	3.0	>40	6.6
		中压	200	2.8		
		低压	200	2.9		
	放油后 16℃	高压	1400	1.7		
		中压	1000	1.7		
		低压	∞	0.8		
	注入新油后 12℃	高压	2500	0.5	>40	0.3
		中压	1600	0.5		
		低压	2200	0.4		

由表 12－73 中的数据可知，变压器油和绕组都没有受潮，但注入新油后，整体 tanδ 有明显改善。有时在新油中也曾遇到过酸价和火花放电电压都合格，而油的 tanδ 较大的情况。

（七）介质损耗因数增大的可能原因

根据研究，变压器油介质损耗因数增大的可能原因如下：

（1）油中浸入溶胶杂质。研究表明，变压器在出厂前残油或固体绝缘材料中存在着溶胶杂质；在安装过程中可能再一次浸入溶胶杂质；在运行中还可能产生容胶杂质。变压器油的介质损耗因数主要决定于油的电导，可用下式表示：

$$\tan\delta=\frac{1.8\times10^{12}}{\varepsilon f}\gamma$$

式中　γ——体积电导系数；

ε——介电常数；

f——电场频率。

由上式可知，油的介质损耗因数正比于电导系数 γ，油中存在溶胶粒子后，由电泳现象（带电的溶胶粒子在外电场作用下有作定向移动的现象，称为电泳现象）引起的电导系数，可能超过介质正常电导的几倍或几十倍，因此，tanδ 值增大。

胶粒的沉降平衡，使分散体系在各水平面上浓度不等，越往容器底层浓度越大，可用来解释变压器油上层介质损耗因数小，下层介质损耗因数大的现象。

（2）油的黏度偏低使电泳电导增加引起介质损耗因数增大。有的厂生产的油虽然黏度、比重、闪点等都在合格范围之内，但比较来说是偏低的。因此在同一污染情况下，就更容易受到污染，这是因为黏度低很容易将接触到的固体材料中的尘埃迁移出来，使油单位体积中的溶胶粒子数 n 增加，而液体介质的电泳电导表达式为

$$\gamma_c=\frac{nV^2r}{6\pi\eta}$$

式中　n——单位体积中的粒子数；

r——粒子半径；

V——粒子动电位；

η——油的黏度。

由此式可知，n 增加、黏度 η 小，均使电泳电导 γ 增加，从而引起总的电导系数增加，即总介质损耗因数增大。

(3) 热油循环使油的带电趋势增加引起介质损耗因数增大。大型变压器安装结束之后，要进行热油循环干燥，一般情况下，制造厂供应的是新油，其带电趋势很小，但当油注入变压器以后，有些仍具有新油的低带电趋势，有些带电趋势则增大了。而经过热油循环之后，加热将使所有油的带电趋势均有不同程度的增加，而油的带电趋势与其介质损耗因数有着密切关系，油的介质损耗因数随其带电趋势增加而增大。因此，热油循环后油带电趋势的增加，也是引起油的介质损耗因数增大的原因之一。

(4) 微生物细菌感染。微生物细菌感染主要是在安装和大修中苍蝇、蚊虫和细菌类生物的侵入所造成的。在现场对变压器进行吊罩检查中，发现有一些蚊虫附着在绕组的表面上。微小虫类、细菌类、霉菌类生物等，它们大多数生活在油的下部沉积层中。由于污染所致，在油中含有水、空气、碳化物、有机物、各种矿物质及微细量元素，因而构成了菌类生物生长、代谢、繁殖的基础条件。变压器运行时的温度，适合这些微生物的生长，故温度对油中微生物的生长及油的性能影响很大，试验发现冬季的介质损耗因数 $\tan\delta$ 值较稳定。

环境条件对油中微生物的增长有直接的关系，而油中微生物的数量又决定了油的电气性能。由于微生物都含有丰富的蛋白质，其本身就有胶体性质，因此，微生物对油的污染实际是一种微生物胶体的污染，而微生物胶体都带有电荷，影响油的电导增大，所以电导损耗也增大。

(5) 油的含水量增加引起介质损耗因数增大。对于纯净的油来说，当油中含水量较低（如 30～40mg/L）时，对油的 $\tan\delta$ 值的影响不大，只有当油中含水量较高时，才有十分显著的影响，如图 12-47 所示。当油的含水量大于 60mg/L 时，其介质损耗因数 $\tan\delta$ 急剧增加。

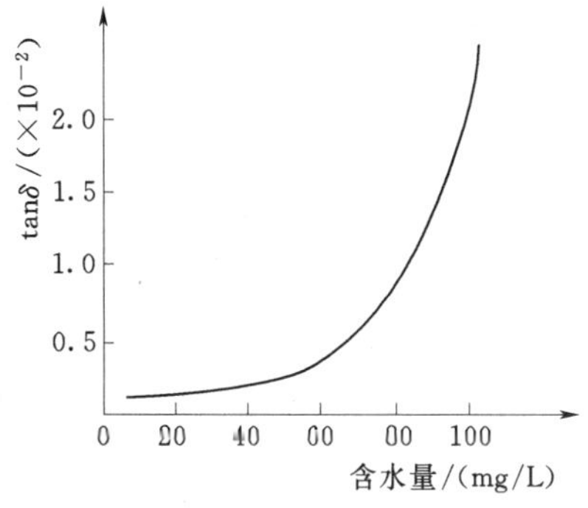

图 12-47 油的含水量对油的介质损耗因数的影响

(6) 铜、铝和铁金属元素含量较高。由于油浸变压器为金属组合体，油中难免含有某些金属元素。有人根据其试验结果提出，铜、铝和铁等金属元素含量较高是油介质损耗因数增大的主要原因。这是因为这些金属元素对变压器油的氧化起催化作用，使油产生酸性氧化物和油泥。酸性氧化物腐蚀金属，又使油中金属含量增加，加速油的氧化，导致其介质损耗因数增大。

(7) 补充油的介质损耗因数高。某 SFSZL-31500/110 型变压器，补充 2.5t（约占总油量的 10%）油后，测量其介质损耗因数，在 70℃时为 5.29%，超过《规程》要求值。为查找原因，测试补充油的介质损耗因数，其结果是：在 32℃时为 5.75%，70℃时仪表指示超过量程无法读数。《规程》规定，补充油的介质损耗因数不大于原设备内油的介质损耗因数。否则会使原设备中油的介质损耗因数增大。这是因为两种油混合后会导致油中迅速析出油泥，使油的绝缘电阻下降，而介质损耗因数增高。

考虑上述因素，有利于进行综合分析判断。

四、综合判断

对介质损失角正切值的测量结果进行综合判断时，可从下列几方面考虑：

（1）交接试验时，测量值不应大于表 12－74 中所列的数据。

表 12－74　油浸式电力变压器绕组的 tanδ 允许值　%

高压绕组电压等级 /kV	温度/℃						
	10	20	30	40	50	60	70
≤35	1.5	2.0	3.0	4.0	6.0	8.0	11.0
＞35	1.0	1.5	2.0	3.0	4.0	6.0	8.0

注　同一变压器的中压和低压绕组的 tanδ 标准与高压绕组相同。

（2）大修及运行中 20℃时 tanδ 值不应大于表 12－75 中所列的数值。

（3）tanδ 值与历年数值比较，不应有显著变化（一般不大于 30%）。实测表明，一般变压器的 tanδ 值均小于表 12－74 及表 12－75 所列数值，因此单靠 tanδ 的数值来判断是不够的，比较法在综合判断中仍占重要地位。

表 12－75　电力变压器 20℃时的 tanδ 不大于的数值

额定电压 /kV	≤35	66～220	330～500
tanδ/%	1.5	0.8	0.6

注　1. 同一变压器各绕组 tanδ 的要求相同。

2. 采用西林电桥测量时，绕组电压为 10kV，其试验电压为 10kV；绕组电压为 10kV 以下者，其试验电压为 U_n。

3. 采用 M 型试验器测量时，其试验电压为 2.5kV。

4. 测量时，非被测绕组应短路接地或屏蔽（采用 M 型试验器时应屏蔽）。

5. 测量温度以顶层油温为准，尽量使每次测量温度相近。

应当指出，运行中的变压器由于受潮程度各不相同，一般情况下，不能用一个统一的温度换算系数进行换算。因此，对于变压器的 tanδ 测量，最好在油温低于 50℃的情况下进行。如果由于条件限制，确实需要换算，可按照表 12－76 所列的新装变压器给定的温度换算系数进行换算。但此时换算出的 tanδ 值只能作为判断时的参考。当 $t_2>t_1$ 时（即把 t_1 下测得的 tanδ 值换算到 t_2 下时）：

$$\tan\delta_2 = K\tan\delta_1$$

表 12－76　油浸式电力变压器绕组的 tanδ 的温度换算系数

温度差 /℃	5	10	15	20	25	30	35	40	45	50	55	60
换算系数 K	1.15	1.3	1.5	1.7	1.9	2.2	2.5	3.0	3.5	4.0	4.6	5.3

当 $t_2<t_1$ 时（即把 t_1 下测得的 tanδ 值换算到 t_2 下时）：

$$\tan\delta_2 = \frac{1}{K}\tan\delta_1$$

例如，出厂试验在温度为38℃时进行，测得 $\tan\delta=1.2\%$，安装时变压器试验温度为21℃，为便于在同一温度下进行比较，试将38℃时测得的 $\tan\delta$ 值换算到21℃时值。

（1）温度差 $\Delta t=t_2-t_1=21-38=-17$（℃）。

（2）因17℃在15℃与20℃之间，温度差为15℃时的 $K_{15}=1.5$，温度差为20℃时的 $K_{20}=1.7$，故在这个区间（即15～20℃之间）温度差为1℃时的 $K'=\frac{1.7-1.5}{20-15}=\frac{0.2}{5}=0.04$，则温度差为17℃时的换算系数 $K=1.5+0.04\times(17-15)=1.58$。

（3）换算成21℃时的 $\tan\delta_2$ 为

$$\tan\delta_2=\frac{\tan\delta_1}{K}=\frac{1.2\%}{1.58}=0.76\%$$

第九节　测 量 泄 漏 电 流

一、有效性

测量泄漏电流的作用和测量绝缘电阻的作用相似，只是其灵敏度较高。有些地区和单位的经验证明，测量泄漏电流能有效地发现有些用其他试验项目所不能发现的变压器局部缺陷。例如，东北某发电厂一台15MVA的变压器，历年泄漏电流及 $\tan\delta$ 的数据如表12-77所示。由表可见，在1962年泄漏电流值急剧增长，而 $\tan\delta$ 值变化却不大，经查找发现是高压套管有裂纹所致。

表12-77　　15MVA变压器历年泄漏电流及 $\tan\delta$ 实测数据

年　份	1957	1958	1959	1960	1961	1962
泄漏电流/μA	15	15	20	19	17	230
$\tan\delta$/%	0.75	0.72	0.71	0.77	0.66	0.77

又例如，东北某变电所一台7500kVA的变压器，在预防性试验中发现 $\tan\delta$ 由0.47%增加到1.2%；泄漏电流由13μA增加到530μA。泄漏电流增长40.76倍，而 $\tan\delta$ 只增长2.55倍，经查找发现是因套管密封不严而进水所致。正因为如此，尽管制造厂没有规定这个测试项目，而在绝缘预防性试验中却被列为必须进行的项目之一。

二、测量部位和试验电压

双绕组和三绕组变压器测量泄漏电流的顺序和部位如表12-78所示。测量泄漏电流时，绕组上所加的电压与绕组的额定电压有关，表12-79列出了试验电压的标准。

表12-78　　双绕组和三绕组变压器测量泄漏电流的顺序和部位

顺　序	双绕组变压器		三绕组变压器	
	加压绕组	接地部分	加压绕组	接地部分
1	高压	低压、外壳	高压	中压、低压、外壳
2	低压	高压、外壳	中压	高压、低压、外壳
3			低压	高压、中压、外壳

表 12－79　　测量泄漏电流时外加试验电压标准　　单位：kV

绕组额定电压	3	6～10	20～35	66～330	500
直流试验电压	5	10	20	40	60

测量时，加压至试验电压，待 1min 后读取的电流值即为所测得的泄漏电流值，为了使读数准确，应将微安表接在高电位处。顺便指出，对于未注油的变压器，测量泄漏电流时，变压器所施加的电压应为表 12－79 所示数值的 50%。

三、综合判断

因为泄漏电流值与变压器的绝缘结构、温度等因素有关，所以在《规程》中也不作规定。在判断时，也是强调比较。

（1）与历年的测量结果比较。每次的测量结果与历年比不应有显著变化。一般情况下，当年测量值不应大于上一年测量值的 150%。例如，某台 40kV、5000kVA 的变压器，历年泄漏电流的上升率如表 12－80 所示。

表 12－80　40kV、5000kVA 的变压器历年泄漏电流的上升率

测试时间	直流 40kV 下的泄漏电流，20℃ /μA	上升率 /%
1962 年	16.9	
1963 年	19.2	113
1964 年	25.1	148

由表可见，1964 年的测量值比 1962 年初次测量的结果上升已近 150%，但泄漏电流值并没有超过表 12－81 中所规定的 50μA，经检查发现，油质呈酸性，油色由浅红变为黑红。可见比较、分析上升率在综合判断中有重要价值，是综合判断的重要内容。

再如，西北某水电站的一台 90MVA 变压器在测量绕组泄漏电流时发现其值由前次的 9.5μA 增加到 425μA，即增加到 44.7 倍。经检查系油箱进水，致使绝缘下降。

（2）与同类型变压器的泄漏电流比较。这也有助于分析测量结果。以保证正确进行综合判断。

（3）当无资料可查时，交接时可参考表 12－81 中所列的数据。应注意不要依赖它，要根据本单位经验从多方面进行具体分析。另外，比较时还应注意温度的一致性。

表 12－81　　某省变压器泄漏电流试验标准

额定电压 /kV	试验电压，最大值 /kV	各温度下的泄漏电流/μA							
		10℃	20℃	30℃	40℃	50℃	60℃	70℃	80℃
3	5	11	17	25	39	55	83	125	178
6～10	10	22	33	50	77	112	166	250	356
20～35	20	33	50	74	111	167	250	400	570
66～330	40	33	50	74	111	167	250	400	570
500	60	20	30	45	67	100	150	235	330

第十节　绕组连同套管的外施耐压试验和大型变压器感应电压试验

一、有效性

交流耐压试验是鉴定绝缘强度最有效的方法，特别是对考核主绝缘的局部缺陷，如绕组主绝缘受潮、开裂或者在运输过程中引起的绕组松动、引线距离不够以及绕组绝缘上附着污物等，具有决定性的作用。例如：

（1）华北某电业局两台 110kV、31.5MVA 的电力变压器，运到现场进行交流耐压试验时，当试验电压升到 70kV 时套管发生闪络。

（2）华东某台 12.5MVA、38.5±3×2.5%/6.3kV 的电力变压器，高压侧进行交流耐压试验时，当电压升至 57kV 时，听见变压器内部有明显的放电声，随后试验设备过流保护动作跳闸。当即将该变压器本体油放出，当油面降低至手孔门以下位置时，检查手孔门发现 35kV 侧中性点套管的引线碰变压器本体内壁，并有明显的放电痕迹。

（3）东北某电厂两台单相 220kV、40MVA 的电力变压器，全部更换高压绕组后进行操作波耐压试验，试验时发现 110kV 侧因引线绝缘距离不够而放电。

目前国内各电网对大中型半绝缘电力变压器的交流耐压都采用正弦波变频电源进行感应耐压，它的优点是能对变压器主绝缘和纵绝缘进行考核，试验时由于中性点引出处于低电位或有一定电位，但往往尚未达到中性点引出绝缘应考核电压时，尚需对中性点绝缘进行外施加电压（耐压）来补足。

HVFP 大功率正弦波变频电源已用于武高所和全国各省电业局和电力研究院，它可满足 1000kV/1000MVA 及以下大型变压器的感应耐压，同时可作为变压器局部测量用的试验电源。一般变压器感应耐压前后都要测量它的局部放电量，所以这两项测试是同时进行的。

二、《规程》要求

1. 周期

（1）A 级检修后。

（2）必要时。

2. 试验电压

全部更换绕组时，按出厂试验电压值；部分更换绕组时，按出厂试验电压值的 0.8 倍。

3. 方法及注意事项

（1）110kV 及以上进行感应耐压试验。

（2）10kV 按 35kV×0.8＝28kV 进行。

（3）额定电压低于 1000V 的绕组可用 2500V 绝缘电阻表测量绝缘电阻代替。

三、被试变压器的接线方式

进行交流耐压试验时，被试变压器的正确连接方式是被试绕组所有套管应短路连接（短接）并接高压，非被试绕组也要短接并可靠接地，如图 12－48 所示，图中只画出一相绕组。被试变压器的连接方式不正确时，可能损坏被试变压器绝缘。下面讨论两种可能出现的错误连接方式：

1. 被试绕组和非被试绕组均不短接

由图 12－49 可见，由于分布电容的影响，在被试绕组对地及非被试绕组将有电流流过，而且沿整个被试绕组的电流不相等，愈靠近 A 端电流愈大，因而所有线匝间均存在不同的电位差。由于绕组中所流过的是电容电流，故靠近 X 端的电位比所加的电压高。又因为非被试绕组是处于开路状态，被试绕组的电抗很大，故由此而导致 X 端电位的升高是不容忽视的。显然，这种接线方式是不允许的，在试验中必须避免。

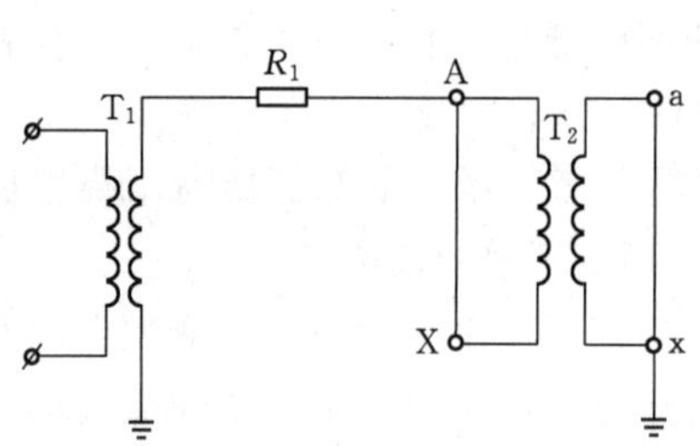

图 12－48　被试变压器的正确连接方式

T_1—试验变压器；T_2—被试变压器

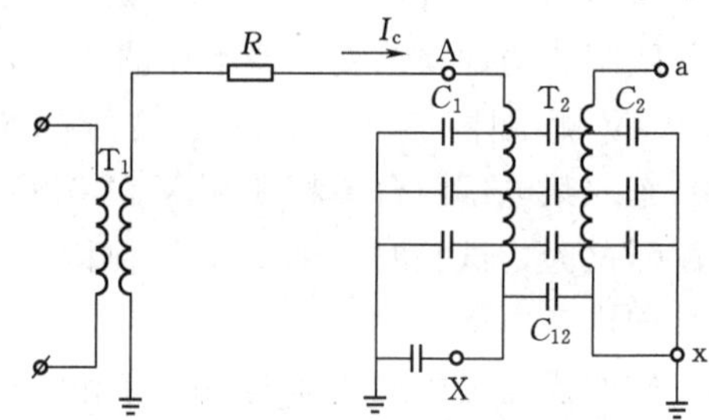

图 12－49　双绕组均不短接——错误接线之一

2. 被试绕组和非被试绕组均仅短接

由图 12－50 可见，这种接法对被试绕组来说，始、末端电容电流 I_c 的方向是相反的，回路电抗很小，整个绕组对地的电位基本相等，符合试验要求。但是，对非被试绕组来说，由于没有接地而处于悬浮状态。当非被试绕组处于悬浮状态时，其电容分布的情况如图 12－51 所示。由图 12－51 可见，低压绕组处于高压对地的电场之中，低压绕组对地将具有一定的电压。低压绕组对地的电压将取决于高、低压间和低压对地电容的大小，可按下式决定：

$$U_2=\frac{C_{12}}{C_{12}+C_2}U \tag{12-52}$$

例如，对于某 SFL－7500/110（11）型的电力变压器，测得 $C_{12}=1925\text{pF}$，C_2 为 6500pF，试求用图 12－50 所示接线进行试验时，低压绕组的对地电位 U_2 为多少？

因为 110kV 电力变压器交接试验电压 $U=170\text{kV}$，所以 $U_2=\frac{C_{12}}{C_{12}+C_2}U=\frac{1925}{1925+6500}\times170=38.84$（kV）而低压绕组的交接试验电压为 30kV，出厂试验电压为 35kV，均小于 38.84kV，所以低压绕组可能发生对地放电。

又如，对于某 SFL－7500/110（6.3）型的电力变压器，测得 $C_{12}=2500\text{pF}$，$C_2=$

3875pF，试求用图 12－50 所示接线进行试验时，低压绕组的对地电位 U_2 为多少？

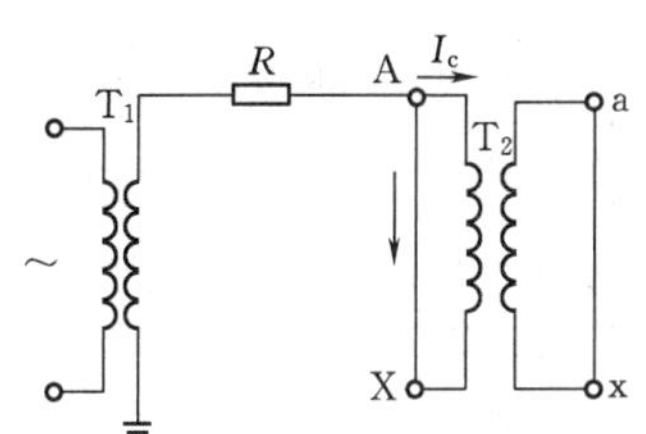

图 12－50　双绕组均仅短接一错误接线之二

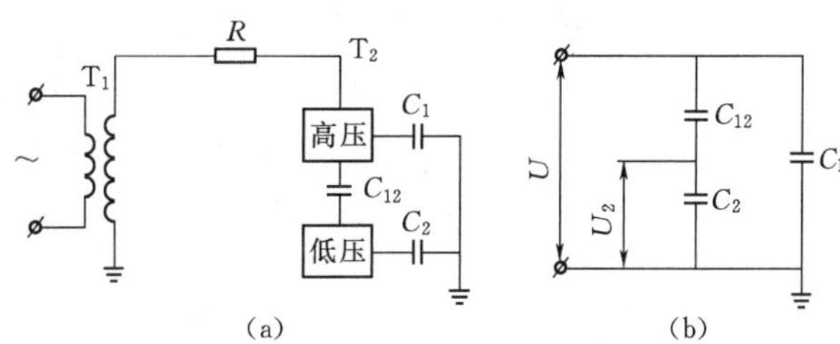

图 12－51　低压绕组悬浮时的电容分布

(a) 接线示意图；(b) 等值电路图

由式（12－52）得

$$U_2=\frac{C_{12}}{C_{12}+C_2}U=\frac{2500}{2500+3875}\times170=66.67(\mathrm{kV})$$

而低压绕组的交接试验电压为 21kV，出厂试验电压也仅为 25kV，均小于 66.67kV，所以低压绕组也可能发生对地放电。

因此，图 12－50 所示的接线是不可取的。试验时应当将非被试绕组短接并接地。

顺便指出，上面所述是以单相变压器为例进行分析的，其结论对三相变压器也是完全适用的。

四、试验电压标准

（1）油浸变压器试验电压值如表 12－82 所示，定期试验按部分更换绕组试验电压值进行试验。

表 12－82　　**电力变压器交流试验电压值**　　单位：kV

额定电压	最高工作电压	线端交流试验电压值		中性点交流试验电压值	
		全部更换绕组	部分更换绕组	全部更换绕组	部分更换绕组
<1	≤1	3	2.5	3	2.5
3	3.5	18	15	18	15
6	6.9	25	21	25	21
10	11.5	35	30	35	30
15	17.5	45	38	45	38
20	23.0	55	47	55	47
35	40.5	85	72	85	72
66	72.5	140	120	140	120
110	126.0	200	170 (195)	95	80
220	252.0	360 395	306 336	85 (200)	72 (170)
330	363.0	460 510	391 434	85 (230)	72 (195)
500	550.0	630 680	536 578	85 140	72 120

注　1. 括号内数值适用于不固定接地或经小电抗接地系统。

2. 对 220～500kV 变压器的出厂试验电压列出两个值由用户根据电网特点和过电压保护设备的性能等具体情况选用，制造厂按用户要求提供产品。

3. 全部更换绕组的试验电压即为出厂试验电压。

(2) 干式变压器全部更换绕组时，按其出厂试验电压值进行试验；部分更换绕组和定期试验时，按出厂试验电压值的 0.85 倍进行试验。

(3) 对于运行中非标准系列产品出厂试验电压、标准不明且未全部更换绕组的变压器，其交流耐压试验电压标准应按过去的试验电压执行，但不得低于表 12-83 中的数值。

表 12-83　出厂试验电压不明且未更换绕组的变压器交流耐压试验电压的允许值　单位：kV

绕组额定电压	<0.5	2	3	6	10	15	20	35	60
试验电压	2	8	13	19	26	34	41	64	105

(4) 出厂试验电压与表 12-82 中的标准不同的变压器的试验电压，应为出厂试验电压的 85%，但除干式变压器外均不得低于表 12-83 中的相应值。

五、交流耐压试验中几种现象的判断

(一) 从仪表指示情况来分析、判断

(1) 仪表有指示但不跳动。在交流耐压试验中，若仪表指示不跳动，被试变压器又无放电声音，这标志着被试变压器承受住了所施加的交流高压。

(2) 电流表指示值突然上升或突然下降都意味着变压器被击穿。

(二) 从放电或击穿的声音分析、判断

(1) 清脆响亮的“当”“当”放电声。在升压阶段或持续时间阶段，发生清脆响亮的“当”“当”放电声音，这种声音很像用金属物撞击油箱的声音，这往往是由于油隙距离不够或者是电场畸变等所造成的油隙一类绝缘结构击穿所致。而且此时还伴有放电声，电流表指示值产生突变。当重复进行试验时，放电电压下降并不明显。

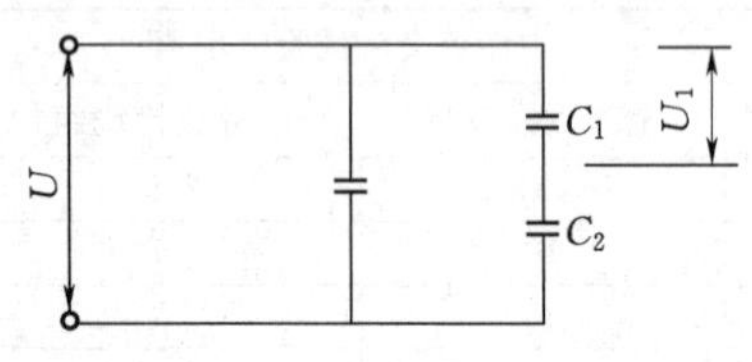

图 12-52　变压器油中有气泡时的等值电路

(2) 较小的“当”“当”放电声。试验中，若发现清脆“当”“当”放电声，但比前一种声音小，仪表摆动不大，在重复试验时放电现象消失了。变压器油中往往有气泡，在电场力的作用下，可能拉成一条一定长度的很狭窄的气隙通道，此时简化了的等值电路如图 12-52 所示。图中电容 C 表示被试绕组对地部分的分布电容总和，C_1 表示产生放电前气隙通道的电容，它和变压器油中的 C_2 串联。显然，气隙通道 C_1 所承受的电压为

$$U_1=\frac{C_1}{C_1+C_2}U$$

当气隙通道较长时，C_1 很小，势必承受较高的电压，而气泡的耐电强度又比油低，很可能气隙通道击穿，全部电压相继加到 C_2 上，最后导致变压器油击穿。如果变压器油中气泡不多，气隙通道放电后缩短了，相应的 C_1 增加了，而 C_2 减小了，这时气泡被击穿后，变压器油可能不再击穿。这种局部击穿所出现的放电声音，可能是轻微、断续的，电流表的指示值也不会变动。由气泡所引起的不论是贯穿性的或者是局部性的放电，在重复试验中可能会消失，因为在放电之后，气泡容易从上部逸走。

（3）炒豆般放电声。在加压过程中，变压器内部有炒豆般的放电声，而电流表的指示值还很稳定，这可能是由于悬浮的金属件对地放电所致。在制造过程中，铁芯可能没有和夹件通过金属片连接，使铁芯在电场中悬浮，由于静电感应的作用，在一定的电压下，铁芯对接地的夹件开始放电。也可能是前述的图 12－51 所示接线中低压绕组的悬浮电位所引起的放电。

六、大型变压器的感应耐压试验

（一）《规程》要求

1. 周期

（1）A 级检修后。

（2）≥330kV：≤3 年。

（3）≤220kV：≤6 年。

（4）必要时。

2. 试验电压

感应耐压为出厂试验值的 80％。

3. 方法

加压程序按照 GB/T 1094.3 执行。

（二）必要性

（1）电力变压器的工频耐压试验是考核变压器主绝缘的一种有效手段，但随着电力工业的发展变压器的容量的增大和电压的不断提升，试验变压器的容量和输出电压都相应提高，造成试验变的体积增大和重量（吨位）很高，另外尚需配套庞大调压设备和控制系统，所以很不适合现场试验。

（2）电力变压器的工频耐压试验主要是考核变压器的主绝缘，但据统计，变压器的绝缘损坏事故多数为纵绝缘的缺陷所造成，另外目前国内的大型电力变压器大多是采用分级绝缘结构，因此也无法实施工频外施加压试验，也只能用感应耐压的方法来考核变压器的绝缘水平。

（3）变压器感应耐压试验的方法都是从变压器低压侧逐相加压约（1.7～2.0）U_H，变压器高压输出端的电压达到工频耐压值，所以说它考核了变压器的主绝缘同时又考核了变压器的纵绝缘。但由于变压器在设计时，它的电压：$U=4.44fN\Phi$（4.44 为常数，f 为 50Hz，N 为线圈匝数，Φ 为磁通），根据公式，要满足（1.7～2.0）U_H 的输入电压，变压器铁芯伏安特性曲线呈饱和状态。表现在空载励磁电流急剧上升，而电压无法上升，所以用工频电压是无法进行感应耐压的，必须把频率 f 提高，即所谓的倍频 100Hz 或以上，才能完成对变压器进行感应耐压试验。

依据《电力变压器》（GB 1094—2003）规定："电压等级为 110kV 及以上的变压器应进行长时感应电压及局部放电测量试验"；在中华人民共和国国家标准《电气装置安装工程　电气设备交接试验标准》（GB 50150—2016）也规定："绕组连同套管的长时感应电压试验带局部放电测量：电压等级 220kV 以上，在新安装时，必须进行现场局部放电试验。对于电压等级为110kV的变压器，当对绝缘有怀疑时，应进行局部放电试验”。因而变压器感应耐压前后都要测量它的局部放电量，这两项试验一般是同时进行的。

（三）增加电源频率的方法

（1）用三台单相变压器接成二次侧开口的Yd接线，通过过激磁1.6倍左右能获得150Hz电源，再经过调压装置和隔离变输出，此类设备体积、重量都很大，不适于现场试验。

（2）用倍频发电机组经隔离变输出的方法，但发电机组起动电流较大，对变电所站用变必须有足够容量，同时也存在体积庞大、运输不方便和发电机的日常维护等问题。

（3）采用推挽放大式无局放变频电源试验系统不仅在现场可方便进行变压器的感应耐压和局部放电测量，也可配无局放高压电抗器组成无局放串联谐振试验系统在现场对互感器、GIS、交联电缆等设备进行交流耐压及局部放电试验。

（四）大型变压器现场进行感应耐压、局部放电试验设备

苏州工业园区海沃科技有限公司生产的HVFP型变压器感应耐压、局部放电试验系统采用推挽放大式无局放变频电源，它是由大功率晶体管组成的线性矩阵放大网络，并运用最新DSP工业控制器及光纤传输技术，工作在线性放大区，从而获得与信号源一致的标准正弦波形，由于其内部没有任何工作在开关状态下的电路，因此不产生严重的干扰信号，适合作为感应耐压及局部放电试验的电源；采用HVFP系列无局放变频电源作为串联谐振的励磁电源，由于输出波形为纯正弦波，损耗小，可使回路Q值提高25%，也适合作为串联谐振的励磁电源。

HVFP型推挽放大式无局放变频电源已在全国广泛运用，市场占有率达到90%，对1000kV变压器、800kV直流换流变、750kV/750MVA单相变压器、500kV/750MVA三相一体变压器都成功进行了过试验。

例如，西北某直流换流站750kV联络变使用HVFP型变压器感应耐压、局部放电试验系统进行长时感应耐压带局部放电试验测试。首先对A相本体进行测试，变频电源合闸后局放背景值为：高压22pC，中压27pC，低压78pC。当高压侧电压升到$0.54U_m/\sqrt{3}$（249kV，起始电压）时，高压侧局放量达到2600pC，此时在变压器周围可听见轻微放电声，当电压升到$0.78U_m/\sqrt{3}$（360kV）时，高压侧局放量达到14000pC，此时在变压器周围可听见刺耳的放电声，随后试验人员排除了外部周围环境噪声的可能，通过环绕变压器耳听排查的方式，确定出声源来自750kV高压出线装置处。为防止缺陷扩大，试验人员立即降压，当电压降至$0.38U_m/\sqrt{3}$（176kV，熄灭电压）时，异响消失，高压侧局放量下降至26pC。在厂家、安装单位、监理、业主共同见证下对该变压器进行第二次升压，当高压侧电压升到$0.52U_m/\sqrt{3}$（240kV）时，高压侧局放量达到3800pC，经各方确认，放电声响位置与第一次升压时一致。经各方协商，立即降压断电，结束试验。

本次试验中，基本可判断为变压器内部连续非典型特征放电，从放电声音及部位初步判断可能存在的缺陷如下：

（1）变压器750kV高压出线装置绝缘可能存在缺陷。

（2）变压器750kV高压出线装置伞形支撑件可能存在缺陷或夹杂异物。

（3）高压出现部位存在与周围部件牢固连接的遗留物。

以满足 220kV/240MVA 电力变压器感应耐压、局部放电试验为例，配置的试验设备组成部分见表 12-84。

表 12-84　　试验设备的组成

序号	设备名称、型号	主要参数	数量
1	HVFP-200kW 推挽放大式无局放变频电源	容量：200kW；输入：380V 三相 50Hz；输出：0～350V 纯正正弦波；局放量：≤5pC；输出频率：30～300Hz；运行时间：180min	1套
2	ZB-200kVA/2×5/10/35kV 无局放励磁变压器	容量：200kVA；输入：2×350V（双绕组）；输出：2×5kV/10kV/35kV（双绕组），可对称输出，也可单边输出；局放量：≤5pC；额定频率：80～300Hz；运行时间：90min（30min/相）	1台
3	HVFR-100kVA/20kV 无局放补偿电抗器	额定电压：20kV；额定电流：5A；电感量：6H；局放量：≤5pC；额定频率：30～300Hz；运行时间：90min	4台
4	HV-300pF/60kV 无局放电容分压器	额定电压：60kV；电容量：300pF；局放量：≤5pC；测量精度：1.0 级	1台
5	局部放电检测仪	模拟式或者数字式	1台
6	相关附件	包括变频电源的电源电缆、输出电缆；励磁变压器输出线等相关连接线；被试变压器套管均压帽（110kV/3只，220kV/3只）	1套

变压器感应耐压、局部放电试验接线示意图如图 12-53 所示。

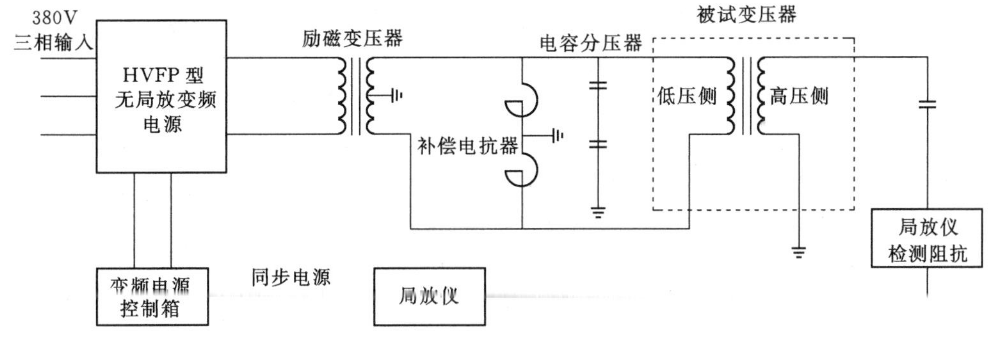

图 12-53　变压器感应耐压、局部放电试验接线示意图

第十一节　变压器操作波试验

一、变压器要进行操作波试验的原因

电力变压器在运行中要经受大气过电压、操作过电压和长时间工频电压的作用，为保证变压器的安全运行，要对变压器进行耐压试验。为了考核变压器耐受操作过电压的能力，就应该用操作过电压波对变压器进行试验，尤其在超高压电网中，操作过电压已成为设计绝缘的主要依据。这样，变压器耐受操作过电压能力的考核就愈来愈显得重要。但长期以来，这个能力通常用 1min 工频耐压（或 20～60s 的倍频感应耐压试验）来考核。需要指出，这种代替在技术上存在一定的问题。随着电压等级的提高，矛盾更加尖锐起来，

主要问题如下：

（1）工频 1min 耐压试验的目的有两个：一是试验变压器绝缘耐受操作过电压的能力；二是检验变压器绝缘耐受持续所施加的工作电压及工频电压升高的能力。但这两个目的是互相有矛盾的。前者要求电压持续时间较短而电压幅值较高，后者则要求电压持续时间较长而电压幅值较低。

（2）电网中出现的操作过电压，虽因电网的接线、参数和断路器性质等因素的不同而有差异，但一般说来，操作过电压的等值频率明显地高于工频频率，持续时间比 1min 的时间短得多。对变压器绝缘的试验研究发现，操作过电压和工频 1min 的电压以及冲击电压作用下，变压器绝缘结构的放电特性、放电路径是不一样的。若不考虑变压器的具体绝缘部位和结构的不同，以及变压器绕组在三种性质电压作用下实际电压分布的不同，笼统地、一成不变地取操作冲击系数为一定值（如取为 1.35），或取操作波击穿电压与冲击击穿电压之比为 0.83 等，都是不合适的。研究性试验表明，如果给变压器绕组某些部位以恰当的配置（调整油纸的比重），则可以提高其绝缘击穿电压的操作冲击系数。因此，笼统地取操作冲击系数为一定数（如 1.35）来折算工频 1min 的耐压值也是不合理的。用工频耐压来代替操作波耐压是不真实的，等价性上是存在问题的。在运行中也发生过一些冲击和工频耐压合格的变压器，在操作过电压下，因放电而引起事故的例子。

（3）随着超高压的出现，绝缘水平相对降低，在工频或倍频耐压试验中，由于局部放电，绝缘可能发生不可逆局部损坏的问题。这种局部损坏可能在试验时发现不了，而在以后长期工作电压作用下逐渐发展，导致击穿。这样，试验本身可能会产生绝缘缺陷。而在操作波试验时，变压器内绝缘发生的局部放电，并不会引起“残留性损伤”。

综上所述，为保证超高压变压器安全运行，要按变压器在运行中实际受到的各种电压选定相应的试验标准，也就是用冲击耐压试验检验耐受大气过电压的能力，用操作波耐压试验检验耐受操作过电压的能力，用工频耐压试验检验耐受长时间工作电压和工频电压升高的能力。对降低了绝缘水平的 220kV 及以下电压等级的变压器，特别是油间隙有明显减小的变压器，也有必要进行操作波耐压试验。

此外，对分级绝缘的变压器，其出线端的耐压试验不能采用工频 1min 耐压试验，只能采用倍频耐压试验。但现场倍频耐压试验存在设备笨重、调试费工的缺点。甚至要停下运行中的发电机和变压器作为试验设备，这不仅影响发供电，而且还担心因试验损坏运行设备的问题。而操作波试验与倍频试验相比，具有设备轻变、操作容易、示伤灵敏等优点。所以目前我国不少单位采用操作波试验对各种类型的变压器进行耐压试验，并收到良好效果。

二、变压器操作波试验的波形及标准

电力系统中实际出现的操作波波形会由于各种因素而各不相同，在实验室研究时应用过非周期性波、高频振荡波、直线上升的斜角波等。对于变压器内绝缘究竟采用哪种波形为佳，目前尚无充分的根据，有待研究确定。试验中所选择的波形，既要希望与实际操作过电压波形相近也要考虑在试验中便于获得，便于统一比较。IEC 规定的标准操作波为 250±20%/2500±60%μs 的冲击长波，如图 12-54 所示。美国 IEEE、日本和辽宁电力科学研究院、清华大学推荐用＞100μs、＞200(90%)μs、＞1000(0)μs 的操作波，或简单

表示为［100×1000(0)×200(90)］μs，如图 12－55 所示。

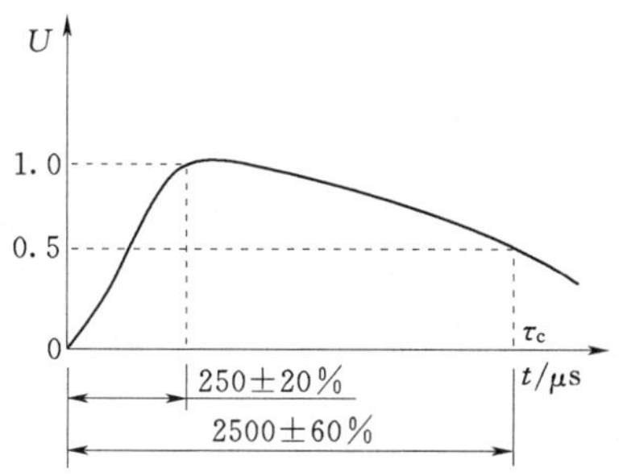

图 12－54 IEC 规定的标准操作波波形

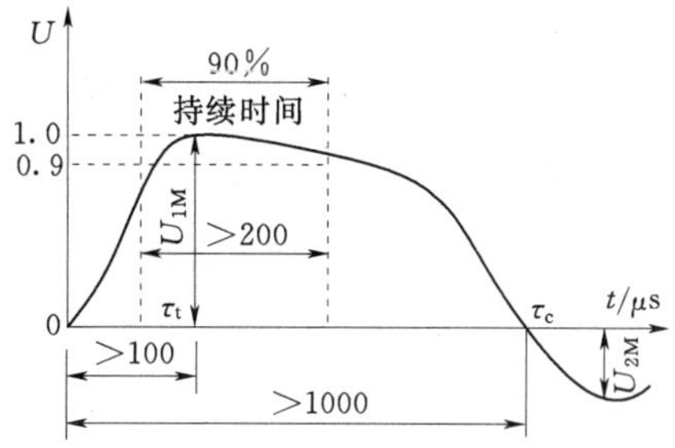

图 12－55 辽宁电力科学研究院和清华大学推荐的操作波波形

要求波形上叠加的高频分量幅值不大于操作波幅值的 5%，振荡的反极性幅值不大于操作波幅值的 50%，即 $U_{2M} \leqslant 50\% U_{1M}$。低压侧波形开始处的尖端脉冲电压不得大于操作波幅值。

变压器操作波试验采用负极性波（指操作波第一个半波的极性）。因研究结果说明，对于变压器内绝缘击穿强度而言，极性效应并不显著。但实际试验时，高压引线如为负极性的话，空气击穿强度较高，所以推荐采用负极性。

变压器操作波试验电压的幅值，应根据变压器在实际运行中所能遭受到的操作过电压来确定，主要取决于可能发生的最大操作过电压幅值，国外都根据避雷器的放电电压值（保护水平）来决定试验电压，即

$$U_{cs} = (1.1 \sim 1.2) U_{cf}$$

式中 U_{cs}——操作波冲击试验电压；

U_{cf}——避雷器操作波放电电压上限值。

《规程》规定的电力变压器操作波试验电压如表 12－85 所示。

表 12－85　　电力变压器操作波试验电压　　单位：kV

额定电压	最高工作电压	线端操作波试验电压值		额定电压	最高工作电压	线端操作波试验电压值	
		全部更换绕组	部分更换绕组			全部更换绕组	部分更换绕组
<1	≤1	—	—	35	40.5	170	145
3	3.5	35	30	66	72.5	270	230
6	6.9	50	40	110	126.0	375	319
10	11.5	60	50	220	252	750	638
15	17.5	90	75	330	363.0	850 950	722 808
20	23.0	105	90	500	550.0	1050 1175	892 999

注　操作波的波形为：波头大于 20μs，90%以上幅值持续时间大于 200μs，波长大于 500μs；负极性三次。

对于目前的 220kV 及以下系统，若仍保留现有的雷电冲击水平和工频 1min 耐压水平，则操作波冲击试验电压值可取工频 1min 耐压幅值的 1.38 倍，或者取雷电冲击全波

耐压幅值的0.8倍，两者基本上是一致的。

试验时应在额定操作波试验电压下进行3次。

三、变压器操作波试验的基本原理

变压器操作波耐压试验的方法有多种，利用冲击电压发生器产生操作脉冲电压波是用得最多的一种，而用这种方法对变压器进行操作波耐压试验主要有两种方式：一种是利用冲击电压发生器产生一个幅值很高的操作波电压直接施加于变压器高压侧的耐压点；另一种是利用冲击电压发生器产生幅值较低的操作波电压，施加于变压器的低压侧，因为操作波的等值频率并不高，所以被试变压器的高压绕组便会基本上按变比感应出高幅值的操作波电压。由于后一种方式的电压是靠被试变压器电磁感应作用来升高的，所以冲击电压发生器只要产生较低的电压即可，因而简单、经济，便于现场使用，故下面介绍这种接线方式。分析表明，无论是电网中实际出现的操作波，还是规定的标准操作波，其等值频率都远小于变压器铁芯的响应频率。这样，就可以利用被试变压器本身进行升压，从而达到所要求的高电压波形对变压器进行耐压试验，操作波试验就是基于这个原理发展而成的。如图12－56所示，冲击主电容 C_0 被充电至所要求的电压后，经间隙G和波头电阻 R 对变压器低压绕组N放电，适当选择 R 及 C_0，则出现在 N_1 上的电压为操作波。由于操作波的等值频率不高，可以认为在变压器中，电压沿绕组均匀分布，基本上按变比在高压绕组 N_2 上感应出与低压绕组上的电压波形相同的高电压（在一定情况下，高压侧电压值比按变比的计算值略大）。而且可以把变压器当作集中参数来分析，如图12－56所示。图中参数都已折合到低压侧。

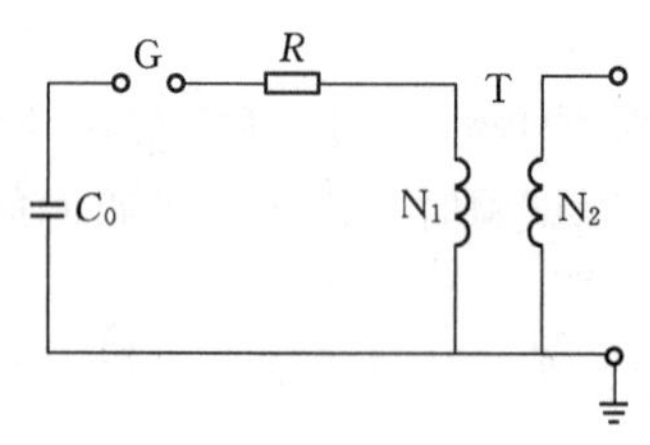

图12－56 操作波试验的原理接线图

在操作波试验过程中，因为铁芯饱和与剩磁的影响，L_0 不是常数，通常情况下在电力变压器试验回路中有 $C_0>C_2\gg C_1$，$L_0\gg L_1=L_2$。

试验时，先将 C_0 充电到电压 U_0 后，使间隙击穿，C_0 经电阻 R 和漏感 $L=L_1+L_2$ 向 C_1、C_2 充电，C_2 上电压 U_2 的上升过程就是操作波波头，这个过程较快，为几百微秒，所以在分析波头时视 L_0 为开路不致带来很大误差。当 C_1、C_2 充电到与 C_0 同一电压 U_M 后，共同对 L_0 放电，当变压器铁芯磁通接近饱和时，L_0 明显减小，放电电流明显增大，电压迅速降低，C_2 上的电压 U_2 下降到零的过程就是操作波波尾。这一过程为1000μs至几千微秒。由以上分析可见，磁通饱和是决定波尾长度的主要因素。由于 $L\ll L_0$，在分析波长时，略去 L 不会引起很大误差。另外，$C_1\ll C_0$、C_2，故也可略去，这样图12－57所示电路就可以分解为对应于操作波波头的图12－58和对应于操作波波长的图12－59这两个电路。

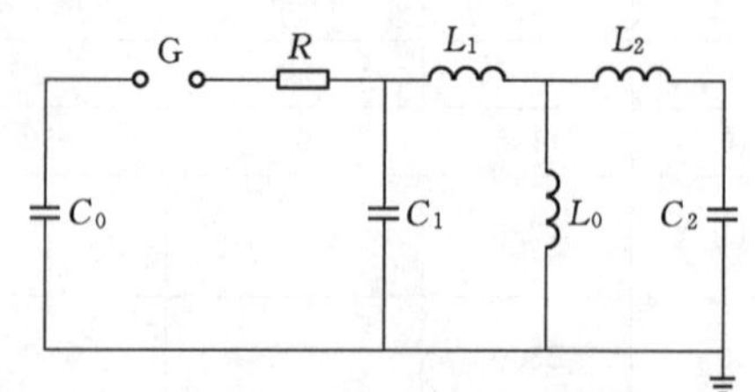

图12－57 等值电路

C_1、C_2—变压器一、二次侧等效对地电容；L_1、L_2—变压器一、二次侧漏感；L_0—变压器激磁电感；C_0—冲击主电容

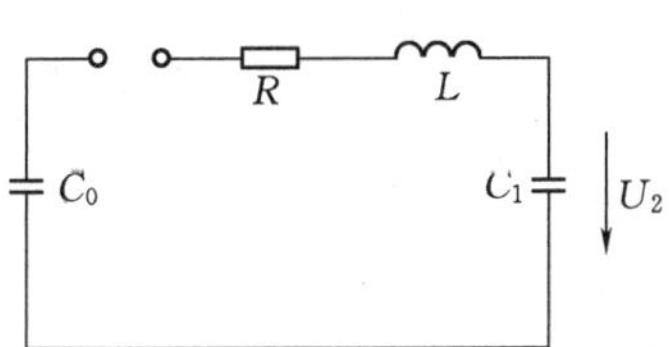

图 12-58　波头的等值电路

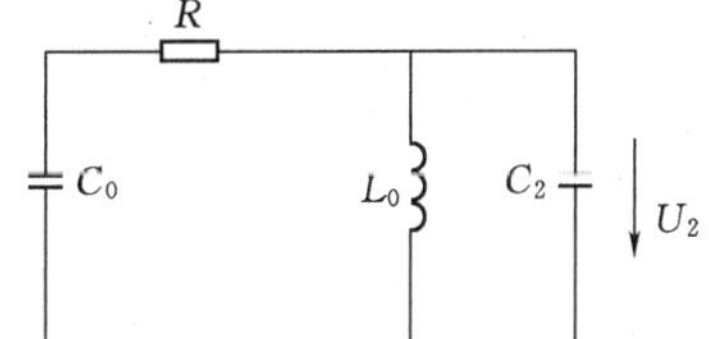

图 12-59　波长的等值电路

由此可见，操作波试验实质上是个充放电过程，波头是一个 RLC 充电过程，忽略 L 的影响，则成为一个 RC 充电回路，其充电时间常数取决于波头电阻 R 和电容 C_0 与 C_2 的串联值 C_0，波长是一个充满电的电容经 RL_0 放电的过程，忽略 R 的影响，则成为一个 L。C 振荡回路，其振荡频率取决于激磁电感 L_0 和电容 C_0 的并联值 C。

由上述分析不难看出，操作波试验回路的控制是通过隔离球隙来实现的。目前现场采用的隔离球隙控制方法有两种：

1. 三球间隙控制线路

三球间隙控制线路是由嵌针式三球间间隙（简称三球间隙）和触发脉冲发生器两部分组成。

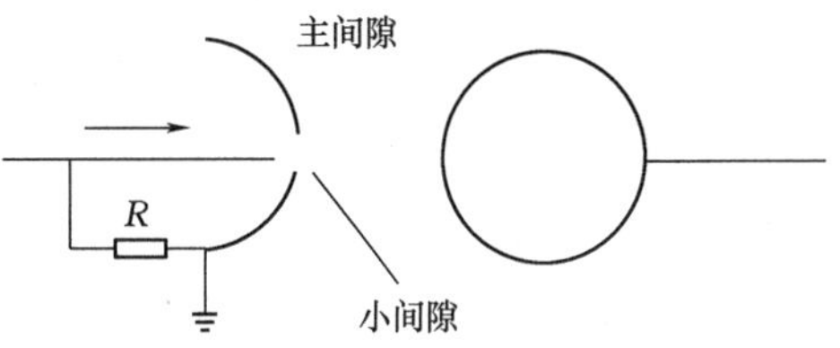

图 12-60　三球间隙

三球间隙结构比较简单，由两个直径为 10～15cm 的铜球制成，形成一个主间隙，如图12-60 所示。其中一球可为整球，也可为半球。在球的中央开一个 2～3mm 的小孔，在小孔中插入一根塑料管，将一根细的金属电极插入塑料管中，为针状点火电极。这样的针状点火电极与球的外壳之间就形成了一个小间隙。在工作时，触发脉冲发生器给出的触发脉冲电压就加在针状点火电极上，而球的外壳是接地的。

在工作时，主间隙上所加的电压稍低于球隙的击穿电压。当触发脉冲发生器给一个 8～10kV 的触发脉冲电压到针状点火电极后，针状点火电极与球外壳之间的小间隙先放电，此放电火花促使了主间隙的击穿。

如果在主间隙上施加的工作电压较高时，小间隙将有较高的感应电压。这样，虽然不将触发脉冲加到针状点火电极上，小间隙也会自行放电，引起整个主间隙的击穿，而不能达到操作波脉冲控制触发的目的。所以在球的外壳与针状点火电极之间加一个高阻值的电阻（约为 10MΩ），避免其自放。

触发脉冲发生器的原理接线如图 12-61 所示，它的工作原理是把 220V 的交流整流后给 20μF 的电解电容充电。点火时，按下按钮 A，这样一个 200 多伏的低压脉冲加到汽车点火线圈的原边。这是一个自耦式的脉冲变压器，在原边加进 200 多伏电压，副边可感应出 10kV 以上的电压。这个电压可使隔离球放电导通，而使电压经 15kΩ 的电阻传到三球间隙的针状点火电极上，促使三球间隙的小间隙放电，造成整个主间隙击穿。

在点火线圈的原边加了一个由 510pF 和 5100pF 的云母电容组成的电容分压器，目的

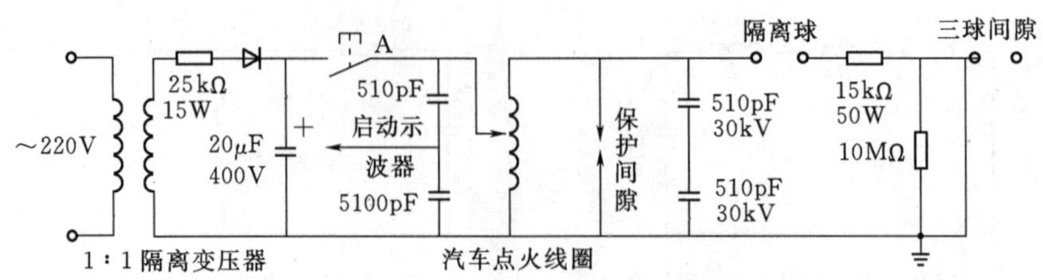

图 12-61　触发脉冲发生器的原理接线图

是从 5100pF 的电容上引一个低电压的触发信号去起动示波器，以达到试验中主回路的放电和测量回路的测量很好的同步。

试验经验表明，在汽车点火线圈的副边并联一个 250pF 的电容器，可使隔离球点火较为容易，而且放电火花比不加这个并联电容时大。

电源侧加一个 1∶1 的隔离变压器，是为了隔离试验的工作接地与电源接地。

实践证明，上述触发脉冲发生器在操作波试验中，还是很适用的，它的结构与原理都很简单，操作方便，很适用于现场使用。因此，一般也将它用于下述的多球间隙的脉冲控制线路中，作为触发脉冲发生器。

2. 多球间隙脉冲控制线路

多球间隙脉冲控制线路由多球间隙、脉冲发生器和触发脉冲发生器三个部分组成，如图 12-62 所示。

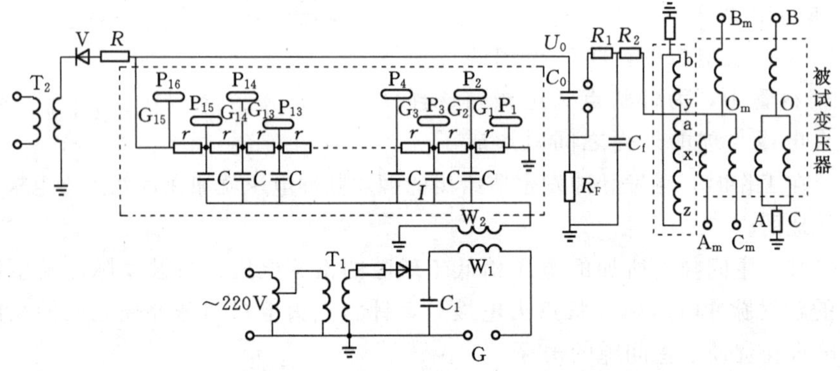

图 12-62　多球间隙脉冲控制线路图

多球间隙结构较为复杂，装有 $P_1 \sim P_{16}$ 16 个棒状电极。组成 $G_1 \sim G_{15}$ 15 个串联间隙。各个间隙都并联有一个 20.4MΩ 的碳膜电阻 r，使施加于多球间隙两端的直流高压均匀分压。每一个间隙 G 的直流击穿电压约为 16.9kV，整个间隙的击穿电压约为 250kV。当间隙的最大工作电压为 200kV 时，仅为其击穿电压的 80%。在多球间隙的工作电压范围内，不经点火，间隙是不会自行击穿的。

电极 $P_2 \sim P_{15}$ 的每一个都经一自然形成的小电容 C 连接于点火电极 I；P_1 是直接接地的；P_{16} 接在主电容 C_0 上（如果主回路是一级充放时，P_{16} 是直接接在主电容 C_0 上；如果主回路是二级充放时，P_{16} 接在主电容的第一级上）。当 I 施加高幅值脉冲电压 U_i

时（约为 30kV），$P_2 \sim P_{15}$ 将获得一脉冲高电位，若 U_i 的幅值比间隙 G_1 的击穿电压高得多，G_1 将迅速击穿，并使 P_2 的电位接近于 P_1，则 P_2 与 P_3 间又出现高的电位差，G_2 随即击穿，这样多球间隙的各个小间隙依次击穿放电。实际上，各小间隙的击穿，也可以是从两端依次向中间发展，最后导致整个间隙的导通。在试验中我们发现，只要点火的脉冲电压 U_i 的幅值足够高，允许主电容 C_0 上的电压 U_0 比较低，即可造成间隙 $G_1 \sim G_{15}$ 的击穿。当 U_0 很高时，则所需点火脉冲允许低一些。

脉冲电压 U_i 是由脉冲发生器供给的。脉冲发生器由脉冲变压器、电容 C_i 和三球点火间隙 G_i 组成。C_i 将充有不大于 6kV 的直流电压。当触发脉冲发生器发出触发脉冲电压施加于三球点火间隙 G_i 的针状电极，致使三球间隙放电时，C_i 上的电压经 G_i 和脉冲变压器的原边绕组 W_1 放电，W_1 中产生约 1MHz 的高频衰减振荡电压，并由脉冲变压器的副边绕组 W_2 输出一个 30kV 左右的衰减振荡电压 U_i 送到点火电极 I，以引起多球间隙的击穿。

多球间隙脉冲控制线路中采用的触发脉冲发生器和三球间隙脉冲控制线路中采用的触发脉冲发生器一样。

以上介绍的这两种脉冲控制线路各有优缺点。三球间隙控制线路接线、结构比较简单，便于制作，但在实际的变压器操作波感应耐压试验中，由于施加电压往往要进行多次的变化，因此主间隙的距离需作相应的改变，这样操作起来比较频繁、麻烦。而多球间隙只要是在它的 200kV 的工作电压范围之内，不需调整，均可使用，但是它的结构较为复杂，制作比较困难。

四、操作波试验的主回路接线和波形估算

按图 12－56 所示的主回路接线试验时，低压侧波形的起始处会出现一个尖端脉冲电压，如图 12－63 所示。这是由于漏抗 L 在隔离球击穿的初瞬，阻止电流流过所造成的。

由于尖端脉冲电压幅值高、持续时间短，接近冲击波，为避免对低压侧绕组产生不良影响，有必要采取措施加以限制。根据有关单位的试验和计算结果证明，取用 T 型调波回路的效果较好，其接线如图 12－64 所示，这种回路对变压器操作波试验是适用的。

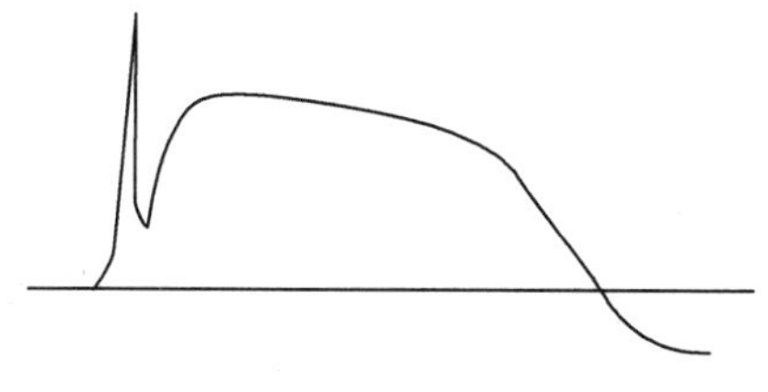

图 12－63　尖端脉冲电压波形

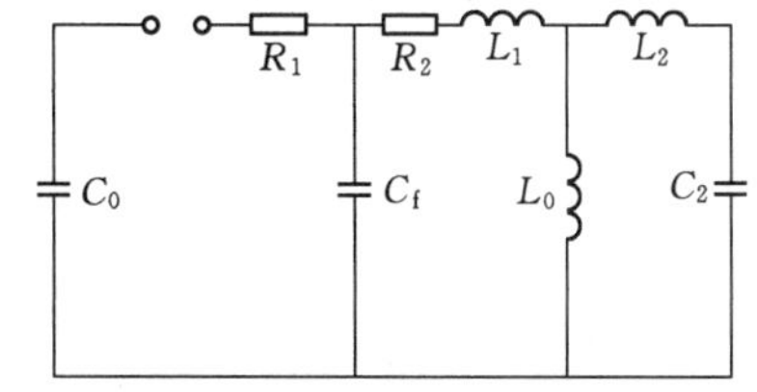

图 12－64　T 型调波回路

R_1、R_2—波头电阻；C_f—调波电容

下面介绍这种接线方式下的波形估算方法。

电路简化的考虑与以上论述相同，图 12－64 所示电路可分解为对应于波头的图 12－65

和对应于波长的图 12-66 这两个电路。

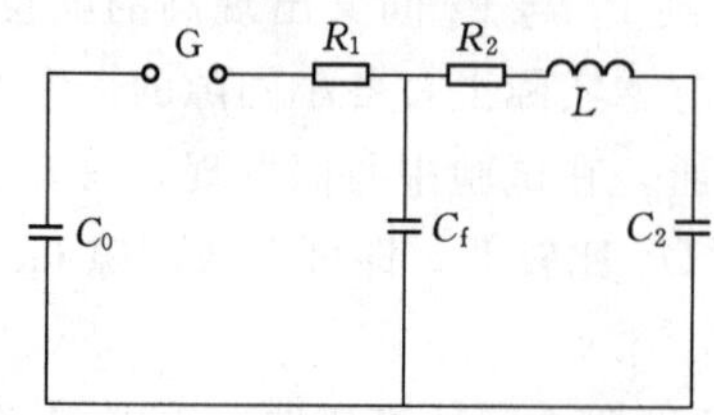

图 12-65 对应于波头的等值电路

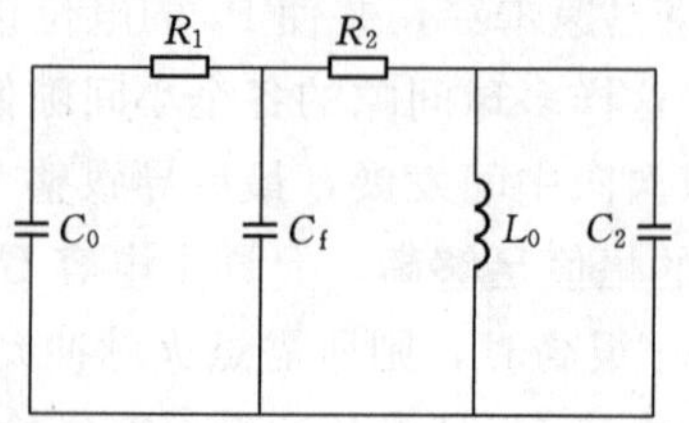

图 12-66 对应于波长的等值电路

1. 波头 τ_t 的估算

为简化计算，将图 12-65 的 C_f 移至 C_2 处，R_2 缩小到 $R_2\dfrac{C_2}{C_f+C_2}$，如图 12-67（a）所示。在图 12-67（a）中，因 L 较小，对波头时间影响不大，故略去 L，如图 12-67（b）所示。U_2 上升至波峰的时间便是波头 τ_t。

不难解得

$$u_2=\frac{C_0}{C_0+C_f+C_2}U_0(1-e^{-\frac{t}{\tau}}) \tag{12-53}$$

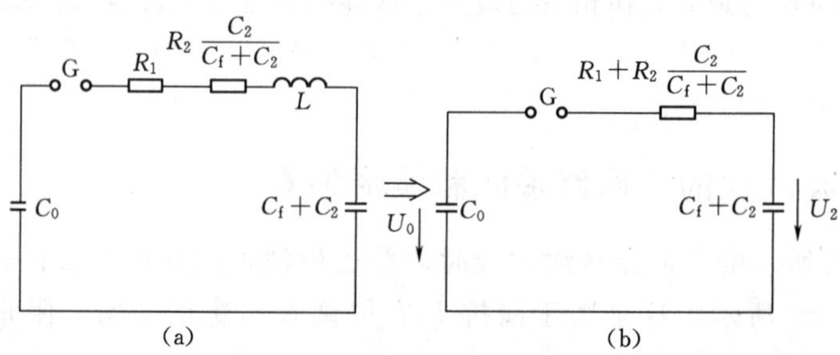

图 12-67 波头的简化等值电路

（a）将图 12-64 中 C_f 移至 C_2 的等值电路；（b）忽略 L 的简化等值电路

理论上 u_2 达稳态值（操作波幅值 $U_M=\dfrac{C_0}{C_0+C_f+C_2}U_0$）的时间为无穷长，实际上由于存在 L_0，波头上升过程中伴随有放电过程，近似取 u_2 达 95% U_M 的时间为波头时间 τ_t，则

$$\tau_t=3\tau=3RC=3\left(R_1+R_2\frac{C_2}{C_f+C_2}\right)\frac{C_0(C_f+C_2)}{C_0+C_f+C_2} \tag{12-54}$$

式（12-54）就是估算操作波波头的实用公式。已有的试验结果表明，利用式（12-54）估算出的波头时间具有一定的工程准确度。

当选取 $R_1=R_2=R$ 时，则

$$\tau=3R\frac{C_0(C_f+2C_2)}{C_2+C_f+C_0} \tag{12-55}$$

应当指出，上述分析是对单相变压器而言的。对三相变压器进行操作波试验时，当忽

略了激磁电感 L_0 和漏感 L 后，其等值电路与单相变压器时的等值电路完全一样。因此，对于三相变压器，其操作波波头时间也可用式（12－54）和式（12－55）进行估算。

2. 波长 τ_c 的估算

如图 12－68 所示为波长的简化等值电路，它是把图 12－68 中的 C_f、C_2 移至 C_0 处，并将 R_1、R_2 都相应缩小得到的，最后的简化电路见图 12－68（c）。

图 12－68（c）所示线路是一个 RLC 振荡回路，其振荡角频率为

$$\omega=\sqrt{\frac{1}{L_0C}-\left(\frac{R}{2L_0}\right)^2}$$

$$C=C_0+C_f+C_2$$

$$R=\frac{R_1C_0+R_2(C_0+C_f)}{C_0+C_f+C_2}$$

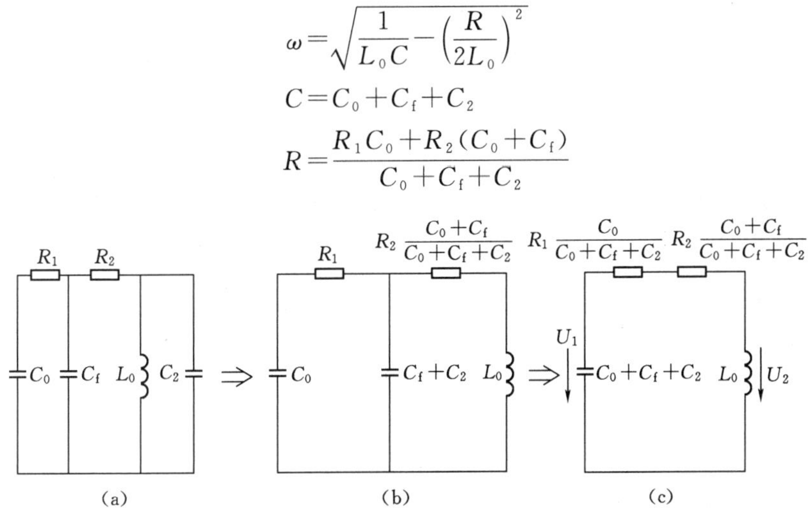

图 12－68　波长的简化等值电路

（a）对应于波长的等值电路；（b）将 C_f 移至 C_2 的等值电路；

（c）将 C_f，C_2 移至 C_0 的简化等值电路

近似地取振荡周期的四分之一为波长时间 τ_c，则

$$\tau_c=\frac{T}{4}=\frac{\pi}{2\omega}=\frac{\pi}{2\sqrt{\frac{1}{L_0C}-\left(\frac{R}{2L_0}\right)^2}}$$

对于一般电力变压器试验回路而言，$\frac{1}{L_0C}\gg\left(\frac{R}{2L_0}\right)^2$

所以略去 $\left(\frac{R}{2L_0}\right)^2$ 项，再考虑铁芯饱和使 L_0 减小引起波长缩短的修正系数，便得估算波长的实用公式，即

$$\tau_c=\frac{\pi\sqrt{L_0(C_0+C+C_2)}}{2}K$$

K 为修正系数，随变压器的结构材料不同而异，也随试验电压的高低而变化。对 DFL、ISW 型 220kV 变压器，在 100％试验电压下 K 一般为 0.6～0.75。

上述波长估算公式是基于变压器铁芯剩磁为零的情况得出的。试验表明，变压器铁芯剩磁的方向及大小对波长影响很大，理论上讲，正向剩磁（剩磁方向与所加电压产生的磁通方向一致），最大时的波长仅是反向剩磁最大时波长的$\frac{1}{3}$左右。

3. 波幅的估算

主放电电容 C_0 及充电电压 U_0 等参数确定后，需对操作波波幅进行估算，看其能否达到要求值。即

$$U_{2M}=\eta U_0$$

式中　U_{2M}——C_2 上的操作波电压峰值（折算到低压侧）；

U_0——C_0 上的直流充电电压值；

η——回路的电压效率。

反过来，已知被试变压器的试验电压 U_{2M}，需计算 C_0 上的充电电压值；看其能否满足要求。可见波幅的估算实际上是效率 η 的估算。显然效率是指被试变压器加压绕组端子上得到的电压 U_{2M} 与主电容器的充电压 U_0 之比。电压效率 η 与回路参数有关，构成 η 的一个重要因素是所谓的电容效率 η_c，$\eta_c=\dfrac{C_0}{C_0+C_f+C_2}$。另外，$\eta$ 还和波头电阻 R、激磁电感 L_0 等因素有关。R 要消耗一部分电能，L_0 使得 C_2 上建立电压的同时有一部分电能释放掉了。一般说来其他条件固定时，被试变压器容量愈大，主放电电容 C_0 的容量愈小，试验回路的效率愈低。

通过解微分方程，再进一步简化，可得效率的计算式为

$$\eta=\eta_c e^{-\eta_c\frac{R}{2L_0}\tau_c}\cos\left(\sqrt{\frac{\eta_c}{L_0C_0}}\tau_c\right)$$

如果用上式感到不便，可采用下式进行粗略估算。

$$\eta=0.8\eta_c=0.8\frac{C_0}{C_0+C_f+C_2}$$

回路效率确定后，便可以根据主放电电容上的充电电压 U_0 来估算操作波波幅了。

五、变压器操作波试验下的示伤

进行变压器操作波试验时，如何判断主、纵绝缘是否击穿是一个十分重要的问题。通常在试验过程中，若变压器油箱中有异常声响、有烟和气泡逸出，或操作试验后进行空载试验时，激磁电流和损耗显著增大，都有可能判断为变压器发生了故障。但是，一般认为，试验过程中的异常声响等迹象不易被人们所察觉；而空载试验，因所加的电压较低，也只能发现极其严重的绝缘损伤。为此，讨论如何根据操作波电压、电流波形的变化判断变压器主、纵绝缘是否击穿，还是很有必要的。

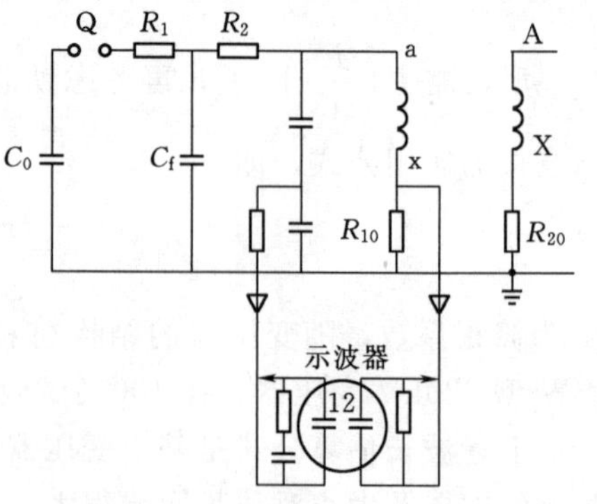

图 12-69　示伤接线示意图

R_{10}、R_{20}—变压器绕组中性点示伤电阻

变压器操作波试验时，电压波的持续时间不长，总能量有限，当主、纵绝缘击穿时，由于参数变化和损耗增加，电压，电流波形将随之发生变化，这就给示伤提供了重要依据。如图 12-69 所示，可用示波器观测变压器绕组电压和中性点电流波形的变化，用以判别有无绝缘缺陷。试验证明，这种方法

具有良好的示伤灵敏度。

图 12－70 画出了一次绕组在进行操作波试验时，正常情况下中性点电流的主要成分及对应的波形图。中性点电流包括三部分：

（1）电容电流 i_c 是流过绕组电容的充电电流，它的持续时间较短。$i_c=C\dfrac{du}{dt}$，其最大值对应于电压上升的最大陡度时间，一般出现在几十微秒处，匝数不多的绝缘击穿时，绕组电容降低甚少，所以 i_c 将不发生明显变化。

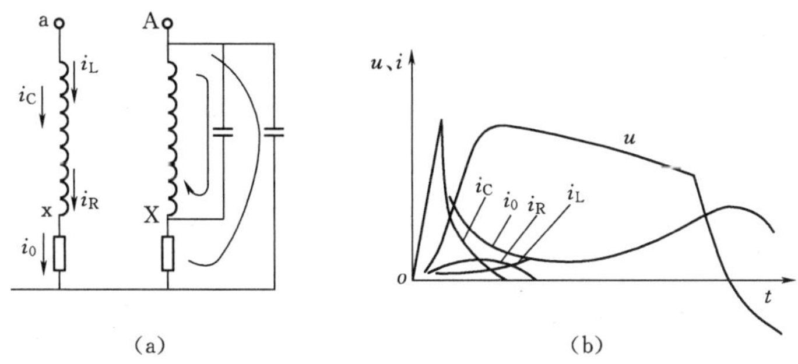

图 12－70　中性点电流成分及波形图

（a）电流成分；（b）波形图

（2）激磁电流 i_L 在施加电压过程中一直存在，且逐渐增长，$i_L=\int_0^t \dfrac{u}{L}dt$ 。其最大值对应于电压接近过零时刻，出现短路匝时，激磁电抗减少，但由于电压降低，致使 i_L 的幅值有所降低，且最大值出现的时间前移。

（3）合成有功损耗电流 i_R 与电压同相位，正常情况下 i_R 很小，但故障时，i_R 显著增大，使合成电流 i_0 滞后电压的相位前移，并使 i_0 的“凹”处抬高许多。

由上述分析可知，i_L、i_R 是电流示伤的主要依据，可以通过观测 i_L、i_R 合成电流 i_{LR}（$i_{LR}=i_0-i_C$）的幅值升高与相位提前的明显变化来判断变压器故障。同时，故障时 L_0 减小，i_R 增大，电压将衰减，振荡频率增大，波头变短，波长提前过零。

实际上，出现短路匝时，可以认为两绕组变压器变成了三绕组变压器，且第三绕组呈短路状态，其等值电路如图 12－71 所示，图中 R'为反映损耗的等值电阻。很明显，由于 R'的存在，激磁电感 L_0 下降为 L_0'操作波试验的回路效率变低，电压幅值降低，波头、波长变短。

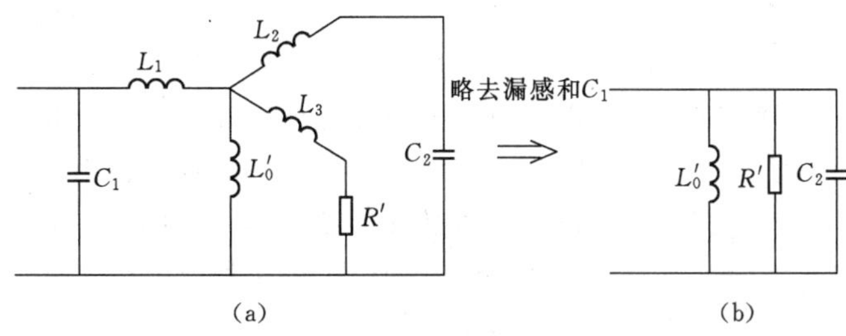

图 12－71　被试变压器出现短路匝时的等值电路

当变压器主绝缘击穿时，相当于全部或很大一部分绕组被短路，这时两个绕组的电压波形几乎同时下降为零，电流也产生强烈振荡。

在一台3.3kV/44kV、1000kVA变压器上进行了模拟匝绝缘短路和主绝缘油间隙击穿的试验。高压绕组1～37匝死短路的试验部分示波图如图12-72所示。

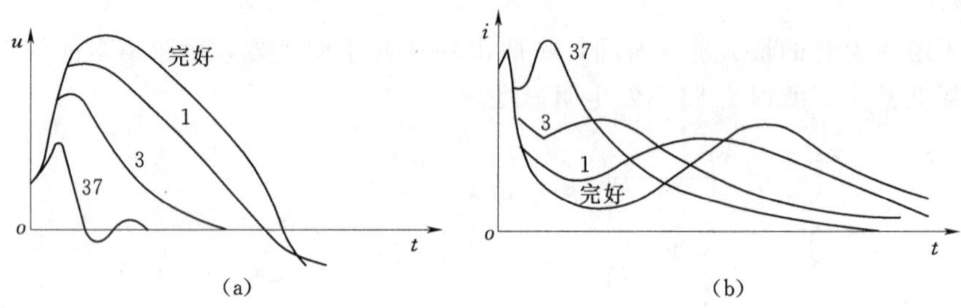

图12-72 低压绕组电压电流波形（1、3、37表示短路匝数）

(a) 电压波形；(b) 电流波形

从上述结果可以看出，只要有短路匝存在，绕组电压的幅值与频率都有明显变化。其中电容电流 i_C 无变化、i_L、i_R 的合成电流最大值出现时间大大提前，“凹”处明显抬高，所以可以根据电压、电流波形的变化，很容易做出判断。上述变压器示伤灵敏度（故障匝数与绕组总匝数之比）是目前所知的示伤灵敏度中最高的。

为了在操作波耐压下测量示伤用的电流，变压器原副边都接有分流器，被测电流流过它时产生一个压降，再用示波器测出此电压波形，该电压波的数值除以电阻值即为电流波的数值。

分流器用康铜丝绕成，绕法应为无感绕法。阻值的选择应使电感电流的幅值大小在示波器上有足够的高度。一般低压侧的分流器的阻值约为零点几欧至3Ω，高压侧则为几欧至几十欧。低压侧分流器电阻丝的线径应比波头电阻丝稍粗，而高压侧的电阻线的线径可较细。电阻丝的线径和分流器的结构应保证电阻丝在电流流过时不会在机械上造成断裂，否则会对示波器造成危险的过电压信号。分流器一端应牢固接地，另一端接变压器绕组端部，并经匹配电阻与高频电缆相连。匹配电阻与分流器的电阻值之和应为电缆波阻抗值。因低压侧分流器的阻值很小，所以其匹配电阻值可选为高频电缆的波阻抗值。

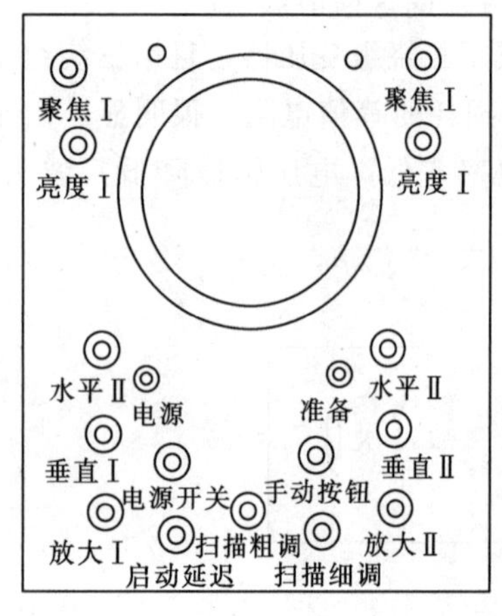

图12-73 SB-11型示波器面板图

由于操作电压波形及其示伤用的电流波形是一次过程，所以应采用高压技术中常用的测量一次过程的示波器来进行波形的测量。这种示波器的加速电压较高，根据绝缘示伤的要求，最好选用双线示波器，以同时测量操作电压波及相应的电流波形。因操作电压波的波长规定为不小于1000μs。110kV三相变压器的试验表明，在额定电压下，波长实测值有时可达2000μs。为了避免测量时受地电位的杂散干扰的影响，输入示波器的信号电压不宜过低。目前能适应上述要求的现成示波器是国产SB-11型等示波器，其面板图如图12-73所示。

在进行变压器操作波试验时，扫描速度旋钮应置于最慢位置，即扫描粗调放在 4，扫描细调放在 10，一般条件下，“启动延尺”旋钮放置于反时针方向转动至极端的位置（启动延迟为零）。在电子射线未释放及扫描的条件下，高度不应随意调节，以免高度过大，在屏幕上长期显出光点，而把荧光屏烧坏。为了测量准确，被测电压应经分压器直接接到现象板而不经过示波器所附的放大器。启动方式采用外触发方式，外触发启动信号电压为正极性 10～50V。输入被测电压的最高幅值以 200～250V 为宜。示波图由与示波器配套的相机拍摄下来，胶片冲洗完后可用上海电表厂生产的 FG－3 型放大器（放大 5 倍）进行阅读、测量。

示波器的扫描时基，要事先用音频信号发生器或方波信号发生器产生一个 5kHz 的已知信号进行校核，这种频率的信号每一周期相当于 200μs。垂直偏移的灵敏度可事先用已知幅值的交流或直流电压进行校核。如在示波器的第Ⅰ信道及第Ⅱ信道加上已知幅值的工频交流电压，在示波器的屏幕上就出现两条一定长度的垂直亮线，用相机照下波形，冲洗后用便携式 FG－3 型放大器阅读、测量，可得出每厘米代表多少伏电压的折合关系。应当指出，SB－11 型示波器两个信道的“极性”是相反的，也就是说，第Ⅰ信道若输入一对地正电压时，射线是向上偏移的，而第Ⅱ信道若输入一对地正电压时，射线却是向下偏移的，观察波形时应注意这一点。

值得注意的是，为了避免示波器因被测回路中地电位所造成的反击，示波器最好能经过绝缘的 1∶1 变压器（隔离变压器）供电，且要加电容保护，高频电缆的外皮最好要多点保护接地。尤其是对超高电压的变压器进行操作波试验时，更应予以注意。

SB－11 型示波器的全屏扫描时间最大为 2300μs，有时还感到不甚适合要求，必要时可对其扫描电路稍作修改，使扫描速度慢一些，以加长全屏的扫描时间。

东北某发电厂对 DFL－40000/220 型变压器进行操作波试验的接线图和参数如图 12－74 所示。对不同电压等级和容量的变压器，可根据具体情况计算试验回路中的参数。

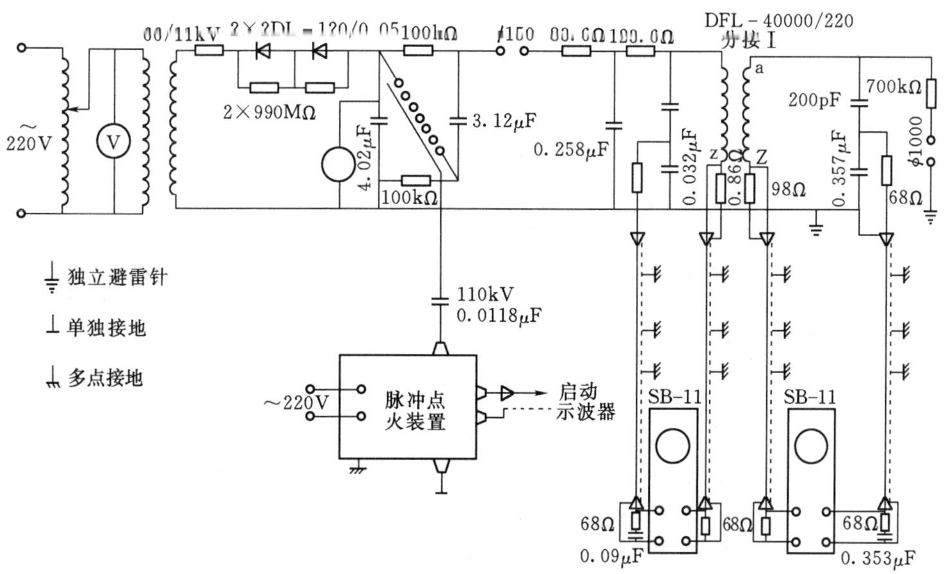

图 12－74　DFL－40000/220 型变压器 C 相出线端操作波试验的接线及参数

第十二节 测量局部放电

随着变压器故障诊断技术的发展，人们越来越认识到局部放电是变压器诸多故障和事故的根源，因而局部放电的测量越来越受到重视。在《规程》中将它列为变压器的检查性试验项目。

一、局部放电的基本概念

(一) 局部放电及其产生的原因

局部放电是指电气设备（如变压器）在电压的作用下，绝缘结构内部的气隙、油膜或导体的边缘发生非贯穿性的放电现象。

变压器的绝缘结构较复杂，内部发生局部放电的原因很多，如果设计不当，可能造成局部区域场强过高，工艺上存在某些缺点可能会使绝缘中含有气泡，在运行中油质劣化可分解出气泡，机械振动和热胀冷缩造成局部开裂也会出现气泡。在这些情况下都会导致在较低外施电压下发生局部放电。对闭合的油隙（如空隙），发生局部放电后，由于气体不易逸出，能量得到控制，不易向外发展；对开放式油隙，一旦发生局部放电，放电就会持续发展，造成绝缘老化。因此，对大型电力变压器进行局部放电测量，能及时有效地发现变压器制造和安装工艺的缺陷，对确保电力变压器的安全运行有重要作用。

(二) 局部放电的等值电路

局部放电最简单的情况是在电介质内部只含一个气隙，如图 12－75（a）所示。图中 c 代表气隙，其电容为 C_c，b 是与气隙串联的那部分介质，其电容为 C_b，a 是除了 b 之外的其余完好部分介质，对应的电容为 C_a。假定这一介质是处在平行板电极之中，在交流电场作用下，气隙和介质中的电过程可用图 12－75（b）所示的等值电路来分析。

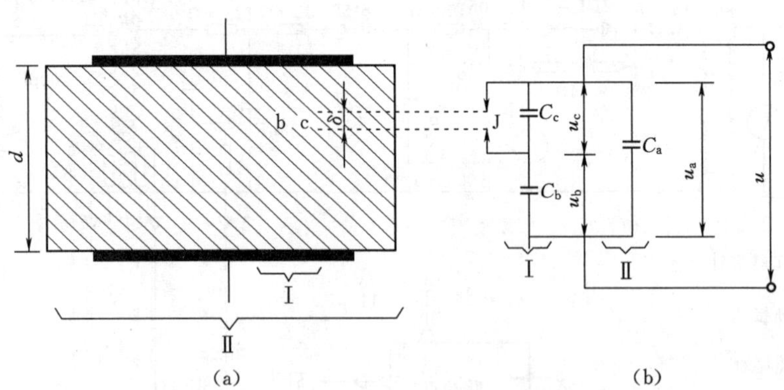

图 12－75 含有单气隙的绝缘结构及其等值电路

(a) 结构示意图；(b) 等值电路

c—气隙；δ—气隙厚度（m）；d—整个介质厚度（m）；

Ⅰ—有缺陷的介质；Ⅱ—除 b 之外的其余完好介质

由图 12－75（b）可知，此时整个介质的总电容为

$$C=C_a+\frac{C_bC_c}{C_b+C_c}$$

在 $U=U_m\sin\omega t$ 的作用下，C_c 上的电压为

$$U_c=\frac{C_b}{C_b+C_c}U_m\sin\omega t$$

气隙放电时 u_c 的变化以及相应的脉冲电流如图 12－76 所示，图（a）中的虚线为 u_c 的波形。当 u_c 达到气隙的放电电压 U_s 时，气隙产生火花放电，相当于图 12－75（b）中的 C_c 通过并联间隙 J 放电。这时 C_c 上的电压从 U_s 迅速下降到 U_r，U_r 称为剩余电压，然后放电熄灭，构成一次局部放电。

图 12－77 所示为一次局部放电从开始到终止的过程。在这段时间里，C_c 上的电压从 U_s 下降到 U_r 的过程对应一个放电脉冲，于是形成一次局部放电脉冲。发生这样一次放电过程的时间很短，约为 10^{-8}s 数量级，可以认为是瞬时完成的，故放电脉冲电流表现为与时间轴垂直的一条直线，如图 12－76（b）所示。气隙每放电一次，其电压瞬时下降一个 ΔU_c。

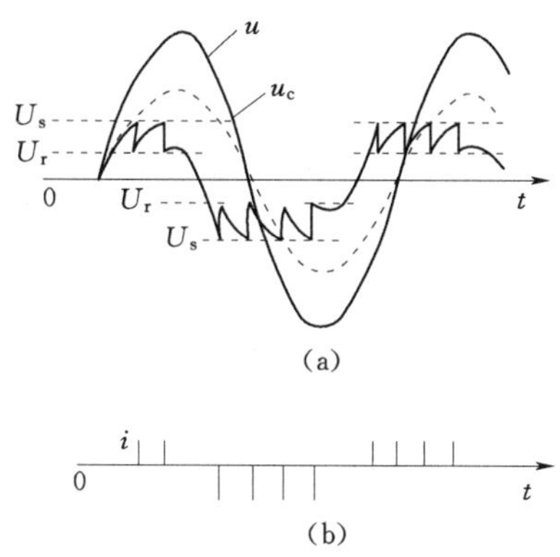

图 12－76　气隙放电时 u_c 的变化以及相应的脉冲电流

（a）u_c 波形；（b）脉冲电流

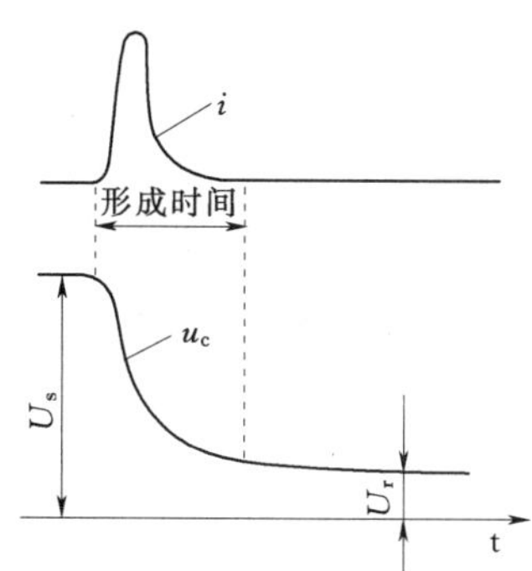

图 12－77　气隙放电一次形成的脉冲电流

随着外加电压瞬时值的上升，C_c 重新充电，直到 u_c 又达到 U_s 时，气隙发生第二次放电，又下降 ΔU_c。这样的放电会发生第 3 次、第 4 次、……、要持续到电源电压最大值附近，并有相应次数的脉冲电流形成，如图 12－76 所示。

气隙的实际放电过程是复杂的，受多种因素的影响。放电量小的，放电间隔时间短，放电次数较多；放电量大的，放电间隔时间长，放电次数较少。电介质中可能存在多个气隙，各个气隙的放电情况也是不同的，它们混合在一起。有的还会互相叠加，故实际观测到的波形可能是杂乱无章的。

（三）表征局部放电的参数

1. 实际放电量与视在电荷量

在气隙中产生局部放电时，气隙中的一部分气体分子或原子被电离而形成正负带电质点，在一次放电中这些质点所带的正（或负）电荷总和称为实际放电量，用 q_r 表示。

根据图 12-75（b）所示的等值电路可以推算出，由于 C_c 上电荷改变了 q_r 所引起的 C_c 上的电压变化 ΔU_c，即

$$\Delta U_c=(U_s-U_r)=\frac{q_r}{C_c+\dfrac{C_aC_b}{C_a+C_b}}$$

通常气隙总是很小的，即 $C_a \gg C_b$，因此上式可改写成

$$\Delta U_c=\frac{q_r}{C_c+C_b}$$

当 $U_r \approx 0$，$C_c \gg C_b$ 时，则有

$$q_r \approx C_c \Delta U_c \approx C_c U_s$$

由于气隙经常处于介质内部，因而无法直接测得 q_r 或 ΔU_c。但根据图 12-75 所示的等值电路可知，当 C_c 上有电荷变化时，必须会反映到 C_a 上的电荷和电压的变化，即使试品两端的电荷和电压发生微小而短暂的变化。因此可以根据这种变化来表征局部放电，并引入视在电荷量的概念。

视在电荷量是指这样一些电荷，若将它们瞬时注入试品端子之间，就能使端子之间的电压瞬时改变，其变化量与试品自身发生局部放电所引起的端子之间电压变化量正好相同。在实际测量中，用一个标准瞬变电荷量注入试品两端，使局部放电检测器上的读数与试品自身局部放电时在同一检测器上（灵敏度不变）测得的最大读数相等。这个注入的标准瞬变电荷量就是视在电荷量，即通常所称的放电量用 Q 表示，单位为 C 或 pC。

分析表明，$Q \ll q_r$。

2. 脉冲重复率

脉冲重复率是在选定的时间间隔内测得的每秒钟局部放电脉冲的平均数，它表示局部放电发生的频率，通常用 N 表示。

实际上，放电是很复杂的，出现的脉冲信号不等，因此只能测得高于某一定幅值的脉冲的次数，或者测量局部放电量在一定范围内的放电次数。试验结果常以放电量的分布曲线（放电次数-放电量曲线）表示。

3. 放电能量

一次局部放电所消耗的能量称为放电能量，用 W 表示。它是引起电介质老化的原因之一，因此常把它作为衡量局部放电强度的一个参数。

根据数学推导可得

$$W=0.5qU_{im}$$

式中 U_{im}——起始放电电压峰值；

q——视在放电量。

如果起始放电电压以有效值 U_i 表示，则

$$W=0.7qU_i$$

由上式可见，一次放电的能量与视在放电量有简单的关系。这也是选择视在放电量来度量

放电强度的原因之一。

4. 累积量

有了基本表征参数 q、N 和 W 后，从这些基本量出发，便可定义一定时间内局部放电累积的反映平均效应的量，用以表征放电量和放电次数的综合效应。

（1）平均放电电流 I。在发生局部放电的时间间隔 T 内，视在放电电荷绝对值的总和除以 T 所得的平均累积量称为平均放电电流。如果在时间间隔 T 内有 m 次放电，则

$$I=(|q_1|+|q_2|+\cdots+|q_m|)/T \quad (\mathrm{C/s})$$

如果$|q_1|$、$|q_2|$、…都等于$|q|$，则

$$I=N|q|$$

（2）平方率 D。在时间间隔 T 内，视在放电电荷的平方和除以 T 所得的平均累积量称为放电的平方率，故

$$D=(q_1^2+q_2^2+\cdots+q_m^2)/T \quad (\mathrm{C^2/s})$$

如果所有电荷值等于$|q|$，则上式简化为

$$D=Nq^2$$

（3）放电功率 P。在时间间隔 T 内，每次视在放电电荷与相应的试品两端电压瞬时值乘积之和除以 T 所得的平均累积量称为放电功率，故

$$P=(q_1u_1+q_2u_2+\cdots+q_mu_m)/T \quad (\mathrm{W})$$

式中 u_1、u_2、…、u_m——放电量为 q_1、q_2、…、q_m 时被试品上电压的瞬时值。

5. 局部放电起始电压

在试验装置中，能观察到试品开始出现局部放电时，试品两端施加的最低电压称为局部放电起始电压 U_i。当所加电压从较低值逐渐增加接近 U_i 时，不应观察到局部放电。在交流电压下，U_i 通常用有效值表示。

实际测量时，电压从较低值按一定速度上升，把视在放电量等子或大于最低某一认定放电量的最小电压作为 U_i 值，以便那些灵敏度不同的测试装置所观测的结果能进行比较。

6. 局部放电熄灭电压

试品发生局部放电后，在逐渐降低外施电压的过程中，试验装置尚能观察到局部放电时，试品两端的最低电压称为局部放电熄灭电压，用 U_e 表示。外施电压再降低就观察不到局部放电了。

在实际测量中，一般把降压过程中的视在放电量等于或小于上述某一认定放电量值的最高电压作为放电熄灭电压，以便那些灵敏度不同的测量装置测出的 U_e 值能互相比较。

二、《规程》要求

1. 周期

对于 110kV 及以上变压器：

（1）A 级检修后。

（2）必要时。

2. 判据

局部放电测量电压为 $1.58U_n/\sqrt{3}$ 时，局部放电水平不大于 250pC，局部放电水平增量不超过 50pC，在试验期间最后 20min 局部放电水平无突然持续增加；局部放电测量电压为 $1.2U_n/\sqrt{3}$ 时，放电量不应大于 100pC；试验电压无突然下降。

3. 方法

加压程序按照 GB/T 1094.3 执行。

三、局部放电的测量方法

在电力系统中，局部放电的测量方式有两种：一种是停电测量；另一种是在线监测。

对停电测量而言，根据局部放电产生的各种物理、化学现象，人们提出了很多测量局部放电的方法，归纳起来分为两大类：一类是电测法；另一类是非电测法。

（一）电测法

这是根据局部放电产生的各种电的信息来测量的方法，目前主要有以下几种。

1. 脉冲电流法

由于局部放电时产生的电荷交换，使试品两端出现脉动电压，并在试品连接的回路中出现脉冲电流，因此在回路中的检测阻抗上就可取得代表局部放电的脉冲信号，从而进行测量。

2. 无线电干扰法

由于局部放电会产生频谱很宽的脉冲信号，所以可以用无线电干扰仪测量局部放电的脉冲信号。

3. 放电能量法

由于局部放电伴随着能量损耗，所以可用电桥来测量一个周期的放电能量，也可以用微处理机直接测量放电功率。

（二）非电测法

这是利用局部放电产生的各种非电信息来测定局部放电的方法，目前主要有以下几种。

1. 超声波法

利用超声波检测技术来测定局部放电产生的超声波，从而分析放电的位置和放电的程度。

2. 测光法

利用光电倍增技术来测定局部放电产生的光，借此来确定放电的位置、放电的起始及其发展过程。

3. 测分解（或生成）物法

在局部放电作用下，可能有各种分解物或生成物出现，可以用各种色谱及光谱分析来

确定各种分解物或生成物，从而推断局部放电的程度。如测定变压器油中含气的成分及数量来推断变压器中局部放电的程度等。

在上述方法中，目前普遍采用的是脉冲电流法，下面以脉冲电流法为基础介绍变压器局部放电的测试回路。

四、试验回路

用电气法测量局部放电的基本回路有 3 种，如图 12－78 所示。其中图 12－78 (a)、(b) 可统称为直接法测量回路，(c) 可称为平衡法测量回路。

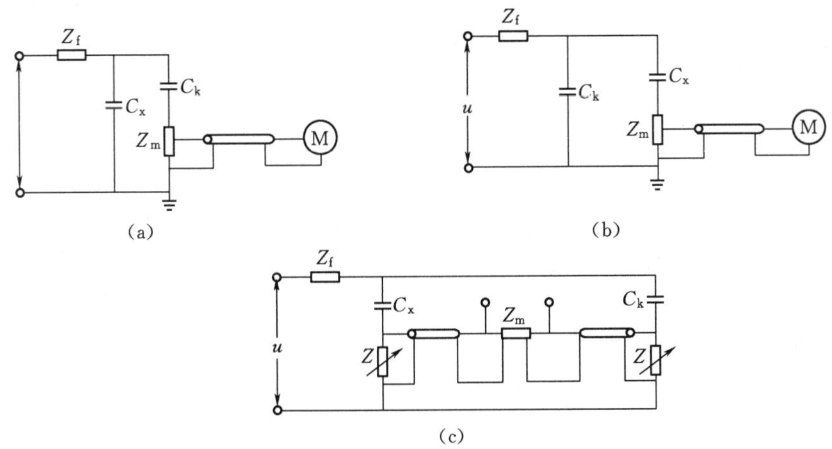

图 12－78　局部放电测量的基本回路

(a) 测量阻抗与耦合电容器串联回路；(b) 测量阻抗与试品串联回路；(c) 平衡回路

Z_f—高频滤波器；C_x—试品等效电容；C_k—耦合电容；

Z_m—测量阻抗；Z—调平衡元件；M—测量仪器

在每一种测量回路中，主要包括：

(1) 试品等效电容 C_x。

(2) 耦合电容 C_k，C_k 在试验电压下不应有明显的局部放电。

(3) 测量阻抗 Z_m，测量阻抗是一个四端网络元件，它可以是电阻 R 或电感 L 的单一元件，也可以是电阻电容并联或电感电阻并联的 RC 或 RL 电路，也可以由电阻、电感、电容组成的 RLC 调谐回路。调谐回路的频率特性应与测量仪器的工作频率相匹配。测量阻抗应具有阻止试验电源频率进入仪器的频率响应。连接测量阻抗和测量仪器中的放大单元的连接线，通常为单屏蔽同轴电缆。

(4) 根据试验时干扰情况，试验回路接有一阻塞阻抗 Z_f，以降低来自电源的干扰，也能适当提高测量回路的最小可测量水平。

(5) 测量仪器 M。

上述试验回路选择的基本原则如下：

1) 工频试验电压下，试品的电容电流超出测量阻抗 Z_m 的允许值，或试品的接地部位固定接地时，可采用图 12－78 (a) 所示试验回路。

2) 工频试验电压下，试品的电容电流符合测量阻抗 Z_m 的允许值时，可采用图 12－

78（b）所示试验回路。

3）试验电压下，图 12-78（a）、（b）所示试验回路有过高的干扰信号时，宜采用图 12-78（c）所示试验回路。

4）当用英国 Robinson 公司制造的 Model 5 及类似的测量仪器时，应使 C_k 和 C_x 串联后的等效电容值在测量阻抗所要求的调谐电容 C 的范围内。

现场进行局部放电试验时，可根据环境干扰水平选择相应的仪器。当干扰较强时，一般选用窄频带测量仪器，例如可取 $f_0=30\sim200$kHz，$\Delta f=5\sim15$kHz；当干扰较弱时，一般选用宽频带测量仪器，例如可取 $f_1=10\sim50$kHz，$f_2=80\sim400$kHz。对于 $f_2=1\sim10$MHz 的很宽频带的仪器，可获得更多的信息量，适用于屏蔽效果好的试验室。

局部放电的测量仪器按所测定参量可分为不同类别。目前有标准依据的是测量视在放电量的仪器。这种仪器的指示方式通常是示波屏与数字式放电量（pC）表或数字、显示并用。用示波器常是必须的。示波屏上显示的放电波形有助于区分内部局部放电和来自外部的干扰。

放电脉冲通常显示在测量仪器的示波屏上的李沙育（椭圆）基线上。测量仪器的扫描频率应与试验电源的频率相同。

五、视在放电量的校准

几乎所有的局部放电测量仪都不可能直接由测得的放电脉冲参数给出视在放电量的数值，因此需要校准。确定整个试验回路的换算系数 K，称为视在放电量的校准。换算系数 K 受回路的 C_x、C_k、C_s（高压对地的杂散电容）及 Z_m 等元件参量的影响。因此，试验回路每改变一次必须进行一次校准。

（一）校准的基本原理

视在放电量校准的基本原理是以幅值为 U_0 的方波通过串接的小电容 C_0 注入试品两端。这个注入的电荷量为

$$Q=U_0C_0$$

式中　U_0——方波电压幅值，V；

C_0——电容，pF；

Q——电荷量，pC。

（二）校准方波的波形

校准方波的上升时间应使通过校准电容 C_0 的电流脉冲的持续时间比 $1/f_2$ 要短，校准方波的上升时间不应大于 0.1μs，衰减时间通常在 100～1000μs 范围内选取。

目前大都选用晶体管或水银继电器做成小型电池开关式方波发生器，作为校准电源。

（三）校准方式

1. 直接校准

将已知电荷量 Q_0 注入试品两端称为直接校准，其目的是直接求得指示系统和以视在放电量 Q 表征的试品内部放电量之间的定量关系，即求得换算系数 K。这种校准方式是

由国家标准《局部放电测量》(GB 7354—87）推荐的。直接法和平衡法测量回路的直接校准电路如图 12－79 所示。接好整个试验回路，将已知电荷量 $Q_0=U_0C_0$ 注入试品两端，则指示系统响应为 L'。取下校准方波发生器，加电压试验，当试品内部放电时，指示系统响应为 L。由此则可得换算系数 K_H，即

$$K_H=L/L'$$

则视在放电量 Q 为

$$Q=U_0C_0K_H$$

式中　Q——视在放电量，pC；

U_0——方波电压幅值，V；

C_0——电容，pF；

K_H——换算系数。

为了保证校准有一定的精度，C_0 必须满足下式：

$$C_0<0.1\left(C_x+\frac{C_kC_m}{C_k+C_m}\right)$$

且

$$C_0>10\text{pF}$$

式中　C_m——测量阻抗两端的等值电容。

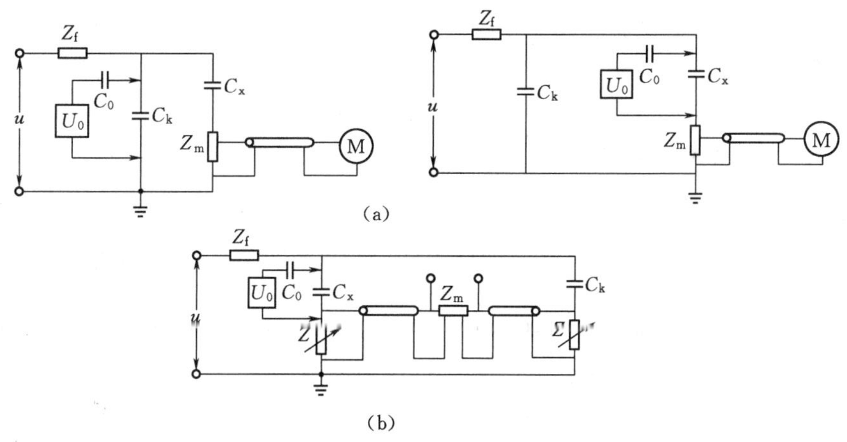

图 12－79　直接校准的接线

(a) 直接法测量的直接校准接线；(b) 平衡法测量的直接校准接线

2. 间接校准

将已知电荷量 Q_0 注入测量阻抗 Z_m 两端称为间接校准，其目的是求得回路衰减系数 K_1。直接法和平衡法测量回路的间接校准电路，如图 12－80 所示。

图 12－80 中的 C_s 是高压侧对地总的杂散电容，其值随试品和试验环境的不同而变化，是个不易测得的不定值。因此，通常以测量的方式求得回路衰减系数 K_1。接好整个试验回路，将已知电荷量 Q_0 注入测量阻抗 Z_m 两端，则指示系统响应为 β。再以一等值的已知电荷量 Q_0 注入试品 C_x 两端，则指示系统响应为 β'。这两个不同的响应之比即为回路衰减系数 K_1，即

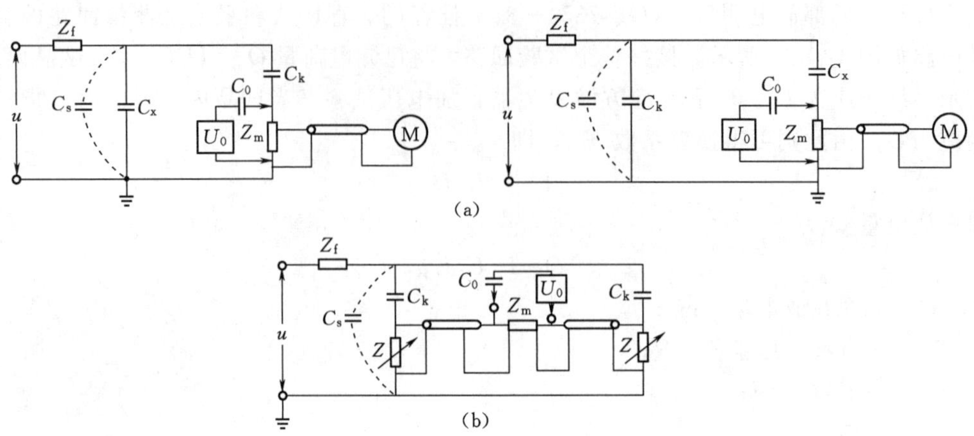

图 12-80　间接校准的接线

(a) 直接法测量的间接校准接线；(b) 平衡法测量的间接校准接线

$$K_1=\beta/\beta'>1$$

则视在放电量为

$$Q=U_0C_0K_1$$

如用直接法校准，加电压试验时校准方波发生器需脱离试验回路，不能与试品内部放电脉冲直观比较。用间接法校准时，校准方波发生器可接在试验回路中并能与试品内部放电脉冲进行直观比较。因此，目前国内外的许多检测仪器均设计成具有间接校准的功能。

（四）校准时的注意事项

(1) 校准方波发生器的输出电压 U_0 和串联电容 C_0 的值要用一定精度的仪器定期测定，如 U_0 一般可用经校核好的示波器进行测定；C_0 一般可用合适的低压电容电桥或数字式电容表测定。每次使用前应检查校准方波发生器电池是否充足电。

(2) 从 C_0 到 C_x 的引线应尽可能短直，C_0 与校准方波发生器之间的连线最好选用同轴电缆，以免造成校准方波的波形畸变。

(3) 当更换试品或改变试验回路任一参数时，必须重新校准。

六、变压器局部放电试验的基本接线

变压器局部放电试验的基本原理接线如图 12-81 所示。试验电源一般采用 50Hz 的倍频或其他合适的频率。三相变压器可三相励磁，也可单相励磁。

变压器局部放电试验的加压时间及步骤如图 12-82 所示。试验时首先将试验电压升到 U_2，并在此电压下进行局部放电测量，保持 5min；然后将试验电压升到 U_1，保持 5s；最后将电压降到 U_2，再进行测量，保持 30min。U_1、U_2 的电压值规定及允许的放电量为：$U_1=\sqrt{3}U_m/\sqrt{3}=U_m$（设备最高工作电压）；$U_2=1.5U_m/\sqrt{3}$，$U_2$ 下允许的放电量 $Q<500$pC；或 $U_2=1.3U_m/\sqrt{3}$，U_2 下允许放电量 $Q<300$pC。

在电压升至 U_2 及由 U_2 再下降的过程中，应记录起始、熄灭放电电压。

试验前记录所有测量电路上的背景噪声水平，其值应低于规定的视在放电量的 50%。

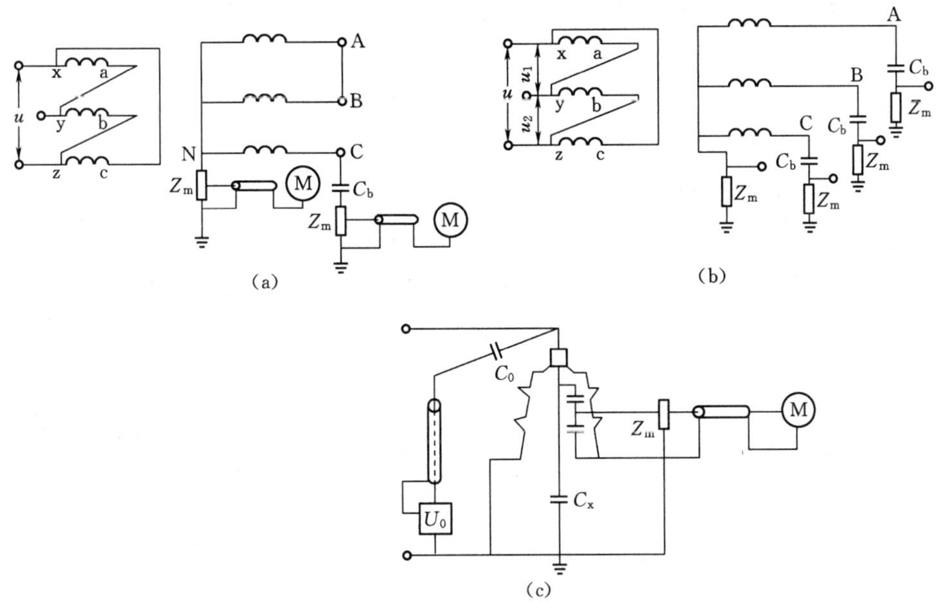

图 12-81 变压器局部放电试验的基本原理接线图

(a) 单相励磁基本原理接线；(b) 三相励磁基本原理接线；(c) 在套管抽头测量和校准的接线

C_b—变压器套管电容

在整个试验过程中，应连续观察放电波形，并按一定的时间间隔记录放电量 Q。放电量的读取，以相对稳定的最高脉冲为准，偶尔发生的较高的脉冲往往为干扰，因而可忽略，但应作好记录备查。

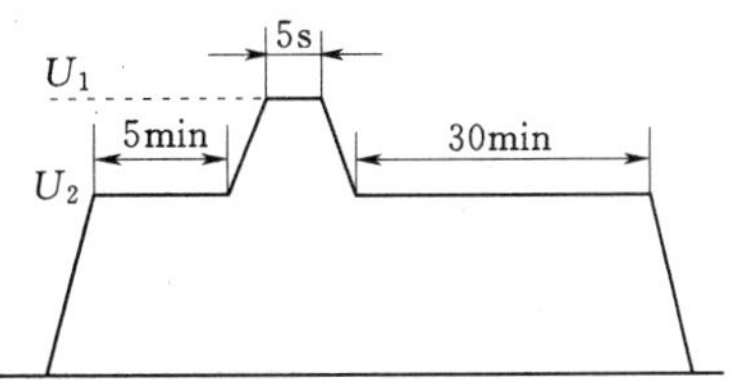

图 12-82 变压器局部放电试验的加压时间及步骤

在整个试验期间试品不发生击穿，在 U_2 的第二阶段的 30min 内，所有测量端子测得的放电量 Q 连续地维持在允许的限值内，并无明显地、不断地向允许的限值内增长的趋势，则试品合格。

如果放电量曾超出允许限值，但之后又下降并低于允许的限值，则试验应继续进行，直到此后 30min 的期间内局部放电量不超过允许的限值，试品才合格。

七、局部放电测量程序

在交流试验电压、常用的局部放电测量程序如下。

（一）试品预处理

试验前，试品应按有关规定进行预处理：

(1) 使试品表面保持清洁、干燥，以防绝缘表面潮气或污染引起局部放电。

(2) 在无特殊要求情况下，试验期间试品应处于环境温度。

(3) 试品在前一次机械、热或电气作用以后，应静放一段时间再进行试验，以减少上述因素对本次试验结果的影响。

（二）检查测试回路本身的局部放电水平

先不接试品，仅在试验回路施加电压，如果在略高于试品试验电压下仍未出现局部放电，则测试回路合格；如果其局部放电干扰水平超过或接近试品放电量最大允许值的50％，则必须找出干扰源并采取措施以降低干扰水平。

（三）测试回路的校准

在加压前应对测试回路中的仪器进行例行校正，以确定接入试品时测试回路的刻度系数，该系数受回路特性及试品电容量的影响。

在已校正的回路灵敏度下，观察未接通高压电源及接通高压电源后是否存在较大的干扰，如果有干扰应设法排除。

（四）测定局部放电起始电压和熄灭电压

拆除校准装置，其他接线不变，在试验电压波形符合要求的情况下，电压从远低于预期的局部放电起始电压加起，按规定速度升压直至放电量达到某一规定值时，此时的电压即为局部放电起始电压。其后电压再增加10％，然后降压直到放电量等于上述规定值，对应的电压即为局部放电的熄灭电压。测量时，不允许所加电压超过试品的额定耐受电压。另外，重复施加接近于它的电压也有可能损坏试品。

（五）测量规定试验电压下的局部放电量

由上述可知，表征局部放电的参数都是在特定电压下测量的，它可能比局部放电起始电压高得多。有时规定测几个试验电压下的放电量，有时规定在某试验电压下保持一定时间并进行多次测量，以观察局部放电的发展趋势。在测放电量的同时，可测放电次数、平均放电电流及其他局部放电参数。

1. 无预加电压的测量

试验时试品上的电压从较低值起逐渐增加到规定值，保持一定时间再测量局部放电量，然后降低电压，切断电源。有时在电压升高、降低过程中或在规定电压下的整个试验期间测量局部放电量。

2. 有预加电压的测量

试验时电压从较低值逐渐升高，超过规定的局部放电试验电压后升到预加电压，维持一定的时间，再降到试验电压值，又维持规定时间，然后按给定的时间间隔测量局部放电量。在施加电压的整个期间内，应注意局部放电量的变化。

八、干扰的抑制

1. 干扰的分类

干扰可分为以下两类：

（1）在试验回路未通电前就存在的干扰。其来源主要是试验回路以外的其他回路中的开关操作、附近高压电场、电机整流和无线电传输等。

（2）试验回路通电后产生的干扰，但又不是来自试品内部的干扰。这种干扰通常随电压增加而增大，这种干扰包括试验变压器本身的局部放电、高压导体上的电晕或接触不良放电，以

及低压电源侧局部放电、通过试验变压器或其他连线耦合到测量回路中引起的干扰等。

2. 抑制干扰的方法

根据干扰的来源和性质，可采用以下方法来抑制干扰。

（1）对来自电源的干扰，可采用下列方法抑制：①在高压试验变压器的初级设置低通滤波器，抑制试验供电网络中的干扰。低通滤波器的截止频率应尽可能低，并设计成能抑制来自相线、中线（220V 电源时）的干扰。通常设计成 π 型滤波器。②试验电源和仪器用电源设置屏蔽式隔离变压器，抑制电源供电网络中的干扰，因此隔离变压器应设计成屏蔽式结构，如图 12－83 所示。屏蔽式隔离变压器和低压电源滤波器同时使用，抑制干扰效果更好。③在试验变压器的高压端设置高压低通滤波器，抑制电源供电网络中的干扰。高压滤波器通常设计成 T 型或 TT 型，也可以是 L 型。它的阻塞频率应与局部放电检测仪的频带相匹配。

（2）高压端部电晕放电的抑制措施。高压端部电晕放电的抑制措施主要是选用合适的无晕环（球）及无晕导杆作为高压连线。不同电压等级设备无晕环的结构如图 12－84 所示。其尺寸见表 12－86。

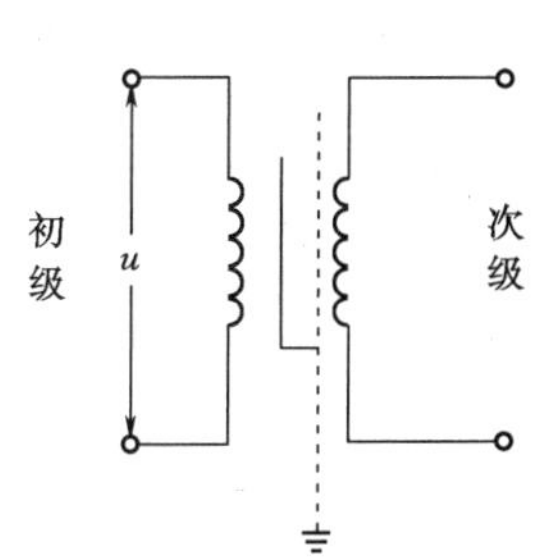

图 12－83　屏蔽式隔离变压器

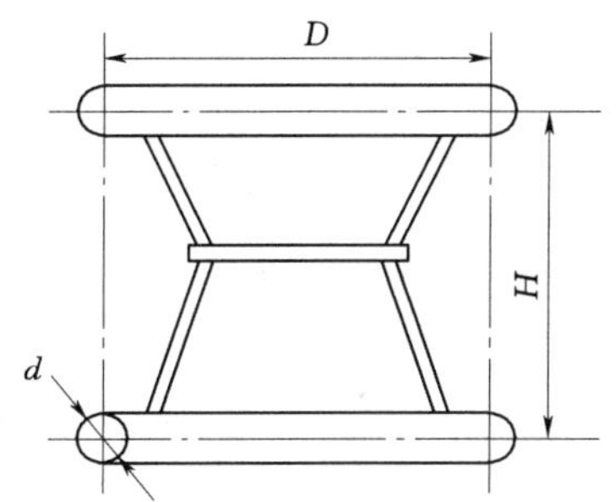

图 12－84　双环形屏蔽

表 12－86　　无晕环（球）的尺寸

电压等级/kV ＼ 形状 尺寸/mm	双环形			球形	圆管形
	d	H	D	D	D/mm
220	150	1050	810	750	100
500	200	1200	1600	1800	250

110kV 及以下设备，可用单环屏蔽，其圆管和高压无晕金属圆管的直径均在 50mm 及以下。

（3）接地干扰的抑制。抑制试验回路接地系统的干扰，唯一的措施是在整个试验回路选择一点接地。有的仪器本身具有抑制干扰的功能，这时可采用平衡接线法和时间窗口法抑制干扰。

九、局部放电试验电源介绍

参见“第十节　绕组连同套管的外施耐压试验和大型变压器感应电压试验”中的六。

根据《电力变压器　第3部分：绝缘水平、绝缘试验和外绝缘空气间隙》(GB 1094.3—2003) 和国际电工委员会《电力变压器　第3部分：绝缘水平、电介质试验和空气中的外间隙》(IEC 60076—3：2000) 规定，110kV 及以下电压等级电力变压器感应耐压、局部放电试验应三相同时进行。

下面对苏州工业园区海沃科技有限公司生产的 HVTP 型三相变压器感应耐压、局部放电试验系统做一下介绍。

满足 110kV 及以下电压等级电力变压器三相同时进行感应耐压、局部放电的产品配置见表 12-87。

表 12-87　　产 品 配 置 表

序号	设备名称、型号	主　要　参　数	数量
1	HVTP-100kW 三相无局放变频电源	容量：100kW；输入：380V 三相 50Hz；输出：YN 方式，三相四线制，线电压 0～300V，相角差 120°±1°，纯正正弦波；局放量：≤5pC；输出频率：30～300Hz；运行时间：60min；也可输出：单相 0～350V/75kW	1套
2	ZB3-100kVA/3×11/20kV (5/10/20kV) 三相无局放励磁变压器	容量：100kVA；输入：三相 3×310kV，单相 350kV；输出：三相三线 3×11/20kV，单相 5/10/20kV；挡位调节方式：自动调节；局放量：≤5pC；额定频率：80～300Hz；运行时间：30min	1台
3	HVFR-100kVA/20kV 无局放补偿电抗器	额定电压：20kV；额定电流：5A；电感量：6H；局放量：≤5pC；额定频率：100～300Hz；运行时间：30min	3台
4	HV-300pF/25kV 无局放电容分压器	额定电压：25kV；电容量：300pF；局放量：≤5pC；测量精度：1.0 级	3台
5	局部放电检测仪	三通道；模拟式或者数字式	1台
6	相关附件	包括变频电源的电源电缆、输出电缆；励磁变压器输出线等相关连接线；被试变压器套管均压帽（110kV/3 只）	1套

HVTP-100kW 三相变压器感应耐压、局部放电试验系统试验接线图如图 12-85 所示。

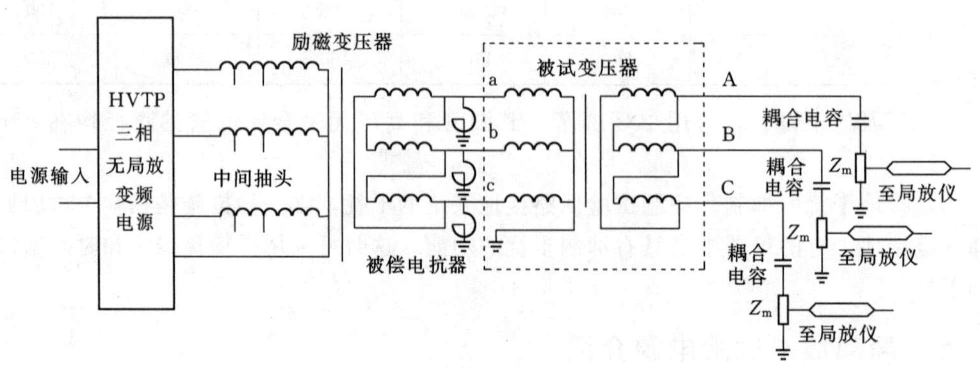

图 12-85　试验接线

第十三节　变压器油流带电测量

一、油流带电现象

在强迫油循环的大型电力变压器中，由于变压器油流过绝缘纸及绝缘纸板的表面时，会发生油流带静电现象，简称油流带电。油流带电现象国内外均有发生，据 1989 年报道，美国曾有 12 台大型变压器因油流带电现象而损坏。我国曾于 1992 年对国产大型变压器质量进行过调查，调查结果表明，油流带电引发的静电放电是威胁国内大型变压器安全运行的重要因素之一。东北电力科学院和沈阳变压器厂曾在制造厂内和电力系统中对 500kV 大型变压器进行油流带电的测试，在 40 台次的测试中，发现 6 台次（其中电力系统中的 2 台次，出厂试验 4 台次）由于油流带电引起变压器内部放电，其具体情况如表 12－88 所示。

表 12－88　　油流引起变压器内部放电的情况

序号	试品及型号	冷却器的起动台数	泵起动时间/h	静电电压/kV		放电量/pC	放电情况
				铁芯和夹件	高压绕组中点		
1	ODFPSZ 250000/500 (C 相)	2/3	3/6	10/16.5		10^4 以上	2 台泵时几分钟至十几分钟放电 1 次;3 台时 50s 放电 1 次,能听到响声;磁屏蔽和内部有放电
2	ODFPSZ 250000/500 (B 相)	3				10^4 以上	声电信号同时出现;能听到放电响声;磁屏蔽和内部有放电
3	ODFPS－250000/500 (第 2 台)	3	1.3	6		10^4 以上	1min 放电一次有响声。油箱底局部有放电,层压板有碳化
4	ODFPS－250000/500 (第 3 台)	3	2.2			10^4 以上	3 台泵有放电,2 台有时消失。能听到响声,油箱底部有放电
5	ODFPSZ－167000/500 (D 相)	3	1.5	5.5	14.2	10^4 以上	声、电信号同时出现,能听到响声。磁屏蔽与箱壳间有放电痕迹,阻值 0.3Ω
6	ODFPSZ－167000/500 (C 相)	3	1 以上	1.2	18.2	10^4 以上	声、电信号同时出现,能听到响声,磁屏蔽与箱壳间有放电痕迹

鉴于以上所述，大型变压器的油流带电现象已引起国内外电力部门和变压器制造业的广泛关注。日本、美国、法国、瑞典、英国和波兰等很多国家早在 20 世纪 70 年代就投入大量人力、物力对油流带电问题开展研究。近些年来，油流带电问题也引起我国的重视、变压器制造业、电力部门和有关高等院校都在认真进行研究。

二、油流带电机理

关于油流带电的机理目前尚有争论，现有的研究结果认为可以从油流的流动作用和交

流电场的电动作用两方面来认识。

就油流的流动作用而言，比较普遍的看法是，变压器的固体绝缘材料（如绝缘纸和纸板）的化学组成是纤维素和木质素，其中纤维素带有羟基（—OH），木质素带有羟基、醛基（—CHO）和羧基（—COOH）。在变压器油的不断流动下，油与绝缘纸板发生摩擦，使得这些基团发生电子云的偏移，即

$$—OH \xrightarrow{\text{偏移}} —O^{\delta^-}\ —H^{\delta^+}$$

$$—C\begin{matrix} // O \\ \backslash H \end{matrix} \xrightarrow{\text{偏移}} —C\begin{matrix} // O^{\delta^-} \\ \backslash H^{\delta^+} \end{matrix}$$

$$—C\begin{matrix} // O \\ \backslash OH \end{matrix} \xrightarrow{\text{偏移}} —C\begin{matrix} // O^{\delta^-} \\ \backslash H^{\delta^+}—H^{\delta^+} \end{matrix}$$

这样，纤维素和木质素分子就被—H^{δ^+}的正电性所覆盖，绝缘纸板表面就如同覆盖着一层正极性的氢原子。带正电性的—H^{δ^+}对油中负离子具有较强的亲和作用，进而吸附油中负离子，并在油—纸界面上形成偶电层。当变压器油以一定速度流动时，偶电层的电荷发生分离，负电荷仍附着在纸板表面，正电荷进入油中并随油流动，形成冲击电流，如图12-86所示。这样，油就带正电，而纸板表面带负电。随着油的循环流动，油中正电荷越积越多，当积聚到一程度就可能向绝缘纸板放电。

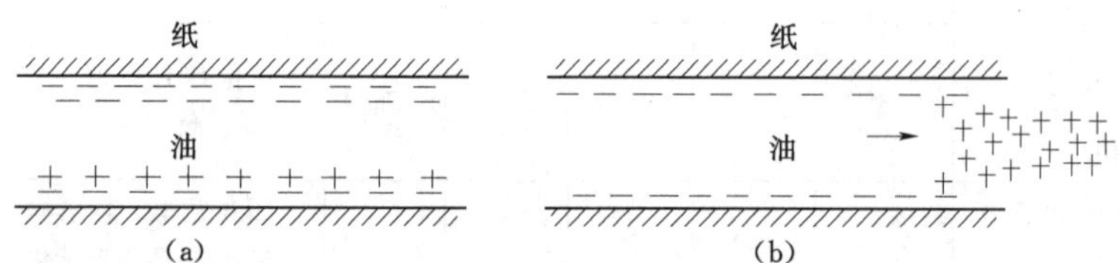

图 12-86 电荷分离机理

(a) 油静止；(b) 油流动

交流电场的电动作用是指外加交流电场能大大加剧静电起电作用。对电动作用机理，目前还远没有达成共识的程度。

三、测量油流带电倾向的方法和仪器

据报道，目前国内外研究人员测量油流带电倾向的方法有循环直接法、循环注入法、流下法和旋转圆盘法等。我国采用的方法如下。

(一) 循环注入法

东北电力科学研究院应用循环注入法的测量装置如图 12-87 所示。装置的静电发生器是一段包有皱纹纸和白布带的引线模型，使油在 2mm 间隙中循环流过引线模型的表面。用循环泵使基准油以一定的温度和流速流过静电发生器，测量绝缘表面的对地泄漏电

流与时间关系，当测量带电倾向时，用注射器注入几十毫升的被试油样，这时泄漏电流有一变化量，根据泄漏电流波形变化求出带电倾向。

例如，某500kV变电所C相电抗器油带电倾向测量结果如图12－88所示。

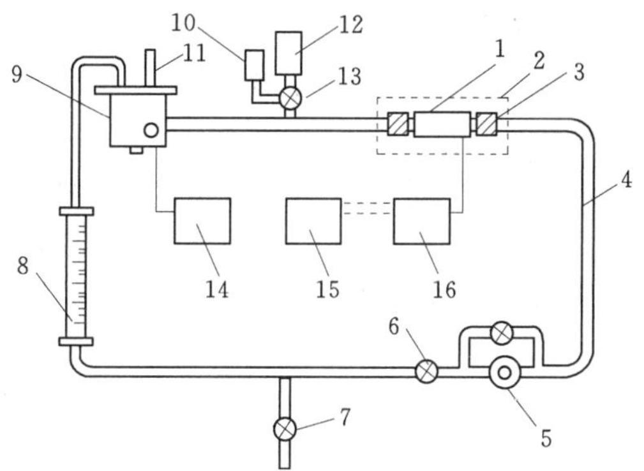

图12－87　循环注入法测量装置

1—静电发生器；2—法拉第笼；3—绝缘法兰；4—循环管；5—循环泵；6—调速阀门；7—放油门；8—流量计；9—油箱；10—被试油样器；11—加热器；12—注射器；13—注油阀门；14—调控仪；15—静电计；16—记录仪

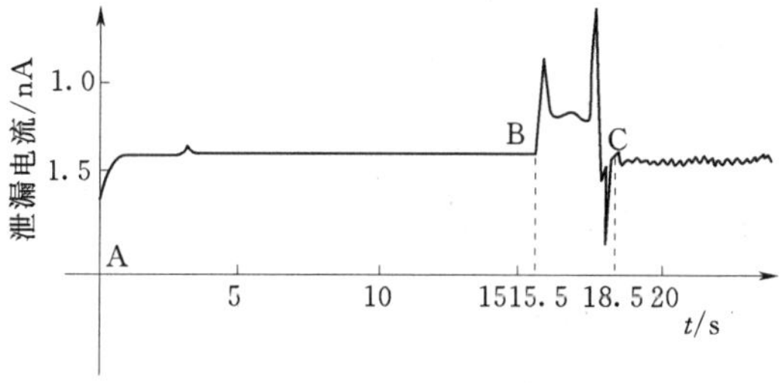

图12－88　循环注入法测量泄漏电流与时间的关系曲线

图12－88中A点为基准油循环开始，B点为被试油样注入开始，C点为油样注入结束，根据B、C两点间电流的变化量，计算出带电倾向。已知测试装置纵坐标灵敏度为0.34nA/cm，横坐标灵敏度为2.5s/cm，当温度为20℃，注入被试油样为70mL时，经计算带电倾向为

$$q=\frac{0.239\times10^{-9}\times3.0\times10^{12}}{70}=10.24\ (\mu C/m^3)$$

该装置的特点是：

(1) 可移动。

(2) 可调节温度和流速。

(3) 测带电倾向时可用较少的油样（几十毫升）。

(4) 装置除了可测量带电倾向外，还可以用来测量不同油品流动电流与温度和流速的关系。

该装置的不足是：

(1) 装置所用的基准油量较多，约3000mL。

(2) 因油与固体绝缘接触表面较小，所以得到的泄漏电流也较小。

（二）流下法

流下法是一种非循环式的油流带电倾向测量法。其测量装置示意图如图12－89所示。由图12－89可见，

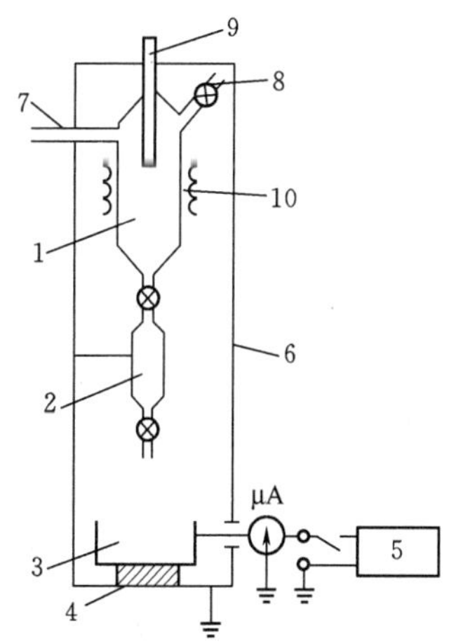

图12－89　流下法测量带电倾向装置示意图

1—油样容器；2—电荷发生器；3—收集荷电油样容器；4—绝缘台；5—记录器；6—法拉第筒；7—进油口；8—进气口；9—温度计；10—加热器

它包括以下几个主要部分：

（1）油样容器。可用塑料或玻璃为材料制作，容积为200mL左右，其作用主要是存放油样，并使油样保持注入前的原始状态。

（2）电荷发生器。即静电发生器，可用层压管或玻璃管内填满碎绝缘纸制成，内径为15mm左右，其主要作用是使油样流过其中时分离电荷。试验证明，碎绝缘纸采用滤纸较好，它能产生较大的静电电流，使仪器测量灵敏度增加。

（3）收集荷电油样容器。可用铝板制作，其容积应与油样容器相适应，能将带电的油全部收集在其中，以备测量。

（4）测量仪表。主要是指微电流计，供测量收集荷电油样的容器对地的泄漏电流用，其最小灵敏度为0.05pA。

（5）记录器。用于记录时间特性。

（6）绝缘台。用聚四氟乙烯制作，其作用是将收集荷电油样的容器对屏蔽罩绝缘起来，以免电荷泄放。

（7）法拉第筒。用金属材料制作，其作用是屏蔽外界干扰。

由于该装置具有操作简单、油样少、有标准的纸过滤器和电荷分离效率较高等优点，所以目前在国外获得广泛的应用。不少国家应用该装置测定油中带电倾向，并积累了一定的经验。例如，西屋公司根据运行经验，将运行中的变压器油中带电倾向控制在800$\mu C/m^3$之内，否则应更换和过滤油。德国TU变压器厂根据该厂变压器多年运行经验，将运行中的变压器油中带电倾向控制在150$\mu C/cm^3$以下。

在我国，东北电力科学研究院和东北电力学院都用这种装置进行带电倾向的测量和研究。

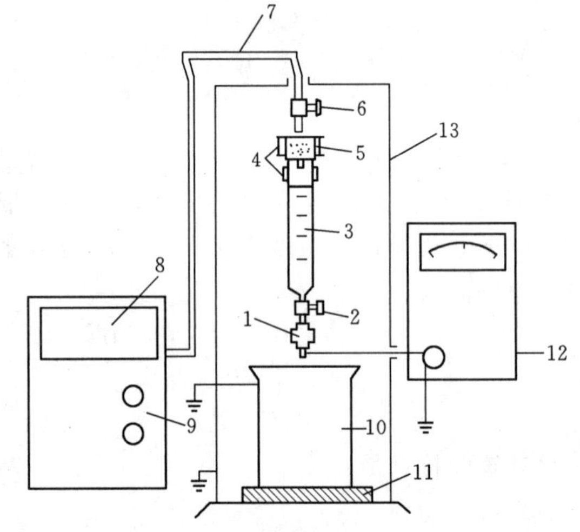

图12-90 过滤式法测量带电倾向装置示意图

1—电荷发生器；2—阀门；3—注油器；4—夹子；5—橡皮塞；6—总阀门；7—供气管；8—空气压缩机；9—压力产生及控制；10—油容器；11—聚四氟乙烯绝缘板；12—微电流计（可接图形记录仪）；13—法拉第屏蔽室

（三）过滤式法

其原理与流下法相似，原国家电力公司电力科学研究院采用的测量装置示意图如图12-90所示。它由压力供给、电荷发生器及测量等部分组成。

当强迫使变压器通过一层滤纸时，就会发生电荷分离，过滤后的油带正电，滤纸上带负电。应用微电流计可以测得滤纸上静电电荷形成的泄漏电流。再用下式计算带电倾向：

$$q=\frac{I}{V/T}$$

式中 q——带电倾向，$\mu C/m^3$；

T——全部变压器油流过固体绝缘（滤纸）所需的时间；

I——微静电计测出的静电电流平均值；

V——所用变压器油的总容积。

该装置的特点是，其电荷分离过程能代表实际变压器中发生的油流带电现象，灵敏度较高，能获得较好的测试效果。

除采用上述方法直接测量油流带电倾向外，现场还用下列方法检测大型电力变压器油流带电故障。

1. 油中溶解气体的色谱分析

变压器内有静电放电时，如果长时间继续下去，同样会引起油中可燃性气体增加，特别是 H_2 和 C_2H_2 含量增加较明显。图 12－91 和图 12－92 示出了模拟试验的结果。由图 12－92 可见，模拟和实际情况比较接近。

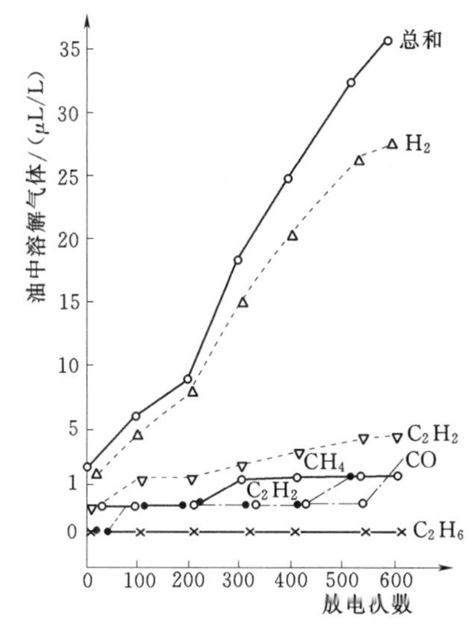

图 12－91　放电次数和油中溶解可燃性气体的关系

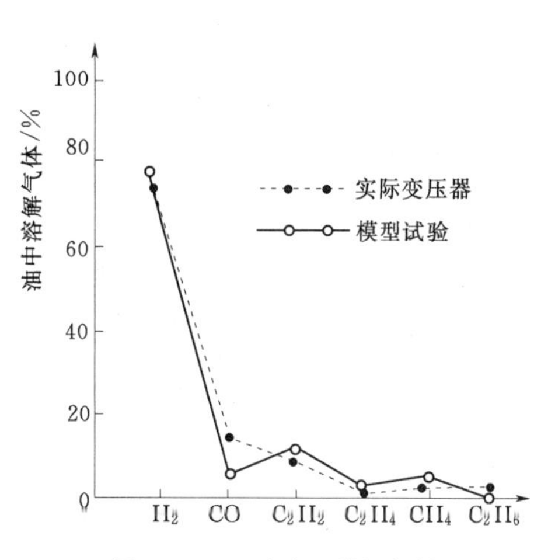

图 12－92　油中可燃性气体组分百分数图

由于目前应用色谱分析较难区别油流静电放电和其他性质的电气放电，因此尚需作进一步研究。

2. 测量局部放电超声波信号和局部放电量

变压器因油流带电而引起放电时，可同时产生局部放电信号和超声信号，检测这些信号，可以确定变压器是否存在油流带电及故障程度。研究表明，以超声—电气组合法测量油流带电引起的局部放电的效果甚佳。测量时可以改变变压器的励磁电压和油泵的起动组数，以区别于其他性质的放电。若在变压器停运状态下开启全部油泵，用局部放电超声仪检测局部放电信号，因变压器已停运，所以仪器能捕捉到的放电超声信号，就是变压器油流带电放电产生的信号，测得的放电量越大，说明故障程度越严重。

由于电荷积累需要一定的时间，因此油流带电的局部放电试验时间较长。

3. 测量接地电流

测量铁芯和绕组对地的静电对地泄漏电流（或直流电压）也能反映出油流带电的情况，这种静电泄漏电流（或直流电压）与变压器结构有关。图 12－93 示出了一种油流带电测试线路，利用此线路可以测量多种参数。

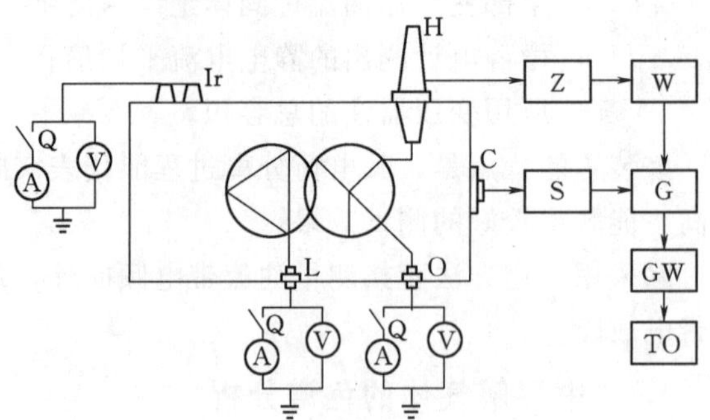

图 12－93 油流带电测试线路

H—高压套管；L—低压套管；O—中性点套管；Ir—铁芯夹件套管；Z—阻抗；W—局放仪；G—数字示波器；C—传感器；S—超声波放大器；GW—计算机；TO—打印机；Q—闸刀开关；A—微安表；V—静电电压表

有人曾用上述线路对一台 500kV 变压器进行了测量，当启用两台冷却器，进油口处油的平均流速约为 1.5m/s 时测出有油流放电问题。后来增大了进油口管径，导油盒上又开了放油口分流，油速降为 0.7m/s，在这种情况下没有油流放电现象。对另一台 500kV 变压器进行测量时，当启用 3 台冷却器时，进油口处油的平均流速为 0.68m/s，此时有油流放电发生；启用两台冷却器时，油速降为 0.45m/s，油流放电就停止了。

目前，国外的测试线路与上述线路相似。

4. 测量绕组静电感应电压

由于电容的作用，变压器存在油流带电时，在绕组上会产生感应电压，其中油泵全部开启状态下的绕组感应电压最高。测试时可用高内阻的 Q_3－V 型静电电压表。

5. 测量油的有关参数

当怀疑油流带电故障与油质有关时，可测量油的介质损耗因数 tanδ、电导率或油中电荷密度。通常测量介质损耗因数 tanδ 较简便。

例如，某电厂一台 240MVA 变压器的色谱分析结果出现异常，如表 12－89 所示。由表中数据可见，各组分含量均增加，其中 C_2H_2 增长很快。

表 12－89　色谱分析结果

日期/(年．月．日)	气体组分/(μL/L)							
	H_2	CH_4	C_2H_6	C_2H_4	C_2H_2	C_1+C_2	CO	CO_2
1991.1.28	1	3	1	5	2	11	69	305
1991.4.14	69	8	3	8	11	30	129	594
1991.5.8	66	12	14	11	16	43	160	673
1991.5.20	52	20	5	13	24	62	182	828
1991.5.24	59	32	4	18	29	83	183	647
1991.6.1	81	16	5	20	30	71	204	682
1991.6.8	114	19	6	25	44	94	215	649
1991.6.9	116	20	7	27	54	108	226	651

经分析是油流带电引起的，于是又进行下列测试：

（1）开启全部油泵进行超声波测量。油泵全开时，导向油管内的最大油速为0.5m/s。测量时，采用AE－PD－4型超声局部放电仪多次捕捉到典型的放电超声信号。在变压器低压出线一侧B相位置检测到很强的局部放电产生的超声信号。信号的强度相当于1m油隙距离、10^5pC放电量产生的信号大小。它比一般正常变压器上测到的信号大2～3个数量级。比同一台变压器上其他部位测得的信号也要大1～3个数量级。

（2）测量绕组静电感应电压：

1）油泵全开（共5台），用Q_3－V型静电电压表，测量结果如下。

高压绕组对地：3.4kV（3min稳定值）；

铁芯对地：3.8kV（2min稳定值）；

低压绕组对铁芯：13kV（5min稳定值）；

低压绕组对地：15kV（14min稳定值）。

2）改变开泵组合，测得低压绕组对地电压如下。

只开1号泵：1.22kV（3min稳定值）；

只开4号泵：3.2kV（3min稳定值）；

开1号、2号、4号泵：7kV（9min稳定值）；

开1号、3号、4号、5号泵：11kV（7min稳定值）。

3）测量同型号、同厂家1号主变压器的低压绕组对地电压如下。

全开泵：1kV（5min稳定值）。

由此可见，2号主变压器确实存在油流带电，而使变压器绕组产生静电感应电压，其中以油泵全开状态下的低压绕组感应电压最高，它为正常变压器的15倍。

（3）测量局部放电量：

1）常规标准试验条件下的局部放电试验。停泵状态下的常规局部放电试验正常。

2）测量运行电压下的局部放电量。测量时，C相加额定运行电压，A、B相加半电压。试验分三种状态进行。

不开油泵：测得局部放电量为100pC。

油泵全开：测得局部放电量为500～600pC，间或达到16000pC，偶尔出现幅值很高的单个放电脉冲，放电量达30000pC及50000pC，在只加半电压的A、B相也出现很大的放电脉冲。

任意停一台油泵，大的放电脉冲个数及幅值明显减少，任意停2台泵，明显的放电脉冲就观察不到。

3）不加电压，油泵全开状态下的局部放电测量。在这种情况下，仍可观察到放电信号，偶然观察到30000pC的单个放电脉冲，并同时听见放电声。

通过以上油泵全开状态下的局部放电测试，证明变压器确实存在较为严重的油流带电及放电故障。

（4）测量介质损耗因数$\tan\delta$。为分析引起本变压器油流带电的主要原因，测量了变压器油在高温下的介质损耗因数$\tan\delta$，如表12－90所示。

表 12-90　　主变压器油高温介质损耗因数测量结果

序号	日期/(年.月.日)	测试项目	测试数据					
1	1991.6.28	油温/℃	32	70	90	67	60	32
		tanδ/%	0.13	1.05	2.03	0.77	0.58	0.03
2	1991.9.7	油温/℃	30	70	89			
		tanδ/%	0.1	0.28	1.08			
3	1991.12.14	油温/℃	10	70	90	70	65	30
		tanδ/%	0.02	0.19	0.32	0.19	0.17	0.04
4	1991.6.25	油温/℃	25	70	90	64		
		tanδ/%	0	0.10	0.23	0.10		

注 1. 序号 1 油样为油已过滤且加入了 3t 新油。
2. 序号 2 油样为开启热虹吸工作一个半月以后。
3. 序号 3 油样为开启热虹吸工作 4 个月以后。
4. 序号 4 油样为 1 号主变压器的。

由表中数据可知，2 号变压器的油质量明显不良，好油 90℃的 tanδ 在 0.5%以下，其原因是 1990 年 12 月 2 日曾发生过油质污染事件。因此油质不良是导致 2 号主变压器油流带电和色谱分析结果异常的重要原因。

四、影响油流带电的主要因素

（一）油流速度与温度的影响

油流速度是最主要的影响因素。油流速度增加，油流带电程度随之严重，通常认为在 2～4 倍的额定流速（平均流速）下，带电倾向较为明显。

例如，西北某水电厂的 1～3 号主变压器油中乙炔、总烃含量超标，乙炔含量最高达 30μL/L，总烃最高达 164μL/L。经测试和综合分析判断，认为 1～3 号主变压器油中乙炔含量增高的重要原因是由于油流放电引起的。为此将原来运行的 4 台潜油泵减少为 3 台，使油流速度降低，半年的监测表明：乙炔含量明显降低，并一直趋于稳定。

由于油流速度与温度有关，所以温度变化时，油流带电程度也随之变化。图 12-94 示出了在不同流速下，绕组泄漏电流与油温的关系曲线。由图可见，当油温在 50～60℃之间时，油流所产生的泄漏电流达最大值。通常，变压器恰好工作在这样的温度范围，显然是不利的。

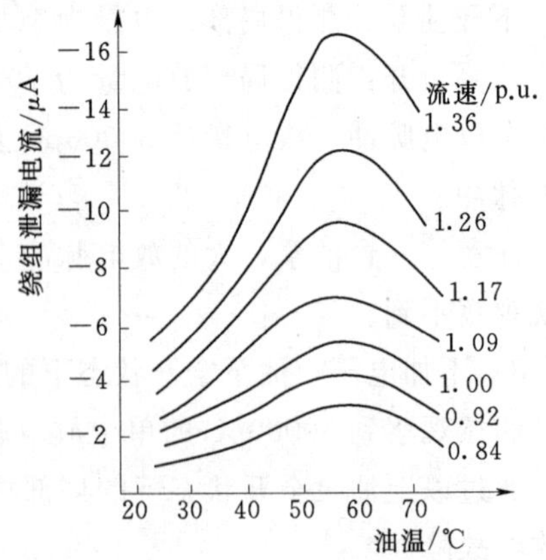

图 12-94　不同流速下绕组泄漏电流与油温的关系

研究表明，油的流速在 0.29m/s 以下时，就不会发生放电现象，但为了安全要留有一定的裕度。

（二）油流状态的影响

油的流动分为层流和湍流，油流状态通常以雷诺数表示。图 12-95 示出了油流状态（雷诺

数）与泄漏电流的关系。从图 12－95 中可以看出，当油流处在层流区时，泄漏电流与雷诺数成正比，且与温度有关。而在湍流区，则与雷诺数的平方成正比。从层流到湍流的过渡区域，由于油流极不稳定，电荷的分离与雷诺数的 2～5 次方成正比。

以层压纸管的油流来模拟油流的试验结果如图 12－96 所示。由图 12－96 可见：

（1）在纸管的入油口油流极不稳定，属湍流状态，其泄漏电流最大。

（2）在纸管的出口处，也有类似的湍流效应。

在实际的变压器中，绕组下部的进油口附近区域属湍流状态，因此该区域油流带电程度严重。

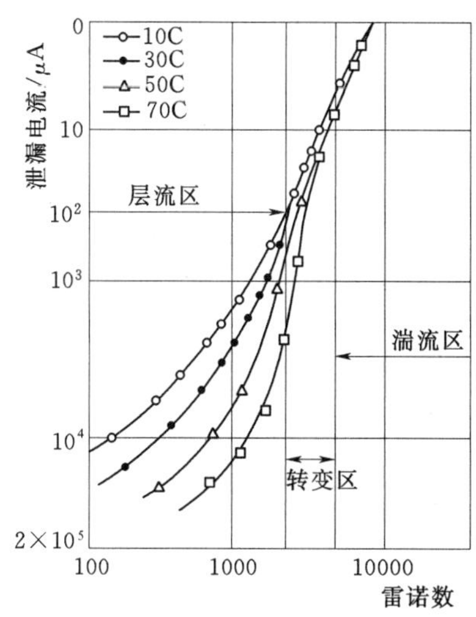

图 12－95　泄漏电流与雷诺数的关系

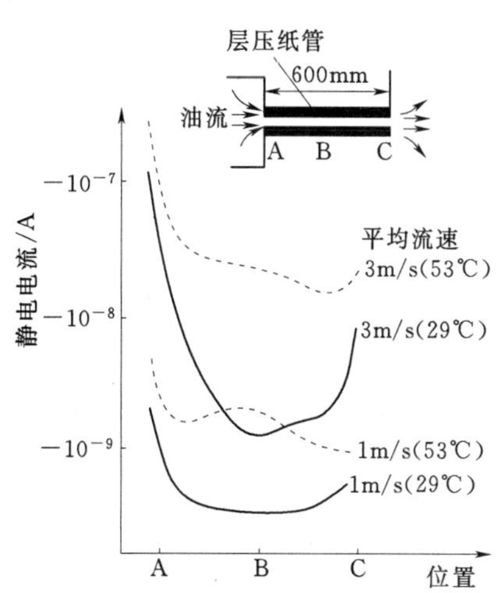

图 12－96　在层压纸管模型中静电感应电流的分布

（三）励磁对油流带电的影响

图 12－97 所示为在一台实际的 500kV 单相自耦壳式变压器模型上进行不同励磁下测量静电泄漏电流的试验结果。由图可知，泄漏电流随励磁电压升高而增大，且与油温有关，泄漏电流的峰值效应明显。

（四）油泵对油流带电的影响

当油泵突然启动时，由于油流的扰动，交界面的偶电层快速被油流分离，会使油很快增加到一个较高的起始带电度，频繁启动油泵会加剧这种现象。因此油泵的启动和切断应该逐步进行。此外，由于油泵本身的油流速度较高，很容易分离电荷，在设计时，油泵大多是位于冷却器下部，油泵旋转时产生的电荷经油泵本体对地释放一部分，但有人认为，此释放量不够，会影响变压器内部的油流带电，因此有些设计做了改进，其目的是使油进入变压器之前，有一段较长的电荷释放距离。

（五）油中水分的影响

油中水分含量对油的流动带电倾向有明显的影响。随着油中微量水分的减小，油中的

带电倾向将增加，从图 12-98 所示的 9 种美国产新绝缘油的含水量与电荷密度的关系曲线中可以看出，当油中微水含量小于 15mg/L 时，油中电荷密度剧增。这与油的种类也有关；电荷密度较高的是一种经水解处理后再用漂白土过滤的油种，电荷密度较低的是一种经水解处理后再以溶剂萃取的油种，两者的区别是前者无抑制剂，后者则添有抑制剂，也即油中的其他物质对电荷密度会有一定的影响。合格的大型变压器中的绝缘油微水含量低（约 10mg/L），使得电荷的泄放困难，故运行中的大型电力变压器油流带电问题较严重。

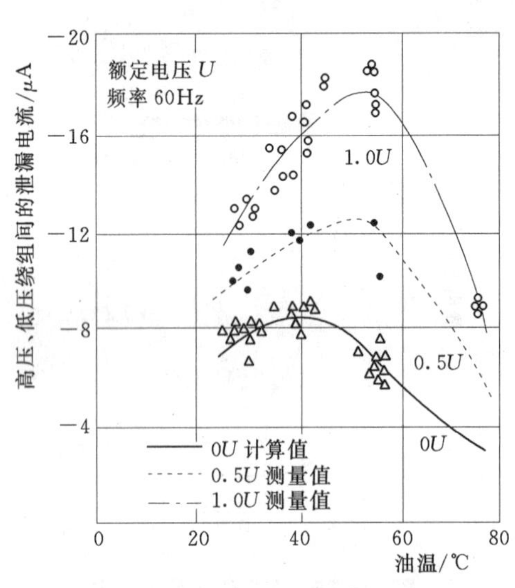

图 12-97　变压器励磁对泄漏电流的影响

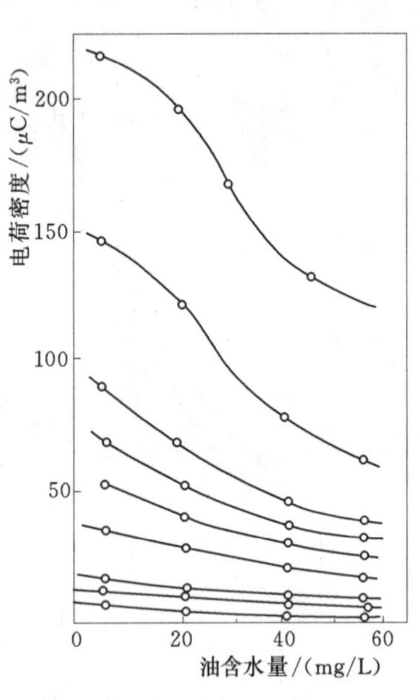

图 12-98　电荷密度与油含水量的关系

由于温度的变化，水分在油和纸质材料间有一个连续的动态平衡过程，由于这个过程在连续变化。这相当于液、固两态界面的电导率在连续变化，这也就直接影响了油流带电。

（六）固体纸绝缘材料表面状态的影响

固体纸质绝缘表面吸附电荷的能力，随着其表面的粗糙度增加而增加，即纸质材料表面的网状结构将直接影响电荷的分离。变压器内所使用的各种固体绝缘材料，在油流流过时的带电量（带电电位）与其表面状态的关系如图 12-99 所示。由图可见，各种材料带电量大小不同，其大小顺序是：棉布带＞皱纹纸＞压制板＞牛皮纸。这是由于它们表面粗糙度不同所致，例如，棉布带表面粗糙度约为牛皮纸的 10 倍，其带电量也约为牛皮纸的 10 倍。材料表面粗糙度增大，实际上是增加了与油质的接触面积，从而增加了吸附电荷的能力。当表面的

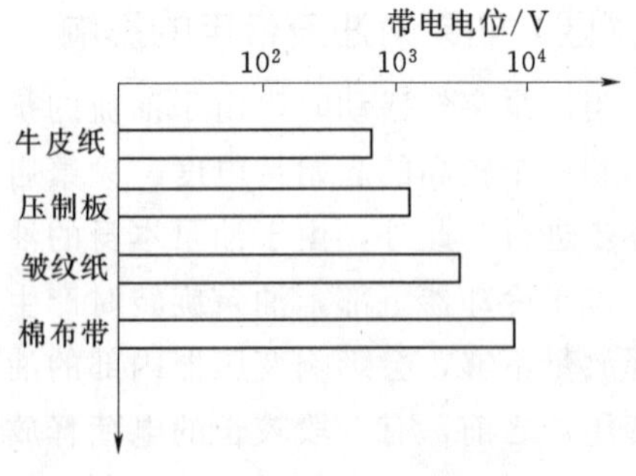

图 12-99　不同固体绝缘材料的带电量

积累电荷一旦放电后，将会使材料表面变得更粗糙，从而变得更易积累电荷。

（七）油的电导率的影响

油的电导率直接影响油中离子的含量和影响电荷的松弛时间常数。一般认为，当电导率较低时，带电程度随电导率增大而增强，如图 12-100 所示。但是，当电导率超过某一临界值时，油流带电程度则又随着电导率的增大而减小，且油流带电达到峰值时，电导率的区间一般是（2～5）$\times 10^{-8}$S/cm。

（八）介质损耗因数 tanδ 的影响

油流带电与油本身的介质损耗因数 tanδ 的关系如图 12-101 所示。尽管油流带电与其 tanδ 存在有一定范围的不确定性，但总的趋势是 tanδ 增大时，带电倾向增加。

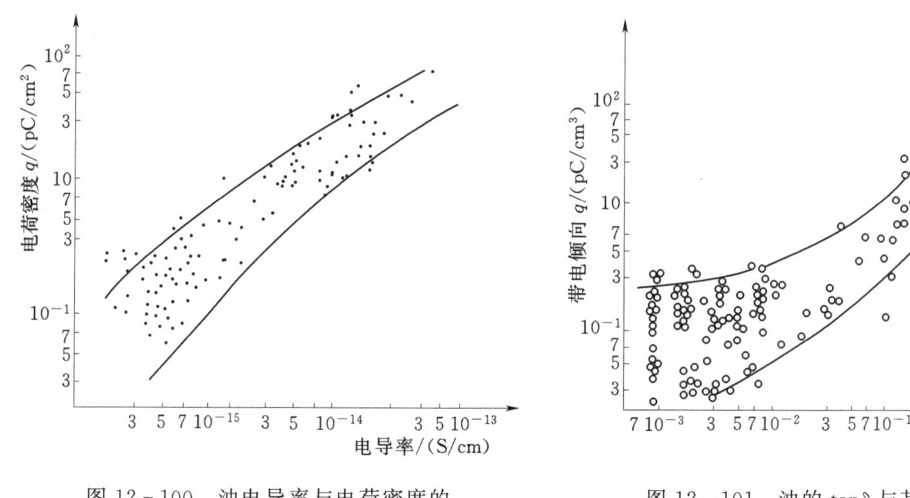

图 12-100　油电导率与电荷密度的关系（测试温度 30℃）

图 12-101　油的 tanδ 与其带电倾向的关系

（九）其他

现已查明，大型电力变压器的油流带电现象，除上述外，还与变压器油的加工精制工艺、油的老化、变压器的结构（包括泵、散热器、油箱等）、运行状况、油中杂质、光照、油—纸之间水分的迁移等因素有关。

五、油流带电的抑制方法

（一）降低流速

降低油的平均流速是防止油流带电的有效措施，一般将流速控制在 0.5m/s 以下，就可能避免因油流带电而发生的放电。通常，降低流速的做法是改造原有的冷却系统，采用低流速、大流量的工作方式。对此，可借助于改进油泵设计、流速设计和对冷却系统采用自动控制来实现。

（二）换油

这是抑制油流带电的有效方法之一，并为多年的运行经验初步证实。具体做法是将具

有高带电趋势的油改换为具有低带电趋势的油。然而，这种处理方式的长期效果如何，还需进一步积累经验。

（三）添加苯并三唑

这是日本研究出的抑制大型变压器油流带电的一种方法，并使用多年。具体做法是在变压器油中添加苯并三唑（简称 BTA），添加量一般为 10～50mg/L。由于 BTA 中含有过剩电子，加入油中后，过剩电子一方面被吸附于固体绝缘材料上，使油流动摩擦时不再产生静电；另一方面，即使产生静电，也很容易被油溶解的 BTA 的过剩电子所中和，使油保持不带电荷。

图 12－102 示出了 BTA 对油中放电量的影响。由图可见，添加 5～10mg/L 的 BTA 时，变压器油放电量的降低是很明显的。我国某单位对添加 BTA 的变压器跟踪了两年半，试验结果一直良好。

原国家电力公司电力科学研究院对变压器油添加 BTA 抑制油流带电的效果进行了研究，其结果如图 12－103～图 12－105 所示。由此可以得如下结论：

（1）添加 BTA 可以降低变压器油的带电趋势。

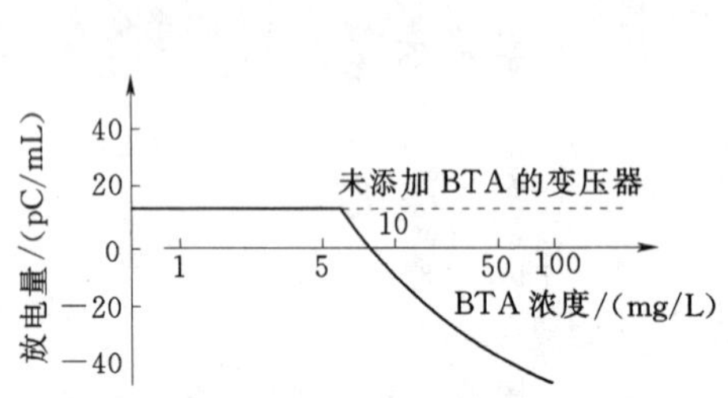

图 12－102 BTA 含量与放电量间的关系

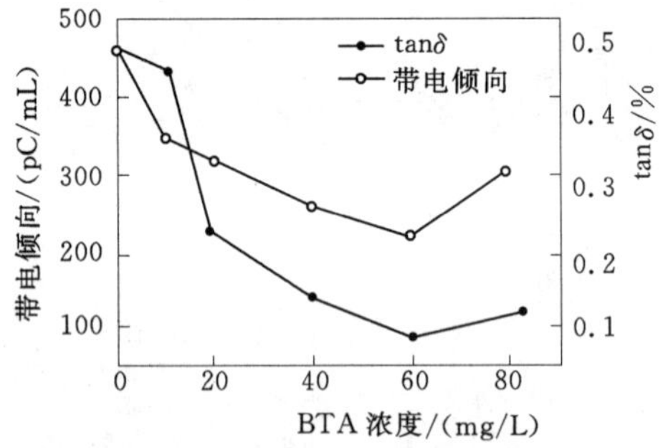

图 12－103 变压器油的带电倾向及 tanδ（90℃）与 BTA 浓度的关系

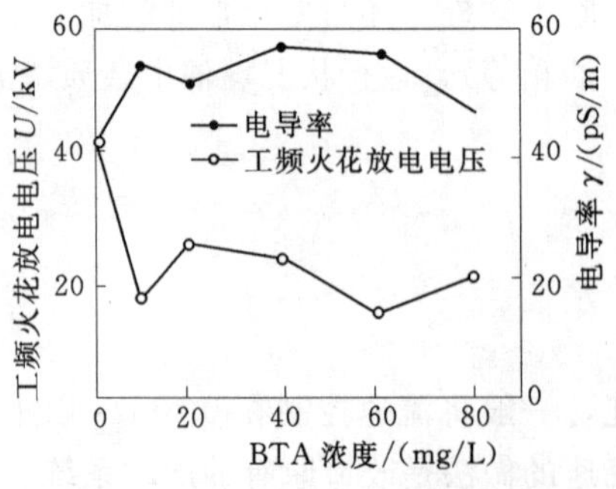

图 12－104 变压器油的工频火花放电电压及电导率（90℃）与 BTA 浓度的关系

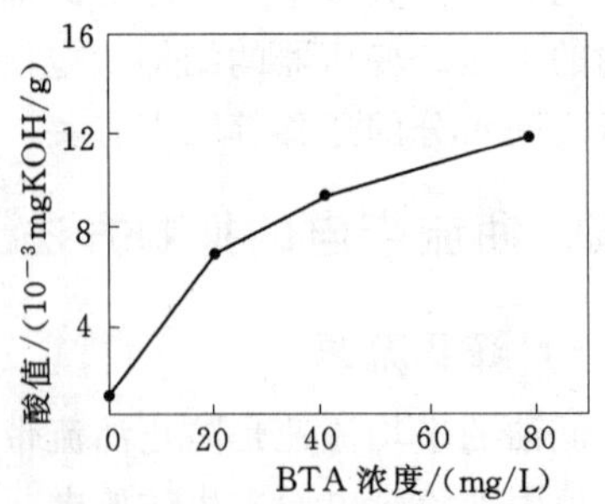

图 12－105 变压器油在空气中经 11h、125℃高温氧化后的酸值与 BTA 浓度的关系

（2）添加 BTA 对油的工频火花放电电压、tanδ 及电导率没有不良影响，能降低 tanδ 和电导率。

（3）添加 BTA 对油的氧化稳定性能有影响，随着 BTA 浓度的增加，酸值升高。由此说明运行中变压器添加 BTA 可能会加速油的老化。

这些结论对应用和进一步研究添加 BTA 的方法是有重要意义的。

（四）改进变压器设计

合理设计油路结构及在油路中管径变化部分，为避免接头处的棱角，改为圆弧结构，以减少湍流效应的影响。

第十四节　零序阻抗的测量

一、零序阻抗的基本概念

一台变压器对各相序（正、负、零序）电压、电流所表现的阻抗叫作序阻抗，它们分别为正序、负序和零序阻抗。正序阻抗实际上就是正常运行时所表现的阻抗，由于变压器是一种静止电气设备，它的正序和负序阻抗彼此相等，并等于变压器的短路阻抗。对零序阻抗而言，由于任一瞬间，所有三相的零序电流，其大小和方向都是一样的，即它们的总和不等于零。所以零序阻抗与正序阻抗和负序阻抗有本质上的区别。它的大小不仅与绕组的连接方式有关，而且也与铁芯结构有关。下面进行简要说明。

（一）零序磁通经过铁芯闭路的三相变压器

属于此类的变压器包括三相五柱变压器、外铁型变压器、单相变压器组，如图 12－106 所示。由图 12－106（a）可知，在三个主铁芯柱中，所产生的磁位差会导致大量的磁通经过第 4 个和第 5 个铁芯柱返回，故其零序激磁阻抗值接近于正序激磁阻抗。这种情况也适用于外铁型变压器，见图 12－106（b）。由三台单独的三相变压器组成的三组变压器，每相的零序磁通都有一个通过铁芯的闭合磁路，见图 12－106（c），其零序激磁阻抗与正序激磁阻抗正好相等。

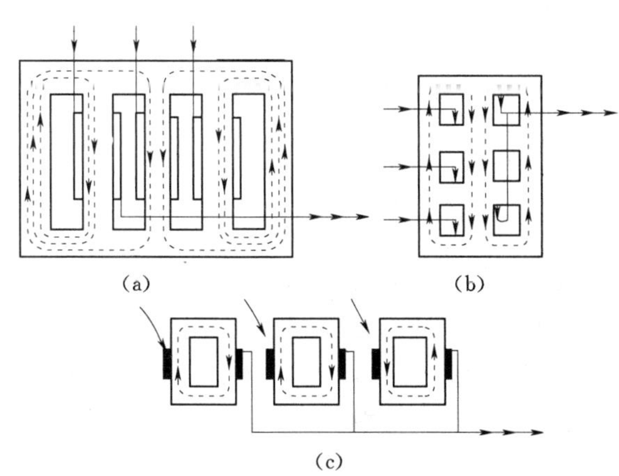

图 12－106　零序磁通经过铁芯闭路的三相变压器
（a）三相五柱变压器；（b）外铁型变压器；（c）单相变压器组

对 YNyn0、YNy 和 YNd11 变压器的零序电流通路及其等值电路分别如图 12－107～图 12－109 所示。

由图 12－107～图 12－109 可知，零序阻抗的确定，首先取决于零序电流能否流得通。因此，有以下两种情况：

（1）零序电流流不通，则从该端看进去，零序阻抗为无穷大，而不管副端如何。

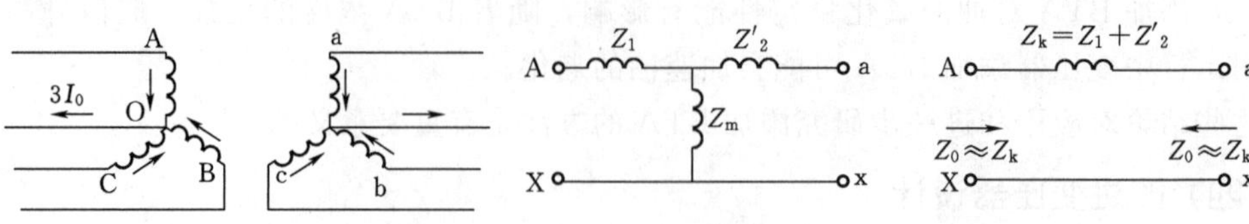

图 12-107 YNyn0 变压器的零序电流和等值电路

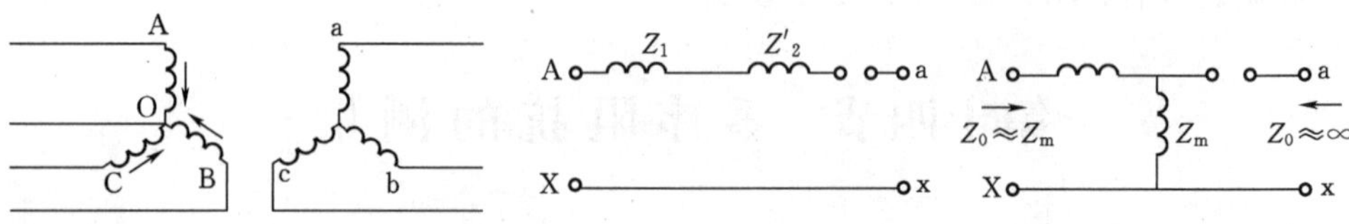

图 12-108 YNy 变压器的零序电流和等值电路

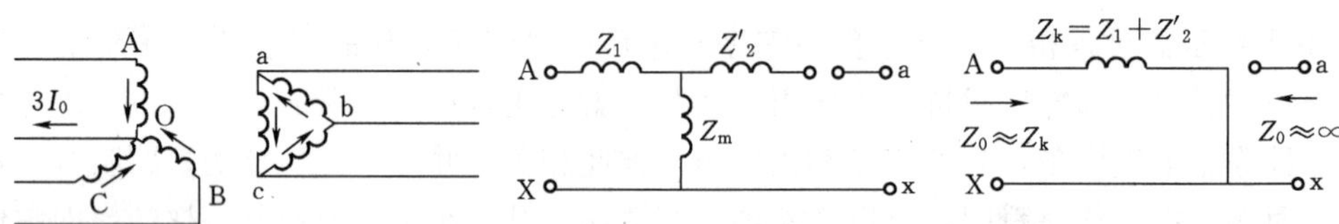

图 12-109 YNd11 变压器的零序电流和等值电路

(2) 零序电流流得通，然而如果副端流不通，那么零序阻抗为激磁阻抗；如果副端流得通，或虽流得通但流不出去，那么零序阻抗为漏抗（短路阻抗）。

（二）三相三柱（芯式）变压器

图 12-110 所示为带有三个绕组的铁芯，这些绕组因载有三个相等的电流而产生零序磁通。由于在三个铁芯柱中所建立的磁动势大小相等，方向相同，三个磁通的情况也一样，所以在铁芯中没有任何部分可充作归路，而唯一可利用的路径是油。这个路径是属于低导磁性的路径。

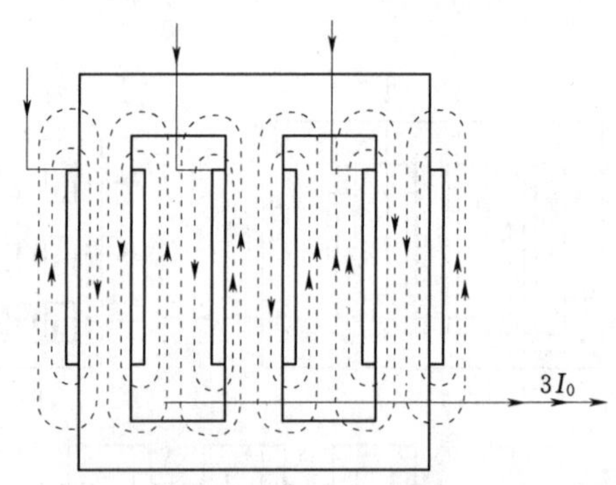

图 12-110 在一个星形接线的三相三柱变压器中由零序电流引起的磁通

此外，油箱本身对归路的一部分起着分路作用。这样，磁路中的磁阻比正序磁通在铁芯中形成闭合回路时要大得多。因此，激磁阻抗也与正序时的 Z_m 大不相同，是一个与三相正序阻抗相比要小得多的另一个新的数值 Z_{m0}，Z_{m0} 取决于铁芯及油箱的具体结构，在一般的变压器中，它的大小以标幺值表示，为 0.3～3，而 Z_m^* 为 20～50。由上述可知，三相三柱芯式变压器的零序阻抗必须由实测决定。

二、星形—三角形接线变压器零序阻抗及其测定

图 12-111 所示为零序电流在星形—三角形接线的变压器中所产生的磁通情况。原端

星形绕组中零序电流是能够流得通的，所建立的磁通分别在各个铁芯柱的绕组中所感应出来的电压是同相的，所以使得由三角形绕组所形成的闭路中流有一个循环电流，起着短路作用，反对零序磁通的建立。此电流产生能将磁通驱至两绕组之间的泄漏通道中的平衡安匝。这种情况与三角形绕组在正常运行中所起的作用无关，它可能载有负荷，或可能只用作稳定绕组。

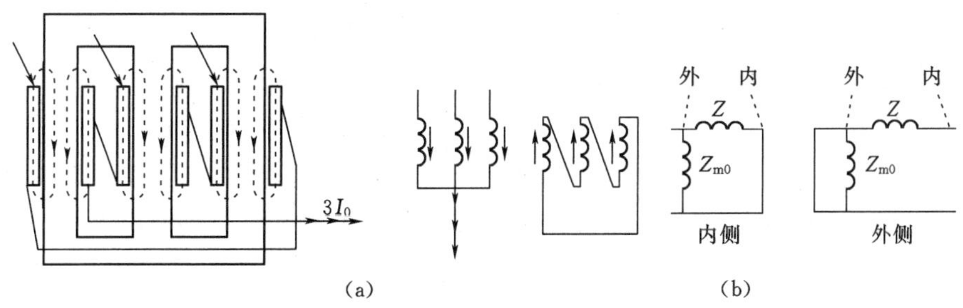

图 12-111　零序电流在星形—三角形接线的变压器所产生的磁通
(a) 磁通的路径及零序电流；(b) 三角形绕组等效图

三角形绕组对铁芯和星形绕组的相对位置，只有很小的影响。如果它被放在星形绕组的外面，则后者所产生的磁通可通过铁芯柱，但必须通过绕组间的狭槽返回，致使三角形绕组不与任何合成磁通相耦连，这与三相短路的情况完全相似。但若三角形绕组是放在靠近铁芯的位置，则情况有所不同。由于三角形绕组犹如一个短路线圈，星形绕组在零序电流的影响下，将在绕组与线圈之间的槽中建立一个磁通，从底部轭铁展延到顶部轭铁，通过星形绕组周围的非磁性区域返回，但铁芯柱不能载有磁通。可以看出，三角形绕组放在靠近铁芯的情况下，总磁阻比较高，即零序阻抗比较低，其等值图见图 12-111 (b)。

显然，三角形绕组的作用归根结底在于：可供零序磁通利用的二个区域中，即里面的（包括铁芯柱）和外面的（绕组与油箱之间），只有一个受三角形绕组的影响。绕在外面的三角形绕组将外面区域封锁而代之以槽隙；绕在里面的三角形绕组则封锁了铁芯柱而代之以槽隙，让外面的归路不变。

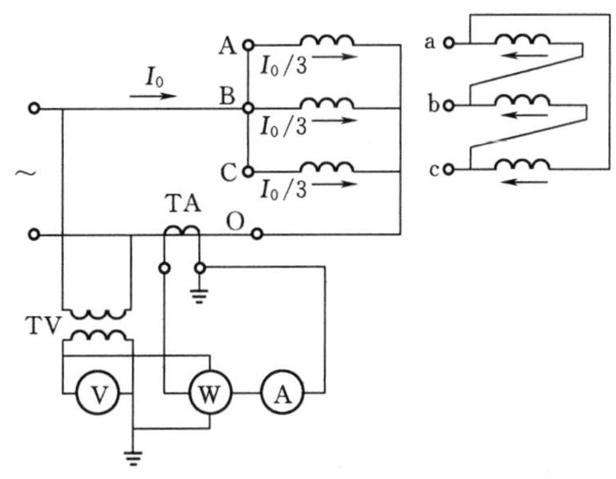

图 12-112　零序阻抗的测量接线图
TV—电压互感器；TA—电流互感器；
V—电压表；W—功率表；A—电流表

由于零序激磁阻抗 Z_{m0} 为一有限值，所以带有三角形绕组的变压器的零序阻抗小于正序阻抗，三角形绕组使得零序阻抗为一较低值，基本上由零序漏抗所决定，故零序阻抗基本上为线性的。可从零序阻抗的基本概念出发对零序阻抗进行测量，如图 12-112 所示。即将三相绕组并联后，对中性点施加单相电源，则三个铁芯柱获得了零序磁通，于是得到零序阻抗，即

$$Z_0=\frac{3U_0}{I_0}\ (\Omega/相)$$

式中 Z_0——以每相欧姆数表示的零序阻抗；

I_0——试验电流，A；

U_0——试验电压，V。

三、星形—星形接线变压器零序阻抗的测定

对这种接线的变压器，其零序阻抗可用图 12-113 所示的接线进行测量。

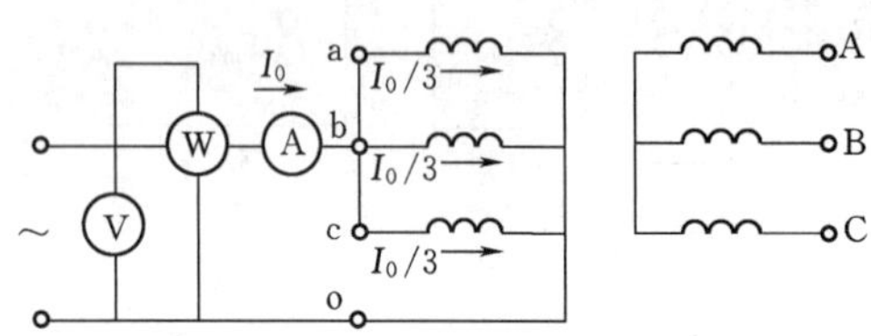

图 12-113 星形—星形接线变压器的零序阻抗测量接线图

测量时一次侧开路，将二次侧绕组的三个线端用导线短接，在中性点和三个线端间加工频电压即可测出其零序阻抗。计算方法同上。

应当指出，由于这种接线变压器的零序阻抗是非线性的，它随着施加电流的增大而减小，所以它需要测量一系列的阻抗值，一般不少于 5 点，测量 20%、40%、60%、80%和 100%试验电流时的零序阻抗数值。试验电流一般不超过额定电流，如果零序阻抗太大，还要控制试验电流，使试验电压不超过额定相电压。

另外，在测量中，外线试验人员要注意观察试品油箱的各个部位，以免零序磁通集中而引起箱壁的局部过热。对大型试品，有时会使箱壁局部灼热变红。

对于 YNyn0d11 连接组的三绕组变压器以及自耦变压器，可采用开、短路法或三开路法测量其零序阻抗。

不同结构和连接组的变压器的零序阻抗的实测值见表 12-91～表12-93。

表 12-91　Yn 接线的变压器的零序阻抗值

三相实加电流 I_N /%	P_e=100kVA			P_e=500kVA			P_e=1000kVA		
	零序阻抗/Ω	短路阻抗/Ω	零序阻抗/短路阻抗	零序阻抗/Ω	短路阻抗/Ω	零序阻抗/短路阻抗	零序阻抗/Ω	短路阻抗/Ω	零序阻抗/短路阻抗
20	0.915	0.064	14.30	0.1808	0.0128	14.13	0.0828	0.0072	11.50
40	0.867	0.064	13.55	0.1709	0.0128	13.35	0.0781	0.0072	10.85
60	0.820	0.064	12.81	0.1621	0.0128	12.66	0.0734	0.0072	10.19
80	0.776	0.064	12.13	0.1533	0.0128	11.98	0.0686	0.0072	9.53
100	0.73	0.064	11.41	0.1434	0.0128	11.20	0.0649	0.0072	9.01

表 12-92　YNd 接线的变压器的零序阻抗值

三相实加电流 I_N /%	P_e=10000kVA			P_e=8000kVA		
	零序阻抗/Ω	短路阻抗/Ω	零序阻抗/短路阻抗	零序阻抗/Ω	短路阻抗/Ω	零序阻抗/短路阻抗
60	29.17	36.12	0.808	42.56	45.15	0.943
70	29.13	36.12	0.806	42.98	45.15	0.952

续表

三相实加电流 I_N /%	P_e=10000kVA			P_e=8000kVA		
	零序阻抗/Ω	短路阻抗/Ω	零序阻抗/短路阻抗	零序阻抗/Ω	短路阻抗/Ω	零序阻抗/短路阻抗
80	29.19	36.12	0.808	42.59	45.15	0.943
90	29.03	36.12	0.808	42.89	45.15	0.950
100	28.98	36.12	0.802	42.94	45.15	0.951

表 12-93　　YNynd 接线的变压器的零序阻抗

<table>
<tr><th rowspan="2">高压绕组</th><th rowspan="2">中压绕组</th><th rowspan="2">低压绕组</th><th colspan="3">P_e=120MVA</th><th colspan="3">P_e=90MVA</th><th rowspan="2">备　注</th></tr>
<tr><th>零序阻抗/Ω</th><th>短路阻抗/Ω</th><th>零序阻抗/短路阻抗</th><th>零序阻抗/Ω</th><th>短路阻抗/Ω</th><th>零序阻抗/短路阻抗</th></tr>
<tr><td rowspan="2">绕端对O点加压</td><td>开路</td><td rowspan="4">三角形接线线路端开路</td><td>70.33</td><td>G—D
86.3</td><td>0.81</td><td>98.48</td><td>G—D
125.46</td><td>0.78</td><td rowspan="4">三柱铁芯的绕组排列为：铁芯—低压—中压—高压</td></tr>
<tr><td>短路</td><td>44.9</td><td>G—Z
53.3</td><td>0.84</td><td>66</td><td>G—Z
77.92</td><td>0.85</td></tr>
<tr><td>开路</td><td rowspan="2">线端对 O_m 点加压</td><td>9.10</td><td>Z—D
9.65</td><td>0.94</td><td>11.41</td><td>Z—D
12.48</td><td>0.91</td></tr>
<tr><td>短路</td><td>5.85</td><td>—</td><td>—</td><td>7.47</td><td>—</td><td>—</td></tr>
</table>

第十五节　特　性　试　验

《规程》中规定，电力变压器在交接时、更换绕组时，内部接线变动后要测量绕组所有分接头的电压比；校核三相变压器的组别或单相变压器的组别；在交接或更换绕组后还要测量变压器在额定电压下的空载电流和空载损耗；测量变压器的短路阻抗和负载损耗等。其中多数属于检查性试验项目。

一、绕组所有分接的电压比试验

变压器在空载情况下，高压绕组的电压 U_1 与低压绕组电压 U_2 之比称为电压比。三相变压器的变压比通常按线电压计算。变压比试验是在变压器一侧施加电压，用仪表或仪器测量另一侧电压，然后根据测量结果计算变压比。变压比试验的目的是检查绕组匝数是否正确，检查分接开关状况，检查绕组有无层（匝）间金属性短路等，为变压器能否投入运行或并联运行提供依据。《规程》规定的试验周期为：①A 级检修后；②分接开关引线拆装后；③必要时。现场测定电压比的方法有电压测量法和电桥法。

（一）电压测量法

电压测量法是电压比试验最基本的方法。过去一般称为双电压表法或电压表法。究其试验的本质是电压测量，所以称电压测量法比较合理。它可以用三相电源，也可用单相电源进行试验。

1. 用三相电源测量电压比

对于三相变压器可在高压侧加三相电源激磁，用两个电压表测量两侧线电压，或者在

低压侧加三相电源激磁，而在高压侧接入电压互感器，再用两个电压表测两侧线电压。两种测量接线如图 12－114 和图 12－115 所示。

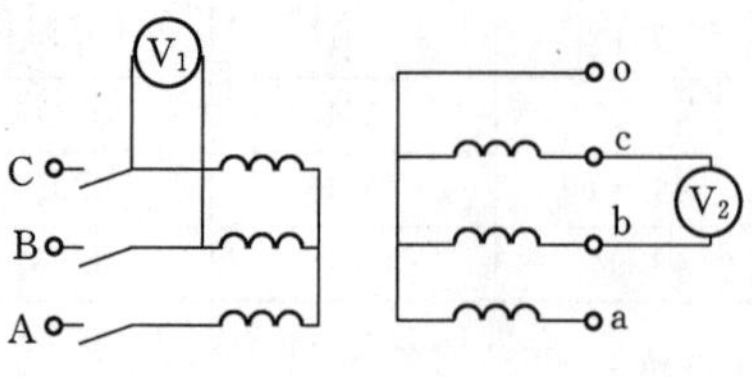

图 12－114 高压激磁直接用电压表测量

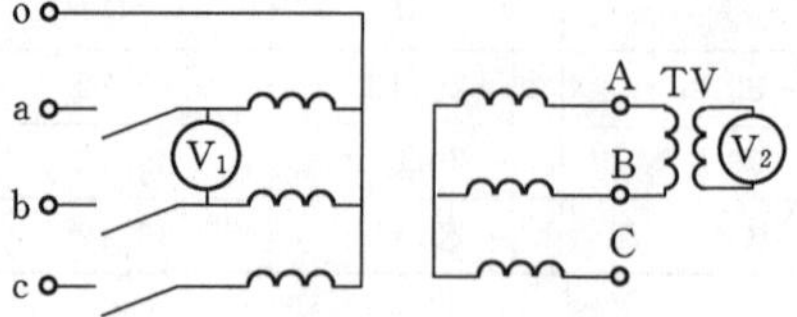

图 12－115 低压激磁用电压互感器和电压表测量

根据测量结果，可以计算出实际电压比为

$$K_{AB}=\frac{U_{AB}}{U_{ab}};\ K_{BC}=\frac{U_{BC}}{U_{bc}};\ K_{CA}=\frac{U_{CA}}{U_{ca}}$$

实测值的平均值为

$$K_p=\frac{K_{AB}+K_{BC}+K_{CA}}{3}$$

电压比差百分数为

$$\Delta K\%=\frac{K_n-K_p}{K_n}\times 100$$

式中 K_n——额定线电压比。

2. 三相变压器单相激磁法

采用单相电源做三相电压比试验，其优点一是可提高试验准确度，二是使故障明显化。因为将变压器连成 Y 接或 D 接后，假如 A 相电压比有问题，那么在加三相电源测量 AB、AC 端子电压时，必然会使故障相和非故障相混在一起，使故障现象不够明显。用单相电源测量电压比的接线和计算公式如表 12－94 所示。

表 12－94　单相电源测量电压比的接线和计算公式

变压器接线方式	加压端子	短路端子	测量端子	电压比计算公式	试验接线
Yd11	ab	bc	AB 及 ab	$K=\frac{U_{AB}}{U_{ab}}=\frac{U_A+U_B}{U_a}=\frac{2U_A}{U_a}=2K_x=2K_{xx}/\sqrt{3}$ $\Delta K\%=\frac{K_n-\sqrt{3}/2K_P}{K_n}\times 100$	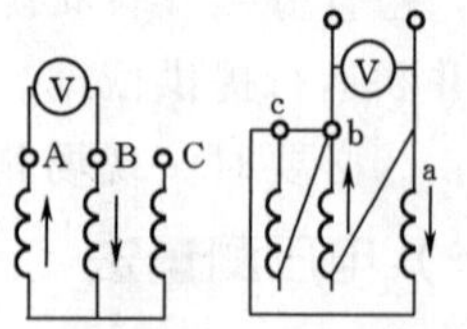
	bc	ca	BC 及 bc		
	ca	ab	CA 及 ca		
Dy11	ab	CA	AB 及 ab	$K=\frac{U_{AB}}{U_{ab}}=\frac{U_A}{2U_a}=\frac{K_x}{2}=\frac{K_{xx}}{2\sqrt{3}}$ $\Delta K\%=\frac{K_n-2\sqrt{3}K_P}{K_n}\times 100$	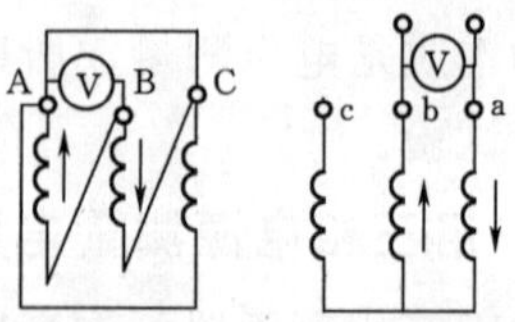
	bc	AB	BC 及 bc		
	ca	BC	CA 及 ca		

续表

变压器接线方式	加压端子	短路端子	测量端子	电压比计算公式	试验接线
Yy0	ab		AB 及 ab	$K=\frac{U_{AB}}{U_{ab}}$ $\Delta K\%=\frac{K_n-K_P}{K_n}\times100\%$	
	bc		BC 及 bc		
	ca		CA 及 ca		
YNd11	ab		BO 及 ab	$K=\frac{U_{BO}}{U_{ab}}=K_x=K_{xx}/\sqrt{3}$ $\Delta K\%=\frac{K_n-\sqrt{3}K_P}{K_n}\times100$	
	bc		CO 及 bc		
	ca		AO 及 ca		

注 表中的 K 为实测电压比，K_P 为三个实测电压比之算术平均值，K_n 为以线电压为准的电压比，K_x 为以相电压为准的电压比；$\Delta K\%$为电压比差。

应当指出，用电压表测量电压比时，由于内阻和准确度较低的电磁式电压表难以保证数据准确，故不宜采用。由于数字电压表准确度高，输入阻抗高，测量范围宽，其可以完全满足电压比试验的要求。可选准确度高于 0.1%的数字电压表进行电压比试验。由于数字电压表价格昂贵，而且读出数值后还需要计算，因此用它来测量电压比不太简便。

目前，由于电子技术和计算机技术已发展到相当高的水平，各类专用电路不断出现，所以两侧的电压还可以经数据采集卡采集，由微处理器处理，构成有相当自动化程度的电压比测量仪。

（二）交流电桥法

目前现场采用的电压比电桥有两种，一种是标准变压器式电压比电桥，另一种是电阻分压式电压比电桥。这两种电压比电桥都具有如下优点：

（1）不受电源稳定程度的限制。

（2）准确度和灵敏度高，都在千分之一以上。

（3）一般试验电压在 220V 以下，保证安全。

（4）电压比比误差可以直读。

（5）在电压比试验的同时可完成连接组标号试验。

1. 标准变压器式电压比电桥

标准变压器式电压比电桥的基本原理如图 12－116 所示。由图可见，该电桥相当于由具有多抽头的自耦变压器组成。试验时，标准变压器的高压绕组 AX 与被试变压器的高压绕组 AX 并联，共同接入 220V 交流电源，而两者的低压 a 通过检流计连接，调节电桥的可动分接，使微安表指示最小，此时电桥测量的电压比就等于被试变压器的电压比。

山西省机电设计自动化所研制的 ZB3 型变压器匝数比测试仪就是一种标准变压器式电压比电桥。其基本原理图如图 12－117 所示。

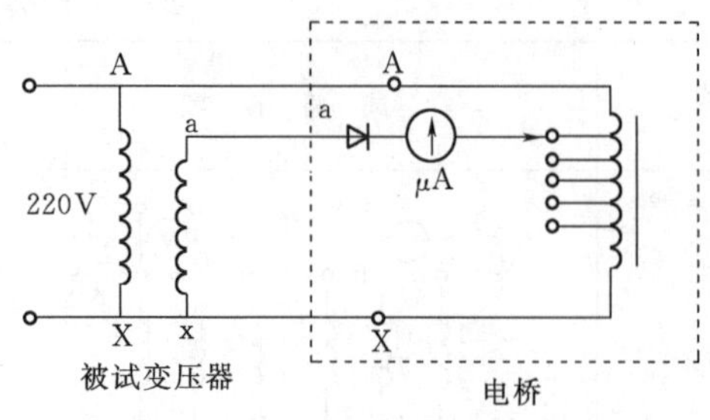

图 12-116　标准变压器式电压比电桥原理图

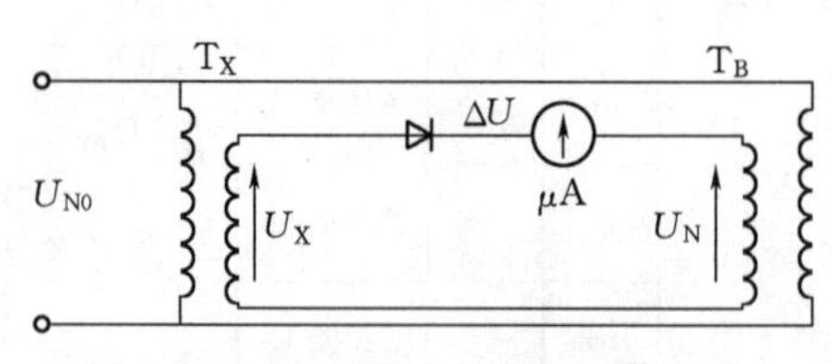

图 12-117　匝数比测试基本原理图

被试变压器 T_X、精密互感器 TV 及连接方式选择开关组成测试电桥。电桥的差值信号 ΔU 经过滤波、放大与 U_N、U_X 信号一起送给微处理机。通过操作仪器面板上的键盘，将有关参数、开关量等经过输入接口也送给微机系统。在参数输入状态下，可通过键盘改变各个参数，转换开关位置适应不同变压器的接法转换；在测试状态下，微机通过 ΔU 通道不断检测 ΔU，判断电桥失衡方向，并通过输出接口转换精密互感器额定电压比，使电桥趋于平衡。待电桥平衡后，微处理机即进行数据处理，求出实测额定电压比及相对于理论值的误差，然后显示、存储并打印输出。仪器软件、硬件框图如图 12-118、图 12-119 所示。

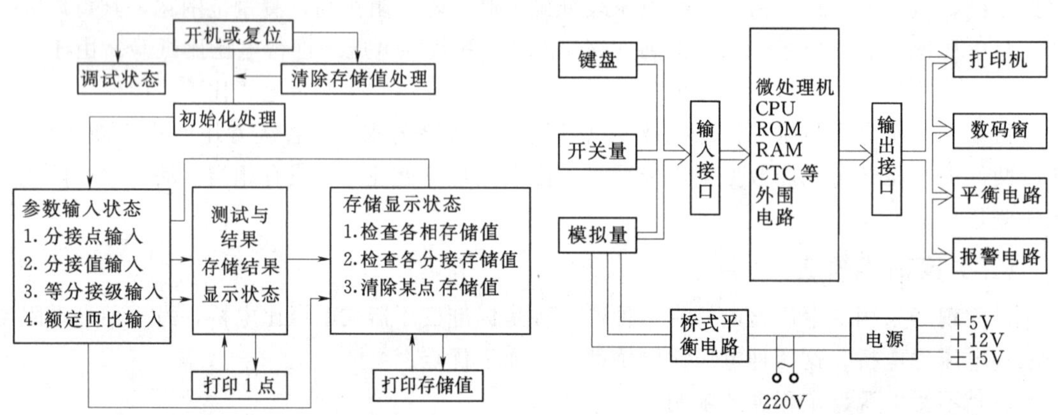

图 12-118　匝数比测试仪软件总框图　　　图 12-119　匝数比测试仪硬件总原理图

ZB3 型匝数比测试仪采用了微机与微电子技术，实现了电桥的自动平衡与数据自动处理。它在 4s 内能完成一次匝比测试，测试结果可数字显示、存储及打印输出，操作十分简便，而且体积小，重量轻，携带方便。它可测单相、三相变压器匝比。

其主要技术性能指标如下：

(1) 匝数比测量范围：0.900～1000（自动变换量程，指标值四位）。

(2) 误差测量范围：±19.9%。

(3) 精度：0.1%±3 个字。

(4) 测量时间：<4s。

(5) 加载电压：160V（每次测试结束自动切断加载电压）。

(6) 分接点设置：19 个分接点，可任意设置分接值。

(7) 连接组选择：任意连接组别。

(8) 自动存储测试结果。

(9) 高低压反报警与保护功能。

2. 电阻分压式电压比电桥

电阻分压式电压比电桥工作原理与标准变压器式电压比电桥工作原理基本相同，只是标准变压器部分换成了精密电阻分压器。精密电阻分压器可以做在桥体内部，也可在桥体外部用标准电阻箱接成，其本质是相同的。电桥原理可见图 12-120。

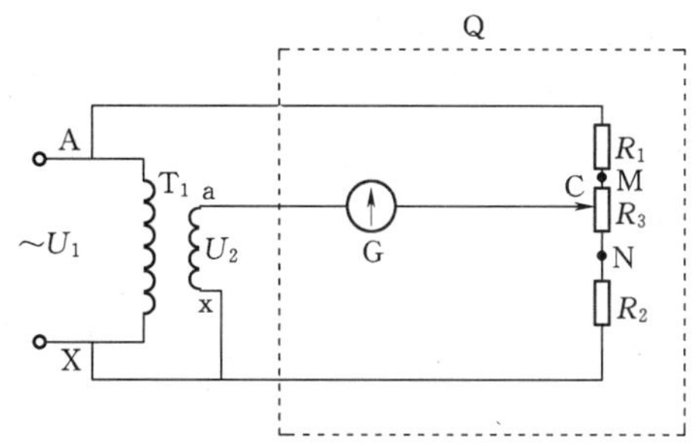

图 12-120 电阻分压式电压比电桥工作原理图

T_1—被试变压器；R_1、R_2、R_3—电阻分压器；G—检流计（平衡指示器）；Q—电压比电桥

在被试变压器较高电压侧绕组（AX）上施加电压 U_1，则在二次侧绕组上感应出电压 U_2。如果被试品的电压比完全符合额定电压比 K，调整 R_3 使平衡指示器指零，设触点 C 处，当 $R_{MC}=R_{CN}=\frac{1}{2}R_3$ 时，则电压比可按下式计算：

$$K=\frac{R_1+R_2+R_3}{R_2+\frac{1}{2}R_3}$$

如果被试品的电压比不是标准电压比 K，而是有一定误差的，这时不再改变 R_1 的电阻值，只改变触点 C 的位置即可。当该点能使检流计指零时，则试品的实测电压比 K'用下式计算：

$$K'=\frac{R_1+R_2+R_3}{R_2+\frac{1}{2}R_3+\Delta R}$$

其中，ΔR 为 C 点偏离 R_3 中点的电阻值。被试品的电压比误差（%）可用下式计算：

$$f=\frac{K'-K}{K}\times 100\approx\frac{-100\Delta R}{R_2+\frac{1}{2}R_3}$$

若最大 $f=\pm 2$，取 $R_2+\frac{1}{2}R_3=1000\Omega$，则 $\Delta R=\pm 20\Omega$。也就是说，误差在±2%范围变动时，滑杆 C 点需在 R_3 中点±20Ω 范围内变动。当从 X 点算起，那么，$R_{XC}=980\sim 1020\Omega$。

显然，R_3 是为测出被试品电压比误差而设的。当滑杆 C 点在 R_3 上滑动时，C 点电位也将相应变化，在一定的范围内和 U_2 达到平衡。

从 C 点和 a 点引出的信号接入平衡指示器。平衡指示器一般是由放大器、相敏整流器和指零仪表组成。现场常用的 QJ-35 型电压比电桥就是一种电阻分压式电压比电桥。

（三）试验结果的分析判断

(1) 各相应接头的电压比与铭牌值相比，不应有显著差别，且符合规律。

(2) 电压为 35kV 以下者，电压比小于 3 的变压器，其电压比允许偏差为±1%；其他所有变压器：额定分接电压比允许偏差为±0.5%，其他分接的电压比应在变压器阻抗电压值（%）的1/10以内，但不得超过±1%。

二、校核三相变压器的组别或单相变压器的极性

（一）变压器的连接组别

变压器的连接组别是变压器很重要的技术参数之一。变压器并联运行时必须组别相同，否则会造成变压器台与台之间的电压差，形成环流，因此变压器投入前应进行连接组别试验。《规程》规定更换绕组后或必要时应校核三相变压器的组别或单相变压器的极性，必须与变压器铭牌和顶盖上的端子标志相一致。

三相双绕组变压器常见的标准连接组有Yyn0、Yd11和YNd11三种。其中第一个大写字母表示高压绕组连接图，N表示有中性点引出，小写字母表示低压绕组连接图，而其后的数字表示高低压间的相位差。三相三绕组变压器的连接组常见的有YNyn0d11、YNd11y0两种。其中第一个符号为高压绕组连接图，第二个为中压绕组连接图，第三个为低压绕组连接图。后面的数字：第一个是高中压间相位差，第二个是高低压间相位差。

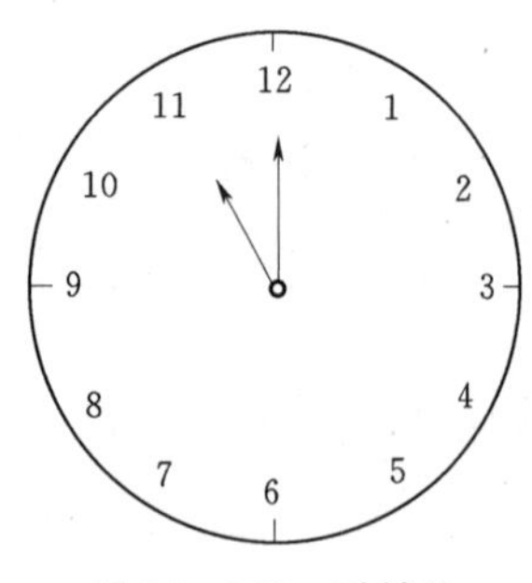

图12-121　时钟法

变压器高低压间的相位差，通常用时钟法来确定。如图12-121所示。钟表的轴心为A和a，表的分针代表高压绕组电压相量，时针代表低压绕组电压相量，分针固定指向12点，而时针所指的小时数就是连接组别。变压器连接组决定于绕组首末端的标号、绕组的绕向和接线方式（Y与D）等。例如，当连接图和标号如图12-122所示时，高低压绕组端点标号一致，首端为A、B、C，a、b、c；末端为X、Y、Z，x、y、z高低压绕组绕向相同（同为左绕或右绕），高压绕组连接为Y，低压绕组连接为D，其接线为11点。具体画法如下：

（1）画出Y形连接的高压绕组相量图。

（2）将a重叠在A上，使ax//Ax、by//BY、cz//CZ，并缩小K（变压比）倍。

由图可见，ab、bc、ca分别滞后于AB、BC、CA330°，如以AB分针指向12点，则时针ab是指向11点，所以其连接组为Yd11。

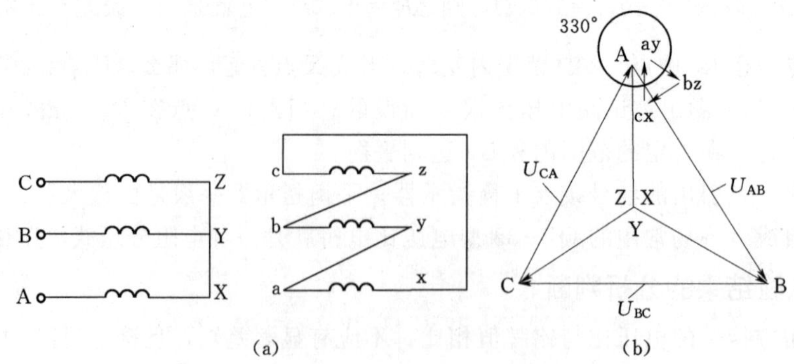

图12-122　Yd11连接组的接线图和相量图

（a）接线图；（b）相量图

三相变压器的组别共有 12 组，单数、双数各 6 组。凡是高、低压绕组连接方式不同的属单数组（如 Yd11、Dy5），而连接方式相同的是双数组（如 Yy0、Dd6）。

（二）接线组别的试验方法

1. 直流法

此法对确定 12 点、6 点接线较准，对确定其余接线不够准确，测量的接线如图 12－123 所示。试验时在高压侧接一个 1.5～6V 的干电池和开关 S，先接在 AB 间，A 接电池正极，B 接电池负极。再在低压侧 ab、be、ac 间分别接入一直流毫伏表或直流毫安表。

一定要严格按照规定将表接入，如接在 ab 上时，a 要接电表正端，b 接负端；接在 be 上时，b 要接正端，c 接负端；接在 ac 上时，a 要接正端，c 接负端。在刚合上开关 S 时，观察表针指示方向，向正方向偏转为“＋”，向负方向偏转为“－”，并进行记录。然后将电池接于 BC 间和 AC 间，重复上述试验。根据记录，对照表 12－95 即可查出被试变压器的组别。

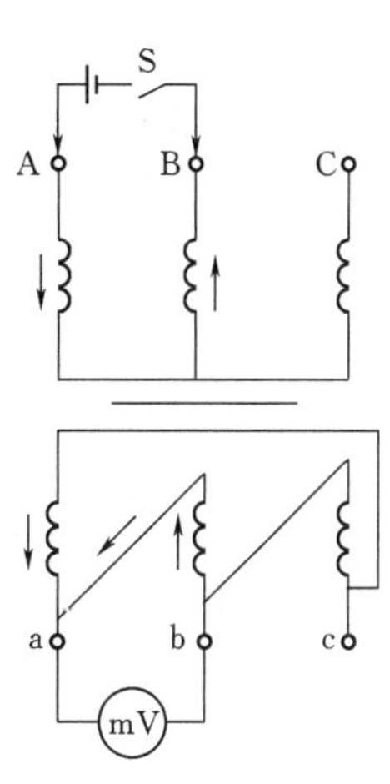

图 12－123　直流法测三相变压器组别的接线图

应该指出，在表 12－95 中有许多仪表读数为零，这种情况发生在 D，y 或者 Y，d 方式接线的奇数组的绕组中，图 12－124 示出了毫伏表指针指示为零的例子。

表 12－95　　直流法测量三相变压器组别的判断表

钟时序	高压通电相别 + －	低压测得值 ab	低压测得值 bc	低压测得值 ac	钟时序	高压通电相别 + －	低压测得值 ab	低压测得值 bc	低压测得值 ac
1	A B	+	－	0	7	A B	－	+	0
	B C	0	+	+		B C	0	－	－
	A C	+	0	+		A C	－	0	－
2	A B	+	－	－	8	A B	0	+	+
	B C	+	+	+		B C	－	－	－
	A C	+	－	+		A C	－	+	－
3	A B	0	－	－	9	A B	0	+	+
	B C	+	0	+		B C	－	0	－
	A C	+	－	0		A C	－	+	0
4	A B	－	－	－	10	A B	+	+	+
	B C	+	－	+		B C	－	+	－
	A C	+	－	－		A C	－	+	+
5	A B	－	0	－	11	A B	+	0	+
	B C	+	－	0		B C	－	+	0
	A C	0	－	－		A C	0	+	+
6	A B	－	+	－	12	A B	+	－	+
	B C	+	－	－		B C	－	+	+
	A C	－	－	－		A C	+	+	+

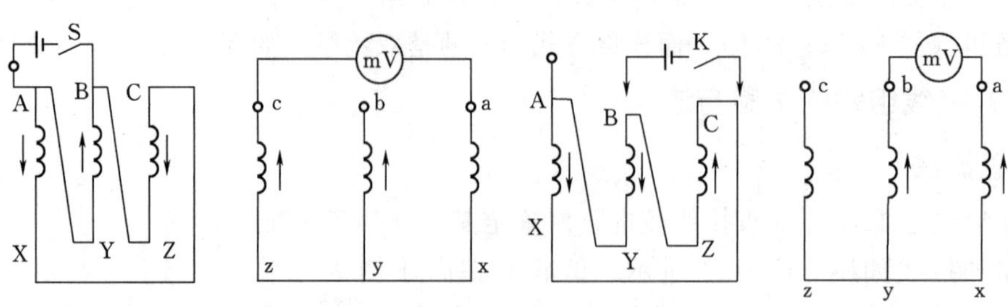

图 12-124 电压表指针为零的例子

2. 双电压表法

测试时，将被试变压器高压侧和低压侧两对应的端子 A、a 连接，在高压侧供给适当低电压，如图 12-125 所示。用电压表测量 U_{Bb}、U_{BC}、U_{Cb} 及电源电压 U_{AB}、U_{BC}、U_{CA}。

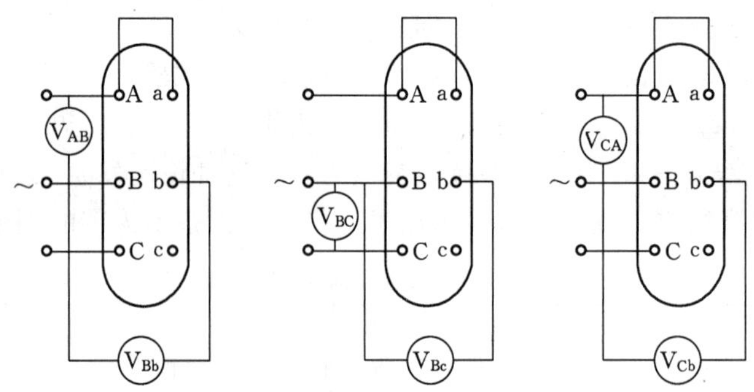

图 12-125 双电压表法测量三相变压器组别接线

根据测得数据绘制相量图（见图 12-126），其绘制步骤如下：

(1) 以 U_{AB}、U_{BC}、U_{CA} 之值绘出三角形 ABC。因 A、a 连接，故 A、a 点重合。以 B 为圆心，以 U_{Bb} 为半径画弧，再以 C 为圆心，以 U_{Cb} 为半径画弧，两弧相交于 b 点。

(2) 以 B 为圆心，以 U_{BC} 为半径画弧，然后再以 C 为圆心，以 U_{Cc} 为半径画弧，两弧相交于 c 点。

(3) 将 a、b、c 三点连接成小三角形 abc。由相量图 12-126 即可确定变压器的连接组别。

值得注意的是，作圆时，必须使三相电压按正序方向（即顺时针方向）画电压三角形，否则将会引起误差。

除上述用作图法确定组别外，还可在高压侧加 100V 三相平衡电压，根据额定变压比和实测电压 U_{Bb}、U_{Bc}、U_{Cb} 之值查表确定组别。关于这个问题请参看有关资料。

3. 相位表法

相位表是测量电流与电压相位的仪表。它之所以可以用来测量电压和电压的相位是因为它用了一个可变电阻，相位表的电压线圈按图 12-127 接于高压侧，其电流线圈通过一可变电阻接入低压侧的对应端子上，当高压侧通入三相交流电压时，在低压侧感应出一个

一定相位的电压。由于接的是一个负载电阻，所以在低压侧电流和电压同相。因此，可以认为高压侧电压与低压侧电流的相位就等于高压侧电压与低压则电压的相位。

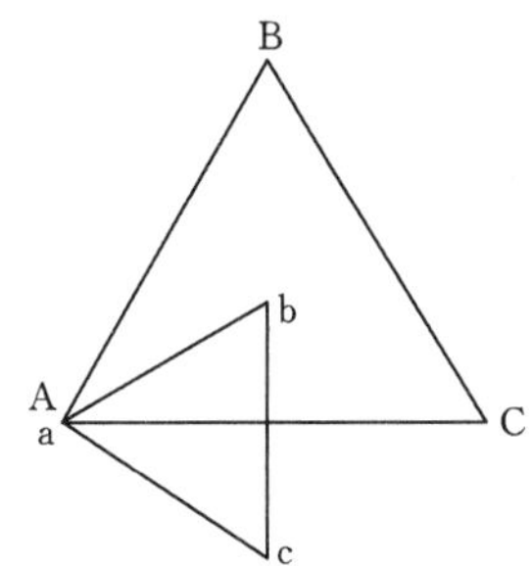

图 12-126　相量图

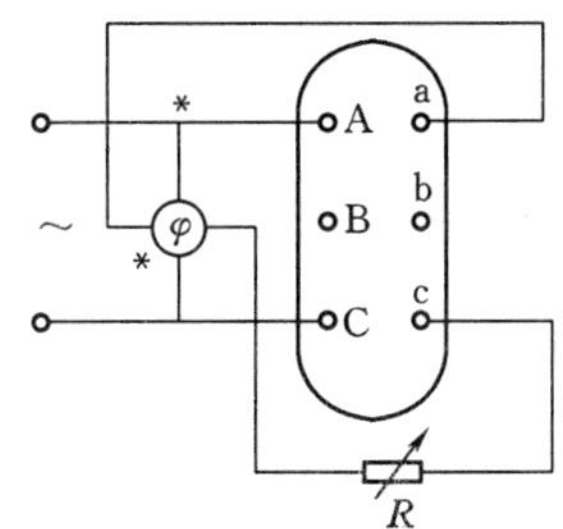

图 12　127　相位表法测变压器组别接线

应该注意，对于三相变压器只可在两对应端子上进行测量；R 可调，但不能减少到零。

4. 电压比电桥法

在电压比电桥内有对各种连接组别固定的测量线路，如果被试变压器的连接组别与电桥内的测量组别相同，并且在按照连接组别和电压计算的比值下电桥平衡，则说明被试变压器的电压比正确，连接组与电桥测量的组别相同；否则电桥就不能平衡了。用电压比电桥在进行电压比试验的同时，验证了连接组别的正确性。

三、空载试验

《规程》规定电力变压器在更换绕组后或必要时应进行空载试验，要求与前次试验值相比无明显变化。测量额定电压下的空载电流和空载损耗，其目的是检查绕组是否存在匝间短路故障、检查铁芯叠片间的绝缘情况，以及穿芯螺杆和压板的绝缘情况。当发生上述故障时，空载损耗和空载电流都会增大。

试验电源可用三相或单相电源；试验电压可用额定电压或较低电压值（若制造厂提供了较低电压下的值，可在相同电压下试验，以便进行比较）。

（一）试验接线

1. 单相变压器空载试验

试验接线如图 12-128 所示。当试验电压和电流不超出仪表的标称值时，可将测量仪表直接接入测量回路。当电压、电流超过仪表额定值时，可经电压互感器及电流互感器接入测量回路。

2. 三相变压器空载试验

对于三相变压器的空载试验，可采用双功率表法和三功率表法进行，如图 12-129 所示。用双功率表测量三相损耗时，第一功率表测出的功率 P_1 为

$$P_1=\dot{U}_{ab}\dot{I}_a=(\dot{U}_a-\dot{U}_b)\dot{I}_a$$

第二功率表测出的功率 P_2 为

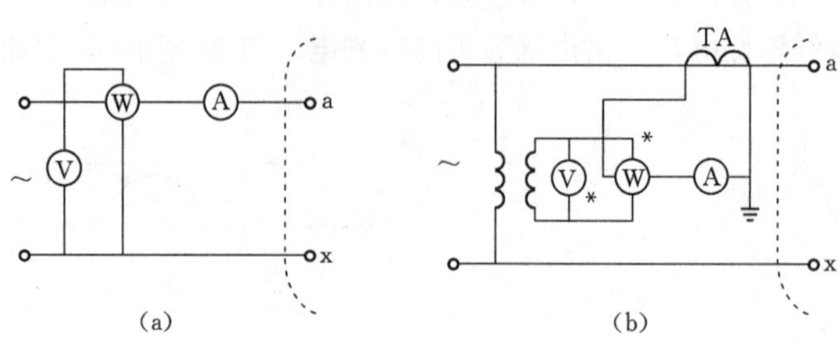

图 12-128 单相变压器空载试验的接线

(a) 仪表直接接入；(b) 仪表经互感器接入

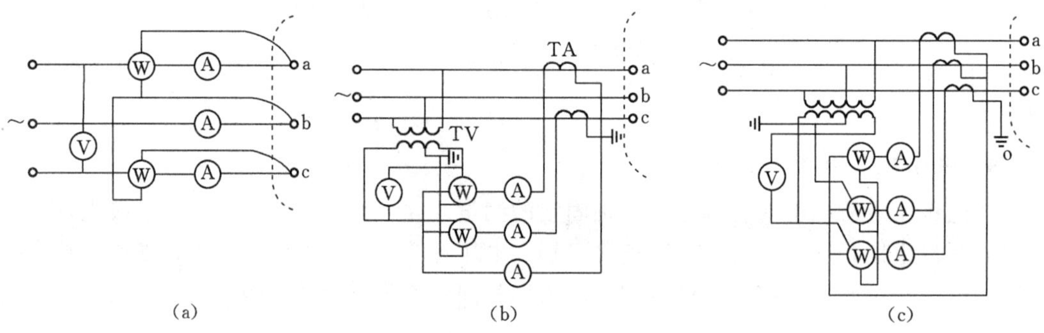

图 12-129 三相变压器空载试验接线

(a) 双功率表法（仪表直接接入）；(b) 双功率表法（仪表经互感器接入）；(c) 三功率表法（仪表经互感器接入）

$$P_2=\dot{U}_{cb}\dot{I}_c=(\dot{U}_c-\dot{U}_b)\dot{I}_c$$

故

$$P_1+P_2=\dot{U}_a\dot{I}_a+\dot{U}_c\dot{I}_c+(-\dot{U}_b)(\dot{I}_a+\dot{I}_c)$$

根据基尔霍夫第一定律有 $\dot{I}_b=-(\dot{I}_a+\dot{I}_c)$，则

$$P_1+P_2=\dot{U}_a\dot{I}_a+\dot{U}_b\dot{I}_b+\dot{U}_c\dot{I}_c$$

即 P_1+P_2 为三相功率之和。

为了保证测量的准确度和设备、仪表、人身的安全，在选择和连接仪表时，应注意下列问题：

(1) 电流、电压表的准确度应不低于 0.5 级。电流、电压互感器的准确度应不低于 0.2 级，以提高试验的准确性。

(2) 要采用低功率因数功率表。因为在交流电路中，$P=UI\cos\varphi$，对变压器来说，空载试验时的 $\cos\varphi$ 很低，所以如果用普通的功率因数功率表，就造成电压电流虽都已达到功率表的标准值，而功率的读数却很小的情况。例如，用 $\cos\varphi=1$，倍数为 5，满刻度为 150 格的功率表（电压量程为 150V，电流量程为 5A）去测量 $\cos\varphi=0.02$ 的大型变压器的空载损耗，当电压达 150V，电流达 5A 时，表读数却只有 150×5×0.02=15（格），即读数很小。如果电压互感器的倍数为 100 倍，电流互感器倍数为 30 倍，那么上述表读差 0.1 格时（例如 15.1 读成 15），误差为 0.1×30×100×5=1.5（kW），即误差百分数为

$\frac{0.1}{15}$=0.6%。当改用倍数为0.5，cosφ=0.1，满刻度为150格，用同样量程挡的低功率因数功率表测量时，读数则可提高到满刻度150格，每差0.1格时误差百分数仅为$\frac{0.1}{150}$=0.06%。因此，必须尽可能采用低功率因数功率表。通常可采用cosφ=0.1，准确度为0.5～1级的低功率因数功率表。

(3) 功率表的连接必须使其电流线圈和电压线圈两点间的电位差最小。如图12-130 (a) 所示。由于其电流线圈和电压线圈基本上处于等电位，所以因静电场造成的误差很小。

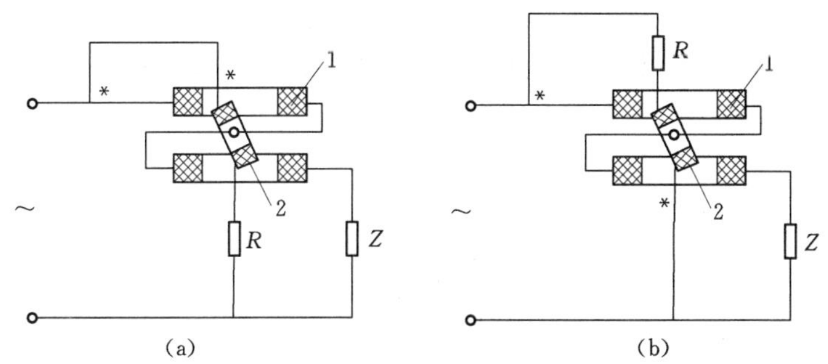

图12-130 功率表的接线方式

(a) 误差小；(b) 误差大

1—电流线圈；2—电压线圈；R—串接电阻；Z—负载

对于图12-130 (b) 所示的接线，电流线圈和电压线圈之间存在着较大的电位差，由于静电场的影响，其间要产生电场力，这样的两个线圈就像一个电容器，它们之间的由电场力所产生的力矩与电位差的平方成正比，并使电压线圈向着电容增大的方向偏转，造成较大的误差。同时，较大的电位差还可能使线圈间的绝缘击穿，因而损坏功率表。有关文献介绍曾用图12-130所示的两种接线实测某台S_7-50/10型配电变压器的损耗，发现采用图12-130 (b) 所示的接线时，由于静电场造成的测量误差达2%，远远超过仪表误差。

另外，接线时，还应注意电流线圈和电压线圈的极性。

(4) 应尽量选用双功率表法进行测量。分析表明，双功率表法测量损耗在原理上无误差，且适用于加压端为任何接线的变压器，使用的设备也较少。上述参考文献曾用双功率表法和三功率表法对某台S_7-50/10型的配电变压器的空载损耗进行测量，其结果如下：

1) 双功率表法：P_0=190W；

2) 三功率表法：P_0=191W (零点0与功率表接地点0′连接)；

3) 三功率表法：P_0=211.8W (00′不连接)。

对该台变压器而言，用双功率表法和00′相连接的三功率表法测量的结果基本相同，而用00′不连接的三功率表法测量的结果与之比较，误差却达10%左右。

(5) 必须注意互感器的极性。电流互感器的二次侧不可开路，互感器的外壳及二次绕组一端必须牢固接地。

（6）注意剩磁的影响。在一般情况下，铁芯中的剩磁对额定电压下的空载损耗的测量不会带来较大的影响。主要是由于在额定电压下，空载电流所产生的磁通能够克服剩磁的作用，使铁芯中的剩磁通，随外施空载电流的励磁作用而进入正常的运行状态。但是，在三相五柱的大型变压器进行零序阻抗测量之后，由于零序磁通可由旁轭构成回路，其零序阻抗都比较大，与正序阻抗近似。在结束零序阻抗测量后，其铁芯中会留有少量磁通即剩磁，若此时进行空载试验，在加压的开始阶段三相功率表及电流表会出现异常指示。遇到这种情况，施加电压时可多持续一段时间，待电流及功率表指示恢复正常后再读数。

（二）试验方法及测量结果的计算

按试验线路接好线后，应进行仔细检查，确认无误后，方可慢慢升高试验电压，并观察各仪表的指示是否正常，然后使电压达到额定值，读取电压表、电流表和功率表的数值。对三相变压器，额定电压取三个线电压的算术平均值，即

$$U_n=\frac{1}{3}(U_{ab}+U_{bc}+U_{ac})$$

但此方法在进行大批试验时很不方便，根据规定允许以 a、c（或 A、C）相的线电压为准来测量输入电压。

测得的空载电流以额定电流下的百分数表示，对单相变压器为

$$I_0=\frac{I}{I_n}\times 100\%$$

式中 I——单相变压器空载电流。

三相变压器的空载电流值，采用额定电压下测得的线电流的算术平均值。空载电流可用下式表示：

$$I_0=\frac{I_a+I_b+I_c}{3I_n}\times 100\%$$

空载损耗等于每个功率表所测值的代数和，用三功率表法测量时

$$P_0=P_1+P_2+P_3$$

用双功率表法测量时

$$P_0=P_1\pm P_2$$

符号正或负决定于功率表指针的偏转方向，如果两个功率表的接线正确，偏转在同一方向，两个读数应相加，假如一个功率表的指针却偏向左方，为了使其指向右方，必须改变功率表并联或串联线圈的电流方向，将大的测量值减去小的测量值。

（三）试验电源容量的确定

进行空载试验时，试验电源应有足够的容量。试验电源容量可用下式估算

$$S_0=(S_nI_0\%)K_0K_aK_b$$

式中 S_n——被试变压器的额定容量；

$I_0\%$——被试变压器空载电流占额定电流的百分数；

K_0——波形容量因数，发电机组取 4.0，调压器取 2.0；

K_a——采用中间变压器时的变换因数，一般取 1.2～1.3；

K_b——安全因数，可取1.0～1.1。

为了保证获得正弦波的试验电压，实际选择电源容量时应尽量大于上式计算结果。

（四）三相变压器的单相空载试验

这是非额定条件下的一种空载试验。通过这种试验可以对各相空载损耗进行分析、比较，观察空载损耗在各相的分布情况，发现绕组与铁芯磁路有无局部缺陷，是诊断变压器故障的一种有效方法。进行空载试验时，将三相变压器中的每一相依次短路，按单相变压器的接线图，在其他两相上施加电压，测量空载损耗和空载电流。一相短路的目的是使该相没有磁通通过，因而也没有损耗。为提高短路效果，最好在低压绕组或最大容量绕组上进行短路。

当施加电压的绕组为a－y、b－z、c－x连接的三角形连接时，施加电压$U=U_n$，测量方法如下。

第一次试验：从a－b端供电，b－c端短路，测量P_{0AB}和I_{0ab}；

第二次试验：从b－c端供电，a－c端短路，测量P_{0BC}和I_{0bc}；

第三次试验：从a－c端供电，a－b端短路，测量P_{0AC}和I_{0ac}。

当施加电压的绕组为a－z；b－x；c－y连接的三角形连接时，施加电压、测量方法和顺序与上述完全相同，只是第一次试验测量的是P_{0AC}与I_{0ac}，第二次试验测量的是P_{0BC}与I_{0bc}；第三次试验测量的是P_{0AB}与I_{0ab}。

三相空载电流百分数计算公式为

$$I_0=\frac{0.289(I_{0ab}+I_{0bc}+I_{0ac})}{I_n}\times 100\%$$

当施加电压的绕组为星形连接（非供电侧绕组可以短路时）或中性点引出的星形连接时，施加电压$U=\frac{2}{\sqrt{3}}U_n$，测量方法如下。

第一次试验：从a－b端供电，c－o端或c相上的其他绕组短路，测量P_{0AB}和I_{0ab}；

第二次试验：从b－c端供电，a－o端或a相上的其他绕组短路，测量P_{0BC}和I_{0bc}；

第三次试验：从a－c端供电，b－o端或b相上的其他绕组短路，测量P_{0AC}和I_{0ac}。

三相的空载电流百分数计算公式与额定条件下的相同。三相空载损耗，对星形连接和三角形连接，均按下式计算

$$P_0=\frac{P_{0AB}+P_{0BC}+P_{0AC}}{2}$$

对于经过波形校正的单相损耗数据，应该符合以下两个要求：

（1）P_{0AB}与P_{0BC}相等。这是因为BC相的磁路与AB相的磁路完全对称，其对应的损耗应相同。实测结果P_{0AB}与P_{0BC}的偏差一般在3%以下。

（2）$P_{0AC}>P_{0AB}$或P_{0BC}。这是因为AC相的磁路较AB相或BC相的磁路长。通常表示成$P_{0AC}=KP_{0AB}$或$P_{0AC}=KP_{0BC}$。式中的K为由变压器铁芯的几何尺寸所决定的系数，对110～220kV级的变压器。一般为1.4～1.55；对35～60kV级的变压器一般为1.3～1.4。若测量结果，不符合上述要求之一时，则说明该变压器有局部缺陷。通过单相空载试验可查找铁芯接地故障。例如，某台1000kVA、10/6kV的专用变压器于1991年初发生事故。事故

时安全气道玻璃破碎，变压器油经安全气道猛烈喷出，10kV 高压开关立即跳闸。

首先用兆欧表测量高压绕组对地的绝缘电阻，其值为零。为确定故障原因，又进行单相空载试验，试验结果如表 12-96 所示。

表 12-96　故障后的单相空载试验结果

试验顺序	接线方法	空载损耗 /格	空载电流 /格	施加电压 /V
第一次	ab 加压，bc 短路	3.2	77	6000
第二次	bc 加压，ac 短路	4	100	6000
第三次	ca 加压，ab 短路	5	100	6000

注　1. 该变压器连接组为 Yd11。
　　2. 为分析简便，功率、电流直接用读取的格数来表示。

将表 12-96 中的数据进行换算，无论是空载电流或空载损耗都大大超过了正常值，且不符合正常关系式 $P_{0AB}=P_{0BC}$，$P_{0AC}=KP_{0AB}=KP_{0BC}$，因 $\frac{P_{0AC}}{P_{0AB}}=1.56$，$\frac{P_{0AC}}{P_{0BC}}=1.25$，故说明该变压器确实存在故障。

由于变压器载流部分、磁路部分或这两部分同时出现缺陷，都会使空载电流、空载损耗增大，且比例关系不合理，那么上述三种情况，哪一种可能性大呢？通过对表 12-95 数据的对比可发现：①凡是涉及 C 相时，其空载电流和损耗均增大。所以 C 相存在故障的可能性大；②三次单相空载试验都能施加到额定电压，这说明绕组缺陷的可能性不大。因此，把检查集中在磁路上，重点是 C 相。于是又用 2500V 兆欧表进行测量，其穿芯螺杆对铁芯绝缘良好，但铁芯对夹件绝缘电阻为零值。进一步分解、检查发现，上铁轭低压 C 相处最外层一硅钢片由于三相短路应力而棱角凸起，与上夹件槽钢接触。经处理铁芯接地故障消除。修复后单相空载试验结果见表 12-97。

表 12-97　修复后的单相空载试验结果

试验顺序	接线方法	空载损耗 /W	空载电流 /A	施加电压 /V
第一次	ab 加压，bc 短路	1020	0.80	6000
第二次	bc 加压，ac 短路	1020	0.81	6000
第三次	ac 加压，ab 短路	1440	1.06	6000

由表 12-97 中数据，可以求得三相的空载电流百分数为

$$I_0=\frac{0.289(I_{0ab}+I_{0bc}+I_{0ac})}{I_N}\times100\%$$
$$=\frac{0.289\times(0.80+0.81+1.06)}{96.2}\times100\%$$
$$=0.8\%$$

三相空载损耗为

$$P_0=\frac{P_{0AB}+P_{0BC}+P_{0AC}}{2}=\frac{1020+1020+1440}{2}=1740\ (\mathrm{W})$$

系数为

$$K=\frac{P_{0AC}}{P_{0AB}}=\frac{P_{0AC}}{P_{0BC}}=\frac{1440}{1020}=1.41$$

可见都已恢复正常值。

修理后的其他各项试验均合格，两天后该变压器重新投入运行，一切正常。

（五）大型电力变压器现场空载试验方法

空载试验的主要目的是测量变压器的空载电流和空载损耗；检测磁路中的局部或整体缺陷；检查绕组匝间、层间绝缘是否良好，铁芯硅钢片间绝缘状况和装配质量。

现场空载试验常用的方法有：

（1）用同步发电机组做电源。大多数变压器制造厂均采用交流同步电动机拖动的同步发电机组做电源。

（2）用调压器做电源。用电网电源经调压器进行空载试验，其调压特性好，基本上可以从较低电压开始进行。

（3）直接用系统做电源。将系统电源直接接到被试变压器上，试验前将测试仪器、仪表一次接好，并将电流互感器二次侧用小型刀闸开关短接，然后在系统电压下关合电源开关。待涌流过后，再打开开关进行测试。

由上述，一台型号为 SFPS7－120000/220 的变压器，$I_0=0.5\%$，则其所需空载试验电源容量为

$$S_0=(120000\times0.005)\times2\times1.2\times1.0=1440\ (\text{kVA})$$

这样大容量的试验电源现场很难解决。当现场既没有足够容量的发电机或调压器，又没有合适的系统电源做空载试验时，可采用下述方法进行试验。

1）电容器补偿法。该方法的原理图如图 12－131 所示。

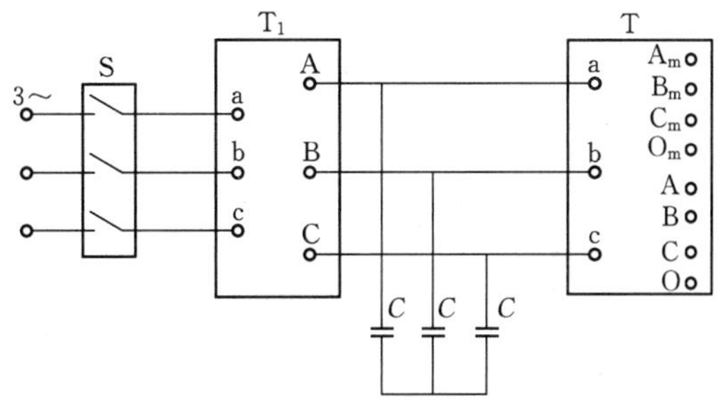

图 12－131 用电容器补偿法进行空载试验原理图

3～—三相交流电源（400V，容量稍大于被试变压器三相空载损耗值）；S—电源开关；T_1—中间升压变压器；C—补偿电容器组；T—被试变压器

采用电容补偿法进行空载试验可以使三相交流电源的容量大大降低，远小于上式的计算值，且这样容量的试验电源现场也极易解决。中间变压器的一次电压为400V，二次与被试变压器的加压端电压相等。电容器组并接在中间变压器的高压端子上，采用星形接法，中性点不接地。为了使电容器组的电压与被试变压器额定电压匹配，并使电容器组电流与被试变压器空载感性电流达最佳补偿，可采用多个电容器串联。被试变压器空载感性电流可按以下方法计算。

空载电流阻性分量 $$I_{0R}=\frac{P_0}{\sqrt{3}U_n}$$

空载电流感性分量 $$I_{0L}=\sqrt{I_0^2-I_{0R}^2}=\sqrt{I_0^2-\left(\frac{P_0}{\sqrt{3}U_n}\right)^2}$$

式中 I_0——被试变压器空载电流设计值或出厂试验值；

P_0——被试变压器空载损耗设计值或出厂试验值；

U_n——被试变压器加压端额定电压。

选配电容器组时，应使电容的电流 I_C 与 I_{0L} 相当或稍大于 I_{0L}。空载试验时，测量用的电流互感器、电压互感器及其测量仪表接在电容器组与被试变压器之间。试验前将测试仪表、仪器一次接好，并将电流互感器二次侧用小型刀闸开关短接，然后合上电源开关S，待试品涌流过后再打开小型开关进行测试。当达到最佳补偿时，对于开关S来说，合闸时涌流不大，也不会产生操作过电压。用这种方法测试时波形很好，没有畸变，可完全满足对测量精度的要求。

2）变频电源柜加电容器补偿法。用电容补偿法进行三相空载试验时，虽然大大降低了试验电源的容量，但缺少相应容量的三相调压器，因此，在大多数情况下，试验只能在全电压下合闸。当对被试变压器质量有怀疑时，用此方法显然不合适。此时可采用变频电源柜加电容器补偿法进行单相空载试验，试验时可以实现零起升压。其试验原理图如图12-132所示。

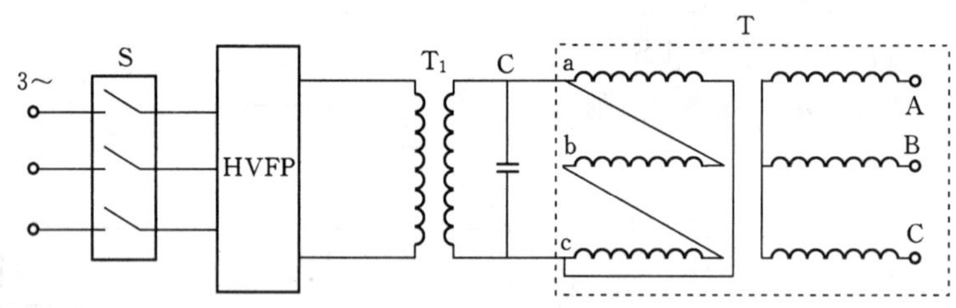

图12-132 用变频电源柜加电容器补偿法进行单相空载试验原理图

3～—三相交流电源（400V，容量略高于被试变压器单相空损耗值）；S—400V电源开关；HVFP—变频电源柜［AC400V/（0～400V），300kW，30～300Hz，可调］；C—补偿用电容器组；T_1—中间升压变压器［电压为400V/(10～40kV)，容量为315kVA］；T—被试变压器

补偿电容器组的选配方法与前述一样，使 I_C 与 I_{0L} 相当。测试用电流互感器与电压互感器接在中间变压器和电容器组之后，被试变压器之前。试验时先合上电源开关S，调节变频电源柜的频率为50Hz，自零开始逐步调节变频电源柜的输出电压至被试变压器的额定电压，然后进行测试。试验过程中可以用示波器观察被试变压器的电压波形，实践证明该方法输出波形很好，解决了试验电源容量不足和零起升压的问题，而且现场操作简单、安全，测试准确。

苏州工业园区海沃科技有限公司最新研发的HVHFP型变压器损耗测试系统，适用于换流变压器、单相自耦变压器、三相一体式变压器的最高1.1倍额定电压空载、负载及温升试验（施加总损耗），可提供20～250Hz输出频率的电源，电源抗冲击电流能力强，可开展换流变压器额定条件下空载、负载开关切换试验。

例如，某局对型号为OSFP7-90000/220、容量为90000/90000/45000kVA、电压为220

±2×2.5%/121/38.5kV的变压器，在现场更换绕组大修后进行空载试验，采用电容器补偿法，从被试变压器低压侧（38.5kV）进行加压。对所需补偿电容器的电容量估算如下

空载电流为

$$I_0=\frac{S_n}{\sqrt{3}U_n}i_0=4.09\ (\text{A})$$

空载电流阻性分量为

$$I_{0R}=\frac{P_0}{\sqrt{3}U_n}=0.825\ (\text{A})$$

空载电流感性分量为

$$I_{0L}=\sqrt{I_0^2-I_{0L}^2}=\sqrt{4.09^2-0.825^2}=4.00\ (\text{A})$$

若达到最佳补偿，应使 $I_C=I_{0L}$，则所需电容器电容量为

$$C=\frac{I_C}{2\pi f\ (U_n/\sqrt{3})}=\frac{4.00\times\sqrt{3}}{314\times 38.5\times 10^3}=0.57\times 10^{-6}\ (\text{F})\ =0.57\mu\text{F}$$

为使补偿后整个负载略呈容性，则电容器组每相电容量应大于0.57μF。实际试验时采用三组电容器接成星形，每相电容器为6个电压为 $11/\sqrt{3}$kV，容易为50kvar的电容器（3.89μF）串联而成。试验所测数据如下：$P_0=46.2$kW，$I_0=0.293\%$（大修前 $P_0=55$kW，$I_0=0.303\%$）。

例如，某厂对型号为SFP9-360000/220，容量为360000kVA，电压为242±2×2.5%/20kV，电流为858.9/10392.5A，出厂空载损耗为166.4kW，空载电流为0.18%。该变压器因运输途中受冲撞，内部铁芯发生严重缺陷。经厂家现场修复，需在现场进行空载试验，以检查该变压器铁芯经处理后是否正常。由于对该变压器是否仍存故障难以断定，不能在全电压下合闸来进行试验。为此采用变频电源柜加电容器补偿法进行单相空载试验，可以实现零起升压。试验时，用两台200kvar、11kV（$C=5.26\mu$F）的电力电容器以串联方式接入进行补偿，试验可用电源容量仅为250kVA。试验加压方式及试验数据如表12-98所示。

表12-98 加压方式及试验数据

序号	低压加压端子	短接端子	测量数据
1	a,b	b,c	$P_{0ab}=134.9$kW $I_{0ab}=20.7$A
2	b,c	c,a	$P_{0bc}=134.4$kW $I_{0bc}=20.6$A
3	c,a	a,b	$P_{0ca}=136.2$kW $I_{0ca}=24.2$A

四、阻抗（负载）试验

阻抗试验以前称为短路试验（也就是过去的突发短路试验）。由于它是测量额定电流下的负载损耗和阻抗电压，所以又称为负载实验。《规程》规定，电力变压器在更换绕组后要进行短路阻抗和负载损耗试验。主要是检查绕组有无变形或存在股间短路等。当短路阻抗变化2%以上时，绕组存在明显的变形。多股绕制的线圈，出现股间短路后，股间环流会造成损耗增加，从负载损耗数值中可反映出来。

用测量仪测量短路阻抗的方法已在第九节中介绍，此处主要介绍常用试验方法。

变压器阻抗试验方法基本上与空载试验相似，不同之处是空载试验一般是从低压侧施加电压，高压侧空载。这样，试验电压是低压额定电压，施加的试验电压低，容易满足，而测量的是低压侧表示的空载电流、数值大，比较准确。阻抗试验一般是从高压侧施加电压，低压侧短路。这样，试验电流为高压额定电流，试验电流较小，容易满足要求，而测量的是从高压侧表示的阻抗电压，数值大，比较准确。

试验电源可用三相或单相电源，试验电流可用额定值或较低电流值（若制造厂提供了较低电流下的测量值，可在相同电流下进行试验，以便于比较）。

（一）试验接线

1. 单相变压器的阻抗试验接线

（1）直接接入仪表的接线。直接接入仪表的试验接线如图 12－133 所示。

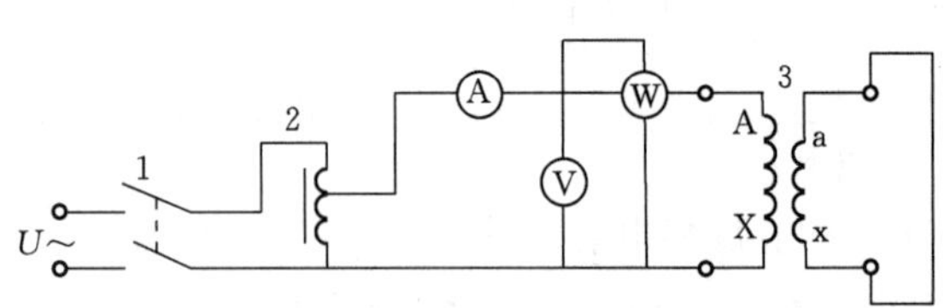

图 12－133 直接接入仪表的单相变压器阻抗试验接线图
1—单相开关；2—单相调压器；3—被试变压器

（2）通过互感器间接接入仪表的接线。通过互感器间接接入仪表的试验接线如图 12－134 所示。

按上述接线图进行试验时，将单相电源通过单相调压器接到被试变压器的高压侧，在低压侧短路的情况下慢慢升高电压，直至达到额定电流时读取各测量仪表的指示值，并根据测量结果进行计算。

1）负载损耗

$$P_{K}=P_{W}K_{W}K_{TV}K_{TA}$$

式中 P_{W}、K_{W}——功率表的读数和倍率；

K_{TV}——电压互感器变比；

K_{TA}——电流互感器变比。

2）阻抗电压

$$U_{K}=U_{V}K_{V}K_{TV}$$

式中 U_{V}、K_{V}——电压表读数和倍率；

K_{TV}——电压互感器变比。

3）阻抗电压百分数

$$U_{K}\%=\frac{U_{K}}{U_{n}}\times 100$$

4）短路阻抗

$$Z_{K}=U_{K}\%U_{N}^{2}/100S_{n}$$

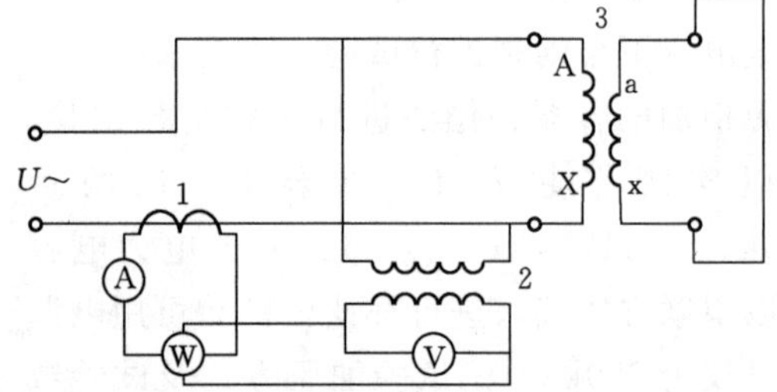

图 12－134 通过互感器接入仪表的单相变压器阻抗试验接线图
1—电流互感器；2—电压互感器；3—被试变压器

2. 三相变压器的阻抗试验接线

（1）三相电源法。有条件时一般都采用三相电源法。它也有两种接线方法。

1）直接接入仪表的接线。直接接入仪表的三相变压器阻抗试验接线如图 12－135 所示。

2）通过互感器间接接入仪表的接线。通过互感器间接接入仪表的试验接线如图 12－136 所示。

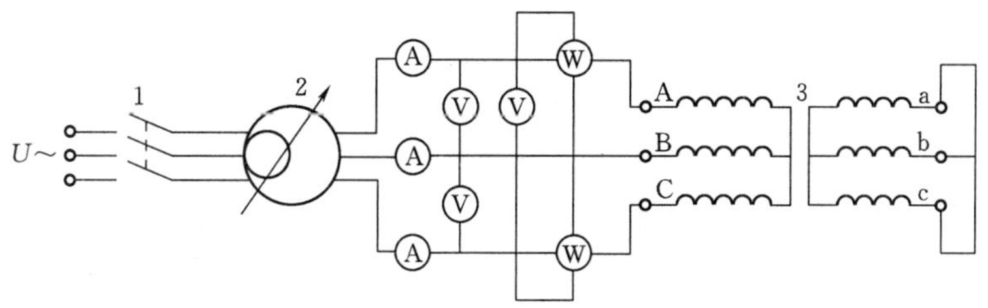

图 12-135 直接接入仪表的三相变压器阻抗试验接线图

1—三相开关；2—三相调压器；3—被试变压器

试验时将三相电源通过三相调压器接入被试变压器的高压侧，在低压侧三相短路的情况下，慢慢升高电压，直至达到额定电流时读取各测量仪表的指示值。

试验中若三相电压稍有不平衡，则电流以三相电流表指示的算术平均值为准。

根据测量结果计算如下：

(a) 三相负载损耗。它应为两功率表测定值的代表和，即

$$R_K = P_1 + P_2$$

(b) 阻抗电压。它为三个线电压的平均值，即

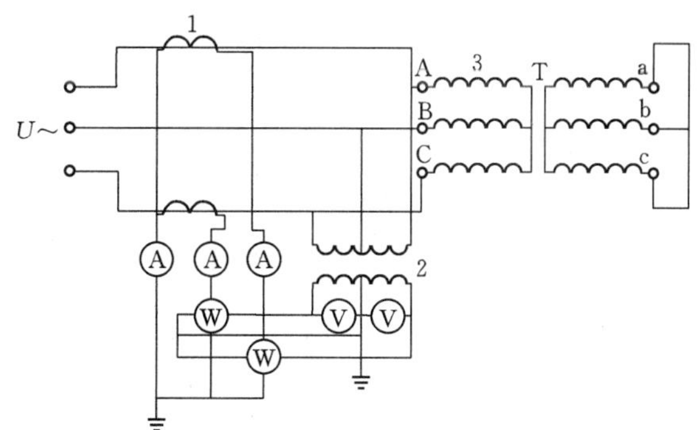

图 12-136 通过互感器接入仪表的三相变压器阻抗试验接线图

1—电流互感器；2—电压互感器；3—被试变压器

$$U_K = \frac{1}{3}(U_{AB} + U_{BC} + U_{CA})$$

计算 P_K 和 U_K 时，应注意计入仪表的倍率和互感器的变比。

(c) 阻抗电压百分数

$$U_K\% = \frac{U_K}{U_N} \times 100$$

(2) 单相电源法。当因条件限制或为寻找故障相别时可以用单相电源法进行试验，由三次单相测量结果计算出三相数据。试验时可采用单相变压器阻抗试验的接线图。根据被试变压器的不同接线方式，具体的试验步骤和计算如下。

1) 试验电压加于 YN 侧。轮流对每一相绕组施加试验电压，而将另一侧绕组全部短路，升压至额定电流时记录各仪表的指示值。这样试验共进行三次，然后用三次测得的损耗 P_{A0}、P_{B0}、P_{C0} 和电压 U_{A0}、U_{B0}、U_{C0} 计算出结果。

负载损耗为

$$P_K = P_{A0} + P_{B0} + P_{C0}$$

阻抗电压为

$$U_K = \frac{U_{A0} + U_{B0} + U_{C0}}{3} \times \sqrt{3}$$

阻抗电压的百分数　　$U_K\%=\frac{U_K}{U_n}\times100$

2）试验电压加于Y侧。轮流对绕组的每一对线间施加电压，而将另一侧绕组全部短路，升压至额定电流时记录仪表指示值。这样共进行三次，然后用三次测得的损耗 P_{AB}、P_{BC}、P_{CA} 和电压 U_{AB}、U_{BC}、U_{CA} 计算出结果。

负载损耗为

$$P_K=\frac{P_{AB}+P_{BC}+P_{CA}}{2}$$

阻抗电压为

$$U_K=\frac{U_{AB}+U_{BC}+U_{CA}}{3\times2}\times\sqrt{3}$$

阻抗电压百分数

$$U_K\%=\frac{U_K}{U_K}\times100$$

3）试验电压加于三角形侧。轮流将一相短接，对非短接相施加电压，而将另一侧绕组全部短路，升压至1.15倍即 $\frac{2}{\sqrt{3}}$ 倍额定电流时，记录仪表指示值。三次测量顺序如下：

(a）短接BC，加压AB，测得的损耗为 P_{AB}，电压为 U_{AB}；

(b）短接AC，加压BC，测得的损耗为 P_{BC}，电压为 U_{BC}；

(c）短接AB，加压CA，测得的损耗为 P_{CA}，电压为 U_{CA}。

根据试验结果计算如下：

负载损耗为

$$P_K=\frac{P_{AB}+P_{BC}+P_{CA}}{2}$$

阻抗电压为

$$U_K=\frac{U_{AB}+U_{BC}+U_{CA}}{3}$$

阻抗电压百分数

$$U_K\%=\frac{U_K}{U_n}\times100$$

（二）试验电源容量的确定

阻抗试验电源的容量 S_K 应按下式确定：

$$S_K=S_nU_K\%K_KK_aK_b$$

式中　$U_K\%$——阻抗电压百分数；

K_K——试验电流容量因数，$K_K=0.0625\sim1.0$，一般尽量取1.0；

K_a——变换因数，一般取1.2～1.3；

K_b——安全因数，可取1.0～1.1；

S_n——被试变压器的额定容量。

应当指出，施加于变压器的电压应是阻抗电压，电压波形要近似于正弦波。

(三) 大型电力变压器的短路试验方法

国际电工委员会（IEC）和我国国家标准都对变压器承受短路的能力进行了明确规定，承受短路耐热能力的绝缘热稳定由计算验证；承受短路的动稳定能力由短路试验来验证。目前的短路试验主要在国家变压器质量监督检验中心，强电流试验室（沈阳市虎石台）内进行。

1. 试验接线

图 12-137 和图 12-138 分别给出 Yd11 连接组采用三相电源和单相电源进行短路试验的试验接线。

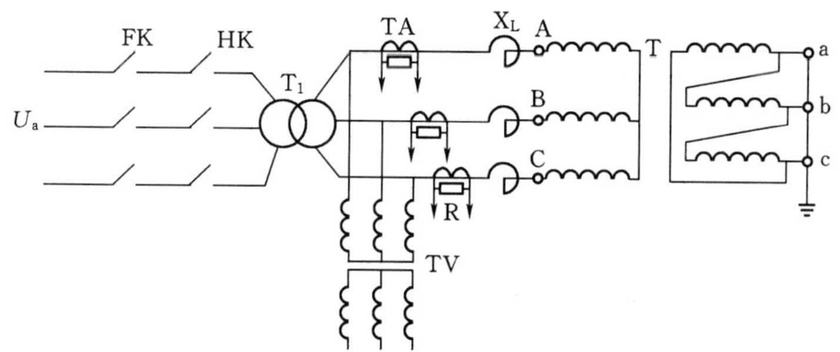

图 12-137　三相电源短路试验原理线路图

T_1—中间变压器

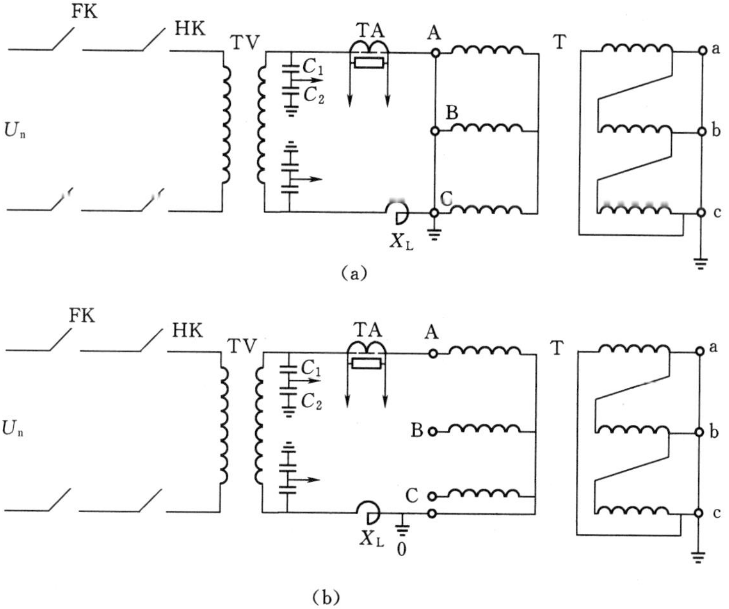

图 12-138　单相电源短路试验原理线路图

(a) 1.5 相线路试验；(b) 单相线路试验

U_n—三相试验电源（网络系统或发电机）；FK—保护开关；HK—选相合闸开关；X_L—调节电抗器；T—被试变压器；TV—测量电压互感器；TA—测量电流互感器；C_1、C_2—电容分压器

2. 短路试验标准

变压器短路试验有 GB 1094.5、IEC 76.5 和 1996 年修改稿（IEC 14/268CD），如表 12－99 所示。

表 12－99　　短路试验标准比较

<table>
<tr><th>序号</th><th colspan="2">项　目</th><th>GB 1094.5</th><th>IEC 76.5</th><th>IEC 14/268CD</th></tr>
<tr><td rowspan="3">1</td><td rowspan="3">容量分类</td><td>Ⅰ</td><td>＜3150kVA</td><td rowspan="3">同 GB 1094.5</td><td>＜2500kVA</td></tr>
<tr><td>Ⅱ</td><td>3150～40000kVA</td><td>2500～100000kVA</td></tr>
<tr><td>Ⅲ</td><td>＞40000kVA</td><td>＞100000kVA</td></tr>
<tr><td>2</td><td colspan="2">试验油温</td><td>0～40℃</td><td>同 GB 1094.5</td><td>10～40℃</td></tr>
<tr><td rowspan="2">3</td><td rowspan="2">持续时间</td><td>Ⅰ</td><td>0.5s±10%</td><td rowspan="2">同 GB 1094.5</td><td>同 GB 1094.5</td></tr>
<tr><td>Ⅱ、Ⅲ</td><td>制造厂和使用部门协商</td><td>0.25s±10%</td></tr>
<tr><td>4</td><td colspan="2">电抗变化Ⅰ、Ⅱ、Ⅲ</td><td>≤2（同心式）
≤4%（箔式和短路阻抗为3%以上）
制造厂和使用部门协商</td><td>同 GB 1094.5</td><td>同 GB 1094.5
≤1%或 1%～2%（双方协商）</td></tr>
<tr><td rowspan="2">5</td><td colspan="2" rowspan="2">电流幅值及偏差</td><td>每相至少有一次 100%最大非对称电流，其他两次不低于 75%最大非对称电流</td><td>每相有 3 次 100%最大非对称电流</td><td>同 IEC 76.5</td></tr>
<tr><td>对称电流不大于±10%
非对称电流不大于±5%</td><td>同 GB 1094.5</td><td>同 GB 1094.5</td></tr>
<tr><td rowspan="2">6</td><td rowspan="2">试验次数</td><td>Ⅰ</td><td>采用三相电源时，共进行 3 次试验；采用单相电源时，共进行 9 次试验；每相进行 3 次试验，非对称短路电流一次 100%，另两次不低于 75%</td><td>采用三相电源时，共进行 9 次试验，采用单相电源时共 9 次，每相进行 3 次，但非对称电流 3 次都是 100%</td><td>同 IEC 76.5</td></tr>
<tr><td>Ⅱ、Ⅲ</td><td>制造厂和使用部门协商</td><td>同 GB 1094.5</td><td>同 GB 1094.5</td></tr>
<tr><td rowspan="2">7</td><td rowspan="2">分接位置</td><td>Ⅰ</td><td>最大、最小和额定</td><td rowspan="2">同 GB 1094.5</td><td rowspan="2">同 GB 1094.5</td></tr>
<tr><td>Ⅱ、Ⅲ</td><td>制造厂和使用部门协商</td></tr>
<tr><td>8</td><td colspan="2">绝缘试验（复试）电压</td><td>原绝缘试验电压的 85%</td><td>原绝缘试验电压的 75%</td><td>原绝缘试验电压的 100%</td></tr>
<tr><td>9</td><td colspan="2">系统短路表观容量</td><td></td><td>与 GB 1094.5 不尽相同</td><td>与 GB 1094.5 不尽相同</td></tr>
<tr><td>10</td><td colspan="2">非对称分量峰值系数/$2K$</td><td>$X/R \geqslant 14$ 时，$\sqrt{2}K=2.55$
$X/R<14$ 时查表</td><td>同 GB 1094.5</td><td>$X/R \geqslant 14$ 时 $\sqrt{2}K=2.69$（对容量超过 100MVA 第Ⅲ类变压器）</td></tr>
</table>

3. 短路方式及试验电源的选择

变压器的短路试验通常采用预先短路法，即试验前先将变压器的二次端短路，然后在一次端施加高于变压器额定电压的试验电压（一般不高于额定电压的 1.15 倍）。

变压器短路试验的试验电源，对第Ⅰ类变压器应采用三相电源，也可以采用单相电

源。对于三角形联结的绕组，单相电源应施加在三角形的两个角上，施加电压应等于三相试验时的相间试验电压；对于星形联结的绕组，单相电源应施加在一个线端与其余两个连在一起的线端上，施加电压应等丁三相试验时相间试验电压的$\sqrt{3}/2$倍。对第Ⅱ类和第Ⅲ类变压器只能采用单相电源，施加电压的方式同第Ⅰ类变压器。但对星形联结且中性点引出的变压器，单相电源也可以施加在一个线端与中性点上。试验时为了使对称短路电流和非对称短路电流第一峰值都达到标准要求，试验时应采用选相合闸开关，且合闸的分散性应不大于0.5ms（±9电角度），试验电压通过中间变压器的分接来调整。

4. 试验具体过程

产品运到强电流试验室后，先进行吊心检查，划定位线、拍照和测电抗，然后进行调试，调试时应在小于70%计算（规定）电流下进行，首先调试对称短路电流，即调节串联电抗器电抗值；然后调试非对称短路电流，即调节选相合闸开关的合闸相角。相角的调整方法有短路调相法和空载调相法，一般采用空载调相法。当两个电流值均满足要求时，再进行正式试验。

正式试验时，应按标准和试验方案要求，正确选择和调整每相试验时的分接开关位置。每次试验后均要测量电抗值，并与试验前测量的电抗进行比较，当确认电抗变化不超过标准规定时方可进行下一次试验。若超标，需与用户协商后才能决定是否进行下一次试验。同时两次试验之间应有一定的间隔时间（一般10～15min）。

调试和正式试验时，均要同时记录所施加的电压、电流值和波形。短路试验结束后还要进行吊心检查、拍照，最后复试全部例行试验。

5. 短路试验合格的判定原则

判定变压器短路试验是否合格有三条原则：

（1）重复例行试验应全部合格。

（2）短路试验结果满足标准规定，短路试验期间的测量和吊芯检查应没有发现缺陷（如绕组、连接线和支撑件结构等无明显位移、变形或放电痕迹）。

（3）短路试验前后测量的电抗差应满足标准要求。

对于具有圆形同心式绕组的变压器，电抗变化小于2%；低压绕组为箔式及短路阻抗大于3%的变压器，电抗变化小于4%。对于具有非同心式绕组及短路阻抗大于3%的变压器，电抗变化小于7.5%。

如果上述三条中任何一条不合格，则判定变压器短路试验不合格，并且根据情况，需要拆卸变压器，以确定不合格的原因。

目前，我国的强电流试验室已对几百台6～110kV各类变压器进行了短路试验，对提高变压器抗短路能力具有重要意义。

五、大型变压器空载和负载现场试验无功功率自补偿式电源的应用

变压器是电力系统的重要电气设备，若发生故障会造成电网大面积断电。开展变压器的空载试验和负载试验，通过测量磁路损耗、绕组损耗以及附加损耗的变化，能有效发现变压器中的磁路缺陷、电路缺陷。

受现场试验条件和试验设备的限制，大型变压器空载和负载试验仅在出厂时进行，现场交接试验项目不包括空载和负载试验。为此苏州工业园区海沃科技有限公司研制一种新型的无功功率自补偿式电源试验装置，填补了大型变压器现场空载和负载试验技术的空白。

（一）大型变压器空载和负载试验现状

变压器制造厂的空载和负载试验设备采用发电机组和高压调压器并配合补偿电容塔的结构形式，其优点是电压输出稳定、容量大、波形畸变小，但由于发电机组是固定安装且维护难度大，不适用于试验地点不固定的变电站现场。

采用电网电源经调压器进行大型变压器空载试验时，根据高压电气设备试验方法的国家标准，试验电源容量应取5～10倍的试验视在容量。以某220kV变压器为例，额定容量为240MVA，1.1倍额定电压下的空载损耗为120kW、空载电流百分比为0.186%，根据计算视在功率、无功功率的式（12-56）、式（12-57），试验视在容量为491kVA，无功功率为479kvar，而现场试验所需的5倍试验视在容量电源很难解决。

$$S_{1.1}=1.1I_{1.1}S \tag{12-56}$$

$$Q_{1.1}=\sqrt{S_{1.1}^2-P_{1.1}^2} \tag{12-57}$$

式中 S——变压器额定容量；

$S_{1.1}$——1.1倍额定电压下的变压器试验视在容量；

$I_{1.1}$——1.1倍额定电压下的变压器空载电流百分比；

$Q_{1.1}$——1.1倍额定电压下的变压器无功功率；

$P_{1.1}$——1.1倍额定电压下的变压器空载损耗。

采用电网电源并联电容器组的方式进行大型变压器负载试验时，由于受现场电容器容量限制，试验补偿无功功率难以与变压器参数匹配，负载试验电流难以满足《电力变压器 第1部分：总则》（GB 1094.1—2013）中“不应低于50%变压器额定电流”的要求。

（二）大型变压器空载和负载试验时补偿无功功率的作用

进行大型变压器空载和负载现场试验时，试验装置施加的电压能满足试验要求，但电流达不到要求，因此需要补偿容性或感性无功功率，以解决容量不足的问题。变压器空载和负载试验等效电路及向量图如图12-139所示，可知$I=I_L+I_C$。由于I_L与I_C方向相反，所以$I=|I_L-I_C|$，通过补偿感性或容性无功电流，使试验电源的输出电流很小。

（三）无功功率自补偿式试验电源装置的研制

针对220kV及以下电压等级、240MVA及以下容量的大型变压器开展现场空载和负载试验时遇到电源容量不足，无法精确补偿无功功率的问题，苏州工业园区海沃科技有限公司研制一种适用于现场试验的无功功率自补偿式试验电源装置，主电路开关元件为绝缘栅双极型晶体管，采用“交-直-交”的方式，将三相380V交流电经整流电路整流成直流电，再通过单相逆变电路逆变成正弦波交流电，最后经升压变压器将电压升高至试验所需的电压幅值，内置高精度互感器可自动采集试验中的电压、电流数据，通过功率分析仪计算出变压器损耗值，得到试验结果。试验电源装置结构如图12-140所示。

1. 电源装置输出电压及相角的调节原理

以IGBT技术为主的功率单元是试验电源的主体，每个功率单元都是一台三相输入、

单相输出的脉宽调制型低压变频电源，电源装置采用多个功率单元串联的方式，通过控制IGBT的开断时间以实现电源电压及相角的调节。多个功率单元输出电压叠波示意图如图12-141所示。

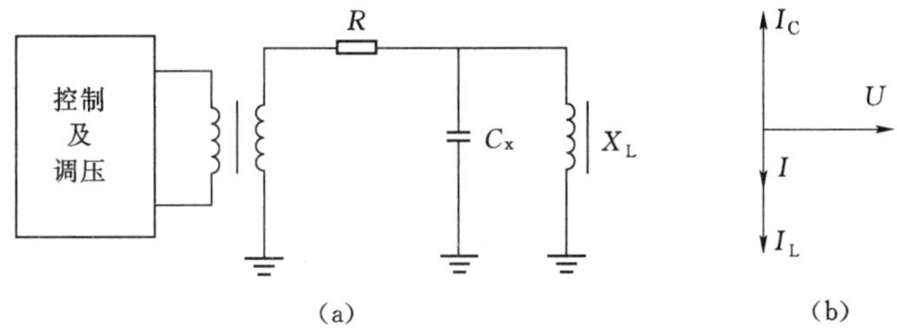

图12-139　变压器空载和负载试验等效电路及向量图

(a) 等效电路；(b) 向量图

R—试验回路等效电阻；C_x—空载试验时的变压器等效电容，负载试验时的补偿电容；X_L—空载试验时的补偿电感，负载试验时的变压器等效电感；I—试验电源的输出电流；I_L—试验系统中感性电流；I_C—容性电流；U—电压

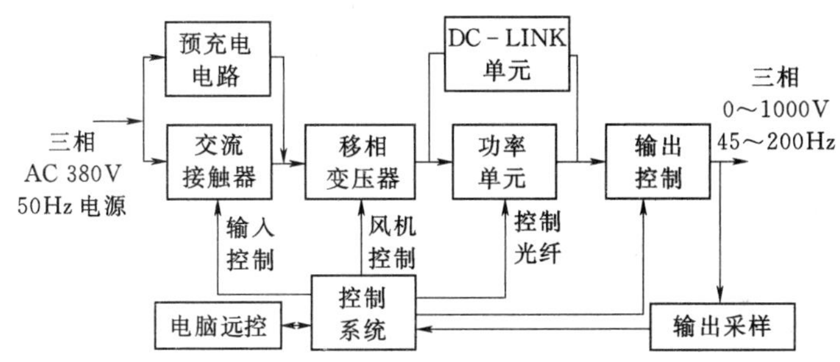

图12-140　试验电源装置结构图

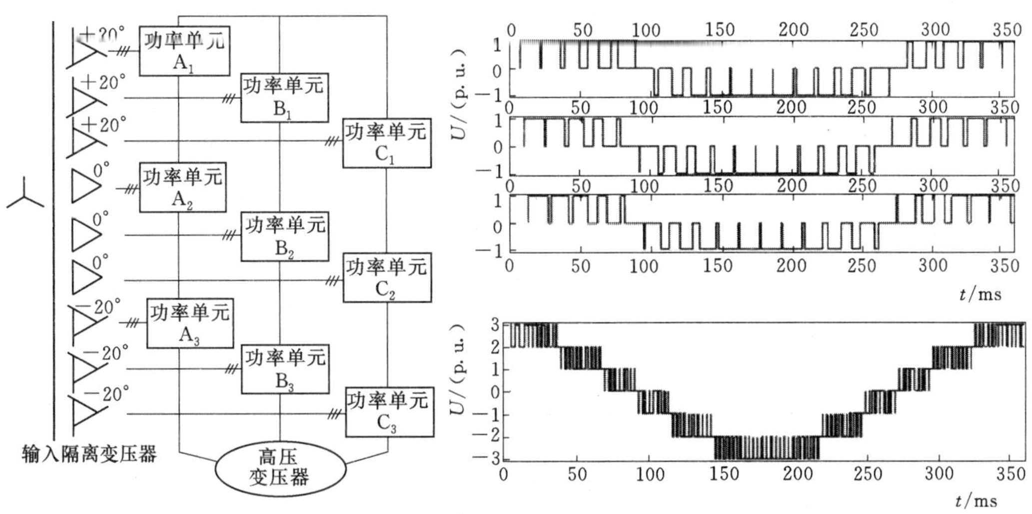

图12-141　多个功率单元输出电压叠波示意图

2. 试验电源装置无功功率自补偿工作原理

试验电源装置的功率单元可等效视为一个与试验系统相连的同频率、幅值和相角均可控的交流电压源，试验电源装置等效电路及向量关系如图 12－142 所示。

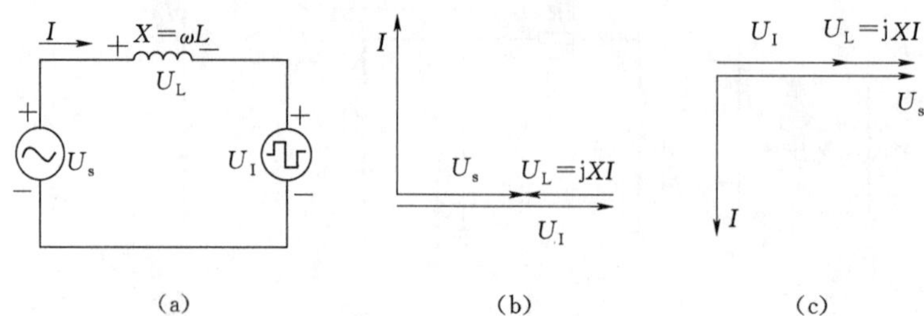

图 12－142　试验电源装置等效电路图及向量关系图

(a) 等效电路；(b) 电流超前向量关系；(c) 电流滞后向量关系

U_I—试验电源装置输出电压；U_s—试验系统的试验电压；U_L—系统等效电感阻抗电压；X—系统等效电感阻抗值；I—试验电流；ω—试验角频率（$2\pi f$）；L—系统等效电感值

试验系统中注入有功、无功功率的计算公式为

$$P_s=\frac{U_sU_I}{X}\sin\delta=\frac{K^2U_I}{X}\sin\delta \tag{12-58}$$

$$Q_s=\frac{U_s(U_s-U_I\cos\delta)}{X}=\frac{U_s^2(1-K\cos\delta)}{X} \tag{12-59}$$

式中　K——逆变电路输出电压增益，$K=U_I/U_s$；

δ——试验电源装置输出电压的相角。

由式（12－58）和式（12－59）可得出如下结论：

（1）当 $\delta>0$ 时，则对应 $P_s<0$，此时试验电源装置向试验系统注入有功功率。

（2）当 $U_s<U_I$时（$K>1$），则对应 $Q_s<0$，此时逆变电路发出无功功率（容性）。

（3）当 $U_s>U_I$时（$K<1$），则对应 $Q_s>0$，此时逆变电路吸收无功功率（感性）。

通过以上分析可知，试验电源装置传输能力恒定，将得到 $|P+Q|=1$ 的功率圆，改变试验电源装置输出电压的幅值和相角可以使其连续运行在功率圆内的任意一点，即试验电源装置能完全控制有功功率和无功功率的交换。所以，试验电源装置传输有功功率的同时，也能够提供一定量的容性或感性无功功率支持。

（四）现场应用分析

使用无功功率自补偿式试验电源装置，对内蒙古某 220kV 变电站 1 号主变压器进行了空载损耗和负载损耗现场试验，数据见表 12－100、表 12－101。

表 12－100　　变压器空载损耗试验测试数据

参　数	$90\%U_r$	$100\%U_r$	$110\%U_r$	参　数	$90\%U_r$	$100\%U_r$	$110\%U_r$
试验电压/kV	9.00	10.03	10.88	电源无功功率/kvar	68.20	156.30	334.18
试验电流/A	6.122	10.440	17.370	电源有功功率/kW	69.8	103.7	136.7
试验频率/Hz	50	50	50	电源视在功率/kVA	97.6	187.6	361.0

注　U_r 为变压器额定电压。

表 12-101　　变压器高压（额定）-低压、中压负载损耗试验测试数据

参　　数	低压	中压	参　　数	低压	中压
试验电压/kV	12.35	13.90	电源视在功率/kVA	364.2	406.0
试验电流/A	96.54	186.40	电源功率因数	0.11	0.27
额定电流/A	393.65	393.65	75℃阻抗电压折算值/%	22.88	13.34
试验电流比/%	49.0	47.4	75℃负载损耗折算值/kW	172.9	506.4
电源有功功率/kW	41.7	108.3	现场电容组补偿容量/kvar	2516.0	4477.5
电源无功功率/kvar	-361.8	391.2	实际补偿电容容量/kvar	2163.7	4997.6

主变压器空载试验时，试验电源装置最大输出容性无功 334.18kvar，试验电压达到 1.1 倍主变压器额定电压；主变压器高压对低压负载试验时，试验电源装置最大输出感性无功功率-361.8kvar，试验电流达到 49%主变压器额定电流；主变压器高压对中压负载试验时，试验电源装置最大输出容性无功功率 391.2kvar，试验电流达到 47.4%主变压器额定电流。可见，苏州工业园区海沃科技有限公司研制的无功功率自补偿式试验电源装置，完全满足大型变压器的空载和负载现场试验要求。

苏州工业园区海沃科技有限公司针对大型变压器空载和负载特性现场测试技术要求，研制的新型无功功率自补偿式试验电源装置，解决了大型变压器空载试验现场电源容量不足，以及利用现场电容器组开展负载试验无法精确补偿无功功率的问题，可取代传统的发电机组和高压调压器的大容量调压试验电源方案，具有较高的推广应用价值。

第十六节　变压器绕组变形的诊断方法

电力变压器绕组变形是指在电动力和机械力的作用下，绕组的尺寸或形状发生不可逆的变化。它包括轴向和径向尺寸的变化、器身位移、绕组扭曲、鼓包和匝间短路等。绕组变形是电力系统安全运行的一大隐患。近几年来，随着电力系统容量的增长，短路容量也在增大，出口短路后造成绕组损坏事故的数量也有上升趋势。这种情况引起了发供电单位的关注，想找到一种能发现绕组变形的方法。在《规程》中推荐了通常使用的“油中溶解气体分析”“绕组直流电阻”“短路阻抗”“绕组的频率响应”“空载电流和损耗”5 项作为变压器发生短路故障后诊断绕组有无变形的试验项目。本节将介绍国内外常采用的诊断方法。

一、低压脉冲法

当频率超过 1kHz 且幅值较低时，变压器铁芯受激励程度很低，基本上不起作用，每个绕组均可视为一个由线性电阻、电感和电容等分布参数组成的无源线性二端口网络，如图 12-143 所示。

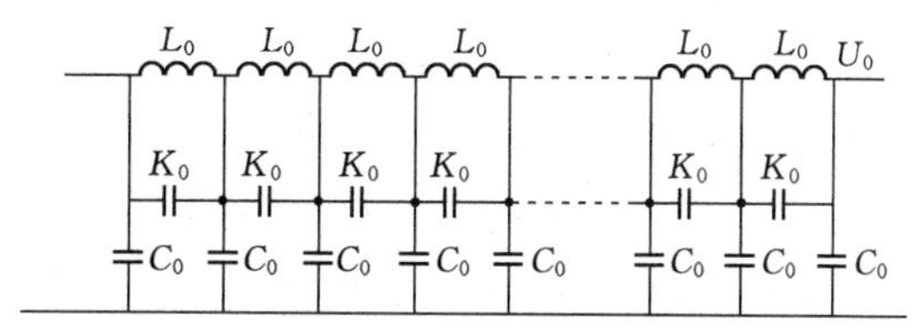

图 12-143　单相变压器绕组的简化等值电路
L_0—单位长度电感；K_0—单位长度纵向电容；C_0—单位长度对地电容

低压脉冲（LVI）法就是利用等值电路中各个小单元内分布参数的微小变化造

成波形上的变化来反映绕组结构（匝间、饼间相对位置）上的变化。当外施脉冲波具有足够的陡度，并使用有足够频率响应的示波器，就能把这些变化清楚地反映出来。

测试时，可采用持续时间很短的脉冲波形，如 0.1/5μs、0.3/1.5μs、0.1/1.0μs，重复脉冲发生器输出 50～1250V 脉冲电压，重复频率为 1000 次/s 或更高一些。将脉冲电压施加于电力变压器高压（低压）绕组，低压（高压）绕组三相并联在一起经一个电阻（1～75Ω）接地，用电子示波器进行测量。其原理接线图如图 12-144 所示。

测量接线有电压接线法、电流接线法和差分接线法等。其中差分接线法具有更高的灵敏度，其原理接线图如图 12-145 所示。吉林省电力试验研究所等单位曾应用此法对某台 2000kVA、60kV、Yd11 接线的电力变压器低压绕组进行测量，得到的波形图如图 12-146 所示。

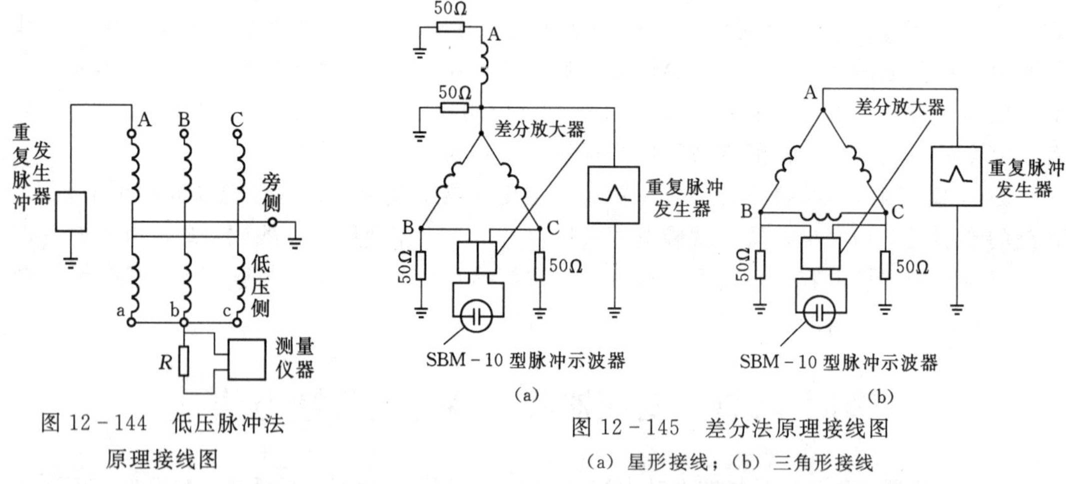

图 12-144　低压脉冲法原理接线图

图 12-145　差分法原理接线图
(a) 星形接线；(b) 三角形接线

低压脉冲法能灵敏、准确地反映绕组轴向和径向的变形故障。但要求测试仪器设备具有高度的稳定性和不变的标准波形以及一套专用连接屏蔽引线，保持测量的可重复性。

低压脉冲法是法国的 W. 李奇（Lech）和 L. 塔米斯基（Tyminski）于 1966 年提出的，后来英国和美国又对其改进，主要用于确定变压器是否通过短路试验，现已被列入 IEC 及许多国家的电力变压器短路试验导则和测试标准中。

随着计算机技术及数字存储技术的发展，将时域信号以数字形式记录，并传输给计算机做各种分析处理越来越显示出其优越性。例如对数字形式的信号可进行平滑、滤波、频谱分析、相关分析及传递函数分析等。这些手段的引入较之单纯的时域分析能更有效地提取信号特征，更准确地对信号畸变的原因给出判断。基于上述思想，西安交通大学等单位对传统的低压脉冲法进行了改进，组成了以计算机为中心的低压脉冲法绕组变形测试系统，其测试原理框图如图 12-147 所示。其中低压脉冲源产生幅值 800V，前沿 0.25μs，半幅宽 2.5μs 的单极性脉冲电压信号；数据采集单元为两通道、8 位、20M/s 采样率的数据采集板，直接插在 PC 机扩展槽内。对施加在变压器绕组上的低压脉冲信号及响应信号进行记录，并将数据传输给计算机。计算机软件对采集到的输入、输出信号进行处理、分析，并将信号曲线进行显示或以硬拷贝形式输出。

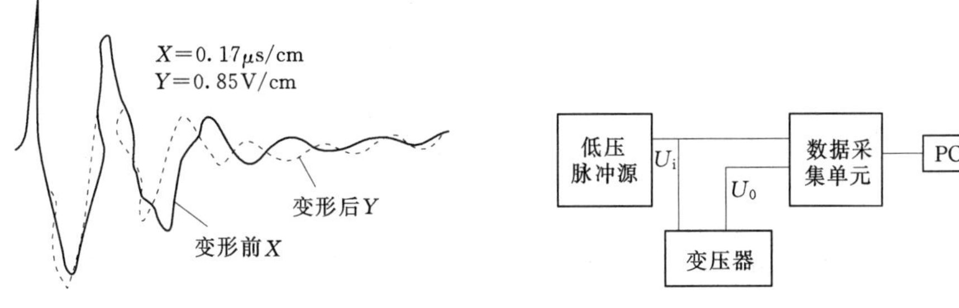

图 12-146　低压绕组真实变形的测量波形　　　图 12-147　低压脉冲法测试原理框图

目前已在模型变压器上获得了一些有益的测试结果，为将这种方法应用于实践奠定了基础。

二、频率响应测试

（一）《规程》要求

1. 周期

（1）A 级检修后。

（2）≥330kV：≤3 年。

（3）≤220kV：≤6 年。

（4）必要时。

2. 判据

采用频率响应法与初始结果相比，或三相之间结果相比无明显差别，无初始记录时可与同型号同厂家对比，判断标准参考 DL/T 911 的要求。

3. 方法及说明

（1）采用频率响应分析法测试时，每次试验宜采用同一种仪器，接线方式应相同。

（2）对有载开关应在最大分接下测试，对无载开关应在同一运行分接下测试，以便比较。

（二）测试原理

为了克服低压脉冲法的一些缺陷，1978 年加拿大的 E. P. 迪克（Dick）和 C. C. 伊尔温（Erven）提出了频率响应分析（FRA）法，并在世界各国获得了较为广泛的应用。

频率响应分析法的原理是基于变压器的等值电路可以看成是共地的二端口网络。该二端口网络的频率特性可以用传递函数 $H(j\omega)=U_0(j\omega)/U_i(j\omega)$来描述。这种用传递函数描述网络特征的方法称为频率响应分析法。由于每台变压器都对应有自己的响应特性，所以绕组变形后，其内部参数变化将导致传递函数的变化。分析和比较变压器的频率响应特性，就可以发现变压器绕组是否发生了变形。诚然，绕组变形前的频率响应特性是分析和比较的基础。

(三)测试方法

图 12-148 给出了北京电力科学研究院研制的变压器绕组变形测试装置框图。测量时，首先由计算机发出命令，让扫描发生器单元输出一系列频率的正弦波电压，加到被试变压器上。同时，让双通道分析单元分析、处理 U_i、U_o 信号，并传送到计算机存贮起来，待试验数据采集完毕后，计算机判断被试变压器有无绕组变形，并以屏幕显示或绘制被试变压器频率响应特性曲线。

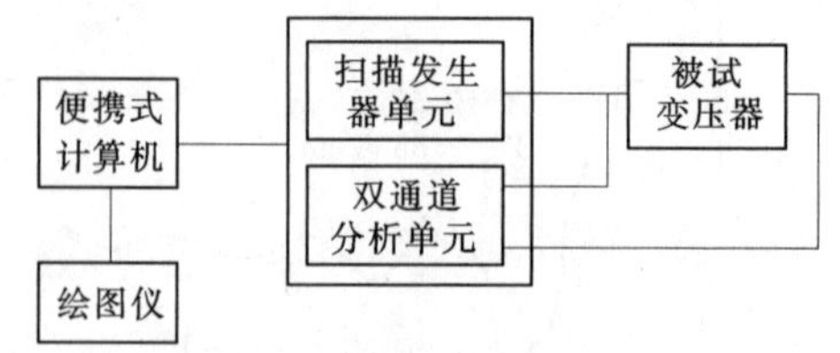

图 12-148 变压器绕组变形测试装置框图

运行中的变压器在用频率响应分析法测试前，需将被试变压器隔离，并将所有套管上的母线拆开，这是为了把随变压器安装位置的不同及不平衡母线电容的影响降到最小。用适当长度的电阻为 50Ω 的同轴电缆将频响仪和变压器连接起来，所有电缆都匹配到它们的特性阻抗，以减少反射。

测量被试变压器高压绕组的频率响应特性时，对星形接线，频响仪的输出电压加在高压绕组中性点与箱壳接地线之间，测量任一高压绕组端子对地电压与输出电压之比得到响应。对三角形接线，则频响仪的输出电压施加在任意线端上。根据实测结果，扫频范围以 10kHz～1MHz 为宜。高于 1MHz 时，分布网络参数主要由电容决定，进入线性范围。

北京电力科学研究院已用上述测试装置对百余台电力变压器进行测试。实测表明，它能有效地检出变压器绕组变形。图 12-149 给出某台 31.5MVA、35kV 电力变压器事故前后的频率响应特性曲线。由图 12-149(a)可见，事故前，低压绕组三相的频率响应特性完全一致。由图 12-149(b)可见，近距离短路事故后，三相低压绕组的频率响应特性曲线一致性很差，然而该变压器的电气试验和色谱分析结果均属正常。但为了防止发生突发性事故，决定解体检查，检查后发现低压绕组已严重变形。

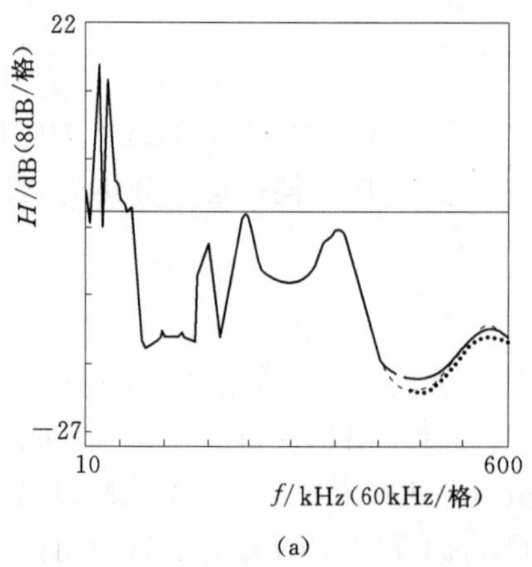

(a)

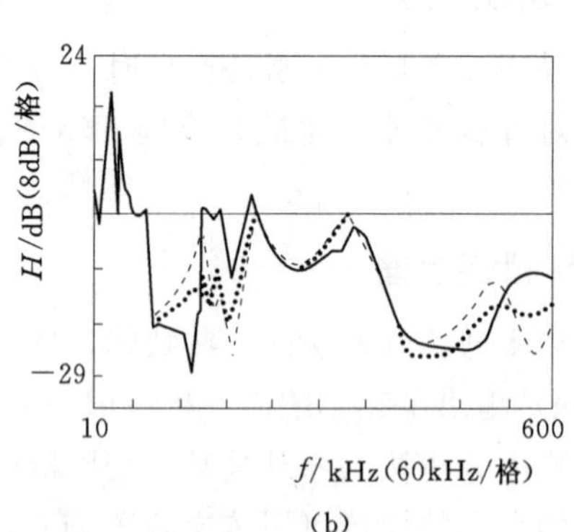

(b)

图 12-149 31.5MVA、35kV 电力变压器频率响应特性曲线

(a)事故前；(b)事故后

这种测试装置的优点是抗干扰能力强，测量重复性好，灵敏度高和操作方便。每台变压器的频率响应特性测试可在 2h 内完成。

(四) 相关系数和均方差在判断变压器绕组变形中的应用

最近有文献提出采用相关系数和均方差来判断变压器绕组变形，可以比较容易地判定被试变压器绕组的状态。

1. 相关系数和均方差

相关系数主要用来描述两条曲线间的相似程度，而均方差则描述两者之间的绝对差值。若两条频响曲线分别为$\{x_n\}$，$\{y_n\}_{n=1,\cdots,N}$，其中 N 为测量总点数，则有

相关系数
$$\rho_{xy}=\sum_{i=1}^{N}x(i)y(i)\Big/\sqrt{\sum_{i=1}^{N}x^2(i)\sum_{i=1}^{N}y^2(i)}$$

均方差
$$E_{xy}=\sqrt{\sum_{i=1}^{N}[x(i)-y(i)]^2/(N-1)}$$

ρ_{xy} 越接近于 1，则两曲线相似程度越高；E_{xy} 越小，则两曲线相距越近，它们分别表示曲线之间的相似程度和距离，故以 ρ_{xy} 和 E_{xy} 为描述两条频响曲线差异的特征值。

2. 频域分段

变压器绕组存在变形故障时，一般其变化仅涉及部分频段，这时全频域上的 ρ_{xy} 及 E_{xy} 变化可能并不大，只有一小部分变形很严重的变压器，其频响曲线的变化才覆盖整个频段。故分别计算高频、中频和低频三个段各自的三相频响曲线之间的 ρ_{xy} 及 E_{xy}（加上全频域上的 ρ_{xy} 及 E_{xy}，共 24 个参数)。判定以这 24 个参数为依据变压器绕组的状态。如果考虑试验接线方式的不同，则有更多参数可供参考。

图 12-150 为某 $SPSZ_4$-120000/220kV 变压器低压绕组的三相频响曲线，图中高频段的变化实质上是由位于中频段的极点的变动引起的，显然测量频域均匀分段不利于更好地分析频响曲线的变化。为了充分地反映极点的分布，将频域按极点分为三段（图中细实线划分)。使各频率段包含的极点数相等，此时各段上的变化主要是由该段上极点的变化引起的。

(五) 判断电力变压器绕组是否变形的方法

1. 利用变压器良好状态时的频响特性

先测出变压器正常良好状态下各绕组的频响曲线，当需要检测变压器的绕组状态是否有变化时，将其频响曲线与良好状态下的曲线对比就可得到较准确的结论。图 12-151 为一台 $SFPS_7$-120000/220kV 变压器在低压侧出口短路前后的频响曲线实例。各相曲线向下依次平移 40dB，相应相在各频率段和全频域上的相关系数 ρ_{xy} 皆小于 0.85，很容易地判断出低压侧发生了严重变形，并为解体检查证实。因此，应给每一台处于重要位置的变压器建立投运前或确认绕组状态良好时的频响曲线档案。

2. 利用相似变压器的频响曲线判定

由于厂家设计和生产中的连续性，使同连接方式的绕组的频响曲线比较相似，即有可参照性。实际测量中，若被试变压器无历史记录数据，可用可参考变压器的频响曲线作诊断旁证。

同一厂家生产的同型号同连接方式的绕组的生产日期越近，参考价值越高。而同期同设计参数产品的频响曲线甚至可以作为遭受事故变压器良好时的频响曲线对比。

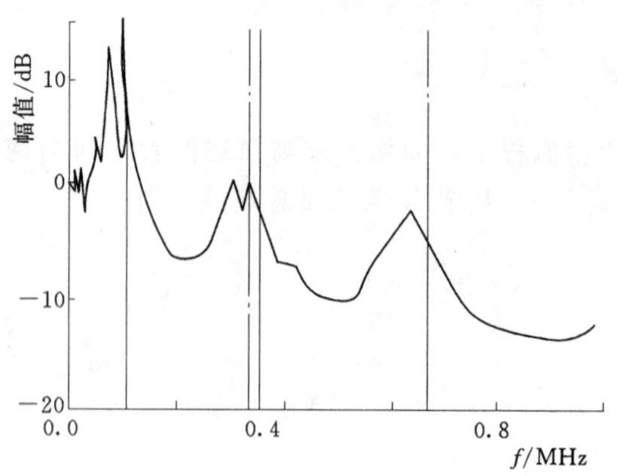

图 12 - 150 测量频域的分段

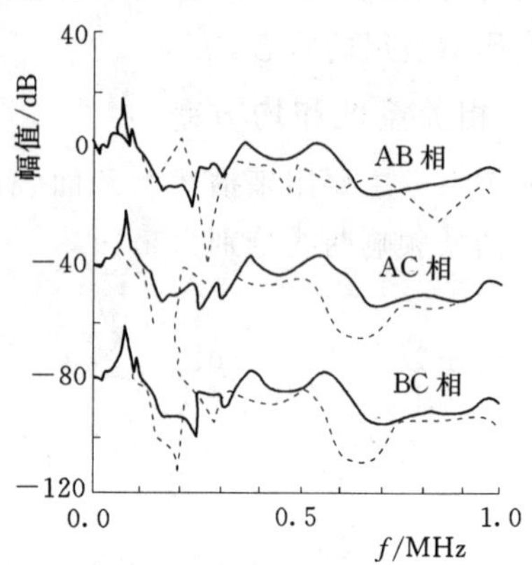

图 12 - 151 某变压器低压侧绕组的频响曲线

实线—事故前；虚线—事故后

图 12 - 152（a）为某厂不同时期生产的同型号同连接方式的几台变压器在 1993 年、1994 年测得的绕组的频响曲线（为便于观察各曲线依次向上平移了 20dB）。相距时间较长的曲线 1、5 间的 ρ_{xy} 为 0.95，其他每两条曲线间的 ρ_{xy} 均大于 0.97，同一年出厂的曲线 2、3 之间的 ρ_{xy} 甚至达到 0.993，而且其谷频率段上的 ρ_{xy} 都在 0.94 以上，即可参考的绕组之间的相似性很好。图 12 - 152（b）为某厂两台相同设计同时生产的 SFZ - 31500/110kV 变压器低压侧的三相频响曲线的比较，图中各相的频响曲线向下依次平移 40dB。变压器 1、2 各相应相全频域上的 ρ_{xy} 皆小于 0.98；各频率段上的 ρ_{xy} 有三个小于 0.97，有三个小于 0.90，考虑到变压器 2 曾多次遭受近区短路，因此容易判断变压器 2 低压侧绕组发生了变形，经吊罩检查证实。

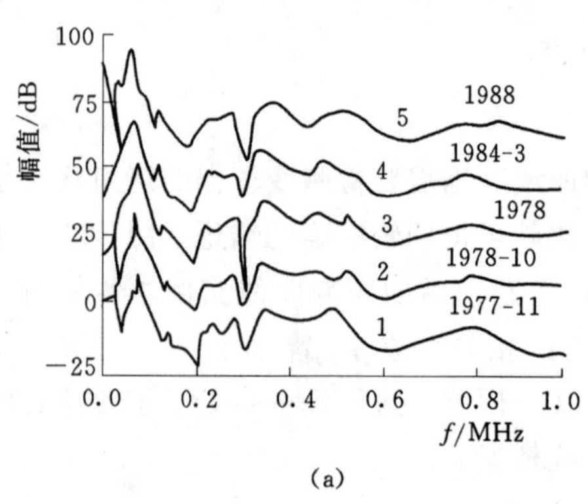

(a)

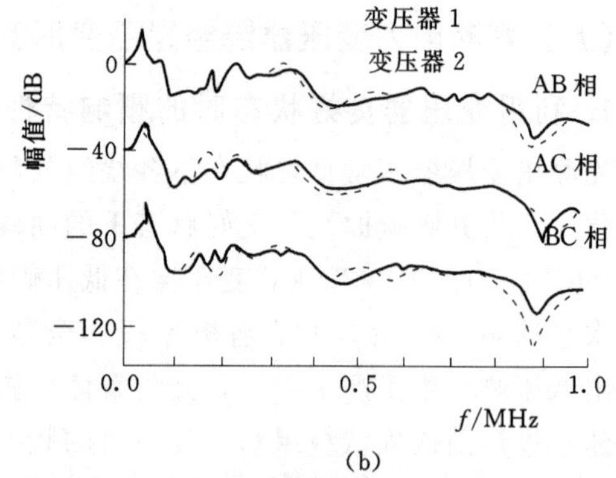

(b)

图 12 - 152 同厂家生产的同型号绕组的频率响应特性对比

(a) 某类型变压器绕组的频响曲线比较；(b) 同厂家、同型号变压器低压侧绕组频响特性

3. 无可参考数据时的变压器绕组故障判定

因变压器系三相对称设计，故对无参考数据频响曲线的变压器常用三相频响特性的一致性来判断绕组的状态。过去用整个测量频域上的三相频响特性之间的 ρ_{xy} 和 E_{xy} 为判据，虽然能反映一定问题，但在很多情况下远远不够。频域分段后，可容易地得到 ρ_{xy}，E_{xy} 及其在整个测量频域上的分布。表 12－102 列出了两台无可参考数据的变压器的参数值，变压器 1 三条频响曲线的中频和高频两段变化大，而变压器 2 各段上的特征值都比较接近，且 ρ_{xy} 接近于 1、E_{xy} 也比较小。考虑到变压器 1 的中压侧曾遭受严重短路，判断其绕组有变形故障，而变压器 2 无变形，事实证明判断正确，而两台变压器全频域上的 ρ_{xy} 比较接近，仅据此分析则会误判。

表 12－102　两台变压器实测频响特性的特征值（表格中填充内容为 ρ_{xy}/E_{xy}）

相别	某 SFPSB1－150000/220kV 变压器中压侧				某 SFPSLB1－120000/220kV 变压器低压侧			
	全域	低频段	中频段	高频段	全域	低频段	中频段	高频段
1,2	0.972/7.23	1.00/0.597	0.989/5.31	0.948/11.06	0.978/2.109	0.999/0.393	0.999/0.393	0.999/0.375
1,3	0.993/3.81	1.00/0.682	0.996/3.36	0.980/5.49	0.989/1.696	0.989/2.652	0.996/1.834	0.998/0.928
2,3	0.985/5.19	1.00/0.679	0.993/4.76	0.977/7.40	0.996/0.991	0.974/2.270	0.985/1.868	0.996/1.101

据现有经验，判断无可参考数据变压器的绕组状态时，应对 ρ_{xy} 和 E_{xy} 这两种参数综合考虑，一般随着 ρ_{xy} 的减小，E_{xy} 很快增大。如在两个及以上的频段上 $\rho_{xy}<0.98$ 且 $E_{xy}>3.0$，或 $\rho_{xy}<0.90$ 而 $E_{xy}>1.5$，或 $E_{xy}>4.5$ 而 ρ_{xy} 仅在 0.990 附近，都可能存在变形故障。

检测到变压器的频响曲线以后，按下述优先顺序择一执行。

（1）调查该变压器有无历史数据并将测得的频响曲线分段，在全频域和各段上分别计算与相应相的历史数据之间的 ρ_{xy} 及 E_{xy} 并判定绕组的状态。

（2）查看是否有可参考的变压器的频响曲线，调出出厂日期相距较近的频响曲线，分别计算全域和各段上的特征参数，并结合变压器运行状况来判定绕组的状态。

（3）将三相频响曲线分段，分别在全频域和各段上计算三相之间的 ρ_{xy} 及 E_{xy}，结合运行状况来判定变压器绕组的状态。

目前，国家电网公司电力科学研究院和武汉高压研究所分别研制了 HV－RZBX 型变压器绕组变形测试仪，并在电力系统推广应用，取得良好的效果。

三、短路阻抗法

（一）《规程》要求

短路阻抗法是判断绕组变形的传统方法，它主要是测量电力变压器绕组的短路阻抗，与原始阻抗值进行比较，根据其变化情况来判断绕组是否变形以及变形的程度，作为判断被试变压器是否合格的重要依据之一。因此短路阻抗的测量至关重要。

1. 周期

（1）A 级检修后。

（2）≥330kV：≤3 年。

（3）≤220kV：≤6年。

（4）必要时。

2. 判据

短路阻抗纵比相对变化绝对值不大于：

（1）≥330kV，1.6%。

（2）≤220kV，2.0%。

3. 方法及说明

试验电流可用额定值或较低电流。

（二）测量方法

1. YNyn、YNd连接组

这两种连接组的测量方法比较简单。测量时，先将二次侧的a、b、c、o（YNyn连接）或a、b、c（YNd连接）短接，分别测量一次侧AO、BO、CO各相的短路阻抗，测量仪器所显示的阻抗值就是一次侧各相的短路阻抗值。

$$Z_{AO}=R_{AO}+jX_{AO}$$

$$Z_{BO}=R_{BO}+jX_{BO}$$

$$Z_{CO}=R_{CO}+jX_{CO}$$

2. Yn、Yy、Yd连接组

因为这三种连接组的一次侧中性点没有引出，所以不能直接测量每一相的短路阻抗，只能先测量两相之间串联的短路阻抗，然后用公式计算每一相的短路阻抗。具体方法如下：

首先，将二次侧的a、b、c短接，然后分别测量一次侧的AB、BC、AC之间的短路阻抗

$$Z_{AB}=R_{AB}+jX_{AB}$$

$$Z_{BC}=R_{BC}+jX_{BC}$$

$$Z_{AC}=R_{AC}+jX_{AC}$$

由此求得一次侧每一相的短路阻抗

$$Z_{AO}=\frac{1}{2}(R_{AB}+R_{AC}-R_{BC})+j\,\frac{1}{2}(X_{AB}+X_{AC}-X_{BC})$$

$$Z_{BO}=\frac{1}{2}(R_{AB}+R_{BC}-R_{AC})+j\,\frac{1}{2}(X_{AB}+X_{BC}-X_{AC})$$

$$Z_{CO}=\frac{1}{2}(R_{AC}+R_{BC}-R_{AB})+j\,\frac{1}{2}(X_{AC}+X_{BC}-X_{AB})$$

3. Dyn、Dd连接组

这两种连接组的一次侧各相绕组相互串联，彼此不能独立存在。为便于求得每一相绕组的短路阻抗，可以测量两相绕组并联的等效短路阻抗，然后用公式计算求得每一相的短路阻抗。具体方法如下：

首先，将二次侧的a、b、c、o（Dyn连接）或a、b、c（Dd连接）短接。然后短接

AB，测量 BC、AC 两相的并联阻抗。再短路 AC，测量 AB、BC 两相的并联阻抗。最后短接 BC，测量 AB、AC 两相的并联阻抗。由此得到以下三组测量值

$$\left.\begin{aligned} Z_{A-BC}&=R_{A-BC}+jX_{A-BC} \quad (\text{短接 BC})\\ Z_{B-AC}&=R_{B-AC}+jX_{B-AC} \quad (\text{短接 AC})\\ Z_{C-AB}&=R_{C-AB}+jX_{C-AB} \quad (\text{短接 AB}) \end{aligned}\right\} \tag{12-60}$$

阻抗 Z 的模数如下式

$$\left.\begin{aligned} |Z_{A-BC}|&=\sqrt{R_{A-BC}^2+X_{A-BC}^2}\\ |Z_{B-AC}|&=\sqrt{R_{B-AC}^2+X_{B-AC}^2}\\ |Z_{C-AB}|&=\sqrt{R_{C-AB}^2+X_{C-AB}^2} \end{aligned}\right\} \tag{12-61}$$

将测量所得的等效短路阻抗变为相应的等效导纳值

$$\left.\begin{aligned} Y_{A-BC}&=G_{A-BC}-jB_{A-BC}=\frac{R_{A-BC}}{|Z_{A-BC}|^2}-j\frac{X_{A-BC}}{|Z_{A-BC}|^2}\\ Y_{B-AC}&=G_{B-AC}-jB_{B-AC}=\frac{R_{B-AC}}{|Z_{B-AC}|^2}-j\frac{X_{B-AC}}{|Z_{B-AC}|^2}\\ Y_{C-AB}&=G_{C-AB}-jB_{C-AB}=\frac{R_{C-AB}}{|Z_{C-AB}|^2}-j\frac{X_{C-AB}}{|Z_{C-AB}|^2} \end{aligned}\right\} \tag{12-62}$$

计算每一相的导纳。因为

$$\left.\begin{aligned} Y_{A-BC}&=Y_{AB}+Y_{AC}\\ Y_{B-AC}&=Y_{AB}+Y_{BC}\\ Y_{C-AB}&=Y_{AC}+Y_{BC} \end{aligned}\right\} \tag{12-63}$$

所以

$$\left.\begin{aligned} Y_{AB}&=\frac{1}{2}(Y_{A-BC}+Y_{B-AC}-Y_{C-AB})\\ Y_{BC}&=\frac{1}{2}(Y_{B-AC}+Y_{C-AB}-Y_{A-BC})\\ Y_{AC}&=\frac{1}{2}(Y_{C-AB}+Y_{A-BC}-Y_{B-AC}) \end{aligned}\right\} \tag{12-64}$$

$$\left.\begin{aligned} Y_{AB}&=G_{AB}-jB_{AB}=\frac{1}{2}(G_{A-BC}+G_{B-AC}-G_{C-AB})\\ &\quad -j\frac{1}{2}(B_{A-BC}+B_{B-AC}-B_{C-AB})\\ Y_{BC}&=G_{BC}-jB_{BC}=\frac{1}{2}(G_{B-AC}+G_{C-AB}-G_{A-BC})\\ &\quad -j\frac{1}{2}(B_{B-AC}+B_{C-AB}-B_{A-BC})\\ Y_{AC}&=G_{AC}-jB_{AC}=\frac{1}{2}(G_{C-AB}+G_{A-BC}-G_{B-AC})\\ &\quad -j\frac{1}{2}(B_{C-AB}+B_{A-BC}-B_{B-AC}) \end{aligned}\right\} \tag{12-65}$$

每一相导纳的倒数即为短路阻抗

$$\left.\begin{aligned}Z_{AB}=R_{AB}+jX_{AB}=\frac{1}{Y_{AB}}=\frac{G_{AB}}{G_{AB}^2+B_{AB}^2}+j\frac{B_{AB}}{G_{AB}^2+B_{AB}^2}\\Z_{BC}=R_{BC}+jX_{BC}=\frac{1}{Y_{BC}}=\frac{G_{BC}}{G_{BC}^2+B_{BC}^2}+j\frac{B_{BC}}{G_{BC}^2+B_{BC}^2}\\Z_{AC}=R_{AC}+jX_{AC}=\frac{1}{Y_{AC}}=\frac{G_{AC}}{G_{AC}^2+B_{AC}^2}+j\frac{B_{AC}}{G_{AC}^2+B_{AC}^2}\end{aligned}\right\}\tag{12-66}$$

因此将式（12－60）的值代入式（12－62），再将式（12－62）的值代入式（12－64），最后将式（12－64）的值代入式（12－65）就可求得AB、BC、AC各相的短路阻抗。其电阻分量和电抗分量如下式所示

$$\left.\begin{aligned}R_{AB}=\frac{G_{AB}}{G_{AB}^2+B_{AB}^2}\\R_{BC}=\frac{G_{BC}}{G_{BC}^2+B_{BC}^2}\\R_{AC}=\frac{G_{AC}}{G_{AC}^2+B_{AC}^2}X_{AB}=\frac{B_{AB}}{G_{AB}^2+B_{AB}^2}\\X_{BC}=\frac{B_{BC}}{G_{BC}^2+B_{BC}^2}\\X_{AC}=\frac{B_{AC}}{G_{AC}^2+B_{AC}^2}\end{aligned}\right\}\tag{12-67}$$

短路阻抗包括短路电阻和短路电抗两部分，其中短路电抗的变化范围是判断绕组是否变形的重要依据。因此，在测量短路阻抗时，测量仪器应同时测量、显示短路电阻和短路电抗两个数值。

目前，沈阳变压器研究所选用YY2816精密电感分析仪，可同时测量、显示被试变压器的短路等效电感L和短路等效电阻R实现测试的目的。该仪器的电阻测量范围是0.02mΩ～330kΩ，误差为±0.1%；电感测量范围是0.5mH～4kH，误差为0.1%。相应的电抗范围是0.157mΩ～1256kΩ。

近年来，国家变压器质检中心强电流试验室先后对66台油浸式电力变压器进行了短路试验，其中有11台变压器短路试验后的短路电抗比试验前相差2%以上，最大的相差71%。吊心检查发现，这11台变压器的绕组、连接线和支撑件均有不同程度的位移和变形，详细情况如表12－103所示。理论和实践都说明，测量短路电抗是判断变压器绕组变形的一种有效方法。

表12－103　油浸式变压器短路试验后短路电抗变化和绕组变形情况统计表

序号	被试品主要参数		试验日期/(年.月.日)	短路电抗测量值				吊芯检查情况
	高压/低压/kV	容量/kVA		相序	试验前 X_1/Ω	试验后 X_2/Ω	$\frac{X_2-X_1}{X_1}$ /%	
1	10/0.4	630	1994.9.8	A	7.15	6.55	−8.4	A、B、C相绕组各旋转10°、15°、30°，垫块脱落，三相绕组变形，低压引线变形弯曲
				B	8.05	7.65	−5	
				C	7.95	7.45	−6.3	

续表

序号	被试品主要参数		试验日期/(年.月.日)	短路电抗测量值				吊芯检查情况
	高压/低压/kV	容量/kVA		相序	试验前 X_1/Ω	试验后 X_2/Ω	$\frac{X_2-X_1}{X_1}$/%	
2	10/0.4	315	1994.9.16	A	11.45	15.225	33	A、B相绕组上、下端部和匝间绝缘胀开，两相绕组严重变形、移位
				B	12.15	17.625	45	
				C	12.05	11.775	−2.3	
3	10/0.4	1000	1994.9.16	A	4.05	未测	—	短路试验时，油箱底对地放电，储油柜排气孔喷油。吊芯检查，C相绕组全部松散，损坏严重
				B	4.11	未测	—	
				C	3.95	未测	—	
4	10/0.4	315	1994.10.27	A	12.275	12.275	0	B相绕组向A相方向位移15mm，A、B相绕组紧贴在一起。B相绕组上下垫块向外突出15mm
				B	12.375	12.935	4.5	
				C	11.975	12.025	0.42	
5	10/0.4	200	1994.10.27	A	17.325	25.025	44	三相绕组上端部绝缘包扎全部脱开，导线外露，B、C相垫块向外突出，C相绕组位移10mm
				B	17.975	30.775	71	
				C	19.925	26.075	45	
6	10/0.4	1000	1994.11.15	A	4.4	5.18	17.7	A相绕组扭曲，上端偏离B相，下端靠近B相，导线绝缘破裂，端绝缘损坏严重
				B	4.24	4.2	−0.94	
				C	4.37	4.41	0.92	
7	10/0.4	1000	1995.3.12	A	3.93	未测	—	短路试验时，低压中性点对地放电。吊芯检查发现，三相绕组严重变形、损坏。C相高压绕组开路，低压绕组对地短路
				B	3.76	未测	—	
				C	3.94	未测	—	
8	10/0.4	1000	1995.4.4	A	3.96	4.025	1.6	B相绕组位移10mm，低压绕组下串30mm，低压垫块脱落
				B	3.91	4.495	15	
				C	3.91	3.865	−1.1	
9	10/0.4	1000	1995.12.18	A	4.075	4.09	0.36	B相垫块脱落，低压绕组下移
				B	4.035	4.18	3.6	
				C	4.215	4.23	0.36	
10	10/0.4	1250	1996.4.11	A	3.11	3.16	1.6	C相高压绕组位移10mm，下端绝缘变形弯曲10mm
				B	2.93	2.93	0	
				C	3.03	3.1	2.3	
11	10/0.4	1000	1996.4.24	A	4.395	4.405	0.2	三相垫块向外突出位移10mm左右，相间绝缘压板弯曲，低压引线变形。B相低压绕组变形严重
				B	4.25	4.325	25	
				C	4.415	4.365	−1.1	

苏联曾用此法检验出几十台330kV及以下电力变压器绕组变形缺陷。

【例1】 苏联有一台400MVA、330kA的双绕组电力变压器。经色谱分析发现该变压器油中含有CH_4为30.5μL/L，C_2H_2为35.3μL/L，C_2H_6为5.1μL/L，C_2H_4为245μL/L，H_2

为 713μL/L。这个结果说明油中存在火花放电。但经常规法检测合格，未发现异常。后采用短路阻抗法进行测量，其结果如表 12-104 所示。

表 12-104　　ТДЦ-400MVA/330kV 短路阻抗测试结果

绕组组别＼结果＼项目	相别	Z_K /Ω	Z'_K /Ω	ΔZ_K /%	$\Delta Z'_{KX}$ /%	备　注
高压$_1$—低压	A	35.44	35.31	−1.26	0.88	在非同步并网后所做的测试
	B	35.16	35.08	−2.12		
	C	35.84	35.31	−1.25		
高压$_2$—低压	A	36.84	36.23	1.09	3.28	
	B	35.84	35.08	−2.12		
	C	35.88	35.38	−1.40		

注　表中 $\Delta Z'_{KX}$%为相间偏差，$\Delta Z'_{KX}\%=(Z'_{Kmax}-Z'_{Kmin})/Z'_{Kmin}$。

由表 12-104 可知，A 相高压绕组 2—低压绕组的 ΔZ_K 为 1.09%，相间偏差 $\Delta Z'_{KX}$为 3.28%。据此认为 A 相的高压绕组 2—低压绕组存在变形。实际检查在高压绕组 2 的 A 相发现有两条弯曲变形，变形最大幅度为 40mm，绕组第 17 和 55 线饼之间内侧撑条沿变形区高度有放电痕迹。

【例 2】　苏联有一台 125MVA、330/110～63kV 的自耦变压器，短路阻抗测试结果见表 12-105。由表 12-105 可知，在包括中压绕组的测量接线中，得到 B、C 相的 Z'_K与 Z_K 的相应差值即 ΔZ_K 的绝对值都大于 3%，C 相更大；Z'_K也都超过 3%。同时，在没有中压绕组的接线中，如调压绕组—低压绕组的 $\Delta Z'_{KX}<1\%$，$\Delta Z_K<3\%$。

从运行资料得知，该自耦变压器曾流过超过其允许值的短路电流。根据表 12-105 及运行资料分析，可以判断中压绕组的 C 相发生了变形。

实际检查发现，高压绕组—中压绕组间有绝缘位移，中压绕组的 C 相沿圆周方向有两处突出的变形。

【例 3】　苏联有一台 240MVA、330/150～61kV 的自耦电力变压器，其短路阻抗测试结果如表 12-106 所示。

表 12-105　АТДЦТН125MVA330/110～63kV 自耦变压器绕组短路阻抗测试结果

绕组组别＼结果＼项目	相别	Z_K /Ω	Z'_K /Ω	ΔZ_K /%	$\Delta Z'_{KX}$ /%
高压绕组 2—带额定分接中压绕组	A	83.40	86.34	3.52	4.90
	B	83.38	88.13	5.70	
	C	83.38	90.57	8.62	
高压绕组—低压绕组	A	286.6	272.0	−5.08	1.65
	B	285.9	276.5	−3.30	
	C	286.4	272.4	−4.89	
带额定分接中压绕组—低压绕组	A	22.72	22.05	−2.81	5.04
	B	22.72	22.01	−3.13	
	C	22.51	21.02	−6.60	

续表

项目 结果 绕组组别	相别	Z_K /Ω	Z'_K /Ω	ΔZ_K /%	$\Delta Z'_{KX}$ /%
带最低分接中压绕组—调压绕组	A	13.51	12.87	−5.26	5.23
	B	13.61	12.69	−6.75	
	C	13.70	12.23	−10.74	
调压绕组—低压绕组	A	151.7	147.3	−2.90	0.81
	B	151.5	148.1	−2.27	
	C	151.5	148.5	−2.02	

表 12-106 АТДЦТП240MVA330/150～61kV 变压器短路阻抗测试计算结果

项目 结果 绕组组别	相别	Z_K /Ω	Z'_K /Ω	ΔZ_K /%	$\Delta Z'_{KX}$ /%
额定分接的高压绕组—中压绕组	A	50.81	50.33	−0.95	0.75
	B	50.80	50.70	−0.19	
	C	50.82	50.50	−0.62	
额定分接的高压绕组—低压绕组	A	161.9	160.7	−0.74	6.53
	B	162.0	171.2	5.69	
	C	161.9	170.1	5.05	
中压绕组—低压绕组	A	23.81	24.1	1.20	11.8
	B	23.78	26.9	13.12	
	C	23.79	26.3	10.55	
调压绕组—低压绕组	A	97.96	97.9	−0.06	3.3
	B	98.01	101.2	3.26	
	C	98.04	100.8	2.82	

由表 12-106 可知，除调压绕组—低压绕组 C 相的 ΔZ_K 略小于 3%外，其余均大于 3%，而 $\Delta Z'_{KX}$则均大于 3%，个别数据还大于 10%。由此说明 B、C 相的低压绕组有变形，主漏磁通道尺寸增大，使得 A 相的 ΔZ_K%值明显减小。尤其是带额定分接的高压绕组—低压绕组和调压绕组—低压绕组的两测量值，在没有低压绕组且带额定分接的高压绕组—中压绕组中，ΔZ_K%和 $\Delta Z'_{KX}$%均小于 1。

从运行资料查出，在此次测试前两年中，该变压器所在的变电所的低压母线曾发生过短路。根据上述数据的分析，该变压器已不能继续安全运行，决定用一台新变压器取而代之。

我国镇江供电局曾用此法检查出一台发生过出口短路接地的 OSFPSZ7-120000/230 型主变压器的绕组变形。测试时以单相工频低电压来测量各相对绕组间的漏抗。5 个绕组（自铁芯向外排列为 11kV 三角形连接的稳定绕组；38.5kV 星形连接的低压侧绕组；121kV 星形连接的中压侧绕组；230kV 高压侧串联绕组带调压抽头）中一个通电流，一个可靠短路，其余均开路（稳定绕组为三角形连接无法断开）。

测试结果表明，B、C 两相与中压绕组成对的绕组间的阻抗电压 U_K%都有了明显的变化，由测试结果进一步分析确定为B相与C相中压绕组产生了压缩变形。若以A相各对绕组的U_K%为基准，与B、C两相对应的各对绕组的U_K%作比较，中压绕组与串联绕组间（包括调压绕组）U_K值B相增加了4%，C相增加了8%；与低压绕组间U_K值B相减少了9.72%，C相减少了17%；与稳定绕组间U_K值B相减少了7%，C相减少了10.8%。可见B相与C相中压绕组产生了压缩变形，致使它与外侧的高压串联绕组间的油隙增加，而与内侧的低压绕组与稳定绕组间的油隙减小。低压绕组与高压串联绕组之间及稳定绕组之间的U_K%的数值无变化，可以判断为这三相绕组未发生变形。

这种方法的优点是：

（1）测试程序简单，并经多年实用，也得出了公认的定量判据，已被列入标准（GB 1094.5或IEC 76.5）中。多年来，意大利还把漏抗试验（用Makwell电桥）作为例行预防性试验，每3年做一次。

（2）重复性很好，对变形的评估可靠性甚高。绕组无变形的变压器，10～20年的测试结果相差不到0.2%；当差别达到2.5%时，需缩短测试周期并作绝缘检查；当相差超过5%时，立即停运，作绝缘检查。此方法的缺点是，当绕组变形较小时，短路阻抗变化不大，难以确认。此时应采用多种方法测试，进行综合分析比较，以正确判断。

目前还有人将频率响应法与阻抗法相结合应用于绕组变形测量中。

第十七节　变压器绝缘老化的诊断方法

在电力系统中，许多变压器已运行多年，有一批已接近或超过30年，其绝缘纸寿命已进入晚期，有的曾发生绝缘故障。为减少或避免事故发生、保证电力系统安全经济运行，《规程》中推荐的诊断绝缘老化的方法有

（1）油中溶解气体分析（特别是CO、CO_2含量及变化）。

（2）绝缘油酸值。

（3）油中糠醛含量。

（4）油中含水量。

（5）绝缘纸或纸板的聚合度。

目前现场研究较多的有三种方法。

一、利用气相色谱法测定由绝缘纸老化分解出的CO、CO_2的生成总量

大型电力变压器绝缘属油—纸绝缘，绝缘纸中的主要化学成分是纤维素，绝缘的老化主要表现为纤维素大分子在氧、水、温度等因素的作用下发生解聚，最终除生成水外还生成CO和CO_2。因此，用气相色谱法分析油中溶解的特征气体CO和CO_2生成总量，可以在一定程度上反映纸的老化情况，其判据已在本章第一节中叙述。

值得注意的是，国产变压器中所使用的1030号或1032号绝缘漆在运行温度下都会自然分解出CO和CO_2。目前还无法判明分析所得的CO和CO_2含量是因绝缘纸正常老化产生，还是采用的绝缘漆分解产生。这就给分析带来一定的困难，有时得不到明确的结论。

二、测量绝缘纸（板）聚合度

测量变压器绝缘纸的聚合度（指绝缘纸分子包含纤维素分子的数目）是确定变压器老化程度的一种比较可靠的手段。纸聚合度的大小直接反映了纸的老化程度，新的油浸纸（板）的聚合度值约为1000，当受到温度、水分、氧化作用后，纤维素降解（是指绝缘材料裂解产生杂质，使绝缘老化），大分子发生断裂，使纤维素长度缩短，也即D—葡萄糖单体的个数减少至数百，而纸的聚合度正是代表了纤维素分子中D—葡萄糖的单体个数。

根据资料介绍和国内老旧变压器的测试情况，认为聚合度达到250左右，绝缘纸的机械强度已下降50%以上。运行中的变压器测绝缘纸的机械强度，由于对试样尺寸要求较高，不如测聚合度取样容易。实际上，变压器绝缘纸老化的后果除致使其电气强度有所下降外，更主要的是机械强度的丧失，在机械力的冲击下，造成损坏而导致电气击穿等严重后果。因此当聚合度值下降至250后，并不意味着会立即发生绝缘事故，所以《规程》提出，当聚合度小于250时，应引起注意。但从提高设备运行可靠性的角度考虑，应避免短路冲击，严重的振动等因素，也应着手安排备品，使于将绝缘已严重老化的变压器能较早地退出运行。

应当指出，虽然聚合度是最能表征绝缘纸老化程度的指标，是非常准确、可靠、有效的判据。但是，这项试验要求变压器停运、吊罩以取纸样。因此，对正在运行的变压器无法进行这项测试，应用受到限制。这就迫使人们另辟新路。

三、测量油中的糠醛含量

由上述，绝缘纸中的主要化学成分是纤维素。纤维素大分子是由D—葡萄糖基单体聚合而成。当绝缘纸出现老化时，纤维素历经如下化学变化：D—葡萄糖的聚合物由于受热、水解或氧化而解聚，生成D—葡萄糖单糖。D—葡萄糖单糖很不稳定，容易水解，最后产生一系列氧环化合物。糠醛（C_4H_3OCHO即呋喃甲醛）是绝缘纸中纤维素大分子解聚后形成的一种主要氧环化合物。它溶解在变压器的绝缘油中，是绝缘纸因降解而形成的主要特征液体。可以用高效液相色谱分析仪测出其含量，根据浓度的大小判断绝缘纸的老化程度，并根据糠醛的年产生速率可进一步推断其剩余寿命。

1996年版《规程》曾经建议在下列情况下测量油中糠醛含量：

(1) 油中气体总烃超标或CO、CO_2过高。

(2) 500kV变压器和电抗器及150MVA以上升压变压器投运3～5年后。

(3) 需要了解绝缘老化情况时。

根据国外的研究报告和电力科学院对国内近千台设备的测试结果，1996年版《规程》中初步提出一个判断指标（应该说还不成熟）。如表12-107所示。当测得油中糠醛含量超过表中数值时，一般为非正常老化，需跟踪检测。跟踪检测时，应注意增长率。

表12-107　油中糠醛含量判断指标

运行年限	1～5	5～10	10～15	15～20
糠醛含量/(mg/L)	0.1	0.2	0.4	0.75

当测试值大于4mg/L时，认为绝缘老化已比较严重。

测量油中糠醛含量作为绝缘纸老化判据的主要依据如下：

（1）油中糠醛含量的对数与代表绝缘纸老化的聚合度之间有较好的线性关系。将有关数据进行回归分析，可得到近似方程

$$\lg F_a = 1.51 - 0.0035D$$

式中　F_a——糠醛含量，mg/L；

D——聚合度。

当 F_a 为 4mg/L 时，D 的近似估计值为 250，认为老化已比较严重。当然，判断绝缘纸的最终老化，还是以纸的聚合度测试结果作为主要判据，测量油中糠醛含量是一种间接的老化判断方法，因存在对测试结果的影响因素，如变压器的绝缘结构、运行史、故障史、检修史等。

（2）油中糠醛含量与变压器运行时间有关。统计资料表明，绝大多数变压器随运行时间增加糠醛含量上升。只是不同变压器的上升率在一定的范围内变动，按分布概率，可划分出一个正常老化区。将测试数据进行回归分析，并取 99.5%的置信度处理，可得出正常老化区的上限约为

$$\lg F_a = -1.3 + 0.05T$$

式中　T——运行年数。

测量油中糠醛含量进行绝缘纸老化分析的优点如下：

（1）取样方便，用油量少，一般只需油样 10mL 至十几毫升。

（2）不需要将变压器停电。

（3）油样不需要特别的容器盛装、保存方便。

（4）糠醛为高沸点液态产物，不易逸散损失。

（5）油老化不产生糠醛。

测量油中糠醛含量进行绝缘纸老化分析的缺点是当对油作脱气或再生处理时，例如油通过硅胶吸附时，则会损失部分糠醛，但损失程度比 CO 和 CO_2 气体损失小得多。

应当指出，有的变压器虽然运行时间较长，但糠醛含量很低，其原因除上述油经过处理外，还有变压器密封好、运行温度、绝缘含水量少、经常处于轻载等原因。

变压器油中糠醛含量测定周期为 10 年；或必要时。

第十八节　铁芯多点接地故障及其诊断

一、铁芯正常时需要一点接地的原因

在变压器正常运行中，带电的绕组及引线与油箱间构成的电场为不均匀电场，铁芯和其他金属构件就处于该电场中。图 12 - 153 示出了变压器铁芯不接地时的寄生电容分布图。由图可见，高压绕组与低压绕组之间、低压绕组与铁芯之间、铁芯与大地（变压器油箱）之间都存在着寄生电容，带电绕组将通过寄生电容的耦合作用使铁芯对地产生一定的电位，通常称为悬浮电位。由于铁芯及其他金属构件所处的位置不同，具有的悬浮电位也不同，当两点之间的电位差达到能够击穿其间的绝缘时，便产生火花放电。这种放电是断续的，放电后两点电位相同；但放电立即停止，然后再产生电位差，再放电……断续放电

的结果使变压器油分解，长期下去，逐渐使变压器固体绝缘损坏，导致事故发生，显然是不允许的。为避免上述情况发生，国标规定，变压器铁芯和较大金属零件均应通过油箱可靠接地，20000kVA 及以上的变压器，其铁芯应通过套管从油箱上部引出并可靠接地。具体做法是将变压器铁芯与变电站的接地系统可靠连接。这样，铁芯与大地之间的寄生电容被短接，使铁芯处于零电位，这时在地线中流过的只是带电绕组对铁芯的寄生电容电流。对三相变压器来说，由于三相结构基本对称，三相电压对称，所以三相绕组对铁芯的电容电流之和几乎等于零。

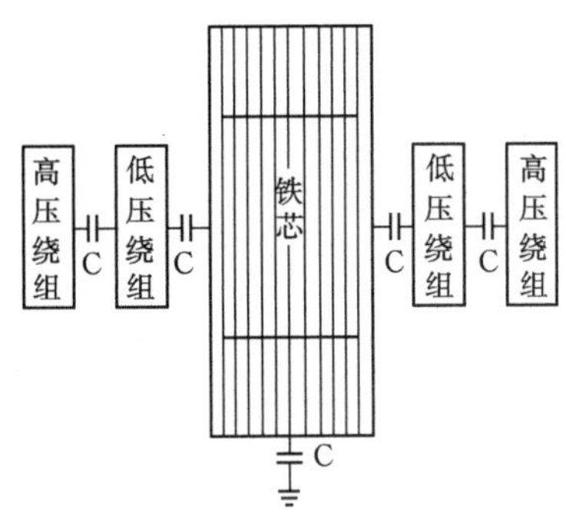

图 12－153　寄生电容分布图

目前，广泛采用铁芯硅钢片间放一铜片的方法接地。尽管每片之间有绝缘膜，仍然认为是整个铁芯接地。从铁芯两端片可测得其电阻值，此电阻一般很小，仅为几欧到几十欧，在高电压电场中可视为通路，因而铁芯只需一点接地。

二、铁芯只能一点接地的原因

由上述可知，铁芯需要有一点接地，但不能有两点或多点接地。铁芯两点连接时的电压如图 12－154 所示。铁芯在额定激磁电压下，用电压表测量铁芯两端片间电压时，发现两端片间有电位差存在。这个电位差是由于铁芯、电压表及导线所构成的回路与铁芯内磁通相交链而产生的。因为交链的磁通数量相当于总磁通的 1/2，所以这个电压的数值大体上相当于匝电压的 1/2。

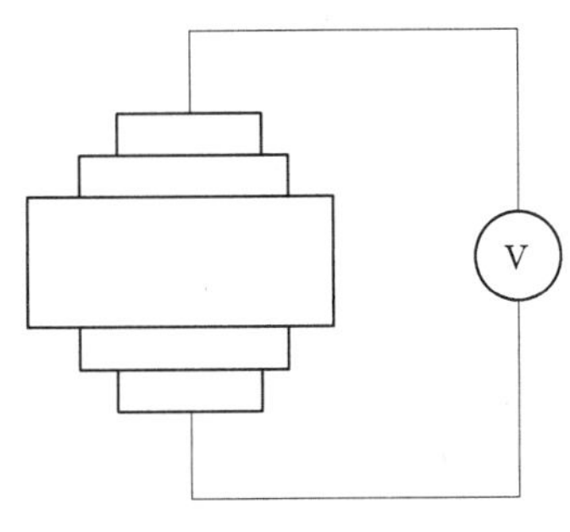

图 12－154　铁芯两点连接时的电压

显然，当铁芯或其他金属构件有两点或两点以上接地时，则接地点间就会形成闭合回路，造成环流，有时可高达数十安。例如，华中电网的某 $SFPB_1$－240000/220 型和 $SFSL_1$－25000/110 型变压器，其地线中的故障电流竟达到 17～25A。该电流会引起局部过热，导致油分解，产生可燃性气体，还可能使接地片熔断，或烧坏铁芯，导致铁芯电位悬浮，产生放电，使变压器不能继续运行，这也是不允许的。因此，铁芯必须接地，而且必须是一点接地。

三、铁芯正确接地方式

为了确保铁芯一点接地，对铁芯间无油道的变压器，其铁芯的接地方式有四种，如图 12－155 所示。

（1）当上下夹件间有拉杆或拉板且不绝缘时，接地铜片连接到上夹件上，再由上夹件经吊芯螺杆接地，如图 12－155（a）所示。

（2）上下夹件间不绝缘，接地铜片从下夹件经地脚螺丝接地，如图 12－155（b）

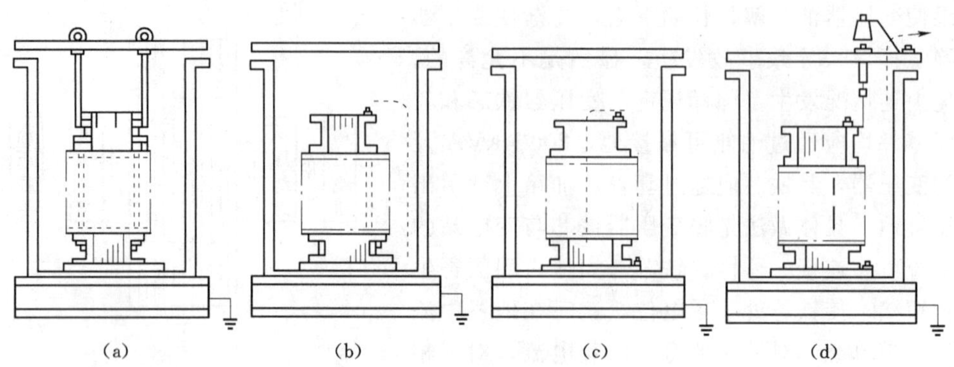

图 12-155 铁芯的接地方式

(a) 上下夹件间不绝缘而有吊螺杆时；(b) 上下夹件间不绝缘时；
(c) 上下夹件间绝缘时；(d) 上下夹件间绝缘而有接地套管时

所示。

(3) 当上下夹件间绝缘时，在上下铁轭的对称位置上各插一接地铜片连接夹件，由上夹件经铁芯片至下夹件再接地，如图 12-155 (c) 所示。要求接地片位置对称的目的，是为了避免铁芯两点接地。

(4) 当采用接地套管时，铁芯经接地片至上夹件与接地套管连接接地，如图 12-155 (d) 所示。

《规程》要求每 1 个月或必要时要测量铁芯及夹件接地电流，数值应不大于 100mA，采用带电或在线测量方式。

四、铁芯故障的原因和类型

1. 铁芯接地故障原因

(1) 接地片因施工工艺和设计不良造成短路。

(2) 由于附件和外界因素引起的多点接地。

2. 常见的铁芯故障类型

(1) 铁芯碰壳、碰夹件。安装完毕后，由于疏忽，未将油箱顶盖上运输用的稳（定位）钉翻转过来或拆除掉，导致铁芯与箱壳相碰；铁芯夹件肢板碰触铁芯柱；硅钢片翘曲触及夹件肢板；铁芯下夹件垫脚与铁轭间纸板脱落，垫脚与硅钢片相碰；温度计座套过长与夹件或铁轭、芯柱相碰等。

(2) 穿芯螺栓钢座套过长与硅钢片短接。

(3) 油箱内有金属异物，使硅钢片局部短路。如山西某变电所的一台 31500/110 型主变压器发生铁芯多点接地，吊罩发现在夹件与铁轭间有一把无柄螺丝起子；另一变电所一台 60000/220 型主变压器吊罩后发现 120mm 长铜丝一根；还有一个变电所一台 120000/220 型主变压器吊罩后在下夹件与铁轭之间找出一铝块；广东某变电所 1 号变压器在油槽底部找出一根铁丝等。

(4) 铁芯绝缘受潮或损伤，箱底沉积油泥及水分，绝缘电阻下降，夹件绝缘、垫铁绝

缘、铁盒绝缘（纸板或木块）受潮或损坏等，导致铁芯高阻多点接地。

（5）潜油泵轴承磨损，金属粉末进入油箱中，堆积在底部，在电磁引力作用下形成桥路，使下铁轭与垫脚或箱底接通，造成多点接地。

（6）运行维护差，不按期检修。

五、铁芯多点接地故障的诊断方法

运行经验表明，铁芯接地故障已成为变压器频发性故障之一，它在变压器总事故中占30%～50%，列第三位，应当引起足够的重视。变压器铁芯多点接地故障的诊断方法一般有以下两种：

（一）气相色谱分析法

这种方法是目前诊断大型电力变压器铁芯多点接地的最有效方法。众多发生铁芯多点接地故障的变压器油中溶解气体色谱分析结果表明，变压器发生这一故障时，其色谱分析结果通常有以下特点：

（1）总烃含量高，往往超过《规程》规定的注意值（150μL/L），其组分含量的排列依 C_2H_4 →CH_4 →C_2H_6 →C_2H_2 顺序递减，即使是油中特征气体组分含量未达到注意值的实例，也遵循以上的递减规律。表 12-108 给出了现场 10 台变压器铁芯多点接地时的气相色谱分析数据。

表 12-108　变压器铁芯多点接地时的气相色谱分析数据

实例序号	特征气体/(μL/L)						三比值编码	故障点温度/℃	备　注
	C_2H_4	CH_4	C_2H_6	C_2H_2	C_1+C_2	H_2			
1	217	158	25	0	400	—	0、2、2	827	
2	3200	1100	310	67	4677	—	0、2、2	851	
3	27100	20900	3200	390	51590	—	0、2、2	824	
4	846	250	145	23	1264	64	0、2、2	772	
5	2930	2591	855	4	6379	1693	0、2、2	697	
6	70	36	5	4	115	10	0、2、2	894	
7	14	9	1	0	24	5	0、2、2	894	
	178	85	10	1	274	25	0、2、2	928	为实例 7 五个月后的追踪数据
8	15	4	3	0	22	0	0、2、2	750	
	97	34	20	0	151	痕	0、2、2	746	为实例 8 一年后色谱分析数据
9	44	42	20	痕	106	20	0、2、1	—	
	95	91	49	1	236	27	0、2、1	—	为实例 9 一个月后的追踪数据
10	13	6	2	痕	21	5	0、2、2	787	
	93	51	16	1	161	35	0、2、2	771	为实例 10 半个月后的追踪数据

（2）C_2H_4 是铁芯多点接地故障的主要特征气体。如果将表 12-108 中每一实例的烃类各组分与总烃（C_1+C_2）的比率计算出来，并加以统计，便得到变压器铁芯多点接地时烃类各组分与总烃的比率范围，如表 12-109 所示。可见 C_2H_4 的比率最高。

（3）总烃产生速率往往超过《规程》规定的注意值（密封式为 0.5mL/h），其中乙烯的产生速率呈急剧上升趋势。

表 12-109　　变压器铁芯多点接地时烃类各组分与总烃的比率范围

组　分	$C_2H_4/(C_1+C_2)$	$CH_4/(C_1+C_2)$	$C_2H_6/(C_1+C_2)$	$C_2H_2/(C_1+C_2)$
比率范围/%	41.3～68.4	18.2～40.6	4.0～19.0	0～3.4

注　实例中无 C_2H_2 者不参加统计。

（4）用 IEC 三比值法时，其特征气体的比值编码一般为 0、2、2 如表 12-108 所示。

（5）估算的故障点温度一般高于 700℃，低于 1000℃。表 12-110 中的实例基本上在这个温度范围内。

如果色谱分析出现上述特征，并设法证实不是分接开关接触不良和潜油泵故障引起裸金属过热；同时，如测得铁芯绝缘电阻为零或比投运前明显下降时，则基本上可以判断为变压器发生了铁芯多点接地故障。

由于铁芯多点接地故障有时会伴随其他短路故障发生，这时色谱就不一定出现上述情况了。

（6）若气体中的甲烷及烯烃组分很高，而一氧化碳气体和以往相比变化甚少或正常时，则可判断为裸金属过热。变压器中的裸金属件主要是铁芯，当出现乙炔时，则可认为这种接地故障属间歇型。例如，某变电所一台 $SFSL_1$-25000/110 变压器，色谱分析总烃达到 400μL/L，其中甲烷为 158μL/L，乙烯为 217μL/L，乙炔为 8μL/L。经吊芯检查，证实了接地故障是时隐时现类型的。

在气相色谱分析中，最常用的是 IEC 三比值法，有时也采用德国的四比值法。

1. 三比值法

就是利用五种特征气体的三对比值，来判断变压器故障性质的方法。在三比值法中，有三组编码组合数与变压器铁芯引起的故障有关，即 0、2、0，0、2、1，0、2、2 编码。由上述，常见的是 0、2、2 编码。实践证明，用三比值法诊断变压器铁芯多点接地故障不失为一准确方法。但是，诊断的经验表明，应用三比值法诊断变压器铁芯多点接地故障时存在以下两个问题：

（1）只有根据各组分含量的注意值或产气速率限值有理由判断变压器内部存在故障时，才能进一步用三比值法判断其故障性质，即当油中特征气体未达到注意值时，不能应用三比值法进行判断。

（2）在实际工作中，有时不存在以上三种编码组合数，因而给判断故障性质造成不便。此时可采用四比值法等。

2. 四比值法

就是利用五种特征气体的四对比值，来判断故障的方法。在四比值法中，以“铁件或

油箱出现不平衡电流”一项来判断变压器铁芯多点接地故障，其准确度是相当高的。其分析判据为

$$\frac{CH_4}{H_2}=1\sim3$$

$$\frac{C_2H_6}{C_2H_4}<1$$

$$\frac{C_2H_4}{C_2H_6}\geqslant3$$

$$\frac{C_2H_2}{C_2H_4}<0.5$$

其中 CH_4、H_2、C_2H_6、C_2H_4、C_2H_2 为被测充油设备中特征气体的含量。

满足判据条件即可判定为铁芯有多点接地故障。

同时，可通过气相色谱分析数据，计算出故障点的热平衡温度。其计算公式可用日本月冈淑郎等推荐的经验公式

$$T=322\lg\frac{C_2H_4}{C_2H_6}+525 \quad (℃)$$

理论分析和实践都表明，铁芯多点接地时，其故障点或故障部分的温度多在 600～800℃之间。产生高温的能量来源于两方面：一是正常负载的磁通在铁芯故障部位的磁滞和涡流损耗；二是两接地点间的环流在铁芯故障部位的有功损耗，后者往往占绝大部分。

【例 1】 某台 SFZ_7－25000/110 型的主变压器，其铁芯外引接地。1988 年投入运行，交接和连年预防性试验（包括油色谱、常规试验）结果均正常。1990 年 3 月预试取油样色谱分析中发现油中特征气体较上次有异常，立即决定跟踪分析，几次取样数据如表 12－110 所示。

表 12－110 **色谱分析结果** 单位：μL/L

日期/(年.月.日) \ 油中组分	H_2	CH_4	C_2H_6	C_2H_4	C_2H_2	CO	CO_2	C_1+C_2
1990.3.17	9.0	5.0		33.0		57.0	2900	38.0
1990.6.13	9.5			47.0		178.0	410	47.0
1990.9.21	12.0	23.0	9.0	98.0		54.0	2375	130
1990.10.5	14.0	29.0	18.0	174.0	0	75.0	3040	221

（1）用故障产气速率分析。相对产气率为

$$\gamma_r=\frac{C_{i2}-C_{i1}}{C_{i1}}\times\frac{1}{\Delta t}\times100\%=\frac{130-47.0}{47.0}\times\frac{1}{3.3}\times100\%$$
$$\approx54\%/月>10\%/月$$

可见，气体上升速度很快，且大于 10%/月，可认为设备有异常。但《规程》中同时又指出“总烃含量低的设备不宜采用相对产气速率进行判断”。由于该主变压器前次测试结果，总烃为 38μL/L 和 47μL/L，并不算高，因此尚需要跟踪。然而在下次再复试时，总烃已显著增高，已不容忽视。其相对产气速率为

$$\gamma_r=\frac{C_{i2}-C_{i1}}{C_{i1}}\times\frac{1}{\Delta t}\times100\%=\frac{221-130}{130}\times\frac{1}{0.5}\times100\%$$
$$=140\%/月\geqslant10\%/月$$

所以，此时完全有理由认为设备有异常。

（2）用判断故障性质的三比值法来分析，则有

$$\frac{C_2H_2}{C_2H_4}=0$$
$$\frac{CH_4}{H_2}=\frac{29}{14.0}\approx2$$
$$\frac{C_2H_4}{C_2H_6}=\frac{174}{18.0}\approx9.67$$

上述比值范围编码为（0、2、2），由此推测，故障性质为“高于700℃高温范围的热故障”，用日本月冈淑郎等推导的经验公式计算得

$$T=322\lg\frac{C_2H_4}{C_2H_6}+525=322\lg\frac{174}{18.0}+525=322\times0.98+525\approx842\ (℃)$$

其估算温度也与上述结论相符。

（3）用德国的四比值法分析，则有

$$\frac{CH_4}{H_2}=\frac{29.0}{14.0}\approx2.07\ （在1\sim3之间）$$
$$\frac{C_2H_6}{CH_4}=\frac{18.0}{29.0}\approx0.62<1$$
$$\frac{C_2H_4}{C_2H_6}=\frac{174}{18.0}\approx9.67\geqslant3$$
$$\frac{C_2H_2}{C_2H_4}=0<0.5$$

可见满足判据条件，可判定铁芯有多点接地故障。

综上分析，可以认为主变压器内部有故障，而且是铁芯多点接地故障。

为确定故障部位，又停电测试，分别测量了绕组介质损耗因数 $\tan\delta$、绕组直流电阻和吸收比，其结果均正常。由此可以进一步判定故障点不在电气回路和主绝缘部位。于是，打开铁芯接地片，用万用表测量铁芯对地绝缘电阻，其值为零，从而进一步证实故障性质为铁芯多点接地引起的电弧放电。

最后，吊罩检查发现，有一根 ϕ5mm、长 16cm 的圆铁钉将铁芯与下夹铁短接，圆铁钉上已有几处烧伤痕迹。取出铁钉后复测，铁芯与地间绝缘电阻恢复到 800MΩ。

清除铁钉后，再进行真空脱气注油，迄今该变压器油气相色谱分析数据如表 12-111 所示，可见均小于正常值，因此，充分证明该主变压器内部故障已被彻底消除。

表 12-111　　主变故障消除后色谱分析结果　　单位：μL/L

日期/（年．月．日）＼油中组分	H_2	CH_4	C_2H_6	C_2H_4	C_2H_2	CO	CO_2	C_1+C_2
1990.12.1	4.2	1.1	1.1	3.2	0		340	5.4
1991.3.5	4.0	2.4	0.2	2.0	0	9.0	175	4.6

现场诊断经验表明，如出现三比值法中不存在的编码组合时，还可考察烃类各组分与总烃的比率关系。当总烃中含有的 C_2H_4 占主要成分，而且 $C_2H_4 \rightarrow CH_4 \rightarrow C_2H_6 \rightarrow C_2H_2$ 符合递减关系时，则可认为变压器有发生多点接地故障的可能。

（二）电气法

1. 带电电气测试分析法

（1）用钳形电流表等测量铁芯接地回路电流。若电力变压器在运行中，可在变压器铁芯外引接地套管的接地引下线上用钳形电流表测量引线上是否有电流。也可在接地刀闸处接入电流表或串接地故障指示器。正常情况下，此电流很小，为毫安级（一般小于0.3A），当存在接地故障后，铁芯主磁通周围相当于有短路匝存在，匝内流过环流，其值决定于故障点与正常接地点的相对位置，即短路匝中包围磁通的多少。最大电流可达数百安培。与变压器所带负荷情况也有关。

有的单位采用图 12－156 所示的原理接线图进行参数测定，其方法如下：

1）正常运行时 Q_1、Q_2 关合。

2）测试故障电流时，将电流表 A 两个端子接入，拉开 Q_1 开关即可测量，测试完毕，合上 Q_1 取下电流表 A。

3）测量接地电流时，在采取限流措施后，将 Q_2 开关断开即可。测试完毕后，合上 Q_2，取下毫安表恢复运行。

4）测量铁芯开路电压（即铁芯在高电场中的悬浮电位）时，接入电压表，拉开 Q_1，即可读数，测试完毕后，合上 Q_1，取下电压表。

对于铁芯和上夹件分别引出油箱外接地的变压器，如图 12－157 所示。如测出夹件对地电流为 I_1 和铁芯对地电流为 I_2，根据经验可判断出铁芯故障的大致部位，其判断方法是：

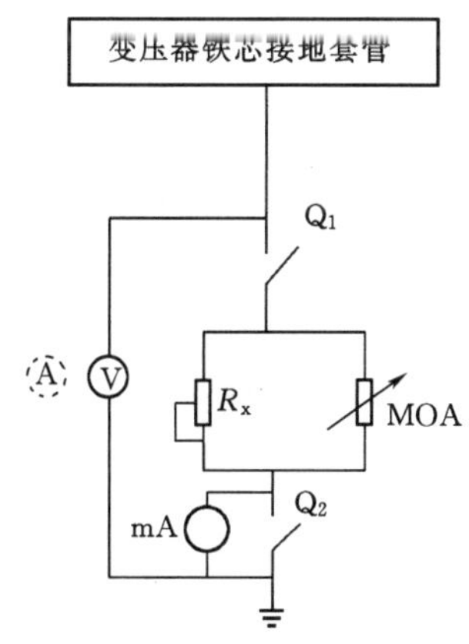

图 12－156　铁芯接地参数测定原理接线图

MOA—金属氧化物避雷器（防止 R_x 开路的后备保护）；R_x—限流电阻（可调）

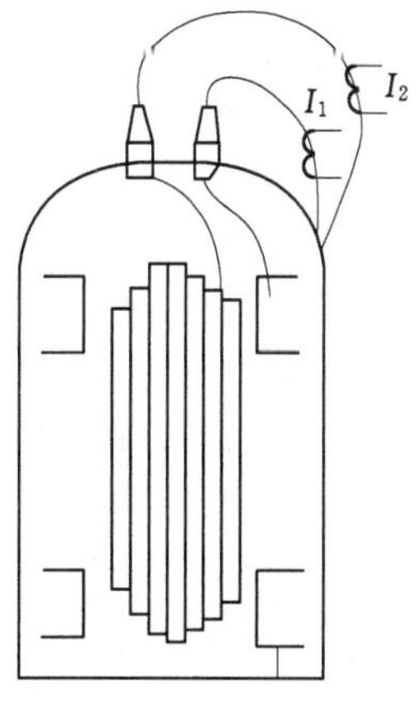

图 12－157　判断铁芯故障点部位

I_1—上夹件接地回路中电流；I_2—铁芯接地回路中电流

$I_1=I_2$，且数值在数安以上时，夹件与铁芯有连接点；

$I_2 \gg I_1$，I_2 数值在数安以上时，铁芯有多点接地；

$I_1 \gg I_2$，I_1 数值在数安以上时，夹件碰壳。

在采用钳形电流表测试电流时，应注意干扰。测量时可先将钳形电流表紧靠接地线，读取第 1 次电流值，然后再将地线钳入，读取第 2 次电流值，两次差值即为实际接地电流。

（2）测量铁芯外引接地点的开路电压若用上述方法确定变压器有铁芯多点接地故障，可在变压器运行中断开铁芯外引接地点，用高内阻电压表测量其开路电压，以确定铁芯多点接地部位。其具体做法是，将电压表与引线接地开关并联，测量时将接地开关打开，读取开路电压，测量完毕后，立即合上接地开关。

根据试验，如开路电压 $U_k=25\%U_z$（U_k—接地点的开路电压，U_z—该变压器绕组匝电压），则可判断故障接地点在铁芯的高压侧；如 $U_k=14\%U_z$，可判断故障接地点在下轭铁底部；如 $U_k=73\%U_z$，可判断故障接地点在铁芯窗口内表面处。

除上述气相色谱法和电气法外，还可用超声波法定位。它是利用超声波传感器贴在箱壳上检测，如出现连续音则可能是铁芯穿芯螺杆过热，间断音则可能属磁屏蔽过热。

2. 停电电气测试分析法

停电后，进行电气测试的内容和方法如下：

（1）正确测量各级绕组的直流电阻。若各组数据未超标，且各相之间与历次测试数据之间相比较，无明显偏差，变化规律基本一致，由此可排除故障部位在电气回路内（如分接开关接触不良，引线接触松动，套管导电杆两端引出线接触不良等）。

（2）为了更进一步核定是否为铁芯多点接地，可断开接地线，用 2500V 绝缘电阻表对铁芯接地套管测量绝缘电阻，由此判定铁芯是否接地以及接地程度。对于无套管引出接地线的变压器，色谱数据分析判断显得更为重要。停电测试各绕组直流电阻，排除裸金属过热的可能性，从而确定变压器铁芯是否接地。

3. 故障点具体位置的查找

通过上述测试分析，确定变压器铁芯存在多点接地故障后，便可进一步查找故障点的具体位置。吊罩后，对于杂物引起的接地，较为直观，也比较容易处理。但也有某些情况，停电吊罩后找不到故障点，为了能确切找到接地点，现场可采用如下方法：

（1）直流法。将铁芯与夹件的连接片打开，在铁轭两侧的硅钢片上通入 6V 的直流，然后用直流电压表依次测量各级硅钢片间的电压，如图 12－158 所示，当电压等于零或者表针指示反向时，则可认为该处是故障接地点。

（2）交流法。将变压器低压绕组接入 220～380V 交流电压，此时铁芯中有磁通存在。如果有多点接地故障时，用毫安表测量会出现电流（铁芯和夹件的连接片应打开）。用毫安表沿铁轭各级逐点测量，如图 12－159 所示，当毫安表中电流为零时，则该处为故障点。这种测电流法比测电压法准确、直观。

若用上述两种方法，仍查不出故障点，最后可确定为铁芯下夹件与铁轭阶梯间的木块受潮或表面有油泥。将油泥清理干净后，进行干燥处理，故障可排除。一般对变压器油进

行微水分析可发现是否受潮。

（3）铁芯加压法。就是将铁芯的正常接地点断开，用交流试验装置给铁芯加电压，若故障点接触不牢固，在升压过程中会听到放电声，根据放电火花可观察到故障点。当试验装置电流增大时，电压升不上去，没有放电现象，说明接地故障点很稳固，此时可采用下述的电流法。

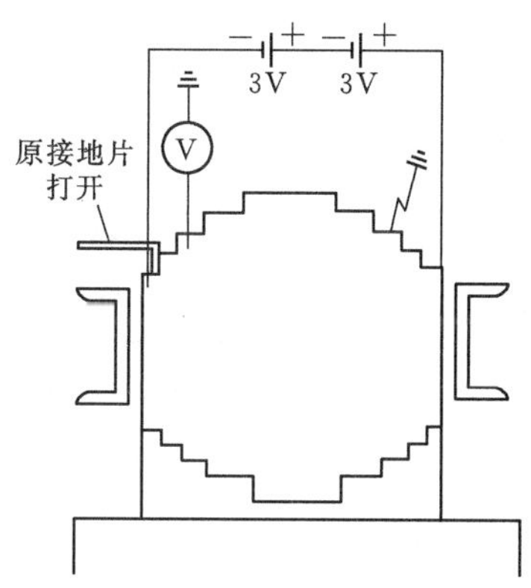

图 12－158　检测电压的接线图

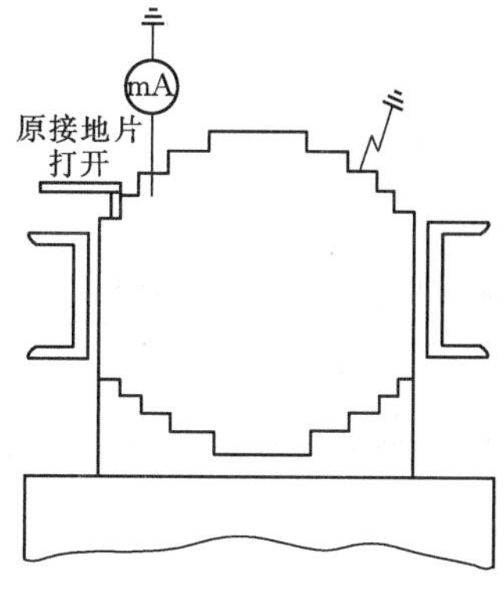

图 12－159　测量电流的接线图

（4）铁芯加大电流法。也是将铁芯的正常接地点断开，用电焊机装置给铁芯加电流，其原理接线如图 12－160 所示。当电流逐渐增大，且铁芯故障接地点电阻大时，故障点温度升高很快，变压器油将分解而冒烟，从而可以观察到故障点部位。故障点是否消除可用铁芯加压法验证。

（5）空载试验法。测量变压器的空载损耗，若测出的空载损耗比原来大 10kW 左右，则可判定接地故障在铁芯窗口内。

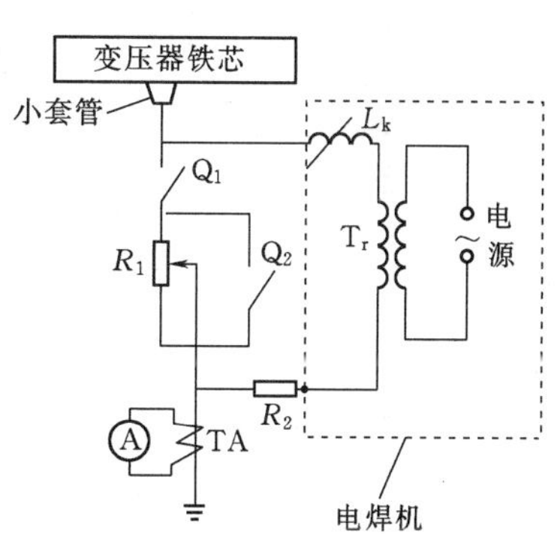

图 12－160　电焊机装置给铁芯加电流原理接线图

Q_1—400V，25A 开关；Q_2—压板；R_1—可调电阻器 500W，400Ω；R_2—保护电阻；L_k—可调电感；T_r—电焊机

【例 2】 某局对 220kV 变压器取油样化验时，发现主变绝缘油总烃严重超过标准，达到 910μL/L，而且乙炔也超标，达到 12μL/L。这说明变压器内部有高温过热性故障。于是又由三个单位多次对主变压器进行绝缘油色谱分析，结果是总烃含量已达 999μL/L。根据总烃含量增长的速率，通过三比值法分析，说明故障在迅速发展。各次色谱分析结果如表 12－112 所示。

（1）故障点温度估计。根据经验公式计算热点温度，估算为 770～780℃；通过三比值计算，查表编码均为“0、2、2”，是高于 700℃高温范围的热故障；乙炔含量的增加表明热点温度可能高于 1000℃。

（2）故障点产气速率。根据第 3、4 天的色谱分析，18h 的绝对产气速率：总烃为 97mL/h，乙炔为 4.7mL/h；根据第 5、6 天的分析，23h 的绝对产气速率：总烃为

135mL/h，乙炔为 5.1mL/h，乙烯为 97.1mL/h。

表 12－112　　**色谱分析结果**　　单位：μL/L

油中组分 取样日期	氢 (H_2)	甲烷 (CH_4)	乙烷 (C_2H_6)	乙烯 (C_2H_4)	乙炔 (C_2H_2)	一氧化碳 (CO)	二氧化碳 (CO_2)	总烃 (C_1+C_2)
第 1 天	32	158	110	630	12	154	2770	910
第 2 天	63	213	131	643	12	239	3408	999
第 3 天	54	214	131	735	13	204	3494	1093
第 4 天	57	225	133	781	16	206	3486	1155
第 5 天	66	245	145	876	20	246	2545	1286
第 6 天	64	250	145	846	23	265	3887	1264

（3）故障点部位估计。从一氧化碳和二氧化碳含量推断，故障未涉及固体绝缘，在所做的电气试验中未发现异常，也证实了主变绝缘未受损伤。第 1 天的色谱分析中 C_2H_2 占氢烃总量为

$$\frac{C_2H_2}{H_2+C_1+C_2}=\frac{12}{942}\times100\%=1.3\%$$

而

$$C_2H_4/C_2H_6=630/110=5.7$$

第 6 天的分析中 C_2H_2 占氢烃总量为

$$\frac{C_2H_2}{H_2+C_1+C_2}=\frac{23}{1328}\times100\%=1.7\%$$

而

$$C_2H_4/C_2H_6=846/145=5.8$$

根据资料推荐 C_2H_2 一般只占氢烃总量的 2% 以下，C_2H_4/C_2H_6 的比值一般小于 6。所以油中乙炔含量比其他故障气体较小，C_2H_4/C_2H_6 也小于 6。估计故障部位可能在变压器磁路。

根据对变压器 9 台潜油泵进行的油中溶解气体分析，结果与主体本体相同，也说明故障气源来源于变压器本体。

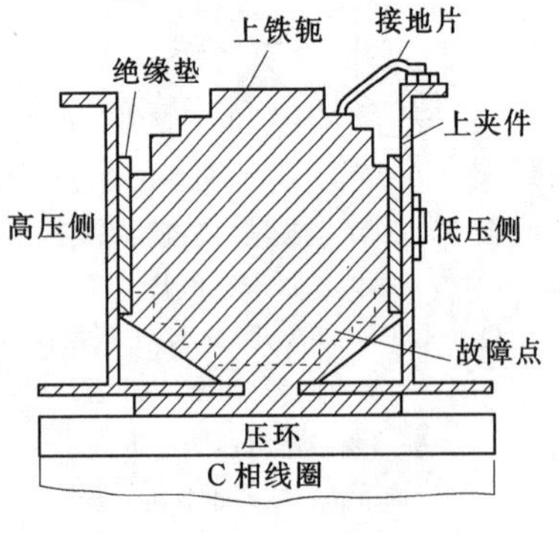

变压器吊钟罩检查时发现低压侧上夹件内衬加强铁斜边与上铁轭的下部阶梯形棱边距离不够，加上运行中的振动，使之在 C 相端处相碰，形成了故障接地点，如图 12－161 所示。这样就与原来的接地点形成了环流发热。

图 12－161　铁芯的接地故障点

故障点在磁路部位，其检查结果证实了色谱分析和对故障部位的估计是正确的。

【例 3】　华中某电业局一台主变压器的型号为 $SFPSZ_3$－120000/220，运行中进行气相色谱分析时，发现有异常情况，其诊断过程如下：

（1）色谱分析数据。表 12－113 列出了几次色谱分析结果，从 5 月 30 日和 6 月 3 日的数据看，总烃均大于注意值 150μL/L，其增长速度很快；而且 CH_4 和 C_2H_4 为主导型成分，因此可判断为过热故障。

表 12－113　　色谱分析结果

日期/（月．日）	油中组分/（μL/L）								说明
	CH_4	C_2H_6	C_2H_4	C_2H_2	H_2	CO	CO_2	C_1+C_2	
5.30	24.5	107	297	0	41	686	790	645	不合格
6.3	290	147	355	0	12	1373	709	790	不合格
6.3	290	149	373	0	58	1031	1584	820	8 个油泵部位的油的分析数据
6.14	26	21	47	0	0	83	289	94	检修后送电前主变压器油的分析数据
6.23	23	19	43	0	0			85	送电 3 天后主变压器的分析数据

根据国家标准《变压器油中溶解气体分析和判断导则》（GB/T 7252—2001）中的三比值法，其编码组合为“0、2、1”，所以可进一步判断故障性质为 300～700℃中等温度范围的热故障。根据判断故障性质的三比值法可知，铁芯局部发热是导致这种热故障的原因之一。而重点对铁芯进行检测。

（2）绝缘测试。通过测试发现铁芯有接地现象，其对地绝缘电阻只有 2Ω。

由上述分析可以初步判断故障发生在铁芯部分，因此进行通电检查，以确定故障点。

（3）查找故障点。

1）直流法。由于变压器停运后，不吊罩，放尽油，从人孔进入壳内进行检查时未能发现故障点。而吊罩检查仍未发现故障点，故先采用直流法测试。

如图 12－162 所示，将 12～24V 直流电压加在铁芯上，使各点产生电压降，用一个检流计沿铁芯的各个位置查找故障点。测试棒沿铁芯移动，观察表计正负值大小变化，表针指示值为零时，即为故障点所在位置。越过故障点继续往前测试时，仪表指示数为负值。利用这个方法虽然找到了故障区，但未找到故障点的确切位置。

2）交流电弧法。为了寻找故障的确切位置，采用通入交流电的办法，使之在故障点处产生电弧，其接线如图 12－163 所示。测试中施加的交流电压数值为 20～30V，铁芯对铁轭的电阻为 2Ω，电流为 10～15A，可以产生较强的电弧。当将交流电压加在铁轭和铁芯上后，即发现放电点，有明显的电弧火花，并有放电声音和白色的烟。经两次通电检查后，查出故障点的确切位置在 220kV 侧上角，C 相外侧铁芯侧柱上部，铁芯与铁轭之间的一块绝缘木板顶部中间。

故障点之所以在铁芯与铁轭中间空隙处的一个油道内，估计变压器运行时油中有一导电异物从铁芯顶部经油道间隙掉到此处，使铁芯与铁轭短路，烧坏胶木绝缘板，形成接地，产生局部放电和过热。

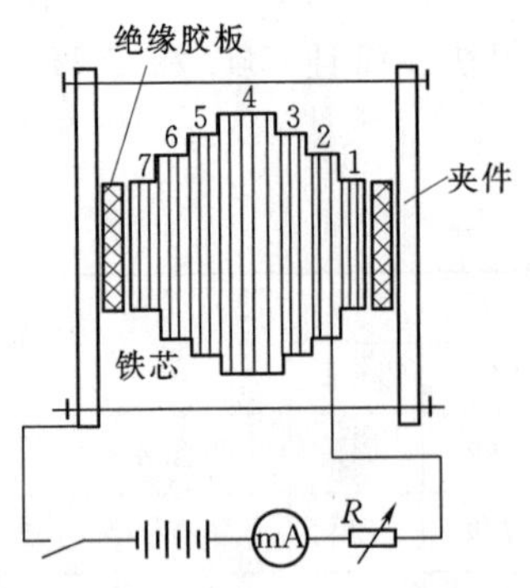

图 12-162 直流压降法查找故障点

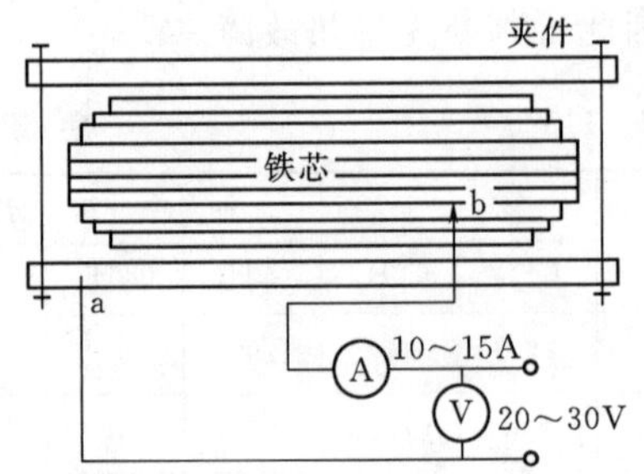

图 12-163 用交流电弧法检查铁芯故障位置

经修理后，铁芯与铁轭之间的绝缘电阻由原来的 2Ω 上升到 140Ω，恢复正常。

【例 4】 华北某供电公司一台主变压器，其型号为 SJ-5600/35，按公司规定每半年进行一次色谱分析，其结果如表 12-114 所示。

表 12-114　色谱分析结果

日期/(年.月.日)	油中组分/(μL/L)							
	CH_4	C_2H_6	C_2H_4	C_2H_2	H_2	CO	CO_2	C_1+C_2
1990.3.29	5.0		33.0		9.0	57.0	2901.0	38.0
1990.9.7			49.0		9.0	178.0	410.0	49.0
1991.3.25	23.0	9.0	100.0		12.0	54.0	2374.0	132.0
1991.5.7	29.0	18.0	178.0		14.0	75.0	3043.0	225.0

由表中 1991 年 3 月 25 日的色谱分析结果可知，总烃值没有超过注意值 150μL/L，所以会认为该变压器是正常的。但是总烃的相对产气速率为

$$\gamma_r = \frac{C_{i2}-C_{i1}}{C_{i1}} \times \frac{1}{\Delta t} \times 100\%$$

$$= \frac{132-49}{49} \times \frac{1}{6.6} \times 100\% = 25.6\ (\%/\text{月})$$

其值大于 10%，故可认为该变压器有异常。

然而，《规程》中又提到，对总烃起始含量很低的设备不宜采用此判据。由于该变压器前两次的分析结果的总烃分别为 38μL/L、49μL/L，可以认为起始含量不高。所以容易忽视上述色谱分析结果，而认为变压器正常。

对于经验丰富的试验工作者，会抓住这个捕捉变压器故障的关键时刻，采用多种方法进行细致的分析判断。例如，采用三比值法判断为高于 700℃高温范围的热故障。采用德国的四比值法判断为铁件或油箱出现不平衡电流。因此可以认为这台变压器是不正常的。

5 月 7 日的分析结果仍证明了上述结论是正确的，而且总烃超过注意值，其相对产气速率还在增长，说明该台变压器确有故障。

吊芯检查发现，铁芯存在多点接地故障，下轭铁突出的硅钢片已将铁芯与垫脚间的绝缘刺破。

【例 5】 东北某电业局改造增容的一台 8F－24000/66 电力变压器。自完成交接试验项目后，于当天投入运行。投运一天后，变压器温升达 30℃，箱壳焊接线以上很热，个别部位烫手，而焊接线以下温度较低。投运一天后的油色谱分析结果如表 12－115 所示。

表 12－115　　色谱分析结果

试验日期/(月．日)	状况	油中组分/(μL/L)							
		H_2	CH_4	C_2H_6	C_2H_4	C_2H_2	C_1+C_2	CO	CO_2
3.26	投运前	痕量	0.58	0.12	1.49	0.53	2.72	3	176
3.29	空载运行 30h	0	1.7	1.4	5.59	0.51	9.20	3	480
4.10	处理后	0	1.2	0.69	2.34	0.20	4.43	22	500

（1）从总烃的产气速率来考察故障的发展趋势。绝对产气率为

$$\gamma_s=\frac{C_{i2}-C_{i1}}{\Delta t}\times\frac{G}{d}=\frac{9.2-2.72}{24}\times\frac{6.88}{0.86}=2.16\ (\text{mL/h})>0.25\text{mL/h}$$

产气速率大于注意值，表明变压器故障点消耗的能量不容忽视。

（2）从温度计算值来看故障特点。由于

$$T=322\times\lg(C_2H_4/C_2H_6)+525=322\times\lg(5.59/1.40)+525=719\ (℃)$$

由温度计算值可知，变压器内部有比较严重的发热故障存在。发热部位在散热器中心上部，由此推断铁芯或夹件与箱壳上部有相碰之处，或铁芯有两点接地，由于铁芯被短路，涡流损耗造成铁芯发热，使油温上升。

（3）从检查性空载试验来看故障情况。空载试验采用单相法。空载电流 $I_0\%=0.88\%$，比出厂值 $I_0\%=0.465\%$ 大 91.4%；空载损耗 $P_0=30.1\text{kW}$，比出厂值 $P_0=25.02\text{kW}$ 大 20%。每相损耗 $P_A=13.8\text{kW}$，明显增大；$P_B=4.1\text{kW}$，$P_C=11.495\text{kW}$，稍增大。

再从空载电流来看，第一次 ab 相励磁电流为 15.3A，第二次为 8.8A，明显下降，可推断接地故障为活动性金属体所致。

由以上试验推断该变压器铁芯有两点或多点接地故障。吊芯后发现：

（1）温度计座与上夹件相碰，且被撞弯，上夹件有明显被碰挤的划痕，如图 12－164 所示。

（2）用绝缘电阻表测铁芯绝缘时，又发现铁芯下部还有一处接地，绝缘电阻为 0MΩ；用万用表测量为 4.5Ω。

对上述故障点进行处理后，温升、色谱分析结果及空载试验结果均正常。

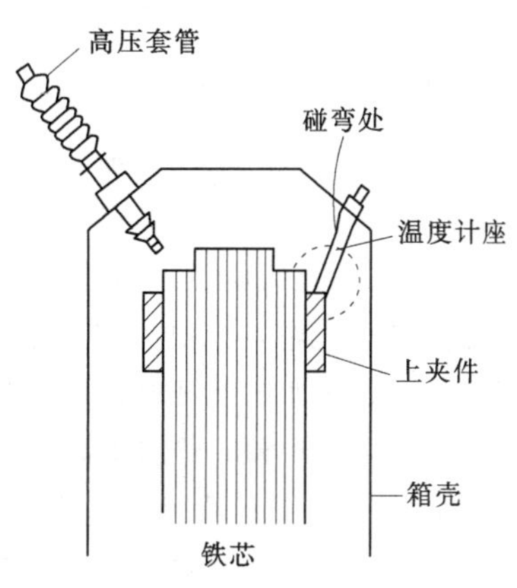

图 12－164　温度计座与上夹件相碰

【例 6】 华东某变电所 1 号主变压器，型号为 SFZ_7－31500/110，于 1997 年 1 月 7 日的预防性试

验中，用500V兆欧表测得铁芯绝缘电阻为1000MΩ，使用1000V兆欧表时内部有放电声，随即绝缘电阻降至零，用万用表测量为90kΩ。投运后铁芯接地电流从1.3mA升至3mA。1997年8月25日猛增至4.2A，随即串25Ω限流电阻，接地电流降至50mA。油的色谱分析数据如表12-116所示。

表12-116 色谱分析结果

日期/（年.月.日）	油中组分/(μL/L)								备注
	H_2	CH_4	C_2H_6	C_2H_4	C_2H_2	C_1+C_2	CO	O_2	
1996.12.24	80.6	8.9	5.3	4.7	0.3	19.2	597.4	2449.3	正常
1997.4.16	51.7	9.3	5.5	8.4	0.4	23.6	695.7	2585.5	6月18日 接地电流3mA
1997.9.25	49.2	33.2	15	49.9	1.4	99.5	694	3375	8月25日 接地电流4.2A

分析表12-116的数据可知：

1）该变压器发生故障接地后，$C_2H_2 \rightarrow CH_4 \rightarrow C_2H_6 \rightarrow C_2H_2$ 呈递减规律。

2）C_2H_4 是主要成分，它占总烃的50.2%。

3）总烃相对产生速率增长快。故障前4月16日为6.2%/月，故障后9月25日为60.7%/月>10%/月。

4）估算故障点温度为693℃。

5）三比值法编码为0、0、2。

6）四比值法：$CH_4/H_2=0.67\neq1\sim3$；

$C_2H_6/CH_4=0.45<1$；

$C_2H_4/C_2H_6=3.33>3$；

$C_2H_2/C_2H_4=0.04<0.5$。

分析上述数据认为该变压器铁芯多点接地特征明显，但无短路环流。1997年10月12日吊罩未见明显接地故障点，后用交流电焊机短时合闸出现火光及放电声。故障点在铁芯底部10kV侧的垫块处，发现有一长3.0cm的细铜丝并见到烧断痕迹。

六、铁芯多点接地故障的处理方法

1. 能退出运行者

变压器铁芯多点接地故障，多数情况下是由于悬浮物在电磁场作用下形成导电小桥造成的，对这种情况，可采用电容放电冲击法排除。图12-165所示为电容充放电电路，电容C为50μF左右，直流电压发生器输出电压大约为600～1000V。使用时首先合双向开关Q到1侧，对电容C充电，充电后快速把开关Q合到2侧，对变压器故障点放电。反复进行几次，故障即可消除。如东北某电业局有3个变电所的3台主变压器在运行中都曾出现过铁芯对地绝缘电阻下降的现象，绝缘电阻小到几千欧，均采用电容放电冲击法排除了。

有的单位采用兆欧表对电容器充电再放电的方法，也收到良好的效果。例如，华东某水电厂，1992年10月对一台型号为DFL-60MVA/220kV的单相变压器进行大修时，用兆欧表测量C相铁芯对下夹件绝缘电阻为零（已拆除原接地铜片），再用万用表测得其绝

缘电阻为 20kΩ，说明铁芯多点接地。三次排油反复查找都没有找到故障点，最后用 5000V 兆欧表先对 4μF 的电容器充电，再由电容器对变压器铁芯放电，只听在下夹件附近“啪”的一声，故障即消失，测得的绝缘电阻为 1000MΩ。用兆欧表对电容器充电再放电的原理接线图如图 12-166 所示。铁芯与夹件的示意图如图 12-167 所示。

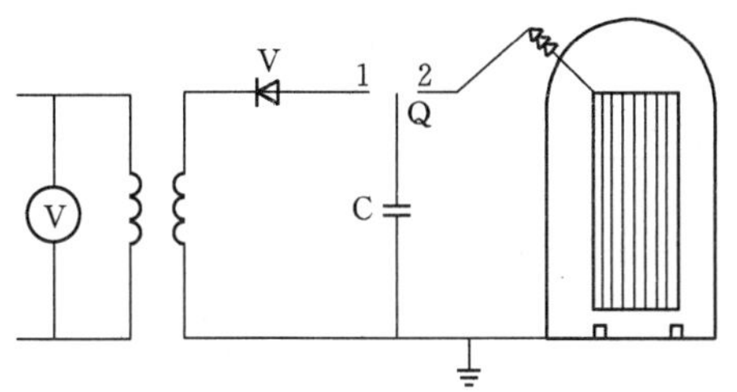

图 12-165　电容充放电电路

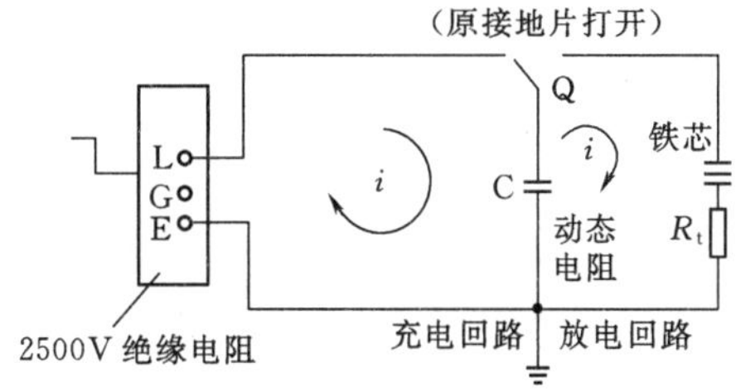

图 12-166　用兆欧表对电容器充电再放电的原理接线图

还有的单位采用大电流冲击法也很有效。例如，上述的铁芯下部的绝缘电阻用绝缘电阻表测量为 0MΩ，用万用表测为 4.5Ω，为消除故障，如图 12-168 所示，在现场采用一台电焊机，将焊把瞬间触碰外壳，只见冒一股烟，靠近铁芯下部与夹件间的金属物不见了。复测铁芯各处的绝缘电阻分别为：铁芯对地 2000MΩ；穿芯螺栓对地 5000MΩ，三个压环接地片对地 1000MΩ。

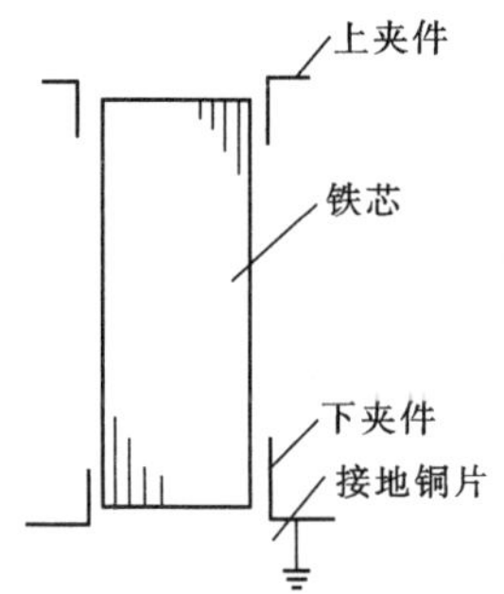

图 12-167　铁芯与夹件示意图

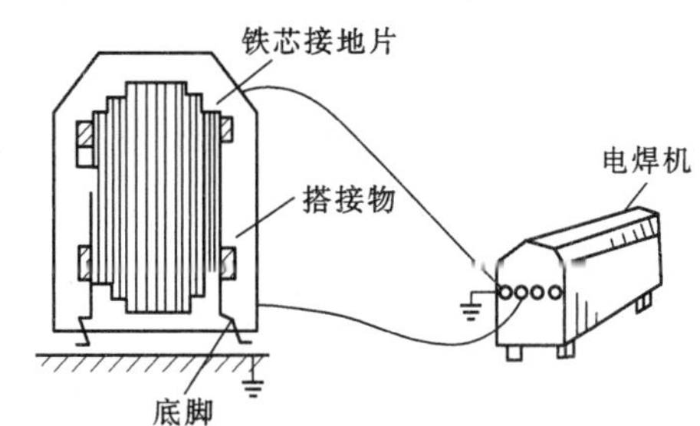

图 12-168　大电流冲击法示意图

应当指出，对地绝缘电阻恢复后，还需能承受交流 1000V 耐压 1min 后，方能确认接地点已经消除，再恢复正常的接地线。

多数铁芯故障，需吊罩检查处理。

2. 暂不能退出运行者

有的变压器虽然出现多点接地故障，但暂不能退出运行。这时可采取如下临时措施：

（1）有外引接地线时，如果故障电流较大，可临时打开地线运行。但必须加强监视，以防故障点消失后使铁芯出现悬浮电位，产生放电现象。

（2）如果多点接地故障属于不稳定型，可在工作接地线中串入一个滑线电阻，将电流限制在 1A 以下。滑线电阻的选择原则，是将正常工作接地线打开测得的电压 U 除以地线

上的电流 I，即 $R=U/I$，电流为 2～3A。R 一般选取在 250～1000Ω 之间。并选取适当的电阻功率以防止发热。这种串接电阻的方法，能防止接地故障消失后造成铁芯出现悬浮电位。例如，某台 SFSL/110kV 主变压器，在 1987 年 6 月的预防性试验中发现其铁芯绝缘电阻为零，运行接地电流为 6.8A，开路电压为 7.34V，串 220V、500W 电热丝后限流至 0.34A，安全运行至 1989 年 3 月。其色谱分析数据依然保持正常状态，各组分含量有减小趋势。如表 12－117 所示。

表 12－117　变压器铁芯接地电流限流后的色谱分析结果

日期 /（年．月．日）	油中组分/(μL/L)								备注
	H_2	CH_4	C_2H_6	C_2H_4	C_2H_2	$C_1 \sim C_2$	CO	CO_2	
1987.8.5	0	2.52	1.94	8.8	0.2	13.46	59.4	1146.3	故障 2 个月后
1989.3.31	0	0.5	0.6	1.3	0.19	2.59	9.7	720	故障 1 年 9 个月后

再如，上海某电厂的一台 220kV、150MVA 的主变压器发生铁芯多点接地，采用串限流电阻的方法后，安全运行达 5 年之久。

（3）要用色谱分析监视故障点的产气速率。

（4）通过测量找到确切的故障点后，如果无法处理，则可将铁芯的正常工作接地片移至故障点同一位置，这样可使环流减少到很小。如一台 $SFSL_1$－25000/110 变压器，采用此种方法后，地线上的环流由 20A 降至 0.3A，运行一个月，色谱分析总烃含量下降，情况正常。

（5）在铁芯外引接地回路中串一台电流互感器，在互感器的二次回路中接入电流表和过流继电器进行监测。当铁芯外引接地回路电流超过整定值时，过电流继电器动作发出信号，值班人员可立即采取相应措施或停用变压器。

第十九节　变压器故障综合判断实例

一、【实例 1】引线断股的诊断

东北某电厂 4 号主变压器型号为 SFPSL－12000/220，连接组别为 Yd11，由沈阳变压器厂 1978 年 11 月生产。该变压器 1979 年投入运行。运行以来，预防性试验及色谱分析正常。

1. 色谱分析异常及故障性质的判断

1987 年 6 月 25 日进行色谱分析时，发现油中总烃含量急剧上升，如表 12－118 所示。由于总烃高，而且 CH_4 和 C_2H_4 为主导型成分，因此可判断为过热性故障。根据《导则》中的三比值法，其编码组合为“0、2、2”，所以可以进一步判断故障性质为高于 700℃高温范围的热故障。故障点温度为

$$T=322\lg\left(\frac{C_2H_4}{C_2H_6}\right)+525=771\ (℃)$$

表 12－118 中的连续油色谱跟踪分析的数据表明，C_1+C_2 基本稳定，可以认为故障点没有发展趋势。

表 12-118　　色谱分析结果

日期	油中组分/(μL/L)							
	CH_4	C_2H_6	C_2H_4	C_2H_2	C_1+C_2	H_2	CO	CO_2
1984 年	5.30	8.20	29.00	2.10	42.60	13.60	224.00	4466.00
1985 年	11.38	8.26	30.60	3.90	54.40	32.00	665.00	5168.00
1986 年	10.90	5.01	21.60	2.30	39.90	39.00	782.00	5903.00
1987 年 6 月 25 日	332.00	104.00	604.00	2.85	1039.00	115.00	813.00	8318.00
1987 年 7 月 6 日	375.00	124.00	678.40	2.85	1180.20	100.60	777.00	7741.00
1987 年 7 月 13 日	387.00	122.00	649.00	2.94	1160.90	96.46	890.00	7503.00
1987 年 7 月 18 日	407.00	119.60	648.50	2.53	1158.00	123.00	906.00	7921.00

2. 电气试验及故障点的判断

根据三比值法并结合变压器结构进行分析，认为故障点可能在下述部位：铁芯两点接地或局部短路；高压侧分接开关接触不良；高、中、低压侧引线接触不良或断股等。为确定故障点的具体位置，进行下列电气试验。

(1) 检测铁芯是否发生多点接地。变压器运行时，用钳型电流表对其铁芯接地电流进行测量，测量结果无异常，说明铁芯无多点接地故障。

(2) 空载试验。变压器停运后，对变压器进行低电压下单相空载试验，损耗为138.82kW（换算值），与出厂损耗值比较无变化。各相损耗的关系为

$$P_{AC}/P_{BC}=P_{AC}/P_{AB}=1.45$$

因而认为铁芯损耗分布正常，铁芯无局部短路故障。

(3) 测量直流电阻。利用 QJ36 型电桥测试变压器各绕组的直流电阻，结果是高、低压侧与制造厂家及历年的测量数值相比较无异常，但测中压侧直流电阻（15℃）时，得到 $R_{AB}=0.103\Omega$，$R_{BC}=0.09645\Omega$，$R_{AC}=0.1025\Omega$，如表 12-119 所示，其线间差为 6.79%。

表 12-119　　变压器中压侧直流电阻的测量值

测试单位 \ 电阻值/Ω \ 名称		实测值			换算值		
		R_{AB}	R_{BC}	R_{AC}	R_A	R_B	R_C
出厂值	10℃	0.094	0.09435	0.09428	0.141	0.14069	0.1417
	75℃	0.12	0.12045	0.12036			
运行中	15℃	0.103	0.09645	0.1025	0.157	0.1549	0.1396
	75℃	0.1288	0.12056	0.12813			

由于变压器中压侧为 D 接线，从直观上无法判断故障点在哪相上，利用换算公式将测量的线电阻值换算成相电阻值，即 $R_A=0.157\Omega$，$R_B=0.1549\Omega$，$R_C=0.1396\Omega$，换算后的三相电阻相间差为 12.46%，与厂家数值比较，R_C 基本相同，可以认为 C 相无异常。

而A相与B相均较厂家数值高，见表12-117。当然，绕组直流电阻增大的原因很多，其中导线断股现象值得重视。为确定是否为导线断股现象，进行以下假设计算。

设在换算后的相电阻中，A相绕组内部断股10%，这时$R_A=0.157\Omega$，$R_B=0.14\Omega$，$R_C=0.1396\Omega$。再将图12-169（a）分解成（b）、（c）、（d），并用电桥测量AB、BC、CA间的直流电阻，它们分别是图12-169（b）、（c）、（d）中的并联值，利用电阻并联公式将假设的R_A、R_B、R_C值代入得出

$$R_{AB}=\frac{(R_A+R_C)\times R_B}{R_A+R_C+R_B}=0.0951\ (\Omega)$$

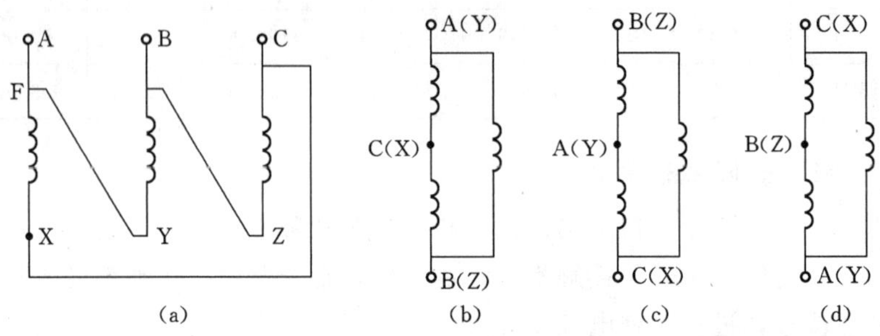

图12-169 三角形接线及其分解

（a）三角形接线；（b）测AB间电阻接线；（c）测BC间电阻接线；（d）测CA间电阻接线

同理，$R_{BC}=0.09496\Omega$，$R_{CA}=0.1005\Omega$。

由计算结果得知，当A相绕组内部断股时，只会引起R_{AC}增大。

从上述计算结果可以看出，当4号主变压器中压侧采用这样的三角形接线时，绕组引线断股的部位不同，线电阻和换算后的相电阻反映出的电阻值也不同。

如图12-169（a）所示，由于A相绕组的尾端焊接在C相引线上，因而换算后的R_A值是A相引线至C相引线处的R值；R_B是A相引线至B相引线处的R值。如故障点在A相绕组内部公共点F以下时，只引起换算后R_A本身的增大，R_B、R_C将不变。如故障点在公共点F以上时，故障点涉及哪两相，哪两相电阻就会同时增大。根据实测后的相电阻值R_A、R_B同时增大，可认为4号主变压器的故障点在公共点F至A处，故障性质是引线断股。

根据上述试验综合分析，判断出故障点部位在A相套管根部附近。经检查，发现A相引线在套管根部与套管均压帽焊在一起，引线烧断部分清晰可见。

变压器引线截面积为423mm²，烧断面积为42.3mm²，占总截面积的10%，处理中，将烧断导线42.3mm²与邻近的24.19mm²导线剪断300mm长，选用相同导线用银焊焊接。焊接后测量直流电阻，无异常，运行后油色谱分析正常。

二、【实例2】杂散磁通引起局部过热的诊断

华东某电业局35kV变电所主变压器的型号为SZL_7-6300/35，连接组别为Yd11，1988年年底投入运行，情况正常。1989年3月，该主变压器在运行中突然发出轻瓦斯保

护动作信号。

1. 色谱分析跟踪

该主变压器轻瓦斯保护动作发信号后，油质的色谱分析的跟踪数据如表 12－120 所示。

表 12－120　　6300kVA、35kV 主变压器色谱分析跟踪情况

日期	油中组分/(μL/L)								三比值编码			备注
	H_2	CH_4	C_2H_6	C_2H_4	C_2H_2	C_1+C_2	CO	CO_2	$\frac{C_2H_2}{C_2H_4}$	$\frac{CH_4}{H_2}$	$\frac{C_2H_4}{C_2H_6}$	
3 月 12 日	100.45	50.8	20.31	159.68	13.85	244.64	56.66	678.13	0	0	2	轻瓦斯动作后
3 月 13 日	115.89	75.77	26.78	205.5	14.67	322.72	59.14	939.54	0	0	2	跟踪
3 月 15 日	111.48	75.36	30.77	235.97	18.38	360.48	68.27	1081.92	0	0	2	跟踪
3 月 16 日	93.23	51.36	20.40	154.46	10.34	236.56	42.01	6148.3	0	0	2	加补充油
3 月 17 日	108.29	58.14	21.46	168.71	10.67	258.98	69.32	761.33	0	0	2	跟踪
3 月 19 日	91.88	68.76	26.14	203.81	13.14	311.85	65.65	970.96	0	0	2	跟踪
3 月 21 日	94.08	62.20	23.67	182.15	11.08	279.10	58.82	886.46	0	0	2	跟踪
3 月 23 日	99.47	64.19	25.81	200.86	14.72	305.58	60.92	1097.76	0	0	2	跟踪
3 月 24 日	71.0	87.65	30.11	254.71	16.72	389.19	69.32	1757.3	0	2	2	跟踪

分析表 12－120 中数据可知，总烃值高 $C_2H_2>5\mu L/L$，而且 C_2H_4 为主导型成分，氢气含量较高，因此可初步判断为严重过热性故障。

采用 3 月 24 日的数据，根据《导则》中的三比值法，其编码组合为“0、2、2”，所以可进一步判断故障已发展为高于 700℃的高温范围的热故障。故障点温度为

$$T=322\lg\left(\frac{C_2H_4}{C_2H_6}\right)+525=824\ (℃)$$

由于 $CO<300\mu L/L$，所以可以认为不涉及固体绝缘。

综合色谱分析结果，认为引起过热的可能原因是铁芯漏磁、局部短路和层间绝缘不良、铁芯多点接地等。

2. 电气试验

为了查找故障原因和部位，进行下列电气试验：

(1) 铁芯在油箱中的交流耐压试验，试验通过。

(2) 铁芯硅钢片间直流电阻和电势分布测量，情况正常。

(3) 解开个别绕组引线接头，检查焊接质量，情况良好。

(4) 录制空载励磁特性曲线，至 $1.2U_e$（试验时绕组在空气中，未浸入油内），特性符合磁路设计要求，而且加压时绕组无异常放电，绕组层间、匝间绝缘良好。

(5) 绕组冲击试验，试验通过。

(6) 空载过激磁试验。试验时从变压器低压侧施加 1.14 倍额定电压保持不变，高压侧开路，共持续了 36h，最高上层油温达 76℃并稳定（试验时未装散热器），还分别在变压器上、下部取油样进行色谱分析跟踪。其结果分别见表 12-121 和表 12-122。

表 12-121　　空载过激磁试验结果

工况	电压/V	电流/A	损耗/W	工况	电压/V	电流/A	损耗/W
额定	10500	346.4	8800	倍数	1.14	0.31	1.41
过激磁	12000	108	12400				

表 12-122　　过激磁试验色谱跟踪情况

日期	油中组分/(μL/L)								三比值编码			备注
	H_2	CH_4	C_2H_6	C_2H_4	C_2H_2	C_1+C_2	CO	CO_2	$\frac{C_2H_2}{C_2H_4}$	$\frac{CH_4}{H_2}$	$\frac{C_2H_4}{C_2H_6}$	
7月19日(18:00)	84.37	0.71	0.80	0.68	0	2.19	140.8	1372.36	0	1	0	上部取油
	67.49	0.51	0.44	0.31	0	1.26	92.51	970.59	0	1	0	下部取油
7月21日(7:20)	99.23	11.74	10.74	80.89	25.55	128.92	129.54	1811.82	1	0	2	上部取油
	95.99	14.97	12.45	96.69	33.49	157.60	157.21	1975.17	1	0	2	下部取油
7月21日(15:50)	98.17	13.30	10.97	84.75	27.79	136.81	191.31	2020.35	1	0	2	上部取油
	110.73	10.69	9.36	72.44	26.34	118.77	165.58	1900.59	1	0	2	下部取油

注　因油样是用开口瓶取的，故 H_2 值不准。

由两表中所列数据可知，过激磁时损耗增大，色谱跟踪中 $C_2H_2>5\mu L/L$，C_2H_4 为主导型成分，所以仍呈现过热性故障现象，而且与磁通有关。为此需进一步分析磁路情况。

根据设计资料介绍，对该型变压器的磁路计算及结构设计原则中，考虑到虽然冷轧硅钢片（Z_{10} 型）的饱和磁通密度一般在 2T 左右，但设计磁路时仍应按过励磁 110%时，其铁芯中磁通密度的选取一般不宜超过 1.82～1.85T。因为当铁芯磁通密度超过 1.7T 时，就开始有一部分磁通离开铁芯而形成杂散磁通，在 1.85T 时约有 0.5%的主磁通形成外漏的杂散磁通，如铁芯中达到饱和磁通密度时，其外漏的杂散磁通将急剧增加。

因此可以认为，这次空载过激磁试验时，铁芯中磁通密度趋向饱和状态，引起杂散磁通迅速增加，很有可能在部分漏磁路中磁密特别高，从而形成局部过热，导致油的色谱异常。

(7) 空载倍频（欠激磁）试验。为进一步判别在 $1.14U_n$ 下出现的局部过热现象的原因又增做了 100Hz 倍频下的 $1.14U_n$、24h 空载欠激磁试验。在倍频工况下，铁芯磁密低，磁路不饱和，漏磁很少。从表 12-123 列出的色谱分析数据中可以看出，在该工况下，没

有出现异常过热或放电现象，从而可以排除该变压器在绕组绝缘或其他电路方面引起过热的原因。

表 12-123　　倍频试验色谱分析数据

日期	油中组分/(μL/L)								备注
	H_2	CH_4	C_2H_6	C_2H_4	C_2H_2	C_1+C_2	CO	CO_2	
8月8日	84.92	0.19	0.3	0.69	0.18	1.36	20.99	643.49	倍频试验前
8月10日	100.15	0.42	0.22	0.76	0.20	1.6	35.71	760.26	倍频试验后

通过以上测试及分析，肯定了杂散磁通的影响，又调查到该变压器在运行时35kV系统电压偏高（36～37kV）而运行挡分接头的选取又偏低，（第Ⅺ挡为35kV）的情况，导致变压器铁芯磁通密度和杂散磁通增加，若该变压器铁芯结构上存在杂散磁通的“通路”，在此通路中，又有个别漏磁特别集中的“点”，就会产生局部过热，引起绝缘油的色谱异常。

为此，又剖析出杂散漏磁通的通路主要有两条：①经变压器上、下夹件间的吊紧螺栓 Φ_{s1} 连通，如图12-170所示。②经铁芯上夹件至大盖的拉杆螺栓，通过大盖、外壳、底板回到下夹件 Φ_{s2}。前者紧靠铁芯（主磁通），漏磁集中。拉杆截面又较小，还有可能存在个别“点”接触，磁通更为集中。而后者离铁芯较远，通路又较长，各磁路部件连接较好，故不可能形成局部漏磁的集中。根据这个观点，宜将变压器上、下夹件在漏磁通 Φ_{s1} 通路上的拉杆螺栓进行改进，在拉杆两端与夹件接触处套以绝缘胶木垫圈，以割断杂散磁通的主要通路。对这台变压器采取上述措施后，再次进行空载过激磁试验，施加电压仍为 $1.14U_n$，经过连续48h空载过激磁运行，色谱跟踪结果如表12-124所示，未再出现局部过热现象。

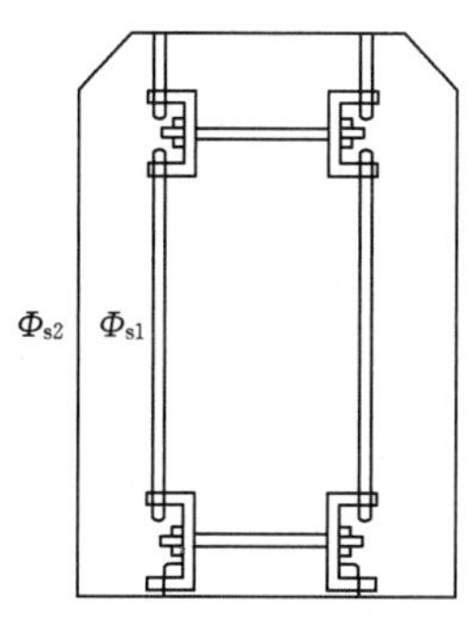

图12-170　变压器铁芯杂散磁通通路图

表 12-124　　处理铁芯拉杆绝缘后的过激磁试验色谱分析情况

日期	油中溶解气体含量/(μL/L)								备注
	H_2	CH_4	C_2H_6	C_2H_4	C_2H_2	ΣC_1+C_2	CO	CO_2	
11月21日（试验前）	23.56	0.65	痕量	0.15	0	0.80	12.97	177.78	下部取样
	35.11	1.21	痕量	0.20	0	1.41	8.76	200.30	上部取样
11月22日	23.61	0.51	痕量	0.16	0	0.67	12.48	202.30	下部取样
	37.62	0.57	0.10	0.20	痕量	0.87	13.13	179.94	上部取样
11月23日	34.73	0.91	0.11	0.24	0	1.26	29.13	361.43	下部取样
	40.48	0.61	0.08	0.19	0	0.88	13.52	250.10	上部取样

综上所述，对该变压器发出轻瓦斯动作信号的现象分析方法正确，采取的处理措施有效。

三、【实例 3】分接开关故障的诊断

东北某水电厂 2 号主变压器型号为 FSP－120000/220，系沈阳变压器厂 1966 年产品，1966 年 5 月投入运行，运行正常。

1. 色谱分析异常及故障性质判断

该变压器每两个月进行一次定期采样色谱分析，但 1991 年 2 月 5 日的色谱分析发现其烃类含量较上一次有明显增长，如表 12－125 所示。

表 12－125　油色谱分析结果　　单位：μL/L

日期/(年.月.日) \ 油中组分	CH_4	C_2H_6	C_2H_4	C_2H_2	C_1+C_2	H_2	CO	CO_2
1990.12.7	4.7	1.4	5.6	痕量	11.7	14	377	3960
1991.2.5	238.9	58	476.7	6.75	730	133	242	2715

由表 12－125 可知：①总烃含量较高，$C_2H_2>5\mu L/L$，H_2 含量较高；②CH_4、C_2H_4 为主导型成分，这两点均说明变压器有过热性故障；③CO 和 CO_2 含量均未增加，说明故障部位不涉及固体绝缘物。因此，可以认为过热可能是由于接触不良引起的。

根据《导则》中的三比值法，其编码组合为“0、2、2”，所以可进一步判断故障的性质为高于 700℃高温范围的热故障，故障点的温度为

$$T=322\lg\left(\frac{C_2H_4}{C_2H_6}\right)+525=820\ (℃)$$

2. 电气试验及故障点判断

（1）测量绕组连同分接开关的直流电阻。停电后测量了高压绕组连同分接开关的直流电阻，其测量结果及同温度下故障前的结果列于表 12－126 中。

表 12－126　故障前后直流电阻测量值　　单位：Ω

日期/(年.月.日) \ 相别	A	B	C	日期/(年.月.日) \ 相别	A	B	C
1990.6.12	0.726	0.726	0.725	1991.2.5	0.728	0.73	0.81

由表 12－126 可见，C 相测量值比上次增大 12%。C 相直流电阻变化如此之大，说明该相高压绕组有问题，如脱焊、断股、接触不良等。由上述分析可知，后者可能性大，所以又进行了分解试验。

（2）分解试验。将变压器油放掉后，把测量线引入变压器内，直接接线，分别测量 C 相绕组本身的直流电阻和 C 相分接开关的接触电阻。测试发现，分接开关接触电阻远远大于正常值，达 13000μΩ（正常值不大于 500μΩ）。这就证实了上述“接触不良”的观点。下面要查找接触不良的原因和部位。

为此，又分别测量该分接头的定触头与 8 个动触头间的接触电阻，图 12－171 示出了分接开关的结构示意图，表 12－127 示出了测量结果。

表 12－127　　定触头与动触头间接触电阻测量值　　单位：μΩ

动触头	1	2	3	4	5	6	7	8
第四定触头	14500	14200	14000	14000	14800	16000	14500	14200
第三定触头	18	24	8	6	9	15	30	22

为了比较，又测量了第三触头与这 8 个动触头间的接触电阻，也列于表 12－127 中。比较上述测量结果，可以认定故障点就在第四定触头与动触头之间。接着又增加变压器内的照明，仔细查看该定触头，发现在 C 相分接开关Ⅲ号分接头处，即第四定触头与动触头之间，有黑色线状物。而后将分接开关拆下分解，验定该黑色物是碳化物，质地较硬，可能是绝缘油在高温下的生成物。

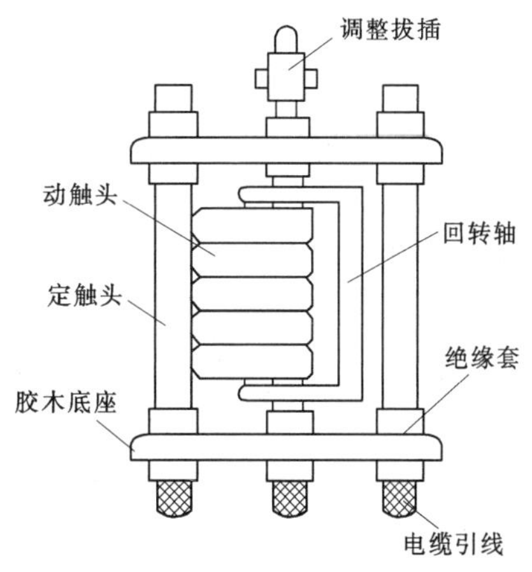

图 12－171　分接开关的结构示意图

造成该变压器分接开关接触不良的原因是分接头由Ⅱ倒到Ⅲ时，未做往复活动。切换当时机构是否灵活也不知道，切换后测量绕组的整相直流电阻，当时结果合格即投入运行。运行四个月，由于运行中的振动等原因，使分接开关位置有微变，使触头接触不紧密或触头间压力变小，因此在大负荷运行中出现了上述情况。

四、【实例 4】分接开关调挡未到位造成接触不良的诊断

华东某化工厂 2 号主变压器型号为 $SFSZL_6$－31500/110、带有载调压、三侧电压为 110±3×2.5%/38.5±5%/6.6kV 的三绕组变压器，接线组别为 YNyn0d11。系沈阳变压器厂 1980 年 7 月的产品。1981 年 8 月 5 日投入运行。投运后的第三天，发生轻瓦斯动作一次，随即进行色谱跟踪，10 月 2 日又发生第二次轻瓦斯动作，并从 0 点 5 分到 1 点 28 分先后发出三次信号，并有气体源源不断产生之势。从气体继电器直观测得，每 20min 气体增加约 100mL。2 点被停役。

1. 色谱分析判断故障性质

(1) 故障判断。气相色谱分析数据如表 12－128 所示。由表中数据可见；在 10 月 2 日的油样色谱分析中，虽然总烃值还低于《导则》规定的注意值，但与 7 月 24 日油样色谱分析数据相比，其增长速度之快是少见的，经计算其绝对产气率为 1.15mL/h＞0.25mL/h。产气率增长证明变压器内部有潜伏性故障。

根据平衡判据分析方法，对 10 月 2 日取的气样（自由气体）和油样（溶解气体）的气相色谱分析数据进行计算，即把表 12－128 中的自由气体中各组分的浓度值，利用

各组分的溶解度 K 值，计算出油中溶解气体的理论值，如表 12－129 所示，然后再进行比较。

表 12－128　　气相色谱分析数据　　单位：μL/L

日期＼油中组分	H_2	CH_4	C_2H_6	C_2H_4	C_2H_2	C_1+C_2	CO	CO_2
投运前油样（7月24日）	0	0	0	0	0	0	19.36	0
第一次轻瓦斯（气样）（8月8日）	110	50	10.6	—	—	60.0	147	120
第一次轻瓦斯（气样）（10月2日）	5.7	60.5	21.4	0	0	81.9	129.8	23.8
第二次轻瓦斯（油样）（10月2日）	0	22.9	89.0	0	0	111.9	22.5	0
故障处理后（油样）（10月14日）	0.053	0	0	0	0	0	开放式 0	0

表 12－129　　变压器油中气体的理论计算及实测值　　单位：μL/L

方法＼气体组分	CH_4	C_2H_2	合计	方法＼气体组分	CH_4	C_2H_2	合计
油中自由气体溶解理论值	26	51.36	77.36	油中溶解气体实测值	22.9	89.0	111.9

由表 12－129 可见，虽然理论值与实测值相近，但是，溶解气体含量略高于自由气体的含量，即油中实测溶解气体为 111.9μL/L，而自由气体的溶解理论值为 77.36μL/L。按《导则》方法判断，该变压器存在产生气体较慢的潜伏性故障。

（2）故障性质的分析。①根据气体中主要成分与异常关系推断。由 8 月 8 日和 10 月 2 日的气样数据可知，CH_4 是主导型成分，由 10 月 2 日的油样数据可知，CH_4 也是主要成分，所以可推断该变压器有过热性故障。②用三比值法判断。对 10 月 2 日的油样数据，按《导则》中的三比值法进行计算，其编码组合为“0、2、0”，所以可判断故障性质为 150～300℃低温范围的过热故障。由于 CO 和 CO_2 含量没有异常，可以认为过热不涉及固体绝缘，进而可推断过热是由于铁芯局部过热、铁芯短路，接头或接触不良引起的。

2. 电气试验

根据上述分析，拟进行下列电气试验：①直流电阻；②铁芯对地绝缘电阻；③绕组绝缘电阻和吸收比。以判断故障原因和部位。其中②、③正常，所以只介绍测量直流电阻发现的问题。

分别测量三侧绕组的直流电阻，其结果是除 35kV 侧直流电阻存在问题外，其他侧均合格，35kV 侧直流电阻如表 12－130 所示。

表 12-130　　35kV 绕组的直流电阻　　单位：Ω

分接开关状态＼挡位＼相别	I			II			III		
	AO	BO	CO	AO	BO	CO	AO	BO	CO
故障后开关未动	0.0954	0.0952	0.0962	0.0909	0.0906	0.0912	0.0864	0.0863	0.148
开关经人工调节后	—	—	—	—	—	—	0.0865	0.0861	0.0866
变压器出厂时	0.117	0.116	0.115	0.0973	0.0920	0.0974	0.0925	0.0920	0.0925
经处理后	0.0934	0.0931	0.0936	0.0891	0.0886	0.0891	0.0846	0.0844	0.0848

由表 12-130 可见，当故障后分接开关未动时，测得的三相绕组的直流电阻值。在 C 相第Ⅲ挡位置不平衡十分严重，竟高达 57.7%，大大超过规程中规定的 2%，而在第Ⅰ、Ⅱ挡时，不平衡均未超出 1%，这说明 C 相 35kV 分接开关第Ⅲ挡接触存在问题，决定吊罩检查处理。

吊罩检查发现，35kV 分接开关 C 相第Ⅲ挡的动、静触头有烧坏的痕迹，接触处存在有点滴焦炭。经反复查明，这是由于分接开关调挡的未到位造成接触不良所致。经处理后，各项试验合格，于 10 月 14 日投入运行，运行情况良好。

五、【实例 5】绕组接头部分接触不良的诊断

东北某变电所主变压器为 110kV、31.5MVA 的变压器，系哈尔滨变压器厂 1985 年 10 月的产品。1986 年 11 月 7 日投入运行。投运半年后，色谱分析发现各类气体都有所增加，其中 H_2、CH_4、C_2H_4、总烃等气体增加幅度较大，总烃已超过规定的注意值。

1. 色谱跟踪分析判断故障性质

发现上述现象后，即进行色谱跟踪，其分析结果见表 12-131。由表 12-131 序号 3 数据可知：①总烃含量较高，$C_2H_2<5\mu L/L$；②C_2H_4 和 CH_4 为主导型气体成分；③CO 和 CO_2 无异常。由①和②均说明变压器内部存在过热性故障，由③说明，这种过热性故障不涉及固体绝缘。

表 12-131　　色谱跟踪分析数据

序号	日期/(年.月.日)	各类气体含量/(μL/L)								
		H_2	CH_4	C_2H_6	C_2H_4	C_2H_2	CO	CO_2	C_1+C_2	备注
1	1986.8.20	23.2	2.0	36.0	14.0		67.8	173.1	52.9	投运前
2	1986.11.27	49.3	45.0	19.8	125.2	0.7	54.5	182.7	188.7	监视
3	1986.12.12	56.0	99.9	51.4	248.8	2.3	50.7	108.7	402.4	过热,跟踪
4	1987.1.1	91.7	191.1	92.4	470.8	5.1	40.1	274.0	759.2	过热,跟踪
5	1987.1.8	118.0	282.7	131.4	608.8	3.5	59.0	354.8	1026.4	过热,跟踪
6	1987.2.10	105.8	296.9	187.9	738.9		24.0	20.0	1223.7	第一次脱气
7	1987.2.11	15.7	174.7	134.7	393.0		2.26	3.8	951.7	脱气中跟踪

续表

序号	日期 /(年.月.日)	各类气体含量/(μL/L)								
		H_2	CH_4	C_2H_6	C_2H_4	C_2H_2	CO	CO_2	C_1+C_2	备注
8	1987.2.12	4.9	42.8	45.9	165.8		29.2	365.2	254.5	脱气中跟踪
9	1987.2.13	4.3	15.9	18.0	79.9		17.5	1210.6	110.8	停止脱气
10	1987.2.15	13.6	46.5	45.0	116.1		52.1	1210.6	141.7	跟踪
11	1987.2.17	19.1	87.3	79.6	310.1		47.0	1070.2	477.0	跟踪
12	1987.3.27	50.9	122.9	105.1	471.8	1.0	62.1	920.3	696.5	第二次脱气
13	1987.4.1	17.8	48.8	50.0	282.9	0.5	40.1	706.7	382.2	跟踪
14	1987.4.3	29.9	24.1	34.3	92.5	0.8	309.4	486.1	151.7	停止脱气
15	1987.4.7	43.2	49.3	54.8	188.7	痕量	29.5	618.8	292.8	跟踪
16	1987.4.18	34.9	60.8	63.0	293.1	1.4	54.5	639.7	418.8	跟踪
17	1987.4.30	81.9	78.3	77.8	120.4		94.9	919.6	576.5	跟踪
18	1987.5.14	148.0	239.0	113.0	878.0	4.0	134.0	944.8	1234.0	跟踪

根据《导则》中的三比值法，计算出的编码组合为“0、2、2”，所以可进一步判断其故障性质为高于700℃高温范围的热故障，故障点温度为

$$T=322\lg\left(\frac{C_2H_4}{C_2H_6}\right)+525=746\ (℃)$$

根据上述分析，可以初步推定，过热可能是由于铁芯短路、分接开关接触不良、引线及绕组接头部分接触不良、带电补焊外壳等原因引起的。

2. 电气试验

(1) 测量直流电阻。为了查找内部过热，于1986年12月15日测量其直流电阻、中、低压均合格，高压侧数据如表12-132所示。

表12-132　几次直流电阻的测试结果

序号	测试	相别	分接开关位置					备注
			Ⅰ	Ⅱ	Ⅲ	Ⅳ	Ⅴ	
1	出厂试验	AO/Ω	0.5794	0.5670	0.55380	0.5404	0.5270	用双臂电桥测定
		BO/Ω	0.5875	0.5739	0.5603	0.5466	0.5331	
		CO/Ω	0.5819	0.5684	0.5546	0.5407	0.5270	
		误差/%						
2	交接试验	AO/Ω		0.564	0.550	0.536	0.519	用双臂电桥测定
		BO/Ω	0.585	0.571	0.560	0.546	0.529	
		CO/Ω	0.575	0.565	0.549	0.536	0.521	
		误差/%	1.21	0.88	1.27	1.3	1.15	

续表

序号	测试	相别	分接开关位置					备　注
			Ⅰ	Ⅱ	Ⅲ	Ⅳ	Ⅴ	
3	查找故障试验	AO/Ω			0.610			用 C_4 型电流电压表法测定
		BO/Ω			0.611			
		CO/Ω			0.610			
		误差/%			0.16			

由表 12－132 序号 3 的数据可知，不平衡度为 0.16%，未超出规定值 2%。

(2) 测量铁芯绝缘电阻。对铁芯的绝缘电阻也进行了测量，未见异常。

3. 脱气跟踪分析

为了更好地查明主变内部是否有故障，于 1987 年 2 月 10 日进行第一次脱气，目的是将原有的特征气体脱掉，重新进行色谱跟踪分析。脱气后各类气体下降，至 1987 年 2 月 1 日停止脱气时总烃降到 110.8μL/L。停止脱气后，继续进行色谱跟踪。2 月 13 日至 3 月 2 日间特征气体呈上升的趋势。由于用电紧张未能吊罩检查，又于 1987 年 3 月 27 日进行第二次脱气。脱气后色谱跟踪的情况如表 12－133 所示。

由表 12－131 序号 12 以后的数据可知，经过第二次脱气后特征气体不是逐渐减少，而是随时间继续增加，产气速率也很快。各类气体的绝对产气速率如表 12－133 所示，三比值编码如表 12－134 所示。

表 12－133　各种气体绝对产气速率 单位：mL/h

H_2	CH_4	C_2H_6	C_2H_4	C_1+C_2
3.4	1.3	1.0	0.3	11.6

表 12－134　三比值编码

$\frac{C_2H_2}{C_2H_4}$	$\frac{CH_4}{H_2}$	$\frac{C_2H_4}{C_2H_6}$	故障类型
0	3	3	高于 700℃ 高温范围的过热性故障

从表 12－133 和表 12－134 可以看出，产气速率是很高的，故障类型属高温过热型，并伴随着放电和绝缘过热。

根据如前初步分析，带电补焊外壳产气已为多次色谱数据所排除；铁芯不良也已排除。线圈部分是否存在接触不良就是必须弄清的问题。

4. 再次测量直流电阻

在 1986 年 12 月的直流电阻测试中已表明绕组尚未发现接触不良问题，如果这种缺陷存在，那么运行半年后，缺陷应有所发展。这种判断在 1987 年 5 月的直流电阻测量中得到了证实。测量结果发现 110kV 高压侧的直流电阻为：AO 相 0.555Ω、BO 相 0.615Ω、CO 相 0.554Ω，不平衡度为 10.6%。

根据这次测量结果可知：

(1) 故障在高压侧 B 相。

(2) 从分接开关五个挡位的直流电阻规律上看，故障不在分接开关上，因为变动分接开关的挡位对误差影响不大。若怀疑分接开关有问题，也只能是动触头的问题，但可能性很小。所以判定为高压侧 B 相绕相或引线有严重接触不良故障存在。

5. 分解试验

由于烃类气体发展迅速，对该变压器必须进行吊罩查找与处理。吊罩前的准备工作是充分的，并已确定故障部位是高压侧 B 相绕组。于 1987 年 5 月 22 日进行了吊罩，但吊罩后表面上看不到故障部位。为了进一步查找缺陷，必须进行分解测试。

高压绕组接线如图 12－172 所示（只画故障 B 相），绕组分上下两段；高压出线是从中间引出，每段为双线同绕，每相绕组共四根铝线并联，原理图如图 12－173 所示。

（1）查找故障在引线段绕组还是在中点段。查找时，分别测 0－5 和 0－5′间的电阻，分接开关放在空挡，接线如图 12－174 所示，测得的电阻值见表 12－135。

由表 12－135 中的数据可知，B 相分接开关至高压引出线段间有严重接触不良故障。

（2）打开 d 点绝缘，测试 B－d 间电阻，测得电阻值为 0.0009232Ω，说明引线接触部分良好。

（3）打开 d 点，分别测量 B－$5'_x$段间和 B－$5'_s$段间电阻，测得结果见表 12－136。

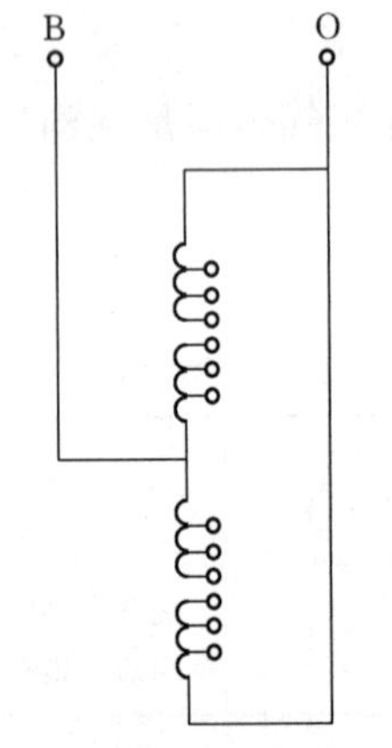

图 12－172　B 相绕组接线图

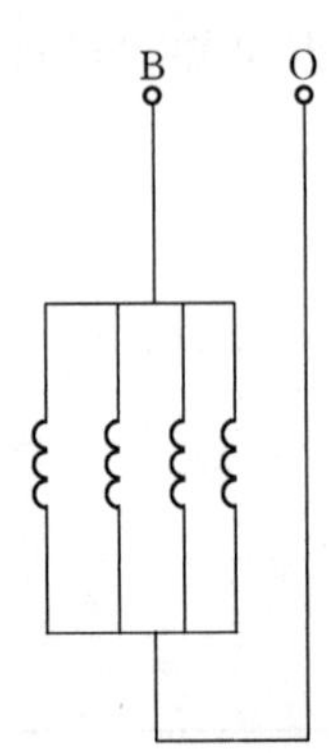

图 12－173　绕组原理图

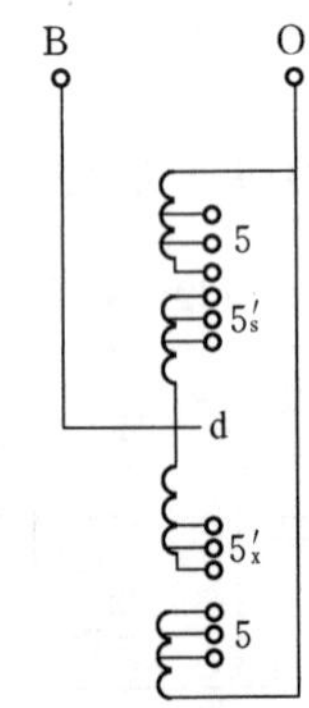

图 12－174　绕组接线图

表 12－135　B、C 相上下段电阻值　单位：Ω

测量线段	B 相	C 相	不平衡度 /%
0－5	0.2241	0.2252	0.35
B－5′	0.4125	0.3300	22.2

表 12－136　分段的电阻值

被测线段	电阻值 /Ω	不平衡度 /%
B－$5'_s$	1.094	50.6
B－$5'_x$	0.6519	

从表 12－136 可以看出，B 相引出线侧上段绕组电阻比下段大 50.6%，说明故障在上段绕组内。

（4）查故障在哪一环。在绕组中 9 个线饼有一个过渡环节，拆开其绝缘层，分环查，测得电阻如表 12－137 所示，从表中结果可以看出，故障在第一环内。

(5) 进一步查找故障在哪一饼。将换位过渡线的绝缘去掉，分别测其电阻，查出故障在第 39 饼内（从上往下数），每个线饼共有 34 层线圈，拆开线圈后发现第 39 饼从里往外第 3 层线圈已烧断。

表 12-137　各环电阻值

测量部位	电阻值/Ω	不平衡度/%
B(上段)-1 环	0.380	33.3
B(上段)-2 环	0.217	

从故障点看，其原因是接触不良，产生过热，逐渐形成恶性循环，使故障日趋严重。根据故障点电阻可求得 $P=I^2R=130^2\times0.061=1030.9$ (W)，相当于有 1kW 的电热在 B 相故障点处发热。问题是很严重的，若不吊罩处理，必将酿成一次变压器烧损的严重事故。

故障点找到后，迅速进行修复，修复后高压侧直流电阻见表 12-138。

表 12-138　修复后高压侧直流电阻

分接开关位置	被测绕组			不平衡度/%	结论
	AO/Ω	BO/Ω	CO/Ω		
Ⅰ	0.5994	0.5935	0.5995	0.35	合格
Ⅱ	0.5815	0.5794	0.5804		
Ⅲ	0.5676	0.5656	0.5665		
Ⅳ	0.5590	0.5520	0.5527		
Ⅴ	0.5399	0.5382	0.5386		

由上可见色谱分析配合电气试验不仅可以发现故障，确定故障性质，而且有可能找出故障位置。

六、【实例 6】铁芯多点接地故障的查找

华北某变电所主变压器型号为 SFSZ-20000/110，电压为 110/38.5/10.5kV，连接组别为 YNyn0d11，系太原变压器厂的 1986 年产品。1987 年 6 月 22 日投运，投运前按交接标准验收，全部项目合格，色谱分析正常。投运后，历次色谱分析结果如表 12-139 所示。

表 12-139　历次色谱分析结果

日期/(年.月.日)		1987.5.16	1987.6.28	1987.6.28	1987.9.23	1987.12.12	1988.1.29	1988.2.3
气体组分/(μL/L)	H_2	0	痕	32	45	45	—	—
	CO	22	110	76	243	120	250	178
	CO_2	190	406	630	648	280	320	262
	CH_4	0.39	3.6	10	17	28	58	67
	C_2H_4	痕	6.4	8.2	37	68	137	150
	C_2H_6	痕	3.3	0.8	5.7	5.7	11	12
	C_2H_2	0	痕	57	0.86	1.6	5	4.8
	总烃	0.39	13	74	61	93	210	230
备注		投运前	投运后	有载开关油				

1. 从油中烃类气体诊断故障性质

从色谱分析中各气体组分的含量及各组分间比例关系，可知变压器内部有裸金属高温过热。由于在总烃含量中乙烯为主导气体，故可诊断为磁路部分的局部过热。

2. 用常规试验辅助判断故障部位

为了确定过热故障点的部位，做了单相空载试验，试验结果如下：

（1）各项空载损耗数据为

$$P_{0ab}=20\text{kW}$$
$$P_{0bc}=18.2\text{kW}$$
$$P_{0ca}=30\text{kW}$$

（2）各相损耗比为

$$P_{0ca}/P_{0ab}=1.5$$
$$P_{0ca}/P_{0bc}=1.65$$
$$P_{0ab}/P_{0bc}=1.1$$

从损耗测量数据及各相损耗比可诊断出故障点在铁芯的 a 相芯柱或靠近 a 相芯柱的铁轭处。此结果与色谱分析诊断完全一致。

3. 现场吊罩检查结果

在上述测试的基础上，在 1988 年 3 月 26 日进行了吊罩检查。经检查测试后发现故障点在下铁轭 ab 芯柱间穿芯螺栓的钢座套与铁芯之间。故障原因是钢座套与铁芯之间有金属异物搭桥而引起铁芯多点接地。在故障部位相对应的绕组端绝缘纸板及油箱底部发现有焦炭状的铜渣，在故障部位的座套和铁芯处均明显有烧伤痕迹。

故障处理后于 1988 年 4 月 5 日投入运行，至今运行正常。

七、【实例 7】铁芯故障的诊断

东北某水电站 3 号主变压器型号为 $SSPB_1$ - 360000/242，连接组别为 YNd11，系保定变压器厂 1983 年 10 月产品。该变压器 1984 年 7 月 8 日投入运行，所带负荷为 180～200MW。在新投 24 天后进行色谱分析时，发现总烃量猛增。

1. 色谱分析及故障性质的判断

运行后，1984 年 7 月 31 日第一次取样进行色谱分析及跟踪分析结果，列于表 12 - 140 中。

表 12 - 140　　色谱分析结果

日期 \ 油中组分/(μL/L)		H_2	CH_4	C_2H_4	C_2H_6	C_2H_2	C_3H_8	C_3H_6	C_1+C_2	CO	CO_2	O_2	测试单位
3 月 15 日（投运前）		—	0.5	3	0.3	0	—	—	4	3	297	—	东北电力科学研究院
7 月 31 日（投运后）		32346	12211	30321	4158	536	—	—	47226	71	863	—	沈阳电业局
8 月 1 日	低压侧	(5000)	9422	10485	4962	545	2461	25557	27414	2955	2184	—	吉林热电厂
	高压侧		10689	11786	11189	571	2405	28548	34235	3708	4880	—	

续表

日期 \ 油中组分/(μL/L)	H_2	CH_4	C_2H_4	C_2H_6	C_2H_2	C_3H_8	C_3H_6	C_1+C_2	CO	CO_2	O_2	测试单位
8月11日	4020	15850	22621	9057	535	—	—	48063	94	828	—	吉林省电力科学研究院

注　括号内数值为计算参考数值。

由表12-140中数据可知：①总烃含量较高，$C_2H_2 \gg 5\mu L/L$，但未构成总烃的主要成分，氢气含量很高；②CH_4、H_2H_4为主导型气体成分；③7月31日和8月11日数据中$CO_2/CO>2$，8月1日数据中$CO>300\mu L/L$。由①、②均可推断该变压器内部有严重过热，而由③可推断过热已涉及固体绝缘。

根据《导则》中的三比值法，其编码组合及故障点温度分别为：

7月31日，编码组合为“0、2、2”，$T=322\lg\dfrac{30321}{4158}+525=803$（℃）。

8月1日，低压侧，编码组合为“0、2、1”，$T=322\lg\dfrac{10485}{4962}+525=630$（℃）。

8月1日，高压侧，编码组合为“0、2、1”，$T=322\lg\dfrac{11786}{11189}+525=532$（℃）。

8月11日，编码组合为“0、2、1”，$T=322\lg\dfrac{22621}{9057}+525=653$（℃）。

由7月31日数据应判为高温过热故障，由8月1日及8月11日的数据应判为中等温度（300～700℃）范围的热故障。

2. 调查资料的启发

在调查中发现，该主变压器曾进行过多次低压与额定电压下长时间空载试验，并进行过一次换油后的额定电压下的长时间空载试验，油中气体增长明显，绝对产气率高达3717mL/h。因此可以推定，故障与电压有关，且可排除与电压有关的局部放电故障，而属于高温（或中温）热故障，即铁芯磁路故障。

3. 电气试验

为进一步确定故障性质，特别是验证故障部位，在吊芯前进行了下列电气试验：

(1) 单相空载试验。单相空载试验结果见表12-141，根据测试结果得到的在低电压和额定电压下的损耗比的分布情况如表12-142所示。

表12-141　　2700V及额定电压下单相空载试验

加压相	短路相	短路柱	1984年8月24日			吊芯前		
			U/V	I/A	P_0/kW	U/V	I/A	P_0/kW
a、b	b、c	c	2700	0.96	2340	1800	41.25	133.5
b、c	c、a	a	2700	1.34	2364	1800	38.4	129.6
a、c	a、b	b	2700	1.00	3012	1800	38.025	142.95

表 12-142 损耗比的分布情况

损耗比	2700V	1800V	损耗比	2700V	1800V
P_{0bc}/P_{0ab}	1.01(1.03%)	1.03(3.01%)	P_{0ac}/P_{0bc}	1.274(27.4%)	1.103(10.3%)
P_{0ac}/P_{0ab}	1.287(28.7%)	1.07(7.08%)			

由于三相五柱式铁芯与三相三柱式铁芯磁路结构不同，其单相空载磁路磁通分布如图12-175所示，它的损耗比中的 P_{0ab} 与 P_{0bc} 之比应接近相等。磁通路径相同并通过旁轭，功率消耗较 P_{0ac} 与 P_{0ab} 或 P_{0bc} 之比从理论推测应不大于5%才为正常。而实测数据在2700V低电压下，分别大于27.4%～28.7%，在额定电压下也均超过5%，为7.08%～10.3%。特别是当短路a相铁芯柱时，其损耗最小，说明a相芯柱存在大面积铁芯短路故障，C相较轻。在额定电压下的单相空载损耗试验中还发现，三相总损耗在试验初始阶段，P_0 为203.03kW，而16h后，增至223.9kW（出厂数据为 P_0＝222.8kW），增加近20.87kW达10.3%左右，说明内部铁芯故障随运行时间的增加而发展的趋势是明显的。

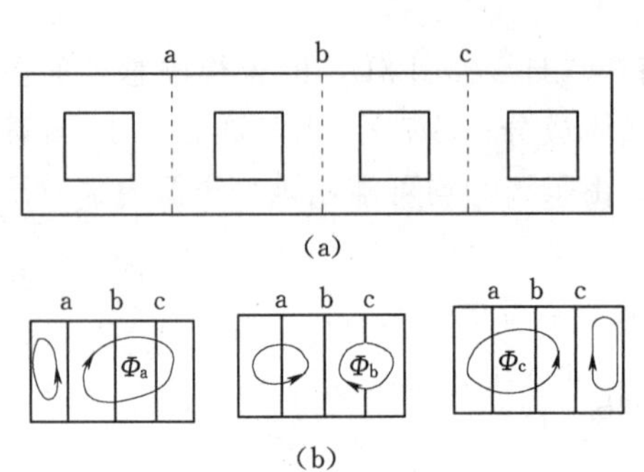

图 12-175 五柱式铁芯磁路结构图
(a) 三相五柱式铁芯整体结构示意图；(b) 空载时各相磁通

(2) 长时间空载试验时色谱跟踪结果分析。两次长时间空载试验时的色谱分析见表12-143。

表 12-143 两次长时间空载试验时的色谱分析 单位：μL/L

次序	时间	H_2	CO	CO_2	CH_4	C_2H_2	C_2H_4	C_2H_6	C_1+C_2
第一次	0	痕	5	283	26	2	3	59	90
	17h	56	138	311	298	4	611	105	1018
第二次	0	45	17	250	—	—	16	—	18
	12h	64	210	300	190	15	580	96	881

尽管油中溶解气体在固体绝缘中的残存吸附对油中溶气有影响，但根据表12-143计算出的两次长时间空载色谱产气速率分别高达2821mL/h和3717mL/h，气体特征与实际运行分析结果完全相符。

(3) 局部放电量测量。为核对故障部位，对3号变压器进行了局部放电量测定，其结果如表12-144所示。

表 12-144 3号主变压器的局部放电量

相 别	A 相	B 相	C 相
测定值/pC	150～400	150～200	200～300
备注	噪声大、有急冲信号，不断有对称信号	正常	合闸时有一个大信号，噪声大

(4) 绝缘试验。测量3号主变压器的绝缘电阻和吸收比和介质损耗因数 $\tan\delta$，其结果如表12-145所示。

由表12-145数据可知，无异常情况。

综合色谱分析及电气试验测试结果，可以推断3号主变压器内部存在危及固体绝缘高温过热性故障，其故障部位为a、c相铁芯，特别是a相铁芯。

4. 解体确定故障点

为确定故障点，决定返厂大修，在吊罩解体中，发现a相部位气味较大。因此，首先对a相绕组进行分解检查，继而全部解体。检查后在a、c相铁芯发现三处故障点，其中a相铁芯上部及下部各一外，c相铁芯下部一处，其总体位置如图12-176所示。

表12-145 3号主变压器的吸收比和 $\tan\delta$

部位 \ 项目	R_{60s}/R_{15s}	$\tan\delta$ /%
高压—中压、低压、地	1.50	1.375
中压—高压、低压、地	1.53	0.525
低压—高压、中压、地	1.56	0.911

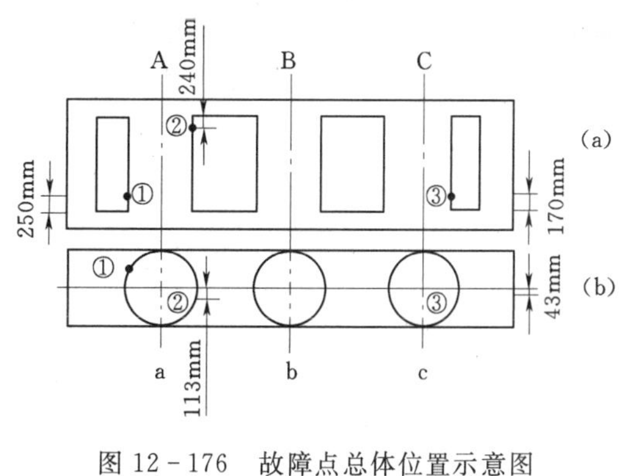

图12-176 故障点总体位置示意图

(a) 低压侧；(b) 高压侧

(1) a相上部故障点。在逐渐拔出四只a相绕组而等剩下最后一根撑条时，发现靠b相的一根撑条上端部铁芯侧的撑条表面烧有 ϕ35cm左右的焦煳深坑。与撑条对应位置的绝缘纸板和铜片屏蔽筒也被烧有 ϕ40mm左右的孔洞，当打开绝缘筒与屏蔽筒时，上部引线铜片已烧熔，表面绝缘焦煳，在引线铜片插入第一级铁芯与棱角相碰并烧断成三截，用手一碰即掉下来。在接地引线铜片烧断的对应位置铁芯上有铁芯烧熔铁屑堆痕。铁芯短路厚度为70cm，最深处约2cm。

(2) a相下部故障点。当拆下绝缘纸筒和屏蔽筒露出铁芯柱后，在a相芯柱下部靠近a相旁轭方向中心油道纸压出线侧又发现一个故障点，铁芯短路约25cm，屏蔽筒引线铜片已熔断，一段仍留在铁芯上，另一段与屏蔽筒相连，在中心油道的一侧粘有烧焊熔流物。

(3) c相下部故障点。与a相故障点类似，但铁芯与接地铜片烧损较轻，尚未达到烧断的程度，位置在c相旁轭方向，距下轭铁边缘170cm。中心油道高压出线侧第一级铁芯短路30cm，屏蔽筒接地引线烧熔两道豁口，还连有9cm宽未断铜片。

根据变压器现场解体及故障检测结果，3号主变压器故障的根本原因在于：

(1) 铁芯接地片插入铁芯后的外露部分未能按规定在铜片的裸露部分包绝缘，致使裸露铜片与铁芯相碰，造成大面积铁芯短路。

(2) 由于铁芯、围屏、绕组在组装过程中挤压、位移、扭动造成铁芯接地片碰触铁芯，引起大面积铁芯短路。

(3) 出厂试验未能有效地在特性试验中发现异常现象并采取相应措施，造成出厂时变压器遗留重大隐患。

八、【实例 8】局部金属性高温过热的诊断

东北某电业局的 6 台变压器色谱分析结果如表 12－146 所示。由表可见，C_2H_4 和 C_1+C_2 都较高。为确定故障性质和故障部位，进行了综合诊断分析。

表 12－146 色谱分析结果 单位：μL/L

序号	设备名称	试验时间/(年．月．日)	H_2	C_2H_2	CH_4	C_2H_6	C_2H_4	C_1+C_2	CO	CO_2
1	1 号 110kV 主变压器 (19000kVA)	1984 年 12 月 24 日投轻瓦斯动作 11 次，25 日分析	55.55	43.62	219.60	23.47	381.61	668.30	痕	230.29
2	2 号 35kV 主变压器 (5600kVA)	1985.12.19	15.75	16.32	124.60	37.84	312.59	491.35	225.80	1224.44
		1985.12.20	31.59	18.35	211.70	46.98	443.23	726.26	67.39	1464.61
		1985.12.21	35.31	16.78	202.82	41.55	371.44	637.59	63.45	1521.11
		1985.12.22	23	16.44	198.20	43.12	482.86	740.63	62.90	1733.89
		1985.12.23	26	18.74	218.81	44.66	459.10	741.31	69.23	1758.77
		1985.12.25	36.29	20.24	222.62	48.97	503.97	759.60	77.44	1832
3	3 号 110kV 主变压器 (31500kVA)	1986.9.2	9.44	2.53	70.74	33.56	187.42	294.25	137.86	2260.87
		1986.9.4	12.76	5.74	117.34	57.51	307.22	487.80	121.58	2460.56
		1986.9.5	23.19	5.63	139.34	56.43	369.28	568.23	154.28	2268.94
4	8004 号柱变压器 (10kV/320kVA)	1985.8	11.97	19.19	212.83	144.26	805.18	1181.46	214.50	1754.21
5	144107 号柱变压器 (10kV/320kVA)	1985.8	36	23.15	184.67	154.19	507.39	869.30	—	—
6	80343 号柱变压器 (10kV/320kVA)	1985.8	15	10.34	68.06	41.55	288.10	388.14	—	—

1. 用三比值法判断故障性质

根据表 12－146 中的色谱分析结果，按照《导则》中的三比值法，其编码组合均为“0、2、2”，如表 12－147 所示。因此可判断为高于 700℃高温范围的热故障。计算表明，

故障点温度除144107号柱变压器接近700℃外，其余均高于700℃。

表12-147　　三比值法的编码组合

<table>
<tr><th rowspan="2">序号</th><th rowspan="2">设备名称</th><th rowspan="2">试验时间
/(年.月.日)</th><th colspan="3">比值范围编码</th><th rowspan="2">故障点温度
/℃</th><th rowspan="2">故障性质</th></tr>
<tr><th>C_2H_2/C_2H_4</th><th>CH_4/H_2</th><th>C_2H_4/C_2H_6</th></tr>
<tr><td>1</td><td>1号110kV主变压器</td><td>1984.12.25</td><td>0</td><td>2</td><td>2</td><td>915</td><td rowspan="13">局部金属性高温过热</td></tr>
<tr><td rowspan="6">2</td><td rowspan="6">2号35kV主变压器</td><td>1985.12.19</td><td>0</td><td>2</td><td>2</td><td>820</td></tr>
<tr><td>1985.12.20</td><td>0</td><td>2</td><td>2</td><td>839</td></tr>
<tr><td>1985.12.21</td><td>0</td><td>2</td><td>2</td><td>831</td></tr>
<tr><td>1985.12.22</td><td>0</td><td>2</td><td>2</td><td>863</td></tr>
<tr><td>1985.12.23</td><td>0</td><td>2</td><td>2</td><td>851</td></tr>
<tr><td>1985.12.25</td><td>0</td><td>2</td><td>2</td><td>851</td></tr>
<tr><td rowspan="3">2</td><td rowspan="3">3号110kV主变压器</td><td>1986.9.2</td><td>0</td><td>2</td><td>2</td><td>765</td></tr>
<tr><td>1986.9.4</td><td>0</td><td>2</td><td>2</td><td>759</td></tr>
<tr><td>1986.9.5</td><td>0</td><td>2</td><td>2</td><td>788</td></tr>
<tr><td>4</td><td>8004号柱变压器</td><td>1985.8</td><td>0</td><td>2</td><td>2</td><td>766</td></tr>
<tr><td>5</td><td>144107号柱变压器</td><td>1985.8</td><td>0</td><td>2</td><td>2</td><td>692</td></tr>
<tr><td>6</td><td>80343号柱变压器</td><td>1985.8</td><td>0</td><td>2</td><td>2</td><td>796</td></tr>
</table>

2. 用气体谱图法判断故障性质

将表12-147中的6台变压器各取一次分析数据，分别画在直角坐标系中，取纵坐标代表各种气体成分的量值，取横坐标代表气体的组成成分。可得到如图12-177所示的谱图。由图可见，在气体组分中，C_2H_4为最高峰值，其次为CH_4，所以是明显的C_2H_4、CH_4为气体主导型成分。因此也可判断为金属性局部高温过热。这和采用三比值法的分析结论是一致的。

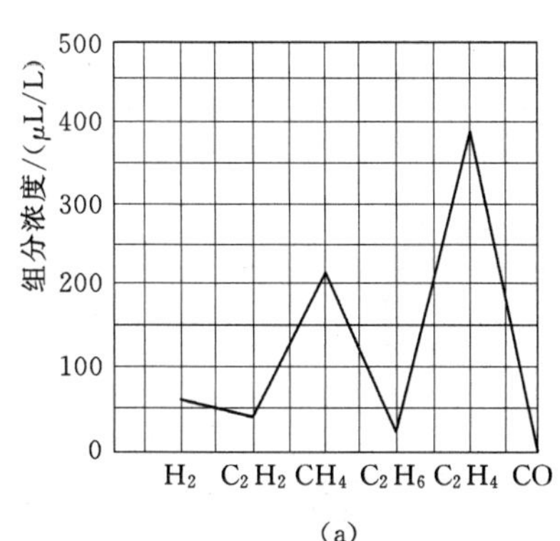

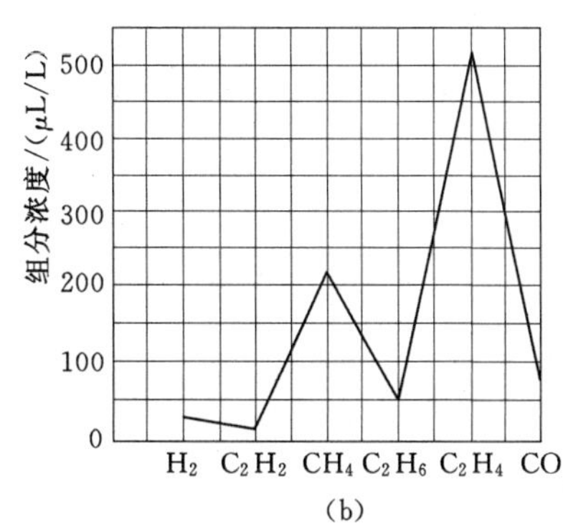

图12-177（一）　6台变压器的气体成分谱图

(a) 1号110kV主变压器；(b) 2号35kV主变压器

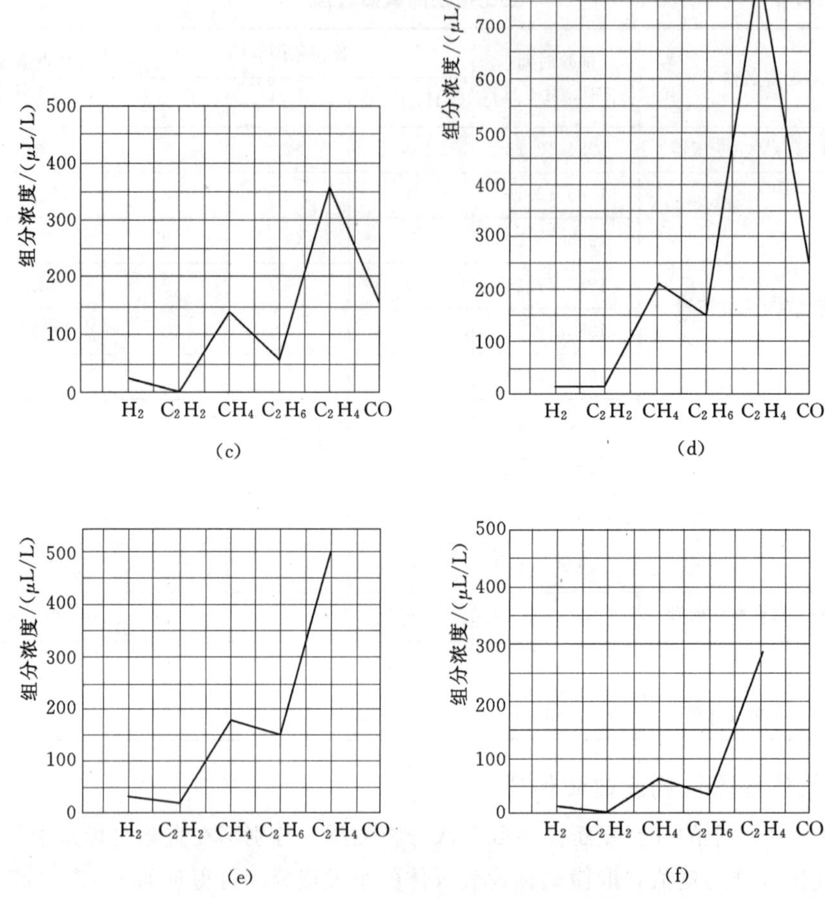

图 12-177（二） 6 台变压器的气体成分谱图

(c) 3 号 110kV 主变压器；(d) 8004 号柱变压器；(e) 144707 号柱变压器；(f) 80343 号柱变压器

3. 电气试验

为确定上述故障发生在磁路还是在电路，又分别测量其直流电阻和低电压下的单相空载损耗，测量结果如表 12-148 所示。

表 12-148　　电气回路试验和检查情况

序号	设备名称	试验项目	结论	吊芯检查情况
1	1 号 110kV 主变压器	中压（Ⅲ）分接直流电阻 $A_mO=0.32\Omega$ $B_mO=0.156\Omega$ $C_mO=0.10\Omega$	相间不平衡度为 114.58%，不合格	A、B 相分接开关接触不良过热，接触处已熔化成豆粒大伤痕（分接开关没到正位）

续表

序号	设备名称	试验项目	结论	吊芯检查情况
2	2号35kV主变压器	单相空载试验（加600V） $P_{0ab}/P_{0bc}=\frac{102}{100}=1.02$ $P_{0ac}/P_{0ab}=\frac{175}{102}=1.72$ $P_{0ac}/P_{0bc}=\frac{175}{100}=1.75$	A、C相磁路损耗偏大，说明A、C磁路有故障	上夹件两侧穿芯螺丝接地
3	3号110kV主变压器	中压（Ⅲ）分接直流电阻 $A_mO=0.1146\Omega$ $B_mO=0.1143\Omega$ $C_mO=0.1659\Omega$	相间不平衡度为39.2%，不合格	此变压器为运行30年以上老旧变压器，分接开关弹簧压力不足，查阅1980年试验报告知，中压分接开关经多次倒动后才合格
4	8004号柱变压器	直流电阻	相间不平衡度为 Ⅰ：15.3% Ⅱ：16.2% Ⅲ：17.19%不合格	高压侧C相三个分接头引线铜铝焊接不良过热，绑扎绝缘已变黑
5	1447107号柱变压器	直流电阻	低压侧相间不平衡度为139%，不合格	b相引线软连接与导杆螺丝压接不良过热，已变为黑红色
6	80343号柱变压器	直流电阻	低压侧直流电阻相间不平衡度不合格	低压C相软连接与导杆压接螺丝接触不良过热，已变为黑红色

注　Ⅰ、Ⅱ、Ⅲ表示分接头位置。

由表12-148可见，有5台的电路有问题，1台磁路有问题。分析结果与吊芯检查一致。

第二十节　电力变压器在线监测

一、局部放电在线监测

电力变压器常见故障的重要原因之一是局部放电。例如，美国和加拿大在1966年到1967年期间的500kV以上的电力变压器虽然都顺利地通过了1min耐压试验，但却发生20多起事故，其原因之一就是变压器内部发生了局部放电。近些年来，我国110kV以上大型电力变压器事故中，有50%属于正常运行电压下发生匝间短路，其原因也是局部放电所致。因此，在线监测具有重要意义。可以预测，测量局部放电将会成为电力变压器状态监测和故障诊断极为有效的方法。

（一）基本原理

在上述方法中，用于在线监测电力变压器局部放电的方法有两种，即脉冲电流法和超声波法。脉冲电流法能测量小至几皮库的局部放电，灵敏度较高，但不易和设备外部电晕（如输电线路上的电晕）放电现象造成的电磁干扰区别开来。超声波法是通过安装在变压器油箱上的超声波传声器检测局部放电造成的超声压力波，其抗电磁干扰性能好，采用几个超声传感器后还能对放电定位，但由于声波在设备内部的绝缘中的吸收和散射，灵敏度不如脉冲电流法高，并且机构振动（如风砂、雨滴敲击设备外壳、铁芯电磁振动等）也会造成干扰。由于变电站现场外界干扰强烈，而局部放电信号又很微弱，所以排除干扰是局部放电在线监测的主要难点。

设计自动监测装置时，要充分考虑上述两种测量方法的优缺点，使它具备下列特点：

（1）即使在现场有很大噪声，也能正确鉴别局部放电。

（2）能精确地对局部放电定位。

（3）可靠性高。

为此，要综合采用两种方法，相辅相成，利用两个脉冲信号时间上的差别，可以把变压器内局部放电与外界噪声区别开来。

图 12-178 所示为国外变压器局部放电自动监测装置的原理框图。

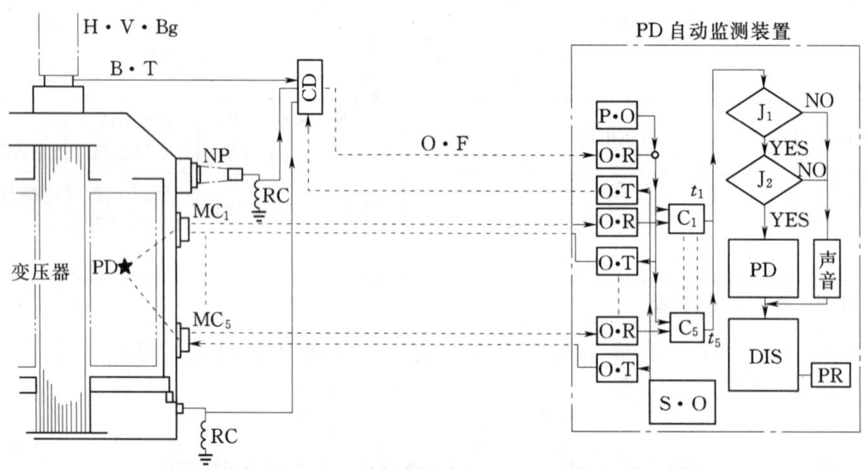

图 12-178 自动监测装置原理框图

H・V・Bg—高压套管；B・T—套管抽头；NP—中性点；MC_1～MC_5—微音器；RC—Rogowsky 线圈；CD—电流脉冲检测器；O・F—光缆；P・O—脉冲振荡器；O・R—光接收器；O・T—光发送器；C_1～C_5—计数器；S・O—模拟冲脉振荡器；t_1～t_5—传播时间；J_1—传播时间的判断（$t_{min}<t<t_{max}$）；DIS—显示装置；J_2—传播时间的判断（t_1～t_5 的时间差别）；PR—打印机

当变压器内部发生局部放电时，与中性点或外壳接地电缆连接的罗果夫斯基（Rogowsky）线圈就能检测到电流脉冲，此脉冲触发自动监测装置。接着，PD 发出的超声波被装于变压器本体侧面的微音器检测到。

根据超声波在油内的传播时间（速度约 1.5mm/μs）及变压器油箱的尺寸，预先整定好最小和最大传播时间 t_{min} 和 t_{max}。于是，监测装置就能判断被检测信号是否由变压器内 PD 所产生。如果传播时间 t 满足条件 $t_{min}<t<t_{max}$，将判断为 PD，否则为外界噪声。因此，单靠电流脉冲或超声脉冲不能鉴别 PD。

然后，根据各微音器的安装位置，监测装置对超声信号传播时间的差别是否恰当作出判断。如果恰当，它就判断为 PD 并发出警报。PD 发生时间、日期以及各微音器至放电

部位的距离均同时被打印出来。

三个微音器足以确定放电部位，使用五个微音器是为了提高定位精度。

（二）电流脉冲的检测

PD 产生的电流脉冲由 Rogowsky 线圈检测到后，通过光缆被传送到中央控制室，电流脉冲也可用一个与变压器高压套管抽头连接的检测器来检测。检测灵敏度可借控制盘上的衰减器进行调节。

（三）超声脉冲的检测

超声脉冲的分布范围为几千赫至几百千赫。由图 12－179 可见，超声信号幅值近似正比于 PD 量的大小。

设计微音器时，其压电元件与放大频率器范围的选择不应包含频率相当低的雨滴或沙子对变压器外壳的碰撞声以及铁芯噪声。此外，微音器必须能检测来自各方的 PD。图 12－180 示出了微音器在不同位置时的输出，放电部位在试验油箱内保持不变。当微音器位置在入射角 15°以外时，它的输出就下降，这是因为油与钢筋间的临界入射角为 14.2°。

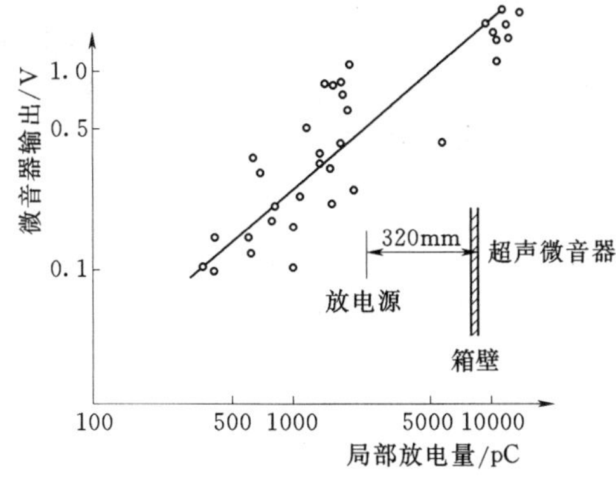

图 12－179 微音器输出与 PD 量的关系

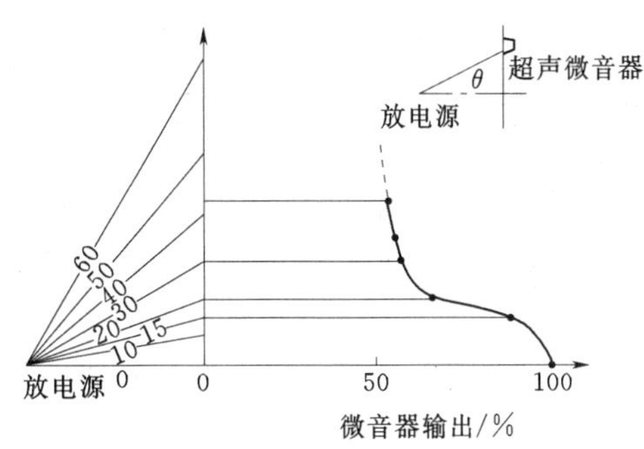

图 12－180 微音器输出与其位置的关系

超声波在油内传播时，因向四周扩散而衰减。传播距离越大，微音器输出越小。每个微音器使用一个中心频率为 200kHz 的压电元件与一个放大系数为 60dB、频率范围为 180～230kHz 的放大器。

对压电元件检测到的微脉冲进行放大并使之成为一定的形状，然后通过发光二极管转换成光脉冲以便传输。放大器受到三重屏蔽，而压电元件使用一个玻璃波导管，以保证其与变压器油箱壁隔绝。

此外，为防噪声起见，采用一组干电池作为放大电路的电源。

（四）光传输系统

由于变压器与控制室之间的地区内噪声较大，为了克服这种不利的环境条件，监测装置采用光缆来传输微信号。光缆的规范见表 12－149。

表 12－149 光缆的规范

纤芯直径	100μm
包层直径	140μm
外径	3mm
长度	150m
衰减常数	5dB/km 或以下（λ＝0.84μm）

一个 GaAlAs 二极管用于发光，波长为 0.8μm。一个 SIPIN 光电二极管用作接收器。每根光缆的直径为 3mm，五根构成一组，便于现场安装和维护。

（五）信号鉴别装置

脉冲处理中的精度，很大程度上取决于超声脉冲的分辨能力，监测装置的分辨率为 5μs。定位精度为±0.75cm。

五个微音器不一定同时检测超声脉冲。监测装置能核对是否至少有三个特定通道的微音器在进行检测。

（六）监测装置的自检系统

监测装置具有自检功能，可模拟 PD 和噪声的脉冲从脉冲振荡器传输到所有回路，包括光传输线路和微音器。然后，利用各回路的反馈脉中，监测装置检验光传输系统以及其他一切功能是否良好。自检系统对提高监测装置的可靠性是极为重要的。

局部放电在线监测实例如下：

【实例 1】 西南某电厂 240MVA、220kV 主变压器，1990 年 12 月在运行中出现色谱异常，在 2 个月间乙炔由正常值增加到 55μL/L，经色谱分析认为是电弧放电。由于电力供应紧张，实行在线测量，通过超声和电测联合测试，发现该变压器存在较多的放电脉冲。综合局部放电波形分析、幅值、超声测量和色谱分析结果判断为：该变压器有悬浮金属性放电故障，但尚未危害绝缘，短期内不会引起绝缘故障。后来，进行计划检修时发现变压器绝缘上附有大量金属粒子，绕组绝缘良好。金属粒子是由于潜油泵轴承严重磨损产生的。

【实例 2】 西南某电厂 45MVA、220kV 主变压器，1987 年 7 月色谱数据异常，乙炔急剧变化并超标，经色谱分析判断为存在放电性故障。在低负载时实行在线测量，但在额定运行电压下无明显放电信号，判断绝缘内部无缺陷，该变压器运行一段时间后色谱值趋于稳定，并下降。该变压器一直运行到大修，避免了停电造成的损失。

【实例 3】 华南某 500kV 变电所的一台 500/220/35kV、容量为 360MVA 的大型三绕组自耦型电力变压器，1993 年 7 月 7 日过负荷（负荷电流为额定电流的 140%以上）运行 30min 以上，局部放电在线监测系统在过负荷之后连续几天内记录到变压器内部有放电产生。

1993 年 12 月 13 日，该台变压器发生严重故障而损坏，事故前几天，在线监测系统预报了其内部放电情况。

【实例 4】 东北某变电所的一台 SFP_7 - 180000/220 型电力变压器，1996 年 10 月 7 日油中溶解气体色谱分析测得乙炔含量由零突增至 10.9μL/L，以后一直在 10～12μL/L 之间波动。1996 年 11 月 21 日用 BGF - 2 型故障放电测试仪进行检查，确定有效电现象。1997 年 5 月 21 日在现场吊钟罩检查发现 C 相分接开关上部拨叉部位有较严重的悬浮电位放电。

目前，我国不少单位研制了局部放电在线监测装置，如武汉高压研究所研制的 JFD - 2B 局部放电检测系统、天津大学电力及自动化研究所研制的 BGF - 2 型放电故障测试仪等，都在电力系统中得到应用。

二、变压器的故障在线自动监测系统

综上所述，电力变压器局部放电的在线监测有两种方式：一种是间接法或称非电量

法，即色谱法；另一种是直接法或称电气法，若把这两种方式结合起来，将能收集到有关局部放电超声信号、电气信号和化学变化的信息，并进行综合评判，是较为理想的变压器故障监测系统，图 12－181 所示为变压器综合在线监测的原理框图。它分为两部分；信号检测部分和信号综合判断部分。前者的工作原理与上述在线测氢浓度和局部放电相同，后者采用微机来实现综合判断。

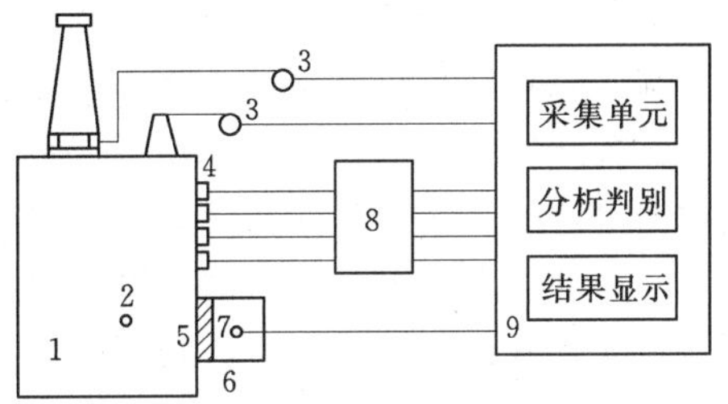

图 12－181　变压器综合在线监测的原理框图

1—变压器；2—故障点；3—Rogowsky 线圈；4—超声探头；5—气体透膜；6—气室；7—气敏元件；8—滤波整形单元；9—微机综合判断单元

由于该系统能对声、电、气综合检测、综合判断，根据 3 种信号存在的不同组合可对故障性质作出判断，见表 12－150。

表 12－150　　信号组合及故障性质关系表

H_2 浓度	电	声	故障性质	H_2 浓度	电	声	故障性质
－	－	＋	干扰	＋	＋	＋	放电
－	＋	－	干扰	＋	＋	－或＋	过热

注　1. “－”信号测不到，“＋”信号可测到。
2. 某些过热故障，当过热点超过 200℃时也会产生发射信号。

当出现放电或过热故障且气室相对氢气浓度不小于 2000μL/L 或局部放电量不小于 5000pC 时应报警。必要时利用电声法或超声法对故障进行几何定位。采用声电联合及氢气浓度测量的综合判断方法可排除多种外界干扰，有利于提高整套监测系统的灵敏度和可靠性。

三、在线监测变压器局部放电电脉冲参量的测量原理

（一）信号取样点的选择

变压器绝缘在线检测主要方法是监测局部放电电脉冲参量。变压器正常运行中局部放电量较小，近年生产的 110kV 以上变压器局部放电量都控制在 500pC 以下；但在实际运行中，即使出现有 5000pC 左右的放电也照常运行，其绝缘缺陷发展过程可能延续几周甚至几年。但当发展到绝缘击穿故障前期，它的放电量会大大超过正常达到 1×10^5pC，因此，有可能利用价廉而简化的在线监测设备进行绝缘故障监测报警。如发现有报警后，再结合其他试验进行综合故障分析，就能有效地起到应有的监测作用和得到推广。在线测量时，由于受现场干扰信号的影响，直接测量局部放电高频参量较为困难，且对运行设备在进行在线监测采集所需信号时应量不改变原设备的运行接线状态。因此，将信号取样点选择在变压器铁芯接地引出线和中性点引出线以及高压套管末屏引出线处，是非常有效及合理的。在任何情况下它不会影响变压器的正常运行。但传感器选在铁芯接地点时，对传感器和放大器的灵敏度要求比选在套管末屏取样要求更高。从传感器检测的信号用平衡放大器抑制共模干扰，如用一根 75Ω 的高频同轴电缆送到监控室，经计算机控制幅值，脉冲

鉴别仪器分析工频和高频信号，并根据设定的阈值进行记录，当故障信号超过设定幅值和脉冲频率时，即自动发出声和光的报警。其测量原理如图 12-182 所示。图中检测阻抗是用罗氏线圈耦合，串入变压器铁芯接地引出线和中性点引出线检测电信号。采用这种方式结构简单，不影响设备的正常运行及接线方式。为了同时能在检测阻抗上获得 50Hz 工频信号及局部放电高频信号（20～200kHz），应采用高低频兼容的传感器，并应用波形分析仪及智能化软件排除干扰及分析记录各相放电水平。

（二）信号取样及干扰抑制

由于电信号是通过罗氏线圈耦合取得的，因此罗氏线圈只需在设备接地末端串入即可，它不影响设备的正常运行及保护。为了同时能在检测阻抗上得到工频信号及局部放电高频信号，设计检测阻抗时选用两种材料，使其能保证频率特性，传感器频率响应曲线，见图 12-183。在变压器铁芯引出端串入罗氏线圈获得局部放电脉冲信号有较多的优点，首先，铁芯对高、低压绕组有较大的电容，因此，不管局部放电信号是产生于高压或低压绕组，在铁芯取样点都有较好的响应。另外，还有利于抑制干扰，因为它与变压器箱壳接地线和高压绕组中性点引线上获得的信号波形很相近，采用平衡抑制干扰有较好效果。在实际应用中，由于变压器箱体通过铁轨等多处接地，从一个接地点获得的信号较弱，因此，一般可采用中性点作为平衡匹配信号。

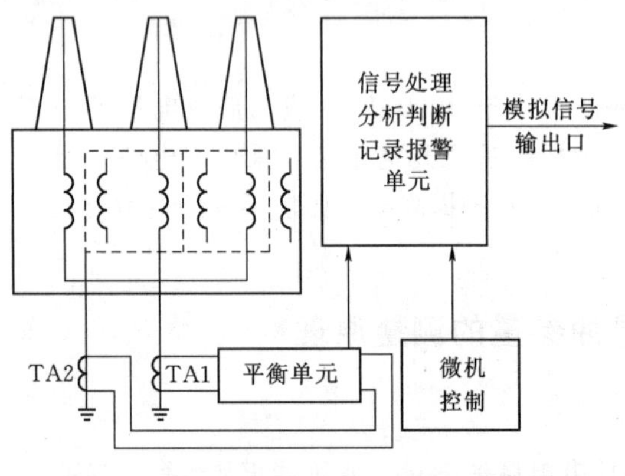

图 12-182　系统接线原理图

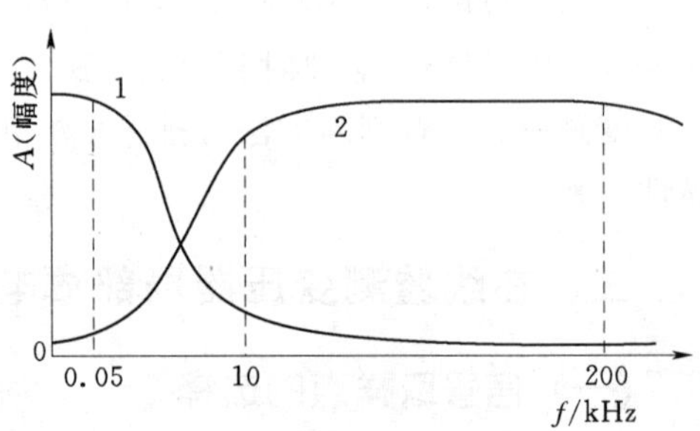

图 12-183　传感器频率响应曲线

1—低频材料的频率响应；2—高频材料的频率响应

当变压器铁芯绝缘出现故障时，往往初期为局部放电信号，最后导致两点接地，形成工频短路电流信号，在信号处理单元宜将工频和高频信号分离。当工频电流信号的幅值及时间达到设定阈值时，测试仪器自动记录该数值，并发出工频报警信号。同样，当高频信号的幅值和周期脉冲个数达到设定的阈值及脉冲波形满足脉宽和频度条件时，仪器自动发出高频报警信号。在线测量时，抑制干扰是关键问题之一，在实际测量中，电晕及载波调幅干扰会达到 1 万 pC 以上，由于各种干扰的影响，会使测量灵敏度大为降低。局部放电信号的频谱范围在 20～300kHz，载波调幅干扰约在 200～300kHz 的范围，在线测量若采用 40～120kHz 测量频带时，可有效地抑制无线电调幅波干扰。采用平衡鉴别测量方式也能有效地抑制电晕等外界干扰。通过平衡鉴别，虽然可对一些固定类型的干扰起一定作

用，对变压器运行中出现的许多随机性干扰，会使相位、幅值不稳定，可采用对脉冲波形的时间、频率、上升沿等特征参数进行鉴别和判断，即可将随机干扰脉冲与变压器内部故障放电脉冲区别开。在故障性放电产生初期，放电并不是稳定的连续发生，并且在在线测量时，系统内部的开关合闸、雷电等干扰也会串入测量系统。

利用波形特征参数判断和鉴别脉冲幅值、连续性，可很好地判别和消除随机脉冲及可控硅产生的干扰脉冲等干扰。鉴别报警系统还应设置防干扰判断及自动复位装置，当系统偶然出现干扰，且这种干扰刚好与内部放电的特征相似时，鉴别系统就自动复位等待；如果这种信号再次出现，满足幅频特性时，就发出声、光报警信号，并自动记录报警参数。如果是偶然干扰，就不满足频率特性，从而可排除，不予报警。

（三）运行参数测定

1. 脉冲校正及测量

用标准方波发生器对测量系统作方波响应试验，分别从高压和低压绕组加入 10000pC 的脉冲信号，在传感器 TA1、TA2 的输出端测量响应信号。测量结果如表 12－151 所示。表 12－151 中的响应是测量脉冲信号的幅值。不管信号从哪一相加入，在 TA1 和 TA2 端测量时，A、B、C 三相的响应相同。当从高压绕组加入信号时，中性点的响应较大；而在低压绕组加入信号时，铁芯取样点的响应较大，这是因为低压绕组靠铁芯近，电容量大的原因。图 12－184 为检测信号波形示例。

表 12－151　　**方波响应测定示例**　　单位：mV

加入端	中性点传感器 TA1	铁芯接地传感器 TA2	共模输出	加入端	中性点传感器 TA1	铁芯接地传感器 TA2	共模输出
高压 A 相首端	70	20	60	低压测 A 相	20	61	60
高压 B 相首端	70	20	60	低压测 B 相	20	60	60
高压 C 相首端	70	19	60	低压测 C 相	20	60	60

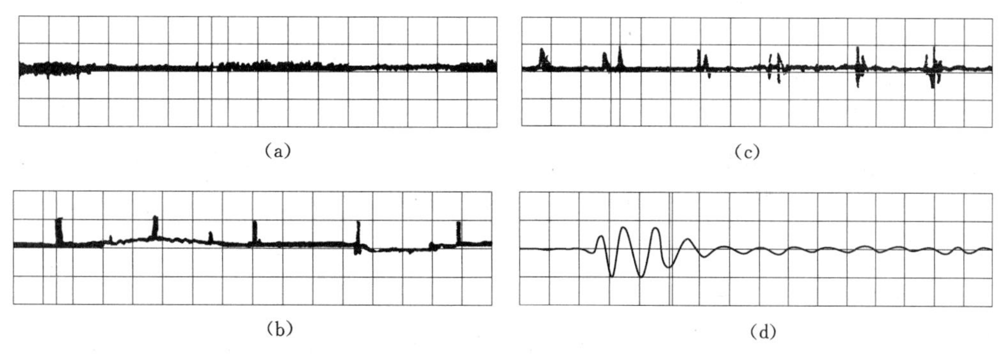

图 12－184　检测信号波形

（a）经平衡滤波处理后输出波形；（b）方波校正信号波形；
（c）未滤波处理波形，有可控硅脉冲；（d）放大的可控硅干扰脉冲

由于采用平衡输入方式，中性点和铁芯取样点对高压和低压绕组的响应灵敏度可以互补，使输出端对变压器各个部位都有相同的响应灵敏度。这说明从中性点和铁芯接

地点取信号的测量值来判断变压器绝缘的基准放电水平是很有效的。当变压器不带电时，从铁芯传感器输出测得的静态信号约为1mV；当变压器运行时，基底噪声水平约为30mV，并叠加有明显的较大幅值的可控硅干扰脉冲，约为70mV，实例如图12-184（c）所示。如通过传感器获得的信号首先经平衡共模抑制干扰，然后选频滤波处理，经选频放大后的信号干扰噪声电平可能仅为10mV，这时测量灵敏度可达到1500pC；进一步通过模拟输出口进行波形特征分析，分辨率可达毫伏级。以1mV计算，测量灵敏度可达500pC，这样的灵敏度便于较可靠地检测故障放电波形，经平衡滤波处理后输出波见图12-184（a）。

图12-184（a）所示为经过滤波处理后的输出波形，每个工频周期信号最大幅值为12mV，这时的检测灵敏度约为2000pC，再经过波形特征识别及分析，可使灵敏度再提高10倍左右，即可识别200～500pC以上的放电脉冲。根据实际经验认为，变压器运行过程中，如能判断5×10^3～5×10^4pC以上的故障放电波形，就可起到较可靠的报警作用。一般发展性放电幅值为5×10^3～5×10^5pC；而在故障前期较小，如5000pC以上放电的发展过程也有一周到两个月甚至更长时间，因此利用这类分析系统能可靠地发现事故隐患。

图12-184（b）为方波校正信号波形，校正脉冲信号整个过程约为5μs，与大型变压器的故障脉冲响应过程相似。图12-184（c）为用铁芯传感器检测的响应波形，较大幅值的脉冲为发电机的可控硅干扰脉冲信号波形，其值约为63mV，这种干扰的波形特征较强，见图12-184（b）。脉冲信号的波形过程约为90μs，这种干扰信号用数字式局放仪进行波形识别很容易分辨，而普通的局部放电仪则难以分辨。

2. 铁芯接地工频电流校正及测量

大型变压器运行时，经常出现因铁芯绝缘不良造成的故障，铁芯绝缘不良而尚未形成金属性短路接地时，会产生较大的放电脉冲，由上述的高频信号监测可发现。有时出现不稳定短路接地，短路接地时，工频短路电流可达数十安到微千安，或者短路电流不太大，铁芯接地点没有反应。而变压器内部局部过热将引起变压器色谱参数变化，或造成轻瓦斯动作。因此利用检测接地电流工频分量来判断铁芯绝缘是否正常相当有效。铁芯绝缘正常时，主变压器铁芯接地电流很小，仅为几十毫安。

由铁芯接地传感器检测的工频注入较正信号波形和变压器运行时的实测波形如图12-185所示，干扰对工频信号的影响较小，工频电流测量的灵敏度较高，能可靠检测到

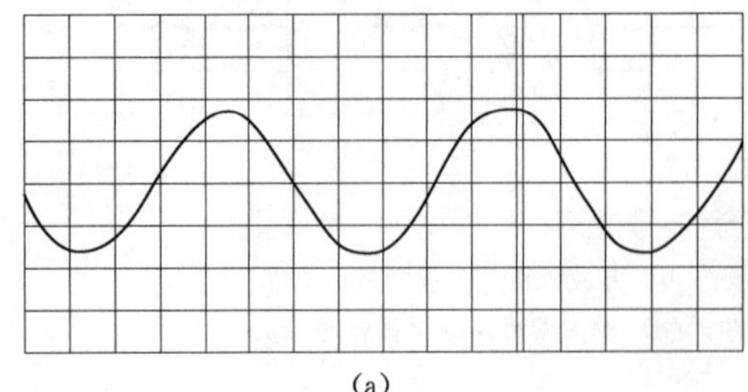
(a)

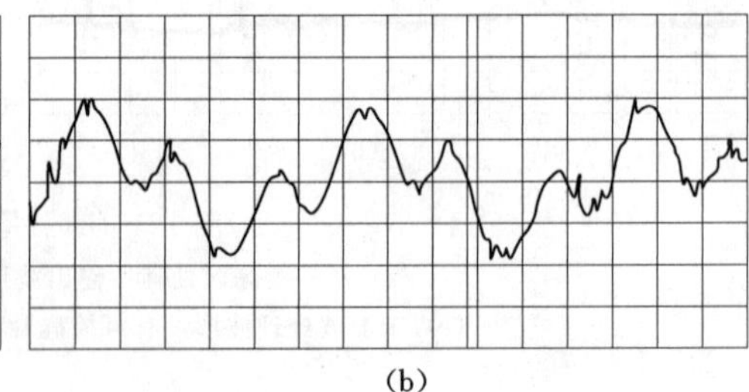
(b)

图12-185 工频信号检测波形

(a) 注入校正波形；(b) 运行实测波形

100mA 以上的故障电流，有利于分析故障前期状况，做出故障处理措施。

四、油中气体在线监测装置

离线色谱分析的基本做法是：①在现场从被检测的变压器中提取试油样；②将试油样送到分析单位的分析室；③由分析专家进行分析；④对分析结果进行评价。所以环节较多，操作手续较繁，检测周期较长，而且难以发现类似匝间绝缘缺陷的故障。因而国内外都致力于在线监测装置的研制，以实现连续监测，及时发现故障。

（一）氢气连续监测装置

1. BGY 型连续监测装置

首先，不论是放电性故障还是过热性故障都会产生氢气，由于生成氢气需克服的键能最低，所以最易生成。换言之，氢气既是各种形式故障中最先产生的气体，显然也是电力变压器内部气体各组分中最早发生变化的气体。变压器油受热分解，大约在 500℃时开始产生氢气，随着温度升高，氢气急剧增加。其次，氢气分子在所有的气体分子中直径最小，容易与其他气体分子区分。再有，油中溶解氢气浓度的注意值较高（150μL/L），因此在现场对氢气检测相对于其他气体来说比较容易实现。所以若能找到一种对氢气有一定的灵敏度、又有较好稳定性的敏感元件，在电力变压器运行中监测其油中氢气含量的变化，并及时预报，便能捕捉到早期故障。这就是以氢气作为特征气体研制检测装置的理论依据。

自 1981 年以来，吉林、西北、福建、安徽和贵州等电力试验研究所及北京供电局科研所、长春等离子设备厂共同研制了变压器故障监测装置，它能自动连续监测变压器故障时油中含氢量及其变化趋势，严密监视变压器的运行状况。

监测装置由气室和监测仪两大部分组成，BGY 型监测仪的原理如图 12-186 所示。它的气室安装在热虹吸器与本体上部连接的管路上，在这段管路上多连接一段方形过渡管，如图 12-187 所示。监测仪安装在配电盘的空位上，通过 6 芯电缆引下与气室连接。

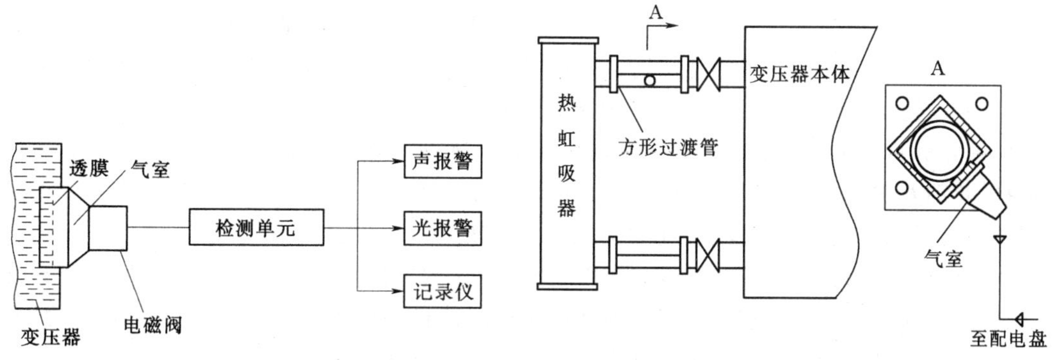

图 12-186　氢气监测装置的原理

图 12-187　气室安装位置图

据报道，初期国内有 15 台大型电力变压器安装了这种监测装置，后来陆续又安装了一些，到 1989 年共捕捉到变压器内部故障 4 例，现分述如下：

（1）1984 年 8 月 23 日下午，北京某变电站的 220kV，120MVA 变压器的监测装置发出告警信号，24 日进行色谱分析，其结果是可燃性气体比 4 天前增加近 10 倍（总烃由 0.036μL/L 增加到 0.316μL/L），油中溶解氢气浓度为 85μL/L，气室中为 1268μL/L，与理论值几乎一致。最后经吊芯检查证实，是由于铁芯多点接地造成的。

(2) 1986 年 3 月 7 日，合肥某变电所 SFP－SZ1 型 120MVA 的主变压器的监测装置指示值由 900μL/L 逐渐上升，经过 10 天后达到报警点 2000μL/L，又过 2 天，指示值到达满刻度 3000μL/L，预示变压器内部可能有故障。取样测试结果为：未测到氢气，总烃 129μL/L，较去年增加 10 多倍。由于未测到氢气，故怀疑气敏监测装置本身是否校准，于是 3 月 18 日到现场对装置重新做了一次整定。继续投运后，不到 2 天，仪表指示值又到满刻度，这时再次取油样，色谱分析结果是：总烃 201μL/L，油中氢气含量 65μL/L，气室中氢气含量 1200μL/L，初步判断变压器内部存在裸金属局部过热，并提出先检查潜油泵。4 月初检查潜油泵时，发现一只潜油泵确有磨损烧坏痕迹，从而找到了油中产气的原因。消除潜油泵缺陷后，仪表指示一直维持在 1300μL/L 左右。

(3) 1985 年 11 月底，徽州某变电所的 31.5MVA 的主变压器安装了该监测装置，表头指示值一直稳定在 500μL/L 左右，1986 年 8 月指示值上升到 1500μL/L，对变压器油进行色谱分析，发现氢气、乙炔和总烃均有明显增长，其中氢气为 89μL/L。乙炔为 13μL/L。停电测试 35kV 侧 A、B、C 三相直流电阻，两相差值达 22%，同时也发现分接开关接触不良，后以三挡改为二挡运行，表头指示值逐渐稳定。1986 年 10 月 16 日表头指示值上升到 2500μL/L，隔天，指示达到满刻度（3000μL/L），油中氢气为 223μL/L，乙炔为 16μL/L。11 月 17 日再次复测 35kV 侧直流电阻，互差 5%，12 月 3 日该变压器停运检查，并对油进行脱气处理，脱气后运行的油中氢气为 24.6μL/L，乙炔为 2.7μL/L，表头指示值为 450μL/L。以后，表头指示值逐渐下降，色谱分析油中氢气也在逐渐下降，说明该变压器已转为正常运行。

(4) 1989 年 1 月 8 日，安徽某水电站 2 号主变压器安装了该监测装置。当时这台变压器已安装完毕，还未做电气试验，装置表头指示值为 240μL/L，1 月 17 日开始对变压器做短路损耗试验，18 日又通过了零起升压、空载损耗和高压侧三次冲击试验，并于当日下午 2 时投入空载运行，气敏装置表头在通过试验后的指示值迅速上升，隔一天就达到满刻度，说明变压器内部可能存在潜伏性故障。经色谱分析，总烃为 1094μL/L，乙炔为 198μL/L，氢气为 148μL/L，证明气敏装置反映正确。1989 年 2 月 11 日吊罩检查，在 35kV C 相分接开关三档处找到严重烧伤故障点，制造厂调换了分接开关，对油进行了真空脱气处理并按照规程做了电气试验后，该变压器又投入了运行。这时气敏装置的表头指示稳定，色谱分析正常，各项电气试验也符合标准。

综上所述，用 BGY 型监测装置监测电力变压器内部故障是有效的，但也存在调试较麻烦以及投入使用初期出现实际指示值和试验标定值相差很多，在氢气浓度很低的情况下发出报警等不足之处，因而出现了微机型变压器氢气浓度连续监测装置。

2. 微机型连续监测装置

最近，又研制了油中氢气微机型在线连续监测装置，主要由氢气分离单元、检测单元和诊断单元组成，其方框图如图12－188 所示。

(1) 氢气分离单元。该单元主要是透膜，选用聚四氟乙烯（PTFE）作为透膜。安装

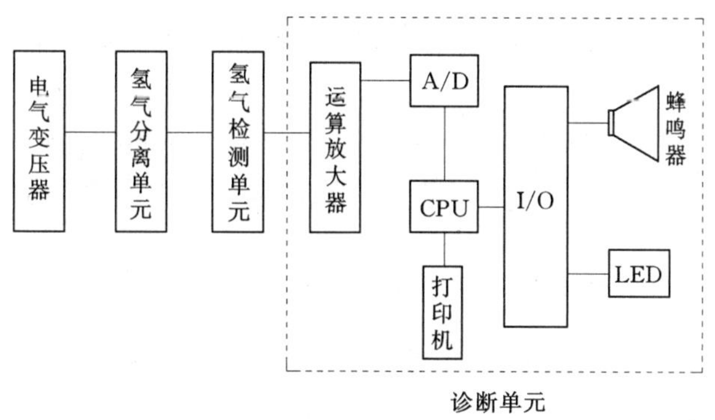

图 12-188　监测装置方框图

于电力变压器侧面，其作用是将油中生成的氢气分离出来，“透送”到气室。

（2）氢气检测单元。该单元主要包括气室和氢敏元件，气室的作用是储集由聚四氟乙烯透膜透过来的气体，所以其密封性能要好，容积要合适。氢敏元件是监测装置的关键元件之一，是气一电信号转换的唯一环节。在装置中选用对氢有优异响应性能的 Pd—MOSEFET 钯栅半导体场效应管，它用于连续检测气室中的氢气浓度。

（3）诊断单元。该单元主要包括信号处理，接口报警及打印等部分，这是该装置不同于国内其他连续检测装置的部分。检测单元的输出信号由本单元的放大器放大后，经 A/D 转换，送入单板机进行处理，处理后的信号一路送打印机，一路送给预报警系统，一路送到表头，指示气室中的含氢量。其接线图如图 12-189 所示。

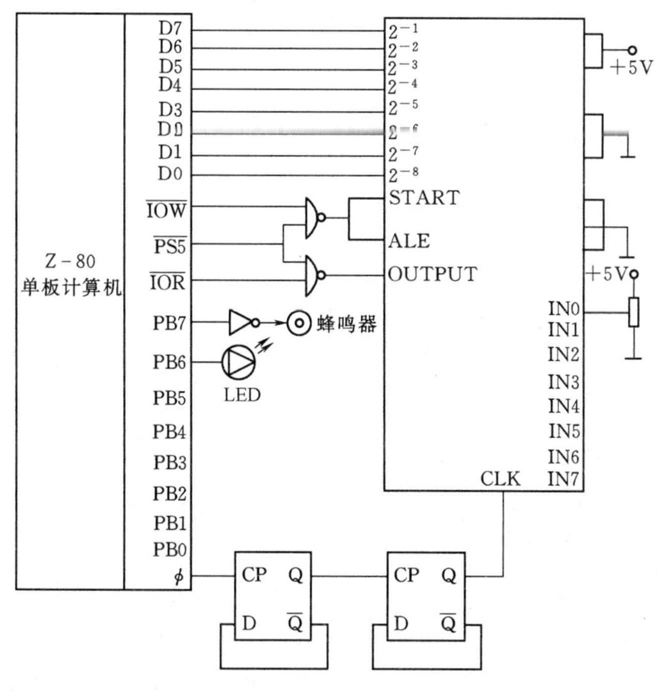

图 12-189　诊断单元的接线图

对诊断单元接线图说明如下：

1）ADDC、ADDB和ADDA接地，译码后只选通道0输入，即IN0，因为只有一个故障源。

2）采用两个或非门，控制启动A/D转换器，该装置采用软件延时起动方式。

3）在模拟试验中，采用PB7、PB6作为输出口，如果需要的话可随时选择其他输出口。

4）输入信号与输出信号的关系是成比例变化的。当IN0输入为+5V时，A/D转换器数据总线上为256，即为11111111；当IN_0输入为$\frac{5}{2}$V时，A/D转换器数据总线上为127，即为01111111；依此类推。而PB输出口就是把数据总线上的电平转移给输出口，因此，可以根据PB输出电平的高低来选择与故障信号的匹配关系，同时选择出预警及报警时哪些灯亮等。

5）用两个D触发器对微机时钟进行四分频，从而达到与A/D时钟相匹配的目的。

诊断单元控制系统的程序框图如图12-190所示。

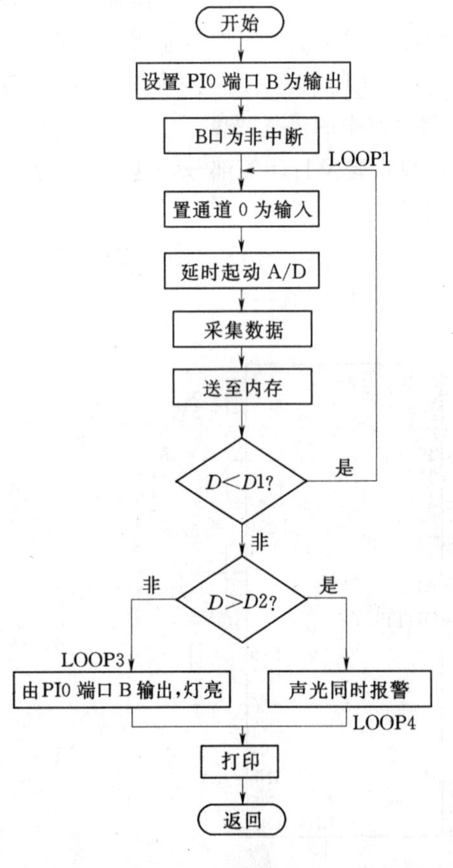

图12-190　诊断单元控制系统的程序框图

根据框图编制的主程序如下：

```
        ORG 2000H
START:  LD A, OF H
        OUT (83H), A
        LD A, 07H
        OUT (83H), A
LOOP1:  OUT (94H), A
        LD B, OD
LOOP2:  CALL DELAY20ms
        DJNZ LOOP2
        IN A, (94H)
        CP 01H
        JP C LOOP1
        CP 7FH
        JP C LOOP3
        LD A, COH
        OUT (81H), A
        JP LOOP4
LOOP3:  LD A, 40H
        OUT (81H), A
LOOP4:  JP LOOP1
```

根据有关资料介绍，确定该装置气室中含氢气浓度的预警值为1000μL/L；报警值为2000μL/L。

为考验该装置的监测性能，以上述数值为依据进行了多次模拟试验。试验时将氢气缓

缓注入气室，当气室中的氢气浓度达1000μL/L时，可靠预警，此时红灯亮；当气室中氢气浓度达2000μL/L时，可靠报警，此时红灯闪烁，蜂鸣器同时发出音响。若接上打印机，可同时打印出结果。

目前，北京市三雄电气公司已生产出微机型TRAN系列变压器故障监测仪，并在几十个变电所投入运行，可监测变压器油中的氢气浓度和油的产气速率。该仪器的主要技术指标如表12-152所示。

表12-152　TRAN的技术指标

测氢范围	测量精度/%	预警条件		报警条件		采样周期/min	温度范围/℃	外形尺寸/(mm×mm×mm)	存储容量	
		浓度/(μL/L)	产气率/(%/月)	浓度/(μL/L)	产气率/(%/月)				单探头	双探头
100～3000×10⁻⁶	±10	1000	10	2000	10	1	0～40	270×160×80	2年数据	1年数据

该仪器的主要特点如下：

1）电路的设计采用单片机技术，具有数据存储、打印、绘制曲线等功能。

2）可同时监测两台变压器的油中氢气浓度和产气率。

3）具有自检功能，可直观显示装置各点的故障情况。

4）调试周期延长，调试省时省力，精确度高。

5）克服了整机零漂问题，稳定性好。

6）具有在线标定和离线标定两种功能。

3. 变压器油氢气浓度在线监测仪

目前国内外已有多种形式的变压器油中溶解氢气监测仪。在国内，主要是利用钯栅场效应管作为变压器油中溶解氢气监测仪的传感元件，但由于该元件尚存在物理特性的缺陷和工艺问题，使得此类监测仪器在工作的稳定性、可靠性以及寿命方面存在一些问题。基于此，电力部电力科学研究院1995年新开发研制了Dog-1000型变压器油氢气浓度在线监测仪，该仪器主要由带有氢敏元件的前置装置和智能化采集处理系统两大部分组成，如图12-191所示。前者为监测系统的传感器，内部装有通气选择开关、气体检测器、空气压缩泵、前置放大电路以及温度控制器和加热器等。智能化系统是运行控制及进行数据采集处理的中枢，内部有8031微处理器、RS-232C通信接口、数据采集器、报警指示器和报警信号传送器、数字显示器、检测控制器、微机电源、温度控制器以及加热器等，同时配有供操作用的键盘。

由于该仪器采用催化燃烧测试技术，结合现代科技，通过检测油中氢气含量的变化，可发现充油高压电力设备早期故障，在实用性、经济性、可靠性三个方面比国内外现有的测试装置有显著的优点。

（二）变压器油中乙炔现场监测装置

通常认为，故障部位的温度能代表故障的程度。氢气产生的起始温度最低，而乙炔产生的起始温度最高，大约在750℃。一般认为，在故障诊断中，油中乙炔的浓度比氢

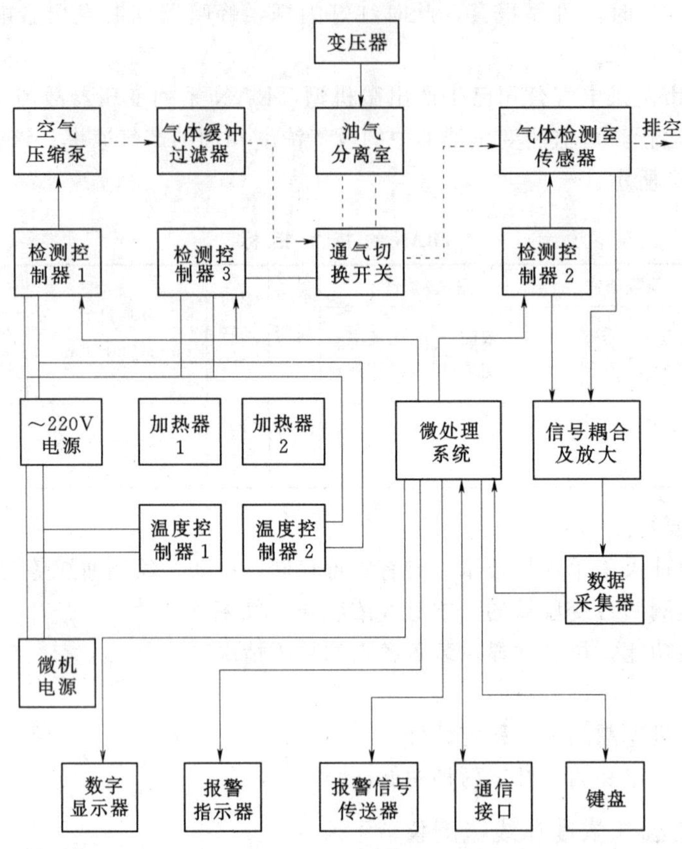

图 12-191　Dog-1000 型油中溶解氢气监测仪电气原理框图

气更为关键。基于此，上海电力学院研制出便携式智能型乙炔测定仪。它主要由脱气、乙炔传感器、单片机（控制及数据处理）、输出等部分组成。目前已使用该仪器检测出变压器故障。例如，某制造厂的一台 500kV 变压器在出厂试验时，发现有微量乙炔，虽然其浓度只有 0.5μL/L，但考虑到新注入的变压器油中乙炔的含量原为零，而在试验时就出现乙炔，即使是痕量也必须引起注意。于是，打开变压器油箱检查，果然发现有放电部位。

（三）油中多种气体的在线监测

1. 变压器色谱在线监测装置

东北电力科学研究院等单位协作研制的大型变压器色谱在线监测装置原理框图如图 12-192 所示。

该装置的工作过程是将变压器本体油经循环管路循环，进入脱气装置，经脱气装置进入分析仪，再经数据处理打印出可燃性气体的频图和含量值，根据所测气体含量值判断变压器运行工况，分析变压器运行是否正常或是否存在缺陷，若存在缺陷，是放电性缺陷还是过热性缺陷。依照原水利电力部标准《绝缘油中溶解气体组分含量测定法（气相色谱

法)》(SD 304—89)；对变压器油中溶解的气体甲烷、乙烷、乙烯、乙炔、氢气、一氧化碳、二氧化碳等组分含量来判断变压器运行状态。变压器内部过热或放电性故障由总烃和乙炔都能反映出来。如果是放电性故障，乙炔含量将明显增大；如果是过热性故障，总烃含量明显增大，因此，只要监测油中溶解气体甲烷、乙烷、乙烯、乙炔含量，即可满足判断及分析工作的需要。该装置可在1～99h或1～99天内任意选定监测周期进行监测。

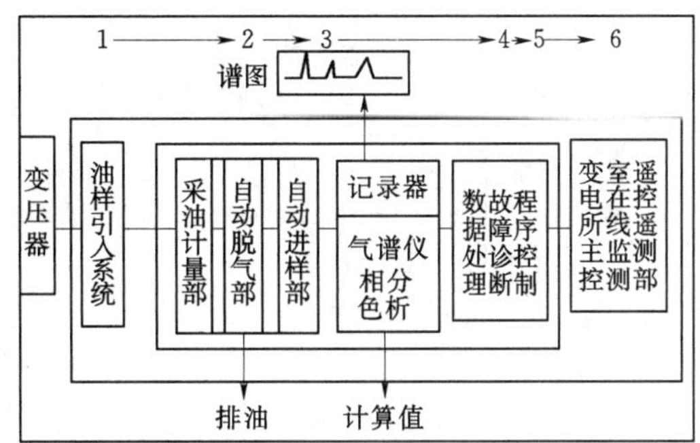

图 12-192　色谱在线监测装置框图

1—变压器油样引入系统（采用变压器本体直接取样法，将油引入在线装置）；2—绝缘油色谱分析自动全脱气进样装置（定量采取20mL油）；3—微型气相色谱仪（进行烃类气体分析）；4、5—色谱数据处理器与自动控制器（进行色谱数据处理和故障诊断及在线监测装置的程序控制）；6—色谱在线监测遥控器（变电所主控室内遥控报警）

该装置的主要特点如下：

(1) 由于该装置是由多种仪器和设备组成的，为提高运行可靠性，设置该装置各部分仪器设备的故障自检系统。

(2) 设置判断变压器故障的专家诊断系统，根据规程及相应标准对检测量进行分析，并根据各相关数据的发展（有追忆功能）速度，进行可靠性预测和诊断。

(3) 装置的自检及变压器诊断结果，以指示灯及音响的形式在主控室报警，并打印出检测结果。

(4) 可以在变电所主控室内遥控在线装置的启动及监测周期的设定等。

(5) 整套装置安装在防火空调箱中，成为一个可移动的整体，便于运输和现场安装。

(6) 留有备用的进油样接口，可进行其他充油电气设备的色谱分析，做到一机多用。

(7) 该装置的油样引入系统和自动脱气进样装置，应用了两项专利技术。

目前已有10余台监测装置陆续在辽宁、吉林、内蒙古等地的500kV变压器上投入运行。

2. 国外油中溶解多种气体的在线监测装置

(1) 诊断装置的组成。由上述可知，监测油中的氢气可以诊断变压器故障，但它不能判断故障的类型，因此，人们在监测油中氢气装置的基础上又研究出了诊断变压器是否发生故障及发生何种性质故障的装置，该诊断装置的示意图如图 12-193 所示。它分为以下三部分：

1) 气体分离单元。包括不渗透油而只渗透各气体成分的氟聚合物薄膜（PFA）、集存渗透气体的测量管和装在变压器本体排油阀上改变气流通过的六通控制阀，排油阀通常在打开位置。聚合物渗透薄膜渗透油中溶解的各种气体的浓度可用下式表示：

$$C=1.3\times10^{4}Kv\left[1-\exp\left(-\frac{76PA}{Vd}t\right)\right]$$

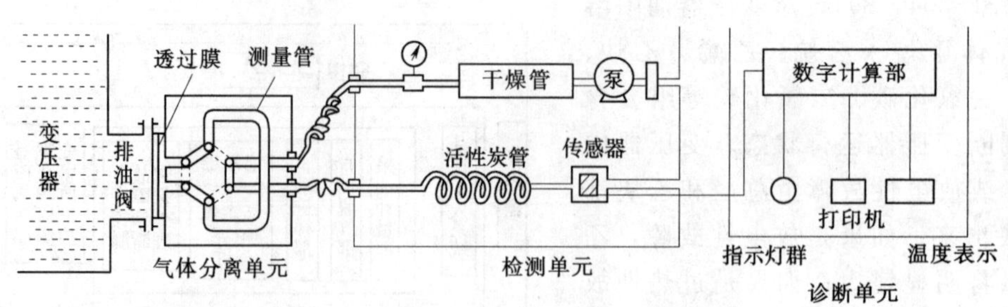

图 12-193　便携式异常诊断装置示意图

式中　C——渗透侧气体浓度，μL/L；

K——亨利常数，Pa·μL/L，在 40℃时，H_2 为 1.5，CO 为 0.76，CH_4 为 0.25；

v——油中气体浓度，μL/L；

P——渗透系数，mL·cm/(cm²·s·cmHg)；

A——薄膜面积，cm^2；

V——渗透侧接收器容积，cm^3；

d——薄膜厚度，cm；

t——渗透时间，s。

在上式中，若设 $t=0$，可用下式表示渗透气体量的饱和值 CM：

$$CM=1.3\times10^4 Kv$$

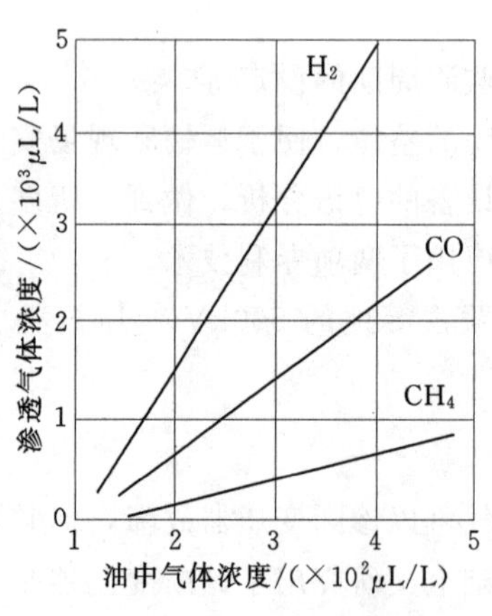

图 12-194　渗透气体浓度（饱和值）与油中气体浓度的关系曲线（油温为 40℃）

若渗透时间相当长时，则渗透气体浓度与油中气体浓度成正比，如图 12-194 所示。

2）检测单元。通过一直通管与气体分离单元相连，利用空气载流型轻便气相分析仪进行管中各渗透组成气体的定量测定。检测出的组成气体为 H_2、CO 和 CH_4。本单元附有标准容器和标准气体。

3）诊断单元。轻便型气相分析仪输出信号，由附有模拟数字转换装置的外围接口换接器（PIA）的大型集成电路（LSI）来接收。油中 H_2、CO 和 CH_4 浓度和气体浓度比值，由 8bit 的微处理机进行算术运算，各运算结果由灯信号和打印机来展示。本单元附有微处理机和打印机。

各单元的连接如图 12-195 所示。

（2）判断准则。根据变压器实际产生异常现象的调查以及各种试验结果，即可得出 CH_4/H_2 和 CO/CH_4 比值判断准则，以此可估定和诊断变压器中局部放电、局部过热、绝缘纸过热等故障。

1）放电类型与过热类型的区分。当 CH_4/H_2 比值等于或小于 0.5 时，可判定为放电

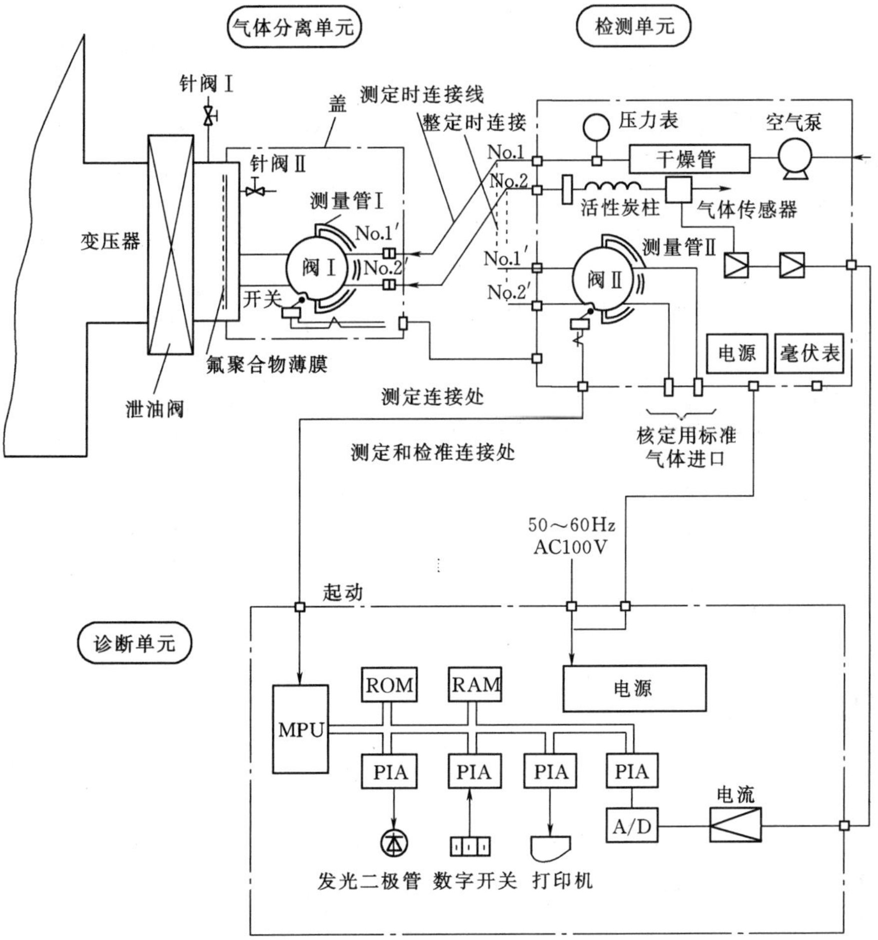

图 12 - 195　设备各组成单元的连接图

类型（放电、电弧）；当此比值大于 0.5 时，可判定为局部过热类型，如图 12 - 196 所示。

2）油过热与绝缘纸一并过热的区分。当产生的一氧化碳等于或小于 150μL/L 时属于油过热；当 CO 大于 150μL/L 并超过 300μL/L 时，过热就趋向于包含绝缘纸在内的过热，如图 12 - 197 所示。

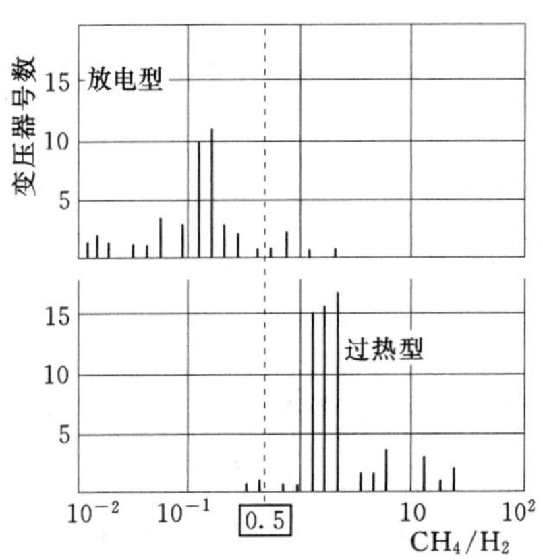

图 12 - 196　异常变压器按 CH_4/H_2 比值分类

3）绝缘纸局部过热时的过热温度。若绝缘纸出现局部过热时，变压器油气体中 CO 含量增加，但当过热温度再上升时，油即产生热分解而使甲烷气体增加。当过热温度上升时，CO/CH_4 比值即下降，如图 12 - 198 所示。借助于这种关系曲线，用 CO/CH_4 比值，就可估计大致的过

热温度。

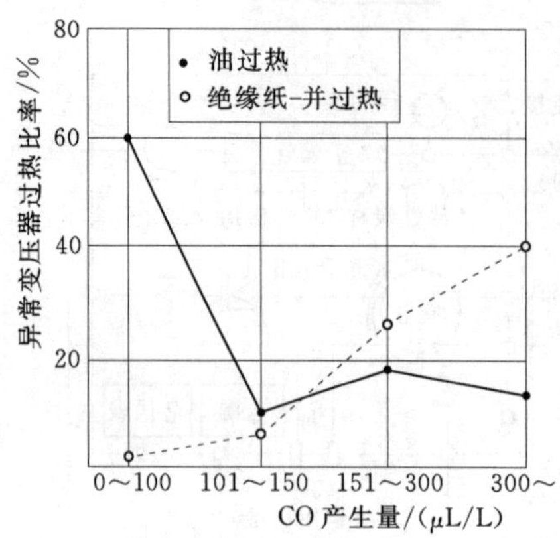

图 12-197 异常变压器按 CO 产生量分类

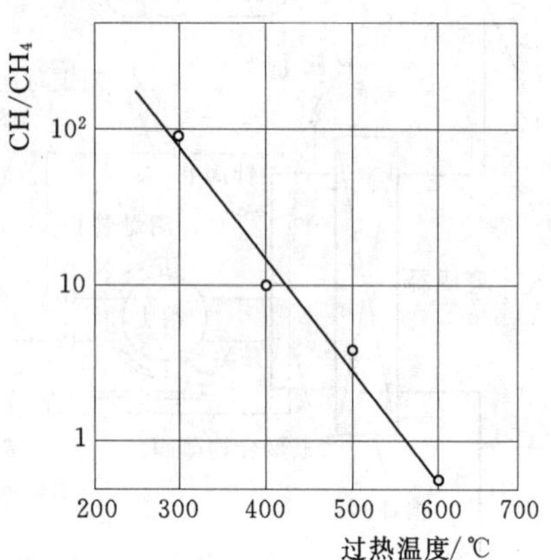

图 12-198 CO/CH_4 值与过热温度的关系曲线

诊断流程图如图 12-199 所示。

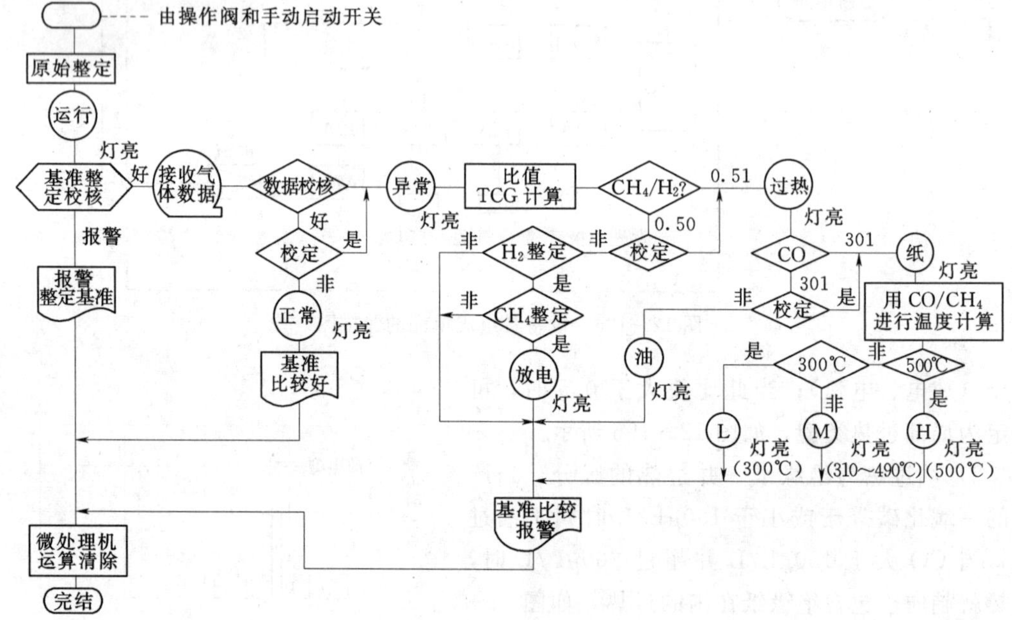

图 12-199 诊断流程图

近些年来，探测变压器油中气体的装置发展甚快，日本已制出能分析 8 种气体（O_2、N_2、CH_4、C_2H_2、C_2H_4、C_2H_6、CO 和 CO_2）的自动化分析仪。有的国家研制出能分析 6 种气体（H_2、CO、CH_4、C_2H_2、CH_4 和 C_2H_6）的监测装置，甚至有不少监测诊断系统已具有某些人工智能，对保证变压器安全运行起着重要作用。

目前，我国在研制这类装置时遇到的主要困难是多种气体的简易的分离及鉴别方法。

第二十一节　大型变电所电力设备绝缘状态在线监测系统

一、绝缘状态在线监测系统的功能

绝缘状态监测系统主要是针对35kV及以上电压等级变电所电气设备，实施绝缘状态在线诊断的完整解决方案。该系统可对变电所内的变压器、互感器、耦合电容器、避雷器、套管、断路器等设备的绝缘状况实施在线监测和诊断。从以往的模拟器件集中式监测系统精度较差，数据不稳定的情况分析，绝缘状态监测系统应在系统结构、传感器设计、内核硬件、监测参数以及信息传输等方面都采用新的软硬件技术，辅以上层较为友好的操作界面、完善的数据库管理以及专家诊断系统的有效耦合，才能使系统真正达到实用化的要求。

二、现场总线控制技术

现场总线是指现场仪表和数字控制系统输入输出之间的全数字化、双向、多站点的通信系统，目前已在电力系统调度自动化中得到广泛应用。现场总线的特点主要表现在如下几个方面：

(1) 数字信号取代了传统的模拟信号进行双向传输。一对双绞线或一条电缆上通常可以挂载多个测量设备，使得电缆的用量、连线设计及接头校对等工作量大为减少。

(2) 通信总线延伸到现场传感器、检测或控制部件，操作人员在主控室就可以实现对现场测量设备的监视、诊断、校验或参数设定，提高了系统的检测精度、可监视性和抗干扰能力，节省了硬件数量与投资。

(3) 现场总线在结构上只有现场测控设备和操作管理两个层次。现场测控设备均含有微处理器，它们各自进行信号采样、A/D转换、数据处理及报警判断个别设备的损坏或退出运行不会影响其他设备的工作状态。

(4) 总线网络系统是开放的，扩展性强，用户可按照自己的需要和考虑，把不同供货商的产品组成规模各异的系统。

三、绝缘状态在线监测系统的结构

具有远传功能的变电所电气设备绝缘状态监测系统，通常由安装在变电所内的监控系统和安装在管理中心的数据管理诊断系统两个部分组成，通过公共电话网络，可把若干个变电所监控系统的监测数据汇集到上层的数据公共诊断系统，实现对多个变电所内的电气设备绝缘状态的遥测在线监测和诊断。遥测绝缘监测系统通常由用户计算机（PC）、变电所中央监测装置（JCM）和若干个测量单元（SC1～SCn）构成，其结构如图12-200所示，原理图见图12-201。

(1) 测试单元（SC）。安装在变电所被监测设备的运行现场，种类及数量可根据监测要求确定。测量单元包括电流、电压取样传感器及取样信号电缆，取样传感器与带电测量系统的传感器相同。

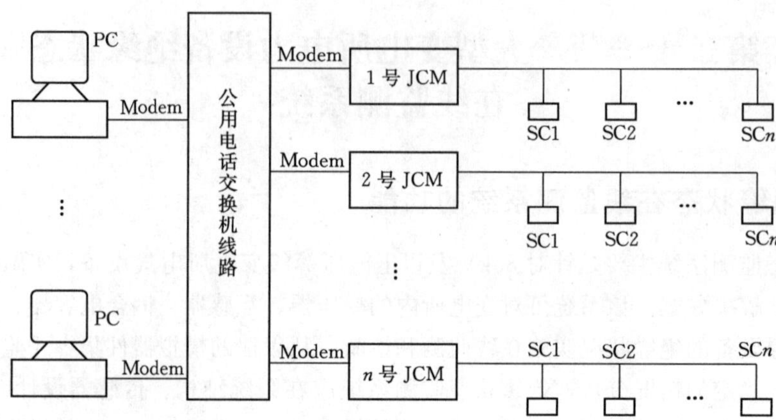

图 12-200 绝缘在线监测系统的结构示意图

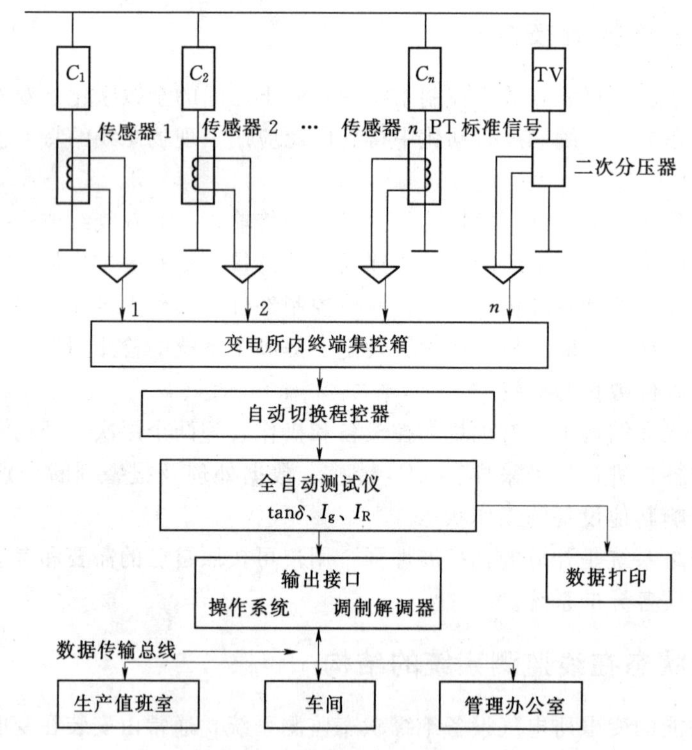

图 12-201 绝缘在线监测系统原理图

(2) 变电所中央监测装置 (JCM)。安装在变电所内设备中心位置作为所内户外设备，信号电缆由每一台设备连接到中央监测装置，见图 12-200。所内中央监测装置包括自动切换程控器（切换所测单元；能对 150 台设备信号进行切换处理）、A/D 采样单元、嵌入式微处理器、RS485 通信、电源管理、调制解调器等模块。它能够通过电话线路及调制解调器运方控制主机的工作状态，读取测量数据及异常信息，最终获得反映设备绝缘状态的特征参量，并按照不同格式保存数据，等待上层用户计算机 (PC)

的访问。

(3) 用户计算机（PC)。安装在局内的信息管理部门，可通过局域网与其他终端计算机进行数据交换。普通的PC机，如安装了相应的数据库管理软件，即可能通过“Modem＋公共电话网”通信方式读取各个变电所中央监控装置（JCM）的监测数据。而数据管理软件能够对监测数据进行分析判断，筛选出绝缘参数异常的电气设备，提供包括参数变化趋势在内的相关信息，供管理人员作出更为精确的诊断。例如，某所地址（电话号码）设定为分机2200，用户用快捷方式，拨号2200系统内线，如电话号码为公共外线，则可用公共电话网，在任何地点调读有关数据，关键数据可设置密码。有的监测系统采用相对简单的数据诊断方式，通过对同类型设备或同相设备绝缘参数变化趋势的比较，筛选出异常监测数据，如果能够把数据库管理软件与各种预试数据管理软件结合起来使用，更有利于得到更为精确的诊断结果。

四、电容型设备介质损耗测量

要实现电容型设备介质损耗角正切的在线检测，关键技术是如何准确获得并求取两个工频基波电流信号的相位差。传统的方法是采用过零比较技术，通过计数器方式获得两个信号的时间差，然后再根据信号周期的大小转换成相位差。因此需要采用复杂的硬件结构，对滤波器（滤除3次及以上的谐波）和过零比较器的工作稳定性要求极高，难以保证测量精度的长期稳定性。为了避免过零处理的不稳定性，许多监测系统采用了嵌入式计算机系统，具有很强的数学运算功能，用快速傅里叶变换（FFT）为核心的纯数字方法进行数据处理及计算，电容型设备介质损耗及电容量的基本检验回路，如图12－202所示。图12－202中，先用两个高精度电流传感器（TA）把被测电流信号I_X、I_N变换为电压信号U_X、U_N，然后由数字化测量系统同时对被测信号进行采样（A/D）及快速傅里叶变换（FFT）处理，获得这两个信号的基波相量及其相位夹角。如果不考虑电压互感器（TV）的相位失真问题，则可方便地计算出电容型设备C_X的介质损耗角正切$\tan\delta$值。与以往的相位过零比较法相比，该方法的最大优点是不需要复杂的模拟信号处理电路，长期工作的稳定性能较好地得到保证，且能有效抑制谐波及各种脉冲干扰的影响。实测表明，即使被测电流信号中的谐波信号含量相当，也不会对介质损耗的结果造成影响，因而测试时能达到的指标较高，如表12－153所示。

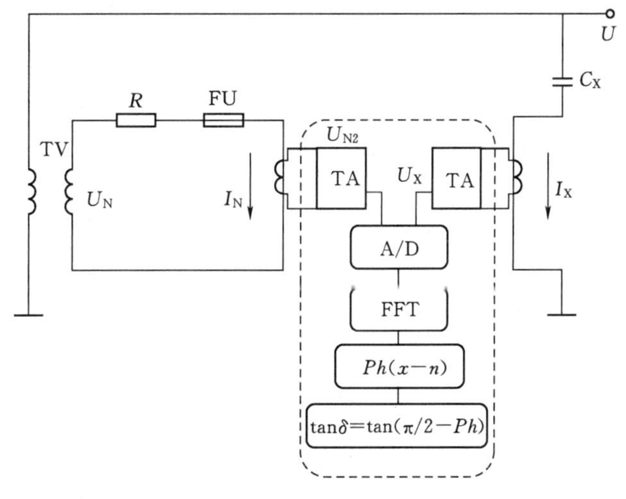

图12－202　电容型设备介质损耗及电容量的基本检验回路
Ph—由相关计算得出的角度值

表 12-153 绝缘状态监测系统的一些技术指标实例

设备名称	监测参数	测量范围	测量精度
母线 TV 电压	母线电压	35～550kV	0.5%
	谐波电压	3 次、5 次、7 次	2%
	系统频率	45～55Hz	0.01%
电容型设备	末屏电流	70～700μA	0.5%
	介质损耗	-100%～100%	±0.05%
	等值电容	30pF～0.3μF	1%
金属氧化物避雷器	泄漏电流	70～700μA	0.5%
	阻性电流	70～700μA	0.5%
	容性电流	70～700μA	0.5%

五、影响在线检测结果的几个因素

1. 从 TV 二次侧获取基准信号的介质损耗测量方式

众所周知，介质损耗测量必须选取电压相量作基准信号。严格地讲，基准信号应该是施加在试品两端的电压，或与其同相位的某个电压相量。在交流电桥中，基准电压取自无损耗的标准电容器，而在绝缘在线检测时，通常仅能利用现场所具备的条件，如有的从电压互感器（TV 或 CVT）的二次侧获取。由于电压互感器是一种计量设备，对角误差有严格的标准，故一般认为所获取的基准信号能够保证介质损耗的精度，但应注意下述几种影响。

（1）互感器角误差的影响。根据国家标准，电压互感器的角误差的容许值如表 12-154 所示。可见对于绝大多数 0.2 级电压互感器来说，使用其二次侧电压作为介质损耗的基准信号，当负载为最大时，本身就可能造成±10′的测量角差，即相当于±0.3%的介质损耗测量绝对误差，当负荷为 50%时，角差也可能引起介质损耗有 0.1%的误差。实际运行的 0.2 级电压互感器角误差一般在±2～6 之间，有的负载很轻，因此，对在线测量造成的误差在 0.05～0.1 之间。而正常电容型设备的介质损耗通常较小，仅在 0.2%～0.6%之间。因此，测量介质损耗应选用测量互感器在同一种状况下测量。

表 12-154 电压互感器的角误差容许值

精 度 等 级	角 误 差/(′)	一次电压和二次负荷变化范围
0.2	±10	$U_1=(0.85\sim1.15)U_{1n}$ $S_2=(0.25\sim1)S_{2n}$
0.5	±20	

注 U_{1n}——一次侧额定电压，S_{2n}—二次侧额定容量。

（2）TV 二次负荷变化的影响。电压互感器的测量精度还与其二次侧负荷的大小有关，如果 TV 二次负荷不变，则角误差基本固定不变。目前，国内绝大多数母线 TV 二次侧为两个线圈，其中一个 0.5 级的线圈供继电保护和测量仪表使用，另一个 1.0 级线圈供开口三角形使用。由于介质损耗测量时基准信号的获取只能与继电保护和仪表共用一个线

圈，且该线圈的二次负荷主要由继电保护决定，故随着变电所运行方式的不同，所投入使用的继电保护会作出相应变化。另外TV的二次负荷通常是不固定的，这必然也会导致其角误差改变，从而影响介质损耗测试结果的稳定性。

2. 结合滤波器对耦合电容器（OY）介质损耗测量的影响

耦合电容器（OY）的末端小套管通常带有结合滤波器，供载波通信和保护系统使用。当对耦合电容器进行在线检测时，建议在耦合电容器与结合滤波器之间连接信号取样保护单元。由于结合滤波器通常呈感性，可以抵消耦合电容器产生的部分容性分量，造成介质损耗测试结果略为偏大。

3. 环境温度、湿度及外绝缘污秽程度的影响

在潮湿或污秽严重的情况下，避雷器外绝缘套（瓷套）表面的泄漏电流将显著增加，由于其通常呈阻性成分，故会严重影响MOA阻性电流的测试结果。对于电容型设备介质损耗的检测，通常受环境湿度及瓷套表面污秽程度的影响较小；但如果抽压小套管绝缘受潮，因分流作用，同样也会导致介质损耗测试结果的失真。环境温度变化也会引起测量结果变化，油纸绝缘在初期受潮时以及绝缘老化时受温度影响较大。在不同温度下的测量结果可参照附录进行修正。因此，在线检测工作必须在瓷套表面干燥清洁时进行，最好选择雨过天晴后的一段时间，并同时记录测量时的环境温度、相对湿度及变电所运行方式，以便对测试结果进行温度、湿度换算修正并作纵向对比。

4. 变电所电场干扰对测试结果的影响

变电所内的运行电气设备除了要承受自身工作电压的作用，还会受相邻的其他电气设备产生的电场影响。如果被测电气设备的电容量较小且设备的运行电压较高，则介质损耗或阻性电流测试结果将会受到严重影响。对于呈“一”字形排列的电气设备，通常的表现方式是：对MOA在线检测阻性电流时，A相测试结果偏大、B相适中、C相测试结果偏小。如果变电所的运行方式不变，则电场干扰对测试结果的影响固定，因此，前后两次的测试工作最好在同一运行方式下进行，以便对测试结果进行纵向比较。对于电容型设备的介质损耗测量，停电试验时所施加的电压通常远远低于设备的实际运行电压，故要求在线测试结果与停电试验结果完全一致同样也是不现实的，特别是对500kV变电所内的电气设备。总之，导致在线检测结果差异的原因是多方面的，除了与测试仪器、测试方法有关外，还与现场条件及环境有关。尽管在线检测仪较好地解决了谐波对介质损耗及阻性电流测试结果的影响，仪器的检测精度及稳定性也得到保证，但如果要求在线测试结果与停电试验时的结果完全一样，是不可能的。然而，运行经验及研究结果表明，测试电压的不同以及周围电磁环境的差异，尽管会导致在线测试结果与停电预防性试验结果之间存在差异，但如果能够获得真实可靠的在线测试结果，仍可通过纵向或横向比较的方式，并可根据大量的数据分析。参照预防性试验规程的标准来判断出运行设备的绝缘状况，并逐步用带电（在线）测试代替停电预防性试验。

5. 同相比较测量时注意事项

两台设备同相相互测试时，高压开关（母线的线路断路器）必须闭合，测试数据才有效。若某一相开关断开，此时由于线路存在电感会引起测试数据的较大的跳动。

六、操作波试验在配电变压器故障诊断中的应用

配电变压器进行工频交流耐压试验主要是考核其高压绕组对地、高低压绕组之间和相间主绝缘的电气强度，而纵绝缘即匝间、层间绝缘并没有受到考验。若采用操作波进行耐压试验，并按规定在变压器低压绕组上施加高于运行电压若干倍的电压，不仅可以考核匝间、层间绝缘以及主绝缘的抗电强度，而且还可以通过改变试验接线方式，准确地检查出故障的位置，正确指导检修工作。例如，某变压器厂生产的50kVA配电变压器，工频耐压、空载试验等均合格，但操作波试验没有通过，查其原因为导线的绝缘漆有微气泡，从而使匝间绝缘降低了。所以，为更有效地检出配电变压器的绝缘缺陷，在《规程》中列入了操作波感应法。

为使配电变压器操作波试验装置能够实现小型、轻便，辽宁省农电局试验所根据上述原理研制成了CB-B型配电变压器操作波试验器，它由方波振荡器、可调式功率放大器、倍压整流回路、储能电容器、可控硅（晶体闸流管）、脉冲升压变压器、测量装置的分压取样回路、延时回路、频幅示伤表及触发控制回路等几部组成，其原理框图如图12-203所示。它产生操作波的原理是：倍压整流电路输出的直流高压使储能电容器充电，再经晶体闸流管向变压器施加脉冲电压，在被试配电变压器回路中产生振荡而形成操作波电压。由于仪器中需要的是直流高压，没有波形和频率的要求，所以可以用直流电压变换器直接把蓄电池的12V低压直流电压变换成所需要的高压直流电压。一般的直流电压变换器是采用逆变器把低压直流电压变换成交流高电压，经整流后取得直流高电压，但逆变器的输出电压的可调范围很窄，满足不了操作波由零调起的要求。因此，该装置采用由方波振荡器、功率放大器、倍压整流组成的可由零调起的直流电压变换器。

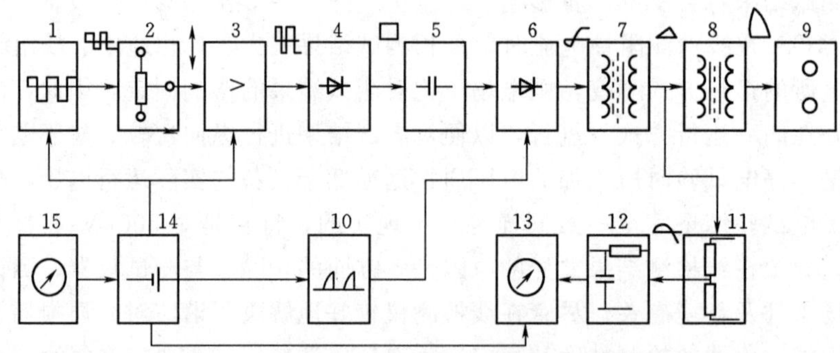

图12-203　CB-B型配电变压器操作波试验器原理框图

1—方波振荡器；2、3—可调式功率放大器；4—倍压整流回路；5—储能电容器；6—可控硅；7—脉冲升压变压器；8—被试配电变压器；9—测压和过电压保护用的三球等距间隙；10—可控硅的控制回路；11—测量装置的分压取样回路；12—延时回路；13—频幅示伤表；14—12V、13A的蓄电池；15—直流电压表（0～15V）

目前CB-B型操作波试验器已由中国空间技术研究院北京空间技术开发应用总公司机电工程公司定型为两种型号供用户选择：CB-C型为直流12V供电，配用蓄电池适合野外现场作业，也可以配用直流电源在制造厂、修理车间等有交流电源的场地使用。CB-D型为交流220V供电，专门用于有交流电源的场地使用。全套仪器由操作波试验器主

机、三球放电保护间隙、测试电缆等组成。

采用CB－B型配电变压器操作波试验器测试时的试验接线如图12－204所示。

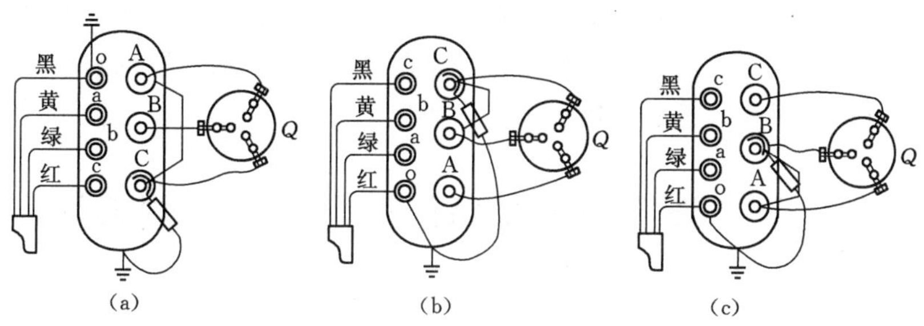

图12－204　三相四线制配电变压器操作波试验接线示意图（Q为三球间隙）
（a）第一次加压bo挡；（b）第二次加压ao挡；（c）第三次加压co挡

对测试结果可按下述方法进行分析判断：

（1）对三相变压器，若低压绕组是yn型接线，当ao加压时，频幅示伤表指示数值基本上等于co加压时的指示数值；而当bo加压时，表指示数值比ao或co加压时所指示的数大1～2.5倍，则认为该被试变压器匝、层间及主绝缘是良好的。

（2）对单相变压器，频幅示伤表指示的正、反相加压下的数值基本相同时，可认为该被试变压器匝、层间及主绝缘是良好的。

（3）对三相变压器，当b相指示数与a、c两相指示数比较，超过约3.5倍（容量不同倍数稍有差异）时；对单相变压器，正、反相指示数相差超过$\frac{1}{5}$时，应把高压绕组的接地线除掉后，再进行试验。如果原来表指示数值较小的相，在除掉高压绕组接地线后、表指示数值上升，则认为该相主绝缘有缺陷。如果地线除去前后，频幅示伤表的指示数值没有变化时，则认为是匝、层间绝缘有缺陷。高压绕组接地线时是试验匝、层间绝缘和主绝缘，而不接地线时只是试验匝、层间绝缘，而不能试验主绝缘，也可用升压法或降压法进行分析试验。

升压法是把试验电压提高到1.1倍，如果提高电压前，表针摆动幅度很大，随着电压升高而趋向稳定，并且指示刻度大幅度降低时，则认为该被试变压器有匝、层间绝缘缺陷。降压法是把试验电压逐渐降低，如果指示数值小，或表针摆动幅度较大，在电压降低的过程中，不是随电压的降低成比例的变化，而是突变（突然由小变大或不稳定变为稳定），则认为该被试变压器有匝、层间绝缘缺陷。

（4）若频幅示伤表指示的数值，与同类型的比较相差较大，则认为该被试变压器有绝缘缺陷。可用撤除高压绕组地线的方法确定是主绝缘缺陷，还是匝、层间绝缘缺陷。

（5）若频幅示伤表的表针摆动较大，达到全刻度的1/3～1/4时，则认为该被试变压器有不稳定的绝缘缺陷。此时也可采用升压法或降压法进行分析、试验。

（6）在加压试验时，还可以根据被试变压器的铁磁振动声音来辅助判断，通常有缺陷的变压器在试验时发出的铁磁振动声音的音调较低；无绝缘缺陷的变压器在试验时发生的铁磁振动声音的音调较高。只要积累一定的经验是可以区别出来的。

鞍山、阜新、锦州、开原、大石桥、内蒙古、黑龙江和吉林等地的多年试验经验表明，配电变压器操作波试验器对检出配电变压器主、纵绝缘缺陷是非常有效的，所以它既是配电变压器出厂试验必不可少的试验项目，也是预防性试验的重要试验项目之一，对保证配电变压器安全可靠运行具有重要意义。

第二十二节　变压器局部放电在线监测系统

一、概述

清华大学高电压和绝缘技术研究所在“六五”攻关项目《电力设备局部放电在线监测》的研究成果的基础上，又于1997—2002年承担了国家自然科学基金重点项目《大型发电机与变压器放电性等故障的在线监测与故障诊断技术》，该项目取得了丰硕的研究成果。在此基础上，研究开发的电力设备局部放电在线监测系统，已在国内的许多大型变电站和发电厂投入运行。以下结合清华大学高电压和绝缘技术研究所的监测系统，详细介绍一个局部放电监测系统的基本组成。

监测系统功能如下：①监测放电脉冲电流信号和变压器的超声信号；②监测电信号波形，采用FFT分析放电特征或干扰特性；③针对干扰特点，采用硬件或数字处理技术抑制干扰；④对监测到的信息进行统计分析，提取统计特征，如三维谱图（$\varphi-q-n$谱图），二维谱图（$q-\varphi$、$n-\varphi$、$q-n$谱图）；⑤利用人工神经网络技术进行故障识别；⑥放电信号的阈值报警；⑦对变压器的严重放电点进行定位。

系统主要技术指标：变压器最小可测放电量不大于3000pC，变压器超声定位精度为±5cm（实验室油箱中的试验数据）。

二、放电监测系统组成

放电监测系统原理框图如图12-205所示。图12-205中，每台变压器上最多可装10个脉冲电流传感器和3个固定式超声传感器；电流传感器分别串接在：220kV侧高压出线套管末屏和中性点套管末屏，110kV侧高压出线套管末屏和中性点套管末屏，变压器外壳和铁芯接地线（如只有一根接地线的话）上。另有3个移动式超声传感器，当发现故障时，供精确定位时用。户外测量箱由独立的数字温控仪调节温度，使箱内温度一年四季均能维持在10～40℃之间。信号采集箱电源由上位机过程控制通断。在定时采样到达之前15min打开电源，采样结束后关闭电源，从而延长信号采集箱的使用寿命。

三、主要硬件模块工作原理

1. 脉冲电流传感器

图12-206所示为电流传感器原理框图。脉冲电流传感器采用铁氧体磁心绕制而成，传感器3dB带宽约为4kHz～1.2MHz，为有源宽带型。前置放大器的放大倍数为1或10，

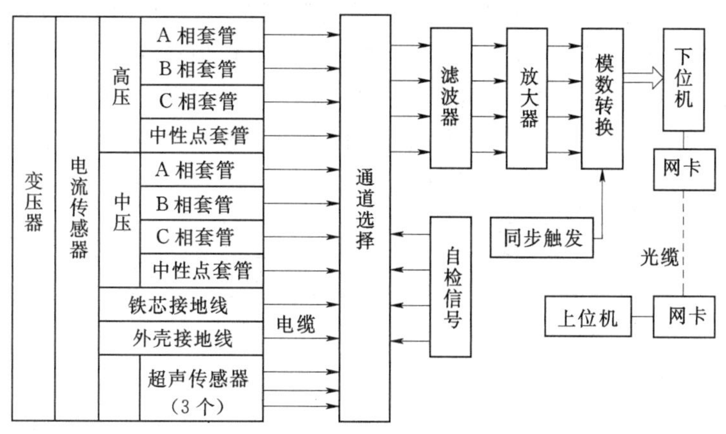

图 12－205　变压器放电监测系统原理框图

放大倍数选择方式为手动。

2. 超声传感器

图 12－207 所示为超声传感器原理框图。超声传感器探头采用锆钛酸压电晶体作为换能组件，其频带为 20～300kHz，放大器增益为 40dB。由于运行中变压器的高频噪声主要是巴克豪森噪声和磁声发射噪声，它们的频率均在 70kHz 以下，故超声传感器 3dB 带宽定为 70～180kHz，以抑制上述噪声和低频振动噪声的干扰。

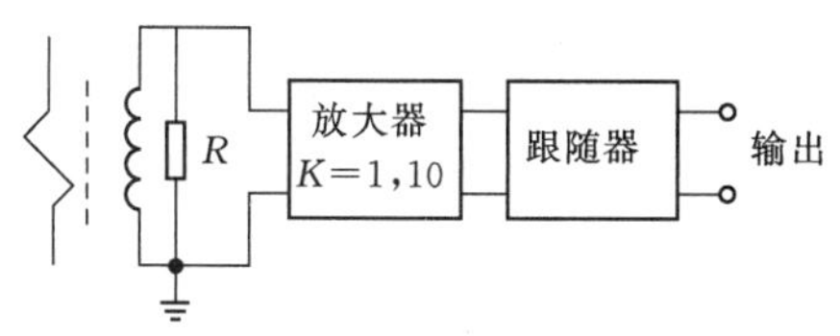

图 12－206　电流传感器原理框图

图 12－207　超声传感器原理框图

3. 信号隔离单元

图 12－208 所示为隔离单元原理框图。传感器和数据采集装置之间设有隔离单元。这是因为各传感器接地点的电位是不等的（即使只有毫伏数量级的差异），如果直接接入，不同传感器通道的接地线之间将产生干扰电流，从而影响系统的正常工作，严重时系统根本无法工作。本装置采用隔离变压器作为隔离组件，每个传感器配一个隔离单元，隔离单元的放大倍率为 1。

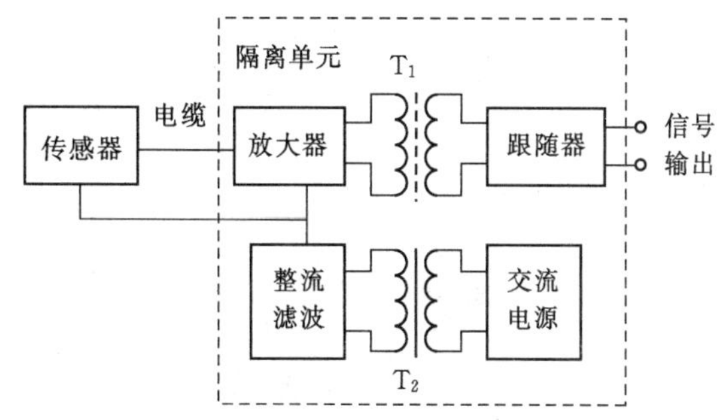

图 12－208　隔离单元电气原理框图

4. 衰减器和放大器单元

图 12－209 所示为衰减器、放大器的原理框图。衰减器采用阻容网络组成，以获得最佳的频率特性。衰减器的衰减倍率为 1、1/2、1/4、1/8。放大器包括 2 级，每级放大器

的放大倍数为1、2、4、8。衰减和放大倍率均可过程控制。放大器3dB带宽为10kHz～2MHz。为获得良好的频率特性，衰减器、放大器的量程切换开关采用微型继电器控制。图中“KK”为继电器控制信号，由地址译码电路产生。根据放电信号大小，由上位机发出相应的控制命令，经传输网络传至下位机，由下位机控制上述电路，将输出信号调整到合适的电平。

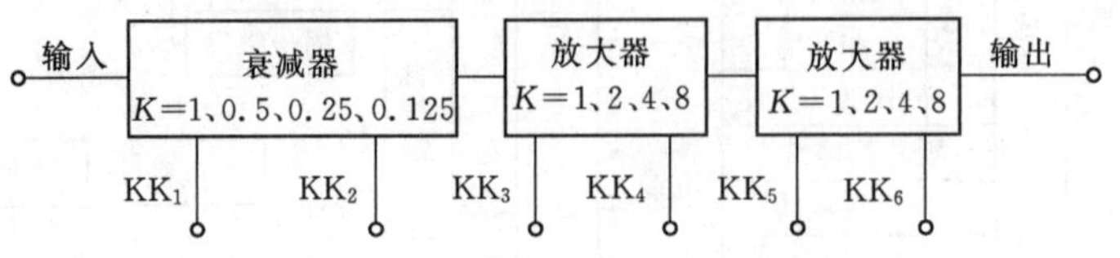

图12-209　衰减器、放大器原理框图

5. 组合滤波器单元

根据监测系统安装地点的具体干扰情况，设计了图12-210所示的组合滤波器来抑制干扰。组合滤波器包含带通滤波器、带阻滤波器、窄带滤波器、高通滤波器和宽带通道（直通）。

6. 模数转换单元（A/D）

A/D的采样率为（0.5～10）MSA/s，分辨率为12b，A/D板上高速缓存容量为4MB/信道。所有参数均可由软件过程控制。当系统处于自动监测模式时，采样率设为5MSA/s，因此，每次采样过程可连续采集5个工频周期长的放电信号。为了提取放电的统计特征，需采集更长时间的放电信号，可采用多次采集方式，但需要保证过零（工频信号的零点）触发的精度。A/D卡触发采用外触发方式，其触发信号由电源同步电路提供，保证采集的放电信号和电源电压有固定的相位关系。

7. 自检单元

图12-211所示为自检电路原理框图。为了定期地检查监测系统硬件电路是否正常，设计了四个能产生不同波形的信号电路，分别为锯齿波和不同占空比的矩形波。可定期地检查这四个信号，通过观察其波形形状和大小判断监测系统是否工作正常。

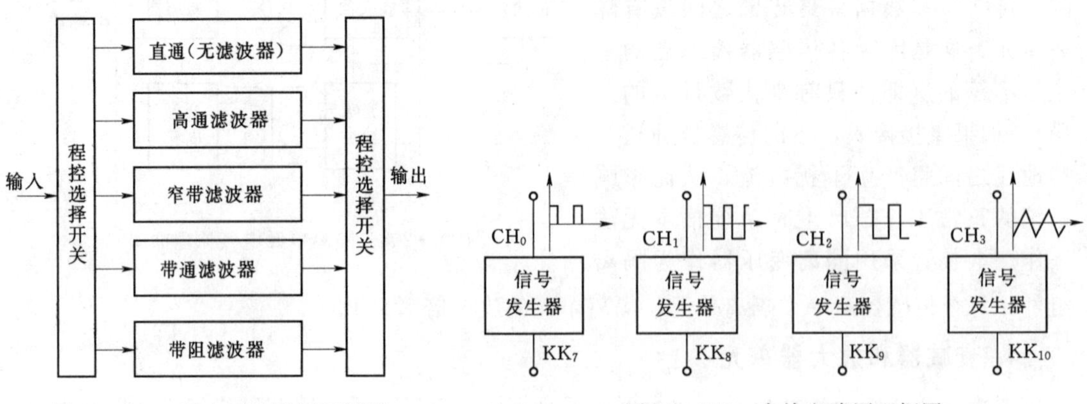

图12-210　组合滤波器原理框图

图12-211　自检电路原理框图

四、网络拓扑结构

随着在线监测技术的发展，电力系统中出现了多种不同的监测系统，如放电故障监测系统、电容性设备绝缘故障监测系统等。如何把不同的监测装置组成一个统一的整体，以实现对整个发电厂、变电站的综合分析判断，是考虑网络结构的因素之一。另外放电信号采用高速 A/D 卡进行数模转换后，每次采集的数据量可达数十兆字节，如何快速、正确地传输信号成为一个监测系统成功与否的关键因素。目前网络传输速度很容易达到 10Mbit/s 甚至于 100Mbit/s 的传输率，另外网络具有极强的纠错能力，故采用网络技术能符合放电监测的要求。

图 12－212 所示为分布式监测系统通信网络拓扑结构图。本系统由一个星状总线结构的以太网组成，采用 10Mbit/s 传输速率。该网络结构可以方便地组成一个分布式监测系统，从而实现对发电厂和变电站的全方位监测。图中虚线框内设备表示扩展部分。监测系统通过和广域网的连接，可实现数据的远程通信，这为今后发展远程诊断奠定了基础。主计算机操作系统采用 Windows NT 4.0，监测系统下位机采用 MS－DOS 操作系统，下位机用电子盘作存储介质，不设带机械转动部件的软盘、硬盘，提高了下位机长期运行的可靠性。

五、光缆通信单元

由于绝缘监测系统一般处于几十万伏的高电压环境中，有着各种各样的电磁干扰。为保证信号传输的可靠性，以及监测系统免受电力系统过电压的冲击，本系统采用光缆传输放电信号。光缆内有四根光纤，两根作收发送信号用，另两根备用。图 12－213 所示为光缆传输电路原理框图。

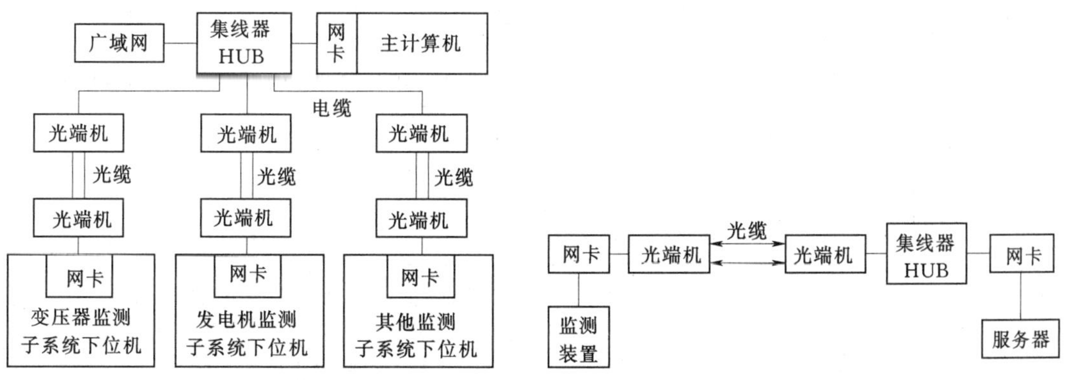

图 12－212　分布式监测系统通信网络拓扑结构图

图 12－213　光缆传输电路原理框图

六、系统软件

1. 软件框架体系

软件设计采用不依赖于特定硬件的设计思想，要求能容纳不同的数据采集装置和数据处理方法，最终形成对发电机、变电站设备进行在线监测的分布式体系结构。结合以往发

电机、变压器放电监测系统的开发经验，系统软件采用了一些当今软件开发的新技术，如运用了软件框架结构体系、组件对象模型（component object model）技术等。用 Visual C++语言编程，采用和 Windows 图形界面一致的显示方式，逐渐形成了电力设备在线监测与诊断系统 PEMDS（power equipment monitoring & diagnosis system）软件框架体系。PEMDS 采用了组件对象模型来实现各种不同的接口，这些接口是与源码无关的，这就为不同科研单位协同工作提供了方便。PEMDS 能容纳不同的数据采集系统。其他数据采集系统只要采用符合 PEMDS 规范的接口，就可以无缝地融合到系统中，在整个系统的框架中正常运作。这有利于采用不同的监测系统，形成发电厂、变电所分布式在线监测系统。PEMDS 通过对不同的数据和数据处理方法进行适当的抽象，使不同的数据处理方法能容纳在 PEMDS 的框架中，从而实现对不同数据进行不同处理。PEMDS 很容易扩展功能，其体现在不同的数据采集子系统和数据处理模块，可以动态地装载到整个系统中去，甚至在 PEMDS 已经运行的状态下，仍能在系统中添加和卸载不同的数据采集系统。这就使得一个大的监测系统可以分阶段开发，不断完善功能。

2. PEMDS 软件框架结构

系统的软件结构如图 12-214 所示。系统的核心部位是工作台，其中包含了整个系统的关键部件，即数据采集控制器、数据对象管理器和数据处理对象管理器。数据采集控制器通过数据采集对象接口与数据采集对象通信。数据采集对象是数据采集硬件在软件上的对应物。通过数据采集对象接口，系统可以和不止一个数据采集对象进行连接。这些数据采集对象可以是同一类型的对象，也可以是不同类型的对象。与数据采集控制器相关的是

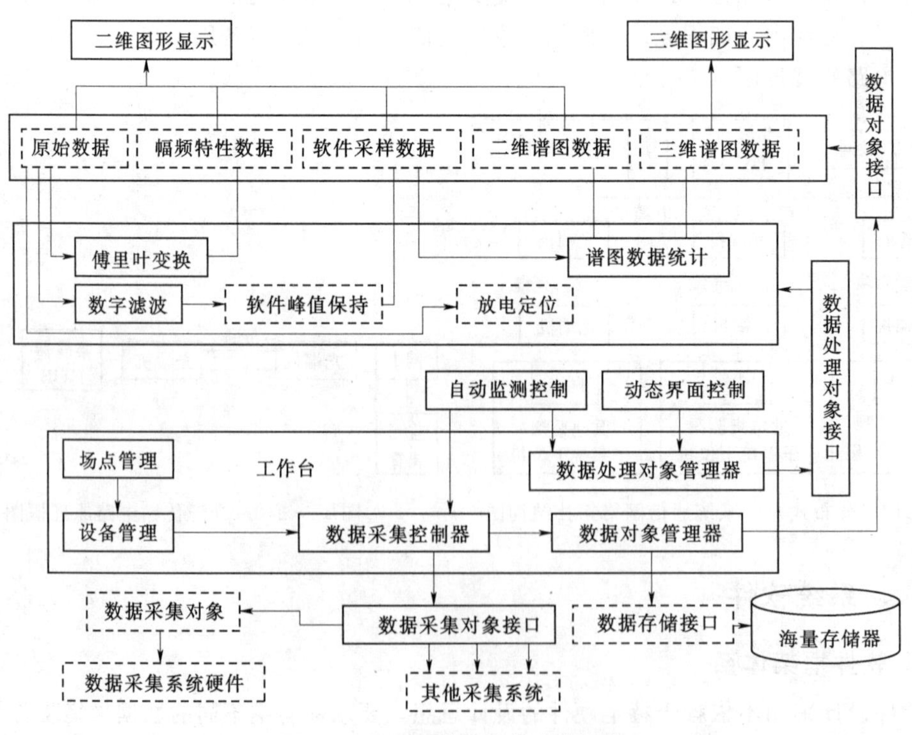

图 12-214 系统的软件总体结构

场点管理和设备管理。场点管理和设备管理记录了系统安装地点的有关信息和设备的容量、类型、铭牌等内容。当比较不同安装地点或不同设备上得到的数据时，场点和设备信息给出了数据的来源并提供了附加的参考信息。

数据对象管理器接收数据采集控制器得到的原始数据后，将数据插入到工作台中。数据处理对象管理器在用户的驱动下，通过数据处理对象接口调度不同的数据处理对象，对数据进行处理并进行图形显示。动态界面控制根据数据处理对象管理器提供的信息，对用户界面进行动态调整，以及时反馈当前正在处理的数据对象和数据处理过程。在图12-208中，用虚线框起来的部分表示放电监测系统，而其他部分为PEMDS系统框架所有。任何其他数据类型和数据处理方法都可以用同样的方式融入该系统，从而成为系统的一部分。系统不通过数据源重定向的方式，使为一个系统所设计的数据处理算法能为别的系统所用，使不同的系统能共享数据处理算法。系统目前能进行完善的二维图形显示，采用自动分度、数据提示、图形缩放等技术来提供直观详尽的数据信息。系统还可以斜二侧投影和正轴侧投影两种方式显示三维数据，采用优化的峰值线法绘制的三维图形。自动监测控制用来完成对设备周期性的自动监测。该部件控制数据采集系统和数据处理对象管理器进行周期性的数据采集和数据特征量提取，并将特征量保存在数据库以备查询。

3. 放电监测系统软件功能

该系统软件功能包括数据采集、数据显示和数据处理。

(1) 数据采集可分为自动监测或人控采集方式。采样率在自动监测时固定为5MSA/s，人控监测时可在0.5～10MSA/s之间程控选择。自动监测时，以小时为间隔，程序设定定时采样时间。采集数据长度为25个工频周期。

(2) 数据显示功能可显示放电脉冲时域图形、频域图形、二维谱图（$q-\varphi$、$n-\varphi$、$q-n$谱图）、三维谱图（$\varphi-q-n$谱图）和放电量趋势图。

(3) 数据处理功能包括监控软件设有幅频特性分析（FFT）子程序、频域谱线删除子程序（FFT滤波）、多带通滤波、脉冲性干扰抑制子程序等数据处理程序。

4. 抗干扰措施

本系统设有硬件滤波器，对干扰特别严重的场合，可选用适当的硬件滤波器来滤除大部分的干扰。硬件滤波器的缺点是不能随意改变参数，很难适应变化的环境，这时可用软件滤波器进一步抑制剩余的干扰。针对不同的干扰，可以选用以下四种方法分别处理：①幅频特性分析（FFT）子程序，用频谱分析技术来分析放电或干扰的频谱特征，进而用数字滤波技术来抑制窄带干扰，这是软件滤波的基础。②频域谱线删除子程序（FFT滤波），在频谱分析的基础上，找出干扰严重的若干频率成分，然后在频域中开窗消除。③多带通滤波子程序，在频谱分析的基础上，找出干扰较轻的若干频段，然后在时域中设置相应的多个带通滤波器，使信号中的干扰成分得到抑制。④脉冲性干扰抑制子程序，周期性脉冲干扰由于相位相对固定，通常用时域开窗法去除。发电厂的周期性脉冲干扰主要由发电机励磁系统产生，发电机的励磁电压是随无功负荷变化而自动调节的，故软件开窗的相位也应自动跟踪换向脉冲相位的变化。

脉冲性干扰抑制子程序设计思路是：首先在采样数据序列中寻找可疑的脉冲，建立此脉冲波形的样板，然后在整个数据序列中比较是否在等间隔的位置有若干（对确定的发电机脉冲数量是一定的）近似的脉冲出现，如符合规律，则视为干扰，可开窗去除。

按此原则编制的脉冲性干扰抑制子程序，可有效抑制脉冲性干扰。

5. 故障诊断

一个完善的监测系统应具备故障诊断功能，本系统除可给出基本的视在放电量 q、放电重复率 n 和放电相位 φ 等特征参数外，还可对放电的模式进行初步识别。

对于不同部位和不同强度的放电，其放电波形具有不同的模式。模式识别具有统计特性，需要连续采集几十个乃至几百个工频周期的数据信息。做统计分析时，为减小处理时间，需要对高速采集的数据进行压缩。本系统采用软件峰值保持算法得到采样率的时域波形，并进一步取得放电的 φ、q、n 统计信息。据此，可以得到三维放电 $\varphi-q-n$ 谱图和二维放电 $\varphi-q$、$\varphi-n$、$q-n$ 谱图。在三维放电谱图、二维放电谱图的基础上，可进一步提取放电的指纹特征，利用人工神经网络对放电的模式进行识别，可以用来区分放电的部位和放电的严重程度。

6. 变压器放电点超声定位子程序

变压器油箱器壁装有三个固定式超声传感器，用作超声信号的在线监测。在进行放电点的定位时，为了提高定位精度，应利用移动式超声传感器仔细测量，逐步逼近放电点，如此才能获得理想的定位准确度。超声定位子程序采用声、电时延法编制。实际操作时，先通过声强法获得放电的大致区域。在这个区域内建立一个直角坐标系，将三个超声传感器放在变压器油箱的不同位置上，测出三个超声传感器在坐标系的位置坐标。采集三路声信号和一路电信号后，在信号的时域图上，以电信号作为时间起点，测出三个超声传感器的时延。将超声传感器位置坐标和时延代入方程组求解，方程组的解，即为放电点的位置。

在实验室油箱中试验，定位准确度为±5cm。

7. 放电监测系统主要软件界面

目前微软的 Windows 操作系统在 PC 机用户中已占绝对统治地位。由于 Windows 界面具有界面友好、易于操作的优点，得到了广泛的应用。本系统软件采用 Windows 界面，符合广大用户的使用习惯。

第二十三节　变压器过热性故障及其判断

一、变压器过热性故障的原因

（一）环流或涡流在导体和金属结构件中引起的过热

环流和涡流和漏磁场有关，不仅存在于变压器绕组导体中，而且也存在于变压器油箱、铁芯夹件、拉板及连接螺栓等金属结构件中，它们的分布及量值大小取决于漏磁场电

流源，而且，还与本身材料特性、几何尺寸和周围介质等因素有关。

1. 铁芯过热故障

变压器铁芯局部过热是一种常见故障，通常是由于设计、制造工艺等质量问题和其他外界因素引起的铁芯多点接地或短路而产生。

2. 绕组过热故障

变压器绕组过热故障可分为发热异常型过热故障、散热异常型过热故障和异常运行过热故障。其中由环流或涡流引起的绕组过热属于发热异常型过热故障。

3. 引流分流故障

由于引线安装工艺问题，使高压套管的出线电缆与套管内的铜管相碰，运行或检修过程中，接触部位受力摩擦，会导致引线绝缘层损伤，引起裸铜引线直接与铜管内壁及均压球接触，形成由铜管壁和引线组成的交链磁通的闭合回路，由此产生引线分流和环流，使电缆铜线烧断、烧伤。相对而言，回路中裸露电缆与铜管靠接的局部接触电阻比较大，当很大的回路电流通过时就会在引线和铜管中引起过热故障。

（1）铁芯拉板过热故障。大型变压器铁芯拉板，是为保证器身整体强度而普遍采用的重要部件，通常采用低磁钢材料，由于它处于铁芯与绕组之间的高漏磁场区域中，因此，易于产生涡流损耗过分集中，严重时会造成局部过热。

（2）涡流集中引起的油箱局部过热。对于大型变压器或高阻抗变压器，由于其漏磁场很强，若绕组平衡安装设计不合理或漏磁较大的油箱壁或夹件等结构件不采用屏蔽措施或非导磁钢板错用成普通钢板，使漏磁场感应的涡流失控，引起油箱或夹件等的局部过热。

（3）金属部件之间接触不良引起的过热。金属部件之间接触不良引起的过热属电阻异常型过热事件。此时工作电流一般正常，而导电回路局部电阻增加。虽然损耗与电阻只是正比关系，但由于电阻增加引起的损耗局部增量往往很大，所以局部过热的现象可能很严重。

（4）散热或冷却效果差引起的过热。散热或冷却效果差易产生散热异常型过热故障，就单位面积的热负荷而言，虽然仍处在正常范围之内，但由于散热条件被改变或异常，可引起局部过热。

1）绕组油道阻塞。近年来，各制造厂为降低变压器损耗，通常在绕组设计制造中采用换位导线。当扁线绞编和匝绝缘包扎不紧实或因振动引发绕组导体松动时，会使采用换位导线的油浸变压器在运行一段时间后发生“涨包”，段间油道堵塞、油流不畅，匝绝缘得不到充分冷却，使之严重老化，以致发黄、变脆，在长期电磁振动下，绝缘脱落，局部露铜，最终形成匝间短路，导致变压器烧损事故。

2）冷却装置风道堵塞。长期运行的变压器，由于冷却装置缺少维护和清理，使风冷却器缺少维护和清理，使风冷却器散热管的翅片间或散热器风道缝隙积满灰尘、树叶、昆虫等杂物，引起风道堵塞，风扇气流无法吹到散热管上，散热效率降低将致使变压器的温度不断升高。冷却器的冷却容量不足或误操作将电源接反或起动风扇设定值错误，造成顶层油温度过高，从而引起过热性故障。由于水冷却器铜管开裂或冷却器法兰密封不良，在油泵的抽力下易使变压器上部呈负压状态，导致变压器进水，使器身受潮而引发故障。

3）漏硅胶使油循环不良。由于净油器过滤网不严密，出现较大缝隙，经过长期运行使硅胶大量进入油箱，阻挡了油的循环通路，使油循环不良，引起变压器高温过热。

（二）异常运行或诱发因素引起的过热

当变压器的运行条件与设计时所依据的性能参数标准不同时或由于某种不良原因使产品性能改变时，可使变压器产生障碍，严重时引起过热或其他故障。

1. 过负载运行

在变压器过负载运行时，因漏磁通的增大而使变压器结构件易于发生局部过热。

2. 不具备运行而并联运行

并联运行的变压器，如不具备并联运行条件，则并联运行的变压器中，至少有一台会产生过热并可能损坏。

3. 受其他因素的影响

例如，变压器直流偏磁造成铁芯过饱、夜间负荷低谷或节假日电压升高产生的变压器过励磁、变压器的运行条件（如频率、电压等）发生变化时，导致变压器铁芯磁通密度增大和损耗增加引起铁芯过热等。

4. 其他故障的影响

变压器故障可以分为过热故障、绝缘系统放电或击穿故障和短路故障三大类，实际上变压器发生故障时，按其发生原因及现象有时很难准确地确定故障属于上述哪一类。因为，这些故障在很大程度上相互影响和彼此关联，例如高温过热可引起绝缘油和绝缘纸的老化，加速油泥和水分的形成，引起绝缘放电或击穿故障；同样，由各种原因产生的绝缘系统放电或击穿故障和由于操作或金属异物等原因造成的三相短路、低压裸铜排相间短路和单相裸铜引线对地短路等短路故障可引起或诱发变压器过热故障。

二、过热性故障的判断

根据变压器过热故障的起因、现象和外部反映情况，判断过程通常分为以下几个步骤。

（一）变压器外观检查

当变压器发生故障时，无论是变压器内部故障还是外部故障，其产生的异常现象往往会通过声音、气味、变压器油箱外壳发热程度（触觉）和变压器外部保护装置等形式表现出来。因此，根据相关的操作规程检查变压器外观各组部件所处的工作状态（如温度指示值的大小、储油柜油位是否正常、气体继电器内是否有气体、油箱箱体有无渗漏现象和引线连接有无松动、变色），并结合已取得的数据资料或历史记录进行初步判断或分析。

（二）变压器内部故障判断

根据变压器故障现象和外观检查的具体情况，可对外部组件本身或引线接头连接不良等的外部缺陷故障进行直接处理。而对于内部故障，通过对变压器油色谱分析、电气性能试验、绝缘特性试验和绝缘油试验等项内容的综合分析和判断，来诊断变压器故障的性质

和部位。

1. 油中溶解气体的色谱分析法

色谱分析技术是检测变压器各种故障的重要方法之一。实践表明，在局部过热的情况下，变压器油中含有大量的 CH_4 和 C_2H_4，当故障涉及固体绝缘时，还会引起油中 CO 和 CO_2 气体的明显增长，基于此特性，可以利用特征气体法和三比值法来判断故障的种类与性质。

2. 短路阻抗和负载损耗测量

通过测量短路阻抗和负载损耗，有助于分析和判断绕组和油箱、夹件等结构件是否存在缺陷。由于变压器内部或外部遭受过短路，可能会造成绕组变形和绕组间的错位，使变压器短路阻抗和负载损耗发生变化。因此，通过测量短路阻抗和负载损耗大小，并与出厂试验值比较，可判断变压器绕组是否变形或错位，结构件是否存在由涡流或环流集中引起的过热缺陷。

（三）变压器器身检查

对于中小型变压器可以通过吊芯进行仔细检查；而对于大型变压器，由于受现场设备的限制而不能吊芯时，可以抽出一定数量的油进行检查。为避免变压器器身受潮，检查时应尽量缩短器身暴露在空气中的时间，内部检查的主要项目概括如下：

（1）绕组检查：其绝缘有无损伤；是否变形和断裂；有无位移和压钉松动现象；是否有烧黑或击穿痕迹。

（2）铁芯及相邻金属件的检查：测定铁芯绝缘电阻；检查与铁芯相邻的夹件、垫脚、铁芯拉带等的绝缘是否良好；叠片是否有上下窜动、变形；铁芯是否有过热痕迹。

（3）其他检查内容：调压开关触头有无过热、放电痕迹；绝缘件是否变色、炭化；引线连接处是否断线、烧熔；有无金属焊渣、粉末等异物；金属结构件之间的连接螺栓是否松动、有无烧黑痕迹。

第二十四节　变压器放电性故障及其判断

根据放电的能量密度的大小，变压器的放电故障常分为局部放电、火花放电和高能量放电三种类型。

一、变压器局部放电故障

在电压的作用下，绝缘结构内部的气隙、油膜或导体的边缘发生非贯穿性的放电现象，称为局部放电。局部放电刚开始时是一种低能量的放电，变压器内部出现这种放电时，情况比较复杂，根据绝缘介质的不同，可将局部放电分为气泡局部放电和油中局部放电；根据绝缘部位来分，有固体绝缘中空穴、电极尖端、油角间隙、油与绝缘纸板中的油隙和油中沿固体绝缘表面等处的局部放电。

1. 局部放电的原因

（1）当油中存在气泡或固体绝缘材料中存在空穴或空腔，由于气体的介电常数小，在交流电压下所承受的场强高，但其耐压强度却低于油和纸绝缘材料，在气隙中容易首先引起放电。

(2) 外界环境条件的影响。如油处理不彻底，带进气泡、杂物和水分，或因外界气温下降使油中析出气泡等，都会引起放电。

(3) 由于制造质量不良。如某些部位有尖角、毛刺、漆瘤等，它们承受的电场强度较高而出现放电。

(4) 金属部件或导电体之间接触不良而引起的放电。

局部放电的能量密度虽不大，但若进一步发展将会形成放电的恶性循环，最终导致设备的击穿或损坏，而引起严重的事故。

2. 放电产生气体的特征

放电产生的气体，由于放电能量不同而有所不同。如放电能量密度较低时，一般总烃不高，主要成分是氢气，其次是甲烷，氢气占氢烃总量的 80%～90%；当放电能量密度较高时，则氢气相应降低，而出现乙炔，但乙炔这时在总烃中所占的比例常不到 2%，这是局部放电区别于其他放电现象的主要标志。随着变压器故障诊断技术的发展，人们越来越认识到，局部放电是诸多有机绝缘材料故障和事故的根源，因而该技术得到了迅速发展，出现了多种测量方法和试验装置，亦有离线测量的。

3. 测量局部放电的方法

(1) 电测法。利用示波器、局部放电仪或无线电干扰仪，查找放电的波形或无线电干扰程度。电测法的灵敏度较高，测到的是视在放电量，分辨率可达几皮库。

(2) 超声测法。利用检测放电中出现的超声波，并将声波变换为电信号，录在磁带上进行分析。超声测法的灵敏度较低，为几千皮库，它的优点是抗干扰性能好，且可“定位”。有的利用电信号和声信号的传递时间差异，可以估计探测点到放电点的距离。

(3) 化学测法。检测溶解油内各种气体的含量及增减变化规律。此法在运行监测上十分适用，简称“色谱分析”。化学测法对局部过热或电弧放电很灵敏，但对局部放电灵敏度不高。而且重要的是观察其趋势，例如几天测一次，就可发现油中含气的组成、比例以及数量的变化，从而判定有无局部放电或局部过热。

二、变压器火花放电故障

1. 悬浮电位引起火花放电

高压电力设备中某金属部件，由于结构的原因，或运输过程和运行中造成接触不良而断开，处于高压与低压电极间并按其阻抗形成分压，而在这一金属部件上产生的对地电位称为悬浮电位。具有悬浮电位的物体附近的场强较集中，往往会逐渐烧坏周围固体介质或使之炭化，也会使绝缘油在悬浮电位作用下分解出大量特征气体，从而使绝缘油色谱分析结果超标。

悬浮放电可能发生于变压器内处于高电位的金属部件，如调压绕组，当有载分接开关转换极性时的短暂电位悬浮；套管均压球和无载分接开关拨叉等电位悬浮。处于地电位的部件，如硅钢片磁屏蔽和各种紧固用金属螺栓等，与地的连接松动脱落，导致悬浮电位放

电。变压器高压套管端部接触不良，也会形成悬浮电位而引起火花放电。

2. 油中杂质引起火花放电

变压器发生火花放电故障的主要原因是油中杂质的影响。杂质由水分、纤维质（主要是受潮的纤维）等构成。水的介电常数 ε 约为变压器油的 40 倍。在电场中，杂质首先极化，被吸引向电场强度最强的地方，即电极附近，并按电力线方向排列。于是在电极附近形成了杂质“小桥”，如果极间距离大、杂质少，只能形成断续“小桥”，“小桥”的导电率和介电常数都比变压器油大，从电磁场原理得知，由于“小桥”的存在，会畸变油中的电场。因为纤维的介电常数大、使纤维端部油中的电场加强，于是放电首先从这部分油中开始发生和发展，油在高场强下游离而分解出气体，使气泡增大，游离又增强。而后逐渐发展，使整个油间隙在气体通道中发生火花放电，所以，火花放电可能在较低的电压下发生。

如果极间距离不大，杂质又足够多，则“小桥”可能连通两个电极，这时，由于“小桥”的电导较大，沿“小桥”流过很大电流（电流大小视电源容量而定），使“小桥”强烈发热，“小桥”中的水分和附近的油沸腾汽化，造成一个气体通道——“气泡桥”而发生火花放电。如果纤维不受潮，则因“小桥”的电导很小，对于油的火花放电电压的影响也较小；反之，则影响较大。因此杂质引起变压器油发生火花放电，与“小桥”的加热过程相联系。当冲击电压作用或电场极不均匀时，杂质不易形成“小桥”，它的作用只限于畸变电场，其火花放电过程，主要决定于外加电压的大小。

3. 火花放电的影响

一般来说，火花放电不致很快引起绝缘击穿，主要反映在油色谱分析异常、局部放电量增加或轻瓦斯动作，比较容易被发现和处理，但对其发展程度应引起足够的认识和注意。

三、变压器电弧放电故障

电弧放电是高能量放电，常以绕组匝层间绝缘击穿为多见，其次为引线断裂或对地闪络和分接开关飞弧等故障。

1. 电弧放电的影响

电弧放电故障由于放电能量密度大，产气急剧，常以电子崩形式冲击电介质，使绝缘纸穿孔、烧焦或炭化，使金属材料变形或熔化烧毁，严重时会造成设备烧损，甚至发生爆炸事故，这种事故一般事先难以预测，也无明显预兆，常以突发的形式暴露出来。

2. 电弧放电的气体特征

出现电弧放电故障后，气体继电器中的 H_2 和 C_2H_2 等组分常高达几千微升每升，变压器油亦炭化而变黑。油中特征气体的主要成分是 C_2H_2 和 H_2，其次是 C_2H_6 和 CH_4。当放电故障涉及固体绝缘时，除了上述气体外，还会产生 CO 和 CO_2。

综上所述，三种放电的形式既有区别又有一定的联系，区别是指放电能级和产气组分，联系是指局部放电是其他两种放电的前兆，而后者又是前者发展后的一种必然结果。

由于变压器内出现的故障，常处于逐步发展的状态，同时大多不是单一类型的故障，往往是一种类型伴随着另一种类型，或几种类型同时出现，因此，更需要认真分析、具体对待。

第二十五节 变压器音频监控系统

一、音频监控系统的功能

设备在运行过程中会发出种种声音，从声音的变化强弱可以判别设备的故障情况。譬如变压器变压正常运行时，由于铁芯的振动而发出轻微、均匀的“嗡嗡”声，声音清晰而有规律。当变压器出现异常声响时，不同的声音代表着不同的故障情况。例如：“咕噜咕噜”声可能是变压器绕组有匝间短路产生短路电流，使变压器油局部发热沸腾；间歇性的“哧哧”声常常是由于铁芯接地不良而引起，应及时对变压器进行进一步检测或停用，避免故障扩大。

由于变电设备（变压器、电容器、电抗器、开关设备等）在运行过程中会发出种种声音，而正常运行情况下与故障情况下的声音将有明显的不同。因而通过辨别设备运行中的声音可以有效判断其故障情况。随着变电站综合自动化和无人值班变电站的发展，在多方面实现了对设备的在线监测和远程控制，为设备的稳定运行奠定了基础。然而，通过听声音辨别设备故障的方法还未运用到无人值班变电站的远程监控系统中。基于此原因，提出研究开发一种无人值班变电站电气设备音频监控系统，以实现电气设备故障音频的远程监控。这对保证设备安全稳定运行、完善无人值班变电站的计算机监控系统具有重要意义。

二、音频监控系统的结构

音频监控系统如图 12－215 所示，主要由声音传感器、数据采集器、现场总线、监控计算机、总控制器等组成。监控的声音源主要包括变电站的变压器、电容器、GIS 等主要设备。为了避免雷声、鞭炮声等外界声音通过电气设备的钢质外壁传导到声音传感器而导致误判，在变电站的设备现场增加一个环境声音的监控，排除环境声音异常而造成的误判断。

声音传感器紧贴安装在户外变压器、电容器等设备的外壁上，定向采集设备所发出的声音。声音传感器采用高灵敏度、小体积的电容传声器为核心，具有防风、防水、耐高温等功能。数据采集器包括声音传感器的信号放大、模数转换器、低通滤波器、声音压缩、故障声音判断以及传行通信等功能模块。选用凌阳 SPCE061A 型音频处理单片机作为核心处理器。该处理器具有集成信号放大、模数转换器、串行通信口等模块，具有强大的声音处理功能，非常适合音频信号处理等应用领域。数据采集器采用金属防水盒设计，具有防水、抗电磁干扰等优点。

数据采集器将采集的数据在本地进行故障识别，将判断结果通过 RS485 总线发送到总控制器。当变电站的监控中心需要实时监听设备声音时，数据采集器将声音数据进行压

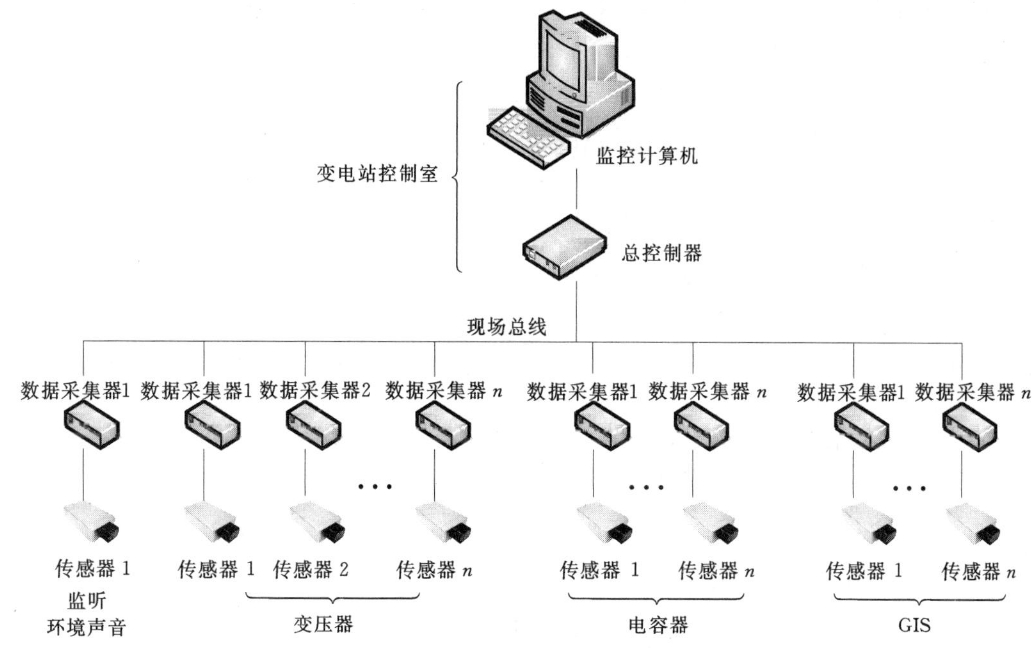

图 12-215　音频监控系统总体框图

缩后，再通过 RS485 总线进行通信。

第二十六节　变压器外围部件的检测与处理

一、分接开关故障

1. 分接开关连动故障

连动现象是指在接到一个调压指令后，开关不能停止在要求的分接位置上，而是继续转动几个分接。具体表现是，顺序开关断开时间较短，在交流接触器断电后还未来得及返回时，顺序开关就再次接通，从而使电动机持续运转。开关连动的后果可能造成对变压器的过励磁或使母线电压达不到要求而使供电质量下降。这种情况对变压器运行是非常有害的。

2. 分接开关拒动故障

分接开关拒动的表现方式是在调压时，手摇操作正常，而就地电动操作拒动。分接开关拒动的后果会使选择器和过渡电阻烧毁或变形，主传动轴断裂，对变压器的威胁很大。

3. 与拒动现象相似的一种故障

这种故障主要是切换开关切换时间延长或不切换。具体特征是：当切换开关的动触头停在中间位置时，过渡电阻会长时间通过工作电流及分接电压产生电流。由于切换开关不到位，很可能引起开关防爆膜破裂喷油。若开关绝缘筒炸裂，还会使变压器油中产生大量气体，造成十分严重的后果。

4. 分接开关超过极限位置

这种故障的表现特征是：当电动操作越过1min时限后，选择开关和切换开关继续进行选择和切换。在越过时限后，过渡电阻承受着多级分接电压。这种故障的后果是开关内部越级烧毁。

5. 选择开关的动静触头接触不良

具体特征是：动触头变换后不能自动调整至最佳位置，形成动触头与静触头单点接触。动静触头接触不良会产生局部过热，严重时会使触头熔化变形。由于分接开关切换开关误分离，会导致动静触头接触不良，触头间放电，将有载分接开关烧毁。

6. 渗漏油故障

由于油室的油与变压器本体的油互相渗漏后，会使分接开关储油柜的油位异常升高或降低。分接开关渗漏油的隐患很大。经过渗漏，油量积累到一定程度时，油便会从小储油柜密封胶圈处溢出，造成不良后果。

7. 分接开关的局部放电

分接开关的低温热点和局部放电均是需要特别关注的问题。因为分接开关出现局部放电故障，会直接形成局部过热。在放电较为严重的情况下，会造成变压器绝缘击穿，甚至烧毁分接开关，经受雷电过电压和操作过电压及巨大的外力作用也会使分接开关出现局部放电，造成分接开关或调压绕组的烧毁。

二、套管故障

套管故障的主要危害是：不仅套管自身遭受破坏，而且还会波及周围部件及整台变压器。

（1）套管质量差。主要体现在套管的制造工艺和材质不好两方面。质量缺陷不仅可引起套管放电而爆炸，还可引起正常运作中瓦斯、差动保护动作，开关跳闸和套管绝缘击穿。除此之外，套管端部密封不严，则会使绝缘受潮。在套管绝缘老化的情况下，局部电容层会发生击穿，进而引起瓷套击穿，发生爆炸。套管均压球与相邻金属部件之间的绝缘距离不够也可引起局部放电。

（2）套管介质损耗和局部放电量超标。

（3）套管的绝缘水平与变压器的绝缘不配合。

三、冷却器故障

冷却器故障分强油风冷却器故障和强油水冷却器故障两种。强油风冷却器的故障主要是轴承精度低、寿命短，电气控制元件质量不过关，油泵密封存在缺陷，致使有渗漏出现。强油水冷却故障主要是通水铜管的材质不良而导致铜管破裂后，冷却水流进变压器中，由于冷却器的水在泄漏过程中没有报警信号，何时流进变压器无法知道。当冷却水与变压器油相混合后，又会形成变压器事故的又一隐患。解决这一问题的有效措施是采用双

管强油水冷却器，并且应当安装漏水报警装置。

四、储油柜、油泵、阀门等组件的故障

储油柜、油泵、阀门等组件的问题主要是渗漏，与渗漏有关联的故障是变压器受潮。受潮往往是难于直接发现的，它始终是变压器故障的严重隐患。解决上述故障，关键是加强制造和检修工艺，加强对材料方面的质量控制，从根本上提高组件质量。

第二十七节　判断变压器故障时可供选用的试验项目

主要针对容量为1.6MVA以上变压器，其他设备可作参考。

(1) 当油中气体分析判断有异常（过热型故障特征）时宜选择下列试验项目：

1) 检查潜油泵及其电动机。

2) 测量铁芯（及夹件）接地引线中的电流。

3) 测量铁芯（及夹件）对地的绝缘电阻。

4) 测量绕组的直流电阻。

5) 测量油箱表面的温度分布。

6) 测量套管的表面温度。

7) 测量油中糠醛含量。

8) 单相空载试验。

9) 负载损耗试验。

10) 检查套管与绕组连接的接触情况。

(2) 当油中气体分析判断有异常（放电型故障特征）时宜按下列情况处理：

1) 绕组直流电阻。

2) 铁芯（及夹件）绝缘电阻和接地电流。

3) 空载损耗和空载电流测量或长时间空载（或轻负载下）运行，用油中气体分析及局部放电检测仪监视。

4) 长时间负载（或用短路法）试验，用油中气体色谱分析监视。

5) 有载调压开关切换及检查试验。

6) 绝缘特性试验（绝缘电阻、吸收比、极化指数、介质损耗因数、泄漏电流）。

7) 绝缘油含水量测试。

8) 绝缘油含气量测试（500kV及以上）。

9) 局部放电测试（可在变压器停运或运行中测量）。

10) 交流耐压试验。

11) 运行中油箱箱沿热成像测试。

12) 检查潜油泵及其电动机是否存在故障（若有潜油泵）。

13) 检查分接开关有无放电、开关油室是否渗漏。

14) 近期变压器油箱是否有焊接、堵漏等行为。

(3) 气体继电器报警或跳闸后，宜进行下列检查：

1）变压器油中溶解气体和继电器中的气体分析。

2）保护回路检查。

3）气体继电器校验。

4）整体密封性检查。

5）变压器是否发生近区短路。

（4）变压器出口短路后宜进行下列试验：

1）油中溶解气体分析。

2）绕组的绝缘电阻、吸收比、极化指数。

3）电压比测量。

4）绕组变形测试（频响法、电抗法）。

5）空载电流和损耗测试。

（5）判断绝缘受潮宜进行下列检查：

1）绝缘特性（绝缘电阻、吸收比、极化指数、介质损耗因数、泄漏电流）。

2）绝缘油的击穿电压、介质损耗因数、含水量、含气量（500kV）。

3）绝缘纸的含水量。

4）检查水冷却器是否渗漏（水冷变压器）。

5）整体密封性检查。

（6）判断绝缘老化宜进行下列试验：

1）油中溶解气体分析（特别是 CO、CO_2 含量及变化）。

2）绝缘油酸值。

3）油中糠醛含量。

4）油中含水量。

5）绝缘纸或纸板的聚合度。

6）绝缘纸（板）含水量。

（7）振动、噪声异常时宜进行下列试验：

1）振动测量。

2）噪声测量。

3）油中溶解气体分析。

4）短路阻抗测量。

5）中性点直流偏磁测试。

第二十八节　变压器故障诊断专家系统

一、变压器故障诊断专家系统构成与功能

1. 系统构成

一个用于变压器故障诊断的专家系统结构框图如图 12－216 所示。主控制机、推理机

是专家系统的核心。知识库是专家经验知识通过分析总结后形成的规则集，它可单独存于一个磁盘文件，运行时由系统调入内存。知识管理系统是为了对知识库进行删除、修改及增添新规则等操作的人机接口程序，常存于内存。数据库是用来存放监测数据（包括设备历史数据）以及推理中间结果的数据文件，类似于知识库，平常也存入一个磁盘文件，系统运行时调入内存。数据库管理系统是进行数据库操作的人机接口程序，常存于内存。解释系统是向用户解释推理过程的接口程序，它包括说明推理过程用到过的规则以及结论的自然语言解释等，常驻于内存。

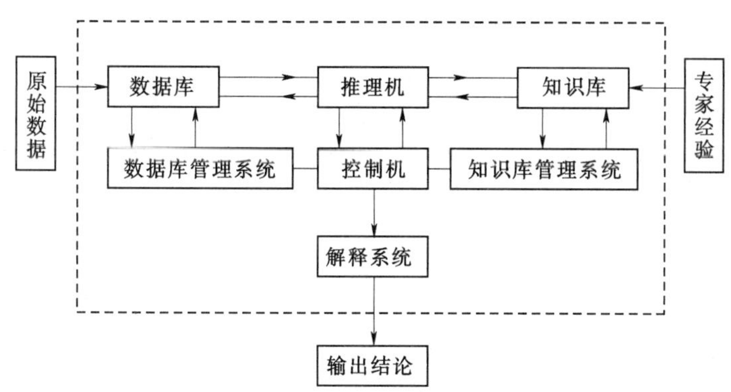

图 12-216　专家系统的结构框图

2. 系统功能

该系统的基本功能如下：

（1）诊断变压器是否存在故障。系统运行后即进入自动诊断状态，定期或由人的命令控制输入监测信息，对设备状态作出评价，确定是否存在故障。该系统以油温和油中气体分析为主，判断是否存在内部故障。故输入监测信息包括油温、油位、油中气体含量以及变化情况等。

（2）诊断故障发生的部位及原因。当系统怀疑设备存在内部故障时，则根据需要提示用户输入设备的其他试验数据、历史数据等，以进一步证实故障，确定故障原因及部位等。例如，根据油温及油中气体分析等推断设备内部存在过热故障时，则要求输入变压器主回路直流电阻、绝缘电阻、铁芯绝缘电阻、接地线电流等数据，以确定过热原因、部位及程度等。当用户未知或无法取得某项参数时，可以回答不知道，系统可根据其他已知信息推断。当所有数据都不知道时，则系统输出几种可能的部位、原因及其经验性概率。例如，若变压器内部过热，且其他电气结果未知，则故障部位为[（分接开关 0.7），（磁路 0.2），（线圈 0.1）]。

（3）提出故障处理意见。例如是否立即停运检修、加强跟踪监测或正常运行等。

3. 专家系统推理流程

专家系统推理流程如图 12-217 所示。在正向推理阶段主要是根据监测到的现象及状态参数等进行综合评价，确定设备是否存在故障，提出所存在故障的初始诊断。

其后则用反向推理证实故障的初始诊断，确定故障原因、部位等，然后输出结果并解释推理过程。例如，变压器内部过热故障的诊断流程如图 12－218 所示。

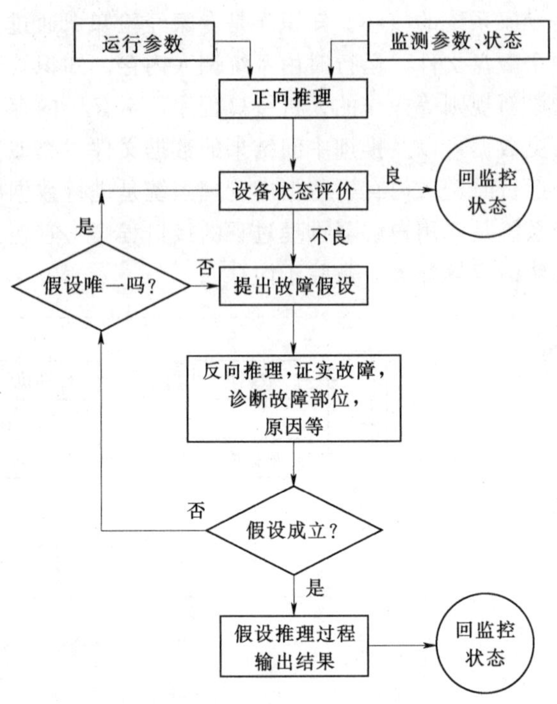

图 12－217 专家系统推理流程

二、变压器故障诊断专家系统的实现

该系统采用 Turbo－Prolog 语言编程，它是一种高级的编译型人工智能程序语言。当涉及复杂的数值计算问题时，则采用 C 或 FORTRAN 等其他语言编写接口子程序。知识库的设计包括知识表达方式和知识库管理系统。前者采用目前广泛使用的产生式系统的知识表达方式，它将知识分为以事实表示（例如油中气体含量的判断标准值、油温与负荷的关系等）的静态知识，和以产生式规则表示的推理和行为过程。

产生式规则的基本形式为：IF（前提）THEN（结论），产生式规则通过前提（即条件）和结论的相互关系构成一个树状推理网络。例如一个前提成立，可有一个结论构成一个规则。前提也可是若干子前提通过“与”“或”“综合”等逻辑关系构成的复合前提。一条规则的前提可以是另一条规则的结论。

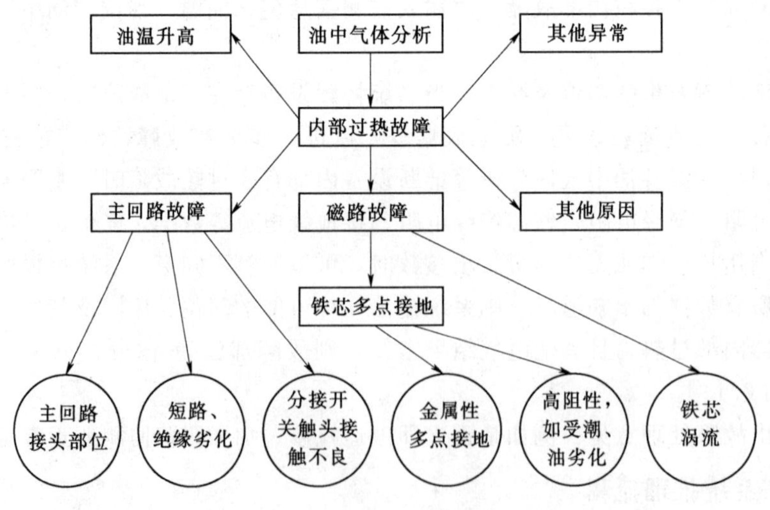

图 12－218 变压器内部过热故障诊断流程

图 12－219 是由四条规则构成的规则集的推理网络（推理树），其规则集如下：

IF E_1 THEN H

IF E_2 THEN H

IF E_3 AND E_4 THEN E_1

IF E_5 OR E_6 THEN E_2

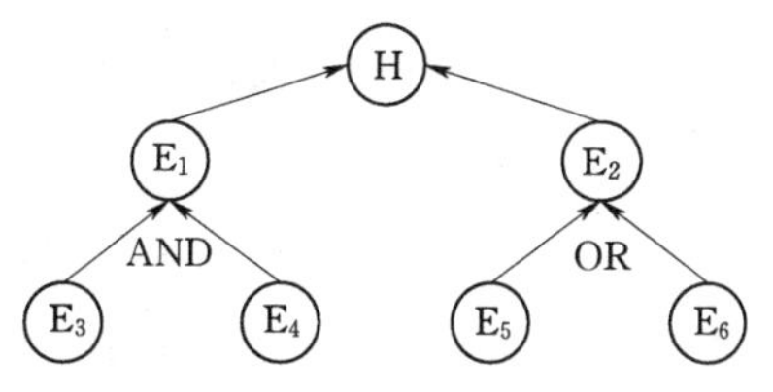

图 12－219　推理网络

最高节点 H（没有输出线）称为结论节点。最低节点（没有输入线）称为证据节点，其余为中间节点。推理从下向上进行搜索称为正向推理，推理从上向下进行搜索称为反向推理。针对变压器故障诊断的两个目标，规则有两类：第一类用于诊断是否存在故障，第二类用于诊断故障性质、部位等。两类规则可表示为

rule 1(RNO,STR,(CONDS),CF,(ACTION))

rule 2(RNO,STR1,STR2,(CONDS),CF,(ACTION))

其中，RNO 为规则号；STR 为字符串，表示规则结论；STR1 为字符串，表示规则的起点；STR2 为字符串，表示规则的终点；CONDS 为字符串，表示条件表；CF 为数字，规则置信度；ACTION 为数字，规则操作表，它包括条件的逻辑关系、初始权重以及结论的操作代码。

条件的逻辑关系有三类，即“与”，“或”和“综合关系”，条件的否定关系可由条件字符串加后缀“N”构成。

例如，有以下规则：

rule 1(17,IN－F,(OI－R,OT－FD),0.9,(1,3))

它的自然语言解释为：规则 17，如果油温升高，且非外部故障，则为内部故障，置信度 0.9，进行气体分析。

又如：

rule 2(65,IN－F,IS－D(IL－B,IV－D)0.7,(1,5))

其含义为：规则 65，如果 $\tan\delta$ 较大，且随电压增大而减小，则内部故障为绝缘受潮或劣化，置信度 0.7。

数据库包括数据结构和数据库管理系统的设计。前者采用关系式数据库结构，数据类型有：监测量数据，包括名称、数值、监测时间、监测时的温度、监测的相别及测试电压等；观察的“是非”型现象，包括名称、观察条件，“是”用置信度 CF＝1 表示，“非”用置信度 CF＝－1 表示；中间结果，是指一些条件，包括条件名称、置信度、条件所在的规则号；设备的型式、电压等级。

解释系统有两个功能：一是显示输出成功应用的规则及中间结果。系统在推理过程中，按照搜索推理路径的顺序记录了所有应用成功的规则及中间结果，人们可据此了解推理过程。二是显示规则，输入规则号，即可显示该规则的知识形式以及用自然语言解释的内容。

该系统采用基于置信度的模糊不精确推理方法，由观测到的信息，利用知识库来推断结论。

三、油中溶解气体分析用专家系统

由于变压器缺陷的多样性，因而其击穿电压或残余耐电强度，与能测到的绝缘参数（如绝缘电阻、吸收比、极化指数、介质损耗因数 tanδ、油中气体分析、油中含水量、局部放电等）之间并不存在明确的函数关系，这样就需要将巡视、检测（停电检测、带电检测）等获得的信息加以综合分析对比。因此，不但要对当前的各种情况及检测值，以及历年来的变化趋势进行纵向比较，还要与同类的其他变压器的检测值进行横向比较。这时很值得采用具有这些功能的专家系统；应用专家系统后，不但能减少搜集、整理数据所花的时间，减轻繁重的劳动，而且能使专家的专长不受时间和空间的约束，也为专家能更多地从事专业工作提供了条件。

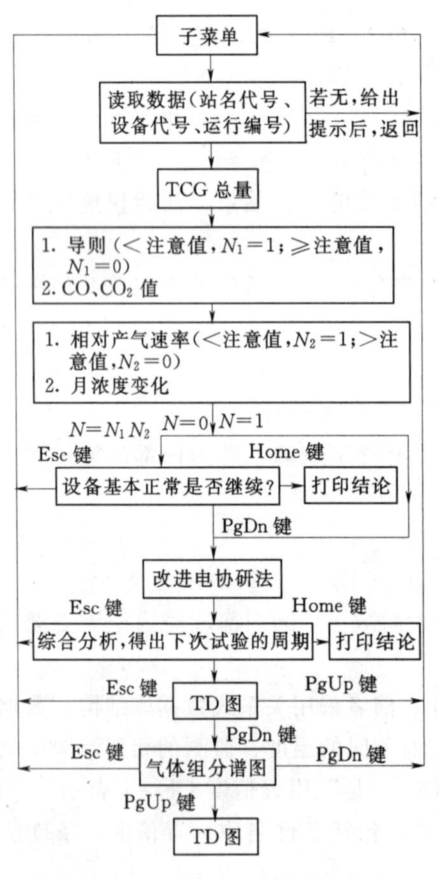

图 12－220 国内已采用的一种油中溶解气体分析用专家系统

专家系统主要包括知识库、数据库、推理机、人机界面等部分。事先将专家的经验、有关规程、规定搜集汇总储存于“知识库”内；将过去的有关数据，例如变压器出厂时的参数、交接及历年预防性试验数据、检修情况等存入“数据库”内；当用户要了解变压器的绝缘情况，或有新的数据通过界面输入到推理机时，它将自动调用相关的历史数据和知识，然后迅速做出综合分析诊断并输出结论，打印出报告；也可针对用户要了解的变压器绝缘情况作出解释；当变压器绝缘数据超标时发出警报。

我国已开发出油中气体分析用专家系统，如图 12－220 所示。

先用可燃气体总量（TCG）法、我国的《导则》法分析绝缘情况，如果超过“注意值”再用“改进电协研法”等分析故障类型、确定下次试验周期，并用“TD 图”分析过热及电弧的发展情况，用“气体组分谱图”监视其动向。

另外，工作中不但要搜集绝缘电阻、极化指数、tanδ、局部放电等绝缘参数，还要搜集绕组温度、铁芯状况、各种继电保护装置动作情况等。然后利用知识库里的专家知识来进行综合分析对比，再做出较正确的评估。

目前，模糊数学和人工神经网络理论在电力变压器绝缘故障诊断中已逐步获得了应用，如模糊数学理论中的模糊隶属函数、模糊关系方程和模糊聚类分析等方法应用效果较好。在人工神经网络中，反向传播、自适应共振理论和自组织映射等网络的应用效果也较好。虽然这两类方法目前还主要局限于故障类型的识别上，也不能给出故障的严重程度及

发展趋势等。但是，今后在专家系统中若能进一步引进人工神经网络、模糊数学等新技术，必将有利于对故障或缺陷的正确认识及诊断分析。

运用上述系统对油中气体分析进行诊断，共收集66组试验数据和故障情况，表12-155所示是其中7组。

表12-155　原始试验数据及故障情况

编号	采样时间/(年.月.日)	各气体组分/(μL/L)								情况说明
		H_2	CO	CO_2	CH_4	C_2H_4	C_2H_6	C_2H_2	总烃	
1a	1987.3.24	22	160	600	32	21	6.8	痕	60	正常
1b	1990.8.24	31	460	2300	89	61	20	痕	170	轻度过热
4c	1991.9.9	69	1300	6800	160	57	51	0	270	裸金属过热
16a	1991.9.7	13	1100	8300	41	63	11	0	120	有过热迹象，退出
24b	1984.4.4	180	170	4370	90	100	7.5	220	410	放电性故障，退出
25b	1992.7.13	37000	41000	1500	11000	960	1000	3400	16000	突发性放电故障
31a	1984.5.25	7.8	270	4620	9	9.7	5.9	6	31	C_2H_2超标，有载调压开关漏油

表12-156是相应的分析诊断结果，表中数据为置信度，其中故障为第一层分析结果；过热、放电、过热兼放电为第二层分析结果；低能放电、高能放电和低温过热、高温过热、中温过热为第三层分析结果。

表12-156　分析诊断结果

编号	故障	过热	放电	过热兼放电	低能放电	高能放电	低温过热	高温过热	中温过热	结果说明
1a	0.02									正常
1b	0.23	0.994	−0.971	0.000			0.034	0.512	0.488	轻度较高温过热
4c	0.61	0.740	−0.956	0.000			0.417	0.049	0.583	中度的中温过热
16a	0.76	0.995	−0.975	0.000			0.005	0.874	0.126	高温过热
24b	0.89	−0.098	0.498	0.502	0.121	0.806	0.000	0.989	0.011	有放电的高温过热
25b	1.0	−0.419	0.738	0.262	0.233	0.658	0.531	0.032	0.469	电弧性放电
31a	0.23	−0.187	0.133	0.18	0.013	0.976	0.184	0.141	0.816	轻度放电性故障

关于是否存在故障的66例判断中，与原记录故障情况完全符合的共63例，符合率为95%。关于故障性质的诊断共26例，完全符合实际情况的共24例，符合率为92%。其中31a（见表12-155）原记录为有载调压开关漏油引起C_2H_2超标，而专家系统诊断为轻度放电，仍属于错判。

在故障诊断中运用专家系统是在线监测技术的发展方向，而如何提高和完善专家系统，使之有更高的准确性和科学性则需从两个方面着手。

首先要有完善的知识库，这需要大量专家知识和运行、维修经验的积累，所谓“没有专家也就产生不了专家系统”就是这个意思。这是个基础性工作，需要各部门的专家们分工合作，系统地积累各种设备的试验数据和故障情况，才能不断完善和充实知识库。

另要依赖诊断技术的发展和完善。已有的一些专家系统常采取传统的阈值诊断，它有较多的局限性。模糊推理和人工神经网络的引入则可提高诊断水平，使之更具科学性。故运用更先进的诊断技术也是提高专家系统的关键。

第二十九节　干式变压器、干式接地变压器

干式变压器、干式接地变压器的试验项目、周期和要求见表 12-157。

表 12-157　　干式变压器、干式接地变压器的试验项目、周期和要求

序号	项　目	周　期	判　据	方法及说明
1	红外测温	(1) 6 个月。 (2) 必要时	按 DL/T 664 执行	(1) 用红外热像仪测量。 (2) 测量套管及接头等部位
2	绕组直流电阻	(1) A 级检查后。 (2) ≤6 年后。 (3) 必要时	(1) 1600kVA 以上变压器，各相绕组电阻相互间的差别不应大于三相平均值的 2%，无中性点引出的绕组，线间差别不应大于三相平均值的 1%。 (2) 1600kVA 及以下的变压器，相间差别一般不大于三相平均值的 4%，线间差别一般不大于三相平均位的 2%。 (3) 与以前相同部位测得值比较，其变化不应大于 2%	不同温度下电阻值按下式换算： $R_2=R_1(T+t_2)/(T+t_1)$ 式中　R_1、R_2—在温度 t_1、t_2 下的电阻值； T—电阻温度常数，铜导线取 235，铝导线取 225
3	绕组、铁芯绝缘电阻	(1) A 级检修后。 (2) ≤6 年。 (3) 必要时	绝缘电阻换算至同一温度下，与前一次测试结果相比应无显著变化，不宜低于上次值的 70%	采用 2500V 或 5000V 绝缘电阻表
4	交流耐压试验	(1) A 级检修后。 (2) 必要时（怀疑有绝缘故障时）	一次绕组按出厂试验电压值的 0.8 倍	(1) 10kV 变压器高压绕组按 35kV×0.8=28kV 进行。 (2) 额定电压低于 1000V 的绕组可用 2500V 绝缘电阻表测量绝缘电阻代替
5	穿心螺栓、铁轭夹件、绑扎钢带、铁芯、线圈压环及屏蔽等的绝缘电阻	必要时	220kV 及以上者绝缘电阻一般不低于 500MΩ，其他自行规定	(1) 采用 2500V 绝缘电阻表。 (2) 连接片不能拆开者可不进行
6	绕组所有分接的电压比	(1) A 级检修后。 (2) 必要时	(1) 各相应接头的电压比与铭牌值相比，不应有明显差别，且符合规律。 (2) 电压 35kV 以下，电压比小于 3 的变压器电压比允许偏差为±1%；其他所有变压器：额定分接电压比允许偏差为±0.5%，其他分接的电压比应在变压器阻抗电压值（%）的 1/10 以内，但不得超过±1%	

续表

序号	项　目	周　期	判　　据	方法及说明
7	校核三相变压器的组别或单相变压器极性	必要时	必须与变压器铭牌和顶盖上的端子标志相一致	
8	空载电流和空载损耗	（1）A级检修后。 （2）必要时	与前次试验值相比，无明显变化	试验电源可用三相或单相：试验电压可用额定电压或较低电压值（如制造厂提供了较低电压下的值，可在相同电压下进行比较）
9	短路阻抗和负载损耗	（1）A级检修后。 （2）必要时	与前次试验值相比，无明显变化	试验电源可用三相或单相：试验电流可用额定值或较低电流值（如制造厂提供了较低电流下的测量值，可在相同电流下进行比较）
10	局部放电测量	（1）A级检修后。 （2）必要时	按 GB/T 1094.11 规定执行	施加电压的方式和流程按照 GB/T 1094.11 的规定进行
11	测温装置及其二次回路试验	（1）A级、B级检修后。 （2）≤6年。 （3）必要时	（1）按制造厂的技术要求。 （2）指示正确，测温电阻值应和出厂值相符。 （3）绝缘电阻不宜低于1MΩ	

第三十节　SF$_6$ 气体绝缘变压器

SF$_6$ 气体绝缘变压器的试验项目、周期和要求见表 12－158。

表 12－158　　SF$_6$ 气体绝缘变压器的试验项目、周期和要求

序号	项　目	周　期	判　　据	方法及说明
1	红外测温	（1）A、B级检修后。 （2）≥330kV：≤3年。 （3）≤220kV：≤6年。 （4）必要时	各部位无异常温升现象	检测和分析方法参考 DL/T 664 的规定
2	SF$_6$ 分解产物	（1）不超过3年（35kV以上）。 （2）A、B级检修后。 （3）必要时	（1）A、B级检修后注意： （SO_2＋SOF_2）≤2μL/L HF≤2μL/L H_2S≤1μL/L CO（报告） （2）B级检修后或运行中注意： SO_2：≤3μL/L H_2S：≤2μL/L CO：≤100μL/L	参考 GB 8905，结合现场湿度测试进行试验
3	SF$_6$ 气体检测	见《规程》第15章表50		
4	铁芯、夹件接地电流	（1）≤1个月。 （2）必要时	≤100mA	采用带电或在线测量

续表

序号	项目	周期	判据	方法及说明
5	绕组直流电阻	(1) A级检修后。 (2) ≥330kV：≤3年。 (3) ≤220kV：≤6年。 (4) 必要时	(1) 1600kVA以上变压器，各相绕组电阻相互间的差别不应大于平均值的2%，无中性点引出的绕组，线间差别不应大于平均值的1%。 (2) 1600kVA及以下的变压器，相间差别不应大于平均值的4%，线间差别不应大于平均值的2%。 (3) 与以前相同部位测得值比较，其变化不应大于2%	(1) 如电阻相间差在出厂时超过规定，制造厂已说明了这种偏差的原因，则与以前相同部位测得值比较，其变化不应大于2%。 (2) 预试时有载分接开关宜在所有分接处测量，无载分接开关在运行分接测量。 (3) 不同温度下电阻位按下式换算： $R_2=R_1(T+t_2)/(T+t_1')$ 式中 R_1、R_2—在温度t_1、t_2下的电阻值； T—电阻温度常数，铜导线取235，铝导线取225。 (4) 封闭式电缆出线或GIS出线的变压器，电缆、GIS侧绕组可不进行定期试验
6	绕组连同套管的绝缘电阻、吸收比或极化指数	(1) A级检修后。 (2) ≥330kV：≤3年。 (3) ≤220kV：≤6年。 (4) 必要时	(1) 绝缘电阻换算至同一温度下，与前一次测试结果相比应无显著变化，不宜低于上次值的70%。 (2) 35kV致以上变压器应测量吸收比，吸收比在常温下应不低于1.3；吸收比偏低时可测量极化指数，应不低于1.5。 (3) 绝缘电阻大于10000MΩ时，吸收比应不低于1.1，或极化指数应不低于1.3	(1) 采用2500V或5000V绝缘电阻表，绝缘电阻表容量一般要求输出电流不小于3mA。 (2) 测量前被试绕组应充分放电
7	绕组连同套管的介质损耗因数及电容量	(1) A级检修后。 (2) ≥330kV：≤3年。 (3) ≤220kV：≤6年。 (4) 必要时	(1) 20℃时应不大于下列数值： 110kV：0.008 35kV：0.015 (2) 介质损耗因数值与出厂试验值或历年的数值比较不应有显著变化，增量不宜大于30%。 (3) 电容量与出厂试验值或历年的数值比较不应有显著变化，变化量≤3%。 (4) 试验电压： 绕组电压10kV及以上：10kV。 绕组电压10kV以下：U_n	(1) 非被试绕组应短路接地或屏蔽。 (2) 同一变压器各绕组介质损耗因数的要求值相同。 (3) 封闭式电缆出线或GIS出线的变压器，电缆、GIS侧绕组可在中性点加压测量

续表

序号	项　目	周　期	判　据	方法及说明
8	铁芯及夹件绝缘电阻	(1) A级检修后。 (2) ≥330kV：≤3年。 (3) ≤220kV：≤6年。 (4) 必要时	(1) 66kV及以上：不宜低于100MΩ。 35kV及以下：不宜低于10MΩ。 (2) 与以前测试结果相比无显著差别。 (3) 运行中铁芯接地电流不宜大于0.1A	(1) 采用2500V绝缘电阻表。 (2) 只对有外引接地线的铁芯、夹件进行测量
9	交流耐压试验	(1) A级检修后。 (2) 必要时	(1) 全部更换绕组时，按出厂试验电压值。 (2) 部分更换绕组时，按出厂试验电压值的0.8倍	(1) 110kV变压器采用感应耐压。 (2) 必要时，如：SF_6气体试验异常时
10	测温装置的校验及其二次回路试验	(1) A级检修后。 (2) ≥330kV：≤3年。 (3) ≤220kV：≤6年。 (4) 必要时	(1) 按制造厂的技术要求。 (2) 密封良好，指示正确，测温电阻值应和出厂值相符。 (3) 绝缘电阻不宜低于1MΩ	采用2500V绝缘电阻表
11	有载分接开关试验	见《规程》第10章		
12	压力继电器	(1) A级检修后。 (2) ≥330kV：≤3年。 (3) ≤220kV：≤6年。 (4) 必要时	(1) 按制造厂的技术要求。 (2) 整定值符合运行规程要求，动作正确。 (3) 绝缘电阻不宜低于1MΩ	采用1000V绝缘电阻表
13	套管电流互感器试验	见《规程》第8章表11中的序号1、7、8、9、10		

第三十一节　油中糠醛含量测试

一、糠醛简介

1. 糠醛的基本性质

糠醛学名呋喃甲醛，是具有苦杏仁味的浅黄色透明液体，密度为1.162～1.168g/cm^3，沸点为159.5～162.5℃，分子式为$C_5H_4O_2$，分子量为96.84，易溶于醇和醚，其结构式如图12－221所示。

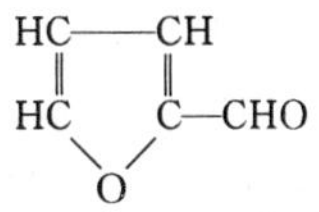

```
HC——CH
‖    ‖
HC   C—CHO
 \  /
  O
```

图12－221　糠醛分子结构式

2. 用糠醛表征变压器纸绝缘老化的依据

油浸式变压器寿命一般是指油纸绝缘系统的寿命。因为绝缘油可以在变压器使用期间再生或更换，而纸绝缘的老化过程是不可逆的。因此，变压器寿命实际是指绝缘纸和层压纸板的寿命。目前，国内电力变压器的纸质绝缘材料主要以木材纸浆为原料，其主要化学成分为纤维素。纤维素大分子是由约1200

个葡萄糖环单体组成的链状高分子聚合物，分子结构如图 12－222 所示。纸绝缘在变压器运行中老化时，受到热、水分、氧以及油中酸性化合物的共同作用，纤维素会产生一系列的裂化、降解。首先是其大分子中的氧键断开，生成 D－葡萄糖单体，D－葡萄糖单体性质不稳定，进一步降解产生一些含氧杂环化合物，并溶解于绝缘油中，糠醛是纤维素大分子降解后形成的一种主要含氧杂环化合物。

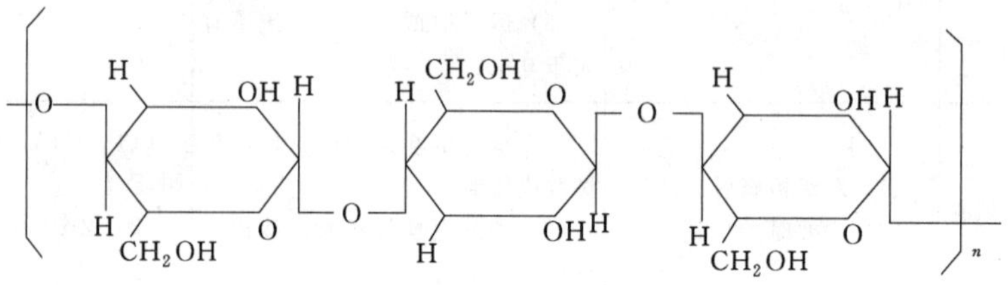

图 12－222 纤维素大分子结构式

合格的新变压器油不含糠醛，因此变压器交接试验不测定变压器油中糠醛含量。变压器内部非纤维素绝缘材料老化也不产生糠醛，变压器油中的糠醛是唯有纸绝缘老化才生成的产物。因此，测试油中糠醛含量，可以反映变压器纸绝缘的老化情况。

在充油电气设备中，由于构成固体绝缘的纤维质材料的老化导致纤维素的分解而产生几种化合物，如糠醛和呋喃衍生物，呋喃衍生物大部分被吸附在纸上，而小部分溶于油中。这些物质的存在可以作为运行设备固体绝缘老化程度的诊断依据，也可以作为对溶解气体分析的补充。1984 年 12 届国际大电网会议上，英国学者首先提出油中糠醛可作为变压器内绝缘纸老化的特征产物，检测绝缘油中的糠醛含量，可以判断电气体绝缘材料劣化程度。《规程》规定，当变压器油中的糠醛含量达到 4mg/L 时，可以认为变压器绝缘老化已经比较严重。

二、油中糠醛的检测原理和检测设备

1. 检测原理

糠醛是一种极性化合物，分子结构内存在一多元共体系，该分子在紫外光区有吸收。而变压器油主要由烷烃、环烷烃和少量芳香烃等非极性或弱极性化合物组成，在紫外光区无吸收或吸收很少，并且油中所含其他少量的芳香烃化合物也易于分离，而不影响检测。因此，利用高效液相色谱的反相色谱法即可实现糠醛组分的分离检测。但是，变压器绝缘油在长期运行中，不可避免地被氧化、劣化，由于其劣化产物和杂质成分复杂，不宜将油样直接注入液相色谱分离柱中，以避免劣化油品对色谱柱的污染。为此，选用强极性的甲醇为萃取剂，把变压器油中的糠醛萃取出来，然后再用非极性 C18 色谱柱对萃取液中的糠醛进行分离，同时，选用高灵敏度的紫外检测器实现对色谱柱分离出的糠醛进行检测。

2. 检测油中糠醛含量的仪器设备和材料

检测油中糠醛含量所需的仪器设备和材料见表 12－159。

表 12-159 检测油中糠醛含量的仪器设备和材料

序号	名 称	规 格
1	振荡器	往复振荡频率为 275 次/min±5 次/min，振幅为 35mm±3mm
2	高效液相色谱仪	C18 色谱分离柱
3	玻璃注射器	100mL、5mL 医用玻璃注射器，气密性良好，芯塞灵活无卡涩
4	不锈钢注射针头	7 号金属医用注射针头
5	注射器用橡胶封帽	弹性好，不透气
6	全玻璃过滤装置	配合真空泵可进行抽气过滤
7	过滤膜	$\phi40\mu m$、$\phi0.45\mu m$ 针头式油性滤膜
8	药品	(1) 甲醇：高效液相色谱分析专用试剂。 (2) 异丙醇：色谱纯等级。 (3) 糠醛：分析纯等级

三、样品采集与油中糠醛的萃取

1. 样品采集

所用油样的采集，按《电力用油（变压器油、汽轮机油）取样方法》（GB/T 7597—2007）中关于全密封方式取样的有关规定进行。在运输保存过程中要注意样品的防尘、防震、避光和干燥等。测量糠醛时，取样简单、方便，打开变压器油箱下方阀门即可，无须设备停运。

2. 油中糠醛的萃取

(1) 5mL 玻璃注射器的准备。取 5mL 医用玻璃注射器 2 支，用洗洁精清洗干净后，依次用自来水、除盐水、经 $0.45\mu m$ 油性滤膜过滤的甲醇进行漂洗，然后带上橡胶封帽待用。

(2) 将 100mL 玻璃注射器中的油样体积准确调节至 40.0mL 刻度，然后使注射器的出口向上，向下拉注射器针芯至 55mL 刻度处，用 5mL 玻璃注射器向其内准确加入 5mL 经 $0.45\mu m$ 滤膜过滤的甲醇，然后用橡胶封帽将 100mL 玻璃注射器出口密封。

(3) 将上述 100mL 玻璃注射器放入振荡器内的振荡盘上，在室温状态下，启动振荡器连续振荡 5min，然后静置 10min。

(4) 将上述盘上振荡平衡的 100mL 玻璃注射器从振荡盘中取出，将其中的甲醇萃取液通过 7 号针头转移到上述 (1) 准备好的 5mL 玻璃注射器内，转移的甲醇萃取液体积不少于 3mL 即可，转移时注意不要让变压器油进入。

(5) 将上述 5mL 玻璃注射器内的甲醇萃取液，经过 $0.45\mu m$ 针头式油性滤膜过滤至 (1) 准备好的另一支 5mL 玻璃注射器内，以备色谱分析用。

四、萃取液的分析

1. 色谱分析流程

萃取液色谱分析流程如图 12-223 所示。

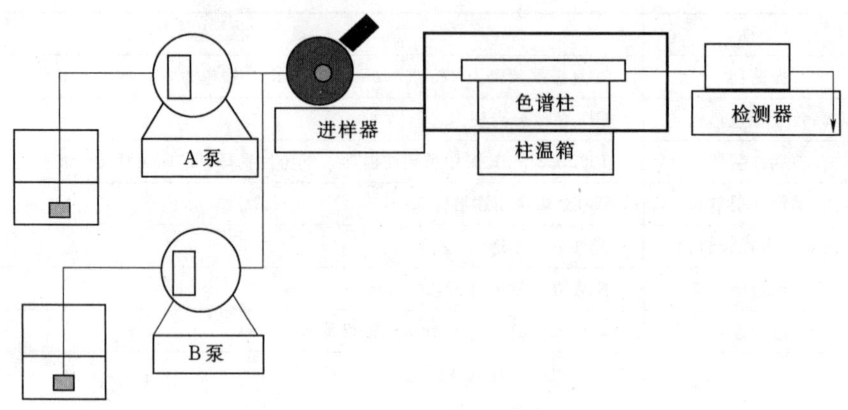

图 12-223 萃取液色谱分析流程

2. 准备工作

(1) 用 0.45μm 的油性滤膜过滤用作流动相的高效液相色谱分析专用试剂甲醇。

(2) 用 D7381 或 D7382 型超纯水器制备用作流动相的纯水，使电阻率不小于 18.2MΩ·cm。

(3) 更换载液瓶中的甲醇、超纯水。

(4) 按照设备说明将液相色谱仪处于完好的运行状态。

色谱分离操作参数见表 12-160。

表 12-160 色谱分离操作参数

序号	参数名称	要求	序号	参数名称	要求
1	流量	1mL/min	3	检测器波长	277nm
2	流量比	甲醇：水=1：1	4	柱温	40℃

3. 进样

色谱分析采用 20μL 定量环进样。当液相色谱测试系统处于稳定状态时，用 100μL 注射器吸取不少于 60μL 的样品，注入定量环，向色谱系统进样。

4. 色谱冲洗

采用梯度冲洗，首先用 1∶1 的甲醇水溶液冲洗 4min，待糠醛洗脱结束后，再用纯甲醇冲洗 14min，以洗脱出萃取液中的其他组分，最后再用 1∶1 的甲醇水溶液冲洗 4min，使仪器处于重新进样的准备状态。

5. 糠醛甲醇标准溶液配制

称取 0.5g 糠醛，移入 500mL 容量瓶中，用甲醇稀释至刻度并使糠醛均匀溶解，该储备液浓度为 1.0g/L。用移液管吸取该储备液 1.0mL，移入 500mL 容量瓶，稀释至刻度、摇匀，该溶液浓度为 2.0mg/L。

6. 仪器的标定

按上述3、4的操作对5配制的标准溶液进行色谱分析。

五、油中糠醛检测结果的计算

通过样品中组分峰的保留时间来识别糠醛组分，采用单点校正外标法来定量计算。萃取率取0.66，根据分配定律和物料平衡原理，可以推出油中糠醛浓度公式如下：

$$C_{油}=0.19h_{萃取}\ h_{标样}/C_{标样}$$

式中　$C_{油}$——油中糠醛浓度，mg/L；

$h_{萃取}$——甲醇萃取液中糠醛峰高，mV；

$h_{标样}$——甲醇标样中糠醛峰高，mV；

$C_{标样}$——标样中糠醛浓度，mg/L。

1. 最小检测量

最小检测量应不大于0.001mg/L。

2. 测量结果的重复性

对于同一样品，在同一条件下（同一操作者、同一设备、同一试验室及较短时间间隔内）进行两次试验，测量值一般不大于平均值的5%或0.002mg/L。

六、检测周期与要求

1. 周期

（1）10年。

（2）必要时。

2. 要求

（1）油中糠醛含量超过表12-161中值时，一般为非正常老化，需跟踪检测。

表12-161　运行变压器油中糠醛含量注意值

运行年限/年	1～5	5～10	10～15	15～20
糠醛含量/(mg/L)	0.1	0.2	0.4	0.75

（2）跟踪检测时，注意糠醛含量的增长。

（3）测试值大于4mg/L时，认为绝缘老化已比较严重。

3. 说明

变压器油经过处理后，油中糠醛含量会不同程度地降低，在作出判断时要注意这一情况。

第三十二节　变压器附属装置校验及二次回路试验

电力变压器的附属装置包括测温装置、气体继电器、压力释放器和冷却装置。

一、变压器附属装置校验及二次回路试验周期

（1）A、B级检修后。

（2）≥330kV：≤3年。

（3）≤220kV：≤6年。

（4）必要时。

二、判据

1. 测温装置校验及其二次回路试验

（1）按设备的技术要求。

（2）密封良好，指示正确，测温电阻值应和出厂值相符。

（3）绝缘电阻不宜低于1MΩ。

2. 气体继电器校验及其二次回路试验

（1）按设备的技术要求。

（2）整定值符合运行规程要求，动作正确。

（3）绝缘电阻不宜低于1MΩ。

3. 压力释放器校验及其二次回路试验

（1）动作值与铭牌值相差应在±10%范围内，或符合制造厂规定。

（2）绝缘电阻不宜低于1MΩ。

4. 冷却装置及其二次回路检查试验

（1）流向、温升和声响正常，无渗漏油。

（2）强油水冷装置的检查和试验，按制造厂规定。

（3）绝缘电阻不宜低于1MΩ。

三、方法及说明

测量绝缘电阻采用1000V绝缘电阻表，方法参考《气体继电器检验规程》（DL/T 540）。

复 习 题

1. 变压器内析出气体的原因是什么？其特征气体有哪些？
2. 如何根据油中溶解气体色谱分析结果对变压器的故障进行分析判断？
3. 什么是IEC三比值法，其编码规则是什么？
4. 采用IEC三比值法确定变压器故障性质时应注意些什么？
5. 什么是四比值法？如何应用四比值法判断故障的性质？
6. 采用产气速率来预测变压器故障的发展趋势时，应注意些什么？
7. 如何判断主变压器的过热性故障回路？

8. 变压器油中气体单项组分超过注意值的原因是什么？如何处理？

9. 如何应用平衡判据判别气体继电器动作的原因？

10. 为什么说油中溶解气体色谱分析既是定期试验项目，又是检查性试验项目？

11. 在变压器油中溶解气体色谱分析中会遇到哪些外来干扰？如何处理？

12. 目前变压器油中溶解气体的在线监测装置主要有哪些？

13. 简述测量电力变压器直流电阻的基本原理及快速测量方法。

14. 什么是消磁法？给出其测量接线。

15. 什么是助磁法？给出其测量接线。

16. 变压器绕组直流电阻不平衡率超标的常见原因有哪些？如何防止？

17. 为什么大型三相电力变压器三角形接线的低压绕组直流电阻不平衡系数一般较大？而且常常又是 ac 相电阻最大？

18. 测量绝缘电阻、吸收比及 $\tan\delta$，对发现电力变压器缺陷的灵敏度是否相同，为什么？

19. 测量电力变压器绝缘电阻时，将空闲绕组短接接地有何好处？

20. 测量电力变压器绝缘电阻时，屏蔽端子的接法有几种？试分析不接屏蔽方式的测量结果是否相同？

21. 绝缘电阻低的电力变压器，其吸收比一定比绝缘电阻高的变压器的吸收比低吗？为什么？

22. 测量一台双绕组电力变压器的 $\tan\delta$ 时，要经过几次测量才能把高压对地、低压对地、高低压绕组之间的 $\tan\delta$ 测出来？

23. 测量电力变压器的 $\tan\delta$ 时应注意什么问题？为什么？

24. 简述测量电力变压器绝缘电阻、泄漏电流和 $\tan\delta$ 时的顺序和部位，为什么要强调按一定顺序进行测量？

25. 电力变压器注油后，为什么必须静置 24h 以上才能进行试验？

26. 在电力变压器交流耐压试验中，对其接线应注意什么问题？为什么？

27. 变压器为什么要进行操作波耐压试验？如何产生标准操作波？

28. 我国测量变压器局部放电的方法有几种类型？给出变压器局部放电试验的基本接线。

29. 在测量局部放电时，为什么要规定有预加压的过程？

30. 引线电晕对局部放电测量有何影响？如何抑制或消除？

31. 在大型电力变压器现场局部放电试验中为什么要采用与工频不同的试验电源（如 125Hz、0.1Hz 等）？

32. 测试变压器绕组变形有哪些方法？你单位选用哪种方法？

33. 简述变压器在运行中油流带电的原因、危害及抑制措施。

34. 如何检测大型电力变压器油流带电故障？

35. 在运行中，电力变压器的铁芯为什么要有一点接地？而且只能有一点接地？

36. 诊断电力变压器铁芯多点接地的方法有哪些？若某变压器发生了多点接地，又不能马上脱离运行，应采取什么样的应急措施？

37. 举例说明测量油中含水量对分析判断变压器故障的意义。

38. 为什么电力变压器绝缘受潮后，其电容值随温度升高而增大？

39. 试分析受潮的电力变压器在夏、冬季油中含氢量出现周期性变化的原因。

40. 简述电力变压器进水受潮的原因以及水分存在的形式。

41. 变压器绝缘老化的诊断方法有哪些？

42. 什么是零序阻抗？为什么要测量零序阻抗？如何测量零序阻抗？

43. 电力变压器进行阻抗试验时，多数从高压侧加压，而进行空载试验时又多数从低压侧加压，为什么？

44. 对电力变压器进行空载试验时为什么能发现铁芯的缺陷？

45. 现场如何对大型电力变压器进行空载试验和阻抗试验？

46. 现场进行阻抗试验有何实际意义？

47. 简述综合判断电力变压器故障的基本思路和方法，你有什么经验？

48. 名词术语：绝缘水平、试验电压、分解试验、悬浮电位、局部放电、视在放电量、真实放电量。

第十三章　电抗器及消弧线圈

第一节　概　　述

电抗器分为油浸式电抗器和干式电抗器，《规程》规定的试验内容如下：

一、油浸式电抗器预防性试验项目

(1) 红外测温。
(2) 油中溶解气体分析。
(3) 绝缘油检验。
(4) 铁芯、加夹件接地电流。
(5) 绕组直流电阻。
(6) 绕组绝缘电阻、吸收比或（和）极化指数。
(7) 绕组绝缘介质损耗因数。
(8) 电容型套管试验。
(9) 铁芯（有外引接地线的）绝缘电阻。
(10) 全电压下空载合闸。
(11) 电抗值测量。
(12) 压力释放器校验。
(13) 整体密封检查。
(14) 声级。
(15) 振动。
(16) 测温装置及其二次回路试验。
(17) 气体继电器及其二次回路试验。
(18) 冷却装置及其二次回路检查试验。
(19) 套管中的电流互感器绝缘试验。
(20) 油中糠醛含量。
(21) 纸绝缘聚合度。
(22) 绝缘纸（板）含水量。
(23) 穿芯螺栓、铁轭夹件、绑扎钢带、铁芯、绕组压环及屏蔽等绝缘电阻。
(24) 套管电流互感器试验。

二、干式电抗器预防性试验项目

(1) 红外测温。
(2) 绕组直流电阻。

（3）绕组绝缘电阻。

（4）电抗值测量。

（5）声级。

（6）穿芯螺杆、铁芯的绝缘电阻。

（7）匝间绝缘耐压试验。

三、消弧线圈的预防性试验项目

（1）红外测温。

（2）油中溶解气体分析。

（3）绝缘油试验。

（4）绕组直流电阻。

（5）绕组绝缘电阻、吸收比或（和）极化指数。

（6）绕组介质损耗因数（20℃）。

（7）电抗值测量。

（8）与铁芯绝缘的各紧固件绝缘电阻。

（9）阻尼电阻值测量。

（10）阻尼电阻箱的绝缘电阻。

（11）交流耐压试验。

第二节　油浸式电抗器

油浸式电抗器的预防性试验项目、周期和要求见表 13-1。

表 13-1　　油浸式电抗器的预防性试验项目、周期和要求

序号	项目	周　期	判　据	方法及说明
1	红外测温	（1）A、B级检修后。 （2）≥330kV：≤3 年。 （3）≤220kV：≤6 年。 （4）必要时	各部位无异常温升现象	红外热成像精确检测及分析方法参考 DL/T 664
2	油中溶解气体分析	（1）A、B级检修投运后。66kV 及以上：1 天、4 天、10 天、30 天。 （2）运行中。330kV 及以上：3 个月；220kV：6 个月；66～110kV：1 年；其余自行规定。 （3）必要时	（1）运行变压器油中 H_2 与烃类气体含量（μL/L）超过下列任何一项值时应引起注意： 总烃：150； H_2：150； C_2H_2：5（35～220kV），1（330kV 及以上）。 （2）烃类气体总和的产气速率大于 6mL/d（开放式）和 12mL/d（密封式），或相对产气速率大于 10%/月则认为设备有异常（对乙炔小于 0.1μL/L、总烃小于新设备投运要求时，总烃的绝对产气率可不作分析）。氢气的产气速率大于 5mL/d（开放式）和 10mL/d（密封式），则认为设备有异常	（1）溶解气体组分含量有增长趋势时，可结合产气速率判断，必要时缩短周期进行追踪分析。 （2）总烃含量低的设备不宜采用相对产气速率进行判断。 （3）当怀疑有内部缺陷（如听到异常声响）、气体继电器有信号、经历了过电压、过负荷运行以及串抗发生了近区短路故障，应进行额外的取样分析。 （4）取样及测量程序、诊断方法参考 DL/T 722

续表

序号	项目	周期	判据	方法及说明
3	绝缘油检验	见《规程》第15章表48		
4	铁芯、夹件接地电流	(1) ≤1个月。 (2) 必要时	≤100mA	采用带电或在线测量
5	绕组直流电阻	(1) A级检修后。 (2) ≥330kV：≤3年。 (3) ≤220kV：≤6年。 (4) 必要时	(1) 相间差别不宜大于三相平均值的2%，无中性点引出的绕组，线间差别不应大于三相平均值的1%。 (2) 与初值比较，其变化不应大于2%	(1) 如电阻相间差在出厂时超过规定，制造厂应说明这种偏差的原因。 (2) 不同温度下的电阻值按下式换算 $R_2=R_1\left(\frac{T+t_2}{T+t_1}\right)$ 式中 R_1、R_2—在温度t_1、t_2时的电阻值； T—计算用常数，铜导线取235，铝导线取225。 (3) 封闭式电缆出线或GIS出线的电抗器，电缆、GIS侧绕组可不进行定期试验
6	绕组绝缘电阻、吸收比或（和）极化指数	(1) A级检修后。 (2) ≥330kV：≤3年。 (3) ≤220kV：≤6年。 (4) 必要时	(1) 绝缘电阻换算至同一温度下，与前一次测试结果相比应无明显变化。 (2) 吸收比（10～30℃范围）不低于1.3或极化指数不低于1.5或绝缘电阻不小于10000MΩ	(1) 采用2500V或5000V绝缘电阻表。 (2) 测量前被试绕组应充分放电。 (3) 测量温度以顶层油温为准，尽量使每次测量温度相近。 (4) 尽量在油温低于50℃时测量，不同温度下的绝缘电阻值按下式换算： 换算系数 $A=1.5^{K/10}$ 当实测温度为20℃以上时，可按$R_{20}=AR_t$计算。 当实测温度为20℃以下时，可按$R_{20}=R_t/A$计算。 式中 K—实测温度值减去20℃的绝对值； R_{20}、R_t—校正到20℃时，测量温度下的绝缘电阻值。 (5) 吸收比和极化指数不进行温度换算
7	绕组绝缘介质损耗因数	(1) A级检修后。 (2) ≥330kV：≤3年。 (3) ≤220kV：≤6年。 (4) 必要时	20℃时： 750kV：≤0.005 330～500kV：≤0.006 110～220kV：≤0.008 35kV及以下：≤0.015 试验电压如下： 绕组电压10kV及以上：10kV 绕组电压10kV以下：U_n	(1) 测量方法可参考DL/T 474.3。 (2) 测量宜在顶层油温低于50℃且高于零度时进行，测量时记录顶层油温和空气相对湿度，分析时应注意温度对介质损耗因数的影响。 (3) 测量绕组绝缘介质损耗因数时，应同时测量电容值，若此电容值发生明显变化，应予以注意

续表

序号	项目	周期	判据	方法及说明
8	电容型套管试验	见《规程》第11章高压套管表34		
9	铁芯（有外引接地线的绝缘电阻）	(1) A级检修后。 (2) ≥330kV：≤3年。 (3) ≤220kV：≤6年。 (4) 必要时	(1) 66kV及以上电抗器：≥10MΩ，与以前测试结果相比无显著差别。 (2) 运行中铁芯接地电流不宜大于0.1A	绝缘电阻测量采用2500V（老旧电抗器1000V）绝缘电阻表；除注意绝缘电阻的大小外，要特别注意绝缘电阻的变化趋势；夹件引出接地的，应分别测量铁芯对夹件及夹件对地绝缘电阻
10	全电压下空载合闸	更换绕组后	变电站及线路的并联电抗器： (1) 全部更换绕组，空载合闸5次，每次间隔不少于5min。 (2) 部分更换绕组，空载合闸3次，每次间隔不少于5min	
11	电抗值测量	必要时	初值差不超过5%	怀疑线圈或铁芯（如有）存在缺陷时进行本项目；测量方法参考GB/T 1094.6
12	压力释放器校验	必要时	动作值与铭牌值相差应在±10%范围内或按制造厂规定	
13	整体密封检查	A级检修后	(1) 35kV及以下管状和平面油箱采用超过储油柜顶部0.6m油柱试验（约5kPa压力），对于波纹油箱和有散热器的油箱采用超过储油柜顶部0.3m油柱试验（约2.5kPa压力），试验时间12h无渗漏。 (2) 110kV及以上电抗器，在储油柜顶部施加0.035MPa压力，试验持续时间24h无渗漏	试验时带冷却装置，不带压力释放装置，或采取措施防止压力释放装置动作
14	声级	必要时	应符合产品技术文件要求	当噪声异常时，可定量测量声级，方法参考GB/T 1094.10
15	振动	必要时	应符合产品技术文件要求	如果振动异常，可定量测量振动水平，振动波主波峰的高度应不超过规定值，且与同型设备无明显差异
16	测温装置及其二次回路试验	(1) A级检修后。 (2) ≥330kV：≤3年。 (3) ≤220kV：≤6年。 (4) 必要时	密封良好，指示正确，测温电阻值应和出厂值相符，绝缘电阻不宜低于1MΩ	测量绝缘电阻采用1000V绝缘电阻表
17	气体继电器及其二次回路试验	(1) A级检修后。 (2) ≥330kV：≤3年。 (3) ≤220kV：≤6年。 (4) 必要时	整定值符合运行规程要求，动作正确，绝缘电阻不宜低于1MΩ	测量绝缘电阻采用1000V绝缘电阻表，方法参考DL/T 540

续表

<table>
<tr><th>序号</th><th>项目</th><th>周期</th><th>判据</th><th>方法及说明</th></tr>
<tr><td>18</td><td>冷却装置及其二次回路检查试验</td><td>(1) A级检修后。
(2) ≥330kV：≤3年。
(3) ≤220kV：≤6年。
(4) 必要时</td><td>(1) 流向、温升和声响正常，无渗漏。
(2) 强油水冷装置的检查和试验，按制造厂规定。
(3) 绝缘电阻不宜低于1MΩ</td><td>冷却装置采用2500V绝缘电阻表，二次回路采用1000V绝缘电阻表</td></tr>
<tr><td>19</td><td>套管中的电流互感器绝缘试验</td><td>必要时</td><td>绝缘电阻不宜低于1MΩ</td><td>采用2500V绝缘电阻表</td></tr>
<tr><td>20</td><td>油中糠醛含量</td><td>必要时</td><td>(1) 超过下表值时，一般为非正常老化，需跟踪检测：<table><tr><td>运行年限</td><td>1～5</td><td>5～10</td><td>10～15</td><td>15～20</td></tr><tr><td>糠醛含量/(mg/L)</td><td>0.1</td><td>0.2</td><td>0.4</td><td>0.75</td></tr></table>(2) 跟踪检测时，注意增长率。
(3) 测试值大于4mg/L时，认为绝缘老化已比较严重</td><td>诊断绝缘老化程度时，进行本项目；测量方法参考DL/T 984</td></tr>
<tr><td>21</td><td>纸绝缘聚合度</td><td>必要时</td><td>≥250</td><td>诊断绝缘老化程度时，进行本项目；测量方法参考DL/T 984</td></tr>
<tr><td>22</td><td>绝缘纸(板)含水量</td><td>必要时</td><td>含水量（质量分数）不宜大于下值：<table><tr><td>500kV及以上</td><td>1%</td></tr><tr><td>330kV</td><td>2%</td></tr><tr><td>220kV</td><td>3%</td></tr></table></td><td>可取纸样直接测量；有条件时，可按DL/T 580标准进行测量</td></tr>
<tr><td>23</td><td>穿心螺栓、铁轭夹件、绑扎钢带、铁芯、线圈压环及屏蔽等的绝缘电阻</td><td>必要时</td><td>220kV及以上者绝缘电阻不宜低于500MΩ，其他自行规定</td><td>(1) 采用2500V绝缘电阻表（对运行年久的电抗器可用1000V绝缘电阻表）；
(2) 连接片不能拆开者可不进行</td></tr>
<tr><td>24</td><td>套管电流互感器试验</td><td colspan="3">见《规程》第8章表11中序号1、7、8、9、10</td></tr>
</table>

第三节 干式电抗器

干式电抗器的预防性试验项目、周期和要求见表13-2。

表13-2 干式电抗器的预防性试验项目、周期和要求

序号	项目	周期	判据	方法及说明
1	红外测温	(1) ≤1年。 (2) 必要时	无异常	红外测温精确检测及分析方法参考DL/T 664

续表

序号	项目	周　期	判　据	方法及说明
2	绕组直流电阻	(1) A级检修后。 (2) ≤6年。 (3) 必要时	(1) 相间差别不宜大于三相平均值的2%。 (2) 初值差不大于2%	(1) 如电阻相间差在出厂时超过规定，制造厂应说明这种偏差的原因。 (2) 不同温度下的电阻值按下式换算： $R_2=R_1\left(\frac{T+t_2}{T+t_1}\right)$ 式中　R_1、R_2—在温度 t_1、t_2 时的电阻值； T—计算用常数，铜导线取235，铝导线取225。 (3) 干式空心电抗器三相平均值不做要求
3	绕组绝缘电阻	(1) A级检修后。 (2) ≤6年。 (3) 必要时	绝缘电阻换算至同一温度下，与前一次测试结果相比应无明显变化	(1) 采用2500V或5000V绝缘电阻表。 (2) 测量前被试绕组应充分放电。 (3) 测量时应使绕组温度与周围环境温度相近，尽量使每次测量温度相近。 (4) 不同温度下的绝缘电阻值按下式换算： 换算系数　$A=1.5^{K/10}$ 当实测温度为20℃以上时，可按 $R_{20}=AR_t$ 计算。 当实测温度为20℃以下时，可按 $R_{20}=R_t/A$ 计算。 式中　K—实测温度值减去20℃的绝对值； R_{20}、R_t—校正到20℃时、测量温度下的绝缘电阻值
4	电抗值测量	(1) A级检修后。 (2) 必要时	初值差不超过5%	怀疑线圈或铁芯（如有）存在缺陷时进行本项目；测量方法参考GB/T 1094.6
5	声级	必要时	应符合产品技术文件要求	当噪声异常时，可定量测量电抗器声级，测量参考GB/T 1094.10
6	穿芯螺杆、铁芯的绝缘电阻	(1) A级检修后。 (2) ≤6年。 (3) 必要时	与以前测试结果相比无显著差别	采用2500V绝缘电阻表
7	匝间绝缘耐压试验	必要时（存在匝间短路）	全电压和标定电压振荡周期变化率不超过5%。全电压不超过出厂值80%	

第四节　消　弧　线　圈

消弧线圈的预防性试验项目、周期和要求见表13-3。

表 13-3　　消弧线圈的预防性试验项目、周期和要求

序号	项目	周　期	判　据	方 法 及 说 明
1	红外测温	(1) ≤1 年。 (2) 必要时	各部位无异常温升现象	检测和分析方法参考 DL/T 664
2	油中溶解气体分析	必要时	超过下列任何一项值时应引起注意：乙炔≤5μL/L，氢气≤150μL/L，总烃≤150μL/L	取样及测量程序参考 DL/T 722
3	绝缘油试验	必要时	见《规程》15 章表 48	
4	绕组直流电阻	(1) A 级检修后。 (2) ≤6 年。 (3) 必要时	与前一次测试结果相差不超过 2%	不同温度下的电阻值按下式换算： $R_2=R_1\left(\frac{T+t_2}{T+t_1}\right)$ 式中　R_1、R_2—在温度 t_1、t_2 时的电阻值； T—计算用常数，铜导线取 235，铝导线取 225
5	绕组绝缘电阻、吸收比或（和）极化指数	(1) A 级检修后。 (2) ≤6 年。 (3) 必要时	(1) 绝缘电阻换算至同一温度下，与前一次测试结果相比应无明显变化。 (2) 吸收比（10～30℃范围）不低于 1.3 或极化指数不低于 1.5 或绝缘电阻不小于 10000MΩ（大于 10000MΩ 时，极化指数仍应测量）	(1) 干式不测量吸收比和极化指数。 (2) 采用 2500V 或 5000V 绝缘电阻表。 (3) 测量前被试绕组应充分放电。 (4) 测量温度以顶层油温（干式为环境温度）为准，尽量使每次测量温度相近。 (5) 尽量在油温（干式为环境温度）低于 50℃时测量，不同温度下的绝缘电阻值按下式换算： 换算系数 $A=1.5^{K/10}$ 当实测温度为 20℃以上时，可按 $R_{20}=AR_t$ 计算。 当实测温度为 20℃以下时，可按 $R_{20}=R_t/A$ 计算。 式中　K—实测温度值减去 20℃的绝对值； R_{20}、R_t—校正到 20℃时、测量温度下的绝缘电阻值。 (6) 吸收比和极化指数不进行温度换算
6	绕组介质损耗因数(20℃)	(1) A 级检修后。 (2) ≤6 年。 (3) 必要时	≤0.015	(1) 适用于油浸式。 (2) 测量方法可参考 DL/T 474.3。 (3) 测量宜在顶层油温低于 50℃且高于 0℃时进行，测量时记录顶层油温和空气相对湿度，分析时应注意温度对介质损耗因数的影响。 (4) 测量绝缘介质损耗因数时，应同时测量电容值，若此电容值发生明显变化，应予以注意

续表

序号	项目	周　期	判　据	方法及说明
7	电抗值测量	（1）A级检修后。 （2）必要时	初值差不超过5%	怀疑线圈或铁芯（如有）存在缺陷时进行本项目，测量方法参考 GB/T 1094.6
8	与铁芯绝缘的各紧固件绝缘电阻	（1）A级检修后。 （2）≤6年。 （3）必要时	与以前测试结果相比无显著差别	采用2500V绝缘电阻表（对运行年久的设备可用1000V绝缘电阻表）；除注意绝缘电阻的大小外，要特别注意绝缘电阻的变化趋势
9	阻尼电阻值测量	（1）A级检修后。 （2）必要时	与出厂值相比，变化不超过5%	
10	阻尼电阻箱的绝缘电阻	（1）A级检修后。 （2）必要时	＞100MΩ	采用2500V绝缘电阻表
11	交流耐压试验	（1）A级检修后。 （2）必要时	按出厂试验值的80%进行	

第五节　判断电抗器故障时可供选用的试验项目

主要针对330kV及以上电抗器，其他设备可作参考。

（1）当油中气体分析判断有异常时可选择下列试验项目：

1）绕组电阻。

2）铁芯绝缘电阻和接地电流。

3）冷却装置检查试验。

4）绝缘特性（绝缘电阻、吸收比、极化指数、介质损耗因数、泄露电流）。

5）绝缘油的击穿电压、介质损耗因数。

6）绝缘油含水量。

7）绝缘油含气量（500kV及以上）。

8）绝缘油中糠醛含量。

9）油箱表面温度分布。

（2）气体继电器报警后，进行电抗器油中溶解气体和继电器中的气体分析。

（3）判断绝缘受潮可进行下列试验：

1）绝缘特性（绝缘电阻、吸收比、极化指数、介质损耗因数、泄漏电流）。

2）绝缘油的击穿电压、介质损耗因数、含水量、含气量（500kV及以上）。

3）绝缘纸的含水量。

（4）判断绝缘老化可进行下列试验：

1）油中溶解气体分析（特别是CO、CO_2含量及变化）。

2）绝缘油酸值。

3）油中糠醛含量。

4）油中含水量。

5）绝缘纸或纸板的聚合度。

（5）振动、噪声异常时可进行下列试验：

1）振动测量。

2）噪声测量。

3）油中溶解气体分析。

4）检查散热器等附件的固定情况。

复　习　题

1. 油浸式电抗器的预防试验项目共有多少？为什么“红外测温”和“油中溶解气体分析”很重要？

2. 不同温度下测量的绕组直流电阻值如何换算？

3. 不同温度下测量的绕组绝缘电阻如何换算？

4. 为什么测量绕组介质损耗因数宜在顶层油温低于50℃且高于0℃时进行？

5. 用绝缘电阻表测量铁芯的绝缘电阻应注意哪些事项？

6. 对油浸式电抗器的哪些装置除了测量绝缘电阻外还要对其二次回路进行试验？

7. 对干式电抗器的红外测温周期是如何规定？

8. 消弧线圈油中溶解气体分析时，当哪些值超过限值时应引起注意？

9. 判断电抗器故障时可供选用的试验项目有哪些？

第十四章　互　感　器

第一节　概　述

互感器是电力系统中变换电压或电流的重要元件，其工作可靠性对整个电力系统具有重要意义。

互感器分为电流互感器、电压互感器及三相组合互感器。电流互感器和电压互感器又可以细分为若干形式的电流互感器和电压互感器。由独立元件（独立式电压互感器和独立式电流互感器）组成的组合互感器，按独立元件进行试验，误差干扰试验不在预试范围之内。为了不使每节的内容过于庞大，下面将按每一种互感器作为一节介绍。

根据《规程》规定，互感器预防性试验项目主要包括以下内容。

一、油浸式电流互感器的试验项目

(1) 红外测温。

(2) 油中溶解气体分析。

(3) 绝缘油试验。

(4) 绝缘的值测量。

(5) 介质损耗因数及电容量测量。

(6) 交流耐压试验。

(7) 局部放电试验。

(8) 极性检查。

(9) 变比检查。

(10) 励磁特性曲线校核。

(11) 绕组直流电阻测量。

(12) 密封检查。

二、SF_6 电流互感器的试验项目

(1) 红外测温。

(2) SF_6 分解物测试。

(3) SF_6 气体检测。

(4) 绝缘电阻测量。

(5) 交流耐压试验。

(6) 局部放电试验。

(7) 极性检查。

(8) 变比检查。

(9) 励磁特性曲线校核。

(10) 绕组直流电阻测量。

(11) 气体压力表校准。

(12) 气体密度表(继电器)校准。

三、复合薄膜绝缘电流互感器的试验项目

(1) 红外测温。

(2) 绝缘电阻测量。

(3) 介质损耗因数及电容量。

(4) 交流耐压试验。

(5) 局部放电试验。

(6) 极性检查。

(7) 变比检查。

(8) 校核励磁特性曲线。

(9) 绕组直流电阻测量。

四、浇注式电流互感器的试验项目

(1) 红外测温。

(2) 绝缘电阻测量。

(3) 交流耐压试验。

(4) 局部放电试验。

(5) 极性检查。

(6) 变比检查。

(7) 绕组直流电阻测量。

(8) 校核励磁特性曲线。

五、电子式电流互感器的试验项目

(1) 绝缘电阻测量。

(2) 低压器件的工频耐压试验。

(3) 电子式电流互感器合并单元的供电端口、低压器件对外壳之间的绝缘电阻及交流耐压试验。

(4) 电子式电流互感器高压本体间的试验。

六、电磁式电压互感器(油浸式)试验项目

(1) 红外测温。

(2) 油中溶解气体的色谱分析。

(3) 绝缘油试验。

(4) 绝缘电阻。

(5) 介质损耗因数(35kV 及以上)。

(6) 交流耐压试验。
(7) 局部放电试验。
(8) 伏安特性测量。
(9) 密封检查。
(10) 联接组别和极性。
(11) 电压比。
(12) 一次绕组直流电阻测量。

七、电磁式电压互感器(SF_6 气体绝缘)试验项目

(1) 红外测温。
(2) SF_6 分解物测试。
(3) SF_6 气体检测。
(4) 绝缘电阻。
(5) 交流耐压试验。
(6) 局部放电试验。
(7) 伏安特性测量。
(8) 联接组别和极性。
(9) 电压比。
(10) 一次绕组电流电阻测量。
(11) 气体压力表校准。
(12) 气体密度表(继电器)校准。

八、电磁式电压互感器(固体绝缘)试验项目

(1) 红外测温。
(2) 绝缘电阻。
(3) 交流耐压试验。
(4) 局部放电试验。
(5) 空载电流测量。
(6) 联接组别和极性。
(7) 电压比。
(8) 绕组直流电阻测量。

九、电容式电压互感器试验项目

(1) 红外测温。
(2) 分压器绝缘电阻。
(3) 分压电容器低压端对地绝缘电阻。
(4) 分压器介质损耗因数及电容量测量。
(5) 中间变压器绝缘电阻。
(6) 中间变压器一、二次绕组直流电阻测量。

(7) 交流耐压试验。

(8) 局部放电试验。

(9) 极性检查。

(10) 电压比检查。

(11) 阻尼器检查。

(12) 电磁单元绝缘油击穿电压和水分检测。

十、电子式电压互感器试验项目

(1) 红外测温。

(2) SF_6 分解物测试。

(3) SF_6 气体检测。

(4) 绝缘电阻测量。

(5) 电容量和介质损耗因数测量。

(6) 一次端子的交流耐压试验。

(7) 低压器件的工频耐压试验。

(8) 局部放电试验。

(9) 极性检查。

(10) 变比检查。

(11) 气体密度继电器和压力表校准。

(12) 密封性能测试。

十一、三相组合互感器（油浸式）试验项目

(1) 红外测温。

(2) 绝缘电阻。

(3) 交流耐压试验。

(4) 局部放电测量。

(5) 密封检查。

(6) 联接组别和极性。

(7) 电压比。

(8) 电流互感器的变比检查。

(9) 绕组直流电阻测量。

十二、三相组合互感器（固体绝缘）试验项目

(1) 红外测温。

(2) 绝缘电阻。

(3) 交流耐压试验。

(4) 局部放电试验。

(5) 联接组别和极性。

（6）电压比。

（7）电流互感器的变比检查。

（8）绕组直流电阻测量。

第二节　油浸式电流互感器试验

一、红外测温

1. 周期

（1）≥330kV：1个月。

（2）220kV：3个月。

（3）≤110kV：6个月。

（4）必要时。

2. 判据

各部位无异常温升现象，检测和分析方法参考DL/T 664。

二、油中溶解气体色谱分析

试验经验表明，油中溶解气体色谱分析对诊断电流互感器的异常或缺陷具有重要作用。应在A级检修后，必要时进行油中溶解气体分析。例如，某$LCLWD_3$-220电流互感器油的色谱分析结果明显的大，如表14-1所示。但绝缘试验结果正常。根据色谱分析结果判断该电流互感器有内部过热并兼有放电性故障。吊芯检查发现，电流互感器电容芯棒的末屏与地的接线，由于焊接不良，过热放电，手触及焊接处，焊点即脱落。

表14-1　色谱分析结果　单位：μL/L

H_2	CH_4	C_2H_6	C_2H_4	C_2H_2	C_1+C_2	判断故障性质
14800	1505	27.7	511	3.2	2046.9	内部过热，并有放电性故障

基于上述，《规程》规定电流互感器要进行油中溶解气体色谱分析、并给出注意值为：总烃100μL/L；氢150μL/L；乙炔1μL/L（220～500kV）和2μL/L（110kV及以下）。对新投运的电流互感器，其油中不应含有乙炔。

根据色谱分析结果判断电流互感器的绝缘缺陷时，应注意的问题如下：

（1）要高度重视乙炔的含量。这是因为乙炔是反映放电性故障的主要指标。正常的电流互感器和套管几乎不出现乙炔组分，一旦出现乙炔组分，就意味着设备异常。此时应当再进行检查性试验检出缺陷。所以《规程》对这类设备乙炔的注意值（220～500kV为1μL/L，110kV及以下为2μL/L）提出严格要求，这是可以理解的。稍有疏忽可能导致事故发生。例如，某台油浸式电流互感器的乙炔含量达8.1μL/L，在持续运行的1个月内发生了爆炸。

应指出，当乙炔含量较大时，往往表现为绝缘介质内部存在严重局部放电或L_1端子

放电等。对于一次绕组端子放电，一般伴有电弧烧伤与过热的情况，因此通常会出现乙烯含量明显增长，且占总烃较大的比例。据此，对于电容型结构，一般应检查 L_1 端子的绝缘垫是否有电弧放电烧伤痕迹，对链式（“8”字形）结构，则要检查一次绕组紧固螺帽是否松动引起放电等。

（2）不能忽视氢气和甲烷。因为这些组分是局部放电初期，低能放电的主要特征气体。若随着氢气、甲烷增长的同时，接着又出现乙炔，即使未达到注意值也应给予高度重视。因为这可能存在着由低能放电发展成高能放电的危险。

判断时对氢气的含量要作具体分析。有的互感器氢气基值较高，尤其是金属膨胀器密封的互感器，由于未进行氢处理，氢气含量较大。虽然达到注意值，如果数据稳定，没有增长趋势，且局部放电与含水量没有异常，则不一定是故障的反映。但是，当氢气含量接近注意值而且与过去值相比有明显增长时，则应引起注意，如某台220kV电流互感器，1983年氢气含量为75μL/L，1984年12月为650μL/L，1985年9月在正常运行中爆炸，经检查系端部胶垫压偏，导致密封不良，在运行中进水所致。另外，有的氢气含量虽然没有达到注意值，但增长较快，也不能忽视。

三、测量绕组及末屏的绝缘电阻

测量绕组绝缘电阻的主要目的是检查其绝缘是否有整体受潮或劣化的现象。测量电容型电流互感器末屏的绝缘电阻对发现绝缘受潮灵敏度较高。这是因为电容型电流互感器一般由十层以上电容串联。进水受潮后，水分一般不易渗入电容层间或使电容层普遍受潮，因此，进行主绝缘试验往往不能有效地监测出其进水受潮。但是，水分的比重大于变压器油，所以往往沉积于套管和电流互感器外层（末层）或底部（末屏与法兰间）而使末屏对地绝缘水平大大降低，因此，进行末屏对地绝缘电阻的测量能有效地监测电容型试品进水受潮缺陷。绝缘电阻测量周期如下：①A级、B级检修后；②≥330kV时，≤3年；③≤220kV时，≤6年；④必要时。

测量时采用2500V兆欧表。测量绕组的绝缘电阻与初始值及历次数据比较，不应有显著变化，并不应低于表14-2所示的数据。

表14-2　油浸式电流互感器绝缘电阻

部　件	一次绕组对地	一次绕组段间	二次绕组间及对地	末屏对地
绝缘电阻/MΩ	≥10000	≥10	≥1000	≥1000

测得的末屏对地绝缘电阻一般不低于1000MΩ。

四、测量介质损耗因数 tanδ 及电容量

1. 试验周期

（1）A级检修后。

（2）≥330kV：≤3年。

（3）≤220kV：≤6年。

（4）必要时。

2. 试验接线

(1) 油浸链式和串级式电流互感器。35～110kV 级的电磁式电流互感器，多数为油浸链式（如 LCWD－110 型）和串级式（如 L－110 型）结构，如图 14－1 和图 14－2 所示。这类电流互感器现场测量可按一次对二次绕组用高压电桥正接线测量，也可按一次对二次绕组及外壳用高压电桥反接线测量。试验电压为 10kV。

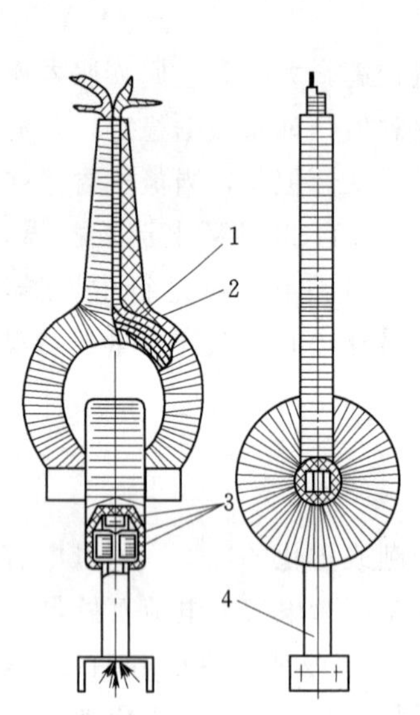

图 14－1　链式("8"字形)电磁式电流互感器绝缘结构

1—一次绕组；2—一次绕组绝缘；3—二次绕组及铁芯；4—支架

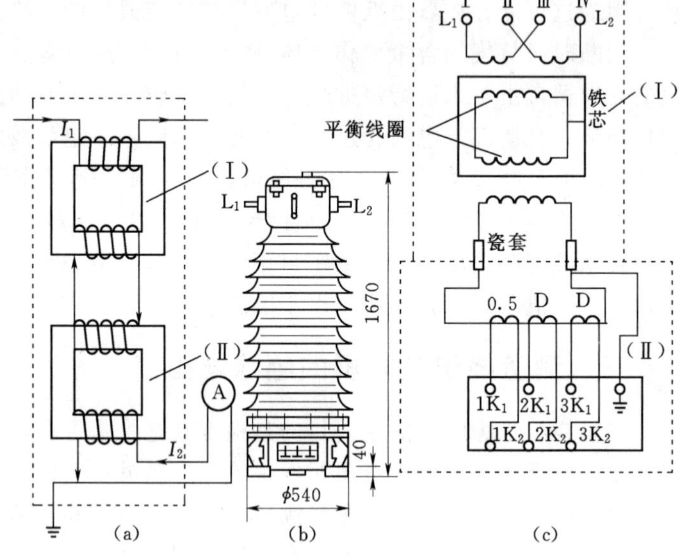

图 14－2　L－110 型串级式电流互感器（单位：mm）

(a) 原理图；(b) 外形图；(c) 原理接线图

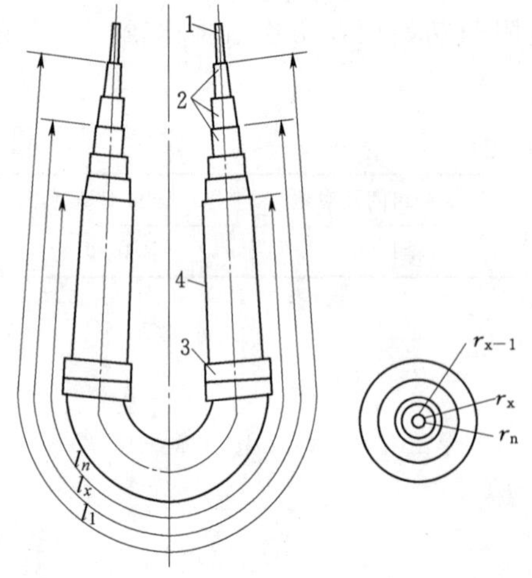

图 14－3　电容型电流互感器结构原理图

1—初级绕组；2—电容屏；3—次级绕组及铁芯；4—末屏

(2) 电容型电流互感器。电容型电流互感器结构原理如图 14－3 所示。

对这类电流互感器，现场测量可按一次绕组对末屏用高压电桥正接线测量；也可按一次绕组对末屏、二次绕组及地用高压电桥反接线测量，试验电压为 10kV。采用上述试验接线进行测量仅能反映一次绕组电容层间受潮，而不易发现运行中电流互感器底部进水受潮。为检查电流互感器底部和电容芯子表面的绝缘状况，《规程》规定，当末屏对地绝缘电阻小于 1000MΩ 时，应测量末屏对地的介质损耗因数 tanδ，不应大于 0.02。其测量接线可用正、反两种接法。在电力系统中，采用反接线较方便，这时电流互感器的末屏接高压电桥，所有二次绕组与油箱底座短路后接地。正、反接线的

测量结果列于表 14-3 中。

由表 14-3 可见，两种接线方式测得的介质损耗因数值相当吻合，只是电容值有所差别，反接法测得的 C_x 比正接线法测得的大几十皮法。这是由于用反接法测量时，将互感器末屏对地的杂散电容测量进来的缘故，杂散电容与试品电容并联，因此测得的总电容就偏大。干扰较大时，宜采用正接线。

表 14-3　　电流互感器末屏介质损耗因数正、反接线测量结果

试品型号及编号	正接线			反接线		
	R_3/Ω	$\tan\delta/\%$	C_x/pF	R_3/Ω	$\tan\delta/\%$	C_x/pF
LCWB-220 356 号	173.95	0.5	915.2	164.0	0.5	970.7
LCWB-220 397 号	190.2	1.3	837.0	176.3	1.2	903.0
LCWB-220 673 号	201.0	0.7	792.0	189.0	0.7	842.3
LCWB-220 697 号	284.52	0.5	559.5	267.82	0.5	594.4

注　$U_s=3\text{kV}$，$C_N=50\text{pF}$，$R_4=3184\Omega$。

测量时应注意末屏引出结构方式对介质损耗的影响，由环氧玻璃布板直接引出的末屏介质损耗一般都较大，最大可达 8%左右，即使合格的也在 1%～1.5%之间。由绝缘小瓷套管引出的末屏介质损耗一般都较小，在 1%以下。最小的在 0.4%左右。

测量时还应注意空气相对湿度的影响，当试区空气相对湿度达到 85%以上时，用反接法测得的介质损耗因数产生较大的正偏差，这是因为湿度大时，在末屏引出的环氧玻璃布板或绝缘小瓷套表面形成游离水膜而产生泄漏电导电流所致。只有试验区的空气相对湿度在 75%以下时，才能达到正确的数据。

试验区空气相对湿度的影响如表 14-4 所示。

表 14-4　　不同相对湿度时末屏介质损耗因数 tanδ

试品型号及编号	试区空气相对湿度 /%	末屏 tanδ /%	试品型号及编号	试区空气相对湿度 /%	末屏 tanδ /%
LCWB-220 685 号	89 71（加去湿机）	2.9 0.6	LCWB-220 256 号	90 74（加去湿机）	2.0 0.8
LCWB-220 5 号	89 71（加去湿机）	2.8 0.7	LCWB-110 257 号	90 74（加去湿机）	2.6 1.1

3. 综合分析判断

介质损耗因数是评定绝缘是否受潮的重要参数，对其测量结果要认真分析。

（1）主绝缘的 tanδ。主绝缘的 tanδ 不应大于表 14-5 所列的数值，且与历年数据比较，不应有显著变化。

（2）电容型电流互感器主绝缘电容量与初始测量值或出厂值相比较，大于 5%时，应查明原因。

(3) 在 2kV 试验电压下末屏对地绝缘电阻小于 1000MΩ 时，末屏对地 tanδ 值不应大于 0.02。

表 14-5　　20℃时电流互感器主绝缘 tanδ 应不大于的数值　　%

电压等级/kV		20～35	≤110	220	≥330
A 级检修后	电容型	—	1.0	0.7	0.6
	充油型	3.0	2.0	—	—
	胶纸容型	2.5	2.0	—	—
运行中	电容型	—	1.0	0.8	0.7
	充油型	3.5	2.5	—	—
	胶纸型	3.0	2.5	—	—

应当指出，油纸电容型 tanδ 一般不进行温度换算。这是因为油纸绝缘的介质损耗因数 tanδ 与温度的关系取决于油与纸的综合性能。良好的绝缘油是非极性介质，油的 tanδ 主要是电导损耗，它随温度升高而增大。而纸是极性介质，其 tanδ 由偶极子的松弛损耗所决定，一般情况下，纸的 tanδ 在－40～60℃的温度范围内随温度升高而减小。因此，不含导电杂质和水分的良好油纸绝缘，在此温度范围内其 tanδ 没有明显变化，所以可不进行温度换算。若要换算，也不宜采用充油设备的温度换算方式，因为其温度换算系数不符合油纸绝缘的 tanδ 随温度变化的真实情况。表 14-6 为日本日新电机株式会社目前执行的电流互感器温度换算系数，与我国电容型设备的 tanδ 实测结果较为接近，可供温度换算参考。

表 14-6　　日新电机株式会社油浸纸绝缘温度系数表

t_x/℃	0	1	2	3	4	5	6	7	8
系数 K	0.807	0.824	0.840	0.855	0.868	0.880	0.891	0.902	0.912
t_x/℃	9	10	11	12	13	14	15	16	17
系数 K	0.922	0.930	0.940	0.948	0.956	0.964	0.971	0.978	0.984
t_x/℃	18	19	20	21	22	23	24	25	26
系数 K	0.989	0.995	1.00	1.006	1.011	1.016	1.021	1.026	1.030
t_x/℃	27	28	29	30	31	32	33	34	35
系数 K	1.035	1.040	0.044	1.048	1.052	1.056	1.060	1.064	1.068
t_x/℃	36	37	38	39	40				
系数 K	1.072	1.075	1.079	1.081	1.084				

注　$\tan\delta_{20}=K[t_x(℃)]\times\tan\delta[t_x(℃)]$。式中的 $\tan\delta_{20}$、$\tan\delta$ 分别为 20℃的介质损耗因数和 t_x（℃）的介质损耗因数实测值。

当绝缘中残存有较多水分与杂质时，tanδ 与温度的关系就不同于上述情况，tanδ 随温度升高明显增加。如两台 220kV 电流互感器通入 50%额定电流，加温 9h，测取通入电流前后 tanδ 的变化，tanδ 初始值为 0.53%的一台无变化，tanδ 初始值为 0.8%的一台则上升为 1.1%。实际上已属非良好绝缘（《规程》要求值为不大于 0.8%），故 tanδ 随温度上升而增加。因此，当常温下测得的 tanδ 较大时，为进一步确认绝缘状况，应考察高温下的 tanδ 变化，若高温下 tanδ 明显增加时，则应认为绝缘存在缺陷。

一般可采用短路法使绝缘温度升高，并保持一段时间，测量时取消短路电压，以免影响测量准确性。

研究表明，良好绝缘在允许的电压范围内，无论电压上升或下降，其 tanδ 均无明显变化。当 tanδ 初始值比较大，而且随电压上升或下降有明显变化《规程》规定，试验电压由 $0.5U_m/\sqrt{3}$ 升至 $U_m/\sqrt{3}$ 时，tanδ 绝对增量超过 0.15%时，不宜继续运行。电压下降到初始值（10kV）tanδ 未能恢复到初始值（大于初始值）时，一般认为绝缘存在受潮性缺陷或已老化。表 14－7 列出三台 500kV 电流互感器的 tanδ 与电压的关系，可证明上述观点。

表 14－7　三台 500kV 电流互感器的 tanδ 与电压的关系

tanδ/%　测量电压/kV　序号	160	320	变化情况
1	0.31	0.33	施加 320kV，1250A，36h，tanδ 稳定在 0.3%
2	0.63	0.71	施加 320kV，1250A，18h，tanδ 增加到 0.8%
3	0.79	0.56	施加 320kV，64℃，1h，tanδ 增加到 1.64%，2h，绝缘击穿

基于上述，《规程》规定，对充油型和油纸电容型的电流互感器，当其 tanδ 值与出厂值或上一次试验值比较有明显增长时，应综合分析 tanδ 与温度、电压的关系，以确定其绝缘是否有缺陷。

表 14－8　500kV 电流互感器 tanδ 的测试结果

tanδ/%　温度/℃　电压/kV	14	64		
		0h	1h	2h
10	0.90	—	—	—
140	0.77	—	—	—
320	0.56	1.46	1.63	击穿

表 14－8 给出了表 14－7 中序号 3 的电流互感器击穿前 tanδ 的测试结果。由表 14－8 中数据可知：在 14℃时，试验电压从 10kV 增加到 $U_m/\sqrt{3}=1.1\times500/\sqrt{3}=317.5\approx320$（kV），tanδ 增量为 $\Delta\tan\delta=-(0.9-0.56)\%=-0.34\%$，超过－0.3%；当温度由 14℃增加到 64℃时，tanδ 明显增加，综合分析判断该电流互感器有绝缘缺陷。实测故障点附近含水量为 8.626%。

五、交流耐压试验

1. 周期

（1）A 级检修后。

（2）必要时。

2. 判据

（1）一次绕组按出厂试验值的 80%进行。

（2）二次绕组之间及对地（箱体）、末屏对地介质损耗因数不应大于 0.02。

3. 试验方法

电流互感器交流耐压试验通常采用外施工频电压的方法。试验的部位有：

（1）一次绕组对二次绕组、铁芯及地。试验时，一次绕组 L_1、L_2 短接接高压，所有二次绕组短接后与铁芯、外壳一起接地。对于电容型电流互感器，末屏也应接地。电流互感器的交流耐压试验接线如图 14－4 所示。

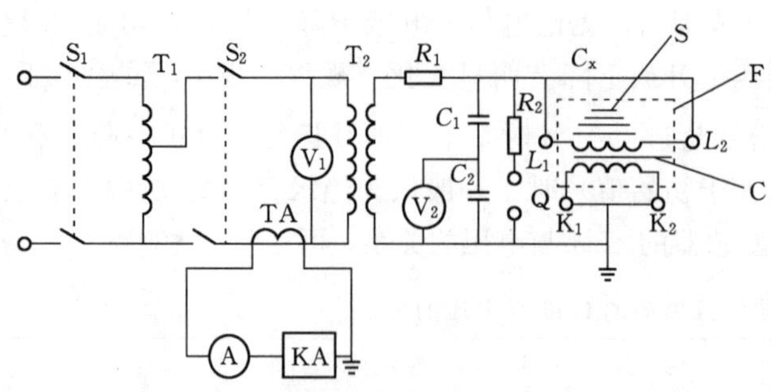

图 14-4　电流互感器的交流耐压试验接线

S_1、S_2—电源开关；T_1—调压器；T_2—试验变压器；TA—测量和保护电流互感器；A—电流表；V_1、V_2—电压表；R_1—保护电阻；C_1、C_2—分压器；R_2—阻尼电阻；Q—保护球隙；C_x—被试互感器；L_1、L_2—被试互感器高压端子；K_1、K_2—被试互感器低压端子；C—被试互感器铁芯；S—被试互感器末屏；F—被试互感器外壳

电源经开关 S_1、S_2 和调压器 T_1 加至试验变压器 T_2 低压侧，升压后加至被试电流互感器 C_x 的高压端子（按分压器 C_1、C_2 和高内阻电压表 V_2 测出的电压升至试验电压）。在试验电压的 75%以前，升压速度不加限制，在试验电压值达到 75%以后，以每秒 2%的速度升压，一直升到试验电压。施加的试验电压为出厂值的 85%。出厂值不明的按表 14-9 所列的电压进行试验：

（2）二次绕组之间。试验时，二次绕组均短接，其中一个接高压，另一个接地。试验电压为 2kV。

表 14-9　　电流互感器的交流耐压试验电压　　单位：kV

电压等级	3	6	10	15	20	35	66
试验电压	15	21	30	38	47	72	120

（3）末屏对地。试验电压也为 2kV。

（4）二次绕组及末屏交流耐压试验可用 2500V 绝缘电阻表绝缘电阻测量项目代替。

六、局部放电测量

（一）《规程》要求

近些年来，电流互感器事故较为频繁，对电力系统安全运行带来威胁。事故统计分析表明，约有 50%的事故是由于互感器内部绝缘存在局部放电引起的。常规的预防性试验方法如测量绝缘电阻、测量介质损耗因数 $\tan\delta$ 等均不能发现局部放电，有时色谱分析也无效果，例如，某电厂对三台 110kV $LCWD_2$-110 型电流互感器进行色谱分析和绝缘试验，其结果均符合规程要求，但进行局部放电测量时，测得 B 相的放电量高达 25.296×10^3pC。解体后发现，高压绕组对低压绕组放电。虽然高压绕组外观放电点不大，但里层绝缘放电损坏非常严重。

为及时有效地发现互感器中存在的放电性缺陷，防止其扩大并导致整体绝缘击穿。《规程》要求在 A 级检修后，或必要时进行互感器局部放电测量，在中性点接地系统 U_m 局部放电测量电压下，局部放电允许水平为 50pC，$1.2U_m/\sqrt{3}$ 电压下为 20pC。在中性点绝缘或非有效接地系统，$1.2U_m$ 为 50pC，$1.2U_m/\sqrt{3}$ 为 20pC。

（二）原理接线

试验按《互感器　第 2 部分：电流互感器的补充技术要求》(GB/T 20840.2—2014) 的要求进行。《互感器局部放电测量》(GB 5583—85) 规定的电流互感器局部放电测量的

原理接线如图 14－5 所示。

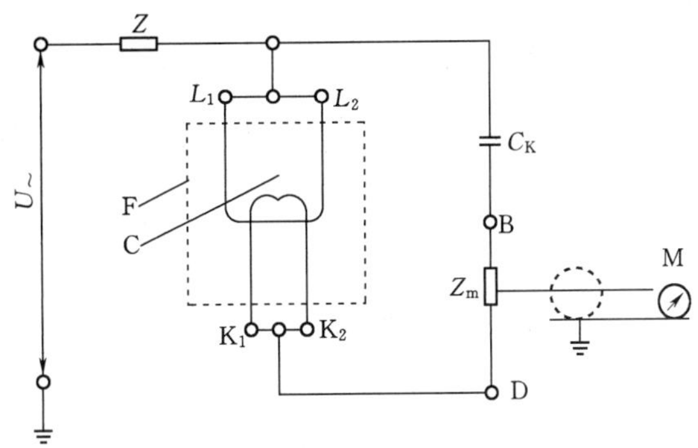

图 14－5　电流互感器局部放电测量原理接线图

L_1、L_2—一次绕组的端子；K_1、K_2—二次绕组的端子；C_K—耦合电容器；C—铁芯；F—金属外壳；Z—滤波器；Z_m—测量阻抗

在某一电压作用下，当试品内部发生局部放电时，放电脉冲信号经 C_K、Z_m 回路形成脉冲电流，在 Z_m 两端产生脉冲电压，即为所测量的信号。由于脉冲电压的幅值很小（为微伏级），必须经过高增益放大器放大，放大后的信号送至测量仪器（放电量表或示波器）进行测量。试验电压 U 通常选用 50Hz 的工频电源。

图 14－5 中各元件的作用如下：

（1）Z：也称阻塞阻抗。它可以衰减来自高压电源的干扰，并防止局部放电脉冲经电源旁路，从而提高测量回路的灵敏度。由于 Z 只允许工频通过，高频被阻塞，故可以看成是低通滤波器。

（2）C_K：它一方面隔离工频高压，使检测阻抗上承担的工频电压很低，以保证测量装置安全工作；另一方面将试样的局部放电信号耦合到检测阻抗上来，对工频呈高阻抗，对高频呈低阻抗，一般选用 100～1000pF 的电容器。要求它本身在测量电压下无局部放电，且自感很小。

（3）Z_m：它起采样作用，即将局部放电的信息从高压测量回路中取出，输送给检测仪器，它有 R 型、L 型、RC 型、LC 型、RCL 型等，常用的是 RC 型和 RCL 型。两种类型的检测阻抗对放电产生的脉冲电流的响应是不同的，如图 14－6 和图 14－7 所示。

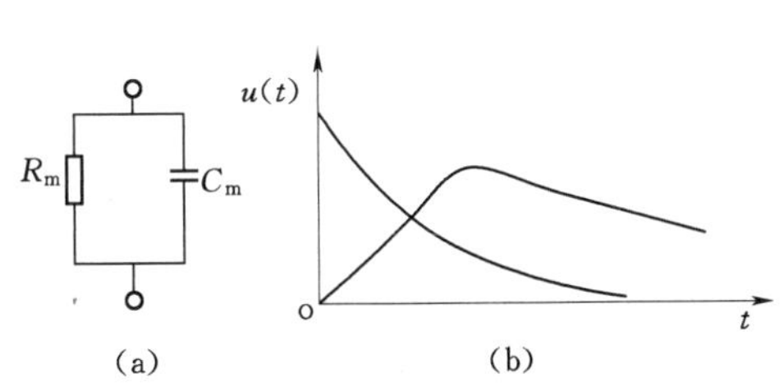

图 14－6　RC 型检测阻抗与脉冲电压的波形

（a）RC 型检测阻抗；（b）RC 型检测阻抗上脉冲电压波形

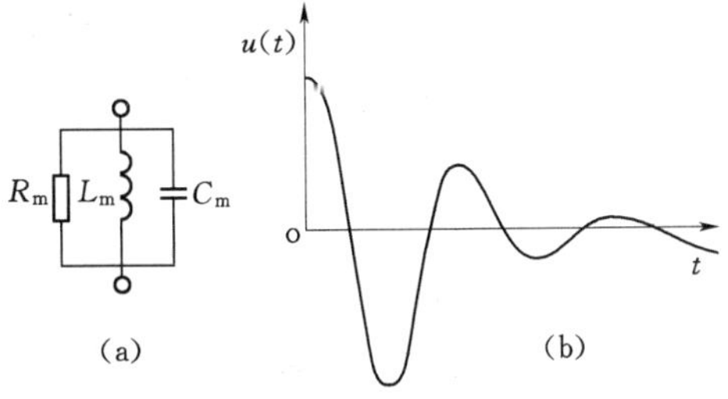

图 14－7　RCL 型检测阻抗与脉冲电压的波形

（a）RCL 型检测阻抗；（b）RCL 型检测阻抗上脉冲电压波形

（三）现场实测接线

当试品附近电磁场干扰较弱，又有适当的高压无局放试验变压器和高压无局放耦合电容器时，大多采用图 14－8 所示的直测法测量回路对电流互感器的局部放电进行测量。测量电容型电流互感器局部放电时，应将末屏、二次和铁芯连接起来接至检测阻抗（串联法）或接地（并联法）。

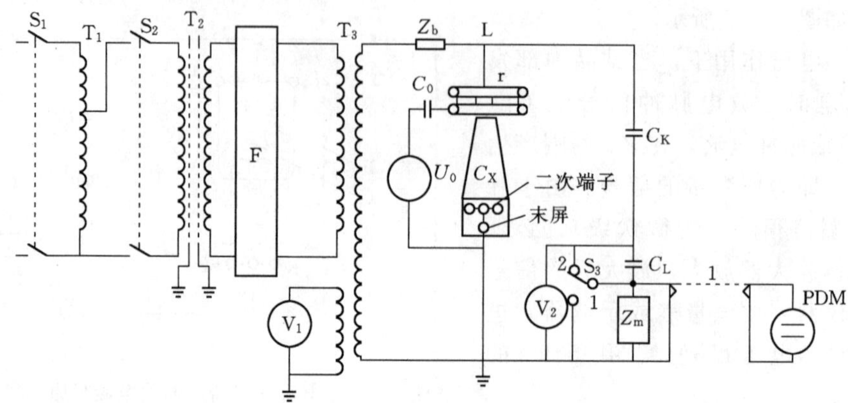

图 14－8 有高压无局放试验变压器时电流互感器直测法测量回路

图 14－8 中各元件的作用如下：

（1）S_1：电源开关。用以接通和切断电源，故障时可以自动跳闸。

（2）T_1：调压器。用以调节试验电压的幅值。

（3）S_2：闸刀开关。用以切断电源。

（4）T_2：隔离变压器。各侧静电屏分别在各侧接地，可以隔离由电源和调压器产生的干扰信号。

（5）F：低通滤波器。可进一步滤掉电源部分的干扰信号，还可以滤掉电源中的高次谐波分量，改善试验电压波形。通常选用电容电感组成的Ⅱ型滤波器，其上限截止频率约为 800Hz。

（6）T_3：无局放试验变压器。一般按需要选用单级变压器串接，其电压和容量应能满足最高试验电压时试品和耦合电容器的电压和容量要求，其内部放电量应低于规定的允许水平。

（7）L：无电晕高压引线。应保证本身在最高试验电压下不发生电晕。

（8）r：均压环。可保证在最高试验电压下不发生电晕。

（9）C_0：校正电容。

（10）U_0：校正方波电压发生器。

（11）C_L：低压臂电容，作分压电容用。

（12）V_2：高内阻电压表。常用静电电压表或数字电压表以测量电压。

（13）S_3：切换开关。置于位置"1"，测量 C_L 上电压，乘以分压比即为试品上的电压；置于位置"2"，测量局部放电信号电压。由于 V_2 的内阻比 Z_m 的阻抗高几个数量级，所以它接入不会影响局部放电测量结果。

其他符号意义见图 14－5。

测量应在试品所有绝缘试验结束以后进行。测量时，应在不大于$\frac{1}{3}$测量电压下接通电源，升至预加电压，保持 10s 以上；然后不间断地降到测量电压，保持 1min 以上，再读取放电量；最后降到$\frac{1}{3}$测量电压以下，再切除电源。

（四）实例

现场测量经验表明，测量局部放电对检出电流互感器中的放电型缺陷是灵敏的。例如：

（1）某 LCLWD$_3$－220 型电流互感器，C 相油色谱分析结果：H_2 为 43153μL/L，C_2H_2 为 10.28μL/L，总烃为 10461μL/L，均超标。局部放电测量结果是，起始放电电压为 98kV，在 $1.1U_m/\sqrt{3}=160$kV 的放电量为 150pC≥20pC。初步判定油中色谱分析结果异常，认为是由内部局部放电引起的。为进一步查明原因，加最高运行相电压 146kV，历时 35h 后，听到内部有放电声。试验电压降到 13kV 时，放电尚未终止。最后解体发现其电容屏约 86％被击穿，最大烧伤面积为 230mm×180mm，放电碳通道长达 900mm。

（2）某 LCLWD$_3$－220 型电流互感器，C 相油色谱分析结果：H_2 为 6050μL/L，C_2H_2 为 142μL/L，总烃为 1310μL/L，均超标。进行局部放电测量时发现 140kV 时有悬浮电位放电现象发生，但不稳定。为查明原因，加最高运行相电压 146kV，历时 9.5h 后，听到内部有放电声，局部放电起始放电电压仅为 43kV，终止放电电压为 39.5kV，在 45kV 时放电量达 3000pC，在 63kV 时的放电量达 100000pC 以上。解体后才知道，其电容屏约有 10％被击穿。

（3）某 LCLWD－220 型电流互感器，出厂试验和投运后的历年常规试验以及高压介质损耗因数 tanδ 测量均合格。在 161kV 下进行局部放电测量，其放电量达 1400pC，色谱分析 C_2H_2 含量为 1200μL/L，吊芯发现在一次绕组的 L_1 和 L_2 二腿上部有 1m 长的沿面放电痕迹。

七、试验设备介绍

苏州工业园区海沃科技有限公司生产的 HVCT－6000 型 TA 参数分析仪可对电流互感器（带气隙、或不带气隙铁芯的 TA）进行磁化曲线、线圈直流电阻、匝比误差、极性、比差、角差、实际连接负载等特征参数的测量。

可得到确定准确限值系数、仪表保安系数、对称短路电流倍数、二次时间常数、暂态面积系数、剩磁系数、拐点电压和电流、不饱和电感、比差和角差、10％（5％）误差曲线等结果。

HVCT－6000 型 TA 参数分析仪具有以下特点：

仪器将 TA 直阻测试、磁化曲线测试、比差和角差测试、实际负载阻抗测试所有功能全部集成，可以完成现场 TA 的所有参数分析测试项目。

不仅能适应计量级、P 级 TA 的测试，更能够满足暂态级 TA 的现场测试。可以测试拐点电压达到 35kV 暂态级 TA。

仪器采用先进的电力电子技术，以 DSP 为控制核心，以变频技术为降低测试电源功率为有效手段。测试过程、数据处理和数据存储等全部实现自动化和智能化，产品重量 13kg。

电流量程从 100μA 到 15A；电压量程从 1mV 到 150V；直阻、负载的测试准确度能达到 0.2％的准确度；匝比误差、比差可以达到 0.1％的准确度；角差可以达到 1′的准确度。

由于采用异频测试技术，其抵抗工频干扰的能力得到大幅提高，确保在各种环境下的测试准确度满足技术要求。

第三节 SF_6 电流互感器试验

一、红外测温

1. 周期

(1) ≥330kV：1 个月。

(2) 220kV：3 个月。

(3) ≤110kV：6 个月。

(4) 必要时。

2. 判据

各部位无异常温升现象，检测和分析方法参考 DL/T 664。

二、SF_6 分解物测试

在 A、B 级检修后，必要时用检测管、气相色谱法或电化学传感器法进行 SF_6 分解物测试，注意测试结果不可以大于以下数值，否则应查找原因予以处理。

(1) A 级检修后注意：

1) (SO_2+SOF_2)：≤2μL/L。

2) HF：≤2μL/L。

3) H_2S：≤1μL/L。

4) CO 报告。

(2) B 级检修后或运行中注意：

1) SO_2：≤5μL/L。

2) H_2S：≤2μL/L。

3) CO：≤100μL/L。

三、绝缘电阻测量

采用 2500V 绝缘电阻表进行绝缘电阻测量。

1. 周期

(1) A 级检修后。

(2) ≥330kV：≤3 年。

(3) ≤220kV：≤6 年。

(4) 必要时。

2. 要求

(1) 一次绕组绝缘电阻应大于 10000MΩ。

(2) 一次绕组段间绝缘电阻应大于 10MΩ。

（3）二次绕组间及对地绝缘电阻大于1000MΩ。

四、交流耐压试验

1. 周期

（1）A级检修后。

（2）必要时。

2. 试验方法和要求

（1）一次绕组按出厂试验值的80%进行。

（2）二次绕组交流耐压试验，可用2500V绝缘电阻表绝缘电阻测量项目代替。

（3）二次绕组之间及对地（箱体），末屏对地（箱体）为2kV。

五、局部放电测量

按《互感器　第2部分：电流互感器的补充技术要求》（GB/T 20840.2）进行。在A级检修后，必要时。局部放电测量电压和局部放电允许水平见表14-10。

表14-10　　不同接地方式下局部放电允许水平

系统接地方式	局部放电测量电压（方均根值）/kV	局部放电允许水平/pC	系统接地方式	局部放电测量电压（方均根值）/kV	局部放电允许水平/pC
中性点接地系统	U_m	50	中性点绝缘或非有效接地系统	$1.2U_m$	50
	$1.2U_m/\sqrt{3}$	20		$1.2U_m/\sqrt{3}$	20

六、励磁特性曲线校核

更换二次绕组或继电器保护有要求时进行励磁特性曲线校核。要求如下：

（1）与同类型、同规格、同参数互感器特性曲线或制造厂提供的特性曲线相比较，应无明显差别。

（2）多抽头电流互感器可使用抽头或最大抽头测量。

第四节　复合薄膜绝缘电流互感器试验

复合薄膜绝缘电流互感器的试验项目、周期和要求见表14-11。

表14-11　　复合薄膜绝缘电流互感器的试验项目、周期和要求

序号	项　目	周　期	判　　据	方法及说明
1	红外测温	（1）≥330kV：1个月。 （2）220kV：3个月。 （3）≤110kV：6个月。 （4）必要时	各部位无异常温升现象	检测和分析方法参考DL/T 664

续表

<table>
<tr><th>序号</th><th>项 目</th><th>周 期</th><th colspan="3">判 据</th><th>方法及说明</th></tr>
<tr><td>2</td><td>绝缘电阻测量</td><td>(1) A、B级检修后。
(2) ≥330kV：≤3年。
(3) ≤220kV：≤6年。
(4) 必要时</td><td colspan="3">(1) 一次绕组对地：≥10000MΩ。一次绕组段间：≥10MΩ。
(2) 二次绕组间及对地≥1000MΩ。
(3) 末屏对地：≥1000MΩ</td><td>使用2500V绝缘电阻表</td></tr>
<tr><td>3</td><td>介质损耗因数及电容量</td><td>(1) A级检修后。
(2) ≥330kV：≤3年。
(3) ≤220kV：≤6年。
(4) 必要时</td><td colspan="3">(1) 220kV等级主绝缘电容量初值差不应超过5%，110kV及以下主绝缘电容量初值差不超过8%。
(2) 介质损耗因数不应大于0.006</td><td>当介质损耗因数值与出厂试验值或上一次试验值比较有明显变化时，应综合分析介质损耗因数与温度、电压的关系，当介质损耗因数随温度明显变化或试验电压由$0.5U_m/\sqrt{3} \sim U_m/\sqrt{3}$，介质损耗因数变化量绝对值超过0.0015应继续运行</td></tr>
<tr><td>4</td><td>交流耐压试验</td><td>(1) A级检修后。
(2) 必要时</td><td colspan="3">(1) 一次绕组按出厂试验值的80%进行。
(2) 二次绕组之间及对地（箱体），末屏对地（箱体）为2kV</td><td>二次绕组交流耐压试验，可用2500V绝缘电阻表绝缘电阻测量项目代替</td></tr>
<tr><td rowspan="3">5</td><td rowspan="3">局部放电测量</td><td rowspan="3">必要时</td><td>系统接地方式</td><td>局部放电测量电压（方均根值）/kV</td><td>局部放电允许水平/pC</td><td rowspan="3">按GB/T 20840.2进行</td></tr>
<tr><td>中性点接地系统</td><td>U_m
$1.2U_m/\sqrt{3}$</td><td>100
50</td></tr>
<tr><td>中性点绝缘或非有效接地系统</td><td>$1.2U_m$
$1.2U_m/\sqrt{3}$</td><td>100
50</td></tr>
<tr><td>6</td><td>极性检查</td><td>必要时</td><td colspan="3">与铭牌标志相符</td><td></td></tr>
<tr><td>7</td><td>变比检查</td><td>必要时</td><td colspan="3">与铭牌标志相符</td><td></td></tr>
<tr><td>8</td><td>校核励磁特性曲线</td><td>必要时</td><td colspan="3">(1) 与同类型、同规格、同参数互感器特性曲线或制造厂提供的特性曲线相比较，应无明显差别。
(2) 多抽头电流互感器可使用抽头或最大抽头测量</td><td>更换二次绕组或继电保护有要求时进行</td></tr>
<tr><td>9</td><td>绕组直流电阻测量</td><td>(1) A级检修后。
(2) 必要时</td><td colspan="3">与初值或出厂值比较，应无明显差别</td><td></td></tr>
</table>

第五节 浇注式电流互感器试验

浇注式电流互感器的试验项目、周期和要求见表14-12。

表 14-12　　浇注式电流互感器的试验项目、周期和要求

<table>
<tr><th>序号</th><th>项　目</th><th>周　期</th><th colspan="3">判　据</th><th>方法及说明</th></tr>
<tr><td>1</td><td>红外测温</td><td>(1) 6个月。
(2) 必要时</td><td colspan="3">各部位不应有明显温升现象，检测和分析方法参考 DL/T 664</td><td></td></tr>
<tr><td>2</td><td>绝缘电阻测量</td><td>(1) A、B级检修后。
(2) 不超过6年。
(3) 必要时</td><td colspan="3">(1) 一次绕组对地：≥1000MΩ。
(2) 二次绕组间及对地：≥1000MΩ</td><td>采用2500V绝缘电阻表</td></tr>
<tr><td>3</td><td>交流耐压试验</td><td>(1) A级检修后。
(2) 必要时</td><td colspan="3">(1) 一次绕组按出厂试验值的80%进行。
(2) 二次绕组之间及对地为2kV</td><td>二次绕组交流耐压试验，可用2500V绝缘电阻表绝缘电阻测量项目代替</td></tr>
<tr><td rowspan="3">4</td><td rowspan="3">局部放电测量</td><td rowspan="3">(1) A级检修后。
(2) 必要时</td><td>系统接地方式</td><td>局部放电测量电压（方均根值）/kV</td><td>局部放电允许水平/pC</td><td rowspan="3"></td></tr>
<tr><td>中性点接地系统</td><td>U_m
$1.2U_m/\sqrt{3}$</td><td>100
50</td></tr>
<tr><td>中性点绝缘或非有效接地系统</td><td>$1.2U_m$
$1.2U_m/\sqrt{3}$</td><td>100
50</td></tr>
<tr><td>5</td><td>极性检查</td><td>必要时</td><td colspan="3">与铭牌标志相符</td><td></td></tr>
<tr><td>6</td><td>变比检查</td><td>必要时</td><td colspan="3">与铭牌标志相符</td><td></td></tr>
<tr><td>7</td><td>绕组直流电阻测量</td><td>(1) A级检修后。
(2) 必要时</td><td colspan="3">与初值或出厂值比较，应无明显差别</td><td></td></tr>
<tr><td>8</td><td>校核励磁特性曲线</td><td>必要时</td><td colspan="3">(1) 与同类型、同规格、同参数互感器特性曲线或制造厂提供的特性曲线相比较，应无明显差别。
(2) 多抽头电流互感器可使用抽头或最大抽头测量</td><td>继电保护有要求时进行</td></tr>
</table>

第六节　电子式电流互感器试验

一、电子式电流互感器高压本体间的试验项目

电子式电流互感器高压本体间的试验项目可参考油浸式、SF_6 式和复合薄膜绝缘电流互感试验项目。

二、电子式电流互感器合并单元的供电端口、低压器件对外壳之间的试验项目

（一）绝缘电阻

1. 周期

(1) A、B级检修后。

（2）≥330kV：≤3 年。

（3）≤220kV：≤6 年。

（4）必要时。

2. 判据

互感器及合并单元的供电端口两极对外壳之间的绝缘电阻不小于 500MΩ。

3. 试验方法

测量互感器及合并单元的供电端口两极对外壳之间的绝缘电阻采用 500V 绝缘电阻表。

（二）低压器件的工频耐压试验

1. 周期

（1）A 级检修后。

（2）必要时。

2. 判据

（1）应能耐受 GB/T 20840.8 标准中 6.1.1.3 规定的电压值。

（2）对合并单元下载程序或调试的非光接口，应能承受交流 500V 或直流 700V 的 1min 耐压试验。

第七节 电磁式（油浸式）电压互感器试验

一、红外测温

1. 周期

（1）≥330kV：1 个月。

（2）220kV：3 个月。

（3）≤110kV：6 个月。

（4）必要时。

2. 判据

各部位无异常温升现象，检测和分析方法参考 DL/T 664。

二、油中溶解气体的色谱分析

1. 周期

（1）A、B 级检修后。

（2）≥330kV：≤3 年。

（3）≤220kV：≤6 年。

（4）必要时。

2. 判据

（1）A 级检修后。

1）H_2：≤50μL/L。

2）总烃：≤40μL/L。

3）C_2H_2：0μL/L。

（2）运行中。

1）H_2：≤150μL/L。

2）总烃：≤100μL/L。

3）C_2H_2：≤2μL/L。

电压互感器绝缘油中溶解气体色谱分析对诊断放电性缺陷具有重要作用。其注意值为：总烃 100μL/L；氢 150μL/L；乙炔 2μL/L。对新投运的电压互感器，其油中不应含有乙炔。可见乙炔含量仍是重要指标。乙炔含量异常，一般有两种情况：一是穿芯螺丝悬浮电位放电；二是绕组绝缘有放电性缺陷。现场实例表明，在三倍频感应耐压试验中，被击穿的电压互感器绝缘油中的乙炔含量一般可达数十微升每升。所以当乙炔含量超过注意值时应跟踪试验，对有增长趋势者，应进行其他检查性试验，如局部放电、感应耐压试验等，直至吊芯检查。找出乙炔气体产生的原因。对氢气异常，除注意膨胀器是否经除氢处理外，还要检查铁芯是否有锈，铁芯有锈往往会导致一氧化碳气体单一增大，有的超过 500μL/L。这时，应根据 $\tan\delta$ 值判断是否是进水受潮引起铁锈。若运行中电压互感器并未进水受潮，但却出现一氧化碳气体，可能是铁芯在制造车间堆放时生锈所致。

三、绝缘电阻

（一）试验周期

（1）A、B 级检修后。

（2）≥330kV：≤3 年。

（3）≤220kV：≤6 年。

（4）必要时。

（二）试验要求

（1）一次绕组对二次绕组及地：≥1000MΩ。

（2）二次绕组间及对地：≥1000MΩ。

（三）试验方法

采用 2500V 绝缘电阻表。

（四）说明

测量绕组绝缘电阻的主要目的是检查其绝缘是否有整体受潮或劣化的现象。测量时非被测绕组应接地。测量时还应考虑空气湿度、套管表面脏污对绕组绝缘电阻的影响。必要时将套管表面屏蔽，以消除表面泄漏的影响。温度的变化对绝缘电阻影响很大，测量时应记下准确温度，以便比较。为减小温度的影响，最好在绕组温度稳定后进行测试。

四、测量绕组的介质损耗因数 tanδ

（一）试验周期

测量 35kV 及以上电压互感器一次绕组连同套管的介质损耗因数 tanδ，能够灵敏地发现绝缘受潮、劣化及套管绝缘损坏等缺陷。由于电压互感器的绝缘方式分为全绝缘和分级绝缘两种，而绝缘方式不同测量方法和接线也不相同，故分别加以叙述。其试验周期如下：

（1）A 级检修后。

（2）≥330kV：≤3 年。

（3）≤220kV：≤6 年。

（4）必要时。

（二）判据

（1）A 级检修后，35kV 及以上电压互感器介质损耗因数如下：

1）5℃：≤0.010。

2）10℃：≤0.015。

3）20℃：≤0.020。

4）30℃：≤0.035。

5）40℃：≤0.050。

（2）运行中的 35kV 及以上电压互感器介质损耗因数如下：

1）5℃：≤0.015。

2）10℃：≤0.020。

3）20℃：≤0.025。

4）30℃：≤0.040。

5）40℃：≤0.055。

（3）与历次试验结果相比较无明显变化，前后对比宜采用同一试验方法。

（4）支架绝缘介质损耗因数不宜大于 5%。

（三）全绝缘电压互感器

测量时一次绕组首尾端短接后加电压，其余绕组首尾端短接接地。测量结果应不大于表 14-13 所列的数值。

表 14-13　　电压互感器的 tanδ 应不大于的数值　　%

项　目		温　度/℃				
		5	10	20	30	40
35kV 及以下	A 级检修后	1.5	2.5	3.0	5.0	7.0
	运行中	2.0	2.5	3.5	5.5	8.0
35kV 及以上	A 级检修后	1.0	1.5	2.0	3.5	5.0
	运行中	1.5	2.0	2.5	4.0	5.5

（四）分级绝缘电压互感器

图 14-9 和图 14-10 分别示出了采用分级绝缘方式的 110kV 和 220kV 串级式电压互感器的结构和原理接线图。

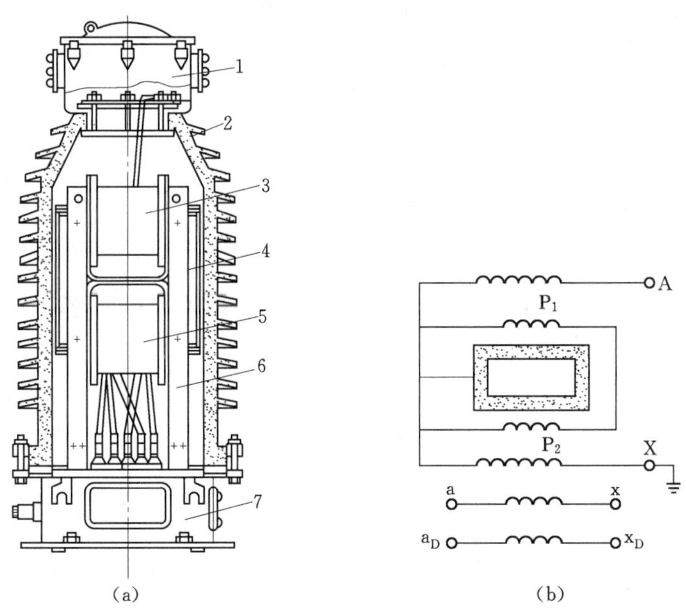

图 14-9　110kV 单相串级式电压互感器结构和原理图

（a）结构图；（b）内部原理接线

1—储油柜；2—瓷箱；3—上柱绕组；4—铁芯；

5—下柱绕组；6—支撑层压板；7—底座

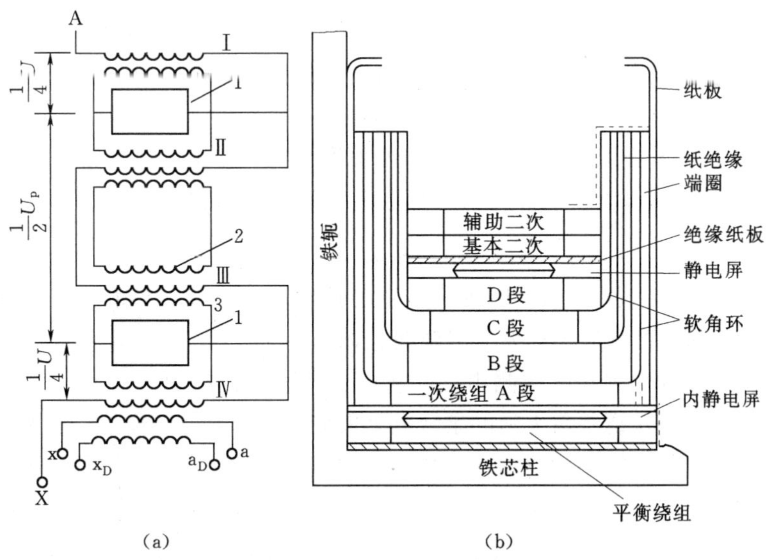

图 14-10　220kV 串级式电压互感器结构示意图

（a）绕组结构；（b）下铁芯绝缘结构

1—铁芯；2—耦合绕组；3—平衡绕组

由于采用分级绝缘方式，其介质损耗因数的测量方法和接线与全绝缘的电压互感器不同，通常有下列几种。

1. 常规法

这种方法的测量接线如图 14－11 和图 14－12 所示。常规反接法所测量的是以下三部分绝缘的介质损耗因数：①一次静电屏（即 X 端）对二、三次绕组的绝缘；②一次绕组对二、三次绕组端部的绝缘；③绝缘支架对地绝缘。

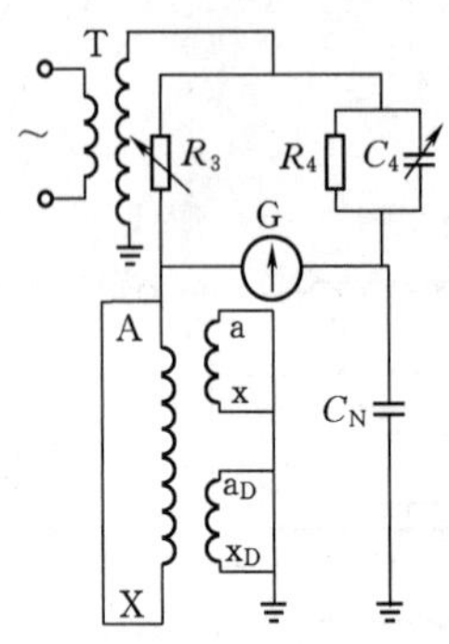

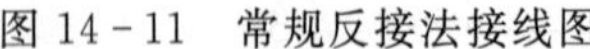
图 14－11　常规反接法接线图

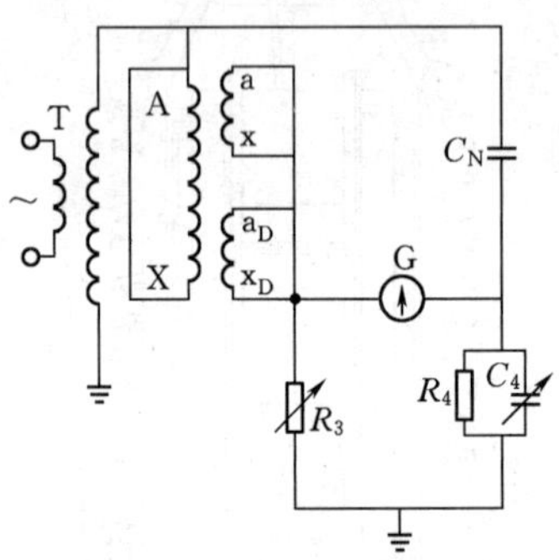

图 14－12　常规正接法接线图

这种方法的缺点是：①主要反映一次静电屏对二、三次绕组间绝缘的介质损耗因数。这是因为一次静电屏对二、三次绕组绝缘的电容量为 1000pF 左右，而其他两部分绝缘的电容量均很小，为十几皮法到数十皮法，因此难以反映这两部分介质损耗因数的变化。②试验电压低。串级式电压互感器高压绕组接地端的绝缘水平较低，制造厂设计时考虑的试验电压为 2000V，因此在预防性试验中对该处的试验电压不宜过高，一般仅能施加 1600V 电压。但有的单位曾在试验中施加 2500～3000V 的电压，也未发现端部绝缘损坏或其他异常，于是把试验电压提高到 2500～3000V；这样做虽然能发现进水、受潮等情况，但总的来说，试验电压仍偏低，对电桥测量灵敏度有一定的影响。③脏污的影响。由于 X 端引出端子板及小瓷套的脏污会影响测量结果，产生很大的误差。

为了减少端子板及小瓷套脏污的影响，可采用常规正接法接线测量。它也是主要测量一次静电屏对二、三次绕组间的介质损耗因数。其测量误差仍很大。

2. 自激法

这种方法的测量接线如图 14－13 所示。这种接线的电压分布与电压互感器工作时的电压分布一致，X 端对地的介质损耗处于屏蔽状态，一次绕组对二、三次绕组端绝缘以及绝缘支架对地绝缘的介质损耗因数均能测出，较常规法灵敏，如表 14－14 所示。但是，也有缺点，主要有：①由于一次绕组对大地的杂散电容也被测量进去，故测出结果为负误差；②低压励磁可引起一次绕组电压的相位偏移，从而导致测量误差；③易受空间电场干扰。

3. 末端屏蔽法

（1）测量一次绕组对二、三次绕组的 $\tan\delta$。末端屏蔽法是《规程》建议采用的方法，其测量接线如图 14－14 所示。测量时互感器一次绕组 A 端加高压，末端 X 接电桥屏蔽（正接时接地点）。

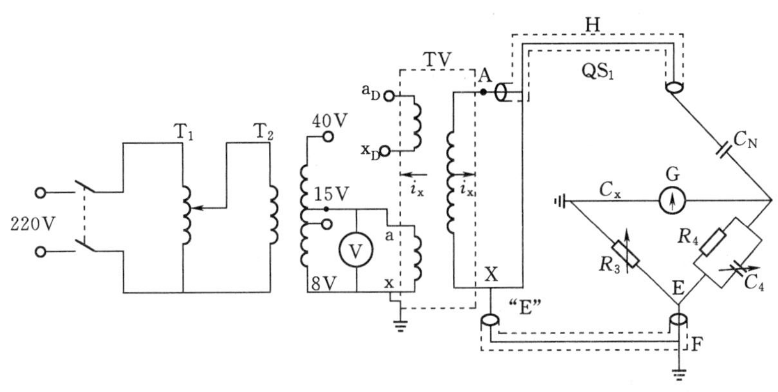

图 14-13 自激法测量电压互感器 tanδ 的接线

T_1—调压器；T_2—隔离变压器；

TV—110kV 电压互感器；H—耐压 10kV 的高频电缆

表 14-14 自激法与 QS_1 型电桥反接线测量 tanδ 对检出缺陷的灵敏度

测量方法 / 分类	自激法测 tanδ		QS_1 电桥测 tanδ	
	tanδ/%	C_x/pF	tanδ/%	C_x/pF
110kV 无缺陷的电压互感器	0.9	58.8	1.3	1154
有人为纵向缺陷时	1.2	64.3	1.4	1160
tanδ 值及 C_x 增加百分率	33.3%	9.3%	7.6%	0.52%

由于 X 端及底座法兰接地，小瓷套及接线端子绝缘板受潮、脏污、裂纹所产生的测量误差都被屏蔽掉，一次静电屏对二、三次绕组以及绝缘支架的介质损耗因数都测不到，所以只能测量下铁芯柱上一次绕组对二、三次绕组的介质损耗因数，而该处是运行中长期承受高电压的部分，又是最容易受潮的部位，因此测量该处的介质损耗因数十分必要。

当被试设备是 JCC-220 型电压互感器时，由于标准电容器 C_N 上承受的电压是互感器高压端电压 U，而下铁芯的电位只有高压端的 1/4，这就相当于被试设备上加的电压只有 $1/4U$，如图 14-15 所示。

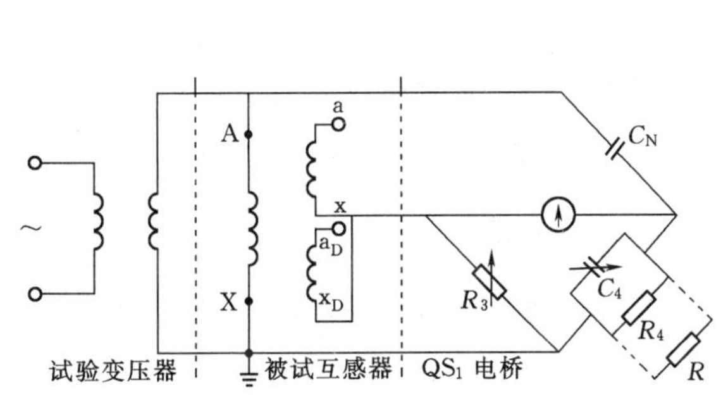

图 14-14 末端屏蔽法测量电压互感器 tanδ 的接线

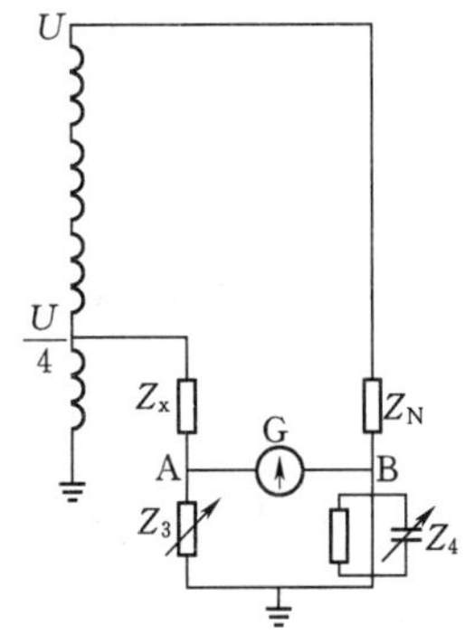

图 14-15 测量的等值电路

根据电桥平衡原理可导出

$$C_x=4C_N\frac{R_4}{R_3}$$

$$\tan\delta_x=\omega C_x R_x=\omega C_4 R_4=\tan\delta_c$$

式中 $\tan\delta_c$——电桥测量值。

用 QS_1 型电桥测量电压互感器下铁芯对二、三次绕组绝缘的介质损耗因数值及 C_x 值时，由于 C_x 值较小，原电桥 R_3 臂量程不够，电桥一般不易达到平衡，必须在 R_4 的桥臂上，即在 C_N 的低压端与地之间增加并联电阻 R 方能满足测量要求。一般可并联标准的 3184Ω 的电阻，这时电桥的 R_4 值变为 1592Ω，在计算电容量时需注意。此时指示的 $\tan\delta$ 值应减半，才等于实际值。

一般情况下，用末端屏蔽法测量时，由于 R_4 并联电阻值不同，求得的 $\tan\delta_x$ 也不同，表 14－15 列出了现场一台 JCC_2－110 型电压互感器 $\tan\delta$ 的测量结果。

表 14－15　　JCC_2－110 电压互感器 $\tan\delta$ 的测量结果

R_4 并联值 /Ω	试验结果		计算结果		
	R_x /Ω	$\tan\delta_c$ /%	C_x /pF	$\tan\delta_x$/% 不考虑误差	$\tan\delta_x$/% 考虑误差
无并联电阻	8358	1.7	38.1	1.7	0.8
3184 (k=0.5)	4170	2.5	38.2	1.25	0.8
1592 (k=1/3)	2772	2.4	38.3	1.13	0.83

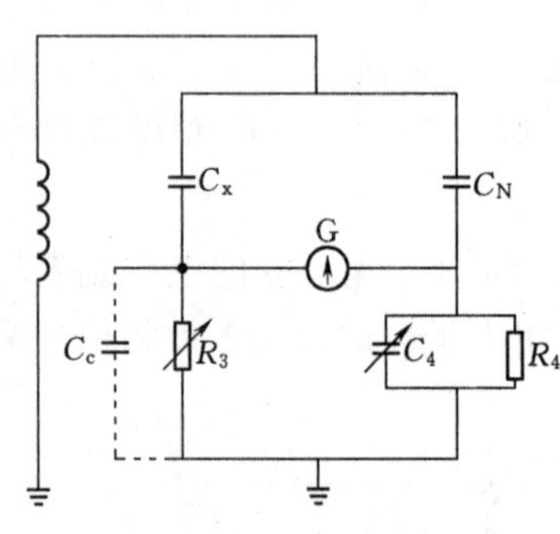

图 14－16 产生测量误差的原理接线图

由表 14－15 可知，由于 R_4 电阻值改变后，试品电容基本不变，而不考虑 $\omega C_c R_3$ 误差时的试品 $\tan\delta_x$ 却有明显变化，给现场分析判断带来一定的困难。

出现不同测量值的主要原因是因为试品电容 C_x 很小，桥臂 R_3 值相对较大，此时就不能忽略与桥臂 R_3 并联的杂散电容 C_c 的影响。产生测量误差的原理接线如图 14－16 所示。

由图 14－16 可知，此时与桥臂 R_3 并联的电容 C_c 既包括 QS_1 电桥 C_x 引线芯线对屏蔽层（E）的电容，还有桥体内的寄生电容（此时相对较小，可以忽略不计）和试品 C_x 测量电极对地的电容。由于 C_c 的影响，使电桥平衡时的测量结果计算公式变为

$$\tan\delta_x=\tan\delta_c-\omega C_c R_3 \tag{14-1}$$

当 C_c 不变而 R_3 改变时，测量误差 $\omega C_c R_3$ 也随之改变，因此不计及误差影响时，用实测值来计算试品的真实值就不同了。

在通常的测量条件下，实测的并联电容 C_c 约为 3400pF，因此按式（14－1）可分别计算出考虑误差的试品真实的介质损耗因数。

由表 14-15 的计算值可知，当计及 C_c 的影响时，求得的试品真实介质损耗因数基本一样。

在现场测量中，C_x 引线一般为 10m 左右，每米引线电容为 100～300pF，电压互感器测量电极对地电容一般为 1000pF 左右。这些数值都可以用数字电容表直接测出。如果现场没有数字电容表，则可按两次测量结果计算出试品的真实介质损耗因数。

由式（14-1）可知

$$\tan\delta_1=\tan\delta_x+\omega C_c R_3 \tag{14-2}$$

当 R_4 变为 kR_4 时，则在试品电容不变的条件下，R_3 也应变为 kR_3，则有

$$\tan\delta_2=\tan\delta_x+k\omega C_c R_3 \tag{14-3}$$

式中　$\tan\delta_1$、$\tan\delta_2$——第一、第二次测量后计算出的试品介质损耗因数（即表 14-15 中不考虑误差一栏的数值）。

将式（14-3）减去式（14-2）与 k 的积，则有

$$\tan\delta_x=\frac{\tan\delta_2-\tan\delta_1}{1-k} \tag{14-4}$$

当 $k=0.5$，则式（14-4）可简化为

$$\tan\delta_x=2\tan\delta_2-\tan\delta_1 \tag{14-5}$$

这样便可按式（14-4）或式（14-5）直接计算出试品真实的介质损耗因数。例如，取表 14-15 中第一、第二次测量值计算介质损耗因数，此时 $k=0.5$，可按式（14-5）计算，即

$$\tan\delta_x=2\tan\delta_2-\tan\delta_1=2\times1.25\%-1.7\%=0.8\%$$

取表 14-15 中第一、第三次测量值计算介质损耗因数，此时 $k=1/3$，可按式（14-4）计算，即

$$\tan\delta_x=\frac{\tan\delta_2-\tan\delta_1}{1-k}=\frac{1.13\%-1.7\%/3}{1-1/3}=0.85\%$$

显然，计算结果与考虑 C_c 影响修正后试品的真实介质损耗因数是一致的。

应指出，图 14-16 中电桥 C_N 引线的电容与桥臂 R_4 并联，有偏小的测量误差 $\omega C_D R_4$（C_D 为 C_N 引线电容），但由于 C_N 引线一般小于 1m，即 C_D 很小，所以可以略去不计。

值得注意的是，采用末端屏蔽法测量时，不能将被试互感器二次绕组（ax）及三次绕组（$a_D x_D$）短接后接 C_x。这是因为串级式电压互感器空载时，高压绕组 AX 上电压分布是均匀的。高压绕组任一点对地和对二、三次绕组及底座的电流都是由该点的电压和阻抗决定的。电压互感器一次绕组上电压分布的均匀性，保证了绕组任一点的电压不仅数值上

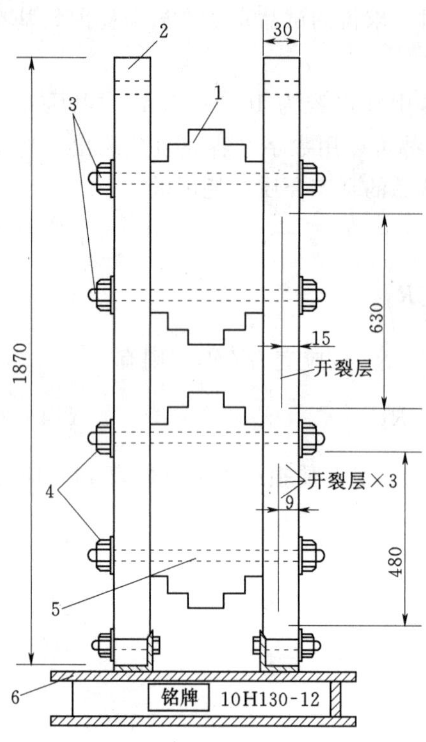

图 14-17 JCC_1-220 型电压互感器绝缘支架裂层（单位：mm）

1—上铁芯；2—支架绝缘板；3—上铁芯穿钉；4—下铁芯穿钉；5—下铁芯；6—底座

小于一次绕组的电压，而且相位一致，即被试支路与标准支路电压方向一致，这样才能保证测量的准确性。如果测量时将互感器二、三次绕组短接，施加 5kV 及以下试验电压时高压绕组电流以毫安计，电桥还是能够进行测量的，但测量误差很大。因为电压互感器二、三次绕组短接后，一次绕组电压分布就不像空载时那样均匀了，而是自上到下逐级降低且电压相位也逐点不同，从而引起测量误差。所以测量时不应将二、三次绕组短接。

（2）测量绝缘支架的 $\tan\delta$。近年来，110kV 以上的串级式电压互感器在运行中爆炸和损坏的事故频繁发生。事故分析表明，支撑不接地铁芯的绝缘支架材质不好，如分层开裂、内部有气泡、杂质、受潮等，使其介质损耗因数较大，在运行条件下绝缘不断劣化而造成事故是主要原因之一。图 14-17 所示为北京某变电所中一台 JCC_1-220 型电压互感器绝缘支架产生裂层的情况。基于上述原因，《规程》规定测量 66～220kV 串级式电压互感器绝缘支架的介质损耗因数。其方法可选用末端屏蔽法，按间接法和直接法进行测量。

1）间接测量法。其测量接线如图 14-18 所示。在图 14-18（a）中，将电压互感器底座对地绝缘（绝缘电阻大于 1000MΩ），A 端加压，X 端接地，x、x_D 端与底座相连接入电桥，此时测得的为下铁芯对二、三次绕组及底座（支架）的 $\tan\delta$ 值和 C_x 值。设此次测试后的计算值为 $\tan\delta_1$ 和 C_1。

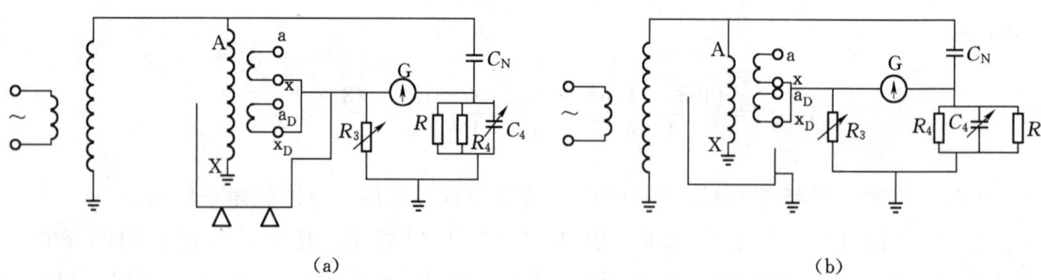

图 14-18 间接法测量绝缘支架接线图

（a）电压互感器底座对地绝缘；（b）电压互感器底座接地

在图 14-18（b）中，A 端加压，X 端及底座接地，x、x_D 端相连接接入电桥，此时，可测得下铁芯对二、三次绕组的 $\tan\delta$ 值和 C_x 值。设此次测试后的计算值为 $\tan\delta_2$ 和 C_2。

根据图 14-18（a）和（b）两种接线方式测试结果按下式进行计算，即可得到铁芯

对绝缘支架的 $\tan\delta_z$ 值。

$$\tan\delta_z=\frac{C_1\tan\delta_1-C_2\tan\delta_2}{C_1-C_2} \tag{14-6}$$

2）直接测量法。图 14－19 所示为直接法测量绝缘支架对地介质损耗因数的接线图。A 端加压，X、x_D 端相连接地，X 端仍接地，底座绝缘起来并接入电桥，用正接法测量。这时测出的是电压互感器下铁芯对底座四根绝缘支架和绝缘油并联的等值介质损耗因数。

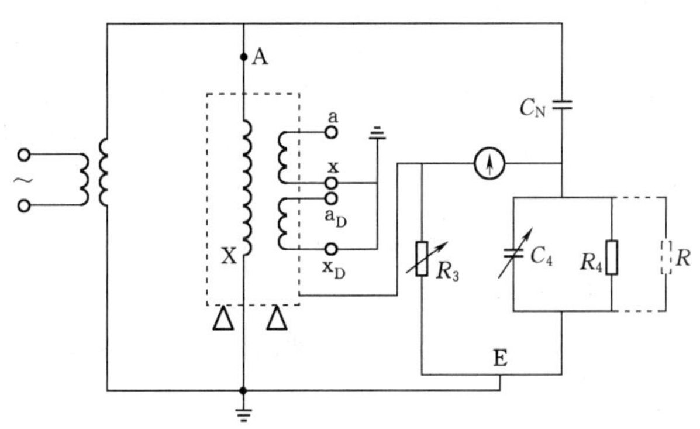

图 14－19　直接法测量绝缘支架的接线

当试验电压 $U_S=10$kV 时，220kV 串级式电压互感器下铁芯对地电压为 $1/4U_S=2.5$kV，110kV 串级式电压互感器铁芯对地电压为 $\frac{1}{2}U_S=5$kV。由于试验电压很低，支架常见的材质不良现象往往不易被发现。因而提出高电压测量法，即将试验电压提高到 1.15 倍相电压进行测量。表 14－16 和表 14－17 列出了 5 台串级式电压互感器在不同试验电压下的测量结果。

表 14－16　直接法绝缘支架 tanδ 测量结果（使用 QS_1 型电桥）

序　号	型　号	出厂日期	试验结果		试验温度/℃
			C_x/pF	tanδ/%	
1	JCC_2-220	1984 年 4 月	18.2	4.45	28
2	JCC_2-220	1985 年 3 月	20.3	7.1	28
3	JCC_2-220	1977 年 12 月	17.2	7.9	34
4	JCC_2-220	1985 年 7 月	18.6	2.8	26
5	JCC_2-110	1979 年 3 月	14.3	6.2	36

表 14－17　高电压 tanδ 测量结果（C_N＝39pF，序号同表 14－16）

序　号	型　号	试验电压/kV												温度/℃
		10		30		50		70		90		146		
		C_x/pF	tanδ/%	C_x/pF	tanδ/%	C_x/pF	tanδ/%	C_x/pF	tanδ/%	C_x/pF	tanδ/%	C_x/pF	tanδ/%	
1	JCC_2-220	18.2	4.45	18.2	4.6	18.3	4.7	18.3	4.9	18.4	5.3	18.6	5.6	28
2	JCC_2-220	20.3	7.1	20.5	12.0	20.6	12.6	20.8	12.9	21.0	13.5	21.2	14.0	28
3	JCC_2-220	17.2	7.9	17.3	8.0	17.4	8.2	17.5	8.6	17.6	8.9	17.7	9.4	34
4	JCC_2-220	18.6	2.8	18.6	2.8	18.7	3.0	18.8	3.1	18.9	3.5	19.0	4.1	26
5	JCC_2-110	14.3	6.2	14.4	14.6	15.0	17.0	15.1	19.0					36

表 14－16 所列 5 台串级式电压互感器支架 tanδ 测量结果表明，只有 2 台的 tanδ。值小于《规程》规定值（6%）。

由表 14－17 可以看出，序号 2 和 5 支架 tanδ 在 10kV 电压下略大于 6%，而在高电压下（大于 30kV）tanδ 值大于 6%。其中序号 2 的 JCC_2－220 型电压互感器是经干燥处理的。

另一台已在运行 274 天后发生爆炸。对序号 5 的 JCC_2－110 型电压互感器进行了吊芯检查，检查发现支架上有多处针眼大的放电点，支架上有 20cm 左右的分层开裂裂缝。为此又对这台互感器取油样进行了色谱分析，分析结果中，氢气、总烃均超过规定值，乙炔含量达 11.9μL/L。

由此可见，为有效地检测支架的绝缘缺陷，应进行串级式电压互感器支架的高电压 tanδ 的测量。

用末端屏蔽法测量绝缘支架的介质损耗因数时，其电容量和 tanδ 可用下式计算：

$$C_x = K\frac{C_N R_4}{R_3} \times \frac{R}{3184+R}$$

$$\tan\delta_x = \tan\delta \frac{R}{3184+R} \quad (14-7)$$

式中 K——一次绕组的段数，对 220kV 电压互感器，$K=4$，对 110kW 电压互感器，$K=2$；

R——C_4R_4 臂上的并联电阻；

tanδ——介质损耗因数的测量值。

测量中应注意的问题有：①避免在气候潮湿或瓷套表面脏污的情况下进行测量；②必须扩大电桥量程才能进行测量；③测量绝缘支架 tanδ 时，注意法兰底座绝缘垫必须良好（最好用 10^4MΩ，1000mm×1000mm×20mm 的树脂绝缘板支垫），否则会出现介质损耗因数的正误差；④尽量减小高压引线对互感器的杂散电容。

近年来，现场不少单位选用苏联基辅精密仪器厂生产的 P5026M 型高压电容电桥（国内已生产同类型交流电桥）测量介质损耗因数 tanδ。现场大量试验结果表明，用 QS_1 型西林电桥测量高压电压互感器绝缘支架 tanδ，其测量灵敏度和准确度较低，往往无法测出结果。而采用 P5026M 型电桥可以按要求准确地测出绝缘支架的 tanδ，其测量接线，既可以采用直接法，也可以采用间接法。表 14－18 和表 14－19 分别给出了现场用直接法和间接法测量电压互感器绝缘支架 tanδ 的结果。

表 14－18　QS_1 型和 P5026M 型电桥采用直接法的测量值

测量结果 / 型号	QS_1 型电桥（R_4=318.3Ω）				P5026M 型电桥（R_4=318.3Ω）				试验温度 /℃
	R_3 /Ω	C_x /pF	C_4 /μF	$\tan\delta_x$ /%	R_3 /Ω	C_x /pF	C_4 /μF	$\tan\delta_x$ /%	
JCC_5－220	1675	38.0	>0.61	>6.1	1656	38.4	0.720	7.20	29
JCC_5－220	1984	34.0	>0.61	>6.1	1798	35.4	0.686	6.86	33
JCC_6－110	1125	28.3	>0.61	>6.1	1075	29.4	0.788	7.88	30
JCC_1M－110	988	32.2	0.59	5.9	899	35.4	0.588	5.88	28
JCC_6－110	1035	30.75	>0.61	>6.1	989	32.2	0.867	8.67	27

表 14-19　　**P5026M 型电桥采用间接法测量值**

型　号	测量结果				计算值		试验温度/℃
	图 14-18 (a)		图 14-18 (b)				
	C_1/pF	$\tan\delta_1$/%	C_2/pF	$\tan\delta_2$/%	C_3/pF	$\tan\delta_3$/%	
JCC_5-220	40.3	1.44	77.9	4.26	37.6	7.28	29
JCC_5-220	35.2	1.83	68.9	4.256	33.7	6.79	33
JCC_6-110	29.3	0.93	57.1	4.36	27.8	7.96	30
JCC_1M-110	31.9	0.76	64.5	3.37	32.6	5.92	28
JCC_6-110	20.89	1.38	60.84	5.02	30.95	8.53	27

由表 14-18 可以看出，当 QS_1 型电桥的 R_4 为 318.3Ω 时，若试品的 $\tan\delta_x>6.1\%$，则 QS_1 型电桥将无法测量。现场测量人员都会感到，用 QS_1 型电桥测量时，当桥臂 R_3，C_4（$\tan\delta$）变化时，光带变化不明显；而用 P5026M 型电桥测量时，其灵敏度及分辨率均较高，远优于 QS_1 型电桥。

由表 14-18 和表 14-19 的测量结果可以看出，用 P5026M 型电桥，无论采用直接法还是间接法都能灵敏而准确地测出小电容的高压电压互感器绝缘支架的介质损耗因数，可以满足《规程》的要求。因此，建议采用灵敏度和准确度较高的电桥测量高压电压互感器绝缘支架的 $\tan\delta$ 值。

4. 末端加压法

这种方法的测量接线原理如图 14-20 所示。测量时，一次绕组的高压端 A 接地，而在其末端 X 施加试验电压（2.5～3kV）；二、三次绕组开路；x、x_D（或 a，a_D）接测量用 QS_1 型西林电桥测量线 C_x。由于末端 X 点施加电压，对 JCC-220 型互感器而言，上铁芯对地电压为 $\frac{1}{4}U_S$（U_S 为试验电压），下铁芯对地电压为 $\frac{3}{4}U_S$。对 JCC-110 型互感器而言，铁芯对地电压为 $\frac{1}{2}U_S$。

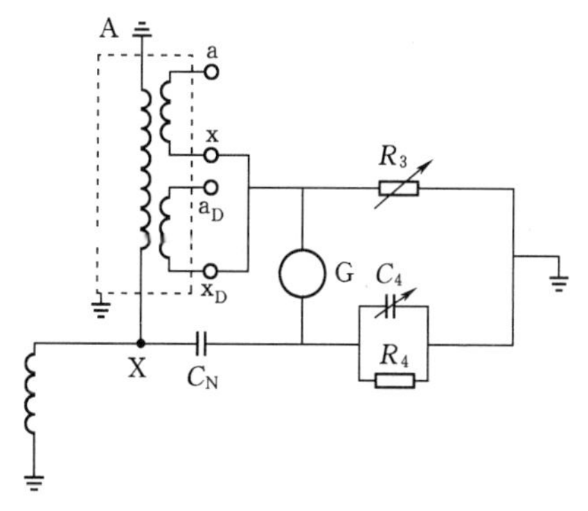

图 14-20　末端加压法测量绕组间绝缘介质损耗因数 $\tan\delta$ 的接线图

由 JCC-220 型串级式电压互感器结构可知，其一次绕组分为匝数相等的四个部分，分别套装在上、下铁芯的四个芯柱上。每个绕组外包静电屏，并与最外层线端连接。因此末端加压法测量时，最后一个一次绕组处的静电屏的电位为 U，位于一、二次绕组间，以致被试绕组间电容将近似等于常规试验法（AX 短路加压，ax、a_Dx_D 短路接电桥 C_x 线，底座接地）一、二次绕组间电容，而远大于末端屏蔽法（A 端加压，X 端接地，底座接地，x、x_D 端接电桥 C_x 线）测量时绕组间电容。由图 14-20 可以明显看出，此时测量的主要是一、二次绕组间的电容量和介质损耗因数。

按图 14-20 测量，属于 QS_1 电桥正接线，且一次绕组顶端 A 接地，这种接线相当于顶端有一个接地屏蔽罩，同时由于试品电容远大于末端屏蔽法测量时的电容值，因此现场测量时具有抗干扰能力强的优点。某省曾进行近300台次的现场测量，一致感到这是该方法在现场易于推广的主要原因。另外，A端接地后在现场试验时可以不断开A端的连接线，即使与避雷器相连，在避雷器试验时也可以通过适当的接线，即不要拆除避雷器的高压引线，又不需要拆除A端的连接线，这也使现场试验拆、接引线工作大大简化。

但是，它同常规正接线一样，仍然有二次接线板对测量结果的影响。一般情况下是使$\tan\delta$测量值有偏大的测量误差。因此当实测$\tan\delta$偏大时，就要排除二次接线板的影响。1979年以来，一些制造厂已更换了二次接线板材质，或改用小套管引出，这时一般接线板表面泄漏的影响可大大减小，而且现场测量也可以选择干燥气候或用电热吹风机吹干，因此，末端加压法在现场是能够继续作为测量互感器$\tan\delta$的一个比较简便的方法。

应该指出，测量绝缘$\tan\delta$的目的是要监测其绝缘缺陷，主要是进水受潮，尤其希望在进水受潮的初期应能较有效地监测出来，这样才能防止运行中爆炸和烧坏事故。然而这类互感器进水受潮主要在绕组端部，潮湿要渗入一、二次绕组间往往是困难的。而端部绝缘仅占互感器一、二次绝缘间电容的很小部分，因此按图14－20所示的末端加压法测量时，即使端部已严重受潮，但仍不能使实测$\tan\delta$有较大的变化。有人在现场对放出1kg左右水的JCC－110型互感器按图14－20进行了测量，其$\tan\delta=1.2\%$（26℃）。因此必须寻求能有效地监测其端部绝缘受潮的测试方法。

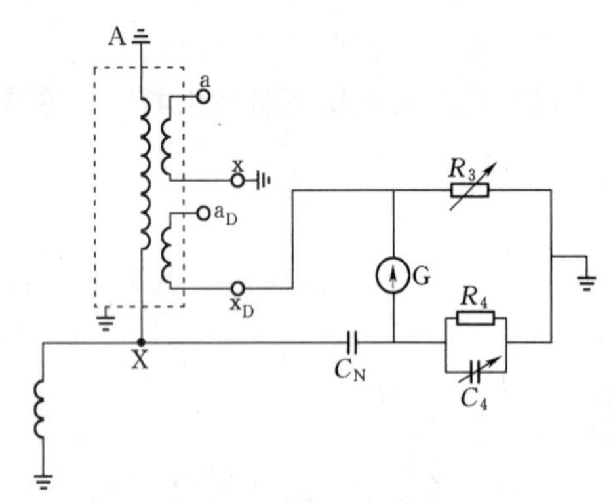

图14－21 监测端部绝缘$\tan\delta$的测量接线原理图

有人根据上述末端加压法和末端屏蔽法的优点，提出了图14－21所示的测量接线。

按图14－21进行测量时，由于二次绕组X端接地（接地点为QS_1电桥正接线的屏蔽点），因此一次绕组到三次绕组间的试验电流只能由其端部流过。实际上图14－21测量的主要是下铁芯对三次绕组端部的绝缘状况。在互感器结构上，三次绕组处于下铁芯下芯柱的最外层，最先受潮，因此图14－21所示测量接线能比较有效地监测其端部绝缘受潮。此时一次绕组A端仍接地，而且被试品的电容量也比末端屏蔽法约大一倍，也属于QS_1电桥正接线，这就克服了末端屏蔽法抗干扰能力差的缺点，而在现场能比较容易在电场干扰下测出准确的试验结果。而且也可以不拆除互感器和避雷器的高压引线。因此，在现场主要推广这一试验方法。

按图14－21测量JCC－220型互感器时，被试绝缘的电容量C_x和介质损耗因数$\tan\delta_x$分别为

$$\left.\begin{aligned}C_x&=\frac{4}{3}\frac{R_4}{R_3}C_N\\ \tan\delta_x&=\omega C_4R_4=\tan\delta_c\end{aligned}\right\}\qquad(14-8)$$

式中 $\tan\delta_c$——电桥介质损耗因数的指示数值。

测量JCC－110型互感器时，则有

$$\left.\begin{aligned} C_x &= \frac{2R_4}{R_3}C_N \\ \tan\delta_x &= \omega C_4 R_4 = \tan\delta_c \end{aligned}\right\} \quad (14-9)$$

现场的部分测量结果如表 14－20 所示，表中同时列出了常规正接线（一次绕组对二、三次绕组间）和末端屏蔽法测量的试验结果。

表 14－20 测量结果比较

序号	常规正接法		末端加压法				末端屏蔽法		备注
			图 14－12		图 14－13				
	C_x /pF	$\tan\delta_x$ /%	C_x /pF	$\tan\delta_x$ /%	C_x /pF	$\tan\delta_x$ /%	C_x /pF	$\tan\delta_x$ /%	
1	504	0.6	483	0.6	81	1.0	41.6	0.9	
2	548	3.4	516	3.5	84	6.7	38.3	1.6	二次端子板绝缘不良，$R_{M\Omega}=750M\Omega$
3	475	0.9	454	1.0	82	3.8	40.2	3.9	受潮
4	464	0.2	443	0.4	76	0.6	37.9	0.8	
5	536	2.9	512	3.4	87	6.8	42.2	7.6	严重受潮
6	816	0.4	790	0.5	89	0.8	39.2	0.9	
7	865	0.9	831	1.2	86	1.4	43.2	1.6	
8	765	0.8	734	0.8	90.3	9.4	44.1	9.2	严重受潮
9	838	3.5	812	3.4	88.2	14.8	42.3	16.2	严重受潮
10	822	0.5	801	0.7	79.6	1.1	40.3	1.3	

由表 14－20 所列数据可知，常规正接线与末端加压法的接线，测量结果基本相同。

五、交流耐压试验

（一）《规程》要求

1. 周期

（1）A 级检修后。

（2）必要时。

2. 判据

（1）一次绕组按出厂试验值的 80%进行。

（2）二次绕组之间及对地（箱体），末屏对地（箱体）为 2kV。

3. 方法及说明

二次绕组及末屏交流耐压试验，可用 2500V 绝缘电阻表绝缘电阻测量项目代替。

（二）试验方法

电磁式电压互感器的交流耐压试验有两种加压方式。一种是外施工频试验电压的方式，适用于额定电压为 35kV 及以下的全绝缘电压互感器的交流耐压试验，试验接线和方法与电流互感器的交流耐压试验相同。另一种是对于 110kV 及以上的串级式或分级绝缘式的电压互感器，1996年版《规程》推荐采用倍频感应耐压的方式。这是因为110kV及以上的电压互感器多为分级绝缘，其一次绕组的末端绝缘水平很低，约为5kV。因此，一次绕组末端不能与首端承受同一试验电压。而采用感应耐压的方法，可以把电压互感器的一次绕组末端接地，从某一个二次绕组激磁，在一次绕组首端感应出所需要的试验电压，这对绝缘的考核同实际运行中的电压分布是一致的。另外，由于感应耐压试验时一次绕组首尾两端的电压比额定电压高得多，绕组电势也比正常运行时高得多，因此感应耐压试验可以同时考核电压互感器的纵绝缘，从而检验出由于电压互感器中电磁线质量不良如露铜、漆膜脱落和绕线时打结等原因造成的纵绝缘方面的缺陷。

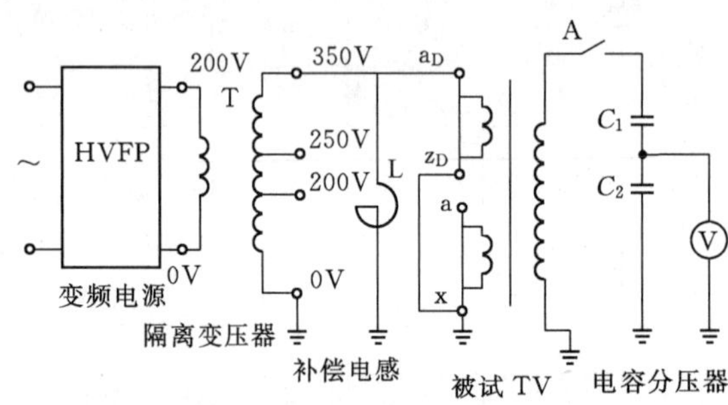

图14-22　电磁型电压互感器倍频感耐压试验接线图

用三倍频发生器对串级式电压互感器进行感应耐压试验时一般可在低压绕组（a、x）或辅助绕组（a_D、x_D）上施加倍频电压。也可以采用将低压与辅助绕组串联后加压的方法。使用苏州工业园区海沃科技有限公司生产的HVFP型无局放倍频感应耐压试验系统能比较简便地对电磁式电压互感器进行局部放电和感应耐压试验。它采用推挽放大式无局放变频电源调频至100Hz或150Hz进行升压试验。试验接线图如图14-22所示。

各部件介绍如下：

（1）HVFP型推挽放大式无局放变频电源：输入电压AC220V（或380V）±10%/50Hz，输出电压0～200V（或350V）/4～400Hz可调；输出波形为纯正正弦波，波形畸变率不大于1%，试验时不需要测量峰值。试验系统具有放电闪络、过压和短路等多种保护，当任何一种保护动作，仪器立即切断输出。仪器频率信号源由专用芯片产生，输出频率稳定性可达0.0001Hz，同时输出电压由微机控制，输出不稳定度不大于1%。

（2）隔离变压器T：输入200V(或350V）输出250V/400V/600V；容量5～10kVA。

（3）补偿电感L：20mH/20A/300V，一般根据被试电压互感器一次电容和分压器电容决定需补偿电感的容量。

（4）电容分压器：根据被试电磁式电压互感器高压侧电压来确定电压等级，总电容量一般为150pF。

当使用丹东国光电器厂生产的SBQ-1A型三倍频电源发生器对$JDJJ_{1.2}$-35型、$JCC_{1.2}$-110、220型电压互感器进行感应耐压试验时，其接线图如图14-23所示。其中的三倍频电源发生器由三台单相变压器和一台补偿电感器组成。每台变压器采用环型铁芯，分别绕一次、二次绕组，然后将三台单相变压器组合成一体装在一个箱体内，一次绕组接成星形，二次接成开口三角形，连线已在箱体内接好，使用时只需根据外部的电源电压接好适当的接头，二次绕组即可输出较高的3次谐波电势。铁芯采用冷轧硅钢片卷成，绕组采用高强度聚酯漆包铜线、E级绝缘材料加工成。电感补偿器的铁芯带有气隙，是一个具有10个分头的线性电感，使用时可根据需要选用适当的电感值。

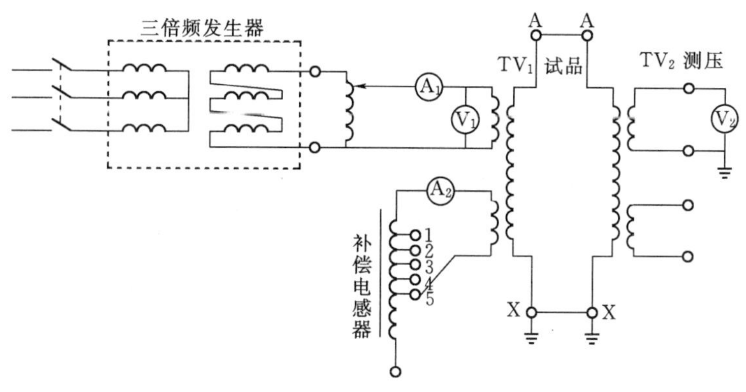

图 14-23　电压互感器三倍频感应耐压试验的接线

试验时，试验电压一般应加在试品较高的低压端子，如对 JDJJ-35 型互感器应加在 a、x 端子间，而对 JCC-110、JCC-220 型互感器应加在 a_D、x_D 端子间，尤其是 220kV 级互感器更为必要。试验中还应考虑到互感器的容升电压（电容电流经过漏抗引起试品端电压升高）。根据有关资料介绍，各电压等级的互感器的容升试验数据约为：

35kV 级电压互感器　容升电压 3%；

66kV 级电压互感器　容升电压 4%；

110kV 级电压互感器　容升电压 5%；

220kV 级电压互感器　容升电压 10%。

若采用将低压与辅助绕组串联加压方法，对 220kV 电压互感器，在一次绕组试验电压为 360kV 时，低压侧可控制在 20A 左右，此时不需要再加电感补偿。试验时，一次绕组的试验电压为出厂值的 85%，出厂值不明时，可按有关规程所列电压进行试验。二次绕组之间及末屏对地施加的试验电压为 2kV。

为对测试结果进行分析判断，在测试过程中应监视有无击穿或其他异常现象，在测试后应检查绝缘有无损伤。检验感应耐压试验是否对被试电压互感器造成损伤的方法是，在耐压试验前后对被试电压互感器进行绝缘电阻、空载电流和空载损耗测量以及油浸式电压互感器绝缘油的色谱分析，耐压试验前后上述测量和分析结果应无明显差别。例如一台 220kV 电压互感器，在现场进行三倍频耐压试验后，出现局部放电异常且油中乙炔达到 10μL/L。吊芯检查发现，绝缘支架上有放电痕迹。再如，一台 220kV 电压互感器，是某制造厂的“合格”出厂产品，运行前油中即有乙炔达十几微升每升。吊芯检查发现，绕组绝缘上有放电痕迹。这些电压互感器虽然在出厂前承受住了感应耐压试验，若不进行综合分析，检查出缺陷，投入运行后肯定会发生事故。

六、局部放电测量

（一）《规程》要求

1. 周期

（1）A 级检修后。

（2）必要时。

2. 判据

按《互感器　第3部分：电磁式电压互感器的补充技术要求》（GB/T 20840.3）进行。局部放电允许水平见表14-21。

表14-21　不同系统接地方式下的局部放电允许水平

系统接地方式	中性点接地			中性点绝缘或非有效接地		
一次绕组连接方式	相对地		相对相	相对地		相对相
局部放电测量电压（方均根值）	U_m	$1.2U_m/\sqrt{3}$	$1.2U_m$	$1.2U_m$	$1.2U_m/\sqrt{3}$	$1.2U_m$
局部放电允许水平/pC	50	20	50	50	20	50

（二）原理接线

电压互感器局部放电试验的原理接线如图14-24所示。

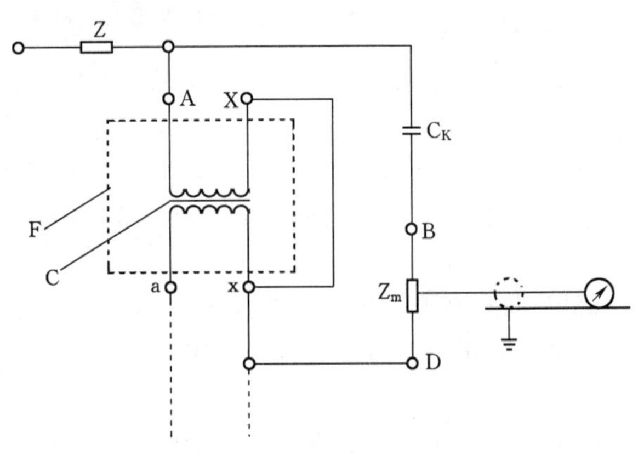

图14-24　电压互感器局部放电试验的原理接线图
A、X—一次绕组的端子；a、x—二次绕组的端子；
C_K—耦合电容器；C—铁芯；F—金属外壳；
Z—滤波器（可不用）；Z_m—测量阻抗

由图可见，它与电流互感器局部放电测量线不同，采用的是感应耐压试验的接线方法。这是由于两者在结构和参数上都有很大差异之故。

根据国家标准《互感器局部放电测量》（GB 5583—85）知，对互感器进行局部放电测量时，加在被试互感器高压端上的预加电压高达其正常运行电压的2倍以上。这对电流互感器来说是允许的。然而对于电磁式电压互感器，在额定频率的额定电压下，铁芯已经开始饱和，对于JCC_2-220型电压互感器，甚至在额定电压的80%以下铁芯就开始饱和。若以额定频率的2倍电压加在互感器上，由于铁芯饱和，空载电流会急剧增加，这对于铁芯和绕组来说都是不允许的。因此常采用提高频率的电源，在电压互感器低压侧加压，用在高压侧感应出的试验电压进行电压互感器局部放电测量。试验电源的频率一般不低于额定频率的2倍，但也不宜高于400Hz，以免铁芯损耗急剧增加。

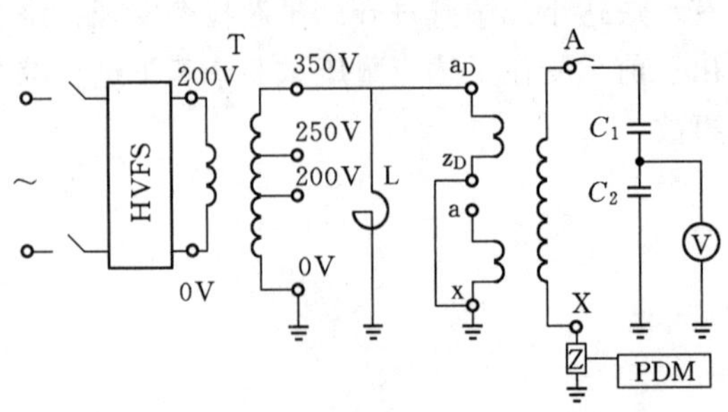

图14-25　电磁型电压互感器三倍频局部放电试验接线图

（三）现场实测接线

现场采用的电磁型电压互感器三倍频局部放电试验接线如图14-25所示。

（四）实例

（1）某供电局一台JCC-110型电压互感器，在局部放电测量时，测得其视在放电量为140pC，后又进行色谱分析，测得乙炔为8.39μL/L，超过注意值，判断为该电压互感器存在悬浮电位放电，解体

检查发现互感器内有一条毛巾。

（2）某地区有两台电压互感器，在 1.15 倍额定电压下的放电量为 40～50pC，吊芯检查发现，其绝缘老化且绝缘支架分层开裂。

第八节　电磁式（SF_6 气体绝缘）电压互感器试验

一、红外测温

1. 周期

（1）≥330kV：1 个月。

（2）220kV：3 个月。

（3）≤110kV：6 个月。

（4）必要时。

2. 要求

各部位无异常温升现象，检测和分析方法参考 DL/T 664。

二、SF_6 分解物测试

用检测管、气相色谱法或电化学传感器法测量，在 A、B 级检修后和必要时进行。应注意检测结果，是否超过限值。

（1）A 级检修后注意：

1）（SO_2＋SOF_2）：≤2μL/L。

2）HF：≤2μL/L。

3）H_2S：≤1μL/L。

4）CO 报告。

（2）B 级检修后或运行中注意：

1）SO_2：≤5μL/L。

2）H_2S：≤2μL/L。

3）CO：≤100μL/L。

三、绝缘电阻

采用 2500V 绝缘电阻表测量，要求如下：

（1）一次绕组对二次及地：≥1000MΩ。

（2）二次绕组间及对地：≥1000MΩ。

测试周期如下：

（1）A、B 级检修后。

（2）≥330kV：≤3 年。

（3）≤220kV：≤6 年。

（4）必要时。

四、交流耐压试验

1. 周期

（1）A级检修后。

（2）必要时。

2. 判据

（1）一次绕组按出厂试验值的80%进行。

（2）二次绕组之间及对地（箱体），末屏对地（箱体）为2kV。

3. 注意事项

二次绕组及末屏交流耐压试验，可用2500V绝缘电阻表绝缘电阻测量项目代替。

五、局部放电测量

试验按GB/T 20840.3进行。测试周期为：①A级检修后；②必要时。局部放电允许水平，见表14-22。

表14-22 不同接地方式的一次绕组不同连接方式不同测量电压下的局部放电允许水平

系统接地方式	一次绕组连接方式	局部放电测量电压（方均根值）/kV	局部放电允许水平/pC
中性点接地	相对地	U_m	50
		$1.2U_m/\sqrt{3}$	20
	相对相	$1.2U_m$	50
中性点绝缘或非有效接地	相对地	$1.2U_m$	50
		$1.2U_m/\sqrt{3}$	20
	相对相	$1.2U_m$	50

六、伏安特性测量

必要时可以对电磁式电压互感器（SF_6气体绝缘）进行伏安特性测量。

（1）试验可在互感器的一次或二次绕组上进行。

（2）在0.2倍、0.5倍、0.8倍、1.0倍、1.2倍、1.5倍、1.9倍的额定电压下，测量空载电流，并做出励磁特性曲线。其中1.5倍额定电压为安装于中性点有效接地系统的电压互感器；安装于中性点非有效接地系统的半绝缘互感器为1.9倍额定电压，全绝缘结构电压互感器为1.2倍额定电压。

（3）对安装于中性点有效接地系统的互感器进行试验时，加至1.5倍额定电压的时间不允许超过10s。

（4）感应耐压试验前后，应各进行一次额定电压时的空载电流测量，两次测得值相比

不应有明显差别。

测量结果要求如下：

1）在额定电压下，空载电流与出厂数值差别不大于30%。

2）在中性点非有效接地系统1.9倍额定电压或中性点有效接地系统1.5倍额定电压下，空载电流不大于最大允许电流。

第九节　电磁式（固态绝缘）电压互感器试验

一、红外测温

1. 周期

（1）6个月。

（2）必要时。

2. 要求

各部位不应有明显温升现象，检测和分析方法参考DL/T 664。

二、绝缘电阻

1. 周期

（1）不超过3年。

（2）必要时。

2. 判据

一次绕组对二次绕组及地（基座外壳）之间的绝缘电阻、二次绕组间及对地（基座外壳）的绝缘电阻不宜小于1000MΩ。

3. 方法

采用2500V绝缘电阻表。

三、交流耐压试验

1. 周期

必要时。

2. 判据

（1）一次绕组按出厂值的80%进行。

（2）二次绕组之间及其对地（基座）的工频耐受电压为2kV，可用2500kV绝缘电阻表代替。

3. 方法

二次绕组工频耐受电压，可用2500kV绝缘电阻表代替。

四、空载电流测量

（1）必要时可以对电磁式电压互感器（固态绝缘）进行空载电流测试。

1）试验可在互感器的一次或二次绕组上进行。

2）在0.2倍、0.5倍、0.8倍、1.0倍、1.2倍、1.9倍的额定电压下，测量空载电流，并做出励磁特性曲线，其中1.2倍额定电压为全绝缘结构电压互感器，1.9倍额定电压为半绝缘结构电压互感器。

3）对用于限制系统铁磁谐振的特殊安装方式的四台组合结构，按1.2倍额定工作电压进行试验。

4）感应耐压试验前后，应各进行一次额定电压时的空载电流测量，两次测得值相比不应有明显差别。

（2）测试结果要求如下：

1）在额定电压下，空载电流与出厂数值相比较无明显差别。

2）与同批次、同型号的电磁式电压互感器（固态绝缘）相比，彼此差异不大于30%。

第十节 电子式电压互感器试验

一、红外测温

1. 周期

（1）≥330kV：1个月。

（2）220kV：3个月。

（3）≤110kV：6个月。

（4）必要时。

2. 判据

各部位不应有明显温升现象，检测和分析方法参考DL/T 664。

二、SF_6分解物检测

1. 周期

（1）A级、B级检修后。

（2）必要时。

2. 方法

用检测管、气相色谱法或电化学传感器法进行测量。

3. 要求

（1）A级检修后注意：

1）(SO_2+SOF_2)：≤2μL/L。

2）HF：≤2μL/L。

3）H_2S：≤1μL/L。

4）CO 报告。

（2）B 级检修后或运行中注意：

1）SO_2：≤5μL/L。

2）H_2S：≤2μL/L。

3）CO：≤100μL/L。

三、绝缘电阻测量

1. 周期

（1）A、B 级检修后。

（2）≥330kV：≤3 年。

（3）≤220kV：≤6 年。

（4）必要时。

2. 测试方法

测量电子式电压互感器一次端子对地的绝缘电阻测试方法由业主与互感器制造商协商确定，测量互感器及合并单元的供电端口两极对外壳之间的绝缘电阻采用 500V 绝缘电阻表。

3. 判据

（1）电子式电压互感器一次端子对地的绝缘电阻与出厂值相比较无明显变化。

（2）互感器及合并单元的供电端口两极对外壳之间的绝缘电阻不小于 500MΩ。

四、电容量和介质损耗因数测量

1. 周期

（1）A 级检修后。

（2）≥330kV：≤3 年。

（3）≤220kV：≤6 年。

（4）必要时。

2. 判据

测量一次端子对本体外壳间的电容量和介质损耗因数值，并与出厂测量值比较，两者之间的比值应在 0.8～1.2 之间。

3. 说明

适用于电容分压型电子式电压互感器。

五、一次端子及低压器件的交流耐压试验

必要时应对一次端子、低压器件进行工频耐压试验。

（1）一次端子按出厂试验值的80%进行。

（2）低压器件的工频耐压试验应能耐受《互感器　第7部分：电子式电压互感器的补充技术要求》（GB/T 20840.7）规定的2kV/min。

（3）对合并单元下载程序或调试的非光接口，应能承受交流500V或直流700V的1min耐压试验。

六、局部放电试验

必要时可进行局部放电试验，局部放电允许水平，见表14-23。

表14-23　　电子式电压互感器局部放电允许水平

系统接地方式	局部放电测量电压（方均根值）/kV	局部放电允许水平/pC
中性点接地系统	U_m	100（干式）、50（油浸式、SF_6）
	$1.2U_m/\sqrt{3}$	50（干式）、20（油浸式、SF_6）
中性点绝缘或非有效接地系统	$1.2U_m$	100（干式）、50（油浸式、SF_6）
	$1.2U_m/\sqrt{3}$	50（干式）、20（油浸式、SF_6）

第十一节　电容式电压互感器

一、《规程》要求

电容式电压互感器试验项目、周期和要求见表14-24。

表14-24　　电容式电压互感器试验项目、周期和要求

序号	项　目	周　期	判　据	方法及说明
1	红外测温	（1）≥330kV：1个月。 （2）220kV：3个月。 （3）≤110kV：6个月。 （4）必要时	参考DL/T 664各部位不应有明显温升现象，检测和分析方法参考DL/T 664	
2	分压器绝缘电阻	（1）A、B级检修后。 （2）≥330kV：≤3年。 （3）≤220kV：≤6年。 （4）必要时	≥5000MΩ	采用2500V绝缘电阻表
3	分压电容器低压端对地绝缘电阻	（1）A、B级检修后。 （2）≥330kV：≤3年。 （3）≤220kV：≤6年。 （4）必要时	≥1000MΩ	采用2500V绝缘电阻表

续表

<table>
<tr><th>序号</th><th>项　目</th><th>周　期</th><th colspan="3">判　据</th><th>方法及说明</th></tr>
<tr><td>4</td><td>分压器介质损耗因数及电容量测量</td><td>（1）A、B级检修后。
（2）≥330kV：≤3年。
（3）≤220kV：≤6年。
（4）必要时</td><td colspan="3">（1）10kV下的介质损耗因数值不大于下列数值：
油纸绝缘：0.005。
膜纸复合绝缘：0.002。
（2）电容量初值差不超过±2%</td><td>额定电压下的误差特性满足误差限值要求的，可以替代介质损耗因数及电容量测量</td></tr>
<tr><td>5</td><td>中间变压器绝缘电阻</td><td>必要时</td><td colspan="3">一次绕组对二次绕组及地（箱体）绝缘电阻大于1000MΩ，二次绕组之间及对地（箱体）绝缘电阻大于1000MΩ</td><td>采用1000V绝缘电阻表，从X端测量</td></tr>
<tr><td>6</td><td>中间变压器一、二次绕组直流电阻测量</td><td>（1）A、B级检修后。
（2）≥330kV：≤3年。
（3）≤220kV：≤6年。
（4）必要时</td><td colspan="3">与初值比较，无明显变化</td><td>（1）额定电压下的误差特性满足误差限制要求的，可以替代直流电阻测量。
（2）当一次绕组与分压器在内部连接而无法测量时可不测</td></tr>
<tr><td>7</td><td>交流耐压试验</td><td>必要时</td><td colspan="3">（1）一次绕组按出厂值的80%进行。
（2）二次绕组之间及其对地的工频耐受电压为2kV</td><td>可用2500V绝缘电阻表绝缘电阻测量项目代替</td></tr>
<tr><td rowspan="3">8</td><td rowspan="3">局部放电测量</td><td rowspan="3">必要时</td><td>系统接地方式</td><td>局部放电测量电压（方均根值）/kV</td><td>局部放电允许水平/pC</td><td rowspan="3">按GB/T 20840.5进行</td></tr>
<tr><td>中性点接地系统</td><td>U_m
$1.2U_m/\sqrt{3}$</td><td>50
20</td></tr>
<tr><td>中性点绝缘或非有效接地系统</td><td>$1.2U_m$
$1.2U_m/\sqrt{3}$</td><td>50
20</td></tr>
<tr><td>9</td><td>极性检查</td><td>必要时</td><td colspan="3">与铭牌标识相符</td><td></td></tr>
<tr><td>10</td><td>电压比检测</td><td>必要时</td><td colspan="3">应符合产品技术文件要求</td><td></td></tr>
<tr><td>11</td><td>阻尼器检查</td><td>必要时</td><td colspan="3">（1）绝缘电阻大于10MΩ。
（2）阻尼器特性检查按照产品技术文件要求进行</td><td>（1）采用1000V绝缘电阻表。
（2）内置式阻尼器不进行</td></tr>
<tr><td>12</td><td>电磁单元绝缘油击穿电压和水分检测</td><td>（1）A级检修后。
（2）必要时</td><td colspan="3">（1）击穿电压：≥30kV。
（2）水分：≤25mg/L</td><td>必要时包括：
（1）二次绕组绝缘电阻不能满足要求。
（2）存在密封性缺陷时</td></tr>
</table>

二、结构原理

电容式电压互感器（CVT）由电容分压器、电磁单元（包括中间变压器和电抗器）

和接线端子盒组成。其结构有两种：一种是单元式结构，其分压器和电磁单元分别为一单元，可在现场组装，中压连线外露；另一种是整体式结构，分压器和电磁单元合装在一个瓷套内，中压连线不外露，无法使电磁单元同电容分压器两端断开。西安电力电容器厂生产的 TYD 型 110kV、220kV、330kV、500kV 级高精度电容式电压互感器和桂林电力电容器厂生产的 YDR－$110/\sqrt{3}$、YDR－$220/\sqrt{3}$型电容式电压互感器就属于这种类型，其中间变压器 T，补偿电抗器 L、阻尼电阻 R 都组装在分压电容器 C_2 下面的油箱内，如图 14－26 所示。

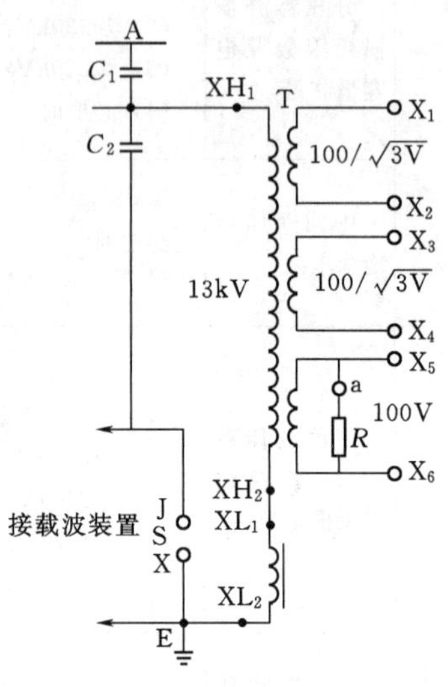

图 14－26 结构原理示意图

C_1、C_2—分压电容；S—放电间隙

由于中压连线不外露，给测量分压器电容 C_1 及 C_2 带来一定困难。

三、测试方法

以 TYD 型电容式电压互感器为例介绍其测试方法。

（一）测量接线

测量 C_1 及 $\tan\delta_1$ 和 C_2 及 $\tan\delta_2$ 的接线图分别如图 14－27 和图 14－28 所示。在这两个图中，C_N 为 QS_1 电桥的标准电容器，$C_N=50pF$；R_4 为 QS_1 电桥的内部电阻，$R_4=3184\Omega$。

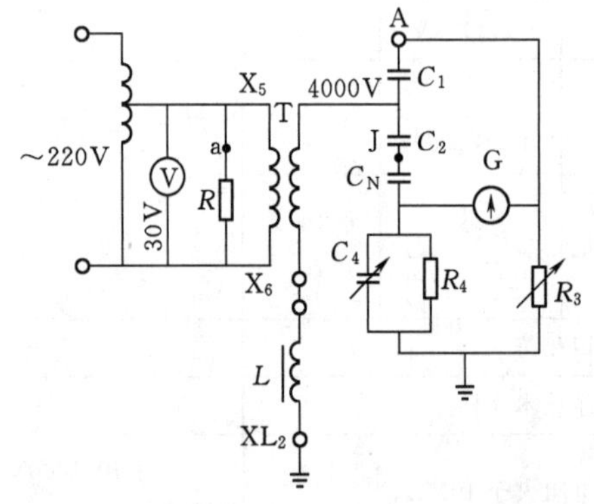

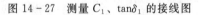

图 14－27 测量 C_1、$\tan\delta_1$ 的接线图

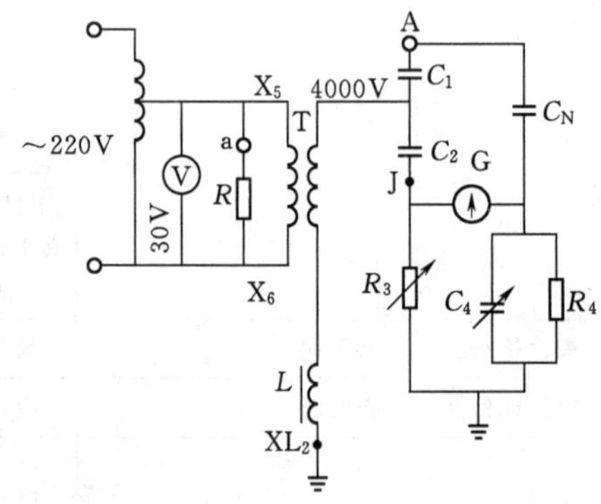

图 14－28 测量 C_2、$\tan\delta_2$ 的接线图

测试结果可以用下列公式进行计算

$$\tan\delta_1 \approx \tan\delta_1' + \tan\delta_N \tag{14-10}$$

$$\tan\delta_2 \approx \tan\delta_2' + \tan\delta_N \tag{14-11}$$

$$C_1 = \frac{(m_1 m_2 - 1)C_N}{m_2 + 1} \quad (pF) \tag{14-12}$$

$$C_2 = \frac{(m_1 m_2 - 1)C_N}{m_1 + 1} \quad (pF) \tag{14-13}$$

$$m_1 = R_4 \frac{100 + R_{31}}{n_1 (R_{31} + \rho_1')}$$

$$m_2 = R_4 \frac{100 + R_{32}}{n_2 (R_{32} + \rho_2')}$$

式中　$\tan\delta_1'$、$\tan\delta_2'$——电桥介质损耗因数的指示数值，%；

$\tan\delta_N$——标准电容器 C_N 的介质损耗因数，一般情况下，$\tan\delta_N \leqslant 0.01\%$；

R_{31}、R_{32}——测量 $\tan\delta_1$ 及 $\tan\delta_2$ 时，电桥平衡以后，电桥上所指示的平衡电阻 R_3 的数值，Ω；

ρ_1'、ρ_2'——测量 $\tan\delta_1$、$\tan\delta_2$ 时，电桥平衡后，电桥上平衡电阻微调阻值，Ω；

n_1、n_2——测量 $\tan\delta_1$、$\tan\delta_2$ 时，电桥分流器的分流电阻。

（二）测试结果

某地曾用上述方法对某变电所的 4 组 TYD110/$\sqrt{3}$－0.015 型组合式电容式电压互感器的分压电容器 C_1 及 C_2 的电容值和对应的介质损耗因数 $\tan\delta_1$ 及 $\tan\delta_2$ 进行了实测，其结果如表 14－25 所示。

表 14－25 所示的测试结果表明，上述的方法简单、实用，数据可靠，误差在允许范围内。

表 14－25　TYD110/$\sqrt{3}$－0.015 型组合式电容式电压互感器分压电容器的电容值和介质损耗因数实测结果

编号	电容号	厂家数据			现场实测数据					
		C 的标准值/pF	C 的标称值/pF	tanδ/%	电容值/pF	C 的误差/%	tanδ/%	R_3/Ω	ρ'/Ω	n
1	C_1	18640	18200	未给出	18340.3	+0.77	0.11	51	0.8	25
	C_2	73280	76400		76263.9	−0.18	0.11	105	0.7	4
2	C_1	18640	18300		18181.0	−0.65	0.11	52	0.6	25
	C_2	73280	71200		71034.0	−0.23	0.11	124	0	4
3	C_1	18640	18600		18725.0	+0.67	0.11	50	0.4	25
	C_2	73280	74300		74431.7	+0.18	0.11	112	0	4
4	C_1	18640	18100		18181.0	+0.18	0.11	52	0.6	25
	C_2	73280	74300		73815.7	−0.65	0.11	114	0	4

（三）测试时试验电压的施加方法和注意事项

（1）测量前应将中间变压器 T 的二次绕组 X_1X_2 和 X_3X_4 开路，将阻尼电阻 R 接上，然后通过辅助二次绕组 X_5X_6 施加电压，在 XH_1XH_2 绕组上感应的高电压作为电桥的试验电压。由于分压电容器 C_2 的下端 J 点的绝缘水平较低，出厂时的交流耐压值仅为 4000V，因此在测量 $\tan\delta_1$ 时，电桥的试验电压不要超过 4000V，即 X_5X_6 绕组上的电压不能超过

$$U_{56}=\frac{4000}{13000/100}\approx 30\ (\mathrm{V})$$

以便保证J点电压不超过4000V。在测量 $\tan\delta_2$ 值时，虽然电桥电压升到10kV也不会使J点绝缘被击穿，但是由于 C_2 较大，当中间变压器 XH_1XH_2 端电压达到电桥的试验电压额定值10kV时，流过 XH_1XH_2 绕组中的电流将达到

$$I_1=\omega CU=314\times 73280\times 10^{-12}\times 10^4\approx 0.23\ (\mathrm{A})$$

总功率达到 $S=0.23\times 10^4\approx 2300$ （VA），而TYD型电容式电压互感器的中间变压器 XH_1XH_2 绕组的最大热容量仅为2000VA，即允许通过的最大热稳定电流仅为 $I=2000/13000\approx 0.15$ （A）。为了不使中间变压器 XH_1 XH_2 绕组因通过的试验电流太大而烧坏，试验时加于电桥上的电压仍取4000V，即辅助二次绕组 X_5X_6 上所加的电压仍为30V。尽管试验电压比电桥的额定试验电压低，但因 C_1 及 C_2 值较大，因此加4000V试验电压已完全满足电桥测量灵敏度的要求。

（2）试验时应接上阻尼电阻 R，否则，在测量 $\tan\delta_2$ 值时，C_2 与 XH_1XH_2 绕组电感及补偿电抗器 L 电感会形成谐振回路，从而出现危险的过电压。

四、中间变压器试验

（1）测量中间变压器高低压绕组间的绝缘电阻，其值不作规定。

（2）测量介质损耗因数。测量接线如图14-29所示。

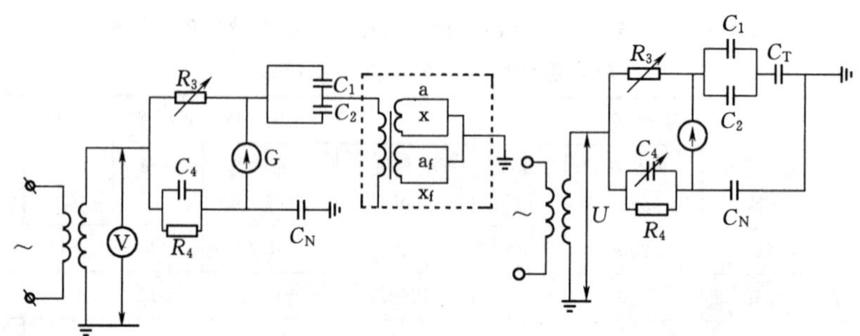

图14-29 测量中间变压器介质损耗因数的接线

由图14-29可知，此时测量的是 C_1 与 C_2 并联后再与 C_T 串联的介质损耗因数。设主电容、分压电容、中间变压器一次绕组对铁芯、外壳和二次绕组的电容和介质损耗因数分别为 C_1、C_2、C_T 和 $\tan\delta_1$、$\tan\delta_2$、$\tan\delta_T$、则测得的 $\tan\delta$ 值为

$$\tan\delta=\frac{C_T\left(\dfrac{C_1\tan\delta_1+C_2\tan\delta_2}{C_1+C_2}\right)+(C_1+C_2)\tan\delta_T}{C_1+C_2+C_T} \qquad (14-14)$$

由于 $C_1+C_2\gg C_T$，所以式（14-14）可简化为 $\tan\delta\approx\tan\delta_T$，因此测得的介质损耗因数近似认为是中间变压器一次绕组对铁芯、外壳和二次绕组的介质损耗因数。

必须指出，由于J点出厂1min工频试验电压为4kV，所以按图14-29测量时试验电压应取3kV。

五、判断标准

电容分压器测量结果的判断标准见表 14－26。中间变压器的测量结果按本章第七节中电磁式电压互感器规定进行判断。

表 14－26 电容分压器测量结果的判断标准

项目	测量类型	要求值
电容值偏差	交接时	不超过出厂值的±5%，500kV 按制造厂规定
	运行中	不超过额定值的－5%～＋10%，当大于出厂值的 102%时应缩短试验周期
tanδ 值（20℃）	交接时	按制造厂规定
	运行中	10kV 下的 tanδ 值不大于下列数值： 油纸绝缘为 0.005，膜纸复合绝缘为 0.002 当 tanδ 不符合要求时，可在额定电压下复测，复测值如符合 10kV 下的要求，可继续投运

六、不拆引线时测量电容式电压互感器的介质损耗因数

电容式电压互感器按其安装位置的不同，可分为线路、母线和变压器出口几种，对不同的 CVT，可分别采用 QS_1 电桥正接线、反接线和利用感应电压法测量其介质损耗因数。

（1）母线和变压器出口 CVT。可采用正接线测量。由于该 CVT 与 MOA 及变压器相连，不拆高压引线，只拆除变压器中性点接地引线，MOA 及变压器均可承受施加于 CVT 上的 10kV 交流试验电压。流经 MOA 及变压器的电流由试验电源提供，不流过电桥本体，故并联的变压器，MOA 不会对测量产生影响，而强烈的干扰电流又大部分被试验变压器旁路掉，因此可得到满意的结果。

（2）线路 CVT。由于该 CVT 不经隔离开关而直接与线路相连，故 CVT 上节不可采用正接线测量，否则试验电压将随线路送出，这是不允许的。实践表明，在感应电压不十分强烈的情况下，采用反接屏蔽法仍能取得满意的结果。其测量接线如图 14－30 所示。

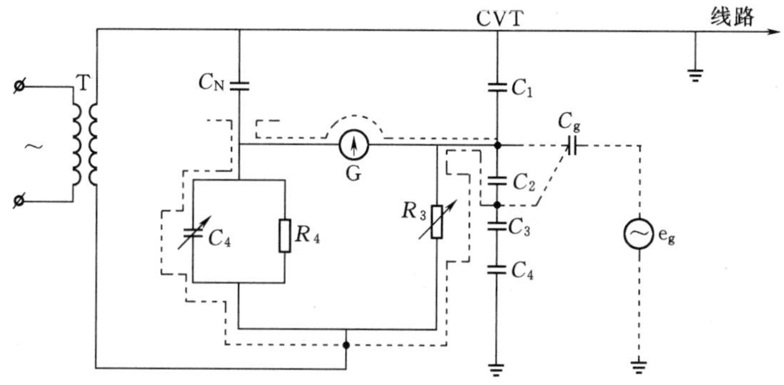

图 14－30 测量 CVT 介质损耗因数的反接屏蔽法接线图

测量 C_1 的介质损耗因数时，测量线 C_x 接在 C_1 末端，由于 C_1 首端及 C_4 末端接地，则对于测点来讲，C_1 与 C_2、C_3、C_4 的串联值是并联的关系。为避免 C_2、C_3、C_4 对 C_1 的测量结果造成影响，则应将 QS_1 电桥的屏蔽极接于 C_2 末端，这样 C_2 两端电位基本相等，C_2 中无电流流过，C_3、C_4 中的电流直接由电源通过屏蔽极提供，不流经电桥本体，因而不会对测量 C_1 的介质损耗因数造成影响。表 14-27 列出了对某条 500kV 线路 CVT 的测量结果。

表 14-27　　某 500kV 线路 CVT 测量结果

项　目	A 相		B 相		C 相	
	C /pF	$\tan\delta$ /%	C /pF	$\tan\delta$ /%	C /pF	$\tan\delta$ /%
全停拆引线	19337	0.1	19385	0.1	19200	0.1
不拆引线	18907	0.1	19001	0.1	18978	0.1

应当指出，采用 QS_1 电桥反接线测量，由于抗干扰能力较差，所以必须采用电源倒相的方法，其 2 节、3 节、4 节仍应用正接线测量。在个别感应电压过强的 CVT 上采用感应电压法更合适。

对于 220kV 及以上的 CVT 有的单位将 C_2 底部接地（C_1 上部已接地）采用 QS_1 电桥反接线法，在 C_1 与 C_1 连接处加压进行测量，先测出 C_1 与 C_2 并联的 $\tan\delta_{C_1+C_2}$，再按正接线法测量 C_2 和 $\tan\delta_2$，根据下述基本公式计算 C_1 和 $\tan\delta_1$

$$C_1=C_x-C_2$$

$$\tan\delta_1=\frac{C_x\tan\delta_{C_1+C_2}-C_2\tan\delta_2}{C_1}$$

下节 C_3 的测量可根据 A 端子的引出与否采用反接线或自激法测量，上节引线不拆对 C_2、C_3 的测量没有影响。表 14-28 列出一组测量结果，供参考。

由于 CVT 的膜纸复合电容器 $\tan\delta$ 一般约为 0.1%，为提高测量准确性，有的单位采用测量精度比 QS_1 电桥更高一等级的 2618B 电桥进行测量。图 14-31 给出 2618B 电桥的测试原理图。

表 14-28　TYD-330/T_3-0.005 型电压互感器实测结果

相别	A	B	C	备　注
C_1+C_2/pF	30141	29876	30282	不拆引线，反接线
$\tan\delta_{C_1+C_2}$/%	0.1	0.1	0.1	
C_2/pF	15173	14913	15191	正接线
$\tan\delta_2$/%	0.1	0.1	0.1	
C_1/pF	14968	14963	15091	计算值
$\tan\delta_1$/%	0.1	0.1	0.1	
C_1/pF	15218	15312	15229	实测值、拆引线、正接线
$\tan\delta_1$/%	0.1	0.1	0.1	

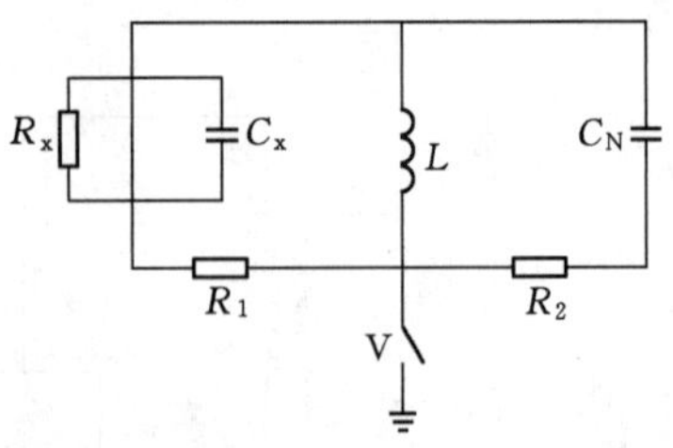

图 14-31　2618B 电桥测试原理图
C_N—标准电容；R_1、R_2—电流传感器；R_x、C_x—被试品参数；V—TV 尾头端子；L—电感

第十二节 三相组合互感器

三相组合互感器分为油浸式和固体绝缘式两种。由独立元件（独立式电压互感器和独立式电流互感器）组成的组合互感器，按独立元件进行试验，误差干扰试验不在预试范围之内。

一、红外测温

1. 周期

1 年。

2. 判据

参考 DL/T 664 各部位不应有明显温升现象，检测和分析方法参考 DL/T 664。

二、绝缘电阻

采用 2500V 绝缘电阻表测量。一次绕组对二次绕组及地（基座外壳）之间的绝缘电阻、二次绕组间及对地（基座外壳）的绝缘电阻不宜小于 1000MΩ。

油浸式测量周期为：不超过 6 年或必要时。固体绝缘式测量周期为：①不超过 6 年；②A 级检修后；③必要时。

三、交流耐压试验

必要时可进行交流耐压试验。

（1）一次绕组按出厂值的 80%进行。

（2）二次绕组之间及其对地的工频耐受电压为 2kV。

（3）二次绕组之间及其对地工频耐受试验可用 2500kV 绝缘电阻表绝缘电阻测量项目代替。

四、局部放电

必要时进行局部放电试验，试验按《互感器 第 4 部分：组合互感器的补充技术要求》（GB/T 20840.4）的要求进行。

（1）油浸式：$1.2U_m$ 时，放电量不大于 50pC；$1.2U_m/\sqrt{3}$ 时，放电量不大于 20pC。

（2）固体绝缘式：$1.2U_m$ 时，放电量不大于 100pC；$1.2U_m/\sqrt{3}$ 时，放电量不大于 50pC。

五、绕组直流电阻测量

A 级检修后进行，与初值相比应无明显变化。

第十三节 互感器的在线监测

一、JCC 型电压互感器的在线监测

JCC 型电压互感器包括 JCC－110、JCC－220（包括 JCC_1、JCC_2 和 JDC）串级式电

压互感器，目前，这类互感器开展的在线监测的项目有高压侧电流的在线监测和介质损耗因数的在线监测。

（一）高压侧电流的在线监测

110～220kV 串级式电压互感器系分级绝缘结构。一次绕组 AX 运行时，A 端与电网连接，末端 X 接地。测量高压电流时，可断开 X 端，并在 X 与地间串入一交流电流表，也可以同时串入一继电器线圈，整定在一定电流值时发出信号，这样可以有效地检测串级式互感器的绝缘缺陷，防止运行电压下发生恶性爆炸事故，测量接线如图 14－32 所示。现场可由值班人员每天数次操作 AN 按钮，测量运行电压下流过串级电压互感器一次绕组的工作电流；当电流超过规定值（可按最大容量整定）时，则应停运检查。江苏淮阴供电局曾经在检修电压互感器后，在一次绕组施加额定电压超过 6h，发现电流有明显变化，解体检查后，发现互感器支架损坏。

（二）介质损耗因数的在线监测

1. 末端屏蔽法

图 14－32 所示末端屏蔽法的测量接线。监测的主要部分是铁芯（下铁芯）对二、三次绕组端部的绝缘情况。由于一次绕组外静电屏与一次绕组端点 X（接地）相连，而此时 X 点是电桥测量的屏蔽点，因此下铁芯对二、三次绕组端部的电力线要绕过静电屏。现场测量的电容量较小，一般仅为 30～50pF。而且主要是下铁芯对二次绕组端部的电容。

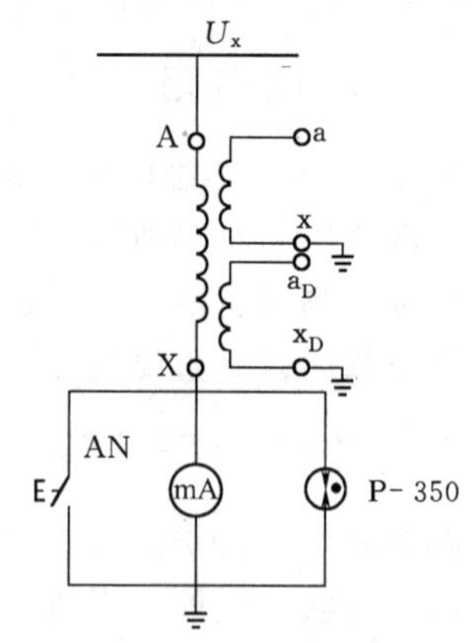

图 14－32　串级式电压互感器高压侧电流在线监测示意图

测量中标准电容 C_N 的选取是一个重要问题。现场选用 $C_N \approx 250$pF（即三只断口电容器串联），此时试品电容量仅为 30～50pF。

设 C_N 上的电压与试品电压相等，由末端屏蔽法测量公式可知：

（1）对 110kV 电压互感器

$$C_x = \frac{2R_4}{R_3} C_N$$

（2）对 220kV 电压互感器

$$C_x = \frac{4R_4}{R_3} C_N$$

当 $C_N = 250$pF，$C_x = 30$pF 时，对于 110kV 电压互感器，则有

$$R_3 = \frac{2 \times 3184 \times 250}{30} = 53000 \ (\Omega)$$

此值已超过 R_3 的测量范围。

当 R_4 并联 353.7Ω（$R_4/9$）的电阻时，则 R_4 变为 $R_4/10$，$R_3 = 5300\Omega$，此时可用 QS_1 电桥进行测量，但此时的 $\tan\delta$ 测量值并不能代表试品的实际 $\tan\delta_x$，而应按下式计算

$$\tan\delta_x = \frac{\tan\delta_c}{10}$$

式中　$\tan\delta_x$——试品实际的介质损耗因数值；

$\tan\delta_c$——测得的介质损耗因数值。

对 220kV 电压互感器，若仍取 $C_N=250\text{pF}$，$C_x=30\text{pF}$，则 $R_3=106000\Omega$，也大于 R_3 的测量范围。此时即使将 R_4 变为 $R_4/10$，R_3 臂也不能满足测量要求。对这种情况，可从下列两方面解决：

(1) 使用 BR-16 标准电容器。在图 14-33 中，由同相同电压等级的有电压抽取装置的电容式套管抽取电压。此时标准支路 C_N 的电压为试验支路 C_X 电压的 $1/K$。对 110kV 系统，K 值一般为 16～26（可由套管铭牌或通过试验测出）；对 220kV 系统，$K=50$。

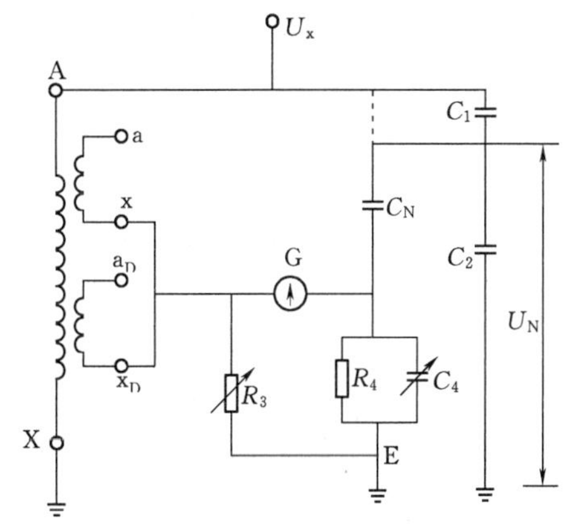

图 14-33　JCC 型电压互感器介质损耗因数 $\tan\delta$ 的在线监测原理图

C_1、C_2—有电压抽取的电容型套管的电容

现场还可以用静电电压表测量抽取套管对地电压，并由配电盘读取该相运行电压，则运行相电压与抽取电压之比即为 K 值。此时被试 JCC 型电压互感器的电容量 C_x 可按下式计算：

对 110kV 级电压互感器

$$C_x=\frac{2R_4}{R_3}\times\frac{C_N}{K}$$

取 $K=26$，$C_x=30\text{pF}$，$C_N=50\text{pF}$，则有

$$R_3=\frac{2\times3184\times50}{30\times26}=408\ (\Omega)$$

对 220kV 级电压互感器

$$C_x=\frac{4R_4}{R_3}\times\frac{C_N}{K}$$

取 $K=50$，$C_x=30\text{pF}$，$C_N=50\text{pF}$，则有

$$R_3=\frac{4\times3184\times50}{30\times50}=425\ (\Omega)$$

由此可见，采用这一方法改变标准支路的电压，并使用电桥配套的 BR-16 标准电容器，可以方便地选用 QS_1 电桥进行测量。此时测得的被试品的介质损耗因数为

$$\tan\delta_x=\tan\delta_c=\omega C_4R_4$$

(2) 使用低压标准电容器。测量原理接线如图 14-34 和图 14-35 所示。

在测量中，可以使用电桥内附 0.001μF 低压测量用标准电容器，也可以使用外附低损耗电容器（400V），如聚苯乙烯电容器。若按图 14-34 进行测量，则测得的仅为下铁芯对二次绕组端部绝缘的 $\tan\delta$。若按图 14-35 进行测量，则测得的为下铁芯对二次、三次绕组端部绝缘的 $\tan\delta$。当然，如图中没有 TV 给标准支路 C_N 供电，也可使用电源变压器直接接在被试品附近，在其低压侧抽取电压，给标准支路供电进行测量。相应的计算公式为：

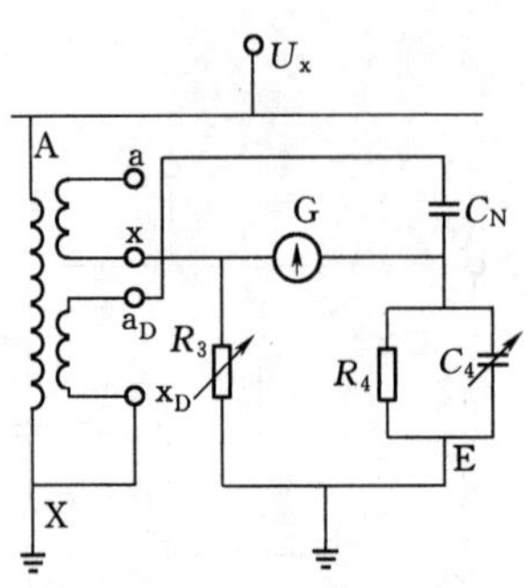

图 14-34 用被试互感器抽取电压的测量接线

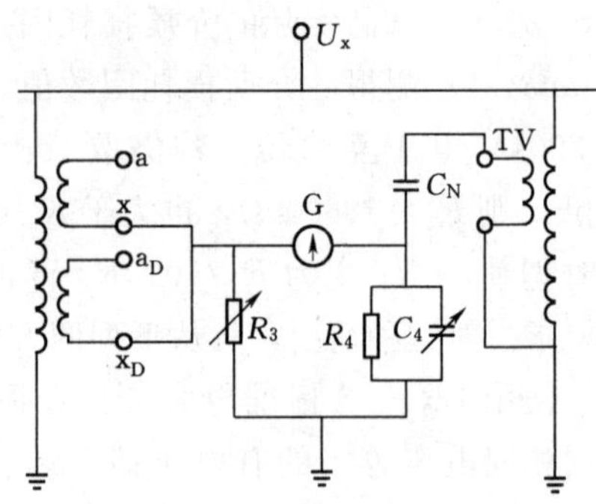

图 14-35 用同相互感器抽取电压的测量接线

对于 110kV 级电压互感器

$$C_x=\frac{2R_4}{R_3}\times\frac{C_N}{K}$$

此时 $K=635$，取 $C_N=0.001\mu F=1000pF$，$C_x=25pF$（仅测下铁芯对二次绕组端部绝缘的 $\tan\delta$），则有

$$R_3=\frac{2\times3184\times1000}{25\times635}=400\ (\Omega)$$

若设 $C_x=50pF$，而其他参数不变，则有

$$R_3=\frac{2\times3184\times1000}{50\times635}=200\ (\Omega)$$

若取 $C_N=500pF$，则当 $C_x=25pF$ 和 50pF 时，相应电桥 R_3 臂电阻值为 200Ω 和 100Ω 左右。

对 220kV 级电压互感器

$$C_x=\frac{4R_4}{R_3}\times\frac{C_N}{K}$$

此时 $K=1270$，取 $C_N=1000pF$，$C_x=30pF$，则有

$$R_3=\frac{4\times3184\times1000}{30\times1270}=667\ (\Omega)$$

若选取 $C_N=500pF$（外附）。此时相应的 $R_3=334\Omega$，若 $C_x=50pF$，$C_N=1000pF$，则有

$$R_3=\frac{4\times3184\times1000}{50\times1270}=400\ (\Omega)$$

若选取 $C_N=500pF$，此时相应的 $R_3=200\ (\Omega)$。

上述计算公式是仅对 JCC 型电压互感器而言的，这种互感器的结构见图 14-9、图 14-10。对 110kV 级电压互感器，其下铁芯电位为$\frac{1}{2}U_x$；对 220kV 级电压互感器，其下铁芯电位为$\frac{1}{4}U_x$。而对 JDC-110 型电压互感器（该型电压互感器仅有 110kV 级）其下

铁芯电位为$\frac{1}{4}U_x$，因此其C_x计算公式应按JCC－220型的计算公式进行计算。

当采用低压标准电容器时，根据推导，并作进一步简化，$\tan\delta_x$可由下式计算：

$$\tan\delta_x=\tan\delta_c+\omega C_N R_4$$

当$C_N=0.001\mu F$时

$$\tan\delta_x=\tan\delta_c+0.1\%$$

2. 末端加压法

采用末端加压法也可测量串级式电压互感器的介质损耗因数。其原理接线图如图14－36所示。测量时应在X端串入一阻抗Z，将X点对地电位抬高2～2.5kV。

进行串级式电压互感器在线监测时，应注意下列问题：

(1) 对继电保护用JCC型互感器进行在线测试时，应将其相应的保护拆除。对原来系统要求B相接地的，应特别注意防止二次线相间短路。为便于测量，互感器二次引线可引至专用闸刀开关上，测量时通过专用闸刀开关连接试验引线。

(2) 测量时互感器处于运行状态，因此拆接二次引线时要防止二次绕组短路。连接试验引线应保证二、三次绕组有一点接地，测量时则通过R_3接地。

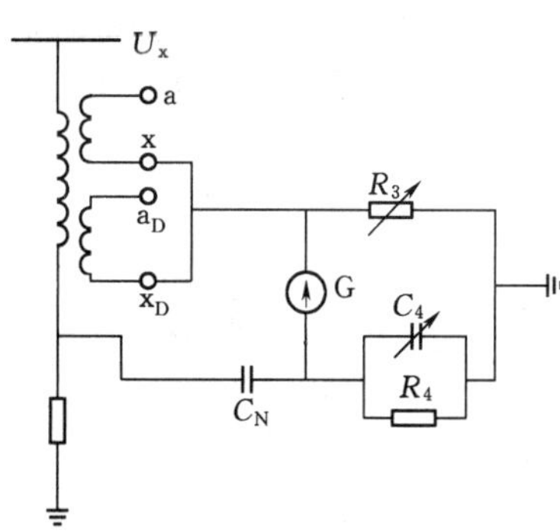

图14－36　末端加压法在线监测的原理接线图

(3) 采用图14－34、图14－35所示接线时，与图14－33比较，被试品电容量略小，但此时$a_D x_D$绕组在ax绕组外部，x_D接地，因此可以起到对测量电极x的屏蔽作用，这样按图14－33～图14－35测量时，其结果可能是不完全相同的。

(4) 如有高压标准电容器，也可以作为C_N进行在线测试。此时若相应R_3阻值较大，可以在电桥第四臂Z_4（R_4、C_4）上并联电阻，以满足测量要求。当Z_4并入电阻后，其相应计算公式与末端屏蔽法测量串级式电压互感器tanδ的有关公式相同。

二、电流互感器的在线监测

近几年来，220kV电流互感器在运行中的事故频繁发生，例如某厂生产的$LCLWD_3$－220型电流互感器，1978年6月投入运行，1980年12月就发现了缺陷。所以现场十分重视对该类设备的在线监测，因此本节主要叙述220kV电流互感器的在线监测。

《规程》规定，对于220kV电流互感器，应测量其主绝缘（一次对末屏）和末屏对地的绝缘，在线监测也按上述要求进行。目前开展的项目主要是测量电容量和介质损耗因数。

（一）主绝缘的在线监测

1. 测量电容量

220kV电流互感器为电容式结构，其结构如图14－37所示。其主绝缘高压端为L_1L_2

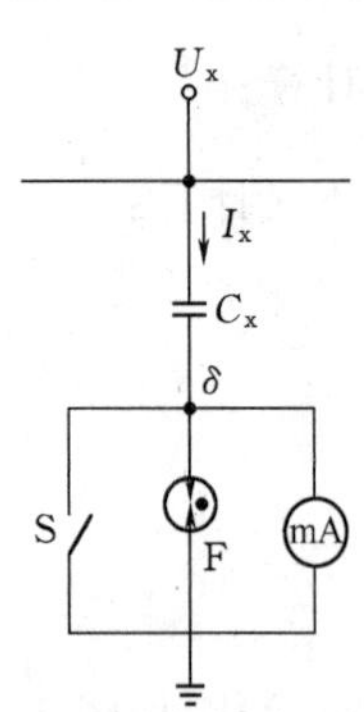

图 14-37 测量220kV电容型电流互感器电容量的接线图

端，而接地端为末电屏，运行中末电屏接地。

测量220kV电容型电流互感器电容量的接线如图14-37所示。测量时将交流毫安表并于末电屏接地断开装置上，断开末电屏接地点，根据运行电压U_x。下流入毫安表的电流I_x，则可计算出被试电流互感器主绝缘的电容量，即

$$C_x=\frac{I_x}{\omega U_x}$$

为防止末电屏因接地引线断开而使末电屏与地间产生高电压击穿末电屏绝缘，测量时，在末电屏与地之间应并接保护放电管。测量完毕后，合上末电屏接地开关，并拆除测量用交流毫安表。

现场测量表明，220kV电流互感器主绝缘的电容量一般为500～900pF，在运行电压下，其工作电流一般为20～45mA。因此，选择量限为50mA的交流毫安表即可满足，现场测量要求。现场的部分测量结果见表14-29。

表 14-29　220kV 电流互感器电容量测量结果

型　号	铭牌电容量 /pF	I_x /mA	U_φ /kV	实测电容量 /pF	电容量的相对误差 /%	备　注
$LCLWD_3-220$	812	34.8	132	835	+2.8	
LB-220	756	31.8	130	780	+3.2	
$LCLWD_3-220$	801	43.3	133	1038	+30	吊芯检查有三层电容屏击穿
$LCLWD_3-220$	745	33.2	132	801	+7.5	进水受潮 tanδ 不合格
LB-220	685	31.9	130	782	+14	吊芯检查有一层电容屏烧坏

由表14-28可见，测量电容量能比较有效地监测其电容屏是否击穿，再与主绝缘tanδ值和末电屏对地的绝缘电阻值进行综合分析，能够有效地发现其进水受潮缺陷。一般规定当220kV电流互感器的电容量相对误差（与铭牌）或前一次测量结果相比较超过±10%时，应分析其原因，并通过其他绝缘试验结果，综合判断其绝缘水平。

2. 介质损耗因数测量

目前，国内外已研制出各种各样的以微处理机为核心的监测介质损耗因数的装置，下面仅简要介绍吉林省电力试验研究所和长春电业局研制的220kV运行设备集中测量tanδ的监测装置。

（1）原理接线如图14-38所示。

（2）操作步骤如下：

1）投入选相继电器K_A（或K_B、K_C）接通欲测相电压（接地继电器K_D常闭触点也同时断开）。

2）切换分线器F使检流计（表或微机）与欲测设备R_3接通。

3）反复调整R_3与C_4，使检流计指零，根据R_3及C_4值计算出C_x及tanδ值；计算公式为

$$\tan\delta = C_4$$

$$C_x = K\,\frac{100+R_3}{nR_3}$$

式中　K——常数，装置调试后给定；

　　n——R_3 的分流系数。

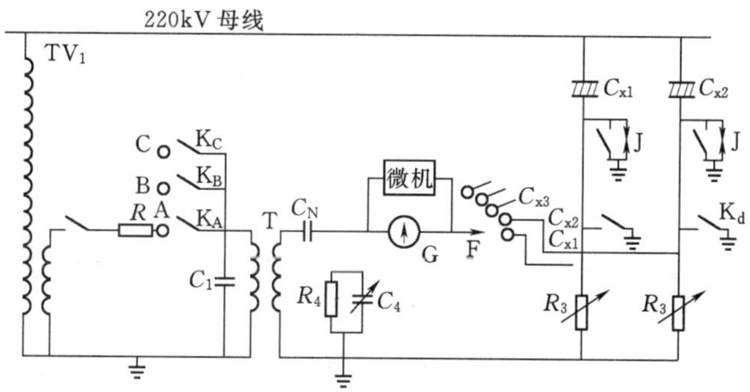

图 14－38　在线监测 tanδ 的原理接线图

R—保护电阻，同时与 C_1 构成移相回路；C_1—移相电容；K_A、K_B、K_C—切换相别用继电器；

TV_1—220kVTV（127kV/58V）；T—隔离变压器（58V/100V）；C_N—标准电容；

R_3、R_4、C_4—桥臂电阻、电容；F—切换被试设备分线器；

G—保护间隙及接地开关；K_d—接地继电器；C_x—被试设备

4）运行中 R_3 固定为第一次调试值不变，测试时只调整 C_4 使表头指示最小，此时 C_4 指示数即为 $\tan\delta$，而表头最小指示值为 $\Delta C_x\%$（微机打印值也为 $\tan\delta$ 及 $\Delta C_x\%$）。

（二）末屏绝缘的在线监测

由于 220kV 电流互感器在运行中最常见缺陷是进水受潮。而互感器进水受潮以后，较大的可能是水分沉积到底部或浸入石英砂内。而按《规程》规定的测量接线又仅能发现一次电容层对地绝缘间的受潮。因此测量末电屏对二次绕组、铁芯和外壳（地）的绝缘，对发现其进水受潮是比较有效的。测量结果如表 14－30 所示。

表 14－30　　末屏对二次绕组及地绝缘试验结果

相别	试验结果			检查情况
	一次绕组对末屏的 tanδ/%	末屏对二次绕组及地		
		绝缘电阻/MΩ	tanδ（反接线）/%	
A	0.2	140	未测	底部有水，且比 B 相多
B	0.1	350	3.6	底部有水，从中抽出 290mL
C	0.5	爆炸	爆炸	已炸坏未检查
A	0.2	280	4.9	底部有水，加氮压 2×10^5Pa 检查，密封不良
B	0.2	1000^+	1.0	未检查（认为无缺陷）
C	0.2	1000^+	0.9	未检查（认为无缺陷）

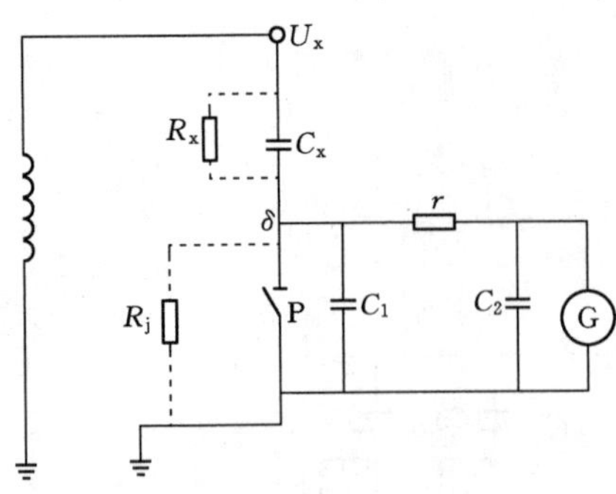

图 14－39　末屏绝缘电阻在线测试接线
U_x—电网相电压；C_x—电流互感器主电容；
C_1—4～6μF 的电容器（1000V）；
C_2—1～2μF 的电容器（1000V）；
r—2～3MΩ 电阻；R_j—末屏对地绝缘电阻

由表 14－29 可知，测量末屏对二次绕组及地的绝缘电阻也能较有效地发现 220kV 互感器的进水受潮缺陷。测量接线如图 14－39 所示。

由图 14－39 可知，电容 C_1 与试品电容 C_x 分压，一般使末屏 δ 点对地电压不超过 20V，以满足测量绝缘电阻时，不会因末屏对地电压过高而击穿的要求。被测绝缘电阻 R_j，与主绝缘的绝缘电阻并联，但主绝缘的绝缘电阻远大于末屏对地绝缘电阻 R_j，所以这一测量回路测得的绝缘电阻 $R=R_j+r$。若 $R_j \geqslant r$，则 $R \approx R_j$。在现场曾使用过 1000～2500V 兆欧表进行测量，测到了正确结果，应该注意的是末屏改了以后其绝缘应良好，不应对测量结果有不可忽略的影响。因此，具体测量回路可以根据各地气候及运行条件选取，或测量时采用屏蔽措施来消除末屏改进装置的表面泄漏的影响，以保证带电测量末屏绝缘电阻的准确度。

第十四节　互感器的故障红外诊断方法

一、电压互感器的故障诊断方法

电压互感器又分为电容型电压互感器和电磁型电压互感器。其中电容型电压互感器电容分压部分的故障分析、诊断方法与电力电容器的常见故障及红外诊断相同。

电压互感器的异常温升主要是由于内部的绝缘材料存在缺陷，介损增大造成的。电压互感器的线圈外包绝缘材料浸在绝缘油中，绝缘材料在交流电场中存在介质损耗，损耗角用正切来表示，损耗功率与之成正比。如果绝缘材料有局部缺陷或受潮或老化，都会使介质的损耗增加，造成材料温度异常升高，加热绝缘油使绝缘油的温度上升，经热传导，热量通过顶帽和瓷套管向外界散出，在造成事故之前，这是一个长期的过程，在热像图上表现为互感器整体温度升高。电压互感器的内部热量要经过绝缘油和瓷套管才能传导出来，热量部分被油和套管吸收，所以在检测时，其外表面的温度与正常相比，温差不大。

正常情况下电磁型电压互感器（油浸式）内部热损耗发热特征是一个以顶部（储油框）为中心的热图，并有上高下低的温度分布。对于电磁式电压互感器（油浸式）出现的故障诊断，主要依赖于本体温度场的分析和三相同型设备之间温度场的比较。若被检设备出现整体故障、绝缘性故障、铁芯故障或线圈故障时，均会引起油温升高。可以通过三相比较而鉴别出非正常的温升。最大温升和最大温差值见表 14－31。在初步诊断出设备存在缺陷后，再由其他电气试验或油色谱分析作出定论。若被测设备缺油时，可从热像图上明显看出有油部位和无油部位的温度变化的分界面，可以直观地作为结论。

某变电站TV铁壳5月30日测得为60℃，而其他同型号设备铁壳与气温差不多，第二天停电试验（空载试验），发现匝间（或层间）短路，即退出运行，8月2日接到值班员反映新换上去的PT铁壳温度比其他同型号高（手摸感觉），经热电视测试发现高出其他7～8℃。在加强运行监视的过程中，8月4日发现TV二次无电压，经试验又发现TV局部短路，再行更换新的TV。

表14-31　电磁型电压互感器（油浸式）红外成像诊断允许的最大温升和最大温差

电压等级＼温度	表面最大温升/℃	相间最大温差/℃	备注
10(6)kV	—	4.0	户内测试
35kV	5.0	1.5	户外测试
110(66)kV	5.0	1.5	户外测试

二、电流互感器的故障诊断

由于电流互感器同时受到高电压和大电流的作用，其正常发热主要由两部分构成：一部分是由于电压作用下介质损耗的发热；另一部分是与电流有关的铜损和铁损引起的发热。其散热主要集中在顶部储油柜和出线处，因此，正常电流互感器的热像特征则一个以顶部储油柜为中心的热像图。

1. 电流互感器常见故障及红外诊断

（1）内连接故障。内连接发热的热像特征是一个以引出线头或串联变比分接处为中心的热像图，最高温度在这些线头及顶部油面处。当外部最高温度超过55℃或相间温差超过15℃时，可以认为存在一些类似缺陷。而且，若改变负荷的大小，该温度值应产生相应的变化。

表14-32　油浸式电流互感器无连接发热下的红外成像诊断允许的最大温升、温差

电压等级＼温度	表面最大温升/℃	相间最大温差/℃	备注
10(6)kV	—	4.0	户内测试
35kV	4.0	1.3	户外测试
110(66)kV	4.0	1.3	户外测试

（2）绝缘性故障。其热像特征与正常相比无明显变化，只是整体温度有所上升，可通过二相同型设备的相互对比并依据表14-32来判别。

（3）缺油故障。从热像上可以明显地分辨出有油部分和无油部分的明显分界处。

2. 电流互感器内部发热的缺陷

一变电站内电气设备进行了红外热像检测，发现某线路116号线路TA有异常热像，测量结果见表14-33。

表14-33　某线路TA接头情况

设　备	负荷率/%	环境温度/℃	测点温度/℃	温升/℃
A相	60	28	94.9	66.9℃
B相	60	28	33	5
C相	60	28	94.1	66.1

从两组 TA 的热像图对比可知，内、外接头同时过热和只存在内部接头过热的图谱是有区别的。这两组 TA 都是因为接头接触不良而引起的。一般来说，介损增高的互感器属绝缘受潮或绝缘劣化引起，由介质损耗引起发热，热像图谱上可看到互感器整体发热，而由于一次端接头接触不良引起的过热，其发热功率遵循 $P=I^2R$ 的规律。在热像上呈出以整个顶部或顶部一次端接头为中心的热像图，可这两组 TA 均属于后者，建议对 TA 及时处理。电流互感器导体内部发热的热量经导电杆内一次端部接头及顶帽散出，其红外热像是一个以顶帽及一次出线端为中心的热场图。利用红外热像诊断时，只要测出顶部的温度并根据其温度分布场的规律，即可推导出内部的温度，亦可根据相邻相的热图像及温度进行比较判断，往往后者在实用中更为有效。

3. 电流互感器过负荷运行发热造成缺陷

某变电站一 TA 本体温度 183℃。在现场测试中，从测温的屏幕上可以看到，这两支 TA 形似灯笼，通体透亮，这一现象在其他各变电站是从未观测到的。连夜拆换下来后发现 TA 瓷瓶已裂，如不及时更换很可能造成一次停电事故。

复　习　题

1. 分别说明电压、电流互感器与电力变压器有哪些不同，使用中应注意什么问题？

2. 在预防性试验中，互感器应做哪些试验，它们各能发现什么缺陷？

3. 为什么要测量电容型电流互感器末屏对地的介质损耗因数？如何测量？

4. 为什么油纸电容型的介质损耗因数不进行温度换算？

5. 根据色谱分析结果判断电流互感器的绝缘缺陷时，应注意哪些问题？

6. 画出电流电压互感器的交流耐压试验接线，并说明试验部位。

7. 为什么要测量电流、电压互感器的局部放电？画出其测量接线。

8. 有三台 $LCWD_2$ - 110 型电流互感器，在出厂测试时，介质损耗因数均小于 1%，但在现场测试时，其 $\tan\delta>2\%$，这样大的数值可以使用吗？采用什么方法能使其介质损耗因数值 $\tan\delta<1\%$？

9. 为什么对电容式结构的互感器不仅要监测其介质损耗因数，还要监测其电容量的变化？试分析电容量变化能反映出绝缘有什么缺陷？

10. 什么是末端屏蔽法？画出其测量接线、说明它能反映哪些部位的缺陷？

11. 为什么要测量电压互感器绝缘支架的介质损耗？其测量方法有哪些？

12. 在现场进行 JCC 型串级式电压互感器交流耐压试验时，为什么常常采用三倍频率的感应耐压试验？

13. 有一台 110kV 的串级式电压互感器，你用什么方法测量它的一次绕组对二次、三次绕组及铁芯对支架的电容和 $\tan\delta$？试分别画出接线图。若用末端屏蔽法测得如下两组数据，试计算下铁芯对支架的电容和 $\tan\delta$，并判断这台互感器是否受潮，支架是否合格。

（1）一次绕组对二、三次绕组，QS_1 电桥面板读数 $R_3=4380\Omega$，$\tan\delta=1.5\%$（R_4 并联 3184Ω）；

(2) 一次绕组对二、三次绕组及支架，QS_1 电桥面读数 $R_3=2943\Omega$，$\tan\delta=4.7\%$（R_4 并联 3184Ω）。

14. 电容式电压互感器的测试项目有哪些？如何测试？

15. 电压、电流互感器的在线监测项目分别有哪些？如何测试？

16. 名词解释：末屏、电容型互感器、无局放试验变压器、全绝缘、分级绝缘。

第十五章　开　关　设　备

第一节　概　　述

《规程》中开关设备这一章几乎包括了实际运行中的一切具有开关性质的开关设备，各类开关设备的试验项目如下。

一、气体绝缘金属封闭开关设备的试验项目

（1）红外测温。

（2）SF_6 分解物测试。

（3）SF_6 气体检测。

（4）导电回路电阻测量。

（5）断路器机械特性。

（6）交流耐压试验。

（7）SF_6 气体密度继电器（包括整定值）检验。

（8）联锁试验。

（9）操动机构压力表检验，压力（气压、液压）开关检验。

（10）辅助回路和控制回路绝缘电阻。

（11）辅助回路和控制回路交流耐压试验。

（12）操动机构在分闸、合闸、重合闸下的操作压力（气压、液压）下降值。

（13）液压（气压）操动机构的密封试验。

（14）油（气）泵补压及零起打压的运转时间。

（15）采用差压原理的气动或液压机构的防失压慢分试验。

（16）防止非全相合闸等辅助控制装置的动作性能。

（17）断路器防跳动功能检查。

（18）断路器辅助开关检查。

（19）断路器分、合闸线圈电阻。

（20）断路器分、合闸电磁铁的动作电压。

（21）合闸电阻阻值及合闸电阻预接入时间。

（22）断路器电容器试验。

（23）隔离开关机构电动机绝缘电阻。

（24）隔离开关辅助开关检查。

（25）电流互感器试验。

（26）避雷器试验。

(27) 电压互感器试验。
(28) 隔离开关和接地开关试验。
(29) SF_6 断路器其他试验。
(30) 带电显示装置检查。

二、六氟化硫断路器的试验项目

(1) 红外测温。
(2) SF_6 分解物测试。
(3) SF_6 气体检测。
(4) 导电回路电阻测量。
(5) 耐压试验。
(6) 机械特性。
(7) SF_6 气体密度继电器（包括整定值）检验。
(8) 操动机构压力表检验、压力（气压、液压）开关检验。
(9) 辅助回路和控制回路绝缘电阻。
(10) 辅助回路和控制回路交流耐压试验。
(11) 操动机构在分闸、合闸、重合闸下的操作压力（气压、液压）下降值。
(12) 液压（气压）操动机构的密封试验。
(13) 油（气）泵补压及零起打压的运转时间。
(14) 采用差压原理的气动或液压机构的防失压慢分试验。
(15) 防止非全相合闸等辅助控制装置的动作性能。
(16) 防跳动功能检查。
(17) 辅助开关检查。
(18) 操动机构分、合闸电磁铁的动作电压。
(19) 分、合闸线圈电阻。
(20) 合闸电阻阻值及合闸电阻预接入时间。
(21) 断路器电容器试验。
(22) 罐式断路器内的电流互感器。

三、油断路器的试验项目

(1) 绝缘油试验。
(2) 绝缘电阻。
(3) 40.5kV 及以上非纯瓷套管和多油断路器的介质损耗因数。
(4) 40.5kV 及以上少油断路器的泄漏电流。
(5) 交流耐压试验。
(6) 126kV 及以上油断路器拉杆的交流耐压试验。
(7) 导电回路电阻。
(8) 辅助回路和控制回路交流耐压试验。

（9）断路器的合闸时间和分闸时间。

（10）断路器的分闸和合闸的速度。

（11）断路器触头分、合闸的同期性。

（12）操动机构合闸接触器和分、合闸电磁铁的最低动作电压。

（13）合闸接触器和分、合闸动触头线圈的绝缘电阻和直流电阻，辅助回路和控制回路绝缘电阻。

（14）断路器的电流互感器试验。

四、低压断路器和自动灭磁开关试验项目

（1）低压断路器操动机构合闸接触器和分、合闸电磁铁的最低动作电压。

（2）低压断路器合闸接触器和分、合闸动触头线圈的绝缘电阻和直流电阻，辅助回路和控制回路绝缘电阻。

（3）对自动灭磁开关尚应作动合、动断触点分合切换顺序，主触头、灭弧触头表面情况和动作配合情况以及灭弧栅是否完整等检查。对新换的 DM 型灭磁开关尚应检查灭弧栅片数。

五、真空断路器的试验项目

（1）红外测温。

（2）绝缘电阻。

（3）耐压试验。

（4）辅助回路和控制回路交流耐压试验。

（5）机械特性。

（6）导电回路电阻。

（7）操动机构分、合闸电磁铁的动作电压。

（8）合闸接触器和分、合闸电磁铁线圈的绝缘电阻和直流电阻。

（9）灭弧室真空度的测量。

（10）检查动触头连杆上的软联结夹片有无松动。

（11）密封试验。

（12）密度继电器（包括整定值）检验。

六、重合器（包括以油、真空及 SF_6 气体为绝缘介质各种 12kV 重合器）的试验项目

（1）绝缘电阻。

（2）SF_6 重合器内气体的湿度。

（3）SF_6 重合器内气体密封试验。

（4）辅助回路和控制回路的绝缘电阻。

（5）耐压试验。

（6）辅助回路和控制回路的交流耐压试验。

(7) 机械特性。
(8) 油重合器分、合闸速度。
(9) 合闸电磁铁线圈的操作电压。
(10) 导电回路电阻。
(11) 分闸线圈直流电阻。
(12) 分闸起动器的动作电压。
(13) 合闸电磁铁线圈的直流电阻。
(14) 最小分闸电流。
(15) 额定操作程序。
(16) 利用远方操作装置检查重合器的动作情况。
(17) 检查单分功能可靠性。

七、SF_6 分段器的试验项目

(1) 绝缘电阻。
(2) 交流耐压试验。
(3) 导电回路。
(4) 合闸电磁铁线圈的操作电压。
(5) 机械特性。
(6) 分、合闸线圈的直流电阻。
(7) 利用远方操作装置检查分段器的动作情况。
(8) SF_6 气体密封试验。
(9) SF_6 气体的湿度。

八、油分段器的试验项目

(1) 绝缘电阻。
(2) SF_6 重合器内气体的湿度。
(3) SF_6 重合器内气体密封试验。
(4) 辅助回路和控制回路的绝缘电阻。
(5) 耐压试验。
(6) 辅助回路和控制回路的交流耐压试验。
(7) 机械特性。
(8) 绝缘油试验。
(9) 自动计数操作。

九、真空分段器的试验项目

(1) 绝缘电阻。
(2) SF_6 重合器内气体的湿度。
(3) SF_6 重合器内气体密封试验。

(4) 辅助回路和控制回路的绝缘电阻。
(5) 耐压试验。
(6) 辅助回路和控制回路的交流耐压试验。
(7) 机械特性。
(8) 自动计数操作。

十、负荷开关的试验项目

(1) 绝缘电阻。
(2) 交流耐压试验。
(3) 负荷开关导电回路电阻。
(4) 操动机构线圈动作电压。
(5) 操动机构检查。

十一、隔离开关和接地开关的试验项目

(1) 红外测温。
(2) 复合绝缘支持绝缘子及操作绝缘子的绝缘电阻。
(3) 二次回路的绝缘电阻。
(4) 交流耐压试验。
(5) 二次回路交流耐压试验。
(6) 导电回路电阻测量。
(7) 操动机构的动作情况。
(8) 电动机绝缘电阻。

十二、高压开关柜的试验项目

(1) 辅助回路和控制回路绝缘电阻。
(2) 辅助回路和控制回路交流耐压试验。
(3) 机械特性。
(4) 主回路电阻。
(5) 交流耐压试验。
(6) 带电显示装置检查。
(7) 压力表及密度继电器检查。
(8) 联锁检查。
(9) 电流互感器、电压互感器性能检验。
(10) 避雷器性能检验。
(11) 加热器。
(12) 风机。

注意：计量柜、电压互感器柜和电容器柜的试验项目按上述有关序号进行。柜内主要元件（如断路器、隔离开关、互感器、电容器、避雷器等）按有关章节规定试验。

第二节　气体绝缘金属封闭开关设备

气体绝缘金属封闭开关设备就是我们过去习惯称为 GIS 的六氟化硫气体绝缘封闭式组合电器。《规程》上这一名称比较前期的名称更加准确和完备，不只是电器的组合，还必须金属封闭。

一、红外测温

1. 测温周期

(1) ≥330kV：1 个月。

(2) 220kV：3 个月。

(3) ≤110kV：6 个月。

(4) 必要时。

2. 判据

红外热像图无异常温升、温差和相对温差，符合 DL/T 664 要求。

3. 测试方法

(1) 红外测温采用红外成像仪测试。

(2) 测试应尽量在负荷高峰、夜晚进行。

(3) 在大负荷增加检测。

二、绝缘气体检测

1. SF_6 气体检测

SF_6 气体检测的相关内容请参看“绝缘油和六氟化硫气体”一章。

2. SF_6 分解物测试

用检测管、气相色谱法或电化学传感器法进行测量。测量周期如下：

(1) A、B 级检修后。

(2) 必要时。

指标要求如下：

(1) A 级检修后注意：

1) (SO_2+SOF_2)：≤2μL/L。

2) HF：≤2μL/L。

3) H_2S：≤1μL/L。

4) CO 报告。

(2) B 级检修后或运行中注意：

1) SO_2：≤3μL/L。

2) H_2S：≤2μL/L。

3) CO：≤100μL/L。

3. SF_6 气体密度继电器（包括整定值）检验

宜在密度继电器不拆卸情况下进行校验，其周期如下：

（1）A 级检修后。

（2）≥330kV：≤3 年。

（3）≤220kV：≤6 年。

（4）必要时。

要求参照 JB/T 10549 执行。

三、回路电阻测量

1. 测量方法和要求

根据产品技术文件可以对导电回路电阻进行分段测试。用直流压降法测量，电流不小于 100A。测量范围包括主母线、分支母线和出线套管。

要求回路电阻不得超过交接试验值的 110%，且不超过产品技术文件规定值，同时应进行相间比较，不应有明显的差别。

2. 测量周期

（1）A 级检修后。

（2）≥330kV：≤3 年。

（3）≤220kV：≤6 年。

（4）必要时。

四、绝缘电阻测量

A 级检修后或必要时，要用 1000V 绝缘电阻表对“辅助回路和控制回路”“隔离开关机构电动机”测量绝缘电阻，要求回路绝缘电阻不低于 2MΩ，电机绝缘电阻不低于 2MΩ。

五、交流耐压试验

（一）对 GIS 的交流耐压试验

1. 周期

（1）A 级检修后。

（2）必要时。

2. 试验方法

（1）试验在 SF_6 气体额定压力下进行。

（2）对 GIS 试验时应将其中的电磁式电压互感器及避雷器断开。

（3）交流耐压试验时应同时监视局部放电。

（4）仅进行合闸对地状态下的耐压试验。

（5）工频耐压时应装设放电定位装置以确认放电气室。

3. 要求

（1）交流耐压不低于出厂试验电压值的 80%。

（2）耐压中出现放电即应中止试验，查找出放电点，处理完才可继续试验。

（二）对辅助回路和控制回路的交流耐压试验

A 级检修后，应对辅助回路和控制回路进行交流耐压试验，试验电压为 2kV。

耐压试验后要求其绝缘电阻值不应降低。

可用 2500V 绝缘电阻表绝缘电阻测量项目代替交流耐压试验。

六、断路器机械特性

A 级检修后，操动机构 A 级检修后应进行断路器机械特性测试，要求如下：

（1）分合闸时间、分合闸速度、三相不同期性、行程曲线等机械特性应符合产品技术文件要求，除制造厂另有规定外，断路器的分、合闸同期性应满足下列要求：

1）相间合闸不同期不大于 5ms。

2）相间分闸不同期不大于 3ms。

3）同相各断口间合闸不同期不大于 3ms。

4）同相各断口间分闸不同期不大于 2ms。

（2）测量主触头动作与辅助开关切换时间的配合情况。

七、操动机构检验

（一）操动机构压力表检验、压力开关（气压、液压）检验

1. 周期

（1）A 级检修后。

（2）必要时。

2. 要求

应符合产品技术文件要求。

3. 方法

运行现场可用高精度的压力表进行比对。

（二）操动机构在分闸、合闸、重合闸下的操作压力（气压、液压）下降值

1. 周期

（1）A 级检修后。

（2）必要时。

2. 要求

应符合产品技术文件要求。

（三）液（气）压操动机构的密封试验

1. 周期

（1）A 级检修后。

（2）必要时。

2. 要求

应符合产品技术文件要求。

3. 注意事项

应在分、合闸位置下分别试验。

（四）油（气）泵补压及零起打压的运转时间

1. 周期

（1）A级检修后。

（2）必要时。

2. 要求

应符合产品技术文件要求。

（五）采用差压原理的气动或液压机构的防失压慢分试验

1. 周期

（1）A级检修后。

（2）必要时。

2. 要求

应符合产品技术文件要求。

八、断路器分、合闸电磁铁的动作电压

1. 周期

（1）A级检修后。

（2）≥330kV：≤3年。

（3）≤220kV：≤6年。

（4）必要时。

2. 要求

（1）并联分闸脱扣器在分闸装置的额定电源电压的65%～110%（直流）或85%～110%（交流）范围内、交流时在分闸装置的额定电源频率下，在开关装置所有的直到它的额定短路开断电流的操作条件下，均应可靠动作。当电源电压等于或小于额定电源电压的30%时，并联分闸脱扣器不应脱扣。

（2）并联合闸脱扣器在合闸装置额定电源电压的85%～110%之间、交流时在合闸装置的额定电源频率下应该正确地动作。当电源电压等于或小于额定电源电压的30%时，并联合闸脱扣器不应脱扣。

九、断路器其他功能检查

（1）防止非全相合闸等辅助控制装置的动作性能，应在A级检修后及必要时进行，要求性能检查正常。

（2）断路器防跳功能检查，应在A级检修后及必要时进行，要求功能检查正常。

（3）断路器辅助开关检查应在A级检修后及必要时进行，要求不得出现卡涩或接触不良等现象。

（4）断路器分合闸线圈电阻应在A级检修后及必要时测量，应符合产品技术文件要求。

（5）断路器电容器试验，详见“电容器”章，GIS断路器中的断口并联电容器，在断路器A级检修时进行试验。

十、隔离开关辅助开关检查

1. 周期

（1）A级检修后。

（2）必要时。

2. 要求

不得出现卡涩或接触不良等现象。

十一、合闸电阻阻值及合闸电阻预接入时间

1. 周期

（1）A级检修后。

（2）必要时。

2. 要求

（1）阻值与产品技术文件要求值相差不超过±5%（A级检修时测量）。

（2）预接入时间应符合产品技术文件要求。

十二、联锁试验

1. 周期

A级检修后。

2. 要求

联锁、闭锁应准确、可靠。

3. 目的

检查联锁及闭锁性能，防止误动作。

十三、气体绝缘金属封闭开关设备中的其他部件试验

分别见本书其他章节。

第三节 SF_6 断路器试验

一、红外测温

1. 周期

（1）≥330kV：1个月。

（2）220kV：3个月。

（3）≤110kV：6个月。

（4）必要时。

2. 判据

红外热像图显示无异常温升，温差和相对温差，符合DL/T 664要求。

3. 注意事项

（1）测试应尽量在负荷高峰，夜晚进行。

（2）在大负荷增加检测。

二、检测 SF_6 气体的湿度

1. SF_6 气体中含有水分的危害

湿度是指气体中水蒸气的含量，监视 SF_6 气体的湿度曾经是1996年版《规程》中 SF_6 断路器和GIS的主要测量项目，2021年版《规程》将该项检测列入“绝缘油和六氟化硫气体”一章中。SF_6 气体含有水分时，会引起严重不良后果。其危害有两个方面：

（1）水分引起化学腐蚀作用。SF_6 气体在常温下是稳定的，当温度低于500℃时一般不会自行分解，但是在 SF_6 气体中含有较多的水分时，温度在200℃以上就开始水解，其反应式为

$$2SF_6+6H_2O \longrightarrow 2SO_2+12HF+O_2$$

生成物中HF的水溶液叫氢氟酸。它是无机酸中腐蚀性最强的一种，也是对生物肌体有强烈腐蚀作用的物质。SO_2 遇水会生成亚硫酸（H_2SO_3），也有腐蚀性。

水的危害更主要的是电弧作用下的 SF_6 分解产物与其再反应而生成的水解衍生物。这些物质主要有 SOF_2、SOF_4、SO_2F_4、SO_2、HF等，它们均具有腐蚀性和（或）毒性。

为了减少和消除 SF_6 在电弧作用下的有害影响，首要的任务是限制 SF_6 气体中的水分含量，使其降至最低。在国家标准《六氟化硫电气设备中气体管理和检测导则》(GB/T 8905—2012）中规定，新 SF_6 气体的含水量不得高于8mg/L。

（2）水分对绝缘的危害。SF_6 中的水分，除对设备绝缘体和金属部件产生腐蚀作用外，还在它的表面产生凝结水，附着在绝缘件的表面，而造成沿面闪络。当水分由液态变成固态后，对设备绝缘材料的危害性才大大减小，即水变为冰之后，它对设备的危害才减小。

2. 检测 SF_6 中水分的方法

SF_6 中水分的检测方法有重量法、电解法和露点法。其中重量法是IEC推荐的仲裁

法。在我国多用电解法设计微水测量仪。《规程》也推荐这种方法。其原理是将被试的 SF_6 气体导入电解池中，气体中的水分即被吸收，并电解。根据电解水分所需的电量与水分量的关系，求出 SF_6 气体中的水分量。根据下面的公式，求出 SF_6 气体中的电解电流量与气体中含水量的多少，即

$$I=\frac{CPT_0Fq}{3P_0TV_0}\times 10^{-4} \tag{15-1}$$

式中　I——电解电流，μA；

C——气样含水量，mg/L；

F——法拉第常数，96485C；

P_0——标准大气压，101.325kPa；

T_0——临界绝对温度，273K；

V_0——摩尔体积，22.4L/mol；

P——运行气体压力，Pa；

T——运行气体温度，K；

q——试验时气体流量，mL/min。

从式（15-1）看出，当气体的压力、温度、气体流量不变时，电解电流与气体含水量成正比。如若将电流表的刻度按 mg/L 刻成，则可以从表中直接读出气体中水分的含量。国内常用的微量水分测量仪的参数如表 15-1 所示。

表 15-1　　**电解法的微量水分测量仪参数表**

仪表型号	量程/(mg/L)	响应时间	测量精度	生产厂
USI-IA	0～10；0～30；0～100；0～300；0～1000	不大于 5min 达到试验含水量变化的 63%	±5%	成都分析仪器厂
USI-21	0～10；0～30；0～100；0～300；0～1000；0～3000			北京分析仪器厂
DWS-Ⅱ	0～10；10～100；0～1000			上海唐山仪表厂

USI-IA 型微量水分测量仪的气路系统如图 15-1 所示。由图中得知，其动作原理如下：测量时 SF_6 气体通入流量为 100mL/min，控制阀 6 置于“测量”位置，气体通过连通管 2，直接到达电解池 3，经过阀门到达测量流量计 4，直接显示被测气体的含水量。

当控制阀 6 置于“干燥”位置时，气体通过干燥器 5 经过阀门到达电解池 3 对其进行

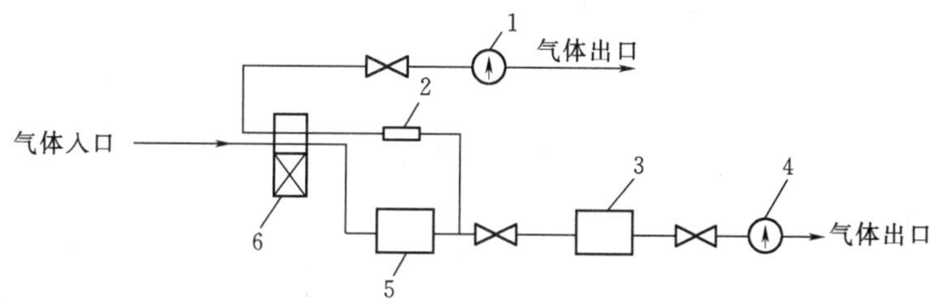

图 15-1　USI-IA 型微量水分测量仪的气路系统图

1—旁路流量计；2—连通管；3—电解池；4—测量流量计；5—干燥器；6—控制阀

干燥。

当控制阀门6置于“停止”位置时，电解池、干燥器，阀门和管道全部关闭。旁通气路是为了加速取样管道的冲洗和缩短测量时间的。在测量SF_6气体的含水量时，要事先将控制阀置于“干燥”位置，使电解池内的水分干燥完毕之后，再置于“测量”位置，所测量出来的数据才准确。

SF_6气体含水量的限值如表15-2所示。

表15-2　SF_6气体含水量的限值

气室名称		灭弧气室	非灭弧室
含水量（20℃）/(μL/L)	交接试验时	≤150	≤300
	运行中	≤300	≤500
	A级检修和交流耐压试验	≤150	≤300

三、测量绝缘电阻和交流耐压试验

（1）测量辅助回路和控制回路的绝缘电阻，在A级检修后及必要时进行，以检查其绝缘是否受潮。测量时采用1000V绝缘电阻表，要求绝缘电阻不低于2MΩ。

（2）在A级检修后或必要时，应对辅助回路和控制回路进行交流耐压试验，试验电压为2kV，耐压试验后的绝缘电阻值不应降低，也可用2500V绝缘电阻表测量绝缘电阻项目代替。

四、断口间并联电容器和罐式断路器内电流互感器试验

（一）电容器试验

1. 断路器电容器作用

超高压断路器都是由两个以上断口构成，断口间要加装并联电容器，其作用如下：

（1）均匀断口电压分布。

（2）改善开断性能。在开断近区故障时，电容可以降低断口高频恢复电压上升限度，有利于改善开断性能。

瓷柱式SF_6断路器，断口电容器是油纸电容器，它的电容和介质损耗因数的测量方法见相关内容。

落地罐式断路器和GIS用的断口电容器，因为要封装在罐体里，所以不能用油纸电容器，一般都采用陶瓷电容器。如沈阳高压开关厂生产的LJW-500/4000-63型SF_6罐式断路器，其断口电容器采用的是陶瓷电容器，每片电容值为1850pF，由1850pF/25×14=1036pF组成。即25片为一串，共计14串并联。500kV落地罐式GIS是两个断口封在一个气隔中，如图15-2所示。

这种均压电容器，在预防性试验中只测电容值。测量时断路器处于分闸状态，在外接线端测量，测得的电容值是两个断口电容器的串联值，即为$C_1C_2/(C_1+C_2)$。当$C_1=C_2=C$时，为$C/2$。对于GIS的测量，要视具体接线情况而定。

2. 试验内容

（1）交接或A级检修时，对瓷柱式断路器应测量电容器和断口并联后整体的电容值和介质损耗因数，作为该设备的原始数据。

（2）对罐式断路器必要时进行试验，试验方法应符合产品技术文件要求。

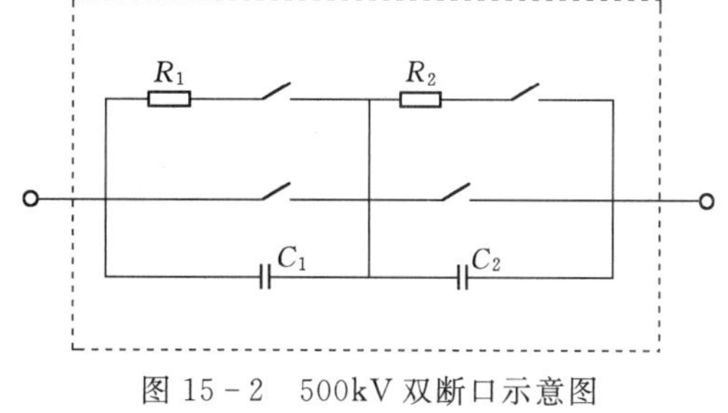

图15-2 500kV双断口示意图

R_1、R_2—合闸电阻；C_1、C_2—均压电容器

3. 对测量结果进行分析的判据

（1）对瓷柱式断路器，测得的电容值和 $\tan\delta$ 与原始值比较，应无明显变化。电容值偏差以在±5%范围内为宜。10kV下的 $\tan\delta \leqslant 0.005$。

（2）罐式断路器（包括GIS中的 SF_6 断路器），按制造厂的规定来判断。

（3）对单节电容器，其电容值偏差应在额定值的±5%范围内。

（二）罐式断路器内电流互感器试验

按 SF_6 电流互感器的试验项目、周期和要求进行。

五、测量合闸电阻值及合闸电阻预接入时间

（一）测量合闸电阻值

合闸电阻的主要作用是降低线路重合闸过电压。它是碳质烧结电阻片，通流能力甚大，以合闸于反相或合闸于出口故障的工作条件最为严重，多次通流以后，其特性变坏，影响功能，故需监视其阻值的变化。

FA_4-550 SF_6 断路器，合闸电阻有4个断口，合闸电阻也分为4个元件，测量其合闸电阻时，要使断路器呈现图15-3的状态。首先使断路器液压机构失压，然后用手动打压，使断路器慢慢合闸，在合的过程中，从AA′两端用导通表进行监视，当达到 S_2 接通而 S_1 未通的状态下停止打压，分别进行 R_1～R_4 电阻值测量。测量仪器用单臂电桥。测得的电阻值变化范围在±5%以内。

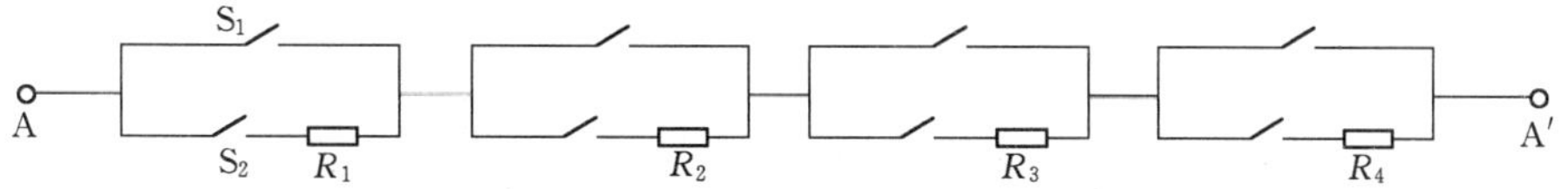

图15-3 测量合闸电阻值时的断路器状态

S_1—主触头；S_2—辅助触头

（二）测量合闸电阻预接入时间

断路器合闸电阻的预接入时间是指从辅助触头刚接通起到主触头闭合的一段时间。一般是8～10ms。

在现场、合闸电阻预接入时间与分闸时间、合闸时间等可用同一试验接线完成。其试验原理接线如图15-4所示。

测量时，每相回路接入一个振子，三相并起来用一个3V直流电源；分、合闸信号用

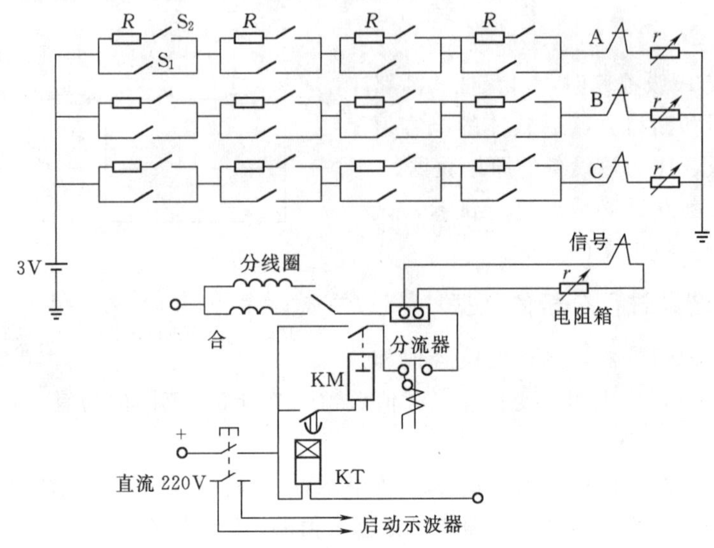

图 15-4 测量合闸电阻接入时间等的接线

R—合闸电阻；S_1—主触头；S_2—辅助触头

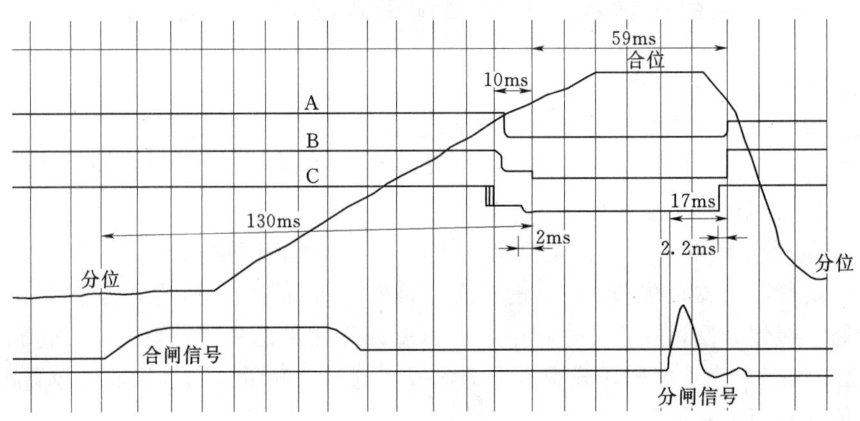

图 15-5 LJW-500 型断路器测时间参数示波图

串入分、合闸回路的分流器抽取，也可用弹簧继电器方法抽取信号。

图 15-5 为 LJW-500 型断路器测时间参数示波图，从图中可以测得：①合闸时间为 130ms；②分闸时间为 17ms；③合闸不同期为 2ms；④分闸不同期为 2.2m；⑤合闸电阻接入时间为 10ms。

合闸电阻的有效接入时间按制造厂规定校核。

（三）合闸电阻阻值及合闸电阻预接入时间测量周期和要求

1. 周期

（1）A 级检修后。

（2）≥330kV：≤3 年。

（3）≤220kV：≤6 年。

（4）必要时。

2. 要求

（1）阻值与产品技术文件要求值相差不超过±5%（A 级检修时）。

（2）预接入应符合产品技术文件要求。

六、测量导电回路电阻

（一）测量 SF_6 断路器导电回路电阻

测量方法见本章第二节，敞开式断路器的测量值不大于制造厂规定值的 120%。

1. 周期

（1）A 级检修后。

（2）≥330kV：≤3 年。

（3）≤220kV：≤6 年。

（4）必要时。

2. 判据

回路电阻不得超过出厂试验值的 110%，且不超过产品技术文件规定值，同时应进行相间比较不应有明显的差别。

3. 方法

用直流压降法测量，电流不小于 100A。

（二）测量 GIS 主回路的电阻值

GIS 除了套管出线外没有敞露的导电部分，给回路电阻测量造成困难。因此，要根据设备实际结构条件，采用相应的方法进行测量。现场一般采用电流—电压法。

（1）利用接地隔离开关测量回路的电阻值。测量回路电阻值的示意图如图 15-6 所示。首先合上接地隔离开关，测得环路 abcd 的直流电阻 R_0 然后打开接地隔离开关，测得外壳 a、d 处的直流电阻值 R_1，则回路的电阻值可通过式（15-2）求得

$$R_2=\frac{R_1R_0}{R_1-R_0} \tag{15-2}$$

式中　R_0——回路与外壳并联后的电阻，$\mu\Omega$；

R_1——外壳电阻，$\mu\Omega$。

（2）解开接地铜带测量回路的直流电阻。测量回路直流电阻的示意图如图 15-7 所示。将接地隔离开关的导杆与 GIS 外壳绝缘，运行时用铜接地带与接地隔离开关的导电杆接起来使之接地。要测量这一回路的直流电阻时，拆开铜带使导电杆不接地，通以 100A 直流电流，测得 abcd 回路的电阻值，用欧姆定律计算其电阻值

$$R_2=\frac{U}{I}$$

式中　U——毫伏表测得的电压值，mV；

　　I——100A 直流电流。

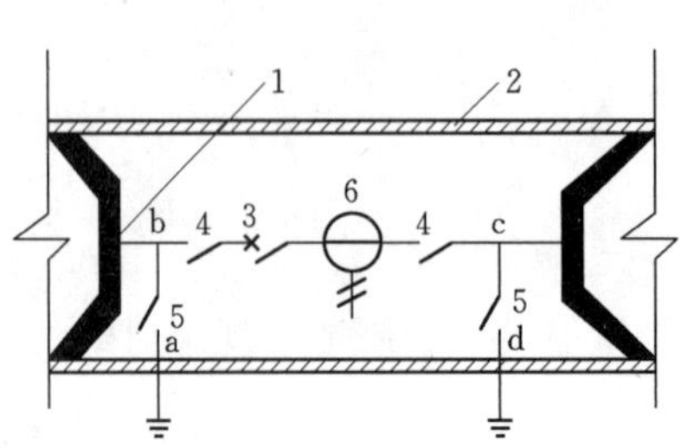

图 15-6　利用接地隔离开关测量回路电阻示意图

1—盆式绝缘子；2—外壳；3—断路器；4—隔离开关；5—接地隔离开关；6—电流互感器

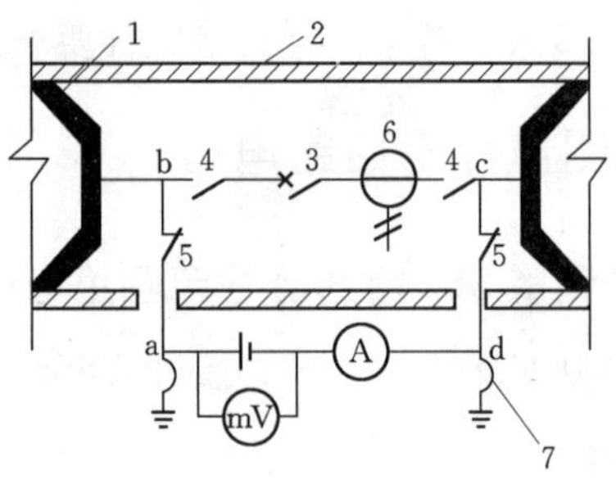

图 15-7　解开接地铜带测量回路直流电阻示意图

1—盆式绝缘子；2—外壳；3—断路器；4—隔离开关；5—接地隔离开关；6—电流互感器；7—软铜带

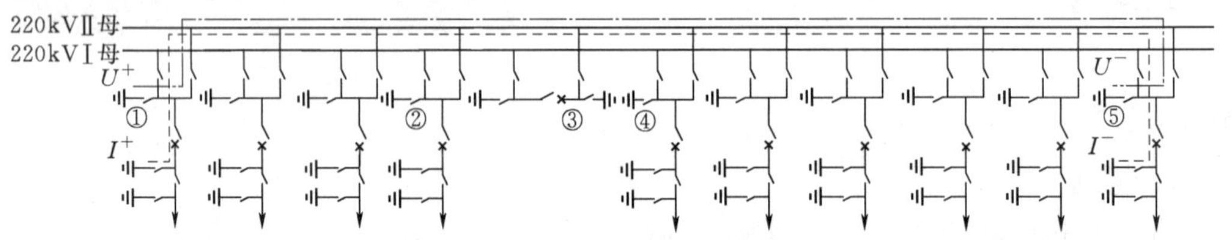

图 15-8　某 220kV GIS 母线回路电阻测量接线

在此介绍一种通过调整电压测量端子的位置来确定缺陷位置的回路电阻试验方法。如图 15-8 所示，东北某地区在某次例行试验时，试验人员对 220kV GIS 母线 A、B、C 三相分别在 1 间隔-8 间隔间施加 200A 大电流，测量全母线的回路电阻时，发现 B 相回路电阻异常。随后，通过调整两个电压测量端子位置，来进一步锁定异常部位，其测量结果见表 15-3。

表 15-3　　　　测　量　结　果

测量位置	测量结果/μΩ			结　论
	A	B	C	
①-⑤	351	1440	361	1 间隔-8 间隔不合格
②-④	62	1425	63	3 间隔-4 间隔不合格
①-③	141	131	169	1 间隔-母联合格
③-⑤	225	1361	223	母联-8 间隔不合格
④-⑤	198	194	192	4 间隔-8 间隔合格
③-④	33	1331	35	母联-4 间隔不合格

由表 15－3 可知，回路电阻异常部位在 B 相母联－4 间隔之间。经过开盖解体检查，发现 B 相导杆连接处有两个螺栓松动近 1/4 扣，致接触不良，连接处有明显的烧蚀痕迹，如图 15－9 所示。

七、SF_6 气体密度继电器包括整定值校验

1. SF_6 气体密度降低的危害

在 GIS 及其他气体绝缘设备中，SF_6 气体是主要的绝缘介质和灭弧介质，因而其绝缘强度和灭弧能力取决于气体的密度。SF_6 气体密度降低，会带来两种危害：①使气体绝缘设备耐压强度降低；②使断路器开断容量下降。SF_6 气体密度降低通常是由泄漏引起的，监测气体泄漏的方法有两种：①用高精度压力表；②用密度继电器。

2. SF_6 气体密度继电器的作用

SF_6 气体密度继电器是带有温度补偿的压力测定装置，其原理图如图 15－10 所示。图中预充气室内充有 SF_6 气体，气体压力与被监测的 GIS 气室工作压力相同，金属波纹管则与 GIS 气室相通。当 GIS 气室发生气体泄漏时，金属波纹管中的气体压力就会下降。这样，在内外压力差的作用下金属波纹管即被压缩，并通过带有双金属片的传动机构带动微动开关，使其触点接通，信号继电器即被启动，发出补气或闭锁信号。密度继电器在结构设计上使整个预充气室置于被监测的 SF_6 气体之中，因而温度对预充气室和被监测气室中 SF_6 气体压力的影响是一样的，从而温度的变化不会在金属波纹管内外侧产生压力差，也就是说该密度继电器具有温度自动补偿作用。

图 15－9 GIS 母线解体照片

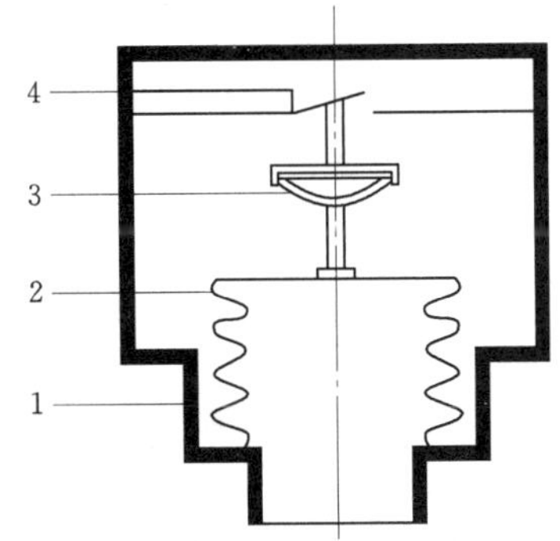

图 15－10 机械式气体密度继电器原理图

1—预充气室；2—金属波纹管；3—双金属片；4—微动开关

3. 校验周期

为保证密度继电器动作的可靠性，《规程》要求校验周期如下：

（1）A 级检修后。

（2）≥330kV：≤3 年。

(3) ≤220kV：≤6 年。

(4) 必要时。

4. 校验方法

可参照有关标准执行，宜在密度继电器不拆卸情况下进行校验。

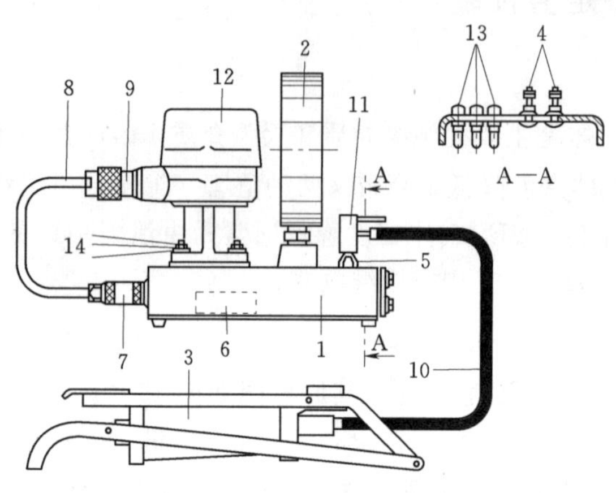

图 15-11 密度继电器校正台布置图

1—压力室；2—标准压力表；3—脚踏泵；4—逆止阀；5—指示台；6—电池室；7—插头；8—电缆；9—插头；10—软管；11—保护罩；12—密度继电器；13—线耳；14—螺栓、螺母、垫片

密度继电器的校验应在校正台上进行。可用苏州工业园区海沃科技有限公司生产的 HMD 型密度继电器校验仪进行，也可在校正台上进行。HMD 型校验仪可对任意环境温度下的各种 SF_6 气体密度继电器的报警、闭锁、超压接点动作和复位（返回）时的压力值进行测量，并自动换算成 20℃时的对应标准压力值，实现对 SF_6 气体密度继电器的性能校验；对任意环境温度下的各种 SF_6 气体密度继电器的额定值进行校验；并自动换算成 20℃时的对应标准压力值，实现对 SF_6 气体密度继电器的额定值校验；自动完成测试数据和测试结果的记录、存储、处理，并可以将数据进行打印；如被校验的 SF_6 气体密度继电器附有压力表，该校验仪还可对压力表的精度进行校验。仪器检验精度为 0.2 级，校验范围为 0～1.0MPa，环境温度测量范围为－30～70℃。校正台的布置图及其电气原理图如图 15-11 和图 15-12 所示。校验的操作可按图 15-12 进行，首先由脚踏泵向气室充气，逆止阀则作排气之用，气室接有标准压力表。当气室向外排气时，波纹管动作，微动开关的触点①、②、③依次闭合，则指示灯 A、B、C 相应发出亮光，校验者可根据灯光信号，判断密度继电器的相应信号是否准确。每次向气室充气、排气一次，得到一个信号，分别记下信号灯"亮"和"灭"，对照标准压力表上的读数，与额定值比较，并确定是否一致。如果不一致，则要进行校正，校正的示意图如图 15-13 所示。

调整时，可旋转调整螺钉，改变传动板与微动开关触点杆之间的距离 L，当压力表的压力值大于额定值时，则加大距离 L。当压力小于额定值时，减小距离 L。校正完毕后，拧紧锁紧螺母，用红色密封脂密封。

5. 校验结果判定

可参照《SF_6 气体密度继电器和密度表通用技术条件》(JB/T 10549) 执行。

八、操动机构压力表与压力开关（气压、液压）检验

SF_6 气体绝缘设备的每个气室都装有压力表，以便在运行中直观地监视设备内气体压力的变化。因此要求压力表的指示要准确。以免由于读数误差使整定刻度与实际不一致而

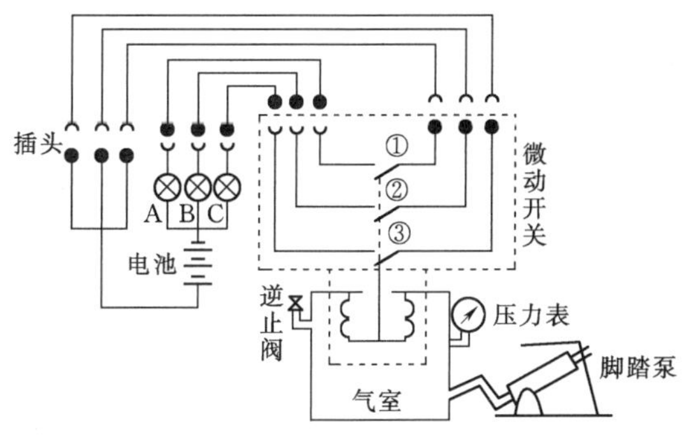

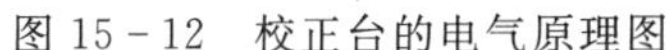
图 15-12　校正台的电气原理图

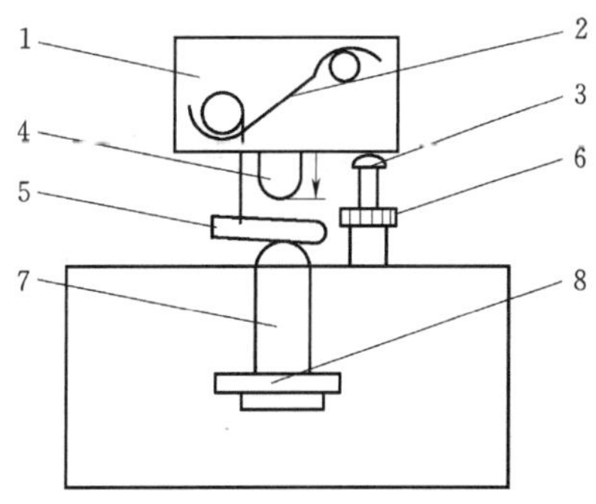

图 15-13　密度继电器校正示意图

1—微动开关；2—弹簧；3—调整螺钉；4—微动开关触点杆；5—传动板；6—调整螺母；7—顶杆；8—双金属温度补偿器

发生误报警及闭锁。检验时可将压力表指示与标准表的指示刻度相核对，应符合产品技术文件要求。对气动机构应校验各级气压的整定值（减压阀及机械安全阀）。

检验周期如下：

（1）A 级检修后。

（2）≥330kV：≤3 年。

（3）≤220kV：≤6 年。

（4）必要时。

九、液（气）压操动机构的操作压力下降值

使用液压（或气动）操动机构的断路器，制造厂家对合闸（分闸及重合闸）操作一次的液（气）压下降值都给出允许的范围，如果下降值过大，就不能保证合闸闭锁、分闸闭锁及重合闸闭锁压力之间级差配合，影响断路器正常功能，故《规程》要求测量各种操作（分闸、合闸）的压力值，如果大于制造厂规定，必须找出原因。

操动机构在分闸、合闸、重合闸下的操作压力（气压、液压）下降值检验周期如下：

（1）A 级检修后。

（2）必要时。

应符合产品技术文件要求，对气动机构应校验各级气压的整定值（减压阀及机械安全阀）。

十、测量油（气）泵补压及零起打压的运转时间

测量补压油(气)泵运转时间是指：①断路器无操作情况下，机构内部正常的微量泄压使压力降至油（气）泵整定值，油(气)泵运转到停泵整定值的时间；②在断路器有合分闸、重合闸操作的情况下，油（气）泵启动，运转到停泵整定值时间。上述情况测得的时间应符合制造厂的规定。测量周期为 A 级检修后及必要时。应符合产品技术文件要求。

十一、机械特性试验

（一）机械特性试验周期和要求

1. 周期

（1）A 级检修后。

（2）≥330kV：≤3 年。

（3）≤220kV：≤6 年。

（4）必要时。

2. 要求

（1）分合闸时间、分合闸速度、三相不同期性、行程曲线等机械特性应符合产品技术文件要求，除制造厂另有规定外，断路器的分、合闸同期性应满足下列要求：

1）相间合闸不同期不大于 5ms；

2）相间分闸不同期不大于 3ms；

3）同相各断口间合闸不同期不大于 3ms；

4）同相各断口间分闸不同期不大于 2ms。

（2）测量主触头动作与辅助开关切换时间的配合情况。

（二）测量项目

1. 时间测量

（1）分（合）闸时间。分（合）闸时间是指从开关接到分（合）闸控制信号（线圈上电）开始到开关动触头与静触头第一次分开（合上）为止的时间。

（2）相内同期。同相断口间，分、合闸时间最大与最小之差。

（3）相间同期。A、B、C 三相间，各相中合闸时间最大值之差为合闸相间同期，分闸时间最小值之差为分闸相间同期。

（4）弹跳次数。弹跳次数是指开关动、静触头在分（合）闸操作过程中分开（合上）的次数。

（5）弹跳时间。弹跳时间是指开关动触头与静触头从第一次分开（或合上）开始到最后稳定分开（或合上）为止的时间。

2. 速度及行程测量

（1）刚分（刚合）速度。刚分（刚合）速度是指开关动触头与静触头接触时的某一指定时间内，或某一指定距离内的平均速度。

（2）开距、超程。开距是指开关从分状态开始到动触头与静触头刚接触的这一段距离。超程是指开关从合状态开始到动触头与静触头刚分开的这一段距离。

（3）分（合）闸瞬时速度。分（合）闸瞬时速度是指开关动触头运动时某一小段的平均速度，该小段的长度取决于速度传感器的分辨率，从而每个小段的平均速度反映了开关动触头的瞬时速度。

（4）分（合）闸最大速度。分（合）闸最大速度是指分（合）闸瞬时速度中的最大

值，一般来说，该值应出现在开关刚分开或合上的这一段，这一点可从速度/行程曲线中判断。

（5）分（合）闸平均速度。分（合）闸平均速度是指开关动触头在分（合）闸过程中，10%行程到90%行程与此行程对应的时间之比，同时仪器提供自定义功能。

（6）行程-时间曲线。行程-时间曲线是开关动触头运动过程中每一个时间单元对应的行程关系曲线。

（三）测试仪器

可用苏州工业园区海沃科技有限公司生产的 HVKC-Ⅲ型高压开关机械特性测试仪进行上述试验。产品特点及参数如下：

特点及主要功能：800×600 超大彩色液晶显示器、高速热敏打印机；集成操作电源，无须现场二次电源，现场使用更加方便快捷；具有 2 个标准 USB 接口；具有录波功能，可对应时间坐标显示断口状态波形、分（合）闸线圈的电流波形、行程-时间（$S-t$）曲线，有利于对开关机构故障的准确判断；Windows 操作系统，可接鼠标或键盘操作；可测试 12 通道时间及同期，尤其可以测试某些高压开关辅助断口与主断口的时间（6 路）及电阻值；可测试一路速度，配备角速度、线性传感器、滑线电阻，几乎涵盖所有型号开关的速度测试；设计有开关的重合闸试验功能，各种重合闸试验均可随心所欲；内部抗干扰电路可以抵御现场感应的 15kV 高压，保护断口安全、可靠；支持开关操作机构的低电压试验。主要技术指标如下：

1. 测试项目

（1）时间测量：

1）同时测量 12 个断口的固有分、合闸时间及同期性；

2）弹跳次数、弹跳时间；

3）主、辅触头动作时间差（选配）。

（2）速度及行程测量：

1）刚分速度、刚合速度、最大速度；

2）开距、超程及总行程；

3）分、合闸瞬时速度，并绘制“行程-时间（$S-t$）”曲线。

（3）测试分（合）闸线圈电流波形，断口状态波形。

（4）重合闸试验测试。

（5）低电压试验。

（6）6 个通道主、辅触头动作时间差及合闸电阻测试。

（7）西门子石墨触头开关的时间及速度测试。

2. 主要技术参数

（1）最大速度：20m/s，分辨率：0.01m/s；测试准确度：±1.0%读数±0.05。

（2）行程测试范围：6～650mm（由传感器的长度决定）。

（3）行程最小分辨率：0.1mm；测试准确度为：±1.0%读数±0.2mm（滑线电阻传感器）。

(4) 时间测试范围：10ms～6s。

(5) 时间分辨率：0.1ms；时间测试准确度为：±0.5%读数±0.2ms。

(6) 最小动作同期差分辨率：0.1ms；测试准确度为：±0.5%读数±0.1ms。

(7) 测试通道 13 路：12 路断口时间，1 路速度。

(8) 电源：AC 220V±10%；50Hz±1Hz。

(9) 操作电源输出：电压 30～220V 可调，电流 15A，数字程控调整，连续工作时间 1s。

十二、SF_6 气体泄漏试验

1996 年版《规程》中在涉及有 SF_6 气体绝缘的开关设备都有“SF_6 气体泄漏试验”项目。在 2021 年版《规程》中，把这个试验项目移到“运行中 SF_6 气体的试验项目”中了。本书仍将该内容放在这里讲述。新《规程》要求必要时测“气体泄漏（%/年）”按《高压开关设备六氟化硫气体密封试验方法》（GB/T 11023）进行。

（一）定性检漏

定性检漏只是判断气体绝缘设备泄漏情况的相对程度，而不测量其具体泄漏率。定性检漏的方法如下：①抽真空检漏。这种方法主要是用于气体绝缘设备安装或解体大修后配合抽真空干燥设备时进行。先将设备抽真空至 133Pa，继续抽真空 30min 以上，然后停泵。静观 30min 后读取真空度 A，再静观 5h 后读取真空度 B，如果 $B-A<$ 67Pa，则初步认为密封性能良好。②发泡液检漏。这是一种简单的定性检漏方法，能够较准确地发现泄漏点。发泡液可采用一份中性肥皂加入二份水配制而成，将发泡液涂在被检测部位，如果起泡即表明该处漏气，起泡越多越急，说明漏气越严重。采用发泡液检漏法可大体上能发现漏气率为 0.1mL/min 的漏气部位。③检漏仪检漏。运行中的 GIS，可直接用检漏仪对怀疑漏气的部位进行检漏。安装或大修后的 GIS 或其他气体绝缘设备，可先充入 0.2×10^5Pa 的 SF_6 气体，再充入高纯度氮气至额定气压，然后用检漏仪检漏。

（二）定量检漏

定量检漏是测定气体绝缘设备的泄漏率，其方法如下：

1. 挂瓶检漏法

法国 MG 公司及平顶山开关厂 FA 系列 SF_6 断路器在各法兰接合面等处留有检漏口，此检漏口与密封圈外侧槽沟相通，能够收集密封圈泄漏时的 SF_6 气体，当定性检查发现泄漏口有 SF_6 气体泄漏时，可在检漏口进行挂瓶测量。根据原水电部科技司和机械部电工局规定的检漏标准，挂瓶检漏（额定压力为 588kPa 时）的漏气率不得超过 0.26Pa·mL/s。检漏瓶为 1000mL 塑料瓶，挂瓶前将检漏口螺丝卸下 24h，使得检漏口内积聚的 SF_6 气体排掉，然后进行挂瓶。挂瓶时间为 33min，再用检漏仪检查瓶中 SF_6 气体浓度。漏气率的计算公式如下：

$$f=PVK/t \qquad (15-3)$$

式中 f——漏气率，Pa·mL/s；

P——压力，Pa；

V——检漏瓶容积，为1000mL；

K——SF_6 气体的体积浓度；

t——时间，为33min。

若气体压力为1Pa，则

$$f=\frac{1\times1000K}{33\times60}=\frac{1}{2}K \quad (\text{Pa}\cdot\text{mL/s})$$

关于 K 值，日本三菱公司生产的 MG－SF_6－DB 型检漏仪可直接从仪器的表盘中读出，用 ppm 表示，而上海唐山仪表厂生产的 LF－1 型 SF_6 检漏仪，需根据检漏仪所指示的格数，查标准曲线得出 SF_6 的体积浓度。

2. 整机扣罩法

制作一个密封罩将 SF_6 设备整体罩住，一定时间后用检漏仪测定罩内 SF_6 气体的体积浓度，然后算出泄漏量及泄漏率，这种方法比较准确、可靠。

对于大型 SF_6 高压断路器，则在制造厂内进行测试，由于体积太大，在现场无法用该法试验。而对体积较小的35kV和10kV SF_6 断路器，可在现场用整机扣罩法测试。密封罩可用塑料薄膜制成，为了便于计算，尽可做成一定的几何形状，在罩子的上、中、下、前、后、左、右面开适当的小孔，用胶布密封，作为测试孔。

漏气量的计算公式为

$$Q=\frac{K}{\Delta t}VPt \tag{15-4}$$

式中 Q——漏气量，g；

K——SF_6 气体的体积浓度；

V——体积，L，即罩子体积减去被测设备的体积；

P——SF_6 的密度，6.16g/L；

Δt——测试的时间，h；

t——被试对象的工作时间，h，在这段时间内没有再充气，如求年漏气量，则 $t=365\times24=8760$ (h)。

漏气率的计算公式为

$$\eta=\frac{Q}{M}\times100\% \tag{15-5}$$

式中 M——设备中所充入 SF_6 气体的总重量，g。

对于上海唐山仪表厂生产的 LF－1 型 SF_6 检漏仪及西德生产的3AX59.11型检漏仪，探头上的指针格数不等于实际 SF_6 浓度，为了和实际浓度对应起来，必须绘制定量校准曲线，一定时间后，还需要对曲线校验，方法如下：①配制不同浓度的 SF_6 气体，配气的方法是针筒法，用1mL针筒从铜瓶里抽取纯 SF_6 气体1mL，注入一支100mL针筒中，并用室外空气

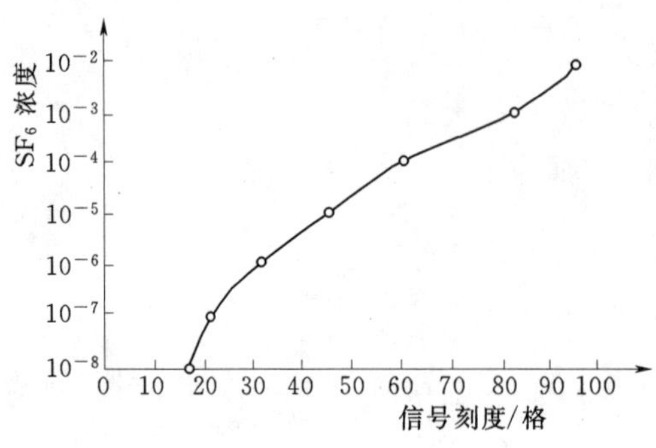

图 15-14　定量校准曲线

稀释到 100mL 刻度，其浓度为 1%（10^{-2}），再用 20mL 针筒抽取 10mL 浓度为 10^{-2} 的 SF_6 气体，注入另一支 100mL 针筒中去，并用室外空气稀释到 100mL 刻度，其浓度为 0.1%（10^{-3}），按上述方法配制出 10^{-4}、10^{-5}、10^{-6}、10^{-7}、10^{-8} 等浓度的 SF_6 气体。②将检漏仪通电，开机 10min 后将微安表调整到以出厂空白基数为准的刻度上。当仪器处于正常工作状态时，分别用 20mL 针筒抽取上述配制好待用的不同浓度 SF_6 气体 10mL，将这 10mL SF_6 气体由检漏仪上的探头吸入，此时微安表上会显示各种浓度下的信号刻度数（格）。由此可绘出 SF_6 气体的定量校准曲线，如图 15-14 所示。

3. 局部包扎法

局部包扎法是现场最为有效的检测方法之一。对于电压等级较高的断路器以及 GIS，因体积大无法实施整体扣罩，此时可采用局部包扎法检漏。具体做法是选用几个法兰口和阀门作取样点，用厚约 0.1mm 的塑料薄膜在取样点的外周包一圈半，按缝向上，尽可能做成圆形，形状要规范一点，否则难以计算塑料袋的体积。然后用胶带沿边缘粘牢，塑料袋与 GIS 设备元件要保持一定的空隙。最后用精密的检漏仪，测定塑料袋里 SF_6 气体的浓度。根据式（15-4）和式（15-5）分别计算漏气量和漏气率。

【实例】 利用 MC-SF_6-DB 检漏仪，采用局部包扎法检测 FA_2-252 型 SF_6 断路器的漏气率。

对 FA_2-252 型 SF_6 断路器按 8 个点进行局部包扎并检测。如图 15-15 所示。

首先用塑料布包被测点，24h 后测量漏气量，其计算公式为

$$Q=\frac{VK}{\Delta t}\times 10^{-6}\ \text{(L/h)} \tag{15-6}$$

式中　V——包扎局部的容积即被包物的体积，L；

K——仪器读数，μL/L；

Δt——放置时间，24h。

表 15-4 列出了某台 FA_2-252 型断路器的一相实测值和计算结果。

总漏气量为

$$\sum Q=5.1549\times 10^{-6}\ \text{(L/h)}$$

年漏气率为

$$\eta=\frac{\sum QtP}{M}\times 100\%$$
$$=\frac{5.1549\times 10^{-6}\times 8760\times 6.14}{10.3\times 10^{3}}\times 100\%$$
$$=0.0027\%$$

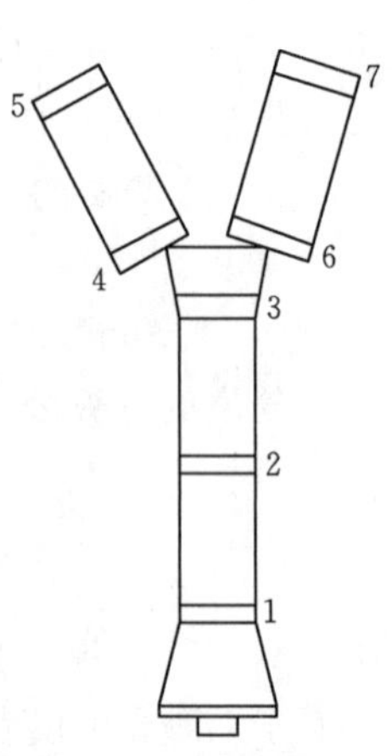

图 15-15　FA_2-252 型 SF_6 断路器局部检漏点

1～7—检测点

表 15－4　**FA_2－252 型断路器的局部漏气量**

测量部位	K /(μL/L)	V /L	Δt /h	漏气量 /(L/h)	测量部位	K /(μL/L)	V /L	Δt /h	漏气量 /(L/h)
下法兰 1	6.05	6.01	24	1.25×10^{-6}	上法兰 5	1.5	1.67	18	0.139×10^{-6}
中法兰 2	3.75	16.1	24	2.52×10^{-6}	下法兰 6	1.7	0.42	18	0.040×10^{-6}
三连箱 3	0.9	20.16	18	0.76×10^{-6}	上法兰 7	0.8	1.67	18	0.074×10^{-6}
下法兰 4	1.25	0.42	18	0.029×10^{-6}	继电器 8	0.35	2.5	12	0.0729×10^{-6}

然后检测分、合闸拉杆漏气量。用塑料布封住漏气口，1 年分合闸次数按 120 次计算。试验分合闸操作 5 次后，测漏塑料布封内 SF_6 气浓度为 90μL/L。操作 120 次后的浓度应为

$$90\mu L/L\times24=2160\mu L/L$$

年漏气率

$$\eta=\frac{VKP\times10^{-6}}{M}\times100\%$$

$$=\frac{21.2\times2160\times6.14\times10^{-6}}{10.3\times10^{3}}\times100\%=0.0027\%$$

综合年漏气率

$$\eta=0.0027\%+0.0027\%=0.0054\%$$

年漏气量

$$Q=10.3\times10^{3}\times0.0054\%=0.556\ (g)$$

判断标准为年漏气率应不大于 1%，或按制造厂标准。对用局部包扎法检漏的，也可按每个密封部位包扎后历时 5h，测得的 SF_6 含量应不大于 30μL/L 的标准。

（三）检漏仪器

目前我国现行使用的 SF_6 气体检漏仪种类甚多，常用的如下：

1. 高频振荡无极电离型

我国上海唐山仪表厂生产的 LF－1 型 SF_6 气体检漏仪就属于此类。其工作原理如图 15－16 所示。

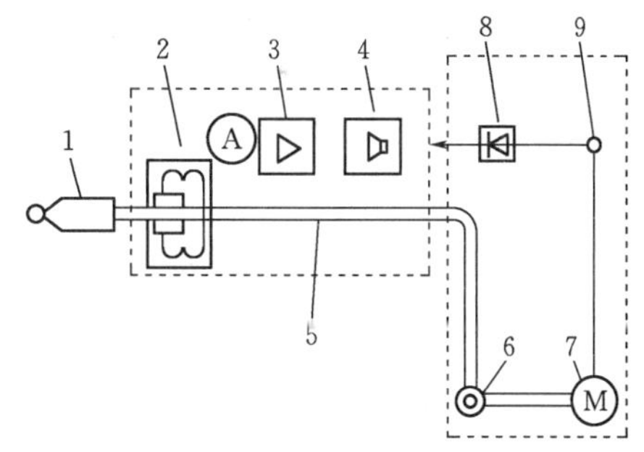

图 15－16　LF－1 型 SF_6 气体检漏仪原理图

1—针阀；2—电离腔及振荡回路；3—指示电表及放大电路；4—音频报警电路；5—真空软管；6—高速真空泵；7—交流马达；8—直流稳压电源；9—交流电源

该检漏仪是由推挽式高频振荡电路，使振荡器维持在边缘振荡状态。电离腔两侧的高频电场电极与高频振荡线圈组成高 Q 值的谐振回路。电离腔里的气体很稀薄，很容易发生电离，当电离腔内的气体不含 SF_6 气体时，由于气体电离吸收一部分高频电场和磁场的能量，从而使 Q 值下降，进而导致高频振荡器的振荡幅值降低，而当电离腔内的气体含有 SF_6 气体时，由于 SF_6 气体分子的负电性，大量的自由电子被 SF_6 气体分子所俘获，从而降低了电离程度，振荡器的振幅亦将回升。测量振荡器的振幅变化，即可知道被试气体中的 SF_6 气体浓度，用仪表显示出来。LF－1 型的测量灵敏度为 0.01μL/L；测量范围在 0.01～10000μL/L 的范围内；可用于定量检

漏；响应时间为瞬时；可以用声、光、仪表显示出来。具有灵敏度高，测量范围宽、反应速度快、操作方便等优点。但也有重量大，误差较大的缺点。

2. 紫外线电离型

日本三菱公司生产的MC-SF_6DB型SF_6气体检测器属于这种类型，其工作原理如图15-17所示。

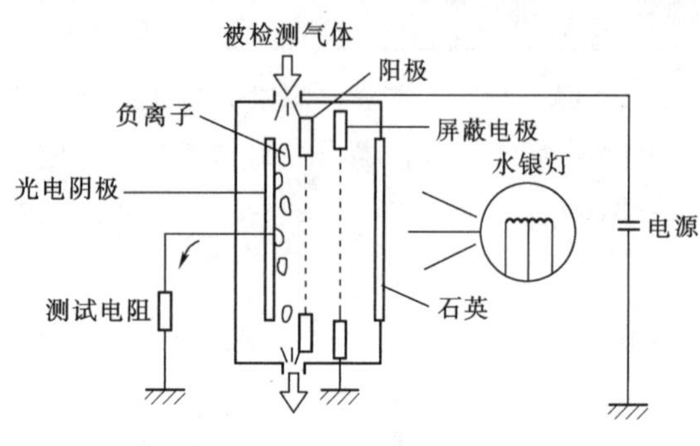

图15-17　MC-SF_6DB型SF_6检漏仪的气体检测器工作原理图

该检漏仪的核心部分是气体检测器，当检测器中水银灯电源合上，1849×10^{-10}m波长的紫外线通过阳极网照射在光阴极上，产生光电子，当待测气体进入阴、阳极板之间时，气体中的O_2和SF_6被其间产生光电子结合成O_2^-和SF_6^-形式，这些离子按照各自的速度移动，从而在两极板之间产生电磁场。因为O_2^-和SF_6^-的移动速度不同，引起了载流子流量的变化，从而可通过测试电阻检测SF_6的含量。

MC-SF_6DB型检漏仪的测量范围为0.5～300μL/L。其最大特点是可以从表计上直接读取测量值，但是某些元件寿命太短，例如水银灯寿命约1000h，光电阴极板寿命约为300h，粉尘过滤器寿命约为1000h等，这样，在长时间连续使用的场合，就不得不经常更换这些易损元件。

十三、耐压试验

A级检修后或必要时应对SF_6断路器进行耐压试验。

在现场做SF_6断路器和GIS耐压试验的方式有交流耐压或操作冲击耐压两种。视现场条件和试验设备确定。由于SF_6断路器和GIS所需试验设备电压高、容量大，而且能便于搬运、采用普通的试验变压器就难以满足要求，所以通常选用串联谐振试验装置进行试验。

（1）交流耐压的试验电压不低于出厂试验电压值的80%。

（2）有条件时进行雷电冲击耐压，试验电压不低于出厂试验电压值的80%。

（3）试验在SF_6气体额定压力下进行。

（4）罐式断路器的耐压试验方式：合闸对地；分闸状态两端轮流加压，另一端接地。

（5）对瓷柱式定开距型断路器应做断口间耐压。

国家电网公司2015年2月24日发布的《气体绝缘封闭开关设备同频同相交流耐压试验导则》（Q/GDW 11303—2014）规定，GIS扩建部分或解体检修部分可在原有相邻部分正常运行而不需停电情况下进行交流耐压试验。苏州工业园区海沃科技有限公司与重庆电科院联合开发的HVSP型同频同相交流耐压试验系统以锁相环为基础，通过使试验电压与运行电压保持同频率同相位状态，在国内首次实现了双母线接线的GIS变电站在运行母线不停电的状态下对新建或者扩建间隔进行交流耐压试验，为钢铁厂、枢纽变电站、电

铁牵引站以及微电源等对供电可靠性要求较高、通电协调困难的双母线接线 GIS 变电站的交流耐压试验开辟了一条有效的解决途径，社会效益、经济效益显著。

第四节 油断路器试验

一、绝缘油试验

详见本书"绝缘油与六氟化硫气体"章的内容。《规程》将绝缘油分为变压器油和断路器油两大类。

油断路器包括多油断路器和少油断路器。

二、测量绝缘电阻

1. 绝缘部件的绝缘电阻

测量绝缘电阻是断路器试验中的一项基本试验，在 A 级和 B 级检修后、不大于 6 年或必要时用 2500V 绝缘电阻表进行测量。

高压多油断路器的绝缘部件有套管、拉杆、绝缘油等。测量高压多油断路器的绝缘电阻的目的主要是检查拉杆对地绝缘，因此，应该在合闸状态下进行。通过这项试验往往可以灵敏地发现拉杆受潮、沿面贯穿性缺陷，如弧道伤痕、裂纹等。对于引线套管绝缘严重不良（如受潮等），也能被检出。例如某电业局 1974 年大修一台日本产 44kV 断路器，检测发现 B 相拉杆受潮，绝缘电阻为 1700MΩ，干燥后，绝缘电阻恢复到 4000MΩ；另一台 G－100 断路器拉杆受潮，绝缘电阻为 2200MΩ，用红外线干燥后，绝缘电阻也恢复到 4000MΩ 以上。

40.5kV 以上高压少油断路器的主要绝缘部件有瓷套、拉杆和绝缘油。测量 40.5kV 以上高压少油断路器的绝缘电阻应分别在合闸状态和分闸状态下进行。在合闸状态下主要是检查拉杆对地绝缘；在分闸状态下主要是检查各断口之间的绝缘，通过测量可以检查出内部消弧室是否受潮或烧伤。

40.5kV 以下高压少油断路器的主要绝缘部件有瓷瓶和绝缘拐臂。测量 40.5kV 以下高压少油断路器的绝缘电阻，也分别在合闸与分闸状态下进行，在合闸状态下，可以检查出内部消弧结构部分是否受潮或烧伤。

《规程》对油断路器整体绝缘电阻未作规定，断口和用有机物制成的拉杆的绝缘电阻不应低于表 15－5 中所列数值。一般在交接或维修时进行用有机物制成的拉杆绝缘电阻的测定，使用 2500V 绝缘电阻表。

表 15－5　断口和有机物制成的拉杆的绝缘电阻的最小允许值　　单位：MΩ

试验类别	额定电压/kV			
	<24	24～40.5	72.5～252	363
交接	1200	3000	6000	10000
A、B 级检修后	1000	2500	5000	10000
运行中	300	1000	3000	5000

2. 回路的绝缘电阻

采用500V或1000V绝缘电阻表测量合闸接触器和分闸、合闸电磁铁线圈的绝缘电阻、辅助回路的绝缘电阻和控制回路的绝缘电阻，绝缘电阻不应小于2MΩ。

测试周期如下：

(1) A级检修后。

(2) ≤6年。

(3) 必要时。

三、测量40.5kV及以上非纯瓷套管和多油断路器的介质损耗因数tanδ

1. 试验目的

测量40.5kV及以上非纯瓷套管和多油断路器的tanδ，主要是检查套管的绝缘状况，同时也检查其他绝缘部件，如灭弧室、绝缘拉杆、油箱绝缘围屏、绝缘油等的绝缘状况。

2. 试验方法

试验时，首先进行分闸状态下的试验，即将被试断路器与外界引线脱离，并在分闸状态下对每支套管进行测量，若测量结果超出规定值或与以前比较有显著增大时，必须落下油箱，进行分解试验，逐次缩小缺陷的可疑范围，直到找出缺陷部位。

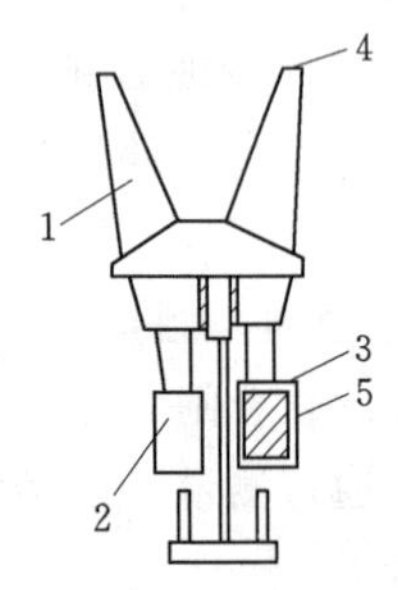

图15-18　DW_8-35型多油断路器在灭弧装置上加装屏蔽罩的示意图

1—套管；2—灭弧装置；3—屏蔽罩；4—引至电桥高压出线C_x（或M型高压）；5—引至电桥屏蔽线E（或M型屏蔽线）

对不能落下油箱的断路器，则应将油放出，使套管下部及灭弧室露出油面，然后进行分解试验。

分解试验的步骤如下：

(1) 落下油箱（对于结构上不能落下油箱者放去绝缘油），使灭弧室及套管下部露出油面，进行测试。若tanδ值明显下降，实践经验为tanδ值降低3%，DW_1-35型断路器降低5%以上，则可以认为引起tanδ值降低的原因是油箱绝缘（油及绝缘围屏）不良。

(2) 如落下油箱或放油后，tanδ值仍无明显变化，则应将油箱内的套管表面擦净，并采取措施消除灭弧室的影响（可在灭弧室外加一金属屏蔽罩或包铝箔接于电桥的屏蔽回路，或者拆掉灭弧室）后再进行测试，如tanδ值明显下降（实践经验为tanδ值降低2.5%以上时）则说明灭弧室受潮，否则说明套管绝缘不良。

图15-18示出了DW_8-35型多油断路器在灭弧装置上加装屏蔽罩的示意图。为使上述测试过程清楚明了，现举例列于表15-6中。

3. 说明

(1) 20℃时，多油断路器的非纯瓷套管的tanδ（%）见第“套管”有关章节。20℃时，非纯瓷套管断路器的tanδ（%）值可比表17-4中相应的tanδ（%）值增加表15-7所示数值。

表 15-6　多油断路器 tanδ 分解测试结果举例

断路器		试验情况	折算到28℃时的tanδ /%	试验温度 /℃	判断结果
DW_1-35	1	(1) 分闸状态、一支套管。 (2) 落下油箱。 (3) 去掉灭弧室	7.9 6.2 5.7	27 24.5 24.5	(1) 解体试验。 (2) 油箱绝缘良好，需再解体。 (3) 灭弧室良好，套管不合格
	2	(1) 分闸状态、一支套管。 (2) 落下油箱。 (3) 去掉灭弧室	8.4 3.5 0.7	23 25 26	(1) 需解体试验。 (2) 油箱绝缘不良①，还有不良部位，需解体。 (3) 灭弧室受潮，套管良好
DW_3-35	1	(1) 分闸状态、一支套管。 (2) 落下油箱。 (3) 去掉灭弧室	8.2 6.3 5.4	30 29 28	(1) 不合格，需解体试验。 (2) 油箱绝缘良好，需再解体。 (3) 灭弧室良好，套管不合格
	2	(1) 分闸状态、一支套管。 (2) 落下油箱。 (3) 去掉灭弧室	9.3 4.1 0.9	20 22 23	(1) 不合格、需解体试验。 (2) 油箱绝缘不良，需再解体。 (3) 灭弧室受潮、套管良好

① 油箱内油质不合格且油箱内绝缘筒受潮。

表 15-7　非纯瓷套管断路器介质损耗因数的限值（20℃）

额定电压/kV	≥126	<126	40.5
			DW_1-35 DW_1-35D
比表 17-4 相应套管的 tanδ（%）值的增加数（%）	1	2	3

注　带并联电阻断路器的整体 tanδ（%）可相应增加 1。

（2）少油断路器和空气断路器一般不作此项试验，因其绝缘结构主要是瓷绝缘和环氧玻璃丝布类绝缘，不存在套管受潮问题。在少油断路器的瓷套中虽然充有绝缘油，但由于断路器本身电容量很小（仅十皮法到几十皮法），再加上接线、仪表、温度和周围电场等因素的影响，测量数据往往分散性很大，难以判断其规律性。因此，tanδ 难于有效地发现绝缘缺陷。

（3）断路器 A 级检修但不对套管进行 A 级检修时，应按套管运行中规定的相应数值增加。

（4）带并联电阻断路器的整体介质损耗因数可相应增加 0.01。

（5）40.5kV 的 DW1/35DW1/35D 型断路器介质损耗因数增加数为 0.03。

4. 试验周期

（1）A 级检修后。

（2）≤6 年。

（3）必要时。

四、测量 40.5kV 及以上少油断路器（包括空气断路器）的泄漏电流

1. 试验目的

由于测量少油断路器和空气断路器的 $\tan\delta$ 不能有效地发现绝缘缺陷，所以测量泄漏电流是 40.5kV 及以上少油断路器和压缩空气断路器的重要试验项目之一。它能比较灵敏地发现断路器外表带有的危及绝缘强度的严重污秽，拉杆、绝缘油受潮，少油断路器灭弧室受潮劣化和碳化物过多等缺陷，以及空气断路器中因压缩空气相对湿度增高而带进潮气在管内壁和导气管壁凝露等缺陷。

2. 试验周期

（1）A 级检修后。

（2）≤6 年。

（3）必要时。

3. 试验方法

对于少油断路器、压缩空气断路器，首先应在分闸位置按图 15－19 所示的接线进行测量。即 A、A′两端接地，试验电压施加在 P 点，测得的是断口 1 和断口 2 以及机构箱对地泄漏电流，即是 1 号、2 号灭弧室、均压电容及支持瓷瓶和拉杆的泄漏电流。当泄漏电流数值超过限值时，可进行分解试验，检查各部件绝缘是否符合要求。多油断路器解体时，可对其拉杆进行上述试验。

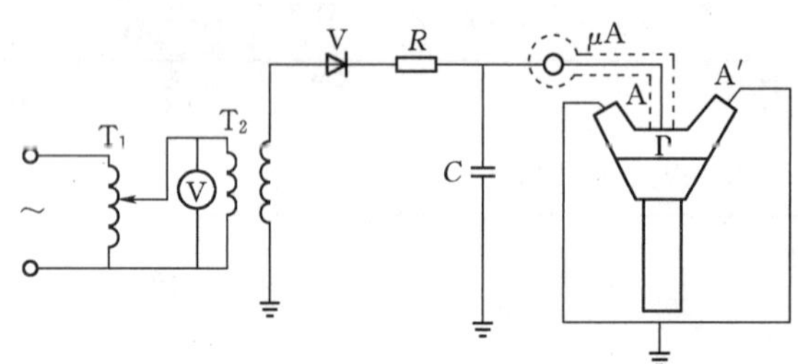

图 15－19 测量泄漏电流接线的原理图

少油断路器、压缩空气断路器的每一元件的试验电压标准见表 15－8。

利用图 15－19 所示的接线进行测量时，对 126kV 及以上的少油断路器等有时会出现负值现象。所谓负值，在这里是指在测量 126kV 及以上少油断路器直流泄漏电流时，接好试验线路后，加 40kV 直流试验电压时，空载泄漏电流 I_1 比在同样电压下测得的少油断路器的泄漏电流 I_2 还要大，即 $I_1 > I_2$ 产生这种现象的主要原因是高压试验引线的影响。表 15－9 和表 15－10 列出了模拟试验和现场实测的结果。

表 15－8　　试验电压标准

额定电压/kV	40.5	72.5～252	≥363
直流试验电压/kV	20	40	60

表 15－9　　试验室内模拟试验的结果

线 端 头 状 态	ϕ1.5mm 多股软线、刷状	ϕ38mm 小铜球	ϕ14mm 平头螺丝
40kV 直流电压时的泄漏电流/μA	13.8	9.2	9.6

表 15－10　　　SW$_3$－110G 型断路器现场测试的结果（$U=-40$kV）

序　号	空载泄漏电流 /μA		断路器泄漏电流 /μA	说　　明
	线端刷状	ϕ50mm 铜球		
1	11.0	4.0	4.5	测 A 相，B、C 相不接地
2	8.0	3.7	5.0	测 C 相，A、B 相不接地
3	11.0	4.0	4.5	测 B 相，A、C 相接地
4	11.0	4.0	4.5	测 B 相，A、C 相不接地
5	13.5	4.0	5.5	测三相并联

从试验数据可以看出，线端头状态从刷状换为小铜球时，泄漏电流减小了 4.3～9.5μA。这个数量级对于少油断路器泄漏电流允许值仅为 10μA 以下的基数来说，已是一个对测量结果有举足轻重影响的数量。现场测试也证明了这一点；当线端头呈刷状时，断路器泄漏电流测量值均为负值；当线端头换为小铜球时，断路器泄漏电流测量值均为正值。

另外，升压速度的快慢及稳压电容充放电时间的长短，也是可能导致出现负值的一个原因。少油断路器对地电容仅为几十皮法，而与之并联的稳压电容器电容一般高达 0.1～0.01μF。若升压速度较快，当升到试验电压后又较快读数，会因电容器充电电流残存的不同，引起负值或各相出现差值。

可采用下列措施消除负值现象：

（1）对引线端头采取均压措施，如用小铜球或光滑的无棱角的小金属体来改善线端头附近的电场强度，可减小电晕损失。

（2）尽量减小空载电流，把基数减小。如可采取在高压侧采用屏蔽、清洁设备、使接线头不外露等措施。增加引线线径，这比增加对地距离的效果还好，如表 15－11 所示，建议引线用 ϕ2.5～4.0 绝缘较好的多股软线，并使之尽量短。

表 15－11　　　引线和对地距离改变时的场强

对地距离/cm	10	50	100	300	500
引线 r_1＝1mm 时的场强/(kV/cm)	86.9	64.4	57.9	50.0	47.0
引线 r_2＝2mm 时的场强/(kV/cm)	51.1	36.2	32.2	27.4	25.6

（3）采用正极性接线。由上述，正极性电晕的影响较负极性小。

（4）保持升压速度一定，认真监视电压表的变化。对稳压电容器要充分放电或使每次放电时间大致相同。

（5）尽可能使试验设备、引线远离电磁场源。

4. 泄漏电流超标的特点

对 40.5kV 及以上的少油和空气断路器，其泄漏电流一般不应大于 10μA。对 252kV 及以上的少油断路器，拉杆（包括支持瓷套）的泄漏电流大于 5μA 时，应引起注意。

近些年来，浙江、黑龙江、山东等省电网中曾陆续发生 SW$_4$－110 型少油断路器泄漏电流频繁超标的现象。表 15－12 列出了黑龙江省某电业局在预防性试验中对 5 台 SW$_4$－

110Ⅱ-3 型少油断路器泄漏电流的测量结果。

表 15-12　　测　量　结　果

序号	变电所	断路器位置	型号	泄漏电流 /μA	处　理　情　况
1	甲变	110kV XF 线断路器	SW_4-110Ⅱ-3（上海产）	120	油试验合格，分解试验，支柱瓷套 120μA，放油后为 6μA，放油后整体为 6μA，换油后泄漏电流合格
2	甲变	2 号受电 110kV 断路器	SW_4-110Ⅱ-3（上海产）	20	油试验数据合格，换油后为 1μA
3	甲变	110kV 旁路断路器	SW_4-110Ⅱ-3（上海产）	19	油试验数据合格，换油后为 1μA
4	乙变	110kV 旁路断路器	SW_4-110Ⅱ-3（上海产）	40	油试验数据合格，换油后为 1μA
5	乙变	110kV TY 线断路器	SW_4-110Ⅱ-3（上海产）	14	油试验数据合格，换油后为 1μA

综合现场测试结果和有关资料介绍的测试结果可知，该种少油断路器泄漏电流超标的特点是：

（1）泄漏电流超标绝大部分都发生在支柱瓷上，而消弧室（其总数为支柱瓷套的 2 倍）从来未发生过泄漏电流超标现象。

（2）检修处理或换油（有时甚至是将原油放出再重新注入）后，泄漏电流立即降低，但运行很短时间（几个月）后，泄漏电流又重新升高，出现超标现象。

（3）拉杆绝缘良好，绝缘油耐压值合格。

（4）绝大多数泄漏电流超标的断路器，找不到进水受潮的砂眼、裂纹等。

（5）绝大多数泄漏电流超标的断路器是上海某厂 20 世纪 80 年代及以后的产品，20 世纪 70 年代及以前的产品几乎不存在泄漏电流超标现象。

5. 泄漏电流超标的原因分析

（1）砂眼、裂纹等引起的进水受潮。这是最容易想到的原因，个别少油断路器泄漏电流超标，确实也是由于这种原因引起的。但是，就大多数情况而言，简单地用进水受潮来解释，难以令人信服，这是因为，若是由上述原因引起的进水受潮，应能够找到进水受潮的途径；若是由上述原因引起的进水受潮，绝缘油将会受潮，随之绝缘油受潮，绝缘拉杆也会受潮，这样，单纯地换油未必能使泄漏电流降下去。所以认为泄漏电流超标是由于砂眼、裂纹等原因引起的进水受潮的推断与实际情况和测量结果不符。也就是说，泄漏电流超标必然另有缘由。

（2）支柱瓷套内产生负压是少油断路器泄漏电流频繁超标的主要原因。支柱瓷套内的负压是如何产生的，它又如何导致断路器泄漏电流频繁超标的呢？这要研究断路器的结构。

由上述第 5 个特点对比不同时期生产的 SW_4-110 型断路器结构知，在 20 世纪 80 年代初期，厂家为了防止断路器在机械寿命试验中三角机构箱油渗漏到支柱瓷套内，将支柱瓷套

改造成为一个全密封单元件。由于支柱瓷套内空气室相对体积较小，随着户外气温的变化，瓷套内部就产生相应的正、负压力，特别是日夜温差大，清晨温度低时，支柱瓷套内容易产生负压，以致使个别密封有缺陷或薄弱环节的地方，如支柱瓷套油表处、对侧手风孔处、加油孔等处，密封被破坏而吸进水气或水珠。从而导致断路器支持瓷套泄漏电流频繁超标。

五、交流耐压试验

交流耐压试验是鉴定断路器绝缘强度最有效和最直接的试验项目，试验周期为：A级检修后及必要时。对于过滤和新加油的断路器必须等油中气泡全部逸出后才能进行试验，一般需静置24h以上，以免油中气泡引起放电。交流耐压试验应在合闸状态下导电部分对地之间和分闸状态的断口间及相间进行。126kV及以上油断路器若因试验设备的限制可以不做整体交流耐压试验。耐压设备不能满足要求时可分段进行，分段数不应超过6段（252kV），或3段（126kV），加压时间为5min。每段试验电压可取整段试验电压值除以分段数所得值的1.2倍或自行规定。40.5kV油断路器在新安装和A级检修后应做交流耐压试验，必要时在预防性试验中也应进行交流耐压试验。12kV及以下的断路器交接、A级检修后、预防性试验中都应进行交流耐压试验。试验电压值如下：对40.5kV及以下者，可取表15－13的规定值；对72.5kV及以上者，按《高压开关设备和控制设备标准的共用技术要求》（DL/T 593）规定值的80%，即按表15－13规定值的80%选取。

表15－13　断路器相对地和相间的耐受电压（DL/T 593）

额定电压/kV	3.6	7.2	12	18	24	40.5	72.5	126	252	363	550
工频耐受电压(有效值)/kV	25	30(20)	42(28)	46	65	95	155	200 230	360 395	510	680

注　括号内和外数据分别对应是和非低电阻接地系统。

对交流耐压试验电压测量的要求不是很严格，可以直接从低压侧读数后换算。交流耐压试验前后绝缘电阻不下降30%为合格。试验时油箱出现时断时续的轻微放电声，应放、下油箱进行检查，必要时应将油重新处理，若出现沉重击穿声或冒烟，则为不合格，务必重新处理。如有机绝缘材料烧坏就应更换，并查明原因，原因未查明时，不得轻易重试，以免造成损失。

应当指出，对断路器的测试结果除要进行综合分析判断外，还应注意对异常现象的分析，因为这是捕捉缺陷的好机会。例如，华东某水电站的一台SW_7－220型高压少油断路器，在预防性试验时，用2500V兆欧表测得其绝缘电阻均在2500MΩ以上。泄漏电流A相为3.7μA，B相为7μA，C相为7.6μA。油耐压为42.6kV。均符合《规程》规定。但在油化验时，听到“噼啪”。两声，表明油中含有水分，由于没有引起足够的重视，该断路器运行4个月左右就发生了爆炸事故。又如，华北某热电厂的一台SW_3－110G型高压少油断路器，在预防性试验时，用2500V兆欧表测得绝缘电阻三相均大于10000MΩ，泄漏电流在10μA以下，但油耐压只有23kV。投入运行后B相支持瓷套发生爆炸。再如，华东某变电所一台SW_6－220型高压少油断路器在运行中C相支持瓷套发生爆炸，事故后取油样化验发现，其油耐压降低至16.3kV。事故后只进行换油处理，并未对拉杆进行干燥，致使拉杆受潮而闪络，最终引起支持瓷套爆炸。

对于三相共箱式的油断路器应做相间耐压试验，其试验电压值与对地耐压值相同。

辅助回路和控制回路的交流耐压试验在A级检修后或必要时进行，试验电压为2kV，主要是检查两回路的绝缘状况。

六、测量导电回路电阻和灭弧室并联电阻

(一) 测量导电回路电阻

由于导电回路接触好坏是保证断路器安全运行的一个重要条件，所以在A级检修后及必要时的预防性试验中也需要测量其直流电阻。测量时，可用下述方法：

1. 直流压降法

直流压降法的原理是，当在被测回路中通以直流电流（不小于100A）时，则在回路接触电阻上将产生电压降，测量出通过回路的电流及被测回路上的电压降，即可根据欧姆定律计算出接触的直流电阻值。

采用直流压降法测量导电回路电阻的接线如图15－20所示。测量时回路通以100A直流电流，电流用分流器及毫伏表1进行测量，回路接触电阻的电压降用毫伏表2进行测量，毫伏表2应接在电流接线端里侧，以防止电流端头的电压降引起测量误差。表计的精度应不低于0.5级，流过电流的导线截面应足够大，一般可用截面为16mm^{2}的铜线。

2. 采用LY－100型微欧仪

东北电力试验研究院研制的LY－100型微欧仪用于测量断路器回路电阻比较方便、准确，该仪器的原理方框图如图15－21所示。该仪器的特点如下：

(1) 测量电源采用开关电路，由市电整流后作为直流电源。通过开关电路转换为15kHz的高频电流，再经变压器降压和隔离，最后整流为低压直流作为测量电源。在测量回路中串接一个标准分流器，使其自动调整高频电源的脉冲宽度，达到自动恒定测试电流的目的。

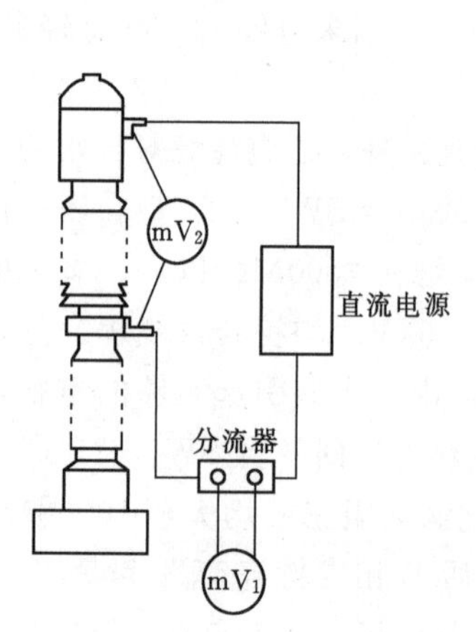

图15－20　测量导电回路电阻的接线图

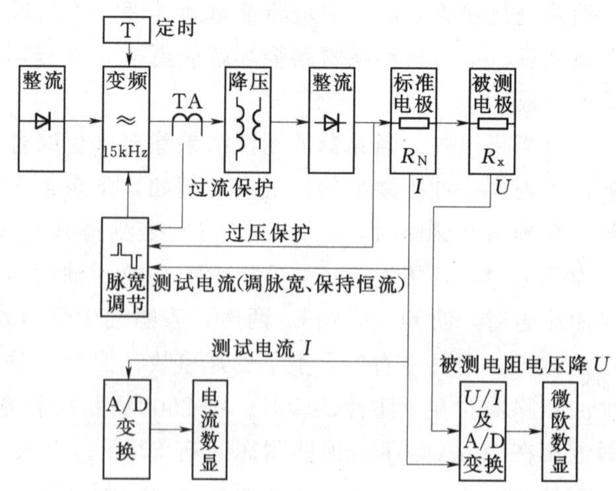

图15－21　LY－100型微欧仪原理方框图

（2）采用电压降法测量电阻，在测量回路中标准分流器 R_N 和被测电阻 R_x 串联，故通过的测试电流是相同的。设在标准分流器 R_N 上的电压降为 U_N，而被测电阻上的电压降为 U_x，它们应满足下列关系：

$$\frac{U_x}{R_x}=\frac{U_N}{I_N}=I \tag{15-7}$$

故可得

$$R_x=\frac{U_x}{U_N}R_N \tag{15-8}$$

在式（15－8）中，由于 U_x 与 U_N 均是电流 I 的函数，且正比于测试电流 I。若电流 I 有变化，而 U_x/U_N 的比值不会改变。因 R_N 是标准分流器的标准电阻，故测量结果是可靠的。即使测量电流偏离设定的 100A，也不会影响测量结果。

《规程》要求用直流压降法测量导电回路电阻时，电流不小于 100A，这是因为高压断路器的工作电流通常大于 100A，在主回路中通以 100 以上的电流，可以使回路中接触面上的一层极薄的膜电阻击穿，所测得的主回路电阻值与实际工作时的电阻值比较接近。

《规程》对多油和少油断路器每相导电回路的电阻未作规定。但规定在运行中，空气断路器导电回路的电阻可比制造厂规定值提高 1 倍。

（二）测量合闸接触器在分、合闸电磁铁线圈的直流电阻

1. 周期

（1）A 级检修后。

（2）≤6 年。

（3）必要时。

2. 判据

直流电阻应符合产品技术文件要求。

（三）测量灭弧室的并联电阻

高压断路器加装并联电阻主要是为了限制操作过电压。各国 500kV 及以上断路器多数都装有并联电阻。我国生产的 KW_4－500 型和 KW_5－500 型 500kV 空气断路器，采用的是 1000～1200Ω 分、合闸共用线性陶瓷并联电阻。每相 8 个断口，每个断口由 32 片电阻片组成，每片尺寸为：外径 ϕ110mm、内径 ϕ30mm、厚度 20mm，额定热容量为 600J/cm^3。KW_4－330 型和 KW_5－330 型空气断路器的并联电阻是金属丝电阻，阻值为 3000Ω，也是分、合闸共用的电阻。500kV 的 SF_6 断路器，都装有合闸电阻，阻值为 400Ω，是线性陶瓷电阻。少油断路器都没有分、合闸电阻。目前国内生产的 35kV 多油断路器，其中作为投、切电容器组用的断路器装有合、分闸共用的并联电阻，阻值为几百欧，是金属丝绕制的线性电阻。过去生产的 DW_3－110 型多油断路器也装有合、分闸共用的并联电阻，阻值为 2×750Ω，也是金属丝绕制的。

在断路器外部测量断路器的分、合共用电阻或合闸电阻，需使断路器处于合闸过程中的如图 15－22 所示的位置。

若使断路器呈现图15-22所示的状态，需采用手动慢速合闸来实现。

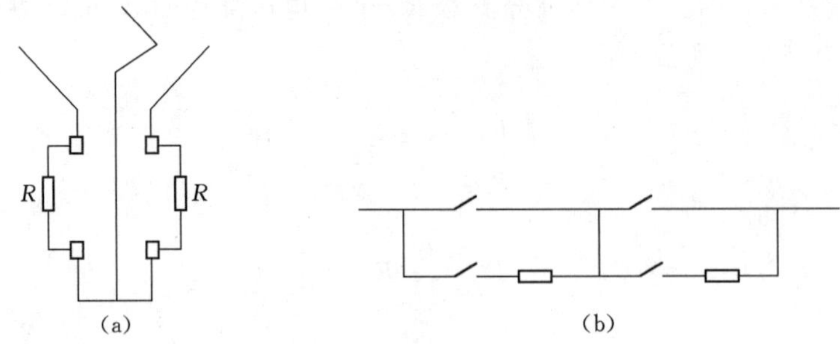

图15-22　测量并联电阻时的断路器状态

(a) 测分、合闸共用电阻；(b) 测合闸电阻

可用QJ型单臂电桥测量并联电阻，测量结果的计算公式为

$$R_x = mR_3 \tag{15-9}$$

$$m = \frac{R_2}{R_4}$$

式中　R_2、R_4——可调电阻；

R_3——平滑可调电阻。

实测并联电阻值应与出厂或交接时相符，如发现异常应查出原因。对金属丝电阻，一般来说只要不断开，电阻值不会发生太大的变化。对陶瓷电阻，造成电阻值变化的情况有以下几种可能：

(1) 电阻片老化后电阻值增大。

(2) 电阻片有击穿后，电阻值降低。

(3) 多串电阻并联时，若阻值显著增大，则可能是某串电阻断开所致。阻值变化应在制造厂规定的范围内。没有规定时，阻值变化不得大于±5%。如东北某电业局有一组OFPI-500L型的500kV断路器，在预防性试验中测得一个断口的并联电阻值由200Ω变成了234Ω，经分析和查找发现，有一个并联电阻回路断头。

(四) 异常现象

有些单位在采用电桥法测量断路器触头的接触电阻时出现负值现象。例如，某供电局在一次测量10kV少油断路器触头接触电阻时发现把双臂电桥挡位置于最小挡（10^{-4}挡），转盘置于最小刻度处，检流计指针偏转仍很厉害，似乎被测电阻是负值。经检查发现接在P_2接线柱上的线夹与连线接触处有锈迹，测量该线夹的电阻达50Ω。它对测量结果的影响分析如下。

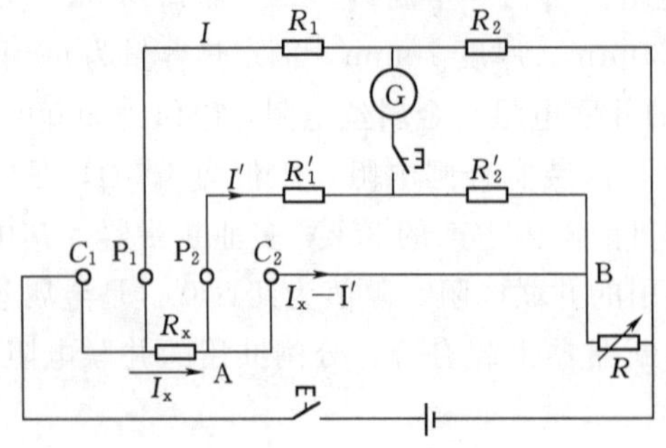

图15-23　双臂电桥测量原理图

图15-23为双臂电桥测量原理图。当电桥平衡时，有

$$\begin{cases}R_xI_x+R_1'I'=R_1I\\R_2'I'+RI_x=IR_2\\R_{AB}(I_x-I')=(R_1'+R_2')I\end{cases}$$

解此方程组，得

$$R_x=\frac{R_{AB}(R_2'R_1-R_1'R_2)}{R_2(R_{AB}+R_1'+R_2')}+\frac{RR'}{R_2}$$

测量误差

$$\Delta R_x=\frac{R_{AB}(R_2'R_1-R_1'R_2)}{R_2(R_{AB}+R_1'+R_2')}$$

现设接在 P_1，P_2，C_2 接线柱上线夹电阻分别为 r_1，r_2，r_0，只需将上式中 R_1 换为 R_1+r_1，R' 换为 $R_1'+r_2$；即可得到计及线夹自身电阻时的误差表达式

$$R_{AB}=r_0+R_{BC_2}$$

$$\Delta R_x=\frac{R_{AB}[R_2'(R_1+r_1)-(R_1'+r_2)R_2]}{R_2(r_0+R_1'+R_2')}$$

电桥满足

$$R_1=R_1',\ R_2=R_2'$$

$$\Delta R_x=\frac{R_{AB}(r_1-r_2)}{R_{AB}+R_1+R_2}=\frac{(r_0+R_{BC_2})(r_1-r_2)}{r_0+R_{BC_2}+R_1+r_2} \quad (15-10)$$

此式即为测量线夹自身电阻引起的测量误差，分析式（15－10）可知：

（1）两电位端头（P_1，P_2）上引线电阻相等时，误差为零。

（2）当 P_2 上引线电阻 r_2 大于 P_1 上引线电阻 r_1 时，$\Delta R_x<0$，就将使测量值偏小，当 r_2 比 r_1 大到一定程度时，会使理论测量值为负，这就是上述的负值现象。

（3）当 $r_1>r_2$ 时，$\Delta R_x>0$，这将使测量值偏大。

（4）当 P_1 上的线夹与 P_2 上线夹互换后测得结果与互换前不同，说明线夹电阻已不容忽视，最好换用电阻小的夹子再测，若现场没有多余夹子，那么可以把两组测量结果的平均值作为测量值。

（5）C_2 上引线电阻愈大，测量误差愈大。

应当指出，电流端子 C_1 上引线电阻没有反映在上述的误差公式中，但 C_1 上引线电阻大，流过检流计电流就小，会使检流计灵敏度降低，也容易引起人为的测量误差。如实际测量中发现转盘转动角度大，但检流计指针却偏转很少，就有可能是 C_1 上引线电阻过大所致。

七、测量操动机构合闸接触器和分、合闸电磁铁的最低动作电压

（一）测量要求

1. 周期

（1）A 级检修后。

（2）操动机构 A 级检修后。

2. 判据

（1）操动机构分闸电磁铁上的最低动作电压应在操作电压额定值的 30%～65%（直流）或 30%～85%（交流）之间，操作电压额定值的 65%～110%（直流）或 85%～110%（直流）应保证脱扣器正确动作。当电源电压低至额定值的 30%或更低时，并联分闸脱扣器均不应脱扣。

（2）操动机构合闸电磁铁或合闸接触器端子上的最低动作电压应在操作电压额定值的 30%～85%之间，操作电压额定值的 85%～110%应保证脱扣器正确动作，当电源电压低至额定值的 30%或更低时，并联合闸脱扣器均不应脱扣。

（3）在使用电磁机构时，合闸电磁铁线圈通流时的端电压为操作电压额定值的 80%（关合电流峰值等于及大于 50kA 时为 85%）时应可靠动作。

（二）测试方法

（1）滑线电阻法。此方法的电源取自电站的直流系统，要求操作人员动作敏捷，配合良好。否则会将接触器烧毁，更为严重的是短路操作将严重影响整个直流系统的安全运行。

（2）工频全波整流法。此方法的缺点是设备笨重，体积较大，存在较大的电压降及纹波影响，而且输入、输出没有隔离措施，会造成直流系统接地和其他开关“偷跳”的可能。

（3）PWM 逆变电源法。由苏州工业园区海沃科技有限公司生产的 ZKD 系列断路器动作电压测试仪采用了 PWM 脉宽调制逆变电源法。输入为 AC220V，输出为 DC 0～220V、10A，纹波系数小于 1%，电压降小于 1%。具备过热保护功能，输入、输出全隔离，体积小，重量轻。

第五节 低压断路器和自动灭磁开关

低压断路器和自动灭磁开关的试验项目、周期和要求与操动机构合闸接触器和分、合闸电磁铁的最低动作电压，以及合闸接触器和分、合闸电磁铁线圈的绝缘电阻和直流电阻，辅助回路和控制回路绝缘电阻试验相同，对自动灭磁开关尚应作动合、动断触点分合切换顺序，主触头、灭弧触头表面情况和动作配合情况以及灭弧栅是否完整等检查。对新换的 DM 型灭磁开关尚应检查灭弧栅片数。

第六节 真 空 断 路 器

一、红外测温

（一）周期

（1）≤1 年。

（2）必要时。

(二) 判据

红外热像图显示无异常温升、温差和相对温差，符合 DL/T 664 要求。

(三) 方法和注意事项

(1) 红外测温采用红外成像仪测试。

(2) 测试应尽量在负荷高峰、夜晚进行。

(3) 在大负荷和重大节日增加检测。

二、绝缘电阻

(一) 周期

(1) A、B 级检修后。

(2) 必要时。

(二) 测试要求

(1) 整体绝缘电阻参照产品技术文件要求或自行规定。

(2) 断口和用有机物制成的拉杆的绝缘电阻不应低于表 15 - 14 中的数值。

表 15 - 14 绝缘电阻限值 单位：MΩ

试验类别	额定电压/kV		
	<24	24～40.5	≥72.5
A 级检修后	1000	2500	5000
运行中或 B 级检修后	300	1000	3000

三、耐压试验

(一) 真空断路器耐压试验

1. 周期

(1) A 级检修后。

(2) ≤6 年。

(3) 必要时。

2. 要求

断路器在分、合闸状态下分别进行，试验电压值按 DL/T 593 规定值。

(二) 辅助回路和控制回路交流耐压试验

1. 周期

(1) A 级检修后。

(2) ≤6 年。

(3) 必要时。

2. 注意事项

试验电压为 2kV。

四、导电回路电阻

(一) 周期

(1) A 级检修后。

（2）必要时。

（二）要求

不大于 1.1 倍出厂试验值，且应符合产品技术文件规定值，同时应进行相间比较不应有明显的差别。

（三）方法

用直流压降法测量，电流不小于 100A。

五、机械特性

（一）周期

（1）A 级检修后。

（2）≤6 年。

（3）必要时。

（二）要求

合闸时间和分闸时间，分、合闸的同期性，触头开距，合闸时的弹跳时间应符合产品技术文件要求，有条件时测行程特性曲线产品技术文件要求。

（三）注意事项

用于投切电容器组的真空断路器试验周期可适当缩短。

六、合闸接触器和分、合闸电磁铁线圈的绝缘电阻和直流电阻

1. 周期

（1）A 级检修后。

（2）≤6 年。

（3）必要时。

2. 判据

（1）绝缘电阻不应小于 2MΩ。

（2）直流电阻应符合产品技术文件要求。

3. 方法及说明

（1）采用 1000V 绝缘电阻表。

（2）若线圈直流电阻无法测量，此项目可以不做要求。

七、其他项目

（一）密封试验

1. 周期

（1）A 级检修后。

（2）必要时。

2. 要求

年漏气率不大于0.5%。

3. 说明

适用于SF_6气体作为对地绝缘的断路器。

（二）密度继电器（包括整定值）检验

1. 周期

（1）A级检修后。

（2）≤6年。

（3）必要时。

2. 要求

参照JB/T 10549执行。

3. 说明

适用于SF_6气体作为对地绝缘的断路器。

（三）灭弧室真空度的测量

在A级检修后及必要时有条件时进行应进行灭弧室真空度的测量，应符合产品技术文件要求。

（四）检查动触头连杆上的软联夹片有无松动

在A级检修后及必要时应进行软联结夹片是否松动的检查，应无松动。

第七节 重合器和分段器

一、绝缘电阻

重合器和分段器绝缘电阻测量要求见表15-15。

表15-15 重合器（包括以油、真空及SF_6气体为绝缘介质的各种12kV重合器）和分段器（仅限于12kV级）的绝缘电阻测量

重合器			分段器		
周期	判据	方法及说明	周期	判据	方法及说明
（1）A、B级检修后。 （2）≤6年。 （3）必要时	（1）整体绝缘电阻自行规定。 （2）用有机物制成的拉杆的绝缘电阻不应低于下列数值：A、B级检修后1000MΩ，运行中300MΩ。 （3）控制回路绝缘电阻值不小于2MΩ	采用2500V绝缘电阻表测量	（1）A、B级检修后。 （2）必要时	（1）整体绝缘电阻自行规定。 （2）用有机物制成的拉杆的绝缘电阻值不应低于下列数值： A、B级检修后1000MΩ；运行中300MΩ。 （3）控制回路绝缘电阻值不小于2MΩ	一次回路用2500V绝缘电阻表，控制回路用1000V绝缘电阻表

二、六氟化硫重合器、分段器特殊检修项目

(一) SF_6 气体湿度

在 A、B 级检修后及必要时进行，要求水分含量小于 300μL/L。

(二) SF_6 气体密封试验

在 A 级检修后，必要时进行，要求年漏气率不大于 0.5%或按产品技术文件要求。

三、油重合器、油分段器和真空分段特殊检修项目

(一) 油重合器分、合闸速度

1. 周期

(1) A 级检修后。

(2) 必要时。

2. 要求

应符合产品技术文件要求。

3. 方法

在额定操作电压（液压、气压）下进行，或应符合产品技术文件要求。

(二) 油分段器绝缘油试验

在 A 级检修后及必要时进行，详见“绝缘油和六氟化硫”一章内容。

(三) 油分段器和真空分段器自动计算操作

在 A 级检修后，必要时进行，按产品技术文件的规定完成计数操作。

四、机械特性

(一) 周期

(1) A 级检修后。

(2) 必要时。

(二) 判据

合闸时间，分闸时间，三相触头分、合闸同期性，触头弹跳应符合产品技术文件要求。

(三) 方法

在额定操作电压（液压、气压）下进行。

五、利用远方操作装置检查重合器、分段器的动作情况

(一) 周期

(1) A 级检修后。

(2) 必要时。

（二）要求

（1）按规定操作顺序在试验回路中操作 3 次，重合器动作应正确。

（2）在额定操作电压下分、合闸各 3 次，分段器动作应正确。

第八节　负荷开关、隔离开关和接地开关

一、负荷开关

负荷开关的试验项目、周期和要求见表 15－16。

表 15－16　　负荷开关的试验项目、周期和要求

序号	项　目	周　期	要　　求
1	绝缘电阻	（1）A、B 级检修后。 （2）≤6 年。 （3）必要时	（1）整体绝缘电阻值自行规定。 （2）用有机材料制成的拉杆和支持绝缘子的绝缘电阻值不应低于下列数值： 10kV 1200MΩ； 35kV 3000MΩ。 （3）二次回路的绝缘电阻不低于 2MΩ。 （4）一次回路用 2500V 绝缘电阻表，二次回路用 1000V 绝缘电阻表
2	交流耐压试验	（1）A 级检修后。 （2）必要时	（1）按产品技术条件规定进行试验。 （2）二次回路交流耐压试验电压为 2kV
3	负荷开关导电回路电阻	（1）A 级检修后。 （2）≤6 年。 （3）必要时	符合产品技术条件规定
4	操动机构线圈动作电压	（1）A 级检修后。 （2）≤6 年。 （3）必要时	合闸脱扣器在额定电压的 85%～110%范围内应可靠动作，当电源电压等于或小于额定电源电压的 30%时，不应动作；分闸脱扣器在额定电源电压的 65%～110%（直流）或 85%～110%（交流）范围内应可靠动作
5	操动机构检查	（1）A 级检修后。 （2）≤6 年。 （3）必要时	（1）额定操动电压下分、合闸 5 次，动作正常。 （2）手动操动机构操作时灵活，无卡涩。 （3）机械或电气闭锁装置应准确可靠

二、隔离开关和接地开关

隔离开关和接地开关的试验项目、周期和要求见表 15－17。

表 15－17　　隔离开关和接地开关的试验项目、周期和要求

序号	项　目	周　期	判　据	方法及说明
1	红外测温	（1）≥330kV：1 个月。 （2）220kV：3 个月。 （3）≤110kV：6 个月。 （4）必要时	红外热像图显示无异常温升、温差和相对温差，符合 DL/T 664 要求	（1）红外测温采用红外成像仪测试。 （2）测试应尽量在负荷高峰、夜晚进行。 （3）在大负荷增加检测

续表

<table>
<tr><th>序号</th><th>项　目</th><th>周　期</th><th>判　据</th><th>方法及说明</th></tr>
<tr><td>2</td><td>复合绝缘支持绝缘子及操作绝缘子的绝缘电阻</td><td>（1）A、B级检修后。
（2）≥330kV：≤3年。
（3）≤220kV：≤6年。
（4）必要时</td><td>（1）用绝缘电阻表测量胶合元件分层电阻。
（2）复合绝缘操作绝缘子的绝缘电阻值不得低于下表数值（MΩ）：<table><tr><td rowspan="2">试验类别</td><td colspan="2">额定电压/kV</td></tr><tr><td>＜24</td><td>24～40.5</td></tr><tr><td>A、B级检修后</td><td>1000</td><td>2500</td></tr><tr><td>运行中</td><td>300</td><td>1000</td></tr></table></td><td>40.5kV及以下采用2500V绝缘电阻表</td></tr>
<tr><td>3</td><td>二次回路的绝缘电阻</td><td>（1）A、B级检修后。
（2）≥330kV：≤3年。
（3）≤220kV：≤6年。
（4）必要时</td><td>绝缘电阻不低于2MΩ</td><td>采用1000V绝缘电阻表</td></tr>
<tr><td>4</td><td>交流耐压试验</td><td>（1）A级检修后。
（2）必要时</td><td>（1）试验电压值按DL/T 593规定。
（2）用单个或多个元件支柱绝缘子组成的隔离开关进行整体耐压有困难时，可对各胶合元件分别做耐压试验，其试验周期和要求按第12章的规定进行。
（3）带灭弧单元的接地开关应对灭弧单元进行交流耐压试验，要求值应符合产品技术文件要求</td><td>适用于72.5kV及以上复合绝缘设备</td></tr>
<tr><td>5</td><td>二次回路交流耐压试验</td><td>（1）A级检修后。
（2）必要时</td><td>试验电压为2kV</td><td></td></tr>
<tr><td>6</td><td>导电回路电阻测量</td><td>（1）A级检修后。
（2）≥330kV：≤3年。
（3）≤220kV：≤6年。
（4）必要时</td><td>不大于1.1倍出厂试验值</td><td>（1）周期中的“必要时”是指以下任一情形：
1）红外热像检测发现异常。
2）上一次测量结果偏大或呈明显增长趋势，且又有2年未进行测量。
3）自上次测量之后又进行了100次以上分、合闸操作。
（2）对核心部件或主体进行解体性检修之后，用直流压降法测量，电流值不小于100A</td></tr>
<tr><td>7</td><td>操动机构的动作情况</td><td>（1）A级检修后。
（2）必要时</td><td>（1）电动、气动或液压操动机构在额定的操作电压（气压、液压）下分、合闸5次，动作正常。
（2）手动操动机构操作时灵活，无卡涩。
（3）闭锁装置应可靠</td><td></td></tr>
<tr><td>8</td><td>电动机绝缘电阻</td><td>（1）A级检修后。
（2）≥330kV：≤3年。
（3）≤220kV：≤6年。
（4）必要时</td><td>不低于2MΩ</td><td></td></tr>
</table>

第九节　高压开关柜试验

6～10kV高压开关柜是电力系统中应用量大、分布面广的开关设备，由于各种原因，开关柜在电网运行中发生事故较多，据现场统计，6～10kV开关柜事故约占各种电压等级开关设备事故总和的50%以上，严重威胁电网的安全运行，因此，《规程》中增加了高压开关柜试验，其试验项目如下。

一、配少油断路器和真空断路器的高压开关柜

（一）测量绝缘电阻

1. 测量辅助回路和控制回路的绝缘电阻

辅助回路和控制回路包括直接操动断路器进行手动（按钮）分闸、合闸或通过继电保护与自动装置实行自动跳闸，重合闸的回路；指示断路器分闸、合闸位置的信号回路；防止断路器发生跳跃的闭锁装置，分、合闸转换开关的连接回路。这些回路的状态和绝缘好坏是直接影响断路器正确动作的关键，所以应按以下周期测量其绝缘电阻：

（1）A、B级检修后。

（2）≤6年。

（3）必要时。

测量时采用1000V绝缘电阻表，测得的绝缘电阻不应低于2MΩ。

2. 对12kV及以上的高压开关柜进行绝缘电阻试验

近年来，我国10kV高压开关柜外绝缘事故频繁，进行绝缘电阻试验主要是检查高压开关柜外绝缘的绝缘状况，或内绝缘有、无严重绝缘缺陷。在高压开关柜进行交流耐压试验前后均应分别进行这项试验。

测量时应采用2500V绝缘电阻表，测得的绝缘电阻应符合制造厂规定。

（二）测量主回路电阻

测量固定柜中断路器、隔离开关及隔离插头的导电回路电阻主要是检查接头接触是否良好。这是因为在高压开关柜的事故中，接头发热事故率很高，尤其是手车柜的隔离插头，有的由于质量问题，接触电阻变大，在工作电流下严重发热，可能引发成事故。

测量导电回路电阻时采用直流压降法，电流值不小于100A。测量值应不大于出厂试验值的1.1倍，且应符合产品技术文件要求，相间不应有明显差异。测量周期如下：

（1）A级检修后。

（2）≤6年。

（3）必要时。

（三）交流耐压试验

它是检查高压开关柜绝缘缺陷最直接、最有效的试验项目。

1. 试验周期

（1）A级检修后。

（2）≤6年。

（3）必要时。

2. 试验电压

按出厂耐压值的100%试验。

3. 试验方法

（1）试验电压施加方式：合闸时各相对地及相间；分闸时各相断口。

（2）相间、相对地及断口的试验电压值相同。

（四）检查电压抽取（带电显示）装置

高压带电显示装置能将高压带电体是否带电的信号传递到发光元件上，显示或同时闭锁高压开关设备。

高压带电显示装置通常由传感器和显示装置两元件组成。其等值电路如图15-24所示。U为母线电压，C为绝缘子电容，R为氖灯电阻。

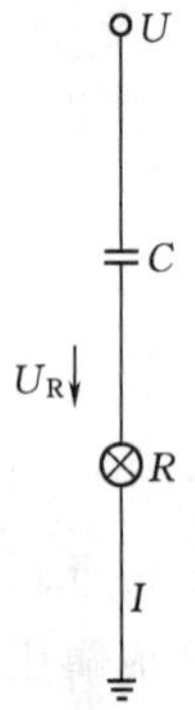

图15-24 高压带电显示装置等值电路

在A级检修后或必要时应对带电显示装置进行检查，检查内容如下：

（1）外观检查。要求性能可靠，安装维护方便，显示元件的驱动信号应从高压带电体获取；高压带电显示装置的接线端子应有良好的电接触，各元件的焊接应牢固。接地线采用多股铜线，其截面应不小于1.5mm²；接地螺钉直径不小于4mm。

（2）显示试验：

1）高压带电显示装置在额定相电压的15%～65%时，显示器应能指示，在额定相电压的65%时，其发光亮度应不低于50cd/m²（cd为发光强度单位，坎德拉）。

2）在额定相电压的65%～100%时，应满足发光亮度的要求，在相电压下，发光亮度应大于100cd/m²。

3）对闪光式，在65%～100%相电压下，其闪光频率应达到60～100次/min。

（3）闭锁试验。强制型高压带电显示装置，应按表15-18进行3个循环的闭锁机构动作试验，应正确可靠。

表15-18　闭锁机构动作试验

序　号	闭锁电源额定电压/%	高压端额定相电压/%	闭锁状态	高压带电显示
1	85	0	解锁	无
2	110	65	闭锁	有
3	0	65	闭锁	有
4	85	110	闭锁	有

(4) 电压波动试验。将电压施加于高压带电显示装置的高压端，电压在85%～100%额定电压条件下波动3次，显示器应正常显示，强制型应可靠闭锁。

(5) 绝缘耐压试验：

1) 传感器的交流耐压试验。试验电压为42kV×80%，瓷质的耐压时间为1min；有机绝缘的耐压时间为5min。

2) 显示器的端子和引线交流耐压为2kV、1min。

(6) 应符合产品技术文件的要求。

(五) 联锁检查

"五防"是：①防止误分、误合断路器；②防止带负荷拉、合隔离开关；③防止带电（挂）合接地（线）开关；④防止带接地线（开关）合断路器；⑤防止误入带电间隔。

检查结果应符合制造厂规定。检查周期如下：

(1) A级检修后。

(2) ≤6年。

(3) 必要时。

二、配SF_6断路器的高压开关柜

对这类高压开关柜，除上述试验项目外，还有压力表及密度继电器校验。

三、其他型式各类开关柜的试验项目

计量柜、电压互感器柜和电容器柜等的试验项目可参照上述开关柜的试验项目进行。柜内主要元件（如断路器、隔离开关、互感器、电容器、避雷器等）的试验项目按有关章节规定进行。

第十节 高压少油断路器的在线监测

高压少油断路器最常见的故障是断路器进水受潮，使得绝缘水平下降，有时甚至发生击穿或爆炸的事故。因此，在运行的条件下对断路器进行监测是十分必要的。

目前我国开展的在线监测项目主要是测量交流电压下的泄漏电流和介质损耗因数$\tan\delta$。

一、测量交流泄漏电流

(一) 测量原理

高压少油断路器在运行时，承受运行电压的绝缘是装在瓷套内的绝缘拉杆和绝缘油。绝缘拉杆的一端通过操作机构接地，一端接于运行相电压上。为了创造在线监测的条件，首先对绝缘拉杆进行改造，以满足运行条件下测量泄漏电流的要求。目的是将电流表（微安表）串入回路进行测量。改造时，需将距绝缘拉杆接地端上部1～2cm处镶上金属圆环，在圆环上焊接或用螺丝固定测量电极。并用可伸缩的弹性引线由断路器底部用小套管

引出，在运行时将其接地。测量小套管与绝缘拉杆上镶包的圆环电极间的引线，可采用具有弹性伸缩的绝缘软线。使其在断路器跳、合及绝缘拉杆发生快速运动时，弹性导线随之伸缩，并保证不会断脱。

测量时，将测量引线接于引出的测量小套管上，引线经一桥式整流电路接地，用直流微安表测量。测量时，断开测量小套管接地引线，由直流微安表读出运行电压下的泄漏电流（直流微安表接于桥式整流电路另两个端点）。测量完毕后，测量小套管恢复接地，使高压少油断路器恢复正常运行。

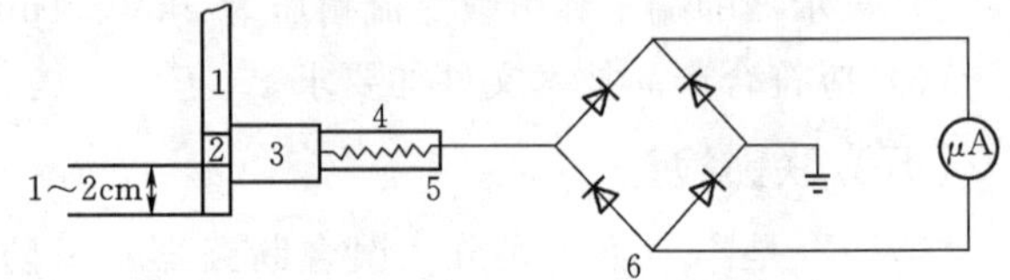

图 15-25　高压少油断路器交流泄漏电流在线监测示意图

1—断路器绝缘拉杆；2—金属圆环；3—测量电极；4—弹性绝缘引线；5—测量小套管；6—桥式整流

（二）接线

图 15-25 所示即为高压少油断路器交流泄漏电流在线监测示意图。

（三）实测举例

安徽省电力试验研究所采用这种测试方法进行了实测。部分测量结果见表 15-19。

表 15-19　高压少油断路器泄漏电流的测量结果

型　　号	测　量　结　果/μA			油耐压及检查情况/kV
	交流		直流	
SW_4-110	A	3	5	>40
	B	4	6	>40
	C	10	11	28
SW_4-110	A	11	14	进水受潮，油耐压 27
	B	28	35	人为灌水，油耐压 18
	C	18	23	人为灌水，油耐压 22
SW_6-220	A	2	4	40
	B	1	2	>40
	C	13	16	27
SW_3-110G	A	4	6	>40
	B	38	50	进水受潮放出水 1kg，拉杆裂开
	C	23	31	进水受潮，放出水 300mL

由表 15-19 可以看出，在断路器泄漏电流满足《规程》规定的小于 10μA 时，交流泄漏电流与直流 40kV 电压下泄漏电流试验结果基本上一致。但当断路器进水受潮使试验结果不合格时，由于交流电压下泄漏电流测量电极面积小于直流泄漏电流试验时测量电极面积，所以一般交流泄漏电流小于直流泄漏电流值。实践表明，监测交流泄漏电流还是基本能反映绝缘缺陷的。但若考虑到交流泄漏电流略小于直流泄漏电流的实测结果，建议交流下泄漏电流的判断标准可规定为不大于 5～8μA。当大于 5μA 时应引起注意，而当大于 8μA 时应停电检查。

由表 15-19 还可以看出，监测交流泄漏电流也可以有效地检出绝缘拉杆分层开裂的

缺陷。无论交流还是直流泄漏电流的测量结果，都与检查情况或绝缘油耐压试验结果相吻合。因此，运行电压下对交流泄漏电流监测可以代替直流电压下泄漏电流的测量。

如能绘出交、直流泄漏电流的修正曲线，则可通过交流泄漏电流测量值，算出相应的直流电压的泄漏电流值。

应该指出，现场测量交流泄漏电流会受电场干扰和潮湿气候的影响。对于电场干扰，可按历次比较进行分析判断，一般情况下 A 相泄漏电流有偏大的测量误差，而 C 相有偏小的测量误差。对于潮湿气候的影响，建议进行在线监测读数时，以空气相对湿度不大于65%为宜。

二、测量介质损耗因数 tanδ

高压少油断路器改成经测量小套管将拉杆绝缘引出后，同样可用这一改造后的装置采用 QS_1 型西林电桥测量其相应绝缘部分的介质损耗因数 $\tan\delta$。

电桥的第一臂为试品 C_x；电桥的第二臂为标准电容器 C_N，电桥的第三臂为可变电阻 R_3，电桥的第四臂由固定电阻 $R_4=3184\Omega$ 与电容箱 C_4 并联组成。平衡指示器为振动式检流计。在电桥平衡时，有如下关系

$$\frac{C_x}{C_N}=\frac{R_4}{R_3}$$

$$C_x=C_N\frac{3184}{R_3}$$

$$\tan\delta=\omega R_4C_4\times10^{-6}=C_4\ (C_4\text{ 以 }\mu\text{F 计})$$

进行高压少油断路器的介质损耗因数测量时，可采用下列方法。

(1) 高压标准电容器法。

(2) 低压标准电容器法。

(3) 功率表法。

现场一般采用高压标准电容器法或低压标准电容器法。

在线监测 $\tan\delta$ 的主要困难是缺乏高压标准电容器。因试品的电容量很小（30～50pF），为进行测量可选用三只 JY65/75 型断路器的断口电容器串联，或用上海电机厂生产 SOW-180-334 型（额定电压为 180kV，电容量为 334pF）无放电耦合电容器，作为标准电容器。设被试品电容量为 C_x，QS_1 型电桥平衡时，则有

$$C_x/C_N=R_4/R_3$$

因为 $R_4=3184\Omega$，而 R_3 可变电阻箱由 4 个电阻组成：10×1Ω、10×10Ω、10×100Ω、10×1000Ω，滑线电阻为 1.2Ω，故其最大阻值为 11111.2Ω。则有

$$\frac{C_x}{C_N}\geqslant\frac{R_4}{R_3}=\frac{3184}{11111.2}=0.287$$

因 $C_x=30\text{pF}$，$C_N=250\sim334\text{pF}$

故
$$\frac{C_x}{C_N}=0.09\sim0.12$$

因此无法进行测量，为此可采用减小 R_4 或将 C_x 与 C_N 对调的方法来测量。

(一) 减小 R_4 的测量方法

1. 接线

减少 R_4 的测量法的接线如图 15-26 所示。在图 15-26 中，δ 是测量电极引出小套管，可通过闸刀 P 接地，也可接好电桥 C_x 线后断开其接地。测量时只需在电桥 R_4 臂上并入 $R_4/9$（$R_4/9=353.7\Omega$）的电阻即可。此时电桥第四臂电阻由 3184Ω 下降到 318.4Ω。则电桥平衡时要求

$$C_x/C_N \geqslant 0.0289$$

当 $C_x=30\text{pF}$ 而 $C_N=250\sim334\text{pF}$ 时，能满足测量的要求。

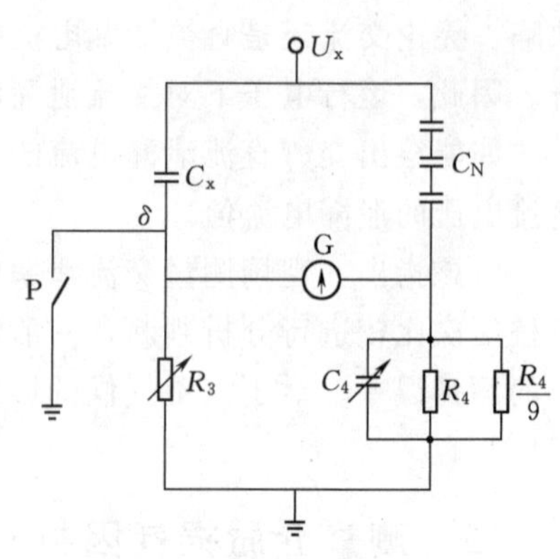

图 15-26 减小 R_4 的测量法

电桥平衡时，被试断路器的电容量 C_x 和介质损耗因数 $\tan\delta$ 的计算公式为

$$C_x=\frac{R_4'}{R_3}C_N$$

$$\tan\delta=\frac{\tan\delta_c}{n}+\tan\delta_N$$

式中的 $R_4'=318.4\Omega$［当并联电阻为 $R_4/(n-1)$ 时，$R_4'=R_4/n$］；$\tan\delta_c$ 为电桥测量值；$n=10$［当并联电阻为 $R_4/(n-1)$ 时，则取 n］；$\tan\delta_N$ 为标准电容器 C_N 的介质损耗因数。

应当指出，当 R_4 阻值减小到 1/10 时，电桥第四臂上电压也相应减少到 1/10 但由于此时是在运行电压下测量、其试验电压对 110kV 系统为 63.5kV，对 220kV 系统为 127kV；即试验电压增加 6.35～12.7 倍；因此仍能满足要求。

2. 实测举例

现场的部分测量结果见表 15-20。由表 15-20 可以看出，测量 $\tan\delta$ 也可较灵敏地发现其进水受潮绝缘缺陷。

表 15-20 采用图 14-26 所示接线的测量结果（$C_N=250\text{pF}$，$\tan\delta_N=0.2\%$，$t=25℃$）

序 号	型 号	相 别	在线测量结果				油耐压及检查情况/kV
			R_3/Ω	C_x/pF	$\tan\delta_c$/%	$\tan\delta$/%	
1	SW_4-110	A	2497	31.9	14.2	1.62	38
		B	2470	32.2	11.0	1.30	38
		C	2362	33.7	35.0	3.70	进水受潮
2	SW_4-110	A	2533	31.4	10.5	1.25	39
		B	2549	31.2	7.0	0.90	＞40
		C	2501	31.8	41.6	4.36	人为灌水
3	SW_6-220	A	2931	27.15	12.0	1.40	38
		B	2840	28.0	9.9	1.19	39
		C	2718	29.3	33.0	3.5	进水受潮，油耐压 27

应该指出，由于在线监测试验电压较高，电场干扰影响相对较小，而对杂散阻抗，可以做到两次测量基本一样，还可通过历次测量结果的相互比较，对绝缘状况作出正确判断，这

对电容量较小的高压少油断路器的 $\tan\delta$ 测量还是可行的。现场测量也表明，在线监测结果无论是电场干扰的影响，还是杂散阻抗的影响，都相对较小，一般可以忽略不计。

（二）C_X 与 C_N 对调测量法

1. 接线

由于被试品电容量 C_X 很小，可将被试品与标准电容对调进行测量，其测量接线如图 15－27 所示。

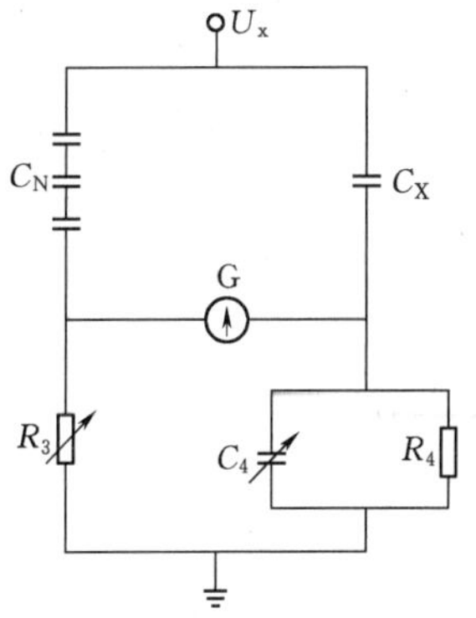

图 15－27　C_X 与 C_N 对调的测量接线

当电桥平衡时，有

$$C_X=\frac{R_3}{R_4}C_N$$

$$\tan\delta_c=\tan\delta_N-\tan\delta$$

式中　$\tan\delta_c$——电桥测量值；

$\tan\delta_N$——C_N 的介质损耗因数；

$\tan\delta$——被试品介质损耗因数。

由于 $\tan\delta_N<\tan\delta$，所以一般情况下 $\tan\delta_c<0$，也就是说，$\tan\delta$ 的测量结果为负，此时应按 $\tan\delta=\tan\delta_N+|\tan\delta_z|$ 计算实际的负值 $\tan\delta$，其中 $\tan\delta_z=\frac{R_3}{R_4}(-\tan\delta_c)$。

若 $\tan\delta_c>0$，则 $\tan\delta=\tan\delta_N-\tan\delta_c$。

2. 实测举例

现场曾对三台高压少油断路器进行了实测，实测结果见表 15－21。

表 15－21　采用图 15－27 所示接线的测量结果（$C_N=250$pF，$\tan\delta_N=0.2\%$，$t=26$℃）

序号	型号	相别	监测与计算结果					
			R_3/Ω	C_x/pF	$\tan\delta_c$/%	$\tan\delta_z$/%	$\tan\delta$/%	表 15－20 中对应的 $\tan\delta$/%
1	SW_4-110	A	404	31.7	−10.2	−1.29	1.49	1.62
		B	409	32.1	−7.3	−0.94	1.14	1.30
		C	427	33.5	−24.5	−3.92	3.49	3.70
2	SW_4-110	A	398	31.25	−6.6	−0.83	1.03	1.25
		B	396	31.1	−4.5	−0.56	0.76	0.90
		C	403	31.6	−31.6	−4.0	4.22	4.36
3	SW_6-220	A	345	27.1	−9.6	−1.04	1.24	1.40
		B	355	27.9	−7.4	−0.83	1.03	1.19
		C	372	29.2	−27.6	−3.2	3.4	3.5

根据表 15－21 列出的测量结果：$\tan\delta_c=-10.2\%$，$R_3=404\Omega$，则有

$$C_x=\frac{R_3}{R_4}C_N=\frac{404}{3184}\times250=31.7\ (\text{pF})$$

且当 $\tan\delta_c=-10.2\%$时，有

$$\tan\delta_z=\frac{R_3}{R_4}(-\tan\delta_c)=-1.29\%$$

因为 $\tan\delta_N=0.2\%$，所以试品介质损耗因数值为

$$\tan\delta=\tan\delta_N+|\tan\delta_z|=0.2\%+1.29\%=1.49\%$$

（三）两种测量法测量结果的比较

用 QS_1 型电桥进行 $-\tan\delta_c$ 测量时，灵敏度相对较低，但基本上能满足要求，用上述两种方法测量，经过互相比较，可求得正确的结果。

按减小 R_4 法测量时，$\tan\delta$ 值较按 C_X 与 C_N 对调法测得的结果大 0.1%～0.22%。这是因为图 15－26 中电桥引线芯线与其屏蔽层间的电容和少油断路器测量小套管对地的电容都并联在 R_3 桥臂上了。一般情况下，上述两电容之和约为 $C_c=2200\text{pF}$，而表 15－20 中 R_3 值一般为 2500Ω 左右，则图 15－26 和图 15－27 比较时，图 15－26 有偏大的测量误差，其值为 $\Delta\tan\delta=\omega C_c R_3=314\times2000\times10^{-12}\times2500\approx0.16\%$。

从上述分析可知，为监测少油断路器的绝缘缺陷，在线监测时的 $\tan\delta$ 标准建议以不超过 2.0%～2.5%为宜。

应当指出，由于在停电条件下测量少油断路器的 $\tan\delta$ 时，分散性较大，所以在《规程》中并未要求测 $\tan\delta$。但是在运行条件下，测量结果分散性较小，尤其是还可以根据历次测量结果进行相互比较并结合泄漏电流的测量结果对少油断路器的状况作出正确的判断。

综上所述，无论是运行电压下的泄漏电流，还是 $\tan\delta$ 的测量结果，都能比较正确地反映运行中高压少油断路器的绝缘状况，满足运行条件下绝缘监测的要求。为进行判断，建议现场试验时，可参考下列数据：高压少油断路器交流泄漏电流不大于 8μA；高压少油断路器介质损耗因数 $\tan\delta\leqslant2.5\%$。

第十一节　GIS 的在线监测

一、GIS 及其在线监测的意义

气体绝缘全封闭组合电器也称 SF_6 全封闭组合电器（GIS），是把整个变电所的设备（除变压器外）全部封闭在一个接地的金属外壳内，壳内充以 0.3～0.4MPa 的 SF_6 气体，保证对地、相间以及断口间的可靠绝缘。GIS 内部包括母线、隔离开关、电流互感器、断路器、电压互感器、各种开关及套管等。用化学性质不活泼的 SF_6 气体作为绝缘，从而取代了以前的变电所以裸导线连接各种电气设备而利用空气作为绝缘的方法。GIS 的内部结构如图 15－28 所示。

GIS 诞生在 20 世纪 70 年代初，它使高压变电站的结构和运行发生了巨大的变化，其显著特点是集成化、小型化、美观化和省力化。GIS 的故障率比传统的敞开式设备低一个数量级，而且设备检修周期大大延长，这就是许多大型重要电站也开始普遍采用 GIS 的原因。具体地说来，GIS 的优点如下：

(1) GIS 大大缩小了电气设备的占地面积与空间体积。由于 SF_6 气体有很好的绝缘性能，因此，绝缘距离大为减小，通常电气设备的占地面积与绝缘距离成平方关系，而占有的空间体积与绝缘距离成立方关系。随着电压等级的提高，减小绝缘距离对减小占地面积

和空间的意义就更大，它不仅为大城市、人口稠密地区的变电所建设以及城市电网的改造提供了有利条件，也为建设地下变电所创造了有利条件。GIS还适宜用在严重污秽、盐雾地区及高海拔地区，某些小电站的变电所如果空间受到限制，也可采用GIS。

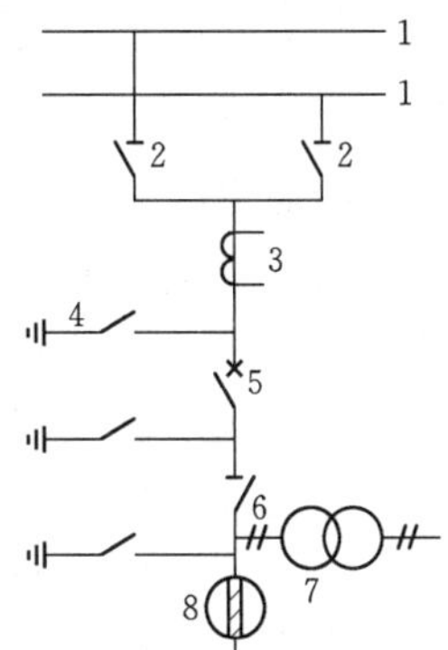

图15-28 GIS内部结构示意图

1—母线；2—隔离开关；3—电流互感器；4—接地开关；5—断路器；6—隔离开关；7—电压互感器；8—套管

（2）全封闭组合电器运行安全可靠，维修也很方便。由于全部电气设备封闭于外壳之中，减小了自然环境条件对设备的影响，而且对运行人员的人身安全大有好处。

（3）SF_6 断路器的性能较好，触头烧伤轻微，加上 SF_6 气体绝缘性能稳定，又无氧化问题，因此断路器的检修周期可以延长。如法国D·A公司和M·G公司生产的 SF_6 断路器允许的累计开断电流值能达2000kA。日本富士公司的HF90系列的 SF_6 断路器，其额定开断电流为50kA，能经受70次开断的考验，累计开断电流为3500kA。西安高压开关厂生产的EF1-110-D型 SF_6 断路器，其额定开断电流累计达1700kA，相当在额定开断电流31.5kA下开断50次。由此可见，GIS的检修周期一般可达5～8年，长者可达20～25年。

（4）安装方便，GIS以整体形式或者把它分成若干部分运往现场，因此，可大大缩减现场安装的工作量，缩短工程周期。其次，由于封闭式组合电器的外壳是接地的，可以直接安装在地面上，节省了水泥和钢材。

赞誉之余，也必须指出GIS潜在的问题，一旦出现事故，危害后果比分离式敞开设备严重得多，故障的修复周期大约要两周，故障修复甚为复杂。鉴于此，人们提出了发展对GIS在线监测的要求，即在设备运行中不间断地监测其状态，及时发现各种可能的异常或故障预兆，以便及时作出处理，一旦出现故障，如内部放电等，要能准确地判断故障部位，立即处理，防止高密度的相邻元件受到波及。

GIS的在线监测技术，近年来有了很大的进展，传统的设备运行检修制度，正在逐渐变革，即从定期停运检修制度，正在逐渐向预警式检修制度发展。由于在线监测与判断故障技术的逐渐完善，可以在设备出现异常预兆时，立即安排进行检修或更换，这就大大减少了检修工作的盲目性，对提高系统的安全水平和经济效益都是很有意义的。

由于各种传感技术的发展，尤其是光电子、微机技术的发展，在线监测逐渐实用化，可应用光纤和微电子元件解决高电压绝缘和传感系统小型化的问题，为实现电气设备的电气功能——检测功能的一体化创造了有利的条件。电器产品也将发展为装有各种传感和检测元件、带微机记录和判断功能的智能化产品。

二、GIS的监测内容和方法

从确保安全可靠的角度考虑，现在的检测大多在GIS外部进行，这样可避免在容器壁上穿通开孔来装传感器，这一点也有利于在已投运的设备上添加检测系统。监测的内容集中在开关动作、绝缘状态和故障定位等方面。

（一）开关动作的监测

开关操作系统的故障占运行故障的比例很大，而操作系统的故障预兆可以从前后操作时间或速度的变化中发现。测量每次操作脱扣线圈的电流和辅助触点动作时间，由微机记录和判断，便可发现早期操作机构的异常，其监测线路如图 15-29 所示。

线圈电流的测定可利用霍尔元件磁耦合方式取得信号，从电磁线圈的电流波形也可分析电磁铁芯动作的情况。整个动作时间的变化（通常为增加）反映操作机构卡涩或磨损的状态。传感头装在 GIS 上，与微机（监控箱）之间靠光缆传送信号，避免了各种干扰的影响。

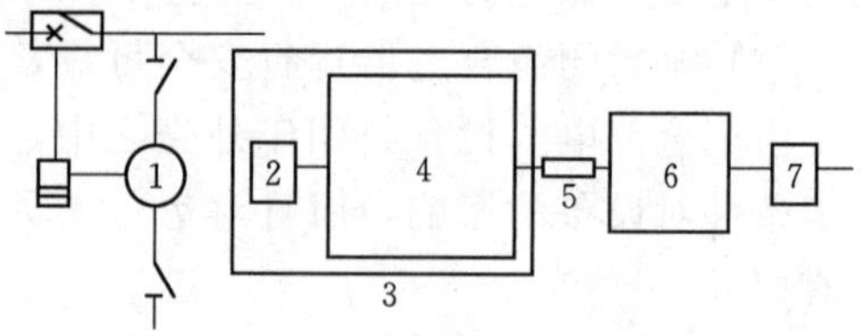

图 15-29 开关动作时间监测装置

1—线圈；2—磁耦合器；3—传感头；4—比较器；5—光缆；6—微机处理监控箱；7—E/O

（二）局部放电的监测

GIS 的早期诊断实际上就是局部放电的监测。局部放电监测是非破坏性的监测，可以弥补耐压试验的不足，通过监测能反映出高压电气设备制造和安装的“清洁度”；能发现绝缘中的薄弱环节，防止工艺和安装过程中的缺陷、差错，并能确定放电位置，从而进行有效处理，确保设备投运后安全运行。因此，局部放电测试已列入高压电气设备型式试验、例行试验和现场试验项目之中。

造成局部放电的原因主要有：

（1）支撑绝缘子制造工艺不良，内部有气泡。

（2）导电部分接触不良。

（3）电极表面有毛刺、刮伤，或安装欠佳出现有尖锐边缘的台阶。

（4）内部有自由导电微粒。

对 GIS 进行在线监测，可采用对 SF_6 气体化学成分分解的监测、非电量的振动测量及电气参量的监测等方法。

1. 化学检测法

化学检测法是用变色指示剂检测因局部放电使 SF_6 分解产生的气体。当 GIS 内部发生故障时，就会产生局部放电，一部分放电量会引起 SF_6 气体分解，产生 SF_4 及 SOF_2、HF、SO_2 等活泼气体。用化学分析法对这些被分解的气体进行检查，就会测出 GIS 内部发生的局部放电。

局部放电形成的高温将产生金属蒸气，它与周围的 SF_6 起反应可以产生化学性质很活泼的 SF_4，同时与气体中的水分子发生下列反应

$$SF_6+Cu \longrightarrow CuF_2+SF_4$$

$$SF_4+H_2O \longrightarrow SOF_2+2HF$$

$$SOF_2+H_2O \longrightarrow SO_2+2HF$$

因此，测 H^+ 或 F^- 均可推断 SF_6 的分解情况。试验表明，其中 H^+ 浓度为 F^- 的 1.5 倍，因此进行酸度测量十分灵敏、方便。为此，可选用一种灵敏度高和变色清晰的溴甲酚红紫指示剂（呈紫红色），这种指示剂随氢离子浓度的变化而变色，其转变范围为 pH＝5.2～

6.8。这种敏感元件包括一支充有氧化铝粉和指示剂碱溶液的玻璃管，将含有分解气体的气样通过该敏感元件，玻璃管内的颜色从蓝紫色变到黄绿色。肉眼可观察相当于0.03μL/L的分解气体浓度。即可检测出500～10000pC的局部放电。

这种方法的特点如下：

(1) 从有、无变色就能简单地判断出有、无明显局部放电发生。

(2) 容易操作，不需要专门培训。

(3) 试验设备体积小、重量轻，携带方便。

(4) 不受电气机械噪音的影响。

气体检测器的组成如图15-30所示，其具体测定方法为：整定好检测器的探头后，把它装在GIS的气体管道口处，然后打开GIS的管道口和气体检测器的流量调节阀，使试样气体流过探头，流量为每分钟5L，当流到6min时（30L），便开始有分解气体，在检测元件的气体流入侧就会慢慢变黄。根据变色的长度，按图15-31可求出分解气体浓度。用0.03μL/L（变色约3mm）的最小检测灵敏度与色谱分析法比较，其灵敏度远高于色谱分析法。

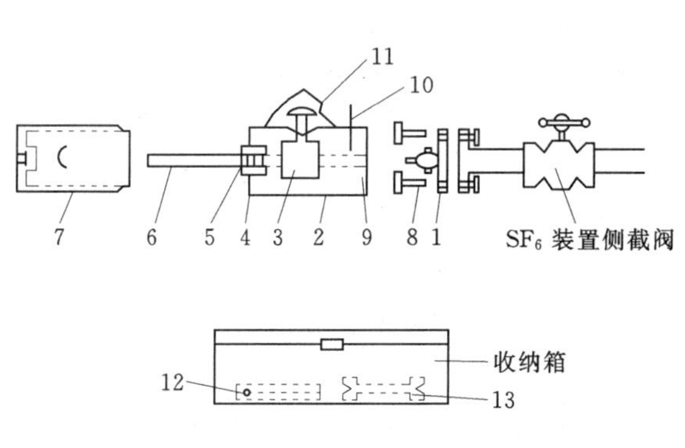

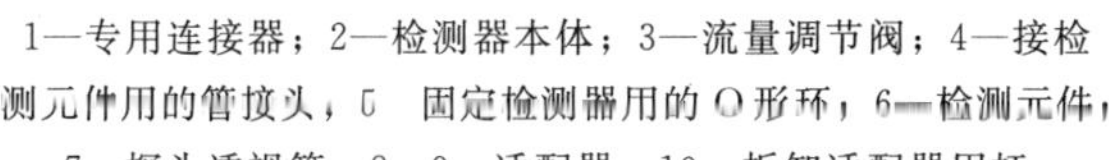

图15-30　气体检测器的组成

1—专用连接器；2—检测器本体；3—流量调节阀；4—接检测元件用的管拔头；5—固定检测器用的O形环；6—检测元件；7—探头透视筒；8、9—适配器；10—拆卸适配器用杆；11—起降用纽带；12—备用检测元件；13—扳手

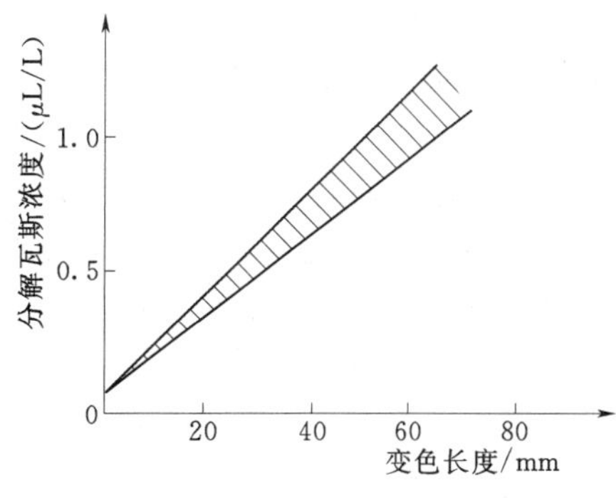

图15-31　气敏元件的灵敏度

2. 机械检测法

所谓机械检测法就是用压电式加速度计检测由于局部放电使金属容器壁产生的振动。在高压电气设备中，用超声波测局部放电的方法早已有人进行过大量的研究，由于声波要经过多种物质（金属、油、绝缘体、气体）传播，不同物质的声波的传播速度和衰减程度各异；需要通过换算和经验识别，所以曾认为要精确测定局部放电定量并定位是困难的。随着测量技术的改进（如探头压紧装置的改进、超声波导管的改进、采用微机采集和处理信号等），灵敏度大有提高，有的文献提到能达到几皮库的精度。测量GIS中局部放电声波（噪声）特性的检测元件可采用微音器、超声探头或振动加速度计。若振动表达式为

$$X(t)=d\sin(2\pi ft)$$

式中　d——振幅；

　　　f——振动频率。

则加速度 a 的表达式为

$$a(t)=-(2\pi f)^2 d\sin(2\pi f t)$$

可见加速度的最大值是振幅的 $(2\pi f)^2$ 倍，因此采用加速度计进行测量有较高的灵敏度。

由于局部放电引起的 GIS 密封外壳的振动很小，所以必须提高检测的灵敏度，而且还应发展；一种能鉴别各种不希望有的干扰的技术。各种因素在容器壁引起机械振动的频谱如图 15-32 所示。由图可见，局部放电引起的振动频率较高（几千赫到几十千赫），因此可先经滤波器除去低频部分。

提高局部放电的检测水平，一般从下面几个方面入手：

(1) 选择适宜的检测器，以改进检测灵敏度。

(2) 从换能器安装、放大器和电缆方面入手，降低机械和噪声干扰。

(3) 发展一种区别信号和干扰波形的处理技术。为了降低干扰，采用了积分放大器，考虑到频率特性和灵敏度之间的关系，选择了自然频率为数十千赫的压电加速度器，以尽可能地提高灵敏度。传感器的灵敏度为 $2V/g$，校正到输入电平的干扰水平不大于 $30\mu g$，因此，第二级放大器采用了一台数十微伏的低噪音放大器，这样就组成了一台具有现场抗干扰能力的低噪音、高灵敏度的检测器。

为了从噪音中分辨出信号，还可以采用下列方法：

(1) 采用 5～20Hz 的带通滤波器将低频和高频干扰滤去。

(2) 输入信号的监测系统只采集那些连续信号和干扰，消除偶然出现的高频干扰。

(3) 采样信号的周期与设备所用的工频周期同步，这样得出波形的绝对值平均后，可检查同步型式。

图 15-33 示出了机械检测的测量装置，为了识别局部放电和外部噪音，装置采用过

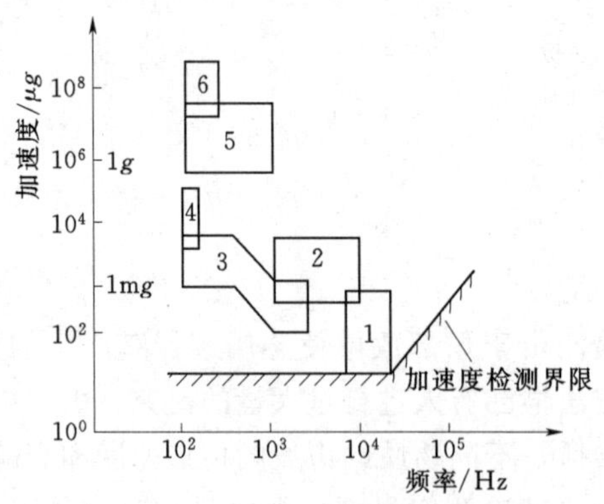

图 15-32 各种原因引起的振动频谱

1—局部放电引起的振动；2—异物振动；3—电磁力、磁致伸缩引起的振动；4—静电力引起的振动；5—操作引起的振动；6—对地短路引起的振动；g—重力加速度

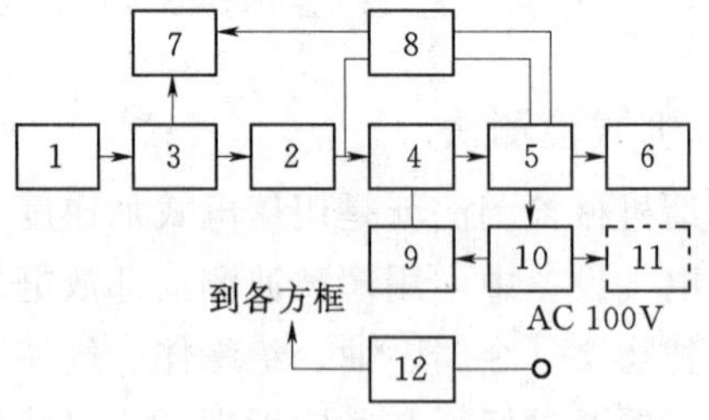

图 15-33 振动、异常声音检测装置框图

1—加速度检测器；2—高通滤波器；3—放大器；4—A/D 变换器；5—数字演算部分；6—开关盘指示装置；7—测量仪表；8—级别判断器；9—低通滤波器；10—A/D 变换器；11—电视；12—直流稳压电源

滤及多次数据采样方式进行平均化处理。

机械测定的具体方法为：将加速度检测器用石蜡固定在GIS的测定位置，然后起动装置，这时在数字显示屏幕上可以显示出振动波形的峰值$V_p(\mu g)$，平均值$V_A(\mu g)$和周期性成分$V_F(\mu g)$，根据这些值来判断有无异常。

（1）当V_p值与机器正常时的值或者同种机器的值有明显差别时，可看作是异常。

（2）当V_p值和正常时的值或者同类机器的值差别不大时，情况如下：①V_A/V_p的比值大，V_F小，一般来说是噪声的振动。②V_A/V_p的比值大小在0.7左右，呈周期性很有规律，则局部放电的可能性大。③根据以上的顺序辨别，当判断为机器内部发生局部放电时，将V_p值及振动、异常声音检测装置的读数按局部放电电荷的换算曲线（图15-34）换算出局部放电电荷量，作为判断是否有故障的依据。

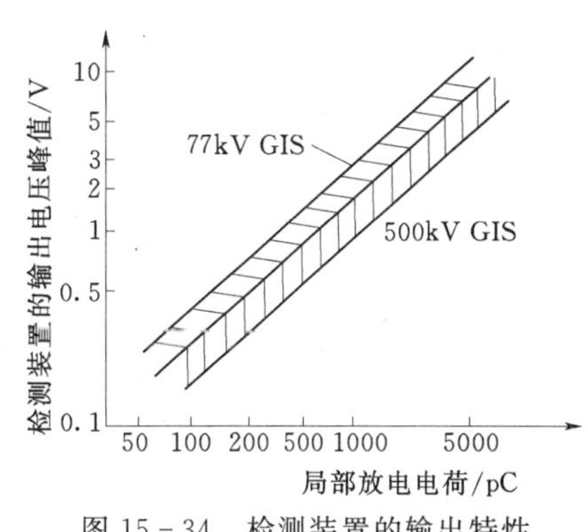

图15-34　检测装置的输出特性

利用这种方法，测试一次大约需要3min。最小检测灵敏度因噪声的影响而异，但变化不大，一般检测相当于50～200pC的局部放电是没问题的。

测量机械振动波的最大优点是易于定位。

图15-35所示为德国在123kV GIS的5个不同测量点测得的结果，由测量结果很容易确定故障点的位置（内电极表面有固定的线状突起物）。

图15-36所示为日本东芝公司研制出的具有双压电探头的超声检测仪的原理图。图中A、B两个探头测到的信号经放大后送入判别回路，根据左右两个探头测得信号的先后次序（先测得信号那边的发光二极管发光），可以确定波的传播方向。按顺序移动仪器的探头，可准确地找出故障点。

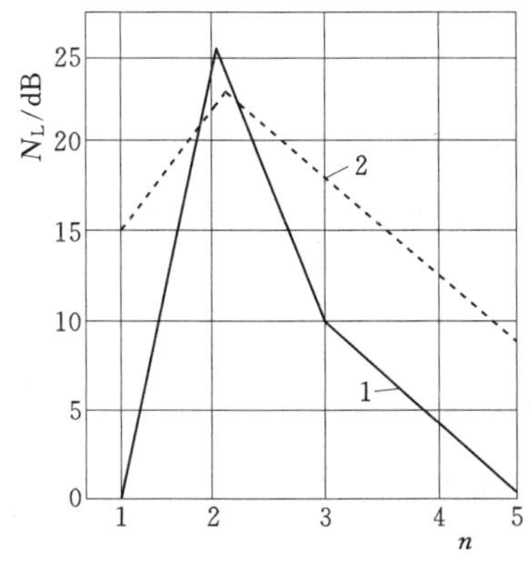

图15-35　在123kV GIS不同测量点测得的信号

1—32kHz分量；2—3kHz分量

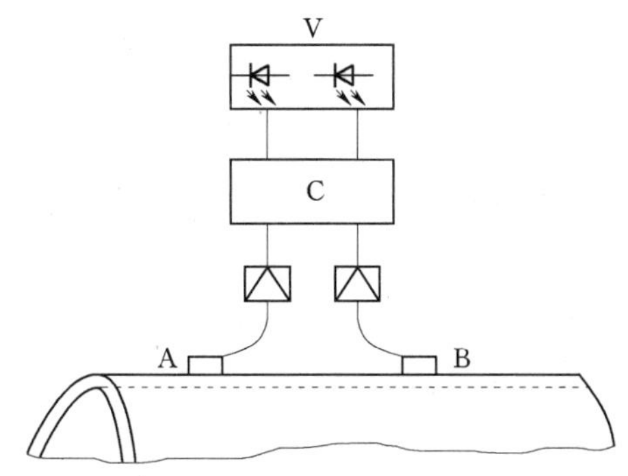

图15-36　双探头超声检测原理

A、B—电压探头；C—信号先后判别回路；V—发光二极管

这种仪器两个探头的时间分辨能力为5μs，相当于30mm。

3. 电气检测法

用电气检测法对GIS进行局部放电检测，与对其他电气设备检测相比，并无多少特殊之处。局部放电信号可用下述耦合方法输入检测仪器，而不需要对GIS进行任何改造。

(1) 支撑绝缘子耦合法。例如，内部的盆式支撑绝缘子在靠近接地侧有金属环将信号引至检测仪器，其测量框图如图15-37所示。

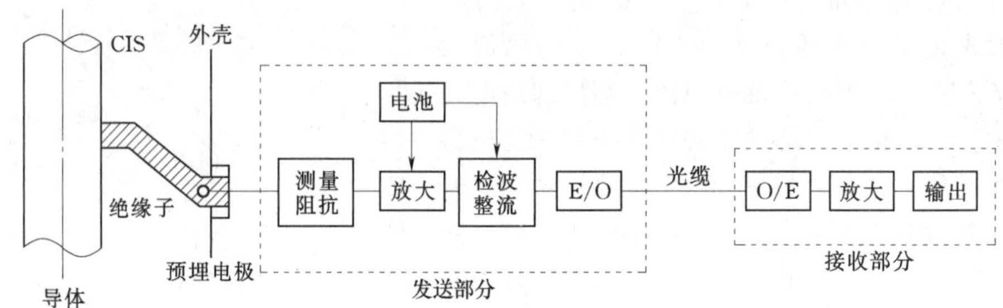

图15-37 采用支撑绝缘子的电气法测局部放电的框图

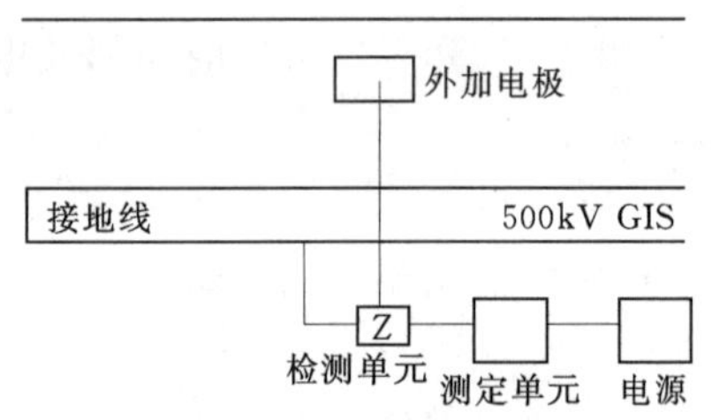

图15-38 外部电极法监测局部放电的框图

(2) 外部电极法。在GIS外壳上放置一外部测量电极，外电极与外壳之间用薄膜绝缘，形成一耦合电容。绝缘薄膜的主要目的是防止外壳电流流入检测装置。外部电极法监测局部放电的框图如图15-38所示。

(3) 电磁耦合法。发生局部放电时，GIS外壳接地线中流过的电流除工频分量外，还有高频脉冲，可通过铁磁线圈耦合进行测量。现场用的检测仪器一般比较简单，例如，可用宽频放大器（10～1000kHz）和示波器配合，或用带通滤波器（例如400kHz）与峰值电压表配合。后一种方法抗干扰性能较好；而前一种方法的优点是可以根据局部放电电波形区分故障性质。例如，自由微粒引起的局部放电出现的相位不规则，放电量大小与气压几乎无关；而固定突出物引起的局部放电出现在电压峰值附近，放电与气压有关。

电气方法宜用于早期故障诊断，它可以判断GIS的绝缘状态，但不便于进行定位。

4. 光学检测法

由于局部放电产生光辐射，故可以用一种安装在GIS内部的光传感器进行测量。一般采用一种波长低的频带段具有高灵敏度的光传感器进行测量。采用的检测器包括一只传感器和一台控制单元，图15-39所示为光检测器框图。传感器包括装设在屏蔽电磁、光的铁壳中的光倍增管和信号处理回路，传感器装在金属外壳的窗口上，以便检

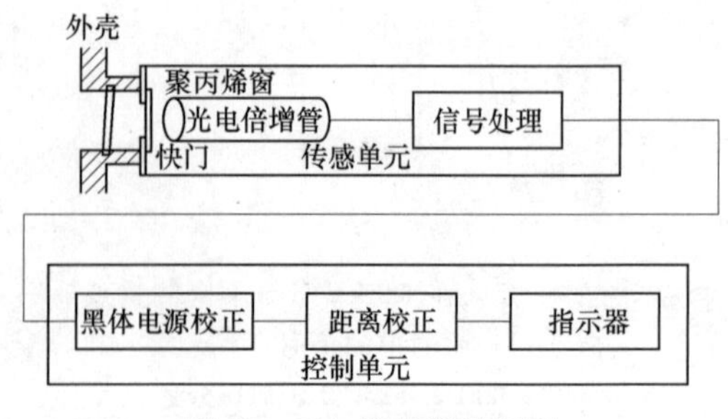

图15-39 光检测器框图

测 GIS 内部的局部放电，测量到的信号通过电缆送到控制单元，其信号按黑体电流和距离进行校正，并显示出来。

使用这种方法时，为了使传感器安放在外壳内，需要在密封外壳上开窗，但这种方法却不会受到背景干扰的影响。

以上四种检测方法，即化学气体检查法、振动加速度法、电气法和光学法，都能从 GIS 外部检测内部的局部放电。这些方法的各自特点如下：

（1）化学气体检查法。此法易于应用，且比较经济，不受背景噪声的干扰，可检测出使 SF_6 气体发生化学变化的缺陷。但此法仅适用于连续的局部放电。

（2）振动加速度法。此法可用于缺陷的定位，且能检测出气体中的固体杂质。

（3）电气法。此法可用于测量内部的局部放电，设备小且轻便，易于携带。

（4）光学法。此法不受背景噪声的影响，灵敏度较高，但它需要有观察窗，因而受到一定的限制。不能检测光束直射或反射都达不到的地方。

这些方法各有其特点，因此应视现场的环境和测试目的选用合适的方法。

第十二节　GIS局部放电在线特高频监测介绍

一、概述

目前 GIS 常用的局部放电信号的监测方法是振动法和电气法两种。振动法可在体外监测，抗干扰性能好，便于进行放电源的定位，但放电产生的声波在气体中传播时衰减快，故监测灵敏度较低。电气法由于电信号传播时衰减小，可得到较高的监测灵敏度，但现场大量的电磁干扰大大降低了它的信噪比和可得到的监测灵敏度。因此这两种方法均有其固有的局限性。近年来，国际上对用特高频监测 GIS 内的局部放电的研究较多。最早提出并进行研究的是英国 Strathclyde 大学，第一套 GIS 的特高频监测装置于 1986 年安装在苏格兰的 Torness 核电站。一般局部放电的电脉冲信号的频谱是非常宽的，从数十赫到数百兆赫，并且随介质的击穿强度的提高而增加。SF_6 的击穿场强在稍不均匀电场结构下高于空气约 3 倍，故其击穿过程中放电形成时延较短，则放电形成的脉冲信号的前沿较陡，信号的频谱更宽。因此，一般充 SF_6 的 GIS 中的局部放电引起的脉冲信号的带宽，比之相同电场结构和间隙距离的、空气中局部放电的信号的带宽要宽，前者在 300MHz～3GHz 之间，而后者为数百兆赫。例如，固体绝缘内的空隙放电、GIS 内的导电微粒的放电、因接触不良等原因引起的浮电位放电以及 GIS 内的电晕放电等引起的局部放电的脉冲信号，其上升时间在 0.35～3ns 之间，脉冲的持续时间为 1～5ns。为了模拟导电微粒的放电，将直径为 2mm 的铝球放在一个接地的凹形盘状的铝电极中，当上电极（球形电极），加高压后，小球在电场下会在盘中稳定地持续缓慢滚动，用以模拟导电微粒的运动。将该放电模型安置在 420kV 变电站 GIS 的母线筒中，测得的局部放电频谱如图 15－40 所示，从模拟电晕和浮电位的放电源上也得到了类似的频谱图。试验结果表明，GIS 中这几种典型的局部放电所包含的频谱均达 1GHz 及以上。

后来 Strathclyde 大学又将上述电极装置密封于有机玻璃管中，构成一个小试验台。

管内充以表压为 380kPa 的 SF_6 气体，用采样率为 100GSA/s（每秒千兆采样）的数字仪测得 300 多张由微粒引起的局部放电的电流脉冲，如图 15-41 所示。其脉冲上升时间小于 50ps，半峰值脉宽则小于 70ps。测得的大多数脉冲波形和它相同，且无一脉冲的上升时间大于几百皮秒的。这一结果大大低于上述数据，文献认为是由于使用带宽更宽的测量系统而得到更准确的结果，并建议进行局部放电的电流脉冲测量时，所用仪器的带宽当在 5GHz 以上。试验结果还表明脉冲波的形状和脉冲极性以及微粒的形状无关，随 SF_6 气压的变化很小，改用 0.5mm×1mm×2mm 的钢屑作为微粒试验，脉冲波形也无显著差别。

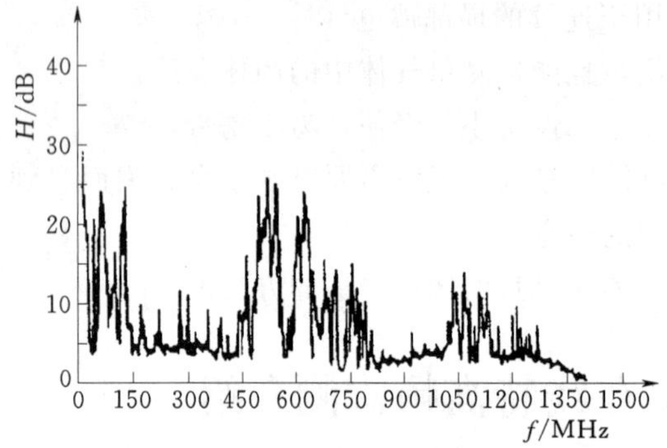

图 15-40 模拟导电微粒放电时脉冲信号的频谱图

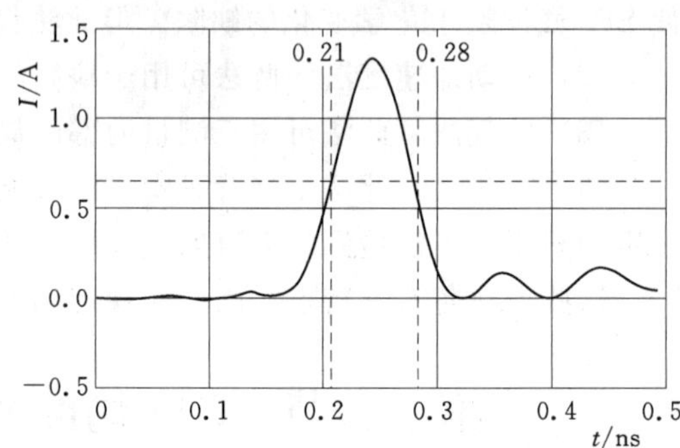

图 15-41 SF_6 中微粒引起的局部放电的电流脉冲波形

二、特高频监测工作原理

特高频监测就是将局部放电监测频带选在特高频段，从数百兆赫至数吉(10^9)赫。由于特高频信号传播时衰减很快，故 GIS 以外的特高频段的电磁干扰信号（如空气中的电晕放电的电磁辐射）不仅频带比 GIS 中局部放电信号的带宽要窄，且其强度随频率增加而迅速下降，故一般不能到达 GIS。广播频段则都远在监测频带之外，也不会影响监测。由于 GIS 的金属同轴结构类似一个波导，其内部局部放电所产生的特高频信号可有效地沿着它传播。因此，比之其他方法，特高频监测可有效地抑制干扰，得到较高的信噪比。当然，GIS 并非一个理想的波导，内有绝缘隔垫划分成 T 形截面或间隔，有时外壳直径还有变化，故特高频信号沿 GIS 传播还是要发生衰减的。在典型的 145kV GIS 上，频率为 1GHz 的信号，其传播衰减度约为 3dB/m。因此，检测到的局部放电信号的振幅（即放电量）受检测点和放电源之间的距离及间隔数的影响很大，也使校准很困难。特高频监测也可根据放电脉冲信号的波形和频谱特征进行放电类型（也即放电模式）的诊断。也可根据不同传感器测得的放电脉冲信号的时间差进行放电源的定位。在检测 GIS 局部放电方法上最为成功的是声测法和特高频法。英国已优先选用了特高频法，它普遍用于工厂试验、投运前的工频耐压试验、在线监测以及试验室的研究试验等。至 20 世纪 90 年代中，在英国所有新的 GIS 装置都为特高频监测安装了内部耦合器。Strathclyde 大学对在 GIS 中由局部放电所激发的特高频信号进行了理论研究和试验验证。为此仿照 400kV GIS 的同轴波导结构，建立了一套模拟计算和试验用的同轴圆筒系统，长为 3.6m，内、外径分别为 0.1m 和 0.5m。装在外壳内或内导体上直径为 1.3mm，长为 25mm 的单极探针作为

局部放电源。用CMOS逻辑门产生一个阶跃电压，去驱动探针重复产生一个单方向的、峰值小于2mA的电流脉冲以模拟局部放电。在外壳内侧另装一个相同的探针，作为测量特高频信号的耦合器。两探针相距1.2m。耦合器后接前置放大器和数字仪来显示和记录特高频信号。在理论上用二元格林函数为同轴波导中激发和传播特高频信号的传递函数，运用它可分析局部放电源的位置、大小、峰值和脉冲形状对特高频信号的影响。例如，无论源探针放在外壳内或内导体上，模拟计算和试验结果都显示出检测灵敏度和源探针与耦合器间的角度有关；角度为0°或180°时，接收到的放电信号功率最高。在GIS中最普遍的局部放电源是自由金属微粒，它们一般位于GIS的底部，在高压电场影响下在外壳内移动。为检测这一缺陷引起的局部放电，耦合器的最佳位置在GIS底部或顶部。

三、局部放电信号的检取

特高频监测一般是用内部电极作为耦合式传感器来检取局部放电信号。如英国Strathclyde大学是在420kV GIS的检修孔盖板上装一个直径250mm的电极，如图15－42所示。电极与盖板绝缘，其间的电容值约100pF。信号由带气密的导管引出，电极与高压导体间的电容约2pF。电极与盖板间接有电阻，以将耦合器上的工频电压降为几伏。对局部放电信号的连续监测可在频域或时域进行，前者的优点在于很容易识别出从架空线进入GIS的广播干扰。频域监测一般可用频谱分析仪，此处用的是Yaesu FRG－9600宽带通信接收器，它以多种模式工作于60～905MHz频率范围内。由于GIS中局部放电的峰值信号发生在600～900MHz，故此范围内需仔细检测，频率间隔选为1MHz，以便检测到全部谐振峰值。利用该仪器已稳定地检测到模拟导电微粒放电源的放电，如图15－40所示。时域监测可利用快速暂态监测仪（Gay FTM3CH型）。时域波形诊断法也可用来识别放电源的类型，即根据放电脉冲在工频周期上出现时的相位、幅值和间隔来鉴定。例如金属部件因机械上的松动引起的浮电位放电，这是金属-金属间隙放电，通常间隙比较稳定，故放电脉冲的幅值和次数比较稳定。它发生在正半周期的上升部分和负半周期的下降部分，且放电量大于其他放电源。金属微粒间放电的放电量小，故脉冲幅值也较小。一般微粒的移动比较缓慢，使放电间隙相对稳定，故放电脉冲的幅值和间隔也较稳定，但和工频相位无直接关系。电晕放电的脉冲则和工频同期，一般发生在幅值附近，且工频正负半波的脉冲信号不对称。严重时放电脉冲密集，相互叠加，很难区分其幅值和间隔。为此常用工频电源同步触发仪器，扫描时基则选20ms。运用时域波形还可对放电源定位。考虑到GIS比变压器结构简单（均是同轴圆柱结构），信号脉冲的电磁波又是沿圆筒传播，因此有可能在GIS放电点的两端设置两个传感器，通过信号到达两传感器的时差来估计发生在GIS内放电的轴向位置。

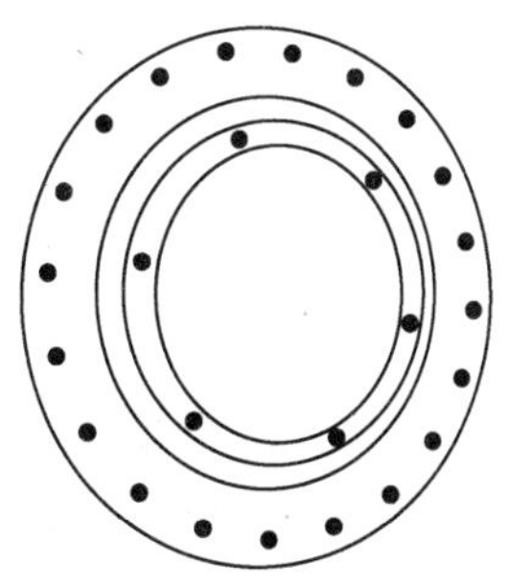

图15－42　特高频监测用耦合器

四、特高频在线监测系统

两个耦合器测到的接触不良的放电波形如图15－43所示。信号先到达2号传感器，2

号和 5 号传感器时差 Δt 为 72ns，相隔的轴向距离 L 为 33.7m，电磁波的传播速度 v 为 0.3m/ns，则放电点距 2 号传感器的轴向距离 S 可按下式估计：

$$S=0.5(L-v\Delta t)=0.5(L-0.3\Delta t) \tag{15-11}$$

得 S 为 6.05m。若 $v\Delta t=L$，则说明放电点在两传感器的外侧，需移动传感器的位置以满足 $v\Delta t<L$。上述波形是用 Tektonix 7104 型宽带示波器测得的放电波形。该系统时间分辨率为 1ns，故定位准确度为 0.15m 左右。监测系统已在试验室 400kV GIS 试验段上实现了连续监测的试运行。日本将埋在盆式绝缘子接地端处的环形电极作为耦合器，用来监测局部放电信号，其结构示意如图 15-44 所示。他们认为局部放电范围在数十兆赫至数百兆赫，但将监测频带选为 60～70MHz，其理由如下：①稳态和离散的噪声水平，诸如广播干扰水平在此频带相对较低；②数百兆赫的测量系统不易识别外部空气电晕的干扰，因空气电晕的频谱也达数百兆赫；而在更低频段则存在低噪声区；③数百兆赫的局部放电信号衰减较大；④易于实现。现场检取的信号首先经带通滤波器、放大器后调制为调频波，再经电光转换器转换成光信号，信号通过光纤送往控制室的接收装置。已运用该系统在试验室进行了外部注入脉冲的模拟试验和 GIS 中的局部放电模型试验，并运用人工神经网络对局部放电类型进行了识别。

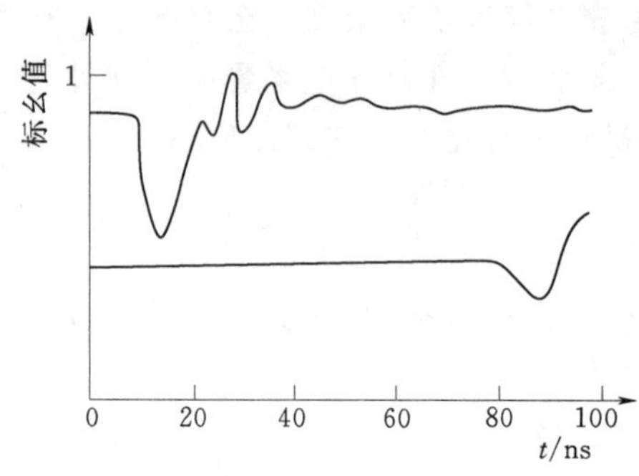

图 15-43　两个耦合器测到的接触不良的放电波形

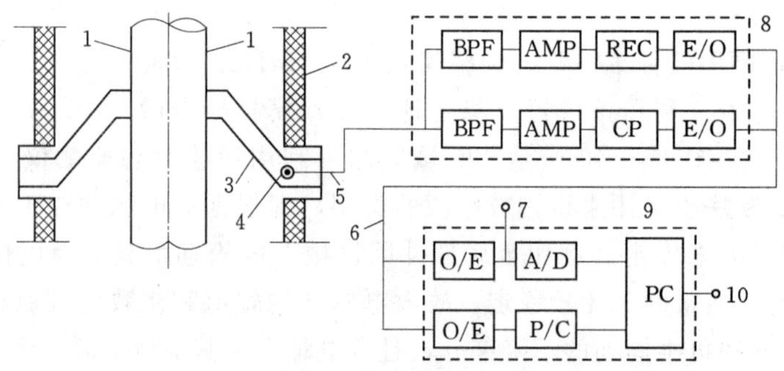

图 15-44　特高频在线监测系统原理框图

1—导体；2—GIS 外壳；3—盆式绝缘子；4—环形电极；5—同轴电缆；6—光纤；7—监测器；8—电光转换器；9—接收装置；10—输出；BPF—带通滤波器；AMP—放大器；REC—整流器；CP—比较器；E/O—电光转换；P/C—脉冲转换；A/D—模数转换；PC—微机

五、干扰源及消除措施

特高频监测的干扰主要来自空气电晕。虽然电晕的电磁辐射强度随频率升高而迅速下降，但当 GIS 端部接有空气套管时，套管头部强烈的空气电晕也可在 GIS 内部在套管附近监测到。电晕的高频电磁辐射频谱在数百兆赫以上，甚至 1GHz 的频率分量也能进入

GIS母线筒，其部分频率分量和GIS中局部放电的频带会有重叠，甚至难以明确地识别，这就会和GIS内部的局部放电信号混淆而降低监测灵敏度。但该干扰信号在GIS内传播时衰减很快，若套管和开关装置之间的连线较长，干扰很少会出现在开关处。因此可能解决的办法是在GIS内，适当增加监测点，这样有助于识别内部局部放电和外部电晕。顺便指出，当GIS端部不接空气套管，而和电缆直接相接时，即便外部有较强的空气噪声，但在GIS内部测得的噪声较低。利用内部电极监测局部放电在使用上不够灵活，并且在现场实现时会遇到困难，特别是对已投入运行的GIS设备。为此，清华大学高电压和绝缘技术研究所研究了体外监测方法。由于GIS多处装有盆式绝缘子，使GIS外壳存在绝缘间隙，当电磁波沿GIS的金属筒传播时，部分电磁波可以从这里辐射出来。据此设计了天线式传感器，将天线放置在GIS的盆式绝缘子外缘，如图15-45所示。为消除空间干扰的影响，需采用适当的屏蔽措施。图15-46是GIS体外监测局部放电用M-200型特高频传感器的原理框图，它包含天线、特高频放大器和整形电路。天线接收局部放电的脉冲信号，经特高频放大电路放大，在HO端输出特高频窄脉冲信号，而经整形电路MO端输出的是单极性宽脉冲信号，其监测频段在0.2～1.2GHz之间可调。传感器后接一台2通道高速数字示波器即可显示或记录脉冲信号。图15-47是在现场用M-200型特高频传感器体外监测到的GIS中绝缘子附件的浮电位放电的脉冲波形图。据介绍，该设备对GIS中的主要放电类型的监测灵敏度可达10pC，定位准确度达到±1m。

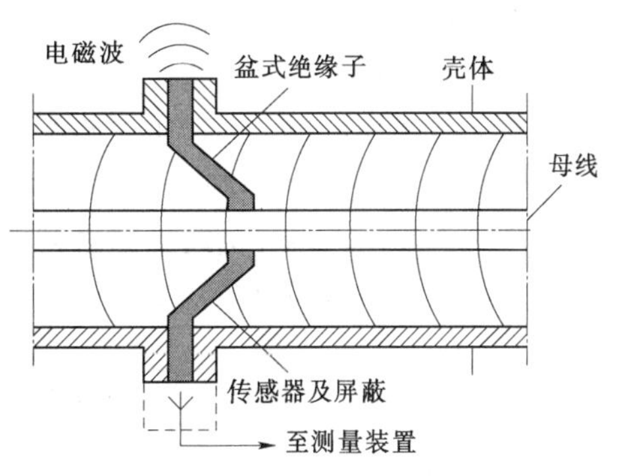

图15-45　GIS体外特高频传感器示意图

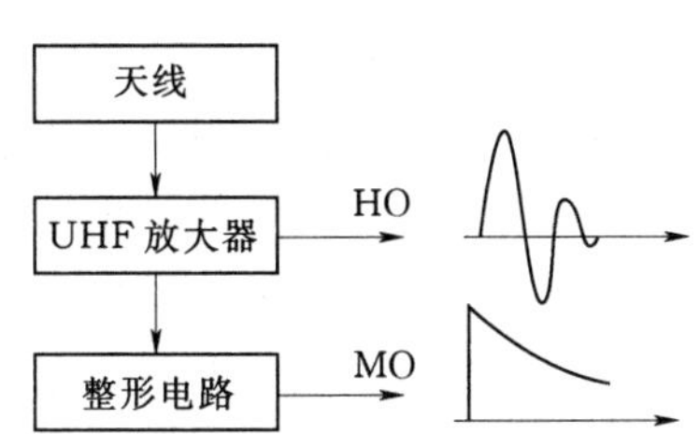

图15-46　GIS体外监测局部放电用M-200型特高频传感器原理框图

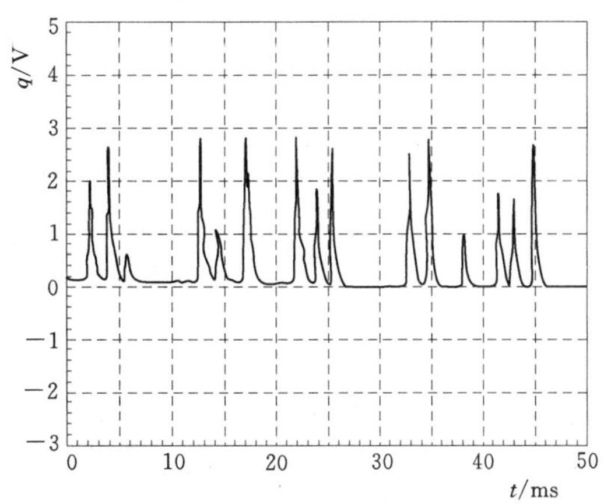

图15-47　在现场用M-200型特高频传感器体外监测到的GIS中绝缘子附件的浮电位放电的脉冲波形图

运用上述系统进行局部放电源脉冲信号特性的模拟试验研究，试验表明除可利用脉冲信号的幅值、间隔和相位来识别局部放电类型外，不同类型和大小的局部放电源脉冲的频谱特性也不同。如前所述，这是由于电磁波高频成分的大小取决于放电脉冲的陡度。击穿过程越快，放电脉冲越陡，辐射高频电磁波的能力越强。击穿过程的快慢与放电间隙的距离、形状和介质有关。若模拟局部放电源的放电间隙距离增大，其辐射高频电磁波的能力将降低。在间隙距离相同时，金属间隙（例如用处于浮电位的金属尖电极和带高压的 GIS 母线模拟接触不良引起的浮电位放电）的频谱高于绝缘间隙（例如 GIS 母线和外壳间并接一对盘状绝缘间隙，以模拟固体绝缘中的缺陷）。因此，也可探索根据不同频谱特性来识别不同类型的放电源。利用该监测系统对很多变电站进行了现场检测。如在北京城区变电站 110kV GIS 上检测到和工频电压同步的脉冲放电信号，移动检测天线进行探查，发现一个盆式绝缘子内电极的接地螺钉松动，导致内电极对地接触不良而放电。将该螺钉拧紧后，所测放电信号即消失。试验中未测到显著的电磁干扰信号。

第十三节　真空断路器灭弧室真空度在线监测

目前国内外还无法实现真空度的直接测量，间接测量方法主要有：真空断路器处于分闸状态时检测断口电流、检测周边电场、检测波纹管变化和检测局部放电。其中，检测周边电场和检测局部放电是国内外研究得较多的两种间接测量方法。

一、检测断口电流

一般认为，当断路器处于分闸状态时，灭弧室的断口上承受系统电压，若有一相灭弧室的真空度下降到一定程度，流过相应断口的离子电流增加，RC 网络的中性点和系统中性点之间就会出现不平衡电压，检测该不平衡电压，即可判断真空度情况。这种检测实质上是耐压法的在线应用，利用不平衡检测原理提高灵敏度。

这种 RC 网络原本是用作真空断路器过电压保护的，适当增加少量元件，即可兼作真空度在线检测，是一种廉价的检测方案，但灵敏度较低，只有真空度恶化到一定程度才能反映出来。另外，只有在分闸状态下才能实施检测，对长期投运的真空断路器不太适宜。

二、检测周边电场

目前有两种理论说明真空度与周边电场的关系。一种理论认为（形象地说），触头附近的电场强度大于屏蔽罩附近的电场强度，因此将在触头附近电离出（场致发射）更多的电子，这些电子在电场的作用下，向屏蔽罩移动。当灭弧室的真空度正常时，触头相当于阴极，屏蔽罩相当于阳极，即触头和屏蔽罩组成了一个真空二极管，仅需几百伏的电压就可以维持带电触头与中间屏蔽罩之间的单向导电。二极管向屏蔽罩和地之间的杂散电容充电，使屏蔽罩产生一个叠加在交变电位上的负电位。由于此电流十分微小，故此时负电位不明显。随着真空度下降，由触头向屏蔽罩移动的电子产生了碰撞电离，电流增大，屏蔽罩上积累的电子增多，负电位的绝对值升高。真空度下降到一定程度，平均自由程减小，导致碰撞电离减少，负电位的绝对值下降。因此，设法测量屏蔽罩的直流电位，可以推断真空度的情况。

实际上，此时由于屏蔽罩与触头之间的等值电容、等效真空二极管的反向特性、屏蔽

罩支柱绝缘子等值电导的共同作用，屏蔽罩上的交流电位也随之改变，在屏蔽罩上产生一个随真空度下降，先下降后上升的变化趋势。测量此变化趋势，亦可判断真空度的变化情况。

第二种理论认为，真空断路器的金属导杆和触头与屏蔽罩之间，在正常情况下相当于一个电容器，真空断路器的屏蔽罩对地也相当于一个电容器，屏蔽罩上的电位按电容成反比分配。真空度的降低将导致离子电导的加大，其效果就相当于在屏蔽罩上的电位按阻抗重新分配。在真空度开始变化时由于平均自由程尚未达到碰撞电离的要求，离子电流变化不明显，但到一定值时碰撞电离加剧，离子电流增大，然后又趋于缓和（巴申定理）。因此利用这一曲线可以判断真空度的变化趋势。

这两种理论均利用屏蔽罩的电位变化来反映真空度的变化，因屏蔽罩上的电位无法测量，因而实际上是设法测量屏蔽罩附近的电场强度，由电场强度的变化间接地反映真空度的变化。为了避免探头的插入对电场分布的影响，以及真空灭弧室对绝缘安全距离的需要，探头对地应高度绝缘，因此，探头的信号引出应采用光纤等高绝缘材料。这样一来，就很难对探头提供工作电源，一种解决方案是采用光学元件把电场的变化转变成光通量的变化，再经光纤传到低电场区或控制系统中进行监测。

另一种解决方案是采用硅光电池供电方案，将光线通过透明的绝缘支柱，传递到探头上的硅光电池，产生电能，给探头供电。这样，探头可采用电子元器件构成，将电场信号转变成光信号通过光纤传递到测量装置。这种方案可不受泡克尔斯光学系统的灵敏度、稳定性、频率特性和价格等因素的限制。

三、检测波纹管变化

检测波纹管变化实际上是检测压力，即压力式真空计的变形设计。由于压力式真空度计无法测量高真空，故这种测量方法只能检测出严重漏气的灭弧室。

四、检测局部放电

设被测真空灭弧室的带电触头至中间屏蔽罩间的耐压强度由于真空度下降而下降，则当工频电压从零点升至某一值时，带电触头和屏蔽罩之间的等值电容 C_1 发生放电，金属导杆和触头通过导电气体对屏蔽罩充放电。由于屏蔽罩对地的电容很小，少量的电荷堆积即可大幅度减小触头附近的电场强度，因此难以形成稳定的导电性通道，放电停止，等值电容 C_1 再一次充电直到放电电压。这个过程类似于局部放电过程，使得屏蔽罩上的电位出现周期性高频脉冲。检测屏蔽罩周边的电场能检测到这种高频脉冲的存在。

由于真空断路器中的局部放电和现场的干扰噪声信号处于同一数量级，因此必须从硬件和软件上采取抗干扰措施，保证测量装置有很强的抗干扰性能。

第十四节　开关电器故障的红外诊断方法

一、开关电器设备的部件、材料和绝缘介质的温升极限

高压开关设备和控制设备的各种部件、材料和绝缘介质的温度和温升极限见表 15－22。

表 15-22　　高压开关设备和控制设备各种部件、材料和绝缘介质的温度和温升极限

部件、材料和绝缘介质的类别（见注 1、2 和 3）	最大值	
	温度/℃	周围空气温度不超过 40℃时的温升/K
1. 触头（注 4）		
裸铜或裸铜合金		
—在空气中	75	35
—在 SF_6（六氟化硫）中（见注 5）	105	65
—在油中	80	40
镀银或镀镍（见注 6）		
—在空气中	105	65
—在 SF_6（六氟化硫）中（见注 5）	105	65
—在油中	90	50
镀锡（见注 6）		
—在空气中	90	50
—在 SF_6（六氟化硫）中（见注 5）	90	50
—在油中	90	50
2. 用螺栓的或与其等效的联结（见注 4）		
裸铜、裸铜合金或裸铝合金		
—在空气中	90	50
—在 SF_6（六氟化硫）中（见注 5）	115	75
—在油中	100	60
镀银或镀镍		
—在空气中	115	75
—在 SF_6（六氟化硫）中（见注 5）	115	75
—在油中	100	60
镀锡		
—在空气中	105	65
—在 SF_6（六氟化硫）中（见注 5）	105	65
—在油中	100	60
3. 其他裸金属制成的或其他镀层的触头或联结	见注 7	见注 7
4. 用螺钉或螺栓与外部导体连接的端子（见注 8）		
—裸的	90	50
—镀银、镀镍或镀锡	105	65
—其他镀层	见注 7	见注 7
5. 油开关装置用油（见注 9 和注 10）	90	50
6. 用作弹簧的金属零件	见注 11	见注 11

续表

部件、材料和绝缘介质的类别（见注1、2和3）	最　大　值	
	温度/℃	周围空气温度不超过40℃时的温升/K
7. 绝缘材料以及与下列等级的绝缘材料接触的金属材料（见注12）		
—Y	90	60
—A	105	65
—E	120	80
—B	130	90
—F	155	115
—瓷漆：油基	100	60
—合成	120	80
—H	180	140
—C 其他绝缘材料	见注13	见注13
8. 除触头外，与油接触的任何金属或绝缘件	100	60
9. 可触及的部件		
——在正常操作中可触及的	70	30
——在正常操作中不需触及的	80	40

注　1. 按其功能，同一部件可以属于本表中列出的几种类别。在这种情况下，允许的最高温度和温升值是相关类别中的最低值。

2. 对真空开关装置，温度和温升的极限值不适用于处在真空中的部件。其余部件不应该超过本表给出的温度和温升值。

3. 应注意保证周围的绝缘材料不遭到损坏。

4. 当接合的零件具有不同的镀层或一个零件是裸露的材料制成的，允许的温度和温升应该是：①对触头，表项1中有最低允许值的表面材料的值；②对联结，表项2中的最高允许值的表面材料的值。

5. SF_6 是指纯 SF_6 或 SF_6 与其他无氧气体的混合物。

6. 按照设备有关的技术条件：在关合和开断试验（如果有的话）后、在短时耐受电流试验后或在机械耐受试验后，有镀层的触头在接触区应该有连续的镀层，否则触头应该被看作是"裸露"的。

7. 当使用本表中没有给出的材料时，应该研究他们的性能，以便确定最高的允许温升。

8. 即使和端子连接的是裸导体，这些温度和温升值仍是有效的。

9. 在油的上层。

10. 当采用低闪点的油时，应当特别注意油的汽化和氧化。

11. 温度不应该达到使材料弹性受损的数值。

12. 绝缘材料的分级在GB/T 11021中给出。

13. 仅以不损害周围的零部件为限。

二、隔离开关的热缺陷诊断

1. 常见缺陷

隔离开关常见的热缺陷是触头部位及导线的引流线夹。隔离开关正常时比环境温度略高，三相对应部位的温度比较均匀，针对隔离开关的原理结构、检测、隔离开关过热缺陷主要包括：

（1）检查两端顶帽接点过热。

（2）检查由弹簧压接的刀口过热。

（3）支柱瓷瓶劣化使支柱瓷瓶整体温度升高。

2. 原因

从检测过的所有高压隔离开关中发现，其发热存在一个显著特点，即过热部分绝大多数集中在隔离开关与导线联结处，经分析有以下几方面原因：

（1）隔离开关与导线联结处长期裸露在大气中运行，极容易受到蒸汽、尘埃和化学活性气体的影响与分水侵蚀，在联结件的接触表面形成氧化膜，使联结处的皮膜电阻增加。

（2）导线在风力舞动下，往往易使联结螺丝松动，导致有效接触面积减少，联结处的接触电阻增加。

（3）安装工艺不符合要求，如在恢复联结件时未加弹簧垫圈，接触面脏污等是促使隔离开关发热的客观原因；运行单位对高压隔离开关缺乏正常必要的维护检修，是使隔离开关发热严重的主观原因。隔离开关发热加剧，又导致接触电阻进一步增大。

3. 检测实例

（1）隔离开关铜铝接头的过热缺陷。某变电站设备进行红外测温检查时发现，某刀闸C相与导线接连处温度达370℃高温，当时环境温度5℃，温差达365℃，属设备过热故障缺陷，经紧急停电检查发现铝排与铜棒接触部分已烧成近4cm的熔洞，连接头已处于浮置状态，造成过热的主要原因是铜铝氧化，接触电阻大，形成恶性循环，时间一长必然会发生故障。

（2）隔离开关引流线夹发热的缺陷。某站1号主变35kV TAC相开关侧线夹检测96℃；2号主变35kV变压器刀闸开关侧C相线夹102℃，值班员用绝缘棒将80℃示温片接触发热点，示温片立即熔化，说明测温基本正确，经处理后正常。

（3）隔离开关操作未到位的发热缺陷。某变电所测温，发现35kV 623号刀闸C相触头发热，温度250℃左右，仔细观察发现刀口插入太小，支持瓷瓶下部开裂引起的，立即停电进行处理，这一重大设备隐患的发现，避免了事故的发生。

三、高压断路器的故障红外诊断

1. 故障原因

载流回路故障主要由于载流体连接不良引起的过热，进而造成烧毁或断裂等事故。这类故障又分为两种情况。其一是断路器外部接线端子或线夹与导线连接不良的接头过热；其二是断路器内部触头或连接件接触电阻过大引起的过热故障。导致断路器内部触头接触电阻过大的原因包括：触头表面氧化；触头残存有机杂物或多次分合断路器后残存有机碳化物；由于机构卡涩、触头弹簧断裂或退化老化等原因引起的触头压力降低；因触头调整不当，或因分合闸时电弧的电腐蚀与等离子体蒸汽对触头的磨损及烧蚀，造成触头有效的接触面积减小等。此种过热故障不仅可以导致触头熔焊、脱落或连接件断裂，而且还会由于附近的绝缘油受热膨胀，造成断路器本体压力过大而发生事故。另外，绝缘油在高温下劣化，也会引发绝缘方面的故障。

2. 断路器的温度分布

模拟试验结果表明，对于所研究的少油断路器而言，模拟试验测量结果与传热理论分析完全相符。如果为了比较方便起见，分别把顶帽的温度简称为$\theta_{顶}$，把瓷套基座法兰的温度称为$\theta_{法}$，而瓷套表面的温度简称为$\theta_{瓷}$，那么模拟试验结果给出如下规律：

（1）良好断路器的正常温升和外部温度分布；当载流回路各接触处电阻值均在标准电阻上限值以内时，其内部温升都不超过 GB 763—90 中规定的上限值。其外表温度以顶帽及瓷套基座法兰为中心，存在$\theta_{顶}>\theta_{法}>\theta_{瓷}$的温度分布关系。

（2）当断路器内部存在载流回路接触不良故障时，其外部表面温度分布与内部故障部位有明显的对应关系。

（3）动、静触头接触不良的温升和外部温度分布：当动、静触头之间出现不良连接时，内部温升将远远高于外部表面温升。而且，外表温度以上端顶帽下部为最高，存在$\theta_{顶}>\theta_{法}>\theta_{瓷}$的温度分布关系。当内部触头温度达到 GB 763—90 规定的上限值附近时，对应于外部最高温度处的相间温差为：10kV 少油断路器是 30～40℃；110kV 少油断路器是 50～70℃。

（4）中间触头接触不良时的温升和外部温度分布：当中间触头座与固定法兰之间出现不良连接时，内部温升也会大大高于外部表面温升。而且，外表温度以下部瓷套基座法兰为最高，存在$\theta_{法}>\theta_{顶}>\theta_{瓷}$的温度分布关系。靠近故障点的瓷套温升不高的原因，主要是热量从故障点经绝缘油和绝缘筒才能传到瓷套，这个传热路径的热阻远远大于热量铅金属到顶帽的热阻。当内部触头温度达到 GB 763—90 规定的上限值附近时，对应于外部最高温度处的相同温差为：10kV 少油断路器是 40～60℃。

（5）静触头基座与内部连接件连接不良时的温升和外部温度分布；当静触头基座与内部连接件出现不良连接时，内部温度仍大大高于外部表面温升，而且，外表温度以上端顶帽中部（油面处）为最高，断路器的中部与下部很低，存在$\theta_{顶}>\theta_{法}>\theta_{瓷}$的温度分布关系，但与动、静触头不良连接区别，是此时的$\theta_{顶}$与$\theta_{瓷}$较接近。当静触头基座与连接件温度达到 GB 763—90 规定的上限值附近时，对应于外部最高温度处的相间温差为；10kV 少油断路器是 20～30℃；110kV 少油断路器是 40～60℃。

（6）当内部温升相对较低时，表面温升与内部温升的比值就较高，表面温升不随内部温升成比例提高。当外部最高温升超过 20℃时，通常内部温度已接近或达到最高允许温度。

当断路器受潮时，其热像显示整体发热特征，如果断路器相间温差 3℃并且开断负荷电流后，相间温差仍不改变，则可视为内部受潮严重，应尽快安排处理。

3. 判定条件

根据研究结果，当内部触头及静触头座过热时，采用红外成像仪诊断可参考以下判定条件：

（1）当外表的最高温升用红外成像仪诊断测得达到 20℃，并且相间温差 10～20℃时，判定为存在过热缺陷，应引起注意。

（2）当外表的最高温升用红外成像仪诊断测得，达到 25℃，并且相间温差 10～20℃

时，判定为存在过热缺陷，应引起注意。

少油断路器缺油时，其分合闸灭弧是相当危险的，利用红外成像仪可以测出油位的具体高度。其热像特点是缺陷部分温度比较低，界面清楚。

4. 高压断路器内部的过热缺陷

由于多油断路器散热条件比少油断路器好，所以对多油断路器内部缺陷的准确判断较困难，一般参照少油断路器的判断方法，并提高相应的判断标准和要求。

高压断路器内部过热的缺陷检测实例如下：

(1) 开关静触头过热的缺陷。发现变电站某开关 A 相母线侧静触头过热，外部相间温差 25℃，后经停电检修发现，铝帽内静触头与支持座之间的接触面因高温已碳化发黑，静触头的紧固螺丝已经烧熔。

(2) 开关触头过热的缺陷。某站一台开关的中间触头过热，外部相间温差 30℃以上，推测内部触头温度高达 90℃以上，后检修时发现，中间触头有严重烧伤痕迹，梅花触指亦均已烧熔。

复 习 题

1. 什么是 SF_6 气体的湿度？为什么要检测其湿度？检测方法有哪些？

2. 如何测量合闸电阻的阻值和投入时间？

3. 如何测量 SF_6 断路器导电回路电阻？限值是多少？

4. 如何测量 GIS 主回路的电阻？

5. SF_6 气体检漏的方法有哪些？你单位用什么方法检漏？

6. 为什么通常用串联谐振的方法对 GIS 进行耐压试验？

7. 断路器由几部分组成？各部分的作用是什么？

8. 说明各种断路器在预防性试验中都做哪些项目的测试，各能发现什么缺陷？

9. 测量多油断路器的介质损耗因数时，为什么要强调分解试验？如何进行分解试验？

10. 说明测量高压少油断路器测量泄漏电流时出现负值现象的原因。如何克服这种负值现象？

11. 为什么对少油断路器要测量其泄漏电流，而不测其介质损耗因数？

12. 你在断路器试验中，曾遇到过哪些异常现象？对异常现象你是如何分析处理的？

13. 若高压少油断路器绝缘油受潮，换上良好的绝缘油后就可投入运行吗？为什么？

14. 为什么测量高压断路器主回路电阻时，通常以 100A 至额定电流值的任一数值测其回路电压降来加以确定？

15. 高压少油断路器泄漏电流超标的原因是什么？如何解决？

16. 真空断路器、重合器及分段器的试验项目有哪些？判据是什么？

17. 高压开关柜的试验项目有哪些？判据是什么？

18. 高压少油断路器的在线监测项目有哪些？各能发现什么缺陷？

19. 在线测量高压少油断路器的介质损耗因数时，为什么要在 QS_1 型西林电桥的 R_4

臂上并联一个电阻，并联电阻后的 C_x 和 $\tan\delta_x$、应如何计算?

20. 什么是 GIS? 为什么对 GIS 更强调在线监测?

21. 简要说明监测 GIS 内部缺陷的方法。

22. 名词解释：开关电器、均压电容器、操作冲击耐压、额定电压。

23. 为何机械故障的监测和诊断在高压断路器在线监测中占有很重要的地位?

24. 试分析高压断路器机械故障的监测项目和各自的特点。

25. 试分析还有无必要对高压断路器的绝缘故障进行监测? 若有，说明哪些项目和可用什么方法进行监测?

26. 温度、压力和振动的监测可诊断出高压断路器哪些故障?

27. 为何 GIS 在线监测中绝缘故障的监测占重要位置?

28. GIS 中局部放电的监测也分电气法和机械法两种，试和电力变压器中局部放电的监测相比较，二者有无异同?

29. 试简要比较监测 GIS 中局部放电时外界的干扰来源和监测电机、电力变压器时的异同。

30. 试全面分析特高频监测的优缺点。

31. 特高频监测的优点是信噪比高，那么是否意味这时候不存在噪声? 为什么?

32. 试简要比较用特高频监测 GIS 中局部放电和监测电机、电力变压器的局部放电时的异同。

33. 和电机、电力变压器相比，为什么 GIS 中监测到的局部放电量较低，也即要求监测系统的监测灵敏度要高。

34. 为何对 GIS 要检测其气体 SF_6 的泄漏量?

35. 和 GIS 相比，GIL 的局部放电监测有哪些特点?

第十六章 有载调压装置

第一节 概 述

装有有载调压装置的变压器可以在负载运行中完成分接头电压的切换，实现无功功率分区就地平衡。我国《电力系统技术导则（试行）》规定了“对110kV及以下变压器，宜考虑至少有一级电压的变压器采用带负载调压方式”。因此，对直接向供电中心供电的有载调压变压器，在实现无功功率分区就地平衡的前提下，随着地区负荷增减变化，配合无功补偿设备并联电容器及低压电抗器的投切，调整分接头，以便随时保证对用户的供电电压质量。

有载调压装置的试验项目包括以下内容：

（1）检查动作顺序、动作角度。

（2）操作试验。

（3）检查和切换测试项目。

1）测量过渡电阻值。

2）测量切换时间。

3）检查插入插头、动静触头的接触情况及电气回路的连接情况。

4）单、双数触头间非线性电阻的试验。

5）检查单、双数触头间放电间隙。

（4）检查操作箱。

（5）切换开关室绝缘油试验。

（6）二次回路绝缘试验。

第二节 检查动作顺序、动作角度

与变压器本体周期相同，应注意在整个操作循环内进行。

范围开关、选择开关、切换开关的动作顺序应符合产品技术文件的技术要求，其动作角度应与出厂试验记录相符。

第三节 操 作 试 验

与变压器本体周期相同。

要求变压器带电时手动操作、电动操作、远方操作各2个循环。手动操作应轻松，必要时用力距表测量，其值不超过产品技术文件的规定，电动操作应无卡涩，没有连动现

象，电气和机械限位动作正常。

第四节　检查和切换测试

在A级检修后及必要时对有载调压装置进行检查和切换测试。

一、测量过渡电阻值

推荐使用电桥法。要求如下：

(1) 与出厂值相符。

(2) 与铭牌值比较偏差不大于±10%。

二、测量切换时间

三相同步的偏差、切换时间的数值及正反向切换时间的偏差均与产品技术文件的技术要求相符。

三、检查插入触头、动静触头的接触情况及电气回路的连接情况

用塞尺法检查接触情况，要求动、静触头平整光滑，触头烧损厚度不超过产品技术文件的规定值，回路连接良好。

四、单、双数触头间非线性电阻的试验

按产品技术文件的技术要求。

五、检查单、双数触头间放电间隙

应无烧伤或变动。

第五节　检查操作箱

与变压器本体周期相同。要求接触器、电动机、传动齿轮、辅助触点、位置指示器、计数器等工作正常。

第六节　切换开关室绝缘油试验

一、周期

(1) 6个月至1年或分接交换2000～4000次。

(2) A级检修后。

(3) 必要时。

二、要求

(1) 击穿电压和含水量应符合DL/T 574要求。

（2）油浸式真空有载分接开关进行油色谱分析。

第七节 二次回路绝缘试验

与变压器本体周期相同，采用2500V绝缘电阻表测试，要求绝缘电阻不宜低于1MΩ。

复习题

1. 有载调压装置的作用是什么？
2. 检查动作顺序、动作角度应注意什么问题？应达到什么要求？
3. 操作试验包括哪3次操作？各做几个循环？
4. 检查和切换测试的项目有几个？应达到什么要求？
5. 检查操作箱的要求是什么？
6. 切换开关室绝缘油的试验有哪些项目？

第十七章　套　　管

第一节　概　　述

套管是电力系统中广泛使用的一种重要电器，它能使高压导线安全地穿过接地墙壁或箱盖与其他电气设备相连接。因此，它既有绝缘作用，又有机械上的固定作用。

套管在运行中的工作条件是严厉的，所以常常因逐渐劣化或损坏，导致电网事故。为了保证其安全运行，必须对套管进行预防性试验。

《规程》规定的套管试验项目主要包括以下内容：

(1) 红外测温。

(2) 油中溶解气体分析。

(3) 主绝缘及电容型套管末屏对地绝缘电阻。

(4) 主绝缘及电容型套管对地末屏介质损耗因数与电容量。

(5) 交流耐压试验。

(6) 66kV 及以上电容型套管的局部放电测量。

第二节　红外测温和油中分解气体分析

一、红外测温

1. 周期

(1) ≥330kV：1 个月。

(2) 220kV：3 个月。

(3) ≤110kV：6 个月。

(4) 必要时。

2. 判据

各部位无异常温升现象，检测和分析方法参考 DL/T 664。

二、油中分解气体分析

1. 周期

(1) B 级检修后。

(2) ≥330kV：≤3 年

(3) ≤220kV：≤6 年

(4) 必要时。

2. 要求

油中溶解气体组分含量（体积分数）超过下列任一值时应引起注意：

(1) H_2：500μL/L。

(2) CH_4：100μL/L。

(3) C_2H_2：220kV 及以下，2μL/L；330kV 及以上，1μL/L。

第三节 测量绝缘电阻

测量套管主绝缘及电容型套管末屏对地绝缘电阻的目的是初步检查套管的绝缘情况。为更灵敏地发现绝缘是否受潮，《规程》明确要求测量电容型套管末屏对地绝缘电阻。测量周期如下：

(1) A 级检修后。

(2) ≥330kV：≤3 年

(3) ≤220kV：≤6 年

(4) 必要时。

进行测量前要先用干燥清洁的布擦去其表面污垢，并检查套管有无裂纹及烧伤情况。测量主绝缘的绝缘电阻采用 5000V 或 2500V 绝缘电阻表，测量末屏对地的绝缘电阻和电压测量抽头对地的绝缘电阻采用 2500V 绝缘电阻表。对一般套管，绝缘电阻表的两个端钮（L、E）分别接在套管和法兰上；对电容型套管还要将绝缘电阻表的 L 端钮接于末屏，以测量末屏对地绝缘电阻。其测量结果应满足下列要求：

(1) 主绝缘的绝缘电阻不应低于 10000MΩ。

(2) 末屏对地的绝缘电阻不应低于 1000MΩ。

(3) 电压测量抽头（如果有）对地绝缘电阻不低于 1000MΩ。

第四节 测量介质损耗因数和电容量

测量套管主绝缘及电容型套管末屏对地的介质损耗因数 $\tan\delta$ 和电容量，是判断高压套管绝缘是否受潮的一个重要试验项目。因为套管劣化、受潮都会导致其 $\tan\delta$ 增加，所以根据 $\tan\delta$ 的变化可以较灵敏地反映出绝缘受潮和其他某些局部缺陷。特别是测量末屏对地的 $\tan\delta$，更容易发现缺陷，例如，某支 220kV 套管，投运前发现储油柜漏油，添加 50kg 合格绝缘油后才见到油位。其测量结果如表 17－1 所示。

表 17－1 220kV 套管测试结果

测试部位	$\tan\delta$ /%	绝缘电阻 /MΩ
主绝缘	0.33	50000
末屏对地	6.3	60

由表 17－1 可见，若只测量主绝缘 $\tan\delta$，则可判断绝缘无异常，但若测量末屏对地的 $\tan\delta$，说明外层绝缘已严重受潮。由于外层绝缘受潮也将导致主绝缘逐渐受潮，只是在测量时尚未达到严重的程度而已。

一、周期

(1) A 级检修后。

(2) ≥330kV：≤3 年。

(3) ≤220kV：≤6 年。

(4) 必要时。

二、判据

(1) 主绝缘在 10kV 电压下的介质损耗因数值应不大于表 17－2 中数值。

表 17－2　　主绝缘在 10kV 电压下的介质损耗因数值

电压等级/kV		20～35	66～110	220～500	750
A 级检修后	充油型	0.030	0.015	—	—
	油纸电容型	0.010	0.010	0.008	0.008
	充胶型	0.030	0.020	—	—
	胶纸电容型	0.020	0.015	0.010	0.010
	胶纸型	0.025	0.020	—	—
	气体绝缘电容型	—	—	—	0.010
运行中	充油型	0.035	0.015	—	—
	油纸电容型	0.010	0.010	0.008	0.008
	充胶型	0.035	0.020	—	—
	胶纸电容型	0.030	0.015	0.010	0.010
	胶纸型	0.035	0.020	—	—
	气体绝缘电容型	—	—	—	0.010

(2) 当电容型套管末屏对地绝缘电阻小于 1000MΩ 时，应测量末屏对地介质损耗因数，其值不大于 0.02。

(3) 电容型套管的电容值与出厂值或上一次试验值的差别超过±5%时，应查明原因。

三、测量设备与接线

测量套管的介质损耗因数可采用 QS_1 型西林电桥，也可采用 M 型介质试验器，这里仅介绍用西林电桥进行测量的方法。

用西林电桥测量单独套管的 $\tan\delta$ 值，可采用图 17－1 所示的正接线方式。此时套管垂直放置于稳固的支架上，在导杆上加试验电压，中部法兰盘借助高电阻的绝缘垫对地绝缘，并与电桥的另一引线连接。如被试套管的末屏经小套管引出时（参见图 17－2），则电桥的另一引线与小套管的导电杆连接，此时法兰盘可直接接地。对带有抽压端子的套管，在测量套管整体的 $\tan\delta$ 值时，将抽压端子“悬空”；测量抽压端子对地的 $\tan\delta$ 值及其电容 C_2 时，施加于抽压端子上的电压一般不得超过 3000～5000V，此时被试套管的导杆“悬空”，不能接地。

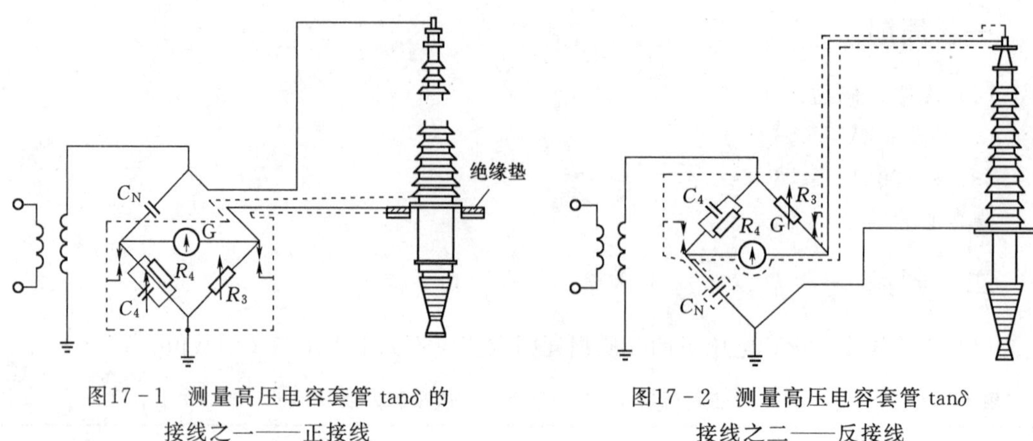

图17-1　测量高压电容套管 tanδ 的接线之一——正接线

图17-2　测量高压电容套管 tanδ 接线之二——反接线

应当指出，测量高压电容型套管的介质损耗因数时，由于其电容小，当放置不同时，因高压电极和测量电极对周围未完全接地的构架、物体、墙壁和地面的杂散阻抗的影响，会对套管的实测结果有很大影响。不同的放置位置，这些影响又各不相同，所以往往出现分散性很大的测量结果。因此，测量高压电容型套管的介质损耗因数时，要求垂直放置在妥善接地的套管架上进行，而不应该把套管水平放置或用绝缘索吊起来在任意角度进行测量。

已安装于电力设备上的高压套管，其法兰盘与设备金属外壳直接连接并接地。测量这些套管的 tanδ 值时，首先应将与套管连接的引线或绕组断开。除末屏经小套管引出时，可用上述正接线法测量外，一般用反接线法测量，如图 17-2 所示。

还应指出，只测量油纸套管导电芯对抽压或测量端子间的 tanδ，而忽视测量测量端子或抽压端子与法兰间的 tanδ 对发现初期进水、受潮缺陷是不灵敏的。如图 17-3 所示，高压电容套管电容芯子的结构特点是在管形导电杆外围，交替绕有同心绝缘层与铝箔层，而且都用绝缘材料固定在法兰根部。测量端子内部引线接至末屏，供测取套管介质损耗因数及局部放电用。抽压端子内部引线接至靠近末屏的铝箔层，供测量用。有些老式电容套管，没有测量端子和抽压端子，电容芯子的末屏由引出线接至法兰。

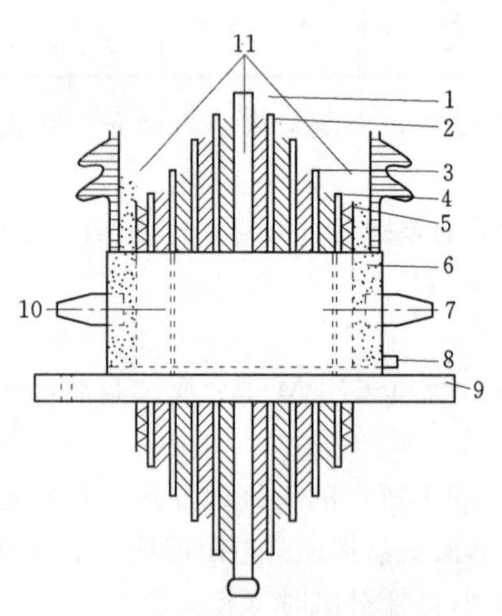

图17-3　电容芯子构造图

1—导电杆；2—铝箔层；3—绝缘层；4—末屏；5—末屏外围绝缘层；6—绝缘油；7—测量端（接地）；8—放油阀；9—法兰；10—抽压端子；11—雨水潮气路径

高压电容套管的等值电路如图 17-4 所示。一些部门和单位，在采用西林电桥测量套管的介质损耗因数时，往往只测电容芯子的介质损耗因数，而不测测量端子或抽压端子的介质损耗因数。由于初期进水受潮时，潮气和水分只进入末屏附近的绝缘层，故占总的体积的比例甚小，往往反映不出来，给电气设备安全运行留下隐患。

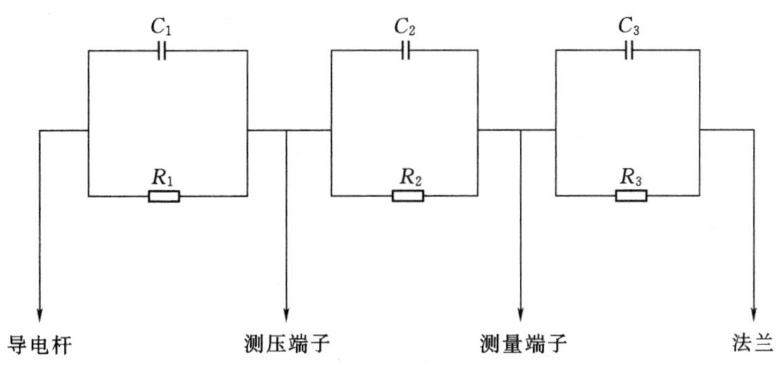

图17-4　高压电容套管等值电路

图 17-5 示出了油纸套管绝缘的 $\tan\delta$ 与受潮时间的关系曲线。由曲线可知，当受潮 120h 后，抽压端子和法兰间绝缘 $\tan\delta_0$（曲线 1）比开始受潮时已经增大许多倍，而导电芯和抽压端子与接地部分间绝缘的 $\tan\delta_1$（曲线 2）还没有明显变化。因此，要监视绝缘的开始受潮阶段，测量 $\tan\delta_0$ 比测量 $\tan\delta_1$ 要灵敏得多。国外的电容型套管在运行中也发现有类似的情况。如某电力系统曾统计过 1967—1968 年 1200 支 110kV 和 190 支 220～500kV 油纸套管的绝缘预防性试验结果。在被试套管中有 3 支 110kV 的套管不合格，其结果见表 17-3。

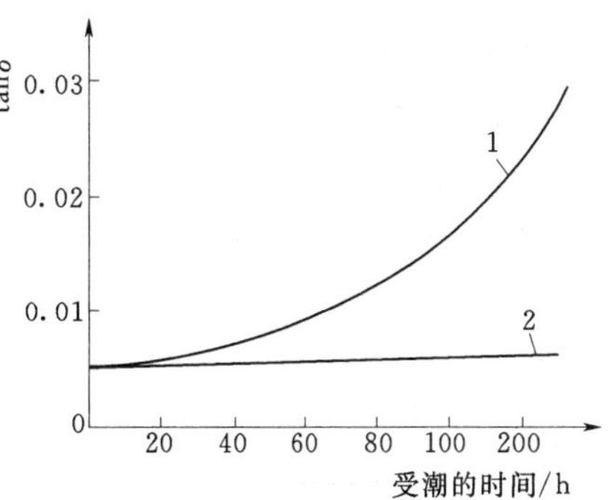

图17-5　油纸套管绝缘的 $\tan\delta$ 在湿度为 100%的空气中受潮的时间关系曲线
1—抽压端子和法兰间绝缘的 $\tan\delta_0$；2—导电芯和抽压端子与接地部分（法兰）间的 $\tan\delta_1$

表 17-3　国外电容型套管 tanδ 和绝缘电阻的实测值

序号	温度 /℃	$\tan\delta_1$ /%	R_1 /MΩ	$\tan\delta_0$ /%	R_0 /MΩ
1	22	10.8	900	22.0	100
2	20	2.2	800	5.2	550
3	20	1.7	800	1.2	2000

注　1. $\tan\delta_1$ 和 R_1 分别为套管导电芯对抽压端子（或测量端子）及接地部分的介质损失角正切和绝缘电阻。
2. $\tan\delta_0$ 和 R_0 分别为套管抽压端子（或测量端子）对接地部分（法兰）的介质损失角正切和绝缘电阻。

四、判断

（1）根据国内外运行经验，我国《规程》中规定 20℃时 $\tan\delta$ 值（%）不应大于表 17-4 中的数值。

（2）当电容型套管末屏对地绝缘电阻小于 1000MΩ 时，应测量末屏对地 $\tan\delta$，其值不大于 2%。

（3）在测量套管的介质损耗因数时，可同时测得其电容值，电容型套管的电容值与出厂值或上一次测量值的差别超出±5%时应查明原因。通常有以下两种情况：

表 17-4 **20℃时 tanδ 值不应大于的数值** %

套管型式		额定电压/kV			套管型式		额定电压/kV		
		20～35	66～110	220～500			20～35	66～110	220～500
大修后	充油型	3.0	1.5	—	运行中	充油型	3.5	1.5	—
	油浸纸电容型	1.0	1.0	0.8		油浸纸电容型	1.0	1.0	0.8
	胶纸型	2.5	2.0	—		胶纸型	3.5	2.0	—
	充胶型	3.0	2.0	—		充胶型	3.5	2.0	—
	胶纸电容型	2.0	1.5	1.0		胶纸电容型	3.0	1.5	1.0

1）测得电容型少油设备，如套管的电容量比历史数据增大。此时一般存在两种缺陷：①设备密封不良，进水受潮，因水分是强极性介质，相对介电常数很大（$\varepsilon_r=81$），而电容与 ε_r 成正比，水分侵入使电容量增大。②电容型少油设备如套管内部游离放电，烧坏部分绝缘层的绝缘。导致电极间的短路。由于电容型少油设备的电容量是多层电极串联电容的总电容量，如一层或多层被短路，相当于串联电容的个数减少，则电容量就比原来增大。

2）测得电容型少油设备的电容量比历史数据减小。此时，主要是漏油，即设备内部进入了部分空气，因空气的介电常数 ε 约为 1。故使设备电容量减小。表 17-5 列出了 66kV 油浸电容型套管电容量的变化情况和判断结果。

表 17-5 **油浸电容型套管电容量的测量结果**

设备名称		tanδ /%		C_x /pF			综合分析结论
		上次	本次	上次	本次	增长率 /%	
66kV 油浸电容型套管	A	0.8	0.81	179.3	162.4	−9.43	绝缘不合格，两支套管的下端部密封不良，运行中渗漏，严重缺油
	B	0.7	1.0	183.2	165.9	−9.44	

(4)《规程》规定的套管 tanδ 要求值较以往严一些，其主要原因如下：

1）易于检出受潮缺陷。目前套管在运行中出现的事故和预防性试验检出的故障，受潮缺陷占很大比例，而测量 tanδ 又是监督套管绝缘是否受潮的重要手段。因此，对套管 tanδ 要求值规定得严一些有利于检出受潮缺陷。

2）符合实际。我国预防性试验的实践表明，正常油纸电容型套管的 tanδ 值一般在 0.4%左右，有的单位对 63～500kV 的 234 支套管统计，tanδ 没有超过 0.6%的。制造厂的出厂标准定为 0.7%，因此运行与大修标准不能严于出厂标准，所以长期以来，tanδ 的要求值偏松。运行经验表明，tanδ 大于 0.8%者，已属异常。如某电业局一支 500kV 套管严重缺油（油标见不到油面），绝缘受潮，tanδ 只为 0.9%，所以只有严一些才符合实际情况，也才有利于及时发现受潮缺陷。

鉴于近年来电力部门频繁发生套管试验合格而在运行中爆炸的事故以及电容型套管 tanδ 的要求值提高到 0.8%～1.0%，现场认为再用准确度较低的 QS_1 型电桥（绝对误差为 $|\Delta\tan\delta|\leqslant 0.3\%$）进行测量值得商榷，建议采用准确度高的测量仪器，其测量误差应

达到$|\Delta\tan\delta|\leqslant 0.1\%$，以准确测量小介质损耗因数 $\tan\delta$。

值得指出的是，判断时，油纸电容型套管的 $\tan\delta$ 一般不进行温度换算。这是因为油纸电容型套管的主绝缘为油纸绝缘，其 $\tan\delta$ 与温度的关系取决于油与纸的综合性能。良好绝缘套管在现场测量温度范围内，其 $\tan\delta$ 基本不变或略有变化，且略呈下降趋势。因此，一般不进行温度换算。

对受潮的套管，其 $\tan\delta$ 随温度的变化而有明显的变化，表 17-6 列出了现场对油纸电容型套管在不同温度下的实测结果。可见绝缘受潮的套管的 $\tan\delta$ 随温度升高而显著增大。

表 17-6　油纸电容型套管在不同温度下的实测结果　%

序　号	下列温度下的 $\tan\delta$/%				备　注
	20℃	40℃	60℃	80℃	
1	0.37	0.34	0.23	0.21	1. 套管温度系套管下部插入油箱的温度。 2. 被试套管为 220kV 电压等级，测量电压为 176kV。 3. 序号 1～4 为良好绝缘套管。 4. 序号 5 为绝缘受潮套管
2	0.50	0.45	0.33	0.30	
3	0.28	0.20	0.18	0.18	
4	0.25	0.22	0.20	0.18	
5	0.80	0.89	0.99	1.10	

基于上述，《规程》规定，当 $\tan\delta$ 的测量值与出厂值或上一次测试值比较有明显增长或接近于《规程》要求值时，应综合分析 $\tan\delta$ 与温度、电压的关系，当 $\tan\delta$ 随温度增加明显增大或试验电压从 10kV 升到 $U_m/\sqrt{3}$，$\tan\delta$ 增量超过±0.003 时，不应继续运行。

五、不拆引线测量变压器套管的介质损耗因数

（1）正接线测量法。在套管端部感应电压不很高（<2000V）的情况下，可采用 QS_1 型西林电桥正接线的方法测量。此时，由于感应电压能量很小，当接上试验变压器后，感应电压将大幅度降低。又由于试验变压器入口阻抗 Z_{Br} 远小于套管阻抗 Z_x，故大部分干扰电流将通过 Z_{Br} 旁路而不经过电桥，因此，测量精度仍能保证。值得注意的是，当干扰电源很强时，需要进行试验电源移相，倒相操作，通过计算校正测量误差，给试验工作带来不便。因此，在套管端部感应电压很高时，宜利用感应电压进行测量。

（2）感应电压测量法。当感应电压超过 2000V 时，可利用感应电压测量变压器套管的介质损耗因数，其原理接线图如图 17-6 所示。

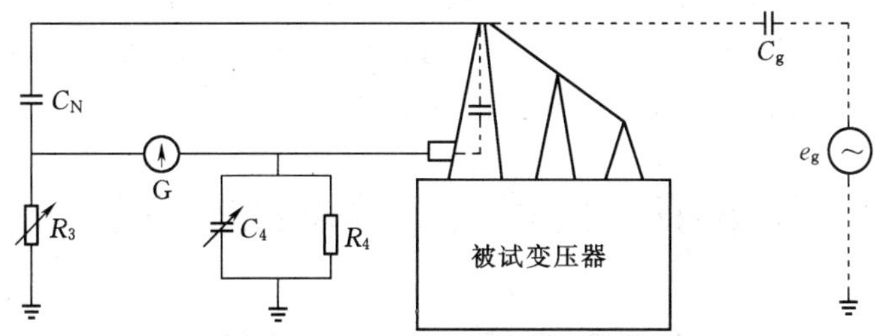

图 17-6　利用感应电压法测量变压器套管介质损耗因数接线图

采用此种接线无需使用试验变压器外施电压，而是利用感应电压作为试验电源。因并联标准电容器 C_N 仅为 50pF，阻抗很大，虽干扰源的能量很小，但由于去掉了阻抗较低

的试验变压器，故套管端部的感应电压无明显降低。由图 17-6 可见，整个测试回路中仅有 e_g 一个电源，因此，不存在电源叠加，即电源干扰的问题，这样，不但使电桥操作简便、易行，同时也提高了测量的准确性。

表 17-7 给出了某供电局利用外施电压和感应电压法测量变压器介质损耗因数的测量结果。

表 17-7 中 C 相没有采用感应电压法测量，C 相变压器运行位置距带电设备较远，感应电压过低，不适宜用感应电压法测量。

表 17-7　　　　**测 量 结 果 表**

相别和电压/kV tan δ/% 方　法	A		B		C		温度/℃		试验时间
	500	220	500	220	500	220	外	油	
外施电压法	0.65	0.25	0.55	0.3	0.6	0.3	17	36.5	1987 年 5 月
感应电压法	0.6	0.3	0.3	0.2	—	—	17	36.5	
感应电压/V	1400	2000							
外施电压法	0.75	0.3	0.7	0.5	0.65	0.4	20	30	1989 年 5 月
感应电压法	0.6	0.3	0.5	0.3	—	—	20	30	
感应电压/V	2500～3000		2500～3000						

六、说明

(1) 油纸电容型套管的介质损耗因数一般不进行温度换算，当介质损耗因数与出厂值或上一次测试值比较有明显增长或接近表 17-2 中数值时，应综合分析介质损耗因数与温度、电压的关系。当介质损耗因数随温度增加明显增大或试验电压由 10kV 升到 $U_m/\sqrt{3}$ 时，介质损耗因数增量超过±0.003，不应继续运行。

(2) 20kV 以下纯瓷套管及与变压器油连通的油压式套管不测介质损耗因数。

(3) 测量变压器套管介质损耗因数时，与被试套管相连的所有绕组端子连在一起加压，其余绕组端子均接地，末屏接电桥，采用正接线测量。

七、注意事项

(1) 20kV 以下纯瓷套管及与变压器油连通的油压式套管不测介质损耗因数。

(2) 测量变压器套管介质损耗因数时，与被试套管相连的所有绕组端子连在一起加压，其余绕组端子均接地，末屏接电桥，正接线测量。

第五节　套管局部放电试验方法

一、66kV 及以上电容型套管局部放电试验基本要求

1. 周期

(1) A 级检修后。

（2）必要时。

2. 对试品的要求

（1）局部放电测试应在对试品所有高压绝缘试验之后进行，必要时可在耐压试验前后各进行一次，以便比较。

（2）试品表面应清洁干燥，试品在局部放电测试前不应受机械、热的作用。

（3）若试品是在长途运输颠簸或注油工序之后，应静止后才能进行局部放电测试。

（4）测试环境应尽可能安静、无噪声。

3. 试验接线

套管局部放电试验接线，按不同的套管形式分别选择，通常情况下，电容套管可选择串联法，从套管末屏取信号；非电容套管可选择并联法，从耦合电容器的末屏取信号。当干扰影响现场测量时，可利用邻近相的套管连接成平衡回路。

4. 试验及标准

（1）变压器及电抗器套管的试验电压为 $1.5U_m/\sqrt{3}$。

（2）其他套管的试验电压为 $1.05U_m/\sqrt{3}$。

（3）在试验电压下局部放电值（pC）不大于表 17－8 中的规定。

表 17－8　在试验电压下的局部放电值　　单位：pC

周　期	油纸电容型	胶纸电容型
A 级检修后	10	250（100）
运行中	20	自行规定

注　1. 垂直安装的套管水平存放 1 年以上投运前宜进行本项目试验。
2. 括号内的局部放电值适用于非变压器、电抗器的套管。

二、局部放电测量的干扰形式及其抑制措施

1. 干扰形式

局部放电测量时的干扰主要有以下几种形式：

（1）电源网络的干扰。

（2）各类电磁场辐射的干扰。

（3）试验回路接触不良，各中位电晕及试验设备的内部放电干扰。

（4）接地系统的干扰。

（5）悬浮电位金属物体的放电干扰。

2. 抑制措施

抑制干扰措施很多。有些干扰在变电所现场要完全消除往往是不可能的。实际试验时只要将干扰抑制在某一水平以下，以有效测量试品内部的局部放电就可以了。这在很大程度上取决于测试者的分析能力和经验。抑制干扰的措施主要如下。

（1）电源滤波器。在高压试验变压器的一次设置低通滤波器，抑制试验供电网络中的干扰。低通滤波器的截止频率应尽可能低，并设计成能抑制来自相线、中线（220V 电源时）各线路中的干扰。通常设计成 π 型滤波器，如图 17－7 给出的双 π 型滤波网络接线图。

（2）屏蔽式隔离变压器。试验电源和仪器用电源设备屏蔽式隔离变压器，抑制电源供

电网络中的干扰，因此隔离变压器应设计成屏蔽式结构，如图 17-8 所示。屏蔽式隔离变压器和低压电源滤波器同时使用，抑制干扰效果较好。

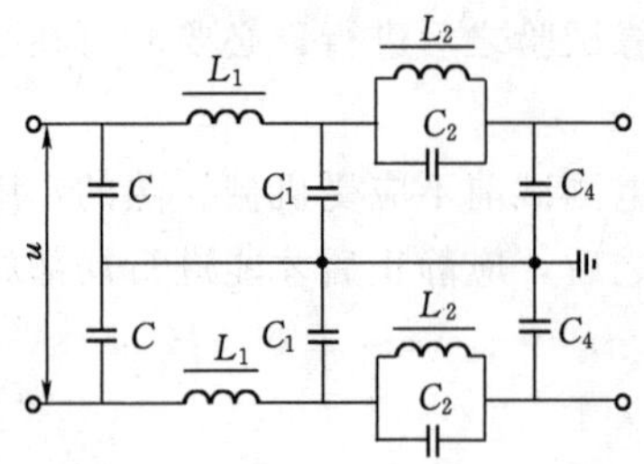

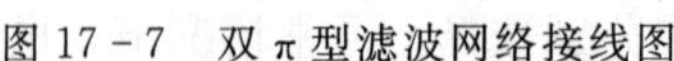

图 17-7 双 π 型滤波网络接线图

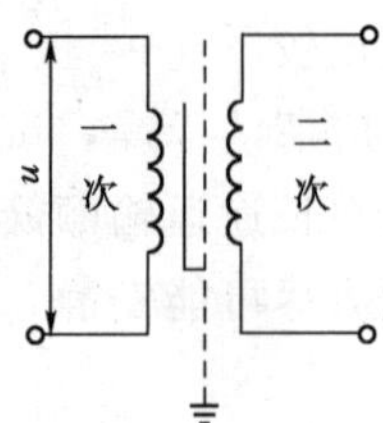

图 17-8 屏蔽式隔离变压器

(3) 高压滤波器。在试验变压器的高压端设置高压低通滤波器，抑制电源低压电网中的干扰。高压低通滤波器通常设计成 T 型或 TT 型，也可以 L 型。它的阻塞频率应与局部放电检测仪的频带检测仪相匹配。图 17-9 给出这两种滤波器的接线图。

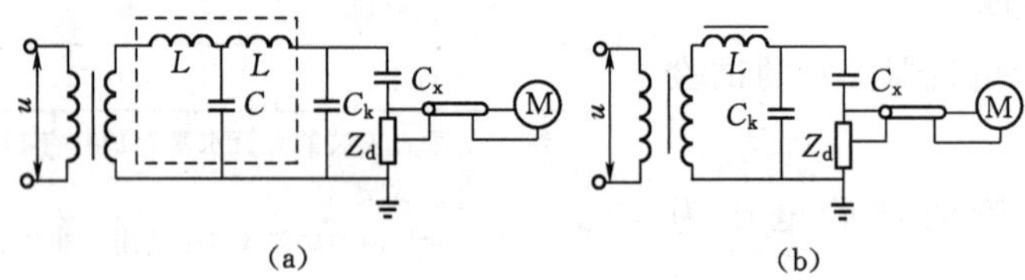

图 17-9 高压低通滤波器的接线图

(a) T 型；(b) L 型

(4) 全屏蔽试验室。全屏蔽试验系统的目的和作用是抑制各类电磁场辐射所产生的干扰。试验时所有设备和仪器及试品均处于一屏蔽室内，如图 17-10 所示。全屏蔽试验室可用屏蔽室内接收到的空间干扰（例如广播电台信号）的信号场强，以及对试验回路所达到的最小可测放电量等指标来检验其屏蔽效果。应注意屏蔽室应一点接地。

(5) 利用仪器功能和选择接线方式抑制干扰的措施。

1) 平衡接线法。平衡接线法接线，能抑制辐射干扰 $\dot{I}_R$ 及电源干扰 $\dot{I}_S$，见图 17-11。

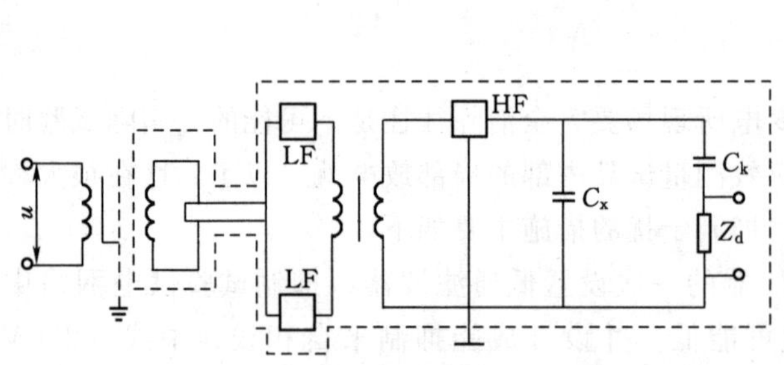

图 17-10 全屏蔽试验室试验接线

LF—低压低通滤波器；HF—高压低通滤波器

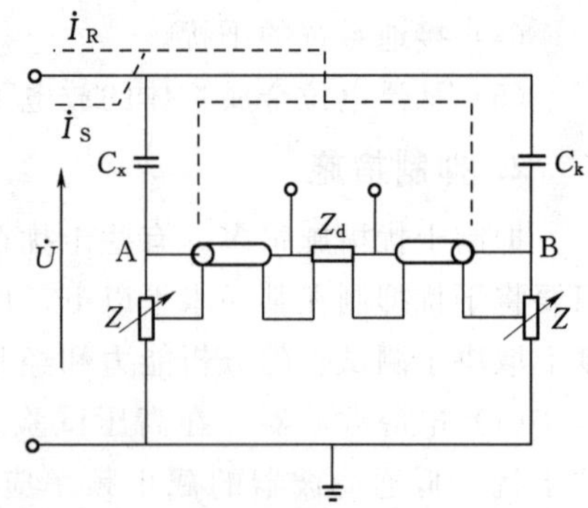

图 17-11 平衡法接线原理

干扰抑制的基本原理是：当电桥平衡时，干扰信号$\dot{I}_R$、$\dot{I}_S$耦合到回路，电桥A、B两点输出等于零，即抑制了干扰。干扰抑制的效果与C_x和C_k的损耗有关。若选择同类设备作为C_k，即称为对称法，其损耗值非常接近，干扰抑制效果较好。

2）模拟天线平衡法。电磁波辐射干扰具有方向性，整个试验回路可视作一种环形天线，变化该环形天线（即变化辐射干扰波与环形天线的入射角）的方向，可有效抑制辐射干扰，其原理示意图17－12。实际操作方法是用一根金属导线连接电容C_m（与C_k的电容量相等）串接测量阻抗Z_d，并接在C_x两端，成为一模拟天线，接通测量仪。不断变化模拟天线的方向，使测量仪显示系统的干扰信号指示最小水平，最后即以此位置连接高压导线与耦合电容器C_k。模拟天线尺寸与实际测量时几何尺寸应尽量相同。

3）仪器带有选通（窗口）元件系统。对于相位固定、幅值较高的干扰，利用带有选通元件的仪器，就可十分有效地分隔这种干扰，如图17－13所示。将选通元件与仪器的峰值电压表（以pC为单位）配合使用，效果较好，即pC表只对选通区内的扫描信号产生响应。

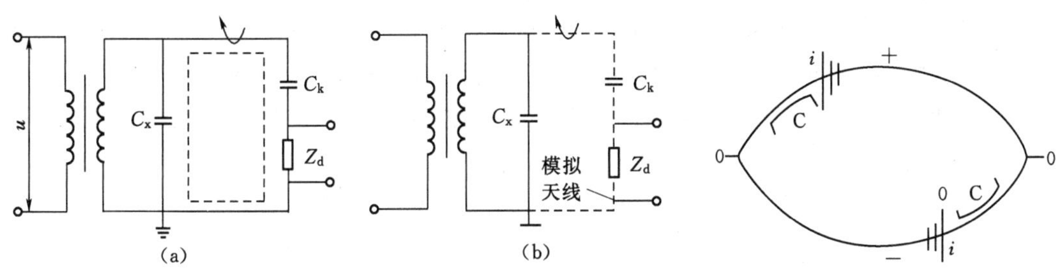

图17－12　天线平衡法抑制干扰原理图

（a）原理示意图；（b）干扰方向判别示意图

图17－13　选通区抑制干扰信号示意图

C—选通区，i—干扰信号

4）高压端部电晕放电的抑制措施。高压引线及设备高压端部（法兰、金属盖帽等）的电晕放电产生的干扰信号会严重影响对被试品内部放电量的准确测量和判断。为此应抑制或消除电晕放电产生的干扰，通常的方法是采用防晕高压引线或在设备高压端部加装防晕罩。由于空气的起始电晕场强为30kV/cm（峰值），所以可以认为场强在20kV/cm以下时，即可保证高压带电部位不会出现电晕放电，因此设计防晕高压引线和防晕罩时的最大场强可按$E_{max}\leqslant 20$kV/cm（有效值）来考虑。对防晕高压引线，其最大电场强度可按圆柱—平板电场计算，即

$$E_{max}=\frac{9U}{10r\ln\frac{r+l}{r}}$$

式中　U——圆柱与平板之间的电压，kV；

r——圆柱的半径，cm；

l——圆柱与平板之间的距离，cm。

由上式可见，将高压引线加粗可降低E_{max}，其具体做法是采用较粗的蛇皮管、薄铁皮圆筒、铝或铝合金筒。

对防晕罩，其最大电场强度可按球—平板电场计算，即

$$E_{max}=\frac{9U(r+l)}{10lr}$$

式中　U——球与平板间的电压，kV；

l——球与平板之间的距离，cm；

r——球的半径，cm。

防晕罩通常设计成如图 17-14 所示的馒头形。套管测量局部放电时，采用这种馒头形防晕罩将尖端部分罩严，当电压升到额定试验电压时，无放电声，电晕放电干扰脉冲也不存在，椭圆示波图上只剩下清晰的被试品内部放电的脉冲波形，便于识别。为了连线方便，有时将防晕罩设计成双环形，如图 17-15 所示，其结构和具体尺寸均列在 DL 417—1991《电力设备局部放电现场测量导则》中。不同电压等级设备无晕环（球）的尺寸举例见表 17-9。高压无晕导电杆建议采用金属圆管或其他结构的无晕高压连线。110kV 及以下设备可采用单环屏蔽，其圆管和高压无晕金属圆管的直径均为 50mm 及以下。实际试验时，可利用超声波放电检测器，以确定高压端部电晕或邻近悬浮体（空中或地面金属件）放电干扰源。这种超声波放电检测器是由一抛物面接收天线、转换器和放大器组成。

5）接地干扰的抑制。抑制试验回路接地系统的干扰，唯一的措施是在整个试验回路选择一点接地。

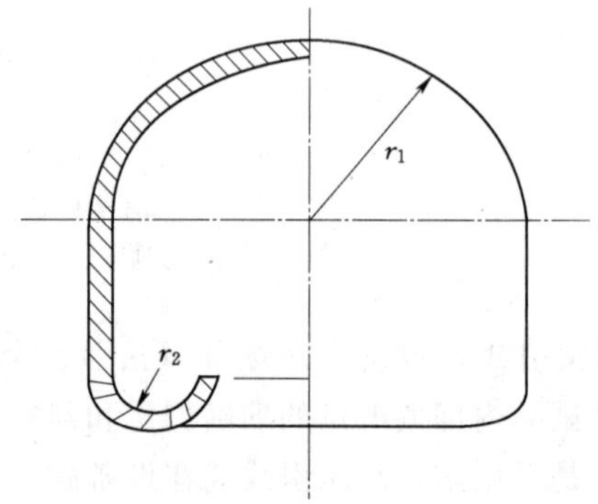

图 17-14　馒头形防晕罩

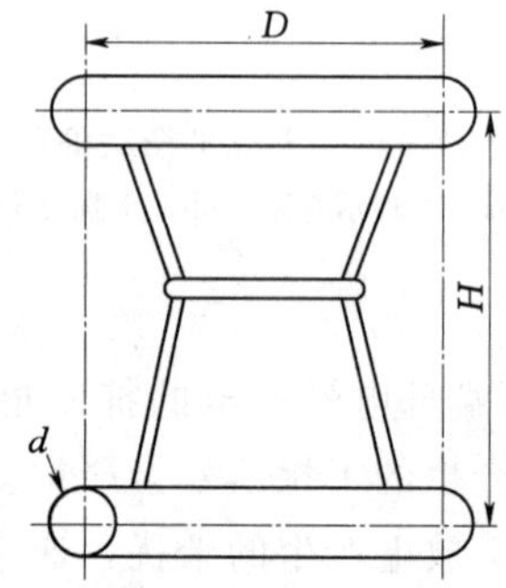

图 17-15　双环形屏蔽

表 17-9　　高压无晕环（球）的典型尺寸

电压等级/kV	双环形尺寸/mm			球形/mm	圆管形直径/mm
	d	H	D	D	
220	150	1050	810	750	100
500	200	1200	1600	1800	250
750	—	—	—	2500	300

三、局部放电波形的识别

局部放电电气检测的基本原理是在一定的电压下测定试品绝缘结构中局部放电所产生的高频电流脉冲。在实际试验时，应区分并剔除由外界干扰引起的高频脉冲信号，否则，

这种假信号将导致检测灵敏度下降和最小可测水平的增加，甚至造成误判断的严重后果。局部放电试验的干扰是随机而杂乱无章的，因此难以建立全面的识别方法，但掌握各类放电的时间、相位以及电压与时间关系曲线等特性，有助于提高识别能力。

1. 掌握局部放电的电压效应和时间效应

局部放电脉冲波形与各种干扰信号随电压高低、加压时间的变化具有某种固有的特性，有些放电源（干扰源）随电压高低（或时间的延长）突变、缓变，而有些电源却是不变的，观察和分析这类固有特性的识别干扰的主要依据。

2. 掌握试验电压的零位

试品内部局部放电的典型波形，通常是对称地位于正弦波的正向上升段，对称地叠加于椭圆基线上，而有些干扰（如高电压、地电位的尖端电晕放电）信号是处于正弦波的峰值，认定椭圆基线上试验电压的零位，也有助于波形识别。但需指出，试验电压的零位是指施加于试品两端电压的零位，而不是指低压励磁侧电压的零位。目前所采用的检测仪中，零位指示是根据高压电阻分压器的低压输出来定的，电阻分压器的电压等级一般最高为 50kV。根据高电位、地电位尖端电晕放电发生在电位峰值的特性，也可推算到试验电压的零位，只要人为在高压端设置一个尖端电晕放电即可认定。高压端尖端电晕放电的脉冲都叠加于正弦波的负峰值。

3. 根据椭圆基线扫描方向

放电脉冲与各种干扰信号均在时基上占有相应的位置（即反映正弦波的电角度），如前所述，试品内部放电脉冲总是叠加于正向（或反向）的上升段。根据椭圆基线的扫描方向，可确定放电脉冲和干扰信号的位置。方法是注入一脉冲（可用机内方波），观察椭圆基线上显示的脉冲振荡方向（必要时可用 X 轴扩展），即为椭圆基线的扫描方向，从而就能确定椭圆基线的相应电角度。

4. 整个椭圆波形的识别

局部放电测试，特别是现场测试，将各种干扰抑制到很低的水平通常较困难。经验表明，在示波屏上所显示的波形，即使有各种干扰信号，只要不影响识别与判断，就不必花很大的精力将干扰信号全部抑制。

第六节　电容型套管的在线监测

一、测量项目

测量介质损耗因数 $\tan\delta$。

二、测量部位

在高压多油开关和变压器等电力设备中广泛使用 110kV 及以上的油纸电容型或胶纸电容型套管，此型套管分为有电压抽取装置（有两只小套管）和无电压抽取装置的电容型套管两种，如图 17－16 所示。

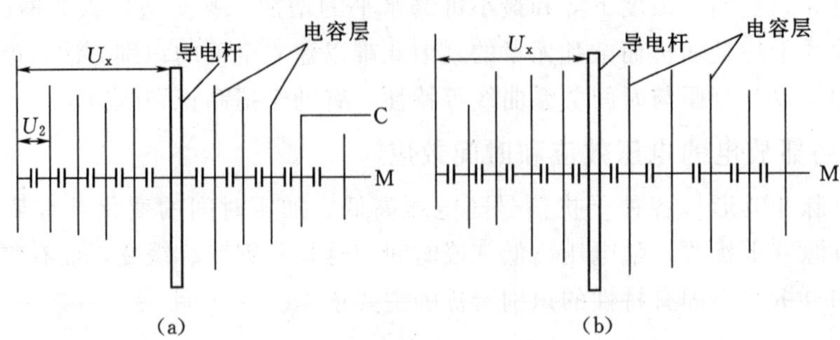

图17-16　电容型套管电气原理示意图

(a) 有电压抽取装置套管；(b) 无电压抽取装置套管

U_2—抽取电压；U_x—运行电压；M—末屏（测量套管引出，运行时接地）；

C—次末屏（抽压套管引出，运行时悬空）

电容型套管具有内绝缘和外绝缘。内绝缘又称主绝缘，为一圆柱形电容芯子，外绝缘为瓷套，瓷套中有供安装用的金属连接套管（法兰），套管头部有供油量变化的金属容器（油枕）。套管内部抽真空后应注满绝缘油，对于有电压抽取装置套管，除将运行中接地的末电屏通过小套管引至法兰之外，还将其次末屏也用小套管引至套管法兰上。运行中测量小套管直接与接地的金属法兰相连接；有的通过一金属罩使其与接地的金属法兰相连接，与次末屏相连的抽压套管悬空。110kV 套管的抽压套管（次末屏）与测量套管（末屏）间的电容与主电容之比一般为（19～26）∶1；对于 220kV 套管，电容比约为 50∶1。从电容套管结构上也可明显地分辨出抽压套管与测量套管，一般抽压套管外部有裙边，而测量套管无裙边。

电容型套管的内绝缘电容芯子对于套管性能的影响最重要，所以主要研究主绝缘（导电杆与抽压套管或测量套管间的绝缘）的 $\tan\delta$。

三、测量方法

（一）西林电桥法

1. 测量无电压抽取装置套管的介质损耗因数 $\tan\delta$

无电压抽取装置的套管仅有一只测量小套管，正常运行时测量小套管应妥善接地。

为满足工作电压下套管的 $\tan\delta$ 测量，可将测量小套管用同轴电缆引至接地开关 P 或用专用工具外附接地，接上电桥 C_x 线后再断开外附接地进行测量，其测量接线如图 17-17 所示。

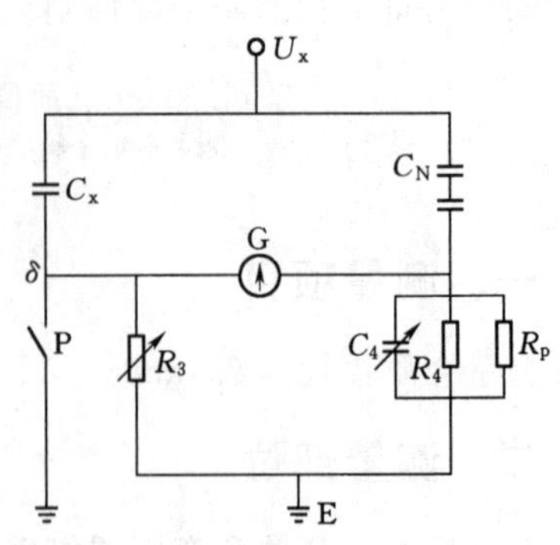

图17-17　测量电容型套管 $\tan\delta$ 的接线

（δ 点即为测量小套管端）

由于电容型套管为小容量设备，电容试品在 R_3 臂上可不接分流电阻（以减少 R_3 上的电流，避免烧坏 R_3）C_x 与 $\tan\delta_x$ 计算公式为

$$C_x=\frac{R_4'}{R_3}C_N$$

$$\tan\delta_x = \tan\delta_c + \tan\delta_N = \omega C_4 R_4 + \tan\delta_N$$

部分现场测量结果如表 17-10 所示。

表 17-10　　套管测量结果

型　号	标准电容器 C_N 的实测值		实测结果（工作电压下）		停电，10kV 时试验结果（C_N=50pF）		运　行相电压 /kV	试验条件	
	C_N /pF	$\tan\delta_N$ /%	C_x /pF	$\tan\delta_x$ /%	C_x /pF	$\tan\delta_x$ /%		温度 /℃	相对湿度 /%
BRL-220	420	<0.1	365	0.5	364	0.3	128	24	58
BRL-220	420	<0.1	370	0.6	368	0.5	128	24	58
BRL-220①	420	<0.1	426	1.7	363	0.8	128	24	58
BRL-110	420	<0.1	326	0.5	321	0.3	65	22	53
BRL-110	420	<0.1	322	0.4	320	0.2	65	22	53
BRL-110	420	<0.1	325	0.5	322	0.4	65	22	53

① 该套管自末屏向里 1～8 屏受潮并有放电痕迹，套管与法兰结合处有一小裂纹。

2. 测量有电压抽取装置电容型套管的 tanδ

图 17-18 所示为测量有电压抽取装置电容型套管的主电容 C_1 和抽电压电容 C_2 串联的等值电容和介质损耗因数 $\tan\delta_x$ 的接线图。图 17-19 所示为测量抽压电容 C_2 及其介质损耗因数 $\tan\delta_2$ 的接线图。图 17-20 所示为测量主电容 C_1 及其介质损耗因数 $\tan\delta_1$ 的接线图。

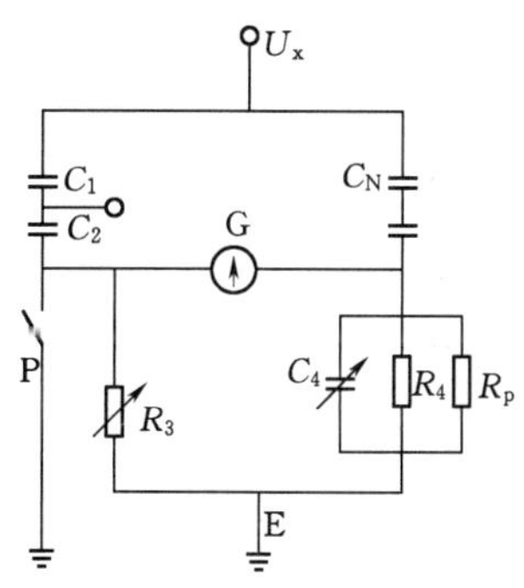

图17-18　测量 C_x 和 $\tan\delta_x$ 的接线
C_1—主电容；C_2—抽压电容

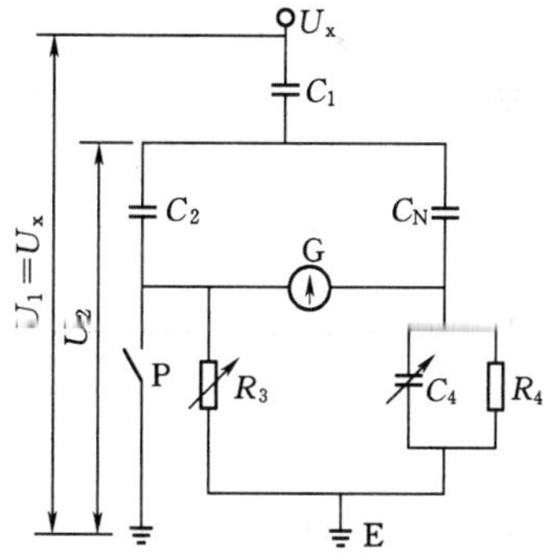

图17-19　测量抽压电容 C_2 和 $\tan\delta_2$ 的接线

按图 17-18 所示接线可测得 C_x、$\tan\delta_x$；按图 17-19 所示接线可测得 C_2、$\tan\delta_2$，则可计算出主电容 C_1 和介质损耗因数 $\tan\delta_1$，即

$$C_1 = \frac{C_x C_2}{C_2 - C_x}$$

$$\tan\delta_1 = \tan\delta_x + \frac{C_x\ (\tan\delta_x - \tan\delta_2)}{C_2 - C_x}$$

按图 17-20 可直接测得主电容 C_1 及其介质损耗因数 $\tan\delta_1$，但此时套管的末电屏与

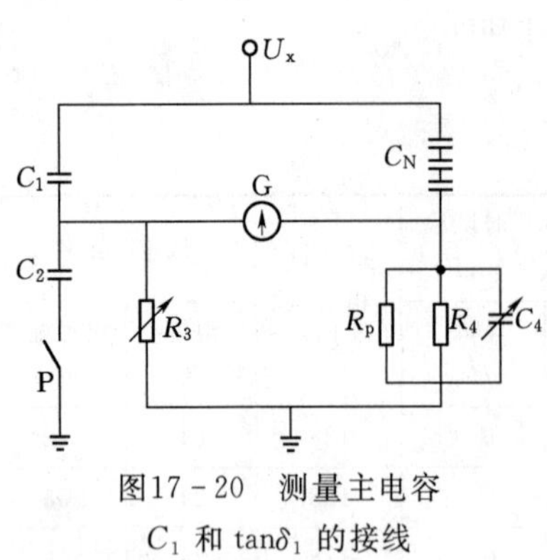

图17-20 测量主电容 C_1 和 $\tan\delta_1$ 的接线

次末屏被短接，对 110kV 套管而言，一般分压比为 19～26，因此抽压套管接地后主电容每一层分布电压增加很少。对 220kV 套管而言，因分压比为 50，主电容一层被短路，所以每一层分布电压增加也很少，对套管的正常运行是没有危险的。但应注意的是，按图 17-20 测量时，抽压电容 C_2 与电桥第三臂 R_3 并联，因此测得主电容介质损耗因数为

$$\tan\delta_1=\tan\delta_c-\omega C_2R_3$$

$$\tan\delta_c=\tan\delta_1+\omega C_2R_3$$

部分现场测量结果如表 17-11 所示。

表 17-11　　有电压抽取装置套管的试验结果

型号	标准电容器 C_N 的实测值		工作电压下实测结果				运行相电压 /kV	10kV 试验结果				试验条件		备注
			C_1 与 C_2 串联		抽压电容 C_2			C_1 与 C_2 串联		C_2				
	电容量 /pF	tanδ /%	C /pF	tanδ /%	C /pF	tanδ /%		C /pF	tanδ /%	C /pF	tanδ /%	温度 /℃	相对湿度 /%	
DRLY-110	420	<0.1	163	0.8	4168	0.3	64.3	162	0.5	4170	0.3	23	52	
	420	<0.1	164	0.7	4200	0.2	64.3	161	0.4	4210	0.2	23	52	
	420	<0.1	168	0.8	4218	0.3	64.3	163	0.5	4220	0.3	23	52	
	420	<0.1	160	0.7	4150	0.3	64.3	161	0.4	4220	0.3	23	52	
	420	<0.1	170	0.6	4260	0.2	64.3	170	0.3	4268	0.2	23	52	
	420	<0.1	165	0.7	4200	0.3	64.3	163	0.4	4210	0.2	23	52	
3600	420	<0.1	320	1.5	7280	0.4	65	286	0.7	7270	0.4	26	46	电容层间有闪络痕迹

（二）功率表法

这种方法的测量接线如图 17-21 所示，其相量图如图 17-22 所示。此时功率表测得有功功率为

$$P=U_2I_2\cos(90°-\delta+\gamma)$$

式中　I_2——电流互感器的次级电流；

U_2——电压互感器的次级电压；

δ——被试套管的介质损失角；

γ——电流互感器与电压互感器的总的角差，$\gamma=\gamma_i-\gamma_u$。

因为 $\delta-\gamma$ 很小，所以有

$$\sin(\delta-\gamma)\approx\tan\delta(\delta-\gamma)=\frac{P}{U_2I_2}$$

而

$$\tan(\delta-\gamma)=\frac{\tan\delta-\tan\gamma}{1+\tan\delta\tan\gamma}=\frac{P}{U_2I_2}$$

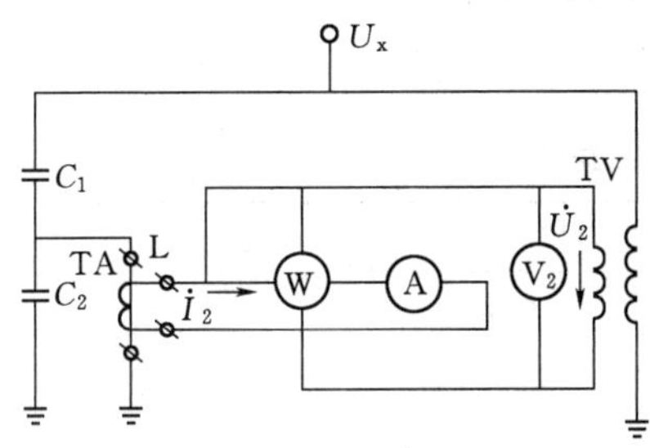

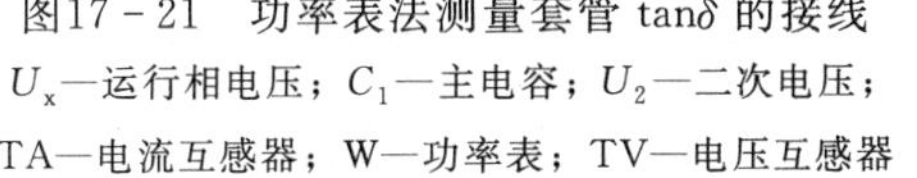
图17-21　功率表法测量套管 $\tan\delta$ 的接线

U_x—运行相电压；C_1—主电容；U_2—二次电压；TA—电流互感器；W—功率表；TV—电压互感器

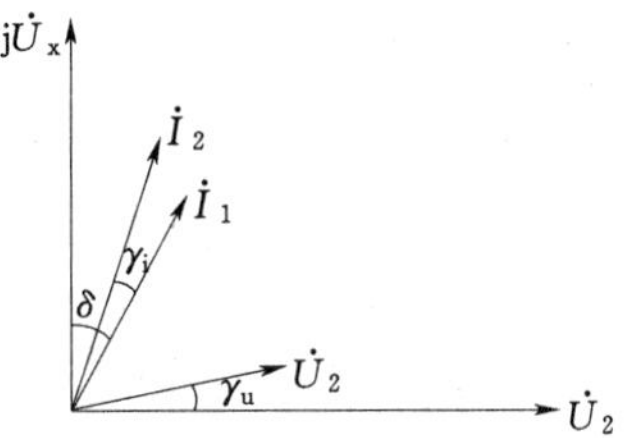

图17-22　功率表法测量 $\tan\delta$ 的相量图

γ_i—电流互感器的角差（I_2 越前 I_1 时为正）；γ_u—电压互感器的角差（U_2 越前于 U_x 时为正）

又因 $\tan\delta \ll 1$，$\tan\gamma \ll 1$，$1+\tan\delta\ \tan\gamma \approx 1$，故

$$\tan(\delta-\gamma) \approx \tan\delta - \tan\gamma = \frac{P}{U_2 I_2}$$

$$\tan\delta = \frac{P}{U_2 I_2} + \tan\gamma$$

大量的现场测试表明 0.2 级电流互感器的角差 γ_i 一般不大于 $2'$，而总角差 $\gamma=\gamma_i-\gamma_u$ 一般不越过 $5'\sim10'$，所以在现场测试中，角差 γ 可以略而不计，则有

$$\tan\delta = \frac{P}{U_2 I_2}$$

按图 17-21 可以方便地测出电容量 C_1，若取 $U_x/U_2=1270$，则有 $I_1=\omega C_1 U_x=\omega C_1 U_2 \times 1270$，故

$$C_1 = 2.5\frac{I_1}{U_2}\times 10^6\ (\text{pF})$$

式中的 $I_1=I_0 K$（K 为电流互感器的电流比）；U_2 为电压表示数。

对 330kV 电容型套管，若取电压互感器二次电压（100/3V）供给功率表电压线圈，则试品电容量 C_1 表达式（取电流比为 1.0）为

$$C_1 = 9.65\frac{I_2}{U_2}\times 10^4\ (\text{pF})$$

对 500kV 电容型套管，若取二次电压供给瓦特表电压线圈，则电容量 C_1 的计算公式为

$$C_1 = 6.37\frac{I_2}{U_2}\times 10^4\ (\text{pF})$$

现场部分 220kV 电流互感器及变压器套管的测试结果如表 17-12 所示。

表 17-12 中 U_s 为试验电压 10kV 条件下的介质损耗因数为 $\tan\delta_{10}$，在 220kV 的相电压（127kV）下介质损耗因数为 $\tan\delta_{127}$。表中 $\Delta\tan\delta$ 为工作电压下介质损耗因数与停电条件下 10kV 电压下介质损失角正切的差值，即

$$\Delta\tan\delta = \tan\delta_{127} - \tan\delta_{10}$$

由表 17-12 可知，在线测得的介质损耗因数值约比停电条件下电压为 10kV 时测得

的 tanδ 值大 0.13%。这是由于在线监测时的试验电压高的缘故。因为试验电压高，所以绝缘若有缺陷也较容易发现。

表 17-12　　220kV 试品的测试结果

试品	$U_s=10$kV		$U_s=127$kV		Δtanδ /%	$\frac{\tan\delta_{127}}{\tan\delta_{10}}$
	C_1/pF	$\tan\delta_{10}$ /%	C_1/pF	$\tan\delta_{127}$ /%		
$LCLWD_3-220$	780	0.3	788	0.42	0.12	1.40
$LCLWD_3-220$	789	0.4	803	0.53	0.13	1.33
$LCLWD_3-220$	804	0.5	810	0.64	0.14	1.28
BR-220	436	0.4	438	0.52	0.12	1.30
BR-220	425	0.3	426	0.43	0.13	1.43
BR-220	413	0.4	414	0.53	0.13	1.33

第七节　介质损耗及电容量的在线监测及诊断技术

一、概述

通过测量介质损耗角 tanδ 及电容量，能灵敏地发现电容型设备的绝缘缺陷，故现行的预防性试验也把该参数作为绝缘状况诊断技术中的一个重要的判据。如果利用在线监测手段，在设备的运行过程中在线实时监测这两个参数，必将对早期发现运行设备的绝缘缺陷、提高设备安全运行水平、实现状态检修（优化检修）、降低发、供电成本起到良好的作用。由于电容型设备［主要包括电容型套管、电流互感器（TA）、电容式电压互感器（CVT）及耦合电容器等］的数量约占变电站电气设备的 40%，其绝缘状态的好坏对整个变电站的安全运行起着至关重要的作用，因此对其绝缘状态实现在线监测或带电测试技术的研究早已引起业内专家的极大关注。该技术目前已逐步走向成熟，并且，部分产品的实用性和有效性，经过生产实践的考验，已得到证明和认可。

二、信号取样及测量技术

信号取样及测量是容性设备绝缘在线监测系统的关键技术，它将直接影响到使用的安全性和监测的有效性。为避免信号取样方式对被测电气设备的安全运行造成影响，通常要求采用穿心结构的电流传感器。无源电流传感器具有结构简单、工作可靠等优点，早期曾被广泛应用，但由于被测电流信号通常为毫安级，且又必须采用穿芯结构，检测精度难以满足介质损耗测量的要求。采用硬件补偿或软件修正的方式，虽然可以调整传感器的误差，但却无法保证这种相对精度的稳定性，现场应用时将会明显受到环境温度变化的影响。

采用自动反馈的零磁通补偿技术，目前已被认为是提高小电流传感器检测精度的唯一途径。除了应选用磁导率较高、损耗较小的坡莫合金作铁芯外，还需采用深度负反馈补偿

技术，对铁芯内部的激磁磁势进行全自动的跟踪补偿，保持铁芯工作在接近理想的零磁通状态。该技术目前已基本成熟，如果反馈技术应用得当，通常可获得较高的检测精度和较好的稳定性，且基本不受外部因素的影响。实现电容型设备介质损耗参数的在线监测，最关键技术是如何准确获得并求取两个工频基波电流信号的相位差。早期所采用的均是建立在模拟信号处理基础上的过零比较技术，通过计数器方式获得两个信号的时间差，然后再根据信号周期转换成相位差。该方法对硬件电路的稳定性要求较高，电路自身的漂移、谐波干扰的影响均是难以克服的问题。近年来，采用全数字化的快速傅里叶变换方法(FFT）求取信号相位差的技术已逐步成熟，它既简化了硬件电路，又提高了抗谐波干扰能力。该方法的最大优点是不需使用复杂的模拟处理电路，长期工作的稳定性可得到保证，且能有效抑制谐波干扰的影响。电容型设备介质损耗及电容量在线监测基本原理如图17－23所示。

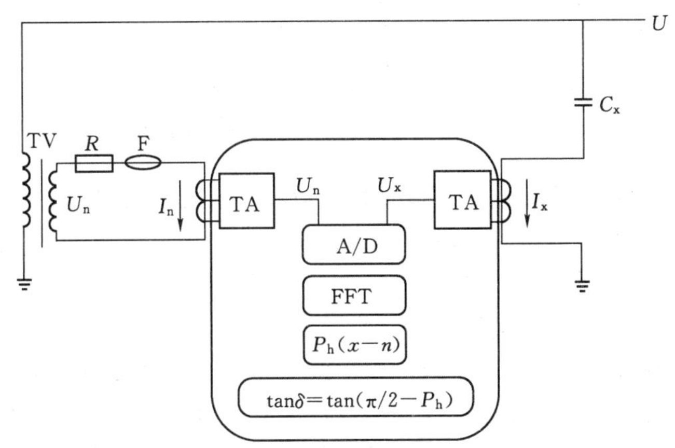

图17－23　电容型设备介质损耗及电容量在线监测基本原理

三、基准相位测量技术

近年来，SM2系统首创的虚拟基准检测技术已得到广泛应用。其主要测量原理如图17－24所示，即在TV附近安装一台基准电压监测单元（TV），并以现场总线中含有的220V交流电源（U_s）作为临时基准，此时容性设备监测单元（TA）也以该220V电源（U_s）作为临时基准。如果TV监测单元与TA监测单元同时启动测量，则可得以同一时间段内的相位差信息$\Phi_{(TV \to U_s)}$和$\Phi_{(TA \to U_s)}$，从而方便地获得TA信号相对于TV信号的相位差，即

$$\delta_{(TA \to TV)} = \Phi_{(TA \to U_s)} - \Phi_{(TV \to U_s)}$$

基准相位测量技术与通过屏蔽电缆、把TV二次信号直接传送到现场中的每个本地监测单元的传统方式相比，不但节省了大量的电缆用量，同时还避免了模拟信号经长途传输所带来的问题。

四、监测数据结果分析

(1）对离线测量介质损耗和电容量的试验结果主要采用以下方法进行综合诊断：

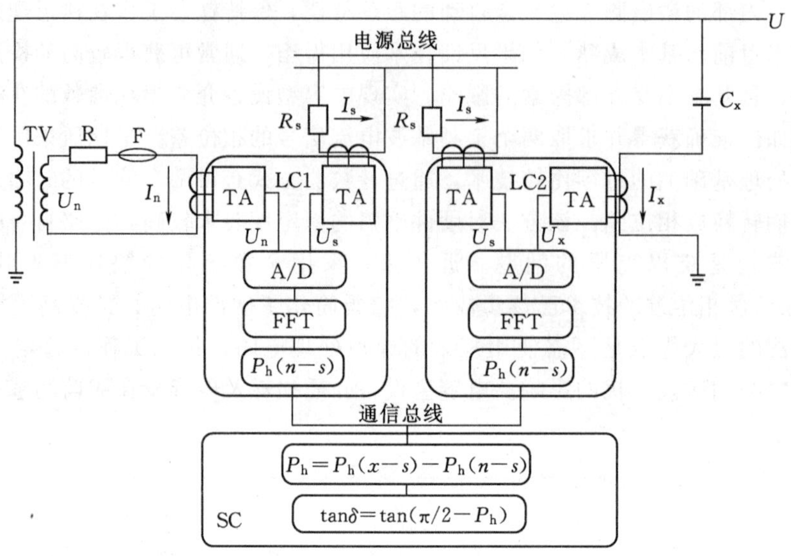

图 17-24　SIM2 系统首创的虚拟基准相位检测技术

1）与预防性试验规程规定的标准值进行比较，超过规定值时应查明原因。

2）同一台设备三相之间进行比较。

3）与历次试验结果进行比较。

4）与同类设备的试验结果进行比较。

（2）对在线监测数据的分析。现行的对离线测量介质损耗和电容量的试验结果主要是根据以下四点为依据进行综合诊断：与预防性试验规程规定的标准值进行比较，超过规定值时应查明原因；同一台设备三相之间进行比较；与历次试验结果进行比较；与同类设备的试验结果进行比较。但对于在线监测系统而言，测量方式及施加电压的差异，设备运行方式及现场环境的变化，均会影响介质损耗在线监测的结果，造成在线监测数据与离线试验数据之间存在差异，甚至两者之间不具绝对的可比性，所以，用预防性试验规程规定的标准作为在线监测的判据，很可能产生误判。因此对在线监测的结果分析，主要采用横向比较的方法。即同一台设备的三相之间或变电站中同类型设备之间进行比较，如果某相或某台设备的监测数据发生相对变化，且具备一定的变化过程，则认为该设备的绝缘状态异常，需要进行跟踪、分析、判断。如果某台设备的三相或所有同类型设备的监测数据同时增大或减小，则认为是由外部因素引起、而非设备故障所致。采用这种横向比较判断的方法可有效避免外部因素的影响，提高绝缘状态诊断结果的可靠性。

五、应用实例

实际运行经验表明，利用 SIM2 型绝缘在线监测系统可早期发现运行中电气设备的绝缘缺陷、避免重大事故的发生。例如，某 110kV 电流互感器，该组 TA 为 1997 年投运的 LB1－100GYW 型产品，至 2003 年年初已正常运行 5 年多，SIM2 系统的监测数据一直稳定在 0.4%左右。但自 2003 年 3 月开始，该 TA 的 C 相介损监测数据呈明显上升的趋势，而另外两相设备的监测数据则完全正常，油中溶解气体色谱分析数据结果也表明同样的征

兆。由于该TA的C相介损监测数据呈继续上升趋势，为进一步查明原因于4月16日停电测量介质损，并进行了油中溶解气体色谱分析，经综合分析确诊了故障。鉴于现场无备品进行更换，该设备在加强在线监测的条件下投入运行，直到6月5日停电进行检查、处理。通过解体检查发现，该TA的金属膨胀器已经变形并有裂纹，在U形部位的底部绝缘皱纹纸及铝铂上有明显的放电痕迹。通过此例可明显看出，在线监测介质损耗在早期发现设备故障、避免重大事故中起到的重要作用。

第八节　套管等少油式电力设备的在线监测

一、开展对少油式电力设备在线监测的意义

少油式电气设备包括电流互感器（TA)、电压互感器（TV)、变压器套管及避雷器等。这类设备价值相对不太高，但由于绝缘故障往往引起爆炸事故，损坏变电所相邻设备，爆炸引起的大火还会造成变电所、发电厂不能运行等情况，从而经济损失严重，这类事故在国内外经常发生。因此，开展少油式设备的在线监测，能提高设备运行可靠性，减少设备的检修、预检停运时间。由于在线监测方式能够随时了解反映设备绝缘异常的特征参量，有助于实现状态检修，深受运行部门技术人员的欢迎。利用现场带电检测仪定期对运行电气设备的泄漏电流 I_g、介质损耗 $\tan\delta$、金属氧化物避雷器的阻性电流等绝缘参数进行检测，可以及时发现绝缘缺陷。该方式采用便携式检测仪器，具有防干扰能力强、投资少、便于维护和更新等优点，适合现场应用。

二、工作原理

在线监测结果如何与现有的常规预防性停电试验结果对比，是目前电力部门较为关心的一个问题。运行经验及研究结果表明，测试电压的不同以及周围电磁环境的差异，虽然会导致在线测试结果与停电预防性试验结果之间有一些差别，但如果能够获得真实可靠的在线测试数据，仍可通过设备本身测量数据的纵向比较和相关设备测量数据的横向比较判断出运行设备的绝缘状况。对于绝缘完好的设备，一般在线测量与停电测量的数据差异不大，仍可用相关的预试标准判断。在停电时测量介质损耗 $\tan\delta$ 时，由于电场干扰较少，有相应的标准电容器，因此运用经典的电桥很容易准确测出设备的介质损耗。当用另一试品 C_{X2} 代替标准电容器来进行相对测量时，其等效电路及相量图如图17-25所示。

由绝缘参数等效电路，可推导出介质损耗角正切为

$$\tan\delta_r=\omega C_4R_4=\frac{\tan\delta_X-\tan\delta_N}{1+\tan\delta_X\tan\delta_N} \tag{17-1}$$

当被看作标准电容的 $\tan\delta_N$ 非常小时，$\tan\delta_X=\tan\delta_r$。在现场进行带电测试时，一般是采用母线TV二次电压作为参考相位，用TV二次电压作为标准，测出的介质损耗值与停电测量值基本一致。但当母线上有的断路器分开，设备没在同一母线上运行时，或由于现场温度变化差异较大时，在这些情况下就不能用TV二次电压作为标准，则可选用多台同相试品相互作为参考标准电容以观察相互之间 $\tan\delta$ 的变化，同样能达到较好的效果。

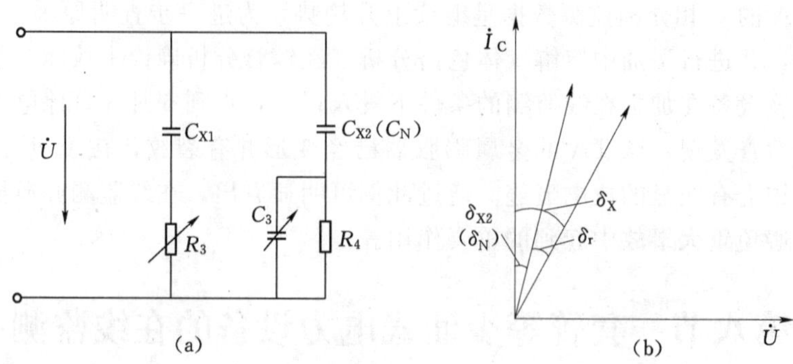

图 17-25　相对测量 tanδ 原理图和相量图

(a) 相对测量 tanδ 原理图；(b) 相对测量相量图

因为多台设备的 tanδ 不可能同时同样变化（劣化）。如多台设备进行互为标准相关测量，利用相关关系、横向比较和本身的纵向比较，能使判断效果比单台测量更为有效。当图 17-25 中 C_N 用 C_{X2} 代替时，测量到的 $\tan\delta_r$ 为

$$\tan\delta_r=\frac{\tan\delta_{X1}-\tan\delta_{X2}}{1+\tan\delta_{X1}\tan\delta_{X2}} \tag{17-2}$$

由于

$$\tan\delta_{X1}\ll 1,\quad \tan\delta_{X2}\ll 1$$

故

$$\tan\delta_r\approx\tan\delta_{X1}-\tan\delta_{X2}$$

由此可见，同相设备相互测得的 tanδ 值为两台设备各自 tanδ 的差值，其值较本身值小，但对于判断其介质损耗变化的含义是一致的。

从理论上讲，带电测量的数据应该和停电测量的数据可以比较，例如，两台设备在停电时测定的数据 $\tan\delta_{X1}$ 为 0.36，$\tan\delta_{X2}$ 为 0.30，则相对测量时 $\tan\delta_r=0.36-0.30=0.06$。以上分析是在设备绝缘正常的情况下，当绝缘有缺陷时，介质损耗的增加则与施加的电压有关，这时在运行电压下测定的数据就更能反映实际情况了。利用同相电容型设备介质损耗差值及电容量比值的检测功能，可与使用 TV 二次侧电压作为基准信号所测量的介质损耗测试结果比较，还有助于判断电场干扰的影响程度。在线测量易受到现场高压强电场的干扰，因而如何进行信号采样及处理是最关键的问题。测量系统如采用数字采样、相关数字鉴相技术及 FFT 频谱分析处理，能有效地排除干扰的影响。在信号处理中，相关分析也是在时域中进行信号分析的常用方法，它对抑制随机干扰、提高信噪比是非常有效的手段。在介质损耗测量中，由于系统电压中存在各种脉冲及杂波干扰，要从 50Hz 信号中区别出微小的相差、达到准确测量的目的，宜运用 FFT 数字滤波及相关技术比较被测的两路信号的相关性。

三、信号取样方法

为了减小变电所强电场的干扰影响，采用输入阻抗极低的电流传感器取样方式，传感器一次引线直接串接在被测设备末端线（末屏引出线）上使用。

1. 电容型设备末屏电流信号

取样单元主要由如图 17-26 所示的元件构成。图 17-26 中采用高灵敏度固化电流传

感器，可完全不改变设备的正常接线及运行方式，既可保证现场使用的安全，又不会影响信号的检测精度。测量时，测试端子通过测量电缆与检测仪的电流输入端相连，测量电缆需要采用双绞双屏蔽电缆，才能不受电磁场干扰。测试端子需用接线柱压接，避免端子氧化造成接触不良影响。当对耦合电容器（OY）进行在线检测时，应在耦合电容器与结合滤波器之间连接信号取样单元。测量时最好临时短接掉结合滤波器，因为结合滤波器电感影响会使测量值略为偏大。

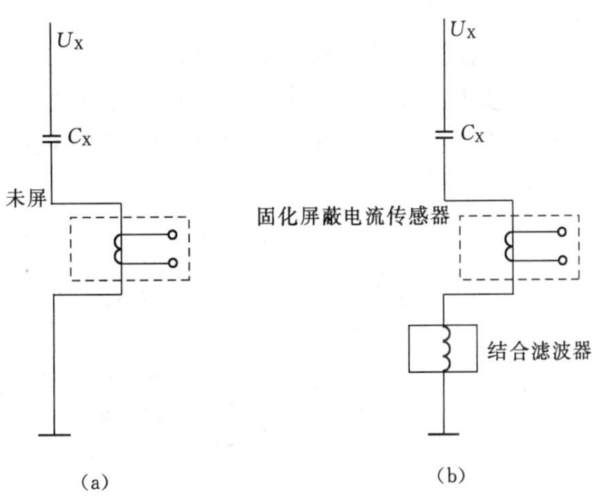

图 17－26　电容型设备泄漏电流的信号取样方法

（a）电流互感器；（b）耦合电容器

2. 标准电压取样信号

当用电压互感器二次电压信号作为标准比较源时，测定的数据也可与停电时测量数据比较作为基准参数。电压互感器二次侧电压信号的取样保护单元较为简单，可直接在其测量绕组的非接地端串接取样电阻，并把通过电阻的电流信号引入取样端子箱即可，TV 二次侧标准电压信号取样方法见图 17－27。由于取样电阻直接安装在 TV 二次测量绕组的非接地端子上，即使信号引出线发生对地短路，由于电阻大短路电流仅为几毫安，不会造成 TV 二次绕组短路，故比常用的小 TV 取样方式更加安全。当电压互感器为电磁型时，电流信号取样只需将取样电流传感器串接在 TV 的构架（内部支架及铁芯）接地引出端即可。电容式电压互感器则需将电流传感器串入电容低压臂的接地端。

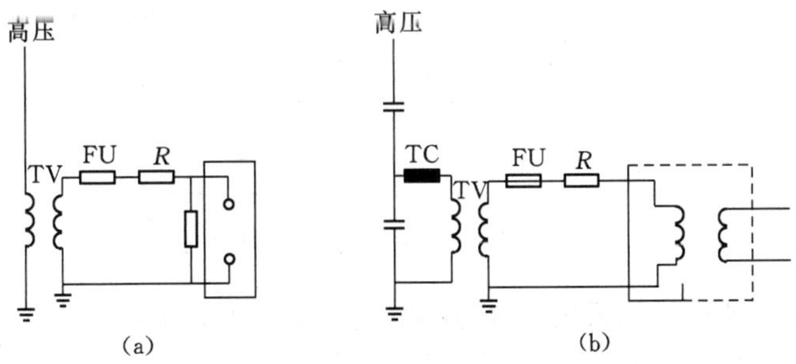

图 17－27　TV 二次侧标准电压信号的取样方法

（a）电阻分压降压；（b）小变压器二次降压

TC—电容式电压互感器

四、绝缘参数带电测量系统

有的检测仪为分散型带电检测系统，其工作原理框图如图 17－28 所示，系统连接框

图如图 17-29 所示。为保证测试安全，也可采用固化传感器的设计结构，这要求传感器的输入阻抗极低，且能够耐受较大的工频和雷电电流冲击。带电检测仪仅设置参考电流 I_N 和被测电流 I_X 两个输入端，直接从传感器输出端拾取参考标准信号和被测信号。这样，一台便携式仪器可对多个变电所的设备进行带电测量，不但可降低检测系统的投资，而且有助于提高长期工作的稳定性，并可随时对检测精度进行检验。

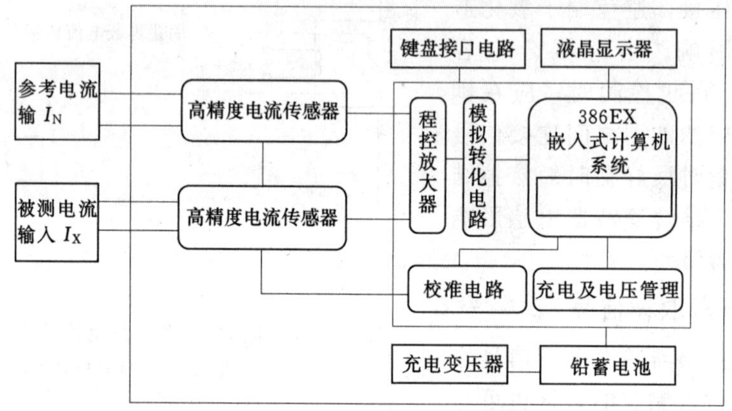

图 17-28 检测仪原理框图

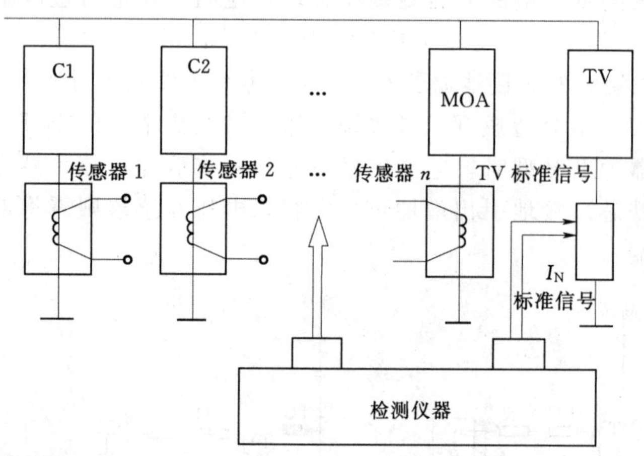

图 17-29 系统连接框图

电容型设备是指绝缘结构采用电容屏的电气设备，主要包括电流互感器、套管及耦合电容器等。测量电容型设备的 $\tan\delta$ 常采用如图 17-30 所示的两种测量方法。检测仪器采用了先进的数字鉴相技术，因而具有较强的自检校验功能，有利于排除母线谐波分量造成的影响。如果现场具备两个及以上的同相的电容型设备，可同时采用图 17-30（a）所示相对测量方式，并根据测得的电容量比值及介质损耗值的变化趋势，来判断设备的绝缘状况。由于该测量方式能减弱因相间电场干扰造成的影响，故通常可得到较为真实的测试结果。如果 C_N 的电容量和介质损耗值已知，则可方便地求得试品 C_X 的电容量以及介质损耗的大小。如果需要准确测量设备的电容量 C_X 和介质损耗绝对值，则应使用图 17-30（b）绝对值测量方式，但需考虑 TV 本身的角差影响。

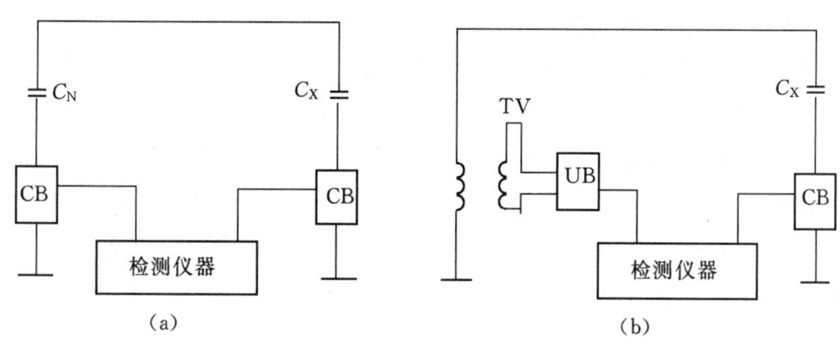

图 17-30　电容型设备介质损耗在线检测方式
(a) 相对测量模式；(b) 绝对测量模式
CB—电流取样传感器；UB—标准电压取样传感器

五、金属氧化物避雷器阻性电流测量

监测运行中金属氧化物避雷器（MOA）的工作状况，正确判断其老化程度是运行部门十分关心的问题。由于 MOA 老化或受潮所表现出来的电气特征均是阻性电流增大，故把测量运行电压下 MOA 阻性电流作为一种重要的在线监测手段已越来越为人们重视。如同图 17-30 中对电容型设备测量 tanδ 那样，用带电检测仪对阻性电流进行测量的模式也有两种，其测试接线方式如图 17-31 所示。检测仪采用了容性电流补偿技术，有利于抑制 MOA 端电压谐波分量的影响，准确测得 MOA 的下列参数：

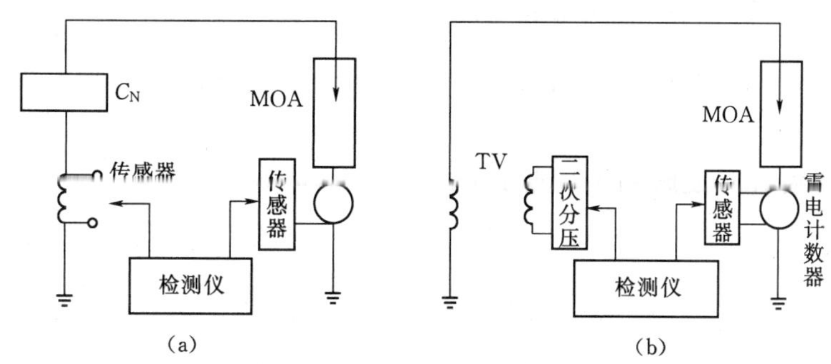

图 17-31　MOA 阻性电流在线检测方式
(a) 同相电容试品电流信号作标准；(b) 电压信号作标准

(1) 全电流 I_X 的有效值和参考电压 U_N（或参考电流 I_N）的有效值。

(2) 阻性电流基波分量的峰值 I_{rp1} 和三次谐波分量的峰值 I_{rp3}。

(3) 阻性电流的峰值 I_{rp} 和容性电流的峰值 I_{cp}。

阻性电流峰值 I_{rp} 可以较为准确地反映出 MOA 的受潮和老化现象。传统的阻性电流检测方法是直接取其时域波形的峰值，受阻性电流谐波分量相位变化的影响，峰值测量结果的稳定性通常很不理想，有时还会导致错误的判断结果。而有些数字化检测仪器，往往简单地把总电流的峰值减去容性电流基波分量峰值所得的差值（$I_{rp}=I_{Xp}-$

I_{cp1}）作为阻性电流测试结果。如果 MOA 端电压中存在较大的谐波分量，测试结果将会受到严重影响。为了克服上述检测方法的不足，应先通过数字化补偿方式求取阻性电流信号的时域波形，然后通过数字富氏分析（DFT）处理分别得到阻性电流信号的基波分量 I_{rp1}、3 次谐波分量 I_{rp3}、五次谐波分量 I_{rp5} 和 7 次谐波分量 I_{rp7}，并认为阻性电流峰值 I_{rp} 是其各次谐波分量峰值相加的结果，即 $I_{rp}=I_{rp1}+I_{rp3}+I_{rp5}+I_{rp7}$。如与传统的直接求取阻性电流时域波形峰值的方法相比，该方法求得的测试结果会略有偏大，但却能较灵敏地反映出阻性电流中基波或谐波分量的变化情况，测试结果的重复性也好。金属氧化物避雷器的自身电容量较小，相邻设备和线路的杂散电容往往会导致在线检测结果失真。一般变电所内的母线避雷器和线路避雷器都是“一”字形排列的，中间 B 相的避雷器受两个边相母线（或线路）的电场干扰基本上是相互抵消的，通常可得到基本正确的阻性电流测试结果。但两个边相的测试结果却受到相间干扰的严重影响（特别是在 220kV 及以上变电所），导致 A 相测试结果偏大、B 相测试结果偏小等现象。因此，有的检测仪考虑了相间干扰补偿功能，可根据测得的相间干扰夹角及当前的测试相别，自动对相间干扰进行补偿。但应注意，该补偿功能仅对三相金属氧化物避雷器呈“一”字形对称排列的情况下有效，如果现场的电场分布情况较为复杂，仅用补偿也难以获得满意的抗干扰效果。

第九节 套管故障的红外诊断方法

一、高压穿墙套管的缺陷诊断

高压穿墙套管反映的热缺陷部位主要是引流接头，也发现过支撑板未开缝造成的涡流发热。

1. 高压穿墙套管反映的不同热缺陷

(1) 35kV 穿墙套管接头松动的热缺陷。某变电站用红外热电视定性性巡查时发现 35kV 穿墙套管户外接头有发热迹象，用红外测温仪进行定量检查测温，发现 A 相接头 220℃、B 相接头 133℃、C 相接头 38℃，当时环境温度 33℃，负荷率 64%，接头发热点外部 A 相、B 相用试温蜡片证实温度很高。其他无明显异常，经停电处理，发现 A 相、B 相连接压紧螺丝帽松动，接触面氧化严重，造成接头电阻增大而发生热缺陷。

(2) 10kV 穿墙套管支撑板涡流发热的缺陷。某电厂电力设备进行红外测温检查时，发现一组 10kV 穿墙套管金属支撑板过热，经检查发现该套管的金属支撑板三孔之间未开间隙缝，套管通过的电流在支撑板上产生涡流而造成发热。

2. 穿墙套管发现过热未及时处理使故障恶化

某变电所#1 主变 35kV 开关主变侧穿墙套管，停电检修时发现，C 相铝排连接处漆变黑，胶木片已碳化，穿墙套管导电杆上半根已严重发黑，下半根长满铜绿，螺帽已无法拧下，而 A、B 相基本正常。可见，这段时间，C 相热故障危险程度有了较大发展，如再不安排处理，将发生接头烧红、烧断事故测试数据见表 17-13。

表 17-13　　穿墙套管处理前后温度　　单位:℃

相　别	处　理　前		处　理　后	
	上桩头	下桩头	相别	上桩头
A 相	135	57	A 相	同室温
B 相	130	46	B 相	同室温
C 相	149	68	C 相	135

二、高压套管故障的红外诊断

高压套管的主要故障表现为内外电气接头连接不良、套管绝缘不佳、充油套管缺油、电容式套管心子缺陷产生的局部放电和末屏引线对地放电等。为了诊断这些故障，根据套管类别，已有的常规方法主要有介质损耗角测量、局部放电量测量、油试验、油色谱分析和微水量测量等。然而，如果在带电状态下在线测量介质损耗角和放电量，则很难分开与其连接在一起的其他设备，因此，通常需要停电或断开与其他设备的连接。而要诊断出套管端部的连接故障，则不仅需要停电和断开其他连接设备，同时还必须仔细测量接触电阻才能作出判断。至于套管缺油，假如是油标出现假油位指示，则根本无法诊断。

（一）高压套管接头故障的红外诊断

套管接头包括与线路连接的外部接头及与设备内部（如变压器线圈引线）连接的内部接头，而内部接头又有不同连接方式，例如，对于 35kV 以下电压等级的变压器套管，与变压器线圈引线连接的内部接头在套管下端，采用螺杆直接与线圈引线连接；对于 110kV 及以上电压等级的变压器套管用将军帽结构连接，即变压器线圈通过穿缆引线引到套管上端，用接线座和引线鼻子再与将军帽拧紧。此时引起热故障的主要原因是穿缆线鼻子与引线焊接不良，或导电杆与将军帽等连接螺母配合不当，或因受外接引线的作用力，使接触电阻增大等。

由于高压套管的结构是在中心部位贯穿着载流导体，该导体经过套管头部的端子与母线或设备内部部件相连接。因此，一旦接点连接不良，引起接触电阻增大，就会导致接头过热，造成绝缘套管龟裂，甚至发生套管爆炸事故。所以，产生高压套管过热故障的多数原因都是套管接头接触不良，而套管导电杆（管）自身出现过热的可能性很小。例如，某供电局对设备进行红外检测时，发现一台变压器出线套管 A 相顶部严重过热，温度高达 150℃。当进行紧急停电检修时，发现 A 相套管穿缆软线与铜接头接触不良，接触表面强烈氧化，连接处开焊，焊锡已熔去流走，穿缆软线仅靠摩擦力还暂时保留在铜接头里。如果不及时发现，就会发生套管爆炸事故，甚至毁坏变压器本体。

1. 高压套管接头故障的热像特征

高压套管接头故障的红外热像，无论相间互比还是与该套管其余部位相比，发热中心都十分清晰。但因结构差异和内外接头有别，所以它们的热像特征也各有不同之处。

（1）与线路连接的套管外部接头或穿墙套管接头，因裸露在外，且属于外部故障，所以与其他电气设备外部故障一样，热像特征是以故障接头为中心的过热热像图。

（2）对于 35kV 及以下电压等级的变压器套管，与线圈连接的内部接头多数处于下端，并当浸于箱体油内。当出现连接故障时，产生的热量要通过油和套管散出。加上套管较长，热量传到套管外部时引起的温升一般不会很高。但是，如果三相套管不是同时存在同等热故障，则套管内部连接故障的热像特征是在三相之间有明显温差。

（3）除了高压套管外部接头和内部接头单独出现连接不良故障以外，还可能发生内外接头同时存在不良。

2. 高压套管接头故障的诊断判别

35kV及以上电压等级的变压器套管下端引线接头不良故障，GB 763—90规定的最高允许温度（在油中为85℃）进行诊断。进而，浸于油中的下端引线接头温度无法用红外手段直接检测，通常检测的只能是套管外表温度。因两者的温度关系不仅与电压等级、型号有关，而且还与运行负荷及油温有关，所以，要准确给出每台设备套管内外温度关系十分困难。

表17-14是在1136台变压器套管检测基础上统计得到的正常套管（无内外连接故障状态下）瓷套及储油柜的温升和它们对应的相间温差。显然，如果存在内外连接故障，则套管瓷套和储油柜温度必将受到很大影响。另外，表17-14中的上限值和下限值。分别对应于100%负荷及50%以下负荷状态的测量值。对于变压器而言，满负荷运行时的油温多数在85℃左右，该温度恰好是套管下端接头发热的最高允许温度。即在符合该热像特征时，套管瓷套温升超过表17-14给出的温升上限值1℃，或者相间温差超过上限值1℃时，均可判定为套管下端接头温度已超过最高允许温度。为鉴别套管过热是否属于内部连接故障，对于变压器套管而言，通常在检测套管头或将军帽是否过热，以及分析热像特征的基础上，还应看是否存在外部接头连接不良才作出判断。最后应该指出，如果套管未出现有明显发热中心的异常过热，但发现套管具有较大面积的分布性过热现象，也应予以重视。在某些情况下，一旦三相间瓷套温差达0.5℃以上，或者与上次检测相比，三相瓷套温差变化超过0.5℃时，则应视为接头有异常发热。当变化达1.0℃以上时，应尽早安排停电试验，以便查明原因。

表17-14　正常状态下变压器套管表面温升和温差统计值　　单位:℃

电压等级/kV	套管表面温升	套管表面温差	储油柜温升	储油柜温差
10(6)	3～10	0.2～1.0	—	—
35	1～3.0	0.1～0.2	2～4.0	0.1～0.4
110(66)	1～3.5	0.1～0.3	2～5.0	0.1～0.5

（二）高压套管绝缘故障的红外诊断

高压套管绝缘故障主要包括进水受潮、局部放电和油劣化等。如果套管上部因密封不良而进水，必然引起电容式套管电容芯子的绝缘材料受潮、老化或油劣化，使套管介质损耗因数增大。因此，有时把套管绝缘故障也称为介质损耗增大故障。另外，如果绝缘介质有层间击穿或其他原因引起的短路，则会造成电容量偏大。这两种原因都会增大电容式套管介质损发热。但是，绝缘不良引起的过热主要出现在110kV及以上电压等级的电容式套管。当把将军帽改为将军式防雨罩时，虽可在大降低因将军帽密封不良或进水受潮引起

的电容屏击穿和水分沿套管穿缆引线至变压器线圈，使高压线圈引线应力锥下部的围屏受潮烧坏事故。然而因绝缘老化或其他工艺原因造成的此类事故仍时有发生。

1. 套管绝缘故障（介损增大）的热像特征

理论计算和在线监测结果表明，良好油浸电容式套管正常运行时，因 $\tan\delta$ 不超过1.5%，而且电容很小，所以 35kV 和 110kV 套管电压效应发热一般不超过 10W；即使存在局中或整体绝缘缺陷时，初始阶段温升也不太明显，只有当绝缘缺陷发展成较严重故障时，才会呈现明显的局部或整体温升。对于 35kV 胶纸套管，相对温升就没有 110kV 套管那样明显了。模拟试验发现，对于 DR－35A 型套管而言，当介质损耗已超过上限值（$\tan\delta$＝4%）的 1.5 倍时（$\tan\delta$＝10.0%），表面温升虽高于介损较小的（$\tan\delta$ 分别为5.6%和 1.0%）套管温升 0.4℃左右，并在下部呈出一种分布性发热，但是，刚刚超标的套管（$\tan\delta$＝5.6%）尽管比 $\tan\delta$＝1.0%的套管介损大 4.6 倍，可是其温升并不很明显。

2. 套管绝缘故障的诊断差别

当变压器套管出现以上部将军帽为中心的整体发热热像，并且温升超过表 17－14 给出的正常运行温升（或温差）1℃以上时，则可判断为套管存在绝缘故障。

（三）高压套管其他故障的红外诊断

1. 套管缺油故障的诊断

变压器充油套管缺油或油位严重下降较为常见，通常靠现场目测检查油位是否正常。但因套管较高，加上有灰尘，甚至有时出现假油位现象，所以，单凭目测很不可靠。应用红外成像诊断套管缺油故障，准确率可达 100%。变压器套管缺油故障主要表现为两种不同类型，一种是套管油与变压器油相连通，这种缺油故障是在安装或充油时未排放套管内气体所致，因此，只要把气体排出即可解决。另一种是套管油与变压器分开。这种缺油故障多数因套管下端密封不良漏油所致。此时，不仅造成套管油与变压器油连通，使变压器在冷态启动（尤其在冬季）时，因变压器油位低而使套管油位也很低，形成很危险的运行状态，通常油位稍低于油标显示线还不会引起放电，只有当油位低于几个瓷裙时才会出现放电。此外，有时由于套管上端密封不良引起套管油位降低，此时容易因进入空气导致套管受潮。

不论套管油与变压器油是否相通，只要当套管油位明显降低时，因在油与空气分界面上下介质的热物性参数不同（如变压器油的导热系数为 0.1186，空气导热系数为 0.027，彼此相差约四倍左右，而且两者的热容量和吸热性能也不相同）。所以，必然在油面处形成一个较大的温度梯度，从而使得缺油或存在假油位的套管在实际油位面处形成一个有明显温度突变的清晰热像特征。应该指出，对于倾斜安装的变压器套管而言，因套管油位计下油孔不在最低处，观察油位时往往被残存在油位计下油孔下的残油所迷惑，所以，这种缺油故障在红外热像上显示低温区。当套管因缺油而引起放电时，可在套管上部缺油低温区附近出现一个因放电形成的明显局部发热热像。对于变压器套管缺油故障而言，判别标准可按变压器运行有关规定执行，亦即套管的油位面不得低于油位警戒线。例如：某变压器 C 相高压套管严重缺油形成的热图像。

由于高压套管的安装倾斜度，致使油位计内残留部分油，运行中观察只以为少量缺油未予重视，没有及时处理。测温诊断后检修时，被充油量在 10kg 以上。电容式套管严重缺油极易造成电容芯子受潮和电容屏间的局部放电，直至套管损坏。某变压器 B 相复合绝缘型套管排气不彻底形成的热图像。由于复合绝缘型套管内部，油起到一定的绝缘作用，残存空气时，油未充满将导致电场的畸变，出现局部电晕放电现象。

2. 套管污秽和瓷套不良的诊断

长期在户外（尤其在空气污染严重的环境下）运行的高压套管，因瓷套表面污秽，增大表面泄漏电流而放热，所以污秽的套管瓷套热像呈白亮色调。如果经过清洗保洁后复测，瓷套表面仍存在局部性过热区，而且，即使在零负荷状态下，由于额定电压的作用，依旧比正常套管表面有较明显温升，则可判定该套管瓷套存在瓷质不良故障。

3. 末屏引线对地放电故障的诊断

由于电容式套管末屏引线脱落，末屏引线接地端螺母松动或脱落，以及末屏引线太短，受拉力和接地螺母的剪切力而断线，甚至有个别末屏没有接地等原因，都会导致末屏引线对地放电故障。从原理上讲，此类故障必然具有热征状。

(四) 变压器高压套管将军帽发热缺陷诊断分析方法

1. 高压套管将军帽电气连接结构分析

图 17-32、图 17-33 分别为变压器高压套管将军帽可见光外形图和结构示意图。

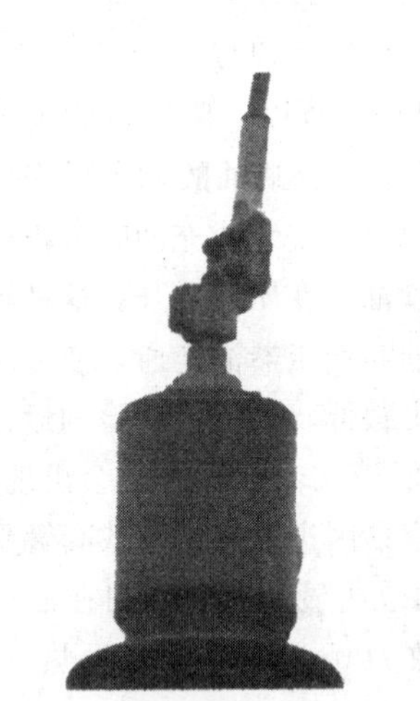

图 17-32　变压器高压套管将军帽可见光外形图

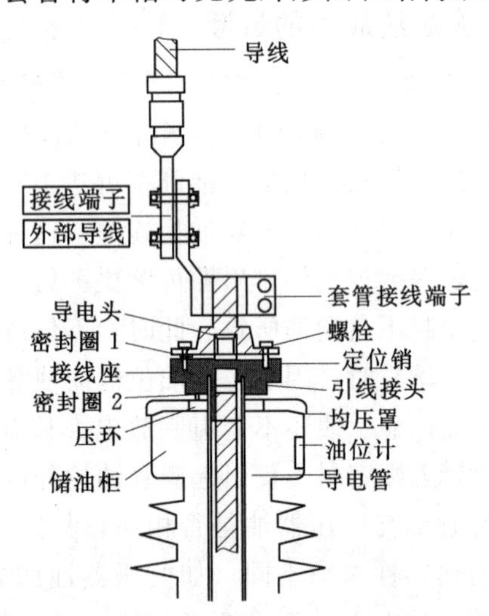

图 17-33　变压器高压套管将军帽结构示意图

由图 17-32、图 17-33 可见，接线座位于导电管的上方，与导电管通过螺纹进行连接，变压器内部引线穿过导电管后其接头通过定位销固定在接线座上，然后与导电头通过螺纹连接，导电头与套管接线端子之间通过螺栓夹连接，套管接线端子与外部导线接线端子通过螺栓连接。在变压器引线接头至导电接线端子很短的距离内就有 3 个电气接头，由于接头多，发生故障的可能性就比较高。这 3 个接头中变压器引线接头与导电头之间的接头最容易出现故障，故障原因是两者未完全紧固，使两者之间压力较正常值小很多，引起两者接触面积减少接触不可靠，在变压器运行时将军帽产生过热现象，严重时会出现导电

头与变压器引线接头完全融为一体。由于这 3 个接头紧挨在一起，当红外检测发现温度异常时，给故障定位带来了一定困难，甚至出现误判断。

2. 案例分析

2011 年 11 月 25 日某单位在对一台 110kV 变压器进行例行红外测温时发现 B 相高压套管将军帽发热，可见光图像如图 17－34 所示，红外图像如图 17－35 所示，其三相红外测温结果详见表 17－15。

图 17－34　变压器高压套管可见光图像

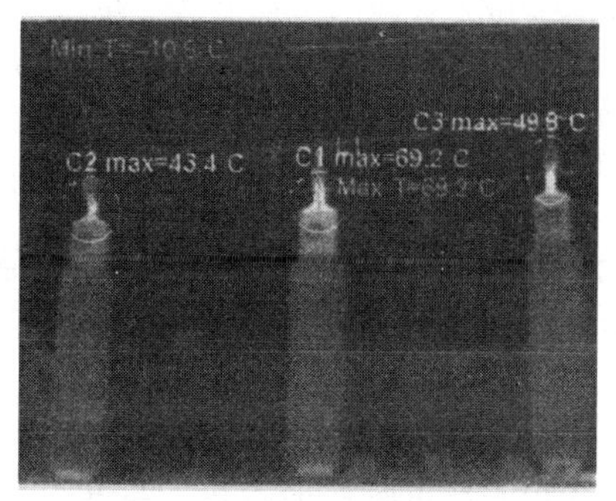

图 17－35　变压器高压套管红外图像

表 17－15　变压器高压套管将军帽例行红外测温数据

相别	A 相	B 相	C 相	环境参照体温度	负荷电流/额定电流/A
最高温度/℃	43.4	69.2	49.8	10	189/210
相对温差 δ/%	—	43.6	—	—	—
温差/K	—	25.8	—	—	—
缺陷性质	—	一般缺陷	—	—	—

根据电流致热型设备缺陷判据，B 相套管将军帽接头温度偏高，相对温差虽够不上严重缺陷的条件，但温差超过了 15K，属于一般发热缺陷。2011 年 12 月 10 日，结合变压器计划停电进行检修处理。检修中主要对导电头外表面与套管接线端子的接触面、套管接线端子与外部导线端子进行了处理。2012 年 1 月 6 日对检修套管进行复测时发现 B 相套管将军帽温度仍然偏高，前后温度测试数据无明显变化，如表 17－16 所示。

表 17－16　变压器高压套管第一次检修处理后将军帽红外测温数据

相别	A 相	B 相	C 相	环境参照体温度	负荷电流/额定电流/A
最高温度/℃	44.0	70.9	51.2	12	180/210
相对温差 δ/%	—	45.7	—	—	—
温差/K	—	26.9	—	—	—
缺陷性质	—	一般缺陷	—	—	—

第一次检修处理失效，说明检修处理的连接点并非故障发热部位，因此，为准确定位，使故障检修处理有的放矢，对红外热像进行仔细分析，并对B相套管故障发热部位进行温度曲线分析，如图17-36所示。

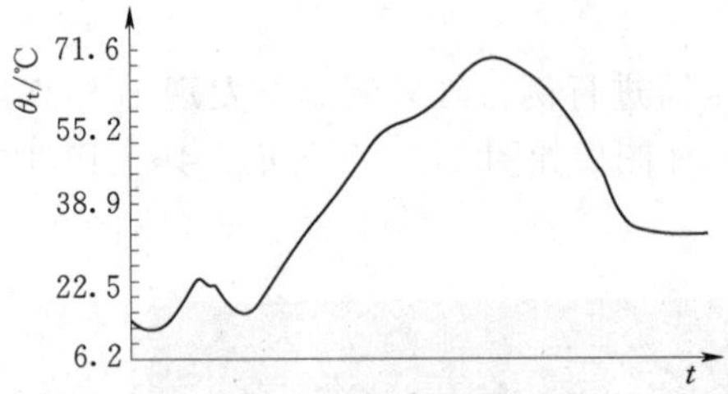

图17-36 温度曲线分析

由红外图像图17-35，结合温度曲线分析可见，故障相高压套管将军帽温度最高点位于导电头下端部位，从热像图也可看出，将军帽发热中心位于导电头与变压器引线接头连接处，另2个接对处温度明显偏低，由此确认过热部位可能是高压套管的导电头与变压器的引线接头之间的接触面。于是对该变压器停电进行第二次检修处理，处理前测试变压器绕组直流电阻，测试结果如表17-17所示，由此可以看出B相直流电阻偏大。在拆除B相导电头时发现导电头比较松，未完全紧固，拆开导电头后发现其内部有多处过热发热痕迹，且变压器引线接头的螺纹也同样出现局部过热发黑，如图17-38所示。同时有部分螺纹内有杂物，经过处理（并更换密封圈）后测试变压器高压绕组直流电阻数值合格，结果如表17-17所示。B相数值明显下降，三相直流电阻数值相差无几。该变压器当即恢复运行后，测量高压套管接头温度正常，如表17-18所示，变压器高压套管正常红外图像如图17-37所示。

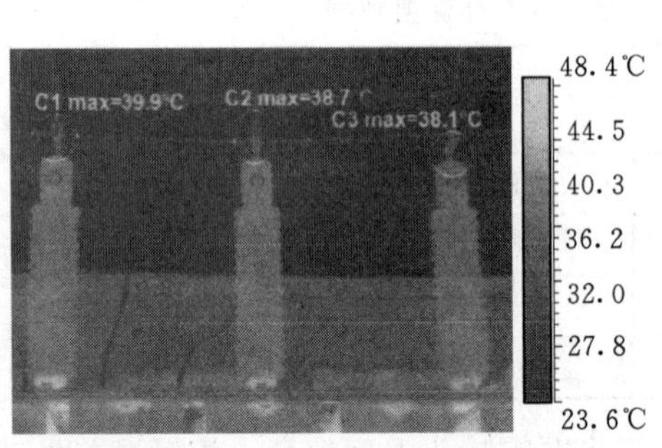

图17-37 第二次处理后正常红外图像

图17-38 变压器引线接头螺杆发热痕迹

表17-17 变压器高压绕组直流电阻测试数据

直流电阻/Ω	A相	B相	C相	相间互差/%
第二次检修处理前	0.5613	0.5718	0.5652	1.87
第二次处理合格后	0.5615	0.5615	0.5652	0.66

表17-18 变压器高压套管第二次检修处理后将国帽红外测温数据

相 别	A相	B相	C相	环境参照体温度	负荷电流/额定电流/A
最高温度/℃	39.9	38.7	38.1	30.0	115/210

本案例中的高压套管回装过程中，导电头内部的螺纹和变压器引线接头螺纹没有完全清洗干净，这样引线接头与导电头之间的接触面就减少。同时，导电头和变压器引线接头未完全紧固到位时，经过较长时间的运行后出现了变压器内部引线接头与高压套管导电头之间接触不良。试验人员在红外测温发现变压器高压套管头部过热时，并没有进一步判断出现将军帽附近究竟是哪一个接头温度过高。同时，由于红外测温报告中红外热像过热区域上叠加了光标，不利于故障判断，致使检修人员对故障部位产生了误判，在第一次检修时只对导电头与导线接线端子之间接触面进行了处理，发热故障并未消除。

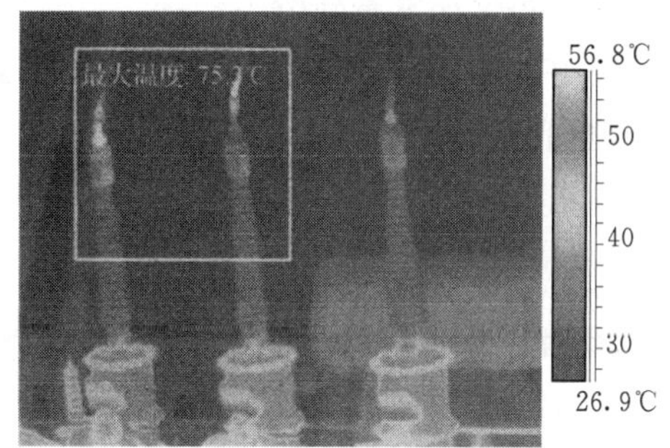

图 17－39　变压器高压套管将军帽红外图像

其实，如果对将军帽结构特点有所了解，根据热像特征也可对故障部位做出初步判定。如图 17－39 所示，显而易见，变压器高压套管 A 相将军帽热像特征为以变压器引线接头与导电头的连接点为发热中心的热像，属于将军帽接线端子连接故障；B 相套管热像特征为以外部导线接线端子与套管接线端子的连接点为发热中心的热像，属于外部接头连接故障。因此，可根据设备热像特征确定故障特征进行有针对性检修。

3. 高压套管将军帽检修工艺

通过对高压将军帽检修过程、结构特点及可能发生的故障等进行分析，发现变压器将军帽发生的一系列问题与检修和监测工艺有关，因此，为保障变压器安全稳定运行，应在以下方面进行改进。

（1）拆开将军帽导电头前，应在导电头和接线座上做好记号，以保证回装时能装回原位，同时在拆除导电头应记录旋转圈数。

（2）在导电头回装前应检查导电头和变压器引线头的螺纹有无污物，螺纹是否完好，如有污物应进行处理。同时在每次检修时应更换密封圈 1。特别在处理导电头与变压器接头接触不良而产生过热故障时必须更换密封圈 1，还要根据接线座温度高低决定是否更换密封圈 2，以保证不发生将军帽渗漏油。

（3）导电头会装时应记录的旋转圈数与变压器引线接头逆向拧紧，回装后与原来标记应吻合，不允许未拧到位就连接导电头与接线座之间的螺栓，螺栓紧固后导电头与接线座之间应无缝隙，这样能保证两者接触良好。如果导电头与变压器引线接头原来接触不良，则在会装时应增加导电头旋转的圈数和角度，直至两者完全拧紧。

（4）凡是进行过导电头拆除与安装工作的变压器，在变压器投运后应及时对将军帽进行红外测温。

（5）在红外测温工作中，如发现将军帽部位有过热现象，除了要判断过热程度外，必要时应与相关技术人员共同判断故障部位，以免误判。

三、多油断路器充胶电容套管绝缘受潮红外热像的诊断

在某变电站的电气设备红外检测中，发现一台35kV多油开关的套管异常热图像，热分布如图17-40所示。该套管为电缆胶与电容芯子组合绝缘型，型号为DW12-35。现场检测时，结合过去对其他设备的绝缘型缺陷热像的分析经验，认为该套管绝缘已经受潮，属于设备的严重缺陷。

该开关停电测试套管绝缘电阻和介质损，数据见表17-19与投运时数据相比可确证该套管已严重受潮，必需退出运行。此缺陷的及时发现和消除，避免了一次设备事故。

表17-19　　绝缘电阻和介质损

测试时间	绝缘电阻/MΩ	介质损 $\tan\delta$ /%
现测值	10	>QS_1 电桥量程
投运时	20000	2.4

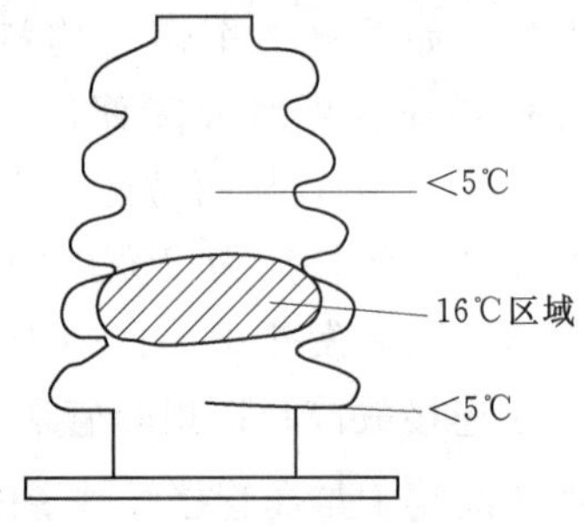

图17-40　35kV多油开关套管热分布图

对此绝缘受潮套管进行分解检查，发现套管内所充的电缆胶大部分已严重劣化，且在导电杆距顶端约130mm处有水锈痕迹，红外热图像的异常发热部位与内部电缆胶损坏最严重的部位相符。去除电缆胶之后，测试电容芯子的绝缘良好，说明该套管在运行中，水分沿导电杆侵入，致使局部绝缘下降，介质损变大，损耗功率 $P=\omega CU^2\tan\delta$ 随之上升，功耗发热造成电缆胶的热老化，形成恶性循环。异常热点不是出现在套管上部，而是在下部，说明该套管灌入的电缆胶与导电杆结合不紧密，水分沿导电杆深入套管下部，局部绝缘的恶化发展损坏了整体的绝缘。局部的发热传导到套管表面，形成了异常的热分布，用红外热像仪诊断其缺陷能取得较好的效果。

套管是用于高压穿过与其不等电位的物体的电气设备，常用的有纯瓷套管、充油套管、充胶套管、电容式套管等型式。基于套管的使用目的，套管的绝缘性能尤其重要，绝缘受潮或者劣化后，将会造成绝缘击穿，高压单相接地事故，甚至套管爆炸等后果。利用红外热像仪实施对套管的监测，还发现充油套管排气不彻底，油纸电容式套管严重缺油等缺陷，说明红外热像诊断技术对于套管的绝缘监测也是一个行之有效的手段。

分析知道，充油套管的油作为套管绝缘的一部分，如果因排气不彻底，套管内腔留有大量空气，则在油气分界面处的电场将呈极不均匀分布，有形成局部电晕放电的可能；而油纸电容式套管的严重缺油，会使电容芯子暴露于空气，从而可能使其受潮，芯子受潮后，进行处理时工作量大且复杂，将不可避免地造成设备的长期停电。

电气设备红外检测报告格式如表17-20所示。

表 17-20 电气设备红外检测报告

<table>
<tr><td colspan="6">1. 检测工况</td></tr>
<tr><td>单位</td><td colspan="2"></td><td>检测仪器</td><td colspan="2"></td></tr>
<tr><td>设备名称
（电压等级）</td><td colspan="5"></td></tr>
<tr><td>仪器编号</td><td></td><td>图像编号</td><td></td><td>辐射系数</td><td></td></tr>
<tr><td>负荷电流</td><td></td><td>额定电流</td><td></td><td>检测距离</td><td></td></tr>
<tr><td>环境温度</td><td></td><td>湿度</td><td></td><td>风速</td><td></td></tr>
<tr><td>天气状况</td><td colspan="2"></td><td>检测时间</td><td colspan="2"></td></tr>
<tr><td colspan="6">2. 图像分析</td></tr>
<tr><td colspan="3">红外图像</td><td colspan="3">可见光图像</td></tr>
<tr><td colspan="6">3. 诊断分析和缺陷性质</td></tr>
<tr><td colspan="6"></td></tr>
<tr><td colspan="6">4. 处理意见</td></tr>
<tr><td colspan="6"></td></tr>
<tr><td colspan="6">5. 备注</td></tr>
<tr><td colspan="6"></td></tr>
</table>

检测人员： 审核： 批准： 日期：

电气设备红外检测报告实例如表 17-21 所示。

表 17-21 电气设备红外检测报告

<table>
<tr><td colspan="6">1. 检测工况</td></tr>
<tr><td>被检单位</td><td colspan="2">×××110kV 变电站</td><td>检测仪器</td><td colspan="2">FLIR T330 热像仪</td></tr>
<tr><td>设备名称
（电压等级）</td><td colspan="5">110kV 1 号主变压器 B 相高压套管将军帽</td></tr>
<tr><td>仪器编号</td><td></td><td>图像编号</td><td>001</td><td>辐射系数</td><td>0.90</td></tr>
<tr><td>负荷电流</td><td>147A</td><td>额定电流</td><td>210A</td><td>检测距离</td><td>5m</td></tr>
<tr><td>环境温度</td><td>8℃</td><td>湿度</td><td>50%</td><td>风速</td><td>2m/s</td></tr>
<tr><td>天气状况</td><td colspan="2">阴</td><td>检测时间</td><td colspan="2">2012-01-10 02：03：44</td></tr>
</table>

续表

2. 图像分析	
红外图像 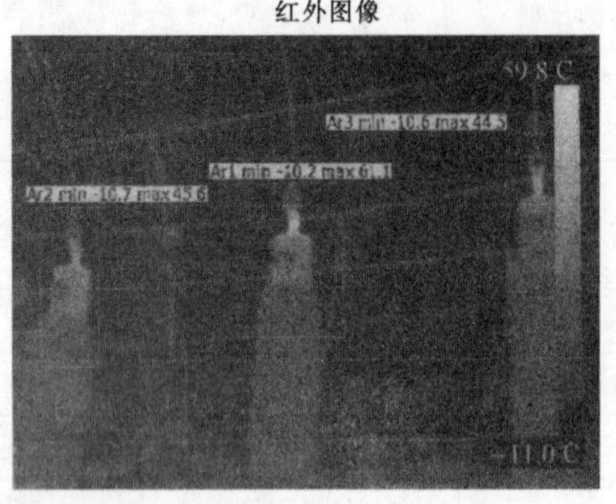	可见光图像 
3. 诊断分析和缺陷性质	
该被测设备属于电流致热型，且具有设备三相对应测点的温度值，应用相对温差法进行分析。从热像图可看出，高压套管B相将军帽导电头与变压器引线接头连接过热，热像特征为以套管将军帽导电头为中心的热像，热点温度达到61.1℃（小于80℃），正常相A和C相对应测点温度分别为45.6℃和44.5℃，计算热点相对温差δ为33.8%（小于80%）。 热点温度及相对温差尚未达到严重缺陷的要求，但温差超过了15K，根据电流致热型设备缺陷的诊断判据，该缺陷性质属于一般缺陷	
4. 处理意见	
跟踪监测，注意观察其缺陷的发展，利用停电机会，安排计划检修消除缺陷	
5. 备注	
环境参照体温度选用该变压器中性点套管温度（12℃）	

复　习　题

1. 套管的预防性试验项目有哪些？各能发现什么缺陷？

2. 测量高压电容型套管末屏对地的绝缘电阻和 $\tan\delta$ 有何意义？

3. 测量高压电容型套管的小套管对法兰（地）的绝缘电阻有何意义？

4. 为什么测量110kV及以上高压电容型套管的介质损耗因数时，套管的放置位置不同，往往测量结果有很大差别？

5. 电容型套管的电容值与出厂值或上一次测量值有明显差别时，可能的原因有哪些？

6. 油纸电容型套管的 $\tan\delta$ 一般不进行温度换算，为什么？

7. 在线监测电容型套管的 $\tan\delta$ 有哪些方法？各有何特点？

第十八章　绝　　缘　　子

第一节　概　　述

绝缘子是电网中大量使用的一种绝缘部件，当前应用得最广泛的是瓷质绝缘子，也有少量的玻璃绝缘子，有机（或复合材料）绝缘子也陆续有了较大的应用。

绝缘子的形状和尺寸是多种多样的，按其用途分为线路绝缘子和电站绝缘子，或户内型绝缘子和户外型绝缘子；按其形状又有悬式绝缘子、针式绝缘子、支柱绝缘子、棒型绝缘子、套管绝缘子和拉线绝缘子等。除此之外还有防尘绝缘子和绝缘横担。

瓷件（或玻璃件）是绝缘子的主要组成部分，它除了作为绝缘外，还具有较高的机械强度。为保证瓷件的机电强度，要求瓷质坚固、均匀、无气孔。为增加绝缘子表面的抗电强度和抗湿污能力，瓷件常具有裙边和凸棱，并在瓷件表面涂以白色或有色的瓷釉，而瓷釉有较强的化学稳定性，且能增加绝缘子的机械强度。

绝缘子在搬运和施工过程中，可能会因碰撞而留下伤痕；在运行过程中，可能由于雷击事故，而使其破碎或损伤；由于机械负荷和高电压的长期联合作用，而导致劣化，这些因素都将使其击穿电压不断下降，当下降至小于沿面干闪电压时，就被称为低值绝缘子。低值绝缘子的极限，即内部击穿电压为零时，就称为零值绝缘子。当绝缘子串存在低值或零值绝缘子时，在污秽环境中，在过电压甚至在工作电压作用下就易发生闪络事故。例如，国网山东某供电公司曾多次发生由于存在零值绝缘子而引起的污闪事故；南方电网某供电局某 110kV 线路，也曾因出现零值绝缘子，而导致绝缘子爆炸。因此，及时检出运行中存在的不良绝缘子，排除隐患，对减少电力系统事故、提高供电可靠性是很重要的。

绝缘子按制造材质可以分为瓷绝缘子、玻璃绝缘子和复合绝缘子，为防止绝缘子泄漏电流，目前在绝缘子上涂抹憎水性涂料的方法得到迅速推广。

《规程》规定的绝缘子试验项目主要包括以下内容：

一、架空线路和站用瓷绝缘子的试验项目

(1) 低（零）值绝缘子检测。

(2) 干工频耐受电压试验。

(3) 测量电压分布（或火花间隙）。

(4) 外观检查。

(5) 机电破坏负荷试验。

(6) 绝缘子现场污秽度（SPS）测量。

(7) 72.5kV 及以上支柱瓷绝缘子超声波探伤检查。

注意：第 (1)、(2)、(3) 项中可任选一项；支柱绝缘子为不可击穿绝缘子，故不需

要做第（1）、(2)、(3) 项试验。

二、架空线路和站用玻璃绝缘子的试验项目

(1) 外观检查。

(2) 机电破坏负荷试验。

(3) 绝缘子现场污秽度（SPS）测量。

三、复合绝缘子（包括架空线路棒形悬式复合绝缘子、复合支柱绝缘子 复合空心绝缘子、复合相间间隔棒、复合绝缘横担等）的试验项目

(1) 红外测温。

(2) 外观检查。

(3) 运行抽检试验。

(4) 憎水性。

注意：第（2)、(3) 项仅针对架空线路棒形悬式复合绝缘子。

四、绝缘子用防污闪涂料的试验项目

(1) 外观检查。

(2) 憎水性。

五、防污闪辅助伞裙的试验项目

(1) 外观检查

(2) 憎水性。

第二节　架空线路和站用瓷绝缘子试验

一、低（零）值绝缘子检测要求

1. 检测周期

(1) 投运后 3 年内应普测 1 次。

(2) 按年均劣化率调整检测周期，当年均劣化率<0.005%，检测周期为 5～6 年；当年均劣化率为 0.005%～0.01%，检测周期为 4～5 年；当年均劣化率>0.01%，检测周期为 3 年。

(3) 必要时。

注意：该检测周期规定同样适用于“工频耐受电压试验”和“测量电压分布（或火花间隙）”试验项目。

年劣化率是指在某一运行年限内，某一区域该批绝缘子出现劣化绝缘子片数（支数）与检测绝缘子片数（支数）的比值。它通常以百分数表示，并按下式计算：

$$A_i=\frac{x_i}{x}\times 100\%$$

式中　A_i——年劣化率，%，

x_i——第 i 年劣化绝缘子片数或支数；

x——检测绝缘子片数或支数。

年均劣化率是指在一定运行年限内，某一区域该批绝缘子出现劣化绝缘子片数（支数）的和与运行年限及检测绝缘子片数（支数）的比值。它通常以百分数表示，并按下式计算：

$$A_{\mathrm{n}} = \frac{\sum_{i=1}^{n} x_i}{xn} \times 100\%$$

式中　A_{n}——年劣化率，%；

x_i——第 i 年劣化绝缘子片数或支数；

n——运行年限，年；

x——检测绝缘子片数或支数。

2. 判据

(1) 盘形悬式瓷绝缘子和 10～35kV 针式瓷绝缘子所测得绝缘电阻小于 500MΩ 为低（零）值绝缘子。

(2) 所测低（零）值绝缘子年均劣化率大于 0.02%时，应分析原因，并逐只进行干工频耐受电压试验。

(3) 对于投运 3 年内年均劣化率大于 0.04%，2 年后检测周期内年均劣化率大于 0.02%，或年劣化率大于 0.1%的绝缘子，或机械性能明显下降的绝缘子，应分析原因，并采取相应措施。

3. 测试方法

应采用不小于 5000V 的绝缘电阻表。

二、劣化悬式绝缘子检测方法

近年来，随着科学技术的发展，劣化悬式绝缘子检测方法有了新的进展，如光电式检测杆、自爬式检测仪、超声波检测仪、红外成像技术检测等。但真正被广泛用于生产实践的还是火花间隙检测装置。

从我国目前使用的火花间隙检测装置来看，大体可分为固定式和可变式两种类型。

（一）固定式火花间隙检测装置

所谓固定式，就是在检测过程中，其间隙是固定不变的。利用此种间隙的两根探针短接绝缘子两端部件瞬间的放电与否来判断绝缘子的好坏。此种火花间隙检测装置又分为可调式和不可调式两种。

1. 不可调式

短路叉是检测零值绝缘子最常用、最简便的火花间隙检测装置，其检测方法如图 18-1 所示。

检测杆端部装上一个金属丝做成的叉子，把短路叉的一端 2 和下面绝缘子的钢帽接

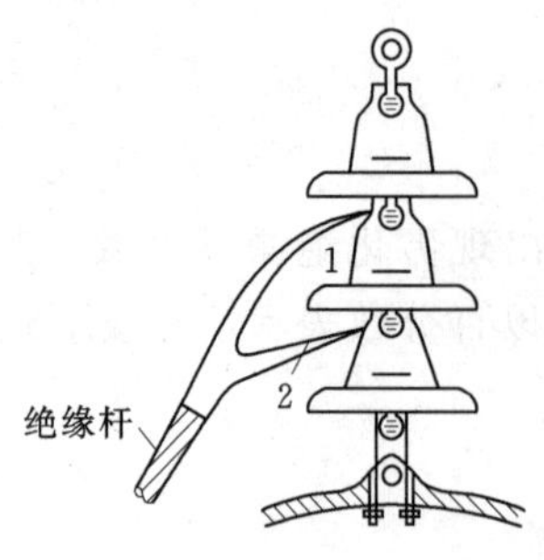

图 18－1 短路叉检测法

触，当另一端 1 靠近被测绝缘子的钢帽时，1 和钢帽间的空气隙会产生火花。被测绝缘子承受的分布电压愈高，出现火花愈早，而且火花的声音也愈大，因此根据放电情况可以判断被测绝缘子承受电压的情况。如果被测绝缘子是零值的，就不承受电压，因而就没有火花。据此，可以检查出零值绝缘子。

使用短路叉检测零值绝缘子时应注意当某一绝缘子串中的零值绝缘子片数达到了表 18－1 中的数值时，应立即停止检测。此外，针式绝缘子及少于 3 片的悬式绝缘子串不准使用这种方法。

表 18－1　　使用短路叉检测时零值绝缘子的允许片数

电压等级/kV	35	110	220
串中绝缘子片数/片	3	7	13
串中零值片数/片	1	3	5

2. 可调式

图 18－2 为可调式火花间隙检装置示意图，可以根据检测绝缘子电压等级不同来调整其间隙距离，以适应不同电压等级的需要。

我国以往使用的火花间隙电极大都为尖对尖，而球对球的电极形状放电分散性较小。考虑到分散性小和过去实际使用的电极形状，故在行业标准《带电作业用火花间隙检测装置》（DL 415—91）中采用了球对球和尖对尖两种电极。测量时的间距如表 18－2 所示。

当测得的分布电压下降到最低正常分布电压 50％时，则认为是不合格的，需要更换。

固定可调式火花间隙检测装置具有结构简单、轻巧、可快速定性等优点。它适用于不同电压等级的悬式绝缘子零值和低值的检测。

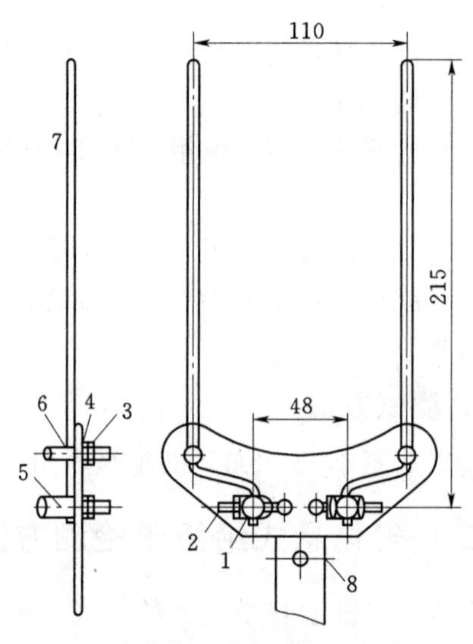

图 18－2 可调式火花间隙检测装置示意图
1—支承板；2—电极；3—调整螺母；4—垫圈；5—电极、探针固定架；6—探针固定架；7—探针；8—工作头

表 18－2　　各级电压等级火花间隙的间隙距离

额定电压/kV	绝缘子串最低正常分布电压值/kV	50％最低正常分布电压值/kV	按 50％最低正常分布电压的 0.9 得出的相应间隙距离/mm	
			球—球	尖—尖
63	4.0	2.0	0.4	0.4
110	4.5	2.25	0.5	0.5
220	5.0	2.50	0.6	0.65
330	5.0	2.50	0.6	0.65

（二）可变式火花间隙检测装置

所谓可变式火花间隙检测装置，是指在检测过程中可变动间隙的距离。

图 18－3 所示为一种可变火花间隙的检测杆，其测量部分是一个可变的放电间隙和一个小容量的高压电容器相串联，预先在室内校好放电间隙的放电电压值，并标在刻度板上，测杆在机械上可以旋转。这样，在现场当接到被测的绝缘子上后，便转动操作杆，改变放电间隙，直至开始放电，即可读出相应于间隙距离在刻度板上所标出的放电电压值。如果某一元件上的分布电压低于规定标准值，而相邻其他元件的分布电压又高于标准值时，则该元件可能有缺陷。为了防止因火花间隙放电短接了良好的绝缘元件而引起相对地闪络，可以用电容 C 与火花间隙串联后再接到探针上去。C 值约为 30pF，与一片良好的悬式绝缘子的电容值接近。因为和 C 串联的火花间隙的电容量只有几皮法，所以 C 的存在基本上不会降低作用于间隙上的被测电压。

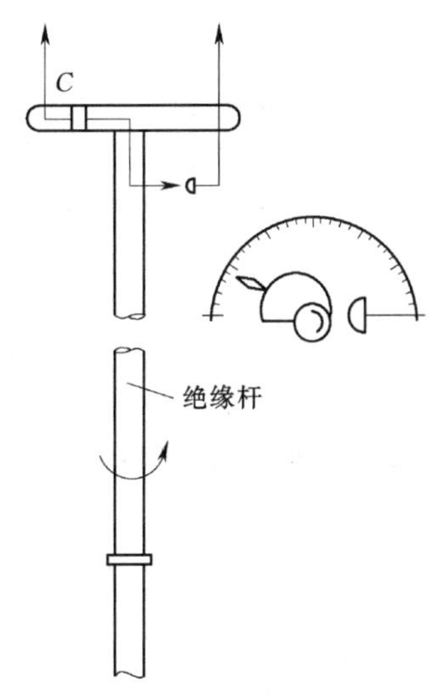

图 18－3 可变火花间隙测杆

这种检测工具的缺点是，动电极容易损伤而变形，放电电压受温度影响，检测结果分散性大，这些都使其检测的准确性较差，而且测量时劳动强度较大，时间也较长。因此，它仅用于检验性测量，对于零值绝缘子的检测还是有效的。

综上所述，选择固定可调式火花间隙检测装置作为检测零值和低值绝缘子工具是适当的。

三、测量绝缘电阻

清洁干燥的良好绝缘子，其绝缘电阻是很高的。瓷质有裂纹时，绝缘电阻一般也没有明显的降低。当龟裂处有湿气及灰尘、脏污入侵后，绝缘电阻将显著下降，仅为数百甚至数十兆欧，用绝缘电阻表可以明显地检出。

（一）测量方法

对于单元件的绝缘子，只能在停电的情况下测量其绝缘电阻，《规程》规定，采用 2500V 及以上的绝缘电阻表。目前使用较多的是 2500V 和 5000V 绝缘电阻表，也有电压更高的专门仪器。但实际上，在 1×10^4MΩ 以内，精度相同的 2500V 和 5000V 绝缘电阻表，在相同的湿度下测量的绝缘电阻基本相同。在所测绝缘电阻大于 1×10^4MΩ 时，2500V 绝缘电阻表无法读出准确的绝缘电阻值，只能按∞记数。而 5000V 绝缘电阻表可测取的最大绝缘电阻可达 2×10^5MΩ。

对于多元件组合的绝缘子，可停电、也可带电测量其绝缘电阻。其方法是用高电阻接至带电的绝缘子上，使测量绝缘电阻的绝缘电阻表处于地电位，从测得的绝缘电阻中减去高电阻杆的电阻值，即为被测绝缘子的绝缘电阻值。带电测量绝缘子绝缘电阻的原理接线图如图 18-4 所示。图中 R 为高电阻杆中的电阻，阻值按 10～20kΩ/V、长度按 0.5～1.5kV/cm 选择，每单位电阻容量为 1～2W；C 为接地电容，可使绝缘电阻表处于地电位，C 的绝缘电阻应达到绝缘电阻表的最大量限，以保证测量的准确度。C 的电容量为 0.01～0.05μF，应能承受 3000V 以上的直流电压。

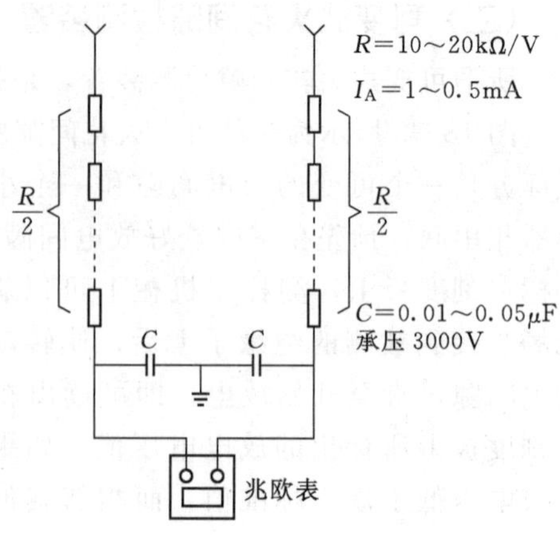

图 18-4 带电测量绝缘子绝缘电阻的原理图

（二）判断

（1）针式支柱绝缘子的每一元件和每片悬式绝缘子的绝缘电阻不应低于 300MΩ。

（2）500kV 悬式绝缘子的绝缘电阻不低于 500MΩ。

值得注意的是，测量多元件支柱绝缘子每一元件的绝缘电阻时，应在分层胶合处绕铜线，然后接到兆欧表上，以免在不同位置测得的绝缘电阻数值相差太大，而造成误判断。

四、干工频耐受电压试验

交流耐压试验是判断绝缘子抗电强度最直接、最有效、最权威的方法。交接试验时必须进行该项试验。预防性试验时，可用交流耐压试验代替零值绝缘子检测和绝缘电阻测量，或用它来最后判断用上述方法检出的绝缘子。对于单元件的支柱绝缘子，交流耐压试验目前是最有效、最简易的试验方法。

各级电压的支柱绝缘子的交流耐压试验电压值如表 18-3 所示。对于 35kV 针式支柱绝缘子交流耐压试验电压值：两个胶合元件者，每个元件为 50kV；三个胶合元件者，每个元件为 34kV。对盘形悬式绝缘子，机械破坏负荷为 60～300kN 者，交流耐压试验电压值均取 60kV。

表 18-3　　支柱绝缘子的交流耐压试验电压　　单位：kV

额定电压	最高工作电压	交流耐压试验电压			
		纯瓷绝缘		固体有机绝缘	
		出厂	交接及大修	出厂	交接及大修
3	3.5	25	25	25	22
6	6.9	32	32	32	26
10	11.5	42	42	42	38
15	17.5	57	57	57	50
20	23.0	68	68	68	59
35	40.5	100	100	100	90

续表

额定电压	最高工作电压	交流耐压试验电压			
		纯瓷绝缘		固体有机绝缘	
		出厂	交接及大修	出厂	交接及大修
44	50.6		125		110
60	69.0	165	165	165	150
110	126.0	265	265 (305)	265	240 (280)
154	177.0		330		360
220	252.0	490	490	490	440
330	363.0	630			

注　括号中数值适用于小接地短路电流系数。

依据行业标准 DL/T 626《劣化悬式绝缘子检测规程》进行。

(1) 盘形悬式瓷绝缘子应施加 60kV。

(2) 对大盘径防污型绝缘子，施加对应普通型绝缘子干工频闪络电压值。

(3) 对 10kV、35kV 针式瓷绝缘子交流耐压试验电压值分别为 42kV 及 100kV。

交流耐压试验时应注意以下几点：

(1) 按试验电压标准耐压 1min，在升压和耐压过程中不发生跳弧为合格。

(2) 在升压或耐压过程中，如发现下列不正常现象时应立即断开电源，停止试验，检查其不正常的原因。①电压表指针摆动很大；②发现瓷瓶闪络或跳弧；③被试瓷瓶发生较大而异常的放电声。

(3) 对运行中的 35kV 变电站内的支柱绝缘子，可以连同母线进行整体耐压，试验电压为 100kV，时间为 1min。但耐压完毕后，必须测量各胶合元件的绝缘电阻，以检出不合格的元件。

五、测量电压分布（或火花间隙）

(1) 测量电压分布（或火花间隙）依据《劣化悬式绝缘子检测规程》(DL/T 626)、《带电作业用火花间隙检测装置》(DL/T 415) 进行。

(2) 被测绝缘子电压值低于标准规定值的 50%，判为劣化绝缘子。

(3) 被测绝缘子电压值高于标准规定值的 50%，同时明显低于相邻两侧合格绝缘子的电压值，判为劣化绝缘子。

(4) 在规定火花间隙距离和放电电压下未放电，判为劣化绝缘子。

六、外观检查和机电破坏负荷试验

1. 外观检查

必要时对绝缘子进行外观检查，瓷件出现裂纹、破损，釉面缺损或灼伤严重，水泥胶合剂严重脱落，铁帽、钢脚严重锈蚀等判为劣化绝缘子。

2. 机电破坏负荷试验

当机电破坏负荷低于85%额定机械负荷时，则判该只绝缘子为劣化绝缘子。

七、超声波探伤检查

必要时，对72.5kV及以上支柱瓷绝缘子超声波探伤检查。

(1) 对多元件组合的整柱绝缘子，应对每元件进行检测。

(2) 测试方法可参考《电网在役支柱绝缘子及瓷套超声波检验技术导则》(DL/T 303)。判据是无裂纹和缺陷。

八、绝缘子现场污秽度 (SPS) 测量

(一) 测量等值盐密的目的和要求

等值附盐密度（ESDD）简称等值盐密，其含义是把绝缘子表面的导电污物密度转化为单位面积上含有多少毫克的盐（NaCl）。所谓等值盐密，实际上是一个平均量。“盐密”值应用比较广泛，它是输变电设备划分污秽等级的根据之一，也是选择绝缘水平和确定外绝缘维护措施的依据。进行等值附盐密度（ESDD）及不溶沉积物密度（NSDD）测量，得出现场污秽度（SPS），为连续积污3～5年后开始测量现场污秽度所测得到的ESDD或NSDD最大值。必要时可延长积污时间。

(1) 测量方法按《污秽条件下使用的高压绝缘子的选择和尺寸确定　第1部分：定义、信息和一般规则》(GB/T 26218.1)。

(2) 测量周期如下：

1) 连续积污3～6年。

2) 必要时。

(3) 现场污秽度（SPS）等级划分参加《现场污秽度测量及评定》(DL/T 1884)。

《规程》新增这个测试项目的目的是累积每个变电站污染状况的定量数据，为准确调整防污绝缘水平提供依据。所以它不是判断某一具体的绝缘子是否需要更换，而是对整个变电站的爬电比距与污染状况是否相适应作出判断。

(二) 测量等值盐密的方法

等值盐密的测量方法是将待测瓷表面的污物用蒸馏水（或去离子水）全部清洗下来，采用电导率仪测其电导率，同时测量污液温度，然后换算到标准温度（20℃）下的电导率值，再通过电导率和盐密的关系，计算出等值含盐量和等值盐密值。

应当指出，测量时应分别在户外能代表当地污染程度的至少一串悬垂绝缘子和一根棒式支柱绝缘子上取样，而且测量应在当地积污最重的时期进行。

由于测量等值盐密是一项专业性很强的工作，往往由专人负责，所以其具体操作过程从略。

(三) 判断

将测得的盐密值与表18-4和表18-5中所列盐密值比较，若盐密值超过表中的规定

时，应根据情况采取调爬、清扫、涂料等措施，以保证绝缘子安全运行。

表 18-4　普通悬式绝缘子（X-4.5，XP-70，XP-160）盐密与对应的污秽等级

污秽等级	0	1	2	3	4
线路盐密/(mg/cm²)	≤0.03	0.03～0.06	0.06～0.10	0.10～0.25	0.25～0.35
发、变电所盐密/(mg/cm²)	—	≤0.06	0.06～0.10	0.10～0.25	0.25～0.35

表 18-5　普通支柱绝缘子附盐密度与对应的发变电所污秽等级

污秽等级	1	2	3	4
盐密/（mg/cm²）	≤0.02	0.02～0.05	0.05～0.1	0.1～0.2

第三节　架空线路和站用玻璃绝缘子试验

一、外观检查

1. 周期

巡检时或必要时。

2. 要求

（1）巡检时检查要求：

1）自爆检查。在大雨、暴雨后，对于重污区出现的自爆绝缘子应分析确定是否为小电弧自爆（集中自爆）。

2）对于投运 3 年内均自爆率大于 0.04%，2 年后检测周期内年均自爆率大于 0.02%，或年自爆率大于 0.1%，应分析原因，并采取相应措施。

（2）必要时检查要求：表面电弧灼伤严重，水泥胶合剂严重脱落，铁帽、钢脚严重锈蚀等判为劣化绝缘子。

二、机械破坏负荷试验

必要时进行机械破坏试验。

（1）当机械破坏负荷低于 85%额定机械负荷时，则判该只绝缘子为劣化绝缘子。

（2）机械性能明显下降的绝缘子，应分析原因，并采取相应的措施。

三、绝缘子现场污秽度（SPS）测量

1. 周期

（1）连续积污 3～6 年。

（2）必要时。

2. 判据

进行等值附盐密度（ESDD）及不溶沉积物密度（NSDD）测量，得出现场污秽

度（SPS），为连续积污3～5年后开始测量现场污秽度所测到的ESDD或NSDD最大值，必要时可延长积污时间。

3. 方法

（1）测量方法按GB/T 26218.1。

（2）现场污秽度（SPS）等级的划分参照DL/T 1884。

第四节　复合绝缘子

复合绝缘子包括架空线路棒形悬式复合绝缘子、复合支柱绝缘子、复合空心绝缘子、复合相间间隔棒、复合绝缘横担等。对架空线路棒形悬式复合绝缘子，仅进行外观检查和运行抽检试验。

一、红外测温

测量方法见DL/T 664，采用直升机、无人机巡视时或必要时。要求温差不大于3K。

二、外观检查

复合绝缘子无撕裂、鸟啄、变形；端部金具无裂纹和滑移；护套完整。

三、进行抽检试验

1. 周期

（1）运行时间达9年以后进行第1次抽检。

（2）首次抽检6年后进行第二次抽检。

（3）必要时。

2. 运行抽检试验项目

（1）憎水性试验。

（2）带护套芯棒水扩散试验。

（3）水煮后的徒波前冲击耐受电压试验。

（4）密封性能试验。

（5）机械破坏负荷试验。

3. 方法

按《标称电压高于1000V交、直流系统用复合绝缘子憎水性测量方法》（DL/T 1474）进行。

四、憎水性试验

1. 憎水性分级标准

憎水性的分级方法和典型状态见表18-6。

表 18-6　　试品表面水滴状态与憎水性分级标准

HC 值	分级标准图例	试品表面水滴状态指示
HC1		只有分离的水珠，大部分水珠的状态、大小及分布与图例一致
HC2	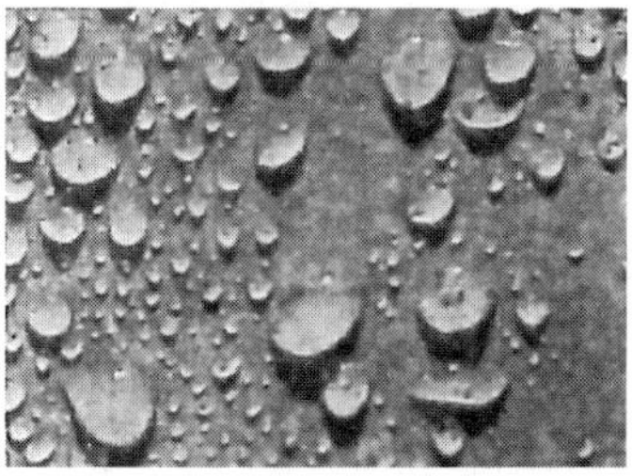	只有分离的水珠，大部分水珠的状态、大小及分布与图例基本一致
HC3	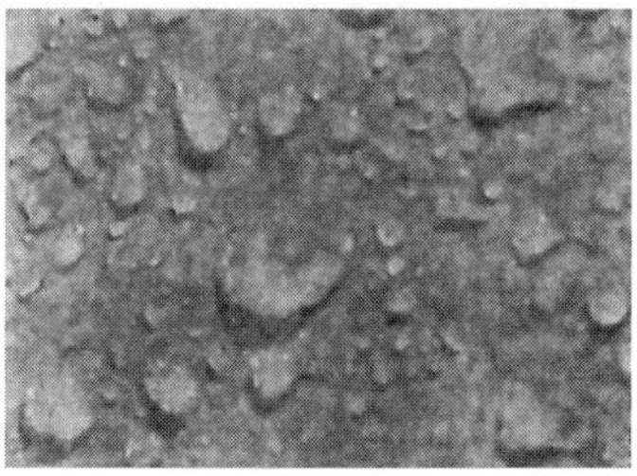	同时存在分离的水珠与水带。完全湿润的水带面积小于 $2cm^2$，总面积小于被测区域面积的 90%
HC4		一些完全湿润的水带面积大于 $2cm^2$，总面积小于被测区域面积的 90%
HC5	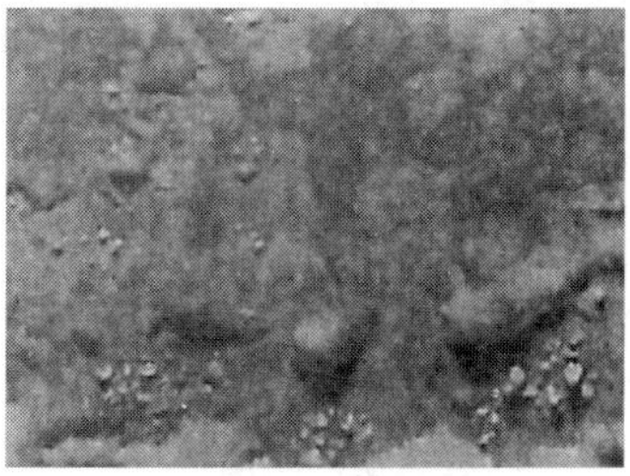	完全湿润总面积大于 90%，仍存在少量干燥区域（点或带）

续表

HC 值	分级标准图例	试品表面水滴状态指示
HC6		整个被试区域形成连续的水膜

2. 周期

（1）HC1～HC2 时检测周期为 6 年。

（2）HC3～HC4 时检测周期为 3 年。

（3）HC5 时检测周期为 1 年。

（4）必要时。

3. 要求

憎水性的测量结果要求如下：

（1）HC1～HC4 级：继续运营。

（2）HC5 级：继续运行，需跟踪检测。

（3）HC6 级：退出运行。

4. 方法

试验方法见 DL/T 1474。

第五节 防污闪涂料和防污闪辅助伞裙

一、防污闪涂料

绝缘子用防污闪涂料的试验项目、周期和要求见表 18－7。

表 18－7 绝缘子用防污闪涂料的试验项目、周期和要求

序号	项目	周 期	判 据	方法及说明
1	外观检查	巡检时	无粉化、开裂、起皮、脱落、电蚀损等现象	
2	憎水性	（1）HC1～HC2 时检测周期为 6 年。 （2）HC3～HC4 时检测周期为 3 年。 （3）HC5 时检测周期为 1 年。 （4）必要时	憎水性的测量结果要求如下： （1）HC1～HC4 级：继续运行。 （2）HC5 级：继续运行，需跟踪检测。 （3）HC6 级：退出运行	试验方法见 DL/T 1474

二、防污闪辅助伞裙

防污闪辅助伞裙的试验项目、周期和要求见表 18－8。

表 18－8　　防污闪辅助伞裙的试验项目、周期和要求

序号	项目	周　期	判　　据	方法及说明
1	外观检查	(1) 检修时。 (2) 必要时	黏接处无开裂、伞裙无脱落、严重变形、撕裂、电蚀损等现象	
2	憎水性	(1) HC1～HC2 时检测周期为 6 年。 (2) HC3～HC4 时检测周期为 3 年。 (3) HC5 时检测周期为 1 年。 (4) 必要时	憎水性的测量结果要求如下： (1) HC1～HC4 级：继续运行。 (2) HC5 级：继续运行，需跟踪检测。 (3) HC6 级：退出运行	试验方法见 DL/T 1474

第六节　高压与超高压输电线路不良绝缘子的在线检测

一、检测方法的理论依据

在输电线路绝缘子串中，一旦出现不良绝缘子，该绝缘子串就与完好绝缘子串在电气性能、温度分布等方面出现差异。若采取科学方法辨识这些差异，就可以测出不良绝缘子。

不良绝缘子与完好绝缘子的差异归纳起来主要有以下几方面。

（一）不良绝缘子分担的电压降低

图 18－5 给出了完好绝缘子串和有不良绝缘子的绝缘子串的电压分布曲线。由图可见，当绝缘子串中有不良绝缘子时，不良绝缘子上分担的电压降低，降低的程度决定于不良绝缘子所处的位置及其绝缘电阻的大小等。因此，测量绝缘子串的电压分布，可以检出不良绝缘子。根据这个原理研究的测量方法有火花间隙法、静电电压表法、音响脉冲法等。

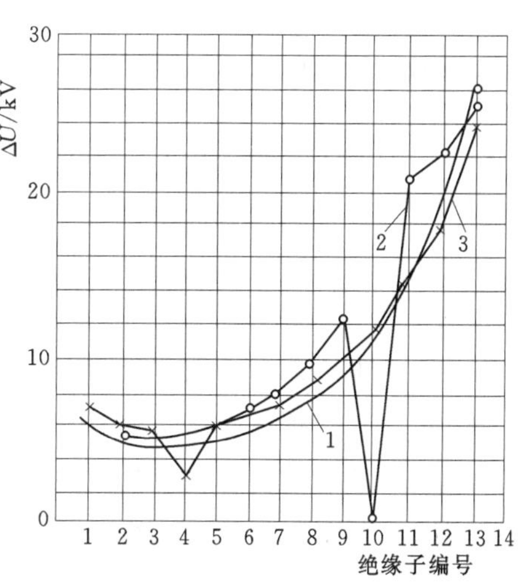

图 18－5　沿串中绝缘子的电压分布（220kV）
1—完好绝缘子串；2—10 号绝缘子（0MΩ）；
3—4 号绝缘子（60MΩ）

（二）不良绝缘子的绝缘电阻降低

良好绝缘子的绝缘电阻一般在 2000MΩ 左右，我国《规程》规定，当绝缘子的绝缘电阻低于 300MΩ 时，就判定为不良绝缘子。绝

缘电阻愈低，说明其劣化愈严重。根据这个原理提出的测量方法有兆欧表法等。

（三）泄漏电流引起绝缘子表面发热

由上述可知，当绝缘子绝缘良好时，其绝缘电阻极高，泄漏电流仅沿其表面流过，且很小（为微安级）不足以引起绝缘子表面发热。

对不良绝缘子而言，由于其体积绝缘电阻很低，其泄漏电流不仅沿绝缘子表面流过，而且也沿其内部流过。体积泄漏电流的大小决定于绝缘子的劣化程度。当绝缘子为零值时，其体积泄漏电流最大，而表面泄漏电流趋于零。显然，绝缘子表面不会发热。由于零值绝缘子分担的电压趋于零，所以使绝缘子串中良好绝缘子分担的电压增大，导致其泄漏电流增大，使绝缘子温度升高，造成良好绝缘子与零值绝缘子间的温度差异。根据这个原理提出的测量方法有变色涂料法、红外线测温法等。

（四）不良绝缘子存在的微小裂纹引起局部放电而产生电磁超声波和杂音电流

在不良绝缘子中存在裂纹，进入气体后，电场分布将发生畸变。由于 $\varepsilon_c > \varepsilon_q$，所以气体分担的场强高。又由于气体的绝缘强度比绝缘子低，因而易在气体中发生局部放电，并产生电磁波、超声波和杂音电流。根据这个原理研究出的检测方法主要有超声波检测法。

上述诸方法虽能检出不良绝缘子，但存在着准确性差、劳动强度大、效率低等缺点。特别是随着电压等级提高，线路愈来愈长，绝缘子串中的片数愈来愈多，探索新的检测方法对从事线路维护、管理的电力工作者来说，就愈加突出和重要了。所以它至今仍是我国电力系统的重点攻关课题之一。

我们认为，所探索的新的检测方法应具有下列特点：

（1）测试装置轻便、实用、易推广。

（2）操作方法简便、安全且效率高。

（3）避免登杆，实现地面遥测。

（4）测量结果准确，易判断。

二、检测不良绝缘子的新方法

根据上述原理和电力事业发展的要求，近几年来，国内外不断探索检测不良绝缘子的新方法，有的已研制出新的仪器并用于现场，有的尚处于试验室研究阶段，这些方法主要有：

（一）自爬式不良绝缘子检测器

图 18－6 所示为国外研制的用于 500kV 超高压线路的自爬式不良绝缘子检测器的检测系统框图，它主要由自爬驱动机构和绝缘电阻测量装置组成。检测时用电容器将被测绝缘子的交流电压分量旁路，并在带电状态下测量绝缘子的绝缘电阻。根据直流绝缘电阻的大小判断绝缘子是否良好。当绝缘子的绝缘电阻值低于规定的电阻值时，即可通过监听扩音器确定出不良绝缘子，同时还可以从盒式自动记录装置再现的波形图中明显地看出不良绝缘子部位。当检测 V 型串和悬垂串时，可借助于自重沿绝缘子下移，不需特殊的驱动机构。

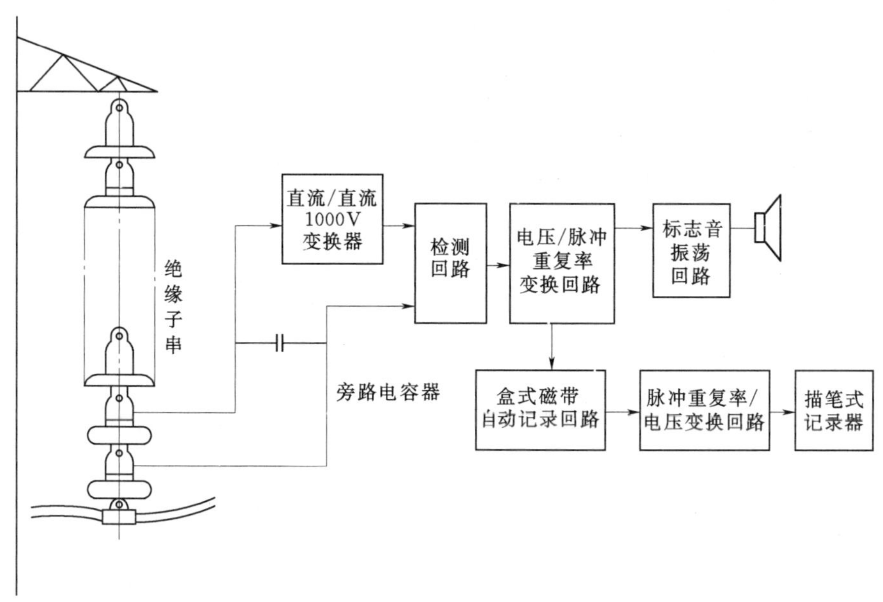

图 18－6　自爬式不良绝缘子检测器检测系统框图

1984 年辽宁锦州电业局研制出 ZP－1 型自爬式与 ZZ－1 型自落式零值绝缘子检出器，其原理与火花间隙法的相同。将绝缘子串的分布电压转变为光和声信号。在逐步检测中，若光和声信号消失，则判定绝缘子为零值绝缘子。自爬式检出器专用于 XP－16、XP－21 型绝缘子组成的耐张串，自落式检出器专用于 XP－16、XP－21 型或 XWP－16D 型绝缘子组成的悬垂串，它们只能检出零值绝缘子。其主要性能见表 18－9。

表 18－9　　自爬（落）式检测器的主要性能

产地	检出原理	适用范围	重量/kg	外形尺寸/(cm×cm)	检出速度/(s/片)	评价	备注
日本	测绝缘电阻	280mm 和 320mmV 型串和悬垂串	10	—	8.57	安全可靠，效率高，精度高，要登杆	需 4 人操作
		280mm 和 320mm 耐张串	13.5	—	—		
中国	测零值电阻	XP－16、XP－21、XWP－16D 型绝缘子组成的悬垂串	—	—	3	轻便、灵巧、检出速度快，准确率达 100%，只检零值	—
		XP－16、XP－21 型绝缘子组成的耐张串	5.3	56×50	3～3.03		

为了克服 ZP－1 型检出器只能检出零值绝缘子而不能检出低值绝缘子的不足，北京供电局已将 ZP－1 型自爬式检出器配以盐城无线电总厂生产的遥测仪，用于直接测量 500kV 线路绝缘子的电压分布，从而检出零值和低值绝缘子。

（二）电晕脉冲式检测器

这是一种专门在地面上使用的检测器，它既可用于检测平原地区线路，也可用于检测山区线路，其特点是：

（1）重量轻，体积小，电源为 1 号电池，使用方便、安全。

（2）不用登杆，在地面即可检测。

（3）先以铁塔为单元粗测，若判定该铁塔有不良绝缘子时，再逐个绝缘子细测。

（4）采用微机系统进行逻辑分析、处理，检测效率较高。

在输电线路运行中，绝缘子串的连接金具处会产生电晕，并形成电晕脉冲电流通过铁塔流入地中。电晕电流与各相电压相对应，只发生在一定的相位范围内。若把正负极性的电流分开，则同极性各相的脉冲电流相位范围的宽度比各相电压间的相位差还小。采用适当的相位选择方法便可以分别观测各相脉冲电流 i_{ka}，i_{kb}，Z_{kc}，如图 18－7 所示。

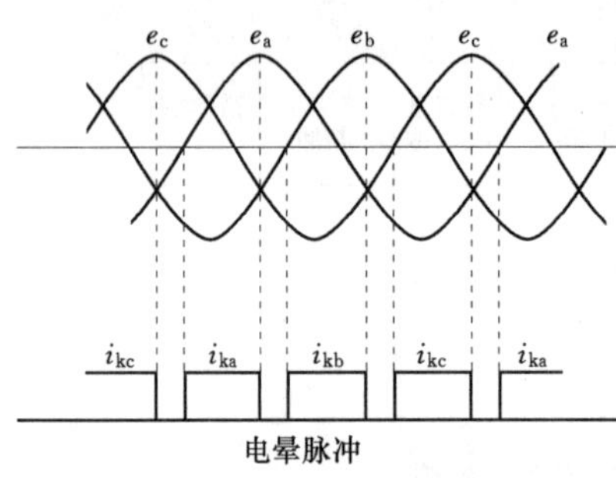

图 18－7 电晕脉冲的发生相位

e_a、e_b、e_c—a、b、c 三相的对地电压

对各相电晕脉冲分别进行计数，并选出最大最小的计数值，取两者的比值（最大/最小）即不同指数，作为判别依据。当同一杆塔的三相绝缘子串无不良绝缘子时，各相电晕脉冲处于平衡状态，此时比值接近于 1；当有不良绝缘子时，则各相电晕脉冲处于不平衡状态，该比值将与 1 有较大偏差。电晕脉冲式检测器就是根据此原理研制的。

图 18－8 示出了该检测器的检测系统框图，它由 4 部分组成：

（1）电晕脉冲信号形成回路。

（2）周期信号形成回路。

（3）各相电晕脉冲计数回路。

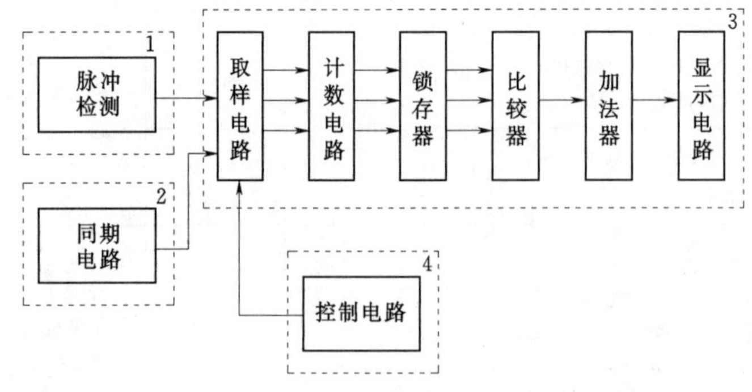

图 18－8 检测器检测系统框图

（4）各铁塔不同指数的计算和显示回路。

我国鞍山电业局和丹东电业局曾根据上述原理分别研制出绝缘子检测仪，并用于现场测量，取得许多有益的数据。

目前仍有不少单位在从事这方面研究。我们根据测得的电晕脉冲电流波形，应用现代时间序列分析理论以及灰色理论等进行识别，也取得了良好结果。

最近，华北电力大学等单位又在上述原理的基础上，研制出地面检测线路不良绝缘子装置，并分别在实验室和现场进行了检测，使地面检测零值绝缘子进入了实用阶段。

图 18－9 给出了检测仪的原理框图。它由以 AT89C51 为核心的单片机系统、宽带电流传感器和耦合天线组成。其中单片机系统包括数据采集与处理系统、串行接口电路和两路信号的滤波器、放大器等电路。

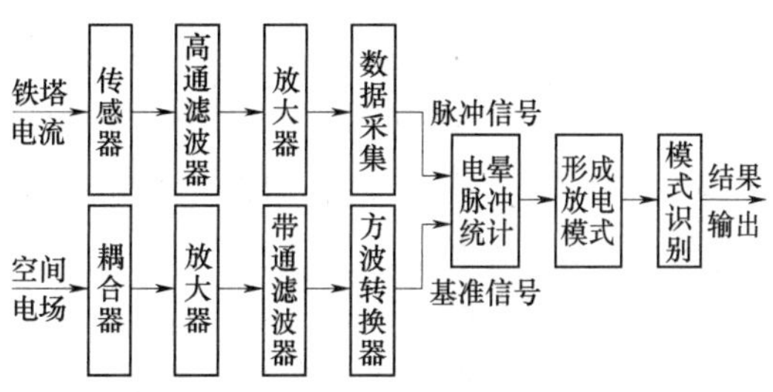

图 18－9　检测仪原理框图

该检测仪体积小、重量轻，利用电池供电，适合野外寻线时携带。它利用钳形电流传感器从杆塔地线上获取信号，不用登塔，在地面即可迅速完成对塔上所有绝缘子的检测，操作简便，准确性高。

（三）电子光学探测器

电子光学探测器是应用电子和离子在电磁场中的运动与光在光学介质中传播的相似性的概念和原理［即带电粒子（电子、离子）在电磁场中（电磁透镜）可聚焦、成像与偏转］制造的。

架空输电线路绝缘子串中每片绝缘子的电压分布是不均匀的，离导线最近的几片绝缘子上电压降最大。当出现零值绝缘子时，沿绝缘子串的电压将重新分布，离导线最近的几片绝缘子上的电压将急剧升高，会引起表面局部放电或者增加表面局部放电的强度。而根据表面局部放电时产生光辐射的强度，就可知道绝缘子串的绝缘性能。

如图 18－10 所示，被监测的绝缘子表面局部放电、电晕放电和绝缘了的光影像，通过物镜输入亮度增强器的光阴极、电子由光阴极逸出，形成电子电流，依据电子电流密度

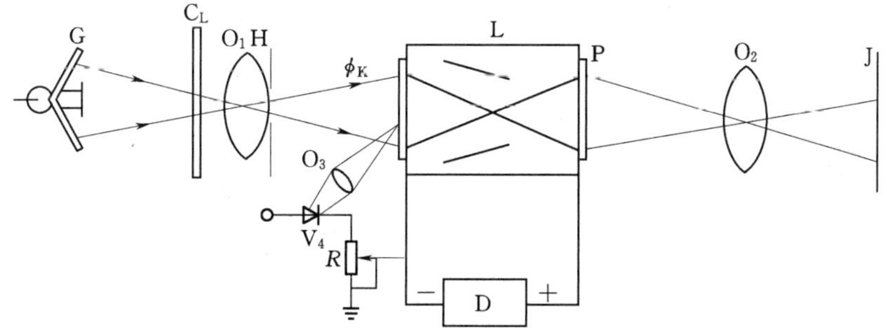

图 18－10　悬式绝缘子串用的电子光学探测器结构示意图

G—受监测绝缘子；J—照相胶卷；H—物镜光圈；O_1、O_2—输入（输出）物镜（目镜）；R—可调电阻；V_4—光电三极管；O_3—透镜；C_L—滤光器；ϕ_K—光阴极；L—焦距调节系统；D—电源；P—亮度增强器荧光屏

的平面分布可显示出原有光影像的亮度分布。焦距调节系统使电子加速，从而使亮度增强器荧光屏发光。这样，原来形成的光影像中途经过电子影像，又重新变为光影像。在影像传递过程中，磁场系统将电子加速，使原有光影像的亮度增加（可达 10^5 倍）。亮度增强器可以实现由地面远距离（5～50m）测量输电线路的悬式绝缘子串上的表面局部放电时的微弱光亮。

当在夜间进行探测时，为了区别绝缘瓷件表面局部放电和其他外界光源的干扰（月光和照明），提高信噪比，可采用脉冲电源对亮度增强器供电。因为表面局部放电是发生在绝缘子所施加交流电压的最大值附近，其频率为 100Hz，而外界光辉强度与电网频率无关。当绝缘瓷件在仅出现表面局部放电时（1～6ms），按接近于 100Hz 的频率将亮度增强器投入，将会使背景微弱曝光和外界干扰光辉减弱。在电子光学探测器的荧光屏上，将观察到与电网频率和亮度增强器合拍的表面局部放电的亮区脉动。此脉动可将表面局部放电的光强与减弱的不脉动外界干扰光辉区别开来。实际检测中，有缺陷的绝缘子串中表面局部放电的光辐射强度超过平均光辐射强度。

利用电子光学探测器来评价离导线最近的第一片绝缘子上的表面局部放电的光辐射强度与平均光辐射强度的差的方法是，利用电子光学探测器的灵敏度阈值 ϕ_0 与光学输入系统诸参数的关系进行分析，其关系式为

$$\phi_0=\frac{\tau(D/F)^2A}{L^2}$$

式中 τ——输入系统的透射系数；

D/F——输入目镜的计量光强（相对孔、光圈）；

A——常数；

L——与辐射源的距离。

减小 ϕ_0（关小输入光圈），当 D 减小到某一值时，平均光强不再出现在电子光学探测器的荧光屏上。屏上将仅显示出有缺陷绝缘子的表面局部放电。然后，再进一步对靠近导线的第一片绝缘子表面放电的光辐射强度与平均光辐射进行比较。若此光辐射强度超过无不良绝缘子存在时的光辐射强度，就可以根据表面局部放电的光辐射强度与绝缘子上的电压关系曲线，找到靠近导线的第一片绝缘子上分布的电压。根据得到的分布电压值与良好绝缘子串第一片绝缘子的正常分布电压值的差别，便可判断出是否存在不良绝缘子。这种探测方法效率很高。

但是，电子光学探测器仅能判断出绝缘子串中是否存在零值绝缘子，不能确定到底有几片零值绝缘子以及它们的位置。

（四）利用红外热像仪检测不良绝缘子

由上述可知，不良绝缘子与良好绝缘子的表面温度存在差异，但这种差异很小，所以用一般的测温方法难以分辨。近几年来，国外广泛应用红外热像仪将绝缘子表面的温度分布转换成图像，以直观、形象的热像图显示出来，再根据热像图检测不良绝缘子。图 18－11 示出了红外成像装置系统图。

目前我国华东、华北电力试验研究所等单位都在开展这方面的研究工作，并取得一

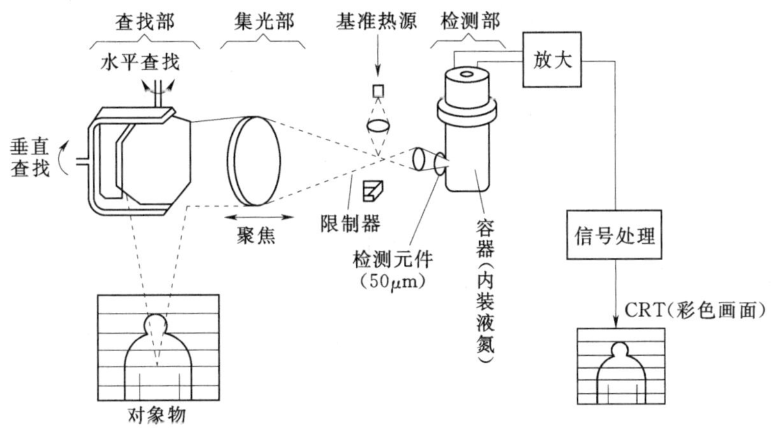

图 18－11　红外成像装置系统图

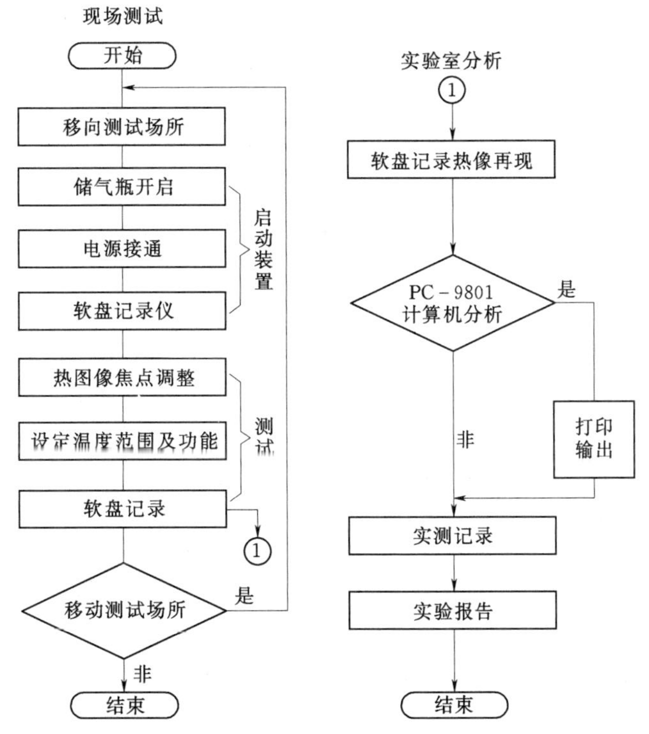

图 18－12　红外热像仪现场测试流程图

些经验。图 18－12 示出了现场测试的流程图，图 18－13 示出了由两片绝缘子组成的绝缘子串及其热像图。

在图 18－13（a）中，上、下两片绝缘子均为良好绝缘子。为模拟不良绝缘子，将上片绝缘子的铁帽接地，并在铁帽和铁脚间并联一对间隙距离为 1mm 的小球，当电压施加于下片绝缘子的铁脚时，上片绝缘子的小球间隙放电，使上片绝缘子经小球间隙的电弧短

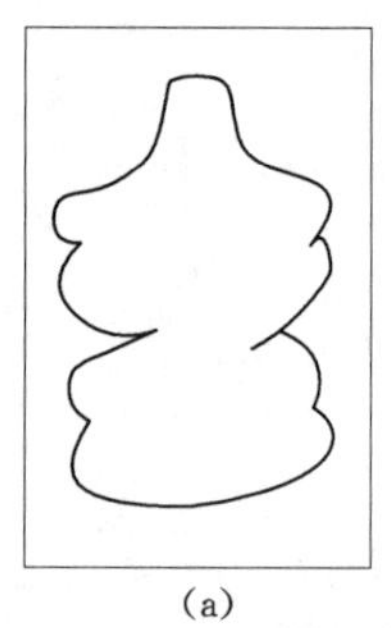
(a)

(b)

图 18－13　上片绝缘子并联放电间隙的绝缘子串热像图
(a) 照片形状；(b) 热像图

接，因而其温度很低，仅在小球间隙放电处有一亮点，如图 18－13 (b) 上部所示。对下片绝缘子，因其承受电压较高，泄漏电流较大，产生的损耗就大，铁帽与瓷介质温度较高，故在热像图中显得较明显，如图 18－13 (b) 下部所示。

由此可见，当绝缘子串中出现不良绝缘子时，红外热像图上显示的温度是不连续的，温度分布断开处即为不良绝缘子的位置。

利用红外成像法来检测不良绝缘子，简单方便、速度快、效率高，甚至可普查每串绝缘子，还可结合检测进行巡线，是高压、超高压及特高压输电线路不良绝缘子的检测方向。但是，就目前来看，普遍推广存在两个问题：一是红外热像仪价格昂贵，每台约几十万元；二是要将这种仪器用于山区或兼顾巡线，宜配备飞机进行航测，这些都是一般单位力所不能及的。当然，有计划地组织这方面的研究、总结经验、摸索规律，无疑是有益的。

第七节　绝缘子故障红外诊断方法

一、支柱绝缘子的故障诊断方法

支柱绝缘子是支撑高压电器带电部分（如触头等）和高压配电装置的母线的绝缘支柱，它由瓷柱和上下金属附件通过水泥胶装而成。由于这种设备在运行中承受很高电压，所处环境条件往往较恶劣。例如，对于户外露天装置的支柱绝缘子不仅经受阳光曝晒和突然降雨时的温度骤变，而且还要经受水、雪、雨、露、雾和带腐蚀性的酸、碱、盐等导电尘埃的大气污染，造成表面污秽，使绝缘性能劣化或发生龟裂，引起电极间击穿或绝缘体外部空气的放电（闪络），或者造成绝缘子的电压分布不均匀，导致局部过热。对于支柱绝缘子检测的重点应是支柱绝缘子的表面和金属配件的温度分布。正常情况下支柱绝缘子瓷柱上部温度应该偏高，但是，由于电压分布不正常而出现上部温度较低，中部出现局部高温，表明该支柱绝缘子的绝缘性能已经劣化。另外，如果支柱绝缘子瓷柱表面严重污秽，从而增大表面泄漏电流，也会造成表面异常温升。如某变电站刀闸下支柱绝缘子表面污秽的热像，B 相表面温度已达 41.6℃，这种情况应建议安排支柱绝缘子保洁处理。

二、合成绝缘子的检测诊断方法

用 AGEMA570 红外热成像测温仪对 36 只合成绝缘子分布在 3 条线路上进行检测，发现 9 只合成绝缘子热像图异常，见图 18－14。其中，右边图中为 B、A、C 相。一般发热点温度 50～60℃，最高的 1 支达 73℃（气温 24℃），最严重的 1 支发热点已到第 9～10 大裙之间，只剩下一半裙承受运行电压，很可能在雷电或操作冲击下发生同样的击穿事故。分析发热点发现：

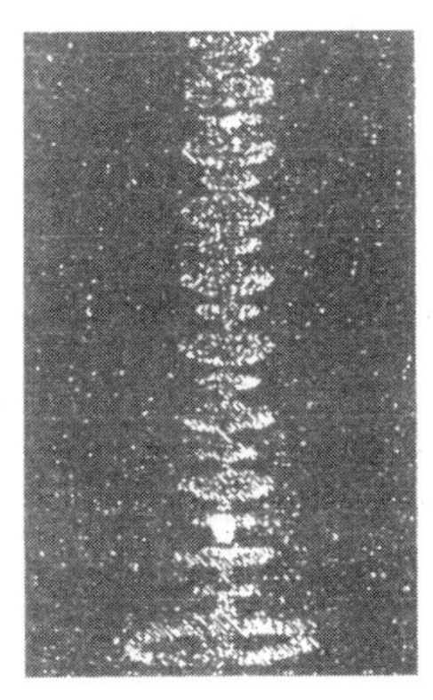
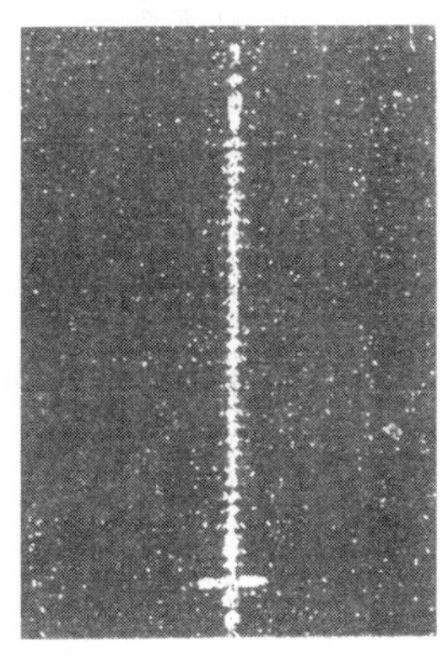

图 18-14 红外检测发现的缺陷合成绝缘子

(1) 凡红外检测发现有明显局部过热点的绝缘子，其硅橡胶表面均显著发黑、粉化、变脆变硬，有的有许多细小裂纹，憎水性基本丧失，还有 3 支护套有明显的破损点。

(2) 局部发热点多集中在靠近高压端一侧，局部发热点与高压端之间的护套明显发黑。

(3) 发热点至高压端的一段不能承受工频耐压试验或陡波冲击试验，非护套破损处发热点为内绝缘界面局部放电进展的位置。

红外热像测温虽可检测局部放电引起发热的故障绝缘子，但实用难度大：

(1) 地面上很难检测到发热的护套表面故障点。

(2) 上下杆塔容易碰撞和振动，须分段检测。

(3) 白天太阳光干扰，图像不清晰，分辨率下降，容易漏掉发热不是很严重的故障点，要求尽量在晚上进行红外检测。所以红外热像测温对检测合成绝缘子界面缺陷发热很有效，但效率很低，不适于大范围的线路普查，只能针对性跟踪监测。

三、瓷质绝缘了的故障诊断方法

虽然瓷质绝缘子有良好的耐老化性能（尤其在电老化和热老化方面），但在运行过程中，因长期受机电负荷、日晒雨淋、风吹雷击、冷热变化等因素引起的机械力、电动力和应力的作用，可能引起瓷件开裂或击穿等故障，导致绝缘电阻减少，泄漏电流增大，最终降低绝缘子的高压电气绝缘性能。所以，即使它们的年老化率只有万分之几（一般在万分之二左右，但当制造不良或存在应力集中等问题时损坏率还会增加），也会给线路可靠运行带来很大威胁。

绝缘子故障主要指绝缘子电阻劣化和表面污秽。所谓绝缘子劣化，就是处于高压带电运行状态下的线路绝缘子，由于瓷坯、瓷釉和水泥之间热胀系数不匹配，引起长期静、动负荷的疲劳，导致抗拉强度降低，在钢脚部位及钢脚颈部（即球根部）出现绝缘电阻减小，泄漏电流增大，最终导致绝缘子高压绝缘性能降低。根据绝缘电阻减少的程度，劣化绝缘子又分为低值绝缘子和零值绝缘子。而所谓污秽绝缘子就是因环境严重污染引起表面泄漏电流增大的绝缘子。

任何电气设备故障红外诊断的基础在于探测与识别故障目标温度的特征性变化与分

布，绝缘子故障的红外诊断也不例外。

一般讲，运行状态下绝缘子发热包括三部分：

(1) 交流电压作用下绝缘介质极化效应引起介质损耗发热。

(2) 绝缘子内部穿透性泄漏电流引起的发热。

(3) 表面爬电泄漏电流引起的发热。

1. 劣化绝缘子的热像特征及诊断判别

根据劣化绝缘子在绝缘子串中的发热与温升变化规律，可以得到如下结论：

(1) 低值绝缘子在运行中的热像特征是以钢帽为中心的热像（亮如灯笼）。根据热像特征，凡检测中发热类似热像者，相应绝缘子应判为低值不合格绝缘子。

(2) 零值绝缘子的热像特征是与相邻良好绝缘子相比呈暗色调（负温升或同掉一颗牙齿样）的热像者，则可判为零值绝缘子。

(3) 红外检测盲区的绝缘子因与相邻良好绝缘子相比无明显温升，所以特征与良好绝缘子相近，目前无法借助热像直接做出诊断。

2. 污秽绝缘子的红外诊断

绝缘子出现表面污秽时，其本身绝缘电阻及分布电压与在气候干燥条件下并无太大改变。但当严重污秽时，因瓷瓶表面污秽层使表面电阻降低，通过瓷盘表面的爬电泄漏电流明显增加，从而导致瓷盘温升增高。因此，污秽严重的绝缘热像特征是瓷盘温升明显高于无污秽绝缘子瓷盘温升的热像。检测时，凡发现具有上述热像特征的绝缘子，均可判为污秽绝缘子，温升越高，污秽越严重。但是应该注意的是：低值绝缘子热像中最热点（明亮部分）在绝缘的钢帽处（内部钢帽与钢脚之间穿透性泄漏电流增大或介损增大所致），而污秽绝缘子热像的最热点在瓷盘上（表面爬电泄漏电流增大所致）。

复 习 题

1. 绝缘子在运行中劣化的原因有哪些？直线串与耐张串的劣化率是否相同？为什么？
2. 绝缘子串在运行中每片上的电压是否相同？为什么？
3. 你是用什么方法检测零值绝缘子的？说明其优缺点。
4. 为什么《规程》规定零值绝缘子检测、绝缘电阻、交流耐压试验三个项目可任选一个？
5. 什么是等值盐密？为什么要测量等值盐密？如何测量等值盐密？
6. 检测不良绝缘子的方法的理论依据是什么？举例说明之。
7. 说明绝缘子串在线检测的必要性及较好的方法。
8. 名词解释：闪络、放电、击穿、零值绝缘子、低值绝缘子、电晕脉冲电流。
9. 怎样用红外诊断法诊断支柱绝缘子故障？
10. 怎样对合成绝缘子故障进行红外诊断？
11. 怎样对瓷质绝缘子故障进行红外诊断？

第十九章　电力电缆线路

第一节　概　　述

一、一般规定

（一）绝缘电阻或耐压试验

（1）对电缆的主绝缘测量绝缘电阻或做耐压试验时，应分别在每一相上进行；对一相进行测量或试验时，其他相导体、金属屏蔽或金属护套和铠装层应一起直接接地。对金属屏蔽或金属护套一端接地，另一端装有护层过电压保护器的单芯电缆主绝缘进行耐压试验时，应将护层过电压保护器短接，以使该端的电缆金属屏蔽或金属护套接地。

（2）对额定电压为0.6/1kV的电缆线路，可用1000V或2500V绝缘电阻表测量导体对地绝缘电阻，以代替耐压试验。

（二）直流耐压试验

（1）油纸绝缘电缆进行直流耐压试验时，应分阶段均匀升压（至少3段），每阶段停留1min，并读取泄漏电流。试验电压升至规定值至加压时间达到规定时间当中，至少应读取一次泄漏电流。泄漏电流值和不平衡系数（最大值与最小值之比）可作为判断绝缘状况的参考，当发现泄漏电流与上次试验值相比有较大变化，或泄漏电流不稳定，随试验电压的升高或加压时间延长而急剧上升时，应查明原因。如系终端头表面泄漏电流或对地杂散电流的影响，则应加以消除；若怀疑电缆线路绝缘不良，则可提高试验电压（不宜超过产品标准规定的出厂试验电压）或延长试验时间，确定能否继续运行。

（2）耐压试验后，对导体放电时，应通过约80kΩ/kV的限流电阻反复几次放电，直至无火花后，才允许直接接地放电。

（三）确认电缆线路在停电后投运之前状态状况良好的试验项目

除自容式充油电缆线路外，其他电缆线路在停电后投运之前，应确认电缆线路状态状况良好，可分别采取以下试验确定：

（1）停电超过1周但不满1个月的，测量主绝缘绝缘电阻［发现异常时按（4）处理］。

（2）停电超过1个月但不满1年的，测量主绝缘绝缘电阻，宜进行主绝缘耐压试验，试验时间5min［发现异常时按（4）处理］。

（3）停电超过1年，应进行主绝缘耐压试验［发现异常时按（4）处理］。

（4）停电期间怀疑可能遭受外力破坏，或投运前检查发现线路异常的，应进行预防性试验。

二、试验项目

(一) 35kV 及以下油纸绝缘电力电缆线路的试验项目

(1) 红外测温。

(2) 主绝缘绝缘电阻。

(3) 直流耐压试验;

(4) 相位检查。

(二) 66kV 及以上自容式充油电力电缆线路的试验项目

(1) 红外测温。

(2) 主绝缘直流耐压试验。

(3) 压力箱:

1) 供油特性。

2) 电缆油击穿电压。

3) 电缆油的介质损耗因数。

(4) 油压示警系统:

1) 信号指示。

2) 控制电缆线芯对地绝缘。

(5) 交叉互联系统.

(6) 电缆及附件内的电缆油:

1) 击穿电压。

2) 介质损耗因数。

3) 油中溶解气体。

(7) 金属护层及接地线环流测量。

(8) 相位检查。

(三) 35kV 及以下橡塑绝缘电力电缆线路的试验项目

(1) 红外测温。

(2) 主绝缘绝缘电阻。

(3) 电缆外护套绝缘电阻。

(4) 铜屏蔽层电阻和导体电阻比 (R_p/R_x)。

(5) 绝缘交流耐压。

(6) 局部放电试验。

(7) 相位检查。

(四) 66kV 及以上挤出绝缘电力电缆线路的试验项目

(1) 红外测温。

(2) 主绝缘绝缘电阻。

(3) 主绝缘交流耐压试验。

(4) 交叉互联系统试验。

（5）金属护层及接地线环流测量。

（6）局部放电试验。

（7）相位检查。

（五）接地、交叉互联系统的试验项目

（1）红外测温。

（2）外护套、绝缘接头外护套及绝缘夹板的绝缘电阻。

（3）外护套接地电流。

（4）外护套、绝缘接头外护套及绝缘夹板直流耐压试验。

（5）护层过电压限值器。

（6）互联箱隔离开关（或连接片接触电阻）。

第二节 油纸绝缘电力电缆线路试验

油纸绝缘电力电缆线路主要包括黏性油纸绝缘电力电缆线路和不滴流油纸绝缘电力电缆线路。其试验项目如下。

一、红外测温

1. 试验周期

（1）≤110kV：6个月。

（2）必要时。

2. 判据

各部位无异常温升现象，检测和分析方法参考DL/T 664。

3. 方法

用红外热像仪测量，对电缆终端接头和非直埋式中间接头进行。

二、测量主绝缘电阻

1. 测量目的

测量主绝缘电阻是检查电缆绝缘最简单的方法，其目的是检查电缆绝缘是否老化、受潮，以及耐压试验中暴露出来的绝缘缺陷。

2. 测量周期

（1）A级、B级检修后（新做终端或接头后）。

（2）≤6年。

（3）必要时。

3. 测量方法

测量时，额定电压0.6/1kV的电缆可用1000V绝缘电阻表；对0.6/1kV以上的电缆用2500V绝缘电阻表；对6/10kV及以上的电缆可用2500V也可用5000V绝缘电阻表；

测量中手动绝缘电阻表的转速不得低于额定转速的80%，且当绝缘电阻表达到额定转速后才能接到被试设备上并记录时间，读取15s和60s的绝缘电阻值，一般不应小于1000MΩ。绝缘电阻表停止摇动前，必须先断开绝缘电阻表与电缆的连线。测试完毕后应进行短路放电，特别是进行重复测试时，更应进行充分放电，放电时间最少不少于2min。

电缆终端或套管表面脏污、潮湿对绝缘电阻有较大的影响，除擦拭干净外，还应加屏蔽环，将屏蔽环接到兆欧表的"屏蔽"端子上，如图19－1所示。当电缆为三芯电缆时，可利用非测量相作为两端屏蔽环的连线，见图19－1（b）。

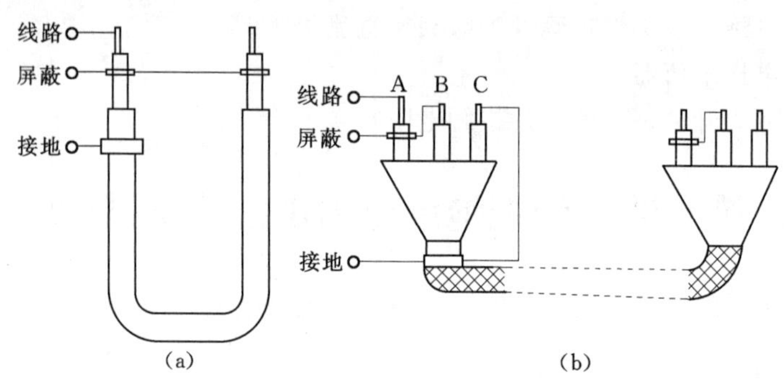

图19－1 测量绝缘电阻时的屏蔽

（a）单芯电缆；（b）三芯电缆

电缆的绝缘电阻随着温度和长度的不同而异，所以一般可将所测值换算到＋20℃和1km长时的数值，以便比较。设电缆长度为l，电阻温度系数为K_t，温度为t时的绝缘电阻为R_t，则＋20℃时每公里绝缘电阻为

$$R_{20℃/km}=R_tK_tl \tag{19-1}$$

式中 $R_{20℃/km}$——电缆在20℃时每公里的绝缘电阻；

R_t——电缆长度为l时，在t℃时的绝缘电阻；

l——电缆长度，km；

K_t——温度系数，浸渍纸绝缘电缆的温度系数见表19－1。

表19－1　浸渍纸绝缘电缆的温度系数

测量时电缆的温度/℃	0	5	10	15	20	25	30	35	40
温度系数K_t	0.48	0.57	0.70	0.85	1.0	1.13	1.41	1.66	1.92

应当指出，表19－1所列的温度系数同样适用于泄漏电流的温度换算。

值得注意的是：

（1）当被测电缆较长时，充电电流很大，因而绝缘电阻表开始指示的数值很小，这并不表示绝缘不良，必须经过较长时间摇测才能得到正确的结果。

（2）应记录土壤温度作为环境温度。这是因为电力电缆埋在土壤中，电缆周围的温度与气温不一样，一年四季基本上是恒温（一般在120cm以下的潮湿土壤温度为15～18℃），加上电缆每次试验前，已经停电2h以上，电缆的缆芯温度早就降到土壤温度。如果要进行温度换算，也只能用土壤温度作为依据。

表 19－2　某 10kV 电力电缆绝缘电阻和泄漏电流的测量结果

年　序	绝缘电阻/MΩ	泄漏电流/μA	气温/℃
1	1950	26	40
2	2000	25	30
3	2000	25	20
4	2050	24	5
5	2000	25	10

表 19－2 给出了某电力局对一条长 200km、10kV 电力电缆的绝缘电阻和泄漏电流进行测量的数据。可见 5 次测试的绝缘电阻和泄漏电流相应的数值都很接近，没有异常变化，就是气温相差很大，如果按照记录的气温进行换算，则变化比较大，可能将这条绝缘良好的电缆，误判为有问题。

（3）测量电缆的主绝缘绝缘电阻时，应分别在每一相上进行，测量某一相的绝缘电阻时，其他两相导体、金属套和铠装层均应接地。

（4）绝缘电阻测量应在直流耐压试验之前进行，以免造成不应当发生的击穿。直流耐压试验后也可测量绝缘电阻，为的是检查耐压试验中暴露出来的绝缘缺陷。

各种电缆的绝缘电阻换算到长度为 1km、温度为 20℃时的参考值如表 19－3 所示。

另外，对测量结果还应该从历次测得的绝缘电阻变化规律以及各相绝缘电阻的差别（不平衡系数一般不应大于 2）进行综合分析、判断电缆的绝缘情况。

表 19－3　电力电缆绝缘电阻参考值

电缆绝缘种类	额定电压下的绝缘电阻值/MΩ				
	1kV	3kV	6kV	10kV	35kV
聚氯乙烯	40	50	60		
黏性浸渍纸	50	50	100	100	160
不滴流			200	200	200
交联聚乙烯			1000	1000	1000

三、直流耐压试验

1. 直流耐压试验的优点

直流耐压试验是检查纸绝缘电缆绝缘的关键试验项目。往往同时测量泄漏电流。直流耐压试验的优点是：

（1）可以用很小容量的设备对长的电缆线路进行耐压试验。

（2）避免交流高电压对良好绝缘的破坏作用。

（3）可以发现交流电压作用下不易发现的一些缺陷。这是因为在直流电压作用下，绝缘中的电压是按电阻分布的，当电缆绝缘中有发展性局部缺陷时，则大部分试验电压加在与缺陷串联的未损坏的绝缘上，这样直流试验就比交流试验更容易发现绝缘缺陷。

2. 试验周期

（1）A 级检修后（新作终端或接头后）。

（2）≤6 年。

（3）必要时。

3. 要求

表 19－4　试验电压

电压等级	试验电压
6kV	$4.5U_0$
10kV	$4.5U_0$
35kV	$4.5U_0$

（1）试验电压值按表 19－4 规定，加压时间

5min，不击穿。

（2）耐压5min时的泄漏电流值不应大于耐压1min时的泄漏电流值。

（3）三相之间的泄漏电流不平衡系数不应大于2。

4. 说明

6/10kV以下电缆的泄漏电流小于10μA，6/10kV及以上电缆的泄漏电流小于20μA时，对不平衡系数不作规定。

5. 分析

电缆绝缘中的电压分布不仅与所加电压种类有关，而且在直流电压作用下，电压分布还与缆芯和金属护层间的温度差有很大关系。当温差不大时，靠近缆芯绝缘分担的场强比靠近金属护层处的高。若温差很大时，由于温度增高使缆芯处绝缘电阻相对降低，所以分担的场强也减小，且有可能小于靠金属护层处绝缘分担的场强。因此，在冷状态下直流耐压试验易发现靠近缆芯处的绝缘缺陷，而在热状态下则易发现靠近金属护层处的绝缘缺陷。

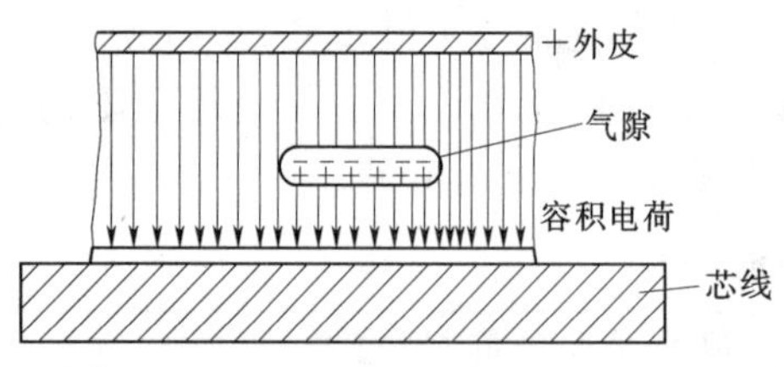

图19-2　在直流电压作用下纸绝缘电缆内部气隙形成容积电荷

正常的电缆绝缘在直流电压作用下的耐电强度为400～600kV/cm，比交流作用下约大一倍左右，所以直流试验电压大致为交流试验电压的两倍。在直流作用下，绝缘内部气隙由于游离产生的电荷很快在其边缘形成容积电荷，这些容积电荷形成的附加电场削弱了基本电场，如图19-2所示，这样就使气隙中电场减小了，因此和交流电压作用相比局部游离放电脉冲的强度和次数都大为减小。这是电缆绝缘在直流作用下，耐电强度提高的主要原因。另外，浸渍纸的耐电强度比浸渍剂的大得多，而浸渍纸的电阻率也比浸渍剂的大，所以在直流作用下，耐电强度较高的浸渍纸分担了较高的电压，这也使直流作用下电缆耐电强度得以提高。

电缆在直流电压作用下，由于容积电荷的作用，绝缘内所含气隙不会有长时间的游离，因此电缆直流击穿电压与作用时间的关系较小。当将电压作用时间自数秒增加至数小时，电缆的耐电强度仅减小8%～15%。直流电压下的击穿多为电击穿，一般在加压最初的1～2min内发生，故试验时间一般选为5～10min。

浸渍纸绝缘的击穿电压与温度关系很大，假定在25℃时的击穿电压为$U_{25℃}$，则在t℃时的击穿电压可按下式估计

$$U_t = U_{25℃}[1-0.0054(t-25)] \tag{19-2}$$

即在25℃以上，每升高1℃击穿电压降低0.54%。

电缆的直流击穿强度与电压极性也有一定关系。试验时一般电缆芯接负极，因为如果缆芯接正极，绝缘中的水分将会因电渗作用移向外护层，结果使缺陷不易发现。当缆芯接正极时，击穿电压比接负极时约高10%。

直流耐压试验一般都采用半波整流电路，由于电缆电容量较大，故不用加装滤波电容。试验中测量泄漏电流的微安表可接在低电位端，也可接在高电位端。绝缘良好的电缆泄漏电

流很小，一般只有几到几十微安。由于试验设备及高压引线等杂散电流的影响，当将微安表接入低电位端测量时，往往使测量结果不准，有时误差竟达到真实值的几倍到几十倍，表19－5列出了国内一些单位将微安表串入不同部位时的测量结果。由表19－5可见，微安表串入低电位端测量时误差极大，因此应尽量采用将微安表接在高电位端的接线，但这时对测量微安表、引线及电缆两头，应该严密屏蔽，图19－3所示为屏蔽接线图。这里微安表采用金属屏蔽罩屏蔽，微安表到被试品的引线采用金属屏蔽线屏蔽，对电缆两端头则采用屏蔽帽和屏蔽环屏蔽。屏蔽和引线之间只有很小的电位差，所以并不需要很高的绝缘。

表19－5　　微安表接在不同位置时泄漏电流数据举例

单　　位	电缆型式及长度	直流试验电压/kV	微安表读数/μA	
			接在低电位端	接在高电位端
天　津电业局	10kV СБ－3×150 100m	50	122～216	20～21
			96～115	3～5
			52～205	12～13
			65～75	3～4
			50～170	12～14
山　东中试所	10kV СБ－3×10 110m	50	78	11
			68	7
			168	5
电科院	10kV СБ－3×70 300m	50	165	1.8
			150	1.9
			67	1.5
			100	2.0
			118	2.0

当微安表接在高电位端时，建议在微安表的屏蔽罩上装一只乒乓开关（且将其把手适当加长），开关一侧用橡皮筋或小弹簧拉住，另一侧绑一根1m左右的尼龙绳或绝缘带，这样便于控制微安表的接入或短路。

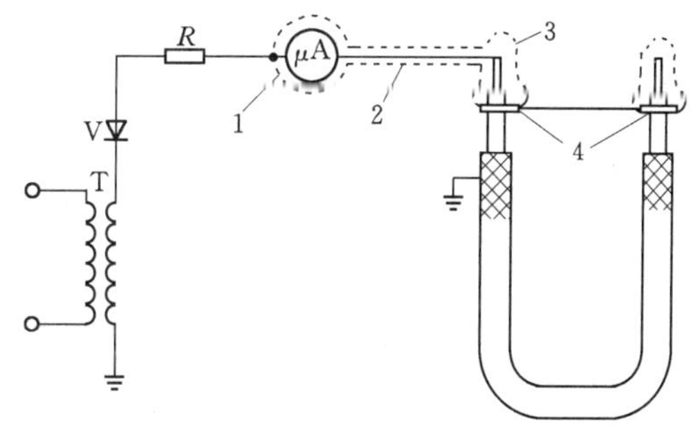

图19－3　微安表在高电位端测量电缆泄漏电流时的屏蔽

1—微安表屏蔽罩；2—屏蔽线；3—端头屏蔽帽；4—屏蔽环

运行中的电缆两头相距很远，当采用图19－3所示接线时，两端头屏蔽的连线上的电位高，所以实际上很难实现，而只采用一端屏蔽时又有很大误差。为解决这个问题，目前采用的方法如下：

（1）借用三相电缆中的另外一相作为两端屏蔽的连线，如图19－4所示。采用这种接线解决了屏蔽的引线问题，但每相对地将承受两次耐压，且测量的泄漏电流为对外皮和另一相的泄漏电流，这在预防性试验中是不恰当的。有的单位为此将每次耐压时间减少一半。这样做是否合适，尚待进一步探讨。

（2）采用一端屏蔽另一端接受的办法，原理接线如图 19－5 所示。这时电源端采取的屏蔽将表面泄漏电流和杂散电流屏蔽掉，而另一端表面的泄漏和杂散电流则由接受帽、接受环供给，而这一电流 I_2 可用微安表 μA_2 测出。设 μA_1 测出的电流为 I_1，则泄漏电流为

$$I_L = I_1 - I_2 \tag{19-3}$$

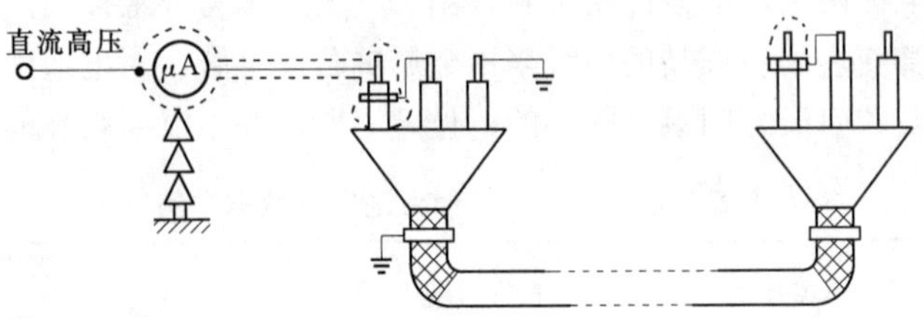

图 19－4 用非试验相作为连线的屏蔽接线

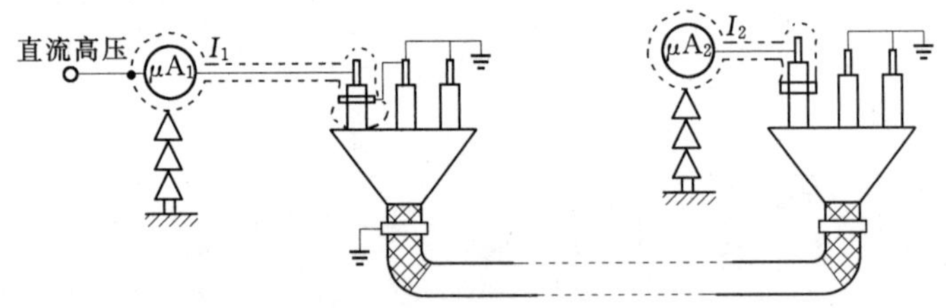

图 19－5 采用一端屏蔽另一端接收的泄漏电流接线

（3）采用极间障改变不对称电场中的极间放电条件。根据气体放电理论，在不均匀不对称电场中，放置一个极间障，能改善极间电场分布，从而改变极间放电条件，使电晕及放电电压均可大大提高。根据这一理论，在测量电力电缆泄漏电流时，若在施加电压相的裸露终端头处设置一极间障，则可以减小出线铜杆的电晕影响，从而减小泄漏电流偏大的测量误差。具体做法是用 40.5kV 多油断路器消弧室屏蔽罩或其他绝缘纸筒套在终端头上，由于户外终端头相间空气距离较大，影响较小，所以通常套在户内终端头上。表 19－6 列出了加装极间障的测试结果，由此可见效果非常显著。

（4）采用绝缘层改善引线表面的电场以减小电晕的影响。根据绝缘理论，在不均匀电场中，曲率半径小的电极上包缠固体绝缘层会使引线表面的电场得到改善，从而使电晕电流减小，提高测量的准确性。现场的通常做法是将绝缘手套套在终端头上，这是一种简便有效的方法。

表 19－6 10kV 电缆泄漏电流测量结果

终端头电场情况	不同直流电压下的泄漏电流 /μA		
	30kV	40kV	50kV
未加极间障	6.5	17	38
加装极间障	0.5	1	3

对于 35kV 以上的电缆，在进行直流试验时，常因设备限制而采用倍压整流接线，其接线如图 19－6 所示。

在此线路中，当试验变压器的输出电压处在工频正半波时，b 点电位高于 a 点，V_1 导通，使电容 C 充电到电源电压的峰值 $U_{max}=\sqrt{2}U$。当电源电压反相后 V_2 导通，电源电压和电容 C 上的电压叠加在一起向被试电缆充电到负的两倍峰值电压（$-2U_{max}=-2\sqrt{2}U$）。实际上，由于电容 C 和被试电缆都有泄漏电流，

在充电电压的下降过程中电容 C 将放电，这样使被试品上所加的实际电压低于 $2\sqrt{2}U$，且有脉动。为了减少压降和脉动，应使 C 有足够的电容量，而且最好在高压端直接测量电压。电容 C 应能承受电源电压峰值 U_{max}，也就是试验电压的一半，现场试验时可使用几个移相电容器串联，所需串联个数可按电容器直流试验电压计算，但考虑到串联使用时电压分布的不均匀性以及电容器因陈旧而绝缘水平下降等因素，应留有一定余度。如试验 35kV 电缆时可利用 3～4 台 10kV、10kvar 移相电容器串联。

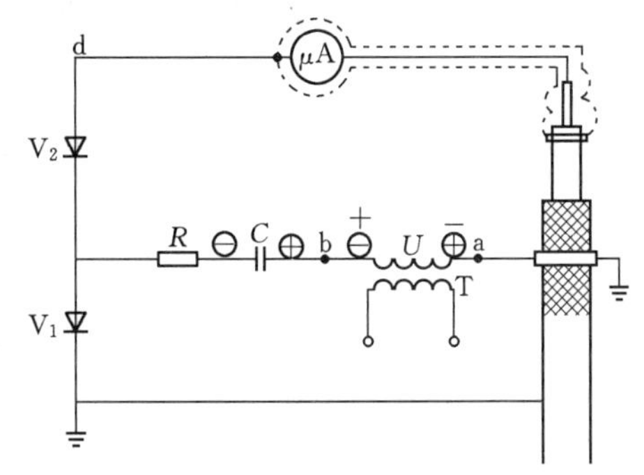

图 19-6 倍压整流的接线

T—高压试验变压器；V_1、V_2—高压硅堆；R—限流电阻；C—高压滤波电容

除此之外，有时还受硅堆反峰电压的限制，当倍压整流电路输出的电压不能满足要求时，可采用三倍压或直流串级电路。

交接时和运行中的直流耐压和泄漏电流试验所加的试验电压分别见表 19-7～表 19-9。

表 19-7 **黏性油浸纸绝缘电缆交接时直流耐压试验的电压标准**

额定电压 U_0/U/kV	0.6/1	6/6	8.7/10	21/35
试验电压/kV	$6U$	$6U$	$6U$	$6U$
试验时间/min	10	10	10	10

注 1. 表中的 U 为电缆额定线电压，U_0 为电缆线芯对地或对金属屏蔽层间的额定电压。
2. 交流单芯电缆的护层绝缘试验标准，可按产品技术条件的规定进行。

表 19-8 **不滴流油浸纸绝缘电缆交接时直流耐压试验的电压标准**

额定电压 U_0/U/kV	0.6/1	6/6	8.7/10	21/35
试验电压/kV	6.7	20	37	80
试验时间/min	5	5	5	5

表 19-9 **纸绝缘电力电缆的直流耐压试验电压**

电缆额定电压 U_0/U/kV	1.8/3	3.6/3	3.6/6	6/6	6/10	8.7/10	21/35	26/35
直流试验电压/kV	12	17	24	30	40	47	105	130
试验时间/min	5	5	5	5	5	5	5	5

6. 判断

一般电缆缺陷在直流耐压试验持续的 5min 内部能暴露出来，为严格起见，GB 50150—2016 规定，最长的持续时间为 15min。在进行直流耐压和泄漏电流试验时，应均匀升压，在升压过程中在 0.25、0.5、0.75、1.0 倍试验电压下各停留 1min，读取泄漏电流值，以便必要时绘制泄漏电流和试验电压的关系曲线。升压到试验电压时，分别按表 19-7～表 19-9 要求的时间进行耐压试验，同时读取 1min 及 5min 的泄漏电流值。根据测量结果，从下述几方面判断电缆绝缘的状况：

（1）泄漏电流的数值不宜大于表 19－10 中给出的参考值。

表 19－10　油浸纸绝缘电力电缆长度为 250m 及以下时的泄漏电流参考值（5～10min 时的值）

电缆型式	工作电压/kV	试验电压/kV	泄漏电流/μA	说　明
三芯电缆	35	140	85	1. 微安表接在高电位端或采用消除杂散电流影响的其他接线方式。 2. 电缆长度超过 250m 时，泄漏电流可按长度适当增加
	20	80	80	
	10	50	50	
	6	30	30	
	3	15	20	
单芯电缆	10	50	70	
	6	30	45	
	3	15	30	

（2）耐压 5min 时的泄漏电流值不应大于耐压 1min 时的泄漏电流值。若发现随时间延长而明显增大的现象，则多数情况是电缆接头、终端头或电缆内部已受潮。

（3）比较各相之间的泄漏电流数值，三相不平衡系数均应不大于 2。当泄漏电流值各相均很小时，例如最大相的泄漏电流对 8.7kV/10kV 电缆小于 20μA 时，6kV/6kV 及以下电缆小于 10μA 时，不平衡系数可适当放宽，其数值自行规定。另外，与前一次试验结果比较，在相近温度下，不应有显著增加。

（4）泄漏电流应稳定，如发现有周期性摆动，则说明电缆有局部孔隙性缺陷。在一定的电压作用下，间隙被击穿，使泄漏电流突然增大，这时电缆电容经被击穿间隙放电，使电压下降，直到间隙绝缘恢复后，泄漏电流再减小。电缆被重新充电到一定电压时，间隙再次被击穿，这就造成了泄漏电流的周期性摆动。

（5）泄漏电流不应随试验电压升高而急剧上升，如果发现泄漏电流在升至某一电压后急剧上升，则说明电缆内部存在隐患，并表明电压再升高时，击穿的可能性很大。

若从以上几方面判断电缆存在缺陷时，应酌情提高电压或延长耐压时间，以便发现缺陷的部位。

进行完电缆直流耐压或泄漏电流试验后，应牢记先用约 80kΩ/kV 的限流电阻充分放电直至无火花，然后还要对地直接放电并接地。

应当指出，测量电缆泄漏电流时，采用负极性直流电压容易发现绝缘缺陷。我们曾对一条 3kV 三相油浸旧电缆进行过测量，测量结果如表 19－11 所示。由表 19－11 可见，试验电压极性对测量结果有明显的影响。研究表明，当电缆受潮时对测量结果的影响更加显著。这种现象可用电渗效应进行解释：当电缆芯加正极性试验电压时，在电场作用下，带正电的水分被排斥而移向金属护层，绝缘中的水分相对减小，所以泄漏电流就减小。当电缆芯加负极性试验电压时，由于水带正电，在电场作用下，水由金属护层经过绝缘被吸向电缆芯或绝缘缺陷处，使电场发生畸变，导致绝缘中的水分相对增加，所以泄漏电流增大，这样就容易发现绝缘缺陷。

直流耐压试验兼作泄漏电流试验虽有利于发现绝缘缺陷，但也有一定的缺点。如对统包型电缆的芯间和芯对外护层采用了同样的试验电压，而运行电压及耐电强度都是芯线间

比芯线对地高。因此，直流耐压不易发现芯间缺陷。另外，直流耐压试验与运行时交流电压的作用总是有区别的，对交流下的高压极化和电离等影响反映不出来。

表 19-11　　3kV 三相油浸旧电缆的测量结果

泄漏电流/μA 试验电压/kV	A		B		C	
	正	负	正	负	正	负
5	15	18	16.5	21	17.5	21
10	30	36.5	34	39.7	34.5	40
15	51.5	60.5	57	65	59	68

第三节　66kV 及以上自容式充油电力电缆线路试验

充油电缆，是利用补充浸渍剂原理，来消除绝缘中形成的气隙，以提高电缆工作场强的一种电缆结构。自容式充油电缆是充油电缆的一种。按其工作油压可分为高压力（1～1.5MPa）、中压力（0.4～0.8MPa）和低压力（0.02～0.4MPa）自容式充油电缆。按其护套可分为铅护套和铝护套自容式充油电缆。按其线芯又可分为三芯充油电缆和单芯自容式充油电缆。

自容式充油电缆线路的预防性试验项目如下。

一、红外测温

1. 周期

（1）≥330kV：1 个月。

（2）220kV：3 个月。

（3）≤110kV：6 个月。

（4）必要时。

2. 判据

各部位无异常温升现象，检测和分析方法参考 DL/T 664。

3. 方法

用红外热像仪测量，对电缆终端接头和非直埋式中间接头进行。

二、主绝缘直流耐压试验

1. 周期

（1）A 级检修后（新作终端或接头后）。

（2）必要时。

2. 要求

电压应施加在每一导体和屏蔽之间，加压时 15min，试验电压值按表 19-12 中的规定，试验过程中绝缘应不击穿。

表 19－12　　直流试验电压

运行电压 U_0/U	直流试验电压	运行电压 U_0/U	直流试验电压
36/66	$4.5U_0$	190/330	$3.5U_0$
64/110	$4.5U_0$	290/500	$3U_0$
127/220	$4.0U_0$		

三、油压示警系统试验

油压示警系统包括信号指示和控制电缆线芯对地绝缘。测试周期如下：

(1) 信号指示：6 个月。

(2) 控制电缆线芯对地绝缘电阻：投运后 1 年内进行，以后不超过 3 年。

对信号指示的试验方法是：合上示警信号装置的试验开关，若能正确发出相应的声、光示警信号则为符合要求。

对控制电缆应测量线芯对地绝缘电阻，采用 100V 或 250V 绝缘电阻表进行测量，其测量结果每千米绝缘电阻不小于 1MΩ。

四、压力箱测试

1. 项目

必要时对压力箱进行测试，测试项目如下：

(1) 供油特性。

(2) 电缆油击穿电压。

(3) 电缆油的介质损耗因数。

2. 测试方法

(1) 供油特性试验按《交流 500kV 及以下纸或聚丙烯复合纸绝缘金属套充油电缆及附件　第 1 部分：试验》(GB/T 9326.1) 进行。

(2) 电缆油击穿试验按 GB/T 507 规定进行。

(3) 测量介质损耗因数时，油温为 (100±1)℃，电场强度为 1MV/m。

3. 要求

(1) 压力箱的供油量不应小于供油特性曲线所代表的标称供量的 90%。

(2) 击穿电压不低于 50kV。

(3) 介质损耗因数应满足：

1) 110 (66) kV 和 220kV 的电缆不大于 0.0050。

2) 330kV 的电缆不大于 0.0040。

3) 500kV 的电缆不大于 0.0035。

五、电缆及附件内的电缆油测试

1. 测试项目

(1) 击穿电压。

(2) 介质损耗因数。

（3）油中溶解气体。

2. 测试周期

（1）击穿电压及介质损耗因数：投运后 1 年内进行，以后不超过 3 年。

（2）油中溶解气体：怀疑电缆绝缘过热老化或终端、塞止接头存在严重局部放电时进行。

3. 测试方法

（1）电缆油击穿试验按 GB/T 507 规定进行。

（2）测量介质损耗因数时，油温为（100±1）℃，电场强度为 1MV/m。

（3）油中溶解气体按照 DL/T 722 进行，本节五、4、（3）需求栏”所列的注意值不是判断充油电缆有无故障的唯一指标，当气体含量达到注意值时，应进行追踪分析查明原因。

4. 要求

（1）击穿电压不低于 45kV。

（2）介质损耗因数应满足：

1）110（66）kV 和 220kV 的电缆不大于 0.03。

2）330kV 和 500kV 的电缆不大于 0.01。

（3）电缆油中溶解气体组分含量的注意值如下：

1）可燃气总量：≤1500μL/L。

2）H_2：≤500μL/L。

3）C_2H_2：痕量。

4）CO：≤100μL/L。

5）CO_2：≤100μL/L。

6）CH_4：≤200μL/L。

7）C_2H_6：≤200μL/L。

8）C_2H_4：≤200μL/L。

六、金属护层及接地线环流测量

1. 周期

（1）≥330kV：1 个月。

（2）220kV：3 个月。

（3）≤1100kV：6 个月。

（4）必要时。

2. 要求

（1）电流值符合设计要求。

（2）三相不平衡度不应有明显变化。

3. 方法和注意事项

（1）使用钳形电流表测量。

（2）选择电缆线路负荷较大时测量。

七、相位检查

1. 周期

（1）新作终端或接头后。

（2）必要时。

2. 要求

与电网相互一致。

第四节 橡塑绝缘电力电缆线路试验

橡塑绝缘电力电缆是指聚氯乙烯绝缘、交联聚乙烯绝缘和乙丙橡绝缘皮电力电缆。其中的交联聚乙烯电力电缆，由于其电气性能和耐热性能都很好，传输容量较大，结构轻便，易于弯曲，附件接头简单，安装敷设方便，不受高度落差的限制，特别是没有漏油和引起火灾的危险，因此受到用户广泛欢迎。并不断向高压，超高压领域发展，呈现出逐步替代纸绝缘电缆的趋势。

交联聚乙烯电力电缆的断面构造示意图如图 19－7 所示。它和大家熟悉的油浸纸统包电缆的区别除了相间主绝缘是聚乙烯塑料以及线芯形状是圆形之外，还有两层半导体胶涂层。在芯线的外表面涂有第一层半导体胶，它可以克服电晕及游离放电，使芯线与绝缘层之间有良好的过渡。在相间绝缘外表面涂有第二层半导体胶，同时挤包了一层 0.1mm 厚的薄铜带，它们组成了良好的相间屏蔽层，它保护着电缆，使之几乎不能发生相间故障，如图 19－8 所示。

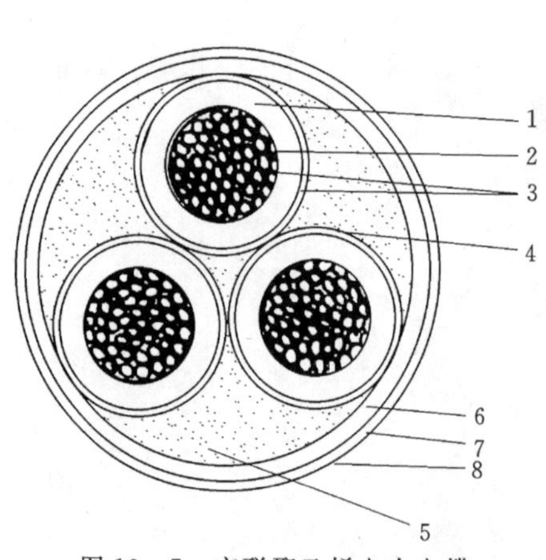

图 19－7 交联聚乙烯电力电缆断面构造示意图

1—绝缘层；2—线芯；3—半导体胶层；4—铜带屏蔽层；5—填料；6—塑料内衬；7—铠装层；8—塑料外护层

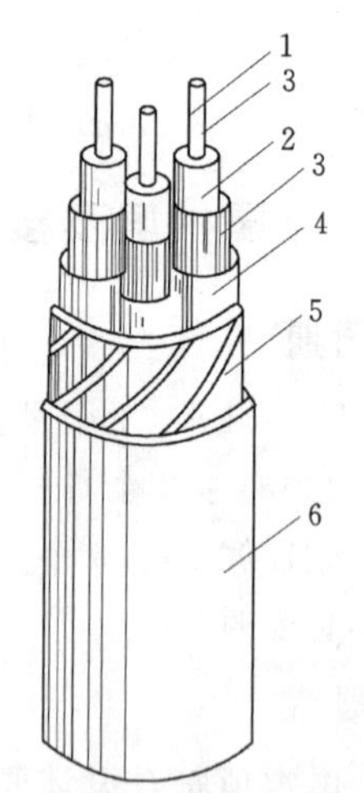

图 19－8 交联聚乙烯电力电缆结构示意图

1—线芯；2—交联聚乙烯绝缘；3—半导电层；4—铜屏蔽；5—包带；6—外护层

由于橡塑绝缘电缆与油纸绝缘电缆材质、结构不同，直流试验电压对绝缘寿命的影响也不同，因此不宜采用与油纸绝缘电缆完全相同的项目和方法进行试验。

《规程》规定的橡塑绝缘电力电缆的预防性试验项目如下。

一、红外测温

1. 周期

（1）6个月。

（2）必要时。

2. 判据

各部位无异常温升现象，检测和分析方法参考DL/T 664。

3. 方法

用红外热像仪测量，对电缆终端接头和非直埋式中间接头进行。

二、主绝缘绝缘电阻

1. 测量电缆主绝缘绝缘电阻

对0.6kV/1kV电缆用1000V绝缘电阻表，对6kV/10kV及以上电缆用2500V或5000V绝缘电阻表，一般不小于1000MΩ。试验周期如下：

（1）A、B级检修后（新作终端或接头后）。

（2）≤6年。

（3）必要时。

2. 测量电缆外护套绝缘电阻

这个项目只适用三芯电缆的外护套。对单芯电缆，由于其金属层（电缆金属套和金属屏蔽的总称）采用交叉互连接地方法，所以应按交叉互联系统试验方法进行试验，即除对外护套进行直流耐压试验外，如在交叉互联大段内发生故障，则应对该大段进行试验。如在交叉互联系统内直接接地的接头发生故障时，则与该接头连接的相邻两个大段都应进行试验。

对三芯电缆外护套进行测试时，采用500V绝缘电阻表，当每千米的绝缘电阻低于0.5MΩ时，应采用下述方法判断外护套是否进水。

由于交联聚乙烯电缆的金属层、铠装层及其涂层用的材料有铜、铅、铁、锌和铝等。这些金属的电极电位如表19-13所示。

表19-13　某些金属的电极电位

金属种类	铜 Cu	铅 Pb	铁 Fe	锌 Zn	铝 Al
电位/V	+0.334	−0.122	−0.44	−0.76	−1.33

当交联聚乙烯电缆的外护套破损并进水后，由于地下水是电解质，在铠装层的镀锌钢带上会产生对地−0.76V的电位，如内衬层也破损进水后，在镀锌钢带与铜屏蔽层之间

形成原电池，会产生0.334−（−0.76）≈1.1V的电位差，当进水很多时，测到的电位差会变小。在原电池中铜为“正”极，镀锌钢带为“负”极。

当外护套或内衬层破损进水后，用绝缘电阻表测量时，每千米绝缘电阻值低于0.5MΩ时，用万用表的“正”“负”表笔轮换测量铠装层对地或铠装层对铜屏蔽的绝缘电阻，此时在测量回路内由于形成的原电池与万用表内干电池相串联，当极性组合使电压相加时，测得的电阻值较小；反之，测得的电阻值较大。因此上述两次测得的绝缘电阻值相差较大时，表明已形成原电池，就可判断外护套和内衬层已破损进水。

外护套破损不一定要立即检修，但内衬层破损进水后，水分直接与电缆芯接触并可能会腐蚀铜屏蔽层，一般应尽快检修。

试验周期如下：

（1）A、B级检修后（新作终端或接头后）。

（2）≤6年。

（3）必要时。

3. 测量电缆内衬层绝缘电阻

测量方法、周期及要求值同2。

三、测量铜屏蔽层电阻和导体电阻比（R_p/R_x）

在电缆投运前、重作终端或接头后、内衬层破损进水后，应测量铜屏蔽电阻和导体电阻比。

1. 周期

（1）A级检修后（新作终端或接头后）。

（2）必要时。

2. 要求

（1）投运前首次测量的电阻比为初值，重作终端或接头后测量的电阻比应作为该线路新的初值。

（2）较初值增大时，表明铜屏蔽层的直流电阻增大，有可能被腐蚀；较初值减小时，表明附件中的导体连接点的电阻有可能增大。

（3）数据自行规定。

3. 方法

（1）用双臂电桥在同温度下测量铜屏蔽层和导体的直流电阻。

（2）本项试验仅适用于三芯电缆。

四、电缆主绝缘交流耐压试验

A级检修后，新作终端或接头后的电缆进行交流耐压试验，因为它对发现接头内部的缺陷还是很有效的。

1. 周期

（1）A级检修后（新作终端或接头后）。

（2）必要时。

2. 要求

施加表 19－14 中规定的交流电压，要求在试验过程中绝缘不击穿。

表 19－14 试验电压与要求

频率/Hz	试验电压与要求
20～300	1.7U_o，持续 60min

3. 注意事项

耐压试验前后应进行绝缘电阻测试，测得值应无明显变化。

4. 说明

在国家标准《电气装置安装工程 电气设备交接试验标准》（GB 50150—2016）中规定：交流耐压试验，应符合下列规定：橡塑电缆优先采用 20～300Hz 交流耐压试验……。因而近几年来国内都采用高压电抗器与电缆电容通过变频电源调节频率，在 20～300Hz 频率范围内使 $X_L=X_C$，达到谐振状态来进行交流耐压试验。苏州工业园区海沃科技有限公司生产的 HVFRF 型自动调频串联谐振试验系统就是采用这种方法进行电缆交流耐压试验的。以满足 8.7/10kV/300mm^2 橡塑电缆 3km 及 26/35kV/300mm^2 橡塑电缆 1km 交流耐压试验的 HVFRF 自动调频串联谐振试验系统为例，具体说明参数配置及试验接线。

被试品参数见表 19－15。

表 19－15 被试品参数

电缆额定电压	电缆截面	电容	试验电压及时间		试验电压及时间	
U_o/U/kV	mm^2	μF/km	试验电压/kV	时间/min	试验电压/kV	时间/min
8.7/10	300	0.37	2.5U_o=22	5	2.0U_o=17.4	60
26/35	300	0.19	—	—	2.0U_o=52	60

推荐的 HVFRF 型自动调频串联谐振试验系统配置见表 19－16。

表 19－16 系统配置

序号	部件名称	型号规格	主要参数	数量
1	高压电抗器	HVDK－44kVA/22kV	干式环氧浇注；额定电压：22kV；额定电流：2A；额定电感量：42H；连续运行时间：60min	3 台
2	变频电源	HVFRF－5kW（脉宽调制式）	输入电压：220kV/50Hz；输出电压：0～250V；频率调节范围：25～300Hz	1 台
3	单相励磁变压器	ZB－5kVA/0.6/0.9/1.8/2.7kV	干式结构；额定容量：5kVA；输入电压：0～250V；输出电压：600V/900V（10kV 电缆试验）；1800V/2700V（35kV 电缆试验）	1 台
4	电容分压器	HV－300pF/60kV（分节式，单节 110kV/2000pF）	额定电压：60kV；额定电容量：300pF；测量精度：1.0 级	1 台
5	补偿电容器	H/JF－3000pF/60kV	额定电压：60kV/22kV；额定电容量：3333pF/10000pF	1 台
6	装置附件（各部件间连接线等）			1 套

电抗器组合及相关计算见表19－17。

谐振频率计算公式为

$$f_{\mathrm{o}}=\frac{1}{2\pi\sqrt{LC}}$$

式中　L——电抗器电感量；

C——试品电容量。

试验电流计算公式为

$$I_{\mathrm{C}}=U\omega C$$
$$\omega=2\pi f$$

式中　U——试验电压；

f——谐振频率；

C——试品电容量。

表19－17　电抗器组合及相关计算

部件参数选择 \ 试品参数	10kV/300mm² 电缆	35kV/300mm² 电缆
	≤3km	≤1km
	1.11μF	0.2μF
电抗器串并联方式	三台电抗器并联	三台电抗器串联
电抗器输出参数	22kV/14H/6A	54kV/126H/2A
励磁变输出电压选择	900V	2700V
分压器参数	300pF/60kV	300pF/60kV
试验电压/kV	≤22	≤52
谐振频率/Hz	≥40	≥32
试验电流/A	≤6	≤2
空载试验时补偿电容参数	选择22kV/10000pF输出	选择60kV/3333pF输出
空载谐振频率	单台电抗器谐振频率246Hz	三台电抗器串联时谐振频率246Hz

HVFRF型自动调频串联谐振试验系统进行8.7kV/10kV/300mm² 橡塑电缆3km交流耐压试验时接线示意图如图19－9所示。

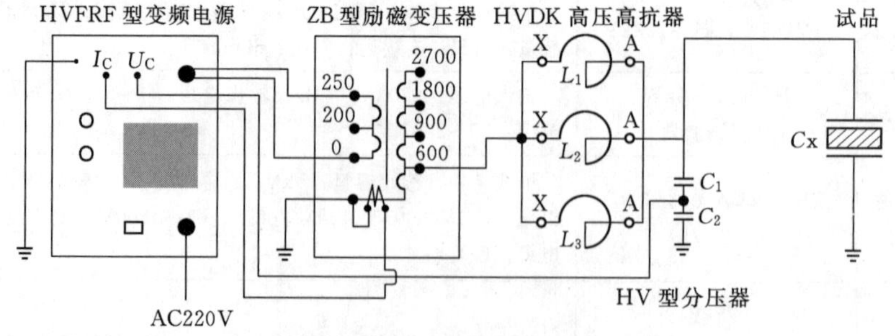

图19－9　3km交流耐压接线示意图

HVFRF型自动调频串联谐振试验系统进行26kV/35kV/300mm² 橡塑电缆1km交流耐压试验时接线示意图如图19－10所示。

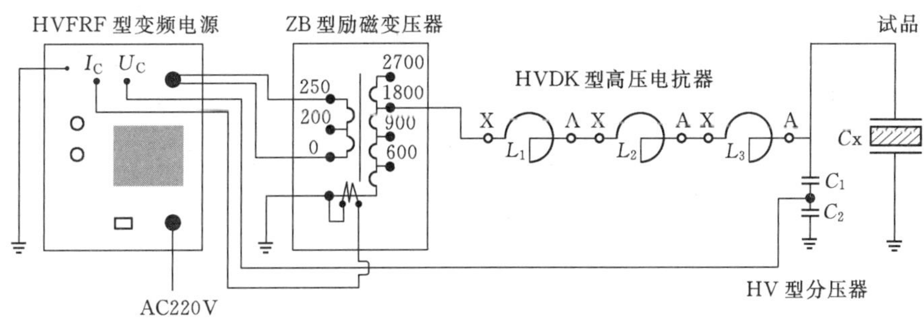

图 19－10　1km 交流耐压接线示意图

五、局部放电试验

1. 周期

（1）A 级检修后（新作终端或接头后）。

（2）必要时。

2. 判据

无异常放电信号。

3. 方法及说明

可在带电或停电状态下进行，可采用：高频电流、震荡波、超声波、超高频等检测方法。

第五节　挤出绝缘电力电缆线路试验

挤出绝缘电力电缆是指其绝缘采用挤出工艺的电力电缆，如聚乙烯、交联聚乙烯、聚氯乙烯绝缘和乙丙橡胶绝缘等电力电缆。

一、红外测温

1. 周期

（1）≥330kV：1 个月。

（2）220kV：3 个月。

（3）≤110kV：6 个月。

（4）必要时。

2. 要求

各部位无异常温升现象，检测和分析方法参考 DL/T 664。

3. 方法

用红外热像仪测量，对电缆终端接头和非直埋式中间接头进行。

二、主绝缘电阻

1. 周期

（1）A、B 级检修后。

(2) ≥330kV：≤3 年。

(3) ≤220kV：≤6 年。

(4) 必要时。

2. 要求

与上次比无显著变化。

3. 方法

使用 2500V 或 5000V 绝缘电阻表。

三、主绝缘交流耐压

1. 周期

(1) A 级检修后。

(2) 必要时。

2. 要求

频率为 20～300Hz 的交流耐压试验，试验时间为 60min，绝缘不击穿。试验电压按表 19-18 中规定。

表 19-18　试验电压

电压等级/Hz	试验电压
110 (66)	$1.6U_0$
220～500	$1.36U_0$

四、金属护层及接地线环流测量

1. 周期

(1) ≥330kV：1 个月。

(2) 220kV：3 个月。

(3) ≤110kV：6 个月。

(4) 必要时。

2. 要求

(1) 电流值符合设计要求。

(2) 三相不平衡度不应有明显变化。

3. 方法

(1) 使用钳形电流表测量。

(2) 选择电缆线路负荷较大时测量。

五、局部放电试验

1. 周期

(1) A 级检修后（新作终端或接头后）。

(2) 必要时。

2. 要求

无异常放电信号。

3. 方法

在带电或停电状态下进行，可采用高频电流、超声波、超高频等检测方法。

六、交叉互联系统试验

在交叉互联系统故障时或必要时进行交叉互联系统试验，详见本章第六节内容。

第六节　接地、交叉互联系统试验

接地、交叉互联系统是为了减少单芯电缆线路损耗达到节能目的而采取的一项有效措施。《规程》增加了对该系统的试验项目。

一、红外测温

1. 周期

（1）6个月。

（2）必要时。

2. 判据

各部位无异常温升现象，检测和分析方法参考DL/T 664。

3. 方法

用红外热像仪测量。

二、外护套、绝缘接头外护套及绝缘夹板的绝缘电阻

1. 周期

（1）A、B级检修后（新作终端或接头后）。

（2）≤6年。

（3）必要时。

2. 判据

每千米绝缘电阻值≥0.5MΩ

3. 方法

采用500V绝缘电阻表。

三、外护套接地电流

1. 周期

（1）≤6个月。

（2）必要时。

2. 判据

单回路敷设电缆线路，一般不大于电缆负荷电流值的10%，多回路同沟敷设电缆线

路，应注意外护套接地电流变化趋势。

3. 方法

用钳形电流表测量，也可使用电缆护套环流在线监测系统监测数据。

四、电缆外护套、绝缘接头外护套与绝缘夹板的直流耐压

试验时，首先将护层过电压保护器断开。在互联箱中将另一侧的三段电缆金属都接地，使绝缘接头的绝缘夹板也能结合在一起试验，然后在每段电缆金属屏蔽或金属套与地之间施加 5kV 直流电压，加压时间为 1min，若不击穿则为符合要求。

五、非线性电阻型护层过电压限制器试验

（1）碳化硅电阻片。首先将连接线拆开，然后分别对三组电阻片施加产品标准规定的直流试验电压，并测量流过电阻片的电流值。这三组电阻片的直流电流值应在产品标准规定的最小和最大值之间。若试验时的温度不是 20℃，则被测电流值应乘以修正系数 $(120-t)/100$，其中 t 为电阻片的温度（℃）。

（2）氧化锌电阻片。对电阻片施加直流参考电流后测量其压降，即为直流参考电压，其值应在产品标准规定的范围内。

（3）非线性电阻片及其引线的对地绝缘电阻。将非线性电阻片的全部引线并联在一起与接地的外壳绝缘后，用 1000V 绝缘电阻表测量引线与外壳之间的绝缘电阻，其值不应小于 10MΩ。

六、互联箱隔离开关试验

（1）接触电阻。本试验在做完护层过电压限制器的上述试验后进行。将闸刀开关（或连接片）恢复到正常工作位置后，用双臂电桥测量闸刀开关（或连接片）的接触电阻，其值不应大于 20μΩ。

（2）闸刀开关（或连接片）连接位置。本试验在以上交叉互联系统的试验合格后密封互联箱之前进行。连接位置应正确。如发现连接错误而重新连接后，则必须重测闸刀开关（或连接片）的接触电阻。

交叉互联系统除进行上述定期试验外，如在交叉互联大段内发生故障，则也应对该大段进行试验。如交叉互联系统内直接接地的接头发生故障时，则与该接头连接的相邻两个大段都应该进行试验。

第七节 电缆及附件内的电缆油试验

一、测量油的火花放电电压

测量在室温下进行，具体测量方法请参阅第二十一章有关内容。测得的火花放电电压不应低于 45kV。

二、测量介质损耗因数 $\tan\delta$

采用电桥以及带有加热套能自动控制温度的专用油杯进行测量。电桥的灵敏度不得低于 1×10^{-5}，准确度不得低于 1.5%，油杯的固有 $\tan\delta$ 不得大于 5×10^{-5}，在 100℃及以下的电容变化率不得大于 2%。加热套控温的控温灵敏度为 0.5℃或更小，升温至试验温度 100℃的时间不得超过 1h。

电缆油在温度 100℃±1℃和场强 1MV/m 下的 $\tan\delta$ 不应大于下列数值：

53/66～127/220kV　　0.03

190/330kV　　0.01

三、油中溶解气体色谱分析

当怀疑电缆绝缘过老化或终端或塞止接头存在严重局部放电时，要进行油中溶解气体色谱分析。电缆油中溶解的各种气体组合含量的注意值如表 19－19 所示。

表 19－19　电缆油中溶解气体组分含量的注意值

电缆油中溶解气体的组分	注意值/(μL/L)	电缆油中溶解气体的组分	注意值/(μL/L)
可燃气体总量	1500	CO_2	1000
H_2	500	CH_4	200
C_2H_2	痕量	C_2H_6	200
CO	100	C_2H_4	200

应当指出，表 19－19 所列的注意值不是判断充油电缆有无故障的唯一指标，当气体含量达到注意值时，应进行追踪分析查明原因，试验和判断方法请参阅第二十一章第三节。

第八节　电力电缆线路的在线监测

由于电缆自然劣化事故比例很高，例如日本的统计数据为 60%～70%，所以近几年来人们对电缆绝缘在线监测发生很大兴趣。我国起步较晚，国外开展得较早，而且已经研制出测量装置，并用工现场。对交联聚乙烯电缆目前采用的主要方法有直流分量法、直流电压重叠法和 $\tan\delta$ 法等。

一、直流分量法

（一）理论基础

研究表明，当对运行中的电缆绝缘施加工频交流高压时，如果绝缘中有水树枝现象（潮气浸入绝缘层后，在电场作用下，绝缘中形成树枝状物的现象），由于“整流作用”，流过电缆接地线的充电电流（交流）便含有微弱的直流成分。如图 19－11 所示，由于存在塑料电缆中的水树枝放电，在交流的负半周下，树枝放电向绝缘中注入负电荷；而在正半周下，正电荷的注入仅仅中和了一部分负电荷，以致使绝缘中仍保留有负电荷。这样，在长时间交流工作电压的正负半周的反复作用下，水树枝的前端所积聚的负电荷将逐渐向对方漂移，这就有点像整流作用。

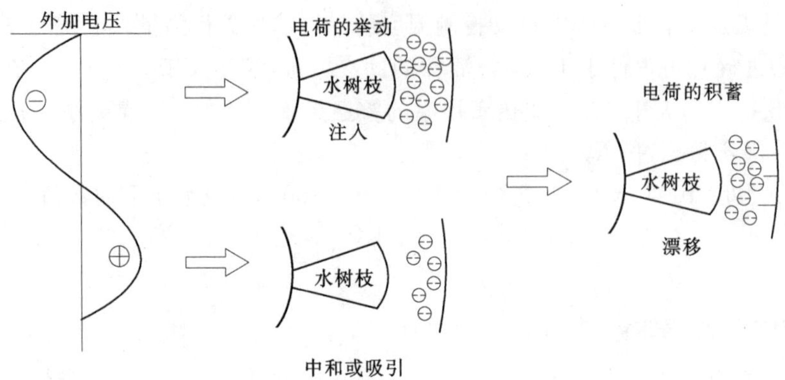

图 19－11 出现直流分量的机理

检测出这种直流成分即可进行劣化诊断。

（二）交流击穿电压与直流分量的关系

图 19－12 示出了交流击穿电压与直流分量之间关系的测量结果。由图可见，直流分量愈大，交流击穿电压往往愈低。图中的 17kV 及 10.35kV 分别为日本对 6kV 级交联聚乙烯电缆进行的出厂试验及交接试验的电压值。

（三）在线监测回路

直流分量的在线监测回路如图 19－13 所示，图中包括保护装置、低通滤波装置、微电流测试仪和记录仪。

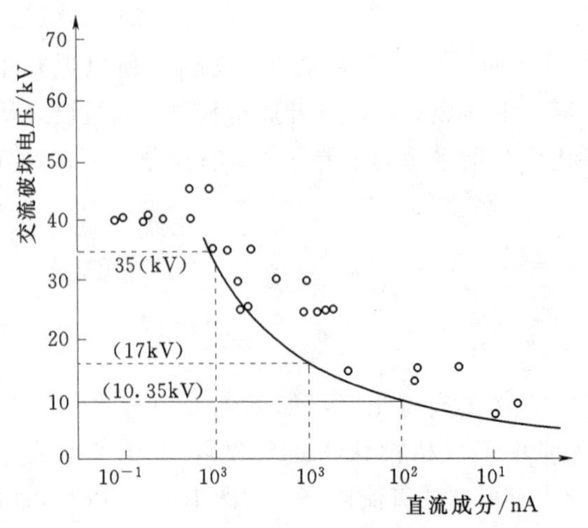

图 19－12 6kV 电缆的交流击穿电压与直流分量法测值的关系

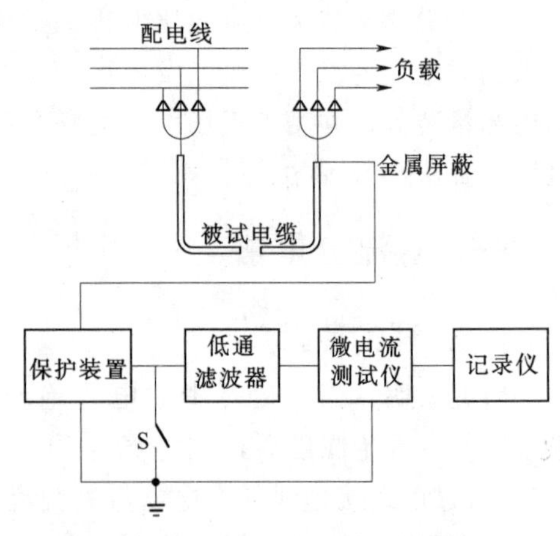

图 19－13 直流分量在线监测回路

通常认为直流成分电流小于 1nA 时绝缘良好，大于 100nA 时绝缘不良，介于两者之间时应予以注意，并加强监测。

直流分量法是一种新方法，虽然测量仪器较为简单，操作简便，但还存在一系列问题，如直流分量电流过小，极易受各种干扰影响等，尚待进一步探讨。

二、直流电压重叠法

（一）基本原理

如图 19－14 所示，利用接地的电压互感器 TV 的一次中性点加进低压直流电源（例如 50V)。将此直流电压叠加在电缆绝缘原已施加的交流相电压上，然后测量通过电缆绝缘层的微弱的直流电流（10^{-9}A 级）或其绝缘电阻。

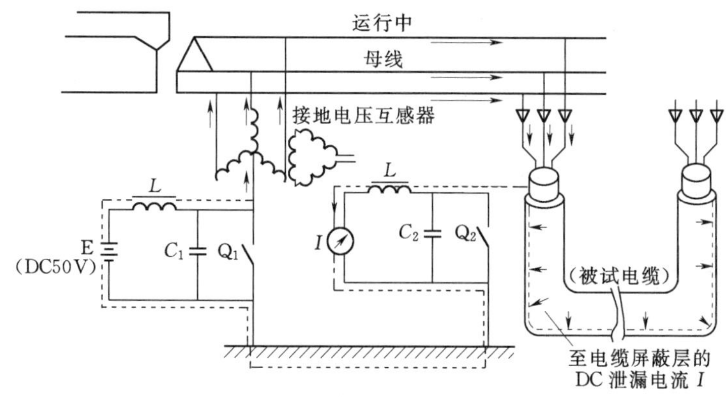

图 19－14　直流重叠法测量回路

试验证明：用直流重叠法测得的绝缘电阻与停电后加直流高压时的测试结果很相近。

（二）判断标准

直流重叠法在国内已有应用，但因积累数据及经验还不多，尚无判断标准，表 19－20 列出日本利用直流重叠法测出绝缘电阻的判据，供参考。判断时要注意被试电缆的长度、材料及原始数据等。

表 19－20　　直流重叠法测出绝缘电阻的判断

测定对象	测量数据 /MΩ	评　价	处理建议
电缆绝缘层绝缘电阻	＞1000	良　好	继续使用
	100～1000	轻度注意	继续使用
	10～100	中度注意	有戒备下使用，准备换
	＜10	高度注意	更换电缆
电缆护层绝缘电阻	＞1000	良　好	继续使用
	＜1000	不　良	继续使用、局部进行修补

三、tanδ 检测法

（一）基本原理

如图 19－15 所示，将电缆上所施加的电压信号由 TV 或分压器引入测量器，并将充电电流由安装在地线上的电流互感器也引入测量器，在自动平衡电路内检测上述信号的相位差，即可测量出介质损耗因数 tanδ 以及电容 C，根据 tanδ 和 C 进行判断。这个方法既适用于单芯电缆，也适用于三芯电缆。测量时要注意电压、电流互感器角差对测量结果的影响。

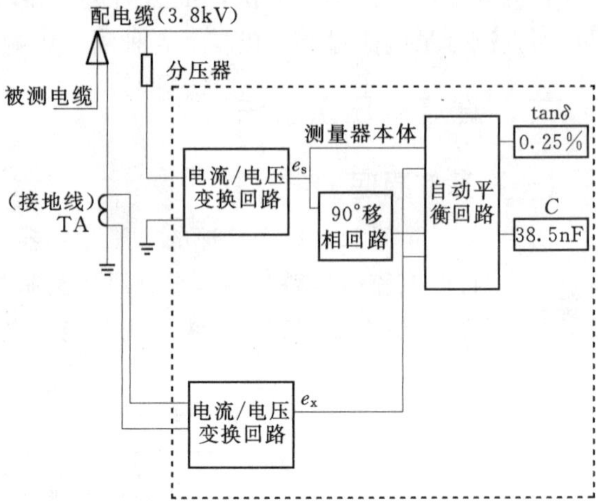

图 19－15　tanδ 在线监测回路

（二）判断标准

日本的判断标准如表 19－21 所示。

表 19－21　　日本的判断标准

等级	标准/%	判　　断	等级	标准/%	判　　断
a	<0.2	良好	c	>5	发生水树枝多，进展期耐压显著降低
b	0.2～5	发生水树枝			

目前由直流分量法、直流重叠法、tanδ 法三种方法组成一体的电缆在线监测仪已在国外问世。根据国外的研究，并结合我国的具体情况，目前宜采用直流重叠法和 tanδ 法所构成的复合判断法进行在线诊断。因为这种测量装置研制的难度小，现场测量中的干扰也相对小些。

1992 年，上海宝山钢铁（集团）公司和上海电缆研究所联合研制了一台电缆状况在线诊断仪，它是用两种方法（即直流重叠法和直流分量法）来检测交联聚乙烯电缆的绝缘状况，分析现场测试结果，用直流重叠法是成功的，而用直流成分法则还需进一步研究如何有效排除杂散电流的影响。

四、其他在线检测方法

对于发现局部缺陷来说，局部放电检测还是很有价值的。常见的电缆局部放电试验方法有局部放电检测仪、接地线脉冲电流法、电磁耦合法、超声波法等，可以对电缆及其附件进行检测，但由于电缆长、电容量大，对其进行在线检测时外界干扰的影响十分严重，在现场进行检测时有效分辨率一般为 100～1000pC。由于交联聚乙烯电缆绝缘电阻很小，在线检测 tanδ 易受影响，而 tanδ、击穿电压和电容增量之间有较好的相关性，因此建议改为在线检测流过接地线的电容电流增量的方法。该方法简便易行，只要在接地线上套以电流传感器即可实现，但这时另一端电缆终端接地线在测量时需要临时断开。考虑到现场

测量时容性电流的影响，日本提出了在电缆线路上叠加 20V、7.5Hz 的低频电压的方法。由于容性电流随频率降低而减少，而阻性电流则无明显变化，所以易从总电流中将阻性电流区分出来。同时由于 $\tan\delta=1/\omega CR$，频率下降，等值 $\tan\delta$ 增大，也易于现场测量。

表 19－22 给出了几种电缆绝缘在线检测方法的比较。通过对几种检测方法的比较，可以选择比较有效的方法。图 19－16 给出了直流分量法、直流叠加法、在线 $\tan\delta$ 法三种方法组成的综合在线检测仪的测量原理。在电力系统中常将电力电缆按绝缘材料分为：油纸绝缘电缆、橡塑绝缘电缆、充油电缆、充气电缆等。其中油纸绝缘电缆已经逐步退出运行，橡塑绝缘电缆使用量逐年增加，特别是交联聚乙烯电缆近年来已经成为中高压输电系统中的主要品种。交联聚乙烯电力电缆由于其电气性能和耐热性能都很好，传输容量较大，结构轻便，易于弯曲，附件接头简单，安装敷设方便，不受高度落差的限制，特别是没有漏油和引起火灾的危险，因此受到用户广泛欢迎。交联聚乙烯电缆和油浸纸铅包电缆在结构上的区别除了相间主绝缘是交联聚乙烯塑料以及线芯形状是圆形之外，还有两层半导体屏蔽层。在芯线的外表面包第一层半导体屏蔽层，它可以克服导体电晕及电离放电，使芯线与绝缘层之间有良好的过渡；在相间绝缘外表面包第二层半导体胶，同时加包了一层 0.1mm 厚的薄铜带，它组成了良好的相间屏蔽层，它保护着电缆，使之几乎不能发生相间故障。目前国内已经开始生产 220kV 电压等级交联聚乙烯电缆，国外已有 500kV 电压等级的交联聚乙烯电缆投入试用线路。引起电缆绝缘故障的原因是多方面的，如果电缆的制造质量好（包括缆芯绝缘、护层绝缘所用的材料及制造工艺）、运行条件合适（包括负荷、过电压、温度及周围环境等），而且不受外力等因素的破坏，则电缆绝缘的寿命相当长。国内外的运行经验表明，电缆运行中的事故大多是由于外力破坏（如开掘、挤压而损伤）或地下污水的腐蚀等所引起的。由于电缆材料本身和电缆制造、敷设工程中不可避免地存在缺陷，受运行中的电、热、化学、环境等因子的影响，电缆的绝缘都会发生不同程度的老化。不同的老化因素，引起的老化过程及形态也不同。表 19－23 给出了交联聚乙烯电缆绝缘老化的原因和表现形态，其中树枝化老化是交联聚乙烯电缆所特有的。所谓水树枝和电树枝是指在局部高电场的作用下，绝缘层中水分、杂质等缺陷呈现树枝状生长，最终导致绝缘击穿；所谓化学树枝是指绝缘层中的硫化物与铜导体产生化学反应，生成硫化铜和氧化铜等物质，这些生成物在绝缘层中呈树枝状生长。树枝数对 $\tan\delta$ 影响，以及最大树枝长度与 $\tan\delta$ 的关系见图 19－17 和图 19－18。

表 19－22　　电缆绝缘在线检测方法的比较

方　法	特　征	在线检测特点	使用情况
直流叠加法	测得反映劣化的绝对量，可能监测局部损坏	常在中性点 TV 处叠加以低压直流，宜用于在线检测	应用较广泛
局部放电法	能检测出缺陷处发生的局部放电	理论上可在线检测，关键是消除干扰	在线检测困难较大
$\tan\delta$ 法	在运行电压下能检测劣化	在线检测仪需要特殊设计	应用较多
直流分量法	直流分量有可能反映劣化的绝对量	因电流小更要排除杂散电流的影响	已开始应用

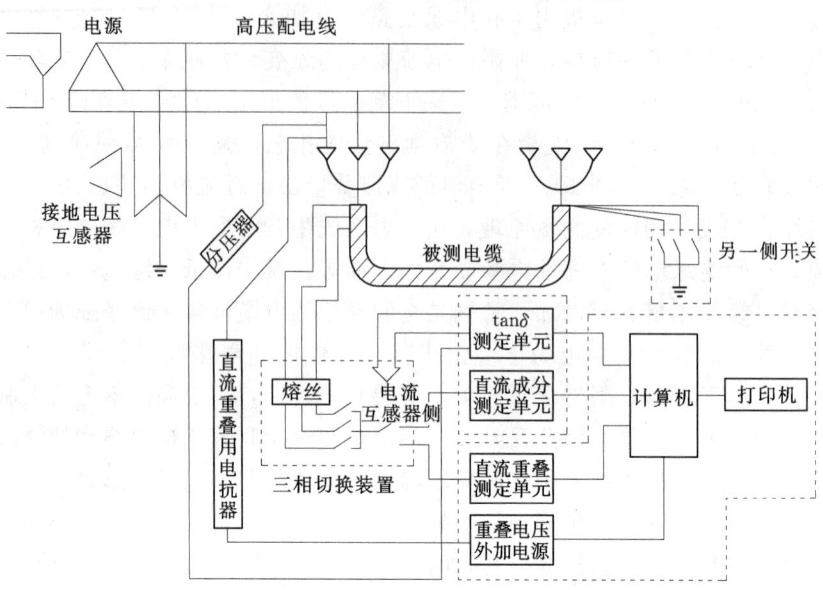

图 19－16 直流叠加法、直流分量法和 tanδ 测量的联合装置

表 19－23　　交联聚乙烯电缆绝缘老化原因及表现形态

老化原因		老化形态	老化原因		老化形态
电效应	运行电压、过电压、过负荷、直流负荷	局部放电老化 电树枝老化 水树枝老化	化学效应	化学腐蚀、油浸泡	化学腐蚀 化学树枝
			机械效应	机械冲击、挤压外伤	机械损伤、变形 电一机械复合老化
热效应	温度异常、冷热循环	热老化 热一机械老化	生物效应	动物啃咬 微生物腐蚀	成孔、短路

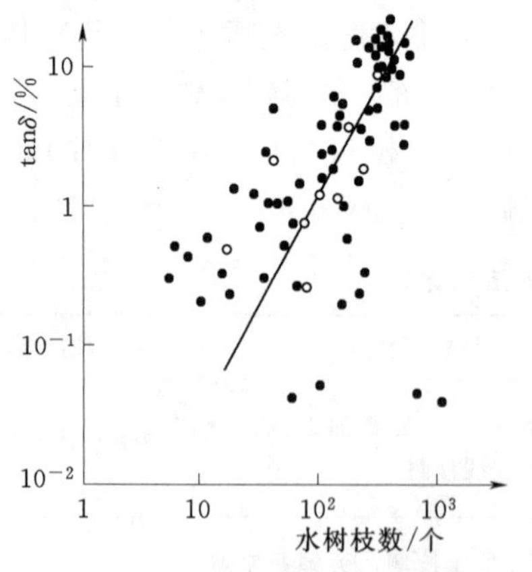

图 19－17 树枝数对 tanδ 的影响

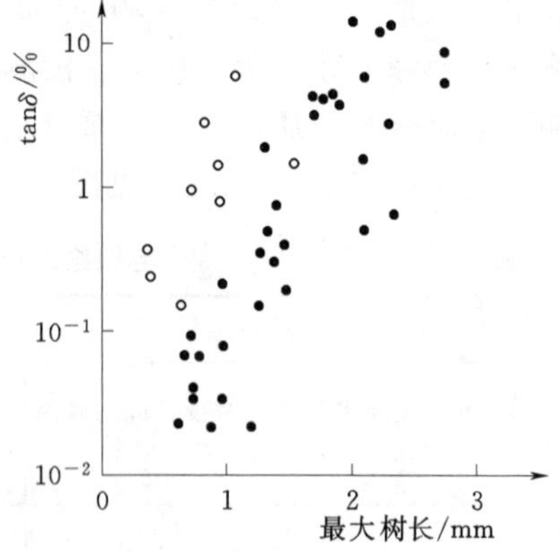

图 19－18 最大树枝长度与 tanδ 的关系

在进行电力电缆绝缘电阻的测量时，新的油浸纸绝缘电缆每一电缆芯对外护套的绝缘电阻换算到 20℃及 1km 长度时，额定电压在 6kV 及以上的电缆绝缘电阻应不小于

100MΩ，额定电压 1～3kV 的电缆绝缘电阻不应小于 50MΩ。对运行中的电缆，试验时对历次试验中绝缘电阻变化的规律以及各相绝缘电阻的差别（不平衡系数一般不应大于 2）进行综合分析、判断电缆的绝缘情况。橡塑绝缘电力电缆的主绝缘电阻值根据各厂家的规定执行，而外护套的绝缘电阻和内衬层的绝缘电阻规定当采用 500V 兆欧表测量时为 0.5MΩ。在进行直流耐压和泄漏电流试验，升压到试验电压时，同时读取 1min 及 5min 的泄漏电流值，耐压 5min 的泄漏电流值应不大于耐压 1min 时的泄漏电流值，或者极化比应不小于 1（极化比定义为 1min/5min）。《规程》对直流泄漏电流值没有作明确规定，试验标准参照制造厂的相关标准。在直流泄漏电流试验过程中，出现以下现象则表明电缆绝缘已经出现明显缺陷：

（1）泄漏电流随施加电压时间的延长不应明显上升。如发现随时间延长而明显上升现象，则多数情况下电缆接头、终端头或电缆内部已受潮。

（2）泄漏电流不应随试验电压升高而急剧上升。如果发现泄漏电流在升至某一电压后急剧上升，则说明电缆已明显老化或存在严重隐患，电压进一步升高，则很可能导致击穿。

（3）在测量过程中，泄漏电流应稳定，如发现有周期性摆动，则说明电缆有局部孔隙性缺陷。

纸绝缘电力电缆还应比较各相泄漏电流数值的三相不平衡系数，通常均应不大于 2。当泄漏电流值各相均很小时（10kV 及以上电缆泄漏电流小于 20μA 时，6kV 及以下电缆泄漏电流小于 10μA 时），不平衡系数不作规定。对交联聚乙烯电缆目前国外将用直流分量法测得的值分为大于 100nA、1～100nA、小于 1nA 三档，分别表明绝缘不良、绝缘有问题需要注意、绝缘良好。

第九节　电力电缆线路绝缘状态在线综合监测诊断法

一、系统功能

由于电缆绝缘状态与其特性参数关系间的统计分散性，仅用一种方法来诊断绝缘会有漏判或误判的可能。如果采用几种方法，互相配合进行复合诊断，可提高诊断的准确性。有资料表明采用包含直流叠加法及 tanδ 法的综合诊断，对不良绝缘诊断的准确率高达 100%。图 19－19 所示是一套综合诊断系统的原理框图，该装置可对四个项目进行监测，包括 tanδ、直流分量、水渗透和电缆的轴向温度分布。前三项由测量系统依次按设定的时间进行测定，后一项则由现场的专用仪器通过光纤和监测系统进行数据通信。测量系统包括 tanδ 测量单元、直流分量测量单元和水渗透检测器。由放在现场的计算机对数据进行采集、处理并存储于硬盘。综合监测系统通过调制解调器，利用公用电话线和计算机实现远距离的数据通信。

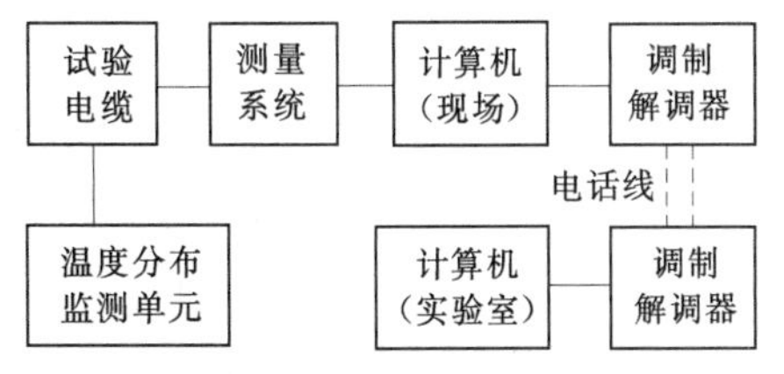

图 19－19　电缆综合监测系统框图

二、测量单元

1. 电缆 tanδ 测量单元

电缆 tanδ 测量单元如图 19－20 所示。由电容器 C（也可用接触棒通过电阻分压器）从架空线上抽取电压信号，经电流、电压转换器后，成为电压信号 e_s；由电流互感器 CT 从电缆接地线上取得电流信号，经电流、电压转换器后成为电压信号 e_x；e_s 和 e_x 是同相的，e_s 经移相后，滞后于 e_x90°。将这两个信号送入自动平衡电路（相当于一个电桥）即可测得 C_x 和 tanδ。

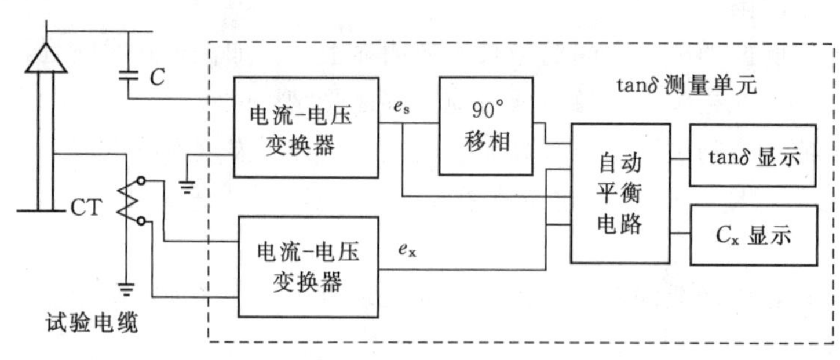

图 19－20　tanδ 在线监测单元原理图

2. 直流分量的测量单元

直流分量 I_1 的测量单元采用直流成分法，其原理接线如图 19－21 所示。由于要测的是整条电缆的直流分量，用 C 和低通滤波器滤去交流分量，由电压表测定 R 上的直流电压，并以数字形式显示于控制室的配电盘上。将 S_1 断开、S_2 合上，即可测定护套对地的绝缘电阻 R_s，通过 S_3 可改变加于扩套上的电压极性，以消除杂散电流对测定 R_s 的影响。

3. 水渗透测量单元

水渗透传感器用两根平行的不锈钢导线，安装在耐热的聚氯乙烯上，如图 19－22 所示。当水滴盖住两导线间时，导线间绝缘电阻会降低，故测量导线间的电阻即可监测出电缆中水渗透情况。在两导线上加上适当的电压，并检测流过其间的电流，即可对水分渗透电缆的情况作出判断。检测的结果送往现场的计算机进行处理。

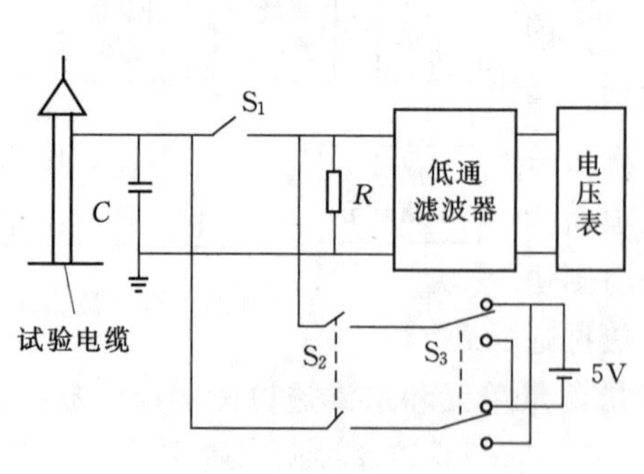

图 19－21　直流分量在线监测单元原理图

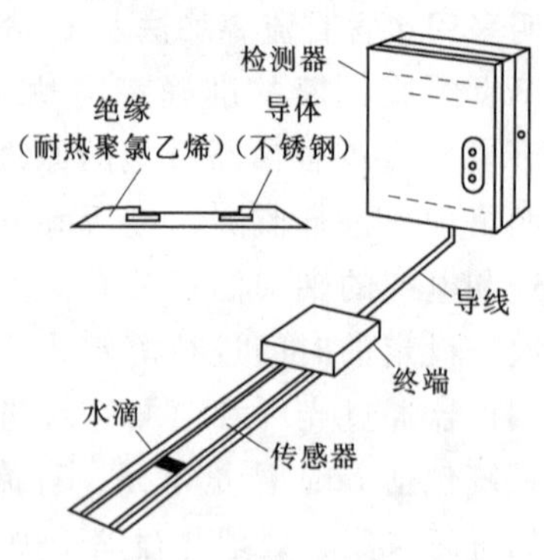

图 19－22　水渗透检测器

4. 温度分布测量单元

光纤温度传感器沿轴向直接埋入电缆中，如图 19-23 所示。光纤温度传感器利用光在光纤中的拉曼散射效应，是一种功能型光纤温度传感器。当激光脉冲通过光纤时，会产生散射，包括瑞利散射和拉曼散射。后者与光纤温度有较密切的关系，故可通过测量和分析瑞利散射的背向散射（或者返回到光纤入射端的散射光）确定拉曼散射点的温度。此外，还可通过测量入射的激光脉冲被散射并返回到入射端的时间来确定散射点的位置，并以此确定热点的位置。

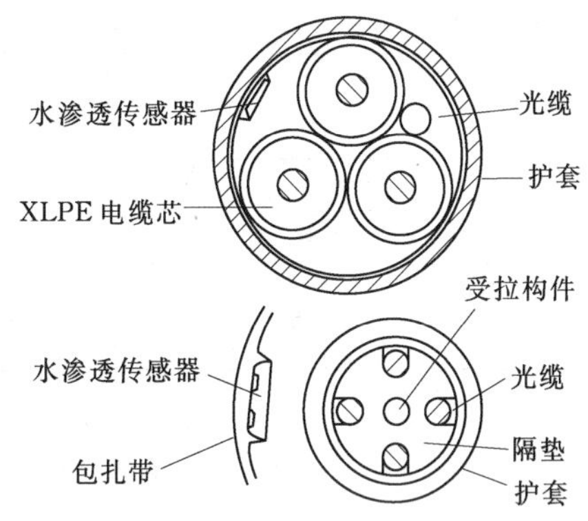

图 19-23　试验电缆的剖面图

三、综合诊断实例

现场试验选择了一条运行中的 6.6kV 电缆线路，它由三段电缆组成，总长 500m。电缆内由三根 XLPE 电缆芯组成，每根均有金属屏蔽，故可分相测定电缆每相的 $\tan\delta$。三根电缆芯由一个总护套屏蔽起来，护套内装有测温度用的光纤及水渗透传感器。为了监测方便安全，电压信号改为由 GPT 二次电压提供，这时需有相位补偿装置对它的角差进行补偿，监测结果和传统离线方法相比相当一致。对三段电缆测得的 $\tan\delta$，I_1 和 R_s 的每月的平均值，见表 19-24 和表 19-25。

表 19-24　　**$\tan\delta$ 测量结果**　　%

时间/(年．月)	电缆 1			电缆 2			电缆 3		
	A	B	C	A	B	C	A	B	C
1990.2	0.05	0.09	0.07	0.03	0.02	0.04	0.05	0.10	0.08
1990.3	0.06	0.09	0.08	0.02	0.01	0.05	0.04	0.10	0.08
1990.4	0.04	0.09	0.07	0.01	0.01	0.07	0.04	0.09	0.07
1990.5	0.04	0.08	0.07	0.02	0.02	0.08	0.04	0.09	0.07
1990.6	0.04	0.09	0.06	0.02	0.01	0.09	0.03	0.10	0.06
1990.7									
1990.8	0.03	0.09	0.06	0.01	0.01	0.09	0.04	0.10	0.06
1990.9	0.03	0.07	0.07	0.02	0.02	0.10	0.04	0.10	0.06
1990.10	0.04	0.08	0.07	0.02	0.03	0.09	0.04	0.09	0.07
1990.11	0.06	0.08	0.07	0.02	0.03	0.08	0.04	0.10	0.07
1990.12	0.05	0.09	0.08	0.02	0.02	0.07	0.05	0.10	0.09
1991.1	0.05	0.09	0.09	0.04	0.01	0.03	0.04	0.09	0.08

表 19－25 直流分量和护套电阻测量结果

时间/（年．月）	电缆 1		电缆 2		电缆 3	
	I_1/nA	R_s/MΩ	I_1/nA	R_s/MΩ	I_1/nA	R_s/MΩ
1990.10	0	272	0	263	0	306
1990.11	0	594	0	598	0	578
1990.12	0	1651	0	1973	0	1412
1991.1	0	2000	0	2000	0	2000

第十节 电力电缆线路故障探测

对电力电缆线路故障，采用常规的预防性试验方法进行诊断难以奏效。必须采用专门的仪器和方法进行诊断。其主要步骤是：

（1）判明故障性质。

（2）选择相应的方法进行粗测。

（3）精确测定故障点。

一、电缆线路故障性质的类型

电缆线路故障的探测方法取决于故障的性质，电缆线路故障可分为开路故障、低阻故障和高阻故障三种类型。

（一）开路故障

如果电缆相间或相对地的绝缘电阻值达到所要求的规范值，但工作电压不能传输到终端，或虽然终端有电压，但负载能力较差，这类故障称为开路故障。如图 19－24 所示，在某相 H 点存在电阻 R_k，$R_k=\infty$ 的这种情况称为断线故障，这是开路故障的特殊情况。

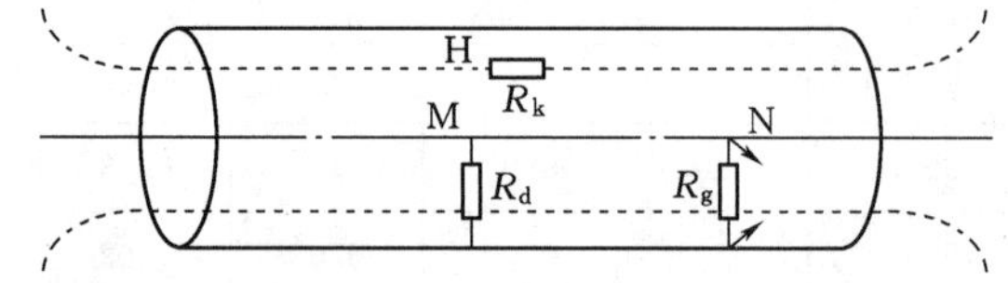

图 19－24 电缆故障示意图

（二）低阻故障

若电缆相间或相对地的绝缘受损，其绝缘电阻减小到一定程度，能用低压脉冲法测量的故障称为低阻故障。如图 19－24 所示，在电缆中某相 M 点对地绝缘电阻 R_d 小于 100Ω 以下时，便认为是低阻故障。$R_d=0$ 的这种情况称为短路故障，这是低阻故障的特殊情况。如果故障点在电缆终端头，R_d 小于电缆特性阻抗才认为是低阻故障。

（三）高阻故障

相对于低阻故障，若电缆相间或相对地的故障电阻较大，以致不能采用低压脉冲法进行测量的故障。通称为高阻故障，它包括泄漏性高阻故障和闪络性高阻故障。

在做电缆预防性试验时，泄漏电流是随试验电压的升高而逐渐增大，且其值大大超过规定的泄漏值，这种故障为泄漏性高阻故障。在图 19－24 中，对泄漏性高阻故障，R_d 一般大于 150Ω。特殊情况下，终端高阻泄漏故障中的 R_d 大于电缆的特性阻抗。

闪络性高阻故障则不然，其特点是故障点不但没有形成低阻通道，相反，绝缘电阻值却很大。做试验时，当电压升高到一定值时，泄漏电流突然增大。当电压稍降时，此现象消失。在图 19－24 中，某相 N 点在高电压作用下，$R_g=0$，当高电压降低到某一数值后，$R_g\to\infty$。

二、判定电缆故障性质的方法

通常是将电缆脱离供电系统，并按下列步骤测量：

（1）用兆欧表测量每相对地绝缘电阻，如绝缘电阻指示为零，可用万用表或双臂电桥进行测量，以判断是高阻还是低阻接地。

（2）测量两相之间的绝缘电阻。

（3）将另一端三相短路，测量其线芯直流电阻。这一步往往被疏忽，以致弄不清故障性质，得不到结论。

按上述步骤应分别在两端各做一次，并将测得的数据列成表格，以利于全面分析比较，确定故障性质。

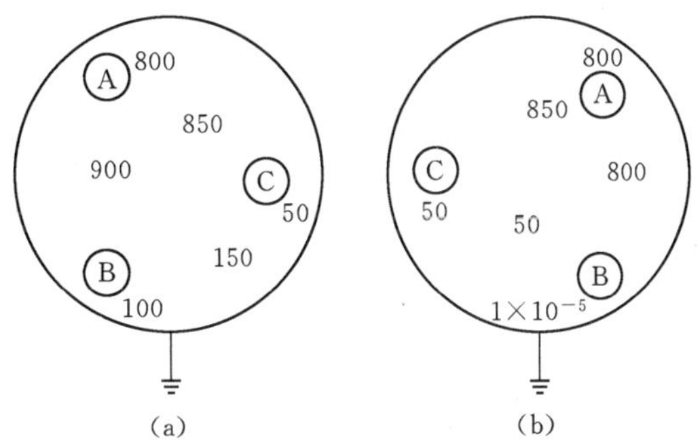

图 19－25　相对地及相间绝缘电阻（MΩ）示意图

（a）甲端头；（b）乙端头

例如，某 10kV、1200m 电缆线路，其型号规格为 ZQ_2 $3\times70mm^2$，在运行中发生故障，试判明故障性质。

首先按上述步骤测量其相对地及相间的绝缘电阻，测量结果如图 19－25 所示，并列于表 19－26 中。

表 19－26　　**电缆故障类型测量记录**　　单位：MΩ

测试地点		甲端	乙端	测试地点		甲端	乙端
相对地绝缘电阻	A	800	800	相间绝缘电阻	AB	900	800
	B	100	1×10^{-3}		BC	150	50
	C	50	50		CA	850	850

由于表 19－26 中数据尚不能说明故障性质，所以仍需做缆芯回路直流电阻测试，测量示意图如图 19－26 所示，测量结果列于表 19－27 中。

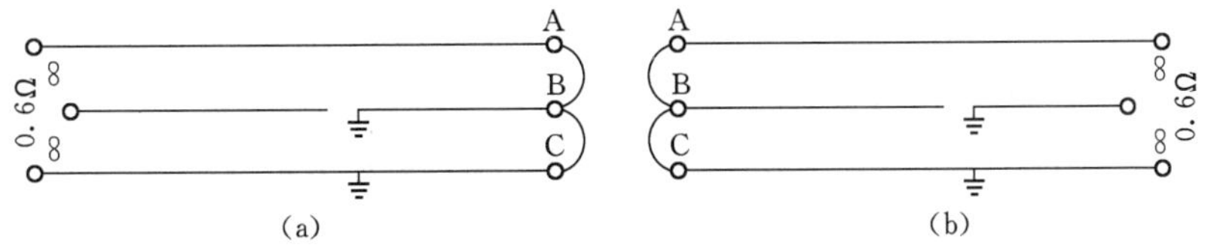

图 19－26　电缆芯回路直流电阻测量示意图

（a）甲端头测量（乙端头临时三相短路）；（b）乙端头测量（甲端头临时三相短路）

表 19-27 缆芯回路直流电阻测量记录 单位：Ω

测试地点		甲端	乙端
万用表测得数据	AB	∞	∞
	BC	∞	∞
	CA	0.6	0.6

综合上述测试，可作如下结论：

(1) A 相正常。

(2) B 相断开，乙端有一低阻接地故障点。

(3) C 相有一高阻接地故障点，但导体完整。

有了准确的故障性质判定结论，接着便可以选择合适的探测仪器和确定测寻方法了。

三、电缆故障探测方法

电缆故障探测方法仍是当今一大研究课题。

在 20 世纪 70 年代以前，普遍应用电桥法、脉冲法、驻波法等对电缆故障进行测量，但这些方法主要用以测量绝缘电阻较低的一类电缆故障，对于电缆中出现的一些高阻故障，需要采用烧穿技术，在高电压、大电流作用下，使故障点绝缘电阻降低。但有些故障需连续烧几天几夜才能见效，而有些故障则根本就烧不穿，这就给故障探测带来很大的困难。

为了解决这个难题。在 20 世纪 70 年代初，应用高压闪络测量法较成功地解决了高阻故障的测量问题，其中以 DGC-711 电缆故障闪测仪的测量方法为这种方法的典型代表，它同时集脉冲法等多种方法为一体，可探测几乎所有 35kV 级以下的中低压电力电缆的各种故障，测量速度快，多数故障在数小时甚至几分钟内便可确定，测量准确率高达 99%以上。这种仪器的出现，使我国在电力电缆故障测量方面取得了重大突破。该仪器使用储存示波管记录电缆故障测量波形，并同时显示标准时基信号，通过分析波形，对照标准时基信号，方可计算出故障点到测量端的距离。后来又出现 DGC-711 数字式电缆故障闪测仪，它能自动分析、处理电缆故障的测量波形，最后以数字的形式直接显示出故障点到测量端的距离，相比之下这种仪器的测量准确率要低一些。

而后，西安电子科技大学机电设备厂又生产出 DGC-711 系列智能化电缆故障闪测仪，应用大规模集成电路技术，使测量波形经 A/D 变换为数字信号，并进行储存，之后再经 D/A 变换，通过监视器同时显示测量波形和故障点到测量端的距离。仪器配有标准波形存储系统，可使测量波形与标准波形比较，帮助操作人员识别测量波形，提高测量准确率。仪器还配有绘图打印机，可方便地将测量波形及故障距离数字打印出来。

由于 DGC-711 电缆故障闪测仪在我国当今电力电缆故障的探测中用得较多，所以下面介绍这种闪测仪的原理及测量方法。

(一) 低压脉冲测量法

应用此法可测量电缆中出现的开路故障、相间或相对地低阻故障，同时也可以测量电缆全长和显示电缆中部分中间接头的位置。

当用仪器对电缆故障测量时，电缆被认为是一传输线（或叫长线）。当电波在长线中传输时，存在着以下几个特性：

(1) 对于均匀无损的理想长线，设长度为 L，当从某一端加电压或电流波，那么电波

便以均匀速度 V 向其另一端传播，经 T_d 时间后到达另一端，则有

$$L=VT_d \tag{19-4}$$

由波过程理论知：

$$V=\frac{C}{\sqrt{\varepsilon_r\mu_r}} \tag{19-5}$$

式中　C——光速，$C=300\text{m}/\mu\text{s}$；

ε_r、μ_r——长线的相对介电常数和相对磁导率。

对油纸电缆，$V\approx160\text{m}/\mu\text{s}$；对不滴流电缆，$V\approx144\text{m}/\mu\text{s}$；对交联乙烯电力电缆，$V\approx172\text{m}/\mu\text{s}$；对聚乙烯（全塑电缆）电力电缆，$V\approx184\text{m}/\mu\text{s}$。

（2）均匀长线中每一点的波阻抗是相等的，对不同截面积油浸纸介质电缆，其波阻抗 Z_c 在 10～50Ω 之间。

（3）在长线中，若某一点的波阻抗发生变化时，电波传播到该点就发生折反射现象，反射电压与入射电压满足关系式：

$$U_f=\beta U_r \tag{19-6}$$

式中　U_f——反射电压波；

U_r——入射电压波；

β——电压波反射系数。

β 可用下式表示：

$$\beta=\frac{Z_2-Z_1}{Z_1+Z_2} \tag{19-7}$$

式中　Z_1——长线的波阻抗，$Z_1=Z_c$；

Z_2——长线中发生变化点的等效波阻抗。

因此，对于低阻故障，若故障点对地电阻为 R_d，则该点的等效波阻抗。$Z_2=R_d/\!/Z_1$，对于开路故障，若故障电阻为 R_k，则该点的等效阻抗 $Z_2=R_k+Z_1$，如图 19-27 所示。

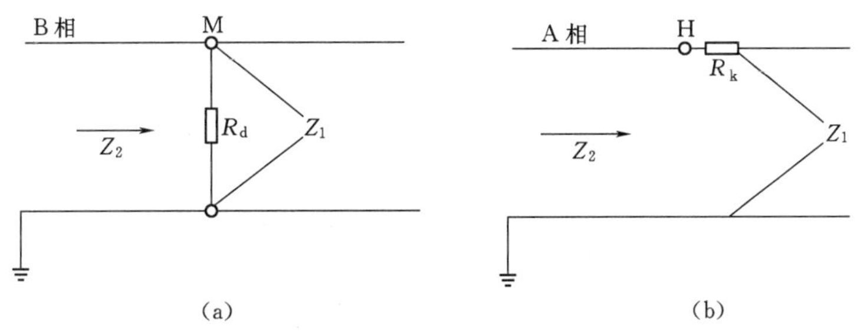

图 19-27　不同故障时的等效电路

(a) 低阻故障等效电路；(b) 开路故障等效电路

由式（19-7）可知，$-1\leqslant\beta\leqslant1$。当 $-1\leqslant\beta<0$ 时，说明低阻抗点存在反射波，且反

射波与入射波反极性。R_d 愈小，$|\beta|$ 愈大，$|U_f|$ 愈大。当 $R_d=0$ 为短路故障时，$\beta=-1$，$U_f=-U_r$，即电压波在短路故障点产生全反射。

当 $0<\beta\leqslant+1$ 时，说明开路故障点也存在反射波，且反射波与入射波同极性。R_k 愈大，$|\beta|$ 愈大，$|U_f|$ 愈大。当 $R_x=\infty$，即为断线故障时，$\beta=+1$，$U_f=U_r$，电压波在断线故障点产生开路全反射。

用仪器测量低阻、开路故障时，由机内产生一宽度为 0.1～2μs、幅度大于 120V 的低压脉冲，在 t_0 时刻加到电缆故障相一端，此时脉冲便以速度 V 向电缆故障点传播，经 Δt 时间后到达故障点，并产生反射脉冲，反射脉冲波又以同样的速度 V 向测量端传播，并经过同样的时间 Δt 于 t_1 时刻到达测量端。若设故障点到测量端的距离为 L，则有如下关系：

$$L=V\Delta t=\frac{1}{2}V(t_1-t_0) \tag{19-8}$$

所以只要记录 t_0 和 t_1 时刻，就可以测出测量端到故障点的距离，t_0 和 t_1 时刻的记录由闪测仪完成。

当对电缆全长进行校准时，往往使电缆终端开路。因此，电缆全长的校准相当于电缆断线故障的测量情况。

电缆存在有中间接头时，由于接头处的电缆形状及其绝缘介质等的变化，引起了该点波阻抗的变化。根据长线理论，该点也一定存在反射。但有些中间接头反射幅度较小，仪器可能分辨不出来。

例如，某厂一条 10kV 塑料绝缘电缆，投入运行不久发生 A 相单相接地故障，用兆欧表测定绝缘电阻为零；用 QJ－44 型双臂电桥测定，在缆芯与金属屏蔽层间形成一个阻值不稳定（4～16Ω）的非金属性接地故障，说明缆芯与金属屏蔽层间形成低阻接地。根据故障性质，决定用低压脉冲法查找故障点。

(1) 低压脉冲法测量的接线如图 19－28 所示，故障相电缆的首端加压，末端开路，水电阻经同轴电缆接闪测仪。

(2) 用低压脉冲法测得的电缆故障相的波形如图 19－29 所示。从波形曲线上量得始端到故障点为 14.5μs，故障点到末端为 2.5μs，始端到末端为 14.5＋2.5＝17（μs）。经计算有

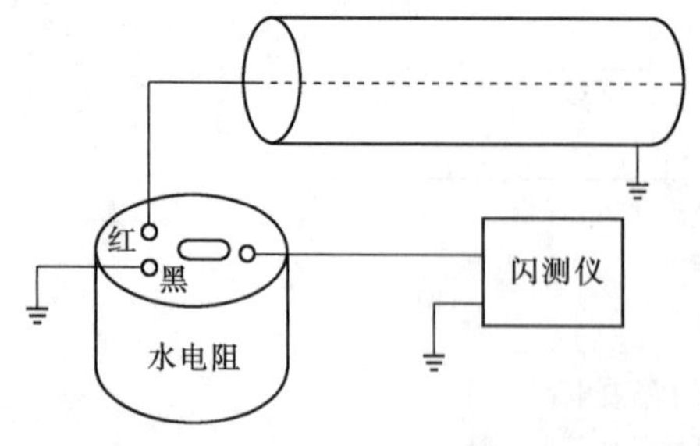

图 19－28　低压脉冲法测量接线图

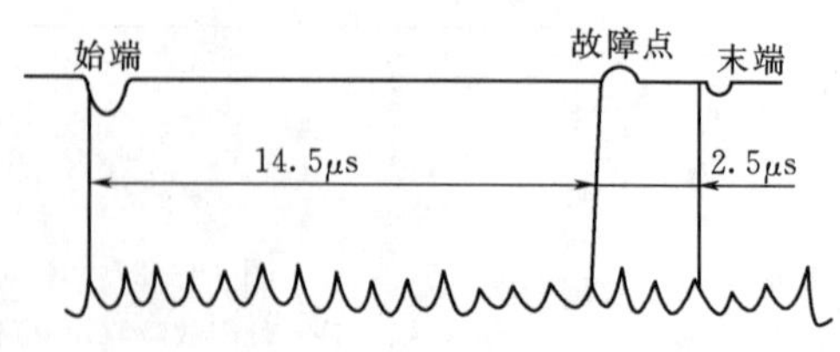

图 19－29　故障相波形图

$$电缆全长=\frac{1}{2}\times17\times160=1360\ (m)$$

$$电缆故障点到首端距离=\frac{1}{2}\times14.5\times160=1160\ (m)$$

$$电缆故障点到末端距离=\frac{1}{2}\times2.5\times160=200\ (m)$$

(3) 根据低压脉冲法得到的故障相电缆波形图，可计算出故障点距末端约 200m，并测量出距末端 200m 处有一电缆井。揭开井盖检查，发现该电缆已烧成圆形的孔洞，用绳子测量出的电缆故障点到末端的距离为 198.8m（测量的绝对误差为 1.2m）。

（二）高压闪络测量法

对于高阻故障，由于故障点电阻较大，此点的反射系数 β 很小或几乎等于零，用低压脉冲法测量时，故障点的反射脉冲幅度很小或不存在反射，因而仪器分辨不出来。DGC 电缆故障闪测仪应用高压闪络测量法对这种故障进行测量，可取得满意的效果。

由直流高压发生器产生一负的直流高压，加到电缆故障相，当电压高到一定数值后，电缆故障点产生闪络放电，瞬间被电弧短路，故障点便产生一跳变电压波在故障点与测量端之间来回反射。DGC－711 电缆故障闪测仪在测量端取出这一反射波，同时产生标准刻度波，最后由式（19－8）计算出故障点到测量端的距离。DGC－711 数字式电缆故障闪测仪同样在测量端取出反射波形，并自动分析测量波形，最后直接显示出故障点到测量端的距离。

常用的高压闪络测量法有两种，即直流高压闪络测量法（简称直闪法）和冲击高压闪络法（简称冲闪法）。

(1) 直闪法。直闪法测量线路如图 19－30（a）所示。图中高压变压器 T_2 输出的交流电压通过二极管 V 整流后加到电缆故障相，当负高压加到一定幅度时，故障点闪络放电，在故障点与测量端之间形成图 19－30（b）所示的测量波形，这一波形通过隔直电容 C，再经电阻 R_1、R_2 分压后加到仪器上，故障点到测量端的距离为

$$L=\frac{1}{2}V(t_1-t_0)=\frac{1}{2}V(t_2-t_1) \tag{19-9}$$

由于受到高压电源输出功率的限制，因此直闪法只能测量闪络性高阻故障。

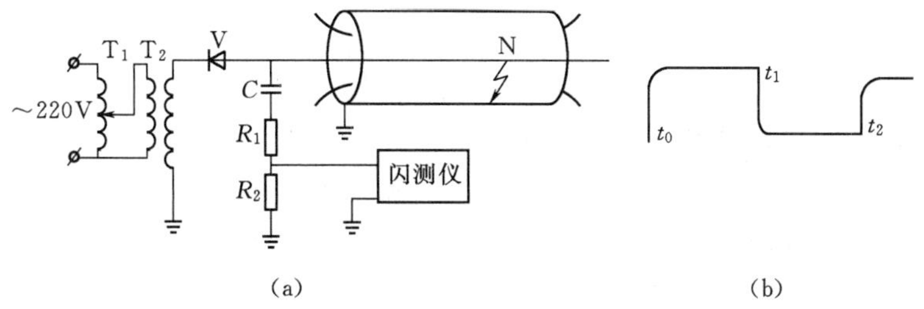

图 19－30　直闪法测量线路及波形

(a) 直闪法测量线路；(b) 直闪法测量波形

C—耦合电容（大于 0.1μF）；R_1—水电阻（20～40kΩ）；R_2—水电阻（约 500Ω）

（2）冲闪法。冲闪法分为电阻和电感冲闪两种。对于前者，因电阻在线路中的分压作用，使得实际加到故障电缆上的电压偏低，故对放电不利，特别是对于那些有较高阻值的故障更难以放电，因此此法存在一定的局限性，故通常采用后者。

冲击直流高压电感测量法（简称冲 L 法）的测量线路如图 19－31（a）所示。当电源接通后，首先由直流高压给储能电容 C 充电，当电容上的电压高到一定幅值时，球隙 Q 被击穿放电，在 t_0 时刻瞬间负高压加到电缆故障相，并传向故障点，继而故障点闪络放电，故障点放电时的短路电弧使沿电缆送去的电压波反射回去，从而在测量端和故障点之间产生如图 19－31（b）所示的波形，图中尖脉冲是由于电感 L 的微分作用所致。这一波形通过 R_1、R_2 电阻分压后加到仪器上。故障点到测量端的距离为

$$L=\frac{1}{2}V(t_2-t_1)$$

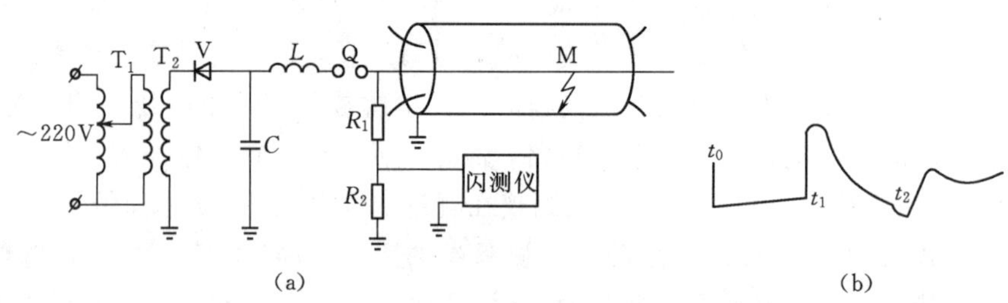

图 19－31 冲 L 法测量线路及波形

（a）冲 L 法测量线路；（b）冲 L 法测量波形

冲 L 法主要用于测量泄漏性高阻故障，也可测量闪络性高阻故障。

应当指出，DGC 电缆故障闪测仪，虽是较先进的仪器，但它们均属于粗测仪器，当判断出故障点的粗略范围后，还需设法精确定点，目前采用的方法主要是声测定点法。

四、电缆故障的精确定点方法

（一）定点方法

从整个电缆故障测量技术来看，故障点的精确定点是主要矛盾，也是当今电缆故障测量技术的一大难题。

电缆故障传统的定点方法是木棒定点法。这种方法的特点是简单易行，特别是放电声较大的时候，还是比较理想的。然而，当故障点的直流电阻较小时，放电声不太大，这时利用木棒定点往往不能奏效。为此不少专业技术人员一直都在致力于寻求更理想的方法。有的单位提出，不再利用木棒收听故障点发生闪络所产生的振动波。而是通过新型的探头和定点仪将微弱的机械振动波首先转换成电信号，由定点仪的放大电路将这一电信号进行足够的放大后，再通过耳机还原成声音，然后通过人机的有机配合，从而准确地确定故障点的精确位置。

由于电缆的故障性质不同，定点的具体做法稍有差异，所以下面就针对不同性质的电

缆故障分别进行分析和讨论。

1. 低阻故障的定点

用低压脉冲法对低阻故障进行故障点的粗测后，按图 19－32 连接线路。然后在粗测的范围内进行定点。由于这类故障电阻小，因此故障点的放电间隙也小，致使施加的冲击高压在不很高的情况下，故障点便发生闪络放电。这时因闪络放电而产生的冲击振动波也小，因此给定点时的测听工作增加了难度。再加上定点现场其他因素的干扰，这时的放电声往往不易分辨甚至听不到放电声，当发生这种情况时，可以人为地调节球间隙的距离，以控制冲击电压的高低，同时还可以通过加大储能电容器的电容量，增强放电强度，从而获得较强、较大的放电声，便于收听、分析和判断故障点的精确位置。当然，无论任何时间，收听到声音最大的点即为故障点。

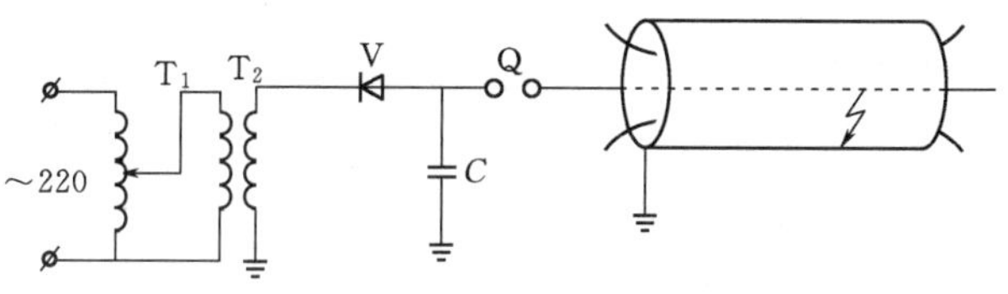

图 19－32　低阻故障定点接线图

2. 高阻故障定点法

高阻故障的定点方法和低阻一样，接线方法仍如图 19－33 所示。因这类故障的阻抗较高，定点时施加的冲击电压除非达到较高的幅度，故障点才会发生闪络放电，故放电声和由此而产生的冲击振动波一般说来都比较大，较便于收听、分析和辨别，因而相比之下就比较容易定点。

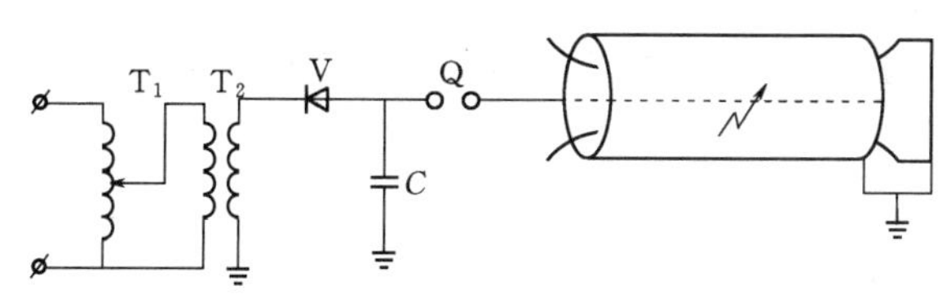

图 19－33　开路故障定点接线图

3. 开路故障的定点

对于开路故障的定点，电路连接如图 19－33 所示。可以看出，在故障相的一端加冲击高压，而故障相的另一端及另外两相和电缆铅包连接后充分接地，然后利用定点仪在粗测的范围内进行定点。因开路故障类似于高阻故障，因此故障现象与高阻故障相类似。在定点时，除电路连接与高阻故障定点时稍有区别外，其定点方法与高阻故障的定点方法相同。

4. 特殊位置故障点的定点

上述仅是一般情况下的定点方法，即故障点都远离测试端。如果故障点就在测试端附近，这时故障点的放电声会被球隙的放电声所淹没。因此故障点的放电声不易被测寻人员收听，当然也就无法定点了。当遇到这种情况时，可以采用如下措施进行接线，如图 19－34 所示。由图可见，由于人为地将球间隙放到远离

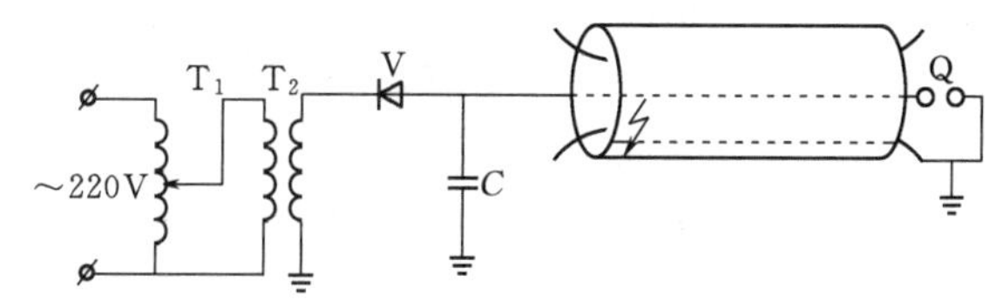

图 19－34　故障点在测试端附近的接线图

测试端的另一端，并通过已知的正常相对故障相加电压，从而达到故障相闪络放电的目的。这时因串入回路的球间隙远离测试端，因此当故障点放电时就比较容易收听，不会因球隙放电声的干扰而难以辨别。

（二）定点技巧

上面介绍了故障点在常规和特殊位置时的定点方法，而实际测寻时遇到的情况往往要比想象的复杂得多，即使按上面介绍的方法进行定点，仍有很多技巧性的东西需要掌握。下面推荐两种定点中的技巧。

1. 同步定点法

所谓同步定点，就是利用两台（种）设备在同一地点、同一时间同时接收放电信息，从而排除其他因素的干扰而准确迅速地确定故障点的精确位置。

某供电局曾用一部定点仪和一对对讲机的配合使用来实现同步定点，接线图如图 19－28 或图 19－29 所示。定点现场的环境是复杂的，如电力部门的电缆通常都设在街道的一侧，来往车辆的车轮压碾马路和行人的脚步声都会经探头传给定点仪的放大电路，与故障点放电闪络时所产生的“啪啪”声波同时放大，致使测寻人员很难辨别清哪些是无用的杂音，哪些是有用的放电声，从而增加了定点的难度。遇到这种情况就只好靠同步定点法进行定点了。具体做法是：甲对讲机置于球间隙处，并使之处于发射状态，乙对讲机置于定点处，并使之处于接收状态，这时只要球间隙放电发出声音，处于球间隙处的甲机便接收这一信号并向外发射，定点者在故障范围内，只要从耳机中接收到和乙对讲机发出的放电声同步的信号，就足以说明该处就是故障电缆的故障点。

2. 三点两次比较定点法

为了准确迅速地在最短的时间内确定故障点的精确位置，合理地在粗测范围内选择测听点是非常重要的。否则会因选点不佳而延误时间。这里介绍某电业局采用的一种方法，即三点两次比较定点法，其选点情况如图 19－35 所示。

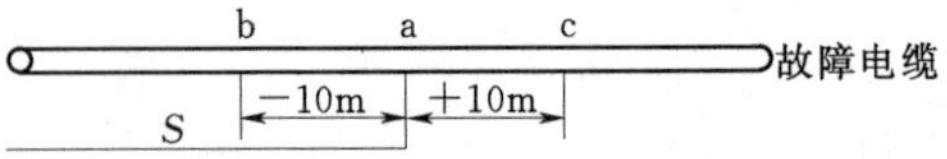

图 19－35　两次比较法选点图

首先按测试仪测出的距离 S 在故障电缆上选点 a，然后再在 $S\pm10$m 处选出 b 和 c 两点，这时所要选的三个点已基本确定。定点时首先在 a、b 两点进行测听比较，此时如果 b 点声音大于 a 点，则说明故障点就在 b 点附近，即可以围绕 b 点进行定点。如果 b 点声音小于 a 点，可以进行第二次测听比较，即对 a、c 点进行比较，如果此时 a 点声音大于 c 点，则可肯定故障点就在 a 点附近，那么可以围绕 a 点进行定点。如果在第二次测听比较时，c 点声音大于 a 点，则说明故障就在 c 点周围，即可围绕 c 点进行定点。用上述方法进行定点，一般情况下，1～2h 内确定故障点是问题不大的。另外，为使测听真切和直观，还可对上述三点进行局部开挖，因为土方量并不大，实践证明，这样更便于定点，同时可收到事半功倍的效果。

目前生产的 DGC－711 型设备等可以较好地完成上述三项测试任务，具体测量步骤如下：

（1）将主机与被测电缆连接，显示故障波形，并测出故障性质及故障点距离。

（2）将路径仪与被测电缆连接，用定点仪测量电缆走向和埋设深度。

（3）将高压设备与被测电缆连接，用定点仪沿电缆走向测出故障点准确位置。

（三）需注意的几个问题

在电缆故障测寻时，借助现代化的仪器和设备，便可准确迅速地确定故障点的精确位置，为故障的迅速处理，尽快恢复送电，赢得宝贵的时间。但是如果测寻不得法，则可能导致设备的损坏和故障的扩大，给国家带来不必要的损失，给测寻工作增添麻烦，下面谈谈测寻中应注意的几个问题。

（1）在用冲击放电声定点时（包括测距）应特别注意电缆的耐压等级。一般情况下，冲击电压的幅度不应超过正常运行电压的3.5倍，即10kV电缆所加电压不应超过35kV。6kV电缆应不超过21kV。不过在做电阻冲闪测距时，由于电阻的分压作用，电缆上实际所承受的电压还不到所加电压的1/2。因此，此时的冲击电压可适当提高到50kV。

（2）前面已提到，精确定点是电缆故障测寻的主要矛盾。定点顺利时可在1～2h内结束，而不顺利时，有时可能几个小时甚至几天都确定不下来，尤其是封闭性故障和定点时周围环境特别吵闹时，都会使定点工作感到极难。这时定点人员往往都表现得比较急躁。越是遇到这种情况，越是需要冷静，否则会把问题越搞越复杂，越搞越糟。

总之，作为一个专业的或兼职的测寻人员，只要能认真、冷静地分析故障的类型和性质，平时多注意积累这方面的经验，总结、分析以往的每一次测寻工作，久而久之，就能做到得心应手地掌握仪器、设备，收到满意的效果。

五、脉冲电流法

上述方法是脉冲电压法。淄博科汇电力仪器研究所提出了电缆故障测距的电流脉冲法，它是通过记录测量故障点击穿时产生的电流行波信号，在故障点与参考点往返一次所需的时间来测距的。其原理接线图如图19－36所示。当放电脉冲电压（或故障点反射电压）信号到达测量点时，高压电容器呈短路状态，产生很强的脉冲电流信号，线性电流耦合器输出一个与高压回路电流成正比的很尖锐的脉冲电压信号，被仪器记录下来。

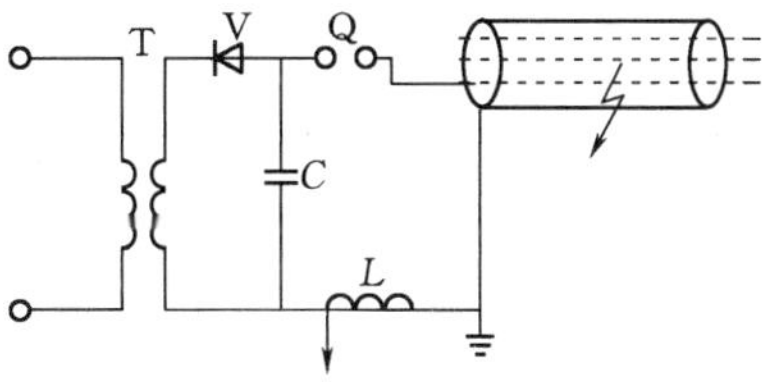

图19－36 脉冲电流法原理接线图
T—试验变压器；C—充电电容器；
V—高压硅堆；L—线性电流耦合器；
Q—放电球隙

根据电缆故障性质，可采用不同的方法进行测量：

（1）直流闪络测试法。这个方法一般用于高阻故障点的测距，其原理接线图如图19－37所示，把电缆的故障导体直接与直流高压发生器（如ZGS系列）相连接，对电缆充电，逐渐升高外加电压，当电压升至一定值时，故障点击穿，电压突然下降，电流升高。同时产生向测量点运动的脉冲，该脉冲到达测量点后，仪器通过线性耦合器，记录下第一个电流脉冲。如图19－38所示，从测量到第一个电流脉冲开始计时，到仪器记录的第二个电流脉冲的时间延迟为Δt，对应于电流脉冲在故障点与测量点之间往返一次所需要的时间，可以用来计算故障点的距离。

（2）冲击闪络测试法。这个方法适用于故障电阻不很高的情况。如果对电缆加直流高压时，发现电流表指示较大，直流高压加不上，说明故障泄漏大，故障电阻不很高，此时要采用冲击闪络法测距。

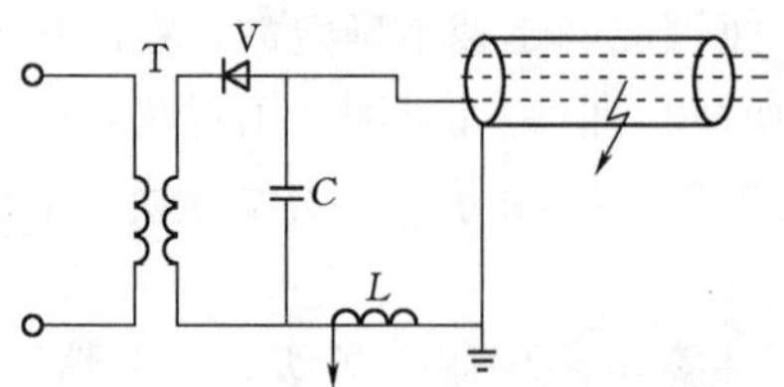

图 19－37 直流闪络测试法接线图

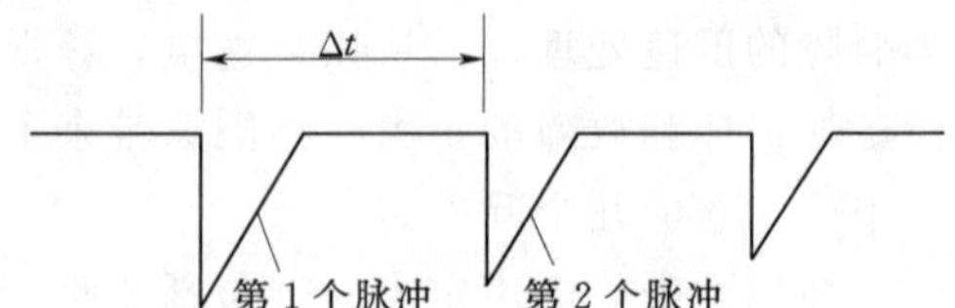

图 19－38 直流闪络测试法脉冲电流波形

测试的原理接线图如图 19－36 所示，基本与直流闪络测试法相同，不同之处只是在直流高压发生器出口处串入一球隙 Q。通过直流高压发生器逐渐增大加在电容上的电压，当电压增大到某一值时，球间隙发生火花放电。间隙放电后，电容对电缆导体施加高压。若该电压幅值大于故障点临界击穿电压，当高压行波沿电缆导体运动到故障点一定的时间后，故障点电离导致击穿。击穿时形成的脉冲在测量点和故障点间的反射过程与直流闪络测试法相同。因此，该方法同样利用故障点击穿时产生的脉冲与相应的故障点反射脉冲之间的时间差 Δt 来测量故障的距离。

根据脉冲电流法原理研制出的 T－902 型智能化电缆故障测距仪已用于现场，也收到良好效果。

复 习 题

1. 画出测量纸绝缘电缆 A 相对地，A 相对 B 相，A、B、C 三相对地的绝缘电阻和泄漏电流的接线图。说明各元件的作用。

2. 为什么直流耐压和泄漏电流是纸绝缘电缆预防性试验中的关键项目？

3. 测量纸绝缘电缆泄漏电流时，为什么通常都加负极性试验电压？

4. 在测量纸绝缘电缆的泄漏电流时，如何减小泄漏电流偏大的误差？并说明各方法的理论依据。

5. 测量纸绝缘电缆泄漏电流时，为什么微安表指针有时会有周期性摆动？

6. 电力电缆的绝缘电阻值有无规定，为什么？

7. 在纸绝缘电缆进行直流耐压和测量泄漏电流时，为什么要用体积较大的水电阻作为保护电阻？

8. 测量 10kV 及以上的纸绝缘电力电缆的泄漏电流时，往往发现随电压升高，泄漏电流增加很快，是不是可以根据这种现象判断电缆有问题？在试验方法上应注意哪些问题？

9. 对纸绝缘电缆作直流耐压试验时，为什么一般要在冷状态下进行？

10. 为什么对统包绝缘的电力电缆进行直流耐压试验时，易发生芯线对铅包的绝缘击穿，而很少发生芯线间的绝缘击穿？

11. 寻找电力电缆故障点时，一般要先烧穿故障点。烧穿时采用交流还是直流，为什么？

12. 目前在预防性试验中，交联聚乙烯电缆进行哪些项目的试验？

13. 简要说明橡塑电缆内衬层和外护套破坏进水的确定方法。

14. 橡塑电缆主绝缘为什么不进行直流耐压试验？

15. 采用0.1Hz超低频电压对电力电缆进行耐压试验时，如何确其试验电压和容量？

16. 简要说明交叉互联系统的试验方法和要求。

17. 目前在国外进行电力电缆在线监测时，开展哪些试验项目？其理论根据是什么？

18. 你用什么方法探测电力电缆线路故障？又如何定点？

第二十章　电　　容　　器

第一节　概　　述

一、电力电容器的分类和作用

电力电容器主要分为串联电容器和并联电容器，它们都可改善电力系统的电压质量和提高输电线路的输电能力，是电力系统的重要设备。由于电力电容器在无功补偿上的显著成效，所以无功补偿采用电力电容器已得到广泛应用。高压电容作为一种比较常见的电子元件，在通信、光伏变电、大功率电源设计研发等方面，都有它的身影 。

高压电容器是指由出线瓷套管、电容元件组和外壳等组成的一类电容器。高压电容器具有耗损低、质量轻的特点。

(1) 在输电线路中，利用高压电容器可以组成串补站，提高输电线路的输送能力。

(2) 在大型变电站中，利用高压电容器可以组成静止型相控电抗器式动态无功补偿装置（SVC），提高电能质量。

(3) 在配电线路末端，利用高压电容器可以提高线路末端的功率因数，保障线路末端的电压质量。

(4) 在变电站的中、低压各段母线，均装有高压电容器，以补偿负荷消耗的无功功率，提高母线侧的功率因数。

(4) 在有非线性负荷的负荷终端站，也会装设高压电容器，作为滤波用。

(5) 在直流输电系统中，为了滤除直流控制系统产生的谐波以避免对交流输电系统带来不良影响，同时补偿直流控制系统消耗的无功功率，在直流系统运行过程中必须投入一定数量的交流滤波器（必须满足交流滤波器组数最小运行方式）。交流滤波器由交流滤波电容器、电抗和电阻串并联组成。交流滤波电容器组的总电容值应满足交流滤波器调谐的要求。

(6) 耦合电容器是用来在电力网络中传递信号的电容器。主要用于工频高压及超高压交流输电线路中，以实现载波、通信、测量、控制、保护及抽取电能等目的。耦合电容器的芯子装在绝缘瓷套管内，瓷套管内充有绝缘油。瓷套管两端装有金属制成的法兰，作组合连接和固定用。当电压在 110kV 及以上时，耦合电容器均为几个电容器串联组合而成。耦合电容器装有接地开关，作为高频保护、自动化系统和远动信号、调度载波通信以及电压抽取装置等二次部分的保安接地。《电气装置安装工程　电气设备交接试验标准》（GB 50150—2016）有对耦合电容器的试验项目，没有对交流滤波电容器的试验项目要求。《规程》没有对耦合电容器的试验项目，有对交流滤波电容器的试验项目要求。

二、高压并联电容器的选择

（一）合理确定高压电容的容量和误差

高压电容容量的数值必须按规定的标称值来选择。高压电容的误差等级有多种，在低频耦合、去耦、电源滤波等电路中，高压电容可以选±5%、±10%、±20%等误差等级，但在振荡回路、延时电路、音调控制电路中，高压电容的精度要稍高一些。在各种滤波器和各种网络中，要求选用高精度的高压电容。

（二）选择耐压值

为保证高压电容的正常工作，被选用的高压电容的耐压值不仅要大于其实际工作电压，而且还要留有足够的余地，一般选用耐压值为实际工作电压两倍以上的高压电容。

（三）注意

在振荡电路中的振荡元件、移相网络元件、滤波器等，应选用温度系数小的高压电容，以确保其性能。在高频应用时，由于高压电容自身电感，引线电感和高频损耗的影响，高压电容的性能会变坏。

三、电容器试验项目

本章所指的电容器主要有高压并联电容器、串联电容器、交流滤波电容器、断路器电容器、集合式电容器和箱式电容器。有关电容式电压互感器中间变压器、耦合电容器和电容式电压互感器的电容分压器的内容，已合并修改为电容式电压互感器。

本章电容器试验项目包括如下内容：

（一）高压并联电容器、串联电容器和交流滤波电容器的试验项目

（1）红外测温。

（2）极对壳绝缘电阻。

（3）电容值。

（4）渗漏油检查。

（5）极对壳交流耐压。

（6）极间局部放电试验。

（二）断路器电容器的试验项目

（1）红外测温。

（2）极间绝缘电阻。

（3）电容值。

（4）介质损耗因数。

（5）渗漏油检查。

（三）集合式电容器、箱式电容器的试验项目

（1）红外测温。

（2）相间和极对壳绝缘电阻。

(3) 电容值。

(4) 相间和极对壳交流耐压试验。

(5) 绝缘击穿电压。

(6) 渗漏油检查。

第二节　红　外　测　温

对电容器红外测温的周期和要求见表 20-1。

表 20-1　　红外测温的周期和要求

电容器类型	周　期	判　据	方法及说明
高压并联电容器、串联电容器和交流滤波电容器	(1) 6 个月。 (2) 必要时	检测电容器引线套管连线接头处，红外热像图应无明显温升	检测和分析方法参考 DL/T 664
断路器电容器	(1) ≥330kV：1 个月。 (2) 220kV：3 个月。 (3) ≤110kV：6 个月。 (4) 必要时	检测高压引线连接处、电容器本体等，红外热像图显示应无异常升温、温差或相对温差	检测和分析方法参考 DL/T 664
集合式电容器、箱式电容器	(1) 6 个月。 (2) 必要时	检测高压引线连接处、电容器本体等，红外热像图显示应无异常升温、温差或相对温差	检测和分析方法参考 DL/T 664

第三节　测 量 绝 缘 电 阻

测量绝缘电阻的主要目的是初步判断电容器相应部位的绝缘状况。

一、高压并联电容器、串联电容器、交流滤波电容器

测量周期如下：

(1) A、B 级检修后。

(2) ≤3 年。

(3) 必要时。

对高压并联电容器，仅测量极对壳的绝缘电阻，测量时采用 2500V 绝缘电阻表，测量接线如图 20-1 (a) 所示。测得的绝缘电阻值不应低于 2000MΩ。

对耦合电容器，要测量极间及低压端对地绝缘电阻。测量接线如图 20-1 (b) 所示。测量极间绝缘电阻时，采用 2500V 绝缘电阻表，测得的绝缘电阻一般不应低于 5000MΩ。对于有小套管的耦合电容器，为更灵敏地检出受潮缺陷，还要测量小套管对地的绝缘电阻，测量采用 1000V 绝缘电阻表，测量接线如图 20-1 (b) 中虚线所示。测得的绝缘电阻值一般不应低于 100MΩ。

二、集合式电容器、箱式电容器

集合式电容器也称密集型并联电容器，它是将许多带有内熔丝的电容器单元组装于一个大外壳中，并充以绝缘油（一般为烷基苯），有单相式和三相式结构。其主要优点是：

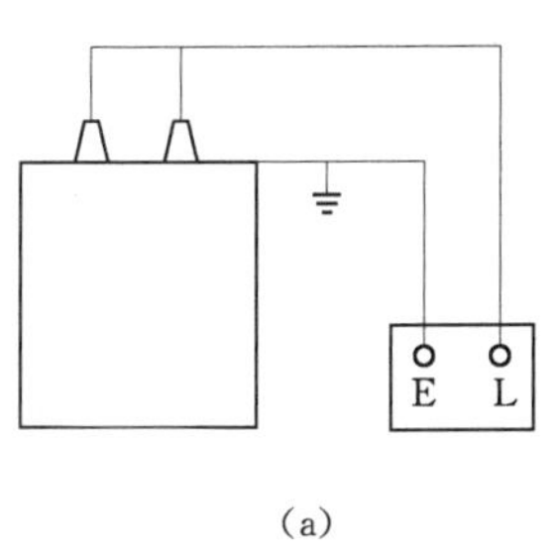

(a)

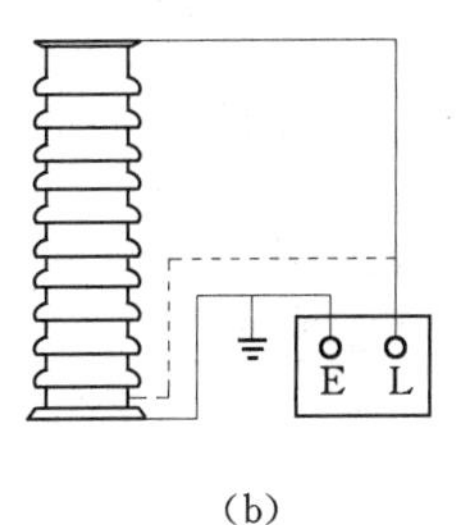

(b)

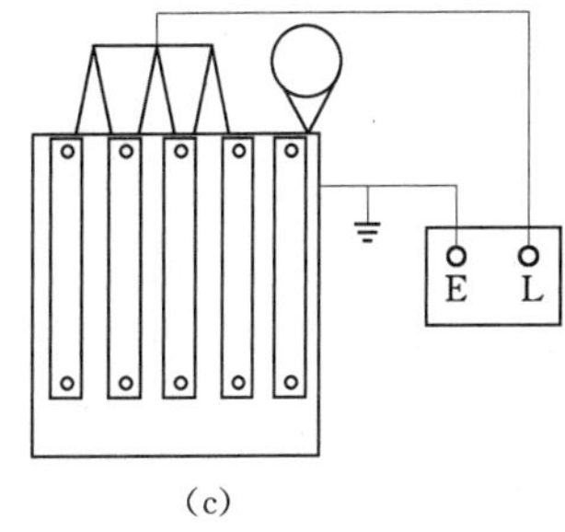

(c)

图 20-1 测量电容器绝缘电阻接线图

(a) 高压并联电容器；(b) 耦合电容器；(c) 集合式电容器（极对壳）

(1) 安全可靠。合阳电力电容器厂生产的数百台集合式电容器挂网运行 7 年，没有一台因故障而中途停运。

(2) 管理简单。集合式电容器的管理与变压器基本相同，不用执行普通小型电容器那样烦琐特殊的维护管理。

(3) 基建、安装简单。集合式电容器在户外使用，不用建造电容器室，不要另设通风降温装置，不带构架，不带外熔丝，只有 4 个地脚螺钉，6 个出线头，因而基建、安装简单。节约基建材料，缩短基建周期。

(4) 占地面积小。统计表明，100kvar 的集合式电容器与单台产品相比，占地减少 60%。而且可装在拐角边缘地带，不用占据黄金地段。

(5) 投运率高。小型并联电容器常由于外熔丝误动、更换漏油或损坏了的产品、打扫卫生等原因要停运，而集合式电容器无上述缺点，投运率高。

由于集合式电容器的推广使用，在《规程》中增加了该种电容器的试验。要求测量相间（仅对有 6 个套管的三相电容器）和极对壳的绝缘电阻。测量时采用 2500V 绝缘电阻表，测量接线如图 20-1（c）所示。测得的绝缘电阻由运行单位自行规定。

应当指出，由于电容器的年损坏率——时间曲线，是一条盆形曲线，投运的头两年为早期损坏率，一般高一些。以后 10～15 年时间内年损坏率较低，变化不大，再往后年损坏率又要升高，因此《规程》规定投运后的第一年内要进行预防性试验。以便检出早期缺陷。

三、断路器电容器

采用 2500V 绝缘电阻表测量，不宜低于 5000MΩ。断路器电容器的极间绝缘电阻测量周期如下：

(1) A、B 级检修后。

(2) ≥330kV：≤3 年。

(3) ≤220kV：≤6 年。

(4) 必要时。

第四节 测量电容值

测量电容值的目的是检查其电容值的变化情况。把测量值和铭牌值进行比较，可以判断内部接线是否正确及绝缘是否受潮等。采用2500V绝缘电阻表，不宜低于5000MΩ。

一、高压并联电容器、串联电容器和交流滤波电容器

电容值不低于出厂值的95%；电容值偏差不超过额定值的−5%～+5%范围。应逐台电容器进行测量，建议采用不拆电容器连线的专用电容表。

由于并联电容器的电容量较大，所以常用下列方法进行测量。

（一）电压电流表法

电压电流表法的原理接线如图20-2所示。当外加的交流电压为U，流过被试电容器的电流为I时，则

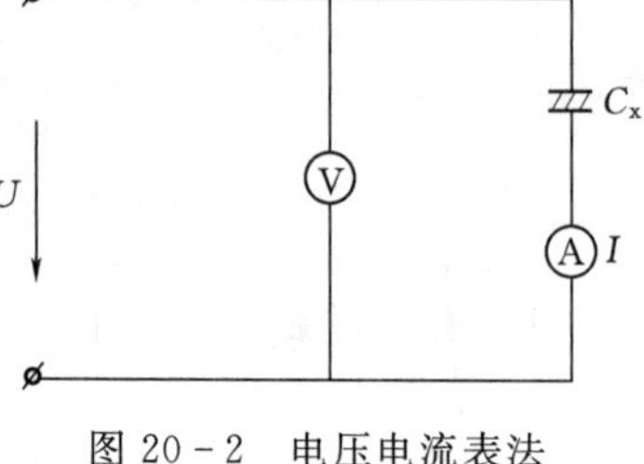

图20-2 电压电流表法原理接线图

$$I=U\omega C_x$$

故
$$C_x=\frac{I}{U\omega}(\text{F})\text{或}C_x=\frac{I}{U\omega}\times10^6(\mu\text{F})$$

式中 I——电流表所测的电流，A；

U——外加电压，V，由电压表测量。

现场电源的电压一般为220V或380V，当使用220V电源时，所加电压可用自耦变压器调节，若自耦变压器调出的电压为159.2V时，则此时电容量的计算公式可改写为

$$C_x=\frac{I}{\omega U}=\frac{I\times10^{-3}}{314\times159.2}=0.02I\ (\mu\text{F})$$

式中 I——电流，mA；

U——电压，V。

当使用380V电压时，所加电压可以用自耦变压器调出318.4V，电流仍以mA计，则电容的计算公式为

$$C_x=\frac{I}{100}=0.01I\ (\mu\text{F})$$

值得注意的是，表计的准确级要达到0.5级，以免造成偏大的误差。如安徽某单位在试验中曾出现由于表计误差过大等原因，而造成测量数据普遍偏大的现象。

（二）双电压表法

双电压表的原理接线及相量图如图20-3所示。由图20-3（b）可知

$$U_2^2=U_1^2+U_C^2=U_1^2+\frac{I_C^2}{(\omega C_x)^2}=U_1^2+\frac{\left(\frac{U_1}{R_1}\right)^2}{(\omega C_x)^2}$$

$$=U_1^2\left[1+\frac{1}{(R_1\omega C_x)^2}\right]$$

$$\frac{U_2^2}{U_1^2}-1=\frac{1}{(R_1\omega C_x)^2}$$

故

$$C_x=\frac{1}{\omega R_1\sqrt{\left(\frac{U_2}{U_1}\right)^2-1}}\ (\mathrm{F})$$

$$=\frac{10^6}{\omega R_1\sqrt{\left(\frac{U_2}{U_1}\right)^2-1}}\ (\mu\mathrm{F})$$

式中 R_1——电压表 V_2 的内阻。

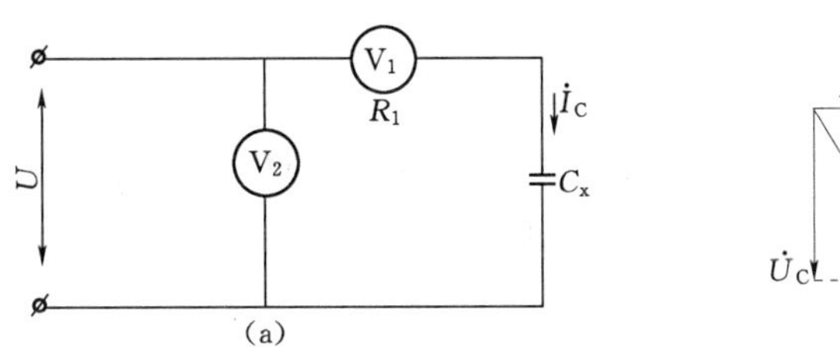

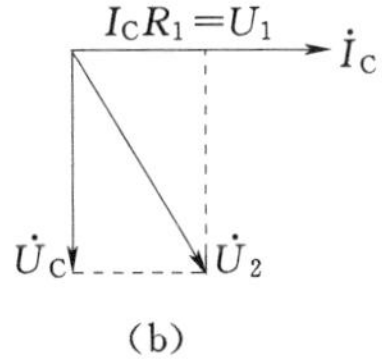

图 20-3 双电压表法原理接线及相量图

(a) 原理接线图；(b) 相量图

(三) 其他方法

测量并联电容器电容的其他方法有电桥法、M 型法数字电容表法等，这些方法已在第三章中介绍过，此处从略，但要注意到试品电容量很大的特点。

用以上方法测量时，对单相电容器，很容易根据测量结果计算出它们的电容量，但对三相电容器，根据测量结果进行计算时，稍复杂一些，表 20-2 及表 20-3 列出了三角形或星形接线的三相电容器电容的测量方法和计算公式。

表 20-2 三相三角形接线的电容器电容量的测量

测量次数	接线方式	短路接线端	测量接线端	测量电容量	电容量的计算
1	C_1 C_2 C_3 2 3 1	2、3	1与2、3	$C_A=C_1+C_3$	$C_1=\frac{1}{2}(C_A+C_C-C_B)$
2	2 3 1	1、2	3与1、2	$C_B=C_2+C_3$	$C_2=\frac{1}{2}(C_B+C_C-C_A)$
3	2 3 1	1、3	2与1、3	$C_C=C_1+C_2$	$C_3=\frac{1}{2}(C_A+C_B-C_C)$

表 20-3　　　　三相星形接线电容器电容量的测量

测量次数	接线方式	测量接线端	计算方程式	电容量计算
1	1　2　3 C_1　C_2　C_3	1 与 2 (C_{12})	$\frac{1}{C_{12}}=\frac{1}{C_1}+\frac{1}{C_2}$	$C_1=\frac{2C_{12}C_{31}C_{23}}{C_{31}C_{23}+C_{12}C_{23}-C_{12}C_{31}}$
2		3 与 1 (C_{31})	$\frac{1}{C_{31}}=\frac{1}{C_3}+\frac{1}{C_1}$	$C_2=\frac{2C_{12}C_{31}C_{23}}{C_{31}C_{23}+C_{12}C_{31}-C_{12}C_{23}}$
3		2 与 3 (C_{23})	$\frac{1}{C_{23}}=\frac{1}{C_2}+\frac{1}{C_3}$	$C_3=\frac{2C_{12}C_{31}C_{23}}{C_{12}C_{23}+C_{12}C_{31}-C_{31}C_{23}}$

采用上述方法测得的电容值均需进行电容量的误差计算，计算公式为

$$\Delta C=\frac{C_z-C_n}{C_n}\times 100\%$$

式中　ΔC——电容量误差的百分数；

C_z——由测得的结果计算的电容量；

C_n——被试电容器的额定电容量。

电容值偏差不超出额定值的－5%～＋10%范围；电容值不应小于出厂值的 95%。

测量电容值的周期如下：

(1) A 级检修后。

(2) ≤3 年。

(3) 必要时。

二、耦合电容器

由于耦合电容器的电容量较小，通常可用 QS_1 型西林电桥或 M 型介质试验器进行测量。当用 QS_1 型电桥进行测量时，电容值可用下式计算：

$$C_x=\frac{R_4}{R_3}C_N$$

由于耦合电容器的电容量较小，为减小空间干扰的影响，测量时宜采用电桥的正接线。

对测量结果的要求如下：

(1) 每节电容值偏差不超出额定值的－5%～＋10%范围。

(2) 电容值大于出厂值的 102%时，应缩短试验周期。

(3) 一相中任两节实测电容值相差不超过 5%。

三、集合式电容器、箱式电容器

测量电容值的周期如下：

(1) A 级检修后。

(2) ≤3 年。

(3) 必要时。

由于集合式电容器的电容量较大，宜采用电压电流表法进行测量。或电桥法进行测量。使用电桥法的仪器 HVCB-500 型电容量测试仪，工作原理如图 20-4 所示。仪器采用桥式电路结构，标准电容和被测电容作为桥式电路的两臂，当进行电容器电容值测量时，测试电压同时施加在标准电容和被测电容上，通过传感器同时采集流过两者的电流信号及测试电压，由 CPU 进行处理后得出被测电容器的电容量。仪器可在电容器组停电后不需要拆任何接线，即可测量每组电容器的电容量，测量过程仅需几秒钟，直接显示被测试品的电容量。可测量每组电容器中单台电容器的电容量，仪器自动储存测量数据；也可逐台电容器进行测量并自动累加测量结果，最终累加到每组电容器的电容值。仪器采用了同步采样技术，因而仪器测量结果不受电源电压波动的影响，加之测量过程是全自动地行的，避免了手动操作引起的误差，因此具有稳定性好，重复性好，准确可靠的特点。此仪器还可测量电抗器的电感值，测量范围为 50mH～10H。

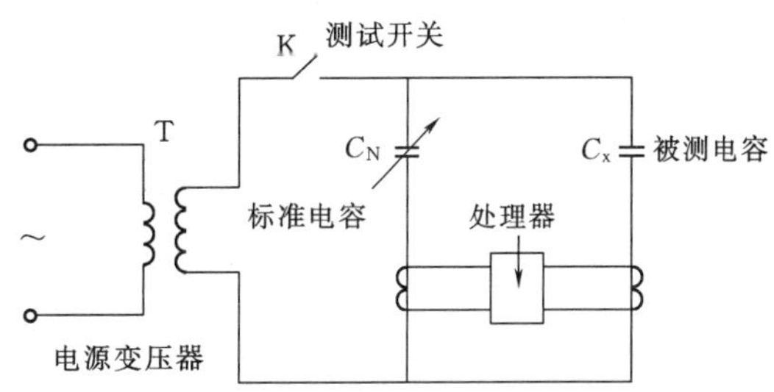

图 20-4　电容电桥工作原理图

对测量结果的要求如下：

（1）每相电容值偏差应在额定值的－5％～＋10％的范围内，且电容值不小于出厂值的 96％。

（2）三相中每两线路端子间测得的电容值的最大值与最小值之比不大于 1.02。

（3）每相用三个套管引出的电容器组，应测量每两个套管之间的电容量，其值与出厂值相差在±5％范围内。

由上述可见在《规程》中，除了规定电容值偏差不超出额定值的－5％～＋10％以外，还规定电容值与出厂值之间的偏差，对高压并联电容器等和集合式电容器分别不应小于出厂值的 95％和 96％；对耦合电容器等电容值不应大于出厂值的 102％（否则应缩短试验周期）。其主要原因是控制运行中元件电压不超过规定值的 1.1 倍。

对高压并联电容器，它有不带内部熔丝和带内部熔丝的两种。对不带内部熔丝的，在大多情况下，击穿一个元件，电容量变化一般均超过＋10％。此时，部分完好元件上的电压将升高 10％以上，电容器应退出运行。但对带内部熔丝的，元件损坏引起电容减小，要控制电容量允许变化值不超过元件电压规定值 U_n/m（U_n 为电容器额定电压，m 为串联元件数）的 1.1 倍。例如，电容器元件为 13 并 8 串，当电容量减小 9.7％时，部分完好元件上电压可能最大升高 21％。如果出厂试验电容偏差＋5％，则运行中电容偏差虽未降至－5％，就可能有元件的运行电压超过 1.1 倍规定值了，此时电容器也应退出运行，所以有这条规定对保证电容器的安全运行有利。

对耦合电容器，也是由多个元件串联而成，大多数单节耦合电容器的串联元件数在 100 个左右，当有一个元件击穿时，电容值约增大 1％，考虑到温度和测试条件影响，电容值增大 2％以上时，应考虑有一个元件击穿。此时，虽然电容器仍可以继续运行，但应缩短预防性试验周期，查明原因，以保证安全运行。

对集合式电容器，规定每相电容偏差不超过出厂值的－4％，也是从这个角度考虑的。

四、断路器电容器

1. 周期

（1）A 极检修后。

（2）≥330kV：≤3 年。

（3）≤220kV：≤6 年。

（4）必要时。

2. 要求

用电桥法测量，电容值偏差应在额定值的±5%范围内。

第五节　测量并联电阻值

高压并联电容器在运行中，随着电网负载无功功率的减小，要切除其中的一部分，这些并联电容器被切除后，都有一定的残压。为安全起见，IEC 和我国国家标准均规定，在 10min 内电容器端子间电压自$\sqrt{2}U_n$（U_n 为额定电压）降低到 75V 以下。为达到这一要求，一般在电容器内部并联高值电阻作为放电电阻，该电阻称为并联电阻，其值随电容器的额定电压及额定容量的不同而不同。为满足阻值要求以及保证有足够的功率和耐电强度，通常采用多个元件串并联组成。

目前在并联电容器中使用的并联电阻是高压金属膜电阻及高压玻璃釉电阻，其中以利用稀有金属的二氧化钌玻璃釉电阻性能较好，但价格较贵。

一、自放电法原理

测量电容器并联电阻的自放电法的原理接线如图 20－5 所示。

当 $t=0$ 时，C_x 两端的电压已被充电至 U_1，并在此时断开电源，历经时间 t 后，C_x 两端的电压经 R_p 放电至 U_2，根据简化等值电路的特点，U_2 应按指数规律衰减，即

$$U_2=U_1\mathrm{e}^{-\frac{t}{\tau}} \tag{20-1}$$

式中　τ——时间常数，$\tau=R_pC_x$（因 $R_x\gg R_p$）。

根据 e^x 的展开式公式、将 $\mathrm{e}^{-\frac{t}{\tau}}$ 展开，则

$$U_2=U_1\left[1-\frac{t}{C_xR_p}+\left(\frac{t}{C_xR_p}\right)^2/2!\ -\cdots\right]$$

当 $t\ll R_pC_x$ 时，上式可以简化为

$$U_2=U_1\left(1-\frac{t}{C_xR_p}\right)$$

所以

$$R_p=\frac{U_1t}{C_x(U_1-U_2)} \tag{20-2}$$

式中　C_x——并联电容器电容，已由上述试验项目测出；

U_1——$t=0$ 时，并联电容器两端电压；

U_2——$t=t$ 时，并联电容器两端电压；

t——放电时间。

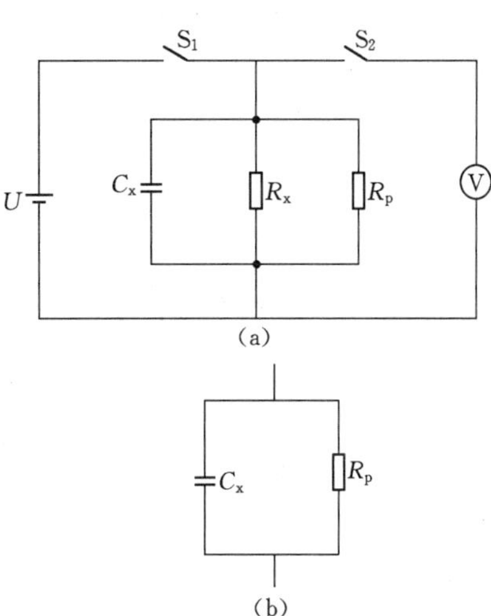

图 20-5　自放电法原理接线图
(a) 原理接线图；(b) 简化等值电路

二、操作步骤

(1) 按图 20-5 接好线，测量时，先合 S_1、S_2，对被试品充电，测得这时试品两端的电压 U_1。

(2) 将 S_1、S_2 都打开，并开始计时，让试品通过 R_p 放电。

(3) 经过时间 t 后，再闭合 S_2，测得此时试品两端的电压 U_2。

(4) 将测得的 C_x、U_1、U_2 和 t 代入式 (20-2) 即可计算出 R_p。

测量中应注意以下事项：

(1) 测量的准确度主要取决于静电电压表的准确度，误差可在百分之几以内。

(2) 开关 S_1、S_2 的绝缘电阻值要比 R_p 大 100 倍以上，否则经过开关泄漏的电荷就不能忽略。因而也影响测量的准确度。

(3) 可取 $U_1 \leqslant U_N$。

三、判据

并联电阻 R_p 的数值与出厂值的偏差应在±10%范围内。

第六节　测量介质损耗因数

一、耦合电容器介质损耗因数测量

在交接试验中，要求测量耦合电容器的介质损耗因数。其主要目的是检查绝缘是否受潮或存在某些局部缺陷。通常用 QS_1 型电桥进行测量。测量时应当预先估计电容电流 $I_C=\omega CU\times10^{-6}$A（其中 C 为被试电容器的电容量，单位为 μF；U 为加于被试电容器的电压，单位为 V）。选择好分流器的位置（选择方法见第三章），10kV 下测得的介质损耗因数 tanδ 值不应大于表 20-4 所列的数值。

表 20-4　耦合电容器 tanδ 的限值

绝缘类别	tanδ
油纸绝缘	≤0.005
膜纸复合绝缘	≤0.002

当 tanδ 值不符合要求时，可在额定电压下复测，复测值如符合 10kV 下的要求，可继续投入运行。

测量时，应减小杂散阻抗的影响，否则会出现异常现象，例如，安徽省某供电局在某变电所110kV全停的条件曾对两台耦合电容器（OY－110/$\sqrt{3}$型）用QS_1型西林电桥进行介质损耗因数tanδ测量，均出现相似的异常测量结果，其中一台的测量结果如表20－5所示。由于电源正反相时试验结果相同，说明没有外界电场干扰。

表20－5　　耦合电容器现场测量结果

试验电压/kV	反接线				正接线		分流器位置	备注
	$\tan\delta_z$ /%	tanδ（计算）/%	R_3 /Ω	C_x /pF	$\tan\delta_z$ /%	C_x /pF		
3	－6	－0.08	69.62	6464	0.2	6527	0.025A	电源正反相测量结果相同
5	－10	－0.13	70	6444	0.2	6527	0.025A	电源正反相测量结果相同
7.5	－26	－0.34	69.62	6464	0.2	6527	0.025A	电源正反相测量结果相同
10	－46	－0.6	70.1	6438	0.2	6527	0.025A	电源正反相测量结果相同

由表20－5可见，出现的异常现象是：

（1）用反接线测量时，介质损耗因数随试验电压的增高不断减小，而用正接线测量时却没有这一异常现象。

（2）一般情况下，用反接线测量时电容量应该比正接线多出一个并联支路，即一次对底座及地的电容。理论上应该是反接线测量的电容值比正接线要大，而实际测得的电容值却小于正接线测得的电容值。

研究表明，出现异常现象的主要原因是不同接线时杂散阻抗的影响。对于tanδ，检查发现主要是引出线的三脚插头胶木已靠着出线有机玻璃板，且试验时相对湿度为78%，使有机玻璃板和胶木的电导增加，并且随试验电压的增加电导电流相应增加，从而使被试品和标准电容的杂散电容损耗$\tan\delta_{x0}$和$\tan\delta_{N0}$随试验电压增高而增加，以致反接线时出现表中tanδ的异常结果。对于电容值，反接线测得的电容量小于正接线测量值的主要原因是：反接线测量时由于被试品电容量较大，杂散电容C_{x0}的影响可以忽略。C_{N0}的影响使标准电容器的电容量增大，但在计算被试品电容时却仍按$C_N=50pF$进行计算，使计算出的电容量较实际电容量小，所以出现偏小的测量误差。而在正接线测量时，没有C_{N0}的影响，所以测得的电容量为实际被试品的电容量。从而使反接线测量的电容量小于正接线测量的电容量。

应当指出，有的耦合电容器虽然预防性试验合格，但仍会发生爆炸。例如1990年6月11日华北某变电所的一组220kV耦合电容器的B、C相上节在预防性试验后两个月就发生了爆炸。当年预防性试验时的电容量均为6480pF，分别比上年减少－0.1%和增加＋0.6%，而tanδ分别为0.3%和0.2%，显然远远低于规定值。产生这种现象的原因可从耦合电容器的结构来进行定性解释。因为整台耦合电容器由100个左右的电容元件串联后组成，对电容量而言，如电容量允许变化＋10%，就意味着100个单元件中若有10个以下元件发生短路损坏，还在允许范围之内，然而此时另外的90个左右单元件电容要承

担较高的运行电压，这对运行中的耦合电容器的绝缘会造成极大的危害，并可能由此而导致爆炸事故。

近年来有的单位根据试验经验提出测量耦合电容器小套管对地的介质损耗因数，对及时发现受潮缺陷，保证耦合电容器安全运行起到了积极的作用。表 20－6 列出了测量结果。

表 20－6　　耦合电容器 tanδ 测量结果

序号	型　号	主电容正接线		小套管对地		试验温度/℃
		tanδ/%	C_x/pF	tanδ/%	C_x/pF	
1	OY0.006/110/$\sqrt{3}$	0.2	6150	3.2	144	33
2	OY0.006/110/$\sqrt{3}$	0.2	6180	3.4	162	33
3	OY0.006/110/$\sqrt{3}$	0.2	6170	1.9	339	23
4	OY0.006/110/$\sqrt{3}$	0.2	6245	11.1	366	23
5	OY0.006/110/$\sqrt{3}$	0.65	6085	45.2	187	4

比较表 20－6 中的测量结果可见，主电容正接线法对检出耦合电容器的绝缘缺陷有一定局限性，难以发现其底部集水的初期受潮缺陷。如果增加小套管对地 tanδ 的测量项目，便可及早发现这种受潮缺陷。所以有的单位增加了测小套管对地 tanδ 测试项目。

二、断路器电容器介质损耗因数测量

1. 周期

（1）A 级检修后。

（2）≥330kV：≤3 年。

（3）≤220kV：≤6 年。

（4）必要时。

2. 要求

10kV 下的介质损耗因数值不大于下列数值：

（1）油纸绝缘：≤0.005。

（2）膜纸复合绝缘：≤0.0025。

第七节　渗　漏　油　检　查

为保证电容器安全可靠运行，《规程》增加了电容器渗漏油检查项目。要求巡视检查时都要进行渗漏油检查。一般认为，凡油箱或瓷套下面有油迹者为渗油，有油珠下滴者为漏油。

发现渗油时限期更换，发现漏油时应停止使用。对集合式电容器要在 A 级检修后、或必要时进行绝缘油击穿电压试验。

第八节 交流耐压试验和局部放电试验

一、局部放电试验

对并联电容器、串联电容器、交流滤波电容器必要时应用脉冲电流法（可选择横向、纵向比较的方法）进行极间局部放电试验。要求如下：

（1）脉冲电流法：不大于50pC，且与交接试验数据比较不应有明显增长。

（2）超声波法：常温下局放熄灭电压不低于极间额定电压的1.2倍。

二、交流耐压试验

1. 极对壳交流耐压试验

对高压并联电容器、串联电容器和交流滤波电容器必要时要进行极对壳交流耐压试验，要求试验过程无异常，试验电压为出厂耐压值的75%。

2. 相间和极对壳交流耐压试验

在A级检修后或必要时，仅对集合式电容器箱式电容器的有六个套管的三相电容器进行相间耐压试验；吊芯修理后试验仅对集合式电容器进行。试验电压为出厂试验值的75%。

第九节 耦合电容器的在线监测

一、监测项目

目前，耦合电容器在线监测的项目主要有：

（1）测量电容量。

（2）测量介质损耗因数$\tan\delta$。

二、测试方法

（一）测量电容量

运行中耦合电容器的主要缺陷是由于制造中卷折、破损残留局部缺陷而形成的局部放电。现场测试表明，有时放电量高达4×10^{-6}C，此时产生对高频通信和继电保护的干扰。局部放电还会发展成部分元件的击穿短路，结果使耦合电容器实测电容量增加，所以现场带电测量耦合电容器的电容量对发现其绝缘缺陷是有效的。测量电容器接地线工作电流的接线如图20－6所示。有的单位还利用高精度钳形电流表直接测量。

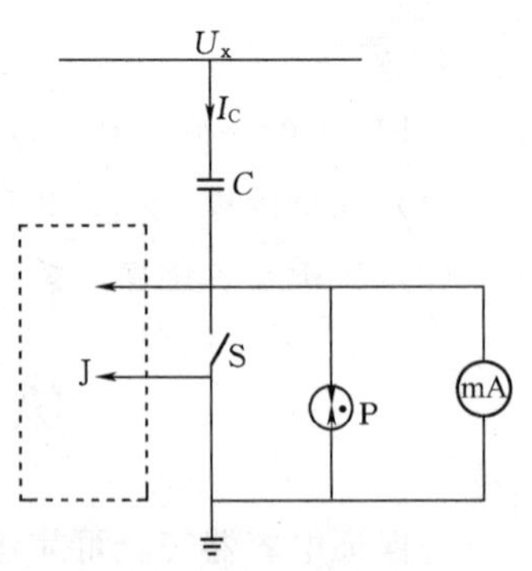

图20－6 测量耦合电容器工作电流接线图

C—被试耦合电容器；P—250～350V放电管；J—高频载波通信装置；S—接地闸刀

测量时应将被测耦合电容器相应的高频保护或载波通

信退出运行。合上接地开关 S 之后将其与高频保护或载波通信的连线拆除。根据制造厂铭牌电容量或历次试验结果电容量选择量程合适的 0.5 级交流毫安表，用绝缘拉杆拉开接地开关 S，读取交流毫安表读数 I_C，同时读取试验相的运行相电压 U_x。根据 $C=I_C/\omega U_x$ 计算电容值。测量完毕后用拉杆合上接地刀闸，拆除测量引线，恢复高频保护或载波通信，拉开接地刀闸，使其恢复运行。

交流毫安表的量程，根据被试耦合电容器铭牌和历次试验结果的电容量与运行相电压按 $I_C=\omega CU_x$ 选择。在线监测结果如表 20－7 所示。

表 20－7　　在线监测结果

型号	制造地	制造号	出厂日期	额定电压/kV	铭牌电容量 C_n/pF	实测结果				备注
						电压/kV	电流/mA	电容量 C_x/pF	相对误差 $\frac{C_x-C_e}{C_n}$/%	
OY－110/$\sqrt{3}$－0.0066	西安	67176	1967 年 7 月	110/$\sqrt{3}$	6060	67.9	127	5957	−1.7	合格
OY－110/$\sqrt{3}$－0.0066	西安	481	1971 年 10 月	110/$\sqrt{3}$	6280	68.1	132	6170	−1.7	
OY－110/$\sqrt{3}$－0.0066	西安			110/$\sqrt{3}$	6670	6830	141	6600	−1.0	
OY－110/$\sqrt{3}$－0.0066	南京			110/$\sqrt{3}$	6300	65.4	129	6281	−0.3	
YD－220（2×OY－110/$\sqrt{3}$）	西安	285	1974 年	220/$\sqrt{3}$	3050	136.2	132	6170	＋102	一节元件烧坏
YD－220（2×OY－110$\sqrt{3}$）	西安	72	1976 年 7 月	220/$\sqrt{3}$	5010	130	418.8	10260	＋105	一节元件烧坏
OY－110/$\sqrt{3}$－0.0066	南京			110/$\sqrt{3}$		66.7	134.6	6424	＋0.3	无铭牌
OY－35－0.0035				35/$\sqrt{3}$		21.4	25.0	3720		
OY－35－0.0035				35/$\sqrt{3}$		22	23.5	3402		
OY－35－0.0035				35/$\sqrt{3}$		22.5	24	3397		

从表 20－7 所示的实测电容量可知，合格试品的电容量与铭牌值的差别很小，说明方法的正确性。

对测量结果的判断方法如下：

(1) 若计算得到的电容值的偏差超出额定值的－5%～＋10%范围时，应停电进行试验。

(2) 与上次测量结果比较，若电容值变化超出±10%时，应停电进行试验。

(3) 若电容值与出厂试验值相差超出±5%时，应增加在线或带电测试次数，若测量数据基本稳定，可以继续运行。

(4) 若电容量的相对误差为负值时，主要是无油或缺油，这对运行是十分危险的。缺油使相对误差达－5%时，无油的容积已十分可观。因此，电容量的相对误差为负值时，应引起足够的重视。

（二）测量介质损耗因数 tanδ

任何电介质（绝缘材料）在电压作用下，都有能量损耗。介质损耗会使温度上升，损耗愈大，温升愈高。如果介质温升已使绝缘体熔化、烧焦，那么它就会失去绝缘性能而造成所谓的热击穿。例如，高压电容型绝缘结构的电力设备（电容式套管、耦合电容器，电容式电压互感器等）在运行中发生爆炸事故，主要是由于电容型绝缘结构中局部受潮或放电，聚积大量能量形成热击穿，从而使电气设备的内部压力不断增加而超过外瓷套的强度造成的。因此，介质损耗因数的大小在电力设备的绝缘监测中是衡量绝缘水平的一项重要指标。

在国内目前运行耦合电容器中，从解体的有些耦合电容器来看，绝大多数呈负压而吸气，这样在运行中是易于进水受潮的，而且这也是目前耦合电容器爆炸和烧坏的主要原因之一。鉴于这一现状，除了要测量电容量外，还必须测量其介质损耗因数 $\tan\delta$。主要测量方法有：

1. 电流平衡法

其测量原理接线如图 20－7 所示。

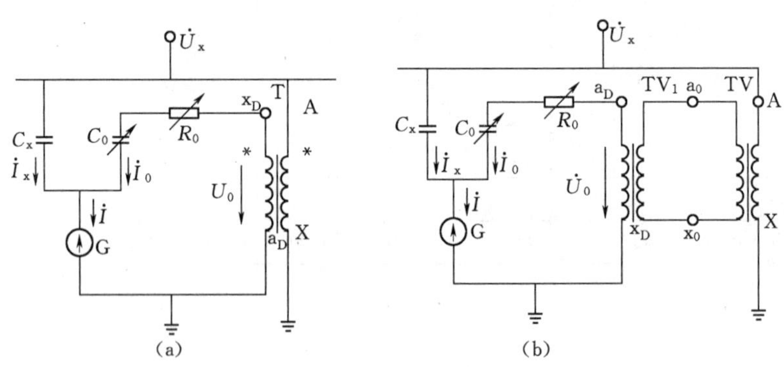

图 20－7　电流平衡法测量原理图

(a) 不接隔离变压器；(b) 接隔离变压器

C_x—被试耦合电容器；R_0、C_0—可调十进电阻、电容箱；TV—电压互感器（或试验变压器）；TV_1—隔离变压器（1∶1）；G—平衡指示器

测量时，接于测量用电阻、电容箱支路的电压 U_0，应与互感器 AX 侧电压接成加极性，使流过测量电阻、电容臂的电流 I_0 调节到与流过被试耦合电容器的工作电流 I_x 大小相等而方向相反。图 20－7（b）中接入了 1∶1 的隔离变压器，主要考虑到一般电力系统中电压互感器辅助二次绕组（二次绕组是 x_D）接地，即减极性接法，或者不直接接地，为能改变极性并将其一端直接接地以满足电流平衡法测量，通常组装的测试仪器的隔离变压器已装入箱内，无论系统中电压互感器辅助二次绕组是哪种接线，都可以直接接入进行测量。选用辅助二次绕组给测量电阻和电容臂加压，主要是它的相应电压高于二次绕组，从而可以提高测量灵敏度。调节可变电容器、电阻箱使流过平衡指示器的电流为 0 或约为 0，即 $\dot{I}=\dot{I}_x+\dot{I}_0\approx 0$，平衡相量图如图 20－8 所示。

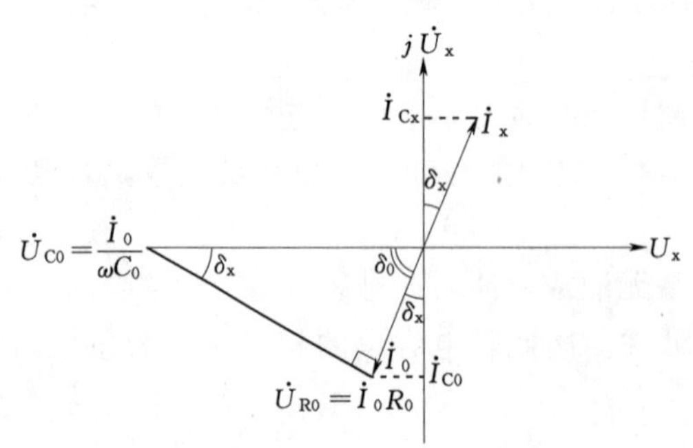

图 20－8　电流平衡法测量的相量图

U_{R0}—R_0 上的压降；U_{C0}—C_0 上的压降

由图 20－8 即可导出电流平衡法计算介质损耗因数 $\tan\delta_x$ 的公式，即

$$\tan\delta_x=\text{ctan}\delta_0=\frac{U_{R0}}{U_{C0}}=\frac{I_0R_0}{I_0/\omega C_0}=\omega C_0R_0$$

而
$$C_x=\frac{U_0}{U_x}C_0$$

现场一般可列表计算，一般先调节可变电阻 R_0 使 G 为 0 或最小，测量中选用平衡指示器的电流常数为 10^{-8}A/mm。

测量时注意事项如下：

（1）测试时应停用相应耦合电容器的载波通信或中断继电保护装置。

（2）一般情况下，由于电压互感器的负载很小，所以电压 U_0 与 U_x 方向相反，即 AX 与 a_Dx_D 绕组电压角差约为 0，现场测试表明，一般情况下角差均小于 5′，即引起测量介质损耗因数的误差 $|\Delta\tan\delta_x|\leqslant 0.5\%$。

（3）测试时应防止电压互感器 TV 二次侧短路。

（4）若电压互感器距离 C_x 较远，可以将试验仪器靠近电压互感器，而加长测量仪器至被试耦合电容器的引线（使用屏蔽线），由于加长屏蔽引线引起的试品的 $\tan\delta_x$ 测量误差可以忽略不计。

2. 功率表法

由介质损耗的基本原理可知，在绝缘体上加上试验电压后流过电流的有功损耗 P 为

$$P=U^2\omega C_x\tan\delta=UI_x\tan\delta=UI_x\cos\varphi$$

式中　U——试验电压；

C_x——试品电容；

I_x——流过试品的电流；

$\tan\delta$——试品介质损耗因数；

φ——功率因数角。

由此得 $\tan\delta=\dfrac{P}{U^2\omega C_x}$，因此测得有功损耗以后，可以简便地计算出 $\tan\delta$。

功率表法就是基于这一原理进行测试的，测量接线如图 20－9 所示。

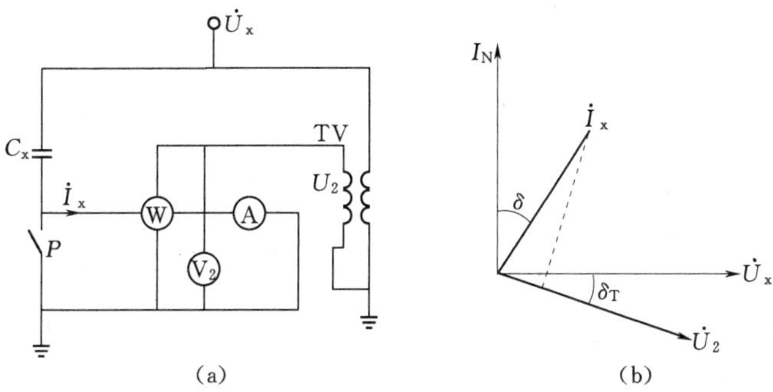

图 20－9　用功率表法测量 $\tan\delta$ 的接线

（a）接线原理图；（b）相量图

由图 20－9 可知，功率表读数为

$$P=U_2I_x\cos(90°-\delta+\delta_T)=U_2I_x\sin(\delta-\delta_T)$$

由于 $\delta-\delta_r$ 很小，所以

$$\sin(\delta-\delta_T)\approx\tan(\delta-\delta_T)=P/(U_2I_x)$$

$$\tan(\delta-\delta_T)=\frac{\tan\delta+\tan\delta_T}{1+\tan\delta\tan\delta_T}$$

而 $\tan\delta\tan\delta_T\approx0$，故

$$\tan(\delta-\delta_T)\approx\tan\delta-\tan\delta_T$$

即

$$\tan\delta=\frac{P}{U_2I_x}+\tan\delta_T$$

一般情况下，$\delta_T<10$，所以 $|\tan\delta_T|<0.3\%$，上式可以简化为

$$\tan\delta=P/(U_2I_x)$$

例如，按图 20－9 测量 OY－110/$\sqrt{3}$－0.0066 耦合电容器时，设运行相电压 $U_x=63500V$，$C_x=6600pF$，则 $I_C\approx130mA$，$U_2=100V$，并设 $\tan\delta=0.5\%$，故计算出的功率表读数 $P=100\times130\times10^{-3}\times0.5\%=65mW$。若选用 0.25A、150V、$\cos\varphi=0.1$ 的低功率因数功率表，满刻度 150 格表示 3750mW，每格表示 25mW。因此，65mW 的测量值在这种功率表上读数是困难的，且读数误差也较大，为解决这一问题，可改用图 20－10 所示接线进行测量。

由图 20－10 可得

$$P=U_BI_x\cos(30°-\delta)$$

因为 δ 很小，所以 $P\approx U_BI_x\cos30°$。

当 $U_B=100V$，$I_x=130mA$ 时，$P=11.25W$，因此可用一般低功率因数功率表进行测量。由图 20－9（c）可得

$$P=U_CI_x\cos(30°+\delta)\approx U_CI_x\cos30°$$

同样可用一般低功率因数功率表进行测量。

现场测得 P、U_C、I_x 以后，便可按公式 $\cos(30°+\delta)=P/U_CI_x$ 进行计算，根据

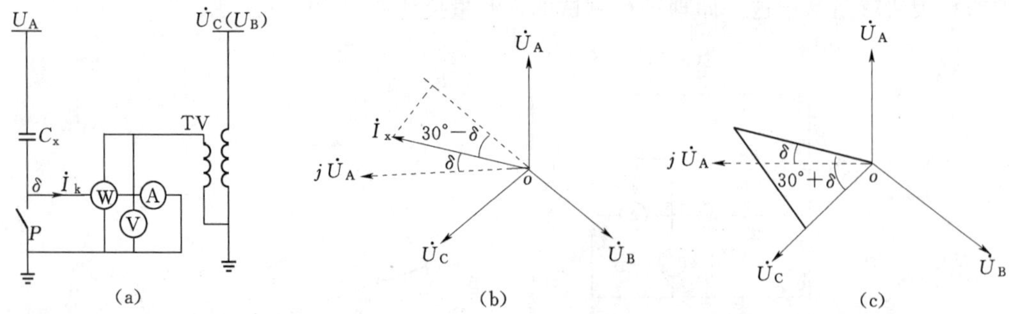

图 20－10 功率表电压、电流线圈不同相测量的接线

（a）接线原理图；（b）测量 A 相时功率表电压线圈为 B 相的相量图；（c）测量 A 相时功率表电压线圈为 C 相的相量图

$\cos(30°\pm\delta)$ 值求出 δ 值，并计算出 $\tan\delta$ 值。现场测量试品相别及功率表电压线圈的选择见表 20-8，测量结果见表 20-9。

表 20-8　　功率表线圈为不同相别时的公式

试品相别	功率表电流线圈	功率表电压线圈		功率表电压线圈	
		相　别	计 算 公 式	相　别	计 算 公 式
A	A	C	$P=U_C I\cos(30°+\delta)$	B	$P=U_B I\cos(30°-\delta)$
B	B	A	$P=U_A I\cos(30°+\delta)$	C	$P=U_C I\cos(30°-\delta)$
C	C	B	$P=U_B I\cos(30°+\delta)$	A	$P=U_A I\cos(30°-\delta)$

表 20-9　　功率表测量 $\tan\delta$ 的试验结果

序　号	U_2 /V	I_x /mA	P /W	$\cos(30°+\delta)$	δ	$\tan\delta$	停电试验
1	107	127	11.75	0.8647	8′	0.23%	0.2%
2	107.3	132	12.25	0.8649	9′	0.26%	0.2%

3. 交流电桥法（QS_1 电桥法）

（1）高压标准电容法。在运行条件下如有相应电压等级的高压标准空气电容器时，可以方便地按图 20-11 进行测量。图中高压标准电容器可选表 20-10 所列型号电容器或其他标准电容量相近的进口标准电容器，表 20-10 中 BD 型标准电容器均由西安电力电容器厂生产，BF 型标准电容器由桂林电力电容器厂生产。

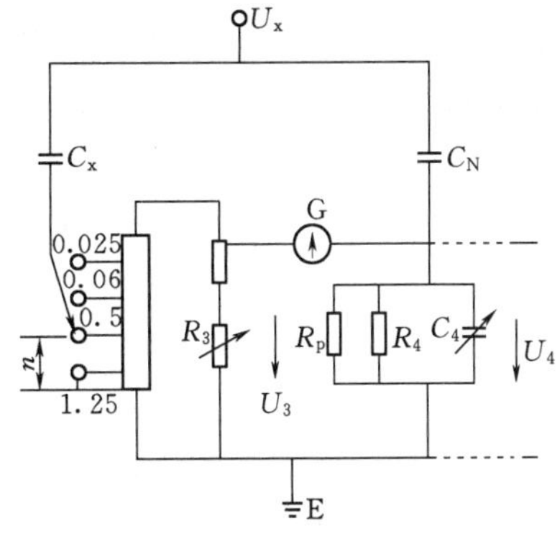

图 20-11　用高压标准电容器法在线监测 $\tan\delta$

高压标准空气电容器多用于试验室内，不适宜现场试验中经常搬运与携带，而且其价格昂贵，所以现场很少使用。而较多选用少油断路器用均压电容器或 SOW 型试验用耦合电容器作为高压标准电容器。

测量接线如图 20-10 所示，测量前应在试验室内测出组成的标准电容器在 1.15 倍被试品运行相电压条件下的电容量 C_N 和介质损耗因数 $\tan\delta_N$ 与试验电压的关系曲线 $C_N=f(U_s)$、$\tan\delta_N=f(U_3)$。要求 $C_N=f(U_s)$ 和 $\tan\delta_N=f(U_s)$ 在规定的试验电压范围内基本不变，且 $\tan\delta_N$ 值愈小愈好，现场试品的电容量 C_x 的计算应以实测的 C_N 值代入，即

$$C_x=\frac{R_4(100+R_3)}{n(R_3+\rho)}C_N\text{（当不并联 }R_p\text{ 时）}$$

而被试品的介质损耗因数 $\tan\delta_x$ 应为

$$\tan\delta_x=\tan\delta_c+\tan\delta_N$$

式中　$\tan\delta$——QS_1 电桥的测量值；

$\tan\delta_N$——标准电容器 C_N 的介质损耗因数。

当 R_4 臂接入 R_p，使 $R_4'=R_4/n$ 时，则计算时应以 R_4' 和实测的 C_N 代入，即

$$C_x=\frac{R_4'(100+R_3)}{n(R_3+\rho)}C_N$$

而介质损耗因数 $\tan\delta_x$ 为

$$\tan\delta_x=\frac{\tan\delta_c}{n}+\tan\delta_N$$

表 20-10　　　　国产标准电容器的技术规范

型　号	额定电压 /kV	标称电容量 /μF			外形尺寸 /（mm×mm）	重　量 /kg
		总的	组Ⅰ	组Ⅱ		
BF100-100	100	100	—	—	420×420×1000	98
BF250-100	250	100	—	—	600×600×2000	219
BD50-150	50	50	100	50	500×500×875	116
BD100-100	100	100	70	30	555×550×1420	132
BD250-70	250	70	40	30	830×830×2215	239
BD500-50	500	50	40	10	1055×1220×2740	1110
BD1000-30	1000	30	25	5	ϕ1850×8195	6000

用少油断路器均压电容器组成的高压标准电容器的电容量 C_N 与试验电压 U_s 的关系曲线 $C_N=f(U_s)$ 基本为一条水平直线（即 C_N 值随 U_s 基本不变），而介质损耗因数 $\tan\delta_N$ 随电压 U_s 略有增加，增加的绝对值最大为 0.15%左右。$\tan\delta_N$ 值一般为 0.05%～0.25%，因此可以满足带电测试的要求。

（2）低压标准电容器法。运行条件下如果没有相应电压的高压标准电容器时，可采用低压标准电容器法按 QS_1 电桥正接线测量。标准支路电压可由同相电压互感器的二次或三次电压供给，也可由跨接于同相高压上的试验变压器的低压电压供给，测量接线如图 20-12 所示。

如果母线电压互感器中性点不接地，而是 B 相接地，为满足在线监测可按图 20-13 接入隔离变压器进行测量。

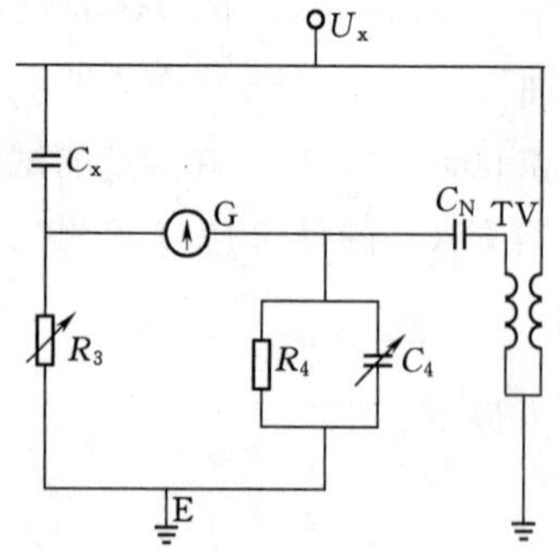

图 20-12　低压电容器法的测量接线

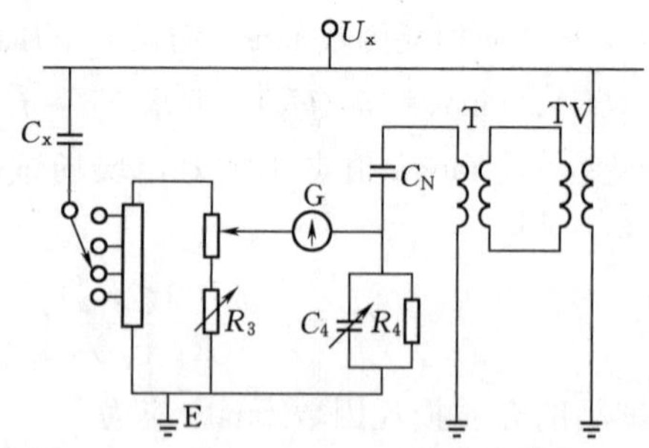

图 20-13　接入隔离变压器的测量接线
T—隔离变压器

QS_1 型西林电桥技术说明书指出，每一分流挡所示的电容量的测量范围是 10kV 试验电压条件下相应的电容量测量范围，而运行条件下带电测试每一分流挡的测量范围如表 20-11 所示。

表 20-11　　　运行电压下 QS_1 型电桥电容量测量范围

分流器挡 /A		0.01	0.025	0.06	0.15	1.25
最大允许测量电容 /pF	10kV	3000	8000	19000	43000	4×10^5
	$35/\sqrt{3}$kV	1485	3960	9400	23700	198000
	$110/\sqrt{3}$kV	473	1260	3000	7550	63000
	$220/\sqrt{3}$kV	236	630	1500	3775	31500

标准电容器可根据以下原则来选择：即由于标准支路电压仅为 100V，是试品支路电压的 1/635（110kV 系统）、1/1270（220kV 系统）、1/202（35kV 系统）。根据推导，电桥测量灵敏度的计算公式为

$$\Delta I_g = U\omega C_N \frac{\Delta Z_x}{Z_x} \times \frac{1}{1+C_N/C_x+Z_g/Z_4}$$

式中　ΔI_g——被测阻抗 Z_x 的相对变化在检流计上出现的电流值，也就是电桥的测量灵敏度；

C_N——标准电容器；

C_x——试品电容；

Z_g——检流计阻抗（QS_1 型电桥为 40～50Ω）。

由于标准支路电压 $U_N=100V$，远低于试品的运行电压，若使用 QS_1 型电桥配套的 BR-16（50pF）标准空气电容器，由于流过电桥第四臂 R_4 的电流 $I_N=\omega C_N U_N$ 很小，则 $U_4 \approx I_N R_4 \ll I_3 R_3 = U_3$，因此电桥将无法平衡。从电桥平衡及提高灵敏度的角度来看，应尽可能增大 C_N 值，但是由介质损耗因数测量公式知

$$\tan\delta_c = \omega C_4 R_4 \approx \tan\delta_x - \tan\delta_N - \omega C_N R_4 - \tan\delta_T$$

为便于分析，取 $\tan\delta_N=0$，则上式变为 $\tan\delta_c=\tan\delta_x-\tan\delta_T-\omega C_N R_4$。当 $\omega C_N R_4 > \tan\delta_x$，且当电压互感器一、二次电压角差 $\delta_T \approx 0$ 时，则上式中 $\tan\delta_c < 0$，而 QS_1 电桥（$-\tan\delta_c$）是不能保证测量准确度的。为此要求不出现负 $\tan\delta_c$ 值，即要求 C_N 愈小愈好。综合考虑上述因素，C_N 既不宜选得过大，又要保证足够的测量灵敏度，而带电测试耦合电容器 $\tan\delta$ 时，由于试验电压高，试品电容量大，试品介质损耗因数 $\tan\delta_x$ 较小（一般小于 0.5%），测量灵敏度是易于保证的，主要的矛盾是避免负 $\tan\delta_c$ 测量值。现场测量时，低压标准电容 C_N 一般可取为 1000～3000pF。

当 $C_x=6000$pF 时，对不同标准电容器 C_N 值，其 R_3 的估算值如表 20-12 所示。

介质损耗因数的计算公式为

$$\tan\delta_x = \tan\delta_c + \omega R_4 C_N - \tan\delta_T$$

式中的 $\tan\delta_T$ 为电压互感器一次电压与电桥标准支路电压间角差的正切，一般标准支路电压由互感器三次电压供给。δ_T 是电压互感器 TV 一次与三次电压的角差（或电源变压器

表 20-12　　不同 C_N 及 K 值时 R_3 的估算值

C_N /pF	R_3 ($K=635$) /Ω		R_3 ($K=1100$) /Ω		备　注
	分流器 (0.15A)	分流器 (1.25A)	分流器 (0.15A)	分流器 (1.25A)	
1000		26.3		13.8	$C_x=C_NR_4/(100+R_3)$
2000		71.4		26.4	
3000		166.7		56.9	分流器为 0.15A 时，$n=10\Omega$；分流器为 1.25A 时，$n=4\Omega$；$R_4=3184\Omega$
4000	50	500		93.5	
5000	71.4			161	

一次与二次电压的角差）。当三次电压超前于一次电压时，则 δ_T 为正，反之为负。实际测量表明，$|\delta_T|<10'$，即 $|\tan\delta_T|<0.3\%$，仍处于 QS_1 电桥的测量误差范围内。若图 20-11 中的 R_4 臂并入电阻，其计算公式为

$$C_x=\frac{R_4'(100+R_3)}{n(R_3+\rho)}C_N$$

$$\tan\delta_x=\frac{\tan\delta_c}{n}+\tan\delta_N$$

若按图 20-13 接线，则 δ_T 为电压互感器 TV 与隔离变压器 T 的综合角差。

部分耦合电容器现场用低压标准电容器法进行在线测试的结果如表 20-13 所示。由表 20-13 可知，在线监测与停电测试结果基本一致。

表 20-13　　OY-110/$\sqrt{3}$ 耦合电容器的现场测试结果

序　号	制造地	铭牌电容 /pF	测　量　结　果						停　电　试　验	
			C_N=1000pF		C_N=2000pF		C_N=4000pF			
			C_x /pF	tanδ /%	C_x /pF	tanδ /%	C_x /pF	tanδ /%	C_x /pF	tanδ /%
1	西安	6280	6237	0.21	6361	0.18	6334	0.2	6258	0.2
2	西安	6070	5590	0.31	6009	0.32	6117	0.23	6079	0.2
3	西安	6660	6626	0.3					6694	0.2
4	西安	6400			6424	0.2				
5	西安	6570			6544	0.2			6550	0.2
6	西安	6270			6221	0.16			6270	0.1
7	西安	6320			6319	0.1			6350	0.1
8	西安	6230			6221	0.12			6230	0.1
9	桂林	5470			5407	0.2			5500	0.2
10	南京	6540			6598	0.2			6580	0.2
11	南京	6528			6544	0.2			6530	0.2

第十节 电力电容器的故障红外诊断方法

一、电容器发热检测与判定

电容器大部分内部缺陷都伴随着产热量的增长，有的为整体发热，如受潮、浸渍不良绝缘老化，有的可能为局部发热，如漏油、脱焊、支架放电等。因此，可以看出，缺陷通常只是伴随着某种不正常的发热或温度分布，通过外部温度检测诊断其故障的根据。电容器存在不同的缺陷因素，但大多数都与发热有着直接的关系，通过热像检测将可以实现其故障的诊断。

二、移相和串联电容器故障红外诊断方法

根据运行控制指标，这类电容器现场检测以温度指标控制为准。

十二烷基苯电容器＜75℃。

二芳基乙烷浸渍＜80℃。

硅油浸渍＜85℃。

移相电容器和串联电容器的最高温度点一般在宽面垂直平分线的2/3高度左右，其余点温度略有降低。符合这一温度分布规律者为正常，否则说明有局部缺陷的可能。但最好结合相邻元件比对法进行判断，漏液可导致上部某一界面出现温度骤减的现象。

三、耦合电容器和断路器电容器故障户外诊断方法

由于耦合电容器的温升一般较低，1～5℃环境参照体的选择十分重要，一般选断路器支柱、支柱绝缘子或其他合适的相当体积的瓷表面设备（不发热）。局部发热一般是故障的体现，如支架放电，局部放电等，受潮可使整体发热或伴随局部发热。漏油则使本来温度最高的顶部瓷表面出现界线明显的低温区，这是易于发现的。这类故障的检测也应结合相邻相或同相元件对比进行，可提高诊断的准确性。运行中的断路器电容器几乎没有任何电压，即使热备用中的也只是承受少量的不平衡电压和暂态过电压，可以说不具备热像检测的条件。发现某耦合电容器B相上节严重发热，温度达41℃，正常相24℃，相间温差9℃，经停电做介质损耗试验，介质损耗已超标，与调试试验相比，介质损耗值上升了10倍。

复 习 题

1. 分别说明各种电容器在电力系统中的作用是什么？
2. 分别说明各种电容器的预防性试验项目，这些项目各能检测什么缺陷？为什么？
3. 在线监测耦合电容器的介质损耗因数 $\tan\delta$ 有哪些方法？它们各有何特点？
4. 若测得电容器的电容量增大或减小，试分析它可能存在什么缺陷？为什么？

5. 预防性试验合格的电容器，为什么有时还会在运行中发生爆炸?

6. 如何测量电容器的并联电阻值？测量时应注意些什么?

7. 为什么要测量耦合电容器小套管对地的绝缘电阻和介质损耗因数?

8. 为什么电容器发生漏油后要立即停止使用?

9. 怎样对电容器进行故障红外诊断?

第二十一章　绝缘油和六氟化硫气体

第一节　概　　述

一、一般规定

《规程》将绝缘油分为变压器油和断路器油。每一种绝缘油又可以分为新油和运行中的油。

（1）新变压器油（未使用过的矿物绝缘油）的验收，应按《电工流体　变压器和开关用的未使用过的矿物绝缘油》（GB/T 2536）的规定。

（2）新变压器油注入变压器（电抗器）前的检验，其油品质量应符合《运行变压器油维护管理导则》（GB/T 14542—2017）中表1的要求。

（3）变压器油注入变压器（电抗器）进行热循环后的检验，其油品质量应符合GB/T 14542—2017中表2的要求。

（4）新变压器（电抗器）油或经过A级检修的变压器（电抗器），通电投运前，变压器油的试验项目及方法见《规程》表48，其油品质量应符合《规程》表48中"投入运行前的油"的要求。

（5）运行中变压器油的试验项目、周期及方法见《规程》表48，其油品质量应符合《规程》表48中"运行油"的要求。

（6）变压器油取样容器及方法按照《电力用油（变压器油、汽轮机油）取样方法》（GB/T 7597）的规定执行，油中颗粒污染度测定容器及方法按照《电力用油中颗粒污染度测量方法》（DL/T 432）的规定执行。

（7）设备和运行条件的不同，会导致油质老化速度不同，当主要设备用油的pH值接近4.4或颜色骤然变深，其他指标接近允许值或不合格时，应缩短试验周期，增加试验项目，必要时采取处理措施

二、关于补油或不同牌号油混合使用的规定

（1）补加油品的各项特性指标不应低于设备内的油。如果补加到已接近运行油质量要求下限的设备油中，有时会导致油中迅速析出油泥，应预先进行混油样品的油泥析出和介质损耗因数试验。试验结果无沉淀物产生且介质损耗因数不大于原设备内油的介质损耗因数值时，才可混合。

（2）不同牌号新油或相同质量的运行油，原则上不宜混合使用。如必须混合时应按混合油实测的倾点决定是否可用；并进行油泥析出试验，合格方可混用。

（3）对于来源不明以及所含添加剂的类型并不完全相同的油，如需要与不同牌号油混

合时，应预先进行参加混合的油及混合后油样的老化试验。

(4) 油样的混合比应与实际使用的混合比一致，如实际使用比不详，则采用1∶1比例混合。

三、试验项目

(一) 投入运行前的变压器油和运行中的变压器油的试验项目

(1) 外观。
(2) 色度/号。
(3) 水溶性酸。
(4) 酸值。
(5) 闪点。
(6) 水分。
(7) 界面张力 (25℃)。
(8) 介质损耗因数 (90℃)。
(9) 击穿电压。
(10) 体积电阻率 (90℃)。
(11) 油中含气量。
(12) 油泥与沉淀物。
(13) 析气性。
(14) 带电倾向。
(15) 腐蚀性硫。
(16) 颗粒污染度。
(17) 抗氧化添加剂含量。
(18) 糠醛含量。
(19) 二苄基二硫醚 (DBDS)。

(二) A级检修后和运行中断路器油的试验项目

(1) 外观。
(2) 水溶性酸。
(3) 击穿电压。

(三) A级检修后和运行中 SF_6 气体的试验项目

(1) 纯度 (质量分数)。
(2) 湿度 (20℃)。
(3) 气体泄漏。
(4) 毒性。
(5) 酸度。
(6) 空气。
(7) 可水解氟化物。

（8）四氟化碳。

（9）矿物油。

第二节　绝缘油的作用及其火花放电

一、绝缘油的作用

绝缘油广泛地应用于变压器、油断路器、充油电缆、电力电容器和套管等高压电力设备中，其作用如下：

（1）绝缘作用。对变压器、电缆、电容器等固体绝缘进行浸渍和保护，填充绝缘中的气泡，防止空气或湿气侵入，保证其可靠绝缘。

（2）冷却作用。对变压器等电力设备能够起到很好的冷却作用。

（3）灭弧作用。油断路器中的绝缘油，除了具有绝缘作用外，还具有灭弧作用，促使断路器能迅速可靠地切断电弧。

为了使绝缘油能够完成其本身的功能，它应具有较小的黏度、较低的凝固点、较高的闪点和耐电强度以及有较好的稳定性。

在运行中，绝缘油由于受到氧气高湿度、高温、阳光、强电场和杂质的作用，性能会逐渐变坏，致使它不能充分发挥绝缘作用。为此必须定期地对绝缘油进行有关试验，以鉴定其性能是否变坏。从电气角度而言，绝缘预防性试验应进行的试验项目是介电强度和介质损耗因数试验。

二、绝缘油的火花放电

（一）绝缘油火花放电的物理过程

研究表明，绝缘油的火花放电过程与其纯净程度有关。例如，高度纯净的变压器油具有很高的介电强度（可达 10^6V/cm），常用的变压器油在工频下的介电强度为 $10^4\sim2\times10^4$V/cm，介电强度不同说明两者放电机理有区别。纯净变压器油的本征放电理论还不完善，很多研究者认为，这种油的放电过程主要是由电因素所引起的。也就是说，它的放电过程和气体放电过程相似，同样也是电子崩和流注的形成与发展的过程，所不同的是在变压器油中引起电子崩的点火电子是用强电场从阴极表面拉出来的。拉出来的电子在液体中产生碰撞游离，从而导致整个间隙击穿。而且由于变压器油中分子浓度比气体大得多，所以电子在变压器油中运动的自由行程就小得多，不易积累起足够的能量。要获得足够的能量就需要更高的电场强度，因而其介电强度较气体的高。

但是工程上用的变压器油往往不是十分纯净的，其中含有各式各样的杂质，如未脱气的油中溶解有空气，干燥不良的油中含有水分，容器不干净时会带来渣滓，运行过的油会因老化而产生一些聚合物（如蜡状物）。因此，研究工程用变压器油的放电过程时，不能排除这些杂质的影响。

研究含有杂质的变压器油的放电过程的理论很多，应用最广泛的是“小桥”理论。“小桥”理论认为：工程用变压器油放电的主要原因在于杂质的影响，杂质由水分、纤维质（主要是受潮的纤维）等构成。杂质的介电系数 ε 比变压器油的 ε 大得多（水的 ε＝80，变压器油的 ε≈2.3），在电场中，杂质首先极化，被吸引向电场强度最强的地方，即电极附近，并按电力线方向排列，于是在电极附近形成了杂质“小桥”如图 21－1 所示。如果极间距离大，杂质少，只能形成断续“小桥”，见图 21－1（a），而“小桥”的电导率 γ 和介电系数 ε 都比变压器油大，由电工原理可知，由于“小桥”的存在，会畸变油中的电场。因为纤维的介电系数大，使纤维端部处油中的电场加强，于是放电首先从这部分油中开始发展，油在高场强下电离而分解出气体，使气泡增大，电离又增强。而后逐渐发展，使整个油间隙可能在气体通道中击穿，所以，火花放电就能在较低的电压下发生。如果极间距离不大，杂质又足够多，则“小桥”可能连通两个电极，见图 21－1（b）。这时，由于“小桥”的电导较大，沿“小桥”流过很大电流（电流大小视电源容量而定），使“小桥”强烈发热，“小桥”中的水分和附近的油沸腾气化，造成一个气体通道——“气泡桥”，最后在比较低的电压下，沿着这个“气泡桥”放电。如果纤维不受潮，则因“小桥”的电导很小，对于油火花放电电压的影响也比较小。这就是杂质引起变压器油放电的基本过程。显然，这种放电形式和“小桥”的加热过程有联系，所以它是电和热两种因素联合作用的结果。

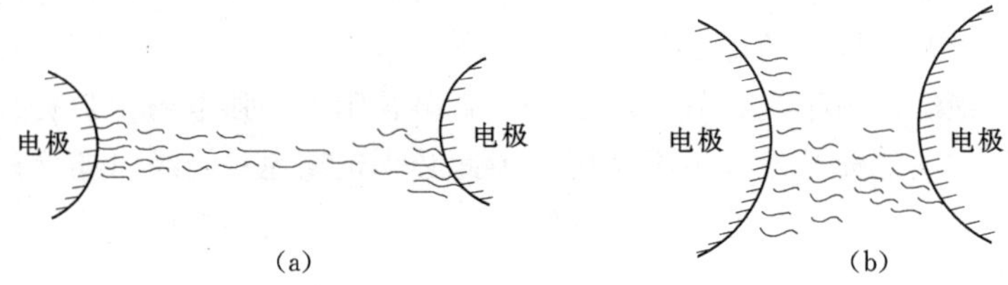

图 21－1　杂质在电极间形成导电“小桥”的情况（工频电压）
（a）杂质少、间隙长；（b）杂质多、间隙短

应当指出，上述的过程只适用于稳态电压（直流和工频）和比较均匀的电场中。当冲击电压作用或电场极不均匀时，杂质不易形成“小桥”，它的作用只限于畸变电场，故其放电过程就可能主要由电的因素起主导作用了。

（二）影响变压器油火花放电电压的因素

1. 水分及纤维

水分对变压器油火花放电电压的影响首先取决于水分的状态，其次取决于水分的含量。水分在油中有两种存在形式：一种是悬浮状（即形成一定大小的水珠悬浮在油中）；另一种是溶解状（即以水分子的形式分散在油分子中）。对油的放电电压有影响的实际上是悬浮状的水，而溶解状的水则因高度分散，不能形成“小桥”对油的火花放电电压几乎无明显影响。

油中含水量对其火花放电电压的影响如图 21－2 所示。当油中含水仅十万分之几，就会使火花放电电压值显著降低；但含水量继续增多时，则只是增加几条放电的并联路径而已，故火花放电电压不再继续下降。

当油中含有纤维、炭粒、油漆、尘埃等杂质时，由于它们具有强烈的吸水性，因而增大了介电系数，在电场中容易形成“小桥”，使油的火花放电电压降低。杂质含量愈大，火花放电电压降低愈显著，如图 21－3 所示。

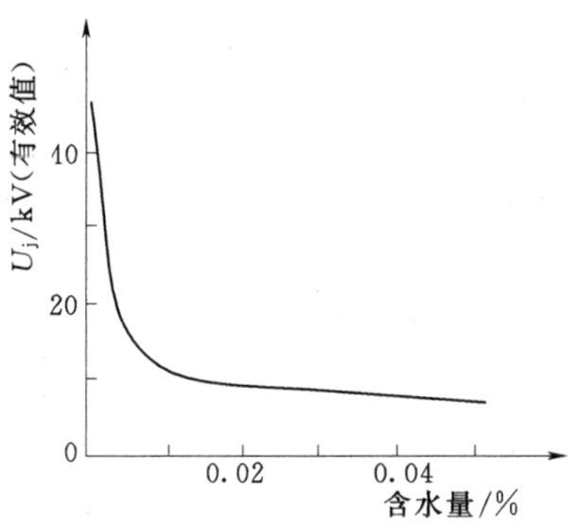

图 21-2　在标准油杯中变压器油的工频火花放电电压和含水量的关系

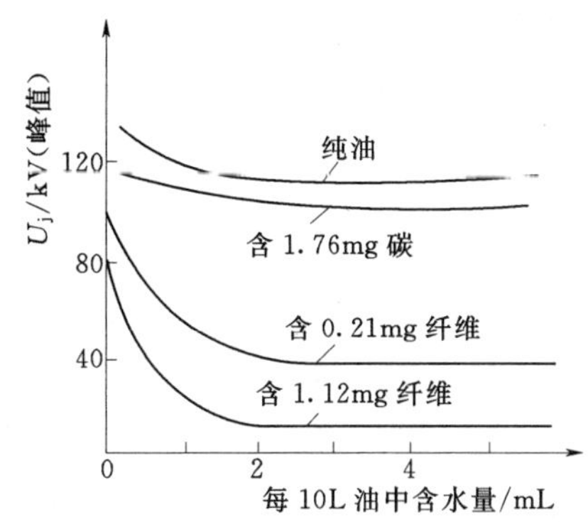

图 21-3　水分、杂质对变压器油火花放电电压的影响

（球电极直径为 12.7mm，间隙距离为 3.8mm）

杂质对油放电电压的影响还与电场的均匀程度和电压种类有关。在均匀电场中，杂质影响大，在不均匀电场中，杂质的影响较小。因为当电场不均匀时，高场强区首先发生局部放电，使油发生扰动，杂质不易形成“小桥”。

在冲击电压下，杂质影响也较小。这是因为冲击电压作用时间短，杂质来不及形成“小桥”。

2. 温度

含水的变压器油的火花放电电压与温度的关系如图 21-4 所示。为了比较，图中还画出了干燥油的变化曲线。由图可见，干燥油放电电压和温度的关系不大，而含水的油则和温度呈现出比较复杂的关系。这主要是由于油中水分存在的状态随温度而变化的缘故。

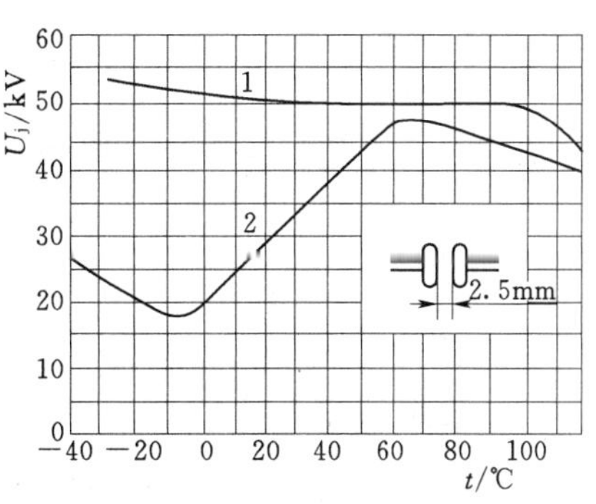

图 21-4　变压器油工频火花放电电压和温度的关系

1—干燥的油；2—受潮的油

在 0～−5℃之间放电电压出现最低值，这是因为在这个温度范围内，水全部以悬浮状态存在于油中，最易形成导电的“小桥”，所以水分的影响最显著。当温度从−5℃继续降低，水珠逐渐结成冰粒，油的黏度也变大，使导电“小桥”不易形成，故火花放电电压有所回升。当温度从 0℃升高时，水分逐渐由悬浮状变为溶解状，使得能形成导电“小桥”的悬浮状水分越来越少，所以放电电压逐渐升高，直到 60～80℃击穿电压达到最大值。温度继续升高，水分逐渐蒸发，变成水蒸气，增加了油中的气泡，由气泡建立起“小桥”，更直接地导致放电，使火花放电电压反而下降。

干燥的油和温度关系不大，只有当温度过高时，油因热分解产生出有机酸，增加了杂质，才使火花放电电压显著下降。

3. 电场均匀程度

图 21-5 示出了均匀和不均匀电场在工频电压作用下变压器油火花放电电压与其质量的关系。由图可见：

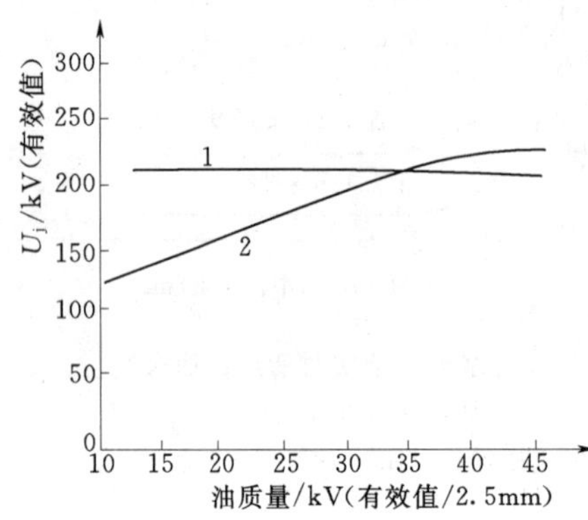

图 21-5　工频电压下变压器油火花放电电压与其质量的关系
1—棒-板电场（距离为 25cm）；2—球-板电场（球径为 2.5cm，距离为 5cm）

（1）在不均匀电场中，变压器油的火花放电电压与其质量几乎无关。这是因为在不均匀电场中，场强高的地方先发生电晕，此处油被加热形成湍流，使小桥无法形成，所以火花放电电压几乎与油质量无关。

（2）在均匀电场中，高质量的油有高的火花放电电压。这是因为高质量的油杂质少，难以形成“小桥”，所以火花放电电压高。而低质量的油杂质多，易形成“小桥”，所以火花放电电压低。总之，油的质量与火花放电电压有密切的关系。因而要采用均匀电场来检验油的质量，如我国的试验油杯常采用一对平板电极。参照 IEC 标准，在《绝缘油介电强度测定法》（GB 507—86）中推荐采用球形或球盖形电极。

由于影响变压器油火花放电电压的因素很多，所以变压器油的火花放电电压具有很大的分散性，分散性的范围在均匀电场中可达 30%，在不均匀电场中较小，在 5%以内。虽然如此，但是多次试验的平均值还是稳定的。因此，在做油耐压试验时，应取多次的平均值计算。

第三节　绝缘油的试验项目、周期和要求

一、变压器油

1. 基本规定

（1）新变压器油（未使用过得矿物绝缘油）的验收，应按 GB/T 2536 的规定。

（2）新变压器油注入变压器（电抗器）前的检验，其油品质量应符合 GB/T 14542—2017 中表 1 的要求。

（3）新变压器油注入变压器（电抗器）进行热循环后的检验，其油品质量应符合 GB/T 14542—2017 中表 2 的要求。

（4）新变压器（电抗器）或经过 A 级检修的变压器（电抗器），通电投前，变压器油的试验项目及方法见表 21-1，其油品质量应符合表 21-1 中“投入运行前的油”的要求。

（5）运行中变压器油的试验项目、周期及方法见表 21-1，其油品质量应符合表 21-1 中“运行油”的要求。

表 21-1 变压器油的试验项目、周期和要求

序号	项 目	周 期	判据		方法及说明
			投入运行前的油	运行油	
1	外观	(1) 不超过1年。 (2) A级检修后	透明、无杂质或悬浮物		将油样注入试管中冷却至5℃在光线充足的地方观察
2	色度/号	(1) 不超过1年。 (2) A级检修后	≤2.0		GB/T 6540
3	水溶性酸(pH值)	(1) 不超过3年。 (2) A级检修后。 (3) 必要时	>5.4	≥4.2	GB/T 7598
4	酸值(以KOH计)/(mg/g)	(1) 不超过3年。 (2) A级检修后。 (3) 必要时	≤0.03	≤0.10	按GB/T 28552或GB/T 264进行试验，GB/T 264为仲裁方法
5	闪点(闭口)/℃	(1) 不超过3年。 (2) A级检修后。 (3) 必要时	≥135		按GB/T 1354或GB/T 261进行试验，GB/T 261为仲裁方法
6	水分/(mg/L)	(1) ≥330kV：1年。 (2) ≤220kV：3年。 (3) A级检修后。 (4) 必要时	≤110kV：≤20 220kV：≤15 ≥330kV：≤10	≤110kV：≤35 220kV：≤25 ≥330kV：≤15	(1) 按GB/T 7601或GB/T 7600进行试验，GB/T 7600为仲裁方法。 (2) 运行中设备，测量时应注意温度的影响，尽量在顶层油温高于50℃是采样
7	界面张力(25℃)/(mN/m)	(1) 不超过3年。 (2) A级检修后。 (3) 必要时	≥35	≥25	按GB/T 6541进行试验
8	介质损耗因数(90℃)	(1) ≥330kV：1年。 (2) ≤220kV：3年。 (3) A级检修后。 (4) 必要时	≤330kV：≤0.01 ≥500kV：≤0.005	≤330kV：≤0.040 ≥500kV：≤0.020	按GB/T 5654进行试验
9	击穿电压/kV	(1) ≥330kV：1年。 (2) ≤220kV：3年。 (3) A级检修后。 (4) 必要时	35kV及以下：≥40 66～220kV：≥45 330kV：≥55 500kV：≥65 750kV：≥70	35kV及以下：≥35 66～220kV：≥40 330kV：≥50 500kV：≥55 750kV：≥65	按GB/T 507进行试验
10	体积电阻率(90℃)/(Ω·m)	(1) A级检修后。 (2) 必要时	$\geqslant 6\times10^{10}$	500～750kV：$\geqslant 1\times10^{10}$ ≤330kV：$\geqslant 5\times10^{9}$	按GB/T 5654或DL/T 421进行试验，DL/T 421为仲裁方法
11	油中含气量(体积分数)/%	(1) 不超过3年。 (2) A级检修后。 (3) 必要时	≤1	750kV：≤2 330～500kV：≤3 (电抗器)：≤5	按DL/T 423或DL/T 730进行试验，DL/T 730为仲裁方法。
12	油泥与沉淀物(质量分数)/%	必要时	—	≤0.02(以下可以忽略不计)	按GB/T 8926—2012(方法A)对"正戊烷不溶物"进行检测
13	析气性	必要时	≥500kV：报告		按NB/SH/T 0810试验

续表

序号	项　目	周　期	判　据		方法及说明
			投入运行前的油	运行油	
14	带电倾向 /(pC/mL)	必要时	报告		按 DL/T 1095 或 DL/T 385 进行试验，DL/T 385 为仲裁方法
15	腐蚀性硫	必要时	非腐蚀性		DL/T 285 为必做试验，必要时采用 GB/T 25961 检测
16	颗粒污染度/粒	(1) A 级检修后。 (2) 必要时	500kV：≤3000 750kV：≤2000	500kV：— 750kV：≤3000	(1) 按 DL/T 432 进行试验。 (2) 检测结果是指 100mL 油中大于 5μm 的颗粒数
17	抗氧化添加剂含量(质量分数)/%	必要时	—	大于新油原始值的 60%	按 NB/SH/T 0820 试验
18	糠醛含量(质量分数)/(mg/kg)	(1) A 级检修后。 (2) 必要时	报告	—	按 NB/SH/T 0812 或 DL/T 1355 试验
19	二苄基二硫醚(DBDS)/(mg/kg)	必要时	检测不出	—	1) 按 GB/T 32508 试验； 2) 检测不出指 DBDS 含量小于 5mg/kg

注　1. 新变压器油，应按 GB 2536 验收。

2. 运行中变压器油的试验项目和周期按本文件相关章节规定执行，没有规定的按《运行中变压器油质量》(GB/T 7595) 执行。

3. 油样提取应遵循 GB/T 7597 规定，对全密封式设备如互感器，如不易取样或补充油，应根据具体情况决定是否采样。

4. 有载调压开关用的变压器油的试验项目、周期和要求应符合产品技术文件要求执行。

5. 关于补油或不同牌号油混合使用按 GB/T 14542 的规定执行。

2. 油质老化

设备和运行条件的不同，会导致油质老化速度不同，当主要设备用油的 pH 值接近 4.4 或颜色骤然变深，其他指标接近允许值或不合格时，应缩短试验周期，增加试验项目，必要时采取处理措施。

3. 关于补油或不同牌号油混合使用规定

(1) 补加油品的各项特性指标不应低于设备内的油。如果补加到已经接近运行油质量要求下限的设备油中，有时会导致油中迅速析出油泥，故应预先进行混油样品的油泥析出和介质损耗因数试验。试验结果无沉淀物产生且介质损耗因数不大于原设备内油的介质损耗因数值时，才可混合。

(2) 不同牌号新油或相同质量的运行油，原则上不宜混合使用。如必须混合时应按混合油实测的倾点决定是否可用；并进行油泥析出试验，合格方可混用。

(3) 对于来源不明以及所含添加剂的类型并不完全相同的油，如需要与不同牌号油混合时，应预先进行参加混合的油及混合后油样的老化试验。

(4) 油样的混合比应与实际使用的混合比一致，如实际使用比不详，则采用 1∶1 比

例混合。

二、断路器油

（1）新低温开关油的验收，应按 GB/T 2536 的规定。

（2）运行中断路器油的试验项目、周期和要求见表 21－2。

表 21－2　运行中断路器油的试验项目、周期和要求

<table>
<tr><th rowspan="2">序号</th><th rowspan="2">项　目</th><th rowspan="2">周　期</th><th colspan="2">判　据</th><th rowspan="2">方法及说明</th></tr>
<tr><th>A 级检修后</th><th>运行中</th></tr>
<tr><td>1</td><td>外观</td><td>（1）A 级检修后。
（2）≤1 年。
（3）必要时</td><td colspan="2">透明、无游离水分、无杂质或悬浮物</td><td>外观目测</td></tr>
<tr><td>2</td><td>水溶性酸
（pH 值）</td><td>（1）A 级检修后。
（2）≥126kV：≤1 年。
（3）≤72kV：≤3 年。
（4）必要时</td><td colspan="2">≥4.2</td><td>按 GB/T 7598 进行试验</td></tr>
<tr><td>3</td><td>击穿电压/kV</td><td>（1）A 级检修后。
（2）≥363kV：≤1 年。
（3）≤252kV：≤3 年。
（4）必要时</td><td>≥126kV：≥45
≤72kV：≥40</td><td>≥126kV：≥40
≤72kV：≥35</td><td>按 GB/T 507 方法进行试验</td></tr>
</table>

第四节　绝缘油试验方法

一、取样

取样是试验的基础。正确的取样技术和样品保存对保证试验结果的准确性是相当重要的，所以取样应由有经验的人员严格按照要求进行。变压器油取样容器及方法按照 GB/T 7597 的规定执行，油中颗粒污染度测定容器及方法按照 DL/T 432 规定执行。

（一）从油桶中取样

（1）试油应从污染最严重的底部取样，必要时可抽查上部油样。

（2）取样前需要用干净的甲级棉纱或齐边白布将桶盖外部擦净，并不得将纤维带入油中，然后用清洁、干燥的取样管取样。

（3）从整批油桶内取样时，取样的桶数应能足够代表该批油的质量，取样桶数的具体规定见表 21－3。

表 21－3　取样桶数的规定

序　号	总油桶数	取样桶数	序　号	总油桶数	取样桶数
a	1	1	e	51～100	7
b	2～5	2	f	101～200	10
c	6～20	3	g	201～400	15
d	21～50	4	h	＞401	20

(4) 如怀疑有污染物存在，则应对每桶油逐一取样。并逐桶核对牌号、标志。在过滤时应对每桶油进行外观检查。

(5) 试验油样应是从每个桶中所取油样经均匀混合后的样品。

(二) 从油罐或槽车中取样

(1) 应从污染最严重的油罐或槽车底部取样，必要时可抽查上部油样。

(2) 取样前应排空取样工具内的存油，不得引起交叉污染。

(三) 从运行中的设备内取样

对于变压器、油开关或其他充油电力设备，应从下部阀门处取样，取样前需先用干净的甲级棉纱或布将油阀门擦净，再放油将阀门和管路冲洗干净，然后才取油样。

对于套管、无阀门的充油设备，应在停电检修时设法取样，对进口全密封无取样阀的设备，按制造厂规定取样。

取样容器可采用具塞磨口玻璃或金属小口容器，也可采用无色的用直链聚乙烯制成的塑料容器。取样前应将取样容器先用洗涤剂清洗，再用自来水冲洗，最后用蒸馏水洗净，烘干、冷却后盖紧瓶塞备用。容器应足够大，以适应各试验项目所需油样量的需要。

每个样品应有正确的标记，一般在采样前将印好的标签粘贴于容器上。标签至少应包括下述内容：

(1) 单位名称。

(2) 设备编号。

(3) 油的牌号。

(4) 采样部位。

(5) 采样时天气。

(6) 采样日期。

(7) 采样人签名。

取完样后，应及时按标签内容要求，逐一填写清楚。

二、介电强度测定方法

绝缘油介电强度测定是一项常规试验，用来检验绝缘油被水和其他悬浮物质物理污染的程度。

绝缘油介电强度测定，所用的设备除专用油杯外，其他的与交流耐压试验相同。目前现场多采用专用的油介电强度试验器，其原理接线如图 21-6 所示。

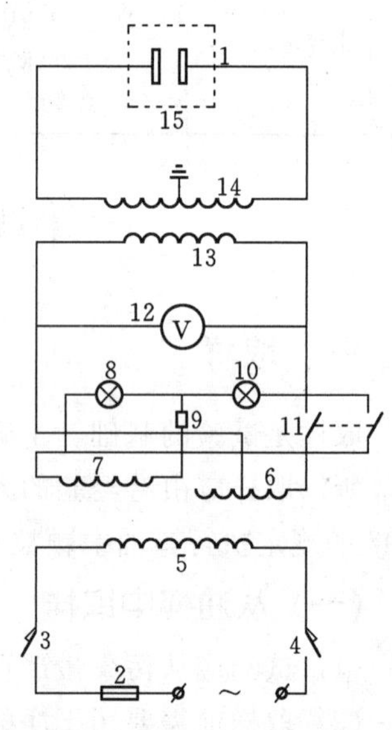

图 21-6　油介电强度试验器原理线路图

1—油杯；2—熔断丝；3、4—窗连锁开关；5—调压器一次绕组；6—调压器调压绕组；7—调压器信号绕组；8—电源指示绿灯；9—电阻；10—合闸指示红灯；11—当油杯中的油放电时的自动跳闸开关；12—电压表；13—试验变压器的低压绕组；14—试验变压器的高压绕组；15—绕组的中点接地

随着计算机技术的发展，目前已研制、生产出半自动和全自动油试验器，实现了机电一体化。如 GJZ 系列电脑全自动油试验器具有自动测试、自动搅拌、自动处理、自动打印及数字显示等功能，且测试精度高、操作方便、安全可靠。由于采用先进的干式变压器组合，故体积小巧，

造型美观，携带方便。

对于新绝缘油和电压在 220kV 以下电力设备内的油进行试验时，采用圆盘形电极如图 21－7（a）所示。电极用黄铜或不锈钢制成，直径为 25mm，厚为 4mm，两极间距离为 2.5mm，其工作面粗糙度为$\overset{0.3}{\bigtriangledown}$。电极与油杯杯壁及试油液面的距离不小于 15mm。

对于经过滤处理、脱气和干燥后的油及电压高于 220kV 的电力设备内的油，采用球盖形电极进行试验。球盖形电极如图 21－7（b）所示。

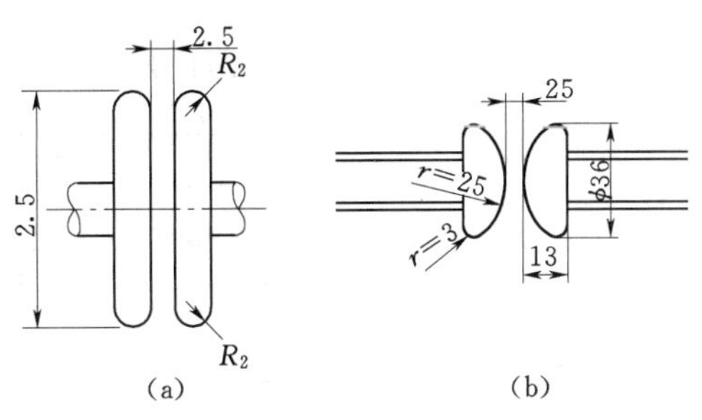

图 21－7　油杯中的电极

（a）圆盘形；（b）球盖形

油杯和电极需保持清洁，在停用期间，必须用盛新变压器油的方法进行保护。对劣质油进行试验后，必须以溶剂汽油或四氯化碳洗涤，烘干后方可继续使用。

油杯和电极在连续使用达一个月后，应进行一次检查。检验测量电极距离有无变化，用放大镜观察电极表面有无发暗现象，若有此现象，则应重新调整距离并用鹿皮或绸布擦净电极。若长期停用，在使用前也应进行此项工作。

试油必须在不破坏原有贮装密封的状态下，于试验室内放置一段时间，待油温和室温相近后方可揭盖试验。在揭盖前，将试油轻轻摇荡，使内部杂质混合均匀，但不得产生气泡，在试验前，用试油将油杯洗涤 2～3 次。

试油注入油杯时，应徐徐沿油杯内壁流下，以减少气泡，在操作中，不允许用手触及电极、油杯内部和试油。试油盛满后必须静置 10～15min，方可开始升压试验。

在升压操作前，必须仔细检查线路和连接情况，地线的接地情况，以及调压器把手是否放在起点位置。

试验的具体步骤如下：

（1）试验在室温 15～35℃、湿度不高于 75%的条件下进行。当准备工作全部就绪后，将自动断电器推到“接通”位置，并观察指示灯和电压表（指示灯亮，电压表指示零位）无误后，即可开始以约 3kV/s 的速度均匀升压。

（2）在升压过程中，如发生不大的破裂声或电压表指针的振动，不是放电，应继续升压（中途不得停顿）至发生第一个火花为止，放电后立即将调压器把手倒回到起点，记下火花放电电压，将仪器盖子启开。

（3）用准备好的清洁玻璃棒或不锈钢棒在电极间拨弄数次，以除掉因火花放电而产生的游离碳，并再静置 5min，然后进行第二次试验，其余类推。

研究表明，采用离子搅拌器代替人工搅拌可使油样只静置 1min。离子搅拌器的工作示意图如图 21－8 所示，它是一台脉冲离子发生器。当负极性的高压搅拌电压向油面发射负离子时，接于搅拌器正极的油杯内电极即推动正离子与聚于油面的负离子发生电荷交换（或中和），这时油液翻滚，达到搅拌的目的。油液翻滚、流动的路线，如图中箭头轨迹所示。

（4）试验进行 6 次，取 6 次连续测定的火花放电电压值的算术平均值作为平均火花放

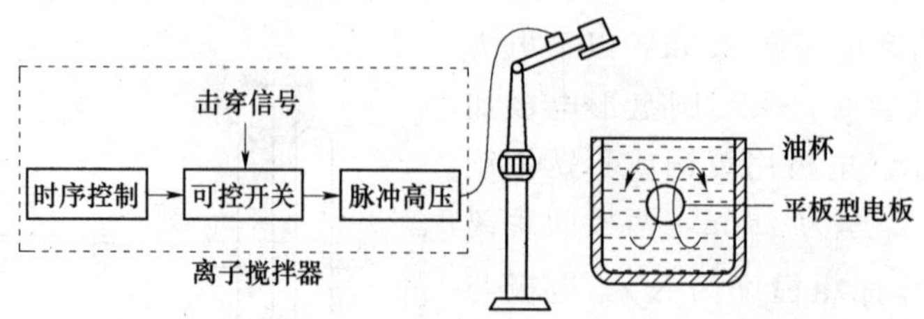

图 21-8　离子搅拌器工作示意图

电电压。被试油的介电强度，若以 kV/cm 为单位，可按下式计算

$$E=\frac{U}{d}$$

式中　E——介电强度，kV/cm；

d——电极的间隙，cm；

U——试油的平均火花放电电压，kV。

试验中，其火花放电电压的变化有四种情况：

1）第一次火花放电电压特别低。第一次试验可能因向油杯中注油样时或注油前油杯电极表面不洁带进了一些外界因素的影响，使得第一次的数值偏低。这时可取 2～6 次的平均值。

2）6 次火花放电电压数值逐渐升高。一般在未净化处理或处理不够彻底而吸收了潮气的油样品中出现，这是因为油被火花放电后油品潮湿程度得到改善所致。

3）6 次火花放电电压数值逐渐降低。一般出现在试验较纯净的油中，因为生成的游离带电粒子、气泡和炭屑量相继增加，损坏了油的绝缘性能。另外，还有的自动油试验器在连续试验 6 次中不搅拌，电极间的碳粒逐渐增加，导致火花放电电压逐渐降低。

4）火花放电电压数值两头偏低中间高。这属于正常现象。

（5）试油的平均火花放电电压不得小于表 21-4 中所列的数值。

（6）试验记录中应包括：油的颜色、有无机械杂质和游离碳、油温、全部击穿电压数值、试验异常现象及结论、试验日期、相对湿度和环境温度等。

表 21-4　　试油杯中油样的火花放电电压标准　　单位：kV

种类 \ 平均火花放电电压 \ 额定电压	≤15	15～35	66～220	330	500
投入运行前的油	≥30	≥35	≥40	≥50	≥60
运行中的油	≥25	≥30	≥35	≥45	≥50

若采用 GJZ 系列电脑全自动油试验器，上述过程可以大大简化。试油杯放好后，只需按一下“运行”键，即可完成试油耐电强度的测定。

近年来，我国在研究并推广小间隙试油器测定电力设备的运行油及其过滤和添加油后

的介电强度。所谓小间隙试油器是指圆盘形电极间隙小于2.5mm的试油器。美国、加拿大等国家采用1.02mm小间隙，而我国采用1.20mm的小间隙并研制成QP－8WA微型试油器。推广这种试油器的重要意义在于重量轻、体积小、操作安全，很适合现场使用，不但能节省大量的绝缘油，而且明显减少了对电力设备特别是少油设备的补油工作，因此也减少了潮湿空气进入设备的机会，提高了设备绝缘的可靠性。

小间隙绝缘油介电强度测定法与上述基本相同。

三、测量介质损耗因数

变压器油在电场作用下引起的能量损耗，称为油的介质损耗，通常在规定的条件下测量变压器油的损耗，并以介质损耗因数 $\tan\delta$ 表示。

测量绝缘油的介质损耗因数，能灵敏地反映绝缘油在电场、氧化、日照、高温等因素作用下的老化程度，也能灵敏地发现绝缘油中含有水分、杂质的程度。许多国家都认为，绝缘油的 $\tan\delta$ 试验是一项重要的必须进行测量的电气特性试验。

测量油的介质损耗因数是将油装在试验杯中，用精确度较高的交流电桥进行试验，测量应在（20±5）℃或（70±5）℃和相对湿度为（65±5）%的条件下进行。

测量变压器油的介质损耗因数 $\tan\delta$ 时，通常采用 QS_3 型西林电桥，其量程在0.0001～0.01之间，测量接线如图21－9所示。

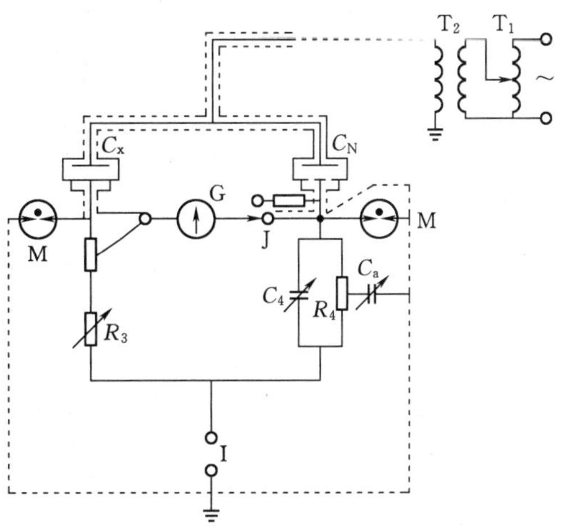

图21－9　QS_3 型西林电桥试验接线

T_2—试验变压器或高压互感器，M—气体放电管；T_1—调压器；I—零平衡（找对称）装置；C_N—高压标准空气电容器；G—带有FY49型放大器的振动式检流计；C_x—测定油杯

测定油杯有两种，如图21－10所示。一种是平板式电极油杯，其外形见图21－10（a），电极的主要尺寸见表21－5；另一种是圆柱式电极油杯，其外形见图21－10（b），电极的主要尺寸见表21－6，由于圆柱式电极是封闭式的，所以保温性能好，因而适用于高于常温下的测定。

对测定油杯的要求是电极用黄铜或钢材制成，表面电极均匀地镀一层镍或铬，电极工作表面应光滑，其粗糙度 R_a 值应不大于0.8μm，如发现表面呈暗色时，必须重新抛光。测定电极与保护电极间的绝缘电阻应为测定设备绝缘电阻的100倍以上。各电极应保持同心，间隙的距离均匀。对于洁净和干燥的油杯，每次使用前用油样冲洗两次。注入油杯内的试样，应无气泡或其他杂质，注入的油试样不少于50mL。测定电极的接头应与接地良好的金属屏蔽套连接。各芯线与屏蔽间的绝缘电阻一般应大于50～100MΩ，以防止绝缘不良而影响测定结果。屏蔽线的接地最好不与其他接地线混接在一起。油杯及其接线最好放在屏蔽网的里面，以保证安全测定。测定步骤如下：

（1）线路连接完毕后，应检查各点的接触是否良好，是否有断路或漏电的现象。在现

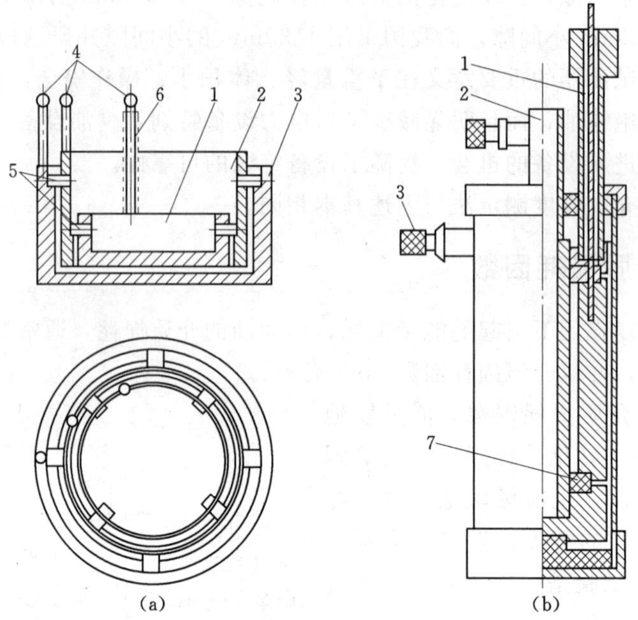

图 21-10　测定油杯外形图

(a) 平板式；(b) 圆柱式

1—测定电极；2—保护电极；3—高压电极；4—接线柱；5—绝缘垫（石英玻璃或聚四氟乙烯）；6—屏蔽；7—绝缘垫（电木）

场周围尽量避免受电磁场或机械振动的影响。

表 21-5　　平板式电极主要尺寸　　单位：mm

测定电极外径	高压电极内径	保　护　电　极	电　极　间　隙
120±0.1	≥146	10	2±0.2

表 21-6　　圆柱式电极主要尺寸　　单位：mm

测　定　电　极		高　压　电　极		保　护　电　极		电极间隙
外径	高	内径	高	外径	高	
46±0.1	88±1	50±0.1	154±1	12±0.1	154±1	2±0.2

(2) 对油样施加的试验电压一般为 1000V，在升压过程中不应有任何放电现象。

(3) 接通放大器电源后，调节检流计的谐振频率。然后对电桥进行对称（零平衡）校验，目的是消除电桥本身残余电抗的影响，当试品的电抗等于电桥臂的电抗时，测定准确度最高，残余电抗的影响最小。

(4) 对测定油杯进行空试，检查电极本身有无损耗。要求在 20℃下电极本身的 $\tan\delta$ 不大于 0.01%。若 $\tan\delta$ 大于此值，应重新清洗，并在 105℃的烘箱中烘 2h 后，待其在烘箱中冷却至室温后取出组装及试验。

(5) 在试验线路中接入测定油杯，使电桥平衡，这样便可直接读出 $\tan\delta$ 的实测值。

应当指出，测量时要将油加温到约70℃，这是因为变压器油的$\tan\delta$值随温度增高而增大；越是老化的油，其$\tan\delta$随温度的变化也越快。例如，老化了的油在20℃时的$\tan\delta$值可能仅相当于新油$\tan\delta$值的2倍，在100℃时可能相当于20倍。也常遇到这种情况，20℃时油的$\tan\delta$值不大，而70℃所测得的$\tan\delta$又远远超过标准。所以在《规程》中只规定90℃时$\tan\delta$值的要求，如表21－7所示。另外，变压器油的温度常能达到70～90℃，所以测量90℃绝缘油的$\tan\delta$值对保证变压器安全运行是一个较重要的参数。

表21－7　对变压器油$\tan\delta$值的规定　　%

规定 \ 状态		投入运行前的油（90℃）	运行中（90℃）
《规程》	500kV	≤0.7	≤2
	≤300kV	≤1	≤4
交接试验标准		≤0.5	≤0.7（注入设备后）
GB 7595—87	500kV		≤2
	≤300kV		≤4

四、测量体积电阻率

体积电阻率是指绝缘油在单位体积内的电阻的大小，用ρ表示。

由于测量绝缘油的体积电阻率比测量绝缘油的火花放电电压精确，比测量绝缘油的介质损耗因数简单，而且能够表征绝缘油的绝缘性能，所以越来越多的国家将它定为评定绝缘油质量的指标。因此在《规程》中增加了这个试验项目。

（一）仪器

测量绝缘油体积电阻率的仪器有：

（1）绝缘油电阻率测试仪。测试范围为$10^{8}\sim10^{16}\Omega\cdot cm$，仪器的测量误差不超出±10%。

（2）电阻率测试仪恒温装置。包括配套的电极杯，温度能在50～100℃范围内自由调节。温控精度±0.5℃。

电极杯的规格如表21－8所示。电极杯的结构如图21－11所示。

表21－8　电极杯规格表

名　称	电极杯型号		名　称	电极杯型号	
	Y－30	Y－18		Y－30	Y－18
电极材料	不锈钢	不锈钢	空杯电容/pF	18	18
绝缘材料	聚四氟乙烯	石英玻璃	样品量/mL	30	18
电极间距/mm	3.0	2.0	工作电压/V	1000	500

（二）试验步骤

（1）做好规定的准备工作，如电极杯的清洗、干燥，电极的装配和检查，样品的准

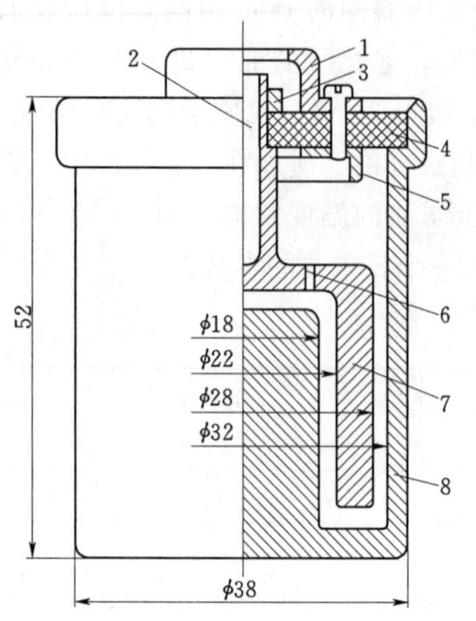

图 21－11　Y 型复合式电极杯
1—屏蔽帽；2—测温孔；3—螺母；4—绝缘板；5—屏蔽环；6—排气孔；7—内电极；8—外电极

备等。

（2）打开主机和恒温器电源，升温到 90℃。

（3）试样温度：绝缘油规定为 90℃±0.5℃。

试样在升温中应不断地轻轻拉出和摇动内电极，使样品受热均匀。当样品温度到 90℃后，继续恒温 30min，再进行测量。

（4）把测量头插入内电极插口。

1）试验电压：Y－30 型电极杯为 1000V，Y－18 型电极杯为 500V。

2）调整零位。

3）测量。测 20s（ρ_1）和 60s（ρ_2）时的电阻率。

4）复位，电极杯进行放电。

（5）复试时，应先经过放电 5min，然后再测量。若测试结果误差大，应重新更换样品试验，直至两次试验结果符合精密度要求。

需要注意的问题如下：

1）测量过程中的倍率一般放在 $10^{12}\Omega\cdot cm$ 挡。测试过程中应减少频繁地切换（因切换时可引起读数的波动，造成误差）。如果倍率不合适，需切换倍率开关引起读数偏差时则作为预测数据。

2）每杯试样重复测定次数，不得多于 3 次。

3）按“测试”键后，电极杯上就自动加有电压，不得再触及电极杯和加热器，以防触电。

（三）计算

使用自动型电阻率测试仪时，测量结果为直读数。若用其他的高阻计测量时，则可按下式计算

$$\rho_{1.2}=KR$$

$$K=11.3C_0$$

式中　$\rho_{1.2}$——试样的电阻率，Ω·cm；

K——电极杯的电极常数；

R——试样的电阻值，Ω；

C_0——电极杯的空杯电容，pF。

（四）判断

90℃时投入运行前的油，体积电阻率不小于 $6\times10^{10}\Omega\cdot m$；运行中的油，500kV 者体积电阻率不小于 $1\times10^{10}\Omega\cdot m$；330kV 及以下者，体积电阻率不小于 $3\times10^{9}\Omega\cdot m$。

五、测量界面张力

除上述电气性能试验外，《规程》还要求测量界面张力。

绝缘油的界面张力是指测定油与不相容的水之界面产生的张力。界面张力是通过一个水平的铂丝测量环从界面张力较高的液体表面拉脱铂丝圆环，也就是从水油界面将铂丝圆环向上拉开所需的力来确定。由于在测量中采用铂丝圆环，所以称为圆环法。

1. 仪器

(1) 界面张力仪。如图 21-12 所示，备有周长为 40mm 或 60mm 的铂丝圆环。

(2) 圆环。用细铂丝制成一个周长为 40mm 或 60mm 圆度较好的圆环，并用同样细铂丝焊于圆环上作为吊环。必须知道两个重要参数，即圆环的周长，圆环的直径与所用铂丝的直径比。

(3) 试样杯。直径不小于 45mm 的玻璃烧杯或圆柱形器皿。

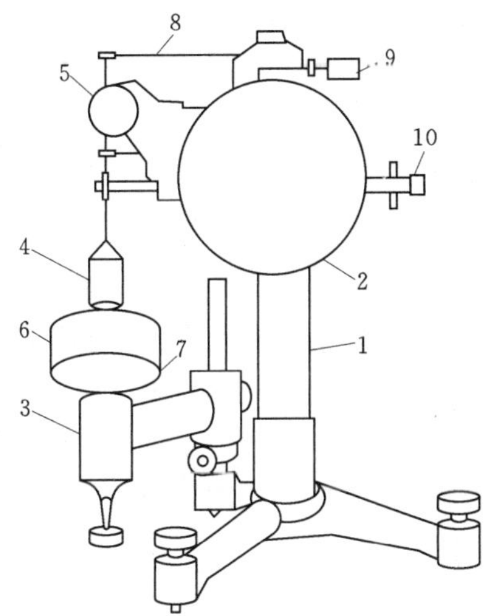

图 21-12 界面张力仪

1—张力仪主体；2—刻度盘；3—升降台座；4—铂丝环；5—放大镜；6—试样皿；7—升降台；8—臂；9—调节臂的螺母；10—蜗轮把手

2. 试验步骤

(1) 测定试样在 25℃ 的密度，准确至 0.001g/mL。

(2) 把 50～75mL 25℃±1℃的蒸馏水倒入清洗过的试样杯中，将试样杯放到界面张力仪的试样座上，把清洗过的圆环悬挂在界面张力仪上。升高可调节的试样座，使圆环浸入试样杯中心处的水中，目测至水下深度不超过 6mm 为止。

(3) 慢慢降低试样座，增加圆环系统的扭矩，以保持扭力臂在零点位置，当附着在环上的水膜接近破裂点时，应慢慢地进行调节，以保证水膜破裂时扭力臂仍在零点位置。当圆环拉脱时读出刻度数值，计算时，使用水和空气密度差 $\rho_0-\rho_2=0.997$g/mL 这个值计算水的表面张力。计算结果应为 71～72mN/m。如果低于这个计算值，可能是由于界面张力仪调节不当或容器不净所致，应重新调节界面张力仪，清洗圆环和用热的铬酸洗液浸洗试样杯，然后重新测定。若测得仍较低，就要进一步提纯蒸馏水（例如：用碱性高锰酸钾溶液将蒸馏水重新蒸馏）。

(4) 用蒸馏水测得准确结果后，将界面张力仪的刻度盘指针调回零点，升高可调节的试样座，使圆环浸入蒸馏水中的 5mm 深度，在蒸馏水上慢慢倒入已调至 25℃±1℃过滤后试样至约 10mm 高度，注意不要使圆环触及油—水界面。

(5) 让油—水界面保持 30s±1s，然后慢慢降低试样座，增加圆环系统的扭矩，以保持扭力臂在零点。当附着在圆环上水膜接近破裂点时，扭力臂仍在零点上。上述这些操作，即圆环从界面提出来的时间应尽可能地接近 30s。当接近破裂点时，应很缓慢地调节界面张力仪，因为液膜破裂通常是缓慢的，如果调节太快则可能产生滞后现象使结果偏高。从试样倒入试样杯，油膜破裂全部操作时间大约 60s。记下圆环从界面拉脱时的刻度盘读数。

3. 计算

试样的界面张力 δ（mN/m）按下式计算：

$$\delta = MF \tag{21-1}$$

$$F = 0.7250 + \sqrt{\frac{0.03678M}{r_\gamma^2(\rho_0 - \rho_1)}} + P \tag{21-2}$$

$$P = 0.04534 - \frac{1.679 r_w}{r_\gamma} \tag{21-3}$$

式中　M——膜破裂时刻度盘读数，mN/m；

F——系数，按式（21-2）计算；

ρ_0——水在25℃时的密度，g/cm^3；

ρ_1——试样在25℃时的密度，g/cm^3；

P——常数，按式（21-3）计算；

r_w——铂丝的半径，mm；

r_γ——铂丝环的平均半径，mm。

4. 判断

投入运行前的油，25℃时界面张力不小于35mN/m；运行中的油，25℃时界面张力不小于19mN/m。

目前某些国家已将界面张力列为鉴定新绝缘油质量的指标之一。它还可以判断运行油质的老化程度。

六、测量绝缘油微量水分含量

充油电气设备在运行中会受到电、热、机械力、化学腐蚀和光辐射等外界因素的影响，致使绝缘油和纤维材料逐渐老化变质，分解出微量水分。此外，由于密封不严，潮气和水分也会进入油箱内，使绝缘油中的水分逐渐增多。当水分含量超过一定限度时，就会使绝缘性能明显下降，甚至危及充油电气设备的安全。若油中不含固体杂质，当油的含水量在40mg/L以下时，一般具有非常高的击穿强度，而当油中含水量超过100mg/L时，或当油中存在固体杂质，含水量为5mg/L时，其击穿强度都将下降到很低，有的还可能成为引起绝缘破坏的直接原因。

目前常见的测量绝缘油微量水分含量的方法有：非在线实时检测法和在线实时检测法两种。

（一）非在线实时检测法

1. 蒸馏法

蒸馏法是一种原始而古老的方法，广泛应用于各个行业，如制药行业、香水制造业等。水蒸气蒸馏法、分子蒸馏法、膜蒸馏法是现在常用的主要蒸馏方法。常用蒸馏方式有水中蒸馏、水上蒸馏（隔水蒸馏）、直接蒸汽蒸馏及水扩散蒸汽蒸馏。蒸馏法用于充油电气设备油微水含量的原理：取一定的试样与特定溶剂混合，放入蒸馏装置中进行蒸馏回流，加热3h左右，直到蒸馏出的水分不再增加为止，停止加热，在冷凝器中冷却至室温，

测定蒸馏出的水分的含量。

2. 气相色谱分析法

气相色谱分析法测定油中微量水分（简称微水）与测定其他成分一样。首先利用色谱仪中的汽化加热器将注入的油样瞬间汽化，被汽化的全部水分和部分油气被载气带至适当的色谱柱进行分离，然后用热导池检测器来检测，将检测值（水峰高或水峰面积）与已有的含水的标准工作曲线进行比较，就可以得到油样中的水含量。用色谱法检测液体中的微量水分时，普遍采用饱和值作为水分的定量基准，这种方法的优点是不受环境温度的干扰。饱和值在客观上又是恒定值，所以，只要确保达到了饱和状态，操作较为方便。苯中饱和水值和正庚烷中饱和水值可以作为定量基准。前者适用于水浓度大于100mg/L的液体样品，后者适用于水浓度小于100mg/L的样品。正庚烷和苯中的饱和水值的峰高与油中水值的含量存在近似线性的对应关系，利用这一关系可以为变压器中的微水含量定量。进行定量分析时，要严格按规定规程操作，否则误差较大。

3. 库仑法

库仑法是一种电化学方法，它是将库仑仪与卡尔·费休滴定法结合起来的方法。当被测试油中的水分进入电解液（即卡尔·费休试剂）后，水参与碘、二氧化硫的氧化还原化学反应，在吡啶和甲醇的混合液中相混合，生成氢碘酸吡啶和甲基硫酸吡啶，在电解过程中，碘分子在电极上产生氧化还原反应，直至水分完全耗尽为止。根据法拉第定律，电解时消耗的碘与电解时消耗的电量成正比。从化学反应式可知，1g分子的碘，氧化1g分子的二氧化硫，需要1g分子水。所以1g分子碘与1g分子水的当量反应，即电解碘的电量相当于电解水所需的电量。即1mg水对应于10.72电子库仑。根据这一原理，就可以直接从电解的库仑数计算出水的含量。

（二）在线实时检测法

1. 介电常数法

介电常数法的基本原理：利用充油电气设备中油和水的介电常数不同，油中含水的多少决定了设备的介电常数，传感器是电容式的温度传感器、湿度传感器，将传感器浸在油中，介电常数的变化导致电容的变化，通过测得电容的变化量经计算从而得到微水的含量。系统对电容传感器有一定的要求，如灵敏度高、输出信号可传输较长的距离等。信号的输出和测量通过上位机和下位机获得。近年来常用聚酰亚胺薄膜及氧化铝来做成电容式温度和湿度传感器。聚酰亚胺是一种新型湿敏性材料，吸水后聚酰亚胺的介电常数发生变化，可测得微水含量的变化，但用聚酰亚胺薄膜来做成电容式传感器时要注意对传感器实际结构的设计，保证聚酰亚胺薄膜较高的灵敏度和稳定性。氧化铝湿度传感器利用氧化铝对水分吸附力极强的性质制成，这种传感器具有响应速度快、抗结露及抗污染能力强、无需加热清洗、长期使用性能稳定可靠等许多优点。氧化铝湿度传感器是最新型的电子水分传感器，能够在全范围感湿（$1\times10^{-4}\%\sim99.9\%$RH），测出超微量水分。

2. 基于模糊控制神经网络检测法

采用神经网络来选择相关的因素，结合真值流推理就形成了模糊神经网络。温度和湿

度是影响变压器油中含水量的两个因素，输入层的两个因素为温度和湿度，温度和湿度信号通过下位机获得，并转化为方波信号传给上位机，输出层为微水含量，上位机对下位机发送的频率信号进行处理，通过模糊神经网络对其进行识别运算，得到微水含量的实时检测数据。

3. 射频方法

射频法检测油中微水含量的基本原理：射频信号源发射射频信号，由于油是非极性物质，水是极性物质，两者的介电常数相差很大，因而呈现出不同的射频阻抗特性。当射频信号传送到以油为介质的电容式射频传感器负载时，该负载阻抗随着混合液中不同的油水比而变化。

4. 红外光谱法

红外光谱法是将红外检测与色谱法结合的一种新型在线检测方法，将油样首先进入高效色谱柱进行油水分离，然后将分离出来的水气化，随载气进入红外检测池，水分子在波长为 1.94μm 的红外光处有最大吸收峰，且干扰最少，使透射光的强度减弱，从朗伯-比尔定律得知，吸光度和水分含量成正比，因此，测得吸光度就能得到油中微水含量。

第五节　绝缘油溶解气体的在线色谱分析

一、气相色谱分析及在线监测方法

油中溶解气体分析就是分析溶解在充油电气设备绝缘油中的气体，根据气体的成分、含量及变化情况来诊断设备的异常现象。例如当充油电气设备内部发生局部过热、局部放电等异常现象时，发热源附近的绝缘油及固体绝缘（压制板、绝缘纸等）就会发生过热分解反应，产生 CO_2、CO、H_2 和 CH_4、C_2H_4、C_2H_2 等碳氢化合物的气体。由于这些气体大部分溶解在绝缘油中，因此从充油设备取样的绝缘油中抽出气体，进行分析，就能够判断分析有无异常发热，以及异常发热的原因。气相色谱分析是近代分析气体组分及含量的有效手段，现已普遍采用。图 21－13 所示为油色谱分析在线监测的原理框图。

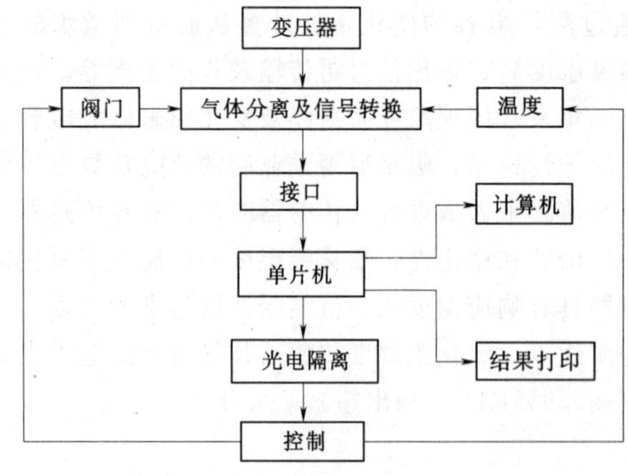

图 21－13　油色谱分析在线监测原理框图

进行气相色谱分析，首先要从运行状态下的充油电气设备中取油样，取样方法和过程的正确性，将严重影响到分析结果的可信度。如果油样与空气接触，就会使试验结果发生一倍以上的偏差。因此，在 IEC 和国内有关部门的规定中都要求取样过程应尽量不让油样与空气接触。其次，要从抽取的油样中进行脱气，使溶解于油中的气体分离出来。脱气方法有多种，常用的是振荡脱气法，即在一密闭的容器中，注入一定

体积的油样，同时再加入惰性气体（不同于油中含有的待测气体），在一定温度下经过充分振荡，使油中溶解的气体与油达到两相动态平衡。于是就可将气体抽出，送进气相色谱仪进行气体组分及含量的分析。常规的油色谱分析法存在一系列不足之处，不仅脱气中可能存在较大的人为误差，而且监测曲线的人工修正法也会加大误差，从取油样到实验室分析，作业程序复杂，花费的时间和费用较高，在技术经济上不能适应电力系统发展的需要；监测周期长，不能及时发现潜伏性故障和有效的跟踪发展趋势；因受其设备费用和技术力量的限制，不可能每个电站都配备油色谱分析仪，运行人员无法随时掌握和监视本站变压器的运行状况，从而会加大事故率。因此，国内外不仅要定期做以预防性试验为基础的预防性检修，而且相继都在研究以在线监测为基础的预知性检修策略，以便实时或定时在线监测与诊断潜伏性故障或缺陷。绝缘油气相色谱在线监测主要解决油气分离问题，目前在线监测油气分离采用的是不渗透油只渗透各种气体的透气膜，集存渗透气体的测量管和装在变压器本体放油阀上变换气流通过的六通阀以及电动设备；气体监测包括分离混合气体的气体分离柱及监测气体的传感器，控制气体分离柱工作温度的恒温箱、载气、继电器自动控制以及辅助电路设施。

二、油色谱传感器

为了解决油色谱气相分析在线监测，近年来研究出了各种渗透性薄膜，把它装在被测设备的油道中，可以把不同气体渗透出来，再通过各种传感器，分别监测不同的气体。最简单的是氢气（H_2）的渗透膜技术。常用的从油中分离 H_2 的渗透性薄膜原料有聚四氟乙烯及其共聚物、聚酰亚胺。这种薄膜有独特的透气性，只让油中所含的气体能从薄膜中透析到气室内，如图 21－14 所示。另外要求 H_2 的渗透度较其他气体有较大的差异。厚度一般为 5.0×10^{-3}cm，具有良好的抗油性能，例如 Panametric 公司生产的 Hydran 型 H_2 测定仪采用的是 0.005cm 厚的聚四氟乙烯薄膜，日立公司研制的 H_2 测定仪采用 0.005cm 厚的聚酰亚胺薄膜。

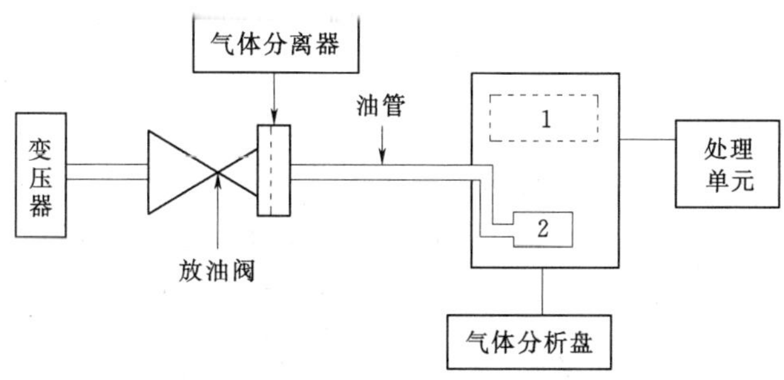

图 21－14　现场用色谱分析系统

1—实时气体分析器；2—CO_2 传感器

H_2 是充油电力设备绝缘材料分解所产生的主要气体之一，可作为监测分析绝缘材料异常现象的依据之一，但仅凭 H_2 的测量还不能完全作出准确判断。因此，为了进行准确的监测和诊断，还需要测量 CO_2、CH_4、C_2H_2、C_2H_4 和 C_2H_6 等气体，特别是某种表征异常状态所对应的特征气体。这就需要研究能渗透过多种气体的渗透膜。最近，发明了用

PFA 共聚薄膜，从油中分离出 H_2、CO_2、CH_4、C_2H_2、C_2H_4 及 C_2H_6 等气体进行监测的技术。利用 PFA 薄膜渗透气体的特性，从渗透膜分离出的油中气体，可利用半导体传感器来测定气体含量，由此可构成直接测量油中溶解气体的装置，直接诊断充油电力设备中内部有无异常。现在各个领域不断地在开发新渗透膜、新传感器，所以很好地组合这些新产品，将会出现更好、更可靠的油中气体自动分析装置。

三、绝缘油溶解气体的在线检测

1. 油中氢气的在线检测

不论是放电性故障还是过热性故障都会产生 H_2，由于生成氢气需克服的键能最低，所以最容易生成。换句话说，氢气既是各种形式故障中最先产生的气体，也是电力变压器内部气体各组成中最早发生变化的气体，所以若能找到一种对氢气有一定的灵敏度、又有较好稳定性的敏感元件，在电力变压器运行中监测油中氢气含量的变化、及时预报，便能捕捉到早期故障。目前常用的氢敏元件有燃料电池或半导体氢敏元件。燃料电池是由电解液隔开的两个电极所组成，由于电化学反应，氢气在一个电极上被氧化，而氧气则在另一电极上形成。电化学反应所产生的电流正比于氢气的体积浓度。半导体氢敏元件也有多种：例如采用开路电压随含氢量而变化的钯栅极场效应管，或用电导随氢含量变化的以 SnO_2 为主体的烧结型半导体。半导体氢敏元件造价较低，但准确度往往还不够满意。不仅油中气体的溶解度与温度有关，在用薄膜作为渗透材料时，渗透过来的气体也与温度有关。因此进行在线监测时，宜取相近温度下的读数来作相对比较，或在系统中考虑到温度补偿。测得的氢气浓度，一般在每天凌晨时测值处于谷底，而在中午时接近高峰。

2. 油中多种气体的在线检测

监测油中的氢气可以诊断变压器故障，但它不能判断故障的类型。图 21－15 给出了诊断变压器故障及故障性质的多种气体在线检测装置。气体分离单元包括不渗透油而只渗透各气体成分的氟聚合物薄膜（PFA）、集存渗透气体的测量管和装在变压器本体排油阀上改变气流通过的六通控制阀，排油阀通常在打开位置。当渗透时间相当长时，则渗透气体浓度与油中气体浓度成正比。检测单元通过一直通管与气体分离单元相连，利用空气载流型轻便气相分析仪进行管中各渗透组成气体的定量测定，诊断单元包括信号处理、浓度分析和结果输出等功能。用色谱柱进行气体分离后可测量出变压器油中色谱图，如图 21－

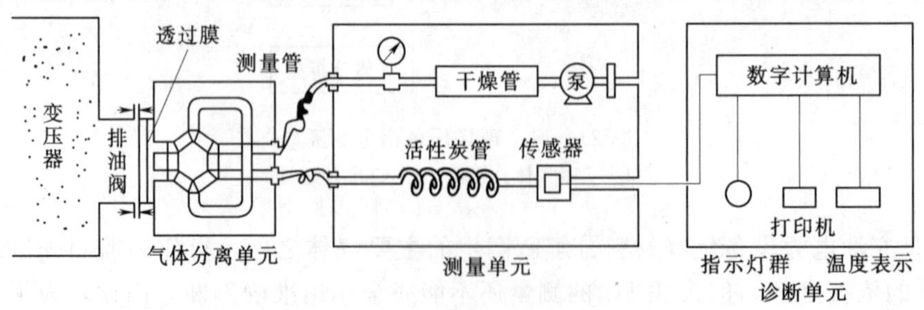

图 21－15　变压器油中气体在线检测原理

16 所示。得到这些气体的含量，就可根据比值准则，利用计算机进行故障分析，可以诊断变压器中局部放电、局部过热、绝缘纸过热等故障。

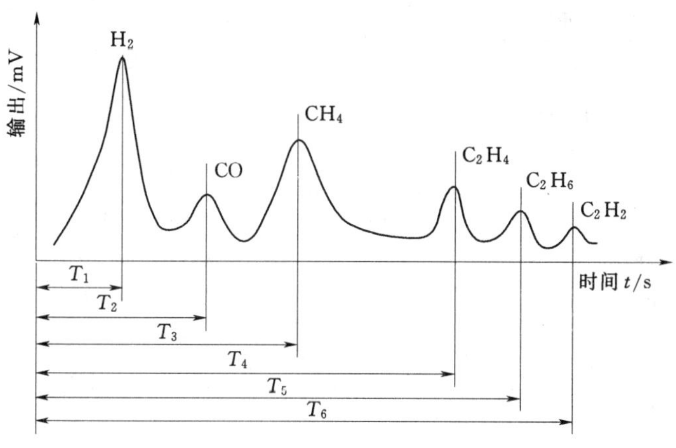

图 21-16 六种气体色谱图例

第六节 六氟化硫气体的性能和杂质

一、六氟化硫气体的主要物理和化学性能

纯净的六氟化硫气体在常温、常压下，为无色、无味、无臭、无毒、不可燃的气体。在水中的溶解度很低，但它在某些有机溶剂中的溶解度还是比较高的。在气体绝缘设备中，其压力范围通常为 0.1～0.9MPa，呈气态。经过压缩和液化在钢瓶中通常以液态形式运输。六氟化硫气体密度约为空气密度的 5 倍，因此空气中的六氟化硫气体易于自然下沉，聚集在低凹处，造成此区域的空气中的六氟化硫气体浓度升高，如果氧气的含量低于 16%，此区域内工作人员会产生窒息的危险。六氟化硫气体是非常稳定且生物惰性的物质，在常温甚至较高温度下一般不会发生自身分解反应。其惰性类似于氮气。化学性能极不活泼，在 150℃以下，不与水、氧、氨、强酸、强碱等活性物质反应，当温度达到 150℃时，金属、玻璃、陶瓷、橡胶、聚酯、树脂之类的物质对六氟化硫气体都没有明显的作用，在石英容器中加热到 500℃依旧没有分解。在高达 180℃环境中，与电气设备中的金属能很好地相容，当温度高于 200℃时，促使六氟化硫气体分解，一些金属开始和它发生反应，在 400～600℃时生成的金属氟化物才能清晰可见，生成金属氟化物。在 180～200℃，可与 $AlCl_3$ 反应生成 AlF_3 在 250℃下，能与 SO_3 反应：$SF_6+2SO_3=3SO_2F_2$，在室温下，可被无水碘酸定量地还原：$SF_6+8HI=H_2S+6HF+4I_2$。六氟化硫气体分子结构见图 21-17，六氟化硫气体主要物理和化学特征量分别见表 21-9、表 21-10。

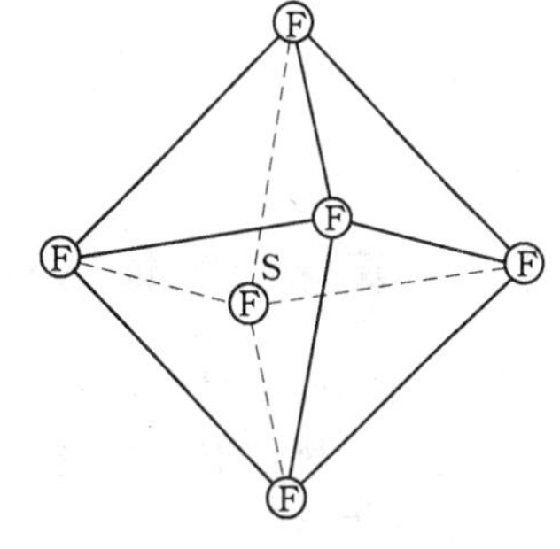

图 21-17 六氟化硫气体分子结构图

表 21－9　　六氟化硫气体主要物理特征量

项　　目	数值	项　　目	数值
密度/(kg/m^3)（20℃，10kPa）	6.16	声速/(m/s)（0℃，100kPa）	129.06
熔点/℃（223.6kPa）	－50.8	折射率	1.000783
升华温度/℃（101kPa）	－63.8	生成热/(kJ/mol)	－1221.58 ±1.0
临界温度/℃	45.58	反应熵/[J/(mol·K)]	－349.01
临界压力/MPa	3.759	恒压下的比热/[J/(mol·K)]（20℃，100kPa）	96.60
临界密度/(kg/m^3)	740	水中溶解度/(cm^3/kg)（20℃）	6.31
热传导率/[W/(m·K)](25℃,100kPa)	0.013	状态参数曲线图	见图 21－18

表 21－10　　六氟化硫气体的主要化学特征量

项　　目	数　　值
分子式	SF_6
相对分子质量/(g/mol)	146.05
硫含量/%	21.95
氟含量/%	78.05
分子结构	硫原子与位于六个棱角上的氟原子组成的正八面体（见图 21－17）
S—F 键	共价键
分子直径/mm	0.477
分解温度/℃（在石英容器）	500

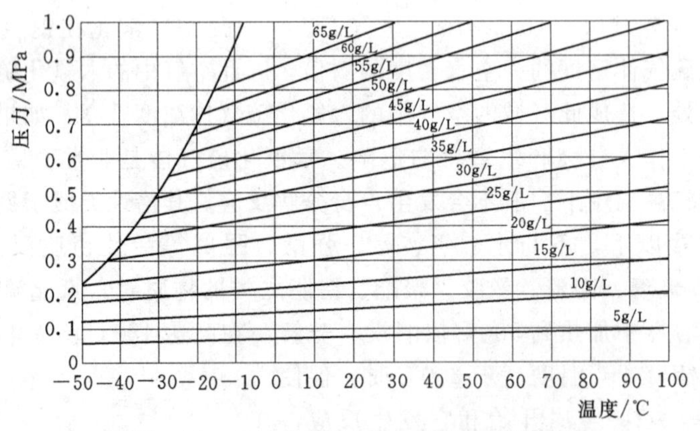

图 21－18　六氟化硫的压力、温度、密度特征

二、六氟化硫气体主要电气性能

六氟化硫气体的电气性能远高于空气，在均匀电场中，相同压力下，其绝缘强度约为空气的 3 倍，传热性能约为空气的 2 倍，灭弧能力约为空气的 10 倍，电气强度为空气的 2.5～3 倍，当气体压力为 0.2MPa 时，其绝缘强度与绝缘油相当。六氟化硫气体是强负电性气体，吸收自由电子的能力很强，同时释放能量，在局部放电（电晕、火花）、过

热电弧作用下会发生分解，当温度高达4000K以上时，几乎全部分解为硫和氟的离子、电子，电弧熄灭后，绝大部分的分解物又重新结合成稳定的六氟化硫分子，其中极少数与电极材料、绝缘材料及其他杂质等发生反应，生成氢氟酸、低价氟化物、氧、硫的氟化物和金属氟化物等。其主要电气特征量见表21－11。六氟化硫气体密度大、灭弧能力强、化学和热稳定性好、介质损失率小、热扩散性能好，是高压电器设备理想的绝缘介质。

表21－11　　六氟化硫气体主要的电气特征量

项　　目	数　　值
相对于压力的临近界击穿场强/［V/(m·Pa)］	89
相对介电常数（25℃、0.1MPa绝对压力）	1.00204
相对介损正切（25℃、0.1MPa绝对压力）(tanδ)	$<2.0\times10^{-7}$
有效电离系数	$\frac{\alpha}{p}=A\frac{E}{p}-B$

三、运行中电气设备中六氟化硫气体中的杂质

1. 杂质的种类和来源

运行的电气设备中取出的六氟化硫气体含有多种杂质，一些杂质来自新的六氟化硫气体，一些杂质来自设备运行维护、检修、缺陷和故障过程中。气体的使用状态、杂质产生的原因及可能产生的杂质，如表21－12所示。

表21－12　　六氟化硫气体主要杂质及其来源

六氟化硫气体的使用状态	杂质产生的原因	可能产生的杂质
新的六氟化硫气体	生产过程中产生	空气，油，H_2O，CF_4，可水解氟化物，HF，氟烷烃
检修和运行维护	泄漏和吸附能力差	空气，油，H_2O
绝缘的缺陷	局部放电：电晕和火花	HF，SO_2，SOF_2，SOF_4，SO_2F_2
开关设备	电弧放电	H_2O，HF，SO_2，SOF_2，SOF_4，SO_2F_2，CuF_2，SF_4，WO_3，CF_4，ALF_3
	机械磨损	金属粉尘，微粒
内部电弧放电	材料的熔化和分解	空气，H_2O，HF，SO_2，SOF_2，SOF_4，SO_2F_2，SF_4，CF_4，金属粉尘，微粒，ALF_3，FeF_3，WO_3，CuF_2

2. 杂质的影响

六氟化硫气体中的杂质大致可以分为两类：

(1) 起稀释作用的杂质。例如生产过程中产生的空气中的氮气和四氟化碳。其含量低时对绝缘及灭弧性能无重大影响。

(2) 影响设备安全的杂质。例如水、酸性杂质、氧气（特别是当它们混合在一起时）会加速金属、设备部件、绝缘材料老化和腐蚀，导致机械功能失灵，降低绝缘材

料的电气性能；都会危及设备的安全，因此，对这些杂质含量必须加以限制，以防止腐蚀、结露。另外，六氟化硫绝缘设备运行中产生的多种气态产物、固体分解产物，这些不同特征组分及其含量，对应不同的运行工况，也可能存在缺陷、潜伏性故障和故障，是直接影响设备安全与否的隐患，不仅危及设备的安全，而且会对人身健康带来严重不良后果。

第七节　六氟化硫气体的检测项目、周期和要求

六氟化硫气体检测项目包括新的六氟化硫气体，投运前、交接时六氟化硫气体，运行六氟化硫气体和重复使用的六氟化硫气体分析。在电气设备 SF_6 新气前应进行抽样复检，SF_6 复检结果应符合 GB/T 12022—2014 中表 1 的技术要求。瓶装 SF_6 新气抽检数量按照 GB/T 12022—2014 中表 2 的规定抽取，同一批相同出厂日期的，只测定湿度（20℃）和纯度。

SF_6 气体在充入电气设备 24h 后，方可进行试验。

关于补气和气体混合使用规定：

（1）所补气体应符合新气质量标准，补气时应注意接头及管路的干燥。

（2）符合新气质量标准的其他均可混合使用。

运行中 SF_6 气体的试验项目、周期和要求见表 21 - 13。

表 21 - 13　　运行中 SF_6 气体的试验项目、周期和要求

序号	项目	周期	判据		方法及说明
			A 级检修	运行中	
1	纯度（质量分数）/%	（1）A 级检修。 （2）必要时	≥97		按 GB/T 12022 进行
2	湿度（20℃）/(μL/L)	（1）A 级检修。 （2）≥330kV：≤1 年。 （3）≤220kV：≤3 年。 （4）必要时	灭弧室：≤150 非灭弧室：≤250	灭弧室：≤300 非灭弧室：≤500	按 DL/T 506 进行
3	气体泄漏/(%/年)	必要时	≤0.5	≤0.5	按 GB/T 11023 进行
4	毒性	必要时	无毒		按 GB/T 12022 进行
5	酸度（以 HF 计）/(μg/g)	必要时	≤0.3	≤0.3	按 DL/T 916 进行
6	空气（质量分数）/%	必要时	≤0.05	≤0.2	按 DL/T 920 进行
7	可水解氟化物/(μg/g)	必要时	≤1.0	≤1.0	按 DL/T 918 进行
8	四氟化碳（质量分数）/%	必要时	≤0.05	≤0.1	按 DL/T 920 进行
9	矿物油/(μg/g)	必要时	≤10	≤10	按 DL/T 919 进行

在电气设备充气前必须确认六氟化硫气体质量合格，每批次具有出厂质量检测报告，每瓶具有气体出厂合格证。在电气设备充气前必须进行抽样复检，抽样数量、复检的项目、方法按 GB/T 12022 中有关规定执行。在六氟化硫气体制造过程中会产生剧毒的 S_2F_{10} 气体，经水解处理能除尽。如果水解工艺失控、六氟化硫气体出厂试验中的生物毒性试验控制不严，可能使六氟化硫气体中残留 S_2F_{10} 气体和其他毒性杂质，因此在新六氟化硫气体验收时，验证有无合格的生物毒性试验报告是不能忽略的。新六氟化硫气体（包括再生气体）质量指标（质量分数）见表 21－14。

表 21－14　　新六氟化硫气体（包括再生气体）质量指标（质量分数）

分析项目		单位	指标	测试方法
六氟化硫		%(μg/g)	≥99.9	色谱法
空气		%(μg/g)	≤0.04	色谱法
四氟化碳		%(μg/g)	≤0.04	色谱法
湿度（20℃）	质量比	μg/g	≤5	重量法、电解法
	露点 101325Pa	℃	≤－49.7	露点法、阻容法
酸度（以 HF 计）		μg/g	≤0.2	酸碱滴定法
可水解氟化物（以 HF 计）		μg/g	≤1.0	电极法、分光光度法
矿物油		μg/g	≤4	红外光谱法
毒性			生物试验无毒	21% O_2 和 79% SF_6 小白鼠染毒 24h

第八节　六氟化硫电气设备内部状态的检测和六氟化硫气体分解产物的检测

一、六氟化硫电气设备内部状态的检测

1. 概述

现场的气体质量监督和管理通常是通过湿度、检漏、压力和气体密度监测来实现的，现有的电力设备预防性试验、近期对运行中的 GIS 增加的局部放电测试、对主要分解产物的监测，都还不能准确评估设备的状况，因此也不能作为电力设备状态检修技术要求的可靠性判据、评估和诊断。随着传感技术、微电子、计算机软硬件、数字信号采集处理技术、干扰抑制技术、模式识别技术、人工神经网络、专家系统、模糊集理论等综合智能系统在状态监测及故障诊断中的应用，使基于设备状态监测和先进诊断技术的状态检修研究得到发展，成为电力系统中一个重要研究领域，气体绝缘设备的状态检测和诊断新技术，例如：在线监测、带电检测技术、红外线点测温定位、红外线热像仪、带电设备红外诊断技术、红外定位技术、SF_6 气体激光泄漏定位、X 射线照相、隔离开关支柱探伤、超声波、高频局部放电监测技术、高压断路器动态回路电阻测试技术、断路器分合闸线圈电流波形技术、断路器操作振动波谱技术、GIS 开关室环境状态在线监控系统的应用、局部放电检测技

术、六氟化硫气体分解产物检测技术等目前都正处在积极探索研究新技术的应用阶段。尤其是局部放电检测技术和气体分解产物组分及含量的检测技术已成为六氟化硫气体绝缘设备状态检测、综合评估的两个重要特征参量，可及时、有效地进行设备缺陷类型、性质、程度及发展趋势定位，也是设备潜伏性故障早期诊断的两个比较有效的方法。目前已成为国内的研究热点并有了很大的进展，在气体绝缘设备的带电检测中发挥了很大的作用。

2. 局部放电可以在线和离线监测

局部放电的检测方法有脉冲电流法、超声波法、特高频法，主要检测局部放电量。脉冲电流法原理：局放时接地线上有高频电流通过，因此可利用铁钛氧等磁心材料的线圈测量此高频信号。该方法可以在很宽的频率范围内保持很好的传输特性，灵敏度高，放电量可以标定，但是易受到电磁噪声干扰影响使用。超声波法采用超声波传感器接收局放产生的振动及声波（纵波、横波和表面波）信号。此法的优点是不受电气方面的干扰，但是易受到其他振动干扰，影响测量精度很难对设备绝缘状态做出准确判断。特高频法通过天线传感器接收设备内部局放产生的特高频电磁波信号，传感器可以置于设备内部或外部，灵敏度较高，抗干扰能力较强，可对故障定位，但其定量标定还未解决。超声波法、特高频法已应用到实际工程中。后者是目前应用最为广泛的检测方法。

3. 气体分解产物检测可以在线和离线检测

气体分解产物检测有现场测试和取气到实验室检测。现场可以设备不停电、在线带电进行检测，主要采用化学传感器法、气体检测管法和气相色谱法检测。可检测组分有 SO_2、H_2S、CO、HF、H_2O、空气、CF_4、CO_2 等，灵敏度高，快速简便，不受电晕放电干扰。实验室检测可以按 DL/T 1032《电气设备中六氟化硫气体（SF_6）取样方法》，用真空法采样，使用不锈钢瓶或内壁衬聚四氟乙烯铝合金瓶，直接从设备采集样品到容器送检，主要采用的检测方法有色谱法、质谱法、气相色谱和质谱联用法、红外分光光谱法、气相色谱和红外分光光谱联用法等。主要可检测组分有 SO_2、H_2S、CO、HF、空气、CF_4、C_2F_6、C_3F_8、CO_2、SO_2F_2、SOF_4、SOF_2、S_2OF_{10} 等。六氟化硫电气设备经过长期运行或经电晕、火花和电弧放电后产生各种有毒、腐蚀性的固体杂质，只能在设备大修或者解体后采集样品送到实验室进行检测。主要采用 X 射线衍射法，冷场发射电子扫描显微镜（SEM）和能谱仪（EDS），可检测组分有 F、S、O、金属离子及其可检测组分的相对含量。

局部放电和气体分解产物两种技术手段如何发挥各自的优势、如何取长补短、如何有效的结合，两者相互关联的内在规律都是值得探讨的重要课题。

二、六氟化硫气体分解产物的检测方法

六氟化硫气体分解产物组分很多，可以采用不同的方法进行分析检测。表 21－15 所示为各种检测方法、检测组分和方法特点。

三、湿度测量方法

依据工作原理的差异，所使用的仪器不同，目前现场测试方法，常用的有电解法、冷

凝露点法和阻容法三种，实验室测试方法有质量法。

表 21－15　　各种检测方法、检测组分和方法特点

序号	检测方法	检测组分	方法特点
1	气体检测管法	SO_2、H_2S、CO、HF、H_2O、油	现场检测、耗气量少，具有较宽的测量范围，快速、直观，操作简单，使用方便，不用维护。检测管一次性使用，成本低
2	电化学传感器法	SO_2、H_2S、CO、HF	现场检测、不受电晕放电干扰，灵敏度高，耗气量少，快速、直观，操作简单
3	离子迁移波谱法（动态离子法）	气体杂质量总量	现场检测、快速、操作简单
4	气相色谱法（带热导检测器的便携式气相色谱仪 GC－TCD－FPD）	空气、CF_4、CO_2	现场检测、耗气量少；检测组分多，灵敏度高
5	气相色谱法（带热导和火焰光度检测器的便携式气相色谱仪 GC－TCD－FPD）	空气、CF_4、CO_2、H_2S、SO_2F_2、SOF_2、SO_2	现场检测、耗气量少；检测组分多，灵敏度高。 已有研制产品，还需要改进和完善
6	气相色谱法（带氦离子化检测器的便携式气相色谱仪 GC－HDID）	空气、CF_4、C_2F_6、C_3F_8、CO、CO_2、H_2S、SO_2F_2、SOF_2、SO_2	现场检测、耗气量少；检测组分多，灵敏度高。 已有研制产品，还需要改进和完善
7	气相色谱法（带热导、火焰光度检测器的气相色谱仪 GC－TCD－FPD）	空气、CF_4、CO、CO_2、H_2S、SO_2F_2、SOF_2、SO_2、S_2OF_{10}	采样到实验室分析、多组分分离效果好，样品用量较少
8	气相色谱法（带氦带子化检测器的气相色谱仪 GC－HDID）	空气、CF_4、C_2F_6、C_3F_8、CO、CO_2、H_2S、SO_2F_2、SOF_2、SO_2	采样到实验室分析、多组分分离效果好，检测灵敏度高，样品用量较少、对样品应用主组分（氦除外）脱除、切割、分离

1. 质量法

用恒重的无水高氯酸镁（吸湿剂）吸收一定体积六氟化硫气体中的水分，并准确称量吸湿剂增加的质量，由此计算六氟化硫气体的含湿量，它为最经典之湿度基准测量方法，可以用于仲裁试验，该法准确性高，但是对操作技术要求极为严格，测定时间长、耗气量大，一般作为仲裁试验。

2. 电解法

采用库仑法，其定量基础为法拉第电解定律，当六氟化硫气体以一定流量流经一个有特殊结构的电解池时，气体中的水蒸气被电解池内吸湿剂 P_2O_5 膜层吸收并被全部电解，当吸收和电解过程达到平衡时，其电解电流正比于气样中水蒸气含量，可通过法拉第定律和气体状态方程式导出的电解电流与湿度之间的关系，测量电解电流，得到气样的湿度。电解法湿度计的示值直接表示被测气体的体积比湿度。它是较经典的方法，准确度较高、稳定性好、操作简单。但是，长期停用的仪器，电解池容易受潮，降低了测量工作的效率，在测量前必须用高纯氮气干燥电解池，使电解池本底值降为 5μL/L 以下，本底值的测量在计算时应予以扣除。间歇测量达到稳定平衡时间较长，对被测流量要求很严格，需作校正和状态修正，电解池需重新涂复对使用者也很麻烦。

3. 冷凝露点法

被测六氟化硫气体以一定的流量在恒定的压力下流经露点仪测试室中镜面，当气体中水蒸气随着镜面温度的降低冷凝成霜（露）并达到相平衡状态时，此时所测得的镜面温度即为气体的霜（露）点温度，通过霜（露）点温度，用相应的换算式得到用体积比表示的湿度，仪器测量范围较宽，有较高的准确度和精密度，使用方便，操作简单，适于间歇测量，但其制冷装置受环境温度的制约，制冷效率会受到影响，如有干扰物质也会影响正常结露，有时霜点、露点、过冷水难以区分，都会影响对测量结果的准确判断。某些露点仪增加了低湿测量时的快速稳定装置，可有效缩短测量时间。

4. 阻容法

是利用湿敏传感器的电阻值或电容值随着气体湿度的变化按照一定规律变化的特性进行湿度测量。常用的湿敏元件有氧化铝、有机高分子薄膜。仪器使用方便、操作简单、响应时间快、测量范围宽，但传感器因自行衰变发生漂移，使其电参量和气体湿度之间的关系曲线随时间和仪器的使用而变化，仪器需要经常标定校准，方能保证仪器测量值的准确。

由于环境温度对设备中气体湿度有明显的影响，无论使用哪种原理的仪器，对在不同环境温度下测量的湿度，最终结果都应折算到20℃时的数值。

如果设备生产厂家提供有折算曲线、图表，国外设备制造公司例如ABB、ALSTHOM、MG等公司均提供了各自的修正方法，可采用公司提供的曲线、图表进行温度折算。如果公司未提供折算的曲线、图表时，可使用DL/T 506《六氟化硫电气设备中绝缘气体湿度测量方法》中“六氟化硫气体湿度测量结果的温度折算表”进行温度折算，该折算表是在充分考虑了全国各地的经验温度折算法和公式折算法后，通过对各种折算方法的数据处理及拟合得到的。折算表便于现场检测中对气体湿度测量结果的修正，虽然该修正值不能完全符合设备内气体湿度随温度变化的规律，但可以通过相同的修正方法，掌握设备中气体湿度的变化趋势和设备运行工况。

四、泄漏检测方法

泄漏监测主要采用压力表、密度继电器和便携式定性和定量检漏仪进行检测。检漏仪的检测原理一般有紫外线电离型、负电压电晕型、局部真空高频电离型和电子捕获型。

(1) 定性检漏作为判断设备漏气与否的一种手段，确定漏气点位置，是定量检漏前的预检，定性检漏有以下两种方法：

1) 抽真空检漏：设备抽真空至113Pa，再继续抽真空30min后关阀门、停真空泵，30min后读取真空值A；5h后再读取真空值B，若B、A值小于133Pa，则认为密封性能良好。该方法适用于设备制造、安装过程、充气前检测。

2) 正压检漏（设备充于高于大气压气体）：将检漏仪探头沿着设备各连接口表面缓慢移动，根据仪器检出读数来判断接口的气体泄漏情况。一般探头移动的速度以15mm/s左右为宜，以防探头移动过快而错过泄漏点，无漏点则认为密封性能良好。

(2) 定量检漏可以在设备/隔室或分装部件、元件间密封部件上进行。定量检漏可以

用下面四种方法。

1）扣罩法：将设备置于封闭的塑料罩或金属罩内，设备充气至额定压力6h后，扣罩24h，测定罩内设备泄漏的六氟化硫气体浓度，并通过计算，确定年漏气率的方法。该方法适用于高压开关中、小型设备适合做罩的场合。

2）挂瓶法：设备充气至额定压力后，取掉检测孔的螺栓，经24h后，用软胶管分别连接检测孔和挂瓶，经过一定时间后，测定瓶内六氟化硫气体的浓度，并通过计算确定密封面漏气率的方法。该方法对设备有特殊要求，仅适用于法兰面有双道密封槽，并留有检漏孔的设备。

3）局部包扎法：设备的局部用塑料薄膜包扎，经过一定时间后，测定包扎腔内六氟化硫气体的浓度每个密封部位包扎后历时5h，测得的SF_6气体含量不大于30μL/L，并通过计算确定漏气率的方法。该方法一般用于组装单元和大型设备的场合。

4）压降法：对设备/隔室在一定时间内测定的压力降，计算年漏气率的方法。适用于设备/隔室漏气量较大时或监督运行设备的泄漏。

近年来，激光成像、红外成像等泄漏检测是否适合在线、能否定量还有待实践中完善考验。

第九节　对气体绝缘设备运行状态的有效在线监控和离线检测展望

运用各种先进的高科技手段实现对气体绝缘设备运行状态的有效在线监控和离线检测，建立气体绝缘设备内部潜伏性故障预警以及状态诊断的科学的量化评估方法，为确立设备的更换、检修提供依据，进而可以逐步实现状态检修。为此，世界各国电力部门相关单位在此领域的相关研究工作已经取得了很多的科研成果，尤其是在气体检测方面更是有新的进展，国际电工委员会在IEC 60480—2004《六氟化硫电气设备中气体的检测和处理导则及其重复使用规范》中，推荐了很多现场和实验室分析方法，对SF_6气体分解产物的检测项目和方法以及分解产物气体总量控制都有明确的规定，对重复使用的SF_6气体的质量，规定了可接受的杂质水平极限，其中要求所有分解产物总量不大于50μL/L，或（SP_2＋SOF_2）≤12μL/L、HF≤25μL/L。国际强电委员会关于判断SF_6气体污染标准规定：气体杂质含量不大于500μL/L气体合格，500～1000μL/L低度污染，1000～2000μL/L中度污染，不小于2000μL/L高度污染。台湾电力公司也建立一套以断路器SF_6气体分解产物含量作为设备状况评估之量化指标，设备中SF_6气体分解产物含量低于500μL/L，只需定期的追踪检测分解产物含量，超过2000μL/L即需重新处理不得使用。日本三菱公司SF_6气体绝缘变压器气体分析监督标准规定：CO≤300μL/L，CO_2≤3000μL/L，F离子的含量不大于0.1m/m，CF_4确认增长趋势，并要求在检测中未检出以下气体：C_2F_6、SO_2、SOF_2、SO_2F_2，检测周期为2年或必要时。日本东芝公司内部的指标规定为：HF≤1μL/L、CO≤300μL/L，如果HF＞1μL/L，应引起极端注意，而CF_4只要上升就要引起注意。新加坡电力公司内部规定，若SO_2含量超过8μL/L，则设备须检修，把设备中SO_2含量指标大作为设备检修的判据。在国家电网公司推行的《电力设备带电检测技术规范》中，给出了 SF_6 开关设备正常的气体分解产物 SO_2≤2μL/L 且 H_2S≤2μL/L，设备缺陷指标为 SO_2≥5μL/L 或 H_2S≥5μL/L；福建省电力公司企业标准《电力设备交接和预防性试验规程》规定，SF_6 气体分解物中 SO_2、HF、H_2S 含量监控值定为 2μL/L，超过 2μL/L 时，应引起注意，当超过 50μL/L 时应停电查明原因，对不同设备、不同含量的 SO_2 和 H_2S 的检测周期也有相应的规定；中国南方电网有限责任公司也推出了对不同设备中 SO_2＋SOF_2、H_2S、HF、CO 的不同含量的检测周期的规定。规定气体分解产物的相关标准的推出，气体绝缘设备从计划检修向状态检修转化的策略中很重要的组成部分，推动了我国状态检修工作的进展。

国家电网公司和中国南方电网有限责任公司等最近都加大了科研力度，开展了把气体分析作为一种手段，研究各种有效方法。分析设备内气体杂质含量，摸索 SF_6 气体分解产物的现场检测方法和实验室分析方法，开展现场普查、气体成分与设备状态关联性的研究，了解设备内气体质量的变化，并进一步通过对 SF_6 气体的质量变化的监控，准确判断设备是否存在缺陷、故障、故障类别、故障严重程度与发展趋势等，并对故障的类型进行模式识别，进而对设备状态进行评估诊断，也已经取得了很多的研究成果，并在运行设备的检测中运用，减少了事故的发生。然而在气体绝缘电设备中，因高能量电弧放电、较强的局部放电及异常高温 SF_6 气体分解过程非常复杂，涉及复杂的物理化学过程，会产生分解产物组分多、其含量很少、甚微，这些分解产物的组分及其含量随电气设备结构、不同缺陷、故障类型、放电能量、水分、氧气、绝缘材料、电极材料、吸附剂的种类及其数量而存在着很大的差异，现有的各种技术监测手段还未建立统一的方法，标定装置、质量传递系统、各种检测方法和检测数据存在无可比性，技术监测手段本身也还存在许多技术难点，设备中分解产物杂质组分、含量及其增长变化的差异所涉及设备内部状态的变化，故障类型、潜伏性故障程度之间存在着的内在规律、局部放电和分解产物两者的直接对应关系如何，尤其是对潜伏性故障的特征气体及其指标值，都还有待于通过进一步的模拟试验进行深入研究。结合现场检测数据的大量积累，运行实践经验的丰富，在取得了实质性的突破后，推出潜伏性故障的特征气体预判指标、分解产物各组分及其增加的总量的变化、局部放电、电气性能、运行工况等的综合诊断依据，使绝缘设备诊断规范化，实现气体绝缘设备的状态检修有据可依，真正实现状态检修。

SF_6 分解过程很复杂，影响因素也很多，所以分解产物成分复杂、组成多变。但是，在设备出现缺陷和故障后，任何一种故障的特征气体组分的变化都预示着该设备中存在着缺陷和故障，前述标准的规定指标值还是可以作为对设备进行监控的参考，在设备出现故障时，可通过对不同气室、不同间隔的分解产物的现场检测、比对差别，快速将故障部位找到，合理解除相应的故障间隔，及时恢复送电。我国电网规模大、气体绝缘设备数量多、地域辽阔环境差异也大，为研究工作提供了极佳的平台，并且随着各种检测技术手段的不断进步和完善，运用各种先进的高科技手段逐渐实现对气体绝缘设备运行状态的有效在线监控和离线有效监测，进而实现对设备状态的评估。尤其是气体分解产物的检测要达到像检测变压器油色谱那样完善而有效的原理、方法及判断标准的目标，取得实质性突破一定会为期不远，也一定达到该领域中的国际水平。

复　习　题

1. 简述绝缘油在电力设备中的作用。

2. 为什么对变压器内的绝缘油要求其火花放电电压高一些，而对少油断路器灭弧室内的绝缘油的火花放电电压要求可以低一些？

3. 为什么电力设备电压等级低时，对其中绝缘油介电强度的要求可以低些？

4. 绝缘油的预防性试验项目有哪些？各能检测绝缘油的何种缺陷？

5. 取油样应注意些什么？

6. 检测绝缘油质量时，测油的火花放电电压要在油温为15～35℃的范围内进行，而测介质损耗因数时，要在油温约为90℃的条件下进行，为什么？

7. 你是如何进行绝缘油的耐压试验的？是否符合操作要求？

8. 简要说明绝缘油介质损耗因数增高的原因。

9. 不同标号的绝缘油可以混用吗？为什么？

10. 为什么要推广小间隙绝缘油介电强度测定法？

11. 什么是绝缘油的体积电阻率？为什么要测量体积电阻率？如何测量？

12. 什么是绝缘油的界面张力？为什么要测量界面张力？如何测量？

13. 简述 SF_6 气体在电力设备中的作用。

14. 简述 SF_6 气体主要物理特征、化学特征和电气性能。

15. SF_6 气体中的杂质是从哪里来的？有哪些杂质？有什么危害？

16. 怎样进行六氟化硫电气设备内部状态检测？

17. 怎样进行六氟化硫气体分解物的检测？

18. 怎样进行六氟化硫气体含湿量的测量？

19. 怎样对六氟化硫电气设备进行六氟化硫气体泄漏检测？

第二十二章 避　雷　器

第一节 概　述

一、避雷器的作用和类型

避雷器是保证电力系统安全运行的重要保护设备之一。主要用于限制由线路传来的雷电过电压或由操作引起的内部过电压。

目前使用的避雷器有以下四种类型：

(1) 保护间隙。

(2) 管式避雷器。

(3) 阀式避雷器，它包括普通阀式避雷器（FS 型和 FZ 型）与磁吹阀式避雷器（FCZ 型和 FCD 型）。

(4) 金属氧化物避雷器（MOA），也称无间隙避雷器。其型号的表示方法如下：

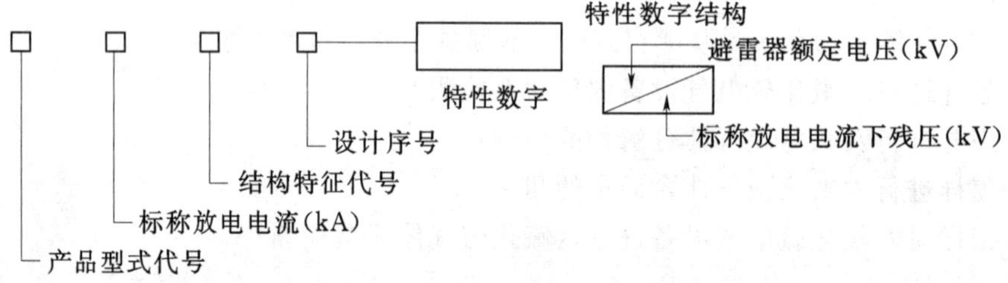

产品型式代号 Y 表示氧化物避雷器；结构特征代号 W 表示无放电间隙。例如 $Y_{10}W_5$ - 444/995，表示该氧化物避雷器为无间隙，其标称放电电流为 10kA，设计序号为 5，额定电压为 444kV，标称放电电流下的残压为 995kV。

二、阀式避雷器

阀式避雷器由火花间隙和非线性电阻（简称阀片）串联组成。火花间隙决定了避雷器的放电电压，而放电电压与时间的关系特性称为伏秒特性。串联的阀片决定了避雷器的残压和续流。通过阀片的电流与其压降的关系特性称为伏安特性。伏秒特性和伏安特性是阀型避雷器的两个基本特性。

为了获得较平稳的伏秒特性，目前采用的火花间隙是密封的多间隙，这种结构的优点是结构简单且熄弧能力较好。对于伏秒特性要求较高的电站用阀式避雷器，其火花间隙装有并联的分路电阻，这种分路电阻的电阻值一般比阀片的电阻大得多，且同样具有非线性。

串联阀片的电阻值和通过的电流大小有关，在大电流下电阻值小，在小电流下电阻值大。也就是说，阀片的压降随着通过的电流大小只有很小的变化。只有具有这样伏安特性的阀片才能保证一方面在雷电流流过时维持不高的残压；而另一方面又可以限制在工频电压下的续流值，使火花间隙能容易地切断续流。

磁吹阀式避雷器的主要元件也是火花间隙和阀片，所不同的只是采用磁场驱动电弧来提高灭弧性能，改进了阀片的工艺与配方，提高了热容量，这样就可使避雷器有较低的冲击放电电压和残压。

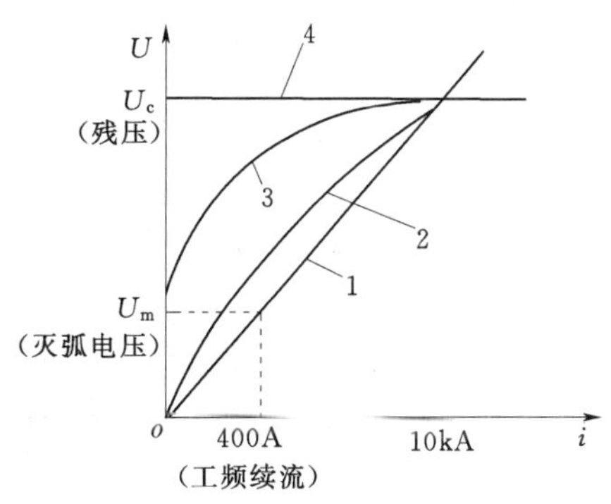

图 22-1 SiC、金属氧化物及理想避雷器的伏安特性比较

1—线性电阻；2—SiC 避雷器；3—金属氧化物避雷器；4—理想避雷器

三、金属氧化物避雷器

金属氧化物避雷器的基本结构是阀片。阀片是以氧化锌为主要成分，并附加少量的 Bi_2O_3、CO_2O_3、MnO_2、Sb_2O_3 等金属氧化物添加剂，将它们充分混合后造粒成型，经高温焙烧而成的。这种阀片具有优良的非线性、大的通流容量。由于其阀片是由金属氧化物组成的所以通常称为金属氧化物避雷器，并用 MOA 表示。又由于其阀片的主要成分是氧化锌，故而习惯称之为氧化锌避雷器。

图 22-1 示出了碳化硅避雷器、金属氧化物避雷器与理想避雷器的伏安特性曲线。由曲线可见，金属氧化物避雷器的伏安特性曲线最接近理想避雷器的伏安特性曲线，所以其非线性特性较 SiC 避雷器好。金属氧化物避雷器的非线性系数 α 与电流密度有关，一般为 0.01～0.04，非常接近 α 为零的理想值。

氧化锌阀片的非线性特性主要是由晶界层形成的。若用显微镜观察阀片，可以看到在直径约 10μm 的氧化锌晶粒周围包有由添加剂形成的厚为 0.1μm 左右的氧化物膜，即晶界层。这种晶界层在界面上产生位垒，使阀片呈半导体性质。氧化锌晶粒的电阻率约为 1Ω·cm，是导电性的。晶界层的电阻率是变化的，在低电场强度下约为 10^{10}～10^{14}Ω·cm，而当电场强度达到 10^4～10^5V/cm 时，其电阻率骤然下降到 1Ω·cm，从而进入低电阻状态。阀片的电特性可用图 22-2 所示的等值电路表示。

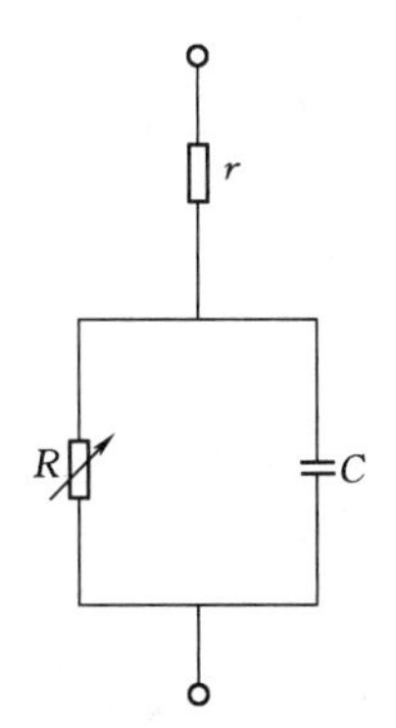

图 22-2 阀片的等值电路

r—氧化锌晶粒电阻（ρ_r=1Ω·cm）；R—晶界层电阻；C—晶界层电容（ε=500～2000）

阀片在运行电压下呈绝缘状态，通过的电流很小（一般为 10～15μA）。由于阀片有电容，在交流电压下总电流可达数百微安。阀片承受电压升高，电流也随之增加，当电流达 1mA 时，则认为它开始动作，此时的电压称为起始动作电压，用 U_{1mA} 表示，金属氧化物避雷器限制过电压的作用就由此开始，随后逐渐加强。

氧化锌阀片的导电机理可根据图 22-3 作如下描述：

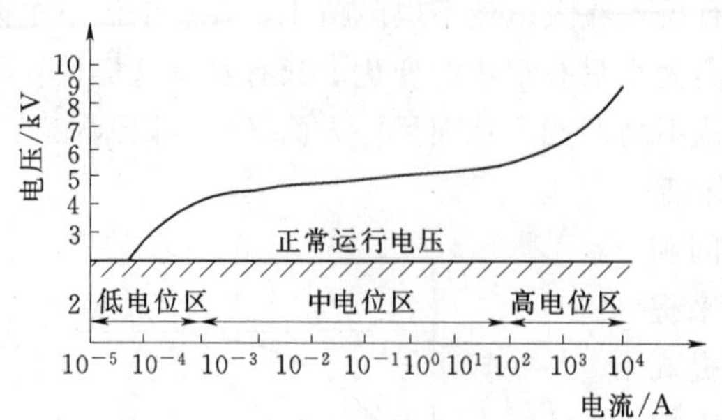

图 22-3 氧化锌阀片的典型伏安特性

(1) 氧化锌晶粒间的晶界层形成位垒，在低电位下，电子靠热发射越过在电场作用下被降低了的位垒，形成泄漏电流。

(2) 在中位区，相当于受到冲击波作用，阀片承受场强达 10^6V/cm，产生隧道效应，位垒被突破，这时通过的电流显著增大。

(3) 在高电位区，位垒产生的压降由于隧道效应而变小，起作用的只是氧化锌晶粒的电阻 r，因此电流近似为 $I_s=E/r$。

金属氧化物避雷器除有优良的非线性外，还有下列主要优点：

(1) 无间隙。在工作电压作用下，氧化锌阀片实际相当于一个绝缘体，不会使其烧坏。因此，可以不用串联间隙来隔离工作电压。由于无间隙，因而对波头陡的冲击波能迅速响应，放电无延迟，限制过电压效果很好。既提高了对电力设备保护的可靠性，又降低了作用于电力设备上的过电压，从而降低电力设备的绝缘水平。

(2) 无续流。由上述可知，只有当作用到氧化锌阀片上的电压达到其起始动作电压时，才发生“导通”，“导通”后，氧化锌阀片上的残压与流过其中的电流大小基本无关而为一定值。当作用电压降到动作电压以下时，氧化锌阀片“导通”状态终止，又相当于一个绝缘体。因此不存在工频续流。由于无续流，使动作后通过的能量很小，对重复雷击、操作波等短时间可能重复发生的过电压保护特别适用。按单位体积计算，它的通流容量比碳化硅阀片约大 4 倍。

由于金属氧化物避雷器有上述优点，因而有很大发展前途，世界上许多国家都在致力于它的研制及推广。目前，我国研制的 500kV 金属氧化物避雷器已经通过技术鉴定，并在电力系统中运行。

对运行中的避雷器进行定期检查、试验是保证电力系统安全运行的一个重要环节。

(1) 外部绝缘瓷筒是否完整，如有破碎、裂纹，不能使用。

(2) 表面有无闪络痕迹，如原为棕色瓷釉，则闪络痕迹是灰白色的；如原为白色瓷釉，则闪络痕迹是黄黑色的。

(3) 密封是否良好，对配电用的避雷器，若顶盖及下部引下线处的绝缘混合物破裂或脱落，应将避雷器拆开干燥，并装好；对高压用的避雷器，若密封不良，应进行修复。

(4) 引入线和接地线的连接处及其本身是否良好。

(5) 查看内部零件是否十分牢固，可将避雷器左、右各倾斜 60°，若无响音，即说明螺旋弹簧的压力完全适合。

四、避雷器的测试项目

(一) 无串联间隙金属氧化物避雷器的试验项目

(1) 红外测温。

(2) 避雷器用监测装置检查。

(3) 运行电压下阻性电流测量。

(4) 绝缘电阻。

(5) 底座绝缘电阻。

(6) 直流参考电压 (U_{1mA}) 及 0.75 倍 U_{1mA} 下的泄漏电流。

(7) 测试避雷器放电计数器动作情况。

(二) GIS 用金属氧化物避雷器的试验项目

(1) SF_6 气体检测。

(2) 避雷器用监测装置检查。

(3) 全电流/阻性电流测量。

(4) 避雷器运行中的密封检查。

(5) 测试避雷器放电计数器动作情况。

(三) 线路用带串联间隙金属氧化物避雷器的试验项目

(1) 外观检查。

(2) 本体直流 1mA 电压 (U_{1mA}) 及 0.75 倍 U_{1mA} 下的泄漏电流。

(3) 检查避雷器放电计数器动作情况。

(4) 复合外套、串联间隙及支撑件的外观检查。

(四) 阀式避雷器的试验项目

(1) 红外测温。

(2) 绝缘电阻。

(3) 电导电流及串联组合元件的非线性因数差值。

(4) 工频放电电压。

(5) 底座绝缘电阻。

(6) 计数器检查、外观检查。

(7) 测试计数器的动作情况。

第二节　金属氧化物避雷器

一、无串联间隙金属氧化物避雷器

(一) 红外测温

1. 周期

(1) ≥330kV：1 个月。

(2) 220kV：3 个月。

(3) ≤110kV：6 个月。

(4) 必要时。

2. 判据

红外热像图显示无异常温升、温差和相对温差，符合 DL/T 664 要求。

3. 方法及注意事项

（1）检测温升所用的环境温度参照体应尽可能选择与被测设备类似的物体。

（2）在安全距离范围外选取合适位置进行拍摄，要求红外热像仪拍摄内容清晰，易于辨认，必要时，可使用中、长焦距镜头。

（3）为了准确测温或方便跟踪，应确定最佳检测位置，并可做上标记，以供今后的复测用，提高互比性和工作效率。

（4）将大气温度、相对湿度、测量距离等补偿参数输入，进行必要修正，并选择适当的测温范围。

（二）避雷器用监测装置检查

巡视检查时，记录放电计数器指示数：

避雷器用监测装置指示应良好、量程范围恰当。

（1）电流值无异常。

（2）电流值明显增加时应进行带电测量。

（三）运行电压下阻性电流测量

1. 周期

（1）≥330kV：6 个月（雷雨季前）。

（2）≤110 kV：1 年。

（3）必要时。

2. 判据

初值差不明显。当阻性电流增加 50%时，应适当缩短监测周期，当阻性电流增加 1 倍时，应停电检查。

3. 注意事项

（1）宜采用带电测量方法，注意瓷套表面状态，相间干扰的影响。

（2）应记录测量时的环境温度、相对湿度和运行电压。

（四）测试避雷器放电计数器动作情况

1. 周期

（1）A 级检修后。

（2）每年雷雨季前检查 1 次。

（3）必要时。

2. 要求

测试 3～5 次，均应正常动作，测试后记录放电计数器的指示数。

（五）测量本体绝缘电阻和底座绝缘电阻

1. 周期

（1）A、B级检修后。

（2）≥330kV：≤3年。

（3）≤220kV：≤6年。

（4）必要时。

2. 方法和要求

采用2500V及以上绝缘电阻表测量，绝缘电阻值自行规定。

例如，对东北某供电公司66kV母线避雷器进行停电后例行试验，试验数据见表22-1。

表22-1　　　　试　验　数　据

相别	序号	本体绝缘电阻/MΩ	底座绝缘电阻/MΩ	U_{DC1mA}/kV	75% U_{DC1mA}下的泄漏电流/μA	结果
A	2	10000	2000	137.2	10	合格
B	3	10000	2000	136.9	9	合格
C	1	10000	0.005	137.8	8	不合格

根据表22-1中试验数据看出：C相避雷器底座绝缘电阻为0.005MΩ，试验不合格。

（六）测量直流1mA时的临界动作电压U_{1mA}

1. 目的

测量金属氧化物避雷器的U_{1mA}，主要是检查其阀片是否受潮，确定其动作性能是否符合要求。

2. 测量接线

测量金属氧化物避雷器的U_{1mA}通常可采用单相半波整流电路，如图22-4所示。图中各元件参数随被试金属氧化物避雷器电压不同而异。

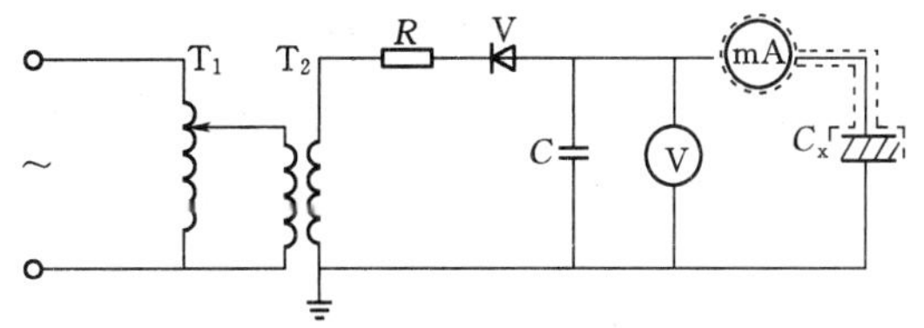

图22-4　测量U_{1mA}的半波整流电路

T_1—单相调压器；T_2—试验变压器；V—硅堆；R—保护电阻；C—滤波电容（容量为0.01～0.1μF）；mA—直流毫安表；C_x—金属氧化物避雷器

当试品为10kV金属氧化物避雷器时，试验变压器的额定电压略大于U_{1mA}，硅堆的反峰电压应大于$2.5U_{1mA}$，滤波电容的电压等级应能满足临界动作电压最大值的要求。电容取0.01～0.1μF，根据规定整流后的电压脉动系数应不大于1.5%，经计算和实测证明，当C等于0.1μF时，脉动系数小于1%，U_{1mA}误差不大于1%。

当试品为低压金属氧化物避雷器时，T_2可采用200/500V、30VA的隔离变压器，也可用电子管收音机的电源变压器（220/2×230V），滤波电容C为630V、4μF以上的油质电容。

整流电路除单相半波整流外，也可用其他整流电路，如单相桥式、倍压整流和可控硅整流电路等。对于高压氧化锌避雷器的测试，试验电源的要求主要是脉动系数小于1.5%，当脉动系数较大时，可能会造成U_{1mA}测试值偏小，引起误判断。单相半波整流电路要达到 200kV，脉动系数小于 1.5%时，设备是非常笨重的。所以在现场测试中，一般采用中频或高频高压直流发生器。苏州工业园区海沃科技有限公司生产的 Z-Ⅵ 100/200（6/3）型中频直流发生器，重量仅为 12kg，且可一机多用（单节使用时，可输出 100kV、6mA），纹波系数≤0.5%，且具备 0.75U_{1mA} 自动测试功能。适合现场氧化锌避雷器测试。直流电压一般用分压器来进行测量。

3. 注意的问题

（1）准确读取 U_{1mA}。因泄漏电流大于 200μA 以后，随电压的升高，电流急剧增大，故应仔细地升压，当电流达到 1mA 时，准确地读取相应的电压 U_{1mA}。

（2）防止表面泄漏电流的影响，测量前应将瓷套表面擦拭干净。测量电流的导线应使用屏蔽线。

（3）气温的影响。通常金属氧化物避雷器阀片的 U_{1mA} 的温度系数 $\left[\frac{U_2-U_1}{U_1\ (t_2-t_1)}\times 100\%\right]$ 为 0.05%～0.17%，即温度每增高 10℃，U_{1mA} 约降低 1%，必要时可进行换算。

（4）湿度的影响。由于相对湿度也会对测量结果产生影响，为便于分析，测量时应记录相对湿度。

4. 判断标准

发电厂、变电所避雷器每年雷雨季前都要进行测量。《规程》规定，U_{1mA} 实测值与初始值或制造厂规定值比较，变化应不大于±5%。

（七）直流参考电压（U_{1mA}）及 0.75 倍 U_{1mA} 下的泄漏电流

1. 目的

0.75U_{1mA} 直流电压值一般比最大工作相电压（峰值）要高一些，在此电压下主要检测长期允许工作电流是否符合规定，因为这一电流与金属氧化物避雷器的寿命有直接关系，一般在同一温度下泄漏电流与寿命成反比。

2. 周期

（1）A 级检修后。

（2）≥330kV：≤3 年。

（3）≤220kV：≤6 年。

（4）必要时。

3. 判据

（1）不得低于 GB 11032 规定值。

（2）将直流参考电压实测值与初值或产品技术文件要求值比较，变化不应大于±5%。

（3）0.75 倍 U_{1mA} 下的泄漏电流初值差≤30%或≤50μA（注意值）。

4. 注意事项

（1）应记录试验时的环境温度和相对湿度。

（2）应使用屏蔽线作为测量电流的导线。

5. 测量接线

测量接线如图 22-1 所示。测量时，应先测 U_{1mA}，然后再在 $0.75U_{1mA}$ 下读取相应的电流值。

（八）测量运行电压下交流泄漏电流

1. 目的

在交流电压下，避雷器的总泄漏电流包含阻性电流（有功分量）和容性电流（无功分量）。在正常运行情况下，流过避雷器的主要为容性电流，阻性电流只占很小一部分，为10%～20%。但当阀片老化时，避雷器受潮、内部绝缘部件受损以及表面严重污秽时，容性电流变化不多，而阻性电流大大增加，如图 22-5 所示。所以测量交流泄漏电流及其有功分量和无功分量是现场监测避雷器的主要方法。

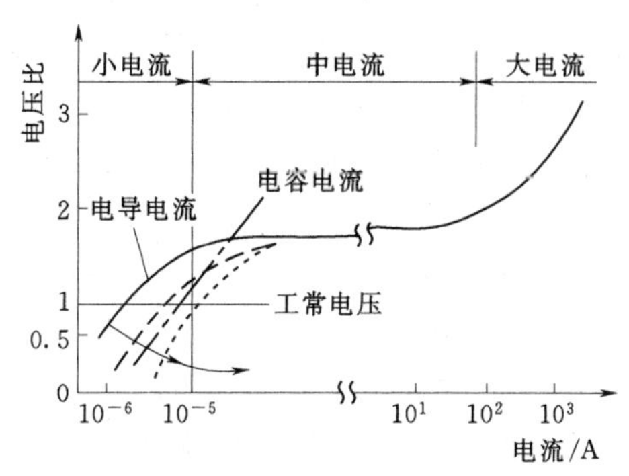

图 22-5　氧化锌阀片的 $U-I$ 特性

测试表明，在运行电压下测量全电流、阻性电流可以在一定程度上反映 MOA 运行的状态。全电流的变化可以反映 MOA 的严重受潮、内部元件接触不良、阀片严重老化，而阻性电流的变化对阀片初期老化的反应较灵敏。

运行统计表明，MOA 事故主要是受潮引起的，而老化引起的损坏则极少。据西安电瓷厂对 1991 年 5 月前产品运行中遭损坏的 9 相 MOA 的事故分析统计，其中 78%是因密封不良侵入潮气引起的；另外 22%则是因装配前干燥不彻底导致阀片受潮。

基于上述，在运行电压下测量全电流的变化对发现受潮具有重要意义。

例如，福建某电业局曾在运行电压下测量某变电所中两组 110kV MOA 的全电流，测试结果如表 22-2 所示。

表 22-2　　两组 110kV MOA 在运行电压下的全电流值　　单位：μA

序号	测量时间 /(年.月.日)	Ⅱ段母线			主变压器			环境温度 /℃
		A	B	C	A	B	C	
1	1991.7.12 交接	600	600	600	600	610	610	30
2	1991.7.12	600	595	610	600	610	600	35
3	1991.9.5	630	610	610	610	610	610	28
4	1992.1.2	620	630	620	620	630	610	15
5	1992.4.5	650	630	625	650	780	650	20
6	1992.4.14	700	640	630	710	920	700	20
7	1992.4.17	800	650	630	780	1080	750	21
8	1992.4.20	910	650	640	830	1250	850	22
9	1992.4.21 停役后复查	910	650	640	830	1250	850	20

注　各次测量时，110kV 母线电压在 117～119kV 间。

由表中数据可见，该变电所Ⅱ段母线 A 相及主变压器 A、B、C 三相 MOA 在运行电压下的全电流明显增大（分别增大了 52%、30%、77%、23%），说明上述 4 相 MOA 存

在受潮的潜伏故障，经解体证实，确属内部受潮。由此可见，测量MOA在运行电压下的全电流对发现MOA受潮还是有效的。

另外，在运行电压下测量MOA的全电流具有原理简单、投资少、设备比较稳定、受外界干扰小等特点，所以应当继续积累经验。

2. 测量方法与接线

目前国内测量交流泄漏电流及有功分量的方法很多，各种方法都致力于既测出总泄漏电流又测出有功分量，而且希望能在线监测。对前者是容易实现的，但对后者是困难的。然而根据阻性电流和容性电流有90℃的相差，以及阻性电流中包含有3次及高次谐波的特点，提出了3次谐波法、同期整流法、常规补偿法和非常规补偿法，并研制了一些实用于现场的测试仪器、推动了测试工作的开展。

停电测量交流泄漏电流时，某供电局推荐的测量接线如图22-6所示。高压试验变压器的额定电压应大于避雷器的最大工作电压。

用QS_1型西林电桥测量金属氧化物避雷器泄漏电流的原理接线如图22-7所示。其测量方法如下：

(1) 测量基波分量。测量时，施加系统正常相电压，合上检流计开关S，调节R_3、C_4使电桥平衡。此时在R_3支路及R_4、C_4并联支路中，不但有基波分量电流，而且有三次谐波分量电流，但数值不等。由于平衡指示器的谐振频率只为基波分量，所以此时电桥的平衡只是对于基波分量而言的，即

$$U_{A01}=U_{B01}$$

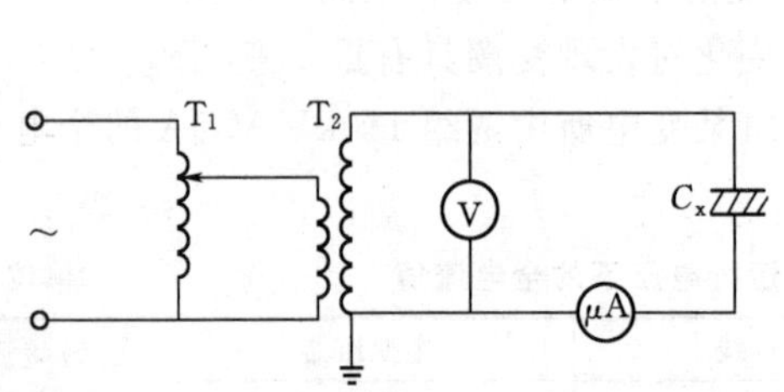

图22-6 测量交流泄漏电流接线图

T_1—单相调压器；T_2—高压试验变压器；V—静电电压表；μA—交流微安表或MF-20型万用表

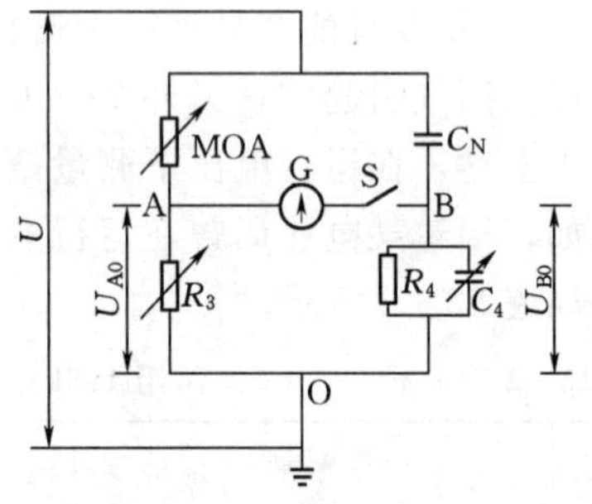

图22-7 测量原理图

(2) 测量基波与谐波分量。电桥平衡后，拉开检流计开关S，此时金属氧化物避雷器非线性特性所产生的3次谐波分量（其他分量略去）只通过R_3支路，不能再通过G→R_3→R_4和C_4的并联支路，所以拉开检流计开关S后，测量电压U_{A0}是3次谐波与基波电流共同作用在R_3上的合成值，测量U_{A0}电压后即可通过计算得出在系统正常相电压作用下通过金属氧化物避雷器的总电流，即

$$I_{t1,3}=\frac{U_{A0}}{R_3}$$

拉开检流计开关后，由于 R_3 支路有 3 次谐波及基波电流分量，而 C_4 与 R_4 并联支路中无 3 次谐波电流通路，此时电压 U_{A0} 与 U_{B0} 的关系将为下式

$$U_{A0}=U_{A01}+U_{A03}$$

$$U_{B0}=U_{B01}$$

$$U_{AB}=U_{A0}-U_{B0}=U_{A01}+U_{A03}-U_{B01}=U_{A03}$$

测得的 U_{AB} 即是 3 次谐波电流在电阻 R_3 上产生的电压，所以 3 次谐波电流为

$$I_3=\frac{U_{AB}}{R_3}$$

由于金属氧化物避雷器的等值电路是由晶界层非线性电阻 R 和阀片电容 C 并联而成，所以在系统运行电压作用下的相量图如图 22-8 所示。图中的 δ 角可由 QS_1 电桥直接测出的金属氧化物避雷器的介质损耗因数 $\tan\delta$ 计算出来，即

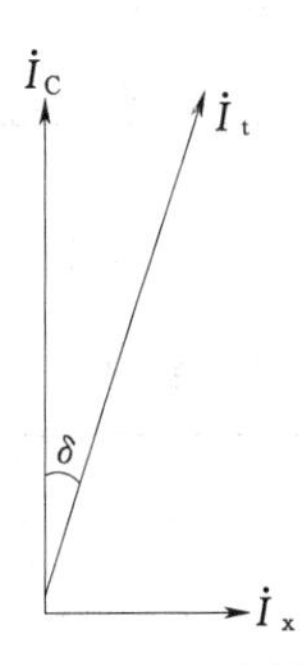

图 22-8　金属氧化物避雷器在系统运行状态下的相量图

$$\delta=\arctan(\tan\delta_c)$$

综上所述，工频有功电流为

$$I_r=I_t\sin\delta=\frac{U_{A01}}{R_3}\sin\delta=\frac{U_{B01}}{R_3}\sin\delta=\frac{U_{B0}}{R_3}\sin\delta$$

容性电流为

$$I_C=I_t\cos\delta=\frac{U_{A01}}{R_3}\cos\delta=\frac{U_{B01}}{R_3}\cos\delta=\frac{U_{B0}}{R_3}\cos\delta$$

平均功率损耗为

$$P_W=I_rU$$

阻性电流分量在某一时刻的峰值为

$$I_{R\cdot P}=\sqrt{2}(I_1+I_3)$$

综上所述，当在金属氧化物避雷器上加系统运行电压后，调节 QS_1 电桥并使之平衡，然后拉开检流计开关 S，用数字万用表测量电压 U_{A0}，U_{B0}，U_{AB} 及电桥体指示值 R_3，$\tan\delta\%$值，再根据下列公式即可得到通过金属氧化物避雷器的总电流、阻性分量电流、容性分量电流、3 次谐波分量电流及平均功率损失，即

$$\delta=\arctan(\tan\delta_c)$$

$$I_{t1,3}=U_{A0}/R_3$$

$$I_3=U_{AB}/R_3$$

$$I_r=\frac{U_{B0}}{R_3}\sin\delta$$

$$I_C=\frac{U_{B0}}{R_3}\cos\delta$$

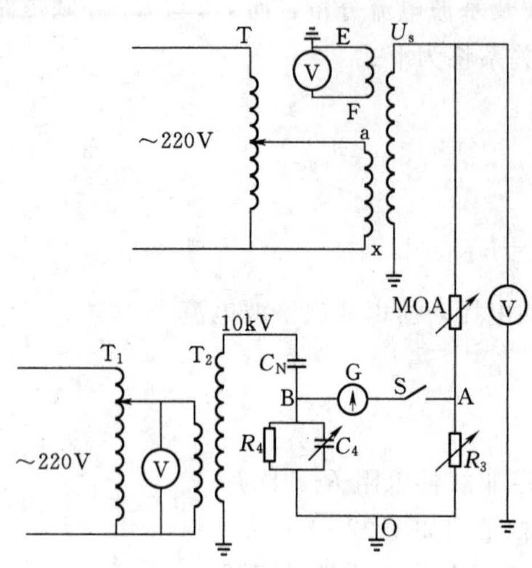

图 22-9　现场测量实际接线图

$$P=I_rU$$

$$I_{R\cdot P}=\sqrt{2}(I_1+I_3)$$

应当指出，现场测量时，由于 QS_1 西林电桥配用的标准电容器工作电压最高只有 10kV，对系统电压在 10kV 以上的金属氧化物避雷器就不能在电容器上直接施加运行电压，这时只有将施加于金属氧化物避雷器上的运行电压和施加于 QS_1 桥体上的工作电压分开，这样既能取得工频标准比较量，又能在运行电压下测量金属氧化物避雷器各分量电流。

现场测量的实际接线如图 22-9 所示。

某电厂对一台 Y10W-200 型金属氧化物避雷器的测量结果如表 22-3 所示。

表 22-3　　　测　量　结　果

项　　目	上　节	下　节	项　　目	上　节	下　节
施加电压/kV	63.5	63.5	$I_t/\mu A$	560.1	551.5
$\tan\delta/\%$	20	19.7	$I_r/\mu A$	109.63	106.8
R_3/Ω	907	932	$I_1/\mu A$	548.13	552.58
U_{A0}/V	0.058	0.514	$I_3/\mu A$	20.95	18.24
U_{B0}/V	0.507	0.515	$I_{R\cdot P}/\mu A$	184.64	176.81
U_{AB}/V	0.019	0.017	P_W/W	6.96	6.78

3. 判断标准

《规程》规定，新投运的 110kV 及以上的金属氧化物避雷器，3 个月测量 1 次运行电压下的交流泄漏电流，3 个月后，每半年测量 1 次，运行 1 年后，每年雷雨季节前测量 1 次。在运行电压下，全电流、阻性电流或功率损耗的测量值与初始值比较，有明显变化时应加强监测，当阻性电流增加 1 倍时，应停电检查。

需要说明的是 MOA 的初始电流值是指在投运之初所测得的通过它的电流值，也称初期电流值，简称初始值。此值可以是交接试验时的测量值，也可以是投产调整试验时的测量值。如果没有这些值，也可用厂家提供的值。

应指出，目前许多单位已经对 110kV 及以上系统的金属氧化物避雷器，当阻性电流增加 30%～50%时，便注意加强监测。当阻性电流增加到 2 倍时就报警，并安排停电检查。

关于 MOA 的报警电流值是指投运数年后，MOA 的电流逐渐增大到应对其加强监视、并安排停运检查的电流值。根据 GB 11032—89 中的技术参数、当前我国电力系统运行的 MOA 的基本特性以及 MOA 的伏安特性，表 22-4 给出了 MOA 的报警电流值。

表 22-4　**MOA的报警电流值**　单位：μA

检查项目	系统类别	初始电流值	报警电流值
电阻性电流	中性点非有效接地系统	15～60①	50～240①
	中性点有效接地系统	100～250①	300～550①
全电流	中性点非有效接地系统	100～300	150～400
	中性点直接接地系统	350～550② 600～1050③	500～700 800～1250

注　1. 初始电流值和报警电流值随荷电率和片子尺寸不同而变化。
　　2. 更高电压等级MOA和使用大片子或多柱并联的MOA可以参照本表折算。

① 正峰值。

② 相应110～220kV系统用的国产MOA，一般使用ϕ50mm、ϕ56mm、ϕ66mm片子。

③ 引进的MOA的电流值，110～220kV系统一般使用ϕ48～ϕ62mm的片子。

4. 注意的问题

（1）为便于分析、比较，测量时应记录环境温度、相对湿度和运行电压。

（2）测量宜在瓷套表面干燥时进行。并注意相间干扰的影响。

（3）在运行电压下测量金属氧化物避雷器交流泄漏电流时，如发现电流表计抖动或数字表数字跳动很大，可接示波器观察电流波形。当证实内部确有放电时，应尽快同厂家协商解决。金属氧化物避雷器内部放电且局部放电量大大超过50pC的原因是避雷器出厂时没有做局部放电试验或者经运输后内部结构松动。现场曾发生类似问题。

二、GIS用金属氧化物避雷器

GIS用金属氧化物避雷器的试验项目、周期和要求见表22-5。

表 22-5　**GIS用金属氧化物避雷器的试验项目、周期和要求**

序号	项目	周期	判据	方法及说明
1	避雷器用监测装置检查	巡视检查时	（1）记录放电计数器指示数。 （2）避雷器用监测装置指示应良好、量程范围恰当	（1）电流值无异常。 （2）电流值明显增加时应进行带电测量
2	全电流/阻性电流测量	（1）≥330kV：6个月（雷雨季前）。 （2）≤110kV：1年。 （3）必要时	初值差不明显。当阻性电流增加50%时，应适当缩短监测周期，当阻性电流增加1倍时，应停电检查	（1）宜采用带电测量方法，注意瓷套表面状态，相间干扰的影响。 （2）应记录测量时的环境温度、相对湿度和运行电压
3	避雷器运行中的密封检查	随GIS检修进行	参照《规程》第9章开关设备中“9.1气体绝缘金属封闭开关设备”的相关规定	
4	测试避雷器放电计数器动作情况	（1）A级检修后。 （2）每年雷雨季前检查1次。 （3）必要时	测试3～5次，均应正常动作，测试后记录放电计数器的指示数	

注　有关SF_6气体检测，见二十一章相关内容。

三、线路用带串联间隙金属氧化物避雷器

线路用带串联间隙金属氧化物避雷器主要强调抽样试验，必要时指以下情况：

（1）每年根据运行年限和放电动作次数等因素确定抽样比例，将运行时间比较长或动作次数比较多的避雷器拆下进行预防性试验。

（2）怀疑避雷器有缺陷时。

（一）外观检查

1. 周期

（1）结合线路巡线进行。

（2）必要时。

2. 要求

（1）线路避雷器本体及间隙无异物附着。

（2）法兰、均压环、连接金具无腐蚀；锁紧销无锈蚀、脱位或脱落。

（3）线路避雷器本体及间隙无移位或非正常偏斜。

（4）线路避雷器本体及支撑绝缘子的外绝缘无破损和明显电蚀痕迹。

（5）线路避雷器本体及支撑绝缘子无弯曲变形。

（6）外观无异常。

（二）本体直流 1mA 电压（U_{1mA}）及 0.75 倍 U_{1mA} 下的泄漏电流

1. 周期

必要时。

2. 要求

（1）不得低于 GB 11032 规定值。

（2）将直流参考电压实测值与初值或产品技术文件要求值比较，变化不应大于±5%。

（3）0.75 倍 U_{1mA} 下的泄漏电流初值差不大于 30%或不大于 50μA（注意值）。

3. 注意事项

应记录测量时的环境温度、相对湿度和运行电压。测量宜在瓷套表面干燥时进行。应注意相间干扰的影响。

（三）检查避雷器放电计数器动作情况

1. 周期

必要时。

2. 要求

测试 3～5 次，均应正常动作。

（四）复合外套、串联间隙及支撑件的外观检查

1. 周期

必要时

2. 要求

(1) 复合外套及支撑件表面不应有明显或较大面积的缺陷(如破损、开裂等)。

(2) 串联间隙不应有明显的变形。

第三节 阀式避雷器

一、红外测温

(一) 周期

(1) 每年雷雨季前。

(2) 必要时。

(二) 要求

红外热像图显示无异常温升、温差和相对温差,符合电力行业标准 DL/T 664 要求。

(三) 方法及注意事项

(1) 检测温升所用的环境温度参照体应尽可能选择与被测设备类似的物体。

(2) 在安全距离允许的条件下,红外仪器宜尽量靠近被测设备,必要时,可使用中、长焦距镜头。

(3) 为了准确测温或方便跟踪,应确定最佳检测位置,并可做上标记,以供今后的复测用,提高互比性和工作效率。

(4) 将大气温度、相对湿度、测量距离等补偿参数输入,进行必要修正,并选择适当的测温范围。

二、每年雷雨季节前或必要时要进行的测量项目

(一) 绝缘电阻

1. 要求

(1) FZ、FCZ 和 FCD 型避雷器的绝缘电阻自行规定,但与前一次或同类型的测量数据进行比较,不应有显著变化。

(2) FS 型避雷器绝缘电阻应不低于 2500MΩ。

2. 方法

(1) 采用 2500V 及以上绝缘电阻表。

(2) FZ、FCZ 和 FCD 型主要检查并联电阻通断和接触情况。

(二) 电导电流及串联组合元件的非线性因数差值

1. 要求

(1) FZ、FCZ 和 FCD 型避雷器的电导电流参考产品技术文件要求值,还应与历年数据比较,不应有显著变化。

（2）同一相内串联组合元件的非线性因数差值，不应大于 0.05；电导电流相差值（%）不应大于 30%。

（3）试验电压见表 22-6。

表 22-6　　　试　验　电　压

元件额定电压/kV	3	6	10	15	20	30
试验电压 U_1/kV	—	—	—	8	10	12
试验电压 U_2/kV	4	6	10	16	20	24

2. 方法

（1）分节的避雷器应对每节进行试验。

（2）可用带电测量方法进行测量，如对测量结果有疑问时，应根据停电测量的结果做出判断。

（3）如 FZ 型避雷器的非线性因数差值大于 0.05，但电导电流合格，允许做换节处理，换节后的非线性因数差值不应大于 0.05。

（三）计数器检查外观检查

记录计数器指示数外观无异常。

三、不超过 3 年或必要时进行的测量项目

（一）工频放电电压

1. 周期

（1）不超过 3 年。

（2）必要时。

2. 要求

FS 型避雷器的工频放电电压在表 22-7 范围内。

表 22-7　　　放　电　电　压

额定电压/kV		3	6	10
放电电压/kV	解体后	9～11	16～19	26～31
	运行中	8～12	15～21	23～33

3. 注意事项

带有非线性并联电阻的阀式避雷器只在解体后进行。

（二）测试计数器的动作情况

测试 3～5 次，均应正常动作，记录试验后计数器指示值。

（三）底座绝缘电阻

采用 2500V 及以上的绝缘电阻表测量。

第四节　不拆引线测量避雷器的绝缘电阻和电导电流

为提高试验工作效率，节省人力、物力，减少停电时间，不拆高压引线进行预防性试验的方法引起人们的关注。多年来，试验人员在常规拆引线测试的基础上，总结出不拆高压引线测量避雷器绝缘电阻和电导电流的方法，介绍如下。

一、测量绝缘电阻

不拆引线测量 220kV 阀式避雷器绝缘电阻的接线图如图 22－10 所示。

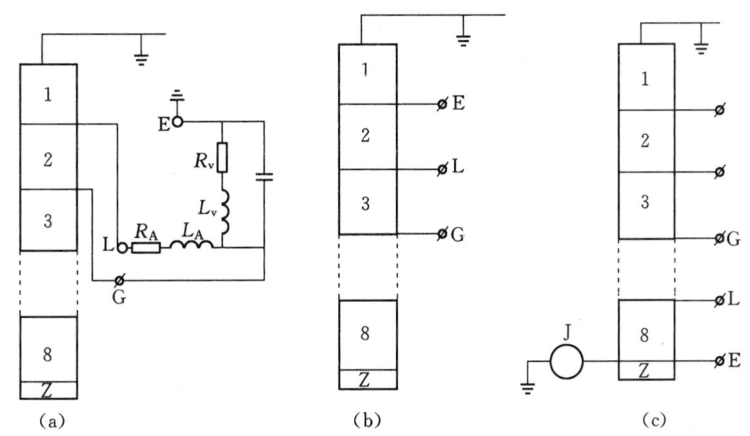

图 22－10　测量绝缘电阻接线图

(a) 测量第 1 节；(b) 测量第 2 节（其余 3～7 节类推）；(c) 测量第 8 节

用 ZC－7 型绝缘电阻表测量 FZ－220J 型避雷器的绝缘电阻值如表 22－8 所示。可见两者基本一致。若第 8 节是直接接地的，测量第 7 节绝缘电阻时，应将绝缘电阻表屏蔽端子 G 接于第 5 节与第 6 节之间的法兰上，线路端于 L 接于第 7 节与第 8 节之间的法兰上，接地端子 E 接于第 6 节与第 7 节之间的法兰上。

表 22－8　　绝缘电阻测量结果　　单位：MΩ

节号 / 方法	1	2	3	4	5	6	7	8
不拆引线	1450	1600	1450	1800	1700	1800	1800	1700
拆引线	1500	1600	1500	1800	1700	1800	1800	1700

测量第 8 节绝缘电阻时，G 端子接于第 6 节和第 7 节之间的法兰上，L 端子接于第 7 节与第 8 节之间的法兰上，E 端子接地。

其他电压等级多节组成的避雷器可参照上述方法进行。

二、测量电导电流

对于 4×FZ－30 的 110kV 阀式避雷器，不拆引线测量电导电流的接线图如图 22－11

和图 22-12 所示。

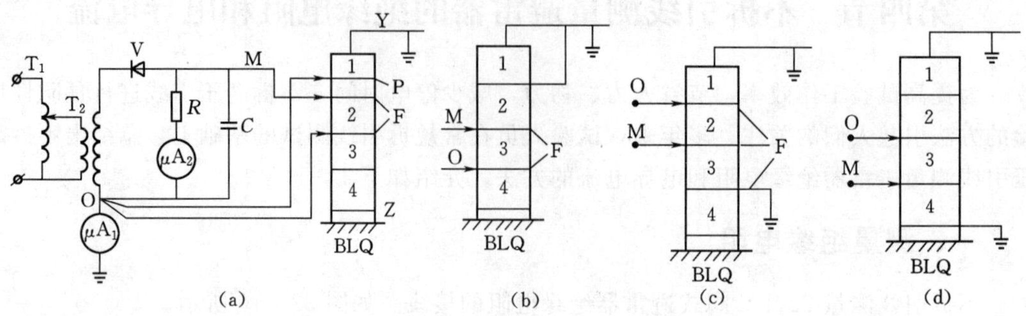

图 22-11 不拆引线测量 110kV 阀式避雷器电导电流接线之一

(a) 测量第 1 节；(b) 测量第 2 节；(c) 测量第 3 节；(d) 测量第 4 节

Y—高压引线；P—屏蔽环；F—法兰；Z—底座

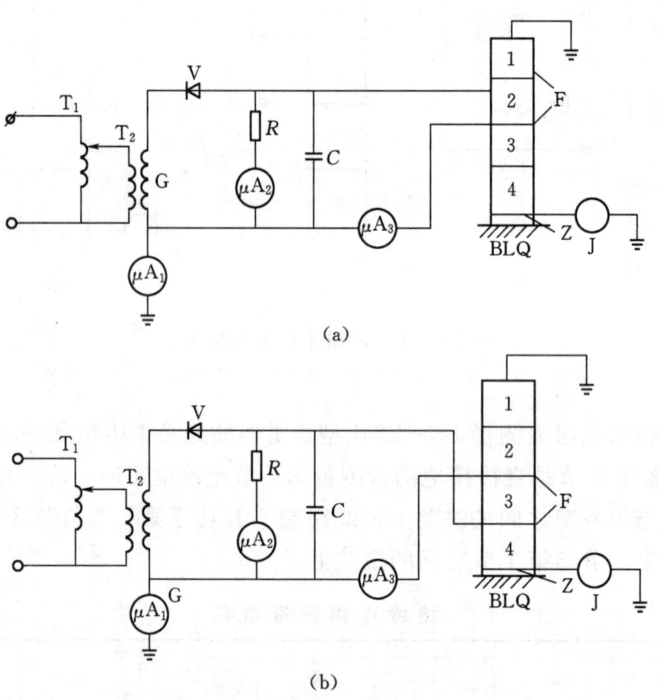

图 22-12 不拆引线测量 110kV 阀式避雷器电导电流接线之二

(a) 测量第 1、2 节；(b) 测量第 3、4 节

测量时，直流高压电源，地线和屏蔽线均可用绝缘杆触接相应部位，但应接触良好。

对图 22-12，如天气潮湿，同样可加屏蔽环屏蔽，屏蔽环与 G 点相连。为减小表计误差，μA_1 和 μA_3 应采用同一型号和同一量程的微安表。

对于 8×FZ-30 的 220kV 阀式避雷器也可仿上述图示接线进行测量。

对于 500kV FCZ 型和 FCX 型磁吹避雷器，不拆高压引线测量其电导电流的接线图如图 22-13 和图 22-14 所示。

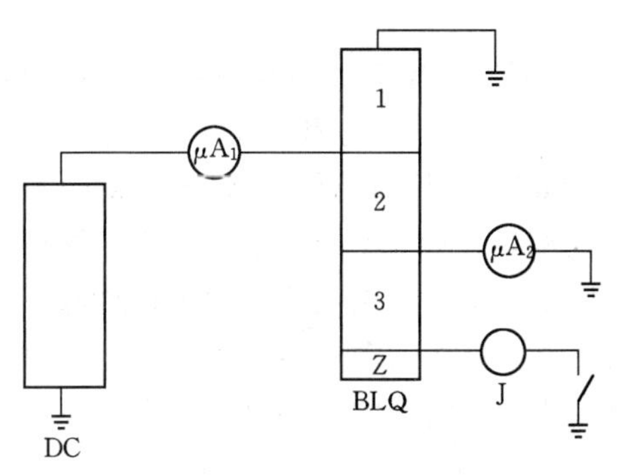

图 22-13　测量第 1、2 节电导电流接线图

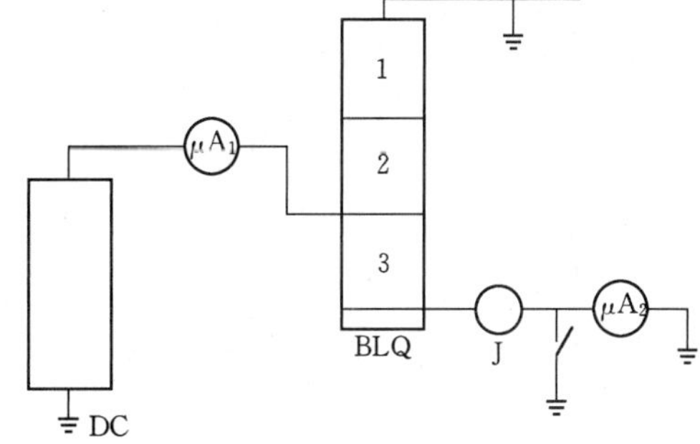

图 22-14　测量第 3 节电导电流接线图

如图 22-14 所示，以 FCX 型为例加以说明。接好线，经检查无误后开始升压，升压至 90kV 时，记录 μA_1 和 μA_2 读数，然后继续升到试验电压 180kV 再读 μA_1 和 μA_2 的数值。第 1 节电导电流数为 $\mu A_1-\mu A_2$；第 2 节电导电流为 μA_2 读数。

采用图 22-14 所示接线，可测出第 3 节的电导电流，其数值为 μA_2 的读数。

表 22-9 列出了某 50kV 变电所 FCX 型避雷器电导电流的测量结果。

表 22-9　　**电导电流测量结果**　　单位：μA

相别	节号	拆引线		不拆引线	
		90kV	180kV	90kV	180kV
A	1	81	630	82	650
	2	85	680	35	680
	3	50	530	50	530
B	1	81	510	84	625
	2	81	630	81	630
	3	80	660	80	660
C	1	80	620	83	645
	2	79	615	79	615
	3	68	580	68	580

应当指出，试验电源引线的电晕电流会影响测量精度，所以应当采取措施消除。另外，试验时，对 FCZ 型避雷器，每节施加 160kV 直流电压，电导电流为 1600～1400μA。对 FCX 型避雷器，每节施加 180kV 直流电压，电导电流为 500～800μA，所以可选用 Z-V200/2 型直流高压试验器作直流试验电源。

三、测量 U_{1mA}

对于金属氧化物避雷器也可不拆高压引线测量 U_{1mA} 和 $0.75U_{1mA}$ 下的泄漏电流，用苏州工业园区海沃科技有限公司生产的 HV-B 型红外遥测多功能高压微安表可较为方便地

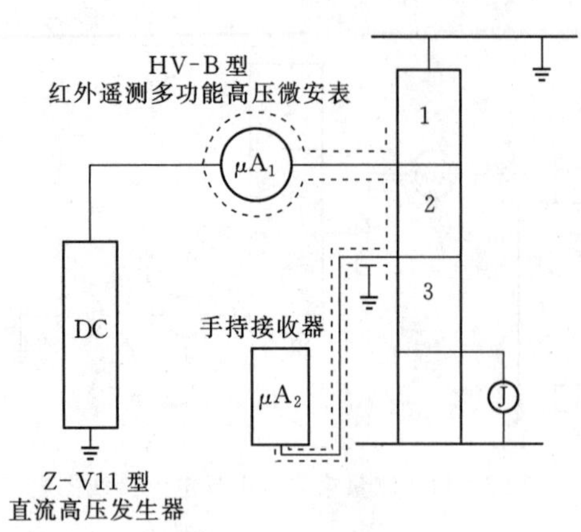

图 22-15 不拆高压引线测量多节金属氧化物避雷器 U_{1mA} 的接线图

实现。

以 500kV 金属氧化物避雷器为例，测量第 1 节与第 2 节的 U_{1mA} 和 $0.75U_{1mA}$ 接线如图 22-15 所示，此时高压侧微安表测量的数值为总的泄漏电流（μA_1），且可通过红外线将测量结果发射至手持接收器，而手持接收器既可接收、显示高压侧微安表的测量值，也可测量金属氧化物避雷器的底部电流，即第二节避雷器的泄漏电流（μA_2）。试验时升压至 μA_2 为 1mA，得到第二节避雷器的 U_{1mA} 和 $0.75U_{1mA}$ 下的电流值；再点击手持接收器上 $\mu A_1-\mu A_2$（μA_1 减去 μA_2）的功能键，读取两个电流的差值，通过升高、降低电压使差值达到 1mA 时读取电压值并读取 $0.75U_{1mA}$ 下的电流值即为第一节避雷器的试验值。

当进行第三节避雷器试验时，只需将 μA_1 的输出引线往下移一节，接在第三节避雷器的上端，通过 μA_1 表的读数既可完成第三节的测量。

第五节 不带并联电阻避雷器（FS 型）的试验

一、测量绝缘电阻

测量绝缘电阻的目的是检查由于密封破坏而使其内部受潮或瓷套裂纹等缺陷。当避雷器的密封良好时，其绝缘电阻很高，受潮以后，则绝缘电阻下降很多，因此测量绝缘电阻对判断避雷器是否受潮是很有效的一种方法，研究表明，它有时比测量工频放电电压更为灵敏。为了更有效地发现避雷器内部的受潮缺陷等，应采用 2500V 兆欧表测量，并加屏蔽环，以消除表面泄漏电流的影响。当天气潮湿时，表面泄漏电流影响很大，更应引起注意。

由于各厂避雷器尺寸、所用的材料及工艺不同，又因测量绝缘电阻时温度的变化，测得的绝缘电阻值确实相差很大，但是根据电力科学研究院进行的人工受潮试验及山西电力中试所统计的 13000 个试例可知，当绝缘电阻小于 5000MΩ 以下时，即表明内部受潮。结合实际测试条件，一则因现场气候等影响有分散性，二则因目前国产小型兆欧表量程最大为 2500MΩ，故在《规程》中规定：采用 2500V 及以上兆欧表测量时，FS 型的绝缘电阻应大于 2500MΩ。当测得值低于规定值时，为查明原因，可进行泄漏电流测量，泄漏电流一般不大于 10μA。当测得值高于 2000MΩ 时，一般可不作泄漏电流测量。

二、测量工频放电电压

对 FS 型避雷器，测量工频放电电压是一个重要试验项目。其主要目的是检查火花间

隙的结构及特性是否正常，检验它在内过电压下是否有动作的可能性。测量工频放电电压的接线如图 22－16 所示。

这类试验虽然比较简单，但有些问题仍值得注意，这些问题是：

(1) 电压测量问题。FS 型避雷器在间隙未击穿前，泄漏电流是很小的，如果保护电阻 R 的数值不大，可以认为变压器高压侧的电压即是作用于避雷器上的电压。因此，可以近似地根据变压器的变比和低压侧电压表的读数来求避雷器的放电电压。但最好能先做一下变压器高低压侧（或对测量线圈）电压的校正曲线，低压侧电压表的精确度不能太低，一般应为 0.5 级，否则容易造成误判断。

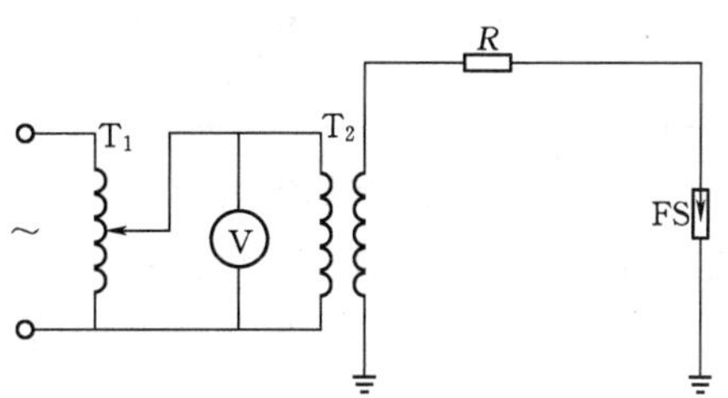

图 22－16　测量 FS 型避雷器工频放电电压的试验接线

(2) 保护电阻 R 数值的选择问题。有些单位为了避免避雷器在试验时不能自行灭弧而将间隙烧坏，常增大 R 的数值。然而当 R 值过大时，往往测得的工频放电电压的数值偏高。这是因为此时避雷器火花间隙虽已开始放电，但由于 R 数值过大，电流小还不足以在间隙中建弧，当电压继续升高后，火花间隙中才建立稳定的工频电弧，表计才有反映，这样就使测得的工频放电电压超过真实的数值，造成误判断，将工频放电电压偏低的避雷器误认为合格。考虑到在实际运行中，避雷器与电源间是没有串联电阻的，所以在交接和预防性试验中，R 的数值宜适当小一些，以间隙击穿后工频电流不超过 0.7A 为宜。选择 R 时，可参考下式：

$$I=\frac{U}{\sqrt{X_{\mathrm{T}}^{2}+R^{2}}}$$

式中　I——通过避雷器的电流，A；

U——估计的避雷器的放电电压，V；

X_{T}——试验变压器的短路电抗，Ω，折算到高压侧；

R——加入的限流电阻，Ω。

但要注意，间隙击穿后，电流应在 0.5s 内切断，以免间隙烧坏。若电流被限制在 15mA 以内，则切断时间不限，但应尽量快。

(3) 升压速度问题。试验时，升压速度不宜太快，以免电压表由于机械惯性作用而得不到正确的读数。升压速度一般可控制为：

10kV 及以下的避雷器：3～5kV/s；

20～35kV 的避雷器：15～20kV/s。

一般说来，从加压开始，升到避雷器放电大致经过 5～7s 的时间，这样的升压速度在试验变压器低压侧的电压表上是能够准确反映出来的。

(4) 放电的时间间隔问题。放电前后要保持一定的时间间隔，以免由于两次放电的时间间隔太短，间隙内部没有充分去游离，而造成放电电压偏低或分散性较大。一般时间间隔不少于 10s。FS 型避雷器工频放电电压的数值应在表 22－10 所示的范围内。

表 22-10　**FS 型避雷器工频放电电压的允许范围**　单位：kV

额定电压		3	6	10
放电电压	新装及大修后	9～11	16～19	26～31
	运行中	8～12	15～21	23～33

(5) 试验电压波形畸变问题。由上述，工频放电电压标准值有上限和下限，低于下限或超过上限均为不合格，因此测量电压时必须尽量准确。而做工频放电试验时大都使用一般的电压表，即读数为电压的有效值。当电源波形畸变时，电压最大值与有效值的比值不等于$\sqrt{2}$，这时测量到的电压就有误差。其原因是电源中谐波的影响。消除谐波影响的方法有：

1) 采用线电压。当相电压波形畸变而影响测量结果时，可采用线电压作电源进行测量，因为线电压中无 3 次谐波分量。具体做法是，在试验回路中串接一个三相调压器，取线电压作试验电源，其试验接线如图 22-17 所示。

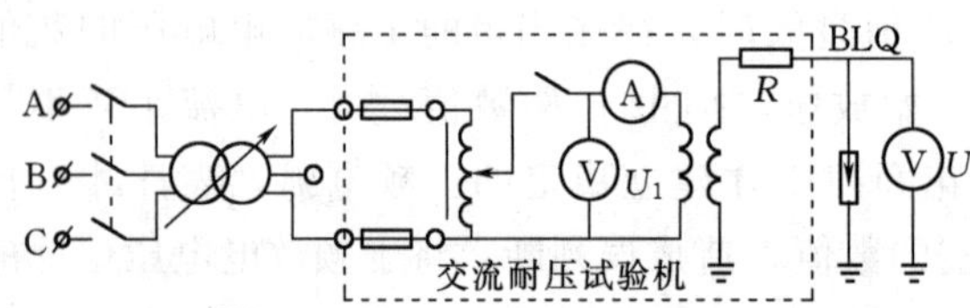

图 22-17　取用线电压作电源的试验接线

试验时，只要准确测得三相调压器输出电压为 220V，三相调压器就可不再调整。再把这一电压输入交流耐压试验机就可以测 FS 型阀式避雷器 BLQ 工频放电电压，此法简单、易行（若在三相调压器与耐压试验机之间加一只闸刀，就更为安全）。

过去，某供电局在变电站内测试时，大批 FS 型避雷器工频放电电压不合格，拆回供电局复试大部分都合格。串接三相调压器后基本解决了这一问题。这里仅将几只避雷器（FS-10 型）的工频放电电压数据列入表 22-11 中。

表 22-11　**不同试验条件下的工频放电电压**　单位：kV

试验条件	变电站Ⅰ			变电站Ⅱ			变电站Ⅲ	
	A	B	C	A	B	C	A	B
未串三相调压器	19	21	24	23	27	24	21	17
回局复试	24	25	28	28	30	28	26	22
串入三相调压器	23.5	24.5	27	26.5	29.5	27	25	22

尽管各次试验操作过程中难免存在升压速度和读表偏差，但这些数据基本上还是反映出串接三相调压器后的效果。按 FS-10 型避雷器工频放电电压 23～33kV 考虑，误判断率大大降低，试验数据基本上接近于回局复试测得的实际值（试验人员认为之所以存在偏差，不仅是由于操作原因，更重要的是除 3 次谐波外其他谐波干扰仍然存在）。这就大大防止了避雷器被误判报废，对搞好防雷工作起到了较好的作用。这种方法对其他重要电力设备的交流耐压试验也是可行的。

2) 滤波。在试验变压器低压侧并联电容或电容电感串联谐振电路，使谐波电流有一个低阻抗分路。详见第四章。

3）采用峰值电压表测量。

（6）工频放电电压与大气条件的关系问题。

FS型避雷器的工频放电电压值由间隙放电特性决定。而间隙的放电特性除与间隙本身结构、距离等有关外，还与大气条件有关，由于避雷器间隙是均匀电场，所以其放电电压只与温度和压力有关，通常引入气体的相对密度δ进行校正：

$$\delta=0.0029\frac{b}{273+t}$$

式中　b——试验条件下的气压，Pa；

t——试验时的温度，℃。

我国标准规定的避雷器的工频放电电压值是在标准大气条件下的放电电压值，因此在任意条件下测出的数值应换算到标准大气条件下的数值才能判断出其是否合格。例如，FS－10型避雷器在大气条件为$b=94654$Pa，$t=28$℃时测得工频放电电压为24.5kV，而新装避雷器的验收标准为26～31kV，若不换算，则可能误判断为不合格。若测量值换算到标准大气条件下，则应为

$$U_b=U/\delta=\frac{24.5}{0.0029\frac{b}{273+t}}=\frac{24.5}{0.91}=26.9(\text{kV})$$

所以该避雷器的工频放电电压是合格的。

应当指出，若在测试过程中已充分注意到了上述问题，仍出现工频放电电压偏高或偏低的现象，这就可能是避雷器内部的原因。

避雷器工频放电电压偏高的内部原因是：内部压紧弹簧压力不足，搬运时使火花间隙发生位移；黏合的O形环云母片受热膨胀分层，增大了火花间隙，固定电阻盘间隙的小瓷套破碎，间隙电极位移；制造厂出厂时工频放电电压接近上限。

避雷器工频放电电压偏低的内部原因是：火花间隙组受潮，电极腐蚀生成氧化物，同时O形环云母片的绝缘电阻下降，使电压分布不均匀；避雷器经多次动作、放电，而电极灼伤产生毛刺；由于间隙组装不当，导致部分间隙短接；弹簧压力过大，使火花间隙放电距离缩短。

第六节　带有并联电阻避雷器的试验

一、特点

由上述可知，在FZ型等避雷器中，为了改善其灭弧特性，增加了并联（分路）电阻，由于在结构上增加了并联电阻，因而就决定了它们与FS型避雷器在试验上有不同的特点。

（1）增加试验项目。为了检查并联电阻的通断和接触情况及非线性系数是否近似相等，增加了测量电导电流及检查串联组合元件的非线性系数差值。

（2）限制测量工频放电电压的加压时间。这是因为采用并联电阻后，在做工频放电试验时，并联电阻上会有电流流过，而且并联电阻的热容量不大，所以在接近放电电压时，

如果升压时间拖得较长，就会使并联电阻因发热而损坏，故对 FZ 型等带并联电阻的避雷器进行工频放电试验（只在解体大修后）时，加压时间就提出了特殊要求。在有关技术条件中规定，加压超过灭弧电压以后的时间应不大于 0.2s。间隙放电后，通过避雷器的电流应在 0.5s 内切断，电流幅值应限制在 0.2A 以下。

二、试验项目

（一）测量绝缘电阻

测量绝缘电阻的目的主要是检查并联电阻通断和接触情况以及内部受潮、套管裂纹等缺陷。测量方法与本章上节完全相同，可采用 5000V 电动兆欧表，其测量结果与前一次或同类型的测量数据进行比较，不应有显著变化。

测量底座的绝缘电阻的目的主要是检查底座的绝缘情况，其测量结果也采用比较法进行判断。

（二）测量电导电流及检查串联组合元件的非线性因数差值

将直流电压加于带并联电阻避雷器两端所测得的电流称为电导电流。测量电导电流是带并联电阻避雷器的一个十分重要的项目，测量的目的是检查避雷器的并联电阻是否受潮、老化、断裂、接触不良以及非线性因数 α 是否相配。测得的电导电流若显著降低，则表示并联电阻断裂或接触不良，反之表示并联电阻受潮或瓷腔内进潮；若逐年降低，则表示并联电阻劣化。

试验接线可以采用半波整流电路或 60kV 直流试验器，当采用半波整流电路时，应在整流电路中加滤波电容器，这是因为带并联电阻的避雷器的电导电流较大，当电压脉动大时会给测量带来误差。现场实践证明，对于带并联电阻的避雷器，试验电压变化 2%～4%时，其电导电流变化 10%～15%。

为了保证测量的准确性，《阀型避雷器技术条件》（JB 487—64）规定，直流电压的脉动不应超出±1.5%。从吉林及云南等省有关部门的专门试验得知，当滤波电容为 0.1μF 时，电压脉动为 0%；当滤波电容为 0.005μF 时，电压脉动为 3%左右。对于 110kV 元件，用 0.066μF 的耦合电容器试验时，电压脉动小于 1%，且电导电流无明显变化。基于上述经验，《规程》中规定，滤波电容的数值，一般为 0.01～0.1μF，而且规定在高压侧测量电压。测量电导电流时的试验电压如表 22-12 和表 22-13 所示。由两个及以上元件组成的避雷器，应对每一个元件进行测试。

表 22-12　FZ 型避雷器的直流试验电压值　　单位：kV

元件额定电压		3	6	10	15	20	30
试验电压	U_1				8	10	12
	U_2	4	6	10	16	20	24

表 22-13　磁吹避雷器的直流试验电压值　　单位：kV

型　号	FCZ					FCX
额定电压	35	110	220	330	500	500
试验电压	50	110	110	160	160	180

试验电压应在高压侧测量，《现场绝缘试验实施导则》（DL 474.5—92）推荐采用高阻器串微安表（或用电阻分压器接电压表）进行测量，不推荐用静电电压表测量，因误差

较大，尤其是高于30kV的静电电压表更不宜使用。也不能使用成套装置上的仪表测量。测量系统应经过校验。测量误差不应大于2%。

测量电导电流时，应尽量避免电晕电流的影响，如果避雷器的接地端可以断开时，微安表应接在避雷器的接地端；若避雷器的接地端不能断开时，微安表应接在高电位处，从微安表到避雷器的引线应加屏蔽，读数时要注意安全。测量电导电流用的微安表，其准确度宜大于1.5级。

当避雷器由多个带有分路电阻的元件组装而成时，还必须校核它们的非线性因数α是否相近，α的数值可由下式决定：

$$\alpha=\frac{\lg\frac{U_2}{U_1}}{\lg\frac{I_2}{I_1}}$$

式中 α——避雷器并联电阻的非线性因数；

U_1、I_1——50%额定试验电压及此电压下的电导电流值；

U_2、I_2——额定试验电压（见表22-12）及此电压下的电导电流。

每个元件的非线性因数α应在0.25～0.45之间。所谓非线性因数差值是指同一串联元件组中两个元件的非线性因数的差值，即

$$\Delta\alpha=\alpha_1-\alpha_2$$

对测试结果进行综合分析判断如下：

(1) FZ，FCZ、FCD型阀式避雷器的电导电流参考值，如表22-14、表22-15和表22-16所示，但与历年测试数据相比，不应有明显的变化。通常，电导电流明显增加表明其内部受潮；电导电流显著降低，可能是并联电阻断裂或开焊，而逐年降低则表示并联电阻劣化。

表22-14　　FZ型避雷器的电导电流值和工频放电电压值

型　号	FZ-3 (FZ2-3)	FZ-6 (FZ2-6)	FZ-10 (FZ2-10)	FZ-15	FZ-20	FZ-35	FZ-40	FZ-60	FZ-110J	FZ-110	FZ-220J
额定电压/kV	3	6	10	15	20	35	40	60	110	110	220
试验电压/kV	4	6	10	16	20	16 (15kV元件)	20 (20kV元件)	20 (20kV元件)	24 (20kV元件)	24 (20kV元件)	24 (20kV元件)
电导电流/μA	450～650 (<10)	400～200 (<10)	400～600 (<10)	400～600	400～600	400～600	400～600	400～600	400～600	400～600	400～600
频放电电压有效值/kV	9～11	16～19	26～31	41～49	51～61	82～98	95～118	140～173	224～268	254～312	448～536

注　括号内的电导电流值对应于括号内的型号。

表 22-15　　FCZ 型避雷器的电导电流值和工频放电电压值

型　号	FCZ3-35	FCZ3-35L	FCZ-30DT③	FCZ3-110J (FCZ2-110J)	FCZ3-220J (FCZ2-220J)	FCZ1-330T	FCZ-500J	FCX-500J
额定电压/kV	35	35	35	110	220	330	500	500
试验电压/kV	50①	50②	18	110	110	160	160	180
电导电流/μA	250～400	250～400	150～300	250～400 (400～600)	250～400 (400～600)	500～700	1000～1400	500～800
工频放电电压有效值/kV	70～85	78～90	85～100	170～195	340～390	510～580	640～790	680～790

① FCZ3-35 在 4000m（包括 4000m）海拔以上应加直流试验电压 60kV。

② FCZ3-35L 在 2000m 海拔以上应加直流电压 60kV。

③ FCZ-30DT 适用于热带多雷地区。

表 22-16　　FCD 型避雷器电导电流值

额定电压/kV	2	3	4	6	10	13.2	15
试验电压/kV	2	3	4	6	10	13.2	15
电导电流/μA	FCD 为 50～100，FCD1、FCD3 不超过 10，FCD2 为 5～20						

（2）同一相内，各串联组合元件的电导电流的相差值$\left(\frac{I_{max}-I_{min}}{I_{max}}\right)\times100\%$不应大于 30%。

（3）同一相内，串联组合元件的非线性因数差值在交接时不应大于 0.04；在运行中不应大于 0.05。试验研究表明，当非线性因数差值超过 0.05 时，各元件的工频电压分布不均匀性就较严重，从而影响避雷器的灭弧性能。对这种情况，当电流合格时，允许作换节处理，换节后的非线性因数差值不应大于 0.05。

例如，某 220kV FZ 型避雷器，某一相由 8 节元件组成，测得的电导电流如表 22-17 所示，试计算电导电流的相差和非线性因数差值。

表 22-17　　FZ-220J 避雷器电导电流测量结果

序号	1	2	3	4	5	6	7	8
I_1/μA	80	75	80	80	75	70	75	80
I_2/μA	500	490	520	520	510	500	500	520
α	0.378	0.369	0.37	0.37	0.362	0.353	0.365	0.37

由表 22-17 中数据可知，$I_{max}=520\mu A$，$I_{min}=490\mu A$，所以电导电流的相差值为

$$\Delta I=\frac{I_{max}-I_{min}}{I_{max}}\times100\%=\frac{520-490}{520}\times100\%=5.8\%<30\%$$

非线性因数差值为

$$\Delta\alpha_{max}=\alpha_{max}-\alpha_{min}=0.378-0.353=0.025<0.05$$

因此该避雷器绝缘良好。

应当指出，一般厂家的规定值都是指温度在 20℃时的值。经验表明，以 20℃为基准，环境温度每升高 10℃，电导电流要大 4.5%～6%；每降低 10℃电导电流要小 4.5%～6%。由于现场测量可能在 5～40℃的温度下进行，因此，为了比较，就必须进行温度换

算，换算公式为

$$I_{20℃}=I_t[1+K(20-t)]$$

式中　K——温度系数，西安电瓷厂产品为0.003；抚顺电瓷厂产品为0.004；其他厂产品为0.005。

（三）检查放电计数器的动作情况

避雷器放电计数器是用来记录避雷器动作次数的一种重要配套设备。国内目前主要使用JS型电磁式放电计数器。

1. 原理

图22-18所示为JS型放电计数器的原理接线图。

图22-18（a）为JS型放电计数器的基本结构，即所谓的双阀片式结构。当避雷器动作时，放电电流流过阀片R_1，在R_1上的压降经阀片R_2给电容器C充电，然后C再对电磁式计数器的电感线圈L放电，使其转动1格，记1次数。改变R_1及R_2的阻值，可使计数器具有不同的灵敏度。一般最小动作电流为100A（8/20μs）的冲击电流。因R_1上有一定的压降，将使避雷器的残压有所增加，故它主要用于40kV以上的高压避雷器。对于FCD和FS型避雷器可使用压降极小的JLG型感应型计数器。

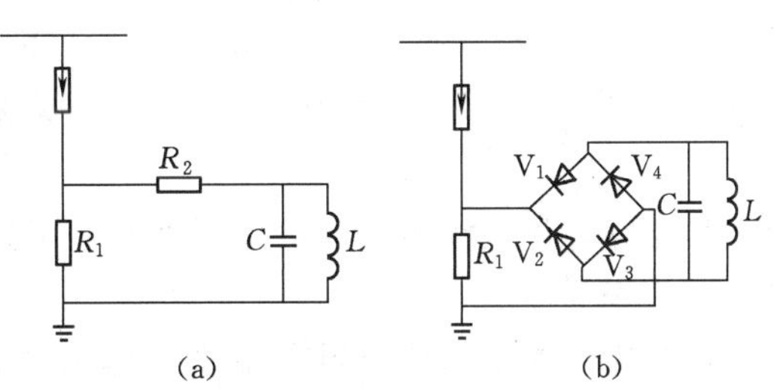

图22-18　JS型放电计数器的原理接线
（a）JS型；（b）JS-8型
R_1、R_2—非线性电阻；C—储能电容器；
L—计数器线圈；V_1～V_4—硅二极管

图22-18（b）表示JS-8型动作计数器的结构，系整流式结构。避雷器动作时，高温阀片R_1上的压降经全波整流给电容器C充电，然后C再对电磁式计数器的L放电，使其计数。该计数器的阀片R_1的阻值较小（在10kV时的压降为1.1kV），通流容量较大（1200A方波），最小动作电流也为100A（8/20μs）的冲击电流。JS-8型计数器可用于6.0～330kV系统的避雷器，JS-8A型计数器可用于500kV系统的避雷器。

2. 动作情况的检查方法

由于密封不良，放电计数器在运行中可能进入潮气或水分，使内部元件锈蚀，导致计数器不能正常动作，所以《规程》规定，发电厂、变电所内避雷器每年雷雨季前、线路上避雷器1～3年要检查一次动作情况。

现场检查计数器动作情况的方法如下：

（1）交流法。用一般6～10kV/100V电压互感器，升压至1500～2500V后用绝缘拉杆触及放电计数器，使放电计数器突然被加上1500～2500V的交流电压，以观察计数器指示是否跳字。

（2）直流法。用2500V兆欧表对一只4～6μF的电容器充电，待充好电后拆除兆欧表线，将电容器对计数器触及放电，以观察其指示是否跳字。

在运行条件下，也可用直流法直接进行测量，其方法是用电容器充好电后对计数器与

避雷器连接点触及，电容器的另一端与接地相连，观察指示器动作情况。如果指示器不动，应拆下计数器再进行试验以确定其是否良好。

(3) 标准冲击电流法。其原理接线如图 22-19 所示。

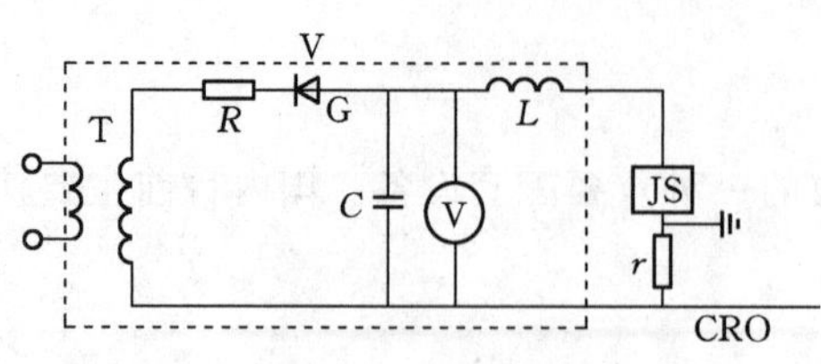

图 22-19　标准冲击电流检测法的原理接线
(虚线框内为冲击电流发生器)
C—充电电容；R—充电电阻；L—阻尼电感；V—整流硅二极管；r—分流器；T—试验变压器；CRO—高压示波器

测试时，将冲击电流发生器发出的 8/20μs、100A 的冲击电流波作用于放电计数器，若计数器动作正常，则说明仪器良好，否则应解体检修。例如某电业局曾用此法对 27 只计数器进行检测，其中有 3 只不动作，解体发现内部元件受潮、损坏。

《规程》规定，连续测试 3～5 次，每次应正常动作，每次时间间隔不少于 30s。测试后记录器应调到 0。

调零的方法是：取 380V/220V 交流电源，将零线接地，用火线点击放电计数器的上端头，每点击一次，放电计数器的指针就跳一个数字，直至为零。

(4) 专用避雷器放电计数器动作测试仪。由苏州工业园区海沃科技有限公司生产的 Z-V（棒形）避雷器放电计数器动作测试仪，采用 4 节 1 号电池供电，产生 2500V、8/20μs、50～100A 的标准冲击电流（模拟雷电波），可连续对避雷器放电计数器测试 2000 次，充电时间仅为 1～2s，只需在尾部插入一根地线即可工作。棒式结构，360°正反旋转电源开关，伸缩式探头，使用灵活方便，并可在不停电情况下进行测试。

第七节　避雷器的在线监测

一、概况

DL/T 596—1996《电力设备预防性试验规程》规定，每年或雷雨季节前要对氧化锌避雷器进行预防性试验，但是常规试验却存在一些无法避免的问题：

(1) 需要停电。被测设备要退出运行状态，势必影响系统的正常的运行。单母线接线方式下避雷器的停电预防性试验必须将母线及其全部的馈线停电，十分不方便，影响生产。

(2) 试验所加的电压和实际运行电压不一致，不能真实地反映设备的实际绝缘状况。

(3) 一般预防性试验的时间间隔较长，而氧化锌避雷器的性能变化到一定程度会加剧，造成事故不可预测。对此在试验周期内发生的事故常规的预防性试验无能为力，从而难以避免事故的发生。

正常工作电压下，流过氧化锌电阻片的电流仅为微安级，但是由于阀片长期承受工频电压作用而产生劣化，引起电阻特性的变化，导致流过阀片的泄漏电流增加。另外，由于避雷器结构不良、密封不严使内部构件和阀片受潮，也会导致运行中避雷器泄漏电流的增加。电流中阻性分量的急速增加，会使阀片温度上升而发生热崩溃，严重时，甚至引起避雷器的爆炸事故。避雷器是由于多个阀片电阻串联而成，由于避雷器对地杂散电容的影

响，会使串联的电阻片上电压分布不均，使靠近高压端的电阻片承受较高的电压。若不采取均压措施，会加速这些电阻片的老化而失效，进而使其他电阻片上电压增高。如此恶性循环，将使整台避雷器损坏，缩短预期寿命。另外，由于其他因素引起电阻片劣化也会使电压分布发生变化。因此，监测避雷器的电压分布也是诊断手段之一。为了在工作电压下监测电阻片上的电压，一般采取光电测量法，利用电压传感器直接测量其电压。

实际使用时，因为只能测量每节避雷器的电压分布，使这种监测方法的作用有限，故国内目前还未见实际应用。电力部门普遍采用监测氧化锌避雷器的阻性电流，来诊断其绝缘状况。由于氧化锌阀片具有很大的介电常数（$\xi_r=1000\sim2000$），因此，在正常工作电压下流过阀片的主要是容性电流。氧化锌避雷器在线监测要解决的关键技术是，如何从容性电流为主的总电流中分离出微弱的阻性电流。

二、在线监测方法

1. 全电流在线监测

目前国内许多运行单位使用 MF－20 型万用表（或数字式万用表）并接在动作计数器上测量全电流，其测量原理与有并联电阻避雷器电导电流测量原理基本相同，这是一种简便可行的方法。俄罗斯等国广泛使用的全电流监测仪原理如图 22－20 所示。测量时，可采用交流毫安表 A1，也可用经桥式整流器连接的直流毫安表 A2。当电流增大到 2～3 倍时，往往认为已达到危险界限。现场测量经验表明，这一标准可以有效地监测氧化锌避雷器在运行中的劣化。由于 MOA 的非线性特性，即使外施电压是正弦的，全电流也非正弦，它包含有高次谐波。使用 MOA 电流测试仪测量 MOA 中的三次谐波电流，来推出阻性电流。使用这种方法测量较为方便，但当电力系统中谐波分量较大时，常会遇到困难，难以作出正确的判断，现在已经较少使用。

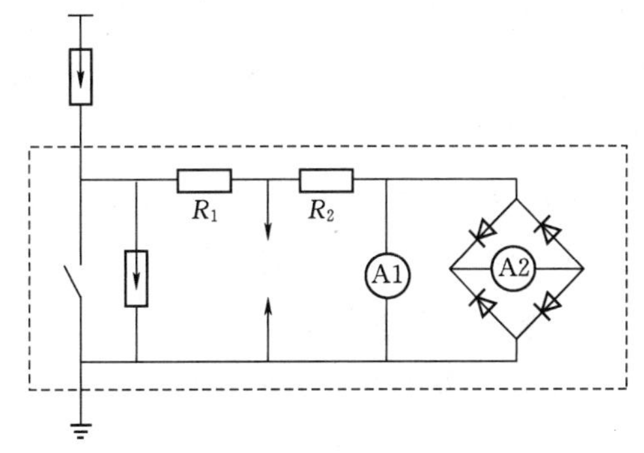

图 22－20 全电流在线监测原理图

2. 补偿法测量阻性电流

补偿法测量阻性电流是在测量电流的同时检测系统的电压信号，借以消除总泄漏电流中的容性电流分量。代表性检测装置是日本 LCD－4 型和国产 MOA－RCD 泄漏电流监测仪，可测量避雷器泄漏电流总电流有效值、阻性电流有效值、容性电流有效值、功率损耗。其电流峰值，可通过其同步输出口用记录仪或示波器读出。LCD－4 型是将 TV 二次测得的电压信号前移 90°。认为与 MOA 底部总电流中的容性电流同相，然后同相位减法，把容性电流完全补偿，以得到阻性电流。用 LCD－4 型仪测量三相一字形排列的 MOA 阻性电流，中相的测量结果是对的，两个边相的测量结果则有误差。一个边相的测量值比实际值大，另一个边相则比实际值小。LCD－4 阻性电流测量仪基本原理如图 22－21 所示。它是先用钳形电流互感器（传感器）从 MOA 的引下线处取得电流信号 $\dot{I}_0$，再从分压器

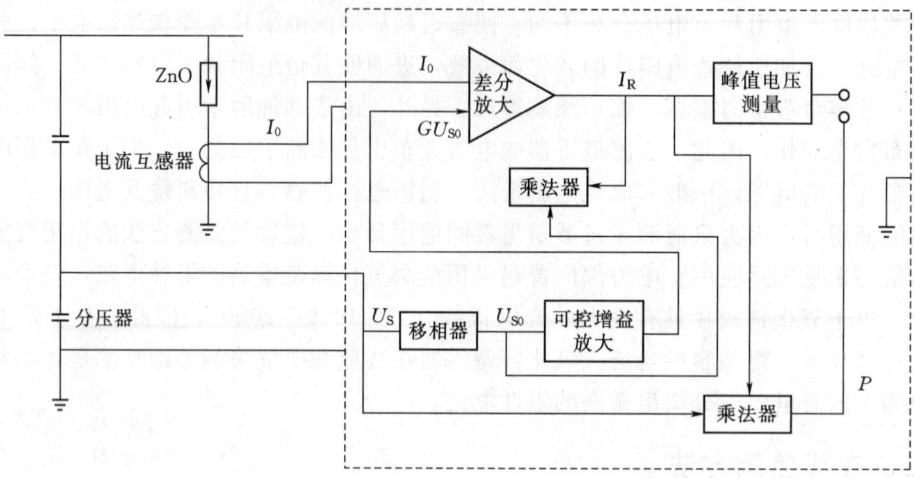

图 22-21　LCD-4 阻性电流测量仪基本原理图

或电压互感器侧取得电压信号 $\dot{U}_S$。后者经移相器前移 90°相位后得到 $\dot{U}_{S0}$（以便与 MOA 阀片中的容性电流分量 $\dot{I}_C$ 同相），再经放大后与 $\dot{I}_0$ 一起送入差分放大器。在放大器中，将 $G\dot{U}_{S0}$ 与 $\dot{I}_0$ 相减；并由乘法器等组成的自动反馈跟踪，以控制放大器的增益 G 使同相的（$\dot{I}_C-G\dot{U}_{S0}$）的差值降为零，即 $\dot{I}_0$ 中的容性分量全部被补偿掉，剩下的仅为阻性分量 $\dot{I}_R$，再根据 $\dot{U}_S$ 及 $\dot{I}_R$ 即可获得 MOA 的功率损耗 P 了。

国产 MOA-RCD 型阻性电流测量仪，采用高灵敏度的钳形电流互感器。

3. 谐波法测量阻性电流

谐波法测量阻性电流取 MOA 的样电流信号，不必断开 MOA 的接地引下线。测量仪器所需的电压信号，从 TV 二次取得，经隔离装置进入测量仪器。隔离器使 TV 二次侧与测量仪器间无电气联系，即使测量仪器发生故障也不会影响互感器二次侧的正常运行。仪器对两边相的相位进行了校正。校正的方法是测量边相时，用两个钳形电流互感器，将两边的电流信号都接入仪器：得到校正的相角，然后对电压基波进行校正。这样就消除了中相电压对边相测量的影响。MOA-RCD 阻性电流测量仪，可以对两边相进行补偿，测量结果优于 LCD-4 的测量结果，三相的测量结果基本相同。但电网谐波对阻性电流峰值有影响，引起测量结果不稳定，这时只能给出阻性电流基波值。由于金属氧化物的非线性特性，当在其两端加正弦波电压时，泄漏电流的阻性电流中不仅含有基波还含有谐波。对于特定的 MOA，其阻性电流和谐波量的关系是可以预先找到的。这样就可以通过测量谐波达到测量 MOA 阻性电流的目的。上海电动工具研究所生产的 SD-8901 型氧化锌避雷器泄漏电流测试仪采用了三次谐波法原理，其原理图如图 22-22 所示。该装置采用电流传感器（通常用高磁导率的坡莫合金作磁芯，并附有良好的金属屏蔽）在避雷器的接地线上直接测量总电流 $\dot{I}_x$；前置放大器一般由增益可变的低噪声放大器组成，以适应不同量程的测量要求；由有效值验波器和指示电表读取总电量 $\dot{I}_x$ 的值。通过中心频率 f_0 为 150Hz 的带通滤波器，峰值验波器和指示电表检测阻性电流的三次谐波分量 $\dot{I}_{R_3}$。通常经

过修正使电表直接指示阻性电流 $\dot{I}_R$。通过射级跟随器和外接示波器可直接观察总电流 $\dot{I}_x$ 的波形，以供进一步分析。该方法特点是较简单，与补偿法相比无须引入电压信号。因为测的是三次谐波电流 $\dot{I}_{R_3}$，故需修正后方可得到阻性电流 $\dot{I}_R$。但是作为在线监测的诊断判据，重点在作纵向比较，即观察各电流的变化趋势，因此对修正的准确度影响不大。电网的谐波仍是影响检测结果可靠性和重复性的主要原因。此外，相间干扰也会使 A、C 相读数偏大，因为部分杂散电容电流也会流经阀片。

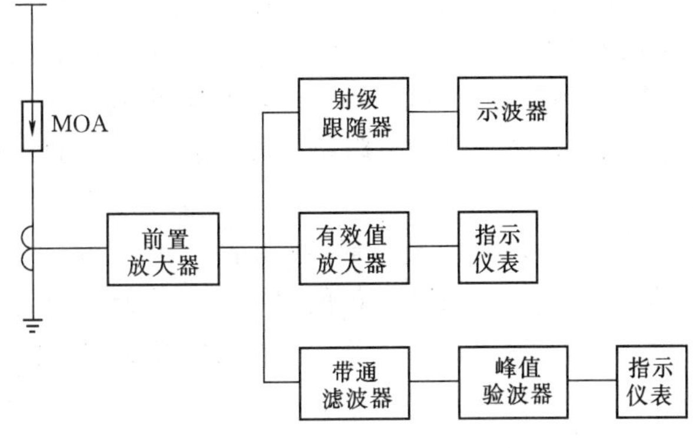

图 22-22　三次谐波法原理图

4. 新的研究动态

目前尽管在精确测量氧化锌避雷器阻性泄漏电流方面有些进展，但要最终解决精确测量氧化锌避雷器阻性泄漏电流这个问题仍然存在着一定的困难，主要表现为以下几个方面：在正常工作条件下，氧化锌避雷器总泄漏电流只有几百微安至几个毫安，而阻性泄漏电流则更小，其峰—峰值的变化范围是几十微安至几百微安，只占总泄漏电流的几十分之一增加了精确测量的难度；氧化锌避雷器阻性泄漏电流具有非线性特性，且易受温度和系统电压谐波成分的影响，阻性泄漏电流自身含有非常丰富的高次谐波；相间耦合电容因素是测量误差的重要来源，且随着电压等级的升高，测量误差成倍增加。由于相间耦合电容是以分布参数形式存在的，受周围环境温度和系统电压变化的影响，使得相间耦合电容测量起来比较困难，相间耦合电容的测量精度对测量结果的影响也较大。取自电压互感器二次的电压信号有相移，也是测量误差的来源之一。

由于被测信号小，测量误差和计算误差对测量精度影响大，非线性特性、高次谐波和相间耦合电容因素的不确定性，使得精确求解问题相当困难。在诸因素中相间耦合电容和系统电压谐波是制约阻性泄漏电流测量精度的主要因素，因此，消除相间耦合电容和系统电压谐波的影响是值得研究的。

三、FS 型避雷器的在线监测

3～10kV 高压配电系统中，广泛使用了 FS-3～10 型阀型避雷器，该型避雷器与 FZ 型避雷器结构上主要不同之处在于放电间隙上未并联非线性电阻。由于安装数量多且地点分散，每年进行预防性试验时，一般都是将避雷器拆回，试验合格后再安装使用。这样既麻烦又费工时，而且存在试验室试验虽合格，但运输途中易于损坏的缺点。国内自 20 世纪 60 年代就开展了 FS-3～10 型避雷器的在线测试，取得了满意而准确的试验结果，并积累了丰富的在线监测的经验，有些省里已代替了停电试验。

（一）绝缘电阻的在线监测

在线监测 FS-3～10 型避雷器绝缘电阻的接线如图 22-23 所示。测试前断开避雷器下端的接地连线（或在安装时就考虑能方便地进行在线监测）。由于变电所母线电压互感器高压绕组中性点是直接接地的，因而在测试时，兆欧表线路端 L→避雷器→高压线路→母线电压互感器→大地→兆欧表接地端 E 构成了回路。回路中，线路和电压互感器的直流电阻与避雷器的绝缘电阻相比较是极小的，可以忽略不计，因此兆欧表能够测得避雷器的绝缘电阻。

测试时可使用 2.5～5kV 兆欧表。其 E 端应可靠接地，然后摇动兆欧表使指针指到“∞”，再将连接兆欧表 L 端的引线（应注意悬空）用操作杆接到被试避雷器的底部，待指针指示稳定后，读取并记录兆欧表所指示的数值。在线监测 FS－3～10 避雷器绝缘电阻的等值电路如图 22－24 所示。

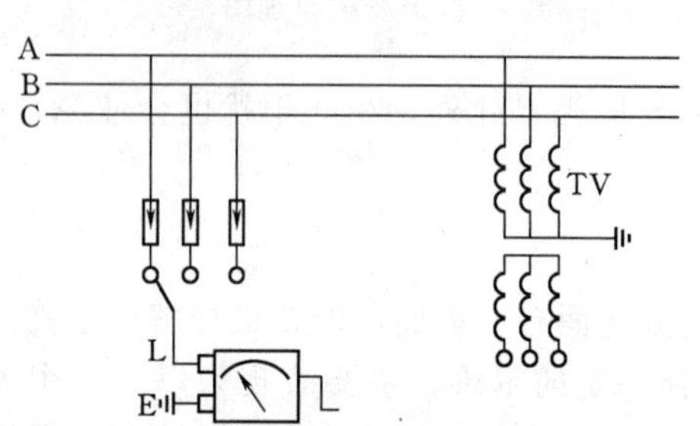

图 22－23　在线监测 FS－10 型避雷器绝缘电阻的接线原理图

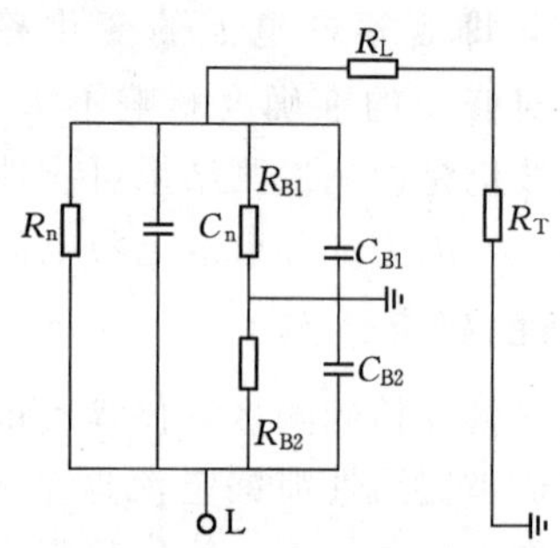

图 22－24　在线监测 FS 型避雷器绝缘电阻的等值电路图

R_n—避雷器内部的绝缘电阻；C_n—避雷器内部间隙的几何电容；R_{B1}—避雷器外表面上部(顶端到安装抱箍间）的绝缘电阻；C_{B1}—避雷器外表面上部杂散电容；R_{B2}—避雷器外表面下部（低端到安装抱箍间）绝缘电阻；C_{B2}—避雷器外表面下部的杂散电容；R_L—线路直流电阻；R_T—高压母线 TV 高压绕组的相直流电阻

由图 22－24 可见，因线路电阻 R_L 及互感器电阻 R_T 相对较小，可忽略不计，所以兆欧表读数实际就可以认为是避雷器内部绝缘电阻 R_n 与外表面下部绝缘电阻 R_{B2} 的并联值，即等值电阻为

$$R_{dz}=\frac{R_nR_{B2}}{R_n+R_{B2}}$$

因此，所测绝缘电阻值受外表面（下部）状况的影响较大，若表面脏污，潮湿或在雾雨天气等，将可能造成误判断。

绝缘电阻的判断标准与停电测试时的标准应相同，即在 2500MΩ 以上为合格。

当避雷器在绝缘严重不良的情况下试验时，可能对人身造成危害，为此，操作兆欧表的人员应按安全规程进行操作。

（二）泄漏电流的在线监测

在线监测泄漏电流的接线如图 22－25 所示。其等值电路如图 22－26 所示。

测试时使用运行线路对地的交流电压，在正常情况下，对于 10kV 系统约为 6kV，对

于 35kV 系统约为 20.2kV。

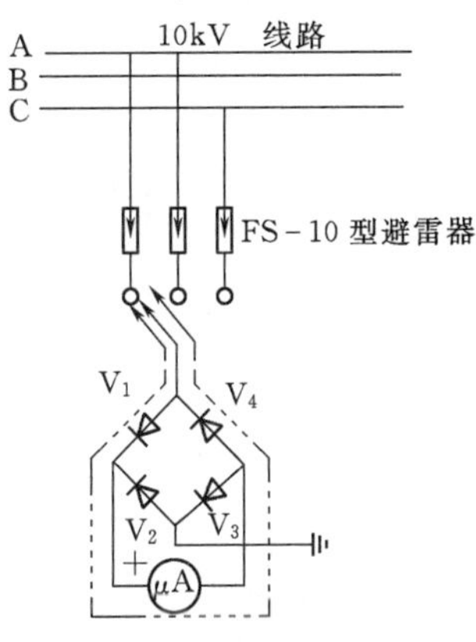

图 22-25　在线监测避雷器泄漏电流的原理接线

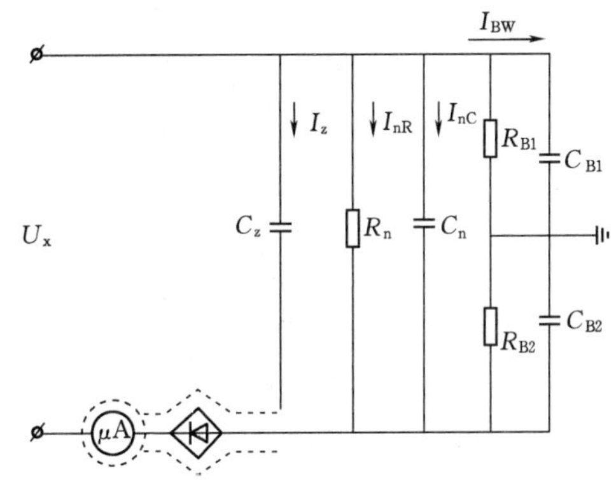

图 22-26　在线监测避雷器泄漏电流的等值电路

C_z—高压线对测量引线的杂散电容

由等值电路可知，在交流电压作用下流过避雷器的电流可分为两部分：避雷器内部电流 I_{nR} 及 I_{nC}，避雷器外表面电流 I_{BW}。

电流 I_{BW} 由于安装抱箍接地（对金属横担而言）而被屏蔽了，因此流过微安表的电流只有 I_{nR} 及 I_{nC}。

同一型式避雷器内部放电间隙的几何电容是固定不变的，其数值甚微。在运行电压作用下，其电流实际上都不超过 2μA，所以微安表所测得的电流为

$$I_n=\sqrt{I_{nR}^2+I_{nC}^2}$$

这样将能灵敏地反映出避雷器内部绝缘的受潮程度。考虑到绝缘电阻的合格值为 2500MΩ 以及间隙几何电容对测量泄漏电流的影响，在线监测 10kV 级避雷器时的泄漏电流的判断标准，应为不大于 5μA。3、6kV 级避雷器也参照这一标准执行。

为了准确地测量泄漏电流值，由避雷器底部到微安表间的引线必须使用绝缘屏蔽线，其金属外皮必须接地，否则，由于杂散电容电流 I_2 的影响，可能使测量结果产生较大的误差．致使判断错误。

（三）工频放电电压的在线监测

测试接线的原理如图 22-27 所示。此时，试验电源经避雷器→高压线路→母线电压互感器→互感器高压绕组中性点直接接地而构成回路。用这种方法试验时，试验电源必须与被试避雷器同相（如试 A 相

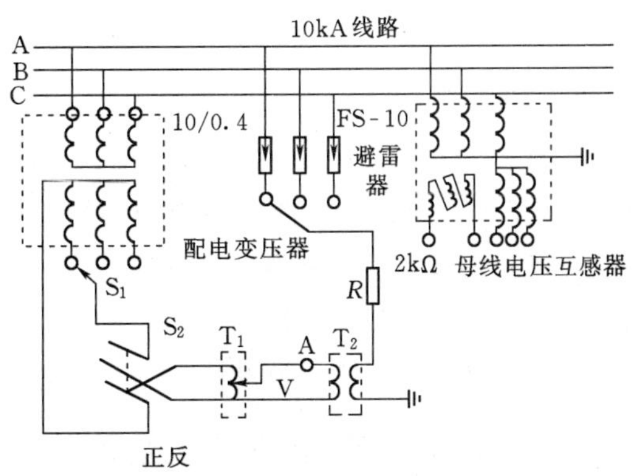

图 22-27　在线监测避雷器工频放电的原理接线

S_1—换相开关；S_2—倒顺开关；T_1—自耦调压器；T_2—试验变压器

避雷器时，用A相电源，依此类推)。在试验电源正、反相位时，分别记录所测得的放电电压U'_F和U''_F值。这时由于试验电压相量与运行电压相量的相位相同或相反，因此避雷器两端电压（最后的放电电压）是试验电压与运行电压（线路对地电压）的相减或相加，即

$$U_F = U'_F - U_D$$

或

$$U_F = U''_F + U_D$$

式中　U_F——避雷器的工频放电电压，kV；

U_D——运行线路对地电压，kV；

U'_F——试验电源正相位时，记录到的避雷器放电瞬间试验变压器电压指示值，kV；

U''_F——试验电源反相位时，记录到的电压指示值，kV。

由此可见，可求得避雷器的工频放电电压值，即

$$U_F = \frac{U'_F + U''_F}{2}$$

试验接线中，保护电阻R的作用是在避雷器放电时，保护其内部放电间隙及试验变压器，同时尽量降低试验电压对运行线路的冲击，一般可取$R \approx 2k\Omega$。

表22-18　绝缘电阻　单位：MΩ

相别	停电时测试	在线监测
A	2500	2500
B	2500	2500
C	2500	2500

现场一组FS-10避雷器的停电与在线监测结果如表22-18～表22-20所示。

表22-19　泄漏电流　单位：μA

相　别	停电时测试(电压6kV)	在线监测	
		引线屏蔽接地	引线不屏蔽
A	0	0	2
B	0	0	2.5
C	0	0	3.2

表22-20　工频放电电压　单位：kV

相　别	停电测试	在线监测		
		正	反	平　均
A	23.8	16.9	28.3	22.6
B	26.8	21	32.3	26.7
C	32.2	26.3	37.7	32

从表22-18～表22-20可以看出，停电条件下的试验结果与在线测试结果是一致的。因此10kV及以下的高压配电系统中大量使用的FS型避雷器，可以用在线测试代替停电试验。如果在安装FS型避雷器时，将其接地线部分通过一个电流足够的断开装置接地（正常运行时接地，而试验时可以断开)，试验电源则可从避雷器附近的变压器低压侧分别抽取，这样可以十分方便地进行在线测试。

四、FZ型避雷器的在线监测

运行中，FZ型避雷器的在线监测项目包括：

（1）测量电导电流。

（2）测量交流分布电压。

（一）测量电导电流

1. 测量原理

FZ型避雷器的测量原理如图22－28所示。在图22－28中，非线性电阻固定在长1.5m，直径40mm的绝缘管内（宜选用透明有机玻璃绝缘管）。管内电阻选用FZ型阀型避雷器的非线性并联电阻。其阻值要求用2.5kV兆欧表测量时其阻值为1200～1800MΩ。为防止运输过程中电阻杆内电阻连接松动或断裂，应在每次测量前用2.5kV兆欧表测量电阻杆的电阻值，符合要求后方可使用。

2. 测量结果分析

测量交流电导电流，仅需测量多元件组成的阀型避雷器的最下一节上端（图22－28中D点）的电导电流。此时电导电流如图22－29所示，流过D点的电流为I，即

$$I=I_1+I_2$$

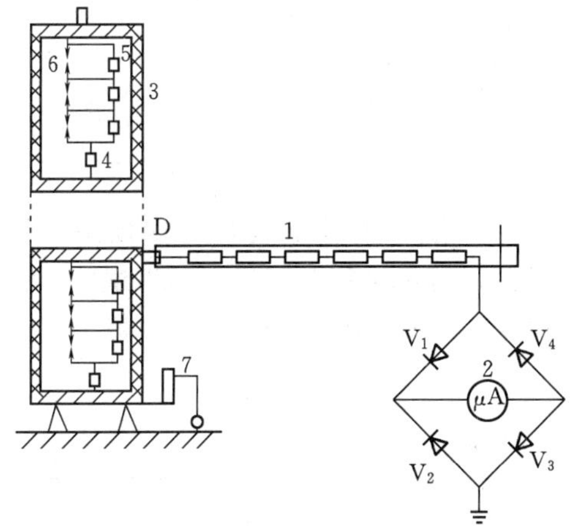

图22－28　测量原理图

1—非线性电阻杆；2—直流微安表；3—瓷套；4—阀片；5—并联电阻；6—放电间隙；7—放电记录器

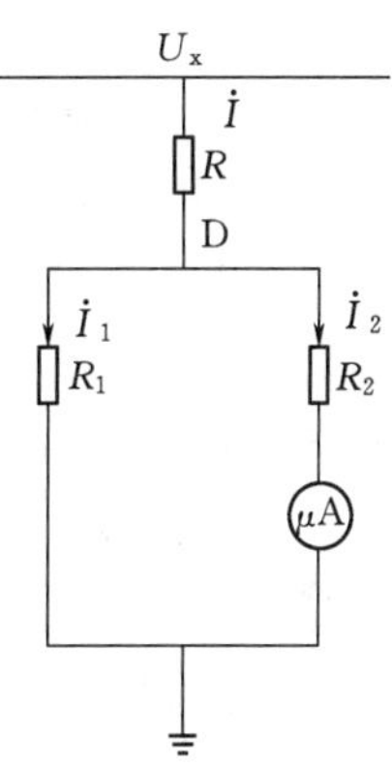

图22－29　测量交流电导电流的等值电路

R—除最下节以外其余各元件的串联等值电阻；R_1—最下一节的等值电阻；R_2—测量用非线性电阻杆的电阻

当任何一节避雷器发生并联电阻老化、变质、断裂或进水受潮等缺陷时，其电阻值将发生变化。从而使测量的交流电压下的电导电流I_2发生变化，现场可以根据I_2的大小，历次测量结果的变化以及三相间电流的差别来分析运行中避雷器的绝缘缺陷，或者决定是否应在停电条件下进行常规的预防性试验。根据I_2进行分析的方法如下：

（1）若最下节避雷器受潮（短路），例如FZ－110J由4节FZ－30J组成，当最下节短路后，交流运行电压全部分配在上3节上，只要每节分配的电压低于FZ－30J的最大允许工作电压（灭弧电压）25kV（有效值）时，避雷器是不会爆炸的。但此时整组避雷器已有很严重的缺陷，不能满足防雷保护的要求，必须停止运行。当最下节短路后$R_1\approx 0$时，电流I在D点处按R_1、R_2的电阻值来分配。因$R_1\approx 0$，所以$R_2\gg R_1$，则$I_1\approx 0$，故$I_1\approx I$，此时测得的电导电流I_2很小甚至为零。

(2) 最下节避雷器断裂，此时 R_1 的电阻值很大，而 $R_1 \gg R_2$，因此电流 I 在D点仍按 R_1、R_2 电阻值分配，则 $I_1 \approx 0$，$I_2 \approx I$。此时测得的电导电流 I_2 较正常值要大得多。

(3) 上部某节避雷器并联电阻老化、阻值减小或受潮，此时设最下一节元件符合要求，由于上部某节电阻减小而使正常电阻值的其他元件分配电压相对增大，即最下节避雷器上的电压较无故障时的分配电压值要高。且由于 R_2 为非线性电阻，电压微小的增加能使电导电流 I_2 产生较大的增加，这样测量的电导电流较正常时要增大许多，易于检出缺陷。

(4) 上部某节并联电阻老化使阻值增加，此时该节分配的电压增加，从而使其余各节避雷器分配电压降低，最下一节上的电压也相应减少，因此使测量的电导电流 I_2 减小。现场测量主要是根据历次测量结果和三相电导电流的相互比较进行分析判断。

(5) 测量时应同时测量三相交流电压下的电导电流。相间电导电流的不平衡系数，v_i 按下列公式计算

$$v_{\mathrm{i}}=\frac{I_{\max}-I_{\min}}{I_{\min}}(\%)$$

式中 $I_{\max}$——三相中最大相电导电流；

$I_{\min}$——三相中最小相电导电流。

当 $v_{\mathrm{i}}>25\%$时，应使避雷器停止运行，并在停电条件下进行常规预防性试验。当 $v_{\mathrm{i}}<25\%$时，则认为运行中三相避雷器是合格的，可不进行常规的预防性试验。

现场部分测量结果如表 22-21 所示，表中 22-21 中的 PBC 型避雷器为仿苏联的老产品。

表 22-21　　现场部分测量结果

型号	交流电导电流 /μA				分布电压 /kV				停电试验
	A	B	C	v_{i} /%	A	B	C	v_{i} /%	
FZ-110J	56	40	33	69.7	17.5	15.5	14.4	21.5	A相第三节不合格
FZ-110J	116	106	97	19.6	15	14.8	14	7	合格
FZ-110J	125	110	79.2	57.8	15.2	14.5	12.5	21.6	C相第四节不合格
FZ-110J	70	65	44	59					C相不合格
FZ-110J	80	66	61.5	30					合格
PBC-110	120	190	160	58.3					B相第一节 $R_{\mathrm{j}}=400\mathrm{M\Omega}$，其余为 1300MΩ
PBC-110	440	170	180	153					A相最上节 80MΩ
PBC-110	330	160	100	200					A相一节 $R=50\mathrm{M\Omega}$，其余为 200MΩ
PBC-110	120	150	0						C相最下节 $R_{\mathrm{j}}=0$
PBC-110	21.2	20.7	8.5	150					C相最下节 $R_{\mathrm{j}}=20\mathrm{M\Omega}$，其余 1200～1300MΩ
PBC-220	0	150	100						A相最下节电阻为零

续表

型号	交流电导电流/μA				分布电压/kV				停电试验
	A	B	C	v_i/%	A	B	C	v_i/%	
PBC-220	240	100	160	140					A相第三节 $R_j=60M\Omega$
PBC-220	40	100	120	200					A相最下节 $R_j=7M\Omega$
FZ-110J	120	110	70	71.4					C相最下节进水受潮，C相第二节 $R_j=8M\Omega$
FZ-110J	125	125	205	64	13.8	13.4	17.2	24.6	从中放出300ml水
FZ-110J	102	98	15	684	15.5	15	5.5	182	C相第四节 $R_j=14M\Omega$，内部元件严重损坏
FZ-110J	84	76	16	425					C相第三节内部元件损坏
FZ-110J	87	72	67	29.9					A相非线性系数不配合
FZ-110J	95	160	170	79					A相损坏
FZ-110J	76	40	40	90					B、C两相损坏
FZ-35	30	39	40	33					B、C相非线性系数不配合
FZ-35	73	57	55	32.7					A相第二节、B相第一节不合格
FZ-35	69	65	43	60					C相下节损坏
FZ-35	96	92	80	18.8					合格

（二）测量交流分布电压

1. 测量方法

测量图22-25中D点对地的电压，即运行中FZ型避雷器最下一节的电压。测量时使用Q_3-V静电电压表。测量FZ-110J和FZ-220J可选择30kV电压挡，测量FZ-35一般选择15kV电压挡。

测量方法与测量交流电导电流的方法相同，所不同的是此处应分别测出三相的最下节分布电压。

2. 测量原理

当避雷器中非线性并联电阻变质、老化、断裂、受潮时，其阻值发生变化，从而使每个元件上分布电压发生变化，因而测量最下一节避雷器在运行电压下的分布电压，能够分析判断避雷器是否存在缺陷。

应该指出，用静电电压表测量分布电压时，静电电压表与避雷器的高压引线对地电容应尽量小，否则此电容与静电电压表并联，可造成偏小的测量误差。现场测量时，使用普通塑料线并将静电电压表高压引线悬空，而不应使用耐压足够的电缆作静电电压表的高压引线（因电缆屏蔽接地，引线电容较大，减小了测量的分布电压值）并将其随地拖放。

测量时应详细记录运行电压、环境温度和空气相对湿度。测得三相分布电压后，可计算电压的不平衡系数v_u，即

$$v_u = \frac{U_{max} - U_{min}}{U_{min}} \ (\%)$$

式中 U_{max}——三相中最大分布电压；

U_{min}——三相中最小分布电压。

当 $v_u < 15\%$时，认为合格；$v_u > 15\%$时，建议避雷器停止运行或进行常规预防性试验，进一步鉴定其是否可以继续运行。

分布电压的测量结果见表 22-22，表 22-22 中的 PBC 型避雷器系仿苏联老产品。

表 22-22 分布电压测量结果

避雷器型号	运行电压下测得最下节分布电压/kV				备注
	A	B	C	v_u/%	
PBC-110（4×PBC-30）	13	14	13	7.7	无缺陷
PBC-110（3×PBC-35）	22.2	23.5	22.3	5.9	无缺陷
PBC-110（3×PBC-35）	23	22.7	24.4	7.4	无缺陷
PBC-110（3×PBC-35）	21	21	22	4.8	无缺陷
PBC-110（3×PBC-35）	21	21.5	22.5	7.1	无缺陷
PBC-110（3×PBC-35）	21.2	20.7	8.5	150	最下节电阻为 R=20MΩ 其余 R=1200～1300MΩ
PBC-110（3×PBC-35）	21	21.5	19	13	无缺陷
FZ-110J=4×FZ-30	14.5	14.8	14	5.7	无缺陷
FZ-110J=4×FZ-30	17.5	15.5	14.5	21.5	第三节绝缘电阻为 62MΩ 电导电流>100μA
FZ-35=2×FZ-15	8.7	9.2	8.8	2.2	无缺陷
FZ-35=2×FZ-15	8.8	9.0	9.4	6.8	无缺陷
FZ-35= 2×FZ-15	10.1	9.9	4.0	150	C相上节绝缘电阻为∞

据不完全统计，通过在线测试已监测出的 FZ 型阀型避雷器的主要绝缘缺陷有：进水受潮，电阻断裂、变质，阀片闪络或击穿；火花间隙元件击穿损坏，并联电阻非线性系数不配合；直流电压下电导电流不符合要求等。很多单位已规定用在线测试代替常规停电试验。

为简化试验方法，可以规定仅进行交流电导电流测量，而交流分布电压测量仅作参考，也可不进行交流分布电压测量。

FZ-220J 避雷器因由 8 节 FZ-30J 元件组成，运行电压下每节元件分布电压不均匀。如果仍按 FZ-35-110J 避雷器那样仅测量最下节上端的交流电导电流，则因避雷器的非线性电阻特性，电压变化很小时测量结果的分散性会很大。为减少测量分散性造成的误判断，可以测量最下面两节上端处的交流电导电流，此时电阻杆电阻宜选择为 8000MΩ 左右。

在线测试时，除按交流电导电流不平衡系数 v_i 或分布电压不平衡系数 v_u 进行分析判断外，还应注意对历次测量结果的相互比较。为此，每次的试验温度、空气相对湿度、非线性电阻杆阻值、微安表等应尽可能相近，以保证测量结果的准确性并便于进行分析比较，对避雷器的绝缘水平作出准确分析判断。

五、磁吹避雷器的在线监测

运行中，主要监测磁吹避雷器的交流电导电流。选用输入阻抗小于10Ω的交流毫安表（现场一般选用MF-20型万用表的1.5mA挡）并联于磁吹避雷器的放电计数器两端，进行测量。图22-30所示为MF-20型万用表结构原理图。

由图22-30可知，交流电流测量部分由于采用了放大器，可以测量微弱的信号电流和信号电压。交流1.5mA挡的电阻$R_{30}+R_{31}+R_{32}=10\Omega$。而JS型放电计数器的内阻一般为1～2kΩ，因此测量时流过磁吹避雷器的交流电导电流主要经过MF-20型万用表，所以可以用这一方法监测磁吹避雷器的运行情况。测量方法如下：

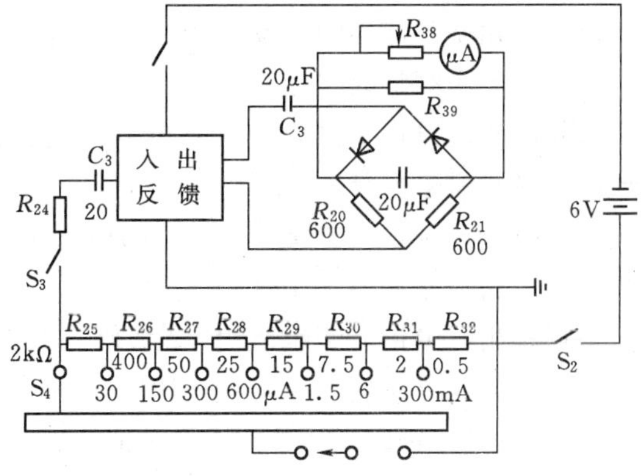

图22-30　MF-20型万用电表交流电流测量原理图

（1）串联测量法。如图22-31所示，将MF-20型万用表串接于放电计数器与地之间，并接FYS-0.25压敏电阻作保护，当表计接好后，拉开短路闸刀（或短接压板），测得电导电流后，即刻合上短路闸刀（或短接压板）。

（2）并联测量法。如图22-32所示，将MF-20型万用表并接于放电计数器两端即可测量。因JS型放电计数器的内阻一般为1～2kΩ，而MF-20型万用表的交流电流部分由于采用了放大器，可以测得微弱的信号电流和电压，其内阻仅10Ω左右，因此测量时流过磁吹避雷器的交流电导电流主要经MF-20型万用表中流过，所以可以用这种方法进行测量。

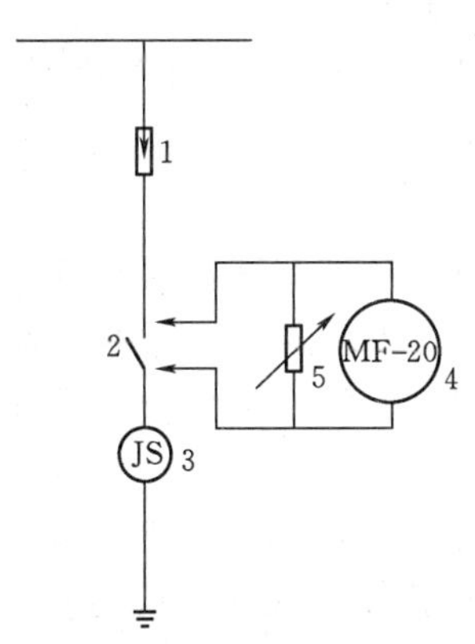

图22-31　串联测量法接线图

1—FCZ型避雷器；2—闸刀开关或短路压板；
3—放电记录器；4—NE-20型万用表；
5—FYS-0.25压敏电阻

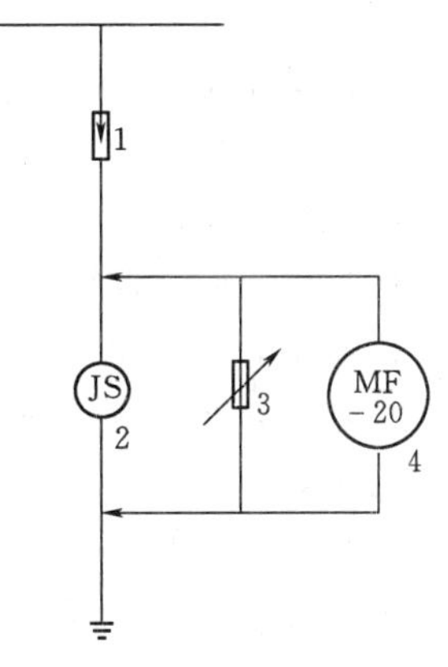

图22-32　并联测量法接线图

1—FCZ型避雷器；2—放电记录器；
3—FYS-0.25压敏电阻；
4—MF-20型万用表

测量时的注意问题如下：

（1）宜在 MF - 20 型万用表两端并接 FYS - 0.25 压敏电阻进行保护。

（2）为避免万用表内阻的影响，测量时最好固定在某一量程测量。

（3）记录系统电压、温度、湿度以及所用表计及挡位，以便更好分析测试数据。

对测量结果的判断方法是比较：

（1）三相避雷器相间相互比较。

（2）与上次测量数据比较。

当相间比较差达 1 倍以上，或与上次数据比较增大 30%～50%时，应加强监视，分析原因。必要时停电复测。

华东电管局规定，FCZ_1，FCZ_2 的电导电流一般控制在 250～380μA 左右；FCZ_3 的电导电流一般控制在 80～150μA 左右。

最后指出，上述方法也适用 FZ 型阀式避雷器。

例如：某变电所的一组运行一段时间的磁吹避雷器在线测试的结果如表 22 - 23 所示。由表 22 - 23 可知，B 相电导电流比其他两相大 6.82 和 4.8 倍，该组避雷器停电条件下的直流电导电流试验结果如表 22 - 24 所示。

表 22 - 23　磁吹避雷器在线测试结果举例

试验日期/（年.月.日）	运行电压/kV	用 MF - 20 测得电导电流/μA		
		A	B	C
1980.10.4	102	290	1980	290
1981.11.20	98	375	1520	315

表 22 - 24　停电试验结果举例

相别	绝缘电阻/MΩ	直流电导电流/μA	
		55kV	110kV
A	5000	88	600
B	90	750	2160
C	9000	80	550

解体检查发现 B 相避雷器已严重进水、受潮，而在线测试前 7 个月的预防性试验（雷雨季节前）结果却合格。这次绝缘下降主要是 7—8 月雨季进水受潮所致。

交流电导电流测量应注意对同一相历次试验结果的比较，同时也应注意相间试验结果的比较。当发现差别较大时，应在停电条件下进行预防性试验。

测量交流电导电流时，MF - 20 型万用电表与放电计数器并联，而放电计数器的电阻是非线性阀片的电阻，这一电阻在运行中也会进水受潮。因此当交流电导电流过小时，还应考虑到放电计数器是否损坏或进水受潮。此时，可将 1.5mA 交流毫安挡直接串入避雷器接地回路进行测量。

应该指出，现场测试时和 FZ 型避雷器的测试一样，也有电场干扰，因此应注意选择好测量位置，尤其在测量时应保证接触良好，否则将会产生较大的测量误差。

这种在线测试方法比较简便，可以做到经常监测，而且可以由值班员进行测试。

六、金属氧化物避雷器的在线监测

（一）氧化锌避雷器泄漏电流的阻性、容性分量测试及分析的意义

在上述可知，测量运行状态下的交流泄漏电流是氧化锌避雷器带电检测的主要内容，

而测量其阻性电流是关键。当氧化锌避雷器处于合适的荷电率状况下时，阻性泄漏电流仅占总电流的10%～20%，因此，仅仅以观察总电流的变化情况来确定氧化锌避雷器阻性电流的变化情况是困难的，只有将阻性泄漏电流从总电流中分离出来，才能清楚地了解它的变化情况。判断氧化锌避雷器是否发生老化或受潮，通常以观察正常运行电压下流过氧化锌避雷器阻性电流的变化，即观察阻性泄漏电流是否增大作为判断依据。已有研究得出以下结论：

（1）氧化锌避雷器污秽严重或受潮时，阻性电流的基波成分增长较大，谐波的含量增长不明显。

（2）氧化锌阀片老化时，阻性电流谐波的含量增长较大，基波成分增长不明显。

（3）仅当避雷器发生均匀劣化时，底部容性电流不发生变化。发生不均匀劣化时，底部容性电流增加。避雷器有一半发生劣化时，底部容性电流增加最多。对220kV及500kV，避雷器分段，不均匀劣化的情况更多。

（4）相间干扰对测试结果有影响，但不影响测试结果的有效性。采用历史数据的纵向比较法，能较好地反映氧化锌避雷器运行情况。

因此，通过对氧化锌避雷器泄漏电流的全电流和对应的母线TV电压进行采集，分析泄漏电流的阻性电流分量、容性电流分量，阻性电流分量的谐波含量可以全面反映氧化锌避雷器的运行情况，为判断其绝缘状态提供可靠有效的判据。

（二）氧化锌避雷器阻性、容性分量测试及分析的基本原理

用精密的小电流隔离传感器采集避雷器泄漏电流信号，用高阻隔离的精密电压传感器对应相的TV二次侧电压信号，以电压信号为相位基准，利用快速傅里叶变换，分离出避雷器泄漏电流全电流的阻性分量和容性分量，并对阻性电流做谐波分析，求取其3、5、7次谐波含量。

测试过程中，电流信号和电压信号应同时采集。

如果三相电流和电压同时采集，相间干扰的影响被同时测量，由于现场的干扰相对稳定（与现场布置相关），更有利于信号的分析。

（三）现场氧化锌避雷器测试存在的问题及解决的方法

氧化锌避雷器现场测试的主要问题在于现场的相间干扰分析和电压基准信号的获取。

1. 现场的相间干扰

氧化锌避雷器的相间干扰主要与变电站的间隔布置相关，也与母线的布置有较强的关联，同时受到环境、系统运行情况的影响，要采用固定的边界条件的算法去准确分析相间干扰几乎是不可能的。

由于相间干扰相对稳定，我们认为采用三相电流、电压信号同时采集的方法，观察三相数据的逻辑关系，可以排除相间干扰对数据分析的影响。

一般地，A、B、C三相电流电压的相位角一般为79°、83°、87°左右，接近等差分布序列，三相的阻性电流基本遵循 $I_a > I_b > I_c$，这是一个统计的结果，随着布置的不同，具体的相位差值可能不一定完全满足等差序列的分布，但是应当在等差序列附近，而且，多次重复测试时，波动很小，一般小于0.5°。

总的来说，由于相间干扰的存在，相角处于80°以上（微小的角度漂移将导致计算的阻性电流值有很大变化），我们认为氧化锌避雷器的电流电压相位差值更能反映避雷器的受潮及老化情况（全电流变化不大），实际应用中，根据相位差变化和阻性电流变化的历史趋势进行分析判断更有效。

2. 电压基准信号的获取

要精确测量避雷器的阻性电流分量，必须从对应的TV二次侧采集现场电压基准信号，早期的测试仪器中，将从TV二次侧引出的电压信号线直接连接到放置在避雷器下端的仪器电压信号输入端，由于现场距离较远，仪器的移动（引线拖动）和人员的走动，以及其他的不可控制因素，极易导致TV二次侧短路，引发严重的安全事故。甚至在某些场合不能获取TV二次信号，导致测试不能进行。可以采取三种测试方式来解决这一问题。

(1) 安全、高效地获取电压基准信号。利用苏州工业园区海沃科技有限公司生产的HV-MOA-Ⅱ型阻性电流测试仪在现场试验时，接线方式如图22-33所示。

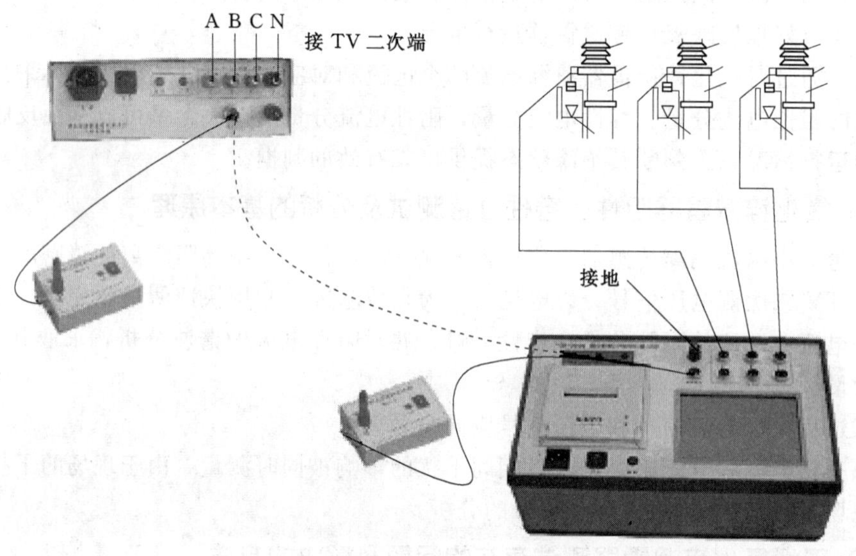

图22-33　接线方式

现场测试时，将测试仪主机（电流测量）放置在待测的一组避雷器下端，连接电流测试线，将电压测试单元放置在TV端子箱旁，连接电压测试引线，电压测试单元与电流测试单元通过无线或者有线的方式进行采集的同步，电压数据（相位基准和有效值）通过无线或者有线方式传输到测试仪主机进行数据分析，求取各个参数。

电压单元放置在TV端子箱旁，不再移动，TV二次侧的引线也不再移动，即使引线，也是使用电压测试单元的数字信号引线，与TV二次侧完全隔离，大大提高了测试的安全性。

电压单元，测试仪主机，无线发射和接受单元全部内置高能锂离子电池，可不接现场的220V交流电源，接线简化。一个母线场电压单元只需接一次线，而且测试仪主机可以更加方便地移动到任一组同一母线场的避雷器下端，大大提高测试效率。

(2) 不接TV二次侧的电压基准信号。在某些特定场合无法获取TV二次侧的电压基

准信号（系统安全性要求），或者在试验任务繁重，监测工作量大时，不需接入电压基准信号作为相位参考时，HV-MOA-Ⅱ型阻性电流测试仪提供了“无电压”测量方式。

以理论分析为基础（A和C相对B相的相间干扰矢量和接近为零，三相的电流电压相位差值按相对固定的规律分布），通过大量的现场测试的数据统计分析表明，良好的避雷器组中，B相的泄漏电流和B相系统电压的相位差值一般在83°～84°之间，这一规律是“无电压”方式测量的理论前提。

“无电压”方式测量时，仪器只测量避雷器的三相泄漏电流（必须同时测量），输入B相电流和电压的相位差值（默认为83.5°，输入到仪器中的B相参考相位差值如果是现场实测的统计值，测试结果更准确），根据实测的B相的电流相位推算得到B相的电压相位，根据系统三相电压差120°的规律，计算出A和C相电压的相位，从而计算出A和C相的电流电压相位差值，然后求取相应的一系列参量。

对同一母线场的避雷器，每次测量输入的B相参考相位差值保持一致，那么测试结果的历史趋势对比可以很好地反应避雷器的绝缘状况的变化，建议的数据结果的判断方法是：

如果A、C两相数据均不正常，我们就初步判断B相存在问题（基准错误），如果A、C某一相数据异常，那就是数据异常的某相存在问题。

如果发现某一组避雷器的数据异常，最后的精确判断需要接入电压信号或者退出运行用直流参数测量进行确诊。

（四）测试结果分析的参考意见

（1）氧化锌避雷器测试结果的分析以历史数据纵向变化趋势为依据，不刻意追求测试值的绝对大小。

（2）氧化锌避雷器的阻性电流值在正常情况下约占全电流的10%～20%。如果测试值在此范围内，一般可判别此氧化锌避雷器运行良好。

（3）氧化锌避雷器的阻性电流值占全电流的25%～40%时，可增加检测频度。密切关注其变化趋势、并做数据分析判断。

（4）氧化锌避雷器的阻性电流值占全电流的40%以上时，可以考虑退出运行，进一步分析故障原因。

（5）如果阻性电流占全电流的百分比明显增长，其中，基波的增长幅度较大，谐波的增长不明显。此种情况一般可确定为氧化锌避雷器污秽严重或内部受潮。

（6）如果阻性电流占全电流的百分比明显增长，其中谐波的增长幅度较大，基波的增长不明显。此种情况一般可确定为氧化锌避雷器老化。

以上判据仅供参考，国家标准没有明确规定各种判断标准。某些省电力试验研究院做了一些较具体的规定，广大用户可参考当地电力试验归口部门的相关技术说明和规定。

（五）HV-MOA-Ⅱ型阻性电流测试仪介绍

HV-MOA-Ⅱ型阻性电流测试仪为苏州工业园区海沃科技有限公司生产的专用于检测氧化锌避雷器运行中的各项交流电气参数的仪器，如图22-34所示。该测试仪具有下列特点：

（1）640×480彩色液晶图文显示。

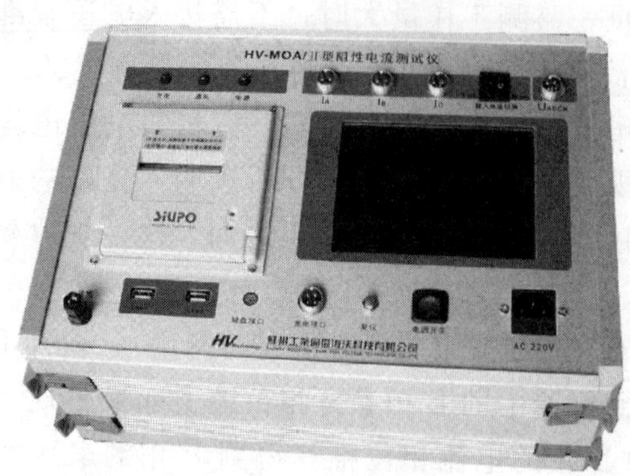

图 22-34　HV-MOA-Ⅱ型阻性电流测试仪

(2) 配备嵌入式工业级控制系统，1G存储容量。

(3) Windows操作界面，触摸操作方式，支持外挂键盘、鼠标。

(4) 具备设备数据管理功能、两个USB接口支持数据的导入、导出。

(5) 交、直流两用型，内带高能锂离子电池，特别适合无电源场合。

(6) 真正意义上的三相同时测量。

(7) 特征数据、波形同屏显示。

(8) 多种电压基准信号取样方式如下：

1) 有线方式：从TV端计量绕组取信号，V/I变换（隔离）后，数字信号有线传输。

2) 无线方式：从TV端计量绕组取信号，V/I变换（隔离）后，数字信号无线传输，省去电缆长距离连接。

3) 无电压方式：不需要从TV端子取信号，采用软件计算的方式找到电压基准。

(9) 安全可靠，电压通道采用隔离V/I变换，从而避免TV二次侧短路，减小信号失真。

(10) 体积小，重量轻，便于携带，现场使用不需要笔记本电脑支持（内带嵌入式工业计算机），具备电脑同等效果。

(11) 带电、停电、试验室均可适用。

该测试仪性能及技术指标如下：

(1) 电源：220V、50Hz或内部直流电源。

(2) 参考电压输入范围（电压基准信号）：50Hz、30～100V。

(3) 测量参数：泄漏电流全电流波形、基波有效值、峰值；泄漏电流阻性分量基波有效值及3、5、7次谐波有效值；泄漏电流阻性分量峰值：正峰值 I_{r+}、负峰值 I_{r-}；容性电流基波、全电压、全电流之间的相角差；运行（或试验）电压有效值；避雷器功耗。

(4) 测量准确度：电流：全电流＞100μA时：±5%读数±1个字；电压：基准电压信号＞30V时：±2%读数±1个字。

(5) 测量范围：泄漏电流100μA～10mA（峰值），电压30～100V。

(6) 电压取样方式为：电压互感器（或试验变压器仪表绕组）的电压信号经过配套的V/I变换有源传感器接入电压通道，作为参考电压信号。

(7) 电流取样方式：电流通道为内置穿芯式小电流传感器取样方式，信号失真小。

七、光电技术在避雷器泄漏电流在线监测中的应用

避雷器在正常情况下泄漏电流很小，其接地端的电位也是地电位。但是当它遭雷击动作时，由于接地线在瞬间会流过极大的电流，从而导致地电位的抬高。因此在在线监测中必须解决好监测设备的接地问题，否则极有可能由于雷击导致电子设备的永久性损坏。如果在电流取样端与检测处理端之间采用光电隔离技术，就可以有效地解决这个问题。当前在许多变电所都安装带有泄漏电流指针表的雷击次数计数器，其原理如图22-35所示。

避雷器可以等效为一个电容和一个高阻值的电阻并联，总电流流过整流桥路，再经过电流表形成回路。雷击产生高压时，大电流通过阀片放电，将雷击电流旁路接入大地，起到保护作用。根据上述原理，在取样回路中串联一个专用的电流-频率转换模块，当电流发生变化时，模块的振荡频率也发生变化，通过三极管驱动发光管，从而将微小的电流变化量转化为光脉冲输出，经光纤耦合到接收装置进行光电转换与处理，其原理图如图 22－36 所示。

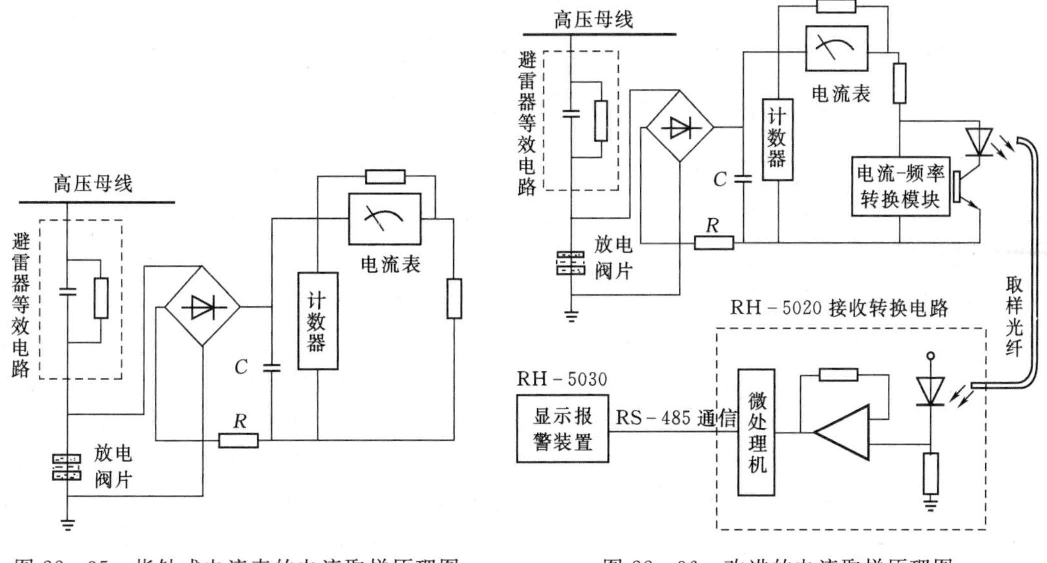

图 22－35　指针式电流表的电流取样原理图

图 22－36　改进的电流取样原理图

第八节　避雷器的故障红外诊断

一、概述

避雷器的各种类型的故障，在许多情况下均可能引起设备纵向的温度场分布出现不均匀，或者引起设备整体发热。当用红外热成像方法对各类避雷器进行故障诊断时，如果根据上述热像特征发现有不正常的发热，局部温度升高或降低，或者有不正常的温度分布，或者同类设备间的温度分布明显不一样，则可以判断为异常，应该引起注意，或跟踪监测与进行其他试验等。

内部绝缘不良的发热缺陷检测实例：某日夜晚 23：00，用 AGA－750 红外热像仪发现某变电站避雷器 B 相上节瓷套表面温度偏高，实测 33.2℃，温升 24.2℃此时，B 相下节表面温度实测 9℃，与环境温度相同。经紧急停电检测，发现上节有裂纹。直流电导电流在 6kV 电压下已达 1mA，说明该节避雷器内部严重受潮。

二、正常状态下氧化锌避雷器发热原因及热像特征

氧化锌避雷器分为无间隙和有间隙氧化锌避雷器两种，无间隙氧化锌避雷器的基本结构是阀片。在变电站应用的主要是无间隙结构的氧化锌避雷器，有阀片直接承受系统运行

电压。根据运行保护参数的设计，正常运行的无间隙氧化锌避雷器将有0.5～1.0mA的工频电流流过，并且主要属于容性成分，阻性电流仅占10%～20%。因此，氧化锌避雷器正常运行时要消耗一定功率，使本体有轻微发热，由于几何分布较均匀，外表发热表现为整体轻度发热。对于小型瓷套封装结构的氧化锌避雷器，发热比较均匀，并且最热点通常在中部偏上；对于较大型瓷套封装结构的氧化锌避雷器，发热不均匀程度较大，并且最热点一般靠近上部；对于中性点非直接接地系统的氧化锌避雷器，只在发生单相接地故障时才会出现发热迹象。

三、氧化锌避雷器受潮和发热原因及热像特征

氧化锌避雷器受潮主要是密封系统不良引起的，氧化锌避雷器受潮时自身的电导性能会明显增加，阻性电流会明显增大。对于无间隙氧化锌避雷器而言，其阀片将长期承受工作电压的作用。虽然它的防潮性能较好，但运行条件对它要求更高。此外，氧化锌避雷器内部对地绝缘爬电距离也缩短，这也是受潮区容易造成内部沿面闪络的一个原因。氧化锌避雷器也有单原件和多元件串联结构之分。当氧化锌避雷器轻度受潮时，通常因氧化锌阀片电容较大而只导致受潮元件自身的阻性电流增加发热；当受潮严重时，阻性电流可能接近或超过容性电流，受潮元件温升增加的同时，非受潮元件的功率损耗和发热开始明显，甚至超过受潮元件的相应值。受潮初期，通常先引起故障元件本身发热增加，受潮严重后，对于多元件结构氧化锌避雷器而言，可引起非故障元件发热超过故障元件发热。氧化锌避雷器阀片老化是由于阀片长期承受持续运行电压的作用及动作负载的苛刻性，所以会导致阀片性能劣化，并明显增大电导性能。由于各阀片老化程度不同，各阀片会出现不均匀的劣化特征，即表现为局部发热的轻重程度不同。氧化锌避雷器老化时的热像特征为：老化通常具有整相或多个元件普遍发热的特征。

四、金属氧化物避雷器的红外检测周期和判别标准

根据DL/T 664—2008的规定，建议每年对330kV及以上的避雷器进行一次精确检测，做好记录，必要时将测试数据及图像存入红外数据库，进行动态管理。有条件的单位可开展220kV及以下设备的精确检测并建立图库。

无间隙金属氧化物避雷器的诊断可按表22-25的规定执行。当热像异常或相间温差超过表22-25规定时，应用其他试验手段确定缺陷性质及处理意见。

表22-25　金属氧化物避雷器允许的相间温差及最大工作温升参考值

电压等级/kV	正常热像特征	异常热像特征	允许温升/K	相间温差/K
3～20	整体有轻微发热，热场分布基本均匀	整体或局部有明显发热	0.5	—
35～60			1.0	—
110			1.0或1.5	0.5
220			1.5或2.0	0.6
330～550			3.0或4.0	1.2

复　习　题

1. 避雷器分为几类？哪些避雷器需要做预防性试验？项目是什么？

2. 为什么说金属氧化物避雷器会逐渐代替阀式避雷器？

3. 测量 FS 型避雷器工频放电电压时应注意哪些问题？

4. 测量阀式避雷器的工频放电电压时，为什么要规定电源电压波形不能畸变？

5. 测量 FS 型避雷器的工频放电电压时，工频放电电压值与气温和压力的高低有无关系？为什么？

6. FZ 型和 FS 型阀式避雷器在进行预防性试验时，为什么前者一般不测量工频放电电压而只测量电导电流，而后者却要测量工频放电电压？

7. 为什么阀式避雷器的工频放电电压值既不能太高，也不能太低？

8. FZ 型避雷器进行预防性试验时，为什么要测量并联电阻的非线性因数？组合时元件的非线性因数的允许相差值是多少？

9. FZ 型避雷器的电导电流在一定的直流电压下规定为 400～650μA，为什么说低于 400μA 或高于 650μA 都有问题？

10. 对 110～500kV 避雷器不拆引线可以进行预防性试验吗？你是如何进行的？

11. 在预防性试验中，测量 FZ 型避雷器电导电流时，其试验电压是如何确定的？

12. FS 型、FZ 型、FCZ 型避雷器在线监测时，各进行哪些项目？说明其测试原理。

13. 如何用 MF－20 型万用表在线监测磁吹避雷器的交流电导电流？为什么不能使用其他型式的万用表？

14. 为什么要测量金属氧化物避雷器的阻性电流？你们单位是用什么方法进行测量的？有无异常现象？你是如何分析的？

15. 你们单位用什么方法检查计数器动作情况，计数器不动作的原因是什么？

16. 名词解释：U_{1mA}、阀式避雷器残压、工频参考电压、金属氧化物避雷器残压、初始电流值、报警电流值。

17. 怎样用全电流监测仪实现对避雷器的在线监测？

18. 怎样对避雷器进行故障红外诊断？

第二十三章　母　　线

第一节　概　　述

母线是指多个设备以并列分支的形式接在其上的一条共用的通路。在计算机系统里，是指多台计算机并列接在其上的一条共享的高速通路，可以供这些计算机之间任意传输数据，但在同一时刻内，只能有一个设备发送数据。

在电力系统中，母线将配电装置中的各个载流分支回路连接在一起，起着汇集、分配和传送电能的作用。母线按外形和结构，大致分为以下三类：

(1) 硬母线：包括矩形母线、圆形母线、管形母线等。

(2) 软母线：包括铝绞线、铜绞线、钢芯铝绞线、扩径空心导线等。

(3) 封闭母线：包括共箱母线、分相母线等。

《规程》规定母线的试验项目包括以下内容：

一、封闭母线的试验项目

(1) 绝缘电阻。

(2) 交流耐压试验。

(3) 气密封试验。

二、一般母线的试验项目

(1) 红外测温。

(2) 绝缘电阻。

(3) 交流耐压试验。

第二节　封　闭　母　线

一、绝缘电阻测量

1. 周期

(1) A、B级检修后。

(2) 必要时。

2. 方法

(1) 1000V时，采用1000V绝缘电阻表。

(2) 3000V及以上时，采用2500V绝缘电阻表。

3. 要求

在常温下导体（相）对导体（相）、导体（相）对外壳（地）绝缘电阻：

（1）离相封闭母线绝缘电阻值不小于 50MΩ。

（2）共箱封闭母线在常温下分相绝缘电阻值不小于 6MΩ。

二、交流耐压试验

1. 周期

（1）A 级检修后。

（2）必要时。

2. 试验电压

封闭母线交流耐压试验电压见表 23－1。

表 23－1　封闭母线交流耐压试验电压　单位：kV

额定电压	试验电压		额定电压	试验电压	
	出厂	现场		出厂	现场
1	4.2	3.2	15.75	57	43
3.15	25	19	20	68	51
6.3	32	24	24	75	56
10.5	42	32	35	100	75

3. 要求

（1）额定电压为系统额定电压，对应设备绝缘水平可参照《金属封闭母线》(GB/T 8349)。

（2）现场试验电压为出厂试验电压 75%。

三、气密封试验

1. 周期

（1）A 级检修后。

（2）必要时。

2. 判据

微正压充气的离相封闭母线应进行气密封实验。

3. 方法

试验方法见 GB/T 8349。

第三节 一 般 母 线

一、红外测温

1. 周期

(1) 220kV 及以上每年不少于 2 次。

（2）110kV 及以下每年 1 次。

（3）A、B 级检修前。

（4）必要时。

2. 测试要求

（1）红外测温采用红外成像仪测试。

（2）测试应尽量在负荷高峰、夜晚进行。

（3）在大负荷和重大节日应增加检测。

3. 测试结果要求

红外热像显示无异常温升、温差和相对温差，符合 DL/T 664 要求。

二、绝缘电阻测量

1. 周期

（1）A、B 级检修后。

（2）必要时。

2. 要求

不应低于 1MΩ/kV。

三、交流耐压试验

1. 周期

（1）A 级检修后。

（2）必要时。

2. 要求

（1）额定电压在 1kV 及以下时，试验电压为 1000V。

（2）额定电压在 1kV 以上时，试验电压可参考有关标准规定的交流耐压试验电压。

第二十四章　配电装置和架空电力线路

《规程》将电力线路内容按电压等级分为两章，考虑到内容不多，在本书中将它们合并在一章内。主要试验项目包括以下内容：

一、1kV及以下的配电装置和电力布线的试验项目

（1）绝缘电阻。

（2）配电装置的交流耐压试验。

（3）检查相位。

二、1kV以上的架空电力线路的试验项目

（1）红外测温。

（2）检查导线连接管的连接情况。

（3）绝缘子。

（4）线路的绝缘电阻（有带电的平行线路时不测）。

（5）检查相位。

（6）间隔棒检查。

（7）阻尼设施的检查。

（8）杆塔接地电阻检测。

（9）线路避雷器。

第一节　概　　述

一、架空电力线路的组成

架空电力线路由导线、避雷线、杆塔、绝缘子和金具等主要元件构成，它们的作用如下。

1. 导线

导线的作用为传导电流，输送电能。架空线路一般都是用裸导线敷设的，常用的导线材料有铝、钢、铝合金等。裸导线按结构可分为单股线、单金属多股绞线和复金属多股绞线三种，复金属多股绞线由两种金属股线绞成如钢芯铝线、钢芯铝合金线等，或由两种金属做成的复合股线绞成如铝包钢绞线等。为了减小电晕以降低损耗和对无线电、电视等的干扰，同时减小电抗以提高线路的输送能力，高压和超高压线路常需采用直径很大的导线。但就载流容量而言，又不必采用如此大的截面积。较理想的方案是采用扩径导线、空心导线或分裂导线。由于扩径导线和空心导线制造和安装不便，输电线路多采用分裂导

线，即将每相导线分成若干根，相互间保持一定距离。这种分裂导线可使导线周围的电、磁场发生很大变化，减少电晕和线路电抗，同时，线路电容也将增大。

2. 避雷线

避雷线的作用是将雷电流引入大地以保护线路免遭雷击。避雷线一般多采用钢绞线，但近年来，在超高压电力线路上有采用良导体作避雷线的趋势。避雷线一般通过杆塔接地，也有采用“绝缘避雷线”的。所谓“绝缘避雷线”，就是采用带有放电间隙的绝缘子把避雷线和杆塔绝缘起来，雷击时利用放电间隙引雷电流入地。避雷线绝缘后并不影响其防雷的作用，同时还能利用避雷线起到载流线、避雷线融冰、载波通信的通道、线路检修时电动机的电源、减小避雷线中由感应电流而引起的附加电能损耗等作用。

3. 杆塔

杆塔用于支持导线和避雷线，并使导线和导线间、导线和杆塔间、导线和避雷线间以及导线和大地间保持一定的安全距离。架空线路的杆塔型式极多，分类方法也各不相同。按受力的特点，可分为直线杆塔、耐张杆塔、转角杆塔、终端杆塔、换位杆塔和跨越杆塔等，也可按使用的材料，分为钢筋混凝土塔和铁塔，还可以按结构形式、导线排列方式等分成各种类型。

4. 绝缘子

架空线路的绝缘子用于支持导线并使之与杆塔保持绝缘状态。绝缘子应具有足够的绝缘强度和机械强度，同时对化学杂质的侵蚀具有足够的抗御能力，并能适应周围大气条件的变化，如温度和湿度变化对它本身的影响等。架空电力线路上使用的绝缘子有针式、悬式、棒式和瓷横担等四种，绝缘子的绝缘体所用的介质材料有电瓷、钢化玻璃和硅橡胶。钢化玻璃绝缘子的绝缘体上出现缺陷时，能把玻璃体破碎成小块，而玻璃绝缘子的剩余部分，仍能保持承载能力不小于绝缘子额定机强度的75%，在巡线时很容易找出绝缘子串中有缺陷的绝缘子，所以在架空线路中，钢化玻璃绝缘子的应用越来越广泛，瓷质绝缘子的使用量逐步减少。合成棒式绝缘子的芯棒是用环氧树脂加固了的玻璃纤维，主要用于承受机械应力；玻璃纤维棒外面有一个高温硫化硅橡胶外套，主要用于增加绝缘子表面泄漏距离和抗污秽能力。近年来，合成棒式绝缘子由于具有电压高、质量轻和维修少等一系列优点，在架空线路中的使用量迅速增加，大有替代钢化玻璃绝缘子之势。

5. 金具

金具用于支持、接续、保护导线和避雷线，连接和保护绝缘子。电力线路金具按其性能、用途大致可分为悬垂线夹、耐张线夹、连接金具、接续金具、保护金具和拉线金具等六大类。电力线路金具在大自然中长期运行，除需要承受导线、避雷线和绝缘子等的荷载外，还要承受覆冰和风的荷载。因此，金具应有足够的机械强度。此外，作为导体的金具还应具有良好的电气性能。对由黑色金属制成的金具，还应采用镀锌防腐处理。

二、导线的换位

1. 导线的排列方式

导线在单回路杆塔上的排列方式有水平排列、三角排列等。双回路同杆架设时，有伞

形排列、倒伞形排列、六角形排列以及双三角形排列等。选择导线的排列方式时，主要看其对线路运行的可靠性，对维护检修是否方便，能否减轻杆塔结构等因素考虑。运行经验表明，三角形排列的可靠性较水平排列差（特别是在重冰区、多雷区和电晕严重地区），这是因为下层导线因故而向上跳跃时，易发生相间闪络和上下层导线碰线故障。另外，水平排列的杆塔高度低，可减少雷击机会。但水平排列的杆塔结构比三角形排列的复杂，会使杆塔投资增加。一般对于重冰区、多雷区的单回线路，导线应采用水平排列。对于其他地区，可结合线路的具体情况采用水平或三角形排列。从经济观点出发，电压在220kV以上、导线截面不特别大的单回线路，宜采用三角形排列。对双回路杆塔，倒伞形排列便于施工和检修，但防雷性能差，故目前多采用六角形排列。为了保证线路具有一定的绝缘水平，导线与导线间、导线与杆塔间应保持一定距离。线间距离的大小与线路的额定电压和挡距的大小有关。线间距离应保证导线间和导线与杆塔间在任何情况下（包括大风、覆冰、脱冰、雷电及操作过电压时），不致因不同步摇摆、跳跃、舞动等情况，相互接近而闪络，同时还要考虑带电作业的可能性。

2. 导线的换位

导线的各种排列方式，除等边三角形外，都不能保证三相导线的线间距离相等。因此，三相导线的电感、电容和三相阻抗都不相等，造成三相电压和电流的不平衡，产生负序电流和零序电流。负序电流过大将会引起系统内电机的过热；零序电流超过一定数值时，在中性点不接地系统中，有可能引起灵敏度较高的接地继电器误动作。为此，各相导线应在空间轮流地改换位置，以平衡三相阻抗。两根避雷线和三相导线的换位顺序如图24-1所示。经过完全换位的线路，各相在空间每一位置的各段长度总和相等。进行一次完全换位的线路称为完成了一个换位循环，或称为一个全换位，以达到首端和末端相位一致。如图24-1（a）所示，当三相导线进行单循环换位时，其上部为两根避雷线进行四处交叉换位，下部为三根导线进行三处换位，图中分别标出的$l/6$、$l/3$、$l/12$等为两换位处之间相距的距离，是用线路全长的一个分数表示的。每相导线在图上的三个位置（上、中、下）的长度和是相等的，故为完全换位。而避雷线换位后在每一位置的长度和分别为$l/2$。图24-1（b）只画出了三相导线的换位示意图，由图可见，是两个完全换位，不过其换全处总数相对地减少了，小于单循环换位的2倍，这对远距离的电力线路安全运行和经济性是有好处的。常用的换位方式有直线杆换位、耐张杆换位和悬空换位三种，无论采用哪种换位方式，导线换位都将增大投资，且交叉换位处是线路绝缘的薄弱环节，影响运行的可靠性，所以应对换位的循环数加以限制。

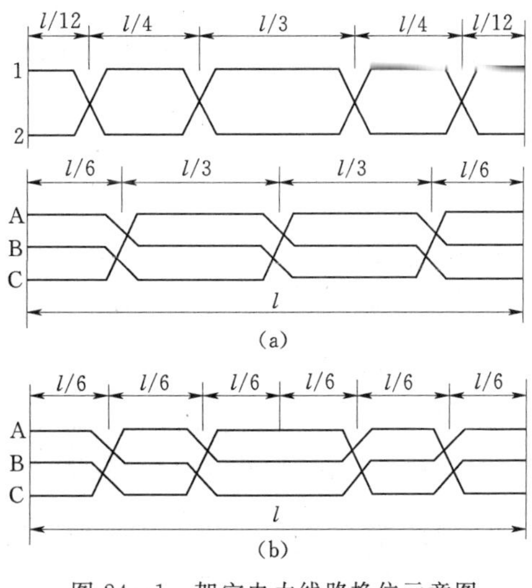

图24-1 架空电力线路换位示意图

（a）单循环换位；（b）双循环换位

l—线路总长

《规程》规定，在中性点直接接地的电力网中，长度超过100km的线路均应换位，换位循环长度不宜大于200km；一个变电所某级电压的每回出线虽小于100km，但其总长度超过200km，可采用变换各回线路的相序排列或换位，以平衡不对称电流；中性点非直接接地的电力网，为降低中性点长期运行的电位，可用换位或变换线路相序排列的方法来平衡不对称电流。为使三相导线对地线的感应电压降至最小，绝缘避雷线也要进行换位。两避雷线的换位点应和导线的换位点错开，两根避雷线在空间每一位置的总长度应相等。

第二节　1kV及以下的配电装置和电力布线

配电装置包括配电盘、配电台、配电柜、操作盘及载流部分。

一、绝缘电阻

1. 周期

(1) A、B级检修后。

(2) 必要时。

2. 判据

(1) 配电装置每一段的绝缘电阻应不小于0.5MΩ。

(2) 电力布线绝缘电阻不宜小于0.5MΩ。

3. 方法及注意事项

(1) 采用不小于1000V绝缘电阻表。

(2) 测量电力布线的绝缘电阻时应将熔断器、用电设备、电器和仪表等断开。

二、交流耐压试验

1kV及以下的电力布线不进行交流耐压试验，只对配电装置进行交流耐压试验。

1. 周期

(1) A级检修后。

(2) 必要时。

2. 试验耐压

试验电压为1000V。

3. 方法及注意事项

(1) 配电装置耐压为各相对地，48V及以下的配电装置不做交流耐压试验。

(2) 不小于2500V绝缘电阻表试验代替。

三、检查相位

1. 周期

更换设备或接线时进行。

2. 要求

各相两端及其连接回路的相位应一致。

第三节　1kV 以上的架空电力线路及杆塔

一、红外测温

1. 周期

(1) ≥330kV：1 年。

(2) 220kV：2 年。

(3) 必要时。

2. 测温对象和要求

(1) 针对导线连接器（耐张线夹、接续管、修补管、并沟线夹、跳线线夹、T 型线夹、设备线夹等）、导线断股及绝缘子发热等情况进行。

(2) 各部位无异常温升现象，检测和分析方法参考 DL/T 664。

二、检查导线连接管的连接情况

1. 周期

(1) A 级检修后。

(2) ≤6 年；铜线的连接管检查周期可延长至 5 年。

(3) 必要时。

2. 要求

(1) 外观检查无异常。

(2) 连接管压接后的尺寸及外形应符合要求。

三、线路的绝缘电阻

1. 周期

(1) A、B 级检修后。

(2) ≤6 年。

(3) 必要时。

2. 测试方法及注意事项

(1) 采用 2500V 及以上的绝缘电阻表，绝缘电阻的阻值自行规定。

(2) 有带电的平行线路时不测。

四、间隔棒与阻尼设施的检查

1. 周期

(1) 巡视检查时。

（2）线路检修时。

2. 要求

（1）间隔棒状态完好，无松动无胶垫脱落等情况。

（2）阻尼设施。无磨损松动等情况。

五、其他检查项目

关于架空电力线路离地距离高、离建筑物距离、空气间隙、交叉距离和跨越距离的检查，杆塔和过电压保护装置的接地电阻测量、杆塔和地下金属部分的检查，导线断股检查等项目，应按架空电力线路和电气设备接地装置有关标准的规定进行。

第四节　架空线路试验

一、检查导线连接管的连接情况

架空线路使用的导线在制造时长度有一定限制，架线时必须使用导线连接管把导线连接起来。通常采用的导线连接方法有机械压接法和爆炸压接法两种，使用的导线连接管有椭圆形连接管（钳压管和爆炸搭接管）、圆形连接管（压接管）、补修管和并沟线夹等。导线连接管在压接时由于压接质量不良，或在运行中遭受大气环境的侵蚀，或导线中的电流在流过接触面时产生的化学氧化作用，会使导线连接的接触电阻增大，流过负荷电流时引起接头发热，导线机械强度降低，严重时将导致线路断线事故。因此架空线路在交接验收时需要对导线的连接质量进行检查，检查的方法可采用交流或直流的电压降法测量接头的电阻比，或在额定电流下做温升试验。电压降法测量接头电阻比试验的原理接线如图 24－2 所示，取导线接头 AB 附近的长度相等的导线段 CD，在包含 AB 和 CD 的导线段两侧施加一定的交流或直流电流，测量 AB 和 CD 段的电压，经计算得到 AB 和 CD 段的电阻。当导线接头连接良好时，测得的接头电阻值应不大于等长导线的电阻值。在线路检修时检查导线连接管的连接情况，主要检查连接管和附近导线表面的锈蚀情况、连接是否有松动现象或导线长期承受拉力后连接尺寸及外形的变化情况，对导线连接管的连接质量有怀疑时，可用测量导线接头电阻比的方法进行验证或直接进行处理。

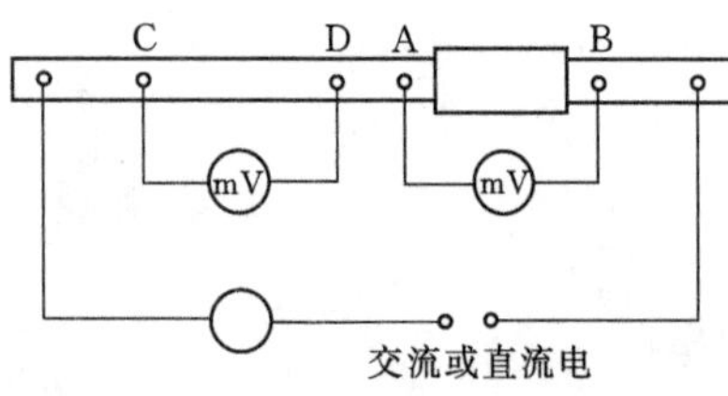

图 24－2　导线接头电阻比试验接线图

二、悬式绝缘子串的零值绝缘子检测

1. 试验目的

悬式绝缘子在运行中由于内部机械应力、机电负荷、冷热作用及瓷质材料的自然劣化，会产生各种不同的缺陷。悬式绝缘子的缺陷将导致击穿电压不断下降，击穿电压下降至小于沿面干闪电压时，就被称为低值绝缘子。低值绝缘子的极限，即内部击穿电压为零

时，就称为零值绝缘子。当绝缘子串中存在低值或零值绝缘子时，若不及时检出和更换，在过电压甚至工作电压作用下就易发生闪络事故，影响电网安全运行。低零值绝缘子检测主要是针对66kV及以上的瓷质悬式绝缘子。玻璃绝缘子由于具有自爆功能，所以不进行此项试验，但绝缘子自爆后应及时更换。

2. 测量方法和劣质绝缘子的判别

一个悬式绝缘子相当于一个电容器，一个绝缘子串相当于由许多电容器组成的链形回路。如果不考虑其他因素影响，由于每个绝缘子的电容量相等，因而在绝缘子串中每一片绝缘子分担的电压是相同的。在实际情况下，由于每个绝缘子的金属部分与杆塔（地）间和与导线间均存在杂散电容，使得整个绝缘子串上的电压分布不均匀，靠近导线和接地部分的绝缘子承受的电压较高，中间部分的电压较低，呈马鞍形分布，而靠近导线部分的绝缘子承受的电压又要比靠近接地部分的绝缘子高，图24－3所示为正常情况下绝缘子串电压分布曲线。当绝缘子串中有一个或数个劣化绝缘子时，绝缘子串中各元件上的电压分布与正常情况的分布不同，劣化绝缘子上发布的电压一般为正常值的50%以下，电压分布曲线发生畸变，畸变的形状随绝缘子劣化程度和绝缘子劣化位置的不同而异。当绝缘子串中有劣化绝缘子时，此绝缘子上分担的电压将比正常时所分担的小，降低的数值随劣化加深而增大，而原来作用在它上面的电压将转移到串中其他绝缘子上，特别是与该绝缘子靠近的绝缘子上的电压升高最多。因此，可利用测量电压分布的方法来检测劣化绝缘子，检测方法可采用短路叉、电阻分压杆、电容分压杆和火花间隙检验杆等手段。

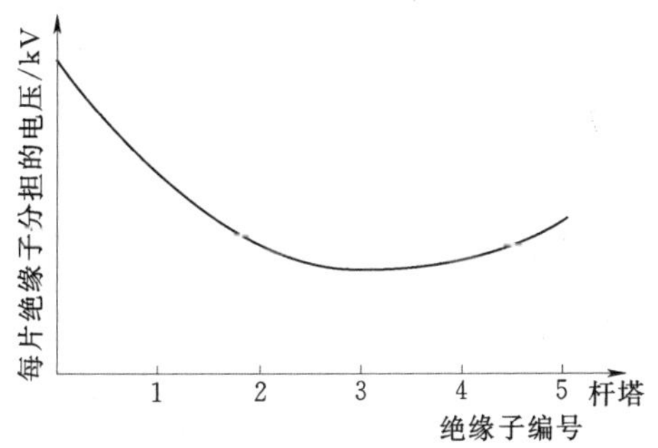

图24－3　悬式绝缘子串电压分布曲线

3. 短路叉

短路叉是检测零值绝缘子最简便的方法，其原理如图24－4所示。

检测杆端部装上一个金属丝做成的叉子，把短路叉的一端2和下面绝缘子的钢帽接触，当另一端1靠近被测绝缘子的钢帽时，1和钢帽间的空气隙会产生火花。被测绝缘子承受的分布电压越高，出现火花越早，而且火花的声音也越大，因此根据放电情况可以判断被测绝缘子承受电压的情况。如果被测绝缘子是零值绝缘子，不承受电压，因而不会产生火花，也听不到火花的放电声。短路叉检测法不能测出电压分布的具体数值，但可以检查出零值绝缘子。

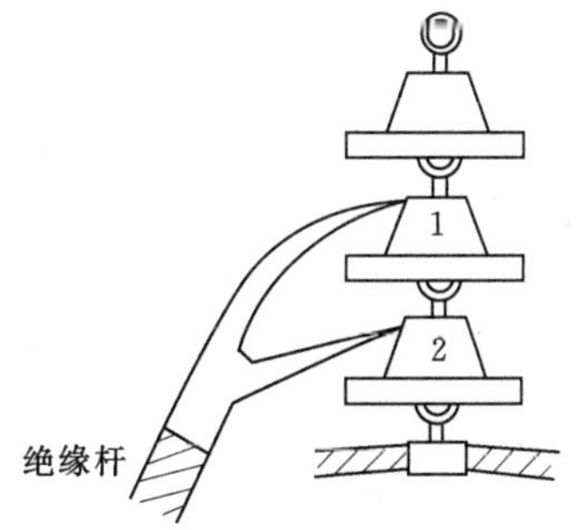

图24－4　短路叉检测法原理图

4. 电阻分压杆

电阻分压杆检测法的原理接线和内部结构如图24－5所示，图24－5（a）为测量两点之间电位差的原理接线和内部结构图，适用于110kV及以上的变电站和线路悬式绝缘子串测量；图 24-5（b）为测量某点对地电位的原理接线和内部结构图，适用于 35kV 变电站内支柱绝缘子的测量。图 24-5 中 C 是滤波电容器，一般采用 0.1～5μF 的电容（有时也可不用此电容）；微安表可采用 50～100μA 的表头；电阻杆的电阻值可按 10～20kΩ/V 选取，电阻表面爬距宜按 0.5～1.5kV/cm 考虑，每个电阻的容量为 1～2W；整流管可选用普通的硅二极管。测量时电阻分压杆应预先在室内校出电压和微安表读数的关系曲线，或将微安表直接换成相应的电压刻度，以便直接读出电压数值。为保证测量结果的准确性，测量回路应经常进行校准。

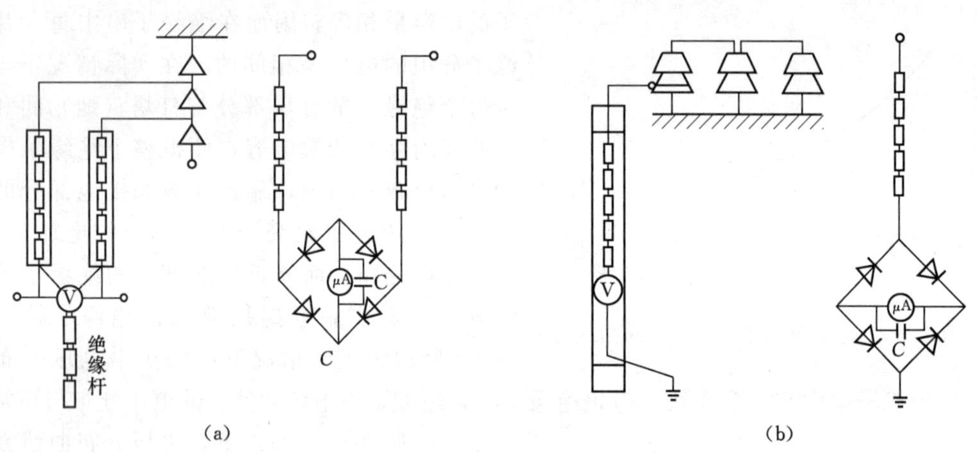

图 24-5　电阻分压杆检测法原理接线图

（a）测量两点电位差原理接线图；（b）测量某点电位原理接线图

5. 电容分压杆

电容分压杆测量的原理和电阻分压杆类似，只是将电阻串和带有桥式整流的微安表，换成一个或几个串联且能承受被测电压的高压电容器与一个小量程指针式的静电电压表（或仍用桥式整流的微安表）相串联。当电容器的电容量取得足够小时，被测量的电压都分布在电容器上，因此小量程的电压表就可测量几千到几万伏电压。为了做到指示准确，要求电容器的电容量稳定不变。测量前应预先校好被测电压与静电电压表指示的关系曲线，以便在现场根据静电电压表的指示，查出悬式绝缘子上分布的电压。电容分压杆的结构简单、操作方便，也能满足测量要求。

6. 火花间隙检验杆

火花间隙检验杆的工作原理如图 24-6 所示，测量部分是一个可调的放电间隙和一个小容量的高压电容器相串联，测杆在机械上可以旋转。测量前预先在室内校好放电间隙的放电电压值，并标在刻度板上。现场测量时，检验杆接到被测的绝缘子后，转动操作杆改变放电间隙，直至间隙开始放电，读出相应于间隙距离在刻度板上所标出的

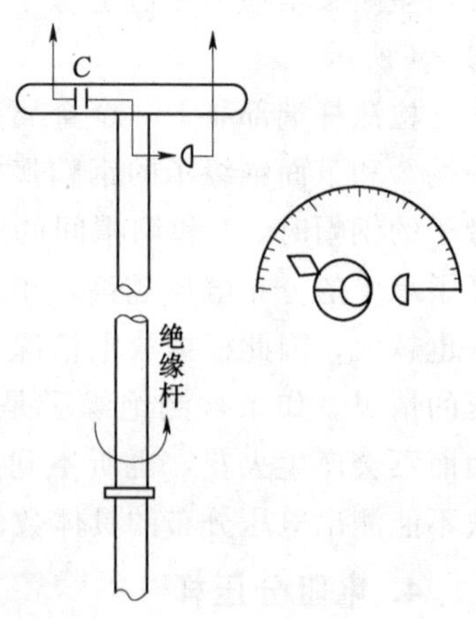

图 24-6　可调火花间隙检验杆工作原理图

放电电压值。如果某一悬式绝缘子上的分布电压低于规定标准值，而相邻其他绝缘子的分布电压又高于标准值时，则该绝缘子可能有缺陷。为了防止因火花间隙放电短接了良好的绝缘子而引起相对地闪络，可以用电容 C 与火花间隙串联后再接到探针上。电容 C 取值约为 30pF，和一片良好的悬式绝缘子的电容值接近。因为和 C 串联的火花间隙的电容量只有几皮法，所以 C 的存在基本上不会降低作用于间隙上的被测电压。

可调火花间隙检验杆的动电极容易受伤而变形，放电电压受温度影响，检验结果分散性大，检测的准确性较差，而且测量时劳动强度较大，时间也较长，因此，该方法仅用于检验性测量，对于零值绝缘子的检测还是有效的。

7. 试验注意事项

（1）检测杆的绝缘杆应按带电作业的要求试验合格，保护接地应牢靠地接于操作人员接触操作杆的上部，以保证人身安全。

（2）架空线路悬式绝缘子的劣质绝缘子检测应在电网正常运行和良好的天气下进行。

（3）使用短路叉检测零值绝缘子时，短路叉将短接一片绝缘子，所以当某一绝缘子串中的零值绝缘子片数达到了表 24－1 中的数值时应立即停止检测，以免短接正常绝缘子后导致绝缘子串的闪络。悬式绝缘子的片数少于 3 片时不准使用短路叉法。

表 24－1　　短路叉法检测时零值绝缘子的允许片数

电压等级/kV	35	110	220
串中绝缘子片数/片	3	7	13
串中零值绝缘子片数/片	1	3	5

（4）使用电阻分压杆在强电场附近测量时，要注意外界电场对读数的影响，必要时需采取适当的抗干扰措施。用于测量的接地线要连接牢靠，防止测量过程中脱开而造成危险。

三、绝缘电阻测量

1. 试验目的

架空线路的绝缘由两部分组成，即导线周围的空气和起支撑作用的绝缘子。线路上的绝缘子长期暴露和运行在大气环境中，易受到风、雪、化学杂质等的侵蚀，导致绝缘子劣化、表面积污和鸟害的影响，使得绝缘子绝缘水平下降，从而引发线路相间或接地故障，迫使保护动作，线路跳闸。有些线路短路故障是由于绝缘子表面闪络或树枝引起的，跳闸后绝缘子表面未留下永久性放电通道，线路绝缘自然恢复，线路重新合闸后可以恢复运行；某些线路短路故障由于电弧烧灼，在绝缘子表面或内部留下永久性放电通道，绝缘水平下降，重合闸后线路不能投入运行。测量绝缘电阻的目的是检查线路绝缘状况，判断有无永久性接地或相间短路故障。

2. 试验周期及判断依据

架空线路绝缘电阻试验应在线路检修后进行，绝缘电阻的判断依据自行规定。

3. 测量方法

架空线路绝缘电阻测量采用 2500V 及以上的兆欧表。测量前，应拆除三相对地短接线，用静电电压表等测量各相是否有感应电。如果有感应电，则应采取相应的措施（使相邻的线路停电等）。正式测量前，还应确认线路上已无人工作。

测量时，将非测试相短路接地，用兆欧表（摇表）轮流测量每一相对地的绝缘电阻。读数后，应先断开兆欧表相线（“L”端钮连接的导线），再停止摇动兆欧表，以免反充电。测量后，应将线路对地充分放电。

4. 试验注意事项

(1) 试验应在天气良好时进行，禁止在雷雨时试验。

(2) 当被试线路有带电的平行线路时可以不进行绝缘电阻试验。

(3) 当线路较长，电容较大时，试验前应对线路充分放电。

(4) 应结合天气条件和线路情况对测量结果进行具体分析，作出正确结论。

四、相位检查

1. 试验目的

在三相电力系统中，各相电压或电流依其先后顺序分别达到最大值（如以正半波幅值为准）的次序，称为相序；三相电压（或电流）在同一时间所处的位置，就是相位。两个电网要并列运行，其并列点两侧三相电压的相序和相位必须相同。在电力系统中，影响三相电压（或电流）相位关系的主要有发电机、变压器和远距离传送电能的输电线路。所以，新建架空电力线路投入运行前和运行中的架空线路的连接方式变动后，应核对其两端的相位和相序，防止由于彼此不一致，在并列时造成短路或出现巨大的环流而损坏设备。

2. 试验周期

架空线路在投运前均应进行相位检查，投运后线路三相的连接关系不会发生变化，所以对运行中的架空线路只有在变动三相连接关系，如线路 T 接、改道等有可能使线路三相连接关系发生变化的改造以后，才必须进行相位的检查，并且线路两端的相位应一致。

3. 试验方法

常用的检查架空线路相位的方法有绝缘电阻表法和指示灯法。

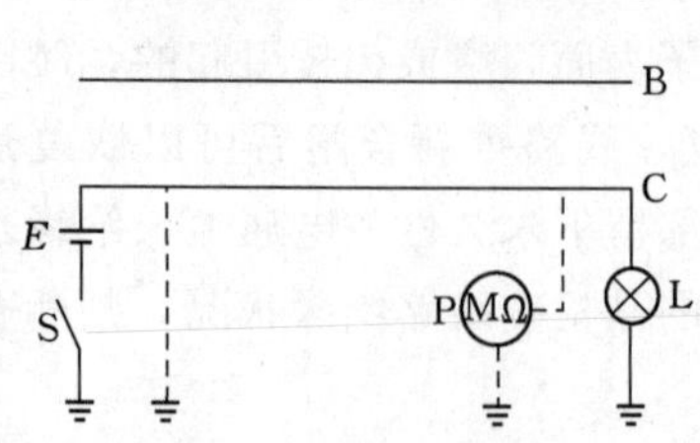

图 24－7　测量线路相别的接线图
E—电池；L—指示灯；
P—欧姆表；S—开关

(1) 绝缘电阻表法。如图 24－7 中的虚线所示，在线路一端将某相（如图中 C 相）接地，在另一端轮流测试各相绝缘，若为零者，即是同一相。

(2) 指示灯法。如图 24－7 中的实线所示，用指示灯代替兆欧表，先将电池开关 S 在线路一端的某一相（如图中 C 相）接通，后将指示灯在线路的另一端依次接通 A、B 和 C 三相，如指示灯 L 发亮时，则表明该相和接电池的导线同相，反之则为异相。依次轮换重复测量三次，便可确定出三相的相别。

五、间隔棒检查

间隔棒主要用于电力线路分裂导线间的支撑，限制子导线间的相对运动和在正常情况下保持分裂导线的几何形状。按电力线路分裂导线的根数不同，我国500kV及以下电力线路的导线间隔棒，目前可分为二、三、四根分裂导线用的三种类型。按间隔棒的工作特性，大体可分为两类，即阻尼型间隔棒和非阻尼型间隔棒。阻尼型间隔棒的特点是，在间隔棒活动关节处利用橡胶作阻尼材料来消耗导线的振动能量，对导线振动产生阻尼作用。阻尼型间隔棒可适用于各种地区，但考虑到电力线路的经济性，这类间隔棒重点用于导线容易产生振动地区的线路，如平原、丘陵和一切开阔地带。非阻尼型间隔棒的消振性能较差，可用于导线不易产生振动地区的线路，如山地、林区的隐蔽地带，或用作跳线间隔棒的线路。当线路分裂导线中的间隔棒自于制造或安装质量不良、导线长期振动而导致连接松动时，分裂导线将会不能维持固定的几何形状而舞动，严重时可造成线路闪络事故，或阻尼型间隔棒胶垫脱落后因失去阻尼作用而引起导线断裂酿成事故。所以，运行中的线路每隔3年和线路检修时应对分裂导线间隔棒进行检查，间隔棒的连接状态和阻尼型间隔棒的胶垫应完好，无松动现象。

六、阻尼设施的检查

阻尼设施主要是为了防止导线或避雷线因风引起的周期性振动而造成导线、避雷线、绝缘子串乃至杆塔的损坏。在架空电力线路中采用的阻尼设施有预绞丝护线条、防振锤、阻尼线和阻尼型间隔棒等。我国目前广泛使用的预绞丝护线条是用铝镁硅合金材料制成的金属条缠绕而成的，安装在线夹中和线夹出口附近的一段导线上。它可使架空线在线夹附近处的刚度加大，抑制架空线的振动弯曲，减小导线的弯曲应力及挤压应力和磨损，提高导线的耐振能力。防振锤的结构是一短段钢绞线两端各装一重锤，中间有专为装于架空线上使用的夹板。当架空线振动时，夹板随之一同上下振动，由于两端重锤的惯性较大，重锤的钢绞线不断上下弯曲，重锤的阻尼作用减小了振动的波幅，而重锤钢绞线的变形及股线间产生的摩擦则消耗了振动的能量。重锤钢绞线弯曲得越激烈，所消耗的能量也越多，以致在能量平衡的条件下架空线振动振幅大减。故严格地说，防振锤不能消除振动，而只能将振动限制在无危险的程度。防振锤的特性与重锤重量、偏心距、重锤钢绞线粗细和长短有关，应根据导线的不同规格，选配不同的防振锤。阻尼线是用一段绞线（一般与导线、避雷线规格相同）与导线平行或稍带弧垂悬挂于导线上，一侧花边有半个、一个半、二个半或更多。阻尼线是利用其自阻尼发挥作用的，其防振原理为转移线夹出口处波的反射点位置，使振动波的能量顺利地从旁路通过，从而使线夹出口处的反射波和入射波的叠加值减小到最低程度。在振动过程中，一部分振动能量被架空线本身和阻尼线线股之间产生的摩擦所消耗，其余能量由振动波传至阻尼花边各连接点处，经过多次折射（并伴有少量反射和透射），仅部分波传至线夹出口处，大部分被消耗掉和通过花边到另一侧。

间隔棒的作用主要用于分裂导线的支撑，阻尼型间隔棒只是在活动关节处使用了橡胶阻尼材料来消耗导线的振动能量，对导线振动产生阻尼作用。阻尼设施的连接松动时，导线因风等原因引起的周期性振动，不仅会损伤导线表面，振动产生的周期性应力还会造成导线断裂。所以每隔 1～3 年和线路检修时应对架空线路的阻尼设施进行检查，发现阻尼设施松动应及时进行处理。

七、绝缘子表面等值附盐密度测量目的和周期

1. 试验目的

电力网经过不同的地域将电力输送到用户的电力设备上，每个地域由于所处的地理位置和工业发展水平不同，电力网中起主要绝缘作用的绝缘子表面的积污程度也不相同。例如，在沿海或工业发达的地区，绝缘子表面受海风中的盐分或空气中化学物质的影响，绝缘水平将大大降低，引起绝缘子表面闪络事故。为了防止电力系统中的污闪事故，根据运行经验，我国制定了相应的国家标准，将线路设备的污级划分为五级，发电厂、变电所设备的污级划分为四级，并给出各污级下相应的外绝缘爬电比距，如表 24－2 所示。实践经验表明，当设备外绝缘的爬电比距与当地污秽等级相适应时，污闪跳闸率及事故率就少，不适应时，污闪跳闸率及事故率就多，而爬电比距与污秽等级的适应性还需要通过大量的工作、不断地总结运行经验来逐步调整和完善。

表 24－2　线路和发电厂、变电所普通悬式绝缘子污秽等级和爬电比距分级数值

污秽等级	线路			发电厂、变电所		
	盐密/(mg/cm^2)	爬电比距/(cm/kV)		盐密/(mg/cm^2)	爬电比距/(cm/kV)	
		≤220kV	≥330kV		≤220kV	≥330kV
0	≤0.03	1.39(1.60)	1.45(1.60)	—	—	—
Ⅰ	0.03～0.06	1.39～1.74 (1.60～2.00)	1.45～1.82 (1.60～2.00)	≤0.06	1.60(1.84)	1.60(1.76)
Ⅱ	0.06～0.10	1.74～2.27 (2.00～2.50)	1.82～2.2 (2.00～2.50)	0.06～0.10	2.00(2.30)	2.00(2.20)
Ⅲ	0.10～0.25	2.17～2.78 (2.50～3.20)	2.27～2.91 (2.50～3.20)	0.10～0.25	2.50(2.88)	2.50(2.75)
Ⅳ	0.25～0.35	2.78～3.30 (3.20～3.80)	2.91～3.45 (3.20～3.80)	0.25～0.35	3.10(3.57)	3.10(3.41)

注　1　线路和发电厂、变电所爬电比距计算时取系统最高工作电压。表中括号内数值为按额定电压计算值。
　　2　爬电比距为电力设备外绝缘的爬电距离与设备最高工作电压有效值之比。

绝缘子的污秽闪络放电与结构造型及自然积污量有关，不同地区污染源分布及气象条件差异较大，绝缘子的自然积污染特性也不同，各地区环境条件的变化和工业的不断发展，积污特性也不断地改变，相应的污秽等级也随之改变，而外绝缘的污秽等级应根据各地的污湿特性、运行经验并结合其表面污秽物质的等值附盐密度三个因素综合考虑划分，划分污级的盐密值应是以 1～3 年的连续积污盐密为准，所以测量绝缘子表面等值附盐密度是一项长期的工作，需要进行不断的滚动更新，同时该项工作对防止电力设备污闪事故，指导电力工程的设计和建设，提高电力系统运行安全性有着非常重要的意义。

2. 试验周期

绝缘子表面等值附盐密度测量的周期为一年，根据线路污染状况，在积污最重的时

期每隔 5～10km 选一串悬垂绝缘子进行测量。根据当地污秽等级及其所采用的爬电比距，如果所测得的盐密值超过表 24－2 或表 24－3 规定的数值时，应根据运行经验并考虑各地区的实际情况，采取相应的措施，如调整爬电比距、清扫、绝缘子表面涂防污涂料等。

表 24－3　　发电厂、变电所普通支柱绝缘子污秽等级分级数值

污秽等级	Ⅰ	Ⅱ	Ⅲ	Ⅳ
盐密/（mg/cm^2）	≤0.02	0.02～0.05	0.05～0.10	0.10～0.20

八、绝缘子表面等值附盐密度测量方法

绝缘子自然污秽的等值附盐密度的测量方法是用一定量的蒸馏水清洗绝缘子瓷表面的污秽，然后测量该清洗液的电导。以在相同水量中产生相同电导的氯化钠作为该绝缘子的等值盐量 W，除以被清洗的瓷表面面积 A，即得到等值附盐密度 W，即

$$W_0 = W/A \tag{24-1}$$

一片普通悬式绝缘子（如 X－4.5 型）的表面积可按 1450cm^2 计算。

确定取样点或具体变电所污秽等级时，必须采用经过 2～3 年测量，并取得 5 个以上数据，经过数据处理后获得的自然污秽等值附盐密度值。

1. 取样

（1）普通绝缘子串上、中、下 3 片的平均值，也可取整串测量的平均值作为测量结果。

（2）测量其他型式的绝缘子表面的盐密时要考虑与普通型的差别。根据某些地区的经验，双伞形防污绝缘子的盐密测量值可取在相同污秽条件下普通绝缘子平均值的一半。

（3）500kV 绝缘子串也可按上、中、下 3 片平均值的规定取样，因绝缘子串片数较多，有条件时也可按上二、中二、下二 6 片平均值取样，注意比较测量结果，以积累经验。

（4）所取样品以当地污闪季节可达到的最大积污量为准；也可测量积污时间短于最大积污期的样品，由当地积污速度推算出最大积污量。

2. 清洗污秽

清洗一片普通型悬式绝缘子（如 X－4.5 型）用水量为 300mL，清洗范围包括除钢脚周围、不易清扫的最里面一圈瓷表面以外的全部瓷表面。

当被测绝缘子表面的面积与普通型绝缘子的面积不同时，可根据面积大小按比例适当增减用水量，即当面积增大时，建议用水量如表 24－4 所示选取。

表 24－4　　绝缘子表面面积与盐密测量用水量

面积/cm^2	≤1500	1500～2000	2000～2500	2500～3000
用水量/mL	300	400	500	600

3. 测量

盐密测量可使用 DDS－11A 型电导率仪，也可使用类似的其他型号的仪表测量。步骤如下：

（1）测量清洗液的电导率及其温度。

（2）将测量温度时的电导率 σ_t，换算至20℃的值。温度换算系数 K_t 见表24-5，换算公式为

$$\sigma_{20}=K_t\sigma_t \qquad (24-2)$$

表24-5　　清洗液电导率温度换算系数表

温度/℃	换算系数 K_t	温度/℃	换算系数 K_t
1	1.6511	16	1.0997
2	1.6046	17	1.0732
3	1.5596	18	1.0477
4	1.5158	19	1.0233
5	1.4734	20	1.0000
6	1.4323	21	0.9776
7	1.3926	22	0.9559
8	1.3544	23	0.9350
9	1.3174	24	0.9149
10	1.2817	25	0.8954
11	1.2487	26	0.8768
12	1.2167	27	0.8588
13	1.1859	28	0.8416
14	1.1561	29	0.8252
15	1.1274	30	0.8095

（3）据20℃的电导率 σ_{20} 由表24-6查出盐量浓度 S_a。

表24-6　　污秽绝缘子清洗液电导率与盐量浓度关系

S_a/（mg/100mL）	σ_{20}/（μS/cm）	S_a/（mg/100mL）	σ_{20}/（μS/cm）
22400	202600	150	2601
16000	167300	100	1754
11200	130100	90	1584
8000	100800	80	1413
5600	75630	70	1241
4000	55940	60	1068
2800	40970	50	895
2000	29860	40	721
1400	21690	30	545
1000	15910	20	368
700	11520	10	188
500	8327	8	151
350	6000	6	114
250	4340	5	96
200	3439	4	77

(4) 按下式计算得出等值盐密 S_{DD}

$$S_{DD}=S_aV/(100A) \tag{24-3}$$

式中　S_a——盐量浓度，mg/100mL；

V——溶液体积，cm^3；

A——清洗表面的面积，cm^2。

第五节　输电线路工频参数测量

一、输电线路工频参数测量方法概述

目前国内线路工频参数测量主要有以下几种方式：

(1) 工频大电流法。采用三相自耦变和大容量隔离变压器提供测试电源，通过电力计量用的 TA 和 TV 作电信号变换，最后用指针式的高精度电力测试仪表（电流表、电压表和功率表）测量各个电参量，最后计算得到输电线路工频参数测试结果，如图 24-8 和图 24-9 所示。抗干扰方式采用倒相法、换相法、增量法等，在工频电压与电流足够大的情况且信噪比满足要求时，能达到较好的测试精度。但是对于强干扰情况下进行测试整套试验设备体积庞大，重量大，需要吊车等配合工作，十分不利于现场工作，而且由于测试电源是工频电源，容易与耦合的工频干扰信号混频，带来很大的测量误差，需要大幅度提高信噪比，对电源的容量和体积要求又进一步提高。

图 24-8　工频大电流法需要的调压器、隔离变压器、三相变压器

图 24-9　传统方法测量需要的表计和复杂的接线

(2) 基于数字仪表的工频大电流法。这一方法抛弃了传统工频法用的大量 TA 与 TV 和复杂的现场接线，电源仍然采用工频法的装置，但是测量仪表采用了集中式的仪表如 PMM-1 多功能参数测试仪等，大大简化了测试数据的处理过程和时间，减小了测试人员的工作量，目前也被很多单位采用。但是其本质原理还是工频大电流法，除了减少了部分测量仪表，其他电源设备仍然需要。

(3) 异频法。如苏州工业园区海沃科技有限公司生产的 HVLP 型输电线路工频参数

测试系统，其基本思路是采用异频电源代替传统的工频电源作为测试电源，通过对异频电压与电流信号的分析，然后进行加权平均值折算，由此得到线路的工频参数。其最大的优势避开了现场存在的工频干扰，实现异频信号与工频干扰的有效分离，实现了强干扰情况下的小电流测试，由于测试电流小，由此带来了人力、物力和财力的大量节省，大大提高了现场工作效率。在保证现场测试精度的前提下，异频法相对于其他方法有无可比拟的优势，也是目前工频参数测量技术的一个发展方向。

采用传统的方法进行输电线路工频参数测试，特别是在强耦合环境下进行测试时，很难得到满意的测量结果，主要表现在以下几个方面：

（1）测试手段落后。以前不少调试单位采用传统的线路工频参数测量方法，使用三相调压器和10kV配电变压器提供测试电源，采用传统的AT和TV作为电信号的中间变换设备，采用指针式的电工仪表（电流表和电压表，功率表）测量各种参数，最后通过计算公式人工计算得到需要的线路参数。这种方法接线复杂，效率低下。

（2）测试设备笨重。传统测试方法使用较大功率的三相调压器和隔离变压器（甚至10kV配电变压器），整套测试设备十分笨重，既不方便运输，也不方便装卸。

（3）抗干扰性能差，抗干扰测试理念有待突破。相邻运行线路对被测线路的干扰不可避免，测试方法对测试环境的依赖程度高，测试结果准确度低，分散性大。相邻线路的耦合干扰与测试信号频率相同，有效分离测试信号的幅值和相位几乎不可能，测量中往往采用倒相法消除干扰，但是由于干扰的幅值和相位随着线路的摆动和潮流的变化不断变化，倒相法不能获得满意的结果。再加大测试工频电源的功率成效已不明显。随着平行线路的增多，线路走廊日益紧凑，在较大的干扰情况下加大的测试电源功率对提高信噪比的贡献十分有限。

（4）人身和设备安全存在隐患。测试接线复杂，测量过程中不断根据测量内容频繁更改接线，在高电压大电流的干扰环境下，容易引起人身和设备安全事故，存在潜在的安全隐患。

二、线路直流电阻测试方法

关于线路直流电阻的测量，在有关试验规定里面有相关的规定。一般情况下，试验前线路末端三相均应彻底放电。线路始端开路，末端三相短路，拆开两端所有接地线。需要使用的仪器设备包括：24V直流电源，电流毫伏电压表。A、B相加直流电压U_{AB}，测电流I_{AB}，则：$R_{AB}=U_{AB}/I_{AB}$。同样，可以测出R_{BC}及R_{AC}，即

$$R_A=(R_{AB}+R_{AC}-R_{BC})/2$$

$$R_B=(R_{AB}+R_{BC}-R_{AC})/2$$

$$R_C=(R_{BC}+R_{AC}-R_{AB})/2$$

式中的R_A表示A相的直流电阻值，R_{AB}表示A、B两相串联的直流电阻值，依此类推。

由于测量时的温度不同，单位长度直阻一般需要换算到20℃值，可以按照下式计算

$$r_1=r_{20}[1+a(t-20)]$$

式中　r_1—— 环境温度为t℃时导体单位长度的电阻，Ω/km；

r_{20}——环境温度为20℃时导体单位长度的电阻，Ω/km；

a——电阻的温度系数（1/℃），对于铝导线为0.0036℃。

实际上这一传统方法存在以下两个典型问题：

（1）强干扰情况下安全问题。实际上采用直流电源与电压电流表的方式进行直流电阻测量过程中，由于末端悬空，首端干扰电压与电流都不小，测试前与测试中同样需要进行不少换接线（三相需要分别测量，首端存在多次换线），每相测量均需要重新接入直流电源与电流电压表等，需要直接接触数百伏的高压，其间存在很大的安全隐患。

（2）强干扰情况下的数据稳定性问题。虽然测试电源是采用直流，与干扰的交流信号可以分离，但是由于采用仪表的不同，比如采用万用表时，测量数据的波动明显比没有干扰时要大，给读数判断带来一定的障碍，实际上强干扰时是难以准确获得实际的直流电阻值。

为解决这一问题，可以采用苏州工业园区海沃科技有限公司生产的HVLR型线路直阻测试仪，它采用了数字式工频参数测试仪的部分设计思路，无须外接电源，采用四极法原理，采用仪器内部采用12V蓄电池作为测试电源，集成了数据采集、计算、干扰抑制等功能，只需要一次接线，无须人工换算，在1min之内即可得打印到三相每相的电阻值，完全避免了上述两个问题。根据苏州工业园区海沃科技有限公司数十次的现场测试经验，测试结果极其稳定，由于无须人工换线，安全性和测试效率大大提高，由于里面设计了专用的软件和硬件抗干扰措施，强干扰对测试精度无任何影响。

三、异频法用于测量线路工频参数的说明

1. 基本方法

异频测试仪集成试验电源装置、数字仪表、计算模型、测试结果输出等功能为一体，将原来一卡车的设备浓缩为数十公斤的一体化测试系统。测量系统抗干扰性能强，测量结果准确性高。在仪器允许的最大干扰环境下，仍可达到1%的测量精度，测试信号频率接近工频。目前最近的异频电源提供的测试频率为47.5Hz和52.5Hz两个频率，与工频相差仅±2.5Hz，经过独特的抗干扰数字滤波技术处理得到准确的结果，换算后可获得与工频测量等效的结果。

由于采用了不同于工频的异频电源，因此所有的计算都是采用的异频信号进行的，与工频信号无关，因此基本可以完全排除工频干扰的影响，实现强工频干扰环境下的小信号测试。

下面以苏州工业园区海沃科技有限公司生产的HVLP型输电线路工频参数测试系统为例说明这类仪器的通用接线方式，不同厂家仪器可能接线方式稍有差别，甚至有些仪器是分体式的，电源与测试仪表之间还需要进行连线，这里就不做单独描述了。

测试开始前，将测量端的线路引下线可靠接入大地，并将面板左上角的仪器接地端子可靠接入大地，然后分别将电源输出信号地N和电压输入信号地U_N分别可靠接入大地，将测试电源输出端子A、B、C连接到线路测量引下线仪器电源侧，最后将电压测量端子U_A、U_B、U_C接入线路引下线线路侧，如图24-10所示，仪器测试接线完成后，再打开线路引下线的接地，以保证设备和操作人员安全。

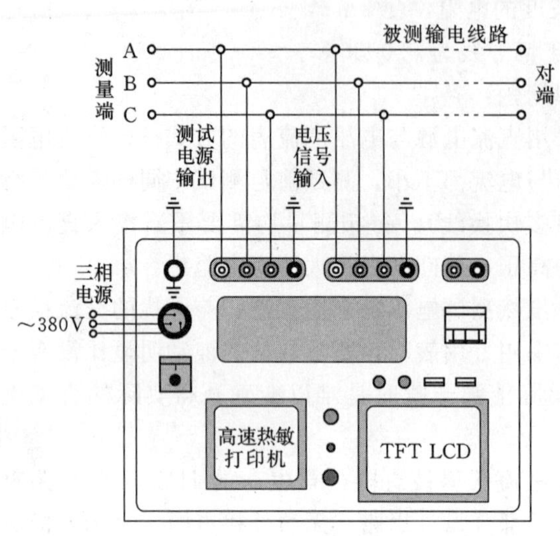

图 24-10　仪器现场试验接线示意图

仪器测试采用四极法原理，被测线路需要电流引下线 3 根，电压引下线 3 根，电流测试线位于测试电源侧，电压引下线位于线路侧，以消除测量端的测试线和接触电阻的影响。

如果测试引下线只引出 3 个端子，尽量用截面积足够大的导线，并保证与线路测量端可靠连接，避免引入较大的接线误差。

仪器测试接线极为简捷，正序与零序测量首端只需一次接入上述测试线，通过仪器自动控制切换并被测线路对端接线方式配合，即可完成所有序参数测量，测量不同项目仅需末端适当修改接地方式，中间无须人为干预接线，大大提高测试效率和操作安全性。

（1）正序参数测试接线及对端操作。在正序电容（正序开路）测试中，被测线路对端（相对于测量端）开路，将仪器电源输出引至被测线路测量端外侧电流引下线，电压测量输入端接至电压引下线，如图 24-11 所示。

进行正序阻抗（正序短路）测试时，将对端短接，不接地，如图 24-12 所示。实际测量中，由于仪器测试电源三相平衡度高，对端也可以三相短接接地，不会引入超过精度要求的测量误差，这样可以与零序阻抗测试的对端操作保持一致，简化对端操作，提高测试效率。

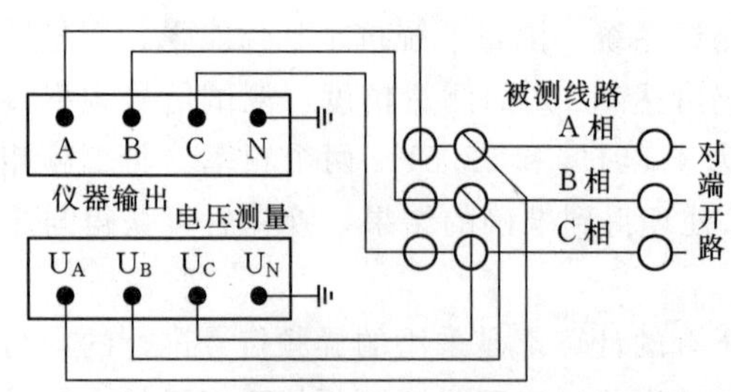

图 24-11　正序电容测试接线及对端操作示意图

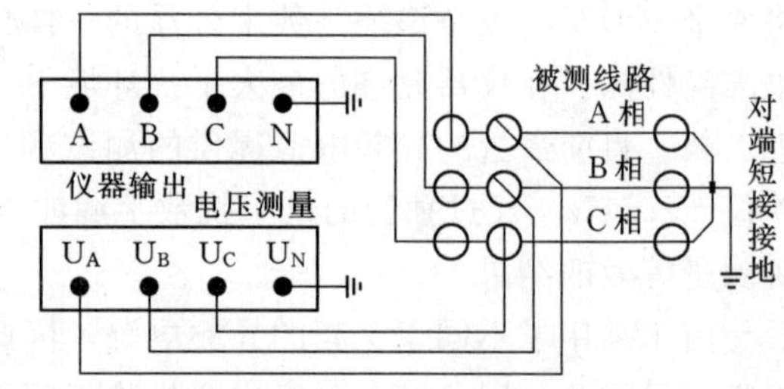

图 24-12　正序阻抗测试接线及对端操作示意图

（2）零序参数测试接线及对端操作。在零序电容（零序开路）测试中，对端短接不接地，通过仪器内部的控制回路切换测试信号连接方式，实际的测试接线相当于图 24-13 所示的连接关系。零序电容测试中，测量端三相短接，测试电源只输出一相信号到被测线路，所以对端也可以保持三相开路状态，不影响测试准确度，这样与正序电容保持一致，简化对端操作，提高工作效率。

零序阻抗（零序短路）测试时，将对端线路短接，并可靠接至大地，如图 24-14 所示，其余信号引线与零序电容测量时保持一致。

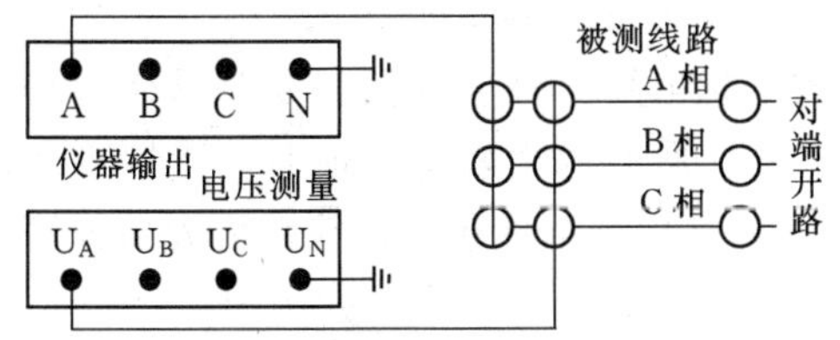

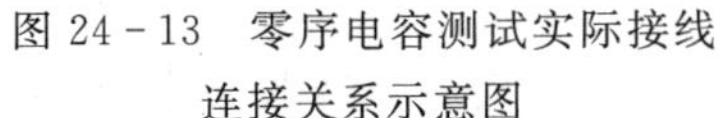

图 24－13　零序电容测试实际接线连接关系示意图

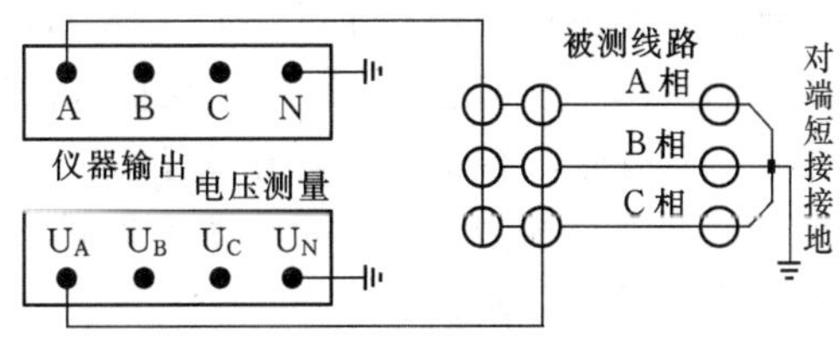

图 24－14　零序阻抗测试实际接线连接关系示意图

在同塔双回或多回线路测试时，未测试的回路最好保持一端不接地，以免由于线路互感引起的去磁作用减小所测线路的零序阻抗测量值。

（3）互感测试接线及对端操作。测试两条输电线路间的互感时，被测线路测量端和对端三相分别短接，对端接大地，将仪器输出 A 和电压测量端子 U_A 分别接入被测线路 1 的测试引下线，被测线路 2 的测量端引下线接入面板互感测量端子 U_H，端子 U_L 接大地，如图 24－15 所示。

（4）耦合电容测试接线及对端操作。测试两条输电线路间的耦合电容时，被测线路 1、2 的测量端和对端三相分别短接，对端不接地，被测线路 1 的电流引下线 A 接至仪器输出端，电压引下线 U_A 接至电压测量端，被测线路 2 的首端分别接至 U_N 和 N 端，N 端接大地，如图 24－16 所示。

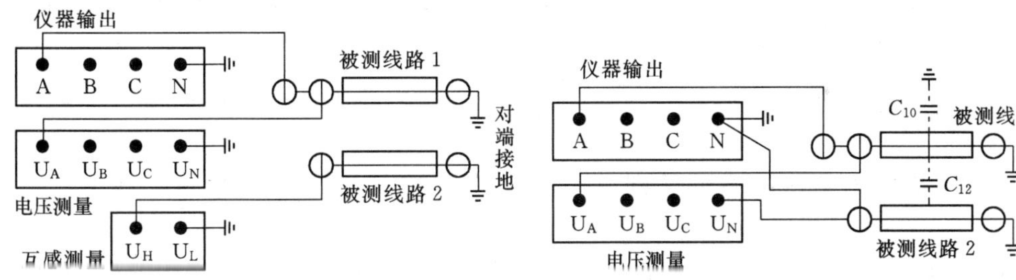

图 24－15　互感测试接线示意图　　图 24－16　耦合电容测试接线示意图

图 24－14 所示的电路实际上测量的是线路 1、2 之间的耦合电容和被测线路 1 的零序电容之和，所以进行耦合电容测试前应先测量被测线路 1 的零序电容。

注意：在序参数和互感及耦合电容测量时，各个接大地的端子（U_N，N，U_l）应分别接地，不能在面板上将各个端子短接后接入大地。

2. 抗干扰措施

异频测试仪本身已经具备了很强的抗干扰能力，其抗干扰能力体现在仪器本身，如低的输出阻抗，干扰信号与异频信号拍频信号的软件与硬件处理，仪器硬件抗高电压、大电流的能力等，外部一般无须采用其他抗干扰措施，常用工频法的抗干扰测试方法也无法用于异频法测试过程，对用户而言并不需要其他措施。某仪器的抗干扰指标如下：

（1）干扰电压：接入仪器测试电源后的纵向感应干扰电压＜350V。

（2）干扰电流：线路首末两端短接接地时＜40A。

能在仪器输出信号与干扰信号之比为1∶10条件下稳定准确完成测试。

实际上那个干扰电压350V是在接入仪器后的干扰电压，并非我们将线路悬空后测量的数值，往往这个数值都会远远大于350V，当通过仪器的输出阻抗接地后，能量转换为电流得以释放一部分，这一数值要大大减小。这一抗干扰指标使得仪器能完成大部分情况下强干扰下的参数测量工作。

HVLP型输电线路工频参数测试系的主要特点如下：

（1）能快速准确完成线路的正序电容，正序阻抗，零序电容，零序阻抗等参数的测量，同时还可以测量线路间互感和耦合电容测量。

（2）抗干扰能力强，能在异频信号与工频干扰信号之比为1∶10的条件下准确测量，可以抗40A的零序干扰电流。

（3）外部接线简单，仅需一次接入被测线路的引下线就可以完成全部的线路参数测量，中间仪器端不需要再进行人工换线，只是需要操作仪器面板旋钮即可，极大地提高了测试过程中的安全系数，最大程度减少了测试过程的人工干预。

（4）仪器以工控机为内核，实现测试电源、仪表、计算模型一体化，将一卡车的设备浓缩为一台仪器。微型打印机打印结果，所有操作仅一个旋钮，十分简便。

（5）测试过程快捷，仪器自动完成测试方式控制、升压降压控制和数据测量和计算，并打印测量结果，一个序参数的测量约一分半钟就能完成，试验时间缩短，工作量大大减小，30min内可完成传统方法数小时的工作量。

（6）测量精度高，仪器本身提供接近工频的异频电源，轻松分离工频及杂波干扰，有效地实现小信号的高精度测量。

（7）解决了现有测试手段存在的测试接线倒换烦琐、抗干扰、稳定度、精度等方面存在的问题。

3. 工频法与异频法的主要区别

工频法与异频法的主要区别见表24－7。

表24－7　　工频法与异频法的主要区别

方法名称	测试电源设备	测量结果精度	方法特点	方法评价
传统工频法	10kV配电变压器和三相调压器，重量沉，体积大，需要汽车吊等起重设备配合现场搬运	工频信号很易受到运行线路的背景干扰，往往需要加大电源容量以提高信噪比，在足够高的信噪比条件下测试精度满足要求	人工操作，存在人身安全隐患大；人工读数，读数随机性高；接线复杂，试验容易出错；手工计算，测量结果处理麻烦	费时费力，容易受到干扰，试验人员工作量大，静电感应对人身安全构成威胁
异频法（HVLP型输电线路工频参数测试系统）	便携式，一体化，数字化，智能化，仅需配以380V电源。“一键通”方式操作，体积小，重量轻，安全性高	采用类工频异频信号，在采用高水平的信号分离手段后，试验结果不受背景工频干扰，测量精度高	测试接线一次完成，无须中间换接线，所有升压、降压、数据采集和结果输出打印在2min内完成，操作人员只需“轻轻一按”	省时省力，操作简单，实现了小信号的高精度测量，大大提高了参数现场测试工作的人身和设备安全水平

第六节　架空地线分流阻抗测试与回路电阻试验

一、分流阻抗测试

架空地线分流阻抗测试采用的方法是分流阻抗法，即用电流电压法测试避雷线分流接地阻抗上的压降和电流，从而计算出避雷线分流接地阻抗值，现场测试接线原理图如图24－17所示。图中，Z为避雷线的分流接地阻抗；R_p为滑动变阻器，额定电阻300Ω，额定电流1A，测量时取额定电阻；R为定值电阻，额定电阻80Ω，额定功率2kW；Ⓐ为电流表，测量在避雷线分流阻抗上施加的试验电流值，测量时，图24－10中Ⓐ量程选用10A挡，Ⓥ为数字万用表，测量在试验电流下避雷线接地阻抗上的压降。试验电源采用退出一台所变为试验专用，甩开二次侧其他负荷及中性点接地，试验用380V线电压。在试验中，避雷线的引下线一定要绑定好，防止被风吹甩向导线，引起短路事故。为了克服地网杂散电流的影响，提高试验的信噪比，应尽量将试验电流升到较大值；同时，为了减小试验误差，需先测试出避雷线的干扰电压，还需采用换相重复试验。

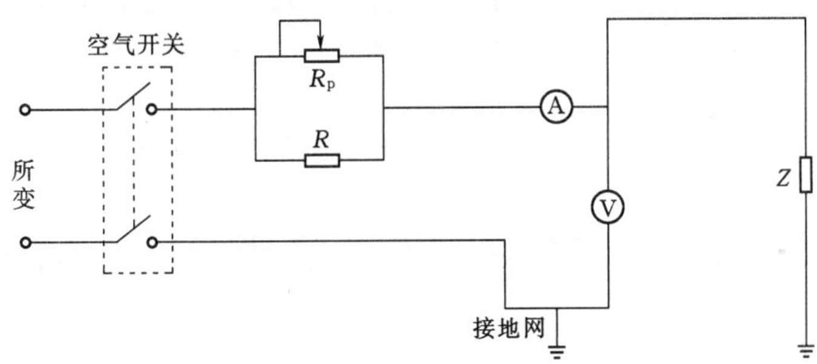

图24－17　避雷线分流接地阻抗现场测试原理图一

由图24－17所示的避雷线分流接地阻抗测试原理图，可测试出避雷线分流接地阻抗Z上的压降U和避雷线分流接地阻抗Z上流过的试验电流I，并考虑到避雷线干扰电压的影响，将试验换相重复试验后，即可得出避雷线分流接地阻抗Z为

$$Z_{正}=\frac{U-U_{干扰}}{I}$$

$$Z_{反}=\frac{U-U_{干扰}}{I}$$

$$Z=\frac{Z_{正}+Z_{反}}{2}$$

式中　U——避雷线分流接地阻抗Z上的压降，表Ⓥ的读数，V；

I——避雷线分流接地阻抗Z上通过的试验电流，表Ⓐ的读数，A；

$U_{干扰}$——避雷线的干扰电压，V；

$Z_{正}$——正相测试时，避雷线的分流接地阻抗，Ω；

$Z_{反}$——反相测试时，避雷线的分流接地阻抗，Ω；

Z——考虑到测试误差，避雷线的平均分流接地阻抗，Ω。

二、回路电阻试验

使用 CA6411 型接地电阻测量仪进行回路电阻试验。

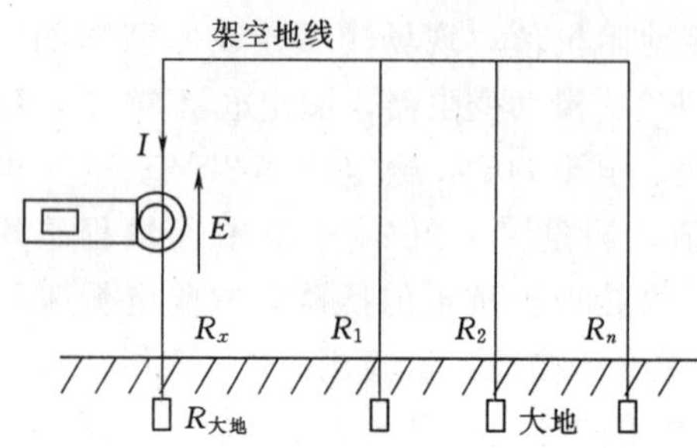

图 24-18　CA6411 型电阻测量仪测量原理

测量时只需将测量头卡住接地引下线即可，见图 24-18。这时在仪器的信号线圈产生一个交流信号 E，电压 E 通过架空地线、杆塔、接地极及大地构成回路，产生电流 I，这样可知测量回路的电阻 R 总（表显示电阻）。待测杆塔接地电阻 R_x 与 R 总近似相等，这是因为，通常测量回路电阻有以下四个部分组成：

（1）R_x 待测量的杆塔接地电阻。

（2）R 大地是大地电阻，通常远小于 1。

（3）$R_1 /\!/ R_2 /\!/ \cdots /\!/ R_n$ 是该线路其余各基杆塔接地电阻并联值，送电线路的杆塔基数一般都在一百基以上，所以并联电阻很小，可以忽略。

（4）R 地线是架空地线的电阻，通常小于 1。所以：

$$R_{总}=R_x+R_{大地}+R_1 /\!/ R_2 /\!/ \cdots /\!/ R_n+R_{地线}\approx R_x$$

第七节　架空线路各种接头的热缺陷红外诊断

一、导电线夹反映的不同热缺陷

（1）爆压线夹过热熔化。发现某变电站北郊线某刀闸 B 相爆压线夹发热 80℃，很多人都感到不可思议，认为爆压线夹不可能出现过热现象，但经停电检查发现该爆压线夹已严重过热熔化，事后分析为线夹爆压时天气阴雨，线夹内受潮所致等。由于发现处理及时，避免了事故。

（2）对线夹过热和导线断股的检测。进行红外检测时发现某线公用变开关柜进线线夹温度：A 相 70℃，B 相 230℃，C 相 216℃；又如某公用变开关柜出线线夹温度：A、C 相 230℃，B 相 100℃。

线夹的严重过热现象引起了高度重视，从材料、工艺等方面人手进行了彻底整改。大电流流过的线夹采用压接法制作，更换了部分导线，经精心施工并在连接处涂上导电膏，使线夹的接触电阻从 140～950μΩ 下降至处理后的 10～30μΩ。由于这些重大事故隐患得到及时处理，避免了断线停电事故。

二、导线和线夹反映的不同热缺陷

（1）钢芯铝绞线绑扎处的过热缺陷。进行红外测温检查时发现某线路 81 号耐张塔铝

绑扎处过热，最高温度 90℃，该杆塔是该地区唯一电源进线，后经停电处理，避免了断线、倒塔事故的发生。

(2) T 型线夹导线断股的过热缺陷。某运行人员巡视检查时发现某线母线桥 B 相 T 型线夹导线有断股，随即进行测温，温度为 143℃，由于有了量的依据，因而避免了一次对半个城镇的紧急停电事件，在通知用户后进行了有计划的检修。

(3) 导线与线夹不配套造成的发热缺陷。某变电站出线 B 相出口刀闸两侧连接线夹测温分别为 61℃和 58℃，检修人员打开线夹检查发现该两线夹有过热现象系导线较细。线夹大，接触不严密造成的。

(4) 刀闸线夹导线断股的发热缺陷。对电力设备红外测温检查时，发现某线路线夹，A、B 两相发热温度为 100℃，经停电检查发现 A、B 两相线夹处导线已断两股，造成局部发热缺陷。

为了提高安全供电的可靠性，针对电力设备外部导流部件缺陷反映最多的导体线夹的问题，降低由于线路接头劣化，发热造成的事故，应对 10kV 及以下部分金具线夹，采取措施，加强管理。

三、架空线路导线连接处发热红外诊断方法

各种电气引流的裸露接头，包括高压设备或线路中的连接件等由于压接不良或因受到氧化、腐蚀及灰尘的影响，或因材质不良和加工、安装工艺的问题或冲击负荷的影响、机械振动等各种原因造成的接触电阻增大而出现的局部过热等。电力设备的这些缺陷若不能及时发现和处理，将可能会造成断线，局部烧毁，甚至逐步发展成恶性设备事故。由于外部缺陷数量上占电力设备热缺陷大部分，又由于外部热缺陷的检测方便，直观容易，对仪器要求不高，以下介绍部分地区在红外检测中发现外部缺陷的典型实例，以提供在实际工作中参考。

(1) 某线跳闸。A 站速动保护动作。B 站距离Ⅰ段保护动作，零序Ⅰ段保护动作。检查发现 54 号杆 C 相 7 片瓷瓶雷击灼伤。红外点温仪测得 1 号杆 B 相跳线两只线夹温度分别为 86、110℃，而相邻正常导线温度为 37℃。经检查导线线夹内断股、散股严重，线夹螺栓松动。

(2) 某线例行巡视时，发现 40 号杆 C 相跳线断股、散股严重，有两处分别断 5 股和 3 股，耐张线夹为螺栓型，跳线采用铝并沟线夹连接，当日负荷为 190～250A，红外点温仪测得断线处温度分别为 68℃、120℃，而相邻正常导线温度为 29℃。后停电检修，解开两只并沟线夹发现线夹内导线数股被烧断。环境温度为 28℃。

(3) 110kV 某跳线线夹例行抽查时测得 B、C 相两只线夹温度分别为 53℃、64℃，正常导线温度为 28℃，环境温度为 27℃。经检查发现线夹松动，导线散股严重。

导线测温分定期测温和非定期测温。定期测温是根据导线的截面、线路负荷、气温情况，对导线连接器随机抽查测量，抽查量为全线导线连接器的 50%，每年一次，抽查应交替进行。非定期测温是根据定期测温结果，将严重及危险热缺陷者依次增加 10%的抽查量，并进行跟踪监测。

红外点温仪距离系数应为 1∶300。

温差法受电流幅值的影响较大，检测时应尽量在线路负荷较大时进行，防止因通过导线连接器电流过小使其发热小而影响其判别的准确性，实际检测时最好采用相对温差法进行校核。

第八节　气体绝缘输电线路GIL局部放电监测简介

一、概述

GIL是气体绝缘输电线的简称。它也采用GIS的同轴圆筒结构，将作为输电线的金属导体用绝缘子或绝缘隔垫支撑在圆筒中心，筒内一般充以250kPa表压的SF_6气体作为绝缘介质。事实上，GIS中的母线筒也是一种GIL，只是尺寸较短，且有T形分支，长度一般约数十米。在装有GIS的变电站中，变压器和GIS间的连接有时也用GIL以优化环境。距离视变电站的布置而定，一般100m左右。此外，由于水电站的机房和升压变压器常建在水坝深处，为将高电压引到架空线上，有时也选用GIL，距离数百米左右。世界上第一条GIL于1971年在美国建成，电压为345kV，长122m。至1982年，全世界共有53条GIL，总长为13140m。发展至今，GIL已不限于用在变电站内和水电站的高压输出，也用于电站和城市的降压变电站之间的高压连接，即将高压电用GIL而不是架空线或电力电缆输送到城市的负荷中心，输送长度更长。例如日本名古屋地区从Shin-Nagoya热电站至Tokai变电站间建立了两条275kV的GIL，每条长约3.3km，内部导体的外径为170mm，外壳内径为470mm，内充气压为440kPa的SF_6气体。整个GIL布设在埋深为1.6m、直径为3.6m的隧道中。

二、结构

GIL一般是单相结构，故其外壳材料为铝合金。在工厂是分段制成的，一般每段为10～18m，每4～10m用支柱绝缘子作为导体的绝缘支撑，段间用盆式绝缘子即绝缘隔垫作为绝缘支撑和连接件，每隔一定距离还有波纹管以适应金属外壳在温度变化时的伸缩。

三、局部放电监测

GIL的主要监测内容是局部放电，其放电源主要是在现场安装期间存留在外壳内的自由金属微粒，此外，还有尖端和接触不良等缺陷。安装后检测局部放电试验的目的就是检查出这些微粒。在雷电冲击耐压时，会引起GIL击穿的是直径为0.2mm、长度不小于6mm的自由金属微粒。与GIS一样，GIL可用特高频监测局部放电。

与GIS相比，由于GIL一般都埋设在隧道中，其干扰小得多。在上述265kV的GIL现场，频带为10～1.5GHz，在低噪声条件下检测灵敏度小于1pC。用特高频监测GIS中局部放电的内部耦合器和外部天线式传感器测试隧道中的背景噪声，原理如图24-19所示，测得的噪声频谱如图24-20所示。结果表明在隧道中的噪声和一个屏蔽室内的噪声水平相同，故GIL的背景噪声是很低的。

由于GIL结构简单而无分支，故局部放电产生的高频信号在传播过程中的衰减要比

GIS 小得多。GIS 中由于信号的衰减，特高频传感器的配置间隔为 30～40m，但 GIL 的配置间隔就要大得多。当自由微粒的长度为 4mm 时，外部天线式传感器监测的极限距离可长达 700m。但是，GIL 数公里的长度具有比 GIS 大得多的表面积，根据面积效应，其出现绝缘弱点或缺陷的概率会增加。在选择传感器的性能和数量时更须认真对待，首要的问题常常是投运前的检测。

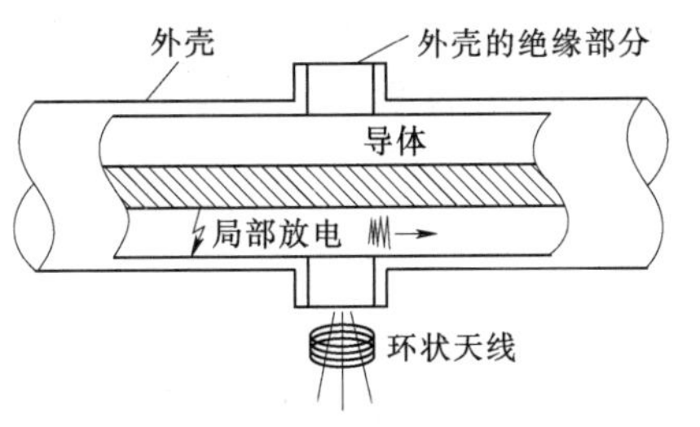

图 24 - 19　天线传感器原理图

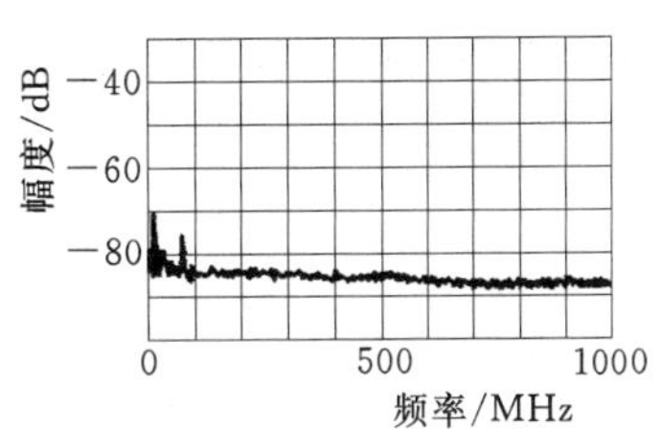

图 24 - 20　天线测得的噪声频谱

关于监测频带选择的研究表明，由于特高频信号（频率为 300 ～ 3GHz）比甚高频（VHF）信号（频率为 30～300MHz）在 GIL 中的衰减快，以致在传播到一定的距离后，甚高频信号反而比特高频信号强。如图 24 - 21 所示，在 168m 后甚高频信号已为特高频信号的3 倍，为此建议监测频带可选在甚高频段。

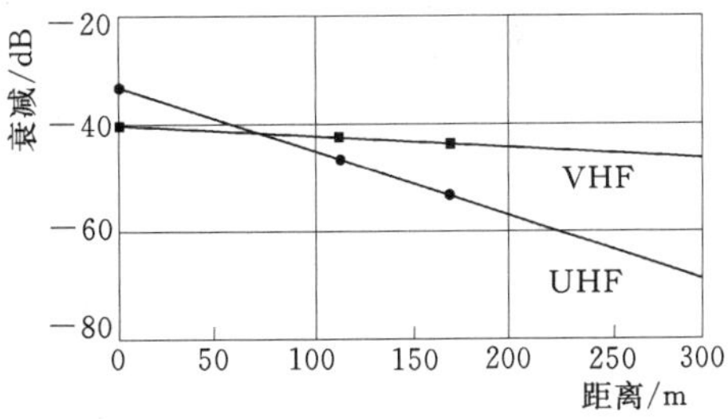

图 24 - 21　天线测得的信号传播的衰减

在 168m，275kV 全尺寸 GIL 试验段上进行放电产生的高频信号传播时衰减的研究，用安装在 GIL 内导体端部间隙为 30mm 的针-板电极作为模拟金属微粒的放电源，以直径为 250mm 的盘状内部耦合器作为特高频传感器检测局部放电信号，其平坦的频率响应可到 1.5GHz。用两台高速数字示波器记录信号波形，其检测的模拟带宽分别为 300MHz 和 1.1GHz，采样率分别为 5Gsa/s 和 4Gsa/s。检测的结果表明，在信号频率为 500MHz 和 300MHz 时，100m 的衰减率分别为 2.5dB 和 8.7dB，且频率越高，衰减率越大。引起信号衰减的主要原因是支撑输电线的绝缘子，300MHz 时测得盆式绝缘子的衰减率为 0.8～1.1dB，支柱绝缘子的衰减率为 0.18～0.24dB。

以上这些研究成果均可供设计、安排 GIL 的局部放电监测系统时参考。

复　习　题

1. 试述架空电力线路的组成，各部分的作用。
2. 架空电力线路的相位为什么要实行换位？
3. 怎样检查架空导线连接部位的接头电阻？
4. 怎样对架空电力线路的悬式绝缘子串进行零值绝缘子检测？
5. 怎样测量架空电力线路的绝缘电阻？

6. 怎样检查架空电力线路的相位？
7. 怎样进行架空电力线路的间隔棒阻尼设施检查？
8. 怎样进行绝缘子表面等值附盐密度的测量？
9. 测量输电线路工频参数的方法有哪些？
10. 工频法和异频法的主要区别是什么？
11. 怎样测量架空地线（避雷线）的分流阻抗与回路电阻？
12. 怎样对架空线路的各种接头的热缺陷进行红外诊断？

第二十五章　接　地　装　置

第一节　概　　述

一、接地分类

接地是保证人身安全以及电力设备和过电压保护装置正常工作的非常重要的环节。按其目的可分为如下四类：

(1) 工作接地。在电力系统中，利用大地作为导线或根据正常运行方式的需要将网络的某一点接地，称为工作接地。例如电力变压器的中性点的直接接地就属于这类接地。通常要求工作接地的接地电阻为0.5～10Ω。

(2) 保护接地。将电力设备在正常情况不带电的金属部分与大地连接，以保证人身安全，这种接地称为保护接地。例如电机、变压器以及高压电器的外壳的接地都属于这一类接地。保护接地的接地电阻为1～10Ω。

(3) 防雷接地。为安全导泄强大的雷电流，将过电压保护装置的一端接地，称为防雷接地（也称过电压保护接地）。例如避雷针（线）、避雷器的接地都属于这类接地。从广义上讲，它是一种特殊的工作接地。防雷接地的接地电阻的大小直接影响过电压保护效果，通常取为1～30Ω。

(4) 静电接地。为释放静电电荷、防止静电危险而设置的接地，称为静电接地。例如易燃油；天然气罐和管道的接地等都属于这类接地。静电接地的接地电阻要求小于30Ω。

二、接地的几个基本概念

（一）接地装置

(1) 接地体。埋入地中并直接与大地（包括土壤、江、河、湖、井水）接触的金属导体，称为接地体或接地极，有自然接地体（如地下的金属管道、金属构件、钢筋混凝土杆基础等）和人工接地体（如埋入地中的角钢、圆钢、铁管、深埋的圆钢、铁带等）之分。人工接地体有垂直接地体和水平接地体两种基本型式，如图25-1所示。

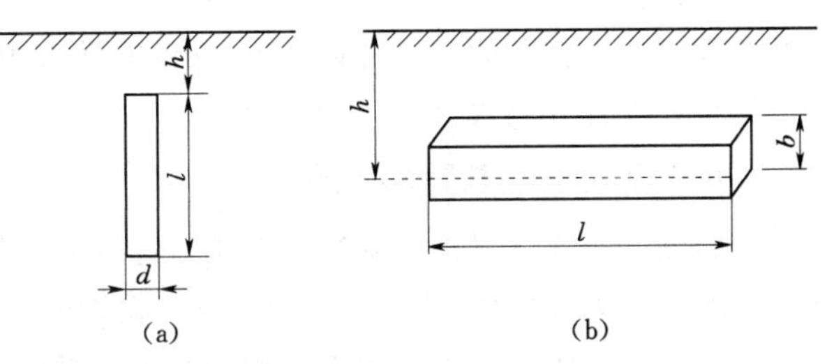

图25-1　接地体的两种基本型式
(a) 垂直的；(b) 水平的

垂直接地体一般采用直径为30～60mm、长度为2～3m的铁管做成；水平接地体一般采用宽为20～40mm，厚度不小于4mm的铁带或直径为10～20mm的圆钢做成。接地体埋设在地下的深度应大于0.5～0.8m，以保证不受机械损伤，并减小接地体周围土壤的水分受季节的影响。

(2) 接地线。连接电力设备的接地部分与接地体用的金属导体称为接地线，一般可用钢筋、钢绞线、铁带或角钢等做成。

(3) 接地装置。接地体和接地线的总和，称为接地装置。

（二）接地

将电力设备、杆塔或过电压保护装置用接地线与接地体连接起来，称为接地。

（三）地

这里所说的地是电气上的地，其特点是该处土壤中没有电流，即该处的电位等于零。

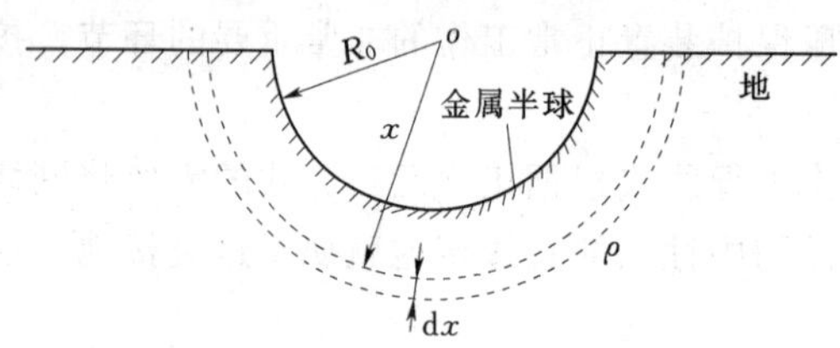

图25-2　金属半球向地中传导电流

这个电气上的地究竟在哪儿？为了加深对“地”这个概念的理解，下面来看一个例子。从地面挖坑，埋入一个半径为R_0的金属半球，由它向地的传导电流为I，如图25-2所示。假定土壤是均匀的，其电阻率为ρ（一般用Ω·cm作单位），那么在距球心为X、厚度为$\mathrm{d}x$的这层土壤的电阻$\mathrm{d}R$为多少呢？因为这一部分土壤的截面为$2\pi x^2$，长度为$\mathrm{d}x$，故

$$\mathrm{d}R=\rho\frac{\mathrm{d}x}{2\pi x^2}$$

而在这一部分的电压降$\mathrm{d}u$为

$$\mathrm{d}u=I\mathrm{d}R=I\rho\frac{\mathrm{d}x}{2\pi x^2}=\rho\frac{1}{\pi x^2}\mathrm{d}x=\rho j(x)\mathrm{d}x=E(x)\mathrm{d}x$$

式中　$j(x)$——距球心为x处土壤中的电流密度；

$E(x)$——距球心为x处土壤中的电场强度。

由上式可见，只要土壤中某一点的电流密度$j(x)\neq0$，在这里就有电压降，它的电位就不等于零。

由于我们所说的地是电位等于零的地方，也就是传导电流等于零的地方，从理论上讲，这个地方距接地体无穷远。

实验证明，在距简单接地体20m以外的地方电位基本趋于零，如图25-3所示，一般把这种地方称为电气上的“地”。

（四）接触电压与跨步电压

根据图25-3可以来说明接触电压与跨步电压的概念。显然，设备越靠近接地体，接触电压越小，离接地体20m以外的地方，接触电压最大，可达电气设备的对地电压U_m。

如图25-4所示，当人的手接触到发生短路的设备外壳时，人的手与脚之间就会承受到一个电压，这个电压称为接触电压，用数学式表示为

$$U_j=U_M-U_\varphi$$

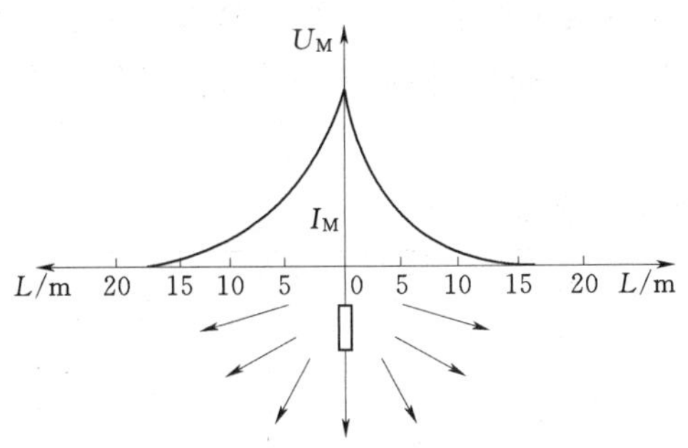

图 25-3 接地装置周围大地表面电位分布图

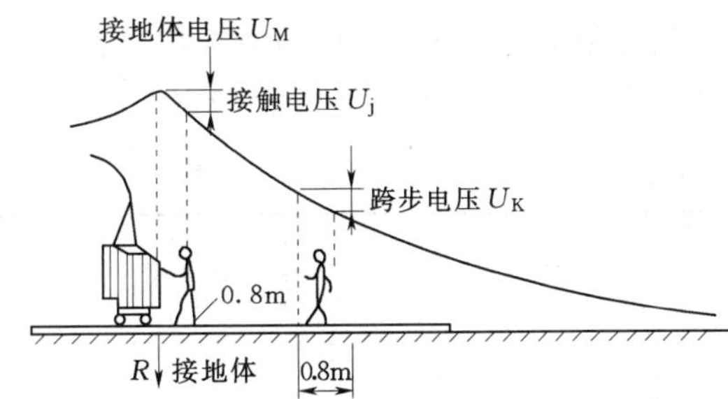

图 25-4 接触电压与跨步电压示意图

式中的 $U_M = I_M R$，为设备发生短路时设备上的对地电压；U_φ 为人脚站立处的地电位。一般取离设备水平距离 0.8m 处的电位。

另外，当人站在这种带有不同电位的地面上时，两脚间也会承受电压，这个电压称为跨步电压。在计算跨步电压时，一般取人的步距为 0.8m。显然，人离接地体越远，跨步电压越小，在 20m 以外跨步电压接近于零。

（五）接地电阻

由图 25-3 可知，电流由接地装置流向“地”的过程中，要受到“阻力”。所谓接地电阻就是电力设备的接地部分的对地电压与接地电流之比，即

$$R_{jd} = \frac{U_M}{I_M}$$

式中 I_M——接地电流。

因为
$$U_M = \int_{R_0}^{\infty} du = \frac{\rho I_M}{2\pi}\int_{R_0}^{\infty} \frac{dx}{x^2} = \frac{\rho I_M}{2\pi R_0}$$

故
$$R_{jd} = \frac{U_M}{I_M} = \frac{\rho}{2\pi R_0}$$

必须指出，严格地说，这个电阻称为溢流（散流）电阻，但因为连线的电阻很小，故认为接地电阻就等于溢流电阻。

接地电阻又有工频接地电阻和冲击接地电阻之分。工频接地电阻是指按通过接地体流入地中的工频电流求得的电阻，而冲击接地电阻是指按通过接地体流入地中的冲击电流求得的接地电阻。

影响接地电阻的主要因素是土壤电阻率、接地体的尺寸和形状以及埋入的深度等。

（六）土壤电阻率

土壤电阻率也称为土壤电阻系数，以每边长为 1cm 的正立方体的土壤电阻来表示，其单位是 Ω·m 或 Ω·cm。

土壤电阻率随土壤的性质、含水量、温度、化学成分、物理性质等情况的不同而不

同。因此，在设计时要根据当地的实际地质情况，并要考虑季节的影响，选取其中最大值作为设计依据。接地装置的季节系数如表 25－1 所示。各种土壤及水的电阻率的参考值见表 25－2，一般应以实测值作为依据。

表 25－1　　接地装置的季节系数 ψ 值

接地类型	接地极型式	埋入深度 /m	季节系数
工作接地、保护接地	水平	0.5	4.5～6.5
		0.8	1.6～3
	垂直	0.8	1.4～2
防雷接地	水平	0.5	1.4～1.8
		0.8～1.0	1.25～1.45
		2.5～3.0（深埋接地体）	1.0～1.1
	垂直（长度为 2～3m）	0.5	1.2～1.4
		0.8～1.0	1.15～1.3
		2.5～3.0（深埋接地体）	1.0～1.1

注　测定土壤电阻率时，如土壤比较干燥，则应采用表中的较小值；如比较潮湿，则应采用较大值。

表 25－2　　土壤和水的电阻率参考值

类别	名　称	电阻率近似值 /（Ω·m）	不同情况下电阻率的变化范围 /（Ω·m）		
			较湿时（一般地区、多雨区）	较干时（少雨区、沙漠区）	地下水含盐碱时
土	陶黏土	10	50～20	10～100	3～10
	泥炭、泥炭岩、沼泽地	20	10～30	50～300	3～30
	捣碎的木炭	40	—	—	—
	黑土、园田土、陶土、白垩土	50	30～100	50～300	10～30
	黏土	60	30～100	50～300	10～30
	砂质黏土	100	30～300	80～1000	10～30
	黄土	200	100～200	250	30
	含砂黏土、砂土	300	100～1000	1000 以上	30～100
	河滩中的砂	—	300	—	—
	煤	—	350	—	—
	多石土壤	400	—	—	—
	上层红色风化黏土、下层红色页岩	500（30%湿度）	—	—	—
	表层土夹石、下层砾石	600（15%湿度）	—	—	—
砂	砂、砂砾	1000	250～1000	1000～2500	
	砂层深度大于 10m、地下水较深的草原 地面黏土深度不大于 1.5m、底层多岩石	1000	—	—	—

续表

类别	名 称	电阻率近似值/（Ω·m）	不同情况下电阻率的变化范围/（Ω·m）		
			较湿时（一般地区、多雨区）	较干时（少雨区、沙漠区）	地下水含盐碱时
岩石	砾石、碎石	5000	—	—	—
	多岩山地	5000	—	—	—
	花岗岩	200000	—	—	—
混凝土	在水中	40～55			
	在湿土中	100～200			
	在干土中	500～1300			
	在干燥的大气中	12000～18000			
矿石	金属矿石	0.01～1	—	—	—
水	海水	1～5	—	—	—
	湖水、池水	30	—	—	—
	泥水、泥岩中的水	15～20	—	—	—
	泉水	40～50	—	—	—
	地下水	20～70	—	—	—
	溪水	50～100	—	—	—
	河水	30～280	—	—	—
	污秽的水	300	—	—	—
	蒸馏水	1000000	—	—	—

三、接地电阻的要求

在电网中，由于保护接地、工作接地和防雷接地的作用不同，所以对其接地电阻值有不同的要求，表 25－3 列出了 1kV 以上电力设备工频接地的电阻允许值。表中采用工频接地电阻作标准，是为了便于检查和测量。由表可见，杆塔接地电阻的允许值随土壤电阻率的增加而提高，反映了在土壤导电性差的地区，出现大幅值雷电流的概率减少。因此，在这类地区，杆塔接地电阻可有某种程度的增加，而不致使线路的耐雷指标显著下降，这点已被运行经验所证实。同时，在导电性不良的土壤中要获得低值的杆塔接地电阻，意味着多消耗金属材料和增加线路造价，这就显得不合理了。

表 25－3　1kV 以上电气设备接地电阻允许值

序号	设 备 名 称	接地电阻允许值/Ω
1	大接地短路电流系统的电力设备	$\leqslant\frac{2000}{I}$ 0.5（I>4000A 时）
2	小接地短路电流系统的电力设备	$\leqslant\frac{250}{I}$

续表

<table>
<tr><th>序号</th><th colspan="2">设备名称</th><th>接地电阻允许值/Ω</th></tr>
<tr><td>3</td><td colspan="2">小接地短路电流系统中无避雷线的配电线路杆塔</td><td>30</td></tr>
<tr><td rowspan="5">4</td><td rowspan="5">有避雷线的配电线路杆塔</td><td>ρ<100Ω·m</td><td>10</td></tr>
<tr><td>ρ=100～500Ω·m</td><td>15</td></tr>
<tr><td>ρ=500～1000Ω·m</td><td>20</td></tr>
<tr><td>ρ=1000～2000Ω·m</td><td>25</td></tr>
<tr><td>ρ>2000Ω·m</td><td>30</td></tr>
<tr><td rowspan="2">5</td><td rowspan="2">配电变压器</td><td>≥100kVA</td><td>4</td></tr>
<tr><td><100kVA</td><td>10</td></tr>
<tr><td>6</td><td colspan="2">阀型避雷器</td><td>10</td></tr>
<tr><td>7</td><td colspan="2">独立避雷针</td><td>10</td></tr>
<tr><td>8</td><td colspan="2">装于线路交叉点、绝缘弱点的管式避雷器</td><td>10～20</td></tr>
<tr><td>9</td><td colspan="2">装于线路上的火花间隙</td><td>10～20</td></tr>
<tr><td>10</td><td colspan="2">变电所的进线段及装管式避雷器处</td><td>10</td></tr>
<tr><td>11</td><td colspan="2">发电厂的进线段装管式避雷器处</td><td>5</td></tr>
<tr><td>12</td><td colspan="2">发电厂的进线段装阀式避雷器处</td><td>3</td></tr>
<tr><td>13</td><td colspan="2">人身安全接地</td><td>4</td></tr>
<tr><td>14</td><td colspan="2">接户线的第一根杆塔</td><td>30</td></tr>
<tr><td>15</td><td colspan="2">带电作业的临时接地装置</td><td>5～10</td></tr>
<tr><td rowspan="2">16</td><td rowspan="2">高土壤电阻率地区</td><td>小接地短路电流系统</td><td>15</td></tr>
<tr><td>大接地短路电流系统</td><td>5</td></tr>
</table>

四、接地装置的型式

（一）有避雷线的线路

杆塔接地装置的型式主要取决于塔位所在处的土壤电阻率，以及杆塔自身的基础结构。由此观点出发，我国行业标准《交流电气装置的接地》（DL/T 621—1997）规定高压架空电力线路的接地装置可采用下列型式：

（1）在土壤电阻率ρ≤100Ω·m的潮湿地区，可利用铁塔和钢筋混凝土杆的自然接地，不必另设防雷接地。杆塔自然接地电阻的估计值列于表25-4中。

（2）在100Ω·m<ρ≤300Ω·m的地区，除利用铁塔和钢筋混凝土杆的自然接地外，还应设人工接地装置，接地体埋设深度不宜小于0.6～0.8m。

（3）在300Ω·m<ρ≤2000Ω·m的地区，一般采用水平敷设的接地装置，接地体埋设深度不宜小于0.5m。

表25-4　　杆塔自然接地电阻估计值　　单位：Ω

<table>
<tr><th rowspan="2">杆塔型式</th><th colspan="3">钢筋混凝土杆</th><th colspan="2">铁塔</th></tr>
<tr><th>单杆</th><th>双杆</th><th>有3～4根拉线的单双杆</th><th>单柱式</th><th>门型</th></tr>
<tr><td>工频自然接电电阻</td><td>0.39</td><td>0.29</td><td>0.19</td><td>0.19</td><td>0.069</td></tr>
</table>

(4) 在 $\rho>2000\Omega\cdot m$ 的地区，可采用 6～8 根总长度不超过 500m 的放射形接地体，或连续伸长接地体（为了减小接地电阻，有时需要加大接地体的尺寸，主要是增加水平埋设的扁钢的长度，称之为伸长接地体）。放射形接地体可采用长短结合的方式。接地体埋设深度不宜小于 0.3m。放射形接地体每根的最大长度应根据土壤电阻率确定，如表 25－5 所示。

表 25－5　放射形接地体最大长度与土壤电阻率的关系

ρ/（Ω·m）	≤500	≤1000	≤2000	≤5000
最大长度/m	40	60	80	100

关于伸长接地体，通常在土壤电阻率较高的岩石地区才考虑采用，主要是增加水平埋设的扁钢的长度。

由于雷电流的等值频率甚高，接地体本身的电感影响将会随着接地体长度的增加而增大。此时，单位长度的电感和对地电导的相互作用，使接地体表现出具有分布参数传输线的阻抗特性，而且土壤中出现的火花效应还使对地电导随雷电流的幅值和波形而变化，因而雷电流在伸长接地体中的流散，实际上也是一个复杂的波过程。一般是在简化条件下，通过理论分析对这一问题作出定性的描述，并结合实验来得到工程应用的数据。图 25－5 所示为不同条件下伸长接地体的冲击阻抗与工频电阻的比较。可以看出，伸长接地体只在 40～60m 的范围内有效，超过这一范围接地阻抗基本上不再变化，因此合理长度的选取可参考表 25－6。

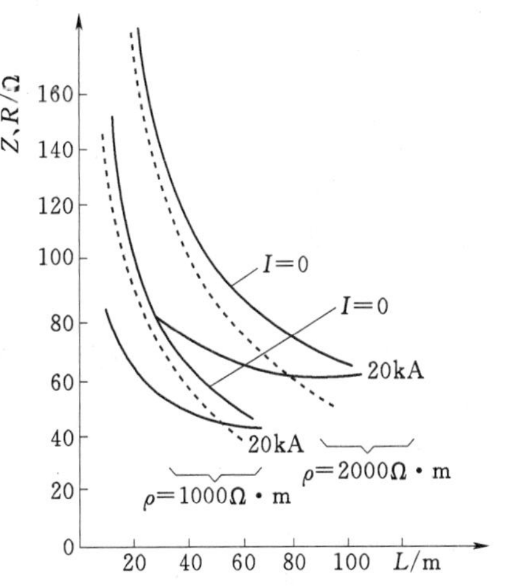

图 25－5　伸长接地体的冲击阻抗（冲击电流等值波头为 3μs，土壤击穿场强为 14kV/cm）

注：图中实线为 Z，虚线为 R。

表 25－6　伸长接地体的合理长度

土壤电阻率/（Ω·m）	500	1000	2000
伸长接地体长度/m	30～40	45～55	60～80

(5) 居民区和水田中的接地装置，包括临时接地装置，宜围绕杆塔基础敷设成闭合环形。

表 25－7 列出了我国输、配电线路杆塔几种常用的典型接地装置。

（二）变电所接地网

变电所的接地网应满足工作、安全和防雷保护的接地要求。一般的做法是根据安全和工作接地要求敷设一个统一的接地网，然后再在避雷针和避雷器下面加装集中接地体以满足防雷接地的要求。

表 25－7　　不同土壤电阻率地区的线路杆塔的典型接地装置

土壤接地电阻率 ρ /（Ω·m）	接地装置地面示意图	工频接地电阻（上限）估算值 R /Ω	冲击接地电阻（上限）估算值 R_i /Ω	
			60kA 下	100kA 下
＜100	7m　或	10	7.4	4.5
100～300	18m　或　15m	15	13	9.5
300～500	120°　27m　或　27m	15	13.5	12.8
500～1000	120°　41m　或　41m	20	17	15.6
1000～2000	90°　54m　或　54m	25	20	19
2000～4000	60°　80m　或　80m　60°	30	22	20
＞4000	6 条 100m 或 8 条 80m 射线，或者 2 条连续伸长接地线	不规定	30	29

变电所接地网的接地体一般以水平接地体为主，并采用网格形，以便使地面的电位比较均匀。接地网均压带的总根数在 18 根及以下时，用长孔地网较为经济；在 19 根以上时，用方孔地网较为经济。长孔和方孔地网如图 25－6 所示。

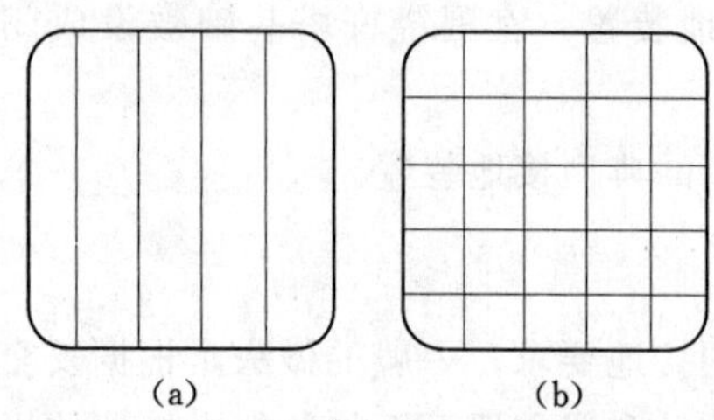

图 25－6　网格形接地网
（a）长孔接地网；（b）方孔接地网

接地网常用 4mm×40mm 扁钢或 ϕ20mm 圆钢敷设，埋入地下 0.6～0.8m，其面积大体与变电所的面积相同，两水平接地带的间距约为 3～10m，需按接触电压和跨步电压的要求

确定。

接地网的总接地电阻 R 可按下式估算

$$R=\frac{0.44\rho}{\sqrt{S}}+\frac{\rho}{L}\approx\frac{0.5\rho}{\sqrt{S}}\ (\Omega)$$

式中　L——接地体（包括水平和垂直的）总长度，m；

S——接地网的总面积，m^2；

ρ——土壤电阻率，Ω·m。

接地网电阻与接地网面积的平方成反比的原因是，由于接地体的屏蔽作用，面积为 S 的接地网总电阻基本上与同一面积 S 的铁板置于地面的接地电阻相同。上式中的第一项是面积为 S 的铁板的接地电阻，第二项是考虑实际地网不是铁板而引入的修正项，比第一项小得多，粗略估算可合并于第一项。面积为 $S=a\times b$ 矩形接地体。当边长比 $\frac{a}{b}$ 在很大范围内变化时其电阻值基本不变，因此可以等值为正方形，按 $\sqrt{S}$ 取它的长度，反映到接地电阻的计算公式中。

五、接地装置的检查和试验项目

《规程》规定的接地装置的试验项目主要包括如下内容：

(1) 检查有效接地系统的电力设备接地引下线与接地网的连接情况。

(2) 有效接地系统接地网的接地阻抗。

(3) 有架空地线的线路杆塔的接地电阻。

(4) 无架空地线的线路杆塔接地电阻。

(5) 非有效接地系统接地网的接地阻抗。

(6) 1kV 以下电力设备的接地电阻。

(7) 独立微波站的接地电阻。

(8) 独立的燃油、易爆气管道的接地电阻。

(9) 露天配电装置避雷针的集中接地装置的接地电阻。

(10) 发电厂烟囱附近的吸风机及引风机处装设的集中接地装置的接地电阻。

(11) 独立避雷针（线）的电阻。

(12) 与架空线直接连接的旋转电机进线段上阀式避雷器的接地电阻。

(13) 抽样开挖检查设备接地引下线及地网的腐蚀情况。

第二节　土壤电阻率的测量方法

一、小面积接地网

对于小面积接地网，测量其土壤电阻率的常用的方法是三极法和四极法。

(一) 三极法

在需要测土壤电阻率的地方，埋入几何尺寸为已知的一个接地体，用测量接地电阻的

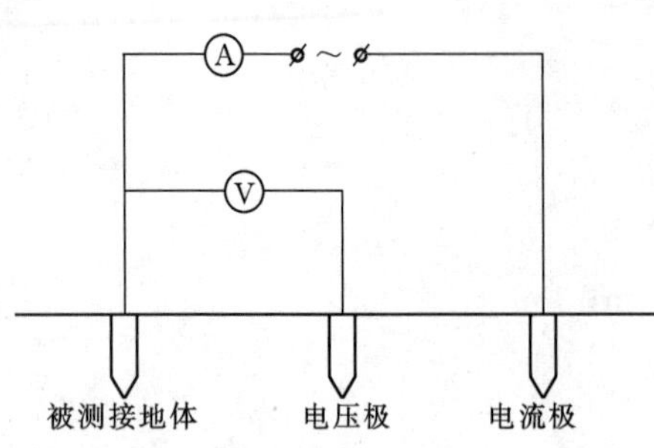

图 25-7 测量土壤电阻率时的电极布置

方法测出其接地电阻，然后计算出该处的土壤电阻率。

用三极法测量土壤电阻率时的电极布置如图 25-7 所示。对垂直打入土中的圆钢或钢管，测量接地电阻时，电压极距电流极和被测接地体 20m 即可。

通常用一根长 3m、直径 50mm 的钢管，或一根长 3m、直径 25mm 的圆钢；或用一根长 10～15m、40mm×4mm 的扁铁埋入土中作为接地体，接地体埋深为 0.7～1m。

1. 垂直接地体

测得接地电阻后，其土壤电阻率可用下式计算

$$\rho=\frac{2\pi LR}{\ln\frac{4L}{d}}=\frac{LR}{0.367\lg\frac{4L}{d}} \tag{25-1}$$

式中 ρ——土壤电阻率，Ω·cm；

L——钢管或圆钢的埋入土中长度，cm；

d——钢管或圆钢的外径，cm；

R——测得的接地电阻值，Ω。

2. 用扁铁作为水平接地体

测得接地电阻后，其土壤电阻率可用下式计算

$$\rho=\frac{2\pi LR}{\ln\frac{2L^2}{bh}}=\frac{LR}{0.367\lg\frac{2L^2}{bh}} \tag{25-2}$$

式中 L——扁铁的长度，cm；

b——扁铁的宽度，cm；

h——扁铁中心线离地面的深度（近似于埋深），cm。

用三极法测量时，接地体附近的土壤起着决定性作用，也就是说，用这一方法测出的土壤电阻率，在很大程度上只反映接地体附近的情况。

（二）四极法

用四极法测量土壤电阻率的接线如图 25-8 所示，用四根同样大小尺寸的接地棒在地面沿一直线以等距埋设。由外侧电极 C_1、C_2 通以电流 I，若电极埋深为 b，电极间距离为 a（$a\gg b$），则 P_1、P_2 两电极上的对地电压为

$$U_{D1}=\frac{\rho I}{2\pi}\left(\frac{1}{a}-\frac{1}{2a}\right)$$

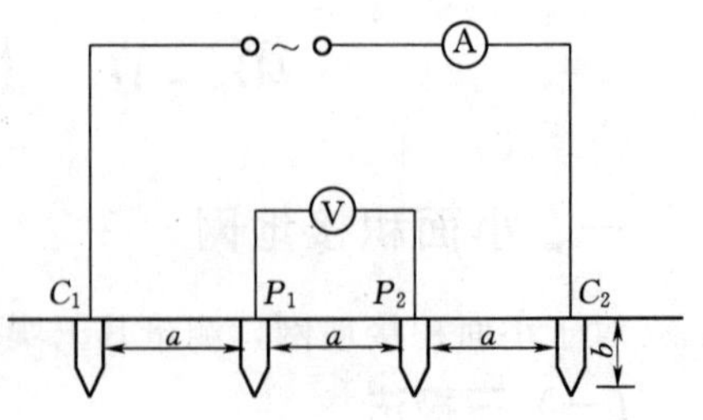

图 25-8 四极法测量土壤电阻率

$$U_{D2}=\frac{\rho I}{2\pi}\left(\frac{1}{2a}-\frac{1}{a}\right)$$

两电极间的电位差为

$$U_{D1}-U_{D2}=\frac{\rho I}{2\pi a}$$

此即为电压表读数，设以 U 表示，则

$$U=\frac{\rho I}{2\pi a}$$

式中　I——电流表读数，A；

a——电极间距离，m；

ρ——土壤电阻率，Ω·m。

所以

$$\rho=2\pi a\frac{U}{I} \tag{25-3}$$

测量时可用四根直径不小于 1.5cm、长为 0.5m 的圆钢作电极，埋深为 0.1～0.15m，并保持电极间距离 a 等于电极埋深 b 的 20 倍（即 $a=2\sim3$m）。

四极法测得的土壤电阻率所反映的范围，与电极间的距离 a 有关，当 a 不大时所得土壤电阻率仅为大地表层的电阻率，反映的深度随 a 的增大而增大。

具有四个端子的接地电阻测定仪均可用来进行四极法的土壤电阻率测量。

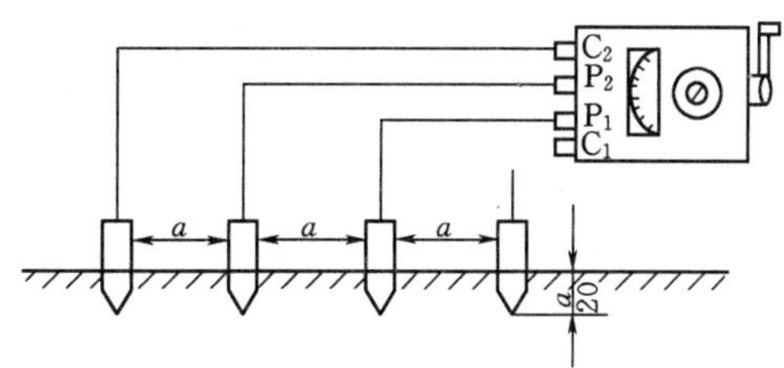

图 25－9　ZC－8 型接地电阻测定器测量土壤电阻率示意图

图 25－9 示出了用 ZC－8 型测定器测量土壤电阻率的接线示意图。在被测区沿直线埋入地下 4 根棒，彼此距离为 a，棒的埋入深度不应超过 a 的 1/20，用测量接地电阻的方法测出接地电阻，所测的土壤电阻率为

$$\rho=2\pi aR \tag{25-4}$$

式中　R——接地电阻测定器的读数，Ω；

a——棒间距离，cm；

ρ——该地区的土壤电阻率，Ω·m。

应注意，用以上方法测出的土壤电阻率，不一定是一年中的最大值，所以应当进行校正，其公式为

$$\rho=\psi\rho_0$$

式中　ρ——设计所应用的土壤电阻率，Ω·cm；

ρ_0——实测的土壤电阻率，Ω·cm；

ψ——季节系数，见表 25－1。

二、大面积接地网

对大面积接地网，在《接地装置特性参数测量导则》（DL/T 475—2017）中推荐采用

电测法中的四极法。

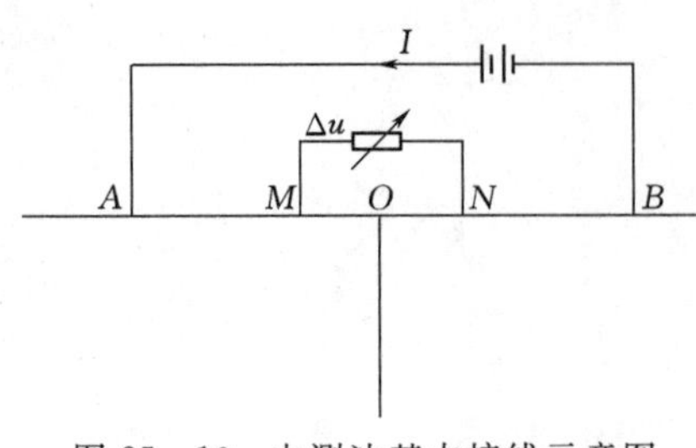

图 25-10　电测法基本接线示意图
A、B——一对电流极；M、N——一对电位极；
AB、MN—电流极极距及电位极极距；
O—AB 和 MN 的中点，即测点

电测法通常使用的装置的基本接线如图 25-10 所示。

假定从 A 点流入的电流 I 为正，从 B 点流出的电流 I 为负。根据点电荷电场的原理，M 点的电位为

$$U_{M}=\frac{I\rho_{s}}{2\pi}\left(\frac{1}{AM}-\frac{1}{BM}\right) \tag{25-5}$$

N 点的电位为

$$U_{N}=\frac{I\rho_{s}}{2\pi}\left(\frac{1}{AM}-\frac{1}{BN}\right) \tag{25-6}$$

MN 两点之间的电位差为

$$\Delta U_{MN}=U_{M}-U_{N}=\frac{I\rho_{s}}{2\pi}\left(\frac{1}{AM}-\frac{1}{BM}-\frac{1}{AN}+\frac{1}{BN}\right) \tag{25-7}$$

$$\rho_{s}=\frac{\Delta U_{MN}}{I}K$$

$$K=\frac{2\pi}{\frac{1}{AM}-\frac{1}{BM}-\frac{1}{AN}+\frac{1}{BN}}$$

式中　ρ_s——视在土壤电阻率；

K——电极距离系数或装置系数，由电流极和电位极的相互位置确定。

视在土壤电阻率与下列因素有关：

(1) 大地各地层的形状、大小、厚薄等状况；

(2) 大地各地层的性质，即电阻率的大小；

(3) 电流极与电位极的相对位置，以及它们与不均匀地层的相对位置。

实际上，大地土壤电阻率随土壤或岩石的性质而定，在地层的垂直方向和水平方向都不是均匀的。在自然条件下进行测量时，如按理想的均匀地层中电阻率公式计算，则求得的数值不是某一地层的真实电阻率，也不是各地层电阻率的平均值，而是在电场作用范围内各个地层综合影响的结果，为视在土壤电阻率。

根据电测理论分析，应用电测法时应注意以下几点。

(1) 电流极极距 AB 一般应尽量满足下式：

$$\frac{1}{2}AB\gg 0.8\sim 1.2\sqrt{S} \tag{25-8}$$

式中　S——接地网的面积。

如果 AB 太大，由于受到地形或其他因素的限制，实际操作可能发生困难，有时甚至可能丢失测量线。当上层电阻率 ρ_1 小于下层电阻率 ρ_2 时，有必要加大 AB；反之，当 $\rho_1>\rho_2$ 时，可适当缩小 AB。当 S 过大时，AB 要满足上述条件实际上可能遇到地形或其

他情况的限制，可适当缩小 AB；反之，当 S 较小时，可适当放大 AB。

(2) 电位极极距 MN 要以便于测量、保证足够的测量精度为条件，一般可取为 $\left(\frac{1}{30}\sim\frac{1}{3}\right)AB$。

(3) 电测点的分布应大致均匀，地形和地质情况复杂的场合测点要密一些；反之，可稀一些。电测点间的距离一般可取 20～50m。

第三节　接地装置连通试验和开挖检查

一、检查有效接地系统的电力设备接地引下线与接地网的连接情况

1. 周期

(1) ≥330kV：≤3 年。

(2) ≤220 kV：≤6 年。

(3) 必要时。

2. 判据

(1) 接地引下线状况良好时，测试值应在 50mΩ 以下。

(2) 测试值为 50～200mΩ 时，接地状况尚可，宜在以后例行测试中重点关注其变化，重要的设备宜在适当时候检查处理。

(3) 测试值为 200mΩ～1Ω 时，接地状况不佳，对重要的设备应尽快检查处理，其他设备宜在适当时候检查处理。

(4) 1Ω 以上的接地引下线与主地网未连接，应尽快检查处理。

3. 方法及说明

(1) 如采用测量接地引下线与接地网（或与相邻设备）之间的电阻值来检查其连接情况，可将所测的数据与历次数据比较，本次各测点间相互比较，通过分析决定是否进行开挖检查。

(2) 宜采用不小于 1A 的直流电流进行测量。测量方法参照 DL/T 475。

二、设备接地与接地网的连通试验

这项试验比较简单，就是在发电厂或变电所中先找出一设备的接地为基准，也可以是测接地网接地电阻的连接处。使用一块欧姆表，依次测量出其他设备接地对该点的直流电阻，去掉引线电阻后两个设备接地引下线之间的电阻不应大于 0.5Ω。如果大于 0.5Ω，则说明连接有问题，应进一步查找原因，如焊接，或螺丝连接处是否连接可靠等。

三、抽样开挖检查设备接地引下线及地网的腐蚀情况

1. 周期

(1) 沿海、盐碱等腐蚀较严重的地区及采用降阻剂的接地网：≤6 年。

（2）其他：12 年。

（3）必要时。

2. 要求

不得有开断、松脱或严重腐蚀等现象。

3. 方法及注意事项

（1）可根据电气设备的重要性和施工的安全性，选择 5～8 个点沿接地引下线进行开挖检查，如有疑问还应扩大开挖的范围。

（2）可采用成熟的接地网腐蚀诊断技术及相应的专家系统与开挖检查相结合的方法，减少抽样开挖检查的盲目性。

（3）部分混凝土整体浇筑的地网，必要时进行开挖。

（4）铜质材料接地体的接地网不必定期开挖。

四、设备的接地回路检查

对设备的接地引下线要定期的检查其锈蚀情况，做热稳定校核并做防腐处理，对于接地引下线与设备外壳的连接处也要定期检查处理，尤其是通过螺栓连接的地方，有时因为锈蚀会造成电气上的开路。因此，要定期的检查和处理。另外，还有一些发电厂、变电所的设备接地是通过电缆沟的接地带接地的，所以对电缆沟内的接地带也要定期的检查锈蚀情况，并做防腐处理。注意事项如下：

（1）测量接地电阻时，若发现有外界干扰，应改变几种测量方式测量，以排除外界干扰。

（2）由于土壤湿度对接地电阻影响较大，因此，不宜在雨后立即测量接地电阻。

（3）在测量发电厂、变电所的接地电阻时，应将直接引入构架上的架空地线断开，电压为 35kV 及以上输电线路在变电所内接地体的连线也应断开。

（4）电压极和电流极的电阻，一般不应大于 1000～2000Ω，测量较小的接地电阻时，应不大于 100～200Ω；电压极和电流极一般用一根直径 25～50mm，长 0.7～3m 的钢管或圆钢，垂直打入地中，端头露出地面为 150～200mm，以便接引线。

（5）电流极附近会产生很大的电压降，应有专人看守进行安全监护。

（6）测量线应尽量不在地下管道或架空线附近并与之平行，以免影响测量结果。

第四节　接地阻抗和接地电阻测量周期和要求

一、有效接地系统接地网的接地阻抗

1. 测量周期

（1）≤6 年。

（2）接地网结构发生改变时。

（3）必要时。

2. 计算公式

$$R \leqslant 2000/I$$

式中　R——考虑到季节变化的最大接地电阻，接地阻抗的实部，Ω；

I——经接地网入地的最大接地故障不对称电流有效值，A。

I 采用系统最大运行方式下在接地网内、外发生接地故障时，经接地网流入地中并计及直流分量的最大接地故障电流有效值。还应计算系统中各接地中性点间的故障电流分配，以及避雷线中分走的接地故障电流。

3. 测量方法及注意事项

（1）测量接地阻抗时，如在必需的最小布极范围内土壤电阻率基本均匀，可采用各种补偿法，否则，应采用远离法。测量方法参照 DL/T 475。

（2）应考虑架空地线和电缆分流的影响。

（3）异频法测量电流应不小于 3A，工频法测量电流应不小于 50A。

（4）结合电网规划每 5 年进行一次设备接地引下线的热稳定校核，变电站扩建增容导致短路电流明显增大时，也应进行校核。

（5）当接地网的接地电阻不满足公式要求时，可通过技术经济比较适当增大接地电阻，必要时，采取措施确保人身和设备安全可靠。

4. 对接地网的安全性评估

为保证系统发生接地故障时，接地网状态能够满足一次、二次设备和人员的安全性要求，当有下列情况之一时，可对接地网进行安全性评估：

（1）运行年限比较长。

（2）地网（尤其是外扩地网）遭到局部破坏。

（3）地网腐蚀严重。

（4）地网改造后。

评估的具体内容、项目和要求，详见本章第八节。

二、有架空地线的线路杆塔的接地电阻

1. 周期

（1）发电厂或变电站进出线 1～2km 内的杆塔≤3。

（2）其他线路杆塔≤6 年。

（3）必要时。

2. 要求

当杆塔高度在 40m 以下时，具体要求见表 25－8。如杆塔高度达到或超过 40m 时，则取下表值的 50%，但当土壤电阻率大于 2000Ω·m，接地电阻难以达到 15Ω 时可增加至 20Ω。

表 25－8　　杆塔高度在 40m 以下的接地电阻

土壤电阻率/(Ω·m)	接地电阻/Ω	土壤电阻率/(Ω·m)	接地电阻/Ω
100 及以下	10	1000～2000	25
100～500	15	2000 以上	30
500～1000	20		

3. 方法和措施

(1) 对于高度在 40m 以下的杆塔，如土壤电阻率很高，接地电阻难以降到 30Ω 时，可采用 6～8 根总长不超过 500m 的放射性接地体或连续伸长接地体，其接地电阻可不受限制。但对于高度达到或超过 40m 的杆塔，其接地电阻也不宜超过 20Ω。

(2) 测量方法参照 DL/T 887 和 DL/T 475。

(3) 测试时应注意钳表法的使用场合与条件。

三、无架空地线的线路杆塔接地电阻

1. 周期

(1) 发电厂或变电站进出线 1～2km 内的杆塔≤3 年。

(2) 其他线路杆塔≤6 年。

(3) 必要时。

2. 要求

要满足表 25－9 的要求。

表 25－9　　接　地　电　阻

种　类	非有效接地系统的钢筋混凝土杆、金属杆	中性点不接地的低压电力网的线路钢筋混凝土杆、金属杆	低压进户线绝缘子铁脚
接地电阻/Ω	30	50	30

3. 测量方法

参照 DL/T 887 执行。

四、非有效接地系统接地网的接地阻抗

1. 周期

(1) ≤6 年。

(2) 必要时。

2. 计算公式和要求

(1) 当接地网与 1kV 及以下设备共用接地时，接地电阻 $R \leqslant 120/I$。

(2) 当接地网仅用于 1kV 以上设备时，接地电阻 $R \leqslant 250/I$。

(3) 在上述任一情况下，接地电阻一般不得大于，10Ω。

式中 I——经接地网流入地中的短路电流，A；

R——考虑到季节变化最大接地电阻，接地阻抗的实部，Ω。

五、1kV以下电力设备的接地电阻

1. 周期

（1）≤6年。

（2）必要时。

2. 要求

使用同一接地装置的所有这类电力设备，当总容量达到或超过100kVA时，其接地电阻不宜大于4Ω。如总容量小于100kVA时，则接地电阻允许大于4Ω，但不超过10Ω。

3. 注意事项

对于在电源处接地的低压电力网（包括孤立运行的低压电力网）中的用电设备，只进行接零，不作接地。所用零线的接地电阻就是电源设备的接地电阻，其要求按本章第四节一确定，但不得大于相同容量的低压设备的接地电阻。

六、独立微波站的接地电阻

1. 周期

（1）≤6年。

（2）必要时。

2. 要求

不宜大于5Ω。

七、独立的燃油、易爆气体贮罐及其管道的接地电阻

1. 周期

（1）≤6年。

（2）必要时。

2. 要求

不宜大于30Ω。

八、露天配电装置避雷针的集中接地装置的接地电阻

1. 周期

（1）≤6年。

（2）必要时。

2. 要求

不宜大于10Ω。

3. 注意事项

与接地网连在一起的可不测量，但要求检查与接地网的连接情况。

九、发电厂烟囱附近的吸风机及引风机处装设的集中接地装置的接地电阻

1. 周期

不超过 6 年。

2. 要求

不宜大于 10Ω。

3. 注意事项

与接地网连在一起的可不测量，但按本章第三节的要求检查与接地网的连接情况。

十、独立避雷针（线）的接地电阻

1. 周期

不超过 6 年。

2. 要求

不宜大于 10Ω。

3. 注意事项

（1）高土壤电阻率地区难以将接地电阻降到 10Ω 时，允许有较大的数值，但应符合防止避雷针（线）对罐体及管、阀等反击的要求。

（2）接地电阻值偏小时检查与主地网的导通情况。

十一、与架空线直接连接的旋转电机进线段上阀式避雷器的接地电阻

1. 周期

与所在进线段上杆塔接地电阻的测量周期相同，即不大于 3 年或必要时。

2. 要求

阀式避雷器的接地电阻不大于 5Ω。

第五节 接地电阻的计算

一、工频接地电阻

（一）单根垂直接地体的接地电阻

接地体的工频接地电阻是指当一定的工频电流 I 流入接地体时，由接地体到无穷远处

零位面之间必有电压U，将U/I的值定义为工频接地电阻R_g。当$l \gg d$时，单根垂直接地体的接地电阻可用下式计算：

$$R_{gc}=\frac{\rho}{2\pi l}\left(\ln\frac{8l}{d}-1\right)\ (\Omega) \tag{25-9}$$

式中　l——接地体长度，m；

d——接地体用圆钢时的直径，m，若接地体用角钢时，$d=0.84b$（b为角钢每边宽度），若用扁钢，$d=0.5b$（b为扁钢宽度）。

（二）水平接地体的接地电阻

不同结构形式的水平接地体的工频接地电阻可用下式计算：

$$R_{gp}=\frac{\rho}{2\pi L}\left(\ln\frac{L^2}{dh}+A\right)\ (\Omega) \tag{25-10}$$

式中　L——水平接地体的总长度，m；

h——水平接地体的埋设深度，m；

d——水平接地体的直径或等效直径，m；

A——水平接地体的形状系数，其值列于表25-10中。

表25-10　　水平接地体的形状系数A

形状	—	└	人	○	┼	□	六线	米	八线	十二线
A	−0.6	−0.18	0	0.48	0.89	1	2.19	3.03	4.17	5.65

二、冲击接地电阻

由上述可知，雷电流的特点是幅值高、陡度大。当幅值很高的雷电流经接地体流入地中时，在接地体附近就出现很大的电流密度，因而产生很高的电场强度（$E=J\rho$），使得在靠近接地体附近的土壤产生火花击穿，击穿后的土壤几乎相当于良导体，于是电极表面就好像被包围上一层良导体，即相当于电极的几何尺寸加大了，从而使其有效溢流面积增加。除此之外，火花击穿区以外的土壤电阻率也随着电流密度J的加大而有所减小，从这方面讲，冲击接地电阻将比工频接地电阻低。但另一方面，由于雷电流的波头陡度$\left(\frac{\mathrm{d}i}{\mathrm{d}t}\right)$很大，这对伸长接地体来说，其电感的作用就不可忽略。由于电感的影响，将限制雷电流流向较远的伸长端，使溢流面积降低。这个因素使冲击接地电阻又比工频接地电阻大。到底哪种因素起主导作用，要具体分析。

对集中接地，前者起主导作用，故$\alpha<1$；对伸长接地，后者起主导作用，故$\alpha>1$。显然，α是说明冲击接地电阻与工频接地电阻之间关系的一个系数，称之为冲击系数，其数学表达式为

$$\alpha=R_{ch}/R_g \tag{25-11}$$

α与单独接地体的形状、尺寸、冲击电流数值、波形以及土壤电阻率等有关。α值可按下述经验公式计算：

$$\alpha=\frac{1}{0.9+\alpha\dfrac{(I\rho)^{0.8}}{l^{1.2}}} \tag{25-12}$$

式中 α——系数，采用垂直接地体时为 0.9，采用水平接地体时为 2.2；

I——通过每根接地体的雷电流幅值，kA；

ρ——土壤电阻率，kΩ·m，取雷季中最大可能的值，$\rho=\rho_0\psi$，其中 ψ 为季节系数，其值见表 25-1，ρ_0 为雷季无雨时测得的土壤电阻率；

l——棒或带的长度，或圆环接地体的圆环直径，m。

三、复合接地电阻

为了得到较小的接地电阻，实际工程中采用的接地装置常是由多根垂直接地体和水平接地体组成的所谓的复合式接地装置。在复合式接地装置中，由于各接地体的相互屏蔽作用，使其有效的溢流面积减小，因而使其接地电阻大于各单独接地电阻的并联综合值。通常把后者与前者之比称为复合式接地装置的工频利用系数 η_g，写成数学式为

$$\eta_g=\frac{R_\Sigma}{R_{gf}} \tag{25-13}$$

式中 R_Σ——各单独接地体电阻的并联综合值；

R_{gf}——接地装置的工频复合电阻。

在雷电冲击电流作用下，各接地体间的相互屏蔽作用比工频时大，故利用系数变小，通常 $\eta_{ch}=(0.4\sim0.9)\eta_g$。

由 n 根相同水平射线组成的接地装置的冲击接地电阻可按下式计算：

$$R_{ch}=\frac{R'_{ch}}{n}\times\frac{1}{\eta_{ch}} \tag{25-14}$$

式中 R'_{ch}——每根水平射线接地体的冲击接地电阻；

η_{ch}——考虑各射线间相互影响的冲击利用系数；

n——根数。

由水平接地体连接的 n 根垂直接地体组成的接地装置，其冲击接地电阻可用下式计算：

$$R_{ch}=\frac{\dfrac{R_c}{n}R_p}{\dfrac{R_c}{n}+R_p}\times\frac{1}{\eta_{ch}} \tag{25-15}$$

式中 R_c——每一根垂直接地体的冲击接地电阻；

R_p——水平接地体的冲击接地电阻；

η_{ch}——冲击利用系数；

n——垂直接地体的根数。

各种型式接地装置的冲击利用系数见表 25-11。

表 25-11　　各种型式接地装置的冲击利用系数

接地装置型式	接地体的个数	冲击利用系数	备　　注
n 根水平射线（每根长 10～80m）	2	0.83～1.0	1. 较小值用于较短的射线。 2. 两根水平射线，其间夹角为 180°时，不管长度大小，其冲击利用系数为 1。 3. 全部电阻并联后再除以 η_{ch}
	3	0.75～0.90	
	4～6	0.65～0.80	
以水平接地体连接的垂直接地体	2	0.80～0.85	1. 较小值用于电极间距离与电极长度的比值为 2 时，较大值用于比值为 3 时。 2. 全部电阻并联后再除以 η_{ch}
	3	0.70～0.80	
	4	0.70～0.75	
	6	0.65～0.70	
深埋式接地（沿装配式基础周围敷设）	一个基础的各引线和回路间	0.7	带引线和闭合回路
	单柱式杆塔的各基础间	0.4	
	门型、拉线门型杆塔的各基础间	0.8	
杆塔的自然接地	拉线棒与拉线盘间	0.6	
	铁塔的各基础间	0.4～0.5	
	门型、各种拉线杆塔的各基础间	0.7	
深埋式接地与装配式基础间	各型杆塔	0.75～0.8	
深埋式接地与射线间	各型杆塔	0.8～0.85	

输电线路接地除了利用上述人工接地体外，杆塔的混凝土基础也有一些自然接地作用，这是因为埋在土中的混凝土由于其毛细孔中渗透水分，所以其电阻率已接近于土壤。杆塔的自然接地电阻可按表 25-4 估算。

综上所述，接地装置的计算步骤及方法如下：

（1）根据电网运行及防雷保护要求（见表 25-3）确定接地装置的接地电阻。

（2）确定土壤电阻率 ρ。应实测敷设接地装置处的土壤电阻率，然后乘以季节系数，作为设计用的土壤电阻率，即

$$\rho=\psi\rho_0$$

（3）选择接地装置的型式。对于不同的土壤电阻率地区，可采用不同型式的接地装置。

（4）计算单根接地体的工频接地电阻，见式（25-9）和式（25-10）。

（5）计算单根接地体的冲击接地电阻，见式（25-11）及式（25-12）或表 25-9。

（6）计算接地装置的复合接地电阻，见式（25-14）及式（25-15）。

第六节　接地电阻的测量方法

在各种小型接地装置接地电阻的测试中，通常采用 ZC-8 型接地电阻测定器，这是一种体积小、重量轻、携带方便、准确度较高的仪表。

在大面积接地网接地电阻的测试中，通常采用三极法的电流—电压表法。近几年来又有人提出了四极法、瓦特表法、功率因数表法和变频法等。

一、ZC－8型接地电阻测定器

(一) 基本原理

ZC－8型接地电阻测定器是利用补偿法测量接地电阻的。其原理如图25－11所示。

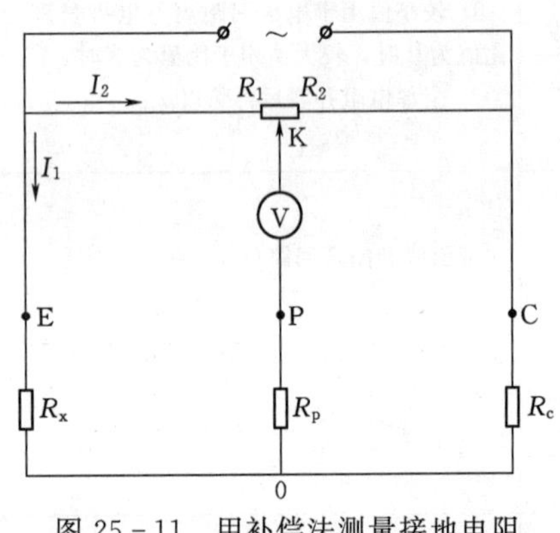

图25－11 用补偿法测量接地电阻的原理图

E、P、C点对地中零电位分别呈现电阻 R_x，R_p、R_c。测量时，移动滑动接点K，使得电压表的指示为零，即P支路无电流，K点电位为零，这时可以得到

$$I_1 R_x = I_2 R_1$$

故

$$R_x = \frac{I_2}{I_1} R_1$$

ZC－8型接地电阻测定器的原理接线如图25－12所示。由手摇发电机、电流互感器、滑线电阻、晶体管相敏放大电路及检流计等组成。全部机构装于铝合金铸造的壳内，仪表发电机的摇把以每120r/min以上速度转动时，即产生频率为105～110Hz

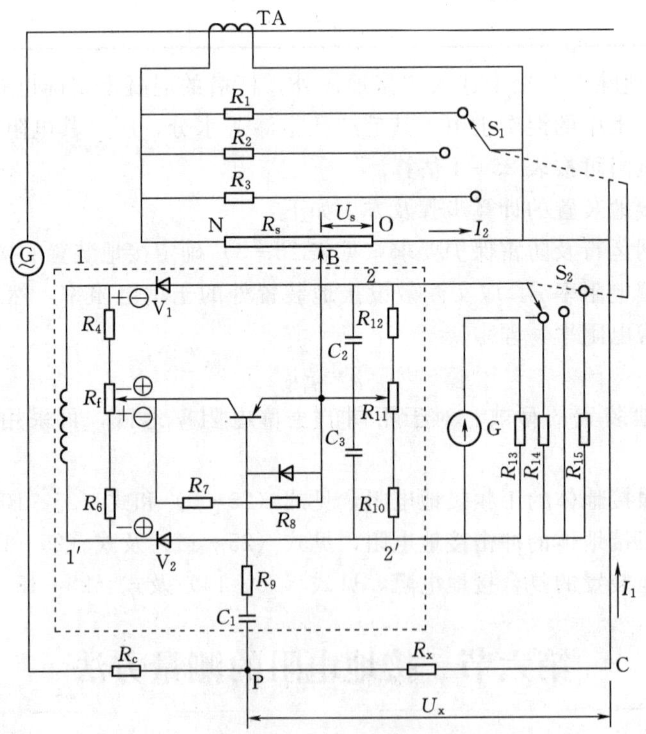

图25－12 ZG－8型仪表的工作原理线路图

的交流电流。

（二）测量方法

测量输电线路杆塔等接地体接地电阻时，通常采用 ZC－8 型接地电阻测定器，其接线如图 25－13 所示。d_{13} 一般取接地体最长射线长度 l 的 4 倍，d_{12} 取为 l 的 2.5 倍。电压极与电流极分别接于 ZC－8 型接地电阻测定器的 P 和 C。

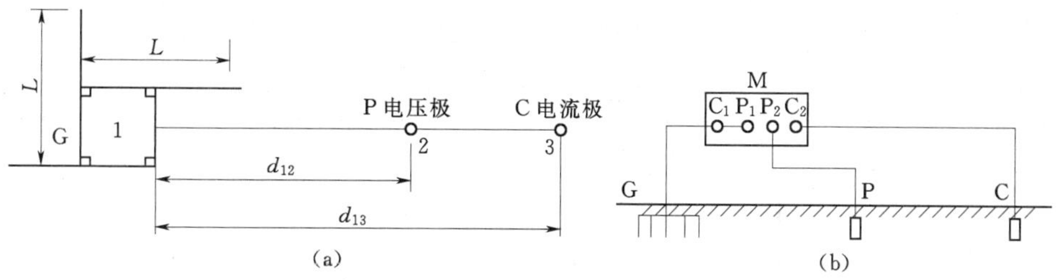

图 25－13 测量线路杆塔接地电阻的原理接线图

（a）电流极与电压极的布置图；（b）原理接线图

G—被测杆塔的接地装置；P—测量用的电压极；C—测量用的电流极；

M—接地电阻测量仪；L—接地装置的最大射线长度

测量时，以 120r/min 的速度摇仪器中的发电机，对指示数逐渐地进行调节，这样可以直接从刻度盘上读出被测的接地体的工频接地电阻。

测量时应注意的问题有：

（1）测量时被测的接地装置应与避雷线断开。

（2）电流极与电压极应布置在与线路或地下金属管道垂直的方向上。

（3）应避免在雨后立即测量接地电阻，测量工作应在干燥天气进行，工作完毕后，应记录当时的气候情况，并画下辅助电流极和电压极的布置图。

（4）所用的连线截面一般不应小于 $1.5mm^2$，与被测接地体 E 相连的导线电阻不应大于 R_x 的 2%～3%。试验引线应与地绝缘起来。

（5）应反复测量 3～4 次，取其平均值。

采用测定器测量接地电阻的优点如下：

（1）测定器本身有自备电源，不需要另外的电源设备。

（2）测定器携带方便，使用方法简单，可以直接从仪器上读取被测接地体的接地电阻。

（3）测量时所需要的辅助接地体和接地棒，往往与仪器成套供应，而不需另行制作，从而简化了测量的准备工作。

（4）抗干扰能力较好。

其主要缺点是不能用来测量大面积变电所接地网的接地电阻。

表 25－12 列出了用不同方法对两个变电所接地网的测量结果。

表 25－12　　变电所接地网阻抗测量值　　单位：Ω

变电所名称	大电流注入法	MC－07	ZC－8	变电所名称	大电流注入法	MC－07	ZC－8
甲变电所	1.33	1.35	2.3	乙变电所	0.496	0.55	2

由表 25－12 可见，采用 ZC－8 型接地电阻测定器测量的结果与使用下述的工频大电流法测量的结果误差很大。这是因为 ZC－8 型接地电阻测定器是根据测试纯电阻的原理设计和检验的。用来测量具有阻抗特性的接地网必然产生误差，这种误差是结构性的，不能依靠提高仪器灵敏度来解决。在实验室中的模拟试验结果如表 25－13 所示。由表中数据可见，当电感很小（1mH）、电阻分量为 0.5Ω 以下时，仪表的指示值较接近于被试阻抗的模值。当阻抗中含有大量的电感分量时（通常在接地阻抗小于 0.5Ω 时发生）就不能用传统的仪表（如 ZC－8 ）来进行测量，通常采用电流—电压表法进行测量。

表 25－13　一台 ZC－8 型接地电阻测定器对感性阻抗的指示

L/mH	1					2.2	77	100	115.2
R/Ω	0.26	0.46	0.66	0.86	0.96	0.35	9.8	11.3	12.99
ZC－8 指示值/Ω	0.65	0.87	1.07	1.28	1.39	0.78	15.2	15.2	16.2
计算阻抗值/Ω	0.73	0.83	0.95	1.10	1.18	1.56	54.1	83.9	80.6

二、电流电压表法（三极法）

（一）基本原理

用电流电压表法测量接地电阻的接线如图 25－14 所示。图中的自耦调压器是用来调节电压的，也可采用可调电阻等进行调压。电流电压表法所采用的电源最好是交流电源，因为在直流电压作用下，土壤会发生极化现象，使所测的数值不易准确（掌握极化规律性后，有可能测量得较准确些，但仍不如交流电压电流表法准确，各专门的接地电阻测定器内也都是手摇交流发电机或是手摇直流发电机再经过换流器产生一交变电流）。图中的隔离变压器，是考虑到通常的低压交流电源是一火一地而设置的。有了隔离变压器后，使测量所用的电源对地是隔离的（即不和地直接构成回路），若无此变压器则可能将火线直接合闸到被测接地装置上，使所需试验电源容量增大。图中的电流辅助电极用来与被测接地电极构成电流回路，电压辅助电极用来取得被测接地的电位。

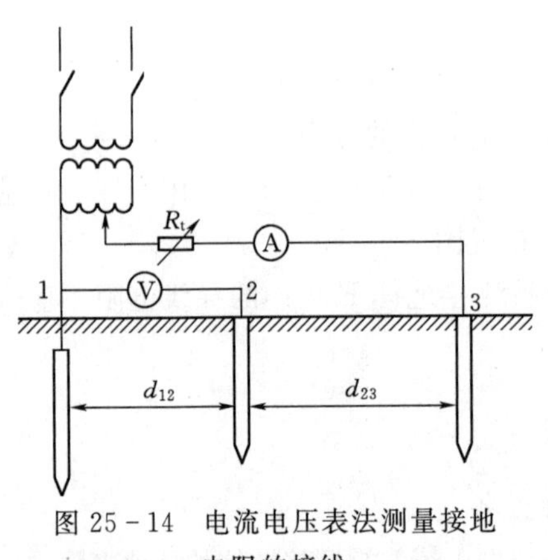

图 25－14　电流电压表法测量接地电阻的接线

当在电流极与接地网之间施加工频电压时，便有工频电流 I 通过接地网的接地电阻，用电压表在 1、2 两点间测量电流 I 在接地电阻上的压降 U，则接地电阻 R_{jd} 值由下式决定

$$R_{jd}=\frac{U}{I}$$

（二）接地电阻测量中测试极位置的确定

1. 直线法

对较复杂的接地电极，尤其是大面积地网，国内外至今均采用三极法，即电流电压表

法。用三极法测量接地电阻时，接地极、电位极和电流极的布置通常如图 25－15 所示。

分析时假定：

（1）被测电极为半球体。

（2）电位极和电流极均是点电极。

（3）土壤电阻率 ρ 理想均匀，电压表内阻无穷大。三个电极位于一条直线上。

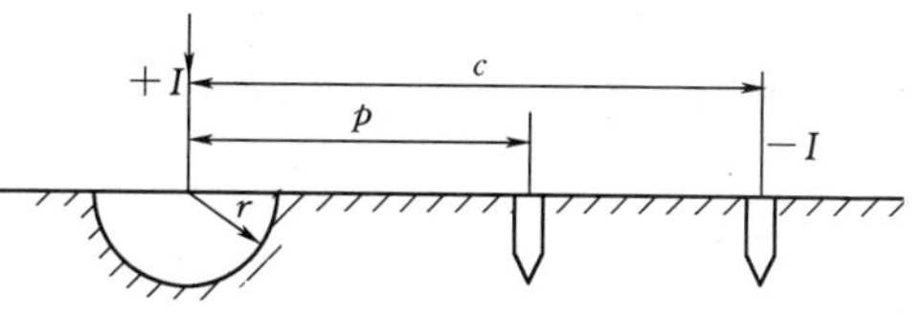

图 25－15　三极法测量接地电阻

由于电流 I 进入接地极使该极中心和边缘的电位升均为 $\rho I/(2\pi r)$，电位极处的电位为 $\rho I/(2\pi p)$；由于电流离开电流极在接地极边缘（也即中心）的电位升是 $-\rho I/[2\pi(c-r)]$，在电位极的电位是 $-\rho I/[2\pi(c-p)]$。因此，接地极至电位极之间的电位差为

$$U=\frac{\rho I}{2\pi}\left(\frac{1}{r}\quad\frac{1}{p}+\frac{1}{c-p}-\frac{1}{c-r}\right) \tag{25-16}$$

测得的电阻为

$$R=\frac{\rho}{2\pi}\left(\frac{1}{r}-\frac{1}{p}+\frac{1}{c-p}-\frac{1}{c-r}\right) \tag{25-17}$$

已知半球真值电阻为

$$R_t=\rho/(2\pi r) \tag{25-18}$$

所以要测得真值应设法使

$$-\frac{1}{p}+\frac{1}{c-p}-\frac{1}{c-r}=0 \tag{25-19}$$

若 $c\gg r$，则 $1/(c-r)\approx 1/c$，解得

$$p=[-c\pm\sqrt{5}c]/2=0.618c$$

此即著名的 0.618 法则，即将电位极置于 $0.618c$ 处就可测得真值。

满足式（25－19）的测试方法国内称之为补偿法。当接地极相对尺寸较大时，即 $c\gg r$ 的条件不能满足时，电位极的最佳位置（补偿点）就不再在 $0.618c$ 处了。而要根据下式确定：

$$\frac{p}{c}=\frac{-\left(1-\frac{2r}{c}\right)\pm\sqrt{\left(1-\frac{2r}{c}\right)^2-4\left(\frac{r}{c}-1\right)}}{2} \tag{25-20}$$

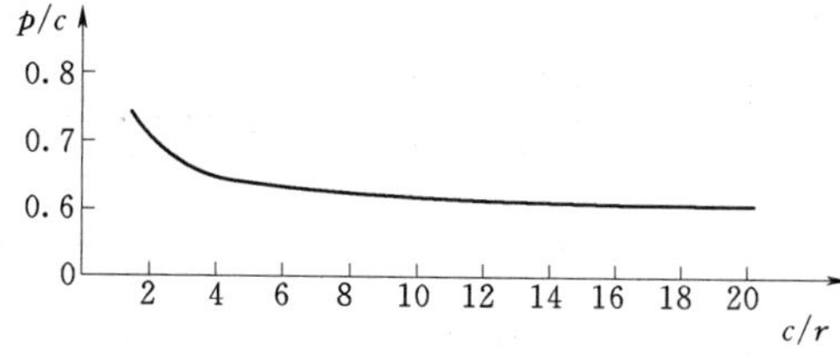

图 25－16　补偿点与接地极相对尺寸的关系

根据式（25－20）绘出的补偿点与接地极相对尺寸的关系，如图 25－16 所示。

由式（25－20）可求得 $c=2D=4r$ 和 $c=10r$ 时，电位极的最佳位置分别为 $p=0.65c$ 和 $p=0.63c$。由图 25－16 可知，0.618 法则只有在 $c\geqslant 20r$ 时才基本适用。

用直线法测量变电所接地网接地电阻时的电极布置如图 25－17 所示。

2. 夹角法

当接地极至电流极与至电位极连线的夹角 $\theta\neq0$ 时，补偿所需的条件为

$$-\frac{1}{c-r}-\frac{1}{p}+\frac{1}{\sqrt{p^2+c^2-2pc\cos\theta}}=0 \tag{25-21}$$

当 $p=c$ 时，式（21－13）成立的条件为

$$\cos\theta=1-\frac{(c-r)^2}{2\ (2c-r)^2} \tag{25-22}$$

由此可见，θ 是 r/c 的函数。只有在 $c\gg r$ 即 $c-r\approx c$ 时，可求得

$$\theta=\cos^{-1}\left(1-\frac{c^2}{8c^2}\right)=28.96°\approx30°$$

当 $p=c$，分别为 $4r$、$5r$、$10r$ 时，θ 分别为 34.92°，25.68°、27.40°。

用夹角法测量变电所接地网接地电阻时的电极布置图如图 25－18 所示。

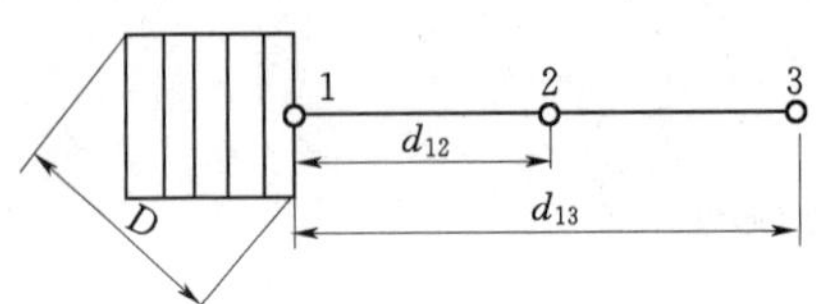

图 25－17　用直线法测量变电所接地网接地电阻时的电极布置

1—被测接地网边缘；2—辅助电压极；3—辅助电流极；D—接地网最大对角线

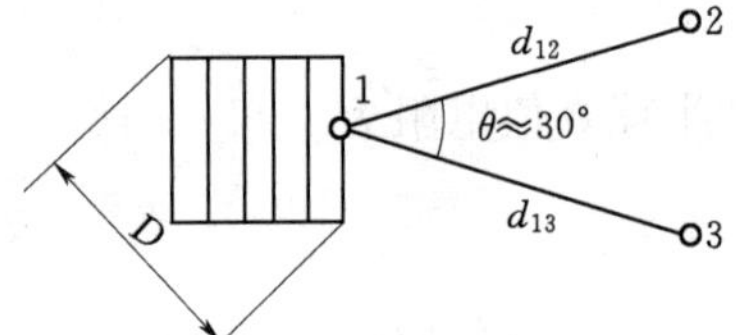

图 25－18　用夹角法测量变电所接地网接地电阻时的电极布置

（三）变电所接地网接地电阻实测结果分析

华东某电业局曾用夹角法及 ZC－8 型接地电阻测定器对表 25－14 所列的两个变电所进行实测，测量时各主变压器均停电，测量结果如表 25－15 所示。

测量时电流、电压极与接地网的连线采用 2.5mm² 的铜线。220kV 乙变的电流极采用二根 50mm×50mm×5mm 的角钢，110kV 甲变的电流极采用三根 50mm×50mm×5mm 的角钢，长度均为 1.5m。用 ZC－8 型接地电阻测定器测量出的电流极接地电阻分别为 67.3Ω 和 37.5Ω。

表 25－14　　变电所基本参数及电流、电压极长度

参数 变电所	D /m	S /m²	d_{12} /m	d_{13} /m
110kV 甲变	129	7511	340	340
220kV 乙变	230	23206	480	480

表 25－15　　　　甲、乙变电所测量结果

参数 变电所	I /A	U_1 /V	U_2 /V	$\overline{R}_j=U_1/I$ /Ω	$\overline{R}_j$ /Ω	R_{jg}' /Ω	R_{jg}'' /Ω	$(R_{jg}-\overline{R}_j)/R_j$ /%
110kV 甲变	3	10.00	112.00	3.33	3.53	4.53	4.35	23.2
	5	18.00	188.00	3.60				
	6	22.00	226.00	3.66				
220kV 乙变	1.5	0.63	104.00	0.42	0.36	0.55	0.35	52.8
	3	1.03	198.00	0.34				
	3.7	1.17	246.00	0.32				

注　1. R_{jg}'为接地极和引线未变的情况下，用 ZC－8 型测定器测得的接地电阻值；

2. R_{jg}'为采用 ZG－8 型测定器携带的接地极（长约 50cm、直径为 10cm 的圆钢）、引线，在与原来相同的情况下用 ZG－8 测得的接地电阻值。

分析表中所列实测数据可知：

(1) 注入电流越大，测量越准确。

(2) 用 ZC－8 型测定器测量比用电流电压表法测量得出的接地电阻数值要大，且误差随着接地网面积的增大而增大，这说明此时金属网格的感抗的影响不可忽略。

（四）注意的问题

应用电流电压表法测量变电所接地电阻时需要注意的问题如下：

(1) 测量时接地装置宜与避雷线断开，试验完毕后恢复。

(2) 辅助电流极，辅助电压极应布置在与线路或地下金属管道垂直的方向上。

(3) 应避免在雨后立即测量接地电阻，测量工作应在干燥天气进行，工作完毕后，应记录当时的气候情况，并画下辅助电流极和电压极的布置图。

(4) 采用电流电压表法时，电极的布置宜采用图 25－18 所示的方式，夹角应接近 29°。

(5) 如在辅助电流极通电以前，电压表已有读数，说明存在外来干扰，可调换电源极性进行两次测量，并按下式计算实际电压：

$$U=\sqrt{\frac{1}{2}(U_1^2+U_2^2+2U_0^2)}$$

式中　U——由测量电流产生的实际电压；

U_1——接通电源后测得的电压；

U_2——电源极性调换后测得的电压；

U_0——未加电源前测得的干扰电压。

如果电源是三相的，也可将电源 OA、OB、OC 依次接入，测出三种情况下电压表读数 U_a、U_b、U_c，然后按下式换算实际电压：

$$U=\sqrt{\frac{1}{3}(U_a^2+U_b^2+2U_c^2-3U_0^2)}$$

如虽发现有干扰，但调换电源极性后测得的电压不变，即 $U_1=U_2=U_M$ 或 $U_a=U_b=$

$U_c = U_M$，则可能是外来干扰电压有不同的频率，这时可按下式校正。

$$U = \sqrt{U_M^2 - U_0^2}$$

如根据现场情况，可能产生直流干扰，则应将电压表通过试验用电压互感器接入被测回路。

(6) 辅助电流极通电时，其附近将产生较大的压降，可能危及人畜安全，试验进行的过程中，应设人看守，不要让人或畜走近。

(7) 电源输入端应加设保险，仪器、仪表操作时宜垫橡胶绝缘。仪表读数后不宜带负荷拉掉调压器开关，防止电压梯度大，损坏仪表。

(五) 影响测量准确性的因素

影响电流电压表法测量准确性的主要因素如下：

(1) 电流线与电压线间互感的影响。在现场应用三极法实测接地装置的接地电阻时，常采用 10kV 或 35kV 的线路中的两相作电流导线和电压导线。电极的布置又常采用三角形布置或直线布置。当电极为直线布置时，由于两引线平行且距离又长，因互感作用，使电压导线上产生感应电压，约为 (3～2V)/(10A·km)，该电压直接由电压表读出而引起误差，这就影响了测量准确度。

目前，为消除互感的影响，有关文献提出的方法有四极法、双电位极引线法、瓦特表法、功率因数表法、变频法和附加串联电阻法等。

(2) 零电位的影响。地网建立后，由于用电设备负荷的不平衡，产生单相短路，有可能引起三相电源不平衡，在地网中形成地网电位，其电位分布极不均匀，电源零线接地点及短路点的电位最高，于无穷远处逐渐下降为零，在这种高电位差的作用下，在地下产生频率、相位、峰值都在变化的零序电流，干扰着测量的准确度。

实测表明，工频干扰电流，在不同变电所，数值不同；在同一变电所，不同运行方式时数值也不同，甚至同一运行方式，而时间不同，数值也有区别。所以很难掌握干扰电流在某个变电所的具体变化规律。为提高测量的准确度，往往采用增大测试电流的方法。增大测试电流后，相应地提高电压极上测得的电压的数值，使其大于零电位约 1～2 个数量级，从而可以忽略零电位的影响。

(3) 气候的影响。接地网接地电阻的测量应选择在天气晴朗的枯水季节，连续无雨水天气在一周以上进行，否则测出的接地电阻数值不能全面反映实际运行情况。

温度也可能影响测量的准确性，有关单位跟踪测量证明，水平地网的温度影响较大，在夏季温度升高，土壤松弛地区的水分蒸发量增加，抵消了由于温度增加可能发生的电阻降低。而在冬季，由于地下水位下降及冰冻的发生使得接地电阻增加，在带有水位的土壤内，交替的冰冻和融化造成逐渐累积的变化，在地表面下形成水平冰壳及很大的冰楔和冰体构造，土壤像岩石一样坚硬，土壤电阻率很高，不能准确测量出真实的接地电阻，一般在严重冰冻时不宜进行接地电阻测量。

(4) 仪器、仪表及其他方面的影响。采用三极法测量接地网的接地电阻时，对仪器、仪表的要求很高，三相调压器对满刻度的要求为最大电流值，电压表要求为高内阻、高灵敏度的晶体管电压表，电流表最好选用精确度为 0.5～1.5 级的低阻抗的交流电流表，选

用带灭弧装置的刀闸和三相转换开关，所有线路必须能承载最大调整电流。

接地网上与外界有电的联系的地埋及架空线路也会影响测量的精度，所以在实际测量中，尽可能地解除被测接地网上的所有与外界连接线路（如架空避雷线，地埋铠装电缆的接地点，三相四线制的零线，音频电缆，屏蔽层接地点等）。若无法将其解除时，可将未解除段算在被测地网上，适当延长电流、电压线的长度，进行测量也可消除其影响。

接线敷设辅助电极及接线的接触电阻也会影响测量精度，所以一般要求接线截面大、电极与土壤接触良好，在疏松土壤中可在电极四周浇灌一些水，使土壤湿润，达到消除接触电阻的影响。

三、四极法

（一）测量原理

四极法也是为消除电压线与电流线之间的互感影响所提出的一种方法，其原理接线如图 25－19 所示。图中的四极是指被测接地装置 G、测量用的电流极 C 和电压极 P 以及辅助电极 S。辅助电极 S 离被测接地装置边缘的距离 $d_{GS}=30\sim100$m。用高输入阻抗电压表测量 2 点与 3 点、3 点与 4 点以及 4 点与 2 点之间的电压 U_{23}、U_{34} 和 U_{42}，以及用电流表测量通过接地装置流入地中的电流 I，则可得到被测接地装置的工频接地电阻，即

$$R_G=\frac{2}{2U_{23}I}(U_{42}^2+U_{23}^2-U_{34}^2) \qquad (25-23)$$

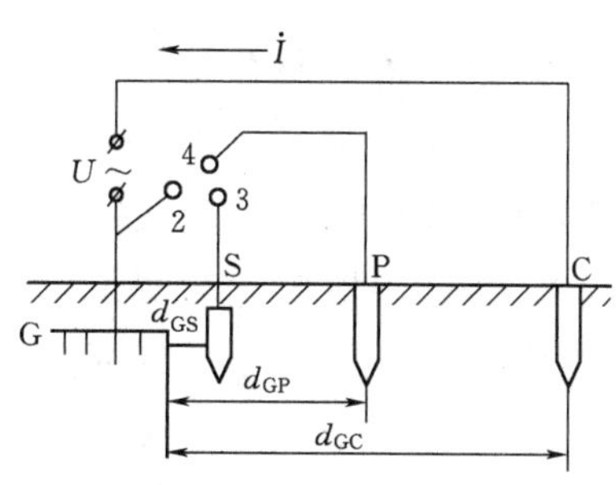

图 25－19 四极法测量工频接地电阻的原理接线图

U—工频电源

（二）对测量仪表的要求

为了使测量结果可信，要求电压表和电流表的准确度不低于 1.0 级，电压表的输入阻抗不小于 100kΩ。最好采用分辨率不大于 1％的数字电压表（满量程约 50V）。

（三）影响工频接地电阻实测值的因素和消除其影响的方法

1. 接地装置中的零序电流

在不停电的条件下，接地装置中存在电力系统的零序电流，它会影响工频接地电阻的实测值。零序电流对工频接地电阻实测值的影响，既可以用增大通过接地装置的测试电流值的办法减小，也可以用倒相法或三相电源法消除。用倒相法得到的工频接地电阻值为

$$R_G=\frac{1}{I}\sqrt{\frac{1}{2}[(U_G')^2+(U_G'')^2]-U_{G0}^2} \qquad (25-24)$$

式中 I——通过接地装置的接地电流，测试电压倒相前后保持不变；

U_G'、U_G''——测试电压倒相前后的接地装置的对地电压；

U_{G0}——不加测试电压接地装置的对地电压，即零序电流在接地装置上产生的电压降。

把三相电源的三相电压相继加于接地装置上，保持通过接地装置的测试电流值 I 不

变，则被测接地装置的工频接地电阻值为

$$R_G=\frac{1}{I}\sqrt{\frac{1}{3}(U_{GA}^2+U_{GB}^2+U_{GC}^2)-U_{G0}^2} \quad (25-25)$$

式中 U_{GA}、U_{GB}、U_{GC}——以 A 相、B 相和 C 相电压作为测试电压时接地装置的对地电压；

U_{G0}——在不加测试电源电压时，电力系统的零序电流在接地装置上产生的电压降；

I——通过接地装置的测试电流。

2. 高频干扰电压

当测量用的电压线较长时，电压线上可能出现广播电磁场等交变电磁场产生的干扰电压。如果用有效值电压表测量电压，则电压表的指示值要受高频干扰电压的影响。为了减小高频干扰电压对测量结果的影响。在电压表的两个端子上并接一个电容器，其工频容抗应比电压表的输入阻抗大 100 倍以上。

3. 输电线的避雷线

在许多变电所中，输电线的避雷线是与变电所的接地装置连接的，这会影响变电所接地电阻的实测值。因此，在测量前，应将避雷线与变电所接地装置的电连接断开。

4. 通过接地装置的测试电流

通过接地装置的测试电流大，接地装置中的零序电流和干扰电压对测量结果的影响就小，当采用与测试电流小时，同样分辨率的电压表，可测电流场的范围就大，工频接地电阻的实测值的误差就小。为了减小工频接地电阻实测值的误差，通过接地装置的测试电流不宜小于 30A。为了得到较大的测试电流，一般要求电流极的接地电阻不大于 10Ω，也可以利用杆塔的接地装置作为电流极。

5. 运行中的输电线路

尽可能使测量线远离运行中的输电线路或与其垂直，以减小干扰。

6. 河流、地下管道等导电体

测量电极的布置要避开河流、水渠、地下管道等。

四、变频法

现场采用三极法测量时，常利用一条停运的 10kV 或 35kV 线路中的两相作电流导线和电压导线。这种做法存在的问题如下：①当电极采用直线布置时，由于两引线平行且距离又长，存在互感，使电压导线上产生感应电压，影响测量精度。而电极采用三角形布置时，虽能减少引线间的互感影响，但却要同时停运两条线路，当现场只能提供一条低压架空线时，三极法就遇到了不可克服的困难。②地中干扰电流，主要是地中工频电流的影响。③测量电压用的电压辅助极埋设点与实际零电位点的偏差也会造成一定的影响。为了解决这些问题，产生了一些新的测试方法，下面介绍变频法。

（一）测量方法

采用变频法测量时，其原理接线图如图 25 - 20 所示。电压线与电流线夹角为 30°，可

避免互感的影响。还可用隔离变压器阻断电网与测试仪的电联系。试验电流约为1～3A，简单轻便。在下述测量中，电流极接地电阻不大于12Ω。电流、电压极均距测量点1500m（直线距离）以上。

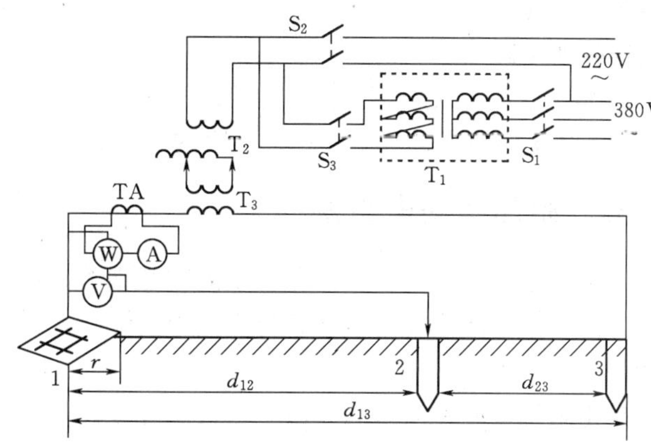

图25－20　变频法测量的原理接线

1—地网中心；2—电压极；3—电流极；r—地网对角线一半；d_{12}—地网中心到电压极的距离；d_{13}—地网中心到电流极的距离；d_{23}—电压、电流极间距离

（二）测量结果

例如，华东某供电局应用此法对三个220kV变电所的接地电阻进行了实测，实测结果见表25－16。

再如，某供电局大楼的接地网与微波塔及某35kV变电所的接地网相连。在9：00—13：00之间进行测量时，测得值为0.280Ω。用ZC－8型测定仪在同时同地进行测量时，其值为2.7～3.35Ω，读数不稳，唯在中午时间进行对比测量时，读数在0.31～0.32之间，相对比较准。

表25－16　　220kV变电所接地电阻实测结果

变电所 \ 参数	f /Hz	I /A	U /mV	$R_j=U/I$ /Ω	$\overline{R}_i$ /Ω	R_{j8} /Ω	备注
甲	40.18	3	1881	0.6270		0.9	电网实际频率为50.07Hz，地中干扰电压为1.5V时，使用的信号电压不足2V，信号电流为3A
	40.21	3.01	1885	0.6262			
	60.15	3	1980	0.6600			
	60.19	3	1990	0.6633			
	40				0.6266		由两者可求出50Hz下的$\overline{R}_j$为0.644Ω
	60				0.66165		
乙			0.526① 0.516②		1.02～1.40	指针摆动明显、读数不稳	
丙			0.592		3.59～4.70	误差高达650%～800%	

① 在主变压器近旁注入变频电源。

② 在主变压器注入变频电源。

分析上述测量数据可知：

（1）用ZC－8型测定仪测量比用变频法测量得出的接地电阻数值要大。

（2）电流注入点不同，接地电阻的测量结果不同。

（3）测量电流的频率不同，接地电阻的测量结果也不同，但差别甚小。

目前，我国湖北、浙江、江西、福建、安徽等省电力试验研究所都分别开展了变频电源及带通滤波器的研制工作，并先后通过省级技术鉴定。九江仪表厂还生产了 PC-19 大型地网接地电阻测量仪。

20 世纪 70 年代前后，日本、加拿大、墨西哥等国就成功地应用了 60Hz±10HZ、50Hz±10Hz 的频率进行工频接地电阻的测量。

五、附加串联电阻法

这是在总结上述测量方法存在缺陷的基础上，提出消除接地电阻测量中互感影响的一种新方法。该方法能克服以往各种方法中的缺陷，可有效地应用于大型地网接地电阻的现场测量。

采用附加串联电阻法测量时，电极的布置及接线如图 25-21 所示。

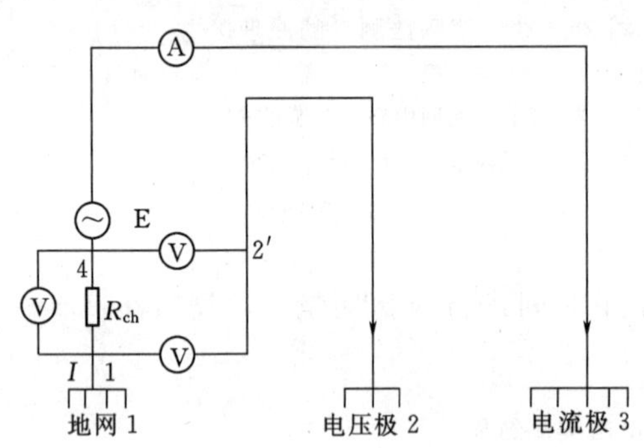

图 25-21 附加串联电阻法测量原理接线图

测量时，施加电源电压 E 后，选用高内阻数字式电压表分别测出 U_{42}、U_{12} 和 U_{41}，然后用下式（推导从略）计算接地网接地电阻 R_1 为

$$R_1=\frac{U_{42}^2-U_{12}^2-U_{41}^2}{2IU_{41}^2}$$

式中 U_{42}——4 与 2 点间的电压值，V；

U_{12}——1 与 2 点间的电压值，V；

U_{41}——4 与 1 点间的电压值，V；

I——测试电流，A。

若有地中干扰电流等影响可采用倒相法消除。

测量中应注意的问题如下：

（1）对附加电阻的精度要求极低，因为它不出现在计算公式中。可用容量足够的非线性电阻，只要其在测试电流时的阻值大致合理即可。现场常采用无感电阻，并以尽可能短的引线接到接地网上。

（2）对用 6～35kV 架空线进行测试的场合，附加串联电阻值应大致为 10.3～0.27L 或大些，其中 L 为电位极引线的长度（km）。

六、功率因数表法

功率因数表法的实质是在三极法的基础上加接一个功率因数表，通过测量电流、电压和功率因数，可完全消除互感的影响。其测量接线如图 25-22 所示，相量图如图 25-23 所示。

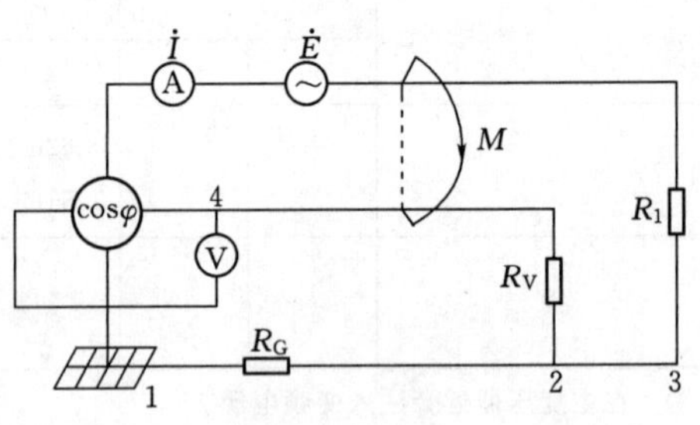

图 25-22 功率因数表法测量接地电阻的接线图

R_G—地网 1 的接地电阻；R_V—为电压极 2 的接地电阻；R_1—电流极 3 的接地电阻；M—电流回路与电压回路的互感；φ—$\dot{U}_{12}$ 与 $\dot{I}$ 间的夹角

由于功率因数表电压回路的内阻 R_V 较高，通过电压回路的电流可忽略不计。则可得

$$U_{12}=\dot{I}R_G+j\omega M\dot{I}$$

由图 25-23 可见

$$R_G = U_{12}\cos\varphi / I \tag{25-26}$$

当地网中存在较大干扰电流时，功率因数表法测量接地电阻的等值电路见图 25-24。为消除附近干扰电流的影响，采用倒相法进行测量。

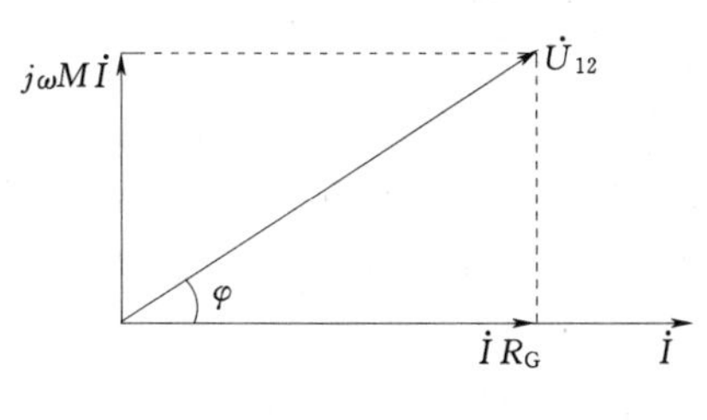

图 25-23 相量图

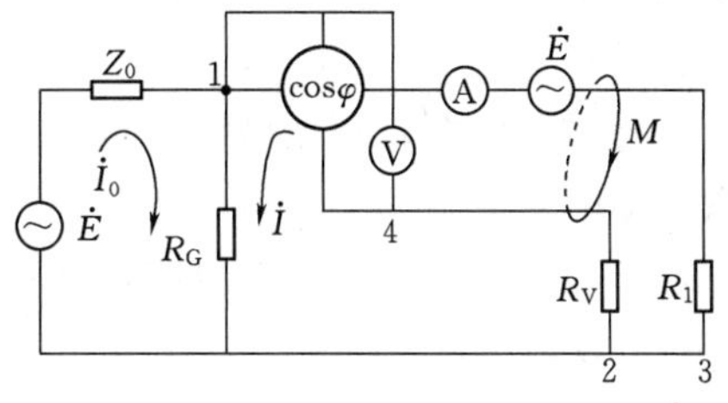

图 25-24 有干扰电流时功率因数表法测量接地电阻的等值电路

$\dot{E}$—测量电源电势；$\dot{I}$—注入地网的测量电流；$\dot{I}_0$—通过地网的干扰电流；Z_0—干扰电源的等值阻抗

(1) 合上电源，向地网注入电流 $\dot{I}$，如前考虑，则流入地网的电流可认为是（$\dot{I}+\dot{I}_0$）。因此图 25-24中电压表电压用复数表示为

$$U_{12Z} = (\dot{I}_0 + \dot{I})R_G + j\omega M\dot{I} \tag{25-27}$$

式中 U 的下角“Z”表示“正”向接法。

由相量图 25-25 可知，功率因数值有

$$\cos\varphi_Z = \frac{IR_G + I_0 R_G\cos\alpha}{U_{12Z}} \tag{25-28}$$

式中 φ_Z——$\dot{U}_{12Z}$ 与 $\dot{I}$ 的夹角；

α——$\dot{I}_0$ 与 $\dot{I}$ 的夹角。

由式(25-28)可得

$$\frac{U_{12Z}\cos\varphi_Z}{R_G} - I = I_0\cos\alpha \tag{25-29}$$

(2)将测量电源倒相，保持注入地中电流数值不变，于是电压表电压用复数表示为

$$U_{12F} = (\dot{I}_0 - \dot{I})R_G - j\omega M\dot{I} \tag{25-30}$$

式中 U 的下角“F”表示“反”向接法。

由图 25-25 可知

$$\cos\varphi_F = \frac{IR_G - I_0 R_G\cos\alpha}{U_{12F}} \tag{25-31}$$

式中 φ_F——$\dot{U}_{12F}$ 与 $-\dot{I}$ 间的夹角。

由式（25-31）可得

$$I - \frac{U_{12F}\cos\varphi_F}{R_G} = I_0\cos\alpha \tag{25-32}$$

因此由式（25-29）、式（25-32）可

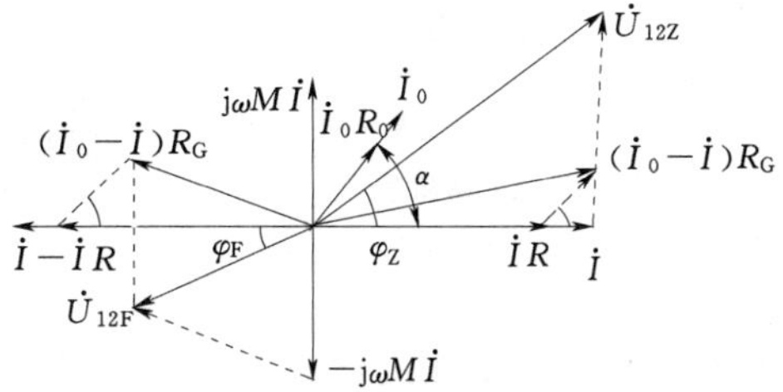

图 25-25 有干扰电流及互感影响施加正、反向电流时各参数的相量图

推出：

$$R_G=\frac{U_{12Z}\cos\varphi_Z+U_{12F}\cos\varphi_F}{2I} \tag{25-33}$$

从上面分析可知，当被测量地网有干扰电流且测量回路有互感影响时，可按下列步骤进行测量、计算。

(1) 合上试验电源，向地网注入测量电流 I，并记录 I 值、电压表 U_{12Z} 的读数及功率因数表数值 $\cos\varphi_Z$。

(2) 把试验电源倒相，合上电源，向地网注入大小相同的电流 I，并记录电压表数值 U_{12F}、功率因数表读数 $\cos\varphi_F$。

(3) 把上面所记录的数据代入式 (25-33) 即可得地网接地电阻的准确值。

表 25-17 列出了华东某 220kV 变电站接地网用功率因数表法测得的接地电阻值。

表 25-17　某 220kV 变电站地网接地电阻测量结果

注入地网电流 I/A	10	20	30	40	50
倒相前 U_{12Z}/V	7.6	13.0	18.4	25.0	31.3
$\cos\varphi_Z$	0.982	0.994	0.994	0.994	0.994
倒相后 U_{12F}/V	4.1	10.4	16.4	21.7	27.1
$\cos\varphi_F$	0.9905	0.9905	0.9925	0.994	0.995
接地电阻 R_G/Ω	0.576	0.581	0.576	0.580	0.58

注　1. 测试日期为 1991 年 1 月 6 日，晴，8℃。
2. 测量时主变压器 110kV、220kV 侧中性点电流均为 0.8A。
3. 测量时干扰电压 3～4V。

七、功率表法

功率表法就是采用三极法的工作原理，通过测量电流和功率求得接地电阻，功率表测量布线如图25-26 所示。

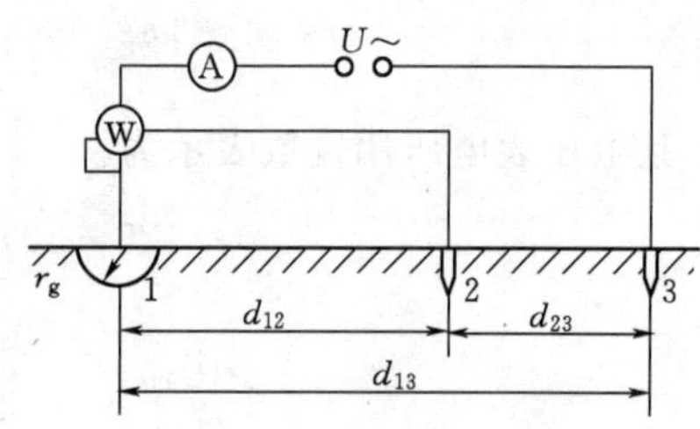

图 25-26　功率表法测接地电阻的测量接线

设大地的土壤均匀，电阻率为 ρ，经接地体 1 流入大地的电流为 I，则电极 1 和电极 2 之间的电压为

$$U_{12}=\frac{I\rho}{2\pi}\left(\frac{1}{r_g}-\frac{1}{d_{12}}+\frac{1}{d_{23}}-\frac{1}{d_{13}}\right)$$

功率表测得的功率为

$$P=U_{12}I=\frac{I^2\rho}{2\pi}\left(\frac{1}{r_g}-\frac{1}{d_{12}}+\frac{1}{d_{23}}-\frac{1}{d_{13}}\right)$$

因此电极 1 和电极 2 之间呈现的电阻 R_G 为

$$R_G=\frac{P}{I^2}=\frac{\rho}{2\pi}\left(\frac{1}{r_g}-\frac{1}{d_{12}}+\frac{1}{d_{23}}-\frac{1}{d_{13}}\right)$$

当用远离法或补偿法使

$$\frac{1}{d_{12}}-\frac{1}{d_{23}}+\frac{1}{d_{13}}=0$$

就得 $$R_G=\frac{\rho}{2\pi r_g}$$

此即为接地网的接地电阻值。

图 25-26 等值电路如图 25-27 所示。

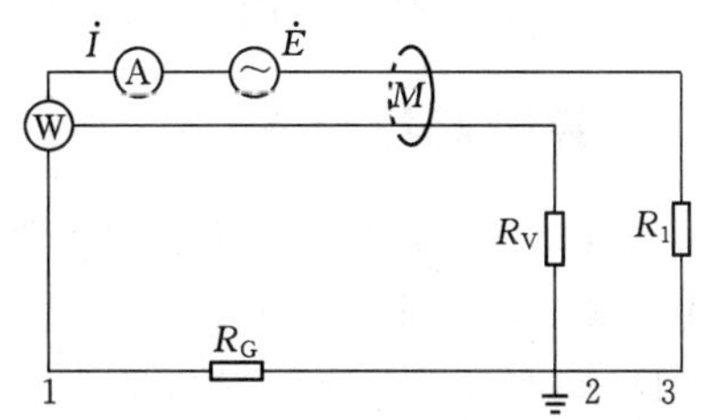

图 25-27　功率表法测量接地电阻等值电路
R_G—地网 1 的接地电阻；R_V—电压极 2 的接地电阻；R_1—电极 3 的接地电阻；M—电流回路与电压回路之间的互感

考虑到 R_V 与功率表电压回路的高内阻相比是微不足道的，因此 R_V 两端电位相等，电压回路中的电流可以忽略不计，如图 25-27 的等值电路有

$$\dot{U}_{12}=\dot{I}R_G+j\omega M\dot{I}$$

$$P=I^2R_G$$

则 $$R_G=\frac{P}{I^2}$$

当接地网存在较大的干扰电流时，为消除干扰电流的影响，可采用倒相法进行测量。接地网的接地电阻为

$$R_G=\frac{P_Z+P_F}{2I^2}$$

式中　P_Z——电源为正极性（即倒相前）功率表所测得的功率；

P_F——电源为反极性（即倒相后）功率表所测得的功率。

值得注意的是，当注入电流不足够大时，测量结果会出现偏差。

八、电位极引线中点接地法

用电位极引线中点接地法测量大型接地网接地电阻的原理接线如图 25-28 所示。

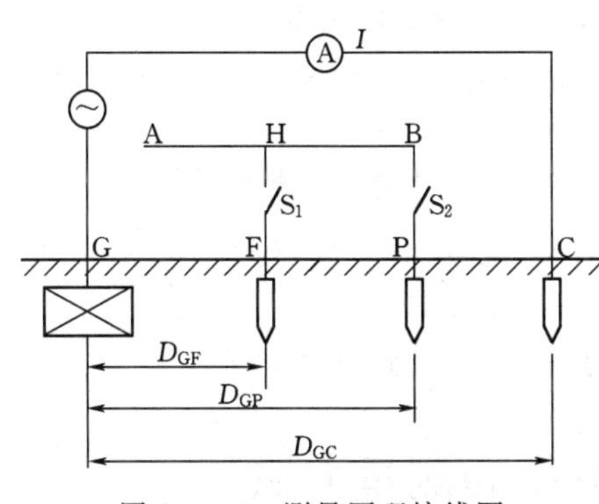

图 25-28　测量原理接线图

测量时，首先读取 I，再用高内阻电压表直接读出下列电压：

（1）合上 S_1，断开 S_2，读出 U_{GA}、U_{BP}；

（2）断开 S_1，合上 S_2，读出 U'_{GA}。

根据推导，地网的接地电阻为

$$R=[(U_{GA}^2-U_{BP}^2)/I]\times[2(U_{GA}^2+U_{BP}^2)-(U'_{GA})^2]^{-\frac{1}{2}}$$

如果地网存在不平衡干扰电流，干扰电流造成的误差可用倒相法消除。首先在不加测量电流的情况下测量 U_{GA}、U_{BP} 和 U'_{GA}，然后再加上测量电流，在正反两种极性下测量这三个量。接下面的统一公式可分别求出消除干扰后此三量相应的值：

$$U_x=\sqrt{\frac{1}{2}\ (U_{x1}^2+U_{x2}^2-2U_{x0}^2)}$$

式中　U_{x0}、U_{x1}、U_{x2}——某参量在不加测量电流、加正、反极性测量电流的值；

U_x——该参量消除工频干扰后的值。

为减小测量误差，电流极距地网中心的距离宜取为地网半径的10倍。

该方法可以消除电流、电压引线互感的影响，结合倒相法还可以消除不平衡电流引起的工频干扰，且计算公式简单，结合现代的通信工具，现场很容易实现。

九、异频测量技术

根据电力行业标准《接地装置特性参数测量导则》（DL/T 475—2006）规定：“……推荐采用异频电流法测试大型接地装置的工频特性参数，试验电流宜在3～20A，频率宜在40～60Hz范围，异于工频又尽量接近工频……”。

苏州工业园区海沃科技有限公司生产的HVJE/5A异频接地阻抗测试仪的测试频率为47.37Hz和52.63Hz，输出额定电流5A，符合电力行业标准要求。

产品特点如下：

(1) 仪器内置的变频试验电源可输出47.37Hz和52.63Hz两种频率的试验电流，在程序的自动控制下，它分别以47.37Hz和52.63Hz的5A试验电流进行两次测试，折算到50Hz后取其平均值为测量结果。由于试验电流的频率与系统工频十分接近，因此可以认为试验电流在地中散流情况与工频电流的散流情况相同，所测结果可视为地网的工频特性参数。

(2) 仪器的测量内容包括地网的接地阻抗Z、电阻分量R和感抗分量X。本装置能有效消除测量过程中引线互感（特别针对平行布线法的引线互感误差）与地网自感的影响，得到真实的地网电阻分量R。即使在强干扰电压和电流条件下，其测量结果仍具有很好的重复性和准确性。

(3) 仪器采用智能化控制，可以自动判断电流回路的阻抗，并据此自动调节异频电源的输出电流值（额定输出电流为5A），无须人为干预，即可自动完成测试任务。

(4) 仪器采用高性能工控机进行数据处理和计算，1min内即可获得测量结果。

(5) 仪器采用大屏幕液晶显示，汉化菜单提示，人机界面简洁直观，由一个电子鼠标可完成所有操作，使用极为简单。

(6) 仪器提供储存200组测量数据，掉电不丢失，可随时查看历史数据。

(7) 仪器采用最新的SPWM脉冲调制技术和高效率的功率器件组成异频电源，功率大、体积小、重量轻，正弦波信号输出稳定平滑，整套装置仅重14kg。

(8) 仪器还可用于接地网接触电压、跨步电压及地网地电位分布测量。

第七节 接触电压与跨步电压的测量方法

一、接触电压与接触电势、跨步电压与跨步电势的关系

由上述，接触电势是当接地短路电流流过接地装置时，在地面上离电力设备的水平距离为0.8m处（模拟人脚的金属板），沿设备外壳、构架或墙壁离地的垂直距离为1.8m处的两点之间的电位差，如图25-29所示。接触电压是指人体接触上述两点时所承受的电压。

跨步电势是指当接地短路电流流过接地装置时，在地面上水平距离为 0.8m 的两点之间的电位差；跨步电压是人体的两脚接触上述两点时所承受的电压。由图 25－25 可得接触电压与接触电势、跨步电压与跨步电势之间的关系为

$$E_j=\frac{R_m+R_P/2}{R_m}U_j$$

$$E_k=\frac{R_m+2R_P}{R_m}U_k$$

或

$$U_j=\frac{R_mE_j}{R_m+R_P/2}$$

$$U_k=\frac{R_mE_k}{R_m+2R_P}$$

式中　E_j、E_k——接触电势和跨步电势；

U_j、U_k——接触电压和跨步电压；

R_P——人一个脚的接地电阻；

R_m——模拟人体的电阻，取 1500Ω。

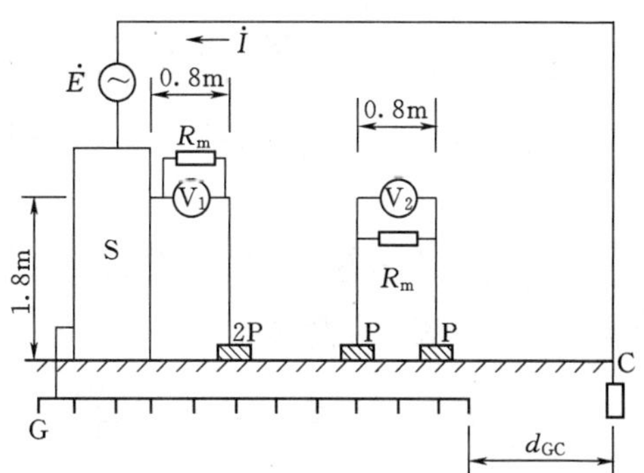

图 25－29　测量接触电压和跨步电压的原理接线图

S—电力设备构架；V_1 和 V_2—高输入阻抗电压表；P—模拟人脚的金属板；R_m—模拟人体的电阻；G—接地装置；C—测量用电流极

二、测量方法

图 25－29 是测量接触电势、跨步电势、接触电压和跨步电压的原理接线图，模拟人的两脚的金属板是用半径为 0.1m 的圆板或 0.125m×0.25m 的长方板。为了使金属板与地面接触良好，把地面平整，洒一点水，并在每一块金属板上放置 15kg 重的物体。

取下并接在电压表两端子上的电阻 R_m，高输入阻抗（>100kΩ）的电压表 V_1 和 V_2 将分别测量出与通过接地装置的电流 I 对应的接触电势和跨步电势；如果在电压表 V_1 和 V_2 的两端子上并接电阻 R_m（1500Ω），则电压表 V_1 和 V_2 的测量值分别为与通过接地装置的测试电流对应的接触电压值和跨步电压值。

在发电厂和变电所中工作人员常出现的电力设备或构架附近测量接触电压；在接地装置的边缘测量跨步电压。

在测量接触电压时，测试电流应从构架或电气设备外壳注入接地装置；在测量跨步电压时，测试电流应在接地短路电流可能流入接地装置的地方注入。

发电厂和变电所内的接触电压和跨步电压与通过接地装置流入土壤中的电流值成正比。当通过接地装置入地的最大短路电流值为 I_{max} 时，对应的接触电压和跨步电压的最大值分别为

$$U_{jmax}=U_jI_{max}/I$$

$$U_{kmax}=U_kI_{max}/I$$

式中　I、U_j、U_k——测量时通过接地装置的测试电流以及对应的接触电压和跨步电压的实测值。

第八节　有效接地系统接地网安全性状态评估的内容、项目和要求

一、变电站接地网特性参数（接地电阻、避雷线的分流、跨步电压和接触电压）现场测试

（一）对接地电阻、跨步电压和接触电压的要求

（1）通过实测接地电阻和避雷线的分流系数确定的地网接地电阻应满足设计值要求（一般不大于0.5Ω）。

（2）在高土壤电阻率地区，接地电阻按上述要求在技术、经济上极不合理时，允许超过0.5Ω，且必须采取措施以保证系统发生接地故障时，在该接地网上：

1）接触电压和跨步电压均不超过允许的数值。

2）采取措施防止高电位引外和低电位引内。

3）避雷器运行安全。

（3）将跨步电压和接触电压实测值换算到变电站实际短路电流水平，对比其安全限值，评价跨步电压和接触电压是否满足人身安全要求。

（二）对接地电阻测量方法的要求

（1）测量接地电阻时，采用远离法（夹角法）进行测量，电压线和电流线与接地装置边缘的直线距离应至少是接地网最大对角线的4倍，以避免土壤结构不均匀和电流、电压线间互感的影响。如变电站周围土壤电阻率比较均匀，可采用30°夹角法进行测量，此时电压线和电流线与接地装置边缘的距离为接地网最大对角线的2倍。

（2）慎用直线法，对于110kV及以上的大型地网，不宜采用直线法进行测量。

（3）电压线和电流线布线前，应用GPS对接地网边缘、电压极和电流极进行精确定位，确保电压极、电流极与接地网边缘的直线距离满足要求，并根据GPS实测的电压线和电流线夹角按照《接地装置特性参数测量导则》（DL/T 475）的有关公式对测量结果进行修正。

（4）应采用柔性电流钳表（罗哥夫斯基线圈）测量出线构架的避雷线（普通地线和OPGW光纤地线）和10kV电缆对测试电流的分流，得到分流系数，结合接地电阻实测值来推算接地网真实的接地电阻值。

二、变电站站址分层土壤电阻率测试

通过变电站站址土壤电阻率测试，结合相关软件完成土壤分层结构分析，得到变电站站址分层土壤结构模型，为接地网状态的数值评估提供依据。

对土壤电阻率测量要求如下：

（1）测量的分层土壤深度应与接地网最大对角线长度相当。

（2）注意避开测量线间互感对土壤电阻率测量结果的影响。

三、设备接地引下线的热稳定校核

应结合电网规划每5年对设备接地引下线的热稳定校核一次，变电站扩建增容导致短路电流明显增大等必要情况下也应进行校核。校核要求：

（1）接地线的最小截面积应满足：

$$S_g \geqslant \frac{I_g}{c}\sqrt{t_e}$$

式中　S_g——接地线的最小截面，mm^2；

I_g——流过接地导体（线）的最大接地故障不对称电流有效值，A；

t_e——接地故障的等效持续时间，s；

c——接地导体（线）材料的热稳定系数，根据材料的种类、性能及最高允许温度和接地故障前接地导体（线）的初始温度确定。

（2）热稳定校验用的时间可按下列规定计算：

1）继电保护配有2套速动主保护、近接地后备保护、断路器失灵保护和自动重合闸时，$t_c \geqslant t_m + t_f + t_o$。其中：$t_m$ 为主保护动作时间，s；t_f 为断路器失灵保护动作时间，s；t_o 为断路器开断时间，s。

2）继电保护配有1套速动主保护、近或远（或远近结合的）后备保护和自动重合闸，有或无断路器失灵保护时，$t_e \geqslant t_o + t_r$。其中：t_r 为第一级后备保护的动作时间，s。

四、接地网安全性状态的数值评估

根据变电站最新的接地网拓扑图、变电站站址分层土壤结构模型、变电站接地短路电流水平和所有出线的相关参数，基于相关软件，在与实测结果比对的基础上，完成接地网安全性状态数值评估，内容包括：

（1）变电站出线架空地线分流系数和入地最大短路故障电流计算。

（2）地网接地电阻值。

（3）系统实际接地短路故障情况下，地网接地导体的电位升高和变电站场区电压差，是否满足一次设备、二次设备（或二次回路）和弱电子设备的运行安全要求。

（4）计算整个接地网区域的跨步电压 U_S 和变电站设备场区的接触电压 U_T 分布，对比实测结果以及跨步电压 U_S 和接触电压 U_T 的安全限值，分析和评估接地故障状态下接触电压和跨步电压是否满足人身安全要求。

第九节　接地装置的状态诊断与改造

接地装置是维护电力系统安全可靠运行、保障运行人员和电气设备安全的重要措施。但由于构成接地网的导体埋设在地下，常因施工时焊接不良、漏焊、接地短路电流电动力的作用等原因，特别是土壤多年的严重腐蚀，使接地网均压导体之间存在电气连接不良的情况，使接地网接地性能变坏。当系统发生接地短路时，可能造成地电位异常升高或分布不均，除给运行人员安全带来严重威胁外，还可能因反击或电缆皮环流使二次设备的绝缘遭到破坏，高压窜入控制室，引起检测或控制设备发生误动作或拒动而扩大事故，带来巨大的经济损失和社会影响，我国每年因接地事故造成的损失十分巨大。为此，对接地装置的状态进行诊断，正确判断其安全性，及时发现故障隐患，并提出合理有效的改造措施以防止由于接地不良造成的危害，对保障电力系统安全可靠运行，具有重要的社会效益和经济效益。

一、接地装置安全性的影响因素

（1）由于设计单位在设计时，对接地网布置不合理、考虑不周全而造成的。

（2）由于施工单位没有严格按合理的设计进行施工，这为以后接地网事故的发生埋下隐患。

（3）随着地区经济的发展，电网的容量不断增加，各地区原设计的接地装置热容量越来越满足不了电网的实际运行容量的要求。同时，随着电网接地装置运行年限的增加，在土壤湿度和酸度较大的地区，接地装置局部范围腐蚀严重，致使接地网的热稳定能力下降。

（4）接地装置属于隐蔽工程，常年处于地下，由于不可抗力的作用，随着运行年限的增加，金属体会出现不同程度的腐蚀，尤其是湿度较大、酸碱度较高的地区尤为明显。

二、接地装置的状态诊断

由于接地装置的安全性受到以上诸多因素的影响，因此，对接地装置的状态进行诊断是十分必要的。通常采用试验的方法对其状态进行诊断，主要通过测量接地引下线的连通状况、地网均压情况以及接地电阻的大小，根据测量结果对接地装置的状态进行综合判断。

1. 测量设备接地引下线连通状况

通过对设备引下线连通状态的测试能反映引下线的腐蚀状态，从而可分析判断电气设备与地网连通情况，防止每个设备失地运行。导通检查电气设备的接地引下线，连通设备接地部分与接地网，对设备的安全运行至关重要。虽然在制作接地装置时，已对接地引下线连接处做了防腐处理，但位于土壤中的连接点仍因长期受到物理化学等因素的影响而腐蚀，使触点电阻升高，造成事故隐患，甚至使设备失地运行。有关标准对接地装置引下线的导通检测均有明确要求，严禁设备失地运行。

2. 测量地网均压情况

在确定发电厂、变电所接地装置的型式和布置时，考虑保护接地的要求，应降低接触电位差和跨步电位差，并应符合本章第三节的相关要求。如在测量过程中发现地网接触电位差和跨步电位差不满足以上要求，则说明接地装置在均压方面存在缺陷，需采取相应措施进行改造。

3. 测量接地电阻

通过地网接地电阻的测量，可分析判断出接地网与“电气地”的连接状态，判断当其在事故状态下的泄流能力。通常对接地电阻的大小有以下要求。

（1）有效接地系统和低电阻接地系统。有效接地系统和低电阻接地系统中发电厂、变电所电气装置保护接地的接地电阻应符合下列要求。

1）一般情况下，接地装置的接地电阻应符合下式要求：

$$R \leqslant \frac{2000}{I} \tag{25-34}$$

式中　R——考虑到季节变化的最大接地电阻，Ω；

I——流经接地装置的入地短路电流，A。

式（25-34）中计算用流经接地装置的入地短路电流，采用在接地网内、外短路时，经接地装置流入地中的最大短路电流对称分量最大值，该电流应按5～10年发展后的系统最大运行方式确定，并应考虑系统中各接地中性点间的短路电流分配，以及避雷线中分走的接地短路电流。

2）发电厂或变电所内外发生接地短路时，流经接地装置的电流可分别按下式计算：

$$I=(I_{max}-I_N)(1-K_{e1})(5-2)$$
$$I=I_N(1-K_{e2})(5-3) \tag{25-35}$$

式中　I——入地短路电流，A；

I_{max}——发生接地短路时的最大接地短路电流，A；

I_N——发生最大接地短路电流时，流经发电厂、变电所接地中性点的最大接地短路电流，A；

K_{e1}、K_{e2}——发电厂、变电所内或外短路时，避雷线的工频分流系数。

3）计算用入地短路电流取两式中较大的 I 值。

4）当接地网的接地电阻由于受条件限制，比如土壤电阻率较高，又没法扩大地网，地下又没有可以利用的地层时，可以通过技术经济比较，适当增大接地电阻，但不得大于5Ω。

（2）不接地、消弧线圈接地和高电阻接地系统。不接地、消弧线圈接地和高电阻接地系统中，发电厂、变电所电气装置保护接地的接地电阻应符合下列要求。

1）高压与发电厂、变电所电力生产用低压电气装置共用的接地装置应符合下式要求：

$$R \leqslant \frac{200}{I} \tag{25-36}$$

但不应大于4Ω。

2）高压电气装置的接地装置，应符合下式要求：

$$R \leqslant \frac{250}{I} \tag{25-37}$$

式中　R——考虑到季节变化的最大接地电阻，Ω；

I——计算用的接地故障电流，A。

但不宜大于10Ω。

应注意：变电所的接地电阻值，可包括引进线路的避雷线接地装置的散流作用。

3）消弧线圈接地系统中，计算用的接地故障电流应采用下列数值：①对于装有消弧线圈的发电厂、变电所电气装置的接地装置，计算电流等于接在同一接地装置中同一系统各消弧线圈额定电流总和的1.25倍；②对于不装消弧线圈的发电厂、变电所电气装置的接地装置计算电流，等于系统中断开最大一台消弧线圈或系统中最长线路被切除时的最大可能残余的电流值。

4）在高土壤电阻率地区的接地电阻不应大于30Ω，且应符合跨步电压和接触电压的要求。

（3）发电厂、变电所电气装置雷电保护接地的接地电阻。

1）独立避雷针（含悬挂独立避雷线的架构）的接地电阻。在土壤电阻率不大于500Ω·m的地区不应大于10Ω，允许采用较高的电阻值，但空气中和地中距离必须符合下列要求：

避雷针与配电装置带电部分、发电厂和变电所电气设备接地部分、架构接地部分之间的空气中距离，应符合下式要求：

$$S_a \geqslant 0.2R_i + 0.1h \tag{25-38}$$

式中 S_a——空气中距离，m；

R_i——避雷针的冲击接地电阻，Ω；

h——避雷针校验点的高度，m。

独立避雷针的接地装置与发电厂或变电所接地网间的地中距S_e，应符合下式的要求：

$$S_e \geqslant 0.3R_i \tag{25-39}$$

式中 S_e——地中距离。

如不能满足式（25-39）时，避雷针的接地装置也可与主接地网连接，但避雷针与主接地网的地下连接点至35kV及以下设备与主接地网的地下连接点之间，沿接地体的长度不得小于15m。

2）变压器门型构架上的避雷针、线的接地电阻，除水力发电厂外，在变压器门型架构上和在离变压器主接地线小于15m的配电装置的架构上，当土壤电阻率大于350Ω·m时，不允许装设避雷针、避雷线；如不大于350Ω·m，则应根据方案比较经济效益，并经过计算后采用相应的防止反击措施，并至少遵守下列规定，方可在变压器门型构架上装设避雷针、避雷线。

装在变压器门型架构上的避雷针应与地网连接，并沿不同方向引出3～4根放射型水平接地体。在每根水平接地体上离避雷针架构3～5m处装设一根垂直接地体。

直接在3～35kV变压器的所有绕组线上或在离变压器电气距离不大于5m的条件下装设阀式避雷器。

高压侧电压为35kV的变电所，在变压器门型架构上装设避雷针时，变电所接地电阻不应超过4Ω（不包括架构基础的接地电阻）。

（4）其他要求。

1）发电厂和变电所有爆炸危险，且爆炸后有可能波及发电厂和变电所内主设备或严重影响发供电的建（构）筑物，防雷电感应的接地电阻不应大于30Ω。

2）发电厂的易燃油和天然气设施防静电接地的接地电阻不应大于30Ω。

测量中，如发现接地电阻不满足以上相关要求的，则应采取相应的降阻措施。

4. 综合诊断

大型接地装置的状况诊断应根据特性参数测试的各项结果，并结合当地情况和以往的运行经验综合判断，不应不计代价地片面强调某一项指标。应总体把握以下几点：①接地装置电气完整性良好，接地装置热容量足够大；②场区地表电位梯度分布均匀（包括接触电位差、跨步电位差）；③接地阻抗足够小。通过对接地装置地上、地表、地中三部分参数的测量，即可较为准确地对其运行状态进行综合诊断。

三、接地装置的改造

一旦发现接地装置有问题后，就要进行接地改造。根据接地装置存在的问题不同，接地改造成可以分为全面改造和部分改造；根据所要解决的问题不同，还可以分为降阻改造、均压改造、增容改造以及扩建改造。为了使改造能全面地高质量地完成，一般按以下步骤进行。

1. 对原接地网进行全面的试验和检查

为了做到有的放矢，对原地网要进行如下的试验和检查：

（1）测量接地装置的接地电阻，为了把接地装置的电阻测准，要根据地网的情况尽量按“规程”所规定的方法测试。

（2）测量原地网和周边的电位分布、跨步电压和设备接触电压。

（3）测量地网周边的土壤电阻率。因地网内测试结果受接地体的影响，已不能测试，所以要测量周边的土壤电阻率，类推发电厂，变电所内的土壤电阻率。对于以降阻为目的改造，还要找出方圆 $2km^2$ 以内的土壤电阻率分布情况和上、下层土壤的土壤电阻率。

2. 改造资料的收集

接地网的各项试验和检查做完之后还要收集如下资料：

（1）根据系统 5～10 年的发展，估算最大运行方式下的单相接地短路电流。

（2）了解发电厂、变电所附近的土壤对钢接地体的腐蚀率，土壤酸碱度，一般情况下应按当地的运行经验处理，如无当地数据，可按下列数据处理：

1）对镀锌或镀锡的扁钢、圆钢，埋在地下的部分，其腐蚀速度取 0.065mm/a（指部厚度），但对于焊接处必须采取防腐措施，可按下列数据处理。

2）如无防腐蚀的接地线，其腐蚀速度取（指两侧总厚度）：

ρ＝50～300Ω·m 的地区，扁钢取 0.1～0.2mm/a，圆钢取 0.3～0.4mm/a；

ρ＞300Ω·m 以上的地区，扁钢取 0.1～0.05mm/a，圆钢取 0.3～0.07mm/a；

ρ＜50Ω·m 的地区及重盐碱地区，或酸性土壤地区，应专门研究。

（3）接地线和接地体的寿命 25～30 年考虑设计时，可先计算在寿命周期内的腐蚀后，再校核其热稳定。

（4）了解当地土壤的干湿度，以及每年的降雨及雨水与季节的关系。

（5）了解土质情况，是风化石还是沙壤土，土质是否均匀。

（6）了解周边是否有可以利用的自然接地体、金属管道以及有无可做水下接地网的水资源等。

3. 改造方案的制定及设计

接地装置的改造方案要根据现场测试结果和改造的目的制定。

（1）如属于降阻改造，则要弄清楚原接地电阻偏高的原因是什么周边土壤电阻率的分布情况、地下土壤的分层情况以及附近有无可以利用的自然接地体。根据现场实际情况，做好认真的技术经济分析，决定是采用扩网、外延接地体、深埋接地体或需采用深井电极做成立体地网，还是采用复合降阻措施，一般要制定几个方案，根据要达到的接地电阻值，比较工程投资，工程难易程度、效果，以及是否便于以后的运行维护。一般情况下，应首先考虑是否可以扩网；有没有外延降阻的可能，地下有没有可以利用的低电阻率的地层？因为深井接地极立体地网投资较大，只有在地下有较低土壤电阻率地层的情况下才考虑采用，根据现场实际情况也可以采用综合降阻措施，这样无论从降阻效果还是减少投资都是较好的，也是被经常采用的降阻措施。

（2）如属于扩建改造，则应该根据扩建后发电厂、变电所的规模，考虑到5～10年发展后的最大运行方式下的最大接地短路电流，来确定接地装置应达到的各项技术参数，考虑到寿命期内的腐蚀，根据短路电流的热稳定来选用接地体和接地线的截面。不但要对新增部分进行校核，而且对原地网应开挖检查，测量经腐蚀以后的实际截面是否满足要求，如不能满足要求则应在扩建时一并进行改造，以免在以后的运行中，由于原地网没有相应的改造而留下隐患。

（3）更新改造，如一些地网的接地引下线或水平接地体，由于长期的腐蚀或系统的发展，已不能满足当前接地短路电流热稳定的要求，或接地网存在有局部缺陷需处理，但接地电阻和电位分布等主要指标符合要求，这时只需要重新敷设接地体和接地引下线，并在改造时采取必要的防腐措施即可。

（4）局部改造，接地网由于其他原因则存在有局部缺陷需及时处理，但不需要全面改图纸，这时需制定局部整改措施。

一旦改造目的确定了之后，就要根据改造目的和现场实际情况制定改造方案，设计改造图纸，改造方案要明确如下指标：

1）改造后接地电阻值要控制的数值以及相应采取的降阻措施计算。

2）接地网改造后的电位分布及均压措施、改造后最大跨步电压和设备接触电压的控制值。

3）改造后接地引下线和接地装置应满足运行的接地短路电流的热稳定要求。

图纸设计完成后还应制定保证改造质量的技术措施，主要有以下几个方面：

1）对水平接地体和垂直接地体的施工方法，比如水平接地体施工中的埋深要求，降阻防腐剂的施工方法；垂直接地体的施工方法，降阻防腐剂的施加方法等。

2）对焊接头和焊口的要求，焊口的防腐处理方法，以及水平接地体和垂直接地体的连接要求等。

3）设备接地引下线的连接要求，一般对充油设备要求实现“双接地”，并与地网的不同两点相接，以及设备接地线的防腐措施等。

4）对接地网回填土的要求，以及路面和行人经常出入地方的路的处理措施等。

5）整个地网的均压措施以及特殊地方，如电缆沟的均压要求。

6）对主变压器、避雷器下防止冲击电位升高的措施。

7）对消弧线圈，因要长时间地流过入地接地电流，在其附近接地装置相应的采取的最长时间流过电流的过热及防止接地电流的腐蚀措施等。

8）接地网的防腐蚀方法、措施及施工要求。如采用高效膨润土降阻防腐剂，则应说明该降阻剂的施工方法和注意事项，如采用阴极保护措施则就按阴极保护的施工方法。

9）水平接地体和垂直接地体的地面标志，为了便于以后的运行维护和检查，对水平接地和垂地接地体用混凝土砌块在地面做好标志。

10）改造新铺设的接地体与原来接地网接地体的连接要求。

11）根据实际改造的情况绘制竣工图。

4. 改造方案的实施

因接地工程是属于隐蔽工程，应全过程对工程实施技术监督，并应特别注意以下几个环节技术监督。

（1）按图定位，按图纸的要求，现场划定水平接地体和垂直接地体的位置。

（2）待水平接地体的沟挖好后，检查沟的深度是否符合设计要求。

（3）监督垂直接地体的施工，尤其是采用深井接地极和立体地网的，要从开始钻井起就严格地进行技术把关，在钻井的过程中要随时检测分析地下各层的土质情况，在深井钻好后，要对垂直接地极的焊接进行严格把关，焊口的质量一定要可靠，对垂直极的材质要进行严格检查，一定要均匀，对垂直极的腐蚀年限要进行校核。对采用爆破制裂的爆破要严格把关，对炸药的用量、间隔严格控制。爆破以后，要对压力灌降阻剂认真把关，尤其是要施加足够的降阻剂，每口井施工完毕后都要检测每口井的接地电阻值。

（4）对水平接地的敷设和焊接要进行认真的把关，敷设的水平接地体要平直，均匀，不得用再生钢材，焊口要达到扁钢宽度的3倍、圆钢直径的6倍以上。不得有虚焊、假焊现象，一般要三面焊接，不允许采用点焊、对焊、对焊口，要清除焊药后刷沥青漆进行防腐保护。

（5）对降阻剂的施工要严格按厂家说明书进行，要施加均匀、足量。不允许有脱节、少施加或漏施加现象存在。

（6）回填土要用细土回填，应分层夯实，不允许采用碎石或建筑垃圾回填，更不允许采用有腐蚀性的工业废渣回填，如变电所内没有合适的细土要从外面采土回填。

（7）对设备的接地线要严格进行监督，对接地线的材质、截面、接入地和焊口要进行严格的把关，尤其是对要求“双接地”的充油设备的接地，一定要与地网的不同两点相连接。

（8）对电缆沟的接地带及其均压带，要检查是否按设计要求，每隔一定距离把接地带与地网的均压带连接一次。

（9）在接地改造中可能对所在的道路、花草和树木造成了破坏，在改造施工后要对这些破坏的道路、花草和树木进行恢复。

（10）在地面要对水平接地体和垂直接地体做好标记，并和工程竣工图相互对照。

5. 工程验收及试验

（1）验收试验。待接地装置改造完成后，为了考核改造的效果，要对改造后的接地网进行验收试验，并要注意试验所用的方法，接线和布线方式要与改造前相一致，一般验收试验要做如下项目：

1）工频接地电阻测量，考核接地网的工频接地电阻是否达到设计值。

2）电位分布试验，考核地面电位分布及最大跨步电压是否达到设计要求。

3）设计接触电压试验。

（2）工程验收。待全部工程完成后要进行工程验收，验收应按《电气装置安装工程接地装置施工及验收规范》（GB 50169—2006）进行验收。

1）图纸资料验收。检查图纸资料是否齐全，是否按原设计进行了施工，图纸和现场是否一致。

2）试验数据。通过试验数据检查改造是否达到了预期的目的。

3）现场检查。现场主要检查接地线的连接，接地线的设备接地是否符合要求，竣工图和现场的地面标记是否一致，工程完工后对所容所貌的恢复情况等，改造工程是否还遗留有其他没有解决的问题等。

6. 接地装置改造的安全注意事项

发电厂、变电所接地装置改造中一个非常重要的问题是安全问题，因设备都在带电运行，地下还有高压电缆、控制电缆和保护电缆，稍不注意就会形成人身设备事故，所以，对接地改造工程的安全工作应作为一项大事来抓，并在工程全过程中进行安全监督。根据发电厂、变电所接地改造的特点，在工程中应做好以下安全工作：

（1）指定专人作安全负责人，对工程实行全过程的安全监督，安全负责人一定要熟悉该发电厂、变电所的运行情况，掌握安全规程，有丰富的安全管理经验，责任心强。

（2）在开工前向全体施工人员进行安全教育，学习《电业安全工作规程》的有关规定和安全注意事项，制定施工安全管理的规章制度。

（3）开工前向全体施工人员交代带电部位及其相应的安全距离，地下的控制电缆、保护电缆等要做好标记，施工时要有切实的保护措施。

（4）在设备区施工时工具、材料等要平放，两人平抬，不得高举，以免接触到带电设备。

（5）全体施工人员的着装要符合安全规定。

（6）要严格遵守工作票和操作票，不得无票操作。

（7）每日开工、收工要统一进行。每日开工前都要进行安全教育，收工时要清理好施工现场，任何人不得私自进入现场施工。

（8）任何人不得触动所内的设备，不得在设备区打闹等。

（9）焊接设备的接地引下线时，要注意与带电部位的距离。焊充油设备的接地引下线时还要有防火的措施，防止把充油设备焊漏的措施。

（10）在电缆沟内施工，或施工中遇到控制保护电缆时，要有保护措施，防止损坏电缆。

复　习　题

1. 接地有几类？防雷接地的电阻值大致在什么范围？

2. 你是用什么方法测量接地网的接地电阻的？在测量中曾遇到什么困难？是如何解决的？

3. 简述接地电阻主要测量方法的原理及优缺点？

4. 如何用电压表和电流表法测量接地电阻？测量时为什么要加接隔离变压器？

5. 感应电压和杂散地中电流对测量接地电阻有哪些影响？

6. 测量接地电阻时采用交流电源还是直流电源？为什么？

7. 如何测量接触电压和跨步电压？

8. 名词解释：接触电压、跨步电压、冲击系数、利用系数、季节系数、伸长接地。

第二十六章　并联电容器装置

第一节　概　　述

为使电力工程的并联电容器装置设计中，贯彻国家的技术经济政策，做到安全可靠、技术先进、经济合理和运行检修方便，国家制定了最新的中华人民共和国国家标准《并联电容器装置设计规范》（GB 50227—2017）。本规范适用于1000kV及以下电压等级的变电站、配电站（室）中无功补偿用三相交流高压、低压并联电容器装置的新建、扩建工程设计。

高压并联电容器装置是由电容器和相应的电气一次及二次配套设备组成，并联连接于标称电压1kV以上的交流三相电力系统中，能完成独立投运的一套设备。《规范》中所指的低压并联电容器装置是由低压电容器和相应的电气一次及二次配套元件组成，并联连接于标称电压1kV及以下的交流三相配电网中，能完成独立投运的一套设备。将电抗器、放电线圈、集合式电容器在箱体内完成相互之间的电气连接并集装成一个整体的设备称为一体化集合式电容器装置。

本章所指的并联电容器装置一般都由并联电容器、电流互感器、避雷器、熔断器、串联电抗器以及放电线圈组成；有一些设备的试验项目可参考以上章节的有关内容。《规程》规定的试验项目主要包括如下内容：

一、并联电容器试验项目

见电容器有关章节。

二、电流互感器试验项目

见电流互感器有关章节。

三、金属氧化物避雷器试验项目

见避雷器有关章节。

四、单台保护用熔断器的试验项目

（1）红外测温。

（2）检查外壳及弹簧情况。

（3）直流电阻。

五、串联电抗器的试验项目

(1) 红外测温。
(2) 绕组直流电阻。
(3) 电抗(或电感)值。
(4) 绝缘油击穿电压。
(5) 绕组介质损耗因数。
(6) 绕组对铁芯和外壳交流耐压及相间交流耐压。
(7) 轭铁梁和穿芯螺栓(可接触到)的绝缘电阻。

六、放电线圈的试验项目

(1) 红外测温。
(2) 绝缘电阻。
(3) 绕组的介质损耗因数。
(4) 交流耐压试验。
(5) 绝缘油击穿电压。
(6) 一次绕组直流电阻。
(7) 电压比。

第二节 并联电容器装置中的单台保护用熔断器测试

一、红外测温

1. 周期

(1) 投运1周内。
(2) 6个月。
(3) 必要时。

2. 要求

检测高压引线连接处、电容器本体等,红外热像图显示应无异常温升、温差或相对温差。

3. 方法

检测和分析方法参考DL/T 664。

二、检查外壳及弹簧情况

1. 周期

1年。

2. 要求

无明显锈蚀现象，弹簧拉力无明显变化，工作位置正确，指示装置无卡死等现象。

三、直流电阻

1. 周期

必要时。

2. 要求

与出厂值相差不大于20%。

第三节　串联电抗器试验

一、红外测温

1. 周期

(1) 投运1周年。

(2) 6个月。

(3) 必要时。

2. 要求

无异常。

3. 方法

检测和分析方法参考DL/T 664。

二、绕组直流电阻

1. 周期

(1) A级检修后（解体检查）。

(2) 必要时。

2. 要求

(1) 三相绕组间的差别不应大于三相平均值的4%。

(2) 与上次测量值相差不大于2%。

三、电抗（或感抗）值

1. 周期

(1) A级检修后（解体检查）。

(2) 3年。
(3) 必要时。

2. 要求

自行规定。

四、绝缘油击穿

1. 周期

(1) A级检修后（解体检查）。
(2) 必要时。

2. 要求

按GB/T 507方法进行试验。试验电压如下：
(1) 35kV及以下：≥35(40)kV。
(2) 66～220kV：≥40(45)kV。
注意：括号内为投入运行前的油，括号前为运行油。

五、绕组介质损耗因数

1. 周期

(1) A级检修后（解体检查）。
(2) 必要时。

2. 要求

20℃下的介质损耗因数值不大于：
(1) 35kV及以下0.035。
(2) 66kV 0.025。

3. 注意事项

仅对800kvar以上的油浸铁芯电抗器进行。

六、绕组对铁芯和外壳交流耐压及相间交流耐压

1. 周期

(1) A级检修后（解体检查）。
(2) 必要时。

2. 要求

(1) 油浸铁芯电抗器，试验电压为出厂试验电压的85%。
(2) 干式空心电抗器只需对绝缘支架进行试验，试验电压同支柱绝缘子。

第四节　放　电　线　圈

一、红外测温

1. 周期

(1) 投运1周内。

(2) 6个月。

(3) 必要时。

2. 要求

无异常。

3. 方法

检测和分析方法参考DL/T 664。

二、绝缘电阻

1. 周期

(1) A、B级检修后（解体检查）。

(2) 必要时。

2. 要求

不低于1000MΩ。

3. 方法

一次绕组用2500V绝缘电阻表，二次绕组用1000V绝缘电阻表。

三、交流耐压试验

1. 周期

(1) A级检修后（解体检查）。

(2) 必要时。

2. 试验方法和试验电压

用感应耐压法，试验电压为出厂试验电压的85%。

四、一次绕组直流电阻

1. 周期

(1) A级检修后（解体检查）。

(2) 必要时。

2. 要求

与上次测量值相比无明显差异。

五、绕组的介质损耗因数

1. 周期

(1) A 级修后（解体检查）。

(2) 必要时。

2. 要求

(1) 5℃：≤0.010/0.015。

(2) 10℃：≤0.015/0.020。

(3) 20℃：≤0.020/0.025。

(4) 30℃：≤0.035/0.040。

(5) 40℃：≤0.050/0.055。

注意：斜杠前数值为 A 级检修后的数值，斜杠后数值为运行中的数值。

第二十七章　串联补偿装置

第一节　概　　述

一、串联补偿装置的作用与分类

我国发电资源与用电负荷分布不均衡，加之对电力的需求越来越大，直接导致了对我国电力超高压、大规模、远距离输电发展的需求。为提高线路输送能力，增进系统稳定性，串联补偿技术得到了越来越广泛的应用。

串联补偿技术是随着高电压、长距离输电技术的发展而发展的一种新兴技术。交流输电线路串联补偿是现代电力电子技术在高电压、大功率领域应用的典范，其中可控串补技术使整个输电线路的参数变成可以动态调节。串补和可控串补技术可以补偿线路的分布电感，提高系统的静、动态稳定性，改善线路的电压质量，加长送电距离和增大输送能力。目前，串联补偿的主要应用领域是农网配电、高电压长距离输电和电气化铁路供电。

串联补偿分为固定式和可控式两类。前者的有效容抗值是不能变化的，只能工作在补偿和不补偿两种状态，暂态稳定性相对较差。后者较前者增加了旁路晶闸管和电感，通过对晶闸管触发角的控制，可以实现四种工作模式（闭锁模式、容抗调节模式、旁路模式、感抗调节模式），进而增加了系统稳定性，但其也有不足的方面，如技术要求高、成本高，同时，串补装置对保护也有一定的影响。在实际工程中，往往是两者相互配合，共同构建一套串联补偿系统 。

随着电力工业的发展，我国电网将成为世界上最庞大、资源优化配置能力最强和技术最先进的电网。“西电东送、全国联网”是我国电网发展的必然趋势，大规模、远距离输电是我国电网的发展特点。我国电力需求持续、快速增长，土地资源紧张，电网稳定问题突出，电网建设投资巨大，急需有利于保护环境，适合我国大容量、远距离输电特点，经济高效、建设周期短的先进交流输电技术。串联补偿技术正是解决电网发展上述问题的重要关键技术之一。

二、串联补偿装置的试验项目

固定串补装置的一次设备主要包括以下部件：串联电容器、金属氧化物限压器、触发型间隙、阻尼装置、阻尼电抗器、电阻分压器、旁路开关、电流互感器、串补平台、绝缘子和光纤柱等。

可控串补装置的一次设备主要包括以下部件：晶闸管阀及阀室、晶闸管阀控电抗器、冷却水绝缘子和密闭式水冷却系统等。

《规程》规定的试验项目主要包括如下内容：

（一）固定串补装置一次设备

1. 串联电容器的试验项目

见电容器相关章节 。

2. 金属氧化物限压器的试验项目

（1）绝缘电阻测量。

（2）底座绝缘电阻测量。

（3）工频参考电流下的工频参考电压测量。

（4）MOV 直流 nmA 下的参考电压 $U_{n\mathrm{mA}}$ 及 $0.75U_{n\mathrm{mA}}$ 下的泄漏电流测量。

3. 触发型间隙的试验项目

（1）分压电容器漏油检查及其电容值测量。

（2）绝缘支柱和绝缘套管的绝缘电阻测量。

（3）放电间隙距离检查。

（4）触发间隙绝缘电阻测量。

（5）限流电阻值测量。

（6）套管电容测量。

（7）触发回路试验。

（8）电压同步回路检查。

（9）触发间隙耐压试验。

（10）触发间隙强迫触发电压测量。

4. 间隙串电阻型阻尼电阻支路的试验项目

（1）所有部件外观检查。

（2）电阻值测量。

（3）阻尼电阻器间隙外观检查及间隙距离测量。

5. MOV 串电阻型阻尼电阻支路的试验项目

（1）所有部件外观检查。

（2）绝缘电阻测量。

（3）MOV 直流 nmA 下的参考电压 $U_{n\mathrm{mA}}$ 及 $0.75U_{n\mathrm{mA}}$ 下的泄漏电流测量。

6. 阻尼电抗器的试验项目

同干式电抗器的规定。

7. 电阻分压器的试验项目

（1）高压臂对串补平台的绝缘电阻检查。

（2）分压电阻 一、二次侧阻值测量。

（3）电阻比检测。

注：固定串补通常不需要电阻分压器。

8. 旁路断路器

旁路断路器的试验项目和要求同 SF_6 断路器中对瓷柱式断路器的规定。

9. 电流互感器的试验项目

（1）绕组绝缘电阻。

（2）变比检查。

（3）外观检查。

10. 串补平台、绝缘子的试验项目

（1）所有部件及结构连接的外观检查。

（2）对支撑绝缘子垂直度进行检查。

（3）斜拉绝缘子串的预紧力检查。

（4）瓷绝缘子和复合绝缘子的试验项目见绝缘子相关章节，对瓷绝缘子进行超声波探伤。

11. 光纤柱的试验项目

（1）外观检查。

（2）松紧度检查。

（3）绝缘电阻测量。

（二）可控串补装置一次设备

1. 晶闸管阀及阀室的试验项目

（1）所有部件外观检查。

（2）均压电路的电阻值、电容值测量。

（3）阀室外观检查。

（4）通风系统检查 必要时 通风正常。

2. 晶闸管阀控电抗器的试验项目

见 GB/T 1094.6

3. 冷却水绝缘子的试验项目

（1）外观检查。

（2）绝缘电阻测量。

4. 密闭式水冷却系统的试验项目

见 DL/T 1010.5。

第二节　固定串补装置一次设备

一、金属氧化物限压器

金属氧化物限压器的试验项目、周期和要求见表 27－1。

表 27－1　　　　**金属氧化物限压器的试验项目、周期和要求**

序号	项　目	周　期	判　　据	方法及说明
1	绝缘电阻测量	(1) ≤6年。 (2) 必要时	绝缘电阻不应低于2500MΩ	采用5000V绝缘电阻表测量
2	底座绝缘电阻测量	(1) ≤6年。 (2) 必要时	底座绝缘电阻不应低于5MΩ	采用2500V绝缘电阻表测量
3	工频参考电流下的工频参考电压测量	必要时	应符合产品技术文件要求	当发现某限压器单元不合格时，应核算其余合格限压器单元总容量是否满足设计要求。若满足设计要求，合格限压器单元可继续运行，对于不合格的限压器单元，若电压偏低，应拆除，若电压偏高，可继续运行。若不满足设计要求，则应整组更换
4	MOV直流nmA下的参考电压 U_{mA} 及 $0.75U_{mA}$ 下的泄漏电流测量	(1) ≤6年。 (2) 必要时	(1) U_{nmA} 实测值与初值比较，变化不大于±5%。 (2) $0.75U_{nmA}$ 下的泄漏电流不大于50 μA/柱。 (3) MOV单元之间直流参考电压差不超过1%	

注　采用直流高压发生器检查MOV在直流 nmA（可以根据产品技术文件修订该值）下的参考电压 U_{nma} 及 $0.75U_{nmA}$ 下的泄滑电流。测量时将试品的一端与其余并联在一起的限压器解开，如果电压较高，则还需要在施加高电压端周围采取绝缘隔高措（如用环氧板隔高等）。

二、触发型间隙

触发型间隙的试验项目、周期和要求见表27－2。

表 27－2　　　　**触发型间隙的试验项目、周期和要求**

序号	项　目	周　期	判　　据	方 法 及 说 明
1	分压电容器漏油检查及其电容值测量	(1) ≤6年。 (2) 必要时	通过测量电容值计算均压电容器的分压比，并与原计算值对比，若变化超过了5%，则应重新调整间隙距高	用电桥法或其他专用仪器测量
2	绝缘支柱和绝缘套管绝缘电阻测量	(1) ≤6年。 (2) 必要时	绝缘支柱和绝缘套管的绝缘电阻不应低于500MΩ	采用2500V绝缘电阻表测量
3	放电间际距离检查	(1) ≤6年。 (2) 必要时	应符合产品技术文件要求	
4	触发间隙绝缘电阻测量	(1) ≤6年。 (2) 必要时	绝缘电阻不应低于2500MΩ	采用2500V绝缘电阻表测量
5	限流电阻值测量	(1) ≤6年。 (2) 必要时	应符合产品技术文件要求	
6	套管电容测量	(1) ≤6年。 (2) 必要时	应符合产品技术文件要求	

续表

序号	项 目	周 期	判 据	方法及说明
7	触发回路试验	(1) ≤6年。 (2) 必要时	可靠触发	检查二次回路触发信号，从保护出口到脉冲变出口。 触发回路试验：在电压同步回路的输入端施加50Hz交流电压，从串补控制保护小室进行点火试验。当施加的同步电压低于触发门槛电压值90%时，点火试验时触发装置应可靠不点火：当施加的同步电压高于触发门槛电压值时，点火试验时触发回路应可靠点火
8	电压同步回路检查	(1) ≤6年。 (2) 必要时	应符合产品技术文件要求	
9	触发间隙耐压试验	必要时	触发间隙的工频耐压试验值不低于保护水平的1.05倍，持续1min	触发间隙耐压试验及强迫触发电压测量：利用交流电压源对触发间隙施加1.05倍保护水平的电压，持续1min，然后将电压降至1.8倍电容器组额定电压，在控制保护后台进行手动触发，触发间隙应动作。试验前应拆除火花间隙相对高压侧接线，试验后恢复接线
10	触发间隙强迫触发电压测量[②]	必要时	记录触发间隙强迫触发电压，不高于电容器组额定电压的1.8倍，且应符合产品技术文件要求	

三、阻尼装置

(1) 阻尼装置分为间隙串电阻型阻尼支路和MOV串电阻型阻尼支路，其试验项目、周期和要求见表27-3。

表27-3 间隙串电阻型阻尼电阻支路和MOV串电阻型阻尼电阻支路的试验项目、周期和要求

序号	项 目	间隙串电阻型阻尼电阻支路		MOV串电阻型阻尼电阻支路	
		周 期	要 求	周 期	要 求
1	所有部件外观检查	(1) ≤6年。 (2) 必要时	无破损，无异常	(1) ≤6年。 (2) 必要时	外观完好损伤
2	电阻值测量	(1) ≤6年。 (2) 必要时	出厂值相差在±5%范围内	(1) ≤6年。 (2) 必要时	采用2500V绝缘电阻表测量，不应低于500MΩ
3	阻尼电阻器间隙外观检查及间隙距离测量	(1) ≤6年。 (2) 必要时	外观无烧蚀，距离变化不超过±5%。如有需要，打磨电极烧痕		
4	MOV直流nmA下的参考电压$U_{n\mathrm{mA}}$及$0.75U_{n\mathrm{mA}}$下的泄漏电流测量			(1) ≤6年。 (2) 必要时	(1) $U_{n\mathrm{mA}}$实测值与初值或制造厂规定值比较，变化不大于±5%。 (2) $0.75U_{n\mathrm{mA}}$下的泄漏电流不大于50uA/柱

注 阻尼装置中MOV的在直流nmA下的参考电压$U_{n\mathrm{mA}}$及$0.75U_{n\mathrm{mA}}$下的泄漏电流的试验仪器和方法参考金属氧化物限压器的试验执行。

(2) 阻尼电抗器的试验项目、周期和要求同干式电抗器的规定。

四、电阻分压器

电阻分压器的试验项目、周期和要求见表27-4。

表27-4　电阻分压器的试验项目、周期和要求

序号	项　目	周　期	判　据	方法及说明
1	高压臂对串补平台的绝缘电阻检查	(1) ≤6年。 (2) 必要时	绝缘电阻不应小于500MΩ	采用1000V绝缘电阻表测量
2	分压电阻一、二次侧阻值测量	(1) ≤6年。 (2) 必要时	与出厂值相差在±0.5%范围内	
3	电阻比检测	必要时	应符合产品技术文件要求	应符合产品技术文件要求

注　固定串补通常不需要电阻分压器。

五、电流互感器

电流互感器的试验项目、周期和要求见表27-5。

表27-5　电流互感器的试验项目、周期和要求

序号	项　目	周　期	判　据	方法及说明
1	绕组绝缘电阻测量	(1) ≤6年。 (2) 必要时	绕组间及其对地绝缘电阻不应小于100MΩ	采用1000V绝缘电阻表测量
2	变比检查	必要时	与制造厂提供的铭牌标志相符合	
3	外观检查	必要时	外观无损伤，无异常	

六、串补平台

串补平台的试验项目、周期和要求见表27-6。

表27-6　串补平台的试验项目、周期和要求

序号	项　目	周　期	判　据	方法及说明
1	所有部件及结构连接的外观检查	必要时	无锈蚀、无异常	
2	对支撑绝缘子垂直度进行检查	(1) ≤6年。 (2) 必要时	应符合产品技术文件要求	若偏差超标，需要重新调整平台结构接件
3	斜拉绝缘子串的预紧力检查	必要时	应符合产品技术文件要求	若预拉力超标，需要重新调整平台结构连接件

七、光纤柱

光纤柱的试验项目，周期和要求见表27-7。

表 27－7　光纤柱的试验项目，周期和要求

序号	项　目	周　期	判　据	方法及说明
1	外观检查	必要时	光纤柱外部绝缘不应有损伤	
2	松紧度检查	（1）不超过 6 年。 （2）必要时	光纤柱除承受自身重力外，承受的其他拉力应符合产品技术文件要求	
3	绝缘电阻测量	（1）不超过 6 年。 （2）必要时	绝缘电阻不应低于 500MΩ	采用 2500V 绝缘电阻表测量

第三节　可控串补装置一次设备

一、晶闸管阀及阀室

晶闸管阀及阀室的试验项目、周期和要求见表 27－8。

表 27－8　晶闸管阀及阀室的试验项目、周期和要求

序号	项　目	周　期	判　据	方法及说明
1	所有部件外观检查	必要时	外观完好	
2	均压电路的电阻值、电容值测量	（1）不超过 6 年。 （2）必要时	超过±5%出厂值，则必须更换	
3	阀室外观检查	必要时	外观完好	
4	通风系统检查	必要时	通风正常	

二、晶闸管阀控电抗器

晶闸管阀控电抗器的试验项目、周期和要求按照 GB/T 1094.6 执行。

三、冷却水绝缘子

冷却水绝缘子的试验项目、周期和要求见表 27－9。

表 27－9　冷却水绝缘子的试验项目、周期和要求

序号	项　目	周　期	判　据	方法及说明
1	外观检查	必要时	不应有渗水、漏水现象	
2	绝缘电阻测量	（1）不超过 6 年。 （2）必要时	绝缘电阻不应低于 500MΩ	采用 2500V 绝缘电阻表测量

四、密闭式水冷却系统

密闭式水冷却系统的试验项目、周期和要求按照 DL/T 1010.5 执行。

第二十八章　电　除　尘　器

第一节　概　　述

一、电除尘器的作用和结构

火力发电厂锅炉烟气通过电除尘器主体结构前的烟道时，使其烟尘带正电荷，然后烟气进入设置多层阴极板的电除尘器通道。由于带正电荷烟尘与阴极电板的相互吸附作用，使烟气中的颗粒烟尘吸附在阴极上，定时打击阴极板，使具有一定厚度的烟尘在自重和振动的双重作用下跌落在电除尘器结构下方的灰斗中，从而达到清除烟气中烟尘的目的。

电除尘器主要由电气部分和本体部分组成。

高压供电装置的功能是向电场提供高压直流电源，从而产生电晕使粉尘荷电，以达到除尘的目的。我国通常采用可控硅自动控制高压硅整流器，它将工频交流电转换成高压直流电并进行火花频率控制。

低压控制装置包括温度检测、恒温加热控制、振打周期控制、灰位指示控制、高低位报警控制和自动卸灰控制、检修门的安全连锁控制等装置，这些都是电除尘器能够长期、安全、可靠运行必不可少的保证。

烟气的整个除尘过程都是在电除尘器的内部进行的这部分是电除尘器最重要的组成部分，称之为电除尘器的本体部分。本体部分是一个较为复杂的结构，主要包含支撑钢结构、进出口喇叭、壳体、阴极系统、阳极系统、灰斗、楼梯平台等。

阴极系统中的极线采用芒针尖端放电的形式增加放电效果，且在正常运行中不易粘灰，不易断线，更为有效地保证了电晕的产生，使粉尘更易荷电。而阳极系统中的极板排则采用获得专利技术的 MODULOCKOR 型极板机械扣合而成，为粉尘的收集提供较大的有效面积。阳极排是荷电粉尘沉积的重要部件，与阴极系统共同组成一个完整的电场阴阳极系统，是电除尘器中最关键的部件，直接关系着除尘效率。

阴阳级系统都配有独立的振打清灰系统，一般电除尘器的振打清灰多采用顶部振打的方式。顶部振打器需使电极获得足够大的加速度，且在整排阳极板及整排阴极框架上的加速度都能得到充分的传递，使极板、极线上每点的振打加速度均大于根据粉尘比电阻测定的使粉尘从极板上脱落的最小振打加速度，并恰到好处，不损坏电极，能满足清灰要求，且不产生二次飞扬。

二、电除尘器的主要组成部分的试验项目

电除尘器的主要组成部分有高压硅整流变压器、低压电抗器、绝缘支撑及连接元件、

高压直流电缆、开关柜及通用电气部分等，其试验项目主要包括如下内容：

(1) 高压硅整流变压器的试验项目：

1) 绝缘油试验。

2) 油中溶解气体分析。

3) 高压绕组对低压绕组绝缘电阻。

4) 低压绕组的绝缘电阻。

5) 硅整流元件及高压套管对地的绝缘电阻。

6) 穿芯螺杆对地的绝缘电阻。

7) 高、低压绕组的直流电阻。

8) 电流、电压取样电阻。

9) 各桥臂正、反向电阻值。

10) 空载升压。

(2) 低压电抗器的试验项目：

1) 穿心螺杆对地的绝缘电阻。

2) 绕组对地的绝缘电阻。

3) 绕组各抽头的直流电阻。

4) 变压器油击穿电压。

(3) 绝缘支撑及连接元件的试验项目：

1) 绝缘电阻。

2) 耐压试验。

(4) 高压直流电缆的试验项目：

1) 绝缘电阻。

2) 直流耐压并测量泄漏电流。

(5) 电除尘器本体壳体对地网的连接电阻一般小于1Ω。

(6) 高、低压开关柜及通用电气部分按有关章节内容执行。

第二节 高压硅整流变压器

高压硅整流变压器的试验项目、周期和要求见表28-1。

表28-1 高压硅整流变压器的试验项目、周期和要求

序号	项 目	周 期	判 据	方法及说明
1	绝缘油试验	(1) 1年。 (2) A级检修后	见《规程》第15章表48中序号1、2、3、6、9	
2	油中溶解气体分析	(1) A、B级检修后。 (2) 1年	见《规程》第6章表5中序号1，注意值自行规定	
3	高压绕组对低压绕组及对地的绝缘电阻	(1) A、B级检修后。 (2) 必要时	>500MΩ	采用2500V绝缘电阻表

续表

序号	项　目	周　期	判　据	方法及说明
4	低压绕组的绝缘电阻	(1) A、B级检修后。 (2) 必要时	>300MΩ	采用1000V绝缘电阻表
5	硅整流元件及高压套管对地的绝缘电阻	(1) A、B级检修后。 (2) 必要时	>2000MΩ	
6	穿芯螺杆对地的绝缘电阻	(1) A、B级检修后。 (2) 必要时	不作规定	
7	高、低压绕组的直流电阻	(1) A级检修后。 (2) 必要时	与出厂值相差不超出±2%范围	换算到75℃
8	电流、电压取样电阻	(1) A级检修后。 (2) 必要时	偏差不超出规定值的±5%	
9	各桥臂正、反向电阻值	(1) A级检修后。 (2) 必要时	桥臂间值相差小于10%	
10	空载升压	(1) A级检修后。 (2) 必要时	输出1.5U_n，保持1min，应无闪络，无击穿现象，并记录空载电流	不带电除尘器电场

第三节　低压电抗器

低压电抗器的试验项目、周期和要求见表28－2。

表28－2　　低压电抗器的试验项目、周期和要求

序号	项　目	周　期	判　据	方法及说明
1	穿心螺杆对地的绝缘电阻	(1) A、B级检修时。 (2) 必要时	不作规定	
2	绕组对地的绝缘电阻	(1) A、B级检修时。 (2) 必要时	>300MΩ	
3	绕组各抽头的直流电阻	(1) A级检修时。 (2) 必要时	与出厂值相差不超出±2%范围	换算到75℃
4	变压器油击穿电压	(1) A级检修时。 (2) 必要时	>20kV	参照表48序号9

第四节　绝缘支撑及连接元件

绝缘支撑及连接元件的试验项目、周期和要求见表28－3。

表 28-3 绝缘支撑及连接元件的试验项目、周期和要求

序号	项 目	周 期	判 据	方法及说明
1	绝缘电阻	(1) A、B级检修时。 (2) 必要时	>500MΩ	采用2500V绝缘电阻表
2	耐压试验	(1) A级检修时。 (2) 必要时	直流100kV或交流72kV，保持1min无闪络	

第五节 高压直流电缆

高压直流电缆的试验项目、周期和要求见表28-4。

表 28-4 高压直流电缆的试验项目、周期和要求

序号	项 目	周 期	判 据	方法及说明
1	绝缘电阻	(1) A、B级检修时。 (2) 必要时	>1500MΩ	采用2500V绝缘电阻表
2	直流耐压并测量泄漏电流	(1) A级检修时。 (2) 必要时	电缆工作电压的1.7倍，10min，当电缆长度小于100m时，泄漏电流般小于30μA	

复 习 题

1. 火力发电厂电除尘器的作用是什么？
2. 电除尘器的主要组成部分有哪些？
3. 电除尘器高压硅整流变压器的试验项目有哪些？
4. 低压电抗器的试验项目有哪些？
5. 绝缘支撑及连接元件的试验项目有哪些？
6. 电除尘器中的高压直流电缆的试验项目有哪些？

附　　录

附录一　电力设备预防性试验规程

（DL/T 596—2021）

1　范围

本文件规定了运行中交流电力设备预防性试验的项目、周期、判据和方法等要求。

本文件适用于750kV及以下的交流电力设备。

2　规范性引用文件

下列文件中的内容通过文件的规范性引用而构成本文必不可少的条款。其中，注日期的引用文件，仅该日期对应的版本适用于本文件；不注日期的引用文件，其最新版本（包括所有的修改单）适用于本文件。

GB 264　石油产品酸值测定法

GB 2536　电工流体　变压器和开关用的未使用过的矿物绝缘油

GB 11032　交流无间隙金属氧化物避雷器

GB 50150　电气装置安装工程电气设备交接试验标准

GB/T 261　闪点的测定　宾斯基-马丁闭口杯法

GB/T 311.1　绝缘配合　第1部分：定义、原则和规则

GB/T 507　绝缘油击穿电压测定法

GB/T 511　石油和石油产品及添加剂机械杂质测定法

GB/T 1029　三相同步电机试验方法

GB/T 1094.3　电力变压器　第3部分：绝缘水平、绝缘试验和外绝缘空气间隙

GB/T 1094.6　电力变压器　第6部分：电抗器

GB/T 1094.10　电力变压器　第10部分：声级测定

GB/T 1094.11　电力变压器　第11部分：干式变压器

GB/T 5654　液体绝缘材料工频相对介电常数、介质损耗因数和体积电阻率的测量

GB/T 6541　石油产品油对水界面张力测定法（圆环法）

GB/T 7598　运行中变压器油、汽轮机油水溶性酸测定法（比色法）

GB/T 7600　运行中变压器油和汽轮机油水分含量测定法（库仑法）

GB/T 7601　运行中变压器油、汽轮机油水分测定法（气相色谱法）

GB/T 8349　金属封闭母线

GB/T 12022　干式电力变压器技术参数和要求

GB/T 12022　工业六氟化硫

GB/T 14542　运行变压器油维护管理导则

GB/T 20140　隐极同步发电机定子绕组端部动态特性和振动测量方法及评定

GB/T 20160　旋转电机绝缘电阻测试

GB/T 20840.8　互感器　第8部分：电子式电流互感器

GB/T 26218.1	污秽条件下使用的高压绝缘子的选择和尺寸确定　第1部分：定义、信息和一般原则
GB/T 32508	绝源油中腐蚀性硫（二苄基二硫醚）定量检测方法
DL/T 298	发电机定子绕组端部电晕检测与评定导则
DL/T 303	电网在役支柱绝缘子及瓷套超声波检验技术导则
DL/T 393	输变电设备状态检修试验规程
DL/T 415	带电作业用火花间隙检测装置
DL/T 421	绝缘油体积电阻率测量法
DL/T 423	绝缘油中含气量测量　真空压差法
DL/T 432	电力用油中颗粒污染度测量方法
DL/T 474.3	现场绝缘试验实施导则　第3部分：介质损耗因数 $\tan\delta$ 试验
DL/T 475	接地装置特性参数测量导则
DL/T 492	发电机环氧云母定子绕组绝缘老化鉴定导则
DL/T 506	六氟化硫电气设备中绝缘气体湿度测量方法
DL/T 540	气体继电器检验规程
DL/T 574	变压器分接开关运行维修导则
DL/T 580	用露点法测定变压器绝缘纸中平均含水量的方法
DL/T 593	高压开关设备和控制设备标准的共用技术要求
DL/T 621	交流电气装置的接地
DL/T 626	劣化悬式绝缘子检测规程
DL/T 664	带电设备红外诊断应用规范
DL/T 722	变压器油中溶解气体分析和判断导则
DL/T 815	交流输电线路用复合外套金属氧化物避雷器
DL/T 887	杆塔工频接地电阻测量
DL/T 911	电力变压器绕组变形的频率响应分析法
DL/T 916	六氟化硫气体酸度测定法
DL/T 918	六氟化碳气体中可水解氟化物含量测定法
DL/T 919	六氟化硫气体中矿物油含量测定法（红外光谱分析法）
DL/T 920	六氟化硫气体中空气、四氟化碳的气相色谱测定法
DL/T 941	运行中变压器用六氟化硫质量标准
DL/T 984	油浸式变压器绝缘老化判断导则
DL/T 1000.1—2018	标称电压高于1000V架空线路绝缘子使用导则　第1部分：交流系统用瓷或玻璃绝缘子
DL/T 1000.3—2015	标称电压高于1000V架空线路用绝缘子使用导则　第3部分：交流系统用棒形悬式复合绝缘子
DL/T 1010.5	高压静止无功补偿装置　第5部分：密封式水冷装置
DL/T 1093	电力变压器绕组变形的电抗法检测判断导则
DL/T 1095	变压器油带电度现场测试导则
DL/T 1430—2015	变电设备在线监测系统技术导则
DL/T 1474	标称电压高于1000V交、直流系统用复合绝缘子憎水性测量方法
DL/T 1522	发电机定子绕组内冷水系统水流量超声波测量方法及评定导则
DL/T 1524	发电机红外检测方法及评定导则

DL/T 1525　　　　隐极同步发电机转子匝间短路故障诊断导则
DL/T 1612　　　　发电机定子绕组手包绝缘施加直流电压测量方法及评定导则
JB/T 6204　　　　高压交流电机定子线圈及绕组绝缘耐电压试验规范
JB/T 6227　　　　氢冷电机气密封性检验方法及评定
JB/T 6228　　　　汽轮发电机绕组内部水系统检验方法及评定
JB/T 6229　　　　隐极同步发电机转子气体内冷通风道检验方法及限值
JB/T 10549　　　 SF_6 气体密度继电器和密度表　通用技术条件
NB/SH/T0802　　　绝缘油中 2，6-二叔丁基对甲酚的测定　红外光谱法
NB/SH/T0810　　　绝缘液在电场和电离作用下析气性测定法
NB/SH/T0812　　　矿物绝缘油中 2-糠醛及相关组分测定法

3　术语和定义

DL/T 1430—2015　界定的以及下列术语和定义适用于本文件。

3.1

预防性试验　preventive test

为了发现运行中设备的隐患，预防发生事故或设备损坏，对设备进行的检查、试验或监测。预防性试验包括停电试验、带电检测和在线监测。

3.2

停电试验　outage test

在退出运行的条件下，由作业人员在现场对设备状态进行的各种检测与试验。

注：对设备中定期开展的停电试验，称为例行停电试验。

3.3

在线监测　on-line monitoring

在不停电情况下，对电力设备状况进行连续或周期性的自动监视检测。

[DL/T 1430—2015，术语 3.1]

3.4

带电检测　energized test

在运行状态下对设备状态量进行的现场检测，也包括取油样或气样进行的试验。一般采用便携式检测设备进行短时间的检测，有别于连续或周期性的在线监测。

注：D 级检修时进行带电检测。

3.5

初值　initial value

可以是出厂值、交接试验值、早期试验值、设备核心部件或主体进行解体性检修之后的首次试验值等。初值差定义为：(当前测量值－初值)/初值×100％。

3.6

绝缘电阻　insulation resistance

在绝缘结构的两个电极之间施加的直流电压值与流经该对电极的泄流电流值之比。常用绝级电阻表直接测得绝缘电阻值。若无说明，均指加压 1min 时的测得值。

3.7

吸收比　absorption ratio

在同一次试验中，1min 时的绝缘电阻值与 15s 时的绝缘电阻值之比。

3.8

极化指数　polarization Index

在同一次试验中，10min 时的绝缘电阻值与 1min 时的绝缘电阻值之比。

3.9

检修等级　maintenance grades

以电力设备检修规模和停用时间为原则，分为 A、B、C、D 四个等级。其中 A、B、C 级是停电检修，D 级主要是不停电检修。

3.10

A 级检修　A Class maintenance

电力设备整体性的解体检查、修理、更换及相关试验。

注：A 级检修时进行的相关试验，也包含所有 B 级停电试验项目。

3.11

B 级检修　B class maintenance

电力设备局部性的检修，主要组件、部件的解体检查、修理、更换及相关试验。

注：B 级检修时进行的相关试验，也包括所有例行停电试验项目。

3.12

C 级检修 C　Class Maintenance

电力设备常规性的检查、试验、维修，包括少量零件更换、消缺、调整和停电试验等。

注：C 级检修时进行的相关试验即例行停电试验。

3.13

D 级检修 D　Class Maintenance

电力设备外观检查、简单消缺和带电检测。

3.14

挤出绝缘电力电缆　power cable with extruded insulation

绝缘采用挤出工艺的电力电缆，如聚乙烯、交联聚乙烯、聚氯乙烯绝缘和乙丙橡胶绝缘等电力电缆。

3.15

年劣化率　annual aging rate

在某一运行年限内，某一区域该批绝缘子出现劣化绝缘子片数（支数）与检测绝缘子片数（支数）的比值。它通常以百分数表示，并按式（1）计算。

$$A_i = \frac{x_i}{x} \times 100\% \tag{1}$$

式中：

A_i——年劣化率（%）；

x_i——第 i 年劣化绝缘子片数或支数；

x——检测绝缘子片数或支数。

3.16

年均劣化率　annual average aging rate

在一定运行年限内，某一区域该批绝缘子出现劣化绝缘子片数（支数）的和与运行年限及检测绝缘子片数（支数）的比值。它通常以百分数表示，并按式（2）计算。

$$A_n = \frac{\sum_{i=1}^{n} x_i}{xn} \times 100\% \tag{2}$$

式中：

A_n——年均劣化率（%）；

x_i——第 i 年劣化绝缘子片数或支数；

n——运行年限（年）；

x——检测绝缘子片数或支数。

4　总则

4.1　本文件规定的各类设备试验的项目、周期、方法和判据是电力设备绝缘监督工作的基本要求。

4.2　试验结果应与该设备历次试验结果相比较，与同类设备试验结果相比较，参照相关的试验结果，根据变化规律和趋势，进行全面分析后做出判断。

4.3　在进行电气试验前，应进行外观检查，保证设备外观良好，无损坏。

4.4　一次设备交流耐压试验，凡无特殊说明，试验值一般为有关设备出厂试验电压的80%，加至试验电压后的持续时间均为1min，并在耐压前后测量绝缘电阻；二次设备及回路交流耐压试验，可用2500V绝缘电阻表测绝缘电阻代替。

4.5　充油电力设备在注油后应有足够的静置时间才可进行耐压试验。静置时间如无产品技术要求规定，则应依据设备的额定电压满足以下要求：

750kV	>96h
500kV	>72h
220kV及330kV	>48h
110kV及以下	>24h

4.6　充气电力设备在解体检查后在充气后应静置24h才可进行水分含量试验。

4.7　进行耐压试验时，应将连在一起的各种设备分离开来单独试验（制造厂装配的成套设备不在此限），但同一试验电压的设备可以连在一起进行试验。已有单独试验记录的若干不同试验电压的电力设备，在单独试验有困难时，也可以连在一起进行试验，此时，试验电压应采用所连接设备中的最低试验电压。

4.8　当电力设备的额定电压与实际使用的额定工作电压不同时，应根据下列原则确定试验电压：

a）当采用额定电压较高的设备以加强绝缘时，应按照设备的额定电压确定其试验电压；

b）当采用额定电压较高的设备作为代用设备时，应按照实际使用的额定工作电压确定其试验电压；

c）为满足高海拔地区的要求而采用较高电压等级的设备时，应在安装地点按实际使用的额定工作电压确定其试验电压。

4.9　在进行与温度和湿度有关的各种试验（如测量直流电阻、绝缘电阻、介质损耗因数、泄漏电流等）时，应同时测量被试品的温度和周围空气的温度和湿度。进行绝缘试验时，被试品温度不应低于5℃，户外试验应在良好的天气进行，且空气相对湿度一般不高于80%。

4.10　在进行直流高压试验时，应采用负极性接线。

4.11　330kV及以上新设备投运1年内或220kV及以下新设备投运2年内应进行首次预防性试验。首次预防性试验日期是计算试验周期的基准日期（计算周期的起始点），宜将首次试验结果确定为试验项目的初值，作为以后设备纵向综合分析的基础。

4.12　新设备经过交接试验后，330kV及以上超过1年投运的或220kV及以下超过2年投运的，投运前宜重新进行交接试验；停运6个月以上重新投运的设备，应进行预防性试验（例行停电试验）；设备投运1个月内宜进行一次全面的带电检测。

4.13　现场备用设备应按运行设备要求进行预防性试验。

4.14　检测周期中的“必要时”是指怀疑设备可能存在缺陷需要进一步跟踪诊断分析，或需要缩短试验周期的，或在特定时期需要加强监视的，或对带电检测、在线监测需要进一步验证的情况等。

4.15　500kV及以上电气设备停电试验宜采用不拆引线试验方法，如果测量结果与历次比较有明显差别或超过本文件规定的标准，应拆引线进行验证性试验。

4.16　有条件进行带电检测或在线监测的设备应积极开展带电检测或在线监测。当发现问题时，应通过多种带电检测或在线监测检测手段验证，必要时开展停电试验进一步确认；对于成熟的带电检测或在线监测项目（如：变压器油中溶解气体、铁心接地电流、MOA阻性电流和容型设备电容量和相对介质损耗因数等）判断设备无异常的，可适当延长停电试验周期。

4.17　执行本规程时，可根据具体情况制定本地区或本单位的实施规程。

5　旋转电机

5.1　同步发电机和调相机

容量为6000kW及以上的同步发电机、调相机的试验项目、周期和要求见表1，6000kW以下者可参照执行。

表1　　容量为6000kW及以上的同步发电机、调相机的试验项目、周期和要求

序号	项　目	周　期	判　据	方法及说明
1	定子绕组绝缘电阻、吸收比或极化指数	1）C级检修时； 2）A级检修前、后； 3）必要时	1）绝缘电阻值自行规定，可参照产品技术文件要求或GB/T 20160； 2）各相或各分支绝缘电阻值的差值不应大于最小值的100%； 3）吸收比或极化指数：环氧粉云母绝缘吸收比不应小于1.6或极化指数不应小于2.0；其他绝缘材料参照产品技术文件要求； 4）对汇水管死接地的电机宜在无水情况下进行，在有水情况下应符合产品技术文件要求；对汇水管非死接地的电机，测量时应消除水的影响	1）额定电压为1000V以上者，采用2500V绝缘电阻表；额定电压为20000V及以上者，可采用5000V绝缘电阻表，量程不宜低于10000MΩ。 2）水内冷发电机汇水管有绝缘者应使用专用绝缘电阻表，汇水管对地电阻及对绕组电阻应满足专用绝缘电阻表使用条件，汇水管对地电阻可以用数字万用表测量。 3）200MW及以上机组推荐测量极化指数
2	定子绕组直流电阻	1）不超过3年； 2）A级检修时； 3）必要时	各相或各分支的直流电阻值，在校正了由于引线长度不同而引起的误差后，相互之间的差别不得大于最小值的2%。换算至相同温度下初值比较，相差不得大于最小值的2%。超出此限值者，应查明原因	1）在冷态下测量时，绕组表面温度与周围空气温度之差不应大于±3℃； 2）相间（或分支间）差别及其历年的相对变化大于1%时，应引起注意； 3）分支数较多的水轮发电机组可在A、B级检修及必要时时测量
3	定子绕组泄漏电流和直流耐压	1）不超过3年； 2）A级检修前、后； 3）更换绕组后； 4）必要时	1）额定电压为27000V及以下的电机试验电压如下： a）全部更换定子绕组并修好后的试验电压为$3.0U_N$； b）局部更换定子绕组并修好后的试验电压为$2.5U_N$； c）A级检修前且运行20年及以下者的试验电压为$2.5U_N$； d）A级检修前且运行20年以上与架空线直接连接者的试验电压为$2.5U_N$；	1）检修前试验，应在停机后清除污秽前，尽量在热态下进行。氢冷发电机在充氢条件下试验时，氢纯度应在96%以上，严禁在置换过程中进行试验； 2）试验电压按每级$0.5U_N$分阶段升高，每阶段停留1min； 3）不符合1）、2）要求之一者，应尽可能找出原因并消除，但并非不能运行； 4）泄漏电流随电压不成比例显著增长时，应注意分析；

续表

序号	项　目	周　期	判　据	方法及说明
3	定子绕组泄漏电流和直流耐压	1）不超过3年； 2）A级检修前、后； 3）更换绕组后； 4）必要时	e）A级检修前且运行20年以上不与架空线直接连接者的试验电压为（2.0～2.5）U_N； f）A级检修后或其他检修时的试验电压为2.0U_N。 2）在规定的试验电压下，各相泄漏电流之间的差别不应大于最小值的100%；最大泄漏电流在20μA以下者，可不考虑各相泄漏电流之间的差别； 3）泄漏电流不随时间的延长而增大	5）试验应采用高压屏蔽法接线，微安表接在高压侧；必要时可对出线套管表面加以屏蔽。水内冷发电机汇水管有绝缘者，应采用低压屏蔽法接线；汇水管死接地者，应尽可能在不通水和引水管吹净条件下进行试验。冷却水质应满足产品技术文件要求，如有必要，应尽量降低内冷水电导率； 6）对汇水管直接接地的发电机在不具备做直流泄漏试验的条件下，可在通水条件下进行直流耐压试验，总电流不应突变
4	定子绕组工频交流耐压	1）A级检修前； 2）更换绕组后	1）全部更换定子绕组并修好后的电机，试验电压如下： a）对于容量小于10MVA且额定电压不低于380V的，其试验电压为2U_N+1000V，但最低为1500V； b）对于容量不小于10MVA的： 当其额定电压小于6kV时；试验电压为2.5U_N； 当其额定电压不小于6kV且不大于24kV时，试验电压为2U_N+1000V； 当其额定电压大于24kV时，试验电压为2U_N+1000V，或按设备供货协议执行。 2）A级检修前或局部更换定子绕组并修好后的电机，试验电压为： a）对于运行20年及以下者，试验电压为1.5U_N； b）对于运行20年以上与架空线路直接连接者，试验电压为1.5U_N； c）对于运行20年以上不与架空线路直接连接者，试验电压为（1.3～1.5）U_N	1）检修前的试验，应在停机后清除污秽前，尽可能在热态下进行。处于备用状态时，可在冷状态下进行。氢冷发电机在充氢条件下试验时，氢纯度应在96%以上，严禁在置换过程中进行试验； 2）水内冷电机宜在通水的情况下进行试验，冷却水质应满足制造厂技术说明书中相应要求； 3）在采用变频谐振耐压时，试验频率应在45Hz～55Hz范围内； 4）全部或局部更换定子绕组的工艺过程中的试验电压见附录A、附录B； 5）如采用超低频（0.1Hz）耐压，试验电压峰值为工频试验电压峰值的1.2倍
5	转子绕组绝缘电阻	1）B、C级检修时； 2）A级检修中转子清扫前、后； 3）必要时	1）绝缘电阻值不宜小于0.5MΩ； 2）水内冷转子绕组绝缘电阻值不宜小于5kΩ	1）采用1000V绝缘电阻表测量。转子水内冷发电机用250～500V绝缘电阻表； 2）对于300MW以下的隐极式电机，当转子绕组未干燥完毕时，如果转子绕组的绝缘电阻值在75℃时不小于2kΩ，或在20℃时不小于20kΩ，在排除转子绕组有接地的前提下，允许转子绕组投入运行； 3）对于300MW及以上的隐极式电机，转子绕组的绝缘电阻值在10℃～30℃时不小于0.5MΩ

续表

序号	项 目	周 期	判 据	方法及说明
6	转子绕组直流电阻	1）A级检修时； 2）必要时	与初值比较，换算至同一温度下其差别不宜超过2%	1）在冷态下进行测量； 2）显极式转子绕组还应对各磁极线圈间的连接点进行测量； 3）对于频繁启动的燃气轮机发电机，应在A、B、C级检修时测量不同角度的转子绕组直流电阻
7	转子绕组交流耐压	1）凸极式转子A级检修时和更换绕组后； 2）隐极式转子拆卸护环后，局部修理槽内绝缘和更换绕组后	1）对于凸极式和隐极式转子全部更换绕组并修好后的电机，当其额定励磁电压为500V及以下者，试验电压为$10U_N$，但不低于1500V；当其额定励磁电压为500V以上者，试验电压为$2U_N+4000V$； 2）对于凸极式转子A级检修时及局部更换绕组并修好后的电机，试验电压为$5U_N$，但不低于1000V，不大于2000V； 3）对于隐极式转子局部修理槽内绝缘后及局部更换绕组并修好后的电机，试验电压为$5U_N$，但不低于1000V，不大于2000V	1）隐极式转子拆卸护环只修理端部绝缘时，可用2500V绝缘电阻测试仪测绝缘电阻代替； 2）同步发电机转子绕组全部更换绝缘时的交流试验电压按产品技术文件要求执行
8	发电机和励磁机的励磁回路所连接设备（不包括发电机转子和励磁机电枢）的绝缘电阻	1）A、B、C级检修时； 2）必要时	绝缘电阻值不应低于0.5MΩ，否则应查明原因并消除	1）A级检修时用2500V绝缘电阻表； 2）B、C级检修时用1000V绝缘电阻表
9	发电机和励磁机的励磁回路所连接的设备（不包括发电机转子和励磁机电枢）交流耐压	A级检修时	试验电压为1000V	可用2500V绝缘电阻表测绝缘电阻代替
10	定子铁心磁化试验GB 20835	1）重新组装或更换、修理硅钢片后； 2）必要时	1）折算至规定的磁密和时间下，铁心相同部位（齿或槽）的最高温升不应大于25K、最大温差不应大于15K； 2）对运行年久的电机，应根据历史数据自行规定	1）水轮发电机的磁通密度应为1.0T，不宜低于0.9T；汽轮发电机的磁通密度应在1.4T，不宜低于1.26T，在磁通密度为1.4T下持续时间为45min。当试验时的磁通密度与要求的磁通密度不相等时，应改变试验持续时间，持续试验时间与磁密折算方法见附录C.1。对直径较大的水轮发电机试验时应注意校正由于磁通密度分布不均匀所引起的误差； 2）受现场条件限制时，在磁通密度为1T下持续试验时间为90min；

续表

序号	项　目	周　期	判　据	方法及说明
10	定子铁心磁化试验 GB 20835			3）铁心磁化试验比损耗及试验数据修正折算方法见附录 C； 4）采用红外成像仪进行温度测量； 5）定子铁心初始温度和环境温度温差应不超过 5K； 6）对于铁心局部故障修理后或者需查找铁心局部缺陷的电机，可使用电磁式定子铁心检测仪通小电流法对铁心局部进行检测，推荐判定标准参见附录 D，但最终判断依据为全磁通方法
11	发电机组和励磁机轴承绝缘电阻	A 级检修时	1）汽轮发电机组的轴承不得低于 0.5MΩ； 2）所有类型的水轮发电机，凡有绝缘的导轴承，油槽充油前，每一轴瓦的绝缘电阻不应低于 100MΩ； 3）立式水轮发电机组的推力轴承每一轴瓦不应低于 100MΩ；油槽充油并顶起转子时，不应低于 0.3MΩ；轴瓴绝缘的水轮发电机上端轴瓴采用 250V 绝缘电阻表测量时，不应低于 1MΩ；	在安装好油管后，汽轮发电机组的轴承绝缘电阻用 1000V 绝缘电阻表进行测量
12	灭磁电阻器（或自同期电阻器）直流电阻	A 级检修时	线性电阻与铭牌或最初测得的数据比较，其差别不应超过 10％	非线性电阻遵照产品技术文件要求执行
13	灭磁开关并联电阻	A 级检修时	与初值比较，应无显著差别	电阻值应分段测量
14	转子绕组的交流阻抗和功率损耗	1）A 级检修时； 2）必要时	1）阻抗和功率损耗值在相同试验条件下与历年数值比较，不应有显著变化； 2）出现以下变化时应注意： a）交流阻抗值与出厂数据或历史数据比较，减小超过 10％； b）损耗与出厂数据或历史数据比较，增加超过 10％； c）当交流阻抗与出厂数据或历史数据比较减小超过 8％，同时损耗与出厂数据或历史数据比较增加超过 8％； d）在转子升速与降速过程中，相邻转速下，相同电压的交流阻抗或损耗值发生 5％以上的突变时	1）隐极式转子在膛外或膛内以及不同转速下测量，显极式转子对每一个磁极绕组测量； 2）每次试验应在相同条件、相同电压下进行，试验电压参考出厂试验和交接试验电压值，但峰值不超过额定励磁电压； 3）本试验可用动态匝间短路监测法或极平衡法试验代替； 4）与历年数值比较，如果变化较大可采用动态匝间短路监测法、重复脉冲法等方法查明转子绕组是否存在匝间短路； 5）测量转速按照 DL/T 1525，转速间隔 300r/min

续表

序号	项　目	周　期	判　据	方法及说明
15	重复脉冲(RSO)法测量转子匝间短路	必要时	评定准则按照 DL/T 1525	试验条件、设备及方法按照 DL/T 1525
16	检温计绝缘电阻	A 级检修时	绝缘电阻值自行规定	用 250V 及以下的绝缘电阻表
17	定子槽部线圈防晕层对地电位	必要时	大于 10V 应引起注意	1）运行中检温元件电位升高、槽楔松动、防晕层损坏或者检修时退出过槽楔时测量； 2）试验时对定子绕组施加额定交流相电压值，用高内阻电压表测量绕组表面对地电压值； 3）有条件时可采用超声法、高频信号法探测槽放电
18	隐极同步发电机定子绕组端部动态特性和振动测量	1）A 级检修时； 2）必要时	1）对于 2 极汽轮发电机，定子绕组端部整体椭圆振型固有频率应避开 95Hz～110Hz 范围，对于 4 极汽轮发电机，定子绕组端部整体 4 瓣振型固有频率应避开 95Hz～110Hz 范围；定子绕组相引线和主引线固有频率应避开 95Hz～108Hz 范围； 2）对引线固有频率不满足 1）中要求的测点，应测量其原点响应比。在需要避开的频率范围内，测得的响应比不大于 0.44m/(s^2·N)； 3）如果整体振型固有频率不满足 1）中的要求，应测量端部各线棒径向原点响应比	1）适用于 200MW 及以上汽轮发电机，200MW 以下的汽轮发电机参照执行； 2）水内冷发电机应尽可能在通水条件下测量； 3）对于引线固有频率不符合要求，且测得的响应比小于 0.44m/(s^2·N）的测点，可不进行处理，响应比大于或等于 0.44m/(s^2·N）的测点，新机应尽量采取措施进行绑扎和加固处理，已运行的发电机应结合历史情况综合分析处理； 4）对于整体振型固有频率不满足要求，且测得响应比小于 0.44m/(s^2·N）的测点，可不进行处理，响应比大于或等于 0.44m/(s^2·N）的测点，建议测量运行时定子绕组端部的振动； 5）测量方法按照 GB/T 20140
19	定子绕组端部手包绝缘施加直流电压测量	1）A 级检修时； 2）现包绝缘后； 3）必要时	1）直流试验电压值为 U_N； 2）现包绝缘后，测量电压限值 1000V，测量泄漏电流限值 10μA； 3）A 级检修时，测量电压限值 2000V，测量泄漏电流限值 20μA	1）本项试验适用于 200MW 及以上的定子水内冷汽轮发电机； 2）应尽可能在通水条件下进行试验； 3）测量时，与微安表串接的电阻阻值为 100MΩ； 4）测量方法按照 DL/T 1612
20	定子绕组内部水系统流通性	1）A 级检修时； 2）必要时	1）超声波流量法：按照 DL/T 1522； 2）热水流法：按照 JB/T 6228	1）本项试验适用于 200MW 及以上的水内冷汽轮发电机； 2）测量时定子内冷水按正常（运行时的）压力循环

续表

序号	项　目	周　期	判　据	方法及说明
21	定子绕组端部电晕	1）A级检修时； 2）必要时	评定准则按照 DL/T 298	检测方法按照 DL/T 298
22	转子气体内冷通风道检验	A级检修时	限值按照产品技术文件要求或JB/T 6229	检验方法按照 JB/T 6229
23	气密性试验	1）A级检修时； 2）必要时	评定准则按照 JB/T 6227	检测方法按照 JB/T6227
24	水压试验	1）A级检修时； 2）必要时	评定准则按照 JB/T 6228	检测方法按照 JB/T6228
25	轴电压	1）A级检修时； 2）必要时	1）汽轮发电机大轴接地端（汽端）的轴承油膜被短路时，大轴非接地端（励端）轴承与机座间的电压应接近等于轴对机座的电压； 2）汽轮发电机大轴非接地端（励端）的轴对地电压不宜大于 20V； 3）水轮发电机可只测量轴对机座电压	1）应在额定转速和额定电压下空载运行时测量，测量时采用高内阻（不小于 100kΩ/V）的交流电压表； 2）如果测得的大轴非接地端（励端）轴承与机座间的电压与轴对机座的电压相差较多，应查明原因； 3）端盖轴承的轴瓦或轴瓴绝缘处未引出线时可不测量该轴承对机座电压
26	环氧云母定子绕组绝缘老化鉴定	1）累计运行时间 20 年以上且运行或预防性试验中绝缘频繁击穿时； 2）必要时	评定准则按照 DL/T 492	试验项目、方法按照 DL/T 492
27	空载特性曲线	1）A级检修后； 2）更换绕组后	1）与制造厂（或以前测得的）数据比较，应在测量误差的范围以内； 2）在额定转速下的定子电压最高值： a）水轮发电机为 $1.3U_N$（带变压器时为 $1.05U_N$，以不超过额定励磁电流为限）； b）汽轮发电机为 $1.2U_N$（带变压器时为 $1.05U_N$）； 3）对于有匝间绝缘的电机最高电压为 $1.3U_N$，持续时间为 5min	1）无启动电动机的同步调相机不做此项试验； 2）对于发电机变压器组，可只做带主变压器的整组空载特性试验
28	三相稳定短路特性曲线	1）更换绕组后； 2）必要时	与制造厂出厂（或以前测得的）数据比较，其差别应在测量误差的范围以内	1）无启动电动机的同步调相机不做此项试验； 2）对于发电机变压器组，可只做带主变压器的整组短路特性试验； 3）最大短路电流不低于额定电流

续表

序号	项　目	周　期	判　据	方法及说明
29	发电机定子开路时灭磁时间常数	更换灭磁开关后	时间常数与出厂试验或更换前相比较应无明显差异	
30	检查相序	改动接线时	应与电网的相序一致	
31	温升试验	1）定、转子绕组更换后； 2）冷却系统改进后； 3）第一次A级检修前； 4）必要时	应符合产品技术文件要求	如对埋入式温度计测量值有怀疑时，用带电测平均温度的方法进行校核
32	效率试验	必要时		试验方法按照GB/T 1029
33	红外测温	按照DL/T 1524	评定准则按照DL/T 1524	检测方法按照DL/T 1524

5.2　交流励磁机

交流励磁机的试验项目、周期和要求见表2，表2中A、B、C、D级检修均指所属发电机或调相机的检修级别。

表2　　**交流励磁机的试验项目、周期和要求**

序号	项　目	周　期	判　据	方法及说明
1	绕组绝缘电阻	A、B、C级检修时	绝缘电阻值不应低于0.5MΩ	1000V以下的交流励磁机，励磁绕组使用500V绝缘电阻表，电枢绕组使用1000V绝缘电阻表测量；1000V及以上者使用2500V绝缘电阻表测量
2	绕组直流电阻	A级检修时	1）各相绕组直流电阻值的相互间差别不超过最小值的2%； 2）励磁绕组直流电阻值与出厂值比较不应有显著差别	
3	绕组交流耐压	A级检修时	试验电压为出厂试验电压的75%	副励磁机的交流耐压试验可用1000V绝缘电阻表测绝缘电阻代替
4	旋转电枢励磁机熔断器直流电阻	A级检修时	直流电阻值与出厂值比较不应有显著差别	
5	可变电阻器或起动电阻器直流电阻	A级检修时	与制造厂数值或最初测得值比较相差不得超过10%	1000V及以上中频发电机应在所有分接头上测量

续表

序号	项　目	周　期	判　据	方法及说明
6	交流励磁机特性	1）更换绕组后； 2）必要时	与制造厂或交接试验数据比较应在测量误差范围内	1）空载特性：测录至出厂或交接试验的试验电压值； 2）永磁励磁机测录不同转速下空载输出电压，测录至额定转速； 3）负载特性：仅测录励磁机的负载特性，测录时，以同步发电机的励磁绕组为负载
7	温升试验	必要时	应符合产品技术文件要求	

5.3　直流励磁机及动力类直流电动机

直流励磁机及动力类直流电动机的试验项目、周期和要求见表3。表3中直流励磁机A、B、C、D级检修均指所属发电机或调相机的检修级别，动力类直流电动机参照执行。

表3　　　　直流电机的试验项目、周期和要求

序号	项　目	周　期	判　据	方法及说明
1	绕组绝缘电阻	A、B、C级检修时	绝缘电阻值不宜低于0.5MΩ	1）用1000V绝缘电阻表； 2）对励磁机旋转的电枢绕组应测量电枢绕组对轴和金属绑线的绝缘电阻
2	绕组直流电阻	A级检修时	1）与制造厂试验数据或以前测得值比较，相差不宜大于2%；补偿绕组自行规定； 2）100kW以下的不重要的电机自行规定	
3	电枢绕组片间直流电阻	A级检修时	相互间的差值不应超过正常最小值的10%	1）由于均压线产生的有规律变化，应在各相应的片间进行比较判断； 2）对波绕组或蛙绕组应根据在整流子上实际节距测量电阻值
4	绕组交流耐压	A级检修时	磁场绕组对机壳和电枢对轴的试验电压为1000V	100kW以下不重要的直流电机电枢绕组对轴的交流耐压可用2500V绝缘电阻表测绝缘电阻代替
5	磁场可变电阻器直流电阻	A级检修时	与铭牌数据或最初测量值比较相差不应大于10%	应在不同分接头位置测量，电阻值变化应有规律性
6	磁场可变电阻器绝缘电阻	A级检修时	绝缘电阻值不宜低于0.5MΩ	1）磁场可变电阻器绝缘电阻可与励磁回路同测量； 2）用2500V绝缘电阻表
7	碳刷中心位置调整	A级检修时	核对位置是否正确，应满足良好换向要求	必要时可做无火花换向试验

续表

序号	项　目	周　期	判　据	方法及说明
8	绕组极性及其连接正确性检查	接线变动时	极性和连接均应正确	
9	电枢及磁极间空气间隙测量	A级检修时	1）当气隙小于3mm时，各点气隙与平均值的相对偏差应不大于±10%； 2）当气隙不小于3mm时，各点气隙与平均值的相对偏差应不大于±5%	
10	直流发电机特性	1）更换绕组后； 2）必要时	与制造厂试验数据比较，应在测量误差范围内	1）空载特性：测录至最大励磁电压值； 2）负载特性：仅测录励磁机负载特性；测量时，以同步发电机的励磁绕组作为负载； 3）外特性：必要时进； 4）励磁电压的增长速度：在励磁机空载额定电压下进行
11	直流电动机空转检查	1）A级检修后； 2）更换绕组后	1）转动正常； 2）调速范围合乎要求	空转检查的时间不宜小于1h

5.4　交流电动机

交流电动机的试验项目、周期和要求见表4。表4中“A级检修”对应的为电动机抽转子检修，“C级检修”对应的为电动机不抽转子检修。

表4　　交流电动机的试验项目、周期和要求

序号	项　目	周　期	判　据	方法及说明
1	绕组绝缘电阻和吸收比	1）C级检修时； 2）A级检修时	1）绝缘电阻值： a）额定电压3000V以下者，室温下不应低0.5MΩ； b）额定电压3000V及以上者，交流耐压前，定子绕组在接近运行温度时的绝缘电阻值不应低于rMΩ（r等于额定电压U_N的kV数，下同）； c）转子绕组不应低于0.5MΩ。 2）吸收比自行规定	1）500kW及以上的电动机，应测量吸收比（或极化指数），环氧粉云母绝缘吸收比不应小于1.6或极化指数不应小于2.0； 2）3000V以下的电动机使用1000V绝缘电阻表；3000V及以上者使用2500V绝缘电阻表； 3）小修时定子绕组可与其所连接的电缆一起测量，转子绕组可与起动设备一起测量； 4）有条件时可分相测量
2	绕组直流电阻	1）不超过2年（1000V及以上或100kW及以上）； 2）A级检修时； 3）必要时	1）3000V及以上或100kW及以上的电动机各相绕组直流电阻值的相互差别不应超过最小值的2%；中性点未引出者，可测量线间电阻，其相互差别不应超过1%； 2）其余电动机自行规定； 3）应注意相互间差别的历年相对变化	

续表

序号	项　目	周　期	判　据	方法及说明
3	定子绕组泄漏电流和直流耐压	1）A级检修时； 2）更换绕组后	1）试验电压：全部更换绕组时为$3U_N$，大修或局部更换绕组时为$2.5U_N$； 2）泄漏电流相间差别不宜大于最小值的100%，泄漏电流为20μA以下者不作规定； 3）中性点未引出不能分相试验的电机泄漏电流自行规定； 4）1000V以下电机可不进行该试验	1）有条件时可分相进行； 2）炉水泵电机不开展此项试验
4	定子绕组交流耐压	1）A级检修后； 2）更换绕组后	1）大修时不更换或局部更换定子绕组后试验电压为$1.5U_N$，但不低于1000V； 2）全部更换定子绕组后试验电压为$2U_N$+1000V，但不低于1500V	1）试验电源频率为工频，工频交流耐压频率范围为45Hz～55Hz； 2）1000V以下和100kW以下不重要的电动机，交流耐压试验可用2500V绝缘电阻表测量绝缘电阻代替； 3）更换定子绕组时工艺过程中的交流耐压试验按产品技术文件要求规定
5	绕线式电动机转子绕组交流耐压	1）A级检修后； 2）更换绕组后	1）在A级检修不更换转子绕组或局部更换转子绕组后： a）对于不可逆式电机，试验电压为$1.5U_k$，但不小于1000V； b）对于可逆式电机，试验电压为$3.0U_k$，但不小于2000V。 2）在全部更换转子绕组后： a）对于不可逆式电机，试验电压为$2U_k$+1000V； b）对于可逆式电机，试验电压为$4U_k$+1000V	1）绕线式电机已改为直接短路起动者，可不做交流耐压试验； 2）U_k为转子静止时在定子绕组上加额定电压，于滑环上测得的电压
6	同步电动机转子绕组交流耐压	A级检修时	试验电压为1000V	可用2500V绝缘电阻表测量绝缘电阻代替
7	可变电阻器或起动电阻器直流电阻	A级检修时	与制造厂数值或最初测得结果比较，相差不应超过10%	1000V及以上的电动机应在所有分接头上测量
8	可变电阻器与同步电动机灭磁电阻器交流耐压	A级检修时	试验电压为1000V	可用2500V绝缘电阻表测量绝缘电阻代替
9	同步电动机及其励磁机轴承绝缘电阻	A级检修时	绝缘电阻不应低于0.5MΩ	在油管安装完毕后，用1000V绝缘电阻表测量
10	转子金属绑线交流耐压	A级检修时	试验电压为1000V	可用2500V绝缘电阻表测量绝缘电阻代替
11	定子绕组极性检查	接线变动时	定子绕组的极性与连接应正确	1）对双绕组的电动机，应检查两分支间连接的正确性； 2）中性点无引出者可不检查极性

续表

序号	项　目	周　期	判　据	方法及说明
12	定子铁心磁化试验	1）全部更换绕组时或修理铁心后； 2）必要时	按照5.1.10执行	1）1000V或500kW及以上电动机应做此项试验； 2）如果电动机定子铁心没有局部缺陷，只为检查整体叠片状况，可仅测量空载损耗值
13	电动机空转并测空载电流和空载损耗	必要时	1）转动正常，空载电流自行规定； 2）额定电压下的空载损耗值不得超过原来值的50%	1）空转检查的时间不宜小于1h； 2）测定空载电流仅在对电动机有怀疑时进行； 3）1000V以下电动机仅测空载电流不测空载损耗

6　电力变压器

6.1　油浸式电力变压器

油浸式电力变压器的试验项目、周期和要求见表5。

表5　　油浸式电力变压器的试验项目、周期和要求

序号	项　目	周　期	判　据	方法及说明
1	红外测温	1）≥330kV：1个月； 2）220kV：3个月； 3）≤110kV：6个月； 4）必要时	各部位无异常温升现象，检测和分析方法参考DL/T 664	
2	油中溶解气体分析	1）A、B级检修后，66kV及以上：1、4、10、30天； 2）运行中电网侧： 750kV：1个月； 330kV～500kV：3个月； 220kV：6个月； 35kV～110kV：1年。 3）运行中发电侧：120MVA及以上的发电厂主变压器为6个月；8MVA及以上的变压器为1年；8MVA以下的油浸式变压器自行规定； 4）必要时	按DL/T 722判断是否符合要求： 1）新装变压器油中H_2与烃类气体含量（μL/L）任一项不宜超过下列数值： 500kV及以上：总烃，10；H_2：10；C_2H_2，0.1； 330kV及以下：总烃，20；H_2，30；C_2H_2，0.1。 2）运行变压器油中H_2与烃类气体含量（μL/L）超过下列任何一项值时应引起注意： 总烃：150； H_2：150； C_2H_2：5(35kV～220kV)，1(330kV及以上)。 3）烃类气体总和的产气速率大于6mL/d（开放式）和12mL/d（密封式），或相对产气速率大于10%/月则认为设备有异常（对乙炔<0.1μL/L、总烃小于新设备投运要求时，总烃的绝对产气率可不作分析）。氢气的产气速率大于5mL/d（开放式）和10mL/d（密封式），则认为设备有异常	按DL/T 722取样及测量： 1）总烃包括CH_4、C_2H_4、C_2H_6和C_2H_2四种气体； 2）溶解气体组分含量有增长趋势时，可结合产气速率判断，必要时缩短周期进行跟踪分析； 3）总烃含量低的设备不宜采用相对产气速率进行判断

续表

<table>
<tr><th>序号</th><th>项　目</th><th>周　期</th><th>判　据</th><th>方法及说明</th></tr>
<tr><td>3</td><td>绝缘油试验</td><td colspan="3">见第 15 章表 48</td></tr>
<tr><td>4</td><td>油中糠醛含量，mg/L</td><td>1）10 年；
2）必要时</td><td>1）含量超过下表值时，一般为非正常老化，需跟踪检测：<table><tr><th>运行年限</th><th>糠醛含量</th></tr><tr><td>1～5</td><td>0.1</td></tr><tr><td>5～10</td><td>0.2</td></tr><tr><td>10～15</td><td>0.4</td></tr><tr><td>15～20</td><td>0.75</td></tr></table>2）跟踪检测时，注意增长率；
3）测试值大于 4mg/L 时，认为绝缘老化已比较严重</td><td>变压器油经过处理后，油中糠醛含量会不同程度的降低，在作出判断时要注意这一情况</td></tr>
<tr><td>5</td><td>铁心、加夹件接地电流</td><td>1）1 个月；
2）必要时</td><td>≤100mA</td><td>采用带电或在线测量</td></tr>
<tr><td>6</td><td>绕组直流电阻</td><td>1）A、B 级检修后；
2）≥330kV：≤3 年；
3）≤220kV：≤6 年；
4）必要时</td><td>1）1600kVA 以上变压器，各相绕组电阻相互间的差别不应大于三相平均值的 2%，无中性点引出的绕组，线间差别不应大于三相平均值的 1%。
2）1600kVA 及以下的变压器，相间差别不应大于三相平均值的 4%，线间差别不应大于三相平均值的 2%。
3）与以前相同部位测得值比较，其变化不应大于 2%</td><td>1）如电阻相间差在出厂时超过规定，制造厂已说明了这种偏差的原因，按要求中 3）执行；
2）有载分接开关宜在所有分接处测量，无载分接开关在运行分接锁定后测量；
3）不同温度下电阻值按下式换算：
$R_2=R_1(T+t_2)/(T+t_1)$
式中：
R_1、R_2—在温度 t_1、t_2 下的电阻值；
T—电阻温度常数，铜导线取 235，铝导线取 225。
4）封闭式电缆出线或 GIS 出线的变压器，电缆、GIS 侧绕组可不进行定期试验</td></tr>
<tr><td>7</td><td>绕组连同套管的绝缘电阻、吸收比或极化指数</td><td>1）A、B 级检修后；
2）≥330kV：≤3 年；
3）≤220kV：≤6 年；
4）必要时</td><td>1）绝缘电阻换算至同一温度下，与前一次测试结果相比应无显著变化，不宜低于上次值的 70%或不低于 10000MΩ；
2）电压等级为 35kV 及以上且容量在 4000kVA 及以上时，应测量吸收比。吸收比与产品出厂值比较无明显差别，在常温下不应小于 1.3；当 R_{60} 大于 3000MΩ（20℃）时，吸收比可不作要求；</td><td>1）使用 2500V 或 5000V 绝缘电阻，对 220kV 及以上变压器，绝缘电阻表容量一般要求输出电流不小于 3mA；
2）测量前被试绕组应充分放电；
3）测量温度以顶层油温为准，各次测量时的温度应尽量接近；
4）尽量在油温低于 50℃时测量，不同温度下的绝缘电阻值按下式换算：
换算系数 $A=1.5^{K/10}$
当实测温度为 20℃以上时，可按 $R_{20}=AR_t$</td></tr>
</table>

续表

序号	项　目	周　期	判　据	方法及说明
7	绕组连同套管的绝缘电阻、吸收比或极化指数	1）A、B级检修后； 2）≥330kV：≤3年； 3）≤220kV：≤6年； 4）必要时	3）电压等级为220kV及以上或容量为120MVA及以上时，宜用5000V绝缘电阻表测量极化指数。测得值与产品出厂值比较无明显差别，在常温下不应小于1.5；当R_{60}大于10000MΩ（20℃）时，极化指数可不作要求	当实测温度为20℃以下时，可按$R_{20}=R_t/A$ 式中　K—实测值减去20℃的绝对值； R_{20}、R_t—校正到20℃时、测量温度下的绝缘电阻值。 5）吸收比和极化指数不进行温度换算； 6）封闭式电缆出线或GIS出线的变压器，电缆、GIS侧绕组可在中性点测量
8	绕组连同套管的介质损耗因数及电容量	1）A、B级检修后； 2）≥330kV：≤3年； 3）≤220kV：≤6年； 4）必要时	1）20℃时不大于下列数值： 750kV　0.005 330kV～500kV　0.006 110kV～220kV　0.008 35kV　0.015 2）介质损耗因数值与出厂试验值或历年的数值比较不应有显著变化（增量不应大于30%）； 3）电容量与出厂试验值或历年的数值比较不应有显著变化，变化量≤3%； 4）试验电压： 绕组电压10kV及以上：10kV 绕组电压10kV以下：U_n	1）非被试绕组应短路接地或屏蔽； 2）同一变压器各绕组介质损耗因数的要求值相同； 3）测量宜在顶层油温低于50℃且高于零度时进行，测量时记录顶层油温和空气相对湿度，分析时应注意温度对介质损耗因数的影响； 4）封闭式电缆出线或GIS出线的变压器，电缆、GIS侧绕组可在中性点加压测量
9	电容型套管	见第11章		
10	绕组连同套管的外施耐压试验	1）A级检修后； 2）必要时	全部更换绕组时，按出厂试验电压值；部分更换绕组时，按出厂试验电压值的0.8倍	1）110kV及以上进行感应耐压试验； 2）10kV按35kV×0.8=28kV进行； 3）额定电压低于1000V的绕组可用2500V绝缘电阻表测量绝缘电阻代替
11	感应电压试验	1）A级检修后； 2）≥330kV：≤3年； 3）≤220kV：≤6年； 4）必要时	感应耐压为出厂试验值的80%	加压程序按照GB/T 1094.3执行
12	局部放电测量	110kV及以上： 1）A级检修后； 2）必要时	局放测量电压为$1.58U_n/\sqrt{3}$时，局部放电水平不大于250pC，局部放电水平增量不超过50pC，在试验期间最后20min局部放电水平无突然持续增加；局部放电测量电压为$1.2U_n/\sqrt{3}$时，放电量不应大于100pC；试验电压无突然下降	加压程序按照GB/T 1094.3执行

续表

序号	项　目	周　期	判　据	方法及说明
13	铁心及夹件绝缘电阻	1）A、B级检修后； 2）≥330kV：≤3年； 3）≤220kV：≤6年； 4）必要时	1）66kV及以上：不宜低于100MΩ； 35kV及以下：不宜低于10MΩ； 2）与以前测试结果相比无显著差别； 3）运行中铁心接地电流不宜大于0.1A； 4）运行中夹件接地电流不宜大于0.3A	1）采用2500V绝缘电阻； 2）只对有外引接地线的铁心、夹件进行测量
14	穿心螺栓、铁轭夹件、绑扎钢带、铁心、绕组压环及屏蔽等的绝缘电阻	A、B级检修时	220kV及以上：不宜低于500MΩ，110kV及以下：不宜低于100MΩ	1）用2500V绝缘电阻表； 2）连接片不能拆开可不进行
15	绕组所有分接的电压比	1）A级检修后； 2）分接开关引线拆装后； 3）必要时	1）各分接的电压比与铭牌值相比应无明显差别，且符合规律； 2）35kV以下，电压比小于3的变压器电压比允许偏差为±1%；其他所有变压器：额定分接电压比允许偏差为±0.5%，其他分接的电压比应在变压器阻抗电压值（%）的1/10以内，但偏差不得超过±1%	
16	校核三相变压器的组别或单相变压器极性	1）更换绕组后； 2）必要时	必须与变压器铭牌和顶盖上的端子标志相一致	
17	空载电流和空载损耗	1）更换绕组后； 2）必要时	与前次试验值相比无明显变化	试验电源可用三相或单相；试验电压可用额定电压或较低电压（如制造厂提供了较低电压下的测量值，可在相同电压下进行比较）
18	短路阻抗	1）A级检修后； 2）≥330kV：≤3年； 3）≤220kV：≤6年； 4）必要时	短路阻抗纵比相对变化绝对值不大于： 1）≥330kV：1.6%； 2）≤220kV：2.0%	试验电流可用额定值或较低电流
19	频率响应测试	1）A级检修后； 2）≥330kV：≤3年； 3）≤220kV：≤6年； 4）必要时	采用频率响应分析法与初始结果相比，或三相之间结果相比无明显差别，无初始记录时可与同型号同厂家对比，判断标准参考DL/T 911的要求	1）采用频率响应分析法测试时，每次试验宜采用同一种仪器，接线方式应相同； 2）对有载开关应在最大分接下测试，对无载开关应在同一运行分接下测试以便比较

续表

序号	项　目	周　期	判　据	方法及说明
20	全电压下空载合闸	更换绕组后	1）全部更换绕组，空载合闸5次，每次间隔不少于5min； 2）部分更换绕组，空载合闸3次，每次间隔不少于5min	1）在运行分接上进行； 2）由变压器高压侧或中压侧加压； 3）110kV及以上的变压器中性点接地； 4）发电机变压器组的中间连接无断开点的变压器，可不进行
21	测温装置校验及其二次回路试验	1）A、B级检修后； 2）≥330kV：≤3年； 3）≤220kV：≤6年； 4）必要时	1）按设备的技术要求； 2）密封良好，指示正确，测温电阻值应和出厂值相符； 3）绝缘电阻不宜低于1MΩ	测量绝缘电阻采用1000V绝缘电阻表，方法参考DL/T 540
22	气体继电器校验及其二次回路试验	1）A、B级检修后； 2）≥330kV：≤3年； 3）≤220kV：≤6年； 4）必要时	1）按设备的技术要求； 2）整定值符合运行规程要求，动作正确； 3）绝缘电阻不宜低于1MΩ	采用1000V绝缘电阻表
23	压力释放器校验及其二次回路试验	1）A、B级检修后； 2）≥330kV：≤3年； 3）≤220kV：≤6年； 4）必要时	1）动作值与铭牌值相差应在±10%范围内或符合制造厂规定； 2）绝缘电阻不宜低于1MΩ	采用1000V绝缘电阻表
24	冷却装置及其二次回路检查试验	1）A、B级检修后； 2）≥330kV：≤3年； 3）≤220kV：≤6年； 4）必要时	1）流向、温升和声响正常，无渗漏油； 2）强油水冷装置的检查和试验，按制造厂规定； 3）绝缘电阻不宜低于1MΩ	采用1000V绝缘电阻表
25	整体密封检查	1）A级检修后； 2）必要时	1）35kV及以下管状和平面油箱变压器采用超过油柜顶部0.6m油柱试验（约5kPa压力），对于波纹油箱和有散热器的油箱采用超过油柜顶部0.3m油柱试验（约2.5kPa压力），试验时间12h，无渗漏； 2）110kV及以上变压器在储油柜顶部施加0.035MPa压力，试验持续时间24h，无渗漏	试验时带冷却器，不带压力释放装置
26	绝缘纸（板）聚合度	必要时（怀疑纸（板）老化时）	按DL/T 984判断是否符合要求	按DL/T 984取样及测量。 1）试样可取引线上绝缘纸、线圈上下部位的垫块、绝缘纸板、散落在油箱内的纸片。各部位取样量应大于2g； 2）对运行时间较长（如20年）的变压器尽量利用吊检的机会取样
27	绝缘纸（板）含水量	必要时（怀疑纸（板）受潮时）	水分（质量分数）不宜大于下值： 500kV及以上：1% 330kV：2% 220kV：3%	可用频域介电谱（FDS）法推算或取纸样直接测量

续表

序号	项　目	周　期	判　据	方法及说明
28	噪声测量	必要时（发现噪声异常时）	与初值比较无明显变化	按照 GB/T 1094.10 要求进行
29	箱壳振动	必要时（发现箱壳振动异常时，或噪声异常时）	与初值比不应有明显差别	
30	中性点直流检测	必要时	与初值比不应有明显差别	
31	套管电流互感器试验	见第 8 章表 11 中序号 1、7、8、9、10		
32	有载分接开关试验	见第 10 章		

6.2　干式变压器、干式接地变压器

干式变压器、干式接地变压器的试验项目、周期和要求见表 6。

表 6　　干式变压器、干式接地变压器的试验项目、周期和要求

序号	项　目	周　期	判　据	方法及说明
1	红外测温	1）6 个月； 2）必要时	按 DL/T 664 执行	1）用红外热像仪测量； 2）测量套管及接头等部位
2	绕组直流电阻	1）A 级检修后； 2）≤6 年； 3）必要时	1）1600kVA 以上变压器，各相绕组电阻相互间的差别不应大于三相平均值的 2%，无中性点引出的绕组，线间差别不应大于三相平均值的 1%； 2）1600kVA 及以下的变压器，相间差别一般不大于三相平均值的 4%，线间差别一般不大于三相平均值的 2%； 3）与以前相同部位测得值比较，其变化不应大于 2%	不同温度下电阻值按下式换算： $R_2=R_1(T+t_2)/(T+t_1)$ 式中　R_1、R_2—在温度 t_1、t_2 下的电阻值； T—电阻温度常数，铜导线取 235
3	绕组、铁心绝缘电阻	1）A 级检修后； 2）≤6 年； 3）必要时	绝缘电阻换算至同一温度下，与前一次测试结果相比应无显著变化，不宜低于上次值的 70%	采用 2500V 或 5000V 绝缘电阻表
4	交流耐压试验	1）A 级检修后； 2）必要时（怀疑有绝缘故障时）	一次绕组按出厂试验电压值的 0.8 倍	1）10kV 变压器高压绕组按 35kV×0.8=28kV 进行； 2）额定电压低于 1000V 的绕组可用 2500V 绝缘电阻表测量绝缘电阻代替
5	穿心螺栓、铁轭夹件、绑扎钢带、铁芯、线圈压环及屏蔽等的绝缘电阻	必要时	220kV 及以上者绝缘电阻一般不低于 500MΩ，其他自行规定	1）采用 2500V 绝缘电阻表； 2）连接片不能拆开者可不进行

续表

序号	项　目	周　期	判　据	方法及说明
6	绕组所有分接的电压比	1）A级检修后； 2）必要时	1）各相应接头的电压比与铭牌值相比，不应有显著差别，且符合规律； 2）电压35kV以下，电压比小于3的变压器电压比允许偏差为±1%；其他所有变压器：额定分接电压比允许偏差为±0.5%，其他分接的电压比应在变压器阻抗电压值（%）的1/10以内，但不得超过±1%	
7	校核三相变压器的组别或单相变压器极性	必要时	必须与变压器铭牌和顶盖上的端子标志相一致	
8	空载电流和空载损耗	1）A级检修后； 2）必要时	与前次试验值相比，无明显变化	试验电源可用三相或单相；试验电压可用额定电压或较低电压值（如制造厂提供了较低电压下的值，可在相同电压下进行比较）
9	短路阻抗和负载损耗	1）A级检修后； 2）必要时	与前次试验值相比，无明显变化	试验电源可用三相或单相；试验电流可用额定值或较低电流值（如制造厂提供了较低电流下的测量值，可在相同电流下进行比较）
10	局部放电测量	1）A级检修后； 2）必要时	按GB/T 1094.11规定执行	施加电压的方式和流程按照GB/T 1094.11规定进行
11	测温装置及其二次回路试验	1）A、B级检修后； 2）≤6年； 3）必要时	1）按制造厂的技术要求； 2）指示正确，测温电阻值应和出厂值相符； 3）绝缘电阻不宜低于1MΩ	

6.3　SF_6气体绝缘变压器

SF_6气体绝缘变压器的试验项目、周期和要求见表7。

表7　SF_6气体绝缘变压器的试验项目、周期和要求

序号	项　目	周　期	判　据	方法及说明
1	红外测温	1）A、B级检修后； 2）≥330kV：≤3年； 3）≤220kV：≤6年； 4）必要时	各部位无异常温升现象，检测和分析方法参考DL/T 664的规定	
2	SF_6分解产物	1）不超过3年（35kV以上）； 2）A、B级检修后； 3）必要时	1）A、B级检修后注意： （SO_2+SOF_2）：≤2μL/L HF：≤2μL/L H_2：S≤1μL/L CO（报告） 2）B级检修后或运行中注意： SO_2：≤3μL/L H_2S：≤2μL/L CO：≤100μL/L	参考GB 8905，结合现场湿度测试进行试验
3	SF_6气体检测	见第15章表50		

续表

序号	项　目	周　期	判　据	方法及说明
4	铁心、夹件接地电流	1）≤1个月； 2）必要时	≤100mA	采用带电或在线测量
5	绕组直流电阻	1）A级检修后； 2）≥330kV：≤3年； 3）≤220kV：≤6年； 4）必要时	1）1600kVA以上变压器，各相绕组电阻相互间的差别不应大于平均值的2%，无中性点引出的绕组，线间差别不应大于平均值的1%； 2）1600kVA及以下的变压器，相间差别不应大于平均值的4%，线间差别不应大于平均值的2%； 3）与以前相同部位测得值比较，其变化不应大于2%	1）如电阻相间差在出厂时超过规定，制造厂已说明了这种偏差的原因，则与以前相同部位测得值比较，其变化不应大于2%； 2）预试时有载分接开关宜在所有分接处测量，无载分接开关在运行分接测量； 3）不同温度下电阻值按下式换算： $R_2=R_1(T+t_2)/(T+t_1)$ 式中　R_1、R_2—在温度 t_1、t_2 下的电阻值； T—电阻温度常数，铜导线取235。 4）封闭式电缆出线或GIS出线的变压器，电缆、GIS侧绕组可不进行定期试验
6	绕组连同套管的绝缘电阻、吸收比或极化指数	1）A级检修后； 2）≥330kV：≤3年； 3）≤220kV：≤6年； 4）必要时	1）绝缘电阻换算至同一温度下，与前一次测试结果相比应无显著变化，不宜低于上次值的70%。 2）35kV及以上变压器应测量吸收比，吸收比在常温下应不低于1.3；吸收比偏低时可测量极化指数，应不低于1.5。 3）绝缘电阻大于10000MΩ时，吸收比应不低于1.1，或极化指数应不低于1.3	1）采用2500V或5000V绝缘电阻表，绝缘电阻表容量一般要求输出电流不小于3mA； 2）测量前被试绕组应充分放电
7	绕组连同套管的介质损耗因数及电容量	1）A级检修后； 2）≥330kV：≤3年； 3）≤220kV：≤6年； 4）必要时	1）20℃时应不大于下列数值： 110kV：　0.008 35kV：　0.015 2）介质损耗因数值与出厂试验值或历年的数值比较不应有显著变化，增量不宜大于30%； 3）电容量与出厂试验值或历年的数值比较不应有显著变化，变化量≤3%； 4）试验电压： 绕组电压10kV及以上：10kV 绕组电压10kV以下：U_n	1）非被试绕组应短路接地或屏蔽； 2）同一变压器各绕组介质损耗因数的要求值相同； 3）封闭式电缆出线或GIS出线的变压器，电缆、GIS侧绕组可在中性点加压测量
8	铁心及夹件绝缘电阻	1）A级检修后； 2）≥330kV：≤3年； 3）≤220kV：≤6年； 4）必要时	1）66kV及以上：不宜低于100MΩ；35kV及以下：不宜低于10MΩ。 2）与以前测试结果相比无显著差别。 3）运行中铁心接地电流不宜大于0.1A	1）采用2500V绝缘电阻表； 2）只对有外引接地线的铁心、夹件进行测量

续表

序号	项 目	周 期	判 据	方法及说明
9	交流耐压试验	1）A级检修后； 2）必要时	1）全部更换绕组时，按出厂试验电压值； 2）部分更换绕组时，按出厂试验电压值的0.8倍	1）110kV变压器采用感应耐压； 2）必要时，如：SF_6气体试验异常时
10	测温装置的校验及其二次回路试验	1）A级检修后； 2）≥330kV：≤3年； 3）≤220kV：≤6年； 4）必要时	1）按制造厂的技术要求； 2）密封良好，指示正确，测温电阻值应和出厂值相符； 3）绝缘电阻不宜低于1MΩ	采用2500V绝缘电阻表
11	有载分接开关试验	见第10章		
12	压力继电器	1）A级检修后； 2）≥330kV：≤3年； 3）≤220kV：≤6年； 4）必要时	1）按制造厂的技术要求； 2）整定值符合运行规程要求，动作正确； 3）绝缘电阻不宜低于1MΩ	采用1000V绝缘电阻表
13	套管电流互感器试验	见第8章表11中序号1、7、8、9、10		

6.4 判断变压器故障时可供选用的试验项目见附录E

7 电抗器及消弧线圈

7.1 油浸式电抗器

7.1.1 油浸式电抗器的预防性试验项目、周期和要求见表8。

表8 油浸式电抗器的试验项目、周期和要求

序号	项 目	周 期	判 据	方法及说明
1	红外测温	1）A、B级检修后； 2）≥330kV：≤3年； 3）≤220kV：≤6年； 4）必要时	各部位无异常温升现象，检测和分析方法参考DL/T 664	
2	油中溶解气体分析	1）A、B级检修投运后： 66kV及以上：1、4、10、30天； 2）运行中 330kV及以上：3个月； 220kV：6个月； 66kV～110kV：1年； 其余自行规定。 3）必要时	1）运行变压器油中H_2与烃类气体含量（μL/L）超过下列任何一项值时应引起注意： 总烃：150； H_2：150； C_2H_2：5(35kV～220kV)，1（330kV及以上）。 2）烃类气体总和的产气速率大于6mL/d（开放式）和12mL/d（密封式），或相对产气速率大于10%/月则认为设备有异常（对乙炔<0.1μL/L、总烃小于新设备投运要求时，总烃的绝对产气率可不作分析）。氢气的产气速率大于5mL/d（开放式）和10mL/d（密封式），则认为设备有异常	1）溶解气体组分含量有增长趋势时，可结合产气速率判断，必要时缩短周期进行追踪分析； 2）总烃含量低的设备不宜采用相对产气速率进行判断； 3）当怀疑有内部缺陷（如听到异常声响）、气体继电器有信号、经历了过电压、过负荷运行以及串抗发生了近区短路故障，应进行额外的取样分析； 4）取样及测量程序、诊断方法参考DL/T 722

续表

序号	项 目	周 期	判 据	方法及说明
3	绝缘油检验	见第15章表48		
4	铁心、夹件接地电流	1）≤1个月； 2）必要时	≤100mA	采用带电或在线测量
5	绕组直流电阻	1）A级检修后； 2）≥330kV：≤3年； 3）≤220kV：≤6年； 4）必要时	1）相间差别不宜大于三相平均值的2%，无中性点引出的绕组，线间差别不应大于三相平均值的1%。 2）与初值比较，其变化不应大于2%	1）如电阻相间差在出厂时超过规定，制造厂应说明这种偏差的原因； 2）不同温度下的电阻值按下式换算 $R_2=R_1\left(\frac{T+t_2}{T+t_1}\right)$ 式中 R_1、R_2—在温度 t_1、t_2 时的电阻值； T—计算用常数，铜导线取235，铝导线取225。 3）封闭式电缆出线或GIS出线的电抗器，电缆、GIS侧绕组可不进行定期试验
6	绕组绝缘电阻、吸收比或(和)极化指数	1）A级检修后； 2）≥330kV：≤3年； 3）≤220kV：≤6年； 4）必要时	1）绝缘电阻换算至同一温度下，与前一次测试结果相比应无明显变化； 2）吸收比（10℃～30℃范围）不低于1.3或极化指数不低于1.5或绝缘电阻≥10000MΩ	1）采用2500V或5000V绝缘电阻表； 2）测量前被试绕组应充分放电； 3）测量温度以顶层油温为准，尽量使每次测量温度相近； 4）尽量在油温低于50℃时测量，不同温度下的绝缘电阻值按下式换算： 换算系数 $A=1.5^{K/10}$ 当实测温度为20℃以上时，可按 $R_{20}=AR_t$ 当实测温度为20℃以下时，可按 $R_{20}=R_t/A$ 式中 K—实测值减去20℃的绝对值； R_{20}、R_t—校正到20℃时、测量温度下的绝缘电阻值。 5）吸收比和极化指数不进行温度换算

续表

序号	项　目	周　期	判　据	方法及说明
7	绕组绝缘介质损耗因数	1）A级检修后； 2）≥330kV：≤3年； 3）≤220kV：≤6年； 4）必要时	20℃时： 750kV：≤0.005； 330kV～500kV：≤0.006； 110kV～220kV：≤0.008； 35kV及以下：≤0.015； 试验电压如下： 绕组电压10kV及以上：10kV 绕组电压10kV以下：U_n	1）测量方法可参考DL/T 474.3； 2）测量宜在顶层油温低于50℃且高于零度时进行，测量时记录顶层油温和空气相对湿度，分析时应注意温度对介质损耗因数的影响； 3）测量绕组绝缘介质损耗因数时，应同时测量电容值，若此电容值发生明显变化，应予以注意
8	电容型套管试验	见11章高压套管表34		
9	铁心（有外引接地线的）绝缘电阻	1）A级检修后； 2）≥330kV：≤3年； 3）≤220kV：≤6年； 4）必要时	1）66kV及以上电抗器：≥10MΩ，与以前测试结果相比无显著差别； 2）运行中铁心接地电流不宜大于0.1A	绝缘电阻测量采用2500V（老旧电抗器1000V）绝缘电阻表；除注意绝缘电阻的大小外，要特别注意绝缘电阻的变化趋势；夹件引出接地的，应分别测量铁心对夹件及夹件对地绝缘电阻
10	全电压下空载合闸	更换绕组后	变电站及线路的并联电抗器： 1）全部更换绕组，空载合闸5次，每次间隔不少于5min； 2）部分更换绕组，空载合闸3次，每次间隔不少于5min	
11	电抗值测量	必要时	初值差不超过5%	怀疑线圈或铁心（如有）存在缺陷时进行本项目；测量方法参考GB/T 1094.6
12	压力释放器校验	必要时	动作值与铭牌值相差应在±10%范围内或按制造厂规定	
13	整体密封检查	A级检修后	1）35kV及以下管状和平面油箱采用超过油枕顶部0.6m油柱试验（约5kPa压力），对于波纹油箱和有散热器的油箱采用超过储油柜顶部0.3m油柱试验（约2.5kPa压力），试验时间12h无渗漏； 2）110kV及以上电抗器，在油枕顶部施加0.035MPa压力，试验持续时间24h无渗漏	试验时带冷却装置，不带压力释放装置，或采取措施防止压力释放装置动作
14	声级	必要时	应符合产品技术文件要求	当噪声异常时，可定量测量声级，方法参考GB/T 1094.10
15	振动	必要时	应符合产品技术文件要求	如果振动异常，可定量测量振动水平，振动波主波峰的高度应不超过规定值，且与同型设备无明显差异

续表

<table>
<tr><th>序号</th><th>项　目</th><th>周　期</th><th>判　据</th><th>方法及说明</th></tr>
<tr><td>16</td><td>测温装置及其二次回路试验</td><td>1）A级检修后；
2）≥330kV：≤3年；
3）≤220kV：≤6年；
4）必要时</td><td>密封良好，指示正确，测温电阻值应和出厂值相符，绝缘电阻不宜低于1MΩ</td><td>测量绝缘电阻采用1000V绝缘电阻表</td></tr>
<tr><td>17</td><td>气体继电器及其二次回路试验</td><td>1）A级检修后；
2）≥330kV：≤3年；
3）≤220kV：≤6年；
4）必要时</td><td>整定值符合运行规程要求，动作正确，绝缘电阻不宜低于1MΩ</td><td>测量绝缘电阻采用1000V绝缘电阻表，方法参考DL/T 540</td></tr>
<tr><td>18</td><td>冷却装置及其二次回路检查试验</td><td>1）A级检修后；
2）≥330kV：≤3年；
3）≤220kV：≤6年；
4）必要时</td><td>1）流向、温升和声响正常，无渗漏；
2）强油水冷装置的检查和试验，按制造厂规定；
3）绝缘电阻不宜低于1MΩ</td><td>冷却装置采用2500V绝缘电阻表，二次回路采用1000V绝缘电阻表</td></tr>
<tr><td>19</td><td>套管中的电流互感器绝缘试验</td><td>必要时</td><td>绝缘电阻不宜低于1MΩ</td><td>采用2500V绝缘电阻表</td></tr>
<tr><td>20</td><td>红外测温</td><td>1）330kV及以上1年，其他视条件自行规定；
2）必要时</td><td>热成像精确检测无异常</td><td>红外热成像精确检测及分析方法参考DL/T 664</td></tr>
<tr><td>21</td><td>油中糠醛含量</td><td>必要时</td><td>1）超过下表值时，一般为非正常老化，需跟踪检测：<table><tr><td>运行年限</td><td>1～5</td><td>5～10</td><td>10～15</td><td>15～20</td></tr><tr><td>糠醛含量mg/L</td><td>0.1</td><td>0.2</td><td>0.4</td><td>0.75</td></tr></table>2）跟踪检测时，注意增长率；
3）测试值大于4mg/L时，认为绝缘老化已比较严重</td><td>诊断绝缘老化程度时，进行本项目；测量方法参考DL/T 984</td></tr>
<tr><td>22</td><td>纸绝缘聚合度</td><td>必要时</td><td>不低于250</td><td>诊断绝缘老化程度时，进行本项目；测量方法参考DL/T 984</td></tr>
<tr><td>23</td><td>绝缘纸（板）含水量</td><td>必要时</td><td>含水量（质量分数）不宜大于下值：<table><tr><td>500kV及以上</td><td>1%</td></tr><tr><td>330kV</td><td>2%</td></tr><tr><td>220kV</td><td>3%</td></tr></table></td><td>可取纸样直接测量；有条件时，可按DL/T 580标准进行测量</td></tr>
<tr><td>24</td><td>穿芯螺栓、铁轭夹件、绑扎钢带、铁芯、线圈压环及屏蔽等的绝缘电阻</td><td>必要时</td><td>220kV及以上者绝缘电阻不宜低于500MΩ，其他自行规定</td><td>1）采用2500V绝缘电阻表（对运行年久的电抗器可用1000V绝缘电阻表）；
2）连接片不能拆开者可不进行</td></tr>
<tr><td>25</td><td>套管电流互感器试验</td><td colspan="3">见第8章表11中序号1、7、8、9、10</td></tr>
</table>

7.2　干式电抗器

干式电抗器的预防性试验项目、周期和要求见表9。

表9　　干式电抗器的试验项目、周期和要求

序号	项　目	周　期	判　据	方法及说明
1	红外测温	1）≤1年； 2）必要时	无异常	红外测温精确检测及分析方法参考DL/T 664
2	绕组直流电阻	1）A级检修后； 2）≤6年； 3）必要时	1）相间差别不宜大于三相平均值的2%； 2）初值差不大于2%	1）如电阻相间差在出厂时超过规定，制造厂应说明这种偏差的原因。 2）不同温度下的电阻值按下式换算： $R_2=R_1\left(\frac{T+t_2}{T+t_1}\right)$ 式中　R_1、R_2—在温度t_1、t_2时的电阻值； T—计算用常数，铜导线取235，铝导线取225。 3）干式空心电抗器三相平均值不作要求
3	绕组绝缘电阻	1）A级检修后； 2）≤6年； 3）必要时	绝缘电阻换算至同一温度下，与前一次测试结果相比应无明显变化	1）采用2500V或5000V绝缘电阻表； 2）测量前被试绕组应充分放电； 3）测量时应使绕组温度与周围环境温度相近，尽量使每次测量温度相近； 4）不同温度下的绝缘电阻值按下式换算： 换算系数$A=1.5^{K/10}$ 当实测温度为20℃以上时，可按 $R_{20}=AR_t$ 当实测温度为20℃以下时，可按 $R_{20}=R_t/A$ 式中　K—实测值减去20℃的绝对值； R_{20}、R_t—校正到20℃时、测量温度下的绝缘电阻值
4	电抗值测量	1）A级检修后； 2）必要时	初值差不超过5%	怀疑线圈或铁心（如有）存在缺陷时进行本项目；测量方法参考GB/T 1094.6
5	声级	必要时	应符合产品技术文件要求	当噪声异常时，可定量测量电抗器声级，测量参考GB/T 1094.10
6	穿心螺杆、铁心的绝缘电阻	1）A级检修后； 2）≤6年； 3）必要时	与以前测试结果相比无显著差别	采用2500V绝缘电阻表
7	匝间绝缘耐压试验	必要时（存在匝间短路）	全电压和标定电压振荡周期变化率不超过5%。全电压不超过出厂值80%	

7.3　消弧线圈

消弧线圈的预防性试验项目、周期和要求见表 10。

表 10　　消弧线圈的试验项目、周期和要求

序号	项　目	周　期	判　据	方法及说明
1	红外测温	1）≤1 年； 2）必要时	各部位无异常温升现象，检测和分析方法参考 DL/T 664	
2	油中溶解气体分析	必要时	超过下列任何一项值时应引起注意：乙炔≤5(μL/L)，氢气≤150（μL/L)，总烃≤150(μL/L)	取样及测量程序参考 DL/T 722
3	绝缘油试验	必要时	见 15 章表 48	
4	绕组直流电阻	1）A 级检修后； 2）≤6 年； 3）必要时	与前一次测试结果相差不超过 2%	不同温度下的电阻值按下式换算： $R_2=R_1\left(\frac{T+t_2}{T+t_1}\right)$ 式中　R_1、R_2—在温度 t_1、t_2 时的电阻值； T—计算用常数，铜导线取 235，铝导线取 225
5	绕组绝缘电阻、吸收比或（和）极化指数	1）A 级检修后； 2）≤6 年； 3）必要时	1）绝缘电阻换算至同一温度下，与前一次测试结果相比应无明显变化； 2）吸收比（10℃～30℃范围）不低于 1.3 或极化指数不低于 1.5 或绝缘电阻≥10000MΩ（大于 10000MΩ 时，极化指数仍应测量）	1）干式不测量吸收比和极化指数； 2）采用 2500V 或 5000V 绝缘电阻表； 3）测量前被试绕组应充分放电； 4）测量温度以顶层油温（干式为环境温度）为准，尽量使每次测量温度相近； 5）尽量在油温（干式为环境温度）低于 50℃时测量，不同温度下的绝缘电阻值按下式换算： 换算系数 $A=1.5^{K/10}$ 当实测温度为 20℃以上时，可按 $R_{20}=AR_t$ 当实测温度为 20℃以下时，可按 $R_{20}=R_t/A$ 式中　K—实测值减去 20℃的绝对值； R_{20}、R_t—校正到 20℃时、测量温度下的绝缘电阻值。 6）吸收比和极化指数不进行温度换算
6	绕组介质损耗因数（20℃）	1）A 级检修后； 2）≤6 年； 3）必要时	≤0.015	1）适用于油浸式； 2）测量方法可参考 DL/T 474.3； 3）测量宜在顶层油温低于 50℃且高于 0℃时进行，测量时记录顶层油温和空气相对湿度，分析时应注意温度对介质损耗因数的影响； 4）测量绝缘介质损耗因数时，应同时测量电容值，若此电容值发生明显变化，应予以注意

续表

序号	项　目	周　期	判　据	方法及说明
7	电抗值测量	1）A级检修后； 2）必要时	初值差不超过5%	怀疑线圈或铁心（如有）存在缺陷时进行本项目，测量方法参考GB/T 1094.6
8	与铁心绝缘的各紧固件绝缘电阻	1）A级检修后； 2）≤6年； 3）必要时	与以前测试结果相比无显著差别	采用2500V绝缘电阻表（对运行年久的设备可用1000V绝缘电阻表）；除注意绝缘电阻的大小外，要特别注意绝缘电阻的变化趋势
9	阻尼电阻值测量	1）A级检修后； 2）必要时	与出厂值相比，变化不超过5%	
10	阻尼电阻箱的绝缘电阻	1）A级检修后； 2）必要时	＞100MΩ	采用2500V绝缘电阻表
11	交流耐压试验	1）A级检修后； 2）必要时	按出厂试验值的80%进行	

7.4　判断电抗器故障时可供选用的试验项目见附录F

8　互感器

8.1　电流互感器

8.1.1　油浸式电流互感器的试验项目、周期和要求见表11。

表11　　油浸式电流互感器的试验项目、周期和要求

序号	项　目	周　期	判　据	方法及说明
1	红外测温	1）≥330kV：1个月； 2）220kV：3个月； 3）≤110kV：6个月； 4）必要时	各部位无异常温升现象，检测和分析方法参考DL/T 664	
2	油中溶解气体分析	1）A级检修后； 2）必要时	A级检修后： H_2：≤50μL/L 总烃：≤40μL/L C_2H_2：0μL/L H_2：≤150μL/L 投运中： 总烃：≤100μL/L C_2H_2：≤110kV：2μL/L ≥220kV：1μL/L	
3	绝缘油试验	1）A级检修后； 2）必要时	见第15章表48中序号6、8、9	
4	绝缘电阻测量	1）A、B级检修后； 2）≥330kV：≤3年； 3）≤220kV：≤6年； 4）必要时	1）一次绕组对地：≥10000MΩ。 一次绕组段间：≥10MΩ。 2）二次绕组间及对地≥1000MΩ。 3）末屏对地：≥1000MΩ	使用2500V绝缘电阻表

续表

<table>
<tr><th>序号</th><th>项　目</th><th>周　期</th><th colspan="3">判　据</th><th>方法及说明</th></tr>
<tr><td rowspan="6">5</td><td rowspan="6">介质损耗因数及电容量测量</td><td rowspan="6">1）A级检修后；
2）≥330kV：≤3年；
3）≤220kV：≤6年；
4）必要时</td><td colspan="3">1）主绝缘介质损耗因数（%）不应大于下表中的数值，且与历年数据比较，不应有显著变化</td><td rowspan="6">1）主绝缘介质损耗因数试验电压为10kV，有疑问时试验电压提高至额定工作电压；末屏对地介质损耗因数试验（仅限于正立式结构）电压为2kV；
2）主绝缘介质损耗因数一般不进行温度换算；当介质损耗因数值与出厂试验值或上一次试验值比较有明显增长时，应综合分析介质损耗因数与温度、电压的关系；当介质损耗因数随温度明显变化或试验电压由 $0.5U_m/\sqrt{3}$ 升至 $U_m/\sqrt{3}$ 时，介质损耗因数绝对增加量超过0.0015，不宜继续运行</td></tr>
<tr><td></td><td>A级检修后</td><td>运行中</td></tr>
<tr><td>电容型</td><td>1）≤110kV：≤0.01
2）220kV：≤0.007
3）≤330kV：≤0.006</td><td>1）≤110kV：≤0.01
2）220kV：≤0.008
3）≥330kV：≤0.007</td></tr>
<tr><td>充油型</td><td>1）≤110kV：≤0.02
2）220kV：—
3）≥330kV：—</td><td>1）≤110kV：≤0.025
2）220kV：—
3）≥330kV：—</td></tr>
<tr><td>胶纸型</td><td>1）≤110kV：≤0.02
2）220kV：—
3）≥330kV：—</td><td>1）≤110kV：≤0.025
2）220kV：—
3）≥330kV：—</td></tr>
<tr><td colspan="3">2）电容型电流互感器主绝缘电容量与初始测量值或出厂测试值相比较不应大于5%；
3）末屏对地绝缘电阻小于1000MΩ时，末屏对地介质损耗因数不应大于0.02</td></tr>
<tr><td>6</td><td>交流耐压试验</td><td>1）A级检修后；
2）必要时</td><td colspan="3">1）一次绕组按出厂试验值的80%进行；
2）二次绕组之间及对地（箱体），末屏对地（箱体）为2kV</td><td>二次绕组及末屏交流耐压试验，可用2500V绝缘电阻表绝缘电阻测量项目代替</td></tr>
<tr><td rowspan="3">7</td><td rowspan="3">局部放电测量</td><td rowspan="3">1）A级检修后；
2）必要时</td><td>系统接地方式</td><td>局放放电测量电压（方均根值）
kV</td><td>局部放电允许水平
pC</td><td rowspan="3">试验按GB/T 20840.2进行</td></tr>
<tr><td>中性点接地系统</td><td>U_m
$1.2U_m/\sqrt{3}$</td><td>50
20</td></tr>
<tr><td>中性点绝缘或非有效接地系统</td><td>$1.2U_m$
$1.2U_m/\sqrt{3}$</td><td>50
20</td></tr>
<tr><td>8</td><td>极性检查</td><td>必要时</td><td colspan="3">与铭牌标志相符</td><td></td></tr>
<tr><td>9</td><td>变比检查</td><td>必要时</td><td colspan="3">与铭牌标志相符</td><td></td></tr>
<tr><td>10</td><td>励磁特性曲线校核</td><td>必要时</td><td colspan="3">1）与同类型、同规格、同参数互感器特性曲线或制造厂提供的特性曲线相比较，应无明显差别；
2）多抽头电流互感器可使用抽头或最大抽头测量</td><td>更换二次绕组或继电保护有要求时进行</td></tr>
</table>

续表

序号	项 目	周 期	判 据	方法及说明
11	绕组直流电阻测量	1）A级检修后； 2）必要时	与初值或出厂值比较，应无明显差别	
12	密封检查	A级检修后	应无渗漏油现象	试验方法按制造厂规定

8.1.2 SF_6 电流互感器的试验项目、周期和要求见表12。

表12　SF_6 电流互感器的试验项目、周期和要求

<table>
<tr><th>序号</th><th>项 目</th><th>周 期</th><th colspan="3">判 据</th><th>方法及说明</th></tr>
<tr><td>1</td><td>红外测温</td><td>1）≥330kV：1个月；
2）220kV：3个月；
3）≤110kV：6个月；
4）必要时</td><td colspan="3">各部位无异常温升现象，检测和分析方法参考DL/T 664</td><td></td></tr>
<tr><td>2</td><td>SF_6 分解物测试</td><td>1）A、B级检修后；
2）必要时</td><td colspan="3">1）A级检修后注意：
(SO_2+SOF_2)：≤2μL/L；
HF：≤2μL/L
H_2S：≤1μL/L
CO（报告）
2）B级检修后或运行中注意：
SO_2：≤5μL/L
H_2S：≤2μL/L
CO：≤100μL/L</td><td>用检测管、气相色谱法或电化学传感器法进行测量</td></tr>
<tr><td>3</td><td>SF_6 气体检测</td><td>1）A级检修后
2）必要时</td><td colspan="4">见第15章表50中序号2、3、4</td></tr>
<tr><td>4</td><td>绝缘电阻测量</td><td>1）A级检修后；
2）≥330kV：≤3年；
3）≤220kV：≤6年；
4）必要时</td><td colspan="3">1）一次绕组绝缘电阻应大于10000MΩ；
2）一次绕组段间绝缘电阻应大于10MΩ；
3）二次绕组间及对地绝缘电阻大于1000MΩ</td><td>采用2500V绝缘电阻表</td></tr>
<tr><td>5</td><td>交流耐压试验</td><td>1）A级检修后；
2）必要时</td><td colspan="3">1）一次绕组按出厂试验值的80%进行；
2）二次绕组之间及对地（箱体），末屏对地（箱体）为2kV</td><td>二次绕组交流耐压试验，可用2500V绝缘电阻表绝缘电阻测量项目代替</td></tr>
<tr><td rowspan="3">6</td><td rowspan="3">局部放电测量</td><td rowspan="3">1）A级检修后；
2）必要时</td><td>系统接地方式</td><td>局放放电测量电压（方均根值）kV</td><td>局部放电允许水平pC</td><td rowspan="3">按GB/T 20840.2进行</td></tr>
<tr><td>中性点接地系统</td><td>U_m
$1.2U_m/\sqrt{3}$</td><td>50
20</td></tr>
<tr><td>中性点绝缘或非有效接地系统</td><td>$1.2U_m$
$1.2U_m/\sqrt{3}$</td><td>50
20</td></tr>
</table>

续表

序号	项　目	周　期	判　据	方法及说明
7	极性检查	必要时	与铭牌标志相符	
8	变比检查	必要时	与铭牌标志相符	
9	励磁特性曲线校核	必要时	1）与同类型、同规格、同参数互感器特性曲线或制造厂提供的特性曲线相比较，应无明显差别； 2）多抽头电流互感器可使用抽头或最大抽头测量	更换二次绕组或继电保护有要求时进行
10	绕组直流电阻测量	1）A级检修后； 2）必要时	与初值或出厂值比较，应无明显差别	
11	气体压力表校准	1）A级检修； 2）必要时	应符合产品技术文件要求	
12	气体密度表（继电器）校准	1）A级检修； 2）必要时	应符合产品技术文件要求	

8.1.3　复合薄膜绝缘电流互感器的试验项目、周期和要求见表13。

表13　　复合薄膜绝缘电流互感器的试验项目、周期和要求

序号	项　目	周　期	判　据	方法及说明
1	红外测温	1）≥330kV：1个月； 2）220kV：3个月； 3）≤110kV：6个月； 4）必要时	各部位无异常温升现象，检测和分析方法参考DL/T 664	
2	绝缘电阻测量	1）A、B级检修后 2）≥330kV：≤3年； 3）≤220kV：≤6年； 4）必要时	1）一次绕组对地：≥10000MΩ。 一次绕组段间：≥10MΩ。 2）二次绕组间及对地≥1000MΩ。 3）末屏对地：≥1000MΩ	使用2500V绝缘电阻表
3	介质损耗因数及电容量	1）A级检修后； 2）≥330kV：≤3年； 3）≤220kV：≤6年； 4）必要时	1）220kV等级主绝缘电容量初值差不应超过5%，110kV及以下主绝缘电容量初值差不超过8%； 2）介质损耗因数不应大于0.006	当介质损耗因数值与出厂试验值或上一次试验值比较有明显变化时，应综合分析介质损耗因数与温度、电压的关系，当介质损耗因数随温度明显变化或试验电压由$0.5U_m/\sqrt{3}$到$U_m/\sqrt{3}$，介质损耗因数变化量绝对值超过0.0015应继续运行
4	交流耐压试验	1）A级检修后； 2）必要时	1）一次绕组按出厂试验值的80%进行； 2）二次绕组之间及对地（箱体），末屏对地（箱体）为2kV	二次绕组交流耐压试验，可用2500V绝缘电阻表绝缘电阻测量项目代替

续表

<table>
<tr><th>序号</th><th>项　目</th><th>周　期</th><th colspan="3">判　据</th><th>方法及说明</th></tr>
<tr><td rowspan="3">5</td><td rowspan="3">局部放电测量</td><td rowspan="3">必要时</td><td>系统接地方式</td><td>局放放电测量电压（方均根值）kV</td><td>局部放电允许水平 pC</td><td rowspan="3">按 GB/T 20840.2 进行</td></tr>
<tr><td>中性点接地系统</td><td>U_m
$1.2U_m/\sqrt{3}$</td><td>100
50</td></tr>
<tr><td>中性点绝缘或非有效接地系统</td><td>$1.2U_m$
$1.2U_m/\sqrt{3}$</td><td>100
50</td></tr>
<tr><td>6</td><td>极性检查</td><td>必要时</td><td colspan="3">与铭牌标志相符</td><td></td></tr>
<tr><td>7</td><td>变比检查</td><td>必要时</td><td colspan="3">与铭牌标志相符</td><td></td></tr>
<tr><td>8</td><td>校核励磁特性曲线</td><td>必要时</td><td colspan="3">1）与同类型、同规格、同参数互感器特性曲线或制造厂提供的特性曲线相比较，应无明显差别；
2）多抽头电流互感器可使用抽头或最大抽头测量</td><td>更换二次绕组或继电保护有要求时进行</td></tr>
<tr><td>9</td><td>绕组直流电阻测量</td><td>1）A 级检修后；
2）必要时</td><td colspan="3">与初值或出厂值比较，应无明显差别</td><td></td></tr>
</table>

8.1.4　浇注式电流互感器的试验项目、周期和要求见表 14。

表 14　　浇注式电流互感器的试验项目、周期和要求

<table>
<tr><th>序号</th><th>项　目</th><th>周　期</th><th colspan="3">判　据</th><th>方法及说明</th></tr>
<tr><td>1</td><td>红外测温</td><td>1）6 个月；
2）必要时</td><td colspan="3">各部位不应有明显温升现象，检测和分析方法参考 DL/T 664</td><td></td></tr>
<tr><td>2</td><td>绝缘电阻测量</td><td>1）A、B 级检修后；
2）不超过 6 年；
3）必要时</td><td colspan="3">1）一次绕组对地：≥1000MΩ；
2）二次绕组间及对地≥1000MΩ</td><td>采用 2500V 绝缘电阻表</td></tr>
<tr><td>3</td><td>交流耐压试验</td><td>1）A 级检修后；
2）必要时</td><td colspan="3">1）一次绕组按出厂试验值的 80% 进行；
2）二次绕组之间及对地为 2kV</td><td>二次绕组交流耐压试验，可用 2500V 绝缘电阻表绝缘电阻测量项目代替</td></tr>
<tr><td rowspan="3">4</td><td rowspan="3">局部放电测量</td><td rowspan="3">1）A 级检修后；
2）必要时</td><td>系统接地方式</td><td>局放放电测量电压（方均根值）kV</td><td>局部放电允许水平 pC</td><td rowspan="3"></td></tr>
<tr><td>中性点接地系统</td><td>U_m
$1.2U_m/\sqrt{3}$</td><td>100
50</td></tr>
<tr><td>中性点绝缘或非有效接地系统</td><td>$1.2U_m$
$1.2U_m/\sqrt{3}$</td><td>100
50</td></tr>
<tr><td>5</td><td>极性检查</td><td>必要时</td><td colspan="3">与铭牌标志相符</td><td></td></tr>
<tr><td>6</td><td>变比检查</td><td>必要时</td><td colspan="3">与铭牌标志相符</td><td></td></tr>
</table>

续表

序号	项 目	周 期	判 据	方法及说明
7	绕组直流电阻测量	1）A级检修后； 2）必要时	与初值或出厂值比较，应无明显差别	
8	校核励磁特性曲线	必要时	1）与同类型、同规格、同参数互感器特性曲线或制造厂提供的特性曲线相比较，应无明显差别； 2）多抽头电流互感器可使用抽头或最大抽头测量	继电保护有要求时进行
9	绕组直流电阻测量	1）A级检修后； 2）必要时	与初值或出厂值比较，应无明显差别	

8.1.5 电子式电流互感器的试验项目、周期和要求见表15。

8.1.5.1 电子式电流互感器合并单元的供电端口、低压器件对外壳之间的绝缘电阻及交流耐压试验见表15。

8.1.5.2 电子式电流互感器高压本体间的试验项目、周期和要求见表11、表12、表13。

表15　电子式电流互感器的试验项目、周期和要求

序号	项 目	周 期	判 据	方法及说明
1	绝缘电阻测量	1）A、B级检修后； 2）≥330kV：≤3年； 3）≤220kV：≤6年； 4）必要时	互感器及合并单元的供电端口两极对外壳之间的绝缘电阻不小于500MΩ	测量互感器及合并单元的供电端口两极对外壳之间的绝缘电阻采用500V绝缘电阻表
2	低压器件的工频耐压试验	1）A级检修后； 2）必要时	1）应能耐受GB/T 20840.8标准中6.1.1.3规定的电压值； 2）对合并单元下载程序或调试的非光接口，应能承受交流500V或直流700V的1min的耐压试验	

8.2 电压互感器

8.2.1 电磁式电压互感器（油浸式）试验项目、周期和要求见表16。

表16　电磁式电压互感器（油浸式）的试验项目、周期和要求

序号	项 目	周 期	判 据	方法及说明
1	红外测温	1）≥330kV：1个月； 2）220kV：3个月； 3）≤110kV：6个月； 4）必要时	各部位无异常温升现象，检测和分析方法参考DL/T 664	
2	油中溶解气体的色谱分析	1）A、B级检修后； 2）≥330kV：≤3年； 3）≤220kV：≤6年； 4）必要时	1）A级检修后： H_2：≤50μL/L 总烃：≤40μL/L C_2H_2：0μL/L 2）运行中： H_2：≤150μL/L 总烃：≤100/L C_2H_2：≤2μL/L	

续表

<table>
<tr><th>序号</th><th>项　目</th><th>周　期</th><th>判　据</th><th>方法及说明</th></tr>
<tr><td>3</td><td>绝缘油试验</td><td>1）A 级检修后；
2）必要时</td><td colspan="2">见第 15 章表 48 中序号 6、8、9</td></tr>
<tr><td>4</td><td>绝缘电阻</td><td>1）A、B 级检修后；
2）≥330kV：≤3 年；
3）≤220kV：≤6 年；
4）必要时</td><td>1）一次绕组对二次及地：≥1000MΩ；
2）二次绕组间及对地≥1000MΩ</td><td>采用 2500V 绝缘电阻表</td></tr>
<tr><td>5</td><td>介质损耗因数（35kV 及以上）</td><td>1）A 级检修后；
2）≥330kV：≤3 年；
3）≤220kV：≤6 年
4）必要时</td><td>1）A 级检修后：
5℃：≤0.010
10℃：≤0.015
20℃：≤0.020
30℃：≤0.035
40℃：≤0.050
2）运行中：
5℃：≤0.015
10℃：≤0.020
20℃：≤0.025
30℃：≤0.040
40℃：≤0.055
3）与历次试验结果相比无明显变化；
4）支架绝缘介质损耗因数不宜大于 5%</td><td>1）串级式电压互感器的介质损耗因数试验方法建议采用末端屏蔽法，其他试验方法与要求自行规定；
2）前后对比宜采用同一试验方法</td></tr>
<tr><td>6</td><td>交流耐压试验</td><td>1）A 级检修后；
2）必要时</td><td>1）一次绕组按出厂试验值的 80% 进行；
2）二次绕组之间及对地（箱体），末屏对地（箱体）为 2kV</td><td>二次绕组及末屏交流耐压试验，可用 2500V 绝缘电阻表绝缘电阻测量项目代替</td></tr>
<tr><td>7</td><td>局部放电测量</td><td>1）A 级检修后；
2）必要时</td><td><table>
<tr><th>系统接地方式</th><th>一次绕组连接方式</th><th>局部放电测量电压（方均根值）kV</th><th>局部放电允许水平 pC</th></tr>
<tr><td rowspan="2">中性点接地</td><td>相对地</td><td>U_m
$1.2U_m/\sqrt{3}$</td><td>50
20</td></tr>
<tr><td>相对相</td><td>$1.2U_m$</td><td>50</td></tr>
<tr><td rowspan="2">中性点绝缘或非有效接地</td><td>相对地</td><td>U_m
$1.2U_m/\sqrt{3}$</td><td>50
20</td></tr>
<tr><td>相对相</td><td>$1.2U_m$</td><td>50</td></tr>
</table></td><td>试验按 GB/T 20840.3 进行</td></tr>
<tr><td>8</td><td>伏安特性测量</td><td>必要时</td><td>1）在额定电压下，空载电流与出厂数值差别不大于 30%；
2）在中性点非有效接地系统 1.9 额定电压或中性点有效接地系统 1.5 额定电压下，空载电流不大于最大允许电流</td><td>1）试验可在互感器的一次或二次绕组上进行；
2）在 0.2、0.5、0.8、1.0、1.2、1.5、1.9 倍的额定电压下，测量空载电流，并做出励磁特性曲线。其中 1.5 额定电压为安装于中性点有效接地系统的电压互感器；</td></tr>
</table>

续表

序号	项 目	周 期	判 据	方法及说明
8				安装于中性点非有效接地系统的半绝缘互感器为1.9倍额定电压，全绝缘结构电压互感器为1.2倍额定电压； 3）对安装于中性点有效接地系统的互感器进行试验时，加至1.5倍额定电压的时间不允许超过10s； 4）感应耐压试验前后，应各进行一次额定电压时的空载电流测量，两次测得值相比不应有明显差别
9	密封检查	1）A级检修后； 2）必要时	应无渗漏油现象	试验方法按制造厂规定
10	联接组别和极性	必要时	与铭牌标志相符	
11	电压比	必要时	与铭牌标志相符	
12	一次绕组直流电阻测量	1）A级检修后； 2）必要时	与初值相比应无明显变化	

8.2.2 电磁式电压互感器（SF_6 气体绝缘）试验项目、周期和要求见表17。

表17 电磁式电压互感器（SF_6 气体绝缘）试验项目、周期和要求

序号	项 目	周 期	判 据	方法及说明
1	红外测温	1）≥330kV：1个月； 2）220kV：3个月； 3）≤110kV：6个月； 4）必要时	各部位无异常温升现象，检测和分析方法参考DL/T 664	
2	SF_6 分解物测试	1）A、B级检修后； 2）必要时	1）A级检修后注意： （SO_2+SOF_2）：≤2μL/L HF：≤2μL/L H_2S：≤1μL/L CO（报告） 2）B级检修后或运行中注意： SO_2：≤5μL/L H_2S：≤2μL/L CO：≤100μL/L	用检测管、气相色谱法或电化学传感器法进行测量
3	SF_6 气体检测	1）A级检修后； 2）必要时	见第15章表50中序号2、3、4	

续表

<table>
<tr><th>序号</th><th>项　目</th><th>周　期</th><th colspan="4">判　据</th><th>方法及说明</th></tr>
<tr><td>4</td><td>绝缘电阻</td><td>1）A、B级检修后；
2）≥330kV：≤3年；
3）≤220kV：≤6年；
4）必要时</td><td colspan="4">1）一次绕组对二次及地：≥1000MΩ；
2）二次绕组间及对地≥1000MΩ</td><td>采用2500V绝缘电阻表</td></tr>
<tr><td>5</td><td>交流耐压试验</td><td>1）A级检修后；
2）必要时</td><td colspan="4">1）一次绕组按出厂试验值的80%进行；
2）二次绕组之间及对地（箱体），末屏对地（箱体）为2kV</td><td>二次绕组及末屏交流耐压试验，可用2500V绝缘电阻表绝缘电阻测量项目代替</td></tr>
<tr><td rowspan="7">6</td><td rowspan="7">局部放电测量</td><td rowspan="7">1）A级检修后；
2）必要时</td><td>系统接地方式</td><td>一次绕组连接方式</td><td>局部放电测量电压（方均根值）kV</td><td>局部放电允许水平 pC</td><td rowspan="7">试验按GB/T 20840.3进行</td></tr>
<tr><td rowspan="3">中性点接地</td><td rowspan="2">相对地</td><td>U_m</td><td>50</td></tr>
<tr><td>$1.2U_m/\sqrt{3}$</td><td>20</td></tr>
<tr><td>相对相</td><td>$1.2U_m$</td><td>50</td></tr>
<tr><td rowspan="3">中性点绝缘或非有效接地</td><td rowspan="2">相对地</td><td>U_m</td><td>50</td></tr>
<tr><td>$1.2U_m/\sqrt{3}$</td><td>20</td></tr>
<tr><td>相对相</td><td>$1.2U_m$</td><td>50</td></tr>
<tr><td>7</td><td>伏安特性测量</td><td>必要时</td><td colspan="4">1）在额定电压下，空载电流与出厂数值差别不大于30%；
2）在中性点非有效接地系统1.9倍额定电压或中性点有效接地系统1.5倍额定电压下，空载电流不大于最大允许电流</td><td>1）试验可在互感器的一次或二次绕组上进行；
2）在0.2、0.5、0.8、1.0、1.2、1.5、1.9倍的额定电压下，测量空载电流，并做出励磁特性曲线。其中1.5倍额定电压为安装于中性点有效接地系统的电压互感器；安装于中性点非有效接地系统的半绝缘互感器为1.9倍额定电压，全绝缘结构电压互感器为1.2倍额定电压；
3）对安装于中性点有效接地系统的互感器进行试验时，加至1.5倍额定电压的时间不允许超过10s；
4）感应耐压试验前后，应各进行一次额定电压时的空载电流测量，两次测得值相比不应有明显差别</td></tr>
</table>

续表

序号	项　目	周　期	判　据	方法及说明
8	联接组别和极性	必要时	与铭牌标志相符	
9	电压比	必要时	与铭牌标志相符	
10	一次绕组直流电阻测量	1）A级检修后； 2）必要时	与初值相比应无明显变化	
11	气体压力表校准	1）A级检修； 2）必要时	应符合产品技术文件要求	
12	气体密度表（继电器）校准	1）A级检修； 2）必要时	应符合产品技术文件要求	

8.2.3 电磁式电压互感器（固体绝缘）试验项目、周期和要求见表18。

表18　　电磁式电压互感器（固态绝缘）试验项目、周期和要求

<table>
<tr><th>序号</th><th>项　目</th><th>周　期</th><th colspan="4">判　据</th><th>方法及说明</th></tr>
<tr><td>1</td><td>红外测温</td><td>1）6个月；
2）必要时</td><td colspan="4">各部位不应有明显温升现象，检测和分析方法参考DL/T 664</td><td></td></tr>
<tr><td>2</td><td>绝缘电阻</td><td>1）不超过3年；
2）必要时</td><td colspan="4">一次绕组对二次绕组及地（基座外壳）之间的绝缘电阻、二次绕组间及对地（基座外壳）的绝缘电阻不宜小于1000MΩ</td><td>采用2500V绝缘电阻表</td></tr>
<tr><td>3</td><td>交流耐压试验</td><td>必要时</td><td colspan="4">1）一次绕组按出厂值的80%进行；
2）二次绕组之间及其对地（基座）的工频耐受电压为2kV，可用2500kV绝缘电阻表代替</td><td>二次绕组工频耐受电压，可用2500kV绝缘电阻表代替</td></tr>
<tr><td rowspan="5">4</td><td rowspan="5">局部放电测量</td><td rowspan="5">必要时</td><td>系统接地方式</td><td>一次绕组连接方式</td><td>局部放电测量电压（方均根值）kV</td><td>局部放电允许水平 pC</td><td rowspan="5">试验按GB/T 20840.3进行</td></tr>
<tr><td rowspan="2">中性点接地系统</td><td>相对地</td><td>U_m
$1.2U_m/\sqrt{3}$</td><td>100
50</td></tr>
<tr><td>相对相</td><td>$1.2U_m$</td><td>100</td></tr>
<tr><td rowspan="2">中性点绝缘或非有效接地系统</td><td>相对地</td><td>U_m
$1.2U_m/\sqrt{3}$</td><td>100
50</td></tr>
<tr><td>相对相</td><td>$1.2U_m$</td><td>100</td></tr>
<tr><td>5</td><td>空载电流测量</td><td>必要时</td><td colspan="4">1）在额定电压下，空载电流与出厂数值比较无明显差别；
2）与同批次、同型号的电磁式电压互感器相比，彼此差异不大于30%</td><td>1）试验可在互感器的一次或二次绕组上进行；
2）在0.2、0.5、0.8、1.0、1.2、1.9倍的额定电压下，测量空载电流，并做出励磁特性曲线，其中1.2倍额定电压为全绝缘结构电压互感器，1.9倍额定电压为半绝缘结构互感器；</td></tr>
</table>

续表

序号	项　目	周　期	判　据	方法及说明
5				3）对用于限制系统铁磁谐振的特殊安装方式的四台组合结构，按1.2倍额定工作电压进行试验； 4）感应耐压试验前后，应各进行一次额定电压时的空载电流测量，两次测得值相比不应有明显差别
6	联接组别和极性	必要时	与铭牌和端子标志相符	
7	电压比	必要时	与铭牌标志相符	
8	绕组直流电阻测量	必要时	与初值相比应无明显变化	

8.2.4　电容式电压互感器试验项目、周期和要求见表19。

表19　　电容式电压互感器试验项目、周期和要求

序号	项　目	周　期	判　据	方法及说明
1	红外测温	1）≥330kV：1个月； 2）220kV：3个月 3）≤110kV：6个月； 4）必要时	参考DL/T 664各部位不应有明显温升现象，检测和分析方法参考DL/T 664	
2	分压器绝缘电阻	1）A、B级检修后； 2）≥330kV：≤3年； 3）≤220kV：≤6年； 4）必要时	不低于5000MΩ	采用2500V绝缘电阻表
3	分压电容器低压端对地绝缘电阻	1）A、B级检修后； 2）≥330kV：≤3年； 3）≤220kV：≤6年； 4）必要时	不低于1000MΩ	采用2500绝缘电阻表
4	分压器介质损耗因数及电容量测量	1）A、B级检修后； 2）≥330kV：≤3年； 3）≤220kV：≤6年； 4）必要时	1）10kV下的介质损耗因数值不大于下列数值： 油纸绝缘：0.005 膜纸复合绝缘：0.002 2）电容量初值差不超过±2%	额定电压下的误差特性满足误差限制要求的，可以替代介质损耗因数及电容量测量
5	中间变压器绝缘电阻	必要时	一次绕组对二次绕组及地（箱体）绝缘电阻大于1000MΩ，二次绕组之间及对地（箱体）绝缘电阻大于1000MΩ	采用1000V绝缘电阻表，从X端测量

续表

序号	项　目	周　期	判　据	方法及说明
6	中间变压器一、二次绕组直流电阻测量	1）A、B级检修后； 2）≥330kV：≤3年； 3）≤220kV：≤6年； 4）必要时	与初值比较，无明显变化	1）额定电压下的误差特性满足误差限制要求的，可以替代直流电阻测量； 2）当一次绕组与分压器在内部连接而无法测量时可不测
7	交流耐压试验	必要时	1）一次绕组按出厂值的80%进行； 2）二次绕组之间及其对地的工频耐受电压为2kV，可用2500kV绝缘电阻表代替	
8	局部放电测量	必要时	系统接地方式／局放放电测量电压（方均根值）kV／局部放电允许水平 pC 中性点接地系统：U_m／50；$1.2U_m/\sqrt{3}$／20 中性点绝缘或非有效接地系统：$1.2U_m$／50；$1.2U_m/\sqrt{3}$／20	
9	极性检查	必要时	与铭牌标识相符	
10	电压比检测	必要时	应符合产品技术文件要求	
11	阻尼器检查	必要时	1）绝缘电阻大于10MΩ； 2）阻尼器特性检查按照产品技术文件要求进行	1）采用1000V绝缘电阻表； 2）内置式阻尼器不进行
12	电磁单元绝缘油击穿电压和水分检测	1）A级检修后； 2）必要时	1）击穿电压：≥30kV； 2）水分：≤25mg/L	必要时包括： 1）二次绕组绝缘电阻不能满足要求； 2）存在密封性缺陷时

8.2.5　电子式电压互感器试验项目、周期和要求见表20。

表20　　电子式电压互感器的试验项目、周期和要求

序号	项　目	周　期	判　据	方法及说明
1	红外测温	1）≥330kV：1个月； 2）220kV：3个月； 3）≤110kV：6个月； 4）必要时	各部位不应有明显温升现象，检测和分析方法参考DL/T 664	
2	SF_6分解物测试	1）A、B级检修后； 2）必要时	1）A级检修后注意： (SO_2+SOF_2)：≤2μL/L HF：≤2μL/L H_2S：≤1μL/L CO（报告） 2）B级检修后或运行中注意： SO_2：≤5μL/L H_2S：≤2μL/L CO：≤100μL/L	用检测管、气相色谱法或电化学传感器法进行测量

续表

<table>
<tr><th>序号</th><th>项　目</th><th>周　期</th><th colspan="3">判　据</th><th>方法及说明</th></tr>
<tr><td>3</td><td>SF_6 气体检测</td><td>1）A 级检修后；
2）必要时</td><td colspan="4">见第 15 章表 50 中序号 2、3、4</td></tr>
<tr><td>4</td><td>绝缘电阻测量</td><td>1）A、B 级检修后；
2）≥330kV：≤3 年；
3）≤220kV：≤6 年；
4）必要时</td><td colspan="3">1）电子式电压互感器一次端子对地的绝缘电阻与出厂值相比较无明显变化；
2）互感器及合并单元的供电端口两极对外壳之间的绝缘电阻不小于 500MΩ</td><td>测量电子式电压互感器一次端子对地的绝缘电阻测试方法由业主与互感器制造商协商确定，测量互感器及合并单元的供电端口两极对外壳之间的绝缘电阻采用 500V 绝缘电阻表</td></tr>
<tr><td>5</td><td>电容量和介质损耗因数测量</td><td>1）A 级检修后；
2）≥330kV：≤3 年；
3）≤220kV：≤6 年；
4）必要时</td><td colspan="3">测量一次端子对本体外壳间的电容量和介质损耗因数值，并与出厂测量值比较，两者之间的比值应在 0.8～1.2 之间</td><td>适用于电容分压型电子式电压互感器</td></tr>
<tr><td>6</td><td>一次端子的交流耐压试验</td><td>必要时</td><td colspan="3">一次端子按出厂试验值的 80%进行</td><td></td></tr>
<tr><td>7</td><td>低压器件的工频耐压试验</td><td>必要时</td><td colspan="3">1）应能耐受 GB/T 20840.7 标准规定的 2kV/1min；
2）对合并单元下载程序或调试的非光接口，应能承受交流 500V/1min 或直流 700V/1min 耐压试验</td><td></td></tr>
<tr><td rowspan="3">8</td><td rowspan="3">局部放电测量</td><td rowspan="3">必要时</td><td>系统接地方式</td><td>局放放电测量电压（方均根值）
kV</td><td>局部放电允许水平
pC</td><td rowspan="3"></td></tr>
<tr><td>中性点接地系统</td><td>U_m
$1.2U_m/\sqrt{3}$</td><td>100（干式）、50（油浸式、SF_6）50（干式）、20（油浸式、SF_6）</td></tr>
<tr><td>中性点绝缘或非有效接地系统</td><td>$1.2U_m$
$1.2U_m/\sqrt{3}$</td><td>100（干式）、50（油浸式、SF_6）50（干式）、20（油浸式、SF_6）</td></tr>
<tr><td>9</td><td>极性检查</td><td>必要时</td><td colspan="3">与铭牌标志相符</td><td></td></tr>
<tr><td>10</td><td>变比检查</td><td>必要时</td><td colspan="3">与铭牌标志相符</td><td></td></tr>
<tr><td>11</td><td>气体密度继电器和压力表校准</td><td>必要时</td><td colspan="3">应符合产品技术文件要求</td><td></td></tr>
<tr><td>12</td><td>密封性能测试</td><td>必要时</td><td colspan="3">1）油浸式互感器密封良好，油位指示与环境温度相符，无渗漏油；
2）SF_6 互感器年泄漏率应不大于 0.5%</td><td></td></tr>
</table>

8.3 三相组合互感器

8.3.1 三相组合互感器（油浸式）试验项目、周期和要求见表21。

表21　组合互感器（油浸式）的试验项目、周期和要求

序号	项　目	周　期	判　据	方法及说明
1	红外测温	1年	参考 DL/T 664 各部位不应有明显温升现象，检测和分析方法参考 DL/T 664	
2	绝缘电阻	1）不超过6年； 2）必要时	一次绕组对二次绕组及地（基座外壳）之间的绝缘电阻、二次绕组间及对地（基座外壳）的绝缘电阻不宜小于1000MΩ	采用2500V绝缘电阻表
3	交流耐压试验	必要时	1）一次绕组按出厂值的80%进行； 2）二次绕组之间及其对地的工频耐受电压为2kV	二次绕组之间及其对地工频耐受试验可用2500kV绝缘电阻表代替
4	局部放电测量	必要时	$1.2U_m$ 时，放电量不大于50pC； $1.2U_m/\sqrt{3}$ 时，放电量不大于20pC	
5	密封检查	必要时	目测应无渗漏油现象	
6	联接组别和极性		与铭牌和端子标志相符	
7	电压比	必要时	与铭牌标志相符	
8	电流互感器的变比检查	必要时	1）与铭牌标志相符； 2）比值差和相位差与制造厂试验值比较应无明显变化，并符合等级规定	
9	绕组直流电阻测量	必要时	与初值相比，应无明显变化	

8.3.2 组合互感器（固体绝缘）试验项目、周期和要求见表22。

表22　组合互感器（固体绝缘）试验项目、周期和要求

序号	项　目	周　期	判　据	方法及说明
1	红外测温	1年	参考 DL/T 664 各部位不应有明显温升现象，检测和分析方法参考 DL/T 664	
2	绝缘电阻	1）不超过6年； 2）大修后； 3）必要时	一次绕组对二次绕组及地（基座外壳）之间的绝缘电阻、二次绕组间及对地（基座外壳）的绝缘电阻不宜小于1000MΩ	采用2500V绝缘电阻表
3	交流耐压试验	必要时	1）一次绕组按出厂值的80%进行； 2）二次绕组之间及其对地的工频耐受电压为2kV，可用2500kV绝缘电阻表代替	

续表

序号	项　目	周　期	判　据	方法及说明
4	局部放电试验	必要时	$1.2U_m$ 时，放电量不大于 100pC； $1.2U_m/\sqrt{3}$ 时，放电量不大于 50pC	
5	联接组别和极性	1）更换绕组后； 2）接线变动后	与铭牌和端子标志相符	
6	电压比	必要时	与铭牌标志相符	
7	电流互感器的变比检查	必要时	1）与铭牌标志相符； 2）比值差和相位差与制造厂试验值比较应无明显变化，并符合等级规定	
8	绕组直流电阻测量	A 级检修后	与初值相比应无明显变化	

说明：由独立元件（独立式电压互感器和独立式电流互感器）组成的组合互感器，按独立元件进行试验，误差干扰试验不在预试范围之内。

9　开关设备

9.1　气体绝缘金属封闭开关设备

气体绝缘金属封闭开关设备的试验项目、周期和要求见表 23。

表 23　　　　气体绝缘金属封闭开关设备的试验项目、周期和要求

序号	项　目	周　期	判　据	方法及说明
1	红外测温	1）≥330kV：1 个月； 2）220kV：3 个月； 3）≤110kV：6 个月； 4）必要时	红外热像图显示无异常温升、温差和相对温差，符合 DL/T 664 要求	1）红外测温采用红外成像仪测试； 2）测试应尽量在负荷高峰、夜晚进行； 3）在大负荷增加检测
2	SF_6 分解物测试	1）A、B 级检修后； 2）必要时	1）A 级检修后注意： (SO_2+SOF_2)：≤2μL/L HF：≤2μL/L H_2S：≤1μL/L CO（报告） 2）B 级检修后或运行中注意： SO_2：≤3μL/L H_2S：≤2μL/L CO：≤100μL/L	用检测管、气相色谱法或电化学传感器法进行测量
3	SF_6 气体检测	见第 15 章表 50		
4	导电回路电阻测量	1）A 级检修后； 2）≥330kV：≤3 年； 3）≤220kV：≤6 年； 4）必要时	回路电阻不得超过交接试验值的 110%，且不超过产品技术文件规定值，同时应进行相间比较不应有明显的差别	1）根据产品技术文件进行分段测试； 2）用直流压降法测量，电流不小于 100A； 3）测量范围应包括主母线、分支母线和出线套管

续表

序号	项 目	周 期	判 据	方法及说明
5	断路器机械特性	1）A级检修后； 2）机构A级检修后	1）分合闸时间、分合闸速度、三相不同期性、行程曲线等机械特性应符合产品技术文件要求，除制造厂另有规定外，断路器的分、合闸同期性应满足下列要求： —相间合闸不同期不大于5ms； —相间分闸不同期不大于3ms； —同相各断口间合闸不同期不大于3ms； —同相各断口间分闸不同期不大于2ms； 2）测量主触头动作与辅助开关切换时间的配合情况	
6	交流耐压试验	1）A级检修后； 2）必要时	1）交流耐压不低于出厂试验电压值的80%； 2）工频耐压时应装设放电定位装置以确认放电气室； 3）耐压中出现放电即应中止试验，查找出放电点，处理完才可继续试验	1）试验在SF_6气体额定压力下进行； 2）对GIS试验时应将其中的电磁式电压互感器及避雷器断开； 3）交流耐压试验时应同时监视局部放电； 4）仅进行合闸对地状态下的耐压试验
7	SF_6气体密度继电器（包括整定值）检验	1）A级检修后； 2）≥330kV：≤3年； 3）≤220kV：≤6年； 4）必要时	参照JB/T 10549执行	宜在密度继电器不拆卸情况下进行校验
8	联锁试验	A级检修后	联锁、闭锁应准确、可靠	检查联锁及闭锁性能，防止误动作
9	操动机构压力表检验，压力开关（气压、液压）检验	1）A级检修后； 2）必要时	应符合产品技术文件要求	运行现场可用高精度的压力表进行比对
10	辅助回路和控制回路绝缘电阻	1）A级检修后； 2）必要时	绝缘电阻不低于2MΩ	采用1000V绝缘电阻表
11	辅助回路和控制回路交流耐压试验	A级检修后	试验电压为2kV	耐压试验后的绝缘电阻值不应降低，宜用2500V绝缘电阻表代替
12	操动机构在分闸、合闸、重合闸下的操作压力（气压、液压）下降值	1）A级检修后； 2）必要时	应符合产品技术文件要求	

续表

序号	项　目	周　期	判　据	方法及说明
13	液（气）压操动机构的密封试验	1）A级检修后； 2）必要时	应符合产品技术文件要求	应在分、合闸位置下分别试验
14	油（气）泵补压及零起打压的运转时间	1）A级检修后； 2）必要时	应符合产品技术文件要求	
15	采用差压原理的气动或液压机构的防失压慢分试验	1）A级检修后； 2）必要时	应符合产品技术文件要求	
16	防止非全相合闸等辅助控制装置的动作性能	1）A级检修后； 2）必要时	性能检查正常	
17	断路器防跳功能检查	1）A级检修后； 2）必要时	功能检查正常	
18	断路器辅助开关检查	1）A级检修后； 2）必要时	不得出现卡涩或接触不良等现象	
19	断路器分合闸线圈电阻	1）A级检修后； 2）必要时	应符合产品技术文件要求	
20	断路器分、合闸电磁铁的动作电压	1）A级检修后； 2）≥330kV：≤3年； 3）≤220kV：≤6年； 4）必要时	1）并联分闸脱扣器在分闸装置的额定电源电压的65%～110%（直流）或85%～110%（交流）范围内、交流时在分闸装置的额定电源频率下，在开关装置所有的直到它的额定短路开断电流的操作条件下，均应可靠动作。当电源电压等于或小于额定电源电压的30%时，并联分闸脱扣器不应脱扣； 2）并联合闸脱扣器在合闸装置额定电源电压的85%到110%之间、交流时在合闸装置的额定电源频率下应该正确地动作。当电源电压等于或小于额定电源电压的30%时，并联合闸脱扣器不应脱扣	
21	合闸电阻阻值及合闸电阻预接入时间	1）A级检修后； 2）必要时	1）阻值与产品技术文件要求值相差不超过±5%（A级检修时测量）； 2）预接入时间应符合产品技术文件要求	
22	断路器电容器试验	见第14章表46		GIS断路器中的断口并联电容器，在断路器A级检修时进行试验
23	隔离开关机构电动机绝缘电阻	1）A级检修后； 2）必要时	电机绝缘电阻不低于2MΩ	用1000V绝缘电阻表测量

续表

序号	项　目	周　期	判　据	方法及说明
24	隔离开关辅助开关检查	1）A级检修后； 2）必要时	不得出现卡涩或接触不良等现象	
25	电流互感器试验	见第8章表12		不具备试验条件不进行试验
26	避雷器试验	见第17章表52		
27	电压互感器试验	见第8表17		
28	隔离开关和接地开关其他试验	见本章表31		
29	SF_6 断路器其他试验	必要时	见本章表24	
30	带电显示装置检查	必要时	符合产品技术文件要求	

9.2　SF_6 断路器

SF_6 断路器的试验项目、周期和要求见表24。

表24　　**SF_6 断路器的试验项目、周期和要求**

序号	项　目	周　期	判　据	方法及说明
1	红外测温	1）≥330kV：1个月； 2）220kV：3个月； 3）≤110kV：6个月； 4）必要时	红外热像图显示无异常温升、温差和相对温差，符合DL/T 664要求	1）红外测温采用红外成像仪测试； 2）测试应尽量在负荷高峰、夜晚进行； 3）在大负荷增加检测
2	SF_6 分解物测试	1）A、B级检修后； 2）必要时	1）A级检修后注意： (SO_2+SOF_2)：≤2μL/L HF：≤2μL/L H_2S：≤1μL/L CO（报告） 2）B级检修后或运行中注意： SO_2：≤3μL/L H_2S：≤2μL/L CO：≤100μL/L	用检测管、气相色谱法或电化学传感器法进行测量
3	SF_6 气体检测	见第15章表50		
4	导电回路电阻测量	1）A级检修后； 2）≥330kV：≤3年； 3）≤220kV：≤6年； 4）必要时	回路电阻不得超过出厂试验值的110%，且不超过产品技术文件规定值，同时应进行相间比较不应有明显的差别	用直流压降法测量，电流不小于100A
5	耐压试验	1）A、级检修后； 2）必要时	1）交流耐压试验的试验电压不低于出厂试验电压值的80%； 2）有条件时进行雷电冲击耐压，试验电压不低于出厂试验电压值的80%	1）试验在 SF_6 气体额定压力下进行； 2）罐式断路器的耐压试验方式：合闸对地；分闸状态两端轮流加压，另一端接地； 3）对瓷柱式定开距型断路器应做断口间耐压

续表

序号	项　目	周　期	判　据	方法及说明
6	机械特性	1）A级检修后； 2）≥330kV：≤3年； 3）≤220kV：≤6年； 4）必要时	1）分合闸时间、分合闸速度、三相不同期性、行程曲线等机械特性应符合产品技术文件要求，除制造厂另有规定外，断路器的分、合闸同期性应满足下列要求： —相间合闸不同期不大于5ms； —相间分闸不同期不大于3ms； —同相各断口间合闸不同期不大于3ms； —同相各断口间分闸不同期不大于2ms； 2）测量主触头动作与辅助开关切换时间的配合情况	
7	SF_6气体密度继电器（包括整定值）检验	1）A级检修后； 2）≥330kV：≤3年； 3）≤220kV：≤6年； 4）必要时	参照JB/T 10549执行	宜在密度继电器不拆卸情况下进行校验
8	操动机构压力表检验，压力开关（气压、液压）检验	1）A级检修后； 2）≥330kV：≤3年； 3）≤220kV：≤6年； 4）必要时	应符合产品技术文件要求	对气动机构应校验各级气压的整定值（减压阀及机械安全阀）
9	辅助回路和控制回路绝缘电阻	1）A级检修后； 2）必要时	绝缘电阻不低于2MΩ	采用1000V绝缘电阻表
10	辅助回路和控制回路交流耐压试验	1）A级检修后； 2）必要时	试验电压为2kV	耐压试验后的绝缘电阻值不应降低，可以用2500V绝缘电阻表代替
11	操动机构在分闸、合闸、重合闸下的操作压力（气压、液压）下降值	1）A级检修后； 2）必要时	应符合产品技术文件要求	
12	液（气）压操动机构的密封试验	1）A级检修后； 2）必要时	应符合产品技术文件要求	应在分、合闸位置下分别试验
13	油（气）泵补压及零起打压的运转时间	1）A级检修后； 2）必要时	应符合产品技术文件要求	
14	采用差压原理的气动或液压机构的防失压慢分试验	1）A级检修后； 2）必要时	应符合产品技术文件要求	

续表

序号	项　目	周　期	判　据	方法及说明
15	防止非全相合闸等辅助控制装置的动作性能	1）A级检修后； 2）必要时	性能检查正常	
16	防跳功能检查	1）A级检修后； 2）必要时	功能检查正常	
17	辅助开关检查	1）A级检修后； 2）必要时	不得出现卡涩或接触不良等现象	
18	操动机构分、合闸电磁铁的动作电压	1）A级检修后； 2）≥330kV：≤3年； 3）≤220kV：≤6年； 4）必要时	1）并联合闸脱扣器在合闸装置额定电源电压的85%～110%之间、交流时在合闸装置的额定电源频率下应该正确地动作。当电源电压等于或小于额定电源电压的30%时，并联合闸脱扣器不应脱扣； 2）并联分闸脱扣器在分闸装置的额定电源电压的65%～110%（直流）或85%～110%（交流）范围内、交流时在分闸装置的额定电源频率下，在开关装置所有的直到它的额定短路开断电流的操作条件下，均应可靠动作。当电源电压等于或小于额定电源电压的30%时，并联分闸脱扣器不应脱扣	分、合闸电磁铁的动作电压
19	分合闸线圈电阻	1）A级检修后； 2）≥330kV：≤3年； 3）≤220kV：≤6年； 4）必要时	分合闸线圈电阻应在厂家规定范围内	
20	合闸电阻阻值及合闸电阻预接入时间	1）A级检修后； 2）≥330kV：≤3年； 3）≤220kV：≤6年； 4）必要时	1）阻值与产品技术文件要求值相差不超过±5%。（A级检修时）； 2）预接入应符合产品技术文件要求	
21	断路器电容器试验	见第14章表46		1）交接或A级检修时，对瓷柱式断路器应测量电容器和断口并联后整体的电容值和介质损耗因数，作为该设备的原始数据； 2）对罐式断路器必要时进行试验，试验方法应符合产品技术文件要求
22	罐式断路器内的电流互感器	见第8章表12		

9.3　油断路器

油断路器的试验项目、周期和要求见表25。

表 25　　油断路器的试验项目、周期和要求

<table>
<tr><th>序号</th><th>项　目</th><th>周　期</th><th>判　据</th><th>方法及说明</th></tr>
<tr><td>1</td><td>绝缘油试验</td><td colspan="3">见第 15 章表 49</td></tr>
<tr><td>2</td><td>绝缘电阻</td><td>1）A、B 级检修后；
2）≤6 年；
3）必要时</td><td>1）整体绝缘电阻自行规定；
2）断口和有机物制成的拉杆的绝缘电阻不应低于下表数值：MΩ<table><tr><td rowspan="2">试验类别</td><td colspan="4">额定电压 kV</td></tr><tr><td>≤24</td><td>24～40.5</td><td>72.5～252</td><td>363</td></tr><tr><td>A、B 级检修后</td><td>1000</td><td>2500</td><td>5000</td><td>10000</td></tr><tr><td>运行中</td><td>300</td><td>1000</td><td>3000</td><td>5000</td></tr></table></td><td>使用 2500V 绝缘电阻表</td></tr>
<tr><td>3</td><td>40.5kV 及以上非纯瓷套管和多油断路器的介质损耗因数</td><td>1）A 级检修后；
2）≤6 年；
3）必要时</td><td>1）20℃时多油断路器的非纯瓷套管的介质损耗因数（%）值参见第 11 章；
2）20℃时非纯瓷套管断路器的介质损耗因数值，可比第 11 章中相应的介质损耗因数值增加下列数值：<table><tr><td>额定电压 kV</td><td>≥126</td><td>≤126</td></tr><tr><td>介质损耗因数值的增加数</td><td>0.01</td><td>0.02</td></tr></table></td><td>1）在分闸状态下按每支套管进行测量。测量的介质损耗因数超过规定值或有显著增大时，必须落下油箱进行分解试验。对不能落下油箱的断路器，则应将油放出，使套管下部及灭弧室露出油面，然后进行分解试验；
2）断路器 A 级检修而套管不 A 级检修时，应按套管运行中规定的相应数值增加；
3）带并联电阻断路器的整体介质损耗因数可相应增加 0.01；
4）40.5kV DW1/35DW1/35D 型断路器介质损耗因数（%）增加数为 3</td></tr>
<tr><td>4</td><td>40.5kV 及以上少油断路器的泄漏电流</td><td>1）A 级检修后；
2）≤6 年；
3）必要时</td><td>1）每一元件的试验电压如下：<table><tr><td>额定电压 kV</td><td>40.5</td><td>72.5～252</td><td>≥363</td></tr><tr><td>直流试验电压 kV</td><td>20</td><td>40</td><td>60</td></tr></table>2）泄漏电流不宜大于 10μA</td><td>252kV 及以上少油断路器拉杆（包括支持瓷套）的泄漏电流大于 5μA 时，应引起注意</td></tr>
<tr><td>5</td><td>交流耐压试验</td><td>1）A 级检修后；
2）必要时</td><td>断路器在分、合闸状态下分别进行，试验电压值如下：
12kV～40.5kV 断路器对地及相间按 DL/T 593 规定值；
72.5kV 及以上者按 DL/T 593 规定值的 80%</td><td>对于三相共箱式的油断路器应作相间耐压，其试验电压值与对地耐压值相同</td></tr>
</table>

续表

序号	项　目	周　期	判　据	方法及说明
6	126kV及以上油断路器拉杆的交流耐压试验	1）A级检修后； 2）必要时	试验电压出厂试验值的80%	1）耐压设备不能满足要求时可分段进行，分段数不应超过6段（252kV），或3段（126kV），加压时间为5min； 2）每段试验电压可取整段试验电压值除以分段数所得值的1.2倍或自行规定
7	导电回路电阻	1）A级检修后； 2）必要时	1）A级检修后应符合产品技术文件要求； 2）运行中自行规定	用直流压降法测量，电流不小于100A
8	辅助回路和控制回路交流耐压试验	1）A级检修后； 2）必要时	试验电压为2kV	
9	断路器的合闸时间和分闸时间	1）A级检修后； 2）必要时	应符合产品技术文件要求	在额定操作电压（气压、液压）下进行
10	断路器分闸和合闸的速度	1）A级检修后； 2）必要时	应符合产品技术文件要求	在额定操作电压（气压、液压）下进行
11	断路器触头分、合闸的同期性	1）A级检修后； 2）必要时	应符合产品技术文件要求	
12	操动机构合闸接触器和分、合闸电磁铁的最低动作电压	1）A级检修后； 2）操动机构A级检修后	1）操动机构分闸电磁铁上的最低动作电压应在操作电压额定值的30%～65%（直流）或30%～85%（交流）之间，操作电压额定值的65%～110%（直流）或85%～110%（交流）应保证脱扣器正确动作。当电源电压低至额定值的30%或更低时，并联分闸脱扣器均不应脱扣； 2）操动机构合闸电磁铁或合闸接触器端子上的最低动作电压应在操作电压额定值的30%～85%之间，操作电压额定值的85%～110%应保证脱扣器正确动作。当电源电压低至额定值的30%或更低时，并联合闸脱扣器均不应脱扣； 3）在使用电磁机构时，合闸电磁铁线圈通流时的端电压为操作电压额定值的80%（关合电流峰值等于及大于50kA时为85%）时应可靠动作	

续表

序号	项 目	周 期	判 据	方法及说明
13	合闸接触器和分、合闸电磁铁线圈的绝缘电阻和直流电阻，辅助回路和控制回路绝缘电阻	1）A级检修后； 2）≤6年； 3）必要时	1）绝缘电阻不应小于2MΩ； 2）直流电阻应符合产品技术文件要求	采用500V或1000V绝缘电阻表
14	断路器的电流互感器试验	1）A级检修后； 2）必要时	见第8章表11	

9.4 低压断路器和自动灭磁开关

9.4.1 低压断路器和自动灭磁开关的试验项目、周期和要求见表25中序号12和13。

9.4.2 对自动灭磁开关尚应作动合、动断触点分合切换顺序，主触头、灭弧触头表面情况和动作配合情况以及灭弧栅是否完整等检查。对新换的DM型灭磁开关尚应检查灭弧栅片数。

9.5 真空断路器

9.5.1 真空断路器的试验项目、周期和要求见表26。

表26　　真空断路器的试验项目、周期、要求

<table>
<tr><th>序号</th><th>项 目</th><th>周 期</th><th colspan="4">判 据</th><th>方法及说明</th></tr>
<tr><td>1</td><td>红外测温</td><td>1）≤1年；
2）必要时</td><td colspan="4">红外热像图显示无异常温升、温差和相对温差，符合DL/T 664要求</td><td>1）红外测温采用红外成像仪测试；
2）测试应尽量在负荷高峰、夜晚进行；
3）在大负荷和重大节日增加检测</td></tr>
<tr><td rowspan="5">2</td><td rowspan="5">绝缘电阻</td><td rowspan="5">1）A、B级检修后；
2）必要时</td><td colspan="4">1）整体绝缘电阻参照产品技术文件要求或自行规定；
2）断口和用有机物制成的拉杆的绝缘电阻不应低于下表中的数值：MΩ</td><td rowspan="5"></td></tr>
<tr><td rowspan="2">试验类别</td><td colspan="3">额定电压 kV</td></tr>
<tr><td>≤24</td><td>24～40.5</td><td>≥72.5</td></tr>
<tr><td>A级检修后</td><td>1000</td><td>2500</td><td>5000</td></tr>
<tr><td>运行中或B级检修后</td><td>300</td><td>1000</td><td>3000</td></tr>
<tr><td>3</td><td>耐压试验</td><td>1）A级检修后；
2）≤6年；
3）必要时</td><td colspan="4">断路器在分、合闸状态下分别进行，试验电压值按DL/T 593规定值</td><td></td></tr>
<tr><td>4</td><td>辅助回路和控制回路交流耐压试验</td><td>1）A级检修后；
2）≤6年；
3）必要时</td><td colspan="4">试验电压为2kV</td><td></td></tr>
</table>

续表

序号	项　目	周　期	判　据	方法及说明
5	机械特性	1）A级检修后； 2）≤6年； 3）必要时	合闸时间和分闸时间，分、合闸的同期性，触头开距，合闸时的弹跳时间应符合产品技术文件要求，有条件时测行程特性曲线产品技术文件要求	用于投切电容器组的真空断路器试验周期可适当缩短
6	导电回路电阻	1）A级检修后； 2）必要时	不大于1.1倍出厂试验值，且应符合产品技术文件规定值，同时应进行相间比较不应有明显的差别	用直流压降法测量，电流不小于100A
7	操动机构分、合闸电磁铁的动作电压	1）A级检修后； 2）必要时	1）并联合闸脱扣器在合闸装置额定电源电压的85%～110%之间、交流时在合闸装置的额定电源频率下应该正确地动作。当电源电压等于或小于额定电源电压的30%时，并联合闸脱扣器不应脱扣； 2）并联分闸脱扣器在分闸装置的额定电源电压的65%～110%（直流）或85%～110%（交流）范围内、交流时在分闸装置的额定电源频率下，在开关装置所有的直到它的额定短路开断电流的操作条件下，均应可靠动作。当电源电压等于或小于额定电源电压的30%时，并联分闸脱扣器不应脱扣	
8	合闸接触器和分、合闸电磁铁线圈的绝缘电阻和直流电阻	1）A级检修后； 2）≤6年； 3）必要时	1）绝缘电阻不应小于2MΩ； 2）直流电阻应符合产品技术文件要求	1）采用1000V绝缘电阻表； 2）若线圈无法测量，此项可不做要求
9	灭弧室真空度的测量	1）A级检修后； 2）必要时	应符合产品技术文件要求	有条件时进行
10	检查动触头连杆上的软联结夹片有无松动	1）A级检修后； 2）必要时	应无松动	
11	密封试验	1）A级检修后； 2）必要时	年漏气率不大于0.5%	适用于SF_6气体作为对地绝缘的断路器
12	密度继电器（包括整定值）检验	1）A级检修后； 2）≤6年； 3）必要时	参照JB/T 10549执行	适用于用SF_6气体作为对地绝缘的断路器

9.6　重合器（包括以油、真空及SF_6气体为绝缘介质的各种12kV重合器）

重合器的试验项目、周期和要求见表27。

表 27　　重合器的试验项目、周期和要求

序号	项　目	周　期	判　据	方法及说明
1	绝缘电阻	1）A、B级检修后； 2）≤6年； 3）必要时	1）整体绝缘电阻自行规定； 2）用有机物制成的拉杆的绝缘电阻不应低于下列数值：A、B级检修后1000MΩ；运行中300MΩ； 3）控制回路绝缘电阻值不小于2MΩ	采用2500V绝缘电阻表测量
2	SF_6重合器内气体的湿度	1）A、B级检修后； 2）必要时	水分含量小于300μL/L	
3	SF_6气体密封试验	1）A级检修后； 2）必要时	年漏气率不大于0.5%或按产品技术文件要求	
4	辅助和控制回路的绝缘电阻	1）A级检修后； 2）≤6年； 3）必要时	绝缘电阻不应低于2MΩ	采用1000V绝缘电阻表
5	耐压试验	1）A级检修后； 2）≤6年； 3）必要时	试验电压为42kV	试验在主回路对地及断口间进行
6	辅助和控制回路的交流耐压试验	1）A级检修后； 2）必要时	试验电压为2kV	可以用2500V绝缘电阻表代替
7	机械特性	1）A级检修后； 2）必要时	合闸时间，分闸时间，三相触头分、合闸同期性，触头弹跳应符合产品技术文件要求	在额定操作电压（液压、气压）下进行
8	油重合器分、合闸速度	1）A级检修后； 2）必要时	应符合产品技术文件要求	在额定操作电压（液压、气压）下进行，或应符合产品技术文件要求
9	合闸电磁铁线圈的操作电压	1）A级检修后； 2）必要时	操作电压额定值的85%～110%应保证脱扣器正确动作	
10	导电回路电阻	1）检修前后； 2）必要时	1）A级检修后应符合产品技术文件要求； 2）运行中自行规定	用直流压降法测量，电流值不得小于100A
11	分闸线圈直流电阻	1）A级检修后； 2）必要时	应符合产品技术文件要求	
12	分闸起动器的动作电压	1）A级检修后； 2）必要时	应符合产品技术文件要求	
13	合闸电磁铁线圈直流电阻	1）A级检修后； 2）必要时	应符合产品技术文件要求	
14	最小分闸电流	1）A级检修后； 2）必要时	应符合产品技术文件要求	
15	额定操作顺序	1）A级检修后； 2）必要时	操作顺序应符合产品技术文件要求	

续表

序号	项　目	周　期	判　据	方法及说明
16	利用远方操作装置检查重合器的动作情况	1）A级检修后； 2）必要时	按规定操作顺序在试验回路中操作3次，动作应正确	
17	检查单分功能可靠性	1）A级检修后； 2）必要时	将操作顺序调至单分，操作2次，动作应正确	

9.7　分段器（仅限于12kV级）

9.7.1　SF_6 分段器

SF_6 分段器的试验项目、周期和要求见表28。

表28　　**SF_6 分段器的试验项目、周期和要求**

序号	项　目	周　期	判　据	方法及说明
1	绝缘电阻	1）A、B级检修后； 2）必要时	1）整体绝缘电阻值自行规定； 2）用有机物制成的拉杆的绝缘电阻值不应低于下列数值： A、B级检修后1000MΩ；运行中300MΩ； 3）控制回路绝缘电阻值不小于2MΩ	一次回路用2500V绝缘电阻表，控制回路用1000V绝缘电阻表
2	交流耐压试验	1）A级检修后； 2）必要时	按出厂耐压值的100%	试验在主回路对地及断口间进行
3	导电回路电阻	1）A级检修后； 2）必要时	1）A级检修后应符合产品技术文件要求； 2）运行中自行规定	用直流压降法测量，电流值不小于100A
4	合闸电磁铁线圈的操作电压	1）A级检修后； 2）必要时	操作电压额定值的85%～110%应保证脱扣器正确动作	
5	机械特性	1）A级检修后； 2）必要时	合闸时间、分闸时间两相触头分、合闸的同期性应符合产品技术文件要求	在额定操作电压（液压、气压）下进行
6	分、合闸线圈的直流电阻	1）A级检修后； 2）必要时	应符合产品技术文件要求	
7	利用远方操作装置检查分段器的动作情况	1）A级检修后； 2）必要时	在额定操作电压下分、合各3次，动作应正确	
8	SF_6 气体密封试验	1）A级检修后； 2）必要时	年漏气率不大于0.5%或符合产品技术文件要求值	
9	SF_6 气体湿度	1）A、B级检修后； 2）必要时	水分含量小于300μL/L	

9.7.2　油分段器

油分段器的试验项目、周期和要求除按表28中序号1、2、3、4、5、6、7进行外，还应按表29进行。

表 29　　油分段器的试验项目、周期和要求

序号	项　目	周　期	判　据	方法及说明
1	绝缘油试验	1）A级检修后； 2）必要时	见第15章表49	
2	自动计数操作	1）A级检修后； 2）必要时	按产品技术文件的规定完成计数操作	

9.7.3 真空分段器

真空分段器的试验项目、周期和要求按表28中序号1、2、3、4、5、6、7和表29中序号1、2进行。

9.8 负荷开关

负荷开关的试验项目、周期和要求见表30。

表 30　　负荷开关的试验项目、周期和要求

序号	项　目	周　期	判　据	方法及说明
1	绝缘电阻	1）A、B级检修后； 2）≤6年； 3）必要时	1）整体绝缘电阻值自行规定； 2）用有机材料制成的拉杆和支持绝缘子的绝缘电阻值不应低于下列数值： 10kV1200MΩ； 35kV3000MΩ； 3）二次回路的绝缘电阻不低于2MΩ	一次回路用2500V绝缘电阻表，二次回路用1000V绝缘电阻表
2	交流耐压试验	1）A级检修后； 2）必要时	1）按产品技术条件规定进行试验； 2）二次回路交流耐压试验电压为2kV	
3	负荷开关导电回路电阻	1）A级检修后； 2）≤6年； 3）必要时	符合产品技术条件规定	
4	操动机构线圈动作电压	1）A级检修后； 2）≤6年； 3）必要时	合闸脱扣器在额定电源电压的85%～110%范围内应可靠动作，当电源电压等于或小于额定电源电压的30%时，不应动作；分闸脱扣器在额定电源电压的65%～110%（直流）或85%～110%（交流）范围内应可靠动作	
5	操动机构检查	1）A级检修后； 2）≤6年； 3）必要时	1）额定操动电压下分、合闸5次，动作正常； 2）手动操动机构操作时灵活，无卡涩； 3）机械或电气闭锁装置应准确可靠	

9.9 隔离开关和接地开关

隔离开关和接地开关的试验项目、周期和要求见表31。

表 31　　隔离开关和接地开关的试验项目、周期和要求

<table>
<tr><th>序号</th><th>项　目</th><th>周　期</th><th>判　据</th><th>方法及说明</th></tr>
<tr><td>1</td><td>红外测温</td><td>1）≥330kV：1个月；
2）220kV：3个月；
3）≤110kV：6个月；
4）必要时</td><td>红外热像图显示无异常温升、温差和相对温差，符合 DL/T 664 要求</td><td>1）红外测温采用红外成像仪测试；
2）测试应尽量在负荷高峰、夜晚进行；
3）在大负荷增加检测</td></tr>
<tr><td>2</td><td>复合绝缘支持绝缘子及操作绝缘子的绝缘电阻</td><td>1）A、B级检修后；
2）≥330kV：≤3年；
3）≤220kV：≤6年；
4）必要时</td><td>1）用绝缘电阻表测量胶合元件分层电阻；
2）复合绝缘操作绝缘子的绝缘电阻值不得低于下表数值：MΩ
<table><tr><td rowspan="2">试验类别</td><td colspan="2">额定电压 kV</td></tr><tr><td><24</td><td>24～40.5</td></tr><tr><td>A、B级检修后</td><td>1000</td><td>2500</td></tr><tr><td>运行中</td><td>300</td><td>1000</td></tr></table></td><td>40.5kV 及以下采用 2500V 绝缘电阻表</td></tr>
<tr><td>3</td><td>二次回路的绝缘电阻</td><td>1）A、B级检修后；
2）≥330kV：≤3年；
3）≤220kV：≤6年；
4）必要时</td><td>绝缘电阻不低于 2MΩ</td><td>采用 1000V 绝缘电阻表</td></tr>
<tr><td>4</td><td>交流耐压试验</td><td>1）A级检修后；
2）必要时</td><td>1）试验电压值按 DL/T 593 规定；
2）用单个或多个元件支柱绝缘子组成的隔离开关进行整体耐压有困难时，可对各胶合元件分别做耐压试验，其试验周期和要求按第 12 章的规定进行；
3）带灭弧单元的接地开关应对灭弧单元进行交流耐压试验，要求值应符合产品技术文件要求</td><td>适用于 72.5kV 及以上复合绝缘设备</td></tr>
<tr><td>5</td><td>二次回路交流耐压试验</td><td>1）A级检修后；
2）必要时</td><td>试验电压为 2kV</td><td></td></tr>
<tr><td>6</td><td>导电回路电阻测量</td><td>1）A级检修后；
2）≥330kV：≤3年；
3）≤220kV：≤6年；
4）必要时</td><td>不大于 1.1 倍出厂试验值</td><td>必要时：
a）红外热像检测发现异常；
b）上一次测量结果偏大或呈明显增长趋势，且又有 2 年未进行测量；
c）自上次测量之后又进行了 100 次以上分、合闸操作；
d）对核心部件或主体进行解体性检修之后，用直流压降法测量，电流值不小于 100A</td></tr>
<tr><td>7</td><td>操动机构的动作情况</td><td>1）A级检修后；
2）必要时</td><td>1）电动、气动或液压操动机构在额定的操作电压（气压、液压）下分、合闸 5 次，动作正常；
2）手动操动机构操作时灵活，无卡涩；
3）闭锁装置应可靠</td><td></td></tr>
</table>

续表

序号	项　目	周　期	判　据	方法及说明
8	电动机绝缘电阻	1）A级检修后； 2）≥330kV：≤3年； 3）≤220kV：≤6年； 4）必要时	不低于2MΩ	

9.10　高压开关柜

9.10.1　高压开关柜的试验项目、周期和要求见表32。

表32　　高压开关柜的试验项目、周期和要求

序号	项　目	周　期	判　据	方法及说明
1	辅助回路和控制回路绝缘电阻	1）A、B级检修后； 2）≤6年； 3）必要时	绝缘电阻不应低于2MΩ	采用1000V绝缘电阻表
2	辅助回路和控制回路交流耐压试验	1）A级检修后； 2）≤6年； 3）必要时	试验电压为2kV	
3	机械特性	1）A级检修后； 2）≤6年； 3）必要时	分合闸时间、分合闸速度、三相不同期性、行程曲线等机械特性应符合产品技术文件要	
4	主回路电阻	1）A级检修后； 2）≤6年； 3）必要时	不大于出厂试验值的1.1倍，且应符合产品技术文件要求，相间不应有明显差异	手车柜：上下触头盒之间； 固定柜：断路器、隔离开关
5	交流耐压试验	1）A级检修后； 2）≤6年； 3）必要时	按出厂耐压值的100%试验	1）试验电压施加方式：合闸时各相对地及相间；分闸时各相断口； 2）相间、相对地及断口的试验电压值相同
6	带电显示装置检查	1）A级检修后； 2）必要时	应符合产品技术文件要求	
7	压力表及密度继电器检验	1）A级检修后； 2）≤6年； 3）必要时	应符合产品技术文件要求	
8	联锁检查	1）A级检修后； 2）≤6年； 3）必要时	应符合产品技术文件要求	五防是：①防止误分、误合断路器；②防止带负荷拉、合隔离开关；③防止带电（挂）合接地（线）开关；④防止带接地线（开关）合断路器；⑤防止误入带电间隔
9	电流、电压互感器性能检验	1）A级检修后； 2）必要时	应符合产品技术文件要求，或按第8章进行	
10	避雷器性能检验	必要时	见第16章表51	
11	加热器	必要时	应符合产品技术文件要求	
12	风机	必要时	应符合产品技术文件要求	

9.10.2　其他型式高压开关柜的各类试验项目：

其他型式，如计量柜，电压互感器柜和电容器柜等的试验项目、周期和要求可参照表 32 中有关序号进行。柜内主要元件（如断路器、隔离开关、互感器、电容器、避雷器等）的试验项目按本文件有关章节规定。

10　有载调压装置

有载调压装置的试验项目、周期和要求见表 33。

表 33　　有载调压装置的试验项目、周期和要求

<table>
<tr><th>序号</th><th colspan="2">项　目</th><th>周　期</th><th>判　据</th><th>方法及说明</th></tr>
<tr><td>1</td><td colspan="2">检查动作顺序，动作角度</td><td>与变压器本体周期相同</td><td>范围开关、选择开关、切换开关的动作顺序应符合产品技术文件的技术要求，其动作角度应与出厂试验记录相符</td><td>应在整个操作循环内进行</td></tr>
<tr><td>2</td><td colspan="2">操作试验</td><td>与变压器本体周期相同</td><td>变压器带电时手动操作、电动操作、远方操作各 2 个循环。手动操作应轻松，必要时用力矩表测量，其值不超过产品技术文件的规定，电动操作应无卡涩，没有连动现象，电气和机械限位动作正常</td><td></td></tr>
<tr><td rowspan="5">3</td><td rowspan="5">检查和切换测试</td><td>测量过渡电阻值</td><td rowspan="5">1）A 级检修后；
2）必要时</td><td>1）与出厂值相符；
2）与铭牌值比较偏差不大于±10%</td><td>推荐使用电桥法</td></tr>
<tr><td>测量切换时间</td><td>三相同步的偏差、切换时间的数值及正反向切换时间的偏差均与产品技术文件的技术要求相符</td><td></td></tr>
<tr><td>检查插入触头、动静触头的接触情况，电气回路的连接情况</td><td>动、静触头平整光滑，触头烧损厚度不超过产品技术文件的规定值，回路连接良好</td><td>用塞尺检查接触情况</td></tr>
<tr><td>单、双数触头间非线性电阻的试验</td><td>按产品技术文件的技术要求</td><td></td></tr>
<tr><td>检查单、双数触头间放电间隙</td><td>无烧伤或变动</td><td></td></tr>
<tr><td>4</td><td colspan="2">检查操作箱</td><td>与变压器本体周期相同</td><td>接触器、电动机、传动齿轮、辅助接点、位置指示器、计数器等工作正常</td><td></td></tr>
<tr><td>5</td><td colspan="2">切换开关室绝缘油试验</td><td>1）6 个月至 1 年或分接交换 2000 次～4000 次；
2）A 级检修后；
3）必要时</td><td>1）击穿电压和含水量应符合 DL/T 574 要求；
2）油浸式真空有载分接开关进行油色谱分析</td><td></td></tr>
<tr><td>6</td><td colspan="2">二次回路绝缘试验</td><td>与变压器本体周期相同</td><td>绝缘电阻不宜低于 1MΩ</td><td>采用 2500V 绝缘电阻表</td></tr>
</table>

11　套管

套管的试验项目、周期和要求见表 34。

表 34　　**套管的试验项目、周期和要求**

<table>
<tr><th>序号</th><th>项　目</th><th>周　期</th><th>判　据</th><th>方法及说明</th></tr>
<tr><td>1</td><td>红外测温</td><td>1）≥330kV：1个月；
2）220kV：3个月；
3）≤110kV：6个月；
4）必要时</td><td>各部位无异常温升现象，检测和分析方法参考 DL/T 664</td><td></td></tr>
<tr><td>2</td><td>油中溶解气体分析</td><td>1）B级检修后；
2）≥330kV：≤3年；
3）≤220kV：≤6年；
4）必要时</td><td>油中溶解气体组分含量（体积分数）超过下列任一值时应引起注意：
H_2：500μL/L；
CH_4：100μL/L；
C_2H_2：220kV 及以下：2μL/L；
330kV 及以上：1μL/L</td><td></td></tr>
<tr><td>3</td><td>主绝缘及电型套管末屏对地绝缘电阻</td><td>1）A级检修后；
2）≥330kV：≤3年；
3）≤220kV：≤6年；
4）必要时</td><td>1）主绝缘的绝缘电阻值不应低于10000MΩ；
2）末屏对地的绝缘电阻不应低于1000MΩ；
3）电压测量抽头（如果有）对地绝缘电阻不低于1000MΩ</td><td>测量主绝缘的绝缘电阻应采用 5000V 或 2500V 绝缘电阻表，测量末屏对地绝缘电阻和电压测量抽头对地绝缘电阻应采用 2500V 绝缘电阻表</td></tr>
<tr><td>4</td><td>主绝缘及电容型套管对地末屏介质损耗因数与电容量</td><td>1）A级检修后；
2）≥330kV：≤3年；
3）≤220kV：≤6年；
4）必要时</td><td>1）主绝缘在10kV电压下的介质损耗因数值应不大于下表数值：
<table>
<tr><td colspan="2">电压等级 kV</td><td>20～35</td><td>66～110</td><td>220～500</td><td>750</td></tr>
<tr><td rowspan="6">A级检修后</td><td>充油型</td><td>0.030</td><td>0.015</td><td>—</td><td>—</td></tr>
<tr><td>油纸电容型</td><td>0.010</td><td>0.010</td><td>0.008</td><td>0.008</td></tr>
<tr><td>充胶型</td><td>0.030</td><td>0.020</td><td>—</td><td>—</td></tr>
<tr><td>胶纸电容型</td><td>0.020</td><td>0.015</td><td>0.010</td><td>0.010</td></tr>
<tr><td>胶纸型</td><td>0.025</td><td>0.020</td><td>—</td><td>—</td></tr>
<tr><td>气体绝缘电容型</td><td>—</td><td>—</td><td>—</td><td>0.010</td></tr>
<tr><td rowspan="6">运行中</td><td>充油型</td><td>0.035</td><td>0.015</td><td>—</td><td>—</td></tr>
<tr><td>油纸电容型</td><td>0.010</td><td>0.010</td><td>0.008</td><td>0.008</td></tr>
<tr><td>充胶型</td><td>0.035</td><td>0.020</td><td>—</td><td>—</td></tr>
<tr><td>胶纸电容型</td><td>0.030</td><td>0.015</td><td>0.010</td><td>0.010</td></tr>
<tr><td>胶纸型</td><td>0.035</td><td>0.020</td><td>—</td><td>—</td></tr>
<tr><td>气体绝缘电容型</td><td>—</td><td>—</td><td>—</td><td>0.010</td></tr>
</table>
2）当电容型套管末屏对地绝缘电阻小于1000MΩ时，应测量末屏对地介质损耗因数，其值不大于0.02；
3）电容型套管的电容值与出厂值或上一次试验值的差别超出±5%时，应查明原因</td><td>1）油纸电容型套管的介质损耗因数一般不进行温度换算，当介质损耗因数与出厂值或上一次测试值比较有明显增长或接近左表数值时，应综合分析介质损耗因数与温度、电压的关系。当介质损耗因数随温度增加明显增大或试验电压由10kV升到 $U_m/\sqrt{3}$ 时，介质损耗因数增量超过±0.003，不应继续运行；
2）20kV以下纯瓷套管及与变压器油连通的油压式套管不测介质损耗因数；
3）测量变压器套管介质损耗因数时，与被试套管相连的所有绕组端子连在一起加压，其余绕组端子均接地，末屏接电桥，正接线测量</td></tr>
</table>

续表

<table>
<tr><th>序号</th><th>项　目</th><th>周　期</th><th colspan="3">判　据</th><th>方法及说明</th></tr>
<tr><td>5</td><td>交流耐压试验</td><td>1）B级检修后；
2）必要时</td><td colspan="3">试验电压值为出厂值的80%</td><td>35kV及以下纯瓷穿墙套管可随母线绝缘子一起耐压</td></tr>
<tr><td rowspan="4">6</td><td rowspan="4">66kV及以上电容型套管的局部放电测量</td><td rowspan="4">1）A级检修后；
2）必要时</td><td colspan="3">1）变压器及电抗器套管的试验电压为 $1.5U_m/\sqrt{3}$；
2）其他套管的试验电压为 $1.05U_m/\sqrt{3}$；
3）在试验电压下局部放电值(pC)不大于：</td><td rowspan="4">1）垂直安装的套管水平存放1年以上投运前宜进行本项目试验；
2）括号内的局部放电值适用于非变压器、电抗器的套管</td></tr>
<tr><td></td><td>油纸电容型</td><td>胶纸电容型</td></tr>
<tr><td>A级检修后</td><td>10</td><td>250（100）</td></tr>
<tr><td>运行中</td><td>20</td><td>自行规定</td></tr>
</table>

12　绝缘子

12.1　瓷绝缘子

架空线路和站用瓷绝缘子的试验项目、周期和要求见表35。

表35　　架空线路和站用瓷绝缘子的试验项目、周期和要求

<table>
<tr><th>序号</th><th>项　目</th><th>周　期</th><th>判　据</th><th>方法及说明</th></tr>
<tr><td>1</td><td>低（零）值绝缘子检测</td><td rowspan="3">1）投运后3年内应普测1次；
2）按年均劣化率调整检测周期，当年均劣化率<0.005%，检测周期为5～6年；当年均劣化率为0.005%～0.01%，检测周期为4～5年；当年均劣化率>0.01%，检测周期为3年；
3）必要时</td><td>1）盘形悬式瓷绝缘子和10kV～35kV针式瓷绝缘子所测的绝缘电阻小于500MΩ为低（零）值绝缘子；
2）所测低（零）值绝缘子年均劣化率大于0.02%时，应分析原因，并逐只进行干工频耐受电压试验</td><td>1）项1应采用不小于5000V的绝缘电阻表；
2）项目2、项目3依据标准DL/T 626；
3）测量电压分布（或火花间隙）依据《带电作业用火花间隙检测装置》DL/T 415；
4）对于投运3年内年均劣化率大于0.04%，2年后检测周期内年均劣化率大于0.02%，或年劣化率大于0.1%的绝缘子，或机械性能明显下降的绝缘子，应分析原因，并采取相应措施</td></tr>
<tr><td>2</td><td>干工频耐受电压试验</td><td>1）盘形悬式瓷绝缘子应施加60kV；
2）对大盘径防污型绝缘子，施加对应普通型绝缘子干工频闪络电压值；
3）对10kV、35kV针式瓷绝缘子交流耐压试验电压值分别为42kV及100kV</td><td></td></tr>
<tr><td>3</td><td>测量电压分布（或火花间隙）</td><td>1）被测绝缘子电压值低于50%标准规定值，判为劣化绝缘子；
2）被测绝缘子电压值高于50%的标准规定值，同时明显低于相邻两侧合格绝缘子的电压值，判为劣化绝缘子；
3）在规定火花间隙距离和放电电压下未放电，判为劣化绝缘子</td><td></td></tr>
</table>

续表

序号	项　目	周　期	判　据	方法及说明
4	外观检查	必要时	瓷件出现裂纹、破损，釉面缺损或灼伤严重，水泥胶合剂严重脱落，铁帽、钢脚严重锈蚀等判为劣化绝缘子	
5	机电破坏负荷试验	必要时	当机电破坏负荷低于85%额定机械负荷时，则判该只绝缘子为劣化绝缘子	
6	绝缘子现场污秽度(SPS)测量	1）连续积污3年～6年； 2）必要时	进行等值附盐密度（ESDD）及不溶沉积物密度（NSDD）测量，得出现场污秽度（SPS），为连续积污3年～5年后开始测量现场污秽度所测到的ESDD或NSDD最大值。必要时可延长积污时间	1）测量方法按GB/T 26218.1； 2）现场污秽度（SPS）等级的划分参照附录G
7	72.5kV及以上支柱瓷绝缘子超声波探伤检查	必要时	无裂纹和缺陷	1）对多元件组合的整柱绝缘子，应对每元件进行检测； 2）测试方法可参考DL/T 303

注1　1、2、3项中可任选一项。

注2　支柱绝缘子为不可击穿绝缘子，不需要做1、2、3试验。

12.2　玻璃绝缘子

架空线路和站用玻璃绝缘子的试验项目、周期和要求见表36。

表36　　架空线路和站用玻璃绝缘子的试验项目、周期和要求

序号	项　目	周　期	判　据	方法及说明
1	外观检查	巡检时	1）自爆检查； 2）对于投运3年内年均自爆率大于0.04%，2年后检测周期内年均自爆率大于0.02%，或年自爆率大于0.1%，应分析原因，并采取相应的措施	在大雨、暴雨后，对于重污区出现的自爆绝缘子应分析确定是否为小电弧自爆（集中自爆）
		必要时	表面电弧灼伤严重，水泥胶合剂严重脱落，铁帽、钢脚严重锈蚀等判为劣化绝缘子	
2	机械破坏负荷试验	必要时	1）当机械破坏负荷低于85%额定机械负荷时，则判该只绝缘子为劣化绝缘子； 2）机械性能明显下降的绝缘子，应分析原因，并采取相应的措施	
3	绝缘子现场污秽度（SPS）测量	1）连续积污3年～6年； 2）必要时	进行等值附盐密度（ESDD）及不溶沉积物密度（NSDD）测量，得出现场污秽度（SPS），为连续积污3年～5年后开始测量现场污秽度所测到的ESDD或NSDD最大值，必要时可延长积污时间	1）测量方法按GB/T 26218.1； 2）现场污秽度（SPS）等级的划分参照附录G

12.3　复合绝缘子

复合绝缘子的试验项目、周期和要求见表37。

表 37　　复合绝缘子的试验项目、周期和要求

序号	项　目	周　期	判　据	方法及说明
1	红外测温	1）直升机巡视时； 2）必要时	温差不大于3K	测量方法见DL/T 664
2	外观检查	巡检时	复合绝缘子无撕裂、鸟啄、变形；端部金具无裂纹和滑移；护套完整	
3	运行抽检试验	1）运行时间达9年以后进行第1次抽检； 2）首次抽检6年后进行第二次抽检； 3）必要时	运行抽检试验项目如下： 1）憎水性试验； 2）带护套芯棒水扩散试验； 3）水煮后的陡波前冲击耐受电压试验； 4）密封性能试验； 5）机械破坏负荷试验	试验方法见GB/T 1000.3
4	憎水性	1）HC1～HC2时检测周期为6年； 2）HC3～HC4时检测周期为3年； 3）HC5时检测周期为1年； 4）必要时	憎水性的测量结果要求如下： 1）HC1～HC4级：继续运行； 2）HC5级：继续运行，需跟踪检测； 3）HC6级：退出运行	试验方法见DL/T 1474

注1　复合绝缘子包括架空线路棒形悬式复合绝缘子、复合支柱绝缘子、复合空心绝缘子、复合相间间隔棒、复合绝缘横担等。

注2　第2项、3项仅针对架空线路棒形悬式复合绝缘子。

12.4　防污闪涂料

绝缘子用防污闪涂料的试验项目、周期和要求见表38。

表 38　　绝缘子用防污闪涂料的试验项目、周期和要求

序号	项　目	周　期	判　据	方法及说明
1	外观检查	巡检时	无粉化、开裂、起皮、脱落、电蚀损等现象	
2	憎水性	1）HC1～HC2时检测周期为6年； 2）HC3～HC4时检测周期为3年； 3）HC5时检测周期为1年； 4）必要时	憎水性的测量结果要求如下： 1）HC1～HC4级：继续运行； 2）HC5级：继续运行，需跟踪检测； 3）HC6级：退出运行	试验方法见DL/T 1474

12.5　防污闪辅助伞裙

防污闪辅助伞裙的试验项目、周期和要求见表39。

表 39　　防污闪辅助伞裙的试验项目、周期和要求

序号	项　目	周　期	判　据	方法及说明
1	外观检查	1）检修时； 2）必要时	粘接处无开裂，伞裙无脱落、严重变形、撕裂、电蚀损等现象	
2	憎水性	1）HC1～HC2时检测周期为6年； 2）HC3～HC4时检测周期为3年； 3）HC5时检测周期为1年； 4）必要时	憎水性的测量结果要求如下： 1）HC1～HC4级：继续运行； 2）HC5级：继续运行，需跟踪检测； 3）HC6级：退出运行	试验方法见DL/T 1474

13 电力电缆线路

13.1 一般规定

13.1.1 对电缆的主绝缘测量绝缘电阻或做耐压试验时，应分别在每一相上进行；对一相进行测量或试验时，其他相导体、金属屏蔽或金属护套和铠装层应一起直接接地。对金属屏蔽或金属护套一端接地，另一端装有护层过电压保护器的单芯电缆主绝缘进行耐压试验时，应将护层过电压保护器短接，以使该端的电缆金属屏蔽或金属护套接地。

13.1.2 对额定电压为 0.6/1kV 的电缆线路，可用 1000V 或 2500V 绝缘电阻表测量导体对地绝缘电阻，以代替耐压试验。

13.1.3 油纸绝缘电缆进行直流耐压试验时，应分阶段均匀升压（至少 3 段），每阶段停留 1min，并读取泄漏电流。试验电压升至规定值至加压时间达到规定时间当中，至少应读取一次泄漏电流。泄漏电流值和不平衡系数（最大值与最小值之比）可作为判断绝缘状况的参考，当发现泄漏电流与上次试验值相比有较大变化，或泄漏电流不稳定，随试验电压的升高或加压时间延长而急剧上升时，应查明原因。如系终端头表面泄漏电流或对地杂散电流的影响，则应加以消除；若怀疑电缆线路绝缘不良，则可提高试验电压（不宜超过产品标准规定的出厂试验电压）或延长试验时间，确定能否继续运行。

13.1.4 耐压试验后，对导体放电时，应通过每千伏约 80kΩ 的限流电阻反复几次放电，直至无火花后，才允许直接接地放电。

13.1.5 除自容式充油电缆线路外，其他电缆线路在停电后投运之前，应确认电缆线路状态状况良好，可分别采取以下试验确定：

a）停电超过 1 周但不满 1 个月的，测量主绝缘绝缘电阻（发现异常时按 d 处理）。

b）停电超过 1 个月但不满 1 年的，测量主绝缘绝缘电阻，宜进行主绝缘耐压试验，试验时间 5min（发现异常时按 d 处理）。

c）停电超过 1 年，应进行主绝缘耐压试验。（发现异常时按 d 处理）。

d）停电期间怀疑可能遭受外力破坏，或投运前检查发现线路异常的，应进行预防性试验。

13.2 油纸绝缘电力电缆线路

35kV 及以下油纸绝缘电力电缆线路的预防性试验项目、周期和要求见表 40。

表 40 35kV 及以下油纸绝缘电力电缆线路的试验项目、周期和要求

<table>
<tr><th>序号</th><th>项 目</th><th>周 期</th><th>判 据</th><th>方 法 及 说 明</th></tr>
<tr><td>1</td><td>红外测温</td><td>1）≤110kV：6 个月；
2）必要时</td><td>各部位无异常温升现象，检测和分析方法参考 DL/T 664</td><td>用红外热像仪测量，对电缆终端接头和非直埋式中间接头进行</td></tr>
<tr><td>2</td><td>主绝缘电阻</td><td>1）A、B 级检修后（新作终端或接头后）；
2）≤6 年；
3）必要时</td><td>一般应不小于 1000MΩ</td><td>额定电压 0.6/1kV 电缆用 1000V 绝缘电阻表；6/10kV 及以上电缆也可用 2500V 或 5000V 绝缘电阻表</td></tr>
<tr><td>3</td><td>直流耐压试验</td><td>1）A 级检修后（新作终端或接头后）；
2）≤6 年；
3）必要时</td><td>1）试验电压值按下表规定，加压时间 5min，不击穿：
<table><tr><th>电压等级</th><th>试验电压</th></tr><tr><td>6kV</td><td>$4.5U_0$</td></tr><tr><td>10kV</td><td>$4.5U_0$</td></tr><tr><td>35kV</td><td>$4.5U_0$</td></tr></table>2）耐压 5min 时的泄漏电流值不应大于耐压 1min 时的泄漏电流值；
3）三相之间的泄漏电流不平衡系数不应大于 2</td><td>6/10kV 以下电缆的泄漏电流小于 10μA，6/10kV 及以上电缆的泄漏电流小于 20μA 时，对不平衡系数不作规定</td></tr>
</table>

续表

序号	项　目	周　期	判　据	方法及说明
4	相位检查	1）B级检修后（新作终端或接头后）； 2）必要时	与电网相位一致	

13.3　自容式充油电缆线路

66kV及以上自容式充油电缆线路的试验项目、周期和要求见表41。

表41　　66kV及以上自容式充油电缆线路的试验项目、周期和要求

<table>
<tr><th>序号</th><th>项　目</th><th>周　期</th><th>判　据</th><th>方法及说明</th></tr>
<tr><td>1</td><td>红外测温</td><td>1）≥330kV：1个月；
2）220kV：3个月；
3）≤110kV：6个月；
4）必要时</td><td>各部位无异常温升现象，检测和分析方法参考DL/T 664</td><td>用红外热像仪测量，对电缆终端接头和非直埋式中间接头进行</td></tr>
<tr><td>2</td><td>主绝缘直流耐压</td><td>1）A级检修后（新作终端或接头后）；
2）必要时</td><td>电压应施加在每一导体和屏蔽之间，加压时间15min，试验电压值按下表中的规定，试验过程中绝缘应不击穿。
<table>
<tr><th>运行电压U_0/U</th><th>直流试验电压</th></tr>
<tr><td>36/66</td><td>$4.5U_0$</td></tr>
<tr><td>64/110</td><td>$4.5U_0$</td></tr>
<tr><td>127/220</td><td>$4.0U_0$</td></tr>
<tr><td>190/330</td><td>$3.5U_0$</td></tr>
<tr><td>290/500</td><td>$3.0U_0$</td></tr>
</table></td><td></td></tr>
<tr><td>3</td><td>压力箱：
1）供油特性；
2）电缆油击穿电压；
3）电缆油的介质损耗因数</td><td>必要时</td><td>1）压力箱的供油量不应小于供油特性曲线所代表的标称供量的90%；
2）击穿电压不低于50kV；
3）介质损耗因数应满足：
a）110(66)kV和220kV的电缆不大于0.0050；
b）330kV的电缆不大于0.0040；
c）500kV的电缆不大于0.0035</td><td>1）供油特性试验试验按GB 9326.1中6.1进行；
2）电缆油击穿试验按GB/T 507规定进行；
3）测量介质损耗因数时，油温为（100±1）℃，电场强度为1MV/m</td></tr>
<tr><td>4</td><td>油压示警系统：
1）信号指示；
2）控制电缆线芯对地绝缘</td><td>1）信号指示：6个月；
2）控制电缆线芯对地绝缘电阻：投运后1年内进行，以后不超过3年</td><td>1）信号指示：能正确发出相应的示警信号；
2）控制电缆线芯对地绝缘电阻：每千米绝缘电阻不小于1MΩ</td><td>1）合上示警信号装置的试验开关应能正确发出相应的声、光示警信号；
2）采用100V或250V绝缘电阻表测量</td></tr>
<tr><td>5</td><td>交叉互联系统</td><td>不超过3年</td><td>见13.5条</td><td></td></tr>
</table>

续表

序号	项　目	周　期	判　据	方法及说明
6	电缆及附件内的电缆油： 1）击穿电压； 2）介质损耗因数； 3）油中溶解气体	1）击穿电压及介质损耗因数：投运后1年内进行，以后不超过3年； 2）油中溶解气体：怀疑电缆绝缘过热老化或终端、塞止接头存在严重局部放电时进行	1）击穿电压不低于45kV； 2）介质损耗因数应满足： a）110(66)kV 和 220kV 的电缆不大于0.03； b）330kV 和 500kV 的电缆不大于0.01； 3）电缆油中溶解气体组分含量的注意值见下表： 可燃气总量：≤1500μL/L H_2：≤500μL/L C_2H_2：痕量 CO：≤100μL/L CO_2：≤1000μL/L CH_4：≤200μL/L C_2H_6：≤200μL/L C_2H_4：≤200μL/L	1）电缆油击穿试验按GB/T 507规定进行； 2）测量介质损耗因数时，油温为（100±1）℃，电场强度为1MV/m； 3）油中溶解气体按照DL/T 722进行，“要求栏”所列的注意值不是判断充油电缆有无故障的唯一指标，当气体含量达到注意值时，应进行追踪分析查明原因
7	金属护层及接地线环流测量	1）≥330kV：1个月； 2）220kV：3个月； 3）≤110kV：6个月； 4）必要时	1）电流值符合设计要求； 2）三相不平衡度不应有明显变化	1）使用钳形电流表测量； 2）选择电缆线路负荷较大时测量
8	相位检查	1）新作终端或接头后； 2）必要时	与电网相位一致	

13.4　橡塑绝缘电力电缆线路

13.4.1　35kV及以下橡塑绝缘电力电缆线路的试验项目、周期和要求见表42。

表42　　35kV及以下橡塑绝缘电力电缆线路的试验项目、周期和要求

序号	项　目	周　期	判　据	方法及说明
1	红外测温	1）6个月； 2）必要时	各部位无异常温升现象，检测和分析方法参考DL/T 664	用红外热像仪测量，对电缆终端接头和非直埋式中间接头进行
2	主绝缘绝缘电阻	1）A、B级检修后（新作终端或接头后）； 2）≤6年； 3）必要时	一般不小于1000MΩ	额定电压0.6/1kV电缆用1000V绝缘电阻表；6/10kV及以上电缆也可用2500V或5000V绝缘电阻表
3	电缆外护套绝缘电阻	1）A、B级检修后（新作终端或接头后）； 2）≤6年； 3）必要时	每千米绝缘电阻值≥0.5MΩ	采用500V绝缘电阻表

续表

序号	项　目	周　期	判　据	方法及说明
4	铜屏蔽层电阻和导体电阻比（R_p/R_x）	1）A级检修后（新作终端或接头后）； 2）必要时	1）投运前首次测量的电阻比为初值，重作终端或接头后测量的电阻比应作为该线路新的初值； 2）较初值增大时，表明铜屏蔽层的直流电阻增大，有可能被腐蚀；较初值减小时，表明附件中的导体连接点的电阻有可能增大； 3）数据自行规定	1）用双臂电桥在同温度下测量铜屏蔽层和导体的直流电阻； 2）本项试验仅适用于三芯电缆
5	主绝缘交流耐压	1）A级检修后（新作终端或接头后）； 2）必要时	施加表中规定的交流电压，要求在试验过程中绝缘不击穿 频率 Hz：20～300；试验电压与要求：$1.7U_0$，持续60min	耐压试验前后应进行绝缘电阻测试，测得值应无明显变化
6	局部放电试验	1）A级检修后（新作终端或接头后）； 2）必要时	无异常放电信号	可在带电或停电状态下进行，可采用：高频电流、振荡波、超声波、超高频等检测方法
7	相位检查	1）新作终端或接头后； 2）必要时	与电网相位一致	

13.4.2　66kV及以上挤出绝缘电力电缆线路的试验项目、周期和要求见表43。

表43　　66kV及以上挤出绝缘电力电缆线路的试验项目、周期和要求

序号	项　目	周　期	判　据	方法及说明
1	红外测温	1）≥330kV：1个月； 2）220kV：3个月； 3）≤110kV：6个月； 4）必要时	各部位无异常温升现象，检测和分析方法参考DL/T 664	用红外热像仪测量，对电缆终端接头和非直埋式中间接头进行
2	主绝缘绝缘电阻	1）A、B级检修后； 2）≥330kV：≤3年； 3）≤220kV：≤6年； 4）必要时	与上次比无显著变化	使用2500V或5000V绝缘电阻表
3	主绝缘交流耐压	1）A级检修后； 2）必要时	频率为20Hz～300Hz的交流耐压试验，试验时间60min，绝缘不击穿。试验电压按下表中规定： 电压等级kV：110（66），试验电压：$1.6U_0$ 电压等级kV：220～500，试验电压：$1.36U_0$	
4	交叉互联系统试验	1）交叉互联系统故障时； 2）必要时	见13.5条	

续表

序号	项　目	周　期	判　据	方法及说明
5	金属护层及接地线环流测量	1）≥330kV：1个月； 2）220kV：3个月； 3）≤110kV：6个月； 4）必要时	1）电流值符合设计要求； 2）三相不平衡度不应有明显变化	1）使用钳形电流表测量； 2）选择电缆线路负荷较大时测量
6	局部放电试验	1）A级检修后（新作终端或接头后）； 2）必要时	无异常放电信号	在带电或停电状态下进行，可采用高频电流、超声波、超高频等检测方法
7	相位检查	1）新作终端或接头后； 2）必要时	与电网相位一致	

13.5　接地、交叉互联系统

接地、交叉互联系统的试验项目、周期和要求见表44。

表44　　**接地、交叉互联系统的试验项目、周期和要求**

序号	项　目	周　期	判　据	方法及说明
1	红外测温	1）6个月； 2）必要时	各部位无异常温升现象，检测和分析方法参考DL/T 664	用红外热像仪测量
2	外护套、绝缘接头外护套及绝缘夹板的绝缘电阻	1）A、B级检修后（新作终端或接头后）； 2）≤6年； 3）必要时	每千米绝缘电阻值≥0.5MΩ	采用500V绝缘电阻表
3	外护套接地电流	1）≥6个月； 2）必要时	单回路敷设电缆线路，一般不大于电缆负荷电流值的10%，多回路同沟敷设电缆线路，应注意外护套接地电流变化趋势	用钳型电流表测量，也可使用电缆护套环流在线监测系统监测数据
4	外护套、绝缘接头外护套及绝缘夹板直流耐压	必要时	在每段电缆金属屏蔽或金属护套与地之间加5kV，加压1min不应击穿	试验时必须将护层过电压保护器断开，在互联箱中应将另一侧的所有电缆金属套都接地
5	护层过电压限制器	必要时	1）护层电压限制器的直流参考电压应符合产品技术文件的规定； 2）护层电压限制器及其引线对地绝缘电阻不应低于10MΩ	用1000V绝缘电阻表测量
6	互联箱隔离开关（或连接片）接触电阻	必要时	隔离开关（或连接片）的接触电阻，在正常工作位置进行测量，接触电阻不应大于20μΩ	接触电阻使用双臂电桥进行测量

14　电容器

14.1　高压并联电容器、串联电容器和交流滤波电容器

14.1.1　高压并联电容器、串联电容器和交流滤波电容器的试验项目、周期和要求见表45。

表45　　高压并联电容器、串联电容器和交流滤波电容器的试验项目、周期和要求

序号	项　目	周　期	判　据	方法及说明
1	红外测温	1）6个月； 2）必要时	检测电容器引线套管连线接头处，红外热像图应无明显温升	检测和分析方法参考DL/T 664
2	极对壳绝缘电阻	1）A、B级检修后； 2）≤3年； 3）必要时	不低于2000MΩ	1）用2500V绝缘电阻表； 2）单套管电容器不测
3	电容值	1）A级检修后； 2）≤3年； 3）必要时	1）电容值不低于出厂值的95%； 2）电容值偏差不超过额定值的−5%～+5%范围	1）应逐台电容器进行测量； 2）建议采用不拆电容器连接线的专用电容表
4	渗漏油检查	巡视检查时	漏油时立即停止使用，渗油时限期更换	观察法
5	极对壳交流耐压	必要时	出厂耐压值的75%，过程无异常	
6	极间局部放电试验	必要时	1）脉冲电流法：不大于50pC，且与交接试验数据比较不应有明显增长； 2）超声波法：常温下局放熄灭电压不低于极间额定电压的1.2倍	应用脉冲电流法时可选择横向、纵向比较的方法

14.1.2　交流滤波电容器组的总电容值应满足交流滤波器调谐的要求。

14.2　断路器电容器

断路器电容器的试验项目、周期和要求见表46。

表46　　断路器电容器的试验项目、周期和要求

序号	项　目	周　期	判　据	方法及说明
1	红外测温	1）≥330kV：1个月； 2）220kV：3个月； 3）≤110kV：6个月； 4）必要时	检测高压引线连接处、电容器本体等，红外热像图显示应无异常温升、温差或相对温差	检测和分析方法参考DL/T 664
2	极间绝缘电阻	1）A、B级检修后； 2）≥330kV：≤3年； 3）≤220kV：≤6年； 4）必要时	不宜低于5000MΩ	采用2500V绝缘电阻表
3	电容值	1）A级检修后； 2）≥330kV：≤3年； 3）≤220kV：≤6年； 4）必要时	电容值偏差应在额定值的±5%范围内	用电桥法
4	介质损耗因数	1）A级检修后； 2）≥330kV：≤3年； 3）≤220kV：≤6年； 4）必要时	10kV下的介质损耗因数值不大于下列数值： 油纸绝缘：≤0.005； 膜纸复合绝缘：≤0.0025	
5	渗漏油检查	巡视检查时	漏油时立即停止使用，渗油时限期更换	观察法

14.3　集合式电容器、箱式电容器

集合式电容器、箱式电容器的试验项目、周期和要求见表 47。

表 47　　集合式电容器、箱式电容器的试验项目、周期和要求

序号	项　目	周　期	判　据	方法及说明
1	红外测温	1）6 个月； 2）必要时	检测高压引线连接处、电容器本体等，红外热像图显示应无异常温升、温差或相对温差	检测和分析方法参考 DL/T 664
2	相间和极对壳绝缘电阻	1）A 级检修后； 2）≤3 年； 3）必要时	自行规定	1）采用 2500V 绝缘电阻表； 2）仅对有六个套管的三相电容器测量相间绝缘电阻
3	电容值	1）A 级检修后； 2）≤3 年； 3）必要时	1）每相电容值偏差应在额定值的 −5%～+10%的范围内，且电容值不小于出厂值的 96%； 2）三相中每两线路端子间测得的电容值的最大值与最小值之比不大于 1.02； 3）每相用三个套管引出的电容器组，应测量每两个套管之间的电容量，其值与出厂值相差在±5%范围内	
4	相间和极对壳交流耐压试验	1）A 级检修后； 2）必要时	试验电压为出厂试验值的 75%	仅对有六个套管的三相电容器进行相间耐压；吊芯修理后试验仅对集合式电容器进行
5	绝缘油击穿电压	1）A 级检修后； 2）必要时	参照表 48 中序号 9	仅对集合式电容器进行
6	渗漏油检查	巡视检查时	漏油应限期修复	观察法

15　绝缘油和六氟化硫气体

15.1　变压器油

15.1.1　新变压器油（未使用过的绝矿物绝缘油）的验收，应按 GB/T 2536 的规定。

15.1.2　新变压器油注入变压器（电抗器）前的检验，其油品质量应符合 GB/T 14542—2017 中表 1 的要求。

15.1.3　新变压器油注入变压器（电抗器）进行热循环后的检验，其油品质量应符合 GB/T 14542—2017 中表 2 的要求。

15.1.4　新变压器（电抗器）或经过 A 级检修的变压器（电抗器），通电投运前，变压器油的试验项目及方法见表 48，其油品质量应符合表 48 中“投入运行前的油”的要求。

15.1.5　运行中变压器油的试验项目、周期及方法见表 48，其油品质量应符合表 48 中“运行油”的要求。

15.1.6　变压器油取样容器及方法按照 GB/T 7597 的规定执行，油中颗粒污染度测定容器及方法按照 DL/T 432 的规定执行。

表 48　　　　变压器油的试验项目、周期和要求

序号	项　目	周　期	判　据		方法及说明
			投入运行前的油	运行油	
1	外观	1）不超过 1 年； 2）A 级检修后	透明、无杂质或悬浮物		将油样注入试管中冷却至 5℃在光线充足的地方观察
2	色度/号	1）不超过 1 年； 2）A 级检修后	≤2.0		GB/T 6540
3	水溶性酸（pH 值）	1）不超过 3 年； 2）A 级检修后； 3）必要时	>5.4	≥4.2	GB/T 7598
4	酸值（以 KOH 计）/(mg/g)	1）不超过 3 年； 2）A 级检修后； 3）必要时	≤0.03	≤0.10	按 GB/T 28552 或 GB/T 264 进行试验，GB/T 264 为仲裁方法
5	闪点（闭口）/℃	1）不超过 3 年； 2）A 级检修后； 3）必要时	≥135		按 DL/T 1354 或 GB/T 261 进行试验，GB/T 261 为仲裁方法
6	水分/(mg/L)	1）≥330kV：1 年； 2）≤220kV：3 年； 3）A 级检修后； 4）必要时	≤110kV：≤20 220kV：≤15 ≥330kV：≤10	≤110kV：≤35 220kV：≤25 ≥330kV：≤15	1）按 GB/T 7601 或 GB/T 7600 进行试验，GB/T 7600 为仲裁方法； 2）运行中设备，测量时应注意温度的影响，尽量在顶层油温高于 50℃时采样
7	界面张力（25℃）/(mN/m)	1）不超过 3 年； 2）A 级检修后； 3）必要时	≥35	≥25	按 GB/T 6541 进行试验
8	介质损耗因数（90℃）	1）≥330kV：1 年； 2）≤220kV：3 年； 3）A 级检修后； 4）必要时	≤330k：≤0.01 ≥500kV：≤0.005	≤330k：≤0.040 ≥500kV：≤0.020	按 GB/T 5654 进行试验
9	击穿电压/kV	1）≥330kV：1 年； 2）≤220kV：3 年； 3）A 级检修后； 4）必要时	35kV 及以下：≥40 66kV～220kV：≥45 330kV：≥55 500kV：≥65 750kV：≥70	35kV 及以下：≥35 66kV～220kV：≥40 330kV：≥50 500kV：≥55 750kV：≥65	按 GB/T 507 方法进行试验
10	体积电阻率(90℃)/(Ω·m)	1）A 级检修后； 2）必要时	$\geq 6\times10^{10}$	500kV～750kV：$\geq 1\times10^{10}$ ≤330k：$\geq 5\times10^{9}$	按 GB/T 5654 或 DL/T 421 进行试验，DL/T 421 为仲裁方法
11	油中含气量（体积分数）/%	1）不超过 3 年； 2）A 级检修后； 3）必要时	≤1	750kV：≤2 330kV～500kV：≤3 （电抗器）：≤5	按 DL/T 423 或 DL/T 703 进行试验，DL/T 703 为仲裁方法
12	油泥与沉淀物（质量分数）/%	必要时	—	≤0.02（以下可以忽略不计）	按 GB/T 8926—2012（方法 A）对“正戊烷不溶物”进行检测

续表

序号	项　目	周　期	判　据		方法及说明
			投入运行前的油	运行油	
13	析气性	必要时	≥500kV：报告		按 NB/SH/T 0810 试验
14	带电倾向/(pC/mL)	必要时	报告		按 DL/T 1095 或 DL/T 385 进行试验，DL/T 385 为仲裁方法
15	腐蚀性硫	必要时	非腐蚀性		DL/T 285 为必做试验，必要时采用 GB/T 25961 检测
16	颗粒污染度/粒	1）A 级检修后； 2）必要时	500kV：≤3000 750kV：≤2000	500kV：— 750kV：≤3000	1）按 DL/T 432 进行试验； 2）检测结果是指 100mL 油中大于 5μm 的颗粒数
17	抗氧化添加剂含量（质量分数）/%	必要时	—	大于新油原始值的 60%	按 NB/SH/T 0802 试验
18	糠醛含量（质量分数）/(mg/kg)	1）A 级检修后； 2）必要时	报告	—	按 NB/SH/T 0812 或 DL/T 1355 试验
19	二苄基二硫醚（DBDS）/(mg/kg)	必要时	检测不出	—	1）按照 GB/T 32508 试验； 2）检测不出指 DBDS 含量小于 5mg/kg

注 1　新变压器油，应按 GB 2536 验收；

注 2　运行中变压器油的试验项目和周期按本文件相关章节规定执行，没有规定的按 GB/T 7595 执行；

注 3　油样提取应遵循 GB/T 7597 规定，对全密封式设备如互感器，如不易取样或补充油，应根据具体情况决定是否采样；

注 4　有载调压开关用的变压器油的试验项目、周期和要求应符合产品技术文件要求执行；

注 5　关于补油或不同牌号油混合使用按 GB/T 14542 的规定执行。

15.1.7　设备和运行条件的不同，会导致油质老化速度不同，当主要设备用油的 pH 值接近 4.4 或颜色骤然变深，其他指标接近允许值或不合格时，应缩短试验周期，增加试验项目，必要时采取处理措施。

15.1.8　关于补油或不同牌号油混合使用的规定。

15.1.8.1　补加油品的各项特性指标不应低于设备内的油。如果补加到已接近运行油质量要求下限的设备油中，有时会导致油中迅速析出油泥，故应预先进行混油样品的油泥析出和介质损耗因数试验。试验结果无沉淀物产生且介质损耗因数不大于原设备内油的介质损耗因数值时，才可混合。

15.1.8.2　不同牌号新油或相同质量的运行油，原则上不宜混合使用。如必须混合时应按混合油实测的倾点决定是否可用；并进行油泥析出试验，合格方可混用。

15.1.8.3　对于来源不明以及所含添加剂的类型并不完全相同的油，如需要与不同牌号油混合时，应预先进行参加混合的油及混合后油样的老化试验。

15.1.8.4　油样的混合比应与实际使用的混合比一致，如实际使用比不详，则采用 1∶1 比例混合。

15.2　断路器油

15.2.1 新低温开关油的验收，应按 GB 2536 的规定。

15.2.2 运行中断路器油的试验项目、周期和要求见表 49。

表 49　运行中断路器油的试验项目、周期和要求

序号	项　目	周　期	判　据		方法及说明
			A 级检修后	运行中	
1	外观	1）A 级检修后； 2）≤1 年； 3）必要时	透明、无游离水分、无杂质或悬浮物		外观目测
2	水溶性酸（pH 值）	1）A 级检修后； 2）≥126kV：≤1 年； 3）≤72kV：≤3 年； 4）必要时	≥4.2		按 GB/T 7598 进行试验
3	击穿电压 kV	1）A 级检修后； 2）≥363kV：≤1 年； 3）≤252kV：≤3 年； 4）必要时	≥126kV：≥45 ≤72kV：≥40	≥126kV：≥40 ≤72kV：≥35	按 GB/T 507 方法进行试验

15.3 SF_6 气体

15.3.1 在电气设备充 SF_6 新气前应进行抽样复检，SF_6 复检结果应符合 GB/T 12022—2014 中表 1 的技术要求。瓶装 SF_6 新气抽检数量按照 GB/T 12022—2014 中表 2 的规定抽取，同一批相同出厂日期的，只测定湿度（20℃）和纯度。

15.3.2 SF_6 气体在充入电气设备 24h 后，方可进行试验。

15.3.3 关于补气和气体混合使用的规定：

a）所补气体应符合新气质量标准，补气时应注意接头及管路的干燥；

b）符合新气质量标准的气体均可混合使用。

15.3.4 运行中 SF_6 气体的试验项目、周期和要求见表 50。

表 50　运行中 SF_6 气体的试验项目、周期和要求

序号	项　目	周　期	判　据		方法及说明
			A 级检修	运行中	
1	纯度（质量分数）/%	1）A 级检修； 2）必要时	≥97		按 GB/T 12022 进行
2	湿度（20℃）/(μL/L)	1)A 级检修； 2)≥330kV:≤1 年； 3)≤220kV:≤3 年； 4)必要时	灭弧室:≤150 非灭弧室:≤250	灭弧室:≤300 非灭弧室:≤500	按 DL/T 506 进行
3	气体泄漏 /(%/年)	必要时	≤0.5	≤0.5	按 GB/T 11023 进行
4	毒性	必要时	无毒		按 GB/T 12022 进行
5	酸度(以 HF 计) /(μg/g)	必要时	≤0.3	≤0.3	按 DL/T 916 进行

续表

序号	项　目	周　期	判　据		方法及说明
			A级检修	运行中	
6	空气（质量分数）/%	必要时	≤0.05	≤0.2	按DL/T 920进行
7	可水解氟化物/(μg/g)	必要时	≤1.0	≤1.0	按DL/T 918进行
8	四氟化碳（质量分数）/%	必要时	≤0.05	≤0.1	按DL/T 920进行
9	矿物油/(μg/g)	必要时	≤10	≤10	按DL/T 919进行

16　避雷器

16.1　金属氧化物避雷器

16.1.1　无串联间隙金属氧化物避雷器的试验项目、周期和要求见表51（表格51中简称避雷器）。

表51　　无串联间隙金属氧化物避雷器的试验项目、周期和要求

序号	项　目	周　期	判　据	方法及说明
1	红外测温	1）≥330kV：1个月； 2）220kV：3个月； 3）≤110kV：6个月； 4）必要时	红外热像图显示无异常温升、温差和相对温差，符合DL/T 664要求	1）检测温升所用的环境温度参照体应尽可能选择与被测设备类似的物体； 2）在安全距离范围外选取合适位置进行拍摄，要求红外热像仪拍摄内容应清晰，易于辨认，必要时，可使用中、长焦距镜头； 3）为了准确测温或方便跟踪，应确定最佳检测位置，并可做上标记，以供今后的复测用，提高互比性和工作效率； 4）将大气温度、相对湿度、测量距离等补偿参数输入，进行必要修正，并选择适当的测温范围
2	避雷器用监测装置检查	巡视检查时	1）记录放电计数器指示数； 2）避雷器用监测装置指示应良好、量程范围恰当	1）电流值无异常； 2）电流值明显增加时应进行带电测量
3	运行电压下阻性电流测量	1）≥330kV:6个月（雷雨季前）； 2）≤110kV：1年； 3）必要时	初值差不明显。当阻性电流增加50%时，应适当缩短监测周期，当阻性电流增加1倍时，应停电检查	1）宜采用带电测量方法，注意瓷套表面状态、相间干扰的影响； 2）应记录测量时的环境温度、相对湿度和运行电压
4	绝缘电阻	1）A、B级检修后； 2）≥330kV：≤3年； 3）≤220kV：≤6年； 4）必要时	自行规定	采用2500V及以上绝缘电阻表

续表

序号	项　目	周　期	判　据	方法及说明
5	底座绝缘电阻	1）A、B级检修后； 2）≥330kV：≤3年； 3）≤220kV：≤6年； 4）必要时	自行规定	采用2500V及以上绝缘电阻表
6	直流参考电压（U_{1mA}）及0.75倍U_{1mA}下的泄漏电流	1）A级检修后； 2）≥330kV：≤3年； 3）≤220kV：≤6年； 4）必要时	1）不得低于GB 11032规定值； 2）将直流参考电压实测值与初值或产品技术文件要求值比较，变化不应大于±5%； 3）0.75倍U_{1mA}下的泄漏电流初值差≤30%或≤50μA（注意值）	1）应记录试验时的环境温度和相对湿度； 2）应使用屏蔽线作为测量电流的导线
7	测试避雷器放电计数器动作情况	1）A级检修后； 2）每年雷雨季前检查1次； 3）必要时	测试3～5次，均应正常动作，测试后记录放电计数器的指示数	

16.1.2　GIS用金属氧化物避雷器的试验项目、周期和要求见表52。

表52　　GIS用金属氧化物避雷器的试验项目、周期和要求

序号	项　目	周　期	判　据	方法及说明
1	SF_6气体检测	见第15章表50		
2	避雷器用监测装置检查	巡视检查时	1）记录放电计数器指示数； 2）避雷器用监测装置指示应良好、量程范围恰当	1）电流值无异常； 2）电流值明显增加时应进行带电测量
3	全电流/阻性电流测量	1）≥330kV：6个月（雷雨季前）； 2）≤110kV：1年； 3）必要时	初值差不明显。当阻性电流增加50%时，应适当缩短监测周期，当阻性电流增加1倍时，应停电检查	1）宜采用带电测量方法，注意瓷套表面状态、相间干扰的影响； 2）应记录测量时的环境温度、相对湿度和运行电压
4	避雷器运行中的密封检查	随GIS检修进行	参照第9章开关设备9.1气体绝缘金属封闭开关设备的相关规定	
5	测试避雷器放电计数器动作情况	1）A级检修后； 2）每年雷雨季前检查1次； 3）必要时	测试3～5次，均应正常动作，测试后记录放电计数器的指示数	

16.1.3 线路用带串联间隙金属氧化物避雷器的试验项目、周期和要求见表53。

表53　线路用带串联间隙金属氧化物避雷器的试验项目、周期和要求

序号	项目	周期	判据	方法及说明
1	外观检查	1）结合线路巡线进行； 2）必要时	外观无异常	1）线路避雷器本体及间隙无异物附着； 2）法兰、均压环、连接金具无腐蚀；锁紧销无锈蚀、脱位或脱落； 3）线路避雷器本体及间隙无移位或非正常偏斜； 4）线路避雷器本体及支撑绝缘子的外绝缘无破损和明显电蚀痕迹； 5）线路避雷器本体及支撑绝缘子无弯曲变形
2	本体直流1mA电压（U_{1mA}）及0.75倍U_{1mA}下的泄漏电流	必要时	1）不得低于GB 11032规定值； 2）将直流参考电压实测值与初值或产品技术文件要求值比较，变化不应大于±5%； 3）0.75倍U_{1mA}下的泄漏电流初值差≤30%或≤50μA（注意值）	应记录测量时的环境温度、相对湿度和运行电压。测量宜在瓷套表面干燥时进行。应注意相间干扰的影响
3	检查避雷器放电计数器动作情况	必要时	测试3～5次，均应正常动作	
4	复合外套、串联间隙及支撑件的外观检查	必要时	1）复合外套及支撑件表面不应有明显或较大面积的缺陷（如破损、开裂等）； 2）串联间隙不应有明显的变形	

注　线路用带串联间隙金属氧化物避雷器主要强调抽样试验，必要时指：

（1）每年根据运行年限和放电动作次数等因素确定抽样比例，将运行时间比较长或动作次数比较多的避雷器拆下进行预防性试验；

（2）怀疑避雷器有缺陷时。

16.2 阀式避雷器的试验项目、周期和要求见表54。

表54　阀式避雷器的试验项目、周期和要求

序号	项目	周期	判据	方法及说明
1	红外测温	1）每年雷雨季前； 2）必要时	红外热像图显示无异常温升、温差和相对温差，符合电力行业标准DL/T 664要求	1）检测温升所用的环境温度参照体应尽可能选择与被测设备类似的物体； 2）在安全距离允许的条件下，红外仪器宜尽量靠近被测设备，必要时，可使用中、长焦距镜头； 3）为了准确测温或方便跟踪，应确定最佳检测位置，并可做上标记，以供今后的复测用，提高互比性和工作效率； 4）将大气温度、相对湿度、测量距离等补偿参数输入，进行必要修正，并选择适当的测温范围

续表

<table>
<tr><th>序号</th><th>项　目</th><th>周　期</th><th>判　据</th><th>方法及说明</th></tr>
<tr><td>2</td><td>绝缘电阻</td><td>1）每年雷雨季前；
2）必要时</td><td>1）FZ、FCZ和FCD型避雷器的绝缘电阻自行规定，但与前一次或同类型的测量数据进行比较，不应有显著变化；
2）FS型避雷器绝缘电阻应不低于2500MΩ</td><td>1）采用2500V及以上绝缘电阻表；
2）FZ、FCZ和FCD型主要检查并联电阻通断和接触情况</td></tr>
<tr><td>3</td><td>电导电流及串联组合元件的非线性因数差值</td><td>1）每年雷雨季前；
2）必要时</td><td>1）FZ、FCZ、FCD型避雷器的电导电流参考产品技术文件要求值，还应与历年数据比较，不应有显著变化；
2）同一相内串联组合元件的非线性因数差值，不应大于0.05；电导电流相差值（%）不应大于30%；
3）试验电压如下：
<table><tr><td>元件额定电压kV</td><td>3</td><td>6</td><td>10</td><td>15</td><td>20</td><td>30</td></tr><tr><td>试验电压 U_1 kV</td><td>—</td><td>—</td><td>—</td><td>8</td><td>10</td><td>12</td></tr><tr><td>试验电压 U_2 kV</td><td>4</td><td>6</td><td>10</td><td>16</td><td>20</td><td>24</td></tr></table></td><td>1）分节的避雷器应对每节进行试验；
2）可用带电测量方法进行测量，如对测量结果有疑问时，应根据停电测量的结果做出判断；
3）如FZ型避雷器的非线性因数差值大于0.05，但电导电流合格，允许做换节处理，换节后的非线性因数差值不应大于0.05</td></tr>
<tr><td>4</td><td>工频放电电压</td><td>1）不超过3年；
2）必要时</td><td>FS型避雷器的工频放电电压在下列范围内：
<table><tr><td colspan="2">额定电压kV</td><td>3</td><td>6</td><td>10</td></tr><tr><td rowspan="2">放电电压kV</td><td>解体后</td><td>9～11</td><td>16～19</td><td>26～31</td></tr><tr><td>运行中</td><td>8～12</td><td>15～21</td><td>23～33</td></tr></table></td><td>带有非线性并联电阻的阀式避雷器只在解体后进行</td></tr>
<tr><td>5</td><td>底座绝缘电阻</td><td>1）不超过3年；
2）必要时</td><td>自行规定</td><td>采用2500V及以上的绝缘电阻表</td></tr>
<tr><td>6</td><td>计数器检查外观检查</td><td>1）每年雷雨季前；
2）必要时</td><td>记录计数器指示数外观无异常</td><td></td></tr>
<tr><td>7</td><td>测试计数器的动作情况</td><td>1）不超过3年；
2）必要时</td><td>测试3～5次，均应正常动作，记录试验后计数器指示值</td><td></td></tr>
</table>

17　母线

17.1　封闭母线

封闭母线的试验项目、周期和要求见表55。

表55　　封闭母线的试验项目、周期和要求

序号	项　目	周　期	判　据	方法及说明
1	绝缘电阻	1）A、B级检修后； 2）必要时	在常温下导体（相）对导体（相）、导体（相）对外壳（地）绝缘电阻： 1）离相封闭母线绝缘电阻值不小于50MΩ； 2）共箱封闭母线在常温下分相绝缘电阻值不小于6MΩ	1）1000V时，采用1000V绝缘电阻表； 2）3000V及以上时，采用2500V绝缘电阻表

续表

序号	项　目	周　期	判　据			方法及说明
			额定电压（kV）	试验电压（kV）		
				出厂	现场	
2	交流耐压试验	1）A级检修后； 2）必要时	1	4.2	3.2	1）额定电压为系统额定电压，对应设备绝缘水平可参照《金属封闭母线》GB/T 8349； 2）现场试验电压为出厂试验电压75％
			3.15	25	19	
			6.3	32	24	
			10.5	42	32	
			15.75	57	43	
			20	68	51	
			24	75	56	
			35	100	75	
3	气密封试验	1）A级检修后； 2）必要时	微正压充气的离相封闭母线应进行气密封实验			试验方法见GB/T 8349

17.2　一般母线

一般母线的试验项目、周期和要求见表56。

表56　　一般母线的试验项目、周期和要求

序号	项　目	周　期	判　据	方法及说明
1	红外测温	1）220kV及以上每年不少于2次； 2）110kV及以下每年1次； 3）A、B级检修前； 4）必要时	红外热像显示无异常温升、温差和相对温差，符合DL/T 664要求	1）红外测温采用红外成像仪测试； 2）测试应尽量在负荷高峰、夜晚进行； 3）在大负荷和重大节日应增加检测
2	绝缘电阻	1）A、B级检修后； 2）必要时	不应低于1MΩ/kV	
3	交流耐压试验	1）A级检修后； 2）必要时	1）额定电压在1kV以上时，试验电压参照附录B； 2）额定电压在1kV及以下时，试验电压为1000V	

18　1kV及以下的配电装置和电力布线

1kV及以下的配电装置和电力布线的试验项目、周期和要求见表57。

表57　　1kV及以下的配电装置和电力布线的试验项目、周期和要求

序号	项　目	周　期	判　据	方法及说明
1	绝缘电阻	1）A、B级检修后； 2）必要时	1）配电装置每一段的绝缘电阻应不小于0.5MΩ； 2）电力布线绝缘电阻不宜小于0.5MΩ	1）采用不小于1000V绝缘电阻表； 2）测量电力布线的绝缘电阻时应将熔断器、用电设备、电器和仪表等断开

续表

序号	项　目	周　期	判　据	方法及说明
2	配电装置的交流耐压试验	1）A 级检修后； 2）必要时	试验电压为 1000V	1）配电装置耐压为各相对地，48V 及以下的配电装置不做交流耐压试验； 2）不小于 2500V 绝缘电阻表试验代替
3	检查相位	更换设备或接线时	各相两端及其连接回路的相位应一致	

注 1　配电装置指配电盘、配电台、配电柜、操作盘及载流部分；

注 2　电力布线不进行交流耐压试验。

19　1kV 以上的架空电力线路及杆塔

1kV 以上的架空电力线路及杆塔的试验项目、周期和要求见表 58。

表 58　　　1kV 以上的架空电力线路的试验项目、周期和要求

序号	项　目	周　期	判　据	方法及说明
1	红外测温	1）≥330kV：1 年； 2）220kV：2 年； 3）必要时	各部位无异常温升现象，检测和分析方法参考 DL/T 664	针对导线连接器（耐张线夹、接续管、修补管、并沟线夹、跳线线夹、T 型线夹、设备线夹等）、导线断股及绝缘子发热等情况进行
2	检查导线连接管的连接情况	1）A 级检修后； 2）≤6 年； 3）必要时	1）外观检查无异常； 2）连接管压接后的尺寸及外形应符合要求	铜线的连接管检查周期可延长至 5 年
3	绝缘子	见第 12 章		
4	线路的绝缘电阻（有带电的平行线路时不测）	1）A、B 级检修后； 2）≤6 年； 3）必要时	自行规定	采用 2500V 及以上的绝缘电阻表
5	检查相位	线路连接有变动时	线路两端相位应一致	
6	间隔棒检查	1）巡视检查时； 2）线路检修时	状态完好，无松动无胶垫脱落等情况	
7	阻尼设施的检查	1）巡视检查时； 2）线路检修时	无磨损松动等情况	
8	杆塔接地电阻检测	见 20 章接地装置		
9	线路避雷器	见 16 章避雷器		

注　关于架空电力线路离地距离、离建筑物距离、空气间隙、交叉距离和跨越距离的检查，杆塔和过电压保护装置的接地电阻测量、杆塔和地下金属部分的检查，导线断股检查等项目，应按架空电力线路和电气设备接地装置有关标准的规定进行。

20　接地装置

接地装置的检查与试验项目、周期和要求见表 59。

表 59　　接地装置的检查与试验项目、周期和要求

序号	项　目	周　期	判　据	方法及说明
1	检查有效接地系统的电力设备接地引下线与接地网的连接情况	1）≥330kV：≤3 年； 2）≤220kV：≤6 年； 3）必要时	1）接地引下线状况良好时，测试值应在 50mΩ 以下； 2）测试值为 50mΩ～200mΩ 时，接地状况尚可，宜在以后例行测试中重点关注其变化，重要的设备宜在适当时候检查处理； 3）测试值为 200mΩ～1Ω 时，接地状况不佳，对重要的设备应尽快检查处理，其他设备宜在适当时候检查处理； 4）1Ω 以上的接地引下线与主地网未连接，应尽快检查处理	1）如采用测量接地引下线与接地网（或与相邻设备）之间的电阻值来检查其连接情况，可将所测的数据与历次数据比较，本次各测点间相互比较，通过分析决定是否进行开挖检查； 2）宜采用不小于 1A 的直流电流进行测量。测量方法参照 DL/T 475
2	有效接地系统接地网的接地阻抗	1）≤6 年； 2）接地网结构发生改变时； 3）必要时	$R \leqslant 2000/I$ 式中　R—考虑到季节变化的最大接地电阻，接地阻抗的实部，Ω； I—经接地网入地的最大接地故障不对称电流有效值，A；I 采用系统最大运行方式下在接地网内、外发生接地故障时，经接地网流入地中并计及直流分量的最大接地故障电流有效值。还应计算系统中各接地中性点间的故障电流分配，以及避雷线中分走的接地故障电流	1）测量接地阻抗时，如在必需的最小布极范围内土壤电阻率基本均匀，可采用各种补偿法，否则，应采用远离法。测量方法参照 DL/T 475； 2）应考虑架空地线和电缆分流的影响； 3）异频法测量电流应不小于 3A，工频法测量电流应不小于 50A； 4）结合电网规划每 5 年进行一次设备接地引下线的热稳定校核，变电站扩建增容导致短路电流明显增大时，也应进行校核； 5）当接地网的接地电阻不满足公式要求时，可通过技术经济比较适当增大接地电阻，必要时，采取措施确保人身和设备安全可靠； 6）必要时可对接地网进行安全性评估。要求系统发生接地故障时，接地网状态能够满足一、二次设备和人员的安全性要求。评估的具体内容、项目和要求参见附录 H。“必要时”是指： a）运行年限比较长； b）地网（尤其是外扩地网）遭到局部破坏； c）地网腐蚀严重； d）地网改造后

续表

<table>
<tr><th>序号</th><th>项　目</th><th>周　期</th><th colspan="2">判　据</th><th>方法及说明</th></tr>
<tr><td rowspan="7">3</td><td rowspan="7">有架空地线的线路杆塔的接地电阻</td><td rowspan="7">1）发电厂或变电站进出线 1～2km 内的杆塔≤3；
2）其他线路杆塔≤6 年；
3）必要时</td><td colspan="2">当杆塔高度在 40m 以下时，按下列要求，如杆塔高度达到或超过 40m 时，则取下表值的 50%，但当土壤电阻率大于 2000Ω·m，接地电阻难以达到 15Ω 时可增加至 20Ω。</td><td rowspan="7">1）对于高度在 40m 以下的杆塔，如土壤电阻率很高，接地电阻难以降到 30Ω 时，可采用 6 根～8 根总长不超过 500m 的放射性接地体或连续伸长接地体，其接地电阻可不受限制。但对于高度达到或超过 40m 的杆塔，其接地电阻也不宜超过 20Ω；
2）测量方法参照 DL/T 887 和 DL/T 475；
3）测试时应注意钳表法的使用场合与条件</td></tr>
<tr><td>土壤电阻率 Ω·m</td><td>接地电阻 Ω</td></tr>
<tr><td>100 及以下</td><td>10</td></tr>
<tr><td>100～500</td><td>15</td></tr>
<tr><td>500～1000</td><td>20</td></tr>
<tr><td>1000～2000</td><td>25</td></tr>
<tr><td>2000 以上</td><td>30</td></tr>
<tr><td rowspan="4">4</td><td rowspan="4">无架空地线的线路杆塔接地电阻</td><td rowspan="4">1）发电厂或变电站进出线 1～2km 内的杆塔≤3；
2）其他线路杆塔≤6 年；
3）必要时</td><td>种类</td><td>接地电阻 Ω</td><td rowspan="4">测量方法参照 DL/T 887</td></tr>
<tr><td>非有效接地系统的钢筋混凝土杆、金属杆</td><td>30</td></tr>
<tr><td>中性点不接地的低压电力网的线路钢筋混凝土杆、金属杆</td><td>50</td></tr>
<tr><td>低压进户线绝缘子铁脚</td><td>30</td></tr>
<tr><td>5</td><td>非有效接地系统接地网的接地阻抗</td><td>1）≤6 年；
2）必要时</td><td colspan="2">1）当接地网与 1kV 及以下设备共用接地时，接地电阻 $R \leqslant 120/I$；
2）当接地网仅用于 1kV 以上设备时，接地电阻 $R \leqslant 250/I$；
3）在上述任一情况下，接地电阻一般不得大于 10Ω，式中 I—经接地网流入地中的短路电流，A；R—考虑到季节变化最大接地电阻，接地阻抗的实部，Ω</td><td></td></tr>
<tr><td>6</td><td>1kV 以下电力设备的接地电阻</td><td>1）≤6 年；
2）必要时</td><td colspan="2">使用同一接地装置的所有这类电力设备，当总容量达到或超过 100kVA 时，其接地电阻不宜大于 4Ω。如总容量小于 100kVA 时，则接地电阻允许大于 4Ω，但不超过 10Ω</td><td>对于在电源处接地的低压电力网（包括孤立运行的低压电力网）中的用电设备，只进行接零，不作接地。所用零线的接地电阻就是电源设备的接地电阻，其要求按序号 2 确定，但不得大于相同容量的低压设备的接地电阻</td></tr>
<tr><td>7</td><td>独立微波站的接地电阻</td><td>1）≤6 年；
2）必要时</td><td colspan="2">不宜大于 5Ω</td><td></td></tr>
</table>

续表

序号	项　目	周　期	判　据	方法及说明
8	独立的燃油、易爆气体贮罐及其管道的接地电阻	1）≤6年； 2）必要时	不宜大于30Ω	
9	露天配电装置避雷针的集中接地装置的接地电阻	1）≤6年； 2）必要时	不宜大于10Ω	与接地网连在一起的可不测量，但按本表中序号1的要求检查与接地网的连接情况
10	发电厂烟囱附近的吸风机及引风机处装设的集中接地装置的接地电阻	不超过6年	不宜大于10Ω	与接地网连在一起的可不测量，但按本表中序号1的要求检查与接地网的连接情况
11	独立避雷针（线）的接地电阻	不超过6年	不宜大于10Ω	1）高土壤电阻率地区难以将接地电阻降到10Ω时，允许有较大的数值，但应符合防止避雷针（线）对罐体及管、阀等反击的要求； 2）接地电阻值偏小时检查与主地网的导通情况
12	与架空线直接连接的旋转电机进线段上阀式避雷器的接地电阻	与所在进线段上杆塔接地电阻的测量周期相同	阀式避雷器的接地电阻不大于5Ω	
13	抽样开挖检查设备接地引下线及地网的腐蚀情况	1）沿海、盐碱等腐蚀较严重的地区及采用降阻剂的接地网：≤6年； 2）其他：12年 3）必要时	不得有开断、松脱或严重腐蚀等现象	1）可根据电气设备的重要性和施工的安全性，选择5个～8个点沿接地引下线进行开挖检查，如有疑问还应扩大开挖的范围； 2）可采用成熟的接地网腐蚀诊断技术及相应的专家系统与开挖检查相结合的方法，减少抽样开挖检查的盲目性； 3）部分混凝土整体浇筑的地网，必要时进行开挖； 4）铜质材料接地体的接地网不必定期开挖

21　并联电容器装置

21.1　并联电容器

并联电容器试验项目、周期和要求见表45、表47。

21.2　电流互感器

电流互感器试验项目、周期和要求见表11、表12、表14。

21.3　金属氧化物避雷器

金属氧化物避雷器试验项目、周期和要求见表 51。

21.4　单台保护用熔断器

单台保护用熔断器的试验项目、周期和要求见表 60。

表 60　　单台保护用熔断器的试验项目、周期和要求

序号	项　目	周　期	判　据	方法及说明
1	红外测温	1）投运 1 周内； 2）6 个月； 3）必要时	检测高压引线连接处、电容器本体等，红外热像图显示应无异常温升、温差或相对温差	检测和分析方法参考 DL/T 664
2	检查外壳及弹簧情况	1 年	无明显锈蚀现象，弹簧拉力无明显变化，工作位置正确，指示装置无卡死等现象	
3	直流电阻	必要时	与出厂值相差不大于 20%	

21.5　串联电抗器

串联电抗器的试验项目、周期和要求见表 61。

表 61　　串联电抗器的试验项目、周期和要求

序号	项　目	周　期	判　据	方法及说明
1	红外测温	1）投运 1 周内； 2）6 个月； 3）必要时	无异常	检测和分析方法参考 DL/T 664
2	绕组直流电阻	1）A 级检修后（解体检查）； 2）必要时	1）三相绕组间的差别不应大于三相平均值的 4%； 2）与上次测量值相差不大于 2%	
3	电抗（或电感）值	1）A 级检修后（解体检查）； 2）3 年； 3）必要时	自行规定	
4	绝缘油击穿电压	1）A 级检修后（解体检查）； 2）必要时	参照表 48 中序号 9	
5	绕组介质损耗因数	1）A 级检修后（解体检查）； 2）必要时	20℃下的介质损耗因数值不大于： 35kV 及以下 0.035； 66kV 0.025	仅对 800kvar 以上的油浸铁心电抗器进行
6	绕组对铁心和外壳交流耐压及相间交流耐压	1）A 级检修后（解体检查）； 2）必要时	1）油浸铁心电抗器，试验电压为出厂试验电压的 85%； 2）干式空心电抗器只需对绝缘支架进行试验，试验电压同支柱绝缘子	
7	轭铁梁和穿芯螺栓（可接触到）的绝缘电阻	1）A、B 级检修后（解体检查）； 2）必要时	自行规定	

21.6　放电线圈

放电线圈的试验项目、周期和要求见表 62。

表 62　　放电线圈的试验项目、周期和要求

序号	项　目	周　期	判　据	方法及说明
1	红外测温	1）投运1周内； 2）6个月； 3）必要时	无异常	检测和分析方法参考 DL/T 664
2	绝缘电阻	1）A、B级检修后（解体检查）； 2）必要时	不低于1000MΩ	一次绕组用2500V绝缘电阻表，二次绕组用1000V绝缘电阻表
3	绕组的介质损耗因数	1）A级检修后（解体检查）； 2）必要时	参照表16中序号5	
4	交流耐压试验	1）A级检修后（解体检查）； 2）必要时	试验电压为出厂试验电压的85%	用感应耐压法
5	绝缘油击穿电压	1）A级检修后（解体检查）； 2）必要时	参照表48中序号9	
6	一次绕组直流电阻	1）A级检修后（解体检查）； 2）必要时	与上次测量值相比无明显差异	
7	电压比	必要时	应符合产品技术文件要求	

22　串联补偿装置

22.1　固定串补装置一次设备

22.1.1　串联电容器

串联电容器的试验项目、周期和要求见表45。

22.1.2　金属氧化物限压器

金属氧化物限压器的试验项目、周期和要求见表63。

表 63　　金属氧化物限压器的试验项目、周期和要求

序号	项　目	周　期	判　据	方法及说明
1	绝缘电阻测量	1）≤6年； 2）必要时	绝缘电阻不应低于2500MΩ	采用5000V绝缘电阻表测量
2	底座绝缘电阻测量	1）≤6年； 2）必要时	底座绝缘电阻不应低于5MΩ	采用2500V绝缘电阻表测量
3	工频参考电流下的工频参考电压测量	必要时	应符合产品技术文件要求	当发现某限压器单元不合格时，应核算其余合格限压器单元总容量是否满足设计要求。若满足设计要求，合格限压器单元可继续运行，对于不合格的限压器单元，若电压偏低，应拆除，若电压偏高，可继续运行。若不满足设计要求，则应整组更换
4	MOV直流 nmA下的参考电压 U_{nmA} 及 $0.75U_{nmA}$ 下的泄漏电流测量	1）≤6年； 2）必要时	1）U_{nmA} 实测值与初值比较，变化不大于±5%； 2）$0.75U_{nmA}$ 下的泄漏电流不大于50μA/柱； 3）MOV单元之间直流参考电压差不超过1%	

注　采用直流高压发生器检查MOV在直流 nmA（可以根据产品技术文件修订该值）下的参考电压 U_{nmA} 及 $0.75U_{nmA}$ 下的泄漏电流。测量时将试品的一端与其余并联在一起的限压器解开，如果电压较高，则还需要在施加高电压端周围采取绝缘隔离措施（如用环氧板隔离等）。

22.1.3　触发型间隙

触发型间隙的试验项目、周期和要求见表64。

表64　触发型间隙的试验项目、周期和要求

序号	项　目	周　期	判　据	方法及说明
1	分压电容器漏油检查及其电容值测量	1）≤6年； 2）必要时	通过测量电容值计算均压电容器的分压比，并与原计算值对比，若变化超过了5%，则应重新调整间隙距离	用电桥法或其他专用仪器测量
2	绝缘支柱和绝缘套管绝缘电阻测量	1）≤6年； 2）必要时	绝缘支柱和绝缘套管的绝缘电阻不应低于500MΩ	采用2500V绝缘电阻表测量
3	放电间隙距离检查	1）≤6年； 2）必要时	应符合产品技术文件要求	
4	触发间隙绝缘电阻测量	1）≤6年； 2）必要时	绝缘电阻不应低于2500MΩ	采用2500V绝缘电阻表测量
5	限流电阻值测量	1）≤6年； 2）必要时	应符合产品技术文件要求	
6	套管电容测量	1）≤6年； 2）必要时	应符合产品技术文件要求	
7	触发回路试验①	1）≤6年； 2）必要时	可靠触发	检查二次回路触发信号，从保护出口到脉冲变出口
8	电压同步回路检查	1）≤6年； 2）必要时	应符合产品技术文件要求	
9	触发间隙耐压试验②	必要时	触发间隙的工频耐压试验值不低于保护水平的1.05倍，持续1min	
10	触发间隙强迫触发电压测量②	必要时	记录触发间隙强迫触发电压，不高于电容器组额定电压的1.8倍，且应符合产品技术文件要求	

注　①　触发回路试验：在电压同步回路的输入端施加50Hz交流电压，从串补控制保护小室进行点火试验。当施加的同步电压低于触发门槛电压值90%时，点火试验时触发装置应可靠不点火；当施加的同步电压高于触发门槛电压值时，点火试验时触发回路应可靠点火。

②　触发间隙耐压试验及强迫触发电压测量：利用交流电压源对触发间隙施加1.05倍保护水平的电压，持续1min，然后将电压降至1.8倍电容器组额定电压，在控制保护后台进行手动触发，触发间隙应动作。试验前应拆除火花间隙相对高压侧接线，试验后恢复接线。

22.1.4　阻尼装置

22.1.4.1　间隙串电阻型阻尼电阻支路的试验项目、周期和要求分别和表65，MOV串电阻型阻尼电阻支路的试验项目、周期和要求分别和表66。

表65　间隙串电阻型阻尼电阻支路的试验项目、周期和要求

序号	项　目	周　期	判　据	方法及说明
1	所有部件外观检查	1）≤6年； 2）必要时	无破损，无异常	

续表

序号	项　目	周　期	判　据	方法及说明
2	电阻值测量	1）≤6年； 2）必要时	出厂值相差在±5%范围内	
3	阻尼电阻器间隙外观检查及间隙距离测量	1）≤6年； 2）必要时	外观无烧蚀，距离变化不超过±5%	如有需要，打磨电极烧痕

表66　　MOV串电阻型阻尼电阻支路的试验项目、周期和要求

序号	项　目	周　期	判　据	方法及说明
1	所有部件外观检查	1）≤6年； 2）必要时	外观完好无损伤	
2	绝缘电阻测量	1）≤6年； 2）必要时	不应低于500MΩ	采用2500V绝缘电阻表测量
3	MOV直流nmA下的参考电压$U_{n\text{mA}}$及$0.75U_{n\text{mA}}$下的泄漏电流测量	1）≤6年； 2）必要时	1）$U_{n\text{mA}}$实测值与初值或制造厂规定值比较，变化不大于±5%； 2）$0.75U_{n\text{mA}}$下的泄漏电流不大于50μA/柱	

注　阻尼装置中MOV的在直流nmA下的参考电压$U_{n\text{mA}}$及$0.75U_{1\text{mA}}$下的泄漏电流的试验仪器和方法参考金属氧化物限压器的试验执行。

22.1.4.2　阻尼电抗器

阻尼电抗器的试验项目、周期和要求同干式电抗器表9的规定。

22.1.5　电阻分压器

电阻分压器的试验项目、周期和要求见表67。

表67　　电阻分压器的试验项目、周期和要求

序号	项　目	周　期	判　据	方法及说明
1	高压臂对串补平台的绝缘电阻检查	1）≤6年； 2）必要时	绝缘电阻不应小于500MΩ	采用1000V绝缘电阻表测量
2	分压电阻一、二次侧阻值测量	1）≤6年； 2）必要时	与出厂值相差在±0.5%范围内	
3	电阻比检测	必要时	应符合产品技术文件要求	应符合产品技术文件要求

注　固定串补通常不需要电阻分压器。

22.1.6　旁路开关

旁路开关的试验项目和要求同SF_6断路器表24中对瓷柱式断路器的规定，表24中周期不超过3年的要求对于旁路断路器均为不超过6年。表24中第6项机械特性试验旁路断路器要求合闸时间应符合产品技术文件要求。

22.1.7　电流互感器

电流互感器的试验项目、周期和要求见表68。

22.1.8　串补平台、绝缘子

22.1.8.1　串补平台的试验项目、周期和要求见表69。

表 68　　电流互感器的试验项目、周期和要求

序号	项　目	周　期	判　据	方法及说明
1	绕组绝缘电阻测量	1）≤6年； 2）必要时	绕组间及其对地绝缘电阻不应小于100MΩ	采用1000V绝缘电阻表测量
2	变比检查	必要时	与制造厂提供的铭牌标志相符合	
3	外观检查	必要时	外观无损伤，无异常	

表 69　　串补平台的试验项目、周期和要求

序号	项　目	周　期	判　据	方法及说明
1	所有部件及结构连接的外观检查	必要时	无锈蚀，无异常	
2	对支撑绝缘子垂直度进行检查	1）≤6年； 2）必要时	应符合产品技术文件要求	若偏差超标，需要重新调整平台结构连接件
3	斜拉绝缘子串的预紧力检查	必要时	应符合产品技术文件要求	若预拉力超标，需要重新调整平台结构连接件

22.1.8.2　瓷绝缘子的试验项目、周期和要求见表35，复合绝缘子的试验项目、周期和要求见表37。

22.1.9　光纤柱

光纤柱的试验项目、周期和要求见表70。

表 70　　光纤柱的试验项目、周期和要求

序号	项　目	周　期	判　据	方法及说明
1	外观检查	必要时	光纤柱外部绝缘不应有损伤	
2	松紧度检查	1）不超过6年； 2）必要时	光纤柱除承受自身重力外，承受的其他拉力应符合产品技术文件要求	
3	绝缘电阻测量	1）不超过6年； 2）必要时	绝缘电阻不应低于500MΩ	采用2500V绝缘电阻表测量

22.2　可控串补装置一次设备

22.2.1　晶闸管阀及阀室

晶闸管及阀室的试验项目、周期和要求见表71。

表 71　　晶闸管阀及阀室的试验项目、周期和要求

序号	项　目	周　期	判　据	方法及说明
1	所有部件外观检查	必要时	外观完好	
2	均压电路的电阻值、电容值测量	1）不超过6年； 2）必要时	超过±5%出厂值，则必须更换	
3	阀室外观检查	必要时	外观完好	
4	通风系统检查	必要时	通风正常	

22.2.2　晶闸管阀控电抗器

晶闸管阀控电抗器的试验项目、周期和要求按照GB/T 1094.6执行。

22.2.3　冷却水绝缘子

冷却水绝缘子的试验项目、周期和要求见表72。

表 72　　冷却水绝缘子的试验项目、周期和要求

序号	项　目	周　期	判　据	方法及说明
1	外观检查	必要时	不应有渗水、漏水现象	
2	绝缘电阻测量	1）不超过 6 年； 2）必要时	绝缘电阻不应低于 500MΩ	采用 2500V 绝缘电阻表测量

22.2.4　密闭式水冷却系统

密闭式水冷却系统的试验项目、周期和要求按照 DL/T 1010.5 执行。

23　电除尘器

23.1　高压硅整流变压器的试验项目、周期和要求见表 73。

表 73　　高压硅整流变压器的试验项目、周期和要求

序号	项　目	周　期	判　据	方法及说明
1	绝缘油试验	1）1 年； 2）A 级检修后	见第 15 章表 48 中序号 1、2、3、6、9	
2	油中溶解气体分析	1）A、B 级检修后； 2）1 年	见第 6 章表 5 中序号 2，注意值自行规定	
3	高压绕组对低压绕组及对地的绝缘电阻	1）A、B 级检修后； 2）必要时	＞500MΩ	采用 2500V 绝缘电阻表
4	低压绕组的绝缘电阻	1）A、B 级检修后； 2）必要时	＞300MΩ	采用 1000V 绝缘电阻表
5	硅整流元件及高压套管对地的绝缘电阻	1）A、B 级检修后； 2）必要时	＞2000MΩ	
6	穿芯螺杆对地的绝缘电阻	1）A、B 级检修时； 2）必要时	不作规定	
7	高、低压绕组的直流电阻	1）A 级检修后； 2）必要时	与出厂值相差不超出±2%范围	换算到 75℃
8	电流、电压取样电阻	1）A 级检修时； 2）必要时	偏差不超出规定值的±5%	
9	各桥臂正、反向电阻值	1）A 级检修时； 2）必要时	桥臂间阻值相差小于 10%	
10	空载升压	1）A 级检修时； 2）必要时	输出 1.5U_n，保持 1min，应无闪络，无击穿现象，并记录空载电流	不带电除尘器电场

23.2　低压电抗器的试验项目、周期和要求见表 74。

表 74　　低压电抗器的试验项目、周期和要求

序号	项　目	周　期	判　据	方法及说明
1	穿心螺杆对地的绝缘电阻	1）A、B 级检修时； 2）必要时	不作规定	
2	绕组对地的绝缘电阻	1）A、B 级检修时； 2）必要时	＞300MΩ	

续表

序号	项　目	周　期	判　据	方法及说明
3	绕组各抽头的直流电阻	1）A级检修时； 2）必要时	与出厂值相差不超出±2%范围	换算到75℃
4	变压器油击穿电压	1）A级检修时； 2）必要时	>20kV	参照表48序号9

23.3　绝缘支撑及连接元件的试验项目、周期和要求见表75。

表75　　绝缘支撑及连接元件的试验项目、周期和要求

序号	项　目	周　期	判　据	方法及说明
1	绝缘电阻	1）A、B级检修时； 2）必要时	>500MΩ	采用2500V绝缘电阻表
2	耐压试验	1）A级检修时； 2）必要时	直流100kV或交流72kV，保持1min无闪络	

23.4　高压直流电缆的试验项目、周期和要求见表76。

表76　　高压直流电缆的试验项目、周期和要求

序号	项　目	周　期	判　据	方法及说明
1	绝缘电阻	1）A、B级检修时； 2）必要时	>1500MΩ	采用2500V绝缘电阻表
2	直流耐压并测量泄漏电流	1）A级检修时； 2）必要时	电缆工作电压的1.7倍，10min，当电缆长度小于100m时，泄漏电流一般小于30μA	

23.5　电除尘器本体壳体对地网的连接电阻一般小于1Ω。

23.6　高、低压开关柜及通用电气部分按有关章节执行。

附录A（资料性附录）

交流电机全部更换定子绕组时的交流试验电压

不分瓣定子圈式线圈和条式线圈的试验电压分别见表A.1和表A.2。

表A.1　　不分瓣定子圈式线圈的试验电压　　kV

序号	试验阶段	试验形式	$S_N(P_N)<10$	$S_N(P_N)\geqslant 10$	
			$U_N\geqslant 2$	$2<U_N\leqslant 6.3$	$6.3<U_N\leqslant 24$
1	新线圈下线前	—	$2.75U_N+4.5$	$2.75U_N+4.5$	$2.75U_N+6.5$
2	下线打槽楔后	—	$2.5U_N+2.5$	$2.5U_N+2.5$	$2.5U_N+4.5$
3	并头、连接绝缘后	分相	$2.25U_N+2.0$	$2.25U_N+2.0$	$2.25U_N+4.0$
4	电机装配后	分相	$2.0U_N+1.0$	$2.0U_N+1.0$	$2.0U_N+1.0$

注　24kV以上电压等级按与制造厂签订的专门协议。

表 A.2　分瓣定子条式线圈的试验电压　kV

序号	试验阶段	试验形式	$S_N(P_N)<10$	$S_N(P_N)\geq 10$	
			$U_N\geq 2$	$2<U_N\leq 6.3$	$6.3<U_N\leq 24$
1	新线圈下线前	—	$2.75U_N+4.5$	$2.75U_N+4.5$	$2.75U_N+6.5$
2	下层线圈下线后	—	$2.5U_N+2.5$	$2.5U_N+2.5$	$2.5U_N+4.5$
3	上层线圈下线后打完槽楔与下层线圈同试	—	$2.5U_N+2.0$	$2.5U_N+2.0$	$2.5U_N+4.0$
4	焊好并头，装好连线，引线包好绝缘	分相	$2.25U_N+2.0$	$2.25U_N+2.0$	$2.25U_N+4.0$
5	电机装配后	分相	$2.0U_N+1.0$	$2.0U_N+1.0$	$2.0U_N+1.0$

注　24kV 以上电压等级按与制造厂签订的专门协议。

附录 B（资料性附录）
交流电机局部更换定子绕组时的交流试验电压

整台圈式线圈和条式线圈（在电厂修理）的试验电压见表 B.1 和表 B.2。

表 B.1　整台圈式线圈（在电厂修理）的试验电压　kV

序号	试验阶段	试验形式	$S_N(P_N)<10$	$S_N(P_N)\geq 10$	
			$U_N\geq 2$	$2<U_N\leq 6.3$	$6.3<U_N\leq 24$
1	新线圈下线前	—	$2.75U_N+4.5$	$2.75U_N+4.5$	$2.75U_N+6.5$
2	下线后打完槽楔	—	$0.75\times(2.5U_N+2.5)$	$0.75(2.5U_N+2.5)$	$0.75(2.5U_N+4.5)$
3	并头、连接绝缘后，定子完成	分相	$0.75(2.25U_N+2.0)$	$0.75\times(2.25U_N+2.0)$	$0.75(2.25U_N+4.0)$
4	电机装配后	分相	$0.75(2.25U_N+1.0)$	$0.75(2.25U_N+1.0)$	$0.75(2.25U_N+1.0)$

注 1　对于运行年久的电机，序号 3，4 项试验电压值可根据具体条件适当降低；

注 2　24kV 以上电压等级按与制造厂签订的专门协议。

表 B.2　整台条式线圈（在电厂修理）的试验电压　kV

序号	试验阶段	试验形式	$S_N(P_N)<10$	$S_N(P_N)\geq 10$	
			$U_N\geq 2$	$2<U_N\leq 6.3$	$6.3<U_N\leq 24$
1	线圈下线前	—	$2.75U_N+4.5$	$2.75U_N+4.5$	$2.75U_N+6.5$
2	下层线圈下线后	—	$0.75(2.5U_N+2.5)$	$0.75(2.5U_N+2.5)$	$0.75(2.5U_N+4.5)$
3	上层线圈下线后，打完槽楔与下层线圈同试	—	$0.75(2.5U_N+2.0)$	$0.75(2.5U_N+2.0)$	$0.75(2.5U_N+4.0)$
4	焊好并头，装好接线，引线包好绝缘，定子完成	分相	$0.75(2.25U_N+2.0)$	$0.75(2.25U_N+2.0)$	$0.75(2.25U_N+4.0)$
5	电机装配后	分相	$0.75(2.0U_N+1.0)$	$0.75(2.0U_N+1.0)$	$0.75(2.0U_N+1.0)$

注 1　对于运行年久的电机，试验电压值可根据具体条件适当降低；

注 2　24kV 以上电压等级按与制造厂签订的专门协议。

附录 C（资料性附录）
同步发电机、调相机铁心磁化试验修正折算方法

C.1　铁心磁化试验的磁通密度不满足要求时试验时间的修正折算

a）汽轮发电机试验时间的修正折算：

$$t=\left(\frac{1.4}{B}\right)^{2}\times 45$$

式中：

t——试验时间，min；

B——磁通密度，T。

b）水轮发电机试验时间的修正折算：

$$t=\left(\frac{1.0}{B}\right)^{2}\times 90$$

C.2　铁心磁化试验铁心单位损耗的修正折算

a）汽轮发电机修正折算到磁通密度 1.5T，频率 50Hz：

$$P_1(1.5)=\frac{P\,\frac{W_1}{W_2}\left(\frac{1.5}{B}\right)^{2}\left(\frac{f_0}{f_1}\right)^{1.3}}{m}$$

式中：

P_1——试验计算的定子铁心比损耗，W；

P——实测功率，W；

W_1——励磁线圈匝数；

W_2——测量线圈匝数；

f_0——基准频率，50Hz 或 60Hz；

f_1——试验时的实测电源频率，Hz；

m——定子铁心轭部质量，kg。

b）水轮发电机修正折算到磁通密度 1.0T，频率 50Hz：

$$P_1(1.0)=\frac{P\,\frac{W_1}{W_2}\left(\frac{1.0}{B}\right)^{2}\left(\frac{f_0}{f_1}\right)^{1.3}}{m}$$

C.3　定子铁心比损耗 P_1 的限制

作为辅助的铁心质量判别方法，定子铁心比损耗 P_1 值应不大于所用硅钢片的标准比损耗的 1.3 倍。即：

a）汽轮发电机

$$P_1\leqslant 1.3P_s(1.5)$$

式中：

P_s——定子铁心硅钢片材料在某磁密、50Hz 或 60Hz 时的标准比损耗，W/kg。

b）水轮发电机

$P_1\leqslant 1.3P_s(1.0)$　　额定功率＜500MW

$P_1\leqslant 1.4P_s(1.0)$　　额定功率≥500MW

C.4　铁心磁化试验数据的修正

当试验时的磁通密度不满足 1.0T（水轮发电机）或 1.4T（汽轮发电机）、试验电源频率不是基准频率时，按以下公式进行试验数据的修正。

对于汽轮发电机：

$$\Delta T_{\max 1}=\Delta T_{\max 0}\times\left(\frac{1.4}{B}\right)^{2}\left(\frac{f_0}{f_1}\right)^{1.3}$$

$$\Delta T_1=\Delta T_0\times\left(\frac{1.4}{B}\right)^{2}\left(\frac{f_0}{f_1}\right)^{1.3}$$

式中：

$\Delta T_{\max 1}$——修正后的铁心最大温升，K；

$\Delta T_{\max 0}$——实测铁心最大温升，K；

ΔT_1——修正后的铁心温差，K；

ΔT_0——实测铁心温差，K。

对于水轮发电机：

$$\Delta T_{\max 1}=\Delta T_{\max 0}\times\left(\frac{1.0}{B}\right)^{2}\left(\frac{f_0}{f_1}\right)^{1.3}$$

$$\Delta T_1=\Delta T_0\times\left(\frac{1.0}{B}\right)^{2}\left(\frac{f_0}{f_1}\right)^{1.3}$$

附录 D（资料性附录）
电磁式定子铁心检测仪通小电流法

推荐判定标准见表 D.1。

表 D.1　　**推 荐 判 定 标 准**

发 电 机 类 型	测 量 电 流
隐极同步发电机	⩽100mA
水轮发电机	⩽100mA

附录 E（资料性附录）
判断变压器故障时可供选用的试验项目

E.1　本条主要针对容量为 1.6MVA 以上变压器，其他设备可作参考。

E.2　当油中气体分析判断有异常（过热型故障特征）时宜选择下列试验项目：

——检查潜油泵及其电动机；

——测量铁心（及夹件）接地引线中的电流；

——测量铁心（及夹件）对地的绝缘电阻；

——测量绕组的直流电阻；

——测量油箱表面的温度分布；

——测量套管的表面温度；

——测量油中糠醛含量；

——单相空载试验；

——负载损耗试验；

——检查套管与绕组连接的接触情况。

E.3　当油中气体分析判断有异常（放电型故障特征）时宜按下列情况处理：

——绕组直流电阻；

——铁心（及夹件）绝缘电阻和接地电流；

——空载损耗和空载电流测量或长时间空载（或轻负载下）运行，用油中气体分析及局部放电检测仪监视；

——长时间负载（或用短路法）试验，用油中气体色谱分析监视；

——有载调压开关切换及检查试验；

——绝缘特性试验（绝缘电阻、吸收比、极化指数、介质损耗因数、泄漏电流）；

——绝缘油含水量测试；

——绝缘油含气量测试（500kV及以上）；

——局部放电测试（可在变压器停运或运行中测量）；

——交流耐压试验；

——运行中油箱箱沿热成像测试；

——检查潜油泵及其电动机是否存在故障（若有潜油泵）；

——检查分接开关有无放电、开关油室是否渗漏；

——近期变压器油箱是否有焊接、堵漏等行为。

E.4　气体继电器报警或跳闸后，宜进行下列检查：

——变压器油中溶解气体和继电器中的气体分析；

——保护回路检查；

——气体继电器校验；

——整体密封性检查；

——变压器是否发生近区短路。

E.5　变压器出口短路后宜进行下列试验：

——油中溶解气体分析；

——绕组的绝缘电阻、吸收比、极化指数；

——电压比测量；

——绕组变形测试（频响法、电抗法）；

——空载电流和损耗测试。

E.6　判断绝缘受潮宜进行下列检查：

——绝缘特性（绝缘电阻、吸收比、极化指数、介质损耗因数、泄漏电流）；

——绝缘油的击穿电压、介质损耗因数、含水量、含气量（500kV）；

——绝缘纸的含水量；

——检查水冷却器是否渗漏（水冷变压器）；

——整体密封性检查。

E.7　判断绝缘老化宜进行下列试验：

——油中溶解气体分析（特别是CO、CO_2 含量及变化）；

——绝缘油酸值；

——油中糠醛含量；

——油中含水量；

——绝缘纸或纸板的聚合度；

——绝缘纸（板）含水量。

E.8　振动、噪音异常时宜进行下列试验：

——振动测量；

——噪声测量；

——油中溶解气体分析；

——短路阻抗测量；

——中性点直流偏磁测试。

附录 F（资料性附录）
判断电抗器故障时可供选用的试验项目

F.1　本条主要针对 330kV 及以上电抗器，其他设备可作参考。

F.2　当油中气体分析判断有异常时可选择下列试验项目：

——绕组电阻；

——铁心绝缘电阻和接地电流；

——冷却装置检查试验；

——绝缘特性（绝缘电阻、吸收比、极化指数、介质损耗因数、泄漏电流）；

——绝缘油的击穿电压、介质损耗因数；

——绝缘油含水量；

——绝缘油含气量（500kV 及以上）；

——绝缘油中糠醛含量；

——油箱表面温度分布。

F.3　气体继电器报警后，进行电抗器油中溶解气体和继电器中的气体分析。

F.4　判断绝缘受潮可进行下列试验：

——绝缘特性（绝缘电阻、吸收比、极化指数、介质损耗因数、泄漏电流）；

——绝缘油的击穿电压、介质损耗因数、含水量、含气量（500kV 及以上）；

——绝缘纸的含水量。

F.5　判断绝缘老化可进行下列试验：

——油中溶解气体分析（特别是 CO、CO_2 含量及变化）；

——绝缘油酸值；

——油中糠醛含量；

——油中含水量；

——绝缘纸或纸板的聚合度。

F.6　振动、噪音异常时可进行下列试验：

——振动测量；

——噪声测量；

——油中溶解气体分析；

——检查散热器等附件的固定情况。

附录 G（资料性附录）
憎水性分级的描述及典型状态

憎水性的分级方法和典型状态分别见表 G.1 和图 G.1。

表 G.1　试品表面水滴状态与憎水性分级标准

HC 值	试品表面水滴状态描述
HC1	只有分离的水珠，大部分水珠的状态、大小及分布与图 G.1 基本一致
HC2	只有分离的水珠，大部分水珠的状态、大小及分布与图 G.1 基本一致
HC3	只有分离的水珠，水珠一般不再是圆的，大部分水珠的状态、大小及分布与图 G.1 基本一致
HC4	同时存在分离的水珠与水带。完全湿润的水带面积小于 $2cm^2$，总面积小于被测区域面积的 90%
HC5	一些完全湿润的水带面积大于 $2cm^2$，总面积小于被测区域面积的 90%
HC6	完全湿润总面积大于 90%，仍存在少量干燥区域（点或带）
HC7	整个被试区域形成连续的水膜

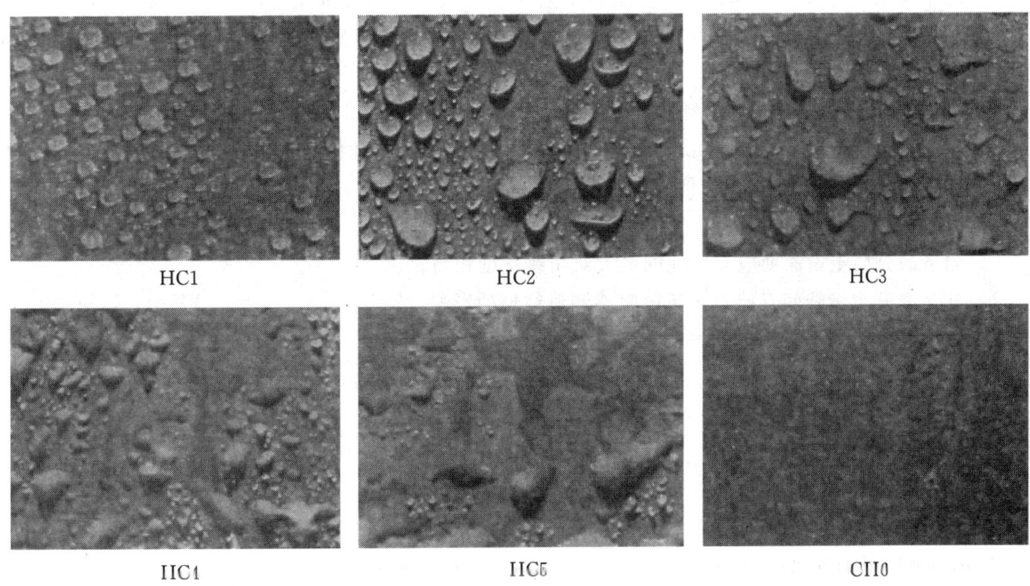

图 G.1　憎水性分级标准（图例）

附录 H（资料性附录）

有效接地系统接地网安全性状态评估的内容、项目和要求

H.1　变电站接地网特性参数（接地电阻、避雷线的分流、跨步电压和接触电压）现场测试

H.1.1　对接地电阻、跨步电压和接触电压的要求

a）通过实测接地电阻和避雷线的分流系数确定的地网接地电阻应满足设计值要求（一般不大于 0.5Ω）。

b）在高土壤电阻率地区，接地电阻按上述要求在技术、经济上极不合理时，允许超过 0.5Ω，且必须采取措施以保证系统发生接地故障时，在该接地网上：

——接触电压和跨步电压均不超过允许的数值；

——采取措施防止高电位引外和低电位引内；

——避雷器运行安全。

c）将跨步电压和接触电压实测值换算到变电站实际短路电流水平，对比其安全限值，评价跨步电压和接触电压是否满足人身安全要求。

H.1.2 对接地电阻测量方法的要求

a）测量接地电阻时，采用远离法（夹角法）进行测量，电压线和电流线与接地装置边缘的直线距离应至少是接地网最大对角线的4倍，以避免土壤结构不均匀和电流、电压线间互感的影响。如变电站周围土壤电阻率比较均匀，可采用30度夹角法进行测量，此时电压线和电流线与接地装置边缘的距离为接地网最大对角线的2倍。

b）慎用直线法，对于110kV及以上的大型地网，不宜采用直线法进行测量。

c）电压线和电流线布线前，应用GPS对接地网边缘、电压极和电流极进行精确定位，确保电压极、电流极与接地网边缘的直线距离满足要求，并根据GPS实测的电压线和电流线夹角按照DL/T 475《接地装置特性参数测量导则》的有关公式对测量结果进行修正。

d）应采用柔性电流钳表（罗哥夫斯基线圈）测量出线构架的避雷线（普通地线和OPGW光纤地线）和10kV电缆对测试电流的分流，得到分流系数，结合接地电阻实测值来推算接地网真实的接地电阻值。

H.2 变电站站址分层土壤电阻率测试

通过变电站站址土壤电阻率测试，结合相关软件完成土壤分层结构分析，得到变电站站址分层土壤结构模型，为接地网状态的数值评估提供依据。

对土壤电阻率测量要求：

a）测量的分层土壤深度应与接地网最大对角线长度相当。

b）注意避开测量线间互感对土壤电阻率测量结果的影响。

H.3 设备接地引下线的热稳定校核

应结合电网规划每5年对设备接地引下线的热稳定校核一次，变电站扩建增容导致短路电流明显增大等必要情况下也应进行校核。校核要求：

a）接地线的最小截面积应满足： $S_g \geqslant \frac{I_g}{c}\sqrt{t_e}$

式中：

S_g——接地线的最小截面，mm^2；

I_g——流过接地导体（线）的最大接地故障不对称电流有效值，A；

t_e——接地故障的等效持续时间，s；

c——接地导体（线）材料的热稳定系数，根据材料的种类、性能及最高允许温度和接地故障前接地导体（线）的初始温度确定。

b）热稳定校验用的时间可按下列规定计算：

继电保护配有2套速动主保护、近接地后备保护、断路器失灵保护和自动重合闸时，$t_e \geqslant t_m + t_f + t_o$，其中：$t_m$——主保护动作时间，s；$t_f$——断路器失灵保护动作时间，s；$t_o$——断路器开断时间，s。

继电保护配有1套速动主保护、近或远（或远近结合的）后备保护和自动重合闸，有或无断路器失灵保护时，$t_e \geqslant t_o + t_r$，其中：t_r——第一级后备保护的动作时间，s。

H.4 接地网安全性状态的数值评估

根据变电站最新的接地网拓扑图、变电站站址分层土壤结构模型、变电站接地短路电流水平和所有出线的相关参数，基于相关软件，在与实测结果比对的基础上，完成接地网安全性状态数值评估，内容包括：

a）变电站出线架空地线分流系数和入地最大短路故障电流计算；

b）地网接地电阻值；

c）系统实际接地短路故障情况下，地网接地导体的电位升高和变电站场区电压差，是否满足一次设备、二次设备（或二次回路）和弱电子设备的运行安全要求；

d）计算整个接地网区域的跨步电压 U_S 和变电站设备场区的接触电压 U_T 分布，对比实测结果以及跨步电压 U_S 和接触电压 U_T 的安全限值，分析和评估接地故障状态下接触电压和跨步电压是否满足人身安全要求。

附录二　电气装置安装工程电气设备交接试验标准

（GB 50150—2016）

1　总则

1.0.1　为适应电气装置安装工程电气设备交接试验的需要，促进电气设备交接试验新技术的推广和应用，制定本标准。

1.0.2　本标准适用于750kV及以下交流电压等级新安装的、按照国家相关出厂试验标准试验合格的电气设备交接试验。

1.0.3　继电保护、自动、远动、通信、测量、整流装置、直流场设备以及电气设备的机械部分等的交接试验，应按国家现行相关标准的规定执行。

1.0.4　电气装置安装工程电气设备交接试验，除应符合本标准外，尚应符合国家现行有关标准的规定。

2　术语

2.0.1　自动灭磁装置　automatic field suppression equipment

用来消灭发电机磁场和励磁机磁场的自动装置。

2.0.2　电磁式电压互感器 inductive voltage transformer

一种通过电磁感应将一次电压按比例变换成二次电压的电压互感器。这种互感器不附加其他改变一次电压的电气元件。

2.0.3　电容式电压互感器　capacitor voltage transformer

一种由电容分压器和电磁单元组成的电压互感器。其设计和内部接线使电磁单元的二次电压实质上与施加到电容分压器上的一次电压成正比，且在连接方法正确时其相位差接近于零。

2.0.4　倒立式电流互感器　inverted current transformer

一种结构形式的电流互感器，其二次绕组及铁心均置于整个结构的顶部。

2.0.5　自容式充油电缆　self - contained oil - filled cable

利用补充浸渍原理消除绝缘层中形成的气隙以提高工作场强的一种电力电缆。

2.0.6　耦合电容器　coupling capacitor

一种用来在电力系统中传输信息的电容器。

2.0.7　电除尘器　electrostatic precipitator

利用高压电场对荷电粉尘的吸附作用，把粉尘从含尘气体中分离出来的除尘器。

2.0.8　二次回路 secondary circuit

指电气设备的操作、保护、测量、信号等回路及其回路中的操动机构的线圈、接触器继电器、仪表、互感器二次绕组等。

2.0.9　馈电线路　feeder line

电源端向负载设备供电的输电线路。

2.0.10　大型接地装置　large - scale grounding connection

110(66)kV 及以上电压等级变电站、装机容量在 200MW 及以上火电厂和水电厂或者等效平面面积在 5000m^2 及以上的接地装置。

3　基本规定

3.0.1　电气设备应按本标准进行交流耐压试验，且应符合下列规定：

1　交流耐压试验时加至试验标准电压后的持续时间，无特殊说明时应为 1min。

2　耐压试验电压值以额定电压的倍数计算时，发电机和电动机应按铭牌额定电压计算，电缆可按本标准第 17 章规定的方法计算。

3　非标准电压等级的电气设备，其交流耐压试验电压值当没有规定时，可根据本标准规定的相邻电压等级按比例采用插入法计算。

3.0.2　进行绝缘试验时，除制造厂装配的成套设备外，宜将连接在一起的各种设备分离，单独试验。同一试验标准的设备可连在一起试验。无法单独试验时，已有出厂试验报告的同一电压等级不同试验标准的电气设备，也可连在一起进行试验。试验标准应采用连接的各种设备中的最低标准。

3.0.3　油浸式变压器及电抗器的绝缘试验应在充满合格油，静置一定时间，待气泡消除后方可进行。静置时间应按制造厂规定执行，当制造厂无规定时，油浸式变压器及电抗器电压等级与充油后静置时间关系应按表 3.0.3 确定。

表 3.0.3　　油浸式变压器及电抗器电压等级与充油后静置时间关系

电压等级（kV）	110（66）及以下	220～330	500	750
静置时间（h）	≥24	≥48	≥72	≥96

3.0.4　进行电气绝缘的测量和试验时，当只有个别项目达不到本标准规定时，则应根据全面的试验记录进行综合判断，方可投入运行。

3.0.5　当电气设备的额定电压与实际使用的额定工作电压不同时，应按下列规定确定试验电压的标准：

1　采用额定电压较高的电气设备在于加强绝缘时，应按照设备额定电压的试验标准进行；

2　采用较高电压等级的电气设备在于满足产品通用性及机械强度的要求时，可按照设备实际使用的额定工作电压的试验标准进行；

3　采用较高电压等级的电气设备在满足高海拔地区要求时，应在安装地点按实际使用的额定工作电压的试验标准进行。

3.0.6　在进行与温度及湿度有关的各种试验时，应同时测量被试物周围的温度及湿度。绝缘试验应在良好天气且被试物及仪器周围温度不低于 5℃，空气相对湿度不高于 80%的条件下进行。对不满足上述温度、湿度条件情况下测得的试验数据，应进行综合分析，以判断电气设备是否可以投入运行。试验时，应考虑环境温度的影响，对油浸式变压器、电抗器及消弧线圈，应以被试物上层油温作为测试温度。

3.0.7　本标准中所列的绝缘电阻测量，应使用 60s 的绝缘电阻值（R_{60}）；吸收比的测量应使用 R_{60} 与 15s 绝缘电阻值（R_{15}）的比值；极化指数应使用 10min 与 1min 的绝缘电阻值的比值。

3.0.8　多绕组设备进行绝缘试验时，非被试绕组应予短路接地。

3.0.9　测量绝缘电阻时，采用兆欧表的电压等级，设备电压等级与兆欧表的选用关系应符合表 3.0.9 的规定；用于极化指数测量时，兆欧表短路电流不应低于 2mA。

3.0.10　本标准的高压试验方法，应按国家现行标准《高电压试验技术　第 1 部分：一般定义及试验要求》GB/T 16927.1、《高电压试验技术　第 2 部分：测量系统》GB/T 16927.2 和《现场绝缘试验实施导则》DL/T 474.1～DL/T 474.5 及相关设备标准的规定执行。

表 3.0.9　　设备电压等级与兆欧表的选用关系

序号	设备电压等级（V）	兆欧表电压等级（V）	兆欧表最小量程（MΩ）	序号	设备电压等级（V）	兆欧表电压等级（V）	兆欧表最小量程（MΩ）
1	＜100	250	50	4	＜10000	2500	10000
2	＜500	500	100	5	≥10000	2500 或 5000	10000
3	＜3000	1000	2000				

3.0.11　对进口设备的交接试验，应按合同规定的标准执行；其相同试验项目的试验标准，不得低于本标准的规定。

3.0.12　承受运行电压的在线监测装置，其耐压试验标准应等同于所连接电气设备的耐压水平。

3.0.13　特殊进线设备的交接试验宜在与周边设备连接前单独进行，当无法单独进行试验或需与电缆、GIS 等通过油气、油油套管等连接后方可进行试验时，应考虑相互间的影响。

3.0.14　技术难度大、需要特殊的试验设备进行的试验项目，应列为特殊试验项目，并应由具备相应试验能力的单位进行。特殊试验项目应符合本标准附录 A 的有关规定。

4　同步发电机及调相机

4.0.1　容量 6000kW 及以上的同步发电机及调相机的试验项目，应包括下列内容：

1　测量定子绕组的绝缘电阻和吸收比或极化指数；

2　测量定子绕组的直流电阻；

3　定子绕组直流耐压试验和泄漏电流测量；

4　定子绕组交流耐压试验；

5　测量转子绕组的绝缘电阻；

6　测量转子绕组的直流电阻；

7　转子绕组交流耐压试验；

8　测量发电机或励磁机的励磁回路连同所连接设备的绝缘电阻；

9　发电机或励磁机的励磁回路连同所连接设备的交流耐压试验；

10　测量发电机、励磁机的绝缘轴承和转子进水支座的绝缘电阻；

11　测量埋入式测温计的绝缘电阻并检查是否完好；

12　发电机励磁回路的自动灭磁装置试验；

13　测量转子绕组的交流阻抗和功率损耗；

14　测录三相短路特性曲线；

15　测录空载特性曲线；

16　测量发电机空载额定电压下的灭磁时间常数和转子过电压倍数；

17　测量发电机定子残压；

18　测量相序；

19　测量轴电压；

20　定子绕组端部动态特性测试；

21　定子绕组端部手包绝缘施加直流电压测量；

22　转子通风试验；

23　水流量试验。

4.0.2 各类同步发电机及调相机的交接试验项目应符合下列规定：

1 容量6000kW以下、1kV以上电压等级的同步发电机，应按本标准第4.0.1条第1款～第9款、第11款～第19款进行试验；

2 1kV及以下电压等级的任何容量的同步发电机，应按本标准第4.0.1条第1、2、4、5、6、7、8、9、U、12、13、18和19款进行试验；

3 无起动电动机或起动电动机只允许短时运行的同步调相机，可不进行本标准第4.0.1条第14款和第15款试验。

4.0.3 测量定子绕组的绝缘电阻和吸收比或极化指数，应符合下列规定：

1 各相绝缘电阻的不平衡系数不应大于2；

2 对环氧粉云母绝缘吸收比不应小于1.6。容量200MW及以上机组应测量极化指数，极化指数不应小于2.0；

3 进行交流耐压试验前，电机绕组的绝缘应满足本条第1款、第2款的要求；

4 测量水内冷发电机定子绕组绝缘电阻，应在消除剩水影响的情况下进行；

5 对于汇水管死接地的电机应在无水情况下进行；对汇水管非死接地的电机，应分别测量绕组及汇水管绝缘电阻，测量绕组绝缘电阻时应采用屏蔽法消除水的影响，测量结果应符合制造厂的规定；

6 交流耐压试验合格的电机，当其绝缘电阻按本标准附录B的规定折算至运行温度后（环氧粉云母绝缘的电机在常温下），不低于其额定电压1MΩ/kV时，可不经干燥投入运行。但在投运前不应再拆开端盖进行内部作业。

4.0.4 测量定子绕组的直流电阻，应符合下列规定：

1 直流电阻应在冷状态下测量，测量时绕组表面温度与周围空气温度的允许偏差应为±3℃；

2 各相或各分支绕组的直流电阻，在校正了引线长度不同而引起的误差后，相互间差别不应超过其最小值的2%；与产品出厂时测得的数值换算至同温度下的数值比较，其相对变化不应大于2%；

3 对于现场组装的对拼接头部位，应在紧固螺栓力矩后检查接触面的连接情况，并应在对拼接头部位现场组装后测量定子绕组的直流电阻。

4.0.5 定子绕组直流耐压试验和泄漏电流测量，应符合下列规定：

1 试验电压应为电机额定电压的3倍；

2 试验电压应按每级0.5倍额定电压分阶段升高，每阶段应停留1min，并应记录泄漏电流；在规定的试验电压下，泄漏电流应符合下列规定：

1）各相泄漏电流的差别不应大于最小值的100%，当最大泄漏电流在20μA以下，根据绝缘电阻值和交流耐压试验结果综合判断为良好时，可不考虑各相间差值；

2）泄漏电流不应随时间延长而增大；

3）泄漏电流随电压不成比例地显著增长时，应及时分析；

4）当不符合本款第1）项、第2）项规定之一时，应找出原因，并将其消除。

3 氢冷电机应在充氢前进行试验，严禁在置换氢过程中进行试验；

4 水内冷电机试验时，宜采用低压屏蔽法；对于汇水管死接地的电机，现场可不进行该项试验。

4.0.6 定子绕组交流耐压试验，应符合下列规定：

1 定子绕组交流耐压试验所采用的电压，应符合表4.0.6的规定；

2 现场组装的水轮发电机定子绕组工艺过程中的绝缘交流耐压试验，应按现行国家标准《水轮发电机组安装技术规范》GB/T 8564的有关规定执行；

3 水内冷电机在通水情况下进行试验，水质应合格；氢冷电机应在充氢前进行试验，严禁在置换氢过程中进行；

4 大容量发电机交流耐压试验，当工频交流耐压试验设备不能满足要求时，可采用谐振耐压代替。

表 4.0.6　　定子绕组交流耐压试验电压

容量（kW）	额定电压（V）	试验电压（V）
10000 以下	36 以上	$(1000+2U_n)\times0.8$，最低为 1200
10000 及以上	24000 以下	$(1000+2U_n)\times0.8$
10000 及以上	24000 及以上	与厂家协商

注　U_n 为发电机额定电压。

4.0.7　测量转子绕组的绝缘电阻，应符合下列规定：

1　转子绕组的绝缘电阻值不宜低于 0.5MΩ；

2　水内冷转子绕组使用 500V 及以下兆欧表或其他仪器测量，绝缘电阻值不应低于 5000Ω；

3　当发电机定子绕组绝缘电阻已符合起动要求，而转子绕组的绝缘电阻值不低于 2000Ω 时，可允许投入运行；

4　应在超速试验前后测量额定转速下转子绕组的绝缘电阻；

5　测量绝缘电阻时采用绝缘电阻表的电压等级应符合下列规定：

1）当转子绕组额定电压为 200V 以上时，应采用 2500V 绝缘电阻表；

2）当转子绕组额定电压为 200V 及以下时，应采用 1000V 绝缘电阻表。

4.0.8　测量转子绕组的直流电阻，应符合下列规定：

1　应在冷状态下测量转子绕组的直流电阻，测量时绕组表面温度与周围空气温度之差不应大于 3℃。测量数值与换算至同温度下的产品出厂数值的差值不应超过 2%；

2　显极式转子绕组，应对各磁极绕组进行测量；当误差超过规定时，还应对各磁极绕组间的连接点电阻进行测量。

4.0.9　转子绕组交流耐压试验，应符合下列规定：

1　整体到货的显极式转子，试验电压应为额定电压的 7.5 倍，且不应低于 1200V。

2　工地组装的显极式转子，其单个磁极耐压试验应按制造厂规定执行。组装后的交流耐压试验，应符合下列规定：

1）额定励磁电压为 500V 及以下电压等级，耐压值应为额定励磁电压的 10 倍，并不应低于 1500V；

2）额定励磁电压为 500V 以上，耐压值应为额定励磁电压的 2 倍加 4000V。

3　隐极式转子绕组可不进行交流耐压试验，可用 2500V 绝缘电阻表测量绝缘电阻代替交流耐压。

4.0.10　测量发电机和励磁机的励磁回路连同所连接设备的绝缘电阻值，应符合下列规定：

1　绝缘电阻值不应低于 0.5MΩ；

2　测量绝缘电阻不应包括发电机转子和励磁机电枢；

3　回路中有电子元器件设备的，试验时应将插件拔出或将其两端短接。

4.0.11　发电机和励磁机的励磁回路连同所连接设备的交流耐压试验，应符合下列规定：

1　试验电压值应为 1000V 或用 2500V 绝缘电阻表测量绝缘电阻代替交流耐压试验；

2　交流耐压试验不应包括发电机转子和励磁机电枢；

3　水轮发电机的静止可控硅励磁的试验电压，应按本标准第 4.0.9 条第 2 款的规定执行；

4　回路中有电子元器件设备的，试验时应将插件拔出或将其两端短接。

4.0.12　测量发电机、励磁机的绝缘轴承和转子进水支座的绝缘电阻，应符合下列规定：

1　应在装好油管后采用 1000V 绝缘电阻表测量，绝缘电阻值不应低于 0.5MΩ；

2　对氢冷发电机应测量内外挡油盖的绝缘电阻，其值应符合制造厂的规定。

4.0.13　测量埋入式测温计的绝缘电阻并检查是否完好，应符合下列规定：

1　应采用 250V 绝缘电阻表测量测温计绝缘电阻；

2 应对测温计指示值进行核对性检查，且应无异常。

4.0.14 发电机励磁回路的自动灭磁装置试验，应符合下列规定：

1 自动灭磁开关的主回路常开和常闭触头或主触头和灭弧触头的动作配合顺序应符合制造厂设计的动作配合顺序；

2 在同步发电机空载额定电压下进行灭磁试验，观察灭磁开关灭弧应正常；

3 灭磁开关合分闸电压应符合产品技术文件规定，灭磁开关在额定电压80%以上时，应可靠合闸；在30%～65%额定电压时，应可靠分闸；低于30%额定电压时，不应动作。

4.0.15 测量转子绕组的交流阻抗和功率损耗，应符合下列规定：

1 应在定子膛内、膛外的静止状态下和在超速试验前后的额定转速下分别测量；

2 对于显极式电机，可在膛外对每一磁极绕组进行测量，测量数值相互比较应无明显差别；

3 试验时施加电压的峰值不应超过额定励磁电压值；

4 对于无刷励磁机组，当无测量条件时，可不测。

4.0.16 测量三相短路特性曲线，应符合下列规定：

1 测量数值与产品出厂试验数值比较，应在测量误差范围以内；

2 对于发电机变压器组，当有发电机本身的短路特性出厂试验报告时，可只录取发电机变压器组的短路特性，其短路点应设在变压器高压侧。

4.0.17 测量空载特性曲线，应符合下列规定：

1 测量数值与产品出厂试验数值比较，应在测量误差范围以内；

2 在额定转速下试验电压的最高值，对于汽轮发电机及调相机应为定子额定电压值的120%，对于水轮发电机应为定子额定电压值的130%，但均不应超过额定励磁电流；

3 当电机有匝间绝缘时，应进行匝间耐压试验，在定子额定电压值的130%且不超过定子最高电压下持续5min；

4 对于发电机变压器组，当有发电机本身的空载特性出厂试验报告时，可只录取发电机变压器组的空载特性，电压应加至定子额定电压值的110%。

4.0.18 测量发电机空载额定电压下灭磁时间常数和转子过电压倍数，应符合下列规定：

1 在发电机空载额定电压下测录发电机定子开路时的灭磁时间常数；

2 对发电机变压器组，可带空载变压器同时进行。应同时检查转子过电压倍数，并应保证在励磁电流小于1.1倍额定电流时，转子过电压值不大于励磁绕组出厂试验电压值的30%。

4.0.19 测量发电机定子残压，应符合下列规定：

1 应在发电机空载额定电压下灭磁装置分闸后测试定子残压；

2 定子残压值较大时，测试时应注意安全。

4.0.20 测量发电机的相序，应与电网相序一致。

4.0.21 测量轴电压，应符合下列规定：

1 应分别在空载额定电压时及带负荷后测定；

2 汽轮发电机的轴承油膜被短路时，轴承与机座间的电压值，应接近于转子两端轴上的电压值；

3 应测量水轮发电机轴对机座的电压。

4.0.22 定子绕组端部动态特性测试，应符合下列规定：

1 应对200MW及以上汽轮发电机测试，200MW以下的汽轮发电机可根据具体情况而定；

2 汽轮发电机和燃气轮发电机冷态下线棒、引线固有频率和端部整体椭圆固有频率避开范围应符合表4.0.22的规定，并应符合现行国家标准《透平型发电机定子绕组端部动态特性和振动试验方法及评定》GB/T 20140的规定。

表 4.0.22　汽轮发电机和燃气轮发电机定子绕组端部局部及整体椭圆固有频率避开范围

额定转速	支撑型式	线棒固有频率（Hz）	引线固有频率（Hz）	整体椭圆固有频率（Hz）
3000	刚性支撑	≤95，≥106	≤95，≥108	≤95，≥110
	柔性支撑	≤95，≥106	≤95，≥108	≤95，≥112
3600	刚性支撑	≤114，≥127	≤114，≥130	≤114，≥132
	柔性支撑	≤114，≥127	≤114，≥130	≤114，≥134

4.0.23　定子绕组端部手包绝缘施加直流电压测量，应符合下列规定：

1　现场进行发电机端部引线组装的，应在绝缘包扎材料干燥后施加直流电压测量；

2　定子绕组施加直流电压值应为发电机额定电压 U_n；

3　所测表面直流电位不应大于制造厂的规定值；

4　厂家已对某些部位进行过试验且有试验记录者，可不进行该部位的试验。

4.0.24　转子通风试验方法和限值应按现行行业标准《透平发电机转子气体内冷通风道　检验方法及限值》JB/T 6229 的有关规定执行。

4.0.25　水流量试验方法和限值应按现行行业标准《汽轮发电机绕组内部水系统检验方法及评定》JB/T 6228 中的有关规定执行。

5　直流电机

5.0.1　直流电机的试验项目，应包括下列内容：

1　测量励磁绕组和电枢的绝缘电阻；

2　测量励磁绕组的直流电阻；

3　励磁绕组和电枢的交流耐压试验；

4　测量励磁可变电阻器的直流电阻；

5　测量励磁回路连同所有连接设备的绝缘电阻；

6　励磁回路连同所有连接设备的交流耐压试验；

7　检查电机绕组的极性及其连接的正确性；

8　电机电刷磁场中性位置检查；

9　测录直流发电机的空载特性和以转子绕组为负载的励磁机负载特性曲线；

10　直流电动机的空转检查和空载电流测量。

5.0.2　各类直流电机的交接试验项目应符合下列规定：

1　6000kW 以上同步发电机及调相机的励磁机，应按本标准第 5.0.1 条全部项目进行试验；

2　其余直流电机应按本标准第 5.0.1 条第 1、2、4、5、7、8 和 10 款进行试验。

5.0.3　测量励磁绕组和电枢的绝缘电阻值，不应低于 0.5MΩ。

5.0.4　测量励磁绕组的直流电阻值，与出厂数值比较，其差值不应大于 2%。

5.0.5　励磁绕组对外壳和电枢绕组对轴的交流耐压试验，应符合下列规定：

1　励磁绕组对外壳间应进行交流耐压试验，电枢绕组对轴间应进行交流耐压试验；

2　试验电压应为额定电压的 1.5 倍加 750V，且不应小于 1200V。

5.0.6　测量励磁可变电阻器的直流电阻值，应符合下列规定：

1　测得的直流电阻值与产品出厂数值比较，其差值不应超过 10%；

2　调节过程中励磁可变电阻器应接触良好，无开路现象，电阻值变化应有规律性。

5.0.7　测量励磁回路连同所有连接设备的绝缘电阻值，应符合下列规定：

1　励磁回路连同所有连接设备的绝缘电阻值不应低于0.5MΩ；

2　测量绝缘电阻不应包括励磁调节装置回路。

5.0.8　励磁回路连同所有连接设备的交流耐压试验，应符合下列规定：

1　试验电压值应为1000V或用2500V绝缘电阻表测量绝缘电阻代替交流耐压试验；

2　交流耐压试验不应包括励磁调节装置回路。

5.0.9　检查电机绕组的极性及其连接，应正确。

5.0.10　电机电刷磁场中性位置检查，应符合下列规定：

1　应调整电机电刷的中性位置，且应正确；

2　应满足良好换向要求。

5.0.11　测录直流发电机的空载特性和以转子绕组为负载的励磁机负载特性曲线，应符合下列规定：

1　测录曲线与产品的出厂试验资料比较，应无明显差别；

2　励磁机负载特性宜与同步发电机空载和短路试验同时测录。

5.0.12　直流电动机的空转检查和空载电流测量，应符合下列规定：

1　空载运转时间不宜小于30min，电刷与换向器接触面应无明显火花；

2　记录直流电机的空载电流。

6　中频发电机

6.0.1　中频发电机的试验项目，应包括下列内容：

1　测量绕组的绝缘电阻；

2　测量绕组的直流电阻；

3　绕组的交流耐压试验；

4　测录空载特性曲线；

5　测量相序；

6　测量检温计绝缘电阻，并检查是否完好。

6.0.2　测量绕组的绝缘电阻值，不应低于0.5MΩ。

6.0.3　测量绕组的直流电阻，应符合下列规定：

1　各相或各分支的绕组直流电阻值与出厂数值比较，相互差别不应超过2%；

2　励磁绕组直流电阻值与出厂数值比较，应无明显差别。

6.0.4　绕组的交流耐压试验电压值，应为出厂试验电压值的75%。

6.0.5　测录空载特性曲线，应符合下列规定：

1　试验电压最高应升至产品出厂试验数值为止，所测得的数值与出厂数值比较，应无明显差别；

2　永磁式中频发电机应测录发电机电压与转速的关系曲线，所测得的曲线与出厂数值比较，应无明显差别。

6.0.6　测量相序，电机出线端子标号应与相序一致。

6.0.7　测量检温计绝缘电阻并检查是否完好，应符合下列规定：

1　采用250V绝缘电阻表测量检温计绝缘电阻应良好；

2　核对检温计指示值，应无异常。

7　交流电动机

7.0.1　交流电动机的试验项目，应包括下列内容：

1　测量绕组的绝缘电阻和吸收比；

2　测量绕组的直流电阻；

3　定子绕组的直流耐压试验和泄漏电流测量；

4　定子绕组的交流耐压试验；

5　绕线式电动机转子绕组的交流耐压试验；

6　同步电动机转子绕组的交流耐压试验；

7　测量可变电阻器、起动电阻器、灭磁电阻器的绝缘电阻；

8　测量可变电阻器、起动电阻器、灭磁电阻器的直流电阻；

9　测量电动机轴承的绝缘电阻；

10　检查定子绕组极性及其连接的正确性；

11　电动机空载转动检查和空载电流测量。

7.0.2　电压 1000V 以下且容量为 100kW 以下的电动机，可按本标准第 7.0.1 条第 1、7、10 和 11 款进行试验。

7.0.3　测量绕组的绝缘电阻和吸收比，应符合下列规定：

1　额定电压为 1000V 以下，常温下绝缘电阻值不应低于 0.5MΩ；额定电压为 1000V 及以上，折算至运行温度时的绝缘电阻值，定子绕组不应低于 1MΩ/kV，转子绕组不应低于 0.5MΩ/kV。绝缘电阻温度换算可按本标准附录 B 的规定进行；

2　1000V 及以上的电动机应测量吸收比，吸收比不应低于 1.2，中性点可拆开的应分相测量；

3　进行交流耐压试验时，绕组的绝缘应满足本条第 1 款和第 2 款的要求；

4　交流耐压试验合格的电动机，当其绝缘电阻折算至运行温度后（环氧粉云母绝缘的电动机在常温下）不低于其额定电压 1MΩ/kV 时，可不经干燥投入运行，但投运前不应再拆开端盖进行内部作业。

7.0.4　测量绕组的直流电阻，应符合下列规定：

1　1000V 以上或容量 100kW 以上的电动机各相绕组直流电阻值相互差别，不应超过其最小值的 2%；

2　中性点未引出的电动机可测量线间直流电阻，其相互差别不应超过其最小值的 1%；

3　特殊结构的电动机各相绕组直流电阻值与出厂试验值差别不应超过 2%。

7.0.5　定子绕组直流耐压试验和泄漏电流测量，应符合下列规定：

1　1000V 以上及 1000kW 以上、中性点连线已引出至出线端子板的定子绕组应分相进行直流耐压试验；

2　试验电压应为定子绕组额定电压的 3 倍。在规定的试验电压下，各相泄漏电流的差值不应大于最小值的 100%；当最大泄漏电流在 20μA 以下，根据绝缘电阻值和交流耐压试验结果综合判断为良好时，可不考虑各相间差值；

3　试验应符合本标准第 4.0.5 条的有关规定；中性点连线未引出的可不进行此项试验。

7.0.6　电动机定子绕组的交流耐压试验电压，应符合表 7.0.6 的规定。

表 7.0.6　　**电动机定子绕组交流耐压试验电压**

额定电压（kV）	3	6	10
试验电压（kV）	5	10	16

7.0.7　绕线式电动机的转子绕组交流耐压试验电压，应符合表 7.0.7 的规定。

7.0.8　同步电动机转子绕组的交流耐压试验，应符合下列规定：

1　试验电压值应为额定励磁电压的 7.5 倍，且不应低于 1200V；

2　试验电压值不应高于出厂试验电压值的 75%。

表 7.0.7　绕线式电动机转子绕组交流耐压试验电压

转子工况	试验电压（V）
不可逆的	$1.5U_k+750$
可逆的	$3.0U_k+750$

注　U_k 为转子静止时，在定子绕组上施加额定电压，转子绕组开路时测得的电压。

7.0.9　可变电阻器、起动电阻器、灭磁电阻器的绝缘电阻，当与回路一起测量时，绝缘电阻值不应低于 0.5MΩ。

7.0.10　测量可变电阻器、起动电阻器、灭磁电阻器的直流电阻值，应符合下列规定：

1　测得的直流电阻值与产品出厂数值比较，其差值不应超过 10%；

2　调节过程中应接触良好，无开路现象，电阻值的变化应有规律性。

7.0.11　测量电动机轴承的绝缘电阻，应符合下列规定：

1　当有油管路连接时，应在油管安装后，采用 1000V 绝缘电阻表测量；

2　绝缘电阻值不应低于 0.5MΩ。

7.0.12　检查定子绕组的极性及其连接的正确性，应符合下列规定：

1　定子绕组的极性及其连接应正确；

2　中性点未引出者可不检查极性。

7.0.13　电动机空载转动检查和空载电流测量，应符合下列规定：

1　电动机空载转动的运行时间应为 2h；

2　应记录电动机空载转动时的空载电流；

3　当电动机与其机械部分的连接不易拆开时，可连在一起进行空载转动检查试验。

8　电力变压器

8.0.1　电力变压器的试验项目，应包括下列内容：

1　绝缘油试验或 SF_6 气体试验；

2　测量绕组连同套管的直流电阻；

3　检查所有分接的电压比；

4　检查变压器的三相接线组别和单相变压器引出线的极性；

5　测量铁心及夹件的绝缘电阻；

6　非纯瓷套管的试验；

7　有载调压切换装置的检查和试验；

8　测量绕组连同套管的绝缘电阻、吸收比或极化指数；

9　测量绕组连同套管的介质损耗因数（$\tan\delta$）与电容量；

10　变压器绕组变形试验；

11　绕组连同套管的交流耐压试验；

12　绕组连同套管的长时感应耐压试验带局部放电测量；

13　额定电压下的冲击合闸试验；

14　检查相位；

15　测量噪音。

8.0.2　各类变压器试验项目应符合下列规定：

1　容量为 1600kVA 及以下油浸式电力变压器，可按本标准第 8.0.1 条第 1、2、3、4、5、6、7、

8、11、13 和 14 款进行试验；

2 干式变压器可按本标准第 8.0.1 条第 2、3、4、5、7、8、11、13 和 14 款进行试验；

3 变流、整流变压器可按本标准第 8.0.1 条第 1、2、3、4、5、6、7、8、11、13 和 14 款进行试验；

4 电炉变压器可按本标准第 8.0.1 条第 1、2、3、4、5、6、7、8、11、13 和 14 款进行试验；

5 接地变压器、曲折变压器可按本标准第 8.0.1 条第 2、3、4、5、8、11 和 13 款进行试验，对于油浸式变压器还应按本标准第 8.0.1 条第 1 款和第 9 款进行试验；

6 穿心式电流互感器、电容型套管应分别按本标准第 10 章互感器和第 15 章套管的试验项目进行试验；

7 分体运输、现场组装的变压器应由订货方见证所有出厂试验项目，现场试验应按本标准执行；

8 应对气体继电器、油流继电器、压力释放阀和气体密度继电器等附件进行检查。

8.0.3 油浸式变压器中绝缘油及 SF_6 气体绝缘变压器中 SF_6 气体的试验，应符合下列规定：

1 绝缘油的试验类别应符合本标准表 19.0.2 的规定，试验项目及标准应符合本标准表 19.0.1 的规定。

2 油中溶解气体的色谱分析，应符合下列规定：

1）电压等级在 66kV 及以上的变压器，应在注油静置后、耐压和局部放电试验 24h 后、冲击合闸及额定电压下运行 24h 后，各进行一次变压器器身内绝缘油的油中溶解气体的色谱分析；

2）试验应符合现行国家标准《变压器油中溶解气体分析和判断导则》GB/T 7252 的有关规定。各次测得的氢、乙炔、总烃含量，应无明显差别；

3）新装变压器油中总烃含量不应超过 20μL/L，H_2 含量不应超过 10μL/L，C_2H_2 含量不应超过 0.1μL/L。

3 变压器油中水含量的测量，应符合下列规定：

1）电压等级为 110（66）kV 时，油中水含量不应大于 20mg/L；

2）电压等级为 220kV 时，油中水含量不应大于 15mg/L；

3）电压等级为 330kV～750kV 时，油中水含量不应大于 10mg/L。

4 油中含气量的测量，应按规定时间静置后取样测量油中的含气量，电压等级为 330kV～750kV 的变压器，其值不应大于 1%（体积分数）。

5 对 SF_6 气体绝缘的变压器应进行 SF_6 气体含水量检验及检漏。SF_6 气体含水量（20℃的体积分数）不宜大于 250μL/L，变压器应无明显泄漏点。

8.0.4 测量绕组连同套管的直流电阻，应符合下列规定：

1 测量应在各分接的所有位置上进行。

2 1600kVA 及以下三相变压器，各相绕组相互间的差别不应大于 4%；无中性点引出的绕组，线间各绕组相互间差别不应大于 2%；1600kVA 以上变压器，各相绕组相互间差别不应大于 2%；无中性点引出的绕组，线间相互间差别不应大于 1%。

3 变压器的直流电阻，与同温下产品出厂实测数值比较，相应变化不应大于 2%；不同温度下电阻值应按下式计算：

$$R_2 = R_1 \cdot \frac{T + t_2}{T + t_1} \tag{8.0.4}$$

式中　R_1——温度在 t_1（℃）时的电阻值（Ω）；

R_2——温度在 t_2（℃）时的电阻值（Ω）；

T——计算用常数，铜导线取 235，铝导线取 225。

4 由于变压器结构等原因，差值超过本条第 2 款时，可只按本条第 3 款进行比较，但应说明原因。

5 无励磁调压变压器送电前最后一次测量，应在使用的分接锁定后进行。

8.0.5 检查所有分接的电压比，应符合下列规定：

1 所有分接的电压比应符合电压比的规律；

2 与制造厂铭牌数据相比，应符合下列规定：

1）电压等级在35kV以下，电压比小于3的变压器电压比允许偏差应为±1%；

2）其他所有变压器额定分接下电压比允许偏差不应超过±0.5%；

3）其他分接的电压比应在变压器阻抗电压值（%）的1/10以内，且允许偏差应为±1%。

8.0.6 检查变压器的三相接线组别和单相变压器引出线的极性，应符合下列规定：

1 变压器的三相接线组别和单相变压器引出线的极性应符合设计要求；

2 变压器的三相接线组别和单相变压器引出线的极性应与铭牌上的标记和外壳上的符号相符。

8.0.7 测量铁心及夹件的绝缘电阻，应符合下列规定：

1 应测量铁心对地绝缘电阻、夹件对地绝缘电阻、铁心对夹件绝缘电阻；

2 进行器身检查的变压器，应测量可接触到的穿心螺栓、轭铁夹件及绑扎钢带对铁轭、铁心、油箱及绕组压环的绝缘电阻。当轭铁梁及穿心螺栓一端与铁心连接时，应将连接片断开后进行试验；

3 在变压器所有安装工作结束后应进行铁心对地、有外引接地线的夹件对地及铁心对夹件的绝缘电阻测量；

4 对变压器上有专用的铁心接地线引出套管时，应在注油前后测量其对外壳的绝缘电阻；

5 采用2500V绝缘电阻表测量，持续时间应为1min，应无闪络及击穿现象。

8.0.8 非纯瓷套管的试验，应按本标准第15章的规定进行。

8.0.9 有载调压切换装置的检查和试验，应符合下列规定：

1 有载分接开关绝缘油击穿电压应符合本标准表19.0.1的规定；

2 在变压器无电压下，有载分接开关的手动操作不应少于2个循环、电动操作不应少于5个循环，其中电动操作时电源电压应为额定电压的85%及以上。操作应无卡涩，连动程序、电气和机械限位应正常；

3 循环操作后，进行绕组连同套管在所有分接下直流电阻和电压比测量，试验结果应符合本标准第8.0.4条、第8.0.5条的规定；

4 在变压器带电条件下进行有载调压开关电动操作，动作应正常。操作过程中，各侧电压应在系统电压允许范围内。

8.0.10 测量绕组连同套管的绝缘电阻、吸收比或极化指数，应符合下列规定：

1 绝缘电阻值不应低于产品出厂试验值的70%或不低于10000MΩ（20℃）；

2 当测量温度与产品出厂试验时的温度不符合时，油浸式电力变压器绝缘电阻的温度换算系数可按表8.0.10换算到同一温度时的数值进行比较。

表8.0.10　　油浸式电力变压器绝缘电阻的温度换算系数

温度差 K	5	10	15	20	25	30	35	40	45	50	55	60
换算系数 A	1.2	1.5	1.8	2.3	2.8	3.4	4.1	5.1	6.2	7.5	9.2	11.2

注 1 表中 K 为实测温度减去20℃的绝对值；

2 测量温度以上层油温为准。

当测量绝缘电阻的温度差不是表8.0.10中所列数值时，其换算系数 A 可用线性插入法确定，也可按下式计算：

$$A=1.5^{K/10} \tag{8.0.10-1}$$

校正到20℃时的绝缘电阻值计算应满足下列要求：

当实测温度为20℃以上时，可按下式计算：

$$R_{20}=AR_t \quad (8.0.10-2)$$

当实测温度为20℃以下时，可按下式计算：

$$R_{20}=R_t/A \quad (8.0.10-3)$$

式中　R_{20}——校正到20℃时的绝缘电阻值（MΩ）；

R_t——在测量温度下的绝缘电阻值（MΩ）。

3　变压器电压等级为35kV及以上且容量在4000kVA及以上时，应测量吸收比。吸收比与产品出厂值相比应无明显差别，在常温下不应小于1.3；当R_{60}大于3000MΩ（20℃）时，吸收比可不作考核要求。

4　变压器电压等级为220kV及以上或容量为120MVA及以上时，宜用5000V绝缘电阻表测量极化指数。测得值与产品出厂值相比应无明显差别，在常温下不应小于1.5。当R_{60}大于10000MΩ（20℃）时，极化指数可不作考核要求。

8.0.11　测量绕组连同套管的介质损耗因数（tanδ）及电容量，应符合下列规定：

1　当变压器电压等级为35kV及以上且容量在10000kVA及以上时，应测量介质损耗因数（tanδ）；

2　被测绕组的tanδ值不宜大于产品出厂试验值的130%，当大于130%时，可结合其他绝缘试验结果综合分析判断；

3　当测量时的温度与产品出厂试验温度不符合时，可按本标准附录C表换算到同一温度时的数值进行比较；

4　变压器本体电容量与出厂值相比允许偏差应为±3%。

8.0.12　变压器绕组变形试验，应符合下列规定：

1　对于35kV及以下电压等级变压器，宜采用低电压短路阻抗法；

2　对于110(66)kV及以上电压等级变压器，宜采用频率响应法测量绕组特征图谱。

8.0.13　绕组连同套管的交流耐压试验，应符合下列规定：

1　额定电压在110kV以下的变压器，线端试验应按本标准附录表D.0.1进行交流耐压试验；

2　绕组额定电压为110(66)kV及以上的变压器，其中性点应进行交流耐压试验，试验耐受电压标准应符合本标准附录表D.0.2的规定，并应符合下列规定：

1）试验电压波形应接近正弦，试验电压值应为测量电压的峰值除以$\sqrt{2}$，试验时应在高压端监测；

2）外施交流电压试验电压的频率不应低于40Hz，全电压下耐受时间应为60s；

3）感应电压试验时，试验电压的频率应大于额定频率。当试验电压频率小于或等于2倍额定频率时，全电压下试验时间为60s；当试验电压频率大于2倍额定频率时，全电压下试验时间应按下式计算：

$$t=120\times(f_N/f_S) \quad (8.0.13)$$

式中　f_N——额定频率；

f_S——试验频率；

t——全电压下试验时间，不应少于15s。

8.0.14　绕组连同套管的长时感应电压试验带局部放电测量（ACLD），应符合下列规定：

1　电压等级220kV及以上变压器在新安装时，应进行现场局部放电试验。电压等级为110kV的变压器，当对绝缘有怀疑时，应进行局部放电试验；

2　局部放电试验方法及判断方法，应按现行国家标准《电力变压器　第3部分：绝缘水平、绝缘试验和外绝缘空隙间隙》GB 1094.3中的有关规定执行；

3　750kV变压器现场交接试验时，绕组连同套管的长时感应电压试验带局部放电测量（ACLD）

中，激发电压应按出厂交流耐压的80%（720kV）进行。

8.0.15 额定电压下的冲击合闸试验，应符合下列规定：

1 在额定电压下对变压器的冲击合闸试验，应进行5次，每次间隔时间宜为5min，应无异常现象，其中750kV变压器在额定电压下，第一次冲击合闸后的带电运行时间不应少于30min，其后每次合闸后带电运行时间可逐次缩短，但不应少于5min；

2 冲击合闸宜在变压器高压侧进行，对中性点接地的电力系统试验时变压器中性点应接地；

3 发电机变压器组中间连接无操作断开点的变压器，可不进行冲击合闸试验；

4 无电流差动保护的干式变可冲击3次。

8.0.16 检查变压器的相位，应与电网相位一致。

8.0.17 测量噪声，应符合下列规定：

1 电压等级为750kV的变压器的噪声，应在额定电压及额定频率下测量，噪声值声压级不应大于80dB（A）；

2 测量方法和要求应符合现行国家标准《电力变压器　第10部分：声级测定》GB/T 1094.10的规定；

3 验收应以出厂验收为准；

4 对于室内变压器可不进行噪声测量试验。

9　电抗器及消弧线圈

9.0.1 电抗器及消弧线圈的试验项目，应包括下列内容：

1 测量绕组连同套管的直流电阻；

2 测量绕组连同套管的绝缘电阻、吸收比或极化指数；

3 测量绕组连同套管的介质损耗因数（$\tan\delta$）及电容量；

4 绕组连同套管的交流耐压试验；

5 测量与铁心绝缘的各紧固件的绝缘电阻；

6 绝缘油的试验；

7 非纯瓷套管的试验；

8 额定电压下冲击合闸试验；

9 测量噪声；

10 测量箱壳的振动；

11 测量箱壳表面的温度。

9.0.2 各类电抗器和消弧线圈试验项目，应符合下列规定：

1 干式电抗器可按本标准第9.0.1条第1、2、4和8款进行试验；

2 油浸式电抗器可按本标准第9.0.1条第1、2、4、5、6和8款规定进行试验，对35kV及以上电抗器应增加本标准第9.0.1条第3、7、9、10和11款试验项目；

3 消弧线圈可按本标准第9.0.1条第1、2、4和5款进行试验，对35kV及以上油浸式消弧线圈应增加本标准第9.0.1条第3、7和8款试验项目。

9.0.3 测量绕组连同套管的直流电阻，应符合下列规定：

1 测量应在各分接的所有位置上进行；

2 实测值与出厂值的变化规律应一致；

3 三相电抗器绕组直流电阻值相互间差值不应大于三相平均值的2%；

4 电抗器和消弧线圈的直流电阻，与同温下产品出厂值比较相应变化不应大于2%；

5　对于立式布置的干式空芯电抗器绕组直流电阻值，可不进行三相间的比较。

9.0.4　测量绕组连同套管的绝缘电阻、吸收比或极化指数，应符合本标准第 8.0.10 条的规定。

9.0.5　测量绕组连同套管的介质损耗因数（$\tan\delta$）及电容量，应符合本标准第 8.0.11 条的规定。

9.0.6　绕组连同套管的交流耐压试验，应符合下列规定：

1　额定电压在 110kV 以下的消弧线圈、干式或油浸式电抗器均应进行交流耐压试验，试验电压应符合本标准附录表 D.0.1 的规定；

2　对分级绝缘的耐压试验电压标准，应按接地端或其末端绝缘的电压等级来进行。

9.0.7　测量与铁心绝缘的各紧固件的绝缘电阻，应符合本标准第 8.0.7 条的规定。

9.0.8　绝缘油的试验，应符合本标准第 19.0.1 条和第 19.0.2 条的规定。

9.0.9　非纯瓷套管的试验，应符合本标准第 15 章的有关规定。

9.0.10　在额定电压下，对变电站及线路的并联电抗器连同线路的冲击合闸试验应进行 5 次，每次间隔时间应为 5min，应无异常现象。

9.0.11　测量噪声应符合本标准第 8.0.17 条的规定。

9.0.12　电压等级为 330kV 及以上的电抗器，在额定工况下测得的箱壳振动振幅双峰值不应大于 100μm。

9.0.13　电压等级为 330kV 及以上的电抗器，应测量箱壳表面的温度，温升不应大于 65℃。

10　互感器

10.0.1　互感器的试验项目，应包括下列内容：

1　绝缘电阻测量；

2　测量 35kV 及以上电压等级的互感器的介质损耗因数（$\tan\delta$）及电容量；

3　局部放电试验；

4　交流耐压试验；

5　绝缘介质性能试验；

6　测量绕组的直流电阻；

7　检查接线绕组组别和极性；

8　误差及变比测量；

9　测量电流互感器的励磁特性曲线；

10　测量电磁式电压互感器的励磁特性；

11　电容式电压互感器（CVT）的检测；

12　密封性能检查。

10.0.2　各类互感器的交接试验项目，应符合下列规定：

1　电压互感器应按本标准第 10.0.1 条的第 1、2、3、4、5、6、7、8、10、11 和 12 款进行试验；

2　电流互感器应按本标准第 10.0.1 条的第 1、2、3、4、5、6、7、8、9 和 12 款进行试验；

3　SF_6 封闭式组合电器中的电流互感器应按本标准第 10.0.1 条的第 7、8 和 9 款进行试验，二次绕组应按本标准第 10.0.1 条的第 1 款和第 6 款进行试验；

4　SF_6 封闭式组合电器中的电压互感器应按本标准第 10.0.1 条的第 6、7、8 和 12 款进行试验，另外还应进行二次绕组间及对地绝缘电阻测量，一次绕组接地端（N）及二次绕组交流耐压试验，条件许可时可按本标准第 10.0.1 条的第 3 款及第 10 款进行试验，配置的压力表及密度继电器检测可按 GIS 试验内容执行。

10.0.3　测量绕组的绝缘电阻，应符合下列规定：

1　应测量一次绕组对二次绕组及外壳、各二次绕组间及其对外壳的绝缘电阻；绝缘电阻值不宜低

于 1000MΩ；

2　测量电流互感器一次绕组段间的绝缘电阻，绝缘电阻值不宜低于 1000MΩ，由于结构原因无法测量时可不测量；

3　测量电容型电流互感器的末屏及电压互感器接地端（N）对外壳（地）的绝缘电阻，绝缘电阻值不宜小于 1000MΩ。当末屏对地绝缘电阻小于 1000MΩ 时，应测量其 tanδ，其值不应大于 2%；

4　测量绝缘电阻应使用 2500V 绝缘电阻表。

10.0.4　电压等级 35kV 及以上油浸式互感器的介质损耗因数（tanδ）与电容量测量，应符合下列规定：

表 10.0.4　　tanδ（%）限值（$t=20℃$）

种类 ＼ 额定电压（kV）	20～35	66～110	220	330～750
油浸式电流互感器	2.5	0.8	0.6	0.5
充硅脂及其他干式电流互感器	0.5	0.5	0.5	—
油浸式电压互感器整体	3	2.5		—
油浸式电流互感器末屏	—	2		

1　互感器的绕组 tanδ 测量电压应为 10kV，tanδ(%) 不应大于表 10.0.4 中数据。当对绝缘性能有怀疑时，可采用高压法进行试验，在 $(0.5\sim1)U_m/\sqrt{3}$ 范围内进行，其中 U_m 是设备最高电压（方均根值），tanδ 变化量不应大于 0.2%，电容变化量不应大于 0.5%；

2　对于倒立油浸式电流互感器，二次线圈屏蔽直接接地结构，宜采用反接法测量 tanδ 与电容量；

3　末屏 tanδ 测量电压应为 2kV；

4　电容型电流互感器的电容量与出厂试验值比较超出 5%时，应查明原因。

10.0.5　互感器的局部放电测量，应符合下列规定：

1　局部放电测量宜与交流耐压试验同时进行；

2　电压等级为 35kV～110kV 互感器的局部放电测量可按 10%进行抽测；

3　电压等级 220kV 及以上互感器在绝缘性能有怀疑时宜进行局部放电测量；

4　局部放电测量时，应在高压侧（包括电磁式电压互感器感应电压）监测施加的一次电压；

5　局部放电测量的测量电压及允许的视在放电量水平应按表 10.0.5 确定。

表 10.0.5　　测量电压及允许的视在放电量水平

<table>
<tr><th colspan="3" rowspan="2">种　类</th><th rowspan="2">测量电压
(kV)</th><th colspan="2">允许的视在放电量水平（pC）</th></tr>
<tr><th>环氧树脂及其他干式</th><th>油浸式和气体式</th></tr>
<tr><td colspan="3" rowspan="2">电流互感器</td><td>$1.2U_m/\sqrt{3}$</td><td>50</td><td>20</td></tr>
<tr><td>U_m</td><td>100</td><td>50</td></tr>
<tr><td rowspan="5">电压
互感器</td><td colspan="2" rowspan="2">≥66kV</td><td>$1.2U_m/\sqrt{3}$</td><td>50</td><td>20</td></tr>
<tr><td>U_m</td><td>100</td><td>50</td></tr>
<tr><td rowspan="3">35kV</td><td>全绝缘结构（一次绕组均接高电压）</td><td>$1.2U_m$</td><td>100</td><td>50</td></tr>
<tr><td rowspan="2">半绝缘结构（一次绕组一端直接接地）</td><td>$1.2U_m/\sqrt{3}$</td><td>50</td><td>20</td></tr>
<tr><td>$1.2U_m$（必要时）</td><td>100</td><td>50</td></tr>
</table>

注　U_m 是设备最高电压（方均根值）。

10.0.6　互感器交流耐压试验，应符合下列规定：

1　应按出厂试验电压的80%进行，并应在高压侧监视施加电压。

2　电压等级66kV及以上的油浸式互感器，交流耐压前后宜各进行一次绝缘油色谱分析。

3　电磁式电压互感器（包括电容式电压互感器的电磁单元）应按下列规定进行感应耐压试验：

1）试验电源频率和施加试验电压时间应符合本标准第8.0.13条第4款的规定；

2）感应耐压试验前后，应各进行一次额定电压时的空载电流测量，两次测得值相比不应有明显差别；

3）对电容式电压互感器的中间电压变压器进行感应耐压试验时，应将耦合电容分压器、阻尼器及限幅装置拆开。由于产品结构原因现场无条件拆开时，可不进行感应耐压试验。

4　电压等级220kV以上的SF_6气体绝缘互感器，特别是电压等级为500kV的互感器，宜在安装完毕的情况下进行交流耐压试验；在耐压试验前，宜开展U_m电压下的老练试验，时间应为15min。

5　二次绕组间及其对箱体（接地）的工频耐压试验电压应为2kV，可用2500V兆欧表测量绝缘电阻试验替代。

6　电压等级110kV及以上的电流互感器末屏及电压互感器接地端（N）对地的工频耐受电压应为2kV，可用2500V绝缘电阻表测量绝缘电阻试验替代。

10.0.7　绝缘介质性能试验，应符合下列规定：

1　绝缘油的性能应符合本标准表19.0.1及表19.0.2的规定；

2　充入SF_6气体的互感器，应静放24h后取样进行检测，气体水分含量不应大于250μL/L（20℃体积百分数），对于750kV电压等级，气体水分含量不应大于200μL/L；

3　电压等级在66kV以上的油浸式互感器，对绝缘性能有怀疑时，应进行油中溶解气体的色谱分析。油中溶解气体组分总烃含量不宜超过10μL/L，H_2含量不宜超过100μL/L，C_2H_2含量不宜超过0.1μL/L。

10.0.8　绕组直流电阻测量，应符合下列规定：

1　电压互感器：一次绕组直流电阻测量值，与换算到同一温度下的出厂值比较，相差不宜大于10%。二次绕组直流电阻测量值，与换算到同一温度下的出厂值比较，相差不宜大于15%。

2　电流互感器：同型号、同规格、同批次电流互感器绕组的直流电阻和平均值的差异不宜大于10%，一次绕组有串、并联接线方式时，对电流互感器的一次绕组的直流电阻测量应在正常运行方式下测量，或同时测量两种接线方式下的一次绕组的直流电阻，倒立式电流互感器单匝一次绕组的直流电阻之间的差异不宜大于30%。当有怀疑时，应提高施加的测量电流，测量电流（直流值）不宜超过额定电流（方均根值）的50%。

10.0.9　检查互感器的接线绕组组别和极性，应符合设计要求，并应与铭牌和标志相符。

10.0.10　互感器误差及变比测量，应符合下列规定：

1　用于关口计量的互感器（包括电流互感器、电压互感器和组合互感器）应进行误差测量；

2　用于非关口计量的互感器，应检查互感器变比，并应与制造厂铭牌值相符，对多抽头的互感器，可只检查使用分接的变比。

10.0.11　测量电流互感器的励磁特性曲线，应符合下列规定：

1　当继电保护对电流互感器的励磁特性有要求时，应进行励磁特性曲线测量；

2　当电流互感器为多抽头时，应测量当前拟定使用的抽头或最大变比的抽头。测量后应核对是否符合产品技术条件要求；

3　当励磁特性测量时施加的电压高于绕组允许值（电压峰值4.5kV），应降低试验电源频率；

4　330kV及以上电压等级的独立式、GIS和套管式电流互感器，线路容量为300MW及以上容量的母线电流互感器及各种电压等级的容量超过1200MW的变电站带暂态性能的电流互感器，其具有暂态特

性要求的绕组，应根据铭牌参数采用交流法（低频法）或直流法测量其相关参数，并应核查是否满足相关要求。

10.0.12　电磁式电压互感器的励磁曲线测量，应符合下列规定：

1　用于励磁曲线测量的仪表应为方均根值表，当发生测量结果与出厂试验报告和型式试验报告相差大于30%时，应核对使用的仪表种类是否正确；

2　励磁曲线测量点应包括额定电压的20%、50%、80%、100%和120%；

3　对于中性点直接接地的电压互感器，最高测量点应为150%；

4　对于中性点非直接接地系统，半绝缘结构电磁式电压互感器最高测量点应为190%，全绝缘结构电磁式电压互感器最高测量点应为120%。

10.0.13　电容式电压互感器（CVT）检测，应符合下列规定：

1　CVT电容分压器电容量与额定电容值比较不宜超过－5%～10%，介质损耗因数 $\tan\delta$ 不应大于0.2%；

2　叠装结构CVT电磁单元因结构原因不易将中压连线引出时，可不进行电容量和介质损耗因数（$\tan\delta$）测试，但应进行误差试验；当误差试验结果不满足误差限值要求时，应断开电磁单元中压连接线，检测电磁单元各部件及电容分压器的电容量和介质损耗因数（$\tan\delta$）；

3　CVT误差试验应在支架（柱）上进行；

4　当电磁单元结构许可，电磁单元检查应包括中间变压器的励磁曲线测量、补偿电抗器感抗测量、阻尼器和限幅器的性能检查，交流耐压试验按照电磁式电压互感器，施加电压应按出厂试验的80%执行。

10.0.14　密封性能检查，应符合下列规定：

1　油浸式互感器外表应无可见油渍现象；

2　SF_6 气体绝缘互感器定性检漏应无泄漏点，怀疑有泄漏点时应进行定量检漏，年泄漏率应小于1%。

11　真空断路器

11.0.1　真空断路器的试验项目，应包括下列内容：

1　测量绝缘电阻；

2　测量每相导电回路的电阻；

3　交流耐压试验；

4　测量断路器的分、合闸时间，测量分、合闸的同期性，测量合闸时触头的弹跳时间；

5　测量分、合闸线圈及合闸接触器线圈的绝缘电阻和直流电阻；

6　断路器操动机构的试验。

11.0.2　整体绝缘电阻值测量，应符合制造厂规定。

11.0.3　测量每相导电回路的电阻值，应符合下列规定：

1　测量应采用电流不小于100A的直流压降法；

2　测试结果应符合产品技术条件的规定。

11.0.4　交流耐压试验，应符合下列规定：

1　应在断路器合闸及分闸状态下进行交流耐压试验；

2　当在合闸状态下进行时，真空断路器的交流耐受电压应符合表11.0.4的规定；

3　当在分闸状态下进行时，真空灭弧室断口间的试验电压应按产品技术条件的规定，当产品技术文件没有特殊规定时，真空断路器的交流耐受电压应符合表11.0.4的规定；

表 11.0.4　　真空断路器的交流耐受电压

额定电压（kV）	1min 工频耐受电压（kV）有效值			
	相对地	相间	断路器断口	隔离断口
3.6	25/18	25/18	25/18	27/20
7.2	30/23	30/23	30/23	34/27
12	42/30	42/30	42/30	48/36
24	65/50	65/50	65/50	79/64
40.5	95/80	95/80	95/80	118/103
72.5	140	140	140	180
	160	160	160	200

注　斜线下的数值为中性点接地系统使用的数值，亦为湿试时的数值。

4　试验中不应发生贯穿性放电。

11.0.5　测量断路器主触头的分、合闸时间，测量分、合闸的同期性，测量合闸过程中触头接触后的弹跳时间，应符合下列规定：

1　合闸过程中触头接触后的弹跳时间，40.5kV 以下断路器不应大于 2ms，40.5kV 及以上断路器不应大于 3ms；对于电流 3kA 及以上的 10kV 真空断路器，弹跳时间如不满足小于 2ms，应符合产品技术条件的规定；

2　测量应在断路器额定操作电压条件下进行；

3　实测数值应符合产品技术条件的规定。

11.0.6　测量分、合闸线圈及合闸接触器线圈的绝缘电阻和直流电阻，应符合下列规定：

1　测量分、合闸线圈及合闸接触器线圈的绝缘电阻值，不应低于 10MΩ；

2　测量分、合闸线圈及合闸接触器线圈的直流电阻值与产品出厂试验值相比应无明显差别。

11.0.7　断路器操动机构（不包括液压操作机构）的试验，应符合本标准附录 E 的规定。

12　六氟化硫断路器

12.0.1　六氟化硫（SF_6）断路器试验项目，应包括下列内容：

1　测量绝缘电阻；

2　测量每相导电回路的电阻；

3　交流耐压试验；

4　断路器均压电容器的试验；

5　测量断路器的分、合闸时间；

6　测量断路器的分、合闸速度；

7　测量断路器的分、合闸同期性及配合时间；

8　测量断路器合闸电阻的投入时间及电阻值；

9　测量断路器分、合闸线圈绝缘电阻及直流电阻；

10　断路器操动机构的试验；

11　套管式电流互感器的试验；

12　测量断路器内 SF_6 气体的含水量；

13　密封性试验；

14　气体密度继电器、压力表和压力动作阀的检查。

12.0.2　测量整体绝缘电阻值，应符合产品技术文件规定。

12.0.3　每相导电回路的电阻值测量，宜采用电流不小于 100A 的直流压降法。测试结果应符合产品技术条件的规定。

12.0.4　交流耐压试验，应符合下列规定：

1　在 SF_6 气压为额定值时进行，试验电压应按出厂试验电压的 80%；

2　110kV 以下电压等级应进行合闸对地和断口间耐压试验；

3　罐式断路器应进行合闸对地和断口间耐压试验，在 $1.2U_r/\sqrt{3}$ 电压下应进行局部放电检测；

4　500kV 定开距瓷柱式断路器应进行合闸对地和断口耐压试验。对于有断口电容器时，耐压频率应符合产品技术文件规定。

12.0.5　断路器均压电容器的试验，应符合下列规定：

1　断路器均压电容器的试验，应符合本标准第 18 章的有关规定；

2　罐式断路器的均压电容器试验可按制造厂的规定进行。

12.0.6　测量断路器的分、合闸时间，应符合下列规定：

1　测量断路器的分、合闸时间，应在断路器的额定操作电压、气压或液压下进行；

2　实测数值应符合产品技术条件的规定。

12.0.7　测量断路器的分、合闸速度，应符合下列规定：

1　测量断路器的分、合闸速度，应在断路器的额定操作电压、气压或液压下进行；

2　实测数值应符合产品技术条件的规定；

3　现场无条件安装采样装置的断路器，可不进行本试验。

12.0.8　测量断路器主、辅触头三相及同相各断口分、合闸的同期性及配合时间，应符合产品技术条件的规定。

12.0.9　测量断路器合闸电阻的投入时间及电阻值，应符合产品技术条件的规定。

12.0.10　测量断路器分、合闸线圈的绝缘电阻值，不应低于 10MΩ，直流电阻值与产品出厂试验值相比应无明显差别。

12.0.11　断路器操动机构（不包括永磁操作机构）的试验，应符合本标准附录 E 的规定。

12.0.12　套管式电流互感器的试验，应按本标准第 10 章的有关规定进行。

12.0.13　测量断路器内 SF_6 气体的含水量（20℃的体积分数），应按现行国家标准《额定电压 72.5kV 及以上气体绝缘金属封闭开关设备》GB 7674 和《六氟化硫电气设备中气体管理和检测导则》GB/T 8905 的有关规定执行，并应符合下列规定：

1　与灭弧室相通的气室，应小于 150μL/L；

2　不与灭弧室相通的气室，应小于 250μL/L；

3　SF_6 气体的含水量测定应在断路器充气 24h 后进行。

12.0.14　密封试验，应符合下列规定：

1　试验方法可采用灵敏度不低于 1×10^{-6}（体积比）的检漏仪对断路器各密封部位、管道接头等处进行检测，检漏仪不应报警；

2　必要时可采用局部包扎法进行气体泄漏测量。以 24h 的漏气量换算，每一个气室年漏气率不应大于 0.5%；

3　密封试验应在断路器充气 24h 以后，且应在开关操动试验后进行。

12.0.15　气体密度继电器、压力表和压力动作阀的检查，应符合下列规定：

1　在充气过程中检查气体密度继电器及压力动作阀的动作值，应符合产品技术条件的规定；

2　对单独运到现场的表计，应进行核对性检查。

13　六氟化硫封闭式组合电器

13.0.1　六氟化硫封闭式组合电器的试验项目，应包括下列内容：

1　测量主回路的导电电阻；

2　封闭式组合电器内各元件的试验；

3　密封性试验；

4　测量六氟化硫气体含水量；

5　主回路的交流耐压试验；

6　组合电器的操动试验；

7　气体密度继电器、压力表和压力动作阀的检查。

13.0.2　测量主回路的导电电阻值，应符合下列规定：

1　测量主回路的导电电阻值，宜采用电流不小于100A的直流压降法；

2　测试结果不应超过产品技术条件规定值的1.2倍。

13.0.3　封闭式组合电器内各元件的试验，应符合下列规定：

1　装在封闭式组合电器内的断路器、隔离开关、负荷开关、接地开关、避雷器、互感器、套管、母线等元件的试验，应按本标准相应章节的有关规定进行；

2　对无法分开的设备可不单独进行。

13.0.4　密封性试验，应符合下列规定：

1　密封性试验方法，可采用灵敏度不低于1×10^{-6}（体积比）的检漏仪对各气室密封部位、管道接头等处进行检测，检漏仪不应报警；

2　必要时可采用局部包扎法进行气体泄漏测量。以24h的漏气量换算，每一个气室年漏气率不应大于1%，750kV电压等级的不应大于0.5%；

3　密封试验应在封闭式组合电器充气24h以后，且组合操动试验后进行。

13.0.5　测量六氟化硫气体含水量，应符合下列规定：

1　测量六氟化硫气体含水量（20℃的体积分数），应按现行国家标准《额定电压72.5kV及以上气体绝缘金属封闭开关设备》GB 7674和《六氟化硫电气设备中气体管理和检测导则》GB/T 8905的有关规定执行；

2　有电弧分解的隔室，应小于150μL/L；

3　无电弧分解的隔室，应小于250μL/L；

4　气体含水量的测量应在封闭式组合电器充气24h后进行。

13.0.6　交流耐压试验，应符合下列规定：

1　试验程序和方法，应按产品技术条件或现行行业标准《气体绝缘金属封闭开关设备现场耐压及绝缘试验导则》DL/T 555的有关规定执行，试验电压值应为出厂试验电压的80%；

2　主回路在$1.2U_r\sqrt{3}$电压下，应进行局部放电检测。

13.0.7　组合电器的操动试验，应符合下列规定：

1　进行组合电器的操动试验时，联锁与闭锁装置动作应准确可靠；

2　电动、气动或液压装置的操动试验，应按产品技术条件的规定进行。

13.0.8　气体密度继电器、压力表和压力动作阀的检查，应符合下列规定：

1　在充气过程中检查气体密度继电器及压力动作阀的动作值，应符合产品技术条件的规定；

2　对单独运到现场的表计，应进行核对性检查。

14　隔离开关、负荷开关及高压熔断器

14.0.1　隔离开关、负荷开关及高压熔断器的试验项目，应包括下列内容：

1　测量绝缘电阻；

2　测量高压限流熔丝管熔丝的直流电阻；

3　测量负荷开关导电回路的电阻；

4　交流耐压试验；

5　检查操动机构线圈的最低动作电压；

6　操动机构的试验。

14.0.2　测量绝缘电阻，应符合下列规定：

1　应测量隔离开关与负荷开关的有机材料传动杆的绝缘电阻；

2　隔离开关与负荷开关的有机材料传动杆的绝缘电阻值，在常温下不应低于表 14.0.2 的规定。

表 14.0.2　**有机材料传动杆的绝缘电阻值**

额定电压（kV）	3.6～12	24～40.5	72.5～252	363～800
绝缘电阻值（MΩ）	1200	3000	6000	10000

14.0.3　测量高压限流熔丝管熔丝的直流电阻值，与同型号产品相比不应有明显差别。

14.0.4　测量负荷开关导电回路的电阻值，应符合下列规定：

1　宜采用电流不小于 100A 的直流压降法；

2　测试结果不应超过产品技术条件规定。

14.0.5　交流耐压试验，应符合下列规定：

1　三相同一箱体的负荷开关，应按相间及相对地进行耐压试验，还应按产品技术条件规定进行每个断口的交流耐压试验。试验电压应符合本标准表 11.0.4 的规定；

2　35kV 及以下电压等级的隔离开关应进行交流耐压试验，可在母线安装完毕后一起进行，试验电压应符合本标准附录 F 的规定。

14.0.6　检查操动机构线圈的最低动作电压，应符合制造厂的规定。

14.0.7　操动机构的试验，应符合下列规定：

1　动力式操动机构的分、合闸操作，当其电压或气压在下列范围时，应保证隔离开关的主闸刀或接地闸刀可靠地分闸和合闸：

1）电动机操动机构：当电动机接线端子的电压在其额定电压的 80%～110%范围内时；

2）压缩空气操动机构：当气压在其额定气压的 85%～110%范围内时；

3）二次控制线圈和电磁闭锁装置：当其线圈接线端子的电压在其额定电压的 80%～110%范围内时。

2　隔离开关、负荷开关的机械或电气闭锁装置应准确可靠。

3　具有可调电源时，可进行高于或低于额定电压的操动试验。

15　套管

15.0.1　套管的试验项目，应包括下列内容：

1　测量绝缘电阻；

2　测量 20kV 及以上非纯瓷套管的介质损耗因数（tanδ）和电容值；

3　交流耐压试验；

4　绝缘油的试验（有机复合绝缘套管除外）；

5　SF_6 套管气体试验。

15.0.2　测量绝缘电阻，应符合下列规定：

1　套管主绝缘电阻值不应低于 10000MΩ；

2　末屏绝缘电阻值不宜小于 1000MΩ。当末屏对地绝缘电阻小于 1000MΩ 时，应测量其 tanδ，不应大于 2%。

15.0.3　测量 20kV 及以上非纯瓷套管的主绝缘介质损耗因数（tanδ）和电容值，应符合下列规定：

1　在室温不低于 10℃的条件下，套管主绝缘介质损耗因数 tanδ（%）应符合表 15.0.3 的规定；

表 15.0.3　套管主绝缘介质损耗因数 tanδ（%）

套管主绝缘类型	tanδ（%）最大值	套管主绝缘类型	tanδ（%）最大值
油浸纸	0.7（当电压 U_m≥500kV 时为 0.5）	浇铸或模塑树脂	1.5（当电压 U_m=750kV 时为 0.8）
胶浸纸	0.7	油脂覆膜	0.5
胶粘纸	1.0（当电压 35kV 及以下时为 1.5）	胶浸纤维	0.5
气体浸渍膜	0.5	组合	由供需双方商定
气体绝缘电容式	0.5	其他	由供需双方商定

2　电容型套管的实测电容量值与产品铭牌数值或出厂试验值相比，允许偏差应为±5%。

15.0.4　交流耐压试验，应符合下列规定：

1　试验电压应符合本标准附录 F 的规定；

2　穿墙套管、断路器套管、变压器套管、电抗器及消弧线圈套管，均可随母线或设备一起进行交流耐压试验。

15.0.5　绝缘油的试验，应符合下列规定：

1　套管中的绝缘油应有出厂试验报告，现场可不进行试验。当有下列情况之一者，应取油样进行水含量和色谱试验，并将试验结果与出厂试验报告比较：

1）套管主绝缘的介质损耗因数（tanδ）超过本标准表 15.0.3 中的规定值；

2）套管密封损坏，抽压或测量小套管的绝缘电阻不符合要求；

3）套管由于渗漏等原因需要重新补油时。

2　套管绝缘油的补充或更换时进行的试验，应符合下列规定：

1）换油时应按本标准表 19.0.1 的规定进行；

2）电压等级为 750kV 的套管绝缘油，宜进行油中溶解气体的色谱分析；油中溶解气体组分总烃含量不应超过 10μL/L，H_2 含量不应超过 150μL/L，C_2H_2 含量不应超过 0.1μL/L；

3）补充绝缘油时，除应符合本款第 1）项和第 2）项规定外，尚应符合本标准第 19.0.3 条的规定；

4）充电缆油的套管需进行油的试验时，可按本标准表 17.0.7 的规定执行。

15.0.6　SF_6 套管气体试验可按本标准第 10.0.7 条中第 2 款和第 10.0.14 条中第 2 款的规定执行。

16　悬式绝缘子和支柱绝缘子

16.0.1　悬式绝缘子和支柱绝缘子的试验项目，应包括下列内容：

1　测量绝缘电阻；

2　交流耐压试验。

16.0.2　测量绝缘电阻值，应符合下列规定：

1　用于 330kV 及以下电压等级的悬式绝缘子的绝缘电阻值，不应低于 300MΩ；用于 500kV 及以上

电压等级的悬式绝缘子不应低于 500MΩ；

2 35kV 及以下电压等级的支柱绝缘子的绝缘电阻值，不应低于 500MΩ；

3 采用 2500V 绝缘电阻表测量绝缘子绝缘电阻值，可按同批产品数量的 10%抽查；

4 棒式绝缘子可不进行此项试验；

5 半导体釉绝缘子的绝缘电阻，应符合产品技术条件的规定。

16.0.3 交流耐压试验，应符合下列规定：

1 35kV 及以下电压等级的支柱绝缘子应进行交流耐压试验，可在母线安装完毕后一起进行，试验电压应符合本标准附录 F 的规定。

2 35kV 多元件支柱绝缘子的交流耐压试验值，应符合下列规定：

1）两个胶合元件者，每元件交流耐压试验值应为 50kV；

2）三个胶合元件者，每元件交流耐压试验值应为 34kV。

3 悬式绝缘子的交流耐压试验电压值应为 60kV。

17 电力电缆线路

17.0.1 电力电缆线路的试验项目，应包括下列内容：

1 主绝缘及外护层绝缘电阻测量；

2 主绝缘直流耐压试验及泄漏电流测量；

3 主绝缘交流耐压试验；

4 外护套直流耐压试验；

5 检查电缆线路两端的相位；

6 充油电缆的绝缘油试验；

7 交叉互联系统试验；

8 电力电缆线路局部放电测量。

17.0.2 电力电缆线路交接试验，应符合下列规定：

1 橡塑绝缘电力电缆可按本标准第 17.0.1 条第 1、3、5 和 8 款进行试验，其中交流单芯电缆应增加本标准第 17.0.1 条第 4、7 款试验项目。额定电压 U_0/U 为 18/30kV 及以下电缆，当不具备条件时允许用有效值为 $3U_0$ 的 0.1Hz 电压施加 15min 或直流耐压试验及泄漏电流测量代替本标准第 17.0.5 条规定的交流耐压试验；

2 纸绝缘电缆可按本标准第 17.0.1 条第 1、2 和 5 款进行试验；

3 自容式充油电缆可按本标准第 17.0.1 条第 1、2、4、5、6、7 和 8 款进行试验；

4 应对电缆的每一相测量其主绝缘的绝缘电阻和进行耐压试验。对具有统包绝缘的三芯电缆，应分别对每一相进行，其他两相导体、金属屏蔽或金属套和铠装层应一起接地；对分相屏蔽的三芯电缆和单芯电缆，可一相或多相同时进行，非被试相导体、金属屏蔽或金属套和铠装层应一起接地；

5 对金属屏蔽或金属套一端接地，另一端装有护层过电压保护器的单芯电缆主绝缘做耐压试验时，应将护层过电压保护器短接，使这一端的电缆金属屏蔽或金属套临时接地；

6 额定电压为 0.6/1kV 的电缆线路应用 2500V 绝缘电阻表测量导体对地绝缘电阻代替耐压试验，试验时间应为 1min；

7 对交流单芯电缆外护套应进行直流耐压试验。

17.0.3 绝缘电阻测量，应符合下列规定：

1 耐压试验前后，绝缘电阻测量应无明显变化；

2 橡塑电缆外护套、内衬层的绝缘电阻不应低于 0.5MΩ/km；

3 测量绝缘电阻用兆欧表的额定电压等级，应符合下列规定：

1）电缆绝缘测量宜采用 2500V 绝缘电阻表，6/6kV 及以上电缆也可用 5000V 兆欧表；

2）橡塑电缆外护套、内衬层的测量宜采用 500V 兆欧表。

17.0.4 直流耐压试验及泄漏电流测量，应符合下列规定：

1 直流耐压试验电压应符合下列规定：

1）纸绝缘电缆直流耐压试验电压 U_t 可按下列公式计算：对于统包绝缘（带绝缘）：

$$U_t = 5 \times \frac{U_0 + U}{2} \qquad (17.0.4-1)$$

对于分相屏蔽绝缘：

$$U_t = 5 \times U_0 \qquad (17.0.4-2)$$

式中 U_0——电缆导体对地或对金属屏蔽层间的额定电压；

U——电缆额定线电压。

2）试验电压应符合表 17.0.4-1 的规定。

表 17.0.4-1　纸绝缘电缆直流耐压试验电压（kV）

电缆额定电压 U_0/U	1.8/3	3/3	3.6/6	6/6	6/10	8.7/10	21/35	26/35
直流试验电压	12	14	24	30	40	47	105	130

3）18/30kV 及以下电压等级的橡塑绝缘电缆直流耐压试验电压，应按下式计算：

$$U_t = 4 \times U_0 \qquad (17.0.4-3)$$

4）充油绝缘电缆直流耐压试验电压，应符合表 17.0.4-2 的规定。

表 17.0.4-2　充油绝缘电缆直流耐压试验电压（kV）

电缆额定电压 U_0/U	48/66	64/110	127/220	190/330	290/500
直流试验电压	162	275	510	650	840

5）现场条件只允许采用交流耐压方法，当额定电压为 U_0/U 为 190/330kV 及以下时，应采用的交流电压的有效值为上列直流试验电压值的 42%，当额定电压 U_0/U 为 290/500kV 时，应采用的交流电压的有效值为上列直流试验电压值的 50%。

6）交流单芯电缆的外护套绝缘直流耐压试验，可按本标准第 17.0.8 条规定执行。

2 试验时，试验电压可分 4 阶段～6 阶段均匀升压，每阶段应停留 1min，并应读取泄漏电流值。试验电压升至规定值后应维持 15min，期间应读取 1min 和 15min 时泄漏电流。测量时应消除杂散电流的影响。

3 纸绝缘电缆各相泄漏电流的不平衡系数（最大值与最小值之比）不应大于 2；当 6/10kV 及以上电缆的泄漏电流小于 20μA 和 6kV 及以下电缆泄漏电流小于 10μA 时，其不平衡系数可不作规定。

4 电缆的泄漏电流具有下列情况之一者，电缆绝缘可能有缺陷，应找出缺陷部位，并予以处理：

1）泄漏电流很不稳定；

2）泄漏电流随试验电压升高急剧上升；

3）泄漏电流随试验时间延长有上升现象。

17.0.5 交流耐压试验，应符合下列规定：

1 橡塑电缆应优先采用20Hz～300Hz交流耐压试验，试验电压和时间应符合表17.0.5的规定。

表17.0.5 橡塑电缆20Hz～300Hz交流耐压试验电压和时间

额定电压 U_0/U	试验电压	时间（min）	额定电压 U_0/U	试验电压	时间（min）
18/30kV及以下	$2U_0$	15（或60）	190/330kV	$1.7U_0$（或 $1.3U_0$）	60
21/35kV～64/110kV	$2U_0$	60	290/500kV	$1.7U_0$（或 $1.1U_0$）	60
127/220kV	$1.7U_0$（或 $1.4U_0$）	60			

2 不具备上述试验条件或有特殊规定时，可采用施加正常系统对地电压24h方法代替交流耐压。

17.0.6 检查电缆线路的两端相位，应与电网的相位一致。

17.0.7 充油电缆的绝缘油试验项目和要求应符合表17.0.7的规定。

表17.0.7 充油电缆的绝缘油试验项目和要求

项目	要求		试验方法
击穿电压	电缆及附件内	对于64/110～190/330kV，不低于50kV 对于290/500kV，不低于60kV	按现行国家标准《绝缘油击穿电压测定法》GB/T 507
	压力箱中	不低于50kV	
介质损耗因数	电缆及附件内	对于64/110kV～127/220kV的不大于0.005 对于190/330kV～290/500kV的不大于0.003	按《电力设备预防性试验规程》DL/T 596中第11.4.5.2条
	压力箱中	不大于0.003	

17.0.8 交叉互联系统试验，应符合本标准附录G的规定。

17.0.9 66kV及以上橡塑绝缘电力电缆线路安装完成后，结合交流耐压试验可进行局部放电测量。

18 电容器

18.0.1 电容器的试验项目，应包括下列内容：

1 测量绝缘电阻；

2 测量耦合电容器、断路器电容器的介质损耗因数（$\tan\delta$）及电容值；

3 电容测量；

4 并联电容器交流耐压试验；

5 冲击合闸试验。

18.0.2 测量绝缘电阻，应符合下列规定：

1 500kV及以下电压等级的应采用2500V绝缘电阻表，750kV电压等级的应采用5000V绝缘电阻表，测量耦合电容器、断路器电容器的绝缘电阻应在二极间进行；

2 并联电容器应在电极对外壳之间进行，并应采用1000V绝缘电阻表测量小套管对地绝缘电阻，绝缘电阻均不应低于500MΩ。

18.0.3 测量耦合电容器、断路器电容器的介质损耗因数（$\tan\delta$）及电容值，应符合下列规定：

1 测得的介质损耗因数（$\tan\delta$）应符合产品技术条件的规定；

2 耦合电容器电容值的偏差应在额定电容值的−5%～+10%范围内，电容器叠柱中任何两单元的实测电容之比值与这两单元的额定电压之比值的倒数之差不应大于5%；断路器电容器电容值的允许偏差应为额定电容值的±5%。

18.0.4　电容测量，应符合下列规定：

1　对电容器组，应测量各相、各臂及总的电容值。

2　测量结果应符合现行国家标准《标称电压 1000V 以上交流电力系统用并联电容器　第 1 部分：总则》GB/T 11024.1 的规定。电容器组中各相电容量的最大值和最小值之比，不应大于 1.02。

18.0.5　并联电容器的交流耐压试验，应符合下列规定：

1　并联电容器电极对外壳交流耐压试验电压值应符合表 18.0.5 的规定；

2　当产品出厂试验电压值不符合表 18.0.5 的规定时，交接试验电压应按产品出厂试验电压值的 75%进行；

3　交流耐压试验应历时 10s。

表 18.0.5　　并联电容器电极对外壳交流耐压试验电压（kV）

额 定 电 压	<1	1	3	6	10	15	20	35
出厂试验电压	3	6	18/25	23/32	30/42	40/55	50/65	80/95
交接试验电压	2.3	4.5	18.8	24	31.5	41.3	48.8	71.3

注　斜线下的数据为外绝缘的干耐受电压。

18.0.6　在电网额定电压下，对电力电容器组的冲击合闸试验应进行 3 次，熔断器不应熔断。

19　绝缘油和 SF_6 气体

19.0.1　绝缘油的试验项目及标准，应符合表 19.0.1 的规定。

表 19.0.1　　绝缘油的试验项目及标准

序号	项　目	标　　准	说　　明
1	外状	透明，无杂质或悬浮物	外观目视
2	水溶性酸（pH 值）	>5.4	按现行国家标准《运行中变压器油水溶性酸测定法》GB/T 7598 中的有关要求进行试验
3	酸值（以 KOH 计）（mg/g）	≤0.03	按现行国家标准《石油产品酸值测定法》GB/T 264 中的有关要求进行试验
4	闪点（闭口）（℃）	≥135	按现行国家标准《闪点的测定宾斯基-马丁闭口杯法》GB 261 中的有关要求进行试验
5	水含量（mg/L）	330kV～750kV：≤10 220kV：≤15 110kV 及以下电压等级：≤20	按现行国家标准《运行中变压器油水分含量测定法（库伦法）》GB/T 760 或《运行中变压器油、汽轮机油水分测定法（气相色谱法）》GB/T 7601 中的有关要求进行试验
6	界面张力（25℃）（mN/m）	≥40	按现行国家标准《石油产品油对水界面张力测定法（圆环法）》GB/T 6541 中的有关要求进行试验
7	介质损耗因数 $\tan\delta$（%）	90℃时，注入电气设备前≤0.5 注入电气设备后≤0.7	按现行国家标准《液体绝缘材料相对电容率、介质损耗因数和直流电阻率的测量》GB/T 5654 中的有关要求进行试验

续表

序号	项　目	标　　准	说　　明
8	击穿电压（kV）	750kV：≥70 500kV：≥60 330kV：≥50 66kV～220kV：≥40 35kV 及以下电压等级：≥35	1. 按现行国家标准《绝缘油击穿电压测定法》GB/T 507 中的有关要求进行试验 2. 该指标为平板电极测定值，其他电极可参考现行国家标准《运行中变压器油质量》GB/T 7595
9	体积电阻率（90℃）（Ω·m）	$\geqslant 6\times10^{10}$	按国家现行标准《液体绝缘材料相对电容率、介质损耗因数和直流电阻率的测量》GB/T 5654 或《电力用油体积电阻率测定法》DL/T 421 中的有关要求进行试验
10	油中含气量（%）（体积分数）	330kV～750kV：≤1.0	按现行行业标准《绝缘油中含气量测定方法　真空压差法》DL/T 423 或《绝缘油中含气量的气相色谱测定法》DL/T 703 中的有关要求进行试验（只对 330kV 及以上电压等级进行）
11	油泥与沉淀物（%）（质量分数）	≤0.02	按现行国家标准《石油和石油产品及添加剂机械杂质测定法》GB/T 511 中的有关要求进行试验
12	油中溶解气体组分含量色谱分析	见本标准有关章节	按国家现行标准《绝缘油中溶解气体组分含量的气相色谱测定法》GB/T 17623 或《变压器油中溶解气体分析和判断导则》GB/T 7252 及《变压器油中溶解气体分析和判断导则》DL/T 722 中的有关要求进行试验
13	变压器油中颗粒度限值	500kV 及以上交流变压器：投运前（热油循环后）100mL 油中大于 5μm 的颗粒数≤2000 个	按现行行业标准《变压器油中颗粒度限值》DL/T 1096 中的有关要求进行试验

19.0.2　新油验收及充油电气设备的绝缘油试验分类，应符合表 19.0.2 的规定。

19.0.3　当绝缘油需要进行混合时，在混合前应按混油的实际使用比例先取混油样进行分析，其结果应符合现行国家标准《运行变压器油维护管理导则》GB/T 14542 有关规定；混油后还应按本标准表 19.0.4 中的规定进行绝缘油的试验。

19.0.4　SF_6 新气到货后，充入设备前应对每批次的气瓶进行抽检，并应按现行国家标准《工业六氟化硫》GB 12022 验收，SF_6 新到气瓶抽检比例宜符合表 19.0.4 的规定，其他每瓶可只测定含水量。

表 19.0.2　电气设备绝缘油试验分类

试验类别	适　用　范　围
击穿电压	1. 6kV 以上电气设备内的绝缘油或新注入设备前、后的绝缘油。 2. 对下列情况之一者，可不进行击穿电压试验： 1）35kV 以下互感器，其主绝缘试验已合格的； 2）按本标准有关规定不需取油的
简化分析	准备注入变压器、电抗器、互感器、套管的新油，应按表 19.0.1 中的第 2 项～第 9 项规定进行
全分析	对油的性能有怀疑时，应按本标准表 19.0.1 中的全部项目进行

表 19.0.4　　SF_6 新到气瓶抽检比例

每批气瓶数	选取的最少气瓶数	每批气瓶数	选取的最少气瓶数
1	1	41～70	3
2～40	2	71 以上	4

19.0.5　SF_6 气体在充入电气设备 24h 后方可进行试验。

20　避雷器

20.0.1　金属氧化物避雷器的试验项目，应包括下列内容：

1　测量金属氧化物避雷器及基座绝缘电阻；

2　测量金属氧化物避雷器的工频参考电压和持续电流；

3　测量金属氧化物避雷器直流参考电压和 0.75 倍直流参考电压下的泄漏电流；

4　检查放电计数器动作情况及监视电流表指示；

5　工频放电电压试验。

20.0.2　各类金属氧化物避雷器的交接试验项目，应符合下列规定：

1　无间隙金属氧化物避雷器可按本标准第 20.0.1 条第 1～4 款规定进行试验，不带均压电容器的无间隙金属氧化物避雷器，第 2 款和第 3 款可选做一款试验，带均压电容器的无间隙金属氧化物避雷器，应做第 2 款试验；

2　有间隙金属氧化物避雷器可按本标准第 20.0.1 条第 1 款和第 5 款的规定进行试验。

20.0.3　测量金属氧化物避雷器及基座绝缘电阻，应符合下列规定：

1　35kV 以上电压等级，应采用 5000V 兆欧表，绝缘电阻不应小于 2500MΩ；

2　35kV 及以下电压等级，应采用 2500V 兆欧表，绝缘电阻不应小于 1000MΩ；

3　1kV 以下电压等级，应采用 500V 兆欧表，绝缘电阻不应小于 2MΩ；

4　基座绝缘电阻不应低于 5MΩ。

20.0.4　测量金属氧化物避雷器的工频参考电压和持续电流，应符合下列规定：

1　金属氧化物避雷器对应于工频参考电流下的工频参考电压，整支或分节进行的测试值，应符合现行国家标准《交流无间隙金属氧化物避雷器》GB 11032 或产品技术条件的规定；

2　测量金属氧化物避雷器在避雷器持续运行电压下的持续电流，其阻性电流和全电流值应符合产品技术条件的规定。

20.0.5　测量金属氧化物避雷器直流参考电压和 0.75 倍直流参考电压下的泄漏电流，应符合下列规定：

1　金属氧化物避雷器对应于直流参考电流下的直流参考电压，整支或分节进行的测试值，不应低于现行国家标准《交流无间隙金属氧化物避雷器》GB 11032 规定值，并应符合产品技术条件的规定。实测值与制造厂实测值比较，其允许偏差应为±5%；

2　0.75 倍直流参考电压下的泄漏电流值不应大于 50μA，或符合产品技术条件的规定。750kV 电压等级的金属氧化物避雷器应测试 1mA 和 3mA 下的直流参考电压值，测试值应符合产品技术条件的规定；0.75 倍直流参考电压下的泄漏电流值不应大于 65μA，尚应符合产品技术条件的规定；

3　试验时若整流回路中的波纹系数大于 1.5%时，应加装滤波电容器，可为 0.01μF～0.1μF，试验电压应在高压侧测量。

20.0.6　检查放电计数器的动作应可靠，避雷器监视电流表指示应良好。

20.0.7　工频放电电压试验，应符合下列规定：

1 工频放电电压，应符合产品技术条件的规定；

2 工频放电电压试验时，放电后应快速切除电源，切断电源时间不应大于 0.5s，过流保护动作电流应控制在 0.2A～0.7A 之间。

21 电除尘器

21.0.1 电除尘器的试验项目，应包括下列内容：

1 电除尘整流变压器试验；

2 绝缘子、隔离开关及瓷套管的绝缘电阻测量和耐压试验；

3 电除尘器振打及加热装置的电气设备试验；

4 测量接地电阻；

5 空载升压试验。

21.0.2 电除尘整流变压器试验，应符合下列规定：

1 测量整流变压器低压绕组的绝缘电阻和直流电阻，其直流电阻值应与同温度下产品出厂试验值比较，变化不应大于 2%；

2 测量取样电阻、阻尼电阻的电阻值，其电阻值应符合产品技术条件的规定，检查取样电阻、阻尼电阻的连接情况应良好；

3 用 2500V 兆欧表测量高压侧对地正向电阻应接近于零，反向电阻应符合厂家技术文件规定；

4 绝缘油击穿电压应符合本标准表 19.0.1 相关规定；对绝缘油性能有怀疑时，应按本标准 19 章的有关规定执行；

5 在进行器身检查时，应符合下列规定：

1）应按本标准第 8.0.7 条规定测量整流变压器及直流电抗器铁心穿芯螺栓的绝缘电阻；

2）测量整流变压器高压绕组及直流电抗器绕组的绝缘电阻和直流电阻，其直流电阻值应与同温度下产品出厂试验值比较，变化不应大于 2%；

3）应采用 2500V 兆欧表测量硅整流元件及高压套管对地绝缘电阻。测量时硅整流元件两端应短路，绝缘电阻值不应低于产品出厂试验值的 70%。

21.0.3 绝缘子、隔离开关及瓷套管的绝缘电阻测量和耐压试验，应符合下列规定：

1 绝缘子、隔离开关及瓷套管应在安装前进行绝缘电阻测量和耐压试验；

2 应采用 2500V 兆欧表测量绝缘电阻；绝缘电阻值不应低于 1000MΩ；

3 对用于同极距在 300mm～400mm 电场的耐压应采用直流耐压 100kV 或交流耐压 72kV，持续时间应为 1min，应无闪络；

4 对用于其他极距电场，耐压试验标准应符合产品技术条件的规定。

21.0.4 电除尘器振打及加热装置的电气设备试验，应符合下列规定：

1 测量振打电机、加热器的绝缘电阻，振打电机绝缘电阻值不应小于 0.5MΩ，加热器绝缘电阻不应小于 5MΩ；

2 交流电机、二次回路、配电装置和馈电线路及低压电器的试验，应按本标准第 7 章、第 22 章、第 23 章、第 26 章的规定进行。

21.0.5 测量电除尘器本体的接地电阻不应大于 1Ω。

21.0.6 空载升压试验，应符合下列规定：

1 空载升压试验前应测量电场的绝缘电阻，应采用 2500V 兆欧表，绝缘电阻值不应低于 1000MΩ；

2 同极距为 300mm 的电场，电场电压应升至 55kV 以上，应无闪络。同极距每增加 20mm，电场电压递增不应少于 2.5kV；

3　当海拔高于1000m但不超过4000m时，海拔每升高100m，电场电压值可降低1%。

22　二次回路

22.0.1　二次回路的试验项目，应包括下列内容：

1　测量绝缘电阻；

2　交流耐压试验。

22.0.2　测量绝缘电阻，应符合下列规定：

1　应按本标准第3.0.9条的规定，根据电压等级选择兆欧表；

2　小母线在断开所有其他并联支路时，不应小于10MΩ；

3　二次回路的每一支路和断路器、隔离开关的操动机构的电源回路等，均不应小于1MΩ。在比较潮湿的地方，不可小于0.5MΩ。

22.0.3　交流耐压试验，应符合下列规定：

1　试验电压应为1000V。当回路绝缘电阻值在10MΩ以上时，可采用2500V兆欧表代替，试验持续时间应为1min，尚应符合产品技术文件规定；

2　48V及以下电压等级回路可不做交流耐压试验；

3　回路中有电子元器件设备的，试验时应将插件拔出或将其两端短接。

23　1kV及以下电压等级配电装置和馈电线路

23.0.1　1kV及以下电压等级配电装置和馈电线路的试验项目，应包括下列内容：

1　测量绝缘电阻；

2　动力配电装置的交流耐压试验；

3　相位检查。

23.0.2　测量绝缘电阻，应符合下列规定：

1　应按本标准第3.0.9条的规定，根据电压等级选择绝缘电阻表；

2　配电装置及馈电线路的绝缘电阻值不应小于0.5MΩ；

3　测量馈电线路绝缘电阻时，应将断路器（或熔断器）、用电设备、电器和仪表等断开。

23.0.3　动力配电装置的交流耐压试验，应符合下列规定：

1　各相对地试验电压应为1000V。当回路绝缘电阻值在10MΩ以上时，可采用2500V兆欧表代替，试验持续时间应为1min，尚应符合产品技术规定；

2　48V及以下电压等级配电装置可不做耐压试验。

23.0.4　检查配电装置内不同电源的馈线间或馈线两侧的相位应一致。

24　1kV以上架空电力线路

24.0.1　1kV以上架空电力线路的试验项目，应包括下列内容：

1　测量绝缘子和线路的绝缘电阻；

2　测量110（66）kV及以上线路的工频参数；

3　检查相位；

4　冲击合闸试验；

5　测量杆塔的接地电阻。

24.0.2　测量绝缘子和线路的绝缘电阻，应符合下列规定：

1　绝缘子绝缘电阻的试验应按本标准第16章的规定执行；

2　应测量并记录线路的绝缘电阻值。

24.0.3　测量110(66)kV及以上线路的工频参数可根据继电保护、过电压等专业的要求进行。

24.0.4　检查各相两侧的相位应一致。

24.0.5　在额定电压下对空载线路的冲击合闸试验应进行3次，合闸过程中线路绝缘不应有损坏。

24.0.6　测量杆塔的接地电阻值，应符合设计文件的规定。

25　接地装置

25.0.1　电气设备和防雷设施的接地装置的试验项目，应包括下列内容：

1　接地网电气完整性测试；

2　接地阻抗；

3　场区地表电位梯度、接触电位差、跨步电压和转移电位测量。

25.0.2　接地网电气完整性测试，应符合下列规定：

1　应测量同一接地网的各相邻设备接地线之间的电气导通情况，以直流电阻值表示；

2　直流电阻值不宜大于0.05Ω。

25.0.3　接地阻抗测量，应符合下列规定：

1　接地阻抗值应符合设计文件规定，当设计文件没有规定时应符合表25.0.3的要求；

2　试验方法可按现行行业标准《接地装置特性参数测量导则》DL 475的有关规定执行，试验时应排除与接地网连接的架空地线、电缆的影响；

3　应在扩建接地网与原接地网连接后进行全场全面测试。

表25.0.3　　**接地阻抗值**

接地网类型	要　　求
有效接地系统	$Z \leqslant 2000/I$ 或当 $I > 4000$A时，$Z \leqslant 0.5\Omega$ 式中　I—经接地装置流入地中的短路电流（A）； Z—考虑季节变化的最大接地阻抗（Ω）。 当接地阻抗不符合以上要求时，可通过技术经济比较增大接地阻抗，但不得大于5Ω。并应结合地面电位测量对接地装置综合分析和采取隔离措施
非有效接地系统	1. 当接地网与1kV及以下电压等级设备共用接地时，接地阻抗 $Z \leqslant 120/I$。 2. 当接地网仅用于1kV以上设备时，接地阻抗 $Z \leqslant 250/I$。 3. 上述两种情况下，接地阻抗不得大于10Ω
1kV以下电力设备	使用同一接地装置的所有这类电力设备，当总容量≥100kVA时，接地阻抗不宜大于4Ω，当总容量≤100kVA时，则接地阻抗可大于4Ω，但不应大于10Ω
独立微波站	不宜大于5Ω
独立避雷针	不宜大于10Ω 当与接地网连在一起时可不单独测量
发电厂烟囱附近的吸风机及该处装设的集中接地装置	不宜大于10Ω 当与接地网连在一起时可不单独测量
独立的燃油、易爆气体储罐及其管道	不宜大于30Ω，无独立避雷针保护的露天储罐不应超过10Ω
露天配电装置的集中接地装置及独立避雷针（线）	不宜大于10Ω

续表

接地网类型	要　求
有架空地线的线路杆塔	1. 当杆塔高度在 40m 以下时，应符合下列规定： 1）土壤电阻率≤500Ω·m 时，接地阻抗不应大于 10Ω； 2）土壤电阻率 500Ω·m～1000Ω·m 时，接地阻抗不应大于 20Ω； 3）土壤电阻率 1000Ω·m～2000Ω·m 时，接地阻抗不应大于 25Ω； 4）土壤电阻率>2000Ω·m 时，接地阻抗不应大于 30Ω。 2. 当杆塔高度≥40m 时，取上述值的 50%，但当土壤电阻率大于 2000Ω·m，接地阻抗难以满足不大于 15Ω 时，可不大于 20Ω
与架空线直接连接的旋转电机进线段上避雷器	不宜大于 3Ω
无架空地线的线路杆塔	1. 对于非有效接地系统的钢筋混凝土杆、金属杆，不宜大于 30Ω。 2. 对于中性点不接地的低压电力网线路的钢筋混凝土杆、金属杆，不宜大于 50Ω。 3. 对于低压进户线绝缘子铁脚，不宜大于 30Ω

25.0.4　场区地表电位梯度、接触电位差、跨步电压和转移电位测量，应符合下列规定：

1　对于大型接地装置宜测量场区地表电位梯度、接触电位差、跨步电压和转移电位，试验方法可按现行行业标准《接地装置特性参数测量导则》DL 475 的有关规定执行，试验时应排除与接地网连接的架空地线、电缆的影响；

2　当接地网接地阻抗不满足要求时，应测量场区地表电位梯度、接触电位差、跨步电压和转移电位，并应进行综合分析。

26　低压电器

26.0.1　低压电器的试验项目，应包括下列内容：

1　测量低压电器连同所连接电缆及二次回路的绝缘电阻；

2　电压线圈动作值校验；

3　低压电器动作情况检查；

4　低压电器采用的脱扣器的整定；

5　测量电阻器和变阻器的直流电阻；

6　低压电器连同所连接电缆及二次回路的交流耐压试验。

26.0.2　对安装在一、二级负荷场所的低压电器，应按本标准第 26.0.1 条第 2 款～第 4 款的规定进行交接试验。

26.0.3　测量低压电器连同所连接电缆及二次回路的绝缘电阻，应符合下列规定：

1　测量低压电器连同所连接电缆及二次回路的绝缘电阻值，不应小于 1MΩ；

2　在比较潮湿的地方，不可小于 0.5MΩ。

26.0.4　对电压线圈动作值进行校验时，线圈的吸合电压不应大于额定电压的 85%，释放电压不应小于额定电压的 5%；短时工作的合闸线圈应在额定电压的 85%～110%范围内，分励线圈应在额定电压的 75%～110%的范围内均能可靠工作。

26.0.5　对低压电器动作情况进行检查时，对于采用电动机或液压、气压传动方式操作的电器，除产品另有规定外，当电压、液压或气压在额定值的 85%～110%范围内，电器应可靠工作。

26.0.6　对低压电器采用的脱扣器的整定，各类过电流脱扣器、失压和分励脱扣器、延时装置等，应按使用要求进行整定。

26.0.7 测量电阻器和变阻器的直流电阻值，其差值应分别符合产品技术条件的规定。电阻值应满足回路使用的要求。

26.0.8 对低压电器连同所连接电缆及二次回路进行交流耐压试验时，试验电压应为1000V。当回路的绝缘电阻值在10MΩ以上时，可采用2500V兆欧表代替，试验持续时间应为1min。

附录A
特殊试验项目

表A　　特殊试验项目

序　号	条　款	内　　容
1	4.0.4	定子绕组直流耐压试验
2	4.0.5	定子绕组交流耐压试验
3	4.0.14	测量转子绕组的交流阻抗和功率损耗
4	4.0.15	测量三相短路特性曲线
5	4.0.16	测量空载特性曲线
6	4.0.17	测量发电机空载额定电压下灭磁时间常数和转子过电压倍数
7	4.0.18	发电机定子残压
8	4.0.20	测量轴电压
9	4.0.21	定子绕组端部动态特性
10	4.0.22	定子绕组端部手包绝缘施加直流电压测量
11	4.0.23	转子通风试验
12	4.0.24	水流量试验
13	5.0.10	测录直流发电机的空载特性和以转子绕组为负载的励磁机负载特性曲线
14	6.0.5	测录空载特性曲线
15	8.0.11	变压器绕组变形试验
16	8.0.13	绕组连同套管的长时感应电压试验带局部放电测量
17	10.0.9（1）	用于关口计量的互感器（包括电流互感器、电压互感器和组合互感器）应进行误差测量
18	10.0.12（2）	电容式电压互感器（CVT）检测 CVT电磁单元因结构原因不能将中压联线引出时，必须进行误差试验，若对电容分压器绝缘有怀疑时，应打开电磁单元引出中压联线进行额定电压下的电容量和介质损耗因数 $\tan\delta$ 的测量
19	17.0.5	35kV及以上电压等级橡塑电缆交流耐压试验
20	17.0.9	电力电缆线路局部放电测量
21	18.0.6	冲击合闸试验
22	20.0.3	测量金属氧化物避雷器的工频参考电压和持续电流
23	24.0.3	测量110（66）kV及以上线路的工频参数
24	25.0.4	场区地表电位梯度、接触电位差、跨步电压和转移电位测量

续表

序　号	条　款	内　　容
25	I.0.3	交叉互联性能检验
26	全标准中	110（66）kV及以上电压等级电气设备的交、直流耐压试验（或高电压测试）
27	全标准中	各种电气设备的局部放电试验
28	全标准中	SF_6 气体（除含水量检验及检漏）和绝缘油（除击穿电压试验外）试验

附录 B
电机定子绕组绝缘电阻值换算至运行温度时的换算系数

B.0.1 电机定子绕组绝缘电阻值换算至运行温度时的换算系数应按表 B.0.1 的规定取值。

表 B.0.1　电机定子绕组绝缘电阻值换算至运行温度时的换算系数

定子绕组温度（℃）		70	60	50	40	30	20	10	5
换算系数 K	热塑性绝缘	1.4	2.8	5.7	11.3	22.6	45.3	90.5	128
	B 级热固性绝缘	4.1	6.6	10.5	16.8	26.8	43	68.7	87

注　本表的运行温度，对于热塑性绝缘为75℃，对于 B 级热固性绝缘为100℃。

B.0.2 当在不同温度测量时，可按本标准表 B.0.1 所列温度换算系数进行换算。也可按下列公式进行换算：

对于热塑性绝缘：

$$R_t = R \times 2^{(75-t)/10}\,(\text{M}\Omega) \tag{B.0.2-1}$$

对于 B 级热固性绝缘：

$$R_t = R \times 1.6^{(100-t)/10}\,(\text{M}\Omega) \tag{B.0.2-2}$$

式中　R——绕组热状态的绝缘电阻值；

R_t——当温度为 t℃时的绕组绝缘电阻值；

t——测量时的温度。

附录 C
绕组连同套管的介质损耗因数 tanδ(%) 温度换算

C.0.1 绕组连同套管的介质损耗因数 tanδ(%) 温度换算，应按表 C.0.1 的规定取值。

表 C.0.1　介质损耗因数 tanδ(%) 温度换算系数

温度差 K	5	10	15	20	25	30	35	40	45	50
换算系数 A	1.15	1.3	1.5	1.7	1.9	2.2	2.5	2.9	3.3	3.7

注　1　表中 K 为实测温度减去20℃的绝对值；

2　测量温度以上层油温为准。

C.0.2 进行较大的温度换算且试验结果超过本标准第 8.0.11 条第 2 款规定时，应进行综合分析判断。

C.0.3 当测量时的温度差不是本标准表 C.0.1 中所列数值时，其换算系数 A 可用线性插入法确定。

C.0.4 绕组连同套管的介质损耗因数 tanδ(%) 温度换算，应符合下列规定：

1　温度系数可按下式计算：

$$A=1.3^{K/10} \quad (C.0.4-1)$$

2　当测量温度在20℃以上时，校正到20℃时的介质损耗因数可按下式计算：

$$\tan\delta_{20}=\tan\delta_{t}/A \quad (C.0.4-2)$$

3　当测量温度在20℃以下时，校正到20℃时的介质损耗因数可按下式计算：

$$\tan\delta_{20}=A\tan\delta_{t} \quad (C.0.4-3)$$

式中　$\tan\delta_{20}$——校正到20℃时的介质损耗因数；

$\tan\delta_{t}$——在测量温度下的介质损耗因数。

附录D
电力变压器和电抗器交流耐压试验电压

D.0.1　电力变压器和电抗器交流耐压试验电压值，应按表D.0.1的规定取值。

表D.0.1　　电力变压器和电抗器交流耐压试验电压值（kV）

系统标称电压	设备最高电压	交流耐受电压	
		油浸式电力变压器和电抗器	干式电力变压器和电抗器
≤1	≤1.1	—	2
3	3.6	14	8
6	7.2	20	16
10	12	28	28
15	17.5	36	30
20	24	44	40
35	40.5	68	56
66	72.5	112	—
110	126	160	—

D.0.2　110(66)kV干式电抗器的交流耐压试验电压值，应按技术协议中规定的出厂试验电压值的80%执行。

D.0.3　额定电压110(66)kV及以上的电力变压器中性点交流耐压试验电压值，应按表D.0.3的规定取值。

表D.0.3　额定电压110(66)kV及以上的电力变压器中性点交流耐压试验电压值（kV）

系统标称电压	设备最高电压	中性点接地方式	出厂交流耐受电压	交接交流耐受电压
66	—	—	—	—
110	126	不直接接地	95	76
220	252	直接接地	85	68
		不直接接地	200	160
330	363	直接接地	85	68
		不直接接地	230	184

续表

系统标称电压	设备最高电压	中性点接地方式	出厂交流耐受电压	交接交流耐受电压
500	550	直接接地	85	68
		经小阻抗接地	140	112
750	800	直接接地	150	120

附录 E
断路器操动机构的试验

E.0.1 断路器合闸操作，应符合下列规定：

1 断路器操动机构合闸操作试验电压、液压在表 E.0.1 范围内时，操动机构应可靠动作；

表 E.0.1　断路器操动机构合闸操作试验电压、液压范围

电　压		液　压
直流	交流	
(85%～110%) U_n	(85%～110%) U_n	按产品规定的最低及最高值

注　对电磁机构，当断路器关合电流峰值小于 50kA 时，直流操作电压范围为（80%～110%）U_n。U_n 为额定电源电压。

2 弹簧、液压操动机构的合闸线圈以及电磁、永磁操动机构的合闸接触器的动作要求，均应符合本条第 1 款的规定。

E.0.2 断路器脱扣操作，应符合下列规定：

1 并联分闸脱扣器在分闸装置的额定电压的 65%～110%时（直流）或 85%～110%（交流）范围内，交流时在分闸装置的额定电源频率下，应可靠地分闸；当此电压小于额定值的 30%时，不应分闸；

2 附装失压脱扣器的，其动作特性应符合表 E.0.2-1 的规定；

表 E.0.2-1　附装失压脱扣器的脱扣试验

电源电压与额定电源电压的比值	小于 35%*	大于 65%	大于 85%
失压脱扣器的工作状态	铁心应可靠地释放	铁心不得释放	铁心应可靠地吸合

注　* 当电压缓慢下降至规定比值时，铁心应可靠地释放。

3 附装过流脱扣器的，其额定电流不应小于 2.5A，附装过流脱扣器的脱扣试验，应符合表 E.0.2-2 的规定；

4 对于延时动作的过流脱扣器，应按制造厂提供的脱扣电流与动作时延的关系曲线进行核对。另外，还应检查在预定时延终了前主回路电流降至返回值时，脱扣器不应动作。

表 E.0.2-2　附装过流脱扣器的脱扣试验

过流脱扣器的种类	延时动作的	瞬时动作的
脱扣电流等级范围（A）	2.5～10	2.5～15
每级脱扣电流的准确度	±10%	
同一脱扣器各级脱扣电流准确度	±5%	

E.0.3 断路器模拟操动试验，应符合下列规定：

1 当具有可调电源时，可在不同电压、液压条件下，对断路器进行就地或远控操作，每次操作断

路器均应正确可靠地动作，其联锁及闭锁装置回路的动作应符合产品技术文件及设计规定；当无可调电源时，可只在额定电压下进行试验；

2 直流电磁、永磁或弹簧机构的操动试验，应按表 E.0.3-1 的规定进行；液压机构的操动试验，应按表 E.0.3-2 的规定进行；

表 E.0.3-1　　直流电磁、永磁或弹簧机构的操动试验

操作类别	操作线圈端钮电压与额定电源电压的比值（%）	操作次数
合、分	110	3
合闸	85（80）	3
分闸	65	3
合、分、重合	100	3

注 括号内数字适用于装有自动重合闸装置的断路器及表 E.0.1“注”的情况。

表 E.0.3-2　　液压机构的操动试验

操作类别	操作线圈端钮电压与额定电源电压的比值（%）	操作液压	操作次数
合、分	110	产品规定的最高操作压力	3
合、分	100	额定操作压力	3
合	85（80）	产品规定的最低操作压力	3
分	65	产品规定的最低操作压力	3
合、分、重合	100	产品规定的最低操作压力	3

注 括号内数字适用于装有自动重合闸装置的断路器。

3 模拟操动试验应在液压的自动控制回路能准确、可靠动作状态下进行；

4 操动时，液压的压降允许值应符合产品技术条件的规定；

5 对于具有双分闸线圈的回路，应分别进行模拟操动试验；

6 对于断路器操动机构本身具有三相位置不一致自动分闸功能的，应根据需要做“投入”或“退出”处理。

附录 F
高压电气设备绝缘的工频耐压试验电压

表 F　　高压电气设备绝缘的工频耐压试验电压

额定电压（kV）	最高工作电压（kV）	1min 工频耐受电压（kV）有效值（湿试/干试）									
		电压互感器		电流互感器		穿墙套管		支柱绝缘子			
								湿试		干试	
		出厂	交接	出厂	交接	出厂	交接	出厂	交接	出厂	交接
3	3.6	18/25	14/20	18/25	14/20	18/25	15/20	18	14	25	20
6	7.2	23/30	18/24	23/30	18/24	23/30	18/26	23	18	32	26
10	12	30/42	24/33	30/42	24/33	30/42	26/36	30	24	42	34
15	17.5	40/55	32/44	40/55	32/44	40/55	34/47	40	32	57	46

续表

额定电压（kV）	最高工作电压（kV）	1min 工频耐受电压（kV）有效值（湿试/干试）									
		电压互感器		电流互感器		穿墙套管		支柱绝缘子			
								湿试		干试	
		出厂	交接	出厂	交接	出厂	交接	出厂	交接	出厂	交接
20	24.0	50/65	40/52	50/65	40/52	50/65	43/55	50	40	68	54
35	40.5	80/95	64/76	80/95	64/76	80/95	68/81	80	64	100	80
66	72.5	140/160	112/120	140/160	112/120	140/160	119/136	140/160	112/128	165/185	132/148
110	126	185/200	148/160	185/200	148/160	185/200	160/184	185	148	265	212
220	252	360	288	360	288	360	306	360	288	450	360
		395	316	395	316	395	336	395	316	495	396
330	363	460	368	460	368	460	391	570	456		
		510	408	510	408	510	434				
500	550	630	504	630	504	630	536				
		680	544	680	544	680	578	680	544		
		740	592	740	592	740	592				
750		900	720			900	765	900	720		
		960	768			960	816				

注　栏中斜线下的数值为该类设备的外绝缘干耐受电压。

附录 G
电力电缆线路交叉互联系统试验方法和要求

G.0.1　交叉互联系统对地绝缘的直流耐压试验，应符合下列规定：

1　试验时应将护层过电压保护器断开；

2　应在互联箱中将另一侧的三段电缆金属套都接地，使绝缘接头的绝缘环也能结合在一起进行试验；

3　应在每段电缆金属屏蔽或金属套与地之间施加直流电压 10kV，加压时间应为 1min，不应击穿。

G.0.2　非线性电阻型护层过电压保护器试验，应符合下列规定：

1　对氧化锌电阻片施加直流参考电流后测量其压降，即直流参考电压，其值应在产品标准规定的范围之内；

2　测试非线性电阻片及其引线的对地绝缘电阻时，应将非线性电阻片的全部引线并联在一起与接地的外壳绝缘后，用 1000V 绝缘电阻表测量引线与外壳之间的绝缘电阻，其值不应小于 10MΩ。

G.0.3　交叉互联性能检验，应符合下列规定：

1　所有互联箱连接片应处于正常工作位置，应在每相电缆导体中通以约 100A 的三相平衡试验电流；

2　应在保持试验电流不变的情况下，测量最靠近交叉互联箱处的金属套电流和对地电压。测量完毕应将试验电流降至零并切断电源；

3　应将最靠近的交叉互联箱内的连接片按模拟错误连接的方式连接，再将试验电流升至 100A，并再次测量该交叉互联箱处的金属套电流和对地电压。测量完毕应将试验电流降至零并切断电源；

4　应将该交叉互联箱中的连接片复原至正确的连接位置，再将试验电流升至 100A 并测量电缆线路

上所有其他交叉互联箱处的金属套电流和对地电压；

5　性能满意的交叉互联系统，试验结果应符合下列要求：

1）在连接片做错误连接时，应存在异乎寻常大的金属套电流；

2）在连接片正确连接时，将测得的任何一个金属套电流乘以一个系数（该系数等于电缆的额定电流除以上述的试验电流）后所得的电流值不应使电缆额定电流的降低量超过 3%；

6　将测得的金属套对地电压乘以本条第 5 款第 2）项中的系数后，不应大于电缆在负载额定电流时规定的感应电压的最大值。

注：本方法为推荐采用的交叉互联性能检验方法，采用本方法时，属于特殊试验项目。

G.0.4　互联箱试验，应符合下列规定：

1　接触电阻测试应在做完第 G.0.2 条规定的护层过电压保护器试验后进行；

2　将刀闸（或连接片）恢复到正常工作位置后，用双臂电桥测量刀闸（或连接片）的接触电阻，其值不应大于 20$\mu\Omega$；

3　刀闸（或连接片）连接位置检查应在交叉互联系统试验合格后密封互联箱之前进行，连接位置应正确；

4　发现连接错误而重新连接后，应重新测试刀闸（连接片）的接触电阻。

本标准用词说明

1　为便于在执行本标准条文时区别对待，对要求严格程度不同的用词说明如下：

1）表示很严格，非这样做不可的：

正面词采用“必须”，反面词采用“严禁”；

2）表示严格，在正常情况下均应这样做的：

正面词采用“应”，反面词采用“不应”或“不得”；

3）表示允许稍有选择，在条件许可时首先应这样做的：

正面词采用“宜”，反面词采用“不宜”；

4）表示有选择，在一定条件下可以这样做的，采用“可”。

2　条文中指明应按其他有关标准执行的写法为：“应符合……的规定”或“应按……执行”。

引用标准名录

《闪点的测定　宾斯基-马丁闭口杯法》GB 261

《石油产品酸值测定值》GB/T 264

《绝缘配合　第 1 部分：定义、原则和规则》GB 311.1

《绝缘油击穿电压测定法》GB/T 507

《石油和石油产品及添加剂机械杂质测定法》GB/T 511

《电力变压器　第 3 部分：绝缘水平、绝缘试验和外绝缘空隙间隙》GB 1094.3

《电力变压器　第 10 部分：声级测定》GB/T 1094.10

《电力变压器　第 11 部分：干式变压器》GB/T 8564

《水轮发电机组安装技术规范》GB 1094.11

《液体绝缘材料　相对电容率、介质损耗因数和直流电阻率的测量》GB/T 5654

《石油产品油对水界面张力测定法（圆环法）》GB/T 6541

《变压器油中溶解气体分析和判断导则》GB/T 7252

《运行中变压器油质量》GB/T 7595

《运行中变压器油水溶性酸测定法》GB/T 7598
《运行中变压器油水分含量测定法（库仑法）》GB/T 7600
《运行中变压器油、汽轮机油水分测定法（气象色谱法）》GB/T 7601
《额定电压 72.5kV 及以上气体绝缘金属封闭开关设备》GB 7674
《六氟化硫电气设备中气体管理和检测导则》GB/T 8905
《标称电压 1000V 以上交流电力系统用并联电容器 第 1 部分：总则》GB/T 11024.1
《交流无间隙金属氧化物避雷器》GB 11032
《工业六氟化硫》GB 12022
《运行变压器油维护管理导则》GB/T 14542
《高电压试验技术 第一部分：一般试验要求》GB/T 16927.1
《高电压试验技术 第二部分：测量系统》GB/T 16927.2
《绝缘油中溶解气体组分含量的气相色谱测定法》GB/T 17623
《透平型发电机定子绕组端部动态特性和振动试验方法及评定》GB/T 20140
《电力用油体积电阻率测定法》DL/T 421
《绝缘油中含气量测定法 真空压差法》DL/T 423
《现场绝缘试验实施导则 第 1 部分：绝缘电阻、吸收比和极化指数试验》DL/T 474.1
《现场绝缘试验实施导则 第 2 部分：直流高压试验》DL/T 474.2
《现场绝缘试验实施导则 第 3 部分：介质损耗因数 tanδ》DL/T 474.3
《现场绝缘试验实施导则 第 4 部分：交流耐压试验》DL/T 474.4
《现场绝缘试验实施导则 第 5 部分：避雷器试验》DL/T 474.5
《接地装置特性参数测量导则》DL 475
《气体绝缘金属封闭开关设备现场耐压及绝缘试验导则》DL/T 555
《高压开关设备和控制设备标准的共用技术要求》DL/T 593
《电力设备预防性试验规程》DL/T 596
《绝缘油中含气量的气相的色谱测定法》DL/T 703
《变压器油中溶解气体分析和判断导则》DL/T 722
《变压器油中颗粒度限值》DL/T 1096
《汽轮发电机绕组内部水系统检验方法及评定》JB/T 6228
《透平发电机转子气体内冷通风道检验方法及限值》JB/T 6229

电气装置安装工程
电气设备交接试验标准

（GB 50150—2016）

条文说明

修 订 说 明

《电气装置安装工程 电气设备交接试验标准》GB 50150—2016，经住房和城乡建设部 2016 年 4 月 15 日以第 1093 号公告批准发布。

本标准是在《电气装置安装工程电气设备交接试验标准》GB 50150—2006 的基础上修订而成的，上一版的主编单位是国网北京电力建设研究院，参编单位是安徽省电力科学研究院、东北电业管理局第二工程公司、中国电力科学研究院、武汉高压研究所、华北电力科学研究院、辽宁省电力科学研究院、广东省输变电公司、广东省电力试验研究所、江苏省送变电公司、天津电力建设公司、山东电力建设一公司、广西送变电建设公司等。主要起草人员是：郭守贤、孙关福、陈发宇、姚森敬、白亚民、杨荣凯、王恒、韩洪刚、徐斌、张诚、王晓琪、葛占雨、刘志良、尹志民。

与原标准相比较，本标准主要做了以下修改：

1. 本标准适用范围从 500kV 提高到 750kV 电压等级的电气设备；

2. 替换了原标准中的术语；

3. 增加了“基本规定”章节；

4. 删除了原标准中的油断路器和空气及磁吹断路器的章节；

5. 修改了同步发电机及调相机、电力变压器、电抗器及消弧线圈、互感器、真空断路器、六氟化硫断路器、六氟化硫封闭组合电器、电力电缆线路、电容器部分试验项目及试验标准；

6. 增加了变压器油中颗粒度限值试验项目及标准；

7. 增加了接地装置的场区地表电位梯度、接触电位差、跨步电压和转移电位测量试验项目及标准；

8. 删除了原标准中的附录 D 油浸式电力变压器绕组直流泄漏电流参考值；

9. 增加了附录 C 绕组连同套管的介质损耗因数 tanδ（%）温度换算、附录 D 电力变压器和电抗器交流耐压试验电压和附录 E 断路器操动机构的试验。

为了方便广大设计、施工、科研和学校等单位有关人员在使用本标准时能正确理解和执行条文规定，《电气装置安装工程　电气设备交接试验标准》编制组按章、节、条顺序编制了本标准的条文说明，对条文规定的目的、依据以及执行中需注意的有关事项进行了说明，还着重对强制性条文的强制性理由作了解释。但是，本条文说明不具备与标准正文同等的法律效力，仅供使用者作为理解和把握标准规定的参考。

1　总则

1.0.2　本条规定了本标准的适用范围。本标准适用于 750kV 及以下新安装电气设备的交接试验。参照现行国家标准《绝缘配合　第 1 部分：定义、原则和规则》GB 311.1—2012 等有关规定，已将试验电压适用范围提高到 750kV 电压等级的实际情况，予以明确规定。

1.0.3　本条所列继电保护等，规定其交接试验项目和标准按相应的专用规程执行。

2　术语

2.0.7　本条指在高压电场内，使悬浮于含尘气体中的粉尘受到气体电离的作用而荷电，荷电粉尘在电场力的作用下，向极性相反的电极运动，并吸附在电极上，通过振打或冲刷并在重力的作用下，从金属表面上脱落的除尘器。

3　基本规定

3.0.1　本条中的“进行交流耐压试验”，是指“进行工频交流或直流耐压试验”。

3.0.3　本条对变压器、电抗器及消弧线圈注油后绝缘试验前的静置时间的规定，是参照国内及美国、日本的安装、试验的实践经验而制订，以便使残留在油中的气泡充分析出。

3.0.6　本条是对进行与湿度及温度有关的各种试验提出的要求。

（1）试验时要注意湿度对绝缘试验的影响。有些试验结果的正确判断不单和温度有关，也和湿度有关。因为做外绝缘试验时，若相对湿度大于 80%，闪络电压会变得不规则，故希望尽可能不在相对湿度大于 80%的条件下进行试验。为此，规定试验时的空气相对湿度不宜高于 80%。但是根据我国的实际情况，北方寒冷，试验时温度上往往不能满足要求；南方潮湿，试验时湿度上往往不能满足要求，所以沿用原标准“对不满足上述温度、湿度条件情况下测得的试验数据，应进行综合分析，以判断电气设备是否可以投入运行”。

（2）本标准中规定的常温范围为 10℃～40℃，以便于现场试验时容易掌握。考虑被试物不同，其运行温度也不同，应以不同被试物的产品标准来定为好。

（3）规定对油浸式变压器、电抗器及消弧线圈，应以其上层油温作为测试温度，以便与制造厂及生产运行的测试温度的规定统一起来。

3.0.7　经过多年试验工作的实践，试验单位对于极化指数也掌握了一定的规律，因此这次修编中，在发电机、变压器等章节内，对极化指数测量也作出了具体规定。对于大容量、高电压的设备作极化指数测量，是绝缘判断的有效手段之一，望今后积累经验资料，更加完善该项测试、判断技术。

3.0.9　为了与国家标准中关于低压电器的有关规定及现行国家标准《三相异步电动机试验方法》GB 1032 中的有关规定尽量协调一致，将电压等级分为 5 档，即 100V 以下、500V 以下至 100V，3000V 以下至 500V，10000V 以下至 3000V 和 10000V 及以上，使规定范围更为严密。

为了保证测试精度，本标准规定了绝缘电阻表的量程。同时对用于极化指数测量的绝缘电阻表，规定其短路电流不应低于 2mA。

3.0.10　规定了本标准的高压试验方法应按国家现行标准《高压试验技术　第 1 部分：一般定义及试验要求》GB/T 16927.1、《高压试验技术　第 2 部分：测量系统》GB/T 16927.2 和《现场绝缘试验实施导则》DL/T 474.1～DL/T 474.5 及相关设备标准的规定执行，进行综合、统一，便于将试验结果进行比较分析。

3.0.11　对进口设备的交接试验，应按合同规定的标准执行，这是常规做法。由于我国的现实情况，某些标准高于引进机组的标准，标准不同的情况应在签订订货合同时解决，或在工程联络会（其会议纪要同样具有合同效果）时协商解决。

为使合同签订人员对标准不同问题引起重视，本条要求签订设备进口合同时注意，验收标准不得低于本标准的原则规定。

3.0.13　特殊进线的设备是指电缆进线的 GIS、电缆进线的变压器等。

3.0.14　对技术难度大、需要特殊的试验设备应由具备相应试验能力的单位进行的试验项目，被列为特殊试验项目。

对技术难度大、需要特殊的试验设备的试验，往往在一个工程中发生次数少、设备利用率不高，这些试验又必须具有相应试验能力，经常做这些试验的单位来承担，才可以保证试验质量。

过去在施工现场，往往因为这些试验项目实施，甲乙双方意见难以统一，影响标准的执行。修编后的标准，将这些项目统一定为特殊试验项目，按现行有关国家概算的规定，特殊试验项目不包括在概算范围内，当需要做这些试验时，应由甲方承担费用，乙方配合试验，便于标准的执行。

列入特殊试验项目的内容，主要有以下几个方面（具体项目见附录 A）：

（1）随着科技的发展，试验经验的积累，修编后的标准中增加了一些新的试验项目。

（2）原来施工单位一直委托高一级的试验单位来做的试验项目。

（3）属于整套起动调试的试验项目。

4　同步发电机及调相机

4.0.1　本条规定了同步发电机及调相机的试验项目。

12 将原条款“测量灭磁电阻器、自同步电阻器的直流电阻”修订为“发电机励磁回路的自动灭磁装置试验”，理由如下：

（1）灭磁电阻分线性和非线性，线性灭磁电阻阻值现在一般为转子电阻值的1倍～5倍，只要保证完好可用即可，而非线性灭磁电阻常规方法不能测量，需要时由专业厂家进行测量和评估；

（2）自同期电阻器用于发电机自同期，在我国基本不用这种方式并网；

（3）自动灭磁装置包括了灭磁开关和灭磁电阻；

（4）现在对于火电机组，基建调试中根本不做此类试验，仅目测检查完好无破损，连接正确即可，而主要设备由励磁设备配套厂保证质量，包括参数和性能，故现场没必要测量。

20 本款试验项目是根据现行行业标准《大型汽轮发电机定子绕组端部动态特性的测量和评定》DL/T 735的要求。该标准要求交接试验时，200MW及以上容量的汽轮发电机，设备交接现场应当进行此项试验。

21 本款试验项目是现行行业标准《电力设备预防性试验规程》DL/T 596中要求的试验。

4.0.3 对于容量200MW及以上机组应测量极化指数，极化指数不应小于2.0，是根据现行国家标准《旋转电机绝缘电阻测试》GB/T 20160的具体要求制订的，规定旋转电机应当测量极化指数，对B级以上绝缘电机其最小推荐值是2.0。

4.0.4 修订后本条第3款要求对于现场组装的对拼接头部位，应在紧固螺栓力矩后检查接触面的连接情况，定子绕组的直流电阻应在对拼接头部位现场组装后测量。

4.0.5 本条规定了定子绕组直流耐压试验和泄漏电流测量的试验标准、方法及注意事项。特别对氢冷电机，必须严格按本条要求进行耐压试验，以防含氢量超过标准时发生氢气爆炸事故，故将本条文第3款列为强制性条款。

本项试验与试验条件关系较大，出厂试验与现场试验的条件不一样，当最大泄漏电流在20μA以下，根据绝缘电阻值和交流耐压试验结果综合判断为良好时，各相间差值可不考虑；强调了试验的综合分析，有助于对绝缘状态的准确判断。

新条款规定对于汇水管死接地的电机，现场可不进行定子绕组直流耐压试验和泄漏电流测量。泄漏电流测量回路与水管回路是并联的，测出的电流不能真实反映发电机定子绕组的情况。

4.0.6 本条表4.0.6是根据现行国家标准《旋转电机 定额和性能》GB 755—2008中表16及相关说明制订的，即对10000kW（或kVA）及以上容量的旋转电机的定子绕组出厂交流耐压试验取2倍额定电压加1000V，现场验收试验电压取出厂试验的80%；对24000V及以上电压等级的发电机，原则上是与生产厂家协商后确定试验电压。特别对氢冷电机，必须严格按本条要求进行耐压试验，以防含氢量超过标准时发生氢气爆炸事故。故将本条文第3款列为强制性条款。

4.0.9 关于转子绕组交流耐压试验，沿用原标准，对隐极式转子绕组可用2500V绝缘电阻表测量绝缘电阻来代替。近年来发电机无刷励磁方式已采用较多，这些电机的转子绕组往往和整流装置连接在一起，当欲测量转子绕组的绝缘（或耐压）时，应遵守制造厂的规定，不应因此而损坏电子元件。

4.0.10 本条指出了励磁回路中有电子元器件时，测量绝缘电阻时应注意的事项。

4.0.11 本条交流耐压试验的试验电压沿用原标准。

4.0.13 本条文要求对埋入式测温计测量绝缘电阻，并检查是否完好：对埋入式测温元件应测其绝缘电阻和直流电阻检查其完好性，测温元件的精确度现场不作校验，对二次仪表部分应进行常规校验，因此整体要求核对指示值，应无异常。

4.0.14 本条规定了发电机励磁回路的自动灭磁装置试验的内容。

灭磁开关的主触头和灭弧触头的时间配合关系取决于灭磁方式和灭磁电阻类型，另外目前AVR都有逆变灭磁能力，故没必要对此做更详细的规定，只要制造厂保证可靠灭磁即可。

自同步电阻器基本不用，可不做规定。

按照现行行业标准《大中型水轮发电机静止整流励磁系统及装置试验规程》DL/T 489 中自动灭磁开关操作性能试验，在控制回路施加的合闸电压为80％额定操作电压时，合闸5次；在控制回路施加的分闸电压为30％～65％额定操作电压时，分断5次，低于30％额定电压时，不动作。灭磁开关动作应正确、可靠。

4.0.15　本条测量转子交流阻抗沿用原标准内容，对无刷励磁机组，当无测量条件时，可以不测。同时应当要求制造厂提供有关资料。

4.0.16　对于发电机变压器组，若发电机本身的短路特性有出厂试验报告时，可只录取发电机变压器组的短路特性，其短路点应设在变压器高压侧的规定理由如下：

（1）交接试验的目的，主要是检查安装质量。发电机特性不可能在安装过程中改变。30多年实践证明，现场测得短路特性和出厂试验都很接近，没有发现因做这项试验而发现发电机本身有什么问题。因此当发电机短路特性已有出厂试验报告时，可以此为依据作为原始资料，不必在交接时重做这项试验；

（2）单元接线的发电机变压器组容量大，在整套起动试验过程中，以10多个小时来拆装短路母线，拖延整个试验时间，而且很不经济；

（3）为了给电厂留下一组特性曲线以备检修后复核，因此规定录取发电机变压器组的短路特性。

4.0.17　将原条文4.0.16中第4款修订为发电机变压器组的整组空载特性，电压加至定子额定电压值的110％。其原因是最高达到发电机额定电压的110％，是励磁系统标准中的规定。按目前的变压器制造水平，变压器应能够承受此电压，并保证长期稳定运行。

4.0.18　本条保留原条款内容，增加了“同时检查转子过电压倍数，应保证在励磁电流小于1.1倍额定电流时，转子过电压值不大于励磁绕组出厂试验电压值的30％”，是根据国家现行标准《同步发电机励磁系统　大、中型同步发电机励磁系统技术要求》GB 7409.3—2007 中第5.16条和《大型汽轮发电机励磁系统技术条件》DL/T 843—2010 第6.8.4条具体要求制订的。

测录发电机定子开路时的灭磁时间常数。对发电机变压器组，可带空载变压器同时进行。这样与4.0.17条相对应，留下此数据，便于以后试验比较。

4.0.21　本条对汽轮发电机及水轮发电机测量轴电压提出要求；同时规定在不同工况下进行测定。

4.0.22　本条在原条款内容上，增加了对200MW以下汽轮发电机可根据具体情况进行。

本条第2款根据现行国家标准《透平型发电机定子绕组端部动态特性和振动试验方法及评定》GB/T 20140，将原条款修订为“汽轮发电机和燃气轮发电机冷态下线棒、引线固有频率和端部整体椭圆固有频率”避开范围应符合表4.0.22的规定。整体椭圆固有频率不满足表4.0.22规定的发电机，应测量运行时定子绕组端部的振动；局部固有频率不满足表4.0.22规定的发电机，对于新机应尽量采取措施进行处理。但对于不是椭圆振型的100Hz附近的模态频率也不能认为正常，应当引起密切关注，可以认为存在较严重质量缺陷，可能会造成运行中局部发生松动、磨损故障。局部的固有频率对整体振型影响较小，但不等于不会破坏局部结构，例如单根引线的固有频率不好，造成引线断裂、短路事故国内已发生多起，包括石横电厂、沙角C厂、绥中电厂等发电机引线上发生的严重短路事故。

删除了原条款中“当制造厂已进行过试验，且有出厂试验报告时，可不进行试验”。根据试验实践，该试验的条件、试验结果的分散性比较大。有时制造厂的试验结果与现场试验结果相差较大，进行此试验，一方面可以验证出厂试验数据，另一方面可留下安装原始数据，对保证发电机的安装质量，以及为将来运行、检修提供参考数据。

4.0.23　本条对定子绕组端部手包绝缘施加直流电压测量的条件、施加电压值及标准作了规定，根据国家电网公司2000年发布的《防止电力生产重大事故的二十五项重点要求》和现行行业标准《电力设备预防性试验规程》DL/T 596 的规定编写。

5　直流电机

5.0.1　删除了原条款测量电枢整流片间的直流电阻试验及相应的试验规定。

5.0.4　本条规定了直流电阻测量值与制造厂数据比较的标准，这是参照现行行业标准《电力设备预防性试验规程》DL/T 596 而制订的误差标准，使交接试验标准与预防性试验标准相统一。

5.0.8　本条规定励磁回路连同所有连接设备的交流耐压试验电压值，应为 1000V。增加了用 2500V 兆欧表测量绝缘电阻方式代替，这是简单可行的方法。

5.0.11　本条规定测录"以转子绕组为负载的励磁机负载特性曲线"，这就明确了负载特性试验时，励磁机的负载是转子绕组，以免在执行中引起误解。

5.0.12　规定"空载运转时间一般不小于 30min"，在发电厂中的直流电动机都是属于事故电机，其电源装置是电厂中的直流蓄电池装置，容量对电机而言是有限的，所以建议一般采用不小于 30min。如空转检查时间不够而延长时，应适当注意蓄电池的运行情况，不应使蓄电池缺电运行。

记录直流电机的空转电流。直流电动机试运时，应测量空载运行转速和电流，当转速调整到所需要的速度后，记录空转电流。

6　中频发电机

6.0.3　测量绕组的直流电阻时，应注意有的制造厂生产的作为副励磁机使用的感应子式中频发电机，发生过由于引线长短差异以致各相绕组电阻值差别超过标准，但经制造厂检查无异状而投运的事例。为此，要求测得的绕组电阻值应与制造厂出厂数值比较为妥。

6.0.5　永磁式中频发电机现已开始在新建机组上使用，测录中频发电机电压与转速的关系曲线，以此检查其性能是否有改变。要求测得的永磁式中频发电机的电压与转速的关系曲线与制造厂出厂数值比较，应无明显差别。

6.0.7　本条修订为"测量检温计绝缘电阻并检查是否完好，应符合下列规定：

1　采用 250V 兆欧表测量检温计绝缘电阻应良好；

2　核对测温计指示值，应无异常。"

近年来安装机组容量增大，中频发电机组也装有埋入式测温装置，其试验方法与发电机的测温装置相同。

7　交流电动机

7.0.2　本条中的电压 1000V 以下，容量 100kW 以下，是参照现行行业标准《电力设备预防性试验规程》DL/T 596 的规定制订的。其中需进行本标准第 7.0.1 条第 10 款和第 11 款的试验，是因为定子绕组极性检查和空载转动检查对这类电动机也是必要的。但有的机械和电动机连接不易拆开的，可以连同机械部分一起试运。

7.0.3　电动机绝缘多为 B 级绝缘，参照不同绝缘结构的发电机其吸收比不同的要求，规定电动机的吸收比不应低于 1.2。

苏联出版的电动机不经干燥投入运行条件中，规定对于容量为 500kW 以下，转速为 1500r/min 以下的电动机，在 10℃～30℃时测得的吸收比大于 1.2 即可。

凡吸收比小于 1.2 的电动机，都先干燥后再进行交流耐压试验。高压电动机通三相 380V 的交流电进行干燥是很方便的。因为大多数是由于绝缘表面受潮，干燥时间短；有的电动机本身有电热装置，所以电动机的吸收比不低于 1.2 是能达到的。标准编制组收集了一些关于新安装电动机的资料，并将测得的绝缘电阻值和吸收比汇总见表 1。从表中可以看出，新安装电动机的吸收比都可以达到 1.2 的标准。

7.0.4　新安装的交流电动机定子绕组的直流电阻测量值与误差计算实例见表 2。

表 1　　电动机的绝缘电阻值和吸收比测量记录

电机型号	额定工作电压（kV）	容量（kW）	绝缘电阻（MΩ）			测试时温度（℃）
			R_{60s}	R_{15s}	R_{60s}/R_{15s}	
YL	6	1000	2500	1500	1.66	5
JSL	6	550	670	450	1.48	4
JK	6	350	1100	9000	1.22	4
JSL	6	360	3400	1900	1.78	4
JS	6	300	1900	860	2.2	18
JS	6	1600	4000	1800	2.22	16
JS	6	2500	5000	2500	2.0	25
JSQ	6	550	3100	1400	2.21	12
JSQ	6	475	1500	500	3.0	12
JS	6	850	4000	1500	2.66	11

表 2　　交流电动机定子绕组的直流电阻测量值与误差计算表

电机型号	容量（kW）	线间直流电阻值（Ω）			按最小值比的误差（%）
		1～2	2～3	3～1	
JSL	550	1.400	1.406	1.398	0.57
JK	350	2.023	2.025	2.025	0.09
JSL	360	2.435	2.427	2.430	0.32
JS	300	2.850	2.856	2.850	0.21
JS2	1600	0.1365	0.1365	0.1363	0.15
JS2	2500	0.0733	0.0735	0.0739	0.81
JSQ	550	1.490	1.480	1.484	0.67
JSQ	475	1.776	1.770	1.770	0.34
JS	850	0.6357	0.6360	0.6365	0.12
JS	220	4.970	4.98	4.972	0.2

表 2 说明，新安装的交流电动机定子绕组的直流电阻的判断标准按最小值比进行判断是可行的。另外，现行行业标准《电力设备预防性试验规程》DL/T 596 中对已运行过的交流电动机定子绕组的直流电阻的标准仍是："各相绕组的直流电阻相互差别不应超过最小值的 2%，线间电阻不超过最小值的 1%" 本标准与之相统一。

7.0.5 目前交流电动机的容量已达 6000kW 以上，相当于一台小型发电机，对其绝缘性能应加强判断，因此设定子绕组的直流耐压试验项目。

本条规定对 1000V 以上及 1000kW 以上、中性点连线已引出至出线端子板的电动机进行直流耐压试验和测量泄漏电流。当最大泄漏电流在 20μA 以下，根据绝缘电阻值和交流耐压试验结果综合判断为良好时，各相间差值可不考虑。试验电压标准参照现行行业标准《电力设备预防性试验规程》DL/T 596 中的有关规定。由于做直流耐压试验时需分相进行，以便将各相泄漏电流的测得值进行比较分析，因此，对中性点已引出的电动机才进行此项试验。

7.0.10 本条规定测量可变电阻器、起动电阻器、灭磁电阻器的直流电阻值，与产品出厂数值比较，其

差值不应超过10%；调节过程中应接触良好，无开路现象，电阻值的变化应有规律性。需要注意的是电阻值最后设定值应满足电机的工作要求，最后设定后做好相关数据记录，供以后运行及检修比较。

7.0.13　沿用原标准要求，规定了电动机空转的时间和测量空载电流的要求。

电动机带负荷试运，有时发生电动机发热，三相电流严重不平衡，如果做过空载试验，就可辨别是电机的问题，还是机械的问题，从而使问题简单化。

8　电力变压器

8.0.1　本条规定了电力变压器的试验项目。

(1) 修订后第5款为“测量铁心及夹件的绝缘电阻”；

(2) 修订后第9款为“测量绕组连同套管的介质损耗因数 tanδ 与电容量”，增加了测量电容量。考虑到变压器绕组的电容量变化对于判断变压器绕组状态有重要意义，为此增加了电容量测量项目及判断准则（见8.0.11第4款）；

(3) 删除了原条款“测量绕组连同套管的直流泄漏电流试验”，由于多年预防性试验表明直流泄漏试验的有效性不够灵敏，且其检测效果可由绝缘电阻、绕组介损及电容量两者结合达到，因此去掉。

8.0.2　本条第2、3、4、5款是按照不同用途的变压器而规定其应试验的项目；第7款是为了适应变压器安装技术的进步而规定附加要求。

8.0.3　油浸式变压器油中色谱分析对放电、过热等多种故障敏感，是目前非常有效的变压器检测手段。大型变压器感应电压试验时间延长，严重的缺陷可能产生微量气体，要进行耐压试验后色谱分析。考虑到气体在油中的扩散过程，规定试验结束24h后取样，试验应按现行国家标准《变压器油中溶解气体分析和判断导则》GB/T 7252进行。随着测试技术的发展和检测精度的不断提高，根据经验，新标准中规定 C_2H_2 气体含量不应超过0.1μL/L。35kV及以下电压等级油浸式变压器对于油中色谱分析和油中水含量的测量可自行规定。

考虑到 SF_6 气体绝缘变压器应用逐步扩大，标准中 SF_6 气体含水量用20℃的体积分数表示，当温度不同时，应与温湿度曲线核对，进行相应换算。

8.0.4　测量绕组连同套管的直流电阻条款中，参考了现行行业标准《输变电设备状态检修试验规程》DL/T 393—2010，提出了变压器绕组相互间的差别概念，并修订了直流电阻判断规定，新标准较原标准更为严格；并考虑部分变压器的特殊结构，由于变压器设计原因导致的直流电阻不平衡率超差说明原因后不作为质量问题。测量温度以顶层油温为准，变压器的直流电阻与同温下产品出厂实测数值比较，测量值的变化趋势应一致。

第2款中，各相绕组相互间差别指任意两绕组电阻之差，除以两者中的小者，再乘以100%得到的结果。

8.0.5　本条规定了所有电压等级变压器的电压比误差标准。

现行国家标准《电力变压器　第1部分：总则》GB 1094.1—2013中关于偏差有这样的规定，即对于额定分接或极限分接，空载电压比偏差取下列值中较低者，a）规定电压比的±0.5%，b）额定分接上实际阻抗百分数的±1/10；对于其他分接，空载电压比偏差取匝数比设计值的±0.5%。

本条规定是参照本标准2006版和现行国家标准《电力变压器　第1部分：总则》GB 1094.1—2013的相关规定而制订的。

目前对常用结线组别的变压器电压比测试，试验人员使用变压器变比测试仪（或变比电桥）能方便、快捷、准确地检测变比误差，有利于综合判断故障及早发现可能存在的问题和隐患。

8.0.6　检查变压器接线组别或极性必须与设计要求相符，主要是指与工程设计的电气主结线相符。目的是避免在变压器订货或发货中以及安装结线等工作中造成失误。

8.0.7　本条题目修改为“铁心对地绝缘电阻的测量，夹件对地绝缘电阻的测量，铁心对夹件绝缘电阻的测量”。对变压器上有专用的铁心接地线引出套管时，应在注油前后测量其对外壳的绝缘电阻。

本条明确了绝缘测试部位、绝缘测试的时间及要求，以便能更好地发现薄弱环节。施工中曾发现运输用的铁心支撑件未拆除问题，故规定在注油前要检查接地线引出套管对外壳的绝缘电阻，以免造成较大的返工；部分变压器有带油运输的情况，为与运行条件一致，在注油后测量能检查出铁心是否一点接地。

8.0.9　有载调压切换装置的检查和试验，删除原条文中“变压器带电前应进行有载调压切换装置切换过程试验”。循环操作后进行绕组连同套管在所有分接下直流电阻和电压比测量，以检测调压切换后可能出现的故障。

8.0.10　由于考虑到变压器的选用材料、产品结构、工艺方法以及测量时的温度、湿度等因素的影响，难以确定出统一的变压器绝缘电阻的允许值，故将油浸电力变压器绕组绝缘电阻的最低允许值列于表3，当无出厂试验报告时可供参考。

表3　　**油浸电力变压器绕组绝缘电阻的最低允许值（MΩ）**

高压绕组电压等级（kV）	温　度（℃）								
	5	10	20	30	40	50	60	70	80
3～10	540	450	300	200	130	90	60	40	25
20～35	720	600	400	270	180	120	80	50	35
63～330	1440	1200	800	540	360	240	160	100	70
500	3600	3000	2000	1350	900	600	400	270	180

注　1　补充了温度为5℃时各电压等级的变压器绕组的绝缘电阻允许值。这是按照温度上升10℃，绝缘电阻值减少一半的规定按比例折算的；

　　2　参照现行行业标准《电力设备预防性试验规程》DL/T 596 中，油浸电力变压器绕组泄漏电流允许值的内容，补充了在各种温度下 330kV 级变压器绕组绝缘电阻的允许值。

不少单位反映 220kV 及以上大容量变压器的吸收比达不到 1.5，而现行的变压器国标中也无此统一标准。调研后认为，220kV 及以上的大容量变压器绝缘电阻高，泄漏电流小，绝缘材料和变压器油的极化缓慢，时间常数可达 3min 以上，因而 R_{60s}/R_{15s} 就不能准确地说明问题，本条中“极化指数”的测量方法，即 R_{10min}/R_{1min}，以适应此类变压器的吸收特性，实际测试中要获得准确的数值，还应注意测试仪器、测试温度和湿度等的影响。

“变压器电压等级为 35kV 及以上且容量在 4000kVA 及以上时，应测量吸收比”，是参照现行国家标准《油浸式电力变压器技术参数和要求》GB/T 6451—2008 的规定制订的。

为了便于换算各种温度下的绝缘电阻，表 8.0.10 增加了注解，以便现场应用。

8.0.11　从测试的必要性考虑将原条文中的变压器容量提高到 10000kVA。参照现行国家标准《油浸式电力变压器技术参数和要求》GB/T 6451—2008 的有关规定，油浸电力变压器绕组介质损耗因数 tanδ（%）最高允许值列于表4，以供参考。

表4　　**油浸式电力变压器绕组介质损耗因数 tanδ(%) 最高允许值**

高压绕组电压等级（kV）	温　度（℃）							
	5	10	20	30	40	50	60	70
35 及以下	1.3	1.5	2.0	2.6	3.5	4.5	6.0	8.0
35～220	1.0	1.2	1.5	2.0	2.6	3.5	4.5	6.0
330～500	0.7	0.8	1.0	1.3	1.7	2.2	2.9	3.8

可以增加横向比较，同台变压器不同绕组的介质损耗因数 tanδ，最大值不应大于最小值 130%；同批次、相同绕组相比，最大值不应大于最小值 130%；220kV 及以上变压器介质损耗因数 tanδ(%) 一般不超过 0.4（%），否则应查明原因。

测量绕组连同套管的介质损耗因数 tanδ 及电容量之前，应先测量变压器套管的介质损耗因数 tanδ 及电容量，应符合本标准第 15.0.3 条规定，易于发现套管末屏接触不良缺陷。

变压器本体电容量与出厂值相比差值不应大于±3%，否则应查明原因。

8.0.12 变压器抗短路能力评价目前还没有完整的理论体系。依据电力行业反事故措施要求以及近年来运行事故的实际情况，为考核变压器抗短路能力，引入了现场绕组变形试验。运行中变压器短路后绕组变形较为成熟的表征参数是绕组频率响应特性曲线的变化。但变压器的三相绕组频率响应特性曲线是不一致的，不可以作比较。因此，要求投运前进行绕组频率响应特性曲线测量或低电压下的工频参数测量，并将测量数据作为原始指纹型参数保存。将频响法测试绕组变形、低压短路阻抗试验和变压器绕组电容量测试三种方法结合，对判断变压器绕组变形颇有实效。对于 35kV 及以下电压等级变压器，推荐采用低电压短路阻抗法；对于 110(60)kV 及以上电压等级变压器，推荐采用频率响应法测量绕组特征图谱。进行试验时，分接开关位置应在 1 分接。

8.0.13 外施耐压试验用来验证线端和中性点端子及它们所连接的绕组对地及对其他绕组的外施耐受强度；短时感应耐压试验（ACSD）用来验证每个线端和它们所连绕组对地及对其他绕组的耐受强度以及相间被试绕组纵绝缘的耐受强度。这两项试验从目的而言是有差异的。但考虑到交接试验主要考核运输和安装环节的缺陷，且电压耐受对绝缘在一定程度上会造成损坏，因此在交接过程中进行一次交流电压耐受即可，这里提出两种试验方法以供选择。新条文中油浸式变压器试验电压的标准依据现行国家标准《电力变压器　第 3 部分：绝缘水平、绝缘试验和外绝缘空气间隙》GB 1094.3、干式变压器的标准依据现行国家标准《电力变压器　第 11 部分：干式变压器》GB 1094.11 制订，为出厂试验电压值的 80%。交流耐压试验可以采用外施电压试验的方法，也可采用变频电压试验的方法。

本条第 2 款中试验耐受电压标准为出厂试验电压值的 80%，具体见本标准附录 D 中表 D.0.2 中的数值。

感应电压试验时，为防止铁心饱和及励磁电流过大，试验电压的频率应适当大于额定频率。

8.0.14 长时感应电压试验（ACLD）用以模拟瞬变过电压和连续运行电压作用的可靠性。附加局部放电测量用于探测变压器内部非贯穿性缺陷。ACLD 下局部放电测量作为质量控制试验，用来验证变压器运行条件下无局放，是目前检测变压器内部绝缘缺陷最为有效的手段。结合近年来运行经验，参考 IEC 和新修订的国家标准《电力变压器　第 3 部分：绝缘水平、绝缘试验和外绝缘空隙间隙》GB 1094.3—2003 中的有关规定，要求电压等级 220kV 及以上变压器在新安装时，必须进行现场长时感应电压及局部放电测量试验。对于电压等级为 110kV 的变压器，当对绝缘有怀疑时，应进行局部放电试验。变压器局部放电测量中，试验电压和试验时间应按照现行国家标准《电力变压器　第 3 部分：绝缘水平、绝缘试验和外绝缘空隙间隙》GB 1094.3 中有关规定执行。新条文规定 750kV 变压器 ACLD 试验激发电压按出厂交流耐压的 80%（720kV）进行。

绕组连同套管的长时感应耐压试验带局部放电测量的具体方法和要求如下：

1　电压等级为 110（66）kV 及以上的变压器进行长时感应电压及局部放电测量试验，所加电压、加压时间及局部放电视在电荷量，应符合下列规定：

（1）三相变压器宜采用单相连接的方式逐相地将电压加在线路端子上进行试验；

（2）变压器长时感应电压及局部放电测量试验的加压程序应按图 1 所示的程序进行：

（3）施加电压方法应符合下列规定：

1）应在不大于 $U_2/3$ 的电压下接通电源；

2）电压上升到 $1.1U_m/\sqrt{3}$，应保持 5min，其中 U_m 为设备最高运行线电压的有效值；

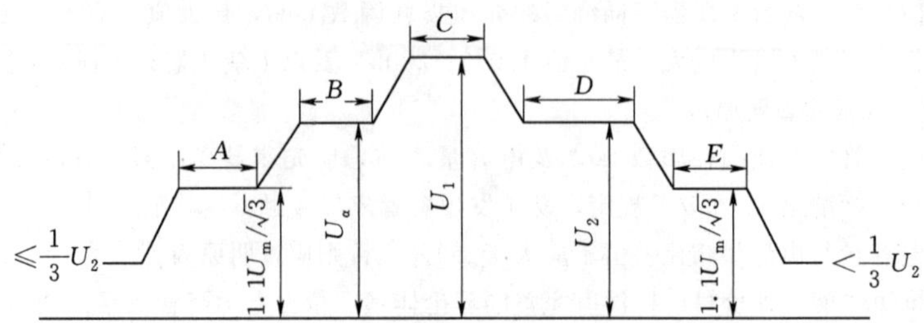

A=5min；B=5min；C=试验时间；

$D\geqslant$60min（对于$U_m\geqslant$300kV）或 30min（对于$U_m<$300kV）；E=5min

图1　变压器长时感应电压及局部放电测量试验的加压程序

3）电压上升到U_2，应保持 5min；

4）电压上升到U_1，其持续时间应按本标准第 8.0.13 条第 2 款的规定执行；

5）U_1 到规定时间后应立刻不间断地将电压降到U_2，当U_m 大于等于 300kV 时，U_2 应至少保持 60min，当U_m 小于 300kV 时，U_2 应至少保持 30min，同时应测量局部放电；

6）电压降低到$1.1U_m/\sqrt{3}$，应保持 5min；

7）当电压降低到$U_2/3$以下时，方可切断电源；

8）除U_1 的持续时间以外，其余试验持续时间应与试验频率无关；

9）对地电压值应按下列公式计算：

$$U_1=1.7U_m/\sqrt{3}$$

视试验条件而定$U_2=1.5U_m/\sqrt{3}$或$U_2=1.3U_m/\sqrt{3}$。

（4）局部放电测量应符合下列规定：

1）在施加试验电压的整个期间，应监测局部放电量；

2）在施加试验电压的前后，应测量所有测量通道上的背景噪声水平；

3）在电压上升到U_2 及由U_2 下降的过程中，应记录可能出现的局部放电起始电压和熄灭电压，应在$1.1U_m/\sqrt{3}$下测量局部放电视在电荷量；

4）在电压U_2 的第一阶段中应读取并记录一个读数，对该阶段不规定其视在电荷量值；

5）在施加U_1 期间内可不给出视在电荷量值；

6）在电压U_2 第二个阶段的整个期间，应连续地观察局部放电水平，并应每隔 5min 记录一次。

（5）长时感应电压及局部放电测量试验合格，应符合下列规定：

1）试验电压不应产生忽然下降；

2）在$U_2=1.5U_m/\sqrt{3}$下的长时试验期间，局部放电量的连续水平不应大于 500pC 或在$U_2=1.3U_m/\sqrt{3}$下的长时试验期间，局部放电量的连续水平不应大于 300pC；

3）在U_2 下，局部放电不应呈现持续增加的趋势，偶然出现的较高幅值的脉冲可不计入；

4）在$1.1U_m/\sqrt{3}$下，视在电荷量的连续水平不应大于 100pC。

2　试验方法及在放电量超出上述规定时的判断方法，应按现行国家标准《电力变压器》GB 1094 中的有关规定执行。

8.0.15　750kV 变压器在冲击合闸时，应无异常声响等现象，保护装置不应动作；冲击合闸时，可测量励磁涌流及其衰减时间；冲击合闸前后的油色谱分析结果应无明显差别。

本条规定对发电机变压器组中间连接无操作断开点的变压器，可不进行冲击合闸试验，理由如下：

（1）由于发电机变压器组的中间连接无操作断开点，在交接试验时，为了进行冲击合闸试验，需对

分相封闭母线进行几次拆装，费时几十小时，将耗费很大的人力物力及投产前的宝贵时间；

（2）发电机变压器组单元接线，运行中不可能发生变压器空载冲击合闸的运行方式；

（3）历来对变压器冲击合闸主要是考验变压器在冲击合闸时产生的励磁涌流是否会使变压器差动保护误动作，并不是用冲击合闸来考验变压器的绝缘性能。

本条规定无电流差动保护的干式变可冲击 3 次。理由是无电流差动保护的干式变压器，一般电量主保护是电流速断，其整定值躲开冲击电流的余度较差动保护要大，通过对变压器过多的冲击合闸来检验干式变压器及保护的性能，意义不大，所以规定冲击 3 次。

8.0.17　新条文是参照了现行国家标准《电力变压器　第 10.1 部分：声级测定　应用导则》及现行国家标准《电力变压器　第 10 部分：声级测定》GB/T 1094.10 规定而制订的。对于室内变压器可不进行该项试验。噪声测量属于投运后试验项目，在投运前不测试。

第 3 款中，考虑到运行现场测量环境的影响，所以规定了验收应以出厂验收为准。

9　电抗器及消弧线圈

9.0.1　本条规定了电抗器及消弧线圈的试验项目。删除了原条款“测量绕组连同套管的直流泄漏电流试验”，新增条款“测量绕组连同套管的介质损耗因数及电容量”项目。

9.0.3　并联电容器装置中的串联电抗，由于 B 相匝数少，因此直流电阻值经常都不满足此规定。建议对这种特殊结构的电抗器组应和出厂值比较，符合厂家技术要求。

9.0.10　条文中规定并联电抗器的冲击合闸应在带线路下进行，目的是防止空载下冲击并联电抗器时产生较高的谐振过电压，从而造成对断路器分合闸操作后的工况及电抗器绝缘性能等带来不利影响。

9.0.12　箱壳的振动标准是参照了 IEC 有关标准并结合现行行业标准《电力设备预防性试验规程》DL/T 596 的规定。试验目的是避免在运行中过大的箱壳振动而造成开裂的恶性事故。对于中性点电抗器，因运行中很少带全电压，故对振动测试不作要求。

9.0.13　测量箱壳表面的温度分布，主要是检查电抗器在带负荷运行中是否会由于漏磁而造成箱壳法兰螺丝的局部过热，据有的单位介绍，最高可达 150℃～200℃，为此有些制造厂对此已采取磁短路屏蔽措施予以改进。初期投产时应予以重视，一般可使用红外线测温仪等设备进行测量与监视。

10　互感器

10.0.1　本条规定了互感器的试验项目。电子式互感器的商业应用尚处于探索之中，原理、结构、类别较多，使用寿命、可靠性、试验方法等关键问题还没有解决，难以制定统一的交接试验项目及要求，本次标准修订暂时不包括电子式互感器内容。具体说明如下：

（1）修改后第 2 款为测量 35kV 及以上电压等级的互感器的介质损耗因数 $\tan\delta$ 及电容量。通常，互感器介质损耗因数 $\tan\delta$ 及电容量在交接试验、预防性试验过程中一并完成。互感器的电容量是分析和判别互感器状态非常有效的参数，本次标准修订进一步明确电容量测量项目要求。

（2）绝缘介质性能试验，考虑到 SF_6 气体绝缘互感器的大量使用，应包括其气体含水量的检测；

（3）修改后第 7 款为检查接线绕组组别和极性；

（4）修改后第 8 款为误差及变比测量；

（5）删除了原条款“测量铁心夹紧螺栓的绝缘电阻试验”，考虑到现有商品化电力互感器，几乎很少有铁心外露结构，故取消该项试验。极少数场合仍然使用这种类型的铁心外露结构电力互感器，可由使用单位自行决定是否将“测量铁心夹紧螺栓的绝缘电阻”内容纳入企业标准之中。

（6）GIS 中的互感器中的电压互感器，一般情况是作为 GIS 的一个独立部件配置，连接端用盆式绝缘隔离，一旦安装完毕不方便进行励磁特性测量；如果磁密足够低的话，一次绕组耐压试验一般与 GIS

一并进行。如果单独从二次施压进行感应耐压试验，需使用专用的工装试验装置监测一次侧电压。

10.0.3 合格的互感器绝缘电阻均大于1000MΩ，预防性试验也规定绝缘电阻限值为1000MΩ，统一了绝缘电阻限值要求。在试验室干燥环境条件下，互感器二次绕组、末屏等绝缘电阻测量很容易达到1000MΩ。但是在现场，相对湿度及互感器本身的洁净度等因素对绝缘电阻值影响很大，如果强调绝缘电阻值满足1000MΩ要求，将增加很多工作量，故采用“绝缘电阻值不宜低于1000MΩ”要求的方式进行描述。

本条第3款新增对 $\tan\delta$ 的要求，其值不应大于2%。

10.0.4 考虑到交接试验工作量较大，通常仅进行10kV下的介损测量，尽管10kV下的介损测量结果不一定真实反映互感器的绝缘状态。但是，也预留了空间，即对互感器绝缘状况有疑问时可提出在 $(0.5\sim1)U_m/\sqrt{3}$ 范围测量介损，这里还有另一种含义：条件许可或重要的变电站宜在 $(0.5\sim1)U_m/\sqrt{3}$ 范围测量介损。同时，考虑到现场条件限制，$(0.5\sim1)U_m/\sqrt{3}$ 范围内 $\tan\delta$(%) 的变化量不应大于0.2。近年注有硅脂、硅油的干式电流互感器使用量大量增加，表10.0.4中的相关限值是根据使用单位现场检测经验提供的。此外，互感器的电容量较小，特别是串级式电压互感器（JCC5-220型和JCC6-110型），连接线、潮气、污秽、接地等因素的影响较大，测试数据分散性较大，宜在晴天、相对湿度小、试品清洁的条件下检测。电压互感器电容量在十几至三十几pF范围，不宜用介损测试仪测量介损，大量实测结果表明：介损测试仪的测量数据与高压电桥的测量数据差异较大。高压电桥的工作原理明确，结构清晰，宜以高压电桥的测量数据为准。尽管现场检测出现的许多问题与试验人员的能力、资质和设备有关，但是有关试验人员的资质、使用设备的必备条件（如设备的检定证书、使用周期、生产许可证等）属于实验室体系管理范畴，不宜纳入交接试验规程之中。

新增第2款对于倒立油浸式电流互感器，二次线圈屏蔽直接接地结构，宜采用反接法测量 $\tan\delta$ 与电容量。倒立油浸式电流互感器，有两种电容屏结构，一种是二次线圈屏蔽直接接地，末屏连接的仅仅是套管部分的分布电容。当这种结构电流互感器基座安装在支柱上时，主绝缘之间的容性电流直接接地，末屏容性电流仅仅反应套管部分的分布电容，失去了测量其 $\tan\delta$ 与电容量的意义。这种倒立油浸式电流互感器，可以采用反接法测量 $\tan\delta$ 与电容量。用于反接法测量 $\tan\delta$ 与电容量的仪器设备准确度均不高，测量数据的分散性较大，使用过程中要考虑。正立式油浸电流互感器箱体进入水分，其末屏对地电阻值会降低，此时增加测量其 $\tan\delta$ 项目，以判别绝缘状况。

新增第4款电容式电流互感器的电容量与出厂试验值超出±5%时，应查明原因。

本条主要适用于油浸式电流互感器。SF_6 气体绝缘互感器和环氧树脂绝缘结构互感器不做本条试验。其他类型干式互感器可以参照执行。

电压互感器整体及支架介损受环境条件，特别是相对湿度影响较大，测量时应加以考虑。

10.0.5 互感器的局部放电水平是反映其绝缘状况的重要指标之一，标准没有对35kV以下电压等级互感器提出局部放电测量要求，是因为这类互感器数量巨大，且多数安装在开关柜、计量柜等箱体中，交接试验是否进行局部放电测量，由开关柜、计量柜等设备制造厂或使用单位决定。现场进行互感器局部放电测量有较大难度，本标准没有提强制要求，电压等级为35kV～110kV互感器的局部放电测量可按互感器安装数量的10%进行抽测，电压等级220kV及以上互感器在绝缘性能有怀疑时宜进行局部放电测量。不少运行单位为了加强设备质量控制，将互感器的局部放电测量安排在当地有条件的试验室逐台进行，属于交接试验的范围延伸。局部放电测量时的施加电压，对测量结果影响很大。为了保持测量结果的准确性，要求在高压侧监测施加的一次电压，尤其是电磁式电压互感器采用感应施压方式，更应注意设备容升效应可能导致的一次侧电压过高现象发生。取消了全绝缘结构电压互感器在 $1.2U_m/\sqrt{3}$ 情况下的试验，因为全绝缘结构电压互感器工作电压高于 $1.2U_m/\sqrt{3}$。互感器局部放电试验的预加电压可以为交流耐受电压的80%，所以两项试验可以一并完成。

表 10.0.5 中 35kV 半绝缘结构电压互感器局部放电测量电压 $1.2U_m/\sqrt{3}$ 为相—地电压，$1.2U_m$ 为相一相电压。通常测试电压互感器局部放电时，对相一地间施加电压 $1.2U_m/\sqrt{3}$，干式电压互感器测试局部放电量不大于 50pC，油浸式或气体式电压互感器测试局部放电量不大于 20pC 即可。如果对互感器相一相间施加电压 $1.2U_m$，干式电压互感器测试局部放电量不大于 100pC，油浸式或气体式电压互感器测试局部放电量不大于 50pC 也可以。

10.0.6　对原标准中的互感器交流耐受试验条款进行整理，删除重复部分。交接试验的交流耐受电压取值，统一按例行（出厂）试验的 80%进行，在高压侧监视施加电压，反复进行更高电压的耐受试验有可能损伤互感器的绝缘。SF_6 气体绝缘互感器不宜在现场组装，否则应在组装完整的产品上进行交流耐受试验。对互感器二次绕组间及其对箱体（接地）之间的 2kV 短时工频耐受试验，可以用 2500V 绝缘电阻表测量绝缘电阻的方式替代。2kV 工频电压峰值约 2.8kV，绝缘电阻表的工作电压为 2.5kV。

10.0.7　某些结构的互感器（如倒立式少油电流互感器）油量少，而且采用了微正压全密封结构，在其他试验证明互感器绝缘性能良好的情况下，不应破坏产品的密封来取油样。

SF_6 气体绝缘互感器气体含水量与环境温度有关，还要注意试品与检测仪器连接管本身是否有水分或潮气。

新条文将油中溶解气体 H_2 含量提高到 100μL/L，在交接试验及预防项试验中，互感器氢气超标现象较多，往往并非是内部放电引起，与目前箱体内部镀锌处理工艺有关。

10.0.8　现场出现电压互感器一次绕组直流电阻测量值偏差 10%的情况不多，但是二次绕组直流电阻测量值偏差 15%的可能性比较大。某些情况，制造厂在互感器误差特性测量时，发现测量绕组的误差特性曲线比计量绕组的误差特性曲线更好，可能变更两个绕组在内部端子的接线。计量绕组与测试绕组在结构上，往往一个在内侧分布，一个在外侧分布，导致直流电阻测量值发生偏差。尽管这种情况不影响实际使用，但是给交接试验单位带来麻烦，特别是安装完毕的 GIS 用电压互感器，不便于设备的更换，需要业主与制造厂进行协商处理。电流互感器也有类似情况，即使同型号、同规格、同批次产品使用的铁心，其磁化曲线也难保持完全一致，制造厂往往采用直径不同的二次导线进行分数匝等补偿，以满足误差特性要求，导致同型号、同规格、同批次产品二次绕组直流电阻测量值偏差较大。这种情况，同样需要业主与制造厂协商处理。理论计算与试验表明，这种情况下的直流电阻偏差，不影响产品性能。之所以采用“不宜”的表达方式，也是为业主与制造厂协商处理留下空间。

电流互感器绕组的直流电阻测量说明中增加了“一次绕组有串、并联接线方式时，对电流互感器的一次绕组的直流电阻测量应在正常运行方式下测量，或同时测量两种接线方式下的一次绕组的直流电阻，倒立式电流互感器单匝一次绕组的直流电阻之间的差异不宜大于 30%”。绕组直流电阻不应有较大差异，特别是不应与出厂值有较大差异，否则就要检查绕组联接端子是否有松动、接触不良或者有断线，特别是电流互感器的一次绕组。

10.0.9　极性检查可以和误差试验一并进行。

10.0.10　运行部门非常注重关口计量用互感器的检测，以保证涉及电量贸易结算的可靠性，且实际操作上均有国家授权的法定计量鉴定机构完成。本次修订，不再对误差测量机构（实验室）的要求进行描述。非关口计量用互感器，是指用于电网电量参量监测、继电保护及自动装置等仪器设备的互感器及绕组。对于非关口计量用互感器或互感器计量绕组进行误差检测的主要目的是用于内部考核，包括对设备、线路的参数（如线损）的测量；同时，误差试验也可发现互感器是否有绝缘等其他缺陷。

10.0.11　考虑到 P 级电流互感器占有比较大的份额，励磁特性测量可以初步判断电流互感器本身的特征参数是否符合铭牌标志给出值。对 P 级励磁曲线的测量与检查，可采用励磁曲线测量法或模拟二次负荷法两种间接的方法核查电流互感器保护级（P 级）准确限值系数是否满足要求，有怀疑时，宜用直接法测量复合误差，根据测量结果判定是否合格。

（1）励磁曲线测量法核查电流互感器保护级（P级）准确限值系数，应按下列方法和步骤：

1）根据电流互感器铭牌参数确定施加电压值，以测试P级绕组的$V—I$励磁特性曲线，其中二次电阻r_2可用二次直流电阻$\overline{r}_2$替代，漏抗x_2可估算，电压与电流的测量用方均根值仪表；

2）根据不同电压等级估算x_2值，x_2估算值见表5；

表5　　x_2 估 算 值

电流互感器额定电压	独立结构			GIS及套管结构
	≤35kV	66kV～110kV	220kV～750kV	
x_2估算值（Ω）	0.1	0.15	0.2	0.1

3）施加确定的电压值于二次绕组端，并实测电流值，该电流值大于P级准确限制电流值，则判该绕组准确限值系数不合格，该电流值小于P级准确限制电流值，则判该绕组准确限值系数合格。

举例说明励磁曲线测量法核查电流互感器保护级（P级）准确限值系数的方法：

例1：某互感器参数为：电流互感器额定电压220kV，被检绕组变比1000/5A，二次额定负荷50VA，cosΦ＝0.8，10P20。

则：额定二次负荷阻抗　　$Z_L=\left(\dfrac{50\text{VA}}{5\text{A}}\div 5\text{A}\right)(0.8+\text{j}0.6)=1.6+\text{j}1.2\Omega$

二次阻抗　　$Z_2\approx\overline{r}_2+\text{j}x_2=0.1+\text{j}0.2$

其中$\overline{r}_2$为直流电阻实测值。

那么，根据已知铭牌参数“10P20”，在20倍额定电流情况下线圈感应电势$E|_{20In}=20\times5|(Z_2+Z_L)|=100|1.7+\text{j}1.4|=100\sqrt{1.7^2+1.4^2}=220\text{V}$。

如果在二次绕组端施加励磁电压220V时测量的励磁电流$I_0>0.1\times20\times5\text{A}=10\text{A}$时，则判该绕组准确限值系数不合格。

（2）模拟二次负荷法核查电流互感器保护级（P级）准确限值系数，应按下列方法和步骤：

1）进行基本误差试验时，配置相应的模拟二次负荷Z_L'；

2）接入Z_L'时测量额定电流下的复合误差（$\sqrt{f^2+\delta^2}\%$）大于10%，则判为不合格，其中δ单位取厘弧。

举例说明模拟二次负荷法核查电流互感器保护级（P级）准确限值系数的方法：

例2：某互感器参数为：电流互感器额定电压220kV，被检绕组变比1000/5A，二次额定负荷50VA，cosΦ＝0.8，10P20。

在正常的差值法检测电流互感器基本误差线路上，将二次负荷Z_L'取值改为$(20-1)Z_2+20Z_L$，即：

$$Z_L'=(20-1)Z_2+20Z_L$$
$$=19\times(0.1+\text{j}0.2)+20(1.6+\text{j}1.2)=33.9+\text{j}27.8\Omega$$

在接入Z_L'时测量额定电流（这里为1000A）时的复合误差（$\sqrt{f^2+\delta^2}\%$）大于10%，则判为不合格，其中δ单位取厘弧。

通过励磁特性测量核查P级电流互感器是否满足产品铭牌上标称的参数，属于间接测量方法，与采用规定的大电流下直接测量可能会有差异。但是，间接法核查不满足要求的产品用直接法检测很少有合格的，除非间接测量方法本身的测量误差太大。也可以用间接法（包括直流法、低频电源法）现场检测具有暂态特性要求的T级电流互感器，因对检测人员和设备要求较高的缘故暂不宜推广。PR级和PX级的用量相对较少，有要求时应按规定进行试验。

用于继电保护的电流互感器或电流互感器线圈，进行励磁曲线测量时，要考虑施加电压是否高于二次绕组绝缘耐受能力。相关的IEC及国家标准，规定二次绕组开路电压最高限值为峰值4.5kV。如果励

磁曲线测量时间电压峰值高于 4.5kV 时，通过降低试验电源频率，可以降低试验电压，再通过换算的方式进行励磁曲线的比较。

采用交流法核查电流互感器暂态特性时，在二次端子上施加实际正弦波交流电压，测量相应的励磁电流，试验可以在降低的频率下进行，以避免绕组和二次端子承受不能容许的电压；测量励磁电流应采用峰值读数仪表，以能与峰值磁通值相对应。

具体的方法和步骤应符合下列规定：

①应在二次端子上施加实际正弦波交流电压，测量相应的励磁电流，试验可以在降低的频率下进行，测量励磁电流应采用峰值读数仪表，测量励磁电压应采用平均值仪表，刻度为方均根值；

②实测频率 f' 下所加电压的方均根值 U'，并应按下式计算二次匝链磁通道 Φ；

$$\Phi=\frac{\sqrt{2}}{2\pi f'}\cdot U' \qquad (\mathrm{Wb}) \tag{1}$$

③额定频率 f 下的等效电压方均根值 U 应按下式计算：

$$U=\frac{2\pi f}{\sqrt{2}}\cdot\Phi \qquad (\mathrm{V,rms.}) \tag{2}$$

④所得励磁特性曲线应为峰值励磁电流 i_m 与代表峰值通道 Φ 的额定频率等效电压方均根值 U 的关系曲线。励磁电感由励磁特性曲线在饱和磁通 Φ_s 的 20%至 90%范围内的平均斜率确定；

$$L_m=\frac{\Phi_s}{i_m}=\frac{\sqrt{2}U}{2\pi f i_m} \qquad (\mathrm{H}) \tag{3}$$

⑤当忽略二次侧漏抗时，相应于电阻性总负荷（$R_{et}+R_b$）的二次时间常数 T_s 可按下式计算：

$$T_s=\frac{L_s}{R_s}\approx\frac{L_m}{R_{er}+R_b} \qquad (\mathrm{s}) \tag{4}$$

⑥用交流法确定剩磁系数 K_r 时，应对励磁电压积分（图 3），积分的电压和相应的电流在 X - Y 示波器上显示出磁滞回环。当励磁电流已是饱和磁通 Φ_s 达到的值时，认为电流过零时的磁通值是剩磁 Φ_r。

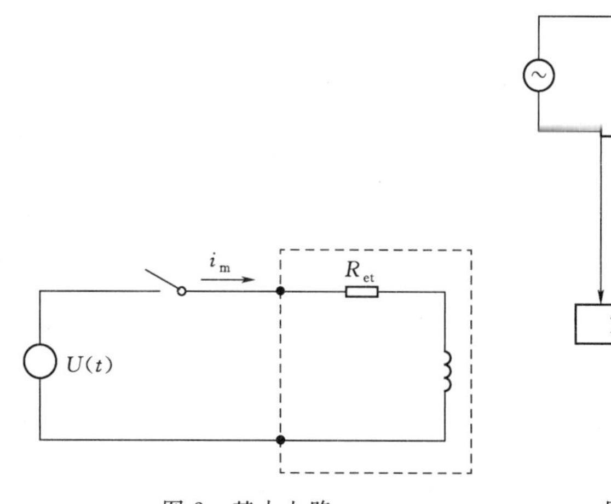

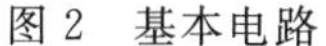
图 2　基本电路

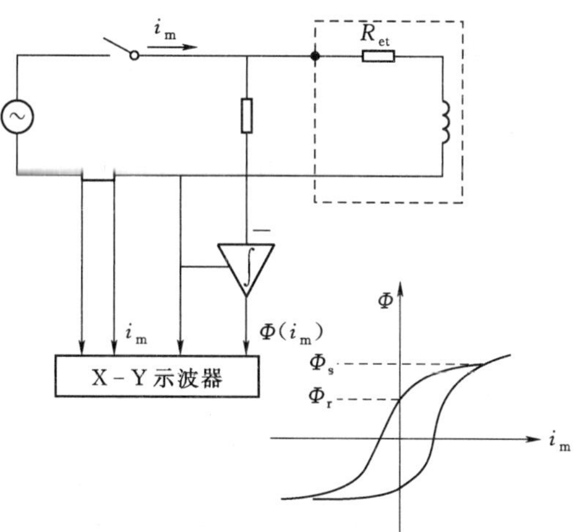

图 3　用磁滞回环确定剩磁系数 K_t

采用直流法核查电流互感器暂态特性时，典型试验电路见图 4。采用某一直流电压，它能使磁通达到持续为同一值。励磁电流缓慢上升，意味着受绕组电阻电压的影响，磁通测量值是在对励磁的绕组端电压减去与 R_{et}、i_m 对应的附加电压后，再进行积分得出的。测定励磁特性时，应在积分器复位后立即闭合开关 S。记录励磁电流和磁通的上升值，直到皆达到恒定时，然后切断开关 S。一旦开关 S 断开，衰减的励磁电流流过二次绕组和放电电阻 R_d。随之磁通值下降，但它在电流为零时，不会降为零。如选取的励磁电流 I_m 使磁通达到饱和值时，则在电流为零时剩余的磁通值认为是剩磁 Φ_r。

具体的方法和步骤应符合下列规定：

①直流法典型试验电路图为图 4；

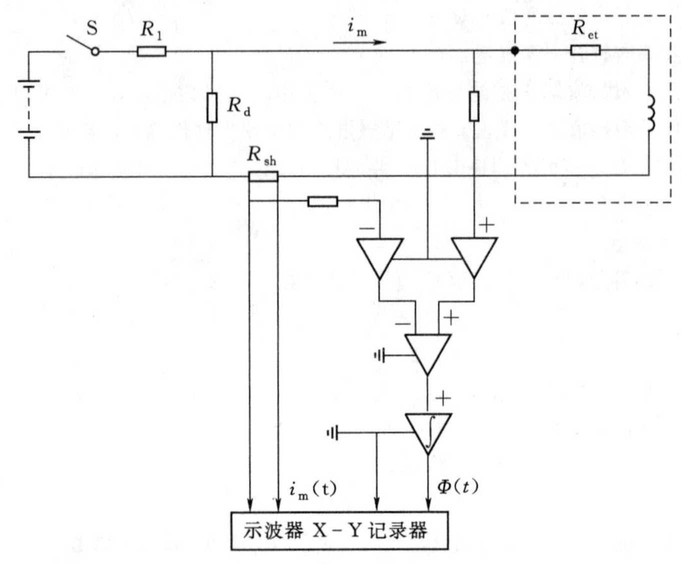

图 4　直流法基本电路

②测定励磁特性时，应在积分器复位后立即闭合开关 S。记录励磁电流和磁通的上升值，直到皆达到恒定时，然后切断开关 S；

③磁通 Φ(t) 和励磁电流 $i_m(t)$ 与时间 t 的函数关系的典型试验记录图为图 5，其中磁通可以用 W_b 表示，或按公式（2）额定频率等效电压方均根值 $U(t)$ 表示；

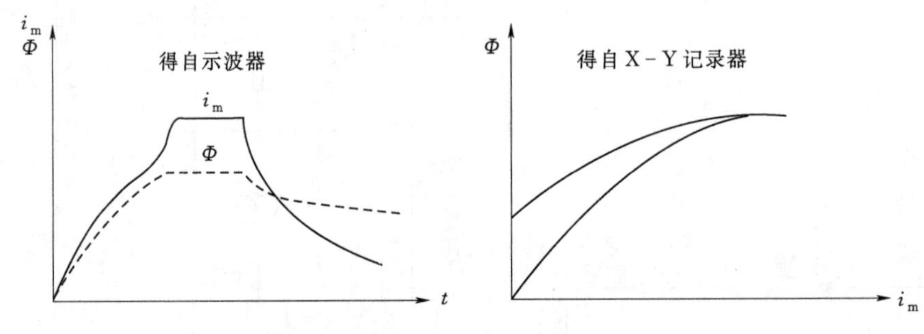

图 5　典型记录曲线

④励磁电感（L_m），可取励磁曲线上一些适当点的 $\Phi(t)$ 除以相应的 $i_m(t)$ 得出，或者当磁通值用等效电压方均根值 $U(t)$ 表示时，使用公式（3）；

⑤TPS 和 TPX 级电流互感器的铁心应事先退磁，退磁的 TPY 级电流互感器的剩磁系数（K_r）用比率 Φ_r/Φ_s 确定；

⑥对于铁心未事先退磁的 TPY 级电流互感器，其剩磁系数（K_r）可用交换二次端子的补充试验确定。此时的剩磁系数（K_r）计算方法同上，但假定（Φ_r）为第二次试验测得的剩磁值的一半。

⑦确定 TPS 和 TPX 级电流互感器 Φ（i_m）特性的平均斜率时，推荐采用 X－Y 记录仪。

10.0.12　我国 66kV 及以下电压等级电网一般为不直接接地系统，配置有两种类型的电压互感器，一种

是半绝缘结构电压互感器，一次绕组一端（A）接高压，一次绕组另一端（N）接地，励磁曲线最高测量电压为 190%；一种是全绝缘结构电压互感器，一次绕组两个端子分别接在不同相高压，如分别接在 A 相和 B 相之间，或者分别接在 B 相和 C 相之间，其励磁曲线最高测量电压为 150%。110(66)kV 及以上电压等级电网一般为直接接地系统，电压互感器的励磁曲线最高测量电压为 150%。特高压交流变电站的 110kV 三次系统（无功补偿）为不直接接地系统，半绝缘结构电磁式电压互感器的励磁曲线最高测量电压为 190%；少数区域的 20kV 电网为直接接地系统，电压互感器的励磁曲线最高测量电压为 150%。电磁式电压互感器励磁曲线的测量，可以用于检查产品的性能一致性，也可以用于评估在电网运行条件下的耐受铁磁谐振能力。理论上，磁密越低，越有利于降低在电网运行状态下发生铁磁谐振的概率，但是低磁密将增大电压互感器的体积和制造成本。

与电流互感器不同，同一电压等级、同型号、同规格的电压互感器没有那么多的变比、级次组合及负荷的配置，其励磁曲线（包括绕组直流电阻）与出厂检测结果及型式试验报告数据不应有较大分散性，否则就说明所使用的材料、工艺甚至设计和制造发生了较大变动，应重新进行型式试验来检验互感器的质量。如果励磁电流偏差太大，特别是成倍偏大，就要考虑是否有匝间绝缘损坏、铁心片间短路或者是铁心松动的可能。

10.0.13　交接试验及预防性试验都提出电容式电压互感器（CVT）的电容分压器电容量及介损测量要求。

CVT 电容器瓷套内装有由几百只元件组成的电容心子，很多案例表明实测电容值的改变预示着内部有元件发生击穿或其他异常情况。所以本条规定 CVT 电容分压器电容量与额定电容值比较不宜超过 −5%～10%，当 CVT 电容分压器电容量与额定电容值比较超过 −5%～10% 范围时应引起注意，加强监测或增加试验频次，有条件时停电检修处理，以消除事故隐患。

CVT 由耦合电容分压器和电磁单元组成，多数情况下，耦合电容分压器的中压与电磁单元之间的中压连线在电磁单元箱体内部，中压连线不解开，电磁单元各部件无法进行检测。此时，可以通过误差特性检测，根据误差特性测量结果反映耦合电容器及电磁单元内各部件是否有缺陷，包括耦合电容器各电容元件是否有损伤，电磁单元内部接线是否正确，各元件性能是否正常。电磁单元不检测时，安装在补偿电抗器两端的限幅器（现在多为氧化锌避雷器）及中间变压器二次端子处的限幅器应解开，否则会损坏限幅器，阻尼器也吸收功率导致试验结果不准确。CVT 的误差特性受环境因素影响较大，包括气候条件及周边物体、电场等影响。CVT 在地面上与在基座（柱）上，耦合电容器的等效电容量是不一样的，又高压引线的连接方式影响也很大，误差特性测量时的 CVT 状况应尽量接近于实际运行状态。目前，CVT 电容分压器一般只采用膜纸绝缘介质材料。

10.0.14　油浸式互感器的密封性能主要是目测，气体绝缘互感器通常是在定性检测发现漏点时再进行定量检测。

11　真空断路器

11.0.1　真空断路器的试验项目基本上同其他断路器类似，但有两点不同：

（1）测量合闸时触头的弹跳时间，其标准及测试的必要性，在本标准第 11.0.5 条中说明。

（2）其他断路器需作分合闸时平均速度的测试。但真空断路器由于行程很小，一般是用电子示波器及临时安装的辅助触头来测定触头实际行程与所耗时间之比（不包括操作及电磁转换等时间）。考虑到现场较难进行测试，而且必要性不大，故此项试验未予列入。

11.0.4　现行行业标准《高压开关设备和控制设备标准的共用技术要求》DL/T 593 中定义额定电压是开关设备和控制设备所在系统的最高电压，额定电压的标准值如下：3.6kV—7.2kV—12kV—24kV—40.5kV—72.5kV—126kV—252kV—363kV—550kV—800kV。真空断路器断口之间的交流耐压试验，实际上是判断真空灭弧室的真空度是否符合要求的一种监视方法。因此，真空灭弧室在现场存放时间过长时应定期按制造厂的技术条件规定进行交流耐压试验。至于对真空灭弧室的真空度的直接测试方法和所使用的仪器，有待进一步研究与完善。

表 11.0.4 数据引自现行行业标准《高压开关设备和控制设备标准的共用技术要求》DL/T 593 中表 1 和表 2；表中的隔离断口是指隔离开关、负荷－隔离开关的断口以及起联络作用或作为热备用的负荷开关和断路器的断口，其触头开距按对隔离开关规定的安全要求设计。

11.0.5 在合闸过程中，真空断路器的触头接触后的弹跳时间是该断路器的主要技术指标准之一，弹跳时间过长，弹跳次数也必然增多，引起的操作过电压也高，这样对电气设备的绝缘及安全运行也极为不利。本标准参照厂家资料及部分国内省份的预防性试验规程规定，其弹跳时间：40.5kV 以下断路器不应大于 2ms，40.5kV 及以上断路器不应大于 3ms。10kV 部分大电流的真空断路器因其惯性大，确实存在部分产品的弹跳时间不能满足小于 2ms 的现象，但也是合格产品。

12 六氟化硫断路器

12.0.4 本条第 3 款罐式断路器应进行耐压试验，主要考虑罐式断路器外壳是接地的金属外壳，内部如遗留杂物、安装工艺不良或运输中引起内部零件位移，就可能会改变原设计的电场分布而造成薄弱环节和隐患，这就可能会在运行中造成重大事故。

瓷柱式断路器，其外壳是瓷套，对地绝缘强度高，另外变开距瓷柱式断路器断口开距大，故对它们的对地及断口耐压试验均未作规定。但定开距瓷柱式断路器的断口间隙小，仅 30mm 左右，故规定做断口的交流耐压试验，以便在有杂质或毛刺时，也可在耐压试验时被“老练”清除。

本条的耐压试验方式可分为工频交流电压、工频交流串联谐振电压、变频交流串联谐振电压和冲击电压试验等，视产品技术条件、现场情况和试验设备而定，均参照现行国家标准《额定电压 72.5kV 及以上气体绝缘金属封闭开关设备》GB 7674—2008 的规定进行。

由于变频串联谐振电压试验具有设备轻便、要求的试验电源容量不大、对试品的损伤小等优点，因此，除制造厂另有规定外，建议优先采用变频串联谐振的方式。

交流电压（工频交流电压、工频交流串联谐振电压、变频交流串联谐振电压）对检查杂质较灵敏，试验电压应接近正弦，峰值和有效值之比等于$\sqrt{2}\pm0.07$，交流电压频率一般应在 10Hz～300Hz 的范围内。

试验方法可参照现行国家标准《额定电压 72.5kV 及以上气体绝缘金属封闭开关设备》GB 7674—2008，并按产品技术条件规定的试验电压值的 80%作为现场试验的耐压试验标准。若能在规定的试验电压下持续 1min 不发生闪络或击穿，表示交流耐压试验已通过。在特殊情况下，可增加冲击电压试验，以规定的试验电压，正负极性各冲击 3 次。

冲击电压分为雷电冲击电压和操作冲击电压。

雷电冲击电压试验对检查异常带电结构（例如电极损坏）比较敏感，其波前时间不大于 8μs；振荡雷电冲击电压波的波前时间不大于 15μs。

操作冲击电压试验对于检查设备存在的污染和异常电场结构特别有效，其波头时间一般应在 150μs～1000μs 之间。

12.0.9 合闸电阻一般均是碳质烧结电阻片，通流能力大，以合闸于反相或合闸于出口故障的工作条件最为严重，多次通流以后，特性变坏，影响功能。

罐式断路器的合闸电阻布置于罐体内，故应在安装过程中未充入 SF_6 气体前，对合闸电阻进行检查与测试。

合闸电阻的投入时间是指合闸电阻的有效投入时间，就是从辅助触头刚接通到主触头闭合的一段

时间。

12.0.13　SF_6 气体中微量水的含量是较为重要的指标，它不但影响绝缘性能，而且水分会在电弧作用下在 SF_6 气体中分解成有毒和有害的低氧化物质，其中如氢氟酸（$H_2O+SF_6 \rightarrow SOF_2+2HF$）对材料还起腐蚀作用。

水分主要来自以下几个方面：①在 SF_6 充注和断路装配过程中带入；②绝缘材料中水分的缓慢蒸发；③外界水分通过密封部位渗入。据国外资料介绍，SF_6 气体内的水分达到最高值一般是在 3 个月～6 个月，以后无特殊情况则逐渐趋向稳定。

有的断路器的气室与灭弧室不相连通，如某厂的罐式断路器就是使用盆式绝缘子将套管气室与灭弧室罐体隔开的，这是由于此类气室内 SF_6 充气压力较低，允许的微量水含量比灭弧室高。

断路器 SF_6 气体内微量水含量标准是参照现行国家标准《额定电压 72.5kV 及以上气体绝缘金属封闭开关设备》GB 7674—2008 及《六氟化硫电气设备中气体管理和检测到则》GB/T 8905—2012 中的相应规定来制订的。

取样和试验温度应尽量接近 20℃，且尽量不低于 20℃。检测的湿度值可按设备实际温度与设备生产厂提供的温、湿度曲线核查，以判定湿度是否超标。

12.0.14　泄漏值标准是参照现行国家标准《72.5kV 及以上气体绝缘金属封闭开关设备》GB 7674—2008、《高压开关设备六氟化硫气体密封试验导则》GB 11023—1989 及现行行业标准《电力设备预防性试验规程》DL/T 596—1996 中有关规定来制订的。

检漏仪的灵敏度不应低于 1×10^{-6}（体积比），一般检漏仪则只能做定性分析。实际测量中正常情况下，年漏气率一般均在 0.1%以下。另外，在现场也可采用局部包扎法，即将法兰接口等外侧用聚乙烯薄膜包扎 5h 以上，每个薄膜内的 SF_6 含量不应大于 30μL/L（体积比）。规定必要时可采用局部包扎法进行气体泄漏测量，是考虑到用检漏仪定性检测到有六氟化硫气体泄漏，根据现场和设备的实际情况综合分析需要定量检测六氟化硫气体泄漏量和泄漏率时，需要采用局部包扎法进行气体泄漏测量。

因为在多个现场曾发现静态密封试验合格的开关，经过操动试验后，轴封等处发生泄漏的情况。所以，规定密封试验应在断路器充气 24h 以后，且开关操动试验后进行。

12.0.15　SF_6 气体密度继电器是带有温度补偿的压力测定装置，能区分 SF_6 气室的压力变化是由于温度变化还是由于严重泄漏引起的不正常压降。因此安装气体密度继电器前，应先检验其本身的准确度，然后根据产品技术条件的规定，调整好补气报警、闭锁合闸及闭锁分闸等的整定值。

13　六氟化硫封闭式组合电器

13.0.4　同本标准第 12.0.14 条的条文说明。

13.0.5　同本标准第 12.0.13 条的条文说明。

13.0.6　同本标准第 12.0.4 条的条文说明。除参照本标准第 12.0.4 条的条文说明外，补充以下内容：

也可以直接利用六氟化硫封闭式组合电器自身的电磁式电压互感器或电力变压器，由低压侧施加试验电源，在高压侧感应出所需的试验电压。该办法不需高压试验设备，也不用高压引线的连接和拆除。750kV 电压等级的，试验电压为出厂试验电压的 80%，即 768kV。采用这种办法要考虑试验过程中磁路饱和、试品击穿等引起的过电流问题。

局部放电测量有助于探测现场试验期间的某类故障。对于现场的局部放电探测，除了应符合现行国家标准《局部放电测量》GB/T 7354 的传统方法以外，电气的 VHF/UHF 和声学法可以用于 GIS。这两种方法比传统的测量对噪声缺乏敏感性，而且可以用于局部放电的在线监测。具体方法参照现行行业标准《气体绝缘金属封闭开关设备现场耐压及绝缘试验导则》DL/T 555。750kV 电压等级的在 $1.2U_r/\sqrt{3}$ 即 554kV 下（U_r 为额定电压）进行局部放电测试。

13.0.7　本条规定的试验项目是验证六氟化硫封闭式组合电器的高压开关及其操动机构、辅助设备的功能特性。操动试验前，应检查所有管路接头的密封，螺钉、端部的连接；二次回路的控制线路以及各部件的装配是否符合产品图纸及说明书的规定等。

14　隔离开关、负荷开关及高压熔断器

14.0.2　绝缘电阻值是参照现行行业标准《电力设备预防性试验规程》DL/T 596—1996 制订的。

14.0.3　这一条规定的目的是发现熔丝在运输途中有无断裂或局部振断。

14.0.4　隔离开关导电部分的接触好坏可以通过在安装中对触头压力接触紧密度的检查予以保证，但负荷开关与真空断路器及 SF_6 断路器一样，其导电部分好坏不易直观与检测，其正常工作性质也与隔离开关有所不同，所以应测量导电回路的电阻。

14.0.5～14.0.7　此三条是参照《高压交流隔离开关和接地开关》GB 1985—2004 修订的。其中第 14.0.7 条第 1 款第 2 项所规定的气压范围为操动机构储气筒的气压数值。

15　套管

15.0.1　由于目前 35kV 油断路器已经不再使用，所以将原条文中的备注“注：整体组装于 35kV 油断路器上的套管，可不单独进行 $\tan\delta$ 的试验”删除。

15.0.2　应在安装前测量电容型套管的抽压及测量小套管对法兰外壳的绝缘电阻，以便综合判断其是否受潮，测试标准参照现行行业标准《电力设备预防性试验规程》DL/T 596—1996 的规定。规定使用 2500V 兆欧表进行测量，主要考虑测试条件一致，便于分析。大部分国产套管的抽压及测量小套管具有 3000V 的工频耐压能力，因此使用 2500V 绝缘电阻表不会损坏小套管的绝缘。

15.0.3　本条是参照现行国家标准《交流电压高于 1000V 的绝缘套管》GB/T 4109—2008 的规定，测量 $\tan\delta$(%) 的试验电压为 $1.05U_m/\sqrt{3}$，考虑到现场交接试验的方便，试验电压可为 10kV，但 $\tan\delta$(%) 数值标准的要求仍保持不变。

套管的 $\tan\delta$(%) 一般不用进行温度换算，而且对于油气套管来讲，其温度要考虑变压器的上层油温及空气或 SF_6 气体的温度加权计算，对现场的操作不方便。原规程有由某单位提供的油浸纸绝缘电流互感器或套管的 $\tan\delta$(%) 的温度换算系数参考值转载见表 6，仅供参考。并不鼓励进行温度换算，只是在怀疑有问题时供研究之用。

表 6　　温度换算系数考值

测量时温度 t_X（℃）	系数 K	测量时温度 t_X（℃）	系数 K
5	0.880	10	0.930
8	0.910	12	0.950
14	0.960	26	1.030
16	0.980	28	1.040
18	0.990	30	1.050
20	1.000	32	1.060
22	1.010	34	1.065
24	1.020	36	1.070

注　20℃时的 $\tan\delta$(%)=[t_X℃时测得的 $\tan\delta$(%)]/K。

电容型套管的实测电容量值与产品铭牌数值或出厂试验值相比，其差值应在±5%范围内。原标准为±10%，而预防性试验规程的要求则为±5%，考虑到设备交接时要求应更严格，因此统一取为

±5%。

套管备品放置一年以上，使用时要再做交接试验。

15.0.5　套管中的绝缘油质量好坏是直接关系到套管安全运行的重要一环，但套管中绝缘油数量较少，取油样后可能还要进行补充，因此要求厂家提供绝缘油的出厂试验报告。对本条第1款的油样试验项目进行了说明，即“水含量和色谱试验”。第2款新增了750kV电压等级的套管以及充电缆油的套管的绝缘油的试验项目和标准，参照现行行业标准《变压器油中溶解气体分析和判断导则》DL/T 722，对750kV电压等级的套管，其总烃含量应小于10μL/L，氢气含量应小于150μL/L，乙炔含量为0.1μL/L。

16　悬式绝缘子和支柱绝缘子

16.0.2　明确对悬式绝缘子和35kV及以下的支柱绝缘子进行抽样检查绝缘电阻，目的在于避免母线安装后耐压试验时因绝缘子击穿或不合格而需要更换，造成施工困难和人力物力的浪费。

对于半导体釉绝缘子的绝缘电阻可能难以达到条文规定的要求，故按产品技术条件的规定。

16.0.3　本条第1款中规定“35kV及以下电压等级的支柱绝缘子应进行交流耐压试验，可在母线安装完毕后一起进行”。

35kV多元件支柱绝缘子的每层浇合处是绝缘的薄弱环节，往往在整个绝缘子交流耐压试验时不可能发现，而在分层耐压试验时引起击穿，为此本条规定应按每个元件耐压试验电压标准进行交流耐压试验。

悬式绝缘子的交流耐压试验电压标准，是根据国内有关厂家资料而制订的。

17　电力电缆线路

17.0.1　橡塑绝缘电力电缆采用直流耐压存在明显缺点：直流电压下的电场分布与交流电压下电场分布不同，不能反映实际运行状况。国际大电网会议第21研究委员会CIGRE SC21 WG21-09工作组报告和IEC SC 20A的新工作项目提案文件不推荐采用直流耐压试验作为橡塑绝缘电力电缆的竣工试验。这一点也得到了运行经验的证明，一些电缆在交接试验中直流耐压试验顺利通过，但投运不久就发生绝缘击穿事故；正常运行的电缆被直流耐压试验损坏的情况也时有发生，故在本条目中要求对橡塑绝缘电力电缆采用交流耐压试验。但对U_0为18kV及以下的橡塑电缆，由于在现行IEC标准中保留了直流耐压试验，所以在本条中要求在条件不具备的情况下，允许对U_0为18kV及以下的橡塑电缆采用直流耐压试验。

另外，最新版IEC标准《额定电压1kV（U_m=1.2kV）至30kV（U_m=36kV）挤出绝缘电力电缆及其附件　第2部分：额定电压6kV（U_m=7.2kV）至30kV（U_m=36kV）电缆》IEC 60502—2：2014已经将“对电缆的导体与接地屏蔽之间施加有效值为$3U_0$的0.1Hz电压进行耐压15min”的方法正式作为额定电压U_0为3.6kV～18kV的安装后电气试验方法的选项之一，因此，本标准也补充采用了这一试验方法。

需要说明的是，IEC标准的安装后试验要求中，均提出“推荐进行外护套试验和（或）进行主绝缘交流试验。对仅进行了外护套试验的新电缆线路，经采购方与承包方同意，在附件安装期间的质量保证程序可以代替主绝缘试验”的观点和规定，指出了附件安装期间的质量保证程序是决定安装质量的实质因素，试验只是辅助手段。但前提是能够提供经过验证的可信的“附件安装期间的质量保证程序”。目前我国安装质量保证程序还需要验证，安装经验还需要积累，一般情况下还不能省去主绝缘试验。但应该按这一方向去努力。

纸绝缘电缆是指粘性油浸纸绝缘电缆和不滴流油浸纸绝缘电缆。

橡塑绝缘电力电缆是指聚氯乙烯绝缘、交联聚乙烯绝缘和乙丙橡皮绝缘电力电缆。

考虑到电缆局部放电现场测试技术的快速发展，以及部分单位的成功实践经验，增加了条件具备时

66kV 及以上橡塑绝缘电力电缆线路可进行现场局部放电试验的有关要求，即橡塑绝缘电力电缆的试验项目中增加了“电力电缆线路的局部放电测量”。

17.0.2　本条对电缆试验的注意事项作了规定，对 0.6/1kV 的电缆线路的耐压试验可用 2500kV 兆欧表代替做了说明。

17.0.4　标准中引进了 U_0/U 的概念后，直流耐压试验标准与 U_0 和 U 均有关，特别是具有统包绝缘的电缆，不但考虑相间绝缘，还考虑了相对地绝缘。

主要依据 IEC 标准《充油电缆和压气电缆及其附件的试验　第 1 部分：交流 500kV 及以下纸绝缘或聚丙烯复合纸绝缘金属套充油电缆及其附件》IEC 60141—1：1993 及其第 2 号修改单（1998），等效的现行国家标准《交流 500kV 及以下纸或聚丙烯复合纸绝缘金属套充油电缆及附件　第 1 部分：试验》GB/T 9326.1—2008，虽然有一些内容略有差异，但是对电缆安装后的试验要求却保持了一致的内容：将电缆线路的油压升高至设计油压后，对包括终端和接头在内的电缆线路进行直流耐压试验。将直流负极性电压施加在导体与屏蔽层之间，时间 15min。试验电压按表中第 7 栏数值（见表 7）或为雷电冲击耐受电压值的 50%，以两者中低的值为准。

表 7　　IEC 60141 标准给出的三相系统用电缆的系统电压和试验电压的推荐标称值

1			2	3	4	5	6	7
系统电压[a]					电缆的试验电压[b]			
标称值[c]（仅供参考）（kV）			设备的最高电压[c]U_m（kV）	电缆的额定电压 U_0（kV）	耐压试验（例行试验）		绝缘安全试验	安装后试验[d]
					交流（kV）	直流（kV）	交流（kV）	直流（kV）
30		33	36	18	46	111	45	81
45		47	52	26	62	149	65	117
60	66	69	72.5	36	82	197	90	162
110		115	123	64	138	330	160	290
132		138	145	76	162	390	190	305
150		161	170	87	184	440	220	350
220		230	245	127	220	530	320	510
275		287	300	160	275	665	375	560
330		345	362	190	325	780	430	665
380		400	420	220	375	900	480	770
	500		525	290	495	990	600	870

a　见 IEC 60071 和 IEC 60183。

b　第 4、5、6 和 7 栏中的数值，对 200kV 及以下电压和超过 200kV 电压的电缆已分别被修约至 kV 值的整数和 5kV 或 10kV。

c　有效值。

d　见 IEC 60141 标准第 8.4 条。

说明：上表内容为 IEC 60141 标准的原文内容。注 a 所指的标准是：“IEC 60071 绝缘配合”和“IEC 60183 高压电缆选用导则”，注 d 所指的条款是 IEC 60141 标准的相应正文中表述上段引号内容的条款。

根据上述条款规定，确定了充油绝缘电缆直流耐压试验电压的选取结果，见表8。

表8　充油绝缘电缆直流耐压试验电压的选取（kV）

电缆额定电压 U_0/U	雷电冲击耐受电压		IEC 60141标准表格规定的直流试验电压值	按照所述规定应该选取的直流试验电压（已经修约取整）
	100%	50%		
48/66	325	162.5	162	162
	350	175		175
64/110	450	225		225
	550	275	290	275
127/220	850	425		425
	950	475		475
	1050	525	510	510
190/330	1175	587.5		590
	1300	650	665	650
290/500	1425	712.5		715
	1550	775		775
	1675	837.5	870	840

雷电冲击电压依据现行国家标准《绝缘配合　第1部分：定义、原则和规则》GB 311.1—2012的规定。

为了便于使用，仅把常用的绝缘水平试验电压列在正文，将其他绝缘水平的试验电压放在条文说明里。

充油电缆条款中还增加了"当现场条件只允许采用交流耐压方法时，应该采用的交流电压（有效值）为上列直流试验电压值的42%（额定电压 U_0/U 为190/330及以下）和50%（额定电压 U_0/U 为290/500）"的新规定。这里采用的交流电压（有效值），是根据相应的IEC 60141及国家标准GB/T 9326—2008的产品标准中例行试验规定的直流试验电压与交流试验电压的等效换算倍数2.4和2.0，把交接试验的直流电压值反算确定得到的交流电压值。

本条第3款，泄漏电流值和不平衡系数只作为判断绝缘状况的参考，不作为是否能投入运行的判据。其他电缆泄漏电流值不作规定。

17.0.5　本条的试验标准是参照最新版IEC标准《额定电压1kV（U_m=1.2kV）至30kV（U_m=36kV）挤出绝缘电力电缆及其附件　第2部分：额定电压6kV（U_m=7.2kV）至30kV（U_m=36kV）电缆》IEC 60502.2：2014，《额定电压30kV（U_m=36kV）以上至150kV（U_m=170kV）挤包绝缘电力电缆及其附件——试验方法和要求》IEC 60840：2011，《额定电压150kV（U_m=170kV）以上至500kV（U_m=550kV）挤出绝缘电力电缆及其附件——试验方法和要求》IEC 62067：2011，及等效采用IEC标准内容的对应最新版国家标准的相应规定而制订的，同时考虑到目前国内各施工单位试验设备实际条件，对试验电压、试验时间给出了几种可选项，其中括号前为重点推荐。

17.0.8　交叉互联系统试验，方法和要求在本规范附录G已比较详细介绍，其中本规范第G.0.3条交叉互联性能试验，为比较直观和可靠的方法，但是需要相应的试验电源设备，这是大部分现场试验单位所不具备的，因此如用本方法试验时，应作为特殊试验项目处理。如果使用其他简便方式能够确定电缆的交叉互联结线无误，也可以采用其他简便方式。因此本规范第G.0.3条作为推荐采用的方法。

17.0.9　考虑到电缆局部放电现场测试技术的快速发展，以及部分单位的成功实践经验，增加了对于

66kV 及以上橡塑绝缘电力电缆线路在条件具备时进行现场局部放电试验的有关要求，其他电压等级的橡塑绝缘电力电缆线路，可以结合工程建设条件选择是否进行该试验，本标准暂不作规定。但限于技术发展现状，各种局部放电测量技术对于局部放电量绝对值还不能给出统一的分析判据，不过，各种方法的所规定的参考值还是有一定的实际指导意义，特别是在同一条件下进行测量所获得的局部放电量相对比较值是具有分析判据价值的。所以建议在被试电缆三相之间比较局放量的相对值，局放量异常大者，或达到超过局放试验仪器厂家推荐判断标准的，有关各方应研究解决办法；局放量明显大者应在三个月或六个月内用同样的试验方法复查局放量，如有明显增长则应研究解决办法。目前暂时不对具体测试技术方法作规定，待技术进一步成熟和经验进一步积累后，再作规定。考虑到今后在线检测状态检修的需求，应该鼓励积极开展局部放电测量。

目前常用的局放检测方法有以下几种：

（1）脉冲电流法是国际公认的对大部分绝缘设备局部放电检测的最基本方法，IEC-60270 为 IEC 正式公布的局部放电测量标准。其利用试验电容器耦合被测试品中的局放信号，测量出电容试品内部的视在放电量。但其对试验电源和环境都有较高的要求，对被测试品的局放位置定位比较困难。

（2）振荡波测试法是目前国际上较为先进的一种离线（停电）电缆局放检测技术，通过对充电后流经系统检测回路的电缆放电电流中脉冲信号的分析与计算来实现电缆内部局部放电量值检测和位置确定，用于带绝缘屏蔽结构电缆全线本体和附件缺陷检测。目前有些单位已成功运用电缆振荡波局放测试技术对 10kV 电缆进行了局放测试。

（3）超声波检测法是通过检测电力设备局部放电产生的超声波信号来测量局部放电的大小和位置。在实际检测中，超声传感器主要是通过贴在电气设备外壳上以体外检测的方式进行的。超声波方法用于在线监测局部放电的监测频带一般均在 20kHz～230kHz 之间。

（4）特高频法（UHF）法是目前局部放电检测的一种新方法，研究认为，每一次局部放电过程都伴随着正负电荷的中和，沿放电通道将会有过程极短陡度很大的脉冲电流产生，电流脉冲的陡度比较大，辐射的电磁波信号的特高频分量比较丰富。其主要的优点是能够进行局放定位，可进行移动检测，适用于在线检测。

18　电容器

18.0.1　新增“电容测量”试验，删除了原条款“耦合电容器的局部放电试验”。

18.0.2　新条文要求绝缘电阻均应不低于 500MΩ。

18.0.3　第 1 款中“测得的介质损耗因数（tanδ）应符合产品技术条件的规定”，是参照《耦合电容器及电容分压器》GB/T 19749—2005 及《高压交流断路器用均压电容器》GB/T 4787—2010 制订的。

对浸渍纸介质电容器，tanδ(%) 不应大于 0.4；浸渍与薄膜复合介质电容器 tanδ(%) 不大于 0.15；全膜介质电容器 tanδ(%) 不大于 0.05，在《标称电压 1kV 及以下交流电力系统用非自愈式并联电抗器　第 1 部分：总则—性能、试验和定额—安全要求—安装和运行导则》GB/T 17886.1—1999、《标称电压 1000V 以上交流电力系统用并联电容器　第 1 部分：总则》GB/T 11024.1—2010 及《电力系统用串联电容器　第一部分：总则》GB/T 6115.1—2008 中，也有这些规定。上述数据必要时也可供参考。

第 2 款是参照现行国家标准《耦合电容器及电容分压器》GB/T 19749—2005 第 2.3.2 条的规定：“电容偏差：测得的电容对额定电容的相对偏差应不大于－5%～＋10%，叠柱中任意两单元的电容之比对这两单元的额定电压之比的倒数之间相差应不大于 5%。注：对于电容分压器、电容式电压互感器，制造方可以要求较小的电压比偏差，其值应按每一具体情况下的协议确定。”

18.0.4　现行国家标准《标称电压 1000V 以上交流电力系统用并联电容器　第 1 部分：总则》GB/T 11024.1—2010 第 7.2 条规定的电容偏差为：

“对于电容器单元或每相只包含一个单元的电容器组，－5%～＋5%；

对于总容量在3Mvar及以下的电容器组，－5%～＋5%；

对于总容量在3Mvar以上的电容器组，0～＋5%。

三相单元中任何两线路端子之间测得的电容的最大值和最小值之比不应超过1.08。

三相电容器组中任意两线路端子之间测得的电容的最大值和最小值之比不应超过1.02。”

18.0.5　参照现行国家标准《标称电压1kV及以下交流电力系统用非自愈式并联电抗器　第1部分：总则—性能、试验和定额—安全要求—安装和运行导则》GB/T 17886.1—1999、《标称电压1000V以上交流电力系统用并联电容器　第1部分：总则》GB/T 11024.1—2010、《电力系统用串联电容器　第一部分：总则》GB/T 6115.1—2008和《高压交流断路器用均压电容器》GB/T 4787—2010中规定：“现场验收试验时的工频电压试验宜采用不超过出厂试验电压的75%”；“现场验收试验电压为此表（即工厂出厂试验电压标准表）的75%或更低”。工厂出厂试验电压标准表参考《绝缘配合　第1部分：定义、原则和规则》GB 311.1—2012，并且取斜线下的数据（外绝缘的干耐受电压），因此，本条规定“当产品出厂试验电压值不符合本标准表18.0.5的规定时，交接试验电压应按产品出厂试验电压值的75%进行”。

19　绝缘油和SF_6气体

19.0.1　本条主要是参照现行行业标准《运行中变压器油质量》GB/T 7595—2008制订的。

表19.0.1绝缘油的试验项目及标准中新增变压器油中颗粒度限值，详见现行行业标准《变压器油中颗粒度限值》DL/T 1096—2008。

19.0.2　表19.0.2中简化分析试验栏对应的适用范围，删除了原标准中的“准备注入油断路器的新油所做的试验项目”。

19.0.3　本条是采用了水利电力部西安热工研究所出版的《电力用油运行指标和方法研究》和现行国家标准《运行变压器油维护管理导则》GB/T 14542中关于补油和混油的规定制订的。为了便于掌握该规定的要点，将《电力用油运行指标和方法研究》摘要如下：

（1）正常情况下，混油的技术要求应满足以下五点：

1）最好使用同一牌号的油品，以保证原来运行油的质量和明确的牌号特点。

2）被混油双方都添加了同一种抗氧化剂，或一方不含抗氧化剂，或双方都不含。因为油中添加剂种类不同，混合后有可能发生化学变化而产生杂质，应予以注意。只要油的牌号和添加剂相同，则属于相容性油品，可以按任何比例混合使用。国产变压器油皆用2，6-二叔丁基对甲酚作抗氧化剂，所以只要未加其他添加剂，即无此问题。

3）被混油双方的油质都应良好，各项特性指标应满足运行油质量标准。

4）如果被混的运行油有一项或多项指标接近运行油质量标准允许的极限值，尤其是酸值，水溶性酸（pH）值等反映油品老化的指标已接近上限时，则混油必须慎重对待。

5）如运行油质已有一项与数项指标不合格，则应考虑如何处理，不允许利用混油手段来提高运行油的质量。

（2）关于补充油及不同牌号油混合使用的五项规定：

1）不同牌号的油不宜混合使用，只有在必须混用的情况下方可混用；

2）被混合使用的油其质量均必须合格；

3）新油或相当于新油质量的不同牌号变压器油混合使用时，应按混合油的实测凝固点决定是否可用；

4）向质量已经下降到接近运行中质量标准下限的油中，加同一牌号的新油或新油标准已使用过的油时，必须按照YS-1-27-84中预先进行混合油样的油泥析出试验，无沉淀物产生方可混合使用，若补加不同牌号的油，则还需符合本款第（3）条的规定；

5）进口油或来源不明的油与不同牌号的运行油混合使用时，应按照 YS-25-1-84 规定，对预先进行参与混合的各种油及混合后油样进行老化试验，当混油的质量不低于原运行油时，方可混合使用，若相混油都是新油，其混合油的质量不应低于最差的一种新油，并需符合本款第（3）条的规定。

19.0.4　由于采用 SF_6 气体作为绝缘介质的设备已有开关和 GIS、互感器（CT、PT）、变压器、重合器、分段器等，对 SF_6 气体的质量控制非常重要，因此制订了该条款。新标准修改为"SF_6 新气到货后，充入设备前应对每批次的气瓶进行抽检，并应按现行国家标准《工业六氟化硫》GB 12022 验收，SF_6 新到气瓶抽检比例宜符合表 19.0.4 的规定，其他每瓶可只测定含水量"。

20　避雷器

20.0.1　本条有关金属氧化物避雷器的试验项目和标准是参照现行国家标准《交流无间隙金属氧化物避雷器》GB 11032—2010 和现行行业标准《现场绝缘试验实施导则　第 5 部分：避雷器试验》DL/T 474.5 而制订的。

某工程交接试验时曾经发现 500kV 避雷器厂家未安装均压电容的情况，如果以第 3 款用直流方法试验，无法检查出来。另外 500kV 避雷器上、中、下三节的均压电容值也不完全一样，也发生过上、下节装反的情况，是在运行中通过红外测温发现温度异常。因此要求带均压电容器的，应做第 2 款。

20.0.3　本条综合了我国各地区经验，规定了金属氧化物避雷器测量用兆欧表的电压及绝缘电阻值要求，以便于执行。

20.0.4　工频参考电压是无间隙金属氧化物避雷器的一个重要参数，它表明阀片的伏安特性曲线饱和点的位置。测量金属氧化物避雷器对应于工频参考电流下的工频参考电压，主要目的是检验它的动作特性和保护特性。要求整支或分节进行的测试值符合产品技术条件的规定，同时不低于现行国家标准《交流无间隙金属氧化物避雷器》GB 11032—2010 的要求。一般情况下避雷器的工频参考电压峰值与避雷器的 1mA 下的直流参考电压相等。

工频参考电流是测量避雷器工频参考电压的工频电流阻性分量的峰值。对单柱避雷器，工频参考电流通常在 1mA～6mA 范围内；对多柱避雷器，工频参考电流通常在 6mA～20mA 范围内，其值应符合产品技术条件的规定。

测量金属氧化物避雷器在持续运行电压下持续电流能有效地检验金属氧化物避雷器的质量状况，并作为以后运行过程中测试结果的基准值，因此规定持续电流其阻性电流或全电流值应符合产品技术条件的规定。

金属氧化物避雷器的持续运行电压值见表 9～表 15。金属氧化物避雷器持续运行电压值参见现行国家标准《交流无间隙金属氧化物避雷器》GB 11032。

表 9　　典型的电站和配电用避雷器参数（参考）（kV）

避雷器额定电压 U_r（有效值）	避雷器持续运行电压 U_c（有效值）	标称放电电流 20kA 等级	标称放电电流 10kA 等级	标称放电电流 5kA 等级	
		电站用避雷器	电站用避雷器	电站用避雷器	配电用避雷器
5	4.0	—	—	7.2	7.5
10	8.0	—	—	14.4	15.0
12	9.6	—	—	17.4	18.0
15	12.0	—	—	21.8	23.0

续表

避雷器额定电压 U_r（有效值）	避雷器持续运行电压 U_c（有效值）	标称放电电流 20kA 等级	标称放电电流 10kA 等级	标称放电电流 5kA 等级	
		电站用避雷器	电站用避雷器	电站用避雷器	配电用避雷器
17	13.6	—	—	24.0	25.0
51	40.8	—	—	73.0	—
84	67.2	—	—	121.0	—
90	72.5	—	130	130.0	—
96	75	—	140	140.0	—
100	78	—	145	145.0	—
102	79.6	—	148	148.0	—
108	84	—	157	157.0	—
192	150	—	280	—	—
200	156	—	290	—	—
204	159	—	296	—	—
216	168.5	—	314	—	—
288	219	—	408	—	—
300	228	—	425	—	—
306	233	—	433	—	—
312	237	—	442	—	—
324	246	—	459	—	—
420	318	565	565	—	—
444	324	597	597	—	—
468	330	630	630	—	—

表 10　　　　典型的电气化铁道用避雷器参数（参考）（kV）

避雷器额定电压 U_r（有效值）	避雷器持续运行电压 U_c（有效值）	标称放电电流 5kA 等级
42	34.0	65.0
84	68.0	130.0

表 11　　　　典型的并联补偿电容器用避雷器参数（参考）（kV）

避雷器额定电压 U_r（有效值）	避雷器持续运行电压 U_c（有效值）	标称放电电流 5kA 等级	避雷器额定电压 U_r（有效值）	避雷器持续运行电压 U_c（有效值）	标称放电电流 5kA 等级
5	4.0	7.2	17	13.6	24.0
10	8.0	14.4	51	40.8	73.0
12	9.6	17.4	84	67.2	121.0
15	12.0	21.8	90	72.5	130.0

表 12　典型的电机用避雷器参数（参考）（kV）

避雷器额定电压 U_r（有效值）	避雷器持续运行电压 U_c（有效值）	标称放电电流 5kA 等级	标称放电电流 2.5kA 等级
		发电机用避雷器	电动机用避雷器
4.0	3.2	5.7	5.7
8.0	6.3	11.2	11.2
13.5	10.5	18.6	18.6
17.5	13.8	24.4	—
20.0	15.8	28.0	—
23.0	18.0	31.9	—
25.0	20.0	35.4	—

表 13　典型的低压避雷器参数（参考）（kV）

避雷器额定电压 U_r（有效值）	避雷器持续运行电压 U_c（有效值）	标称放电电流 1.5kA 等级
0.28	0.24	0.6
0.50	0.42	1.2

表 14　典型的电机中性点用避雷器参数（参考）（kV）

避雷器额定电压 U_r（有效值）	避雷器持续运行电压 U_c（有效值）	标称放电电流 1.5kA 等级	避雷器额定电压 U_r（有效值）	避雷器持续运行电压 U_c（有效值）	标称放电电流 1.5kA 等级
2.4	1.9	3.4	12.0	9.6	17.0
4.8	3.8	6.8	13.7	11.0	19.5
8.0	6.4	11.4	15.2	12.2	21.6
10.5	8.4	14.9			

表 15　典型的变压器中性点用避雷器参数（参考）（kV）

避雷器额定电压 U_r（有效值）	避雷器持续运行电压 U_c（有效值）	标称放电电流 1.5kA 等级	避雷器额定电压 U_r（有效值）	避雷器持续运行电压 U_c（有效值）	标称放电电流 1.5kA 等级
60	48	85	144	116	205
72	58	103	207	166	292
96	77	137			

20.0.5 直流参考电压是在对应于直流参考电流下，在避雷器试品上测得的直流电压值，是以直流电压和电流方式来表明阀片的伏安特性曲线饱和点的位置，主要目的也是检验避雷器的动作特性和保护特性。一般情况下避雷器的直流 1mA 电压与避雷器的工频参考电压峰值相等，可以采用倍压整流的方法得到避雷器的直流 1mA 电压，用以检验避雷器的动作特性和保护特性。现行国家标准《交流无间隙金属氧化物避雷器》GB 11032—2010 规定，对整只避雷器（或避雷器元件）测量直流 1mA 参考电流下的直流参考电压值即 U_{1mA}，不应小于表 9～表 15 的规定。

避雷器直流 1mA 电压也是避雷器泄漏电流测试时的电压基准值，测量避雷器泄漏电流的电压值为 0.75 倍避雷器直流 1mA 电压，是检验金属氧化物电阻片或避雷器的质量状况，并作为以后运行过程中所有 0.75 倍直流 1mA 电压下的泄漏电流测试结果的基准值。多柱并联和额定电压 216kV 以上的避雷器泄漏电流由制造厂和用户协商规定，应符合产品技术条件的规定。

由于特殊性，本条文增加了对 750kV 金属氧化物避雷器的具体要求，其伏安特性曲线的拐点电流在 4mA 左右，测试电流在 3mA 时的参考电压是为了检查阀片性能，并为避雷器特性提供基础数据。

20.0.6 放电计数器是避雷器动作时记录其放电次数的设备，为在雷电侵袭时判明避雷器是否动作提供依据，因此应保证其动作可靠。监视电流表是用来测量避雷器在运行状况下的泄漏电流，是判断避雷器运行状况的依据。制造厂执行现行国家标准《直接用作模拟指示电测量仪表及其附件》GB/T 7676，但在现场经常会出现指示不正常的情况。所以监视电流表宜在安装后进行校验或比对试验，使监视电流表指示良好。

20.0.7 工频放电电压，过去在国家现行试验标准中已使用多年，至今仍然适用，故今后继续使用该标准还是合适的。

21　电除尘器

21.0.1 修订后本条为5款试验项目，原条文中的1～6款，属于电除尘整流变压器的试验项目，故合并为第1款电除尘整流变压器试验。删去了原条款“测量电场的绝缘电阻”，因为空载升压时也要测量电场的绝缘电阻。

21.0.2 如果不进行器身检查，电除尘整流变压器试验项目为4项，其中绝缘油试验，通常只做绝缘油击穿电压，如果击穿电压低于表19.0.1相关规定值时，可认为对绝缘油性能有怀疑，则按本标准19章“绝缘油和 SF_6 气体”的规定进行其他项目检测。

21.0.3 本条增加了绝缘子、隔离开关及瓷套管应在安装前进行绝缘电阻测量和耐压试验的规定，是考虑到如果有质量问题的绝缘子、隔离开关或瓷套管一旦被安装，则影响电场的升压和正常运行，更换也比较困难。另外，有些项目忽视了绝缘子、隔离开关及瓷套管安装前的检测，未经任何检测就安装了，结果在电场空载升压时发生了闪络。

21.0.5 电除尘器本体的接地电阻不应大于1Ω是按厂家的规定。

21.0.6 空载升压试验是指在整个电除尘器安装结束和通电之前进行的带极板的升压试验，以鉴定安装质量。规定升压应能达到厂家允许值而不放电为合格。

新增“空载升压试验前应测量电场的绝缘电阻”的规定，规定应采用2500V绝缘电阻表，绝缘电阻值不应低于1000MΩ。

22　二次回路

22.0.2 本条第2款中的“小母线”可分为“直流小母线和控制小母线”等，现统称为小母线，这样可把其他有关的小母线包括在内，适用范围就广些。

22.0.3 关于二次回路的交流耐压试验，为了简化现场试验方法，规定“当回路绝缘电阻值在10MΩ以上时，可采用2500V绝缘电阻表代替”。

另外，考虑到弱电已普遍应用，故本条规定“48V及以下电压等级回路可不做交流耐压试验”。

23　1kV及以下电压等级配电装置和馈电线路

23.0.2 本条规定了配电装置和馈电线路的绝缘电阻标准及测量馈电线路绝缘电阻时应注意的事项。

23.0.4 本条规定“配电装置内不同电源的馈线间或馈线两侧的相位应一致”，是因为配电装置还有双电源或多电源等情况。因此这样规定比“各相两侧相位应一致”的提法更为确切。

24　1kV以上架空电力线路

24.0.1 从测试的必要性考虑，本条规定了1kV以上架空电力线路的试验项目，应“测量110（66）kV及以上线路的工频参数”。

24.0.2 本条明确绝缘子的试验按本标准第16章的规定进行。

线路的绝缘电阻能否有条件测定要视具体条件而定，例如在平行线路的另一条已充电时可不测；又如 500kV 线路有的因感应电压较高，测量绝缘电阻也有困难。因此对一些特殊情况难于一一包括进去，且绝缘电阻值的分散性大，因此本条只规定要求测量并记录线路的绝缘电阻值。

24.0.3　本条对需测试的工频参数的依据作了规定。

24.0.5　本条是参照现行国家标准《110～500kV 架空送电线路施工及验收规范》GB 50233 制订的。

25　接地装置

25.0.1　本次修订更加重视接地装置对于电网安全的影响，将接地阻抗作为必做项目。新增场区地表电位梯度、接触电位差、跨步电压和转移电位测量项目，这样也利于接地装置全寿命周期管理和状态评价工作的开展。

25.0.2　本条对以直流电阻值表示的电气导通情况作了更加严格的规定，直流电阻值修定为不宜大于 0.05Ω。

25.0.3　接地阻抗不满足要求时必须进行场区地表电位梯度、接触电位差、跨步电压和转移电位的测量，以便进行综合分析判断，进行有针对性检查处理。表 25.0.3 有效接地系统规定"当接地阻抗不符合要求时，……采取隔离措施"，是为了防止转移电位引起的危害。

26　低压电器

26.0.1　低压电器包括电压为 60V～1200V 的刀开关、转换开关、熔断器、自动开关、接触器、控制器、主令电器、起动器、电阻器、变阻器及电磁铁等。

26.0.7　本条中电阻值应满足回路使用的要求，即更明确规定电阻值要符合回路中对它的要求，而不仅是符合铭牌参数。

附录 B
电机定子绕组绝缘电阻值换算至运行温度时的换算系数

B.0.2　这一条规定，"当在不同温度测量时，可按本标准表 B.0.1 所列温度换算系数进行换算"。例如某热塑性绝缘发电机在 $t=10℃$ 时测得绝缘电阻值为 100MΩ，则换算到 $t=75℃$ 时的绝缘电阻值为 $100/K=100/90.5=1.1$MΩ。

对于热塑性绝缘也可按公式 B.0.2-1 计算，对于 B 级热固性绝缘也可按公式 B.0.2-2 计算。

附录 D
电力变压器和电抗器交流耐压试验电压

D.0.1　在表 D.0.1 中，油浸式电力变压器和电抗器试验电压值是根据现行国家标准《电力变压器　第 3 部分：绝缘水平、绝缘试验和外绝缘空隙间隙》GB 1094.3—2003 规定的出厂试验电压值乘以 0.8 确定的；干式电力变压器和电抗器试验电压值是根据现行国家标准《电力变压器　第 11 部分：干式变压器》GB 1094.11—2007 规定的出厂试验电压值乘以 0.8 确定的。

附录 F
高压电气设备绝缘的工频耐压试验电压

（1）本附录是参照现行国家标准《绝缘配合　第 1 部分：定义、原则和规则》GB 311.1—2012、

《高电压试验技术　第一部分：一般试验要求》GB/T 16927.1—2011、《高电压试验技术　第二部分：测量系统》GB/T 16927.2—1997 进行修订的。

（2）本附录的出厂试验电压及适用范围是参照现行国家标准《绝缘配合　第 1 部分：定义、原则和规则》GB 311.1—2012、《高电压试验技术　第一部分：一般试验要求》GB/T 16927.1—2011、《高电压试验技术　第二部分：测量系统》GB/T 16927.2—1997 的规定进行修订的。

（3）原附录 A 的额定电压至 500kV，现行国家标准《绝缘配合　第 1 部分：定义、原则和规则》GB 311.1—2012 增加了 750kV 的内容，此次修订时本附录增加了 750kV 的标准。

（4）本附录中的交接试验电压标准是参照现行国家标准《绝缘配合　第 1 部分：定义、原则和规则》GB 311.1—2012 进行折算的。

附录三　电力设备预防性试验及诊断技术相关技术数据

1　球隙放电电压标准表

一球接地的球隙，标准大气条件下，球隙的击穿电压（kV，峰值）见附表 1。适用于交流电压、负极性的雷电冲击电压、长波尾冲击电压及两种极性的直流电压。

附表 1　　球隙放电电压标准表

球隙距离 /cm	球直径 /cm											
	2	5	6.25	10	12.5	15	25	50	75	100	150	200
0.05	2.8											
0.10	4.7											
0.15	6.4											
0.20	8.0	8.0										
0.25	9.6	9.6										
0.30	11.2	11.2										
0.40	14.4	14.3	14.2									
0.50	17.4	17.4	17.2	16.8	16.8	16.8						
0.60	20.4	20.4	20.2	19.9	19.9	19.9						
0.70	23.2	23.4	23.2	23.0	23.0	23.0						
0.80	25.8	26.3	26.2	26.0	26.0	26.0						
0.90	28.3	29.2	29.1	28.9	28.9	28.9						
1.0	30.7	32.0	31.9	31.7	31.7	31.7	31.7					
1.2	(35.1)	37.6	37.5	37.4	37.4	37.4	37.4					
1.4	(38.5)	42.9	42.9	42.9	42.9	42.9	42.9					
1.5	(40.0)	45.5	45.5	45.5	45.5	45.5	45.5					
1.6		48.1	48.1	48.1	48.1	48.1	48.1					
1.8		53.0	53.5	53.5	53.5	53.5	53.5					
2.0		57.5	58.5	59.0	59.0	59.0	59.0	59.0	59.0			
2.2		61.5	63.0	64.5	64.5	64.5	64.5	64.5	64.5			
2.4		65.5	67.5	69.5	70.0	70.0	70.0	70.0	70.0			
2.6		(69.0)	72.0	74.5	75.0	75.5	75.5	75.5	75.5			
2.8		(72.5)	76.0	79.5	80.0	80.5	81.0	81.0	81.0			
3.0		(75.0)	79.5	84.0	85.0	85.5	86.0	86.0	86.0	86.0		
3.5		(82.5)	(87.5)	95.5	97.0	98.0	99.0	99.0	99.0	99.0		
4.0		(88.5)	(95.0)	105	108	110	112	112	112	112		
4.5			(101)	115	119	122	125	125	125	125		
5.0			(107)	123	129	133	137	138	138	138	138	
5.5				(131)	138	143	149	151	151	151	151	

续表

球隙距离 /cm	球直径 /cm											
	2	5	6.25	10	12.5	15	25	50	75	100	150	200
6.0				(138)	146	152	161	164	164	164	164	
6.5				(144)	(154)	161	173	177	177	177	177	
7.0				(150)	(161)	169	184	189	190	190	190	
7.5				(155)	(168)	177	195	202	203	203	203	
8.0					(174)	(185)	206	214	215	215	215	
9.0					(185)	(198)	226	239	240	241	241	
10					(195)	(209)	244	263	265	266	266	266
11						(219)	261	286	290	292	292	292
12						(229)	275	309	315	318	318	318
13							(289)	331	339	342	342	342
14							(302)	353	363	366	366	366
15							(314)	373	387	390	390	390
16							(326)	392	410	414	414	414
17							(337)	411	432	438	438	438
18							(347)	429	453	462	462	462
19							(357)	445	473	486	486	486
20							(366)	460	492	510	510	510
22								489	530	555	560	560
24								515	565	595	610	610
26								(540)	600	635	655	660
28								(565)	635	675	700	705
30								(585)	665	710	745	750
32								(605)	695	745	790	795
34								(625)	725	780	835	840
36								(640)	750	815	875	885
38								(655)	(775)	845	915	930
40								(670)	(800)	875	955	975
45									(850)	945	1050	1080
50									(895)	(1010)	1130	1180
55									(935)	(1060)	1210	1260
60									(970)	(1110)	1280	1340
65										(1160)	1340	1410
70										(1200)	1390	1480
75										(1230)	1440	1540
80											(1490)	1600
85											(1540)	1660
90											(1580)	1720
100											(1660)	1840
110											(1730)	(1940)
120											(1800)	(2020)
130												(2100)
140												(2180)
150												(2250)

注 1. 本表不适用于测量 10kV 以下的冲击电压。

2. 括号内的数据为间隙大于 0.5D 时的数据，其准确度不可靠。

一球接地的球隙，标准大气条件下，球隙的击穿电压（kV，峰值）见附表 2。适用于正极性的雷电冲击电压和长波尾冲击电压。

附表 2　　　　球隙放电电压标准表

球隙距离 /cm	球直径 /cm											
	2	5	6.25	10	12.5	15	25	50	75	100	150	200
0.05												
0.10												
0.15												
0.20												
0.25												
0.30	11.2	11.2										
0.40	14.4	14.3	14.2									
0.50	17.4	17.4	17.2	16.8	16.8	16.8						
0.60	20.4	20.4	20.2	19.9	19.9	19.9						
0.70	23.2	23.2	23.2	23.0	23.0	23.0						
0.80	25.8	26.3	26.2	26.0	26.0	26.0						
0.90	28.3	29.2	29.1	28.9	28.9	28.9						
1.0	30.7	32.0	31.9	31.7	31.7	31.7	31.7					
1.2	(35.1)	37.8	37.6	37.4	37.4	37.4	37.4					
1.4	(38.5)	43.3	43.2	42.9	42.9	42.9	42.9					
1.5	(40.0)	46.2	45.9	45.5	45.5	45.5	45.5					
1.6		49.0	48.6	48.1	48.1	48.1	48.1					
1.8		54.5	54.0	53.5	53.5	53.5	53.5					
2.0		59.5	59.0	59.0	59.0	59.0	59.0	59.0	59.0			
2.2		64.5	64.0	64.5	64.5	64.5	64.5	64.5	64.5			
2.4		69.0	69.0	70.0	70.0	70.0	70.0	70.0	70.0			
2.6		(73.0)	73.5	75.5	75.5	75.5	75.5	75.3	75.5			
2.8		(77.0)	78.0	80.5	80.5	80.5	81.0	81.0	81.0			
3.0		(81.0)	82.0	85.5	85.5	85.5	86.0	86.0	86.0	86.0		
3.5		(90.0)	(91.5)	97.5	98.0	88.5	99.0	99.0	99.0	99.0		
4.0		(97.5)	(101)	109	110	111	112	112	112	112		
4.5			(108)	120	122	124	125	125	125	125		
5.0			(115)	130	134	136	138	138	138	138	138	
5.5				(139)	145	147	151	151	151	151	151	
6.0				(148)	155	158	163	164	164	164	164	
6.5				(156)	(164)	168	175	177	177	177	177	
7.0				(163)	(173)	178	187	189	190	190	190	
7.5				(170)	(181)	187	199	202	203	203	203	
8.0					(189)	(196)	211	214	215	215	215	
9.0					(203)	(212)	233	239	240	241	241	
10					(215)	(226)	254	263	265	266	266	266
11						(238)	273	287	290	292	292	292
12						(249)	291	311	315	318	318	318
13							(308)	334	339	342	342	342
14							(323)	357	363	366	366	366
15							(337)	380	387	390	390	390
16							(350)	402	411	414	414	414

续表

球隙距离 /cm	球　直　径　/cm											
	2	5	6.25	10	12.5	15	25	50	75	100	150	200
17							(362)	422	435	438	438	438
18							(374)	442	458	462	462	462
19							(385)	461	482	486	486	486
20							(395)	480	505	510	510	510
22								510	545	555	560	560
24								540	585	600	610	610
26								570	620	645	655	660
28								(595)	660	685	700	705
30								(620)	695	725	745	750
32								(640)	725	760	790	795
34								(660)	755	795	835	840
36								(680)	785	830	880	885
38								(700)	(810)	865	925	935
40								(715)	(835)	900	965	980
45									(890)	980	1060	1090
50									(940)	1040	1150	1190
55									(985)	(1100)	1240	1290
60									(1020)	(1150)	1310	1380
65										(1200)	1380	1470
70										(1240)	1430	1550
75										(1280)	1480	1620
80											(1530)	1690
85											(1580)	1760
90											(1630)	1820
100											(1720)	1930
110											(1790)	(2030)
120											(1860)	(2120)
130												(2200)
140												(2280)
150												(2350)

注　括号内的数据为间隙大于 0.5D 时的数据，其准确度不可靠。

2　常用高压二极管技术数据

附表 1　　**常用高压二极管技术数据**

型　号	额定反向峰值工作电压 U_R /kV	额定整流电流 I_F /A	正向压降 /kV	反向漏电流 /μA	最高测试电压 /kV
2DL-50/0.15	50	0.15	≤60	≤5	≥1.5U_R
2DL-75/0.15	75	0.15	≤120	≤10	≥1.5U_R
2DL-100/0.015	100	0.015	≤120	≤20	≥1.5U_R
2DL-150/0.015	150	0.015	≤160	≤30	≥1.5U_R

续表

型　　号	额定反向峰值工作电压U_R/kV	额定整流电流I_F/A	正向压降/kV	反向漏电流/μA	最高测试电压/kV
2DL-200/0.015	200	0.015	≤220	≤30	≥$1.5U_R$
2CL-40/0.05	40	0.05			≥$1.5U_R$
2CL-50/0.05	50	0.05			≥$1.5U_R$
2CL-75/0.05	75	0.05			≥$1.5U_R$
2CL-100/0.05	100	0.05			≥$1.5U_R$

3　运行设备介质损耗因数 tanδ 的温度换算系数

附表 1　　**运行设备的 tanδ 的温度换算系数**

试验温度/℃	绝缘油	油浸式电压互感器及电力变压器	套管		
			电容型	混合物充填型	充油型
1	1.54	1.60	1.21	1.25	1.17
2	1.52	1.58	1.20	1.24	1.16
3	1.50	1.56	1.19	1.22	1.15
4	1.48	1.55	1.17	1.21	1.15
5	1.46	1.52	1.16	1.20	1.14
6	1.45	1.50	1.15	1.19	1.13
7	1.44	1.48	1.14	1.17	1.12
8	1.43	1.45	1.13	1.16	1.11
9	1.41	1.43	1.11	1.15	1.11
10	1.38	1.40	1.10	1.14	1.10
11	1.35	1.37	1.09	1.12	1.09
12	1.31	1.34	1.08	1.11	1.08
13	1.27	1.31	1.07	1.10	1.07
14	1.24	1.28	1.06	1.08	1.06
15	1.20	1.24	1.05	1.07	1.05
16	1.16	1.20	1.04	1.06	1.04
17	1.12	1.16	1.03	1.04	1.03
18	1.08	1.11	1.02	1.03	1.02
19	1.04	1.05	1.01	1.01	1.01
20	1.00	1.00	1.00	1.06	1.00
21	0.96	0.97	0.99	0.98	0.99
22	0.91	0.94	0.98	0.97	0.97
23	0.87	0.91	0.96	0.95	0.96
24	0.83	0.89	0.95	0.93	0.94
25	0.79	0.87	0.94	0.92	0.93
26	0.76	0.84	0.93	0.90	0.91

续表

试验温度/℃	绝缘油	油浸式电压互感器及电力变压器	套管		
			电容型	混合物充填型	充油型
27	0.73	0.81	0.92	0.89	0.90
28	0.70	0.79	0.91	0.87	0.88
29	0.67	0.76	0.90	0.86	0.87
30	0.63	0.74	0.88	0.84	0.86
31	0.60	0.72	0.87	0.83	0.84
32	0.58	0.69	0.86	0.81	0.83
33	0.56	0.67	0.85	0.79	0.81
34	0.53	0.65	0.83	0.77	0.80
35	0.51	0.63	0.82	0.76	0.78
36	0.49	0.61	0.81	0.74	0.77
37	0.47	0.59	0.79	0.72	0.75
38	0.45	0.57	0.78	0.70	0.74
39	0.44	0.55	0.76	0.68	0.72
40	0.42	0.53	0.75	0.67	0.70
41	0.40	0.51	0.73	0.65	0.68
42	0.38	0.49	0.72	0.63	0.67
43	0.37	0.47	0.70	0.61	0.65
44	0.36	0.45	0.69	0.60	0.63
45	0.34	0.44	0.67	0.58	0.62
46	0.33	0.43	0.66	0.56	0.61
47	0.31	0.41	0.64	0.55	0.60
48	0.30	0.40	0.63	0.53	0.58
49	0.29	0.38	0.61	0.52	0.57
50	0.28	0.37	0.60	0.50	0.56
52	0.26	0.36	0.57	0.47	0.53
54	0.23	0.32	0.54	0.44	0.51
56	0.21	0.30	0.51	0.41	0.49
58	0.19	0.28	0.48	0.38	0.46
60	0.17	0.26	0.45	0.36	0.44
62	0.16	0.25	0.44	0.33	0.42
64	0.15	0.23	0.39	0.31	0.40
66	0.14	0.22	0.37	0.28	0.39
68	0.13	0.20	0.35	0.26	0.37
70	0.12	0.19	0.32	0.23	0.36
72	0.12	0.18	0.30	0.21	0.34
74	0.11	0.17	0.28	0.19	0.33
76	0.10	0.16	0.27	0.17	0.31
78	0.09	0.15	0.26	0.16	0.30
80	0.09	0.14	0.25	0.15	0.29

注 $\tan\delta_{20℃}=K\tan\delta$。式中，$\tan\delta_{20℃}$、$\tan\delta$ 分别为 20℃的 $\tan\delta$ 和不同测量温度下的 $\tan\delta$ 的实测值。

4　同步发电机、调相机定子绕组沥青云母和烘卷云母绝缘老化鉴定试验项目和要求

附表 1　　**试验项目和要求**

<table>
<tr><th>序号</th><th>项目</th><th>要　求</th><th>说　明</th></tr>
<tr><td>1</td><td>整相绕组（或分支）及单根线棒的 $\tan\delta$ 增量（$\Delta\tan\delta$）</td><td>1）整相绕组（或分支）的 $\Delta\tan\delta$ 值不大于下列值：
<table>
<tr><td>定子电压等级
/kV</td><td>$\Delta\tan\delta$
/%</td></tr>
<tr><td>6</td><td>6.5</td></tr>
<tr><td>10</td><td>6.5</td></tr>
</table>
$\Delta\tan\delta$（%）值指额定电压下和起始游离电压下 $\tan\delta$（%）之差值。对于 6kV 及 10kV 电压等级，起始游离电压分别取 3kV 和 4kV。
2）定子电压为 6kV 和 10kV 的单根线棒在两个不同电压下的 $\Delta\tan\delta$（%）值不大于下列值：
<table>
<tr><td>$1.5U_n$ 和 $0.5U_n$ 下之差值</td><td>相邻 $0.2U_n$ 电压间隔下之差值</td><td>$0.8U_n$ 和 $0.2U_n$ 下之差值</td></tr>
<tr><td>11</td><td>25</td><td>3.5</td></tr>
</table>
凡现场条件具备者，最高试验电压可选择 $1.5U_n$；否则也可选择（0.8～1.0）U_n。相邻 $0.2U_n$ 电压间隔值，即指 $1.0U_n$ 和 $0.8U_n$、$0.8U_n$ 和 $0.6U_n$、$0.6U_n$ 和 $0.4U_n$、$0.4U_n$ 和 $0.2U_n$ 下 $\Delta\tan\delta$ 之差值</td><td>1）在绝缘不受潮的状态下进行试验；
2）槽外测量单根线棒 $\Delta\tan\delta$ 时，线棒两端应加屏蔽环；
3）可在环境温度下试验</td></tr>
<tr><td>2</td><td>整相绕组（或分支）及单根线棒的第二急增点 P_{i2}，测量整相绕组电流增加率 ΔI（%）</td><td>1）整相绕组（或分支）P_{i2} 在额定电压 U_n 以内明显出现者（电流增加倾向倍数 $m_2>1.6$）属于有老化特征。绝缘良好者，P_{i2} 不出现或在 U_n 以上不明显出现。
2）单根线棒实测或由 P_{i2} 预测的平均击穿电压，不小于（2.5～3）U_n。
3）整相绕组电流增加率不大于下列值：
<table>
<tr><td>定子电压等级/kV</td><td>6</td><td>10</td></tr>
<tr><td>试验电压/kV</td><td>6</td><td>10</td></tr>
<tr><td>额定电压下电流增加率/%</td><td>8.5</td><td>12</td></tr>
</table></td><td>1）在绝缘不受潮的状态下进行试验。
2）按下图作出电流电压特性曲线：
3）电流增加率：
$\Delta I=(I-I_0)/I_0\times100\%$
式中：I 为在 U_n 下的实际电容电流；I_0 为在 U_n 下 $I=f(U)$ 曲线中按线性关系求得的电容电流。
4）电流增加倾向倍数：
$m_2=\tan\theta_2/\tan\theta_0$
式中：$\tan\theta_2$ 为 $I=f(U)$ 特性曲线中出现 P_{i2} 点之斜率，$\tan\theta_0$ 为 $I=f(U)$ 特性曲线中出现 P_{i1} 点以下之斜率</td></tr>
</table>

续表

<table>
<tr><th>序号</th><th>项目</th><th colspan="3">要　求</th><th>说　明</th></tr>
<tr><td rowspan="6">3</td><td rowspan="6">整相绕组（或分支）及单根线棒之局部放电量</td><td colspan="3">1）整相绕组（或分支）之局部放电量不大于下列值：</td><td rowspan="6"></td></tr>
<tr><td>定子电压等级/kV</td><td>6</td><td>10</td></tr>
<tr><td>最高试验电压/kV</td><td>6</td><td>10</td></tr>
<tr><td>局部放电试验电压/kV</td><td>4</td><td>6</td></tr>
<tr><td>最大放电量/C</td><td>1.5×10^{-8}</td><td>1.5×10^{-8}</td></tr>
<tr><td colspan="3">2）单根线棒参照整相绕组要求执行</td></tr>
<tr><td>4</td><td>整相绕组（或分支）交直流耐压试验</td><td colspan="3">应符合表 3-1 中序号 3、4 有关规定</td><td></td></tr>
</table>

注　1. 进行绝缘老化鉴定时，应对发电机的过负荷及超温运行时间、历次事故原因及处理情况、历次检修中发现的问题以及试验情况进行综合分析，对绝缘运行状况作出评定。

2. 当发电机定子绕组绝缘老化程度达到如下各项状况时，应考虑处理或更换绝缘，其中采用方式，包括局部绝缘处理、局部绝缘更换及全部线棒更换。

(1) 累计运行时间超过 20 年，制造工艺不良者，可以适当提前。

(2) 运行中或预防性试验中，多次发生绝缘击穿事故。

(3) 外观和解剖检查时，发现绝缘严重分层发空、固化不良、失去整体性、局部放电严重及股间绝缘破坏等老化现象。

(4) 鉴定试验结果与历次试验结果相比，出现异常并超出表中规定。

3. 鉴定试验时，应首先做整相绕组绝缘试验，一般可在停机后热状态下进行，若运行或试验中出现绝缘击穿，同时整相绕组试验不合格者，应做单根线棒的抽样试验，抽样部位以上层线棒为主，并考虑不同电位下运行的线棒，抽样量不作规定。

同步发电机、调相机定子绕组环氧粉云母绝缘老化鉴定试验见《发电机定子绕组环氧粉云母绝缘老化鉴定导则》(DL/T 492—1992)。

5　绝缘子的交流耐压试验电压标准

附表 1　　**支柱绝缘子的耐压试验电压**　　单位：kV

<table>
<tr><th rowspan="3">额定电压</th><th rowspan="3">最高工作电压</th><th colspan="4">交流耐压试验电压</th></tr>
<tr><th colspan="2">纯瓷绝缘</th><th colspan="2">固体有机绝缘</th></tr>
<tr><th>出厂</th><th>交接及大修</th><th>出厂</th><th>交接及大修</th></tr>
<tr><td>3</td><td>3.6</td><td>25</td><td>25</td><td>25</td><td>22</td></tr>
<tr><td>6</td><td>7.2</td><td>32</td><td>32</td><td>32</td><td>26</td></tr>
<tr><td>10</td><td>12</td><td>42</td><td>42</td><td>42</td><td>38</td></tr>
<tr><td>15</td><td>18</td><td>57</td><td>57</td><td>57</td><td>50</td></tr>
<tr><td>20</td><td>24</td><td>68</td><td>68</td><td>68</td><td>59</td></tr>
<tr><td>35</td><td>40.5</td><td>100</td><td>100</td><td>100</td><td>90</td></tr>
<tr><td>110</td><td>126</td><td>265</td><td>265 (305)</td><td>265</td><td>240 (280)</td></tr>
<tr><td>220</td><td>252</td><td>490</td><td>490</td><td>490</td><td>440</td></tr>
</table>

注　括号中数值适用于小接地短路电流系统。

6　污秽等级与对应附盐密度值

附表1　普通悬式绝缘子（X-45、XP-70、XP-160）附盐密度对应的污秽等级

污秽等级	0	1	2	3	4
线路盐密/（mg/cm²）	≤0.03	>0.03～0.06	>0.06～0.10	>0.10～0.25	>0.25～0.35
发、变电所盐密/（mg/cm²）		≤0.06	>0.06～0.10	>0.10～0.25	>0.25～0.35

附表2　普通支柱绝缘子附盐密度与对应的发、变电所污秽等级

污秽等级	1	2	3	4
盐密/（mg/cm²）	≤0.02	>0.02～0.05	>0.05～0.1	>0.1～0.2

7　橡塑电缆内衬层和外护套被破坏进水确定方法

直埋橡塑电缆的外护套，特别是聚氯乙烯外护套，受地下水的长期浸泡吸水后，或者受到外力破坏而又未完全破损时，其绝缘电阻均有可能下降至规定值以下，因此不能仅根据绝缘电阻值降低来判断外护套破损进水。为此，提出了根据不同金属在电解质中形成原电池的原理进行判断的方法。

橡塑电缆的金属层、铠装层及其涂层用的材料有铜、铅、铁、锌和铝等。这些金属的电极电位如附表1所示。

附表1　橡塑电缆的金属层、铠装层及其涂层用材料的电极电位

金属种类	铜 Cu	铅 Pb	铁 Fe	锌 Zn	铝 Al
电位/V	+0.334	−0.122	−0.44	−0.76	−1.33

当橡塑电缆的外护套破损并进水后，由于地下水是电解质，在铠装层的镀锌钢带上会产生对地−0.76V的电位，如内衬层也破损进水后，在镀锌钢带与铜屏蔽层之间形成原电池，会产生0.334−（−0.76）＝1.1V的电位差，当进水很多时，测到的电位差会变小。在原电池中铜为“正”极，镀锌钢带为“负”极。

当外护套或内衬层破损进水后，用绝缘电阻表测量时，每千米绝缘电阻值低于0.5MΩ时，用高内阻万用表的“正”“负”表笔轮换测量铠装层对地或铠装层对铜屏层的绝缘电阻，此时在测量回路内由于形成的原电池与万用表内干电池相串联，当极性组合使电压相加时，测得的电阻值较小；反之，测得的电阻值较大。因此上述两次测得的绝缘电阻值相差较大时，表明已形成原电池，就可判断外护套和内衬层已破损进水。

外护套破损不一定要立即修理，但内衬层破损进水后，水分直接与电缆芯接触并可能会腐蚀铜屏蔽层，一般应尽快检修。

8　橡塑电缆附件中金属层的接地方法

一、终端

终端的铠装层和铜屏蔽层应分别用带绝缘的绞合铜导线单独接地。铜屏蔽层接地线的截面不得小于$25mm^2$；铠装层接地线的截面不应小于$10mm^2$。

二、中间接头

中间接头内铜屏蔽层的接地线不得和铠装层连在一起，对接头两侧的铠装层必须用另一根接地线相连，而且还必须铜屏蔽绝缘。如接头的原结构中无内衬层时，应在铜屏蔽层外部增加内衬层，而且与电缆本体的内衬层搭接处的密封必须良好，即必须保证电缆的完整性和延续性。连接铠装层的地线外部必须有外护套而且具有与电缆外护套相同的绝缘和密封性能，即必须确保电缆外护套完整性和延续性。

9　避雷器的电导电流值和工频放电电压值

（1）阀式避雷器的电导电流值和工频放电电压值见附表1～附表4。

附表1　　FZ型避雷器的电导电流值和工频放电电压值

型号	额定电压/kV	试验电压/kV	电导电流/μA	工频放电电压有效值/kV
FZ-3（FZ2-3）	3	4	450～650（<10）	9～11
FZ-6（FZ2-6）	6	6	400～600（<10）	16～19
FZ-10（FZ2-10）	10	10	400～600（<10）	26～31
FZ-15	15	16	400～600	41～49
FZ-20	20	20	400～600	51～69
FZ-35	35	16（15kV元件）	400～600	82～98
FZ-40	40	20（20kV元件）	400～600	95～118
FZ-60	60	20（20kV元件）	400～600	140～173
FZ-110J	110	24（30kV元件）	400～600	224～268
FZ-110	110	24（30kV元件）	400～600	254～312
FZ-220J	220	24（30kV元件）	400～600	448～536

注　括号内的电导电流值对应于括号内的型号。

附表2　　FS型避雷器的电导电流值

型　号	FS4-3，FS8-3，FS4-3GY	FS4-6，FS8-6，FS4-6GY	FS4-10，FS8-10，FS4-10GY
额定电压/kV	3	6	10
试验电压/kV	4	7	10
电导电流/μA	10	10	10

附表 3　　FCZ 型避雷器的电导电流值和工频放电电压值

型号	FCZ3-35	FCZ3-35L	FCZ-30DT[③]	FCZ3-110J (FCZ2-110J)	FCZ3-220J (FCZ2-220J)
额定电压/kV	35	35	35	110	220
试验电压/kV	50[①]	50[②]	18	110 (100)	110 (100)
电导电流/μA	250～400	250～400	150～300	250～400 (400～600)	250～400 (400～600)
工频放电电压有效值/kV	70～85	78～90	85～100	170～195	340～390

① FCZ3-35 在 4000m（包括 4000m）海拔以上应加直流试验电压 60kV。

② FCZ3-35L 在 2000m 海拔以上应加直流电压 60kV。

③ FCZ-30DT 适用于热带多雷地区。

附表 4　　FCD 型避雷器电导电流值

额定电压/kV	2	3	4	6	10	13.2	15
试验电压/kV	2	3	4	6	10	13.2	15
电导电流/μA	FCD 为 50～100，FCD1、FCD3 不超过 10，FCD2 为 5～20						

（2）几点说明：

1）电导电流相差值（%）系指最大电导电流和最小电导电流之差与最大电导电流的比。

2）非线性因数按下式计算

$$\alpha = \lg(U_2/U_1)/\lg(I_2/I_1)$$

式中　U_1、U_2——试验电压；

I_1、I_2——在 U_1 和 U_2 电压下的电导电流。

3）非线性因数的差值是指串联元件中两个元件的非线性因数之差。

10　高压电气设备的工频耐压试验电压标准

附表 1　　工频耐压试验电压标准　　单位：kV

额定电压	最高工作电压	1min 工频耐受电压有效值																	
		油浸电力变压器		并联电抗器		电压互感器		断路器电流互感器		干式电抗器		穿墙套管				隔离开关		干式电力变压器	
												纯瓷和纯瓷充油绝缘		固体有机绝缘					
		出厂	交接大修	出厂	交接大修	出厂	交接大修	出厂	交接大修	出厂	交接大修	出厂	交接大修	出厂	交接大修	出厂	交接大修	出厂	交接大修
3	3.6	20	17	20	17	25	23	25	23	25	25	25	25	25	23	25	25	10	8.5
6	7.2	25	21	25	21	30	27	30	27	30	30	30	30	30	27	32	32	20	17
		(20)	(17)	(20)	(17)	(20)	(18)	(20)	(18)	(20)	(20)	(20)	(20)	(20)	(18)	(20)	(20)		
10	12	35	30	35	30	42	38	42	38	42	42	42	42	42	38	42	42	28	24
		(28)	(24)	(28)	(24)	(28)	(25)	(28)	(25)	(28)	(28)	(28)	(28)	(28)	(25)	(28)	(28)		

续表

额定电压	最高工作电压	1min工频耐受电压有效值																	
		油浸电力变压器		并联电抗器		电压互感器		断路器电流互感器		干式电抗器		穿墙套管				隔离开关		干式电力变压器	
												纯瓷和纯瓷充油绝缘		固体有机绝缘					
		出厂	交接大修	出厂	交接大修	出厂	交接大修	出厂	交接大修	出厂	交接大修	出厂	交接大修	出厂	交接大修	出厂	交接大修	出厂	交接大修
15	18	45	38	45	38	55	50	55	50	55	55	55	55	55	50	57	57	38	32
20	24	55	47	55	47	65	59	65	59	65	65	65	65	65	59	68	68	50	43
		(50)	(43)	(50)	(43)														
35	40.5	85	72	85	72	95	85	95	85	95	95	95	95	95	85	100	100	70	60
66	72.5	150	128	150	128	155	140	155	140	155	155	155	155	155	140	155	155		
110	126	200	170	200	170	200	180	200	180	200	200	200	200	200	180	230	230		
220	252	395	335	395	335	395	356	395	356	395	356	395	395	395	356	395	395		
500	550	680	578	680	578	680	612	680	612	680	680	680	680	680	612	680	680		

注 括号内为低电阻接地系统。

11 电力变压器的交流试验电压

附表1 交流试验电压 单位：kV

额定电压	最高工作电压	线端交流试验电压值		中性点交流试验电压值	
		出厂或全部更换绕组	交接或部分更换绕组	出厂或部分更换绕组	交接或部分更换绕组
<1	≤1	3	2.5	3	2.5
3	3.5	18	15	18	15
6	6.9	25	21	25	21
10	11.5	35	30	35	30
15	17.5	45	38	45	38
20	23.0	55	47	55	47
35	40.5	85	72	85	72
110	126	200	170 (195)	95	80
220	252	360	306	85	72
		395	336	(200)	(170)
500	550	630	536	85	72
		680	578	140	120

注 括号内数值适用于小接地短路电流系统。

12 油浸电力变压器绕组直流泄漏电流参考值

附表 1　　泄漏电流参考值

额定电压/kV	试验电压峰值/kV	在下列温度时的绕组泄漏电流值/μA							
		10℃	20℃	30℃	40℃	50℃	60℃	70℃	80℃
2～3	5	11	17	25	39	55	83	125	178
6～15	10	22	33	50	77	112	166	250	356
20～35	20	33	50	74	111	167	250	400	570
110～220	40	33	50	74	111	167	250	400	570
500	60	20	30	45	67	100	150	235	330

13 合成绝缘子和 RTV 涂料憎水性测量方法及判断准则

一、通则

绝缘子憎水性测量包括伞套材料的憎水性、憎水性迁移特性、憎水性恢复时间、憎水性的丧失与恢复特性。

运行复合绝缘子憎水性测量应结合检修进行。需选择晴好天气测量，若遇雨雾天气，应在雨雾停止4天后测量。

憎水性状态用静态接触角（θ）和憎水性分级（HC）来表示。

二、试品准备

1. 试品要求

试品的配方及硫化成形工艺应与按正常工艺生产绝缘子的伞套相同。若绝缘子伞裙与护套的配方及硫化成形工艺不同，则应对伞裙材料及护套材料分别进行试验。

静态接触角法（CA 法）采用平板试品，面积为 $30cm^2$～$50cm^2$，试品厚度 3mm～6mm，试品数量为 3 个。

喷水分级法（HC 法）采用平板或伞裙试品，面积 $50cm^2$～$100cm^2$，试品数量为 5 个。

2. 清洁表面试品预处理

用无水乙醇清洗表面，然后用自来水冲洗，干燥后置于防尘容器内，在实验室标准环境条件下至少保存 24h。

3. 试品涂污及憎水性迁移

按照 DL/T 810—2002《±500kV 直流棒形悬式复合绝缘子技术条件》附录 B 中 B2.2、B2.3 条的方法涂污，盐密和灰密分别为 $0.1mg/cm^2$、$0.5mg/cm^2$。涂污后的试品置于实验室标准环境条件下的防尘容器内进行憎水性迁移，迁移时间为 4 天。

三、测量方法

1. 静态接触角法（CA 法）

静态接触角法即通过直接测量固体表面平衡水珠的静态接触角来反映材料表面憎水性状态的方法。可通过静态接触角测量仪器、测量显微镜或照相等方法来测量静态接触角 θ 的大小。

水珠的体积 4μL～7μL 左右（即水珠重量 4mg～7mg），每个试品需测 5 个水珠的静态接触角（3 个试品 15 个测量点的平均值为 θ_{av}、最小值为 θ_{min}）。

2. 喷水分级法（HC 法）

喷水分级法是用憎水性分级来表示固体材料表面憎水性状态的方法。该法将材料表面的憎水性状态分为 6 级，分别表示为 HC1～HC6。HC1 级对应憎水性很强的表面，HC6 级对应完全亲水性的表面。憎水性分组的描述见 DL/T 810—2002 附录 E，典型状况见附图 1。

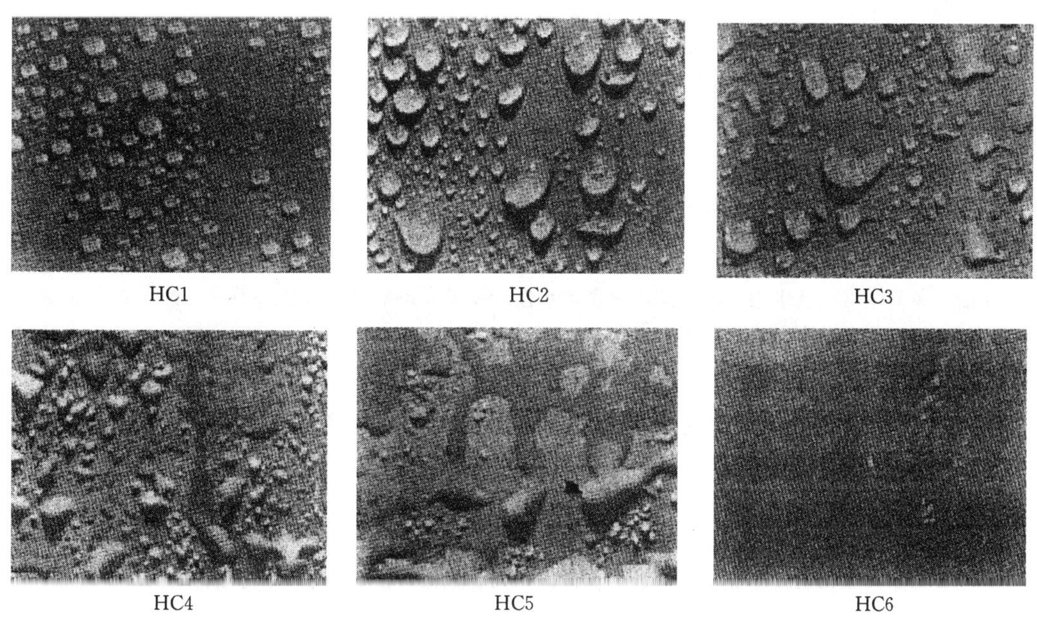

附图 1　憎水性分级示意图

对憎水性分级测量和喷水装置的要求如下：

（1）喷水设备喷嘴距试品 25cm，每秒喷水 1 次，共 25 次，喷水后表面应有水分流下。喷射方向尽可能垂直于试品表面，憎水性分级的 HC 值的读取应在喷水结束后 30s 以内完成。试品与水平面呈 20°～30°左右倾角；

（2）喷水设备可用喷壶，每次喷水量为 0.7mL～1mL；喷射角为 50°～70°。喷射角可采用在距喷嘴 25cm 远处立一张报纸，喷射方向垂直于报纸，喷水 10～15 次，形成的湿斑直径在 25cm～35cm 的方法进行校正。

四、判定准则

1. 憎水性

按三规定的测量方法，测量试品表面的静态接触角 θ 及憎水性分级 HC 值。复合绝缘子的伞裙护套材料应满足：

(1) 静态接触角 $\theta_{av} \geqslant 100°$，$\theta_{min} \geqslant 90°$；

(2) 对出厂绝缘子一般应为 HC1～HC2 级，且 HC3 级的试品不多于 1 个。

2. 憎水性的丧失特性

在实验室标准环境条件下，将 5 片清洁试品置于盛有水的容器中浸泡 96h，水应保证试品被完全浸没。试品要求见第二部分。

将试品取出后，甩掉表面的水珠，用滤纸吸干残余水分。然后任选 3 个试品，测量其静态接触角 θ 及 HC 值，其余两个试品仅测 HC 值。每个试品的测量过程应在 10min 内完成。试品应满足：

(1) 静态接触角 $\theta_{av} \geqslant 90°$，$\theta_{min} \geqslant 85°$；

(2) 对出厂绝缘子一般应为 HC3～HC4 级，且 HC5 级的试品不多于 1 个；

(3) 对已运行绝缘子一般应为 HC4～HC6 级，且 HC5～HC6 级的试品不多于 1 个。

3. 憎水性的迁移特性

从 5 个按二、3 规定的方法涂污并憎水性迁移 4 天后的试品中，任选 3 个，顺序测量其静态接触角 θ 及 HC 值，其余两个试品仅测 HC 值。试品应满足：

(1) 静态接触角 $\theta_{av} \geqslant 110°$，$\theta_{min} \geqslant 100°$；

(2) 对出厂绝缘子一般应为 HC2～HC3 级，且 HC4～HC5 级的试品不多于 1 个；

(3) 对已运行绝缘子一般应为 HC3～HC4 级，且 HC4～HC6 级的试品不多于 1 个。

4. 憎水性恢复时间

完成 1 条测量后，从水中取出试品，测量憎水性恢复至 1 条憎水性分级水平的时间，对出厂绝缘子和已运行绝缘子憎水性恢复时间应小于 24h。

14　气体绝缘金属封闭开关设备老炼试验方法

一、老炼试验

老炼试验是指对设备逐步施加交流电压，可以阶梯式地或连续地加压，其目的是：

(1) 将设备中可能存在的活动微粒杂质迁移到低电场区域里去，在此区域，这些微粒对设备的危险性减低，甚至没有危害；

(2) 通过放电烧掉细小的微粒或电极上的毛刺，以及附着的尘埃等。

老炼试验的基本原则是既要达到设备净化的目的，又要尽量减少净化过程中微粒触发的击穿，还要减少对被试设备的损害，即减少设备承受较高电压作用的时间，所以逐级升压时，在低电压下可保持较长时间，在高电压下不允许长时间耐压。

老炼试验应在现场耐压试验前进行。若最后施加的电压达到规定的现场耐压值 U_t 耐压 1min，则老炼试验可代替耐压试验。

老炼试验时，施加交流电压值与时间的关系可参考如下方案，可从如下方案选择或与制造厂商定。

方案 1：

加压程序是：$U_m/\sqrt{3}$ 15min→U_t 1min，如附图 1 所示。

方案 2：

加压程序是：0.25U_t 2min→0.5U_t 10min→0.75U_t 1min→U_t 1min，如附图 2 所示。

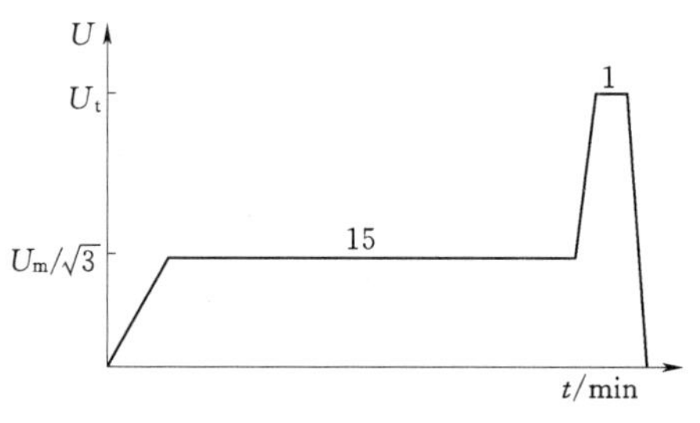

附图 1　电压与时间关系曲线

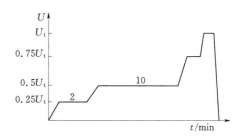

附图 2　电压与时间关系曲线

方案 3：

加压程序是：$U_m/\sqrt{3}$ 5min→U_m 3min→U_t 1min，如附图 3 所示。

方案 4：

加压程序是：$U_m/\sqrt{3}$ 3min→U_m 15min→U_t 1min→$1.1U_m$ 3min，如附图 4 所示。

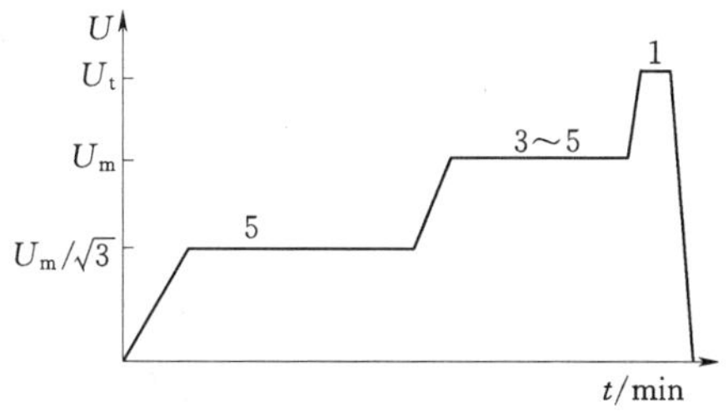

附图 3　电压与时间关系曲线

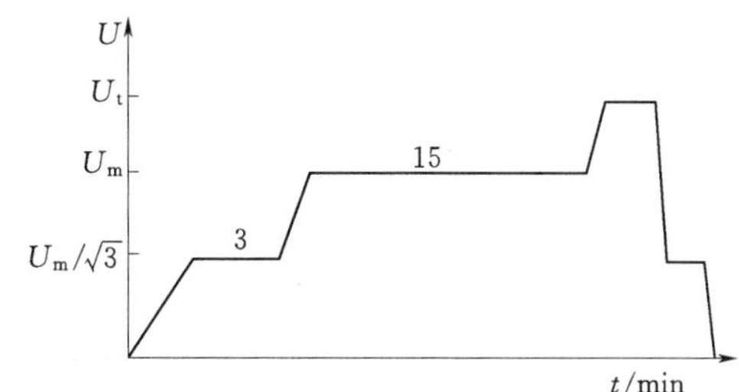

附图 4　电压与时间关系曲线

二、试验判据

（1）如 GIS 的每一部件均已按选定的试验程序耐受规定的试验电压而无击穿放电，则认为整个 GIS 通过试验。

（2）在试验过程中如果发生击穿放电，则应根据放电能量和放电引起的声、光、电、化学等各种效应及耐压试验过程中进行的其他故障诊断技术所提供的资料，进行综合判断。遇有放电情况，可采取下述步骤：

1）进行重复试验。如果该设备或气隔还能承受规定的试验电压，则该放电是自恢复放电，认为耐压试验通过。如重复试验再次失败，则应解体进行检查。

2）设备解体，打开放电气隔，仔细检查绝缘情况，修复后，再一次进行耐压试验。

15　断路器回路电阻厂家标准

附表 1　　　　**厂　家　标　准**

序号	厂家	类型	电压/kV	型号	电流	直阻标准	备注
1	沈阳	少油	110	SW2－110 Ⅰ		180	

续表

序号	厂家	类型	电压/kV	型号	电流	直阻标准	备注
2	沈阳	少油	110	SW2-110Ⅱ		180	
3	沈阳	少油	110	SW2-110Ⅲ		140	
4	沈阳	少油	220	SW2-220Ⅰ		180	单断口
5	沈阳	少油	220	SW2-220Ⅱ		180	单断口
6	沈阳	少油	220	SW2-220Ⅲ		180	单断口
7	沈阳	少油	220	SW2-220Ⅳ		140	单断口
8	沈阳	SF_6	110	LW11-110		70	
9	沈阳	SF_6	220	LW11-220	3150	40	
10	沈阳	SF_6	220	LW11-220	4000	40	
11	沈阳	SF_6	220	LW11-220	2000	80	
12	沈阳	SF_6	220	LW11-220	4000	90	
13	沈阳	SF_6	220	LW11-220	2000	190	
14	沈阳	SF_6	220	LW11-500		200	
15	沈阳	SF_6	110	LW6-110		35	
16	沈阳	SF_6	220	LW6-220		35	单断口
17	平顶山	SF_6	110	LW6-110	3150	35	单断口
18	平顶山	SF_6	220	LW6-220	3150	90	单断口 35
19	平顶山	SF_6	500	LW6-500	3150	200	单断口 35
20	西安	SF_6	220	LW15-252		42	
21	西安	SF_6	220	LW15-500		42	
22	西安	SF_6	110	LW14-126		30	
23	西安	SF_6	110	LW14-145		33	
	西安	SF_6	110	LW25-126		45	
	西安	SF_6	220	LW25-252		45	
24	西安	SF_6	500	LW13-500		250	原型号为 500-SFMT-50B
25		少油	110	SW1-110	600	700	
26		少油	110	SW3-110	1000	160	
27		少油	110	SW3-110G	1200	180	
28		少油	110	SW4-110G	1200	300	
29		少油	110	SW6-110	1200	300	
30		少油	110	SW7-110	1500	95	
31		少油	220	SW2-220	1500	400	

续表

序号	厂家	类型	电压 /kV	型号	电流	直阻标准	备注
32		少油	220	SW4－220	1000	600	
33	西安	少油	220	SW6－220	1600	400	
34	沈阳	少油	220	SW6－220	1200	450	
35		SF_6	220	LW4－220		120	
36		SF_6	220	LW17－220		100	
37		SF_6	110	LW17－145		75	
38	西门子	SF_6	500	3ASS	3150	275	
39	日立	SF_6	500	OFPTB	3150	150	
40	日立	SF_6	220	OFPTB	3150	150	
41	美国	真空	35	VBM、VBU		200	
42	ABB	SF_6	500	ELESI7－2	4000	85	
43		多油	35	DW8－35		250	
44	三菱	SF_6	220	250－SFM－50B	2000	35	
45	北京 ABB	SF_6	110	LTB145D1/B	3150	40	
46		SF_6	220	HPL245B1	4000	50	
47		SF_6	220	HPL245B1	4000	40	
48	上海华通	SF_6	220	LW31－252	3150	45	单断口
49		SF_6	220	ELFSLA－2	3150	50	单断口
50		SF_6	1100	LW17－125	2500	25	单断口

注　以上为断路器厂家标准，若遇到上表中未列的断路器型号，可参考相同电压等级、相同载流下的其他类型断路器或与厂家咨询。

16　各种温度下铝导线直流电阻温度换算系数 K_t 值

附表 1　　换 算 系 数 K_t 值

温度 /℃	换算系数 K_t	温度 /℃	换算系数 K_t	温度 /℃	换算系数 K_t	温度 /℃	换算系数 K_t
−9	1.134	−4	1.109	1	1.084	6	1.061
−8	1.129	−3	1.104	2	1.079	7	1.056
−7	1.124	−2	1.099	3	1.075	8	1.050
−6	1.119	−1	1.094	4	1.070	9	1.047
−5	1.114	0	1.089	5	1.065	10	1.043

续表

温度/℃	换算系数 K_t	温度/℃	换算系数 K_t	温度/℃	换算系数 K_t	温度/℃	换算系数 K_t
11	1.038	19	1.004	27	0.072	35	0.942
12	1.034	20	1.00	28	0.968	36	0.939
13	1.029	21	0.996	29	0.965	37	0.935
14	1.025	22	0.992	30	0.961	38	0.932
15	1.021	23	0.982	31	0.957	39	0.928
16	1.017	24	0.983	32	0.953	40	0.925
17	1.012	25	0.980	33	0.950		
18	1.008	26	0.976	34	0.946		

17　各种温度下铜导线直流电阻温度换算系数 K_t 值

附表1　　换算系数 K_t 值

温度/℃	换算系数 K_t	温度/℃	换算系数 K_t	温度/℃	换算系数 K_t	温度/℃	换算系数 K_t
−9	1.128	4	1.067	17	1.012	30	0.962
−8	1.123	5	1.063	18	1.007	31	0.959
−7	1.118	6	1.058	19	1.004	32	0.955
−6	1.113	7	1.054	20	1.000	33	0.951
−5	1.109	8	1.049	21	0.996	34	0.947
−4	1.103	9	1.045	22	0.992	35	0.945
−3	1.099	10	1.041	23	0.988	36	0.941
−2	1.094	11	1.037	24	0.985	37	0.937
−1	1.090	12	1.032	25	0.981	38	0.934
0	1.085	13	1.028	26	0.977	39	0.931
1	1.081	14	1.024	27	0.073	40	0.927
2	1.076	15	1.020	28	0.969		
3	1.071	16	1.016	29	0.965		

18　QS_1 型西林电桥

一、QS_1 型西林电桥的主要部件及参数

（一）主要部件

QS_1 型西林电桥包括桥体及标准电容器、试验变压器 3 大部分。现以附图 1 所示的 QS_1 型电桥为例，分别介绍该电桥各部件的作用。

1. 桥体调整平衡部分

电桥的平衡是通过调节 C_4、R_4 和 R_3 来实现的。R_1 是电阻值为 3184Ω（=10000/πΩ）的无感电

阻。C_4 是由 25% 无损电容器组成的，可调十进制电容箱电容（$5\times0.1\mu F+10\times0.01\mu F+10\times0.001\mu F$），$C_4$ 的电容值（μF）直接表示 $\tan\delta$ 的值；C_4 的刻度盘未按电容值刻度，而是直接刻出 $\tan\delta$ 的百分数值。R_3 是十进制电阻箱电阻（$10\times1000\Omega+10\times100\Omega+10\times10\Omega+10\times1\Omega$），它与滑线电阻 ρ（$\rho=1.2\Omega$）串联，实现在 0～11111.2Ω 范围内连续可调的目的。由于 R_3 的最大允许电流为 0.01A，为了扩大测量电容范围，当被试品电容量大于 3184pF 时，应接入分流电阻 R_N（$R_N=100\Omega$，包括 $\rho=1.2\Omega$ 在内），接入 R_N 后与 R_3 形成三角形电阻回路如附图 2 所示。

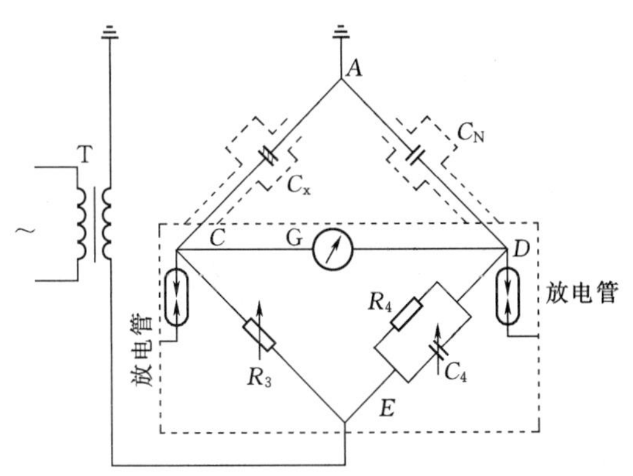

附图 1 QS_1 型电桥反接线测量原理图

附图 2 QS_1 型电桥接入分流电阻测量原理图

被试品电流 $\dot{I}_x$ 在 B 点分成 $\dot{I}_n$ 与 $\dot{I}_3$ 两部分

$$\frac{\dot{I}_n}{\dot{I}_3}=\frac{R_N-R_n+R_3}{R_n}\qquad \dot{I}_x=\dot{I}_3+\dot{I}_n$$

可得

$$\dot{I}_3=\dot{I}_x\frac{R_n}{R_n+R_3}$$

因为 $R_3\gg R_n$，所以 $\dot{I}_3\ll\dot{I}_x$，保证了流过 R_3 的电流不超过允许值，而且在转换开关 B 的压降就很小，避免分流器转换开关接触电阻对桥体的影响，保证了测量的准确性。

2. 平衡指示器

桥体内装有振动式交流检流计 G 作为平衡指示器，当振动式检流计线圈中通过电流时，将产生交变磁场。这一磁场使得贴在吊丝上的小磁钢振动，并通过光学系统将这一振动反射到面板的毛玻璃上，通过观察面板毛玻璃上的光带宽窄，即可知电流的大小。面板上的“频率调节”旋钮与检流计内另一个永久磁铁相连，转动这一旋钮可改变小磁钢及吊丝的固有振动频率，使之与所测电流频率谐振，检流计达到最灵敏，这就是所谓的“调谐振”。“调零”旋钮是用来调节检流计光带点位置的。检流计的灵敏度是通过改变与检流计线圈并联的分流电阻来调节的。分流电阻共有 11 个位置，其值的改变，通过面板上的灵敏度转换开关进行，可以从 0 增至 10000Ω。当检流计与电源精确谐振，灵敏度转换开关在“10”位置时，检流计光带缩至最小，即认为电桥平衡。

检流计的主要技术参数如下。

（1）电流常数不大于 12×10^{-8} A/mm。

（2）阻尼时间不大于 0.2s。

（3）线圈直流电阻为 40Ω。

3. 过电压保护装置

在 R_3、R_4 臂上分别并联一只放电电压为 300V 的放电管，作过电压保护。当电桥在使用中出现试品击穿或标准电容器击穿时，R_3、R_4 将承受全部试验电压，可能损坏电桥，危及人身安全，故采取了在 R_3、R_4 臂上分别并联放电管的过电压保护措施。

4. 标准电容 C_N

QS_1 型电桥现多采用 BR—16 型标准电容，内部为 CKB50/13 型的真空电容器，其工作电压为 10kV，电容量 50±10pF，介质损耗 $\tan\delta \leqslant 0.1\%$。真空电容器的玻璃泡上的高低压引出线端子间无屏蔽，壳内空气潮湿时，表面泄漏电流增大，常使介质损耗较低的试品出现 $-\tan\delta$ 的测量结果。标准电容器内有硅胶，需经常更换，以保证壳内空气干燥。

当用正接线测量试品 $\tan\delta$ 需要更高电压时，需选用工作电压 10kV 以上的标准电容器。

5. 转换开关位置“$-\tan\delta$”

电桥两板上有一转换开关位置“$-\tan\delta$”，一般测量过程中当转换开关在“$+\tan\delta$”位置不能平衡时，可切换于“$-\tan\delta$”位置测量，切换电容 C_4 改为与 R_4 并联，如附图 3 所示。

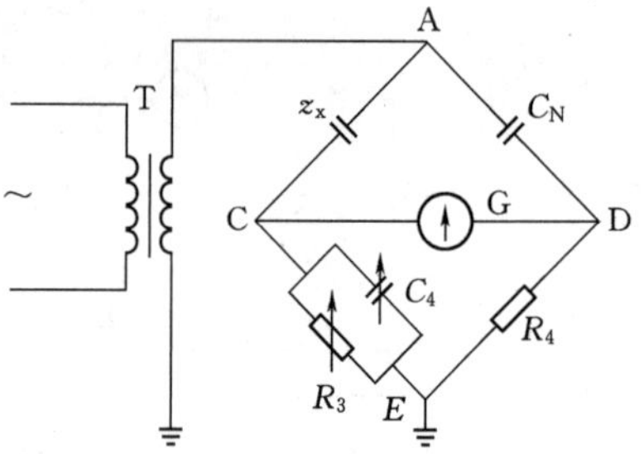

附图 3　“$-\tan\delta$”测量原理图

电桥平衡时，$z_x z_4 = z_N z_3$，将 $z_x = \dfrac{R_x}{1+j\omega C_x R_x}$、$z_N = \dfrac{1}{j\omega C_N}$、$z_3 = \dfrac{R_3}{1+j\omega C_4 R_3}$ 和 $z_4 = R_4$ 代入，求解得

$$C_x = \frac{R_4}{R_3} C_N$$

$$\tan\delta_r = \frac{1}{\omega C_x R_x} = \omega R_3(-C_4) \times 10^{-6} \tag{1}$$

式中　$\tan\delta_r$——实际试品的负介质损失角的正切值；

$-C_4$——桥臂。

“$-\tan\delta$”为测量值，即“$-\tan\delta$”读数。

应当指出“$-\tan\delta$”没有物理意义的，仅仅是一个测量结果。出现这样的测量结果，意味着流过电标 R_3 的电流 $\dot{I}_x$ 超前于流过电桥 z_4 臂的电流 $\dot{I}_N$。这既可能是 $\dot{I}_N$ 不变，而电流 $\dot{I}_x$ 由于某种原因超前 $\dot{I}_N$；也可能电流 $\dot{I}_x$ 不变，而由于某种原因使 $\dot{I}_N$ 落后于 $\dot{I}_x$；还可能是上述两种原因同时存在的结果。

“$-\tan\delta$”的测量值，并不是试品实际的介质损失角的正切值，即“$-\tan\delta$”测量值不是实际试品的 $\tan\delta$ 值。测量中得到“$-\tan\delta$”时，首先应将式（1）换算为实际试品的负介质损失角的正切值，即

$$\begin{aligned}\tan\delta &= \omega R_3(-C_4) \times 10^{-6} = 314 R_3(-C_4) \times 10^{-6} \\ &= \frac{10^6}{3184} R_3(-C_4) \times 10^{-6} = \frac{R_3}{R_4}(-C_4) \\ &= \frac{R_3}{R_4}(\tan\delta)\end{aligned}$$

为了计算方便，一般令

$$\tan\delta_r = \left(\frac{R_3}{R_4}\right) |-\tan\delta| \tag{2}$$

如一试品在"$-\tan\delta$"测得 $R_3=500.4\Omega$；$R_4=3184\Omega$，$\tan\delta$（%）$=-1.2$ 代入式（2）得

$$\tan\delta_r=\left(\frac{R_3}{R_4}\right)|-\tan\delta|=\frac{500.4}{3184}|-12|=1.88$$

接入分流电阻后，换算公式为

$$\tan\delta_r=\frac{100R_3}{(100+R_3)R_4}|-\tan\delta|$$

由于出现"$-\tan\delta$"必须倒相测量，上述换算值可作为倒相的一个测量值计算。

"$-\tan\delta$"产生的原因主要有以下几个。

（1）强电场干扰。如附图 4 所示。当干扰信号 $\dot{I}_g$ 叠回于测量信号 $\dot{I}_x$ 时，造成叠加信号流过电桥第三臂 R_3 的电流 $\dot{I}'_x$ 的相位超前 $\dot{I}_N$，造成"$-\tan\delta$"值（$\tan\delta_m<0$），这种情况把切换开关置于"$-\tan\delta$"时，电桥才能平衡。

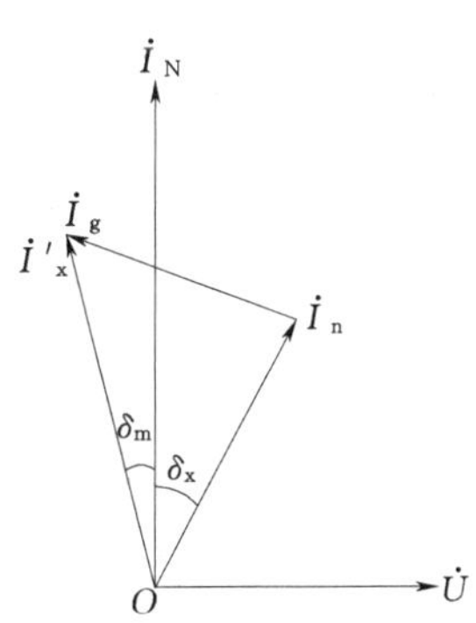

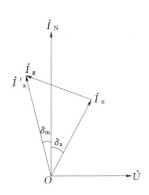

附图 4　电场干扰下产生的"$-\tan\delta$"的相量图

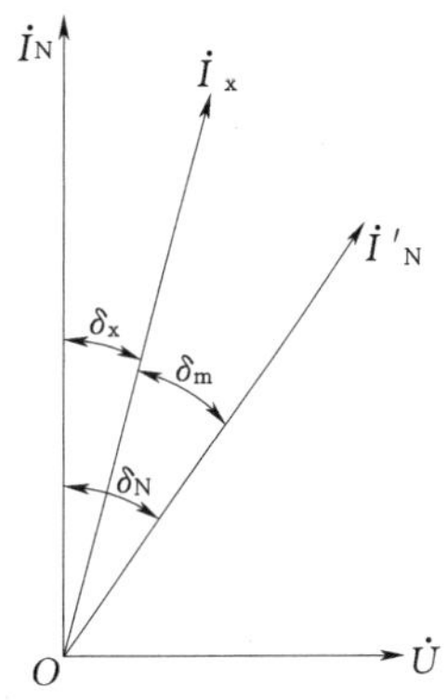

附图 5　标准电容器，$\tan\delta_N>\tan\delta_x$ 时产生的"$-\tan\delta$"的相量图

（2）$\tan\delta_N>\tan\delta_x$。当标准电桥真空泡受潮后，其 $\tan\delta_N$ 值大于被试品的 $\tan\delta_x$ 值，如附图 5 所示。由于 $\dot{I}'_N$ 滞后 $\dot{I}_x$，故出现 $-\tan\delta$（$\tan\delta_m<0$）测量结果。

（3）空间干扰。如附图 6 所示，测量有抽取电压装置的电容式套管时，套管表面脏污，测量主电容 C_1 与抽取电压的电容 C_2 串联时的等值介质损失角的正切值时，抽取电压套管表面脏污造成的电流 $\dot{I}_R$，使得 $\dot{I}'_x$ 超前于 $\dot{I}_N$，造成"$-\tan\delta$"测量结果。

另外，若出现接线错误等其他情况时，也会出现"$-\tan\delta$"测量结果。

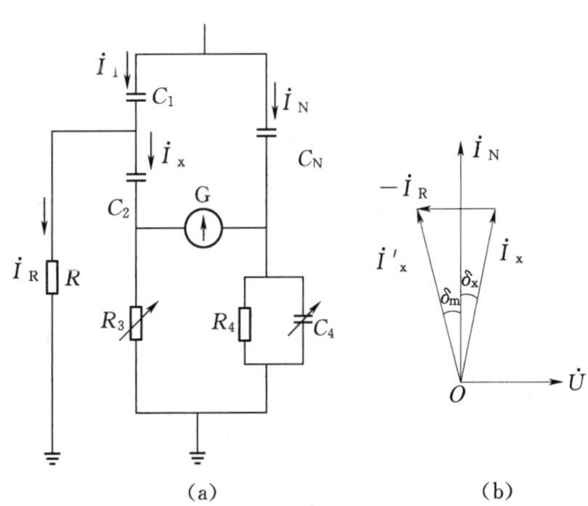

附图 6　测量有电压抽取装置的电容式套管时原理接线图

（a）原理接线图；（b）相量图

（二）QS_1 型西林电桥主要技术参数

1. 高压 50Hz 测量时 QS_1 型西林电桥的技术参数

（1）$\tan\delta$ 测量范围为 0.005～0.6。

（2）测量电容量范围为 0.3×10^{-3}～$0.4\mu F$。

（3）$\tan\delta$ 值的测量误差：当 $\tan\delta$ 为 0.005～

0.3 时，绝对误差不大于±0.003；当 $\tan\delta$ 为 0.03～0.6 时，相对误差不大于测定值的±10%。

(4) 电容量测量误差不大于±5%。

2. 低压 50Hz 测量时，QS_1 型电桥的技术参数

(1) $\tan\delta$ 测量范围及误差与高压测量相同。

(2) 电容测量范围，标准电容为 0.001μF 时，测量范围为 0.3×10^{-3}～10μF，标准电容为 0.01μF 时，测量范围为 3×10^{-3}～10pF。

(3) 电容测量误差为测定值的±5%。

二、QS_1 型西林电桥的使用

(一) QS_1 型西林电桥接线方式

QS_1 型西林电桥接线方式有 4 种：正接线、反接线、侧接线（见附图 7）与低压法接线（见附图 8），最常用的是正接线和反接线。

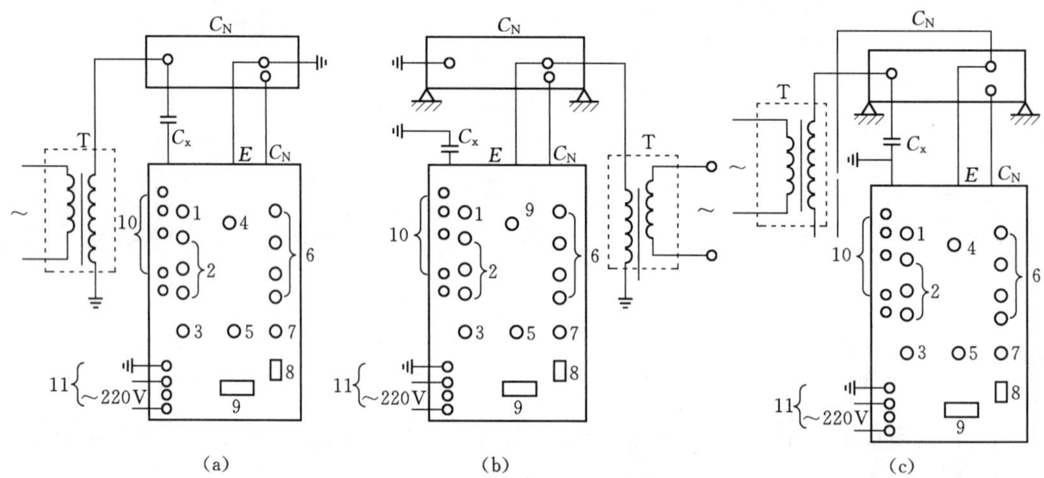

附图 7 QS_1 型西林电桥的三种接线方式

(a) 正接线；(b) 反接线；(c) 侧接线

1. 正接线

试品两端对地绝缘，电桥处于低电位，试验电压不受电桥绝缘水平限制，易于排除高压端对地杂散电流对实测测量的结果的影响，抗干扰性强。

2. 反接线

该接线适用于被试品一端接地，测量时电桥处于高电位，试验电压受电桥绝缘水平限制，高压端对地杂散电容不易消除，抗干扰性差。

反接线时，应当注意电桥外壳必须妥善接地，桥体引出的 C_x，C_N 及 E 线均处于高电位，必须保证绝缘，要与接地体外壳保持至少 100～150mm 的距离。

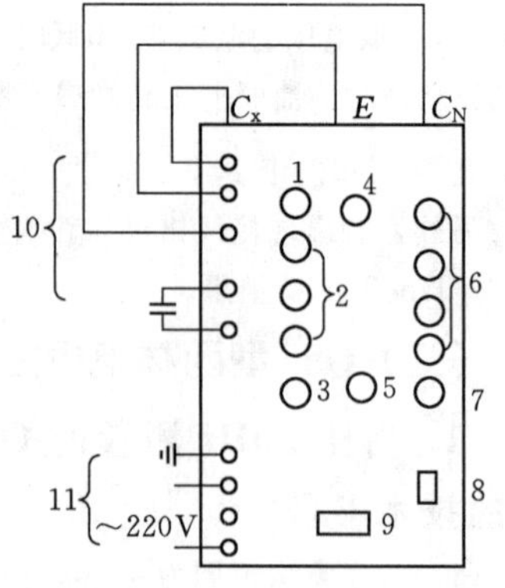

附图 8 QS_1 型西林电桥低压法接线

3. 侧接线

该接线适用于试品一端接地，而电桥又没有足够绝缘强度，进行反接线测量时，试验电压不受电桥绝缘水平限制。由于该接线电源两端不接地，电源间干扰与几乎全部杂散电流均引进了测量回路，测量误差大，因而很少被采用。

4. 低压法接线

在电桥内装有一套低压电源与标准电容，接线如附图 8 所示。标准电容由两只 0.001、0.01μF 云母电容器代替，用来测量低电压（100V）、大容量电容器特性。标准电容 $C_N=0.001\mu F$ 时，试品 C_x 的范围是 30pF～10μF；$C_N=0.01\mu F$ 时，C_x 的范围为 3000pF～100μF。这种方法一般只用来测量电容量。

（二）QS_1 型西林电桥操作步骤

$\tan\delta$ 测量是一项高压作业，加压时间长，操作比较复杂的试验。各种接线方式的操作步骤相同，操作步骤如下。

（1）根据现场试验条件、试品类型选择试验接线，合理安排试验设备、仪器、仪表及操作人员位置与安全措施。接好线后应认真检查其正确性。一般接线布置如附图 9 所示。标准电容 C_N 与试验变压器 T 离 QS_1 型电桥的距离 l_1，l_2 应不小于 0.5m。

（2）将 R_3、C_4 及灵敏度等各旋钮均置于“零”位，极性开关置于“断开”位置，根据试品电容量大小接表确定分流位置。

（3）接通电源，合上光源开关，用“调零”旋钮使光带位于中间位置，加试验电压，并将“$\tan\delta$”转至“接通Ⅰ”位置。

（4）增加检流计灵敏度，旋转调谐旋钮，找到谐振点，使光带缩至最窄（一般不超过 4mm），这时电桥即达平衡。

（5）将灵敏度退回零，记下试验电压，R_3、ρ、C_4 值及分流位置。

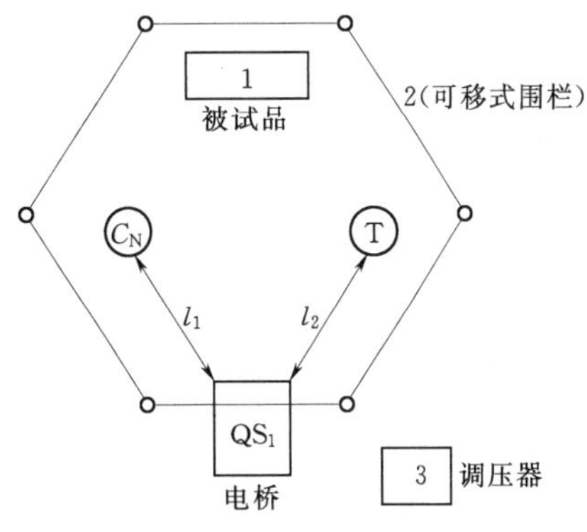

附图 9　测量 $\tan\delta$ 时的设备布置图

（6）记录数据后，再将极性开关旋至 $\tan\delta$“接通Ⅱ”位置。增加灵敏度至最大，调节 R_3、ρ、C_4 至光带最窄，随手退回灵敏度旋钮置零位。极性转换开关至“断开”位置，把试电压降为 0 后再切断电源，高压引线临时接地。

（7）如上述两次测得的结果基本一致，试验可告结束，否则应检查是否有外部磁场干扰等影响因素，若有，则需采取抗干扰措施。

三、QS_1 型交流电桥可能发生的故障、产生的原因及其检查、消除方法（见附表 1）

附表 1　　**QS_1 型电桥发生的故障、产生原因及检查、消除方法**

故障特征	可能原因	检查及消除方法
一、接通“灯光”开关时，在刻度上没有出现光带	1. 电桥接线柱上没有电压	1. 用 220V 的检查灯泡或电压表检查电桥接线柱上有无电压存在
	2. 变压器一次绕组电路或绕组本身有断线	2. 断开短接线，检查电桥相应接线柱之间有否断路（用绝缘电阻表，欧姆表检查）

续表

故障特征	可 能 原 因	检 查 及 消 除 方 法
一、接通"灯光"开关时，在刻度上没有出现光带	3. 变压器二次绕组电路有断路	3. 打开电桥用 7～10V 的电压表检查光照设备小灯泡接入处有否电压
	4. 光照设备小灯泡烧坏	4. 更换小灯泡
	5. 光照设备的光线不落到检流计的透镜上	5. 要是检流透镜未被照到，不要除去屏，白槽内看一看并校正光照设备的位置
	6. 反射光线落到镜子上	6. 用一张小纸来寻找反光，相应地移动整个镜子（向上或向下）
	7. 刻度上无光带	7. 检查轴上的镜子
	8. 光线落在检流计的透镜上，但是完全没有反光	8. 重新检查透镜是否被照明，用一张小纸在暗处仔细寻找反光是否落在边上；如果落到上面或下面很远的边上，应校准检流计本身的位置，如果反光还是找不到，就说明检流计本身有毛病，需打开平面板上圆板，取出检流计的导管修理
二、接通后检流计光带狭窄，当电阻 R_3、C_4 分流器灵敏度调整器及检流计频率调整转换开关的旋钮在任何位置时，光带不扩大	1. 线路没有高压	1. 用电压指示器检查试验变压器，被试品及标准电容器端子有否高压
	2. 检流计电路断路或短路	2. 断开高电压，把电桥与线路分开，检查电桥"C_x"及"C_N"线间的电阻（电桥 C 及 D 点间），把 R_3 放到最大值上（11110Ω），而把灵敏度转换开关放到 10，测得的电阻应在 30～50Ω 的范围内。若测得的电阻低于 30Ω，说明检流计的电路短路；若测得的电阻有几千欧姆，说明检流计的电路断路（C 及 D 点之间的电压不可大于 50mV，否则检流计可能损坏），在这两种情况下要打开电桥，并分别检查电路，如果检流计内部有损坏，要打开检流计并修理
	3. 检流计不能与线路频率谐振	3. 拆开电桥，在检流计线路上加 6～12V 交流电压，用附加电阻及分路电阻来限制直接通过检流计的电流使不超过 5×10^{-7}A，同时旋转频率调节旋钮。如仍不能使光带扩大，就应打开检流计并修理
	4. 滑线电阻电刷松开或脱开	4. 拆开电桥，自内板上部除下滑线电阻屏，然后修理电刷
三、接通电桥后，光带大，但把 R_3 自 0 调节到其最大值时，光带的宽度仍不改变	1. R_3 电桥臂电阻或连接线断线	1. 除去高压，在电桥外面将 R_4 桥臂短路，把电桥导线"C_N"及"E"互相连接起来。重新接通高压，在 R_3 从零改变到最大时，检查光带的情况，如果这时光带的宽度不改变，就需重新除去高压，把电桥与线路分开，在极性转换开关放在中间位置时，查电桥"C"及"E"点之间的电阻（导线"C_x"及"E"间）。若该电阻无限大（大于 11110Ω），就要打开电桥，在 R_3 桥臂上寻找断线并消除

续表

故障特征	可能原因	检查及消除方法
三、接通电桥后，光带大，但把 R_3 自0调节到其最大值时，光带的宽度仍不改变	2. R_3 电桥臂短路	2. 同前面一样，把 R_4 桥臂短路，若无论 R_3 为多大光带仍狭窄时，将极性转换开关调至中间位置，电桥线路不必分开，除去电压，测量电桥"C"及"E"点间的电阻。若该电阻近于零，要寻找损坏的地方，逐渐分开试品，屏蔽导线与其他元件，如果电桥外所有元件都拆除后不能消除短路，就要打开电桥
	3. R_3 电桥臂断线	3. 将 R_4 电桥臂短路后，R_3 电阻从零改变到最大时，光带宽度从最狭改变到最大，检查时，若把极性转换开关放到中间位置，除去电压，把电桥与线路分开，再测量电桥"D"及"E"点间的电阻（"C_N"及"E"导线之间）。如发生故障，此电阻等于很大或比184Ω大得多，应打开电桥，寻找与消除故障
四、光带随着 R_3 的增加而不断地扩大	1. R_4 电桥臂短路	1. R_4 桥臂短路的检查是在消除去高压时测量电桥 E 点与 D 点间的电阻，但电桥不与线路分开（这时极性转换开关在中间位置）。如果测量得电阻近于0，就应逐渐分开标准电容器，屏蔽导线等，同时找出损坏的地方。如果内部损坏，就应打开电桥
	2. C_N 电桥臂断线	2. 将 R_4 桥臂短路，这时光带的宽度扩大一些（R_3 为任何值时），应仔细检查自电桥到标准电容器的屏蔽导线是否良好，并仔细检查标准电容器上的电压是否存在，最后打开标准电容器检查引出线"低压"是否与极板相连
五、光带扩大，当 R_3 增加时，只窄一点	"C_x"电桥臂断线	检查试品的电压是否存在，检查自电桥到试品的屏蔽导线是否良好，并检查导线端头与试品的电极间的接触是否良好
六、光带不稳定，有时扩大，有时窄(原因不定)	屏蔽层脱开	仔细检查所有屏蔽的连接处，并把没有屏蔽的所有部分屏蔽起来。如果这样没有效果，可能试品或标准电容有部分放电，接触不稳定，此时最好与其他标准电容一起重复测量
七、在 R_3 为不正常的大值时，电桥平衡	1. C_x 电路连接的导线断线	1. 检查自电桥到试品的屏蔽导线是否良好
	2. R_3 电桥臂电阻被分路	2. 检查 R_3 桥臂电阻，若阻值降低，应打开电桥检查分流器转换开关
八、在 R_3 为不正常的小值时，电桥平衡	1. 在 C_N 支线上连接导线断线	1. 检查自电桥到标准电容器极板的屏蔽导线是否完整
	2. R_4 电桥臂电阻短路	2. 检查 R_4 桥臂电阻，若电阻减小，应打开电桥进行修理

19 绝缘电阻的温度换算

一、B级绝缘发电机绝缘电阻的温度换算

任意温度 t 下测得的B级绝缘发电机的绝缘电阻 R_t 可用下式换算成75℃时的绝缘电阻：

$$R_{75}=\frac{R_t}{2^{(\frac{75-t}{10})}}=R_t/K_t \quad (K_t\text{系数值参考附表1})$$

二、A级绝缘材料绝缘电阻的温度换算

任意温度 t 下测得的A级绝缘材料的绝缘电阻 R_t 可用下式换算为75℃时的绝缘电阻：

$$R_{20}=\frac{R_t}{10^{(65-t)40}}=R_t/K_t \quad (K_t\text{系数})$$

A级绝缘材料电阻的系数 K_t 值见附表2。

附表1　　B级绝缘发电机的绝缘电阻的 K_t 值

温度/℃	K_t	温度/℃	K_t	温度/℃	K_t	温度/℃	K_t	温度/℃	K_t	温度/℃	K_t	温度/℃	K_t
1	170	13	73	25	32	37	13.9	49	6.1	61	2.64	73	1.147
2	158	14	69	26	30	38	13.0	50	5.7	62	2.46	74	1.072
3	147	15	64	27	28	39	12.1	51	5.3	63	2.30	75	1.00
4	137	16	60	28	26	40	11.3	52	4.9	64	2.19	76	0.932
5	128	17	56	29	24	41	10.6	53	4.6	65	2.00	77	0.872
6	120	18	52	30	23	42	9.9	54	4.3	66	1.860	78	0.813
7	112	19	49	31	21	43	9.2	55	4.0	67	1.740	79	0.757
8	105	20	46	32	20	44	8.6	56	3.70	68	1.624	80	0.707
9	95	21	42	33	18	45	8.0	57	3.5	69	1.515		
10	90	22	39	34	17	46	7.5	58	3.3	70	1.141		
11	85	23	37	35	16	47	7.0	59	3.03	71	1.320		
12	79	24	34	36	15	48	6.5	60	2.80	72	1.230		

附表2　　A级绝缘材料绝缘电阻的系数 K_t 值

温度/℃	K_t	温度/℃	K_t	温度/℃	K_t	温度/℃	K_t	温度/℃	K_t	温度/℃	K_t	温度/℃	K_t
1	70.8	13	35.4	25	17.77	37	9.15	49	4.46	61	2.24	73	1.112
2	67.0	14	33.45	26	16.78	38	8.41	50	4.21	62	2.16	74	1.060
3	63.1	15	31.60	27	15.85	39	7.95	51	3.98	63	1.993	75	1.00
4	59.5	16	29.80	28	14.95	40	7.50	52	3.76	64	1.880	76	0.944
5	56.2	17	28.20	29	14.10	41	7.08	53	3.54	65	1.770	77	0.915
6	53	18	26.60	30	13.33	42	6.70	54	3.345	66	1.678	78	0.841
7	50	19	25.10	31	12.53	43	6.31	55	3.16	67	1.585	79	0.795
8	47.3	20	23.70	32	11.88	44	5.95	56	2.98	68	1.495	80	0.750
9	44.6	21	22.40	33	11.12	45	5.62	57	2.82	69	1.410		
10	42.1	22	21.60	34	10.60	46	5.30	58	2.66	70	1.330		
11	39.8	23	19.95	35	12.00	47	5.00	59	2.51	71	1.258		
12	37.6	24	18.80	36	9.44	48	4.73	60	2.37	72	1.188		

三、静电电容器绝缘电阻的温度换算

任意温度 t 下测得的静电电容器的绝缘电阻 R_t 可用下式换算为 20℃时的绝缘电阻：

$$R_{20}=\frac{R_t}{10^{\left(\frac{60-3t}{100}\right)}}=R_t/K_t$$

静电电容器绝缘电阻的系数 K_t 值见附表 3。

附表 3　　静电电容器绝缘电阻的系数 K_t 值

温度/℃	K_t	温度/℃	K_t	温度/℃	K_t	温度/℃	K_t	温度/℃	K_t	温度/℃	K_t	温度/℃	K_t
1	3.712	7	2.452	13	1.620	19	1.070	25	0.708	31	0.468	37	0.309
2	3.465	8	2.290	14	1.513	20	1.000	26	0.660	32	0.436	38	0.288
3	3.235	9	2.140	15	1.411	21	0.993	27	0.616	33	0.407	39	0.260
4	3.020	10	1.990	16	1.318	22	0.970	28	0.575	34	0.380	40	0.242
5	2.820	11	1.860	17	1.230	23	0.813	29	0.537	35	0.355		
6	2.630	12	1.738	18	1.145	24	0.758	30	0.501	36	0.331		

四、浸渍纸绝缘电缆绝缘电阻的温度换算

任意温度 t 下测得的浸渍纸绝缘电缆的绝缘电阻 R_t，可用下式换算为 20℃时的绝缘电阻：

$$R_{20}=R_tK_t$$

式中　K_t——系数值，见附表 4。

附表 4　　浸渍纸绝缘电缆的绝缘电阻的系数 K_t 值

温度/℃	K_t	温度/℃	K_t	温度/℃	K_t	温度/℃	K_t	温度/℃	K_t	温度/℃	K_t	温度/℃	K_t
1	0.494	7	0.62	13	0.79	19	0.98	25	1.18	31	1.46	37	1.76
2	0.510	8	0.64	14	0.82	20	1.00	26	1.24	32	1.52	38	1.81
3	0.530	9	0.68	15	0.85	21	1.037	27	1.28	33	1.56	39	1.86
4	0.560	10	0.70	16	0.88	22	1.075	28	1.32	34	1.61	40	1.92
5	0.570	11	0.74	17	0.90	23	1.100	29	1.36	35	1.66		
6	0.590	12	0.76	18	0.94	24	1.140	30	1.41	36	1.71		

20　直流泄漏电流的温度换算

一、B 级绝缘发电机定子绕组直流泄漏电流的温度换算

任意温度 t 时测得的 B 级绝缘材料发电机定子绕组直流泄漏电流 I_t 可用下式换算为 75℃时的泄漏电流：

$$I_{75}=I_t\times 1.6^{(75-t)/10}=I_tK_t$$

系数 K_t 值参见附表 1 所示。

二、A级绝缘材料直流泄漏电流的温度换算

任意温度 t 时测得的A级绝缘材料直流泄漏电流 I_t 可用下式换算为75℃时的泄漏电流：

$$I_{75}=I_t e^{\alpha(75-t)/10}=I_t K_t$$

其中，$\alpha=0.05\sim0.06/℃$，当 $\alpha=0.055$ 时，系数 K_t 值参见附表2。

附表1　　B级绝缘发电机泄漏电流的 K_t 值

温度/℃	K_t	温度/℃	K_t	温度/℃	K_t	温度/℃	K_t	温度/℃	K_t	温度/℃	K_t	温度/℃	K_t
1	32.4	13	18.4	25	10.05	37	5.95	49	3.39	61	1.93	73	1.10
2	30.9	14	17.5	26	10.00	38	5.70	50	3.24	62	1.84	74	1.005
3	29.4	15	16.6	27	9.55	39	5.44	51	3.10	63	1.75	75	1.00
4	28.1	16	15.9	28	9.13	40	5.20	52	2.94	64	1.66	76	0.95
5	26.8	17	15.1	29	8.65	41	4.95	53	2.81	65	1.59	77	0.91
6	25.5	18	14.4	30	8.25	42	4.70	54	2.68	66	1.51	78	0.87
7	24.4	19	13.8	31	7.90	43	4.50	55	2.56	67	1.44	79	0.86
8	23.3	20	13.2	32	7.52	44	4.28	56	2.44	68	1.38	80	0.79
9	22.2	21	12.6	33	7.18	45	4.10	57	2.33	69	1.32		
10	21.2	22	12.1	34	6.85	46	3.90	58	2.22	70	1.26		
11	20.1	23	11.5	35	6.54	47	3.71	59	2.12	71	1.20		
12	19.3	24	11.0	36	6.10	48	3.55	60	2.02	72	1.15		

附表2　　A级绝缘材料泄漏电流的系数 K_t 值（$\alpha=0.055$）

温度/℃	K_t	温度/℃	K_t	温度/℃	K_t	温度/℃	K_t	温度/℃	K_t	温度/℃	K_t	温度/℃	K_t
1	58.5	13	30.2	25	15.60	37	8.07	49	4.18	61	2.163	73	1.116
2	55.5	14	28.6	26	14.80	38	7.65	50	3.96	62	2.045	74	1.057
3	52.2	15	27.1	27	14.00	39	7.23	51	3.74	63	1.928	75	1.00
4	49.2	16	25.5	28	13.25	40	6.84	52	3.54	64	1.831	76	0.948
5	47.0	17	24.3	29	12.55	41	6.48	53	3.37	65	1.734	77	0.897
6	44.2	18	22.9	30	11.85	42	6.14	54	3.17	66	1.638	78	0.850
7	42.0	19	21.75	31	11.23	43	5.81	55	3.00	67	1.552	79	0.803
8	39.9	20	20.55	32	10.60	44	5.50	56	2.84	68	1.469	80	0.760
9	37.6	21	19.50	33	10.05	45	5.21	57	2.69	69	1.391		
10	35.5	22	18.45	34	9.50	46	4.93	58	2.545	70	1.316		
11	33.75	23	17.45	35	9.00	47	4.65	59	2.407	71	1.246		
12	32	24	16.50	36	8.49	48	4.41	60	2.280	72	1.180		

21　阀型避雷器电导电流的温度换算

任意温度 t 时测得阀型避雷器电导电流 I_t 可用下式换算为20℃时的电导电流：

$$I_{20}=I_t\left(1+K\frac{20-t}{10}\right)=I_t K_t$$

式中　K——温度每变化10℃时电导电流变化的百分数，一般情况下，K=0.03～0.05。

当K=0.05时，系数K_t值参见附表1。

附表1　　　　阀型避雷器电导电流的K_t值（K=0.05）

温度/℃	K_t	温度/℃	K_t	温度/℃	K_t	温度/℃	K_t	温度/℃	K_t
1	1.095	9	1.055	17	1.015	25	0.975	33	0.935
2	1.090	10	1.050	18	1.010	26	0.970	34	0.930
3	1.085	11	1.045	19	1.005	27	0.965	35	0.925
4	1.080	12	1.040	20	1.000	28	0.960	36	0.920
5	1.075	13	1.035	21	0.995	29	0.955	37	0.915
6	1.070	14	1.030	22	0.990	30	0.950	38	0.910
7	1.065	15	1.025	23	0.985	31	0.945	39	0.905
8	1.060	16	1.020	24	0.980	32	0.940	40	0.900

22　常用高压硅堆技术参数

常用高压硅堆技术参数见附表1及附图1。

附表1　　　　常用高压硅堆技术参数

型号	反向工作峰值电压 U_r/kV	反向泄漏电流（25℃）I_r/μA	正向压降/V	平均整流电流 I_{av}/A	外形尺寸/mm		
					L	D	M
2DL-50/0.05	50	≤10	≤40	0.05	150	15	30
2DL-100/0.05	100	≤10	≤120	0.05	300	15	30
2DL-150/0.05	150	≤10	≤120	0.05	400	22	30
2DL-200/0.05（浸油）	200	≤10	≤180	0.05	600	25	40
2DL-250/0.05（浸油）	250	≤10	≤200	0.05	800	25	35
2DL-50/0.1	50	≤10	≤50	0.1	150	15	30
2DL-100/0.1	100	≤10	≤120	0.1	300	25	30
2DL-150/0.1	150	≤10	≤120	0.1	400	22	30
2DL-200/0.1（浸油）	200	≤10	≤180	0.1	600	25	40
2DL-250/0.1（浸油）	250	≤10	≤200	0.1	800	25	35
2DL-50/0.2	50	≤10	≤80	0.2	150	15	30
2DL-100/0.2	100	≤10	≤120	0.2	300	25	30
2DL-150/0.2	150	≤10	≤120	0.2	400	22	30
2D-200/0.2（浸油）	200	≤10	≤180	0.2	600	25	40
2DL-250/0.2（浸油）	250	≤10	≤200	0.2	800	25	35
2DL-300/0.2（浸油）	300	≤10	≤240	0.2	800	25	35
2DL-50/0.5	50	≤10	≤40	0.5	300	20	55
2DL-100/0.5	100	≤10	≤70	0.5	400	20	60
2DL-50/1	50	≤10	≤55	1.0	400	25	70

续表

型　　号	反向工作峰值电压 U_r/kV	反向泄漏电流（25℃）I_r/μA	正向压降/V	平均整流电流 I_{av}/A	外形尺寸/mm		
					L	*D*	*M*
2DL-100/1	100	≤10	≤80	1.0	450	25	80
2DL-50/2	50	≤10	≤35	2.0	400	30	75
2DL-100/2	100	≤10	≤80	2.0	450	30	80
2DL-20/3	20	≤10	≤25	3.0	300	110	22
2DL-20/5	20	≤10	≤25	5.0	350	180	22

注　1. 环境温度为－40～＋100℃。
2. 湿度：温度为40℃±2℃时，相对湿度95%±3%。
3. 最高工作频率：3kHz。
4. 硅堆均用环氧树脂封装。
5. 2DL型为P型硅堆。
6. 硅堆浸于油中使用时，整流电流数值可能有所增加。
7. 高压硅堆的电气参数为纯电阻性负载的电气参数，在容性负载中使用时，额定整流电流却降低20%。

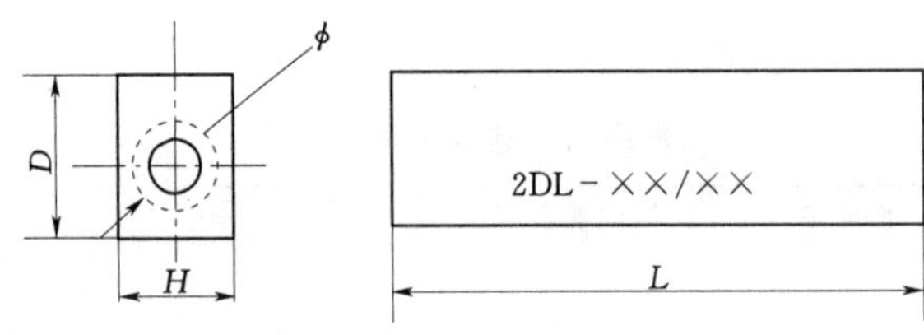

附图1　高压硅堆外形尺寸图

23　油浸式电力变压器介质损耗、绝缘电阻温度校正系数

附表1　　**油浸式电力变压器介质损耗、绝缘电阻温度校正系数**

试验温度/℃	介损校正系数	校正系数 *R*	试验温度/℃	介损校正系数	校正系数 *R*
0	1.69	0.444	11	1.266	0.694
1	1.646	0.463	12	1.234	0.723
2	1.604	0.482	13	1.202	0.753
3	1.562	0.502	14	1.17	0.784
4	1.522	0.523	15	1.14	0.816
5	1.482	0.544	16	1.111	0.85
6	1.444	0.567	17	1.082	0.885
7	1.406	0.59	18	1.054	0.922
8	1.37	0.615	19	1.027	0.96
9	1.335	0.64	20	1	1
10	1.3	0.667	21	0.974	1.041

续表

试验温度/℃	介损校正系数	校正系数 R	试验温度/℃	介损校正系数	校正系数 R
22	0.949	1.084	62	0.332	5.49
23	0.924	1.129	63	0.324	5.717
24	0.9	1.176	64	0.315	5.954
25	0.877	1.225	65	0.307	6.2
26	0.854	1.275	66	0.299	6.457
27	0.832	1.328	67	0.291	6.724
28	0.811	1.383	68	0.284	7.002
29	0.79	1.44	69	0.276	7.292
30	0.769	1.5	70	0.269	7.594
31	0.749	1.562	71	0.262	7.908
32	0.73	1.627	72	0.256	8.235
33	0.711	1.694	73	0.249	8.576
34	0.693	1.764	74	0.242	8.931
35	0.675	1.837	75	0.236	9.3
36	0.657	1.913	76	0.23	9.685
37	0.64	1.992	77	0.224	10.086
38	0.624	2.075	78	0.218	10.503
39	0.607	2.161	79	0.213	10.938
40	0.592	2.25	80	0.207	11.391
41	0.576	2.343	81	0.202	11.862
42	0.561	2.44	82	0.197	12.353
43	0.547	2.541	83	0.191	12.864
44	0.533	2.646	84	0.187	13.396
45	0.519	2.756	85	0.182	13.951
46	0.506	2.87	86	0.177	14.528
47	0.492	2.988	87	0.172	15.129
48	0.48	3.113	88	0.168	15.755
49	0.467	3.241	89	0.164	16.407
50	0.455	3.375	90	0.159	17.086
51	0.443	3.515	91	0.155	17.793
52	0.432	3.66	92	0.151	18.529
53	0.421	3.812	93	0.147	19.296
54	0.41	3.969	94	0.143	20.094
55	0.399	4.134	95	0.14	20.926
56	0.389	4.305	96	0.136	21.792
57	0.379	4.483	97	0.133	22.694
58	0.369	4.668	98	0.129	23.633
59	0.359	4.861	99	0.126	24.611
60	0.35	5.063	100	0.123	25.629
61	0.341	5.272			

注　1. 本表中介损校正系数的换算根据公式 $\tan\delta_2 = \tan\delta_1 \times 1.3^{(t_2 - t_1)/10}$ 计算而得；

2. 本表中校正系数 R 的换算根据公式 $R_2 = R_1 \times 1.5^{(t_1 - t_2)/10}$ 计算而得。

 24　部分断路器接触电阻值和时间参数

部分断路器接触电阻值见附表 1。

附表 1　　**部分断路器接触电阻值**

序号	断路器型号	额定电压 /kV	额定电流 /A	接触电阻值 /μΩ
1	VB5	17.5	800～1250	55
2	VB5	17.5	1600～2000	50
3	VB5	17.5	2500	35
4	VB5	17.5	3150	30
5	GIEG	40.5	1600	50
6	HD4	40.5	1250	50
7	HD4	40.5	2000	40
8	DW2-35	35	600	400
9	DW2-35	35	1000	350
10	DW2-35	35	1500	250
11	DW2-35Ⅱ	35	1250	300
12	SW4-220	220		600
13	SW2-110	110		300
14	SW2-220	220	1200	450
15	SW6-220	220		400
16	SW6-220	220		450
17	SW6-110	110		180
18	OR2R	220		160
19	HPGE-11-15E	110		150
20	SW2-35	35	1000	100
21	SW2-35	35	1500	80
22	SW2-35	35	2000	40
23	SN1-10	10		95
24	SN2-10	10		95
25	SN3-10	10		主 26/消 260
26	SN8-10	10		主 60/消 150
27	SN10-10	10		100
28	SN10-10Ⅰ	10	630	100
29	SN10-10Ⅱ	10	1000	60
30	SN10-10Ⅲ	10	3000	主 17/消 260
31	SN10-10Ⅰ	10	1000	55
32	VJ-12A	10	630	60
33	VJ-12A	10	1250	35

续表

序号	断路器型号	额定电压 /kV	额定电流 /A	接触电阻值 /μΩ
34	VJ-12A	10	2000	30
35	3A11	10	630	60
36	3A11	10	1250	35
37	3A11	10	2000	25
38	VJ-12B	10	630	60
39	VCP-W	15	1200	35
40	VAC25-150	10	630	40
41	W-1AC	10	630	40
42	F-200	10	630	40
43	VMH-12	12	630	40
44	HPA12/625	10	630	40
45	3AH	10	1250	34
46	3AH	10	2000	20
47	VD4	10	630	30
48	VD4	10	1250	25
49	VD4	10	2000	15
50	ECA	10	2500	15
51	3AF	10	1250	35
52	35-3AF	35	2000	20
53	EN-10	10	1250	50
54	ZN7A-10	10	1250	60
55	ZN7A-10	10	1600	40
56	ZN7A-10	10	2500	30
57	ZN7A-10	10	3150	25
58	ZN28	10	1250	40
59	ZN28	10	2500	30
60	ZN28	10	3150	20
61	VS1	10	1250	45
62	ZN4-100	10	600	75
63	HB101225C	10	1250	75
64	UBS-20	10	800	40
65	ZN-10	10	1250	50
66	ZN28A-12	10	630	35
67	KYN1-10-07	10	630	40
68	ZN28A	10	1250/2000	40
69	ZN28A	10	2500	30
70	ZN28E	10	1250	40
71	ZN28E	10	2000/2500	30
72	ZN28E	10	3150	25

续表

序号	断路器型号	额定电压 /kV	额定电流 /A	接触电阻值 /μΩ
73	ZN28	10	1250	40
74	ZN28	10	2000	40
75	ZN30	10	2500	30
76	ZN7A-10	10	2500	30
77	ZN21	10	2000	35
78	ZN21	10	3150	25
79	ZN17	10	1250	80
80	ZN17	10	2500/3150	40
81	ELFSL4-2	220	3150	95
82	ELFSP4-1	220	4000	45
83	S1-145	110	3150	30
84	3AP1FG			29
85	3AP1F1			41
86	3AQ1EG	220	3150	42
87	3AQ1EE			42
88	FX-12	220	2500	36
89	LW-220	220		100
90	LW6-220	220	3150	70
91	LW17-220	220		40
92	LW11-220W	220	3150	40
93	HPL2345B-1	220	3150	38
94	LW26-126	110		60
95	LW14-110（100-SFM-40A）	110		30
96	LW17-110	110	2500	70
97	FG4	35	1250	48
98	FG4	35	2500	30
99	HB-35	35		60
100	LW8-35	35	1600	120
101	FP4025D	35	1250	25
102	3P3-48.5	35		80
103	LW18-35	35	2500	40
104	70-SPM-50A	27	4000	20
105	OX36	36	2000	72
106	30-SFGP-35	35	630	70
107	30-SFGP-35	35	1250	40
108	FG2	10	2500	60
109	HB-10	10	1250	660
110	HB351625C	35	1600	40
111	500-FMT-20B	500	3150	160

续表

序号	断路器型号	额定电压/kV	额定电流/A	接触电阻值/μΩ
112	ELFSL7-4	500	4000	100
113	OFPTB-500-50LA	500	3150	150
114	FX-22	500	3150/4000	140新/143运
115	ELFSL4-2	220	3150	200A时≤19mV
116	ELFSL4-1	220	4000	45
117	LW2-220	220	2500	90
118	LW11-220	220	3150/4000	40
119	LW12-220	220	2000	190
120	LW15-220	220	3150	42
121	LW17-220	220	3150	200A时≤19mV
122	SW2-220	220	1600/2000	400/300
123	SW2-220	220	1000/1250	600
124	3AQ1-EE	220	3150/4000	33±9
125	FX12	220	2500	36
126	MH1MF-2Y	220	3150	单断口新25/运30
127	LW14-220	110	2000/3150	42
128	SW4-110Ⅱ/Ⅲ	110	1000/1250	120/300
129	LW6-35	35	2500	35
130	3AF	36	1250	20
131	FD4025D	35	1250	25

部分断路器的时间参数见附表2。

附表2　　部分断路器的时间参数

设备名称	型　号	时间特性/≤ms					
		分闸时间	合闸时间	金短时间	无电流时间	同相分/合不同期	相间分/合不同期
220kV SF_6断路器	FX-22	50（3150A） 40（4000A）	100	50	300	2.5/2.5	5/5
	GSL-500	40	100				
	LW12-500	20	130	60		2/3	3/5
	OFPTB-500	20	130	60	300	2/3	3/5
	SFMT-50B	14-16	65-90	28		2/2	3/4
	LW12-220	35	130	60	300		3/5
	LW11-220	35	120	60	300		3/5
	LW6-220（平高）	28	90	60±5	300	2/3	3/5
	3AQ1EE-220	20±3	105±5		300±10		

续表

设备名称	型　　号	时间特性/≤ms					
		分闸时间	合闸时间	金短时间	无电流时　间	同相分/合不同期	相间分/合不同期
220kV SF_6 断路器	3A1Q1EG－220	33－39	105－115	70	300		2/3
	3AQ2	28±3	85±5	75±5	300	2/3	3/5
	3AT2	19	80±5		280	2/3	3/5
	3AT3	19	80±5		280	2/3	3/5
	ELFSP4－1	25	60	40			3/5
	ELFSP4－2	21	112	40	300		3/5
	FX－12	15－21	37－62	35－65	300	3/5	3/5
	HPL245B－1	19±2	65	50	300		2/4
	LW10B	32	100	60±5	300	3/5	
	LW15	25	100	40	300	4/5	4/5
	LW31A－252						
	LW17－220	21	112	40	300	2/2.5	3/5
	MHME－2Y	20	70			2/3	3/5
	LW2－220	30	150	50	300	5/10	5/10
110kV SF_6 断路器	LW17－145	30	135	70－100	30	3/5	3/5
	LW6	30	90	65±5		3/5	3/5
	LW14－110	20－29	69－71	40	300	3/4	3/4
	S1－145	40	90				
	3AP1FG	30±4	55±8	30±10	300±10		2/3
	SW4－110Ⅱ/Ⅲ	60/65	250	100－120	300	2/2.5	5/5，20/10
	FP40250	60	100	120		5/10	5/10
	FX－T9	37	90				
	LW8－35	60	100		300	2/3	2/3
	LW18－35	40	150			3/5	3/5
	LW6－35	30	90	65±5	300	3/5	3/5
	70－SFM－70A	25	100	50		/4	/4
	30－SFGP－25	50	150				
	SPS	32	70－90	110			
	LW11－63P	35	120	100		3/5	3/5
	3AF	60±5	75±5	90/70	300		
	FD4025G	55	95	120			5/5
	40GI－E315	33－43 30－40	60－70 57－67				
35kV 少油断路器	SW2－35	60	400				

25 阀型避雷器的电导电流值、工频放电电压值和金属氧化物避雷器直流 1mA 电压

（1）避雷器的电导电流值、工频放电电压值见附表 1～附表 4。

附表 1　**FZ 型避雷器的电导电流值和工频放电电压**

型　号	额定电压 /kV	试验电压 /kV	电导电流 /μA	工频放电电压 /kV（有效值）
FZ-3（FZ2-3）	3	4	450～650（<10）	9～11
FZ-6（FZ2-6）	6	6	400～600（<10）	16～19
FZ-10（FZ2-10）	10	10	400～600（<10）	26～31
FZ-15	15	16	400～600	41～49
FZ-20	20	20	400～600	51～61
FZ-35	35	16（15kV 元件）	400～600	82～98
FZ-40	40	20（20kV 元件）	400～600	95～118
FZ-110J	110	24（30kV 元件）	400～600	224～268
FZ-110	110	24（30kV 元件）	400～600	254～312
FZ-220J	220	24（30kV 元件）	400～600	448～536

注　括号内的电导电流值对应于括号内的型号。

附表 2　**FS 系列避雷器的电导电流值**

型　号	FS4-3，FS8-3， FS4-3GY	FS-6，FS8-6， FS4-6GY	FS4-10，FS8-10， FS4-10GY
额定电压/kV	3	6	10
试验电压/kV	4	7	10
电导电流/μA	10	10	10

附表 3　**FCZ 系列避雷器的电导电流值和工频放电电压**

型　号	FCZ3-35	FCZ3-110J FCZ2-110J	FCZ3-110J FCZ2-110J
额定电压/kV	35	110	220
试验电压/kV	50	100	100
电导电流/μA	250～400	250～400	250～400
工频放电电压/kV（有效值）	70～85	170～195	340～390

附表 4　**FCD 系列避雷器的电导电流值**

额定电压 /kV	2	3	4	6	10	13.2	15
试验电压 /kV	2	3	4	6	10	13.2	15
电导电流 /μA	FCD 系列为 50～100，FCD1、FCD3 型不超过 10，FCD2 型为 5～20						

（2）说明：

1）电导电流相差值（%）系指最大电导电流和最小电导电流之差与最大电导电流的比。

2）非线性因数按下式计算：

$$\alpha=\lg(U_2/U_1)/\lg(I_2/I_1)$$

式中　U_2、U_1——标准中规定的试验电压；

I_2、I_1——在 U_2 和 U_1 电压下的电导电流。

3）非线性因数的差值是指串联元件中两个元件的非线性因数之差。

（3）金属氧化物避雷器直流 1mA 电压见附表 5～附表 9。

附表 5　　典型的电站和配电用避雷器直流 1mA 电压（参考）

避雷器额定电压/kV（有效值）	避雷器持续运行电压/kV（有效值）	直流 1mA 参考电压/kV（峰值）		避雷器额定 ϕ 电压/kV（有效值）	避雷器持续运行电压/kV（有效值）	直流 1mA 参考电压/kV（峰值）	
		电站型	配电型			电站型	配电型
5	4.0	7.2	7.5	102	79.6	148	—
10	8.0	14.4	15.0	108	84	157	—
12	9.6	17.4	18.0	192	150	280	—
15	12.0	21.4	23.0	200	156	290	—
17	13.6	24	25.0	204	159	296	—
51	40.8	73	—	216	168.5	314	—
84	67.2	121	—	420	318	565	—
90	72.5	130	—	444	324	597	—
96	75	140	—	468	330	630	—
100	78	145	—				

附表 6　　典型的变压器中性点用避雷器直流 1mA 电压（参考）

避雷器额定电压/kV（有效值）	避雷器持续运行电压/kV（有效值）	直流 1mA 参考电压/kV（峰值）（标称放电电流 1.5kA 等级）
60	48	85
72	58	103
96	77	137
144	116	205
207	166	292

附表 7　　典型的并联补偿电容器用避雷器直流 1mA 电压（参考）

避雷器额定电压/kV（有效值）	避雷器持续运行电压/kV（有效值）	直流 1mA 参考电压/kV（峰值）（标称放电电流 1.5kA 等级）
5	4.0	7.2
10	8.0	14.4
12	9.6	17.4
15	12.0	21.8
17	13.6	24.0

续表

避雷器额定电压/kV（有效值）	避雷器持续运行电压/kV（有效值）	直流 1mA 参考电压/kV（峰值）（标称放电电流 1.5kA 等级）
51	40.8	73.0
84	67.2	121
90	72.5	130

附表 8　　典型的电机用避雷器直流 1mA 电压（参考）

避雷器额定电压/kV（有效值）	避雷器持续运行电压/kV（有效值）	标称放电电流 5kA 等级发电机用避雷器直流 1mA 参考电压/kV	标称放电电流 2.5kA 等级电动机用避雷器直流 1mA 参考电压/kV
4	3.2	5.7	5.7
8	6.3	11.2	11.2
13.5	10.5	18.6	18.6
17.5	13.8	24.4	—

附表 9　　部分避雷器的持续电流、阻性电流、工频参考电流和工频参考电压（参考）

系统标称电压/kV（有效值）	生产厂	型　　号	持续运行电压/kV（有效值）	持续电流（全电流）不大于/μA（有效值）	阻性电流不大于/μA（峰值）	工频参考电流/mA（峰值）	工频参考电压不小于/kV（有效值）
10	北京伏安电气公司	HY5WS4－17/50	13.6	700	300	1	17
	上海电瓷厂	HY5WS2－17/50	13.6	500	250	1	17
	宁波电力设备厂	HY5WS－17/50	13.6	400	150	1	17
	武汉雷泰电气有限公司	HY5WS－16.5/50	13.6	400	150	1	18.5
35	北京伏安电气公司	HY5W－51/134	40.8	700	300	1	51
	上海电瓷厂	HY5WZ2－51/134	40.8	500	250	1	51
	宁波电力设备厂	HY5WS－53/134	42.4	600	300	1	53
	武汉雷泰电气有限公司	HY5W－54/134	43.2	600	200	1	52
	河南南阳避雷器厂	HY5W－51/134	40.8	848	240	1	50
110	北京伏安电气公司	HY5W1－100/260	78	700	400	1	100
	上海电瓷厂	Y10WF2－100/260	78	1200	300	1	100
	抚顺电瓷厂	HY10W1－108/281	84	700	400	2	110
	武汉新技术公司	HY10W2－102/266	79.6	700	300	1	99

26　相关电力设备常用技术数据

一、常用电力变压器技术数据

附表 1　　S9 系列 10kV 双绕组无励磁调压变压器技术数据

容量/kVA	电压组合及分接范围/kV		连接组标号	空载损耗/kW	负载损耗/kW	空载电流/%	阻抗电压/%	质量/t			外形尺寸/(长×宽×高，mm)	中心距/mm
	高压	低压						器身重	油重	总重		
30	电压：6；6.3；10；10.5；11 分接范围：±5% 或 ±2×2.5%	0.4	Yyn0	0.13	0.60	21	4.0	0.21	0.091	0.35	1020×500×1120	400
50			Yyn0（或）Dyn11（或）Yzn11	0.17	0.87	2		0.26	0.115	0.470	1300×690×1140	
80				0.25	1.25	1.8		0.34	0.145	0.60	1205×705×1320	550
100				0.29	1.50	1.6		0.43	0.17	0.735	1210×820×1345	
125				0.34	1.80	1.5		0.44	0.175	0.79	1310×910×1370	
160				0.40	2.20	1.4		0.53	0.195	0.92	1300×1020×1400	
200				0.48	2.60	1.3		0.56	0.21	0.975	1380×1020×1430	
250				0.56	3.05	1.2		0.675	0.241	1.15	1425×1045×1475	660
315				0.67	3.65	1.1		0.785	0.28	1.34	1535×1240×1510	
400				0.80	4.30	1		0.945	0.31	1.545	1530×1225×1580	
500				0.96	5.10	1		1.085	0.345	1.78	1760×1360×1615	
630				1.20/1.24	6.20/7.3	0.9	4.5	1.42	0.515	2.425	1810×1240×1880	820
800				1.40/1.26	7.50/8.9	0.8		1.63	0.59	2.79	2060×1360×1920	
1000				1.70/1.48	10.30/10.4	0.7		1.86	0.736	3.39	2120×1560×2030	
1250				1.95/1.75	12.8/12.4	0.6		2.35	0.92	4.23	2270×1690×2320	1070
1600				2.40/2.12	14.50/14.8	0.6	5.5	2.73	1.05	4.87	2310×1710×2460	
2000	10；10.5 11 ±5% 或 ±2×2.5%	3.15；6.3	Yd11	2.52	17.8	0.6		2.95	1.165	5.325	2410×1860×2340	
2500				2.97	20.7	0.6		3.55	1.35	6.46	2600×1930×2460	
3150				3.995	24.3	0.6		4.305	1.63	7.805	2870×3100×2550	
4000				4.72	28.34	0.6		5.165	1.79	9.115	2960×2940×2620	
5000				5.13	33.0			6.05	2.48	11.06	3500×3200×2875	
6300				6.12	36.9			7.35	2.64	14.045	3800×3200×3320	
8000												

附表 2　　SZ9 系列 10kV 双绕组有载调压变压器技术数据

容量/kVA	电压组合及分接范围/kV		连接组标号	空载损耗/kW	负载损耗/kW	空载电流/%	阻抗电压/%	质量/t			外形尺寸/(长×宽×高，mm)	中心距/mm
	高压	低压						器身重	油重	总重		
250	电压：6；6.3 10；10.5；11 分接范围：±4×2.5%	0.4	Yyn0（或）Dyn11	0.51	3.69	1.2		0.64	0.34	1.35	1670×950×1580	550
315				0.67	3.65	1.1	4.0	0.765	0.35	1.455	1750×970×1630	660
400				0.73	5.40	1		0.93	0.395	1.765	1855×1170×1750	
500				0.87	6.43	1		1.085	0.41	1.97	1900×1270×1770	
630				1.10	6.6	0.9	4.5	1.485	0.705	2.975	2365×1540×1920	820
800				1.35	9.36	0.8		1.75	0.795	3.345	2425×1555×2250	
1000				1.59	10.98	0.7		1	0.868	3.678	2460×2010×2130	
1250				2.1	12.6	0.6		2.255	1.055	4.43	2515×1780×350	
1600				2.39	15.57	0.6		3.175	1.524	6.070	2800×2010×2710	
2000				2.85	18.50			3.34	1.75	6.35	3050×2240×2930	

附表 3　　S9 系列 35kV 双绕组无励磁调压变压器技术数据

容量/kVA	电压组合及分接范围/kV		连接组标号	空载损耗/kW	负载损耗/kW	空载电流/%	阻抗电压/%	质量/t			外形尺寸/(长×宽×高，mm)	中心距/mm
	高压	低压						器身重	油重	总重		
30	电压：35；38.5 分接范围：±5% 或 ±2×2.5%	0.4	Yyn0				6.5					550
50				0.21	1.22			0.26	0.244	0.765	1100×820×1500	
80												
100				0.30	2.03			0.39	0.38	1.1	1205×1035×1895	660
125				0.34	2.39			0.51	0.41	1.28	1300×1080×1900	
160				0.37	2.83			0.63	0.44	1.42	1350×1230×1910	
200				0.44	3.33			0.74	0.46	1.58	1400×1140×1930	
250				0.51	3.96			0.855	0.52	1.84	1780×1200×1970	820
315				0.60	4.77			0.965	0.54	2.01	1820×1280×2010	
400				0.73	5.76			1.15	0.6	2.32	1850×1450×2070	
500				0.86	6.93			1.34	0.65	2.7	1900×1550×2140	
630				1.04	8.28			1.635	1.03	3.55	2300×1500×2320	
800		0.4；3.15；6.3；10.5	Yyn0 Yd11	1.23	9.90	0.7		1.94	1.16	4.01	2410×1550×2410	
1000				1.44	12.15			2.13	1.195	4.32	2455×1620×2460	
1250				1.76	14.65			2.76	1.39	5.3	2640×1800×2490	
1600				2.10	17.55			3.15	1.53	5.95	2640×1850×2510	
2000		3.15；6.3；10.5	Yd11	2.70	17.8	0.9		3.54	1.65	6.5	2700×1900×560	1070
2500				3.20	20.7			4.085	1.735	7.3	2860×2100×2610	
3150				3.80	24.3		7.0	4.72	2.15	9.2	3160×2500×2720	
4000				4.50	28.8			5.68	2.67	10.6	3250×2820×2800	
5000				5.4	33	0.9		6.8	2.875	12.945	3400×3210×3070	
6300				6.55	36.9	0.6		8.185	3.15	14.465	3350×3370×3200	1475
8000			YNd11									

附表 4　　**SZ9 系列 35kV 双绕组有载调压变压器技术数据**

<table>
<tr><th rowspan="2">容量
/kVA</th><th colspan="2">电压组合及分接范围</th><th rowspan="2">连接组
标号</th><th rowspan="2">空载
损耗
/kW</th><th rowspan="2">负载
损耗
/kW</th><th rowspan="2">空载
电流
/%</th><th rowspan="2">阻抗
电压
/%</th><th colspan="3">质量
/t</th><th rowspan="2">外形尺寸
/(长×宽×高，mm)</th><th rowspan="2">中心距
/mm</th></tr>
<tr><th>高压
/kV</th><th>低压
/kV</th><th>器身重</th><th>油重</th><th>总重</th></tr>
<tr><td>2000</td><td rowspan="10">电压：3.5；38.5
分接范围：±3×2.5%</td><td>0.4</td><td>Yyn0</td><td>2.88</td><td>18.72</td><td rowspan="10">1.2</td><td rowspan="2">6.5</td><td>3.62</td><td>2.140</td><td>7.18</td><td>2780×2160×2745</td><td></td></tr>
<tr><td>2500</td><td rowspan="9">6.3；6.6；10.5；11</td><td rowspan="5">Yd11</td><td>3.40</td><td>21.73</td><td>4.06</td><td>2.405</td><td>8.35</td><td>3310×2150×2800</td><td rowspan="3">1070</td></tr>
<tr><td>3150</td><td>4.04</td><td>26.00</td><td rowspan="4">7.0</td><td>4.84</td><td>2.67</td><td>10.11</td><td>3425×2565×2860</td></tr>
<tr><td>4000</td><td>4.84</td><td>30.82</td><td>5.615</td><td>2.94</td><td>11</td><td>3500×2650×2515</td></tr>
<tr><td>5000</td><td>5.80</td><td>36.00</td><td>6.9</td><td>3.27</td><td>13.524</td><td>4000×3210×3070</td><td rowspan="5">1475</td></tr>
<tr><td>6300</td><td>7.00</td><td>38.70</td><td>8.285</td><td>3.544</td><td>15.044</td><td>4000×3370×3200</td></tr>
<tr><td>8000</td><td rowspan="4">YNd11</td><td>9.80</td><td>42.75</td><td rowspan="2">7.5</td><td>9.48</td><td>4.13</td><td>16.57</td><td>3770×2920×2920</td></tr>
<tr><td>10000</td><td>11.50</td><td>50.55</td><td></td><td></td><td></td><td></td></tr>
<tr><td>12500</td><td>13.60</td><td>59.80</td><td rowspan="2">8.0</td><td></td><td></td><td></td><td></td></tr>
<tr><td>16000</td><td></td><td></td><td></td><td></td><td></td><td></td><td></td></tr>
</table>

附表 5　　**110kV SF9 系列双绕组无励磁调压变压器**

<table>
<tr><th rowspan="2">型号规格
/（MVA/kV）</th><th colspan="2">电压组合
/kV</th><th rowspan="2">连接组
标号</th><th rowspan="2">空载损耗
/kW</th><th rowspan="2">负载损耗
/kW</th><th rowspan="2">阻抗电压
/%</th><th colspan="2">声　级
/dB</th></tr>
<tr><th>高压</th><th>低压</th><th>油浸自冷式
（ONAN）
或强油水冷式
（OFWF）</th><th>油浸风冷式
（ONAF）
或强油风冷式
（OFAF）</th></tr>
<tr><td>6.3/110</td><td rowspan="11">110 或 121
±2×2.5%</td><td rowspan="11">35 或 38.5</td><td rowspan="11">YNd11</td><td>10</td><td>40</td><td rowspan="11">10.5</td><td>60</td><td>65</td></tr>
<tr><td>8.0/110</td><td>12</td><td>48</td><td>60</td><td>65</td></tr>
<tr><td>10/110</td><td>14</td><td>56</td><td>60</td><td>65</td></tr>
<tr><td>12.5/110</td><td>16</td><td>67</td><td>60</td><td>65</td></tr>
<tr><td>16/110</td><td>20</td><td>82</td><td>60</td><td>65</td></tr>
<tr><td>20/110</td><td>23</td><td>99</td><td>60</td><td>65</td></tr>
<tr><td>25/110</td><td>27</td><td>116</td><td>60</td><td>65</td></tr>
<tr><td>31.5/110</td><td>32</td><td>140</td><td>60</td><td>65</td></tr>
<tr><td>40/110</td><td>39</td><td>165</td><td>60</td><td>65</td></tr>
<tr><td>50/110</td><td>46</td><td>204</td><td>60</td><td>65</td></tr>
<tr><td>63/110</td><td>55</td><td>246</td><td>60</td><td>65</td></tr>
</table>

附表 6　　110kV SFZ 系列双绕组有载调压变压器

型号规格/（MVA/kV）	电压组合/kV		连接组标号	空载损耗/kW	负载损耗/kW	阻抗电压/%	声级/dB	
	高压	低压					油浸自冷式（ONAN）或强油水冷式（OFWF）	油浸风冷式（ONAF）或强油风冷式（OFAF）
6.3/110	110±8×1.25%	6.3；6.6；10.5；11	YNd11	10	37	10.5	60	65
8.0/110				13	45		60	65
10/110				15	53		60	65
12.5/110				17	63		60	65
16/110				20	78		60	65
20/110				23	94		60	65
25/110				26	110		60	65
31.5/110				30	134		60	65
40/110				36	157		60	65
50/110				43	195		60	65
63/110				54	234		60	65

附表 7　　110kV SFSZ 系列三绕组有载调压变压器

型号规格/（MVA/kV）	电压组合/kV			连接组标号	空载损耗/kW	负载损耗/kW	阻抗电压/%	声级/dB	
	高压	中压	低压					油浸自冷式（ONAN）或强油水冷式（OFWF）	油浸风冷式（ONAF）或强油风冷式（OFAF）
6.3/110	110±8×1.25%	38.5±2×2.5%	6.3；6.6；10.5；11	YNyn0 d11	13	48	降压变 高-中：10.5 高-低：17～18 中-低：6.5	60	65
8.0/110					15	57		60	65
10/110					17	67		60	65
12.5/110					20	78		60	65
16/110					24	96		60	65
20/110					26	112		60	65
25/110					30	133		60	65
31.5/110					37	158		60	65
40/110		38.5±5%			40	189		60	65
50/110					50	225		60	65
63/110					60	270		60	65

附表 8　**220kV 双绕组无励磁调压变压器**

型号规格 /（MVA/kV）	电压组合 /kV		连接组标号	空载损耗 /kW	负载损耗 /kW	阻抗电压 /%	声级 /dB
	高压	低压					
SF9－31.5/220	220 或 242±2×2.5%	6.3；6.6；10.5；11	YNd11	35	135	12～14	65
SF9－40/220				41	158		65
SF9－50/220				48	189		65
SFP9－63/220				58	221		65
SFP9－90/220		10.5；13.8；11		76	288		65
SFP9－120/220				94	347		65
SFP9－150/220		11；13.8；15.75		112	405		65
SFP9－180/220				128	459		65
SFP9－240/220				160	567		70
SFP9－300/220		15.75；18		190	675		70
SFP9－360/220				218	774		70

附表 9　**220kV 双绕组有载调压变压器**

型号规格 /（MVA/kV）	电压组合 /kV		连接组标号	空载损耗 /kW	负载损耗 /kW	阻抗电压 /%	声级 /dB
	高压	低压					
SFZ9－31.5/220	220±8×1.25%	6.3；6.6；10.5；11；35；38.5	YNd11	38	135	12～14	65
SFZ9－40/220				46	158		65
SFZ9－50/220				54	189		65
SFPZ9－63/220				63	221		65
SFPZ9－90/220				81	288		65
SFPZ9－120/220		10.5；11；35；38.5		99	347		65
SFPZ9－150/220				117	405		65
SFPZ9－180/220				135	468		65

附表 10　**220kV 三绕组有载调压变压器**

型号规格 /（MVA/kV）	电压组合 /kV			连接组标号	空载损耗 /kW	负载损耗 /kW	阻抗电压 /%	声级 /dB
	高压	中压	低压					
SFSZ9－31.5/220	220±8×1.25%	69；121	6.3；6.6；10.5；11；35；38.5	YNyn0 d11	44	162	高-中：12～14 高-低：22～24 中-低：7～9	65
SFSZ9－40/220					52	189		65
SFSZ9－50/220					61	225		65
SFPSZ9－63/220					71	261		65
SFPSZ9－90/220			10.5；11 35 38.5		93	351		65
SFPSZ9－120/220					115	432		65
SFPSZ9－150/220					136	513		65
SFPSZ9－180/220					156	630		70

附表 11　　330kV 双绕组无励磁调压变压器

额定容量/MVA	电压组合/kV		连接组标号	空载损耗/kW	负载损耗/kW	阻抗电压/%
	高压	低压				
90	363； 363±2×2.5% 345	10.5； 13.8； 15.75； 18.00	YNd11	72	272	14～15
120				90	338	
150				106	400	
180				122	459	
240				152	272	

附表 12　　330kV 三绕组无励磁调压变压器

额定容量/MVA	电压组合/kV			连接组标号	空载损耗/kW	负载损耗/kW	阻抗电压/%	容量分配/MVA
	高压	中压	低压					
90	330±2 ×2.5%	121	10.5； 13.8	YNyn0 d11	82	333	高-中 24－26 高-低 14－15 中-低	100/100/ 100
120					102	414		
150					120	490		
180					138	562		

附表 13　　500kV 单相自耦三绕组有载调压变压器

额定容量/MVA	电压组合/kV			连接组标号	阻抗电压/%	空载损耗/kW	负载损耗/kW	空载电流/%	容量分配/MVA
	高压	中压	低压						
120	$500/\sqrt{3}$； $525/\sqrt{3}$； $550/\sqrt{3}$	$230/\sqrt{3}$ $242/\sqrt{3}$ (±8× 1.25%)	15.75 35 36 63 66	Ia0I0	高-中： 12；高-低： 34－38； 中-低： 20－22	50	200	0.2	120/120/40
167						60	240	0.2	167/167/60
250						65	340	0.1	250/250/80
333						80	430	0.1	333/333/100
120	$500/\sqrt{3}$； $525/\sqrt{3}$； $550/\sqrt{3}$	$230/\sqrt{3}$ $242/\sqrt{3}$ (±8× 1.25%)	15.75 35 36 63 66	Ia0I0	高-中： 12；高-低： 42－46； 中-低： 28－30	50	210	0.2	120/120/40
167						60	250	0.2	167/167/60
250						65	350	0.1	250/250/80
333						80	470	0.1	333/333/100

附表 14　　500kV 三相双绕组变压器

额定容量/MVA	电压组合/kV		连接组标号	空载损耗/kW	负载损耗/kW	空载电流/%	阻抗电压/%
	高压	低压					
240	525；550	13.8；15.75	YNd11	100	705	0.25	14
300		13.8；15.75；18		125	830	0.25	14
360		15.75；18；20		150	950	0.20	14
420		15.75；18；20		160	1010	0.20	16
480		15.75；18；20		180	1120	0.20	16
600		15.75；18；20；24		210	1410	0.15	16
720		18；20；24		260	1620	0.15	16
840		20；24		300	1740	0.10	16

二、断路器的技术数据

附表 15 **油断路器技术数据**

型号	额定电压/kV	额定电流/A	额定断流容量/MVA	动作时间/s					横梁（或提升杆）移动速度/(m/s)				导电回路电阻/μΩ					备注
				固有分闸	合闸	自动重合	自动重合闸无电流间隙	自动重合闸一次循环	刚分	分闸最大	刚合	合闸最大	每相导电回路电阻	不包括套管	每个灭弧室电阻	横梁及动触头电阻	灭弧触头电阻	
SN1-10	10	600	200	0.1	0.23				1.75～2.0	2.7～3.3		2.6～3.0	95					
SN2-10	10	60 1000	350	0.1	0.23				1.75～2.0	2.7～3.3		2.6～3.0	95 75					回路电阻 600A 的不大于 95μΩ；1000A 的不大于 75μΩ
SN3-10	10	2000 3000	500	0.14	0.5				1.8～2.3	2.8～3.3	1.6±0.3	1.8±0.3	26 16				260	回路电阻 2000A 的不大于 26μΩ；3000A 的不大于 16μΩ
SN4-10	10	4000 5000	1500	0.15	0.65				1.55～1.75	1.9～2.3	2.0～2.4	2.0～2.55	50～60				150	
SN4-10G	10	5000 6000	1800	0.15	0.65				1.7～2.0	2.0～2.5	2.1～2.5	2.2～2.6	20				300	
SN4-20	20	5000 6000	2500	0.15	0.65				1.55～1.75	1.9～2.3	2.0～2.4	2.0～2.55	50～60				150	
SN4-20G	20	6000 8000	3000	0.15	0.65				1.7～2.0	2.2～2.6	2.0～2.4	2.0～2.55	20				300	
SN5-10	10	600	200	0.1	0.23				1.7～2.0	2.7～3.3			100					
SN6-10	10	600 1000	350	0.1	0.23				1.7～2.0	2.7～3.3			80					
SN8-10	10	600 1000	200 350	0.1	配 CD2 ≤2.5；配 CT7 ≤1.5		0.5						100					

续表

型号	额定电压/kV	额定电流/A	额定断流容量/MVA	动作时间/s					横梁（或提升杆）移动速度/(m/s)				导电回路电阻/μΩ					备注
				固有分闸	合闸	自动重合	自动重合闸无电流间隙	自动重合闸一次循环	刚分	分闸最大	刚合	合闸最大	每相导电回路电阻	不包括套管	每个灭弧室电阻	横梁及动触头电阻	灭弧触头电阻	
SN10-10	10	600 1000	350 500	0.05	0.2		0.5						120					配 CD13 型操作机构时
SW1-35	35	600	400	0.08	0.23				1.95	2.66	1.96	2.52						
SW1-110	110	600	2500	0.06	0.3				4.3	5.0	1.35	1.7	700					
SW2-35 SW2-35C	35	1000 1500	1500	0.06	0.4		0.58						140					SW2-35 型为固定式 SW2-35C 型为手车式
SW2-60	60	1000	2500	0.08 0.04	0.5 0.3		0.67	0.8 0.5	$4.5^{+0.5}_{-1.0}$ 4.5±0.5	$7.8^{+0.8}_{-0.3}$ 8.2±0.7	2.0±0.5 4.5±0.5	3.0±0.5 6.5±0.6	150					配 CD5-370G 11X 型操作机构 配 CQ-210X 型操作机构
SW3-35	35 35	600 1000	400 1000 1500	0.06 0.06	0.12 0.16	0.35 0.4	0.5			6.4±0.4 6.5±0.6		$6.4^{+0.4}_{-1.9}$ $6.5^{+0.6}_{-2.5}$	550 220					
SW3-110	110	1000	3000	0.07	0.4		0.5		5.2～5.8	6.2～7.6	≮2.8		160					导电回路电阻为有油时的值
SW3-110G	110	1200	3000	0.07	0.4		0.5		$\frac{4.8～5.6}{4.7～5.5}$	$\frac{≮6.7}{≮5.9}$	$\frac{≮3}{≮2.9}$		180					分子为无油时速度；分母为有油时速度
SW4-35	35	1200	1000	0.08	0.35		0.5		4.2±0.3	5.6±0.4	$3.7^{+0.3}_{-0.4}$	3.9±0.4						
SW4-110	110	1000	3500	0.06	0.25	0.4	0.3		3.5±0.5	5±0.8	3.3±0.5	3.5±0.5	300					
SW4-220	220	1000	7000	0.05	0.25	0.4	0.3		3.5±0.5	5±0.8	5±0.5	5.5±0.5	600					

续表

型　号	额定电压/kV	额定电流/A	额定断流容量/MVA	动作时间/s					横梁（或提升杆）移动速度/（m/s）				导电回路电阻/μΩ					备　注
				固有分闸	合闸	自动重合	自动重合闸无电流间隙	自动重合闸一次循环	刚分	分闸最大	刚合	合闸最大	每相导电回路电阻	不包括套管	每个灭弧室电阻	横梁及动触头电阻	灭弧触头电阻	
SW6-110	110 110	1200 1200	3000 4000 3000 4000	0.04 0.04	0.2 0.2		0.3 0.3		$\frac{5.5}{5.4}\pm0.5$ $\frac{5.6}{5.5}\pm0.6$	$\frac{8.5}{8}\pm1.5$ $\frac{8.5}{8}\pm1.5$	$\frac{3.5}{3.4}\pm0.5$ $\frac{4.6}{4.2}\pm0.6$		180 180					西安高压开关厂产品 沈阳高压开关厂产品
SW6-220	220 220	1200 1200	8000 8000	0.04 0.04	0.2 0.2		0.3 0.3		$\frac{5.5}{5.4}\pm0.5$ $\frac{5.6}{5.5}\pm0.6$	$\frac{8.5}{8}\pm1.5$ $\frac{8.5}{8}\pm1.5$	$\frac{3.5}{3.4}\pm0.5$ $\frac{4.6}{4.2}\pm0.6$		400 450					西安高压开关厂产品 沈阳高压开关厂产品
SW7-110	110	1200	3000	0.04	0.2		0.5		9～10.5	15.5±1	7±1							
SW7-220	220	1500	6000	0.04	0.15		0.3		9～10.5	15.5±1	7±1							
DN1-10	10 10 10	200 400 600	100 100 100	0.1 0.1 0.1	0.23 0.23 0.23		1.0 1.0 1.0			2.6±0.4 2.6±0.4 2.6±0.4			300～350 180 100～150					配 CS2 操作机构时 配 CS1 操作机构时 配 CS1 操作机构时
DW1-35	35	600	400	0.06					1.0～1.3	2.3～2.9		1.7	550					
DW1-35D	35	600	400	0.06	0.27				1.0～1.3	2.3～2.9		1.7	550					
DW1-60	60	600	500	0.10	2.7		0.6～0.8		1.4～1.8	3.0～3.8	2.0～2.6	2.1～2.7	500					
DW1-60G	60	600/1200	1000	0.12	0.7		0.6～0.8		1.4～1.8	3.0～3.8	2.0～2.6	2.1～2.7	200					

续表

型号	额定电压/kV	额定电流/A	额定断流容量/MVA	动作时间/s					横梁（或提升杆）移动速度/(m/s)				导电回路电阻/μΩ					备注
				固有分闸	合闸	自动重合	自动重合闸无电流间隙	自动重合闸一次循环	刚分	分闸最大	刚合	合闸最大	每相导电回路电阻	不包括套管	每个灭弧室电阻	横梁及动触头电阻	灭弧触头电阻	
DW2-35	35	600/1000	750	0.05	0.43			0.5~0.6	1.5~1.9	3.0~3.8	2.0~2.6	2.4~3.0	250					
	35	1000	1000	0.05	0.43			0.5~0.6	1.7~2.3	2.9~3.7	1.7~2.5	2.1~2.9	250					
	35	1000/1500	1500	0.05	0.43			0.5~0.6	1.7~2.3	2.9~3.7	1.8~2.6	2.1~2.9	250					
DW2-110	110	600/1000	2500	0.06	0.80					2.5	2.7	3.1	800					
DW2-220	220	600	5000	0.05	0.8			0.7~0.9		4.5±0.4		5.4±0.4	1520	920	420	50		
DW3-110	110	600	2500	0.05	0.6			0.7~0.8	1.5±0.2	3.7±0.4	2.2±0.3	3.6±0.4	1100~1300	700	290	80		
DW3-110G/110GF	110	600	3500	0.05	0.6			0.7~0.8	1.5±0.2	3.7±0.4	2.2±0.3	3.6±0.4	1600~1800	1200	540	80		
DW3-220	220	600	5000	0.04~0.05	0.7~0.8			0.7~0.9	1.5±0.2	4.5±0.4	3.3±0.3	5.0±0.4	1200	600	260	50		配CD7-520X操作机构时；
				0.05	0.5			0.6~0.8	1.5±0.2	4.5±0.4	3.0±0.3	5.4±0.4						配CQ3-520X操作机构时
DW6-35	35	400	400	0.1	0.27								450					配CD2、CT4-G操作机构时
DW8-35	35	600、800、1000	1000	0.07	0.3		0.5		≮2.4	≮2.7	2.6±0.3	2.7±0.3	250					

注　动作时间栏中，自动重合闸无电流间隙时间应不小于表中数值，其余项目应不大于表中数值。

附表 16 部分引进油断路器技术数据

型号	额定电压/kV	额定电流/A	额定断流容量/MVA	动作时间/s						运动速度/(m/s)				全回路电阻/μΩ	配装操作机构	备注
				合闸		分闸		重合闸		合闸		分闸				
				固有	全合	固有	全分	全时间	无电流	最大	刚合	最大	刚分			
OTKAF-120	120	600	1500	0.77	0.8	0.1	0.17	1.5		1～2		3.5～4		2000	电动机式	
HPGE11～15E	110	1250	3500	0.22～0.24		0.04～0.046			0.3	13	6.5	8.0	6.5		BR9弹簧机构	
OSM14	110	1200	3500	0.15～0.18		0.04～0.05				12	6.7	9.8	7.0		液压弹簧机构	
MTM	110 123	1250	4000	0.17		0.042				6.4	6.4	4.7	4.4		EPM型	
MULB	110 150 170	1600	4000 5000	0.13		0.05			0.3	9.9	6.2	10	6.8		FHB	
OR2M	154	2000	8000	0.11		0.037			0.3	8.5	8	14	12.5		OPE-2B	
OR2R	220	2000	10000	0.13～0.15		0.056～0.064			0.3	8.1	7.5	9	18		液压式	法国出少油式
VMNT-220	220	1000	5000	0.26～0.28		0.06～0.08	0.18～0.20		0.25		10.5①		12①	120～150	气动式	
MKⅡ-274	220	600	2500	0.7～0.8		0.04～0.05		1.9		2		4.6	3.1	800	电磁式	苏联出多油式

① 表示该数据为平均速度。

附表 17 空气断路器技术数据

型式	额定电压/kV	额定电流/A	额定断流容量(MVA)	动作时间/s				外部隔离刀的移动速度/(m/s)			导电回路电阻/μΩ			额定工作气压/10^5Pa	备注
				固有跳闸	全跳开	合闸	自动重合闸无电流间隙	分闸最大	刚合	合闸最大	每相导电回路	每个灭弧室	外部隔离刀		
BBH-35	35	600/1000	1000	0.07		0.3	0.45				100～125			20	
BBH-110	1100	600/800/12000	2500 4000 4000	0.05		0.3	0.8～1.0	18.5±2	9.5～12	19±1.5	250	100～125	130～150	20	
BBH-154	154	750/800	3000/4000			0.3	0.8～1.0	18.5±2	8～8.5	19±1.5	250	100～120	130～150	20	
BBH-220	220	1000/2000	5000/7000 10000	0.06		0.[illegible]5		13～17/15～20	7～10/8～10	18～23/18～23	400	250	150	20	分子为额定电流为1000A数据；分母为2000A数据
KW1-110	110	800/2000	4000	0.06		0.3		18.5±2	9.5～12	19±1.5	150	50		20	
KW1-220	220	1000	5000	0.06		0.4+0.05		20～24	7～10	18～20	400	250		20	
KW2-110	110	1500/2000	4000	0.06		0.15	0.25				80			20	

续表

型式	额定电压/kV	额定电流/A	额定断流容量(MVA)	动作时间/s				外部隔离刀的移动速度/(m/s)			导电回路电阻/μΩ			额定工作气压/10^5Pa	备注
				固有跳闸	全跳开	合闸	自动重合闸无电流间隙	分闸最大	刚合	合闸最大	每相导电回路	每个灭弧室	外部隔离刀		
KW2-220	220	1500/2000	8000	0.06		0.15	0.25				170			20	
KW3-110	110	1200	4000	0.05		0.2	0.25				45			25	
KW3-220	220	1500	8000	0.05	0.07	0.2	0.25				110	48		25	
KW4-110/110A	110	1500	5000	0.04	0.06	0.15	0.25(可调)				60			20	A型不带并联电阻及辅助触头
KW4-220/220A	220	1500	10000	0.04	0.06	0.15	0.25(可调)				130			20	A型不带并联电阻及辅助触头
KW4-330	330	1500	15000	0.04	0.06	0.15	0.25(可调)				200			20	
KW5-220	220	1000	8000	0.04	0.06	0.15	0.25				312	147		25	
KW5-330	330	1000	12000	0.04	0.06	0.15	0.22～0.25				471	147		25	
KW6-35	35	2000	1200	0.035		0.06	0.25							20	
KN3-35	35	400	400	0.05	0.07	0.15					200	130		10	

注　在动作栏中，除了自动重合闸无电流间隙栏的动作时间应不小于表中数值外，其余动作时间均不大于表中数值。

三、避雷器的电气特性

（一）磁吹阀式避雷器的电气特性

附表 18　　保护旋转电机用 FCD 型磁吹阀式避雷器电气特性

额定电压/kV（有效值）	灭弧电压/kV（有效值）	工频放电电压（干燥和淋雨状态）/kV（有效值）		冲击放电电压/kV（峰值）预放电时间为 1.5～20μs 及波形 1.5/40μs	冲击电流残压/kV，峰值）波形为 8/20μs 不大于		备　注
		不小于	不大于	不大于	3kA	5kA	
3.15	2.3	4.5	5.7	6	6	6.4	电机中性点保护用
	3.8	7.5	9.5	9.5	9.5	10	
	4.6	9	11.4	12	12	12.8	电机中性点保护用
6.3	7.6	15	18	19	19	20	
10.5	12.7	25	30	31	31	33	
13.8	16.7	33	39	40	40	43	
15.75	19	37	44	45	45	49	

附表 19　　电站用 FCZ 型磁吹阀式避雷器电气特性

额定电压①/kV（有效值）	灭弧电压/kV（有效值）	工频放电电压（干燥和淋雨状态）/kV（有效值）		冲击放电电压/kV（峰值）		冲击电流残压/kV（峰值）波形为 8/20μs 不大于		备　注
				预放电时间为 1.5～20μΩ 及 1.5/40μs	预放电时间为 100～1000μs			
		不小于	不大于	不大于		5kA	10kA	
35	41	70	85	112		108	122	
	51	87	98	134		134③		110kV 变压器中性点保护用
60①	69	117	133	178		178	205	
110④	100	170	195	260	285②	260	285	
110①	126	255	290	345		332	365	
154①	177	330	377	500		466	512	
220④	200	340	390	520	570②	520	570	
330④	290	510	580	780	820	740	820	

① 为不推荐使用的电压等级。

② 为参考值。

③ 1.5kA 冲击电流下的残压值。

④ 表示中性点直接接地系统电压值。

（二）金属氧化物避雷器

附表 20　　**金属氧化物避雷器的电气特性**

型号	避雷器额定电压/kV（有效值）	系统额定电压 kV（有效值）	避雷器持续运行电压/kV（有效值）	直流 1mA 参考电压/kV（不小于）	残压不大于/kV（峰值）			2ms 方波冲击电流/A（不小于）	4/10ms 冲击电流/kV（不小于）	高度/mm
					操作波	雷电波	陡波			
YH1.5W-0.5/2.6	0.5	0.38	0.42	1.2	—	2.6	—	100	10	95
YH5WS-7.6/30	10	6	8	15.0	25.6	30.0	34.6	100	65	350
Y5WS-17/50	17	10	13.6	25.0	42.5	50.0	57.5	100	65	350
Y5WZ-17/45	17	10	13.6	24.0	38.3	45.0	51.8	400	65	300
Y5WR-17/46	17	10	13.6	24.0	35.0	46.0	—	400	65	300
YH5WS-17/50	17	10	13.6	25.0	42.5	50.0	57.5	100	65	300
YH2.5W-13.5/31	13.5	10	10.5	18.6	25.0	31.0	34.7	200	65	—
Y5W-51/134	51	35	40.8	73.0	114.0	134.0	154.0	400	65	840
Y5WT-42/120	42	27.5	34.0	65	98	120	138	400	65	850
YH5W-51/134	51	35	40.8	73.0	114.0	134.0	154.0	400	65	1360
YH5W-100/260	100	110	78	145	221	260	299	800	65	220
Y10W-100/260	100	110	78	145	221	260	291	800	100	840
YH10W-100/260	100	110	78	145	221	260	291	800	100	1310
YH1.5W-60/144	60	110	48	85	135	144	—	800	10	2515
YH1.5W-72/186	72	110	58	103	174	186	—	800	10	1310
YH1.5W-144/320	144	220	116	205	299	320	—	800	10	1310
YH10W-200/520	200	220	156	290	441	520	582	800	65	2515

27 系统电容电流估算

一、架空线路

架空线路电容电流可按下式估算：

$$I_C=(2.7\sim3.3)U_nL\times10^{-3}(A)$$

式中 U_n——线路额定线电压（kV）；

L——线路长度（km）。

系数2.7适用于无避雷线的线路，3.3适用于有避雷线的线路。

由于变电所和用户电力设备存在着对地电容，将使架空线路电容电流有所增加，一般增值可用附表1的数值估算。

二、电缆线路

电缆线路电容电流可按附表2进行估算。

附表1　　架空线路电容电流增值

额定电压/kV	6	10	35	60
电容电流增值/%	18	16	13	12

附表2　　电缆线路电容电流平均值

额定电压/kV	6	10	35	额定电压/kV	6	10	35
电缆截面/mm²	电容电流平均值/（A/km）			电缆截面/mm²	电容电流平均值/（A/km）		
10	0.33	0.46		95	0.82	1.0	4.1
16	0.37	0.52		120	0.89	1.1	4.4
25	0.46	0.62		150	1.1	1.3	4.8
35	0.52	0.69		185	1.2	1.4	5.2
50	0.59	0.77		240	1.3	1.6	
70	0.71	0.9	3.7	300	1.5	1.8	

28 电气绝缘工具试验

一、试验前的检查

试验前应检查工具的完整性和表面状况。被试品表面不应有裂缝、飞弧痕迹、烧焦、穿孔、熔结和老化等缺陷，发现不合要求者，应进行处理或提出停止使用的意见。

二、试验方法

电气绝缘工具试验主要是做交流耐压试验，带电工具还要做操作波冲击试验。耐压前后都应测量绝缘电阻。由橡胶类材料制造的绝缘工具（如胶鞋、胶靴、胶手套），在耐压试验时，应在接地端串入毫安表读取电流。验电类的工具，还应测量发光电压。测量时可采用变比较小试验变压器缓慢升压，并重复三次，以获得较准确数值。

加压用电极应按被试品的不同形状分别选用。胶鞋、胶靴、胶手套等绝缘工具，一般用自来水作电极（被试品内部充水并浸入水中，高压引线引到内部水中，外部水槽经毫安表接地。被试品上部边缘距内外水面2～4cm，不可沾湿）。绝缘胶垫、毯类，可用金属板作电极，应保证对使用部分都进行耐压，被试品的边缘处应留有距离以免沿面放电。绝缘棒、绝缘杆和绝缘绳等，可用裸金属线缠紧作电极。

被试品以不击穿（包括表面气隙不击穿闪络和内部不击穿）、不损坏、不局部过热为合格。

三、试验标准

试验标准见附表1和附表2。

附表1　　**常用电气绝缘工具试验标准**

序号	名　称	电压等级 /kV	周期 /年	交流电压 /kV	时间 /min	泄漏电流 /mA
1	绝缘板	6～10	1次	30	5	
		35		80		
2	绝缘罩	35	1次	80	5	
3	绝缘夹钳	35以下	1次	3倍线电压	5	
		110		260		
		220		400		
4	验电笔	6～10	2次	40	5	
		20～35		105		
5	绝缘手套	高压	2次	8	1	≤9
		低压		2.5		≤2.5
6	核相器	6	2次	6		1.7～2.4
		10		10		1.4～1.7
7	橡胶绝缘靴	高压	2次	15	2	≤7.5

附表2　　**带电作业工具耐压试验标准**

额定电压 /kV	试验长度 /m	1min工频耐压 /kV		5min工频耐压 /kV		K_1
		型式试验	预防性试验	型式试验	预防性试验	
10	0.4	100	45			
35	0.6	150	95			4.0
110	1.0	250	220			3.0

续表

额定电压 /kV	试验长度 /m	1min 工频耐压 /kV		5min 工频耐压 /kV		K_1
		型式试验	预防性试验	型式试验	预防性试验	
220	1.8	450	440			3.0
330	2.8			420	380	2.0
500	3.7			640	580	2.0

四、机械强度试验

(1) 静荷重试验：2.5 倍允许工作负荷下持续 5min，工具无变形及损伤为合格。

(2) 动荷重试验：2.5 倍允许工作负荷下实际操作 3 次，工具灵活、轻便、无卡住现象为合格。

29 同步发电机参数（参考值）

附表 1　　隐极和凸极同步发电机的参数比较

参　数	隐极发电极机	凸极同步发电机	
		有阻尼绕组	无阻尼绕组
X_d^*（标幺值）	1.6/0.9～2.0	1.2/0.7～1.6	1.2/0.9～1.0
X_q	1.35/0.75～1.90	0.75/0.45～1.0	0.75/0.45～1.0
X'_d	0.24/0.14～0.34	0.37/0.20～0.50	0.35/0.20～0.45
X''_d	0.15/0.10～0.24	0.22/0.13～0.30	0.30/0.18～0.40
X_0=0.1～0.7	X''_d(0.01～0.08)	0.02～0.20	0.04～0.25
X''_q	(1.0～1.4) X''_d	(1～1.1) X''_d	≈2.3X''_d
X_2	1.22X''_d	1.05X''_d	(1.4～1.6) X''_d
T_{d0} (s)	5.5/3.0～12.0	5.6/2.0～9.0	5.6/2.0～9.0
T'_d(s)	0.7/0.4～1.6	1.3/0.8～2.5	1.3/0.8～2.5
T''_d(s)	0.06/0.03～0.18	0.03/0.01～0.08	
T_a(s)	0.32/0.02～0.50	0.15/0.03～0.35	0.03/0.01～0.50
H	6/2～7.6	4/0.5～8.0	4/1～8

附表 2　　同步发电机的电抗参数设计值（标幺值,%）

参数 / 型号	X_a	X''_d	X_p	X_{ad}	X_d	X'_d	X_2	X_0
TQ-25-2	10.1	12.6	12.6	184.0	194.1	19.7	15.4	7.84
TQQ-50-2	10.97	13.47	13.47	172.26	183.23	20.0	16.44	5.56
TQN-50-2	18.55	21.1	21.1	204.5	221.0	34.0	25.7	10.4
TQN-100-2	15.8	18.3	18.3	162.5	180.6	28.6	22.3	9.2
TBC-30	12.7	15.24	15.24	240.0	252.2	25.7	18.6	7.2
TB_2-30-2	12.7	15.2	15.2	242.0	254.7	25.7	18.5	6.68
TB_2-60-2	13.1	13.65	13.65	206.5	219.7	24.2	19.1	6.7

续表

参数 型号	X_a	X''_d	X_p	X_{ad}	X_d	X'_d	X_2	X_0
TB_2-100-2	11.33	13.8	13.8	169.0	180.3	20.3	16.8	8.2
QFQS-200	12.06	14.56	14.56	182.0	194.06	24.56	17.78	7.72
TQC-6	9.06	11.56	11.56	200	209.0	18.2	14.1	7.02
TQC-25-2	14	16.5	16.5	218	232	24	20.2	7.95
TQC-12-2	9.7	12.2	12.2	216	225.7	18.7	14.8	6.4
QF-12-2	10.28	12.78	12.78	187.2	197.48	21.2	15.6	7.12
QF-25-2	9.65	12.15	12.15	181.0	190.65	19.35	14.9	6.4
TQC-6-2	11.73	14.23	14.23	177.5	189.23	23.33	17.37	7.535
TSS854/90-40	14.73	22.7			80.7	28.0		9.31
QFS-50-2	11.6	14.1			173.6	21.6	17.2	6.52
QFSS-200-2		14.23			190.33	22.2		
QFSS-200-2		16.8①			196.0①	27.2①		
QFQS-200-2		14.42			170.8	23.32	15.6	8.258
QFQS-200-2		16.74①			184.5①		22.0	18.64①
QFSN-300-2-20B		15.584			185.477	25.68	17.183	7.326
QFSN-600-2-22C		18.26			189.29	24.21	20.45	8.81

①　试验值。

附表 3　　**同步发电机的时间常数设计值**　　单位：s

参数 型号	T_{do}	T''_{d3}	T''_{d2}	T''_{d1}	T''_d	T_{a3}	T_{a1}
TQ-25-2	10.25	1.04	1.72	2.02	0.13	0.216	0.171
TQQ-50-2	11.64	1.27	2.125	2.385	0.1585	0.266	0.208
TQN-50-2	4.85	0.75	1.16	1.31	0.0925	0.369	0.290
TQN-100-2	6.2	0.983	1.56	1.76	0.1228	0.483	0.389
TQS-30	10.1	1.02	1.65	1.86	0.128	0.213	0.169
TB_2-30-2	10.0	1.02	1.65	1.64	0.127	0.197	0.166
TB_2-60-2	12.28	1.32	2.21	2.59	0.165	0.258	0.202
TB_2-100-2	13.0	1.46	2.44	2.88	0.182	0.386	0.32
QFQS-200	7.68	0.97	1.54	1.76	0.121	0.263	0.214
TQC-6	7.0	0.61	1.015	1.195	0.0673	0.0767	0.0638
TQC-25-2	11.1	1.15	1.95	2.21	0.414	0.251	0.20
TQC-12-2	9.4	0.78	1.31	1.52	0.0915	0.13	0.106
QF-12-2	9.4	0.928	1.505	1.72	0.116	0.163	0.13
QF-25-2	9.15	1.172	1.92	2.22	0.1465	0.237	0.192
QF-6-2	11.55	10.965	1.542	1.765	0.1206	0.2985	0.2425
QFS-50-2	1.84	0.787	1.28	1.45	0.0984	0.235	0.183
QFSS-200-2		0.53①			0.01①	0.36①	
QFQS-200-2	1.30	0.178					

①　试验值。

附表 4　　**大型汽轮发电机实测的参数值**

参数	2 极 机					4 极 机	
	150MW 214MVA $\cos\varphi=0.7$	400MW 400MVA $\cos\varphi=0.75$	600MW 780MVA $\cos\varphi=0.78$	970MW 1141MVA $\cos\varphi=0.85$	1300MW 1630MVA $\cos\varphi=0.8$	600MW 750MVA $\cos\varphi=0.8$	1300MW 1630MVA $\cos\varphi=0.8$
X''_d	$\frac{0.183}{0.2}$	$\frac{0.2211}{0.2435}$	$\frac{0.2258}{0.2502}$	$\frac{0.23}{0.26}$	$\frac{0.276}{0.319}$	$\frac{0.25}{0.28}$	$\frac{0.287}{0.298}$
X'_d	$\frac{0.229}{0.263}$	$\frac{0.28}{0.321}$	$\frac{0.287}{0.33}$	$\frac{0.31}{0.34}$	$\frac{0.395}{0.454}$	$\frac{0.41}{0.45}$	$\frac{0.437}{0.488}$
X_d	2.169	2.909	2.507	2.3	3.153	2.40	2.16
X''_q	$\frac{0.1855}{0.224}$	$\frac{0.2236}{0.2707}$	$\frac{0.2277}{0.2881}$	$\frac{0.25}{0.28}$	$\frac{0.277}{0.375}$	$\overline{0.30}$	$\frac{0.286}{0.305}$
X_q	2.068	2.756	2.402	2.2	3.083	2.15	2.00
T''_{d0}	0.0244	0.0299	0.0247	0.039	0.0597	0.065	0.0752
T'_{d0}	6.806	10.854	7.315	7.0	6.828	7.8	8.05
T''_d	0.017	0.0207	0.0169	0.03	0.0363	0.04	0.046
T'_d	0.825	1.197	0.962	1.0	0.984	1.3	1.75
T''_{q0}	0.337	0.4536	0.2537	2.0	0.581	0.2	0.3387
T''_q	0.0302	0.0368	0.241	0.25	0.0477	0.08	0.0469
T_e	0.4348	0.3987	0.3969	0.35	0.315	0.3	0.2622
H	1.45	1.0	0.74	0.56	0.55	0.84	0.74

注　表中分数表示的数值，分子为饱和值，分母为非饱和值。

附表 5　　**水轮发电机实测的参数值**

参数	10 极 118MVA $\cos\varphi=0.7$ 实芯磁极带 阻尼绕组	10 极 290MVA $\cos\varphi=0.775$ 叠片组成的磁 极，带阻尼绕组	16 极 265MVA $\cos\varphi=0.9$ 叠片组成的磁 极，带阻尼绕组	18 极 230MVA $\cos\varphi=0.85$ 实芯磁极带 阻尼绕组	56 极 480MVA $\cos\varphi=0.85$ 叠片组成的磁 极，带阻尼绕组	4 极 94MVA $\cos\varphi=0.8$ 实芯磁极带 阻尼绕组
X''_d	$\frac{0.13}{0.205}$	$\frac{0.17}{0.23}$	$\frac{0.17}{0.20}$	$\frac{0.19}{0.21}$	$\frac{0.145}{0.165}$	$\frac{0.106}{0.125}$
X'_d	$\frac{0.19}{0.295}$	$\frac{0.31}{0.34}$	$\frac{0.3}{0.33}$	$\frac{0.30}{0.324}$	$\frac{0.243}{0.270}$	$\frac{0.21}{0.23}$
X_d	1.266	$\frac{1.11}{1.22}$	$\frac{0.91}{1.0}$	1.59	$\frac{1.1}{1.2}$	$\frac{1.15}{1.4}$
X''_q	$\frac{0.13}{0.205}$	0.305	$\frac{0.18}{0.21}$	0.206	0.175	$\frac{0.093}{0.11}$
X_q	0.83	0.97	$\frac{0.68}{0.75}$	1.08	0.73	$\frac{1.74}{0.9}$
T''_{d0}	0.046	1.18	0.2	0.077	0.053	0.56
T'_{d0}	$\frac{13.0}{10.9}$	14.1	13.0	11.1	9.8	4.0
T''_d	0.032	0.08	0.12	0.051	0.032	0.38
T'_d	$\frac{2.32}{1.6}$	4.0	4.3	2.20	2.2	5.7
X''_{q0}	0.015	0.16	0.5	0.31	0.082	2.2
T''_q	0.013	0.05	0.14	0.06	0.027	0.31
T_a	$\frac{0.5}{0.32}$	0.246	0.35	0.315	0.22	0.55
H	2.69	3.00	3.56	3.31	3.28	4.0

注　表中分数表示的数值，分子为饱和值，分母为非饱和值。

30 带电作业用绝缘斗臂车技术参数

附表 1

绝缘臂的最小有效绝缘长度

电压等级/kV	10	20	35 (66)	110	220	330	500
长度/m	1.0	1.2	1.5	2.0	3.0	3.8	4.0

注　摘自《带电作业用绝缘斗臂车使用导则》(DL/T 854—2017)。

附表 2

绝缘臂和整车工频耐压

额定电压/kV	1min 工频耐压试验		交流泄漏电流试验		
	试验距离 L/m	试验电压/kV	试验距 L/m	试验电压/kV	泄漏电流/μA
10	0.4	45	1.0	20	≤500
20	0.5	80	1.2	40	
35	0.6	95	1.5	70	
66	0.7	175	1.5	70	
110	1.0	220	2.0	126	
220	1.8	440	3.0	252	
500	3.7	580	5.0	580	

注　摘自《带电作业用绝缘斗臂车使用导则》(DL/T 854—2017)。

附表 3

绝缘部件的定期电气试验

测试部位	试验类型	试验电压/kV	试验距离 L/m	泄漏电流值/μA
下臂绝缘部分	1min 工频耐压	45	—	—
绝缘斗	1min 层向工频耐压	45	—	—
	表面交流泄漏电流	20	0.4	≤200
	1min 表面工频耐压	45	0.4	—
绝缘吊臂	1min 工频耐压	45	0.4	—

注　摘自《带电作业用绝缘斗臂车使用导则》(DL/T 854—2017)。

附录四　电气设备预防性试验仪器、设备配置及选型

1　35kV 变电所设备常用高压试验用仪器配置

序号	仪器名称	规格型号	用　　途
1	绝缘电阻测试仪	HVM－5000	用于测量被试品的绝缘电阻、吸收比及极化指数测量
2	氧化锌避雷器带电测试仪	HV－MOA－Ⅱ	氧化锌避雷器阻性电流、容性电流等电气参数测量
3	氧化锌交流参考电压测试系统	HVMAC－Ⅰ	用于 10kV、35kV 金属氧化物避雷器工频参考电压和持续电流测量
4	直流高压发生器	Z－Ⅵ 100kV/2mA	电力变压器、电缆等设备的直流耐压试验，氧化锌避雷器的直流特性试验
5	交直流高压测量系统	HV2－100kV	用于试验时测量高压侧交直流电压
6	全自动电容量测试仪	HVCB－500	电容器组不拆头准确测量每相或每只电容器的电容量
7	雷击计数器动作测试仪	Z－V	用于测量雷击计数器是否动作及归零
8	调频串联谐振试验装置	HVFRF－108kVA /27kV×4	35kV 变压器、开关等设备交流耐压用，还可满足 35kV、10kV 电缆试验
9	异频接地阻抗测试仪	HVJE/5A	接地网接地电阻、接地阻抗测量、跨步电压、接触电势
10	地网导通测试仪	HVD	检查电力设备接地引下线与地网连接状况
11	SF_6 密度继电器检验仪	HMD	校验 SF_6 密度继电器
12	变压器绕组变形测试仪	HV－RZBX	用于变压器绕组变形的测量（频率响应法）
13	变压器综合参数测试仪	HV－VA	用于变压器空载电流、空载损耗、负载损耗及阻抗电压，短路阻抗百分比等参数测试
14	高压开关机械特性测试仪	HVKC－Ⅲ	测量开关动作电压、时间、速度、同步等，可测量西门子石墨触头
15	开关动作电压测试仪	ZKD	测量开关分合闸电压值
16	互感器倍频感应耐压试验装置	HVFP	用于电磁式电压互感器的感应耐压试验
17	互感器综合特性测试仪	HVCV	电流/电压互感器变比、极性、伏安特性等参数试验
18	多倍频感应耐压试验装置	HVPT	用于电磁式电压互感器的感应耐压、空载电流及伏安特性试验，还可以测量功率和功率因数
19	变压器变比测试仪	HVB－2000	用于变压器变比的测量
20	回路电阻测试仪	HVHL－100A	开关、刀闸等回路电阻测量
21	SF_6 微水仪	HVP	用于测量 SF_6 气体的微水含量
22	变压器直流电阻测试仪	HVRL－5A	用于变压器线圈直流电阻测量
23	介质损耗测试电桥	HV－9003E	用于电气设备的高压介损测量
24	绝缘油耐压试验装置	HVYN	用于变压器油的耐压试验

注　生产单位：苏州工业园区海沃科技有限公司（地址：江苏省苏州市工业园区泾茂路 285 号；邮编：215122；电话：0512－67619936；传真：0512－67619935）。

2　110kV 变电所设备常用高压试验用仪器配置

序号	仪器名称	规格型号	用　途
1	绝缘电阻测试仪	HVM-5000	用于测量被试品的绝缘电阻、吸收比及极化指数测量
2	氧化锌避雷器带电测试仪	HV-MOA-Ⅱ	氧化锌避雷器阻性电流、容性电流等电气参数测量
3	氧化锌交流参考电压测试系统	HVMAC-Ⅱ	用于220kV分节、110kV、35kV金属氧化物避雷器工频参考电压和持续电流测量
4	直流高压发生器	Z-Ⅵ 100/200kV/2mA	电力变压器、电缆等设备的直流耐压试验，氧化锌避雷器的直流特性试验
5	交直流高压测量系统	HV2-200kV	用于试验时测量高压侧交直流电压
6	全自动电容量测试仪	HVCB-500	电容器组不拆头准确测量每相或每只电容器的电容量
7	雷击计数器动作测试仪	Z-V	用于测量雷击计数器是否动作及归零
8	调频串联谐振试验系统	HVFRF-270kVA/27kV×10	8.7/10kV/300mm^{2}橡塑电缆5km、26/35kV/300mm^{2}橡塑电缆2.5km及64/110kV/500mm^{2}橡塑电缆0.5km交流耐压试验，110kV变压器、GIS、开关、互感器等设备交流耐压试验
9	变压器局部放电、感应耐压试验系统	HVTP-100kW	用于110kV变压器单相或三相同时进行局部放电、感应耐压试验
10	同频同相耐压试验系统	HVSP-50kW/500kVA/250kV	对110kV及以下电压等级GIS扩建间隔在对侧带电运行状态下进行同频同相耐压试验
11	变压器空负载试验系统	HVBS	用于220kV及以下电压等级三相电力变压器现场进行空载损耗测量试验、50%及以下额定电流负载损耗测量试验
12	异频接地阻抗测试仪	HVJE/5A	接地网接地电阻、接地阻抗测量、跨步电压、接触电势
13	地网导通测试仪	HVD	检查电力设备接地引下线与地网连接状况
14	SF_6密度继电器检验仪	HMD	校验SF_6密度继电器
15	变压器绕组变形测试仪	HV-RZBX	用于变压器绕组变形的测量（频率响应法）
16	变压器综合参数测试仪	HV-VA	用于变压器空载电流、空载损耗、负载损耗及阻抗电压、短路阻抗百分比等参数测试
17	高压开关机械特性测试仪	HVKC-Ⅲ	测量开关动作电压、时间、速度、同步等，可测量西门子石墨触头
18	开关动作电压测试仪	ZKD	测量开关分合闸电压值
19	互感器倍频感应耐压试验装置	HVFP	用于电磁式电压互感器的感应耐压试验
20	互感器综合特性测试仪	HVCV	电流/电压互感器变比、极性、伏安特性等参数试验

续表

序号	仪器名称	规格型号	用　途
21	多倍频感应耐压试验装置	HVPT	用于电磁式电压互感器的感应耐压、空载电流及伏安特性试验，还可以测量功率和功率因数
22	变压器变比测试仪	HVB-2000	用于变压器变比的测量
23	回路电阻测试仪	HVHL-100A	开关、刀闸等回路电阻测量
24	SF_6 微水仪	HVP	用于测量 SF_6 气体的微水含量
25	变压器直流电阻测试仪	HVRL-5A	用于变压器线圈直流电阻测量
26	介质损耗测试仪	HV9003E	用于电气设备的高压介损测量
27	绝缘油耐压试验装置	HVYN	用于变压器油的耐压试验
28	空心电抗器匝间绝缘检测系统	HVDKJ-35kV	用于10kV及35kV电压等级干式空心电抗器匝间绝缘检测试验

注 生产单位：苏州工业园区海沃科技有限公司（地址：江苏省苏州市工业园区泾茂路285号；邮编：215122；电话：0512-67619936；传真：0512-67619935）。

3 220kV 变电所设备常用高压试验用仪器配置

序号	仪器名称	规格型号	用　途
1	直流高压发生器	Z-Ⅵ-100/200kV/3mA	电力变压器、电缆等设备的直流耐压试验，氧化锌避雷器的直流特性试验
2	雷击计数器动作测试仪	ZV	用于测量雷击计数器是否动作及归零
3	氧化锌避雷器带电测试仪	HV-MOA-Ⅱ	氧化锌避雷器阻性电流、容性电流等电气参数测量
4	氧化锌交流参考电压测试系统	HVMAC-Ⅱ	用于220kV分节、110kV、35kV金属氧化物避雷器工频参考电压和持续电流测量
5	交直流高压测量系统	HV2-200kV	用于试验时测量高压侧交直流电压
6	调频串联谐振试验系统	HVFRF-2500kVA/250kV×2	64/110kV/630mm² 橡塑电缆2km的交流耐压试验，127/220kV/1000mm² 橡塑电缆1.2km的交流耐压试验，220kV及以下变压器、GIS、开关、互感器等设备交流耐压试验
7	高压开关机械特性测试仪	HVKC-Ⅲ	测量开关动作电压、时间、速度、同步等，可测量西门子石墨触头
8	开关动作电压测试仪	ZKD	测量开关分合闸电压值
9	电气设备地网导通测试仪	HVD-10A	检查电力设备接地引下线与地网连接状况
10	异频接地电阻测试仪	HVJE/5A	接地网接地电阻、接地阻抗测量、跨步电压、接触电势
11	绝缘电阻测试仪	HVM-5000	用于测量被试品的绝缘电阻、吸收比及极化指数测量
12	电容量测试仪	HVCB-500	电容器组不拆头准确测量每相或每只电容器的电容量
13	互感器倍频感应耐压试验系统	HVFP-15kW	用于电磁式电压互感器的感应耐压试验
14	多倍频感应耐压试验装置	HVPT	用于电磁式电压互感器的感应耐压、空载电流及伏安特性试验，还可以测量功率和功率因数

续表

序号	仪器名称	规格型号	用　　途
15	互感器特性综合测试仪	HVCV	电流/电压互感器变比、极性、伏安特性等参数试验
16	变压器局部放电、感应耐压试验系统	HVFP-200kW	用于220kV变压器局部放电、感应耐压试验
17	三相变压器局部放电、感应耐压试验系统	HVTP-450kW	用于220kV变压器单相或三相同时进行局部放电、感应耐压试验
18	数字式局部放电检测仪	HVPD-4CH	变压器局部放电试验时局部放电量测量
19	同频同相耐压试验系统	HVSP-100kW/1000kVA/250kV×2	对220kV及以下电压等级GIS扩建间隔在对侧带电运行状态下进行同频同相耐压试验
20	变压器空负载试验系统	HVBS	用于220kV及以下电压等级三相电力变压器现场进行空载损耗测量试验、50%及以下额定电流负载损耗测量试验
21	SF_6密度继电器校验仪	HMD	校验SF_6密度继电器
22	变压器绕组变形测试仪	HV-RZBX	用于变压器绕组变形的测量（频率响应法）
23	SF_6微水测试仪	HVP	用于测量SF_6气体的微水含量
24	线路参数测试仪	HVLP	测量输电线路的工频参数
25	变压器直流电阻测试仪	HVRL-5A	用于变压器线圈直流电阻测量
26	变压器变比测试仪	HVB-2000	用于变压器变比的测量
27	回路电阻测试仪	HVHL-100A	开关、刀闸等回路电阻测量
28	高压介质损耗测试仪	HV9003E	用于电气设备的高压介损测量
29	绝缘油耐压试验装置	HVYN	用于变压器油的耐压试验
30	变压器有载分节开关特性测试仪	HVYZ	用于测量有载分节开关的过渡电阻和过渡时间
31	空心电抗器匝间绝缘检测系统	HVDKJ-35kV	用于10kV及35kV电压等级干式空心电抗器匝间绝缘检测试验

注　生产单位：苏州工业园区海沃科技有限公司（地址：江苏省苏州市工业园区泾茂路285号；邮编：215122；电话：0512-67619936；传真：0512-67619935）。

4　500kV变电所设备常用高压试验用仪器配置

序号	仪器名称	规格型号	用　　途
1	直流高压发生器	Z-Ⅵ-200/300kV/3mA	电力变压器、电缆等设备的直流耐压试验，氧化锌避雷器的直流特性试验
2	雷击计数器动作测试仪	ZV	用于测量雷击计数器是否动作及归零
3	氧化锌避雷器带电测试仪	HV-MOA-Ⅱ	氧化锌避雷器阻性电流、容性电流等电气参数测量
4	交直流高压测量系统	HV2-300kV	用于试验时测量高压侧交直流电压

续表

序号	仪器名称	规格型号	用　　途
5	高压开关机械特性测试仪	HVKC-Ⅲ	测量开关动作电压、时间、速度、同步等，可测量西门子石墨触头
6	开关动作电压测试仪	ZKD	测量开关分合闸电压值
7	电气设备地网导通测试仪	HVD/10A	检查电力设备接地引下线与地网连接状况
8	异频接地电阻测试仪	HVJE/5A	接地网接地电阻、接地阻抗测量
9	绝缘电阻测试仪	HVM-5000	用于测量被试品的绝缘电阻、吸收比及极化指数测量
10	电容量测试仪	HVCB-500	电容器组不拆头准确测量每相或每只电容器的电容量
11	互感器倍频感应耐压试验系统	HVFP-15kW	用于220kV及以下电磁式电压互感器的感应耐压试验
12	多倍频感应耐压试验装置	HVPT	用于电磁式电压互感器的感应耐压、空载电流及伏安特性试验，还可以测量功率和功率因数
13	互感器特性综合测试仪	HVCV	电流/电压互感器变比、极性、伏安特性等参数试验
14	SF_6密度继电器校验仪	HMD	校验SF_6密度继电器
15	变压器绕组变形测试仪	HV-RZBX	用于变压器绕组变形的测量（频率响应法）
16	SF_6微水测试仪	HVP	用于测量SF_6气体的微水含量
17	变压器直流电阻测试仪	HVRL-5A	用于变压器线圈直流电阻测量
18	变压器变比测试仪	HVB-2000	用于变压器变比的测量
19	回路电阻测试仪	HVHL-100A	开关、刀闸等回路电阻测量
20	高压介质损耗测试仪	HV9003E	用于电气设备的高压介损测量
21	绝缘油耐压试验装置	HVYN	用于变压器油的耐压试验
22	变压器有载分节开关特性测试仪	HVYZ	用于测量有载分节开关的过渡电阻和过渡时间
23	调频串联谐振试验系统	HVFRF-3750kVA/250kV×3	64/110kV/630mm^{2}橡塑电缆3km的交流耐压试验，127/220kV/1000mm^{2}橡塑电缆1.8km的交流耐压试验，500kV及以下变压器、GIS、开关、互感器等设备交流耐压试验
24	变压器局部放电、感应耐压试验系统	HVFP-450kW	用于500kV变压器局部放电、感应耐压试验
25	数字式局部放电检测仪	HVPD-4CH	变压器局部放电试验时局部放电量测量
26	变压器综合参数测试仪	HV-VA	用于变压器空载电流、空载损耗、负载损耗及阻抗电压、短路阻抗百分比等参数测试
27	同频同相耐压试验系统	HVSP-200kW/1500kVA/250kV×3	对500kV及以下电压等级GIS扩建间隔在对侧带电运行状态下进行同频同相耐压试验
28	线路参数测试仪	HVLP	测量输电线路的工频参数
29	空心电抗器匝间绝缘检测系统	HVDKJ-35kV	用于10kV及35kV电压等级干式空心电抗器匝间绝缘检测试验

注　生产单位：苏州工业园区海沃科技有限公司（地址：江苏省苏州市工业园区泾茂路285号；邮编：215122；电话：0512-67619936；传真：0512-67619935）。

5 配电变压器抽检试验设备配置

序号	设备名称	规格型号	用途
1	便携式配电变压器能效检测系统	HV3060	适用于10kV/630kVA及以下容量配电变压器进行绕组电阻、空载损耗、空载电流、负载损耗及短路阻抗等能效检测试验项目，具备升级能力，通过升级可完成10kV/1250kVA及以下容量配电变压器C类检测项目全检
2	配电变压器储能式短路冲击试验系统	HVTCP-21M	主要适用于以下试验： (1) 10kV及以下电压等级短路阻抗为4.5%的630kVA三相油浸式变压器进行三相突发短路试验0.5s；10kV及以下电压等级短路阻抗为6%的1250kVA三相干式变压器进行三相突发短路试验0.5s；10kV及以下电压等级短路阻抗为8%的1600kVA三相干式变压器进行三相突发短路试验0.5s。 (2) 10kV断路器、高压开关柜、环网柜、柱上开关、隔离开关等设备进行三相40kA/4s短时耐受电流和峰值耐受电流试验。 (3) 10kV美式箱式变电站、欧式箱式变电站、10kV电缆分支箱等设备进行主回路短时热稳定电流和额定动稳定电流试验。 (4) 10kV电缆附件进行短路热稳定和短路动稳定试验。 (5) 10kV配电变压器综合配电柜、0.4kV电缆分支箱等设备进行短时耐受电流强度试验。 (6) 10kV限流电抗器、串联电抗器等设备进行短路电流试验，10kV电流互感器的短路电流试验。 (7) 12kV/500kvar及以下电力电力电容器进行额定频率下的电容器极间耐压试验、10kV/8Mvar并联电抗器单相进行变频耐压试验
3	储能式开关类设备短时耐受及峰值耐受电流试验电源系统	HVTCP-20kA	适用于断路器、开关柜、柱上开关、电流互感器、环网柜、JP柜（综合配电柜）等设备进行20kA/4s三相或31.5kA/2s单相短时耐受电流和峰值耐受电流试验

注 生产单位：苏州工业园区海沃科技有限公司（地址：江苏省苏州市工业园区泾茂路285号；邮编：215122；电话：0512-67619936；传真：0512-67619935）。

6 500kV及以下变电所常用高压试验仪器

一、HV3060型便携式配电变压器能效检测系统

为落实国家“碳达峰、碳中和”目标和绿色发展战略，HV3060型便携式配电变压器能效检测系统依据《电力变压器能效限定值及能效等级》（GB 20052—2020）标准要求，参考《电网物资质量检测能力标准化建设导则》而设计，用于高效节能配电变压器开展现场检测。

该检测系统采用高度集成模块化设计，由IGBT数字电源、功率分析仪、直流电阻测试仪模块化封装于便携拉杆箱内及配套同样安装在便携拉杆箱内的磷酸铁锂电池组组成，可满足10kV/630kVA及以

下配电变压器能效项目（绕组电阻、空载损耗、空载电流、负载损耗及短路阻抗）到货全检需求，单台变压器完成全部测试时间不超过10min（含变更试验接线时间），大幅提高检测效率，降低检测成本，实现大规模配电变压器关键质量参数在物资仓库和工程现场的快速检测。

该检测系统的控制操作基于无线手持终端软件交互界面完成，试验数据均采用无线方式实时传输，可自动便捷完成能效检测相关试验项目，并对试验结果自动作出符合或不符合能效标准的评定。

1. 试验能力

10kV电压等级油浸式配电变压器最大试验容量不大于630kVA，低压绕组额定电压不大于400V，额定频率为50Hz，阻抗不大于4.5%。

2. 试验项目

（1）绕组电阻测量。

（2）空载损耗及空载电流测量试验（90%、100%及110%额定电压下）。

（3）短路阻抗及负载损耗测量试验（50%额定电流及以上）。

（4）能效等级评定。

3. 升级能力

该检测系统在原有的试验基础之上通过在测试主机上增加电压比测量、感应耐压两个试验项目，增配外置的工频耐压试验模块及绝缘电阻测试模块，可完成10kV/1250kVA及以下容量配电变压器C类检测项目全检。

4. 能效检测系统技术指标

（1）额定输入：交流三相380V±5%/6A、50Hz±1Hz或直流500～600V/6A两用。

（2）额定输出：交流三相0～450V/0～20A、50Hz±0.01Hz。

（3）输出电压波形畸变率：≤2%（≥20%输出电压）。

（4）锂电池系统额定电压：直流537.6V。

（5）锂电池系统额定容量：6A·h。

（6）锂电池系统电池类型：磷酸铁锂电池。

（7）锂电池系统总能量：3.225kWh。

（8）锂电池系统可用能量（80%荷电状态）：2.58kWh。

（9）功率分析仪量程：电压量程0～500V，电流量程0～20A。

（10）功率分析仪精度：电压、电流及损耗测量精度为±0.2%。

（11）能效检测系统变压器油温度测量精度：±0.5℃。

二、HVTCP-21M型配电变压器储能式短路冲击试验系统

短路故障是电力系统最为严重的故障形式之一，对高压输变电设备的安全性、稳定性和可靠性提出了严峻的考验。模拟电力系统短路故障工况下对高压设备进行的试验通常为大容量试验，如变压器突发短路试验、高压断路器动热稳定性试验等，可用以验证相关设备在极限工况下动作的可靠性和稳定性。配电变压器进行短路冲击试验过程中需要较大的瞬时能量，若采用专用线路以及发电机组的冲击方式需要同步开关、调节阻抗、发电机以及专用线路等，不仅现场可操作性低，同时存在影响系统稳定性的风险。为了解决上述配电变压器短路冲击中存在的问题，HVTCP-21M大容量储能式智能电源试验系统采用储能技术和大功率电力电子控制技术实现了短路冲击试验状态量的快速调节，并大幅度降低了配电变压器短路冲击对电源侧容量的要求，具有较好的可操作性。

HVTCP-21M大容量储能式智能电源试验系统由远程操作控制台、集装箱式储能电源、高压测量

柜、隔离刀闸柜、输出变压器及配套测量装置、输出滤波柜等组成。成套系统主要优点如下：

（1）装置供电容量小，仅为试验容量的五十分之一（或者更小）。

（2）不需要同步开关。

（3）不需要调节阻抗。

（4）输出电压可设定为任意值。

（5）输出相位可以任意设定。

1. 适用范围

（1）10kV及以下电压等级短路阻抗为4.5%的630kVA三相油浸式变压器进行三相突发短路试验0.5s；10kV及以下电压等级短路阻抗为6%的1250kVA三相干式变压器进行三相突发短路试验0.5s；10kV及以下电压等级短路阻抗为8%的1600kVA三相干式变压器进行三相突发短路试验0.5s。

（2）10kV断路器、高压开关柜、环网柜、柱上开关、隔离开关等设备进行三相40kA/4s短时耐受电流和峰值耐受电流试验。

（3）10kV美式箱式变电站、欧式箱式变电站、10kV电缆分支箱等设备进行主回路短时热稳定电流和额定动稳定电流试验。

（4）10kV电缆附件进行短路热稳定和短路动稳定试验。

（5）10kV配电变压器综合配电柜、0.4kV电缆分支箱等设备进行短时耐受电流强度试验。

（6）10kV限流电抗器、串联电抗器等设备进行短路电流试验；10kV电流互感器的短路电流试验。

（7）12kV/500kvar及以下电力电力电容器进行额定频率下的电容器极间耐压试验，10kV/8Mvar并联电抗器单相进行变频耐压试验。

2. 成套设备供货清单

成套设备供货清单见表1。

表1　　成套设备供货清单

部件名称	规格参数	数量	单位	备注
HVTCP-21MVA 大容量储能式智能电源	单相10kV/2100A 三相10kV/1200A	1	台	短路阻抗为4.5%的630kVA三相油浸式变压器、短路阻抗为6%的1250kVA三相干式变压器、短路阻抗为8%的1600kVA三相干式变压器进行三相突发短路试验0.5s
远程控制台	东莞昭彰AF系列控制台 （1815mm×1200mm×750mm） 采用光纤连接	1	台	12in触摸屏、24in监控显示器
视频监控系统	海康威视 DS-IPC-B12-I×8+2TB	1	套	试验场所多角度视频监控，八路高清摄像头，2TB数据存储
高压测量柜	内置分压器、传感器等设备	1	套	内置电压电流传感器等
隔离开关柜	1250A/10kV	1	套	试品端与加压端隔离
多通道数据采集系统	Picoscope4824 八通道数字示波器	1	台	试验波形采集记录，含信号电缆
数据处理笔记本电脑	酷睿I5处理器4G内存	1	台	记录波形显示储存

续表

部件名称	规格参数	数量	单位	备注
电源电缆	120mm^2/0.4kV	300	m	试验软电缆
储能电源输出高压电缆	120mm^2/10kV	150	m	试验软电缆
集装箱吊带及吊扣		1	套	集装箱起吊用
特种中间变压器	3000kVA(5s)/10kV/0.06kV	3	台	短时耐受电流及峰值耐受电流试验使用
输出滤波柜	200A/30kV	1	台	电容器极间耐压试验使用

3. 主要技术参数

（1）输入电压：380V ±10%。

（2）输入容量：≤200kVA（如需进行10kV断路器、开关柜、柱上开关、环网柜等设备进行40kA/4s短时耐受电流和峰值耐受电流试验，供电电源容量需要1000kVA）。

（3）输出电压：10kV。

（4）稳压精度：≤3%。

（5）输出电流：10kV，三相0～1200A，0.5s；单相0～2100A，0.5s。

（6）输出频率：50Hz。

（7）输出容量：21000kVA，0.5s。

（8）冷却方式：强制风冷。

（9）工作噪声：≤80dB（距本体1m处）。

（10）控制方式：远程恒压控制。

（11）通信方式：RS485。

（12）安装方式：电源为集装箱及柜体。

（13）防护设计：防风、防尘、防飞沙。

三、HVTCP　20kA型储能式开关类设备短时耐受及峰值耐受电流试验电源系统

HVTCP－20kA储能式开关类设备短时耐受电流和峰值耐受电流试验电源系统是专门针对断路器、开关柜、柱上开关、电流互感器、环网柜、JP柜（综合配电柜）等配电设备进行主回路短时耐受电流和峰值耐受电流试验设计的一种储能短路电源。成套系统主要优点如下：

（1）装置供电容量小。

（2）不需要调节阻抗。

（3）输出电压可设定为任意值。

（4）输出相位可以任意设定。

1. 适用范围

满足断路器、开关柜、柱上开关、电流互感器、环网柜、JP柜（综合配电柜）等设备进行20kA/4s三相或31.5kA/2s单相短时耐受电流和峰值耐受电流试验。

2. 成套系统组成及说明

成套系统组成及说明见表2。

表 2 成套系统组成及说明

部件名称	规格参数	数量	单位	备注
HVTCP-20kA 集装箱式储能电源柜	单相 400V/6000A 三相 690V/2000A	1	套	电源柜与中间变配套使用，满足配电设备进行 31.5kA/2s 单相短时耐受电流和峰值耐受电流试验，20kA/4s 三相短时耐受电流和峰值耐受电流试验
特种中间变压器	单相，800kVA/5s，400V/40V 2kA/20kA（5s）	3	台	
远程控制台	光纤连接	1	台	12in 触摸屏
测量柜	内置分压器、传感器	1	台	内置电压电流传感器、罗氏线圈用于试品电流、电压测量信号转换
多通道数据采集系统	多通道测量数据采集	1	台	试验波形记录
数据处理笔记本电脑	酷睿 I5 处理器 4G 内存	1	台	记录波形显示储存
隔离开关柜	1250A	1	台	
储能电源供电电缆	$50mm^2/0.4kV$	150	m	试验软电缆
储能电源输出电缆	$120mm^2/1kV$	300	m	试验软电缆
大电流连接电缆	20kA	1	套	

3. 主要技术参数

电源柜与中间变配套使用，满足配电设备进行 31.5kA/2s 单相短时耐受电流和峰值耐受电流试验，20kA/4s 三相短时耐受电流和峰值耐受电流试验。

（1）输入电压：380V ±10%。

（2）输入容量：≤200kVA。

（3）电源柜输出电压/电流：690V 三相/0～2000A；69V 单相/0～6000A。

（4）稳压精度：≤3%。

（5）输出频率：50Hz。

（6）输出容量：3600kVA，4s。

（7）特种中间变压器：单台，800kVA（5s），变比为 400V/40V、2000A/20kA（5s）。

（8）工作噪声：≤70dB（距本体 1m 处）。

（9）控制方式：远程恒压控制。

（10）通信方式：RS485。

（11）安装方式：电源为集装箱及柜体。

（12）防护设计：防风、防尘、防飞沙。

四、Z-Ⅵ型直流高压发生器

Z-Ⅵ型直流高压发生器适用于电力部门、企业动力部门现场对氧化锌避雷器、电力电缆、发电机、变压器、断路器等高压电气设备进行直流耐压试验和泄漏电流测试。

Z-Ⅵ型直流高压发生器主要技术参数见表 3。

五、HV2 型交直流高压测量系统

HV2 型交直流高压测量系统主要用于电力系统及电气、电子设备制造等部门高压试验时测量高压

侧交直流高压，交直流自动识别，无需切换，可测量直流平均值，交流工频有效值、峰值$/\sqrt{2}$，在显示测量数值的同时显示测量波形、高压频率、波峰因数。

表3　　Z-Ⅵ型直流发生器主要技术参数

技术参数＼规格	60/2	60/3	80/2	80/3	100/2	100/3	100/4	120/2	120/3	120/4	200/2	200/3	200/4	200/5	200/300 3/2	200/300 4/3
输出电压/kV	60	60	80	80	100	100	100	120	120	120	200	200	200	200	200/300	200/300
输出电流/mA	2	3	2	3	2	3	4	2	3	4	2	3	4	5	3/2	4/3
输出功率/W	120	180	160	240	200	300	400	240	360	440	400	600	800	1000	600	900
充电电流/mA	3	4.5	3.0	4.5	3.0	4.5	6.0	3.0	4.5	6.0	3.0	4.5	6.0	7.5	4.5/3.0	6/4.5
机箱重量/kg	6.3	6.3	6.5	6.5	6.8	6.8	7.2	7.2	7.2	7.2	7.2	7.5	7.5	7.6	12.6	12.8
电压测量误差	1.0%（满度）±1个字															
电流测量误差	1.0%（满度）±1个字															
过压整定误差	≤1.0%															
0.75切换误差	≤0.5%															
波纹系数	≤0.5%															
电压稳定度	随机波动、电源电压变化±10%，≤0.5%															
工作方式	间断使用：额定负载30min，1.1倍额定电压使用10min															
环境温度	-15～50℃															
相对温度	当温度为25℃时不大于90%（无凝露）															
海拔高度	2000m以下															

主要技术参数及功能特点如下：

(1) 电压量程：50kV/100kV/200kV/300kV/400kV/600kV。

(2) 测量精度：DC 0.5级，AC 1.0级。

(3) 测量频率：30～300Hz

(4) 电气强度：$1.1U_0$/1min

(5) 高低压臂在同一个容器内，且低压测量臂上无任何可调装置，不会因震动造成可调点的位移而影响产品的精度，工作可靠性高。

(6) 测量部分与显示部分完全分开，工作安全可靠。

(7) 大屏幕液晶显示器显示，可显示测量数据和波形。

(8) 交直流信号自动转换。

六、HVM-5000绝缘电阻测试仪

HVM-5000绝缘电阻测试仪用于各种电气设备、绝缘材料的绝缘电阻测量、吸收比及极化指数的测试。

主要技术指标及功能特点如下：

(1) 常规电压：自动升压，设有500V、1000V、2500V、5000V四个挡位；可显示吸收比、极化指

数和试品电容量；设有可充电电池，测试完毕自动放电。

(2) 输出电压：500V、1000V、2500V、5000V。

(3) 电压精度：误差±2%±10V（负载大于100MΩ）。

(4) 绝缘电阻测试范围：500kΩ～500GΩ。

(5) 电阻精度：±5%（1MΩ～50GΩ）、±20%（500kΩ～1MΩ、50GΩ～500GΩ）。

(6) 短路电流：大于5mA。

(7) 电容范围：0.1～10μF。

(8) 电容精度：±15%±0.03μF（0～40℃）。

(9) 电源：8节2号镍氢电池，充电时间16h，输入电源为220V±10%V。

七、HVFRF型270kVA/27kV×10调频串联谐振试验系统

1. 满足试验范围

(1) 110kV变压器、GIS、互感器等电气设备的交流耐压试验。试验电压：≤230kV；试验频率：30～300Hz；耐压时间：≤15min。

(2) 110kV 400mm^2 500m交联电缆交流耐压试验。试验电压：≤128kV；试验频率：30～300Hz；耐压时间：60min/相。

(3) 35kV 300mm^2 2500m交联电缆交流耐压试验。试验电压：≤52kV；试验频率：30～300Hz；耐压时间：60min/相。

(4) 10kV 300mm^2 5000m交联电缆交流耐压试验。试验电压：≤17.4kV；试验频率：30～300Hz；耐压时间：15（或60）min/相。

2. 主要功能特点

(1) 变频电源显示选用320×240点阵LCD显示屏（带背光），分辨率高，字体清晰，在室内外强弱光线下均能一目了然。

(2) 耐压试验数据可存储，并可任意调阅。

(3) 具有三种操作方式，即自动调谐手动升压、手动调谐手动升压、自动调谐自动升压。自动调谐使用最新快速跟踪法，寻找谐振频率点只需30～40s，调谐完成后，锁定谐振频率。无谐振点时，提示区显示“调谐失败”。手动调谐时25～300Hz无谐振点，提示区显示“无谐振点”，此时自动切断升压回路。

(4) 升压速度采用动态跟踪控制，当高压接近已设定的试验电压时，自动调整升压速率，能有效防止电压过冲造成对试品的损伤。达到试验电压后锁定升压键，即使误操作也不会使电压升高。

(5) 变频电源内设置试验时间定时器，当试验电压升至设定值，自动启动计时，计时到设定值的前10s时声响提示，时间到即自动降压至“零”，并切断升压回路，同时提示区显示“试验结束”，自动记录试验结果。

(6) 变频电源设有零位、低压过流、高压过压、功率器件过热及高压闪络等多种保护，保护功能动作时屏幕上显示文字提示；试验系统在额定电压、电流工作下时发生高压闪络或击穿，不会损坏整套设备，装置可正常工作；若装置接线错误，高压自动闭锁，无法升压。

3. 成套设备配置

成套设备配置见表4。

4. 相关试验标准

橡塑绝缘电力电缆的20～300Hz交流耐压试验标准见表5，其他设备交流耐压试验标准见表6。

表 4 成套设备配置

序号	部件名称	型号规格	用途	数量
1	变频电源	HVFRF-20kW（脉宽调制式）	作为成套系统的试验电源，输出频率 25～300Hz、电压 0～400V 可调，是成套试验系统的控制部分	1 台
2	单相励磁变压器	ZB-10kVA/0.8/2/4/6/12kV	将变频电源的输出电压抬高，有多个输出电压端子，满足不同试验电压试品的试验要求，可并联使用，单台重量较轻	2 台
3	高压电抗器	HVDK-27kVA/27kV（27kV/1A/130H/60min）	利用电抗器电感和试品电容及分压器电容产生谐振，输出高压	10 台
4	电容分压器	HV-1000pF/300kV（分节式，单节 150kV/2000pF）	用于测量高压侧电压，并可使成套系统空载谐振	1 台
5	补偿电容器	H/JF-3000pF/60kV	作为模拟负载，可用于单台电抗器空载谐振用	1 台
6	装置附件（各部件间连接线、均压环、电抗器底座等）			1 套

表 5 橡塑绝缘电力电缆的 20～300Hz 交流耐压试验标准（摘自 GB 50150—2016）

电缆额定电压	电缆截面	电容	试验电压及时间		试验电压及时间	
U_0/U/kV	mm^2	μF/km	试验电压/kV	时间/min	试验电压/kV	时间/min
8.7/10	300	0.37	$2U_0=17.4$	15	$2.0U_0=17.4$	60
26/35	300	0.19	—	—	$2.0U_0=52$	60
64/110	400	0.156	—	—	$2.0U_0=128$	60

表 6 其他设备交流耐压试验标准（摘自 GB 50150—2016） 单位：kV

额定电压 \ 试品名称	变压器中性点	SF_6 组合电气（GIS）	互感器
35	—	—	64/76
110	76	230	148/160

注 斜杠上下为不同绝缘水平取值，以出厂（铭牌）值为准。

5. 试验时电抗器组合

试验时电抗器组合见表 7。

表 7 试验时电抗器组合

配置及参数 \ 被试品	110kV/400mm^2 电缆	35kV/300mm^2 电缆	10kV/300mm^2 电缆	110kV GIS	110kV 变压器及 35kV 设备
	≤0.5km	≤2.5km	≤5km	≤0.02μF	0.024μF
	0.08μF	0.5μF	2.0μF		
电抗器配置	分 2 组并联，每组 5 台电抗器串联	分 5 组并联，每组 2 台串联	10 台电抗器并联	9 台电抗器串联	4 台电抗器串联
电抗器输出参数	135kV/325H/2A	52kV/52H/5A	27kV/13H/10A	243kV/1170H/1A	108kV/520H/1A

续表

<table>
<tr><td rowspan="3">被试品
配置及参数</td><td>110kV/400mm^2
电缆</td><td>35kV/300mm^2
电缆</td><td>10kV/300mm^2
电缆</td><td rowspan="2">110kV GIS</td><td rowspan="2">110kV 变压器及
35kV 设备</td></tr>
<tr><td>≤0.5km</td><td>≤2.5km</td><td>≤5km</td></tr>
<tr><td>0.08μF</td><td>0.5μF</td><td>2.0μF</td><td>≤0.02μF</td><td>0.024μF</td></tr>
<tr><td>励磁变输出
电压选择/kV</td><td>6</td><td>2</td><td>0.8</td><td>12</td><td>4</td></tr>
<tr><td>分压器选择
（可空载谐振）</td><td>2 节
300kV/1000pF</td><td>1 节
150kV/2000pF</td><td>1 节
150kV/2000pF</td><td>2 节
300kV/1000pF</td><td>1 节
150kV/2000pF</td></tr>
<tr><td>谐振频率/Hz</td><td>≥31.2</td><td>≥31.2</td><td>≥31.2</td><td>≥32.9</td><td>≥45</td></tr>
<tr><td>试验电压/kV</td><td>≤128</td><td>≤52</td><td>≤17.4</td><td>≤230</td><td>≤95</td></tr>
<tr><td>试验电流/A</td><td>≤2</td><td>≤5</td><td>≤8</td><td>≤0.95</td><td>≤0.65</td></tr>
<tr><td>变频电源参数</td><td colspan="5">容量：20kW；输入电压：AC 380V 三相；输出电压：450V；输出频率：25～300Hz；运行时间：180min；测量精度：1 级</td></tr>
<tr><td>励磁变压器参数</td><td colspan="5">干式结构，2 台可并联使用；容量：10kVA；输入电压：400V/450V；输出电压：0.8/2/4/6/12kV；使用频率：30～300Hz；运行时间：60min</td></tr>
<tr><td>高压电抗器参数</td><td colspan="5">干式环氧浇注；额定电压：27kV；额定电流：1A；额定电感量 130H；耐压水平：1.1U_0/1min；额定频率：30～300Hz；运行时间：60min</td></tr>
<tr><td>电容分压器参数</td><td colspan="5">环氧筒外壳，分节式结构；额定电压：300kV/单节 150kV；电容量：1000pF/单节 2000pF；使用频率：30～300Hz；测量精度：1 级</td></tr>
<tr><td>补偿电容器参数</td><td colspan="5">环氧筒外壳，多抽头结构；额定电压：60kV/抽头电压 22kV；电容量：3333pF/抽头电容量 10000pF；使用频率：30～300Hz</td></tr>
</table>

八、HVFRF 型 2500kVA/250kV×2 调频串联谐振试验系统

1. 满足试验范围

（1）220kV 变压器、GIS、开关、互感器等设备交流耐压试验。试验电压：≤460kV；试验频率：30～300Hz；耐压时间：≤15min；

（2）64/110kV/500mm^2 2000m 橡塑电缆交流耐压试验。试验电压：≤128kV；试验频率：30～300Hz；耐压时间：60min；

（3）127/220kV/1000mm^2 1200m 橡塑电缆交流耐压试验。试验电压：≤215.9kV；试验频率：30～300Hz；耐压时间：60min。

2. 成套设备配置

成套设备配置见表 8。

表 8　　成套设备配置

序号	部件名称	型号规格	用　途	数量
1	变频电源	HVFRF-100kW（脉宽调制式）	作为成套系统的试验电源，输出频率 25～300Hz、电压 0～450V 可调，是成套试验系统的控制部分	1 台

续表

序号	部件名称	型号规格	用途	数量
2	单相励磁变压器	ZB-100kVA/2.5/5/10/20/30kV	将变频电源的输出电压抬高，有多个输出电压端子，满足不同试验电压试品的试验要求，可并联使用，单台重量较轻	1台
3	高压电抗器	HVDK-1250kVA/250kV（250kV/5A/200H/60min，抽头输出 130kV/5A/130H）	利用电抗器电感和试品电容及分压器电容产生谐振，输出高压	2台
4	电容分压器	HV-1000pF/500kV（分节式，单节 250kV/2000pF）	用于测量高压侧电压，并可使成套系统空载谐振	1台
5	装置附件（各部件间连接线、均压环、电抗器底座等）			1套

3. 相关试验标准

橡塑绝缘电力电缆的 20～300Hz 交流耐压试验标准见表 9，其他设备交流耐压试验标准见表 10。

表 9　橡塑绝缘电力电缆的 20～300Hz 交流耐压试验标准（摘自 GB 50150—2016）

电缆额定电压	电缆截面	电容	试验电压及时间		试验电压及时间	
U_0/U/kV	mm^2	μF/km	试验电压/kV	时间/min	试验电压/kV	时间/min
64/110	500	0.169	—	—	$2.0U_0=128$	60
127/220	500	0.124	—	—	$1.7U_0=215.9$	60

表 10　其他设备交流耐压试验标准（摘自 GB 50150—2016）　单位：kV

额定电压 \ 试品名称	变压器中性点	SF_6 组合电气（GIS）	开关、互感器等设备
35	—	—	64/76
110	76	230	148/160
220	160	400	288

注　斜杠上下为不同绝缘水平取值，以出厂（铭牌）值为准。

4. 试验时电抗器组合

试验时电抗器组合见表 11。

表 11　试验时电抗器组合

配置及参数 \ 被试品	110kV/630mm^2 电缆	220kV/1000mm^2 电缆	220kV 变压器、GIS、开关、互感器等设备
	≤2km	≤1.2km	≤0.025μF
	0.376μF	0.206μF	
电抗器配置	二台电抗器并联 选用 130kV 抽头输出	二台电抗器并联 选用 250kV 抽头输出	二台电抗器串联 选用 250kV 抽头输出
电抗器输出参数	130kV/65H/10A	250kV/100H/10A	500kV/400H/5A

续表

被试品 配置及参数	110kV/630mm^2 电缆	220kV/1000mm^2 电缆	220kV 变压器、GIS、开关、互感器等设备
	≤2km	≤1.2km	≤0.025μF
	0.376μF	0.206μF	
励磁变输出电压选择/kV	2.5	5.0	10
分压器选择（可空载谐振）	1 节 250kV/2000pF	2 节 500kV/1000pF	2 节 500kV/1000pF
谐振频率/Hz	≥32	≥35.1	≥50
试验电压/kV	≤128	≤215.9	≤460
试验电流/A	≤9.7	≤9.8	≤3.6
变频电源参数	容量：100kW；输入电压：AC 380V 三相；输出电压：450V；输出频率：25～300Hz；运行时间：180min；测量精度：1 级		
励磁变压器参数	油浸式结构；容量：100kVA；输入电压：400V/450V；输出电压：2.5kV/5kV/10kV/20kV/30kV；使用频率：30～300Hz；运行时间：60min		
高压电抗器参数	油浸式结构；额定电压：250kV；额定电流：5A；额定电感量 200H；抽头输出：130kV/5A/130H；耐压水平：1.1U_0/1min；额定频率：30～300Hz；运行时间：60min		
电容分压器参数	环氧筒外壳，分节式结构；额定电压：500kV/单节 250kV；电容量：1000pF/单节 2000pF；使用频率：30～300Hz；测量精度：1 级		

九、HVFP－200kW 变压器感应耐压、局部放电试验系统

HVFP－200kW 变压器感应耐压、局部放电试验系统用于 220kV 及以下电压等级电力变压器局部放电及感应耐压试验。

HVFP 型变压器感应耐压、局部放电试验系统采用推挽放大式无局放变频电源，它是由大功率晶体管组成的线性矩阵放大网络，并运用最新 DSP 工业控制器及光纤传输技术，工作在线性放大区，从而获得与信号源一致的标准正弦波形，由于其内部没有任何工作在开关状态下的电路，因此不产生严重的干扰信号，适合作为感应耐压及局部放电试验的电源。采用 HVFP 系列无局放变频电源作为串联谐振的励磁电源，由于输出波形为纯正弦波，损耗小，可使回路 Q 值提高 25%，也适合作为串联谐振的励磁电源。

HVFP 型推挽放大式无局放变频电源已在全国广泛运用，市场占有率达到 90%，对 1000kV 变压器、800kV 直流换流变、750kV/750MVA 单相变压器、500kV/750MVA 三相一体变压器都成功进行过试验。

配置的试验设备组成见表 12。

表 12　　配置的试验设备组件

序号	设备名称、型号	主　要　参　数	数量
1	HVFP－200kW 推挽放大式无局放变频电源	容量：200kW；输入：380V 三相 50Hz；输出：0～350V，纯正正弦波；局放量：≤10pC；输出频率：30～300Hz；运行时间：180min	1 套

续表

序号	设备名称、型号	主　要　参　数	数量
2	ZB－200kVA/2×5/10/35kV 无局放励磁变压器	容量：200kVA；输入：2×350V（双绕组）；输出：2×5kV/10kV/35kV（双绕组），可对称输出，也可单边输出；局放量：≤10pC；额定频率：100～300Hz；运行时间：90min	1 台
3	HVFR－100kVA/20kV 无局放补偿电抗器	额定电压：20kV；额定电流：5A；电感量：6H；局放量：≤10pC；额定频率：30～300Hz；运行时间：90min；	4 台
4	HV－300pF/60kV 无局放电容分压器	额定电压：60kV；电容量：300pF；局放量：≤10pC；测量精度：1.0 级	1 台
5	局部放电检测仪	模拟式或者数字式	1 台
6	相关附件	包括变频电源的电源电缆、输出电缆；励磁变压器输出线等相关连接线；被试变压器套管均压帽（110kV/3 只，220kV/3 只）	1 套

十、HVTP－100kW 三相变压器局部放电、感应耐压试验系统

HVTP－100kW 三相变压器局部放电、感应耐压试验系统是根据《电力变压器　第 3 部分：绝缘水平、绝缘试验和外绝缘空气间隙》（GB 1094.3—2017）和国际电工委员会《电力变压器　第 3 部分：绝缘水平、电介质试验和空气中的外间隙》（IEC 60076—3：2000）规定，用于 110kV 及以下电压等级电力变压器感应耐压、局部放电试验三相同时进行的试验设备。

配置的试验设备组成见表 13。

表 13　　配置的试验设备组成

序号	设备名称、型号	主　要　参　数	数量
1	HVTP－100kW 三相无局放变频电源	容量：100kW；输入：380V 三相 50Hz；输出：YN 方式，三相四线制，线电压 0～300V，相角差 120°±1°，纯正正弦波；局放量：≤10pC；输出频率：30～300Hz；运行时间：180min；也可单相输出：0～350V/100kW	1 套
2	ZB－100kVA/3×11/20kV 三相无局放励磁变压器	容量：100kVA；输入：三相四线输入 310V，单相输入 350V；输出：三相四线输出 11kV 及 20kV，单相输出 5kV、10kV、20kV；局放量：≤10pC；额定频率：80～300Hz；运行时间：90min	1 台
3	HVFR－100kVA/20kV 无局放补偿电抗器	额定电压：20kV；额定电流：5A；电感量：6H；局放量：≤10pC；额定频率：100～300Hz；运行时间：90min；	3 台
4	HV－300pF/60kV 无局放电容分压器	额定电压：60kV；电容量：300pF；局放量：≤10pC；测量精度：1.0 级	3 台
5	局部放电检测仪	三通道；模拟式或者数字式	1 台
6	相关附件	包括变频电源的电源电缆、输出电缆；励磁变压器输出线等相关连接线；被试变压器套管均压帽（110kV/3 只）	1 套

十一、HV－MOA－Ⅱ氧化锌避雷器带电测试仪

HV－MOA－Ⅱ氧化锌避雷器带电测试仪是检测氧化锌避雷器运行中的各项交流电气参数的专用仪器。

1. 主要特点

（1）640×480 彩色液晶图文显示。

(2) 配备嵌入式工业级控制系统，1G 存储容量。

(3) Windows 操作界面，触摸操作方式，支持外挂键盘、鼠标。

(4) 具备设备数据管理功能、两个 USB 接口支持数据的导入、导出。

(5) 直流两用型，内带高能锂离子电池，特别适合无电源场合。

(6) 真正意义上的三相同时测量。

(7) 特征数据、波形同屏显示。

(8) 采用有线方式、无线方式、无电压方式三种电压基准信号取样方式。

(9) 电压通道采用隔离 V/I 变换，从而避免 PT 二次侧短路，减小信号失真。

(10) 带电、停电、试验室均可适用。

2. 主要技术指标

(1) 电源：220V、50Hz 或内部直流电源。

(2) 参考电压输入范围（电压基准信号）：50Hz 、30～100V。

(3) 测量参数：泄漏电流全电流波形、基波有效值、峰值；泄漏电流阻性分量基波有效值及 3、5、7 次有效值；泄漏电流阻性分量峰值 I_{r+}、I_{r-}；容性电流基波，全电压、全电流之间的相角差；运行（或试验）电压有效值。避雷器功耗。

(4) 测量范围：泄漏电流 100μA～10mA（峰值），电压 30～100V。

(5) 测量准确度。

1) 电流：全电流大于 100μA 时，±5%读数±1 个字。

2) 电压：基准电压信号大于 30V 时，±2%读数±1 个字。

十二、Z-V 袖珍型雷击计数器测试仪

主要用于测试雷击计数器是否动作及归零的试验。

(1) 采用棒形结构。

(2) 输出电压为 800～2500V。

(3) 采用一号电池四节供电，可供大于 2000 次的放电测试。

十三、HVMAC-Ⅱ氧化锌交流参考电压测试系统

HVMAC-Ⅱ氧化锌交流参考电压测试系统采用串联谐振升压，适用于 220kV 分节、110kV、35kV 金属氧化物避雷器工频参考电压和持续电流测试。

1. 成套设备配置及参数

成套设备配置及参数见表 14。

表 14　　成套设备配置及参数

序号	设备名称	规格型号及主要技术参数	数量
1	调压及测量	HVFRF-5kW 额定容量：5kW；输出电压：0～250V；输出频率：50Hz±0.5Hz；测量精度：1.0 级	1 台
2	励磁变压器	ZB-3kVA/6kV 额定容量：3kVA；输入电压：220V；输出电压：6kV	1 台

续表

序号	设备名称	规格型号及主要技术参数	数量
3	高压电抗器	HVDK-26kVA/65kV 输出电压：65kV；输出电流：0.4A；额定容量：26kVar； 电感量：500H；品质因素：约20（f=50Hz）	2台
4	电容分压器	HV-10nF/130kV 额定电压：130kV；额定电容量：10nF，测量精度：1.0级	1台
5	装置附件	底座、均压环及各部件连接线	1套

2. 主要技术参数

(1) 工作电源：AC 220V±10%，50Hz。

(2) 额定输出容量：55kVA。

(3) 输出相数：单相。

(4) 额定输出电压：0～130kV。

(5) 试验频率：50Hz±0.5Hz。

(6) 频率分辨率：0.1Hz；频率稳定度：优于0.01%。

(7) 频率调节：0.1Hz。

(8) 输出波形：正弦波，允许波形畸变率≤1.0%。

(9) 绝缘水平：1.1倍额定电压下耐压1min。

(10) 噪声水平：≤75dB。

(11) 允许运行时间：5min。

(12) 品质因素：≥20。

(13) 测量精度：1.0级。

十四、HVJE/5A型异频接地阻抗测试仪

HVJE/5A型异频接地阻抗测试仪的测试频率为47.37Hz和52.63Hz两种，额定试验电流为5A，符合电力行业标准要求。专门用于大中型地网的接地阻抗测试，可以测量大中型地网的接地阻抗、纯电阻分量。还可用于接地网接触电压、跨步电压及地网地电位分布测量。

1. 产品特点

(1) 仪器内置的变频试验电源可输出47.37Hz和52.63Hz两种频率的试验电流，在程序的自动控制下，它分别以47.37Hz和52.63Hz的5A试验电流进行两次测试，折算到50Hz后取其平均值为测量结果。

(2) 仪器的测量内容包括地网的接地阻抗Z、电阻分量R。

(3) 仪器采用智能化控制，可以自动判断电流回路的阻抗，并据此自动调节异频电源的输出电流值（额定输出电流为5A），无须人为干预，即可自动完成测试任务。

(4) 仪器采用高性能工控机进行数据处理和计算，1分钟内即可获得测量结果。

(5) 仪器采用大屏幕液晶显示，汉化菜单提示，人机界面简洁直观，由一个电子鼠标可完成所有操作，使用极为简单。

(6) 仪器提供储存200组测量数据，掉电不丢失，可随时查看历史数据。

2. 主要技术参数

(1) 试验电流的频率：47.37Hz、52.63Hz。

(2) 额定输出电流：5A（有效值）。

(3) 额定输出电压：100V（有效值）。

(4) 电阻测量范围：0.001～100Ω。

(5) 测量准确度等级：1.0 级。

十五、HVD 型电气设备地网导通测试仪

HVD 型电气设备地网导通测试仪主要用于检查电力设备接地引下线与地网连接状况。

主要技术指标及功能特点如下：

(1) 量程：0.1mΩ～5Ω。

(2) 精度：1.0%±2 个字（<50mΩ），1.5%±2 个字（≥50mΩ）。

(3) 输出电流：2A、5A、10A 根据阻值自动切换。

(4) 工作电源：AC 220V±10%。

(5) 输出工作电流：2A、5A、10A 自动切换。

(6) 采用“四端法”原理测量电阻，排除了引线电阻的测量误差。

(7) LCD160×160 点阵液晶显示测量值并有保存数据、日历和时钟等功能。

十六、HVKC-Ⅲ型高压开关机械特性测试仪

HVKC-Ⅲ型高压开关机械特性测试仪主要用于测量高压开关分合闸时间、速度、行程、合闸电阻、动作电压等机械特性参数。

1. 主要测试项目

(1) 时间测量：可同时测量 12 个断口的固有分、合闸时间，同相同期、相间同期。

(2) 合闸电阻：6 个断口合闸电阻的预投时间，预投波形及电阻阻值。

(3) 石墨触头：可测试西门子 3AQ 系列带石墨触头开关，可显示合、分闸动态波形。

(4) 重合闸：每断口的合-分、分-合、分-合-分过程时间，一分时间、一合时间、二合时间、金短时间、无电流时间值。

(5) 弹跳：每断口的合闸弹跳时间、弹跳次数、弹跳过程、弹跳波形，每断口的分闸反弹幅值。

(6) 速度：刚分、刚合速度、最大速度、时间-行程特性曲线。

(7) 行程：总行程、开距、超行程、过冲行程、反弹幅值。

(8) 电流：分、合闸线圈的分、合闸电流值、电流波形图。

(9) 动作电压：机内提供 DC 30～250V/20A 数字可调断路器动作电源，自动完成断路器的低电压动作试验，测量断路器的动作电压值。

2. 主要技术参数

(1) 最大速度：20m/s，分辨率为 0.01m/s，测试准确度为±0.2m/s±1 个字。

(2) 行程测试范围：0～800mm（由传感器的长度决定），测试准确度为±1.0%读数±1 个字。

(3) 时间测试范围：10ms～12s，测试准确度为 0.1%±0.1ms。

(4) 电阻测试范围：50～1600Ω，准确度为 1%±1Ω。

(5) 测试通道 13 路：12 路断口时间，1 路速度。

(6) 电源：AC 220V±10%，50Hz±1Hz。

(7) 操作电源输出：DC 30～250V 数字可调/20A（瞬时工作）。

十七、ZKD型开关动作电压测试仪

ZKD型开关动作电压测试仪主要用于10～500kV各电压等级高压开关分、合闸动作电压的测量。

主要技术指标及功能特点如下：

(1) 输入电压为AC 220V±10%；输出电压为DC 0～220V。

(2) 输出电流，10.0A，输出电压持续时间为5～30s。

(3) 常供电源输出时间：可长时间（≤10min）输出DC 220V/10A，可作为三相开关测速、同步等项目提供开关一个分合闸线圈用的电源。

(4) 输入输出完全隔离。

(5) 设置了连续输出和触发输出两种功能。

(6) 输出电压稳定，纹波系数小，具有零位保护、时间保护和过流保护功能。

十八、HVFP－15kW型倍频感应耐压试验系统

HVFP－15kW型倍频感应耐压试验系统适用于220kV及以下电压等级电磁式电压互感器局部放电和感应耐压试验。它采用推挽放大式无局放变频电源调频至100Hz或150Hz进行升压试验。

1. HVFP型推挽放大式无局放变频电源（1台）

(1) 输出容量：15kW。

(2) 输入电压：AC 380V±10%/50Hz，输出电压0～350V/20～300Hz连续可调。

(3) 输出波形：纯正正弦波，波形畸变率≤1%，试验时不需要测量峰值。

(4) 试验系统具有放电闪络、过压和短路等多种保护，当任何一种保护动作，仪器立即切断输出。仪器频率信号源由专用芯片产生，输出频率稳定性可达0.0001Hz，同时输出电压由微机控制，输出不稳定度≤1%。

2. 补偿电感（6台）

技术参数为20mH/15A/300V，根据被试电压互感器一次电容和分压器电容决定需补偿电感的容量，一般配置6只。

十九、HVPT型多倍频感应耐压试验装置

HVPT型多倍频感应耐压试验装置用于电压互感器感应耐压试验，还能用于空载电流及伏安特性试验，可显示打印伏安特性曲线，可以测量功率和功率因数，一机多用。

主要技术指标如下：

(1) 额定容量：10kVA。

(2) 额定电压：0～500V连续可调。

(3) 电流范围：0～20A。

(4) 输出频率范围：50～200Hz。

(5) 输出频率调节精度：0.1Hz。

(6) 输出电压稳定度：<1%。

(7) 输出电压波形：正弦波，波形畸变率<3%。

(8) 输出电压测量精度：0.5%±2个字。

(9) 输出电流测量精度：0.5%±2个字。

(10) 高压电压测量精度：0.5%±2个字。

(11) 工作制：间断使用，10kVA 连续运行 60min。

二十、HVCV 型互感器综合特性测试仪

HVCV 型互感器综合特性测试仪用于测量电压、电流互感器变比、极性、伏安特性、二次绕组耐压等试验。

1. 电流互感器

(1) 伏安特性测试。

(2) 电流变比测试。

(3) 极性判别。

(4) 10%误差曲线。

(5) 二次绕组交流耐压。

(6) 大电流输出。

2. 电压互感器

(1) 电压变比测试。

(2) 极性判别。

(3) 空载电流和激磁特性测试。

(4) 二次绕组交流耐压。

3. 主要技术指标

(1) 额定输入电压：AC 220V、25A、50Hz。

(2) 最大输出容量：5kVA。

(3) 输出电压范围：AC0～2500V、2A；0～1000V、5A；0～500V、10A；0～250V、20A；0～125V、20A。

(4) 伏安试验最大电流设置值：1A、2A、3A、4A、5A、10A、15A、20A。

(5) 最大输出电流：1000A、5V。

(6) 二次负载阻抗测量范围：1A：0～10Ω； 5A：0～2Ω。

(7) 同步测量二次电流数据六路。

(8) 测量精度：一次测电压为±（0.5%+0.2V），二次测电压为±（0.5%+2 个字）；一次测电流为±（0.5%+0.2A），二次测电流为±（0.5%+2 个字）。

二十一、HVDKJ－35 型空心电抗器匝间绝缘检测系统

HVDKJ 型空心电抗器匝间绝缘检测系统通过产生连续振荡型冲击电压对电抗器匝间绝缘进行检测，适用于 110kV 及以下干式空芯电抗器的匝间绝缘检测。

HVDKJ－35 型空心电抗器匝间绝缘检测系统主要技术参数如下：

(1) 衰减振荡波起始电压：10～160kV。

(2) 每次放电峰值误差：<1%。

(3) 充电电压 DC 显示误差：<1%。

(4) 放电过程中放电电压可任意调节：可以。

(5) 放电频率：50Hz。

(6) 衰减振荡波频率：10～100kHz。

(7) 控制方式（隔离）：光纤。

(8) 图像分辨率：能任意点放大查看。

(9) 检测方式：离线测量。

(10) 计算机显示分辨率：≥800×600。

(11) 数据采样率：200MHz。

(12) 采集卡存储深度：1GS/s。

二十二、HVCB－500 型多用途全自动电容电感测量仪

HVCB－500 型多用途全自动电容电感测试仪可不用拆除电容器组的任何附件进行测量每相电容值和每个电容值，也可测电抗器电感量。

主要技术参数如下：

(1) 额定电压：AC 220V±10%、50Hz。

(2) 额定输出：28V/18A (50Hz)。

(3) 电容测量范围：0.5～2000μF。

(4) 可测电容器容量范围：单相 10～20000kvar。

(5) 测量精度：±1%±1 个字。

(6) 最小分辨率：0.01μF。

(7) 电感测量范围：5mH～10H。

(8) 测量精度：±1%±1 个字。

(9) 最小分辨率：0.01mH。

二十三、HMD 型 SF_6 密度继电器校验仪

HMD 型 SF_6 密度继电器校验仪用于国内外各种类型的密度继电器进行校验。

1. 技术特点：

(1) 对任意环境温度下的各种 SF_6 气体密度继电器的报警、闭锁、超压接点动作和复位（返回）时的压力值进行测量，并自动换算成 20℃时的对应标准压力值，实现对 SF_6 气体密度继电器的性能校验。自动完成测试数据和测试结果的记录、存储、处理，并可以将数据进行打印。

(2) 对任意环境温度下的各种 SF_6 气体密度继电器的额定值进行校验，并自动换算成 20℃时的对应标准压力值，实现对 SF_6 气体密度继电器的额定值校验。自动完成测试数据和测试结果的记录、存储、处理，并可以将数据进行打印。

(3) 如被校验的 SF_6 气体密度继电器附有压力表，该校验仪还可对压力表的精度进行校验。

(4) 仪器能在线记录所测试的密度继电器的基本额定参数。

(5) 仪器能对测试时所发生的异常现象给予提示。

(6) 仪器自身具有数据查询功能。查询方式：按测试日期或按测试编号。

(7) 仪器本身具有查看帮助功能：提示使用者如何使用仪器，大大方便使用人员。

(8) 仪器本身具有时钟功能：可以记录测试时间。

(9) 仪器具有与计算机通信功能，通过后台数据处理软件，可以自动生成报告，便于数据的归档和管理。

(10) 任意环境温度下 SF_6 气体压力至 20℃时的标准压力换算。

(11) 20℃时的标准压力到任意温度下的压力换算。

(12) 仪器具有与计算机通信功能，可以和计算机实现联机，直接由计算机完成测试、数据存贮和处理，尤其方便在实验室作业。

2. 技术指标

(1) 工作电源：AC 220V ±15%、50Hz，或机内电池（DC 12V）

(2) 测量压力范围：0.～1.0MPa。

(3) 压力测量精度：0.2级。

(4) 测量温度范围：－30℃～＋100℃。

(5) 温度测量精度：±1.0℃。

(6) 校验压力范围：20℃时标准压力0～1.0MPa。

(7) 继电器测试结果存储数量：可分别存储1000个继电器的测试结果。

(8) 数据导出存储方式：采用U盘转存储，方便可靠。

(9) 通信方式：RS232接口。

(10) 显示方式：汉字大屏幕液晶。

(11) 打印方式：热敏微打。

二十四、HVBS型110～220kV电压等级变压器现场空负载试验系统

(1) HVBS型110～220kV电压等级变压器现场空负载试验系统适用于220kV及以下电压等级三相电力变压器现场进行空载损耗测量试验、50%及以下额定电流负载损耗测量试验。

(2) 系统采用了高集成度标准化设计，将全部设备集成设计至3个经过特殊改造的高顶集装箱内，使用时无需卸下设备且仅需连接好预制线缆即可进行试验，提高了仓储及运输的便利性，减少了试验准备时间，提高了试验的效率。

(3) 系统采用全计算机自动化控制，采用PLC作为控制核心，以笔记本电脑作为人机交互界面，整个试验的操作均在试验软件内进行，试验数据的读取、试验结果的计算以及保存均由试验软件自动完成。

配置的试验设备组成及主要技术参数见表15。

表15　　配置的试验设备组成及主要技术参数

序号	设备名称	规格型号及主要技术参数	数量
1	笔记本电脑及附件	Thinkpad笔记本电脑及Cisco以太网交换机	1台
2	试验测量控制软件	采用实验室虚拟仪器工程平台编制，包含全部试验设备的远程控制、试验数据的读取以及试验结果的计算，含数据库管理系统	1套
3	PLC控制系统	Siemens S7-200 PLC及辅助控制元器件，用于对系统内全部电气设备进行控制	1套
4	功率分析仪	横河Yokogawa WT1803E型，基本精度为量程的0.05%＋读数的0.05%，1000V/5A多量程自动切换，谐波测量功能	1台
5	精密电流互感器	精度0.02%，有效测量范围0.5～400A 40.0/$\sqrt{3}$kV，油浸式绝缘	3台
6	精密电压互感器	精度0.02%，有效测量范围1.0～50.0/$\sqrt{3}$kV，油浸式绝缘	3台
7	变频电源	3相500kVA，0.38/0～1.0kV，45～200Hz，$THD \leqslant 3\%$	1台
8	中间变压器	3相500kVA1kV/3、6、9、12、18、24、45kV无励磁电动分接调节，联结组别YNyn0d11，ONAN，满载运行时间60min，器身无散热片	1台
9	三相补偿电容器组1	3相，9.0～31.2kV 2串2并，Y/D切换，4650kvar分5组电动调节（150/300/600/1200/2400kVar）	1套
		特殊改造（长度7m，高度2.6m，宽度2.2m）集装箱，用于装配三相补偿电容器组1及PLC控制柜	1只

续表

序号	设备名称	规格型号及主要技术参数	数量
10	三相补偿电容器组 2	3 相，9.0～31.2kV 2 串 2 并，Y/D 切换，9600kvar 分 2 组电动调节（4800/4800kvar），重约 5t	1 套
		特殊改造（长度 7m，高度 2.6m，宽度 2.2m）集装箱，用于装配三相补偿电容器组 2 及 PLC 控制柜，重约 5t	1 只
11	电气设备安装用集装箱	特殊改造集装箱（长度 8.5m，高度 2.6m，宽度 2.2m），用于除补偿电容器组外其他全部电气设备安装，重约 15t	1 台
12	电线、电缆	含供电输入电缆 50m/根，3 根；加压电缆 20＋30m，3 组；以及其他所有试验所需连接接地线缆、控制电缆、通信线缆等	1 批
13	其他附件	电动电缆卷线盘	1 套

二十五、HV－RZBX 型变压器绕组变形测试系统

HV－RZBX 型变压器绕组变形测试系统是采用频率响应分析原理、USB 传输协议技术和虚拟仪器技术的变压器绕组变形测试专用仪器，用于对供电 110kV 及以上电压等级、发电厂的主变和厂用变压器进行检测。

技术参数及特点如下：

（1）扫频范围：1～1000kHz；多种扫频测量方式。

（2）频率分辨率：1Hz。

（3）信号源输出电压：10V。

（4）采样速率：20M，采用基于 USB 传输协议的技术，使仪器使用简单可靠，传输数据快，测量 1 条曲线不超过 1min。

（5）采样通道：2 通道，同时测量变压器绕组首、末端的信号。

（6）幅度范围：±100dB。

（7）量化分辨率：10 位。

（8）电源：AC 220V±10%。

（9）变压器参数、测试参数输入格式统一，数据存储方式统一，一目了然，不会造成冲突和混淆。

（10）除采用通用的相关系数分析外，根据我们的经验增加了均方差分析，对中小型变压器，比如高压厂用变压器的分析判断更为有效。

二十六、HVHFP 型变压器损耗测试系统

HVHFP 型变压器损耗测试系统适用于换流变压器、单相自耦变变压器、三相一体式变压器的最高 1.1 倍额定电压空载、负载及温升试验（施加总损耗），可提供 20Hz～250Hz 输出频率的电源，电源抗冲击电流能力强，可开展换流变变压器额定条件下空载、负载开关切换试验。

主要参数如下：

（1）额定输出容量：6000kW。

（2）输入相数：三相。

（3）输入电压：AC 10kV。

（4）输出相数：单相或者三相；自动切换，高压变频电源端无需人工改变接线。

（5）输出电压：单相 0～10kV，零起连续可调，轻载最高可达 11kV；三相 0～10kV，零起连续可调，轻载最高可达 11kV。单相及三相输出模式自动切换，高压变频电源端无需人工改变接线。

(6) 额定输出电流：单相600A，三相350A。

(7) 短时峰值电流耐受能力：≥2400A。

(8) 输出频率：20～250Hz连续可调；初始默认45Hz，具备频率锁定功能。

(9) V/f 输出关联性：可独立控制（解调）；具备告警功能。

(10) 电压调节步进值：10V、50V、100V三挡，可切换。

(11) 频率调节步进值：0.01Hz、0.1Hz、1Hz三挡，可切换。

(12) 电压不稳定度：≤1%。

(13) 频率不稳定度：≤0.01Hz。

(14) 输出失真度：THD_u≤3%（50Hz；输出电压≥6kV，功率因数λ≥0.8）；THD_u≤4%（20～120Hz，≥6kV，功率因数λ≥0.8）；THD_u≤6%（120～250Hz）。

(15) 输出滤波：内设LC输出滤波器，以降低输出电压总谐波畸变率。

(16) 负载能力：阻性、容性、感性负载。

(17) 过载能力：1.1I_N 运行30min，1.5I_N 运行30s，2I_N 运行10s，峰值电流＞2400A瞬时保护（关断输出）。

(18) 主电源：AC 10kV±10%，三相，47.5～52.5Hz，满载功率因数λ≥0.97。

(19) 辅助电源：AC 380V±5%，三相，47.5～52.5Hz。

(20) 系统效率：≥96%（满载输出）。

(21) 冷却方式：强制风冷；变频部分及移相变压器部分均配置强制风冷。

(22) 工作噪声：≤80dB（距本体1m处）。

(23) 控制方式：本机、远程（光纤连接）。

二十七、HVSP－100kW/1000kVA/250kV×2同频同相耐压试验系统

HVSP－100kW/1000kVA/250kV×2同频同相耐压试验系统用于对220kV及以下电压等级GIS扩建间隔在对侧带电运行状态下进行同频同相耐压试验（试验电压≤460kV；被试品电容量≤12000pF）。

气体绝缘金属封闭开关设备（简称GIS）在间隔扩建和检修后均需在原有运行部分停电情况下进行交流耐压试验。GIS扩建间隔或检修间隔与相邻运行部分仅通过隔离开关断开，若运行部分不停电，则交流耐压时隔离开关断口处可能会发生试验电压与运行电压反向叠加导致隔离断口击穿进而危及运行设备的安全运行。因此DL/T 555、DL/T 617、DL/T 618规定，GIS耐压时相连设备应断开（停电并接地）。为解决该问题，提出了GIS同频同相交流耐压技术，这样就不需要对外停电，造成经济损失。

同频同相交流耐压试验技术是以锁相环为基础，通过使试验电压与运行电压保持同频率同相位状态，实现GIS扩建部分或解体检修部分在原有相邻部分正常运行而不需停电情况下进行交流耐压试验的技术。

此系统主要技术参数见表16。

表16　主要技术参数

序号	部件名称	型号规格	数量
1	同频同相变频电源	HVSP－100kW	1台
2	油浸式励磁变压器	ZB－100kVA/5/10/20/30kV	1台
3	调感式高压电抗器	HVTG－1000kVA/500kV（分两节）	1套
4	电容分压器	HV－1000pF/500kV（分两节）	1台

1. HVSP－100kW锁频锁相变频电源

(1) 额定容量：100kW（推挽线性放大式）。

(2) 额定输入电源：380V±10%（三相），50Hz。

(3) 额定输出电压：单相，0～350V 连续可调。

(4) 输出电压不稳定度：≤1.0%。

(5) 额定输出电流：285A。

(6) 输出波形：纯正正弦波，输出波形畸变率为≤1.0%。

(7) 频率可调范围：20～300Hz。

(8) 输出频率分辨率：0.1Hz。

(9) 输出频率不稳定度：≤0.05%。

(10) 额定电压下的局部放电量：≤10pC。

(11) 运行时间：额定容量下允许运行时间 180min。

(12) 冷却方式：强迫风冷。

(13) 噪声水平：≤85dB。

(14) 变频电源与控制箱及分压器与控制箱的连接均采用光纤连接方式，彻底的隔离，避免在试品打穿后的反击造成控制箱的损坏，保证使用安全。

(15) 本体和控制、显示、保护分开，本体、保护为一整体，控制、显示为另一整体，控制、显示便于现场携带。

(16) 控制箱参数。采用锁相环技术，输出与参考电压频率相位一致的电压信号，参数如下：

1) 额定供电电源：单相交流 220V±10%，50Hz。

2) 供电源输入功率：10W。

3) 分压器取样电压：0～100V。

4) PT 二次取样电压：0～100V。

5) 运行母线频率范围：50.0±0.5Hz。

6) 母线电压测量精度：±(1.0%读数+1 个字)。

7) 试验电压测量精度：±(1.0%读数+1 个字)。

8) 相位差测量精度：±(1.0%读数+1 个字)。

9) 变比系数设置范围：1～65535。

10) 同频同相跟踪时间：≤1μs。

11) PT 二次采样保护：具备多种保护功能，防止 PT 二次短路。

(17) 母线参考电压信号与试验电压信号的频率发生偏差、相位发生位移、电压波动超过 10%、试验电压波形发生严重畸变等情况时，自动启动同频同相失败保护功能，自动切断励磁电源输出。

(18) 设有电源合闸、分闸和紧急分闸按钮。

(19) 具有试验时间设定功能，定时时间范围为 0～99min，计时精度 0.1s，时间段末提供声音提示试验人员。

(20) 设有升压和降压粗、细调按钮（升、降压速率可设定）。

(21) 设有频率粗、细调按钮（调节速率可设定）。

(22) 自动和手动试验选择（可设定试验电压、试验时间，自动调谐，自动升压和降压等）；有过压保护、过流保护设定值调整功能，并可任意整定预置。

同频同相监控保护功能：母线 PT 取样信号缺失报警、母线 PT 取样信号剧烈波动报警、母线 PT 取样信号频率异常报警、试验电压闪络报警、试验电压与母线 PT 取样信号频率偏差大报警、试验电压与母线 PT 取样信号相位偏差大报警、试验电压波形严重畸变报警、试验电压波形过压报警、GIS 断口两端的电压过压报警、GIS 断口两端的电压剧烈波动报警、GIS 断口两端的电压击穿报警。

常规保护功能说明如下：

（1）过压保护：可任意整定预置，当成套装置输出达到保护整定值时自动切断输出。

（2）短路保护：当变频柜的输出短路时，自动切断输出。

（3）过流保护：当变频柜的输出电流达到保护整定值时，自动切断输出。

（4）击穿闪络保护：当高压侧发生对地闪络时，可自动切断输出。

（5）开机零位保护：必须零起升压，否则输出不会启动。

（6）变频器过载保护：当输出电流超过整定电流时，控制箱自动关闭变频电源的输出，此时有相应的提示。

（7）掉电保护：当输入电源突然断电时，系统可利用电路中的剩余电量及时关闭输出信号，确保系统安全关闭。

（8）失谐保护：当被试品因内部缺陷而参数发生变异导致试验系统失谐，控制箱自动关闭输出。

（9）桥臂电压保护：四个功放桥臂的直流工作电压被显示，当四个功放桥臂电压不平衡时，控制箱自动报警或关闭系统。

（10）功效保护（功率曲线保护）：通过测量输出电压、电流，监测负载阻抗及相位，对变频电源输出的有功及无功进行限制，确保变频电源不损坏。并会自动提示重新调整励磁变输出，达到合适的阻抗匹配再进行试验。

（11）冷却风机联动保护：当风机电源相序接错时变频电源自动调整相序以达到风机方向自动选择功能；另外当风机不能运转时，变频电源则不能启动或自动切断输出。

（12）输出电压限制功能保护：当设定高压电压，在试验中，当误操作升高电压或者有异常情况发生时，确保输出的电压不会超过设定的高压电压。

（13）缺相保护：当输入电源缺相时，无法正常工作时，屏幕上显示缺相，同时关闭系统。

（14）控制箱及光纤故障保护：在进行试验时，如出线控制箱及光纤故障，变频电源柜保护部分自动动作，切断输出，保证人身、试品安全。

2. ZB－100kVA/5kV/10kV/20kV/30kV 励磁变压器

（1）额定容量：100kVA。

（2）输入电压：350V/400V/450V。

（3）输出电压：一个绕组，多抽头输出，分别输出 5kV、10kV、20kV、30kV。

（4）绝缘水平：低压绕组对地：5kV/1min；高压绕组对地：$1.1U_N$/1min。

（5）额定频率：40～300Hz。

（6）噪声水平：≤65dB。

（7）允许连续运行时间：额定电压、额定电流下连续运行 60min。

（8）冷却方式：ONAN。

（9）绝缘耐热等级：A 级。

3. HVTG－1000kVA/500kV 调感式高压电抗器

（1）结构形式：圆柱形、中间铁外壳。

（2）相数：单相。

（3）频率：50Hz。

（4）额定容量：1000kVA。

（5）额定输出电压：500kV（分两节）。

（6）额定电流：2A。

（7）额定电感量：750～8000H。

（8）电抗器电感量与额定值偏差：≤5.0%。

（9）冷却方式：ONAN。

（10）波形畸变率：≤1%。

（11）绝缘水平：1.1 倍额定电压/min。

（12）运行时间：额定负载下运行 30min。

（13）线 形 度：10%～100%电抗值误差 ≤±1%。

（14）品质因数：>40。

（15）配备 500kV 电抗器均压环，保证在额定电压下，成套系统不起晕。

（16）结构：铁芯线圈结构在一定长度范围内通过调节开口铁芯距离，从而改变电抗变化量。上、下为环氧缠绕绝缘桶，中间钢支架采取涡流损失小不锈钢材料组成，避免因涡流损失降低品质因数，底座支架应考虑强磁场下的发热，能调节水平，具有足够的稳定度，拆、装方便，在电抗器的结构设计中考虑油的热胀冷缩。

（17）采用电感调节控制器。

（18）控制回路电压：220V、50Hz、单相电源 2.5A。

（19）功能说明：手动功能控制面功能。可调电抗器的气隙增加、减少功能，控制器的连接线具有抗干扰能力的菲列克斯端子排的航空插座连接控制器的接插件，已到达到外部试品闪络过程中的过电压对控制器的电器保护功能。

4. HV－1500pF/500kV 电容分压器

（1）额定电压：500kV（2×250kV/3000pF）。

（2）额定电容量：1500pF。

（3）工作频率：20～300Hz。

（4）绝缘水平：1.1 倍额定电压/1min。

（5）结构：环氧筒外壳，C1 和 C2 选用温度系数、频率系数相同的材料。

（6）系统测量精度：1.5 级。

（7）介质损耗：≤0.05%。

（8）分压比：5000∶1。

（9）采用专用智能峰值表显示测量电压，$4\frac{1}{2}$位大屏幕液晶显示，主显示峰值/$\sqrt{2}$及波形，还显示真有效值、高压频率、波峰因数等。

（10）测量引线通过专用同轴测量引线至变频电源测量高压电压，用于变频电源测量高压电压、自动调谐及闪络保护；并可由三通引至智能峰值表进行电压测量。

参 考 文 献

[1] 陈化钢．电力设备预防性试验实用技术问答［M］．北京：中国水利水电出版社，2009.

[2] 陈化钢．电力设备预防性试验方法及诊断技术［M］．北京：中国水利水电出版社，2009.

[3] 易辉．《带电作业工具、装置和设备预防性试验规程》（DL/T 976—2005）宣贯读本［M］．北京：中国电力出版社，2006.

[4] 国家电网公司建设运行部．高压直流输电系统电气设备状态维修和试验规程（试行）［S］．北京：中国电力出版社，2007.

[5] 华中电网有限公司．500kV 输变电设备预防性试验（检验）规程（试行）［S］．北京：中国电力出版社，2007.

[6] 上海市电力公司．电力设备交接和预防性试验规程［S］．北京：中国电力出版社，2006.

[7] 安徽省电力公司．电气试验工岗位培训考核典型题库［M］．北京：中国电力出版社，2006.

[8] 本书编写组．电力设备预防性试验规程 DL/T 596—1996 修订说明［M］．北京：中国电力出版社，1997.

[9] 金海平．电力设备预防性试验技术丛书：第一分册　旋转电机［M］．北京：中国电力出版社，2003.

[10] 吴锦华．电力设备预防性试验技术丛书：第二分册　电力变压器与电抗器［M］．北京：中国电力出版社，2003.

[11] 金海平．电力设备预防性试验技术丛书：第三分册　互感器与电容器［M］．北京：中国电力出版社，2003.

[12] 金海平．电力设备预防性试验技术丛书：第四分册　开关设备［M］．北京：中国电力出版社，2003.

[13] 何文林，叶自强．电力设备预防性试验技术丛书：第五分册　套管与绝缘子［M］．北京：中国电力出版社，2003.

[14] 胡文堂．电力设备预防性试验技术丛书：第六分册　电线电缆［M］．北京：中国电力出版社，2003.

[15] 金海平．电力设备预防性试验技术丛书：第七分册　避雷器与接地装置旋转电机［M］．北京：中国电力出版社，2003.

[16] 许灵洁．电力设备预防性试验技术丛书：第八分册　绝缘油［M］．北京：中国电力出版社，2003.

[17] 孙成宝．县局电力人员岗位培训教材：电力试验［M］．北京：中国电力出版社，1999.

[18] 邬伟民．高压电气设备现场试验技术 365 问［M］．北京：中国水利水电出版社，1997.

[19] 韩伯锋．电力电缆试验及检测技术［M］．北京：中国电力出版社，2007.

[20] 武汉高压研究所　胡毅．带电作业工具及安全工具试验方法［M］．北京：中国电力出版社，2003.

[21] 张裕生．高压开关设备检测和试验［M］．北京：中国电力出版社，2004.

[22] 王浩，李高合，武文平．电气设备试验技术问答［M］．北京：中国电力出版社，2001.

[23] 周武仲．电力设备交接和预防性试验 200 例［M］．北京：中国电力出版社，2005.

[24] 周武仲．电力设备维修诊断与预防性试验［M］．2 版．北京：中国电力出版社，2008.

[25] 李建明，朱康．高压电气设备试验方法［M］．2版．北京：中国电力出版社，2007.

[26] 王长昌，李福祺，高胜友．清华大学电气工程系列教材：电力设备的在线监测与故障诊断［M］．北京：清华大学出版社，2006.

[27] 李景禄，李青山．电力系统状态检修技术［M］．北京：中国水利水电出版社，2012.

[28] 单文培，王兵，齐玲．电气设备试验及故障处理实例［M］．2版．北京：中国水利水电出版社，2012.

[29] 张露江，陈蕾，陈家斌．电气设备检修及试验［M］．2版．北京：中国水利水电出版社，2012.

[30]《供电生产事故分析与预防》编委会．供电生产事故分析与预防［M］．北京：中国水利水电出版社，2011.

[31] 张仁豫．高电压试验技术［M］．北京：清华大学出版社，2006.

[32] 周志敏，周继海，纪爱华．变频电源实用技术——设计与应用［M］．北京：中国电力出版社，2005.

[33] 梁曦东．高电压工程［M］．北京：清华大学出版社，2003.

[34] 周仲武．电力设备交接和预防性试验200例［M］．北京：中国电力出版社，2005.

[35] 陈天翔，王寅仲，海世杰．电气试验［M］．北京：中国电力出版社，2008.

[36] 李建明，朱康．高压电气设备试验方法［M］．北京：中国电力出版社。2007.

[37] 李一星．电气试验基础［M］．北京：中国电力出版社，2001.

[38] 王浩．李高合，武文平．电气设备试验技术问答［M］．北京：中国电力出版社，2000.

[39] 陕西省电力公司．高压电气试验［M］．北京：中国电力出版社，2003.

[40] 华北电网有限公司．高压试验作业指导书［M］．北京：中国电力出版社，2004.

[41] 吴克勤．变压器极性与接线组别［M］．北京：中国电力出版社，2006.

[42] 时钟琪，杨德华．变压器检修技术问答［M］．北京：中国电力出版社，1999.

[43] 袁亮荣，刘之尧，张弛，输电线路工频参数测试新方法的研究［J］．广东电力，2006，19（10）：6-10.

[44] 武存林．高压线路零序阻抗测试方法的研究和改进［J］．山西电力技术，1997，17（3）：14-17.

[45] 杨帆，刘玮，于建伟．高压电力电缆工频参数测量数据比较分析［J］．四川电力技术，2008，031.

[46] 卢明，孙新良，陈守聚，等．架空输电线路及电力电缆工频参数的测量分析［J］．高电压技术，2007，33（5）：184-185.

[47] 周学君．输电线路参数测量方法［J］．广东电力，1999，12（6）：30-33.

[48] 韩伯锋．电力电缆试验及检测技术［M］．北京：中国电力出版社，2007.

[49] 尹克宁．变压器设计原理［M］．北京：中国电力出版社，2003.

[50] 白忠敏．电力用互感器和电能计量装置选型与应用［M］．北京：中国电力出版社，2003.

[51] 陈化钢．对直流高压试验电压极性的分析［J］．华北电力技术，1999（2）：19-20.

[52] 陈蕾．电力设备故障检测诊断方法及实例［M］．2版．北京：中国水利水电出版社，2012.

[53] 张建文．电气设备故障诊断技术［M］．北京：中国水利水电出版社，2006.

[54] 罗军川．电气设备红外诊断实用教程［M］．北京：中国电力出版社，2013.

[55] 史家燕，李伟清，万达．电力设备试验方法及诊断技术［M］．北京：中国电力出版社，2013.

[56] 朱德恒，严璋，谈克雄．电气设备状态监测与故障诊断技术［M］．北京：中国电力出版社，2009.

[57] 李景禄．高压电气设备试验与状态诊断［M］．北京：中国水利水电出版社，2008.

[58] 严璋．电气绝缘在线检测技术［M］．北京：中国电力出版社，1995.

[59] 朱德恒，谈克雄．电绝缘诊断技术［M］．北京：中国电力出版社，1999.

[60] 雷国富，陈占梅，等．高压电气设备绝缘诊断技术［M］．北京：水利电力出版社，1994.
[61] 陈化钢．电气设备预防性试验方法［M］．北京：水利电力出版社，1994.
[62] 王绍禹，周德贵．大型发电机绝缘的运行特性与试验［M］．北京：水利电力出版社，1992.
[63] 李伟清，王绍禹．发电机故障检查分析及预防［M］．北京：中国电力出版社，1996.
[64] 西南电业管理局试验研究所．高压电气设备试验方法［M］．北京：水利电力出版社，1984.
[65] 曹孟州．电气设备故障诊断与检修1000问［M］．北京：中国电力出版社，2013.